2020
BAUPHYSIK KALENDER

Bau- und Raumakustik

Herausgegeben von
Univ. Prof. Dr.-Ing. Nabil A. Fouad

20. Jahrgang

Hinweis des Verlages

Die Recherche zum Bauphysik-Kalender ab Jahrgang 2001 steht im Internet zur Verfügung unter www.ernst-und-sohn.de

Titelfoto: Detailansicht der Türen zu den Nachhallkammern im Kultur- und Kongresszentrum Luzern (Foto: KKL Luzern)

Bibliografische Information der Deutschen Nationalbibliothek
Die Deutsche Nationalbibliothek verzeichnet diese Publikation in der Deutschen Nationalbibliografie; detaillierte bibliografische Daten sind im Internet über http://dnb.d-nb.de abrufbar.

© 2020 Wilhelm Ernst & Sohn,
Verlag für Architektur und technische Wissenschaften GmbH & Co. KG,
Rotherstraße 21, 10245 Berlin, Germany

Alle Rechte, insbesondere die der Übersetzung in andere Sprachen, vorbehalten. Kein Teil dieses Buches darf ohne schriftliche Genehmigung des Verlages in irgendeiner Form – durch Fotokopie, Mikrofilm oder irgendein anderes Verfahren – reproduziert oder in eine von Maschinen, insbesondere von Datenverarbeitungsmaschinen, verwendbare Sprache übertragen oder übersetzt werden.

All rights reserved (including those of translation into other languages). No part of this book may be reproduced in any form – by photoprinting, microfilm, or any other means – nor transmitted or translated into a machine language without written permission from the publisher.

Die Wiedergabe von Warenbezeichnungen, Handelsnamen oder sonstigen Kennzeichen in diesem Buch berechtigt nicht zu der Annahme, dass diese von jedermann frei benutzt werden dürfen. Vielmehr kann es sich auch dann um eingetragene Warenzeichen oder sonstige gesetzlich geschützte Kennzeichen handeln, wenn sie als solche nicht eigens markiert sind.

Umschlaggestaltung: Sonja Frank, Berlin
Herstellung: pp030 – Produktionsbüro Heike Praetor, Berlin
Satz: le-tex publishing services GmbH, Leipzig
Druck und Bindung:

Printed in the Federal Republic of Germany.
Gedruckt auf säurefreiem Papier.

ISSN 01617-2205
Print ISBN 978-3-433-03289-3
ePDF ISBN 978-3-433-61008-4
ePub ISBN 978-3-433-61010-7
oBook ISBN 978-3-433-61009-1

Vorwort

Der Bauphysik-Kalender feiert dieses Jahr seine 20. Ausgabe. Seit seinem ersten Erscheinen im Jahre 2001 stellt der Bauphysik-Kalender ein aktuelles, verlässliches und praxisgerechtes Nachschlagewerk auf allen Teilgebieten der Bauphysik dar. Der Begründer des Bauphysik-Kalenders, Herr Univ.-Prof. em. Dr. Erich Cziesielski, hatte bereits damals erkannt, dass die bauphysikalischen Überlegungen auf den Teilgebieten Wärme-, Feuchte-, Schall- und Brandschutz sowie Licht im Bauplanungsprozess immer mehr an Bedeutung gewinnen und dass es an der Zeit war, neben den Beton-, Mauerwerk- und Stahlbau-Kalendern auch einen Bauphysik-Kalender herauszugeben. Die folgenden Ziele wurden dabei für den Bauphysik-Kalender festgelegt:
- Schaffung eines Überblickes über die neuesten Regelwerke und Normen auf dem Gebiet der Bauphysik.
- Bauphysikalische Simulations- und Berechnungsverfahren werden vorgestellt und erläutert.
- Die konstruktive Ausbildung ausgewählter Bauteile und Bauwerke unter Beachtung bauphysikalischer Kriterien wird dargestellt.
- Materialtechnische Grundlagen sowie materialtechnische Tabellen werden zur Verfügung gestellt.

Der diesjährige Bauphysik-Kalender befasst sich mit dem Schwerpunktthema Bau- und Raumakustik, ein Thema, dass eines der wichtigsten Qualitätskriterien bei der Bewertung von Gebäuden bzw. Räumen in allen Kategorien darstellt. Er enthält neben den jährlich aktualisierten und in Abschnitt D abgedruckten Beiträgen zu den materialtechnischen Tabellen insgesamt 21 Beiträge, die das Gebiet der Bau- und Raumakustik in drei Rubriken, nämlich zu den Regelwerken, zu bauphysikalischen Planungs- und Nachweisverfahren sowie zu der konstruktiven Ausbildung von Bauteilen und Bauwerken sowohl im Neubau als auch im Bestand umfassend abdecken und die neuesten Erkenntnisse auf diesen Gebieten vorstellen.

Der Bauphysik-Kalender 2020 will mit seiner Beitragsvielfalt den Bogen von der Forschung zur Praxis und vom Planungsbüro zur ausführenden Firma spannen und dabei auf neue Entwicklungen und Tendenzen hinweisen. Er stellt eine solide Arbeitsgrundlage sowie ein aktuelles Nachschlagewerk nicht nur für die Praxis, sondern auch für Lehre und Forschung dar. Für kritische Anmerkungen sind die Autoren, der Herausgeber und der Verlag dankbar.

Der Herausgeber möchte an dieser Stelle allen Autoren für ihre Mitarbeit und dem Verlag für die angenehme Zusammenarbeit herzlichst danken.

Hannover, im November 2019
Nabil A. Fouad

Inhaltsübersicht

A   Allgemeines und Normung

A 1   Lärmschutz im Städtebau   3
Michael Jäcker-Cüppers, Christian Beckert

A 2   VDI 4100:2012-10 – Wegweiser für den erhöhten Schallschutz?   19
Martin Schäfers

A 3   Neue DIN 4109 „Schallschutz im Hochbau"   41
Oliver Kornadt, Maximilian Redeker

A 4   Schallschutz im Wohnungsbau – DEGA-Schallschutzausweis   71
Christian Burkhart

A 5   Anforderungen im baulichen Schallschutz   107
Tanja Skottke, Wolfgang M. Willems

A 6   Die Neufassung der DIN 18041 im Hinblick auf Sprachverstehen und Schallbelastung in Kommunikationsräumen   149
Helmut V. Fuchs

A 7   Schallschutz gegen Außenlärm   165
Annika Moll, Andreas Meier

B   Bauphysikalische Planungs- und Nachweisverfahren

B 1   Schallschutz im Holzbau   185
Joachim Hessinger, Andreas Rabold, Bernd Saß, Markus Schramm

B 2   Trittschallschutz   269
Jürgen Maack, Thomas Möck, Jochen Scheck

B 3   Nachweis des Luft- und Trittschallschutzes sowie des Schutzes gegen Außenlärm von Massivbauten nach DIN 4109:2018 und VDI 4100:2012   347
Helmut Marquardt

B 4   Schallmessungen am Bau   391
Alfred Schmitz

B 5   Umsetzung eines Ringversuchs am akustischen Wandprüfstand   439
Michael Flieger, Markus Hofmann, Oliver Kornadt

B 6   Akustische Messräume für einen erweiterten Frequenzbereich   461
Helmut V. Fuchs, Xueqin Zha

B 7   Raumakustik und Beschallungstechnik   499
Michael Vorländer, Ingo Witew

B 8   Schall absorbierende Bauteile – Eine aktuelle Übersicht   539
Helmut V. Fuchs, Xueqin Zha

C Konstruktive Ausbildung von Bauteilen und Bauwerken

C 1 Schalldämmung von Fenstern, Türen und Vorhangfassaden   595
Joachim Hessinger, Bernd Saß

C 2 Leistungsfähigkeit von Baukonstruktionen   645
Tanja Skottke, Wolfgang M. Willems

C 3 Schallschutz bei zweischaligen Haustrennwänden von Doppel- und Reihenhäusern   693
Klaus Focke

C 4 Schall lenkende und dämpfende Maßnahmen in kleineren Räumlichkeiten   727
Helmut V. Fuchs, Xueqin Zha

C 5 Schall lenkende und absorbierende Maßnahmen in größeren Räumlichkeiten   757
Helmut V. Fuchs

C 6 Bauen im Bestand – Möglichkeiten und Grenzen   783
Christian Burkhart

D Materialtechnische Tabellen

D 1 Materialtechnische Tabellen für den Brandschutz   797
Nina Schjerve, Ulrich Schneider († 2011)

D 2 Materialtechnische Tabellen   835
Rainer Hohmann

Stichwortverzeichnis   891

Hinweis des Verlages

Die Recherche zum Bauphysik-Kalender ab Jahrgang 2001 steht
im Internet zur Verfügung unter www.ernst-und-sohn.de

A
Allgemeines und Normung

A 1 Lärmschutz im Städtebau

Michael Jäcker-Cüppers, Christian Beckert

Dipl.-Ing. Michael Jäcker-Cüppers
DEGA-Geschäftsstelle
Alte Jakobstraße 38, 10179 Berlin

Studium des Bauingenieurwesens in Berlin und Fayetteville, USA. Von 1982 bis 2009 wissenschaftlicher Angestellter am Umweltbundesamt in Berlin, später Dessau-Roßlau im Arbeitsgebiet „Lärmschutz", zuletzt als Leiter des Fachgebiets „Lärmminderung im Verkehr". Seit 2000 Lehrbeauftragter an der TU Berlin für das Fach „Städtebaulicher Lärmschutz". Ab 2009 Mitglied der Leitung des Arbeitsrings Lärm der Deutschen Gesellschaft für Akustik (ALD, www.ald-laerm.de), aktuell als Vorsitzender.

Dr. Christian Beckert
Referat Lärmbekämpfung und Luftreinhaltung
Ministerium für Umwelt, Landwirtschaft und Energie Sachsen-Anhalt
Leipziger Straße 58, 39112 Magdeburg

Physikstudium an der Technischen Universität „Otto von Guericke", Magdeburg, Abschluss mit Promotion. Von 1984 bis 1989 wissenschaftlicher Mitarbeiter im Universitätsklinikum Magdeburg im Institut für Biochemie und im Institut für Kommunalhygiene mit Schwerpunkt Lärmwirkungsforschung, 1990 bis 1993 Leiter des Bereichs Umweltradioaktivität im Bezirkshygieneinstitut Magdeburg und im Landesamt für Umweltschutz Sachsen-Anhalt. Seit 1993 Referatsleiter Lärmbekämpfung im Ministerium für Umwelt, Landwirtschaft und Energie des Landes Sachsen-Anhalt und ab 1997 Vorsitzender im Bund-Länder-Ausschuss Physikalische Einwirkungen der Bund-Länder Arbeitsgemeinschaft für Immissionsschutz (LAI).

Bauphysik-Kalender 2020: Bau- und Raumakustik. Herausgegeben von Nabil A. Fouad.
© 2020 Ernst & Sohn GmbH & Co. KG. Published 2020 by Ernst & Sohn GmbH & Co. KG.

Inhaltsverzeichnis

1	Aktuelle Herausforderungen im städtebaulichen Lärmschutz 5		5.2	Schienenverkehrslärm 12
			5.2.1	Spezifische Probleme 12
			5.2.2	Aktueller Stand des Immissionsschutzes 12
2	Beeinträchtigungen durch Lärm 5		5.2.2.1	Geräuschemissionsgrenzwerte 12
2.1	Methodische Vorbemerkungen 5		5.2.2.2	Lärmvorsorge 12
2.2	Die Besonderheiten des Lärms 5		5.2.2.3	Lärmsanierung 12
2.3	Belästigungen 6		5.3	Gewerbelärm 13
2.4	Aktuelle Ergebnisse der Lärmwirkungsforschung 6		5.3.1	Spezifische Probleme 13
2.5	Ausmaß der Belastungen durch Verkehrslärm in Deutschland 7		5.3.2	Durchgeführte und beabsichtigte Änderungen der TA Lärm 14
			5.4	Umgebungslärm 14
			5.5	Bauleitplanung 14
3	Generelles Konzept des Lärmschutzes 7			
3.1	Prinzipien des Lärmschutzes 7		6	**Fazit** 15
3.2	Instrumente zum Schutz vor Lärm 8			
			7	Literatur 16
4	Aktueller Stand des Lärmschutzes in Deutschland und Europa 8			
5	Exemplarische Darstellung von quellenspezifischen Regelungen 10			
5.1	Straßenverkehrslärm 10			
5.1.1	Spezifische Probleme 10			
5.1.2	Aktuelle Aktivitäten zum Schutz gegen Straßenverkehrslärm 10			
5.1.3	Lärmvorsorge 10			
5.1.4	Lärmsanierung 11			
5.1.5	Straßenverkehrsrechtliche Maßnahmen zum Schutz vor Lärm 11			
5.1.6	Fazit 11			

1 Aktuelle Herausforderungen im städtebaulichen Lärmschutz

Der städtebauliche Lärmschutz steht in Deutschland aktuell vor einigen Herausforderungen:
- Die **demographische Entwicklung** verläuft In Deutschland uneinheitlich. Während in der Fläche mit einem Bevölkerungsschwund zu rechnen ist, sind einige Ballungsräume Wachstumsgebiete. Dort zeigen die explodierenden Mieten und Immobilienpreise einen Mangel an bezahlbarem Wohnraum auf. Beim Wohnungsbau wird aus Gründen des Umweltschutzes der Vorrang der Innenentwicklung postuliert (Baugesetzbuch BauGB [1], § 1 (5), Satz 3). Dies bedingt ein Aneinanderrücken von – in der Regel lauten – Emissionsquellen und sensibler Nutzung und damit eine Verschärfung der Lärmkonflikte.
- Allerdings zeigt die aktuelle **Bestandsaufnahme der Geräuschbelastungen** [2] in Deutschland – in Rahmen der Kartierung gemäß der Umgebungslärmrichtlinie – schon heute ein hohes Maß an Belastungen, vor allem durch den Straßenverkehr. Auch die Umfrageergebnisse zu den Störungen durch Lärm belegen einen hohen Störungsgrad. Daneben ist eine Zunahme neuer Quellen zu beobachten, vor allem beim Freizeitlärm durch das gestiegene Maß an „Events" usw. Die bisherigen Minderungen als Ergebnis einer langjährigen Lärmschutzpolitik sind offensichtlich unzureichend.
- Neue Ergebnisse der **Lärmwirkungsforschung** (World Health Organisation Environmental Noise Guidelines (WHO ENG) [3], Forschungsprojekt NORAH [4]) belegen für den Verkehrslärm zum einen eine gestiegene Sensibilität der Bevölkerung in Bezug auf die Beeinträchtigungen durch Lärm, zum andern liegen jetzt vermehrt manifeste und international streng abgesicherte Belege für die gesundheitlichen Auswirkungen von Verkehrslärm vor.

Lärm ist die letzte nahezu flächendeckende und sensorisch wahrnehmbare Umweltbelastung, die trotz vieler Bemühungen um Minderung nach wie vor besteht. Die Lärmbekämpfung muss also intensiviert werden. Dabei sind folgende Punkte anzustreben:
- Eine Einbettung der Lärmbekämpfung in eine **nachhaltige Stadtentwicklungspolitik**: Synergien mit Klimaschutz und Luftreinhaltung sind zu nutzen.
- Das Potenzial **neuer technischer Entwicklungen** (Digitalisierung, Automatisierung, Elektrifizierung) ist auch für den Lärmschutz zu nutzen.
- Nach wie vor aber muss das **Bewusstsein** der städtebaulichen Akteure auf allen Ebenen für die Notwendigkeit der Minderung von Beeinträchtigung durch Lärm erhöht werden.

Die rechtlichen Regelungen zum Schutz gegen Lärm sind unvollständig in verschiedenen Rechtsgebieten (Immissionsschutzrecht, Baurecht, Verkehrsrecht, Sicherheits- und Ordnungsrecht) verortet. Kurz: Das Recht auf Schutz gegen Lärm ist unvollständig und segmentiert. So besteht ein Schutzanspruch gegen Verkehrslärm lediglich beim Neubau oder der wesentlichen Änderung von Straßen und Schienen, nicht jedoch im Bestand. Hier sind Geräuschbelastungen, beispielsweise durch Verkehrszunahme, bis zum enteignungsgleichen Eingriff vom Betroffenen hinzunehmen. Dazu kommt, dass auf das geänderte Freizeitverhalten mit einer Lockerung von Regelungen zum Schutz gegen Lärm reagiert wird. Der Bund als Verordnungsgeber hat bereits entsprechend reagiert durch
- die Einführung des Urbanen Gebiets (MU) mit höheren Tagesrichtwerten in der Bauleitplanung ([5], § 6a),
- die Abschaffung von bestimmten Ruhezeiten bei Sportanlagen [6].

Dies bedeutet eine Verschlechterung des Schutzniveaus.

Zu welchen zusätzlichen Belastungen die Zunahme von Ausnahmegenehmigungen beim Freizeitlärm [7] in der Freizeitlärmrichtlinie der Bund-Länder-Arbeitsgemeinschaft für Immissionsschutz führen wird, lässt sich schwer einschätzen, weil derartige Leitlinien lediglich empfehlenden Charakter haben. Es bleibt den Ländern überlassen, eigene Regelungen zum Freizeitlärm zu treffen.

2 Beeinträchtigungen durch Lärm

2.1 Methodische Vorbemerkungen

Die Analyse der Beeinträchtigungen durch Geräusche ist die Grundlage einer jeden Lärmschutzpolitik. Mit den Untersuchungen über die negativen oder schädlichen Wirkungen von Geräuschen lassen sich Schutzziele formulieren und Minderungsmaßnahmen einleiten. In der traditionellen deutschen und europäischen Lärmschutzpolitik wird die Wirkung von Geräuschen auf *akustische Indikatoren* bezogen, z. B. das Ausmaß von Belästigungen in Abhängigkeit der während eines Zeitraumes (tags oder nachts) durchschnittlich einwirkenden Geräusche. Letztere werden als *Mittelungspegel* L_m bezeichnet und in Dezibel (dB(A)) gemessen oder berechnet. Im Rahmen der europäischen Lärmschutzpolitik wurde ein Nachtpegel L_{night} und ein gewichteter Ganztagespegel L_{den} eingeführt, der sich aus dem Tages-, Abend- und Nachtpegel zusammensetzt, wobei wegen der höheren Störwirkung des Abendpegels (in Deutschland 18 bis 22 Uhr) und Nachtpegels (in Deutschland von 22 bis 6 Uhr) einen Aufschlag von 5 bzw. 10 dB(A) bekommen [8].

In zunehmendem Maß werden neuerdings auch *psychoakustische Kenngrößen* zur Bewertung von Schallereignissen herangezogen.

2.2 Die Besonderheiten des Lärms

Das Ausmaß der Beeinträchtigungen durch Geräusche ist von der Tages- und Wochenzeit abhängig: In der

Tabelle 1. Umfrageergebnisse zu den Belästigungen durch Lärm in Deutschland in Prozent der Bevölkerung, Stand 2016 [9]

Lärmquelle	Gefühl der Belästigung durch einzelne Lärmquellen in [%]				
	äußerst	stark	mittelmäßig	etwas	überhaupt nicht
Straßenverkehr	8	15	25	28	24
Nachbarn	5	9	17	28	40
Gewerbe	2	6	16	22	53
Flugverkehr	4	5	13	22	56
Schienenverkehr	2	4	13	19	61

Nacht ist zur Gewährleistung eines gesunden Schlafs ein deutlich geringerer Geräuschpegel erforderlich als am Tag. Auch zu den Erholungszeiten („Feierabend", Mittagsruhe, Wochenende usw.) ist der Anspruch an ein niedrigeres Geräuschniveau hoch. In der EU wurde dies durch das Konzept des L_{den} berücksichtigt.

Geräusche sind andererseits essenzieller Bestandteil des Lebens – sie sind unerlässlich für die menschliche Kommunikation, sie machen uns auf Gefahren aufmerksam und sind Quelle von Lebensqualität (Theater, Musik usw.). Das macht die Lärmbekämpfung bei manchen Aktivitäten – z. B. in der Freizeit – besonders schwierig.

2.3 Belästigungen

Tabelle 1 zeigt das Ausmaß der *Belästigungen* durch Lärm für die Quellen Straßenverkehr, Nachbarn, Gewerbe, Flugverkehr und Schienenverkehr. Die Daten werden alle zwei Jahre im Rahmen der Studie zum Umweltbewusstsein in Deutschland erhoben [9]. Danach ist der Straßenverkehr die dominierende Lärmquelle: Nur 76 Prozent der Bevölkerung fühlen sich nicht von ihm gestört, 23 Prozent fühlen sich sogar erheblich gestört (äußerst und stark).

Der Lärm von Nachbarn ist die zweitwichtigste Lärmquelle, vor dem Gewerbe, dem Flugverkehr und dem Schienenverkehr. Nur 10 Prozent der Bevölkerung fühlen sich überhaupt nicht belästigt, 75 Prozent hingegen durch zwei oder mehr Quellen.

2.4 Aktuelle Ergebnisse der Lärmwirkungsforschung

Im Oktober 2018 hat das europäische Regionalbüro der Weltgesundheitsorganisation WHO seine neuen Leitlinien für den Umgebungslärm vorgestellt ([3], Verkehrslärm, Lärm von Windenergieanlagen und Freizeitlärm). Auf der Basis einer methodisch strengen Bewertung der jüngeren Lärmwirkungsstudien seit 1999 werden Empfehlungen von Grenzwerten zum Schutz der *menschlichen Gesundheit* abgeleitet. Tabelle 2 listet diese Leitlinienwerte auf.

Die Leitlinienwerte werden aus Expositions-Wirkungskurven als Funktion des L_{den} oder des L_{night} gewonnen. So ergibt sich der Leitlinienwert für das Vermeiden hoher Belästigungen für einen Prozentsatz der hoch Belästigten von 10 Prozent, siehe Zeile 5 der Tabelle 2 (absolutes Risiko). Inzidenz ischämischer Herzkrankheiten bedeutet u. A. das Auftreten von Herzinfarkten.

Tabelle 2. WHO-Leitlinienwerte zum Schutz der menschlichen Gesundheit für den Umgebungslärm in dB(A) (vereinfacht nach [3])

Gesundheitswirkung	Risikoschwelle	Straßenverkehr [dB(A)]		Schienenverkehr [dB(A)]		Luftverkehr [dB(A)]	
		L_{den}	L_{night}	L_{den}	L_{night}	L_{den}	L_{night}
Inzidenz ischämischer Herzkrankheiten	5 % Anstieg des relativen Risikos	59,3				52,6	
Hohes Maß an Schlafstörungen	3 % absolutes Risiko		45,4		43,7		40 [*)]
Hohes Maß an Belästigung	10 % absolutes Risiko	53,3		53,7		45,4	
Gerundete Leitlinienwerte		53	45	54	44	45	40
Empfehlungsstärke		stark		stark		stark	

*) Beim nächtlichen Leitlinienwert für die Schlafstörungen beim Luftverkehr beträgt das absolute Risiko 11 %. Die WHO hat sich aber wegen der hohen Berechnungsunsicherheiten entschieden, keinen Wert unter 40 dB(A) zu empfehlen.

Tabelle 3. NORAH: Gesundheitliche Risiken durch Lärm: Risikoerhöhung in Prozent pro 10-dB(A)-Zunahme der Exposition als gemittelter 24-Stunden-Pegel L_m

Krankheit	Flugverkehr	Straßenverkehr	Schienenverkehr
Herzinfarkt	– (Todesfälle: 3,2)	2,8	2,3
Schlaganfall	– ($L_m < 40/L_{max} > 50 : 5$)	1,7	1,8
Herzinsuffizienz	1,6	2,4	3,1
Depression	8,9 (ab $L_m \geq 55$: Sinken des Risikos)	4,1	3,9 (ab $L_m \geq 65$: Sinken des Risikos)
Brustkrebs	– (L_m (23–5 Uhr) ≥ 55 : 3faches Risiko)	–	–

Die Leitlinienwerte liegen beim Straßen- und Schienenverkehr deutlich unter den Lärmvorsorgewerten beim Neubau eines Verkehrsweges in einem allgemeinen Wohngebiet ([10], 59/49 dB(A) tags/nachts).
Bei der Straße wurde bislang als Schwelle für gesundheitliche Risiken im strengeren Sinn ein Tagespegel von 65 dB(A) [11] angenommen. Der WHO-Leitlinienwert liegt deutlich darunter.
Ende 2015 waren bereits die Untersuchungsergebnisse des deutschen NORAH-Projekts vorgestellt worden [12]. Es wurden u. a. Risikoerhöhungen für verschiedene Erkrankungen in Folge von Verkehrslärm ermittelt (Tabelle 3).
Bemerkenswert sind Einzelergebnisse wie zum Schlaganfallrisiko durch Fluglärm. Selbst bei sehr niedriger gemittelter Belastung unter 40 dB(A), aber bei Auftreten von Maximalpegeln während des Überflugs über 50 dB(A), wurde eine Risikoerhöhung von 5 Prozent ermittelt. NORAH hat insgesamt die Information zu den gesundheitlichen Risiken im strengen Sinne deutlich ausgeweitet.

2.5 Ausmaß der Belastungen durch Verkehrslärm in Deutschland

Tabelle 4 zeigt, wie viel Menschen in Deutschland durch bestimmte Immissionspegel in dB(A) infolge des Verkehrslärms belastet sind. Diese Daten werden im Rahmen der *Strategischen Lärmkarten* nach der EU-Richtlinie zum Umgebungslärm erhoben, wobei zu beachten ist, dass die Lärmkartierung nicht flächendeckend erfolgt und die Kartierungsschwelle in der Nacht 50 dB(A) beträgt. Die Zahlen bilden somit nur die untere Grenze der Belastung ab.
Nach den Maßstäben der WHO (siehe Tabelle 2) sind dann 8,4 bzw. 6,4 Millionen Menschen in Deutschland durch Straßen- bzw. Schienenverkehrslärm gesundheitlich gefährdet.

3 Generelles Konzept des Lärmschutzes

3.1 Prinzipien des Lärmschutzes

Einige wichtige Prinzipien des Umweltschutzes sind im Vertrag über die Arbeitsweise der Europäischen Union [13] von 2008 im Artikel 191 (2) festgelegt worden:
„Die Umweltpolitik der Gemeinschaft zielt unter Berücksichtigung der unterschiedlichen Gegebenheiten in den einzelnen Regionen der Gemeinschaft auf ein hohes Schutzniveau ab.
Sie beruht auf den Grundsätzen der Vorsorge und Vorbeugung, auf dem Grundsatz, Umweltbeeinträchtigungen mit Vorrang an ihrem Ursprung zu bekämpfen, sowie auf dem Verursacherprinzip."
– Ein hohes Schutzniveau wird durch anspruchsvolle Ziel- oder Grenzwerte für die Immissionen konkretisiert. Es gewährt erhöhten Schutz zu sensiblen Zeiten wie Nachtruhe, Erholungszeiten, Wochenenden, Sonn- und Feiertagen. Die Gesamteinwirkungen von beeinträchtigenden Geräuschen werden berücksichtigt.
– Das Vorsorgeprinzip zielt auf die Lösung der Zielkonflikte in der Planungsphase von emittierenden Einrichtungen (Anlagen, Verkehrswege) und gewährt Schutz auch bei nur wahrscheinlichen Risiken.
– Der Vorrang von Maßnahmen an der Quelle ist durch das Verursacherprinzip bedingt: Der Verursa-

Tabelle 4. Kumulierte Belastung (in dB(A)) der Bevölkerung durch Verkehrslärm gemäß der EU-Richtlinie zum Umgebungslärm in Millionen (gerundet) (Stand 30.12.2018; Quelle [2])

Quelle	L_{den}			L_{night}		
	> 55 dB(A)	> 65 dB(A)	> 70 dB(A)	> 50 dB(A)	> 55 dB(A)	> 60 dB(A)
Straßenverkehrslärm	8,43	2,26	0,66	5,44	2,60	0,83
Schienenverkehrslärm	6,43	1,00	0,32	5,16	2,01	0,70
Fluglärm	0,85	0,03	0,004	0,24	0,04	0,002

cher einer schädlichen Emission ist primär zuständig für ihre Vermeidung. Quellenbezogene Maßnahmen haben zudem in der Regel das beste Nutzen-Kosten-Verhältnis und sie tragen dazu bei, dass der Vorrang des „Außenschutzes" umgesetzt wird. Auch die Außenwohnbereiche sollen geschützt und die Aufenthaltsqualität in öffentlichen Räumen gesichert werden. Der Außenschutz entspricht der Präferenz der Anwohner: Es besteht der weit verbreitete Wunsch nach akustischer Außenweltwahrnehmung und laut Untersuchungen des Umweltbundesamtes [14] fühlten sich 77,1 Prozent der Befragten äußerst stark oder stark belästigt, wegen Lärm die Fenster schließen zu müssen.

Qualitative Schutzziele in Deutschland werden u. a. im Bundes-Immissionsschutzgesetz (BImSchG) [15] im Grundgesetz (GG) [16] und im Baugesetzbuch (Bau-GB) [1] formuliert:
– Vermeidung bzw. Minderung „schädlicher Umwelteinwirkungen", d. h. von Gefahren, erheblichen Nachteilen oder erheblicher Belästigungen (BImSchG, §§ 1,3);
– Schutz der körperlichen Unversehrtheit (GG, Art 2(2));
Bewahrung gesunder Wohn- und Arbeitsverhältnisse BauGB § 1 (6) 1.

3.2 Instrumente zum Schutz vor Lärm

Das wichtigste Instrument des Lärmschutzes ist die ordnungsrechtliche Festlegung von:
– Grenzwerten für Geräuschemissionen und -immissionen;
– der jeweiligen Definition und Berücksichtigung von besonders schützenswerten Zeiten wie die Nacht;
– der Regelung von Betriebsbeschränkungen (zulässige Betriebszeiten und -beschränkungen) und Ausnahmengenehmigungen oder weitergehenden Regelungen;
– Zu- und Abschlägen wegen akustischer Besonderheiten der Quelle.

Für diese ordnungsrechtlichen Festlegungen sind unterschiedliche Einrichtungen und Gebietskörperschaften zuständig (ICAO, EU, Bund, Länder, Gemeinden):
– Aus Gründen des gemeinsamen Markts liegt die Zuständigkeit für die Geräuschemissionsgrenzwerte grundsätzlich bei der EU.
– Ausnahme sind die Flugzeuge, deren Grenzwerte wegen des globalen Charakters des Flugverkehrs von der Internationalen zivilen Luftfahrtorganisation ICAO (International Civil Aviation Organization – einer Sonderorganisation der UNO) festgelegt werden.
– Geräuschimmissionsgrenzwerte sind bislang vorrangig nationale Zuständigkeit – im Unterschied zu den Luftschadstoffen hat die EU für die Geräuschbelastungen keine Grenzwerte festgelegt.
– Verhaltensbezogene Vorgaben für die Lärmerzeugung finden sich in den Landes-Immissionsschutzgesetzen.
– Die Straßenverkehrsbehörden der Gemeinden können auf der Basis der Straßenverkehrsordnung (StVO § 45) [17] Verkehrsbeschränkungen wie Reduzierung der zulässigen Geschwindigkeiten unter die Regelgeschwindigkeit von 50 km/h für den Straßenverkehr einführen, dabei brauchen sie bei klassifizierten Straßen ggfs. die Zustimmung der oberen Straßenverkehrsbehörden.
– Die Luftfahrtbehörden der Länder können im Rahmen der Betriebsgenehmigungen für die Flughäfen im Lande Nachtflugverbote vorsehen.

Verbindliche Vorgaben für zulässige Geräuschemissionen oder lärmrelevantes Verhalten können auch auf privatrechtlicher Ebene vereinbart werden, ein typisches Beispiel sind Hausordnungen, die Ruhezeiten regeln.

Ein weiteres wichtiges Instrument für den Lärmschutz sind die sogenannten ökonomischen Instrumente. Sie bestehen in der Gestaltung bzw. Bemessung von Zufahrtsrechten, Abgaben, Gebühren und Steuern nach dem Ausmaß der Geräuschemissionen. Ihre umweltpolitische Begründung ist die Anlastung (Internalisierung) der externen Kosten des Lärms. Da ihre Nutzung freiwilliger Natur ist, hängt ihre Effektivität stark vom Ausmaß des finanziellen oder betrieblichen Vorteils ab. Die wichtigsten Ausformungen dieses Instruments sind die Abhängigkeit der Nutzungskosten für die Infrastrukturen z. B. als lärmabhängige Trassenpreise im Schienenverkehr oder Start- und Landegebühren im Flugverkehr. Eine Lärmkomponente gibt es seit 2019 auch in der Lkw-Maut ([18], Anlage 1, Ziffer 3). Im Unterschied zu den Abgasen gibt es beim Lärm allerdings keine Emissionsklassen, die Gebühr ist damit ein reines Internalisierungsinstrument und gehört formal zu den ordnungsrechtlichen Instrumenten.

Die *staatliche Finanzierung* von Lärmschutz schließlich kann ein sehr wirksames Instrument sein. In Deutschland sind hier vor allem die Lärmsanierungsprogramme des Bundes für die Bundesfernstraßen und die Eisenbahnen des Bundes zu nennen.

Ein „weiches" Instrument ist die *Information der Öffentlichkeit* über die Entstehung und die Folgen von Lärm, die Aufklärung und Sensibilisierung sowie die Förderung lärmarmen Verhaltens. In hohem Maß gestiegen ist der Wunsch der Öffentlichkeit nach Beteiligung bei der Lärmminderung und der Planung neuer Anlagen und Infrastrukturen. Neben den gesetzlich vorgeschriebenen Beteiligungsverfahren gewinnen neue Verfahren wie die sogenannten Dialogforen an Bedeutung.

4 Aktueller Stand des Lärmschutzes in Deutschland und Europa

Das lärmbezogene Immissionsschutzrecht in Deutschland ist durch eine *separierte* Regelung für spezifische Lärmquellen in jeweils eigenen Regelwerken und

mit unterschiedlichen Zuständigkeiten gekennzeichnet. Ein auf die Gesamteinwirkung von Geräuschen bezogenes Schutzkonzept ist bislang nur in Sonderfällen eingelöst worden.
- Das Bundes-Immissionsschutzgesetz von 1974 [15] regelt den Lärmschutz bei der Planung von Anlagen des Landverkehrs, des Gewerbes, der Industrie, des Sports und für den Baulärm (AVV Baulärm) – „Lärmvorsorge". Der Fluglärm wird separat im Luftverkehrsgesetz (LuftVG) [19] und im Fluglärmgesetz (FluLärmG) [20] von 2007 geregelt. Für den Freizeitlärm kann die Freizeitlärmrichtlinie [7] der Bund/Länder-Arbeitsgemeinschaft für Immissionsschutz (LAI) herangezogen werden, ein Arbeitsgremium der Umweltministerkonferenz (UMK). Das BauGB [1] ist die Grundlage für die Berücksichtigung des lärmbezogenen Immissionsschutzes bei der Planung von Wohngebieten. Es hat angesichts des Vorrangs der Innenentwicklung zunehmende Bedeutung für die Schaffung akustisch angenehmer Wohngebiete auch beim Heranrücken an emittierende Quellen.
- Vorgaben für die zulässigen Immissionen werden in Verordnungen und allgemeinen Verwaltungsvorschriften – z. B. auf der Ermächtigungsgrundlage des BImSchG – festgelegt. Sie haben je nach Lärmsituation einen unterschiedlichen Grad an Verbindlichkeit: Verbindliche Immissionsgrenz- und -richtwerte (IGW, IRW) gibt es dabei nur für neue oder wesentlich geänderte emittierende „Anlagen". Eine Vorgabe von Schutzzielen bei der Bauleitplanung gibt es in Form von „Orientierungswerten" nur in der DIN 18005 „Schallschutz im Städtebau" [21] mit privatrechtlichem Charakter.
- Im deutschen wie im europäischen Immissionsschutzrecht unterliegt bei einigen Quellen (Straße, Schiene, Luftverkehr, heranrückende Wohnbebauung) der Vorrang für den Außenschutz der „Abwägung": Bauliche oder „passive" Schutzmaßnahmen, die nur das Einhalten von Zielwerten für die Innenpegel bewirken, sind im Fall der Unverhältnismäßigkeit von aktiven Maßnahmen zulässig. Dies bedeutet eine „Privilegierung des Verkehrslärms" gegenüber gewerblichen Anlagen.
- Das Schutzniveau hängt zudem von der jeweiligen Gebietsausweisung ab: Je geringer der Anteil der sensiblen Nutzungen wie Wohnungen in einem Baugebiet nach der Baunutzungsverordnung (BauNVO) [5] ist, desto geringer ist auch das Schutzniveau. Aus der Sicht der Lärmwirkungsforschung ist diese Abstufung nicht begründet, sie spiegelt einerseits die vermuteten Erwartungen von Bewohnern an das Schutzniveau ihres Baugebiets wider, andererseits ist sie Ausdruck der angenommenen größeren Schwierigkeit, wirtschaftlich vertretbare Minderungen in stärker gemischten Gebieten zu erreichen. Bild 1 zeigt die Immissionsrichtwerte für gewerbliche Anlagen nach der TA Lärm [22] in städtischen Gebieten.

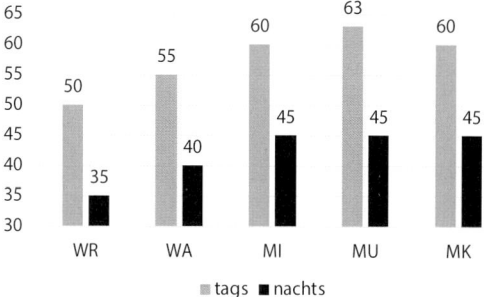

Bild 1. Immissionsrichtwerte (Beurteilungspegel) außerhalb von Wohngebäuden in dB(A) tags/nachts für gewerbliche Anlagen in Abhängigkeit von der Baugebietsausweisung; WR: Reines Wohngebiet, WA: Allgemeines Wohngebiet, MI: Mischgebiet, MU: Urbanes Gebiet, MK: Kerngebiet

Das **Urbane Gebiet** (MU) ist erst 2017 eingeführt worden ([7] § 6a): Es soll zum Zweck der Innenentwicklung eine kleinteilige Nutzungsmischung und höhere Dichten erlauben – im Gegensatz zum Misch- und Kerngebiet ist ein fester Anteil an Wohnungen nicht vorgegeben. Trotzdem wurde der Tagesrichtwert um 3 dB(A) gegenüber dem MI und MK erhöht (eine entsprechende Erhöhung des Nachtwerts ist am Widerstand des Bundesrats gescheitert). Die Grafik zeigt beträchtliche Abstufungen des Schutzniveaus: Nimmt man an, dass die IRW für das Reine Wohngebiet ein optimales Schutzniveau (zur Vermeidung „erheblicher Belästigungen"!) abbilden, so ist mit einem Zuschlag von 13 dB(A) für das MU tagsüber ein deutlich schlechterer Schutz festgelegt worden.

Die Ausweisung der Baugebiete hat auch Auswirkungen auf die jeweiligen Nutzungseinschränkungen in einem Baugebiet. Relativ strikte Vorgaben für die Nutzung von im Freien betriebenen Geräten und Maschinen gibt es Wohngebieten (Betriebsverbot von 20 bis 7 Uhr und an Sonn- und Feiertagen), für die Gartengeräte Freischneider, Grastrimmer, Laubbläser und -sammler ist dort der Betrieb sogar nur werktags von 9 bis 13 Uhr und 15 bis 17 Uhr zulässig ([23], § 7).
- Besonders problematisch ist die Separierung der quellenbezogenen Schutzregelungen in Hinblick auf die *Nachtruhe*. Für den Landverkehr währt die „legale" Nacht von 22 bis 6 Uhr. Strikte Nachtflugverbote gelten nur an vier Flughäfen in Deutschland, teilweise nur für die Kernnacht von 24 bis 5 Uhr. Weitgehend gelockert sind die Regeln für die Außengastronomie, die in einigen touristisch bedeutsamen Orten inzwischen Quelle für zahlreiche Beschwerden ist. Nordrhein-Westfalen hat die Außengastronomie grundsätzlich bis 24 Uhr zugelassen, außerhalb von Kern- und Gewerbegebieten sollen die Gemeinden den Beginn der Nachtruhe „bis auf 22 vorverlegen, wenn dies zum Schutz der Nachbarschaft geboten ist" (Landes-Immissionsschutzgesetz, [24] § 9 (2)). Für traditionelle Feste lassen sich Ausnah-

meregelungen bis um 2 Uhr morgens finden. So wird der Schutz einer mindestens 8-stündigen Nachtruhe immer mehr durchlöchert.
- *Geräuschemissionsgrenzwerte* gibt es bislang nur für neue oder wesentlich geänderte Quellen. Die EU setzt Geräuschvorschriften (Grenzwerte und die zugehörigen Messverfahren) seit 1970 für Straßenfahrzeuge, seit 1978 für im Freien betriebene Maschinen (im Wesentlichen Baumaschinen und Gartengeräte) und erst seit 2002 für Schienenfahrzeuge in Kraft (s. unten). Die Geräuschemissionsgrenzwerte sind unvollständig (z. B. gibt es für einige Baumaschinen und Gartengeräte nur Kennzeichnungen mit dem Schallleistungspegel.
- Das größte Defizit sind aber die fehlenden Regelungen für *bestehende Verkehrswege* (solche, die vor Inkrafttreten des BImSchG 1974 gebaut worden sind und seitdem nur unwesentlich geändert worden sind – „Lärmsanierung"). Für diese gibt es keine Immissionsgrenzwerte und keinen quantifizierten Rechtsanspruch auf Schutzmaßnahmen. Zwar gibt es die Lärmsanierungsprogramme des Bundes für Bundesfernstraßen (seit 1978) und -eisenbahnen (seit 1999) sowie seit 2008 die Lärmaktionsplanung gemäß EU-Recht (siehe Abschnitt 5). Wie die Daten in der Tabelle 4 zeigen, sind die Belastungen, die zu Gesundheitsrisiken im strengeren Sinne führen (z. B. nächtliche Belastungen über 55 dB(A)) mit mindestens 4,6 Millionen Betroffenen sehr hoch.

5 Exemplarische Darstellung von quellenspezifischen Regelungen

Im Folgenden sollen exemplarisch die spezifischen Probleme und Lösungsansätze bei einigen wichtigen Quellen dargestellt werden.

5.1 Straßenverkehrslärm

5.1.1 Spezifische Probleme

- Der Straßenverkehrslärm hat das höchste Ausmaß an Belastungen und Beeinträchtigungen zur Folge (Tabellen 1 und 4). Dabei sind die innerstädtischen Hauptverkehrsstraßen das zentrale Problem: Hier bestehen die höchsten und in der Regel gesundheitsgefährdenden Belastungen (im strengeren Sinn). Zugleich ist das Maßnahmenrepertoire im Straßenraum selbst begrenzt. So lassen sich z. B. Lärmschutzwände dort kaum umsetzen, die Abstände von Emissions- und Immissionsorten sind z. T. sehr gering.
- Dabei ist die ausreichende und kontinuierliche Finanzierung von Maßnahmen an kommunalen Straßen seit langem ein Problem, auch wenn es einige Sonderprogramme gegeben hat.
- Ein Sonderproblem sind die absichtlich lauten Kfz wie Motorräder, die durch Manipulation der Schalldämpfer oder sogar standardmäßige Klappenauspuffanlagen extreme Emissionen erzeugen können sowie Pkw, die über Soundgeneratoren verfügen, die zusätzliche sehr laute Geräusche verursachen oder in innerstädtischen Straßenrennen eingesetzt werden („Poser"). Diese extremen Geräusche haben zwar wenig Einfluss auf die gemittelten Pegel, sie führen aber zu exorbitanten Belästigungen.

5.1.2 Aktuelle Aktivitäten zum Schutz gegen Straßenverkehrslärm

Aktuell werden die folgenden Maßnahmen zum Schutz gegen Straßenverkehrslärm durchgeführt:
- Maßnahmen im Rahmen der Lärmaktionsplanung LAP (siehe Abschnitt 5.4), u. a.:
  * Einbau lärmmindernder Straßendecken,
  * Senkung der zulässigen Höchstgeschwindigkeit unter die Regelgeschwindigkeit von 50 km/h,
  * begleitende Umgestaltungen des Straßenraums,
  * Verkehrsvermeidung: Förderung der Stadt der kurzen Wege (u. a. durch die Innenentwicklung),
  * Förderung des Umweltverbunds (Zufußgehen, Radfahren, ÖV) mit dem Ziel, den Anteil des motorisierten Individualverkehrs (MIV) an den Wegen zu senken,
  * Minderung des städtischen Güterverkehrs durch neue Konzepte der City-Logistik.
- Fortführung der Lärmsanierungsprogramme an Straßen, darunter vor allem das finanziell am besten ausgestattete Programm des Bundes an seinen Fernstraßen.
- Fortschreibung der Geräuschgrenzwerte auf der Ebene der EU einschließlich der Verbesserung der Messverfahren für die Zulassung. Die seit Juli 2016 gültigen neuen Geräuschgrenzwerte für Kfz [25] haben nach Einschätzung des Umweltbundesamts nur ein sehr geringes Minderungspotenzial. Das Umweltbundesamt rechnet über alle Fahrzeuge gemittelt mit einer durchschnittlichen Reduktion der realen Emissionen im Stadtverkehr um etwa 1 dB(A) bis zum Jahr 2035 (!), da die Grenzwerte der letzten Stufe ab bereits heute von vielen Fahrzeugen eingehalten werden [26].
- Einführung der E-Mobilität: Diese hat allerdings bei den Pkw ein geringes Minderungspotenzial; bei Motorrädern und Lkw ist es deutlich höher. Die Minderungen durch die Elektrifizierung werden durch die ab Juli 2019 vorgeschriebenen akustischen Warnsysteme bei Geschwindigkeiten (AVAS) konterkariert ([25] Art. 8).

5.1.3 Lärmvorsorge

Mit der Verkehrslärmschutzverordnung (VlärmSchV) [10] von 1990 sind die Schutzziele der Lärmvorsorge in Form von Immissionsgrenzwerten festgelegt worden, basierend auf der Ermächtigung und den Vorgaben des BImSchG in den §§ 41–43 [15]. Zudem regelt sie das Verfahren für die Berechnung des Beurteilungs-

Tabelle 5. Immissionsgrenzwerte (Beurteilungspegel) zum Schutz der Nachbarschaft vor schädlichen Umwelteinwirkungen durch Verkehrsgeräusche beim Bau oder der wesentlichen Änderung die nicht überschritten werden dürfen

Objekte, Baugebiete	Immissionsgrenzwerte in dB(A)	
	tags	nachts
Krankenhäuser, Schulen, Kur-, Altenheime	57	47
reine und allgemeine Wohngebiete, Kleinsiedlungsgebiete	59	49
Kern-, Dorf-, Mischgebiete	64	54
Gewerbegebiete	69	59

pegels. Aktuell ist es noch die RLS-90 [27], obschon die Emissionsdaten inzwischen veraltet sind. Wichtige Konkretisierungen der VLärmSchV finden sich in Richtlinien des Bundesverkehrsministeriums für den Verkehrslärmschutz an Bundesfernstraßen VLärmSchR 97 [28].

In Tabelle 5 sind die baugebietsabhängigen IGW aufgeführt. Sie liegen deutlich über den von der WHO empfohlenen Schutzwerten (siehe Tabelle 2). Für die Mischgebiete liegen sie sogar über den Schwellwerten für die Vermeidung gesundheitlicher Risiken im strengen Sinne (L_{den} = 59 dB(A)). Weitere Defizite der VlärmSchV sind die isolierte Betrachtung der jeweils zu ändernden Straße und der grundsätzliche Ausschluss von Schutzmaßnahmen bei rein betrieblich verursachten Erhöhungen der Pegel. Zudem erlaubt §41 (2) BImSchG den Einsatz passiver Maßnahmen, *„wenn die Kosten der [aktiven] Schutzmaßnahmen außer Verhältnis zu dem angestrebten Schutzzweck stehen würde".*

5.1.4 Lärmsanierung

Von großer Bedeutung für die Bestandsstrecken sind die Lärmsanierungsprogramme des Bundes, der Länder und Gemeinden auf haushaltsrechtlicher Basis. Das finanziell am besten ausgestattete und dauerhafte Lärmsanierungsprogramm ist das seit 1978 durchgeführte Programm an Bundesfernstraßen [29]. Aktuell werden pro Jahr 65 Millionen Euro zur Verfügung gestellt (Bundeshaushalt 2018, Kapitel 1201, Titel 74139, 74149 für aktive Schutzmaßnahmen, 82139, 82149 für passiven Lärmschutz).

Lärmsanierung an Bundesfernstraßen kann vorgenommen werden, wenn die vorhandenen Beurteilungspegel die im Bundeshaushalt festgelegten und in Tabelle 6 aufgeführten Auslösewerte (Richtlinien für den Verkehrslärmschutz an Bundesfernstraßen VLärmSchR97: „Immissionsgrenzwerte") überschreiten. Im Verlauf des Programms sind die Auslösewerte für Wohngebiete deutlich um 8 dB(A) gesenkt worden. Seit 1978 bis 2016 sind insgesamt fast 1,16 Milliarden Euro ausgeben worden [30]. Der Vorrang von aktiven Schutzmaßnahmen gilt seit 2006 auch für die Sanierung.

5.1.5 Straßenverkehrsrechtliche Maßnahmen zum Schutz vor Lärm

Ein wichtiges Element bei der Minderung des Straßenverkehrslärms sind straßenverkehrsrechtliche Maßnahmen nach §45 der StVO [17] zum Schutz vor Lärm. Sie sind kostengünstige und schnell zu realisierende Maßnahmen: Sie bestehen vor allem in Form von Fahrverboten und der Senkung zulässiger Geschwindigkeiten. Tempo-30-Zonen sind inzwischen weit verbreitet und akzeptiert, während Tempo-30-Einzelanordnungen an Hauptverkehrsstraßen nach wie vor strittig sind. Hier ist Berlin Vorreiter, das mit nächtlichen Anordnungen von Tempo-30 auf Hauptverkehrsstraßen eine deutliche Minderung der nachts hochbelasteten Anwohner erreichen konnte [31]. Selten sind Geschwindigkeitssenkungen auf Autobahnen. Die Wirkungen von reduzierten zulässigen Geschwindigkeiten ergeben sich nach der RLS-90. Die Wirkung von Tempo-30 gegenüber Tempo-50 ist für den Mittelungspegel zwischen –2,2 bis –2,7 dB(A), je nach Lkw-Anteil, auf Pflaster sogar noch um 3 dB(A) höher. Die Maximalpegel der Vorbeifahrten sind etwa 5 (bzw. auf Pflaster 8) dB(A) leiser. Bei modernen Pkw lassen sich sogar Minderungen von 5 bzw. 8 dB(A) beim Maximalpegel erreichen.

5.1.6 Fazit

Die an manchen hochbelasteten Straßen erforderlichen Reduktionen um bis zu 20 dB(A) lassen sich allerdings

Tabelle 6. Auslösewerte (Beurteilungspegel) für die Lärmsanierung an Bundesfernstraßen in dB(A)

Objekte, Baugebiete	1978–1985		1986–2009		ab 2010	
	tags	nachts	tags	nachts	tags	nachts
Krankenhäuser, Schulen, Kur-, Altenheime, reine und allgemeine Wohngebiete, Kleinsiedlungsgebiete	75	65	70	60	67	57
Kern-, Dorf-, Mischgebiete, besondere Wohngebiete			72	62	69	59
Gewerbe- und Industriegebiete			75	65	72	62

nur unter Einschluss alternativer städtischer Mobilitätskonzepte mit deutlich reduziertem MIV und neuen Modellen des städtischen Güterverkehrs (vgl. UBA-Konzepte der Stadt für Morgen [32]) erreichen.

5.2 Schienenverkehrslärm

5.2.1 Spezifische Probleme

Die aktuellen Geräuschbelastungen im Schienenverkehr sind in Tabelle 4 dargestellt. Sie sind in den Nachtstunden nur unwesentlich geringer als beim Straßenverkehrslärm, obwohl die Verkehrsleistungen auf der Schiene deutlich geringer sind als auf der Straße. Auf manchen Strecken mit hohem Anteil des internationalen Verkehrs, wie dem europäischen Güterverkehrskorridor Rotterdam-Genua, der durch das Weltkulturerbe Mittelrheintal führt, betragen die nächtlichen Belastungen bis zu 80 dB(A), 25 dB(A) über den traditionellen Schutzzielen zur Vermeidung gesundheitlicher Risiken [11].

Grund für diese überproportionale Belastung ist die Tatsache, dass die Nacht für den Güterverkehr genutzt wird, der zudem traditionell mit den lautesten Wagen, den Güterwagen mit Grauguss-Bremssohlen (GG), durchgeführt wird. Zwar sind diese Wagen durch die erste EU-Geräuschvorschrift für konventionelle Schienenfahrzeuge im Jahr 2006 (vgl. die ersten EU-Geräuschvorschriften für Kfz im Jahr 1970!) seitdem nicht mehr zugelassen, die geringe Erneuerungsquote von durchschnittlich nur 2,5 Prozent pro Jahr bei den Schienenfahrzeugen führt dazu, dass die Geräuschvorschriften kurzfristig nicht wirksam sind. Zudem sind auch andere Lärmschutzinstrumente lange Zeit zum Schutz der nationalen Bahnen in der EU und Deutschland bis etwa 2000 nicht umgesetzt worden. Die hohen Belastungen durch den Schienengüterverkehr haben dazu beigetragen, dass Infrastrukturerweiterungsprojekte auf den massiven Widerstand der Bevölkerung stoßen und damit die klimapolitisch erforderliche Verlagerung des Güterverkehrs von der Straße auf die Schiene nicht vorankommt. Der Eisenbahnsektor und die Politik haben seit dem Jahr 1999 (in Deutschland) einen Paradigmenwechsel eingeleitet. Inzwischen ist die Bekämpfung des Schienenverkehrslärms der innovativste Bereich in der deutschen Lärmschutzpolitik, auch wenn die Belastungen noch nicht relevant gesunken sind [33].

5.2.2 Aktueller Stand des Immissionsschutzes

5.2.2.1 Geräuschemissionsgrenzwerte

Im Gegensatz zu den Fahrzeugen des Straßenverkehrs und den Flugzeugen gab es für die Schienenfahrzeuge lange Zeit keine Geräuschemissionsgrenzwerte. Die EU hat im Rahmen einer Strategie zur Überwindung der Wettbewerbsschwächen des Schienenverkehrs die Voraussetzungen dafür geschaffen, die mangelnde Interoperabilität, also die starken technischen und betrieblichen nationalstaatlichen Barrieren zu überwinden. Es sind sogenannte Technische Spezifikationen für die Interoperabilität (TSI) seit 2002 eingeführt worden, mit denen die technischen Regeln für die verschiedenen Aspekte des Schienenverkehrs harmonisiert wurden. Zu den ersten TSI gehörte die TSI für die Fahrzeuge des Hochgeschwindigkeitsverkehrs; sie führte zum ersten Mal für die Schienenfahrzeuge Geräuschemissionsgrenzwerte ein. 2006 folgte die TSI Fahrzeuge – Lärm für den konventionellen Verkehr. Für die Güterwagen wurden Geräuschemissionsgrenzwerte eingeführt, die mit GG-Wagen nicht mehr einzuhalten sind – es ist der Beginn einer wichtigen Minderungsmaßnahme der Emissionen. Die lärmbezogenen TSI wurden weiterentwickelt und harmonisiert, aktuell gilt die TSI Fahrzeuge – Lärm von 2014 [34].

5.2.2.2 Lärmvorsorge

Für die Lärmvorsorge (Neubau und wesentliche Änderung von Schienenwegen) [33, 35] gelten die gleichen Vorschriften wie für den Straßenverkehr (für die Immissionsgrenzwerte siehe Tabelle 5). Allerdings bestand für den Schienenverkehr die Besonderheit, dass die Beurteilungspegel beim Schienenverkehr aus dem Mittelungspegel abzüglich eines Betrags von 5 dB(A) gebildet wurden, dem sogenannten Schienenbonus. Auf der Grundlage der neueren Erkenntnisse der Lärmwirkungsforschung (vgl. auch die WHO-Empfehlungen in Tabelle 2) wurde 2013 der Schienenbonus – für die Lärmvorsorge bei Eisenbahnen ab dem 01.01.2015 und für die Straßenbahnen ab dem 01.01.2019 – abgeschafft [35].

Für Neu- und Ausbaubaustrecken besonderen Ranges hat der Bundestag im Januar 2016 beschlossen [36], dass die beim landgebundenen Verkehr zulässige Abwägung zwischen aktiven (die Außenpegel reduzierenden) und passiven (auf den Innenraumschutz bezogenen) Schallschutzmaßnahmen zugunsten des vollen Aktivschutzes nicht vorgenommen wird („Vollschutz" bzw. „übergesetzlicher" Lärmschutz.). Diese Verbesserung des Schutzniveaus wird derzeit bei dem Ausbau der Rheintalbahn angewandt und von den Regionen auch bei anderen Ausbauprojekten gefordert, z. B. beim geplanten Ausbau der Seehafenhinterlandverbindungen in Niedersachsen [37].

5.2.2.3 Lärmsanierung

1999 wurde mit dem Lärmsanierungsprogramm an Schienenwegen der Eisenbahnen des Bundes begonnen [33, 35]. Die Auslösewerte entsprachen denen des entsprechenden und schon seit 1978 laufenden Programms für die Bundesfernstraßen [29], allerding bis Ende 2014 noch mit dem Schienenbonus, weshalb die Auslösewerte in Form der Mittelungspegel bis 2014 um 5 dB(A) über denen für die Bundesfernstraßen lagen (siehe Tabelle 7). Die Abschaffung des Schienenbonus für die Lärmvorsorge wurde ab 2015 auch für die Lärmsanierung und ab 2016 die Senkung der Auslöse-

Tabelle 7. Auslösewerte (Mittelungspegel) für die Lärmsanierung an Schienenwegen der Eisenbahnen des Bundes in dB(A)

Objekte, Baugebiete	1999–2014		2015		ab 2016	
	tags	nachts	tags	nachts	tags	nachts
Krankenhäuser, Schulen, Kur-, Altenheime, reine und allgemeine Wohngebiete, Kleinsiedlungsgebiete	75	65	70	60	67	57
Kern-, Dorf-, Mischgebiete, besondere Wohngebiete	77	67	72	62	69	59
Gewerbe- und Industriegebiete	80	70	75	65	72	62

werte um 3 dB(A) seit 2010 bei der Straße übernommen. In relativ rascher Zeit wurde somit das Schutzniveau um 8 dB(A) verbessert. Seit 1999 sind auch die im Bundeshaushalt bereitgestellten Finanzmittel von etwa 51 Millionen Euro auf 150 Millionen Euro verdreifacht worden. Für die Abwägung zwischen aktiven und passiven Maßnahmen wurde ein Verfahren entwickelt, mit denen die Kosten der potenziellen aktiven Maßnahmen mit ihrem monetarisierten Nutzen verglichen werden. Liegt der Nutzen über den Kosten, sind aktive Maßnahmen grundsätzlich gerechtfertigt [38].

Aktuell findet für das gesamte Netz eine Nachsanierung statt, um für die von Geräuschimmissionen der Bestandsstrecken Betroffenen gleiches Schutzniveau zu schaffen. Die seit Anfang 2019 veröffentlichten Gesamtlisten der überarbeiteten Sanierungsabschnitte können den Internetseiten des BMVI entnommen werden [39]. Dort ist auch die seit 2019 gültige Förderrichtlinie [38] online gestellt worden, die ebenfalls einige bemerkenswerte Neuerungen enthält, etwa die Begünstigung von aktiven Maßnahmen bei besonders sensiblen Nutzungen wie Kuranlagen.

Ab Ende 2012 wurde die Lärmsanierung über die infrastrukturbezogenen Maßnahmen hinaus auf die Güterwagen als die Hauptquelle der Beeinträchtigungen ausgeweitet [33,35]. Das BMVI und die Deutsche Bahn haben ein Umrüstprogramm für die lauteste Fahrzeugart, die Güterwagen mit Graugussklotzbremsen (GG-Wagen), gestartet: Die Umrüstung auf andere Bremsarten (Kunststoffklotzbremsen) wird einerseits aus dem Haushaltstitel für die Lärmsanierung staatlich gefördert, andererseits werden für Züge mit den umgerüsteten Wagen geringere Trassenpreise gezahlt. Der laufleistungsabhängige Bonus für umgerüstete Güterwagen wird durch erhöhte Trassenpreise für „laute" Güterzüge (Züge, die über 10 Prozent laute Wagen enthalten) gegenfinanziert. Der Trassenpreiszuschlag betrug zu Beginn des Umrüstprogramms 1 Prozent, er beträgt ab Dezember 2018 5,5 Prozent [40] (Dezember 2019 7 Prozent). Das Programm soll Ende 2020 abgeschlossen sein.

Die vollständige Umrüstung der Güterwagen führt zu einer flächendeckenden Pegelreduktion beim Schienengüterverkehr nach den Annahmen der Schall 03 [41] um 5 bis 8 dB(A) je nach Qualität des Schienenfahrflächenzustands (durchschnittlicher Fahrflächenzustand bzw. „Besonders überwachtes Gleis" (BüG)

nach Tabelle 8b der Schall 03). Das BMVI spricht von Minderungen um bis zu 10 dB(A) [35].
Am 03.01.2019 waren von den geschätzten 183 000 Güterwagen die in Deutschland verkehren 63,45 Prozent „leise" Wagen, das heißt TSI-konform (nichtöffentliche Mitteilung des BMVI). Die Umrüstung stagniert aktuell. Es sind also noch erhebliche Anstrengungen vor allem seitens der ausländischen Wagenhalter und Güterverkehrsunternehmen erforderlich (deren Quote beträgt nur etwa 25 Prozent).
Mit dem Schienenlärmschutzgesetz von 2017 [42] wird der Einsatz von GG-Wagen ab 2021 auf dem deutschen Netz grundsätzlich verboten (Ausnahmen gibt es für Züge im Gelegenheitsverkehr, die allerdings ihre Geschwindigkeiten reduzieren müssen, um die erhöhten Emissionen zu kompensieren). Am 31.01.2019 hat das „Railway Interoperability and Safety Committee" (RISC) – mit den Vertretern der Mitgliedsstaaten –, das für die Änderungen der Technischen Spezifikationen für die Interoperabilität zuständig ist, eine entsprechende Änderung der TSI Fahrzeuge-Lärm beschlossen [43]. Danach ist den Güterwagen, die der TSI-Geräuschvorschrift nicht genügen – also die GG-Wagen – der Betrieb auf den sogenannten Quieter Routes ab dem 08.12.2024 untersagt. Quieter Routes sind alle Schienenstrecken mit einer Minimallänge von 20 km, auf denen nachts durchschnittlich mehr als 12 Güterzüge fahren.

5.3 Gewerbelärm

5.3.1 Spezifische Probleme

Trotz der langjährigen Praxis zur Minderung des Gewerbelärms auf der Basis der TA Lärm (1968, 1998 [22], vgl. auch die IRW in Bild 1) sind die Belästigungen durch Industrie- und Gewerbelärm noch relativ hoch (Tabelle 8).

Aus vielen aktuellen Lärmwirkungsstudien ist bekannt, dass die Sensibilität der Menschen gegenüber Geräuschen in den letzten Jahren eher zugenommen hat. Die Umfragen des Umweltbundesamts und des BMU zu Störungen durch Lärm – im Rahmen der Befragungen zum Umweltbewusstsein in Deutschland – zeigen trotz der relativ anspruchsvollen Schutzwerte der TA Lärm eine leichte Zunahme (im linearen Trend, eigenen Auswertung nach Daten des UBA) bei der Störung durch Industrie- und Gewerbelärm seit dem Jahr 2000. Der Anteil der mehr oder weniger Gestörten durch Industrie- und Gewerbelärm liegt aktuell (2016) mit 46 Prozent an dritter Stelle der störenden Quellen, noch vor dem Fluglärm (44 Prozent) und Schienenverkehrslärm (39 Prozent).

5.3.2 Durchgeführte und beabsichtigte Änderungen der TA Lärm

Im Rahmen der Innenentwicklung wurde das Urbane Gebiet (MU) in die BauNVO eingeführt ([5], § 6a) und die TA Lärm entsprechend geändert (Erhöhung der IRW am Tag um 3 dB(A) gegenüber dem Mischgebiet). Dies wird eher zu einer Zunahme der Konflikte führen.
Seitens des Bausektors wird schon seit langem gefordert, die von der TA Lärm ausgeschlossenen Lösung der Probleme durch passiven Schallschutz wie beim landgebundenen Verkehr endlich zuzulassen (siehe auch Abschnitt 5.5). Der Arbeitsring Lärm der Deutschen Gesellschaft für Akustik ALD hat diese Bemühungen wie folgt bewertet:
„Der Vorrang des Außenschutzes – das zeigen die Forderungen und Präferenzen der Betroffenen – ist bei gewerblichen und Sportanlagen beizubehalten... Für einen angemessenen Interessenausgleich zwischen Anwohnern und Anlagenbetreibern ist Außenlärmschutz unabdingbar. Die im Zusammenhang mit der innerstädtischen Verdichtung geforderte Festsetzung von Innenpegeln würde die Schutzkonzeption des deutschen Lärmschutzrechts zur Disposition stellen: Sind Immissionsrichtwerte innen (und nicht mehr außen) einzuhalten, wird Lärmbekämpfung nicht mehr vorrangig an der Quelle ansetzen müssen. Damit entfällt für den Anlagenbetreiber der Anreiz zur Emissionsminderung. Das widerspricht dem im BImSchG angelegten Verursacherprinzip. Nur über eine Festsetzung von Außenpegeln kann auch ein Mindestmaß an Aufenthaltsqualität im öffentlichen Raum gesichert werden." [44]
Zudem stellt eine Überwachung von Innenpegeln die Vollzugsbehörden vor kaum zu überwindende technische und organisatorische Hürden: Variabilität des Frequenzspektrums, Impulshaftigkeit, Geräuschspitzen und tieffrequente Geräuschanteile sind zu berücksichtigen, die so beim Verkehrslärm nicht gegeben sind. Eine entsprechende dauerhaft wirksame Dimensionierung der Schallschutzfenster ist daher grundsätzlich kaum möglich.

5.4 Umgebungslärm

Die Lärmaktionsplanung (LAP) nach der EU-Richtlinie zum Umgebungslärm [8] ist seit dem Jahr 2008 im Fünfjahresrhythmus durchzuführen. Hierzu sind die Geräuschbelastungen nach einheitlichen europäischen Geräuschindikatoren (L_{den} und Nachtpegel L_{night}) und Prognosemodellen (seit dem 01.01.2019 CNOSSOS-DE) zu ermitteln und Lärmaktionspläne, vorrangig für den Verkehrs- und Gewerbelärm, aufzustellen. Dabei ist die Öffentlichkeit zu beteiligen. Der Prozess wurde 2007/2008 gestartet, aktuell wird die 3. Stufe umgesetzt. Die LAP ist besonders für Kommunen von Bedeutung, da nun auch die Bestandsstraßen der Kommunen systematisch in die Lärmminderung einbezogen werden müssen. Die Pflicht zur Öffentlichkeitsbeteiligung hat das Bewusstsein für Lärmprobleme deutlich erhöht. Die LAP bietet zudem grundsätzlich die Möglichkeit, das Zusammenwirken der verschiedenen Lärmquellen zu berücksichtigen.
Die LAP ist in Deutschland schleppend angelaufen und auch im Jahr 2016 hatten noch nicht alle dazu verpflichteten Ballungsräume und Gemeinden ihre Lärmaktionspläne der 2. Stufe (2012/2013) entwickelt. Zudem genügten etliche der Lärmaktionspläne nicht den EU-Vorgaben. Auch wurde in einigen Fällen die Öffentlichkeit nicht korrekt beteiligt.
Die Europäische Kommission hat deshalb am 29.09.2016 ein Vertragsverletzungsverfahren gegen Deutschland eingeleitet (Nummer 2016/2116) und inzwischen durch eine begründete Stellungnahme verschärft [45]. Das Verfahren läuft derzeit immer noch.
Die Lärmaktionsplanung und die Lärmsanierungsprogramme als zweites wichtiges Instrument der Heilung lauter Bestandssituationen sind bislang nicht harmonisiert worden. Die Bürgerinnen und Bürger sind deshalb mit zwei unterschiedlichen Vorgehensweisen und damit auch unterschiedlichen Belastungsberechnungen konfrontiert, was zu Irritationen führt. Allerdings wird seit 2019 versucht, die Programme für den Bereich des Schienenverkehrslärms zu harmonisieren.

5.5 Bauleitplanung

Die Bauleitplanung nach dem BauGB [1] hat im Zuge des städtischen Wohnungsneubaus nach dem Prinzip der Innenentwicklung einen hohen Stellenwert für die Vermeidung neuer geräuschbelasteter Wohngebiete. Grundsätzlich bestehen dabei einige Probleme:
– Das Schutzniveau in einem Baugebiet wird – wie bereits beschrieben – durch die Gebietsausweisung (BauGB, BauNVO [5]) bestimmt, ohne dass eine Begründung aus der Sicht der Lärmwirkungsforschung dafür vorliegt.
– Das Schutzziel „Gesunde Wohn- und Arbeitsverhältnisse" im BauGB ist semantisch nicht konsistent mit dem BImSchG-Schutzniveau, dass auch die Vermeidung erheblicher Belästigungen zum Ziel hat.
– Für die heranrückende Wohnbebauung gibt es nur die Orientierungswerte der DIN 18005 „Schallschutz im Städtebau" [21], die allerdings ein ambitioniertes Schutzniveau vorgeben.
– 2017 wurde das Urbane Gebiet (MU) mit dem geringsten Schutzniveau für Gebiete mit Wohnnutzungen eingeführt (Bild 1). Es besteht die Gefahr des Etikettenschwindels, wenn eigentlich Allgemeine Wohngebiete (WA) – nur aufgrund der höheren baulichen Dichte – als MU konzipiert werden.

Besonders umstritten ist das Problem einer an gewerbliche Anlagen heranrückenden Wohnbebauung. Das Bundesverwaltungsgericht hat in seiner Rechtsprechung das Prinzip der „Spiegelbildlichkeit" für die Bauleitplanung eingeführt (Urteil des BVerwG 4 C 8.11 vom 29.11.2012 [46]), indem es die Gültigkeit der Schutzprinzipien für den Gewerbelärm auch für den Fall der heranrückenden Wohnbebauung postuliert hat. Das betrifft vor allem die Vorgabe, dass die TA Lärm keine Lösung der Lärmkonflikte durch passiven Schallschutz zulässt. Das Gericht hat die Bedeutung des Außenschutzes unterstrichen:
„*Damit sichert die TA Lärm von vornherein für Wohnnutzungen einen Mindestwohnkomfort, der darin besteht, Fenster trotz der vorhandenen Lärmquellen öffnen zu können und eine natürliche Belüftung sowie einen erweiterten Sichtkontakt nach außen zu ermöglichen, ohne dass die Kommunikationssituation im Innern oder das Ruhebedürfnis und der Schlaf nachhaltig gestört werden können.*"
Es hat deshalb zahlreiche Initiativen gegeben, die Ausschließlichkeit des Außenschutzes in der TA Lärm oder für die heranrückende Wohnbebauung zu beseitigen. So hat die Bauministerkonferenz am 22. Februar 2019 im TOP 10 „Anpassung der TA Lärm ... an die Erfordernisse einer nachhaltigen Stadt- und Ortsentwicklung" gefordert: „Anpassung des Bundesimmissionsschutzrechtes (BImSchG und/oder TA Lärm), das es ermöglicht, Lärmgrenzwerte bei an Gewerbebetriebe heranrückende Wohnbebauung durch passive Schallschutzmaßnahmen einzuhalten." [47].

6 Fazit

Die Lärmwirkungsforschung hat in den letzten Jahren neue Erkenntnisse zu den schädlichen Umwelteinwirkungen durch Verkehrsgeräusche gewonnen. Die Empfindlichkeit der Bevölkerung gegenüber diesen Geräuschen ist zum Teil deutlich gestiegen. Es wurde nachgewiesen, dass die möglichen Krankheitsrisiken nicht nur – wie seit längerem bekannt – Herzinfarkte, sondern weitere relevante Krankheitsbilder (wie Depressionen, Herzinsuffizienz, Schlaganfälle usw.) umfassen. Zwar blickt Deutschland auf eine lange Praxis der Lärmbekämpfung zurück, spätestens mit dem Bundes-Immissionsschutzgesetz von 1974 sind grundlegende Prinzipien und Schutzkonzepte rechtlich verankert worden. Das BImSchG hatte aber von Anfang an das Defizit, bestehende Lärmsituationen nicht einzubeziehen und keine konkreten Verfahrensweisen für die Minderung der Gesamtlärmbelastung bereitzustellen. Manche Quellen wie der Schienenverkehr sind erst sehr spät (ab etwa 1999) einer systematischen Minderung unterzogen worden. Neue Quellen sind in großer Zahl hinzugekommen, z. B. die motorisierten Laubbläser oder der tourismusinduzierte, verhaltensbezogene Lärm. Deshalb wundert es nicht, dass die Beeinträchtigungen der Bevölkerung durch Geräusche immer noch zu hoch sind. Die Schutzmaßnahmen konnten den großen Zuwachs an Lärmquellen, beispielsweise durch die Massenmotorisierung nur teilweise kompensieren. Zum Teil liegt dies auch daran, dass manche Programme wie das der Umrüstung der Güterwagen einen langen Umsetzungszeitraum brauchen. Auch die Vorgaben zur Minderung der Geräuschemissionen von Kraft- und Schienenfahrzeugen oder Flugzeugen (mit Ausnahme von Start- und Landeverboten für sehr laute Flugzeuge) bewirken wegen der bisherigen Anwendung allein auf Neufahrzeuge nur ein sehr langsames Sinken der Emissionen.

Die beiden zentralen Forderungen an die Politik sind eine Gesamtlärmbetrachtung und ein verbindlicheres Recht für die Bestandssituationen.

Das historisch gewachsene Immissionsschutzrecht für die verschiedenen Quellen muss harmonisiert werden, damit diese in eine Gesamtlärmbetrachtung einbezogen werden können. Die Zersplitterung in diverse Regelwerke mit jeweils spezifischen Vorgehensweisen ist für die Betroffenen schwer nachzuvollziehen (auch wenn sie zum Teil ihre Berechtigung in den Eigenarten der Quellen hat). Die Schutzprinzipien für die sensiblen Zeiten wie die Nacht oder die Sonn- und Feiertage müssen aufeinander abgestimmt werden. Bezüglich des Schutzes der Außenwohnbereiche, der Stadtplätze und der noch ruhigen Gebiete sollte die Harmonisierung auf hohem Niveau erfolgen: Eine Stärkung der aktiven Schutzmaßnahmen beim Verkehrslärm statt einem Abbau des ausschließlichen Aktivschutzes in Regelwerken wie der TA Lärm.

Für die Bestandsituationen sind grundsätzlich ebenfalls Immissionsgrenz- oder -richtwerte einzuführen, die in einem Stufenplan einzuhalten sind. Dazu hat es ja bereits in Form des Verkehrslärmschutzgesetzes weit gediehene Gesetzesvorschläge in den 80er-Jahren gegeben. Auch die bisherige Anwendung von Geräuschgrenzwerten nur für die jeweils neuen Quellen ist zu überdenken. Das Beispiel des Schienenverkehrslärms und die faktische Elimination der lauten Güterwagen ab 2020 in der Schweiz, 2021 in Deutschland und 2025 in der EU zeigt die grundsätzliche Machbarkeit solcher Lösungen.

Ein Blick auf die einzelnen Quellen zeigt ein sehr unterschiedliches Maß an technischer und rechtlicher Innovation.

Gerade bei der Quelle, die die höchsten Beeinträchtigungen zur Folge hat, beim Straßenverkehr, sind die geringsten Fortschritte erzielt worden. Diese sind zudem eher das Ergebnis lokalen Handelns oder der Initiativen der Länder – wie bei der Einführung von Tempo-30-Regelungen an klassifizierten Straßen.

Große Fortschritte sind hingegen bei der Minderung des Schienenverkehrslärms erzielt worden. Hier sind die wichtigsten Regelungsdefizite seit Ende der 90er-Jahre weitgehend beseitigt worden, der Schutz vor Schienenverkehrslärm kann inzwischen als ein gutes Beispiel für andere Quellen gelten. Mit dem einstimmigen Beschluss des Bundestags 2016 zum „übergesetzlichen Lärmschutz" bei bestimmten Infrastrukturprojekten ist sogar die Revision der Lärmvorsorge eröffnet. Trotzdem bleiben an den wichtigsten Bahnstrecken auch nach Umsetzung der Programme bis Ende 2020 die Belastungen zu hoch, eine Weiterentwicklung des Instrumentariums ist deshalb erforderlich.

In den urbanen Gebieten wird die Lärmsituation durch das Zusammenwirken von Verkehr, Gewerbe und Industrie, Sport- und Freizeitanlagen bestimmt. Die Anhebung der Immissionsrichtwerte in den urbanen Gebieten hat zur Folge, dass sich auch der Gesamtlärm deutlich erhöhen dürfte. Es steht zu befürchten, dass die Bewohner Stadtquartiere mit hohen Immissionen bei nachlassendem Siedlungsdruck wieder verlassen werden, sodass das ursprüngliche Ziel einer nutzungsgemischten Stadt der kurzen Wege nur partiell erreicht wird. Der bis heute unzureichende Verkehrslärmschutz darf nicht zum Maßstab für eine „Anpassung" der Lärmschutzgesetzgebung an die veränderten Bedingungen der Innenentwicklung werden.

Ein fortschrittlicher Lärmschutz sollte besser in andere Politikfelder integriert werden: Vor allem die Lösung des Straßenverkehrslärmproblems ist ohne einen grundlegenden Verkehrswandel, der auch für den Schutz des Klimas und vor Luftschadstoffen unumgänglich ist, nicht zu schaffen. Der Straßenverkehrslärmschutz muss stärker in eine nachhaltige Stadt- und Regionalpolitik integriert werden, die aktuell wegen der erforderlichen Dekarbonisierung, der Nutzung der Digitalisierung und veränderter Mobilitätsformen ohnehin vor einem großen Wandel steht. Die prioritären Nachhaltigkeitsinstrumente der Verkehrsvermeidung und Verkehrsverlagerung sind auch für die Lärmbekämpfung zu nutzen.

Schließlich braucht der Schutz vor Lärm auch einen kulturellen Wandel. In einer liberalisierten Gesellschaft mit einem hohen Maß an Freizeitaktivitäten und einem vielfältigen Kulturangebot ist eine Besinnung auf die Tugend der Rücksichtnahme unerlässlich, da sonst der verhaltensbezogene Lärm weiter zunehmen wird. Es wird vonnöten sein, die schwierige Balance zwischen einer offenen und lebendigen Stadt und den berechtigten Ansprüchen der Bürgerinnen und Bürger auf akustische Autonomie und Phasen der Ruhe zu erreichen.

7 Literatur

[1] Baugesetzbuch in der Fassung der Bekanntmachung vom 3. November 2017 (BGBl. I S. 3634).

[2] Umweltbundesamt (2019) *Umwelt und Gesundheit/ Gesundheitsrisiken durch Umgebungslärm/ Belastung der Bevölkerung durch Verkehrslärm nach Umgebungslärmrichtlinie* [online], https://www.umweltbundesamt.de/sites/default/files/medien/384/bilder/2_abb_belast-bev-verkehrslaerm_2019-01-09.png [Zugriff am 21. Jan. 2019].

[3] World Health Organization Regional Office for Europe (2018) *Environmental Noise Guidelines* [online], http://www.euro.who.int/en/health-topics/environment-and-health/noise/publications/who-environmental-noise-guidelines-for-the-european-region-2018 [Zugriff am 21. Apr. 2019].

[4] NORAH Noise-Related Annoyance, Cognition and Health (2015) [online], http://www.laermstudie.de [Zugriff am 21. Apr. 2019].

[5] Baunutzungsverordnung in der Fassung der Bekanntmachung vom 21. November 2017 (BGBl. I S. 3786). Neugefasst durch Bek. v. 21.11.2017 I 3786.

[6] Achtzehnte Verordnung zur Durchführung des Bundes-Immissionsschutzgesetzes (Sportanlagenlärmschutzverordnung – 18. BImSchV) vom 18. Juli 1991 (BGBl. I S. 1588, 1790), zuletzt geändert durch Artikel 1 der Verordnung vom 1. Juni 2017 (BGBl. I S. 1468).

[7] Freizeitlärm-Richtlinie der Bund/Länder-Arbeitsgemeinschaft für Immissionsschutz in der Fassung vom 06.03.2015.

[8] Richtlinie 2002/49/EG des Europäischen Parlaments und des Rates vom 25. Juni 2002 über die Bewertung und Bekämpfung von Umgebungslärm – Erklärung der Kommission im Vermittlungsausschuss zur Richtlinie über die Bewertung und Bekämpfung von Umgebungslärm. Amtsblatt Nr. L 189 vom 18/07/2002 S. 0012–0026 [online], http://eur-lex.europa.eu/legal-content/DE/TXT/?uri=celex:32002L0049 [Zugriff am 21. Apr. 2019].

[9] BMUB, UBA (2016) *Umweltbewusstsein in Deutschland* [online], Dessau-Roßlau https://www.umweltbundesamt.de/sites/default/files/medien/1968/publikationen/umweltbewusstsein_in_deutschland_2016_barrierefrei.pdf. (Zugriff am 21. Apr. 2019).

[10] Verkehrslärmschutzverordnung vom 12. Juni 1990 (BGBl. I S. 1036), die durch Artikel 1 der Verordnung vom 18. Dezember 2014 (BGBl. I S. 2269) geändert worden ist.

[11] Umweltbundesamt (2019) *Verkehr/ Lärm/ Verkehrslärm* [online], https://www.umweltbundesamt.de/themen/verkehr-laerm/verkehrslaerm#textpart-1 [Zugriff am 21. Apr. 2019].

[12] Seidler, A.; Wagner, M.; Schubert, M.; Dröge, P.; Hegewald, J. (2015) Sekundärdatenbasierte Fallkontrollstudie mit vertiefender Befragung, in *Gemeinnützige Umwelthaus gGmbH* (Hrsg.), NORAH (Noise related annoyance cognition and health): Verkehrslärmwirkungen im Flughafenumfeld (Bd. 6). Kelsterbach: Umwelthaus gGmbH.

[13] Vertrag über die Arbeitsweise der Europäischen Union, Fassung aufgrund des am 1.12.2009 in Kraft getretenen Vertrages von Lissabon (Konsolidierte Fassung bekanntgemacht im ABl. EG Nr. C 115 vom 9.5.2008, S. 47).

[14] Umweltbundesamt (2011) *Auswertung der Online-Lärmumfrage des Umweltbundesamtes* [online] https://www.umweltbundesamt.de/sites/default/files/medien/publikation/long/3974.pdf [Zugriff am 21. Apr. 2019].

[15] Gesetz zum Schutz vor schädlichen Umwelteinwirkungen durch Luftverunreinigungen, Geräusche, Erschütterungen und ähnliche Vorgänge (Bundes-Immissionsschutzgesetz – BImSchG) in der Fassung der Bekanntmachung vom 17. Mai 2013 (BGBl. I S. 1274), zuletzt geändert durch Artikel 3 des Gesetzes vom 18. Juli 2017 (BGBl. I S. 2771).

[16] Grundgesetz für die Bundesrepublik Deutschland in der im Bundesgesetzblatt Teil III, Gliederungsnummer 100-1, veröffentlichten bereinigten Fassung, das zuletzt durch Artikel 1 des Gesetzes vom 28. März 2019 (BGBl. I S. 404) geändert worden ist.

[17] Straßenverkehrs-Ordnung, Verordnung vom 06.03.2013 (BGBl. I S. 367), in Kraft getreten am 01.04.2013, zuletzt geändert durch Verordnung vom 08.10.2017 (BGBl. I S. 3549) m.W.v. 19.10.2017.

[18] Bundesfernstraßenmautgesetz vom 12. Juli 2011 (BGBl. I S. 1378), das zuletzt durch Artikel 1 des Gesetzes vom 4. Dezember 2018 (BGBl. I S. 2251) geändert worden ist.

[19] Luftverkehrsgesetz (LuftVG) in der Fassung der Bekanntmachung vom 10. Mai 2007 (BGBl. I S. 698), zuletzt geändert durch Artikel 2 Absatz 11 des Gesetzes vom 20. Juli 2017 (BGBl. I S. 2808).

[20] Gesetz zum Schutz gegen Fluglärm (Fluglärmschutzgesetz-FluLärmG) in der Fassung der Bekanntmachung vom 31. Oktober 2007 (BGBl. I S. 2550).

[21] DIN 18005-1 Beiblatt 1:1987-05 (1987) *Schallschutz im Städtebau; Berechnungsverfahren; Schalltechnische Orientierungswerte für die städtebauliche Planung*, Beuth, Berlin.

[22] Sechste Allgemeine Verwaltungsvorschrift zum Bundes-Immissionsschutzgesetz (Technische Anleitung zum Schutz gegen Lärm – TA Lärm) vom 26. August 1998 (GMBl Nr. 26/1998 S. 503), geändert durch Verwaltungsvorschrift vom 01.06.2017 (BAnz AT 08.06.2017 B5).

[23] 32. Verordnung zur Durchführung des Bundes-Immissionsschutzgesetzes (Geräte- und Maschinenlärmschutzverordnung-32. BImSchV) vom 29. August 2002 (BGBl. I S. 3478), zuletzt geändert durch Artikel 83 der Verordnung vom 31. August 2015 (BGBl. I S. 1474).

[24] Gesetz zum Schutz vor Luftverunreinigungen, Geräuschen und ähnlichen Umwelteinwirkungen (Landes-Immissionsschutzgesetz NRW- LImSchG -) vom 18. März 1975- GV. NW. 1975 S. 232, zuletzt geändert durch Artikel 6 des Gesetzes vom 20. September 2016 (GV. NRW. S. 790).

[25] Verordnung (EU) Nr. 540/2014 des Europäischen Parlaments und des Rates vom 16. April 2014 über den Geräuschpegel von Kraftfahrzeugen und von Austauschschalldämpferanlagen sowie zur Änderung der Richtlinie 2007/46/EG und zur Aufhebung der Richtlinie 70/157/EWG. Amtsblatt der EU, L 158/131 vom 27.05.2014 [online], http://eur-lex.europa.eu/legal-content/DE/TXT/PDF/?uri=CELEX:32014R0540&from=EN [Zugriff am 22. Apr. 2019].

[26] Schade, L. (2014) *Entwicklung neuer Lärmkartenberechnungsverfahren* (CNOSSOS-EU), ALD-Veranstaltung „Lärmaktionsplanung 2. Stufe", 2014.

[27] Bundesminister für Verkehr, Abteilung Straßenbau (1990) *Richtlinien für den Lärmschutz an Straßen-RLS-90*, Ausgabe 1990.

[28] BMV (1997) Richtlinien für den Verkehrslärmschutz an Bundesfernstraßen in der Baulast des Bundes-VLärmSchR 97, *Verkehrsblatt*, Heft 12, 1997.

[29] BMVI (2019) *Lärmvorsorge und Lärmsanierung an Bundesfernstraßen* [online], https://www.bmvi.de/SharedDocs/DE/Artikel/StB/laermschutz.html [Zugriff am 22. Apr. 2019].

[30] BMVI, Abteilung Straßenbau (2017) *Statistik des Lärmschutzes an Bundesfernstraßen 2016* [online] https://www.bmvi.de/SharedDocs/DE/Anlage/VerkehrUndMobilitaet/Strasse/statistik-des-laermschutzes-an-bundesfernstrassen.pdf?__blob=publicationFile [Zugriff am 22. Apr. 2019].

[31] Senatsverwaltung für Umwelt, Verkehr und Klimaschutz, Berlin (2019) *Verkehr/Verkehrspolitik/Tempobeschränkungen/Tempo 30 an Hauptverkehrsstraßen* [online], https://www.berlin.de/senuvk/verkehr/politik/tempo/de/tempo30.shtml [Zugriff am 22. Apr. 2019].

[32] Umweltbundesamt (2017) *Die Stadt für Morgen: Umweltschonend mobil – lärmarm – grün – kompakt – durchmischt*, 2. Auflage [online], https://www.umweltbundesamt.de/publikationen/die-stadt-fuer-morgen-umweltschonend-mobil-laermarm [Zugriff am 22. Apr. 2019].

[33] Arbeitsring Lärm der DEGA (2018) ALD-Broschüre „Schienenverkehrslärm – Ursachen, Wirkungen, Schutz [online], http://www.ald-laerm.de/fileadmin/ald-laerm.de/Publikationen/Druckschriften/ALD-Broschuere_Schienenverkehrslaerm_Web.pdf [Zugriff am 22. Apr. 2019].

[34] Verordnung (EU) Nr. 1304/2014 der Kommission vom 26. November 2014 über die technische Spezifikation für die Interoperabilität des Teilsystems „Fahrzeuge – Lärm" sowie zur Änderung der Entscheidung 2008/232/EG und Aufhebung des Beschlusses 2011/229/EU, Amtsblatt der Europäischen Union L356/421ff. vom 12.12.2014 [online], http://eur-lex.europa.eu/legal-content/DE/TXT/PDF/?uri=CELEX:32014R1304&from=DE [Zugriff am 22. Apr. 2019].

[35] BMVI (2018) *Lärmschutz im Schienenverkehr*, fünfte Aufl. [online], https://www.bmvi.de/SharedDocs/DE/Publikationen/E/laermschutz-im-schienenverkehr-broschuere.html?nn=13190.

[36] Deutscher Bundestag: Antrag der Fraktionen der CDU/CSU und SPD (2016) *Menschen- und umweltgerechten Ausbau der Rheintalbahn realisieren*. Bundestags-Drucksache 18/7364 vom 26.01.2016 [online], http:

//dip21.bundestag.de/dip21/btd/18/073/1807364.pdf [Zugriff am 22. Apr. 2019].

[37] Dialogforum Schiene Nord (2015) *Kapazitätserweiterung der Schieneninfrastruktur im Raum Bremen-Hamburg-Hannover: Abschlussdokument zum Dialogverfahren*, Celle, 05.11.2015, S. 12–13 [online] http://www.dialogforum-schiene-nord.de/downloadcenter/download/24b7100d4221ecc3c60ebfcb1fca79bd [Zugriff am 22. Apr. 2019].

[38] BMVI (2018) Richtlinie zur Förderung von Maßnahmen zur Lärmsanierung an bestehenden Schienenwegen der Eisenbahnen des Bundes, überarb. Fassung 2018, vom 06.12.2018, *Verkehrsblatt*, Heft 24, S. 858–865 [online], https://www.bmvi.de/SharedDocs/DE/Anlage/VerkehrUndMobilitaet/Schiene/foerderrichtlinie-laermsanierung-schiene.pdf?__blob=publicationFile [Zugriff am 22. Apr. 2019].

[39] BMVI (2019) *Lärmvorsorge und Lärmsanierung an Schienenwegen* [online], https://www.bmvi.de/SharedDocs/DE/Artikel/E/laermvorsorge-und-laermsanierung.html [Zugriff am 22. Apr. 2019].

[40] DB Netze (2018) *Schienennetz-Benutzungsbedingungen der DB Netz AG 2019* (SNB 2019), Gültig ab 09.12.2018 [online], https://fahrweg.dbnetze.com/resource/blob/1354962/6a8c764103f4ce4e0543be15e4c34-5a1/snb_2019-data.pdf [Zugriff am 22. Apr. 2019].

[41] Verordnung zur Änderung der Sechzehnten Verordnung zur Durchführung des Bundes-Immissionsschutzgesetzes (Verkehrslärmschutzverordnung – 16. BImSchV). Anlage 2 zu §4 Berechnung des Beurteilungspegels für Schienenwege (Schall 03), BGBl. I, S. 2271–2313, 23.12.2014 [online], https://www.bgbl.de/xaver/bgbl/start.xav?start=%2F%2F*%5B%40attr_id%3D%27bgbl114s2269.pdf%27%5D#__bgbl__%2F%2F*%5B%40attr_id%3D%27bgbl114s2269.pdf%27%5D__1555969888763 [Zugriff am 22. Apr. 2019].

[42] Gesetz zum Verbot des Betriebs lauter Güterwagen (Schienenlärmschutzgesetz) vom 20. Juli 2017 (BGBl. I S. 2804).

[43] EU-Kommission (2019) Commission Implementing Regulation amending Regulation (EU) No 1304/2014 as regards application of the technical specification for interoperability relating to the subsystem 'rolling stock – noise' to the existing freight wagons [online] http://ec.europa.eu/transparency/regcomitology/index.cfm?do=search.documentdetail&dos_id=17139&ds_id=59069&version=6&History=true [Zugriff am 22. Apr. 2019].

[44] Heinecke-Schmitt, R.; Jäcker-Cüppers, M.; Schreckenberg, D. (2018) Bewertung der staatlichen Lärmschutzpolitik anlässlich der neuen Legislaturperiode des Bundes, in *Akustik Journal* Nr. 1, S. 7–21.

[45] http://europa.eu/rapid/press-release_MEMO-17-3494_en.htm [Zugriff am 22. April 2019].

[46] BVerwG, Urteil vom 29.11.2012 – 4 C 8.11 [online], https://www.bverwg.de/291112U4C8.11.0 [Zugriff am 22. Apr. 2019].

[47] Bauministerkonferenz (2019) *Protokoll über die Sitzung der Bauministerkonferenz am 22. Februar 2019 in Berlin* [online], https://www.bauministerkonferenz.de/Dokumente/42322357.pdf [Zugriff am 22. Apr. 2019]

Ernst & Sohn
A Wiley Brand

Peter Marti
Baustatik
Grundlagen – Stabtragwerke – Flächentragwerke
2. korrigierte Auflage
2014. 684 S.
€ 98,–*
ISBN 978-3-433-03093-6
Auch als ebook erhältlich

Das Grundlagenwerk für Bauingenieure

Das Buch liefert eine einheitliche Darstellung der Baustatik auf der Grundlage der Technischen Mechanik. Es behandelt Stab- und Flächentragwerke nach der Elastizitäts- und Plastizitätstheorie. Es betont den geschichtlichen Hintergrund und den Bezug zur praktischen Ingenieurtätigkeit und dokumentiert erstmals in umfassender Weise die spezielle Schule, die sich in den letzten 50 Jahren an der ETH in Zürich herausgebildet hat.

Online Bestellung:
www.ernst-und-sohn.de/3093

Ernst & Sohn
Verlag für Architektur und technische Wissenschaften GmbH & Co. KG

Kundenservice: Wiley-VCH
Boschstraße 12
D-69469 Weinheim

Tel. +49 (0)6201 606-400
Fax +49 (0)6201 606-184
service@wiley-vch.de

* Der €-Preis gilt ausschließlich für Deutschland. Inkl. MwSt. Die Versandkosten für Deutschland, Österreich, Schweiz, Liechtenstein und Luxemburg entfallen. Für alle anderen Länder gilt der Preis zzgl. Versandkosten. Irrtum und Änderungen vorbehalten. 1019146_dp

Energetische Balkon-sanierung

- schwer entflammbare Abdichtungs-System-lösung (Cfl-s1) gem. EN 13501-1
- von der Dämmung bis zum Finish

WestWood Kunststofftechnik GmbH
Fon: 05702/8392-0 · www.westwood.de

Schallschutz im Hochbau

Elmar Sälzer, Georg Eßer,
Jürgen Maack, Thomas Möck,
Markus Sahl
Schallschutz im Hochbau
Grundbegriffe, Anforderungen,
Konstruktionen, Nachweise
2014. 368 Seiten.
€ 79,–*
ISBN 978-3-433-03029-5
Auch als ebook erhältlich.

Der bauliche Schallschutz zählt mit dem baulichen Wärmeschutz und dem Brandschutz zu den drei wichtigsten Teilgebieten der Bauphysik. Dennoch ist die zur Verfügung stehende Literatur für den Schallschutz im Hochbau wesentlich weniger umfangreich, als dies z. B. für den Wärmeschutz gegeben ist. Das vorliegende Buch soll dem abhelfen.

Neben der Erläuterung der Grundbegriffe werden die schalltechnischen Anforderungen aus bauaufsichtlicher und zivilrechtlicher Sicht dargestellt und verglichen. Die benötigten Konstruktionen sowohl für den Massivbau als auch aus dem Bereich der elementierten Bauteile werden mit ihren schalltechnischen Eigenschaften und Besonderheiten dargestellt. Hierbei konnten die Autoren auf die Messergebnisse von mehreren Tausend Messungen, und zwar sowohl im schalltechnischen Labor als auch von Güteprüfungen des Schallschutzes am Bau, zurückgreifen.

Dem Anwender ist es somit möglich, verschiedene Alternativen mit unterschiedlichen Standards unter Berücksichtigung der Wirtschaftlichkeit vergleichend gegenüber zu stellen. Die mit den ausgewählten Konstruktionen zu führenden Nachweise zur Erfüllung der bauaufsichtlichen Anforderungen und zum Nachweis zivilrechtlicher Anforderungen werden beschrieben.

Ein umfangreiches Literaturverzeichnis sowie ein Stichwortverzeichnis erleichtern die Arbeit mit diesem Buch und weiterführende Recherchen.

Online Bestellung:
www.ernst-und-sohn.de/3029

Ernst & Sohn
Verlag für Architektur und technische
Wissenschaften GmbH & Co. KG

Kundenservice: Wiley-VCH
Boschstraße 12
D-69469 Weinheim

Tel. +49 (0)6201 606-400
Fax +49 (0)6201 606-184
service@wiley-vch.de

* Der €-Preis gilt ausschließlich für Deutschland. Inkl. MwSt. Die Versand kosten für Deutschland, Österreich, Schweiz, Liechtenstein und Luxemburg entfallen. Für alle anderen Länder gilt der Preis zzgl. Versandkosten. Irrtum und Änderungen vorbehalten. 1082126_dp

A 2 VDI 4100:2012-10 – Wegweiser für den erhöhten Schallschutz?

Martin Schäfers

Dr.-Ing. Martin Schäfers
Bundesverband Kalksandsteinindustrie e. V.
Entenfangweg 15, 30419 Hannover

Studium des Bauingenieurwesens an der Universität Kassel. Mehrjährige freie Mitarbeit im Ingenieurbüro für Bauphysik von Prof. Dr.-Ing. Hauser in Kassel. Anschließend wissenschaftlicher Mitarbeiter bei Prof. Dr.-Ing. Seim am Fachgebiet Bauwerkserhaltung und Holzbau. Promotion zu hybriden Verbundkonstruktionen. Seit 2010 Abteilungsleiter Bauanwendung und Bauphysik im Bundesverband Kalksandsteinindustrie e. V. Im Rahmen dieser Tätigkeit Betreuung der laufenden Weiterentwicklung der verschiedenen, durch den Bundesverband angebotenen Arbeitshilfen, wie z. B. den KS-Schallschutzrechner oder die KS-Nachweisprogramme zur EnEV. Mitglied nationaler und europäischer Normungsgremien im DIN und CEN zum Wärme- und Schallschutz, u. a. tätig für die Normenreihen DIN 4109 und DIN 4108. Lehrbeauftragter für Bauphysik an der Hochschule Darmstadt; Referent zu verschiedenen Themen der Bauphysik und des Mauerwerksbaus sowie Autor zahlreicher Fachveröffentlichungen.

Bauphysik-Kalender 2020: Bau- und Raumakustik. Herausgegeben von Nabil A. Fouad.
© 2020 Ernst & Sohn GmbH & Co. KG. Published 2020 by Ernst & Sohn GmbH & Co. KG.

Inhaltsverzeichnis

1 Einleitung 21

2 VDI 4100:2012-10: neue Kenngrößen – neue Schallschutzstufen 21
2.1 Alte oder neue Beurteilungskenngrößen? 21
2.2 Definition schutzbedürftiger Räume 23
2.3 Schallschutzstufen in VDI 4100:2012 im Vergleich zu anderen Regelwerken 23

3 Begründung der Schallschutzniveaus der neuen Schallschutzstufen 23
3.1 Verfahren zur analytischen Herleitung von Anforderungen nach Moll 23
3.2 Weitere Überlegungen zur Begründung der Schallschutzstufen in VDI 4100:2012-10 27

4 Planung des Schallschutzes mit aktuellen Rechenverfahren 27
4.1 Ingenieurmäßige Bemessung des Schallschutzes bzw. der Schalldämmung 27
4.1.1 Berücksichtigung der Unsicherheit 27
4.1.2 Ermittlung des maßgeblichen Raumes 27
4.2 Vergleichsrechnungen zum Einfluss des aktuellen Rechenverfahrens 29

5 Anforderungen an Konstruktionen bei kleinen Räumen 33

6 Auswertung aktuell üblicher Geschosswohnungsbauten 34
6.1 Stichprobe der Untersuchung 34
6.2 Ergebnisse 34
6.3 Weitergehende Betrachtungen 35

7 Reaktionen von Fachwelt, Baupraxis und Rechtsprechung auf VDI 4100:2012-10 37
7.1 Reaktionen auf die Herausgabe von VDI 4100:2012-10 37
7.2 VDI 4100 in der Planungspraxis und Rechtsprechung 37

8 Fazit und Ausblick 38

9 Literatur 39

1 Einleitung

Der Beitrag „Die Neufassung von VDI 4100 und ihre Auswirkung auf die Bau-/Planungspraxis und die Rechtsprechung" aus dem Bauphysik-Kalender 2014 wurde überarbeitet und aktualisiert. Die Schallschutznorm DIN 4109 wurde im Jahr 1944 erstmalig in Deutschland herausgegeben und stellt seit vielen Jahren das zentrale Regelwerk für den Schallschutz in Gebäuden dar. Dies liegt insbesondere darin begründet, dass DIN 4109 neben Anforderungen auch Angaben und Regelungen zu rechnerischen und messtechnischen Methoden (inklusive entsprechender Bauteildaten), die zum Nachweis der Erfüllung der Anforderungen erforderlich sind, bereitstellt. Ein ausführlicher Überblick über die wechselvolle Geschichte von DIN 4109 findet sich z. B. in [1] oder [2]. Das Ziel der Anforderungen in DIN 4109 bezieht sich ausdrücklich nur auf den Schutz von Menschen in Aufenthaltsräumen vor unzumutbaren Belästigungen und der Wahrung der Vertraulichkeit bei normaler Sprechweise. Durch ihre bauaufsichtliche Einführung hat DIN 4109 einen ordnungsrechtlichen Charakter und ist in jedem Fall einzuhalten. Privatrechtlich kann hingegen in vielen Fällen ein höheres Schallschutzniveau geschuldet sein als der in DIN 4109 definierte Schutz vor unzumutbaren Belästigungen [3]. Mit der Herausgabe von DIN 4109:1998-11 wurden mit dem Beiblatt 2 zu DIN 4109 zusätzlich Empfehlungen für einen erhöhten Schallschutz ausgesprochen, welche für privatrechtliche Vereinbarungen herangezogen werden können.

Diese Empfehlungen weisen gegenüber dem „Mindestschallschutz" in DIN 4109 nur eine geringe Verbesserung (z. B. 1 dB bei Wohnungstrenndecken und 2 dB bei Wohnungstrennwänden) auf und sind deshalb für die Bewohner in der Regel nicht wahrnehmbar. Vor diesem Hintergrund erarbeitete 1994 eine Gruppe von Fachleuten auf dem Gebiet der Akustik ergänzend zu DIN 4109 erstmals die Richtlinie VDI 4100 [4]. VDI 4100 definiert neben den Anforderungen aus DIN 4109 (Schallschutzstufe I) zwei höhere Schallschutzstufen (SSt II und SSt III), die – wie bereits DIN 4109, Beiblatt 2 – als Grundlage für vertragliche Vereinbarungen herangezogen werden können.

Das Erscheinen von VDI 4100 führte zu erheblichen Widerständen verschiedener Kreise. Diese Widerstände gipfelten in der Ergänzung des Einführungserlasses zu DIN 4109, dass VDI 4100 in NRW nicht als allgemein anerkannte Regel der Technik erlassen worden sei [5]. Nichtsdestotrotz etablierte sich die Richtlinie in der Baupraxis und wurde/wird von einem Großteil der Fachplaner als Planungshilfe eingesetzt [6, 7].

Mit der Erarbeitung und Herausgabe von E DIN 4109-10 [8] wurde im Jahr 2000 der Versuch der Harmonisierung von DIN 4109 und VDI 4100 unternommen. Dieser Versuch scheiterte jedoch am Widerstand von Teilen der Bauwirtschaft und der Bauindustrie, der eine Herausgabe der Norm als Weißdruck verhinderte.

Infolgedessen wurde VDI 4100:1994-09 mit einigen redaktionellen Änderungen, ansonsten aber weitgehend unverändert als VDI 4100:2007-08 [9] neu herausgegeben. Von der Rechtsprechung werden neben DIN 4109 Beiblatt 2 die SSt II und SSt III aus VDI 4100:2007-08 als mögliche Anhaltspunkte für die allgemein anerkannte Regel der Technik für einen Schallschutz üblicher Art und Güte genannt [3].

Im Zuge einer darauf folgenden grundlegenden Überarbeitung wurde die Richtlinie VDI 4100 auf nachhallzeitbezogene Kenngrößen ($D_{nT,w}$, $L'_{nT,w}$ und $L_{AFmax,nT}$) sowie die Berechnungsverfahren der damals noch nicht veröffentlichten DIN 4109 [10] umgestellt und nach der Veröffentlichung von zwei Entwürfen [11, 12] als VDI 4100:2012-10 [13] veröffentlicht.

Nachfolgend werden zunächst die wesentlichen Änderungen von VDI 4100:2012-10 gegenüber VDI 4100:2007 vorgestellt und erörtert. Es wird auf die Herleitung der aktuellen Schallschutzstufen eingegangen, bevor anhand von Vergleichsrechnungen – sowohl an exemplarisch gewählten, fiktiven Übertragungssituationen als auch an einer Reihe von realen, aktuellen Wohngebäuden – die Auswirkungen der aktuellen Richtlinie VDI 4100 aufgezeigt werden. Der Schwerpunkt wird dabei auf den Luftschallschutz in Wohngebäuden gelegt, da dieser im aktuellen Schallschutzkonzept von VDI 4100:2012-10 die größten Probleme für die Planung und Baupraxis verursacht. Anschließend werden erste Reaktionen der Fachöffentlichkeit auf die Herausgabe von VDI 4100:2012-10 sowie bisherige Erfahrungen zur Anwendung der Richtlinie in der Planungspraxis zusammengefasst, bevor der Beitrag mit einem Fazit und einem Ausblick auf die zukünftige Entwicklung der Regelwerke zum erhöhten Schallschutz schließt.

2 VDI 4100:2012-10: neue Kenngrößen – neue Schallschutzstufen

2.1 Alte oder neue Beurteilungskenngrößen?

In der Vergangenheit wurden Anforderungen an den Schallschutz über bauteilbezogene Kenngrößen (R'_w, $L'_{n,w}$) definiert. Mit der Einführung des europäischen Rechenverfahrens nach EN 12354 [14, 15], welches die Grundlage für DIN 4109 [16–24] bildet und der Praxis z. B. mit dem KS-Schallschutzrechner [25] bereits seit dem Jahr 2000 in anwenderfreundlicher Form zur Verfügung steht, weitete sich der Betrachtungshorizont aus. Das neue Rechenverfahren erlaubt die systematische Erfassung aller Schallübertragungswege unter Berücksichtigung des Einflusses der Direktschalldämmung des Trennbauteils, der Stoßstellenausbildung, der Flankenbauteile sowie der Geometrie der Übertragungssituation [1] (Tabelle 1). Damit erlaubt das Rechenverfahren die Ermittlung eines „situati-

Tabelle 1. Kennwerte R'_w und $D_{nT,w}$ – Ermittlung der Kennwerte aus der Messung sowie Parameter für die Berechnung nach verschiedenen Normen

		R'_w		$D_{nT,w}$
		DIN 4109, Bbl. 1	E DIN 4109-2	VDI 4100:2012 + E DIN 4109-2
Ermittlung aus Messung:		$R'_w = L_S - L_E + 10\,lg(S/A)$		$D_{nT,w} = L_S - L_E + 10\,lg(T/T_0)$
Parameter für Berechnung:				
Bauteile/Konstruktionen	Masse des Trennbauteils m'	✓	✓	✓
	Masse der Flanken m'	pauschal	✓	✓
	Vorsatzschale auf Flanken	pauschal	✓	✓
	ungünstige Lochung	–	✓	✓
Geometrie	Trennbauteilfläche S_s	–	✓	✓
	Kantenlänge der Flanken l_f	–	✓	✓
	Flankenfläche A_f	–	✓	✓
	Empfangsraumvolumen V_E	–	–	✓
Stoßstellen	Anbindung der Flanken	–	✓	✓
	Kreuz- oder T-Stoß	–	✓	✓
	elastische Entkopplung	–	✓	✓

onsabhängigen" Bau-Schalldämmmaßes R'_w. Weiterhin ermöglicht das Rechenmodell nach EN 12354 die Umrechnung in die nachhallzeitbezogene Kenngröße $D_{nT,w}$, bei deren Berechnung zusätzlich das Raumvolumen eine Rolle spielt.

Sowohl für DIN 4109 als auch für VDI 4100 war zwischenzeitlich eine Umstellung auf die nachhallzeitbezogenen Kenngrößen $D_{nT,w}$, $L'_{nT,w}$ und $L_{AFmax,nT}$ vorgesehen, da diese teilweise besser mit dem Hörempfinden des Menschen in Einklang stehen als die bisherigen Kenngrößen [26]. Die Umstellung auf die neuen Kenngrößen führt dazu, dass die daraus resultierenden Anforderungen an die bauteilbezogenen Größen wie bewertetes Bau-Schalldämmmaß R'_w und bewerteter Normtrittschallpegel $L'_{n,w}$ stark von der Raumgeometrie abhängen. Je größer zum Beispiel die Raumtiefe senkrecht zu einer Wohnungstrennwand ist, desto kleiner kann das bewertete Bau-Schalldämmmaß R'_w sein, um die Anforderung an einen vorgeschriebenen $D_{nT,w}$-Wert zu erfüllen. Vor dem Hintergrund dieses Zusammenhangs war das neue Konzept in E DIN 4109:2006-10 durch verschiedene Einschränkungen und Modifikationen indirekt zu einem gewissen Teil wieder in die alten Kenngrößen überführt und damit ad absurdum geführt worden (siehe z. B. [27, 28]). Dies hatte eine Vielzahl von Einsprüchen gegen E DIN 4109-1:2006-10 [26] zur Folge. Angesichts dieser Schwierigkeiten hat der Normenausschuss NA 005-55-74 AA „DIN 4109" die Entscheidung getroffen, die bauteilbezogenen Größen als kennzeichnende Größen beizubehalten und diese als Grundlage für die Definition der Anforderungen in DIN 4109-1 [16] heranzuziehen.

Sowohl für die bauteilbezogenen als auch für die nachhallzeitbezogenen Kennwerte gibt es gute Argumente und mit der Erörterung der Vor- und Nachteile der beiden Konzepte ließe sich ein umfangreiches Werk füllen. Im Rahmen der hier angestellten Betrachtungen soll nur auf einige wesentliche Aspekte eingegangen werden.

Zwei Gründe, die insbesondere in Bezug auf die Schallschutznorm DIN 4109 dazu geführt haben, die Umstellung auf nachhallzeitbezogene Kenngrößen zu widerrufen, lagen in bauaufsichtlichen Bedenken, dass das Schallschutzniveau der alten Norm durch die neuen Kenngrößen bei konsequenter Anwendung des $D_{nT,w}$-Konzeptes abgesenkt werden würde und in der rechtlichen Problematik, die aus dem nachträglichen Einbau einer inneren Trennwand entstehen kann. In einem solchen Fall folgt aus der Änderung des Raumvolumens eine Absenkung der bewerteten Normschallpegeldifferenz $D_{nT,w}$, was bedeutet, dass ein zuvor eingehaltener Nachweis nach dem Einbau der Trennwand ggf. nicht mehr eingehalten ist. Ein Grund der für die nachhallzeitbezogenen Kenngrößen spricht, liegt in der besseren Korrelation der Kenngröße zur menschlichen Wahrnehmung, insbesondere im Falle versetzt angeordneter Räume (Abschnitt 4).

Ungeachtet der Entwicklung bei DIN 4109 hielt der für VDI 4100 zuständige Arbeitskreis an den nachhallzeitbezogenen Kenngrößen fest, wodurch das Schallschutzniveau bei deren Anwendung in bestimmten Fällen (nämlich bei großen Raumvolumina) unterhalb des Niveaus der alten Regelwerke (VDI 4100:2007 bzw. DIN 4109) liegen würde. Der Arbeitskreis umging die Problematik mit der nachfolgend beschriebenen Erhö-

2.2 Definition schutzbedürftiger Räume

DIN 4109 stellt – wie auch VDI 4100:2007 – Anforderungen an schutzbedürftige Räume. Als schutzbedürftige Räume in Wohnungen werden Wohnräume einschließlich Wohndielen, Wohnküchen und Schlafräume definiert. VDI 4100:2012-10 definiert hingegen alle Räume in Wohnungen mit einer Grundfläche ≥ 8 m², unabhängig von der Art der Nutzung als schutzbedürftige Räume, also z. B. auch Badezimmer, Küchen oder Dielen, die diese Größe überschreiten. Damit wird der Anwendungsbereich der Richtlinie deutlich ausgeweitet.

2.3 Schallschutzstufen in VDI 4100:2012 im Vergleich zu anderen Regelwerken

In Tabelle 2 wird ein Überblick über die drei Schallschutzstufen in VDI 4100:2012 gegeben. Die neuen Schallschutzstufen werden denen von VDI 4100:2007 und den Mindestanforderungen in DIN 4109-1 sowie den Empfehlungen in Beiblatt 2 zu DIN 4109:1989 und den Festlegungen im Entwurf zu DIN 4109-5 (diese Norm soll nach Herausgabe des Weißdrucks die Empfehlungen zum erhöhten Schallschutz in DIN 4109 Beiblatt 2 ablösen) [29] gegenübergestellt. Es wird ersichtlich, dass die Anforderungswerte ungeachtet des Wechsels der Kenngrößen in allen Bereichen gegenüber den bisherigen Werten angehoben wurden. Dies gilt in besonderem Maße für den Luftschallschutz in Mehrfamilienhäusern und in Doppel-/Reihenhäusern.

Der Frage, ob ein direkter Vergleich von Anforderungen trotz verschiedener Beurteilungskenngrößen (R'_w und $D_{nT,w}$) bei üblichen Wohngebäuden möglich ist, wird in Abschnitt 6 nachgegangen.

In Tabelle 3 werden die Schutzziele der drei Schallschutzstufen aus VDI 4100:2007-08 und VDI 4100:2012-10 sowie die Zuordnung, welchen Gebäuden bzw. Komfortansprüchen die drei Schallschutzstufen gemäß Einschätzung der jeweiligen Richtlinie entsprechen, dargestellt. Es fällt auf, dass bei SSt II und SSt III, ungeachtet der Umstellung der Kenngröße und der Erhöhung der entsprechenden Zielwerte im Zuge der Neufassung von VDI 4100, sowohl die Definition des Schutzziels als auch die Zuordnung nahezu identisch geblieben sind. Ob dies im Falle aktuell üblicher Wohngebäude gerechtfertigt ist, wird ebenfalls in Abschnitt 6 untersucht.

3 Begründung der Schallschutzniveaus der neuen Schallschutzstufen

3.1 Verfahren zur analytischen Herleitung von Anforderungen nach Moll

Moll gibt in [31] ein Verfahren zur analytischen Herleitung von Anforderungen an den Luftschallschutz zwischen Räumen an. Dieses Verfahren wurde – neben weiteren Überlegungen – im Zuge der Novellierung von VDI 4100 für die Herleitung der Anforderungsniveaus der drei Schallschutzstufen herangezogen.

Mit dem Verfahren aus [31] kann ausgehend von den folgenden Eingangsparametern die erforderliche bewertete Standard-Schallpegeldifferenz erf. $D_{nT,w}$ berechnet werden:
– A-bewerteter Schallleistungspegel im Senderaum L_{WA}
– Grundgeräuschpegel L_{GE}
– gewünschte Verdeckung (Vertraulichkeit) im Empfangsraum $\Delta L = L_E - L_{GE}$
– Nachhallzeiten in Sende- und Empfangsraum T_S bzw. T_E
– Raumvolumina von Sende- und Empfangsraum V_S bzw. V_E

Werden der Schallleistungspegel L_{WA}, die gewünschte Verdeckung ΔL sowie die Nachhallzeiten T_S und T_E größer, so steigt auch erf. $D_{nT,w}$. Steigen hingegen der Grundgeräuschpegel oder das Raumvolumen, so sinkt erf. $D_{nT,w}$.

Tabelle 1 in VDI 4100:2012-10 enthält Angaben dazu, welche Wahrnehmbarkeit verschiedener Geräusche aus Nachbarwohnungen im Falle der drei Schallschutzstufen jeweils zu erwarten ist. Anhand eines Beispiels in Anhang A von VDI 4100 wird die Herleitung der Angaben in Tabelle 1 mithilfe des Verfahrens von *Moll* [31] dargelegt. Dabei werden eine übliche Raumgröße ($V_S = V_E = 50$ m³, entspricht einer Grundfläche von A ≈ 20 m²) sowie eine für Wohnungen übliche Nachhallzeit ($T_S = T_E = 0{,}5$ s) zugrunde gelegt. Tabelle 4 zeigt die weiteren Eingangswerte für die Berechnung von erf. $D_{nT,w}$ aus E VDI 4100:2010-05 und VDI 4100:2012-10 sowie die Wahrnehmbarkeit von angehobener Sprache nach der oben genannten Tabelle 1. Es zeigt sich, dass gegenüber dem Entwurf E VDI 4100:2010-05 im Weißdruck noch Veränderungen, sowohl hinsichtlich der Eingangsparameter als auch der zu den jeweiligen Schallschutzstufen gehörigen Anforderungen $D_{nT,w}$, vorgenommen worden sind. Während in E VDI 4100:2010-05 der Schallleistungspegel L_{WA} im Senderaum je nach Schallschutzstufe variiert und die Vertraulichkeit ΔL über alle drei Stufen konstant gehalten wurde, wird in VDI 4100:2012-10 gerade umgekehrt vorgegangen.

Für die Festlegung von Schallschutzniveaus für „objektunabhängige" Empfehlungen (wie sie mit VDI 4100 ausgesprochen werden) auf der Grundlage des Verfahrens nach *Moll* ist es von Interesse, wie sensitiv dieses Verfahren auf die Variation der relevanten

Tabelle 2. Anforderungsniveaus aktueller Regelwerke zum Schallschutz nach [30]

		DIN 4109-1:2018-01	Beiblatt 2 zu DIN 4109:1989	E DIN 4109-5:2019	VDI 4100:2007			VDI 4100:2012		
					SSt I	SSt II	SSt III	SSt I	SSt II	SSt III
Randbedingungen	Anwendungsgebiet	Bauaufsichtliche Anforderungen (Mindestschallschutz)	Empfehlungen für einen erhöhten Schallschutz (Vorschläge für vertragliche Vereinbarungen)							
	schutzbedürftige Räume	Aufenthaltsräume						Räume mit Grundfläche ≥ 8 m²		
	Anforderungskenngrößen	$R'_w / L'_{n,w} / L_{AF,max,n}$						$D_{nT,w} / L'_{nT,w} / L_{AF,max,nT}$		
Anforderungen — Mehrfamilienhaus	Luftschallübertragung horizontal	53	55	56	53	56	59	56	59	64
	Luftschallübertragung vertikal	54	55	57	54	57	60			
	Trittschallübertragung Decken	50	46	45	53	46	39	51	44	37
	Trittschallübertragung Treppen	53	46	45	58	53	46			
	Gebäudetechnische Anlagen	30	–	27	30	30	25	30	27	24
Anforderungen — Reihen-/Doppelhaus	Luftschallübertragung (unterstes Geschoss)	59	67	64	57	63	68	65	69	73
	Luftschallübertragung (alle weiteren Geschosse)	62		67						
	Trittschallübertragung Decken	46	38	38	48	41	34	46	39	32
	Trittschallübertragung Bodenplatte	41		41						
	Trittschallübertragung Treppen	53	46	41	53	46	39			
	Gebäudetechnische Anlagen	30	–	25	30	25	20	30	25	22

Tabelle 3. Einordnung der drei Schallschutzstufen in VDI 4100:2012

		Schutzziel	Zuordnung
VDI 4100:2007-08	SSt I	Schutz vor unzumutbaren Belästigungen	Anforderung gilt für alle Aufenthaltsräume
	SSt II	Bewohner finden im Allgemeinen Ruhe	durchschnittliche Komfortansprüche
	SSt III	Bewohner finden ein hohes Maß an Ruhe	gehobene Komfortansprüche
VDI 4100:2012-10	SSt I	Absenkung der Belästigung auf ein zumutbares Maß	einfache Wohnungen
	SSt II	Bewohner finden im Allgemeinen Ruhe	durchschnittliche Komfortansprüche
	SSt III	Bewohner finden ein hohes Maß an Ruhe	besondere Komfortansprüche

Tabelle 4. Eingangswerte für die Berechnung von erf. $D_{nT,w}$ nach [11] und [13]

Stufe	Richtlinie	L_{WA} [dB]	L_{GE} [dB]	ΔL [dB]	erf. $D_{nT,w}$ [dB]	Wahrnehmbarkeit von angehobener Sprache nach Tabelle 1 [*)]
SSt I	E VDI 4100:2010-05	75	20	7	56	im Allgemeinen kaum verstehbar
	VDI 4100:2012-10	78	20	4	56	
SSt II	E VDI 4100:2010-05	78	19	7	60	im Allgemeinen nicht verstehbar
	VDI 4100:2012-10	**78**	**20**	**7**	**59**	
SSt III	E VDI 4100:2010-05	82	18	7	65	nicht verstehbar
	VDI 4100:2012-10	78	18	10	64	

[*)] aus VDI 4100:2012-10

Parameter reagiert. Um diese Frage zu klären, wurden einige Vergleichsrechnungen mit dem Verfahren nach [31] durchgeführt, deren Ergebnisse nachfolgend dargestellt und diskutiert werden.
Alle Berechnungen werden ausgehend von den in VDI 4100:2012-10 für SSt II gewählten Eingangsparametern (fett gedruckte Werte in Tabelle 4) durchgeführt. Variiert werden die folgenden Parameter in den angegebenen Bandbreiten:
– Schallleistungspegel im Senderaum, L_{WA} = 68 dB (angehobene Sprache Minimum) bis L_{WA} = 78 dB (angehobene Sprache Maximum),
– Raumvolumen, umgerechnet in Nettogrundfläche, A = 10 m² bis A = 30 m² (für die Umrechnung wird von einer Raumhöhe von 2,5 m ausgegangen),
– Grundgeräuschpegel, L_{GE} = 15 dB (ruhige ländliche Einzelwohnlage) bis L_{GE} = 30 dB (Wohnungen an lauten Straßen),
– Nachhallzeit, T = 0,3 s bis T = 0,6 s.
Es wird jeweils nur ein Parameter variiert, die anderen Parameter werden konstant gehalten. Die Ergebnisse der Vergleichsrechnungen sind in Bild 1 dargestellt. Die schwarz markierten Balken entsprechen jeweils den fettgedruckten Eingangsparametern für SSt II in Tabelle 4.
Die Berechnungsergebnisse zeigen, dass für die betrachteten Wertebereiche der Eingangsparameter eine große Bandbreite des erforderlichen Schallschutzniveaus erf. $D_{nT,w}$ auftritt. Die Spanne reicht insgesamt von erf. $D_{nT,w}$ = 48,9 dB bis zu erf. $D_{nT,w}$ = 63,9 dB und weist damit eine Differenz von $\Delta D_{nT,w}$ = 15 dB auf.
Bild 1a zeigt die erforderlichen Schallschutzniveaus, die sich aus der laut [13] auftretenden Bandbreite von Schallleistungspegeln bei Sprache mit angehobener Sprechweise (68 dB bis 78 dB) ergeben. Für den minimalen, bei angehobener Sprache zu erwartenden Schallleistungspegel beträgt erf. $D_{nT,w}$ = 48,9 dB, beim maximalen hingegen erf. $D_{nT,w}$ = 58,9 dB. Der Einfluss der Grundfläche bzw. des Raumvolumens ist im Bereich der betrachteten Raumgrößen etwas weniger stark ausgeprägt, hat aber mit einem Δerf. $D_{nT,w}$ = 4,8 dB dennoch einen signifikanten Einfluss auf das erforderliche Schallschutzniveau (Bild 1b). Der Grundgeräuschpegel hat bei den hier betrachteten Parametern und den gewählten Wertebereichen den stärksten Einfluss auf das erforderliche Schallschutzniveau (Bild 1c). Das heißt, dass die Lage des zu planenden Objekts und das Schallschutzniveau gegenüber Lärm aus der Gebäudeumgebung an erster Stelle zu betrachten sind, wenn das Verfahren von *Moll* objektbezogen angewendet werden soll. Im Umkehrschluss bedeutet dies allerdings auch, dass die Empfehlungen der Schallschutzstufen in VDI 4100:2012-10 sehr deutlich neben den am jeweiligen Objekt tatsächlich erforderlichen Anforderungen liegen können.
Ob angesichts dieser Tatsache eine raumweise Schallschutzplanung nach VDI 4100:2012-10 mit dem erheblichen planerischen und bautechnischen Mehrauf-

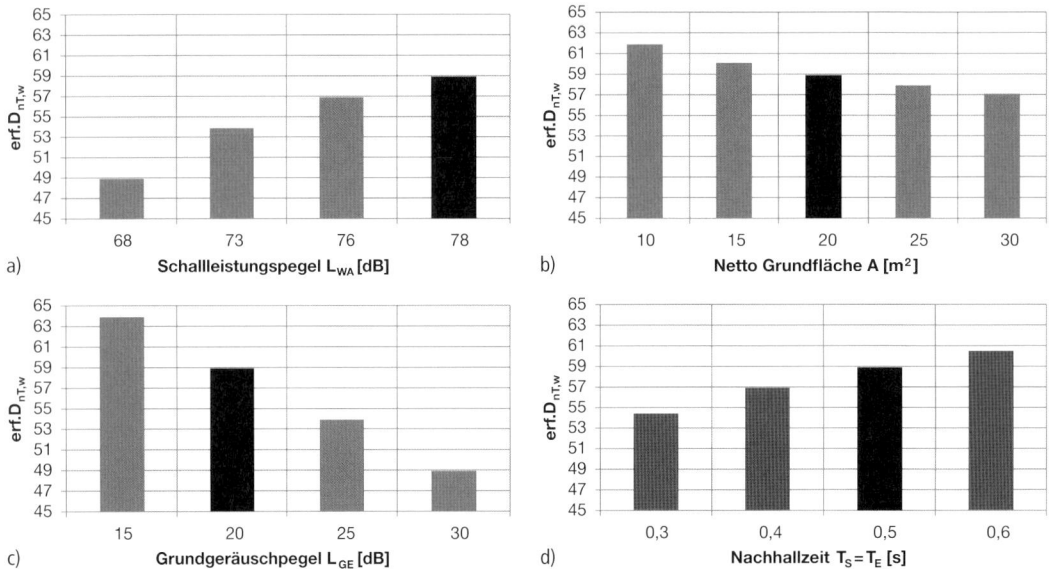

Bild 1. Erforderliches Schallschutzniveau nach dem Verfahren in [31] in Abhängigkeit von a) Schallleistungspegel L_{WA}; b) Netto-Grundfläche A; c) Grundgeräuschpegel L_{GE}; d) Nachhallzeit T_S

wand gegenüber einer ingenieurmäßigen Auslegung des Schallschutzes anhand der maßgeblichen Raumsituation gerechtfertigt ist, muss in Frage gestellt werden. In Bild 1d ist der Einfluss der Nachhallzeit im Sende- und Empfangsraum auf den erforderlichen Schallschutz dargestellt. Es werden Nachhallzeiten zwischen T = 0,3 s und T = 0,6 s betrachtet, die in üblichen Wohnräumen auftreten (vgl. z. B. [32]). In sehr „trockenen" Räumen mit einer kurzen Nachhallzeit von T = 0,3 s ist ein um 6,1 dB geringerer Schallschutz erforderlich als in Räumen mit einer größeren Nachhallzeit von T = 0,6 s. Dies bedeutet, dass auch die Raumausstattung einen starken Einfluss auf das erforderliche Schallschutzniveau hat.

VDI 4100:2012-10 geht bei der Herleitung der Schallschutzniveaus der drei Schallschutzstufen von einer Nachhallzeit von 0,5 s aus. Dies entspricht dem Bezugswert der Nachhallzeit auf den die bewertete Standard-Schallpegeldifferenz $D_{nT,w}$ bezogen wird [33]. Eine statistische Auswertung von Messungen der Nachhallzeit in möblierten Räumen in [32] zeigt hingegen, dass die tatsächlich in Wohnräumen auftretenden Nachhallzeiten erhebliche Schwankungen aufweisen. In mehr als 56 Prozent der Fälle wurde dort eine Nachhallzeit festgestellt, die um mehr als 0,1 s von 0,5 s abweicht. Als Mittelwert der Nachhallzeit wurde T = 0,46 s ermittelt. Dies führt nach dem hier diskutierten Verfahren in [31] zu deutlichen Abweichungen des erforderlichen Schallschutzes. Die Ergebnisse aus [32] belegen daher, dass die Festlegung eines pauschalen Wertes der Nachhallzeit nicht unproblematisch ist und dass die Anwendung des Verfahrens aus [31] für die Festlegung von objektunabhängigen Schallschutzempfehlungen deutliche Unschärfen beinhaltet. Für die Anwendung des Verfahrens im Rahmen einer detaillierten Schallschutzplanung am konkreten Objekt sieht dies anders aus, da sich in diesem Fall sowohl der Grundgeräuschpegel (siehe vorher) als auch die zu erwartenden Nachhallzeiten in den zu planenden Räumen vorab eingrenzen lassen.

Mit dem nachfolgenden Rechenbeispiel wird dargelegt, dass sich durch eine nur geringfügige Modifikation der Eingangsparameter (innerhalb eines plausiblen Bereichs) ein deutlich abweichender erforderlicher Schallschutz ergibt als die Empfehlungen in VDI 4100:2012-10. Anstelle des maximalen Schallleistungspegels für angehobene Sprache wird ein um 2 dB geringerer Wert von L_{WA} = 76 dB (der immer noch deutlich im oberen Bereich der Bandbreite für angehobene Sprache liegt) und für die Nachhallzeit der in [32] festgestellte Mittelwert von T = 0,46 herangezogen. Daraus ergibt sich ein **erf. $D_{nT,w}$ = 56,2 dB** und somit eine Differenz von annähernd 3 dB gegenüber dem in VDI 4100 für SSt II hergeleiteten Wert von 59 dB.

Diese Betrachtungen legen den Schluss nahe, dass die Herleitung der drei Schallschutzstufen in VDI 4100 mit dem Verfahren aus [31] angesichts der großen möglichen Bandbreite der relevanten Eingangsparameter mit einer gewissen Willkür behaftet ist.

Deshalb sollten bei der Festlegung eines nicht individuell berechneten erforderlichen Schallschutzes weitere Überlegungen, wie z. B. die Zufriedenheit der Bewohner mit bestimmten Schallschutzniveaus mit einfließen (vgl. auch [34, 35]).

3.2 Weitere Überlegungen zur Begründung der Schallschutzstufen in VDI 4100:2012-10

Neben den in Abschnitt 3.1 dargelegten Betrachtungen spielte bei der Herleitung und Begründung der Anforderungswerte der Schallschutzstufen für VDI 4100:2012-10 die folgende Überlegung eine zentrale Rolle: Es sollte sichergestellt werden, dass sich das Schallschutzniveau im Vergleich zu VDI 4100:2007-08 bzw. zu DIN 4109:1989-11 infolge der Umstellung auf die neuen Kenngrößen möglichst nicht verringert. Diese Intention spiegelt sich in der folgenden Anmerkung wider, die in E VDI 4100:2010-05 [11] enthalten war, im Weißdruck dann allerdings wieder gestrichen wurde:
„*ANMERKUNG Die Werte des derzeitigen Entwurfs der E DIN 4109-1:2009-07 sind z. Zt. nicht unverändert für die Schallschutzstufe SSt I in diese Richtlinie übernommen, sondern durch Erhöhung von erf. $D_{nT,w}$ um 3 dB so angepasst worden, dass der derzeit nach DIN 4109:1989-11 geforderte Schallschutz für Räume mit V_E/S zwischen 3,1 m und 6,2 m (das betrifft etwa 60% der Räume in Mehrfamilienhäusern) nicht verringert wird. In DIN 4109-1 werden in Bezug auf DIN 4109:1989-11 die Anforderung für erf. $D_{nT,w}$ = erf. R'_w gesetzt (ggf. mit Korrekturen für Raumtiefen senkrecht zur Trennwand $V_E/S > 5$ m).*"

Hintergrund dieser Vorgehensweise ist, dass die Anforderungen, die sich bei einem vorgeschriebenen $D_{nT,w}$ an die Schalldämmung der Bauteile ergeben, abhängig vom Volumen des Empfangsraumes sind (siehe Abschnitt 2.1). Für quaderförmige, nicht gegeneinander versetzt angeordnete Räume gilt, dass die Anforderungen an die Schalldämmung bei Raumtiefen des Empfangsraums orthogonal zum Trennbauteil kleiner als 3,1 m steigen und bei Raumtiefen größer als 3,1 m sinken. Mit der in der Anmerkung beschriebenen Erhöhung des Anforderungswertes in SSt I um 3 dB sollte letzteres weitestgehend ausgeschlossen werden.

Hier liegt der wesentliche Kern der Probleme, die in den nachfolgenden Abschnitten aufgezeigt werden. Die Umstellung der Anforderungssystematik hat zur Folge, dass ein Vergleich zu bisherigen Standards nicht mehr direkt möglich ist. In welchem Maße sich das Schallschutzniveau der Schallschutzstufen global betrachtet durch die neuen Anforderungen geändert hat, hängt aufgrund der Volumenabhängigkeit wesentlich von der Geometrie üblicher Wohngebäude ab. Um dieser Frage nachzugehen, werden in Abschnitt 6 eine Reihe aktueller Wohnungsbauobjekte mit den Rechenverfahren zur Dimensionierung des Schallschutzes gemäß DIN 4109-2 ausgewertet. Zuvor wird jedoch auf einige Grundsätze dieser Rechenverfahren eingegangen. Anhand von Vergleichsrechnungen wird aufgezeigt, was sich für die Planung des Schallschutzes bzw. der Schalldämmung im Vergleich zur bisherigen Bemessung mit DIN 4109 Beiblatt 1 für Änderungen ergeben.

4 Planung des Schallschutzes mit aktuellen Rechenverfahren

4.1 Ingenieurmäßige Bemessung des Schallschutzes bzw. der Schalldämmung

4.1.1 Berücksichtigung der Unsicherheit

DIN 4109:1989 berücksichtigt die Unsicherheit der Prognose durch Reduzierung des gemessenen Schalldämmwertes $R'_{w,P}$ des Bauteils aus Eignungsprüfungen um ein Vorhaltemaß von 2 dB (bei Türen um 5 dB) [36]. Dieses Vorgehen ist als Abminderung der Leistungsfähigkeit des einzelnen Bauteils zu verstehen und wird in DIN 4109:2018 in dieser Form nicht weiter verfolgt [30]. Stattdessen wird ein Sicherheitskonzept eingeführt, das mehrere Unsicherheitsfaktoren berücksichtigt, wie Streuung der Produkteigenschaften, Schwankungen in der Qualität der Bauausführung und der messtechnischen Überprüfung. DIN 4109-2 sieht eine Berücksichtigung der Unsicherheit nach den Gl. (1) und (2) vor [17].

Der Sicherheitsbeiwert u_{prog} kann gemäß eines detaillierten Verfahrens aus [37] berechnet werden.

$$R'_{w,prog} - u_{prog} \geq R'_{w,erf} \quad (1)$$

$$D_{nT,w,prog} - u_{prog} \geq D_{nT,w,ref} \quad (2)$$

Für den Luftschallschutz wird in DIN 4109-2 auf einen pauschalen Sicherheitsbeiwert abgezielt, der durch die Validierung des europäischen Berechnungsverfahrens als hinreichend begründet eingeschätzt werden kann [27,30]. Dieser pauschale Sicherheitsbeiwert u_{prog} beträgt im Falle der Luftschalldämmung 2 dB.

Handelt es sich bei dem zu führenden Nachweis um einen bauaufsichtlich relevanten Nachweis, ist die Berücksichtigung des Sicherheitsbeiwertes in Höhe von 2 dB verbindlich. Wird hingegen ein privatrechtlicher Nachweis geführt, kann der Planer den Sicherheitsabschlag eigenverantwortlich bestimmen. Weist er ausreichend Erfahrung in der schallschutztechnischen Planung und Realisierung entsprechender Objekte auf, so kann er nach eigener Abschätzung das Vorhaltemaß festlegen. Dieses gewählte Vorhaltemaß liegt dann in seiner Verantwortung [30].

4.1.2 Ermittlung des maßgeblichen Raumes

Das Konzept in DIN 4109-2 sieht im Gegensatz zu DIN 4109:1989 einen Nachweis anhand der maßgeblichen Übertragungssituation und nicht pauschal anhand eines Trennbauteils vor, da das Rechenverfahren in DIN 4109-2 die Raumgeometrie explizit berücksichtigt. Um diese maßgebliche Übertragungssituation zu ermitteln, können für den Massivbau folgende Kriterien als Anhaltspunkte dienen [38]:

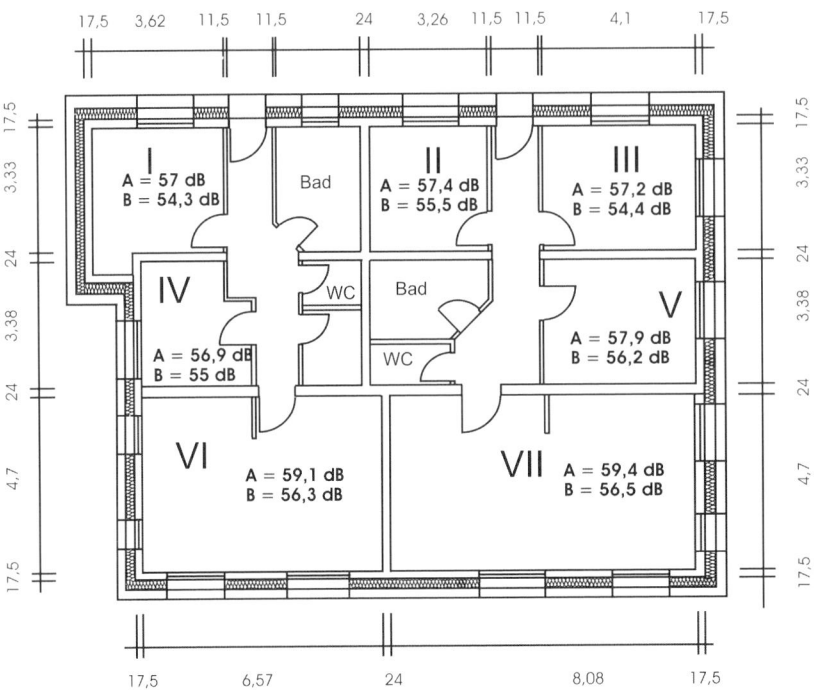

Bild 2. Betrachteter Grundriss mit sieben Aufenthaltsräumen für vertikale Schallübertragung mit Schallpegeldifferenzen $D_{nT,w}$ für die Außenwandvarianten A und B

- Kleine Trennbauteilfläche bei Bemessung nach R'_w
- Kleines Raumvolumen bei Bemessung nach $D_{nT,w}$
- Flanken mit kleinen Flanken-Schalldämmmaßen $R_{ij,w}$
- Akustische Entkopplung am Stumpfstoß
- Elastische Entkopplung des Trennbauteils an mehr als einer Kante
- Kreuzstöße weisen höhere Stoßstellen-Dämmmaße K_{ij} und infolgedessen höhere Flanken-Schalldämmmaße auf als T-Stöße

Bei der Schallübertragung in vertikaler Richtung sind daher in der Regel Eckräume maßgeblich, da sie weniger Kreuz- und mehr T-Stöße aufweisen als die anderen Räume.

Die maßgebliche Raumsituation ist diejenige mit dem ungünstigsten schalltechnischen Resultat. Die Auslegung der Bauteilaufbauten wird an dieser Situation vorgenommen. Aus baupraktischen Gründen werden diese festgelegten Bauteilaufbauten im gesamten Gebäude in aller Regel unverändert fortgeführt. Daher weisen die übrigen Räume einen höheren Schallschutz auf.

Zur Veranschaulichung der unterschiedlichen schalltechnischen Eigenschaften der Raumsituationen innerhalb eines Gebäudes wird der Grundriss eines Mehrfamilienhauses betrachtet (Bild 2).

Es wird die vertikale Schallübertragung mithilfe des Rechenverfahrens aus [17] bei einer Raumhöhe von 2,6 m ermittelt. Die nichttragenden Innenwände werden als 11,5 cm dicke Kalksandsteinwände der Rohdichteklasse 1,8 mit beidseitigem Putz modelliert. Die tragenden Innenwände werden als 24 cm dicke Kalksandsteinwände der Rohdichteklasse 2,0 angenommen und sind ebenfalls beidseitig verputzt. Die Geschossdecke ist eine 22 cm dicke Stahlbetondecke mit schwimmendem Estrich. Bei der Außenwand wird von einer zweischaligen Mauerwerkskonstruktion ausgegangen. Die für die flankierende Schallübertragung relevante innere Schale der Außenwand weist eine Dicke von 17,5 cm auf und wird in einem ersten Berechnungsdurchgang als Mauerwerk der Rohdichteklasse 2,0 angesetzt (Außenwandvariante A) und in einem zweiten Berechnungsdurchgang als Mauerwerk der Rohdichteklasse 0,7 (Außenwandvariante B).

Bild 3 zeigt die Ergebnisse der beiden Berechnungsdurchgänge. Es wird die Schalldämmung R'_w und die Schallpegeldifferenz $D_{nT,w}$ des jeweiligen Raums I bis VII angegeben. Kleine Räume und Eckräume sind als kritischer anzusehen als große Räume und Mittelräume (mit mehr Kreuzstößen als Eckräume). Die Bandbreite der Bau-Schalldämmung R'_w bewegt sich innerhalb des betrachteten Grundrisses für die Außenwandvariante A zwischen 57,7 dB und 60,2 dB und für die Außenwandvariante B zwischen 55,1 dB und 57,3 dB. Die Wahl des Außenwandaufbaus hat demnach entscheidenden Einfluss auf die vertikale Schalldämmung innerhalb des Gebäudes. Der Schallschutz ($D_{nT,w}$) schwankt zwischen 56,9 dB und 59,4 dB für

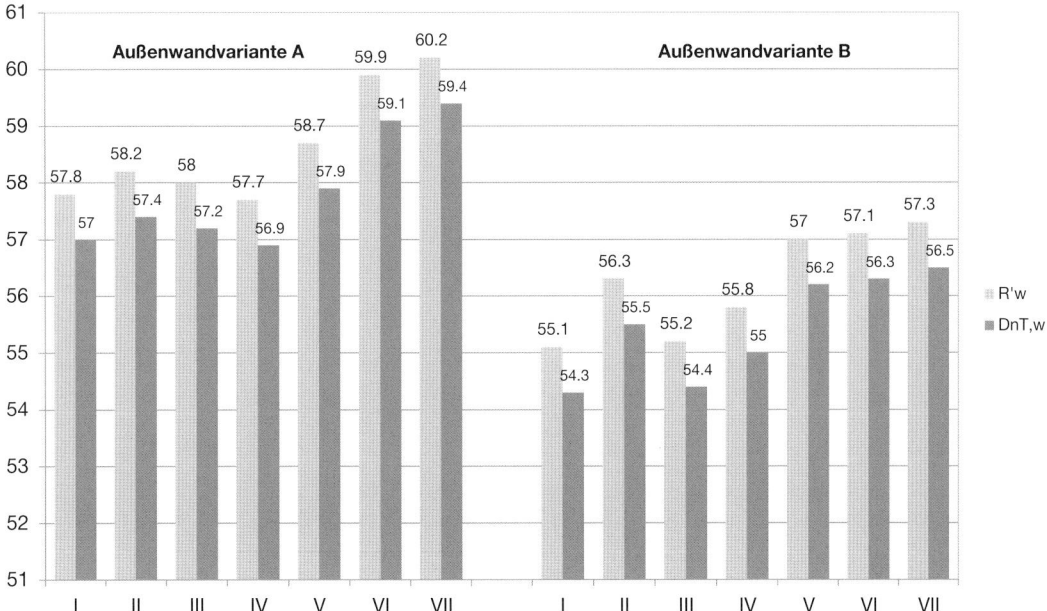

Bild 3. Schalldämmmaße R'_w und Schallpegeldifferenz $D_{nT,w}$ der einzelnen Räume unter Abzug eines Sicherheitsbeiwerts von 2 dB; vertikale Schallübertragung

Außenwandvariante A sowie zwischen 54,3 dB und 56,5 dB für Außenwandvariante B. Wie in diesem Beispiel gezeigt, weisen selbst sehr massiv konstruierte Gebäude lediglich einen Schallschutz der Stufe I nach VDI 4100:2012 auf und erfüllen gemäß Definition von VDI 4100 nicht die durchschnittlichen Komfortansprüche der Bewohner. Während der kleine kritische Raum in SSt I fällt, können große Räume die SSt II erreichen. Weiter zeigt der Vergleich den hohen Einfluss der Wahl der Außenwandkonstruktion. Zur Erreichung hoher Schallpegeldifferenzen ist eine möglichst massive Konstruktion mit hohen Rohdichten anzustreben.

4.2 Vergleichsrechnungen zum Einfluss des aktuellen Rechenverfahrens

VDI 4100:2012-10 beruft sich hinsichtlich der Bemessungsverfahren zur Planung und Auslegung des Schallschutzes auf die Schallschutznorm DIN 4109-2 und die zugehörigen Bauteilkataloge DIN 4109-31 bis DIN 4109-32. Mit diesen Normen liegen Berechnungsverfahren vor, die eine deutlich genauere Prognose ermöglichen als z. B. das bisherige Tabellenverfahren nach Beiblatt 1 zu DIN 4109:1989. Die Rechenverfahren in DIN 4109-2 basieren im Wesentlichen auf der europäischen Normenreihe EN 12354 und wurden auf der Basis umfangreicher Forschungsarbeiten (z. B. [39–43]) an die deutschen Erfordernisse und Gegebenheiten angepasst und validiert. Eine weitere umfassende Validierung des in DIN 4109-2 zugrunde gelegten Rechenverfahrens nach DIN EN 12354 findet sich z. B. in [44].

Zur Veranschaulichung der Auswirkung einzelner Eingangsparameter auf das Gesamtergebnis nach dem Berechnungsverfahren der DIN 4109-2 wird nachfolgend eine Parameterstudie an einer Raumsituation (Massivkonstruktion, B × T × H: 4,0 × 4,0 × 2,5 m) vorgenommen. Die Berechnungen werden mithilfe von [25] durchgeführt. Tabelle 1 gibt die Bauteile der betrachteten Raumsituation an.
Die variierten Parameter und die Art der Übertragung (horizontal oder vertikal) sind in Tabelle 6 zusammengefasst. Den einzelnen Untersuchungen ist jeweils eine Seriennummer zugeordnet.
Um den Einfluss der Trennwandfläche auf das Schalldämmmaß R'_w aufzuzeigen, wird in der ersten Serie (S1) die Trennwandlänge im Wertebereich von 1,5 m

Tabelle 5. Bauteilaufbauten der Raumsituation für die Parameterstudie

Trennwand	24 cm Kalksandstein (Dünnbettmörtel); RDK 2,0/2,2; 10 mm Gipsputz beidseitig
Außenwand (Flanke 1)	15 cm Kalksandstein (Dünnbettmörtel); RDK 2,0; 10 mm Gipsputz einseitig
Innenwand (Flanke 3)	11,5 cm Kalksandstein (Dünnbettmörtel); RDK 2,0; 10 mm Gipsputz beidseitig
Geschossdecken	20 cm Normalbeton; Boden mit schwimmendem Estrich

Tabelle 6. Untersuchte Serien mit betrachteten Parametern

Serie	Variierter Parameter	Parameterbereich	Übertragungsrichtung	Raumgeometrie L × W × H [m]	Rohdichte TW
S1	Länge der Trennwand	1,5–10 m; Schrittweite 0,5 m	horizontal	var × 4,0 × 2,5	2,0 + 2,2
S2	Raumversatz z	z = 0,5 m – z = 3,5 m	horizontal	4,0 × 4,0 × 2,5	2,2
S3	Anschluss TW an AW Einfluss der Entkopplung		horizontal	4,0 × 4,0 × 2,5	2,2
S4	Lage des Raums	V1: Mittelraum, V2: Eckraum mit 2 X-Stößen, V3: Eckraum mit 1 X-Stoß	vertikal	4,0 × 4,0 × 2,5	2,2
S5	Tiefe des Raums	2,0–8,0 m; Schrittweite 0,4 m	horizontal	4 × var. × 2,5	2,0 + 2,2

bis 10 m variiert. Mit zunehmender Trennwandfläche S_s steigt das Schalldämmmaß R'_w nach DIN 4109-2 an, siehe Bild 4. Im Vergleich zu den Werten nach DIN 4109:1989 Beiblatt 1, kann festgestellt werden, dass die Werte im Bereich kleiner Trennwandflächen deutlich unter den Tabellenwerten nach Beiblatt 1 liegen. Dies liegt darin begründet, dass der Einfluss der flankierenden Übertragung mit dem Rechenmodell aus EN 12354-1 im Falle von sehr kleinen Trennbauteilflächen überproportional stark in die Berechnung einfließt. Vor dem Hintergrund der Problematik, dass sich aus diesem Effekt im Falle kleiner Trennbauteilflächen eine unverhältnismäßig starke Anhebung der Anforderungen an die schallübertragenden Bauteile ergeben würde, wurde in E DIN 4109-2:2013 eine fiktive Mindestfläche für das Trennbauteil von 8 m² eingeführt. Bei realen Trennbauteilflächen unter 8 m² waren gemäß E DIN 4109-2:2013 rechnerisch 8 m² anzusetzen. Im Zuge des Einspruchsverfahrens zur neuen DIN 4109 ist diese Regelung dahingehend angepasst worden, dass gemäß DIN 4109-1:2018-01 und DIN 4109-2:2018-01 der Nachweis im Falle von Trennbauteilflächen kleiner als 10 m² anhand der Ermittlung der bewerteten Norm-Schallpegeldifferenz $D_{n,w}$ erfolgt. Die bewertete Norm-Schallpegeldifferenz $D_{n,w}$ entspricht der auf eine Bezugsabsorptionsfläche von $A_0 = 10$ m² normierten Schallpegeldifferenz zwischen zwei Räumen unter Berücksichtigung aller infrage kommenden Übertragungswege. Rein rechnerisch ist die Anwendung der bewerteten Norm-Schallpegeldifferenz damit gleichzusetzen, dass im Falle gemeinsamer Trennbauteilflächen zwischen zwei Räumen $S_S \leq 10$ m² immer ein „fiktiver Wert" der Trennbauteilfläche von $S_S = 10$ m² angesetzt wird. Der sich daraus ergebende Effekt im Hinblick auf das Bau-Schalldämmmaß ist ebenfalls in Bild 4 aufgezeigt. Die „korrigierten" Werte liegen in etwa im Bereich der Tabellenwerte nach Beiblatt 1 zu DIN 4109:1989. Das heißt, das bisherige Anforderungsniveau bleibt infolge des Nachweises über die bewertete Normschallpegeldifferenz im Fall von Trennbauteilflächen von $S_S \leq 10$ m² in etwa in der gleichen Größenordnung. Die Rundung auf ganze Werte im Verfahren nach Beiblatt 1 zu DIN 4109 ist hier nicht erfolgt, um eine bessere Abgrenzung des Schalldämmaßes für die Rohdichteklasse 2,0 von dem Schalldämmaß für die Rohdichteklasse 2,2 zu gewährleisten.

Neben dem Einfluss der Trennbauteilfläche bei nicht versetzt angeordneten Räumen wird auch die Veränderung des Bau-Schalldämmaßes infolge eines zunehmenden Raumversatzes betrachtet. In Serie 2 werden zwei Räume mit konstanter Größe (4 m × 4 m × 2,5 m) schrittweise gegeneinander verschoben, woraus eine schrittweise Reduzierung der Trennbauteilfläche folgt. Damit nimmt auch schrittweise R'_w ab (Bild 5). Die bewertete Standard-Schallpegeldifferenz $D_{nT,w}$ nimmt hingegen mit zunehmendem Raumversatz leicht zu und bildet den vom Nutzer tatsächlich wahrgenommenen Schallschutz somit deutlich besser ab.

Erfolgt die Bemessung nach DIN 4109-2, führt der Nachweis über die bewertete Norm-Schallpegeldifferenz $D_{n,w}$ im Falle von Trennbauteilflächen von $S_S \leq 10$ m² dazu, dass der so korrigierte Wert mit zunehmendem Versatz annähernd konstant verläuft. Damit nähern sich die Rechenwerte ein Stück weit den Rechenwerten für $D_{nT,w}$ an und der Effekt, dass die Rechenwerte für R'_w (nach EN 12354) im Falle versetzt angeordneter Räume eine Diskrepanz zur Wahrnehmung der Nutzer aufweisen, wird entschärft.

Bild 5 zeigt, dass der Wert gemäß Beiblatt 1 zu DIN 4109:1989 über den gesamten Verlauf konstant bleibt, da mit dem Tabellenverfahren die Berücksichtigung eines Raumversatzes nicht möglich ist.

Zur Veranschaulichung des Einflusses der Stoßstellenausbildung im Berechnungsverfahren nach DIN 4109-2 werden in Serie 3 die Ergebnisse nach Beiblatt 1 und DIN 4109-2 für unterschiedliche Anschlüsse der Außenwand an die Wohnungstrennwand gegenübergestellt. Bild 6 zeigt die deutlich unterschiedlichen Berechnungsergebnisse. Das Berechnungsverfahren nach DIN 4109-2 berücksichtigt die Stoßstellenausbildung, sodass eine genauere Prognose möglich wird, mit deren

Planung des Schallschutzes mit aktuellen Rechenverfahren 31

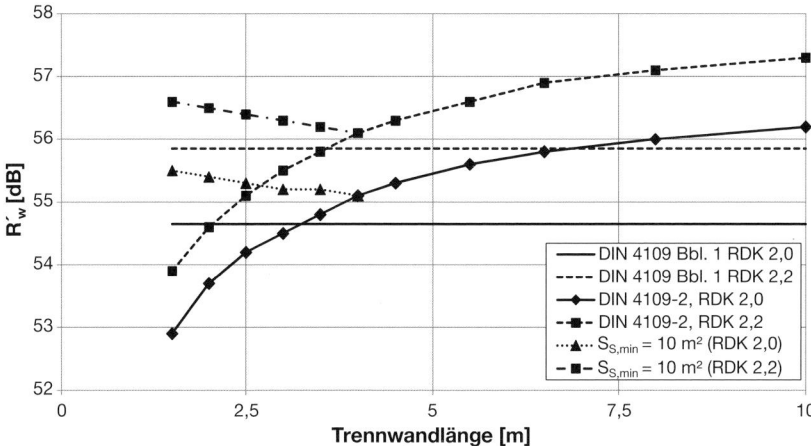

Bild 4. Serie S1 – Resultierendes Bau-Schalldämmmaß R'_w in Abhängigkeit von der Trennwandlänge; Vergleich der Berechnung nach DIN 4109-2 und DIN 4109 Beiblatt 1

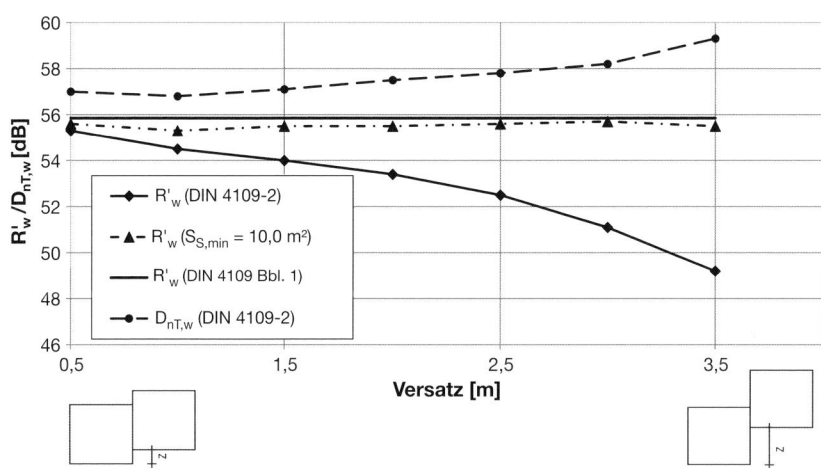

Bild 5. Serie S2 – Schalldämmmaß R'_w und Schallpegeldifferenz $D_{nT,w}$ in Abhängigkeit vom Raumversatz z

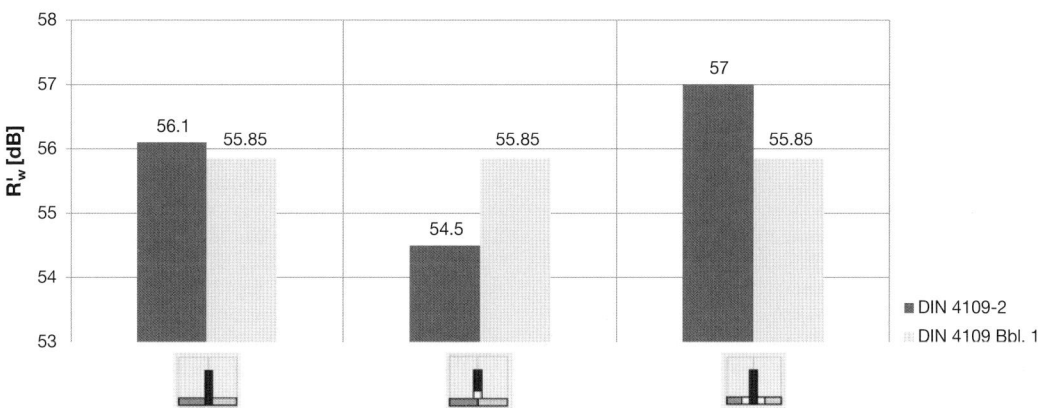

Bild 6. Serie 3 – Variation der Stoßstelle Trennbauteil/Außenwand

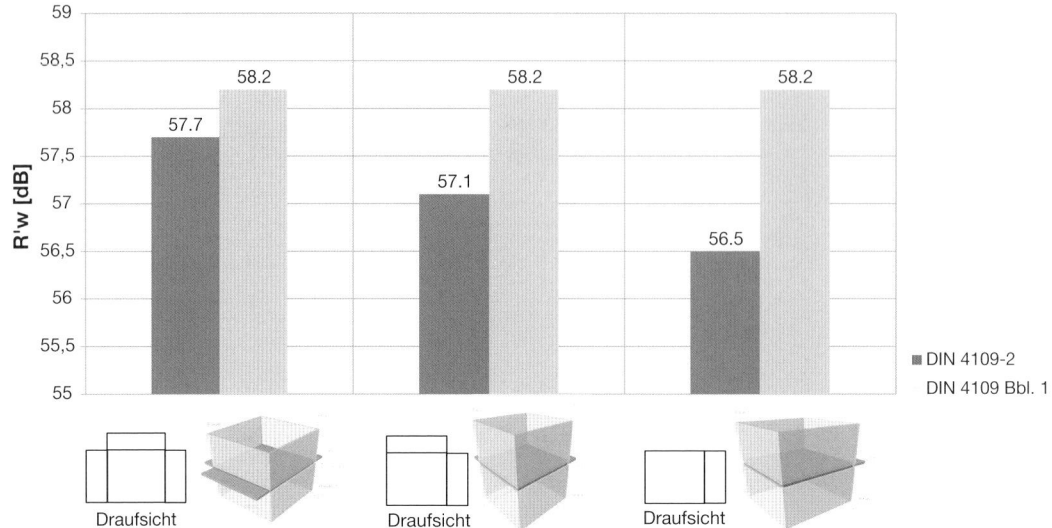

Bild 7. Serie 4 – Gegenüberstellung des Bau-Schalldämmmaßes nach DIN 4109-2 und Beiblatt 1 zu DIN 4109 für unterschiedliche Raumanordnungen

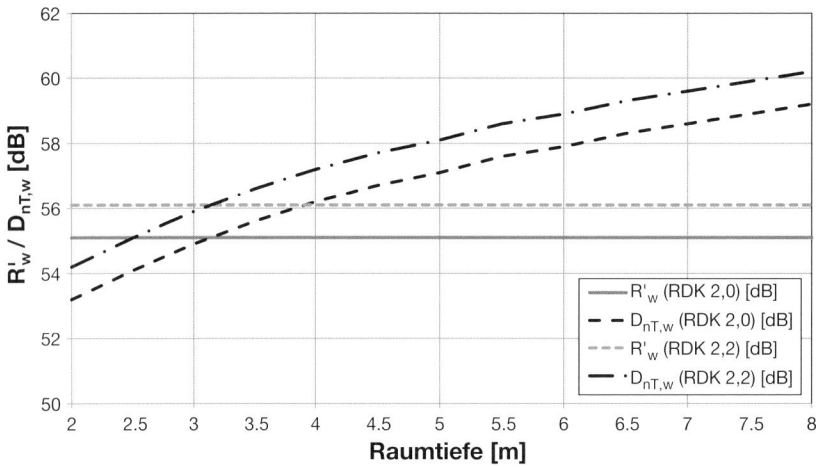

Bild 8. Serie 5 – Einfluss der Raumtiefe auf Bau-Schalldämmmaß und Schallpegeldifferenz nach DIN 4109-2

Hilfe nun eine Optimierung der konstruktiven Ausbildung der Anschlussdetails möglich wird. Mit dem Berechnungsverfahren nach Beiblatt 1 kann dieser Einfluss nicht abgebildet werden, daher liefert es in allen drei Fällen den gleichen Wert. Beiblatt 1 geht grundsätzlich von einer biegesteifen Bauteilanbindung aus.

In Serie 4 werden drei Raumanordnungen innerhalb des Gebäudes untersucht. Hier wird die vertikale Schallübertragung betrachtet und erneut die Rechenergebnisse nach DIN 4109-2 den Ergebnissen nach Beiblatt 1 zu DIN 4109:1989 gegenübergestellt (Bild 7). Ein Mittelraum ist demnach günstiger als ein Raum, der in der Hausecke angeordnet ist oder – wie im dritten Fall – aus dem Gebäude herausragt. Diese Unterscheidung erlaubt das Tabellenverfahren nach Beiblatt 1 ebenfalls nicht.

Um den Einfluss der Raumtiefe auf die Kenngrößen R'_w und $D_{nT,w}$ zu veranschaulichen, wird in Serie 5 schrittweise die Raumtiefe im Wertebereich von 2 bis 8 m gesteigert (Bild 8). Es wird deutlich, dass $D_{nT,w}$ mit steigender Raumtiefe zunimmt und das Bau-Schalldämmmaß R'_w konstant bleibt. Wird für die Trennwand aus Mauerwerk eine Rohdichteklasse von 2,2 statt 2,0 verwendet, verschieben sich die Ergebnisse für das Bau-Schalldämmmaß und die bewertete Standard-Schallpegeldifferenz um etwa 1 dB nach oben.

Die dargestellten Untersuchungen belegen die höhere Genauigkeit des Rechenverfahrens nach DIN 4109-2.

Mit der Kenngröße $D_{nT,w}$ kann die Wahrnehmung des Schallschutzes besser abgebildet werden, da die Werte mit zunehmendem Raumvolumen und Versatz steigen, was der Wahrnehmung der Bewohner entspricht. Auf der anderen Seite sprechen die in Abschnitt 2.1 genannten rechtlichen Probleme, die bei der Anwendung der Kenngröße $D_{nT,w}$ z. B. aus dem nachträglichen Einbau einer nicht tragenden inneren Trennwand resultieren, gegen die Anwendung dieser Kenngröße.

5 Anforderungen an Konstruktionen bei kleinen Räumen

Wie die Betrachtungen in Abschnitt 4 zeigen, hängt das erreichbare Schallschutzniveau neben der schalltechnischen Qualität der Bauteile und der Stoßstellen wesentlich von der Geometrie der Übertragungssituation ab. Kleine Trennbauteilflächen führen aufgrund der überproportional hohen Bewertung der flankierenden Übertragung zu kleinen Bau-Schalldämmmaßen R'_w. Kleine Raumtiefen führen zu kleinen bewerteten Norm-Schallpegeldifferenzen $D_{nT,w}$. Im Falle kleiner, kubischer Räume, welche nicht gegeneinander versetzt angeordnet sind, summieren sich diese beiden Effekte, und es sind auch bei der Anwendung ausschließlich schalltechnisch guter Konstruktionen nur relativ geringe Werte der bewerteten Standard-Schallpegeldifferenz zu erreichen.
Vor diesem Hintergrund begrenzt VDI 4100:2012-10 ihren Anwendungsbereich auf Räume mit Grundflächen A ≥ 8 m². Maßgeblich für die schalltechnische Dimensionierung der Bauteile ist gemäß VDI 4100: 2012-10 demnach i. d. R. der kleinste Raum eines Gebäudes, dessen Grundfläche größer oder gleich 8 m² ist. Im Sinne einer rechnerischen Grenzwertbetrachtung wird nachfolgend an zwei benachbarten Räumen mit jeweils exakt 8 m² Grundfläche untersucht, wie sich die zuvor beschriebenen Effekte auswirken.
Alle Berechnungen werden nach [17] unter Verwendung von [25] durchgeführt. Die bauliche Ausführung entspricht in diesem Fall Tabelle 5 mit einer Rohdichteklasse der Trennwand von 2,2. Die Ausbildung der Stoßstellen entspricht exakt der in den zuvor durchgeführten Beispielrechnungen zu Serie 1 (Tabelle 6). Insgesamt werden drei Varianten betrachtet:
- Variante V1: Quadratischer Grundriss, 2,83 m × 2,83 m
- Variante V2: Rechteckiger Grundriss, 2,00 m × 4,00 m; Senderaum und Empfangsraum über schmale Raumseite verbunden
- Variante V3: Rechteckiger Grundriss, 2,00 m × 4,00 m; Senderaum und Empfangsraum über breite Raumseite verbunden

Auf die Anwendung der bewerteten Norm-Schallpegeldifferenz $D_{n,w}$ für den Fall kleiner Trennbauteilflächen von S_S ≤ 10 m² wurde verzichtet, da VDI 4100:2012 diesen Ansatz nicht vorsieht. In Bild 9 sind

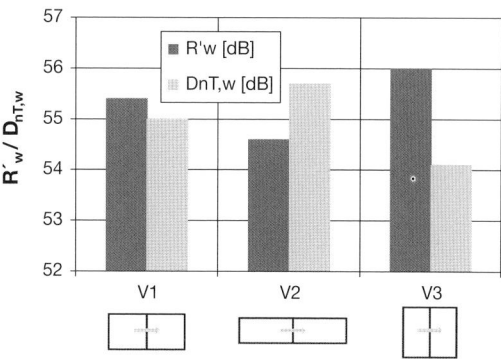

Bild 9. Varianten V1 bis V3, Einfluss der Anordnung kleiner Räume auf die Rechenwerte von R'_w und $D_{nT,w}$

die Berechnungsergebnisse für R'_w und $D_{nT,w}$ für die drei berechneten Varianten dokumentiert.
Aus dem Vergleich der Berechnungsergebnisse für R'_w und $D_{nT,w}$ können die folgenden Schlüsse gezogen werden:
- Bei quadratischer Raumgeometrie (V1) ist die Differenz zwischen R'_w und $D_{nT,w}$ vergleichsweise gering. Durch die gegenüber 3,1 m etwas kleinere Raumtiefe ergibt sich ein gegenüber R'_w etwas kleinerer $D_{nT,w}$-Wert.
- Werden die zwei Räume an den schmalen Raumseiten gestoßen (V2), ergibt sich für R'_w ein noch etwas kleinerer Rechenwert als im Falle von V1. Durch die Raumtiefe von 4 m ist der $D_{nT,w}$-Wert in etwa 1 dB höher als das Bau-Schalldämmmaß. Hier ergibt sich also eine geringfügige Kompensation durch die Umrechnung auf $D_{nT,w}$.
- Werden die zwei Räume an den breiten Raumseiten gestoßen (V3), weist R'_w durch die vergleichsweise große Trennbauteilfläche den größten Wert auf. Bei der Umrechnung auf $D_{nT,w}$ ergibt sich hier allerdings infolge der sehr geringen Raumtiefe von 2 m eine Reduzierung von 2 dB gegenüber dem R'_w-Wert.

Weiterhin fällt auf, dass selbst die in SSt I in VDI 4100:2012-10 festgeschriebenen Anforderungen an $D_{nT,w}$ in keinem Fall erreicht werden.
Nachfolgend wird anhand weiterer Berechnungen geprüft, welche konstruktiven Maßnahmen ausgehend von der Raumsituation der obigen Variante 1 erforderlich sind, um eine Einstufung in SSt I bzw. SSt II zu erlangen. Dazu werden die folgenden drei Varianten betrachtet:
- Variante V4: Trennwand **30 cm**, **RDK 2,0**
- Variante V5: Trennwand **30 cm**, **RDK 2,0**, Innen- und Außenwand schalltechnisch von der Wohnungstrennwand **entkoppelt**
- Variante V6: Trennwand **30 cm**, **RDK 2,2**, Innen- und Außenwand schalltechnisch von der Wohnungstrennwand **entkoppelt**

Die Berechnungsergebnisse für die Varianten V4 bis V6 sind in Bild 10 dargestellt.

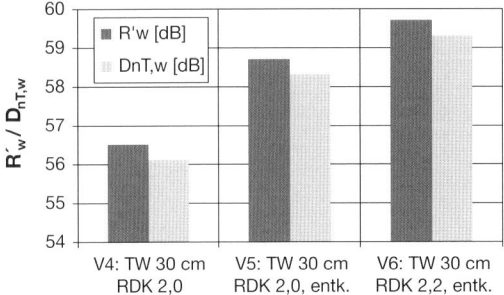

Bild 10. Varianten V4 bis V6, konstruktiv optimierte Ausführungen zur Erfüllung der SSt I und SSt II

Es zeigt sich, dass die SSt I mit einer 30 cm dicken Wand der RDK 2,0 (V4) erreicht werden kann. Werden zusätzlich zur Erhöhung des Flächengewichts des Trennbauteils die Anschlüsse der Außenwand und der nichttragenden Innenwand akustisch entkoppelt, verbessert sich der Schallschutz weiter (V5). Trotz dieser zusätzlichen Maßnahme erreicht diese Ausführung aber nicht die SSt II. Um dieses Schallschutzniveau sicher zu erreichen, ist bei der vorliegenden Raumsituation eine 30 cm dicke Wand der RDK 2,2 (V6) **und** eine planmäßige schalltechnische Entkopplung der Außen- und Innenwand von der – durch diese durchgeführte – Wohnungstrennwand erforderlich.

Die Berechnungsergebnisse deuten darauf hin, dass der erhöhte Schallschutz nach VDI 4100:2012:10 infolge der gewählten Systematik und der Höhe der dort festgelegten Anforderungsniveaus im Falle kleiner Raumsituationen nicht mit am Markt durchgängig verfügbaren Bauprodukten bzw. Baukonstruktionen erreicht werden kann. Ein besserer Schallschutz kann aufgrund der in Abschnitt 4 beschriebenen Abhängigkeit der Größen R'_w und $D_{nT,w}$ von der Geometrie der Übertragungssituation bei gleichbleibender konstruktiver Ausbildung einfach mit einer Vergrößerung der Räume erreicht werden. Hier stellt sich die Frage, welche Raumgrößenverteilungen in aktuell üblichen Wohngebäuden realisiert werden und welches Schallschutzniveau bei der Wahl von Massivbaukonstruktionen mit hohen Rohdichten, welche derzeit im Geschosswohnungsbau in der Regel angewendet werden, aus diesen Raumgrößen resultiert. Dieser Frage wird im folgenden Abschnitt nachgegangen.

6 Auswertung aktuell üblicher Geschosswohnungsbauten

Im Rahmen einer Studienarbeit [45] an der Gottfried Wilhelm Leibniz Universität Hannover wurden in Kooperation mit dem Bundesverband Kalksandsteinindustrie e. V. Untersuchungen zum Schallschutz an aktuell in der Planung befindlichen Mehrfamilien-Wohngebäuden durchgeführt. Hierzu wurden Baupläne aus mehreren Regionen Deutschlands (Norden, Osten, Süden, Westen, Bayern) zusammengetragen und hinsichtlich des Schallschutzes untersucht. Damit repräsentieren diese Pläne einen Querschnitt aktuell üblicher Grundrissaufteilungen und Raumgrößen. Im Rahmen von [45] wurde sowohl die horizontale als auch die vertikale Schallübertragung betrachtet. An dieser Stelle werden nachfolgend die Ergebnisse für die horizontale Schallübertragung dargestellt.

6.1 Stichprobe der Untersuchung

Die Stichprobe der Gebäude setzt sich aus 31 Objekten zusammen, aus denen 48 Übertragungssituationen hinsichtlich der horizontalen Schallübertragung untersucht wurden. Betrachtet wurden massive Konstruktionen aus Mauerwerk mit Stahlbeton-Geschossdecken und starren Bauteilanschlüssen mit einer 24 cm dicken Wohnungstrennwand aus Mauerwerk der Rohdichteklasse 2,2. Die übrigen Bauteilaufbauten wurden den Plänen entnommen.

Es wurde das Bau-Schalldämmmaß R'_w und die Schallpegeldifferenz $D_{nT,w}$ ermittelt, um die für die jeweilige Kenngröße maßgebenden Raumsituationen einer Schallschutzstufe nach VDI 4100 zuordnen zu können. Hierzu wurde die VDI 4100 des Jahres 2007 und die VDI 4100 des Jahres 2012 herangezogen. Dieses Vorgehen erlaubt eine Gegenüberstellung der erreichten Schallschutzstufen nach VDI 4100:2007 und nach VDI 4100:2012. Nach Abzug eines Sicherheitsbeiwerts von 2 dB vom Berechnungsergebnis ergeben sich die im folgenden Abschnitt dargestellten Verteilungen.

6.2 Ergebnisse

Die Ergebnisse zeigen, dass während etwa 35 Prozent der SSt I und etwa 60 Prozent der SSt II nach VDI 4100:2007 zuzuordnen sind, etwa 4 Prozent der untersuchten Übertragungssituationen in keine Schallschutzstufe fallen (Bild 11). Nach VDI 4100:2012 hingegen, verschiebt sich die Aufteilung. Etwa 65 Prozent der Übertragungssituationen können der SSt I zugeordnet werden und nur noch 6 Prozent der SSt II. 29 % der untersuchten Übertragungssituationen erfüllen nicht die Anforderungen an den erhöhten Schallschutz. Diese Ergebnisse belegen die deutliche Verschärfung der Anforderungen in VDI 4100:2012 gegenüber bisheriger Regelwerke. Mit üblichen Konstruktionen und Grundrissgestaltungen sind die Anforderungen an einen erhöhten Schallschutz, selbst bei der Wahl ausschließlich massiver Bauteile mit sehr hohen flächenbezogenen Massen, kaum zu erreichen.

Somit erfüllt ein Großteil der aktuell üblichen massiven Mehrfamilien-Wohngebäude die SSt I der VDI 4100:2012, die gemäß Zuordnung der Richtlinie bei einer Wohnung zu erwarten ist, „... bei welcher die Ausführung und Ausstattung gegenüber einer einfachsten Ausführung und Ausstattung angehoben ist." [13]. Lediglich 6 Prozent der maßgeblichen Übertragungssi-

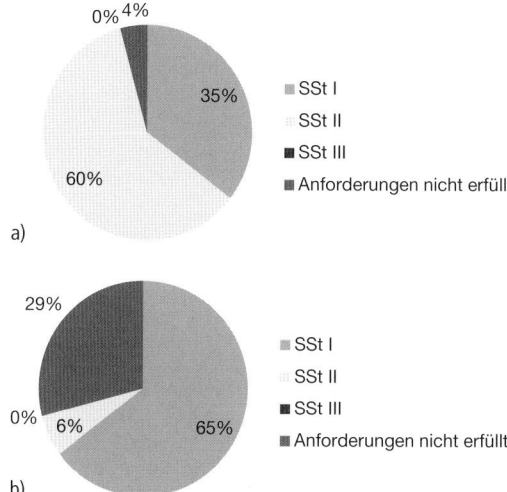

Bild 11. Schallschutzstufen des horizontalen Luftschallschutzes mit 2 dB Vorhaltemaß; a) nach VDI 4100:2007; b) nach VDI 4100:2012

tuationen erfüllen die Anforderungen der SSt II, die gemäß Zuordnung der VDI 4100:2012 in einer Wohnung zu erwarten ist, „… die auch in ihrer sonstigen Ausführung und Ausstattung durchschnittlichen Komfortansprüchen genügt" [13].
Für die untersuchten Gebäude kann nahezu von einer Verschiebung der Schallschutzstufen gesprochen werden. Der Anteil der Raumsituationen, die nach VDI 4100:2007 in SSt II fielen, fällt nun in SSt I der VDI 4100:2012. Es kann quasi trotz unterschiedlicher Beurteilungskenngrößen ein Vergleich der Anforderungen vorgenommen werden. Dieser Befund wird auch durch Ergebnisse einer an der Hochschule für Technik erarbeiteten Bachelorarbeit gestützt, in der auf der Basis einer groß angelegten Befragung von Akustikbüros im Rahmen einer Korrelationsanalyse ein annähernd linearer Zusammenhang zwischen den Kenngrößen R'_w und $D_{nT,w}$ bestimmt wird [35]. Die Auswertung ergab, dass die $D_{nT,w}$-Werte horizontaler Übertragungssituationen in der baulichen Praxis im Mittel nur ca. 0,5 dB höher liegen als die zugehörigen, im Rahmen von Baumessungen bestimmten R'_w-Werte. Darüber hinaus bestätigen die Ergebnisse der Untersuchung die oben getroffene Feststellung, dass die Anforderungen der verschiedenen Schallschutzstufen in VDI 4100:2012 in Kombination mit der Zuordnung zum jeweiligen Gebäudestandard nicht der aktuellen Baupraxis entsprechen. In der in [35] durchgeführten Befragung wurden die betrachteten Gebäude durch die teilnehmenden Akustikbüros in die drei Kategorien „Standard", „Gehoben" und „Luxus" eingeteilt. Für den Fall der horizontalen Luftschallübertragung wurden aus den vorliegenden Messergebnissen die folgenden Mittelwerte für die drei Kategorien ermittelt:

Standard: $R'_w = 55{,}5$ dB
Gehoben: $R'_w = 58{,}2$ dB
Luxus: $R'_w = 61{,}7$ dB

Hierbei ist zu berücksichtigen dass bei der planerischen Festlegung anhand vorgegebener Anforderungswerte eine Auslegung unter Berücksichtigung eines angemessenen Sicherheitsbeiwerts (siehe Abschnitt 4.1.1) erfolgt und dass die gemessenen Werte dann im Mittel um diesen Sicherheitsbeiwert höher liegen als das anvisierte Schallschutzniveau. Unter Berücksichtigung dieses Zusammenhangs korrelieren die oben stehenden Werte für den Fall des pauschalen Sicherheitsbeiwerts von $u_{prog} = 2$ dB mit den folgenden Zielgrößen:

Standard: $R'_w = 53{,}5$ dB
Gehoben: $R'_w = 56{,}2$ dB
Luxus: $R'_w = 59{,}7$ dB

Es zeigt sich, dass diese Ergebnisse sehr gut mit den Festlegungen in VDI 4100:2007, nicht aber (bei Berücksichtigung der vorher festgestellten Zusammenhänge zwischen R'_w und $D_{nT,w}$) mit den Schallschutzstufen in VDI 4100:2012 in Einklang stehen.

6.3 Weitergehende Betrachtungen

Die in [45] erarbeitete Datenmenge ist weiter ausgewertet worden, um die Zusammenhänge zwischen dem bewerteten Bau-Schalldämmmaß R'_w und der Trennbauteilfläche S_S sowie zwischen der Schallpegeldifferenz $D_{nT,w}$ und dem Empfangsraumvolumen V_E anhand der betrachteten realen Grundrisssituationen aufzuzeigen. Im Rahmen dieser Untersuchung wurde der Sicherheitsbeiwert u_{prog} im Gegensatz zu den zuvor erfolgten Auswertungen nicht berücksichtigt, da hier lediglich die Zusammenhänge für die rechnerische Prognose aufgezeigt werden sollen.

In Bild 12 sind die rechnerisch ermittelten Bau-Schalldämmmaße R'_w über die (jeweils vorliegende) Trennbauteilfläche S_S aufgetragen. Es ist deutlich abzulesen, dass das Bau-Schalldämmmaß mit zunehmender Trennbauteilfläche steigt. Der kleinste Wert liegt bei etwa 53 dB, der größte Wert bei knapp 60 dB. Die Werte weisen also eine Bandbreite von ungefähr 7 dB auf. Weiterhin wird deutlich, dass ein Großteil der Trennbauteilflächen im Bereich zwischen circa 8 und 15 m² liegt. Die mit sinkender Trennbauteilfläche abnehmenden Schalldämmmaße hängen mit dem in Abschnitt 4.2 aufgezeigten zunehmenden Einfluss der flankierenden Übertragung bei kleiner werdenden Trennbauteilflächen zusammen.

In Bild 13 ist die bewertete Standard-Schallpegeldifferenz $D_{nT,w}$ aller betrachteten Übertragungssituationen über das Empfangsraumvolumen V_E aufgetragen. Zusätzlich zu den einzelnen zugrundeliegenden Raumsituationen wird $D_{nT,w}$ als die folgende Funktion dargestellt (durchgehende Linie):

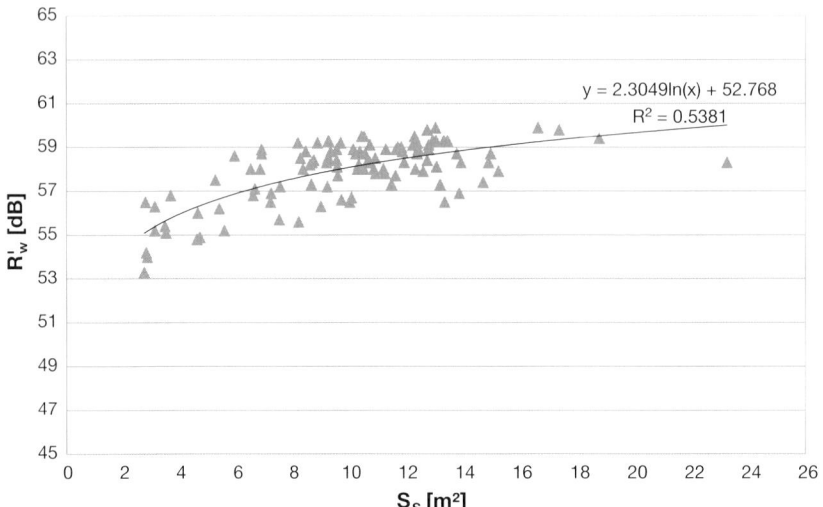

Bild 12. Zusammenhang zwischen R'_w und S_S

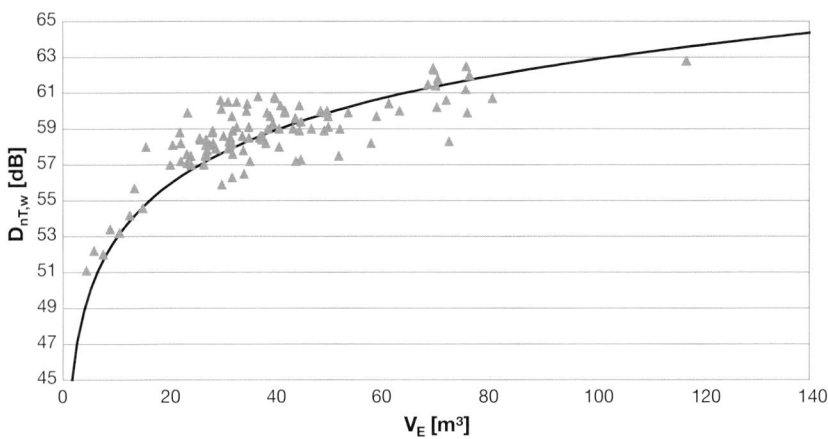

Bild 13. Zusammenhang zwischen $D_{nT,w}$ und V_E

$$D_{nT,w} = R'_{w,m} - 10 \log \left(3{,}1 \frac{S_{S,m}}{V_E} \right) \qquad (3)$$

mit
$R'_{w,m}$ Mittelwert des Bau-Schalldämmmaßes (aller Übertragungssituationen)
$S_{S,m}$ Mittelwert der Trennbauteilfläche (aller Übertragungssituationen)
V_E Empfangsraumvolumen

$D_{nT,w}$ steigt erwartungsgemäß mit zunehmendem Raumvolumen an. Im Bereich zwischen 0 und 20 m³ nimmt V_E stärker zu, als im weiteren Verlauf der Punktwolke. Dieser, bei kleinen Geometrien im Vergleich zu R'_w deutlich steilere Anstieg von $D_{nT,w}$ lässt sich folgendermaßen erklären. Die Minimalwerte von R'_w werden bei Trennbauteilflächen die gegen null gehen, durch die flankierenden Bauteile (insbesondere durch die am schwächsten dimensionierte Flanke) dominiert. Dadurch strebt der Wert von R'_w im Falle einer sehr kleinen Trennbauteilfläche einem diskreten Wert entgegen, der in der Nähe der Flankenschalldämmung der „schlechtesten" Flanke liegt. Bei der bewerteten Standard-Schallpegeldifferenz überlagert sich dieser Effekt, der in der Kenngröße R'_w zum Ausdruck kommt, mit dem Einfluss, der aus der Umrechnung von R'_w in $D_{nT,w}$ folgt und bei dem das Verhältnis von Empfangsraumvolumen und Trennbauteilfläche einfließt. Daraus folgt, dass $D_{nT,w}$ auf null zustrebt, wenn das Empfangsraumvolumen gegen null geht.

7 Reaktionen von Fachwelt, Baupraxis und Rechtsprechung auf VDI 4100:2012-10

7.1 Reaktionen auf die Herausgabe von VDI 4100:2012-10

Die Regelungen und Empfehlungen innerhalb der Neufassung der Richtlinie VDI 4100:2012 wurden in der Fachwelt bereits kurz nach dem Erscheinen derselben kontrovers diskutiert [7, 28, 34, 46–48]. Dieser Diskussion konnten die folgenden Kernthesen entnommen werden:
- Die vollständige Abkopplung von DIN 4109 (sowohl hinsichtlich der Kenngrößen als auch hinsichtlich der Anforderungshöhe) wird von verschiedenen Seiten kritisch gesehen.
- Teilweise wird empfohlen, sich bei der Vereinbarung eines erhöhten Schallschutzes auch zukünftig auf VDI 4100:2007-08 zu beziehen.
- Die Zuordnung in VDI 4100:2012, SSt II sei im Falle von Gebäuden zu erwarten, welche auch in ihrer sonstigen Lage und Ausstattung *durchschnittlichen Komfortansprüchen* genügen, wird im Allgemeinen als nicht angemessen betrachtet.
- Im Falle des Luftschallschutzes in Wohngebäuden entspricht die alte SSt II in der neuen VDI 4100 nunmehr lediglich etwa SSt I.

Focke äußert sich in [34] kritisch über die Neufassung der Richtlinie und die darin formulierten Anforderungen. So zeigen Gespräche mit am Bau Beteiligten, dass die Umsetzung der Anforderungen schwierig ist und mit aktuell üblichen Baukonstruktionen ein Schallschutz der über die SSt I hinausgeht, nicht eingehalten wird. Bislang ermöglichten diese Bauweisen jedoch die Einhaltung des erhöhten Schallschutzes (SSt II) nach VDI 4100:2007. Er zeigt somit dieselbe Verschiebung auf wie die Untersuchung in Abschnitt 6.2. Übliche massive Konstruktionen (z. B. 24 cm bis 30 cm dicke massive Wände), die bislang einen erhöhten Schallschutz der SSt II nach VDI 4100:2007 gewährleisteten und gemäß Rückmeldungen und Urteilen 95 Prozent der Bewohner zufrieden stellten, erfüllen nun lediglich die SSt I und genügen damit gemäß VDI 4100:2012 nicht mehr durchschnittlichen Komfortansprüchen [34].

Eine ähnliche Einschätzung gibt *Zöller* in [47], wonach der Aufwand zur Erzielung der SSt II nach neuer VDI erheblich ist und über das bauübliche Maß hinausgeht. Diesen Aufwand stellt er als nicht mehr mittlerer Art und Güte dar [47].

In [7] äußert sich auch *Maack* kritisch zur Neufassung der VDI 4100 und zur Umstellung auf nachhallzeitbezogene Kenngrößen. Wesentliche Kritikpunkte sind die Anhebung der Anforderungen an kleine Räume, die aufwendige Zusatzmaßnahmen oder Sonderregelungen erforderlich machen, die zunehmende Komplexität des Schallschutznachweises infolge der umfangreicheren Berechnung, die langwierige Umstellungsphase der Planer zur Akzeptanz neuer Kenngrößen sowie die raumakustischen Folgen einer Umgestaltung des Grundrisses.

Ein weiterer Aspekt den *Maack* anführt, ist, dass der Schalldruckpegel in großen Empfangsräumen nicht konstant, sondern in der Nähe des Trennbauteils höher ist als in entfernteren Raumteilen. Wird also beispielsweise eine Sitzgarnitur direkt an der Wohnungstrennwand aufgestellt, so hält sich der Nutzer häufig im Bereich des höheren Schalldruckpegels auf, womit der Vorteil der nachhallzeitbezogenen Kenngrößen nur noch theoretisch vorliegt [7]. Falls die Raumtiefe eines Empfangsraumes infolge von Umbaumaßnahmen verringert wird, sinkt hierdurch der Schallschutz $D_{nT,w}$. Hinsichtlich einer späten Grundrissgestaltung sind dem Bauherrn damit Grenzen gesetzt. Der Grundriss muss frühzeitig zusammen mit dem Planer festgelegt und schalltechnisch optimiert werden.

Auf die geschilderte Problematik geht auch [28] ein. Weiterhin wird dort darauf hingewiesen, dass der Anspruch einer tatsächlichen nachhallzeitbezogenen Bewertung mit der Kenngröße $D_{nT,w}$ aufgrund der Einführung der 8 m²-Regelung sowie weiterer Effekte (z. B. Schwankungen in der Diffusität des Schallfeldes oder der Nachhallzeiten) stark eingeschränkt wird.

7.2 VDI 4100 in der Planungspraxis und Rechtsprechung

Seit der Veröffentlichung der aktualisierten VDI 4100 im Jahr 2012 wird die Richtlinie in der Planungspraxis nur in sehr begrenztem Maße angewendet. Dies bestätigen Rückmeldungen von Planern aus Seminarveranstaltungen und Workshops zur Handhabung des KS-Schallschutzrechners sowie Diskussionen im Fachausschuss Bau- und Raumakustik der Deutschen Gesellschaft für Akustik. Neben der Umstellung auf die nachhallzeitbezogenen Kenngrößen (welche nicht mehr den Kenngrößen der bauaufsichtlichen Anforderungen in DIN 4109-1 und anderen Regelwerken entsprechen) werden als Grund hierfür die deutlich gestiegenen Anforderungen an den Luftschallschutz bei gleichzeitiger Beibehaltung der verbalen Beschreibungen der drei SSt genannt. Darüber hinaus wird die unausgewogene Abstimmung der einzelnen Anforderungen untereinander bemängelt. Während die Anforderungen für SSt I im Allgemeinen bereits deutlich gegenüber den Mindestanforderungen in DIN 4109-1 erhöht sind, entsprechen die Anforderungswerte im Bereich der Gebäudetechnischen Anlagen dem Niveau der Mindestanforderungen. Dieses Ungleichgewicht wird durch die nachhallzeitbezogene Kenngröße $L_{AFmax,nT}$ noch verschärft, da hieraus gegenüber der bisherigen Kenngröße $L_{AFmax,n}$ insbesondere bei größeren Räumen geringere Anforderungen resultieren als bisher.

Der im Jahr 2014 veröffentlichte Kommentar zu VDI 4100:2012-10 [49] geht unter anderem der Frage nach, wie die dort definierten drei Schallschutzstufen bautechnisch realisiert werden können und kommt zu dem

Fazit, dass SSt II in Mehrfamilienhäusern nur mit deutlichem Mehraufwand gegenüber der SSt I und mit teilweise in der Praxis nicht verfügbaren Konstruktionen erreicht werden kann. Für die Realisierung der SSt II wird z. B. als mögliche Baukonstruktion eine 42,5 cm dicke Mauerwerkswand der Rohdichteklasse (RDK) 2,0 genannt (welche derzeit am Markt nicht erhältlich ist). Alternativ kann das geforderte Schallschutzniveau gemäß [49] mit einer 30 cm dicken Wand der RDK 2,0 erreicht werden, wenn eine planmäßige Entkopplung zwischen der durch die Außenwand durchgeführten Wohnungstrennwand und der Außenwand erfolgt und massive Geschossdecken mit einer Dicke des Stahlbetons ≥ 25 cm gewählt werden. Zu SSt III heißt es in [49] *„Für die SSt III können keine Regelbauweisen für den Geschosswohnungsbau angegeben werden"*.

Vor diesem Hintergrund wird in der seit der Veröffentlichung von VDI 4100:2012 erschienenen Fachliteratur von der Anwendung der Richtlinie abgeraten (vgl. z. B. [50] und [51]). Anstelle dessen wird empfohlen, weiterhin die Vorgängerversion der Richtlinie aus dem Jahr 2007 für die Vereinbarung eines erhöhten Schallschutzes heranzuziehen. Dies entspricht dem Vorgehen, welches laut Rückmeldungen aus der Planungspraxis, von vielen Planern nach wie vor gewählt wird. In [50] wird zudem geschildert, dass seitens der Planerinnen und Planer eine erneute Überarbeitung von VDI 4100 mit einer Anpassung der kennzeichnenden Größen an die Mindestanforderungen in DIN 4109-1:2018 gefordert wird.

In der Rechtsprechung wird bisher offensichtlich ausschließlich auf die Vorgängerversion der VDI 4100 aus dem Jahr 2007 abgestellt. In mehreren Gerichtsverfahren, in denen es allerdings um die Frage des bei einer Sanierung geschuldeten Schallschutzniveaus ging, wurde die Schallschutzstufe II VDI 4100:2007 mit in die Urteilsfindung der Gerichte einbezogen [52]. Gerichtsverfahren in denen die Frage des geschuldeten Schallschutzes von Neubauten Gegenstand war und in denen VDI 4100:2012-10 in die Urteilsfindung mit einbezogen wurde, sind bisher nicht bekannt.

8 Fazit und Ausblick

Aus den dargestellten Betrachtungen kann zunächst der Schluss gezogen werden, dass die Werte der bewerteten Standard-Schallpegeldifferenz $D_{nT,w}$ hinsichtlich der Bemessung an einer maßgeblichen Übertragungssituation global betrachtet in etwa den Werten des Bau-Schalldämmmaßes entsprechen. Daraus resultiert, dass SSt I aus VDI 4100:2012-10 ungefähr SSt II der Vorgängerversion der Richtlinie aus dem Jahr 2007 entspricht.

Die innerhalb dieses Beitrags dokumentierten Vergleichsrechnungen verdeutlichen, dass sowohl R'_w, aber noch stärker $D_{nT,w}$ abhängig von der jeweiligen Geometrie der Übertragungssituation sind. Mit steigendem Raumvolumen steigt – bei gleichbleibenden Konstruktionen – das Maß des erreichten Schallschutzes. Große Raumvolumina erlauben deshalb die Umsetzung von SSt II mit heute im Geschosswohnungsbau üblichen massiven Bauteilen mit hohen flächenbezogenen Massen (Mauerwerk oder Beton). Die Auswertungen in Abschnitt 6 zeigen hingegen, dass aktuelle Grundrisse im Geschosswohnungsbau auch bei der Wahl ausschließlich schallschutztechnisch hochwertiger Konstruktionen aufgrund der häufig geringen Größen der maßgeblichen Empfangsräume, in aller Regel maximal eine Einstufung in SSt I erreichen. Dies steht im Widerspruch zur Aussage in VDI 4100:2012-10, dass SSt II in Gebäuden zu erwarten sei, die den durchschnittlichen Komfortansprüchen genügen.

Die in Abschnitt 7 zusammengefassten Reaktionen auf VDI 4100:2012-10 aus Fachwelt, Baupraxis und Rechtsprechung bekräftigen diese Feststellung und zeigen, dass die Anwendung der Richtlinie zu verschiedenen Problemen führt. Vor diesem Hintergrund empfehlen viele Fachakustiker im Rahmen vertragsrechtlicher Vereinbarungen zum Schallschutz in Wohnungen, auch zukünftig die alte Fassung der Richtlinie (VDI 4100:2007-08) explizit zu vereinbaren oder schlagen wie in [34] ein alternatives Klassifizierungssystem vor.

Durch die vollständige Abkopplung der Richtlinie VDI 4100:2012-10 von der Schallschutznorm DIN 4109 wird die rechtssichere Vereinbarung eines Schallschutzniveaus zwischen Planer und Bauherr zukünftig noch schwieriger als in der Vergangenheit. Den Planerinnen und Planern steht mittlerweile eine Vielzahl von Empfehlungen und Regelwerken zum erhöhten Schallschutz zur Verfügung [9, 13, 29, 53–55] und es ist nicht klar, welches Niveau in welchem Fall privatrechtlich geschuldet ist. Dieser Zustand ist aus Sicht der Planungspraxis unbefriedigend und es wäre zu wünschen, dass eine Harmonisierung zwischen den verschiedenen deutschen Regelwerken und Empfehlungen für den baulichen Schallschutz in Wohnungen erfolgen würde.

Ein erster Schritt in diese Richtung soll mit der geplanten Herausgabe von DIN 4109-5 unternommen werden, da diese DIN 4109:1989 Beiblatt 2 und DIN SPEC 91314 ablösen wird.

Mittlerweile wurde beim DIN/VDI-Normenausschuss Akustik, Lärmminderung und Schwingungstechnik (NALS) ein Arbeitsausschuss eingerichtet und mit der Überarbeitung von VDI 4100:2012-10 beauftragt. Im Rahmen der geplanten Überarbeitung ist unter anderem angedacht, eine Harmonisierung zwischen VDI 4100 und der DEGA-Empfehlung 103: Schallschutzausweis zu prüfen bzw. vorzunehmen. Dies wäre angesichts der oben erwähnten Verunsicherung innerhalb der Planungspraxis sehr zu begrüßen. Bis zum Erscheinen einer neuen VDI 4100 kann vor dem Hintergrund der Rechtsprechung der vergangenen Jahre dazu geraten werden, bei der Vereinbarung eines Schallschutzniveaus, unabhängig von den aktuell verfügbaren Regelwerken und Empfehlungen, insbesondere auf die tatsächliche Leistungsfähigkeit vereinbarter Konstruktionen abzuzielen und auf dieser Grundlage individuelle Vereinbarungen zu treffen. Zusätzlich ist dabei der Grundsatz zu berücksichtigen, dass der Wechsel zwischen zwei Schallschutzniveaus von den Bewohnern auch tatsächlich als ein wahrnehmbarer Unterschied empfunden werden kann. Hierzu ist je nach Höhe des Ausgangsniveaus und in Abhängigkeit des vorliegenden Grundgeräuschpegels eine Differenz von 3 dB oder mehr erforderlich (z. B. [56]). Weiterhin ist zu beachten, dass der Schallschutz nicht losgelöst von weiteren Anforderungskriterien an Gebäude wie. z. B. dem winterlichen und sommerlichen Wärmeschutz, dem vertikalen Lastabtrag und der Aussteifung oder dem Brandschutz und den daraus resultierenden Anforderungen an die Gebäudestruktur betrachtet werden kann.

9 Literatur

[1] Fischer, H.-M. (2014) Neufassung der DIN 4109 auf der Basis europäischer Regelwerke des baulichen Schallschutzes, in *Bauphysik-Kalender 2014* (Hrsg. Nabil A. Fouad), Ernst & Sohn Verlag, Berlin, S. 15–68.

[2] Moll, W.; Moll, A. (2011) *Schallschutz im Wohnungsbau – Gütekriterien, Möglichkeiten, Konstruktionen*, Ernst & Sohn Verlag, Berlin.

[3] Bundesgerichtshof.: Urteil VII ZR 54/07: Schallschutz. 2009.

[4] VDI 4100:1994-09 (1994) *Schallschutz von Wohnungen – Kriterien für Planung und Beurteilung*.

[5] RdErl. des Ministeriums für Bauen und Wohnen, NW, *DIN 4109 Schallschutz im Hochbau*, 15.12.1994 – II B 4 – 870.302 (MBl. NRW 1995, Nr. 13, S. 232).

[6] Umweltbundesamt (2011) *Ergebnisbericht I 3.4-60 572-2/0 der 3. Umfrage bei Sachverständigen der Bauakustischen Prüfstellen zur Anwendung der Richtlinie VDI 4100 vom 04.10.2011*, Berlin.

[7] Maack, J. (2012) Erhöhter Schallschutz – Zur Neufassung VDI 4100, Ausgabe 2012. *Bauphysik* **34** (6), S. 304–308.

[8] E DIN 4109-10:2000-06 (2000) *Schallschutz im Hochbau – Teil 10: Vorschläge für einen erhöhten Schallschutz von Wohnungen*, Beuth, Berlin.

[9] VDI 4100:2007-08 (2007) *Schallschutz von Wohnungen – Kriterien für Planung und Beurteilung*, Beuth, Berlin.

[10] E DIN 4109-1:2013-06 (2013) *Schallschutz im Hochbau – Teil 1: Anforderungen an die Schalldämmung*, Beuth, Berlin.

[11] VDI 4100:2010-05 (2010) *Entwurf: Schallschutz im Hochbau – Wohnungen – Beurteilung und Vorschläge für erhöhten Schallschutz*, Beuth, Berlin.

[12] VDI 4100:2011-06 (2011) *Entwurf: Schallschutz im Hochbau – Wohnungen – Beurteilung und Vorschläge für erhöhten Schallschutz*, Beuth, Berlin.

[13] VDI 4100:2012-10 (2012) *Schallschutz im Hochbau – Wohnungen – Beurteilung und Vorschläge für erhöhten Schallschutz*, Beuth, Berlin.

[14] DIN EN 12354-1:2000-12 (2000) *Berechnung der akustischen Eigenschaften von Gebäuden aus den Bauteileigenschaften – Teil 1: Luftschalldämmung zwischen Räumen*, Beuth, Berlin.

[15] DIN EN 12354-2:2000-09 (2000) *Berechnung der akustischen Eigenschaften von Gebäuden aus den Bauteileigenschaften – Teil 2: Trittschalldämmung zwischen Räumen*, Beuth, Berlin.

[16] DIN 4109-1:2018-01 (2018) *Schallschutz im Hochbau – Teil 1: Mindestanforderungen*, Beuth, Berlin.

[17] DIN 4109-2:2018-01 (2018) *Schallschutz im Hochbau – Teil 2: Rechnerische Nachweise der Erfüllung der Anforderungen*, Beuth, Berlin.

[18] DIN 4109-31:2016-07 (2016) *Schallschutz im Hochbau – Teil 31: Daten für die rechnerischen Nachweise des Schallschutzes (Bauteilkatalog) – Rahmendokument*, Beuth, Berlin.

[19] DIN 4109-32:2016-07 (2016) *Schallschutz im Hochbau – Teil 32: Daten für die rechnerischen Nachweise des Schallschutzes (Bauteilkatalog) – Massivbau*, Beuth, Berlin.

[20] DIN 4109-33:2016-07 (2016) *Schallschutz im Hochbau – Teil 33: Daten für die rechnerischen Nachweise des Schallschutzes (Bauteilkatalog) – Holz-, Leicht- und Trockenbau*, Beuth, Berlin.

[21] DIN 4109-34:2016-07 (2016) *Schallschutz im Hochbau – Teil 34: Daten für die rechnerischen Nachweise des Schallschutzes (Bauteilkatalog) – Vorsatzkonstruktionen vor massiven Bauteilen*, Beuth, Berlin.

[22] DIN 4109-35:2016-07 (2016) *Schallschutz im Hochbau – Teil 35: Daten für die rechnerischen Nachweise des Schallschutzes (Bauteilkatalog) – Elemente, Fenster, Türen, Vorhangfassaden*, Beuth, Berlin.

[23] DIN 4109-36:2016-07 (2016) Schallschutz im Hochbau – Teil 36: Daten für die rechnerischen Nachweise des Schallschutzes (Bauteilkatalog) – Gebäudetechnische Anlagen.

[24] DIN 4109-4:2016-07 (2016) Schallschutz im Hochbau – Teil 4: Bauakustische Prüfungen.

[25] KS-Schallschutzrechner, Version 6.00 [online], Bundesverband Kalksandsteinindustrie e. V. (Hrsg.) www.kalksandstein.de, 2018.

[26] E DIN 4109:2006-10 (2006) Schallschutz im Hochbau, Beuth, Berlin.

[27] Schäfers, M. (2012) Schallschutz im Geschosswohnungsbau – mehr Planungssicherheit durch neue Prognoseinstrumente. *Bauphysik*, **34** (6), S. 309–320.

[28] Schäfers, M.; Wolff, O. (2012) Die Neufassung der Richtlinie VDI 4100 und ihre Auswirkungen auf Endkunden und Industrie, *Lärmbekämpfung*, Bd. 6, Heft 5, S. 238–245.

[29] E DIN 4109-5:2019-04 (2019) Schallschutz im Hochbau – Teil 5: Erhöhte Anforderungen, Beuth, Berlin.

[30] Fischer, H.-M. (2018) Schallschutz. Erschienen im Kalksandstein Planungshandbuch – Planung, Konstruktion, Ausführung. (Hrsg. Bundesverband Kalksandsteinindustrie e. V.), Hannover.

[31] Moll, W. (2009) *Analytische Herleitung von Anforderungen an den Luftschallschutz zwischen Räumen. Bauphysik* 31 (4), S. 235–243.

[32] Burkhart, C. (1994) *Nachhallzeit in eingerichteten und leeren Wohnräumen und Konsequenzen für Geräuschmessungen.* Tagungsband zur DAGA.

[33] DIN EN ISO 16283-1:2014-06 (2014) *Akustik – Messung der Schalldämmung in Gebäuden und von Bauteilen am Bau – Teil 1: Luftschalldämmung*, Beuth, Berlin.

[34] Focke, K. (2013) Neue Regelwerk und (un)bekannte Vorgehensweisen. Deutsches Ingenieurblatt, -(3): S. 16–21, 2013.

[35] Summ, J.; Schimmer, A.; Schneider, M. (2015) Stand des Luft- und Trittschallschutzes im Geschosswohnungsbau in Deutschland. *Bauphysik* 37(6), S. 323–333.

[36] DIN 4109:1989-11 (1989) *Schallschutz im Hochbau – Anforderungen und Nachweise*, Beuth, Berlin.

[37] Scholl, W.; Wittstock, V. (2008) *Berechnung der Prognoseunsicherheit nach DIN 4109*, Forschungsbericht der Physikalisch- Technischen Bundesanstalt Braunschweig, gefördert durch das Deutsche Institut für Bautechnik, Fraunhofer IRB Verlag.

[38] Grethe, W.; Schäfers, M. (2015) Schallschutzplanung im Geschosswohnungsbau nach E DIN 4109-2. *Mauerwerk* 19 (3), S. 199–208.

[39] Fischer, H.-M.; Blessing, S.; Schneider, M.; Späh, M. (2002) Bericht Nr. 1370 zum AIF Vorhaben Nr. 11593/1: *Ermittlung und Verifizierung schalltechnischer Grundlagendaten für Wandkonstruktionen aus Kalksandstein-Mauerwerk auf der Grundlage neuer europäischer Normen des baulichen Schallschutzes.*

[40] Blessing, S.; Fischer, H.-M.; Schneider, M., Späh, M. (2002) Bericht Nr. 1371: *Umsetzung der europäischen Normen des baulichen Schallschutzes für die Porenbetonindustrie.* Fachhochschule Stuttgart – Hochschule für Technik – Fachbereich Grundlagen und Bauphysik und Joseph-von-Egle-Institut für Angewandte Forschung.

[41] Blessing, S.; Fischer, H.-M.; Schneider, M.; Späh, M. (2005) Bericht Nr. 1373: *Umsetzung der europäischen Normen des baulichen Schallschutzes für die Ziegelindustrie.* Fachhochschule Stuttgart – Hochschule für Technik – Fachbereich Grundlagen und Bauphysik und Joseph-von-Egle-Institut für Angewandte Forschung.

[42] Blessing, S.; Fischer, H.-M.; Schneider, M.; Späh, M. (2002) Bericht Nr. 1372: *Umsetzung der europäischen Normen des baulichen Schallschutzes für die Leichtbetonindustrie.* Fachhochschule Stuttgart – Hochschule für Technik – Fachbereich Grundlagen und Bauphysik und Joseph-von-Egle-Institut für Angewandte Forschung.

[43] Scholl, W.; Bietz, H. (2005) *Integration des Holz- und Skelettbaus in die neue DIN 4109*. Abschlussbericht, Forschungsbericht der Physikalisch-Technischen Bundesanstalt.

[44] Lang, J. (2001) Ergebnisse des Vergleichs von Messwerten des Schallschutzes in Gebäuden mit Rechenwerten nach EN 12354. *wksb* 47 (47), S. 9–14.

[45] Grethe, W. (2012) *Untersuchungen zum Schallschutz im massiven Geschosswohnungsbau – Prognose des Schallschutzes nach VDI 4100* (Unveröffentlichte Studienarbeit), Leibniz Universität Hannover.

[46] Kunzmann, B.; Zymnossek, J. (2012) Die Neuausrichtung der VDI 4100 als Wegweiser für erhöhten Schallschutz im Wohnungsbau. *Lärmbekämpfung* 6 (5), S. 246–249.

[47] Zöller, M.: (2013) Neue Schallschutzklassen in VDI 4100: Haben sich die Anforderungen verschärft? *IBR* (5), S. 257–258.

[48] Schoch, T. (2012) Luftschalldämmung von Mauerwerk – aktuelle Entwicklungen und Trends, in Schneider, K.-J.; Sahner, G.; Rast, R. (2012) *Mauerwerksbau aktuell*, S. D.37–D.60. Beuth, Bauwerk, Wien, Zürich.

[49] Lein, P.; Wolff, O. (2014) *Kommentar zu VDI 4100:2012-10 – Erhöhter Schallschutz im Wohnungsbau.* Beuth Verlag (Hrsg.Verein Deutscher Ingenieure e. V.)

[50] Gigla, B. (2018) *Schallschutz – Imissionsschutz, Bau- und Raumakustik; verstehen – planen – nachweisen.* Fraunhofer IRB Verlag.

[51] Sälzer, E.; Eßer, G.; Maack, J.; Möck, T.; Sahl, M. (2015) *Schallschutz im Hochbau – Grundbegriffe, Anforderungen, Konstruktionen, Nachweise.* Ernst & Sohn, Berlin.

[52] Hettler, S. (2018) Trittschall – Neues zum erhöhten Schallschutz und richterlichen „Ohrenschein". *Der Bausachverständige* 14 (6).

[53] DIN 4109 Beiblatt 2:1989-11 (1989) *Schallschutz im Hochbau, Beiblatt 2: Vorschläge für einen erhöhten Schallschutz; Empfehlungen für den Schallschutz im eigenen Wohn- oder Arbeitsbereich*, Beuth, Berlin.

[54] Deutsche Gesellschaft für Akustik e. V. (2018) *DEGA-Empfehlung 103 – Schallschutz im Wohnungsbau – Schallschutzausweis.*

[55] DIN SPEC 91314:2017-01 (2017) *Schallschutz im Hochbau – Anforderungen für einen erhöhten Schallschutz im Wohnungsbau*, Beuth, Berlin.

[56] Neubauer, R.O.; Alphei, H.; Hils, T. (2006) Airborne sound insulation and its subjective perception – how much makes a difference in loudness. *The Thirteenth International Congress on Sound and Vibration Vienna*, 13, S. 1–8.

A 3 Neue DIN 4109 „Schallschutz im Hochbau"

Oliver Kornadt, Maximilian Redeker

Prof. Dr. rer. nat. Oliver Kornadt
Technische Universität Kaiserslautern
Fachgebiet Bauphysik/Energetische Gebäudeoptimierung
Paul-Ehrlich-Straße 29, 67663 Kaiserslautern

Studium der Physik und Mathematik mit Diplom in Physik an der Universität des Saarlandes, 1992 Promotion an der RWTH Aachen. Von 1993 bis 2001 Leiter des Fachgebiets Bauphysik der Philipp Holzmann AG. 2001 Berufung zum Universitätsprofessor für Bauphysik an der Bauhaus-Universität Weimar. 2012 Berufung zum Universitätsprofessor für Bauphysik/Energetische Gebäudeoptimierung an der Technischen Universität Kaiserslautern. Seit 1997 Mitglied und seit 2006 Obman des NaBau-Ausschusses zur DIN 4109-1 „Schallschutz im Hochbau". Zahlreiche Publikationen und mehrere Auszeichnungen für seine Forschungsarbeiten.

B.Sc. Maximilian Redeker
Technische Universität Kaiserslautern
Fachgebiet Bauphysik/Energetische Gebäudeoptimierung
Paul-Ehrlich-Straße 29, 67663 Kaiserslautern

Studium des Bauingenieurwesens an der Technischen Universität Kaiserslautern. Seit 2017 auch als Mitarbeiter im Fachgebiet Bauphysik der TU Kaiserslautern beschäftigt und Bearbeitung von Projekten im Bereich der Bau- und Raumakustik.

Bauphysik-Kalender 2020: Bau- und Raumakustik. Herausgegeben von Nabil A. Fouad.
© 2020 Ernst & Sohn GmbH & Co. KG. Published 2020 by Ernst & Sohn GmbH & Co. KG.

Inhaltsverzeichnis

1 **Einleitung** 43

2 **Akustische Grundlagen** 43
2.1 Schalldruck 43
2.2 Schalldruckpegel 43
2.3 A-bewerteter Schalldruckpegel 43
2.4 Energieäquivalenter Schalldruckpegel 43
2.5 Äquivalente Schallabsorptionsfläche 43
2.6 Nachhallzeit 44
2.7 Schalldämmmaß 44
2.8 Norm-Trittschallpegel 45
2.9 Bewertung nach DIN EN ISO 717 45

3 **DIN 4109: Schallschutz im Hochbau** 45

4 **Vergleich der Anforderungen nach DIN 4109-1:2018-01 mit DIN 4109:1989-11** 46
4.1 Anforderungen an die Luft- und Trittschalldämmung 46
4.1.1 Mehrfamilienhäuser, Bürogebäude und gemischt genutzte Gebäude 46
4.1.2 Einfamilien-Reihen- und Doppelhäuser 46
4.1.3 Hotels und Beherbergungsstätten 48
4.1.4 Krankenhäuser und Sanatorien 48
4.1.5 Schulen und vergleichbare Einrichtungen 49
4.2 Anforderungen an die Luftschalldämmung von Außenbauteilen 50
4.3 Anforderungen an die Luft- und Trittschalldämmung zwischen „besonders lauten" und schutzbedürftigen Räumen 51
4.4 Schalldruckpegel in fremden schutzbedürftigen Räumen 51
4.5 Maximal zulässige A-bewertete Schalldruckpegel in schutzbedürftigen Räumen in der eigenen Wohnung 53
4.6 Anforderungen an Armaturen und Geräte der Trinkwasser-Installation 55

5 **Rechnerischer Nachweis nach DIN 4109-2:2018-01** 55
5.1 Berechnung der Luftschalldämmung im Massivbau 56
5.2 Berechnung der Trittschalldämmung im Massivbau 59
5.3 Berechnung der Luft- und Trittschalldämmung nach DIN 4109:1989 Beiblatt 1 60
5.3.1 Luftschalldämmung 60
5.3.2 Trittschalldämmung 60
5.4 Sicherheitskonzept der DIN 4109-2:2018-01 61

6 **Bauakustische Prüfungen nach DIN 4109-4:2016-07** 62
6.1 Messungen im Labor 62
6.2 Messungen im Gebäude 63

7 **Vergleich DIN 4109-1:2018-01 mit DIN 4109-5:2019-05** 63
7.1 Anforderungen an die Luft- und Trittschalldämmung 64
7.1.1 Mehrfamilienhäuser, Bürogebäude und gemischt genutzte Gebäude 64
7.1.2 Einfamilien-Reihen- und Doppelhäuser 64
7.1.3 Hotels und Beherbergungsstätten 64
7.1.4 Krankenhäuser und Sanatorien 64
7.2 Anforderungen an die Luftschalldämmung von Außenbauteilen 64
7.3 Schalldruckpegel in fremden schutzbedürftigen Räumen 66
7.4 Maximal zulässige A-bewertete Schalldruckpegel in schutzbedürftigen Räumen in der eigenen Wohnung 68

8 **Ausblick und Fazit** 68

9 **Literatur** 69

NEU: 5 mm Dämmschichtdicke
Dünner als der Standard!
www.kaimann.com

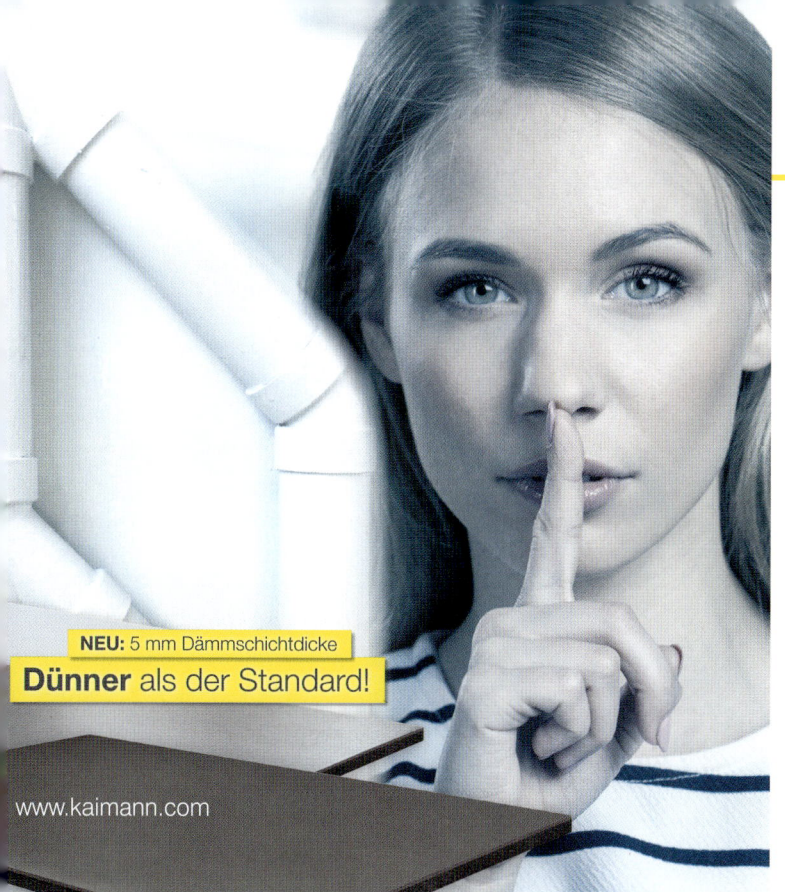

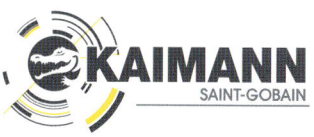

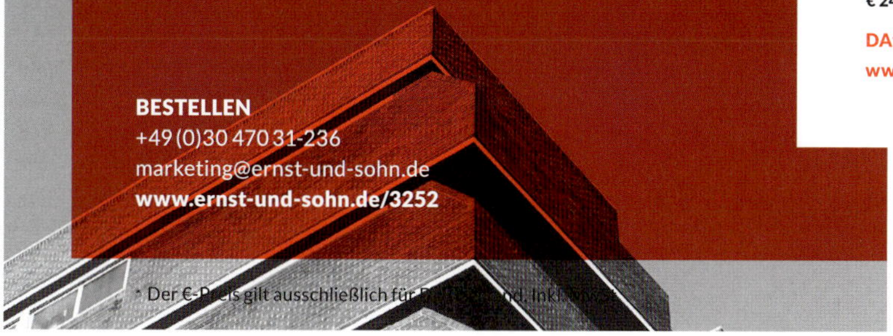

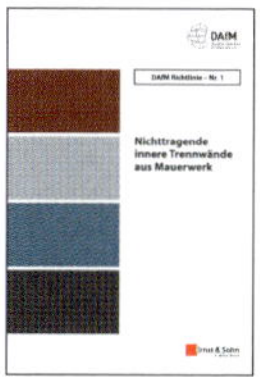

Das neue Standardwerk für den Schallschutz im Hochbau

Heinz-Martin Fischer,
Martin Schneider
**Handbuch zu DIN 4109 –
Schallschutz im Hochbau**
Grundlagen | Anwendung |
Kommentare
2018. ca. 450 Seiten.
€ 108,–*
ISBN 978-3-433-01835-4
Auch als ebook erhältlich.

BUNDLE ebook + Print!
€ 140,40*
ISBN 978-3-433-03230-5

Online Bestellung:
www.ernst-und-sohn.de/1835

Mit der neun Teile umfassenden Neuausgabe der DIN 4109 von Juli 2016 wurden die baurechtlichen Mindestanforderungen an die Schalldämmung neu gefasst. Die bisherigen Anforderungen und Berechnungsverfahren wurden grundlegend überarbeitet. Neu hinzugekommen ist ein Bauteilkatalog sowie ein Nachweisverfahren für den Schallschutz im Baugenehmigungsverfahren. Somit ist die neue DIN 4109 unverzichtbar für die bauakustische Planung und Erstellung von bauaufsichtlichen Schallschutznachweisen. Aufgrund der gravierenden Änderungen stellt sie die Anwender bei der Umsetzung der neuen Anforderungen aber auch vor große Herausforderungen.

An diesem Punkt setzt das neue Handbuch zur DIN 4109 an: es stellt Bauingenieuren, Architekten, Bauakustikern, Bauphysikern, Sachverständigen, Herstellern, aber auch Lehrenden und Studierenden ein umfassendes Kompendium zur Norm und ihrer praktischen Anwendung zur Verfügung.

Das „Handbuch zu DIN 4109" versteht sich als Einführung in eine an den Grundlagen der Bauakustik orientierte Planung des baulichen Schallschutzes, als kritische Auseinandersetzung mit der neuen Norm und als Nachschlagewerk zu Fragen ihrer praktischen Anwendung.

Das Werk gibt einen Überblick über die Entstehung und Entwicklung der Norm und die Änderungen gegenüber der Vorgängerausgabe von 1989. Die Autoren erläutern leicht verständlich fachliche und normungstechnische Grundlagen sowie die Anwendung der neuen Anforderungen und Nachweisverfahren in der Praxis.

Ernst & Sohn
Verlag für Architektur und technische
Wissenschaften GmbH & Co. KG

Kundenservice: Wiley-VCH
Boschstraße 12
D-69469 Weinheim

Tel. +49 (0)6201 606-400
Fax +49 (0)6201 606-184
service@wiley-vch.de

* Der €-Preis gilt ausschließlich für Deutschland. Inkl. MwSt. Die Versandkosten für Deutschland, Österreich, Schweiz, Liechtenstein und Luxemburg entfallen. Für alle anderen Länder gilt der Preis zzgl. Versandkosten. Irrtum und Änderungen vorbehalten. 1167126_dp

1 Einleitung

Nach 29 Jahren fand 2018 eine Novellierung der DIN 4109 statt. In dem Zeitraum von 1989 bis 2018 wurden zahlreiche Baustoffe und Bauteilkonstruktionen neu erforscht und weiterentwickelt. Neben energetischen Anforderungen standen dabei insbesondere die schallschutztechnischen Eigenschaften im Vordergrund. Parallel dazu wurden Methoden und Modelle zur Messung und Bewertung der akustischen Performance von Bauteilen in Laboren und in situ erforscht und verbessert. Insbesondere trifft dieser Zustand auf das Berechnungsverfahren zur Ermittlung der Schalldämmung in Gebäuden zu. Damit beschreibt die Überarbeitung der DIN 4109 gerade im Hinblick auf den Stand der Wissenschaft und Technik einen längst überfälligen Schritt.

Sowohl im Wohnungs- als auch im Nichtwohnungsbau sind Komfortansprüche der Gebäudenutzer gestiegen und in gleichem Maße sank die Toleranzbereitschaft, Mängel zu akzeptieren. Dies führte in den vergangenen Jahrzehnten zu Beschwerden aufgrund akustischer Belästigung bis hin zu einschlägigen BGH-Urteilen [1, 2]. Diesem Zustand soll die Neuauflage der DIN 4109 nicht zuletzt durch gestiegene Mindestanforderungen an den Schallschutz entgegenwirken.

Im vorliegenden Beitrag werden die bisherigen Anforderungen der DIN 4109:1989-11 [3] an den Schallschutz mit denen der novellierten DIN 4109-1:2018-01 [4] für Wohn- und Nichtwohngebäude verglichen und bewertet.

Auch wird das neueingeführte Berechnungsverfahren zur Ermittlung der Luft- und Trittschalldämmung genauer erläutert.

Die Neuerungen zur experimentellen Ermittlung von Schallschutzeigenschaften im Labor und Bestandsgebäuden werden vorgestellt.

Abschließend werden die derzeit im Entwurf befindlichen erhöhten Anforderungen nach DIN 4109-5:2019-05 [5] für den Schallschutz in Wohn- und Nichtwohngebäuden vorgestellt und mit den Mindestanforderungen nach DIN 4109-1:2018-01 verglichen.

2 Akustische Grundlagen

2.1 Schalldruck

Sendet eine Schallquelle eine Schallwelle aus, so wird die umgebene Luft in Schwingungen versetzt. Diese Schwingungen werden durch die Kompressibilität und Masse der Luft zum Ohr des Zuhörers übertragen, welcher die übertragenen Druckschwankungen in der Luft als Schall wahrnimmt [6, 7].

Durch die ausgesendeten Schallwellen entsteht ein raum- und zeitabhängiges Schallfeld, dieses kann im Wesentlichen durch zwei Merkmale charakterisiert werden, die Klangfarbe und die Lautstärke. Die Klangfarbe wird durch die physikalische Größe Frequenz beschrieben und die Lautstärke durch den Schalldruck [6].

Als Schalldruck bezeichnet man den Wechseldruck, der dem atmosphärischen Ruhedruck überlagert ist [6].

2.2 Schalldruckpegel

Als Schalldruckpegel ist der zehnfache dekadische Logarithmus aus dem Quotienten des Quadrates des Effektivwertes des Schalldruckes und eines Referenzwertes definiert. Er wird nach Gl. (1) berechnet [7]:

$$L_p = 10 \cdot \lg \left(\frac{p^2}{p_0^2} \right) = 20 \cdot \lg \left(\frac{p}{p_0} \right) \quad (1)$$

mit
p   Effektivwert des Schalldrucks in [Pa]
p_0 Referenzwert ($2 \cdot 10^{-5}$ Pa)

2.3 A-bewerteter Schalldruckpegel

Der A-bewertete Schalldruckpegel stellt einen frequenzbewerteten Schalldruckpegel dar. Durch Zu- oder Abschläge auf den tatsächlich gemessenen Schalldruckpegel wird der dB-Wert dem menschlichen Hörverhalten angepasst [7].

Bild 1 zeigt die Normalkurve gleicher Lautstärkepegel für reine Töne im freien Schallfeld nach DIN ISO 226:2006-04 [8]. Auf der y-Achse ist der Schalldruckpegel in dB, auf der x-Achse die Frequenz in Hz aufgetragen. Anhand dieser Abbildung lässt sich deutlich erkennen, dass mit Reduktion der Frequenz die Hörschwelle des Menschen ansteigt. Zum Beispiel muss bei 125 Hz ein Schalldruckpegel von über 20 dB erzeugt werden, damit das menschliche Gehör das Schallereignis wahrnimmt, wobei sie bei 1000 Hz bei 0 dB liegt. Die menschliche Hörempfindlichkeit wird durch einen A-bewerteten Schalldruckpegel berücksichtigt.

2.4 Energieäquivalenter Schalldruckpegel

Der über eine bestimmte Zeit energetisch gemittelte Schalldruckpegel wird nach Gl. (2) wie folgt ermittelt [7]:

$$L_{eq} = 10 \cdot \lg \left[\frac{1}{T} \int_0^T 10^{\frac{L(t)}{10}} dt \right] \quad (2)$$

mit
T   Messzeit [s]

2.5 Äquivalente Schallabsorptionsfläche

Die äquivalente Schallabsorptionsfläche kann aus nachfolgender Gleichung aus der Oberfläche des absorbierenden Materials und dessen Schallabsorptionsgrad bestimmt werden [9]:

$$A = \alpha \cdot S \quad (3)$$

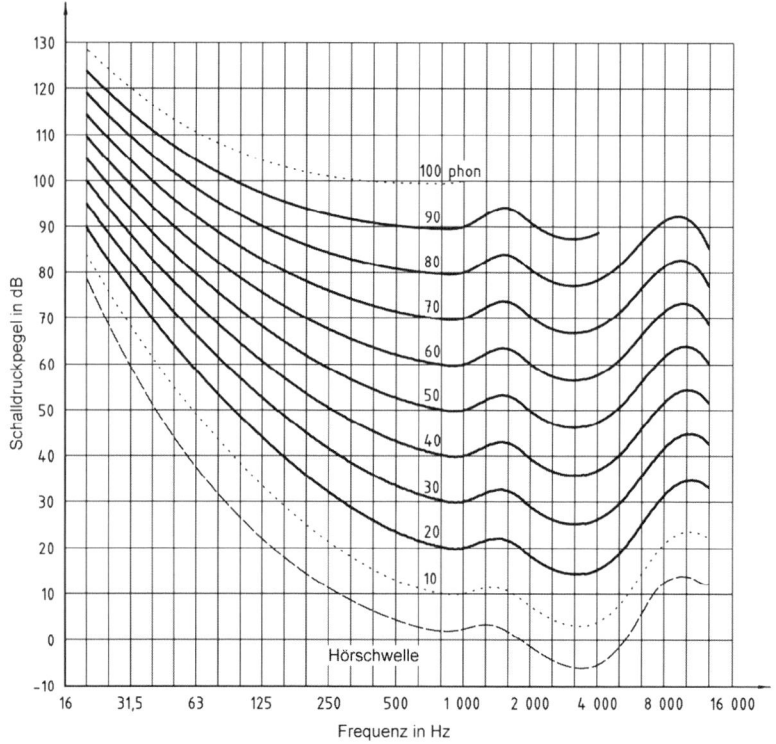

Bild 1. Normalkurven gleicher Lautstärkepegel für reine Töne im freien Schallfeld [8]

mit
α Schallabsorptionsgrad des Materials
S Oberfläche des Materials [m]

2.6 Nachhallzeit

Die Nachhallzeit ist eine wesentliche Größe, welche raumakustische Eigenschaften eines Raumes beschreibt. Sie wird definiert als die Zeit, die es braucht, bis der durch ein Schallereignis entstandene Schalldruckpegel nach Ausschalten der Schallquelle um 60 dB gesunken ist.
Sie kann nach *Sabine* über die äquivalente Schallabsorptionsfläche und das Raumvolumen mit der nachfolgenden Zahlenwertgleichung bestimmt werden. Sie wird in der Einheit Sekunden angegeben [7]:

$$T = 0{,}163 \cdot \frac{V}{A} \qquad (4)$$

V Raumvolumen [m^3]
A äquivalente Schallabsorptionsfläche [m^2]

2.7 Schalldämmmaß

Das Schalldämmmaß beschreibt die schalldämmende Wirkung eines Bauteils. Es kann über den zehnfachen dekadischen Logarithmus aus dem Verhältnis von der auf das Bauteil auftreffenden Schallleistung und der auf der anderen Seite des Bauteils abgestrahlten Schallleistung nach Gl. (5) bestimmt werden [4]:

$$R = 10 \cdot \lg \frac{W_1}{W_2} \qquad (5)$$

mit
W_1 auf das Bauteil auftreffende Schallleistung
W_2 auf der anderen Seite des Bauteils abgestrahlte Schallleistung

Zudem lässt sich das Schalldämmmaß eines Prüfobjektes über die Differenz aus dem im Sende- und im Empfangsraum herrschenden Schalldruckpegels ermitteln. Hierzu wird wie folgt vorgegangen. Erst wird die äquivalente Schallabsorptionsfläche im Empfangsraum durch Messung der Nachhallzeit bestimmt. Nun wird im Senderaum mittels einer Schallquelle ein diffuses Schallfeld erzeugt; gleichzeitig wird der im Sende- und Empfangsraum herrschende Schalldruckpegel als energetisch gemittelter Schalldruckpegel aufgenommen. Das Schalldämmmaß kann nun nach Gl. (6) aus der Differenz des im Sende- und Empfangsraum herrschenden Schalldruckpegels und dem zehnfachen dekadischen Logarithmus aus dem Verhältnis zwischen Fläche des Prüfbauteils und der äquivalenten Schallabsorptionsfläche des Empfangsraums berechnet werden [4].

$$R = L_1 - L_2 + 10 \cdot \lg \frac{S}{A} \quad (6)$$

mit
L_1 energetisch gemittelter Schalldruckpegel im Senderaum [dB]
L_2 energetisch gemittelter Schalldruckpegel im Empfangsraum [dB]
S Fläche der freien Prüföffnung, in die das Prüfbauteil eingebaut ist [m²]
A äquivalente Schallabsorptionsfläche im Empfangsraum [m²]

Bei der Messung des Schalldämmmaßes im Prüfstand wird davon ausgegangen, dass alle Schallübertragungen nur über das Bauteil selbst erfolgen, da dieses von der umgebenen Gebäudestruktur entkoppelt ist. Werden Messungen am Bau beziehungsweise in Gebäuden durchgeführt, so wird hierbei das Bau-Schalldämmmaß gemessen. Dabei erfolgt eine Schallübertragung vom Sende- zum Empfangsraum nicht nur über das trennende Bauteil selbst, sondern auch über die mit dem Trennbauteil verbundenen flankierenden Bauteile. Das Bau-Schalldämmmaß wird durch das Formelzeichen R' gekennzeichnet. In DIN 4109-1:2018-01 [4] und DIN 4109-5:2019-05 [5] werden Anforderungen an das bewertete Bau-Schalldämmmaß gestellt. Eine Ausnahme bilden Türen. An sie werden Anforderungen an das bewertete Schalldämmmaß gestellt.

2.8 Norm-Trittschallpegel

Als Norm-Trittschallpegel wird die Summe aus dem im Empfangsraum herrschenden energetisch gemittelten Schalldruckpegel und dem zehnfachen dekadischen Logarithmus aus dem Quotienten der äquivalenten Schallabsorptionsfläche im Empfangsraum und der äquivalenten Bezugsabsorptionsfläche definiert. Er kann nach folgender Gleichung bestimmt werden [4].

$$L_n = L_i + 10 \cdot \lg \frac{A}{A_0} \quad (7)$$

mit
L_i Schalldruckpegel im Empfangsraum [dB]
A äquivalente Schallabsorptionsfläche im Empfangsraum [m²]
A_0 äquivalente Bezugsabsorptionsfläche mit $A_0 = 10$ m²

Um ihn zu ermitteln, wird die äquivalente Schallabsorptionsfläche des Empfangsraums über Nachhallzeitmessungen bestimmt. Danach wird die zu prüfende Decke beziehungsweise der zu prüfende Fußboden durch ein Normhammerwerk angeregt. Währenddessen wird der Schalldruckpegel im Empfangsraum als energetisch gemittelter Wert aufgenommen. Wie auch das Schalldämmmaß, kann der Norm-Trittschallpegel im Prüfstand oder am Bau beziehungsweise im Gebäude aufgenommen werden. Der am Bau ermittelte Norm-Trittschallpegel wird mit dem Formelzeichen L'_n dargestellt. Die Anforderungen an die Trittschalldämmung nach DIN 4109-1:2018-01 [4] und DIN 4109-5:2019-05 [5] beziehen sich auf den am Bau ermittelten Norm-Trittschallpegel L'_n.

2.9 Bewertung nach DIN EN ISO 717

Das Schalldämmmaß beziehungsweise Bau-Schalldämmmaß und der Norm-Trittschallpegel im Labor oder im Gebäude werden immer als frequenzabhängige Größe ermittelt. Nach DIN EN ISO 717 ist es möglich, aus den frequenzabhängigen Größen einen Einzahlwert zu ermitteln. Dieser wird zur besseren Bewertung der schalldämmenden Funktion von Bauteilen und zur besseren Formulierung von Anforderungen verwendet. Durch den Index „w" wird darauf verwiesen, dass die angegebenen Werte nach DIN EN ISO 717 bewertet wurden.

3 DIN 4109: Schallschutz im Hochbau

Die neueste Fassung der DIN 4109 „Schallschutz im Hochbau" beinhaltet fünf Teile. Dies stellt eine strukturelle Änderung zur DIN 4109:1989-11 [3] da. Vorher waren die Anforderungen und die zu erbringenden Nachweise alle in einem Teil geregelt.
In der DIN 4109-1:2018-01 „Mindestanforderungen" werden Mindestanforderungen an die Schalldämmung von Gebäudebauteilen und die zulässigen Schallpegel festgelegt. Die Gebäude werden nach Nutzungsart unterschieden. Um die Anforderungen rechnerisch nachzuweisen, wird in der DIN 4109-1:2018-01 [4] auf die DIN 4109-2:2018-01 [4] verwiesen.
DIN 4109-2:2018-01 „Rechnerische Nachweise der Erfüllung der Anforderungen" [10] der DIN regelt, wie die Kenngrößen der gestellten Anforderungen rechnerisch zu ermitteln sind, um diese somit nachzuweisen. Eine Ermittlung der Größen ist nur durch typische Parameter für spezifische Bauteile möglich. Die Bauteildaten können dem Teil 3 [10–15] der DIN 4109 entnommen werden.
Der dritte Teil DIN 4109-3:2016-07 „Daten für den rechnerischen Nachweis" [11–15] ist in fünf Teile untergliedert und beinhaltet bauteilspezifische Daten für Massiv-, Leicht-, Holz- und Trockenbauten. Darüber hinaus werden Angaben zu Vorsatzkonstruktionen vor massiven Bauteilen und zu Elementen, Fenstern, Türen, Vorhangfassaden und gebäudetechnischen Anlagen gemacht.
In der DIN 4109-4:2016-07 „Bauakustische Prüfungen" [16] werden Angaben zu den messenden Kenngrößen und den zu verwendeten Messnormen gemacht. Es wird zwischen Messungen im Prüfstand und im Gebäude vor Ort unterschieden.
Neu hinzu kam im Jahre 2019 die DIN 4109-5:2019-05 „Erhöhte Anforderungen" [5], welche über die Mindestanforderungen nach DIN 4109-1:2018-01 [4] hinaus, Anforderungen an den erhöhten Schallschutz stellt.

4 Vergleich der Anforderungen nach DIN 4109-1:2018-01 mit DIN 4109:1989-11

Der Teil 1 der DIN 4109:2018-01 [4] beinhaltet Anforderungen an die Schalldämmung von Bauteilen schutzbedürftiger Räume und den dortigen zulässigen Schalldruckpegeln für Wohn- und Nichtwohngebäude. Durch diese Anforderungen soll der Schutz vor Geräuschen aus fremden Räumen und von technischen Gebäudeausrüstungsanlagen gewährleistet werden. Sie bildet die Grundlage, um erforderliche Baukonstruktionen von Neu- beziehungsweise Umbauten zu regeln. Nicht geregelt werden in der DIN 4109-1:2018-01 [4] Anforderungen an Aufenthaltsräume, in denen nahezu ständig ein Schalldruckpegel von $L_{AF} \geq 40$ dB herrscht, sowie an den Fluglärm, falls dieser nach FluLärmG [17] geregelt ist. Auch werden keine Anforderungen an den tieffrequenten Bereich nach DIN 45680 und an den Schallschutz im eigenen Wohn- beziehungsweise Arbeitsbereich gestellt. Ausnahme ist hierbei der Geräuschpegel, der aus raumlufttechnischen Anlagen entsteht. Darüber hinaus werden keine Anforderungen an die Trittschallübertragung aus gebäudetechnischen Anlagen oder an die Luftschallübertragung in Küchen, Flure, Bäder, Toilettenräume und Nebenräume gestellt, solange in denen keine Nutzung als Aufenthaltsräume vorgesehen ist.

Neu hinzu kam die in Kapitel 9 der DIN 4109-1:2018-01 [4] aufgeführte Anforderung an den „maximal zulässigen A-bewerteten Schalldruckpegel in schutzbedürftigen Räumen in der eigenen Wohnung, erzeugt von raumlufttechnischen Anlagen im eigenen Wohnbereich", auf welche Abschnitt 4.5 dieses Beitrags genauer eingeht.

Eine der wesentlichen Änderungen der Ausgabe von 1989 [3] zur Ausgabe von 2018 [4] ist die Umbenennung der „Anforderungen" in „Mindestanforderungen". Hiermit soll verdeutlicht werden, dass über die geforderten Mindestanforderungen je nach angestrebten Qualitätsstandard der Gebäude auch erhöhte Anforderungen an den Schallschutz gestellt werden können. Vor den gestellten Anforderungen stand in der DIN 4109:1989-11 [3] „erf.". Um die Intention hinter dem Titel Mindestanforderungen zu verdeutlichen, steht vor der Anforderungen der DIN 4109-1:2018-01 ein ≥-Zeichen für das Bau-Schalldämmmaß beziehungsweise das Zeichen ≤ für den Norm-Trittschallpegel.

Nachfolgend werden die Anforderungen an den Schallschutz nach DIN 4109 von 1989 [3] mit denen von [4] verglichen. Es werden die Unterschiede in den Anforderungen selbst sowie auch neu hinzugefügte Anforderungen genauer beleuchtet [18].

4.1 Anforderungen an die Luft- und Trittschalldämmung

In den folgenden Abschnitten werden die Anforderungen an die Luft- und Trittschalldämmung in Gebäuden mit Wohn- oder Arbeitsbereichen und Nichtwohngebäuden betrachtet. Es erfolgt ein Vergleich der Anforderungen nach der DIN 4109 Ausgabe 1989 [3] und der Ausgabe 2018 [4] in tabellarischer Darstellung.

4.1.1 Mehrfamilienhäuser, Bürogebäude und gemischt genutzte Gebäude

Tabelle 1 zeigt die Mindestanforderungen beziehungsweise Anforderungen an Bauteile von Mehrfamilienhäusern, Bürogebäuden und gemischt genutzten Gebäuden.

Vergleicht man die Anforderungen zum Luftschallschutz, so blieben diese für zahlreiche Bauteile identisch.

„Wohnungstrenndecken (auch Treppen)" (Zeile 2, Tabelle 1) befand sich mit dem in Zeile 3 genannten Bauteil „Trenndecken (auch Treppen) zwischen fremden Arbeitsräumen bzw. vergleichbaren Nutzungseinheiten" in einer Bauteilkategorie. Mit der Aufteilung in zwei Bauteile wurden die Anforderungen an „Wohnungstrenndecken (auch Treppen)" für den Norm-Trittschallpegel von 53 dB auf 50 dB erhöht.

Neu eingeführt wurde die in Zeile 8.1 der Tabelle 1 aufgeführte Anforderung an „Balkone". Sie gilt für die Trittschallübertragung in fremde Aufenthaltsräume in alle Schallausbreitungsrichtungen. Hierbei darf der bewerteter Norm-Trittschallpegel 58 dB nicht überschreiten.

4.1.2 Einfamilien-Reihen- und Doppelhäuser

Tabelle 2 zeigt vergleichsweise die Mindestanforderungen beziehungsweise Anforderungen nach DIN 4109-1:2018-01 [4] und DIN 4109:1989-11 [3] an den Schallschutz zwischen Einfamilien-Reihen- und Doppelhäusern; alle bisherigen Anforderungen von 1989 [3] wurden erhöht. Hierdurch erfolgt auch eine Berücksichtigung einiger BGH-Urteile [1, 2] zum Schallschutz von Reihenhäusern [1,2].

Neu eingeführt wurde die Mindestanforderung für „Bodenplatte(n) auf Erdreich bzw. Decke über Kellergeschoss" (Zeile 2, Tabelle 2). Die Anforderung gilt „für die Trittschallübertragung in fremde Aufenthaltsräume in waagerechter oder schräger Richtung". Es muss nun gewährleistet werden, dass für diese Bauteile ein Höchstwert für den bewerteten Norm-Trittschallpegel von 46 dB eingehalten wird.

„Haustrennwände", welche in der Ausgabe von 1989 [3] noch gleich behandelt wurden, werden in der überarbeiteten Version von 2018 [4] in zwei Kategorien unterteilt, in „Haustrennwände zu Aufenthaltsräumen, die im untersten Geschoss ... eines Gebäudes gelegen sind" (Zeile 4, Tabelle 2) und „Haustrennwände ... unter denen mindestens 1 Geschoss ... des

Tabelle 1. Mindestanforderungen bzw. Anforderungen an die Schalldämmung von Mehrfamilienhäusern, Bürogebäuden und gemischt genutzten Gebäuden [3, 4].

Spalte	1	2	3	4	5	6
Zeile		Bauteile	Anforderungen		Anforderungen	
			R'_w [dB] 2018	erf. R'_w [dB] 1989	$L'_{n,W}$ [dB] 2018	erf. $L'_{n,W}$ [dB] 1989
1	Decken	Decken unter allgemein nutzbaren Dachräumen, z. B. Trockenböden, Abstellräumen und ihren Zugängen	≥ 53	53	≤ 52	53
2		Wohnungstrenndecken (auch Treppen)	≥ 54	54	≤ 50	53
3		Trenndecken (auch Treppen) zwischen fremden Arbeitsräumen bzw. vergleichbaren Nutzungseinheiten	≥ 54		≤ 53	
4		Decken über Kellern, Hausfluren, Treppenräumen unter Aufenthaltsräumen	≥ 52	52	≤ 50	53
5		Decken über Durchfahrten, Einfahrten von Sammelgaragen und ähnliches unter Aufenthaltsräumen	≥ 55	55	≤ 50	53
6		Decken unter/über Spiel- oder ähnlichen Gemeinschaftsräumen	≥ 55	55	≤ 46	46
7		Decken unter Terrassen und Loggien und Aufenthaltsräumen	–	–	≤ 50	53
8		Decken unter Laubengängen	–	–	≤ 53	53
8.1		Balkone	–	–	≤ 58	–
9		Decken und Treppen innerhalb von Wohnungen, die sich über zwei Geschosse erstrecken	–	–	≤ 50	53
10		Decken unter Bad und WC ohne/mit Bodenentwässerung	≥ 54	54	≤ 53	53
11		Decken unter Hausfluren	–	–	≤ 50	53
12	Treppen	Treppenläufe und -podeste	–	–	≤ 53	58
13	Wände	Wohnungstrennwände und Wände zwischen Arbeitsräumen	≥ 53	53	–	–
14		Treppenräume und Wände neben Hausfluren	≥ 53	52	–	–
15		Wände neben Durchfahrten, Sammelgaragen, einschließlich Einfahrten	≥ 55	55	–	–
16		Wände von Spiel- oder ähnlichen Gemeinschaftsräumen	≥ 55	55	–	–
17		Schachtwände von Aufzugsanlagen an Aufenthaltsräumen	≥ 57	–	–	–
18	Türen	Türen, die von Hausfluren oder Treppenräumen in geschlossene Flure und Dielen von Wohnungen und Wohnheimen oder von Arbeitsräumen führen	≥ 27	27	–	–
19		Türen, die von Hausfluren oder Treppenräumen unmittelbar in Aufenthaltsräume – außer Flure und Dielen – von Wohnungen führen	≥ 37	37	–	–

Gebäudes vorhanden ist" (Zeile 5, Tabelle 2). 1989 wurde von „Haustrennwände" ein bewertetes Bau-Schalldämmmaß von 57 dB verlangt, dies wurde für Haustrennwände der Zeile 4 auf 59 dB und der Zeile 5 auf 62 dB erhöht.

Tabelle 2. Mindestanforderungen an die Luft- und Trittschalldämmung zwischen Einfamilien-Reihen- und Doppelhäusern [3, 4]

Spalte	1	2	3	4	5	6
Zeile		Bauteile	Anforderungen		Anforderungen	
			R'_W [dB] 2018	erf. R'_W [dB] 1989	$L'_{n,W}$ [dB] 2018	erf. $L'_{n,W}$ [dB] 1989
1	Decken	Decken	–	–	≤ 41	48
2		Bodenplatte auf Erdreich bzw. Decke über Kellergeschoss	–	–	≤ 46	46
3	Treppen	Treppenläufe und -podeste	–	–	≤ 46	53
4	Wände	Haustrennwände zu Aufenthaltsräumen, die im untersten Geschoss (erdberührt oder nicht) eines Gebäudes gelegen sind	≥ 59	57	–	–
5		Haustrennwände zu Aufenthaltsräumen, unter denen mindestens 1 Geschoss (erdberührt oder nicht) des Gebäudes vorhanden ist	≥ 62		–	–

4.1.3 Hotels und Beherbergungsstätten

Tabelle 3 zeigt die Anforderungen an den Schallschutz in Hotels und Beherbergungsstätten im Vergleich von 2018 [4] zu 1989 [3]. Überarbeitet wurde das Bauteil „Decken einschl. Decken unter Fluren" (Zeile 1, Tabelle 3). Dies wurde 1989 [3] noch als zwei einzelne Bauteile aufgeführt. Mit der Überarbeitung wurde zu der Erhöhung des geforderten Norm-Trittschallpegels von 53 dB auf 50 dB, ein Bau-Schalldämmmaß „für Decken unter Fluren" von mindestens 54 dB eingeführt.

4.1.4 Krankenhäuser und Sanatorien

Tabelle 4 stellt die Anforderungen nach DIN 4109:1989-11 [3] im Vergleich mit den Mindestanforderungen nach DIN 4109-1:2018-01 [4] an die Luft- und Trittschalldämmung zwischen Räumen in Krankenhäusern und Sanatorien dar.
„Decken, einschl. Decken unter Fluren" (Zeile 1, Tabelle 4) werden nach der Ausgabe von 2018 [4] nun als ein Bauteil behandelt, dadurch entsteht für „Decken unter Fluren" neben der Anforderung an den Trittschallschutz von 53 dB, Anforderungen an den Luftschallschutz von 54 dB.

Tabelle 3. Anforderungen an die Luft- und Trittschalldämmung in Hotels und Beherbergungsstätten [3, 4]

Spalte	1	2	3	4	5	6
Zeile		Bauteile	Anforderungen		Anforderungen	
			R'_W [dB] 2018	erf. R'_W [dB] 1989	$L'_{n,W}$ [dB] 2018	erf. $L'_{n,W}$ [dB] 1989
1	Decken	Decken einschl. Decken unter Fluren	≥ 54	54	≤ 50	53
2		Decken unter/über Schwimmbädern, Spiel- oder ähnlichen Gemeinschaftsräumen zum Schutz gegenüber Schlafräumen	≥ 55	55	≤ 46	46
3		Decken unter WC ohne/mit Bodenentwässerung	≥ 54	54	≤ 53	53
4	Treppen	Treppenläufe und -podeste	–	–	≤ 58	58
5	Wände	Wände zwischen Übernachtungsräumen sowie Fluren und Übernachtungsräumen	≥ 47	47	–	–
6	Türen	Türen zwischen Fluren und Übernachtungsräumen	≥ 32	32	–	–

Tabelle 4. Anforderungen an die Luft- und Trittschalldämmung zwischen Räumen in Krankenhäusern und Sanatorien [3, 4]

Spalte	1	2	3	4	5	6
Zeile		Bauteile	Anforderungen		Anforderungen	
			R'_W [dB] 2018	erf. R'_W [dB] 1989	$L'_{n,W}$ [dB] 2018	erf. $L'_{n,W}$ [dB] 1989
1	Decken	Decken, einschl. Decken unter Fluren	≥ 54	54	≤ 53	53
2		Decken unter/über Schwimmbädern, Spiel- oder ähnlichen Gemeinschaftsräumen	≥ 55	55	≤ 46	46
3		Decken unter Bädern und WCs ohne/mit Bodenentwässerung	≥ 54	54	≤ 53	53
4	Treppen	Treppenläufe oder -podeste	–	–	≤ 58	58
5	Wände	Wände zwischen – Krankenräumen, – Fluren und Krankenräumen, Untersuchungs- bzw. Sprechzimmern, – Krankenräumen und Arbeits- und Pflegeräumen	≥ 47	47	–	–
6		Wände zwischen Räumen mit Anforderungen an erhöhtes Ruhebedürfnis und besondere Vertraulichkeit (Diskretion)	≥ 52	–	–	–
7		Wände zwischen – Operations- bzw. Behandlungsräumen, – Fluren und Operations- bzw. Behandlungsräumen	≥ 42	42	–	–
8		Wände zwischen – Räumen der Intensivpflege – Fluren und Räumen der Intensivpflege	≥ 37	37	–	–
9	Türen	Türen zwischen – Untersuchungs- bzw. Sprechzimmern, – Fluren und Untersuchungs- bzw. Sprechzimmern	≥ 37	37	–	–
10		Türen zwischen Räumen mit Anforderungen an erhöhtes Ruhebedürfnis und besondere Vertraulichkeit (Diskretion)	≥ 37	–	–	–
11		Türen zwischen – Fluren und Krankenräumen, – Operations- bzw. Behandlungsräumen, – Fluren und Operations- bzw. Behandlungsräumen	≥ 32	32	–	–

Ganz neu eingeführt wurden die Bauteile „Wände zwischen Räumen mit Anforderungen an erhöhtes Ruhebedürfnis und besondere Vertraulichkeit (Diskretion)" (Zeile 6, Tabelle 4) und „Türen zwischen Räumen mit Anforderungen an erhöhtes Ruhebedürfnis und besondere Vertraulichkeit (Diskretion)" (Zeile 10, Tabelle 4). Für die in Zeile 6 der Tabelle 4 aufgeführten Wände ist mindestens ein bewertetes Bau-Schalldämmmaß von 52 dB erforderlich. Das neu eingeführte Bauteil „Türen zwischen Räumen mit Anforderungen an erhöhtes Ruhebedürfnis und besondere Vertraulichkeit (Diskretion)" (Zeile 10, Tabelle 4) muss einen Mindestwert für das bewertete Bau-Schalldämmmaß von 37 dB erreichen.

4.1.5 Schulen und vergleichbare Einrichtungen

In Tabelle 5 werden die „Anforderung an die Luft- und Trittschalldämmung, Schalldämmung in Schulen und vergleichbaren Einrichtungen" nach DIN 4109:2018-01 [4] und nach DIN 4109:1989-11 [3] miteinander verglichen.

Mit der Zusammenführung von den Bauteilen „Decken zwischen Unterrichtsräumen oder ähnlichen Räumen" und „Decken unter Fluren" nach der DIN 4109:1989-11 [3] in ein Bauteil (Zeile 1, Tabelle 5), wurden an „Decken unter Fluren" ein Mindestwert für das Bau-Schalldämmmaß von 55 dB eingeführt.

Tabelle 5. Anforderungen an die Luft- und Trittschalldämmung, Schalldämmung in Schulen und vergleichbaren Einrichtungen [3, 4]

Spalte	1	2	3	4	5	6
Zeile		Bauteile	Anforderungen		Anforderungen	
			R'_W [dB] 2018	erf. R'_W [dB] 1989	$L'_{n,W}$ [dB] 2018	erf. $L'_{n,W}$ [dB] 1989
1	Decken	Decken zwischen Unterrichtsräumen oder ähnlichen Räumen/Decken unter Fluren	≥ 55	55	≤ 53	53
2		Decken zwischen Unterrichtsräumen oder ähnlichen Räumen und „lauten" Räumen (z. B. Speiseräume, Cafeterien, Musikräume, Spielräume, Technikzentralen)	≥ 55	55	≤ 46	46
3		Decken zwischen Unterrichtsräumen oder ähnlichen Räumen und z. B. Sporthallen, Werkräumen	≥ 60	55	≤ 46	46
4	Wände	Wände zwischen Unterrichtsräumen oder ähnlichen Räumen untereinander und zu Fluren	≥ 47	47	–	–
5		Wände zwischen Unterrichtsräumen oder ähnlichen Räumen und Treppenhäusern	≥ 52	52	–	–
6		Wände zwischen Unterrichtsräumen oder ähnlichen Räumen und „lauten" Räumen (z. B. Speiseräume, Cafeterien, Musikräume, Spielräume, Technikzentralen)	≥ 55	55	–	–
7		Wände zwischen Unterrichtsräumen oder ähnlichen Räumen und z. B. Sporthallen, Werkräumen	≥ 60	55	–	–
8	Türen	Türen zwischen Unterrichtsräumen oder ähnlichen Räumen und Fluren	≥ 32	32	–	–
9		Türen zwischen Unterrichtsräumen oder ähnlichen Räumen untereinander	≥ 37	–	–	–

Eine deutliche Erhöhung der Anforderungen an die Luftschalldämmung erfuhr das in Zeile 3 der Tabelle 5 aufgeführte Bauteil „Decken zwischen Unterrichtsräumen oder ähnlichen Räumen und z. B. Sporthallen, Werkräumen". Das bewertete Bau-Schalldämmmaß hatte 1989 [3] noch einen erforderlichen Wert von 55 dB einzuhalten, jetzt jedoch muss es nach der neuen Auflage der DIN 4109 von 2018 [4] 60 dB einhalten.

Die in Zeile 6 und 7 der Tabelle 5 aufgeführten Wände werden in der Fassung von 1989 [3] noch als eine Bauteilart beschrieben. Mit der Aufteilung wurden auch die Anforderungen an den Luftschallschutz von „Wände(n) zwischen Unterrichtsräumen oder ähnlichen Räumen und z. B. Sporthallen, Werkräumen" von einem erforderlichen bewerteten Bau-Schalldämmmaß von 55 dB auf ein Mindestwert von 60 dB erhöht.

Neu eingeführt wurde auch die Mindestanforderung an „Türen zwischen Unterrichtsräumen oder ähnlichen Räumen untereinander". Sie müssen ein Bau-Schalldämmmaß von mindestens 37 dB einhalten.

4.2 Anforderungen an die Luftschalldämmung von Außenbauteilen

In Kapitel 7 „Anforderungen an die Luftschalldämmung von Außenbauteilen" der DIN 4109-1: 2018-01 [4] werden Anforderungen an die Gebäudehülle gestellt.

Hierbei beziehen sich die Anforderungen auf das gesamte bewertete Bau-Schalldämmmaß der Gebäudehülle. Den Wert, den das gesamte bewertete Bau-Schalldämmmaß der Gebäudehülle einhalten muss, wird in Abhängigkeit des maßgebenden Außenlärmpegels und der jeweiligen Raumart nach Gl. (8) nach der DIN 4109-1:2018-01 [4] ermittelt.

$$R'_{w,ges} = L_a - K_{Raumart} \qquad (8)$$

mit

L_a maßgeblicher Außenlärmpegel nach DIN 4109-2:2018-01, 4.4.5

$K_{Raumart} = 25$ dB   für Bettenräume in Krankenanstalten und Sanatorien

Tabelle 6. Mindestwert für das bewertete Bau-Schalldämmmaß von Außenbauteilen [4]

Spalte	1	2
Zeile	Raumart	Bewertetes Bau-Schalldämmmaß der Außenbauteile $R'_{w,ges}$ [dB]
1	Bettenräume in Krankenanstalten und Sanatorien	35
2	Aufenthaltsräume in Wohnungen, Übernachtungsräume in Beherbergungsstätten, Unterrichtsräume, Büroräume und Ähnliches	30

$K_{Raumart} = 30$ dB für Aufenthaltsräume in Wohnungen, Übernachtungsräume in Beherbergungsstätten, Unterrichtsräume und Ähnliches

$K_{Raumart} = 35$ dB für Büroräume und Ähnliches

Je nach Raumart wird ein Mindestwert nach DIN 4109-1:2018-01 [4] an das bewertete Bau-Schalldämmmaß gestellt. Diese Mindestwerte können Tabelle 6 entnommen werden.
In DIN 4109:1989-11 [3] konnte nach Wahl des Lärmpegelbereiches, beziehungsweise des maßgebenden Außenlärmpegels und je nach Raumart, das jeweilige erforderliche Bau-Schalldämmmaß abgelesen werden. (Tabelle 7)

4.3 Anforderungen an die Luft- und Trittschalldämmung zwischen „besonders lauten" und schutzbedürftigen Räumen

Tabelle 8 zeigt die Anforderungen an den Luft- und Trittschallschutz zwischen „besonders lauten und schutzbedürftigen Räumen" nach DIN 4109:2018-01 [4] und DIN 4109:1989-11 [3]. Die Anforderungen werden nach Art der Räume und nach den schalldämmenden Bauteilarten unterschieden.
Als besonders laut werden Räume gemäß DIN 4109:2018-01 [4] definiert, in denen häufig ein Schallpegel von mehr als 75 dB herrscht und in denen häufiger und größere Körperschallanregungen wie in Wohnungen stattfinden. Als Beispiele nennt die DIN 4109-1:2018-01 [4] „…Räume von Handwerks- und Gewerbebetrieben einschließlich Verkaufsstätten, Gasträume von Gaststätten, …".
Mit der Einführung der DIN 4109-1:2018-01 [4] werden an „Gasträume (bis 22:00 Uhr in Betrieb)" (Zeile 4.1 u. 4.2, Tabelle 8) neben den Anforderungen an den Norm-Trittschallpegel von 43 dB, Anforderungen an die Luftschalldämmung gestellt. Für einen maximalen Schalldruckpegel von 75 bis 80 dB muss ein bewertetes Bau-Schalldämmmaß von mindestens 55 dB eingehalten werden und für einen maximalen Schalldruckpegel von 81 bis 85 dB ein Mindestwert von 57 dB.

4.4 Schalldruckpegel in fremden schutzbedürftigen Räumen

Tabelle 9 zeigt die Anforderungen an die zulässigen maximalen A-bewerteten Schalldruckpegel beziehungsweise Beurteilungspegel nach DIN 4109-1 [4] von 2018 und nach DIN 4109 [3] von 1989. In beiden Nor-

Tabelle 7. Anforderungen an das bewertete Bau-Schalldämmmaß nach DIN 4109:1989-11 [3]

Spalte	1	…	3	4	5
Zeile	Lärmpegelbereich	…	Raumarten		
			Bettenräume in Krankenanstalten und Sanatorien	Aufenthaltsräume in Wohnungen, Übernachtungsräume in Beherbergungsstätten, Unterrichtsräumen und Ähnliches	Büroräume und Ähnliches
			erf. $R'_{w,res}$ des Außenbauteils [dB]		
1	I		35	30	–
2	II		35	30	30
3	III		40	35	30
4	IV	…	45	40	35
5	V		50	45	40
6	VI			50	45
7	VII				50

Tabelle 8. Anforderungen an die Luft- und Trittschalldämmung von Bauteilen zwischen „besonders lauten" und schutzbedürftigen Räumen [3, 4]

Spalte	1	2	3	4	5	6
Zeile	Art der Räume	Bauteile	\multicolumn{2}{c}{Bewertetes Schalldämmmaß}	\multicolumn{2}{c}{Bewerteter Norm-Trittschallpegel}
			R'_W [dB]	erf. R'_W [dB]	$L'_{n,W}$ [dB]	erf. $L'_{n,W}$ [dB]
			\multicolumn{2}{c}{Schalldruckpegel}		
			$L_{AF,max}$ [dB]	L_{AF} [dB(A)]		
			75–80 | 81–85	75–80 | 81–85		
			2018	1989	2018	1989
1.1	Räume mit „besonders lauten" gebäudetechnischen Anlagen oder Anlagenteilen	Decken, Wände	≥57 | ≥62	57 | 62	–	–
1.2		Fußböden	–	–	≤43	≤43
2.1	Betriebsräume von Handwerks- und Gewerbebetrieben, Verkaufsstätten	Decken, Wände	≥57 | ≥62	57 | 62	–	–
2.2		Fußböden	–	–	≤43	≤43
3.1	Küchenräume der Küchenanlagen von Beherbergungsstätten, Krankenhäusern, Sanatorien, Gaststätten, Imbissstuben und dergleichen (bis 22:00 Uhr in Betrieb)	Decken, Wände	≥55	55	–	–
3.2		Fußböden	–	–	≤43	≤43
3.3	Küchenräume wie Zeile 3.1/3.2 jedoch auch nach 22:00 Uhr in Betrieb	Decken, Wände	≥57	57	–	–
3.4		Fußböden	–	–	≤43	≤33
4.1	Galsträume (bis 22:00 Uhr in Betrieb)	Decken, Wände	≥55 | ≥57	–	–	–
4.2		Fußböden	–	–	≤43	≤43
5.1	Galsträume $L_{AF,max}$ ≤ 85 dB (auch nach 22:00 Uhr in Betrieb)	Decken, Wände	≥62	62	–	–
5.2		Fußböden	–	–	≤43	≤33
6.1	Räume von Kegelbahnen	Decken, Wände	≥67	67	–	–
6.2		Fußböden – Keglerstube – Bahn	–	–	≤43	≤33 / ≤13
7.1	Galsträume 85 dB ≤ $L_{AF,max}$ ≤ 95 dB, z. B. mit elektroakustischen Anlagen	Decken, Wände	≥72	72	–	–
7.2		Fußböden	–	–	≤43	≤28

men werden die Anforderungen anhand der Art der Geräuschquelle und nach Art des schutzbedürftigen Raums unterschieden.
Der Beurteilungspegel ist eine maßgebliche Kenngröße zur Darstellung der Schallimmission in einer gewissen Beurteilungszeit. Er wird aus dem energieäquivalenten Dauerschallpegel am Immissionsort ermittelt, mit Berücksichtigung bestimmter Geräusche, Zeiten oder Situationen durch Zu- und Abschläge [7, 9].
Die in Tabelle 8 des Abschn. 4.3 aufgeführten Anforderungen sind mit denen in Tabelle 9 als zusammenhängende Anforderung zu sehen. Die erhöhten Anfor-

Tabelle 9. Maximal zulässige A-bewertete Schalldruckpegel in fremden schutzbedürftigen Räumen, erzeugt von gebäudetechnischen Anlagen und baulich mit dem Gebäude verbundene Betriebe

Spalte	1	2	3		4	
Zeile	Geräuschquellen		Maximal zulässige A-bewertete Schalldruckpegel [dB]			
			Wohn- und Schlafräume		Unterrichts- und Arbeitsräume	
			2018	1989	2018	1989
1	Sanitärtechnik/Wasserinstallationen (Wasserversorgungs- und Abwasseranlagen gemeinsam)		$L_{AF,max,n} \leq 30$	≤ 35	$L_{AF,max,n} \leq 30$	≤ 35
2	Sonstige hausinterne, fest installierte technische Ausrüstung, Ver- und Entsorgung sowie Garagenanlagen		$L_{AF,max,n} \leq 30$	≤ 30	$L_{AF,max,n} \leq 30$	≤ 35
3	Gaststätten einschließlich Küchen, Verkaufsstätten, Betriebe u. Ä.	Tags 6 Uhr bis 22 Uhr	$L_r \leq 35$ $L_{AF,max} \leq 45$	≤ 35	$L_r \leq 35$ $L_{AF,max} \leq 45$	≤ 35
4		Nachts nach TA Lärm	$L_r \leq 25$ $L_{AF,max} \leq 45$	≤ 25	$L_r \leq 35$ $L_{AF,max} \leq 45$	≤ 35

Tabelle 10. Anforderungen an maximal zulässige A-bewertete Schalldruckpegel in schutzbedürftigen Räumen in der eigenen Wohnung, erzeugt von raumlufttechnischen Anlagen im eigenen Wohnbereich

Spalte	1	2	3
Zeile	Geräuschquellen	Maximal zulässige A-bewertete Schalldruckpegel [dB]	
		Wohn- und Schlafräume	Küchen
1	Fest installierte technische Schallquellen der Raumlufttechnik im eigenen Wohn-und Arbeitsbereich	$L_{AF,max,n} \leq 30$	$L_{AF,max,n} \leq 30$

derungen nach Tabelle 8 sind notwendig, um Anforderungen nach Tabelle 9 einhalten zu können. Jedoch ist zu beachten, dass, wenn die Anforderungen nach Tabelle 8 eingehalten sind, nicht automatisch die in Tabelle 9 aufgeführten Anforderungen eingehalten sind. Dazu schreibt die DIN 4109-1:2018-01 [4]: „Es sind mindestens Schallschutzmaßnahmen nach den Tabellen 8 genannten Anforderungen zwischen „besonders lauten" Räumen und den schutzbedürftigen Räumen erforderlich, um die in Tabelle 9 genannten zulässigen Schalldruckpegel einzuhalten." [9].

4.5 Maximal zulässige A-bewertete Schalldruckpegel in schutzbedürftigen Räumen in der eigenen Wohnung

DIN 4109-1:2018-11 [4] behandelt im Kapitel 10 Anforderungen an den maximalen A-bewerteten Schalldruckpegel aus raumlufttechnischen Anlagen stammend in schutzbedürftigen Räumen des eigenen Wohnbereichs (s. Tabelle 10). Über diese hinaus werden noch in Anhang B der DIN 4109-1 [4] Empfehlungen für den maximalen A-bewerteten Schalldruckpegel, aus heiztechnischen Anlagen stammend, im eigenen Wohnbereich formuliert (s. Tabelle 11) [9].

Durch das immer häufigere Aufkommen von gebäudetechnischen Anlagen im eigenen Wohnbereich, auf die die Bewohner keine beziehungsweise kaum Einfluss haben, wurde in die DIN 4109-1:2018-01 [4] erstmals Anforderungen an den maximalen A-bewerten Schalldruckpegel im eigenen Wohnbereich gestellt [19].
In Tabelle 10 sind die Anforderungen für technische Schallquellen, welche bei ordnungsgemäßem Betrieb nicht durch die Bewohner selbst bedient oder in Betrieb genommen werden, dargestellt. Es wird nach Art der Geräuschquelle und des schutzbedürftigen Raumes unterschieden.
Nach DIN 4109-1:2018-01 [4] darf der aus „fest installierte(n) technische(n) Schallquellen der Raumlufttechnik im eigenen Wohn- und Arbeitsbereich" erzeugte A-bewertete Schalldruckpegel in Wohn-, Schlafräumen und Küchen maximal 30 dB betragen.
Tabelle 11 zeigt die Empfehlung nach Anhang B der DIN 4109-1:2018-01 [4], hierbei handelt es sich nicht um Anforderungen, sondern um Empfehlungen. Es wird empfohlen, dass der aus „fest installierte(n) technische(n) Schallquellen von heiztechnischen Anlagen im eigenen Wohnbereich" stammende maximale A-bewertete Normschalldruckpegel 30 dB nicht überschreitet.

Tabelle 11. Empfehlungen für maximale A-bewertete Schalldruckpegel in schutzbedürftigen Räumen in der eigenen Wohnung, erzeugt von heiztechnischen Anlagen im eigenen Wohnbereich

Spalte	1	2	3
Zeile	Geräuschquellen	Empfehlungen für den maximalen A-bewerteten Norm-Schalldruckpegel [dB]	
		Wohn- und Schlafräume	Küchen
1	Fest installierte technische Schallquellen von heiztechnischen Anlagen im eigenen Wohnbereich	$L_{AF,max,n} \leq 30$	$L_{AF,max,n} \leq 33$

Tabelle 12. Anforderungen an Armaturen und Geräte der Trinkwasser-Installation [3, 4]

Spalte	1	2		3	
Zeile	Armaturen	Armaturengeräuschpegel L_{ap} für kennzeichnenden Fließdruck oder Durchfluss nach DIN EN ISO 3822-1 bis DIN EN ISO 3822-4 [dB]		Armaturengruppe	
		2018	1989	2018	1989
1	Auslaufarmaturen	≤20	≤20	I	I
2	Anschlussarmaturen – Geräte Anschlussarmaturen – Elektronisch gesteuerte Armaturen mit Magnetventil				
3	Druckspüler				
4	Spülkästen				
5	Durchflusswassererwärmer				
6	Durchgangsarmaturen, wie – Absperrventile, – Eckventile, – Rückflussverhinderer, – Sicherheitsgruppen, – Systemtrenner, – Filter	≤30	≤30	II	II
7	Drosselarmaturen, wie – Vordrosseln, – Eckventile				
8	Druckminderer				
9	Duschköpfe				
10	Auslaufvorrichtungen, die direkt an die Auslaufarmatur angeschlossen werden, wie – Strahlregler, – Durchflussbegrenzer	≤15	≤15	I	I
	– Kugelgelenke – Rohrbelüfter Rückflussverhinderer	≤25	≤25	II	II

4.6 Anforderungen an Armaturen und Geräte der Trinkwasser-Installation

Tabelle 12 zeigt die „Anforderungen an Armaturen und Geräte der Trinkwasser-Installation" aus DIN 4109:1989-11 [3] und aus DIN 4109-1:2018-01 [4] im Vergleich. Die Anforderungen werden an den Armaturengeräuschpegel gestellt, welcher nach den Teilen 1 bis 4 der DIN EN ISO 3822 bestimmt werden muss. Je nach gemessenem Pegel werden die Armaturen in die jeweilige Armaturengruppe eingeteilt [9].

Die Anschlussarmaturen in Zeile 2 der Tabelle 12 wurden um den Punkt „elektronisch gesteuerte Armaturen mit Magnetventil" ergänzt. Darüber hinaus wurde zu den „Durchgangsarmaturen" (Zeile 6, Tabelle 12) die Punkte, „Sicherheitsgruppen", „Systemtrenner" und „Filter" hinzugefügt.

Tabelle 13. Durchflussklassen [3, 4]

Spalte	1		2	
Zeile	Durchflussklasse		Maximaler Durchfluss Q [l/s] (bei 0,3 MPa Fließdruck)	
	2018	1989	2018	1989
1	Z	Z	0,15	0,15
2	A	A	0,25	0,25
3	S	–	0,33	–
4	B	B	0,42	0,42
5	C	C	0,5	0,5
6	D	D	0,63	0,63

Über die Festlegung der Armaturengruppe hinaus, müssen die Armaturen auch in eine zugehörige Durchflussklasse nach Tabelle 13 eingeordnet werden. Dies erfolgt entweder nach dem in der Messung des Armaturengeräuschpegels nach DIN EN ISO 3822-1 bis DIN EN ISO 3822-4 verwendeten Strömungswiderstands oder durch einen festgelegten Durchfluss.

Grund für die Einteilung der Armaturen in verschiedene Durchflussklassen ist die Abhängigkeit des Armaturengeräuschpegels von der Strömungsgeschwindigkeit im Ventil. Dadurch entsteht auch eine Abhängigkeit des Armaturengeräuschpegels vom Durchfluss. Somit ist eine Einhaltung des Geräuschpegels in einer Armaturengruppe nur möglich, wenn sich die Einteilung auf einen maximalen Durchfluss bezieht [9].

5 Rechnerischer Nachweis nach DIN 4109-2:2018-01

Der rechnerische Nachweis ist in DIN 4109-2: 2018-01 [10] für Schallübertragungen aus Luft-, Trittschall oder Außenlärm geregelt.

Es wird zwischen den Bauweisen Massiv-, Holz-, Leicht-, Trocken-, Skelettbau, Gebäude mit zweischaliger massiver Haustrennwand und Mischbauweise unterschieden.

Die DIN 4109-2:2018-01 [10] kann in vier Teile aufgeteilt werden, das „Berechnungsverfahren", „Verwendung und Behandlung von Daten", „Hinweis für besondere Bausituationen" und die Anhänge.

Im Kapitel „Berechnungsverfahren" werden Angaben zur Berechnung der Luftschalldämmung in Gebäuden und der Gebäudehülle gemacht. Zudem stellt es die Berechnungsverfahren zur Berechnung der Trittschalldämmung in Gebäuden vor. Es werden darüber hinaus Angaben zur Berechnung der Schallübertragung aus baulich mit dem Gebäude verbundenen Betrieben gemacht.

In DIN 4109-2:2018-01 [10] wird entsprechend des vereinfachten Verfahrens der DIN EN 12354 die resultierende Schallübertragung zwischen zwei Räumen aus der Schallübertragung über das Trennbauteil und über die Flanken berechnet. Hierbei werden die einzelnen Beiträge zur gesamten Schallübertragung summiert (s. Gl. (9)).

In einer üblichen Raumsituation, bei dem ein trennendes Bauteil von zwei rechtwinkligen Räumen umgeben ist, gibt es 13 unterschiedliche Übertragungswege, ein Weg direkt über das Trennbauteil und 12 Wege über die flankierenden Bauteile [10, 18–22].

Die zu berücksichtigenden Schallübertragungswege und deren Bezeichnung nach DIN 4109-2 [10] können Bild 2 entnommen werden.

$$R'_w = -10 \lg \left[10^{-\frac{R_{Dd,w}}{10}} + \sum_{F=f=1}^{n} 10^{-\frac{R_{Ff,w}}{10}} + \sum_{f=1}^{n} 10^{-\frac{R_{Df,w}}{10}} + \sum_{F=1}^{n} 10^{-\frac{R_{Fd,w}}{10}} \right] \quad (9)$$

mit
$R_{Dd,w}$ Direktschalldämmmaß für das trennende Bauteil [dB]
$F_{Ff,w}, R_{Dd,w}, R_{Fd,w}$ Flankenschalldämmmaße [dB]

Die Berechnung der bewerteten Bau-Schalldämmmaße der Bauteile wird je nach Bauweise unterschieden.

Im Massivbau wird die Schallübertragung der verschiedenen Übertragungswege aus dem Direktschalldämmmaß der Bauteile und dem Stoßstellendämmmaß ermittelt.

Für Gebäude mit zweischaligen massiven Haustrennwänden, welche aus zwei getrennten biegesteifen Schalen bestehen, wird das Bau-Schalldämmmaß aus der flächenbezogenen Masse der beiden Wandschalen berechnet. Die im Fundamentbereich und durch auf die Trennwand stoßende massive Bauteile entstehende Flankenübertragung wird durch Korrekturen berücksichtigt.

Im Leicht-, Holz- und Trockenbau wird das Direktschalldämmmaß des Trennbauteils und die Normflankenschallpegeldifferenz des jeweiligen flankierenden Bauteils durch energetische Addition bestimmt.

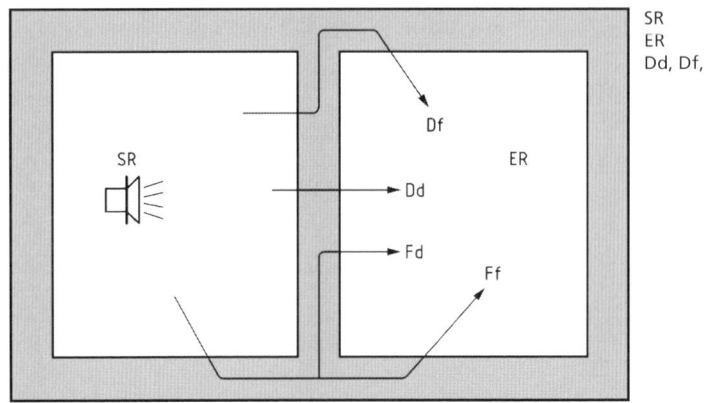

Bild 2. Zu berücksichtigende Schallübertragungswege bei der Berechnung der Luftschalldämmung nach DIN 4109-2 [10]

SR Senderaum
ER Empfangsraum
Dd, Df, Ff, Fd Verschiedene Schallübertragungswege, wobei der Buchstabe f für ein flankierendes Bauteil, der Buchstabe d für das trennende Bauteil steht. Großbuchstaben kennzeichnen das angeregte Bauteil im Senderaum, Kleinbuchstaben das abstrahlende Bauteil im Empfangsraum. Diese Übertragungswege mit deren beteiligten Bauteilen werden verallgemeinert durch die Buchstabenkombination ij beschrieben.

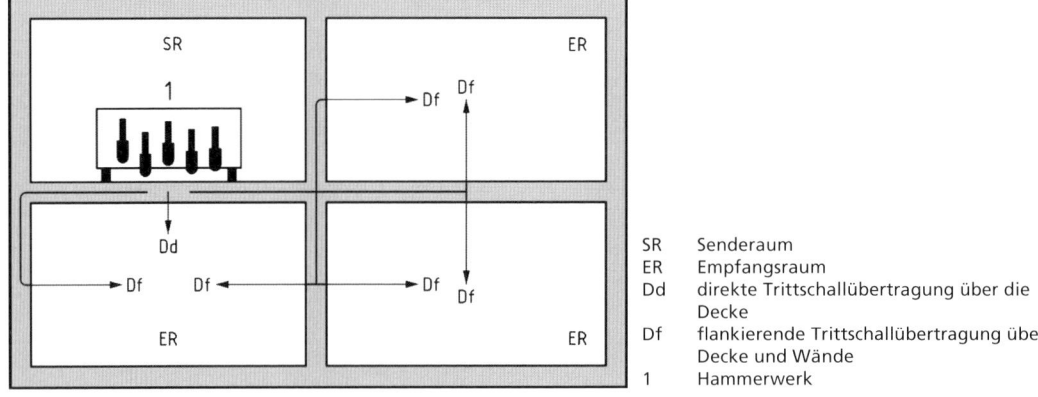

Bild 3. Schallübertragungswege für den Trittschall [10]

SR Senderaum
ER Empfangsraum
Dd direkte Trittschallübertragung über die Decke
Df flankierende Trittschallübertragung über Decke und Wände
1   Hammerwerk

Bei Skelettbauten und Mischbauweise wird zwischen anschließenden Massivbauteilen und Leichtbauteilen unterschieden. Die Berechnung von angeschlossenen massiven Bauteilen erfolgt nach der Berechnung von Massivbauten. Für angeschlossene Leichtbauten soll sich nach DIN 4109-2:2018-01 [10] an der Berechnung von Leichtbauten orientiert werden.

Die Berechnung der Trittschallübertragung mittels DIN 4109-2:2018-01 [10] basiert auf dem vereinfachten Verfahren der DIN 12354. Der bewertete Norm-Trittschallpegel, welcher auf Deckenkonstruktionen von übereinanderliegenden Räumen beschränkt ist, wird auf Grundlage von Einzelangaben berechnet. Dabei wird die Übertragung über die Deckenkonstruktion selbst und über die flankierenden Bauteile betrachtet. Bild 3 zeigt die Schallübertragungswege für den Trittschall nach DIN 4109-2:2018-01 [10].

Aufgrund der Häufigkeit im Bauwesen wird nachfolgend die Berechnung der Luft- und Trittschalldämmung im Massivbau genauer beleuchtet.

5.1 Berechnung der Luftschalldämmung im Massivbau

Die Direktschalldämmung des trennenden Bauteils wird nach DIN 4109-2:2018-01 [10] aus Gl. (10), über das bewertete Schalldämmmaß des Trennbauteils und der gesamtbewerteten Verbesserung durch zusätzlich angebrachte Vorsatzkonstruktionen auf der Sende- und/oder Empfangsseite des trennenden Bauteils, bestimmt.

$$R_{Dd,w} = R_{s,w} + \Delta R_{Dd,w} \tag{10}$$

mit

$R_{s,w}$ bewertetes Schalldämmmaß des trennenden massiven Bauteils [dB]

$\Delta R_{Dd,w}$ gesamte bewertete Verbesserung des Schalldämmmaßes durch zusätzlich angebrachte Vorsatzkonstruktionen auf der Sende- und/oder Empfangsseite des trennenden Bauteils [dB]

Bei der Flankendämmung werden die akustischen Eigenschaften der flankierenden Bauteile und die der Stoßstellen betrachtet. Die Berechnung des Flankendämmmaßes bei der Schallübertragung von Bauteil (i) im Senderaum auf das Bauteil (j) im Empfangsraum, erfolgt nach DIN 4109-2:2018-01 [10] mit Gl. (11).
Hierbei gehen das bewertete Schalldämmmaß der flankierenden Bauteile im Sende- und Empfangsraum, die gesamte Verbesserung des Schalldämmmaßes der Vorsatzkonstruktion, das Stoßstellendämmmaß, die Fläche des trennenden Bauteils, die gemeinsame Kopplungslänge der Verbindungstelle zwischen dem trennenden und flankierenden Bauteil und die Bezugskopplungslänge ein.

$$R_{ij,w} = \frac{R_{i,w}}{2} + \frac{R_{j,w}}{2} + \Delta R_{ij,w} + K_{ij} + 10 \lg \frac{S_S}{l_0 \cdot l_f} \quad (11)$$

mit

$R_{i,w}$ bewertetes Schalldämmmaß des flankierenden massiven Bauteils im Senderaum [dB]

$R_{j,w}$ bewertetes Schalldämmmaß des flankierenden Bauteils im Empfangsraum [dB]

$\Delta R_{ij,w}$ gesamte bewertete Verbesserung des Schalldämmmaßes durch zusätzlich angebrachte Vorsatzkonstruktionen auf dem Sende- (i) und/oder Empfangsraum (j) des betrachteten Übertragungsweges [dB]

$K_{i,j}$ Stoßstellendämmmaß auf dem Übertragungsweg ij [dB]

S_S Fläche des trennenden Bauteils, welche beiden Räumen gemeinsam ist [m²]

l_f gemeinsame Kopplungslänge der Verbindungstelle zwischen dem trennenden und dem flankierenden Bauteil [m]

l_0 die Bezugslänge $l_0 = 1$ m

Als Stoßstelle werden nach Kapitel 5 der DIN 4109-32:2016-07 [15] Bereiche im Ausbreitungsweg des Körperschalls bezeichnet, in denen eine Änderung des Ausbreitungsweges erfolgt. Eine Änderung im Ausbreitungsweg wird als Reflexion des Körperschalls und eine daraus resultierende Verminderung der Schallübertragung definiert. Zur Änderung im Ausbreitungsweg kommt es bei Materialwechsel, Querschnittsänderungen und Bauteilverbindungen.
In üblichen Bausituationen sind Stoßstellen an Bauteilverbindungen zu finden, in Form von T-, L- oder Kreuzstoße, welche in Bild 4 bis Bild 6 dargestellt sind.

Unterschieden werden starre, elastische beziehungsweise über eine Zwischenschicht entkoppelte und vollständig entkoppelte Stoßstellen.
Falls das über akustische Messungen oder nach DIN 4109-32:2016-07 [15] ermittelte Stoßstellendämmmaß kleiner ist als der in Gl. (12) dargestellte Mindestwert nach DIN 4109-2:2018-01 [10], so ist der Mindestwert maßgebend.

$$K_{ij,min} = 10 \lg \left[l_f l_0 \left(\frac{1}{S_i} + \frac{1}{S_j} \right) \right] \quad (12)$$

mit

l_f gemeinsame Kopplungslänge der Verbindungsstelle zwischen dem trennenden und dem flankierenden Bauteil [m]

l_0 Bezugslänge $l_0 = 1$ m

S_i Fläche des angeregten Bauteils im Senderaum [m²]

S_j Fläche des abstrahlenden Bauteils im Empfangsraum [m²]

Die in den nachfolgenden Gleichungen eingehende Größe M wird über Gl. (13) nach DIN 4109-32: 2016-07 [15] berechnet.

$$M = \lg \left(\frac{m'_{\perp i}}{m'_i} \right) \quad (13)$$

mit

m'_i die flächenbezogene Masse des Bauteils im Übertragungsweg ij [kg/m²]

$m'_{\perp i}$ die flächenbezogene Masse des anderen die Stoßstelle bildenden Bauteils senkrecht dazu [kg/m²]

Für die Berechnung des Stoßstellendämmmaßes von starren Anschlüssen (s. Bild 4 bis Bild 6) muss vorausgesetzt werden, dass es sich um massive und homogene Bauteile handelt sowie dass eine biegesteife Verbindung vorliegt.
Liegt ein starr angeschlossener Eckanschluss (siehe Bild 4) vor, wird das Stoßstellendämmmaß, welches an diesem Eckstoß entsteht, nach Gl. (14) aus DIN 4109-32:2016-07 [15] bestimmt.

$$K_{12} = 2,7 + 2,7 \cdot M^2 \quad (14)$$

Kommt es zu einem Dickenwechsel zwischen angeschlossenen Bauteilen, muss das an der dort entstehen-

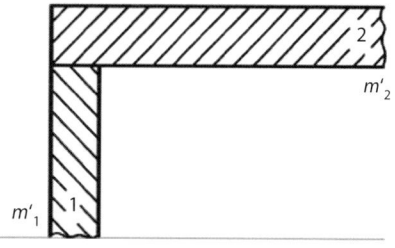

Bild 4. Starrer Eckstoß [15]

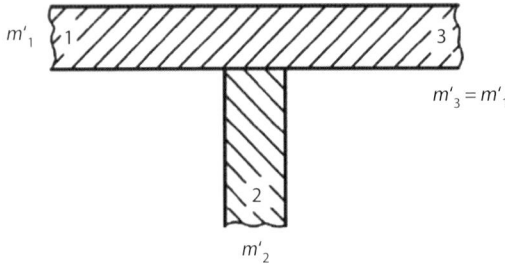

Bild 5. Starrer T-Stoß [15]

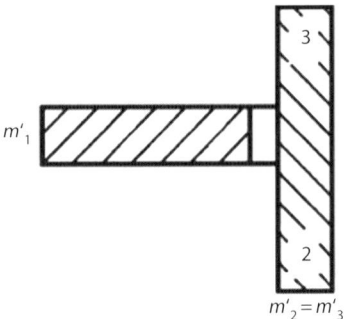

Bild 7. Stoßstellen mit elastischen Zwischenschichten [15]

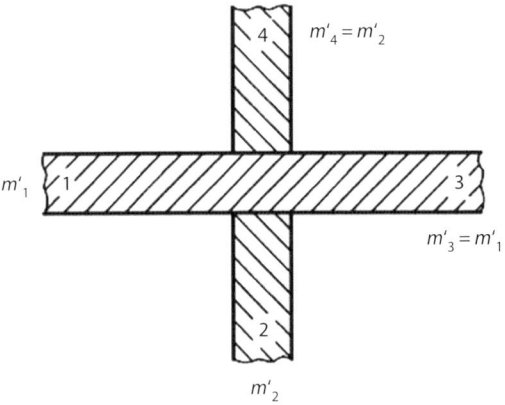

Bild 6. Starrer Kreuzstoß [15]

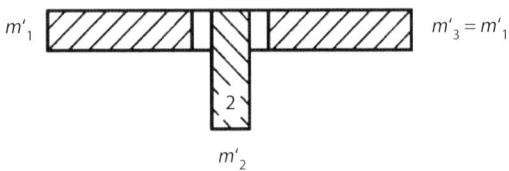

Bild 8. Stoßstellen mit elastischen Zwischenschichten [15]

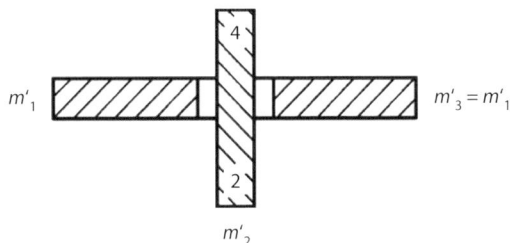

Bild 9. Stoßstellen mit elastischen Zwischenschichten [15]

den Stoßstelle auftretende Stoßstellendämmmaß nach DIN 4109-32:2016-07 über Gl. (15) bestimmt werden.

$$K_{12} = 5 \cdot M^2 - 5 \text{ dB} \quad (15)$$

Für T-Stöße (siehe Bild 5) nach DIN 4109-32: 2016-07 [15] muss das an der Stoßstelle entstehende Stoßstellendämmmaße nach den Gln. (16)–(18) berechnet werden.

$$K_{12} = 4{,}7 + 5{,}7 \cdot M^2 \quad (16)$$

$$K_{13} = 5{,}7 + 14{,}1 \cdot M + 5{,}7 \cdot M^2 \text{ für } M < 0{,}215 \quad (17)$$

$$K_{13} = 8 + 6{,}8 \cdot M \quad \text{für} \quad M \geq 0{,}215 \quad (18)$$

Treffen sich zwei Bauteile in einem Kreuzstoß (Bild 6), so werden nach DIN 4109-32:2016-07 [15] die an der Stoßstelle entstehenden Stoßstellendämmmaße nach den Gln. (19)–(21) in die Berechnung des gesamten bewerteten Bau-Schalldämmmaßes mit aufgenommen.

$$K_{12} = 5{,}7 + 15{,}4 \cdot M^2 \quad (19)$$

$$K_{13} = 8{,}7 + 17{,}1 \cdot M + 5{,}7 \cdot M^2 \text{ für } M < 0{,}182 \quad (20)$$

$$K_{13} = 9{,}6 + 11 \cdot M \quad \text{für} \quad M \geq 0{,}182 \quad (21)$$

Wenn eine Verbesserung der Flankendämmung durch Einbringen von elastischen Zwischenschichten in die Stoßfugen erzielt werden soll, werden diese Art von Stoßstellen als über eine Zwischenschicht entkoppelte Stoßstellen bezeichnet. Da das Bauteil mit elastischer Verbindung ein akustisch komplexes System darstellt, wird in der DIN 4109-32:2016-07 [15] dazu geraten, dass es in diesen Fällen besser ist, das Stoßstellendämmmaß in Labormessungen, statt in Berechnungen zu ermitteln. Die Bilder 7 bis 9 zeigen durch elastische Zwischenschichten entkoppelte Stoßstellen.

Die Berechnung des Stoßstellendämmmaßes erfolgt nach DIN 4109-32:2016-07 [15] mit den Gln. (22)–(25).

$$K_{12} = 5{,}7 + 5{,}7 \cdot M^2 + \Delta K_{ij} = K_{23} \quad (22)$$

$$K_{13} = 5{,}7 + 14{,}1 \cdot M + 5{,}7 \cdot M^2 + \Delta K_{ij} \quad (23)$$

$$K_{24} = 3{,}7 + 14{,}1 \cdot M + 5{,}7 \cdot M^2; \ 4 \leq K_{24} \leq 0 \quad (24)$$

$$\Delta K_{ij} = 36 \text{ dB} - 15 \lg\left(\frac{E}{t}\right) \quad (25)$$

mit
E Elastizitätsmodul der Zwischenschicht [MN/m²]
t Dicke der Zwischenschicht [m]

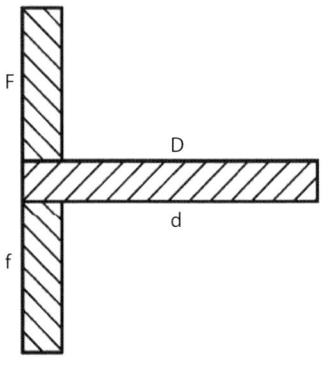

Fall 1

Bild 10. T-Stoß Stoßstellengestaltung, vollständige Entkoppelung (Fall 1); s. Gln. (16)–(18) [15]

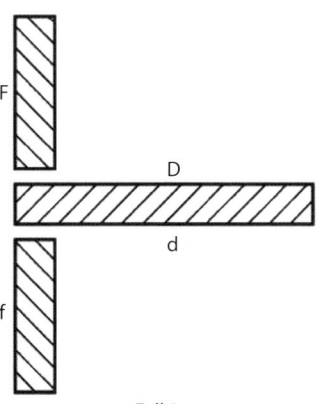

Fall 3

Bild 12. T-Stoß Stoßstellengestaltung, vollständige Entkoppelung (Fall 3); s. Gl. (29) [15]

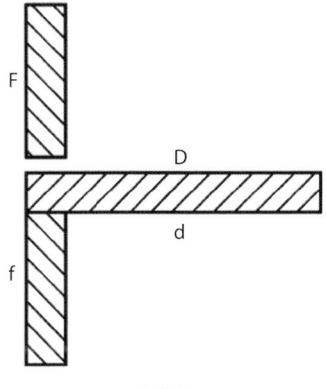

Fall 2

Bild 11. T-Stoß Stoßstellengestaltung, vollständige Entkoppelung (Fall 2); s. Gln. (27), (28) [15]

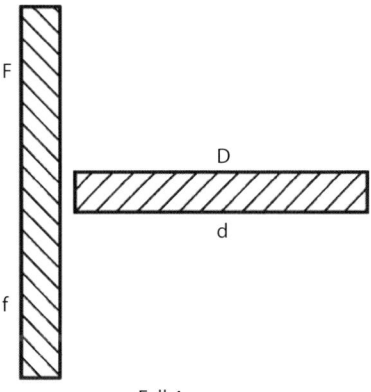

Fall 4

Bild 13. T-Stoß Stoßstellengestaltung, vollständige Entkoppelung (Fall 4); s. Gln. (30), (31) [15]

Bei vollständig entkoppelten Stoßstellen nach DIN 4109-32:2016-07 [15] (siehe Bilder 10 bis 13) besteht kein mechanischer Kontakt an einem oder mehrerer am Knotenpunkt aufeinanderstoßender Bauteile, zum Beispiel beim Anschluss eines Leichtbauteils an ein Massivbauteil.

Um die vollständige Entkopplung in die Berechnung mit aufzunehmen, wird der Rechenwert der starren Stoßstelle nach den Gln. (14)–(21) um die Verbesserung, durch die vollständige Entkopplung, erhöht. Somit kann mit Gl. (26) das Stoßstellendämmmaß der vollständigen entkoppelten Stoßstelle nach DIN 4109-32:2016-07 [15] bestimmt werden.

$$K_{ij,max} = K_{ij} + \Delta K_{ij} \qquad (26)$$

mit
K_{ij} Rechenwert für starre massiven Stoßstellen nach den Gln. (14)–(21)
ΔK_{ij} Verbesserung durch vollständige Entkopplung, $\Delta K_{ij} = 20$ dB

Die DIN 4109-32:2016-07 [15] unterteilt bei den entkoppelten Stoßstellen vier Fälle. Nachfolgend sind die einzelnen Fälle mit der jeweiligen Berechnung dargestellt.

$$K_{Ff} = K_{Fd} = K_{ij,max} = K_{ij} + \Delta K_{ij,E} \qquad (27)$$
$$K_{Df} = 2{,}7 + 5{,}7 \cdot M^2 \qquad (28)$$
$$K_{Ff} = K_{Fd} = K_{ij,max} = K_{ij} + \Delta K_{ij,E} \qquad (29)$$
$$K_{Ff} = K_{ij,min} \qquad (30)$$
$$K_{Fd} = K_{Df} = K_{ij,max} = K_{ij} + \Delta K_{ij,E} \qquad (31)$$

5.2 Berechnung der Trittschalldämmung im Massivbau

Für massive Decken übereinanderliegender Räume wird der Norm-Trittschallpegel über den äquivalenten Norm-Trittschallpegel der Rohdecke, die bewertete Trittschallminderung durch die Deckenauflage und den Korrekturwert für die Trittschallübertragung über die flankierenden Bauteile nach DIN 4109-2:2018-01 [10] mit Gl. (32) berechnet.

$$L'_{n,w} = L_{n,eq,0,w} - \Delta L_w + K \quad (32)$$

mit
$L_{(n,eq,0,w)}$ äquivalenter bewerteter Norm-Trittschallpegel der Rohdecke [dB]
ΔL_w bewertete Trittschallminderung durch Deckenauflage [dB]
K Korrekturwert für die Trittschallübertragung über die flankierenden Bauteile [dB]

Der Korrekturwert ist abhängig von der flächenbezogenen Masse und der mittleren flächenbezogenen Masse der homogenen massiven flankierenden Bauteile, ohne Vorsatzkonstruktion. Er wird für Massivdecken ohne Unterdecke mit den Gln. (33) und (34) und für Massivdecken mit Unterdecke nach Gl. (35) berechnet. Die Berechnung des Korrekturwertes nach DIN 4109-2:2018-01 ist auf trennende Decken mit einer flächenbezogenen Masse von 100 kg/m² bis 900 kg/m² und für flankierende Bauteile von 100 kg/m² bis 500 kg/m² beschränkt.

$$K = 0{,}6 + 5{,}5 \cdot \lg\left(\frac{m'_s}{m'_{f,m}}\right) \text{ für } m'_{f,m} \leq m'_s \quad (33)$$

mit
$m'_{f,m}$ mittlere flächenbezogene Masse der nicht mit Vorsatzkonstruktionen bekleideten, massiven flankierenden Bauteile [kg/m²]
m'_s flächenbezogene Masse der Trenndecke [kg/m²]

$$K = 0 \text{ für } m'_{f,m} > m'_s \quad (34)$$

$$K = -5{,}3 + 10{,}2 \cdot \lg\left(\frac{m'_s}{m'_{f,m}}\right) \quad (35)$$

Für massive Decken bei unterschiedlicher Raumanordnung wird nach DIN 4109-2:2018-01 [10] der Norm-Trittschallpegel mit Gl. (36) berechnet. Die Übertragungssituation zwischen Sende- und Empfangsraum geht über einen Korrekturwert mit in die Berechnung ein, dieser kann nach DIN 4109-2:2018-01 aus Bild 14 entnommen werden.

$$L'_{n,w} = L_{n,eq,0,w} - \Delta L_w - K_T \quad (36)$$

mit
K_T Korrekturwert nach Bild 14 zur Berücksichtigung der Übertragungssituation zwischen Sende- und Empfangsraum

5.3 Berechnung der Luft- und Trittschalldämmung nach DIN 4109:1989 Beiblatt 1

5.3.1 Luftschalldämmung

Um das resultierende Bau-Schalldämmmaß nach Beiblatt 1 [23] der DIN 4109:1989-11 zu berechnen, musste der Rechenwert des bewerteten Bau-Schalldämmmaßes aus den in der Norm gegebenen Tabellen entnommen werden. Falls nun die Flankenbauteile des trennenden Bauteils von einer mittleren flächenbezogenen Masse von 300 kg/m² abweichen, musste das resultierende Bau-Schalldämmmaß mit einem Korrekturwert verrechnet werden. Dieser Korrekturwert wurde in Abhängigkeit der mittleren flächenbezogenen Masse aus Tabelle 13 oder 14 der DIN 4109:1989-11 Beiblatt 1 [23] entnommen.

Bei einer angebrachten Vorsatzschale auf dem Trennbauteil wurde dem resultierenden Bau-Schalldämmmaß ein Korrekturwert für die Vorsatzschale hinzuaddiert.

Gleichung (37) zeigt die Berechnung des Bau-Schalldämmmaßes nach Beiblatt 1 [23] der DIN 4109: 1989-11.

$$R'_{w,R} = R'_{w,R,300} + K_{L,1} + K_{L,2} \quad (37)$$

mit
$R'_{w,R,300}$ Rechenwert des bewerteten Bau-Schalldämmmaßes für Trennbauteile, dessen flankierende Bauteile eine flächenbezogene Masse von 300 kg/m² besitzen [dB]
$K_{L,1}$ Korrekturwert für flankierende Bauteile, deren mittlere flächenbezogene Masse von 300 kg/m² abweicht [dB]
$K_{L,2}$ Korrekturwert für Vorsatzschalen auf dem trennenden Bauteil [dB]

Als besonders wichtig ist anzumerken, dass in der Berechnung von 1989 [23] die Art und Weise der Stoßstelle nicht eingeht. Die ist ein ganz entscheidender Unterschied zur Berechnung nach DIN 4109-2 [10], die ein genaueres Abbild der Realität ermöglicht [18].

5.3.2 Trittschalldämmung

Der bewertete Norm-Trittschallpegel wurde 1989 nach der DIN 4109:1989-11 Beiblatt 1 [23] über den äquivalenten bewerteten Norm-Trittschallpegel der Massivdecke und über das Trittschallverbesserungsmaß der Deckenauflage nach Gl. (38) berechnet. Hierbei wurden auch die verwendeten Werte der in Beiblatt 1 [23] enthaltenen Tabellen entnommen.

$$L'_{n,w,R} = L_{n,w,eq,R} - \Delta L_{w,R} \quad (38)$$

mit
$L_{n,eq,0,w}$ äquivalenter bewerteter Norm-Trittschallpegel der Massivdecke ohne Deckenauflage [dB]
$\Delta L_{w,R}$ Trittschallverbesserungsmaß der Deckenauflage

Nach *Fischer* [9] könnte schon über den in der Tabelle 16 des Beiblatts 1 [23] gegebenen äquivalenten bewerteten Norm-Trittschallpegel die Flankenübertragung integriert sein. Er kommt zum Schluss, dass dies nicht genau festzustellen ist.

Spalte	1		2
Zeile	Lage der Empfangsräume (ER)		K_T dB
1	neben oder schräg unter der angeregten Decke	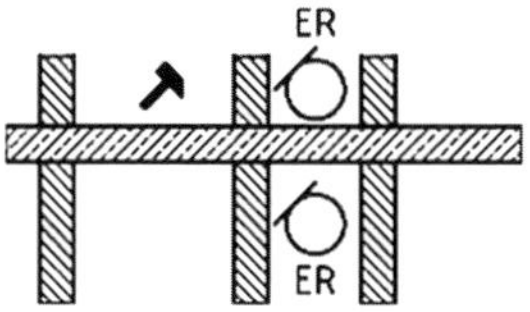	$+5^b$
2	wie Zeile 1, jedoch ein Raum dazwischenliegend	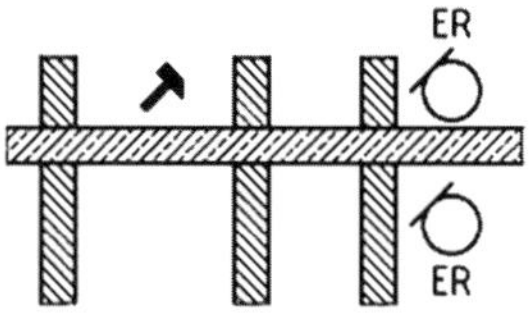	$+10^b$
3	über der angeregten Decke (Gebäude mit tragenden Wänden)	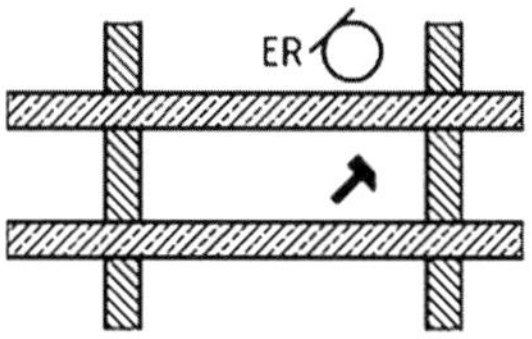	$+10^c$
4	über der angeregten Decke (Skelettbau)	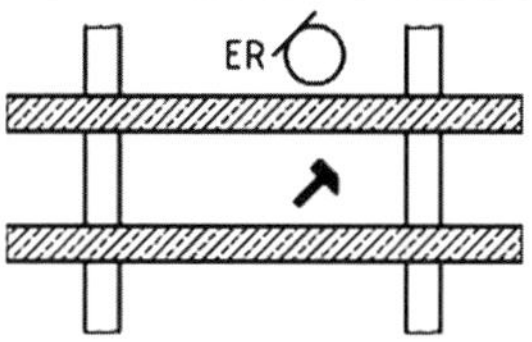	$+20$

a Norm-Hammerwerk nach DIN EN ISO 10140-5:2014-09, Anhang E.
b Voraussetzung: Zur Sicherstellung einer ausreichenden Stoßstellendämmung müssen die Wände zwischen angeregter Decke und Empfangsraum starr angebunden sein und eine flächenbezogene Masse $m' \geq 150\,kg/m^2$ haben.
c Dieser Korrekturwert gilt sinngemäß auch für Bodenplatten.

Bild 14. Korrekturwert KT nach DIN 4109-2 [10]

In der in Abschnitt 5.2 vorgestellten Berechnung des Norm-Trittschallpegels nach DIN 4109-2:2018-01 [10] geht die Flankenübertragung über einen Korrekturwert ein. Dadurch ist davon auszugehen, dass das neue Verfahren zur Ermittlung ein wesentlich genaueres Verfahren darstellt und die Realität genauer abgebildet werden kann.

5.4 Sicherheitskonzept der DIN 4109-2:2018-01

Durch das Sicherheitskonzept der DIN 4109-2:2018-01 soll den Unsicherheiten, die aus Messung und Berechnung der schalldämmenden Wirkung von Bauteilen hervorgehen, Rechnung getragen werden. Zur Identifikation und Abschätzung dieser Unsicherheiten wurden ausgiebige Untersuchungen der Physikalisch-Technischen Bundesanstalt in Braunschweig angefertigt [9].

In der DIN 4109:1989 [3, 23] sollte durch das Vorhaltemaß die Streuung und eine größere Längsleitung berücksichtigt werden. Der Sicherheitsbeiwert nach DIN 4109-2:2018-01 [10] hingegen ist als statistische Kenngröße im Hinblick auf eine Standardabweichung zu betrachten. Somit ist der Sicherheitsbeiwert mit dem Vorhaltemaß in seiner Bedeutung nicht gleichzusetzen [9].

1989 wurde das bewertete Bau-Schalldämmmaß trennender Bauteile entweder in Prüfständen mit bauähnlicher Flankenübertragung ermittelt oder mittels Beiblatt 1 [23] der DIN 4109:1989-11. In der Ermittlung nach Beiblatt 1 [23] war das Vorhaltemaß schon enthalten. Wurde das bewertete Bau-Schalldämmmaß im Prüfstand gemessen, so musste vom gemessenen Wert das Vorhaltemaß abgezogen werden. Der ermittelte Wert – ob im Prüfstand oder mittels Berechnung – ging in die Berechnung der Luftschalldämmung nach DIN 4109:1989-11 Beiblatt 1 [23] ein. Der endgültig er-

mittelte Wert wurde nun mit den Anforderungen nach DIN 4109:1989-11 [3] verglichen [9].
Mit dem Sicherheitskonzept der DIN 4109-2:2018-01 [10] wird das bewertete Schalldämmmaß des trennenden Bauteils entweder aus Messungen in Prüfständen ohne Flankenübertragung oder mittels Bauteilkatalog nach DIN 4109-3:2016-07 [11–15] ermittelt. In beiden Fällen wurden die Bauteildaten ohne Abschläge ermittelt. Nun wird das bewerte Bau-Schalldämmmaß nach DIN 4109-2:2018-01 [10] berechnet. Um dies nun mit den Anforderungen nach DIN 4109-1:2018-01 [4] oder DIN 4109-5:2019-05 [5] zu vergleichen, wird das ermittelte bewertete Bau-Schalldämmmaß um einen Sicherheitsbeiwert beaufschlagt.
Zusammenfassend ist der Unterschied zwischen 2018 und 1989, dass 1989 das Vorhaltemaß in den einzelnen Werten zur Ermittlung der Schalldämmung berücksichtigt wurde und 2018 werden die einzelnen Werte ohne Sicherheitsbeiwert berechnet und erst bei der Berechnung des Endergebnisses wird der Sicherheitsbeiwert eingebunden.

6 Bauakustische Prüfungen nach DIN 4109-4:2016-07

Die DIN 4109-4:2016-07 [16] legt die anzuwendenden Normen, nach denen die in der DIN 4109-1:2018-01 geforderten Kenngrößen zu bestimmen sind, fest.
Mit der strukturellen Änderung des Aufbaus der DIN 4109 wurden die Eignungs- und Güteprüfungen, welche in der DIN 4109:1989-11 [3] mit aufgeführt waren, in die DIN 4109-4:2016-07 [16] verlagert. Zudem wurden die in der DIN 4109:1989-11 genannten nationalen Messnormen durch internationale Messnormen abgelöst [9].

6.1 Messungen im Labor

In DIN 4109-4:2016-07 [16] Kapitel 5 „Labormessungen" sind in tabellarischer Form die zu messenden Größen und die zugehörigen Messnormen je nach Bauteil aufgelistet. Hierbei handelt es sich um „Bauakustische Messungen an Bauteilen" und „Messungen an gebäudetechnischen Anlagen" im Labor.
In den Tabellen 14 bis 17 werden die zu messenden Größen je nach Bauteilart angegeben, zudem wird auf die zu verwendeten Messverfahren verwiesen.
Den Tabellen 14 und 15 kann entnommen werden, dass die Messung der Luft- und Trittschalldämmung im Labor nach der DIN EN ISO 10140 zu erfolgen hat.
Die zu ermittelnden Messgrößen und die zugehörigen Messverfahren zur Ermittlung der Flankenübertragung von Luft- und Trittschall zwischen benachbarten Räumen werden in Tabelle 16 gezeigt. Die Labormessung der Flankenübertragung hat nach der DIN EN ISO 10848 zu erfolgen.

Tabelle 14. Messung der Luftschalldämmung [16]

Nr.	Bauteile	Messgröße	Messverfahren nach
1	Wände	R_w η	DIN EN ISO 10140-1 DIN EN ISO 10140-2 DIN EN ISO 10140-4 DIN EN ISO 10140-5
2	Decken	R_w η	
3	Fenster, Fassadenelemente, Türen, Verglasung	R_w	
4	kleine Bauteile, z. B. Rollladenkästen, Lüftungselemente	R_w $D_{n,w}$ $D_{n,e,w}$	
5	biegeweiche Vorsatzschalen	ΔR_w	
6	mit Füllstoffen oder Dichtungen ausgefüllte Fugen	$R_{s,w}$	

Tabelle 15. Messung der Trittschalldämmung [16]

Nr.	Bauteile	Messgröße	Messverfahren nach
1	Decken, Treppen, Podeste	$L_{n,w}$	DIN EN ISO 10140-1 DIN EN ISO 10140-3 DIN EN ISO 10140-4 DIN EN ISO 10140-5
2	Deckenauflagen, z. B. schwimmende Estriche, Bodenbeläge auf Massivdecken	ΔL_w	DIN EN ISO 10140-1 DIN EN ISO 10140-2 DIN EN ISO 10140-4 DIN EN ISO 10140-5
3	Rohdecken	$L_{n,eq,0,w}$	DIN EN ISO 10140-3
4	Deckenauflagen, z. B. schwimmende Estriche, Bodenbeläge auf leichten Decken	$\Delta L_{t,w}$	DIN EN ISO 10140-1 DIN EN ISO 10140-2 DIN EN ISO 10140-4 DIN EN ISO 10140-5

Die Tabelle 17 zeigt die nach DIN 4109-4:2016-07 [16] zu messenden Größen bezüglich des Schalldruckpegels von gebäudetechnischen Anlagen.
Über die Angaben zu den einzelnen Messgrößen und Prüfverfahren hinaus, trifft die DIN 4109-4:2016-07 [16] Aussagen über die Unsicherheiten von Messungen an Bauteilen und von Messungen an gebäudetechnischen Anlagen im Prüfstand. Unsicherheiten bei Messungen an Bauteilen können durch Unsicherheiten des Messverfahrens und durch die zulässige Streuung in den Randbedingungen der Labore kommen. Zudem besteht eine Unsicherheit in der Reproduzierbarkeit des geprüften Bauteils. Werte für die Unsicherheiten werden entweder aus Ringversuchen

Tabelle 16. Messung der Flankenübertragung von Luft- und Trittschall zwischen benachbarten Räumen

Nr.	Bauteile	Messgröße	Messverfahren nach
1	Leichte Bauteile, geringer Einfluss der Verbindung	$D_{n,f,w} L_{n,f,w}$	DIN EN ISO 10848-1 DIN EN ISO 10848-2
2	Leichte Bauteile, wesentlicher Einfluss der Verbindung	$D_{n,f,w}$ $L_{n,f,w}$ K_{ij}	DIN EN ISO 10848-1 DIN EN ISO 10848-2 DIN EN ISO 10848-3
3	Stoßstellen mit mindestens einem schweren Bauteil	K_{ij}	DIN EN ISO 10848-1 DIN EN ISO 10848-4

Tabelle 17. Messung der Schallpegel von gebäudetechnischen Anlagen

Nr.	Bauteile	Messgröße	Messverfahren nach
1	Armaturen und Geräte der Wasserinstallation	L_{ap}	DIN EN ISO 3822-1 DIN EN ISO 3822-2 DIN EN ISO 3822-3 DIN EN ISO 3822-4
2	Abwassersysteme	$L_{an,A}$ $L_{sn,A}$	DIN EN 14366
3	Gebäudetechnische Anlagen, Luft- und Körperschalldruckpegel	$L_{an,A}$ $L_{sn,A}$	DIN EN 15657-1
4	Sonstige gebäudetechnische Anlagen (z. B. Aufzüge, Garagentore u. ä., auch Installationswände)	$L_{AF,max,n}$	DIN EN ISO 10052
5	Schachtpegeldifferenz	$D_{k,w}$	DIN 52210-6

Tabelle 18. Messung zur Bestimmung der Schalldämmung in Gebäuden

Nr.	Bauteile	Messgröße	Messverfahren nach
1	Wände, Decken	R'_w	DIN EN ISO 16283-1 DIN EN ISO 16283-2 E DIN EN ISO 16283-3
2	Türen, Wohnungseingangstüren	R_w	DIN EN ISO 16283-1
3	Fenster, Fassaden	$R'_w, R'_{w,45°}$	DIN EN ISO 16283-2
4	Deckenauflagen, z. B. schwimmende Estriche, Bodenbeläge auf Massivdecken	ΔL_w	DIN EN ISO 16283-2
5	Decken, Treppen, Podeste	$R'_{n,w}$	DIN EN ISO 16283-2

Tabelle 19. Messungen zur Bestimmung des Schallschutzes zwischen Räumen

Nr.	Bauteile	Messgröße	Messverfahren nach
1	Wände, Decken	$D_{nT,w}$	DIN EN ISO 16283-1
2	Türen, Wohnungseingangstüren	R_w	DIN EN ISO 16283-1
3	Fenster, Fassaden	$D_{nT,w}$	E DIN EN ISO 16283-3
4	Decken, Treppen, Podeste	$R'_{nT,W}$	DIN EN ISO 16283-2
5	Gebäudetechnische Anlagen		DIN EN ISO 10052

gewonnen oder können aus der DIN EN 12999-1 entnommen werden.

6.2 Messungen im Gebäude

In Kapitel 6 der DIN 4109-4:2016-07 [16] „Baumessungen" werden die zu bestimmenden Messgrößen mit zugehörigem Messverfahren nach Bauteil sortiert, dargestellt. Es wird zwischen der „Messung zur Bestimmung der Schalldämmung in Gebäuden", „Messung zur Bestimmung des Schallschutzes zwischen Räumen" und „Gebäudetechnische Anlagen und baulich verbundene Gewerbebetriebe" unterschieden.
Tabelle 18 zeigt die zu messenden Größen, um in Gebäuden die Schalldämmung zu bestimmen, alle zu er-

mittelnden Größen müssen nach der DIN EN ISO 16283 gemessen werden.
Tabelle 19 zeigt die Messverfahren nach denen die einzelnen Messgrößen der jeweiligen Bauteile, zur Bestimmung des Schallschutzes zwischen Räumen bestimmt werden müssen. Gemessen wird für alle Bauteile nach DIN EN ISO 16283, außer bei „Gebäudetechnischen Anlagen". Diese werden nach DIN EN ISO 10052 bestimmt.

7 Vergleich DIN 4109-1:2018-01 mit DIN 4109-5:2019-05

Werden von Seiten des Bauherrn erhöhte Anforderungen an den Schallschutz gewünscht, werden mit der DIN 4109-5:2019-05 [5] hierzu normative Werte zur Verfügung gestellt [18].
Die im Jahr 2019 neu herausgegebene DIN 4109-5: 2019-05 [5] definiert zu den in Teil 1 [4] festgeleg-

ten Mindestanforderungen, erhöhte Anforderungen an den Schallschutz schutzbedürftiger Räume und den in schutzbedürftigen Räumen herrschenden Schallpegel von Wohngebäuden, Gebäuden mit Wohn- und Arbeitsbereich, Hotels, Beherbergungsstätten, Krankenhäusern und Sanatorien. Dadurch werden erstmals in Deutschland erhöhte Anforderungen an den Schallschutz normativ festgeschrieben.

Bei der Erhöhung der Mindestanforderungen wurde größtenteils darauf geachtet, dass die Anforderungen mindestens um 3 dB erhöht werden. Das ist dem menschlichen Hörverhalten geschuldet. Der Mensch kann erst ab 3 dB Schalldruckpegelunterschied feststellen, ob eine Erhöhung oder eine Verringerung des Schalldruckpegels vorliegt.

1989 wurden im Beiblatt 2 der DIN 4109:1989 [24] nur Empfehlungen beziehungsweise Vorschläge für erhöhte Anforderungen beschrieben.

Nachfolgend werden in tabellarischer Darstellung die Mindestanforderungen [4] und die erhöhten Anforderungen [5] der aktuellen DIN 4109 gegenübergestellt und anschließend diskutiert.

7.1 Anforderungen an die Luft- und Trittschalldämmung

7.1.1 Mehrfamilienhäuser, Bürogebäude und gemischt genutzte Gebäude

Tabelle 20 zeigt die nach DIN 4109-5:2019-05 [5] erhöhten Anforderungen im Vergleich zu den nach DIN 4109-1:2018-01 [4] geforderten Mindestanforderungen an den Schallschutz in Mehrfamilienhäusern und in gemischt genutzten Gebäuden.

„Wohnungstrenndecken (auch Treppen)" (Zeile 2, Tabelle 20) müssen ein um 3 dB erhöhtes Bau-Schalldämmmaß von 57 dB einhalten, um den erhöhten Anforderungen nach DIN 4109-5:2019-05 [5] zu genügen. Die Anforderungen an den Norm-Trittschallpegel wurden von 50 dB auf 45 dB erhöht.

Von „Wohnungstrennwänden und Wände zwischen Arbeitsräumen" (Zeile 13, Tabelle 20) wird nach DIN 4109-5:2019-05 [5] ein Bau-Schalldämmmaß von 56 dB verlangt, dies liegt somit 3 dB über den Mindestanforderungen.

7.1.2 Einfamilien-Reihen- und Doppelhäuser

Tabelle 21 zeigt den Vergleich der Mindestanforderungen [4] mit den erhöhten Anforderungen [5] an den Schallschutz von Einfamilien-Reihenhäusern und Doppelhäusern.

Alle Bauteile müssen erhöhten Schallschutz vorweisen, um den in der DIN 4109-5:2019-05 [5] formulierten erhöhten Anforderungen zu genügen.

„Decken" (Zeile 1, Tabelle 21) dürfen nach DIN 4109-5:2019-05 [5] nur einen Norm-Trittschallpegel von 38 dB statt 41 dB besitzen.

„Haustrennwände zu Aufenthaltsräumen, die im untersten Geschoss (erdberührt oder nicht) eines Gebäudes gelegen sind" (Zeile 4, Tabelle 21) und „Haustrennwände zu Aufenthaltsräumen, unter denen mindestens 1 Geschoss (erdberührt oder nicht) des Gebäudes vorhanden ist" (Zeile 5, Tabelle 21), erfuhren beide bei ihrem erforderlichen bewerteten Bau-Schalldämmmaß eine Erhöhung um 5 dB.

7.1.3 Hotels und Beherbergungsstätten

In Tabelle 22 werden die Mindestanforderungen nach DIN 4109-1:2018-01 [4] und die erhöhten Anforderungen nach DIN 4109-5:2019-05 [5] an Hotels und Beherbergungsstätten dargestellt.

„Decken, einschl. Decken unter Fluren" (Zeile 1, Tabelle 22) müssen nach den Mindestanforderungen [4] ein bewertetes Bau-Schalldämmmaß von mindestens 54 dB haben und sie dürfen einen bewerten Norm-Trittschallpegel von 50 dB nicht überschreiten. Um den erhöhten Anforderungen gerecht zu werden, müssen sie ein um 3 dB erhöhtes bewertetes Bau-Schalldämmmaß und einen um 5 dB niedrigeren Norm-Trittschallpegel vorweisen.

Das bewertete Bau-Schalldämmmaß für „Wände zwischen Übernachtungsräumen sowie Fluren und Übernachtungsräumen" (Zeile 5, Tabelle 22) muss um 5 dB erhöht werden.

7.1.4 Krankenhäuser und Sanatorien

Die DIN 4109-5:2019-05 [5] stellt auch Anforderungen an den erhöhten Schallschutz von Krankenhäusern und Sanatorien. Diese werden in Tabelle 23 mit den Mindestanforderungen nach DIN 4109-1:2018-01 [4] miteinander verglichen.

Wie in der Zeile 1 der Tabelle 23 zu sehen ist, werden erhöhte Anforderungen an „Decken, einschl. Decken unter Fluren" gestellt. Nach den Mindestanforderungen [4] ist ein bewertetes Bau-Schalldämmmaß von mindestens 54 dB und ein bewerteter Norm-Trittschallpegel von höchstens 53 dB erforderlich. Die Anforderungen an die Luftschalldämmung wurden um 3 dB auf 57 dB und der Trittschallschutz um 7 dB auf 46 dB erhöht.

„Wände zwischen Krankenräumen, Fluren und Krankenräumen, Untersuchungs- bzw. Sprechzimmern, Krankenräumen und Arbeits- und Pflegeräumen" müssen ein erhöhtes Bau-Schalldämmmaß von 52 dB einhalten.

7.2 Anforderungen an die Luftschalldämmung von Außenbauteilen

Die DIN 4109-5:2019-05 [5] stellt keine erhöhten Anforderungen an die Luftschalldämmung der Außenhülle eines Gebäudes. Der Grund hierfür liegt darin, dass durch einen erhöhten Schallschutz der Gebäudehülle je nach Lage des Gebäudes sich ein sehr niedriger Grundgeräuschpegel im Gebäude einstellen kann. Dies kann dann zur Folge haben, dass Geräusche aus dem Gebäudeinnern in verstärktem Maße als störend empfun-

Tabelle 20. Erhöhte Anforderungen an die Schalldämmung in Mehrfamilienhäusern und in gemischt genutzten Gebäuden [4, 5]

Spalte	1	2	3	4	5	6
Zeile		Bauteile	Anforderungen		Anforderungen	
			R'_W [dB] DIN 4109-1	R'_W [dB] DIN 4109-5	$L'_{n,W}$ [dB] DIN 4109-1	$L'_{n,W}$ [dB] DIN 4109-5
1	Decken	Decken unter allgemein nutzbaren Dachräumen, z. B. Trockenböden, Abstellräumen und ihren Zugängen	≥ 53	≥ 56	≤ 52	≤ 47
2		Wohnungstrenndecken (auch Treppen)	≥ 54	≥ 57	≤ 50	≤ 45
3		Trenndecken (auch Treppen) zwischen fremden Arbeitsräumen bzw. vergleichbaren Nutzungseinheiten	≥ 54	–	≤ 53	–
4		Decken über Kellern, Hausfluren, Treppenräumen unter Aufenthaltsräumen	≥ 52	≥ 55	≤ 50	≤ 45
5		Decken über Durchfahrten, Einfahrten von Sammelgaragen und ähnliches unter Aufenthaltsräumen	≥ 55	≥ 57	≤ 50	≤ 45
6		Decken unter/über Spiel- oder ähnlichen Gemeinschaftsräumen	≥ 55	≥ 55	≤ 46	≤ 46
7		Decken unter Terrassen und Loggien und Aufenthaltsräumen	–	–	≤ 50	≤ 45
8		Decken unter Laubengängen	–	–	≤ 53	≤ 45
8.1		Balkone	–	–	≤ 58	≤ 58
9		Decken und Treppen innerhalb von Wohnungen, die sich über zwei Geschosse erstrecken	–	–	≤ 50	≤ 45
10		Decken unter Bad und WC ohne/mit Bodenentwässerung	≥ 54	≥ 57	≤ 53	≤ 47
11		Decken unter Hausfluren	–	–	≤ 50	≤ 45
12	Treppen	Treppenläufe und -podeste	–	–	≤ 53	≤ 47
13	Wände	Wohnungstrennwände und Wände zwischen Arbeitsräumen	≥ 53	≥ 56	–	–
14		Treppenräume und Wände neben Hausfluren	≥ 53	≥ 56	–	–
15		Wände neben Durchfahrten, Sammelgaragen, einschließlich Einfahrten	≥ 55	≥ 55	–	–
16		Wände von Spiel- oder ähnlichen Gemeinschaftsräumen	≥ 55	≥ 57	–	–
17		Schachtwände von Aufzugsanlagen an Aufenthaltsräumen	≥ 57	≥ 57	–	–
18	Türen	Türen, die von Hausfluren oder Treppenräumen in geschlossene Flure und Dielen von Wohnungen und Wohnheimen oder von Arbeitsräumen führen	≥ 27	≥ 32	–	–
19		Türen, die von Hausfluren oder Treppenräumen unmittelbar in Aufenthaltsräume – außer Flure und Dielen – von Wohnungen führen	≥ 37	≥ 40	–	–

den werden, wodurch die akustische Qualität gemindert wird.
Allerdings wird im Teil 5 [5] der DIN 4109 ausdrücklich darauf hingewiesen, dass für häufig auftretende tieffrequente Geräusche eine Erhöhung des Schalldämmmaßes der Gebäudehülle im tieffrequenten Bereich notwendig ist, um die Qualität des Aufenthalts im Gebäudeinnern zu verbessern.

Tabelle 21. Erhöhte Anforderungen an die Luft- und Trittschalldämmung zwischen Einfamilien-Reihenhäusern und zwischen Doppelhäusern [4, 5]

Spalte	1	2	3	4	5	6
Zeile		Bauteile	Anforderungen		Anforderungen	
			R'_W [dB] DIN 4109-1	R'_W [dB] DIN 4109-5	$L'_{n,W}$ [dB] DIN 4109-1	$L'_{n,W}$ [dB] DIN 4109-5
1	Decken	Decken	–	–	≤ 41	≤ 38
2		Bodenplatte auf Erdreich bzw. Decke über Kellergeschoss	–	–	≤ 46	≤ 41
3	Treppen	Treppenläufe und -podeste	–	–	≤ 46	≤ 41
4	Wände	Haustrennwände zu Aufenthaltsräumen, die im untersten Geschoss (erdberührt oder nicht) eines Gebäudes liegen	≥ 59	≥ 64	–	–
5		Haustrennwände zu Aufenthaltsräumen, unter denen mindestens 1 Geschoss (erdberührt oder nicht) des Gebäudes vorhanden ist	≥ 62	≥ 67	–	–

Tabelle 22. Erhöhte Anforderungen an die Luft- und Trittschalldämmung in Hotels und Beherbergungsstätten [4, 5]

Spalte	1	2	3	4	5	6
Zeile		Bauteile	Anforderungen		Anforderungen	
			R'_W [dB] DIN 4109-1	R'_W [dB] DIN 4109-5	$L'_{n,W}$ [dB] DIN 4109-1	$L'_{n,W}$ [dB] DIN 4109-5
1	Decken	Decken einschl. Decken unter Fluren	≥ 54	≥ 57	≤ 50	≤ 45
2		Decken unter/über Schwimmbädern, Spiel- oder ähnlichen Gemeinschaftsräumen zum Schutz gegenüber Schlafräumen	≥ 55	≥ 58	≤ 46	≤ 43
3		Decken unter WC ohne/mit Bodenentwässerung	≥ 54	≥ 57	≤ 53	≤ 46
4	Treppen	Treppenläufe und -podeste	–	–	≤ 58	≤ 46
5	Wände	Wände zwischen Übernachtungsräumen sowie Fluren und Übernachtungsräumen	≥ 47	≥ 52	–	–
6	Türen	Türen zwischen Fluren und Übernachtungsräumen	≥ 32	≥ 37	–	–

7.3 Schalldruckpegel in fremden schutzbedürftigen Räumen

Kapitel 9 der DIN 4109-1:2018-01 [4] beschäftigt sich mit den Mindestanforderungen an den „… maximal zulässige(n) A-bewertete(n) Schalldruckpegel in fremden schutzbedürftigen Räumen, erzeugt von gebäudetechnischen Anlagen und baulich mit dem Gebäude verbundenen Gewerbebetrieben" das Pendant der DIN 4109-5:2019-05 lautet „Schallschutz vor Geräuschen aus gebäudetechnischen Anlagen". Bei den Mindestanforderungen [4] werden als schutzbedürftige Räume Wohn- und Schlafzimmer und Unterrichts- und Arbeitsräume unterschieden. In Teil 5 [5] der DIN 4109 werden Wohn- und Schlafzimmer genauer betrachtet und es wird hierbei zwischen Wohn- und Schlafzimmer in Mehrfamilienhäusern und in Einfamilien-Reihen- und Doppelhäusern unterschieden. Darüber hinaus fällt die Geräuschquelle „Gaststätten einschließlich Küchen, Verkaufsstätten, Betriebe u. Ä." weg.

In Tabelle 24 werden nun die erhöhten Anforderungen an den A-bewerteten Normschalldruckpegel für Wohn- und Schlafräume in Mehrfamilienhäusern

Tabelle 23. Erhöhte Anforderungen an die Luft- und Trittschalldämmung zwischen Räumen in Krankenhäusern und Sanatorien

Spalte	1	2	3	4	5	6
Zeile		Bauteile	Anforderungen		Anforderungen	
			R'_W [dB] DIN 4109-1	R'_W [dB] DIN 4109-5	$L'_{n,W}$ [dB] DIN 4109-1	$L'_{n,W}$ [dB] DIN 4109-5
1	Decken	Decken, einschl. Decken unter Fluren	≥54	≥57	≤53	≤46
2		Decken unter/über Schwimmbädern, Spiel- oder ähnlichen Gemeinschaftsräumen	≥55	≥58	≤46	≤43
3		Decken unter Bädern und WCs ohne/mit Bodenentwässerung	≥54	≥54	≤53	≤53
4	Treppen	Treppenläufe oder -podeste	–	–	≤58	≤46
5	Wände	Wände zwischen – Krankenräumen, – Fluren und Krankenräumen, Untersuchungs- bzw. Sprechzimmern, – Krankenräumen und Arbeits- und Pflegeräumen	≥47	≥52	–	–
6		Wände zwischen Räumen mit Anforderungen an erhöhtes Ruhebedürfnis und besondere Vertraulichkeit (Diskretion)	≥52	≥52	–	–
7		Wände zwischen – Operations- bzw. Behandlungsräumen, – Fluren und Operations- bzw. Behandlungsräumen	≥42	≥42	–	–
8		Wände zwischen – Räumen der Intensivpflege – Fluren und Räumen der Intensivpflege	≥37	≥42	–	–
9	Türen	Türen zwischen – Untersuchungs- bzw. Sprechzimmern, – Fluren und Untersuchungs- bzw. Sprechzimmern	≥37	≥37	–	–
10		Türen zwischen Räumen mit Anforderungen an erhöhtes Ruhebedürfnis und besondere Vertraulichkeit (Diskretion)	≥37	≥37	–	–
11		Türen zwischen – Fluren und Krankenräumen, – Operations- bzw. Behandlungsräumen, – Fluren und Operations- bzw. Behandlungsräumen	≥32	≥37	–	–

und in Einfamilien-Reihen- und Doppelhäusern nach DIN 4109-5:2019-05 [5] mit denen in DIN 4109-1:2018-01 [4] aufgeführten Mindestanforderungen an Wohn- und Schlafräume verglichen.

Für Wohn- und Schlafzimmer wird nach DIN 4109-1:2018-01 [4] ein maximal zulässiger A-bewerteter Normschalldruckpegel für Geräusche aus „Sanitärtechnik/Wasserinstallation" und aus „sonstige hausinterne, fest installierte technische Schallquellen der Technischen Gebäudeausrüstung, Ver- und Entsorgung sowie Garagenanlagen" von jeweils 30 dB gefordert. Nun wurden mit der Einführung der erhöhten Anforderungen [5] der maximal zulässige A-bewertete Normschalldruckpegel für Wohn- und Schlafräumen in Mehrfamilienhäusern für beide Geräuschquellearten auf 27 dB herabgesetzt. Für Wohn- und Schlafräume wurde er sogar um 5 dB auf 25 dB herabgesetzt.

Tabelle 24. Maximal zulässiger A-bewerteter Normschalldruckpegel in fremden schutzbedürftigen Räumen, erzeugt von gebäudetechnischen Anlagen und baulich mit dem Gebäude verbundenen Betrieben

Spalte	1	2	3		4	
Zeile	Geräuschquellen		Maximal zulässige A-bewertete Schalldruckpegel [dB]			
			Wohn- und Schlafräume in Mehrfamilienhäusern		Wohn- und Schlafräume in Einfamilien-Reihen- und Doppelhäusern	
			DIN 4109-1	DIN 4109-5	DIN 4109-1	DIN 4109-5
1	Sanitärtechnik/Wasserinstallationen (Wasserversorgungs- und Abwasseranlagen gemeinsam)		$L_{AF,max,n} \leq 30$	$L_{AF,max,n} \leq 27$	$L_{AF,max,n} \leq 30$	$L_{AF,max,n} \leq 25$
2	Sonstige hausinterne, fest installierte technische Ausrüstung, Ver- und Entsorgung sowie Garagenanlagen		$L_{AF,max,n} \leq 30$	$L_{AF,max,n} \leq 27$	$L_{AF,max,n} \leq 30$	$L_{AF,max,n} \leq 25$

Tabelle 25. Erhöhte Anforderungen an den maximal zulässigen A-bewerteten Normschalldruckpegel in schutzbedürftigen Räumen in der eigenen Wohnung, erzeugt von raumlufttechnischen Anlagen im eigenen Wohnbereich

Spalte	1	2	
Zeile	Geräuschquellen	Maximal zulässige A-bewertete Schalldruckpegel [dB]	
		Wohn- und Schlafräume	
		DIN 4109-1	DIN 4109-5
1	Fest installierte technische Schallquellen der Raumlufttechnik im eigenen Wohn- und Arbeitsbereich	$L_{AF,max,n} \leq 30$	$L_{AF,max,n} \leq 27$

7.4 Maximal zulässige A-bewertete Schalldruckpegel in schutzbedürftigen Räumen in der eigenen Wohnung

Tabelle 25 stellt die erhöhten Anforderungen [5] an den maximal zulässigen A-bewerteten Normschalldruckpegel dar. Diese werden in Vergleich mit den aus DIN 4109-1:2018-01 [4] entstehenden Mindestanforderungen gesetzt.

In der DIN 4109-1:2018-01 werden Wohn- und Schlafräume sowie Küchen als schutzbedürftige Räume angesehen und Mindestanforderungen an den aus „fest installierte(n) technische(n) Schallquellen der Raumlufttechnik im eigenen Wohn- und Arbeitsbereich" erzeugten Schalldruckpegel gestellt. Dieser darf in Wohn- und Schlafräumen einen Wert von 30 dB nicht überschreiten. Die DIN 4109-5 [5] hingegen stellt nur erhöhte Anforderungen an den maximal zulässigen A-bewerteten Normschalldruckpegel in Wohn- und Schlafräumen, dieser soll einen Wert von 27 dB nicht überschreiten.

8 Ausblick und Fazit

Ungeachtet der Tatsache, dass eine neue Norm für diejenigen, die mit der alten Norm sehr vertraut sind, eine erhebliche Umstellung bedeutet, hat die neue Struktur wesentliche Vorteile. Durch die Aufteilung der DIN 4109 in die fünf vorgestellten Teile, ist das Arbeiten mit der Norm strukturierter, da man sich schneller Überblick über die einzelnen Anforderungen beziehungsweise Verfahren zum Nachweis verschaffen kann. Der Überblick wird durch die Strukturierung der einzelnen Teile weiter verbessert.

Neben den strukturellen Änderungen wurden auch in erheblichen Maße Änderungen an den Anforderungen vorgenommen. Diese wurden an vielen Stellen deutlich verschärft und somit den heutigen technischen Standards angepasst. Viele der Anforderungen waren, durch den langen Zeitraum seit der letzten Überarbeitung der DIN 4109, überholt.

Mit der Überarbeitung der Anforderungen wurde auch der rechnerische Nachweis angepasst. Neuen Erkenntnissen, die seit 1989 zu der Berechnung der Schallübertragung gewonnen wurden, wird damit Rechnung getragen. Das neueingeführte Berechnungsverfahren, welches auf der Normenreihe DIN 12354 basiert, bietet nun die Möglichkeit, die Stoßstellen in Gebäuden realitätsgetreuer darzustellen, beziehungsweise zu berechnen. Hierdurch ist, insbesondere durch die Integration der Stoßstellenart, eine genauere Berechnung der schalldämmenden Wirkung von Bauteilen möglich.

Mit der Aufnahme von erhöhten Anforderungen im Teil 5 [5] der DIN 4109 ist nun erstmals auch eine normative Regelung des erhöhten Schallschutzes erfolgt. Es erfolgt nun eine klare Trennung zwischen Mindestanforderungen nach DIN 4109-1 [4] und erhöhte Anforderungen nach DIN 4109-5 [5]. Damit wird der Tatsache Rechnung getragen, dass sich unterschiedliche Gebäudequalitäten nicht nur auf Lage, Ausstattung etc. beziehen, sondern dass der Schallschutz auch ein zentrales Qualitätsmerkmal eines Gebäudes darstellt.

Durch die Überarbeitung der DIN 4109 wurden die Anforderungen den heutigen technischen Standards angepasst. Das Berechnungsverfahren spiegelt nun auch den aktuellen wissenschaftlichen Stand zur Berechnung der Schalldämmung wider. Und es zieht eine normative Regelung der erhöhten Anforderungen an den Schallschutz mit ein.

Durch die neue DIN 4109 werden nach 29 Jahren die Anforderungen und die Nachweise auf den aktuellen Stand von Wissenschaft und Technik angepasst. Dadurch wird allen am Bau Beteiligten ein an den modernen technischen Standards ausgerichtetes Normenwerk zur Verfügung gestellt.

9 Literatur

[1] BGH-Urteil: Az. VII ZR 45/06 (14.06.2007).

[2] BGH-Urteil: Az. VII ZR 54/07 (04.06.2009).

[3] DIN 4109:1989-11 (1989) *Schallschutz im Hochbau – Anforderungen und Nachweise*, Beuth, Berlin.

[4] DIN 4109-1:2018-01 (2018) *Schallschutz im Hochbau – Teil 1: Mindestanforderungen*, Beuth, Berlin.

[5] DIN 4109-5:2019-05 (2019) *Schallschutz im Hochbau – Teil 5: Erhöhte Anforderungen*, Beuth, Berlin.

[6] Möser, M. (2012) *Technische Akustik*, Springer, Berlin, Heidelberg.

[7] Sinambari, G.R.; Sentpali, S.; Kunz, F. (2014) *Ingenieurakustik. Physikalische Grundlagen und Anwendungsbeispiele*, Springer Vieweg, Wiesbaden.

[8] DIN ISO 226:2006-04 (2006) *Akustik – Normalkurven gleicher Lautstärkepegel*, Beuth, Berlin.

[9] Fischer, H.-M.; Schneider, M. (2019) *Handbuch zu DIN 4109 – Schallschutz im Hochbau. Grundlagen – Anwendung – Kommentare*, Beuth, Berlin.

[10] DIN 4109-2:2018-01 (2018) *Schallschutz im Hochbau – Teil 2: Rechnerische Nachweise der Erfüllung der Anforderungen*, Beuth, Berlin.

[11] DIN 4109-33:2016-07 (2016) *Schallschutz im Hochbau – Teil 33: Daten für die rechnerischen Nachweise des Schallschutzes – Holz-, Leicht- und Trockenbau*, Beuth, Berlin.

[12] DIN 4109-34:2016-07 (2016) *Schallschutz im Hochbau – Teil 34: Daten für die rechnerischen Nachweise des Schallschutzes – Vorsatzkonstruktion vor massiven Bauteilen*, Beuth, Berlin.

[13] DIN 4109-35:2016-07 (2016) *Schallschutz im Hochbau – Teil 35: Daten für die rechnerischen Nachweise des Schallschutzes – Elemente, Fenster, Türen, Vorhangfassaden*, Beuth, Berlin.

[14] DIN 4109-36:2016-07 (2016) *Schallschutz im Hochbau – Teil 36: Daten für die rechnerischen Nachweise des Schallschutzes – Gebäudetechnische Anlagen*, Beuth, Berlin.

[15] DIN 4109-32:2016-07 (2016) *Schallschutz im Hochbau – Teil 32: Daten für die rechnerischen Nachweise des Schallschutzes – Massivbau*, Beuth, Berlin.

[16] DIN 4109-4:2016-07 (2016) *Schallschutz im Hochbau – Teil 4: Bauakustische Prüfungen*, Beuth, Berlin.

[17] Gesetz zum Schutz gegen Fluglärm. FluLärmG 31.10.2007.

[18] Redeker, M.; Kornadt, O. (2018) bauplaner. Poroton Ziegel sicher hoch hinaus. Supplement im *Deutschen Ingenieurblatt* (10/2018).

[19] Vogel, A.; Kornadt, O. (2017) *Mauerwerksbau. Praxishandbuch für Tragwerksplaner. Schallschutz im Mauerwerksbau nach neuer DIN 4109, Schallschutz im Hochbau*, Beuth, Berlin, Wien, Zürich.

[20] Vogel, A.; Kornadt, O. (2015) The new German soundproofing standard: Comparison between DIN 4109:1989 and E DIN 4109:2013/Die neue Schallschutznorm: Vergleich DIN 4109:1989 und E DIN 4109:2013, in *Mauerwerk* **19**, S. 110–118.

[21] Vogel, A.; Kornadt, O. (2016) New regulations on sound insulation in buildings in Germany. Brisbane 2016.

[22] Vogel, A.; Kornadt, O. *(2016)* Sound insulation in residential building – the latest state of standardisation/ Schallschutz für den Wohnungsbau – letzter Status der Normung, in *Mauerwerk* **20**, S. 64–69.

[23] DIN 4109:1989-11 (1989) *Beiblatt 1 Schallschutz im Hochbau – Ausführungsbeispiele und Rechenverfahren*, Beuth, Berlin.

[24] DIN 4109:1989-11 (1989) *Beiblatt 2 Schallschutz im Hochbau – Hinweise für Planung und Ausführung*, Beuth, Berlin.

A 4 Schallschutz im Wohnungsbau – DEGA-Schallschutzausweis

Christian Burkhart

Dipl.-Ing. Univ. Christian Burkhart
Akustikbüro Schwartzenberger und Burkhart
Hindenburgstr. 34a, 82343 Pöcking

Studium der Nachrichtentechnik an der TU München. Seit 1990 im Bereich der Akustik tätig, seit 2000 öffentlich bestellter und vereidigter Sachverständiger für Bauakustik, Raumakustik und Beschallungstechnik. Aktives Mitglied in verschiedenen Normenausschüssen, Beratender Ingenieur, Verantwortlicher Sachverständiger EnEV (Energieeinsparverordnung); aktives Mitglied im Fachausschuss Bau- und Raumakustik der DEGA und verschiedenen Arbeitskreisen („Schallschutz im Wohnungsbau – Schallschutzausweis", „Schallschutz im eigenen Wohnbereich", „Die anerkannten Regeln der Technik in der Bauakustik"), Mitglied in verschiedenen Normenausschüssen (DIN 18041, VDI 4100), Mitglied im Vorstandsrat der Deutschen Gesellschaft für Akustik (DEGA).

Bauphysik-Kalender 2020: Bau- und Raumakustik. Herausgegeben von Nabil A. Fouad.
© 2020 Ernst & Sohn GmbH & Co. KG. Published 2020 by Ernst & Sohn GmbH & Co. KG.

Inhaltsverzeichnis

1 Einleitung 73

2 Änderungen gegenüber der Fassung aus dem Jahr 2009 73

3 Aktuelle Situation des baulichen Schallschutzes 75

4 Vertraulichkeitskriterien, Wahrnehmung von Geräuschen 77

5 Psychoakustische Hintergründe 77

6 DEGA-Akademie 78

7 Erfahrungen 78

8 Zusammenfassung und Ausblick 78

9 Literatur 79

DEGA-Empfehlung 103 80

Schallschutz im Wohnungsbau – Schallschutzausweis 80

I Vorspann 82
I.1 Einführung 82
I.2 Änderungen 82

II Schallschutzklassen im Wohnungsbau 82
II.1 Zweck und Anwendung 82
II.2 Grundlagen, Begriffe 82
II.3 Erläuterung der Schallschutzklassen 85
II.4 Standort und Außenlärmsituation 86
II.5 Schallschutz zwischen fremden Wohneinheiten 86
II.6 Schallschutz im eigenen Wohnbereich 87
II.7 Vertraulichkeitskriterien, Wahrnehmung von Geräuschen 90

III Schallschutzausweis 91
III.1 Allgemeine Erläuterungen zur Anwendung 91
III.2 Kriterien für Standort und Außenlärmsituation 91
III.3 Kriterien für baulichen Schallschutz im Gebäude 93
III.3.1 Luft- und Trittschalldämmung und Geräusche 93
III.3.2 Grundrisssituation und Anordnung von lauten Räumen 93
III.4 Punktegrenzen 94
III.5 Erstellung des Schallschutzausweises 94
III.6 Kriterienkatalog des Schallschutzausweises 94
III.6.1 Hinweise zum Kriterienkatalog 94
III.6.2 Mustervorlage Kriterienkatalog des Schallschutzausweises 95
III.6.3 Mustervorlage Schallschutzausweis 101

IV Literatur 104

V Anhang 104
V.1 Hintergründe zur Lautstärkeempfindung 104
V.2 Nutzergeräusche – Messverfahren und Planungshinweise 105

Das neue Standardwerk für den Schallschutz im Hochbau

Heinz-Martin Fischer, Martin Schneider
**Handbuch zu DIN 4109 –
Schallschutz im Hochbau**
Grundlagen – Anwendung – Kommentare
2019. 766 Seiten. 195 Abbildungen. 83 Tabellen.
ca. € 108,–*
ISBN 978-3-433-01835-4
Auch als ebook erhältlich.

BUNDLE ebook + Print!
ca. € 140,40* ISBN 978-3-433-03230-5

www.ernst-und-sohn.de/1835

Ernst & Sohn
Verlag für Architektur und technische
Wissenschaften GmbH & Co. KG

Kundenservice:
Wiley-VCH   Tel. +49 (0)6201 606-400
Boschstraße 12   Fax +49 (0)6201 606-184
D-69469 Weinheim   service@wiley-vch.de

*Der €-Preis gilt ausschließlich für Deutschland. Inkl. MwSt.
Die Versandkosten für Deutschland, Österreich, Schweiz,
Liechtenstein und Luxemburg entfallen.
Für alle anderen Länder gilt der Preis zzgl. Versandkosten.
Irrtum und Änderungen vorbehalten.

HART IM NEHMEN

Der Trend im mehrgeschossigen Wohnungsbau geht zum Ziegel. Aus gutem Grund: der ist wohngesund.

Und der POROTON®-S9® hält richtig was aus: Druckfestigkeit f_k 5,3 MN/m².

Das macht ihn zum stabilsten perlitgefüllten Objektziegel. Für Wohnanlagen mit einschaliger Außenwand bis zu 9 Etagen. Mit sicherem Brandschutz, hervorragender Wärmedämmung und gutem Schallschutz, in einem natürlichen Baustoff vereint.

Mehr Informationen unter: www.schlagmann.de

Einsatzbereich	optimal für den Objektbau	
Wärmeleitzahl	0,09 W/(mK)	0,09 W/(mK)
Wanddicke	36,5 cm	42,5 cm
U-Wert (mit Leichtputz)	0,23 W/(m²K)	0,20 W/(m²K)
Druckfestigkeit f_k	**5,3 MN/m²**	**5,3 MN/m²**
Schallschutz $R_{w, Bau, ref.}$	52,2 dB	50,1 dB
Brandschutzklasse	F90-AB	F90-AB

POROTON®-S9®
Der Objektziegel.

"Solar Heating and Cooling" is a research programme initiated by the International Energy Agency. The programme's work is accomplished through the international collaborative effort of experts from Member countries and the European Union. The results are published in a series with Ernst & Sohn and Wiley.

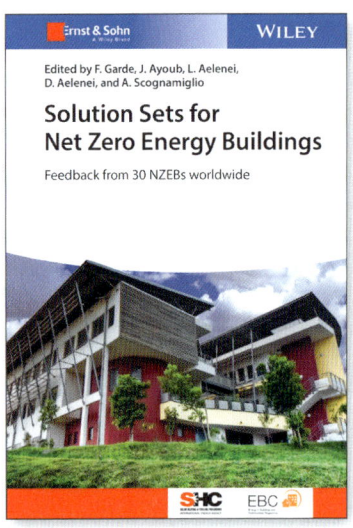

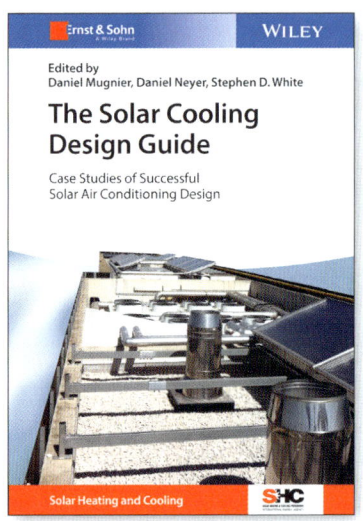

Ed.: François Garde, Josef Ayoub, Daniel Aelenei, Laura Aelenei, Alessandra Scognamiglio
Solution Sets for Net-Zero Energy Buildings
Feedback from 30 Buildings worldwide
2017. 252 pages
€ 79,–*
ISBN 978-3-433-03072-1
Also available as ebook

Ed.: Daniel Mugnier, Daniel Neyer, Stephen D. White
The Solar Cooling Design Guide
Case Studies of Successful Solar Air Conditioning Design
2017. 158 pages
€ 69,–*
ISBN 978-3-433-03125-4
Also available as ebook

Recommendations:

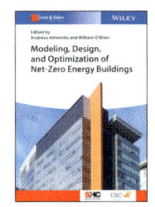
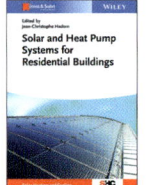

- Modeling, Design, and Optimization of Net-Zero Energy Buildings
- Solar and Heat Pump Systems for Residential Buildings

Order online:
www.ernst-und-sohn.de

Ernst & Sohn
Verlag für Architektur und technische Wissenschaften GmbH & Co. KG

Customer Service: Wiley-VCH
Boschstraße 12
D-69469 Weinheim

Tel. +49 (0)6201 606-400
Fax +49 (0)6201 606-184
service@wiley-vch.de

* € Prices are valid in Germany, exclusively, and subject to alterations. Prices incl. VAT. excl. shipping. 1112136_dp

1 Einleitung

Der gleichnamige Beitrag aus dem Bauphysik-Kalender 2014 wurde ergänzt und aktualisiert.

Die deutsche Gesellschaft für Akustik e. V. (DEGA e. V.) hat im Januar 2018 die DEGA-Empfehlung 103 „Schallschutz im Wohnungsbau – Schallschutzausweis" [15] in aktualisierter Version veröffentlicht. Die erste Fassung dieser Empfehlung wurde im März 2009 veröffentlicht. Die Empfehlung wurde vom Fachausschuss Bau- und Raumakustik erarbeitet, in welchem die meisten deutschen Experten des baulichen Schallschutzes organisiert sind. Der Fachausschuss umfasst derzeit circa 250 aktive Mitglieder. Die DEGA-Empfehlung 103 wurde einerseits als Planungs- und Bewertungsinstrument für den erhöhten Schallschutz konzipiert und andererseits, um in einem mehrstufigen, auch für den Laien verständlichen und transparenten Konzept, Schallschutz bewerten zu können.

Gegenüber der ersten Fassung aus dem Jahr 2009 wurden sowohl textliche Anpassungen und Straffungen vorgenommen sowie die Erfahrungen aus den Kursen der DEGA-Akademie und Hinweisen der Anwender der vergangenen Jahre eingearbeitet. Insgesamt wurden 43 Einzelthemen bearbeitet, die zum Teil redaktionelle, aber auch fachliche Themen waren und einen intensiveren Austausch erfordert haben. Die auch für Laien auf einen Blick erkennbare farbliche Skala wurde auf häufigen Wunsch vieler Anwender angepasst, sodass nun bereits die erste Stufe des erhöhten Schallschutzes auch eindeutig durch die Farbgebung als solche erkennbar ist. Auf die einzelnen Punkte wird im Folgenden noch detaillierter eingegangen.

Unverändert blieben die – auch der ersten Fassung [14] zugrundeliegenden und sich zwischenzeitlich bewährten – beiden Zielsetzungen:

– Schaffung eines mehrstufigen Systems zur differenzierten Planung und Kennzeichnung des baulichen Schallschutzes zwischen Raumsituationen unabhängig von der Art des Gebäudes, d. h. es spielt keine Rolle, ob sich die Wohneinheit in einem Mehrfamilien- oder in einem Reihenhaus befindet.
– Entwicklung eines Punktesystems zur einfachen Kennzeichnung des Schallschutzes von Wohneinheiten. Durch das Punktesystem werden Anreize geschaffen auch sogenannte „weiche Kriterien" wie die Anzahl der Nachbarn, schalltechnisch gute Grundrisse u. a., zu berücksichtigen.

In dem System der Anforderungen finden sich heute übliche Bauweisen und auch die in den meisten Bundesländern zwischenzeitlich bauaufsichtlich eingeführten Mindestanforderungen nach DIN 4109, Ausgabe 2016 [16] und Ausgabe 2018 [17] wieder. Zur Drucklegung war leider noch ein differenziertes Bild in den Bundesländern festzustellen, teilweise wurde die Fassung aus dem Jahr 2016 und teilweise die Fassung aus dem Jahr 2018 bauaufsichtlich eingeführt. Dies ist zu bedauern, da sich dadurch die Akzeptanz des baulichen Schallschutzes keineswegs erhöht und der Überblick auch für viele Fachleute zunehmend schwierig wird. Da sich die Anforderungen der Fassungen 2016 und 2018 nur in drei Bereichen unterscheiden (Trittschalldämmung der Balkone, Trittschalldämmung im Holzbau und Luftschalldämmung gegen Außenlärm), ist unverändert festzustellen, dass auch die Neufassungen der DIN 4109 im Wesentlichen mit der Klasse „D" der DEGA-Empfehlung übereinstimmen.

Die DEGA-Empfehlung ist im Anschluss an diesen Beitrag abgedruckt. Sie ist auch über das Internet als Download (http://www.dega-akustik.de/publikationen/online-publikationen) und über die Homepage http://www.dega-schallschutzausweis.de oder die DEGA-Geschäftsstelle erhältlich.

2 Änderungen gegenüber der Fassung aus dem Jahr 2009

Insgesamt wurden über 40 Einzelthemen bearbeitet, im Folgenden werden nicht alle, jedoch die wesentlichen Änderungen dargestellt und erläutert.

Erfahrungen aus den DEGA-Akademie-Kursen und den Hinweisen von Anwendern wurden eingearbeitet:

Seit Erscheinen der DEGA-Empfehlung im Jahr 2009 haben jährlich ein bis zwei Schulungen im Rahmen der DEGA-Akademie stattgefunden und die Zahl der Anwender steigt seitdem kontinuierlich. Hinweise der Teilnehmer und Anwender wurden aufgenommen, diskutiert und einige sinnvolle Optimierungen vorgenommen. So wurden die Anwender ernst genommen und konnten direkten Einfluss auf Verbesserungen nehmen. Aufgrund der vielen sehr positiven Rückmeldungen wurden viele Textpassagen gekürzt. Die DEGA-Empfehlung ist zwischenzeitlich so etabliert, dass ausführliche Erläuterungen zu vielen Themen zwischenzeitlich reduziert werden konnten.

Die Kenngrößen $R'_w / L'_{n,w}$ werden beibehalten:

Dies stellt zwar keine Änderung dar, soll aber dennoch kurz erläutert werden. Im Abschnitt II.2. Grundlagen, Begriffe der Erstfassung wird ausdrücklich darauf hingewiesen, dass eine Umstellung auf die nachhallzeitbezogenen Größen $D_{nT,w}$ und $L_{nT,w}$ nach der Umstellung der DIN 4109 beabsichtigt ist. Diese Umstellung hat auch mit den Neufassungen aus den Jahren 2016 und 2018 nicht stattgefunden und deshalb blieb es auch in der neuen Fassung der DEGA-Empfehlung 103 bei den in Deutschland gebräuchlichen Kenngrößen R'_w und $L'_{n,w}$. Dem Fachausschuss Bau- und Raumakustik ist bewusst, dass die nachhallzeitbezogenen Größen deutlich realitätsnäher sind und besser mit dem subjektiven Empfinden der Bewohner korrelieren. Dennoch überwogen wie bereits im Jahr 2009 letztlich die Argumente, die bauaufsichtlich eingeführten Kenngrößen beizubehalten.

Farben verändert (Klasse C: gelb → grün):
Ein sehr häufig genannter Kritikpunkt war die Farbgebung der Klassen. Es wird häufig als unglücklich empfunden, dass die Klasse „C", immerhin die erste Stufe eines erhöhten Schallschutzes, nicht durch eine grüne, sondern gelbe Farbe gekennzeichnet wird. Dieser Kritikpunkt wurde sehr ernst genommen, intensiv diskutiert und letztlich eine Anpassung der Farben vorgenommen. Durch die Änderung werden nun alle Klassen eines gegenüber den Mindestanforderungen nach DIN 4109 erhöhten Schallschutzes mit positiv belegten Farben gekennzeichnet. Der Umstand, dass es in DIN 4109 auch eine Mindestanforderung für Reihen- und Doppelhäuser gibt, wurde als „handwerklicher Fehler" in DIN 4109 ignoriert. Warum soll es im Sinne des Gesundheitsschutzes zwei verschiedene Niveaus des Schallschutzes geben? Das ist nicht nachvollziehbar, nicht begründbar und ist daher tatsächlich als „handwerklicher Fehler" zu bezeichnen.

Bonuspunkte für Messungen wurden vereinfacht:
In der Erstfassung sollten Normmessungen höher eingestuft werden und mit Bonuspunkten gegenüber den Kurzmessungen belohnt werden. Letztlich ist es jedoch besonders wichtig und entscheidend, dass überhaupt schalltechnische Messungen durchgeführt werden, weil nur so die Ausführungsqualität in fertiggestellten Gebäuden objektiv überprüft werden kann. So können beispielsweise Schallbrücken in Fußbodenkonstruktionen sowohl mit Norm- als auch mit Kurzmessverfahren erkannt werden. Deshalb ist in der Neufassung der DEGA-Empfehlung 103 [15] die Unterscheidung entfallen und jede Art von Messungen wird mit Bonuspunkten belohnt. Wichtig ist hierbei, dass die Messungen auch tatsächlich in der zu beurteilenden Wohneinheit stattgefunden haben, damit für diese Wohneinheit auch Bonuspunkte vergeben werden können.

Standort und Außenlärm/Bauübliche Einordnung:
Der Standort, d. h. die Wohnlage bzw. Gebietsausweisung innerhalb derer sich die zu bewertende Wohneinheit eines Gebäudes befindet und die Außenlärmsituation sind wichtige Kriterien zur Gesamtbeurteilung der schalltechnischen Qualität. Allerdings wird diese mit drei Kriterien (Gebietscharakter, Außenlärmpegel und Lage der Freibereiche) beurteilt, während der bauliche Schallschutz mit 28 Kriterien beurteilt wird. Deshalb war es konsequent im einfachen Schallschutzausweis den Bereich „Standort und Außenlärmsituation" etwas zurückzunehmen, und den gewonnenen Platz für eine „bauübliche Einordnung" im Sinne der Gebäudeformen „Mehrfamilienhaus" und „Doppel- und Reihenhaus" zu nutzen. Diese helfen allen Baubeteiligten, die noch mit den Begrifflichkeiten dieser Gebäudetypen und deren Anforderungen aus anderen Regelwerken vertraut sind, die sinnvoll verwendbaren und erreichbaren Schallschutzklassen den Gebäudetypen zuzuordnen. Eine Schallschutzklasse A erfordert, wie auch in der DEGA-Empfehlung 103 beschrieben, zwingend eine konsequente bauliche Trennung zwischen fremden Wohneinheiten und damit mehrschalige Konstruktionen. Da diese konsequente bauliche Trennung in Mehrfamilienhäuser weder üblich, noch vollständig umsetzbar ist, können die hohen Schallschutzklassen A und A* konsequenterweise auch nicht erreicht werden.

Nutzergeräusche und Körperschallentkopplung sind nur Anforderungen statt Orientierungswerte:
Die Nutzergeräusche stellen ein sehr hohes Störpotenzial in Mehrfamilienhäusern dar. Dies liegt an der meist fehlenden oder unzureichenden Körperschallentkopplung von Sanitärgegenständen oder anderer Einbauten in Gebäuden. Deshalb wurden Erfahrungen in der schalltechnischen Beurteilung von Nutzergeräuschen gesammelt, sinnvolle Maßnahmen angegeben und in der Erstfassung aus dem Jahr 2009 Empfehlungen zur Beurteilung eingearbeitet. Die Anhaltswerte wurden bewusst als „Empfehlung" und nicht als „Anforderung" aufgenommen, da man einerseits weitere Erfahrungen sammeln und andererseits signalisieren wollte, dass hier in Zukunft „Anforderungen" zu erwarten sind. Nach nunmehr neun weiteren Jahren Erfahrung mit dem Thema Körperschallentkopplung war festzustellen, dass sich die Anwendung und die Beurteilung bewährt hatten und die bisherigen „Empfehlungen" konnten zu „Anforderungen" werden.

Ergänzung von raumakustischen Empfehlungen für Treppenhäuser und Flure in mehrgeschossigen Wohngebäuden:
In den vergangenen Jahrzehnten ist in Vergessenheit geraten, welch großes schalltechnisches Potenzial in der Halligkeit von Treppenhäusern steckt. Die heute in der Regel langen Nachhallzeiten in den Treppenhäusern und Hausfluren führen dazu, dass alle dort verursachten Geräusche (z. B. Gehgeräusche, Ablagegeräusche, Gespräche) laut, lang nachklingend und damit störend in allen angrenzenden Wohneinheiten wahrgenommen werden können. Insbesondere bei modernen Grundrissen ohne Diele oder Flur in den Wohneinheiten und damit nur einer Tür zwischen Treppenhaus und Wohnbereich werden die Schallübertragungen offensichtlich und besonders störend. Die Problematik lässt sich auch durch perfekte Trittschalldämmung im Treppenhaus oder bestmögliche Wohnungseingangstüren nicht lösen. Sehr effektiv und häufig ohne großen Aufwand lässt sich eine deutliche Pegelminderung und damit verbunden subjektive schalltechnische Verbesserung durch Absorptionsmaßnahmen im Treppenhaus erreichen. Natürlich haben raumakustische Maßnahmen im Treppenhaus keinerlei Auswirkungen auf die Messergebnisse der Luft- und Trittschalldämmung zwischen dem Treppenhaus und den angrenzenden Wohneinheiten. Der subjektiv von den Bewohnern empfundene Schallschutz verbessert sich jedoch erheblich und dies sollte letztlich das Ziel jeder schalltechnischen Planung sein. Die Empfehlung zur raumakusti-

schen Bedämpfung von Treppenhäusern oder Fluren wurde hierbei als A/V-Verhältnisse (äquivalente Absorptionsfläche bezogen auf das Raumvolumen) angegeben, weil sich aufgrund der üblichen Ausbreitungsbedingungen in Treppenhäusern und der Geometrie die Anwendung der *Sabine'schen* Nachhallformel und Angabe einer Nachhallzeit als schwierig erwiesen hat. Bei diesem neu aufgenommenen Thema handelt es sich um eine „Empfehlung" und nicht um eine „Anforderung"; bei Berücksichtigung lassen sich so gemäß dem Kriterienkatalog für den Schallschutzausweis 5 bzw. 8 Bonuspunkte sammeln. Im Vergleich zu anderen Themen wie Luft- oder Trittschalldämmung sowie Geräuschen aus Wasserinstallationen mit bis zu 30 Punkten ist dies also eher ein „kleines" Thema, welches auf die Problematik aufmerksam machen und sensibilisieren soll.

Eigener Wohnbereich:
Hinsichtlich des Schallschutzes im eigenen Wohnbereich wurde durch den Fachausschuss Bau- und Raumakustik der DEGA das Memorandum BR 0104 „Schallschutz im eigenen Wohnbereich" erstellt und im Februar 2015 veröffentlicht. Es enthält wertvolle Hinweise zur Problematik, insbesondere den Themen Grundrissgestaltung und Lüftungsanlagen. Die dortigen Kennwerte für den Schallschutz im eigenen Wohnbereich wurden in die DEGA-Empfehlung 103 als „Empfehlungen" übernommen, sind also keine zwingende Vorgabe bei der Planung des Schallschutzes. Der Schallschutz im eigenen Wohnbereich kann so durch Bonuspunkte bei der Erstellung von Schallschutzausweisen berücksichtigt werden.

3 Aktuelle Situation des baulichen Schallschutzes

Der bauliche Schallschutz hat in Deutschland eine lange Tradition. Die erste Norm, in welcher die Höhe des baurechtlich geforderten Schallschutzes niedergelegt wurde, ist das Normblatt DIN 4110, erschienen 1938. Eine erste Fassung des auch heute maßgeblichen Normblattes DIN 4109 „Schallschutz im Hochbau" [2] wurde 1944 veröffentlicht. Diese grundlegenden Arbeiten sind bis heute Basis des baulichen Schallschutzes in Deutschland und waren auch Vorbild für vergleichbare Normen und Regelwerke des benachbarten Auslandes. Wie im Vorwort der DIN 4109 [2] ausführlich erläutert, wurde der dort festgeschriebene Mindestschallschutz immer zur Verhinderung unzumutbarer Geräuschbelästigung bei normalem Wohnverhalten gesehen. Die zitierten „normalen Wohngeräusche" waren 1944 und auch 1989 technisch bedingt andere als heute. Hier möge man nur an den persönlichen Musik- oder Videogenuss mit Dolby-Surround-Anlagen und großen Subwoofern im eigenen Wohnbereich, oder die Verbreitung von Aufzugsanlagen in Mehrfamili-

enhäusern denken. Deshalb sind die damals niedergeschriebenen – und im Wesentlichen noch heute gültigen – Anforderungen im Sinne heutiger Nutzeransprüche, des Nutzerverhaltens und der Lebensweise in der Regel nicht ausreichend. Auch wenn es gerne von Seiten der Bauindustrie anders dargestellt wird, ist festzustellen, dass in vielen Bereichen der bauliche Schallschutz nahezu kostenneutral deutlich besser ausgeführt werden kann. Trotzdem galten die Anforderungen nach DIN 4109 [2] mit wenigen Ausnahmen bis in die 2000er-Jahre hinein als allgemein anerkannte Regel der Technik. Erst die wegweisenden Urteile des Bundesgerichtshofes aus den Jahren 2007 [18] und 2009 [19] änderten die Betrachtungs- und Denkweisen im baulichen Schallschutz langsam.

In dem ersten Rechtsstreit mit Urteil aus 2007 [18] ging es um den Schallschutz zwischen Doppelhäusern, dennoch wurde in der Urteilsbegründung möglicherweise allgemein ein höherer Schallschutz für alle Wohnungen gefordert (Randnummer 25 des Urteils, Sätze 9 bis 11):
„In aller Regel wird demgegenüber der Erwerber einer Wohnung oder eines Doppelhauses eine Ausführung erwarten, die einem üblichen Qualitäts- und Komfortstandard entspricht. Haben die Parteien einen üblichen Qualitäts- und Komfortstandard vereinbart, so muss sich das einzuhaltende Schalldämm-Maß an dieser Vereinbarung orientieren. Insoweit können aus den Regelwerken die Schallschutzstufen II und III der VDI-Richtlinie 4100 aus dem Jahre 1994 oder das Beiblatt 2 zur DIN 4109 Anhaltspunkte liefern."
Zunächst stellt das Urteil lediglich fest, dass die genannten Regelwerke *Anhaltspunkte liefern können*, weiterhin fehlt im Urteil eine technische Begründung, warum der übliche Qualitäts- und Komfortstandard höher sei. Die bauliche Realität, insbesondere in Süddeutschland zeigt, dass ein höherer Schallschutz im Sinne des obigen Zitates aus dem Urteil des BGH ein verständlicher Wunsch, keinesfalls jedoch ein allgemeingültiger, heutiger Stand des baulichen Schallschutzes sein kann. Deshalb wurde bereits dieses Urteil des BGH sowohl in juristischen als auch in technischen Kreisen heftig diskutiert. Im Juni 2009 folgte dann ein noch stärker diskutiertes Urteil des BGH (VII ZR 54/07), welches die Betrachtungsweise auf Mehrfamilienhäuser übertrug. Ob dies aus technischer Sicht so richtig war, mag dahinstehen, letztlich ist durch diese beiden Urteile Bewegung in die seit vielen Jahrzehnten stagnierenden Anforderungen an den baulichen Schallschutz gekommen.

Heute, fast 10 Jahre später, ist rückblickend festzustellen, dass ein Schallschutz auf dem „alten" Niveau der Mindestanforderungen kaum noch geplant oder gebaut wird. Zu groß sind das Risiko mangelhafter Gebäude und der Ärger der nach Baufertigstellung und Bezug der Gebäude entsteht. Allerdings ist auch festzustellen, dass bei allen Baubeteiligten eine große Unsicherheit darüber besteht, welcher Schallschutz denn nun zu liefern ist, um sich zum einen in einem rechtlich möglichst sicheren Bereich zu bewegen und zum

anderen einen Schallschutz zu liefern, mit dem die Bewohner in der Regel zufrieden sind.
Zwei Konsequenzen dieser Urteile sind sicherlich eindeutig und unbestritten:
1. Wer spätere Diskussionen, Ärger und Streit vermeiden möchte, tut gut daran, den gewünschten Schallschutz rechtzeitig schriftlich zu vereinbaren und zu kommunizieren.
2. Wer heute noch einen Schallschutz auf dem Niveau der DIN 4109 [2] baut und verkauft, geht ein extrem hohes Risiko ein und muss darauf achten, die Käufer sehr umfassend und nachweisbar aufzuklären.

Hier kann die DEGA-Empfehlung 103 [14, 15] mithilfe der darin enthaltenen, auch für Laien verständlichen verbalen Beschreibungen und der im Gegensatz zu anderen Veröffentlichungen praxisgerechten Abstufung der Schallschutzklassen eine wertvolles Instrument sein, um den gewünschten Schallschutz einzuschätzen und gezielt zu vereinbaren.

Obwohl die VDI 4100 [6, 7] ein wertvolles Instrument zur Planung und Umsetzung eines erhöhten Schallschutzes darstellt, hat sie sich bis heute bei den Planern (Architekten und Bauträger) leider nicht hinreichend etablieren können. Die oben beschriebenen Urteile des BGH aus den Jahren 2007 und 2009 haben die Wahrnehmung etwas verbessert, aber nicht entscheidend verändert. Die Mehrheit der Bauherren und Bauträger lehnt unverändert die Stufe II der VDI-Richtlinie 4100 ab und plant einen Schallschutz auf dem Niveau des Beiblattes 2 zu DIN 4109. Die im Oktober 2012 erschienene Neufassung der VDI-Richtlinie [6] hat dieses Verhalten leider verstärkt, weil gegenwärtig die neuen Kenngrößen D_{nTw} und L'_{nTw} für große Verwirrung und Missverständnisse sorgen, nicht verstanden und auf breiter Front abgelehnt werden.

Ursache dafür ist unverändert die für Planer und Verbraucher vorhandene große Schwierigkeit, die in dB-Werten angegebenen Schallschutzstufen in wahrnehmbare Unterschiede zu übersetzen und so das entsprechend angemessene Schallschutzniveau planen und umsetzen zu können. Das mag Fachleute verwundern, entspricht aber der Realität und bestätigt sich immer wieder. Hier besteht nahezu unendlicher Beratungs- und Aufklärungsbedarf. Die nun erstmals in einem Anforderungswerk eingeführten neuen Kenngrößen – die selbst in Fachkreisen höchstumstritten sind – können diese Probleme leider auch nicht lösen.

Hier setzt die Grundidee der DEGA-Empfehlung an, die farbig gekennzeichnete Schallschutzklassen und auch für Laien verständliche verbale Beschreibungen in den Vordergrund und die Zahlenwerte in den Hintergrund rückt. Wenn sich dies – ähnlich wie beim Energieausweis für Gebäude – weiter durchsetzt, wird es letztlich keine entscheidende Rolle mehr spielen mit welchen Kenngrößen die Fachleute im „Hintergrund" messen und beurteilen.

Ein weiterer wichtiger Aspekt der DEGA-Empfehlung ist die entfallene Unterscheidung zwischen Gebäudetypen „Reihenhaus" und „Mehrfamilienhaus".

Die Wohnformen verändern sich zunehmend, und es ist aus technischer Sicht nicht begründbar, warum ein Mindestschallschutz oder ein Schallschutz zum Schutz der Gesundheit abhängig von der Gebäudeform sein soll. Deshalb beschreibt der Begriff „Wohneinheit" die tatsächliche Grundrissgestaltung und Nutzung besser und löst die traditionellen Bezeichnungen „Wohnung", „Reihenhaus" und „Doppelhaus" ab. Der in den vergangenen Jahren häufig gebrauchte Vorwurf, mehr als drei Stufen des Schallschutzes seien nicht erforderlich, geht ins Leere, denn in DIN 4109 mit dem erhöhten Schallschutz nach Beiblatt 2 zu DIN 4109 gab es bereits seit Jahrzehnten 4 Stufen (Mindestschallschutz und erhöhter Schallschutz jeweils für Reihenhäuser und Mehrfamilienhäuser).

(Anmerkung: Die weit verbreitete Meinung, dass die Begriffe „Mindestanforderung" bzw. „mindestens einzuhaltender Schallschutz" im Normblatt DIN 4109 [2] nicht vorkommen würde, sei an diese Stelle mit Hinweis auf die Seiten 3, 28, im Beiblatt 1 zu DIN 4109 auf Seite 62 und im Beiblatt 2 zu DIN 4109 auf Seite 15 entkräftet. Mit Erscheinen der Normenreihe DIN 4109 aus den Jahren 2016/2018 werden nun richtiger- und konsequenterweise diese Begrifflichkeiten wieder verwendet (z. B. Titel des Teils 1)).

In der VDI-Richtlinie 4100 gibt es seit dem ersten Erscheinen im Jahr 1994 ebenfalls deutlich mehr als 3, nämlich 5...6 Stufen (Stufe I bis III jeweils für Reihenhäuser und Mehrfamilienhäuser). Da in der „alten" Ausgabe die Stufe 3 für Mehrfamilienhäuser mit der Stufe I für Reihenhäuser nahezu deckungsgleich ist, sind es objektiv betrachtet „nur" 5 Stufen. In der DEGA-Empfehlung werden diese 5 Stufen lediglich um zwei Stufen nach unten hin erweitert, um auch die umfangreiche Altbausubstanz mit einer Farbe und einer Kategorie versehen zu können.

Aus der Sicht des Schallschutzes muss die Grundlage des Anforderungsniveaus nicht die planerische und bauliche Art des Gebäudes oder die Grundrissgestaltung, sondern der Schutz der Bewohner sein. Durch einen Verzicht auf die Unterscheidung zwischen den Bauformen „Mehrfamilienhäuser" und „Reihenhäuser" wird die Möglichkeit geschaffen, den Wohnraum in seiner schalltechnischen Qualität, losgelöst von der Art des Gebäudes und der Grundrissgestaltung, zu beurteilen. Dies deckt sich übrigens mit den Betrachtungsweisen in vielen europäischen Nachbarländern, dort wird bereits seit vielen Jahren ebenfalls nicht zwischen Wohnungen (mehrgeschossige Gebäude) und Doppel-/Reihenhäusern unterschieden.

Durch die DEGA-Empfehlung 103 [11] steht seit dem Jahr 2009 ein von der Gebäudeart unabhängiges Anforderungs- und Bewertungssystem zur Verfügung, welches dem Laien auf einfache Art und Weise den direkten schalltechnischen Vergleich von Wohnraum ermöglicht.

Die Frage, wie sich komplexe technische Sachverhalte, insbesondere hinsichtlich der Leistungsfähigkeit von Produkten für den Anwender/Nutzer/Verbraucher einfach darstellen und kennzeichnen lassen, ist selbstverständlich nicht nur auf den Schallschutz beschränkt, sondern erstreckt sich auch auf andere technische Sachgebiete. Auf dem Gebiet der Energieeinsparung ist es mit der Kennzeichnung bei Elektrogeräten und mit dem Energieausweis für Gebäude auf einfache Art und Weise gelungen, für den Verbraucher mehr Transparenz zu schaffen. Der Verbraucher kann ohne tiefere Fachkenntnis Qualitätsvergleiche durchführen und mündig Kaufentscheidungen treffen. Auch in anderen Bereichen werden in zunehmendem Umfang zur Information von Verbrauchern Bewertungssysteme mit einfach verständlichen Bewertungen eingesetzt. Beispiele hierfür sind die Hoteleinstufung mit „Sternen", der Energieverbrauch von Haushaltsgeräten sowie Leuchtmitteln, die Qualität von Autoreifen und unzählige weitere Produkte. Verbraucher können diese Bewertungssysteme zur Kaufentscheidungen und Auswahl zwischen verschiedenen Produkten berücksichtigen.

Im Bereich des baulichen Schallschutzes war diese Art der Transparenz und Aufklärung bisher nicht gegeben. Bauakustische Fachleute haben mit der DIN 4109 [2], dem Beiblatt 2 zu DIN 4109 [5] und der VDI 4100 [6, 7] Hilfsmittel zur Planung und Auslegung von verschiedenen Schallschutzniveaus zur Hand. Durch die neue Fassung der Normenreihe DIN 4109 aus den Jahren 2016 und 2018 werden die Anforderungen teilweise etwas verändert und leicht angehoben, jedoch hängen die Anforderungen im Wesentlichen am Niveau des baulichen Schallschutzes aus dem Jahr 1938 fest und es mangelt unverändert an Transparenz. Mit dem Teil 5 der DIN 4109 [20] wird nun erstmals ein ernst zu nehmender erhöhter (weil mehr als nur 1 bis 2 dB über dem Mindestschallschutz) Schallschutz definiert, was grundsätzlich sehr zu begrüßen ist. Letztlich ändert dies jedoch nichts an der mangelnden Transparenz für Verbraucher und alle Personen außerhalb dieser begrenzten Gruppe der Baufachleute. Hier fehlt unverändert die Kenntnis über Möglichkeiten und Chancen des baulichen Schallschutzes, der in den allermeisten Fällen bis zum Beschwerdefall wegen mangelnder Transparenz nicht thematisiert wird. Diese Transparenz wird in der DEGA-Empfehlung 103 [15], inzwischen in einer zweiten Fassung, durch ein von der Gebäudeart unabhängiges Anforderungs- und Bewertungssystem ermöglicht.

4 Vertraulichkeitskriterien, Wahrnehmung von Geräuschen

Die Erfahrung zeigt, dass Bauherren, Eigentümer, Bewohner und auch oftmals Planer und andere Baubeteiligte mit den Zahlenwerten der akustischen bzw. schalltechnischen Berater überfordert sind. Was die Einhaltung oder Verfehlung eines Zahlenwertes in akustischer Qualität konkret bedeutet, ist meist nur schwer vorstell- und auch vermittelbar, zu technisch und abstrakt sind die verwendeten Begriffe und Kenngrößen. In der Praxis hat sich hierbei der erstmals in der Ausgabe 1994 der VDI 4100 [6] verwendete Ansatz bewährt, die von den Bewohnern subjektiv wahrgenommene schalltechnische Qualität verbal zu beschreiben. Dieses Prinzip wurde verfeinert und ergänzt, sodass sich die in der Tabelle 13 der DEGA-Empfehlung 103 [15] dargestellten verbalen Beschreibungen ergeben.

Hierbei ist klar zwischen den Begriffen „hörbar" und „verstehbar" zu unterscheiden. Hörbar meint, dass z. B. Sprache zwar gehört, aber nicht verstanden wird (Vertraulichkeit ist gewahrt), während „verstehbar" eine tatsächliche Sprachverständlichkeit meint.

Um die schalltechnische Qualität von Wohnraum auch für akustische Laien zu beschreiben, sollten alle wesentlichen, üblicherweise in Wohnungen auftretenden Geräusche (siehe Tabelle 12 der DEGA-Empfehlung 103) erfasst werden.

5 Psychoakustische Hintergründe

Bei der Entwicklung eines Bewertungssystems, welches in mehreren Stufen aufgebaut ist, stellt sich prinzipiell die Frage, wie groß die Abstände zwischen den Stufen sein sollen. Zunächst müssen die Unterschiede zwischen den Stufen wahrgenommen werden, dies war immer ein wesentlicher Kritikpunkt an dem in Beiblatt 2 zu DIN 4109 [5] definierten erhöhten Schallschutz. Dies wurde auch vom Bundesgerichtshof bemängelt und im Urteil aus Juni 2007 [18] auch allen Baubeteiligten zwei klare Botschaften mit auf den Weg gegeben:

„*1. Ein die Mindestanforderungen überschreitender Schallschutz muss <u>deutlich wahrnehmbar</u> einen höheren Schutz verwirklichen.*

*2. (...) wird das Berufungsgericht erneut zu erwägen haben, inwieweit sich ein gegenüber dem Mindeststandard erhöhter Schallschutzwert daraus ableiten lässt, dass eine spürbare Erhöhung erst ab einer bestimmten Abweichung von **3 bis 5 dB** eintritt. Jedenfalls muss eine Erhöhung in <u>deutlich wahrnehmbarem Ausmaß</u> erfolgen.*"

Bei den hier zu betrachtenden Geräuschen gemäß der Tabelle 12 der DEGA-Empfehlung 103 [15] und dem sehr großen Bereich des festgelegten Schallschutzes ergeben sich zwei wesentliche Effekte, die zu berücksichtigen sind:

1. Je besser der Schallschutz zwischen zwei Wohnräumen ist, desto geringer werden die aus der Nachbarwohnung ankommenden Schallpegel und desto geringer wird der Pegelunterschied, ab welchem eine empfundene Verdopplung der Lautheit wahrgenommen wird.

2. Je besser der Schallschutz zwischen zwei Wohnräumen ist, desto näher liegen die aus der Nachbarwohnung ankommenden Schallpegel im Bereich der

Hintergrundgeräusche und werden zum Teil sogar von diesen verdeckt.

Das subjektive Empfinden einzelner Menschen, welches natürlich auch von der persönlichen Einstellung zum störenden Geräusch abhängt, kann durch objektive Messgrößen oder Kennwerte nicht berücksichtigt werden. Ausführliche Erläuterungen im Bezug zur DEGA-Empfehlung [14] finden sich in den Artikeln von *Alphei* und *Hils* in der Zeitschrift wksb [11, 12]. Dort wurden als Eingangsparameter typische Größen für den Sendepegel, das Schalldämmmaß und das Grundgeräusch gewählt. Die Bewertung erfolgte durch die Berechnung der Lautheit N in „sone", Ausgangspunkt sind die Abstände doppelte und halbe Lautheit. Die Ergebnisse zeigen, dass die erforderlichen Abstufungen deutlich größer sind als sie bisher in den bekannten Regelwerken angesetzt wurden. Auch stellt sich, wie oben erläutert, der Einfluss des Hintergrundpegels im Empfangsraum als eine wichtige Einflussgröße dar. Zusammenfassend zeigt sich, dass bei der Luftschalldämmung Abstufungen von ca. 5 dB und mehr erforderlich sind, um die gewünschte Wahrnehmung abzubilden. Bei der Trittschalldämmung sind sogar noch größere Abstände erforderlich. Für die in der DEGA-Empfehlung angegebenen Abstufungen und angegebenen verbalen Beschreibungen der Wahrnehmung wurde ein übliches Hintergrundgeräusch von 20 dB(A) berücksichtigt. Weitere wichtige Randbedingungen sind die Absorptionsfläche im Empfangsraum, die Schall übertragende Trennfläche und die spektralen Verläufe der Schalldämmung und des anregenden Geräusches. Diese sind in der Fußnote zur Tabelle 10 der DEGA-Empfehlung 103 [15] beschrieben.

6 DEGA-Akademie

Seit Erscheinen der DEGA-Empfehlung finden regelmäßig mit großem Erfolg Veranstaltungen im Rahmen der DEGA-Akademie statt, um die Hintergründe und Unterschiede zu anderen Regelwerken zu diskutieren und Übungsaufgaben mit den Teilnehmern zu besprechen und zu bearbeiten. Hierbei wird meist zur Überraschung der Teilnehmer deutlich, wie einfach die Erstellung eines Schallschutzausweises ist. Natürlich müssen die Eingangsdaten vorliegen, aber diese sind entweder Ergebnis einer bauakustischen Beratung oder Ergebnis schalltechnischer Messungen, sodass es letztlich nur noch um die Übertragung der Daten in das Eingabeblatt handelt. Die Daten können hierbei einfach in das kostenfrei von der DEGA zur Verfügung gestellte Excel-Tool eingegeben werden (erhältlich auf der Homepage http://www.dega-schallschutzausweis.de). Auf dieser Homepage werden auch Fragen der Anwender öffentlich beantwortet bzw. klargestellt, wie mit einigen Punkten umzugehen ist. Zu finden sind diese Stellungnahmen im Bereich „Hauptmenü – FAQ".

7 Erfahrungen

Die bisherigen Erfahrungen mit den Klassen der DEGA-Empfehlung sind unverändert sehr positiv. Die tatsächlich wahrnehmbare Abstufung, die klare Kennzeichnung und die sehr verständlichen verbalen Beschreibungen werden rundweg positiv angenommen. Die Erfahrungen mit dem Schallschutzausweis sind hingegen gemischt. Die Bauherren/Bauträger teilen sich meist in den ersten Gesprächen in zwei Gruppen. Die eine Gruppe schreckt vor der Transparenz zurück, die der Schallschutzausweis bietet und mag den werbewirksamen Einsatz der plakativen farblichen Kennzeichnung nicht erkennen. Die andere Gruppe benutzt dies bewusst, um sich von Wettbewerbern abzugrenzen und potenziellen Käufern zu signalisieren, dass die Gebäude auf definiertem schalltechnischem Niveau erstellt und die schalltechnische Qualität objektiv überprüft wird. Im Vergleich mit dem Normblatt DIN 4109 ist die DEGA-Empfehlung 103 eine junge Veröffentlichung, die dennoch zunehmende Beachtung findet. Dies liegt insbesondere an der auch außerhalb von Fachkreisen wahrgenommen hohen Fachkompetenz und Neutralität der DEGA und des Fachausschusses Bau- und Raumakustik. Diese Fachkompetenz und Neutralität wurde den Normungsgremien bereits mehrfach in höchstrichterlichen Urteilen abgesprochen, was sicherlich weniger an den teilnehmenden akustischen Fachleuten, sondern den sehr wirtschaftlich orientierten Vertretern diverser Industriezweige liegen dürfte.

8 Zusammenfassung und Ausblick

Mit der DEGA-Empfehlung 103 „Schallschutz im Wohnungsbau – Schallschutzausweis" [15] (von der deutschen Gesellschaft für Akustik e. V. (DEGA e. V.) im März 2009 erstmals veröffentlichten und zwischenzeitlich überarbeiteten Fassung aus Januar 2018), wurde ein neues, mehrstufiges und auch für den Laien transparentes Konzept entwickelt. Gegenüber bisherigen Systemen neu und als wesentliche Zielsetzung an diesem Konzept ist die Schaffung eines mehrstufigen Systems zur Kennzeichnung des baulichen Schallschutzes zwischen Raumsituationen, unabhängig von der Art des Gebäudes. Darüber hinaus besteht die Möglichkeit, mittels eines Punktesystems einen Schallschutzausweis zur einfachen Kennzeichnung des Schallschutzes von Wohneinheiten zu erstellen.

Die Einführung eines mehrstufigen Anforderungssystems ist für eine klare Differenzierung und Bewertung der schalltechnischen Qualität von Gebäuden sinnvoll und notwendig. Das System der DEGA-Empfehlung ist auf die heute üblichen Bauweisen und mit den heutigen bauaufsichtlich eingeführten Mindestanforderungen nach DIN 4109 [3, 16, 17] abgestimmt. Durch die Einteilung in insgesamt 7 Stufen wird eine differenzierte und praxisgerechte Einstufung sowohl für Neubauten als auch für den Altbaubestand ermöglicht.

Insbesondere im Hinblick auf den Verbraucherschutz wurde mit der DEGA-Empfehlung 103 und dem DEGA-Schallschutzausweis eine einfache, differenzierte und transparente Darstellung des baulichen Schallschutzes geschaffen. Zukünftig eröffnet sich so die Möglichkeit, einen Gebäudeausweis zu entwickeln, in welchem die energetischen und die schalltechnischen Eigenschaften von Gebäuden oder Wohneinheiten dokumentiert und für den Verbraucher transparent gemacht werden.

Für den Verbraucher eröffnet sich so nicht nur die Möglichkeit den Schallschutz objektiv einzuschätzen, vielmehr können spätere Diskussionen, Ärger und Streit vermieden werden, indem der gewünschte Schallschutz mit Bezug auf die im DEGA-Schallschutzausweis beschriebenen Stufen schriftlich vereinbart wird.

Dies geschieht – auch aufgrund des Impulses durch die Urteile des BGH – immer häufiger. Es ist Bewegung in die Regelwerke des Schallschutzes gekommen, und die weitere Entwicklung bleibt spannend abzuwarten.

Im Anschluss an diese Ausführungen finden Sie den vollständigen Text der DEGA-Empfehlung 103 [15]. Dieser ist auch kostenfrei über das Internet als Download (http://www.dega-akustik.de/publikationen/online-publikationen oder http://www.dega-schallschutzausweis.de) oder die DEGA-Geschäftsstelle erhältlich.

9   Literatur

[1] Zwicker, E. (1982) *Psychoakustik*, Springer-Verlag, Berlin, Heidelberg, New York.

[2] DIN 4109:1989-11 (1989) *Schallschutz im Hochbau – Anforderungen und Nachweise*, Beuth, Berlin.

[3] DIN 4109-1:2006-10 (2006) *Schallschutz im Hochbau, Anforderungen – Entwurf*, Beuth, Berlin.

[4] DIN 4109-1:2013-06 (2013) *Schallschutz im Hochbau – Teil 1: Anforderungen an die Schalldämmung – Entwurf*, Beuth, Berlin.

[5] Beiblatt 2 zu DIN 4109:1989-11 (1989) *Schallschutz im Hochbau; Hinweise für Planung und Ausführung; Vorschläge für einen erhöhten Schallschutz; Empfehlungen für den Schallschutz im eigenen Wohn- oder Arbeitsbereich*, Beuth, Berlin.

[6] VDI 4100:2007-08 (2007) *Schallschutz von Wohnungen – Kriterien für Planung und Beurteilung*, Beuth, Berlin.

[7] VDI 4100:2012-10 (2012) *Schallschutz im Hochbau – Beurteilungen und Vorschläge für erhöhten Schallschutz*, Beuth, Berlin.

[8] Schmitz, A. (2007) Ein neues Konzept für den Erhöhten Schallschutz, *wksb*, 59/2007, Saint-Gobain Isover G+H AG, Ludwigshafen.

[9] Lang, J. (2007) Schallschutz im Wohnungsbau, *wksb* 59/2007, Saint-Gobain Isover G+H AG, Ludwigshafen.

[10] Burkhart, C. (2007) Mehrstufiges Anforderungs-/Labelsystem, *wksb*, 59/2007, Saint-Gobain Isover G+H AG, Ludwigshafen.

[11] Alphei, H.; Hils, T. (2007) Welche Abstufung der Schalldämm-Maße sind bei Anforderungen an die Luftschalldämmung sinnvoll?, *wksb*, 59/2007, Saint-Gobain Isover G+H AG, Ludwigshafen.

[12] Hils, T.; Alphei, H. Welche Abstufung der Normtrittschall-Pegel sind bei Anforderungen an die Trittschalldämmung sinnvoll?, *wksb* 59/2007, Saint-Gobain Isover G+H AG, Ludwigshafen.

[13] Kurz, R.; Schnelle, F. (2007) DEGA Kriterienkatalog Entwurf – Vorschlag für ein neues Klassifizierungskonzept für den Schallschutz im Wohnungsbau, *wksb* 59/2007, Saint-Gobain Isover G+H AG, Ludwigshafen.

[14] Deutsche Gesellschaft für Akustik e.V. (2009) *DEGA-Empfehlung 103: Schallschutz im Wohnungsbau – Schallschutzausweis März 2009*.

[15] Deutsche Gesellschaft für Akustik e.V. (2018) *DEGA-Empfehlung 103: Schallschutz im Wohnungsbau – Schallschutzausweis Januar 2018*.

[16] DIN 4109-1:2016-06 (2016) *Schallschutz im Hochbau*, Beuth, Berlin.

[17] DIN 4109-1:2018-01 (2018) *Schallschutz im Hochbau*, Beuth, Berlin.

[18] Urteil des Bundesgerichtshofes, Juni 2007 VII ZR 45/06.

[19] Urteil des Bundesgerichtshofes, Juni 2009 VII ZR 54/07.

Deutsche Gesellschaft für Akustik e. V.

DEGA-Empfehlung 103

Schallschutz im Wohnungsbau – Schallschutzausweis

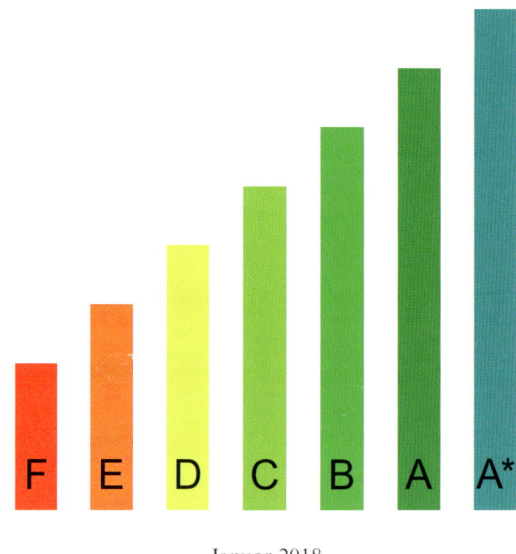

Januar 2018

Diese DEGA-Empfehlung wurde einem Einspruchsverfahren unterzogen und ist am 10.01.2018 durch den DEGA-Vorstandsrat verabschiedet worden.

© Deutsche Gesellschaft für Akustik e. V.
Geschäftsstelle: Alte Jakobstraße 88, 10179 Berlin
Tel.: (0)30 / 46 06 94-63, Fax: (0)30 / 46 06 94-70
E-Mail: dega@dega-akustik.de, Internet: www.dega-akustik.de

DEGA-Empfehlung 103.............	80	III.2	Kriterien für Standort und Außenlärmsituation.........................	91
Schallschutz im Wohnungsbau –		III.3	Kriterien für baulichen Schallschutz im Gebäude.......................	93
Schallschutzausweis...............	80	III.3.1	Luft- und Trittschalldämmung und Geräusche.....................	93
I Vorspann........................	82	III.3.2	Grundrisssituation und Anordnung von lauten Räumen................	93
I.1 Einführung.....................	82	III.4	Punktegrenzen.....................	94
I.2 Änderungen.....................	82	III.5	Erstellung des Schallschutzausweises...	94
II Schallschutzklassen im Wohnungsbau..	82	III.6	Kriterienkatalog des Schallschutzausweises.......................	94
II.1 Zweck und Anwendung.............	82	III.6.1	Hinweise zum Kriterienkatalog........	94
II.2 Grundlagen, Begriffe...............	82	III.6.2	Mustervorlage Kriterienkatalog des Schallschutzausweises...............	95
II.3 Erläuterung der Schallschutzklassen...	85	III.6.3	Mustervorlage Schallschutzausweis....	101
II.4 Standort und Außenlärmsituation.....	86	V	Anhang........................	104
II.5 Schallschutz zwischen fremden Wohneinheiten........................	86	V.1	Hintergründe zur Lautstärkeempfindung	104
II.6 Schallschutz im eigenen Wohnbereich..	87	V.2	Nutzergeräusche – Messverfahren und Planungshinweise..................	105
II.7 Vertraulichkeitskriterien, Wahrnehmung von Geräuschen.......	90			
III Schallschutzausweis................	91			
III.1 Allgemeine Erläuterungen zur Anwendung.......................	91			

I Vorspann

I.1 Einführung

Das Nachweisverfahren für den baulichen Schallschutz ist in DIN 4109, Ausgabe 2016-07 und 2018-01, geregelt. In Teil 1 der DIN 4109 sind Mindestanforderungen aufgeführt. Diese orientieren sich an den Schutzzielen des Gesundheitsschutzes, der Vertraulichkeit bei normaler Sprechweise und dem Schutz vor unzumutbaren Belästigungen. Vorschläge für einen erhöhten Schallschutz zur Erzielung höherer Qualitäten z. B. im Komfortwohnungsbau sind in DIN 4109 nicht enthalten.

Gemäß dem Mindestschallschutz nach DIN 4109 wird die Geräuschübertragung meist nicht auf ein „komfortables" Niveau abgesenkt oder ein akustischer Komfort erreicht.

Deshalb werden in dieser Empfehlung sieben Schallschutzklassen für die Bewertung von Wohnräumen als Ergänzung der Schallschutzanforderungen der DIN 4109 definiert. Mit Hilfe dieser sieben Klassen kann der gewünschte Schallschutz in der Planungsphase festgelegt und mit anderen Gebäuden verglichen werden.

Die historisch gewachsenen Gebäudearten „Mehrfamilienhäuser" sowie „Doppel- und Reihenhäuser" und die Regelung der schalltechnischen Anforderungen in den Normen und Richtlinien haben viele Jahrzehnte lang Anwendung gefunden.

In dieser Empfehlung wird der Begriff „Wohneinheit/en" verwendet, weil er die tatsächliche Grundrissgestaltung und Nutzung besser beschreibt und sich von den traditionellen Begriffen „Wohnung", „Reihenhaus" und „Doppelhaus" löst. Informativ wird jedoch gekennzeichnet, in welche Schallschutzklassen diese Gebäudearten bauüblich eingeordnet werden können.

Für die Beurteilung einer Wohneinheit erweist sich der Lärm bzw. Schallschutz als besonders wichtiges Entscheidungskriterium. Deshalb soll ein guter Schallschutz den Bewohnern eines Gebäudes ermöglichen, sich in ihrem Wohnbereich möglichst frei zu entfalten, ohne dass die Nachbarn ungewollt Zeuge jeder Lebensäußerung werden.

Gewisse verhaltensbedingte und auch technische Geräusche sind unvermeidbar. Ob ein Geräusch als belästigend erlebt wird, hängt auch von verschiedenen personen- und situationsabhängigen Bedingungen und von der Art des Geräusches ab. So ist z. B. das Verhältnis der Bewohner zueinander (soziales Klima) von besonderer Bedeutung für die empfundene Belästigung.

I.2 Änderungen

Gegenüber der Fassung aus dem Jahr 2009 wurden folgende Veränderungen vorgenommen:
- Anpassungen aufgrund der Neufassung der DIN 4109:2016 und DIN 4109:2018-01
- Farbänderung der Schallschutzklassen
- Ergänzung von Benchmarks im Schallschutzausweis zur Verdeutlichung der Bereiche für Mehrfamilienhäuser und Doppel- und Reihenhäuser
- Anpassung der Empfehlungen an den eigenen Wohnbereich an das DEGA-Memorandum BR 0104 aus März 2015
- Redaktionelle Überarbeitung
- Nutzergeräusche und Körperschallentkopplung sind nun Anforderungen statt Orientierungswerte
- Ergänzung von raumakustischen Empfehlungen für Treppenhäuser und Flure in mehrgeschossigen Wohngebäuden

II Schallschutzklassen im Wohnungsbau

II.1 Zweck und Anwendung

Durch die Angabe von Schallschutzklassen einer Wohneinheit soll dem Anwender ein einfaches Kriterium an die Hand gegeben werden, mit dessen Hilfe er den baulichen Schallschutz einschätzen und vergleichen kann.

Diesem Ziel dient u. a. die verbale Beschreibung der subjektiven Wahrnehmbarkeit von Wohngeräuschen durch die schematische Zuordnung zu den Schallschutzklassen.

Beim Neu- und in der Regel auch beim Umbau von Wohneinheiten müssen die Mindestanforderungen der DIN 4109-1:2018-01 eingehalten werden (siehe II.3). Der vorliegende Schallschutzausweis dient darüber hinaus der Einstufung der schalltechnischen Qualität einer Wohneinheit und ersetzt nicht den baurechtlich geforderten Schallschutznachweis nach DIN 4109.

Zur Bewertung der schalltechnischen Güte einer Wohneinheit ist es notwendig, die verschiedenen, den Schallschutz betreffenden Kriterien insgesamt zu beurteilen. Diese Bewertung kann mit dem im Abschnitt III.6 beschriebenen Punktesystem und einem Schallschutzausweis erfolgen.

Die Schallschutzklasse eignet sich als Kennzeichnung in einer Baubeschreibung oder Bauverträgen. Hinweise zu den rechtlichen Aspekten der Vereinbarungen zum baulichen Schallschutz finden sich in DEGA-Memorandum BR 0101 [7].

Die in dieser DEGA-Empfehlung angegebenen Schallschutzklassen sollten bevorzugt für die Wohneinheiten in einem Schallschutzausweis dokumentiert werden. Hierdurch können alle Beteiligten transparent den für einzelne Bauteile erreichten Schallschutz nachvollziehen und über das in Abschnitt III erläuterte Punktesystem mit weiteren Kriterien Bonuspunkte anrechnen. Dies ist jedoch nicht zwingend erforderlich, die Kennwerte er Schallschutzklassen können auch unabhängig von der Erstellung eines Schallschutzausweises und Anwendung des Punktesystems vereinbart und angewendet werden.

II.2 Grundlagen, Begriffe

Diese DEGA-Empfehlung definiert sieben Schallschutzklassen mit dem Ziel, Wohneinheiten nach der Güte ihres Schallschutzes zu kennzeichnen.

Der Begriff „**Wohneinheit**" wird in dieser DEGA-Empfehlung als allgemein übergreifender Begriff für Wohnungen in Mehrgeschosshäusern sowie für Einfamilien-, Doppel- und Reihenhäuser verwendet.

Für die Klassierung werden die Kriterien folgender Geräuscharten in den jeweils betrachteten Wohneinheiten berücksichtigt:
– Luft- und Trittschall aus fremden Wohneinheiten oder Treppenhäusern,
– Außengeräusche,
– Geräusche von Wasserinstallationen aus fremden Wohneinheiten,
– Geräusche von gebäudetechnischen Anlagen (hierzu zählen auch Heizungs- und Lüftungsanlagen im eigenen Wohnbereich),
– Nutzergeräusche durch Körperschallübertragung aus fremden Wohneinheiten,
– Luft- und Trittschall im eigenen Wohnbereich,
– Geräusche von Wasserinstallationen im eigenen Wohnbereich,
– A/V Verhältnis (Nachhallzeiten) in Treppenhäusern.

Die Kriterien für die verschiedenen Geräuscharten sind so ausgelegt, dass sie innerhalb einer Klasse hinsichtlich der Wahrnehmbarkeit aufeinander abgestimmt sind.

Die Schallschutzklassen können hinsichtlich des Standortes und der Außenlärmsituation wie folgt kurz charakterisiert werden:

Klasse A*: Sehr leises Wohngebiet.
Klasse A: Ruhiges Wohngebiet.
Klasse B: Wohngebiet ohne besondere Anforderungen an den Schallschutz der Außenbauteile.
Klasse C: Misch- bzw. Kerngebiet mit mäßiger Außenlärmbelastung und Anforderung an den Schallschutz der Außenbauteile.
Klasse D: Misch- bzw. Kerngebiet mit hoher Anforderung an den Schallschutz der Außenbauteile.
Klasse E: Gewerbegebiet oder hohe Außenlärmbelastung und sehr hohe Anforderungen an den Schallschutz der Außenbauteile.
Klasse F: Industriegebiet oder sehr hohe Außenlärmbelastung und sehr hohen Anforderungen an den Schallschutz der Außenbauteile.

Die Schallschutzklassen können hinsichtlich des baulichen Schallschutzes bei einer üblichen Wohnungsnutzung wie folgt kurz charakterisiert werden:

Klasse A*:
Wohneinheit mit sehr gutem Schallschutz, die ein ungestörtes Wohnen nahezu ohne Rücksichtnahme gegenüber den Nachbarn ermöglicht.
Hoher Schallschutz in Doppel- und Reihenhäusern.

Klasse A:
Wohneinheit mit sehr gutem Schallschutz, die ein ungestörtes Wohnen ohne große Rücksichtnahme gegenüber den Nachbarn ermöglicht.
Erhöhter Schallschutz in Doppel- und Reihenhäusern.

Klasse B:
Wohneinheit mit gutem Schallschutz, die bei gegenseitiger Rücksichtnahme zwischen den Nachbarn ein ruhiges Wohnen bei weitgehendem Schutz der Privatsphäre ermöglicht.
Hoher Schallschutz in Mehrfamilienhäusern.
Normaler Schallschutz in Doppel- und Reihenhäusern.

Klasse C:
Wohneinheit mit gutem Schallschutz, in der die Bewohner bei üblichem rücksichtsvollem Wohnverhalten im allgemeinen Ruhe finden und die Vertraulichkeit gewahrt bleibt.
Erhöhter Schallschutz in Mehrfamilienhäusern.

Klasse D:
Wohneinheit mit einem Schallschutz, der die Anforderungen der DIN 4109-1:2017-12 für Geschosshäuser mit Wohnungen und Arbeitsräumen im Wesentlichen erfüllt (Ausnahmen: siehe II.3) und damit die Bewohner in Aufenthaltsräumen im Sinne des Gesundheitsschutzes vor unzumutbaren Belästigungen durch Schallübertragung aus fremden Wohneinheiten und von außen schützt. Es kann nicht erwartet werden, dass Geräusche aus fremden Wohneinheiten oder von außen nicht mehr wahrgenommen werden. Dies erfordert gegenseitige Rücksichtnahme durch Vermeidung unnötigen Lärms. Die Anforderungen setzen voraus, dass in benachbarten Räumen keine ungewöhnlich starken Geräusche verursacht werden.
Normaler Schallschutz in Mehrfamilienhäusern.

Klasse E:
Wohneinheit mit einem Schallschutz, der die Anforderungen der DIN 4109-1:2017-12 nicht erfüllt. Belästigungen durch Schallübertragung aus fremden Wohneinheiten und von außen sind möglich; besondere Rücksichtnahme ist unbedingt erforderlich. Die Vertraulichkeit ist nicht mehr gegeben.

Klasse F:
Wohneinheit mit einem schlechten Schallschutz, der deutlich unter den Anforderungen der DIN 4109-1:2017-12 liegt. Mit Belästigungen durch Schallübertragung aus fremden Wohneinheiten und von außen muss auch bei bewusster Rücksichtnahme gerechnet werden; Vertraulichkeit kann nicht erwartet werden.

Für den Schallschutz im eigenen Wohnbereich gelten zusätzlich die folgenden Schallschutzklassen, für die bei der Erstellung von Schallschutzausweisen Bonuspunkte vergeben werden können:

Klasse EW1: Schallschutz im eigenen Wohnbereich, bei welchem Vertraulichkeit nicht erwartet werden kann.

Klasse EW2: Schallschutz im eigenen Wohnbereich, bei welchem ein Mindestmaß an Vertraulichkeit gewährleistet werden kann und erhebliche Störungen vermieden werden.

Klasse EW3: Schallschutz im eigenen Wohnbereich, bei welchem Vertraulichkeit gewährleistet werden kann und Störungen vermieden werden.

Für die Anforderungen hinsichtlich der verschiedenen Geräuscharten werden in dieser DEGA-Empfehlung die im Folgenden erläuterten, kennzeichnenden Größen verwendet. Die Festlegung der Kenngrößen orientiert sich an der bauaufsichtlich eingeführten DIN 4109.

Für die Anforderungen hinsichtlich der verschiedenen Geräuscharten werden in dieser DEGA-Empfehlung die im Folgenden erläuterten, kennzeichnenden Größen verwendet.

Luftschallübertragung aus fremden Wohneinheiten (Luftschalldämmung):

R'_w: Bewertetes Bau-Schalldämm-Maß von Bauteil-Kombinationen mit Schallübertragungen durch das trennende und entlang der flankierenden Bauteile, z. B. Trennwand, linke und rechte Seitenwand, Decke, Fußboden.

Luftschallübertragung von Außengeräuschen (Luftschalldämmung):

$R'_{w,ges}$: Bewertetes resultierendes Bau-Schalldämm-Maß von zusammengesetzten Bauteilen, z. B. Wand mit Tür oder Fenster. Es wird aus den einzelnen Schalldämm-Maßen der Teilflächen berechnet.

Trittschallübertragung aus fremden Wohneinheiten (Trittschalldämmung):

$L'_{n,w}$: Bewerteter Norm-Trittschallpegel von gebrauchsfertigen Bauteilen, z. B. Decken, Treppen.

Geräusche von Wasserinstallationen:

$L_{AF,max,n}$: Mit der Frequenzbewertung „A" und der Zeitbewertung „Fast" gemessener maximaler Schalldruckpegel, bezogen auf die Bezugsabsorptionsfläche $A_0 = 10$ m^2, der das Fließgeräusch der Armatur, das Einlaufgeräusch in den Sanitärgegenstand und das Ablaufgeräusch sowie ggf. das Eigengeräusch der Wasserversorgungsanlage gemeinsam erfasst. Die messtechnische Ermittlung erfolgt gemäß DIN EN 10052 in Verbindung mit DIN 4109-1:2018-01, Abschnitt 9, Tabelle 9, Fußnote „c" ohne Berücksichtigung einer Eckposition.

$L_{AF,max,nT}$: Standard-Maximalpegel. Ein in Wohngebäuden auf eine Nachhallzeit von $T_0 = 0,5$ s normierter mittlerer Maximalpegel, ermittelt als Mittelwert, der durch Einzelereignisse (kurzzeitige Geräuschspitzen) hervorgerufenen Maximalwerte des Schalldruckpegels, die im bestimmungsgemäßen Betriebsablauf auftreten.

Anmerkung: Der in älteren Ausgaben verschiedener Normen verwendete Begriff des Installations-Schallpegels (L_{In}) ist messtechnisch gleichzusetzen mit dem $L_{AF,max,n}$.

Geräusche von gebäudetechnischen Anlagen und Betrieben:

Gebäudetechnische Anlagen und Betrieb sind beispielsweise Versorgungs- und Entsorgungsanlagen, Aufzugsanlagen, Schwimmanlagen, Zentrale Staubsauganlagen, Garagenanlagen, automatisch öffnende oder schließende Türen.

$L_{AF,max,n}$: Mit der Frequenzbewertung „A" und der Zeitbewertung „Fast" gemessener maximaler Schalldruckpegel, bezogen auf die Bezugsabsorptionsfläche $A_0 = 10$ m^2. Die messtechnische Ermittlung erfolgt gemäß DIN EN 10052 in Verbindung mit DIN 4109-1:2018-01, Abschnitt 9, Tabelle 9, Fußnote „c" ohne Berücksichtigung einer Eckposition.

L_r: Beurteilungspegel L_r nach TA-Lärm [25]

$L_{r,n}$: Beurteilungspegel L_r nach TA-Lärm [25], zur Anwendung in Tabelle 8 dieser DEGA-Empfehlung bezogen auf die Bezugsabsorptionsfläche $A_0 = 10$ m^2.

Nutzergeräusche:

Beschwerden über einen unzureichenden Schallschutz in Wohngebäuden betreffen häufig sogenannte Nutzergeräusche. Nutzergeräusche im Sinne dieser DEGA-Empfehlung sind Geräusche die beim Betätigen maßgeblich in ihrer Intensität beeinflussbar sind (z. B. Zahnputzbecher abstellen, WC-Deckel öffnen/schließen, Türen von Wandschränken öffnen/schließen) und die hauptsächlich als Körperschall übertragen werden. In dieser Empfehlung wird von einer sachgemäßen, rücksichtsvollen Betätigung ausgegangen.

Bei Messungen in Gebäuden sind für die aufgeführten Nutzergeräusche bei „üblicher Benutzung" maximale Schalldruckpegel in der Größenordnung von $L_{AF,max,n} = 40$ bis 60 dB(A) keine Seltenheit. Häufig sind im Sanitärbereich nicht die eigentlichen Geräusche der Wasserinstallationen, sondern die Betätigungs- und Nutzergeräusche als kritisch zu bewerten.

Nutzergeräusche führen deshalb in der Praxis häufig zu Störungen und sind Gegenstand vieler Rechtsstreitigkeiten, unter anderem weil an Nutzergeräusche in DIN 4109-1:2018-01 und den früheren Ausgaben keine Anforderungen gestellt werden.
Nutzergeräusche können mit dem in Anhang V.2 beschriebenen Verfahren simuliert und gemessen werden. Zur Beurteilung dient auch hier der $L_{AF,max,n}$ oder der $L_{AF,max,nT}$.

Betätigungsspitzen bei Geräuschen aus Wasserinstallationen:
An Geräuschspitzen, die beim Betätigen von Sanitärarmaturen entstehen können und hauptsächlich als Körperschall vom Rohrleitungssystem und Baukörper übertragen werden, wurden bisher in DIN 4109 keine Anforderungen gestellt.
Weitere, den Schallschutz betreffende Begriffe sind in den Normen der Reihen DIN 4109-1:2018-01, DIN EN ISO 16283, DIN EN ISO 717, DIN EN 12354 und in DIN EN ISO 10052, DIN EN ISO16032 aufgeführt und erläutert.
Gemäß dieser Empfehlung sind die Betätigungsspitzen bei Geräuschen aus Wasserinstallationen zu berücksichtigen.

Nachhallzeit in Treppenhäusern:
In Treppenhäusern sind aufgrund mangelnder Einrichtungsgegenstände ohne zusätzlich raumakustische Maßnahmen sehr lange Nachhallzeiten vorhanden. Um zu verhindern, dass in diesem für die Schallübertragung in Wohnungen wichtigen Bereich hohe Schalldruckpegel auftreten, sollte die Nachhallzeit in Treppenhäusern oder öffentlich zugänglichen Fluren begrenzt werden.

A/V in Treppenhäusern:
Das A/V-Verhältnis entspricht dem Verhältnis von der äquivalenten Schallabsorptionsfläche A des Raums zum Raumvolumen V, im Frequenzbereich von 250 Hz bis 2 000 Hz.

Weitere Begriffsdefinitionen, die in dieser DEGA-Empfehlung verwendet werden:

Loggia, Terrasse:
Überdachte oder nicht überdachte Fläche an einem Gebäude, die für den Aufenthalt im Freien vorgesehen ist und sich ganz oder teilweise über fremden Aufenthaltsräumen befindet.

Balkon:
Überdachte oder nicht überdachte Fläche an einem Gebäude, die für den Aufenthalt im Freien vorgesehen ist und vollständig aus dem Gebäude herausragen.

Wohnungseingangstüren:
Wohnungseingangstüren sind Türen, die aus gemeinschaftlich genutzten Zugangsbereichen, wie z. B. Laubengängen, Treppenhäusern und Hausfluren in Wohneinheiten führen.

Hauseingangstüren:
Hauseingangstüren sind Türen, die von außen aus öffentlichen Bereichen in gemeinschaftlich genutzte Zugangsbereiche, wie z. B. Laubengänge, Treppenhäuser und Hausflure von Häusern führen.

Zimmertüren:
Zimmertüren sind Türen von schützenswerten Räumen innerhalb einer Wohneinheit.

Angrenzende Wohneinheiten:
Angrenzende Wohneinheiten sind alle direkt angrenzenden, also durch Wände oder Decken voneinander getrennte Wohneinheiten. Diagonal angrenzende Wohneinheiten sind im Sinne dieser Empfehlung nicht als angrenzend zu betrachten.
Werden Wohneinheiten durch Bauteile voneinander getrennt, die mindestens zwei Schallschutzklassen höher einzustufen sind (z. B. zweischalige Trennwände in Mehrfamilienhäusern der Klasse B mit ansonsten einschaligen Trennwänden der Klasse C), oder nicht vorhanden sind (z. B. Wohneinheiten im Dachgeschoss ohne Wohnungstrennwände), so bleiben diese angrenzenden Wohneinheiten außer Betracht. Es wird dann die höchste Punktzahl (ohne Bonuspunkte) und damit höchste Klasse vergeben.

Laute Räume:
Laute Räume in dieser DEGA-Empfehlung sind z. B. fremde Bäder, Aufzüge und deren Maschinenräume, Gemeinschaftswaschräume und Technikräume.

Besonders laute Räume:
Besonders laute Räume sind Räume gemäß Tabelle 8, DIN 4109-1:2018-01 (z. B. Gaststätten, Betriebe).

II.3 Erläuterung der Schallschutzklassen

Es werden sieben Schallschutzklassen unterschieden. Die dazu gehörenden Kennwerte für den baulichen Schallschutz zwischen fremden Wohneinheiten werden in den Tabellen 1 bis 6 angegeben. Die Qualität des subjektiv empfundenen Schallschutzes bei den einzelnen Klassen wird im Abschnitt II.7 und in den Tabellen 11 bis 13 beschrieben.
Die beiden unteren Klassen F und E dienen z. B. der Einstufung von unsanierten Altbauten. An Gebäude der Klasse F sind keine Anforderungen gestellt; hier werden alle Gebäude eingruppiert, für die keine Daten vorliegen oder die die Kennwerte der Klasse E nicht erreichen. Die Klasse D entspricht bei Luft- und Trittschall sowie den Geräuschen aus Wasserinstallationen und gebäudetechnischen Anlagen im Wesentlichen den (bauaufsichtlich eingeführten) Anforderungen der DIN 4109-1:2018-01 [3] für Geschosshäuser.

Die obere Qualitätsklasse A* dient zur Kennzeichnung eines besonderen Komfortschallschutzes.
Die Kennwerte der Klasse D weichen teilweise von denen in DIN 4109:2018-01 [3] für Geschosshäuser ab, beispielsweise in folgenden Punkten:
– Nutzergeräusche und kurzzeitige Pegelspitzen, die beim Betätigen von Armaturen der Wasserinstallation auftreten, weisen ein hohes Störpotenzial auf. Deshalb werden in dieser Empfehlung sinnvolle und erreichbare Anforderungen angegeben.
– An das Nutzergeräusch Urinieren (Spureinlauf) wird aufgrund des sehr hohen Störpotenzials die gleiche Anforderung gestellt wie an Geräusche aus Wasserinstallationen.
– Für Geräusche aus Betrieben und Gaststätten sind in DIN 4109:2018-01 [3] geringere Anforderungen gestellt.

Die oberen Klassen B, A und A* erfordern in der Regel mehrschalige Baukonstruktionen, die Klasse C kann je nach verwendeten Baustoffen ein- oder zweischalig ausgeführt werden. Durch mehrschalige Bauweisen kann beispielsweise im Bereich der Trittschalldämmung und der Körperschallübertragung ein besserer Schallschutz realisiert werden oder die geforderten Kennwerte können auch mit leichteren Baustoffen erreicht werden. Die Klassen A und A* bedürfen der besonderen Sorgfalt und ausführlichen Beratung durch einen qualifizierten Akustiker.

Bei der Abstufung der Kennwerte (Luftschalldämmung, Trittschalldämmung, höchstzulässige Schallpegel) wurden sowohl bauliche Randbedingungen, als auch psychoakustische Erkenntnisse berücksichtigt. Dies bedeutet, dass die in den einzelnen Klassen angegebenen Anforderungen an die Luft- und Trittschalldämmung mit üblichen Bauweisen realisierbar sind und sich beim Wechsel auf eine höhere oder niedrigere Klasse für die Bewohner auch tatsächlich ein wahrnehmbarer Unterschied in der schalltechnischen Qualität einstellt.

Für den eigenen Bereich sind in Abschnitt II.6 in Tabelle 10 drei Schallschutzklassen EW1, EW2 und EW3 angegeben. Die Zahlenwerte sind Empfehlungen, die in die Gesamtbeurteilung einer Wohneinheit bzw. eines Gebäudes nicht einfließen. Bei Einhaltung der Empfehlungen werden jedoch im Schallschutzausweis Bonuspunkte vergeben.

II.4 Standort und Außenlärmsituation

Die Lage eines Gebäudes und die Orientierung der zu betrachtenden Wohneinheiten spielt eine wichtige Rolle bei der Einstufung der schalltechnischen Qualität. Dies kann gut durch die Gebietsausweisung bzw. die tatsächliche bauliche Nutzung und die maßgebliche Außenlärmbelastung durch Straßen-, Schienen-, Wasser- und Luftverkehr, Gewerbe und Freizeitlärm beschrieben werden.

II.5 Schallschutz zwischen fremden Wohneinheiten

Die angegebenen Kennwerte gelten jeweils unabhängig von der Übertragungsrichtung (horizontal, vertikal, diagonal) und den Bauteilen (Luftschall: Wände, Treppenraumwände und Decken/Trittschall: Decken, Treppen, Podeste, Terrassen, Balkone, Loggien, Hausflure, Laubengänge).
Die in den folgenden Tabellen angegebenen Kennwerte sind für eine Wohneinheit/Gebäude als bauteilbezogene Größen R'_w, $L'_{n,w}$ und $L_{AF,max,n}$ (bezogen auf eine Bezugsabsorptionsfläche $A_0 = 10\ m^2$) angegeben und am Bau im betriebsfertigen Zustand einzuhalten. Gegenwärtig bleiben Spektrum-Anpassungswerte unberücksichtigt. Bei Einhaltung der Anforderungen un-

Tabelle 1. Gebietscharakter (nach TA-Lärm DIN 18005 oder vergleichbaren kommunalen Einstufungen)

	F	E	D	C	B	A	A*
mind. vorhandener Gebietscharakter	GI	GE	MI/WB		WA		WR

Tabelle 2. Maßgeblicher Außenlärmpegel in dB(A) nach DIN 4109:2018-01 bzw. Lärmpegelbereich (Bahn, Straße, Gewerbe, Freizeit)

	F	E	D	C	B	A	A*
Lärmpegelbereich	VI	V	IV	III	II	I	
Außenlärmpegel [dB(A)]	≥ 76	71 bis 75	66 bis 70	61 bis 65	56 bis 60	bis 55	

Tabelle 3. Anforderungen Luftschall

	F	E	D	C	B	A	A*
Wände/Decken [R'_w] [3)]	< 50 dB	≥ 50 dB	≥ 54 [1)] dB	≥ 57 [1)] dB	≥ 62 dB	≥ 67 dB	≥ 72 dB
Wohnungs-eingangs-türen in Flure oder Dielen [R_w] [2)]	< 22 dB	≥ 22 dB	≥ 27 dB	≥ 32 dB	≥ 37 dB	≥ 40 dB	
Wohnungs-eingangs-türen direkt in Aufenthalts-räume [R_w] [2)]	< 32 dB	≥ 32 dB	≥ 37 dB	≥ 42 dB	nicht zulässig		

Anmerkungen zu Tabelle 3:
1) Für Wände gilt ein um 1 dB reduzierter Anforderungswert.
2) Die Anforderung an die Türen gilt für die Schallübertragung über die betriebsfertig eingebaute Tür ohne Nebenwege.
3) Bei Trennflächen von weniger als 10 m² ist der Nachweis über D_{nw} zu führen.

Tabelle 4. Anforderungen Trittschall

	F	E	D	C	B	A	A*
Decken [$L'_{n,w}$]	> 60 dB [1)]	≤ 60 dB [1)]	≤ 50 dB	≤ 45 dB [1)]	≤ 40 dB [1)]	≤ 35 dB	≤ 30 dB
Balkone, Loggien, Terrassen, [$L'_{n,w}$]	> 63 dB [1)]	≤ 63 dB [1)]	≤ 50 dB [2)]	≤ 48 dB [1)]	≤ 43 dB [1)]	≤ 38 dB	≤ 33 dB
Treppen, Podeste, Hausflure, Laubengänge [$L'_{n,w}$]	> 63 dB [1)]	≤ 63 dB [1)]	≤ 53 dB [3)]	≤ 48 dB [1)]	≤ 43 dB [1)]	≤ 38 dB	≤ 33 dB

Anmerkungen zu Tabelle 4:
1) austauschbarer Bodenbelag anrechenbar (rechnerisch nur bei geprüftem ΔL_w)
2) bei Balkonen Anforderung $L'_{n,w}$ ≤ 58 dB
3) bei Hausfluren Anforderung $L'_{n,w}$ ≤ 50 dB

ter Berücksichtigung der Spektrum-Anpassungswerte oder besonders niedriger Resonanzfrequenzen bei schwimmenden Estrichkonstruktionen werden beim Schallschutzausweis entsprechende Bonuspunkte vergeben (Siehe Abschnitt III).
In den Tabellen 3 bis 6 wurden sinnvolle Abstufungen von etwa 5 dB im Schalldämm-Maß unter den, in Abschnitt II.5. genannten Standard-Voraussetzungen dargestellt. Die Abstufungen ergeben sich auch aus den psychoakustischen Untersuchungen zur wahrgenommenen Lautheit im Empfangsraum für die Empfindung „doppelt so laut" (vergleiche auch Anhang). Die akustischen Absorptionsflächen bzw. baulichen Maßnahmen sind über alle Geschosse möglichst gleichmäßig zu verteilen.

II.6 Schallschutz im eigenen Wohnbereich

Gerade moderne Wohnformen (wie offene Grundrisse) oder technische Einrichtungen (z. B. Lüftung) bei ener-

Tabelle 5. Anforderungen Geräusche aus Wasserinstallationen, gebäudetechnischen Anlagen und Nutzergeräusch Urinieren

	F	E	D	C	B	A	A*
Geräusche aus Wasserinstallationen und gebäudetechnischen Anlagen, Nutzergeräusch Urinieren [$L_{AF,max,n}$]	> 35 dB(A)	≤ 35 dB(A)	≤ 30 dB(A)	≤ 27 dB(A)	≤ 24 dB(A)	≤ 20 dB(A)	

Anmerkungen zu Tabelle 5:

Wenn keine tieffrequenten Geräuschanteile vorliegen, werden im Schallschutzausweis Bonuspunkte vergeben. Hiervon ist auszugehen, wenn die Differenz der C- und A-bewerteten Summenpegel gemäß DIN 45 680 [22, 23] kleiner als 20 dB ist.

Die Anforderungen gelten auch für Heizungs- und Lüftungsanlagen im eigenen Bereich.

Beim messtechnischen Nachweis kann alternativ für die Bewertung auch $L_{AF,max,nT}$ verwendet werden.

Tabelle 6. Anforderungen Nutzergeräusche und Körperschallentkopplung (Erläuterungen siehe II)

	F	E	D	C	B	A	A*
Nutzergeräusche [$L_{AF,max,n}$]	> 45 dB(A)	≤ 45 dB(A)	≤ 40 dB(A)	≤ 35 dB(A)	≤ 30 dB(A)	≤ 25 dB(A)	≤ 20 dB(A)
Körperschallentkopplung Kleinhammerwerk [$L'_{Kn,w}$]	> 63 dB	≤ 63 dB	≤ 58 dB	≤ 53 dB	≤ 48 dB	≤ 43 dB	≤ 38 dB

Anmerkung zu Tabelle 6:

Beim messtechnischen Nachweis der Nutzergeräusche kann alternativ für die Bewertung auch $L_{AF,max,nT}$ verwendet werden.

Tabelle 7. Anforderungen Außenbauteile (Luftschall)

	F	E	D	C	B	A	A*
Luftschall [$R_{w,ges}$]	–	–	wie DIN 4109-1 [$R_{w,ges}$]				wie DIN 4109-1 [$R_{w,ges}$ + $C_{tr,50-3150}$]

getisch effizienten Gebäuden erzeugen bei den Nutzern ein vermehrtes Hinterfragen der Bauqualität im Hinblick auf den Schallschutz gegen Geräusche aus dem „eigenen Wohn- und Arbeitsbereich". In der folgenden Tabelle sind Empfehlungen für einen Schallschutz im eigenen Wohnbereich gemäß dem DEGA-Memorandum BR 0104 aus Februar 2015 angegeben.

Die in Tabelle 10 genannten Zahlenwerte sind empfohlene Kennwerte, die in die Gesamtbeurteilung einer Wohneinheit bzw. eines Gebäudes nicht einfließen. Die Unterschreitung der empfohlenen Kennwerte führt nicht zur Abwertung. Bei Einhaltung der empfohlenen Kennwerte werden im Schallschutzausweis Bonuspunkte vergeben.

Tabelle 8. Geräusche aus Gaststätten, Betrieben, Praxen u. a.

	F	E	D	C	B	A	A*
tags [$L_{r,n}$] [$L_{AF,max,n}$]	> 35 dB(A) > 45 dB(A)	≤ 35 dB(A) ≤ 45 dB(A)	≤ 30 dB(A) ≤ 40 dB(A)	≤ 25 dB(A) ≤ 35 dB(A)	≤ 25 dB(A) ≤ 35 dB(A)	nicht zulässig	
nachts [$L_{r,n}$] [$L_{AF,max,n}$]	> 25 dB(A) > 35 dB(A)	≤ 25 dB(A) ≤ 35 dB(A)	≤ 20 dB(A) ≤ 30 dB(A)	≤ 15 dB(A) ≤ 25 dB(A)	≤ 15 dB(A) ≤ 25 dB(A)	nicht zulässig	

Hinweis 1 zur Tabelle 8:	Die Werte der Klasse F überschreiten die Immissionsrichtwerte der TA-Lärm.
Hinweis 2 zur Tabelle 8:	Die Abweichung der Werte von der TA-Lärm in der Stufe D resultiert aus der Abstimmung mit den Geräuschen aus gebäudetechnischen Anlagen. Die maximalen Schalldruckpegel sind gemäß DIN 4109-1 und DEGA-Empfehlung 30 dB(A), nach TA-Lärm wären nachts 35 dB(A) zulässig. Diese Unschlüssigkeit wurde behoben und an die Anforderungen der gebäudetechnischen Anlagen nach DIN 4109-1 angeglichen. Weil das Schutzbedürfnis der Bewohner im Vordergrund steht dürfen Geräusche aus Betrieben nicht lauter sein, als sonstige Geräusche aus gebäudetechnischen Anlagen oder Wasserinstallationen. Entsprechend wurden auch die Werte für die Beurteilungspegel angepasst.

Tabelle 9. Empfehlung für das Verhältnis A/V (äquivalente Absorptionsfläche/Volumen) in allgemein zugänglichen Treppenhäusern und Fluren von mehrgeschossigen Wohngebäuden

	F	E	D	C	B	A	A*
A/V	Keine Maßnahmen			≥ 0,10		≥ 0,20 oder kein gemeinsames Treppenhaus	

Hinweis zur Tabelle 9:	Ein A/V-Verhältnis von 0,10 führt in der Regel zu einer Nachhallzeit von ca. 1,4 bis 1,8 s.

Tabelle 10. Kennwerte für Schallschutz im eigenen Wohnbereich

	EW1	EW2	EW3
Luftschalldämmung Zimmertüren in/von schützenswerten Räumen, z. B. Schlaf- oder Kinderzimmer [R_w der betriebsfertig eingebauten Tür ohne Nebenwege] Offener Grundriss [a] Geschlossener Grundriss [a]	≥ 22 dB ≥ 17 dB	≥ 27 dB ≥ 22 dB	≥ 32 dB ≥ 27 dB
Luftschalldämmung Wände ohne Türen von schützenswerten Räumen, z. B. Schlaf- oder Kinderzimmer [R'_w] [b]	≥ 40 dB	≥ 43 dB	≥ 47 dB
Luftschalldämmung Decken [R'_w]	≥ 48 dB	≥ 51 dB	≥ 55 dB
Trittschalldämmung Decken vertikal und Treppen [$L'_{n,w}$] [c]	≤ 58 dB	≤ 53 dB	≤ 46 dB
Geräusche aus Wasserinstallationen [$L_{AF,max,n}$]	≤ 35 dB(A)	≤ 30 dB(A)	≤ 25 dB(A)
Geräusche von Heizungs- und Lüftungsanlagen [$L_{AF,max,n}$]	≤ 30 dB(A)	≤ 25 dB(A)	< 25 dB(A)

a) Hinweis zur Tabelle 10: Bei geschlossenen Grundrissen sind wegen der zwei hintereinander liegenden Türen geringere Schalldämm-Maße für die Einzeltür angegeben als bei offenen Grundrissen.
b) Hinweis zur Tabelle 10: Wände mit Türen dürfen ein 5 dB geringeres Schalldämm-Maß (für die Wand) aufweisen.
c) Hinweis zur Tabelle 10: Weichfedernde Bodenbeläge dürfen angerechnet werden.

Weitere, ausführliche Informationen enthält das DEGA-Memorandum BR 0104, frei erhältlich über den Bereich Online-Publikationen auf www.dega-akustik.de.

II.7 Vertraulichkeitskriterien, Wahrnehmung von Geräuschen

Zur verbalen Beschreibung der von den Bewohnern subjektiv wahrgenommenen schalltechnischen Qualität haben sich die folgenden in Tabelle 11 dargestellten Beschreibungen bewährt.

Hierbei ist zwischen den Begriffen „hörbar" und „verstehbar" zu unterscheiden. Hörbar meint, dass z. B. Sprache zwar gehört, aber nicht verstanden wird (Vertraulichkeit ist gewahrt), während „verstehbar" eine tatsächliche Sprachverständlichkeit meint.

Um die schalltechnische Qualität von Wohnraum auch für akustische Laien zu beschreiben, sollten alle wesentlichen, üblicherweise in Wohnräumen auftretenden Geräusche erfasst werden. Die folgende Tabelle 12 zeigt die wesentlichen Geräuschanregungsarten.

Aus diesen subjektiven Beschreibungen kann für eine Standard-Situation eine Zuordnung von bestimmten Geräuschen im lauten Raum zu den im betroffenen Raum auftretenden Geräuschen in Abhängigkeit von der Schalldämmung zwischen den Räumen gefunden werden. Neben der Stärke und Frequenzzusammensetzung des Quellsignals beeinflussen die folgenden Parameter den Schalldruckpegel und die Lautstärke im Empfangsraum:
– Volumen und Nachhallzeit im Empfangsraum
– Flächen des trennenden und/oder der flankierenden Bauteile
– Frequenzabhängigkeit der Schalldämmung
– Höhe des Grundgeräuschpegels und dessen zeitliche und spektrale Verteilung

Für die oben aufgeführten Geräusche sind in Tabelle 13 den verschiedenen Schallschutzklassen verbale Beschreibungen der subjektiven Wahrnehmung zugeordnet.

Tabelle 11. Verbale Beschreibungen zur Wahrnehmbarkeit von Wohngeräuschen und Sprache aus benachbarten Wohneinheiten

Allgemeine Beschreibung	Zusätzliche Beschreibung für Sprache
Sehr deutlich hörbar	Einwandfrei zu verstehen
Deutlich hörbar	Zu verstehen
Im Allgemeinen hörbar	Teilweise zu verstehen
Teilweise hörbar	Im Allgemeinen nicht verstehbar
Noch hörbar	Nicht verstehbar
Nicht hörbar	–

Tabelle 12. Geräusche aus benachbarten Wohneinheiten

Geräuschbeschreibung	Beispiele
Laute Sprache	Party, Streit etc., in der Regel selten auftretend
Angehobene Sprache	Angeregte Unterhaltung zwischen mehreren Personen, in der Regel gelegentlich auftretend
Normale Sprache	Ruhige Unterhaltung mit mehreren Personen
Sehr laute Musik	Musizieren mit lauten akustischen oder elektroakustisch verstärkten Instrumenten oder mit Verstärkeranlagen (bassbetont), sehr laute HiFi-, Videoanlage
Laute Musik	Musizieren mit akustischen Instrumenten ohne Verstärkeranlagen, laute HiFi-, Videoanlage
Normale Musik	Leises Musizieren, HiFi-, Videoanlage
Wasserinstallationen	Übliche Benutzung von Sanitärgegenständen der Wasserinstallation
Betätigungsspitzen	Kurzzeitige Spitzen, die bei der üblichen, sanften Benutzung (keine heftige oder ruckartige Benutzung) von Sanitärgegenständen der Wasserinstallation auftreten (z. B. Armaturen öffnen/schließen)
Nutzergeräusche	Ablage von Gegenständen (z. B. Zahnputzbecher) auf Ablagen oder Sanitärgegenständen, handbetriebene Rollladenbetätigung, WC-Deckel auf/zu u. a. (normale, sanfte Handhabung), Urinieren, heftiges Schließen von Türen und Wandschränken
Gebäudetechnische Anlagen	Aufzüge, Heizungs- und Lüftungsanlagen (auch im eigenen Wohnbereich), Hubparkanlagen, Klingelanlagen, automatisch schließende Türen und Tore, Hebeanlagen, elektrische Türöffner, Briefkastenanlagen, elektrisch betriebene fest installierte Anlagen
Gehgeräusche	Bei üblichem Gehen (kein Fersengang)
Spielende Kinder	Spielen mit Gegenständen auf dem Fußboden, Hüpfen, Trampeln
Haushaltsgeräte	Staubsauger, Küchenmixer, Kaffeevollautomat, Waschmaschine, Wäschetrockner, Spülmaschine

Ein Grundgeräuschpegel von 20 dB(A) wird nachts und in besonders ruhigen Wohnlagen regelmäßig unterschritten. Die verbalen Beschreibungen verschieben sich in solchen Fällen, d. h. Geräusche aus benachbarten Wohneinheiten können dann deutlicher wahrgenommen werden.
In Alltagssituationen mit mehreren Familienangehörigen oder durch Musikwiedergabe o. ä. liegt häufig eine Verdeckung durch eigene Geräusche vor, sodass sich eine Verschiebung der Wahrnehmung in die umgekehrte Richtung ergibt – Geräusche aus Nachbarwohnungen werden dann weniger deutlich wahrgenommen.
Für die Planung eines bestimmten Schallschutzes ist bei Verwendung der Tabelle 13 sorgfältig zu prüfen, ob die genannten Standard-Bedingungen erfüllt sind, um eine möglichst zutreffende Beschreibung der subjektiven Wahrnehmung zu erhalten. Die tatsächliche Hörbarkeit eines Geräusches lässt sich daraus in der Praxis nur schwer prognostizieren.

III Schallschutzausweis

III.1 Allgemeine Erläuterungen zur Anwendung

Durch den Schallschutzausweis auf der Basis des mehrstufigen Schallschutzkonzeptes ist eine einfache Kennzeichnung des Schallschutzes von ganzen Wohneinheiten oder ganzen Gebäuden möglich. Mit dem Schallschutzausweis wird für die Planungsbeteiligten und insbesondere für den Nutzer (Käufer, Bewohner) eine einfache, verständliche und verbraucherorientierte Bewertung geschaffen. Die Baubeteiligten können dadurch gemeinsam und nach bewusster Entscheidung ein gewünschtes Schallschutzniveau vereinbaren. Für den Wohnungsmarkt werden somit sowohl für den Altbaubestand als auch für den Neubau transparente und allgemein verständliche Kriterien für die Beurteilung des Schallschutzes geschaffen.
Für den Verbraucher wird der Schallschutz, wie auch bei anderen Klassifizierungssystemen (z. B. Hoteleinstufung mit „Sternen", Energieverbrauch von Haushaltsgeräten etc.) mit einfach verständlichen Bewertungen erkennbar und vergleichbar.
Für die Einstufung in eine Qualitätsklasse müssen alle Mindestkriterien für den Standort und die Außenlärmbelastung dieser Klasse erfüllt sein. Beim baulichen Schallschutz darf die Gesamtbewertung maximal eine Klasse besser sein als die geringste Bewertung in einem Einzelkriterium.
In den nachstehenden Tabellen in Abschnitt III.6.2. sind die einzuhaltenden Mindestkriterien durch weiße Felder gekennzeichnet, graue Bereiche sind unzulässig. Sofern sich innerhalb einer Auswahlmöglichkeit mehrere Qualitätsklassen befinden, darf die bessere Klasse im Schallschutzausweis, maximal jedoch die Klasse A, berücksichtigt werden.

Der Schallschutzausweis kann sowohl für ein Haus (z. B. Reihenhaus), als auch für einzelne Wohneinheiten innerhalb eines Gebäudes erstellt werden. Letzteres ermöglicht insbesondere bei gemischten Nutzungen die spezifische Klassifizierung der Wohneinheiten aufgrund ihrer Lage im Gebäude und die Berücksichtigung von unterschiedlichen Bauweisen.
Grundsätzlich ist bei der Erstellung des Schallschutzausweises für eine Wohneinheit die jeweils schalltechnisch ungünstigste Situation (horizontale und vertikale Luftschallübertragung, Trittschall, gebäudetechnische Anlage) zu betrachten. Bei Werten aus Prognoseberechnungen oder Messungen ist jeweils der ungünstigste Wert für die einzelnen Kriterien zu berücksichtigen. Zur Erstellung des Schallschutzausweises müssen alle Bereiche (siehe III.2, Spalte 1) betrachtet werden.
Sofern ein Ausweis für ein gesamtes Gebäude mit mehreren Wohneinheiten ausgestellt wird, müssen jeweils die schalltechnisch ungünstigsten Raumsituationen zur Beurteilung herangezogen werden.
Es wird darauf hingewiesen, dass die Erstellung eines Schallschutzausweises fundierte Kenntnisse der Bauakustik erfordert.

III.2 Kriterien für Standort und Außenlärmsituation

Die Einstufung ergibt sich aus den Festlegungen in den Bebauungsplänen. Sonstige in Bebauungsplänen festgesetzte Flächen für Gebiete und Einrichtungen sowie Gebiete und Einrichtungen, für die keine Festsetzungen bestehen, sind entsprechend der Schutzbedürftigkeit zu beurteilen.
Die maßgebliche Außenlärmbelastung für das Gebäude durch Straßen-, Schienen-, Wasser- und Luftverkehr, Gewerbe und Freizeitlärm wird nach DIN 4109-1:2018-01 „Schallschutz im Hochbau" ermittelt. Der „maßgebliche Außenlärmpegel" nach DIN 4109-1:2018-01 wird in der Regel berechnet, in Sonderfällen können zur Ermittlung auch Messungen vorgenommen werden. In bestimmten Situationen mit einer höheren Lärmbelastung im Nachtzeitraum, z. B. Schienenverkehr, ist eine zusätzliche Betrachtung der mittleren Maximalpegel sinnvoll.
Bei höherem Außenlärmpegel erfolgt die Vergabe einer geringeren Punktzahl, damit die wohnungstypische Nutzung mit geöffneten oder gekippten Fenstern entsprechend berücksichtigt wird. Freibereiche von Wohneinheiten (Balkone, Terrassen), die dem Außenlärm direkt ausgesetzt sind, werden gesondert erfasst.

Tabelle 13. Orientierende Beschreibungen der subjektiven Wahrnehmbarkeit von üblichen Geräuschen aus benachbarten Wohneinheiten

	F	E	D	C	B	A	A*
Laute Sprache	einwandfrei zu verstehen, sehr deutlich hörbar		einwandfrei zu verstehen, deutlich hörbar	teilweise zu verstehen, im Allgemeinen hörbar	im Allgemeinen nicht verstehbar, teilweise hörbar	nicht verstehbar, noch hörbar	nicht verstehbar, nicht hörbar
Angehobene Sprache	einwandfrei zu verstehen, sehr deutlich hörbar	einwandfrei zu verstehen, deutlich hörbar	teilweise zu verstehen, im Allgemeinen hörbar	im Allgemeinen nicht verstehbar, teilweise hörbar	nicht verstehbar, noch hörbar	nicht verstehbar, nicht hörbar	
Normale Sprache	einwandfrei zu verstehen, deutlich hörbar	teilweise zu verstehen, im Allgemeinen hörbar	im Allgemeinen nicht verstehbar, teilweise hörbar	nicht verstehbar, noch hörbar	nicht verstehbar, nicht hörbar		
Sehr laute Musik	sehr deutlich hörbar					deutlich hörbar	hörbar
Laute Musik	sehr deutlich hörbar				deutlich hörbar	hörbar	noch hörbar
Normale Musik	sehr deutlich hörbar			deutlich hörbar	hörbar	noch hörbar	nicht hörbar
Wasserinstallationen, gebäudetechnische Anlagen, Urinieren	sehr deutlich hörbar	deutlich hörbar	hörbar	noch hörbar		nicht hörbar	
Betätigungsspitzen	sehr deutlich hörbar		deutlich hörbar	hörbar	noch hörbar	nicht hörbar	
Nutzergeräusche bei normaler Handhabung	sehr deutlich hörbar		deutlich hörbar	hörbar	noch hörbar	nicht hörbar	
Gehgeräusche	sehr deutlich hörbar		deutlich hörbar	hörbar	noch hörbar	nicht hörbar	nicht hörbar
Spielende Kinder	sehr deutlich hörbar			deutlich hörbar	hörbar	noch hörbar	nicht hörbar
Haushaltsgeräte	sehr deutlich hörbar			deutlich hörbar	hörbar	noch hörbar	nicht hörbar

Bedingungen für die Gültigkeit der Beschreibungen:
1. Nachhallzeit im Empfangsraum T = 0,5 s (bzw. Absorptionsfläche A = 10 m²) und übliches Volumen des Empfangsraums von 30 bis 60 m³
2. Übertragungsfläche wie zwischen üblichen Wohn- bzw. Schlafräumen von 10 bis 15 m²
3. stetiger Frequenzverlauf der Schalldämmung/Trittschallpegel ohne auffällige Einbrüche
4. Grundgeräuschpegel von L_{eq} = 20 dB(A) sowie zeitliche und spektrale Verteilung entsprechend Rosa Rauschen

III.3 Kriterien für baulichen Schallschutz im Gebäude

III.3.1 Luft- und Trittschalldämmung und Geräusche

Für den baulichen Schallschutz werden folgende Einzelkriterien berücksichtigt:
- Luftschalldämmung von Trennwänden R'_w
- Luftschalldämmung von Trenndecken R'_w
- Luftschalldämmung von Wohnungseingangstüren R_w
- Trittschalldämmung von Trenndecken $L'_{n,w}$
- Trittschalldämmung von Treppen, Podesten, Hausfluren, Balkonen, Laubengängen, Loggien und Terrassen $L'_{n,w}$
- Geräusche von Wasserinstallationen – Geräusche aus Wasserinstallationen und Betätigungsgeräusche $L_{AF,max,n}$
- Geräusche von gebäudetechnischen Anlagen $L_{AF,max,n}$
- Geräusche aus Betrieben $L_{r,n}$; $L_{AF,max,n}$
- Nutzergeräusche $L_{AF,max,n}$
- Körperschallentkopplung (reale Anregung oder Anregung mit Kleinhammerwerk $L'_{Kn,w}$)
- Außenbauteile
- Eigener Wohnbereich

Die obigen Einzelkriterien gelten für alle Räume der betrachteten Wohneinheiten unabhängig von der Übertragungsrichtung. Die aufgeführten Zahlenwerte stellen die jeweiligen Mindestanforderungen in den Qualitätsklassen dar.

Sofern bei den Einzelkriterien ein Bauteil oder eine Geräuschquelle nicht vorhanden ist, darf für den entsprechenden Bereich die höchste Punktzahl (ohne Bonuspunkte) berücksichtigt werden. Dieser Fall ist z. B. bei Wohneinheiten im Dachgeschoss ohne Wohnungstrennwände zu angrenzenden Wohneinheiten relevant. Eine Schallschutzklasse wird in diesem Fall jedoch nicht vergeben.

In den Klassen F und E werden keine Bonuspunkte vergeben.

Prognoseberechnungen zum Schallschutz gegenüber Geräuschen von Wasserinstallationen und gebäudetechnischen Anlagen können bei Anwendung der Rechenverfahren von DIN 4109:2018-01 und DIN EN 12354 bisher nur mit Einschränkungen durchgeführt werden.

Die Gesamtbewertung für den baulichen Schallschutz darf maximal um eine Klasse besser sein als die geringste Bewertung in einem Einzelkriterium. Bei der Qualitätsklasse A* für den besonderen Komfortschallschutz müssen, sofern keine gesonderten Zahlenwerte aufgeführt sind, mindestens die Kriterien der Klasse A erfüllt werden.

Der Nachweis zur Einhaltung der Anforderungen kann durch Prognoseberechnungen nach den einschlägigen Richtlinien (DIN 4109, DIN EN 12354) oder durch bauakustische Messungen im Gebäude (nach den jeweils aktuellen Messnormen) geführt werden. Bonuspunkte für ausgeführte bauakustische Messungen dürfen nur in Wohneinheiten berücksichtigt werden, in denen die Messungen stattgefunden haben (Messungen der Luftschalldämmung als Bauteilgröße R'_w dürfen in beide Richtungen berücksichtigt werden). Die Ergebnisse können jedoch als Prognosewerte für gleiche Baukonstruktionen verwendet werden.

Für die messtechnische Überprüfung der Ausführungsqualität von Bauteilen werden gegenüber Prognoseberechnungen Bonuspunkte berücksichtigt.

Wurde bereits während der Planungsphase eines Gebäudes ein Schallschutzausweis mit Prognosewerten erstellt und bei der messtechnischen Überprüfung werden schlechtere Werte ermittelt, so muss der Schallschutzausweis angepasst werden.

Weitere Kriterien sind für Treppen, Balkone, Wohnungseingangstüren etc. formuliert. Für die Geräusche von Wasserinstallationen sind Anforderungen für die Geräusche aus Wasserinstallationen inkl. kurzzeitigen Betätigungsspitzen enthalten (Tabelle 5).

Nutzergeräusche sind gesondert mit Anforderungswerten berücksichtigt (Tabelle 6).

Des Weiteren ist in Analogie zum bewerteten Norm-Trittschallpegel $L'_{n,w}$ zur Beschreibung der Trittschalldämmung von Bauteilen eine Anforderung an den bewerteten Körperschallpegel $L'_{Kn,w}$ enthalten [9] – siehe Tabelle 6. Die angegebenen Zahlenwerte für Nutzergeräusche [21] und die Körperschallentkopplung sind Anforderungswerte, die in die Gesamtbeurteilung einer Wohneinheit bzw. eines Gebäudes einfließen.

III.3.2 Grundrisssituation und Anordnung von lauten Räumen

In Ergänzung zu den Kriterien für die Luft- und Trittschalldämmung sowie weiterer Geräusche wird die Grundrisssituation der Wohneinheit bewertet. Zur Erfassung der Störwirkung aus benachbarten, fremden Wohneinheiten oder lauten Räumen wird die Anzahl der direkt (vertikal oder horizontal) angrenzenden fremden Wohneinheiten bzw. lauten Räume bewertet. Trotz Einhaltung der jeweiligen Anforderungen ist davon auszugehen, dass aufgrund unterschiedlicher Tagesabläufe der Bewohner mit zunehmender Anzahl der Nachbarn das mögliche Störpotenzial zunimmt.

Mit den Angaben zur Anordnung lauter Räume in Bezug auf Wohneinheiten soll der Einfluss der Grundrissplanung deutlich werden. Eine schalltechnisch ungünstige Situation liegt vor, wenn laute Räume direkt an fremde Wohneinheiten angrenzen.

Für Gebäude mit einer gemischten Nutzung, in denen neben Wohneinheiten auch Gaststätten, Verkaufsstätten, Betriebe u. a. vorhanden sind, werden ebenfalls Anforderungen festgelegt. Für eine Einstufung in die Qualitätsklassen A und A* dürfen die Gebäude ausschließlich zu Wohnzwecken genutzt werden.

III.4 Punktegrenzen

Die Punkte der einzelnen Kriterien werden abschließend jeweils getrennt für den Standort- und die Außenlärmsituation sowie für den baulichen Schallschutz aufaddiert und die beiden Gesamtsummen mit den Werten für die Mindestpunktezahlen (Punktegrenzen) der verschiedenen Qualitätsklassen verglichen.

Für eine Einstufung in die Qualitätsklasse C beim baulichen Schallschutz ist z. B. eine Punktzahl von mindestens 145 erforderlich, für die Qualitätsklasse B bereits von mindestens 210 Punkten. Bei der Standort- und Außenlärmsituation wären hingegen für die Klasse C 25 Punkte und für die Klasse B 40 Punkte erforderlich. Eine Gesamtbewertung und Bildung einer Gesamtkennzeichnung des baulichen Schallschutzes und der Standort- und Außenlärmsituation ist vorerst nicht vorgesehen (siehe Abschnitt III.1).

III.5 Erstellung des Schallschutzausweises

Für die Erstellung des Schallschutzausweises müssen Planunterlagen und Angaben zu den Bauteilausführungen zur Verfügung stehen. Bei der Planung von Neubauten müssen die üblichen Prognoseberechnungen durchgeführt werden. In Ergänzung zu Berechnungen des Schallschutzes sind baubegleitende Qualitätskontrollen und bauakustische Messungen zur Überprüfung der Ausführungsqualität zu empfehlen.

Für die Inhalte des Schallschutzausweises, insbesondere für die Korrektheit der eingegebenen Daten und die daraus resultierenden Schallschutzstufen sowie für die fachgerechte Bearbeitung ist nicht die DEGA e. V., sondern ausschließlich der Aussteller des Ausweises verantwortlich.

Kurzmessverfahren können eingesetzt werden, sofern mehrere Messungen durchgeführt werden, um möglichst in vielen Bereichen die Ausführungsqualität zu überprüfen. Die Anwendung der Kurzmessverfahren ist zulässig, sofern die damit erzielten Prüfergebnisse mit den Ergebnissen der Standardverfahren innerhalb von ±2 dB bei der Luftschalldämmung und innerhalb ±3 dB bei der Trittschalldämmung übereinstimmen.

Zur Überprüfung des Schallschutzes in den Schallschutzklassen B–A* sind die Kurzmessverfahren nicht geeignet.

Zur Qualitätssicherung der Schallschutzausweise darf die Ausstellung nur durch Personen mit entsprechender Fachkenntnis erfolgen.

Die erfassten Daten werden in einer einseitigen detaillierten Darstellung zusammenfassend dargestellt. Auf diese Weise ist für Verbraucher direkt ersichtlich, ob für den Schallschutzausweis Daten aus Prognoseberechnungen oder Messungen zugrunde liegen.

Die Gesamt-Ergebnisdarstellung erfolgt in einem Übersichtsblatt mit den Einzelbewertungen zum Standort und zur Außenlärmsituation sowie zum baulichen Schallschutz.

III.6 Kriterienkatalog des Schallschutzausweises

III.6.1 Hinweise zum Kriterienkatalog

– Bei Berechnungen und Messungen sind immer die jeweils schalltechnisch ungünstigsten Situationen zu betrachten (Grundrisse, Flächenverhältnisse, Baukonstruktionen, Bodenbeläge).
– Bei Prognoseberechnungen und bei Messungen ist jeweils der ungünstigste Wert zu berücksichtigen (Ausnahmen sind nicht zulässig).
– Alle Mindestkriterien einer Klasse innerhalb der Rubrik II (Standort und Außenlärmsituation) müssen erfüllt sein.
– In der Rubrik III (Baulicher Schallschutz) darf die Gesamtbewertung max. um eine Klasse besser sein als die geringste Bewertung in einem Einzelkriterium (Ausnahme: Orientierungswerte und Empfehlungen).
– E: Die Empfehlung kann ohne Einfluss auf die Gesamtbewertung unterschritten werden. Die Angabe hat derzeit noch informativen Charakter oder die Einhaltung wird durch Bonuspunkte berücksichtigt.
– Bei Kriterien, die durch einen grauen Balken miteinander verbunden sind, kann jeweils nur eine Möglichkeit angegeben werden.
– Bei Kriterien, die sich in zwei oder mehreren Klassen befinden, darf die bessere Klasse im Schallschutzausweis, maximal jedoch die Klasse A, berücksichtigt werden.
– Sofern bei den Einzelkriterien ein Bauteil oder eine Geräuschquelle nicht vorhanden ist, darf für den entsprechenden Bereich die höchste Punktzahl (ohne Bonuspunkte) berücksichtigt werden. Eine Schallschutzklasse wird in diesem Fall jedoch nicht vergeben.
– Der Schallschutzausweis hat eine Gültigkeit von 10 Jahren. Bei baulichen Veränderungen, Nutzungsänderungen oder wesentlichen Änderungen der Außenlärmsituation oder Gebietseinstufung ist der Schallschutzausweis zu überprüfen.

III.6.2 Mustervorlage Kriterienkatalog des Schallschutzausweises

Bereich	NR	Kriterium		Punkte	F	E	D	C	B	A	A*
Standort und Außenlärmsituation											
Gebietscharakter nach TA Lärm DIN 18005 oder vergleichbaren kommunalen Einstufungen	1		WR	30							X
	2		WA	20						X	
	3		MI / WB	10					X		
	4		GE	5				X			
	5		GI	0			X				
maßgeblicher Außenlärmpegel in dB(A) nach DIN 4109-1:2018-01 bzw. Lärmpegel-bereich (Bahn, Straße, Gewerbe, Freizeit)	6	I bis 55	Freibereich abgewandt	27							X
	7		Orientierung beliebig	25						X	
	8	II 56 bis 60	Freibereich abgewandt	22						X	
	9		Orientierung beliebig	20					X		
	10	III 61 bis 65	Freibereich abgewandt	17					X		
	11		Orientierung beliebig	15				X			
	12	IV 66 bis 70	Freibereich abgewandt	12				X			
	13		Orientierung beliebig	10			X				
	14	V 71 bis 75	Freibereich abgewandt	7			X				
	15		Orientierung beliebig	5		X					
	16	VI ≥ 76	Freibereich abgewandt	2		X					
	17		Orientierung beliebig	0	X						

Die Einstufung ergibt sich aus den Festlegungen in den Bebauungsplänen. Sonstige in Bebauungsplänen festgesetzte Flächen für Gebiete und Einrichtungen sowie Gebiete und Einrichtungen, für die keine Festsetzungen bestehen, sind entsprechend der Schutzbedürftigkeit zu beurteilen.

Bereich	NR	Kriterium	Punkte	F	E	D	C	B	A	A*
Baulicher Schallschutz (Bauteile)										
Luftschall Wände R'_w in dB	18	≥ 72	50							X
	19	≥ 67	40						X	
	20	≥ 62	30					X		
	21	≥ 56	20				X			
	22	≥ 53	10			X				
	23	≥ 50	5		X					
		Nachweis								
	24	rechnerischer Nachweis nach DIN 4109-1:2018-01	0							
	25	messtechnischer Nachweis	8							
	26	Anforderung bei $R'_w + C_{tr,50-3150}$ erfüllt	4							

Hinweise zum Kriterienkatalog unter III.6.1 müssen beachtet werden

Bereich	NR	Kriterium	Punkte	F	E	D	C	B	A	A*
Luftschall Decken R'_w in dB	27	≥ 72	50							
	28	≥ 67	40							
	29	≥ 62	30							
	30	≥ 57	20							
	31	≥ 54	10							
	32	≥ 50	5							
		Nachweis								
	33	rechnerischer Nachweis nach DIN 4109-1:2018-01	0							
	34	mess- technischer Nachweis	8							
	35	Anforderung bei $R'_w + C_{tr,50-3150}$ erfüllt	4							

Bereich	NR	Kriterium	Punkte	F	E	D	C	B	A	A*
Trittschall Decken $L'_{n,w}$ in dB	36	≤ 30	50							
	37	≤ 35	40							
	38	≤ 40	30							
	39	≤ 45	20							
	40	≤ 50	10							
	41	≤ 60	5							
		Nachweis								
	42	rechnerischer Nachweis nach DIN 4109-1:2018-01	0							
	43	mess- technischer Nachweis	8							
	44	Anforderung bei $L'_{n,w} + C_{I,50-2500}$ erfüllt oder $f_{r,Estrich} < 50$ Hz	8							

Hinweise zum Kriterienkatalog unter III.6.1 müssen beachtet werden

Bereich	NR	Kriterium	Punkte	F	E	D	C	B	A	A*
Trittschall Treppen, Podeste, Hausflure, Laubengänge $L'_{n,w}$ in dB [1] bei Hausfluren	45	≤ 33	50	■						▒
	46	≤ 38	40	■					▒	
	47	≤ 43	30	■				▒		
	48	≤ 48	20	■			▒			
	49	≤ 53 (≤ 50)[1]	10	■		▒				
	50	≤ 63	5	■	▒					
		Nachweis								
	51	rechnerischer Nachweis nach DIN 4109-1:2018-01	0	■						
	52	messtechnischer Nachweis	8	■						
	53	Anforderung bei $L'_{n,w} + C_{I,50-2500}$ erfüllt	4	■						

Bereich	NR	Kriterium	Punkte	F	E	D	C	B	A	A*
Trittschall Balkone, Loggien, Terrassen $L'_{n,w}$ in dB [2] bei Balkonen	54	≤ 33	25	■						▒
	55	≤ 38	20	■					▒	
	56	≤ 43	15	■				▒		
	57	≤ 48	10	■			▒			
	58	≤ 50 (≤ 58)[2]	5	■		▒				
	59	≤ 63	0	■	▒					
		Nachweis								
	60	rechnerischer Nachweis nach DIN 4109-1:2018-01	0	■						
	61	messtechnischer Nachweis	4	■						
	62	Anforderung bei $L'_{n,w} + C_{I,50-2500}$ erfüllt	4	■						

Hinweise zum Kriterienkatalog unter III.6.1 müssen beachtet werden

Bereich	NR	Kriterium	Punkte	F	E	D	C	B	A	A*
Luftschall Wohnungseingangstüren (in Flure oder Dielen) R_w in dB	63	≥ 40	30							
	64	≥ 37	20							
	65	≥ 32	10							
	66	≥ 27	5							
	67	≥ 22	0							
	68	Nachweis durch Prüfzeugnis (Rechenwert R_{wR})	0							
	69	Nachweis durch Messung am Bau	4							
Luftschall Wohnungseingangstüren (direkt in Aufenthaltsräume) R_w in dB	70	≥ 42	10							
	71	≥ 37	5							
	72	≥ 32	0							
	73	Nachweis durch Prüfzeugnis (Rechenwert R_{wR})	0							
	74	Nachweis durch Messung am Bau	4							

Bereich	NR	Kriterium	Punkte	F	E	D	C	B	A	A*
Luftschall Außenbauteile	75	DIN 4109-1 mit $R'_{w,ges} + C_{tr,50-3150}$ erfüllt	15							
	76	DIN 4109-1 erfüllt	10							
	77	ohne Nachweis	0							

Hinweise zum Kriterienkatalog unter III.6.1 müssen beachtet werden

Schallschutzausweis

Bereich	NR	Kriterium		Punkte	F	E	D	C	B	A	A*
Wasserinstallation und gebäudetechnische Anlagen $L_{AF,max,n}$ in dB (A)	78	$L_{AF,max,n}$ in dB (A)	≤ 20	30							
	79	$L_{AF,max,n}$ in dB (A)	≤ 24	20							
	80	$L_{AF,max,n}$ in dB (A)	≤ 27	10							
	81	$L_{AF,max,n}$ in dB (A)	≤ 30	5							
	82	$L_{AF,max,n}$ in dB (A)	≤ 35	0							
	83	Nachweis durch Prognose		0							
	84	Nachweis durch Bauakustikmessung		4							
	85	$L_C - L_A ≤ 20$ dB		2							

Bereich	NR	Kriterium		Punkte	F	E	D	C	B	A	A*
		$L_{AF,max,n}$	$L'_{Kn,w}$								
Nutzergeräusche $L_{AF,max,n}$ in dB (A) oder Körperschallentkopplung KHW $L'_{Kn,w}$ in dB	86	≤ 20	≤ 38	25							
	87	≤ 25	≤ 43	20							
	88	≤ 30	≤ 48	15							
	89	≤ 35	≤ 53	10							
	90	≤ 40	≤ 58	5							
	91	≤ 45	≤ 63	0							
	92	Nachweis durch Bauakustikmessung		4							

Hinweise zum Kriterienkatalog unter III.6.1 müssen beachtet werden

Bereich	NR	Kriterium	Punkte	F	E	D	C	B	A	A*
Baulicher Schallschutz (Grundrisssituationen)										
fremde Nutzer direkt angrenzend (mit gemeinsamer Trennfläche)	93	0–1 Nachbarwohneinheit	20							
	194	2 Nachbarwohneinheiten	15							
	195	3 Nachbarwohneinheiten	10							
	96	4 Nachbarwohneinheiten	5							
	97	5 Nachbarwohneinheiten	0							
Anordnung der lauten Räume schalltechnisch (z.B. Bäder, Treppenhaus, Aufzug)	98	günstig	5							
	99	ungünstig	0							
besonders laute Räume gem. DIN 4109-1:2018-01 angrenzend (Gaststätten, Betriebe) $L_{r,n}$ in dB (A)	100	keine besonders lauten Räume	15							
	101	$L_{r,n}$ t/n 25/15 dB (A); $L_{max,n}$ t/n 35/25 dB (A)	10							
	102	$L_{r,n}$ t/n 30/20 dB (A); $L_{max,n}$ t/n 40/30 dB (A)	5							
	103	$L_{r,n}$ t/n 35/25 dB (A); $L_{max,n}$ t/n 45/35 dB (A)	0							
Baulicher Schallschutz (Halligkeit Treppenhaus)										
Treppenhaus	104	A/V ≥ 0,20 kein gemeinsames Treppenhaus	8							E
	105	A/V ≥ 0,10	5						E	
eigener Wohnbereich										
	106	Klasse EW3 erfüllt	15							E
	107	Klasse EW2 erfüllt	10							E
	108	Klasse EW1 erfüllt	5						E	
	109	keine Empfehlung vereinbart	0						E	

Punktegrenzen										
Mindestpunktzahl	110	Standort und Außenlärmsituation		0	10	20	25	40	45	55
	111	Baulicher Schallschutz		0	30	80	145	210	270	340
Bereich	NR	Kriterium	Punkte	F	E	D	C	B	A	A*

III.6.3 Mustervorlage Schallschutzausweis

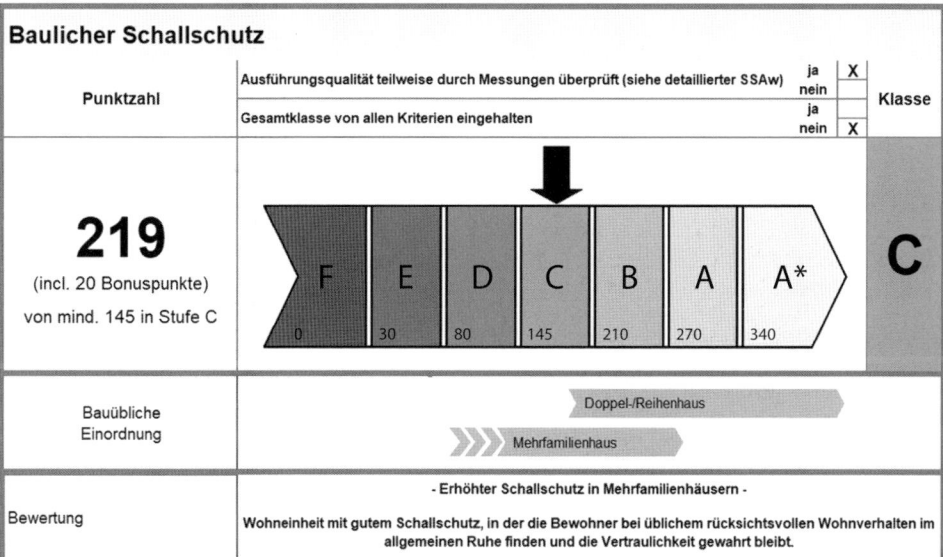

Detaillierter Schallschutzausweis

Antragsteller:	Max Mustermann Musterbau GmbH Musterstraße 1 11111 Musterstadt	Gebäude:	Musterbau Muster A Musterstraße 24 70000 Musterhausen	Bezeichnung der Wohneinheit	H1EG2

F	E	D	C	B	A	A*

Nr.	Kriterien					Punkte	Skala	Beurteilung	Bemerkungen
	Standort und Außenlärmsituation								
1 - 5	Gebietscharakter	allgemeines Wohngebiet				20	A	**B**	
6 - 17	Außenlärmsituation	maßgeblicher Außenlärmpegel in dB(A) 56 - 60		Freibereich abgewandt ja		22	B		
					Gesamtpunkte II:	42			
	Baulicher Schallschutz								
	Luftschall	Prognose	Messung		$C_{50-3150}$ in dB	R'_w in dB			
18 - 26	Wände	X	-			68	40	A	
27 - 35	Decken	X	-		1	55	14	D	
	Trittschall	Prognose	Messung	f_c < 50 Hz	Bodenbelag	$C_{I,50-2500}$ in dB	$L'_{n,w}$ in dB		
36 - 44	Decken	X	-	X	-		35	48	A	
45 - 53	Treppen, Podeste, Hausflure	X	-				35	40	A	
54 - 62	Balkone, Laubengänge, Loggien, Terrassen	X	-				34	20	A	
	Luftschall Wohnungseingangstüren	Prüfzeugnis Rechenwert	Messung am Bau			R'_w in dB			
63 - 69	in Flur oder Dielen	X	-	---		27	5	D	
70 - 76	in Aufenthaltsräumen	-	-	---		-	0		
		ohne Nachweis	ohne Nachweis, Fenster mit Dichtungen	Anforderung nach DIN 4109-1					
				erfüllt	$R_w + C_{tr}$ erfüllt				
77 - 80	Luftschall Außenbauteile	-	-	X		10	A	**C**	
		Prognose	Messung	$L_C - L_A$ <= 20 dB	L_{AFmax} in dB (A)				
81 - 88	Wasserinstallation / Haustechn. Anlagen	X	-		25 < L ≤ 30	5	D		
		ohne Nachweis	Prognose	Messung					
89 - 97	Nutzergeräusche	-	X	-	$L_{AF,max}$ in dB(A) 35 < L ≤ 40	2	D		nur Empfehlungscharakter
98 - 106	Körperschallentkopplung KHW	-	X	-	$L_{I,KW}$ in dB(A) 48 < L ≤ 53	2	C		nur Empfehlungscharakter
107 - 111	fremde Nutzer direkt angrenzend				3	10	A		nur Empfehlungscharakter
112 - 113	Anordnung der lauten Räume schalltechnisch	ungünstig	-	günstig X		5			
		keine lauten angrenzenden Gewerberäume X				15	A*		
	laute Räume gem. DIN 4109:1989-11 angrenzend	L_r t/n 25/15 dB (A) L_{max} t/n 35/25 dB (A)		-		---	---		
		L_r t/n 30/20 dB (A) L_{max} t/n 40/30 dB (A)		-		---	---		
114 - 117		L_r t/n 35/25 dB (A) L_{max} t/n 45/35 dB (A)		-		---	---		
118 - 119	Nachhallzeit Treppenhaus	A/V ≥ 0,10				10	B		
120 - 123	eigener Wohnbereich	vereinbarte Empfehlung	Klasse EW1 -	Klasse EW1 -	Klasse EW3 -	keine vereinbart X	0	---	nur Empfehlungscharakter
					Gesamtpunkte III:	226			

Aussteller:	Musteraussteller GmbH Beratende Ingenieure Bauphysik 12345 Muster am Berg		Gesamtpunktzahl	Beurteilung	Unterschrift
		Standort und Außenlärmsituation	42	B	
Datum:	01.02.2017	Baulicher Schallschutz	226	C	Gültig bis: 01.02.2027

Hinweise zum Schallschutzausweis

Klasse	Beschreibung	Bemerkung
	Standort und Außenlärmsituation	
Klasse A*:	sehr leises Wohngebiet	
Klasse A:	ruhiges Wohngebiet	
Klasse B:	Wohngebiet ohne besondere Anforderungen an den Schallschutz der Außenbauteile	
Klasse C:	Misch- bzw. Kerngebiet mit mäßiger Außenlärmbelastung und Anforderungen an den Schallschutz der Außenbauteile	
Klasse D:	Misch- bzw. Kerngebiet mit hohen Anforderungen an den Schallschutz der Außenbauteile	
Klasse E:	Gewerbegebiet oder hohe Außenlärmbelastung und sehr hohe Anforderungen an den Schallschutz der Außenbauteile	
Klasse F:	Industriegebiet oder sehr hohe Außenlärmbelastung und sehr hohen Anforderungen an den Schallschutz der Außenbauteile	
	Baulicher Schallschutz	
Klasse A*:	Wohneinheit mit sehr gutem Schallschutz, die ein ungestörtes Wohnen nahezu ohne Rücksichtnahme gegenüber den Nachbarn ermöglicht.	Entspricht einem erhöhen Schallschutz in Doppel- und Reihenhäusern
Klasse A:	Wohneinheit mit sehr gutem Schallschutz, die ein ungestörtes Wohnen ohne große Rücksichtnahme gegenüber den Nachbarn ermöglicht.	Entspricht einem erhöhten Schallschutz in Doppel- und Reihenhäusern
Klasse B:	Wohneinheit mit gutem Schallschutz, die bei gegenseitiger Rücksichtnahme zwischen den Nachbarn ein ruhiges Wohnen bei weitgehendem Schutz der Privatsphäre ermöglicht.	Entspricht einem hohen Schallschutz in Mehrfamilienhäusern und einem normalen Schallschutz in Doppel- und Reihenhäusern
Klasse C:	Wohneinheit mit gegenüber der Klasse D wahrnehmbar besserem Schallschutz, in der die Bewohner bei üblichem rücksichtsvollen Wohnverhalten im allgemeinen Ruhe finden und die Vertraulichkeit gewahrt bleibt.	Entspricht einem erhöhten Schallschutz in Mehrfamilienhäusern
Klasse D:	Wohneinheit mit einem Schallschutz, der die Anforderungen der DIN 4109-1:2016-07 für Geschosshäuser mit Wohnungen und Arbeitsräumen im Wesentlichen erfüllt (Ausnahmen: siehe II.3) und damit die Bewohner in Aufenthaltsräumen im Sinne des Gesundheitsschutzes vor unzumutbaren Belästigungen durch Schallübertragung aus fremden Wohneinheiten und von außen schützt. Es kann nicht erwartet werden, dass Geräusche aus fremden Wohneinheiten oder von außen nicht mehr wahrgenommen werden. Dies erfordert gegenseitige Rücksichtnahme durch Vermeidung unnötigen Lärms. Die Anforderungen setzen voraus, dass in benachbarten Räumen keine ungewöhnlich starken Geräusche verursacht werden.	Entspricht einem normalen Schallschutz in Mehrfamilienhäusern
Klasse E:	Wohneinheit mit einem Schallschutz, der die Anforderungen der DIN 4109-1:2016-07 nicht erfüllt. Belästigungen durch Schallübertragung aus fremden Wohneinheiten und von außen sind möglich; besondere Rücksichtnahme ist unbedingt erforderlich. Die Vertraulichkeit ist nicht mehr gegeben.	
Klasse F:	Wohneinheit mit einem schlechten Schallschutz, der deutlich unter den Anforderungen der DIN 4109-1:2016-07 liegt. Mit Belästigungen durch Schallübertragung aus fremden Wohneinheiten und von außen muss auch bei bewusster Rücksichtnahme gerechnet werden; Vertraulichkeit kann nicht erwartet werden.	
Klasse EW3:	Schallschutz im eigenen Wohnbereich, bei welchem Vertraulichkeit gewährleistet werden kann und Störungen vermieden werden.	
Klasse EW2:	Schallschutz im eigenen Wohnbereich, bei welchem ein Mindestmaß an Vertraulichkeit gewährleistet werden kann und erhebliche Störungen vermieden werden.	
Klasse EW1:	Schallschutz im eigenen Wohnbereich, bei welchem Vertraulichkeit nicht erwartet werden kann.	

IV Literatur

[1] E. Zwicker: „Psychoakustik", Springer-Verlag, Berlin, Heidelberg, New York, 1982.

[2] Normenreihe DIN 4109 „Schallschutz im Hochbau", Ausgabe 2016–07 und 2018–01.

[3] Beiblatt 2 zu DIN 4109 „Schallschutz im Hochbau", Ausgabe 1989.

[4] DIN 45631 „Berechnung des Lautstärkepegels und der Lautheit aus dem Geräuschspektrum; Verfahren nach E. Zwicker", Ausgabe 1991.

[5] VDI 4100 „Schallschutz von Wohnungen", Ausgabe 2012.

[6] C. Burkhart, A. Schwartzenberger: „Bauakustische Anforderungen – Vergangenheit und Zukunft", Proc. CFA/DAGA'04, S. 745, Straßburg, 2004.

[7] DEGA-Memorandum BR 0101 „Die DIN 4109 und die allgemein anerkannten Regeln der Technik in der Bauakustik", März 2011.

[8] B. Rasmussen: „Schallschutz zwischen Wohnungen – Bauvorschriften und Klassifizierungssysteme in Europa", wksb, Heft 53, Januar 2005, Hrsg.: Saint-Gobain Isover G+H AG, Ludwigshafen.

[9] R. Kurz, F. Schnelle: „Nutzergeräusche im Spannungsfeld zwischen Störpotential und Normung", Fortschritte der Akustik – DAGA '05, S. 277, München, 2005.

[10] B. Rasmussen: „Schallschutz im Wohnungsbau", wksb, Heft 58, Mai 2007, Hrsg.: Saint-Gobain Isover G+H AG, Ludwigshafen.

[11] R. Kurz: „DEGA Kriterienkatalog – Vorschlag für ein neues Klassifizierungskonzept für den Schallschutz im Wohnungsbau", Fortschritte der Akustik – DAGA 2007, S. 389, Stuttgart, 2007.

[12] R. Kurz: „Anwendung des DEGA Kriterienkatalogs mit Beispielen aus der Praxis", Fortschritte der Akustik – DAGA 2007, S. 391, Stuttgart, 2007.

[13] STEP GmbH: „Schallschutz bei Wohnungstreppen – Ein Handbuch über den Trittschallschutz von Leichtbautreppen im Wohnungsbau", 1. Auflage, 2007, Hrsg. Treppenmeister GmbH.

[14] F. Schnelle, R. Kurz: „Messung und Beurteilung von Nutzergeräuschen", Fortschritte der Akustik – DAGA 2007, S. 461, Stuttgart, 2007.

[15] A. Schmitz: „Ein neues Konzept für den Erhöhten Schallschutz", wksb, Heft 59, August 2007, Hrsg.: Saint-Gobain Isover G+H AG, Ludwigshafen.

[16] J. Lang: „Schallschutz im Wohnungsbau", wksb, Heft 59, August 2007, Hrsg.: Saint-Gobain Isover G+H AG, Ludwigshafen.

[17] C. Burkhart: „Mehrstufiges Anforderungs-/Labelsystem", wksb, Heft 59, August 2007, Hrsg.: Saint-Gobain Isover G+H AG, Ludwigshafen.

[18] H. Alphei, T. Hils: „Welche Abstufung der Schalldämm-Maße sind bei Anforderungen an die Luftschalldämmung sinnvoll?", wksb, Heft 59, August 2007, Hrsg.: Saint-Gobain Isover G+H AG, Ludwigshafen.

[19] T. Hils, H. Alphei: „Welche Abstufung der Normtrittschall-Pegel sind bei Anforderungen an die Trittschalldämmung sinnvoll?", wksb, Heft 59, August 2007, Hrsg.: Saint-Gobain Isover G+H AG, Ludwigshafen.

[20] R. Kurz, F. Schnelle: „DEGA Kriterienkatalog Entwurf – Vorschlag für ein neues Klassifizierungskonzept für den Schallschutz im Wohnungsbau", wksb, Heft 59, August 2007, Hrsg.: Saint-Gobain Isover G+H AG, Ludwigshafen

[21] R. Kurz, F. Schnelle, D. Groß: „Schalldämmende Installationswand – Anwendungen in der Wohnbaupraxis", Abschlussbericht Bau- und Wohnforschung 2002, Fraunhofer IRB Verlag

[22] DIN 45 680, „Messung und Bewertung tieffrequenter Geräuschimmisionen in der Nachbarschaft", Ausgabe 1997.

[23] DIN 45-680-1 Beiblatt 1, „Messung und Bewertung tieffrequenter Geräuschimmisionen in der Nachbarschaft – Hinweise zur Beurteilung bei gewerblichen Anlagen", Ausgabe 1997.

[24] Sechste Allgemeine Verwaltungsvorschrift zum Bundes-Immissionsschutzgesetz (TA Lärm, Technische Anleitung zum Schutz gegen Lärm), Ausgabe 1998.

[25] SIA 181, „Schallschutz im Hochbau" Ausgabe 2006.

[26] K. Gösele, V. Engel: „Körperschalldämmung von Sanitärräumen", Bauforschung für die Praxis, Band 11, 1995, Fraunhofer IRB Verlag

[27] DEGA-Memorandum BR0104 „Schallschutz im eigenen Wohnbereich", Februar 2015

V Anhang

V.1 Hintergründe zur Lautstärkeempfindung

Die Empfindlichkeit des menschlichen Gehörs ist stark frequenzabhängig. Bei gleichem Schalldruckpegel werden tiefe und hohe Töne leiser wahrgenommen als Töne mit mittleren Frequenzen um 1 kHz. Diese Frequenzabhängigkeit ist bei niedrigen Schalldruckpegeln besonders ausgeprägt und nimmt mit zunehmenden Pegel ab. Bei der Schallbeurteilung wird versucht, die o. g. Gehöreigenschaft durch eine Frequenzbewertung zu berücksichtigen. Insbesondere die A-Bewertung, die die Gehörempfindlichkeit bei niedrigen Pegeln vereinfacht nachbildet, hat hier große Bedeutung erlangt. Zum Beispiel entspricht ein Schalldruckpegel L_p = 40 dB bei 100 Hz (tieffrequenter Schall) einem Lautstärkepegel L_s = 10 phon, während der gleiche Schalldruckpegel L_p bei 1 kHz jedoch einen Lautstärkepegel L_s = 40 phon erzeugt, also etwa als achtmal so laut wahrgenommen wird.

Erfahrungsgemäß ist im Rahmen von Hörversuchen eine subjektive Beurteilung eines Geräusches als „halb so laut" bzw. „doppelt so laut" relativ leicht möglich. Da die empfundene Lautstärke eines Geräusches mit dem physikalisch ermittelten Empfangspegel (als Schalldruckpegel) allein aber nicht beschreibbar ist, wurden begleitende Untersuchungen durchgeführt, bei denen zusätzlich eine Geräuschbewertung anhand der Lautheit N in [sone] gemäß [4] durchgeführt wurde. Auf diese Weise können die spektrale Verteilung des Geräusches und die Empfindlichkeit des Gehörs sowie der Einfluss der Hörschwelle berücksichtigt werden. Dies ist daher von besonderer Bedeutung, da die typischen Störgeräusche in Wohnräumen L_{Aeq} = 15...35 dB(A) betragen und damit in dem Bereich liegen, in dem der Zusammenhang zwischen Lautheit und Pegel stark pegelabhängig ist [1]. Zusätzlich treten Verdeckungseffekte durch den Grundgeräuschpegel im Empfangsraum auf.

Eine „ideale" oder geeignete Stufe sollte daher mit dem subjektiven Empfinden „halb so laut" bzw. „doppelt so laut" korrelieren oder zumindest ins Verhältnis gesetzt werden können. So wird sichergestellt, dass unterschiedliche Qualitätsstufen auch deutlich voneinander unterschieden werden können. Bei der Festlegung der Schallschutzklassen, insbesondere der Abstufung bei der Luft- und Trittschalldämmung ab Schallschutzklasse C, wurde o. g. Erkenntnissen entsprechend Rechnung getragen [18, 19].

V.2 Nutzergeräusche – Messverfahren und Planungshinweise

Die Messung der Nutzergeräusche kann durch Nachahmung erfolgen. Die „Nachahmung" von Nutzergeräuschen weist allerdings Nachteile hinsichtlich der Reproduzierbarkeit der Messungen auf. Teilweise ergeben sich bei Baumessungen im Tagzeitraum auch Probleme durch einen unzureichenden Störgeräuschpegelabstand.
Es ist zu empfehlen, bei der Messdurchführung die Betätigung oder Nachahmung mit geringer Intensität bzw. sanft auszuführen. Dadurch wird ein möglicher Nutzereinfluss so minimiert, dass das Messergebnis im Wesentlichen von der zu untersuchenden Anlage/Konstruktion und nicht vom Nutzer bestimmt wird. Zur Beurteilung der Körperschallempfindlichkeit der Baukonstruktion gegenüber Nutzergeräuschen kann auch die Körperschalldämmung von Bauteilen, als Kriterium analog zur Trittschalldämmung von z. B. Decken bestimmt werden. Zur Anregung wird anstelle des Norm-Hammerwerks beispielsweise ein geeignetes Kleinhammerwerk verwendet.

Bei frequenzabhängigen Messungen des Schalldruckpegels im Empfangsraum L_2 in Terz- oder Oktavbändern wird die Auswertung des Körperschallpegels L'_K nach folgender Gleichung durchgeführt.

$$L'_{Kn,w} = L_2 + 10 \cdot \log\left(\frac{A}{A_0}\right) + K \text{ dB}$$

$$L'_{KnT,w} = L_2 + 10 \cdot \log\left(\frac{T}{T_0}\right) + K \text{ dB}$$

Die Einzahlangabe für den bewerteten Körperschallpegel $L'_{K,w}$ wird mit dem Bezugskurvenverfahren nach DIN EN ISO 717-2 ermittelt. Das Korrekturglied K berücksichtigt die unterschiedlichen Anregekräfte von Norm-Hammerwerk und Kleinhammerwerk und beträgt circa 21 dB (Herstellerangabe gemäß Prüfzeugnis). Die Ergebnisse der Körperschalldämmung von Bauteilen können dadurch direkt mit den geläufigen Werten für die Trittschalldämmung von Decken verglichen werden. Das beschriebene Messverfahren zur Bestimmung von Körperschallpegeln bei Anregung mit dem Kleinhammerwerk weist gegenüber der „Nachahmung" von Nutzergeräuschen Vorteile auf. Die Vereinfachung der Messungen (durch Beschränkung auf A-bewerteten Schallpegel) ist noch zu untersuchen.

Orientierende Planungshinweise zur Eingruppierung für die zu erwartenden Nutzergeräusche bzw. für die Körperschallentkopplung in Abhängigkeit der einzelnen Klassen:

F	E	D	C	B	A	A*
keine besonderen Maßnahmen	Planungshinweise der DIN 4109	wie E und sorgfältige Körperschallentkopplung aller Bauteile	wie D und zusätzlich alle Vorwandinstallationen in Trockenbauweise erstellt	zweischalige Bauweise erforderlich	zweischalige Bauweise mit hoher Schalldämmung erforderlich	wie A

A 5 Anforderungen im baulichen Schallschutz

Tanja Skottke, Wolfgang M. Willems

Dr.-Ing. Tanja Skottke
Technische Universität Dortmund
Lehrstuhl für Bauphysik und Technische Gebäudeausrüstung
August-Schmidt-Straße 8, 44227 Dortmund

Studium des Bauingenieurwesens an der Ruhr-Universität Bochum und Diplom 2007, seit 2007 wissenschaftliche Mitarbeiterin am Lehrstuhl für Bauphysik und Technische Gebäudeausrüstung der Technischen Universität Dortmund, 2016 Promotion. Seit 2007 freie Mitarbeiterin in der Ingenieurgesellschaft Willems und Schild GmbH in Dortmund und seit 2018 Lehrbeauftragte für das Lehrgebiet Baukonstruktionslehre an der Helmut-Schmidt-Universität, Hamburg.

Univ.-Prof. Dr.-Ing. habil. Wolfgang M. Willems
Technische Universität Dortmund
Lehrstuhl für Bauphysik und Technische Gebäudeausrüstung
August-Schmidt-Straße 8, 44227 Dortmund

Studium des Bauingenieurwesens an der Universität Essen. 1988 bis 1998 wissenschaftlicher Mitarbeiter am Lehrstuhl für Baukonstruktionen, Ingenieurholzbau und Bauphysik der Ruhr-Universität Bochum, 1993 Promotion. 1992 bis 1993 freier Gerichtsgutachter (Baukonstruktionen/Bauphysik), 1993 bis 1998 freier Mitarbeiter in einem Bochumer Ingenieurbüro mit dem Schwerpunkt Bauphysik. 1999 Habilitation und venia legendi, 1999 bis 2003 Privatdozent an der Ruhr-Universität Bochum. 1998 bis 2000 zuständig für Projektentwicklung/Geschäftsfelderweiterung bei der VEBA Immobilien AG im Bereich Modernisierung und Instandhaltung. 2000 bis 2003 Leiter Technische Entwicklung und Qualitätsmanagement der Produktsparte Bauelemente bei der ThyssenKrupp Stahl AG. Seit 2001 Mitglied mehrerer Sachverständigenausschüsse beim DIBt. Ab 2003 Leiter der Arbeitsgruppe Baukonstruktionen und Bauphysik an der Ruhr-Universität Bochum. Seit 2004 Mitglied im Normenausschuss Wärmeschutz beim DIN. Seit 2004 Gesellschafter der Ingenieurgesellschaft Willems und Schild GmbH in Dortmund. Ordinarius des Lehrstuhls für Bauphysik und Technische Gebäudeausrüstung an der Technischen Universität Dortmund seit 2007 und ab 2008 Gesellschafter der ENOTherm – Institut für energieoptimiertes Bauen GmbH. Seit 2012 Mitglied im Normenausschuss Vakuumdämmung.

Bauphysik-Kalender 2020: Bau- und Raumakustik. Herausgegeben von Nabil A. Fouad.
© 2020 Ernst & Sohn GmbH & Co. KG. Published 2020 by Ernst & Sohn GmbH & Co. KG.

Inhaltsverzeichnis

1 Ausgangssituation 109
1.1 Grundlegende Differenzierung 109
1.2 Öffentlich-rechtliche Anforderungen 109
1.3 Zivilrechtliche Anforderungen 109
1.4 Sicherheitskonzept und Rundungsregeln 110
1.4.1 Allgemeines 110
1.4.2 Sicherheitskonzept 113
1.4.3 Rundungsregeln 113

2 Öffentlich-rechtlicher Nachweis 113
2.1 Überblick 113
2.2 Außenlärm 116
2.2.1 Ermittlung der Anforderungen 116
2.2.2 Ermittlung des maßgeblichen Außenlärmpegels 118
2.2.3 Ermittlung der Beurteilungspegel infolge von Straßenverkehr 120
2.2.4 Ermittlung der Beurteilungspegel infolge von Schienenverkehr 122
2.2.5 Ermittlung der Beurteilungspegel infolge von Wasserverkehr 123
2.2.6 Ermittlung der Beurteilungspegel infolge von Gewerbe- und Industrieanlagen 124
2.2.7 Ermittlung der Beurteilungspegel infolge von Flugverkehr außerhalb des FluLärmG 125
2.3 Trennende Bauteile gegen fremde Bereiche 125
2.4 Trennende Bauteile im eigenen Wohn- und Arbeitsbereich 125
2.5 Technische Gebäudeausrüstung 128
2.5.1 Gebäudetechnische Anlagen und baulich mit dem Gebäude verbundene Gewerbebetriebe 128
2.5.2 Raumlufttechnische Anlagen im eigenen Wohnbereich 128
2.5.3 Armaturen und Geräte der Trinkwasser-Installation 128
2.5.4 Tiefgaragen 129

3 Zivilrechtlicher Nachweis 131
3.1 Überblick 131
3.2 Außenlärm 131
3.2.1 DIN 4109 Bbl. 2 und DIN 4109-5, DIN SPEC 91314, VDI 4100 und DEGA 103 131
3.2.2 VDI 2719 134
3.3 Trennende Bauteile gegen fremde Bereiche 135
3.3.1 DIN 4109 Bbl. 2 und E DIN 4109-5, DIN SPEC 91314 135
3.3.2 VDI 4100 136
3.3.3 DEGA-Empfehlung 103 141
3.4 Trennende Bauteile im eigenen Wohnbereich 143
3.4.1 VDI 4100 143
3.4.2 DEGA-Empfehlung 104 143
3.5 Technische Gebäudeausrüstung 146
3.5.1 Gebäudetechnische Anlagen und baulich mit dem Gebäude verbundene Gewerbebetriebe 146
3.5.2 Raumlufttechnische Anlagen im eigenen Wohnbereich 146

1 Ausgangssituation

1.1 Grundlegende Differenzierung

In der Bauakustik respektive im sogenannten „Baulichen Schallschutz" werden in Deutschland die entsprechenden Anforderungen an die Bauteilqualitäten sowie die zu erreichenden Schalldruckpegel in den zu schützenden Räumen nicht eindeutig reglementiert – es besteht hier im Grunde genommen ein duales System mit unterschiedlichen rechtlichen Hintergründen.

Hinsichtlich der Anforderungen an den baulichen Schallschutz ist daher grundsätzlich zu differenzieren zwischen dem
– bauaufsichtlich geforderten Mindestschallschutz (→ öffentlich-rechtliche Anforderungen) und dem
– zivilrechtlich geschuldeten Schallschutz.

1.2 Öffentlich-rechtliche Anforderungen

Die Anforderungen nach DIN 4109-1 stellen lediglich eine nicht zu unterschreitende schalltechnische Qualitätsgrenze – mithin also den sogenannten Mindestschallschutz – dar; Vorschläge oder Zielwerte für einen erhöhten Schallschutz in Gebäuden sind in dieser Norm nicht enthalten.

Hintergrund dieser Beschränkung auf eine schallschutztechnische Mindestqualität ist die Bauproduktenverordnung BauPVO (EU-Verordnung 305/2011 des Europäischen Parlaments und des Rates vom 9. März 2011 zur Festlegung harmonisierter Bedingungen für die Vermarktung von Bauprodukten und zur Aufhebung der Richtlinie 89/106/EWG des Rates (das ist die „Bauprodukten-Richtlinie")), in der es in Anhang I „Grundanforderungen an Bauwerke" in Absatz 5 heißt: *„Das Bauwerk muss derart entworfen und ausgeführt sein, dass der von den Bewohnern oder von in der Nähe befindlichen Personen wahrgenommene Schall auf einem Pegel gehalten wird, der nicht gesundheitsgefährdend ist und bei dem zufriedenstellende Nachtruhe-, Freizeit- und Arbeitsbedingungen sichergestellt sind."*

Die durch die bauaufsichtliche Einführung der DIN 4109-1 formulierten schallschutztechnischen Mindestanforderungen werden mit anderen Worten vor dem Hintergrund der staatlichen Fürsorgepflicht erhoben. Darüberhinausgehende bauliche Qualitäten sind daher zwangsläufig auch nicht Angelegenheit der Bauordnungen, sondern eine rein privatrechtliche Angelegenheit.

Die DIN 4109-1 legt Anforderungen an die Schalldämmung von Bauteilen schutzbedürftiger Räume und an die zulässigen Schallpegel in schutzbedürftigen Räumen in Wohngebäuden und Nichtwohngebäuden zum Erreichen der beschriebenen Schallschutzziele fest.

Die Anforderungen dieser Norm gelten zum Schutz
– gegen Geräusche aus fremden Räumen (z. B. Nachbarwohnungen), die bei deren bestimmungsgemäßer Nutzung entstehen,
– gegen Geräusche von Anlagen der technischen Gebäudeausrüstung sowie aus Gewerbe- und Industriebetrieben, die im selben oder in baulich damit verbundenen Gebäuden vorhanden sind,
– gegen Außenlärm, z. B. Verkehrslärm und Lärm aus Gewerbe- und Industriebetrieben, die nicht mit den schutzbedürftigen Aufenthaltsräumen baulich verbunden sind und bilden die Grundlage für erforderliche Baukonstruktionen bei Neubauten sowie für bauliche Änderungen bestehender Bauten.

Die Anforderungen dieser Norm gelten nicht
– zum Schutz von Aufenthaltsräumen, in denen infolge ihrer Nutzung nahezu ständig Geräusche mit $L_{AF,95} \geq 40$ dB vorhanden sind,
– gegen Fluglärm, soweit die Schallschutzmaßnahmen durch das FluLärmG (Gesetz zum Schutz gegen Fluglärm) geregelt sind,
– gegen tieffrequenten Schall nach DIN 45680 (der liegt in der Regel vor, wenn die Differenz $L_{CF}-L_{AF} > 20$ dB beträgt),
– für den Schallschutz im eigenen Wohn- und Arbeitsbereich (ausgenommen der Schutz gegen Geräusche von Anlagen der Raumlufttechnik, die vom Nutzer nicht beeinflusst werden können),
– zum Schutz vor Trittschallübertragung und Geräuschen aus gebäudetechnischen Anlagen in Küchen, sofern diese nicht als Aufenthaltsräume (Wohnküchen) vorgesehen sind, sowie in Flure, Bäder, Toilettenräume und Nebenräume,
– zum Schutz vor Luftschallübertragung in Küchen, Flure, Bäder, Toilettenräume und Nebenräume, sofern diese nicht als Aufenthaltsräume vorgesehen sind. Eine Absenkung der schalltechnischen Qualität der schallübertragenden Trennbauteile (z. B. durch Schächte oder Kanäle oder reduzierte Bauteildicken) im Bereich dieser Räume im Vergleich zum bemessungsrelevanten Raum ist jedoch nicht zulässig.

1.3 Zivilrechtliche Anforderungen

Die Formulierung von über die Mindestanforderungen hinausgehenden Qualitäten bzw. geschuldeten Zielwerten ist damit Aufgabe des Fachplaners im direkten Zusammenwirken mit Architekt und Bauherrn.

Für die erforderlichen Diskussionen zum zivilrechtlich zu erbringenden, in aller Regel gegenüber den Mindestanforderungen erhöhten Schallschutz, stehen eine Vielzahl unterschiedlicher Regelwerke zur Verfügung; es sei hier auf den Überblick in den Tabellen 1 bis 3 verwiesen. An dieser Stelle soll jedoch der Vollständigkeit halber auch darauf hingewiesen werden, dass diese Beschreibungen der Anforderungsniveaus bzw. erreichbaren Schallschutzqualitäten (auf die in Abschnitt 3 dann noch ausführlicher eingegangen werden soll) infolge der unterschiedlichen involvierten Normenausschüsse und Interessengruppen nicht durchgehend konsistent sind.

Tabelle 1. Überblick über die unterschiedlichen schallschutztechnischen Regelwerke, in denen Anforderungen formuliert werden

Regelwerk	Titel	Ausgabe
DIN 4109-1	Schallschutz im Hochbau – Anforderungen an die Schalldämmung	Januar 2018
2. FlugLSV	Zweite Verordnung zur Durchführung des Gesetzes zum Schutz gegen Fluglärm (Flugplatz-Schallschutzmaßnahmenverordnung – 2. FlugLSV)	September 2009
DIN 4109 Bbl. 2	Schallschutz im Hochbau – Hinweis für Planung und Ausführung – Vorschläge für einen erhöhten Schallschutz, Empfehlungen für den Schallschutz im eigenen Wohn- oder Arbeitsbereich	November 1989
DIN SPEC 91314	Schallschutz im Hochbau – Anforderungen für einen erhöhten Schallschutz im Wohnungsbau	Januar 2017
E DIN 4109-5	Schallschutz im Hochbau – Erhöhte Anforderungen	Mai 2019
VDI 4100 (alt)	Schallschutz von Wohnungen – Kriterien für Planung und Beurteilung	August 2007
VDI 4100	Schallschutz im Hochbau – Wohnungen – Beurteilung und Vorschläge für den erhöhten Schallschutz	Oktober 2012
DEGA 103	Schallschutz im Wohnungsbau – Schallschutzausweis	Januar 2018
DEGA 104	Empfehlungen für den eigenen Wohnbereich	Februar 2015
VDI 2719	Schalldämmung von Fenstern und deren Zusatzeinrichtungen	August 1987
VDI 2569	Schallschutz und akustische Gestaltung im Büro	Januar 1990
E VDI 2569	Schallschutz und akustische Gestaltung im Büro	Februar 2016
VDI 3726	Schallschutz bei Gaststätten und Kegelbahnen	Januar 1991
TA Lärm	Sechste Allgemeine Verwaltungsvorschrift zum Bundes-Immissionsschutzgesetz (Technische Anleitung zum Schutz gegen Lärm – TA Lärm)	Juni 2017

Die Themenfelder „Stand der Technik", „Erhöhter Schallschutz", „Geschuldeter Schallschutz" oder auch „Akustische Gebrauchstauglichkeit" sind überhaupt seit vielen Jahren vor Gerichten und in diversen Publikationen ausgiebig und teilweise auch sehr kontrovers diskutierte Teilbereiche des baulichen Schallschutzes. Unabhängig von den unterschiedlichen Auslassungen zu diesem Thema ist festzuhalten, dass heute grundsätzlich eine frühzeitige, vertiefte Auseinandersetzung aller hier beteiligten Personen mit den jeweiligen bauakustischen Anforderungen, ihren Wirkungen auf die Nutzer und den daraus resultierenden baulichen Mehraufwendungen (und damit auch Kosten) erwartet werden kann – nach Einschätzung der Verfasser entspricht diese Vorgehensweise dem Stand der Technik!

Um spätere Auseinandersetzungen über den geschuldeten Schallschutz zu vermeiden, ist es also äußerst ratsam, die gewünschte Qualität des Schallschutzes im Vorfeld der Planungen expressis verbis zu vereinbaren. Vor diesem Hintergrund ist auch zu bedenken, dass eine Beschreibung eines Bauobjektes (z. B. in der Präambel von Baubeschreibungen) als „gehobene", „zeitgemäße" oder ähnliche Bauweise bereits die Schuldung eines erhöhten Schallschutzes im Sinne einer sogenannten „konkludenten (= stillschweigenden) Vereinbarung" ohne weitere Abstimmung oder Vereinbarungen beinhaltet.

Es sei an dieser Stelle jedoch auch schon ausdrücklich darauf hingewiesen (vgl. dazu auch die Ausführungen in Abschnitt 3.1), dass die bauliche Umsetzung erhöhter Schallschutzanforderungen bereits im frühen Planungsstadium eine entsprechend tiefe Auseinandersetzung mit dem Bauwerk sowie eine detaillierte Planung aller relevanten Komponenten erfordert; bezüglich der schallschutztechnischen Möglichkeiten der unterschiedlichen Baukonstruktionen sei hier beispielhaft auf die Ausführungen im Beitrag „C 2 Leistungsfähigkeit von Baukonstruktionen" verwiesen.

1.4 Sicherheitskonzept und Rundungsregeln

1.4.1 Allgemeines

Die Mindestanforderung an trennende Bauteile von schutzbedürftigen Räumen gegen fremde Bereiche ergibt sich nach DIN 4109-1 in Verbindung mit DIN 4109-2 letzten Endes erst aus den eigentlichen Anforderungen unter Berücksichtigung eines Sicherheitskonzeptes. Für den darauf aufbauenden Nachweis sind die Ergebnisse dann anhand normativ festgelegter Regeln zu runden.

Tabelle 2. Überblick über die Gültigkeitsbereiche der verschiedenen Regelwerke

Regelwerk	Gültigkeitsbereich												
	Außenbauteile	Eigener Wohnbereich	Mehrfamilienhaus	Doppelhaus und Einfamilien-Reihenhaus	Bürogebäude	Gebäude mit gemischter Nutzung¹⁾	Hotels und Beherbergungsstätten	Krankenhäuser und Sanatorien	Schulen und vergleichbare Einrichtungen	Gaststätten und Kegelbahnen	Besonders laute Räume	Gebäudetechnische Anlagen	Verbundene Gewerbebetriebe
DIN 4109 (11.1989)	x			x²⁾	x³⁾	x	x⁴⁾	x	x⁵⁾		x	x	x
DIN 4109-1	x	x⁶⁾	x	x	x	x	x	x	x		x	x	x
2. FluglSV	x												
DIN 4109 Bbl. 2		x	x	x²⁾	x	x	x⁴⁾	x				x	
DIN SPEC 91314			x	x²⁾								x⁷⁾	
E DIN 4109-5			x¹⁾	x			x	x				x	
VDI 4100 (alt)	x	x	x	x⁸⁾								x	x
VDI 4100	x	x	x	x²⁾								x	x
DEGA 103	x	x⁹⁾	x¹⁰⁾									x	x
DEGA 104		x										x	
VDI 2719	x												
VDI 2569	x				x¹¹⁾								
E VDI 2569	x¹²⁾				x¹¹⁾						x¹³⁾		
VDI 3726	x¹⁴⁾									x		x	
TA Lärm													x¹⁵⁾

1) Gleichzeitige Wohn- und Nichtwohnnutzung
2) Nur Einfamilien-Häuser (sowohl als Doppel- als auch als Reihenhaus)
3) Hier nur indirekt über die Anforderungen an „Geschosshäuser mit Wohnungen und Arbeitsräumen"
4) Nur Beherbergungsstätten
5) Hier Schulen und vergleichbare Unterrichtsbauten
6) Schall infolge von raumlufttechnischen Anlagen (→ Anforderung) sowie aus heiztechnischen Anlagen (→ Empfehlung)
7) Hier nur bezüglich lüftungstechnischer Anlagen in Schlafräumen
8) Hier Doppel- und Reihenhäuser im allgemeinen Sinne
9) Dem DEGA-Memorandum 103 entlehnt
10) Hier wird in den Anforderungen nicht zwischen den unterschiedlichen Haustypen unterschieden, sondern davon unabhängig übergreifend der Begriff der Wohneinheit verwendet.
11) Der Schwerpunkt der Betrachtungen liegt hier auf dem eigenen Bürobereich.
12) Die Empfehlungen ergeben sich hier indirekt durch Begrenzung der A-bewerteten Störschalldruckpegel bauseitiger Geräusche $L_{NA,Bau}$
13) Der Terminus lautet hier „Laute Räume" und beinhaltet auch andere Definitionen; auch hier ergeben sich die Empfehlungen indirekt durch die Begrenzung der A-bewerteten Störschalldruckpegel bauseitiger Geräusche $L_{NA,Bau}$.
14) Die Anforderungen ergeben sich hier nur in Richtung einer Schallübertragung von innen nach außen.
15) Anforderungen werden hier an die zulässigen Immissionsrichtwerte innerhalb der betriebsfremden Räume erhoben.

Tabelle 3. Überblick über die Beschreibungen der unterschiedlichen Anforderungsniveaus der verschiedenen Regelwerke

Regelwerk	Stufe/Klasse	Beschreibung des Anforderungsniveaus (sinngemäß zitiert aus Regelwerk)
DIN 4109-1	Untergrenze	Es kann nicht erwartet werden, dass Geräusche von außen oder aus benachbarten Räumen nicht mehr/als nicht belästigend wahrgenommen werden.
2. FlugLSV	Untergrenze	Baulicher Schallschutz zum Schutz der Allgemeinheit und der Nachbarschaft vor Gefahren, erheblichen Nachteilen und erheblichen Belästigungen durch Fluglärm
DIN 4109 Bbl. 2	erhöhter Schallschutz	Deutliche Minderung des Lautstärkeempfindens gegenüber baulicher Ausführung nach DIN 4109
DIN SPEC 91314	erhöhter Schallschutz	Wohnungen, die auch in ihrer sonstigen Ausstattung weitergehenden Komfortansprüchen genügen
Entwurf DIN 4109-5	erhöhter Schallschutz	Gegenüber DIN 4109-1 wahrnehmbar höherer Schallschutz und weitere Absenkung von Geräuschen aus benachbarten Wohnungen, auch wenn für einzelne Bauteile die Werte der DIN 4109-1 als ausreichend erachtet werden.
VDI 4100 (alt)	SSt I	Anforderungen identisch mit denen der DIN 4109 (11.1989)
	SSt II	Wohnungen, die auch in ihrer sonstigen Ausstattung durchschnittlichen Komfortansprüchen genügen (die Bewohner finden im Allgemeinen Ruhe).
	SSt III	Wohnungen, die auch in ihrer sonstigen Ausstattung gehobenen Komfortansprüchen genügen (die Bewohner finden ein hohes Maß an Ruhe).
VDI 4100	SSt I	(Neu erstellte) Wohnungen, bei welchen die Ausführung und Ausstattung gegenüber einer einfachsten Ausführung und Ausstattung angehoben sind.
	SSt II	Wohnungen, die auch in ihrer sonstigen Ausführung und Ausstattung durchschnittlichen Komfortansprüchen genügen.
	SSt III	Wohnungen, die auch in ihrer sonstigen Ausführung und Ausstattung sowie Lage besonderen Komfortansprüchen genügen.
DEGA-Empfehlung 103	Klassen E/F	Unterhalb der Anforderungen der DIN 4109-1
	Klasse D	Anforderungen im Wesentlichen identisch mit denen der DIN 4109-1
	Klasse C	Wohneinheiten, in denen die Bewohner bei üblichem rücksichtsvollem Wohnverhalten im Allgemeinen Ruhe finden und die Vertraulichkeit gewahrt bleibt.
	Klasse B	Wohneinheiten mit gutem Schallschutz, die bei gegenseitiger Rücksichtnahme zwischen den Nachbarn ein ruhiges Wohnen bei weitgehendem Schutz der Privatsphäre ermöglichen.
	Klasse A	Wohneinheiten mit sehr gutem Schallschutz, die ein ungestörtes Wohnen ohne große Rücksichtnahme gegenüber den Nachbarn ermöglichen.
	Klasse A*	Wohneinheiten mit sehr gutem Schallschutz, die ein ungestörtes Wohnen nahezu ohne Rücksichtnahme gegenüber den Nachbarn ermöglichen.
DEGA-Memorandum 104 [1)]	EW 1	Schallschutz im eigenen Wohnbereich, bei welchem Vertraulichkeit nicht erwartet werden kann.
	EW 2	Schallschutz im eigenen Wohnbereich, bei welchem ein Mindestmaß an Vertraulichkeit gewährleistet werden kann und erhebliche Störungen vermieden werden.
	EW 3	Schallschutz im eigenen Wohnbereich, bei welchem Vertraulichkeit gewährleistet werden kann und Störungen vermieden werden.
VDI 2569	akustische Behaglichkeit	Niedrige Schalldruckpegel nach dem Stand der Technik und Schutz vor Störungen.
E VDI 2569		Einhaltung maximalen Störschalldruckpegel in den Büros in Abhängigkeit von Erwartungsniveaus.
VDI 3726	Untergrenze	Anforderungen entsprechend DIN 4109
VDI 2719	angepasster Schallschutz	Auswahl des für den jeweiligen Anwendungsfall und entsprechend ausreichenden Schallschutz geeignetsten Fensters.
TA Lärm	Untergrenze	Immissionsrichtwerte in schutzbedürftigen Räumen nach DIN 4109

Abkürzung: SSt = Schallschutzstufe; EW = Eigener Wohnbereich
1) Die Beschreibungen der EW sind hier wegen der besseren Vergleichbarkeit mit den Beschreibungen zu den anderen Regelwerken der (neueren) DEGA-Empfehlung 103 entnommen.

Tabelle 4. Zusammenstellung der Anforderungen an Bauteile unter Berücksichtigung der Sicherheitsbeiwerte nach dem vereinfachten Verfahren – im Vergleich zur alten DIN 4109 (11.1989)

Kenngröße	Vorhaltemaß (alt)	Anforderung neu
Luftschalldämmung trennender Bauteile		$R'_w - 2 \text{ dB} \geq \text{erf. } R'_w$
Luftschalldämmung von Außenbauteilen		$R'_{w,\text{ges.}} - 2 \text{ dB} \geq \text{erf. } R'_{w,\text{ges}} + K_{AL}$
Luftschalldämmung von Türen		$R'_w - 5 \text{ dB} \geq \text{erf. } R'_w$
Trittschalldämmung	$L'_{n,w} \leq \text{zul. } L'_{n,w} - 2 \text{ dB}$	$L'_{n,w} + 3 \text{ dB} \leq \text{zul. } L'_{n,w}$

1.4.2 Sicherheitskonzept

Mit der neuen DIN 4109 wurde das bekannte Sicherheitskonzept – aus dem Vorgängerdokument als Vorhaltemaß bei der Nachweisführung des Trittschallschutzes bekannt – modifiziert und auf weitere bauakustische Kenngrößen erweitert. Das Sicherheitskonzept basiert auf einer Unsicherheitsermittlung. Angesetzt wird die Unsicherheit der Prognose in Form des Sicherheitsbeiwertes u_{prog} sowohl auf die rechnerisch als auch die messtechnisch bestimmten bauakustischen Kenngrößen.
Der Sicherheitsbeiwert kann prinzipiell auf zwei unterschiedliche Wege festgelegt werden:
– Vereinfachte Ermittlung (→ DIN 4109-2, Kap. 5.3.3)
– Detaillierte Ermittlung (→ DIN 4109-2, Anhang C)
Der Sicherheitsbeiwert der detaillierten Ermittlung basiert auf einer äußerst detaillierten und aufwendigen Berücksichtigung einzelner Unsicherheitsbeiträge, über die dann ein resultierender Kennwert bestimmt wird. Die Muster-Verwaltungsvorschrift Technische Baubestimmungen (12.2017) MVV TB sieht jedoch die Verwendung dieses Berechnungsansatzes im Rahmen der öffentlich rechtlichen Nachweisführungen nicht vor; die landesspezifischen VV TB sind jeweils entsprechend zu prüfen – in NRW folgt die VV TB den Vorgaben der MVV TB.
Die vereinfachte Ermittlung sieht in Abhängigkeit der bauakustischen Kenngröße einen pauschalen Zu- oder Abschlag auf das Ergebnis ohne weitere Rechnung vor, vgl. Tabelle 4.

1.4.3 Rundungsregeln

Mit der Einführung der DIN 4109-2 gibt es eine eindeutige Regelung hinsichtlich der Rundung im Rechenverfahren bzw. bezogen auf das Ergebnis.
1. Die Berechnung der bauakustischen Kenngrößen R'_w und $L'_{n,w}$ sowie der Ansatz der zugehörigen Eingangsgrößen erfolgt mit einer Genauigkeit von 1/10 dB. Auch die in Prüfständen ermittelten Größen müssen mit einer Genauigkeit von 1/10 dB verwendet werden.
2. Die Anwendung der Sicherheitsbeiwerte auf das nach 1. berechnete Ergebnis der bauakustischen Kenngrößen erfolgt mit einer Genauigkeit von 1/10 dB.
3. Der Vergleich des Endergebnisses aus 2. mit einer Genauigkeit von 1/10 dB mit den Anforderungen nach DIN 4109-1.

Veranschaulicht wird diese Regel am folgenden Beispiel aus der Norm:
– Nachgewiesen werden soll das bewertete Bau-Schalldämmmaß R'_w einer Wohnungstrennwand.
– Für die Wohnungstrennwand gilt nach DIN 4109-1: erf. $R'_w \geq 53$ dB.
– Die Berechnung ergibt für die Wand: vorh. $R'_w = 54,9$ dB.
– Der Sicherheitsbeiwert $u_{\text{prog}} = 2$ dB ist anzuwenden.
– Es ergibt sich somit der folgende Vergleich:

$$54,9 \text{ dB} - 2 \text{ dB} = 52,9 \text{ dB} < \text{erf. } R'_w = 53 \text{ dB}$$

Der Nachweis ist somit nicht erbracht.

Anmerkung:
Die eindeutige Festlegung von Rundungsregeln für die einzelnen Rechen- und Kennwerte sowie für die Berechnungen als solche ist zu begrüßen; mathematisch ist die Angabe der Bemessungs- und Nachweisergebnisse in Dezibel mit einer Nachkommastelle natürlich auch richtig und nachvollziehbar – vor dem Hintergrund der Differenzierungsfähigkeit des menschlichen Ohres von rund 1 dB geht die abschließende Bewertung der Ergebnisse im 1/10-dB-Bereich nach Meinung der Verfasser jedoch an den physiologischen Möglichkeiten und akustischen Notwendigkeiten des Menschen vorbei.

2 Öffentlich-rechtlicher Nachweis

2.1 Überblick

Wie in Abschnitt 1 dieses Beitrags bereits erläutert, ist das Anforderungsniveau der DIN 4109-1 – und damit die Grundlage des öffentlich-rechtlichen Nachweises – ein Mindeststandard an Schallschutz, bei dessen Umsetzung die Nutzer der Gebäude nur bei gegenseitiger Rücksichtnahme vor unzumutbaren Belästigungen geschützt werden. Eine Ausführung trennender Bauteile nach dieser Norm bedeutet somit, dass Geräusche von außen oder aus benachbarten Räumen durchaus wahrgenommen und unter Umständen sogar als belästigend wahrgenommen werden.

Die in Abschnitt 3 angeordnete Tabelle 24 verdeutlicht diesen Sachverhalt mit Darstellung der subjektiven Wahrnehmung verschiedener Emissionen in Abhängigkeit des Anforderungsniveaus recht anschaulich: Die subjektive Wahrnehmung der Emissionen bei Ausführung der trennenden Bauteile entsprechend DIN 4109-1 reicht dort von teilweise verstehbar bis hin zu sehr deutlich hörbar.

In diesem Zusammenhang ist festzuhalten, dass sich das Anforderungsniveau der deutschen Schallschutznorm DIN 4109 während der rund sieben Jahrzehnte ihrer Existenz grundsätzlich nicht wesentlich verändert hat. Das erste Regelwerk zum Thema Schallschutz wurde 1944 als DIN 4109 – Richtlinien für den Schallschutz im Hochbau; Hintergrund war hier u. a. der geplante Wiederaufbau in den Nachkriegsjahren mit Materialmangel und Ersatzrohstoffen. Der damalige Gebäudebestand basierte auf einfachen und leichten Konstruktionen, deren schallschutztechnische Qualität nicht einmal dem Mindeststandard entspricht. Tabelle 5 zeigt die Entwicklung der DIN 4109 über die Jahre ihrer Existenz.

Der aktuelle (Juni 2019) Status Quo sowie die damit verbundene Chronologie zur baurechtlichen Einführung der aktuellen Normengruppe DIN 4109 ist in Bild 1 dargestellt. Es ist zu erkennen, dass die Normengruppe mit Einführung der MVV TB mittlerweile in fast allen Bundesländern – jedoch ggf. mit individuellen Vorgaben der jeweiligen landesspezifischen VV TB – eingeführt ist.

Im Rahmen der Aufstellung des öffentlich-rechtlichen Schallschutznachweises sind die schutzbedürftigen Räume eines Wohngebäudes oder eines Nichtwohngebäudes hinsichtlich der Anforderungen nach DIN 4109-1 nachzuweisen. Die Nachweisführung bezieht sich dabei entweder auf die Betrachtung der Anforderungen an das bewertete Bau-Schalldämmmaß/ bewertete Normtrittschallpegel der den schutzbedürftigen Raum begrenzenden Bauteile oder den zulässigen Schalldruckpegel im schutzbedürftigen Raum selber. Konkret sind die folgenden Nachweise zu führen:
– Schutzbedürftiger Raum – Außenlärm (→ DIN 4109-1, Tabelle 7)
– Schutzbedürftiger Raum – schutzbedürftiger Raum fremder Nutzungseinheit (→ DIN 4109-1, Tabellen 2 bis 6)
– Schutzbedürftiger Raum – besonders lauter Raum (→ DIN 4109-1, Tabelle 8)
– Schallpegel im schutzbedürftigen Raum infolge besonders lauter Räume (→ DIN 4109-1, Tabelle 9 und 10)

Tabelle 5. Entwicklung der DIN 4109

Jahr	Norm/Richtlinie	Beispiel
1944	Entwurf DIN 4109: Richtlinie für den Schallschutz im Hochbau	Wohnungstrenndecke: $R'_w = 48$ dB Wohnungstrennwände: $R'_w = 48$ dB
1959	Entwurf DIN 4109: Schallschutz im Hochbau	Wohnungstrenndecke: $R'_w = 52$ dB Wohnungstrennwände: $R'_w = 52$ dB
1962/1963	DIN 4109, Teile 1 bis 5: Schallschutz im Hochbau; Blatt 2 – Anforderungen	Wohnungstrenndecke: $R'_w = 52$ dB Wohnungstrennwände: $R'_w = 52$ dB
1979	Entwurf DIN 4109, Teile 1 bis 6: Schallschutz im Hochbau; Teil 2 – Anforderungen	Wohnungstrenndecke und -wand: mind. $R'_w = 55$ dB Wohnungstrenndecke und -wand: erhöht $R'_w = 57$ dB
1984	DIN 4109, Teile 1 bis 3, Teile 5 bis 7: Schallschutz im Hochbau	Wohnungstrenndecke und -wand: mind. $R'_w = 52$ dB Wohnungstrenndecke und -wand: erhöht $R'_w = 55$ dB
1989	DIN 4109: Schallschutz im Hochbau – Anforderungen und Nachweise	Wohnungstrenndecke: $R'_w = 54$ dB Wohnungstrennwände: $R'_w = 53$ dB
1989	DIN 4109 Beiblatt 2: Schallschutz im Hochbau – Vorschläge für einen erhöhten Schallschutz, Empfehlungen für den Schallschutz im eigenen Wohn- und Arbeitsbereich	Wohnungstrenndecke: $R'_w = 55$ dB Wohnungstrennwände: $R'_w = 55$ dB
1992	DIN 4109 Berichtigung 1: Berichtigung zu DIN 4109 (11.89), DIN 4109 Bbl. 1 (11.89) und DIN 4109 Bbl. 2 (11.89)	–

Tabelle 5. Entwicklung der DIN 4109 (Fortsetzung)

Jahr	Norm/Richtlinie	Beispiel
1998	DIN 4109/A1: Schallschutz im Hochbau – Anforderungen und Nachweise, Änderung A1	–
2000	Entwurf DIN 4109-10: Schallschutz im Hochbau – Teil 10: Vorschläge für einen erhöhten Schallschutz von Wohnungen – zurückgezogen	SST I: DIN 4109 SST II: Wände/horiz.: $R'_w = 56$ dB Wände/horiz.: $R'_w = 57$ dB SST III: Wände/horiz.: $R'_w = 59$ dB Wände/horiz.: $R'_w = 60$ dB
2001	DIN 4109/A1: Schallschutz im Hochbau – Anforderungen und Nachweise, Änderung A1	–
2001	Entwurf DIN 4109 Bbl. 1/A1: Schallschutz im Hochbau – Ausführungsbeispiele und Rechenverfahren, Änderung A1	–
2003	DIN 4109 Bbl. 1/A1: Schallschutz im Hochbau – Ausführungsbeispiele und Rechenverfahren, Änderung A1	–
2006	Entwurf DIN 4109-1: Schallschutz im Hochbau – Anforderungen	Wohnungstrenndecke: $D'_{nT,w} = 53$ dB Wohnungstrennwände: $D'_{nT,w} = 55$ dB
2006	Entwurf DIN 4109 Bbl. 1/A2: Schallschutz im Hochbau – Ausführungsbeispiele und Rechenverfahren, Änderung A2	–
2010	DIN 4109 Bbl. 1/A2: Schallschutz im Hochbau – Ausführungsbeispiele und Rechenverfahren, Änderung A2	–
2013	Entwurf DIN 4109 Teile 1, 2, 4, 5, 31–35: Schallschutz im Hochbau – Teil 1: Anforderungen	Wohnungstrenndecke: $R'_w = 54$ dB Wohnungstrennwände: $R'_w = 53$ dB
2016	DIN 4109 Teile 1, 2, 4, 31–35: Schallschutz im Hochbau	Wohnungstrenndecke: $R'_w = 54$ dB Wohnungstrennwände: $R'_w = 53$ dB
2017	DIN 4109-1/A1: Schallschutz im Hochbau – Mindestanforderung, Änderung A1	–
2017	DIN 4109-2/A1: Schallschutz im Hochbau – Rechnerische Nachweise der Erfüllung der Anforderungen, Änderung A1	–
2018	DIN 4109 Teile 1, 2, 34/A1, 35/A1: Schallschutz im Hochbau	Wohnungstrenndecke: $R'_w \geq 54$ dB Wohnungstrennwände: $R'_w \geq 53$ dB
2019	E DIN 4109-5: Schallschutz im Hochbau – Erhöhte Anforderungen	Wohnungstrenndecke: $R'_w \geq 57$ dB Wohnungstrennwände: $R'_w \geq 56$ dB

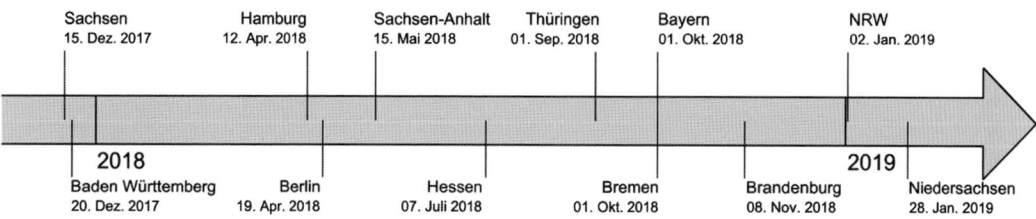

Bild 1. Einführungsdaten der neuen DIN 4109 chronologisch sortiert

Hinsichtlich der entsprechenden Definitionen gelten die nachfolgenden Formulierungen:

Schutzbedürftige Räume sind nach DIN 4109-1 als gegen Geräusche zu schützende Aufenthaltsräume definiert. Dazu gehören:
- Wohnräume, einschließlich Wohndielen und Wohnküchen
- Schlafräume, einschließlich Übernachtungsräume in Beherbergungsstätten
- Bettenräume in Krankenhäusern und Sanatorien
- Unterrichtsräume in Schulen, Hochschulen und ähnliche Einrichtungen
- Büroräume
- Praxisräume, Sitzungsräume und ähnliche Arbeitsräume

Diejenigen Aufenthaltsräume, die hier nicht direkt mit aufgelistet sind, die aber auch ein Maß an Ruhe bzw. Privatsphäre erfordern, sind sinngemäß zuzuordnen. Darüber hinaus sind die Beschriftungen der Aufenthaltsräume der Grundrisse auch im eigenen Ermessen des Planers noch einmal hinsichtlich der eventuellen Nutzung auf Grundlage der eingezeichneten Möblierung zu prüfen. Eine Küche mit Mobiliar zum Essen sollte beispielsweise immer als Wohnküche eingestuft und nachgewiesen werden. Oder ein Badezimmer, das auf Grundlage der eingezeichneten Größe und des Mobiliars eigentlich einer Wellnessoase ähnelt, sollte als schutzbedürftiger Raum betrachtet werden.

Besonders laute Räume werden nach DIN 4109-1 definiert als
- Räume, in denen der Schalldruckpegel des Luftschalls $L_{AF,max}$ häufiger mehr als 75 dB beträgt
- Räume, in denen häufigere und größere Körperschallanregungen stattfinden als in Wohnungen

Zu diesen Räume gehören damit beispielsweise:
- Räume in Handwerks- und Gewerbebetrieben einschließlich Verkaufsstätten
- Gasträume von Gaststätten
- Cafés und Imbissstuben
- Räume von Kegelbahnen
- Technikräume
- Küchenräume von Beherbergungsstätten, Krankenhäusern, Sanatorien, Gaststätten (ausgenommen Kleinküchen)
- Klinische Sonderräume (Kernspintomographie)
- Schwimmbäder
- Spiel- und ähnliche Gemeinschaftsräume
- Theater
- Musik- und Werkräume
- Sporthallen

Darüber hinaus gilt auch hier eine sinngemäße Zuordnung nicht aufgelisteter Räume aufgrund der tatsächlichen Nutzung der Räume.

Aufgrund der in diesen Räumen auftretenden erhöhten Schalldruckpegel ist eine gesonderte Betrachtung hinsichtlich der Anforderungen erforderlich. Bezogen auf den Trittschall werden zum einen die in dieser Art von Räumen im Vergleich zu Wohnräumen häufiger auftretenden Gehgeräusche berücksichtigt. Zum anderen wird damit auch gleichzeitig schon berücksichtigt, dass sich in den hier aufgezeigten besonders lauten Räumen meist Geräte und/oder Maschinen befinden bzw. Tätigkeiten ausgeführt werden, die eine starke Körperschallanregung mit sich bringen, welche sonst vereinfacht über die Baukonstruktion in das gesamte Haus weitergetragen werden würde. Eine solche Verfolgung der Weiterleitung ist rechnerisch bisher nur bedingt bzw. gar nicht möglich ist, weshalb die hier aufgezeigte Nachweisführung nicht von einer körperschallentkoppelten Aufstellung der Geräte bzw. Maschinen befreit.

Bei der Nachweisführung „schutzbedürftiger Raum zu besonders lauter Raum" sind neben dem trennenden Bauteil auch die Flankenwege mit in die Berechnung einzubeziehen.

2.2 Außenlärm

2.2.1 Ermittlung der Anforderungen

Nach DIN 4109-1 ergeben sich (in Verbindung mit DIN 4109-2) die Mindestanforderungen an die gesamten bewerteten Bau-Schalldämmmaße $R'_{w,ges}$ der Außenbauteile von schutzbedürftigen Räumen unter Berücksichtigung der unterschiedlichen Raumarten nach Tabelle 6. Dabei ist jedoch zu beachten, dass Gebäude, die innerhalb der Schutzzonen von Flugplätzen liegen, für die Lärmschutzbereiche nach dem FluLärmG festgesetzt sind, hier hinsichtlich der Anforderungen gegenüber Luftverkehr ausgenommen sind; für diese wird auf Tabelle 10 sowie die entsprechenden weiteren Ausführungen verwiesen.

Wenn jedoch nur Lärmpegelbereiche vorliegen, ist der maßgebliche Außenlärmpegel L_a für die Berechnung von $R'_{w,ges}$ nach Tabelle 7 festgelegt.

Sowohl bei der Berechnung von $R'_{w,ges}$ als auch von S_s werden – im Gegensatz zur alten DIN 4109 (11.1989) – alle außenlärmbeanspruchten Außenbauteile S_i des betrachteten Raumes kumulativ berücksichtigt; der Begriff der „Fassade" wird hier also nicht im architektonischen Sinne, sondern als übergreifende Bezeichnung für die den Direktschall übertragende Raumhülle benutzt. Die Konsequenzen für die Anforderungen zeigt beispielhaft Tabelle 8, bei der die K_{AL}-Werte für unterschiedlich angeordnete, aber ansonsten gleiche Aufenthaltsräume (Rauminnenmaße: Tiefe × Breite × Höhe = 5,0 × 4,0 × 2,5 Meter) zusammengestellt werden.

Um die an den jeweiligen Fassadenflächen S_i gegebenenfalls anliegenden unterschiedlichen Lärmpegel $L_{a,i}$ zu berücksichtigen, wird für jeden maßgeblichen Außenlärmpegel, der vom maximal vorliegenden maßgeblichen Außenlärmpegel $L_{a,max}$ abweicht, ein Korrekturwert K_{LPB} ($K_{LPB,i} = L_{a,max} - L_{a,i}$) berechnet und auf alle Schalldämmmaße der diesem maßgeblichen Außenlärmpegel zugeordneten Fassadenteile i addiert, vgl. dazu beispielhafte Darstellung in Tabelle 9.

Für Gebäude, die innerhalb der Schutzzonen von Flugplätzen liegen, für die Lärmschutzbereiche nach

Tabelle 6. Mindestanforderungen an das erforderliche bewertete, gesamte Bau-Schalldämmmaß erf. $R'_{w,ges}$ von Außenbauteilen nach DIN 4109-1

Anforderung $R'_{w,ges}$ [1] mit Korrekturwert K_{AL}	Raumart	$K_{Raumart}$ in dB	Mindestanforderung
$R'_{w,ges} = L_a - K_{Raumart} + K_{AL}$	Bettenräume in Krankenanstalten und Sanatorien	25	$R'_{w,ges} \geq 35$ dB
	Aufenthaltsräume in Wohnungen, Übernachtungsräume in Beherbergungsstätten, Unterrichtsräume und Ähnliches	30	$R'_{w,ges} \geq 30$ dB
	Büroräume und Ähnliches	35	
	L_a: Maßgeblicher Außenlärmpegel in dB(A) nach DIN 4109-2		
$K_{AL} = 10 \times \log\left(\frac{S_S}{0{,}8 \times S_G}\right)$	mit S_S: vom Raum aus gesehene gesamte Fassadenfläche [2] in m² S_G: Grundfläche des Raumes in m²		

1) Bei Decken unter nicht ausgebauten Dachräumen und bei Kriechböden sind die Anforderungen durch Dach und Decke gemeinsam zu erfüllen. Die Anforderungen gelten als erfüllt, wenn das Schalldämmmaß der Decke allein um ≤ 10 dB unter dem erforderlichen gesamten Schalldämmmaß $R'_{w,ges}$ liegt.
2) Für Räume mit mehreren an der Schallübertragung beteiligten Außenflächen (z. B. Eckräume mit zwei Außenwänden, Dachwohnungen mit Außenwand und Dachfläche) gilt die vom Raum aus gesehene gesamte Außenfläche als S_s, d. h. die Summe der gesamten abgewickelten Flächen, die den Raum nach außen begrenzen.

Tabelle 7. Zuordnung zwischen Lärmpegelbereichen und maßgeblichem Außenlärmpegel nach DIN 4109-1

Lärmpegelbereich	I	II	III	IV	V	VI	VII
Maßgeblicher Außenlärmpegel L_a in dB(A)	55	60	65	70	75	80	> 80 [1]

1) Für $L_a > 80$ dB sind die Anforderungen aufgrund der örtlichen Gegebenheiten festzulegen.

dem FluLärmG festgesetzt sind, gelten hinsichtlich des Schutzes gegen Luftverkehr die in Tabelle 10 zusammengestellten Anforderungen nach 2. Fluglärmschutzverordnung; grundsätzlich gelten hier auch die weiteren Regelungen der unterschiedlichen Fluglärmschutzverordnungen:

1. FlugLSV
Die „Verordnung über die Datenerfassung und das Berechnungsverfahren für die Festsetzung von Lärmschutzbereichen" gilt für die Festsetzung von Lärmschutzbereichen nach dem Gesetz zum Schutz gegen Fluglärm. Sie regelt Anforderungen an die zur Ermittlung der Lärmbelastung erforderliche Datenerfassung über den voraussehbaren Flugbetrieb sowie an das Berechnungsverfahren für die Ermittlung der Lärmbelastung.

2. FlugLSV
Die „Flugplatz-Schallschutzmaßnahmenverordnung" gilt für die Errichtung von schutzbedürftigen Einrichtungen und Wohnungen im Lärmschutzbereich eines Flugplatzes sowie für die Errichtung von Wohnungen in der Tag-Schutzzone 2 eines Flugplatzes und erhebt entsprechende Schallschutzanforderungen.
Sie gilt auch für die Erstattung von Aufwendungen für bauliche Schallschutzmaßnahmen an schutzbedürftigen Einrichtungen und Wohnungen, die bei der Festsetzung des Lärmschutzbereichs errichtet sind oder deren Errichtung zum Schutz gegen Fluglärm zulässig ist.

3. FlugLSV
Die „Fluglärm-Außenwohnbereichsentschädigungs-Verordnung" gilt für Grundstücke, auf denen bei Festsetzung des Lärmschutzbereichs für einen neuen oder wesentlich baulich erweiterten Flugplatz Wohnungen oder schutzbedürftige Einrichtungen zulässigerweise errichtet sind oder zulässigerweise errichtet werden dürfen und die in der Tag-Schutzzone 1 des Flugplatzes gelegen sind. Für diese Grundstücke enthält sie nähere Bestimmungen über die Entschädigung für Beeinträchtigungen des Außenwohnbereichs.
Die Mindestanforderungen nach 2. FlugLSV an das resultierende bewertete Bau-Schalldämmmaß $R'_{w,res}$ (entspricht inhaltlich dem „gesamten bewerteten Bau-Schalldämmmaß $R'_{w,ges}$" der DIN 4109) Umfassungsbauteile von Fluglärm ausgesetzten Aufenthaltsräumen, die in Abhängigkeit ihrer Zugehörigkeit zu den entsprechenden Isophonen-Bändern in der Tag-Schutzzone 1 und in der Tag-Schutzzone 2 bzw. in der Nacht-Schutzzone liegen, sind in Tabelle 10 zusammengestellt.
Die erforderlichen Informationen zu den einzelnen Flughäfen sind auf den entsprechenden Internetseiten zu finden; in Nordrhein-Westfalen beispielsweise ist eine parzellenscharfe Darstellung der Grundstücke über den Link www.tim-online.nrw.de nach Eingabe von Gemeinde, Straße und Hausnummer möglich.

Tabelle 8. Beispiele für den Korrekturwert K_{AL} unterschiedlich angeordneter, ansonsten aber gleicher Aufenthaltsräume (Rauminnenmaße: Tiefe × Breite × Höhe = 5,0 × 4,0 × 2,5 Meter)

Lage des Raumes	Grundfläche des Raumes in m²	Fassadenfläche in m²	Korrekturwert K_{AL} in dB	Anforderungserhöhung[1] absolut in dB	Anforderungserhöhung[1] Faktor [–]
	20,0	10,0	–2,0	0,0	1,0
	20,0	22,5	+1,5	3,5	2,2
	20,0	30,0	+2,7	4,7	3,0
	20,0	47,5	+4,7	6,7	4,7

1) Nach der alten DIN 4109 (11.1989) Abs. 5.2 galt: „Auf Außenbauteile, die unterschiedlich zur maßgeblichen Lärmquelle orientiert sind, sind grundsätzlich die Anforderungen ... jeweils separat anzuwenden". Damit hätten sich dann auf die jeweiligen Fassadenteilflächen absolute Anforderungserhöhungen von 0,0/1,0/3,0/3,0 dB (bzw. als Faktor ausgedrückte Anforderungserhöhungen von 0,0/1,3/2,0/2,0) ergeben.

2.2.2 Ermittlung des maßgeblichen Außenlärmpegels

Zur Bestimmung des maßgeblichen Außenlärmpegels werden die Lärmbelastungen in der Regel berechnet. Rührt die Geräuschbelastung von mehreren (gleich- oder verschiedenartigen) Quellen her, so berechnet sich der resultierende Außenlärmpegel $L_{a,res}$ aus n einzelnen maßgeblichen Außenlärmpegeln $L_{a,i}$ der einzelnen Schallquellen aus Straßen-, Schienen-, Luft- und Wasserverkehr, Industrie- und Gewerbelärm und jeweils getrennt für Tag und Nacht wie folgt zu:

$$L_{a,res.} = 10 \cdot \lg \sum_{i=1}^{n} 10^{0,1 \cdot L_{a,i}}$$

Im Sinne einer Vereinfachung werden dabei unterschiedliche Definitionen der einzelnen maßgeblichen Außenlärmpegel in Kauf genommen.

Tabelle 9. Lärmpegelbereich-Korrekturwert K_{LPB}

Bauliche Situation		Maßgeblicher Außenlärmpegel $L_{a,i}$	Korrekturwert K_{LPB}	Schalldämmmaß R_i
	rot	$L_{a,ro} = L_{a,max}$ [1)]	0	$R_{0,ro}$
	gelb	$L_{a,ge} < L_{a,ro}$	$K_{LPB,ge} = L_{a,ro} - L_{a,ge}$	$R'_{K,ge} = R_{0,ge} + K_{LPB,ge}$
	blau	$L_{a,bl} < L_{a,ro}$	$K_{LPB,bl} = L_{a,ro} - L_{a,bl}$	$R'_{K,bl} = R_{0,bl} + K_{LPB,bl}$

1) An allen Fassadenflächen angesetzter maßgeblicher Außenlärmpegel

Tabelle 10. Mindestanforderungen nach 2. FlugLSV an das resultierende bewertete Bau-Schalldämmmaß $R'_{w,res}$ der Umfassungsbauteile von dem Fluglärm ausgesetzten Aufenthaltsräumen

Isophonenbänder [1)] mit dem A-bewerteten äquivalenten Dauerschalldruckpegel L_{Aeq}		Erforderliches resultierendes bewertetes Bau-Schalldämmmaß [2), 3)] erf. $R'_{w,res}$ in dB
Tag-Pegel $L_{Aeq,Tag}$ in dB	Nacht-Pegel $L_{Aeq,Nacht}$ in dB	
$L_{Aeq,Tag} < 60$	$L_{Aeq,Nacht} < 50$	30
$60 \leq L_{Aeq,Tag} < 65$	$50 \leq L_{Aeq,Nacht} < 55$	35
$65 \leq L_{Aeq,Tag} < 70$	$55 \leq L_{Aeq,Nacht} < 60$	40
$70 \leq L_{Aeq,Tag} < 75$	$60 \leq L_{Aeq,Nacht} < 65$	45
$L_{Aeq,Tag} \geq 75$	$L_{Aeq,Nacht} \geq 65$	50

1) Für Aufenthaltsräume einer baulichen Anlage, deren Grundfläche in zwei Isophonen-Bändern liegt, wird einheitlich das resultierende bewertete Bau-Schalldämmmaß $R'_{w,res}$ des höheren Isophonen-Bandes zugrunde gelegt.
2) Wenn Aufenthaltsräume an nicht zu schützende Räume (z. B. nicht ausgebautes Dachgeschoss) grenzen, muss $R'_{w,res}$ von allen Umfassungsbauteilen zusammen eingehalten werden, die zwischen den betreffenden Aufenthaltsräumen und dem Freien liegen. Diese Anforderung ist als erfüllt anzusehen, wenn Umfassungsbauteile, die nicht zu schützende Räume nach außen abschließen, ein resultierendes bewertetes Bau-Schalldämmmaß $R'_{w,res}$ einhalten, das um ≤ 20 dB unter den angegebenen erforderlichen Bau-Schalldämmmaßen liegt.
3) Belüftungseinrichtungen dürfen nicht zu einer Minderung des resultierenden bewerteten Bau-Schalldämmmaßes $R'_{w,res}$ führen. Sie sind bei dem erforderlichen Schallschutz von Schlafräumen in der Nacht-Schutzzone mit zu berücksichtigen. Die Eigengeräusche von Belüftungseinrichtungen in Schlafräumen dürfen nicht höher sein, als nach dem Stand der Schallschutztechnik im Hochbau unvermeidbar.

Die im Nachfolgenden bei den einzelnen Lärmquellen angeführten Zuschläge von +3 dB(A) dürfen bei Vorliegen mehrerer Lärmquellen nur einmal, nämlich auf den Summenpegel, erhoben werden.
Der maßgebliche Außenlärmpegel ergibt sich
– für den Tag (6:00 Uhr bis 22:00 Uhr) aus dem zugehörigen Beurteilungspegel,
– für die Nacht (22:00 Uhr bis 6:00 Uhr) aus dem zugehörigen Beurteilungspegel plus Zuschlag zur Berücksichtigung der erhöhten nächtlichen Störwirkung (→ größeres Schutzbedürfnis in der Nacht).
Maßgeblich ist die Lärmbelastung derjenigen Tageszeit, die die höhere Anforderung ergibt.
Für die von der maßgeblichen Lärmquelle abgewandten Gebäudeseiten darf der maßgebliche Außenlärmpegel ohne besonderen Nachweis
– bei offener Bebauung um 5 dB(A),
– bei geschlossener Bebauung bzw. bei Innenhöfen um 10 dB(A) gemindert werden.
Der Begriff der offenen Bebauung ist in der DIN 4109-1 nicht geregelt. Aus der Erfahrung der Verfasser wird diese bauliche Beschreibung seitens der Unteren Baubehörden üblicherweise mit einer Länge des Bauwerks bzw. der gereihten Bauwerke ≤ 50 m gleichgesetzt; bei einer Länge des Bauwerks bzw. der gereihten Bauwerke > 50 m spricht man dann von einer geschlossenen Bebauung.
Sind Lärmschutzwände oder Lärmschutzwälle vorhanden, darf der maßgebliche Außenlärmpegel gemindert werden (Nachweis siehe RLS-90 bzw. Schall 03).
Sofern es im Sonderfall gerechtfertigt ist, sind zur Ermittlung des maßgeblichen Außenlärmpegels auch Messungen zulässig.

Tabelle 11. Übersicht über die Vorgaben zur Ermittlung des maßgeblichen Außenlärmpegels nach DIN 4109-2

Lärmquelle	Ermittlungsgrundlagen (hierarchisch gelistet) [1]		
	Ebene 1	Ebene 2	Ebene 3
Straßenverkehr [2]	Verwaltungsvorschriften, Bebauungspläne, Lärmkarten etc. [3]	Berechnung nach DIN 18005-1 A2 + Zuschlag 3 dB(A)	Messungen nach DIN 4109-4, C.1 und C.5.
		Berechnung nach 16. BImSchV + Zuschlag 3 dB(A)	
Schienenverkehr [2]		Berechnung nach 16. BImSchV + Abschlag −5 dB(A) [4] + Zuschlag 3 dB(A)	Messungen nach DIN 4109-4, C.2 und C.5.
Wasserverkehr [2, 5]		Berechnung nach DIN 18005-1 A4 + Zuschlag 3 dB(A)	Messungen nach DIN 4109-4, C.3 und C.5.
Luftverkehr [2]	Für Flugplätze, für die Lärmschutzbereiche nach dem FluLärmG festgesetzt sind, gelten innerhalb der Schutzzonen die Regelungen dieses Gesetzes.		
	Für Flugplätze, die nicht dem FluLärmG unterliegen, können die Geräuschimmissionen nach DIN 45684-1, DIN 45684-2 oder nach der Landeplatz-Fluglärmleitlinie des Länderausschusses für Immissionsschutz ermittelt werden. + Zuschlag 3 dB(A)		
Gewerbe- und Industrieanlagen [2]	Ansetzen der entsprechenden Immissionsrichtwerte der TA Lärm + Zuschlag 3 dB(A)	Ermittlung der tatsächlich auftretenden Beurteilungspegel nach TA Lärm [6] + Zuschlag 3 dB(A)	

1) Die Beurteilungspegel sind immer für den Tag (6:00 Uhr bis 22:00 Uhr) und für die Nacht (22:00 Uhr bis 6:00 Uhr) zu berechnen.
2) Beträgt die Differenz der Beurteilungspegel zwischen Tag minus Nacht < 10 dB(A), so ergibt sich der maßgebliche Außenlärmpegel zum Schutz des Nachtschlafes aus einem 3 dB(A) erhöhten Beurteilungspegel für die Nacht und einem Zuschlag von 10 dB(A).
3) Lärmkarten nach der Richtlinie 2002/49/EG (EU-Umgebungslärmrichtlinie) können zur Ermittlung des maßgeblichen Außenlärmpegels nicht herangezogen werden.
4) Aufgrund der Frequenzzusammensetzung von Schienenverkehrsgeräuschen in Verbindung mit dem Frequenzspektrum der Schalldämmmaße von Außenbauteilen ist der Beurteilungspegel hier pauschal zu mindern.
5) Beim Wasserverkehr können insbesondere tieffrequente Geräuschanteile Störungen hervorrufen. In diesen Fällen sind gesonderte Betrachtungen hinsichtlich der Schalldämmung der Außenbauteile erforderlich.
6) Weicht die tatsächliche bauliche Nutzung im Einwirkungsbereich der Anlage erheblich von der im Bebauungsplan festgesetzten baulichen Nutzung ab, so ist von der tatsächlichen baulichen Nutzung unter Berücksichtigung der vorgesehenen baulichen Entwicklung des Gebietes auszugehen.

Tabelle 11 zeigt in einer Übersicht die in teilweise hierarchischen Ebenen gestaffelten Vorgaben zur Ermittlung des maßgeblichen Außenlärmpegels nach DIN 4109-2.
DIN 4109-1 sieht im Hinblick auf die Ermittlung der Anforderungen zum Schutz gegen Außenlärm die Berücksichtigung von Maximalpegeln nicht vor. Bei Verkehrsgeräuschen mit starken Pegelschwankungen kann jedoch die Berücksichtigung der Pegelspitzen zur Kennzeichnung einer erhöhten Störwirkung zusätzliche Informationen zur Auslegung des Schallschutzes liefern; in einem solchen Fall sollte zusätzlich zum Mittelungspegel der Maximalpegel bestimmt werden.
An dieser Stelle sei ausdrücklich darauf hingewiesen, dass in den einzelnen Ländern durch die dort jeweils eingeführten Verwaltungsvorschriften Technische Baubestimmungen (VV TB) individuelle Änderungen dieser Tabelle möglich sind.

2.2.3 Ermittlung der Beurteilungspegel infolge von Straßenverkehr

Vorgabe auf Ebene 1 (Festlegungen)

Die Einstufung in Lärmpegelbereiche erfolgt durch Festlegungen, wie z. B. gesetzliche Vorschriften oder Verwaltungsvorschriften, Bebauungspläne oder Lärmkarten. Dabei ist jedoch zu beachten, dass Lärmkarten nach der Richtlinie 2002/49/EG (EU-Umgebungslärmrichtlinie) zur Ermittlung des maßgeblichen Außenlärmpegels nicht herangezogen werden können.

Vorgabe auf Ebene 2 (Berechnung)

Sind die Vorgaben nach Ebene 1 nicht maßgebend, so können die Beurteilungspegel mithilfe der Nomogramme nach DIN 18005-1 A.2 (vgl. auch Bilder 2 und 3 in Verbindung mit Tabelle 12) auf Basis der durchschnittlichen täglichen Verkehrsstärke DTV und des Abstandes des Immissionsortes von der Mitte des nächstgelegenen Fahrstreifens ermittelt werden. Die

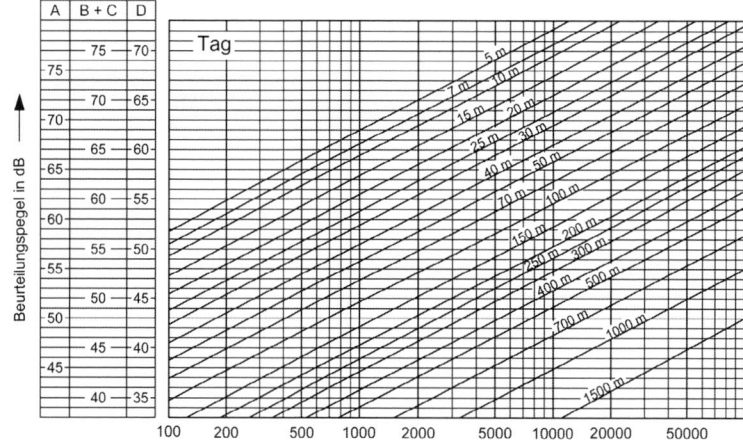

Bild 2. Nomogramm nach DIN 18005-1 A2 zur Ermittlung des entfernungsabhängigen Beurteilungspegels aus Straßenverkehr für den Tag; darin sind: A = Autobahnen, B = Bundes-, Landes- und Kreisstraßen; C = Gemeindeverbindungsstraße, D = Stadt- und Gemeindestraßen

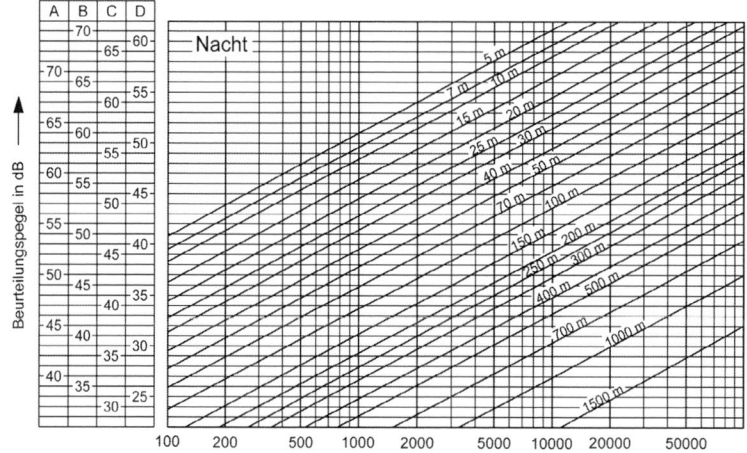

Bild 3. Nomogramm nach DIN 18005-1 A2 zur Ermittlung des entfernungsabhängigen Beurteilungspegels aus Straßenverkehr für die Nacht; darin sind: A = Autobahnen, B = Bundes-, Landes- und Kreisstraßen; C = Gemeindeverbindungsstraße, D = Stadt- und Gemeindestraßen

Tabelle 12. Korrekturwerte für abweichende Randbedingungen

Randbedingung		Korrekturwert K in dB(A)	Art der Bestimmung	
			Muss	Soll
Zulässige Höchstgeschwindigkeiten: auf Autobahnen 80 km/h bzw. auf Stadtstraßen 30 km/h		−2,5	×	
Straßenoberfläche mit offenporigem Asphalt auf Außerortsstraßen mit zulässigen Höchstgeschwindigkeiten > 60 km/h		−3,0	×	
Straßenoberfläche mit unebenem Pflaster auf Straßen mit zulässigen Höchstgeschwindigkeiten	≥ 30 km/h	+3,0	×	
	≥ 50 km/h	+6,0	×	
Immissionsort in < 100 m Entfernung von einer Lichtsignalanlage		+2,0		×
Immissionsorte in Straßenschluchten (beidseitige, mehrgeschossige und geschlossene Bebauung)		+2,0		×

Tabelle 13. Ermittlung des relevanten Beurteilungspegels

A-bewertete Pegeldifferenz in dB	A-bewerteter maßgeblicher Außenlärmpegel in dB
$\Delta L_a = L_{a,Tag} - L_{a,Nacht} \geq 10$ dB	$L_a = L_{a,Tag} + 3$
$\Delta L_a = L_{a,Tag} - L_{a,Nacht} < 10$ dB	$L_a = L_{a,Nacht} + 3 + 10$

beiden Diagramme gelten für nicht geriffelten Gussasphalt als Straßenbelag, bei Autobahnen, Bundes-, Landes-, Kreis- und Gemeindeverbindungsstraßen ohne Geschwindigkeitsbeschränkung, bei Gemeindestraßen für eine zulässige Höchstgeschwindigkeit von 50 km/h. Zur Bildung des maßgeblichen Außenlärmpegels sind zu den abgelesenen Werten 3 dB(A) zu addieren (vgl. Einschränkung nach Abschnitt 2.2.2.).
Alternativ zur Ermittlung durch die oben angeführten Nomogramme können die Beurteilungspegel aber auch ortspezifisch mit den Algorithmen und Vorgaben nach der Verkehrslärmschutzverordnung –16. BImSchV berechnet werden. Auch hier sind die Beurteilungspegel für den Tag (6:00 Uhr bis 22:00 Uhr) bzw. für die Nacht (22:00 Uhr bis 6:00 Uhr) zu bestimmen, wobei zur Bildung des maßgeblichen Außenlärmpegels zu den errechneten Werten jeweils 3 dB(A) zu addieren sind (vgl. Einschränkung nach Abschnitt 2.2.2.).
Auch wenn die Berechnungen deutlich dezidierter und die Eingabeparameter etwas vielfältiger sind, bleibt die Berechnung der Beurteilungspegel doch in einer auch ohne entsprechendes EDV-Programm durchaus zu handhabbaren Komplexität. Neben dem Originaldokument sei hier auch auf weiter aufbereitete Ausführungen, z. B. Tabellenbuch etc. verwiesen.

Vorgabe auf Ebene 3 (Messung)
Alternativ zur rechnerischen Ermittlung können die Pegel aber auch ortspezifisch gemessen werden; hierzu sei auf die Festlegungen nach DIN 4109-4 C.1 und C.5 verwiesen.

Maßgeblicher Außenlärmpegel
Der zur Bemessung der Fassade bzw. zur Ermittlung des maßgeblichen Außenlärmpegels relevante Beurteilungspegel infolge von Straßenverkehr ergibt sich dann entsprechend Tabelle 13.

2.2.4 Ermittlung der Beurteilungspegel infolge von Schienenverkehr

Vorgabe auf Ebene 1 (Festlegungen)
Die Möglichkeit, hinsichtlich der Einstufung in Lärmpegelbereiche auf Festlegungen, wie z. B. gesetzliche Vorschriften oder Verwaltungsvorschriften, Bebauungspläne oder Lärmkarten zurückgreifen zu können, besteht hier nicht.

Vorgabe auf Ebene 2 (Berechnung)
Im Gegensatz zur Erstausgabe der neuen DIN 4109-2 von Juli 2016 besteht in der entsprechenden aktuellen Ausgabe von Januar 2019 nicht mehr die relativ wenig aufwendige Möglichkeit, die Beurteilungspegel für Schienenverkehrswege mithilfe der Nomogramme in DIN 18005-1 (07.2002) A.3 zu ermitteln.
Aktuell sind die Beurteilungspegel für den Tag (6:00 Uhr bis 22:00 Uhr) bzw. für die Nacht (22:00 Uhr bis 6:00 Uhr) nach der Verkehrslärmschutzverordnung-16. BImSchV zu bestimmen, wobei zur Bildung des maßgeblichen Außenlärmpegels zu den errechneten Werten jeweils 3 dB(A) zu addieren sind. Aufgrund der Frequenzzusammensetzung von Schienenverkehrsgeräuschen in Verbindung mit dem Frequenzspektrum der Schalldämmmaße von Außenbauteilen ist der Beurteilungspegel für Schienenverkehr pauschal um 5 dB zu mindern.

Anmerkung 1:
Ob dieser Abschlag wirklich anzusetzen ist, ist den jeweiligen landesspezifischen Verwaltungsvorschriften Technische Baubestimmungen (VV TB) zu entnehmen. In Nordrhein-Westfalen heißt es (entgegen der Muster-VV TB) beispielsweise: „Eine Minderung des Beurteilungspegels für Schienenverkehr ... ist mit der Bauaufsichtsbehörde abzustimmen. Erforderlichenfalls ist eine gutachterliche Stellungnahme eines Sachverständigen einzuholen".

Grundlage für die Berechnung des Beurteilungspegels nach der aktuellen Verkehrslärmschutzverordnung-16. BImSchV sind die Anzahl der prognostizierten Züge der jeweiligen Zugart sowie die den betrieblichen Planungen zugrundeliegenden Geschwindigkeiten auf dem zu betrachtenden Planungsabschnitt einer Bahnstrecke.
Damit ergibt sich dann die prinzipielle Vorgehensweise wie folgt:
1. Aufteilung der zu betrachtenden Bahnstrecke in einzelne Gleise und Abschnitte u. a. mit gleicher Verkehrszusammensetzung, gleicher Geschwindigkeit, gleicher Fahrbahnart und gleichem Fahrflächenzustand sowie Identifizierung und Festlegung der Schallquellen von Rangier- und Umschlagbahnhöfen.
2. Ausgehend von den Mengen je Stunde n_{Fz} aller Arten F_z von Fahrzeugeinheiten, Berechnung der längenbezogenen bzw. flächenbezogenen Pegel der Schallleistung in Oktavbändern, getrennt für jeden Abschnitt einer Strecke bzw. für jede Schallquelle eines Rangier- und Umschlagbahnhofs in allen Höhenbereichen h.
3. Zerlegung der Abschnitte in Teilstücke k_S bzw. Zerlegung der Flächen in Teilflächen k_f zur Bildung von Punktschallquellen mit zugeordnetem Pegel der Schallleistung unter Berücksichtigung der Richtwirkung und der Abstrahlcharakteristik.

4. Berechnung der Schallemissionen von Eisenbahnen und von Straßenbahnen.
5. Berechnung der Schallimmission durch Ausbreitungsrechnung.
6. Zusammenfassung der Schallimmissionsanteile am Immissionsort.
7. Bildung des Beurteilungspegels für die maßgeblichen Beurteilungszeiträume.

Anmerkung 2:
Die für die Berechnung verwendeten Softwareprodukte müssen die normgerechte Abbildung dieser Vorschrift sicherstellen, was in Anlehnung an die DIN 45687 (05.2006) erfolgen kann.

Die tatsächliche rechnerische Umsetzung der Vorgaben der 16. BImSchV wird aufgrund der Vielzahl der erforderlichen, teilweise sehr differenzierten Eingangsparameter üblicherweise auf den Betreibern der betrachteten Schienenwege bzw. ein entsprechend involviertes Ingenieurbüro beschränkt bleiben.

Im Rahmen der hier besprochenen bauakustischen Nachweise bietet es sich grundsätzlich an, die erforderlichen Informationen beim Betreiber der Schienenwege, also z. B. bei der Deutschen Bahn, einzuholen. Hier erhält man dann üblicherweise eine Excel-Tabelle (Beispiel in Bild 4) mit den erforderlichen, kodierten Angaben, deren Inhalte sich entweder direkt in die genutzte Ausbreitungssoftware einlesen lassen oder andernfalls dort per Hand eingegeben werden müssen. Im Anschluss erfolgt eine entsprechende eigene Ausbreitungsrechnung nach DIN EN ISO 9613.

Vorgabe auf Ebene 3 (Messung)

Alternativ zur rechnerischen Ermittlung können die Pegel aber auch ortsspezifisch gemessen werden; hierzu sei auf die Festlegungen nach DIN 4109-4 C.2 und C.5 verwiesen.

Maßgeblicher Außenlärmpegel

Der zur Bemessung der Fassade bzw. zur Ermittlung des maßgeblichen Außenlärmpegels relevante Beurteilungspegel infolge von Schienenverkehr ergibt sich dann entsprechend Tabelle 13.

2.2.5 Ermittlung der Beurteilungspegel infolge von Wasserverkehr

Vorgabe auf Ebene 1 (Festlegungen)

Die Möglichkeit, hinsichtlich der Einstufung in Lärmpegelbereiche auf Festlegungen, wie z. B. gesetzliche Vorschriften oder Verwaltungsvorschriften, Bebauungspläne oder Lärmkarten zurückgreifen zu können, besteht hier nicht.

Strecke 2723
Abschnitt Velbert Rosenhügel - Neviges
Bereich

von_km		bis_km										
11,8		12										

Prognose 2030   Daten nach Schall03 gültig ab 01/2015

Zugart-Traktion	Anzahl Tag	Anzahl Nacht	v_max km/h	Fahrzeugkategorie	Anzahl	Fahrzeugkategorie	Anzahl	Fahrzeugkategorie	Anzahl	Fahrzeugkategorie	Anzahl	Fahrzeugkategorie	Anzahl
GZ-E*	2	0	100	7-Z5_A4	1	10-Z5	30	10-Z18	8				
S	93	13	100	5-Z5-A10	1								
	95	13		Summe beider Richtungen									

* Grundlast

Erläuterungen und Legende

1. v_max abgeglichen mit VzG 2018
   Bei *Streckenneu- und Ausbauprojekten* wird die jeweilige Fahrzeughöchstgeschwindigkeit angegeben. Der Abgleich mit den zulässigen Streckenhöchstgeschwindigkeiten erfolgt durch die Projektleitung.

2. Auf die in der Prognose 2030 ermittelten SGV -Zugzahlen hat das BMVI eine Grundlast aufgeschlagen,
   mit der die Lokfahrten, Mess-, Baustellen-, Schadwagen usw. abgebildet werden.

3. Die Bezeichnung der Fahrzeugkategorie setzt sich wie folgt zusammen:
   Nr. der Fz.-Kategorie Variante bzw. Zeilennummer in Tabelle Beiblatt 1 Achszahl (bei Tfz, E- und V-Triebzügen-außer bei HGV)

4. Für Brücken, schienengleiche BÜ und enge Gleisradien sind ggf. die entsprechenden Zuschläge zu berücksichtigen.

Legende

Traktionsarten:
- E = Bespannung mit E-Lok
- V = Bespannung mit Diesellok
- ET, - VT = Elektro- / Dieseltriebzug

Zugarten:
GZ = Güterzug
RE = Regionalzug
RB = Regionalzug
RV = Regionalzug
S = Elektrotriebzug der S-Bahn ...
IC = Intercityzug (auch Railjet)
ICE, TGV = Elektrotriebzug des HGV
NZ = Nachtreisezug
AZ = Saison- oder Ausflugszug
D = sonstiger Fernreisezug, auch Dritte
LR, LICE = Leerreisezug

Bild 4. Beispiel einer Belegungstabelle für unterschiedlich genutzte Schienenwege (Deutsche Bahn)

Vorgabe auf Ebene 2 (Berechnung)

Die Beurteilungspegel sind für den Tag (6:00 Uhr bis 22:00 Uhr) bzw. für die Nacht (22:00 Uhr bis 6:00 Uhr) zu bestimmen, wobei zur Bildung des maßgeblichen Außenlärmpegels zu den errechneten Werten jeweils 3 dB(A) zu addieren sind. Die Berechnung erfolgt im Einwirkungsbereich von Schiffsverkehr auf Flüssen und Kanälen mithilfe der Vorgaben nach DIN 18005-1 (07.2002) A.4, vgl. dazu das Bemessungsnomogramm in Bild 5.

Anmerkung:
Beim Wasserverkehr können insbesondere tieffrequente Geräuschanteile Störungen hervorrufen. In diesen Fällen sind gesonderte Betrachtungen hinsichtlich der Schalldämmung der Außenbauteile erforderlich.
Tieffrequenter Schall ist
– *nach DIN 4109-1 Schall im Frequenzbereich von 50 Hz bis 80 Hz (Angabe in Terzbandmittenfrequenzen)*
– *nach E-DIN 45680 definiert als Schall mit vorherrschenden Energieanteilen bei Frequenzen < 140 Hz (Terzbandmittenfrequenz 125 Hz) und/oder bei Pegeldifferenzen $L_{p,Ceq} - L_{p,Aeq} > 15\ dB$*
– *nach DIN 45680 definiert als Schall mit vorherrschenden Energieanteilen bei Frequenzen < 90 Hz und/oder bei Pegeldifferenzen $L_{CF} - L_{AF} > 20\ dB$*

Vorgabe auf Ebene 3 (Messung)

Alternativ zur rechnerischen Ermittlung können die Pegel aber auch ortspezifisch gemessen werden; hierzu sei auf die Festlegungen nach DIN 4109-4 C.3 und C.5 verwiesen.

Maßgeblicher Außenlärmpegel

Der zur Bemessung der Fassade bzw. zur Ermittlung des maßgeblichen Außenlärmpegels relevante Beurteilungspegel infolge von Wasserverkehr ergibt sich dann entsprechend Tabelle 13.

2.2.6 Ermittlung der Beurteilungspegel infolge von Gewerbe- und Industrieanlagen

Vorgabe auf Ebene 1 (Festlegungen)

Im Regelfall wird als maßgeblicher Außenlärmpegel der nach der TA Lärm im Bebauungsplan für die jeweilige Gebietskategorie angegebene Tag-Immissionsrichtwert eingesetzt, wobei zu dem Immissionsrichtwert 3 dB(A) zu addieren sind.

Vorgabe auf Ebene 2 (Berechnung)

Besteht im Einzelfall die Vermutung, dass die Immissionsrichtwerte der TA Lärm überschritten werden, dann sollte die tatsächliche Geräuschimmission als Beurteilungspegel nach der TA Lärm ermittelt werden, wobei zur Bildung des maßgeblichen Außenlärmpegels zu den errechneten Mittelungspegeln 3 dB(A) zu addieren sind.
Weicht die tatsächliche bauliche Nutzung im Einwirkungsbereich der Anlage erheblich von der im Bebauungsplan festgesetzten baulichen Nutzung ab, so ist von der tatsächlichen baulichen Nutzung unter Berücksichtigung der vorgesehenen baulichen Entwicklung des Gebietes auszugehen.

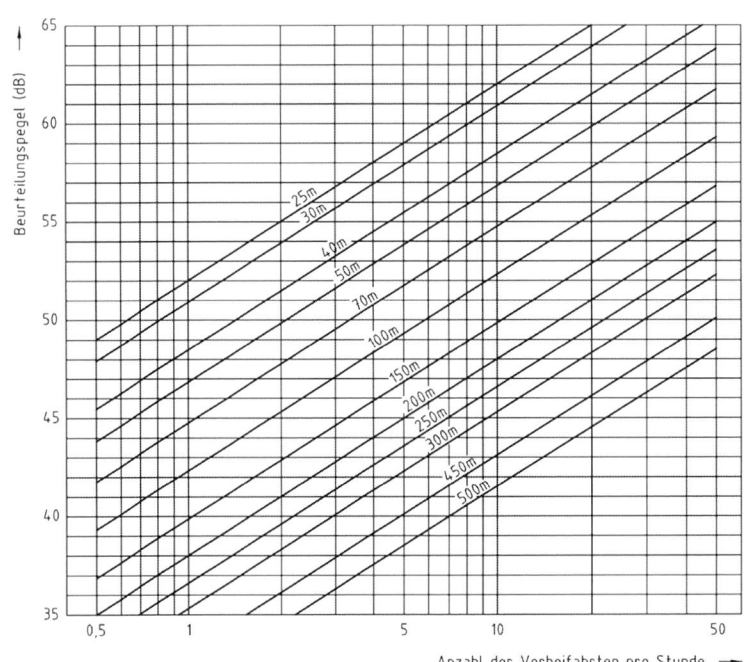

Bild 5. Nomogramm nach DIN 18005-1 A.4 zur Abschätzung des Beurteilungspegels auf einem Kanal oder Fluss

Anmerkung:
Es soll an dieser Stelle darauf hingewiesen werden, dass der Aufwand einer komplexeren Schallausbreitungsrechnung nach DIN EN ISO 9613 – möglicherweise noch unter zusätzlicher Einbeziehung von Messungen der Maschinen-Schallleistungspegel und Berücksichtigung mehrschichtiger Produktionsprozesse etc. – dringend schon im Vorfeld entsprechend zu berücksichtigen ist!

Vorgabe auf Ebene 3 (Messung)
Messungen sind hier nach DIN 4109-2 nicht vorgesehen.

Maßgeblicher Außenlärmpegel
Der zur Bemessung der Fassade bzw. zur Ermittlung des maßgeblichen Außenlärmpegels relevante Beurteilungspegel infolge von Gewerbe- und Industrielärmverkehr ergibt sich dann entsprechend Tabelle 13.

Anmerkung:
Nach DIN 4109-2 (06.2016) galt für den Grenzwert der A-bewerteten Pegeldifferenz $\Delta L_a = L_{a,Tag} - L_{a,Nacht} = 15\ dB$, wodurch der optionale Zuschlag für den Schutz des Nachschlafes auch 15 dB(A) betrug.

2.2.7 Ermittlung der Beurteilungspegel infolge von Flugverkehr außerhalb des FluLärmG

Grundsätzlich gilt zunächst, dass für diese Flugplätze die Geräuschimmissionen nach DIN 45684-1, DIN 45684-2 oder nach der Landeplatz-Fluglärmleitlinie des Länderausschusses für Immissionsschutz ermittelt werden können. Zur Bildung des maßgeblichen Außenlärmpegels sind zu den errechneten Werten jeweils 3 dB(A) zu addieren. In Sonderfällen kann hier aber auch die später beschriebene Vorgehensweise angewendet werden.
Wird in diesen Gebieten jedoch vermutet, dass die Belastung durch Fluglärm vor allem von sehr hohen Maximalpegeln resultiert, so sollte der mittlere maximale Schalldruckpegel $L_{AF,max}$ bestimmt werden.
Wenn jedoch im Beurteilungszeitraum t (das sind maximal 16 zusammenhängende Stunden eines Tages und 8 zusammenhängende Stunden einer Nacht) der äquivalente Dauerschallpegel L_{eq}
– häufiger als 20-mal am Tag oder
– häufiger als 10-mal in der Nacht oder
– im Durchschnitt häufiger als 1-mal pro Stunde
um > 20 dB(A) überschritten wird und zusätzlich gilt, dass $L_{AF,max} - L_{eq} \geq 20\ dB(A)$ ist, so gilt für den „maßgeblichen Außenlärmpegel":

$$L_a = L_{AF,max} - 20 + 3\ dB(A)$$

Der zur Bemessung der Fassade bzw. zur Ermittlung des maßgeblichen Außenlärmpegels relevante Beurteilungspegel infolge des hier beschriebenen Fluglärms ergibt sich dann entsprechend Tabelle 13.
Für die Durchführung von Messungen gelten die Festlegungen in DIN 4109-4, C.4 und C.5.

2.3 Trennende Bauteile gegen fremde Bereiche

Das Anforderungsniveau der DIN 4109-1 ist, bezogen auf das Vorgängerdokument aus dem Jahr 1989, im Wesentlichen konstant geblieben (siehe auch Abschnitt 2.1). Aufgrund richterlicher Entscheidungen des BGH wurde lediglich in einzelnen Teilbereichen das Niveau erhöht. So. z. B. bei dem Schallschutz von Doppel- und Reihenhäusern sowie bei der Trittschalldämmung von Decken.
Die nachfolgenden Auszüge aus der DIN 4109 (11.89) und der DIN 4109-1 (01.18) zeigen eben diese Änderungen. Auf eine detaillierte Darstellung aller Anforderungen soll aufgrund des Umfangs hier verzichtet werden.
Die Anforderungen in Zusammenhang mit besonders lauten Räumen sind nach DIN 4109-1 (01.2018) Tabelle 8 anzusetzen. Im Folgenden werden auch hier die Anforderungen an das trennende Bauteil im Vergleich zum Vorgängerdokument dargestellt.
Die kennzeichnende Größe für besonders laute Räume ist in der Regel der maximale A-bewertete Schalldruckpegel $L_{AF,max,n}$. Er beschreibt die Einwirkung von Störgeräuschen aus Wasserinstallationen und sonstigen gebäudetechnischen Anlagen auf zu schützende Aufenthaltsräume, die mit der Frequenzbewertung A und der Zeitbewertung F (FAST) gemessen und auf eine Bezugsabsorptionsfläche $A_0 = 10\ m^2$ bezogen wird.
Der maximale A-bewertete Schalldruckpegel $L_{AF,max}$ sowie die Betriebserlaubnis der Anlagen sind wesentliche Kriterien bei der Festlegung der Anforderungen, wie der Tabelle 20 zu entnehmen ist. Diese sind unbedingt seitens des Bauherrn zur Verfügung zu stellen.

Anmerkung:
Eine Überschreitung des maximalen A-bewerteten Schalldruckpegels $L_{AF,max}$ ist in der Norm im Rahmen der Anforderungsbeschreibungen nicht vorgesehen. In der Praxis wird dieser Fall jedoch durchaus – üblicherweise in Verbindung mit elektroakustischer Verstärkung von Musik – auftreten. Hier liegt es nahe, die Überschreitung des maximalen A-bewerteten Schalldruckpegels, bei Gasträume beispielsweise $L_{AF,max} = 95\ dB$, auf die zu erfüllenden Anforderungen aufzuschlagen, womit der im Empfangsraum sich einstellende Pegel entsprechend unverändert bleibt.

2.4 Trennende Bauteile im eigenen Wohn- und Arbeitsbereich

Zunächst sind im eigenen Wohn- und Arbeitsbereich keine öffentlich-rechtlichen Anforderungen an trennende Bauteile zu erfüllen.
Empfehlungen und Anhaltswerte für den öffentlich-rechtlich geforderten Schallschutz im eigenen Bereich werden (immer noch) in der DIN 4109 Beiblatt 2 (11.1989) geregelt. Aufgrund des Empfehlungscharakters sind die vorgeschlagenen Anforderungen ausdrücklich zwischen dem Bauherrn und dem Entwurfs-

Tabelle 14. Geänderte Anforderungswerte an das bewertete Bau-Schalldämmmaß R'_w für den öffentlich-rechtlich geforderten Schallschutz im Vergleich zwischen DIN 4109 (11.1989) und DIN 4109-1 (01.2018)

Bauteile		R'_w in dB	
		DIN 4109 (11.1989)	DIN 4109-1 (01.2018)
Mehrfamilienhäuser und gemischt genutzte Häuser			
Wände	Schachtwände von Aufzugsanlagen an Aufenthaltsräumen	–	≥ 57
Einfamilien-, Reihenhäuser und zwischen Doppelhäusern			
Wände	Haustrennwände	57	–
	Haustrennwände zu Aufenthaltsräumen, die im untersten Geschoss (erdberührt oder nicht) eines Gebäudes gelegen sind	–	≥ 59
	Haustrennwände zu Aufenthaltsräumen, unter denen mindestens ein Geschoss (erdberührt oder nicht) eines Gebäudes vorhanden ist	–	≥ 62

Tabelle 15. Geänderte Anforderungswerte an den bewerteten Norm-Trittschallpegel $L'_{n,w}$ für den öffentlich-rechtlich geforderten Schallschutz im Vergleich zwischen DIN 4109 (11.1989) und DIN 4109-1 (01.2018)

Bauteile		$L'_{n,w}$ in dB	
		DIN 4109 (11.1989)	DIN 4109-1 (01.2018)
Mehrfamilienhäuser und gemischt genutzte Häuser			
Decken	Decken unter allgemein nutzbaren Dachräumen, z. B. Trockenböden, Abstellräumen und ihren Zugängen	53	≤ 52
	Wohnungstrenndecken (auch -treppen) und Decken zwischen fremden Arbeitsräumen bzw. vergleichbaren Nutzeinheiten	53	≤ 50
	Decken über Kellern, Hausfluren, Treppenräumen unter Aufenthaltsräumen	53	≤ 53
	Decken über Durchfahrten, Einfahrten von Sammelgaragen und Ähnliches unter Aufenthaltsräumen	53	≤ 50
	Decken unter/über Spiel- oder ähnlichen Gemeinschaftsräumen	46	≤ 46
	Decken unter Bad und WC ohne/mit Bodenentwässerung	53	≤ 53
Treppen	Treppenläufe und -podeste	58	≤ 53
Einfamilien-, Reihenhäuser und zwischen Doppelhäusern			
Decken	Treppenläufe und -podeste und Decken unter Fluren	53	≤ 46
	Decken	48	≤ 41
Hotels und Beherbergungsstätten			
Decken	Decken	53	≤ 50
	Decken unter/über Schwimmbädern, Spiel- oder ähnlichen Gemeinschaftsräumen zum Schutz gegenüber Schlafräumen	46	≤ 46
	Decken unter Bad und WC ohne/mit Bodenentwässerung	53	≤ 53
	Treppenläufe und -podeste	58	≤ 58

verfasser zu vereinbaren. Es wird hier darauf hingewiesen, dass eine Umsetzung der Vorschläge bei einer „offenen" Grundrissgestaltung häufig nicht möglich ist. Für den Nachweis des Trittschallschutzes dürfen – im Gegensatz zum Nachweis der Mindestanforderungen – weichfedernde Bodenbeläge mit angesetzt werden.

Neben dem eigenen Wohnbereich werden häufig auch im eigenen Arbeitsbereich, aufgrund unterschiedlicher Nutzung nebeneinanderliegender Büros und bzw. oder unterschiedlicher Arbeits- und Ruhezeiten, Schallschutzmaßnahmen gewünscht. Entsprechende Emp-

Tabelle 16. Geänderte Anforderungswerte an das bewertete Bau-Schalldämmmaß R'_w für den öffentlich-rechtlich geforderten Schallschutz zwischen schutzbedürftigen und besonders lauten Räumen im Vergleich zwischen DIN 4109 (11.1989) und DIN 4109-1 (01.2018)

Art der Räume	Bauteile	R'_w in dB	
		DIN 4109 (11.1989)	DIN 4109-1 (01.2018)
Räume mit „besonders lauten" gebäudetechnischen Anlagen oder Anlagenteilen mit $75 \leq L_{AF,max} \leq 80$ dB	Decken, Wände	57	≥ 57
Räume mit „besonders lauten" gebäudetechnischen Anlagen oder Anlagenteilen mit $81 \leq L_{AF,max} \leq 85$ dB	Decken, Wände	62	≥ 62
Betriebsräume von Handwerks- und Gewerbebetrieben, Verkaufsstätten mit $75 \leq L_{AF,max} \leq 80$ dB	Decken, Wände	57	≥ 57
Betriebsräume von Handwerks- und Gewerbebetrieben, Verkaufsstätten mit $81 \leq L_{AF,max} \leq 85$ dB	Decken, Wände	62	≥ 62
Küchenräume der Küchenanlagen von Beherbergungsstätten, Krankenhäusern, Sanatorien, Gaststätten, Imbissstuben und dergleichen (bis 22:00 Uhr in Betrieb)	Decken, Wände	55	≥ 55
Küchenräume wie vor, jedoch auch nach 22:00 Uhr in Betrieb	Decken, Wände	57[1]	≥ 57[1]
Galerie (bis 22:00 Uhr in Betrieb) mit $75 \leq L_{AF,max} \leq 80$ dB	Decken, Wände	–	≥ 55
Gasträume (bis 22:00 Uhr in Betrieb) mit $81 \leq L_{AF,max} \leq 85$ dB	Decken, Wände	–	≥ 57
Gasträume (auch nach 22:00 Uhr in Betrieb) mit $L_{AF,max} \leq 85$ dB	Decken, Wände	62	≥ 62
Räume mit Kegelbahn	Decken, Wände	67	≥ 67
Gasträume mit $85 \leq L_{AF,max} \leq 95$ dB, z. B. mit elektroakustischen Anlagen	Decken, Wände	72	≥ 72

1) Handelt es sich um Großküchenanlagen und darüber liegende Wohnungen als schutzbedürftige Räume gilt $R'_w \geq 62$ dB.

Tabelle 17. Geänderte Anforderungswerte an den bewerteten Norm-Trittschallpegel $L'_{n,w}$ für den öffentlich-rechtlich geforderten Schallschutz zwischen schutzbedürftigen und besonders lauten Räumen im Vergleich zwischen DIN 4109 (11.1989) und DIN 4109-1 (01.2018)

Art der Räume	Bauteile	$L'_{n,w}$[1),2)] in dB	
		DIN 4109 (11.1989)	DIN 4109-1 (01.2018)
Räume mit „besonders lauten" gebäudetechnischen Anlagen oder Anlagenteilen	Fußböden	43[3]	≤ 43[3]
Betriebsräume von Handwerks- und Gewerbebetrieben, Verkaufsstätten	Fußböden	43	≤ 43
Küchenräume der Küchenanlagen von Beherbergungsstätten, Krankenhäusern, Sanatorien, Gaststätten, Imbissstuben und dergleichen (bis 22:00 Uhr in Betrieb)	Fußböden	43	≤ 43
Küchenräume wie vor, jedoch auch nach 22:00 Uhr in Betrieb	Fußböden	33	≤ 33
Gasträume (bis 22:00 Uhr in Betrieb)	Fußböden	43	≤ 43
Gasträume (auch nach 22:00 Uhr in Betrieb) mit $L_{AF,max} \leq 85$ dB	Fußböden	33	≤ 33
Räume mit Kegelbahn	Fußböden – Keglerstube – Bahn	33 13	≤ 33 ≤ 13
Gasträume mit $85 \leq L_{AF,max} \leq 95$ dB, z. B. mit elektroakustischen Anlagen	Fußböden	28	≤ 28

1) Jeweils in Richtung der Schallausbreitung.
2) Die für Maschinen erforderliche Körperschalldämmung ist mit diesem Wert nicht erfasst; hierfür sind ggf. weitere Maßnahmen erforderlich. Ebenso kann je nach Art des Betriebes ein niedrigeres erf. $L'_{n,w}$ notwendig sein, dies ist im Einzelfall zu überprüfen. Wegen der verstärkten Übertragung tiefer Frequenzen können zusätzliche Maßnahmen zur Schalldämmung erforderlich sein.
3) Nicht erforderlich, wenn Geräusch erzeugende Anlagen ausreichend körperschallgedämmt aufgestellt werden.

fehlungen und Anhaltswerte sind in DIN 4109 Beiblatt 2 (11.89) geregelt, vgl. Tabellen 18 und 19.
Für den Nachweis des Trittschallschutzes dürfen – wie im eigenen Wohnbereich – weichfedernde Bodenbeläge mit angesetzt werden.

2.5 Technische Gebäudeausrüstung

2.5.1 Gebäudetechnische Anlagen und baulich mit dem Gebäude verbundene Gewerbebetriebe

Erzeugen gebäudetechnische Anlagen und/oder baulich mit dem Gebäude verbundenen Gewerbebetriebe Schall, so werden Anforderungen an den daraus in fremden schutzbedürftigen Räumen sich einstellenden maximalen zulässigen A-bewerteten Schalldruckpegel gestellt. Diese Maximalpegel sind in Tabelle 21 zusammengestellt.

Gebäudetechnische Anlagen sind nach dieser Norm dem Gebäude dienende
– Versorgungs- und Entsorgungsanlagen,
– Transportanlagen sowie
– fest eingebaute betriebstechnische Anlagen.

Als gebäudetechnische Anlagen gelten außerdem:
– Gemeinschaftswaschanlagen,
– Schwimmanlagen, Saunen und dergleichen,
– Sportanlagen,
– zentrale Staubsauganlagen,
– Garagenanlagen (siehe dazu auch die Ausführungen in Abschnitt 2.5.4) sowie
– fest eingebaute motorbetriebene außenliegende Sonnenschutzanlagen und Rollläden.

Die erforderlichen Maßnahmen zur Minderung der Geräuschausbreitung sind vom Produkthersteller anzugeben.

Hinweis:
Grundsätzlich gilt: Die in Tabelle 20 aufgeführten zulässigen Schalldruckpegel im schutzbedürftigen Raum können erreicht werden, indem die trennenden Bauteile mindestens mit der Qualität der in den Tabellen 16 bzw. 17 dargestellten Anforderungen ausgeführt werden.

2.5.2 Raumlufttechnische Anlagen im eigenen Wohnbereich

Bei den im eigenen Wohn- und Arbeitsbereich fest installierten technischen Schallquellen, die (bei bestimmungsgemäßem Betrieb) nicht vom Bewohner selbst betätigt bzw. in Betrieb gesetzt werden, sind die in Tabelle 21 verzeichneten Anforderungen einzuhalten.
Die erforderlichen Maßnahmen zur Minderung der Geräuschausbreitung sind vom Produkthersteller anzugeben.

2.5.3 Armaturen und Geräte der Trinkwasser-Installation

Für Armaturen und Geräte der Trinkwasserinstallation wird zur Kennzeichnung der Schallerzeugung der Armaturengeräuschpegel L_{ap} nach DIN EN ISO 3822-1 herangezogen. Die Kennwerte sind einem allgemeinen bauaufsichtlichen Prüfzeugnis zu entnehmen.

Tabelle 18. Empfehlungen und Anhaltswerte für den öffentlich-rechtlich geforderten Schallschutz im eigenen Wohnbereich

Bauteile	erf. R'_w in dB	erf. $L'_{n,w}$ in dB
Decken, außer Kellerdecken und Decken unter nicht ausgebauten Dachräumen	50	56
Decken von Fluren	–	56
Wände ohne Türen zwischen „lauten" und „leisen" Räumen unterschiedlicher Nutzung (z. B. Wohn- und Kinderzimmer)	40	–

Tabelle 19. Empfehlung und Anhaltswerte für den öffentlich-rechtlich geforderten Schallschutz im eigenen Arbeitsbereich

Bauteile	erf. R'_w in dB	erf. $L'_{n,w}$ in dB
Decken, Treppen, Decken von Fluren und Treppenraumwänden	52	53
Wände zwischen Räumen mit üblicher Bürotätigkeit	37	–
Wände zwischen Fluren und Räumen wie vor	37	–
Wände von Räumen für konzentrierte geistige oder zur Behandlung vertraulicher Angelegenheiten, z. B. zwischen Direktions- und Vorzimmer	45	–
Wände zwischen Fluren und Räumen wie vor	45	–
Türen in Wänden von Räumen mit üblicher Bürotätigkeit	27	–
Türen in Wänden von Räumen für konzentrierte geistige Tätigkeit oder zur Behandlung vertraulicher Angelegenheiten	37	–

Tabelle 20. Maximal zulässige A-bewertete Schalldruckpegel in fremden schutzbedürftigen Räumen, erzeugt von gebäudetechnischen Anlagen und baulich mit dem Gebäude verbundenen Betrieben

Geräuschquellen [1), 2)]		Maximal zulässige A-bewertete Schalldruckpegel in dB	
		Wohn- und Schlafräume	Unterrichts- und Arbeitsräume
Sanitärtechnik/Wasserinstallationen (Wasserversorgungs- und Abwasseranlagen gemeinsam)		$L_{AF,max,n} \leq 30$ [3), 4), 5)]	$L_{AF,max,n} \leq 35$ [3), 4), 5)]
Sonstige hausinterne, fest installierte technische Schallquellen der technischen Ausrüstung, Ver- und Entsorgung sowie Garagenanlagen		$L_{AF,max,n} \leq 30$ [5)]	$L_{AF,max,n} \leq 35$ [5)]
Gaststätten einschließlich Küchen, Verkaufsstätten, Betriebe u. Ä.	am Tag (6 bis 22 Uhr)	$L_r \leq 35$ $L_{AF,max} \leq 45$	$L_r \leq 35$ $L_{AF,max} \leq 45$
	bei Nacht (nach TA Lärm)	$L_r \leq 25$ $L_{AF,max} \leq 35$	$L_r \leq 35$ $L_{AF,max} \leq 45$

1) Außer Betracht bleiben Geräusche von ortsveränderlichen Maschinen und Geräten (z. B. Staubsauger, Waschmaschinen, Küchengeräte und Sportgeräte) im eigenen Wohnbereich.
2) Nutzergeräusche (z. B. Aufstellen eines Zahnputzbechers auf einer Abstellplatte, Öffnen und Schließen des WC-Deckels) unterliegen nicht den Anforderungen.
3) Einzelne kurzzeitige Geräuschspitzen, die beim Betätigen der Armaturen und Geräte (Öffnen, Schließen, Umstellen, Unterbrechen) entstehen, sind derzeit nicht zu berücksichtigen.
4) Voraussetzungen zur Erfüllung des zulässigen Schalldruckpegels:
– Die Ausführungsunterlagen müssen die Anforderungen des Schallschutzes berücksichtigen, d. h. zu den Bauteilen müssen die erforderlichen Schallschutznachweise vorliegen und
– außerdem muss die verantwortliche Bauleitung benannt und zu einer Teilabnahme vor Verschließen bzw. Bekleiden der Installation hinzugezogen werden.
5) Abweichend von DIN EN ISO 10052 (10.2010), Abschnitt 6.3.3, wird auf Messung in der lautesten Raumecke verzichtet.

Tabelle 21. Maximal zulässige A-bewertete Schalldruckpegel in schutzbedürftigen Räumen in der eigenen Wohnung, erzeugt von raumlufttechnischen Anlagen im eigenen Wohnbereich

Geräuschquellen	Maximal zulässige A-bewertete Schalldruckpegel in dB	
	Wohn- und Schlafräume	Küchen
Fest installierte technische Schallquellen der Raumlufttechnik im eigenen Wohn- und Arbeitsbereich	$L_{AF,max,n} \leq 30$ [1), 2), 3), 4)]	$L_{AF,max,n} \leq 35$ [1), 2), 3), 4)]

1) Einzelne kurzzeitige Geräuschspitzen, die beim Ein- und Ausschalten der Anlagen auftreten, dürfen die Grenzwerte um maximal 5 dB überschreiten.
2) Voraussetzungen zur Erfüllung des zulässigen Schalldruckpegels:
– Die Ausführungsunterlagen müssen die Anforderungen des Schallschutzes berücksichtigen, d. h. zu den Bauteilen müssen die erforderlichen Schallschutznachweise vorliegen.
– Außerdem muss die verantwortliche Bauleitung benannt und zu einer Teilabnahme vor Verschließen bzw. Bekleiden der Installation hinzugezogen werden.
3) Abweichend von DIN EN ISO 10052 (10.2010), Abschnitt 6.3.3, wird auf Messung in der lautesten Raumecke verzichtet.
4) Es sind um 5 dB höhere Werte zulässig, sofern es sich um Dauergeräusche ohne auffällige Einzeltöne handelt.

Es gelten die Vorgaben nach DIN 4109-1, Abschnitt 11 (hier zusammengefasst in Tabelle 22).

Anmerkung
Nach den bauaufsichtlichen Vorschriften bedürfen Armaturen der Trinkwasser-Installation hinsichtlich des Geräuschverhaltens eines allgemeinen bauaufsichtlichen Prüfberichtes, in dem das auf der Armatur anzubringende Prüfzeichen – gegebenenfalls mit Verwendungsauflagen und Durchflussklassen – erteilt wird.

Für Auslaufarmaturen und daran anzuschließende Auslaufvorrichtungen (Strahlregler, Rohrbelüfter in Durchflussform, Rückflussverhinderer, Kugelgelenke und Duschköpfe) sowie für Eckventile gelten die in Tabelle 23 festgelegten Durchflussklassen mit maximalen Durchflüssen.

2.5.4 Tiefgaragen

Auch wenn Garagenanlagen – und dazu zählen natürlich insbesondere Tiefgaragen – als gebäudetechnische Anlagen hinsichtlich ihrer Anforderungen in Tabelle 20 (entspricht DIN 4109-1 Abschnitt 9, Tabelle 9) bereits angeführt wurden, ist hier dennoch ein etwas genauerer Blick zielführend bzw. erforderlich – insbesondere im Hinblick auf die letztendlich signifikante latente Ver-

Tabelle 22. Anforderungen an Armaturen und Geräte der Trinkwasser-Installation

Armaturen	Armaturengeräuschpegel L_{ap}[1)] für kennzeichnenden Fließdruck oder Durchfluss nach DIN EN ISO 3822-1 bis DIN EN ISO 3822-4[2)]	Armaturengruppe
Auslaufarmaturen	≤ 20[3)]	I
Geräte-Anschlussarmaturen		
Elektronisch gesteuerte Anschlussarmaturen mit Magnetventil		
Druckspüler		
Spülkästen		
Durchflusswassererwärmer		
Durchgangsarmaturen (z. B. Absperrventile, Eckventile, Rückflussverhinderer, Sicherheitsgruppen, Systemtrenner, Filter)	≤ 30[3)]	II
Drosselarmaturen (z. B. Vordrosseln, Eckventile)		
Druckminderer		
Duschköpfe		
Auslaufvorrichtungen, die direkt an die Auslaufarmatur angeschlossen werden Typ A (z. B. Strahlregler, Durchflussbegrenzer)	≤ 15	I
Auslaufvorrichtungen, die direkt an die Auslaufarmatur angeschlossen werden Typ B (z. B. Kugelgelenke, Rohrbelüfter, Rückflussverhinderer)	≤ 25	II

1) Die Messungen von L_{ap} müssen bei 0,3 MPa und 0,5 MPa erfolgen.
2) Dieser Wert darf bei dem in DIN EN ISO 3822-1 bis DIN EN ISO 3822-4 für die einzelnen Armaturen genannten oberen Fließdruck von 0,5 MPa oder Durchfluss Q 1 um bis zu 5 dB überschritten werden.
3) Geräuschspitzen, die beim Betätigen der Armaturen entstehen (Öffnen, Schließen, Umstellen, Unterbrechen u. a.), werden bei der Prüfung nach DIN EN ISO 3822-1 bis DIN EN ISO 3822-4 im Allgemeinen nicht erfasst. Der A-bewertete Schallpegel dieser Geräusche, gemessen mit der Zeitbewertung FAST wird erst dann zur Bewertung herangezogen, wenn es die Messverfahren nach einer nationalen oder Europäischen Norm zulassen.

Tabelle 23. Durchflussklassen

Durchflussklasse[1)]	Maximaler Durchfluss bei 0,3 MPa Fließdruck	
	in l/s	in l/min
Z	0,15[2)]	9
A	0,25	15
S	0,33	20
B	0,42	25
C	0,50	30
D	0,63	38

1) Die Einstufung in die jeweilige Durchflussklasse erfolgt aufgrund des bei der Prüfung nach DIN EN ISO 3822-1 bis DIN EN ISO 3822-4 verwendeten Strömungswiderstandes oder festgestellten Durchflusses.
2) Werden Auslaufvorrichtungen verwendet, die einen geringeren Durchfluss als 0,15 l/s bzw. haben, ist die Durchflussklasse O (original) anzugeben.

änderung der Anforderungen von alter zu neuer DIN 4109 und die damit verbundenen Konsequenzen für die baukonstruktive Umsetzung.

In Tabelle 20 werden für Garagenanlagen die maximal zulässigen A-bewerteten Schalldruckpegel in schutzbedürftigen Räumen (Wohn- und Schlafzimmer) zu $L_{AF,max,n} = 30$ dB vorgeben.

In DIN 4109-1 heißt es dann in Abschnitt 8 weiter: *„Es sind mindestens Schallschutzmaßnahmen nach den in Tabelle 8* [hier: Tabellen 16 und 17] *genannten Anforderungen zwischen den „besonders lauten" Räumen und den schutzbedürftigen Räumen erforderlich, um die in Tabelle 9* [hier: Tabelle 20] *genannten zulässigen Schalldruckpegel einzuhalten."* (In der alten DIN 4109 findet man diesen Passus nahezu wörtlich in Abschnitt 4.2). Damit ergibt sich für die Bodenplatte (Terminus → „Fußboden") ein erforderlicher bewerteter Normtrittschallpegel erf. $L'_{n,w} \leq 43$ dB.

Nach DIN 4109 Beiblatt 1 Berichtigung 1 Seite 2 Anstrich 9 (08.1992) galt für Bodenplatten die folgende Bemessungsgleichung:

$$L'_{n,w,R} = 63 - \Delta L_{w,R} - 15 \text{ dB}$$

Umgestellt nach dem Verbesserungsmaß ergibt sich hier unter Berücksichtigung des Vorhaltemaßes von 2 dB:

erf. $\Delta L_{w,R} \geq 7$ dB

Nach DIN 4109-2 Abs. 4.3.2.1.2 gilt für massive Decken bei unterschiedlichen Raumanordnungen jedoch nun diese Bemessungsgleichung:

$$L'_{n,w} = L_{n,eq,0,w} - \Delta L_{w,R} + K_T \text{ in dB}$$

Der Korrekturwert K_T ist nach DIN 4109-2 Abs. 4.3.2.1.2 Tabelle 2 Zeile 3 in Verbindung mit Fußnote c zu $K_T = 10$ dB anzusetzen.
Umgestellt nach dem Verbesserungsmaß ergibt sich hier dann für eine Stahlbodenplatte mit der Dicke d = 30 cm (Obergrenze der Bemessungsgültigkeit) unter Berücksichtigung des Sicherheitsbeiwertes u_{prog} = 3 dB:

erf. $\Delta L_{w,R} \geq 14$ dB

Es hat sich also durch den Normenwechsel eine latente Erhöhung der Anforderungen an die Trittschalldämmung von Bodenplatten in Tiefgaragen um mindestens 7 dB (was dem Faktor 5 bzw. 500 % entspricht) ergeben!
Von besonderem Interesse ist im Weiteren dann die Frage der baukonstruktiven Umsetzung dieser Anforderung, insbesondere in Verbindung mit WU-Konstruktionen.

3 Zivilrechtlicher Nachweis

3.1 Überblick

Wie in Abschnitt 1 des vorliegenden Beitrags schon ausgeführt, wird heute – so bestätigen es auch die Erfahrungen der Verfasser in ihrer praktischen Arbeit sowie als Sachverständige vor Gericht – im Bereich des baulichen Schallschutzes als „Stand der Technik" die fachlich-inhaltlich vertiefte Auseinandersetzung mit dem im jeweiligen Fall umzusetzenden Schallschutzniveau oberhalb des bauaufsichtlichen Mindestschallschutzes angesehen. Zu diesem Zweck steht für die unterschiedlichen Situationen eine Vielzahl unterschiedlicher Regelwerke zur Verfügung, vgl. Tabelle 23.
Für eine zielführende Diskussion zwischen dem Fachplaner für Bauakustik und dem möglicherweise fachfremden Bauherrn werden in den meisten Regelwerken des zivilrechtlichen Schallschutzes die zu erwartenden Schallschutzqualitäten (bzw. akustische Wahrnehmungsunterschiede) zwischen fremden Räumen nicht nur durch die logarithmischen Schallkennwerte, sondern zusätzlich durch eine allgemein verständliche Beschreibung klassifiziert. In Tabelle 24 sind diese Beschreibungen über die unterschiedlichen Regelwerke hinweg in aufsteigender Qualität zusammengestellt, wobei die Beschreibungen in den unterschiedlichen Ursprungstabellen zwangsläufig wegen der unterschiedlichen Autorenschaften nicht vollständig konsistent sind

(eine gewisse Anpassung in einzelnen Formulierungen der DIN 4109-1 war im Rahmen der Tabellenerstellung erforderlich).
Tabelle 25 zeigt die aus diesen verbalen Beschreibungen resultierende Spannweite der Anforderungen an das bewertete Luftschalldämmmaß erf. R'_w am Beispiel einer Wohnungstrennwand in einem Mehrfamilienhaus (MFH) sowie die damit verbundenen Verbesserungsfaktoren (= Reduzierungen der übertragenen Schallenergie gegenüber dem Mindestschallschutz).
Zur subjektiven Bewertung der dokumentierten Verbesserungsfaktoren zwischen den unterschiedlichen Regelwerken wird hier auf Tabelle 26 verwiesen.
Wie in Abschnitt 1.3 schon angeführt, sei noch einmal ausdrücklich darauf hingewiesen, dass die bauliche Umsetzung erhöhter Schallschutzanforderungen bereits im frühen Planungsstadium eine entsprechend tiefe Auseinandersetzung mit dem Bauwerk sowie eine detaillierte Planung aller relevanten Komponenten erfordert.
Ein einfaches Beispiel soll diesen Umstand veranschaulichen:
Für eine deutlich wahrnehmbare Reduzierung der Schalldruckpegel im Empfangsraum ist das bewertete Schalldämmmaß des trennenden Bauteils um etwa 5 bis 6 dB zu erhöhen; für die baukonstruktive Umsetzung dieser Forderung bedeutet dies nach dem Massegesetz jedoch *eine Verdopplung der flächenbezogenen Massen aller an der Schallübertragung beteiligten Massivbauteile!*
Nachfolgend soll als weitere Vertiefung des Themas das Prüfungsschema des geschuldeten baulichen Schallschutzes entsprechend den Ausführungen des „Fachausschuss für Bau- und Raumakustik der Deutschen Gesellschaft für Akustik (DEGA) im DEGA-Memorandum 101 (08.2005) vorgestellt werden, vgl. Tabelle 27.
Dabei handelt es sich um ein hierarchisch geordnetes, dreistufiges Prüfungsschema, das sich vorrangig an den vertraglichen Vereinbarungen, also an der Vertragslage, der konkludenten Vereinbarungen, der gewählten baulichen Konstruktionen etc. orientiert.

3.2 Außenlärm

3.2.1 DIN 4109 Bbl. 2 und DIN 4109-5, DIN SPEC 91314, VDI 4100 und DEGA 103

Die in den genannten Normen, Richtlinien und Empfehlungen formulierten Anforderungen gegenüber Außenlärm sind in Tabelle 28 übersichtlich zusammengefasst.

Anmerkung zur E DIN 4109-5:
In Kapitel 7 der Norm wird die Tatsache, dass keine erhöhten Anforderungen an Außenbauteile erhoben werden, wie folgt begründet: „... *Durch eine Erhöhung der Schalldämmung der Außenbauteile über die Anforderungen nach DIN 4109-1 hinaus, wird das Grundgeräusch im Inneren eines Raums oder eines Gebäudes potenziell*

132   A 5   Anforderungen im baulichen Schallschutz

Tabelle 24. Wahrnehmung üblicher Geräusche aus Nachbarwohnungen und Zuordnung zu unterschiedlichen Schallschutzstufen oder Klassen in Mehrfamilienhäusern

Wahrnehmung der Immission aus der Nachbarwohnung [1] (abendlicher A-bewerteter Grundgeräuschpegel im Bereich 20 dB [2] bzw. 25 dB [2], [3] und üblich große Aufenthaltsräume)

Art der Geräuschemission [1]	DIN 4109-1	VDI 4100 (2007)	DEGA 103	DIN SPEC 91314	E DIN 4109-5	VDI 4100 (2007)	VDI 4100 (2012)	DEGA 103	VDI 4100 (2007)	VDI 4100 (2012)	DEGA 103	VDI 4100 (2012)	DEGA	DEGA
		SSt I	D			SSt II	SSt I	C	SSt III	SSt II	B	SSt III	A	A*
	Mindestschallschutz							erhöhter Schallschutz						
Laute Sprache	tlw. verstehbar, i. A. hörbar	verstehbar	ewf. zu verstehen, deutlich hörbar	i. A. nicht mehr verstehbar, noch hörbar		i. A. verstehbar	undeutlich verstehbar	tlw. zu verstehen, i. A. hörbar	i. A. nicht verstehbar	kaum verstehbar	i. A. nicht verstehbar, tlw. hörbar	i. A. nicht verstehbar	nicht verstehbar, noch hörbar	nicht verstehbar, nicht hörbar
Angehobene Sprache	i. A. nicht verstehbar, noch hörbar	i. A. verstehbar	tlw. zu verstehen, i. A. hörbar	nicht verstehbar	nicht verstehbar, kaum hörbar	i. A. nicht verstehbar	i. A. kaum verstehbar	i. A. nicht verstehbar, tlw. hörbar	nicht verstehbar	i. A. nicht verstehbar	nicht verstehbar, noch hörbar	nicht verstehbar	nicht verstehbar, nicht hörbar	nicht verstehbar, nicht hörbar
Normal laute Sprache	nicht verstehbar, noch hörbar	i. A. nicht verstehbar	i. A. nicht verstehbar, tlw. hörbar	nicht verstehbar, kaum hörbar	nicht verstehbar, nicht hörbar	nicht verstehbar	i. A. nicht verstehbar	Nicht verstehbar, noch hörbar	nicht hörbar	nicht verstehbar	nicht verstehbar, nicht hörbar	nicht hörbar	nicht verstehbar, nicht hörbar	nicht verstehbar, nicht hörbar
Sehr laute Musik	sehr deutlich hörbar		sehr deutlich hörbar	sehr deutlich hörbar			sehr deutlich hörbar	sehr deutlich hörbar		deutlich hörbar	sehr deutlich hörbar	noch hörbar	deutlich hörbar	hörbar
Laute Musik/ lautes TV	sehr deutlich hörbar	deutlich hörbar	sehr deutlich hörbar	sehr deutlich hörbar		deutlich hörbar	deutlich hörbar	sehr deutlich hörbar	i. A. hörbar	noch hörbar	deutlich hörbar	kaum hörbar	noch hörbar	noch hörbar
Normal laute Musik	deutlich hörbar		sehr deutlich hörbar	noch hörbar	hörbar		noch hörbar	deutlich hörbar		kaum hörbar	hörbar	nicht hörbar	noch hörbar	nicht hörbar
Spielende Kinder	deutlich hörbar		sehr deutlich hörbar	deutlich hörbar			hörbar	deutlich hörbar		noch hörbar	hörbar	kaum hörbar	noch hörbar	nicht hörbar

Tabelle 24. Wahrnehmung üblicher Geräusche aus Nachbarwohnungen und Zuordnung zu unterschiedlichen Schallschutzstufen oder Klassen in Mehrfamilienhäusern (Fortsetzung)

Art der Geräuschemission[1]	Wahrnehmung der Immission aus der Nachbarwohnung[1] (abendlicher A-bewerteter Grundgeräuschpegel im Bereich 20 dB[2] bzw. 25 dB[2], [3] und üblich große Aufenthaltsräume)											
	DIN 4109-1	VDI 4100 (2007)	DEGA 103	DIN SPEC 91314	E DIN 4109-5	VDI 4100 (2007)	VDI 4100 (2012)	DEGA 103	VDI 4100 (2007)	VDI 4100 (2012)	DEGA 103	DEGA
		SSt I	D			SSt II	SSt I	C	SSt III	SSt II	B	A	A*
		Mindestschallschutz							erhöhter Schallschutz				
Gehgeräusche	hörbar	i. A. störend	deutlich hörbar	noch hörbar	noch hörbar	i. A. nicht störend	i. A. kaum störend	hörbar	nicht störend	i. A. nicht störend	noch hörbar	nicht hörbar	nicht hörbar
Nutzergeräusche			deutlich hörbar				hörbar			noch hörbar			
Gebäudetechnische Anlagen[4]	hörbar	unz. Bel. werden i. A. verm.	hörbar	i. A. noch hörbar	noch hörbar	gelegentl. störend	unz. Bel. werden i. A. verm.	noch hörbar	nicht/nur selten störend	i. A. nicht störend	nicht hörbar	nicht hörbar	nicht hörbar
Sanitär- und Wasserinstallation[5]	hörbar		hörbar	i. A. kaum hörbar	noch hörbar			noch hörbar			nicht hörbar	nicht hörbar	nicht hörbar
Betätigungsspitzen[6]	(gut) hörbar		deutlich hörbar	noch hörbar	hörbar			hörbar	nicht/nur selten störend		noch hörbar	nicht hörbar	nicht hörbar
Nutzergeräusche[7]	(gut) hörbar		deutlich hörbar	noch hörbar	hörbar			hörbar			noch hörbar	nicht hörbar	nicht hörbar
Haushaltsgeräte	deutlich hörbar		sehr deutlich hörbar	hörbar	hörbar		noch hörbar	deutlich hörbar	kaum hörbar		hörbar	noch hörbar	nicht hörbar

Abkürzungen: i. A. = im Allgemeinen, tlw. = teilweise, unz. Bel. = unzumutbare Belästigungen, verm. = vermieden, ewf. = einwandfrei
1) Die Formulierungen der einzelnen Beschreibungen wurden zwischen den unterschiedlichen Regelwerken unter Umständen etwas angepasst.
2) Bei einer Unterschreitung der (in der Regel abend- bzw. nächtlichen Ruhepegel) verschieben sich die verbalen Beschreibungen; d. h., dass Geräusche aus benachbarten Wohneinheiten dann deutlicher wahrgenommen werden können.
3) Bei DIN 4109-1, DIN 4109-5 und DIN SPEC 91314
4) Das sind z. B. Aufzuggeräusche, automatisch schließende Türen und Tore, Türöffner, Hebeanlagen, Heizungs- und Lüftungsanlagen.
5) Aus üblicher Benutzung von Dusche, WC-Spülung
6) Das sind z. B. Betätigen von WC-Spülung und Öffnen/Schließen von Wasserarmaturen.
7) Das sind z. B. übliches Ablegen von Gegenständen auf Ablagen oder sanitären Ausstattungsgegenständen, manuelle Rollladenbetätigung.

Tabelle 25. Beispiel für die Spannweite von Schallschutzanforderungen bei Anwendung unterschiedlicher Regelwerke (hier: Wohnungstrennwand in MFH, Tiefe des kleineren Raumes t = 3 m)

Regelwerk		Mindest-Luftschalldämm-Maß erf.R'w einer MFH-Trennwand in dB																			
		53	54	55	56	57	58	59	60	61	62	63	64	65	66	67	68	69	70	71	72	73
		Verbesserungsfaktor																				
		1,0	1,3	1,6	2,0	2,5	3,2	4,0	5,0	6,5	8	10	13	16	20	25	32	40	50	64	79	100
DIN 4109-1		■																					
DIN SPEC 91314					■																		
E DIN 4109-5						■																	
VDI 4100 (2007)	SSt I	■																					
	SSt II					■																	
	SSt III							■															
VDI 4100 (2012)	SSt I								■														
	SSt II										■												
	SSt III													■									
DEGA 103	D	■																					
	C					■																	
	B									■													
	A															■							
	A*																				■		

Tabelle 26. Bewertung der Verbesserung unterschiedlicher Schalldämmmaße bzw. Normtrittschallpegel infolge von $\Delta R'_w$ bzw. $\Delta L'_{n,w}$

Verbesserung von $\Delta R'_w$ bzw. $\Delta L'_{n,w}$	Verbesserungsfaktor = Faktor der Reduzierung der übertragenen Schallenergie	Subjektive Bewertung
+1 dB	1,25	Änderung i. d. R. nicht wahrnehmbar
+3 dB	2,00	Änderung wahrnehmbar
+5 dB	3,20	Änderung deutlich wahrnehmbar
+10 dB	10,00	Änderung signifikant: halbierte Lautstärke

weitergesenkt… Geräusche aus fremden Räumen (z. B. Nachbarwohnungen), können deutlicher wahrgenommen und daher belästigender empfunden werden, als dies ohne höhere Schalldämmung der Außenbauteile der Fall wäre. Deshalb werden hier keine zusätzlichen Anforderungen an die Schalldämmung der Außenbauteile festgelegt, die über die Mindestanforderungen nach DIN 4109-1 hinausgehen."

3.2.2 VDI 2719

Die VDI 2719 beschreibt ein alternatives Verfahren zur Ermittlung der Anforderungen an eine Fassade, respektive an ein Fenster.
Hier gehen in die Berechnung die folgenden Parameter ein:
- Zulässiger Schalldruckpegel im Raum (individuell festlegbar)
- Pegel des Außenlärms vor der Fassade
- Frequenzspektrum von Außenlärm und Fassadenbauteilen
- Größe der Fassadenfläche
- Raumvolumen und Nachhallzeit
- Schalleinfallswinkel

Die Ermittlung des erforderlichen bewerteten resultierenden Schalldämmmaßes erf. $R'_{w,res}$ der Fassade lässt sich dann wie folgt ermitteln:

$$\text{erf. } R'_{w,res.} = L_a - L_i + 10 \times \log \frac{S_g}{A} + K + W$$

mit
L_a maßgeblicher Außenlärmpegel in dB(A)
L_i maßgeblichen Innenraum-Schalldruckpegel in dB(A)
S_g Fassadenflächen (von innen gemessen) in m²

Tabelle 27. Hierarchisches dreistufiges Prüfungsschema zum geschuldeten baulichen Schallschutz nach DEGA-Memorandum 101 (08.2005)

Stufe	Beschreibung	Umsetzung
1	Es ist vorrangig der Schallschutz geschuldet, der sich aus den vertraglichen Vereinbarungen ergibt (→ „Beschaffenheitsvereinbarung")	Vereinbarung bestimmter Schallschutzniveaus mit zahlenmäßigen Angaben, die erreicht bzw. zwingend vertraglich eingehalten werden müssen.[1]
		Vereinbarung einer bestimmten Konstruktion[1], [2]
2	→ *Stufe 1 wird nicht erfüllt:* Es ist der Schallschutz geschuldet, der sich für den nach dem Vertrag vorausgesetzten Verwendungszweck eignet.	
3	→ *Stufe 2 wird nicht erfüllt:* Das Bauwerk muss den Erwartungen des Bestellers entsprechen und ein Schallschutz erreicht sein, der bei gleichartigen Bauwerken üblich ist und das Bauwerk zur gewöhnlichen Verwendung geeignet macht.	

[1] Sind allerdings die vereinbarten Schallschutzniveaus niedriger als die, die sich aus den anerkannten Regeln der Technik ergeben, ist die Vereinbarung nur rechtlich haltbar, wenn der Bauherr über die Negativabweichung umfangreich aufgeklärt wurde (es werden die Vertragserklärungen von den Gerichten so ausgelegt, dass der Unternehmer stillschweigend mindestens die Schallschutzqualität, die sich aus den anerkannten Regeln der Technik ergibt, zusichert (vgl. BGH Urteil vom 14.05.1998, BauR 1998, 872)).
[2] Ergibt sich bei ihrer sorgfältigen Ausführung ein höheres Schallschutzniveau als das der anerkannten Regeln der Technik, muss dennoch der mit der Konstruktion erreichbare höhere Wert eingehalten werden (vgl. BGH a. a. O.).

Tabelle 28. Zusammenstellung der Anforderungen nach den oben genannten Normen, Richtlinien und Empfehlungen, in denen zivilrechtliche Anforderungen formuliert werden

Regelwerk	Anforderung an erf. $R'_{w,ges}$ in dB				
DIN 4109 Bbl. 2 (11.1989)	keine Anforderungen				
DIN SPEC 91314 (01.2017)					
E DIN 4109-5 (05.2019)					
VDI 4100 (08.2007)	SSt I		SSt II		SSt III
	wie DIN 4109				DIN 4109 + 5 dB
VDI 4100 (10.2012)	SSt I		SSt II		SSt III
	wie DIN 4109				DIN 4109 + 5 dB
DEGA-Empfehlung 103 (01.2018)[1]	D	C	B	A	A*
	wie DIN 4109-1				DIN 4109-1 + $C_{tr50-3150}$

[1] Anforderungen erst ab Lärmpegelbereich II, also bei $L_a \geq 56$ dB(A)

A   äquivalente Schallabsorptionsfläche in m² (in der Regel mit 80 % der Grundfläche des betrachteten Raumes anzunehmen)
K   spektraler Korrektursummand in dB
W   Winkelkorrektur in dB (in der Regel vernachlässigbar)

Der maßgebliche A-bewertete Freifeld-Außenlärmpegel L_0 wird üblicherweise berechnet und in Sonderfällen auch gemessen. Die Berechnungen erfolgen mit den gängigen Regelwerken, z. B. DIN 18005-1. Längerfristige Geräuschentwicklungen sind zu berücksichtigen. Der maßgebliche Außenlärmpegel L_a ergibt sich dann aus Berechnungen bzw. Messungen zu:

$L_a = L_0 + 3$ dB

Der maßgebliche A-bewertete Innenraum-Schalldruckpegel L_i lässt sich als nicht zu überschreitender Maximalwert nach Tabelle 29 und der spektrale Korrektursummand nach Tabelle 30 ansetzen.

3.3 Trennende Bauteile gegen fremde Bereiche

3.3.1 DIN 4109 Bbl. 2 und E DIN 4109-5, DIN SPEC 91314

Die genannten Normen und Empfehlungen beinhalten die in den Tabellen 31 bis 38 aufgeführten zivilrechtlichen Anforderungen an trennende Bauteile ge-

Tabelle 29. Maßgebliche A-bewertete Innenraum-Schalldruckpegel L_i nach VDI 2719 Tab. 6

Raumart	A-bewertete Innenraum-Schalldruckpegel L_i in dB(A)	
	Mittelungspegel[1]	Mittlerer Maximalpegel
Schlafräume, nachts[2]		
In reinen und allgemeinen Wohngebieten, Krankenhaus- und Kurgebieten	$25 \leq L_m \leq 30$	$35 \leq L_{max} \leq 40$
In allen übrigen Gebieten	$30 \leq L_m \leq 35$	$40 \leq L_{max} \leq 45$
Wohnräume, tags		
In reinen und allgemeinen Wohngebieten, Krankenhaus- und Kurgebieten	$30 \leq L_m \leq 35$	$40 \leq L_{max} \leq 45$
In allen übrigen Gebieten	$35 \leq L_m \leq 40$	$45 \leq L_{max} \leq 50$
Kommunikations- und Arbeitsräume, tags		
Unterrichtsräume, ruhebedürftige Einzelbüros, wissenschaftliche Arbeitsräume, Bibliotheken, Konferenz- und Vortragsräume, Arztpraxen, Operationsräume, Kirchen, Aulen	$30 \leq L_m \leq 40$	$40 \leq L_{max} \leq 50$
Büros für mehrere Personen	$35 \leq L_m \leq 45$	$45 \leq L_{max} \leq 55$
Großraumbüros, Gaststätten, Schalterräume, Läden	$40 \leq L_m \leq 50$	$50 \leq L_{max} \leq 60$

1) Für Flugverkehrsgeräusche ist vom äquivalenten Dauerschallpegel gemäß FluLärmG bzw. DIN 45643 auszugehen.
2) Hierbei ist von der lautesten Nachtstunde zwischen 22:00 und 6:00 Uhr auszugehen; sie ist weitgehend von den örtlichen Gegebenheiten abhängig. Da bei Straßenverkehrsgeräuschen in der lautesten Nachtstunde erfahrungsgemäß der Mittelungspegel um ≈ 5 dB unter dem am Tag herrschenden Wert liegt, sind die Anforderungen (Schallschutzklassen) für die Raumarten 1 und 2 gleich.

Tabelle 30. Spektraler Korrektursummand nach VDI 2719 Tab. 7

Immissionsorte an	Korrektursummand K in dB
Bahnstrecken mit überwiegendem Personenverkehr	0
übrigen Bahnstrecken	3
innerstädtischen Straßen	6
anderen Straßen	3
Verkehrsflughäfen[1]	6

1) Bei anderen Luftfahrzeuggeräuschen kann – solange keine entsprechenden Untersuchungsergebnisse vorliegen – mit K = 6 dB gerechnet werden.

gen fremde Bereiche. Die wesentlichen bauakustischen Kenngrößen sind hier das Bau-Schalldämmmaß R'_w und der bewertete Norm-Trittschallpegel $L'_{n,w}$.
Zusätzlich zu den aufgeführten Anforderungen sind bei der Nachweisführung die Sicherheitsbeiwerte und Rundungsregeln entsprechend DIN 4109-2 anzuwenden.
Trittschallmindernde Bodenbeläge (z. B. weichfedernde Bodenbeläge nach DIN 4109-34 (07.2016), Tabelle 2 sowie schwimmend verlegte Parkett- und Laminatbeläge) dürfen beim schalltechnischen Nachweis im Wohnungsbau nicht angerechnet werden – mit Ausnahme von Wohnheimen, solange deren Vorhaltung sichergestellt ist.

Die Anforderungen beziehen sich mit Ausnahme der DIN 4109 Bbl. 2 alle auf den Wohnungsbau.
Die höheren Anforderungen an Bauteile in Einfamilien-Reihenhäusern und Einfamilien-Doppelhäusern sind im Vergleich zu den Anforderungen in Zusammenhang mit Mehrfamilienhäusern darin begründet, dass in den Einfamilienhäusern höhere Ansprüche an die Vertraulichkeit gestellt werden und es zudem eine höhere Erwartungshaltung hinsichtlich der Wahrnehmung von Geräuschen aus benachbarten Häusern bzw. Wohnungen gibt. Auf der anderen Seite ist bei dem Bau aneinandergereihter Häuser durch die einfach zu realisierende Mehrschaligkeit auch relativ einfach ein höherer Schallschutz zu realisieren.
Zivilrechtliche Anforderungen für den Nichtwohnungsbau (Hotels, Beherbergungsstätten, Sanatorien und Krankenanstalten) werden in DIN 4109 Bbl. 2 und E DIN 4109-5 geregelt.
In DIN 4109 Bbl. 2 werden wegen der stark unterschiedlichen Geräusche keine Vorschläge für einen erhöhten Schallschutz zwischen *schutzbedürftigen* und *besonders lauten* Räumen festgelegt.

3.3.2 VDI 4100

Die VDI 4100 stellt Empfehlungen für einen erhöhten Schallschutz im Sinne der Vertraulichkeit und eines höheren Komforts in Gebäuden mit Wohnungen oder wohnungsähnlichen Räumen, die ganz oder teilweise dem Aufenthalt von Menschen dienen. Aufgrund der gewünschten Vertraulichkeit und Intimität werden in der VDI 4100 auch Bäder – vorausgesetzt sie haben ei-

Tabelle 31. Zusammenstellung der zivilrechtlichen Anforderungen an das Bau-Schalldämmmaß R'_w trennender Bauteile in Geschosshäusern mit Wohnungen (und Arbeitsräumen)[1)] nach den oben genannten Normen und Empfehlungen

Bauteil		R'_w in dB		
allgemein	spezifiziert	DIN 4109 Bbl. 2	E DIN 4109-5	DIN SPEC 91314
Decken	Decken unter allgemein nutzbaren Dachräumen	≥ 55	≥ 56	–
	Wohnungstrenndecken	≥ 55	≥ 57	≥ 56
	Decken zwischen fremden Arbeitsräumen	≥ 55	–	≥ 56
	Decken über Kellern, Hausfluren, Treppenräumen unter Aufenthaltsräumen	≥ 55	≥ 55	–
	Decken über Durchfahrten, Einfahrten von Sammelgaragen und Ähnliches unter Aufenthaltsräumen	–	≥ 57	–
	Decken unter/über Spiel- oder ähnlichen Gemeinschaftsräumen	–	≥ 57	–
	Decken unter Bad und WC ohne/mit Bodenentwässerung	≥ 55	≥ 57	–
Wände	Wohnungstrennwände und Wände zwischen fremden Arbeitsräumen	≥ 55	≥ 56	≥ 55
	Treppenraumwände und Wände neben Hausfluren	≥ 55	≥ 56	≥ 55
	Wände neben Durchfahrten, Sammelgaragen, einschließlich Einfahrten	–	≥ 55[2)]	–
	Wände von Spiel- oder ähnlichen Gemeinschaftsräumen	–	≥ 57	–
	Schachtwände von Aufzugsanlagen an Aufenthaltsräumen	–	≥ 57[2)]	–
Türen	Türen, die von Hausfluren oder Treppenräumen in Flure und Dielen von Wohnungen und Wohnheimen oder von Arbeitsräumen führen	≥ 37	≥ 32	≥ 32
	Türen, die von Hausfluren oder Treppenräumen unmittelbar in Aufenthaltsräume – außer Flure und Dielen – von Wohnungen führen	–	≥ 40[3)]	≥ 42

1) Anforderungen an Arbeitsräume sind nur in DIN 4109 Bbl. 2 und E DIN 4109-5 festgelegt.
2) Entspricht den Werten aus DIN 4109-1.
3) Die Anforderung beträgt 37 dB unter der Voraussetzung, dass durch gleichwertige schallschutztechnische Maßnahmen, z. B. Schallabsorption in Hausfluren oder Treppenräumen, Schallschleusen im Eingangsbereich, der Schallschutz zwischen Treppenraum und Aufenthaltsraum verbessert wird.

Tabelle 32. Zusammenstellung der zivilrechtlichen Anforderungen an den bewerteten Norm-Trittschallpegel $L'_{n,w}$ trennender Bauteile in Geschosshäusern mit Wohnungen (und Arbeitsräumen)[1)] nach den genannten Normen und Empfehlungen

Bauteil		$L'_{n,w}$ in dB		
allgemein	spezifiziert	DIN 4109 Bbl. 2	E DIN 4109-5	DIN SPEC 91314
Decken	Decken unter allgemein nutzbaren Dachräumen	≤ 46	≤ 47	–
	Wohnungstrenndecken	≤ 46[2)]	≤ 45	≤ 46
	Decken zwischen fremden Arbeitsräumen	≤ 46[2)]	–	≤ 46
	Decken über Kellern, Hausfluren, Treppenräumen unter Aufenthaltsräumen	≤ 46	≤ 45	–
	Decken über Durchfahrten, Einfahrten von Sammelgaragen und Ähnliches unter Aufenthaltsräumen	≤ 46	≤ 45	–
	Decken unter/über Spiel- oder ähnlichen Gemeinschaftsräumen	–	≤ 41	–
	Decken unter Terrassen und Loggien über Aufenthaltsräumen	≤ 46	≤ 45	≤ 49
	Decken unter Laubengängen	≤ 46	≤ 45	≤ 49

Tabelle 32. Zusammenstellung der zivilrechtlichen Anforderungen an den bewerteten Norm-Trittschallpegel $L'_{n,w}$ trennender Bauteile in Geschosshäusern mit Wohnungen (und Arbeitsräumen)[1)] nach den genannten Normen und Empfehlungen (Fortsetzung)

Bauteil		$L'_{n,w}$ in dB		
allgemein	spezifiziert	DIN 4109 Bbl. 2	E DIN 4109-5	DIN SPEC 91314
	Balkone	–	≤ 58[3)]	≤ 49
	Decken und Treppen innerhalb von Wohnungen, die sich über zwei Geschosse erstrecken	≤ 46[2)]	≤ 45	–
	Decken unter Bad und WC ohne/mit Bodenentwässerung	≤ 46[2)]	≤ 47	–
	Decken unter Hausfluren	≤ 46[2)]	≤ 45	≤ 46
Treppen	Treppenläufe und -podeste	≤ 46	–	≤ 46

1) Anforderungen an Arbeitsräume sind nur in DIN 4109 Bbl. 2 und E DIN 4109-5 festgelegt.
2) Weichfedernde Bodenbeläge dürfen für den Nachweis des Trittschallschutzes angerechnet werden.
3) Entspricht den Werten aus DIN 4109-1.

Tabelle 33. Zusammenstellung der zivilrechtlichen Anforderungen an das Bau-Schalldämmmaß R'_w trennender Bauteile in Einfamilien-Doppelhäuser und Einfamilien-Reihenhäuser nach den genannten Normen und Empfehlungen

Bauteil		R'_w in dB		
allgemein	spezifiziert	DIN 4109 Bbl. 2	E DIN 4109-5	DIN SPEC 91314
Wände	Haustrennwände	≥ 67	–	–
	Haustrennwände zu Aufenthaltsräumen, die im untersten Geschoss (erdberührt oder nicht) eines Gebäudes gelegen sind.	–	≥ 64	≥ 62
	Haustrennwände zu Aufenthaltsräumen, unter denen ≥ 1 Geschoss (erdberührt oder nicht) des Gebäudes vorhanden ist.	–	≥ 67	≥ 67[1)]

1) Die Anforderungswerte gelten für das Erdgeschoss und die Geschosse darüber. Eine vollständige Trennung liegt vor, wenn das Gebäude unterkellert ist und die Trennfuge mindestens ab Oberkante der Bodenplatte vorhanden ist. Nicht unterkellerte Gebäude und Gebäude mit „Weißer Wanne" gelten als unvollständig getrennt.

Tabelle 34. Zusammenstellung der zivilrechtlichen Anforderungen an den bewerteten Norm-Trittschallpegel $L'_{n,w}$ trennender Bauteile in Einfamilien-Doppelhäusern und Einfamilien-Reihenhäusern nach den genannten Normen und Empfehlungen

Bauteil		$L'_{n,w}$ in dB		
allgemein	spezifiziert	DIN 4109 Bbl. 2	E DIN 4109-5	DIN SPEC 91314
Decken	Decken	≤ 38[1)]	≤ 38	≤ 38[1)]
	Bodenplatten auf Erdreich bzw. Decken über Kellergeschoss	–	≤ 41	–
	Decken unter Fluren	≤ 46[1)]	–	–
	Decken zu fremden Aufenthaltsräumen, die im untersten Geschoss (erdberührt oder nicht) eines Gebäudes gelegen sind.	–	–	≥ 38
	Decken zu fremden Aufenthaltsräumen, unter denen mindestens 1 Geschoss (erdberührt oder nicht) des Gebäudes vorhanden ist.	–	–	≥ 41[2)]
Treppen	Treppenläufe und -podeste	≤ 46[1)]	≤ 41	–
	Treppen zu fremden Aufenthaltsräumen, die im untersten Geschoss (erdberührt oder nicht) eines Gebäudes gelegen sind.	–	–	≤ 41
	Treppen zu fremden Aufenthaltsräumen, unter denen mindestens 1 Geschoss (erdberührt oder nicht) des Gebäudes vorhanden ist.	–	–	≤ 38[2)]

1) Weichfedernde Bodenbeläge dürfen für den Nachweis des Trittschallschutzes angerechnet werden.
2) Die Anforderungswerte gelten für das Erdgeschoss und die Geschosse darüber. Eine vollständige Trennung liegt vor, wenn das Gebäude unterkellert ist und die Trennfuge mindestens ab Oberkante der Bodenplatte vorhanden ist. Nicht unterkellerte Gebäude und Gebäude mit „Weißer Wanne" gelten als unvollständig getrennt.

Tabelle 35. Zusammenstellung der zivilrechtlichen Anforderungen an das Bau-Schalldämmmaß R'_w trennender Bauteile in Hotels und Beherbergungsstätten nach den genannten Normen und Empfehlungen

Bauteile		R'_w in dB		
allgemein	spezifiziert	DIN 4109 Bbl. 2	E DIN 4109-5	DIN SPEC 91314
Decken	Decken	≥ 55	≥ 57	–
	Decken unter Bad und WC ohne/mit Bodenentwässerung	≥ 55	≥ 57	–
	Decken unter Fluren	–	≥ 57	–
	Decken unter/über Schwimmbädern, Spiel- oder ähnlichen Gemeinschaftsräumen zum Schutz gegenüber Schlafräumen	–	≥ 58	–
Wände	Wände zwischen Übernachtungsräumen	≥ 52 [1]	≥ 52	–
	Wände zwischen Fluren und Übernachtungsräumen	≥ 52 [1]	≥ 52	–
Türen	Türen zwischen Fluren und Übernachtungsräumen	≥ 37	≥ 37	–

1) Gilt auch für Trennwände mit Türen zwischen fremden Übernachtungsräumen.

Tabelle 36. Zusammenstellung der zivilrechtlichen Anforderungen an den bewerteten Norm-Trittschallpegel $L'_{n,w}$ trennender Bauteile in Hotels und Beherbergungsstätten nach den genannten Normen und Empfehlungen

Bauteile		$L'_{n,w}$ in dB		
allgemein	spezifiziert	DIN 4109 Bbl. 2	E DIN 4109-5	DIN SPEC 91314
Decken	Decken	≤ 46	≤ 45 [1]	–
	Decken unter Bad und WC ohne/mit Bodenentwässerung	≤ 46 [1]	≤ 46 [1]	–
	Decken unter Fluren	≤ 46	≤ 45 [1]	–
	Decken unter/über Schwimmbädern, Spiel- oder ähnlichen Gemeinschaftsräumen zum Schutz gegenüber Schlafräumen	–	≤ 43 [1]	–
Treppen	Treppenläufe und -podeste	≤ 46	≤ 46 [1], [2]	–

1) Weichfedernde Bodenbeläge dürfen für den Nachweis des Trittschallschutzes angerechnet werden.
2) Keine Anforderungen an Treppenläufe und Zwischenpodeste in Gebäuden mit Aufzug.

Tabelle 37. Zusammenstellung der zivilrechtlichen Anforderungen an das Bau-Schalldämmmaß R'_w trennender Bauteile in Krankenanstalten und Sanatorien nach den genannten Normen und Empfehlungen

Bauteile		R'_w in dB		
allgemein	spezifiziert	DIN 4109 Bbl. 2	E DIN 4109-5	DIN SPEC 91314
Decken	Decken	≥ 55	≥ 57	–
	Decken unter Bad und WC ohne/mit Bodenentwässerung	≥ 55	≥ 57	–
	Decken unter Fluren	–	≥ 57	–
	Decken unter/über Schwimmbädern, Spiel- oder ähnlichen Gemeinschaftsräumen zum Schutz gegenüber Schlafräumen	–	≥ 58	–
Wände	Wände zwischen Krankenräumen	≥ 52	≥ 52	–
	Wände zwischen Fluren und Krankenräumen	≥ 52	≥ 52	–
	Wände zwischen Untersuchungs- bzw. Sprechzimmer	–	≥ 52	–
	Wände zwischen Krankenräumen und Arbeits- und Pflegeräumen	–	≥ 52	–
	Wände zwischen Räumen mit Anforderungen an erhöhtes Ruhebedürfnis und besondere Vertraulichkeit (Diskretion)	–	≥ 52 [1]	–
	Wände zwischen Operations- bzw. Behandlungsräumen sowie zwischen Fluren und Operations- bzw. Behandlungsräumen	–	≥ 42 [1]	–
	Wände zwischen Fluren und Räumen der Intensivpflege	–	≥ 42	–

Tabelle 37. Zusammenstellung der zivilrechtlichen Anforderungen an das Bau-Schalldämmmaß R'_w trennender Bauteile in Krankenanstalten und Sanatorien nach den genannten Normen und Empfehlungen (Fortsetzung)

Bauteile		R'_w in dB		
allgemein	spezifiziert	DIN 4109 Bbl. 2	E DIN 4109-5	DIN SPEC 91314
Türen	Türen zwischen Fluren und Krankenräumen	≥ 37	≥ 37	–
	Türen zwischen Untersuchungs- bzw. Sprechzimmer sowie zwischen Fluren und Untersuchungs- bzw. Sprechzimmer	–	≥ 37[1]	–
	Türen zwischen Räumen mit Anforderungen an erhöhtes Ruhebedürfnis und besondere Vertraulichkeit (Diskretion)	–	≥ 37[1]	–
	Türen zwischen Operations- bzw. Behandlungsräumen sowie zwischen Fluren und Operations- bzw. Behandlungsräumen	–	≥ 37	–

1) Entsprechen den Werten der DIN 4109-1.

Tabelle 38. Zusammenstellung der zivilrechtlichen Anforderungen an den bewerteten Norm-Trittschallpegel $L'_{n,w}$ trennender Bauteile in Krankenanstalten und Sanatorien nach den oben genannten Normen und Empfehlungen

Bauteile		$L'_{n,w}$ in dB		
allgemein	spezifiziert	DIN 4109 Bbl. 2	E DIN 4109-5	DIN SPEC 91314
Decken	Decken	≤ 46	≤ 46[1]	–
	Decken unter Bad und WC ohne/mit Bodenentwässerung	≤ 46[1]	≤ 46[1]	–
	Decken unter Fluren	≤ 46	≤ 46[1]	–
	Decken unter/über Schwimmbädern, Spiel- oder ähnlichen Gemeinschaftsräumen	–	≤ 43[1]	–
Treppen	Treppenläufe und -podeste	≤ 46	≤ 46[1], [2]	–

1) Weichfedernde Bodenbeläge dürfen für den Nachweis des Trittschallschutzes angerechnet werden.
2) Keine Anforderungen an Treppenläufe und Zwischenpodeste in Gebäuden mit Aufzug.

ne Grundfläche ≥ 8 m² – als schutzbedürftige Räume betrachtet.
Zusätzlich sind bei der Nachweisführung die Sicherheitsbeiwerte und Rundungsregeln entsprechend DIN 4109-2 anzuwenden (vgl. Abschnitt 1.4.2).
Im Nachfolgenden sind – vor dem Hintergrund der unterschiedlichen Möglichkeiten einer zivilrechtlichen Vereinbarung – neben den Empfehlungen der aktuellen VDI 4100 (10.2012), die hinsichtlich des Luftschalls nachhallbezogene und damit volumenabhängige Anforderungen in Form der bewerteten Standard-Schallpegeldifferenz $D_{nT,w}$ und bewerteten Standard-Schalldruckpegel $L'_{nT,w}$ erhebt, auch die der zurückgezogenen VDI 4100 (08.2007) mit den Anforderungen an die bewerteten Luftschalldämmmaße R'_w und bewerteten Norm-Trittschallpegel $L'_{n,w}$ aufgeführt. Dabei ist jedoch unbedingt zu bedenken und zu beachten, dass die Schallschutzstufen SSt I bis III in den beiden Regelwerken unterschiedlich definiert sind!
Die Ermittlung des bewerteten Bau-Schalldämmmaßes R'_w der entsprechenden Bauteile erfolgt mit $T_0 = 0,5$ s aus der Empfehlung der Standard-Schallpegeldifferenz $D_{nT,w}$ und der Geometrie des Empfangsraums wie folgt:

$$R'_w = D_{nT,w} + 10 \cdot \lg \frac{3,1 \cdot S}{V_E}$$

mit
R'_w bewertetes Bau-Schalldämmmaß in dB
$D_{nT,w}$ bewertete Standard-Schallpegeldifferenz in dB
S Größe der Trennfläche in m²
V_E Volumen des Empfangsraums in m³

Die Ermittlung des bewerteten Norm-Trittschallpegels $L'_{n,w}$ zwischen Räumen erfolgt dem empfohlenen bewerteten Standard-Trittschallpegel $L'_{nT,w}$ wie folgt:

$$L'_{n,w} = L'_{nT,w} + 10 \cdot \lg V_E - 15$$

mit
$L'_{n,w}$ bewerteter Norm-Trittschallpegel in dB
$L'_{nT,w}$ bewerteter Standard-Trittschallpegel in dB
V_E Volumen des Empfangsraums in m³

Tabelle 39. Zusammenstellung der zivilrechtlichen Anforderungen an die bewertete Standard-Schallpegeldifferenz $D_{nT,w}$ trennender Bauteile in Mehrfamilienhäusern nach den genannten Richtlinien und Empfehlungen

Schallschutzkriterium		VDI 4100 (08.07)			VDI 4100 (10.12)		
		R'_w in dB			$D_{nT,w}$ in dB		
		SST I	SST II	SST III	SST I	SST II	SST III
Luftschallschutz	horizontal	DIN 4109	56	59	≥ 56	≥ 59	≥ 64
Luftschallschutz	vertikal	DIN 4109	57	60	≥ 56	≥ 59	≥ 64
Luftschallschutz	Treppenraumwand	DIN 4109	56	59	≥ 45 [1]	≥ 50 [1]	≥ 55 [1]

[1] Die Empfehlungen beziehen sich auf den Schallschutz von Treppenraum zum nächsten Aufenthaltsraum; wohnungsinterne Türen dürfen im Falle eines dazwischenliegenden Raumes mit einem pauschalen Normschallpegeldifferenz-Abschlag von 10 dB berücksichtigt werden.

Tabelle 40. Zusammenstellung der zivilrechtlichen Anforderungen an den bewerteten Standard-Trittschallpegel $L'_{nT,w}$ trennender Bauteile in Mehrfamilienhäusern nach den genannten Richtlinien und Empfehlungen

Schallschutzkriterium		VDI 4100 (08.07)			VDI 4100 (10.12)		
		$L'_{n,w}$ in dB			$L'_{nT,w}$ in dB		
		SST I	SST II	SST III	SST I	SST II	SST III
Trittschallschutz	zwischen Aufenthaltsräumen und fremden Räumen	DIN 4109	46	39	–	–	–
Trittschallschutz	zwischen Aufenthaltsräumen und fremden Treppenhäusern	DIN 4109	53	46	–	–	–
Trittschallschutz	vertikal, horizontal oder diagonal	–	–	–	≤ 51 [1]	≤ 44 [1]	≤ 37 [1]

[1] Gilt auch für die Trittschallübertragung von Balkonen, Loggien, Laubengängen und Terrassen in fremde schutzbedürftige Räume.

Anmerkung:
Die Werte für die bewerteten Norm-Trittschallpegel $L'_{n,w}$ für Schalldämmung nach DIN 4109 entsprechen den Werten für die bewerteten Standard-Trittschallpegel $L'_{nT,w}$ für Schallschutz bei einem Volumen des Empfangsraums von 32 m³.

Die höheren Anforderungen an Bauteile in Einfamilien-Reihenhäusern und Einfamilien-Doppelhäusern sind im Vergleich zu den Anforderungen in Zusammenhang mit Mehrfamilienhäusern darin begründet, dass in den Einfamilienhäusern höhere Ansprüche an die Vertraulichkeit gestellt werden und es zudem eine höhere Erwartungshaltung hinsichtlich der Wahrnehmung von Geräuschen aus benachbarten Häusern bzw. Wohnungen gibt. Zudem werden Mehrfamilienhäuser vornehmlich innerstädtisch errichtet und Einfamilienwohnhäuser eher außerhalb, wo es grundsätzlich ruhiger ist und somit auch ein leiserer Innenschalldruckpegel resultiert als in der Innenstadt. Bei einem geringen Ruhepegel im Gebäudeinnern sind die Geräusche aus dem Nachbarhaus/der Nachbarwohnung natürlich deutlicher zu verstehen.

3.3.3 DEGA-Empfehlung 103

Die Empfehlung DEGA 103 definiert sieben Schallschutzklassen mit denen der gewünschte Schallschutz festgelegt und das Gebäude anderen Gebäuden vergleichend gegenübergestellt werden kann. Sie dienen der Einstufung und Veranschaulichung der schalltechnischen Qualität. In dieser Empfehlung wird der Begriff „Wohneinheit/en" verwendet, weil er die tatsächliche Grundrissgestaltung und Nutzung besser beschreibt und sich von den traditionellen Begriffen „Wohnung", „Reihenhaus" und „Doppelhaus" löst. Informativ wird jedoch gekennzeichnet, in welche Schallschutzklassen diese Gebäudearten bauüblich eingeordnet werden können.

Eine Veranschaulichung kann abschließend optional in Form eines Schallschutzausweises – vom Prinzip her vergleichbar mit einem Energieausweis – erfolgen. Die Definitionen der unterschiedlichen Schallschutzklassen sind in der nachfolgenden Tabelle zusammengestellt.

Tabelle 41. Zusammenstellung der zivilrechtlichen Anforderungen an die bewertete Standard-Schallpegeldifferenz $D_{nT,w}$ trennender Bauteile in Einfamilien-Doppel- und Einfamilien-Reihenhäusern nach den genannten Richtlinien und Empfehlungen

Schallschutzkriterium	VDI 4100 (08.07)			VDI 4100 (10.12)		
	$R'_{n,w}$ in dB			$D_{nT,w}$ in dB		
	SST I	SST II	SST III	SST I	SST II	SST III
Luftschallschutz	DIN 4109	63[1]	68	≥ 65	≥ 69	≥ 73

1) Bei zweischaliger Ausführung werden bei fehlerfreier Ausführung i. d. R. wesentlich höhere Schalldämmmaße erreicht.

Tabelle 42. Zusammenstellung der zivilrechtlichen Anforderungen an den bewerteten Standard-Trittschallpegel $L'_{nT,w}$ trennender Bauteile in Einfamilien-Doppel- und Einfamilien-Reihenhäusern nach den genannten Richtlinien und Empfehlungen

Schallschutzkriterium		VDI 4100 (08.07)			VDI 4100 (10.12)		
		$L'_{n,w}$ in dB			$L'_{nT,w}$ in dB		
		SST I	SST II	SST III	SST I	SST II	SST III
Trittschallschutz	zwischen Aufenthaltsräumen und fremden Räumen	DIN 4109	41[1]	34[1]	–	–	–
Trittschallschutz	zwischen Aufenthaltsräumen und fremden Treppenläufen oder -podesten	DIN 4109	46	39	–	–	–
Trittschallschutz	horizontal oder diagonal	–	–	–	≤ 46[2]	≤ 39[2]	≤ 32[2]

1) Bei zweischaliger Ausführung werden bei fehlerfreier Ausführung i. d. R. wesentlich höhere Schalldämmmaße erreicht.
2) Gilt auch für die Trittschallübertragung von Balkonen, Loggien, Laubengängen und Terrassen in fremde schutzbedürftige Räume.

Tabelle 43. Zusammenstellung der Definitionen zu den sieben DEGA-Schallschutzklassen

Klasse	Definition
A*	Wohneinheit mit sehr gutem Schallschutz, die ein ungestörtes Wohnen nahezu ohne Rücksichtnahme gegenüber den Nachbarn ermöglicht. Hoher Schallschutz in Doppel- und Reihenhäusern.
A	Wohneinheit mit sehr gutem Schallschutz, die ein ungestörtes Wohnen ohne große Rücksichtnahme gegenüber den Nachbarn ermöglicht. Erhöhter Schallschutz in Doppel- und Reihenhäusern.
B	Wohneinheit mit gutem Schallschutz, die bei gegenseitiger Rücksichtnahme zwischen den Nachbarn ein ruhiges Wohnen bei weitgehendem Schutz der Privatsphäre ermöglicht. Hoher Schallschutz in Mehrfamilienhäusern. Normaler Schallschutz in Doppel- und Reihenhäusern.
C	Wohneinheit mit gutem Schallschutz, in der die Bewohner bei üblichem rücksichtsvollem Wohnverhalten im allgemeinen Ruhe finden und die Vertraulichkeit gewahrt bleibt. Erhöhter Schallschutz in Mehrfamilienhäusern.
D	Wohneinheiten mit einem Schallschutz, der die Anforderungen der DIN 4109-1 (01.18) für Geschosshäuser mit Wohnungen und Arbeitsräumen im Wesentlichen erfüllt und damit die Bewohner in Aufenthaltsräumen im Sinne des Gesundheitsschutzes vor unzumutbaren Belästigungen durch Schallübertragung aus fremden Wohneinheiten und von außen schützt. Es kann nicht erwartet werden, dass Geräusche aus fremden Wohneinheiten oder von außen nicht mehr wahrgenommen werden. Die Anforderungen setzen voraus, dass in benachbarten Räumen keine ungewöhnlich starken Geräusche verursacht werden. Normaler Schallschutz in Mehrfamilienhäusern.
E	Wohneinheiten mit einem Schallschutz, der die Anforderungen der DIN 4109-1 (01.18) nicht erfüllt. Belästigungen durch Schallübertragung aus fremden Wohneinheiten und von außen sind möglich; besondere Rücksichtnahme ist unbedingt erforderlich. Die Vertraulichkeit ist nicht mehr gegeben.
F	Wohneinheit mit einem schlechten Schallschutz, der deutlich unter den Anforderungen der DIN 4109-1 (01.18) liegt. Mit Belästigungen durch Schallübertragung aus fremden Wohneinheiten und von außen muss auch bei bewusster Rücksichtnahme gerechnet werden; Vertraulichkeit kann nicht erwartet werden.

Tabelle 44. Anforderungen an das Bau-Schalldämmmaß R'_w trennender Bauteile im Wohnungsbau nach der DEGA-Empfehlung 103

Bauteil	R'_w bzw. R_w in dB						
	F	E	D	C	B	A	A*
Wände/Decken [1]	< 50	≥ 50	≥ 54 [2]	≥ 57 [2]	≥ 62	≥ 67	≥ 72
Wohnungseingangstüren in Flure oder Dielen [3]	< 22	≥ 22	≥ 27	≥ 32	≥ 37	≥ 40	
Wohnungseingangstüren direkt in Aufenthaltsräume [3]	< 32	≥ 32	≥ 37	≥ 42	Nicht zulässig		

1) Bei Trennflächen von weniger als 10 m² ist der Nachweis über D_{nw} zu führen.
2) Für Wände gilt ein um 1 dB reduzierter Anforderungswert.
3) Die Anforderung an die Türen gilt für die Schallübertragung über die betriebsfertig eingebaute Tür ohne Nebenwege.

Tabelle 45. Anforderungen an den bewerteten Norm-Trittschallpegel $L'_{n,w}$ trennender Bauteile im Wohnungsbau nach der DEGA-Empfehlung 103

Bauteil	$L'_{n,w}$ in dB						
	F	E	D	C	B	A	A*
Decken	> 60 [1]	≤ 60 [1]	≤ 50	≤ 45 [1]	≤ 40 [1]	≤ 35	≤ 30
Balkone, Loggien, Terrassen	> 63 [1]	≤ 63 [1]	≤ 50 [2]	≤ 48 [1]	≤ 43 [1]	≤ 38	≤ 33
Treppen, Podeste, Hausflure, Laubengänge	> 63 [1]	≤ 63 [1]	≤ 53 [3]	≤ 48 [1]	≤ 43 [1]	≤ 38	≤ 33

1) Austauschbarer Bodenbelag anrechenbar (rechnerisch nur bei geprüftem ΔL_w)
2) Bei Balkonen Anforderung $L'_{n,w} \leq 58$ dB
3) Bei Hausfluren Anforderung $L'_{n,w} < 50$ dB

Anmerkung:
Für die Einstufung in die oberen Klassen A*, A und B müssen die trennenden Bauteile in der Regel mehrschalig aufgebaut sein. Speziell der Bau von Konstruktionen der Klassen A* und A sollten von einem Akustiker begleitet werden.
Darüber hinaus werden noch folgende Räume betrachtet:
Laute Räume: Laute Räume sind in diesem Zusammenhang z. B. fremde Bäder, Aufzüge und deren Maschinenräume, Gemeinschaftswaschräume und Technikräume.
Besonders laute Räume: Besonders laute Räume werden hier entsprechend den Ausführungen in Tabelle 16 und Tabelle 17 definiert.

3.4 Trennende Bauteile im eigenen Wohnbereich

3.4.1 VDI 4100

Die (zivilrechtlichen) Empfehlungen für den eigenen Wohnbereich sind Tabelle 46 zusammengestellt.

3.4.2 DEGA-Empfehlung 104

In den Begründungen zur DEGA-Empfehlung 104 wird ausgeführt, dass moderne Grundrissformen und die aus energetischen Gründen erforderlichen Lüftungskonzepte Schallübertragungen verursachen, die eine Diskussion über den Schallschutz im „eigenen Wohn- und Arbeitsbereich" unausweichlich machen. Weiterhin wird festgestellt, dass diese modernen Bauweisen die Schalldämmung innerhalb des eigenen Wohn- und Arbeitsbereichs gegenüber den im Bestand (30 Jahre und älter) anzutreffenden Schallschutz mit regelmäßig geschlossenen Grundrissen sogar verschlechtert haben.
Vor diesem Hintergrund differenziert die DEGA-Empfehlung 104 zunächst hinsichtlich der vorherrschenden Wohnungsgrundrisstypen nach „offenen" und „geschlossenen" Grundrissformen:

Offene Grundrisse:
– Die Räume sind nur durch ein Bauteil getrennt.
– Räume in verschiedenen Geschossen sind über einen gemeinsamen Luftraum verbunden.
– Aufenthaltsräume in Wohnungen grenzen direkt – also ohne einen dazwischenliegenden Flur – an andere Räume (z. B. Bäder, WC, Aufenthaltsräume).
– Das trennende Bauteil ist zusammengesetzt aus einer Tür und Wand.

Geschlossene Grundrisse:
– Die Räume sind über Verkehrsflächen und mehrere Bauteile getrennt.
– Zwischen den Räumen befinden sich ≥ 2 Türen.
– Der Zugang zwischen einzelnen Räumen einer Wohnung ist nur durch eine räumlich abgeschlossene Verkehrsfläche möglich.
– Die direkten Trennwände der einzelnen Räume haben in der Regel keine Türen (die Türen sind in den Wänden zu den Verkehrsflächen angeordnet).

Tabelle 46. Zusammenstellung der zivilrechtlichen Anforderungen an die bewertete Standard-Schallpegeldifferenz $D_{nT,w}$ trennender Bauteile innerhalb von Wohnungen und Einfamilienhäusern nach VDI 4100

Schallschutzkriterium		VDI 4100 (08.2007)		VDI 4100 (10.2012)	
		$R'_{n,w}$ in dB		$D_{nT,w}$ in dB	
		SST EB I	SST EB II	SST EB I	SST EB II
Luftschallschutz	horizontal	48[1)]	48[1)]	–	–
Luftschallschutz	vertikal	55	55	–	–
Luftschallschutz	horizontal (Wände ohne Türen) und vertikal	–	–	48	52
Luftschallschutz	bei offenen Grundrissen Wand mit Tür zum getrennten Raum	–	–	26	31

1) Wände ohne Türen

Tabelle 47. Zusammenstellung der zivilrechtlichen Anforderungen an den bewerteten Standard-Trittschallpegel $L'_{nT,w}$ trennender Bauteile innerhalb von Wohnungen und Einfamilienhäusern nach der VDI 4100

Schallschutzkriterium		VDI 4100 (08.2007)		VDI 4100 (10.2012)	
		$L'_{n,w}$ in dB		$L'_{nT,w}$ in dB	
		SST EB I	SST EB II	SST EB I	SST EB II
Trittschallschutz	Decken, Treppen im abgetrennten Treppenraum	46[1)]	46[1)]	≤ 53[2)]	≤ 46[2)]

1) Gilt auch zwischen Aufenthaltsräumen und Treppen bzw. -podesten
2) Oben und unten abgeschlossen

Tabelle 48. Zusammenstellung der Definitionen zu den drei DEGA-Schallschutzklassen im eigenen Wohnbereich

Klasse	Definition
EW1	Ausreichender und mindestens empfohlener Schallschutz für den eigenen Bereich, der im Allgemeinen akzeptiert wird. Geräusche aus dem eigenen Bereich sind deutlich hörbar.
EW2	Befriedigender Schallschutz für den eigenen Bereich mit guter Akzeptanz bei höheren Erwartungen an den Schallschutz innerhalb des eigenen Wohnbereichs. Geräusche aus dem eigenen Bereich sind hörbar.
EW3	Guter Schallschutz für den eigenen Bereich mit hoher Zufriedenheit. Geräusche aus dem eigenen Bereich sind nur noch teilweise hörbar.

Die Definitionen der unterschiedlichen Schallschutzklassen für den eigenen Wohnbereich sind in der Tabelle 48, die entsprechenden bauakustischen Anforderungen in Tabelle 49 zusammengestellt.
Weiterhin führt die DEGA-Empfehlung im Hinblick auf einen guten Schallschutz im eigenen Wohnbereich sogenannte Planungshinweise an. Da diese Planungshinweise letzten Endes durchaus auch als Anforderungen (hier im Sinne von Empfehlungen) zu verstehen sind, sollen sie nachfolgend als Ergänzung zu den reinen Zahlenwerten ebenfalls vollständig angeführt werden.
1. Wird Schallschutz im eigenen Wohnbereich gewünscht, sollten offene Grundrisse vermieden und geschlossene Grundrisse bevorzugt werden.
2. Die bei modernen Lüftungskonzepten erforderlichen Überstromöffnungen dürfen die Schalldämmung der Bauteile nicht wesentlich verschlechtern. Hierzu sind ausreichend schallgedämmte Überstromöffnung in Türen oder Wänden erforderlich. Alternativ kann eine kontrollierte Wohnraumlüftung ausgeführt werden, die Zu- und Abluft definiert über Kanäle in die Räume führt (bei EW3 erfahrungsgemäß erforderlich).
3. Um mit Türen ein Schalldämmmaß von 27 dB zu erreichen, müssen die Türen eine umlaufende Dichtungsebene (Bodenfuge, z. B. Absenkdichtung) aufweisen.
4. Für die horizontale Trittschalldämmung werden keine Kennwerte angegeben. Zur Reduzierung der

Tabelle 49. Zusammenstellung der zivilrechtlichen Anforderungen an das Bau-Schalldämmmaß R'_w bzw. den bewerteten Norm-Trittschallpegel $L'_{n,w}$ trennender Bauteile innerhalb von Wohnungen und Einfamilienhäusern

Bauteil	Bauakustische Kenngröße in dB bzw. dB(A)	EW1	EW2	EW3
Luftschalldämmung von Zimmertüren in bzw. von schützenswerten Räumen, z. B. Schlaf- oder Kinderzimmer (R_w der betriebsfertig eingebauten Tür ohne Nebenwege)				
Offener Grundriss [1]	R_w	≥ 22	≥ 27	≥ 32
Geschlossener Grundriss [1]	R_w	≥ 17	≥ 22	≥ 27
Luftschalldämmung Wände ohne Türen von schützenswerten Räumen, z. B. Schlaf- oder Kinderzimmer	R'_w [2]	≥ 40	≥ 43	≥ 47
Luftschalldämmung Decken	R'_w	≥ 48	≥ 51	≥ 55
Trittschalldämmung Decken vertikal und Treppen	$L'_{n,w}$ [3]	≤ 58	≤ 53	≤ 46

1) Bei geschlossenen Grundrissen sind wegen der zwei hintereinanderliegenden Türen geringere Schalldämmmaße für die Einzeltür angegeben als bei offenem Grundriss.
2) Wände mit Türen dürfen ein um 5 dB geringeres Schalldämmmaß (für die Wand) aufweisen.
3) Weichfedernde Bodenbeläge dürfen angerechnet werden.

horizontalen Trittschallübertragung wird jedoch empfohlen, beispielsweise schwimmende Estriche im Bereich der Türschwellen zu trennen.
5. Die Kennwerte für die Geräusche aus Wasserinstallationen können erfahrungsgemäß nur erreicht werden, wenn Sanitärgegenstände nicht an Wänden zu schutzbedürftigen Räumen angeordnet sind. Hierauf ist bei der Grundrissplanung zu achten.
6. Nutzergeräusche weisen auch im eigenen Bereich ein sehr hohes Störpotenzial auf und sollten deshalb durch bauliche Maßnahmen reduziert werden. Die Orientierungswerte gemäß Schallschutzklasse D der Tabelle 4 der DEGA-Empfehlung 103 sollten angestrebt werden, der Anhang V.2 der DEGA-Empfehlung enthält hierzu weitere Hinweise.
7. Die Belästigung durch Geräusche innerhalb der Wohnung nimmt zu, je ruhiger das Umgebungsgeräusch bzw. je höher die Schalldämmung der Außenbauteile des Gebäude sind. Dies ist bei der Auswahl der Qualitätsstufen zu berücksichtigen.

Falls eine *individuelle Herleitung* geeigneter Schalldämmmaße vorgenommen werden soll, so kann das erforderliche oder zweckmäßige Schalldämmmaß auch wie nachfolgend beschrieben individuell berechnet werden. Die Idee hinter der Bemessung ist der Umstand, dass auch bei der Schallschutzklasse EW 3 die innerhalb der Wohnung übertragenen Geräusche im Regelfall immer noch hörbar bleiben. Durch die Einführung eines sogenannten „Gestörtheitskriteriums" im Sinne eines Störabstands zum Ruhegeräusch soll in Abhängigkeit der unterschiedlichen Geräuscharten und ihrem „Störcharakter" in Form von beispielsweise Einwirkdauer, Ton- und Informationshaltigkeit eine differenzierte Betrachtung möglich werden.

Eine einfache Abschätzung der erforderlichen Schalldämmmaße lässt sich mit der folgenden Formel vornehmen:

$$\text{erf. } R'_w + C = L_S - L_E + SK + 10 \cdot \lg \frac{S}{A_E}$$

mit
L_S A-bewerteter Pegel des störenden Geräusches im Senderaum in dB; Tabelle 50 gibt typische Schalldruckpegel in Wohn- und Arbeitsräumen durch Haushaltsgeräte oder Tätigkeiten an.
L_E A-bewerteter hingenommener Pegel im Empfangsraum in dB; er muss hier individuell – ggf. auch in Anlehnung an die unterschiedlich oben angeführten Regelwerke – angenommen werden.
A_E vorhandene äquivalente Absorptionsfläche im Empfangsraum in m²
S maßgebende Trennfläche, also Tür-, Wand- oder Deckenfläche in m²
C Spektrumanpassungswert zur Berücksichtigung des Frequenzganges des störenden Geräusches in dB (→ auf Spektrumanpassungswerte wird ausführlich in Abschnitt 5 des Beitrages „C 2 Leistungsfähigkeit von Baukonstruktionen" eingegangen und daher an dieser Stelle dorthin verwiesen)
SK „Gestörtheitskriterium" im Sinne eines Störabstands zum Ruhegeräusch in dB; dieses Kriterium muss ebenfalls individuell festgelegt werden (den drei Schallschutzklassen EW1, EW2 und EW3 der DEGA-Empfehlung 103 liegen Werte von SK = 0 dB, SK = 5 dB und SK = 10 dB zugrunde).

Tabelle 50. Typische Schalldruckpegel in Wohn- und Arbeitsräumen durch Haushaltsgeräte oder Tätigkeiten (Beispiele)

Raum	Gerät oder Tätigkeit	A-bewerteter Schalldruckpegel L_{AF} in dB	
		$L_{AF,max}$	$L_{AF,m}$
Küche	Geschirrspüler		43
	Dunstabzugshaube Stufe 1	51	50
	Dunstabzugshaube Stufe 2	60	60
	Dunstabzugshaube Stufe 3	64	63
	Dunstabzugshaube Stufe 4	67	66
	Küchenmixer Stufe 4	74	73
	Küchenmixer Stufe 9	89	80
	Küchenmaschine Stufe 1	68	65
	Küchenmaschine Stufe 2	67	65
	Küchenmaschine Stufe 3	71	70
	Kühlschrank	35	34
	Mikrowelle	58	57
Bad	Haarfön (höchste Stufe)	82	78
	Waschmaschine	65	59
	Abluftanlage	46	44
Wohnen	Fernseher (Nachrichten)	53	44
	Radio (Musik)		47
	Stereoanlage		62
	Staubsauger		68
Arbeiten	Staubsauger	72	71

3.5 Technische Gebäudeausrüstung

3.5.1 Gebäudetechnische Anlagen und baulich mit dem Gebäude verbundene Gewerbebetriebe

Empfehlungen für den zivilrechtlichen Nachweis gebäudetechnischer Anlagen finden sich in den Normen und Regelwerken E-DIN 4109-5, DIN SPEC 91314, VDI 4100 und der DEGA-Empfehlung 103. DIN 4109 Bbl. 2 legt keine konkreten Anforderungswerte fest – Bauherr und Entwurfsverfasser sollen die erhöhten Anforderungswerte ausdrücklich vereinbaren und zahlenmäßig festhalten.
E DIN 4109-5, DIN SPEC 91314, VDI 4100 und die DEGA-Empfehlung 103 geben die in den folgenden Tabellen aufgeführten Empfehlungen zum maximal zulässigen Schalldruckpegel in schutzbedürftigen Räumen infolge gebäudetechnischer Anlagen an.
Für Armaturen und Geräte der Wasserinstallationen wird vorausgesetzt, dass sie den Anforderungen an Armaturen und Geräte der Trinkwasserinstallation der DIN 4109-1 entsprechen.
Die erforderlichen Maßnahmen zur Minderung der Geräuschausbreitung sind vom Produkthersteller anzugeben.

3.5.2 Raumlufttechnische Anlagen im eigenen Wohnbereich

Empfehlungen hinsichtlich der Geräuschübertragung resultierend aus der technischen Gebäudeausrüstung im eigenen Wohnbereich werden in DIN 4109-5, VDI 4100 sowie DEGA-Empfehlung 103 formuliert und in den nachfolgenden Tabellen zusammengestellt.
Die erforderlichen Maßnahmen zur Minderung der Geräuschausbreitung sind vom Produkthersteller anzugeben.

Zivilrechtlicher Nachweis 147

Tabelle 51. Maximal zulässige A-bewertete Schalldruckpegel in fremden schutzbedürftigen Räumen, erzeugt von gebäudetechnischen Anlagen und baulich mit dem Gebäude verbundenen Betrieben nach DIN 4109-5 und DIN SPEC 91314

Geräuschquellen [1], [2]	Maximal zulässige A-bewertete Schalldruckpegel $L_{AF,max,n}$ in dB	
	Wohn- und Schlafräume in Mehrfamilienhäusern	Wohn- und Schlafräume in Einfamilienreihen- und Doppelhäusern
Sanitärtechnik/Wasserinstallationen (Wasserversorgungs- und Abwasseranlagen gemeinsam)	≤ 27 [1), 2), 3)]	≤ 25 [1), 2), 3)]
Sonstige hausinterne, fest installierte technische Schallquellen der technischen Gebäudeausrüstung, Ver- und Entsorgung sowie Garagenanlagen	≤ 27 [3)]	≤ 25 [3)]

1) Einzelne kurzzeitige Geräuschspitzen, die beim Betätigen der Armaturen und Geräte (Öffnen, Schließen, Umstellen, Unterbrechen) entstehen, dürfen die Kennwerte um nicht mehr als 10 dB überschreiten.
2) Werkvertragliche Voraussetzungen zur Erfüllung des zulässigen Schalldruckpegels:
 – Die Ausführungsunterlagen müssen die Anforderungen des Schallschutzes berücksichtigen, d. h. zu den Bauteilen müssen die erforderlichen Schallschutznachweise vorliegen und
 – außerdem muss die verantwortliche Bauleitung benannt und zu einer Teilabnahme vor Verschließen bzw. Bekleiden der Installation hinzugezogen werden.
3) Abweichend von DIN EN ISO 10052 (10.2010), Abschnitt 6.3.3, wird auf Messung in der lautesten Raumecke verzichtet.

Tabelle 52. Maximal zulässige mittlere Standard-Maximalpegel in fremden schutzbedürftigen Räumen, erzeugt von gebäudetechnischen Anlagen (einschließlich Wasserversorgungs- und Abwasseranlagen gemeinsam bzw. des eigenen Bereichs) nach VDI 4100

Geräuschquellen	Maximal zulässige A-bewertete Standard-Maximalpegel $L_{AF,max,nT}$ in dB		
	SST I / SST EB I	SST II / SST EB II	SST III
Mehrfamilienhaus	≤ 30 [1)]	≤ 27 [1)]	≤ 24 [1)]
Einfamilien-Doppel- und Einfamilien-Reihenhäuser	≤ 30 [1)]	≤ 25 [1)]	≤ 22 [1)]
Einfamilienhäuser	35 [1), 2)]	30 [1), 2)]	

1) Einzelne kurzzeitige Geräuschspitzen, die beim Betätigen der Armaturen und Geräte (Öffnen, Schließen, Umstellen, Unterbrechen) entstehen, dürfen die Kennwerte um nicht mehr als 10 dB überschreiten.
2) Dies gilt nicht für Geräusche von im eigenen Betrieb fest installierten technischen Schallquellen (Heizungs-, Lüftungs- und Klimaanlagen), die – im üblichen Betrieb – vom Bewohner beeinflusst, das heißt selbst betätigt bzw. in Betrieb gesetzt werden. Bei offenen Grundrissen kann nicht sichergestellt werden, dass im schutzbedürftigen Raum $L_{AFmax,nT} = 35$ dB eingehalten wird.

Tabelle 53. Maximaler Schalldruckpegel in fremden schutzbedürftigen Räumen infolge gebäudetechnischer Anlagen (einschließlich Geräuschen aus Wasserversorgungs- und Abwasseranlagen sowie infolge Gaststätten, Betrieben und Praxen) nach DEGA-Empfehlung 103

Geräuschquellen	Maximal zulässiger A-bewerteter Schalldruckpegel $L_{AF,max,nT}$ in dB					
Schallschutzklassen	F	E	D	C	B	A	A*
Geräusche aus Wasserinstallationen und gebäudetechnischen Anlagen, Nutzergeräusch Urinieren [1)]	> 35	≤ 35	≤ 30	≤ 27	≤ 24	≤ 20	≤ 20

1) Wenn keine tieffrequenten Geräuschanteile vorliegen, werden im Schallschutzausweis Bonuspunkte vergeben. Hiervon ist auszugehen, wenn die Differenz der C- und A-bewerteten Summenpegeln gemäß DIN 45680 kleiner als 20 dB ist.
 – Die Anforderungen gelten auch für Heizungs- und Lüftungsanlagen im eigenen Bereich.
 – Beim messtechnischen Nachweis kann alternativ für die Bewertung auch $L_{AF,max,nT}$ verwendet werden.

Tabelle 54. Maximal zulässige A-bewertete Schalldruckpegel in schutzbedürftigen Räumen in der eigenen Wohnung, erzeugt von raumlufttechnischen Anlagen im eigenen Wohnbereich nach DIN 4109-5

Geräuschquellen	Maximal zulässige A-bewertete Schalldruckpegel in dB
	Wohn- und Schlafräume
Fest installierte technische Schallquellen der Raumlufttechnik im eigenen Wohnbereich	$L_{AF,max,n} \leq 27$ [1), 2), 3), 4), 5)]

1) Einzelne kurzzeitige Geräuschspitzen, die beim Ein- und Ausschalten der Anlagen auftreten, dürfen die Grenzwerte um maximal 5 dB überschreiten
2) Voraussetzungen zur Erfüllung des zulässigen Schalldruckpegels:
   – Die Ausführungsunterlagen müssen die Anforderungen des Schallschutzes berücksichtigen, d. h. zu den Bauteilen müssen die erforderlichen Schallschutznachweise vorliegen und
   – außerdem muss die verantwortliche Bauleitung benannt und zu einer Teilabnahme vor Verschließen bzw. Bekleiden der Installation hinzugezogen werden.
3) Abweichend von DIN EN ISO 10052 (10.10), Abschnitt 6.3.3, wird auf Messung in der lautesten Raumecke verzichtet.
4) Es sind um 5 dB höhere Werte zulässig, sofern es sich um Dauergeräusche ohne auffällige Einzeltöne handelt.
5) Die Anforderung gilt nachts bei reduzierter Lüftung. Solange in DIN 4109-4 keine Vorgaben für die Messung von raumlufttechnischen Anlagen enthalten sind, ist mit reduzierter Lüftung nach Fußnote 5 mindestens 70 % des maximalen Luftvolumenstroms gemeint.

Tabelle 55. Empfohlene Schallschutzwerte für höheren Schallschutz innerhalb von Wohnungen und Einfamilienhäusern nach VDI 4100 (10.2012)

Geräusch	A-bewertete bauakustische Kenngröße in dB	SSt EB 1	SSt EB 2
Gebäudetechnische Anlagen einschließlich Wasserversorgungs- und Abwasseranlagen gemeinsam für die Ver- und Entsorgung des eigenen Bereichs	$L_{AF,max,nT}$	≤ 35	≤ 30

Tabelle 56. Zusammenstellung Empfehlung hinsichtlich der Geräusche aus Wasserinstallationen und Geräuschen von Heizungs- und Lüftungsanlagen innerhalb von Wohnungen und Einfamilienhäusern nach der DEGA-Empfehlung 104

Geräusch	A-bewertete bauakustische Kenngröße in dB	EW1	EW2	EW3
Geräusche aus Wasserinstallationen	$L_{AF,max,n}$	≤ 35	≤ 30	≤ 25
Geräusche von Heizungs- und Lüftungsanlagen	$L_{AF,max,n}$	≤ 30	≤ 25	≤ 25

A 6 Die Neufassung der DIN 18041 im Hinblick auf Sprachverstehen und Schallbelastung in Kommunikationsräumen

Helmut V. Fuchs

Prof. Dr.-Ing. Helmut V. Fuchs
Casa Acustica
Kirchblick 5, 14129 Berlin

Studium der Nachrichtentechnik an der TU Berlin; Promotion bei L. Cremer und R. Wille. Tätig in der Grundlagenforschung an Instituten der Deutschen Luft- und Raumfahrt in Berlin und Oberpfaffenhofen, Sound and Vibration der Southampton University sowie Aeroacoustics der Stanford University. Seit 1979 widmete er sich als Begründer der Abteilung Technische Akustik am Fraunhofer IBP in Stuttgart mit angewandter F&E dem Schallschutz. Seit 1986 Professor für Bauakustik und Immissionsschutz an der FH für Technik in Stuttgart, seit 1995 auch stellvertretender Institutsleiter sowie Leiter der Abteilung Raumakustik/Technische Akustik des IBP. Seit 2005 engagiert er sich verstärkt der baulichen Umsetzung seines raumakustischen Konzepts, seit 2007 mit einer Stiftung „Räume schaffen für besseres Verstehen und Lernen" beim SOS Kinderdorf e. V. und bis 2012 auch in der Forschungsgesellschaft für angewandte Systemsicherheit und Arbeitsmedizin in Mannheim. Ab 2013 im Vorstand der gemeinnützigen Stiftung „Casa Acustica" in Berlin. 2018 Gastprofessur für Raumakustik im Fachgebiet Audiokommunikation an der TU Berlin. Ab 2019 im F&E-Vertrag mit der TU Berlin zur Förderung der Stiftungszwecke.

Bauphysik-Kalender 2020: Bau- und Raumakustik. Herausgegeben von Nabil A. Fouad.
© 2020 Ernst & Sohn GmbH & Co. KG. Published 2020 by Ernst & Sohn GmbH & Co. KG.

Inhaltsverzeichnis

1 Einleitung 151

2 Verwischung von Sprache durch Nachhall 151

3 Sprachverstehen nach aktuellem Stand des Wissens 152
3.1 Die Raum-Moden 153
3.2 Der Maskierungs-Effekt 154
3.3 Der Lombard-Reflex 155
3.4 Der Cocktail-Party-Effekt 155
3.5 Der Haas-Effekt 155
3.6 Der Kammfilter-Effekt 156
3.7 Der Mulm-Effekt 156
3.8 Der Calm-Library-Effekt 156

4 Der Einfluss des Raumes auf das Sprachverstehen 157

5 Das Sprachverstehen bei stationärem Rauschen 158

6 Das Sprachverstehen bei verschiedenen Geräuscharten 159

7 Kanten-Absorber als Problemlöser 160

8 Empfehlungen in Normen 162

9 Schlussfolgerungen 163

10 Literatur 164

*„Lärm sackt tief ins Gehirn, das saugt ihn auf wie
Löschpapier das Wasser.
Zum Schluss ist man ganz durchtränkt mit Lärm,
niedergeknüppelt und unfähig, zu denken."*

K. Tucholski, 1927

1 Einleitung

Etwa 20 Prozent der Beschäftigten fühlen sich durch Lärm an ihren Arbeitsplätzen belastet. Aber 80 Prozent der Lehrer und Erzieher sind in ihren Räumlichkeiten Mittelungspegeln von bis zu 80 dB(A) und Spitzenpegeln über 100 dB(A) (z. B. in Turnhallen, Werk- und Musikräumen) völlig ungeschützt ausgesetzt. Typische Lärmbereiche sind auch die Pausenhallen, Flure und Aulen sowie, im Zuge der Einführung von Ganztagsbetrieb, zunehmend auch die Mensen und Cafeterien. Für Lehrer und Erzieher bedeutet dieser sehr verbreitete Missstand, fast ständig mit erhobener Stimme, d. h. mit unnötiger und unproduktiver Anstrengung, sprechen zu müssen. Die auch aus anderen Gründen (beispielsweise Klassenstärke, Ausländeranteil, Bürokratie) gestiegene nervliche Belastung führt bekanntlich zu vorzeitiger Ermüdung und häufigen Krankmeldungen. Sogenannte Burnout-Erscheinungen und Frühpensionierungen sind hier die tragische und für den Steuerzahler teure Folge. Eigentlich müssten die Betroffenen gemäß der EU-Richtlinie Lärm 2003/10/EC zeitweise persönlichen Gehörschutz tragen, was aber Erziehern natürlich praktisch unmöglich ist. Deshalb klagen Lehrer aller Stufen und Fachrichtungen mehr denn je über Lärmbelastungen, Dialogstörungen und Kommunikationsdefizite, die wesentlich zu Frustrationen, Erschöpfungszuständen und Erkrankungen beitragen. Manche suchen schon elektroakustische Unterstützung ihrer Stimme.

Ebenso dramatisch sind die Lärmwirkungen auf die betroffenen Schüler und Kinder, denen ca. 75 Prozent des Lehrstoffes über das gesprochene Wort vermittelt wird: *„Die Kinder müssen zuhören, wenn die Lehrerin etwas erklärt, sie müssen den Mitschülern zuhören, wenn diskutiert wird, und ganz besonders genau muss hingehört werden, wenn diktiert oder Kopfrechnen geübt wird. Das Zuhören unter halligen, lauten Bedingungen erfordert, dass Hintergrundgeräusche ausgeblendet und unvollständige Informationen kontinuierlich ergänzt werden. Erwachsene können dies relativ gut meistern, Kinder jedoch umso schlechter, je jünger sie sind [...] Durch die erhöhten Anstrengungen bei der Informationsaufnahme verbleibt weniger Kapazität für das Behalten und Verarbeiten der Informationen."* [1]. Man weiß wohl: *„Moderne, differenzierte und nicht lehrerzentrierte Arbeitsformen (z. B. Partner-, Gruppen- oder Projektarbeitsphasen), wie sie von der aktuellen Pädagogik gefordert werden, erzeugen im Vergleich zum klassischen Frontalunterricht völlig veränderte Kommunikationsszenarien im Klassenraum. Der Lehrer tritt als Stoffvermittler, als Darsteller vorgegebener Wissensbestände zurück. Die Schüler sollen verstärkt selbst ausprobieren, abwägen, miteinander diskutieren. Der moderne Unterricht setzt damit auf gemeinschaftliches Lernen und lässt bewusst mehrere gleichzeitig sprechende Personen zu. Selbst bei einer guten Diskussionsdisziplin erzeugen solche Situationen jedoch naturgemäß tendenziell höhere Geräuschpegel [...]"* [2].

Beim auf Sprache wie auf Musik basierten Unterricht sind alle Akteure immer Opfer und Täter zugleich, wenn aus nützlichem Schall unverhofft schädlicher Lärm wird. Dagegen ist mit pädagogischen und organisatorischen Mitteln nur schwer anzukommen. Aber hier kommt die Raumakustik ins Spiel, und zu den Tätern muss man deshalb unbedingt auch die Bauschaffenden und ihre Berater zählen, wenn diese entweder für die raumakustischen Probleme kein offenes Ohr haben, die bereitgestellten Mittel für vermeintlich Wichtigeres ausgeben, oder sich auf eine „weich gespülte" Norm verlassen. Diese Problematik wurde bereits ausführlich in [3, 4] behandelt. Seitdem hat sich daran leider nicht viel gebessert – im Gegenteil: Die einzige, potenziell wichtige Richtlinie DIN 18041, die das Problem nur bauphysikalisch anspricht, hat dieses sogar noch weiter verschärft, indem sie in der Fassung von 2016 [5] gegenüber derjenigen von 2004 [6] die Toleranz für den Nachhall bei tiefen Frequenzen erstens unverantwortlich erhöht und zweitens ungeeignete Empfehlungen zur Platzierung von Schallabsorbern im Raum für die mittleren und hohen Frequenzen ausspricht. Gegen diese Missachtung umfangreicher wissenschaftlicher Erkenntnisse und baupraktischer Erfahrungen wendet sich dieser Beitrag. Dabei geht es am Ende darum, wie, bzw. wo man alle nützlichen Schallwellen im Raum, flächen- und kostensparend, optimal lenken bzw. schlucken kann.

2 Verwischung von Sprache durch Nachhall

Dass ein Sprecher trotz bester Artikulation nicht verstanden wird, kann an einer zu schwachen Stimmkraft, schlechten Artikulation oder/und einem zu langen Nachhall liegen. Dieser kann in einem größeren Raum aufeinanderfolgende Silben mit ähnlichem Spektrum bis zur Unkenntlichkeit verschmelzen. Nach H. Lazarus et al. [7, Abschn. 3.5] beträgt die durchschnittliche Silbendauer etwa 125 ms bis 500 ms, entsprechend einer Folgefrequenz von 2 bis 8 Silben pro s. Wenn nur eine Silbe pro s ausgesendet würde, könnte diese selbst bei Nachhallzeiten von T = 2,5 bzw. 5 s nicht mit einer (gleich laut angenommenen) nachfolgenden verschmelzen, weil ihr Raumpegel inzwischen (überschlägig) schon um ΔL_T = 24 bzw. 12 dB abgeklungen wäre. Bei normaler Sprechweise mit 4 Silben pro s sollte aber schon T = 2,5 s mit ΔL_T = 6 dB einen Verwischungseffekt verursachen, insbesondere wenn die nachfolgende Silbe beim Hörer nicht mit gleichem, sondern mit einem etwas geringeren Anfangspegel ankommt.

Dass viel schnellere Tonfolgen (z. B. 32 pro s bei einer Flöte) in einem großen Saal mit einer Nachhallzeit von z. B. 2 s das Nachklingen zu keiner Verwischung führen müssen, liegt daran, dass der Raum zwischen zwei Tönen (also 31 ms im obigen Beispiel) überhaupt nicht anklingen kann und das Zuhören hier ganz wesentlich vom Direktschall und den frühen Reflexionen gemäß Bild 1 in Beitrag C 5 bestimmt wird. Bei einem Nachhall unter 1 s, wie er in Kommunikationsräumen generell anzustreben ist und nach *J. Meyer* [8, Abschn. 5.5] einer Einschwingzeit von über 50 ms entspricht, sollte diese Art der Verwischung kaum stören. Dass man aber gerade hier oft sein eigenes Wort nicht mehr versteht, hat ganz andere Gründe, die im Folgenden besprochen werden.

3 Sprachverstehen nach aktuellem Stand des Wissens

Das von den Nutzern selbst erzeugte Lärmproblem in Kommunikationsräumen hat seine Wurzeln im schlechten Sprachverstehen. *W. Reichardt* fordert ganz allgemein für Vortrag, Theater oder Konzert: (Schallsignale) *„wollen wir unverfälscht hören, doch auch nicht ganz ohne den Einfluss des Raumes. Auch für die Sprache ist die Raumwirkung nicht unerwünscht. Indem der Raum den Schall auf vielen indirekten Wegen noch einmal zum Hörer bringt, verstärkt er ihn, sorgt dafür, dass in einem großen Auditorium der Sprecher auch in den letzten Reihen noch verständlich ist"* [9, S. 5]. Auch im Klassenzimmer steht letzteres natürlich im Vordergrund. Der von einem einzelnen Sprecher, beispielsweise Q in Bild 1, bei einer Schallleistung $L_{W,1}$ im Abstand r in m bei einem frontal ($\nu = 2$) angesprochenen Gesprächspartner erzeugte Schalldruckpegel

$$L = L_{W,1} + 10 \lg \nu - 20 \lg r - 11 \text{ dB} \quad (1)$$

wird in konventioneller Betrachtung einfach vom mittleren Schallpegel im Raum,

$$\overline{L} = L_{W,n} + 10 \lg n - 10 \lg V + 10 \lg T + 14 \text{ dB} \quad (2)$$

energetisch überlagert, der von n Personen mit deren konstant angenommener Schallleistung $L_{W,n}$ im Raum mit einem Volumen V in m³ und einer Nachhallzeit T in s verursacht wird. Wenn beispielsweise n = 6 Personen sich in einem Raum mit V = 300 m³ und T = 1 s mit $L_{W,n}$ = 62 dB(A) (nach Tabelle 1: entspannt) unterhalten könnten, wäre nach Gl. (2) ein noch tolerabler Raumpegel $\overline{L}$ = 59 dB(A) zu erwarten; ein einzelner 7. Sprecher wäre dann, mit $L_{W,1}$ = 68 dB(A) normal sprechend, zu einem anderen in 0,5 m Entfernung gewandt ($\nu = 2$), mit L = 66 dB(A) gut, aber 2 m entfernt nur noch schlecht zu verstehen. Ähnlich grob könnte man auch einen Hallabstand, bei dem das Direktfeld des einzelnen Sprechers gerade dem Pegel des (hier so angenommenen) Diffusfeldes der 6 anderen entsprechen sollte, nach

$$r_H = 0{,}057 \sqrt{\frac{\nu P_1 V}{n P_n T}} \quad (3)$$

zu 1,25 m abschätzen.

Zur Minimierung von $\overline{L}$ und Maximierung von r_H könnte man nach Gl. (1) bzw. Gl. (3) ganz naiv meinen, man müsse nur T genügend klein bzw. die äquivalente Absorptionsfläche A in m² gemäß

$$A = 0{,}16 \frac{V}{T} \quad (4)$$

entsprechend groß machen. Es ist aber leider nicht damit getan, Decke und Wände eines Raumes möglichst üppig mit den bisher vorwiegend relativ dünnschichtigen faserigen/porösen Schallabsorbern zu belegen, etwa so wie es [5, Abschn. 5.4] beispielhaft nach Bild 2 mit dem erklärten Ziel empfiehlt, die absorbierenden Flächen und Elemente gleichmäßig auf die Raumoberflächen bzw. im Raum zu verteilen und der Zusicherung, dass „bei Räumen mit einem Volumen bis ca. 250 m³ keine Gefahr zur akustischen Überdämpfung besteht". Da ist aber ein praktizierender Raumakustiker, dessen Erfahrungen wohl auch auf die vernünftigeren Empfehlungen in [6] Einfluss genommen hatten, ganz anderer Meinung: *„Das schallschluckende Material für mittlere und hohe Frequenzen darf keinesfalls auf*

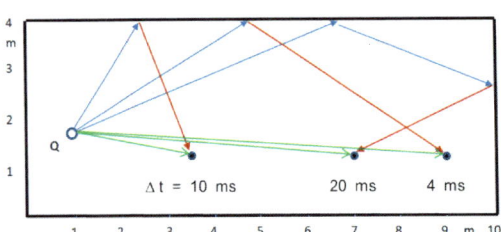

Bild 1. Decken- und Mehrfach-Reflexionen (rot), die den Direktschall (grün) von einer Quelle Q nur bei mittleren und hohen Frequenzen energetisch unterstützen, bei tiefen aber mulmig klingen lassen

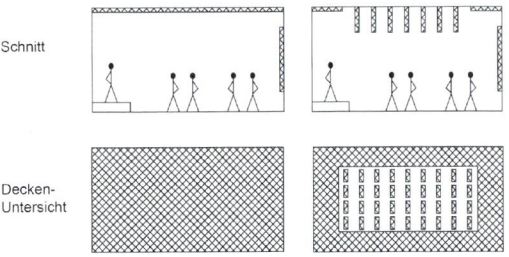

Bild 2. In [5, Bild 4c und 4d] als günstig empfohlene absorbierende Maßnahmen, die nützliche frühe Reflexionen bei hohen Frequenzen unterbinden, aber schädliche bei tiefen Frequenzen nicht absorbieren können

Tabelle 1. Zulässige Raumpegel $\overline{L}$ in dB(A) für unterschiedliche Sprachverständlichkeit (Störabstand ΔL von +12 bis –6 dB) in Abhängigkeit von Sprechweise bzw. Schallleistungspegel L_W in dB(A) und Entfernung von 0,5 m bis 2 m eines einzelnen Sprechers

Sprechweise	Schallleistung L_W	Sprachverständlichkeit										
		sehr gut (12 dB)			gut (6 dB)			ausreichend (0 dB)			schlecht (–6 dB)		
		0,5	1	2 m	0,5	1	2 m	0,5	1	2 m	0,5	1	2 m
entspannt	62	48	42	36	54	48	42	60	54	48	66	60	54
normal	68	54	48	42	60	54	48	66	60	54	72	66	60
angehoben	74	60	54	48	66	60	54	72	66	60	78	72	66
laut	80	66	60	54	72	66	60	78	72	66	84	78	72

die ganze Decke verteilt werden. Gute Deckenreflexionen sind zur Unterstützung des Direktschalles von großer Bedeutung. Zu beachten ist auch, dass es im Klassenzimmer nicht nur auf gute Schall-Lenkung vom Lehrer zum Schüler, sondern auch auf Schall-Lenkung bei den gegebenen Antworten ankommt. Der bevorzugte Ort zur Anbringung von Schallschluckmaterial ist daher die Randzone der Decke, auch, wenn nötig, der obere Teil der Wand" [9, S. 121]. Auch wird eine so einfache Abschätzung wie vorher beschriebene (durchgehend nur mit A-bewerteten Schallpegeln) der realen Situation in Kommunikationsräumen nicht gerecht, aus folgenden physikalischen bzw. psychoakustischen Gründen: Erstens reichen Abschätzungen mit Einzahlangaben wie z. B. A-bewerteten Schallpegeln für jedwede Behandlung von Raumakustik niemals aus. Zweitens sind Kommunikationsräume mit konstant T = 1 s oder darunter im gesamten relevanten Frequenzbereich gemäß Bild 1 in Beitrag B 8 bisher nur sehr selten anzutreffen. Viel häufiger steigt T(f), insbesondere im eigentlich maßgeblichen voll besetzten Zustand, von hier den mittleren zu den tiefen Frequenzen auf das zwei- bis vierfachen Wert an, s. Bild 53 (ohne) und Bild 43 (mit Akustikdecke) in Beitrag B 8. Und das hat gravierende Folgen für das Sprachverstehen und die Schallbelastung in Kommunikationsräumen,
– Raum-Moden: Anregung des Raumes bei seinen tiefsten Eigenresonanzen, (s. Beitrag B 6, Abschnitt 2),
– Maskierungs-Effekt: Verdeckung der hohen durch tiefe Frequenzen im Nutzsignal,
– Lombard-Reflex: Anhebung der Stimmen als unwillkürliche Reaktion auf Störgeräusche im Raum,
– Cocktail-Party-Effekt: Heraushören einer einzelnen aus mehreren Stimmen.
Drittens ist die Nachhallzeit T, im Raum gemittelt, zwar oft die einzige von Experten und Laien angeführte und ganz gut subjektiv wahrnehmbare objektive Mess- und Rechengröße (als Abbild sämtlicher Schallabsorption im Raum), aber genauso wichtig für die akustische Qualität kleiner wie großer Räumlichkeiten sind die Optimierung der frühen Reflexionen von den Raumbegrenzungen (insbesondere natürlich von Decke und Wänden) und deren stark ortsabhängige Überlagerung mit den direkt von den Quellen ausgehenden Schallwellen. In [9] heißt es dazu: „Für das Erkennen der Signale ist der Direktschall am wichtigsten. Sowohl im Direktschall wie im „Nachhallschwanz" stecken aber lediglich 5 bis 20 % der insgesamt einfallenden Schallenergie. Zwischen beiden separat berechenbaren Energiewerten (s. Gl. (1) und (2)) liegen die „Anfangsreflexionen" mit sehr unterschiedlichem Verlauf." In diesen sind drei Phänomene von Bedeutung, die wiederum alle stark von der Frequenz abhängen,
– Haas-Effekt: Verstärkung des Direktschalls durch energetische Addition bei den für die Deutlichkeit von Sprache und die Klarheit von Musik nützlichen höheren Frequenzen,
– Kammfilter-Effekt: schädliche Welleninterferenzen bei hohen Frequenzen und kleinen Laufweg- bzw. Laufzeit-Unterschieden,
– Mulm-Effekt: schädliche Welleninterferenzen bei tiefen Frequenzen und größeren Laufweg- bzw. Laufzeit-Unterschieden,
– Calm-Library-Effekt: Auswirkung einer optimal gedämpften Umgebung auf den Stimmaufwand sensibilisierter Nutzer.
Tatsächlich lassen sich mit der richtigen Bedämpfung der Räume nicht nur der emittierte Schall physikalisch absorbieren, sondern von Anfang an die Verständigung unter Kommunizierenden verbessern und so deren Schallemissionen, quasi als positive Interaktion zwischen dem Raum und seinen Nutzern, reduzieren. Aber der Reihe nach:

3.1 Die Raum-Moden

Bei hohen Frequenzen unterscheidet die raumakustische Planung üblicherweise nur zwischen dem Direktschall der Quellen, dessen frühen Reflexionen und spätem Nachhall, die sich alle energetisch bei einem Hörer im Raum überlagern. Bei tiefen Frequenzen, etwa unterhalb einer nach *M. R. Schröder* benannten Frequenz,

$$f_S \approx (2000 - 4000)\sqrt{\frac{T}{V}} \qquad (5)$$

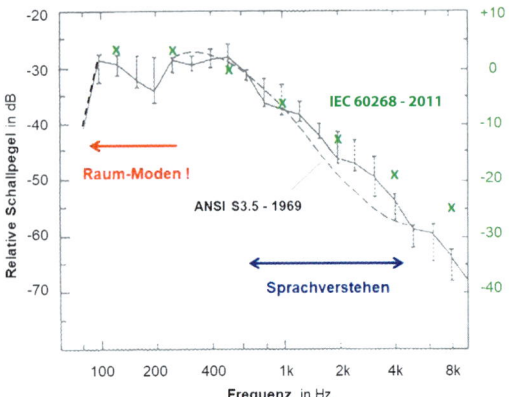

Bild 3. Emissionsspektrum einer männlichen Stimme nach [10, Fig. 32.2]

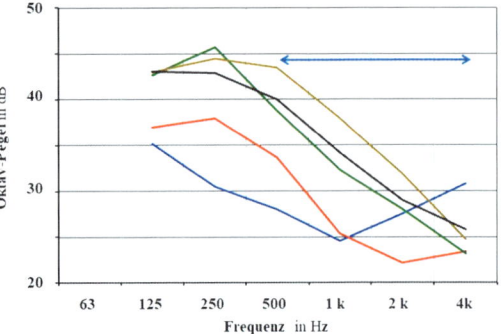

Bild 4. Charakteristische Spektren von Sprachlauten, gemessen ab 125 Hz im Freifeld nach [7, Abschn. 3.3]; Frikative f,s,x (blau), Explosive p,t,k (rot), Halbvokale w,l,r (grün), Vokale a,e,o (braun), Mittelwert (schwarz)

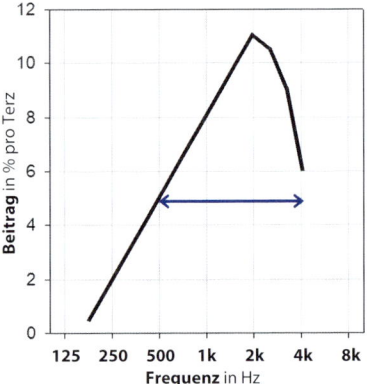

Bild 5. Beitrag der Frequenzkomponenten in der Sprache für deren Verstehen [10, Fig. 32.1]

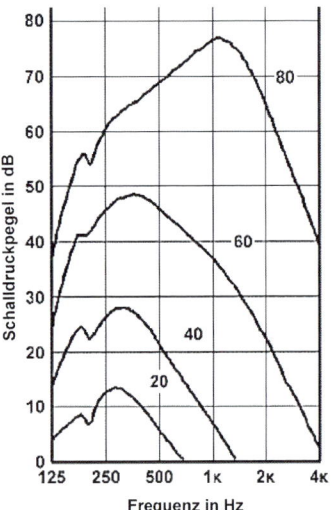

Bild 6. Verschiebung der Hörschwelle durch einen maskierenden Ton bei 200 Hz und Pegeln zwischen 20 und 80 dB nach [11]

ist jeder Raum leider zusätzlich, ausgesprochen störend, als Hohlraum-Resonator bei seinen Eigenfrequenzen anregbar, z. B. für T = 1 s und V = 300 m³ etwa bei f_S < 250 Hz durch Räuspern oder Stuhlrücken seiner Nutzer. Aber auch Sprache, die ihr Energiemaximum stets unterhalb 500 Hz hat, kann natürlich alle Raum-Moden bestens anregen. Das resultierende Dröhnen wirkt selbst schon bedrohlich und störend und wäre Grund genug, alles zu tun, um das Bass-Verhältnis

$$BR = \frac{T_{125} + T_{250}}{T_{500} + T_{1000}} \quad (6)$$

als ein (neben der Nachhallzeit selbst) bei den indizierten Oktaven definiertes wichtiges raumakustisches Kriterium möglichst klein anzustreben.

Die anderenfalls ungehindert tobenden Raum-Moden können nicht nur alle tonalen Spektren stark verfärben, sondern auch tieffrequente, weniger relevante Sprachkomponenten gemäß Bild 3 noch weiter verstärken – mit schädlichen Folgen, die im Folgenden angesprochen werden.

3.2 Der Maskierungs-Effekt

Die tiefen Frequenzkomponenten dominieren, mehr oder weniger verstärkt durch die Raum-Moden, nicht nur in den für die Verständigung nachrangigen Vokalen, sondern auch in allen viel wichtigeren explosiven und frikativen menschlichen Lauten, s. Bild 4. Die Tiefen tragen aber nach [10, Abschn. 32.1] nur weniger als 10 % zum Sprachverstehen bei, das zu über 90 % auf den Bereich zwischen 500 Hz und 4000 Hz angewiesen ist, s. Bild 5. Deshalb wirkt ein im menschlichen Gehör angelegter Effekt dramatisch auf das gegenseitige Verstehen: Höhere Frequenzen werden durch tiefere stets stärker verdeckt als umgekehrt. Bild 6 zeigt z. B., wie ein Störton bei 200 Hz mit Störpegeln zwischen 20 und 80 dB die Mithörschwelle für gleichzeitig ertönende Nutztöne verschiebt. Dazu schreibt der erfahrene Raumakustiker: „*Diese Problematik ist für den hohen*

Anteil der Frauen im Pädagogenberuf besonders bedeutungsvoll. Für sie ist es wesentlich schwieriger, sich gegen das dumpfe Grundgeräusch stimmlich durchzusetzen … Für alle Räume, in denen es auf Sprachverständlichkeit ankommt, steht die Tiefenschluckung an erster Stelle … Wenn (die tiefen Lagen der menschlichen Stimme) in Innenräumen gedämpft werden, ist das nützlich, da die überwiegend in den Vokalen enthaltenen tiefen Lagen viel mehr Schallenergie enthalten und daher durch Überdeckung der hochfrequenten, aber schwächeren Konsonanten, Zischlaute, An- und Ablaute die Sprachverständlichkeit herabsetzen." [9, S. 10, 119, 121]

3.3 Der Lombard-Reflex

Die Störung und Verdeckung durch die Anregung akustisch unzureichend konditionierter Räume wäre weniger schwerwiegend, wenn nicht beim Kommunizieren wie beim Musizieren ein nach *E. Lombard* benannter Effekt einträte. Danach wird die Stimme angehoben, wenn der Störpegel ansteigt, der z. B. durch andere Stimmen hervorgerufen wird, die wiederum ihrerseits als Reaktion auf für den sie jetzt stärkeren Störpegel lauter werden u. s. w. [12]. Erst kürzlich wurden dazu in [13] quantitative Ergebnisse präsentiert: Man ermittelte die unwillkürliche Stimmanhebung (vocal effort) mit nacheinander 10 weiblichen und 10 männlichen normal hörenden Sprechern im Alter zwischen 18 und 34 (im Mittel 22) Jahren. Diese wurden in einer 14 m³ großen reflexionsarmen Kabine einem scheinbar aufmerksamen Zuhörer-Dummy in 2,5 m Abstand gegenübergesetzt. Sie waren angehalten, einen ausgewählten, aus 6 Sätzen bestehenden Text so vom Blatt vorzulesen, dass sie sich vom so dargestellten Zuhörer bei unterschiedlichen Störpegeln immer gleich gut verstanden fühlten. Beim Vorlesen wurden sie über einen Studiomonitor aus 2,5 m Entfernung in 5 dB-Schritten mit Pegeln zwischen 20 und 65 dB(A) beschallt. Sie lasen so mit einem Störabstand SNR ≥ 17 dB. Außerdem sollten die Testpersonen dabei zu jeder dieser 10 Geräuschsituationen den von ihnen subjektiv wahrgenommenen Grad der Störung ihrer Vorlesung (perceived noise disturbance) beurteilen und ihr eigenes Unbehagen (perceived vocal discomfort) einschätzen. Im Blick auf die Anregung tiefer und die Verdeckung hoher Frequenzen gemäß den Abschnitten 3.1 und 3.2 erscheint die hier gewählte spektrale Charakteristik des stationären Störgeräuschs sehr sinnvoll, nämlich rosa Rauschen, dessen Energiedichte zu tiefen Frequenzen hin umgekehrt proportional zunimmt. Neben dem objektiven Anstieg des mittleren Sprechpegels ΔL in dB wurden die subjektiven Parameter Störung und Unbehaglichkeit in % ermittelt, s. Bild 7.

3.4 Der Cocktail-Party-Effekt

Bei gesundem binauralem Hören können Menschen bei entsprechender Ausrichtung und Konzentration Schallquellen gut orten und wahrnehmen. Nur so werden die wunderbaren Hörerlebnisse bei stereophoner Wiedergabe von Sprache und Musik in Studioqualität erst möglich. Nach [8, Abschn. 1.2.5] hilft diese Fähigkeit nicht nur Musikern im Ensemblespiel, sondern auch einem Hörer bei mehreren ihn umgebenden Sprechern, eine Stimme gezielt herauszuhören, sofern der interessierende Schall um etwa 10 bis 15 dB über der durch den Störpegel bedingten Mithörschwelle liegt. Nach [14] kann durch diesen Cocktail-Party-Effekt die Verständlichkeit bei rundum verteilten Schallquellen einen bis zu 9 dB günstigeren Wert annehmen, als wenn sämtliche Schallsignale aus nur einer Richtung kämen. Wenn dies für ein ausreichendes Verstehen nicht ausreicht, kann eine Annäherung zwischen Gesprächspartnern etwa gemäß Bild 8 helfen.

3.5 Der Haas-Effekt

In allen akustisch anspruchsvollen Räumen spielt die Direktschall-Übertragung von den Quellen zu den Hörern bei genügendem Störabstand eine entscheidende Rolle für die Deutlichkeit von Sprache sowie die Klarheit von Musik. Energiereiche laterale (Wand- und Decken-) Reflexionen, die mit gewissen Laufzeitdifferenzen Δt eintreffen, können differenziertes Hören bei mittleren und hohen Frequenzen dank des Haas-Effektes stark unterstützen, insbesondere bei entfernteren

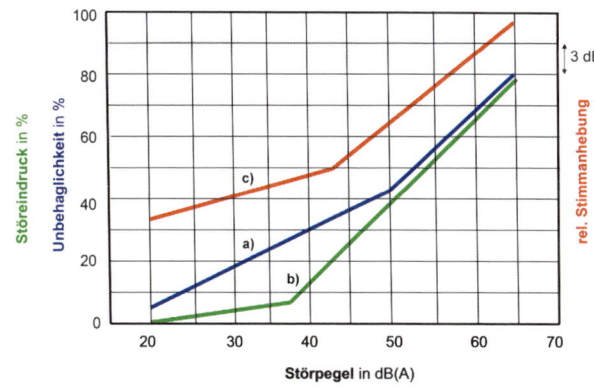

Bild 7. Lombard-Effekte als Funktion stationärer Störpegel (rosa Rauschen), gemessen als
a) Unbehaglichkeit, b) Störwirkung und
c) Stimmanhebung bei jungen, normal hörenden Erwachsenen nach [13]

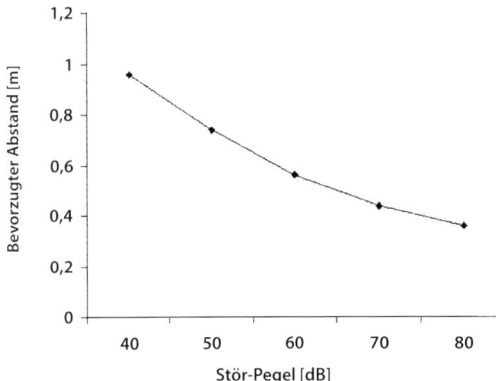

Bild 8. Von Kommunizierenden für Umgangssprache bevorzugter Abstand zueinander, abhängig vom Störpegel im Raum nach [15]

können dann, wie man z. B. in [18, Abschn. 1.13] nachlesen kann, bei fehlender Absorption gemäß

$$\frac{A_r}{A} = |\cos \pi f \Delta t| \quad (7)$$

die Amplitude A eines Signals zur resultierenden Amplitude A_r verfälschen. Aus Bild 9 kann man aber schließen, dass das Kammfilter-Phänomen für die so wichtigen hohen Frequenzen im Beispiel von Bild 1 kaum von Bedeutung sein kann.

3.7 Der Mulm-Effekt

Ganz anders als bei den hohen Frequenzen sieht es nach Bild 9 dagegen bei den tieferen Frequenzen aus: Für diese weniger relevanten Schallanteile können die frühen Reflexionen wegen der hier deutlicher ausgeprägten Interferenzphänomene während der ersten drei Perioden eines Tones kaum etwas zur Verständigung in einem Kommunikationsraum beitragen. Im Gegenteil: Wenn da nicht für ausreichend Absorption gesorgt wird, füllt den Raum praktisch sofort das in Abschnitt 3.1 besprochene Dröhnen. Um dieses und den auch durch Interferenzen erzeugten Mulm zu minimieren, sind aber andere als die in Bild 2 angedeuteten Maßnahmen geeigneter, die die nützlichen Reflexionen von allen Begrenzungsflächen möglichst weitgehend erhalten, aber trotzdem die Moden-Anregung besonders nachhaltig reduzieren können, s. Abschnitt 7.

Hörern. Allerdings dauert es nach L. *Cremer* [16, § 35] etwa die dreifache Periodendauer eines Tones, um zunächst diesen im Direktschall zu erkennen und zu lokalisieren, bei 1000 Hz also etwa 3 ms, bei 100 Hz dagegen 30 ms. In einem kleineren Raum wie in Bild 1 können sich z. B. die beispielhaft angedeuteten Reflexionen längs seiner Hauptachse mit $\Delta t \approx 4$ bis 20 ms und Pegel-Unterschieden $\Delta L \approx 7$ bis 1 dB bei den gemäß Bild 5 so wichtigen höheren Frequenzen mit $\Delta t \cdot f \approx 4$ bis 20 also alle sehr vorteilhaft zum Direktschall energetisch addieren, s. Beitrag C 5, Abschnitt 3.

3.6 Der Kammfilter-Effekt

Während der in Abschnitt 3.5 schon eingeführten „Kennzeit" können etwa in mehrseitig besonders reflexionsarm ausgekleideten Studios an deren meist reflektierend belassenen Regiefenstern nach [17, Abschn. 14.4.13] schädliche Wellen-Interferenzen nach Art des bekannten Kammfilter- Phänomens auftreten. Die Überlagerung von direkt und reflektiert mit einer Zeitdifferenz Δt beim Hörer eintreffende Schallwellen

3.8 Der Calm-Library-Effekt

Der in Abschnitt 3.4 angesprochene Cocktail-Party-Effekt kann seine positive Wirkung auf die Unterhaltung in größerer Runde eigentlich nur in gut konditionierten Räumen richtig entfalten. Derartige Klassenzimmer können den Lehrer in all seinen Bemühungen fundamental unterstützen, indem sie einen breiten Spielraum für die Schallemission an den Quellen schaffen. Dieser leider noch viel zu wenig bekannte und noch weniger verstandene und erlebte pädagogische

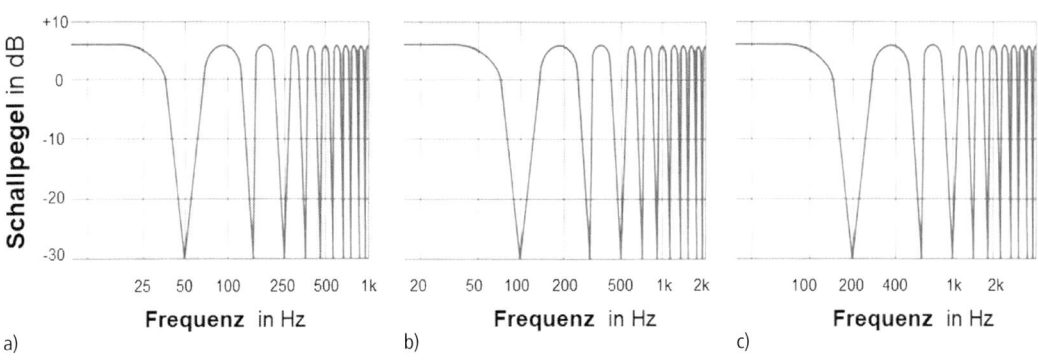

Bild 9. Spektrale Pegeländerungen gegenüber dem Direktschall durch Reflexionen mit a) $\Delta t = 10$ ms, b) $\Delta t = 5$ ms, c) $\Delta t = 2{,}5$ ms

Effekt des Raumes lässt sich vielleicht vergleichen mit demjenigen, der auf eine ungehemmt plaudernde Besuchergruppe einwirkt, wenn diese aus einem lauten städtischen Ambiente in eine Bibliothek geführt wird, in der Studierende lautlos zwischen rundum hohen Bücherregalen in Literatur vertieft arbeiten. Die zu diesem Calm-Library-Effekt gegenteilige Wahrnehmung kann man erfahren, wenn dieselbe oder gar mehrere Gruppen mit unvermeidlich lauten Erklärungen durch üblicherweise sehr hallige Museumssäle geführt werden. Gute Raumakustik kann also einen Beitrag zur Kultivierung von Information und Kommunikation leisten – in kleinen wie in großen Räumen. Welch großen Beitrag dazu eine zweckdienliche Raumakustik leisten kann, soll im Folgenden dokumentiert werden.

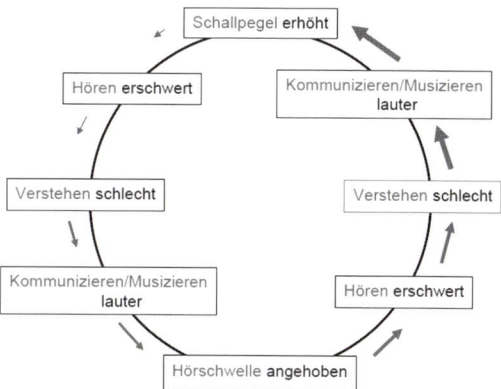

Bild 10. Lautheitsspirale bei Kommunikation in einem dafür schlecht konditionierten Raum

4 Der Einfluss des Raumes auf das Sprachverstehen

Die in Abschnitt 3.3 nach [12, 13] dokumentierten rein subjektiven bzw. intuitiven Befunde einer Stimmanhebung nach Bild 7 beruhen auf unterschiedlich gutem Verstehen der eigenen Sprache, welches (bereits ohne einen Einfluss des jeweiligen Raumes) z. B. durch Hinzutreten weiterer Sprecher reduziert werden und so eine Lautheitsspirale nach Bild 10 in Gang setzen kann. Aber bekanntlich bestimmt neben den Quellen im Raum auch dieser selbst den kumulierten Schalldruckpegel und damit rückwirkend auch die Sprachverständlichkeit. In einem ersten Versuch, diese quantitativ zu bestimmen, wurde der in Bild 2 von Beitrag B 6 angesprochene Laborraum gemäß Bild 11a mit unterschiedlichen Schallabsorbern konditioniert:
a) stark zu den tiefen Frequenzen abfallend (BR ≈ 0,63), entsprechend Bild 11b,
b) näherungsweise konstant zwischen 63 und 8 kHz (BR ≈ 1),
c) stark zu den tiefen Frequenzen ansteigend (BR ≈ 3,2).

Probanden im Alter zwischen 20 und 50 Jahren testeten, frontal vor einem Studiomonitor (etwa wie der Kunstkopf in Bild 11a) im Abstand von ungefähr 3 m platziert, die Silbenverständlichkeit nach einem standardisierten Verfahren mit Logatomen bei stets gleichem Nutz- und Störsignal (rosa Rauschen zwischen 20 Hz und 20 kHz). Im unbedämpften Raum mit einer Nachhallzeit bis über 4 s wurden so im Mittel kaum mehr als 10 % der Silben richtig verstanden. Im Fall a) lag die Verständlichkeit mit etwa 68 % am höchsten und im Fall c) mit 53 % deutlich darunter, obgleich hier die mittlere Nachhallzeit nur etwa halb so groß gemessen wurde. Die gleichmäßig niedrige Nachhallzeit von ca. 0,4 s im Fall b) ergab wider Erwarten mit 59 % nicht den höchsten Wert.

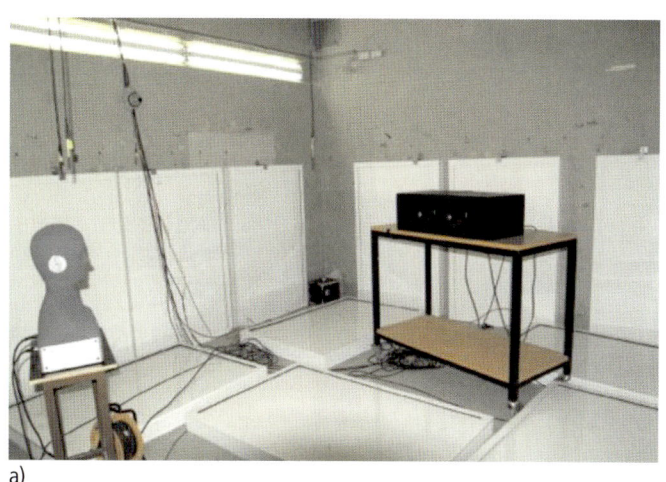
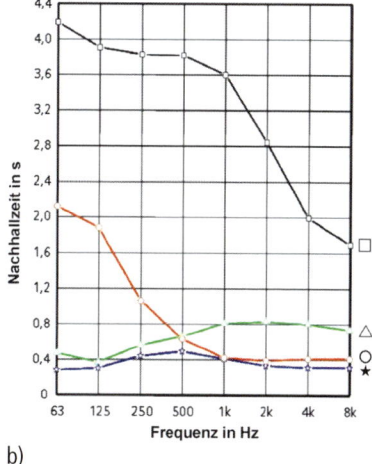

a)   b)

Bild 11. Unterschiedliche raumakustische Konditionierung eines Laborraumes für Sprachtests im Fraunhofer IBP; Leerraum (□), starke Tiefen-Absorption für BR < 1 (△), starke Höhen-Absorption für BR ≫ 1 (○), Breitband-Absorption für BR ≈ 1 (★)

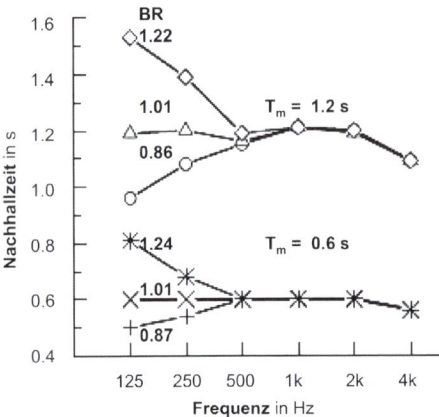

Bild 12. Die verschiedenen Nachhallzeiten, wie sie sich aus der Impulsantwort der sechs simulierten Raumsituationen 1.a (+), 1.b (×), 1.c (*), 2.a (○), 2.b (△), 2.c (◇) ergeben [19]

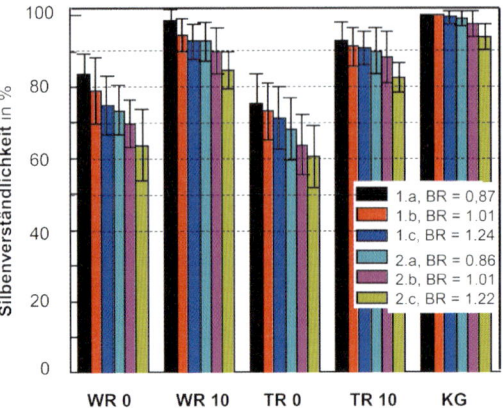

Bild 13. Mittelwerte und Streubereiche der Silbenverständlichkeit bestimmt bei 32 Studenten in unterschiedlichen Raum- und Geräuschsituationen; 1. Raum: $T_m = 0{,}6$ s, 2. Raum: $T_m = 1{.}2$ s; versch. Bassverhältnisse BR und Störabstände: WR(0)/WR(10) ▶ Weißes Rauschen 0 dB/10 dB, TR(0)/TR(10) ▶ Tiefenbetontes Rauschen 0 dB/10 dB, KG ▶ Kein Geräusch [19]

Von nahezu allen Testpersonen wurde die Testumgebung a) als die behaglichste empfunden und die Silbenverständlichkeit auch subjektiv hoch geschätzt. Demgegenüber wurde Situation c) von allen Beteiligten als deutlich unbehaglicher eingestuft. Wenn also die Probanden hier, etwa wie in der Studie [13], selbst zum deutlichen Sprechen aufgefordert worden wären, hätten sie ihre Stimme also im Fall der Absorption vor allem oberhalb 250 Hz deswegen wohl intuitiv stärker als im Fall a) angehoben, um sich verständlich zu machen. Dies weist darauf hin, die Dämpfung bei mittleren Frequenzen gegenüber den tiefen nicht zu übertreiben (vgl. auch Bilder 17 und 19). Sonst fördert diese nur die in Abschnitt 3.2 diskutierte Verdeckung, zwingt z. B. einen Lehrer zu unnötiger Stimmanstrengung.

5 Das Sprachverstehen bei stationärem Rauschen

In sechs gemäß Bild 12 mit dem ODEON-Programm simulierten Räumen der Abmessung 8,4 m × 7,7 m × 3,9 m mit mittleren Nachhallzeiten

$$T_m = \frac{T_{500} + T_{1000}}{2} \quad (8)$$

variierend zwischen 0,6 und 1,3 sowie BR nach Gl. (6) zwischen 0,8 und 1,3 konnten zunächst die früheren Ergebnisse in Abschnitt 4 durch ausführlichere Tests nach aktuellem Stand audiometrischer Versuchstechnik (binaural über Kopfhörer) bestätigt werden [19]: Das rechte Säulenpaket (KG) in Bild 13, gemessen noch ohne jedes Störgeräusch, zeigt zwar den erwarteten Trend, aber bei Werten über 90 % nur einen relativ geringen Einfluss der raumakustischen Gestaltung der Räume. Sobald aber ein zunächst nur schwaches tiefenbetontes Störsignal mit einer Charakteristik wie in

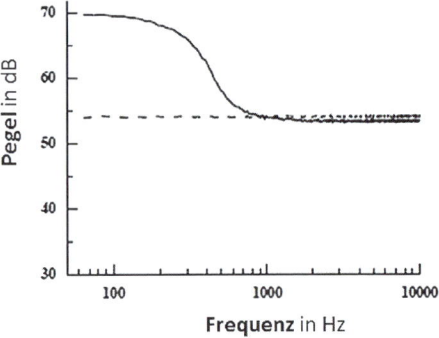

Bild 14. Störgeräuschspektren, die in die gemäß Bild 12 simulierten Räume eingespielt wurden; tiefenbetontes (durchgezogen) bzw. weißes Rauschen (strichliert) [19]

Bild 14 dargestellt mit einem Störabstand

$$S_{NR} = S_N - S_S \quad (9)$$

von 10 dB(A) zwischen Nutzsignal S_N und Störsignal S_S überlagert wird (Paket TR 10 in Bild 13), sinken die ermittelten Werte um bis zu 10 %. Bei einem um 10 dB(A) stärkeren Störsignal gleichen Spektrums (TR 0) fällt die Verständlichkeit aber bis auf 60 % ab. Gleichzeitig wächst der durch die schwarzen Spangen angedeutete jeweilige Streubereich erheblich an. Der Störeinfluss durch weißes Rauschen (WR 10 und WR 0 in Bild 13) mit gleichem A-bewerteten Schalldruckpegel ist deutlich geringer.
Schließlich wird in Bild 15 der Einfluss des Alters der Probanden nach [20] deutlich gemacht: Je jünger diese sind, umso schwerer fällt ihnen offensichtlich das Verstehen und zum umso lauteren Artikulieren tendieren

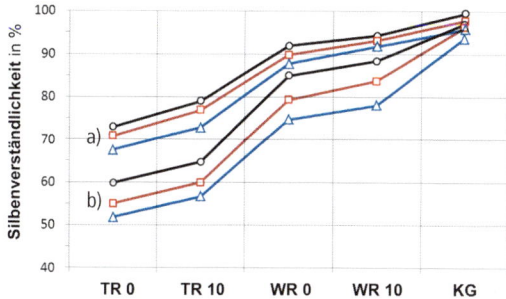

Bild 15. Silbenverständlichkeit bei Störung durch unterschiedliches stationäres Rauschen bestimmt bei 8 bis 9 Jahre alten Schülern (blaue Kurve), 10 bis 11 Jahre alten Schülern (rote Kurve) und Erwachsenen (schwarze Kurve) in zwei Raumsituationen; a) Nachhallzeit bei 0,6 s, b) bei 1,2 s [20]

6 Das Sprachverstehen bei verschiedenen Geräuscharten

Nach den Ausführungen zur Verdeckung überrascht es natürlich nicht, dass die Ergebnisse in Bild 13 und 15 mit höhenbetontem Störsignal (weißem Rauschen) bei gleichem Störabstand grundsätzlich besser ausfallen als mit tiefenbetontem, vgl. jeweils Paket WR 10 mit TR 10 sowie WR 0 mit TR 0. Noch bedeutsamer, auch zur Erklärung der Diskrepanz zu den Befunden ganz *ohne* Störsignale in [21], sind die Ergebnisse in [22]: Bild 16 zeigt die quantitativen Ergebnisse der richtig erkannten Logatome bei Überlagerung mit sehr verschiedenen Geräuschen, aber mit konstantem SNR = 10 bzw. 0 dB(A), für zwei simulierte Räume mit konstantem, in der Praxis leider normalem Bassverhältnis BR ≈ 1,3 aber unterschiedlicher mittlerer Nachhallzeit T_m = 0,83 bzw. 1,3 s.

Bei der niedrigeren Nachhallzeit und hinreichend großem Störabstand (Bild 16a) bleibt die Verständlichkeit für alle Geräuscharten größer als 90 %, selbst für die jüngsten Schüler. Am wenigsten überrascht, dass in regelmäßigen Abständen von 1,6 s eingespielte Schlaggeräusche in allen Fällen die geringsten Einbußen verursachen, wohl weil den Probanden zwischen zwei Pegelspitzen Zeit blieb, um bei um 11 dB niedrigeren Pegeln Testsilben noch gut zu verstehen. Etwas kritischer stellt sich, insbesondere bei geringem Störabstand (Bild 16b und 16d), schon ein gleichmäßiges Verkehrsgeräusch dar. Noch etwas geringere Verständlichkeit ergibt sich für eingespieltes, wahrscheinlich tonhaltiges Gebläsegeräusch. Deutlich schlechtere Ergebnisse werden bei gleichlauter Störung durch ein gleichmäßiges Geräusch erzielt, dessen Spektrum der Sprache nachgebildet wurde. Das wichtigste aus [22] ablesbare Ergebnis ist aber, dass Personen jeden Alters bei gleichem Störpegel objektiv am stärksten durch ein lautes natürliches Stimmengewirr gestört werden, besonders in akustisch schlecht konditionierten Räumen. Wieder sind es die jüngsten Schüler, die von jedem Gebrabbel am meisten gestört werden, abzulesen an Ergebnissen von 54 % für T_m = 0,83 s und nur noch 40 % für 1,3 s.

sie selbst z. B. in einer realen Unterrichtssituation – mit den bekannten fatalen Folgen. Umso wichtiger ist für sie eine angemessene akustische Gestaltung des Raumes. Diese Ergebnisse lassen keinen Zweifel zu, dass die tiefen Frequenzen bei der raumakustischen Gestaltung hohe Aufmerksamkeit verdienen, besonders wenn man an junge und/oder sprachbehinderte sowie nicht muttersprachliche Personen denkt. Sie widersprechen fundamental der in [21] vorgetragenen Meinung: In einer studentischen Arbeit wurden, ähnlich wie in [19, 20], unterschiedliche Nachhallzeiten mit einem CATT-Programm simuliert. Den Probanden wurde binaural über Kopfhörer ein 10 s dauerndes Sprachsignal (ohne irgendein Störsignal!), jeweils im Paarvergleich, angeboten. Sie sollten nur jeweils subjektiv beurteilen, bei welchem Beispiel die Sprachverständlichkeit besser ist. Man kam so in [21] zu dem fatalen Schluss, dass der Nachhallzeit unter 250 Hz keine wesentliche Bedeutung für die Sprachverständlichkeit zukomme, so wie es dann leider in dem gegenüber früheren Normanforderungen stark ausgeweiteten Toleranzbereich gemäß Abb. 2 in [5] seinen missverständlichen Niederschlag fand. Welchen dominanten Einfluss aber unterschiedliche Störgeräusche auf die Silbenverständlichkeit tatsächlich haben, wird im Folgenden quantifiziert.

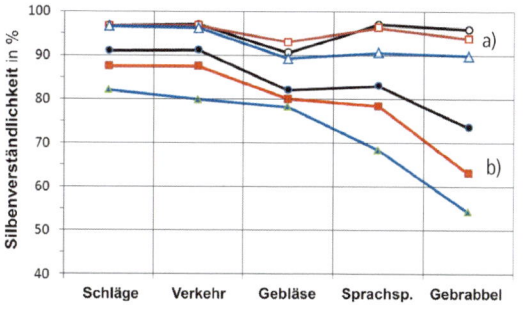
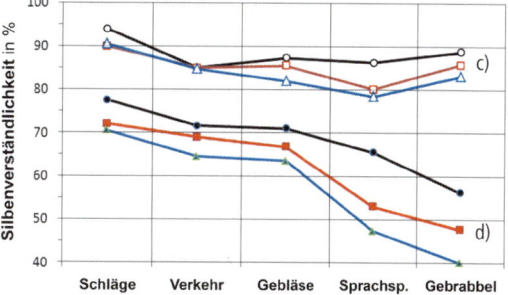

Bild 16. Silbenverständlichkeit bei Schülern mit zunehmendem Alter wie in Bild 15 (jeweils Kurven von unten nach oben tendierend); a) T_m = 0,83 s, BR ≈ 1,3, SNR = 10 dB(A), b) T_m = 0,83 s, BR ≈ 1,3, SNR = 0 dB(A), c) T_m = 1,30 s, BR ≈ 1,3, SNR = 10 dB(A), d) T_m = 1,30 s, BR ≈ 1,3, SNR = 0 dB(A) nach [22]

Auch nach [23] stört ein ganz gleichmäßiges Geräusch ohne jeden Informationsgehalt viel weniger als impulshaltiges, selbst mit völlig irrelevanten Informationen. Auch eine noch nicht richtig verstandene oder Fremdsprache, sogar rückwärts abgespielte Sprache, können demnach, völlig nutzlos, Aufmerksamkeit binden und Anspannung erzeugen, die dann die kognitiven Ressourcen verknappen und so zur Überforderung des für das Verstehen wichtigen Kurzzeitgedächtnisses und zu rascher Ermüdung führen. Die raumakustische Qualität offenbart sich deshalb auch besser inmitten einer im Raum munter diskutierenden Gesprächsgruppe, als durch das bei Akustikern übliche Händeklatschen. Um aber mit dem hier propagierten raumakustischen Konzept (BR ≤ 1!) Praktiker zu überzeugen, muss seine Überlegenheit im direkten Vergleich mit der konventionellen Technik in realen Räumen wie im Folgenden vorführbar gemacht werden.

7 Kanten-Absorber als Problemlöser

Aus dem Vorstehenden lassen sich für die raumakustische Konditionierung kleiner bis mittelgroßer Räume drei Prinzipien ableiten:
– Die gesamte Absorption bei mittleren Frequenzen sollte ausreichen, um Nachhallzeiten

$$T_{soll} = \frac{T_{500} + T_{1000}}{2} \approx 0{,}37 \lg V - 0{,}14 \quad (10)$$

einzustellen, die in etwa den Empfehlungen im jeweiligen Bild 1 von [5, 6] für die Nutzung Sprache, vorzugsweise im normal besetzten Raum, entsprechen. Eine Überschreitung um ca. 20 % ist nach diesen Normen unkritisch.
Eine Unterschreitung um mehr als 20 % ist aber besonders dann kritisch, wenn dadurch ein Bassverhältnis groß gegenüber 1 provoziert wird.
– Decke und Wände sollten möglichst weitgehend für frühe Reflexionen des Direktschalls erhalten bleiben.
Diese Forderungen müssen sich nicht widersprechen, wenn man für ausreichend breitbandig wirksame Schallabsorber bevorzugt in den Raumkanten sorgt. Schon seit über 20 Jahren kommen dafür Verbundplattenresonatoren nach [17, Abschn. 5.3] z. B. in Studioräumen zum Einsatz. Bei nicht zu großen Räumen ($V \leq 300$ m^3) können diese Aufgabe vorteilhaft die in Beitrag B 8, Abschnitt 8.5 beschriebenen Kanten-Absorber kostengünstig übernehmen, wenn diese rundum unter der Decke und, im optimalen Fall, zusätzlich in zwei senkrechten Raumkanten eingebaut werden. Dazu sind in [17, Kap. 14] sowie in Beitrag C 4 zahlreiche Fallbeispiele dokumentiert. Nicht selten sind in unzureichend konditionierten Räumen, natürlich in bester Absicht, möglichst ganzflächig Unterdecken nach Bild 2 installiert, die zwar mittlere, aber meist viel schlechter tiefe Frequenzen absorbieren. In zahlreichen Fällen hat sich auch hier eine preiswerte

Sanierung bewährt, indem der Hohlraum am Rand einfach rundum durch geeignete Lochplatten mit einer mindestens 20 cm dicken Absorberauflage zugänglich gemacht wird. Seit 2011 wurden bereits weit über 100 Schulräume mit solchen alternativen Maßnahmen erfolgreich saniert, die keine ihrer stets für andere Nutzungen sehr kostbaren freien Begrenzungsflächen belegen und deshalb gemäß Abschnitt 3.5 nützliche Reflexionen bei höheren Frequenzen zulassen [17, Abschn. 10.3]. Nur in Kanten des Raumes installiert, erfüllen sie viel effizienter als in seinen Flächen ihre Aufgabe breitbandig, aber besonders bei den tieferen Frequenzen, wo regelmäßig der größte Nachholbedarf besteht.
So auch in zwei fast baugleichen Hörsälen der TU Graz, die beide zunächst konventionell in 1 m Abstand zur Fensterwand mit 50 cm tief abgehängten Akustikdecken aus gepressten Mineralfaserplatten circa 3,6 m über dem schallharten Boden ausgestattet wurden. Diese sorgen zwar, wie so oft, bereits für einige Absorption bei mittleren Frequenzen, aber viel zu wenig Dämpfung im Bassbereich. Sie erfüllen daher weder die Erwartungen der Dozenten und Studenten noch die baurechtlichen Anforderungen gemäß [24], die den Empfehlungen in [6] genau entsprechen, s. [25]. Im Hörsaal i15 mit (unbehandelt) $V = 10{,}9$ m $\times 5{,}3$ m $\times$ 4 m $= 231$ m^3 (abzgl. herausragender schallharter Strukturen an der Flurwand: 214 m^3), ca. 13 m^2 Fensterfläche, 47 m^2 Deckenabsorber und $T_m = 0{,}99$ s wird $T_{soll} = 0{,}72$ nach Gl. (10) um 37 % überschritten und ein BR = 1,21 nach Gl. (6) erreicht, s. Bild 17. Hier fügen sich nun ganz harmonisch 65 cm breite und 42 cm tiefe, vertikale und horizontale, mit Mineralwolle gefüllte Gipskarton-Koffer in die ohnehin stark gegliederte Flurwand ein (Ziffern 1 bis 3 in Bild 18a). Die stets zu 22 % offenen und 12,5 mm dicken GK-Lochplatten ersetzen auch einige Unterdecken-Paneele, hier nur auf einer Breite von 42 cm, an den beiden Querwänden auf einer Länge von jeweils 3,6 m (Ziffer 4 in Bild 18b). Sie wurden mit einer 30 cm dicken Mineralwolleauflage versehen. Diese architektonisch bestens in den Raum integrierten Kanten-Absorber fallen mit ihrer nur auf insgesamt 14 m^2 dem Schallfeld zugekehrten, also absorbierenden Fläche kaum ins Auge. Umso mehr wirken sie gemäß Bild 17 auf die Ohren der Raumnutzer: Diese Maßnahmen haben T_m um 19 % auf nunmehr 0,8 s und die als EDT gemessene Nachhallzeit bei 63 Hz sogar um 38 % sowie BR auf etwa 1 gesenkt. Das so erzielte Ergebnis bleibt also im gesamten interessierenden Frequenzbereich innerhalb des Toleranzbandes der Norm [24]. Entsprechend positiv fallen auch alle aussagefähigen Bewertungen von Nutzern und Besuchern aus.
Gleich nebenan im mit $V = 295$ m^3 nur etwas größeren Hörsaal i14 bleibt die Nachhallzeit bis 500 Hz herunter im Toleranzband der Norm entsprechend $T_m \approx$ 0,76 s+20 %. Aber bei 250, 125 und 63 Hz wird der Sollwert um circa 35, 62 und 77 % überschritten, s. Bild 19. In diesem Raum wurden zusätzlich 10 Wandpaneele

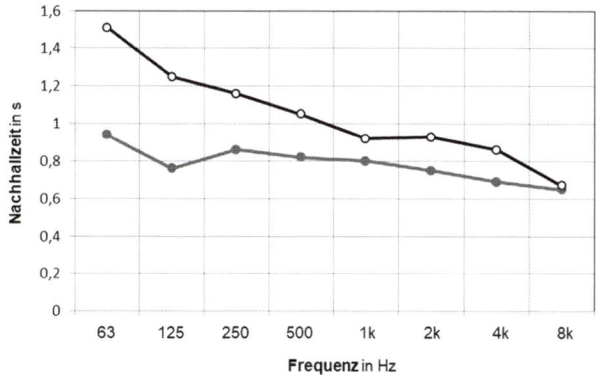

Bild 17. Nachhallzeit im möblierten unbesetzten Hörsaal i15; nur mit 50 cm tief gehängter Akustikdecke (obere), plus Kanten-Absorber gemäß Bild 18 (untere Kurve)

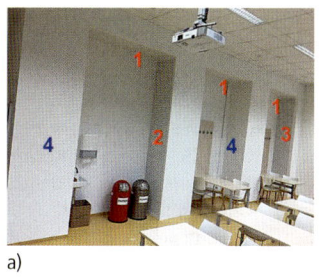
a)

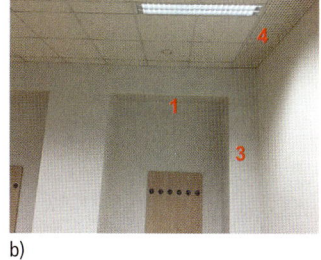
b)

Bild 18. Maßnahmen in i15:
a) Kanten-Absorber (1 bis 3) greifen im i15 die vorgefundene Gliederung der Flurwand auf und harmonieren optisch mit den schallharten Pfeilern (4), b) mit Mineralwolle hinterlegte GK-Lochplatten (4) ersetzen einige UD-Platten

aus Akustikvlies in den Abmessungen 1,8 m × 1,2 m × 0,05 m, also 21,6 m², auf drei Wände verteilt, was immerhin 30 % der Grundfläche entspricht (Bild 20). Das so erzielte Ergebnis in Bild 19 kann nicht überraschen: Bei 63 Hz beträgt die Überschreitung immer noch 47 %. Besonders negativ für die Nutzbarkeit dieses Raums wirkt sich aber der nun noch steilere Anstieg seines Nachhalls zu tiefen Frequenzen mit BR = 1,38 aus, der bei Besetzung noch bis 1,55 zunimmt. Auf tieffrequente Laute antwortet der Raum deswegen nach wie vor mit starkem Dröhnen, die Sprachverständlichkeit ist entsprechend schlecht und die Stimmanhebung wird weiter herausgefordert. Dazu seien nochmals die Erfahrungen von W. Reichardt zitiert: „*Unnötig angebrachte schallschluckende Flächen verlangen vom Sprecher einen höheren Stimmaufwand, als er der Höreranzahl entsprechend nötig wäre [...]. Man sollte mit der Nachhallzeit nicht unnötig viel unter den Wert von 1 s gehen [...]. Der Redner muss sich bei kleinen Nachhallzeiten mehr anstrengen.*" [9, S. 126]

Beide Räume im Vergleich eignen sich aber nun hervorragend für weitere psychoakustische Studien. Wie man hört, wurde ein Teil der Wandpaneele in i14 versuchsweise schon wieder entfernt. Jedenfalls musste die in [26] so plakativ gestellte Frage in Graz mit einem gut begründeten *Nein* beantwortet werden.

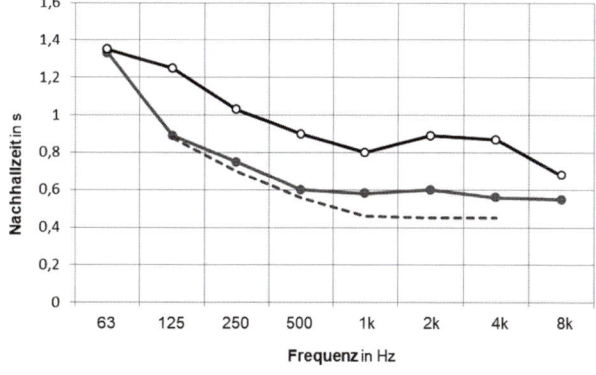

Bild 19. Nachhallzeit im möblierten Hörsaal i14; nur mit 50 cm tief gehängter Mineralfaser-Unterdecke (obere), plus 10 Wandpaneele (untere) und voll besetzt (strichlierte Kurve)

Bild 20. Raum i14 mit Akustikdecke plus zehn zusätzliche 5 cm dicke Akustikpaneele an drei Wänden

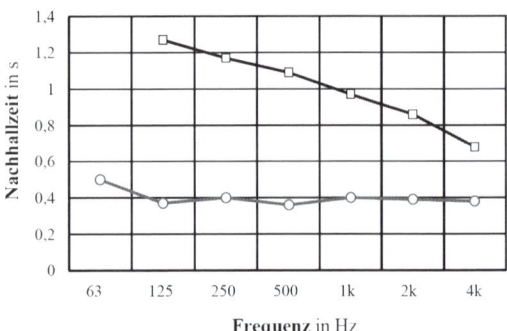

Bild 22. Nachhallzeit eines unbesetzten möblierten Klassenzimmers mit ca. 168 m³ gemäß Fig. 7 und Appendix A in [27] der Sweyne Park School; unbehandelt (□), nach der Empfehlung der BATOD breitbandig behandelt (○)

8 Empfehlungen in Normen

Hier wurde vielfach und gern auf [6] und [24] Bezug genommen, da diese Normen bis 63 Hz herunter einen Anstieg von nur 20 % gegenüber der Nachhallzeit bei mittleren Frequenzen tolerieren, s. Bild 21. Im britischen Building Bulletin BB 93-2003, welches nur den Mittelwert der Nachhallzeit bei 500, 1000 und 2000 Hz bewertet, wird zwar mit 0,8 s für höhere Schulen und 0,6 s für Grundschulen sowie 0,4 s nach BB 93 „High" für behinderte Schüler ein hoher Anspruch erhoben, aber leider eben nur für die mittleren Frequenzen. In einer umfangreichen Studie [27] wird aber überzeugend dargestellt, dass erst ein Ergebnis wie in Bild 22, das breitbandiger den Empfehlungen der British Association of Teachers of the Deaf BATOD folgt, ein geradezu überschwängliches Lob bei allen Nutzern des Klassenzimmers erhält. Tatsächlich zeigen diese Ergebnisse, dass sowohl die A-bewertet gemessenen äquivalenten Dauerschallpegel $L_{A,eq}$ als auch die Grundgeräuschpegel $L_{A,90}$ während einer Unterrichtsstunde viel stärker sinken, als es der jeweils gesteigerten Absorption bei reduziertem Nachhall physikalisch entsprechen würde. Gemäß Bild 23 kann so der mittlere Störabstand für eine Stimme (meist die des Lehrers) auf bis zu 20 dB vergrößert werden – ein Segen für Lernprozesse, die auf verbal-auditiver Kommunikation beruhen, also auf Sprechen (Informieren und Erklären) und Hören (Verstehen und Verarbeiten) [28]!

Erfahrene Akustiker wissen, dass Rechenprogramme, die üblicherweise ein diffuses, aber eigentlich so nie vorhandenes Schallfeld voraussetzen, nur relativ ungenaue Prognosen für raumakustische Maßnahmen ermöglichen. Das gilt nicht nur, aber besonders für die tieferen Frequenzen und ähnlich auch für alle Messungen von Absorptionsflächen bzw. Nachhallzeiten in kleineren Räumen. Deshalb ist es nicht sinnvoll, hier mit mehr als *einer* Nachkommastelle zu arbeiten, wie es in [5, Anhang A.1] gefordert wird. Der Toleranzbereich in Bild 21 hat schon gute Gründe. Dagegen würde seine enorme Ausweitung in Bild 24, wenn man ihn voll ausschöpfte, einen monotonen Anstieg der Nachhall-

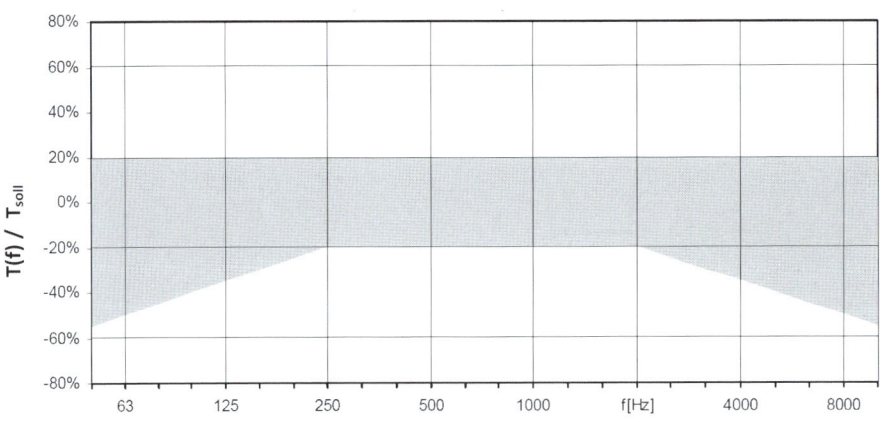

Bild 21. Toleranzbereich $T(f)/T_{soll}$ für Sprache nach DIN 18041-2004 wie auch ÖNORM B 8115-3 (2005)

9 Schlussfolgerungen

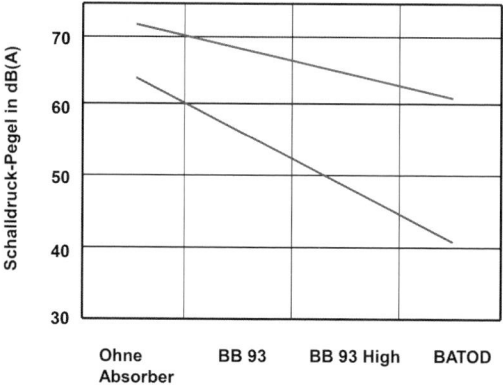

Bild 23. Äquivalenter Dauerschallpegel $L_{A,eq}$ (obere) und Grundgeräuschpegel $L_{A,90}$ (untere Kurve) für die nach unterschiedlichen Anforderungen bedämpften Klassenzimmer der Sweyne Park School nach [27]

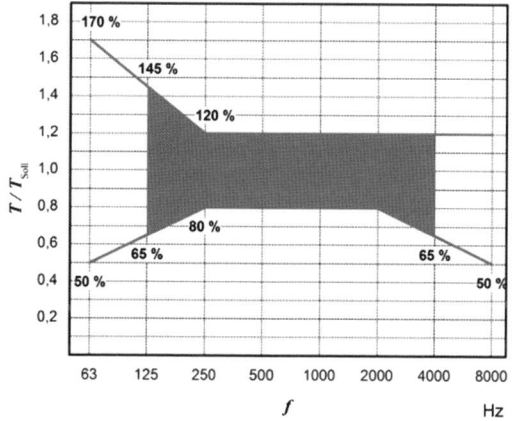

Bild 24. Toleranzbereich für die Nachhallzeit, bezogen auf einen Sollwert nach [5, Bild 2]

zeit um den Faktor 2,4 von den höchsten zu den tiefsten Frequenzen zulassen. Dabei deuten starke spektrale Schwankungen immer auf akustische Probleme hin. Auch ist die in Bild 24 grau markierte generelle Fokussierung auf die mittleren Frequenzen (im Kern also: 250–2000 Hz) für Räume der Gruppe A wie B nach [5] gleichermaßen unbegründet und als Umgehung der eigentlichen Herausforderung nicht zu akzeptieren. Aber selbst wenn die in den Beiträgen B 8 und C 4 sowie in [17] zahlreich dokumentierten Beispiele für eine etwas andere Raumakustik in vorgefundenen oder sanierten Räumlichkeiten noch nicht die heutigen Realitäten im Markt repräsentieren, möchte man doch festhalten, dass die unverbindlich geltende Norm [5] in einigen kritischen Punkten nicht dem aktuellen Stand des Wissens und der Technik entspricht.

Die Mehrzahl unserer Schulen, gleich welchen Niveaus und welcher Trägerschaft, ist in die Jahre gekommen und ihr Neubau sowie ihre Sanierung überfordern viele. Dies ist ein Grund dafür, dass allein in den deutschen Klassenzimmern die Mehrzahl der ca. 850000 Lehrkräfte und 11 Millionen Schüler unverantwortlich hohen Dauerschallpegeln L_{eq} ausgesetzt ist – ein Skandal im Hinblick auf den so laut beklagten Bildungsnotstand! Gleichzeitig nehmen die Anforderungen und Belastungen aus hier nicht zu diskutierenden Gründen bei Erziehern und Zöglingen auf allen Ebenen zu. Deswegen ist das Bewusstsein für raumakustische Missstände im Gebäudebestand allmählich gestiegen, und die Bereitschaft zu nachhaltigen Sanierungen wächst langsam, auch auf Druck der Betroffenen und von Fördervereinen der verschiedenen Bildungseinrichtungen. Es ist aber klar geworden, dass die finanziellen und personellen Kapazitäten für die eigentlich dringend notwendigen akustischen Sanierungen in Kitas, Schulen und Hochschulen ihren öffentlichen und privaten Trägern aktuell offenbar nicht zur Verfügung stehen. An den schlimmsten Brennpunkten dieses Lärmproblems bilden sich daher oft hoch motivierte private Förderinitiativen, um ihrem eigenen Nachwuchs bessere Lernbedingungen zu schaffen. So wie man keinen Aufwand scheut, um Kindern bequemen Transport zu den Bildungs- und Trainingsstätten und jedwede fällige Nachhilfe zur Bewältigung des Lernstoffes angedeihen zu lassen, so ist man mancherorts als besorgte Eltern auch schon bereit, selbst ein wenig in bauliche Maßnahmen zu investieren.

In Berlin wurde zur Unterstützung dieser privaten und öffentlichen Anstrengungen für besseres Hören, Verstehen, Lernen, Kommunizieren und Musizieren 2007 eine Stiftung unter dem Dach des SOS-Kinderdorfs gegründet. Einige der u. a. in [17, Kap. 14] vorgestellten Musterinstallationen kamen bereits durch derartige gemeinnützige Kooperationen zustande. Seit 2013 versucht dieselbe Initiative mit der eigenständigen Stiftung Casa Acustica [29], auf einer breiten fachlichen Basis Aufklärung über akustische Defizite in öffentlichen und privaten Gebäuden und schalltechnische Unterstützung bei ihrer Beseitigung zu leisten. Im ideellen und gemeinnützigen Bereich ist dazu schon einiges in Gang gekommen. Bei der objektiven Bewertung der Ergebnisse haben sich die Vorgaben in [6] und [24] bezüglich der anzustrebenden Nachhallzeit bewährt. War deren Obergrenze gemäß Bild 21 mit herkömmlichen Akustikdecken und -paneelen nur schwer zu erfüllen, so ist diese mit den aktuell verfügbaren Schallabsorbern problemlos und preiswert einzuhalten. Die neuere DIN 18041 dürfte daher u. a. wegen ihrer unangemessenen Toleranz den tiefen Frequenzen in T(f) gegenüber ein ähnliches Schicksal erleiden, wie es in [30] über die fehlende Anpassung der Bauakustik-Norm DIN 18041 diskutiert wird.

Die Deutsche Gesellschaft für Akustik DEGA plant aktuell die Ausschreibung eines Preises für „Hervorragende Akustik in einem Kommunikationsraum". Aber nur wenn es gelingt, auch gewerbliche und industrielle Aktivitäten sowie engagierte Sponsoren zu einem stärkeren Engagement in diesem noch immer unterbewerteten Problembereich zu bewegen, wird hier in Zukunft eine flächendeckende Verbesserung möglich werden. Seinem Herausgeber sei Dank, dass er auch in diesem Bauphysik-Kalender diesem akuten Thema wieder so breiten Raum zugestanden hat.

10 Literatur

[1] Eberle, W.; Schick, A.; Klatte, M. (2007) Hören, Lärm und Lernen, in: *Lärmminderung in Schulen*, Hessisches Landesamt für Umwelt und Geologie. Heft 4-2007.

[2] Tiesler, G.; Oberdörster, M. (2006) *Lärm in Bildungsstätten*, Initiative Neue Qualität der Arbeit. Bundesanstalt für Arbeitsschutz und Arbeitsmedizin.

[3] Fuchs, H.V.; Zha, X. (2014) Raumakustische Maßnahmen zur Lärmminderung in Bildungsstätten, in *Bauphysik-Kalender 2014* (Hrsg. Fouad, N.A.) S. 581–602.

[4] Fuchs, H.V. (2014) Raumakustik und Schallschutz in kleinen bis mittelgroßen Räumen, in *Bauphysik-Kalender 2014* (Hrsg. Fouad, N.A.), S. 603–640.

[5] DIN 18041-2016 (2016) *Hörsamkeit in Räumen – Anforderungen, Empfehlungen und Hinweise für die Planung*, Beuth, Berlin.

[6] DIN 18041:2004-05 (2004) *Hörsamkeit in kleinen bis mittelgroßen Räumen*, Beuth, Berlin.

[7] Lazarus, H.; Sust, C.A.; Steckel, R.; Kulka, M.; Kurtz, P. (2007) Akustische Grundlagen sprachlicher Kommunikation, Springer, Berlin.

[8] Meyer, J.: (2015) *Akustik und musikalische Aufführungspraxis*, Bochinsky, Frankfurt.

[9] Reichardt, W. (1979) *Gute Akustik – aber wie?* Verlag Technik, Berlin.

[10] Davis, D.; Davis, C. (1991) Designing for speech intelligibility, in *Handbook for Sound Engineers* (Ballou G.M. (Ed.)) SAMS, Carmel.

[11] Slawin, I.I. (1960) *Industrielärm und seine Bekämpfung*, Verlag Technik, Berlin.

[12] Lombard, E. (1911) Le signe de l'élévation de la voix. Ann. Maladies Oreille, Larynx, Nez, *Pharynx* 37 (1911), S. 101–119.

[13] Bottalico, P.; Passione, I.I.; Graetzer, S; Hunter, E.J. (2017) Evaluation of the starting point of the Lombard effect. *Acta Acust Ac* **103**, S. 169–172.

[14] Blauert, J. (1974) *Räumliches Hören*, Hirzel, Stuttgart.

[15] Levitt, H.; Webster J.C. (1991) Effects of noise and reverberation on speech, in *Handbook of acoustical measurements and noise control* (Harris C.M. (Ed.)), McGraw-Hill, New York.

[16] Cremer, L. (1948) *Die wissenschaftlichen Grundlagen der Raumakustik, Band 1: Geometrische Raumakustik*, Hirzel, Stuttgart.

[17] Fuchs, H.V. (2017) *Raum-Akustik und Lärm-Minderung*, Springer, Berlin.

[18] Everest, F.A. (1991) Fundamentals of sound, in *Handbook for Sound Engineers* (Ballou G.M. (Ed.)), SAMS.

[19] Wu, S.; Peng, J.; Bi, Z. (2014) Chinese speech intelligibility in low frequency reverberation and noise in a simulated classroom. *Acta Acust Ac* **100**, S. 1067–1072.

[20] Peng, J.; Wang, J. (2013) Comparison of syllable recognition for children in low-frequency noise and white noise (in Chinesisch). J. *South China Univers. Technol.* **41**, S. 127–130.

[21] Mommertz, E.; Reents, P.; Graber, G. (2006) *Bedeutung kurzer Nachhallzeiten bei tiefen Frequenzen für die raumakustische Qualität in Unterrichtsräume*, 32. Jahrestagung DAGA 2006, S. 575–576.

[22] Peng, J.; Zhang, H.; Yan, N. (2016) Effect of different types of noises on Chinese speech intelligibility of children in elementary school classrooms, *Acta Acust Ac* **102**, S. 938–944.

[23] Hellbrück, J. (2007) Wahrnehmung und Wirkung von Schall – Akustik zwischen Physik und Psychologie, in *Fortschritte der Akustik*, DAGA 2007, S. 17–22.

[24] ÖNORM B 8115-3:2005-11-01 (2005) *Schallschutz und Raumakustik im Hochbau – Teil 3: Raumakustik*, Beuth, Berlin.

[25] Fuchs, H.V.; Graber, G.; Hetz, S.; Kordesch, J.; Balint, J. (2017) Harte Kanten für klare Worte. *Trockenbau Akustik* **34**, H. 6, S. 70–73.

[26] Ruhe, C. (2019) *Schallabsorbierende Wandpaneele? Ein MUSS für die Klassenraum-Akustik!*, 45. Jahrestagung DAGA 2019, S. 1325–1328.

[27] Canning, D.; James, A. (2012) *The Essex Study – Optimised classroom acoustics for all*, Association of Noise Consultants, St. Albans, www.theanc.co.uk.

[28] Brokmann, H. (2013) Schulakustik und Inklusion. *Lärmbekämpfung* **8**, H. 5, S. 216–219.

[29] Casa Acustica. *Akustik für besseres Hören, Verstehen, Lernen, Kommunizieren und Musizieren* [online] www.casa-acustica.de.

[30] Hettler, S. (2019) Die neue DIN 4109 aus rechtlicher Sicht. *Trockenbau Akustik* **36**, H. 1-2, S. 58–61.

A 7 Schallschutz gegen Außenlärm

Annika Moll, Andreas Meier

Dipl.-Ing. Annika Moll
Akustik-Ingenieurbüro Moll GmbH
Elvirasteig 11, 14163 Berlin

Studium der Architektur an der Technischen Universität und der Universität der Künste in Berlin, währenddessen freie Mitarbeiterin in einem Architekturbüro, nach dem Diplom im Akustik-Ingenieurbüro von Prof. Wolfgang Moll tätig, seit 2013 dort als Geschäftsführerin. Mitarbeit bei nationaler und internationaler Normung, Gastvorträge an Architekturfakultäten zum Thema Bau- und Raumakustik, von 2015 bis 2018 Vorstandsmitglied der Baukammer Berlin.

Dr.-Ing. Andreas Meier
Müller-BBM GmbH
Robert-Koch-Straße 11, 82152 Planegg

Studium der Elektrotechnik an der RWTH Aachen; Diplomarbeit zur akustischen Messtechnik für Impedanzmessrohre; Promotion zur akustischen Messtechnik für die Luftschalldämmung in der Bauakustik, durchgeführt im Labor für Angewandte Akustik an der PTB in Braunschweig; seit 2000 als Beratender Ingenieur für Akustik von Gebäuden bei Müller-BBM; regelmäßige Mitarbeit in Normungsgremien zu VDI-Richtlinien und DIN-Normen u. a. DIN 4109. Seit 2016 Dozent der Akustikvorlesung des Lehrstuhls für Bauphysik an der Technischen Universität München.

Bauphysik-Kalender 2020: Bau- und Raumakustik. Herausgegeben von Nabil A. Fouad.
© 2020 Ernst & Sohn GmbH & Co. KG. Published 2020 by Ernst & Sohn GmbH & Co. KG.

Inhaltsverzeichnis

1 Einleitung 167

2 Schutzziel zum baulichen Schallschutz gegen Außenlärm 167

3 Ermittlung des erforderlichen Schalldämmmaßes der Gebäudehülle 168

4 Korrektursummand – Bindeglied zwischen A-Schallpegeldifferenz und bewertetem Schalldämmmaß 169

5 Historische Entwicklung der Regelwerke zum Schallschutz gegen Außenlärm 170

6 Wesentliche Änderungen der Regelungen zum Schallschutz gegen Außenlärm der DIN 4109:2018-01 im Vergleich zu DIN 4109:1989-11 179

7 Exemplarische Berechnung zum Nachweis des Schallschutzes gegen Außenlärm 180

8 Ausblick 180

9 Literatur 182

1 Einleitung

Aufgrund der hohen Nachfrage wird insbesondere im städtischen Umfeld verstärkt nach bebaubaren Flächen für neue Bauprojekte gesucht. Auch mit Lärm belastete Grundstücke scheiden bei der Auswahl nicht mehr grundsätzlich aus. In der Folge rücken Gebäude näher an Lärmquellen wie Verkehrswege oder Gewerbeflächen heran. Die sach- und fachgerechte Auslegung der Bauteile zum Schallschutz gegen Außenlärm gerät somit verstärkt in den Fokus.

Vor diesem Hintergrund stellt die überarbeitete, zentrale Schallschutznorm DIN 4109 [1] ein abgeschlossenes Berechnungs- und Nachweisverfahren einschließlich Bauteilkatalog zur Verfügung, um die Gebäudehülle, bestehend aus Fenster, Außenwand, Rollladenkasten, Außenluftdurchlass, Dach usw., im Detail zu bewerten. Es besteht die Möglichkeit, sowohl produktunabhängig Anforderungen zu ermitteln, als auch für individuelle System- oder Zulassungsprodukte vorliegende Prüfstandergebnisse in die Nachweisführung zu integrieren. Hierdurch können bereits in der Planung an den schalltechnisch relevanten Bauteilen, in Abhängigkeit der Wünsche der Bauherren und Architekten, gezielte Optimierungen vorgenommen werden.

Neben den Hintergründen und Neuerungen der DIN 4109 [1] bezieht der vorliegende Beitrag die VDI 2719 [5] als weiteres wichtiges Regelwerk zum Schallschutz gegen Außenlärm ein.

2 Schutzziel zum baulichen Schallschutz gegen Außenlärm

Der Schallschutz gegen Außenlärm durch die Gebäudehülle wird auch als *passive* Schallschutzmaßnahme bezeichnet. Eine höhere Schalldämmung der Gebäudehülle führt im Allgemeinen zu niedrigeren Innenschallpegeln. Zum *aktiven* Schallschutz gehören hingegen Maßnahmen unmittelbar an der Geräuschquelle oder auf dem Ausbreitungsweg, z. B. ein schallschluckender offenporiger Asphalt, Schallschutzelemente im Schienenoberbau, Abstandsvergrößerungen, Pufferzonen sowie Lärmschutzwände oder -wälle. Aktive Schallschutzmaßnahmen führen daher zu einer verminderten Einwirkung von Schall auf das Gebäude. Aktive Maßnahmen sollten nach Möglichkeit dem passiven Schallschutz vorgezogen werden.

Für den passiven Schallschutz sind die Bauelemente der Gebäudehülle hinsichtlich der erforderlichen Schalldämmaße auszulegen. Folgende prinzipiellen Schutzziele können dabei exemplarisch in Abhängigkeit der Nutzung bzw. Raumarten genannt werden:
– Büros: Keine relevante Einschränkung der Sprachkommunikation auf kurzen Sprechdistanzen und verminderte kognitive Arbeitsleistung durch Außenlärm

Tabelle 1. Anhaltswerte hinter den DIN 4109-Anforderungen für den zulässigen Innenschallpegel in schutzbedürftigen Aufenthaltsräumen, der durch Außenlärm hervorgerufen wird

Raumart	tags [dB(A)]	nachts (Schlafräume) [dB(A)]
Büro	40	–
Aufenthaltsräumen in Wohnung, Übernachtungsräume in Hotels, Unterrichtsräume	35	25
Krankenhaus und Sanatorium	30	20

– Wohnung und Hotel: Zufriedenstellende Wohnbedingungen und erholsamer Schlaf
– Unterrichtsräume: Sehr gute Sprachverständlichkeit auf allen Plätzen im Unterrichtsraum, d. h. auch auf größeren Sprechdistanzen
– Krankenhaus und Sanatorium: Geeignete Voraussetzungen für die Heilung und Erholung von Patienten

Während in VDI 2719 Anhaltsbereiche für den Innenschallpegel durch Außenlärm aufgeführt sind, wurde in DIN 4109 auf die Angabe eines Innenschallpegels verzichtet, da die Anforderung an das bewertete Gesamtschalldämmmaß der Gebäudehülle $R'_{w,ges}$ im Vordergrund steht. Aus den Anforderungen können jedoch die in der DIN 4109 verborgenen Anhaltswerte für den Innenschallpegel abgeleitet werden. Diese sind in Tabelle 1 für die betreffenden schutzbedürftigen Aufenthaltsräume angegeben. Die Innenschallpegel versteht sich als Mittelungspegel über einen längeren Beobachtungszeitraum und unter Berücksichtigung einer Prognose für die zukünftige Außenlärmentwicklung z. B. durch Änderungen der Verkehrszahlen. Insofern entspricht diese Angabe eher einer indirekten Rechengröße und weniger einer Messgröße für einen Nachweis.

Zu erkennen ist, dass nachts die Anforderungen für den Schutz von Schlafräumen um 10 dB gegenüber dem Wert bei Tag verschärft sind. In VDI 2719 hingegen sind die Anforderungen nachts für die lauteste Nachtstunde angegeben. Sie sind dort gegenüber dem Wert am Tag um 5 dB verschärft. In der Praxis wird die lauteste Nachtstunde im Unterschied zur TA Lärm mit den üblichen Berechnungsverfahren von Außenlärm derzeit in der Regel nicht berechnet, da die standardisierten Verkehrszahlen z. B. für Straße und Schiene, nur für den gesamten Nachtzeitraum vorliegen.

Zum Schutz vor Geräuschquellen mit starken Pegelschwankungen und auftretenden Geräuschpegelspitzen sind darüber hinaus weitere Anforderungen zu berücksichtigen. Für Straßenverkehr wird der Schalldruckpegel L_1, der während 1 % der Zeit erreicht oder überschritten wird, herangezogen. Sofern diese Größe mehr als 10 dB über dem Mittelwert liegt, tre-

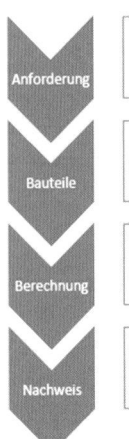

Bild 1. Vorgehensweise bei schalltechnischer Planung von Außenbauteilen nach der DIN 4109 [11]

ten aufgrund der erhöhten Störwirkung Verschärfungen der Anforderungen an das Gesamtschalldämmmaß auf. Im Fall von Schienenverkehr wird der mittlere Maximalpegel als energetischer Mittelwert der Maximalpegel von Zugvorbeifahrten betrachtet. Hier gelten Angaben in Abhängigkeit der Ereignisanzahl. Weitere Angaben enthält der Anhang C in DIN 4109-4:2016-07 [1].

Die Anforderungen sind für geschlossene Fenster nachzuweisen. Eine separate Betrachtung des Zustands mit geöffneten Fenstern zur natürlichen Raumbelüftung wird in DIN 4109 und VDI 2719 nicht vorgenommen. Hinweise zu erforderlichen schallgedämmten Lüftungselementen sind lediglich in VDI 2719 enthalten. Schallgedämmte Lüftungselemente werden hier, ab Außenlärmpegeln in der Nacht oberhalb von 50 dB(A), als notwendig angesehen.

3 Ermittlung des erforderlichen Schalldämmmaßes der Gebäudehülle

Zum Schutz vor Außenlärm muss das erforderliche Schalldämmmaß der Gebäudehülle ermittelt werden, da dies für die Planung, Ausschreibung und spätere Ausführung des Gebäudes benötigt wird. Die zentrale Anforderungsgleichung aus der VDI 2719 zeigt die einzelnen Einflussgrößen recht anschaulich auf.

$$R'_{w,res} = L_a - L_i + 10 \log \frac{S_g}{A} + K + W \quad (1)$$

mit
$R'_{w,res}$ resultierendes bewertetes Bau-Schalldämmmaß in [dB]
L_a maßgeblicher A-bewerteter Außenlärmpegel ($L_a = L_r + 3$ dB) in [dB(A)]
L_i A-bewerteter Innenschallpegel, der im Raum im Mittel nicht überschritten werden solle in [dB(A)]
S_g vom Raum aus gesehene Gesamtaußenfläche in [m^2]
A äquivalente Schallabsorptionsfläche des Raumes in m^2 (typisch: $A = 0,8 \times S_{Grundfläche}$)
K Korrektursummand, der sich aus dem Spektrum des Außengeräusches und der Frequenzabhängigkeit der Schalldämmmaße von Außenbauteilen ergibt in [dB]
W Winkelkorrektur (in der Regel = 0, d. h. vernachlässigbar) in [dB]

Zentrale Eingangsgröße ist der maßgebliche Außenlärmpegel L_a. Hierzu wird dem in der Regel rechnerisch ermittelten Beurteilungspegel L_r des Freifelds 3 dB aufgeschlagen. Der Summand von 3 dB berücksichtigt pauschal, dass die Dämmwirkung von Bauteilen bei Geräuschen von Linienschallquellen bei in der Praxis üblichen Schalleinfallsrichtungen geringer ausfällt als bei Prüfstandmessungen im diffusen Schallfeld [9].

Der Einfluss des Raums und der Geometrie ist in dem Term $10 \log(S_g/A)$ enthalten. Unter Einbeziehung der Anforderung an den Innenschallpegel, den Korrektursummanden K für die Lärmart und ggf. eine Winkelkorrektur W wird mit dieser Gleichung das erforderliche Schalldämmmaß der Gebäudehülle ermittelt.

In DIN 4109-1:2018-01 ist die Formel zur Ermittlung des erforderlichen Gesamtschalldämmmaßes $R'_{w,ges}$ in einer eingekürzten Version vorhanden.

$$\text{erf. } R'_{w,ges} = L_a - K_{Raumart} \quad (2)$$

mit $K_{Raumart}$ gleich
25 dB für Krankenhäuser und Sanatorien
30 dB für Wohngebäude, Übernachtungsräume in Hotels und Schulräume
35 dB für Büroräume

Bild 2. Exemplarische Komponenten, die den Innenpegel in einem Raum aufgrund von Außengeräuschen beeinflussen [21]

Der Nachweis erfolgt unter Einbeziehung des Sicherheitsbeiwertes von 2 dB und des aus der Gebäudekonstruktion nach DIN 4109 errechneten bewerteten Gesamtschalldämmmaß $R'_{w,ges}$ über folgende Gleichung.

$$R'_{w,ges} - 2 \text{ dB} \geq \text{erf. } R'_{w,ges} + K_{AL} \quad (3)$$

Hieraus ergibt sich:

$$R'_{w,ges} - 2 \text{ dB} \geq L_a - K_{Raumart} + K_{AL} \quad (4)$$

In der DIN 4109 ist der Einfluss der Raumgeometrie in den Korrektursummanden K_{AL} eingeflossen.

$$K_{AL} = 10 \log(S_S/(0{,}8 S_G)) \quad (5)$$

mit
S_S die vom Raum aus gesehene gesamte Fassadenfläche in [m²]
S_G die Grundfläche des Raums in [m²]

Der Vergleich mit der Gleichung aus VDI 2719, d. h. $10\log(S_g/A)$ zeigt, dass die DIN 4109 analog zur VDI 2719 von einer äquivalenten Schallabsorptionsfläche im Raum von $A = 0{,}8 S_G$ ausgeht. Bei einer Raumhöhe von 2,5 m entspricht dies unabhängig von der Raumtiefe nach der *Sabine'schen* Nachhallzeitformel einer Bezugs-Nachhallzeit $T_0 = 0{,}5$ s. D. h. in der DIN 4109 werden die Anhaltswerte für den Innenschallpegel beim Nachweis des Schallschutzes gegen Außenlärm im Sinne eines Raumkonzeptes auf eine Bezugs-Nachhallzeit bezogen. An vielen anderen Stellen, wie z. B. den Anforderungen an den Trittschallschutz, bezieht die DIN 4109 die Anforderungen hingegen auf eine Bezugsabsorptionsfläche $A_0 = 10$ m².

Die Winkelkorrektur W findet in der Praxis üblicherweise keine Anwendung. Anders ist das mit dem Korrektursummanden K, der sich aus dem Spektrum des Außengeräusches und der Frequenzabhängigkeit der Schalldämmmaße der Außenbauteile ergibt und in VDI 2719 tabellarisch anhand der Verkehrssituation ausgewählt wird. Die Hintergründe für den Korrektursummanden werden im nachfolgenden Abschnitt detaillierter erläutert.

4 Korrektursummand – Bindeglied zwischen A-Schallpegeldifferenz und bewertetem Schalldämmmaß

Derzeit werden in der Praxis vor allem die heranzuziehenden Korrektursummanden kontrovers diskutiert. Diese werden in den Regelwerken üblicherweise transparent und klar angegeben. Im Fall der DIN 4109 ist ein Wert von 5 dB zur Vereinfachung ohne gesonderte Deklaration im Term $K_{Raumart}$ enthalten.

Korrektursummanden sind erforderlich, da das bewertete Schalldämmmaß R'_w nicht der A-Schallpegeldifferenz entspricht. Typischerweise sind Bauteile im unteren bauakustischen Frequenzbereich weniger schalldämmend als im oberen Frequenzbereich. Insofern werden Geräusche mit hohem tieffrequenten Pegelanteil weniger gut gedämmt. *Cremer* sowie *Gösele* sind in den 1960er-Jahren von einem 2 dB Abschlag auf das bewertete Schalldämmmaß R'_w ausgegangen [12–14]. Bild 3 zeigt diesen Zusammenhang für ein Rosa Rauschen, das A-bewertet ist und einem Summenpegel von $L_{a,sum} = 80$ dB(A) entspricht. Als Schalldämmmaß wurde vereinfacht die Bezugskurve der ISO 717-1 herangezogen, dessen bewertetes Schalldämmmaß bei der erforderlichen mittleren Abweichung von 2 dB nach ISO 717-1, hier $R'_w = 54$ dB entspricht. Die Differenz des Schalldämmmaßes vom Summenpegel beträgt 80 dB(A) – 54 dB = 26 dB(A). Die frequenzabhängige Berechnung führt hingegen zu einem Wert von 28 dB(A). In diesem Fall beträgt der Korrektursummand 2 dB, der auf die Differenz der Einzahlangaben aufzuschlagen ist, um das Ergebnis der frequenzabhängigen Berechnung nachzubilden. Dieser pauschale Korrektursummand ist gültig, wenn von einem Rosa Rauschen zwischen 100 Hz bis 3150 Hz ausgegangen wird, da sich die Bewertungskurve aus ISO 717-1 an der A-Bewertungskurve orientiert.

Im Fall von Außenlärm mit unterschiedlichen Schallspektren aufgrund unterschiedlicher Quellen, z. B. durch Verbrennungsmotoren, Reifen-Fahrbahn-Geräuschen, Flugzeugturbinen oder Schiene-Rad-Quelle von Schienenfahrzeugen, gelingt die vereinfachte Arithmetik mit einem bewerteten Schalldämmmaß zur Berechnung eines Innenpegels nur eingeschränkt. Im Prinzip werden Kategorien für Außenlärmarten mit unterschiedlichen Korrektursummanden angewendet,

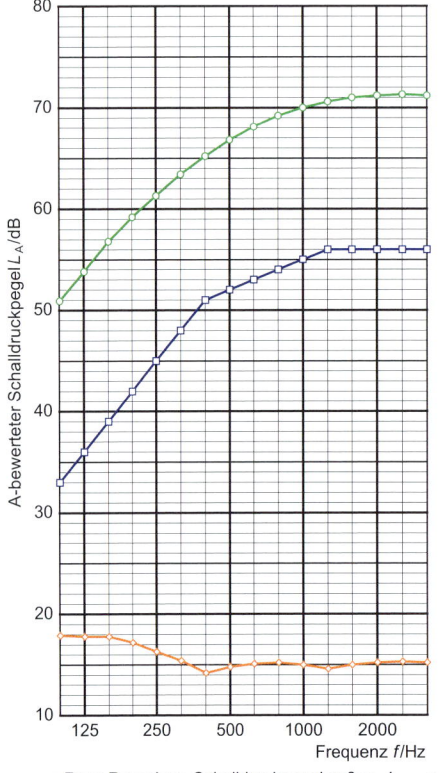

Bild 3. Ein Rosa Rauschen führt mit der Bewertungskurve nach ISO 717-1 als Referenzschalldämmmaß zu einem Korrektursummanden von 2 dB, der auf die Pegeldifferenz aufgeschlagen werden muss, um das bewertete Schalldämmmaß zu erhalten

Tabelle 2. Exemplarische Korrektursummanden für Verkehrswege nach 24. BImSchV [8]

Verkehrswege	E in dB
Straßen im Außerortsbereich	3
Innerstädtische Straßen	6
Schienenwege von Eisenbahnen allgemein	0
Schienenwege von Eisenbahnen, bei denen im Beurteilungszeitraum mehr als 60 % der Züge klotzgebremste Güterzüge sind, sowie Verkehrswege der Magnetschwebebahnen	2
Schienenwege von Eisenbahnen, auf denen in erheblichem Umfang Güterzüge gebildet oder zerlegt werden	4
Schienenwege von Straßenbahnen nach § 4 PBefG	3

5 Historische Entwicklung der Regelwerke zum Schallschutz gegen Außenlärm

Um das aktuelle Vorgehen zum Schallschutz gegen Außenlärm einzuordnen, ist die Kenntnis der historischen Entwicklung der Regelwerke zum Schallschutz gegen Außenlärm hilfreich. Diese wird nachfolgend dargestellt.

Die 1962/63er-Fassung der DIN 4109 [3] kann als Beginn des genormten Schallschutzes gegen Außenlärm betrachtet werden. Seit Mitte der 1950er-Jahre stieg das Verkehrsaufkommen aufgrund steigender Einkommen, geringer PKW-Preise und dem stetigen Ausbau des städtischen und überörtlichen Straßennetzes sprunghaft an. Der PKW-Bestand stiegt allein innerhalb der 1950er-Jahre von 0,4 auf 4,5 Millionen [17]. **DIN 4109:1962-09 Blatt 2** [4] reagierte auf den zunehmenden Verkehrslärm noch vage mit einer Empfehlung im Absatz 5.3. Fenster:

„*Bei starkem Außenlärm (z. B. in Straßen mit hoher Verkehrsdichte) sollen die dem Lärm zugewandten Wohn-, Schlaf- und Arbeitsräume sowie Vortragsräume, Versammlungsräume, Schulräume, Krankenräume und dergleichen dichtschließende Fenster mit erhöhter Luftschalldämmung erhalten (Hinweis siehe Blatt 5 Abschnitt 2.4.4).*" [4]

Ergänzend hierzu finden sich in DIN 4109 Blatt 5 von April 1963 unter Abs. 2.4.4. „Türen und Fenster" einige qualitative Hinweise zur Ausführung schalldämmender Fenster. Hier werden die positiven Einflüsse von hoher Masse, Zweischaligkeit, schallschluckender Bedämpfung des Hohlraumes und Dichtheit auf die Schalldämmung von Fenstern beschrieben. Ferner werden in der Tabelle 3 mittlere Schalldämmmaße R von zu der Zeit üblichen Fensterkonstruktionen (Einfachfenster, Verbundfenster und Kastenfenster), genannt, die ohne und mit zusätzlicher Dichtung in etwa erreicht werden.

die jeweils vergleichbare Frequenzverteilungen aufweisen.

Entsprechende Korrektursummanden sind zum Beispiel in der VDI 2719 sowie in der 24. BImSchV [8] zu finden. (Tabelle 2)

Ähnliche Korrektursummanden wurden mit der Fortschreibung der ISO 717 eingeführt. Diese werden als Spektrumsanpassungswerte beschrieben. Im Fall der Luftschalldämmung sind dies der C- und der C_{tr}-Wert. Sie beziehen sich auf jeweils ein exemplarisches Spektrum. Im Fall des C_{tr} für Verkehrsgeräusche basiert das Spektrum aus Messungen Mitte der 1980er-Jahre in Skandinavien. Er entspricht dem Referenzspektrum A1 einer Nordtest-Methode aus 1987, das durch 18 Messungen an innerstädtischen Straßen in Kopenhagen und Göteborg bei 50 km/h und ca. 10 % Schwerlastanteil ermittelt wurde [10]. Zu weiteren Hintergründen sei auf [16] verwiesen.

Tabelle 3. Schalldämmmaße R von Fenstern, aus DIN 4109 Blatt 5 von April 1963, dort Tabelle 3

Fensterart	Mittleres Schalldämmmaß R	
	Ohne zusätzliche Dichtung	Mit zusätzlicher Dichtung
Einfachfenster	~ 20 dB	bis 25 dB
Verbundfenster	~ 25 dB	bis 30 dB
Kastendoppelfenster	~ 30 dB	bis 40 dB

Konkrete Anforderungen an die Schalldämmung von Außenbauteilen werden zu diesem Zeitpunkt jedoch noch nicht definiert. Erst 9 Jahre später wird diese Lücke von der im Oktober 1973 erschienenen VDI-Richtlinie 2719 Schalldämmung von Fenstern [7] geschlossen. Einer der Verfasser der Richtlinie schieb hierzu 1974 in einem Kommentar zur VDI 2719 in der Zeitschrift „Kampf dem Lärm":
„Die Lücke, die es nun zu schließen galt, war also der zwar kurze aber auch schwierige Weg von außen nach innen, wobei das Fenster die technisch anspruchsvollste und im Regelfall auch am wenigsten dämmende Teilfläche ist, so daß hier zuerst die zahlreichen Einzelerkenntnisse gesammelt und zu einer Richtlinie aufbereitet werden mußten." [18]
Die VDI 2719 kann zu Recht als „Mutter des Schallschutzes gegen Außenlärm" betrachtet werden, finden sich doch ihre Inhalte in den folgenden 45 Jahren in allen weiteren Normen, Richtlinien und gesetzlichen Verordnungen, die sich diesem Thema widmen, zumindest in Grundzügen wieder.

Erstmals konnten mit dieser Richtlinie die Anforderungen an Fenster konkret in Abhängigkeit vom vorhandenen oder zu erwartenden Außenlärmpegel und dem angestrebten Innenschallpegel berechnet werden (Kapitel 7. Bestimmung der erforderlichen Dämmung). Zudem enthielt die Richtlinie Konstruktions- und Verarbeitungsmerkmale von Fenstern und deren Einflüsse auf die Schalldämmung (Kapitel 4. Einflüsse auf die Schalldämmung von Fenstern), sowie Hinweise zur Verbesserung vorhandener Fenster (Kapitel 6. Verbesserung vorhandener Fenster). Hierdurch sollten auch *„schalltechnisch nicht sachverständigen Handwerkern eine Fülle wertvoller Hinweise"* [7] gegeben werden, auf deren Grundlage beurteilt und entschieden werden konnte, ob das vorhandene Fenster wirkungsvoll verbessert werden konnte oder ob es durch ein neues ersetzt werden sollte.

Herzstück dieser 15 Seiten knappen ersten Fassung der VDI 2719 war – und ist es noch heute – das Kapitel zu „Bestimmung der erforderlichen Dämmung" (Kapitel 7), welches neben einer Formel zur Abschätzung der erforderlichen Luftschalldämmung von Fenstern auch eine Tabelle mit Anhaltswerten für Innengeräuschpegel (Tafel 5, siehe Tabelle 4) enthielt.

In dem Kommentar zu der Richtlinie heißt es hierzu:
„In den Werten dieser Tabelle (Tafel 5) stecken nun die lärmtechnisch relevanten Erkenntnisse der medizinischen Forschung und die Frage, welche Schallpegel der verschiedenen Geräusche nun tatsächlich bei verschiedenen Tätigkeitsmerkmalen stören, kann nicht der Akustik-Ingenieur, sondern nur der Mediziner beantworten. Prof. Klosterkötter hat sich in der Schlußphase der Richtlinienarbeit dieser Tabelle besonders angenommen. Sie wird sicher richtungsweisend für die ganze akustische Normungsarbeit sein."

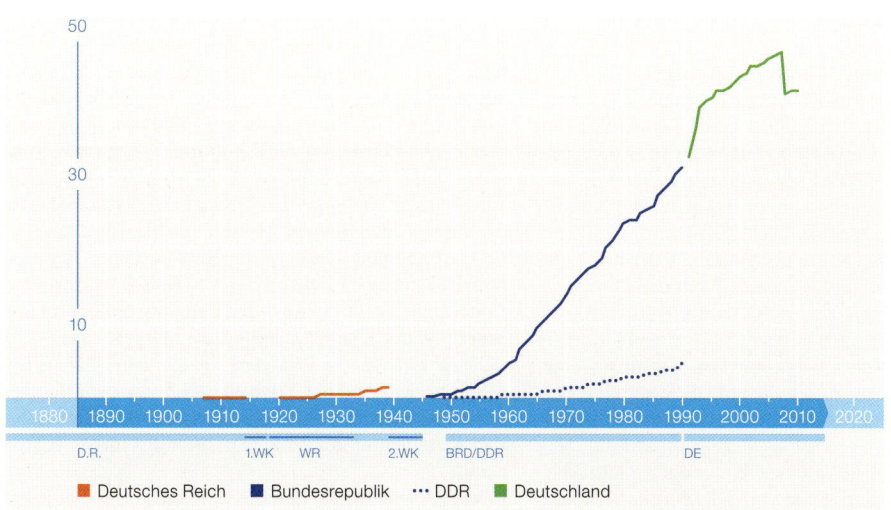

Bild 4. Anzahl der Personenkraftwagen (PKW) in Millionen

Tabelle 4. Anhaltswerte für Innengeräuschpegel (gültig nur für von außen in Aufenthaltsräume eindringenden Schall); Auszug aus VDI-Richtlinie 2719 Schalldämmung von Fenstern von Oktober 1973, dort Tafel 5

Raumart		Mittelungspegel L_m *) △) dB(A)	Mittlere Maximalpegel (L_1) dB(A)
1	**Schlafräume nachts** □)		
1.1	in reinen und allgemeinen Wohngebieten, Krankenhaus, Kurgebiet	25 bis 30	35 bis 40
1.2	in allen übrigen Gebieten	30 bis 35	45 bis 50
2	**Wohnräume tagsüber** □)		
2.1	in reinen und allgemeinen Wohngebieten, Krankenhaus, Kurgebiet	30 bis 35	40 bis 45
2.2	in allen übrigen Gebieten	35 bis 40	45 bis 50
3	**Kommunikations- und Arbeitsräume tagsüber**		
3.1	Unterrichtsräume, ruhebedürftige Einzelbüros, wissenschaftliche Arbeitsräume, Bibliotheken, Konferenz- und Vortragsräume, Arztpraxen, Operationsräume, Kirchen, Aulen	30 bis 40	40 bis 50
3.2	Büros für mehrerer Personen	35 bis 45	45 bis 55
3.3	Großraumbüros, Gaststätten, Schalterräume, Läden	40 bis 50	50 bis 60

*) Für Flugverkehrsgeräusche äquivalenter Dauerschallpegel
△) Ist $L_m < L_1 - 10$ dB, so ist bei der Ermittlung der Schallschutzklasse von L_1 auszugehen.
□) Hierbei ist von der lautesten Nachtstunde zwischen 22.00 Uhr und 6.00 Uhr auszugehen, sie ist weitgehend von den örtlichen Gegebenheiten abhängig. Da in der lautesten Nachtstunde erfahrungsgemäß der Mittelungspegel um etwa 5 dB unter dem am Tage herrschenden Wert liegt, sind die Anforderungen (Schallschutzklassen) für die Raumarten 1 und 2 gleich.

In dieser ersten Fassung der VDI 2719 [7] konnte nach der Formel

$$R_{w,erf} = L_{Aa} - L_{ai} + 10 \lg S/A + 5 \quad \text{in [dB]} \qquad (6)$$

das erforderliche bewertete Schalldämmmaß des Fensters $R_{w,erf}$ berechnet werden. In den späteren Fassungen der Richtlinie bezieht sich diese Formel auf das Schalldämmmaß der gesamten Außenfläche $R'_{w,res}$.
In die Formel gingen folgende Eingangsgrößen ein:
– der zu erwartende Außenlärmpegel L_{Aa},
– der angestrebte Innenpegel L_{ai} gem. Tafel 5,
– die Fensteröffnung S (in den späteren Fassungen ersetzt durch die Gesamtaußenfläche S_g),
– die äquivalente Schallabsorptionsfläche A des betreffenden Raumes,
– sowie ein Summand von pauschal 5 dB.

Der Summand von + 5 dB verfolgte seinerzeit vermutlich noch nicht den Zweck einer spektralen Korrektur für Verkehrslärm, wie es die K-Summanden in den späteren Ausgaben der Richtlinie in Abhängigkeit von der Lärmart taten. Vielmehr war er wohl als Vorhaltemaß/Sicherheitsbeiwert zu verstehen.
In einer Fußnote zu dem Summanden heißt es *„Nach K. Gösele beträgt der letzte Summand 2 dB (9). Es wird jedoch empfohlen aus Sicherheitsgründen mit 5 dB zu rechnen."*
Der Literaturverweis (9) bezieht sich dabei auf eine Veröffentlichung von *K. Gösele* zur „Bestimmung der Luftschalldämmung von Bauteilen nach einem Kurzverfahren" [15].
Aus heutiger Sicht ist aus den Unterlagen nicht klar erkennbar, ob der Summand von 5 dB bereits als spektraler Korrekturwert oder als allgemeiner Sicherheitsbeiwert aufgrund der Messunsicherheit anzusehen ist.

Erst in dem Entwurf der VDI 2719 von 1983 wird der unterschiedlichen Verkehrslärmspektren Rechnung getragen, indem erstmals Korrektursummanden in Abhängigkeit von der Lärmart auftauchen.
Alternativ zu der Berechnung der erforderlichen Dämmung enthielt die Richtlinie eine Tabelle zur Bestimmung der erforderlichen Fensterschalldämmung („Tafel 4b. Zuordnung von Lärmsituationen und Schallschutzklassen nach Raumarten", siehe Tabelle 5) anhand derer die erforderlichen Anforderungen in Form von „Fensterschallschutzklassen" in Abhängigkeit der „Raumart" und der „Lärmsituation" abgelesen werden konnten.
Hier tauchen also erstmals die vor allem aus der späteren DIN 4109 bekannten Lärmpegelbereiche (hier noch als „Lärmsituation" benannt) und eine Tabelle zur Bestimmung der erforderlichen Fensterschalldämmung („Tafel 4b. Zuordnung von Lärmsituationen und Schallschutzklassen nach Raumarten", s. Tabelle 5) in ihren Grundzügen auf.
Ein weiterer wichtiger Bestandteil der Richtlinie war die Tafel 3 „Schallschutzklassen von Fenstern" (s. Tabelle 6), die eine Unterteilung verschiedener Fensterkonstruktionen in sieben Klassen (Klasse 0 bis 6) vornimmt, wobei die Spanne der Fensterschalldämmung innerhalb der Klassen jeweils 5 dB beträgt.
„Die Abstufung von 5 dB geht von den unvermeidlichen Unsicherheiten bei der Vorausbestimmung der erforderlichen Dämmung aus" heißt es hierzu in der Richtlinie. Der Kommentar zur VDI 2719 erläutert hierzu ergänzend:
„Die Methode zur Vorausbestimmung der erforderlichen Fensterschalldämmung sind naturgemäß mit Unsicherheiten behaftet. Es ist daher auch physikalisch unsin-

Tabelle 5. Zuordnung von Lärmsituationen und Schallschutzklassen nach Raumarten, Auszug aus dem Entwurf der VDI 2719 von 1983, dort Tafel 4b

Mittelungspegel L_m	Lärm-situation	Fensterschallschutzklassen für Raumarten gemäß Tafel 5				
		1.1	1.2	2.1	2.2	3.1 bis 3.3
> 75	VI	6*⁾	5*⁾	5*⁾	4	Für diese Raumarten können wegen der großen Streubreite der Immissions-Richtwerte und der Korrekturgröße 10 lg S/A keine allgemeingültigen Empfehlungen angegeben werden.
71 bis 75	V	5*⁾	4	4	3	
66 bis 70	IV	4	3	3	2	
61 bis 65	III	3	2	2	1	
56 bis 60	II	2	1	1	0	
51 bis 55	I	1	0	0	0⁰⁾	
≤ 50	0	0	0⁰⁾	0⁰⁾	0⁰⁾	

*) Bei Anwendung der Schallschutzklassen 5 und 6 ist darauf zu achten, dass die Wanddämmung $R_w \geq 55$ dB ist.
▢) In diesen Fällen können die Immissions-Richtwerte bereits eingehalten werden, wenn die Fenster teilweise geöffnet sind (Lüftungsstellung).

Tabelle 6. Schallschutzklassen von Fenstern, Auszug aus dem Entwurf der VDI 2719 von 1983, dort Tafel 3

Schallschutzklasse	Bewertetes Schalldämmmaß R_w dB	Orientierende Hinweise auf Konstruktionsmerkmale von Fenstern ohne Lüftungseinrichtungen
6	≥ 50	Kastenfenster mit getrennten Blendrahmen, besonderer Dichtung, sehr großem Scheibenabstand und Verglasung aus Dickglas
5	45 bis 49	Kastenfenster mit besonderer Dichtung, großem Scheibenabstand und Verglasung aus Dickglas; Verbundfenster mit akustisch entkoppelten Flügelrahmen, Scheibenabstand über ca. 100 mm und Verglasung aus Dickglas
4	40 bis 44	Kastenfenster mit zusätzlicher Dichtung und MD-Verglasung: Verbundfenster mit besonderer Dichtung, Scheibenabstand über ca. 60 mm und Verglasung aus Dickglas
3	35 bis 39	Kastenfenster ohne zusätzliche Dichtung und mit MD-Glas Verbundfenster mit zusätzlicher Dichtung, 40 bis 50 mm Scheibenabstand und Verglasung aus Dickglas; Isolierverglasung in schwerer mehrschichtiger Ausführung; 12 mm-Glas fest eingebaut oder in dichten Fenstern
2	30 bis 34	Verbundfenster mit zusätzlicher Dichtung und mit MD-Verglasung, dicke Isolierverglasung, fest eingebaut oder in dichten Fenstern; 6 mm-Glas, fest eingebaut oder in dichten Fenstern
1	25 bis 29	Verbundfenster ohne zusätzliche Dichtung und MD-Verglasung, dünne Isolierverglasung in Fenstern ohne zusätzliche Dichtung
0	≤ 24	Undichte Fenster mit Einfach- oder Isolierverglasung

nig, die erforderliche Dämmung auf 1 dB genau anzugeben. Der mögliche Dämmbereich vom schlechtesten bis zum besten Fenster ist daher in sieben Schallschutzklassen eingeteilt, die wiederum eine Breite von 5 dB aufweisen." [7]

Auch unterschied die VDI 2719 von Anfang an zwischen den Anforderungen tags und nachts und berücksichtigte das Maximalpegelkriterium, indem bei einer Differenz zwischen dem mittleren Maximalpegel L_1 und dem Mittelungspegel L_m von mehr als 10 dB, die Auslegung der Schalldämmung nach dem mittleren Maxialpegel L_1 erfolgen sollte – ein Ansatz, der bis heute in VDI 2719 und DIN 4109 Bestand hat.

Die mithilfe der VDI 2719 bestimmten Schalldämmmaße der Fenster hatten jedoch lediglich empfehlenden Charakter. Da der Schutz vor Außenlärm aufgrund des stetig steigenden Verkehrsaufkommens aber eine immer wichtigere Rolle besonders bei der Planung von neuem Wohnraum spielte, war es notwendig, bauordnungsrechtlich verbindliche Mindestanforderungen festzulegen.

Tabelle 7. Mindestwerte der Luftschalldämmung von Außenbauteilen, Auszug aus den ergänzenden Bestimmungen zu DIN 4109, Fassung 09-1975, dort Tabelle 2

Spalte	1	2	3	4	5	6	7
Lärmpegel-bereich	Maßgeblicher Außenlärmpegel in dB(A) [1]	Raumarten					
		Bettenräume in Krankenhäusern und Sanatorien		Aufenthaltsräume in Wohnungen, Übernachtungsräume in Hotels, Unterrichtsräume		Büroräume [2]	
		Bewertetes Schalldämmmaß R'_w (für Außenwände) bzw. R_w (für Fenster) in dB [3]					
		Außenwand [4]	Fenster [5]	Außenwand [4]	Fenster [5]	Außenwand [4]	Fenster [5]
0	≤ 50	30	25 [6]	30	25 [6]	30	25 [6]
I	51 bis 55	35	30 [7]	30	25 [6]	30	25 [6]
II	56 bis 60	40	35	35	30 [7]	30	25 [6]
III	61 bis 65	45	40	40	35	30	30 [7]
IV	66 bis 70	50	45	45	40	35	35
V	> 70	55	50	50	45	40	40

1) Maßgeblicher Außenlärmpegel siehe Abschnitt 1.3; Ermittlung des maßgeblichen Außenlärmpegels siehe Anhang.
2) In Einzelfällen kann es wegen der unterschiedlichen Raumgrößen, Tätigkeiten und Innenraumpegel bei Büroräumen zweckmäßig oder notwendig sein, die Schalldämmung der Außenwände und Fenster gesondert festzulegen.
3) Die Mindestwerte der Schalldämmung gelten für Außenbauteile, gemessen in Prüfräumen nach DIN 52210 Teil 2 (siehe Fußnote 4 auf Seite 2). Beim Gütenachweis am Bau nach Abschnitt 4 dieser Richtlinien dürfen die sich aus der Tabelle für die Außenwand und Fenster ergebenden Mindestwerte der Gesamtschalldämmung (nach DIN 4109 Teil 5, Ausgabe April 1963, Abschnitt 2.1.4, zu ermitteln) um 5 dB unterschritten zu werden.
4) Für Decken von Aufenthaltsräumen, die zugleich den oberen Gebäudeabschluß bilden, sowie für Dächer und Dachschrägen von ausgebauten Dachgeschossen gelten die Mindestwerte für Außenwände. Bei Decken unter nicht ausgebautem Dachgeschoß und bei Kriechböden sind die Anforderungen durch Dach und Decke gemeinsam zu erfüllen. Die Anforderungen gelten als erfüllt, wenn das Schalldämmaß der Decke allein um nicht mehr als 10 dB unter dem geforderten Wert liegt. Ausführungsbeispiele für Außenwände siehe Tabelle 3a bis 3c, für Dächer siehe Tabelle 4a und 4b.
5) Wenn die Fensterfläche an der zu betrachtenden Außenwand eines Raumes mehr als 60 % der Außenwandfläche beträgt, sind an die Fenster die gleichen Anforderungen wie an Außenwände zu stellen. Ausführungsbeispiele für Fenster siehe Tabelle 5a.
6) Bei einem $R_{w\,erf.}$ von 25 dB werden nach Tabelle 5a keine besonderen Anforderungen an Fensterart, Scheibenabstand und -dicken gestellt.
7) Bei einem $R_{w\,erf.}$ von 30 dB genügen nach Tabelle 5a die üblichen Fensterausführungen, wenn eine zusätzliche Falzdichtung nach Tabelle 5a, Spalte 5, vorhanden ist.

Da eine Eingliederung in die DIN-4109-Reihe kurzfristig nicht möglich war, wurde im September 1975 zunächst die „Richtlinie für bauliche Maßnahmen zum Schutz gegen Außenlärm – Ergänzende Bestimmungen zu DIN 4109 Teil 1 bis 4 (09-1962) und Teil 5 (04-1963)" veröffentlicht, die die in der bisherigen DIN 4109 noch vorhandene Lücke der verbindlichen Mindestanforderungen an Außenbauteile schloss. Da im Sinne der DIN 4109-Systematik konkrete Zahlenwerte gefordert waren, entstand die Tabelle 2 (s. Tabelle 7) mit der es dem Anwender möglich war, je nach Höhe des Außenlärmpegels tags und der Raumnutzung („Raumarten") die erforderlichen „Mindestwerte der Luftschalldämmung von Außenwandbauteilen" getrennt für die Außenwand und das Fenster abzulesen.

Bemerkenswert ist, dass die Anforderungen nun ausschließlich auf Grundlage des Außenlärmpegels tags bestimmt werden und die nächtlichen Außenlärmpegel – im Gegensatz zur VDI 2719 – nicht mehr konkret berücksichtigt werden. Diese Systematik soll sich bei der DIN 4109 für die nächsten 41 Jahre (!) bis zur 2016er-Fassung fortsetzen.

Im Oktober 1984 erschien der Entwurf DIN 4109 Teil 6 „Schallschutz im Hochbau; Bauliche Maßnahmen zum Schutz gegen Außenlärm" mit der das Thema Schutz gegen Außenlärm einen eigenen Teil in der Normenreihe der DIN 4109 erhielt. Hier wurde die Tabelle 2 aus der Richtlinie für bauliche Maßnahmen zum Schutz gegen Außenlärm von 1975 mit kleineren Anpassungen übernommen. Der Lärmpegelbereich 0 wurde aus der Tabelle gestrichen, dafür wurde die Tabelle nach oben hin um die Lärmpegelbereiche VI (76 bis 80 dB(A)) und VII (> 80 dB(A)) erweitert. Des Weiteren wurden Anforderungen an die Außenwand und die Fenster oder alternativ an das Gesamtaußenbauteil angegeben.

Im September 1983 erschien der Entwurf zur Überarbeitung der VDI 2719 [6]. Gegenüber der ersten und zu dem Zeitpunkt noch aktuellen Ausgabe von 1973 wurden nun die Anforderungen nicht mehr allein für die Fenster berechnet, sondern für das gesamte Außenbau-

Tabelle 8. Auszug aus VDI 2719 vom August 1987, dort Tabelle 7

Imissionsorte an	K in dB
– Bahnstrecken mit überwiegendem Personenverkehr	0
– übrigen Bahnstrecken	3
– innerstädtischen Straßen	6
– anderen Straßen	3
– Verkehrsflughäfen [*)]	6

[*)] Bei anderen Luftfahrzeuggeräuschen kann, solange keine entsprechenden Untersuchungsergebnisse vorliegen, mit K = 6 dB gerechnet werden.

teil. Zudem tauchen in diesem Entwurf erstmals Korrektursummanden auf, die das Frequenzspektrum des Außenlärms berücksichtigen. Unterschieden wurde in:
– Schienenlärm, Fluglärm: K = 0 dB
– Straßenverkehrslärm: K = +5 dB
– Industrielärm: K = +5 dB

Im Jahr 1985 befasste sich ein Forschungsvorhaben vom UBA mit der „Beurteilung des Schallschutzes durch Außenbauteile; Messtechnische Untersuchung der Relation zwischen bewertetem Bau-Schalldämmmaß und A-Schallpegeldifferenz". In diesem Rahmen wurden zahlreiche Messungen von den drei Außenlärmquellen Flug-, Schienen- und Straßenverkehr sowie Messungen der Schalldämmung der zum damaligen Zeitpunkt üblichen Fensterkonstruktionen (Kastenfenster, Verbundfenster, Einfachfenster) durchgeführt und ausgewertet. Als Ergebnis wurden aus den gemessenen Verkehrslärm-Spektren und Schalldämm-Spektren der Fenster fünf maßgebliche Korrektursummanden extrahiert, deren Übernahme in die neue VDI 2719 empfohlen wurde.

Der Weißdruck der überarbeiteten VDI 2719 erschien im August 1987 [5]. Die Korrektursummanden aus dem UBA-Forschungsvorhaben von 1985 wurden weitestgehend unverändert in die Tabelle 7 übernommen (s. Tabelle 8). Dies ist bis heute die aktuelle Fassung dieser Richtlinie.

Währenddessen wurden in der 1989er-Fassung der DIN 4109 [2] – die 27 Jahre Bestand hatte – die Anforderungen an den Schutz gegen Außenlärm dahingehend überarbeitet, dass die Anforderungen an die Schalldämmung nun nicht mehr separat für Wand und Fenster aufgeführt sind, sondern in der Tabelle 8 der Norm (s. Tabelle 9) als resultierendes Schalldämmmaß $R'_{w,res}$ für das gesamte Außenbauteil. Nach wie vor werden die Anforderungen ausschließlich auf Grundlage des Außenlärmpegels tags bestimmt.

Gegenüber der Normvorlage von 1980 wurde eine Tabelle mit Korrekturwerten [Tabelle 9 (Tabelle 10)] eingeführt, mit der die Schalldämmmaße aus Tabelle 8 in Abhängigkeit vom Verhältnis der gesamten Außenfläche eines Raumes zur Grundfläche des Raumes erhöht bzw. gemindert werden.

Die Tabelle reagiert damit auf den Sachverhalt, dass bei Räumen mit großer Außenwandfläche aber geringer Raumtiefe die Schalldämmung der Außenbauteile höher ausfallen muss als bei einem tiefen Raum mit vergleichsweise kleiner Außenwandfläche, um einen gleichbleibenden Schallschutz – unabhängig von

Tabelle 9. Anforderungen an die Luftschalldämmung von Außenbauteilen; Auszug aus der Fassung der DIN 4109 von 1989, dort Tabelle 8

Spalte	1	2	3	4	5
Zeile	Lärmpegel-bereich	Maßgeblicher Außenlärm-pegel in dB(A) [1)]	Raumarten		
			Bettenräume in Krankenanstalten und Sanatorien	Aufenthaltsräume in Wohnungen, Übernachtungsräume in Beherbergungsstätten, Unterrichtsräume und Ähnliches	Büroräume[1)] und Ähnliches
			erf. $R'_{w,res}$ des Außenbauteils in dB		
1	I	Bis 55	35	30	–
2	II	55 bis 60	35	30	30
3	III	61 bis 65	40	35	30
4	IV	66 bis 70	45	40	35
5	V	71 bis 75	50	45	40
6	VI	76 bis 80	[2)]	50	45
7	VII	> 80	[2)]	[2)]	50

1) An Außenbauteile von Räumen, bei denen der eindringende Außenlärm aufgrund der in den Räumen ausgeübten Tätigkeiten nur einen untergeordneten Beitrag zum Innenraumpegel leistet, werden keine Anforderungen gestellt.
2) Die Anforderungen sind hier aufgrund der örtlichen Gegebenheiten festzulegen.

Tabelle 10. Korrekturwerte für das erforderliche resultierende Schalldämmmaß nach Tabelle 8 in Abhängigkeit vom Verhältnis $S_{(W+F)}/S_G$; Auszug aus der Fassung der DIN 4109 von 1989, dort Tabelle 9

Spalte/Zeile	1	2	3	4	5	6	7	8	9	10
1	$S_{(W+F)}/S_G$	2,5	2,0	1,6	1,3	1,0	0,8	0,6	0,5	0,4
2	Korrektur	+5	+4	+3	+2	+1	0	−1	−2	−3

1) $S_{(W+F)}$: Gesamtfläche des Außenbauteils eines Aufenthaltsraumes in m²
2) S_G: Grundfläche eines Aufenthaltsraumes in m²

Tabelle 11. Erforderliche Schalldämmmaße erf. $R'_{w,ges}$ von Kombinationen von Außenwänden und Fenstern, aus der Fassung der DIN 4109 von 1989, dort Tabelle 10

Spalte	1	2	3	4	5	6	7
Zeile	erf. $R'_{w,res}$ in dB nach Tabelle 8	Schalldämmmaße für Wand/Fenster in … dB/ … dB bei folgenden Fensterflächenanteilen in %					
		10 %	20 %	30 %	40 %	50 %	60 %
1	30	30/25	30/25	35/25	35/25	50/25	30/30
2	35	35/30 40/25	35/30	35/32 40/30	40/30	40/32 50/30	45/32
3	40	40/32	40/35	45/35	45/35	40/37 60/35	40/37
4	45	45/37 50/35	45/40 50/37	50/40	50/40	50/42 60/40	60/42
5	50	55/40	55/42	55/45	55/45	60/45	–

Diese Tabelle gilt nur für Wohngebäude mit üblicher Raumhöhe von etwa 2,5 m und Raumtiefe von etwas 4,5 m oder mehr, unter Berücksichtigung der Anforderungen an das resultierende Schalldämmmaß erf. $R'_{w,res}$ des Außenbauteiles nach Tabelle 8 und der Korrektur von −2 dB nach Tabelle 9, Zeile 2.

der Raumgeometrie und Größe des Außenbauteils – zu gewährleisten. Hieran wird deutlich, dass es den Autoren der DIN 4109 bei den Anforderungen an die Luftschalldämmung von Außenbauteilen – im Gegensatz zu den Anforderungen an die Luft- und Trittschalldämmung der anderen Bauteile (Wände, Decken, Türen etc.) – tatsächlich um einen gleichbleibenden Schallschutz, unabhängig von der Raumgeometrie und der Größe des Trennbauteils, ging.
In der Tabelle 10 (s. Tabelle 11) konnten – unter Voraussetzung bestimmter räumlicher Randbedingungen – die erforderlichen Schalldämmmaße separat für die Wände und Fenster in Abhängigkeit vom Fensterflächenanteil abgelesen werden.
Das nachfolgende Dokument (Bild 5) zeigt den Vorschlag von W. Moll für die spätere Tabelle 8 (damals noch Tabelle 2).
Hieran wird erkennbar, dass den Anforderungen der Tabelle die Formel der VDI 2719 zugrunde liegt. Als Eingangsgröße wurde
– für L_a: der obere Wert der Lärmpegelbereiche,
– für L_i in Aufenthaltsräumen von Wohnungen: 35 dB(A) tags
– und für K: 5 dB
angesetzt.

Ein besonderes Augenmerk verdient dabei der Summand von pauschal +5 dB. Führt man sich vor Augen, dass zu dieser Zeit die VDI 2719 für Schienenlärm K = 0 dB und für Straßenverkehrslärm K = +5 dB vorsah und die Diskussionen zum Schienenbonus von −5 dB gemäß der späteren Schall 03 (der den Schienenlärm zukünftig pauschal um 5 dB mindern sollte) schon im vollem Gange waren, hat DIN 4109 mit der pauschalen Berücksichtigung eines Summanden von +5 dB den späteren Schienenbonus von −5 dB (bewusst oder unbewusst sei an dieser Stelle dahingestellt) ausgeglichen.
Die Anforderungen der 1989er-Fassung der DIN 4109 hatten 27 Jahre Bestand, bis im Juni 2016 die grundlegend überarbeitete DIN 4109 erschien. Die Tabelle für die Anforderungen an die Luftschalldämmung an Außenbauteile [vormals Tabelle 8, nun Tabelle 7 (hier siehe Tabelle 12)] hat sich dabei gegenüber der Vorgängerfassung nicht verändert.
Im Gegensatz zur Vorgängerfassung ergibt sich jedoch insofern ein wesentlicher Unterschied, als dass die 2016er-Fassung nun auch erstmals in der Geschichte der DIN 4109 die nächtliche Lärmbelastung explizit berücksichtigt. Da eine separate Tabelle für die Anforderungen nachts keinen Konsens im Normungsaus-

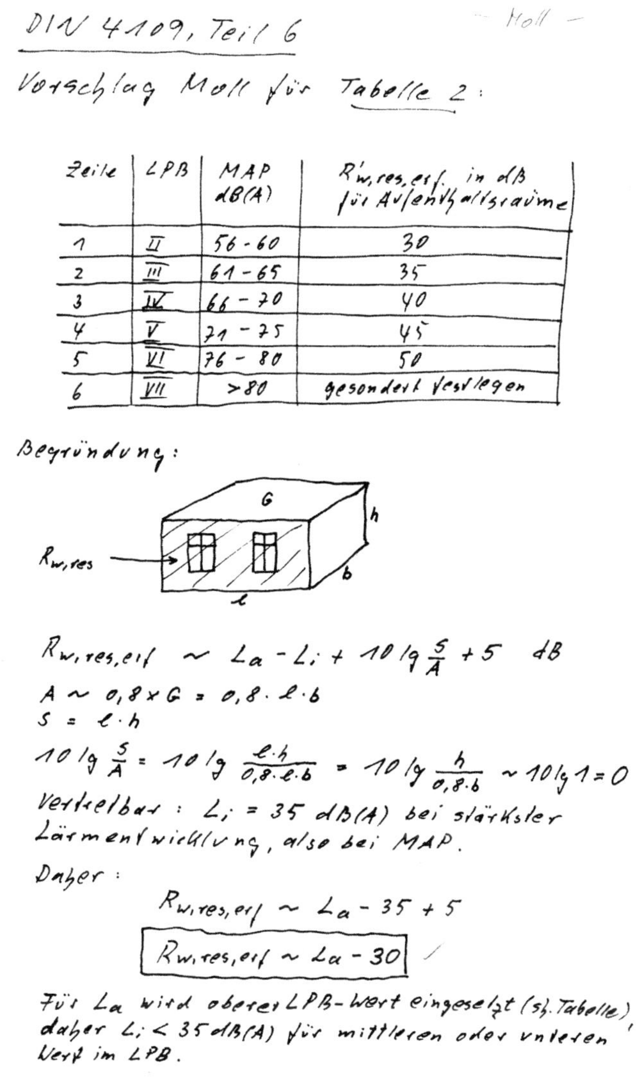

DIN 4109, Teil 6 — Moll —

Vorschlag Moll für Tabelle 2:

Zeile	LPB	MAP dB(A)	$R'_{w,res,erf}$ in dB für Aufenthaltsräume
1	II	56 - 60	30
2	III	61 - 65	35
3	IV	66 - 70	40
4	V	71 - 75	45
5	VI	76 - 80	50
6	VII	> 80	gesondert festlegen

Begründung:

$$R_{w,res,erf} \sim L_a - L_i + 10 \lg \frac{S}{A} + 5 \text{ dB}$$

$A \sim 0{,}8 \times G = 0{,}8 \cdot \ell \cdot b$

$S = \ell \cdot h$

$$10 \lg \frac{S}{A} = 10 \lg \frac{\ell \cdot h}{0{,}8 \cdot \ell \cdot b} = 10 \lg \frac{h}{0{,}8 \cdot b} \sim 10 \lg 1 = 0$$

Vertretbar: $L_i = 35$ dB(A) bei stärkster Lärmentwicklung, also bei MAP.

Daher:

$$R_{w,res,erf} \sim L_a - 35 + 5$$

$$\boxed{R_{w,res,erf} \sim L_a - 30}$$

Für L_a wird oberer LPB-Wert eingesetzt (s. Tabelle), daher $L_i < 35$ dB(A) für mittleren oder unteren Wert im LPB.

Bild 5. Vorschlag von W. Moll für die spätere Tabelle 8 der DIN 4109 (damals noch Tabelle 2)

schuss fand, behalf man sich mit einem „Kunstgriff": Sobald die Differenz zwischen dem Außenlärmpegel nachts und dem Außenlärmpegel tags < 10 dB beträgt, ist der Außenlärmpegel nachts für die Bestimmung der Anforderungen maßgeblich und wird pauschal mit +10 dB beaufschlagt. Mit diesem Wert wird dann die erforderliche Schalldämmung der Außenbauteile aus der Tabelle 7 abgelesen.

Die Berücksichtigung der nächtlichen Außenlärmbelastung hatte in vielen Fällen eine mitunter deutliche Erhöhung der Anforderungen an die Außenbauteile gegenüber der 1989er-Fassung zur Folge.

Bei der Anwendung dieser mit über 380 Seiten gegenüber der Vorgängerfassung von 1989 deutlich umfangreicheren Norm zeigte sich schon bald Überarbeitungsbedarf, insbesondere bei den Teilen DIN 4109-1 und DIN 4109-2, sodass im **Januar 2018** eine Neufassung der Teile DIN 4109-1 und DIN 4109-2 erschien [1].

Nachdem über 15 Jahre an der neuen DIN 4109 gearbeitet wurde, ist es für viele Anwender unverständlich, dass bereits sechs Monate nach Erscheinen der Norm Änderungen erforderlich sind, die im Wesentlichen den Schallschutz gegen Außenlärm betreffen.

Hierzu gab es einen maßgebenden Grund: Der Fokus der Aufmerksamkeit lag vor allem auf dem Anforderungsniveau für den Schallschutz innerhalb des Gebäudes. Hierauf und auf das rechnerische Nachweisverfahren konzentrierten sich dann auch die Einsprüche zur Entwurfsfassung aus dem Jahr 2013. Ende 2014

Tabelle 12. Anforderung an die Luftschalldämmung zwischen Außen und Räumen in Gebäuden, grundlegend überarbeitete DIN 4109 vom Juni 2016, dort Tabelle 7

Spalte	1	2	3	4	5
Zeile	Lärmpegel-bereich	Maßgeblicher Außenlärmpegel dB	Raumarten		
			Bettenräume in Krankenanstalten und Sanatorien	Aufenthaltsräume in Wohnungen, Übernachtungsräume in Beherbergungsstätten, Unterrichtsräume und Ähnliches	Büroräume[a)] und Ähnliches
			$R'_{w,ges.}$ des Außenbauteils		
1	I	bis 55	35	30	–
2	II	56 bis 60	35	30	30
3	III	61 bis 65	40	35	30
4	IV	66 bis 70	45	40	35
5	V	71 bis 75	50	45	40
6	V	76 bis 80	b)	50	45
7	VII	> 80	b)	b)	50

a) An Außenbauteile von Räumen, bei denen der eindringende Außenlärm aufgrund der in den Räumen ausgeführten Tätigkeiten nur einen untergeordneten Beitrag zum Innenraumpegel leistet, werden keine Anforderungen gestellt.
b) Die Anforderungen sind hier aufgrund der örtlichen Gegebenheiten festzulegen.

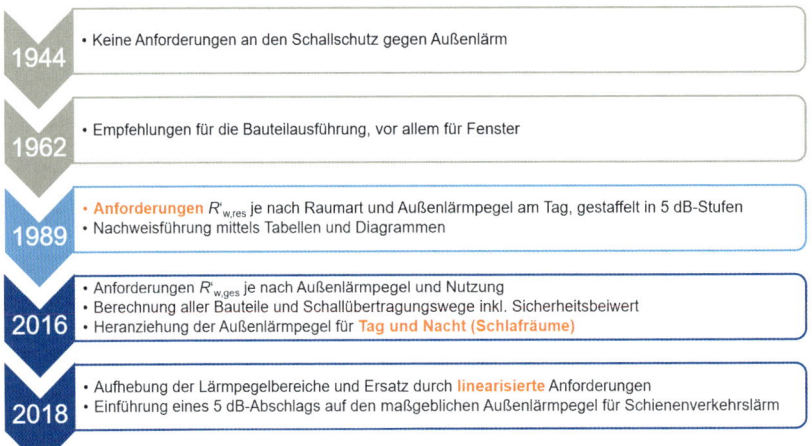

Bild 6. Neuerungen der verabschiedeten Fassungen der DIN 4109 zum Schallschutz gegen Außenlärm [19]

wurden die Berechnungsverfahren Schall03 für Schienenverkehr überarbeitet und in der 16. BImSchV implementiert. Eine wesentliche Änderung war, dass der Schienenbonus von 5 dB entfiel. Demzufolge lagen in dieser Sache keine Einsprüche vor. Nachdem dann z. B. in Bebauungsplanverfahren im Jahr 2015 erste Anwendungen der Entwurfsfassung der DIN 4109 erfolgten, wurde recht schnell klar, dass die ursprünglich austarierten Verhältnisse zwischen den Regelwerken zur Berechnung des Außenlärms und den Anforderungen nach der Entwurfsfassung nicht mehr stimmten. Der Zug in Richtung Herausgabe der DIN 4109 sollte nicht mehr aufgehalten werden. Man beschloss, das Thema in einem separaten Arbeitskreis zu behandeln und erforderliche Änderungen nachzuführen, was mit der Ausgabe Januar 2018 erfolgte.

In dieser zum jetzigen Zeitpunkt aktuellen Fassung der DIN 4109 wurde gegenüber der 2016er-Ausgabe hinsichtlich des Außenlärms folgende wesentliche Änderungen vorgenommen:

– Entfall der Tabelle 7 im Anforderungsteil DIN 4109-1 und damit der stufenweisen Anforderungen in 5 dB-Schritten in Abhängigkeit von Lärmpegelbereichen zugunsten einer linearen Berechnung die Anforderungen,

- Berücksichtigung eines spektral begründeten Abschlages bei Schienenlärm von pauschal 5 dB im Berechnungsteil DIN 4109-2.

Insbesondere der pauschale Abschlag von 5 dB beim Schienenlärm rief eine Welle der Entrüstung und Diskussionen hervor, da dieser Abschlag nicht hinreichend erläutert wurde. Aktuell läuft zu diesem Thema ein Forschungsvorhaben beim DIBt, das auf Grundlage einer Vielzahl aktueller Verkehrslärm-Messungen (Schienen-, Straßen- und Flugverkehr) die Überprüfung aktueller Berechnungsverfahren zum Schallschutz vor Außenlärm und die Überprüfung und ggf. Überarbeitung der K-Summanden aus der VDI 2719 zum Ziel hat. Es bleibt somit abzuwarten, ob die Ergebnisse des Forschungsvorhabens den spektralen Abschlag beim Schienenlärm und das Berechnungsverfahren der aktuellen DIN 4109-2 zum Schutz vor Außenlärm bestätigen oder ob hier eine Korrektur vorgenommen werden muss.

6 Wesentliche Änderungen der Regelungen zum Schallschutz gegen Außenlärm der DIN 4109:2018-01 im Vergleich zu DIN 4109:1989-11

Für die Umsetzung der linearisierten Anforderungen (Bilder 7–9) wird ein Wert für die Schutzbedürftigkeit der Raumart vom ermittelten maßgeblichen Außenlärmpegel L_a abgezogen, um die Anforderung an das Gesamt-Schalldämmmaß $R'_{w,ges}$ des Außenbauteils zu bestimmen:

$$R'_{w,ges} = L_a - K_{Raumart} \quad (7)$$

mit $K_{Raumart}$ gleich
25 dB   für Krankenhäuser und Sanatorien
30 dB   für Wohngebäude, Übernachtungsräume in Hotels und Schulräume
35 dB   für Büroräume

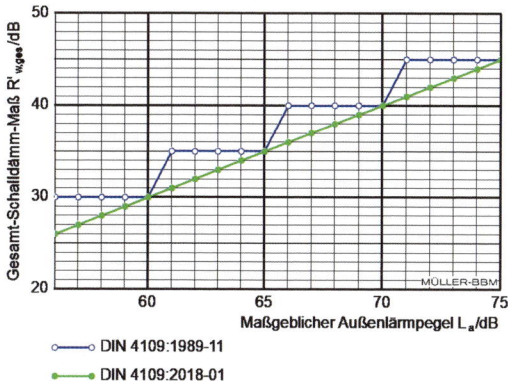

Bild 7. Vergleich der Anforderungen am Beispiel von Wohngebäuden, Hotels und Schulen

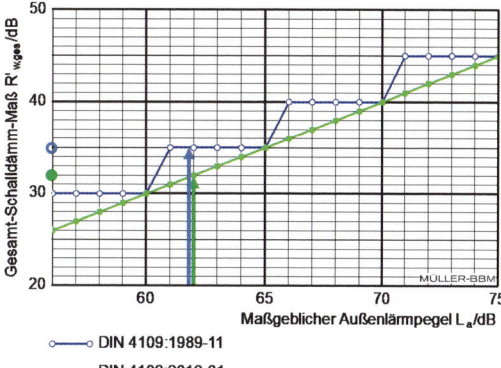

Bild 8. Exemplarischer Vergleich der Anforderungen am Beispiel von Schlafräumen, bei denen der Außenlärmpegel nachts um mindestens 10 dB sinkt, hier: Beurteilungspegel tags/nachts 59/49 dB(A) zzgl. 3 dB, ergibt $L_a = 59 + 3$ dB(A) = 62 dB(A). Hierdurch erfolgt kein Zuschlag auf den maßgeblichen Außenlärmpegel. DIN 4109:1989-11: $R'_{w,ges} = 35$ dB/ DIN 4109-1:2018-01: $R'_{w,ges} = 32$ dB

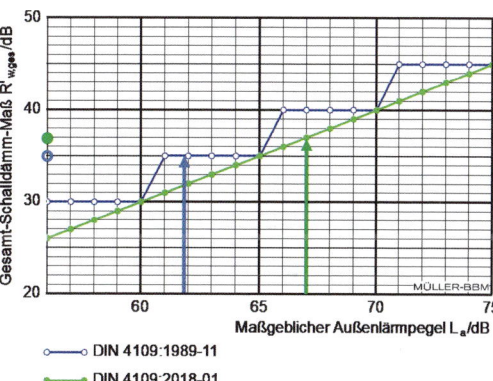

Bild 9. Exemplarischer Vergleich der Anforderungen am Beispiel von Schlafräumen, bei denen der Außenlärmpegel nachts lediglich um 5 dB sinkt, hier: Beurteilungspegel tags/nachts 59/54 dB(A) zzgl. 3 dB, ergibt $L_a = 54 + 10 + 3$ dB(A) = 67 dB(A). Durch den Zuschlag von 10 dB auf den Nachtwert erfolgt nach DIN 4109-1:2018-01 effektiv eine Zunahme des maßgeblichen Außenlärmpegel von 5 dB und eine entsprechende Erhöhung der Anforderung an das Schalldämmmaß. DIN 4109:1989-11: $R'_{w,ges} = 35$ dB/DIN 4109-1:2018-01: $R'_{w,ges} = 37$ dB

Die unteren Grenzen für die Schalldämmung der Gebäudehülle aus der bisherigen Tabelle (z. B. $R'_{w,ges} \geq 30$ dB) werden weiterhin gefordert.

Der maßgebliche Außenlärmpegel L_a wird aus dem um 3 dB erhöhten Freifeld-Beurteilungspegel L_r gebildet. Dieser wird sowohl für den Tag $L_{r,T}$ als auch die Nacht $L_{r,N}$ durch Immissionsberechnungen oder -messungen für die jeweiligen Lärmarten bestimmt. Um den höheren Anspruch auf Ruhe in der Nacht zu berücksichtigen, erhält der Nachtpegel für Räume, die überwiegend zum Schlafen genutzt werden, einen Zuschlag von 10 dB. Aus den beiden Werten wird der Maximalwert ausgewählt.

$$L_a = Max(L_{r,T} + 3\text{ dB}; L_{r,N} + 10\text{ dB} + 3\text{ dB}) \quad (8)$$

Für Schienenverkehr ist der so gebildete L_a um 5 dB zu mindern, um das in Bezug auf die Schalldämmung günstigere Frequenzspektrum dieser Verkehrsgeräusche zu berücksichtigen. Prinzipiell wird vorausgesetzt, dass der verwendete Beurteilungspegel für Schienenverkehr nach den aktuellen Berechnungsvorschriften aus der 16. BImSchV ermittelt wurde. Das bedeutet, dass die Verwendung von Beurteilungspegeln mit einem Schienenbonus unzulässig ist. Bei mehreren Lärmquellen berechnet sich der resultierende Außenlärmpegel $L_{a,res}$ als Maximalwert aus der energetischen Summe der einzelnen maßgeblichen Außenlärmpegel $L_{a,i}$, getrennt für Tag und Nacht.

7 Exemplarische Berechnung zum Nachweis des Schallschutzes gegen Außenlärm

Die verbesserte Nachweisführung der DIN 4109-2: 2018-01 erlaubt die Handhabung von Eckräumen mit unterschiedlicher Außenlärmbelastung und verwendet eindeutige Rechenvorschriften für bewertete Schalldämmmaße R_w und Element-Schallpegeldifferenzen $D_{n,e,w}$, jeweils als Laborwerte. In der Berechnung sind bei Anforderungen über 40 dB auch die flankierenden Bauteile innerhalb des Gebäudes berücksichtigt, sodass ungünstige Einflüsse durch eine Flankenübertragung erkennbar werden. Durch die Einführung eines Sicherheitsbeiwertes wird die Genauigkeit des Verfahrens separat deklariert. Der erweiterte Bauteilkatalog der DIN 4109-Reihe erlaubt die Verwendung von abgesicherten Daten sowohl für Fenster als auch für die opake Fassadenkonstruktion z. B. aus monolithischen Baustoffen. Es besteht die Möglichkeit, System- oder Zulassungsbaustoffe mit ihren jeweiligen schalltechnischen Kennwerten aus Prüfstandmessungen in den Nachweis zu integrieren.

Nachfolgend ist ein exemplarischer Nachweis für eine Außenlärmberechnung angegeben. Der Eckraum ist dabei zwei unterschiedlichen maßgeblichen Außenlärmpegeln ausgesetzt. Für die geplanten Außenbauteile (Wand, Fenster, Lüfter, Rollladenkasten) werden deren Prüfwerte, d. h. das bewertete Schalldämmmaß R_w und für kleine Elemente ≤ 1 m² die bewertete Element-Schallpegeldifferenz $D_{n,e,w}$ eingesetzt und daraus in Abhängigkeit der Geometrie das Gesamt-Schalldämmmaß $R'_{w,ges}$ berechnet.

Das um den Sicherheitsbeiwert von 2 dB verminderte Gesamt-Schalldämmmaß $R'_{w,ges}$ muss dann mindestens der raumbezogenen Anforderung entsprechen. Die Anforderung ergibt sich aus dem maßgeblichen Außenlärmpegel an der lautesten Fassade abzüglich der Raumart $K_{Raumart}$ (hier: 30 dB für Wohnräume) zuzüglich der Raumkorrektur K_{AL} zur Berücksichtigung der Raumgeometrie. Wenn der Nachweis erfüllt ist, wird für den maßgeblichen Außenlärm sichergestellt, dass eine ausreichende Gesamtschalldämmung vorhanden ist, sodass die hinter den Anforderungen stehenden Anhaltswerte an den Innenschallpegel nicht überschritten werden.

8 Ausblick

Die vollzogenen Änderungen der DIN 4109 führen für den Schallschutz gegen Außenlärm zu einer deutlich verbesserten und sachgerechteren Nachweisführung. Die dB-genaue Ermittlung der Anforderungen kann dazu beitragen, dass Außenbauteile wirtschaftlicher ausgeführt werden können.

Untersuchungs- und Handlungsbedarf besteht noch in der Überprüfung und ggf. Überarbeitung der Korrektursummanden zur Berücksichtigung der Außenlärmspektren einzelner Lärmarten. In der Überarbeitung für die 2018er-Fassung wurde hier eine Unterscheidung zwischen Schienenverkehrslärm und sonstigem Außenlärm vorgenommen, der dem Kenntnisstand von vor 35 Jahren entspricht. Neuere, umfassende Untersuchungen sind mit Ausnahme von wenigen studentischen Abschlussarbeiten [19–23] bislang noch nicht verfügbar.

Derzeit wird hierzu – wie bereits angegeben – ein Forschungsvorhaben des DIBt durchgeführt. Im Zuge dieses Forschungsvorhabens werden u. a. frequenzabhängige Berechnungen durchgeführt, um Korrektursummanden für die Berechnung mit Einzahlangaben zu ermitteln. Hierzu werden exemplarische, aktuelle Messungen von Außenlärmsituationen ausgewertet. Weitere Untersuchungsthemen sind:
– Überprüfung der relativen Schallpegelspektren und Ermittlung der Korrektursummanden für Straßenverkehr sowie Schienenverkehr auf der Grundlage von exemplarischen Messungen.
– Auswertung der relativen Schallpegelspektren für Schienenverkehr auf Basis der Angaben in Schall03 im Hinblick auf die Korrektursummanden.
– Orientierende Untersuchung des Einflusses der geräuscharmen Bremsentechnologie von Schienenfahrzeugen auf die Korrektursummanden.
– Orientierende Untersuchung des Einflusses von Lärmschutzwänden auf die Korrektursummanden.
– Überprüfung, ob aufgrund neuerer Erkenntnisse der Lärmwirkungsforschung zu auftretenden Geräuschpegelspitzen Handlungsbedarf für DIN 4109 besteht.

In Abhängigkeit der Resultate ist mit einer Überarbeitung der Handhabung von unterschiedlichen Lärmarten im Nachweisverfahren der DIN 4109 zu rechnen. Änderungen in der Berechnung des Gesamtschalldämmmaß, das aus den einzelnen Bauteilen der Gebäudehülle und des Gebäudes berechnet wird, ist nach derzeitigem Stand hingegen nicht zu erwarten.

Ausblick 181

Bild 10. Exemplarische Berechnung zum Nachweis des Schallschutzes gegen Außenlärm

9 Literatur

[1] DIN 4109:2018-01 (2018) *Schallschutz im Hochbau, Teil 1 – Mindestanforderungen, Teil 2 – Rechnerische Nachweise der Erfüllung der Anforderungen*. DIN 4109:2016-07 (2016) *Schallschutz im Hochbau, Teil 31–36: Daten für die rechnerischen Nachweise des Schallschutzes, Teil 4 – Bauakustische Prüfungen*, Beuth, Berlin.

[2] DIN 4109: *Schallschutz im Hochbau, Anforderungen und Nachweise*, mit Beiblättern 1 und 2, November 1989, Beiblatt 3, Juni 1996; Änderung A1 zu DIN 4109, 2001-01, Änderung A1 zu Beiblatt 1, 2003-09 (zurückgezogen).

[3] *Richtlinien für bauliche Maßnahmen zum Schutz gegen Außenlärm. Ergänzende Bestimmungen zu DIN 4109 „Schallschutz im Hochbau" Teil 1 bis 4 (Ausgaben September 1962) und Teil 5 (Ausgabe April 1963)*. Aufgestellt von der Arbeitsgruppe Einheitliche Technische Baubestimmungen des Fachnormenausschusses Bauwesen (FNBau) im DIN, Hrsg. DIN Deutsches Institut für Normung e. V. (zurückgezogen).

[4] DIN 4109:1962-09 (1962) Blatt 2: *Schallschutz im Hochbau – Anforderungen* (zurückgezogen), Beuth, Berlin.

[5] VDI 2719 (1987-08) *Schalldämmung von Fenstern und deren Zusatzeinrichtungen*.

[6] Entwurf VDI 2719 (1983-09) *Schalldämmung von Fenstern und deren Zusatzeinrichtungen*.

[7] VDI 2719 (1973-10) *Schalldämmung von Fenstern*, (zurückgezogen).

[8] 24. BImSchV (1997-02) *24. Verordnung zur Durchführung des Bundes-Immissionsschutzgesetzes, Verkehrswege-Schallschutzmaßnahmenverordnung*.

[9] Gottlob, D.; Kürer, R. (1994) Kapitel 5, Beurteilung von Geräuschimmissionen (Vorschriften – Normen – Richtlinien), Abschnitt 5.4.1.6, in *Taschenbuch der Technischen Akustik* (Hrsg. M. Heckl; H.A. Müller), Springer.

[10] Nordtest (1987-06) NT ACOU 061. Windows: Traffic noise reduction indices.

[11] Rabold, A.; Hessinger, J. (2018) Schallschutz von Außenbauteilen – Vorgehensweise nach der neuen DIN 4109, in *Holzbau* 3/2018.

[12] Cremer, L. (1961) Der Sinn der Sollkurven, in *Schallschutz von Bauteilen*, Berlin.

[13] Gösele, K. (1965) Zur Bewertung der Schalldämmung von Bauteilen nach Sollkurven, in *Acustica* 15, 264.

[14] Koch, S.; Kürer, R. (1976) Umweltbundesamt Berlin, *Bewertetes Bauschalldämm-Maß und A-Schallpegeldifferenz von Umfassungsbauteilen bei Verkehrslärm*, DAGA.

[15] Gösele, K.; Koch, S. (1970) Bestimmung der Luftschalldämmung von Bauteilen nach einem Kurzverfahren, in Schriftenreihe *Berichte aus der Bauforschung*, Heft 68, S. 85.

[16] Weber, L.; Koch, S. (1999) Anwendung von Spektrum-Anpassungswerten, Teil 1: Luftschalldämmung, in *Bauphysik* **21**, H. 4, S. 167–170.

[17] Bundeszentrale für Politische Bildung [online] www.bpb.de, Der Durchbruch des motorisierten Straßenverkehrs, Christopher Kopper, 28.01.2016.

[18] Moll, W. (1974) Dämmung des Außenlärms durch Fenster, Kommentar zur Richtlinie VDI 2719, *Kampf dem Lärm* **21**, H. 5.

[19] Gierens, M. (2019) Vergleichende Untersuchung durch Messungen und Berechnungen zum Schallschutz gegen Außenlärm durch Straßenverkehr zur Überprüfung der Regelung nach DIN 4109, *Masterarbeit*, Lehrstuhl für Bauphysik, Technische Universität München.

[20] Graf, J. (2019) Untersuchung der Dämmwirkung von Gebäudefassaden zum Schallschutz gegen Schienenverkehrslärm auf der Grundlage von exemplarischen Bausituationen und normativen Berechnungsverfahren, *Masterarbeit*, Hochschule Mittweida und Hochschule München.

[21] Isabel Fischer, I.; Meier, A.; Kübler, B. (2019) Ermittlung und Vergleich von Verkehrslärmspektren zur Überprüfung der Korrektursummanden der VDI 2719 hinsichtlich des Schallschutzes von Fenstern, *Bauphysik* **41**, Heft 3, S. 151–154.

[22] Kübler, B.; Schedl, K. (2017) Untersuchung des Bemessungsansatzes der VDI 2719 für den Schallschutz von Fenstern unter Berücksichtigung unterschiedlicher Außenlärmspektren, *Bauphysik* **39**, Heft 4, S. 224–233.

[23] Kübler, B.; Leupoldt, P. (2017) Ermittlung und Vergleich von Außenlärmspektren zur Überprüfung der Korrektursummanden der VDI 2719 hinsichtlich des Schallschutzes von Fenstern unter Berücksichtigung aktueller Außenlärmspektren des Bahn- und Fluglärms, *Bauphysik* **39**, Heft 5, S. 306–315.

B
Bauphysikalische Planungs- und Nachweisverfahren

B 1 Schallschutz im Holzbau

Joachim Hessinger, Andreas Rabold, Bernd Saß, Markus Schramm

Dr. Dipl.-Phys. Joachim Hessinger
ift Rosenheim
Theodor-Gietl-Straße 7–9, 83026 Rosenheim

Physikstudium an der Johannes Gutenberg Universität Mainz. Seit 2005 ist er Prüfstellenleiter im ift Labor Bauakustik, zu dem die Prüfung von Fenstern und Fassaden, Deckenelementen, Verglasungen und Holzbauwänden sowie Forschungsprojekte, Baumessungen und Gutachten gehören. Als promovierter Physiker ist er seit vielen Jahren in der Holzbau- und Fensterbranche in verschiedenen Funktionen tätig und gibt als Lehrbeauftragter, Referent und Fachautor seine Erfahrung weiter. Er ist Mitglied in verschiedenen Normen- und Fachausschüssen.

Prof. Dr.-Ing. Andreas Rabold
Technische Hochschule Rosenheim
Hochschulstraße 1, 83024 Rosenheim

Holztechnik- und Bauingenieur-Studium an der Hochschule Rosenheim und der TU München. Während und nach dem Studium und der Promotion im Bauingenieurwesen war er als Prüfingenieur, Produktingenieur und Prüfstellenleiter am ift Rosenheim tätig. Seit 2014 hauptberuflich an der Technischen Hochschule Rosenheim im Bereich Bauphysik und Bauinformatik tätig. Koordination der Forschungsprojekte am ift Rosenheim mit den Forschungsschwerpunkten in der Bauakustik für den Holzbau.

Bauphysik-Kalender 2020: Bau- und Raumakustik. Herausgegeben von Nabil A. Fouad.
© 2020 Ernst & Sohn GmbH & Co. KG. Published 2020 by Ernst & Sohn GmbH & Co. KG.

Dipl.-Ing. (FH) Bernd Saß
ift Rosenheim
Theodor-Gietl-Straße 7–9, 83026 Rosenheim

Holztechnik-Studium an der Fachhochschule Rosenheim. Seit 2001 ist er Prüfstellenleiter im Bereich Bauakustik am ift Rosenheim und seit 2004 stellvertretender Prüfstellenleiter des ift Labor Bauakustik, zu dem die Prüfung von Bauelementen, Deckenelementen, Verglasungen und Holzbauwänden sowie Forschungsprojekte, Baumessungen und Gutachten gehören.
Als gelernter Tischler und Holzingenieur ist er seit vielen Jahren in der Fensterbranche in verschiedenen Funktionen tätig und gibt als Referent und Fachautor seine Erfahrung weiter. Mitglied in verschiedenen Normen- und Fachausschüssen, beispielsweise in NA 005-55-75 AA zum Bauteilkatalog in DIN 4109 und NA 062-02-31, dem nationalen Spiegelgremium für bauakustische Prüfverfahren.

M.Eng., Dipl.-Ing. (FH) Markus Schramm
ift Rosenheim
Theodor-Gietl-Straße 7–9, 83026 Rosenheim

Holzbau und Ausbau-Studium mit anschließendem Masterstudium im Fachbereich Holztechnik an der Hochschule Rosenheim. Seit 2018 stellvertretender Prüfstellenleiter des ift Labor Bauakustik, zu dem die Prüfung von Bauelementen, Deckenelementen, Verglasungen und Holzbauwänden sowie Forschungsprojekte, Baumessungen und Gutachten gehören. Auch als Referent und Fachautor tätig.

Inhaltsverzeichnis

1 **Einführung** 188
1.1 Schallprüfungen, Begriffsdefinitionen 188
1.2 Schalldämmung zwischen Räumen in Gebäuden 188
1.2.1 Luftschalldämmung 189
1.2.2 Trittschalldämmung 190
1.3 Nationale Anforderungen, DIN 4109 190
1.4 Grundlagen der Bauakustik 192
1.4.1 Massegesetz 192
1.4.2 Koinzidenzfrequenz 193
1.4.3 Platten-Eigenfrequenz 194
1.4.4 Masse-Feder-Masse Resonanz 195
1.4.5 Entkopplung 196
1.4.6 Dämpfung/Schallabsorption 196

2 **Holzdecken** 197
2.1 Konstruktionsregeln 197
2.1.1 Estrichaufbauten 197
2.1.2 Rohdeckenbeschwerungen 198
2.1.3 Schwingungstilger 199
2.1.4 Tragstruktur und Dämmung im Balkenzwischenraum 200
2.1.5 Unterdecken 200
2.1.6 Gehbeläge 201
2.2 Konstruktive Optimierung von Holzdecken 202
2.2.1 Einfluss von Estrichaufbauten 202
2.2.2 Einfluss durch Rohdeckenbeschwerung 202
2.2.3 Verbesserung durch federnd abgehängte Unterdecke 202
2.3 Bauteilsammlung für Holzdecken 203
2.4 Flankenübertragung 208
2.4.1 Flankenübertragung bei vertikaler Trittschallübertragung 208
2.4.2 Flankenübertragung bei vertikaler Luftschallübertragung 208
2.4.3 Horizontale Flankenübertragung von Decke und Boden 208
2.4.4 Massivholzelemente als flankierende Bauteile 209
2.5 Berechnungsbeispiel und Genauigkeit des K_1, K_2-Verfahrens für die Trittschalldämmung 217
2.6 Berechnungsbeispiel und Genauigkeit des differenzierten Berechnungsverfahrens 218
2.7 Schalldämmung der Decken bei tiefen Frequenzen 219
2.8 Hinweise zur Bauausführung 221

3 **Wände in Holzbauweise** 223
3.1 Konstruktive Details von Wandkonstruktionen 223
3.1.1 Holzständerkonstruktionen 223
3.1.2 Massivholzkonstruktionen 224
3.2 Holzwände in unterschiedlichen Anwendungsbereichen 225
3.2.1 Innenwände 225
3.2.2 Außenwände 225
3.2.3 Gebäudetrennwände in Holzbauweise 225
3.2.4 Flankenschalldämmung von Holzständerwänden 228
3.2.5 Flankenschalldämmung von Massivholzwänden 228
3.2.6 Bauteilsammlung für Holzwände 228
3.3 Berechnungsbeispiel 233
3.4 Genauigkeit des Prognoseverfahrens 233
3.5 Schalldämmung von Holzwänden bei tiefen Frequenzen 235
3.5.1 Anwendung für Gebäudetrennwände 235
3.5.2 Anwendung für Außenwände 236

4 **Dächer** 237
4.1 Steildachkonstruktionen 237
4.1.1 Steildächer mit Zwischensparrendämmung 237
4.1.2 Steildächer mit Aufsparrendämmung 239
4.1.3 Trennwandanschluss an Steildächer 239
4.1.4 Transmissionsschalldämmung von Steildächern 240
4.1.5 Flankenschalldämmung von Steildächern 241
4.2 Flachdachkonstruktionen 245
4.2.1 Einfluss der Dämmung bei Flachdächern 245
4.2.2 Abdichtung, Dachdeckung und Gehbelag 246
4.2.3 Unterdecke und raumseitige Bekleidung 247
4.3 Bauteilsammlung für Steildächer 247
4.4 Bauteilsammlung für Flachdächer 252
4.5 Schalldämmung von Steildächern bei tiefen Frequenzen 256
4.6 Hinweise zur Bauausführung 256

5 **Treppen in Reihenhäusern in Holzbauweise** 261
5.1 Stahl-Holz-Treppen 261
5.2 Massivholz-Treppen 262
5.3 Einfluss der Trennwand auf die Trittschalldämmung der Treppe 263
5.4 Verbesserung der Trittschalldämmung von Treppen 263

6 **Literatur** 265

1 Einführung

Der gleichnamige Beitrag aus dem Bauphysik-Kalender 2014 wurde ergänzt und aktualisiert.

In Deutschland nimmt auch bei Bauten in Holzbauweise der Schallschutz eine immer größere Bedeutung ein, die sowohl den Schutz gegen Luftschall- als auch den gegen Trittschallübertragung betrifft. In diesem Beitrag werden die Besonderheiten des Schallschutzes im Holzbau beschrieben. In diese Bauweise fallen Holzständerkonstruktionen und Massivholzbauweisen, die teilweise auch gemischt mit Massivbau aus Mauerwerk oder Beton kombiniert werden. Der Schwerpunkt liegt hierbei auf der Beschreibung der Schalldämmung der Bauteile Decke, Innen- und Außenwand sowie Dach und Treppe. Um die Schalldämmung von Holzbauten im Voraus zu prognostizieren, ist es wichtig, die Schalldämmung der einzelnen Bauteile und deren Zusammenwirken zu kennen. Diese Kenngrößen werden üblicherweise über Schalldämmprüfungen im Labor bestimmt. Für gut bekannte und bewährte Konstruktionen liegen diese Schalldämmwerte in Form von Tabellenwerten vor, die zum Nachweis des Schallschutzes für Gebäude herangezogen werden können.

1.1 Schallprüfungen, Begriffsdefinitionen

Für die Ermittlung der Schalldämmwerte im Labor sowie für die Prüfung des Schallschutzes im ausgeführten Objekt sind im Wesentlichen die international eingeführten Normen der Normenreihen DIN EN ISO 10140 [21], DIN EN ISO 10848 [22] und DIN EN ISO 16283 [24] maßgebend. Die Laborprüfung der Schalldämmung von Holzbauteilen erfolgt in nebenwegfreien Prüfständen. Die für die Prognose des Schallschutzes im ausgeführten Bau wichtige Größe der Flankenschalldämmung wird im Laborprüfstand nach DIN EN ISO 10848 gemessen. Für die praktische Anwendung, z. B. für den Abgleich und Nachweis von Anforderungen, bedient man sich der Einzahlangaben, die aus den frequenzabhängigen Schalldämmwerten zwischen 100 und 3150 Hz nach den international einheitlichen Bewertungsnormen DIN EN ISO 717-1 und -2 [20] ermittelt werden. Neben dem bewerteten Schalldämmmaß R_w, dem bewerteten Norm-Trittschallpegel $L_{n,w}$ und der bewerteten Norm-Flankenschallpegeldifferenz $D_{n,f,w}$ werden auch die Spektrum-Anpassungswerte C, C_{tr} bzw. C_I angegeben. Grundsätzlich soll durch Spektrum-Anpassungswerte ein Bauteil hinsichtlich seiner schalldämmenden Wirkung gegen übliche Geräuschquellen bewertet werden, siehe auch Tabelle 2. Die Anregung bei der Messung durch Rosa Rauschen oder dem Normhammerwerk entspricht nicht über alle Frequenzen den in der Praxis vorkommenden Lärmsituationen z. B. bei Verkehrsgeräuschen oder einer gehenden Person. Da die Spektrum-Anpassungswerte auch für den erweiterten Frequenzbereich ausgewertet werden können, bieten sie die Möglichkeit, auch die Frequenzbereiche abzubilden welche in der Praxis die Störung hervorrufen, z. B. kann damit der sensible Schallschutz bei tiefen Frequenzen unterhalb von 100 Hz besser beurteilt werden.

1.2 Schalldämmung zwischen Räumen in Gebäuden

Für die Prognose des Schallschutzes zwischen Räumen in Gebäuden müssen die Schalltransmissionsgrade für

Tabelle 1. Prüfnormen und Kenngrößen für die Schalldämmung von Bauteilen; die Tabelle fasst die wesentlichen Normen und Kenngrößen zusammen

Norm	Prüfung	Kenngröße
DIN EN ISO 10140-1, -2; -4 und -5 [21]	Luftschalldämmung von Bauteilen im Prüfstand	Schalldämmmaß R
DIN EN ISO 10140-1, -3; -4 und -5 [21]	Trittschalldämmung von Decken im Prüfstand	Norm-Trittschallpegel L_n
DIN EN ISO 16283-1 und -3 [24]	Luftschalldämmung im ausgeführten Bau	Bau-Schalldämmmaß R' Standard-Schallpegeldifferenz D_{nT}
DIN EN ISO 16283-2 [24]	Trittschalldämmung im ausgeführten Bau	Norm-Trittschallpegel L'_n, Standard-Trittschallpegel L'_{nT}
DIN EN ISO 10140-1, -3; -4 und -5 [21]	Trittschallminderung von Deckenauflagen auf Massiv- und Holzdecken im Prüfstand	Trittschallminderung ΔL (Massivbau), ΔL_t (Holzbau)
DIN EN ISO 10848-1 und -2 [22]	Flankenschalldämmung im Labor	Norm-Flankenschallpegeldifferenz $D_{n,f}$
DIN EN ISO 717-1 und -2 [20]	Bewertung der Luft- und Trittschalldämmung	Einzahlangaben R_w, R'_w, $D_{nT,w}$, $L_{n,w}$, $L'_{n,w}$, $L'_{nT,w}$, $D_{nf,w}$, Spektrum-Anpassungswerte C, C_{tr}, C_I
DIN 4109-4	Ergänzungsregeln für den Nachweis in Deutschland	

Einführung

Tabelle 2. Spektrum-Anpassungswerte

Beschreibung		Frequenzbereich
Trittschall		
C_I	I = Impact/Beschreibung der Berücksichtigung der Abweichung des Normhammerwerks vom Geher	100 Hz–2500 Hz
$C_{I,50-2500}$	wie C_I jedoch Einbeziehung der Frequenzen von 50 Hz bis 2500 Hz Zusammenhang zur Störwirkung durch Gehen psychoakustisch nachweisbar	50 Hz–2500 Hz
Luftschall		
$C_{50-5000}$	Abbildung von Wohngeräuschen Wirksamkeit der Bauteile gegen wohnübliche Geräusche jedoch unter Berücksichtigung der tiefen Frequenzen	50 Hz–5000 Hz
C_{tr}	tr = Traffic/Anpassung der Schalldämmung an Verkehrsgeräusche/Beurteilung der Wirksamkeit eines Bauteils gegen Verkehrslärmgeräusche	100 Hz–3150 Hz

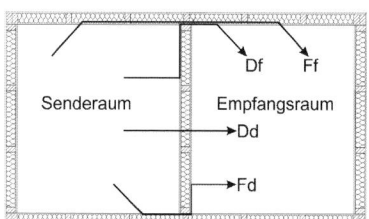

Bild 1. Schalldämmung einer Trennwand, Darstellung der Schallübertragungswege, direkt Dd und über flankierende Bauteile Df, Fd und Ff bei Luftschall-Anregung

sämtliche Schallübertragungswege bestimmt werden, um daraus die resultierende Schalldämmung zwischen zwei Räumen zu ermitteln. Diese Schallübertragungswege beinhalten den direkt und den über flankierende Bauteile übertragenen Schall[1]. Die Rechenregeln sind für die Luftschalldämmung normativ in DIN EN ISO 12354-1 [23] festgelegt (Bild 1).

1.2.1 Luftschalldämmung

Nach den Rechenregeln für Schalldämmmaße erhält man aus den „reinen" Dämmwerten (d. h. ohne Nebenwege) und den Dämmwerten der Flankenübertragung das gesuchte Ergebnis. Die Schalldämmung eines Trennbauteils (z. B. einer Trennwand oder Trenndecke) inklusive der Nebenwege wird mit R′ bezeichnet. Bau-Schalldämmmaße inklusive Nebenwegübertragung werden mit einem Hochstrich gekennzeichnet. Aus dem Schalldämmmaß des Trennbauteils ohne Nebenwege R und den Flankendämmmaßen R_{ij} für die verschiedenen Wege Ff, Df und Fd kann nach Gl. (1) das Schalldämmmaß R′ des Trennbauteils inklusive aller Nebenwege berechnet werden. Für ein Trennbauteil müssen in der Regel 13 Übertragungswege aufsummiert werden, dies wird bei Holzhäusern, die in

Massivholzbauweise gebaut werden, zu berücksichtigen sein, siehe Diskussionen in Abschnitt 2.4.4.
Für den Holztafelbau hingegen konnte gezeigt werden, dass auch ohne die Berücksichtigung der gemischten Flankenübertragungswege Fd und Df für viele Anwendungsbereiche bereits eine zufriedenstellende Genauigkeit bei der Berechnung erzielt werden kann [41]:

$$R'_w = -10 \cdot \log\left(10^{-0,1 \cdot R_w} + \sum_{ij=Ff,Fd,Df} 10^{-0,1 \cdot R_{ij,w}}\right) \quad (1)$$

Gl. (1) zeigt die Berechnung des bewerteten Bau-Schalldämmmaßes eines Trennbauteils inklusive Nebenwege R'_w aus dem bewerteten Schalldämmmaß R_w und den bewerteten Flankendämmmaßen $R_{ij,w}$ bei Berücksichtigung aller Nebenwege Ff, Fd und Df
mit
R'_w Bewertetes Bau-Schalldämmmaß des Trennbauteils inklusive Nebenwege Ff, Fd, Df in [dB]
R_w Bewertetes Schalldämmmaß des Trennbauteils als Laborprüfwert ohne Nebenwege in [dB]
$R_{ij,w}$ Bewertetes Flankendämmmaß für den Schallübertragungsweg ij in [dB]
Ff, Fd, Df   Bezeichnung der Flankenschallübertragungswege nach Bild 1

$$R'_w = -10 \cdot \log\left(10^{-0,1 \cdot R_{Dd,w}} + \sum_{F=f=1}^{n} 10^{-0,1 \cdot R_{Ff,w}}\right) \quad (2)$$

Gl. (2) stellt die Anwendung von Gl. (1) für den Einsatz im Holztafelbau dar.
mit
R'_w Bewertetes Schalldämmmaß des Trennbauteils inklusive Nebenwege Ff in [dB]
R_w Bewertetes Schalldämmmaß des Trennbauteils ohne Nebenwege in [dB]
$R_{Ff,w}$ Bewertetes Flankendämmmaß für Übertragungsweg Ff in [dB]

Die Eingangsgrößen sind die bewertete Norm-Flankenschallpegeldifferenz $D_{n,f,w}$ bzw. das bewertete Flankendämmmaß $R_{ij,w}$ sowie die Schalldämmung des

---
[1] In besonderen Fällen können auch noch weitere Nebenwegübertragungen auftreten, z. B. über Korridore oder Lüftungsleitungen und Installationskanäle. Diese Nebenwegübertragungen werden hier nicht behandelt.

Tabelle 3. Schallübertragungswege am Beispiel einer Trennwand

Weg	Bezeichnung	Anzahl
Direkt durch Trennwand	Dd	1
Flankenübertragung über Außenwand	Df, Fd, Ff	3
Flankenübertragung über Innenwand	Df, Fd, Ff	3
Flankenübertragung über Fußboden	Df, Fd, Ff	3
Flankenübertragung über Decke	Df, Fd, Ff	3

trennenden Bauteils ohne Nebenwege R_w. Aus den Messungen der bewerteten Norm-Flankenschallpegeldifferenz ($D_{n,f,w}$) über den Flankenübertragungsweg Ff kann mittels Gl. (3) auf das bewertete Flankendämmmaß $R_{Ff,w}$ umgerechnet werden.

$$R_{Ff,w} = D_{n,f,w} + 10 \cdot \log\left(\frac{l_0}{l}\right) + 10 \cdot \log\left(\frac{S_s}{A_0}\right) \quad (3)$$

Gl. (3) stellt die Umrechnung der bewerteten Norm-Flankenschallpegeldifferenz $D_{n,f,w}$ in ein bewertetes Flankendämmmaß $R_{Ff,w}$ dar (Beispiel für ein flankierendes Bauteil an einer Trennwand):
mit

$R_{Ff,w}$ bewertetes Flankendämmmaß in situ unter Berücksichtigung von Kantenlänge l zwischen Trennwand und flankierendem Bauteil sowie der Fläche der Trennwand

$l_0 = 4{,}5$ m   bei einem Dach oder einer Decke als flankierendes Bauteil

$l_0 = 2{,}8$ m   bei einer Wand als flankierendes Bauteil

S_s Trennwandfläche in [m²]

A_0 Bezugsabsorptionsfläche 10 m²

Die Bezugskantenlängen wurden den Vorgaben von DIN 4109-2 entnommen. Werden Prüfergebnisse zur Berechnung hergenommen, können die Bezugskantenlängen je nach Prüfelement variieren.
Die in Gl. (1) bis Gl. (3) durchgeführten Rechenoperationen können sowohl mit den Schalldämm- und Flankendämmmaßen in den einzelnen Terzbändern als auch, im vereinfachten Verfahren, mit den bewerteten Schalldämm- und Flankendämmmaßen durchgeführt werden. Zur Genauigkeit des Prognoseverfahrens im Zusammenhang mit der Verwendung von Eingangsdaten aus dem aktuellen Bauteilkatalog siehe Abschnitt 3.4.

Stoßstellendämmmaß

Nach der europäisch harmonisierten Normung DIN EN ISO 12354-1 und -2 [23] können die Flankendämmmaße auch aus Bauteileigenschaften der Stoßstelle zwischen trennendem Bauteil und flankierendem Bauteil berechnet werden. Als Eingangsgrößen dienen hier neben den geometrischen Daten hauptsächlich das Stoßstellendämmmaß K_{ij} und die Schalldämmmaße von dem trennenden Bauteil und den flankierenden Bauteilen (s. Gl. (4)).

$$R_{ij,w} = \frac{R_{i,w}}{2} + \frac{R_{j,w}}{2} + K_{ij} + 10 \cdot \log\left(\frac{S_s}{l_{ij} \cdot 1m}\right) \quad (4)$$

Gl. (4) zeigt die Berechnung des bewerteten Flankendämmmaßes (Beispiel für ein flankierendes Bauteil an einer Trennwand)
mit

$R_{ij,w}$ Bewertetes Flankendämmmaß für den Weg ij in [dB]

l_{ij} Kantenlänge zwischen Bauteil i und Bauteil j in [m]

K_{ij} Stoßstellendämmmaß zwischen Bauteil i und Bauteil j in [dB]

$R_{i,w}, R_{j,w}$ Bewertete Schalldämmmaße von Bauteil i und Bauteil j in [dB]

S_s Trennwandfläche in [m²]

Für die Anwendung im Holzbau spielen die Stoßstellendämmmaße nur im Massivholzbau eine Rolle. Für eine weitergehende Diskussion wird auf die entsprechende Literatur [36, 38, 65, 69–71] und den Abschnitt 2.4.4 verwiesen.

1.2.2 Trittschalldämmung

Auch bei der Prognose der Trittschalldämmung von Holzdecken ist neben dem direkt übertragenen Trittschall auch die Flankenschallübertragung zu berücksichtigen. Der direkt übertragene Trittschall kann durch den im Laborversuch in einem Prüfstand ohne Flankenübertragungswege gemessenen Norm-Trittschallpegel L_n beschrieben werden. Zusätzlich treten hier zwei getrennte und unabhängige Flankenschallübertragungswege auf. Der mit dem Kürzel Df beschriebene Weg verläuft durch den Fußboden-/Estrichaufbau in die Holz-Rohdecke und von dort über die Stoßstelle in die flankierende Wand, um von dort in den Empfangsraum abgestrahlt zu werden. Ein zusätzlicher Flankenschallübertragungsweg verläuft horizontal im Fußboden-/Estrichaufbau, wird von dort in die flankierende Wand im oberen Geschoss eingespeist, um schließlich in der Wand nach unten entlanglaufend wiederum in den Empfangsraum zu gelangen. Dieser zweite Flankenübertragungsweg wurde mit dem Kürzel DFf bezeichnet [3, 44]. Das Verfahren zur Ermittlung der Beiträge zur Flankenübertragung mit den anzuwendenden Tabellenwerten wird im Abschnitt 2.4.1 dargestellt. Zur Genauigkeit des Prognoseverfahrens im Zusammenhang mit der Verwendung von Eingangsdaten aus dem aktuellen Bauteilkatalog, siehe Abschnitt 2.5.

1.3 Nationale Anforderungen, DIN 4109

Die Anforderung an die Schalldämmung von Bauteilen und deren Nachweisverfahren wird in Deutschland über die DIN 4109-1 [2] geregelt. Diese Norm ist bauaufsichtlich eingeführt, ihr Anforderungsniveau muss daher auch ohne explizite vertragliche Vereinba-

Tabelle 4. Anforderungen nach DIN 4109-1 und Vorschläge für erhöhten Schallschutz nach VDI 4100, Schallschutzstufe 1 und 2

Haustyp/Bauteil	Anforderungen nach DIN 4109-1:2018-01	Schallschutz nach VDI 4100:2012 Schallschutzstufe	
		1	2
Mehrfamilienhaus			
Luftschall Trennwand	$R'_w = 53$ dB	$D_{nT,w} \geq 56$ dB	$D_{nT,w} \geq 59$ dB
Luftschall Trenndecke	$R'_w = 54$ dB	$D_{nT,w} \geq 56$ dB	$D_{nT,w} \geq 59$ dB
Trittschall Trenndecke	$L'_{n,w} = 50$ dB $L'_{n,w} = 53$ dB [1]	$L'_{nT,w} \leq 51$ dB	$L'_{nT,w} \leq 44$ dB
Trittschall Treppe in benachbarter Wohnung	$L'_{n,w} = 50$ dB	$L'_{nT,w} \leq 51$ dB	$L'_{nT,w} \leq 44$ dB
Doppel- oder Reihenhaus			
Luftschall Trennwand	$R'_w = 62$ dB [3] $R'_w = 59$ dB [4]	$D_{nT,w} \geq 65$ dB	$D_{nT,w} \geq 69$ dB
Trittschall Decke [2]	$L'_{n,w} = 41$ dB	$L'_{nT,w} \leq 46$ dB	$L'_{nT,w} \leq 39$ dB
Trittschall Treppe [2]	$L'_{n,w} = 46$ dB	$L'_{nT,w} \leq 46$ dB	$L'_{nT,w} \leq 39$ dB

Anmerkungen:
1) Sonderregel für Deckenkonstruktionen, die der DIN 4109-33 [5] zuzuordnen sind, und Sanierung
2) diagonal und/oder horizontal von Haus 1 zu Haus 2
3) Anforderung für unterkellerte Gebäude
4) Anforderung für nicht unterkellerte Gebäude (unterstes Stockwerk)

rung eingehalten werden. Die Anforderungen sind unabhängig von der Bauweise einzuhalten und werden in der derzeitigen Fassung der DIN 4109-1:2018-01 an das bewertete Bau-Schalldämmmaß R'_w und den bewerteten Norm-Trittschallpegel $L'_{n,w}$ gestellt[2]. Beide Anforderungen gelten für das Bauteil im ausgeführten Bau. Die Spektrum-Anpassungswerte nach DIN EN ISO 717-1 und -2 werden im bauaufsichtlichen Nachweisverfahren nicht berücksichtigt. Auch die Schalldämmung in einem erweiterten Frequenzbereich von 50 bis 5000 Hz spielt in den Anforderungen nach DIN 4109 keine Rolle.

Im privatrechtlichen Vertragsverhältnis können auch Zielwerte für die Schalldämmung vereinbart werden, die über die in DIN 4109 geforderten Schallschutz hinausgehen, teilweise hat die Rechtsprechung hier auch schon Grundsatzurteile gefällt, siehe z. B. [77]. Richtwerte für solche erhöhten Zielwerte können für den Wohnungsbau der VDI 4100 [25] entnommen werden. Für eine Planung des erhöhten Schallschutzes nach VDI 4100 ist allerdings zu beachten, dass die Planungswerte in der aktuellen Fassung dieser Richtlinie auf die nachhallzeitbezogenen Kenngrößen $D_{nT,w}$ (Standard-Schallpegeldifferenz) und $L'_{nT,w}$ (Standard-Trittschallpegel) umgestellt wurden, was einen direkten Abgleich erschwert, da die vor Ort vorliegenden geometrischen Randbedingungen (Raumvolumina, Trennbauteilfläche, Prüfrichtung) mit in die Betrachtung einfließen. Die Rechenregeln für den Nachweis der Schalldämmung sind in DIN 4109-2:2018-01 [3] festgelegt. Das bewertete Bau-Schalldämmmaß wird entsprechend Gl. (1) bzw. Gl. (2) berechnet. Zum Abgleich mit den Anforderungen wird von dem berechneten Prognosewert für R'_w noch ein Sicherheitsbeiwert $u_{prog} = 2$ dB (vereinfachter Sicherheitsbeiwert) abgezogen. Für den Nachweis des Trittschallschutzes ist ein Sicherheitsbeiwert von $u_{prog} = 3$ dB vorgesehen, der auf den berechneten Prognosewert aufgeschlagen wird. Die Anwendung dieser Sicherheitsbeiwerte ersetzt das Sicherheitskonzept des Vorhaltemaßes aus der alten DIN 4109:1989-11.

Die Eingangsgrößen können entweder Konstruktionsbeispielen aus einer Beispielsammlung (DIN 4109-31 bis DIN 4109-36:2016-07) oder Schallmessungen in Prüfständen entnommen werden. Dabei werden die Labor-Schalldämmmaße direkt und ohne weiteren Sicherheitsabschlag für die Berechnung hergenommen. Für den Bereich Holz- und Skelettbau sind Konstruktionsbeispiele in DIN 4109-33:2016-07 [5] dargestellt, die auf einer Forschungsarbeit unter Federführung der PTB [41] beruhen. Hierfür wurden in Deutschland vorliegende Ergebnisse von Schalldämmprüfungen aus Forschungsarbeiten und Industrieprüfungen zusammengetragen, geordnet und analysiert. Bei den Kapiteln zu den verschiedenen Bauteilen wird auf die Ergebnisse dieser Zusammenstellung genauer eingegangen.

---
2) Auf andere bauaufsichtlich relevante akustische Anforderungsgrößen wie z. B. den Installationsschallpegel von gebäudetechnischen Anlagen wird in diesem Abschnitt nicht eingegangen.

1.4 Grundlagen der Bauakustik

Um die Besonderheiten bei der Schalldämmung von Holzbauteilen zu verstehen, müssen die Konstruktionsdetails betrachtet werden. Der Holzbau zeichnet sich durch eine große Vielfalt von Konstruktionen und eingesetzten Baustoffen aus. Allen diesen Konstruktionen ist jedoch gemein, dass die tragenden Komponenten der Bauteile aus Holz oder Holzwerkstoffen gebildet werden. Der größte Teil der derzeit in Deutschland eingesetzten Holzbauteile wird konstruktiv in Holztafel- oder Holzrahmenbauweise erstellt. Hierzu zählen z. B. Holzständerwände und Holzbalkendecken, aber auch Bauteile mit Stegträgern als Ständerwerk oder Balken. Im Gegensatz hierzu sind Holzbauteile zu betrachten, deren statisches Grundgerüst aus Massivholzelementen bestehen. Hierunter fallen Brettstapelwände und Decken, aber auch Brettschichtholz-, Brettsperrholz- und Hohlkastenelemente (Bild 2). Daher beeinflussen viele unterschiedliche physikalische Effekte die Schalldämmung dieser Holzbauteile. Für einschalige, flächige Bauteile lassen sich diese auf den Einfluss der flächenbezogenen Masse (Massegesetz) und der Biegesteifigkeit (Biegewellenresonanz bzw. Koinzidenzfrequenz und Platteneigenfrequenzen) des Bauteils zusammenfassen. Für mehrschalige Bauteile sind zusätzlich die Resonanzen zwischen den einzelnen Schalen (Masse-Feder-Masse Resonanzen) relevant. Diese können beispielsweise als Doppelwand-, Estrich- oder Unterdeckenresonanz auftreten. Ihre Auswirkung auf die Schalldämmung hängt maßgeblich von der Dämpfung im Bereich der Resonanzfrequenz ab, die durch geeignete Dämmstoffe zwischen den Bauteilschichten erhöht werden kann. Der Dämmstoff reduziert die Schallübertragung auch durch seine Schallabsorption, die häufig über den längenbezogenen Strömungswiderstand des Dämmstoffes charakterisiert wird. Die Übertragung ist auch von der Art der Schallanregung nämlich der Luftschall- oder Körperschall- bzw. Trittschallanregung, abhängig.

Nachfolgend werden diese Größen anhand von Beispielen aus dem Bereich des Holzbaus kurz eingeführt, um eine Beurteilung der konstruktiven Einflüsse auf die Schalldämmung von Bauteilen zu ermöglichen. Hierbei beschränken sich die Erläuterungen zugunsten der Übersichtlichkeit auf die praxisrelevanten Aspekte. Für weiterführende bauakustische Erläuterungen siehe [28, 29].

1.4.1 Massegesetz

Der Widerstand (die Impedanz) eines Bauteils gegenüber der Anregung durch eine Schallwechseldruckwelle steigt mit zunehmender Bauteilmasse (Massenträgheit) an. Für biegeweiche, einschalige Bauteile kann daraus ein Zusammenhang zwischen dem Schalldämmmaß R und der flächenbezogenen Masse m′ hergeleitet werden, wie dies erstmalig durch *Berger* [56] erfolgte.

$$R \approx 20 \cdot \log(f\, m') - 47\, dB \qquad (5)$$

Gl. (5) zeigt die Berechnung der Schalldämmung nach dem Massegesetz
mit
f   Frequenz in [Hz]
m′ flächenbezogene Masse in [kg/m^2]

Dieses sogenannte *Berger'sche*-Massengesetz lässt sich sowohl in Abhängigkeit der Frequenz f darstellen, als auch für das bewertete Schalldämmmaß R_w als Einzahlwert. Hierzu dient ein Massediagramm, das empirisch aus Messdaten unterschiedlicher Materialien und Platten- bzw. Bauteildicken gewonnen wurde [28].
Bei der Bestimmung des bewerteten Schalldämmmaßes R_w anhand der flächenbezogenen Masse m′ wird zwischen den unterschiedlichen Werkstoffen – Beton, Mauerwerk, Glas sowie Holz- und Holzwerkstoffen oder Blechen – unterschieden. Während biegeweiche Platten wie dünne Bleche oder Gummiplatten bei Verdopplung von m′ eine Erhöhung des R_w um 6 dB aufzeigen, bildet sich bei biegesteiferen Platten ein Plateau aus, auf dem die Schalldämmung auch bei zunehmen-

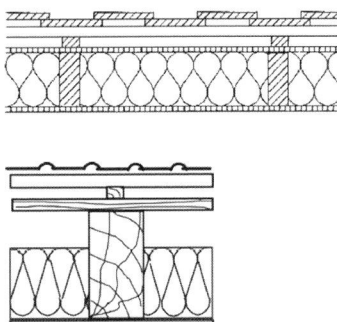
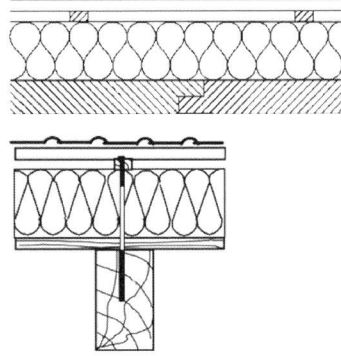

Bild 2. Beispiele für Holzkonstruktionen; obere Zeile unterschiedliche Außenwandkonstruktionen in Holzständer und Massivholzbauweise; untere Zeile unterschiedliche Steildachkonstruktionen als zwischensparren- und aufsparrengedämmtes Dach

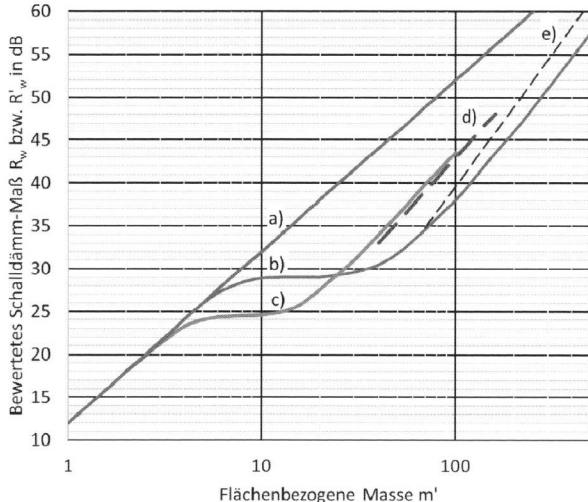

Bild 3. Bewertetes Schalldämmmaß einschaliger Bauteile in Abhängigkeit der flächenbezogenen Masse m'
a) ideal biegeweiche Bauteile nach [28, 56]
b) Gips, Beton, Mauerziegel, R'_w nach [28]
c) Holzwerkstoffplatten, R'_w nach [28]
d) Massivholzelemente, R_w nach [54, 64]
e) Beton, Kalksandstein, Mauerziegel, R_w Körperschallnachhallzeit korrigiert nach [3, 4]

der Masse kaum ansteigt. Dies liegt daran, dass mit zunehmender Plattendicke neben der flächenbezogenen Masse auch die Biegesteifigkeit der Platte zunimmt und sich begrenzend auf die Schalldämmung auswirkt. Neben der Masse des Bauteils ist bei bauüblichen Plattenmaterialien somit auch der Einfluss der Biegesteifigkeit zu berücksichtigen.

Die Prognose des bewerteten Schalldämmmaßes anhand einer Massekurve hat für Massivbauteile (Mauerwerk, Beton) Eingang in das Nachweisverfahren der DIN 4109 [3, 4] gefunden. Dort wird der Zusammenhang für flächenbezogene Massen oberhalb des Plateaubereichs genutzt (s. Bild 3, e). Im Gegensatz zur ursprünglichen Massekurve (s. Bild 3, b) wurden diese Daten im Prüfstand ohne Nebenwege ermittelt und auf die zu erwartende Körperschallnachhallzeit in der Bausituation umgerechnet.

Die Massenabhängigkeit lässt sich auch für die Trittschallübertragung einschaliger Massivdecken zeigen und wird in DIN 4109 für den Trittschallnachweis von Stahlbetondecken verwendet.

1.4.2 Koinzidenzfrequenz

Bauteile und Plattenmaterialien bilden bei Anregung durch Schallwechseldruckwellen aufgrund ihrer Biegesteifigkeit Biegeschwingungen bzw. Biegewellen in Plattenebene aus, deren Wellenlänge λ_B ebenso wie die der Luftschallwelle λ_L frequenzabhängig ist. Bei diesen Biegewellen wird unterschieden zwischen der erzwungenen Biegewelle, deren Wellenlänge der „aufgeprägten" Luftschallwelle entspricht und der freien Biegewelle, deren Wellenlänge aus der Biegesteifigkeit der Platte resultiert. Die Schalleinleitung bzw. -abstrahlung bei einschaligen Bauteilen ist besonders groß, wenn die (projizierte) Wellenlänge des Luftschalls λ_L mit der Wellenlänge einer freien Biegewelle λ_B übereinstimmt (s. Bild 4). Die Schalldämmung des Bauteils ist im Bereich dieser Koinzidenzfrequenz entspre-

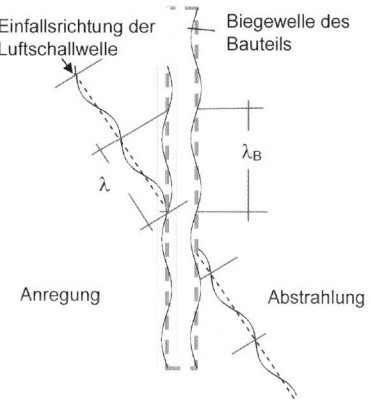

Bild 4. Anregung und Abstrahlung von Biegewellen

chend gering, der frequenzabhängige Verlauf zeigt einen deutlichen Einbruch.

Die Koinzidenzbedingung ist erfüllt für alle Frequenzen, die größer sind als die Koinzidenzgrenzfrequenz f_c, die nach Gl. (6) für den streifenden Schalleinfall berechnet werden kann.

$$f_c = \frac{c_0^2}{2\pi}\sqrt{\frac{m'}{B'}} \quad \text{mit:} \quad B' = E\frac{t^3}{12(1-\mu^2)} \quad (6)$$

mit
c_0 Schallgeschwindigkeit (343 m/s bei 20 °C)
m' flächenbezogene Masse in [kg/m²]
B' Biegesteifigkeit in [N m]
E Elastizitätsmodul in [N/m²]
t Plattendicke in [m]
μ Querkontraktionszahl

Fasst man die reinen Materialparameter in einen Koinzidenzfaktor K zusammen, so erhält man eine Materialkonstante mit der sich Gl. (6) stark vereinfachen

Tabelle 5. Koinzidenzfaktor K und Koinzidenzfrequenzen f_c einiger Materialien im Holzbau [27], ergänzt [43, 45]

Baustoff	K in [Hz m]	Dicke t in [mm]	Koinzidenzfrequenz f_c in [Hz]
Gipskartonplatten	30 (25–35)	12,5 15 18 25	2500[1)] 2000[1)] 1600[1)] 1250[1)]
Gipsfaserplatten	35 (32–38)	10 15 18	3150[1)] 2500[1)] 2000
Spanplatten	30 (23–36)	10 19	3150[1)] 1600[1)]
OSB Platten	25 (20–30)	12 15	2000[1)] 1600[1)]
Zementestrich	16–17	50	31–400
Stahlbeton	16–20	160	100–125
Ziegel	22–33	115	200–315

[1)] Messwert des Koinzidenzeinbruchs (Terzband) [43, 45]

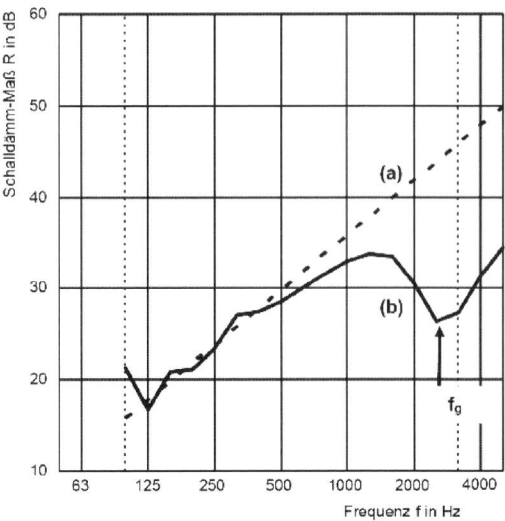

Bild 5. Schalldämmmaß einer ideal biegeweichen Platte (a) und einer realen Platte (b) (Messwerte); die reale Platte (b) ist hier eine Gipskartonplatte 12 mm dick

lässt zu:

$$f_c = \frac{K}{t} \quad (7)$$

Gl. (7) zeigt die vereinfachte Berechnung der Koinzidenzgrenzfrequenz
mit
K Materialkonstante nach Tabelle 5 in [Hz m]
t Plattendicke in [m]

Man bezeichnet eine Platte als
– biegeweich, wenn $f_c \geq 2000$ Hz und als
– biegesteif, wenn $f_c \leq 2000$ Hz.

Die meisten im Holzbau gebräuchlichen Beplankungen, wie z. B. Spanplatten bis 22 mm, Gipskartonplatten oder Gipsfaserplatten bis 13 mm, besitzen eine Grenzfrequenz $f_c \geq 2000$ Hz, d. h. (vgl. Tabelle 5), sie sind biegeweich. Biegesteife Konstruktionen im Holzbau werden bei Massivholzkonstruktionen wie z. B. Brettstapel- oder Brettsperrholzelementen angetroffen. Hier sorgt die Biegesteifigkeit dafür, dass die Schalldämmung dieser Bauteile von dem idealen Verhalten abweicht.

1.4.3 Platten-Eigenfrequenz

Bei endlichen Bauteilabmessungen überlagern sich die am Bauteilrand reflektierten Biegewellen zu stehenden Wellen, die als Eigenmoden und die dazugehörigen Frequenzen als Eigenfrequenzen des Bauteils bezeichnet werden. Die Eigenfrequenzen einer Platte oder eines einschaligen Bauteils mit gelenkig gelagertem Plattenrand können nach Gl. (8) aus der Biegesteifigkeit B' der flächenbezogenen Masse m' und den Abmessungen l_x und l_y berechnet werden. Die Ordnungszahlen n_x und n_y geben die Anzahl der Eigenmoden-Maxima in x- und y-Richtung an.

Ist die Koinzidenzfrequenz f_c bekannt, so kann die vereinfachte Form nach Gl. (9) verwendet werden. Für Wandbeplankungen, die auf den Ständern mechanisch befestigt sind, liegt die zu erwartende Eigenfrequenz zwischen der Berechnung für gelenkig gelagerte Platten und für eingespannte Ränder nach Gl. (10). Eine konstruktive Anwendung für eine Holzständerwand wird in [33] beschrieben.

$$f_{n_x,n_y} = \frac{\pi}{2}\sqrt{\frac{B'}{m'}\left(\left(\frac{n_x+1}{l_x}\right)^2 + \left(\frac{n_y+1}{l_y}\right)^2\right)}$$

mit: $\quad B' = E\dfrac{t^3}{12(1-\mu^2)} \quad (8)$

Gl. (8) zeigt die Berechnung der Eigenfrequenz $f_{nx,ny}$ einer Platte.

gelenkig gelagert: $\quad f_{0,0} = \dfrac{c_0^2}{4f_c}\left(\left(\dfrac{1}{l_x}\right)^2 + \left(\dfrac{1}{l_y}\right)^2\right) \quad (9)$

Gl. (9) ist die Berechnung der Eigenfrequenz $f_{0,0}$ einer Platte für gelenkig gelagerte Situation.

eingespannt:

$$f_{0,0} = \frac{c_0^2}{4l_x^2 f_c}\sqrt{5{,}14 + 3{,}13\left(\frac{l_x}{l_y}\right)^2 + 5{,}14\left(\frac{l_x}{l_y}\right)^4} \quad (10)$$

Gl. (10) zeigt die Berechnung der Eigenfrequenz $f_{0,0}$ einer Platte für eingespannte Situation mit (gilt für Gln. (8)–(10))

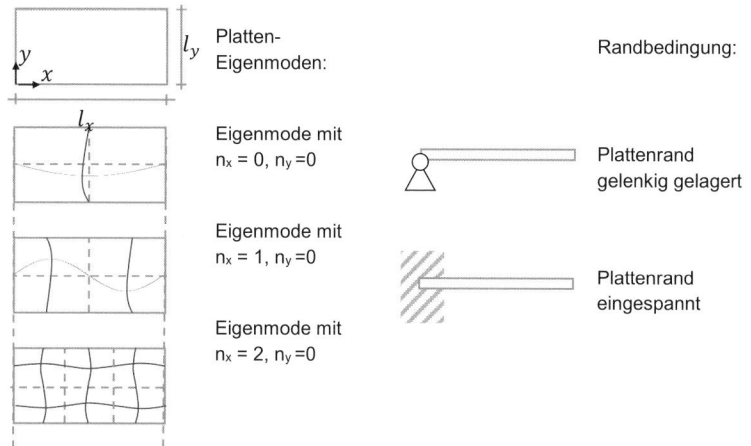

Bild 6. Platten-Eigenmoden und Randbedingung

c_0 Schallgeschwindigkeit (343 m/s bei 20 °C)
$B'\ldots$ Biegesteifigkeit in [N m]
f_c Koinzidenzfrequenz nach Gleichung (6)
E Elastizitätsmodul in [N/m²]
$m'\ldots$ flächenbezogene Masse in [kg/m²]
t Plattendicke in [m]
n_x, n_y Ordnungszahl n = 0, 1, 2, 3
u Querkontraktionszahl
l_x, l_y Plattenabmessungen in [m ($l_x > l_y$)]

1.4.4 Masse-Feder-Masse Resonanz

Wie die vorausgegangenen Abschnitte zeigen, kann die Schalldämmung einschaliger Bauteile primär durch die Erhöhung der flächenbezogenen Masse verbessert werden. Einschalige Trennbauteile mit hoher flächenbezogener Masse widersprechen jedoch dem Vorfertigungsansatz des zeitgemäßen Holz- und Leichtbaus. Deutlich höhere Schalldämmungen bei geringen Massen lassen sich aber auch mit mehrschaligen Aufbauten erreichen, deren Bauteilschichten durch weichfedernde Zwischenschichten entkoppelt sind. Das schalltechnische Verhalten eines zweischaligen Aufbaus lässt sich mit dem Masse-Feder-Masse System nach Wintergerst [57] beschreiben. Zwei Schalen mit den flächenbezogenen Massen m'_1 und m'_2 sind über eine Feder mit einer dynamischen Steifigkeit s' miteinander gekoppelt.

Durch Luft- oder Trittschallanregung wird das Masse-Feder-Masse System zu Schwingungen angeregt, die bei der Resonanzfrequenz f_0 besonders groß sind (entsprechend klein ist dort die Schalldämmung). Oberhalb der Resonanzfrequenz f_0 wird eine deutliche Verbesserung gegenüber einem gleichschweren, einschaligen Bauteil erzielt. D. h., umso kleiner f_0 ist, umso größer ist die Verbesserung der Schalldämmung. Resonanzfrequenzen $f_0 > 100$ Hz sind möglichst zu vermeiden. Gute Verbesserungen werden für $f_0 < 50$ Hz erreicht.

Die Feder kann durch eine druckfeste Dämmplatte ausgebildet werden (Trittschalldämmplatten oder Wärmedämmverbundsysteme). Die dynamische Steifigkeit s' dieser Platten wird als Materialkennwert vom Hersteller angegeben. Aber auch eine zwischen den Bauteilschichten eingeschlossene Luftschicht, die durch die schwingenden Platten komprimiert wird, hat Federeigenschaften, deren dynamische Steifigkeit über die Luftschichtdicke d beschreibbar ist.

Wird die weichfedernde Zwischenschicht als druckfeste Dämmplatte ausgeführt, erfolgt die Berechnung nach Gl. (11) mit der dynamischen Steifigkeit s' in MN/m³.

$$f_0 = 160\sqrt{s'\left(\frac{1}{m'_1} + \frac{1}{m'_2}\right)} \quad (11)$$

Wird die weichfedernde Zwischenschicht als ruhende Luftschicht ausgeführt, so wird deren Steifigkeit in Ab-

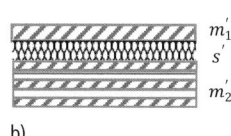

$$f_0 = \frac{1}{2\pi}\sqrt{s'\left(\frac{1}{m'_1} + \frac{1}{m'_2}\right)}$$

Bild 7. Zweischaliger Aufbau als Masse-Feder-Masse System, a) zweischalige Wandkonstruktion, b) Massivholzdecke mit schwimmendem Estrich, c) Berechnung der Masse-Feder-Masse Resonanzfrequenz f_0 nach [57]

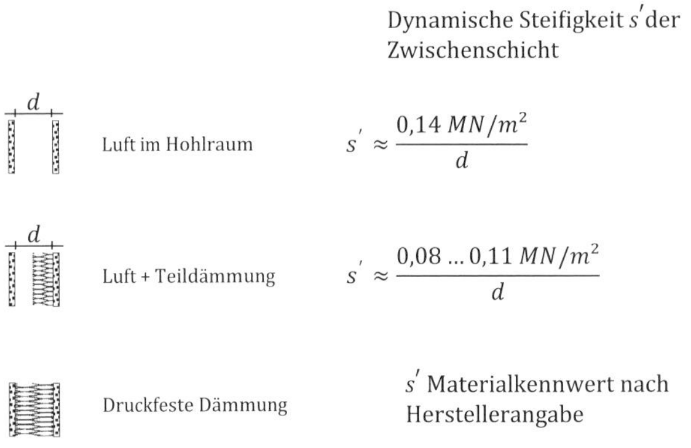

Dynamische Steifigkeit s' **der Zwischenschicht**

Luft im Hohlraum $\quad s' \approx \dfrac{0{,}14 \; MN/m^2}{d}$

Luft + Teildämmung $\quad s' \approx \dfrac{0{,}08 \ldots 0{,}11 \; MN/m^2}{d}$

Druckfeste Dämmung $\quad s'$ Materialkennwert nach Herstellerangabe

Bild 8. Dynamische Steifigkeit einer zwischen Bauteilschichten eingeschlossenen Luftschicht in Abhängigkeit des Füllgrades der Hohlraumdämmung

hängigkeit der Luftschichtdicke d eingesetzt. Gl. (12) setzt nach DIN 4109 eine Teildämmung mit einem porösen Dämmstoff (5 kPa s/m² ≤ r ≤ 50 kPa s/m²) voraus.

$$f_0 \approx 160 \sqrt{\dfrac{0{,}08}{d}\left(\dfrac{1}{m'_1}+\dfrac{1}{m'_2}\right)} \qquad (12)$$

Die Gl. (12) stellt die Berechnung der Eigenfrequenz f_0 eines Masse-Feder-Masse Systems unter Berücksichtigung des Schalenabstands dar,
mit
s' dynamische Steifigkeit in [MN/m³]
m'_1 flächenbezogene Masse der ersten Bauteilschicht in [kg/m²]
m'_2 flächenbezogene Masse der zweiten Bauteilschicht in [kg/m²]
d   Luftschichtdicke (Abstand der Bauteilschichten) in [m]

Es sollte bei der Planung der Bauteile jedoch berücksichtigt werden, dass auch die tieffrequenten Schallübertragungen zwischen 50 und 100 Hz – das sogenannte Dröhnen – von den Bewohnern subjektiv wahrgenommen wird und zu Störungen und Belästigungen führen können. Dieser Effekt ist besonders bei der Auslegung der Trittschalldämmung von Decken und Treppen zu beachten, da diese durch das Begehen besonders gut zu tieffrequenten Schallübertragungen angeregt werden können. Den klassischen Fall eines Masse-Feder-Masse-Systems stellt der schwimmende Estrich dar, wobei als flächenbezogene Massen m'_1 und m'_2 die Massen der Estrichplatte bzw. der Rohdecke einzusetzen sind. Die dynamische Steifigkeit s' der Trittschalldämmplatte ist eine physikalische Eigenschaft, die die Federkonstante unter wechselnder (dynamischer) Beanspruchung beschreibt. Sie setzt sich aus der Summe der Gerüststeifigkeit der Trittschalldämmplatte und der Steifigkeit der von der Dämmplatte eingeschlossenen Luft zusammen. Der jeweilige Wert ist dem Datenblatt des Herstellers zu entnehmen. Die Resonanzfrequenz kann in diesem Fall mithilfe der Gl. (11) berechnet werden.

1.4.5 Entkopplung

Die Verbesserung der Schalldämmung eines zweischaligen Bauteils oberhalb der Resonanzfrequenz wird durch eine Kopplung der Schalen durch eine Verbindung (Ständer, Balken o. ä.) deutlich reduziert. Die starre Verbindung wirkt wie ein schalltechnischer Kurzschluss, der durch eine konstruktive Entkopplung der Bauteilschichten vermieden werden kann. Bei Holzbalkendecken werden hierzu abgehängte Unterdecken mit elastischen Abhängern oder Federschienen eingesetzt. Bei Wänden kann dies durch getrennte Ständer, freistehende Vorsatzschalen oder federnde Zwischenschichten erreicht werden (siehe Abschnitt 3.2.5).

Ein Beispiel für die Auswirkung der Effekte der Masse-Feder-Masse Resonanzschwingung und einer konstruktiven Kopplung der Schalung auf die Schalldämmung wird in [33] beschrieben.

1.4.6 Dämpfung/Schallabsorption

Die Dämpfung des Bauteils hat einen maßgeblichen Einfluss auf die Resonanzüberhöhung der Bauteilschwingungen und damit auf den Einbruch der Schalldämmung in diesem Bereich. Während die Dämpfung der Konstruktion (Ständer, Balken, Beplankungen etc.) relativ gering ist, trägt ein offenporiger Dämmstoff im Hohlraum sehr deutlich zur Reduzierung des Einbruchs in der Schalldämmkurve bei. Die Dämpfung erfolgt sowohl durch Reibung zwischen den einzelnen Dämmstofffasern als auch zwischen der Dämmstoffstruktur und der Schallwechseldruckwelle. Um dies zu gewährleisten, sollte der Dämmstoff der eindringenden Wechseldruckwelle einen geeigneten Widerstand bieten. Dieser wird durch den längenbezogenen Strömungswiderstand r beschrieben, der nach DIN 4109 im Bereich 5 kPa s/m² ≤ r ≤ 50 kPa s/m² liegen sollte, um eine gute Dämpfung zu gewährleisten. Als Dämmstoff können z. B. Mineralfaser-, Holzfaser-, Jutefaser-, Hanffaser-, Flachs-, Zellulose-, Schafwoll- oder Baumwolldämmstoffe aber auch offenporige Schaumkunststoffe im angegebenen Bereich des längenbezogenen Strömungswiderstandes eingesetzt werden. Nicht geeignet sind geschlossenporige Schaumkunststoffe (Polystyrolplatten, PU-Schaum).

2 Holzdecken

Als Deckenkonstruktion werden im Holzbau sehr unterschiedliche Konstruktionsvarianten eingesetzt. Eine Auswahl typischer Bauweisen und Bauteilschichten solcher Decken sind in Bild 9 dargestellt. Die in Bild 9a gezeigte Holzbalkendecke stellt die klassische Deckenkonstruktion im Holzbau dar. Sie wird auch mit Stegträgern oder Fachwerkträgern als Tragelement ausgeführt. Alternativ werden Massivholzdecken eingesetzt, die aufgrund ihrer flächigen Tragstruktur geringere Konstruktionshöhen ermöglichen. Sie können wie in Bild 9d dargestellt als flächiges Vollholzelement (Brettstapel, Brettschichtholz, Brettsperrholzelement) oder als Rippen- bzw. Kastenelement verbaut werden (Bild 9b und 9c). Holz-Beton-Verbundelemente (Bild 9e) wurden zur Nutzung der statischen Vorteile des auf Zug belasteten Holzelementes und der auf Druck belasteten Betonschicht entwickelt. Sie sind mit allen Deckentypen (a bis d) realisierbar.

Trenndecken werden in der Regel mit einem schwimmenden Estrich oder Trockenestrichelementen auf Trittschalldämmplatten ausgeführt. Zur Beschwerung und Bedämpfung der Rohdecke kann eine Rohdeckenbeschwerung auf oder im Element eingesetzt werden. Bei der Holz-Beton-Verbunddecke wird diese Funktion durch die (aus statischen Gründen aufgebrachte) Betonschicht übernommen. Bei der in Bild 9c dargestellten Kastendecke werden zur Bedämpfung Schwingungstilger im Element eingesetzt. Abgehängte Unterdecken kommen am häufigsten in Kombination mit Balkendecken zum Einsatz. Hier können Sie bei richtiger Auslegung die Rohdeckenbeschwerung ersetzen und damit sehr leichte Deckenkonstruktionen ermöglichen.

2.1 Konstruktionsregeln

Die Wirkweise der einzelnen Bauteilschichten hängt von den spezifischen Materialparametern ab (detaillierte Planungshilfen s. [30, 41]). Nachfolgend werden Hinweise für die Planung und Ausführung der Deckenaufbauten gegeben, die für optimale Luft- und Trittschalldämmwerte erforderlich sind.

2.1.1 Estrichaufbauten

In Deckenaufbauten können Trockenestriche auf Basis von Holzwerkstoffplatten oder Gipsbauplatten eingesetzt werden. Alternativ kommen Zement-, Magnesia-, oder Anhydritestriche mit der angegebenen Mindestdicke gemäß den Vorgaben der DIN 18560 [10] und EN 13318 [17] zum Einsatz. Um eine Erhöhung der Schall-Längsleitung im Estrich zu reduzieren, muss dieser im Türbereich getrennt werden. Eine vollständig schallbrückenfreie Verlegung des Estrichs wird vorausgesetzt. Besondere Sorgfalt ist bei der Durchführung von Installationsleitungen im Estrich erforderlich, beispielsweise bei Heizkörpern oder im Schwellenbereich der Tür.

Die schalltechnische Wirkung eines schwimmenden Estrichs auf einer Holzdecke wird durch die bewertete Trittschallminderung $\Delta L_{t,w}$ beschrieben (auch als Trittschallverbesserungsmaß bekannt und für die Anwendung im Holzbau mit $\Delta L_{w,H}$ bezeichnet) [21, 26]. Sie ist zu unterscheiden von der bewerteten Trittschallminderung ΔL_w, die aus Messungen auf schweren Massivdecken (Stahlbetondecken) nach DIN EN ISO 10140-1 gewonnen wird. Für ein und denselben schwimmenden Estrichaufbau werden bei Messung auf schweren Massivdecken nach DIN EN ISO 10140-1 bessere Zahlenwerte ΔL_w ermittelt als bei der Ermittlung von $\Delta L_{t,w}$ auf einer Holzdecke. Die Trittschallminderung hängt von verschiedenen Faktoren ab, im Besonderen sind hier zu nennen:

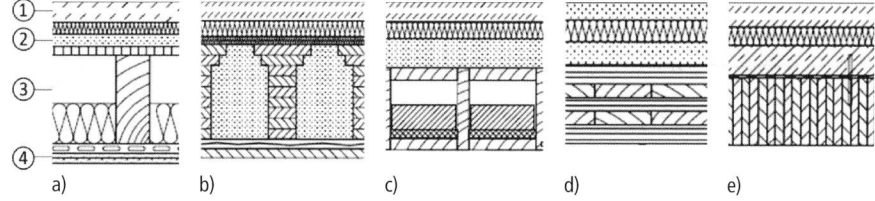

Bild 9. Konstruktionsvarianten und Bauteilschichten einer Holzdecke
a) Holzbalkendecke (KVH, Stegträger, Fachwerkträger)
b) Brettsperrholz- Rippenelement aus Massivholzlamellen (hier mit Splitt-Beschwerung im Element)
c) Kastenelement aus Massivholzlamellen (hier mit Schwingungstilger im Element)
d) Massivholzdecke (Brettstapel, Brettschichtholz, Brettsperrholzelement)
e) Holz-Beton-Verbunddecke (in Verbindung mit Massivholzelementen, Holzbalken- oder Kastendecken)
① Estrichaufbau; schwimmender Estrich oder Trockenestrichelement auf Trittschalldämmplatten
② ggf. Rohdeckenbeschwerung oder Betonverbundschicht
③ Rohdecke ggf. mit Hohlraumdämmung, Tilger oder Beschwerungen
④ ggf. Unterdecke starr oder entkoppelt montiert

Tabelle 6. In Deutschland im Holzbau eingesetzte Estrichaufbauten

Schwimmender Estrichaufbau			
Konstruktionsdetails	Einsatz	Vorteile	Nachteile
Zement- und Anhydritestrich auf Trittschalldämmplatte	Neubau	hohe Trittschallminderung möglich, kostengünstig	Baufeuchte durch Zementestrich, benötigt Zeit zum Abbinden
Trockenestrich[1] auf Trittschalldämmplatte	Selbstausbau, Altbausanierung	geringe Aufbauhöhen, keine Baufeuchte, Einbau durch Bauherrn möglich	relativ geringe Trittschallminderungen
Gussasphaltestrich auf Trittschalldämmplatte	Neubau, Altbausanierung	keine Baufeuchte, sehr kurze „Abbindezeit", geringere Aufbauhöhen als beim Zementestrich möglich	teuer, Gussasphalt neigt zu kaltem Fluss, daher nur relativ steife Trittschalldämmplatten mit geringer Trittschallminderung einsetzbar

[1] z. B. Gipsbauplatten, Spanplatte, OSB und zementgebundene Verlegespanplatte

– flächenbezogene Masse der Estrichplatte
– Weichheit der Trittschalldämmplatte, beschrieben durch die dynamische Steifigkeit s',
– Schwingungsdämpfung in der Estrichplatte,
– Aufbau der Rohdecke.

Die Einsatzgebiete sowie die Vor- und Nachteile der in Deutschland gebräuchlichsten Estrichsysteme sind in Tabelle 6 aufgelistet.

Verwendbare Trittschalldämmplatten

In der Praxis werden Trittschalldämmplatten aus unterschiedlichen Materialien, wie z. B. Mineralfaser-, Holzfaser- oder Polystyrol-Trittschalldämmplatten mit dynamischen Steifigkeiten zwischen 6 und 50 MN/m³ verwendet. Bei der Auswahl einer geeigneten Trittschalldämmplatte sind deren Zulassung und die maßgeblichen Normen zu beachten. Die im Bauteilkatalog angegebenen Dicken sind als Mindestdicken der Trittschalldämmplatten, die angegebenen dynamischen Steifigkeiten sind als Maximalwerte zu verstehen. Die Abhängigkeit des Norm-Trittschallpegels von der dynamischen Steifigkeit des eingesetzten Dämmstoffes findet sich in [28] und [66].

Bei Trockenestrichen werden von Herstellern Systemlösungen in Kombination mit den geeigneten Trittschalldämmplatten angeboten, die dem Einsatzzweck (Bodenbelag) entsprechen. Beim Verlegen der Trittschalldämmplatten ist auf eine lückenlose Verlegung zu achten. Vor dem Einbringen eines Nassestrichs ist eine Feuchtigkeitssperre (Folie) einzubringen, um die Trittschalldämmplatte zu schützen und Schallbrücken in der Fläche zu vermeiden. Installationen können in einer zusätzlichen Höhenausgleichsplatte (Wärmedämmplatte) oder der Rohdeckenbeschwerung verlegt werden.

Trittschalldämmplatten mit einer dynamischen Steifigkeit $s' \leq 6$ MN/m³ sind derzeit nicht am Markt. Um Aufbauten aus dem Bauteilkatalog in Abschnitt 1.2.3 mit diesen Vorgaben für die Trittschalldämmplatten realisieren zu können, ist eine Schichtung der Trittschalldämmplatten erforderlich. Dies kann z. B. dadurch erreicht werden, dass als Höhenausgleichsplatte eine zusätzliche Trittschalldämmplatte verwendet wird. Die Gesamtsteifigkeit s'_{ges} der zwei Lagen errechnet sich nach dem Prinzip der Reihenschaltung zu:

$$s'_{ges} = \frac{1}{\frac{1}{s'_1} + \frac{1}{s'_2}} \quad (13)$$

Gl. (13) zeigt die Berechnung der dynamischen Steifigkeit von zwei übereinandergeschichteten Dämmplatten. Bei der Schichtung von Trittschalldämmplatten ist darauf zu achten, dass die zulässige Zusammendrückbarkeit $c_{ges} = c_1 + c_2$ sowie die erforderliche Estrichdicke nach DIN 18560-2 [10] eingehalten wird.

Beispiel:
– Trittschalldämmplatte: Mineralfaser DES-sh, $s' = 8$ MN/m³, CP5
– Höhenausgleichsplatte: EPS DES-sg, $s' = 20$ MN/m³, CP2
– $s'_{ges} = 6$ MN/m³, $c_{ges} = 7$ mm
 → Erhöhung der Estrichdicke nach DIN 18560 erforderlich

Ausführung des Randdämmstreifens und Randfliesen

Der Randdämmstreifen muss den Estrichaufbau (inclusive Bodenbelag) vollständig von den umlaufenden Wänden entkoppeln. Der überstehende Rand ist erst nach dem Verlegen des Bodenbelags (Fliesen, Parkett o. ä.) zu entfernen. Die Fugen zwischen Randfliesen und Bodenfliesen sind dauerelastisch zu dichten und dürfen keine Schallbrücken durch Fliesenkleber oder Fugenmörtel aufweisen. Bei offenen Holzbalkendecken kann eine zusätzliche Abdichtung im Randanschluss und zwischen Deckenbalken und Wand erforderlich sein. Dies gilt insbesondere für den Anschluss bei Deckendurchbrüchen, beispielsweise für Kamine.

2.1.2 Rohdeckenbeschwerungen

Zwar sind Holzdecken als typische Leichtbauelemente zu betrachten, es ist in einigen Fällen (z. B. bei offenen Holzbalkendecken oder bei erhöhten Trittschallanforderungen) allerdings sinnvoll, zur Erhöhung der Trittschalldämmung diese Deckensysteme zu beschweren.

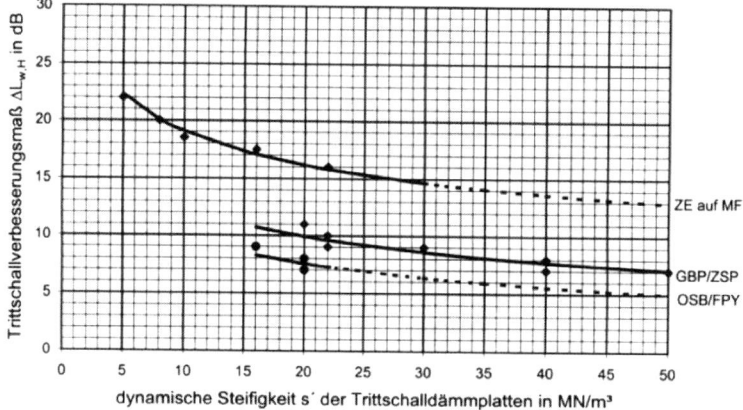

Bild 10. Verbesserung der Trittschalldämmung durch einen schwimmenden Estrich auf Holzdecken. Bewertete Trittschallminderung (Trittschallverbesserungsmaß) für verschiedene Estriche auf Mineralfaser-Trittschalldämmplatten unterschiedlicher dynamischer Steifigkeit, aus [30].
ZE auf MF → = 50 mm Zementestrich auf Mineralfaser-Trittschalldämmplatten,
ZSP → = 22 mm Zementgebundene Spanplatte,
GBP → = 25 mm Gipsbauplatte,
OSB → = 18 mm OSB Verlegeplatte,
FPY → = 22 mm Verlegespanplatte

Zur Beschwerung der Rohdecke können Plattenmaterialien oder Schüttungen verwendet werden. Die Angaben zur flächenbezogenen Masse sind Mindestmaße. Die Dickenangaben ergeben sich bei üblichen Beschwerungen aus Masse und Rohdichte. Plattenbeschwerungen können mit Fliesenkleber (o. ä.) auf der Rohdecke verklebt werden, oder in ein Sandbett (ca. 5 mm) gelagert werden. Dadurch wird ein vollflächiger Kontakt zur Rohdecke und damit eine ausreichende Bedämpfung sichergestellt. Die Plattenbeschwerung sollte nicht zu großformatig sein, ein Format von maximal ca. 30 cm × 30 cm hat sich als bewährt herausgestellt. Bei Schüttungen sind geeignete Maßnahmen gegen ein Wandern der Schüttung (Bildung von Mulden) vorzunehmen. Dies kann erreicht werden durch das Einbringen der Schüttung in Pappwaben, Sandmatten, einem Lattengitter (Feldgröße etwa 80 cm × 80 cm) oder die elastische Bindung mit Latexmilch. Weitere Bindemittel sind derzeit in Entwicklung. Als Entwicklungskriterien sind dabei, neben der gleichen schalltechnischen Verbesserung im Vergleich zur ungebundenen Schüttung, die schnelle Aushärtung, die mögliche Einbringung mit einer Estrichpumpe und eine möglichst geringe Baufeuchte zu nennen.

Die erreichbare Verbesserung der Trittschalldämmung hängt von dem Flächengewicht der eingebrachten Beschwerung ab, d. h. von der Rohdichte der Platten bzw. Schüttung, und von Plattendicke bzw. Höhe der Schüttung. Außerdem ist zu beachten, dass die schalltechnische Wirkung vom Deckentyp (offene oder geschlossene Holzbalkendecke, Massivholzdecke) abhängt. Tendenziell lässt sich mit Schüttungen bei gleichem Flächengewicht eine größere Verbesserung der Trittschalldämmung erzielen als mit Plattenbeschwerungen.

Die Verbesserung durch die eingebrachte Masse der Rohdeckenbeschwerung kann Bild 11 entnommen werden [30].

Beim Umgang mit Rohdeckenbeschwerungen ist darauf zu achten, dass zur Vermeidung von Feuchteschäden sowohl das Schüttgut als auch die Plattenbeschwerung in trockenem Zustand auf die Rohdecke gebracht werden.

2.1.3 Schwingungstilger

Schwingungstilger bestehen aus einer Masse und einer Feder, die auf oder im Bauteil als schwingungsfähiges System (Ein-Masse-Schwinger) eingebaut werden. Durch die Bauteilschwingung wird der Schwingungstilger zur Resonanz gebracht, in der er die Bauteilschwingung stark bedämpft. Im Gegensatz zur breitbandig bedämpfenden Beschwerung wirkt der Schwingungstilger somit in einem schmalen Frequenzbereich, der über die Größe der Masse und die Steifigkeit der Feder beeinflussbar ist. Bei Holzdecken werden Tilger zur Bedämpfung der Deckenschwingungen im Frequenzbereich von 30 Hz bis 100 Hz eingesetzt, um die Trittschallübertragung bei tiefen Frequenzen zu reduzieren. In Bild 9c wird ein Kastenelement mit Schwingungstilger, bestehend aus einem Betonstein auf einer Dämmplatte, dargestellt.

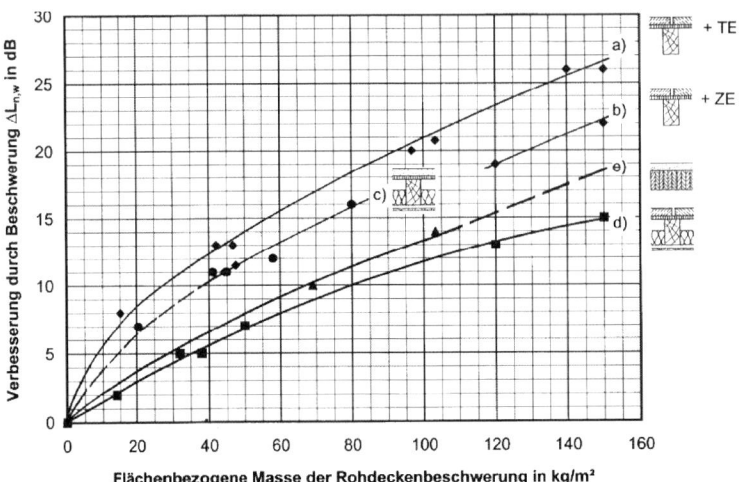

Bild 11. Verbesserung der Trittschalldämmung durch Rohdeckenbeschwerungen (aus [30])
a) Plattenbeschwerung bei offenen Holzbalkendecken mit Trockenestrich
b) Plattenbeschwerung bei offenen Holzbalkendecken mit Zementestrich
c) Schüttungen auf Holzbalkendecken mit Unterdecke
d) Plattenbeschwerung auf Holzbalkendecken mit Unterdecke
e) Schüttungen auf Massivholzdecken

2.1.4 Tragstruktur und Dämmung im Balkenzwischenraum

Die Dimensionierung der Tragstruktur, also die Balkenhöhe bei Balkenlagen und die Elementdicke bei Massivholzelementen, kann nach statischen Kriterien erfolgen. Ihr Einfluss auf die Schallübertragung ist ab einer Mindestdicke gering. Im Bauteilkatalog werden deshalb Mindestmaße für die Dimensionierung angegeben. Die Balkenlage kann mit Vollholzbalken, Stegträgern oder Fachwerkträgern ausgeführt werden. Als Massivholzelemente sind Brettschichtholz-, Brettsperrholz- oder Brettstapelelemente möglich. Bei Balkenlagen mit abgehängten Unterdecken lässt sich in Holztafelbauten keine wahrnehmbare Verbesserung durch größere Balkenabstände (e = 0,625 m auf e = 0,815 m) erzielen.

Der Gefachdämmung bei Balkendecken mit elastisch abgehängten Unterdecken kommt hinsichtlich der Minderung der Schallübertragung eine größere Bedeutung zu, wie dies bei starr montierten Unterdecken der Fall ist. Durch eine Verdopplung der Dämmstoffdicke wird eine Verbesserung von 1 bis 3 dB erreicht. Gegenüber dem leeren Gefach ergab bei Vergleichsmessungen ein 200 mm starker Faserdämmstoff eine Verbesserung von 7 dB im bewerteten Norm-Trittschallpegel $L_{n,w}$. Wurde die Dämmstoffmatte seitlich am Balken hochgezogen, waren die Ergebnisse gleichwertig (siehe Bild 12).

Ähnliches gilt für die Art des Dämmstoffes. Verbesserungen des bewerteten Trittschallpegels durch Erhöhung der Dichte des Dämmstoffes von 15 kg/m³ auf 30 kg/m³ liegen im Bereich von max. 1 dB. Für Ein-

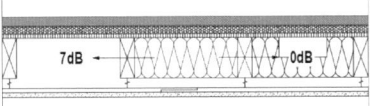

Bild 12. Einfluss der Dämmstoffanordnung beim bewerteten Trittschallpegel eines Deckenaufbaus mit schwimmendem Estrich und abgehängter Unterdecke, Abbildung aus [33]

blasdämmstoffe hat sich eine Dichte $\rho \approx 40$ kg/m³ als gut geeignet erwiesen. Bei diesem Dämmstofftyp sind unterhalb der Balkenlage eine Folie und eine zusätzliche Lattungsebene einzufügen, um das Einbringen des Dämmstoffes zu ermöglichen. Eine Beplankung ist an dieser Stelle aus schalltechnischer Sicht ungünstig, da sie eine zusätzliche Masse-Feder-Masse Resonanz bewirkt.

Zur Auswahl des Dämmstoffes siehe auch Abschnitt 2.2.3.

2.1.5 Unterdecken

Die im Holzbau übliche Bekleidung der Deckenbalken bzw. der Massivholzdecken mit Gipsbauplatten (Gipskarton- oder Gipsfaserplatten) kann sowohl als direkte Bekleidung oder in Form unterschiedlicher Unterdeckensysteme ausgeführt werden. Je nach Montage wird aus schalltechnischer Sicht unterschieden zwischen:
- direkten Bekleidungen der Deckenelemente
- starr montierten Unterdecken (z. B. mit einer Lattungsebene)

– entkoppelt montierten bzw. abgehängten Unterdecken (z. B. mit Federschienen oder elastischen Abhängern)

Direkte Bekleidung der Deckenelemente
Die direkte Bekleidung wird hauptsächlich bei Massivholzelementen eingesetzt, um höheren Brandschutzanforderungen oder dem Kundenwunsch nach einer weißen Untersicht zu entsprechen. Schalltechnisch wirkt sich die direkte Bekleidung durch ihre geringfügige Massenerhöhung kaum aus. Bei der Montage der Bekleidung ist das Arbeiten der Massivholzelemente (Quellen/Schwinden) zu berücksichtigen.

Starr montierte Unterdecken
Eine Standardkonstruktion bei Holzbalkendecken ist die an einer Lattungsebene quer zum Balken befestigte Unterdecke. Im Vergleich zur offenen Holzbalkendecke wird die Schalldämmung dadurch um bis zu 15 dB verbessert. Eine doppelte Bekleidung der Unterdecke (zwei Lagen Gipsbauplatten) bringt keine wesentliche Verbesserung (ca. 1 dB).

Entkoppelt montierte Unterdecken
Durch die Befestigung der Unterdecke mittels Federschienen, Federbügeln oder elastischen Abhängern wird eine gute Entkopplung der Unterdecke erreicht. Die Verbesserungen gegenüber der offenen Holzbalkendecke betragen mit marktüblichen Abhängesystemen bis zu 25 dB. Das ist eine Verbesserung von ca. 10 dB gegenüber der starr montierten Unterdecke.
Weiterentwickelte Abhänger mit elastischen Lagern können gezielt auf die optimale Eigenfrequenz der Abhänger ausgelegt werden und dadurch weitere Verbesserungen erzielen. Die Auslegung erfolgt nach Herstellerangaben anhand der Pressung im Lager, die aus dem Abstand der Abhänger und der flächenbezogenen Masse der Unterdecke resultiert. Als geeigneter Bereich dieser Eigenfrequenz f_0 wird 12 Hz $\leq f_0 \leq$ 25 Hz vorgeschlagen. Die so abgestimmte Unterdecke erzielt auch eine Reduktion der tieffrequenten Trittschallübertragung. Im Gegensatz zur starr montierten Unterdecke wird bei der entkoppelten Montage durch zusätzliche Bekleidungen eine deutliche Verbesserung erreicht (3–6 dB bei Masseverdopplung). Auch hier sind mehrere dünne Bekleidungslagen günstig, um die Biegesteifigkeit der Unterdecke möglichst gering zu halten.
Sowohl die starr montierten als auch die entkoppelt montierten Unterdecken bewirken durch die eingeschlossene Luftschicht eine Masse-Feder-Masse-Resonanz, die im Resonanzbereich zu verstärkten Schallübertragungen führt. Da die Verbesserungen durch die Unterdecke erst oberhalb dieser Resonanzfrequenz eintreten, wird angestrebt, diese zu möglichst tiefen Frequenzen zu verschieben. Konstruktiv lässt sich dies erreichen durch:
– eine Erhöhung der Luftschichtdicke (Abhängehöhe)
– eine Erhöhung der Masse (flächenbezogene Masse der Unterdeckenbekleidungen)
– Abhänger mit geringer Federsteifigkeit und möglichst großen Montageabstand

Aus diesen konstruktiven Größen lässt sich erkennen, dass eine Unterdecke unter flächigen Deckenelementen (Massivholzelementen) deutlich geringere Verbesserungen bringen wird, als unter Holzbalkendecken. Die Hauptursache liegt in der geringeren Luftschichtdicke zwischen den flächigen Elementen und der Unterdecke. Wird beispielsweise eine Federschiene mit einer einlagigen Bekleidung unter eine Massivholzdecke montiert, ergibt sich gegenüber der Konstruktion ohne Unterdecke lediglich eine Verbesserung von ca. 4 dB im $L_{n,w}$. Die Trittschallübertragung beim Begehen der Decke kann vom Bewohner sogar lauter empfunden werden (s. auch Abschnitt 2.7).

2.1.6 Gehbeläge

Weichfedernde Gehbeläge
Teppichbeläge verbessern die Trittschalldämmung. Sie werden in ihrer Wirkung auf Holzbalkendecken aber häufig überschätzt. Die Wirkungsweise von Teppichen besteht darin, das Aufsetzen des menschlichen Fußes abzufedern und damit einen Teil der Schallenergie bereits bei der Einleitung in die Decke zu dämmen. Dieser Effekt von Teppichböden betrifft aber hauptsächlich die hochfrequenten Anregungen und ist bei tiefen Frequenzen relativ gering.
Weichfedernde Gehbeläge auf Estrichböden dürfen nach DIN 4109 nicht zum Nachweis der Mindestanforderungen von Wohnungstrenndecken bei Mehrfamilienhäusern herangezogen werden, da der Fußbodenbelag durch nachfolgende Nutzer ausgewechselt werden kann.
Aus praktischen Gründen wird daher empfohlen, bei der Planung der Deckenaufbauten die Verbesserung durch weichfedernde Beläge nicht zu berücksichtigen. Hinzu kommt, dass in vielen Wohnungen auf Teilflächen harte Bodenbeläge liegen (Fliesen in Küche, Bad und Esszimmer sowie Parkett oder Steinbelag in Diele, Flur und Wohnzimmer).

Fliesen und andere harte, schwere Beläge
Fliesen sind kraftschlüssig mit dem Estrich verbunden und nehmen daher eine Sonderstellung unter den Gehbelägen ein. Die Erhöhung der Gesamtmasse (Fliesen und Estrich) bewirkt eine leichte Verbesserung der Schalldämmung bei den tiefen Frequenzen. Durch die Erhöhung der Biegesteifigkeit und wegen der besseren Schalleinleitung in den Estrich wird die Schalldämmung bei den hohen Frequenzen allerdings verschlechtert.
Durch einen Holzbelag (z. B. Parkett) wird die Trittschallübertragung kaum verändert. Schwimmend verlegtes Parkett ergibt bei den mittleren und hohen Frequenzen Verbesserungen.

Die Verbesserung der Trittschalldämmung einer Holzbalkendecke (ohne Estrich) allein mittels Gehbelägen ist unzureichend. Der Einsatz von Gehbelägen kann jedoch als Zusatzmaßnahme nützlich sein.

2.2 Konstruktive Optimierung von Holzdecken

Bei der konstruktiven Optimierung von Holzdecken für einen verbesserten Schallschutz betrachtet man in der Regel zuerst die Trittschalldämmung. Hierbei müssen neben dem bewerteten Norm-Trittschallpegel der Deckenkonstruktion auch die niederfrequenten Schallübertragungen untersucht und analysiert werden, da diese einen Einfluss auf das subjektive Empfinden der Bewohner haben.

2.2.1 Einfluss von Estrichaufbauten

Bei der Frage nach Parametern mit Einfluss auf die niederfrequente Schalldämmung ist zunächst der Einfluss des Estrichaufbaus zu prüfen, da dieser Estrich als Masse-Feder-Masse-System oft Resonanzfrequenzen in dem fraglichen Frequenzbereich hat. Für die Prognose der akustischen Eigenschaften von Estrichaufbauten ist die dynamische Steifigkeit s' der Trittschalldämmplatten ein wesentlicher Einflussfaktor. Der Einfluss auf die niederfrequente Trittschalldämmung wird in Bild 13 illustriert, in der die Trittschalldämmung von Holzdecken, die sich lediglich in der Steifigkeit ihrer Trittschalldämmplatten unterscheiden, verglichen wird.

Die Analyse wurde sowohl für den $L_{n,w}$ (Frequenzbereich von 100 Hz bis 3150 Hz) als auch für den $L_{n,w} + C_{I,50-2500}$ (Frequenzbereich von 50 Hz bis 2500 Hz) durchgeführt. Die Analysen zeigen deutlich, dass für die Berücksichtigung der tieffrequenten Trittschalldämmung in Form des $L_{n,w}+C_{I,50-2500}$ die Wahl der dynamischen Steifigkeit der Trittschalldämmplatten wenig ausschlaggebend ist. Eine deutliche Verbesserung ergibt sich erst bei sehr geringen dynamischen Steifigkeiten, wenn die Masse-Feder-Masse-Resonanz des Estrichaufbaus tief genug liegt.

2.2.2 Einfluss durch Rohdeckenbeschwerung

Zur Verbesserung der Trittschalldämmung von Holzdecken ist oftmals die Beschwerung der Rohdecke erforderlich [30]. In der Praxis hat sich gezeigt, dass in Abhängigkeit von der Zusatzmasse eine deutliche Verbesserung des bewerteten Norm-Trittschallpegels $L_{n,w}$ möglich ist. Um zu prüfen wie sich diese Maßnahme auf die tieffrequente Schalldämmung auswirkt, wurden in Bild 14 für verschiedene Holzdecken die Norm-Trittschallpegel $L_{n,w}$ und $L_{n,w} + C_{I,50-2500}$ gegen die jeweilige Zusatz-Beschwerungsmasse aufgetragen. Bild 14 zeigt, dass die Korrelation zwischen $L_{n,w} + C_{I,50-2500}$ und der Zusatzmasse wesentlich besser ist als die Korrelation zwischen $L_{n,w}$ und der Zusatzmasse. Daraus lässt sich schlussfolgern, dass die Zusatzmasse der Rohdeckenbeschwerung ein entscheidender Parameter für die tieffrequente Trittschalldämmung ist. Zur Optimierung einer Holzdecke allein über die Beschwerung sind allerdings hohe Zusatzmassen (100 bis 300 kg/m²) erforderlich.

2.2.3 Verbesserung durch federnd abgehängte Unterdecke

Die Verbesserung durch Vorsatzschalen (z. B. Installationsebenen, Unterdecken etc.) hängt im Wesentlichen von der Kopplung der Schalen (Übertragung durch die Befestigung) und der Übertragung durch das Gefach zwischen den Befestigungen ab. Die Übertragung durch das Gefach wird maßgeblich durch die Masse-Feder-Masse-Resonanz der Vorsatzschale beeinflusst. Diese lässt sich aus den flächenbezogenen Massen der

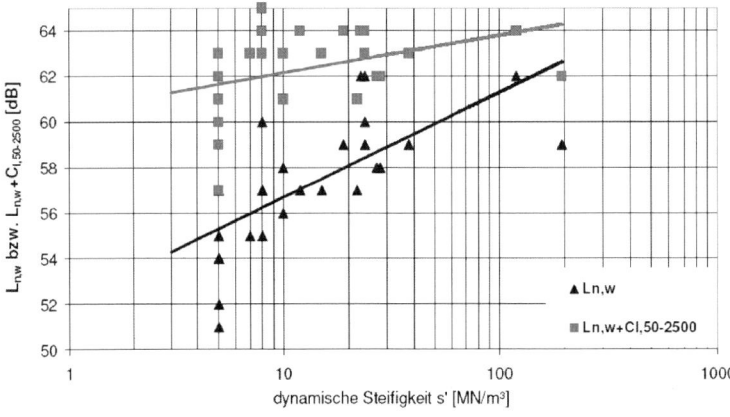

Bild 13. Trittschalldämmung von Holzbalkendecken mit unterschiedlichen Estrichaufbauten. Die Estrichaufbauten unterscheiden sich nur durch die dynamische Steifigkeit s' der Trittschalldämmplatten; dunkelgrau: Analyse mit $L_{n,w}$, grau: Analyse mit $L_{n,w} + C_{I,50-2500}$

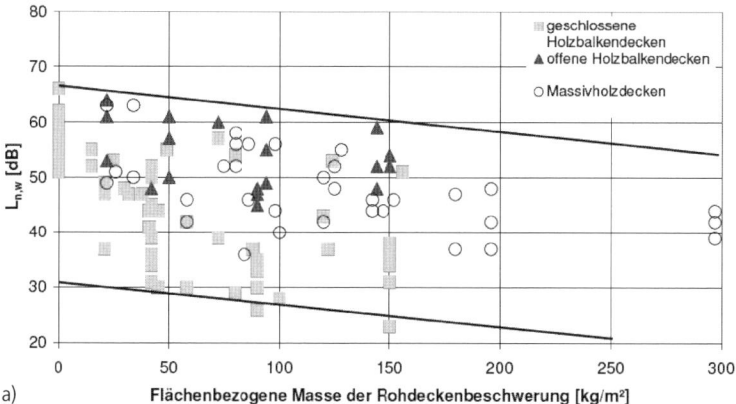

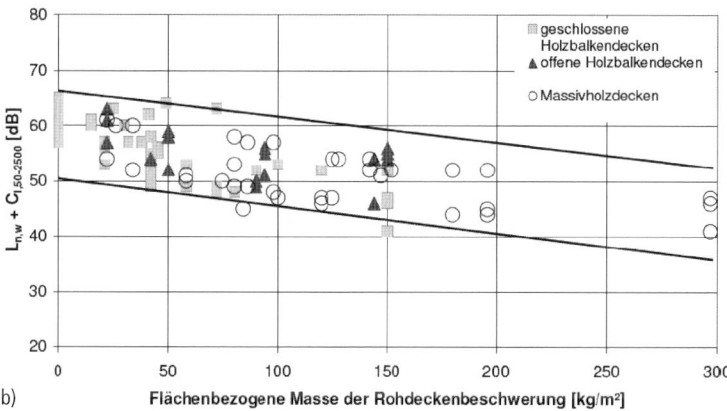

Bild 14. Trittschalldämmung von Holzbalkendecken in Abhängigkeit der flächenbezogenen Masse der Zusatzbeschwerung, a) Analyse mit $L_{n,w}$, b) Analyse mit $L_{n,w} + C_{I,50-2500}$

Rohdecke m'_1 (in kg/m²) und der Beplankung m'_2 (in kg/m²) sowie der dynamischen Steifigkeit s' (für Anwendung von Gl. (14) anzusetzen in N/m³) der Schicht zwischen Rohdecke und Beplankung berechnen.

$$f_0 = \frac{1}{2\pi} \sqrt{s' \left(\frac{1}{m'_1} + \frac{1}{m'_2} \right)} \quad (14)$$

Gl. (14) zeigt somit die Berechnung der Eigenfrequenz f_0 eines Masse-Feder-Masse Systems unter Berücksichtigung der dynamischen Steifigkeit der Feder. Ist die Zwischenschicht leer oder mit einem leichten, weichen Hohlraumdämmstoff ausgefüllt so kann für s' die dynamische Steifigkeit der Luftschicht eingesetzt werden. Gl. (14) wird dann mit der Luftschichtdicke d in m zu Gl. (15):

$$f_0 \approx 160 \sqrt{\frac{0{,}08}{d} \left(\frac{1}{m'_1} + \frac{1}{m'_2} \right)} \quad (15)$$

Die Verbesserung der Vorsatzschalen tritt oberhalb der Resonanzfrequenz f_0 auf. D. h., umso kleiner f_0 ist, umso größer ist die Verbesserung des bewerteten Schalldämmmaßes ΔR_w durch die Vorsatzschale. Eine Auswertung der Verbesserungen durch Vorsatzschalen bei Massivholzelementen ist in Tabelle 7 dargestellt [54, 78].

2.3 Bauteilsammlung für Holzdecken

Mit der aktuellen Bauteilsammlung der DIN 4109-31 bis -36:2016-07 erfolgte eine komplette Überarbeitung der Ausführungsbeispiele. Im Bauteilkatalog wird zwischen der direkten Übertragung des Trennbauteils ohne Flankenübertragung und der Übertragung der flankierenden Bauteile unterschieden. In den folgenden Abschnitten wird auf die Holzdecke als Trennbauteil und auf die Flankenübertragung bei Holzdecken eingegangen. Der neu überarbeitete Bauteilkatalog umfasst nun verschiedene Holzbalken-, Stegträger-, Brettstapel-, Dübelholzdecken und Decken aus horizontal verlegtem Brettschichtholz. Aus Platzgründen werden

Tabelle 7. Verbesserungen durch Vorsatzschalen vor Massivholzbauteilen in Abhängigkeit der Konstruktion und dem Grundbauteil [54, 78]

		Ausführung und Befestigung			
		starr verbunden	entkoppelt		
			$f_0 = 125\ldots150$ Hz	$f_0 = 60\ldots100$ Hz	$f_0 \leq 50$ Hz
Grundbauteil	Decke + Unterdecke	$d = 20\ldots60$ mm $f_0 = 70\ldots140$ Hz $\Delta R_w = 0\ldots6$ dB $\Delta L_{n,w} = 0\ldots6$ dB	$d = 27$ mm $f_0 = 125\ldots40$ Hz $\Delta R_w = 5\ldots9$ dB $\Delta L_{n,w} = 4\ldots12$ dB	$d = 40\ldots100$ mm $f_0 = 60\ldots70$ Hz $\Delta R_w = 2\ldots6$ dB $\Delta L_{n,w} = 2\ldots8$ dB	$D = 120\ldots170$ mm $f_0 = 40\ldots50$ Hz $\Delta R_w = 7\ldots14$ dB $\Delta L_{n,w} = 7\ldots20$ dB

in Tabelle 8 nur exemplarische Konstruktionen dargestellt. Für die vollständige Tabelle wird auf die entsprechende Norm DIN 4109-33 und das holzbau-handbuch [33] verwiesen.

Die in Tabelle 8 angegebenen Werte der Luft- und Trittschalldämmung sind Mittelwerte aus den Prüfergebnissen, z. T. mit Abzügen für Materialschwankungen und Montageunterschiede. Angegeben wird der bewertete Norm-Trittschallpegel $L_{n,w}$ (als Laborwert) mit dem dazugehörigen Spektrum-Anpassungswert C_I, das bewertete Schalldämmmaß R_w (als Laborwert), mit dazugehörigen Spektrum-Anpassungswerten C und C_{tr}. Da die Thematik tieffrequenter Luft- und Trittschall bei Holz- und Leichtbauteilen verstärkt nachgefragt wird, sind in der Tabelle (sofern vorhanden) auch die Spektrum-Anpassungswerte im erweiterten Frequenzbereich $C_{50-3150}$; $C_{tr,50-3150}$, $C_{I,50-2500}$ mit angegeben. Die angegebenen Kenngrößen wurden als Mittelwerte aus unabhängigen Messungen generiert. Im Rahmen der Projektarbeit wurden auch die Anzahl der ausgewerteten Messungen sowie die Standardabweichung σ angegeben [41].

Auch wenn die Bauteilsammlung in der neuen DIN 4109-33 eine deutlich größere Anzahl an Deckenvarianten beinhaltet als die Vorgängernorm bestehen dennoch Lücken, z. B. was die Dokumentation von Brettsperrholzdecken oder Hohlkastendecken angeht. Daher wurde die Tabelle 8 noch mit anderen Holzdeckenkonstruktionen ergänzt, die dem aktuellen holzbau handbuch [33] entnommen wurden.

Tabelle 8. Ausführungsbeispiele Holzdecken, Auszug aus DIN 4109-33 [5] und holzbau-handbuch [33], die angegebenen Schalldämmwerte $L_{n,w}$ und R_w sind Laborprüfwerte

Zeile	Schnittzeichnung		Konstruktionsdetails	$L_{n,w}$ ($C_I/C_{I,50-2500}$) in [dB]	R_w (C; $C_{tr}/C_{50-3150}$; $C_{tr,50-3150}$) in [dB]
Offene Holzbalkendecken					
Aufbauten mit mineralisch gebundenen Estrichen und Beschwerung ([5] Tab. 15 Z 2):					
1		≥ 50 mm ≥ 40 mm ≥ 30 mm 22 mm 220 mm	Estrich [1] Mineralwolledämmplatte (s' ≤ 6 MN/m³; Anwendungstyp DES-sh) [2] Schüttung [6] (m' ≥ 45 kg/m²) Rieselschutz Holzwerkstoffplatte [4] Balken o. Stegträger [5]	50 (–2/4)	67 (–2; –6/–6; –19)
Holzbalkendecken mit Unterdecken an Lattung					
Aufbauten mit mineralisch gebundenen Estrichen ohne Beschwerung:					
2		≥ 50 mm ≥ 40 mm 22 mm 220 mm 100 mm 24 mm 12,5 mm	Estrich [1] Mineralwolledämmplatte (s' ≤ 6 MN/m³; Anwendungstyp DES-sh) [2] Holzwerkstoffplatte [4] Balken o. Stegträger [5] Hohlraumdämpfung [2] Lattung [8] Gipsplatte [9]	54 (2/7)	63 (–5; –11/–8; –21)

Tabelle 8. Ausführungsbeispiele Holzdecken, Auszug aus DIN 4109-33 [5] und holzbau-handbuch [33], die angegebenen Schalldämmwerte $L_{n,w}$ und R_w sind Laborprüfwerte (Fortsetzung)

Zeile	Schnittzeichnung		Konstruktionsdetails	$L_{n,w}$ $(C_I/C_{I,50-2500})$ in [dB]	R_w (C; $C_{tr}/C_{50-3150}$; $C_{tr,50-3150}$) in [dB]
Aufbauten mit Fertigteilestrichen und Beschwerung ([5] Tab. 19 Z 1):					
3		≥ 22 mm ≥ 20 mm ≥ 60 mm 22 mm 220 mm 100 mm 24 mm 12,5 mm	GF oder zementgebundene Spanplatte [7] Mineralwolledämmplatte ($s' \leq 30$ MN/m^3; Anwendungstyp DES-sm) [2] ≥ 60 mm Schüttung [6] ($m' \geq 90$ kg/m^2) Rieselschutz Holzwerkstoffplatte [4] Balken o. Stegträger [5] Hohlraumdämpfung [2] Lattung [8] Gipsplatte [9]	**55** (2/7)	**61** (−6; −13/−10; −23)
Holzbalkendecken mit abgehängter Unterdecke – Federschiene					
Aufbauten mit mineralisch gebundenen Estrichen und Beschwerung ([5] Tab. 21 Z 3):					
4		≥ 50 mm ≥ 15 mm ≥ 30 mm 22 mm 220 mm 100 mm 27 mm 12,5 mm	Estrich [1] Mineralwolledämmplatte ($s' \leq 10$ MN/m^3; Anwendungstyp DES-sh) [2] Schüttung [6] ($m' \geq 45$ kg/m^2) Rieselschutz Holzwerkstoffplatte [4] Balken o. Stegträger [5] Hohlraumdämpfung [2] Federschiene [10] Gipsplatte [9]	**36** (2/16)	**68** (−3; −9/−10; −23)
Holzbalkendecken mit abgehängter Unterdecke – Abhänger mit CD-Profil					
Aufbau mit mineralisch gebundenen Estrichen mit Beschwerung ([33] Tab. 25 Z 15):					
5		≥ 50 mm ≥ 30 mm ≥ 60 mm 22 mm 220 mm 100 mm ≥ 65 mm 12,5 mm 12,5 mm	Estrich [1] Holzfaserdämmplatte WF ($s' \leq 30$ MN/m^3; Anwendungstyp DES-sg) [2] Schüttung [6] ($m' \geq 90$ kg/m^2) Rieselschutz Holzwerkstoffplatte [4] Balken o. Stegträger [5] Hohlraumdämpfung [2] Abhänger mit CD-Profil; Achsabstand $e \geq 400$ mm; Eigenfrequenz $f_0 < 30$ Hz [3] Gipsplatte [9] ($m' \geq 10$ kg/m^2) Gipsplatte [9] ($m' \geq 10$ kg/m^2)	**32** (2/14)	**82** (−3; −10/−18; −33)

Tabelle 8. Ausführungsbeispiele Holzdecken, Auszug aus DIN 4109-33 [5] und holzbau-handbuch [33], die angegebenen Schalldämmwerte $L_{n,w}$ und R_w sind Laborprüfwerte (Fortsetzung)

Zeile	Schnittzeichnung		Konstruktionsdetails	$L_{n,w}$ $(C_I/C_{I,50-2500})$ in [dB]	R_w (C; $C_{tr}/C_{50-3150}$; $C_{tr,50-3150}$) in [dB]

Aufbau mit Dielenbelag und Beschwerung ([33] Tab. 25 Z32):

6		≥ 24 mm	Dielenboden [7]	34 (1/16)	78 (−4; −11/−19; −33)
		≥ 40 mm	Holzfaserdämmplatte WF (s' ≤ 30 MN/m³; Anwendungstyp DES-sg) [2] zwischen Holzleisten		
		≥ 60 mm	Schüttung [6] (m' ≥ 90 kg/m²) Rieselschutz		
		22 mm	Holzwerkstoffplatte [4]		
		220 mm	Balken o. Stegträger [5]		
		100 mm	Hohlraumdämpfung [2]		
		≥ 65 mm	Abhänger mit CD-Profil; Achsabstand e ≥ 400 mm; Eigenfrequenz f_0 < 30 Hz [3]		
		12,5 mm	Gipsplatte [9] (m' ≥ 10 kg/m²)		
		12,5 mm	Gipsplatte [9] (m' ≥ 10 kg/m²)		

Massivholzdecken ohne Unterdecken ([33] Tab. 26; Z3/Tab. 28 Z 1+3):

Aufbauten mit mineralisch gebundenen Estrichen und Rohdeckenbeschwerung:

7		≥ 50 mm	Estrich [1]	40 (−1/8)	72 (−2; −7/−8; −21)
		≥ 40 mm	Mineralwolledämmplatte (s' ≤ 7 MN/m³; Anwendungstyp DES-sh) [2]		
		≥ 60 mm	Schüttung [6] (m' ≥ 90 kg/m²) Rieselschutz		
		190 mm	Brettsperr-/Brettschichtholz [5]		
8		≥ 50 mm	Estrich [1]	45 (−2/0)	72 (−1; −5/−8; −23)
		≥ 40 mm	Mineralwolledämmplatte (s' ≤ 7 MN/m³; Anwendungstyp DES-sh) [2]		
		≥ 70 mm	Schüttung [6] (m' ≥ 105 kg/m²) Rieselschutz		
		240 mm	Kastenelement „Lignatur Silence 12 (LFE 240)" mit Betonsteinbeschwerung [5]		
9		≥ 50 mm	Estrich [1]	40 (0/8)	75 (−2; −8/−13; −28)
		≥ 40 mm	Mineralwolledämmplatte (s' ≤ 7 MN/m³; Anwendungstyp DES-sh) [2]		
		15 mm	Lastverteilungsfläche aus Holzfaserdämmplatten Dicke d = 15 mm [2]		
		215 mm	Rippenelement „Lignotrend Rippe Q3" mit Splittschüttung [5] Schüttung [6] (m' ≥ 147 kg/m²)		

Tabelle 8. Ausführungsbeispiele Holzdecken, Auszug aus DIN 4109-33 [5] und holzbau-handbuch [33], die angegebenen Schalldämmwerte $L_{n,w}$ und R_w sind Laborprüfwerte (Fortsetzung)

Zeile	Schnittzeichnung		Konstruktionsdetails	$L_{n,w}$ $(C_I/C_{I,50-2500})$ in [dB]	R_w (C; $C_{tr}/C_{50-3150}$; $C_{tr,50-3150}$) in [dB]
Massivholzdecken mit Unterdecken					
Aufbauten mit mineralisch gebundenen Estrichen und Rohdeckenbeschwerung ([33] Tab. 27; Z1+5):					
10		≥ 50 mm	Estrich[1]	24 (2/29)	81 (−3; −9/−21; −36)
		≥ 30 mm	Mineralwolledämmplatte ($s' ≤ 7$ MN/m³; Anwendungstyp DES-sh)[2]		
		≥ 60 mm	Schüttung[6] (m' ≥ 90 kg/m²) Rieselschutz		
		190 mm	Brettsperr-/Brettschichtholz[5]		
		≥ 90 mm	Abhänger mit CD-Profil; Achsabstand; Eigenfrequenz $f_0 < 30$ Hz[3]		
		≥ 75 mm	Hohlraumdämpfung[2]		
		12,5 mm	Gipsplatte[9] (m' ≥ 10 kg/m²)		
		12,5 mm	Gipsplatte[9] (m' ≥ 10 kg/m²)		
11		≥ 25 mm	GF oder zementgebundene Spanplatte[7]	33 (3/20)	79 (−6; −14/−18; −32)
		≥ 30 mm	Holzfaserdämmplatte WF ($s' ≤ 30$ MN/m³; Anwendungstyp DES-sg)[2]		
		≥ 60 mm	Schüttung[6] (m' ≥ 90 kg/m²) Rieselschutz		
		148 mm	Brettsperr-/Brettschichtholz[5]		
		≥ 180 mm	Abhänger mit CD-Profil; Achsabstand e ≥ 400 mm; Eigenfrequenz $f_0 < 30$ Hz[3]		
		≥ 120 mm	Hohlraumdämpfung[2]		
		12,5 mm	Gipsplatte[9] (m' ≥ 10 kg/m²)		
		12,5 mm	Gipsplatte[9] (m' ≥ 10 kg/m²)		

1) Zement- Magnesia- oder Anhydritestrich mit flächenbezogener Masse m' ≥ 120 kg/m²
2) Faserdämmstoff je nach Verwendungszweck:
   – Mineralwolledämmplatte nach DIN EN 13162:2013-03 [15] mit der angegebenen dynamischen Steifigkeit s' und Anwendungstyp nach Einsatzbereich: DES-sh für Estrich mit mineralischen Bindemitteln; DES-sm für Trockenestrich und Gussasphalt
   – Holzfaserdämmplatten (WF) nach DIN V 4108-10 und DIN EN 13171 mit der in der Tabelle angegebenen Dicke d, dynamischen Steifigkeit s' und dem Anwendungstyp nach Einsatzbereich: Typ DES-sg
   – Hohlraumdämmstoff aus Mineralfaser oder Holzfaser mit einem längenbezogenen Strömungswiderstand von r ≥ 5 kN s/m⁴
3) Direktschwingabhänger/Direktabhänger Abhängertyp zur schalltechnischen Entkopplung und Befestigung von Holzlattung oder CD-Profilen mit einem integrierten Schwingelement (Gummiformteil) zur Schallentkopplung; keine Eignung für Feuchträume oder Außenbereiche; Maximale Traglast: 0,4 kN pro Abhänger;
4) Verlegespanplatte nach DIN EN 312:2003-11 [13], OSB-Verlegeplatten nach DIN EN 300:2004-07 [11] oder BFU-Platten n. DIN EN 315 und DIN EN 13986:2005-03 [18] der Dicken 18–25 mm, bei offener Holzbalkendecke alternativ 28 mm Sichtschalung+12 mm BFU.
5) Tragkonstruktion nach Statik je nach Deckentyp:
   – Balken aus Vollholz oder Brettschichtholz; Mindestabmessungen 60 × 180 mm alternativ auch Stegträger der Höhe 240–406 mm; Achsabstand e ≥ 625 mm
   – Brettstapelelemente, je nach Konstruktion auch Elemente aus Dübelholz oder aus flachkant verlegtem Brettschichtholz; Mindestdicke 120 mm; Breite der Einzellamellen 30–60 mm
   – Brettsperrholzdecke; Breite der Einzellamellen 30–60 mm
   – Hohlkastenelement System „Lignatur silence12 (LFE240)"
   – Hohlkastenelement System „Lignotrend Rippe Q3" 215 mm
6) Trockenes Schüttgut mit einer Schüttdichte ρ ≥ 1500 kg/m³; Restfeuchte ≤ 1,8 %; gegen Verrutschen gesichert mittels Pappwaben, Sandmatten, Lattengitter (Feldgröße ca. 80 × 80 cm) o. ä.
7) Trockenestrichelement aus Gipsfaserplatten oder zementgebundenen Spanplatten, m' ≥ 29 kg/m²
8) Lattung 24 × 48 mm; Achsabstand e ≥ 415 mm
9) Gipsplatte nach DIN 18180 [8]/DIN EN 520 [14] mit einer flächenbezogenen Masse von m' ≥ 8,5 kg/m²; alternativ Gipsfaserplatte nach DIN EN 15283-2 [19] (Dicke 10 mm)
10) Federschiene 27 × 60 mm; Achsabstand e ≥ 415 mm; Montage nach Anleitung mit 1 mm Luft in der Verschraubung

2.4 Flankenübertragung

Für die Flankenübertragung bei Holzdecken ist in Luft- und Trittschall sowie in die Übertragungsrichtung (vertikale und horizontale Flankenübertragung) zu unterscheiden. Weiterhin ist bei den Bauweisen, d. h. Massivholz- oder Holztafelbau, zu differenzieren.

In diesem Abschnitt wird die vertikale Flankenübertragung des Luft- und Trittschalls beschrieben, die für den Nachweis der Decke als Trennbauteil relevant ist. Die horizontale Flankenübertragung über Decke bzw. Boden wird in einem separaten Abschnitt beschrieben, sie ist beim Nachweis der Schalldämmung von Trennwänden zu berücksichtigen.

Als eigenständiger Abschnitt wird die Flankenübertragung im Massivholzbau betrachtet, da sich das Nachweisverfahren hier deutlich von dem im Holztafelbau unterscheidet.

2.4.1 Flankenübertragung bei vertikaler Trittschallübertragung

Die vertikale Trittschallübertragung lässt sich im Holzbau durch die dargestellten Übertragungswege beschreiben (Bild 15). Für die vereinfachte Nachweisführung wird die Flankenübertragung durch die Korrektursummanden K_1 und K_2 nach Gleichung (16) beschrieben.

$$L'_{n,w} = L_{n,w} + K_1 + K_2 \; [\text{dB}] \quad (16)$$

mit
$L_{n,w}$ bewerteter Norm-Trittschallpegel ohne Flankenübertragung (Weg Dd)
K_1 Korrektursummand zur Berücksichtigung der Flankenübertragung auf dem Weg Df
K_2 Korrektursummand zur Berücksichtigung der Flankenübertragung auf dem Weg DFf

Die folgenden Tabellen zur Berücksichtigung der vertikalen Flankenübertragung bei Trittschallanregung wurden aus verschiedenen Forschungsvorhaben gewonnen [44]. Die Korrektursummanden für die verschiedenen Ausführungen der flankierenden Wände wurden in Gruppen zusammengefasst. Die angegebenen Korrektursummanden gelten für flankierende Innen- und Außenwände in Holzrahmen- und Holztafelbauweise mit folgenden Konstruktionsmerkmalen:
– flankierende Wände vollständig durch Holzdecke unterbrochen;
– Holzständerwände mit Wandbeplankung aus Gipsbauplatten, Holzwerkstoffplatten, mechanisch mit Ständer verbunden;
– Wandelemente aus 80 bis 100 mm starken Holzwerkstoffplatten oder Brettstapel-, Brettsperrholz- und Brettschichtholzelementen.

Das hier beschriebene Verfahren beruht auf einem pauschalen Ansatz für die flankierenden Wände, der von vier gleichen Wänden ausgeht. Zusatzmaßnahmen oder verbesserte Wandkonstruktionen (z. B. Einsatz von Elastomerlagern, Wände mit Vorsatzschalen oder C-Profil-Montagewände) werden nicht mitberücksichtigt. Dadurch liegt das Verfahren bei diesen Wänden stark auf der sicheren Seite. Derzeit wird an der Weiterentwicklung des Verfahrens gearbeitet (siehe [76] und Abschnitt 2.4.4) um durch eine differenziertere Prognose unterschiedliche Flanken berücksichtigen zu können.

2.4.2 Flankenübertragung bei vertikaler Luftschallübertragung

Die in [36, 38] dokumentierten Messungen der Flankenschalldämmung von Wänden haben bereits Eingang in die Bauteilsammlung der DIN 4109-33 gefunden. Zwischenzeitlich wurde festgestellt, dass bestimmte Anwendungssituationen, wie z. B. der Einsatz von solchen Außenwänden in Stahlbetonbauten in Hybridbauweise, durch diese Beispiele nicht ausreichend beschrieben werden. In einem Forschungsprojekt [47] wurden dazu Untersuchungen der horizontalen und vertikalen Flankenschalldämmung solcher Konstruktionen durchgeführt. Eines der Ergebnisse der Untersuchungen war, dass vorgestellte Außenwände ohne Vorsatzschalen eine vertikale Flankenschalldämmung besitzen, die nicht ausreichend für den Einsatz an einer Wohnungstrenndecke sind. Erst durch geschoßweise Montage von Vorsatzschalen kann die vertikale Flankenschalldämmung soweit erhöht werden, dass sie für diesen Anwendungszweck ausreicht (s. Bild 16).

2.4.3 Horizontale Flankenübertragung von Decke und Boden

Zur horizontalen Flankenübertragung von Holzdecken liegen die Ausführungsbeispiele der DIN 4109 vom November 1989 vor. Sie stammen aus einem 1978 von *Gösele* durchgeführten Forschungsvorhaben [34] und wurden ergänzt durch einzelne aktuelle Messwerte. Die Werte für die Flankenschalldämmung an der Deckenunterseite sind in Tabelle 12 dargestellt. Für flankierende Holzbalkendecken mit schwimmendem Estrich (Trockenestrich oder mineralisch gebundener Estrich) der durch die Trennwand vollständig unterbrochen wird, kann für die horizontale Flankenschall-

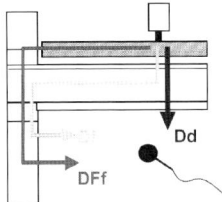

Bild 15. Schematische Darstellung der Beiträge zur Trittschallübertragung im Holzbau: direkt übertragener Trittschall (Weg **Dd**) und Beiträge der Flankenübertragung auf den Übertragungswegen **Df** und **DFf**

Tabelle 9. Korrektursummand K_1 zur Berücksichtigung der Trittschall-Flankenübertragung auf dem Weg Df

Wandaufbau im Empfangsraum		Deckenaufbau			
		2× GKB an FS	1× GKB an FS	GKB Lattung o. direkt	offene HBD, BSD o. HKD
	Wandbeplankung GKB+HWS	$K_1 = 6$ dB	$K_1 = 3$ dB	$K_1 = 1$ dB	
	GF	$K_1 = 7$ dB	$K_1 = 4$ dB	$K_1 = 1$ dB	
	HWS	$K_1 = 9$ dB	$K_1 = 5$ dB	$K_1 = 4$ dB	
	Holz o. HWS-Element				

Legende:
GKB: 9 mm–12,5 mm Gipsplatte nach DIN 18180 [8]/DIN EN 520 [14], Rohdichte $\rho \geq 680$ kg/m³, mechanisch verbunden
GF: 12,5 mm–15 mm Gipsfaserplatte nach DIN EN 15283-2 [19], Rohdichte von $\rho \geq 1100$ kg/m³, mechanisch verbunden
HWS: 13 mm–22 mm Holzwerkstoffplatte, Rohdichte $\rho \geq 650$ kg/m³, mechanisch verbunden
HBD: Holzbalkendecke
FS: Federschiene
Holz o. HWS Element: Massivholzelemente oder 80–100 mm Holzwerkstoffplatte, $m' \geq 50$ kg/m²
GKB Lattung o. direkt: HBD mit Unterdecke an Lattung oder GKB + HWS direkt montiert
offene HBD: Holzbalkendecke mit sichtbarer Balkenlage
BSD o. HKD: Brettstapel-, Brettschichtholz-, Brettsperrholz- oder Hohlkastendecke

übertragung auf der Deckenoberseite ein Wert von $D_{n,f,w} = 67$ dB [5] angesetzt werden.
Für offene Holzbalken- und für Brettstapeldecken bzw. Decken aus flachkant verlegtem Brettschichtholz liegen keine Werte vor. Die Flankenschalldämmung von Decken, Dächern und Wänden aus Massivholzelementen wird in Abschnitt 2.4.4 diskutiert.

2.4.4 Massivholzelemente als flankierende Bauteile

Die Nachweisverfahren für flankierende Massivholzkonstruktionen sind zurzeit noch in der Entwicklung, sodass hier nur der aktuelle Planungs- und Wissensstand dargestellt werden kann. Weitergehende Diskussionen zur schalltechnischen Planung von Massivholzkonstruktionen siehe [74, 76, 78].

Schalldämmung R'_w von Trennwänden im eingebauten Zustand

Neben der direkten Übertragung der Trennwand ist bei der schalltechnischen Planung die Übertragung der flankierenden Bauteile zu berücksichtigen. Diese können durch die Flankendämmmaße $R_{ij,w}$ für die unterschiedlichen Übertragungswege angegeben werden.
Zur konkreten Berechnung des Schallschutzes einer Trennwand benötigt man als Eingangsgrößen die Flankendämmmaße für die horizontale Schallübertragung über die flankierenden Decken und Wände.
Bei der schalltechnischen Betrachtung von Trennwänden ist die Decke als flankierendes Bauteil zu berücksichtigen. In vielen Situationen ist es nicht wirtschaftlich oder statisch zu aufwändig, die Decke auf den Trennwänden vollständig zu trennen. Eine durchlau-

Tabelle 10. Korrektursummand K_2 zur Berücksichtigung der Trittschall-Flankenübertragung auf dem Weg DFf

Wandaufbau im Sende- und Empfangsraum		Estrichaufbau		Trittschallübertragung auf dem Weg Dd + Df: $L_{n,w} + K_1$ in [dB]																				$L_{n,DFf,w}$ in [dB]
				35	36	37	38	39	40	41	42	43	44	45	46	47	48	49	50	51	52	53	54	55	>55
GKB+HWS			a) ZE/HWF	10	9	8	7	6	5	5	4	4	3	3	2	2	1	1	1	1	1	1	0	0	0	44
			b) ZE/MF	6	5	5	4	4	3	3	2	2	1	1	1	1	1	1	0	0	0	0	0	0	0	40
GF			c) TE	5	4	4	3	3	2	2	1	1	1	1	1	1	0	0	0	0	0	0	0	0	0	38
HWS			a) ZE/HWF	11	10	10	9	8	7	6	5	5	4	4	3	3	2	2	1	1	1	1	1	1	0	46
			b) ZE/MF	10	10	9	8	7	6	5	5	4	4	3	3	2	2	1	1	1	1	1	1	0	0	45
Holz- o. HWS-Element			c) TE	8	7	6	5	5	4	4	3	3	2	2	1	1	1	1	1	1	0	0	0	0	0	42

GKB	9 mm–12,5 mm Gipsplatte nach DIN 18180 [8]/DIN EN 520 [14], Rohdichte $\rho \geq 680$ kg/m³, mechanisch verbunden
GF	12,5 mm–15 mm Gipsfaserplatte nach DIN EN 15283-2 [19], Rohdichte von $\rho \geq 1100$ kg/m³, mechanisch verbunden
HWS	13 mm–22 mm Holzwerkstoffplatte, Rohdichte von $\rho \geq 650$ kg/m³, mechanisch verbunden
Holz- o. HWS Element	Massivholzelemente oder 80–100 mm Holzwerkstoffplatte, $m' \geq 50$ kg/m²
a)	ZE/HWF mineralisch gebundener Estrich oder Gussasphalt auf Holzfaser-Trittschalldämmplatten Randdämmstreifen: > 5 mm Mineralfaser- oder PE-Schaum-Randstreifen
b)	ZE/MF mineralisch gebundener Estrich oder Gussasphalt auf Mineralfaser- oder PST-Trittschalldämmplatten Randdämmstreifen: > 5 mm Mineralfaser- oder PE-Schaum-Randstreifen
c)	TE Trockenestrich auf Mineralfaser-, PST- oder Holzfaser-Trittschalldämmplatten Randdämmstreifen: > 5 mm Mineralfaser- oder PE-Schaum-Randstreifen

Tabelle 11. Vertikale Flankenschalldämmung, Außenwände für Einsatz in Hybridbauten, Auszug aus [47]

Nr.	Zeichnung	Beschreibung	Beplankung	$D_{n,f,w}$ (C; C_{tr}) in [dB] bei l_{lab} = 4,5 m
1		Einfach beplankt, Schalenabstand ≥ 140 mm, Dämmstoffdicke ≥ 140 mm, Raster 625 mm, Holzständer 60/140, Ohne Vorsatzschale, Außenwand eingestellt (Einstellgrad 50 %), durch 250 mm Geschossdecke getrennt	außen: DHF 15 mm innen: HW 15 mm	61 (−1; −4)

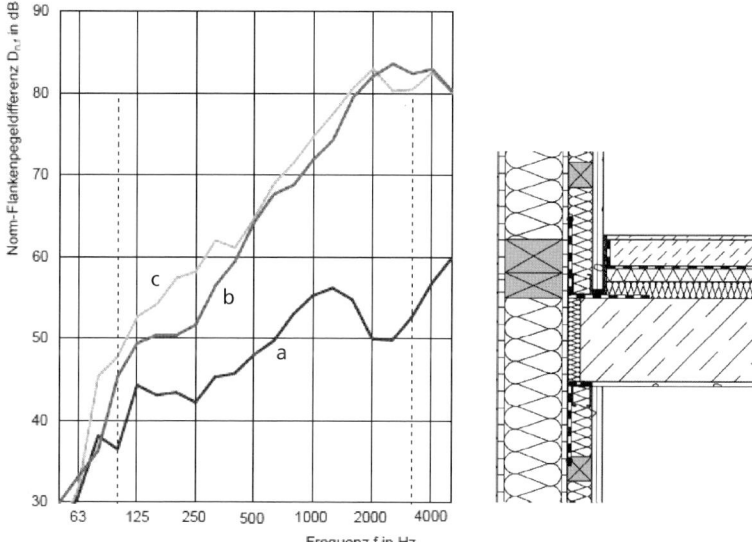

Bild 16. Vertikale Längsschalldämmung einer Holzständerwand;
Kurve a: ohne Vorsatzschale $D_{n,f,w}$ = 51 dB; Kurve b: mit Vorsatzschale direkt montiert $D_{n,f,w}$ = 66 dB;
Kurve c: mit freistehender Vorsatzschale $D_{n,f,w}$ = 69 dB; aus [47]

fende Decke kann jedoch die Schalldämmung maßgeblich beeinflussen und sollte daher gut geplant werden. Planungsdaten für flankierende Holzbalkendecken werden z. T. durch den Bauteilkatalog der neuen DIN 4109 abgedeckt.
Für Massivholzdecken fehlen bisher Planungswerte. In Tabelle 13 werden deshalb orientierende Messergebnisse für verschiedene Anschlusssituationen und Deckenaufbauten gegeben. Zur Bezeichnung der Übertragungswege siehe auch Bild 17c.
Konstruktive Hinweise zur Ausführung der flankierenden Massivholzbauteile werden in Tabelle 14 gegeben. Orientierende Messergebnisse für die horizontale Flankenschalldämmung von flankierenden Wänden für verschiedene Anschlusssituationen sowie den Einfluss von Zusatzbeplankungen werden in Tabelle 15 gezeigt.

Berechnung nach EN ISO 12354
Bei einer differenzierten Prognoseberechnung nach EN ISO 12354 [23] müssen die Schallenergieflüsse über die einzelnen Schallübertragungswege differenziert ermittelt und dann energetisch aufsummiert werden. Dies wird im nachfolgenden dargestellt, wobei neben der Luftschallübertragung auch die Berücksichtigung des Trittschalls beschrieben wird. Der Übersichtlichkeit halber wird die Berechnung hier mit den Einzahlangaben geführt.

Tabelle 12. Beispielsammlung horizontale Flankenschalldämmung Decke, aus [41]

Nr.	Zeichnung	Beschreibung	Beplankung	$D_{n,f,w}$ in [dB] bei l_{lab} = 4,5 m
1		F flankierende Decke L Lattung (durchlaufend) B Bekleidung aus biegeweicher Schale T Trennwand	GKP	52
			Holzspanplatte	48
2		B Bekleidung aus biegeweicher Schale S Trennfuge (Schlitz) Achtung: bei Messung von Gösele Bekleidung links und rechts der Trennwand geschlitzt	GKP	54
			Holzspanplatte	51
			Holzspanplatte an Federschiene	59
3		B Bekleidung aus Gipsfaserplatten		60
4		B Bekleidung aus Gipsfaserplatten	Bekleidung an Lattung	61
			Bekleidung an Federbügeln	67

Sind die flankierenden Wände von Trenndecken unterschiedlich ausgeführt bzw. teilweise durch Zusatzmaßnahmen (Zusatzbeplankung, Installationsebenen, Elastomere im Wand- und Deckenauflager) verbessert, so ist es sinnvoll, die Flankenübertragung differenziert für die einzelnen Wände und Übertragungswege zu betrachten. Gleiches gilt für die horizontale Übertragung von flankierenden Massivholzdecken für die keine Planungsdaten im Bauteilkatalog vorliegen.

Die differenzierte Berechnung für den Luftschall erfolgt nach Gl. (17):

$$R'_w = -10 \cdot \log\left(10^{-0,1R_w} + \sum 10^{-0,1R_{ij,w}}\right) \quad (17)$$

Die differenzierte Berechnung für den Trittschall erfolgt nach Gl. (18):

$$L'_{n,w} = 10 \lg\left(10^{0,1L_{n,w}} + \sum 10^{0,1L_{n,ij,w}}\right) \quad (18)$$

Für die Trittschallübertragung sind neben dem bewerteten Norm-Trittschallpegel der Decke die Flankenübertragungen auf dem Weg ij = Df und DFf zu berücksichtigen.
Die Luftschalldämmung beinhaltet die Wege ij = Ff, Df und Fd (s. Bild 17).
Der Vergleich der Anschlusssituationen (durchlaufende Flanke, gestoßene Flanke, durch die Trennwand unterbrochene Flanke) mit unterschiedlichen Zusatzmassen (Beplankungen) verdeutlicht folgende Punkte:

– Im Gegensatz zur Leichtbauweise mit Holzständer- oder C-Profilwänden haben die gemischten Übertragungswege Fd und Df bei Massivholzbauteilen einen nicht zu vernachlässigenden Einfluss auf die Gesamtübertragung. Bei den gestoßenen oder durch die Trennwand unterbrochenen Flanken ist das Flankendämmmaß z. T. sogar geringer als auf dem Weg Ff.
– Die Stoßausführung (durchlaufende Flanke, gestoßene Flanke, durch die Trennwand unterbrochene Flanke) beeinflusst maßgeblich den Weg Ff (Flanke-Flanke). Die gemischten Übertragungen auf dem Weg Df und Fd werden durch die Stoßausführung nur geringfügig reduziert und werden dadurch bei hochwertigen Ausführungen maßgeblich (siehe Zeilen 4–7 in Tabelle 15).
– Beplankungen erhöhen durch ihre Zusatzmasse die Flankendämmmaße erheblich. Dies zeigt sich sowohl für den Weg Ff als auch für die Wege Fd und Df.
– Die flächenbezogene Masse der Trennwand beeinflusst nicht nur die gemischten Übertragungswege Fd und Df sondern auch den Weg Ff. Die Masse der Trennwand wirkt auf dem Weg Ff als „Sperrmasse".

Tabelle 13. Messwerte für die Flankendämmmaße $R_{Ff,w}$, $R_{Fd,w}$ und $R_{Df,w}$ einer flankierenden Brettsperrholzdecke

Skizze	Decke	Wand	Messwerte für $l_{lab} = 4{,}30$ m, $S_{S,lab} = 11{,}8$ m²
	160 mm BSP	80 mm BSP	$R_{Ff,w} = 44$ dB $R_{Fd,w} = 50$ dB $R_{Df,w} = 50$ dB
	50 mm ZE 40 mm MFT 160 mm BSP	80 mm BSP	$R_{Ff,w} = 46$ dB $R_{Fd,w} = 50$ dB $R_{Df,w} = 50$ dB
	50 mm ZE 40 mm MFT 60 mm Splitt 160 mm BSP	80…140 mm BSP	$R_{Ff,w} = 61$ dB $R_{Fd,w} = 55$ dB $R_{Df,w} = 55$ dB
	160 mm BSP getrennt	80…140 mm BSP	$R_{Ff,w} = 50…54$ dB $R_{Fd,w} = 51…53$ dB $R_{Df,w} = 51…53$ dB
		2 × 18 mm GF 80…140 mm BSP 2 × 18 mm GF	$R_{Ff,w} = 54…58$ dB $R_{Fd,w} = 58…60$ dB $R_{Df,w} = 58…60$ dB

Tabelle 14. Anschlusssituationen und Ausführungshinweise für flankierende Massivholzbauteile

Skizze	Trennbauteil	Maßgebliche Flankenbauteile
	Haustrennwand	Trennfuge im ganzen Gebäude durchgehend Im DG: $R_{Ff,w}$ des flankierenden Dachs beachten Im EG: $R_{Ff,w}$ der flankierenden Kellerdecke beachten
	Wohnungstrennwand	$R_{Ff,w}$ der flankierenden Decke beachten. Decke auf Trennwand nach Möglichkeit trennen, Rohdeckenbeschwerung $m' \geq 120$ kg/m² oder Unterdecke Im DG: $R_{Ff,w}$ des flankierenden Dachs beachten Im EG: $R_{Ff,w}$ der flankierenden Kellerdecke beachten

Daraus folgt, dass eine vereinfachte Beschreibung durch die im Leichtbau übliche Norm-Flankenschallpegeldifferenz $D_{n,f,w}$ für Massivholzelemente nicht möglich ist. Analysen (siehe z. B. die in Tabelle 15 zusammengefassten Ergebnisse zu den Flankendämmmaßen von Massivholzwänden) zeigen, dass für die Prognose und den Nachweis des Massivholzbaus das gleiche (ausführliche) Verfahren erforderlich ist, wie es für den Mauerwerks- und Stahlbetonbau bereits in der neuen DIN 4109 hinterlegt ist. Eine Umsetzung der vollständigen Berechnung wird nur in einer rechnergestützen Version sinnvoll. Diese erfolgt derzeit an der Hochschule Rosenheim in verschiedenen Abschlussarbeiten.

Tabelle 15. Messwerte für die Flankendämmmaße $R_{Ff,w}$, $R_{Fd,w}$ und $R_{Df,w}$ flankierender Brettsperrholzwände

	Flankierende Wand		Trennwand		Messwerte für $l_{lab} = 2{,}70$ m, $S_{s,lab} = 11{,}6 m^2$	
					$R_{Ff,w}$	$R_{Fd,w} = R_{Df,w}$
durchlaufend:	80 mm	BSP	80 mm	BSP	50 dB	48…53 dB
	80 mm	BSP	2 × 18 mm 80 mm 2 × 18 mm	GF BSP GF	56 dB	60 dB
	2 × 18 mm 140 mm 2 × 18 mm	GF BSP GF	2 × 18 mm 140 mm 2 × 18 mm	GF BSP GF	69 dB	67 dB
gestoßen:	80 mm	BSP	80 mm	BSP	56 dB	50…53 dB
	80 mm	BSP	2 × 18 mm 80 mm 2 × 18 mm	GF BSP GF	60 dB	60 dB
unterbrochen:	80 mm	BSP	80 mm	BSP	58 dB	50…55 dB
	80 mm	BSP	2 × 18 mm 80 mm 2 × 18 mm	GF BSP GF	64 dB	61 dB

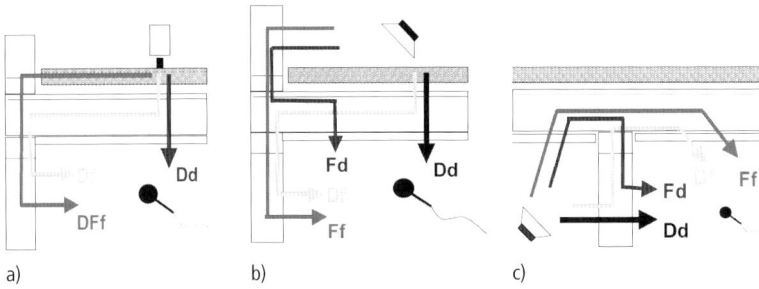

Bild 17. Schematische Darstellung der Beiträge zur Schallübertragung im Holzbau: a) Trittschallübertragung; b) und c) Luftschallübertragung. Direkte Schallübertragung (Weg Dd) und Beiträge der Flankenübertragung auf den Übertragungswegen Ff, Df, Fd und DFf

In [48] konnte gezeigt werden, dass die Anwendung der Massivbau-Berechnungsmodelle [3, 23] auch für Massivholzbauteile, möglich ist. Die Flankenübertragung kann aus den Schalldämmmaßen der Decke und der flankierenden Wand ($R_{i,w}$ und $R_{j,w}$), sowie den Verbesserungen durch Vorsatzschalen $\Delta R_{ij,w}$ und dem Stoßstellendämmmaß K_{ij} für den jeweiligen Übertragungsweg ij berechnet und auf die Trennfläche S_S und die gemeinsame Kantenlänge l_f bezogen werden. In Gl. (19) ist die Berechnung des Flankendämmmaßes für Massivholzbauteile dargestellt:

$$R_{ij,w} = \frac{R_{i,w} + R_{j,w}}{2} + \Delta R_{ij,w} + K_{ij} + 10 \cdot \log\left(\frac{S_S}{l_0 l_f}\right) \quad (19)$$

Gl. (20) zeigt die Berechnung der Flankentrittschallübertragung für Massivholzbauteile:

$$L_{n,ij,w} = L_{n,eq,0,w} - \Delta L_w + \frac{R_{i,w} - R_{j,w}}{2} - \Delta R_{ij,w} - K_{ij} - 10\lg\frac{S_S}{l_0 l_f} \quad (20)$$

Die Berechnung kann sowohl frequenzabhängig als auch mit Einzahlwerten erfolgen. In beiden Fällen ist es sinnvoll, rechnergestützte Umsetzungen zu verwenden, die die Besonderheiten im Holzbau berücksichtigen [74].

Umsetzung der EN ISO 12354 für Holzdecken

Für die Trittschallberechnung mit Einzahlwerten können die Eingangsdaten auch aus Labormessungen der Flankenübertragung $L_{n,ij,lab,w}$ ermittelt werden, wie sie für die Ermittlung der Korrektursummanden K_1 und K_2 in [44] durchgeführt wurden. Hierbei können zusätzliche Verbesserungen durch Vorsatzschalen $\Delta R_{ij,w}$ und Elastomere im Deckenstoß ΔK_{ij} berücksichtigt werden.[3] Gl. (21) zeigt die Berechnung des Norm-Flankentrittschallpegels $L_{n,Df,w}$ auf dem Weg Df:

$$L_{n,Df,w} = L_{n,Df,lab,w} - \Delta K_{ij} - \Delta R_{j,w} - 10 \cdot \log\left(\frac{S_S}{l_0 l_f}\right) \quad (21)$$

---
[3] Die Laborwerte wurden auf eine Kantenlänge im Labor l_{lab} = 20 m und die Trennfläche $S_{S,lab}$ = 20 m² bezogen, wodurch sich diese Daten in Gl. (21) und Gl. (22) herauskürzen.

In Gl. (22) ist die Berechnung des Norm-Flankentrittschallpegels $L_{n,DFf,w}$ auf dem Weg DFf dargestellt:

$$L_{n,DFf,w} = L_{n,DFf,lab,w} - \Delta K_{ij} - \Delta R_{ij,w} - 10 \cdot \log\left(\frac{S_S}{l_0 l_f}\right) \quad (22)$$

Liegen keine Labordaten für den Weg Df vor, kann $L_{n,Df,w}$ aus K_1 (Tabelle 9) gem. Gl. (23) ermittelt werden:

$$L_{n,Df,lab,w} = 10 \cdot \log\left(10^{0,1(L_{n,w}+K_1)} - 10^{0,1 L_{n,w}}\right) \quad (23)$$

Für den Weg DFf kann der Laborwert für die unterschiedlichen Situationen der Tabelle für K_2 entnommen werden (Tabelle 10).

Die bewerteten Flankendämmmaße bei Luftschallanregung werden für flankierende Holzständerwände (vertikale Übertragung) und flankierende Holzbalkendecken (horizontale Übertragung) aus der Norm-Flankenschallpegeldifferenz $D_{n,f,w}$ berechnet, die für verschiedene Ausführungen dem Bauteilkatalog entnommen werden kann.

Gleichung (24) zeigt die Berechnung des Flankendämmmaßes $R_{Ff,w}$ auf dem Weg Ff:

$$R_{Ff,w} = D_{n,f,w} + 10 \cdot \log\left(\frac{S_S}{10 m^2}\right) + 10 \cdot \log\left(\frac{4,50\,m}{l_f}\right) \quad (24)$$

Tabelle 16. Stoßstellendämmmaße K_{ij} für den Bauteilstoß Decke/Wand von Massivholzelementen (t = 80–200 mm), Stoß verschraubt oder mit Winkeln montiert [48, 52]

Stoßstellentyp	Übertragungsrichtung	Stoßstellendämmmaß
	„vertikale Übertragung" Weg Ff Wand durch Decke unterbrochen	K_{Ff} = 21 dB
	„horizontale Übertragung" Weg Ff Decke durchlaufend	K_{Ff} = 3 dB
	„horizontale Übertragung" Weg Ff Decke getrennt	K_{Ff} = 12 + 10 lg(m'_2/m'_1)
	„gemischte Übertragung" Weg Df und Fd	K_{Fd} = 14 dB K_{Df} = 14 dB

Tabelle 17. Verbesserung der Stoßstellendämmmaße ΔK_{ij} durch elastische Entkopplungen

Anordnung der Elastomere		Entkoppelte Befestigungsmittel, Daten nach	
		[68]	[48, 51, 53]
	oben oder unten	$\Delta K_{ij} = 7\ldots10$ dB	$\Delta K_{ij} = 4\ldots10$ dB
	oben und unten	$\Delta K_{ij} = 8\ldots19$ dB	$\Delta K_{ij} = 13\ldots15$ dB

Tabelle 18. Berechnungsbeispiel zum Einrechnen der Flankenübertragung bei der Trittschalldämmung einer Holzbalkendecke

Geplante Konstruktion:	
Deckenaufbau:	50 mm Zementestrich 40 mm Mineralwolledämmplatte, (s' ≤ 6 MN/m³; Anwendungstyp DES-sh) 30 mm trockene Schüttung, (m' ≥ 45 kg/m²) 22 mm Rieselschutz 220 mm Holzwerkstoffplatte, geschraubt 100 mm Balken o. Stegträger 27 mm Hohlraumdämpfung 12,5 mm Federschiene Gipskartonplatte
Flankierende Wände:	Holzständerwände mit raumseitiger Beplankung aus 12,5 mm Gipsfaserplatten, mechanisch verbunden
Berechnung:	
bewerteter Norm-Trittschallpegel (ohne Flankenübertragung):	$L_{n,w} = 34$ dB ([5, 41])
Korrektursummand K_1:	$K_1 = 4$ dB (Tabelle 9, Zeile 2, Spalte 2)
Zwischenrechnung:	$L_{n,w} + K_1 = 34 + 4 = 38$ dB (Eingangswert für K_2)
Korrektursummand K_2:	$K_2 = 4$ dB (Tabelle 10, Zeile 2, Spalte 4)
Ergebnis:	$L'_{n,w} = 34 + 4 + 4 = \underline{42\text{ dB}}$

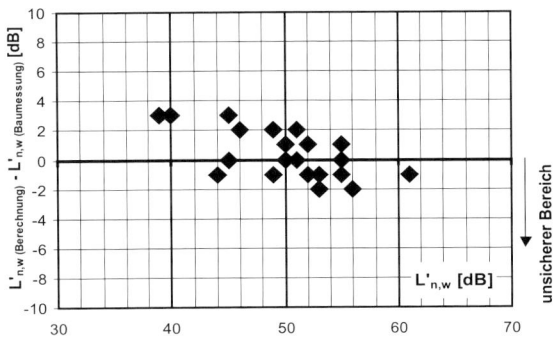

Bild 18. Abweichung zwischen berechnetem und gemessenem bewerteten Norm-Trittschallpegel als Funktion des gemessenen Norm-Trittschallpegels im ausgeführten Bau. Bei positiven Abweichungen lag die Prognose auf der sicheren Seite, bei negativen Abweichungen auf der unsicheren Seite.

Werden zusätzliche Vorsatzschalen montiert, so kann das Flankendämmmaß um die Verbesserung $\Delta R_{Ff,w}$ erhöht werden.
Flankierende Massivholzwände und -decken werden nach Gl. (19) berechnet.

Stoßstellendämmmaße für Massivholzelemente

Eine zentrale Aufgabe des Projektes „Vibroakustik im Planungsprozess für Holzbauten" [48] war die Ermittlung von Stoßstellendämm-Maßen von verschiedenen Massivholz-Bauteilstößen, die für die Berechnung der

Tabelle 19. Eingangsdaten für die Berechnung (Dickenangaben in mm), aus [76]

Grundriss/Anforderungen	Decke	Außenwand	Innenwand
4,0 m × 5,0 m	50 Zementestrich 40 MFT, s' = 6 MN/m³ 80 Splitt, m' = 120 kg/m² 160 Brettschichtholz	Schalung Lattung 160 Dämmung 80 Brettsperrholz	12,5 GKB 13 Spanplatte 100 KVH+MW 13 Spanplatte 12,5 GKB
$S_S = 20$ m² erf. $R'_w \geq 54$ dB zul. $L'_{n,w} \leq 50$ dB	$R_w = 70$ dB $L_{n,w} = 41$ dB $R_{D,w} = 52$ dB [1)]	$l_f = 9,0$ m $K_1 = 4$ dB $R_{f,w} = 32$ dB [1)]	$l_f = 9,0$ m $K_1 = 1$ dB $D_{n,f,w} = 67$ dB
Beurteilung der Decke s. [76]	$L_{n,w} + C_{I,50-2500} < 53$ dB		
Berechnung nach DIN 4109	$L'_{n,w} = 48$ dB + 3 dB $L'_{n,w} + u_{prog} >$ zul. $L'_{n,w}$ → **nicht** erfüllt!	Außenwand maßgeblich: $K_1 = 4$ dB, $K_2 = 3$ dB	
Differenzierte Berechnung	$L'_{n,w} = 46,1$ dB + 3 dB $L'_{n,w} + u_{prog} <$ zul. $L'_{n,w}$ → erfüllt! $R'_w = 54,3$ dB − 2 dB $R'_w - u_{prog} <$ erf. R'_w → **nicht** erfüllt!	$L_{n,Df,w} = 39,3$ dB $L_{n,DFf,w} = 41,5$ dB $R_{Ff,w} = 56,5$ dB $R_{Fd,w} = 59,5$ dB $R_{Df,w} = 77,5$ dB	$L_{n,Df,w} = 31,7$ dB $L_{n,DFf,w} = 36,5$ dB $R_{Ff,w} = 67,0$ dB
Zusatzmaßnahme Außenwand: Elastomer oben $\Delta K_{ij} = 8$ dB	$L'_{n,w} = 44,7$ dB + 3 dB $L'_{n,w} + u_{prog} <$ zul. $L'_{n,w}$ → erfüllt! $R'_w = 60,7$ dB − 2 dB $R'_w - u_{prog} <$ erf. R'_w → erfüllt!	$L_{n,Df,w} = 39,3$ dB $L_{n,DFf,w} = 33,5$ dB $R_{Ff,w} = 64,5$ dB $R_{Fd,w} = 67,5$ dB $R_{Df,w} = 77,5$ dB	$L_{n,Df,w} = 31,7$ dB $L_{n,DFf,w} = 36,5$ dB $R_{Ff,w} = 67,0$ dB

1) Schalldämmmaß des Massivholzelements (bei der Decke inkl. Splitt) für die Berechnung nach Gleichung (19)

Flankenübertragung nach den Gl. (19) und Gl. (20) erforderlich sind.
Hierzu wurden Bauteilstöße verschiedener Hersteller in realistischer Größe unter Laborbedingungen aufgebaut und das Stoßstellendämm-Maß nach DIN EN ISO 10848 ermittelt. Zusätzlich konnten in einer Arbeit von A. Timpte [52] Messdaten vergleichbarer Aufbauten aus verschiedenen europäischen Instituten zusammengetragen und verglichen werden.
Tabelle 16 zeigt als Auswertung der gesammelten Daten die Mittelwerte der Stoßstellendämmmaße für verschiedene Decken-Wand-Stöße.
Die Ergebnisse sind mit Ausnahme der horizontalen Übertragung über ein getrenntes Deckenelement (Tabelle 16, Zeile 3) unabhängig von den Elementdicken und flächenbezogenen Massen.
Werden Bauteilstöße durch Elastomere (wirksam) entkoppelt, so kann das inklusive der Elastomere gemessene Stoßstellendämmmaß für die Berechnung verwendet oder eine Verbesserung des Stoßstellendämmmaßes ΔK_{ij} angegeben werden. Ergebnisse zur Verbesserung durch elastisch entkoppelte Bauteilstöße wurden von M. Schramm und F. Dolezal bereits 2010 veröffentlicht [68]. Ein Vergleich mit aktuellen Messwerten die mit zugelassenen Winkeln + Entkopplung ermittelt wurden, werden in Tabelle 17 gezeigt.
Auf den Übertragungsweg Fd wirkt sich nur das obere Elastomer aus. Auf Weg DF nur das untere Elastomer. Die Wege Ff und DFf werden von beiden Elastomeren beeinflusst.

2.5 Berechnungsbeispiel und Genauigkeit des K_1, K_2-Verfahrens für die Trittschalldämmung

Die Anwendung des Verfahrens wird in Tabelle 18 illustriert. Darin ist ein Beispiel für das Einrechnen der Flankenübertragung zur Prognose der Trittschalldämmung einer Holzdecke im ausgeführten Bau gezeigt. Das Berechnungsergebnis wurde mit den in [5, 41], sowie in den Tabelle 9 und Tabelle 10 angegebenen Bemessungswerten (als Laborprüfwerte) ermittelt.
Für den Nachweis in Deutschland [3] ist zum Aus-

gleich von Unsicherheiten (z. B. Materialschwankungen, Messunsicherheiten usw.) ein Sicherheitsbeiwert $u_{prog} = 3$ dB (vereinfachter Sicherheitsbeiwert) aufzuschlagen. Ein Beispiel zur Ermittlung von Luftschallübertragungen wird anhand einer Trennwand in den Abschnitten 3.3 und 3.4 gezeigt.

Die Validierung des in den vorausgegangenen Abschnitten beschriebenen Prognoseverfahrens und der Eingangsdaten erfolgte in [44] durch den Abgleich der prognostizierten Norm-Trittschallpegel mit den Ergebnissen von Baumessungen. In die Prognose gingen der Norm-Trittschallpegel des Deckenaufbaus aus dem Forschungsbericht der PTB [41] bzw. dem neuen Bauteilkatalog [5] (auszugsweise in Tabelle 8) und die Korktursummanden K_1 (Tabelle 9) und K_2 (Tabelle 10) ohne weitere Vorhaltemaße ein. Die Standardabweichung zwischen den prognostizierten Norm-Trittschallpegeln am Bau und den Messwerten betrug $\sigma = 1{,}7$ dB (bei 23 Messungen in Bauvorhaben mit jeweils vier gleichen Flankenwänden, Bild 18). Die mittlere Differenz zwischen prognostiziertem und gemessenem Wert betrug 0,4 dB. Die Genauigkeit dieses holzbauspezifischen Verfahrens entspricht somit der in der DIN EN ISO 12354-2 [23] angegebenen Standardabweichung des vereinfachten Verfahrens für homogene Rohdecken von $\sigma =$ ca. 2 dB.

2.6 Berechnungsbeispiel und Genauigkeit des differenzierten Berechnungsverfahrens

Beispiele für den schalltechnischen Nachweis von Konstruktionen, die über die neue DIN 4109 abgedeckt werden, wurden in [75] vorgestellt. Nachfolgend sollen Möglichkeiten aufgezeigt werden, wie die Berücksichtigung von nicht abgedeckten Konstruktionsvarianten und Zusatzmaßnahmen in der Planung möglich sind. Als Ausführungsbeispiel wird eine Massivholzdecke mit schwimmendem Zementestrich und einer Rohdeckenbeschwerung aus Splitt gewählt. Die flankierenden Massivholz-Außenwände sollen ihre Sichtholz-Oberfläche behalten. Die Innenwände werden als Holzständerwände ausgeführt. Die Eingangs- und Berechnungsdaten werden in Tabelle 19 dargestellt.

Folgende Ergebnisse werden in Tabelle 19 zusammengefasst:
- Zur Beurteilung des subjektiven Empfindens der Trittschallübertragung wird der Deckenaufbau in Zeile 2 zunächst mit den Konstruktionshilfen in Anhang 1 verglichen. Der Aufbau genügt den Bedingungen für $L_{n,w} + C_{150-2500} < 53$ dB. D. h., es ist keine störende Trittschallübertragung zu erwarten.
- Der Trittschallnachweis nach DIN 4109 wird in Zeile 3 nicht erfüllt. Die Korrektursummanden wurden für die Massivholzwand als maßgebende Wand auf der sicheren Seite gewählt. Der Luftschallnachweis nach DIN 4109 ist aufgrund der flankierenden Massivholzwände noch nicht möglich.
- In Zeile 4 werden die Ergebnisse der genaueren Berechnung für die unterschiedlichen Wandausführungen nach Gl. (21) bis Gl. (23) gezeigt. Dadurch werden die Trittschallanforderungen erreicht. Die Luftschallberechnung nach Gl. (19) und Gl. (24) erreicht die Anforderungen hingegen nicht.

Tabelle 20. Vergleich von Prognose und Messung der Luft- und Trittschalldämmung für fünf Mehrgeschosser

BV	Decke	Wände	Zusatzmaßnahmen	Prognose	Baumessung
1	50 Zementestrich 30 MFT, $s' = 6$ MN/m^3 80 Kalksplitt 180 Kastenelement + Tilger	Holzständer	Keine	$R'_w = 62{,}9$ dB $L'_{n,w} = 45{,}4$ dB	$R'_w = 63$ dB $L'_{n,w} = 45$ dB
2	80 Zementestrich 50 MFT, $s' = 6$ MN/m^3 85 Kalksplitt 200 Brettsperrholz	100 MH	Elastomer oben + unten	$R'_w = 63{,}5$ dB $L'_{n,w} = 42{,}5$ dB	$R'_w = 66$ dB $L'_{n,w} = 45$ dB
3	65 Zementestrich 40 MFT, $s' = 6$ MN/m^3 90 Kalksplitt 100 Brettschichtholz	100 MH 12,5 GKB	Elastomer oben	$R'_w = 60{,}5$ dB $L'_{n,w} = 45{,}8$ dB	$R'_w = 63$ dB $L'_{n,w} = 45$ dB
4	60 Zementestrich 40 MFT, $s' = 6$ MN/m^3 15 Holzfaserplatte 447 Holz-Beton-Verbund	≥ 100 MH	Vorsatzschalen		$R'_w = -$dB $L'_{n,w} = 44$ dB
5	60 Zementestrich 40 MFT, $s' = 6$ MN/m^3 90 Kalksplitt 200 Brettschichtholz	2×18 GF ≥ 100 MH 2×18 GF	$K_2$60 Kapselung	$R'_w = 60{,}1$ dB $L'_{n,w} = 44{,}0$ dB	$R'_w = 59$ dB $L'_{n,w} = 43$ dB

– Wird als Zusatzmaßnahme ein Elastomer mit einem $\Delta K_{ij} = 8$ dB unter der oberen Außenwand angeordnet, so werden auch die Anforderungen an die Luftschalldämmung erreicht (Zeile 5).

Da die differenzierte Berechnung von den Vorgaben der DIN 4109 abweicht, muss der Nachweis für die Trenndecke über eine Baumessung erfolgen.

Ausführungsmöglichkeiten von Trenndecken in Mehrgeschossern und verschiedenen Zusatzmaßnahmen für die flankierenden Wände werden in Tabelle 20 für fünf Bauvorhaben gezeigt.

Im Wesentlichen werden drei mögliche Maßnahmen unterschieden:
– Deckenauflager und/oder Wandauflager mit Elastomer (wirksam) entkoppeln
– Flankierende Wände mit Vorsatzschalen nach Tabelle 7 ausführen $\Delta R_w > 5$ dB
– Flankierende Wände nach $K_2 60$ Kriterium ausführen (2×18 mm GF)

Wie die Ergebnisse der Baumessungen belegen, konnte in allen Fällen ein erhöhter Schallschutz erreicht werden.

2.7 Schalldämmung der Decken bei tiefen Frequenzen

Die Trittschalldämmung von Holzdecken ist schon seit längerer Zeit ein Feld intensiver Forschungstätigkeit, wobei hier insbesondere die tieffrequenten Schallübertragungen untersucht und analysiert werden.

Die Korrelation zwischen dem subjektiven Empfinden des Bewohners und dem nach DIN EN ISO 717-2 [20] bewerteten Norm-Trittschallpegel wurde bereits in diversen Projekten untersucht (siehe Literatur in [72]). Die Ergebnisse dieser Untersuchungen zeigen relativ einheitlich, dass kein brauchbarer Zusammenhang zwischen den beiden Größen existiert. Zur Veranschaulichung dieses Resultats werden in Bild 19 Ergebnisse von Norm-Hammerwerks-Messungen nach DIN EN ISO 10140-3 mit den Trittschallübertragungen beim Begehen der Decken verglichen. Zur gehörrichtigen Bewertung wurde aus der Trittschallübertragung beim Begehen der Decke der A-bewertete und nachhallkorrigierte Trittschallpegel $L_{AFmax,n}$ gebildet. Die einzelnen Punkte in Bild 19a, die jeweils das Ergebnis eines Deckenaufbaus darstellen, zeigen eine sehr schwache Korrelation. Die Messungen für diesen Vergleich wurden in drei unterschiedlichen Laborprüfständen nach DIN EN ISO 10140-5 mit unterschiedlichen Messteams auf Holzdecken durchgeführt ([46, 50, 55]). Damit konnten Unsicherheiten und Schwankungen, die auf die begrenzten Prüfstandsabmessungen oder die spezielle Anregung eines Gehers zurückzuführen sind, reduziert werden. Um die Anregung bei der Begehung der Decke reproduzierbarer zu gestalten, wurden die relevanten Eckdaten für den Geher festgelegt.[4]

Die Ursache der schwachen Korrelation wird in Bild 19b anhand der frequenzabhängigen Darstellung einer typischen Trittschallübertragung beim Begehen einer Holzdecke gezeigt. Aus den Pegeln ist deutlich zu ersehen, dass beim Begehen der Decke nahezu die gesamte Übertragung unterhalb von 100 Hz erfolgt. Im Gegensatz hierzu wird bei der Bewertung des Norm-Trittschallpegels nach DIN EN ISO 717-2 ausschließlich der Frequenzbereich von 100–3150 Hz für den Einzahlwert ($L_{n,w}$) verwendet. Der $L_{n,w}$ kann deshalb den für das subjektive Empfinden relevanten Bereich unter 100 Hz nicht beurteilen. Eine bessere Korrelation ist somit nur durch eine veränderte Bewertung des Norm-Trittschallpegels zu erreichen. Um dem Problem der

---
[4] Geher männlich, 75–85 kg, Gehen auf Socken mit 90–100 Schritt/Minute im Kreis und Acht.

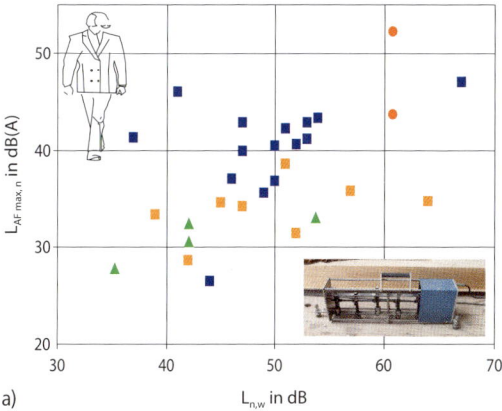
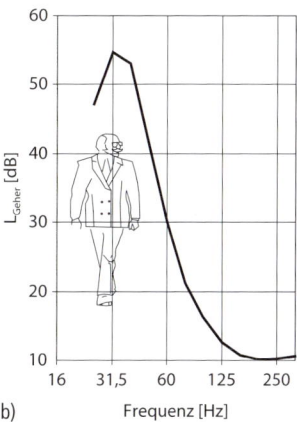

Bild 19. Korrelation von $L_{n,w}$ und subjektivem Empfinden, a) Zusammenhang zwischen dem bewerteten Norm-Trittschallpegel $L_{n,w}$ und dem A-bewerteten Trittschallpegel $L_{AFmax,n}$ beim Begehen von Holzdecken. Blaue Quadrate: Messungen im ift Rosenheim [46], orange Kreise: Messungen an der Hochschule Rosenheim [50], grüne Dreiecke: Messungen im Deckenprüfstand von Knauf, Iphofen [55] b) Frequenzabhängige Darstellung der Trittschallübertragung beim Begehen einer Decke

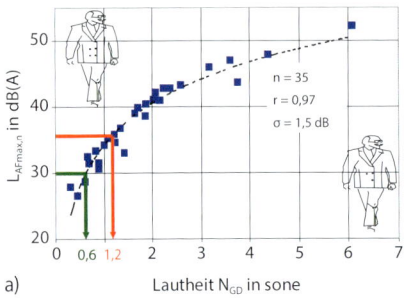
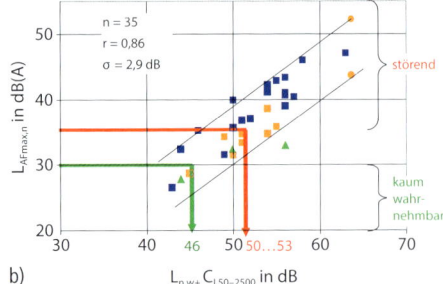

Bild 20. Zielwerte für die Bauteilentwicklung, a) Zusammenhang zwischen dem $L_{AFmax,n}$ und der Lautheit nach Zwicker [58], b) Zusammenhang zwischen dem $L_{AFmax,n}$ und dem $L_{n,w} + C_{I,50-2500}$

geringen Korrelation zwischen realem Geher und dem bewerteten Norm-Trittschallpegel zu begegnen, wurde in DIN EN ISO 717-2 ein Spektrum-Anpassungswert C_I eingeführt, der auch für den nach unten erweiterten Frequenzbereich bis 50 Hz angewendet werden kann ($C_{I,50-2500}$). Durch die zusätzliche Berücksichtigung des Spektrum-Anpassungswerts ($L_{n,w}+C_{I,50-2500}$) wird die Korrelation deutlich verbessert.

Bild 20b zeigt den nun deutlich besseren Zusammenhang zwischen den A-bewerteten Trittschallpegeln beim Begehen der Decke und den nach DIN EN ISO 717-2 mit $L_{n,w} + C_{I,50-2500}$ bewerteten Hammerwerks-Messungen. Hierdurch wird auch ersichtlich, dass die in Bild 19a gezeigte, schwache Korrelation weniger durch die Art der Anregung mit dem Norm-Hammerwerk als vielmehr durch die unzutreffende Bewertung über den $L_{n,w}$ verursacht wurde.

Weiterhin konnte gezeigt werden, dass die Bewertung der Trittschallpegel beim Begehen der Decke durch die gebräuchliche A-Bewertung tatsächlich gehörrichtig ist. Hierzu wird In Bild 20a die A-Bewertung der Trittschallpegel der wesentlich umfangreicheren und genaueren Bewertung nach Zwicker [58] gegenübergestellt. Es zeigt sich, dass zumindest für diese Art der Anregung und im relevanten Wertebereich zwischen 25 und 45 dB(A) eine gute Übereinstimmung erreicht werden kann.

Auf dieser Basis können Zielwerte für eine gute Trittschalldämmung unter Berücksichtigung des subjektiven Empfindens festgesetzt werden. Die in einigen europäischen Ländern bereits umgesetzte Anforderung an den $L_{n,w} + C_{I,50-2500} \leq 53$ dB entspricht in Bild 20b in etwa einem $L_{AFmax,n} \leq 35–37$ dB(A). Erfahrungsgemäß ist oberhalb dieser Grenze mit störenden Trittschallübertragungen zu rechnen [63]. Für einen $L_{n,w} + C_{I,50-2500} \leq 46$ dB beträgt der A-bewertete Trittschallpegel in etwa $L_{AFmax,n} \leq 30$ dB(A) und ist, je nach Umgebungsgeräusch, kaum noch wahrnehmbar. Die diesen Zielwerten ($L_{n,w} + C_{I,50-2500} \leq 53$ dB bzw. ≤ 46 dB) zugeordneten A-bewerteten Trittschallpegel ($L_{AFmax,n} \leq 35$ dB(A) bzw. ≤ 30 dB(A)) ergeben in Bild 20a eine Halbierung der Lautheit, die auch in der subjektiven Empfindung einer Halbierung entspricht.

Zielwerte für die Schalldämmung im Holzbau

Um die Belästigung von Bewohnern durch tieffrequente Schallübertragungen zu vermeiden, ist es in der Bauplanung wichtig, Zielwerte für den Schallschutz zu vereinbaren, die auch die niederfrequente Schalldämmung der Bauteile berücksichtigen und sowohl auf die Bauweise abgestimmt sind als auch mit üblichen Konstruktionen erreicht werden können. Deshalb werden in [33] Vorschläge für Zielwerte für die Luft- und Trittschalldämmung im Holzbau formuliert, die über den Mindestschallschutz hinausgehen und dabei auch die tieffrequente Schallübertragung mitberücksichtigen. Diese sind auszugsweise in Tabelle 21 dargestellt. Die Zielwerte für den Schallschutz unter Berücksichtigung der niederfrequenten Schallübertragungen $R_w + C_{50-5000}$, $L_{n,w}+C_{I,50-2500}$ gelten dabei nur für den direkt übertragenen Luft- und Trittschall ohne Berücksichtigung einer Flankenübertragung. Zur Planung sol-

Tabelle 21. Zielwerte für Luft- und Trittschallschutz im Holzbau, Auszug aus [33]

Bauteil/Übertragungsweg	Mindestanforderung nach DIN 4109-1:2018-01	Zielwerte nach [33]	
		Basis +	Komfort
Luftschall Reihenhaustrennwand	$R'_w = 62$ dB	$R'_w \geq 62$ dB $R_w + C_{50-5000} \geq 62$ dB	$R'_w \geq 67$ dB $R_w + C_{50-5000} \geq 65$ dB
Trittschall Trenndecke	$L'_{n,w} = 53$ dB	$L'_{n,w} \leq 50$ dB $L_{n,w} + C_{I,50-2500} \leq 50$ dB	$L'_{n,w} \leq 46$ dB $L_{n,w} + C_{I,50-2500} \leq 47$ dB

cher Schalldämmwerte sind in Tabelle 8 und Tabelle 41 für verschiedene Konstruktionen bereits Angaben zur Schalldämmung gemacht, welche die tieffrequente Schallübertragung mitberücksichtigen.

Tieffrequente Schallübertragungen sind nicht alleine ein Phänomen des Holzbaus, sondern betreffen in der Bauakustik alle Bauweisen. Vorteilhafterweise lassen sich durch die Vielzahl der akustischen Parameter bei Holzbauteilen wirksame Verbesserungsmaßnahmen leichter einbringen.

Konstruktive Ausführungen, wie z. B. durch den Estrichaufbau oder die Rohdeckenbeschwerung, haben auch einen Einfluss auf die tieffrequente Trittschalldämmung. Die Effekte werden in den Abschnitten 2.2.1 und 2.2.2 diskutiert.

2.8 Hinweise zur Bauausführung

Die Planung der Schalldämmung und die Konstruktionsbeispiele in der Beispielsammlung der DIN 4109 gehen immer von mangelfreien Gewerken aus. In der Praxis werden in ausgeführten Bauten auch Abweichungen von den prognostizierten Schalldämmwerten festgestellt, die aus Fehlern in der Bauausführung resultieren. Nachfolgend wird auf einzelne Beispiele für Fehler in der Bauausführung hingewiesen. Die Auflistung der dargestellten Beispiele erhebt keinen Anspruch auf Vollständigkeit.

Schallbrücken im Estrich

Obwohl der schallbrückenfreie Einbau von schwimmendem Estrich (mit ordnungsgemäß verlegten Randstreifen) seit langer Zeit zu den allgemein anerkannten Regeln der Technik gehört, gibt es immer wieder Beispiele, bei denen Details falsch geplant und ausgeführt werden. Jede Schallbrücke führt zu einer Minderung der Schalldämmung, insbesondere der Trittschalldämmung. Bei Schadensfällen wurden die nachfolgend dargestellten Körperschallbrücken gefunden:
- Sockelfliesen werden zu nahe an den Estrich geführt.
- Der Randstreifen wurde nicht mangelfrei verlegt oder vom nachfolgenden Handwerker entfernt. Dadurch konnte Ausgleichsmasse, Kleber o. ä. in die Randfuge gelangen. Der Randstreifen darf erst nach dem Verlegen des Fußbodens abgeschnitten werden.
- Schallbrücken entstehen, wenn im Bereich von Fenstertüren der Zementestrich ohne Trittschalldämmplatte direkt auf das untere Rähm gegossen wird, siehe Beispiel in Bild 21.
- Schallbrücken können auch entstehen, wenn die Dämmplatten nicht korrekt gestoßen werden und der Estrich im Stoßbereich bis auf die Verlegeplatten/Rohdecke läuft. Der Estrich ist dann zwar immer noch von den Verlegeplatten durch die Schutzfolie getrennt, aber diese Trennung ist schalltechnisch unwirksam.
- Unter der Estrichplatte verlegte Heizungsrohre oder sonstige Installationen können Schallbrücken bilden. Unsauber verlegte Installationsleitungen, die in Teilbereichen über die Trittschalldämmplatten hinausragen, werden in den Estrich eingegossen. Besonders kritisch sind Kreuzungen von Heizungsrohren. Es wird empfohlen, diese durch eine sorgfältige Planung zu vermeiden, da die ordnungsgemäße (d. h. schallbrückenfreie) Ausführung einen entsprechend höheren Estrichaufbau erfordert.

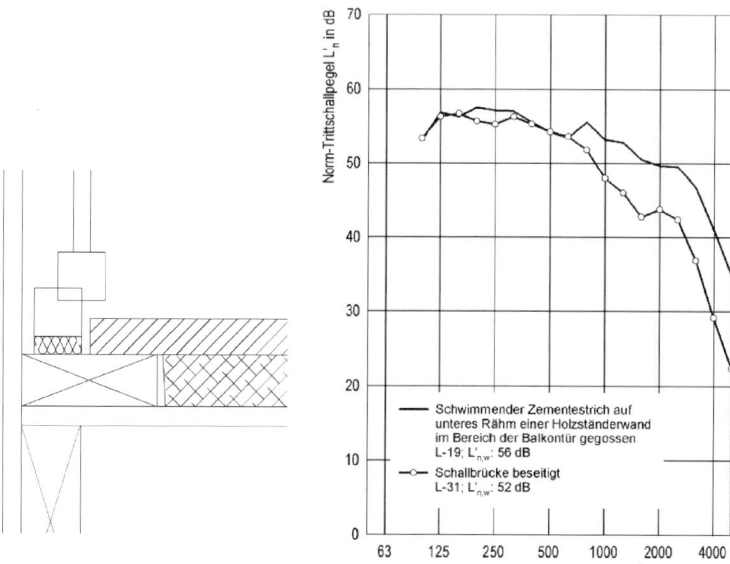

Bild 21. Norm-Trittschallpegel einer Holzbalkendecke mit Schallbrücke über aufgegossenem Zementestrich (aus [39]), Ist-Zustand, d. h. mit aufgegossenem Zementestrich $L'_{n,w}$ = 56 dB und sanierte Holzbalkendecke $L'_{n,w}$ = 52 dB

- Bei gefliesten Böden werden oftmals an den Wänden eine Reihe Randfliesen befestigt. Durch eine unsachgemäße Montage kann Fliesenkleber in die Randfuge zwischen Estrich und Wand gelangen und beim Aushärten eine linien- oder punktförmige Schallbrücke ausbilden. Wird die Fuge zwischen Wand und Bodenfliesen mit normalem Ausfugmaterial geschlossen, wird systematisch eine Körperschallbrücke eingebaut. Bild 22 zeigt den Einfluss von mangelhaft montierten Wandfliesen auf die Schalldämmung im Vergleich mit dem sanierten Zustand. Im Schadensfall muss die gesamte umlaufende Estrichfuge gesäubert und mit dauerelastischem Dichtstoff versiegelt werden.
- Durch die Verwendung eines Nagelbretts bei der Verlegung des Estrichs kann es zu Beschädigungen der Trittschalldämmplatten und nachfolgend zu einem Eindringen der Estrichmasse in die beschädigten Dämmplatten kommen, insbesondere wenn der Estrich zu dünnflüssig ist. Hieraus resultieren dann punktweise Schallbrücken in der Fläche, die zu einer Reduzierung der Trittschalldämmung führen.

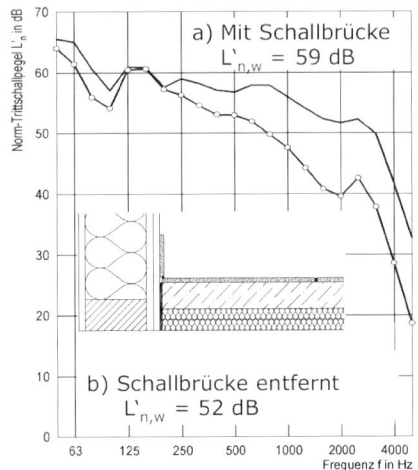

Bild 22. Norm-Trittschallpegel einer Decke mit mangelhaft montierten Randfliesen ($L'_{n,w}$ = 59 dB) und mit entfernten Randfliesen und gesäuberter Estrichfuge ($L'_{n,w}$ = 52 dB), aus [39]

Falsches Einbringen der Rohdeckenbeschwerung

Die Beschwerung von Holzdecken zur Verbesserung der Trittschalldämmung ist ein übliches Verfahren. Um hier die optimale Schalldämmung erreichen zu können, sind die Verarbeitungshinweise der Hersteller sowie die Hinweise in den verschiedenen Regelwerken [5] und der Literatur [30] zu beachten. Nachfolgend sind einige Beispiele für häufige Fehler aufgelistet:
- Rohdeckenbeschwerung aus Betonplatten: Die Platten werden nicht, wie vorgeschrieben, auf die Verlegeplatten geklebt, sondern nur aufgelegt (siehe als Beispiel Tabelle 22).
- Schüttungen aus Sand sind nicht gegen Verschieben gesichert oder zeigen Setzungserscheinungen, weil die Schüttung nicht verdichtet wurde. Hierdurch können lokale Unebenheiten entstehen.
- Wird als reine Beschwerungsmaßnahme anstelle einer elementierten Plattenbeschwerung vollflächig eine Zementestrichschicht auf die Rohdecke gegossen, so wird hiermit keine biegeweiche Beschwerung realisiert. Es werden hier höhere Norm-Trittschallpegel gemessen im Vergleich zur Ausführung mit einer elementierten Plattenbeschwerung gleicher Masse. Versucht man diese Zementestrichschicht durch einen Kellenschnitt zu elementieren, so besteht die Gefahr, dass die Estrichmasse vor dem Abbinden im unteren Bereich wieder zusammenfließt und eine biegesteife Platte bildet.

Unzureichende Entkopplung der Unterdecke

Beim Einsatz von Federschienen zur Abhängung einer Unterdecke muss eine Entkopplung der Unterdecke von der Tragkonstruktion erfolgen. Hierzu ist es notwendig, dass die Federschienen bei der Montage locker in den Schraubenköpfen hängen. Werden die Federschienen durch die Schrauben fest an die Balken gepresst, so stellt dies eine steife Kopplung dar und die Federwirkung geht z. T. verloren (Bild 23). Beim Einsatz in Holzbalkendecken ist durch diesen Fehler bei

Tabelle 22. Bewerteter Norm-Trittschallpegel $L_{n,w}$ und Schalldämmmaß R_w einer Brettstapeldecke mit unterschiedlicher Ausführung der Plattenbeschwerung), aus [39]

Beschwerungen: Betonplatten 40 × 300 × 300 mm	
in 8 mm Sandbett	lose aufgelegt – raue Seite unten
$L_{n,w}$ = 44 dB R_w = 73 dB	$L_{n,w}$ = 46 dB R_w = 71 dB

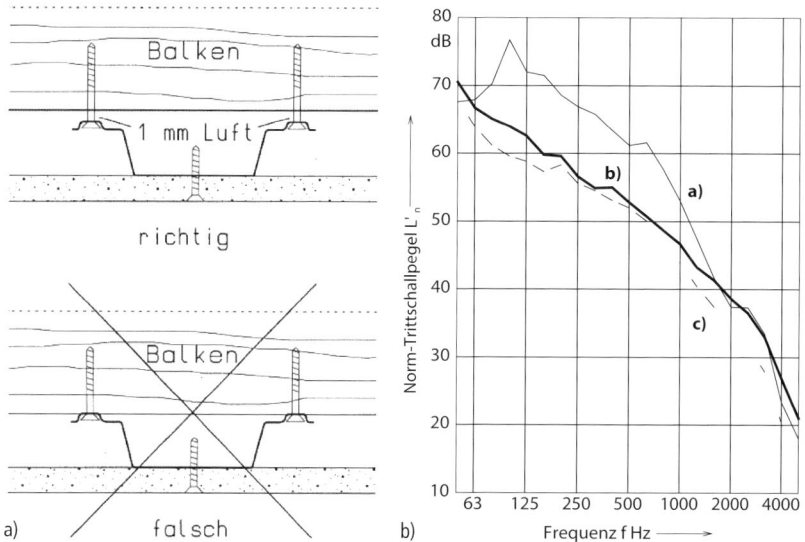

Bild 23. Montage einer Federschiene an einer Holzbalkendecke, a) Darstellung von korrekter und falscher Montage, aus [39]; b) Norm-Trittschallpegel einer Holzbalkendecke mit unterschiedlich montierten Unterdecken
Messung a): Unterdecke an Lattung montiert ($L'_{n,w}$ = 63 dB)
Messung b): Unterdecke an Federschienen montiert, Schrauben fest angezogen ($L'_{n,w}$ = 53 dB)
Messung c): Unterdecke an Federschienen montiert, Schrauben lose ($L'_{n,w}$ = 51 dB)

der Montage mit Verlusten in der Trittschalldämmung von ca. 2 bis 3 dB zu rechnen.

3 Wände in Holzbauweise

Im Rahmen dieser Publikation wird die Schalldämmung von Innen- und Außenwänden in Holzbauweise beschrieben. Zum Anwendungsbereich zählen vor allem Wohnungstrennwände und Gebäudetrennwände, aber auch Wände im eigenen Wohnbereich. Es wird hierbei die Schalldämmung der reinen Wandkonstruktion betrachtet. Die Schalldämmung von Einbauten wie Fenstern, Türen, Oberlichten, Lüftungselementen oder anderen Elementen soll hier außen vorgelassen werden. Einige dieser Bauteile werden im Kapitel Fenster und Türen dieses Bauphysikkalenders behandelt.

3.1 Konstruktive Details von Wandkonstruktionen

Die meisten Wandkonstruktionen im Holzbau lassen sich unabhängig von ihrem konkreten Einsatz auf wenige Grundkonstruktionen der Wand zurückführen.

3.1.1 Holzständerkonstruktionen

Holzständerwände als Innen- oder Außenwände bestehen aus einem Ständerwerk (Holzständer, Rähm) aus Vollholz [31] oder aus Stegträgern, die mindestens einseitig mit Plattenmaterialien beplankt sind und deren Hohlräume mit einer Hohlraumdämmung ausgefüllt sind (Bild 24 und Bild 25). Die für die Schalldämmung wesentlichen Einflussparameter sind:

a) Beplankungen

  Üblich sind Beplankungen aus Holzwerkstoffen (Spanplatte, OSB, Zementgebundene Spanplatte, Holzfaserplatte) oder Gipswerkstoffen (Gipskartonplatte, Gipsfaserplatte). Darüber hinaus können auf den Beplankungen noch weitere Bauteile wie Installationsebenen oder wie bei Außenwänden ein WDVS angebracht sein. Hinsichtlich der schalltechnischen Eignung sind folgende Materialeigenschaften maßgeblich:
  - flächenbezogene Masse, ergibt sich aus Rohdichte und Dicke des Plattenmaterials;
  - Biegesteifigkeit, bestimmt die Lage der Koinzidenzgrenzfrequenz (ergibt sich aus Rohdichte, Dicke und E-Modul des Plattenmaterials);
  - Biegemodul, bestimmt (zusammen mit dem Rastermaß des Ständerwerks) die Lage der Eigenfrequenzen der Plattenschwingungen der Beplankung und ergibt sich aus E-Modul und Flächenträgheitsmoment. Für eine Verbesserung der Schalldämmung einer Holzständerwand ist eine Erhöhung der Masse bei gleichzeitiger Biegeweichheit der Beplankungen (d. h. $f_c \geq 2500$ Hz) anzustreben. Je nach Anwendungszweck (Optimierung des R_w/Verbesserung der Schalldämmung bei tiefen Frequenzen) kann auch eine separate Betrachtung der Eigenschwingungen der Beplankungen erforderlich sein.

b) Befestigung der Beplankungen
Die Beplankungen wirken akustisch gesehen als schallaufnehmende bzw. schallabstrahlende Flächen (zu vergleichen mit den „Membranen" eines Mikrofons/Lautsprechers). Durch eine Unterbrechung der Schallübertragung von schallaufnehmender zu schallabgebender Fläche kann die Schalldämmung der Konstruktion verbessert werden. Konstruktiv kann dies durch eine Trennung des Ständerwerks oder eine Montage der Beplankung auf Federschienen erreicht werden[5].

c) Hohlraumdämmung
Der schalltechnische Einfluss der Hohlraumdämmung besteht aus der schallabsorbierenden Wirkung im Hohlraum, weshalb für diesen Zweck fast ausschließlich Faserdämmstoffe eingesetzt werden. Darüber hinaus macht sich bei einigen Dämmstoffen auch die Massenerhöhung sehr positiv bemerkbar. Bei druckfesten Dämmstoffen kann durch den Kontakt zur Beplankung eine verstärkte Schallübertragung resultieren. Bei solchen Materialien sollte man darauf achten, dass sie nicht dicker als das Ständerwerk sind, damit die Dämmung keinen Druck auf die Beplankungen ausübt. Weiterhin sollten die Dämmplatten ohne seitlichen Luftspalt zwischen das Ständerwerk eingepasst werden. Beim Einsatz von Einblasdämmstoffen sollte darauf geachtet werden, dass sich keine unausgefüllten Hohlräume bilden.

d) Einfluss von Ständerwerk und Raster
Die Ständertiefe hat je nach Art der Beplankung nur einen verhältnismäßig geringen Einfluss auf die Schalldämmung. Bei umfangreichen Messreihen an Holzständerwänden wurde festgestellt, dass eine Verringerung der Ständertiefe von 160 mm auf 60 mm nur einen Verlust im bewerteten Schalldämmmaß R_w von 0 bis 4 dB zur Folge hat. Eine Änderung im Ständerraster verschiebt die Eigenfrequenzen der Beplankungen stark [43,62]. Hierdurch erfolgt eine deutliche Änderung im mittel- bis tieffrequenten Bereich der Schalldämmkurve. Geht man von einem Ständerraster von 625 mm aus, so ergibt eine Verkleinerung des Rastermaßes in den meisten Fällen eine Verbesserung in der tieffrequenten Schalldämmung, allerdings auch eine Verschlechterung im R_w. Durch die Vergrößerung des Ständerrasters wird in der Regel eine Verbesserung im R_w erzielt. In der Beispielsammlung der DIN 4109-33 [5] werden mit einzelnen Ausnahmen nur Wände mit einem Ständerraster von 62,5 cm gezeigt, weil dies in Deutschland der übliche Fall ist. Hiervon abweichende Konstruktionen müssen separat beurteilt oder gemessen werden. Da Ständerwerk und Rähm konstruktive Schallbrücken sind, wird bei hochschalldämmenden Konstruktionen, wie z. B. Wohnungstrennwänden, versucht, die Schallübertragung durch eine Trennung von Ständerwerk und Rähm zu reduzieren. Durch eine Trennung des Ständerwerks allein kann bereits eine deutliche Verbesserung der Schalldämmung erreicht werden, jedoch wird die vollständige Entkopplung der beiden Beplankungsschalen erst bei der zusätzlichen Trennung des gesamten Rähms erreicht, siehe hierzu auch den Vergleich in der Bauteilsammlung der DIN 4109-33 [5].

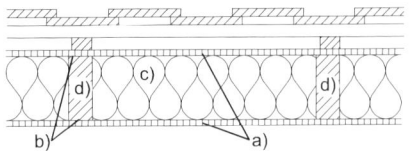

Bild 24. Beispiel für eine Holzständerkonstruktion als Außenwand

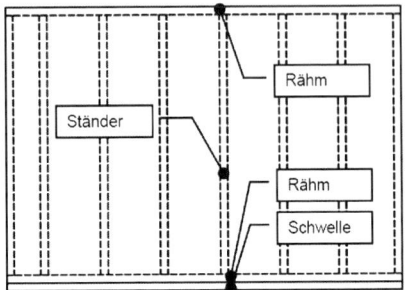

Bild 25. Begriffe zur Konstruktion von Holzständerkonstruktion

3.1.2 Massivholzkonstruktionen

Bei Massivholzkonstruktionen besteht die Grundwand aus einer massiven Holzkonstruktion (Bild 26). Diese wird beispielsweise aus Brettstapeln, mehrlagig verklebten Brettlagen, Blockbohlen, kreuzweise verklebten Holzlatten mit Hohlräumen, bzw. auch durch starke OSB- oder Spanplatten realisiert. Andere Massivholzkonstruktionen sind denkbar. Die für die Schalldämmung wesentlichen Einflussparameter sind:

a) Gesamtdicke der Grundkonstruktion
Die maximal mögliche Schalldämmung der Konstruktion wird durch deren Flächengewicht und Biegesteifigkeit bestimmt.

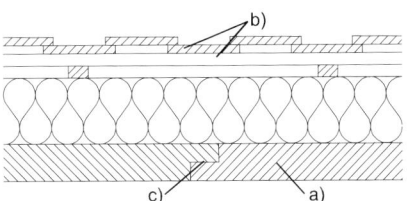

Bild 26. Beispiel für eine Außenwand als Massivholzkonstruktionen

---
[5] Es ist zu beachten, dass bei einer Montage der raumseitigen Beplankungen über Federschienen der Eindruck einer nachgiebigen Wand entstehen kann.

b) Verkleidungen

Prinzipiell kann die Schalldämmung durch Verkleidungen (z. B. Wärmedämmung) oder Beplankungen aus Plattenmaterialien (üblicherweise Gipskarton- oder Gipsfaserplatten) evtl. in Verbindung mit einer Vorsatzschale deutlich erhöht werden. Einige Systeme benötigen auch aus Gründen des Brand- bzw. Wärmeschutzes zusätzliche Beplankungen der Wandkonstruktion.

c) Fugenschall

Massivholzwände werden in der Regel als elementierte Bauteile gefertigt. Diese Elemente werden an der Baustelle über unterschiedliche Verbindungssysteme miteinander gekoppelt. Bei kleinformatigen Elementen (40 bis 100 cm Breite) kann der über diese Verbindungsfugen übertragene Fugenschall die Schalldämmung der Grundkonstruktion maßgebend beeinflussen. Bei wandgroßen Bauteilen spielen diese Effekte des Fugenschalls keine Rolle mehr. Die Größe des Fugenschalls hängt von den tatsächlichen Einbaubedingungen (Kopplung, Fugenbreite) ab und kann nicht pauschal angegeben werden. Durch eine Beplankung der Grundkonstruktion auf zumindest einer Seite (z. B. durch GKB-Platten, Außenwärmedämmung, Vorsatzschale) wird der Fugenschall deutlich reduziert.

3.2 Holzwände in unterschiedlichen Anwendungsbereichen

3.2.1 Innenwände

Bei Innenwänden ist zu unterscheiden zwischen Wänden, die innerhalb des eigenen Wohn- oder Arbeitsbereichs eingesetzt werden und Wohnungstrennwänden, die fremde Wohn- und Arbeitsbereiche voneinander trennen. Innenwände innerhalb des eigenen Wohn- und Arbeitsbereichs unterliegen nicht dem Anforderungsniveau der DIN 4109 und werden daher in aller Regel als einfache Holzständerwände ohne besondere Maßnahmen zur Erhöhung der Schalldämmung ausgeführt. Für die Schalldämmung von Wohnungstrennwänden wird von der DIN 4109-1:2018-01 ein bewertetes Schalldämmmaß R'_w = 53 dB vorgeschrieben. Um diesen Schalldämmwert nachzuweisen, muss neben der Schalldämmung der Wand auch die Flankenschalldämmung für alle relevanten Nebenwege bekannt sein. Ein Zielwert für die erforderliche Schalldämmung der Wand kann aus einer Anmerkung in DIN 4109-2:2018-01, Abschnitt 4.2.4, gewonnen werden. Danach wird die resultierende Schalldämmung R'_w zwischen zwei Räumen eingehalten, wenn die bewerteten Schalldämmmaße bzw. Norm-Flankenschallpegeldifferenzen für jeden einzelnen Schallübertragungsweg um mindestens 7 dB über dem Anforderungswert von R'_w liegen, d. h.: R_w (Trennwand als Laborprüfwert) $\geq R'_w$ +7 dB, $D_{n,f,w}$ (flankierende Bauteile, Laborprüfwert) $\geq R'_w$ + 7 dB.[6]

Für den Fall einer Wohnungstrennwand nach DIN 4109-1 ist in diesem Nachweisverfahren eine Schalldämmung der Trennwand allein von $R_w \geq 60$ dB erforderlich. Diese Schalldämmwerte können mit einfachen Holzständerwänden nicht erreicht werden, hier müssen optimierte Konstruktionen eingesetzt werden, siehe z. B. Tabelle 25.

3.2.2 Außenwände

Übliche Außenwandkonstruktionen bauen auf den oben beschriebenen Grundkonstruktionen auf. Auf die Grundkonstruktion (Holzständer- oder Massivholzwand) wird eine Außenwärmedämmung aufgebracht und – falls erforderlich – noch eine innenseitige Vorsatzschale und Installationsebene. Die prinzipielle schalltechnische Wirksamkeit dieser Wandkonstruktion wird in Bild 27 und Tabelle 23 dargestellt. Durch das Aufbringen einer außenseitigen Wärmedämmung auf die Grundwandkonstruktion wird in diesem Beispiel die Schalldämmung der Wandkonstruktion hauptsächlich bei hohen Frequenzen verbessert. Im Mittel- bis Tieftonbereich bleibt die Schalldämmung gleich oder wird nur geringfügig erhöht. Durch das zusätzliche Anbringen einer Installationsebene kann die Schalldämmung bei hohen und mittleren Frequenzen noch weiter gesteigert werden. Im Tieftonbereich werden jedoch keine Verbesserungen im Vergleich zur Konstruktion ohne Vorsatzschale festgestellt. Eine raumseitige Vorsatzschale ist daher ein geeignetes Mittel zur Erhöhung des bewerteten Schalldämmmaßes R_w – im Beispiel aus Bild 27 wird das bewertete Schalldämmmaß R_w um 8 dB erhöht. Eine Verbesserung der Schalldämmung im Tieftonbereich ist mit einer zusätzlichen Installationsebene allein jedoch nicht zu realisieren. Konstruktionen mit einer verbesserten Schalldämmung bei tiefen Frequenzen werden in Abschnitt 3.5 beschrieben. Auf Grundlage einer größeren Messreihe sowie einer Literaturrecherche wurden in [40] für Außenwände in Holzkonstruktion die typischerweise zu erwartenden Schalldämmmaße zusammengetragen. Die bei Einsatz verschiedener Wärmedämmsysteme ermittelten Schalldämmwerte wurden in Tabelle 24 zusammengestellt und mit aktuellen Messungen ergänzt. Hierbei wurden die Wände entsprechend ihrer konstruktiven Eigenschaften zu Gruppen zusammengefasst. Die Schalldämmung innerhalb dieser Gruppen kann noch entsprechend der Materialeigenschaften wie z. B. der eingesetzten Dämmplatten schwanken, entscheidend sind hier deren Rohdichte und dynamische Steifigkeit.

3.2.3 Gebäudetrennwände in Holzbauweise

Die Konstruktionsweise einer Gebäudetrennwand wird hauptsächlich durch die Anforderungen der Sta-

---

6) Die kombinierten Flankenübertragungswege Fd und Df werden im Nachweisverfahren der DIN 4109-2 [3] für den Holz- und Leichtbau nicht mitberücksichtigt.

Tabelle 23. Holzständer-Außenwandkonstruktionen
Außenwand mit Wärmedämmung (60 mm Holzfaserdämmplatte, Konstruktion b)) und mit zusätzlicher Vorsatzschale (Konstruktion c)) im Vergleich zu einer Holzständerwand mit beidseitig OSB-Beplankung (Konstruktion a)), Schalldämmkurven siehe Bild 27, die angegebenen Schalldämmmaße R_w sind Labor-Messwerte, Ständerraster jeweils 62,5 cm, die Außenwandkonstruktionen b) und c) besitzen keine außenseitige Beplankung aus OSB, aus [40]

Kurzbeschreibung	Schnitt	Gesamtdicke in [mm]	R_w (C; C_{tr}) in [dB]
a) Holzständerwand mit beidseitig OSB-Beplankung		190	37 (−2;−4)
b) Holzständer-Außenwand mit 60 mm WDVS		243	46 (−1;−6)
c) Holzständer-Außenwand mit 60 mm WDVS und Vorsatzschale		301	54 (−1;−6)

Tabelle 24. Schalldämmmaße von Holzwänden als Außenwänden n ist die Anzahl der Messungen, aus [40]

Wand	Beschreibung		n	R_w
Holzständerwand 120–160 mm mit Hohlraumdämmung: 100 mm–160 mm als Faserdämmstoff und außenseitig 60 mm–80 mm WDVS	WDVS mit Holzfaserdämmplatten[1)]		8	44–46 dB
	WDVS mit Mineralfaser		4	44–48 dB
	WDVS mit Polystyrol		5	43–45 dB
Massivholzwand aus 80–235 mm Massivholz mit außenseitiger Verkleidung aus Boden-Deckel-Schalung auf 160 mm Holzfaserdämmplatte	ohne Installationsebene		7	45–51 dB
	mit Installationsebene		7	53–57 dB

[1)] Im Gegensatz zu Wärmedämmsystemen aus Polystyrol und Mineralfaser können Holzfaserdämmplatten auch ohne äußere Beplankung direkt auf den Ständer montiert werden.

tik und des Brandschutzes diktiert. Üblicherweise werden in Deutschland hierzu zwei auf Abstand gesetzte Wandscheiben eingesetzt, wie beispielhaft in Bild 28 dargestellt. Der Einsatz von Gipskarton- oder Gipsfaserplatten ist durch die Anforderungen des Brandschutzes begründet. Wird die konsequente Trennung der beiden Schalen der Gebäudetrennwand auch in den Anschlussbereichen durchgezogen, so können, mit einzelnen Ausnahmen, Nebenwegübertragungen vernachlässigt werden. Eine wichtige Ausnahme betrifft die Schalldämmung im Dachgeschoss. Hier kann die Schall-Längsleitung über die Dachfläche zu einer nicht zu vernachlässigenden Verschlechterung der Schalldämmung führen. Die Schall-Längsdämmung über

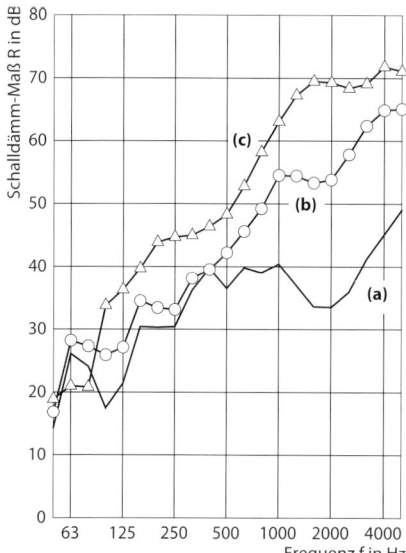

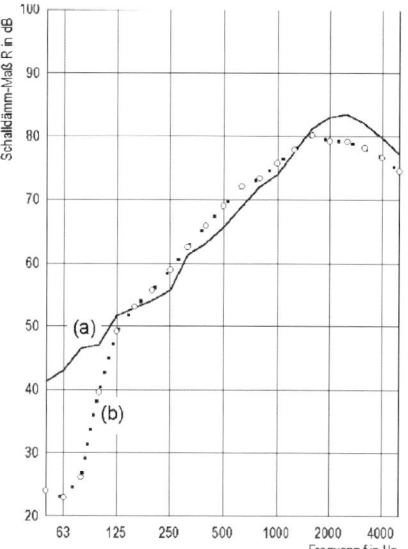

Bild 27. Schalldämmung einer Holzständer-Außenwand-Konstruktionen lt. Tabelle 23 (aus [40])
a) Holzständerwand mit beidseitig OSB-Beplankung, $R_w = 37$ dB
b) Holzständer-Außenwand mit 60 mm WDVS, $R_w = 46$ dB
c) Holzständer-Außenwand mit 60 mm WDVS und Vorsatzschale, $R_w = 54$ dB

Bild 29. Schalldämmung von Gebäudetrennwänden in Standard-Holzständerbauweise (Mittelwert: Kurve b) verglichen mit dem Mittelwert von Gebäudetrennwänden in Mauerwerksbauweise (Kurve a)

ein Steildach ist bei einer Gebäudetrennwand deshalb zu berücksichtigen. Diese Wandkonstruktionen können bei mangelfreier Ausführung bereits bewertete Schalldämmmaße von $R_w \geq 66$ dB erbringen. Die Schalldämmung bei mittleren und hohen Frequenzen ist hierbei sehr gut und wie Bild 29 zeigt, vergleichbar mit den Resultaten von Mauerwerks- und Betonwänden. Unterschiede zwischen den Bauweisen zeigen sich jedoch bei tiefen Frequenzen, insbesondere unterhalb von 100 Hz. Bewohner können diese tieffrequenten Schallübertragungen als „Dröhnen" wahrnehmen. Für die Schallübertragungen bei tiefen Frequenzen sind hauptsächlich Eigenschwingungen der Beplankungen verantwortlich [43]. Durch eine geschickte Wahl der Plattenwerkstoffe und des Ständerabstands können die Schallübertragungen bei tiefen Frequenzen stark reduziert werden. In Abschnitt 3.5 werden Beispiele für Gebäudetrennwände in Holzbauweise vorgestellt, die auch bei niedrigen Frequenzen eine hohe Schalldämmung erzielen.

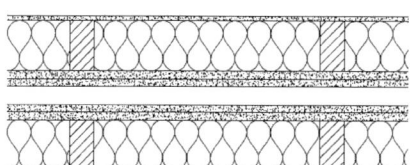

1) 1 Lage Gipsbauplatte
2) 120/60 mm Holzständer mit 120 mm Faserdämmstoff
3) 2 Lagen Gipsbauplatten
4) 45 mm Trennfuge ohne Dämmstoff
5) 2. Schale symmetrisch aufgebaut

Bild 28. Prinzipskizze Gebäudetrennwand aus Holzständerwänden mit Aufbau. Zusätzlich zu den hier beschriebenen Gipsbauplatten werden bei tragenden Wänden häufig auch OSB oder Spanplatten eingesetzt.
1) 12,5 mm Gipsfaserplatte mit einem Flächengewicht von mindestens 15 kg/m² oder als 12,5 mm Gipskartonplatte GKF mit einem Flächengewicht von mindestens 10 kg/m²
2) Holzständer aus konstruktivem Vollholz mit Ständerraster 62,5 cm mit Faserdämmstoff als Mineralfaserdämmstoff mit Rohdichte = 30–50 kg/m³ und Strömungswiderstand r ≥ 5 kN s/m⁴ oder Zellulosedämmstoff mit Rohdichte = 45–60 kg/m³ und Strömungswiderstand r ≥ 5 kN s/m⁴
3) 2 × 15 mm Gipsfaserplatte mit einem Flächengewicht von mindestens 18 kg/m² oder als 2 × 18 mm Gipskartonplatte GKF mit einem Flächengewicht von mindestens 15 kg/m²

3.2.4 Flankenschalldämmung von Holzständerwänden

Messungen der Flankenschalldämmung von Holzständer-Außenwänden haben gezeigt [36, 38], dass die raumseitige Beplankung der Holzständerwände wesentlich die Längsschallübertragung beeinflusst. Eine Trennung der Beplankung im Bereich des Bauteilanschlusses erhöht die Längsschalldämmung um 3 bis 5 dB. Durch eine doppelte innere Beplankung wird die Längsschalldämmung in einer ähnlichen Größenordnung von 3 dB bis 4 dB erhöht. Die Rahmenkonstruktion und die Art des Dämmmaterials sind für die Beurteilung der Flankenschallübertragung weniger ausschlaggebend. Nur eine vollständige Trennung der Wände im Bereich der Stoßstelle bewirkt eine zusätzliche Verbesserung der Längsschalldämmung. Der Einsatz von elastischen Zwischenlagen zwischen vollständig getrennten Wänden kann sinnvoll sein, wenn die Anforderung an die Schalldämmung hoch und aus statischen Gründen ein mechanischer Verbund der Wände erforderlich ist. Durch die Verwendung von Vorsatzschalen kann die Flankenübertragung nahezu unterdrückt werden. Die Verbesserungen durch die Vorsatzschale bei der Flankenübertragung korrelieren nicht vollständig mit den Luftschall-Verbesserungsmaßen ΔR und ΔR_w, die man durch die identische Vorsatzschale bei der Luftschalldämmung erzielen würde. Demnach ist das Luftschallverbesserungsmaß auf die Längsschalldämmung von Holzständerwänden nicht direkt übertragbar. Bei der Betrachtung der Flankenschalldämmung ist die Verbesserung der Schalldämmung durch Vorsatzschalen höher verglichen mit der Betrachtung bei der direkten Dämmung (Transmissionsschalldämmung), insbesondere im Bereich der Doppelschalenresonanz der Holzständerwand. Die Verwendung von Federschienen zur Verbesserung der schalldämmenden Wirkung der Vorsatzschale hat bei den untersuchten Wänden keinen wesentlichen Einfluss, im Vergleich zu Holzleisten. In vielen Gebäuden werden Vorsatzschalen als Installationsebene eingesetzt.

Zur Erhöhung der Schalldämmung zwischen zwei Räumen ist diese Maßnahme gut geeignet, um die Flankenschallübertragung zu vermeiden. In Fällen mit tieffrequenten Anregungsspektren (z. B. Straßenverkehr, Diskomusik) kann die Verwendung von Vorsatzschalen jedoch zur geringfügigen Verschlechterung der Schalldämmung führen.

3.2.5 Flankenschalldämmung von Massivholzwänden

Da die Rechenregeln und Gesetzmäßigkeiten für die Flankenschalldämmung von Massivholzwänden sehr ähnliche zu denen von Massivholzdecken sind, wird die Flankenschalldämmung dieser Bauteile im Abschnitt Flankenübertragung von Massivholzdecken (Abschnitt 2.4.4) mitbehandelt.

3.2.6 Bauteilsammlung für Holzwände

Im Zusammenhang mit der Erarbeitung einer neuen Beispielsammlung zur neuen DIN 4109 wurde von der PTB Braunschweig [41] ein Bauteilkatalog für den Holz- und Skelettbau erarbeitet, der auch Beispiele von Innenwänden, Außenwänden und Gebäudetrennwänden enthält, die im Folgenden auszugsweise in Tabelle 25 bis Tabelle 28 dargestellt werden. Neben den aus DIN 4109-33 entnommenen Beispielen sind hier auch exemplarisch Konstruktionen aus anderen Bauteilsammlungen ([33, 47]) aufgelistet.

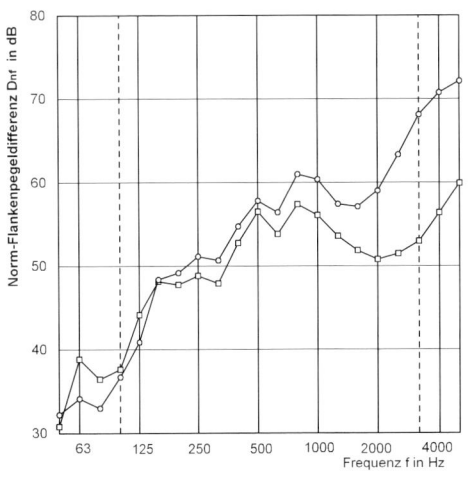

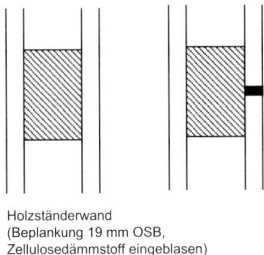

Holzständerwand
(Beplankung 19 mm OSB, Zellulosedämmstoff eingeblasen)

Bild 30. Längsschalldämmung einer Holzständerwand mit durchgehender und getrennter Beplankung aus [38], Beplankung durchgehend $D_{n,f,w}(C; C_{tr}) = 53(-1; -2)$ dB; Beplankung getrennt $D_{n,f,w}(C; C_{tr}) = 58(-1; -5)$ dB

Tabelle 25. Beispielsammlung Innenwände, Auszug aus [5, 33]

Nr.	Zeichnung	Beschreibung	Beplankung	R_w (C; C_{tr}) in [dB]
1		Einfach beplankt Schalenabstand ≥ 140 mm Dämmstoffdicke ≥ 120 mm Raster 625 mm Holzständer 140/60	GKB 12,5 mm	41 (–2;–7)
			GF 12,5 mm	44 (–2;–4)
			HW 15 mm	36 (–2;–7)
2		Doppelt beplankt Schalenabstand ≥ 60 mm Dämmstoffdicke ≥ 40 mm Raster 625 mm Holzständer 60/60	GKB 12,5 mm GKB 12,5 mm	43 (–1;–5)
			GF 10 mm GF 12,5 mm	47 (–2;–5)
3		140 mm Massivholzelement	–	38 (0;–3)
4		80 mm Massivholzelement	GF 18 mm GF 18 mm GF 18 mm GF 18 mm	47 (–1;–4)
5		Doppelt beplankt Schalenabstand ≥ 140 mm Dämmstoffdicke ≥ 140 mm Raster 625 mm Getrennte Ständer 60/60 Getrennter Rähm und Schwelle	GF 10 mm GF 12,5 mm	66 (–3;–7)
6		Vorsatzschale auf Federschiene 27 mm mit Dämmung Raster 625 mm Schalenabstand 140 mm Dämmstoffdicke 140 mm Raster 625 mm Holzständer 60/140	GKB 12,5 mm HW 13 mm HW 13 mm HW 13 mm GKB 12,5 mm	60 (–5;–12)
7		Vorsatzschale freistehend 75 CW-Profil mit 30 mm Abstand und 60 mm Dämmung, Raster 625 mm Dämmstoffdicke > 80 mm Raster 625 mm Holzständer 60/100 Schalenabstand 100 mm	GKF 12,5 mm HW 13 mm HW 13 mm GKF 12,5 mm GKF 12,5 mm	64 (–8;–17)
8		Vorsatzschale freistehend 75 CW-Profil mit 10 mm Abstand und 75 mm Dämmung Raster 625 mm 90 mm Massivholzelement	GKF 12,5 mm GKF 12,5 mm GKF 12,5 mm	62 (–2;–7)

Tabelle 26. Beispielsammlung Gebäudetrennwände, Auszug aus [5]

Nr.	Zeichnung	Beschreibung	Beplankung	R_w (C; C_{tr}) in [dB]
1		Schalenabstand 120 mm Wandabstand ≥ 40 mm ohne Dämmung Dämmstoffdicke 120 mm Raster 625 mm Holzständer 60/120	GKF 12,5 mm GKF 18 mm GKF 18 mm GKF 18 mm GKF 18 mm GKF 12,5 mm GF 12,5 mm GF 15 mm GF 15 mm GF 15 mm GF 15 mm GKF 12,5 mm	70 (−8;−16)
2		Schalenabstand 120 mm Wandabstand ≥ 40 mm ohne Dämmung Dämmstoffdicke 120 mm Raster 625 mm Holzständer 60/120	GF 15 mm GF 15 mm GF 12,5 mm GF 15 mm GF 15 mm GF 15 mm GF 15 mm GF 12,5 mm GF 15 mm GF 15 mm	69 (−1;−4)
3		Schalenabstand 60 mm Wandabstand ≥ 160 mm mit Dämmung Dämmstoffdicke ≥ 120 mm Raster 315 mm Holzständer 60/120	GKF 12,5 mm GKF 18 mm GKF 18 mm GKF 18 mm GKF 18 mm GKF 12,5 mm GF 12,5 mm GF 15 mm GF 15 mm GF 15 mm GF 15 mm GF 12,5 mm	66 (−2;−8)

Tabelle 26. Beispielsammlung Gebäudetrennwände, Auszug aus [5] (Fortsetzung)

Nr.	Zeichnung	Beschreibung	Beplankung	R_w (C; C_{tr}) in [dB]
4		Massivholz oder HW 80 mm Wandabstand ≥ 60 mm mit Dämmung Dämmstoffdicke ≥ 40 mm	GF 12,5 mm GF 15 mm GF 15 mm GF 15 mm GF 15 mm GF 12,5 mm	74 (−2;−8)

Tabelle 27. Beispielsammlung Außenwände, Auszug aus [5, 33]

Nr.	Zeichnung	Beschreibung	Beplankung	R_w (C; C_{tr}) in [dB]
1		WDVS, Putz ≥ 8 mm, Dicke Dämmstoff (Holzfaser) ≥ 60 mm Schalenabstand ≥ 160 mm Dämmstoffdicke ≥ 140 mm Raster 625 mm Holzständer 60/160	HW 15 mm	46 (−1;−6)
2		WDVS, Putz ≥ 8 mm, Dicke Dämmstoff (Holzfaser) ≥ 60 mm Schalenabstand ≥ 160 mm Dämmstoffdicke ≥ 140 mm Raster 625 mm Holzständer 60/160	HW 15 mm GF 12,5	50 (−1;−5)
3		Stülpschalung 22 mm auf 30 mm Lattung, Schalenabstand ≥ 200 mm Dämmstoffdicke ≥ 200 mm Raster 625 mm Stegträger	MD 16 HW 15 mm GKB 12,5	44 (−2;−7)
4		WDVS, Putz ≥ 8 mm, Dicke Dämmstoff (Holzfaser) ≥ 60 mm Schalenabstand ≥ 160 mm Dämmstoffdicke ≥ 140 mm Raster 625 mm Holzständer 60/160, Holzlattung 45 mm mit Dämmung, Raster 625 mm	HW 15 mm GKB 12,5	51 (−1;−6)

Tabelle 27. Beispielsammlung Außenwände, Auszug aus [5, 33] (Fortsetzung)

Nr.	Zeichnung	Beschreibung	Beplankung	R_w (C; C_{tr}) in [dB]
5		22 mm Holzwerkstoffplatte Holzlattung 40 mm ≥ 22 mm Dämmstoff (HF) ≥ 140 mm Dämmstoff (HF) 90 mm Massivholzelement Schwingbügel Holzlattung 60 mm mit Dämmstoff; Dicke ≥ 50 mm Schalenabstand ≥ 70 mm Raster 625 mm	GKF 12,5 GKF 12,5	59 (–3;–11)
6		WDVS, Putz ≥ 8 mm, Dicke Dämmstoff (HF) ≥ 60 mm + 100 mm ≥ 100 mm Massivholzelement	–	39 (–2;–5)

Tabelle 28. Beispielsammlung Flankenschalldämmung Außenwände (ohne und mit raumseitiger Vorsatzschale), Auszug aus [5, 47]

Nr.	Zeichnung	Beschreibung	Beplankung	$D_{n,f,w}$ (C; C_{tr}) in [dB] bei l_{lab} = 2,8 m
1		Einfach beplankt, Schalenabstand ≥ 160 mm Dämmstoffdicke ≥ 160 mm Raster 625 mm Holzständer 60/160 Innere Beplankung Durchlaufend	außen: MD 15 mm innen: HW 13 mm	53 (–1;–2)
2		Einfach beplankt, Schalenabstand ≥ 160 mm Dämmstoffdicke ≥ 160 mm Raster 625 mm Holzständer 60/160 Wände vollständig getrennt, keine Überbrückung der Trennfuge durch Schrauben, Rähm oder Trennwandrahmen	außen: MD 15 mm innen: HW 13 mm	68 (–3;–7)
3		Einfach beplankt, Schalenabstand ≥ 160 mm Dämmstoffdicke ≥ 160 mm Raster 625 mm Holzständer 60/160 Innere Beplankung durchlaufend Vorsatzschale 27 mm auf Federschiene oder Holzlattung mit Dämmung Vorsatzschale durch Trennwand unterbrochen	außen: MD 15 mm innen: HW 13 mm GF 12,5 mm	68 (–2;–8)

Tabelle 28. Beispielsammlung Flankenschalldämmung Außenwände (ohne und mit raumseitiger Vorsatzschale), Auszug aus [5, 47] (Fortsetzung)

Nr.	Zeichnung	Beschreibung	Beplankung	$D_{n,f,w}$ (C; C_{tr}) in [dB] bei l_{lab} = 2,8 m
4		Einfach beplankt, Schalenabstand ≥ 140 mm Dämmstoffdicke ≥ 140 mm Raster 625 mm Holzständer 60/140 mit Vorsatzschale (1 Lage 12,5 mm GKB auf Holzriegel 60/60) Außenwand für Einsatz in Hybridbauten vorgestellt, vollständige Elementtrennung in Trennwandebene	außen: MD 15 mm innen: HW 15 mm	70 (−3;−8)

Für Tabelle 25 bis Tabelle 28 sind folgende allgemeine Anmerkungen zu beachten:

1. Abkürzungen
- GKB: Gipsplatte nach DIN EN 520 [14] in Verbindung mit DIN 18180 [8], verarbeitet nach DIN 18181 [9], verspachtelt, flächenbezogene Masse m′ ≥ 8,5 kg/m², bezogen auf 12,5 mm Plattendicke
- GKF: Gips-Feuerschutzplatte nach DIN EN 520 [14] in Verbindung mit DIN 18180 [8], verarbeitet nach DIN 18181 [9], verspachtelt, flächenbezogene Masse m′ ≥ 10 kg/m², bezogen auf 12,5 mm Plattendicke
- GF: Gipsfaserplatte nach DIN EN 15283-2 [19], ρ ≥ 1100 kg/m³
- HW: Holzwerkstoffplatte OSB nach DIN EN 300 [11], Spanplatten nach DIN EN 309 [12] und DIN EN 312 [13] oder BFU-Platten nach DIN EN 315 und DIN EN 13986 [18], ρ ≥ 700 kg/m³, m ≥ 9,6 kg/m², Plattendicke ≤ 16 mm
- MD: Mitteldichte Faserplatte
- WDVS aus Holzfaserdämmplatte (HF), ρ ≥ 210 kg/m³
- Massivholzelemente aus Brettsperrholz oder Brettschichtholz ρ ≥ 460 kg/m³, alternativ auch Hohlkastenelemente

2. Hohlraumdämmstoffe
Dämmung aus Mineralfaserdämmstoff nach DIN EN 13162 [15], Holzfaserdämmstoff nach DIN EN 13171 [16] mit einem längenbezogenen Strömungswiderstand r ≥ 5 kNs/m⁴. Übermaß des Dämmstoffes in der Dicke ist zu vermeiden um eine schalltechnische Kopplung der Beplankungen zu verhindern.

Angegeben wird das bewertete Schalldämmmaß R_w (als Laborwert) und für einige Konstruktionen auch die bewertete Norm-Flankenschallpegeldifferenz $D_{n,f,w}$ (als Laborwert) jeweils mit dazugehörigen Spektrum-Anpassungswerten C und C_{tr}. Die angegebenen Kenngrößen wurden als Mittelwerte aus unabhängigen Messungen generiert. Im Rahmen der Projektarbeit wurden auch die Anzahl der ausgewerteten Messungen sowie die Standardabweichung σ angegeben [41]. Im Bauteilkatalog der neuen DIN 4109 [5] werden diese statistischen Größen nicht mit angegeben. Das Sicherheitskonzept der DIN 4109 sieht einen Abschlag von 2 dB (vereinfachter Sicherheitsbeiwert u'_{prog}) vor, wobei dieser auf den Planungswert erf. R'_w anzuwenden ist. Daher wurde hier auf eine Angabe der einzelnen Standardabweichung verzichtet.

3.3 Berechnungsbeispiel

Bei der Anwendung der Bauteilsammlung in der Praxis stellt man fest, dass für einige Flankenübertragungswege noch keine zuverlässigen Bemessungswerte der Norm-Flankenschallpegeldifferenz zur Verfügung stehen. In diesen Fällen wurde zum Teil auf Erfahrungswerte aus dem alten Beiblatt 1 zur DIN 4109:1989-11 und Herstellerangaben zurückgegriffen. Tabelle 29 zeigt ein Berechnungsbeispiel zur Prognose der Luftschalldämmung einer Holzwand im ausgeführten Bau. Die Berechnung wurde teilweise mit den Bemessungswerten (als Laborprüfwerte) aus [5,41] durchgeführt. Für den Fall, dass hier keine Kennwerte vorlagen, wurden Angaben aus dem o. g. Beiblatt 1 der DIN und Herstellerangaben herangezogen. Für den Nachweis in Deutschland ist zur Berücksichtigung von Unsicherheiten (z. B. Materialschwankungen, Messunsicherheiten etc.) ein Sicherheitsbeiwert zu berücksichtigen. Nach DIN 4109-2 wurde der vereinfachte Sicherheitsbeiwert mit u_{prog} = 2 dB festgelegt, der vom Endergebnis des res. R'_w subtrahiert wird.

3.4 Genauigkeit des Prognoseverfahrens

Die Verifizierung des in den Abschnitten 1.2.1 und 3.3 beschriebenen Prognoseverfahrens und der Eingangsdaten erfolgte in [41, 42] durch den Abgleich der prognostizierten Schalldämmung mit den Ergebnissen von Baumessungen. In die Prognose gingen die Schalldämmung der Trennwand sowie die Flankenschalldämmmaße der flankierenden Bauteile teilweise mit, z. T. ohne Abzug weiterer Vorhaltemaße ein. Die Standardabweichung zwischen den prognostizierten Schalldämmmaßen am Bau und den Messwerten betrug σ = 1,3 dB (bei 24 Messungen, Bild 31).

Tabelle 29. Berechnungsbeispiel zum Einrechnen der Flankenübertragung bei der Luftschalldämmung einer Holzständerwand, aus [42]

Geplante Konstruktion:	
Wandaufbau: 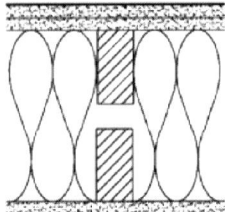	12,5 mm Gipsfaserplatte 10 mm Gipsfaserplatte 140 mm geteilter Holzständer 140 mm Mineralfaserdämmung 10 mm Gipsfaserplatte 12,5 mm Gipsfaserplatte Abmessung 3,90 m × 2,44 m
Flankierende Bauteile:	
F1	Innenwand, vollständig durch Wohnungstrennwand unterbrochen
F2	Außenwand mit 13 mm Holzwerkstoffplatte als raumseitiger Beplankung, Außenwand in Sende- und Empfangsraum vollständig getrennt
F3	Fußboden mit schwimmend verlegtem Estrich (Spanplatte auf 25 mm Mineralwolle)
F4	Deckenanschluss, Unterdecke aus 2 Lagen 12,5 mm Gipsfaserplatten, vollständig durch Wohnungstrennwand unterbrochen
Berechnung:	
Schalldämmung durch die Trennwand alleine, bewertetes Schalldämmmaß (ohne Flankenübertragung):	$R_w = 66$ dB ([5, 41])
Flankenschalldämmung F1	$D_{n,f,w} = 68$ dB (in Anlehnung an [5, 41]) $R_{Ff,w} = 68,4$ dB (nach Gl. (3))
Flankenschalldämmung F2	$D_{n,f,w} = 68$ dB ([5, 41]) $R_{Ff,w} = 68,4$ dB (nach Gl.(3))
Flankenschalldämmung F3	$D_{n,f,w} = 67$ dB ([5]) $R_{Ff,w} = 67,4$ dB (nach Gl. (3))
Flankenschalldämmung F4	$D_{n,f,w} = 67$ dB (aus Prüfbericht lt. Herstellerangabe) $R_{Ff,w} = 67,4$ dB (nach Gl. (3))
Ergebnis:	$R'_w = \underline{60\text{ dB}}$ (nach Gl. (2))

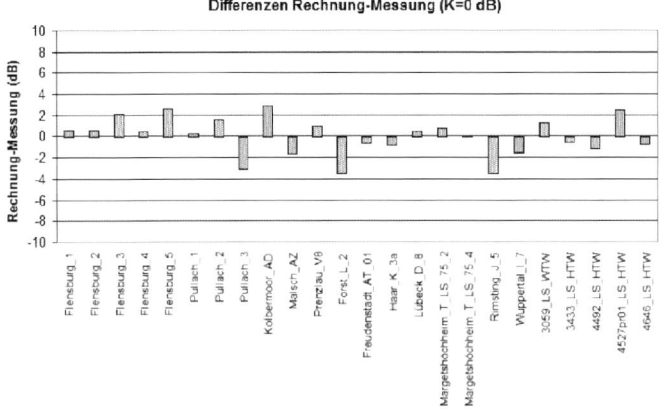

Bild 31. Abweichung zwischen berechnetem und gemessenem bewerteten Schalldämmmaß für verschiedene Bauvorhaben, bei positiven Abweichungen lag die Prognose auf der unsicheren Seite, bei negativen Abweichungen auf der sicheren Seite

3.5 Schalldämmung von Holzwänden bei tiefen Frequenzen

3.5.1 Anwendung für Gebäudetrennwände

Die schalltechnische Planung von Doppel- und Reihenhäusern verlangt eine besondere Sorgfalt, da der Bauherr einerseits ein Haus mit einer Grundrissgestaltung eines freistehenden Einfamilienhauses bewohnt, andererseits durch die Gebäudetrennwand in unmittelbarer Nähe an seinen Nachbarn grenzt. Die einschlägigen Normen berücksichtigen dies durch höhere Anforderungen an die Gebäudetrennwand gegenüber der Schalldämmung von Wohnungstrennwänden, allerdings werden die Anforderungen an das bewertete Bau-Schalldämmmaß R'_w gestellt [2], welches nur den Frequenzbereich von 100 Hz bis 3150 Hz berücksichtigt. Welche Besonderheiten sich bei Berücksichtigung der tieffrequenten Schalldämmung solcher Wände ergeben soll im Folgenden diskutiert werden.

Der Aufbau einer typischen Gebäudetrennwand in Holzständerbauweise ist in Bild 28 dargestellt. Die Beplankungen des Holzständerwerks (i. d. R. 60 × 120 bis 160 mm) bestehen (auch aus Gründen des Brandschutzes) aus Gipskarton-, Gipsfaser- und/oder Holzwerkstoffplatten. Das Ständerraster orientiert sich an den Plattenabmessungen (i. d. R. 625 mm). Die Breite der Trennfuge beträgt typischerweise 30–50 mm. In Bild 29 werden die Mittelwerte der frequenzabhängigen Schalldämmmaße von diesen typischen Gebäudetrennwänden in Holzständerbauweise mit denen in Mauerwerksbauweise verglichen.

Auf den ersten Blick werden mit den Holzständerwänden trotz des geringen Gewichts sehr gute Schalldämmwerte erzielt, da sie mit einer zweischaligen Massivwand (mit m′ ca. 350 kg/m² je Schale) bei mittleren bis hohen Frequenzen durchaus mithalten kann (R'_w ca. 68 dB).

Im tieffrequenten Bereich (50–80 Hz), der vom bewerteten Schalldämmmaß (R'_w) nicht erfasst wird, kommt es bei diesen Holzbaukonstruktionen jedoch zu einem Einbruch der Luftschalldämmung um bis zu 20 dB (s. Bild 29). Die Bewohner von Doppel- und Reihenhäusern nehmen diese Schallübertragung teilweise als Poltern oder Dröhnen war.

Umfangreiche Untersuchungen im Labor für Schall- und Wärmemesstechnik, dem heutigen Labor Bauakustik des ift Rosenheim, führten zu einer Veröffentlichung des INFORMATIONSDIENST HOLZ (Holzbau Handbuch R3/T3/F4 [32]). Hierbei zeigte sich, dass das Schwingungsverhalten von zwei Effekten geprägt wird, siehe Bild 32:

Die Eigenschwingung der Beplankung sowie die Doppelwandresonanz des zweischaligen Bauteils.

Die ersten Eigenfrequenzen ($f_{1,1}$, $f_{1,2}$) der Beplankungen lagen bei ca. 60 Hz. Höhere Eigenfrequenzen und -moden konnten bis ca. 400 Hz messtechnisch beobachtet werden. Die typischen Doppelwandresonanzen von zweischaligen Haustrennwänden ($f_{r,1}$, $f_{r,2}$) liegen im Bereich von 60 Hz bis 80 Hz. Mithin können bei-

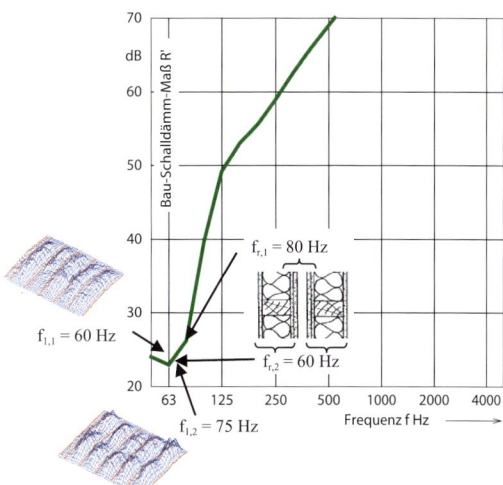

Bild 32. Abgleich der Schalldämmkurve von Gebäude-Trennwänden in Holzbauweise (aus Bild 28) mit den Doppelwandresonanzen ($f_{r,1}$, $f_{r,2}$) und den ersten Beplankungs-Eigenfrequenzen und -moden ($f_{1,1}$, $f_{1,2}$)

de Effekte zu den kritischen Schallübertragungen im tieffrequenten Bereich beitragen.

Es wurden folgende Verbesserungsansätze getestet:

a) Verschieben der Doppelwandresonanz zu niedrigeren Frequenzen
 Hierdurch wird einerseits der Resonanzeinbruch aus dem kritischen Frequenzbereich (50–80 Hz) herausgeschoben, andererseits wird der steile Anstieg der Schalldämmkurve oberhalb der Resonanzfrequenz f_r besser ausgenutzt.
 Konstruktiv wird dies durch eine Vergrößerung der Trennfugenbreite auf 150 bis 170 mm gelöst. Eine zusätzliche Bedämpfung der Resonanzschwingung kann durch die Anordnung von Faserdämmstoff in der Trennfuge erreicht werden. Um die Gesamtdicke der Trennwand nicht zu erhöhen. müsste die Ständertiefe der Holzstiele reduziert werden. Dies erlaubt der zweite schalltechnisch sinnvolle Ansatz

b) Unterdrücken der Eigenschwingungen der Beplankungen durch ein „Verstimmen" der Eigenfrequenzen
 Die Eigenschwingungen der Beplankung können im zu optimierenden Frequenzbereich (50–100 Hz) durch ein Verschieben ihrer Eigenfrequenzen unterdrückt werden. Wird die Beplankung steifer, treten die ersten Beplankungs-Eigenschwingungen bei höheren Frequenzen auf. Konstruktiv wird dieses „Verstimmen" durch eine Reduzierung des Ständerrasters auf 313 mm gelöst. Die erste Eigenschwingung wird dadurch auf ca. 230 Hz verschoben – also in einen Frequenzbereich, in dem die Holzbauwände eine fast 40 dB bessere Schalldämmung aufweisen. Dadurch tritt keine kritische Verschlechterung der Schalldämmung durch die Eigenschwingung der

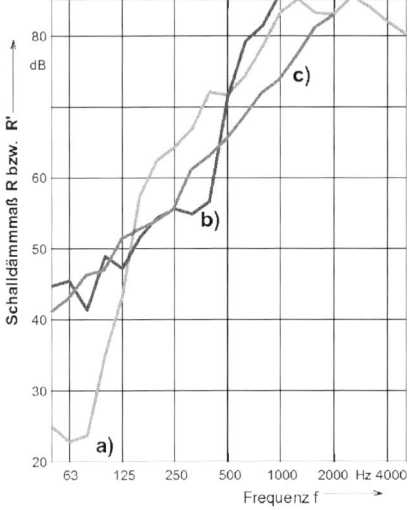
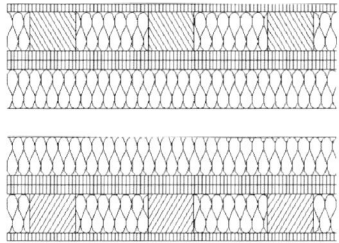

Bild 33. Prüfung des Maßnahmenkatalogs zur Verbesserung der tieffrequenten Schalldämmung von Gebäudetrennwänden in Holzständerbauweise, aus [73]
Kurve a) Istzustand mit Ständerraster 625 mm, $R_w(C; C_{tr}) = 71(-8; -17)$ dB;
Kurve b) wie a) jedoch größere Trennfuge (170 mm) und Ständerraster 313 mm, $R_w(C; C_{tr}) = 67(-2; -6)$ dB;
Kurve c) zum Vergleich: typische Gebäudetrennwand in Mauerwerksbauweise, $R_w(C; C_{tr}) = 68(-1; -6)$ dB

Beplankung mehr auf. Praktisch kann dies dadurch bewerkstelligt werden, dass für die Trennwände z. B. 80 × 80 mm Stiele wie bei Innenwänden eingesetzt werden.

Die beiden Maßnahmen wurden einzeln an Gebäude-Trennwänden in Holzständerbauweise geprüft und die Ergebnisse in Bild 33 dargestellt. Die Ergebnisse zeigen, dass alleine durch die Vergrößerung der Trennfugenbreite noch keine ausreichende Verbesserung der tieffrequenten Schalldämmung erfolgt. Die zusätzliche Reduzierung des Ständerrasters auf 313 mm jedoch verschiebt die Eigenfrequenzen der Beplankungen zu höheren Frequenzen, was sich in einer verbesserten Schalldämmung bei tiefen Frequenzen äußert.

Die beschriebenen Maßnahmen wurden an verschiedenen Gebäude-Trennwänden mit Beplankungen aus Gipskarton- oder Gipsfaserplatte unter Berücksichtigung der Aspekte von Statik und Brandschutz eingesetzt und die Schalldämmung im Labor und am Bau geprüft. Auch in den Einzahlangaben spiegelt sich die verbesserte Schalldämmung im tieffrequenten Bereich wieder, siehe Tabelle 30. Die Anpassungswerte für das erweiterte Frequenzspektrum (C- und C_{tr} Werte nach DIN EN ISO 717-1) können zum Schalldämmmaß der DIN 4109 (R_w/R'_w) einfach addiert werden und geben einen realistischen Eindruck davon, wie gut die Dämmung auch dann noch ist, wenn sehr tieffrequente Geräusche aus der Nachbarschaft (z. B. stark basshaltige Musik aus Hifi Anlagen) auf die Trennwand einwirken. Mit der verbesserten Gebäudetrennwand in Holz können auch unter Berücksichtigung des tieffrequenten Bereichs gleichwertige Schalldämmmaße wie mit

Tabelle 30. Ergebnisse der Schalldämmprüfungen an den verschiedenen Wandkonstruktionen

Wandtyp	R_w, R'_w in [dB]	C, C_{tr} in [dB]	$C_{50-5000}$, $C_{tr,50-5000}$ in [dB]
Standard-Holzständerwand (R'_w)	69	−3; −11	−13; −27
Optimierte Holzständerwand (R_w)	67	−2; −6	−1; −10
Typische Mauerwerkswand (R'_w)	68	−1; −6	−1; −9

einer durchschnittlichen Wand in Mauerwerks- und Betonbauweise erzielt werden.

Die dargestellten Verbesserungsmaßnahmen können sinngemäß auch auf Haustrennwände in Massivholzbauweise übertragen werden. Die Beplankungseigenschwingungen spielen bei diesen Konstruktionen keine Rolle, da die Beplankungen vollflächig auf den Elementen aufliegen. Eine sehr gute Schalldämmung im tieffrequenten Bereich lässt sich bei diesen Elementen bereits mit einer Trennfugenbreite von 100 mm erreichen (siehe Bild 34)

3.5.2 Anwendung für Außenwände

Werden Außenwände bei Belästigungen mit Verkehrslärm mit stark tieffrequenten Beiträgen eingesetzt, so ist darauf zu achten, dass deren Schalldämmung im Frequenzbereich unterhalb 100 Hz nicht zu schlecht ist. Für diese Einsatzzwecke wurden im Rahmen eines Forschungsvorhabens [40] besondere Wände in

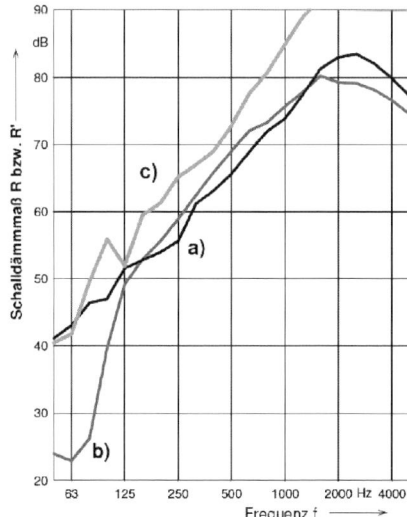

Bild 34. Optimierte Gebäudetrennwand in Massivholzbauweise
a) Gebäudetrennwand in Mauerwerksbauweise, $R_w(C; C_{tr}) = 68(-1; -6)$ dB
b) Gebäudetrennwand in Holzständerbauweise, $R_w(C; C_{tr}) = 69(-3; -11)$ dB
c) Haustrennwand im Massivholzbauweise (Schalenabstand: 100 mm, mit 40 mm Hohlraumdämmung), $R_w(C; C_{tr}) = 75(-2; -7)$ dB

Holzständerbauweise entwickelt, die eine verbesserte Schalldämmung bei tiefen Frequenzen, d. h. unterhalb von 100 Hz, besitzen. Zwei dieser Wände werden in Bild 35 beschrieben. Die Schalldämmkurven dieser Wände zeigen deutlich, dass diese optimierten Konstruktionen auch bei Frequenzen unterhalb 100 Hz eine Schalldämmung aufweisen, die deutlich über vergleichbaren Außenwänden in Holzständerbauweise liegen.

4 Dächer

4.1 Steildachkonstruktionen

In diesem Abschnitt werden übliche Steildachkonstruktionen hinsichtlich ihrer Transmissionsschalldämmung und Flankenschalldämmung behandelt. Die Beschreibung der einzelnen Bauteilschichten solcher Steildachkonstruktionen folgt [41] und ist in Bild 36 dargestellt. Es werden Steildächer mit Zwischensparrendämmung und Aufsparrendämmsysteme diskutiert. Bei den Steildächern mit Aufsparrendämmung ist zwischen Dämmsystemen mit Hartschaumdämmplatten und Faserdämmstoffen zu unterscheiden.

4.1.1 Steildächer mit Zwischensparrendämmung

Der prinzipielle Aufbau eines Steildachs mit einer Zwischensparrendämmung ist von innen nach außen wie folgt (vgl. auch Bild 37):
a) raumseitige Beplankung auf Querlattung oder Federschienen,

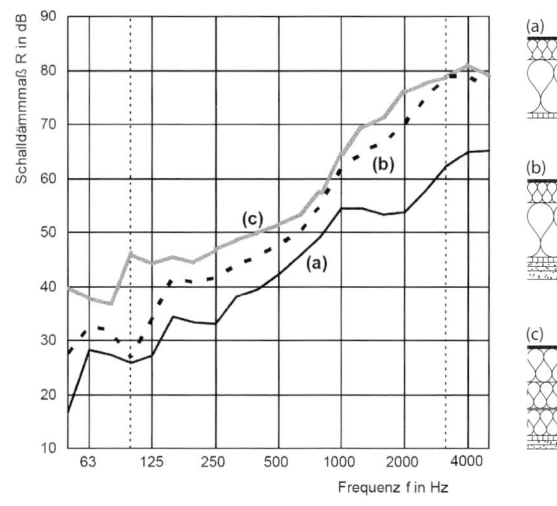

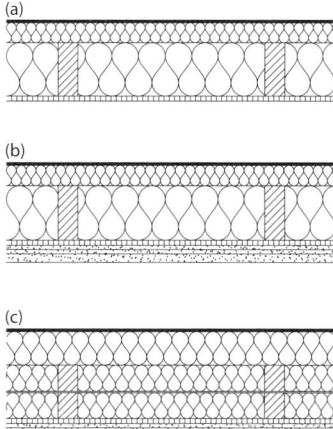

Bild 35. Schalldämmung von tieffrequent optimierten Außenwänden in Holzständerbauweise verglichen mit
Kurve (a) Standard-Holzständer-Außenwand: $R_w(C; C_{tr}) = 46(-1; -6)$ dB
Kurve (b) Typ Holzständerwand mit zusätzlicher Beplankung: $R_w(C; C_{tr}) = 52(-2; -8)$ dB
Kurve (c) Typ Holzständerwand mit geteiltem Ständer: $R_w(C; C_{tr}) = 57(0; -4)$ dB

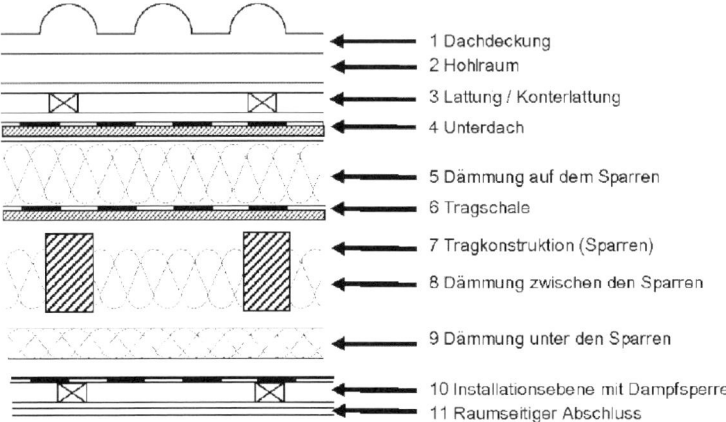

Bild 36. Darstellung der Bauteilschichten eines Steildachs aus [41]

b) Sparren aufliegend auf Pfetten (anstelle eines Sparrens aus Konstruktionsvollholz kann auch ein Stegträger eingesetzt werden), Wärmedämmung zwischen den Sparren eingepasst,
c) Unterdach als Unterspannung (Unterspannbahn) oder Unterdeckung (Unterdachschalung, MDF-Platte oder hydrophobierte Holzfaserdämmplatte),
d) Konterlattung und Traglattung mit Dacheindeckung.

Die für die Schalldämmung wesentlichen Einflussparameter sind:

a) Raumseitige Beplankungen
   Üblich sind Beplankungen aus Gipskartonplatte oder Gipsfaserplatte. Beim Einsatz einer Nut- und Feder-Schalung ist im Vergleich zu den Gipsplatten mit Defiziten von 5 bis 7 dB zu rechnen. Diese erklären sich hauptsächlich durch undichte Fugen zwischen den Profilbrettern. Zur Vermeidung dieses Mangels können die Profilbretter als zweite Beplankung auf einer GKB-Platte montiert werden. Hinsichtlich der Befestigung der Beplankung gibt es die Möglichkeit, diese über Federschienen gegen die Sparren zu entkoppeln. Im Vergleich zur Standardbefestigung über Dachlatten ist mit einer Verbesserung im bewerteten Schalldämmmaß R_w um ca. 2 dB zu rechnen.

b) Hohlraumdämmung/Tragkonstruktion
   Die Wärmedämmung wird passgenau zwischen die Sparren eingesetzt. Üblicherweise kommt hier ein Mineralfaserdämmfilz zum Einsatz. Alternativ können auch Zellulosedämmplatten, Baumwolle oder Holzfaserdämmplatten verwendet werden. Geschlossenzellige Polystyrol-Dämmplatten werden für diesen Einsatzzweck nicht empfohlen, da diese schlechtere schalltechnische Eigenschaften als Faserdämmstoffe haben. Im Vergleich der verschiedenen Faserdämmstoffe (Mineralfaser, Zellulosedämmstoff, Baumwolle) wurden bei vergleichbaren Kenndaten (Dichte, Strömungswiderstand) keine wesentlichen Unterschiede hinsichtlich der Schalldämmung festgestellt. Das Schalldämmmaß der Dachkonstruktionen variiert mit der Dicke der jeweils eingebrachten Wärmedämmung aus Faserdämmstoff. Bei gleicher Dämmstoffdicke verhält sich ein höherer Sparren tendenziell etwas besser als ein weniger hoher Sparren. Der Einfluss der Dachneigung auf R_w ist eher gering und kleiner als 2 dB anzusetzen. Bei Einsatz eines Stegträgers anstelle eines Sparrens aus Konstruktionsvollholz werden ähnliche Schalldämmwerte erreicht, wobei bei gleicher Höhe des Sparrens mit einem Stegträger tendenziell ungünstigere Werte erreicht werden.

c) Einfluss des Unterdachs
   Als Dachschalung kommen folgende Varianten in Betracht:
   – Nut- und Feder-Schalung,
   – gespundete Schalung,
   – paraffinierte MDF-Platte ggf. mit Belag aus Abdeckbahnen,
   – hydrophobierte Holzfaserdämmplatte.

   Alternativ kann auch nur eine Unterspannbahn aufgebracht werden. Eine unbeschwerte Dachschalung verhält sich hinsichtlich des bewerteten Schalldämmmaßes R_w ungünstiger als wenn nur eine Unterspannbahn verwendet wird. Der Einsatz einer Dachschalung ist allerdings vorteilhaft, wenn speziell die tieffrequente Schalldämmung verbessert werden soll. Wird eine äußere Dachschalung verarbeitet, so kann diese zur Verbesserung der Schalldämmung noch zusätzlich beschwert werden, hierzu eignen sich insbesondere ein- oder mehrlagige Bitumenschweißbahnen. Die Höhe der Verbesserung wird durch die Zusatzmasse bestimmt.

d) Einfluss der Dachdeckung
   Als Dacheindeckung kommen üblicherweise verfalzte Ton- oder Betondachsteine zur Verwendung. Bei Tondachsteinen wurde eine um ca. 2 dB reduzierte Schalldämmung gemessen. Dieser Effekt wur-

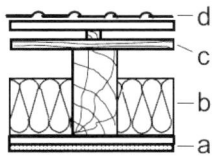

Bild 37. Aufbau eines Steildachs mit Zwischensparrendämmung, die mit a, b, c, d indizierten Bauteilschichten werden in Abschnitt 4.1.1 beschrieben.

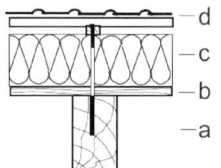

Bild 38. Aufbau eines Steildachs mit Aufsparrendämmung, die mit a, b, c, d indizierten Bauteilschichten werden in Abschnitt 4.1.2 beschrieben.

de mit einer erhöhten Undichtigkeit dieser Dachsteine in Verbindung gebracht [67]. Verfalzte Betondachsteine und Biberschwanzziegel verhalten sich etwa gleichwertig im Hinblick auf die erreichbare Schalldämmung. Blecheindeckungen aus Trapezblech verhalten sich aufgrund der geringeren flächenbezogenen Masse wesentlich ungünstiger. Bei ungünstigen Konstellationen können auch Regengeräusche als störend empfunden werden. Zu dieser Fragestellung liegen bislang jedoch nur wenige Erkenntnisse vor, es besteht daher noch Forschungsbedarf.

4.1.2 Steildächer mit Aufsparrendämmung

Der prinzipielle Aufbau eines Steildachs mit einer Aufsparrendämmung ist von innen nach außen wie folgt (vgl. auch Bild 38):
a) Sparren auf Pfetten aufliegend,
b) aufliegende Beplankung mit Sparren vernagelt, Sichtschalung
c) Wärmedämmung (Hartschaum oder Faserdämmstoff) über Konterlattung mit den Sparren verschraubt,
d) Unterdeckung, Konterlattung und Traglattung mit Dacheindeckung.

Die für die Schalldämmung wesentlichen Einflussparameter sind:

a), b) Tragschale
Üblicherweise wird eine Dachschalung aus Mehrschichtplatten oder Nut- und Feder-Brettern eingesetzt. Zur Verbesserung der Schalldämmung kann die Dachschalung noch beschwert werden. Zur Beschwerung eignen sich biegeweiche Materialien wie z. B. Bitumenschweißbahnen, elementierte zementgebundene Spanplatten oder Gipsbauplatten bei werkseitiger Vorfertigung.

c) Aufsparrendämmung
Die Wärmedämmung wird außen auf die Dachschalung aufgebracht. Hinsichtlich der Schalldämmung ist zwischen Dämmplatten aus PUR-Hartschaum oder aus Faserdämmstoff (Mineralfaser oder Holzfaserdämmplatte) zu unterscheiden. Bei Dämmplatten aus Faserdämmstoff wird die Schalldämmung entscheidend durch den Anpressdruck der Dämmplatten an die Dachschalung beeinflusst. Für eine optimierte Schalldämmung ist der Anpressdruck so niedrig wie möglich zu halten. In der Praxis kann dies durch den Einsatz von Doppelgewindeschrauben realisiert werden. Zwischen Mineralfaser und Holzfaserdämmplatten wurden keine systematischen Unterschiede in der Schalldämmung R_w festgestellt. Im Vergleich mit diesen Faserdämmstoffen verhalten sich Dämmplatten aus PUR-Hartschaum schalltechnisch ungünstiger. Bei Dämmplatten aus PUR-Hartschaum kann eine Verbesserung der Schalldämmung durch eine Kaschierung der Dämmplatte mit Mineral- oder Holzfaserdämmplatte erfolgen. Diese aufkaschierte Dämmplatte kann raum- oder außenseitig liegen.

d) Einfluss der Dämmstoffdicke
Das Schalldämmmaß der Steildachkonstruktionen mit einer Aufsparrendämmung aus Faserdämmstoff variiert mit der Dicke der jeweils aufgebrachten Wärmedämmung.

e) Einfluss der Dachdeckung
Als Dacheindeckung kommen üblicherweise verfalzte Ton- oder Betondachsteine zur Verwendung. Bei Tondachsteinen wurde eine um ca. 3 dB reduzierte Schalldämmung gemessen. Dieser Effekt wurde mit einer erhöhten Undichtigkeit dieser Dachsteine in Verbindung gebracht [67]. Verfalzte Betondachsteine und Biberschwanzziegel verhalten sich etwa gleichwertig im Hinblick auf die erreichbare Schalldämmung. Blecheindeckungen aus Trapezblech verhalten sich aufgrund der geringeren flächenbezogenen Masse wesentlich ungünstiger. Bei ungünstigen Konstellationen können auch Regengeräusche als störend empfunden werden. Zu dieser Fragestellung besteht ebenfalls noch Forschungsbedarf.

4.1.3 Trennwandanschluss an Steildächer

Eine mangelhafte Planung und Ausführung von Bauanschlüssen von Trennwänden an Steildächer führen immer wieder zu Beschwerden hinsichtlich einer nicht ausreichenden Schalldämmung zwischen den benachbarten Räumen. Dabei handelt es sich um eine Problemstellung des Schallschutzes im Gebäudeinneren, das durch die Schalllängsleitung über das flankierende Bauteil „Steildach" beeinflusst wird. Daher werden im Folgenden Hinweise zur ordnungsgemäßen Bauausführung solcher Anschlüsse gegeben. Für den Anschluss an eine zweischalige Gebäudetrennwand ist der prinzipielle Aufbau für Steildächer mit Zwischensparren- bzw. Aufsparrendämmung in Bild 39 dargestellt. Für eine ausreichende Schall-Längsdämmung sind zusätzlich folgende Einflussparameter zu berücksichtigen:

– Trennwand
Die Trennwand ist unabhängig von der Bauweise bis unter die Dachlattung zu führen.

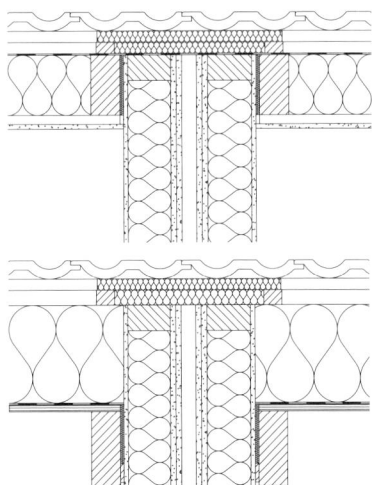

Bild 39. Bauanschluss von Steildächern (Zwischensparrendämmung/Aufsparrendämmung) an Gebäudetrennwände, der erste Sparren wird jeweils mit 1 bis 5 cm Abstand von der Trennwand montiert. Der Hohlraum wird ausgedämmt

- Anschlussfugen
  Die Anschlussfugen zwischen Trennwand und Dachaufbau sind besonders sorgfältig auszuführen. Ansonsten besteht insbesondere im Mauerwerksbau die Gefahr einer Schallübertragung durch Fugenschall. Details siehe Bild 51.
- Einfluss der Pfetten
  Die Pfetten in den beiden Räumen sind vollständig zu trennen. Sie dürfen nicht über die Trennwand hinweg durchlaufen. Die verbleibenden Hohlräume in den Auflagerlöchern der Pfetten sind auszufüllen und abzudichten.
- Ausführung der Traglattung
  Die Traglattung der Dachsteine darf nicht über die Trennwand hinweg durchlaufend ausgeführt werden. Hier spielen auch brandschutztechnische Anforderungen eine Rolle. Im Bereich der Trennwand sollte diese Traglattung durch zwei Metallprofile ersetzt werden.
- Ausführung des Hohlraums zwischen Dacheindeckung und Trennwand
  Bei hochschalldämmenden Dächern läuft der wesentliche Schallübertragungsweg über den Hohlraum zwischen der Dacheindeckung und der Dämmung bzw. Trennwand. Um diese Schallübertragungen zu reduzieren, sollte dieser Hohlraum bis zur Dacheindeckung mit Mineralfaser (Brandschutzanforderungen beachten) ausgefüllt werden. Falls erforderlich, können auch noch die Hohlräume in den jeweils ersten Sparrenfeldern mit Mineralfaser gefüllt werden. Alternativ werden auch speziell für diese Anforderungen ausgelegte Schallschutz-Schotts eingesetzt.

4.1.4 Transmissionsschalldämmung von Steildächern

Die Transmissions-Schalldämmung R_w von Steildächern mit Zwischensparrendämmung ist in Bild 40 dargestellt. Aus diesem Bild ist ersichtlich, dass mit zunehmender Dämmstoffdicke auch die Schalldämmung des Steildachs verbessert wird. Durch Einsatz geeigneter Beschwerungsmaßnahmen und durch Entkopplung der raumseitigen Beplankung kann eine Verbesserung der Schalldämmung um bis zu 6 dB gegenüber der Grundkonstruktion erzielt werden.

Die Transmissions-Schalldämmung R_w von Steildächern mit Aufsparrendämmung aus Faserdämmstoff ist in Bild 41 dargestellt. Daraus ist ersichtlich, dass mit zunehmender Dämmstoffdicke auch die Schalldämmung des Steildachs verbessert wird. Durch eine Reduzierung des Anpressdrucks des Faserdämmstoffs durch Montage mit Doppelgewindeschrauben sowie durch Einsatz geeigneter Beschwerungsmaßnahmen kann eine deutliche Verbesserung der Schalldämmung gegenüber der Grundkonstruktion erzielt werden. Die Wirksamkeit von Beschwerungen hinsichtlich der Schalldämmung ist in Bild 42 noch einmal gesondert dargestellt. Als Beschwerungen eignen sich prinzipiell biegeweiche Materialien, in der Praxis sind Bitumenbahnen gebräuchlich. Bei hohen Anforderungen können auch elementierte zementgebundene Spanplatten (Plattengrößen von ca. 30 cm × 30 cm) eingesetzt werden. Mit solch einer Beschwerungsmaßnahme konnten Labor-Schalldämm-Maße bis zu 62 dB gemessen werden, siehe [40]. Die Plattenbeschwerungen sind vollflächig mit der Dachschalung zu verkleben. Die angegebenen Schalldämmmaße R_w sind Labor-Messwerte.

Die Transmissions-Schalldämmung R_w von Steildächern mit Aufsparrendämmung aus PUR-Hartschaum wird in der Beispielsammlung (s. Tabelle 31) dargestellt.

Eine Verbesserung der Schalldämmung der Grundkonstruktion kann durch den Einsatz von PUR-Dämmstoffen mit einer Kaschierung aus Faserdämmstoffen erreicht werden. Zur weiteren Verbesserung der Schalldämmung können Beschwerungen der Dachschalung verwendet werden. Die Wirksamkeit der Beschwerung ist abhängig von der aufgebrachten Zusatzmasse. Die erwarteten Verbesserungen im Schalldämmmaß sind in Bild 42 dargestellt.

Zur Abhängigkeit der Schalldämmung von Steildächern von der Art der eingesetzten Dachsteine bzw. Dachziegel wurden ebenfalls Untersuchungen gemacht [67]. Messungen der Fugendurchlässigkeit dieser Dacheindeckungen haben gezeigt, dass Betondachsteine im Vergleich zu Dachziegeln eine größere Luftdichtheit besitzen, was wiederum mit der Schalldämmung der Dachpfannen und der gesamten Steildachkonstruktion korreliert. Für Dächer mit Zwischensparrendämmung wurde ein ΔR_w Dachsteine zu Dachziegel von 2 dB und für Dächer mit Aufsparrendämmung ein ΔR_w Dachsteine zu Dachziegel von 3 dB ermittelt.

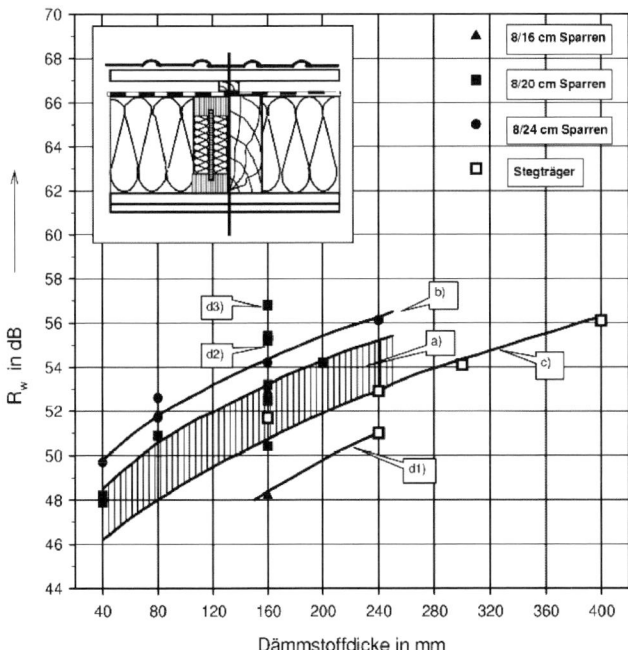

Bild 40. Bewertetes Schalldämmmaß R_w von Steildächern mit Zwischensparrendämmung als Funktion der Dämmstoffdicke
a) Vollholzsparren 8/16 cm bis 8/20 cm (Darstellung mit Schwankungsbreite)
b) Vollholzsparren 8/24 cm
c) Stegträger mit Voll- und Teilwärmedämmung, Höhen 240 mm, 400 mm
d1) Vollholzsparren oder Stegträger mit Dachschalung oder Dachbeplankung
d2) Raumseitige Beplankung aufgedoppelt und über Federschienen entkoppelt
d3) Ausführung wie d2) mit zusätzlicher beschwerter Dachschalung
Die angegebenen Schalldämmmaße R_w sind Labor-Messwerte. Aufbauten siehe Beispielsammlung Tabelle 34

4.1.5 Flankenschalldämmung von Steildächern

Für die Beurteilung der Flankenschalldämmung sind in der Bauakustik drei Schallübertragungswege zu berücksichtigen (s. Bild 1):
Weg Ff: Über die Dachfläche im Senderaum und die Stoßstelle Dach – Wand – Dach in die Dachfläche im Empfangsraum, beschrieben durch die bewertete Norm-Flankenschallpegeldifferenz $D_{n,f,w}$ mit einer Bezugsabsorptionsfläche $A_0 = 10\ m^2$ und einer Bezugskantenlänge $l_0 = 4{,}5\ m$.
Weg Fd: Über die Dachfläche im Senderaum und die Stoßstelle Dach – Wand in die Trennwand
Weg Df: Über die Trennwand und die Stoßstelle Wand – Dach in die Dachfläche im Empfangsraum

Die gemischten Flankenschallübertragungswege Df und Fd werden bei Steildächern als flankierendes Bauteil im Rahmen der DIN 4109-2 beim Rechenverfahren [3] nicht berücksichtigt. Bei hochschalldämmenden Dach- und Wandkonstruktionen können diese Schallübertragungswege allerdings einen Einfluss auf die Schalldämmung der Trennwand nehmen. Hinweise zur Berücksichtigung gibt [32]. Für die Höhe des Flankendämmmaßes spielt neben dem konkreten Dachaufbau auch die Konstruktionsart (einschalig – zweischalig) und die Konstruktionsweise (Holzbau, Mauerwerks- und Betonbauweise) der Trennwand eine Rolle. Weiterhin ist die Ausbildung der Stoßstelle zwischen Dach und Wand von entscheidender Bedeutung für die Höhe der Flankendämmung.

Steildächer mit Zwischensparrendämmung

Die Flankenschalldämmung auf dem Schallübertragungsweg Ff wird durch die Norm-Flankenschallpegeldifferenz $D_{n,f}$ bzw. $D_{n,f,w}$ beschrieben. Der Laborwert der bewerteten Norm-Flankenschallpegeldifferenz $D_{n,f,w}$ von Steildächern mit Zwischensparrendämmung ist in Bild 43 dargestellt. Hierbei wird die Abhängigkeit von der Dämmstoffdicke und dem Anschluss an die Trennwand gezeigt. Die Schall-Längsdämmung einer Steildachkonstruktion, angebunden an eine zweischalige Trennwand mit vollständig getrennter Pfette, ist deutlich höher als bei Anbindung derselben Dachkonstruktion an eine einschalige Trennwand (getrennte

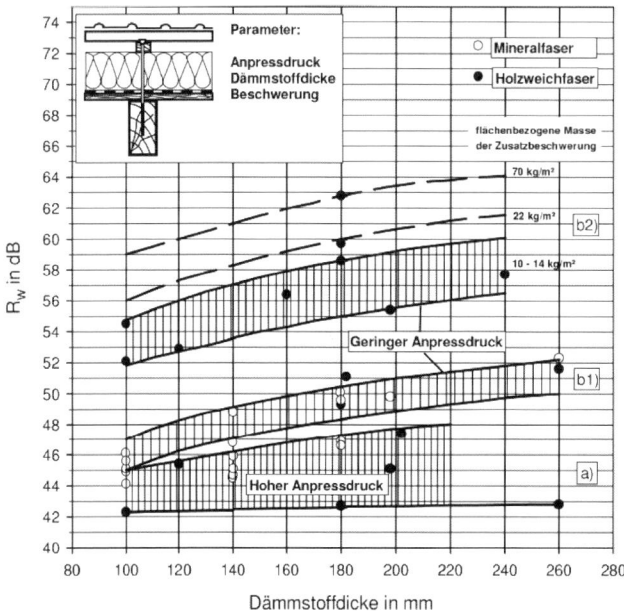

Bild 41. Bewertetes Schalldämmmaß R_w von Steildächern mit Aufsparrendämmung aus Faserdämmstoff als Funktion der Dämmstoffdicke, Aufbauten nach Beispielsammlung Tabelle 32 und Tabelle 33.
a) hoher Anpressdruck des Faserdämmstoffs durch Verschraubung mit Einfachgewindeschraube oder Montage mit Sparrennägeln
b1) geringer Anpressdruck des Faserdämmstoffs durch Verschraubung mit Doppelgewindeschraube
b2) geringer Anpressdruck des Faserdämmstoffs durch Verschraubung mit Doppelgewindeschraube und zusätzlicher Beschwerung der Dachschalung

Die angegebenen Schalldämm-Maße R_w sind Labor-Messwerte. Beispiele für Steildächer mit Aufsparrendämmung aus PUR-Hartschaum siehe Tabelle 31

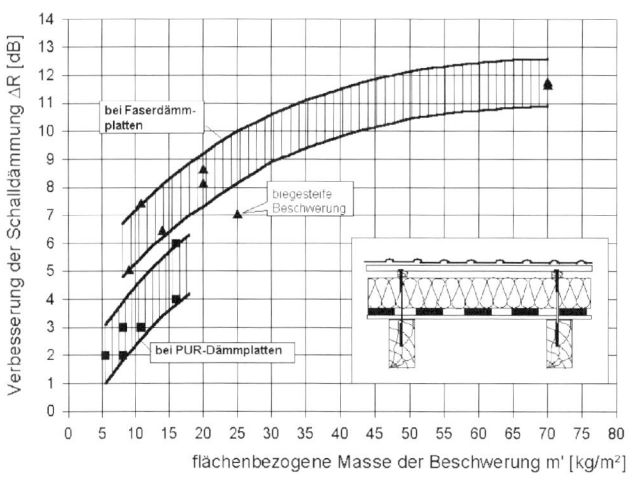

Bild 42. Verbesserung der Schalldämmung R_w von Steildächern mit Aufsparrendämmung (Faserdämmplatten oder PUR-Dämmplatten) durch Einsatz biegeweicher Beschwerungen (z. B. Bitumenschweißbahnen, elementierte zementgebundene Spanplatten oder Gipsbauplatten bei werkseitiger Vorfertigung) auf der Dachschalung

Pfette auf Mauerwerkswand aufliegend). Für beide Situationen gilt, dass die Schall-Längsdämmung mit erhöhter Dämmstoffdicke zunimmt. Bei der Beurteilung der Schall-Längsdämmung ist auf eine konsequente Trennung durchlaufender Konstruktionen, z. B. Pfetten, zu achten. Bei einer durchlaufenden Mittel- und Fußpfette wird unabhängig von der Dämmstoffdicke ein $D_{n,f,w}$ von maximal 55 dB erreicht. Bild 43 zeigt die Ergebnisse von Messungen mit Holzbau- und Mauerwerkswänden. Für beide Bauweisen werden bei gleicher Dachkonstruktion auch die gleichen $D_{n,f,w}$ Werte erreicht. Die Ergebnisse aus Bild 43 gel-

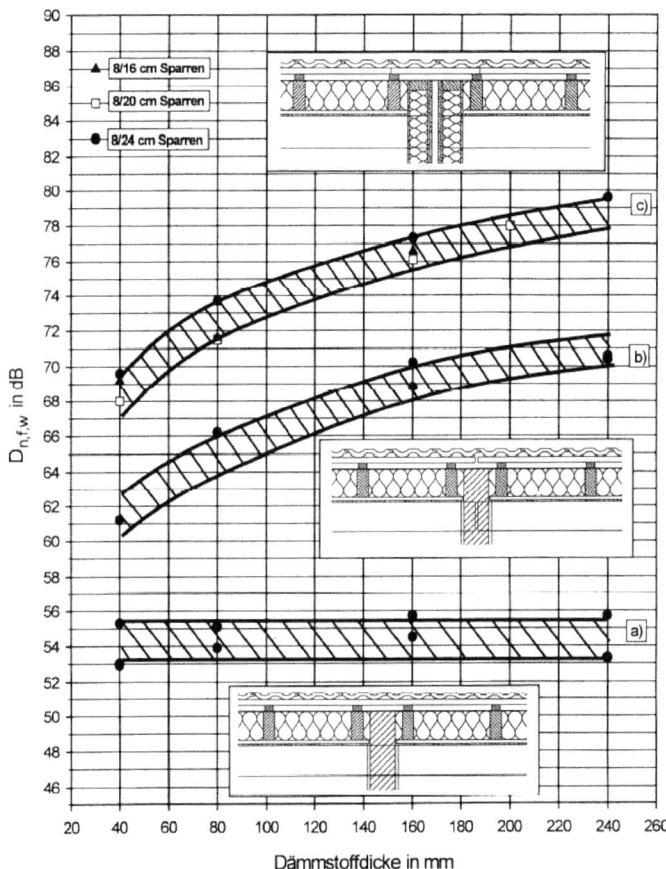

Bild 43. Bewertete Norm-Flankenschallpegeldifferenz $D_{n,f,w}$ (Laborwert, Bezugsabsorptionsfläche 10 m², Bezugskantenlänge 4,5 m) von Steildächern mit Zwischensparrendämmung als Funktion der Dämmstoffdicke Aufbauten nach Beispielsammlung Tabelle 39
a) Anbindung an einschalige Trennwand in Mauerwerksbauweise mit durchlaufender Pfette
b) Anbindung an einschalige Trennwand in Mauerwerksbauweise mit getrennter Pfette
c) Anbindung an zweischalige Trennwand mit getrennter Pfette
Hinweis: Die Ausführung des Bauanschlusses ohne Füllung des Hohlraums zwischen Trennwand und Dacheindeckung ist für Gebäudetrennwände brandschutztechnisch nicht korrekt, sie wird aber häufig in ausgeführten Bauten angetroffen. Anhaltswerte für die schalltechnische Verbesserung durch das Auffüllen der Hohlräume mit Mineralfaser (Bild 45)

ten für Dachaufbauten ohne Dachschalung als Unterdach. Vergleichsmessungen mit Steildächern mit Dachschalung haben ergeben, dass hier nur geringe Unterschiede im $D_{n,f,w}$ existieren. Die Innenbekleidung der in Bild 43 beschriebenen Steildächer war als Gipskartonplatte ausgeführt. Wird anstelle dieser GKB-Platten eine Schalung aus Profilbrettern eingesetzt, so ist nach [59] bei üblichen Dämmstoffstärken von 160 bis 240 mm mit einer Verschlechterung der Flankenschalldämmung um ca. 5 bis 7 dB zu rechnen. Ursache dieser Verschlechterungen ist der Fugenschall, der durch die mehr oder weniger stark ausgeprägten Stoßfugen zwischen den Profilbrettern hindurchgeht. Da wegen der starken Variationen keine verbindlichen Aussagen zur Schall-Längsdämmung in diesem Fall gemacht werden können, empfiehlt es sich hier, eine Kombination aus Gipskartonplatten und Profilbrettern als Innenbekleidung herzunehmen. Die Profilschalung wird in diesem Fall nur aus optischen Gründen montiert, die Flankenschalldämmung wird allein durch die vollflächige Gipskartonbekleidung gewährleistet.

Steildächer mit Aufsparrendämmung aus Faserdämmstoff

Die Flankenschalldämmung auf dem Schallübertragungsweg Ff wird durch die Norm-Flankenschallpegeldifferenz $D_{n,f}$ bzw. $D_{n,f,w}$ beschrieben. Der Laborwert der bewerteten Norm-Flankenschallpegeldifferenz $D_{n,f,w}$ von Steildächern mit Aufsparrendämmung aus Faserdämmstoff ist in Bild 44 dargestellt. Hier-

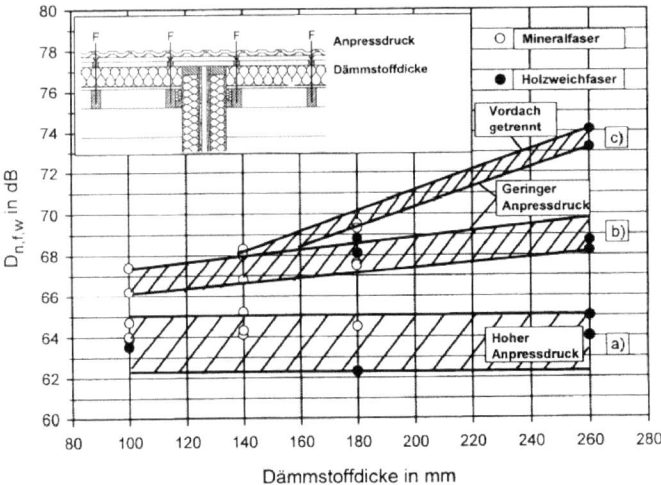

Bild 44. Bewertete Norm-Flankenschallpegeldifferenz $D_{n,f,w}$ (Laborwert, Bezugsabsorptionsfläche 10 m², Bezugskantenlänge 4,5 m) von Steildächern mit Aufsparrendämmung aus Faserdämmstoff als Funktion der Dämmstoffdicke, Aufbauten nach Beispielsammlung Tabelle 37, Tabelle 38
a) hoher Anpressdruck des Faserdämmstoffs durch Verschraubung mit Einfachgewindeschraube oder Montage mit Sparrennägeln
b) geringer Anpressdruck des Faserdämmstoffs durch Verschraubung mit Doppelgewindeschraube
c) geringer Anpressdruck des Faserdämmstoffs durch Verschraubung mit Doppelgewindeschraube und zusätzlicher Trennung der Vordachschalung
Hinweis: Die Ausführung des Bauanschlusses ohne Füllung des Hohlraums zwischen Trennwand und Dacheindeckung ist für Gebäudetrennwände brandschutztechnisch nicht korrekt, sie wird aber häufig in ausgeführten Bauten angetroffen. Zur schalltechnischen Verbesserung durch das Auffüllen der Hohlräume mit Mineralfaser siehe Bild 45

bei wird die Abhängigkeit der Dämmstoffdicke dargestellt. Es gilt, dass die Schall-Längsdämmung mit erhöhter Dämmstoffdicke der Aufdachdämmung zunimmt. Weiterhin spielt der Anpressdruck der Dämmung auf die Dachschalung eine große Rolle. Ähnlich wie bei der Transmissionsschalldämmung dieser Bauteile kann die Schalldämmung durch eine Reduzierung des Anpressdrucks deutlich verbessert werden. In der Praxis kann diese Reduzierung des Anpressdrucks durch den Einsatz von Doppelgewindeschrauben realisiert werden. Bei der Beurteilung der Schall-Längsdämmung ist auf eine konsequente Trennung durchlaufender Konstruktionen zu achten. Neben den oben bereits beschriebenen Effekten durchlaufender Pfettenkonstruktionen ist auch eine Trennung der Traglattung der Dacheindeckung sowie eine Trennung der Vordachschalung vorteilhaft. Die in Bild 44 dargestellten Messwerte gelten sowohl für Trennwände in Holzständerbauweise als auch für Mauerwerks- und Betonbauweise. Eine Verbesserung der Flankendämmung von Steildächern mit Aufsparrendämmsystemen kann durch Auflagen von Mineralfasermatten in den Hohlräumen unterhalb der Dacheindeckung erfolgen.
Folgende Maßnahmen können hier durchgeführt werden:
– Mineralfasermatten 40 mm stark über der Trennwand (zwischen der Grundlattung),
– Mineralfasermatten 80 mm stark über der Trennwand (Hohlraum bis zur Dacheindeckung ausgefüllt)[7],
– Mineralfasermatten 80 mm stark über der Trennwand und 40 mm stark im ersten Sparrenfeld auf beiden Seiten der Trennwand (zwischen der Grundlattung).

Die Verbesserungen in der bewerteten Norm-Flankenschallpegeldifferenz $D_{n,f,w}$ sind Bild 45 zu entnehmen.

Steildächer mit Aufsparrendämmung aus PUR-Hartschaum

Der Laborwert der bewerteten Norm-Flankenschallpegeldifferenz $D_{n,f,w}$ von Steildächern mit Aufsparrendämmung aus PUR-Hartschaum ist in der Beispielsammlung, Tabelle 36, dargestellt. Hierbei werden Standarddächer mit und ohne Kaschierung aus Faserdämmstoffen zusammengefasst. Zur Verbesserung der Flankendämmung können, analog zu den Maßnahmen bei der Transmissions-Schalldämmung, Beschwerungen der Dachschalung eingesetzt werden. Die Wirksamkeit der Beschwerung ist abhängig von der aufgebrachten Zusatzmasse. Die erwarteten Ver-

---
[7] Aus Gründen des Brandschutzes ist diese Maßnahme generell bei Gebäudetrennwänden vorzusehen. Hierdurch wird auch die Wärmebrücke über die Trennwand wesentlich reduziert.

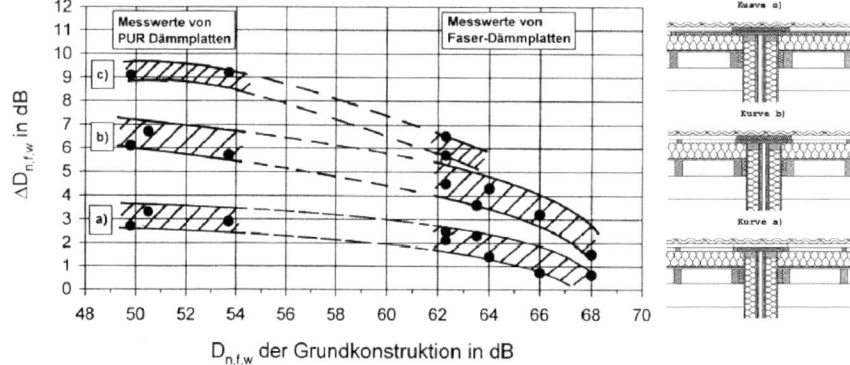

Bild 45. Verbesserung der Norm-Flankenschallpegeldifferenz $D_{n,f,w}$ bei Aufdachdämmungen aus druckfesten Faserdämmplatten bzw. PUR-Dämmplatten durch Mineralfaserauflagen auf der Trennwand
a) 40 mm Mineralfasermatten über der Trennwand (zwischen Grundlattung)
b) 80 mm Mineralfasermatten über der Trennwand (Hohlraum ausgefüllt)
c) 80 mm Mineralfasermatten über der Trennwand und 40 mm im 1. Sparrenfeld (zwischen Grundlattung)
Die Werte gelten für Trennwände in Holzbauweise und im Mauerwerksbau

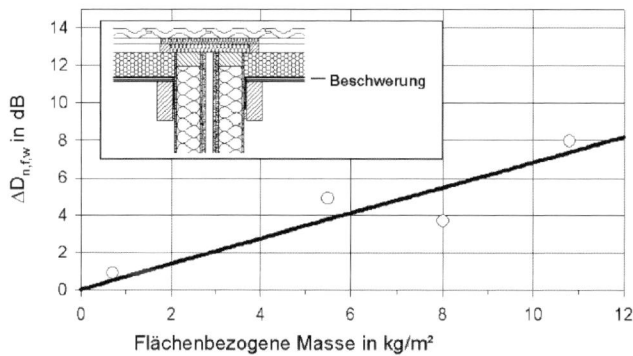

Bild 46. Verbesserung der bewerteten Norm-Flankenschallpegeldifferenz $D_{n,f,w}$ von Steildächern mit Aufsparrendämmung aus PUR Hartschaum durch Einsatz biegeweicher Beschwerungen auf der Dachschalung, die Werte gelten für Trennwände in Holzbauweise und im Mauerwerksbau

besserungen im $D_{n,f,w}$ sind in Bild 46 dargestellt. Als Beschwerungen eignen sich prinzipiell biegeweiche Materialien, in der Praxis sind Bitumenbahnen oder Gipsbauplatten (bei werkseitiger Vorfertigung) oder zementgebundene Spanplatten gebräuchlich. Die zusätzlich aufgebrachte flächenbezogene Masse ergibt sich aus der Rohdichte und der Plattenstärke des eingesetzten Beschwerungsmaterials. Um die Biegeweichheit der Beschwerungen zu gewährleisten, müssen zementgebundene Spanplatten mit einer Plattendicke größer als 10 mm elementiert, d. h. in Plattengrößen von ca. 30 cm × 30 cm eingesetzt werden. Die Plattenbeschwerungen sind vollflächig mit der Dachschalung zu verkleben.

4.2 Flachdachkonstruktionen

Sichtbare Tragkonstruktionen können mit Sichtsparrendächern, Dachelementen aus Massivholzelementen (Brettsperrholz-, Brettschichtholz-, Brettstapelelemente) oder Rippen- und Kastenelementen realisiert werden. Diese einschaligen Bauweisen der Grundkonstruktionen erfordern für schalltechnisch hochwertige Ausführungen Zusatzmassen in Form einer Beschwerung in oder auf dem Element. Alternativ kann durch eine (entkoppelte) Unterdecke die Luft- und Trittschalldämmung verbessert werden.

4.2.1 Einfluss der Dämmung bei Flachdächern

Nicht druckbelastete Dämmstoffe zwischen den Sparren und in der Unterdecke wirken schallabsorbierend, indem Schallenergie durch Reibung an und zwischen den Dämmstofffasern in Wärmeenergie umgewandelt wird. Hierzu ist eine offenzellige Struktur des Dämmstoffes erforderlich, die der Schallwechseldruckwelle einerseits ein Eindringen ermöglicht und andererseits einen genügend großen Widerstand entgegensetzt. Eine gute schallabsorbierende Wirkung wird mit Dämmstoffen erreicht, deren längenbezogener Strömungswiderstand r zwischen 5 kPas/m² und 50 kPas/m² liegt [5]. Dies kann sowohl mit Faserdämmstoffen aus nachwachsenden Rohstoffen als auch mit konventionellen Dämmstoffen erreicht werden. Geschloss-

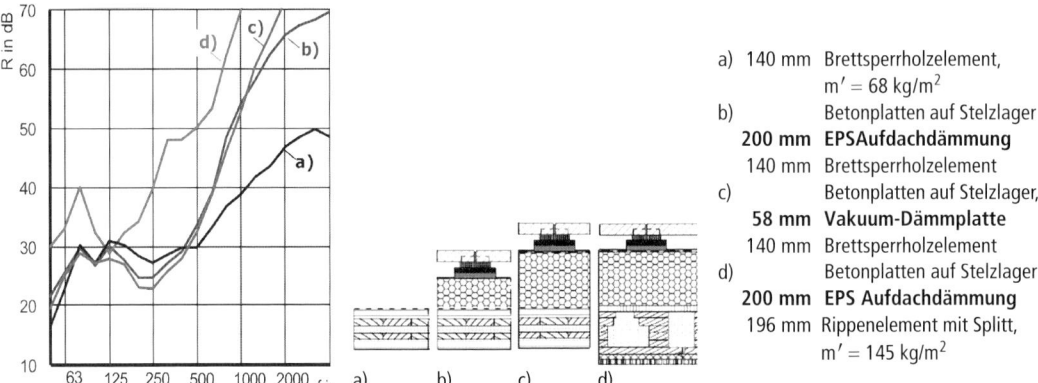

Bild 47. Einfluss der Aufdachdämmung auf das Schalldämmmaß von Flachdachaufbauten. Der Aufbau oberhalb der Dämmplatte (hier: 40 mm Betonplatten, Stelzlager, Baulager, Dachabdichtung) ist für die Luftschallübertragung aufgrund der Fugen zwischen den Betonplatten nicht maßgebend.
a) Dachelement ohne Aufbau, $R_w = 37$ dB;
b) Dachelement mit 200 mm EPS und Betonplatten auf Stelzlager, $R_w = 38$ dB;
c) Dachelement mit 58 mm Vakuum Paneel und Betonplatten auf Stelzlager, $R_w = 37$ dB;
d) Dachelement mit Splitt-Beschwerung im Element, 200 mm EPS und Betonplatten auf Stelzlager, $R_w = 51$ dB

enzellige Dämmstoffplatten (z. B. Hartschaumplatten) sind dafür nicht geeignet.

Druckbelastete Aufdachdämmungen haben neben der absorbierenden Wirkung auch die Aufgabe der Entkopplung. Bei Steildächern werden hierzu bei Dachkonstruktionen mit Schallschutzanforderungen häufig Faserdämmplatten eingesetzt. Dies ist auch bei flach geneigten Dächern mit Blecheindeckung möglich. Bei Flachdächern werden aufgrund der höheren Belastung meist Hartschaumdämmplatten verwendet. Diese verhalten sich aufgrund ihrer hohen Steifigkeit, der geringen Rohdichte und der fehlenden Absorption zunächst ungünstig. Wie Bild 47 zeigt, unterscheidet sich das bewertete Schalldämmmaß R_w des Aufbaus b) mit 200 mm EPS-Aufdachdämmung ($R_w = 38$ dB) kaum vom Grundelement (Aufbau a) mit $R_w = 37$ dB. Die EPS-Aufdachdämmung hat also keine verbessernde Wirkung auf den Einzahlwert. Auch frequenzabhängig erkennt man erst ab 500 Hz eine Verbesserung gegenüber dem Grundelement. Dies kommt hier besonders deutlich zum Vorschein, da auch die Betonplatten auf Stelzlagern durch die Verlege-Fuge keinen Beitrag zur Luftschalldämmung leisten. Gleiches gilt für die Ausführung mit Vakuum-Paneelen, die gerne für barrierefreie Übergänge zur Dachterrasse eingesetzt werden. Eine deutliche Verbesserung wird erst durch eine Beschwerung des Dachelementes erreicht, wie dies in Aufbau d) durch eine Splittfüllung des Massivholz-Rippenelementes erfolgte. Durch die Beschwerung wird das Element bedämpft und die Resonanz der Dämmplatten zu tieferen Frequenzen verschoben (von 250 Hz auf 125 Hz).

Ein Dämmstoffvergleich zwischen EPS- und PUR-Aufdachdämmplatten führte zu der Erkenntnis, dass diese nur einen geringen Einfluss auf die Schalldämmung haben. Die etwas weichere EPS-Platte ergibt geringfügig bessere Werte.

4.2.2 Abdichtung, Dachdeckung und Gehbelag

Der Aufbau oberhalb der Dämmstoffebene wird nutzungsabhängig variiert. Für nicht begehbare Flachdächer werden Kiesschüttungen, extensive Begrünungen oder Dachabdichtungsbahnen verwendet. Die Ausführung mit Dachabdichtungsbahnen ohne weitere Zusatzmassen ergibt erwartungsgemäß geringere Schalldämmmaße.

Für leicht geneigte Dächer kommen Metalldachdeckungen zum Einsatz. Leichte Dachabdichtungen und Metalldachdeckungen verhalten sich insgesamt ungünstiger als schwere, mehrlagig aufgebrachte Abdichtungsbahnen. Bei Metalleindeckungen können jedoch Holzfaserdämmplatten eingesetzt werden, die eine deutliche Verbesserung gegenüber Hartschaumdämmplatten ergeben. Zusätzlich wird zur Bedämpfung der Metalleindeckung eine Bitumen-Unterdachbahn eingebaut, um die Geräuschentwicklung bei Starkregen zu reduzieren.

Begehbare Dächer die als Dachterrassen genutzt werden, können mit Betonplatten im Splittbett, Platten auf Stelzlagern oder einem Holzrost (Holzdielen auf Lagerhölzern) ausgeführt werden. Während die Betonplatten im Splittbett durch ihre flächenbezogene Masse wirksam sind, kann bei Stelzlagern und Holzrosten eine zusätzliche Reduzierung der Übertragung durch Entkopplungsmaßnahmen (elastische Lagerung auf Baulagern) erreicht werden. Hierzu wird das Entkopplungsmaterial vom Hersteller auf eine geeignete Eigenfrequenz des Aufbaus ausgelegt. Eine gute Entkopplung ist für Eigenfrequenzen f_0 = 20 bis 30 Hz zu erwarten.

4.2.3 Unterdecke und raumseitige Bekleidung

Die Bekleidung der Unterdecke erfolgt in der Regel mit Plattenmaterialien. Vorteilhaft ist eine große flächenbezogene Masse bei geringer Biegesteifigkeit der Plattenmaterialien. Anstelle einer dicken Lage sollten deshalb besser mehrere dünne Lagen aufgebracht werden. Mit geschlossenen Gipsbauplatten lassen sich gegenüber Nut-und-Feder-Schalungen aufgrund des geringeren Fugenanteils und der höheren flächenbezogenen Masse deutlich bessere Schalldämmmaße erreichen.

Unterdecken wirken nach dem „Masse-Feder-Masse-System", das erst oberhalb seiner Eigenfrequenz f_0 eine deutliche Verbesserung der Luft- und Trittschalldämmung aufweist. Um eine möglichst große Verbesserung zu erzielen, ist es deshalb sinnvoll f_0 zu tiefen Frequenzen hin zu verschieben. Dies kann durch die o. g. hohe flächenbezogene Masse der Plattenmaterialien sowie einer entkoppelten Montage der Unterdecke durch geeignete Abhänger erfolgen. Um eine gute Entkopplung zu gewährleisten, sollte nicht mehr als die konstruktiv erforderliche Anzahl an Abhängepunkten ausgeführt werden.

Parallel zum Abhänger wirkt auch das durch die schwingende Unterdecke eingeschlossene und komprimierte Luftvolumen als Feder. Die Steifigkeit dieser Luftschicht hängt vom Volumen bzw. der Luftschichtdicke d ab. Je größer d gewählt wird, umso weicher ist die Feder. Eine abgehängte Unterdecke wirkt deshalb unter einem Sparrendach deutlich besser als unter einem flächigen Massivholzelement.

4.3 Bauteilsammlung für Steildächer

Für Steildächer findet sich in DIN 4109-33 [5] eine Beispielsammlung die auf Arbeiten der PTB [41] beruht und deren Ergebnisse auszugsweise in Tabelle 31 bis Tabelle 39 dargestellt wurden.

Angegeben wird das bewertete Schalldämmmaß R_w (als Laborwert) und für einige Konstruktionen auch die bewertete Norm-Flankenschallpegeldifferenz $D_{n,f,w}$ (als Laborwert) teilweise auch mit dazugehörigen Spektrum-Anpassungswerten C und C_{tr}. Für die Beispielsammlung zur Flankenschalldämmung „Dächer" der DIN 4109-33 [5,41] wurden die Erkenntnisse so ausgearbeitet, dass die Flankenschalldämmung im Wesentlichen als Funktion der Dachkonstruktion und der Stoßstelle aufgetragen wurden. Bei der Beschreibung der Stoßstelle wurde zwischen drei unterschiedlichen Konstruktionsvarianten unterschieden (Tabelle 35). Für die Beschreibung der Flankenschalldämmung (Tabelle 36 bis Tabelle 39) wurde nicht zwischen ein- und zweischaligem Trennwandaufbau unterschieden. Die angegebenen Werte der Norm-Flankenschallpegeldifferenz sind auf eine Bezugskantenlänge von $l_0 = l_{lab} = 4,5$ m bezogen. Spektrum-Anpassungswerte C und C_{tr} wurden für diese Konstruktionen nicht mit angegeben.

Die angegebenen Kenngrößen wurden als Mittelwerte aus unabhängigen Messungen generiert. Im Rahmen der Projektarbeit wurden auch die Anzahl der ausgewerteten Messungen sowie die Standardabweichung σ angegeben [41]. Im Bauteilkatalog der neuen DIN 4109 [5] werden diese statistischen Größen nicht mit angegeben. Das Sicherheitskonzept der DIN 4109 sieht einen Abschlag von 2 dB (vereinfachter Sicherheitsbeiwert u_{prog}) vor, wobei dieser auf den Planungswert erf. R'_w anzuwenden ist. Daher wurde hier auf eine Angabe der einzelnen Standardabweichung verzichtet. Es wurde aber festgestellt, dass bei einigen Dachkonstruktionen besonders hohe Schwankungen festgestellt wurden. Für weitere Angaben wird auf die Publikation [41] verwiesen.

Tabelle 31. Beispielsammlung Steildächer mit Aufsparrendämmung aus Hartschaumplatten, Auszug aus [5]

Nr.	Zeichnung	Konstruktion		R_w (C; C_{tr}), in [dB]
Grundkonstruktion				
1		–	Dachdeckung	34 (–2;–6)
		–	Lattung/Konterlattung	
		–	ggf. Unterspannbahn	
		≥ 100 mm	Hartschaumplatten[1]	
		–	Dampfsperre	
		≥ 19 mm	Nut und Feder Holzschalung	
		–	Sparren	
Zusätzliche Beschwerungslage				
2		Wie Konstruktion Zeile 1, jedoch zusätzlich Beplankung mehrlagig aus schweren Bitumenbahnen, Gipsplatten, Gipsfaserplatten oder zementgebundene Spanplatten auf der Tragschale mit flächenbezogener Masse m′ ≥ 20 kg/m²		40 (–2;–7)
3		Wie Konstruktion Zeile 1, jedoch zusätzliche Dämmschicht oberhalb der Hartschaumplatte aus Mineralwolleplatten, Holzwolleleichtbauplatten oder Weichschaumplatten		45 (–2;–8)

1) Hartschaumplatten aus expandiertem Polystyrol (EPS), extrudiertem Polystyrol (XPS) oder Polyurethan (PUR)

Tabelle 32. Beispielsammlung Steildächer mit Aufsparrendämmung aus Mineralwolledämmplatten, Auszug aus [5]

Nr.	Zeichnung	Konstruktion		R_w (C;C_{tr}), in [dB]
Grundkonstruktion				
1		–	Dachdeckung	46[2] (–3;–9)
		–	Lattung/Konterlattung	
		–	ggf. Unterspannbahn	
		100–140 mm	Mineralwolleplatten[1]	
		–	Dampfsperre	
		≥ 19 mm	Nut und Feder Holzschalung	
		–	Sparren	
Zusätzliche Beschwerungslage				
2		Wie Konstruktion Zeile 1, jedoch zusätzlich Beplankung einlagig aus schwerer Bitumenbahn, Gipsplatten, Gipsfaserplatten oder zementgebundene Spanplatten auf der Tragschale mit flächenbezogener Masse m′ ≥ 10 kg/m²		51[2] (–3;–10)

1) Montage von Faserdämmstoffen (Holzfaser oder Mineralfaser) als Aufsparrendämmsystem ohne Anpressdruck (z. B. Montage mit Doppelgewindeschrauben)
2) Die in Zeile 1 und 2 angegebenen Schalldämmmaße gelten bei Befestigung der Dachlatten mit geringem Anpressdruck, z. B. über Doppelgewindeschrauben. Bei Montage der Dachlatten mit hohem Anpressdruck (Nagel, Einfachgewindeschrauben) müssen die Schalldämmmaße wie folgt korrigiert werden: bei Faserdämmstoffen mit d ≤ 140 mm ΔR_w = –1 dB, bei Faserdämmstoffen mit d > 140 mm ΔR_w = –3 dB

Tabelle 33. Beispielsammlung Steildächer mit Aufsparrendämmung aus Holzfaserdämmplatten WF, Auszug aus [5]

Nr.	Zeichnung	Konstruktion		R_w (C; C_{tr}) in [dB]
Grundkonstruktion				
1		–	Dachdeckung	48 (–3;–9)
		–	Lattung/Konterlattung	
		–	ggf. Unterspannbahn	
		≥ 140 mm	Holzfaserdämmplatten[1)]	
		–	Dampfsperre	
		≥ 19 mm	Nut und Feder Holzschalung	
		–	Sparren	
Zusätzliche Beschwerungslage				
2			Wie Konstruktion Zeile 1, jedoch zusätzlich Beplankung einlagig aus schwerer Bitumenbahn, Gipsplatten, Gipsfaserplatten oder zementgebundene Spanplatten auf der Tragschale mit flächenbezogener Masse m′ ≥ 10 kg/m²	54 (–3;–8)

[1)] Montage von Faserdämmstoffen (Holzfaser oder Mineralfaser) als Aufsparrendämmsystem ohne Anpressdruck (z. B. Montage mit Doppelgewindeschrauben)

Tabelle 34. Beispielsammlung Steildächer mit Zwischensparrendämmung, Auszug aus [5]

Nr.	Zeichnung	Konstruktion		R_w (C; C_{tr}) in [dB]
Grundkonstruktion				
1		–	Dachdeckung	50[1) 2)] (–3;–9)
		–	Lattung/Konterlattung	
		–	ggf. Unterspannbahn	
		–	Sparren/Stegträger	
		≥ 120 mm ≤ 180 mm	Zwischensparrendämmung	
		–	Dampfsperre	
		–	Lattung	
		≥ 12,5 mm	Gipsplatten	
2		–	Dachdeckung	52[2)] (–4;–11)
		–	Lattung/Konterlattung	
		–	ggf. Unterspannbahn	
		–	Sparren/Stegträger	
		≥ 200 mm	Zwischensparrendämmung	
		–	Dampfsperre	
		–	Lattung	
		≥ 10 mm	Gipsfaserplatten	

Tabelle 34. Beispielsammlung Steildächer mit Zwischensparrendämmung, Auszug aus [5] (Fortsetzung)

Nr.	Zeichnung	Konstruktion	R_w (C; C_{tr}) in [dB]
3		Wie Konstruktion Zeile 2, jedoch geänderte raumseitige Beplankung 2 × 10 mm Gipsfaserplatten	57[2)] (–4;–11)

1) Die in Zeile 1 angegebenen Schalldämmmaße gelten bei Einsatz von Mineralwolleplatten, Zellulose oder Holzfaserdämmplatten mit Strömungswiderstand r ≥ 5 kN s/m⁴ als Zwischensparrendämmung. Bei Einsatz der folgenden Modifikationen ändert sich die Schalldämmung wie folgt:
   – Zusätzlich Mineralwolle in Installationsebene (Schicht 10 in Bild 36) $\Delta R_w = +4$ dB
   – Dämmstoffdicken > 400 mm mit Betondachsteinen $\Delta R_w = +6$ dB
   – Dämmstoffdicken > 400 mm mit Blecheindeckung $\Delta R_w = +1$ dB
   – Einsatz eines Stegträgers $\Delta R_w = 0$ dB
2) Weitere Einflussgrößen beeinflussen die Schalldämmung wie folgt:
   Dachdeckung mit Betondachsteinen $\Delta R_w = 0$ dB, mit Tondachsteinen $\Delta R_w = -2$ dB
   Installationsebene mit Federschiene $\Delta R_w = +2$ dB
   raumseitiger Abschluss mit Nut- und Feder-Holzschalung $\Delta R_w = -5$ dB

Tabelle 35. Prinzipdarstellung der Stoßstellen zwischen Dach und Wand, aus [41]

Nr.	Detailskizze	Beschreibung
1		Dachkonstruktion wird durch Trennwand unterbrochen: Lattung und Wärmedämmung getrennt
2		Dachkonstruktion wird durch Trennwand vollständig unterbrochen und im Bereich des Wandkopfes bedämpft: Zusätzliche Maßnahmen zur Bedämpfung des Hohlraumes zwischen Dachdeckung und Trennwandkopf. Lattung und Wärmedämmung getrennt
3		Dachkonstruktion wird durch Trennwand vollständig unterbrochen und im Bereich des Wandkopfes bedämpft und abgeschottet: Hohlraum zwischen Dachdeckung und Trennwandkopf abgeschottet (z. B. Aufmauerung mit wärmedämmenden Steinen; Dachsteine eingemörtelt; absorbierende Wärmedämmung zwischen der zweischaligen Aufmauerung; Dachlattung getrennt)

Dächer 251

Tabelle 36. Beispielsammlung Flankenschalldämmung Steildächer mit Hartschaum-Aufsparrendämmung, Auszug aus [5]

Nr.	Ausführung Steildach	$D_{n,f,w}$ in [dB]		
		1	2	3
Grundkonstruktion				
1	Ausführung nach Tabelle 31	53[1)]	58	65
Grundkonstruktion mit zusätzlicher Beschwerungslage (m' ≥ 10 kg/m²) auf Tragschale				
2	Ausführung nach Tabelle 31	56[1)]	60	69

1) Durchlaufende Vordachschalung für den Wohnungsbau nicht geeignet

Tabelle 37. Beispielsammlung Flankenschalldämmung, Steildächer mit Mineralwolle-Aufsparrendämmung, Auszug aus [5]

Nr.	Ausführung Steildach	$D_{n,f,w}$ in [dB]		
		1	2	3
Grundkonstruktion				
1	Ausführung nach Tabelle 32, Zeile 1	65	68	> 75

Tabelle 38. Beispielsammlung Flankenschalldämmung, Steildächer mit Aufsparrendämmung aus Holzfaserdämmplatten, Auszug aus [5]

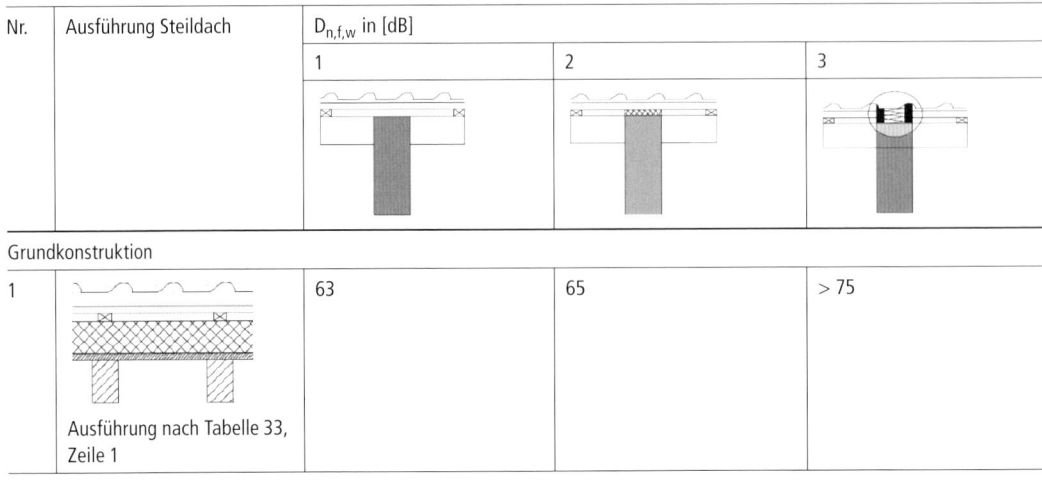

Nr.	Ausführung Steildach	$D_{n,f,w}$ in [dB]		
		1	2	3
Grundkonstruktion				
1	Ausführung nach Tabelle 33, Zeile 1	63	65	> 75

Tabelle 39. Beispielsammlung Flankenschalldämmung; Steildächer mit Zwischensparrendämmung, Auszug aus [5]

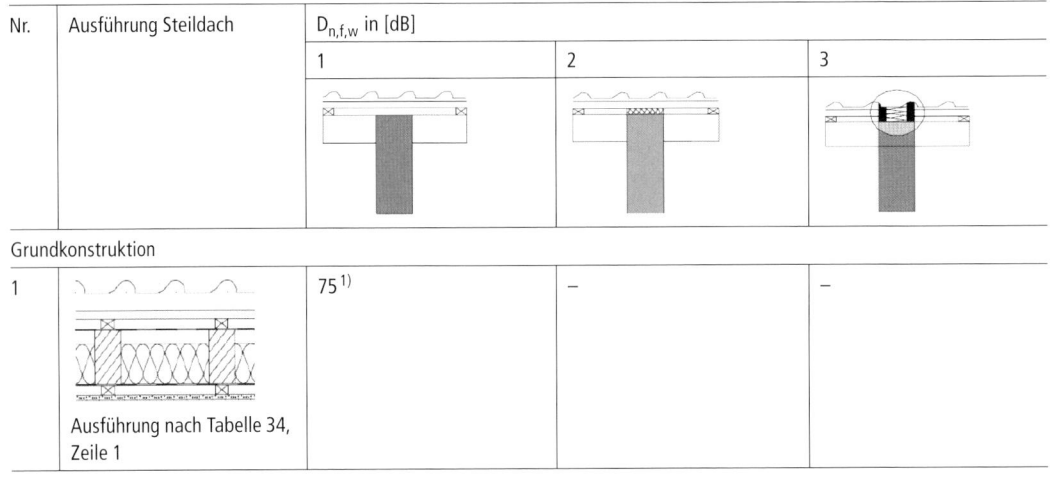

Nr.	Ausführung Steildach	$D_{n,f,w}$ in [dB]		
		1	2	3
Grundkonstruktion				
1	Ausführung nach Tabelle 34, Zeile 1	75[1]	–	–

[1] Weitere Einflussgrößen beeinflussen die Schalldämmung wie folgt:
Einschalige Wand als Trennwand $\Delta D_{n,f,w} = -5$ dB
Durchlaufende Lattung $\Delta D_{n,f,w} = -10$ dB
Durchlaufende Pfette und Lattung $\Delta D_{n,f,w} = -20$ dB

4.4 Bauteilsammlung für Flachdächer

Bei der Planung von modernen Büro- und Wohngebäuden ist vor allem im Bereich der mehrgeschossigen Bauweise i. d. R. ein Flachdach oder ein flachgeneigtes Dach mit ausgebautem Dachgeschoß vorgesehen. Um den Ansprüchen aus Wärmeschutz, Statik, Brandschutz und Schallschutz gerecht zu werden, müssen diese Dachkonstruktionen einer ganzen Reihe von Kriterien entsprechen. Auch im Bereich des Schallschutzes variieren die Ansprüche je nach Ausführung und Nutzung des Dachelementes als reines Dachelement oder als begehbare Dachterrasse.

Planungsdaten, insbesondere für Konstruktionen in Holzbauweise, die den bauakustischen Ansprüchen entsprechen, sind nur sehr bedingt verfügbar. So wurden auch in der neuen DIN 4109-33 [5] nur drei Aufbauten für leichte Flachdächer berücksichtigt. Geeignete Aufbauten für Dachterrassen und Loggien sowie Konstruktionen mit Massivholzelementen fehlen ganz. Neben den statischen und bauphysikalischen Anforderungen werden im Bereich von Dachterrassen (wie auch für Loggien) häufig zusätzliche Vorgaben, wie Lattenroste oder Betonplatten als Gehbelag gemacht,

Tabelle 40. Abkürzungen und Materialeigenschaften – Flachdächer und Dachterrassen

Baulager	Baulager als elastische Lagerung, vom Hersteller ausgelegt auf die angegebene Eigenfrequenz f_0
Betonplatten	Betonplatten 400/400 mm, $m' \geq 90{,}0$ kg/m², mit ca. 7 mm Kreuzfugen auf Stelzlagern oder im Splitt als Belag
Belagbretter	Belag aus Nadel- oder Laubholz, mit ca. 10 mm Fugen befestigt
Brettsperrholz/Brettschichtholz	Tragwerk aus Brettsperrholz- bzw. Brettschichtholzelementen
Dachbahn	EPDM-Dachbahn oder KS-Dachbahn als wasserführende Schicht, $m' \geq 1{,}7$ kg/m²
Dachschalung	Bretter aus Nadel- oder Laubholz
EPS	EPS 035 DAA dh, Flachdämmplatte (150 kPa), $\rho \geq 72$ kg/m³
Hohlraumdämpfung	Faserdämmstoffplatten/matten aus Mineral-, Jute-, Hanf- oder Holz-, Zellulose-, Baumwoll- oder Schafwollfasern mit einem längenbezogenen Strömungswiderstand von 5 kPa s/m² $\leq r \leq$ 50 kPa s/m² Einblasdämmstoffe aus Zellulosefasern mit einer Dichte $\rho \geq 40\text{--}50$ kg/m³ (raumfüllend), einem längenbezogenen Strömungswiderstand von 5 kPa s/m² $\leq r \leq$ 50 kPa s/m² und einer zusätzlichen Rieselschutzfolie unterhalb der Holzbalkenlage
Holzwerkstoffplatte	Spanplatte nach DIN EN 312, OSB-Verlegeplatten nach DIN EN 300 oder BFU–Platten nach DIN EN 315 und DIN EN 13986 der Dicken 18 mm bis 25 mm, bei offener Holzbalkendecke alternativ 28 mm Sichtschalung +12 mm BFU-Platte. Zusätzliche Verkleidungen der Holzwerkstoffplatten aus Gipsplatten oder Sichtschalungen im Balkenzwischenraum sind direkt auf die Holzwerkstoffplatte aufzubringen (ohne zusätzlichen Hohlraum)
Holzfaser- bzw. Mineralfaserdämmplatte	Holzfaser- bzw. Mineralfaserdachdämmplatten zur Außendämmung von Dach oder Decke, vor Bewitterung geschützt, Dämmung unter Deckungen, $\rho = 140\text{--}180$ kg/m³
Kanthölzer	Kanthölzer aus Nadel- oder Laubholz, jede zweite Latte durch Dämmung in Tragwerk verschraubt mit $a \geq 600$ mm
Lattung	Lattung aus Nadel- oder Laubholz unter Terrassen-Belagbretter, auf Baulager aufliegend
Lignatur	Lignatur LFE 240, REI30
Ligno Rippe Akustik	Brettsperrholz-Rippenelement LIGNO Rippe Q3 Akustik Z1 mit Splittfüllung
Mineralischer Schüttstoff	Mineralischer Schüttstoff für Dachbegrünungen als ungebundene Schüttung
Splitt/Kies	Ungebundene Schüttung aus Kies oder Splitt, Körnung 5/8 mit der angegebenen Schütthöhe und flächenbezogenen Masse
Hilfsmittel zur akustischen Entkopplung	
Direktschwingabhänger	Zur Befestigung von CD Profilen oder Holzlatten. Ist mit einem Gummiformteil zur Schallentkopplung ausgestattet. Verschraubung nicht anpressend, mit angegebener Eigenfrequenz f_0
Federschiene	Federschiene 60 mm × 27 mm aus gekantetem Blech zur elastischen Entkopplung von biegeweichen Beplankungen. Die Lochausstanzungen bewirken die Federwirkung. Montage mit ca. 1 mm Luft in der Verschraubung, Achsabstand $e \geq 500$ mm

Tabelle 41. Ausführungsbeispiele Flachdachaufbauten, Auszug aus [33]

Zeile	Schnittzeichnung	Konstruktionsdetails		$L_{n,w}(C_I; C_{I,50-2500})$ in [dB]	R_w $(C; C_{tr}/C_{50-3150}; C_{tr,50-3150})$ in [dB]
Holzbalkenkonstruktionen, begehbar					
Aufbauten Flachdach mit Dachterrasse Gehwegplatten auf Stelzlager ([33] Tab. 32 Z 2):					
1		≥ 40 mm ≥ 40 mm ≥ 12 mm ≥ 1,5 mm ≥ 140 mm ≥ 25 mm ≥ 220 mm ≥ 27 mm ≥ 12,5 mm	Betonplatten Stelzlager Baulager, $f_0 ≤ 20$ Hz Dachbahn EPS 035 DAA dh Holzwerkstoffplatte Balken o. Stegträger Federschiene Gipsplatte, m' ≥ 10 kg/m²	38 (0/20)	52 (−2; −7/−4;−13)
Aufbauten Flachdach mit Dachterrasse Gehwegplatten im Kiesbett ([33] Tab. 32 Z 3):					
2		≥ 40 mm ≥ 30 mm ≥ 1,5 mm ≥ 140 mm ≥ 25 mm ≥ 220 mm ≥ 27 mm ≥ 12,5 mm	Betonplatten Splitt (m' ≥ 40 kg/m²) Dachbahn EPS 035 DAA dh Holzwerkstoffplatte Balken o. Stegträger Federschiene Gipsplatte, m' ≥ 10 kg/m²	44 (−1/5)	70 (−2; −7/−6; −19)
Massivholzkonstruktionen, begehbar					
Aufbauten Flachdach (Massiv) mit Dachterrasse Gehwegplatten auf Stelzlager ([33] Tab. 32 Z 6):					
3		≥ 40 mm ≥ 40 mm ≥ 12 mm ≥ 1,5 mm ≥ 200 mm ≥ 140 mm	Betonplatten Stelzlager Baulager, $f_0 ≤ 20$ Hz Dachbahn EPS 035 DAA dh Brettsperrholz/Brettschichtholz m' ≥ 68 kg/m²	52 (−1/1)	38 (−1; −4/−1; −5)
Aufbauten Flachdach (Rippenelement) mit Dachterrasse Gehwegplatten auf Stelzlager ([33] Tab. 32 Z 9)					
4		≥ 40 mm ≥ 40 mm ≥ 12 mm ≥ 1,5 mm ≥ 200 mm ≥ 25 mm ≥ 196 mm	Betonplatten Stelzlager Baulager, $f_0 ≤ 20$ Hz Dachbahn EPS 035 DAA dh Holzwerkstoffplatte Ligno Rippe Akustik, gefüllt mit Splitt m' ≥ 145 kg/m²	38 (−1/6)	51 (−2; −7/−2; −8)

Tabelle 41. Ausführungsbeispiele Flachdachaufbauten, Auszug aus [33] (Fortsetzung)

Zeile	Schnittzeichnung	Konstruktionsdetails		$L_{n,w}(C_I; C_{I,50-2500})$ in [dB]	R_w (C; $C_{tr}/C_{50-3150}$; $C_{tr,50-3150}$) in [dB]
Aufbauten Flachdach (Hohlkastenelement) mit Dachterrasse Gehwegplatten auf Stelzlager ([33] Tab. 32 Z 17)					
5		≥ 40 mm ≥ 40 mm ≥ 12 mm ≥ 1,5 mm ≥ 200 mm ≥ 240 mm	Betonplatten Stelzlager Baulager, f_0 ≤ 20 Hz Dachbahn EPS 035 DAA dh Lignatur LFE, gefüllt mit Splitt m′ ≥ 92,4 kg/m²	44 (−2/3)	49 (−1; −5/−1; −8)
Aufbauten Flachdach (Massiv) mit Dachterrasse, Holzrost auf Stelzlager und abgehängter Unterdecke ([33] Tab. 32 Z 7):					
6		≥ 26 mm ≥ 44 mm ≥ 12 mm ≥ 40 mm ≥ 1,5 mm ≥ 200 mm ≥ 140 mm ≥ 60 mm ≥ 90 mm 12,5 mm 12,5 mm	Belagbretter Lattung, e ≥ 520mm Baulager, f_0 ≤ 20 Hz; e ≥ 660× 520m Splitt (m′ ≥ 60 kg/m²) Betonplatten unter Baulager Dachbahn EPS 035 DAA dh Brettsperrholz/ Brettschichtholz m′ ≥ 68 kg/m² Mineralwolle auf CD Profilen Direktschwingabhänger, e ≥ 750× 500 mm, f_0 ≤ 28 Hz, CD Profil e ≥ 500 mm Gipsplatte, m′ ≥ 10 kg/m² Gipsplatte, m′ ≥ 10 kg/m²	31 (4/23)	72 (−5; −13/−13; −26)
Holzbalkenkonstruktionen, nicht begehbar					
Aufbau Flachdach mit Kiesbett ([33] Tab. 33 Z 1):					
7		≥ 50 mm ≥ 1,5 mm ≥ 140 mm ≥ 25 mm ≥ 220 mm ≥ 27 mm ≥ 12,5 mm	Kies (m′ ≥ 87 kg/m²) Dachbahn EPS 035 DAA dh Holzwerkstoffplatte Balken o. Stegträger Federschiene Gipsplatte, m′ ≥ 10 kg/m²	–	70 (−3; −10/−10; −22)
Aufbau Flachgeneigtes Dach mit Blechbedachung aus Alu-Bänder mit Doppelstehfalz ([33] Tab. 34 Z 1):					
8		≥ 0,5 mm ≥ 3 mm ≥ 24 mm ≥ 80 mm ≥ 60 mm ≥ 220 mm ≥ 180 mm ≥ 27 mm ≥ 12,5 mm	Alu-Bänder mit Doppelstehfalz Dachbahn Dachschalung Kantholz, e ≥ 640 mm Holzfaserdämmplatte DAA dm Balken o. Stegträger Hohlraumdämpfung Federschiene, e ≥ 500 mm Gipsplatte, m′ ≥ 10 kg/m²	–	63 (−3; −9/−11; −24)

Tabelle 41. Ausführungsbeispiele Flachdachaufbauten, Auszug aus [33] (Fortsetzung)

Zeile	Schnittzeichnung	Konstruktions-details		$L_{n,w}(C_I; C_{I,50-2500})$ in [dB]	R_w (C; $C_{tr}/C_{50-3150}$; $C_{tr,50-3150}$) in [dB]
Massivholzkonstruktionen, nicht begehbar					
Aufbau Flachdach (Massiv) im Kiesbett ([33] Tab. 33 Z 3):					
9		≥ 50 mm ≥ 2,5 mm ≥ 120 mm ≥ 100 mm ≥ 140 mm	Kies (m′ ≥ 87 kg/m²) Dachbahn EPS 035 DAA dh EPS 035 DAA dh Brettsperrholz/ Brettschichtholz m′ ≥ 68 kg/m²	–	57 (–2; –7/–3; –12)
Aufbau flachgeneigtes Massivdach mit Blechbedachung aus Alu-Bänder mit Doppelstehfalz ([33] Tab. 34 Z 3)					
10		≥ 0,5 mm ≥ 3 mm ≥ 24 mm ≥ 80 mm ≥ 100 mm ≥ 100 mm ≥ 140 mm ≥ 60 mm ≥ 90 mm ≥ 12,5 mm ≥ 12,5 mm	Alu-Bänder mit Doppelstehfalz Dachbahn Dachschalung Kantholz, e ≥ 640 mm Holzfaserdämmplatte DAD dm Holzfaserdämmplatte DAD dm Brettsperrholz/ Brettschichtholz m′ ≥ 68 kg/m² Mineralwolle auf CD Profilen Direktschwingabhänger, e ≥ 750 × 500 mm, f_0 ≤ 28 Hz, CD Profil e ≥ 500 mm Gipsplatte, m′ ≥ 10 kg/m² Gipsplatte, m′ ≥ 10 kg/m²	–	71 (–5; –13/–18; –31)

die nur eine geringe Entkopplung ermöglichen. Auch die Zielsetzung einer möglichst niedrigen Stufe zwischen Wohnbereich und Dachterrasse im Zuge einer barrierefreien Ausführung stellt eine zusätzliche Herausforderung dar.

In einem aktuellen Projekt [49] wurden deshalb Untersuchungen an praxisnahen Dachaufbauten durchgeführt, um die Einflussgrößen auf die Schalldämmung von Flachdächern und leicht geneigten Dächern beschreiben und Planungsunterlagen gut geeigneter Konstruktionen zur Verfügung stellen zu können. Diese wurden teilweise auch schon in [33] publiziert, exemplarische Ergebnisse sind in Tabelle 41 dargestellt.

4.5 Schalldämmung von Steildächern bei tiefen Frequenzen

Werden Steildächer bei Belästigungen mit Verkehrslärm mit stark tieffrequenten Beiträgen eingesetzt, so ist darauf zu achten, dass deren Schalldämmung im Frequenzbereich unterhalb 100 Hz nicht zu schlecht ist. Für diese Einsatzzwecke wurden im Rahmen eines Forschungsvorhabens [40] besondere Steildächer entwickelt, die eine verbesserte Schalldämmung bei tiefen Frequenzen, d. h. unterhalb von 100 Hz besitzen. Vier dieser Dachkonstruktionen werden in Bild 48 und Bild 49 mit ihren Schalldämmkurven dargestellt. Es wird gezeigt, dass diese verbesserten Konstruktionen bei Frequenzen unterhalb 100 Hz eine Schalldämmung aufweisen, die deutlich über den üblichen Steildachkonstruktionen liegt. Eine detailliertere Beschreibung der hier vorgestellten Dächer ist der Literatur [40] zu entnehmen.

Für Flachdächer gelten hinsichtlich der niederfrequenten Schalldämmung prinzipiell die gleichen Vorgaben und Lösungsansätze wie bei Holzdecken oder Steildächern. Bei Flachdächern kann die Berücksichtigung der niederfrequenten Schalldämmung über die Spektrum-Anpassungswerte $C_{tr,50-5000}$ und $C_{I,50-2500}$ erfolgen die in Tabelle 41 mit angegeben sind.

4.6 Hinweise zur Bauausführung

Die Schalldämmung und Schall-Längsdämmung von Steildächern kann in ausgeführten Bauten von den bereits angegebenen Schalldämmwerten abweichen. Die-

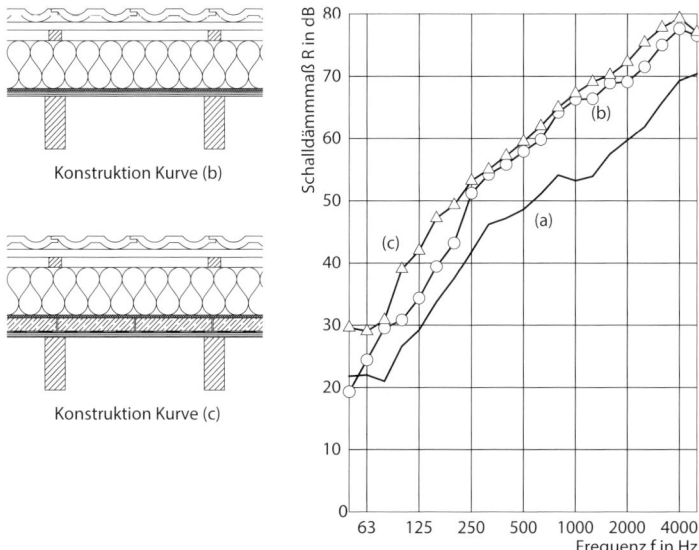

Bild 48. Schalldämmung von optimierten Steildächern mit Aufsparrendämmung verglichen mit einer Standard-Steildachkonstruktion
Kurve a) Holzfaserdämmplatten mit geringem Anpressdruck, $R_w(C; C_{tr}) = 47(-3; -10)$ dB
Kurve b) Typ Beschwerung der Dachschalung mit 12 kg/m², $R_w(C; C_{tr}) = 58(-3; -10)$ dB
Kurve c) Typ Beschwerung der Dachschalung mit 70 kg/m², $R_w(C; C_{tr}) = 62(-1; -7)$ dB, Beispiel aus [40]

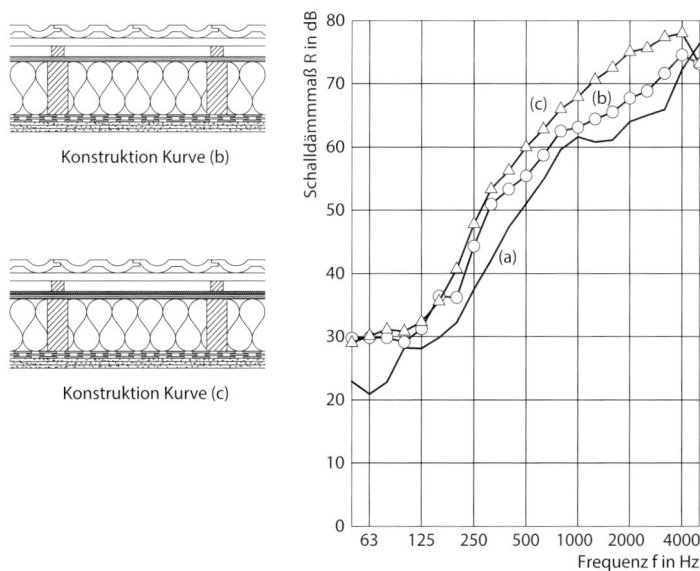

Bild 49. Schalldämmung von optimierten Steildächern mit Zwischensparrendämmung verglichen mit einer Standard-Steildachkonstruktion (Kurve a) $R_w(C; C_{tr}) = 49(-2; -8)$ dB:
Typ Entkopplung durch Federschiene – Kurve (b) $R_w(C; C_{tr}) = 54(-3; -9)$ dB
Typ Entkopplung durch Federschiene und Beschwerung Dachschalung – Kurve (c) $R_w(C; C_{tr}) = 56(-3; -9)$ dB, Beispiel aus [40]

se Diskrepanzen sind oftmals auf Baufehler, aber auch auf Ausführungsschwankungen bei Montage und Fertigung der Dächer zurückzuführen. Daher werden in diesem Abschnitt die für Dachkonstruktionen typischen Baufehler, aber auch Ausführungsschwankungen beschrieben.

Offene Fugen zwischen Dachfläche und Trennwand

Werden bei einem Dachanschluss an eine Trennwand die Anschlussfugen nicht ordnungsgemäß abgedichtet, so kann es zu einer Übertragung von Fugenschall kommen, welche die Schalldämmung der Trennwand drastisch reduziert. In der Praxis tritt dieser Baufehler häufig bei Steildächern mit Zwischensparrendämmung angebunden an Mauerwerks- oder Beton-Trennwände auf, wobei sowohl Wohnungs- als auch Gebäudetrennwände betroffen sind. Im Holzbau ist durch die vorgefertigte Bauweise der Dachanschluss meist dichter ausgeführt und führt nicht so häufig zu Beschwerden. Ein Beispiel für diese Effekte wird in Bild 50 dargestellt und beschrieben [32]. Die Fugen zwischen Dach und Trennwand hatten eine Breite von ca. 1 cm. Bei offenen Fugen wurde eine Norm-Flankenschallpegeldifferenz von $D_{n,f,w}$ = 51 dB gemessen. Durch Abdichtung der Fugen zwischen Sparren und Trennwand konnte dieser Wert bis auf $D_{n,f,w}$ = 71 dB gesteigert werden. Zur Vermeidung dieses Baufehlers kann durch die in Bild 51 dargestellte Abdichtungsmaßnahme sichergestellt werden, dass über die Anschlussfugen zwischen Dach und Wand kein Fugenschall übertragen wird.

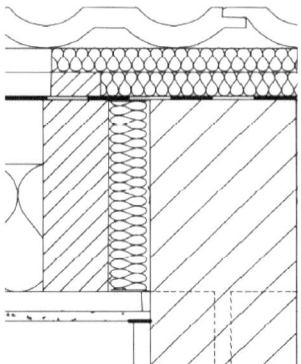

Bild 51. Vorschlag für Anschlussdetail: Zwischen Sparren und Trennwand 10–50 mm Fuge mit Faserdämmstoff gedämmt, Lattenhohlraum über der Trennwand mit nicht brennbarem Faserdämmstoff gedämmt, Anschluss Gipsbauplatte: Putz mit Trennstreifen oder dauerelastisch versiegelt

Durchlaufende Schalung bei Dach mit Aufdachdämmung

Über die Trennwand durchlaufende Konstruktionen können die Schall-Längsdämmung von Steildächern sehr stark verschlechtern. Ein besonders drastischer Fall liegt vor, wenn bei einem Steildach mit einem Aufsparrendämmsystem die innere Dachschalung über die Trennwand hinweg geführt wird. Als Beispiel wird in Bild 52 ein Schadensfall in einem Schulgebäude beschrieben [32]. Die Schule wurde in Mischbauweise ge-

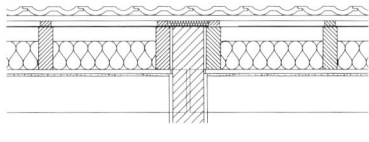

Dachaufbau
12,5 mm GKP
24/48 mm Lattung
8/24 cm Sparren mit
160 mm Mineralwolle
30/50 mm Lattung
30/50 mm Konterlattung, Dacheindeckung

Dacheindeckung
Aufbau der Trennwand:
einschalige Kalksandstein-Vollwand
17,5 cm dick, m' ≈ 350 kg/m²

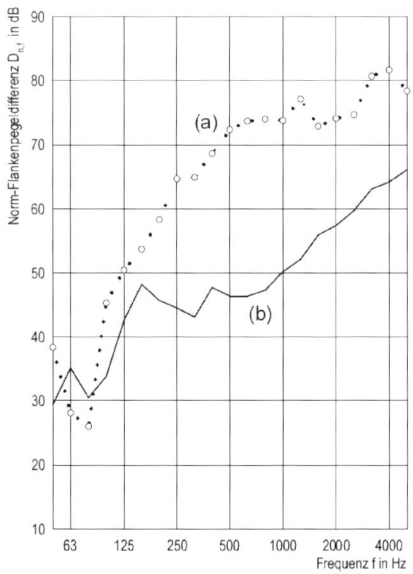

Bild 50. Verschlechterung der Flankenschalldämmung durch Fugenschall. Norm-Flankenschallpegeldifferenz eines Dachaufbaus mit Zwischensparrendämmung: Fuge zwischen Innenbeplankung des Daches und der Trennwand dauerelastisch abgedichtet (Kurve (a) $D_{n,f,w}$ = 71 dB) und Fuge offen (Kurve (b) $D_{n,f,w}$ = 51 dB), Beispiel aus [32]

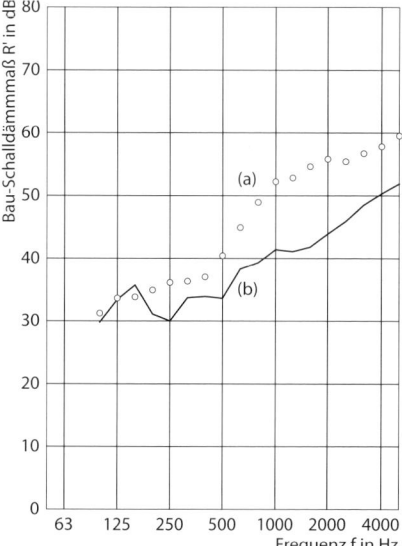

plant, wobei das obere Stockwerk in Leicht- bzw. Holzbauweise ausgeführt wurde. Die Sichtschalung des Daches mit einer Aufdachdämmung lief über die Klassenräume hinweg und führte zu sehr großen Defiziten in der Schalldämmung zwischen den Klassenzimmern. Es wurde ein bewertetes Bau-Schalldämmmaß der Trennwand von $R'_w = 40$ dB ermittelt. Die Sanierung dieses Baufehlers erfolgte durch eine abgehängte Unterdecke in jedem zweiten Raum. Eine alternative Sanierung durch die Trennung der Schalung über den Trennwänden wurde aus Kostengründen abgelehnt. Durch den Einsatz der abgehängten Decke konnte die Schalldämmung der Trennwand um 7 dB auf $R'_w = 47$ dB gesteigert werden. Die durchgeführten Maßnahmen wären geeignet gewesen, eine noch höhere Schalldämmung der Trennwand zu erreichen, es waren bei dieser Messung aber noch Defizite in der Trennwand und anderen Nebenwegen vorhanden, die nicht näher analysiert wurden, die jedoch das Ergebnis in seiner Höhe beschränken.

Bild 52. Messung einer Trennwand in einem Schulgebäude mit Steildach mit durchlaufender Dachschalung. Messung im ursprünglichen Zustand und im sanierten Zustand: Kurve (a) mit einseitig abgehängter Decke, $R'_w = 47$ dB; Kurve (b) unsanierter Zustand, $R'_w = 40$ dB, Beispiel aus [32]

Durchlaufende Dämmplatten bei Dach mit Aufdachdämmung

Wenn bei einem Aufdachdämmsystemen aus Hartschaumplatten diese Dämmplatten über die Trennwand hinweg durchlaufend montiert werden, kommt es zu einer erhöhten Schallübertragung über die Dachfläche. Ein Beispiel in einem Reihenhaus mit zweischaliger Haustrennwand in Mauerwerksbauweise wird in Bild 53 dargestellt [32]. In der vorgefundenen Bauausführung lief die Hartschaumplatte über der Trennwand durch. Die Schalldämmung der Trennwand ist mit $R'_w = 48$ dB sehr mangelhaft. Obwohl diese Pro-

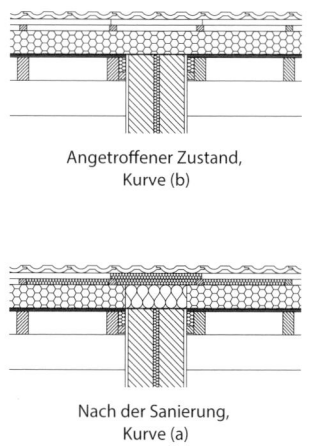
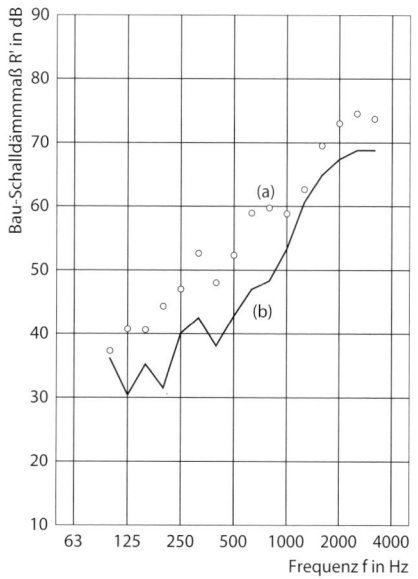

Bild 53. Schalldämmung einer Gebäudetrennwand, gemessen am Bau mit einem Steildach mit Hartschaum-Aufdachdämmung im Mauerwerksbau: Kurve (a) sanierter Zustand, $R'_w = 57$ dB; Kurve (b) angetroffener Zustand, $R'_w = 48$ dB; Beispiel aus [32]

blematik bereits seit langem bekannt ist [59] und diese Ausführung auch aus Sicht des Brandschutzes nicht den gültigen Landesbauordnungen entspricht, werden immer wieder Steildächer mit solchen Ausführungen angetroffen. Die in der Mustersanierung getroffenen Maßnahmen können Bild 53 entnommen werden. Dazu wurde im Trennwandbereich die Hartschaumdämmung vollständig entfernt und durch 30 cm breite Mineralfasermatten ersetzt. Außerdem wurde im jeweils ersten Sparrenfeld auf beiden Seiten der Trennwand eine Auflage aus Mineralfaserdämmstoff eingebracht. Mit diesen Maßnahmen konnte die Schalldämmung der Haustrennwand deutlich verbessert werden. Sie erfüllt nun mit R'_w = 57 dB zumindest die Mindestanforderungen an die Schalldämmung einer Gebäudetrennwand. Es sei darauf hingewiesen, dass für eine korrekte Ausführung aus Sicht des Brandschutzes die Trennwand bis zur Dachhaut hochzuziehen wäre. Dies war bei diesem Bauvorhaben nachträglich nicht mehr möglich. Um eine bessere Ausführung aus Sicht des Schallschutzes und des Brandschutzes zu gewährleisten, sollten die in der Beispielsammlung beschriebenen Konstruktionen unter Berücksichtigung der jeweils gültigen Anforderungen aus den Landesbauordnungen angewendet werden.

Durchlaufende Pfetten bei Dach mit Zwischensparrendämmung

Über die Trennwand durchlaufende Pfetten sind aus Gründen der Statik vorteilhaft, da hierdurch schlankere Querschnitte eingesetzt werden können. Aus schalltechnischer Sicht stellt eine solche Bauweise jedoch einen akustischen Kurzschluss dar, durch den die Schallenergie sehr leicht von einem Raum zum anderen transportiert werden kann. Auch die Dichtigkeit in Bezug auf Fugenschallübertragung kann hierdurch nicht gewährleistet werden (Bild 54). Die Effekte durch eine durchlaufende Pfette wurden im Laborversuch bei einem Dachaufbau mit Zwischensparrendämmung angeschlossen an eine einschalige Wohnungstrennwand untersucht [35]. Der Dachaufbau ist in Bild 54 dargestellt. Es waren zwei Pfetten (Fuß- und Mittelpfette) eingesetzt. Die Ergebnisse der bewerteten Norm-Flankenschallpegeldifferenz betrugen $D_{n,f,w}$ = 54 dB (mit durchlaufender Pfette) und $D_{n,f,w}$ = 71 dB (mit getrennter Pfette gemessen). Durch den Einsatz von durchlaufenden Pfetten in Steildächern mit Zwischensparrendämmung kann es zu schalltechnischen Verlusten in der Größenordnung von 17 bis 20 dB im $D_{n,f,w}$ kommen. Der Dachaufbau mit durchlaufender Pfette ist nicht geeignet zum Einsatz bei einer Wohnungstrennwand. Daher ist bei allen Steildachaufbauten auf eine strikte Trennung der Pfettenkonstruktion im Bereich der Trennwand zu achten.

Durchlaufende Dachlattung und Vordach

Eine über die Trennwand hinweg durchlaufende Dachlattung oder Vordachschalung führt insbesondere bei Aufdachdämmsystemen zu einer Verringerung der Schalldämmung. Der Einfluss ist bei erhöhtem Schallschutz ausschlaggebend. Die Verschlechterung der Flankendämmung wurde in Form der Differenz der bewerteten Norm-Flankenschallpegeldifferenz $\Delta D_{n,f,w}$ in Bild 55 und Bild 56 angegeben [35]. Bei Haustrennwän-

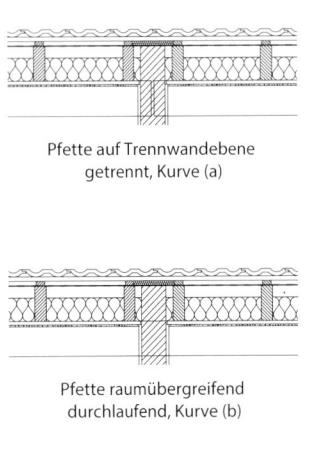

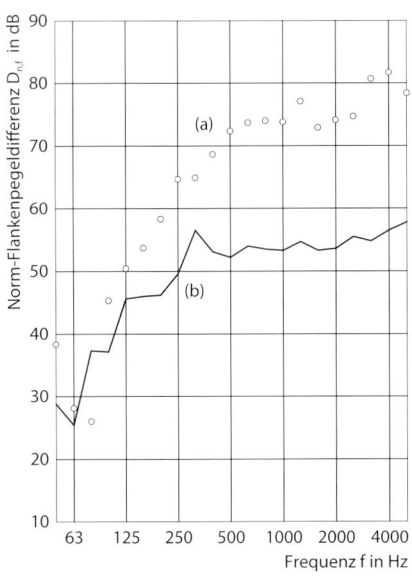

Bild 54. Schalltechnischer Kurzschluss bei durchgehender Pfette Norm-Flankenschallpegeldifferenz eines Dachaufbaus mit Zwischensparrendämmung:
Kurve a) Pfette auf Trennwand getrennt: $D_{n,f,w}$ = 71 dB;
Kurve b) Pfette durchlaufend: $D_{n,f,w}$ = 54 dB; Beispiel aus [35]

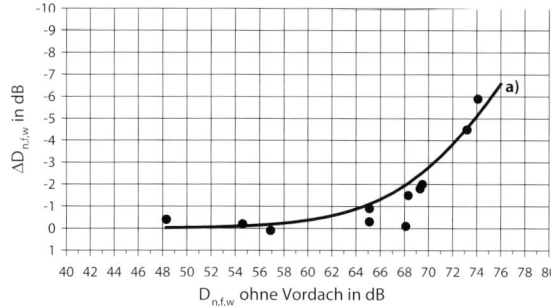

Bild 55. Einfluss der Vordachschalung auf die Flankendämmung. Die Messpunkte geben die Verschlechterung der Flankendämmung bei einem Dach mit durchlaufender Vordachschalung bei Aufdachdämmung an: Kurve a) stellt die zu erwartende Verschlechterung bei energetischer Addition der Schallenergieflüsse dar. Beispiel aus [35]

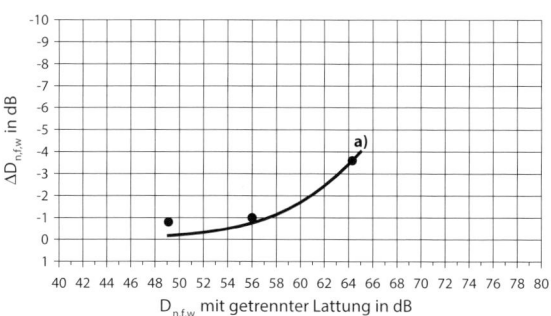

Bild 56. Einfluss einer durchlaufenden Lattung auf die Flankendämmung. Die Messpunkte geben die Verschlechterung der Flankendämmung bei durchlaufender Lattung an. Die Messungen wurden an einem Dach mit Aufsparrendämmung durchgeführt, Kurve a) stellt die zu erwartende Verschlechterung bei energetischer Addition der Schallenergieflüsse dar, Beispiel aus [35]

den sollte die Dachlattung schon aufgrund des Brandschutzes nicht über die Trennwand geführt werden. Im Bereich der Trennwand sollte die Lücke zwischen den Dachlatten durch zwei Blechprofile überbrückt werden. Bei der Vordachschalung ist bereits ein einfacher Sägeschnitt ausreichend, um den Übertragungsweg zu unterbrechen.

Hoher Anpressdruck bei Aufdachdämmungen aus druckfesten Faserdämmstoffplatten

Ein zu hoher Anpressdruck der Aufdachdämmung resultiert aus der Montageweise. Werden die Dämmplatten mit Sparrennägeln vernagelt oder mit Einfachgewindeschrauben verschraubt, ist automatisch ein sehr hoher Anpressdruck gegeben. Die Montage mit Doppelgewindeschrauben garantiert bei korrekter Ausführung einen geringen Anpressdruck. Wie bei durchlaufender Dachlattung und Vordach ist dieser Einfluss bei erhöhtem Schallschutz ($D_{n,f,w} \geq 70$ dB) ausschlaggebend. Ein zu hoher Anpressdruck der Dämmplatten hat auch einen Einfluss auf die Transmissions-Schalldämmung einer solchen Dachkonstruktion. Durch die Einstellung eines hohen Anpressdrucks wird im Vergleich zu einem niedrigen Anpressdruck die Schalldämmung R_w um bis zu 9 dB verringert (Bild 57, [40]).

5 Treppen in Reihenhäusern in Holzbauweise

Treppenanlagen werden sowohl in Reihenhäusern als auch im Mehrfamilienhaus oftmals direkt an Trennwänden befestigt. Beim Begehen einer Treppenanlage wird diese zu Schwingungen angeregt. Diese Körperschallschwingungen übertragen sich über die Auflager in den Baukörper, d. h. in die Wände und Decken, und werden von dort in den benachbarten Wohn- oder Arbeitsbereich abgestrahlt. Diese Lärmbelästigung wird als Trittschall bezeichnet. In Doppel- oder Reihenhäusern in Holzbauweise kommen in Deutschland üblicherweise Stahl-Holz- bzw. Massivholztreppen zum Einsatz. Trittschallprobleme treten nur dann auf, wenn diese Treppenanlagen direkt an der Gebäudetrennwand befestigt werden. Diese Befestigung geschieht in den meisten Fällen über starre Auflager bzw. starre Verschraubungen. Die Gebäudetrennwand in Doppel- und Reihenhäusern in Holzbauweise in Holzbauweise wird zweischalig ausgeführt, wobei für beide Schalen Wände eingesetzt werden, die vollständig entkoppelt sind. Der Einfluss der Gebäudetrennwand auf die Trittschalldämmung wird in Abschnitt 5.3 beschrieben. Im Gegensatz zu Decken, Wänden und Dächern in Holzbauweise [41] gibt es für die Schalldämmung von leichten Treppen in Mehrfamilien- oder Reihenhäusern in Holzbauweise derzeit keine Bauteilsammlung.

5.1 Stahl-Holz-Treppen

Eine zwei-viertel-gewendelte Stahl-Holztreppe wird üblicherweise am Baukörper über Antritt und Austritt sowie 1- bis 2-mal an der Trennwand und 0- bis 2-mal an den Seitenwänden befestigt, wobei die Anbindung über starre Auflager erfolgt. Mögliche Auflagerpunkte

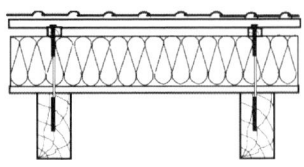
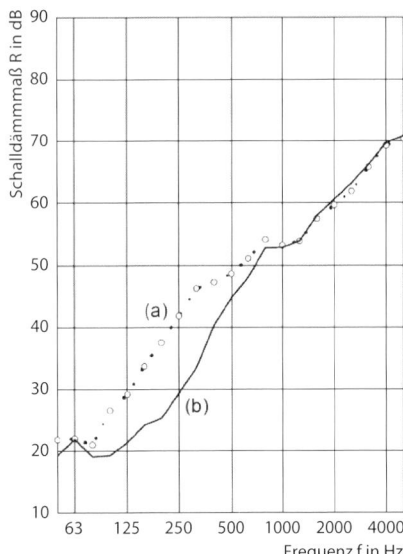

Bild 57. Einfluss der Montage: Einfachgewinde – Doppelgewinde-Schraube (Beispiel aus [40]);
mit Anpressdruck: Einfachgewindeschraube – Kurve (b), $R_w = 42$ dB
ohne Anpressdruck: Doppelgewindeschraube – Kurve (a), $R_w = 51$ dB

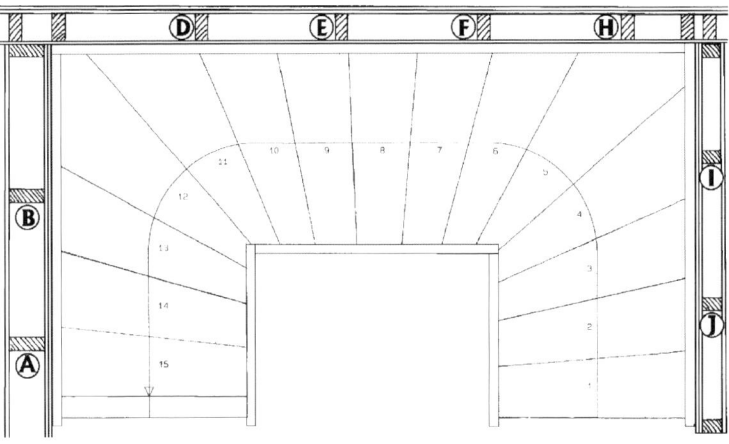

Bild 58. Anbindung von Holztreppen an den Baukörper
Anbindung an die Trennwand in Holzständerbauweise: Punkte D, E, F, H
Anbindung an die Seitenwände in Holzständerbauweise: Punkte A, B, I, J

für eine solche Treppenkonstruktion werden in Bild 58 schematisch dargestellt. Führt man die Trennwand als zweischalige Gebäudetrennwand in Holzständerkonstruktion aus, so werden mit dieser Konstruktion formal die Mindestanforderungen nach DIN 4109-1 sowie in aller Regel auch die Vorschläge für einen erhöhten Schallschutz ($L'_{n,w} = 46$ dB) nach Beiblatt 2 DIN 4109: 1989-11 bzw. der Schallschutzstufe I nach VDI 4100:2012-10 eingehalten. Eine Auftragung des Norm-Trittschallpegels L_n gegen die Frequenz, einer Stahl-Holztreppe ist in Bild 59 dargestellt. Daraus wird allerdings ersichtlich, dass schalltechnische Schwachpunkte der Konstruktion im tieffrequenten Bereich, d. h. zwischen 50 und 200 Hz, liegen, sodass es in diesem Frequenzbereich zu störenden Lärmbelästigungen (Dröhnen) kommen kann. Diese tieffrequenten Trittschallübertragungen koinzidieren mit Einbrüchen in der Schalldämmkurve wie sie bei der Luftschalldämmung von Gebäudetrennwänden in Holzbauweise beobachtet werden können, siehe Abschnitte 3.2.3 und 3.5. Maßnahmen zur Reduzierung des Dröhnens werden in Abschnitt 5.4 besprochen.

5.2 Massivholz-Treppen

Massivholztreppen werden über die Außenwange an die Trennwand angebunden, wobei üblicherweise bis zu 4 Verschraubungen zur Befestigung der Wange an der Trennwand dienen. Mögliche Verschraubungspunkte für eine solche Treppenkonstruktion werden

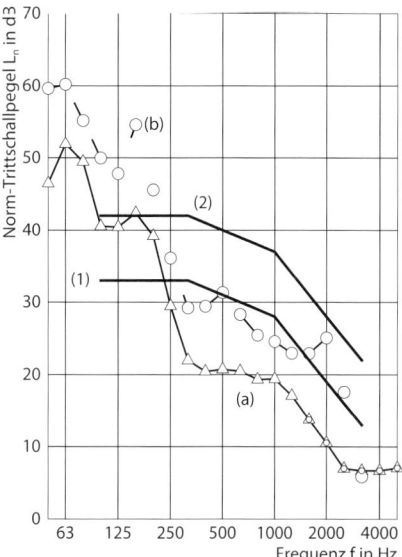

Bild 59. Trittschalldämmung einer Stahl-Holztreppe angeschlossen an eine zweischalige Gebäudetrennwand in Holzbauweise mit einem bewerteten Schalldämmmaß von $R_w = 71$ dB. Dargestellt sind zwei Versionen:
Kurve (a) mit Bezugskurve (1) $L_{n,w} = 31$ dB Anbindung nur an die Seitenwand
Kurve (b) mit Bezugskurve (2) $L_{n,w} = 40$ dB Normale Anbindung der Treppe an Trenn- und Seitenwände
Für beide Versionen sind neben den gemessenen Schalldämmkurven L'_n auch die jeweiligen verschobenen Bezugskurven nach DIN EN ISO 717-2 eingezeichnet. Die Überschreitungen der gemessenen Kurve über die Bezugskurve bestimmt die Höhe des bewerteten Norm-Trittschallpegels $L_{n,w}$. Aus [32]

in Bild 58 schematisch dargestellt. Zusammen mit einer zweischaligen Gebäudetrennwand in Holzbauweise werden bei einer solchen Anbindung der Treppe an die Gebäudetrennwand formal die Mindestanforderungen nach DIN 4109-1 sowie in aller Regel auch die Vorschläge für einen erhöhten Schallschutz ($L'_{n,w} = 46$ dB) nach Beiblatt 2 DIN 4109 eingehalten.

5.3 Einfluss der Trennwand auf die Trittschalldämmung der Treppe

Die zuvor beschriebenen Ergebnisse sind mit Treppen, angebunden an mängelfrei gefertigte zweischalige Gebäudetrennwände (z. B. Aufbau nach Tabelle 26, Zeile 1 und 2), erzielt worden. Die sehr guten Trittschalldämmwerte dieser Treppen haben ihre Ursache auch in der konsequenten Trennung und Entkopplung der beiden Trennwandschalen. Die gleiche Treppenkonstruktion angebunden an eine einschalige Trennwand wird daher eine deutlich schlechtere Trittschalldämmung erzielen. Die starke Abhängigkeit der Trittschalldämmung einer Treppe von der Schalldämmung der Wandkonstruktion wird deutlich, wenn man grafisch die Trittschalldämmung der Treppe $L'_{n,w}$ gegen die Schalldämmung der Trennwand R'_w, an der die Treppe angebunden ist, aufträgt (Bild 60).
Wenn man die Treppen nach den verschiedenen Konstruktionsmerkmalen (Bauart der Treppe, Anbindung an die Trennwand) klassifiziert, erkennt man einen nahezu linearen Verlauf zwischen $L'_{n,w}$ und R'_w. Bei Kenntnis der Schalldämmung der Trennwand kann aufgrund dieses Zusammenhangs die Trittschalldämmung einer Leichtbautreppe im Holzbau abgeschätzt werden. Ein Prognoseverfahren, das auf diesen Erkenntnissen basiert, wird in [37, 60, 61] beschrieben. Erste Vergleiche mit verschiedenen Bausituationen haben gute Ergebnisse erbracht.

5.4 Verbesserung der Trittschalldämmung von Treppen

Obwohl sehr viele Leichtbau-Treppen im Holzbau die erhöhten Anforderungen an die Schalldämmung nach Beiblatt 2 DIN 4109 erfüllen, kann es zu Beschwerden der Bewohner hinsichtlich der Trittschalldämmung kommen. Meist wird dann die tieffrequente Schallübertragung, ein Dröhnen, bemängelt. Die Defizite in der tieffrequenten Schalldämmung können jedoch durch geeignete Ausführung der Treppenkonstruktionen kompensiert werden. Im Folgenden werden verschiedene Maßnahmen und deren Wirksamkeit hinsichtlich der Verbesserung der Trittschalldämmung beschrieben.

Anbindung der Treppe an die Trennwand

Eine deutliche Verbesserung der Trittschalldämmung im tieffrequenten Bereich kann erreicht werden, indem die Treppe vollständig von der Trennwand entkoppelt wird. Bei einer Stahl-Holztreppe kann dies realisiert werden, indem die Auflagerung der Treppe vollständig über die Seitenwände erfolgt. Die Verbesserungen betragen sowohl im tieffrequenten Bereich als auch im bewerteten Norm-Trittschallpegel $\Delta L'_{n,w} =$ ca. 8 dB. Aus Gründen der Statik und Nutzungssicherheit (tieffrequentes Schwingungsverhalten, Baudynamik) müsste bei einer Stahl-Holztreppe hierzu die Treppenstatik verbessert werden. Bei Spannweiten bis zu ca. 2,2 m kann dies durch eine Vergrößerung des Holmquerschnitts erfolgen.
Bei Massivholztreppen können ähnliche Verbesserungen erzielt werden durch den Verzicht auf einen Körperschallkontakt zwischen Wange und Trennwand und durch Einsatz eines speziellen Eckauflagers. Die schalltechnische Eignung und prinzipielle Machbarkeit eines solchen Eckauflagers ist in Laborversuchen nachgewiesen worden [37].

Entkopplung der Auflagerpunkte über Elastomerlager

Aus Gründen der Statik oder Nutzungssicherheit ist eine vollständige Abkopplung der Treppe von der Trenn-

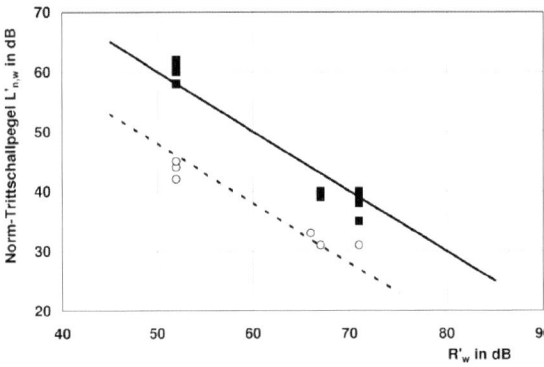

Bild 60. Trittschalldämmung von Stahl-Holztreppen im Holzbau in Abhängigkeit von der Luftschalldämmung R'_w der Trennwand (ein- und zweischalig) aus [32]. Dargestellt sind zwei verschiedene Versionen der Anbindung an die Trennwand:
Treppe mit 1 bis 2 Auflagerpunkten in der Trennwand:
■: Messwerte
Treppe nicht an Trennwand, sondern nur an den Seitenwänden, angebunden:
○: Messwerte
die durchgezogenen und gestrichelten Linien sind Prognose des $L'_{n,w}$ der Treppe nach empirischem Verfahren [37, 60, 61]

wand, wie oben beschrieben, vielfach nicht möglich. Eine Entkopplung der Auflager kann über geeignete Elastomerlager erfolgen. Die Höhe der Verbesserung bei der Trittschalldämmung hängt von der Weichheit des Elastomerlagers ab. Dies wird in Bild 61 dargestellt. Hier werden zwei Anbindungssituationen miteinander verglichen: 1) starr angebunden und 2) Entkopplung mit einem relativ weichen Elastomerlager. Wie dieses Beispiel zeigt, kann der bewertete Norm-Trittschallpegel der Treppe durch den Einsatz eines weichen Elastomerlagers bis zu 10 dB gegenüber dem starr angebundenen reduziert, d. h. verbessert werden. Beim Einsatz von Elastomerlagern muss auf die Gebrauchstauglichkeit der Treppenkonstruktion beachtet werden, da zu weich gelagerte Treppen beim Begehen zu tieffrequenten Schwingungen und Schwankungen neigen und damit die Trittsicherheit gefährden könnten. Eine praktische Realisierung eines Elastomerlagers wird in Bild 62 dargestellt. Dazu wird das Elastomer zwischen zwei Vierkant-Stahlrohre eingeschoben. Die schalltechnische Wirksamkeit dieser Konstruktion im Zusammenspiel mit einem weicheren Elastomermaterial wurde im Laborversuch nachgewiesen [37]. Es ist die Aufgabe der Treppenbaubranche, dieses oder ähnliche Auflager unter fertigungs-/montagetechnischen und optischen Aspekten zu optimieren. Neben der Entkopplung der Auflager wird oft auch versucht, eine Verbesserung der Trittschalldämmung über die Schwingungsentkopplung der Trittstufen selbst zu erreichen. Versuche, bei denen die Trittstufen über handelsübliche Elastomerlager praxistauglich auf die Holme geschraubt wurden, haben gezeigt, dass eine Verbesserung der Trittschalldämmung nur im hochfrequenten Trittschallbereich oberhalb von ca. 400 Hz erfolgt, in einem Bereich, in dem Treppen an Gebäudetrennwänden ohnehin eine sehr gute Trittschalldämmung besitzen. Prinzipiell stellt sich eine ähnliche Problematik wie bei der Entkopplung von Auflagern über Elastomere dar: Eine schalltech-

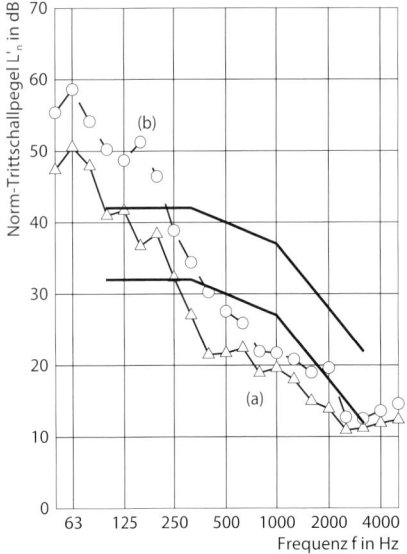

Bild 61. Trittschalldämmung einer Stahl-Holztreppe angebunden an eine zweischalige Gebäudetrennwand in Holzbauweise (bewertetes Schalldämmmaß von $R'_w = 67$ dB) gemessen in einem ausgeführten Bau. Dargestellt sind zwei Varianten (aus [32]):
Kurve (a) $L'_{n,w} = 30$ dB, Anbindung über Elastomerlager (Fabrikat Trelleborg Typ STG).
Kurve (b) $L'_{n,w} = 40$ dB, Starre Anbindung der Treppe an Trenn- und Seitenwände

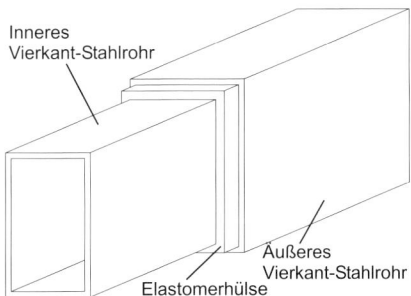

Bild 62. Prinzipzeichnung einer elastischen Lagerung über zwei ineinander geschobene Vierkant-Stahlrohre, aus [32]

nisch wirksame Entkopplung von Stufe und Holm wird nur dann erreicht, wenn sehr weiche Zwischenschichten eingesetzt werden. Diese sind jedoch nicht als gebrauchstauglich zu bewerten, da auf solche Art gelagerte Trittstufen beim Begehen zu stark schwanken und keine Trittsicherheit gewährleisten. Durch eine Verschraubung wird die Wirksamkeit der elastischen Lagerung zusätzlich reduziert.

6 Literatur

[1] DIN 4108-10:2015-12 (2015) *Wärmeschutz und Energie-Einsparung in Gebäuden – Teil 10: Anwendungsbezogene Anforderungen an Wärmedämmstoffe – Werkmäßig hergestellte Wärmedämmstoffe*, Beuth, Berlin.

[2] DIN 4109-1:2018-01 (2018) *Schallschutz im Hochbau – Teil 1: Mindestanforderungen*, Beuth, Berlin.

[3] DIN 4109-2:2018-01 (2018) *Schallschutz im Hochbau – Teil 2: Rechnerische Nachweise der Erfüllung der Anforderungen*, Beuth, Berlin.

[4] DIN 4109-32:2016-07 (2016) *Schallschutz im Hochbau – Teil 32: Daten für die rechnerischen Nachweise des Schallschutzes (Bauteilkatalog) – Massivbau*, Beuth, Berlin.

[5] DIN 4109-33:2016-07 (2016) *Schallschutz im Hochbau – Teil 33: Daten für die rechnerischen Nachweise des Schallschutzes (Bauteilkatalog) – Holz-, Leicht- und Trockenbau*, Beuth, Berlin.

[6] DIN 4109-34:2016-07 (2016) *Schallschutz im Hochbau –Teil 34: Daten für die rechnerischen Nachweise des Schallschutzes (Bauteilkatalog) – Vorsatzkonstruktionen vor massiven Bauteilen*, Beuth, Berlin.

[7] DIN 4109:1989-11 (1989) *Schallschutz im Hochbau, Anforderungen und Nachweise*; DIN 4109 Bbl-1:1989-11 (1989) *Ausführungsbeispiele und Rechenverfahren*; DIN 4109 Bbl-1/A1:2003-09 (2003) *Ausführungsbeispiele und Rechenverfahren; Änderung A1*; DIN 4109 Bbl-2:1989-11 (1989) *Hinweise für die Planung und Ausführung, Vorschläge für einen erhöhten Schallschutz, Empfehlungen für den Schallschutz im eigenen Wohn- und Arbeitsbereich*, Beuth, Berlin.

[8] DIN 18180:2014-09 (2014) *Gipsplatten – Arten und Anforderungen*, Beuth, Berlin.

[9] DIN 18181:2019-04 (2019) *Gipsplatten im Hochbau – Verarbeitung*, Beuth, Berlin.

[10] DIN 18560 *Estriche im Bauwesen*; DIN 18560-1: 2015-11 (2015) *Allgemeine Anforderungen, Prüfung und Ausführung*; DIN 18560-2:2009-09 (2009) *Estriche und Heizestriche auf Dämmschichten (schwimmende Estriche)*; DIN 18560-3:2006-03 (2006) *Verbundestriche*; DIN 18560-4:2012-06 (2012) *Estriche auf Trennschicht*; DIN 18560-7:2004-04 (2004) *Hochbeanspruchbare Estriche (Industrieestriche)*, Beuth, Berlin.

[11] DIN EN 300:2006-09 (2006) *Platten aus langen, flachen, ausgerichteten Spänen (OSB) – Definitionen, Klassifizierung und Anforderungen*, Beuth, Berlin.

[12] DIN EN 309:2005-04 (2005) *Spanplatten – Definition und Klassifizierung*, Beuth, Berlin.

[13] DIN EN 312:2010-12 (2010) *Spanplatten – Anforderungen*, Beuth, Berlin.

[14] DIN EN 520:2009-12 (2009) *Gipsplatten – Begriffe, Anforderungen und Prüfverfahren*, Beuth, Berlin.

[15] DIN EN 13162:2015-04 (2015) *Wärmedämmstoffe für Gebäude – Werkmäßig hergestellte Produkte aus Mineralwolle (MW) – Spezifikation*, Beuth, Berlin.

[16] DIN EN 13171:2015-04 (2015) *Wärmedämmstoffe für Gebäude – Werkmäßig hergestellte Produkte aus Holzfasern (WF) – Spezifikation*, Beuth, Berlin.

[17] DIN EN 13318:2000-12 (2000) *Estrichmörtel und Estriche – Begriffe*, Beuth, Berlin.

[18] DIN EN 13986:2015-06 (2015) *Holzwerkstoffe zur Verwendung im Bauwesen – Eigenschaften, Bewertung der Konformität und Kennzeichnung*, Beuth, Berlin.

[19] DIN EN 15283-2:2009-12 (2009) *Faserverstärkte Gipsplatten – Begriffe, Anforderungen und Prüfverfahren – Teil 2: Gipsfaserplatten*, Beuth, Berlin.

[20] DIN EN ISO 717 *Bewertung der Schalldämmung in Gebäuden und von Bauteilen*, DIN EN ISO 717-1:2013-06 (2013) *Teil 1: Luftschalldämmung*, DIN EN ISO 717-2:2013-06 *Teil 2: Trittschalldämmung*, Beuth, Berlin.

[21] Normenreihe DIN EN ISO 10140, *Akustik – Messung der Schalldämmung von Bauteilen in Prüfständen – Teil 1: Anwendungsregeln für bestimmte Produkte* (2016-12),
Teil 2: Messung der Luftschalldämmung (2010-12),
Teil 3: Messung der Trittschalldämmung (2015-12),
Teil 4: Messverfahren und Anforderungen (2010-12),
Teil 5: Anforderungen an Prüfstände und Prüfeinrichtungen (2014-09), Beuth, Berlin.

[22] DIN EN ISO 10848 *Messung der Flankenübertragung von Luftschall und Trittschall zwischen benachbarten Räumen in Prüfständen – Teil 1: Rahmendokument* (2018-02),
Teil 2: Anwendung auf Typ-B-Bauteile, wenn die Verbindung geringen Einfluss hat (2018-02),
Teil 3: Anwendung auf Typ-B-Bauteile, wenn die Verbindung wesentlichen Einfluss hat (2018-02), Beuth, Berlin.

[23] DIN EN ISO 12354 *Bauakustik – Berechnung der akustischen Eigenschaften von Gebäuden aus den Bauteileigenschaften – Teil 1: Luftschalldämmung zwischen Räumen* (2017-11),
Teil 2: Trittschalldämmung zwischen Räumen (2017-11),
Teil 3: Luftschalldämmung von Außenbauteilen gegen Außenlärm (2017-12), Beuth, Berlin.

[24] Normenreihe DIN EN ISO 16283 *Akustik, Messung der Schalldämmung in Gebäuden und von Bauteilen am Bau – Teil 1: Luftschalldämmung* (2018-04),
Teil 2: Trittschalldämmung (2018-11),

Teil 3: *Messung der Fassadenschalldämmung* (2016-09), Beuth, Berlin.

[25] VDI 4100:2012-10 (2012) *Schallschutz im Hochbau, Wohnungen, Beurteilung und Vorschläge für erhöhten Schallschutz*, Beuth, Berlin.

[26] ÖNORM B 8115-7: 2012 01 01 Schallschutz und Raumakustik im Hochbau – Teil 7: Bewertung der Trittschallminderung durch eine Deckenauflage auf einer Bezugs-Massivholzdecke, Beuth, Berlin.

[27] Schmidt, H. (1996) *Schalltechnisches Taschenbuch*, Schwingungskompendium, Springer, Berlin, Heidelberg.

[28] Gösele, K.; Schüle, W.; Künzel, H. (1997) *Schall – Wärme – Feuchte*, Bauverlag, Wiesbaden.

[29] Fasold, W.; Veres, E. (2003) *Schallschutz und Raumakustik in der Praxis*, Huss-Medien, Berlin.

[30] Holtz, F.; Rabold, A.; Buschbacher, H.P.; Hessinger J. (1999) INFORMATIONSDIENST HOLZ, *holzbau handbuch*, R3/T3/F3, Schalldämmende Holzbalken- und Brettstapeldecken (Hrsg. Entwicklungsgemeinschaft Holzbau), München.

[31] Kuhweide, P.; Wagner, G.; Wiegand, T. (2000) INFORMATIONSDIENST HOLZ, *holzbau handbuch*, R4/T2/F3, Konstruktive Vollholzprodukte (Hrsg. Arbeitsgemeinschaft Holz), Düsseldorf.

[32] Holtz, F.; Hessinger J.; Rabold, A.; Buschbacher, H.P.(2004) INFORMATIONSDIENST HOLZ, Schallschutz – Wände und Dächer, *holzbau handbuch*, R3/T3/F4 (Hrsg. Holzabsatzfonds und DGfH).

[33] Blödt, A.; Rabold, A.; Halstenberg, M. (2019) Schallschutz im Holzbau – Grundlagen und Vorbemessung, in *holzbau handbuch*, R3/T3/F1(Hrsg. Holzbau Deutschland-Institut), Berlin.

[34] Gösele, K.; Karadi, J. (1978) *Untersuchungen über die Schall-Längsdämmung von Wänden und Decken aus Holzbauteilen*, Forschungsbericht des Institut für Bauphysik, Stuttgart, im Auftrag der Entwicklungsgemeinschaft Holzbau e. V. 1978.

[35] Holtz, F.; Rabold, A.; Hessinger, J.; Buschbacher, H.P.; Schifflechner, K.; Mederle, S.; Welsch, M. (2001) Schall-Längsleitung von Steildächern – Analyse, Optimierung, Sanierung, *DGfH-Forschungsbericht des Labor für Schall- und Wärmemesstechnik* (gefördert durch Holzabsatzfonds).

[36] Schumacher, R.; Saß, B.; Pütz, M. (2001) *Grundlagenuntersuchungen zum Stoßstellendämm-Maß im Holzbau*, Forschungsbericht des ift-Rosenheim.

[37] Holtz, F.; Buschbacher, H.P.; Hessinger J.; Rabold, A. (2001) *Trittschalldämmung von Treppen im Holzbau, Bestandsaufnahme, Analyse, Optimierung*, DGfH-Forschungsbericht des Labor für Schall- und Wärmemesstechnik (gefördert durch Holzabsatzfonds).

[38] Schumacher, R.; Pütz, M.; Saß, B. (2002) *Schall-Längsdämmung im Mehrgeschoß-Holzbau*, AiF-Forschungsbericht des ift-Rosenheim.

[39] Holtz, F.; Hessinger J.; Öchsle, O.; Buschbacher, H.P.; Rabold, A. (2003) *Analyse, Lokalisierung, Sanierung und Vermeidung von schalltechnischen Mängeln im Holzbau*, DGfH-Forschungsbericht der LSW – Labor für Schall- und Wärmemesstechnik GmbH (gefördert durch Holzabsatzfonds).

[40] Holtz, F.; Rabold, A.; Buschbacher, H.P.; Hessinger J. (2003) *Hochschalldämmende Außenbauteile aus Holz*, DGfH-Forschungsbericht der LSW – Labor für Schall- und Wärmemesstechnik GmbH (gefördert durch Holzabsatzfonds).

[41] Scholl, W.; Bietz H. (2004) *Integration des Holz- und Skelettbaus in die neue DIN 4109*, Abschlussbericht der PTB zum Forschungsvorhaben gefördert durch DIBt und PTB, 2004

[42] Metzen, H.A. (2004) *Berechnungsmodelle & Berechnungsansätze im Holzbau*, Abschlussbericht zum Teilprojekt im Rahmen des Forschungsvorhabens „Integration des Holz- und Skelettbaus in die neue DIN 4109" der PTB gefördert durch DIBt und PTB.

[43] Holtz, F.; Rabold, A.; Hessinger, J.; Buschbacher, H.P. (2004) *Schalltechnische Optimierung des Holzbaus durch Verbesserung der Wandkonstruktionen*, AiF-Forschungsbericht der LSW-Labor für Schall- und Wärmemesstechnik GmbH.

[44] Holtz, F.; Rabold, A.; Hessinger J.; Bacher, S. (2005) *Ergänzende Deckenmessungen zur DIN 4109*, DGfH-Forschungsbericht des Labor für Schall- und Wärmemesstechnik (gefördert durch Holzabsatzfonds, BDF und BDZ).

[45] Rabold, A.; Hessinger, J.; Bacher, S. (2006) *Erarbeitung eines Prognoseverfahrens zur Bestimmung der Schalldämmung von Holztafelwänden auf der Grundlage der Konstruktion und der verwendeten Werkstoffe*, DGfH-Forschungsbericht des Labors für Schall- und Wärmemeßtechnik, Stephanskirchen.

[46] Rabold, A.; Rank, E. (2009) *Anwendung der Finiten Elemente Methode auf die Trittschallberechnung*, Teilbericht zum Kooperationsprojekt: Untersuchung der akustischen Wechselwirkungen von Holzdecke und Deckenauflage zur Entwicklung neuartiger Schallschutzmaßnahmen, ibp Stuttgart, TU München, ift Rosenheim, DGfH.

[47] Fassadenelemente für Hybridbauweisen, Forschungsbericht der TU München 2016 [online] www.hybridbauweisen.de, mit Projektbericht Nr. 14-001534-PR01(PB-F02-04-d e-01) des ift Rosenheim vom 15.12.2015.

[48] Wohlmuth, B.; Horger, T.; Rank, E.; Kollmannsberger, S.; Frischmann, F.; Paolini, A.; Schanda, U.; Mecking, S.; Kruse, T.; Rabold, A.; Châteauvieux-Hellwig, C.; Schramm, M.; Müller, G.; Winter, C.(2017) *Vibroakustik im Planungsprozess für Holzbauten – Modellierung, numerische Simulation, Validierung* – Forschungs-Kooperationsprojekt TU München, Hochschule Rosenheim, ift Rosenheim.

[49] Châteauvieux-Hellwig C.; Bacher, S.; Rabold, A. (2019) *Schallschutz von Flachdächern in Holzbauweise – Luft- und Trittschalldämmung von Flachdächern und Dachterrassen*, Forschungsprojekt ift Rosenheim, 2019

[50] Erhardt, D.; Morkötter, D. (2010) *Gehversuche auf Holzdecken zum Vergleich mit den bewerteten Norm-Trittschallpegeln gemäß DIN EN ISO 717*, Studienarbeit, Hochschule Rosenheim.

[51] Kruse, T. (2015) *Messtechnische Untersuchung zur Stoßstellendämmung und Ausbreitungsdämpfung von Brettsperrholzbauteilen*, Bachelorarbeit Hochschule Rosenheim.

[52] Timpte, A. (2016) *Stoßstellendämm-Maße im Massivholzbau – Konstruktionen, akustische Kenngrößen, Schallschutzprognose*, Masterarbeit TU Berlin und Hochschule Rosenheim.

[53] Nicklaus, S. (2017) *Untersuchung zur schalltechnischen Entkopplung von Massivholzbauteilen an Wand-Decken-Stößen*, Bachelorarbeit Hochschule Rosenheim.

[54] Huber, A. (in Bearbeitung) *Ermittlung von Planungsdaten für den Schallschutz von Außenwänden in Holzbauweise mit unterschiedlichen Dämmstofftypen. Datensammlung – Bauteilmessung – Simulation*, Bachelorarbeit HS Rosenheim.

[55] Seidel, J. (2010) Trittschall- und Geher-Messungen im Deckenprüfstand der Fa. Knauf Gips KG, Iphofen.

[56] Berger, R. (1911) *Über die Schalldurchlässigkeit*, R. Oldenbourg Verlag.

[57] Wintergerst, E. Theorie der Schalldurchlässigkeit von einfachen und zusammengesetzten Wanden. *Schalltechnik* 4 [1931], 85 und 5 [1932], 1.

[58] Zwicker, E.; Fastl, H.; Widmann, U.; Kurakata, K.; Kuwano, S.; Namba, S. (1991) Program for calculating loudness according to DIN 45631 (ISO 532B), *Journal of Acoustic Society of Japan*, 12, pp. 39–42.

[59] Lutz, P. (1992) Schalldämmung und Schalllängsleitung von Steildächern, *WKSB – Zeitschrift für Wärmeschutz, Kälteschutz, Schallschutz, Brandschutz* 31, S. 16.

[60] Hessinger, J.; Buschbacher, H.P.; Holtz, F. (2001) Schallschutz von leichten Treppen im Holzbau, *mikado* 09/2001, S. 62.

[61] Holtz, F.; Buschbacher, H.P.; Hessinger, J. (2002) Schallschutz von leichten Treppen im Holzbau, *Bauen mit Holz* 7/2002, S. 27.

[62] Hessinger, J.; Buschbacher, H.P.; Rabold, A.; Leitgeb, M.; Ramsteiner, R.; Holtz, F. (2003) *Schwingungsverhalten von Holzständerwänden*, Fortschritte der Akustik – DAGA 2003, S. 152.

[63] Burkhart, C. (2003)*Tieffrequenter Trittschall – Messergebnisse, Beurteilung*, Fortschritte der Akustik – DAGA 2003, S. 124.

[64] Hessinger, J.; Buschbacher, H.-P.; Rabold, A.; Holtz, F. (2004) *Sound insulation of solid wood constructions*, Fortschritte der Akustik – DAGA 2004, S. 739.

[65] Gerretsen, E. (2006) Possibilities to improve the modelling in EN 12354 for lightweight elements, euronoise 2006.

Gerretsen, E. (2007) Some aspects to improve sound insulation prediction models for lightweight elements, internoise 2007.

Gerretsen, E. (2008) Prediction models for building performance – European need and world wide use, euronoise 2008.

[66] Hessinger, J.; Rabold, A.; Holtz, F. (2007) *Akustische Wechselwirkung von Holzdecken und Deckenauflagen*, Fortschritte der Akustik – DAGA 2007, S. 259.

[67] Rabold, A.; Jehl, W. (2010) Einfluss unterschiedlicher Dachdeckungen auf die Schalldämmung von Steildächern, *Bauphysik* 5.

[68] Schramm, M.; Dolezal, F.; Rabold, A.; Schanda, U. (2010) *Stoßstellen im Holzbau – Planung, Prognose und Ausführung*, in Tagungsband DAGA 2010.

[69] Guigou-Carter, C.; Michel Villot, M. (2012) *Prediction and measurements for lightweight buildings and low frequencies*, euronoise 2012.

[70] Mahn, J.; Pearse, J. (2012) *The calculation of the resonant sound reduction index for use in EN12354*, euronoise 2012.

[71] Schoenwald, S. (2012) *Comparison of proposed methods to include lightweight framed structures in EN 12354 prediction model*, euronoise 2012.

[72] Rabold, A. (2013) Schallschutz im Holzbau, in *Urbaner Holzbau, Chancen und Potentiale für die Stadt* (Hrsg. Cheret, P., Schwaner, K., Seidel, A.), DOM publishers Berlin.

[73] Rabold, A.; Hessinger, J., „Die Gebäudetrennwand bei Doppel- und Reihenhäuser – Schalltechnische Planung von Trennwand und Dachanschluss", Holzbau-Quadriga, 4, 2013

[74] Châteauvieux-Hellwig, C.; Mecking, S.; Brummer, B.; Rabold, A. (2016) *Anwendung zur SEA basierten Berechnung nach EN 12354 für Massivholzelemente*, Tagungsband DAGA 2016.

[75] Mayr, A.; Einig, J.; Rabold, A. (2017) *Bauteilkatalog Leichtbau nach DIN 4109*, Tagungsband HolzBauSpezial, Bad Wörishofen.

[76] Rabold, A.; Châteauvieux-Hellwig, C.; Mecking, S. (2017) *Optimierung von Holzdecken in Bezug auf die DIN 4109*, Tagungsband HolzBauSpezial, Bad Wörishofen.

[77] Hettler, S. (2018) *Technische Regelwerke zum Schallschutz – Rechtliche Einordnung*, (Hrsg. DIN Deutsches Institut für Normung e. V.) Beuth, Berlin.

[78] Rabold, A.; Châteauvieux-Hellwig, C.; Mecking, S.; Huber, A. (2018) Mehrgeschosser in Massivholzbauweise, Teil 2: Schalltechnische Planung von Trennwänden, *Holzbau-Quadriga*, 4.

Mit der Sicherheit der blauen Linie.
Trittschallschutz im Treppenhaus.

Sicherer Trittschallschutz funktioniert nur im System. Als durchgehende blaue Linie sorgt die Schöck Tronsole® für die akustische Entkopplung der Treppe. So wird die Schallschutzstufe III nach VDI 4100 zum Standard. Die akustischen Kennwerte der Schöck Tronsole® sind nach DIN 7396 geprüft. Damit sind Sie immer auf der sicheren Seite: sowohl beim rechnerischen Schallschutznachweis als auch bei Schallmessungen auf der Baustelle.

Schöck Bauteile GmbH | Vimbucher Straße 2 | 76534 Baden-Baden | Telefon: 07223 967-0 | www.schoeck.de

B 2 Trittschallschutz

Jürgen Maack, Thomas Möck, Jochen Scheck

Dipl.-Phys. Dr. Jürgen Maack
ITA Ingenieurgesellschaft für Technische Akustik mbH
Max-Planck-Ring 49, 65205 Wiesbaden

Studium der Physik an der Universität Göttingen, Drittes Physikalisches Institut (Diplom 1991). 1991 bis 1994 Doktorand Max-Planck-Institut für Biophysikalische Chemie, Göttingen. Seit 1994 Projektleiter und Gesellschafter sowie seit 2012 Prokurist ITA GmbH, Wiesbaden. Öffentlich bestellter und vereidigter Sachverständiger für Technische Akustik und Erschütterungsschutz (IHK Darmstadt).

Dipl.-Ing. (FH) Thomas Möck
ITA Ingenieurgesellschaft für Technische Akustik mbH
Max-Planck-Ring 49, 65205 Wiesbaden

Studium der Bauphysik an der Hochschule für Technik, Stuttgart (Abschluss 1997). 1997 bis 2000 Projektingenieur bei der ITA GmbH, Wiesbaden. 2001 bis 2004 Projektleiter und Geschäftsführer beim Schalltechnischen Entwicklungs- und Prüfinstitut (STEP) GmbH, Winnenden. 2005 bis 2007 Niederlassungsleiter der Kurz und Fischer GmbH, Wiesbaden. Seit 2007 Projektleiter und Gesellschafter sowie seit 2012 Prokurist ITA GmbH, Wiesbaden.

Dr. Jochen Scheck
Hochschule für Technik Stuttgart und STEP GmbH
Schellingstrasse 24, 70174 Stuttgart

Studium der Bauphysik an der Hochschule für Technik, Stuttgart (Abschluss 2001), Promotion an der University of Liverpool (Abschluss 2011). Seit 2001 wissenschaftlicher Mitarbeiter an der Hochschule für Technik Stuttgart und Projektingenieur beim Schalltechnischen Entwicklungs- und Prüfinstitut (STEP) GmbH, Winnenden. Durchführung von Forschungsprojekten mit Schwerpunkt Bauakustik im Massivbau. Promotion über Schallübertragung von Leichtbautreppen. Mitglied in nationalen und internationalen Normungsgremien.

Bauphysik-Kalender 2020: Bau- und Raumakustik. Herausgegeben von Nabil A. Fouad.
© 2020 Ernst & Sohn GmbH & Co. KG. Published 2020 by Ernst & Sohn GmbH & Co. KG.

Inhaltsverzeichnis

1	Geschichtliche Entwicklung des Trittschallschutzes in Deutschland 272
1.1	Messung der Trittschalldämmung und Bestimmung von Beurteilungs-Kenngrößen 272
1.1.1	Norm-Hammerwerk 272
1.1.2	Erste Messgrößen des Trittschallschutzes 272
1.1.3	Das Vergleichshammerwerk nach Cremer 272
1.1.4	Norm-Trittschallpegel in überlappenden Oktavbändern 272
1.1.5	Einzahl-Kenngröße Trittschallschutzmaß TSM 273
1.1.6	Die Umstellung des Norm-Trittschallpegels von Oktavfiltern zu Terzfiltern, Einführung des bewerteten Norm-Trittschallpegels 273
1.1.7	Zusammenhang zwischen TSM und $L'_{n,w}$ 273
1.1.8	Anregungsquellen mit fallender Kugel 274
1.1.8.1	Erste Untersuchungen mit fallenden Bällen 274
1.1.8.2	Der Kugelfallautomat nach Taubert und Ruhe 274
1.1.8.3	Schwere/weiche Trittschallquelle 275
1.1.8.4	Weitere Anregungsarten mit fallenden Massen 276
1.1.9	Das modifizierte Norm-Hammerwerk 276
1.1.10	Stärken und Schwächen des klassischen Norm-Hammerwerks 276
1.1.11	Erweiterter bauakustischer Frequenzbereich und Spektrum-Anpassungswerte 277
1.1.12	Raumbezogene Beurteilungskenngrößen 277
1.1.13	Beurteilungskenngröße Trittschalldämmmaß R_{Impact} 278
1.1.14	Gehschall 278
1.2	Anforderungsniveaus der Trittschalldämmung im Laufe der Zeit 278
1.2.1	Überblick der geschichtlichen Entwicklung 278
1.2.2	Festlegung bis 1945 278
1.2.3	DIN 4109 Schallschutz im Hochbau, Ausgabe 1962 279
1.2.4	Schallschutzanforderungen in Ostdeutschland bis 1990 280
1.2.5	DIN 4109 Schallschutz im Hochbau, Entwurfsfassung 1979 280
1.2.6	DIN 4109 Schallschutz im Hochbau, Ausgabe 1989 280
1.2.7	Erhöhter Schallschutz 280
1.2.8	DEGA-Memorandum 281
1.2.9	DIN 4109 Schallschutz im Hochbau, Ausgaben 2016 und 2018 281
2	Gegenwärtige Anforderungen an die Trittschalldämmung in Deutschland 282
3	Trittschallschutz von Massivdecken und Hohlkörperdecken 283
3.1	Prognose der Trittschalldämmung 283
3.1.1	Mechanismen der Trittschalldämmung 283
3.1.2	Rechenverfahren nach DIN 4109-2:2018 283
3.1.3	Altes Rechenverfahren nach Beiblatt 1 zu DIN 4109:1989 284
3.2	Äquivalenter bewerteter Norm-Trittschallpegel von Massivdecken und Hohlkörperdecken 285
3.3	Trittschallminderung von Deckenauflagen 287
3.3.1	Trittschallminderung ΔL_w und weitere Einzahl-Angaben 287
3.3.2	Prüffläche des schwimmenden Estrichs 287
3.3.3	Trocknungszeiten im bauakustischen Labor 288
3.3.4	Schwimmende Estriche mit Angaben der bewerteten Trittschallminderung nach DIN 4109-34 288
3.3.4.1	Angaben nach DIN 4109-34:2016 288
3.3.4.2	Messwerte Zement- und Calciumsulfatestriche 290
3.3.4.3	Messwerte Gussasphaltestriche 290
3.3.4.4	Trockenestriche 291
3.3.5	Trittschallminderung weiterer Arten von Deckenauflagen 291
3.3.5.1	Allgemeines 291
3.3.5.2	Schwimmende Estriche auf Elastomerschichten 291
3.3.5.3	Schwimmend verlegte Holzdielen 292
3.3.5.4	Hohlböden 292
3.3.5.5	Schwimmend verlegte Natursteine 292
3.3.5.6	Schwimmende Laminat- und Fertigparkettböden 292
3.3.5.7	Weichfedernde Bodenbeläge 293
3.3.5.8	Balkon- und Terrassenbeläge 293
3.3.5.9	Freistehender Balkon, am Gebäude verankert 293
3.3.6	Dynamische Steifigkeit nach DIN EN 29052-1 295
3.4	Einfluss der flankierenden Bauteile auf die Trittschalldämmung 297
3.5	Räumliche Zuordnung 297
3.6	Prognosegenauigkeiten und Sicherheitsbeiwerte bei der Berechnung der Trittschalldämmung 298
3.7	Trittschallschutz in ausgeführten Gebäuden 298
3.8	Estrichdröhnen und tieffrequenter Trittschall 298
3.9	Körperschallbrücken am Beispiel von Sockelfliesen 299

Erhöhter Trittschallschutz

Mixed-use in Perfektion heißt Vielseitigkeit ohne Kompromisse. Mit **REGUPOL** sind der gemischten Nutzung von Gebäuden so gut wie keine Grenzen gesetzt.

Ein $L'_{n,w}$ von 27dB und somit die sichere Einhaltung der TA-Lärm gewährleistet in den Gravensteiner Arkaden Frankfurt ein konfliktfreies Miteinander von Wohnen und Arbeiten.

akustik@regupol.de
www.regupol.com

E&S Kalender reduziert
Jahrgänge ab 2016 und älter stark im Preis gesenkt

Ernst & Sohn
A Wiley Brand

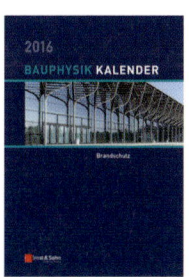

 je nur € 79,–*

Beton-Kalender 2016
Beton im Hochbau, Silos und Behälter

Bauphysik-Kalender 2016
Brandschutz

Mauerwerk-Kalender 2016
Baustoffe, Sanierung, Eurocode-Praxis

Stahlbau-Kalender 2016
Eurocode 3 – Grundnorm, Werkstoffe und Nachhaltigkeit

www.ernst-und-sohn.de/kalender-reduziert

Ernst & Sohn
Verlag für Architektur und technische Wissenschaften GmbH & Co. KG

Kundenservice: Wiley-VCH
Boschstraße 12
D-69469 Weinheim

Tel. +49 (0)6201 606-400
Fax +49 (0)6201 606-184
service@wiley-vch.de

* Der €-Preis gilt ausschließlich für Deutschland. Inkl. MwSt. Die Versandkosten für Deutschland, Österreich, Schweiz, Liechtenstein und Luxemburg entfallen. Für alle anderen Länder gilt der Preis zzgl. Versandkosten. Irrtum und Änderungen vorbehalten. 1148426_dp

Bauphysik-Kalender 2014 – 2018

Bauphysik-Kalender – das Kompendium für die Berechnung und Nachweisführung bauphysikalischer Schutzfunktionen mit praxisgerechten Lösungen für die Konstruktion: ausgewählte Normen zum Thema Bauphysik, materialtechnische Grundlagen, bauphysikalische Nachweisverfahren, konstruktive Ausbildung von Bauteilen. Der Herausgeber: **Nabil A. Fouad**

Hrsg.: Nabil A. Fouad
Bauphysik-Kalender 2018
Schwerpunkt: Feuchteschutz und Bauwerksabdichtung
€ 149,–*
Fortsetzungspreis: € 129,–*
ISBN 978-3-433-03173-5

Der Bauphysik-Kalender 2018 ist ein topaktuelles Nachschlagewerk für die fehlerfreie Planung dauerhafter Bauwerksabdichtungen und schadenfreier Baukonstruktionen vom Dach bis zu den erdberührten Bauteilen und für die Sanierungsplanung bei Feuchteschäden. Mit vielen Beispielen.

Hrsg.: Nabil A. Fouad
Bauphysik-Kalender 2017
Schwerpunkt: Gebäudehülle und Fassaden
€ 149,–*
ISBN 978-3-433-03169-8

Hrsg.: Nabil A. Fouad
Bauphysik-Kalender 2016
Schwerpunkt: Brandschutz
€ 144,–*
ISBN 978-3-433-03128-5

Hrsg.: Nabil A. Fouad
Bauphysik-Kalender 2015
Schwerpunkt: Simulations- und Berechnungsverfahren
€ 79,–*
ISBN 978-3-433-03105-6

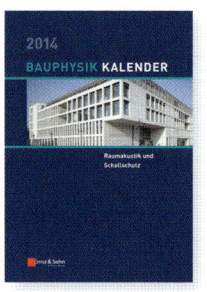

Hrsg.: Nabil A. Fouad
Bauphysik-Kalender 2014
Schwerpunkt: Raumakustik und Schallschutz
€ 79,–*
ISBN 978-3-433-03050-9

www.ernst-und-sohn.de/bphk

Ausgewählte Titel auch als  erhältlich.

Ernst & Sohn
Verlag für Architektur und technische Wissenschaften GmbH & Co. KG

Kundenservice: Wiley-VCH
Boschstraße 12
D-69469 Weinheim

Tel. +49 (0)6201 606-400
Fax +49 (0)6201 606-184
service@wiley-vch.de

* Der €-Preis gilt ausschließlich für Deutschland. Inkl. MwSt. zzgl. Versandkosten. Der €-Preis gilt ausschließlich für Deutschland. Inkl. MwSt. Die Versandkosten für Deutschland, Österreich, Schweiz, Liechtenstein und Luxemburg entfallen. Für alle anderen Länder gilt der Preis zzgl. Versandkosten.
Bei Bestellung zum Fortsetzungspreis merken wir die Belieferung mit der nächsten Bauphysik-Kalender Ausgabe vor, eine erneute Bestellung ist nicht nötig, die Vormerkung ist jederzeit kündbar. Irrtum und Änderungen vorbehalten. 1036286_dp

4	**Trittschallschutz von Holzbalkendecken** 299		4.3.5	Prognostizierte Trittschalldämmung in Abhängigkeit der Laborwertes $L_{t,n,eq,w}$, der flächenbezogenen Masse der flankierenden Bauteile m'_f und der bewerteten Trittschallminderung $\Delta L_{t,w}$ 314
4.1	Unterscheidung zwischen Gebäuden mit schweren Massivwänden, Gebäuden in Holzrahmenbauweise und Gebäuden mit Massivholz-Wänden 299			
4.1.1	Holzbalkendecken in Gebäuden mit schweren Massivwänden 299		4.3.6	Erforderliche Maßnahmen für Wohnungstrenndecken 314
4.1.2	Holzbalkendecken in Gebäuden mit Holzrahmenbauweise 301		4.4	Trittschalldämmung in Gebäuden in Holzrahmenbauweise 314
4.1.3	Holzbalkendecken in Gebäuden mit flankierenden Massivholzelementen 302		4.5	Holzbalkendecken mit flankierenden Wänden aus Massivholz-Elementen 314
4.1.4	Messwerte Holzbalkendecken 302			
4.2	Prognoseverfahren Holzbalkendecken 302		**5**	**Trittschallschutz von Treppen 316**
4.2.1	Prognoseverfahren Holzbalkendecken nach K. Gösele 302		5.1	Messung der Trittschalldämmung von Treppen in Gebäuden nach DIN 16283-2 317
4.2.2	Kenngröße der Trittschalldämmung von Holzbalken-Rohdecken 303		5.1.1	Fallbeispiel 1: Massivtreppe im Mehrfamilienhaus 317
4.2.2.1	Äquivalenter bewerteter Norm-Trittschallpegel $L_{t,n,eq,w}$ 303		5.1.2	Fallbeispiel 2: Leichtbautreppe im Massivbau – einschalige Trennwand 318
4.2.2.2	Bedeutung der unterseitigen Beplankung 304		5.1.3	Fallbeispiel 3: Leichtbautreppe im Leichtbau 322
4.2.2.3	Äquivalenter bewerteter Norm-Trittschallpegel $L'_{t,n,eq,w}$ mit Berücksichtigung des Flankenweges Df 306		5.2	Treppenprüfstand 324
			5.3	Prüfstandsmessungen von Massivtreppen 325
4.2.3	Trittschallminderung $\Delta L_{t,w}$ von Deckenauflagen 306		5.3.1	Ausführungsvarianten 325
			5.3.2	Maßgebliche Einflüsse auf die Trittschallübertragung 325
4.2.3.1	Bewerteten Trittschallminderung $\Delta L_{t,w}$ von Deckenauflagen auf Holzbalken-Rohdecken 306		5.3.3	Labor-Prüfverfahren nach DIN 7396 327
			5.3.3.1	Trittschallpegeldifferenz nach DIN 7396 328
4.2.3.2	Trittschallminderung $\Delta L_{t,w}$ von Trockenestrichen, schwimmenden Nassestrichen, schwimmender Holzdielenboden 308		5.3.3.2	Trittschallpegelminderung nach DIN 7396 328
			5.3.3.3	Prüfungen mit bauüblichen Zusatzlasten 331
4.2.3.3	Zusammenhang $\Delta L_w/\Delta L_{t,w}$ 309		5.3.3.4	Vergleich Podest- und Laufentkopplung 331
4.2.3.4	Trittschallminderung $\Delta L_{t,w}$ weichfedernder Beläge 310		5.3.4	Prognose des Norm-Trittschallpegels von Massivtreppen 332
4.2.4	Flankenbeitrag DFf 310		5.3.4.1	Pauschaler Nachweis nach DIN 4109:1989 Beiblatt 2 332
4.2.5	Beschwerung, Schüttung 311		5.3.4.2	Pauschaler Nachweis nach DIN 4109-2 332
4.2.6	Trittschalldämmung der Holzbalken im Frequenzbereich 50 Hz ≤ f ≤ 100 Hz 311		5.3.4.3	Rechenverfahren nach EN 12354-2 333
4.3	Trittschalldämmung von Holzbalkendecken mit schweren flankierenden Massivwänden 313		5.4	Prüfstandsmessung von Leichtbautreppen 336
			5.4.1	Ausführungsvarianten 336
4.3.1	Allgemeines 313		5.4.2	Maßgebliche Einflüsse für die Trittschallübertragung 337
4.3.2	Trittschalldämmung von Holzbalkendecken nach DIN 4109, Ausgabe 1962 313		5.4.3	Labor-Prüfverfahren 340
4.3.3	Bauteilkataloge der Siebziger- und Achtzigerjahre 313		5.4.4	Prognose des Norm-Trittschallpegels 340
			5.4.4.1	Rechenverfahren nach DIN 4109 340
4.3.4	Prognoseverfahren für Holzbalkendecken bei flankierenden schweren Massivwänden 313		5.4.4.2	Rechenverfahren nach EN 12354-2 340
4.3.4.1	Flankenübertragung bei Massivwänden 313		5.4.4.3	Praxistipps für die Ausführung von Leichtbautreppen 341
4.3.4.2	Prognoseformel für die Trittschalldämmung bei Massivwänden 314		**6**	**Literatur 341**

Der gleichnamige Beitrag aus dem Bauphysik-Kalender 2014 wurde aktualisiert und ergänzt.

1 Geschichtliche Entwicklung des Trittschallschutzes in Deutschland

1.1 Messung der Trittschalldämmung und Bestimmung von Beurteilungs-Kenngrößen

1.1.1 Norm-Hammerwerk

In der Geschichte der Technischen Akustik widmet man sich erst recht spät dem Trittschallschutz. Noch in den Monografien der Zwanziger- und Dreißigerjahre des letzten Jahrhunderts findet man ausführliche Darstellungen der Luftschalldämmung und der Raumakustik, aber nur wenig über den Trittschallschutz (z. B. [1–3]).

1930 schreibt *Lifschitz* [1] noch, dass man für den „Bodenschall" Filz, Kork und Gummi verwenden solle, mehr aber auch nicht. 1936 wird zum ersten Mal über ein von *Keidel* entwickeltes Gerät berichtet, welches im Wesentlichen unserem heutigen Norm-Hammerwerk entspricht [2].

Bis Anfang der Fünfzigerjahre hatte sich dann das heutige Modell des Norm-Hammerwerkes allgemein bei allen Prüfstellen durchgesetzt, wobei Modelle mit Handantrieb überwogen. Bild 1 zeigt ein derartiges Modell – sowohl mit Hand- als auch mit Elektroantrieb [4].

Um eine Schädigung des Bodenbelags weitestgehend zu verhindern, sind die Schlagflächen der zylindrischen Hammerköpfe, Durchmesser 30 mm, an den Rändern um ca. 0,2 mm höher gezogen, als der Mittelpunkt der Schlagfläche.

Dieses Norm-Hammerwerk ist in Deutschland bis heute praktisch unverändert die zu verwendende Trittschallquelle und wird standardmäßig bei allen Untersuchungen der Trittschalldämmung von Decken und Treppen verwendet. Sie ist in den heute aktuellen Messnormen DIN EN ISO 16283-2:2018 [89] und DIN EN ISO 10140-3:2015 [99] definiert.

1.1.2 Erste Messgrößen des Trittschallschutzes

Von *Meyer* und *Keidel* wurde auch die erste Messgröße für den Trittschall dargestellt und als Trittschallstärke TS definiert (Gl. (1)) [3].

$$TS = L + 10 \lg AF \tag{1}$$

L war der Lautstärkepegel in Phon (etwa wie dB(A)) und stellt damit eine Einzahl-Angabe dar. Die Namensgebung war damals noch nicht gefestigt und variierte zu „Norm-Trittlautstärke" (DIN 4110 [6] von 1938) und „Norm-Trittschalldurchlass" (DIN 4109 [7] von 1944). AF würden wir heute als frequenzgemittelte, äquivalente Absorptionsfläche bezeichnen.

Der numerische Zahlenwert der Trittschallstärke TS lag deutlich höher als heutige Werte des bewerteten Norm-Trittschallpegels, u. a. da kein Bezug auf eine Sollkurve (Bezugskurve) mit Schallpegeln in Terz- oder Oktavbändern vorgenommen wurde; ferner war die Bezugs-Absorptionsfläche 1 m², während heute eine Bezugs-Absorptionsfläche von 10 m² verwendet wird.

1.1.3 Das Vergleichshammerwerk nach Cremer

Um in der Wiederaufbauphase nach dem 2. Weltkrieg in den 1950er-Jahren schnell die Qualität des Trittschallschutzes überprüfen zu können, entwickelte *Cremer* das Vergleichshammerwerk [8], welches vor dem Körper an einem Schulterband getragen wurde und auf einer definierten Holzplatte mittels Handkurbel betrieben wurde (siehe Bild 2 [4], darin ist auch das Funktionsprinzip dargestellt).

Das Norm-Hammerwerk wurde auf der zu prüfenden Decke aufgestellt und in Betrieb gesetzt. Der Prüfer stand unter der zu prüfenden Decke und verglich subjektiv, ob das Vergleichshammerwerk vor seinem Körper lauter oder leiser als der Trittschallpegel vom Norm-Hammerwerk eine Etage darüber zu vernehmen war. War der Trittschallpegel leiser, war die Decke in Ordnung.

1.1.4 Norm-Trittschallpegel in überlappenden Oktavbändern

Noch Ende der Dreißigerjahre kristallisierte sich dann die heutige Messtechnik des frequenzabhängigen Norm-Trittschallpegels L'_n heraus, wobei in Deutschland überlappende Oktavfilter verwendet wurden. Der

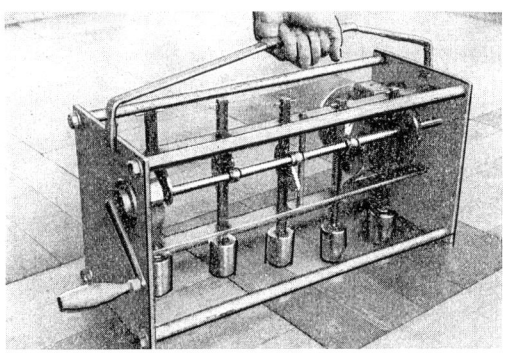

Bild 1. Norm-Hammerwerk (nach Moll [4] mit Hand- und Elektroantrieb)

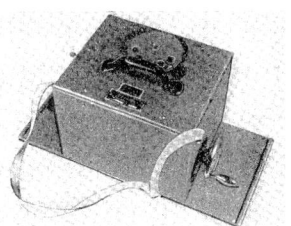 

Bild 2. Vergleichshammerwerk nach Cremer; Bild entnommen aus [4] und schematische Darstellung der Vorgehensweise

hochgestellte Strich kennzeichnet dabei, dass es sich um eine Übertragungssituation mit Nebenwegen handelt.

$$L'_n = L + 10 \lg \frac{A}{A_0} \quad \text{gemessen in überlappenden Oktavbändern} \quad (2)$$

mit
L gemessener Schallpegel je Oktave (Trittschallpegel) in [dB]
A äquivalente Schallabsorptionsfläche des Empfangsraums in [m²]
A_0 Bezugs-Absorptionsfläche von 10 m²

Die frequenzabhängige Bestimmung des Norm-Trittschallpegels stellt für die Bauakustik einen ganz wichtigen Meilenstein dar, weil dadurch ein näheres Verständnis für die Zusammenhänge zwischen Konstruktionsparametern und erreichbarer Trittschalldämmung ermöglicht wurde.

1.1.5 Einzahl-Kenngröße Trittschallschutzmaß TSM

Ungeachtet des Erfolgs der frequenzaufgelösten Messtechnik, bedarf die standardmäßige Dimensionierung und Beurteilung des Trittschallschutzes einfacher Betrachtungen. Zu diesem Zweck wurde die Einzahl-Angabe des Trittschallschutzmaßes TSM eingeführt [4, 8].
Durch Abgleich der frequenzabhängigen Messwerte im Frequenzbereich 100 Hz ≤ f ≤ 3150 Hz mit einer Bezugskurve wurde das Trittschallschutzmaß TSM gebildet (s. z. B. DIN 52210, Ausgabe 1975 [9]).
Das Trittschallschutzmaß TSM wurde dabei in der Weise definiert, dass für den Standardfall der Wohnungstrenndecke die Anforderungen an den Trittschallschutz gerade mit zul. TSM ≥ 0 gestellt werden konnten.

1.1.6 Die Umstellung des Norm-Trittschallpegels von Oktavfiltern zu Terzfiltern, Einführung des bewerteten Norm-Trittschallpegels

Seit Mitte der Achtzigerjahre hat man sich durch DIN 52210, Ausgabe 1984 [10], auch in Deutschland dem internationalen Standard der Messung in Terzbändern angeschlossen; diese Messmethode ist bis heute gültig und in den aktuellen europäischen Messnormen beschrieben [89, 99] (Vorgänger-Normen: [5, 11]).

$$L'_n = L + 10 \lg \frac{A}{A_0} \quad \text{in Terzbandbreite} \quad (3)$$

mit
L gemessener Schallpegel je Terz (Trittschallpegel) in [dB]
A äquivalente Schallabsorptionsfläche des Empfangsraums in [m²]
A_0 Bezugs-Absorptionsfläche von 10 m²

Die Norm-Trittschallpegel, gemessen in Terzbändern, ergeben – im Vergleich zu den Werten in Oktavbändern – einen geringeren Wert.

DIN 52210, Ausgabe 1984, führt anstelle des Trittschallschutzmaßes TSM die Einzahl-Kenngröße des bewerteten Norm-Trittschallpegels $L'_{n,w}$ ein [10]. Er berechnet sich – analog zum Trittschallschutzmaß TSM – wiederum durch Abgleich mit einer Bezugskurve, nun allerdings in Terzbändern im Frequenzbereich 100 Hz ≤ f ≤ 3150 Hz. An der verschobenen Bezugskurve wird der 500 Hz-Wert abgelesen – geringere Werte bezeichnen nun einen höheren Trittschallschutz.
Die Bestimmung des bewerteten Norm-Trittschallpegels $L'_{n,w}$ bzw. $L_{n,w}$ erfolgt in Deutschland bis heute unverändert nach dem Verfahren der DIN 52210, Ausgabe 1984 und ist aktuell in DIN EN ISO 717-2 [24] genormt.

Anmerkung: Die Bezugskurve nach der Neufassung DIN 52210, Ausgabe 1984, liegt um 8 dB unter der Bezugskurve zur Bestimmung des Trittschallschutzmaßes.

Eine mathematisch exakte Umrechnung der Messwerte L'_n in Terz- bzw. in überlappenden Oktavbändern und der Einzahl-Kenngrößen $L'_{n,w}$ und TSM existiert nicht. Insbesondere bei solchen Bauteilen, bei denen die Kurve des Norm-Trittschallpegels zu tiefen Frequenzen stark anstieg, wie z. B. bei Holzbalkendecken mit hochwertigen schwimmenden Estrichen, bei leichten Treppen oder bei elastisch gelagerten Sanitär-Fertigzellen aus Beton, die auf dünnen Rohdecken stehen, waren erfahrungsgemäß Differenzen von bis zu 3 dB durch die unterschiedliche Filterung gegeben [13]. In Bild 3 ist eine Gegenüberstellung von zwei Messungen der gleichen Decke im Oktav- bzw. Terzbändern dargestellt [13].
In den ersten Jahren nach 1984 haben deshalb Sachverständige für Schallschutz Konstruktionen, die vor 1984 gebaut worden waren, auch nach Einführung der neuen Fassung der DIN 52210 noch in überlappenden Oktavbändern gemessen, um eine korrekte Beurteilung zu ermöglichen. Immerhin war es möglich, dass eine Konstruktion, gemessen nach der alten Norm, einen unzulässigen Wert ergab, während die Ermittlung nach der neuen Norm einen zulässigen Wert ergeben hätte.

1.1.7 Zusammenhang zwischen TSM und $L'_{n,w}$

Insbesondere bei gerichtlichen Streitfällen ist – wenn der Trittschallschutz in Bezug auf das alte Anforderungsniveau nach DIN 4109, Ausgaben 1962, zu beurteilen ist – bis heute noch der Zusammenhang zwischen dem Trittschallschutzmaß TSM und dem bewerteten Norm-Trittschallpegel $L'_{n,w}$ von Bedeutung.
Näherungsweise gilt der Zusammenhang

$$L'_{n,w} \approx 63 \text{ dB} - \text{TSM} \quad (4)$$

Die in Bild 3 dargestellten Messungen zeigen ein Beispiel, bei dem Gl. (4) nicht exakt eingehalten ist ($L'_{n,w}$ = 55 dB und 63 dB − TSM = 54 dB) − es ergibt sich eine Abweichung von 1 dB.

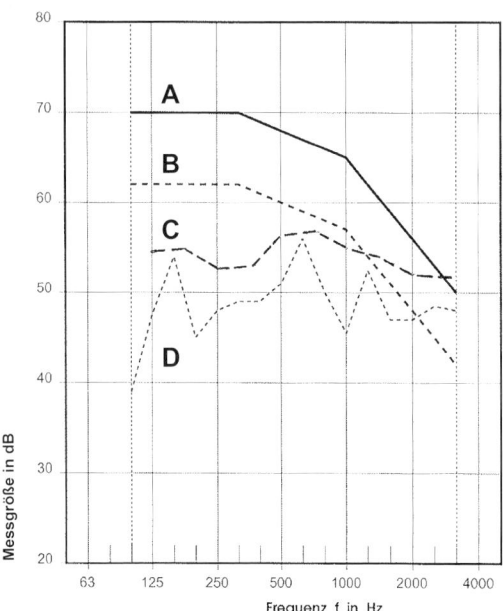

Bild 3. Norm-Trittschallpegel der gleichen Decke in überlappenden Oktavbändern bzw. in Terzbändern. Mit dargestellt sind auch die Bezugskurven für Messungen in Oktavbändern [9] und für Terzbänder [10]
A: Bezugskurve TSM
B: Bezugskurve $L'_{n,w}$
C: Messungen in überlappenden Oktavbändern: TSM = 9 dB
D: Messungen in Terzbändern: $L'_{n,w}$ = 55 dB, Bild entnommen aus [13]

1.1.8 Anregungsquellen mit fallender Kugel

1.1.8.1 Erste Untersuchungen mit fallenden Bällen

Zirka 1965 wurden im damaligen Institut für Schall- und Wärmeschutz *Prof. W. Zeller*, Essen, erste Versuche zur Entwicklung eines Messverfahrens für den Trittschallschutz mit fallenden Bällen durch *Wietrzykowski* durchgeführt, durch die insbesondere bei tiefen Frequenzen auch unterhalb von 100 Hz eine bessere Übereinstimmung der subjektiven Wahrnehmung der Trittschalldämmung mit den Messergebnissen im Vergleich zu Messungen mit Norm-Hammerwerken erzielt werden sollte. Veröffentlichungen oder Dokumentationen hierüber sind leider nicht mehr verfügbar.
Während beim Norm-Hammerwerk durch die hohe Taktrate der aufschlagenden Hämmer ein etwa stationäres Geräusch im Empfangsraum erzielt wird, haben die Messapparate mit fallenden Bällen und Kugeln geringere Aufschlagzahlen und im Empfangsraum werden Maximalpegel gemessen. Hierdurch ergeben sich u. U. auch andere Erfordernisse für die Mittelungsart und die Nachhallzeitkorrekturen [14].

1.1.8.2 Der Kugelfallautomat nach Taubert und Ruhe

Mit den ständig besser werdenden Baukonstruktionen in den Sechziger- und Siebzigerjahren, insbesondere körperschallgedämmten Lagerungen von Kegelbahnen, Fundamenten für technische Anlagen etc. wurden die Grenzen des Hammerwerks deutlich. Vor allem bei tiefen Frequenzen war die Anregungsenergie der 500 g-Hämmer viel zu gering, um im Labor – vor allem aber auf Baustellen mit erhöhtem Umgebungsgeräuschpegel – brauchbare Messergebnisse zu bekommen.
Die Bauakustiker in der Praxis behalfen sich damals mit 7 kg schweren Bowlingkugeln, die man z. B. von einem 24 cm hohen Ziegelstein herunterstieß, um eine einheitliche Fallhöhe zu erzielen. Durch Bestimmung der Schnellepegel auf der körperschallgedämmten Platte und auf der Rohdecke bei Anregung mit der Bowlingkugel und Bildung der Schnellepegeldifferenz wurde zumindest ein qualitativer Vergleich unterschiedlicher Situationen möglich:

$$\Delta L_v = 20 \lg \frac{v_1}{v_2} \quad (5)$$

mit
ΔL_v Körperschall-(Schwing-)Schnellepegeldifferenz in [dB]
v_1 Schnelle an Messposition 1
v_2 Schnelle an Messposition 2

Ruhe entwickelte aus diesem Ansatz heraus den Kugelfallautomaten [15], welcher in Bild 4 dargestellt ist.

Bild 4. Kugelfallautomat nach Ruhe [15]

Bei diesem Gerät wird eine ca. 7000 g schwere Bowlingkugel von einer Nockenwelle angehoben und fällt aus 10 cm auf den Prüfkörper herab. Im Regelfall ist eine 10 mm dicke Hartgummimatte zur Verhinderung von Oberflächenschäden auf der zu prüfenden Konstruktion aufgelegt.

Bild 5 zeigt den Vergleich des Norm-Trittschallpegels einer Stahlbeton-Rohdecke in einem Deckenprüfstand nach DIN EN ISO 140-6 [5] im Vergleich zum frequenzabhängigen Schalldruckpegel der Kugelfallmaschine. Bei tiefen Frequenzen ergeben sich um über 20 dB höhere Pegel im Vergleich zum Norm-Hammerwerk.

Der Kugelfallautomat wurde insbesondere zur Überprüfung des Trittschallschutzes von Kegelbahnen und von schwimmenden Gerätefundamenten mit Erfolg eingesetzt.

1.1.8.3 Schwere/weiche Trittschallquelle

Als aktuell genormte alternative Anregequelle zur Bestimmung der akustischen Eigenschaften von Deckenauflagen auf leichten Bezugsdecken, im Oktav-Frequenzbereich bis 500 Hz, wird in DIN EN ISO 10140-5 [16], Anhang F der als „weiche/schwere Trittschallquelle" bezeichnete und in Bild 7 gezeigte Gummiball genannt.

Dieses Anregeverfahren ist derzeit in Deutschland noch wenig verbreitet. Der Vorteil liegt in einer recht guten Übereinstimmung der mit dem Gummiball geprüften Konstruktionen hinsichtlich der tatsächlichen Anregevorgänge wie z. B. springender Kinder auf

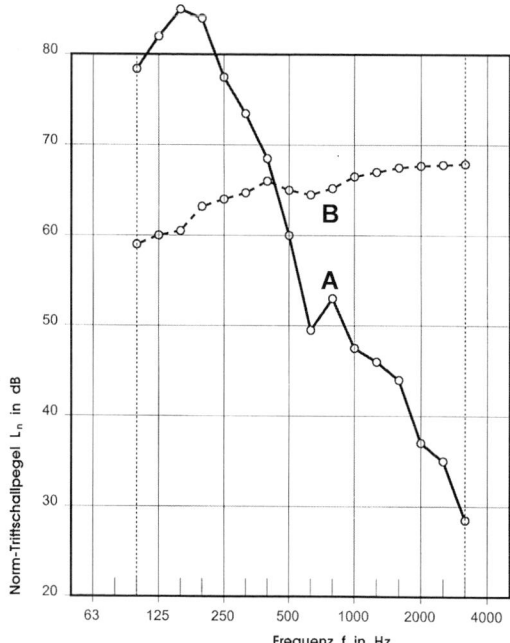

Bild 5. Vergleich der Messwerte Norm-Hammerwerk/Kugelfallautomat nach Ruhe [15] für eine Stahlbeton-Rohdecke
A: Kugelfall mit 10 mm Hartgummiunterlage
B: Norm-Hammerwerk

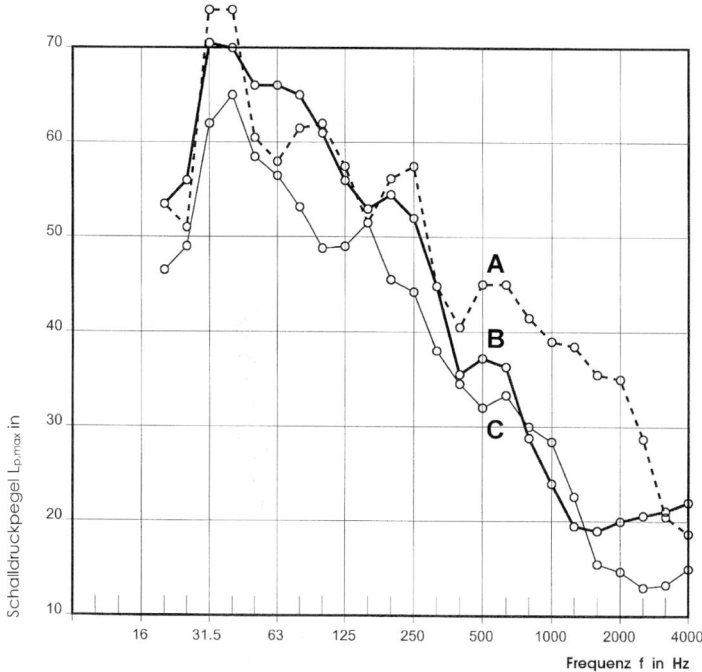

Bild 6. Zur Korrelation der durch Gehanregung und schwerer/weicher Trittschallquelle erzeugtem maximalen Schalldruckpegel; Messwerte aus [17]; leichte Treppenkonstruktion an einschaliger Massivwand bei Anregung mit:
A: schwere/weiche Trittschallquelle nach DIN EN ISO 10140-5 (Gummiball)
B: Schritt Kind
C: Schritt Erwachsener

Bild 7. Verschiedene Trittschallquellen (von rechts nach links)
1. Norm-Hammerwerk;
2. schwere/weiche Trittschallquelle (Gummiball) mit 1 m Stab zur Einstellung der Fallhöhe;
3. „Bang-Machine" (Bild mit Copyright, Abdruck mit freundlicher Genehmigung des National Research Council, Canada, entnommen aus [14])

Bild 8. Modifiziertes Hammerwerk nach Scholl bzw. DIN EN ISO 10140-5, Anhang F

leichten Decken- und Treppenkonstruktionen [17]; siehe auch Abschnitt 5.1.3.

1.1.8.4 Weitere Anregungsarten mit fallenden Massen

Im außereuropäischen Raum ist als weitere Hammerwerks-Maschine mit fallenden Massen die in Bild 7 dargestellte „Bang-Machine" in Verwendung [18].
Eine näherungsweise Umrechnung der mit verschiedenen Hammerwerken erzielten Trittschallpegel wird in [14] angegeben, wobei neben der Energie der Anregung u. a. auch die jeweilige Impedanz (Maß für den Widerstand gegenüber Schwingungsanregung) der Deckenkonstruktion relevant ist.

1.1.9 Das modifizierte Norm-Hammerwerk

Die mit dem baurechtlich eingeführten Norm-Hammerwerk verursachten Norm-Trittschallpegel zeigen in der Regel abhängig von Schuh- und Deckenart ein deutlich anderes Frequenzspektrum, als tatsächliche Gehgeräusche von Personen. Dies betrifft insbesondere Leichtbaukonstruktionen. *Scholl* konnte ein modifiziertes Hammerwerk mit einer besseren Korrelation zu den Gehgeräuschen entwickeln, indem er eine Elastomerschicht unter den Schlagflächen der Hämmer anordnete [19]. Dieses in Bild 8 dargestellte, modifizierte Hammerwerk ist in DIN EN ISO 10140-5 [16] beschrieben.
Die mit dem modifizierten Hammerwerk erreichbare Korrelation zu Gehvorgängen kann als relativ gut bezeichnet werden [17].
Das modifizierte Hammerwerk hat bislang – trotz der oben beschriebenen besseren Korrelation zu Gehgeräuschen – nur relativ wenig Anwendung gefunden. Problematisch sind die geringe Anregungsstärke im Frequenzbereich ≥ 1000 Hz und die die relativ starke Temperaturabhängigkeit der Elastomer-Materialeigenschaften, welche die Anregung beeinflusst. Schließlich ist das modifizierte Hammerwerk baurechtlich derzeit nicht eingeführt und es gibt keine entsprechenden Anforderungsniveaus, nach denen die Messwerte beurteilt werden können (die gleiche Problematik gibt es auch für die schwere/weiche Trittschallquelle nach Abschnitt 1.1.8.3).
Vergleiche zwischen verschiedenen alternativen Anregungsarten mit der Anregung durch das Norm-Hammerwerk sind in [20, 21] enthalten.

1.1.10 Stärken und Schwächen des klassischen Norm-Hammerwerks

Das „klassische" Norm-Hammerwerk aus den Dreißigerjahren (s. Abschnitt 1.1.1) ist trotz aller genannten Schwächen weiter in Gebrauch.
Zur Betonung der Stärken des Norm-Hammerwerks sei angemerkt, dass Trittschall in Gebäuden nicht nur durch Gehgeräusche verursacht wird, sondern auch durch Stühle rücken, Fallen von Gegenständen und andere Körperschallanregungen. In der Baupraxis ist es weiterhin erforderlich, eine ausreichend starke Anregungsquelle zur Verfügung zu haben, die lauter ist als übliche Fremdgeräusche. Schließlich wird durch das Norm-Hammerwerk ein stationäres Geräusch erzeugt – anders als bei Quellen mit einzelnen impulsartigen Geräuschen – wodurch eine (einfache) Berücksichtigung der Raumbedämpfung über die Nachhallzeit möglich ist.
Das klassische Norm-Hammerwerk eignet sich insbesondere zur Feststellung von Körperschallbrücken bei schwimmenden Estrichen, die sich im mittleren bis hohen bauakustischen Frequenzbereich in den Trittschalldämmkurven signifikant bemerkbar machen.
Für Leichtbaukonstruktionen und für Beurteilungen der Schallübertragung im tieffrequenten Bereich ≤ 100 Hz sind die Schwächen des klassischen Norm-Hammerwerks bzw. der bis heute baurechtlich eingeführten Beurteilungskriterien dagegen offensichtlich (s. Abschnitte 1.1.8, 1.1.9 und 5.1).

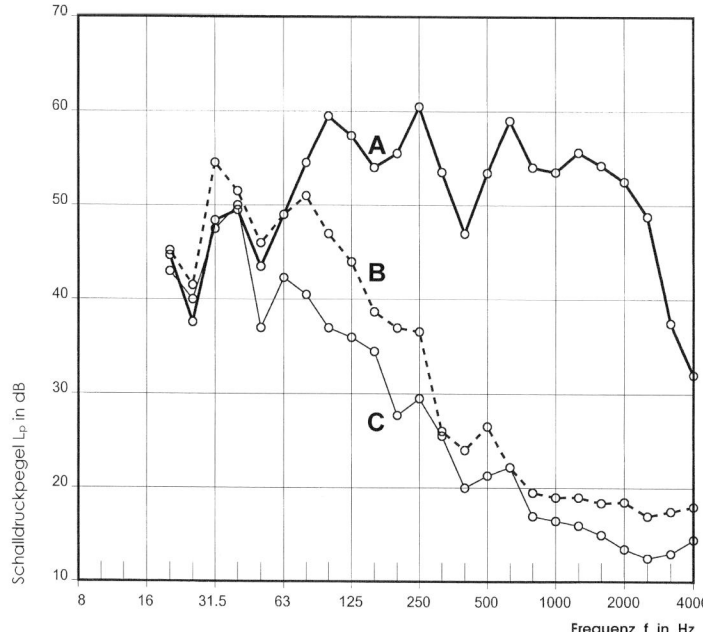

Bild 9. Zur Korrelation der durch Gehanregung und Norm-Hammerwerk bzw. modifiziertem Hammerwerk erzeugten Schalldruckpegel, Messwerte aus [17]; leichte Treppenkonstruktion an einschaliger Massivwand bei Anregung mit
A: Norm-Hammerwerk
B: modifiziertes Hammerwerk
C: Gehen

1.1.11 Erweiterter bauakustischer Frequenzbereich und Spektrum-Anpassungswerte

Durch die Einführung der europaweit gültigen Messnormenreihe EN ISO 140 Ende der Neunzigerjahre wurde der bauakustische Messfrequenzbereich erweitert. Zusätzlich können Messungen auch in den tieffrequenten Terzbändern 50 Hz, 63 Hz und 80 Hz und den hochfrequenten Terzbändern 4000 Hz und 5000 Hz durchgeführt und beurteilt werden.
Die Messgenauigkeit der Schalldruckpegel nimmt dabei zu tiefen Frequenzen hin deutlich ab [12, 22]; insbesondere für die Terzbänder 50 Hz, 63 Hz und 80 Hz sind die Messunsicherheiten v. a. in kleinen Räumen erheblich [23].
Der Spektrum-Anpassungswert $C_{I,50-2500}$ nach DIN EN ISO 717-2 [24] ermöglicht eine bessere Beurteilung der tieffrequenten Trittschalldämmung. So werden in der neusten Veröffentlichungen des Informationsdienstes Holz „Schallschutz im Holzbau – Grundlagen und Vorbemessung, 2019" [116] Anforderungen an die Kenngröße $L_{n,w} + C_{I,50-2500}$ (ohne Flankenübertragung) gestellt.

1.1.12 Raumbezogene Beurteilungskenngrößen

Im Zuge der Erarbeitung der Neufassung der DIN 4109 wurde in Deutschland diskutiert, die (geschichtlich gewachsenen) Anforderungen an bestimmte schalldämmende Bauteilqualitäten durch raumbezogene Beurteilungskenngrößen abzulösen. Man hat sich schließlich dafür entschieden, die Anforderungen an die Trittschalldämmung nach DIN 4109-1:2016 [106] bzw. DIN 4109-1:2018 [112] weiterhin als bauteilbezogene Beurteilungskenngröße $L'_{n,w}$ zu formulieren. Für den erhöhten Schallschutz werden nach der aktuellen Entwurfsfassung E DIN 4109-5:2019-05 [59] ebenfalls die bauteilbezogenen Beurteilungskenngrößen verwendet.
In Österreich [26] und der Schweiz [25] werden dagegen raumbezogene Beurteilungskenngrößen verwendet.
Die raumbezogene Kenngröße für den Trittschallschutz ist der Standard-Trittschallpegel L'_{nT} [88, 122] bzw. als Einzahl-Angabe der bewertete Standard-Trittschallpegel $L'_{nT,w}$ [24]:

$$L'_{nT} = L + 10 \lg \frac{T}{T_0} \qquad (6)$$

mit
L gemessener Schallpegel je Terz (Trittschallpegel) in [dB]
T Nachhallzeit im Empfangsraum in [s]
T_0 Bezugs-Nachhallzeit $T_0 = 0.5$ s

Der Zusammenhang zwischen bauteilbezogener Kenngröße $L'_{n,w}$ und raumbezogener Kenngröße $L'_{nT,w}$ ergibt sich in Abhängigkeit vom Empfangsraumvolumen:

$$L'_{n,w} = L'_{nT,w} + 10 \lg V_E - 15 \text{ dB} \qquad (7)$$

mit
$L'_{n,w}$ bewerteter Norm-Trittschallpegel in [dB]
$L'_{nT,w}$ bewerteter Standard-Trittschallpegel, Bezugs-Nachhallzeit von 0,5 s
V_E Raumvolumen des Empfangsraums in [m³]

Je größer das Empfangsraumvolumen, desto geringer ist – bei gleicher trittschalldämmender Bauteilqualität

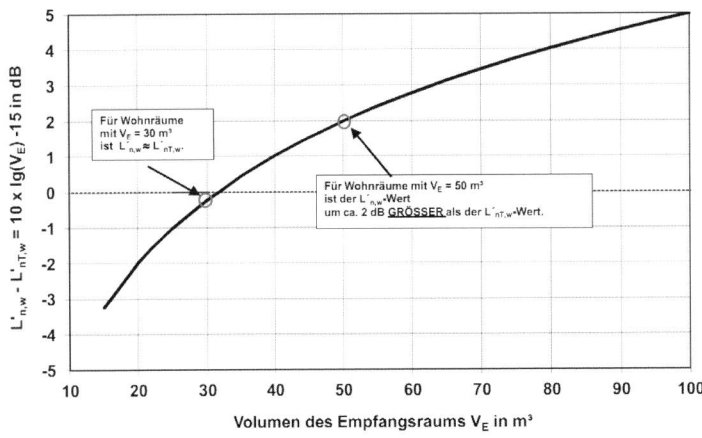

Bild 10. Zusammenhang von bewertetem Standard-Trittschallpegel $L'_{nT,w}$ und bewertetem Norm-Trittschallpegel $L'_{n,w}$ in Abhängigkeit vom Empfangsraumvolumen

$L'_{n,w}$ – der Wert $L'_{nT,w}$. Bild 10 stellt den Zusammenhang graphisch dar.

Für übliche Wohnräume mit einem Raumvolumen von 50 m³ ergibt sich aus Gl. (7):

$V_E = 50$ m³ (üblicher Wohnraum):

$$L'_{nT,w} = L'_{n,w} - 2 \text{ dB} \quad (8a)$$

$V_E = 100$ m³ (Reihenhaus-Wohnküchen):

$$L'_{nT,w} = L'_{n,w} - 5 \text{ dB} \quad (8b)$$

d. h. der Standard-Trittschallpegel $L'_{nT,w}$ ist bei einem Empfangsraumvolumen von 50 m³ um 2 dB geringer, als der bewertete Norm-Trittschallpegel $L'_{n,w}$.

1.1.13 Beurteilungskenngröße Trittschalldämmmaß R_{Impact}

In den Jahren 2010 bis 2015 wurde darüber diskutiert, die Beurteilungsgröße für den Trittschall dahingehend umzustellen, dass sich – ebenso wie für die Luftschalldämmung – ein Trittschalldämmmaß R_{Impact} ergibt, statt des bislang üblichen Norm-Trittschallpegels $L_{n,w}$ [102–105].
Nach [104] besteht zwischen beiden Größen folgender Zusammenhang:

$$R_{Impact} = 109 - (L_{n,w} + C_{I,50-2500}) \quad (9)$$

Die Umstellung der Beurteilungskenngröße hätte den Vorteil, dass das Gesamtsystem aus Luft- und Trittschalldämmung auch für Außenstehende logisch wäre, da in diesem Fall höhere Werte immer – d. h. sowohl bei der Luft- als auch der Trittschalldämmung – eine höhere Schalldämmung bedeuten. Gegenwärtig wird allerdings die alte Kenngröße des Norm-Trittschallpegels beibehalten.

1.1.14 Gehschall

Etwa ab 1990 wurde festgestellt, dass das Begehen einiger schwimmend verlegter Bodenbeläge (z. B. Laminat) relativ hohe Geräusche im Raum selbst verursacht; die Höhe dieser Geräusche, die als Gehschall bezeichnet werden, wird von den Nutzern z. T. als störend empfunden. Baurechtliche Anforderungen liegen für Gehschall in Deutschland gegenwärtig nicht vor. Seitens der Hersteller von Laminatböden u. ä. werden allerdings messtechnische Untersuchungen von Gehschall durchgeführt; mittlerweile liegt eine entsprechende Messnorm [101] vor. In vorliegender Veröffentlichung wird hierauf nicht weiter eingegangen.

1.2 Anforderungsniveaus der Trittschalldämmung im Laufe der Zeit

1.2.1 Überblick der geschichtlichen Entwicklung

Die geschichtliche Entwicklung der Anforderungen an den Trittschallschutz in Deutschland ist in den Bildern 11 und 12 dargestellt.

1.2.2 Festlegung bis 1945

Die in DIN 4110, Ausgabe 1938 [6], formulierte Anforderung einer Norm-Trittlautstärke, die nicht höher als der Wert von 85 Phon betragen durfte, erforderte auch die Benennung, mit welchen Konstruktionen dieser Wert erreichbar ist. Dies geschah bereits damals mit einem baurechtlich relevanten Erlass vom 23.05.1939 [28]:

„1. Holzbalkendecken mit unterer Verkleidung, Putz, Zwischendecke und nachstehend genannten Ausführungen a) 2 cm Lehmstrich mit mindestens 8 cm Kesselschlacke, b) 7 cm Lehm oder c) 2 cm Lehmstrich und 5 cm möglichst grobem Sand …"
2. Massivdecken a) mindestens 10 cm dicke Steineisendecken mit 8 cm Auffüllung aus Kesselschlacke oder ähnlichen Stoffen, b) mindestens 7 cm dicke Eisenbetonhohldielen mit 8 cm Auffüllung aus Kesselschlacke oder ähnlichen Stoffen."

In DIN 4109, Ausgabe 1944 [7], sind die gleichen Anforderungen an den Norm-Trittschalldurchlass sowie ähnliche konstruktive Bedingungen für Holzbalkendecken aufgeführt. Für Massivdecken werden hier bereits

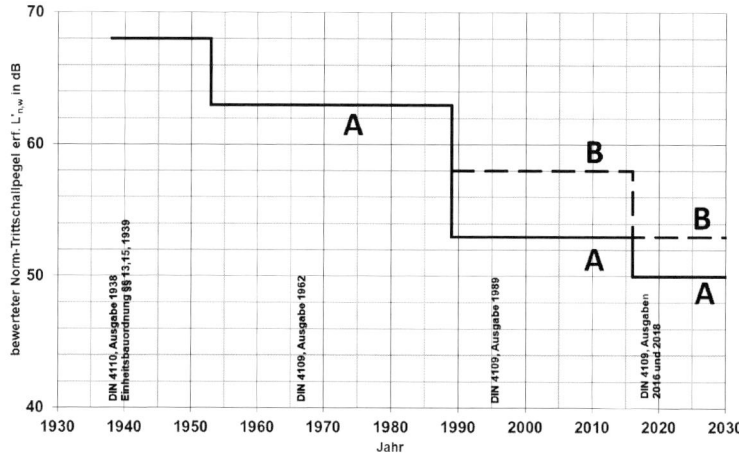

Bild 11. Geschichtliche Entwicklung der Anforderungen an die Trittschalldämmung von Wohnungstrenndecken und Treppenhaus-Treppen in Geschoss-Wohnhäusern in Deutschland
A: Wohnungstrenndecken
B: Treppen

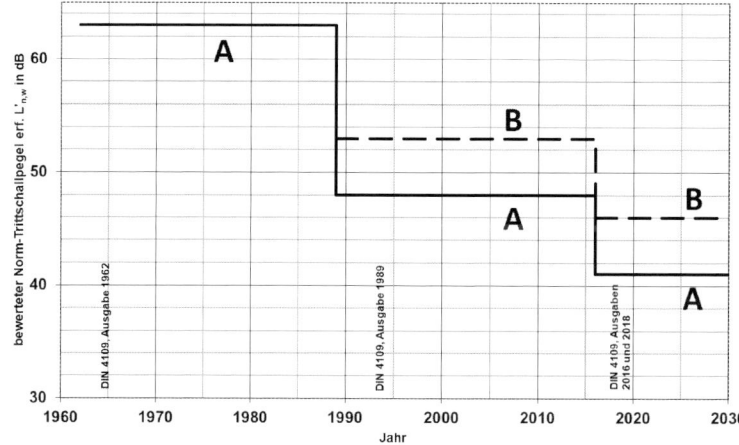

Bild 12. Geschichtliche Entwicklung der Anforderungen an die Trittschalldämmung zwischen Reihenhäusern
A: Decken zum Nachbar-Reihenhaus
B: Treppen zum Nachbar-Reihenhaus

schwimmende Estriche auf „*Fasermatten aller Art*" genannt.

Für Holzbalkendecken ohne Teppichbelag wird nach [29] eine Trittschalldämmung von $L'_{n,w}$ = 66 bis 70 dB erreicht. Massivdecken mit schwimmendem Estrich haben größenordnungsmäßig 10 bis 20 dB geringere Norm-Trittschallpegel.

Von *Zeller* existiert eine präzise Zusammenstellung des bauakustischen Fachwissens aus dem Jahr 1948 [30] mit der Darstellung der wichtigsten bauakustischen Normen und Erlasse [6, 7, 28].

1.2.3 DIN 4109 Schallschutz im Hochbau, Ausgabe 1962

Mit DIN 4109, Ausgabe 1962 [31], werden die Anforderungen an den Trittschallschutz von Wohnungstrenndecken von zul. TSM ≥ 0 dB, entsprechend zul. $L'_{n,w}$ ≤ 63 dB, gestellt. Diese Norm wurde in den westdeutschen Bundesländern baurechtlich eingeführt. Den Wert TSM ≥ 0 dB erreichen „klassische" Holzbalkendecken mit Teppichbelag oder Holzbalkendecken mit einer Entkopplung zwischen Balken und Fußboden oder mit einer Entkopplung zwischen Balken und Unterdecke [31]. Dabei hatte sich allerdings zu die-

ser Zeit schon lange die Bauweise mit Massiv- oder Hohlkörperdecken mit schwimmendem Estrich durchgesetzt, womit sogar das heutige um 13 dB verschärfte Anforderungsniveau von zul. $L'_{n,w} \leq 50$ dB sicher eingehalten werden kann.
In DIN 4109, Ausgabe 1962, werden erstmalig in Deutschland auch Empfehlungen für einen erhöhten Schallschutz formuliert (Wohnungstrenndecken TSM $\geq$ 10 dB, in heutiger Nomenklatur ca. zul. $L'_{n,w} \leq$ 53 dB).
Für einen guten Trittschallschutz von Treppen standen bis in die Sechzigerjahre hinein nur begrenzte bauliche Möglichkeiten zur Verfügung, was sich in der Normung durch den Verzicht auf die Formulierung von Anforderungen niedergeschlagen hat.

1.2.4 Schallschutzanforderungen in Ostdeutschland bis 1990

Ein in der DDR entwickelter eigener Standard TGL 10687, Bl. 2 (TGL – Technische Güte- und Lieferbedingungen) mit bauaufsichtlichem Rang erschien im Oktober 1963 [32]. Für Wohnungstrenndecken vorgeben war für das Trittschallschutzmaß

zul. $E_T \geq 0$ dB

(entspricht etwa dem bewerteten Norm-Trittschallpegel $L'_{n,w} \leq 63$ dB).
Während in dieser Normenreihe nicht nur die Forderungen an den baulichen Schallschutz, sondern auch die Anforderungen an Messverfahren und Messgeräte festgelegt waren, erfolgte 1970 eine Neugliederung, sodass Blatt 3 des Standards TGL 10687 [33] nur noch die Forderungen enthielt und der Standard TGL 10688 [34] die Messverfahren der Akustik beschrieb.
1982 wurde TGL 10687, Blatt 3 grundlegend überarbeitet [35]. Z. B. wurde der bewertete Norm-Trittschallpegel für Wohnungstrenndecken zum Zeitpunkt der Baufertigstellung unter Berücksichtigung eines Alterungsabschlages von 4 dB auf einen Höchstwert von zul. $L'_{n,w} \leq 59$ dB begrenzt. Es wurde hervorgehoben, dass es sich bei den in der Norm genannten Werten um Mindestanforderungen handelt und um 10 dB niedrigere bewertete Norm-Trittschallpegel $L'_{n,w}$ anzustreben sind.
Die letzte Überarbeitung erfolgte mit Herausgabe von Blatt 3 des Standards in der Fassung von 1986 [36]. Durch den Einigungsvertrag 1990 wurde DIN 4109, Ausgabe 1989 [38] für Neubauten sowie Um- und Ausbauten eingeführt; und gleichzeitig verlor TGL 10687 seinen bauaufsichtlichen Rang.

1.2.5 DIN 4109 Schallschutz im Hochbau, Entwurfsfassung 1979

Baufachleute, Industrieverbände und andere Interessensgruppen haben in den Siebziger- und Achtzigerjahren heftig um die Überarbeitung des Anforderungsniveaus der DIN 4109 gerungen. Der Normenentwurf E DIN 4109 Schallschutz im Hochbau, Entwurfsfassung 1979 [37], stellte dabei das – zu dieser Zeit aus Sicht der überwiegenden Zahl der Baufachleute angemessene – Anforderungsniveau dar und ist damit für diese Zeit als allgemein anerkannte Regel der Technik (a. a. R. d. T.) anzusehen.
In Bezug auf den Trittschallschutz war eine Anhebung des Anforderungsniveaus von Wohnungstrenndecken um 10 dB auf zul. TSM $\geq$ 10 dB benannt. Dieses Anforderungsniveau war auch für Treppen und Treppenpodeste angegeben. Die Erreichung dieser Zielgrößen konnte mittlerweile durch die Entwicklung von trittschalldämmenden Auflagern sichergestellt werden.
Für Reihenhäuser wurden erstmals höhere Anforderungen als für Geschoß-Wohnhäuser vorgesehen.

1.2.6 DIN 4109 Schallschutz im Hochbau, Ausgabe 1989

Im Jahr 1989 wurde – nach vorangegangenen langjährigen Diskussionen im Normenausschuss – eine längst überfällige Neufassung von DIN 4109 [38] vorgelegt. Zahlreiche Einwände und Hinweise der Baufachleute wurden seinerzeit nicht berücksichtigt und die hieraus resultierenden Schwächen sind in [39] benannt.
In Bezug auf den Trittschallschutz sind hier u. a. die Anforderungen an Treppenläufe und Treppenpodeste zu nennen, die nur sehr eingeschränkt und teilweise mit – gegenüber der Entwurfsfassung E DIN 4109, Ausgabe 1979 [37] – deutlich abgesenktem Niveau übernommen wurden. Gleichzeitig wurde in Beiblatt 1 zu DIN 4109 [40], als mögliche Treppenkonstruktion, der starr an die Podeste anbetonierte Treppenlauf angegeben, mit einer Fuge von der Treppenhauswand abgesetzt. Damit wurde ein schalltechnisch schlechter Ersatz für die aus baufachlicher Sicht eigentlich erforderlichen trittschalldämmenden Auflager manifestiert; ein Nachrüsten dieser Konstruktionen ist im Falle einer Sanierung sehr aufwendig bzw. aus statischen Gründen evtl. überhaupt nicht durchführbar.
In Beiblatt 2 zu DIN 4109 [41] sind Vorschläge für einen erhöhten Schallschutz auch von Treppenkonstruktionen aufgeführt (zul. $L'_{n,w} \leq 46$ dB), die angesichts der heute zur Verfügung stehenden technischen Möglichkeiten und Baustoffe eher dem entsprechen, was in der Praxis standardmäßig erreicht werden kann und soll.

1.2.7 Erhöhter Schallschutz

Für hochwertige Wohnungsneubauten wird immer häufiger ein guter Schallschutz vom Bauträger bzw. Architekten angekündigt – häufig ohne genaue Definition der Anforderungsniveaus. Der Käufer reklamiert einen erhöhten Schallschutz allerdings zumeist erst nach Einzug in das Gebäude und damit nach Abwicklung der Kaufverträge. Um rechtliche Klarheit zu schaffen, sollte ein erhöhter Schallschutz explizit vertraglich vereinbart sein. Dabei hat sich SSt II nach VDI-Richtlinie

4100:2007 [42] nach Meinung der Autoren als sinnvolles Anforderungsniveau herauskristallisiert, was nun durch DIN 4109-5 [59] abgelöst werden kann.

Für Holzbalkendecken werden in „Schallschutz im Holzbau, 2019" [116] Anforderungen an einen erhöhten Schallschutz (Anforderungsniveau BASIS+ bzw. KOMFORT) von Holzkonstruktionen gestellt, die auch den tieffrequenten Trittschallschutz ($L_{n,w}$ + $C_{I,50-2500}$) mit berücksichtigen.

Daneben gibt es eine ganze Reihe weiterer Normen, Richtlinien und Veröffentlichungen zum erhöhten Schallschutz, die nachfolgend kurz erwähnt und kommentiert werden.

Anforderungen an den erhöhten Schallschutz wurden in Beiblatt 2 zu DIN 4109:1989 [42] mitbehandelt.

Die sehr kompetente und praxisnahe VDI 4100:1994 bzw. die sehr ähnliche Auflage VDI 4100:2007 [42] basiert ganz wesentlich auf den Arbeiten von W. Moll [122]. Die Anforderungen sind als bauteilbezogene Beurteilungskenngrößen gestellt. Schallschutzstufe I (SSt I) der VDI 4100:2007 entspricht dabei dem Mindestschallschutz nach DIN 4109:1989 [38]. Schallschutzstufe II (SSt II) und Schallschutzstufe III (SSt III) definieren erhöhte Schallschutzniveaus. In der SSt II sind Werte angegeben, bei deren Einhaltung die Bewohner, übliche Wohngegebenheiten vorausgesetzt, im Allgemeinen Ruhe finden. Bei Einhaltung der Kennwerte der SSt III können die Bewohner gemäß Definition in VDI-Richtlinie 4100:2007 ein hohes Maß an Ruhe finden.

In 2012 wurde erwogen, auch die Anforderungen der neuen DIN 4109 als raumbezogene Beurteilungskenngrößen zu formulieren. Im Fahrwasser dieser Diskussion wurde VDI-Richtlinie 4100:2012 „Erhöhter Schallschutz von Wohnungen" [88] mit Anforderungen als raumbezogene Beurteilungskenngrößen veröffentlicht; weiterhin wurden die Anforderungen der verschiedenen Schallschutzstufen gegenüber VDI 4100:2007 [42] faktisch ganz wesentlich erhöht. Beides bringt aus Sicht der Autoren gravierende Nachteile für die Baupraxis mit sich [90]; aus diesem Grund hat sich VDI-Richtlinie 4100:2012 nicht durchgesetzt und es ist bis heute gebräuchlich, explizit die Vorgängerfassung von 2007 zu verwenden.

Einzelne Verbände der Baustoffindustrie haben DIN SPEC 91314:2017 [60] erarbeitet und veröffentlicht, die eine Art „erhöhter Schallschutz – light" darstellt. Die Erarbeitung dieser DIN SPEC 91314 unterlag nicht den Grundsätzen nach DIN 820 der Ausgewogenheit des Normungsgremiums.

Mit dem Entwurf DIN 4109-5:2019-05 [59] wird aktuell angestrebt, Anforderungswerte für den erhöhten Schallschutz im Rahmen der DIN 4109 mit zu formulieren und zwar als bauteilbezogene Kenngrößen, die sich an den bewährten Anforderungen nach VDI 4100:2007, SST II [42] orientieren (Entwurf DIN 4109-5 stellt um ca. 1 dB höhere Anforderungen als VDI 4100:2007, SST II). Für den Holzbau gibt es mit der Veröffentlichung Informationsdienst Holz „Schallschutz im Holzbau 2019" [116] ebenfalls Anforderungen an einen erhöhten Schallschutz. Die Autoren begrüßen diese Entwicklung.

1.2.8 DEGA-Memorandum

Aufgrund der Diskrepanz zwischen den – in Anbetracht der heute möglichen Bauweisen – zu geringen Anforderungen DIN 4109:1989 [38] und den allgemein anerkannten Regeln der Technik (a. a. R. d. T.) hat sich die DEGA (Deutsche Gesellschaft für Akustik) – in Abstimmung mit den wichtigsten Interessenvertretern – in zwei DEGA-Memoranden zum Schallschutz geäußert:
– DEGA-Memorandum 2005 [44]
– DEGA-Memorandum 2011 [45]

Damit sollten Rechtsunsicherheiten insbesondere für Wohngebäude beseitigt werden, die durch zu niedrig festgelegte Anforderungsniveaus der DIN 4109: 1989 [38], die nach gängiger Rechtsauffassung nicht mehr den a. a. R. d. T entsprechen – entstanden sind.

In der aktuellen DIN 4109-1:2018 [112], und der Entwurfsfassung E DIN 4109-5:2019 [59] wurden die Anforderungen an die Trittschalldämmung von Treppen entsprechend den a. a. R. d. T. angepasst, sodass die o. a. DEGA-Memoranden hier näherungsweise widergespiegelt werden.

1.2.9 DIN 4109 Schallschutz im Hochbau, Ausgaben 2016 und 2018

Die Überarbeitung der DIN 4109:1989 zur Ausgabe 2016 im Weißdruck bzw. zur Ausgabe 2018 war wiederum ein sehr langwieriger Prozess, der aber mit der Weißdruckfassung von 2016 und einigen leichten Überarbeitungen 2018 nunmehr vorliegt. *H.-M. Fischer* und *M. Schneider* haben diesen Normungsprozess aktiv vorangetrieben und auch das neue Rechenverfahren entwickelt; von ihnen wurde auch eine sehr umfangreiche und fundierte Kommentierung dieser Neufassung der DIN 4109 [120] erarbeitet.

Zwischenzeitlich wurde ein Normen-Entwurf 2006 mit erschreckend niedrigem Anforderungsniveau veröffentlicht, der allerdings nach dem Anhörungstermin der Einsprecher wieder verschwand.

Schließlich konnte mit DIN 4109-1:2016 [106] das Normungsverfahren nach vielen Jahren abgeschlossen werden. Gleichzeitig wurde mit DIN 4109-2:2016 [107] ein neues Rechenverfahren vorgelegt, das sich an die vereinfachte Betrachtung der Flankenübertragung nach DIN EN ISO 12354:2000 [50] anlehnt. (in der aktuellen Fassung DIN EN ISO 12354:2017 [43] ist diese vereinfachte Betrachtung der Flankenübertragung der Trittschalldämmung übrigens nicht mehr enthalten.)

Mit DIN 4109-1:2018 [112] und DIN 4109-2:2018 [113] wurden einzelne Aspekte der Norm angepasst. In einigen Bundesländern ist die Ausgabe DIN 4109-1:2016 bereits baurechtlich eingeführt; die Autoren gehen davon aus, dass dies eine Übergangserscheinung sein wird und dass sehr schnell flächendeckend die aktuelle DIN

Tabelle 1. Wichtige Änderungen der Anforderungen an die Trittschalldämmung

	Anforderungen DIN 4109:1989 [38]	Anforderungen DIN 4109:2018 [112]	erhöhter Schallschutz nach pE DIN 4109-5:2019 [59] [4)]
Wohnungstrenndecken (auch Treppen), Decken unter Terrassen und Loggien [1)]	zul. $L'_{n,w} \leq 53$ dB	zul. $L'_{n,w} \leq 50$ dB [1)]	zul. $L'_{n,w} \leq 45$ dB
Decken unter Bad und WC	zul. $L'_{n,w} \leq 53$ dB	zul. $L'_{n,w} \leq 53$ dB	zul. $L'_{n,w} \leq 47$ dB
Balkone	–	zul. $L'_{n,w} \leq 58$ dB	zul. $L'_{n,w} \leq 58$ dB
Bürogebäude, Nutzungstrenndecke	zul. $L'_{n,w} \leq 53$ dB	zul. $L'_{n,w} \leq 53$ dB	–
Wohngebäuden, allgemein zugängliche Treppenhäuser	zul. $L'_{n,w} \leq 58$ dB	zul. $L'_{n,w} \leq 53$ dB	zul. $L'_{n,w} \leq 47$ dB
Reihenhäuser und Doppelhäuser, Decken	zul. $L'_{n,w} \leq 48$ dB	zul. $L'_{n,w} \leq 41$ dB	zul. $L'_{n,w} \leq 38$ dB
Reihenhäuser und Doppelhäuser, Bodenplatte auf Erdreich bzw. Decke über Kellergeschoss	zul. $L'_{n,w} \leq 48$ dB	zul. $L'_{n,w} \leq 46$ dB	zul. $L'_{n,w} \leq 41$ dB
Reihenhäuser und Doppelhäuser, Treppen	zul. $L'_{n,w} \leq 53$ dB	zul. $L'_{n,w} \leq 46$ dB	zul. $L'_{n,w} \leq 41$ dB
Decken in Hotels und Beherbungsstätten	zul. $L'_{n,w} \leq 53$ dB [3)]	zul. $L'_{n,w} \leq 50$ dB [3)]	zul. $L'_{n,w} \leq 45$ dB [3)]

1) Zum Holzbau: aus DIN 4109-1:2018, Tabelle 2, Fußnote b: Beim Neubau von Gebäuden mit Deckenkonstruktionen, die DIN 4109-33:2016-07 „Schallschutz im Hochbau – Teil 33: Daten für die rechnerischen Nachweise des Schallschutzes (Bauteilkatalog) – Holz-, Leicht- und Trockenbau" zuzuordnen sind, liegt die Anforderung bei $L'_{n,w} \leq 53$ dB. Anmerkung: Nicht für alle gebräuchlichen Deckenkonstruktionen kann derzeit ein Anforderungswert von $L'_{n,w} \leq 50$ dB nachgewiesen werden. Bis zum Vorliegen geeigneter Lösungen im Rahmen einer vorgesehenen Überarbeitung von DIN 4109-33 gilt deshalb die Anforderung $L'_{n,w} \leq 53$ dB.
2) In „Schallschutz im Holzbau 2019" [116] sind Anforderungen an einen erhöhten Schallschutz gestellt, der auch den tieffrequenten Bereich mit berücksichtigt (Kenngröße ($L_{n,w} + C_{I,50-2500}$); Anforderungsniveau BASIS+: zul. $L_{n,w} + C_{I,50-2500} \leq 50$ dB; Anforderungsniveau KOMFORT zul. $L_{n,w} + C_{I,50-2500} \leq 47$ dB.
3) Weichfedernde Bodenbeläge dürfen beim Nachweis des Trittschallschutzes angerechnet werden.
4) Es sind weitere Änderungen vorhanden, die hier nicht aufgeführt sind.

4109-1:2018 angewandt wird. Nachfolgend wird ausschließlich auf die aktuelle DIN 4109:2018 Bezug genommen.
Die wichtigsten Änderungen der DIN 4109-1:2018 [112] gegenüber DIN 4109:1989 [38] in Bezug auf die Trittschalldämmung sind in Tabelle 1 zusammengefasst.
Mit der aktuellen Veröffentlichung „Schallschutz im Holzbau 2019" [116] kann nun für Holzbalkendecken mit flankierenden Bauteilen in Holzrahmenbauweise und Massivholz-Bauweise der Anforderungswert zul. $L'_{n,w} \leq 50$ dB nachgewiesen werden. Daher entfällt nach Ansicht der Autoren diese Einschränkung. Für Holzbalkendecken mit flankierenden Massivwänden ist ein Rechenverfahren in Teil 4 dieses Artikels dargestellt.

2 Gegenwärtige Anforderungen an die Trittschalldämmung in Deutschland

Die Begriffe „Anforderungen", „erhöhte Anforderungen" und „Empfehlungen" werden in den verschiedenen Normen, Richtlinien und Veröffentlichungen unterschiedlich verwendet. So wird beispielsweise in E DIN 4109-5:2018 im Titel von „erhöhten Anforderungen" und im Text dann auch von „Anforderungen" gesprochen. In anderen Normen wird darauf Wert gelegt, dass Anforderungen, die über die baurechtlichen Anforderungen nach DIN 4109 hinausgehen, vertraglich zu vereinbaren sind.
Nachfolgend wird keine Unterscheidung zwischen den Begriffen „Anforderungen" und „Empfehlungen" vorgenommen, denn letztlich muss für das jeweilige Bauvorhaben projektbezogen entschieden werden, ob neben den baurechtlichen Anforderungen nach DIN 4109 weitere, projektspezifische oder zivilrechtlich begründete Anforderungen vorliegen.
Baurechtliche Anforderungen haben natürlich eine Sonderposition; u. a. können diese Anforderungen nicht durch zivilrechtliche Vereinbarungen ausgehebelt werden. In Deutschland sind dies die Anforderungen nach DIN 4109, die potenziell baurechtlich verankert sind. Die föderal agierenden Bundesländer haben allerdings sehr unterschiedliche baurechtliche Einführungen der DIN 4109 vorgenommen. Teilweise ist aktuell (Stand September 2019) auch noch die alte DIN 4109:1989 eingeführt.
In einigen Bundesländern ist DIN 4109:2016 [106] baurechtlich eingeführt. Mit Schreiben vom Februar 2019 [115] teilt das DIBt mit, dass – mit einer Einschränkung beim Schallschutz gegenüber Außenlärm – ohne weiteres die DIN 4109:2018 [112] verwendet werden kann.

Die Anforderungen an die Trittschalldämmung sind in DIN 4109:2018 [112] in den Tabellen 2 bis 5 (Standardfälle) und in Tabelle 8 (für Bauteile zwischen besonders lauten und schutzbedürftigen Räumen) aufgeführt und in Tabelle 1, Abschnitt 1.2.9 dieses Dokuments dargestellt.
Weitere Anforderungen an die Trittschalldämmung von Gaststätten und Kegelbahnen zu schutzbedürftigen Räumen sind in VDI-Richtlinie 3726 [47] benannt. Für einen erhöhten Schallschutz von Wohnungen bzw. Doppel- und Reihenhäusern sind in der Entwurfsfassung E DIN 4109-5:2019 [59] bzw. in VDI-Richtlinie 4100:2007 [42] Anforderungswerte angegeben, s. Abschnitt 1.2.7. Für den Holzbau sind die aktuellen Anforderungen gemäß „Schallschutz im Holzbau 2019" [116] zu benennen (s. Abschnitt 1.2.7).
Darüber hinaus können Anforderungen an die Schalldämmung innerhalb des eigenen Nutzungsbereichs vertraglich zwischen dem Veräußerer des Gebäudes/Vermieter und dem Käufer/Nutzer auf zivilrechtlicher Ebene vereinbart werden. Für Wohngebäude ist dies wenig gebräuchlich; es erfolgt allerdings – insbesondere bezüglich der Luftschalldämmung – in umfangreichem Maße bei Büro- und Verwaltungsgebäuden (Luft- und Trittschallschutz im eigenen Bereich). Leider sind keine diesbezüglichen Regelungen in VDI 4100:2007 [42] bzw. Entwurf DIN 4109-5:2019 [59] genannt, sodass hier immer noch Beiblatt 2 zu DIN 4109 [41] die relevante Quelle darstellt.

3 Trittschallschutz von Massivdecken und Hohlkörperdecken

3.1 Prognose der Trittschalldämmung

3.1.1 Mechanismen der Trittschalldämmung

Das ursprüngliche Prognoseverfahren der Trittschalldämmung geht auf *K. Gösele* zurück [29,48,49,55]. Dabei werden die Eigenschaften der Rohdecke, die Eigenschaften einer Deckenauflage, einer Unterdecke sowie der flankierenden Bauteile berücksichtigt.
Die Berechnung erfolgt dabei i. d. R. unter Verwendung der Einzahl-Angaben nach DIN EN ISO 717-2 [24], frequenzabhängige Betrachtungen nach DIN EN 12354-2 [43] bleiben üblicherweise Sonderfällen, wie z. B. der Geräuschübertragung durch gebäudetechnische Anlagen, vorbehalten.

3.1.2 Rechenverfahren nach DIN 4109-2:2018 [113]

Das Rechenverfahren nach der neuen DIN 4109-2:2018 [113] ist aus dem vereinfachten Modell von DIN EN 12354-2:2000 [50, 51] und wurde von der HFT Hochschule für Technik unter Leitung von *H.-M. Fischer* und *M. Schneider* entwickelt [120]. Es berücksichtigt die Flankenübertragung über die flächenbezogene Masse der flankierenden Bauteile (Bild 13):

$$L'_{n,w,R} = L_{n,eq,0,w} - \Delta L_w + K + u_{prog} \qquad (10)$$

mit
$L'_{n,w,R}$ bewerteter Norm-Trittschallpegel in [dB] (mit „R" im Index ist der Rechenwert für DIN 4109 bzw. die Berücksichtigung der Unsicherheit der Prognose u_{prog} gekennzeichnet)
$L_{n,eq,0,w}$ äquivalenter Norm-Trittschallpegel in [dB], s. Abschnitt 3.2
ΔL_w bewertete Trittschallminderung von Deckenauflagen in [dB], s. Abschnitt 3.3
K   Korrekturwert für den Einfluss der flankierenden Bauteile nach DIN 4109-2:2018 [113] in dB, s. Abschnitt 3.4
u_{prog} Unsicherheit der Prognose; $u_{prog'} = 3$ dB nach DIN 4109-2:2018 [113], siehe Abschnitt 3.6

In der Musterverwaltungsvorschrift Technische Baubestimmung MVV-TB vom 31.08.2017 [114] wurde unter A5 Schallschutz, Anlage A 5.2/2 mitgeteilt, dass der schalltechnische Nachweis nach DIN 4109-2:2016 geführt werden kann. Das DIBt-Schrei-

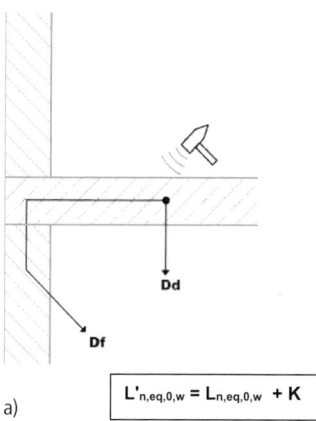
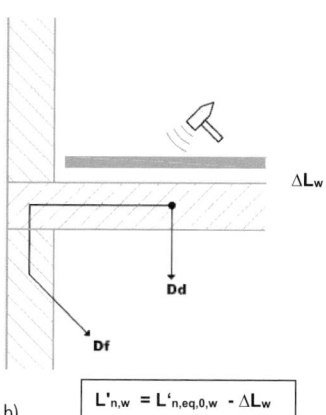

Bild 13. Prinzip der Prognose der Trittschalldämmung nach DIN 4109-2:2018 [113], a) Rohdecke, b) Trittschalldecke

Tabelle 2. Äquivalenter bewerteter Norm-Trittschallpegel nach Beiblatt 1 zu DIN 4109, Tabelle 16 [40]

flächenbezogene Masse des Trennbauteils (Decke) in [kg/m²]	Mittlere flächenbezogene Masse der homogenen flankierenden Bauteile, die nicht mit Vorsatzkonstruktionen belegt sind, in [kg/m²]	
	ohne Unterdecke	mit schalldämmender Unterdecke[1]
135	86	75
160	85	74
190	84	74
225	82	73
270	79	73
320	77	72
380	74	71
450	71	69
530	69	67
600[2]	67	65
670[2]	66	64
750[2]	65	63
830[2]	64	62
900[2]	63	61

1) Bei Verwendung von schwimmenden Estrichen mit mineralischen Bindemitteln sind die Tabellenwerte $L_{n,w,eq,R}$ um 2 dB zu erhöhen.
2) Extrapolation nach Sälzer [39]

ben vom 21.02.2019 [115] impliziert, dass auch der Nachweis nach DIN 4109-2:2018 [113] möglich ist.

Das Prognoseverfahren berücksichtigt ausschließlich den Frequenzbereich 100 Hz $\leq$ f $\leq$ 3150 Hz. Betrachtungen für den Frequenzbereich 50 Hz $\leq$ f $\leq$ 80 Hz sind mit diesem Verfahren nicht möglich.

3.1.3 Altes Rechenverfahren nach Beiblatt 1 zu DIN 4109:1989 [40]

Das alte Rechenverfahren nach Beiblatt 1 zu DIN 4109 kann nach MVV-TB vom 31.07.2017 [114] noch bei Bauweisen mit schweren Massivwänden eingesetzt werden. Daher wird das Verfahren hier noch aufgeführt: „Wenn Mauerwerk aus Lochsteinen zur Anwendung kommt, gilt dies nur für Mauerwerk, welches DIN 4109-32:2016, Kap. 4.1.4.2.1 entspricht."

Das Rechenverfahren nach Beiblatt 1 zu DIN 4109 [40] (s. Gl. (11)) betrachtet die Einflüsse der flankierenden Bauteile nicht explizit und ein Korrekturwert für den Einfluss der flankierenden Bauteile, wie in DIN 4109-2:2016 verwendet (s. Gl. (10)), existiert in DIN 4109:1989 nicht. Durch die Verwendung von umfangreichen Sicherheitszuschlägen werden allerdings Unterdimensionierungen des Trittschallschutzes – mit Ausnahme von ungünstigen Fällen sehr leichter flankierender Bauteile – weitgehend vermieden. Das Rechenverfahren von Beiblatt 1 zu DIN 4109 hat sich gerade auch wegen seiner Einfachheit bewährt; gleichwohl erwachsen aus der Vernachlässigung der Flankenübertragung bei leichten flankierenden Massivwänden relativ große Prognoseunsicherheiten. Beiblatt 1 zu DIN 4109:

$$L'_{n,w,R} = L_{n,eq,w,R} + \Delta L_{w,R} + 2 \text{ dB} \qquad (11)$$

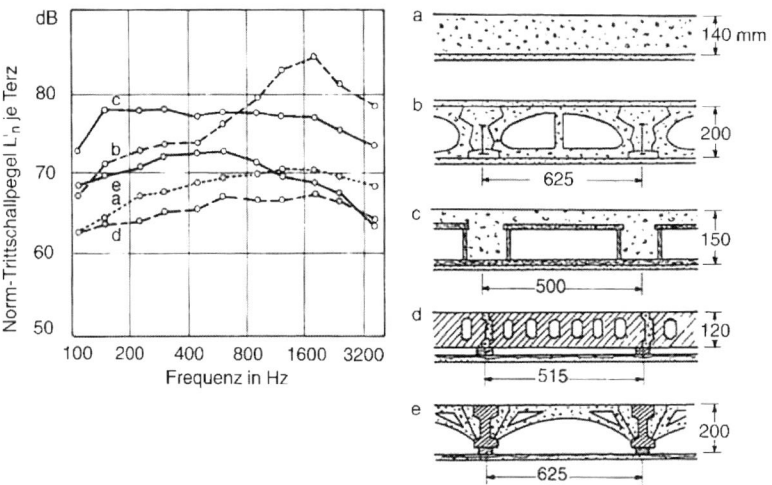

Bild 14. Trittschallverhalten einiger typischer Massivdecken, Messwerte nach K. Gösele [29], gemessen in überlappenden Oktavbändern [9]

mit:

$L'_{n,w,R}$ bewerteter Norm-Trittschallpegel in [dB] (mit „R" im Index ist der Rechenwert für DIN 4109 gekennzeichnet)

$L_{n,eq,w,R}$ äquivalenter Norm-Trittschallpegel nach Beiblatt 1 zu DIN 4109, Tabelle 16 in [dB], s. Tabelle 2 oder gemessen in einem Prüfstand mit bauähnlicher Flankenübertragung PFL-D nach DIN 52210 [10]

$\Delta L_{w,R}$ Rechenwerte der bewerteten Trittschallminderung von Deckenauflagen in [dB] nach Beiblatt 1 zu DIN 4109 [40], Tabelle 17 oder im bauakustischen Labor ermittelte Werte der bewerteten Trittschallminderung ΔL_w unter Berücksichtigung von 2 dB Vorhaltemaß
$\Delta L_{w,R} = \Delta L_w - 2$ dB

Die Trittschall-Flankenübertragung wird in Gl. (11) nicht explizit berücksichtigt, sondern über den Sicherheitszuschlag von 2 dB (Vorhaltemaß) abgefangen. Daher versagt diese Prognose beim Einsatz von hochschalldämmenden Unterdecken, bei denen die Flanken-Trittschallübertragung maßgeblich ist.

3.2 Äquivalenter bewerteter Norm-Trittschallpegel von Massivdecken und Hohlkörperdecken

Massivdecken und Hohlkörperdecken weisen für sich alleine eine sehr schlechte Trittschalldämmung auf und werden darum in Gebäuden mit Anforderungen an die Trittschalldämmung praktisch ausschließlich mit trittschallmindernden Auflagen (schwimmenden Estrichen, Trockenestrichen, weichfedernden Bodenbelägen etc.) eingesetzt.
Damit interessiert i. d. R. nicht die Trittschalldämmung der Rohdecke, sondern deren „Trittschallverbesserungsfähigkeit" bei Verwendung einer trittschallmindernden Deckenauflage [48]. Die Einzahl-Angabe ist der äquivalente, bewertete Norm-Trittschallpegel $L_{n,eq,0,w}$.
Praktisch alle trittschallmindernden Deckenauflagen verbessern insbesondere die hochfrequente Trittschalldämmung der Rohdecken, während sich bei der tieffrequenten Trittschalldämmung keine wesentlichen Verbesserungen – und teilweise sogar Verschlechterungen durch Resonanzeffekte – ergeben. Insofern ist die tieffrequente Trittschalldämmung der Rohdecken für den äquivalenten bewerteten Norm-Trittschallpegel $L_{n,eq,0,w}$ von zentraler Bedeutung.

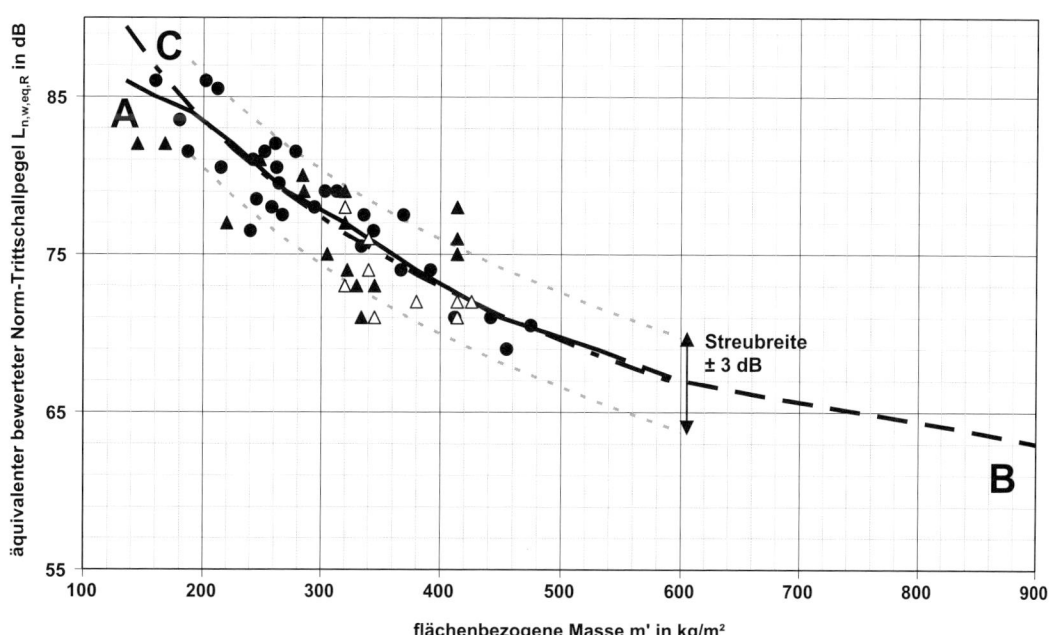

Bild 15. Äquivalenter bewerteter Norm-Trittschallpegel, Angaben aus verschiedenen Quellen
A: Rechenwerte $L_{n,w,eq,R}$ nach Beiblatt 1 zu DIN 4109, Tabelle 16 [40]
B: Erweiterung Beiblatt 1 zu DIN 4109, Tabelle 16 nach Sälzer [39]
C: Werte nach DIN EN 12354 und DIN 4109-32:2016 [108], Gl. (21) $L_{n,eq,0,w} = 164 - 35 \cdot \lg(m'/1$ kg/m$^2)$, gilt bis 600 kg/m^2 [103]
● Messwerte Stahlbetondecken und Hohlkörperdecken, Gösele [29]
▲ Messwerte Zusammenstellung Fischer [51], Labormessungen mit bauähnlicher Flankenübertragung
△ Messwerte Zusammenstellung Fischer [51], Labormessungen mit unterdrückter Flankenübertragung

Maße in Millimeter

Spalte	1	2
Zeile	\multicolumn{2}{c}{Deckenausbildung}	
\multicolumn{3}{l}{**Massivdecken ohne Hohlräume, gegebenenfalls mit Putz**}		
1	Stahlbeton-Vollplatten aus Normalbeton oder aus Leichtbeton nach DIN 1045-2	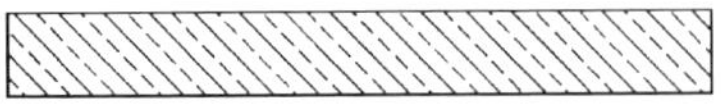
1	Fertigteilplatten mit Ortbetonergänzung nach DIN EN 13747	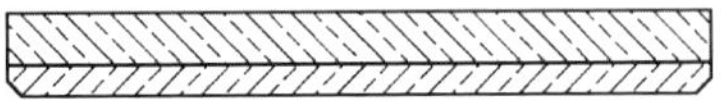
1	Deckenplatten mit Stegen nach DIN EN 13224	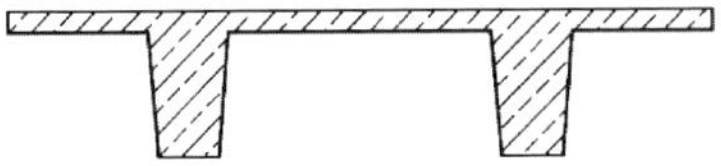
2	Porenbeton-Deckenplatten nach DIN 4223-100	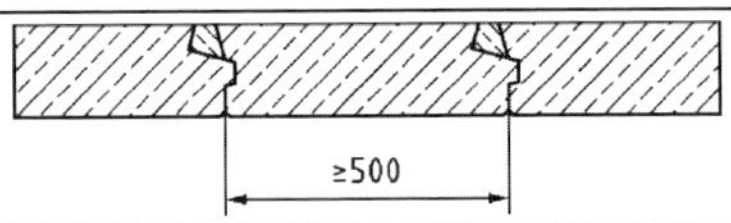 ≥500
\multicolumn{3}{l}{**Massivdecken mit Hohlräumen, gegebenenfalls mit Putz**}		
3	Ziegeldecken nach DIN 1045-100 mit Deckenziegeln nach DIN 4159	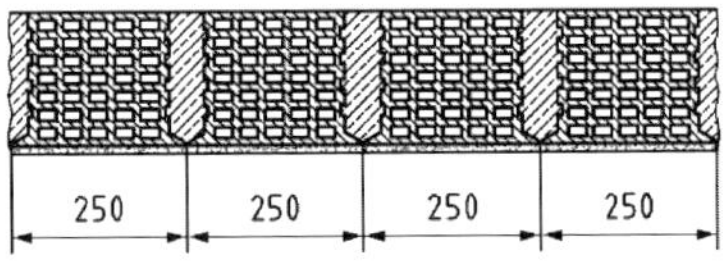 250 250 250 250
4	Stahlbetonrippendecken und -balkendecken nach DIN 1045-100 mit Zwischenbauteilen nach DIN EN 15037-2 oder DIN 4160	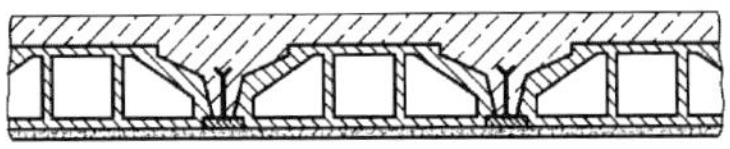
5	Stahlbetonhohldielen und -platten nach DIN 1045-2 Hohlplatten nach DIN EN 1168 Stahlbetondielen aus Leichtbeton nach DIN EN 1520 Stahlbetonhohldecke nach DIN 1045-2	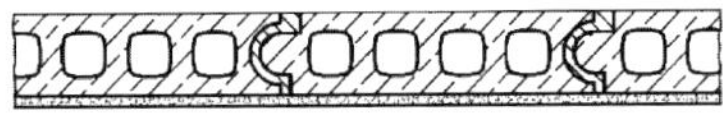
6	Balkendecken ohne Zwischenbauteile nach DIN 1045-2	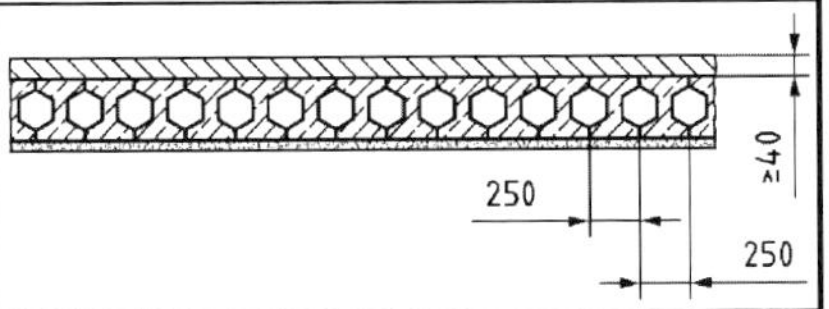 250 250 ≥40

Bild 16. Massivdecken, deren Luft- und Trittschalldämmung nach Gl. (12) (DIN 4109-32:2018 Kap. 4.8.4.4 [108] ermittelt werden kann (entnommen aus 4109-32:2018). Die Ermittlung der flächenbezogenen Massen muss nach DIN 4109-2:2018 [113] erfolgen

Der relative Frequenzverlauf der Trittschalldämmkurve von Massiv-Rohdecken und Hohlkörper-Rohdecken unterscheidet sich im mittleren und hochfrequenten Bereich deutlich. Dabei zeigen Hohlkörperdecken höhere Werte des Norm-Trittschallpegels im hochfrequenten Bereich (s. Bild 14). Dagegen ist die tieffrequente Trittschalldämmung bei den verschiedenen Deckentypen im Wesentlichen abhängig von der flächenbezogenen Masse.
Für Massivdecken besteht näherungsweise ein Zusammenhang zwischen dem äquivalenten bewerteten Norm-Trittschallpegel $L_{n,eq}$ und der flächenbezogenen Masse der Rohdecke [29] nach Gl. (12). Für die in Bild 16 gezeigten Decken werden Messwerte und Rechenwerte nach Gl. (12) in Bild 15 – allerdings mit um 0,3 dB höheren Werten für DIN 4109-32:2016 [108] – übernommen.

$$L_{n,eq,0,w} = 164 - 35 \lg \frac{m'}{1 \text{ kg/m}^2} \quad (12)$$

mit
$L_{n,eq,0,w}$ äquivalenter bewerteter Norm-Trittschallpegel in [dB]
m' flächenbezogene Masse der Massiv-Rohdecke bzw. Hohlkörper-Rohdecke in [kg/m²]

Bei den in Bild 15 eingetragenen Messwerten nach *Gösele* [29] handelt es sich um Messwerte mit bauähnlicher Flankenübertragung [10], flächenbezogene Masse um 350 kg/m² – *Gösele* war ein vehementer Befürworter der Verwendung der entsprechenden Prüfstände.

Man erkennt in Bild 15, dass die Abweichungen der einzelnen Messwerte zu den Bemessungskurven etwa ±3 dB betragen. Ein Teil dieser Streuungen dürfte dabei auf Unsicherheiten bei der Bestimmung der flächenbezogenen Masse der Rohdecke zurückzuführen sein. Weitere Einflussparameter sind vorhanden (z. B. Körperschallnachhallzeit, Stoßstellenausbildung) [50, 51], werden aber im Rahmen dieses Beitrages nicht detaillierter betrachtet.

Daneben sind in Bild 15 Messwerte $L_{n,w,eq}$ – entnommen aus der umfangreichen und sorgfältigen Zusammenstellung von *Fischer* et al. [51] – dargestellt. Hierbei sind neben Messwerten in Prüfständen mit bauähnlicher Flankenübertragung auch Messwerte in Prüfständen mit unterdrückter Flankenübertragung angegeben; letztgenannte Messwerte liegen um etwa 1 bis 2 dB niedriger, als solche aus Prüfständen mit bauähnlicher Flankenübertragung.

In der Baupraxis werden heute in vielen Fällen (z. B. Krankenhäuser, Laborgebäude) Stahlbeton-Massivdecken mit Dicken um 25 bis 30 cm eingesetzt. Mit Verbundestrichen o. ä. ergeben sich wirksame Schichtdicken von bis zu 40 cm, entsprechend einer flächenbezogenen Masse von 920 kg/m². Auch im modernen Wohnungsbau beträgt die Dicke der Stahlbeton-Massivdecken in vielen Fällen um 22 bis 25 cm. Leider reichen die Angaben zum äquivalenten Norm-Trittschallpegel nach DIN 4109-32 [108] nur bis zu 600 kg/m² (26 cm Stahlbeton); eine für die Baupraxis erforderliche Extrapolation der Rechenwerte des äquivalenten, bewerteten Norm-Trittschallpegels ist in [39] angeben und in Bild 15 eingetragen.

3.3 Trittschallminderung von Deckenauflagen

3.3.1 Trittschallminderung ΔL_w und weitere Einzahl-Angaben

Für die Kennzeichnung der trittschalldämmenden Wirkung auf Massivdecken wird die bewertete Trittschallminderung nach DIN EN ISO 717-2 [24] verwendet. Früher wurde diese Kenngröße als Trittschall-Verbesserungsmaß ΔL_w [10] bzw. als Verbesserungsmaß VM (damals noch ermittelt aus Messungen mit überlappenden Oktavbändern) [9, 31] bezeichnet.

Werte der bewerteten Trittschallminderung ΔL_w erhält man aus DIN 4109-34 [110] bzw. aus Prüfzeugnissen der Hersteller, in denen die geprüfte Konstruktion genau beschrieben ist.

Die Einzahl-Kenngröße der bewerteten Trittschallminderung ΔL_w berücksichtigt ausschließlich den Frequenzbereich 100 Hz $\leq$ f $\leq$ 3150 Hz. Der Frequenzbereich 50 Hz $\leq$ f $\leq$ 80 Hz bleibt unberücksichtigt.

Auch für die Trittschallminderung von Deckenauflagen gibt es einen Spektrum-Anpassungswert $C_{I,\Delta}$ [24] (gültig für den Frequenzbereich 100 Hz $\leq$ f $\leq$ 3150 Hz). Früher wurde die Trittschallminderung als Prüfstandswert $\Delta L_{w,P}$ bezeichnet (d. h. $\Delta L_w = \Delta L_{w,P}$); Rechenwerte der bewerteten Trittschallminderung nach DIN 4109:1989 [40] $\Delta L_{w,R}$ enthalten 2 dB Vorhaltemaß:

$$\Delta L_{w,R} = \Delta L_w - 2 \text{ dB} \tag{13}$$

Anmerkung: In DIN EN ISO 717-2 [24] wird ΔL als „Trittschallpegelminderung" bezeichnet. In vorliegendem Beitrag wird die alte Bezeichnung „Trittschallminderung" verwendet.

3.3.2 Prüffläche des schwimmenden Estrichs

Die Prüffläche von schwimmenden Estrichen muss nach DIN EN ISO 10140-1 [52] mindestens 10 m² betragen. Grund hierfür ist, dass in der schwimmenden Estrichplatte Biegewellen angeregt werden, die über die gesamte Fläche des schwimmenden Estrichs an die Rohdecke weitergegeben werden [29, 54–56, 123]. Bei zu kleinen Estrichflächen wird das Schwingungsverhalten des Estrichs vor allem tieffrequent aufgrund der geringen Modendichte verändert, sodass dann günstigere (höhere) Trittschallminderungen erreicht werden, als dies bei schwimmenden Estrichen üblicher Größe der Fall wäre. Bild 14 zeigt ein derartiges Beispiel, bei dem die Estrichfläche – ausgehend von der Normmessung mit 18 m² – immer weiter verkleinert wurde.

Bild 17 zeigt, dass bei Halbierung der Estrichfläche die Trittschallminderung erst einmal leicht absinkt, dies

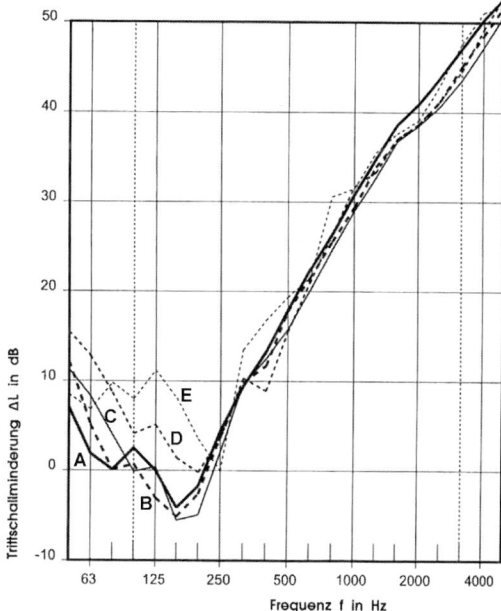

Bild 17. Einfluss der Prüffläche des schwimmenden Estrichs auf die Trittschallminderung; der übrige Teil der Rohdecke war bei den Messungen jeweils frei, d. h. die abgetrennten schwimmenden Estrichflächen wurden jeweils vor der Messung von der Rohdecke entfernt
A: Estrichfläche 17,2 m² (4,41 m × 3,91 m), ΔL_w = 18 dB
B: Estrichfläche 7,8 m² (4,41 m × 1,76 m), ΔL_w = 17 dB
C: Estrichfläche 3,3 m² (1,90 m × 1,76 m), ΔL_w = 16 dB
D: Estrichfläche 1,6 m² (0,90 m × 1,76 m), ΔL_w = 20 dB
E: Estrichfläche 0,8 m² (0,90 m × 0,90 m), ΔL_w = 24 dB

ist wahrscheinlich auf den Masseneffekt der entfernten schwimmenden Estrichteile zurückzuführen. Mit zunehmender Verkleinerung tritt dann eine deutliche Erhöhung der Trittschallminderung – insbesondere bei tiefen Frequenzen < 315 Hz – auf. Dies macht deutlich, dass für die Ermittlung der bewerteten Trittschallminderung von schwimmenden Estrichen Untersuchungen an Kleinproben nicht geeignet sind.

3.3.3 Trocknungszeiten im bauakustischen Labor

Trockene Bauteile haben eine geringere flächenbezogene Masse als feuchte Bauteile; entsprechend dem bauakustischen Masseeffekt bewirkt dies eine Verminderung der Luft- und Trittschalldämmung bei leichteren trockenen Bauteilen. Weitere Effekte sind veränderte Biegesteifigkeit und veränderte Dämpfung.

Die Trocknungszeiten von schwimmenden Estrichen sind nach DIN EN ISO 10140-1 [52] mit mindestens drei Wochen, nach DIN 4109-4:2016 [111] mit mindestens zwei Wochen angegeben. Dies sind alte Vorgaben, die aus früheren Normen übernommen sind – ein ausreichendes Trocknen bzw. Abbinden stellen diese Trocknungszeiten allerdings nicht sicher. Vielmehr ist eine differenzierte Betrachtung für die jeweils zu untersuchenden Konstruktionen erforderlich.

Für die im bauakustischen Labor geprüften Konstruktionen ist vorrangig, dass die Baustoffe in etwa den praktischen Feuchtegehalt (Werte entsprechend [57, 117]) aufweisen.

Aktuelle Untersuchungen [58] zeigen, dass die in den Messnormen angegebenen Trocknungszeiten in Bezug auf die Ermittlung der bauakustischen Belange häufig sogar verkürzt werden können. In manchen Fällen ist allerdings auch der Einsatz von vorgetrockneten Baukonstruktionen erforderlich.

3.3.4 Schwimmende Estriche mit Angaben der bewerteten Trittschallminderung nach DIN 4109-34

3.3.4.1 Angaben nach DIN 4109-34:2016

Mineralisch gebundene Estriche auf Mineralfaser- bzw. auf Polystyrol-Trittschalldämmplatten gehören mit zu den am häufigsten eingesetzten Baukonstruktionen. Allerdings liegen nur relativ wenige Messergebnisse der bewerteten Trittschallminderung vor – die Gründe hierfür liegen einerseits im hohen Aufwand für diese Messungen (lange Trocknungszeiten, hohe Ausbau- und Entsorgungskosten der herausgebrochenen schwimmenden Estriche), andererseits in der scheinbar fehlenden Notwendigkeit für derartige Messungen, da ja Angaben zur Trittschallminderung von schwimmenden Estrichen vorliegen, aus:

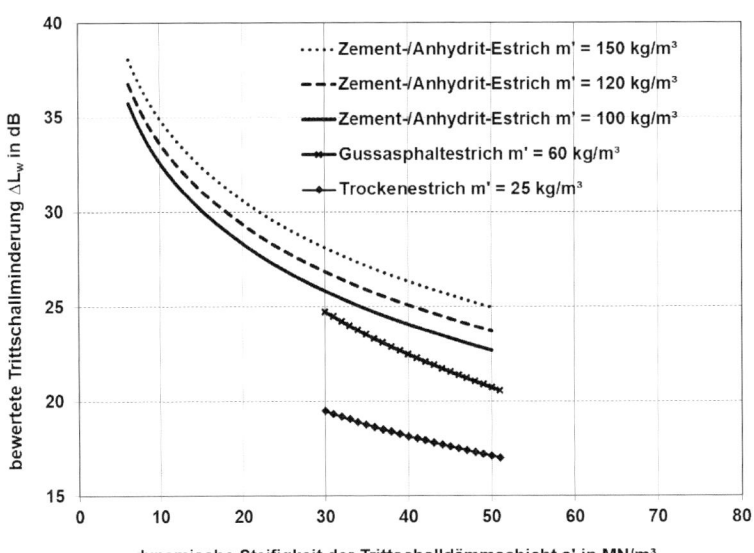

Bild 18. Werte der bewerten Trittschallminderung ΔL_w nach DIN 4109-34:2016 [110] für typische flächenbezogene Estrichmassen m'
- Zementestriche und Anhydritestriche: Gültigkeitsbereich dynamische Steifigkeit 6 MN/m³ ≤ s' ≤ 50 MN/m³ und Gültigkeitsbereich flächenbezogene Masse 60 kg/m² ≤ m' ≤ 160 kg/m³
- Gussasphaltestrich: Gültigkeitsbereich dynamische Steifigkeit 15 MN/m³ ≤ s' ≤ 50 MN/m³ und Gültigkeitsbereich flächenbezogene Masse 58 kg/m² ≤ m' ≤ 87 kg/m³. In der Grafik wurden nur die Werte ΔL_w für eine dynamische Steifigkeit von ≥ 40 MN/m³ dargestellt.
- Trockenestriche: Gültigkeitsbereich dynamische Steifigkeit 15 MN/m³ ≤ s' ≤ 40 MN/m³ und Gültigkeitsbereich flächenbezogene Masse 15 kg/m² ≤ m' ≤ 40 kg/m³. In der Grafik wurden nur die Werte ΔL_w für eine dynamische Steifigkeit von ≥ 40 MN/m³ dargestellt.

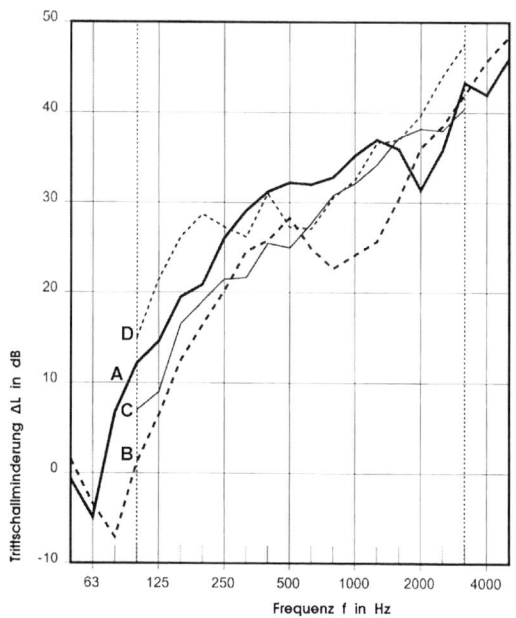

- Tabelle 17, Beiblatt 1 zu DIN 4109 [40] (basiert auf Messungen aus den Sechziger- und Siebzigerjahren und ist u. a. als überaltert anzusehen)
- Werte DIN 4109-34:2016 [110], die auf den Angaben nach DIN EN ISO 12354 [43] (bereits zu finden in deren älteren Ausgaben) basieren.

Eine Aktualisierung der Datenbasis ist dringend erforderlich, denn:
- der trittschallmindernde Einfluss von Schüttungen wird nicht betrachtet,
- Spektrum-Anpassungswerte sind nicht enthalten,
- eine Differenzierung zwischen Polystyrol-Trittschalldämmplatten und Mineralfaser-Trittschalldämmplatten erfolgt nicht – eine derartige Differenzierung ist allerdings angezeigt,
- andere Dämmschichttypen, z. B. Gummifasermatten oder Holzweichfaserplatten sind nicht erfasst,
- profilierte Estriche, wie z. B. in Bädern und bei der Altbausanierung häufig anzutreffen, verhalten sich anders als homogene Estriche.

Bild 18 zeigt eine Zusammenstellung der Werte ΔL_w nach der neuen Norm.

Bild 19. Trittschallminderung von schwimmenden Calciumsulfat- und Zementestrichen
A: Calciumsulfatestrich, m' = 79 kg/m², auf Polystyrol-Trittschalldämmplatte, s' = 7 MN/m³, ΔL_w = 35 dB
B: Calciumsulfatestrich, m' = 77 kg/m², auf Polystyrol-Trittschalldämmplatte, s' = 31 MN/m³, ΔL_w = 28 dB
C: Zementestrich, m' ≈ 80 kg/m², auf Mineralfaser-Trittschalldämmplatte, s' ≈ 7 MN/m³, ΔL_w = 37 dB
D: Zementestrich, m' ≈ 80 kg/m², auf Mineralfaser-Trittschalldämmplatte, s' ≈ 20 MN/m³, ΔL_w = 31 dB

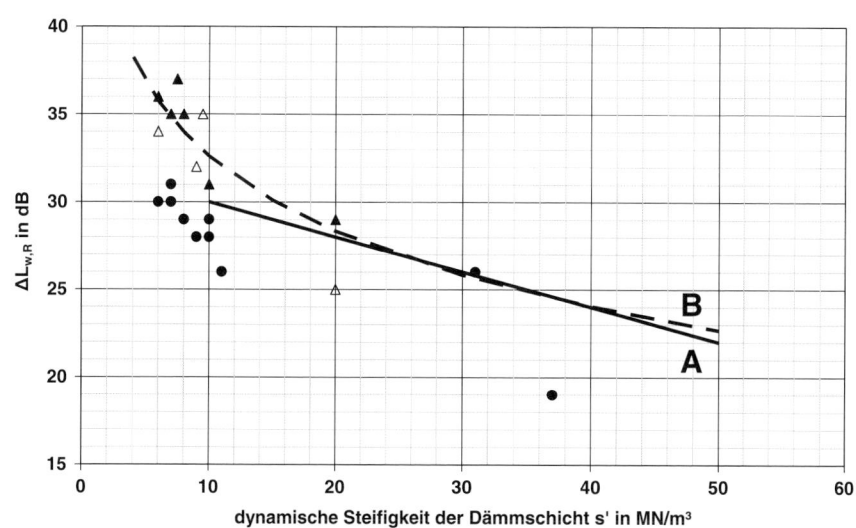

Bild 20. Trittschallminderung $\Delta L_{w,R}$ von schwimmenden Calciumsulfat- und Zementestrichen mit m' ≈ 80 kg/m² in Abhängigkeit von der dynamischen Steifigkeit s' nach DIN EN 29052-1 [61]
A: Rechenwerte nach Beiblatt 1 zu DIN 4109, Tabelle 17 [40]
B: Werte nach DIN EN 12354-2 mit einer flächenbezogenen Masse von 100 kg/m², kein Vorhaltemaß berücksichtigt
●: Polystyrol-Trittschalldämmplatten, Messwerte, inkl. 2 dB Vorhaltemaß
▲: Mineralfaser-Trittschalldämmplatten auf Zementestrich, Messwerte entnommen aus [51], inkl. 2 dB Vorhaltemaß
△: Mineralfaser-Trittschalldämmplatten auf Calciumsulfatestrich, Messwerte entnommen aus [51], inkl. 2 dB Vorhaltemaß

3.3.4.2 Messwerte Zement- und Calciumsulfatestriche

Die Trittschallminderung von schwimmenden Calciumsulfat- und Zementestrichen ist in Bild 19 dargestellt – Messwerte auf Mineralfaser-Trittschalldämmplatten lagen dabei nur für den Frequenzbereich oberhalb 100 Hz vor.

In Bild 20 ist die bewertete Trittschallminderung ΔL_w in Abhängigkeit von der dynamischen Steifigkeit s′, gemessen nach DIN EN 29052-1 [61], aufgetragen. Man erkennt – bei gleicher dynamischer Steifigkeit s′ – einen deutlichen Unterschied beider Dämmstoffarten, wobei Mineralfaserdämmstoff günstiger einzustufen ist, als Dämmstoff aus elastifiziertem Polystyrol.

Die Estrichqualitäten und -dicken von Zement- und Calciumsulfatestrichen werden i. d. R. nach DIN 18560-2 [124] in Abhängigkeit von der Verkehrslast bemessen; es ergeben sich heute typischerweise flächenbezogene Massen von $100 \text{ kg/m}^2 \geq m' \geq 150 \text{ kg/m}^2$.

3.3.4.3 Messwerte Gussasphaltestriche

Gussasphaltestriche werden mit einer Temperatur von ca. 230 °C eingebracht. Dabei wird der flüssige Gussasphalt auch heute noch von einer Trägertruppe mit Jocheimern zum Einbauort getragen und dort auf der verlegten Dämmschicht ausgegossen und manuell glattgezogen. Trittschall-Dämmschichten aus (heute praktisch ausschließlich) Mineralfaser-Dämmstoff werden dabei mit einer hitzebeständigen und wärmedämmenden Abdeckung mit Holz- bzw. Zellulosebestandteilen abgedeckt. Durch den beim Einbau erforderlichen hohen Arbeitseinsatz erklärt sich auch der vergleichsweise hohe Preis. Vorteile des Gussasphaltestrichs sind die relativ geringen Aufbauhöhen und insbesondere die sehr kurzen Trocknungszeiten.

Damit finden Gussasphaltestriche insbesondere bei Bauvorhaben mit kurzen Bauphasen häufig Einsatz.

In Bild 21 sind Messwerte der Trittschallminderung von Gussasphaltestrichen zusammengestellt. Bei diesen Werten erkennt man den günstigen Einfluss von grobkörnigen Trockenschüttungen. Grund hierfür ist die Verringerung der dynamischen Steifigkeit durch die Erhöhung der Dicke der federnd wirkenden Luftschicht und durch die punktweise Auflagerung der Trittschalldämmschicht.

Unter einer relativ steifen Abdeckplatte führt die grobkörnige Trockenschüttung zu einer nur punktweisen Auflage, wodurch nennenswerte Kontaktsteifigkeiten (bzw. Kontaktfederungen) entstehen können.

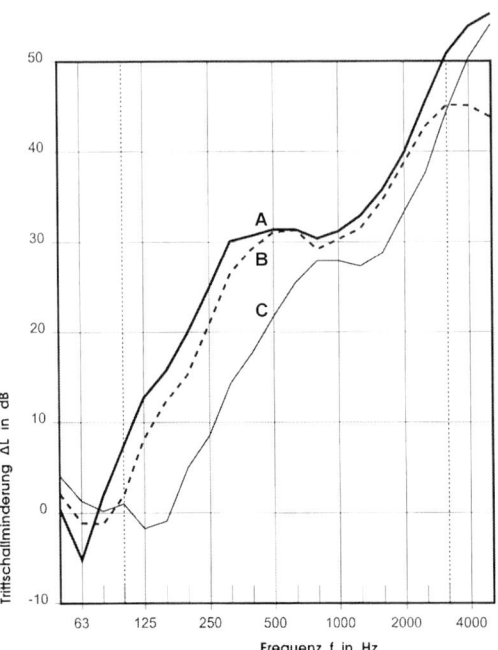

Bild 21. Trittschallminderung von Gussasphaltestrichen
A: Gussasphaltestrich, $m' = 60 \text{ kg/m}^2$, Rippenpappe, 30 mm FESCO ETS, $s' = 30 \text{ MN/m}^3$, 30 mm Trockenschüttung, $\Delta L_w = 33 \text{ dB}$
B: Gussasphaltestrich, $m' = 60 \text{ kg/m}^2$, Rippenpappe, 30 mm FESCO ETS, $s' = 30 \text{ MN/m}^3$, $\Delta L_w = 29 \text{ dB}$
C: Gussasphaltestrich, $m' = 60 \text{ kg/m}^2$, Rippenpappe, 30 mm FESCO GA, 7 mm Trockenschüttung, $\Delta L_w = 20 \text{ dB}$

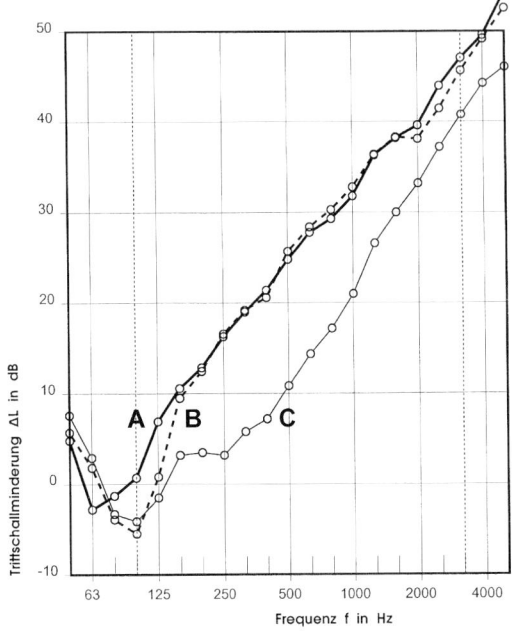

Bild 22. Trittschallminderung eines schwimmend verlegten Trockenestrichs
A: Gipsfaser-Trockenestrich, 12 mm Mineralfaser-Trittschalldämmplatte, dyn. Steifigkeit $s' \leq 40 \text{ MN/m}^3$, 25 mm Trockenschüttung: $\Delta L_w = 27 \text{ dB}$
B: Gipsfaser-Trockenestrich, 12 mm Mineralfaser-Trittschalldämmplatte, dyn. Steifigkeit $s' \leq 40 \text{ MN/m}^3$: $\Delta L_w = 24 \text{ dB}$
C: Gipsfaser-Trockenestrich, 25 mm Trockenschüttung: $\Delta L_w = 18 \text{ dB}$

Die in DIN 4109-34:2016 [110] angegeben ΔL_w-Werte sind im Vergleich zu den im Labor erreichbaren Werten relativ gering, siehe Bild 18; sodass i. d. R. der Nachweis anhand von Prüfzeugnissen erfolgt.

3.3.4.4 Trockenestriche

Bei schwimmend verlegten Trockenestrichen müssen die Trittschalldämmschichten i. d. R. deutlich steifer sein, als unter schwimmenden Zement- und Calciumsulfatestrichen. Grund hierfür ist einerseits die Begrenzung der Durchbiegungen der Trockenestrichplatte (u. a. zur Vermeidung von Schäden an aufgebrachten Fliesenbelägen). Anderseits zeigen Trockenestriche mit zu weichen Trittschalldämmschichten einen schlechten Gehkomfort. Daher sollten die Herstellervorgaben zum Aufbau der Trockenestrichkonstruktionen (auch aus haftungsrechtlichen Gründen) unbedingt beachtet werden.

Bild 22 zeigt eine Messerie der Trittschallminderung eines Gipsfaser-Trockenestrichs mit Einfluss einer Trockenschüttung. Man erkennt wiederum den bereits in Abschnitt 3.3.4.3 diskutierten günstigen Einfluss der Trockenschüttung, sowohl mit als auch ohne weitere Trittschalldämmschicht. In [92] sind weitere Messkurven gezeigt.

Auch für Trockenestriche sind die in DIN 4109-34:2016 [110] angegeben ΔL_w-Werte im Vergleich zu den im Labor erreichbaren Werten zu gering, siehe Bild 18; sodass hier ebenfalls der Nachweis anhand von Prüfzeugnissen erfolgt.

Unebenheiten im Untergrund können durch Trockenestriche nur sehr begrenzt ausgeglichen werden – die Dämmschichten haben nur eine relativ geringe Einfederungstiefe und die Estrichplatte ist ja vorgefertigt und in der Schichtdicke festgelegt. Daher ist in Altbauten häufig eine Ausgleichsschicht unterhalb des Trockenestrichs erforderlich, um bestehende Unebenheiten und Höhenunterschied zu nivellieren; die maximalen Ausgleichshöhen der Trockenschüttungen laut Herstellerangaben sind zu beachten. Steife Abdeckplatten oberhalb der Trockenschüttung werden z. T. aus Gründen des besseren Einbaus realisiert; diese steifen Abdeckplatten sind allerdings kontraproduktiv in Bezug auf die o. a. mögliche Verbesserung der Trittschalldämmung.

3.3.5 Trittschallminderung weiterer Arten von Deckenauflagen

3.3.5.1 Allgemeines

Für die nachfolgenden Deckenauflagen sind keine Angaben zu ΔL_w-Werten in DIN 4109-34:2016 [110] vorhanden, sodass der bauakustische Nachweis über Prüfzeugnisse erfolgen muss.

3.3.5.2 Schwimmende Estriche auf Elastomerschichten

Vollgummi ist aufgrund seiner Materialeigenschaften als Dämmschicht für schwimmende Estriche deutlich zu steif. Durch die Verwendung von Gummifaser- oder Gummigranulatplatten werden dagegen die Steifigkeiten entscheidend reduziert, sodass mit diesen Dämmschichten bauakustisch hochwertige Konstruktionen zur Trittschalldämmung erreicht werden. Durch eine Profilierung der Gummifaserplatten wird eine nur teilflächige Auflage erreicht, was zu einer weiteren Reduzierung der Steifigkeit führt. Bild 23 zeigt Messwerte der Trittschallminderung derartiger Konstruktionen; weitere Messwerte siehe [92].

Mit Elastomer-Dämmschichten aus geschäumtem Polyurethanschaum mit analogen Steifigkeitseigenschaften sind vergleichbare Kurven der Trittschallminderung zu erwarten.

Die Zusammenstellung von *Freimuth* [62] zeigt, dass sich bei gleichen dynamischen Steifigkeiten etwas geringere bewertete Trittschallminderungen ergeben, als bei Mineralfaser-Dämmplatten.

Insgesamt können mit Gummifaser- und Gummigranulatplatten – bei geeigneter Dimensionierung der Estrichplatte – schwimmende Estriche mit sehr hohen Druckbelastbarkeiten erreicht werden, sodass diese

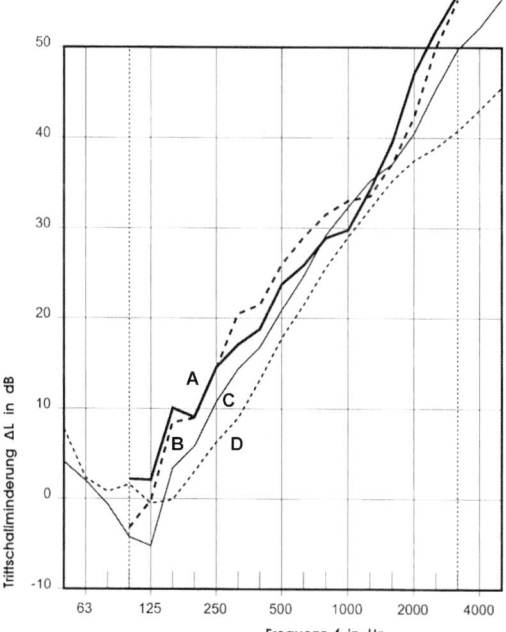

Bild 23. Trittschallminderung von schwimmenden Estrichen auf Gummifaserplatten
A: 17 mm profilierte Gummifaserplatte, $s' = 15$ MN/m³, Estrichplatte $m' = 240$ kg/m², $\Delta L_w = 26$ dB
B: 17 mm profilierte Gummifaserplatte, $s' = 15$ MN/m³, Estrichplatte $m' = 120$ kg/m², $\Delta L_w = 23$ dB
C: 8 mm Elastomergranulatplatte, $s' = 47$ MN/m³, Estrichplatte $m' = 180$ kg/m², $\Delta L_w = 20$ dB
D: 5 mm Elastomergranulatplatte, $s' = 34$ MN/m³, Estrichplatte $m' = 170$ kg/m², $\Delta L_w = 20$ dB

Konstruktionen auch als schwimmende Fundamente für technische Anlagen verwendet werden können.

3.3.5.3 Schwimmend verlegte Holzdielen

Holzdielenböden sind i. d. R auf einer Verlegeleiste verschraubt. Die schwimmende Verlegung kann dann auf Streifenlagern aus Kokosfaser oder Mineralfaser-Trittschalldämmplatten erfolgen, wobei auf eine geeignete Druckbelastbarkeit zu achten ist. Alternativ kann eine Verlegung auf Holzweichfaserplatten vorgenommen werden, in denen Aussparungen für die Verlegeleiste vorgesehen sind – wobei sich allerdings auch unterhalb der Verlegeleisten noch weichfederndes Material zur Trittschallentkopplung befindet. Bild 24 zeigt exemplarisch Messergebnisse für beide Verlegungsarten.

3.3.5.4 Hohlböden

Für Hohlböden wird auf [63] verwiesen. Messergebnisse von Trocken-Hohlraumböden sind auch in [91] gezeigt.

3.3.5.5 Schwimmend verlegte Natursteine

Bei der Sanierung von Treppenpodesten oder Natursteinflächen mit geringer Aufbauhöhe besteht der Bedarf nach dünnen und leistungsfähigen Systemen zur Verbesserung des Trittschallschutzes.
Gegenwärtig sind viele Produkte am Markt erhältlich, für die kein vorher beschriebener Nachweis der Trittschallminderung vorliegt; Messungen werden häufig an und mit Kleinproben gemacht, wobei sich zu hohe bewertete Trittschallminderungen ΔL_w ergeben, siehe Abschnitt 3.3.2. Von der ungeprüften Verwendung solcher Herstellerangaben ist daher dringend abzuraten.
Bei Treppenläufen mit schwimmend verlegten Natursteinbelägen sind andere geometrische Verhältnisse gegeben. Hierzu wird auf Abschnitt 5 verwiesen.

3.3.5.6 Schwimmende Laminat- und Fertigparkettböden

Schalltechnisch unterscheiden sich Fertigparkett und Laminatboden nur dadurch, dass Echtholz-Parkettböden im Regelfall etwas dicker sind als Laminatböden, da sie eine bis zu 6 mm dicke Echtholzschicht, die auch ein- oder zweimal geschliffen werden könnte, aufweisen. Insgesamt sind Fertigparkettdielen ca. 11 mm bis 15 mm dick, während Laminatdielen ca. 7 mm bis 9 mm dick sind. Die Abmessungen der mit Nut und Feder verlegten, heute überwiegend mit der sogenannten

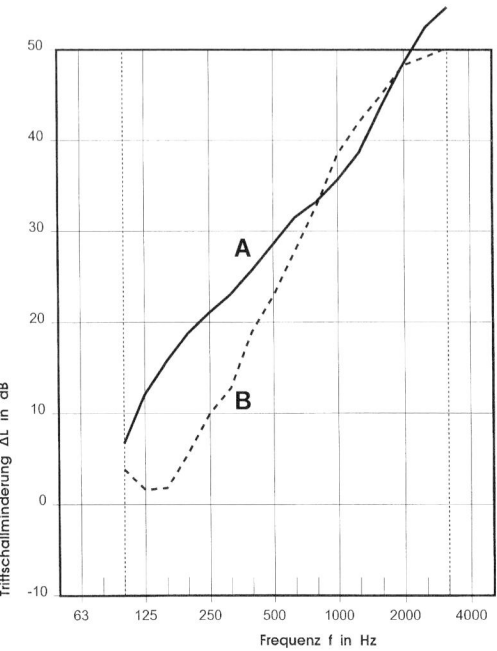

Bild 24. Trittschallminderung von schwimmend verlegten Holzdielenböden
A: Dielenboden auf federnden Streifenlagern, Aufbauhöhe ca. 100 mm, ΔL_w = 33 dB
B: Dielenboden auf Holzweichfaserplatte, Aufbauhöhe ca. 60 mm, ΔL_w = 22 dB

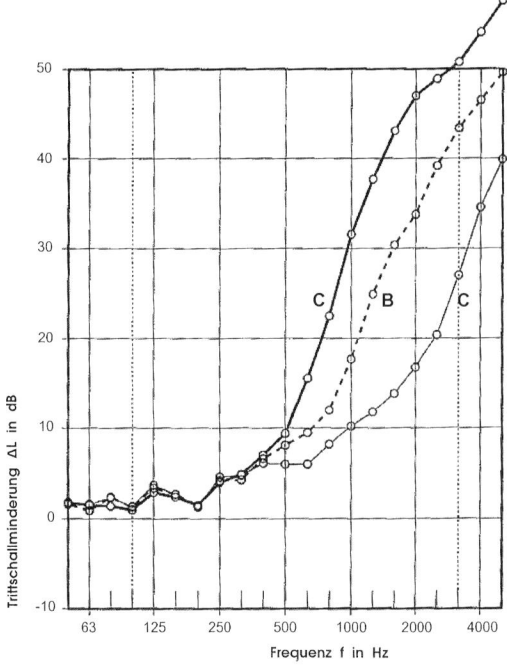

Bild 25. Beispiele der Trittschallminderung von Laminatböden, lose verlegt. Einfluss der Unterlagsbahn auf die Trittschallminderung von 7 mm dicken, lose verlegten Laminatböden mit unterseitig aufkaschierten trittschallmindernden Applikationen
A: 0,9 mm „Pelzer-Akustikfolie", ΔL_w = 13 dB
B: 1,0 mm Procell-Profiline (Fa. Polymer-Tec, Bad Sobernheim), ΔL_w = 16 dB
C: 2,5 mm Procell-Acoustik (Fa. Polymer-Tec), ΔL_w = 18 dB

Klick-Verbindung versehene Dielen, liegen zwischen 14 cm und 20 cm in der Breite und zwischen 120 cm und 140 cm in der Länge.
Zur Trittschallminderung werden rückseitig auf den Fertigparkett- oder Fertiglaminat-Dielen applizierte dünne Polyethylenschaumschichten verwendet oder die Dielen werden auf bauseits ausgelegten dünnen Polyethylenschaummatten verlegt.
Mit derartigen Belägen könnten bewertete Trittschallminderungen zwischen ΔL_w = 10 dB bis maximal 22 dB erzielt werden. Hierbei ist jedoch zu beachten, dass bei einigen Belägen durch Resonanzeffekte eine partielle Verschlechterung der Trittschallminderung, z. B. im Frequenzbereich um 400 Hz, gegeben ist, sich andererseits dadurch eine Verbesserung im Frequenzbereich unter 100 Hz ergibt.
Durch die Trittschallschutz-Bahnen können bei gleichem Oberboden unterschiedliche Trittschallminderungen erzielt werden, mit dickeren Bahnen im Regelfall höhere Minderungen als mit dünnen Bahnen. Bild 25 zeigt, dass sich die Verbesserung aber fast ausschließlich im Bereich oberhalb von 400 Hz auswirkt, darunter hat die Unterlage kaum eine Wirkung.
Für Parkett mit trittschalldämmender Verklebung sind bewertete Trittschallminderungen von $\Delta L_{w,R}$ = 6 dB bis 16 dB nachgewiesen [92]

3.3.5.7 Weichfedernde Bodenbeläge

Weichfedernde Bodenbeläge können eine sehr hohe bewertete Trittschallminderung aufweisen. Sie dürfen allerdings bei vielen Nutzungsszenarien nicht für den baurechtlichen Nachweis angesetzt werden, u. a., um dem Nutzer die Freiheit für einen Bodenbelagswechsel zu überlassen. Werte der Trittschallminderung können i. d. R. direkt vom Hersteller erfragt werden.
Am wirkungsvollsten sind Teppichbeläge mit bewerteten Trittschallminderungen um ΔL_w = 22 bis 28 dB. Nadelfilze weisen üblicherweise Werte um ΔL_w = 14 bis 20 dB auf.
Linoleum- und Naturkautschuk-Beläge haben dagegen in den Standardausführungen nur sehr geringe bewertete Trittschallminderungen. Allerdings sind hier auch Produkte mit einem Rücken aus Korkment, Jute oder profilierten Elastomerprodukten erhältlich, womit sich – je nach Produkt – Werte ΔL_w um etwa 8 bis 18 dB ergeben.

3.3.5.8 Balkon- und Terrassenbeläge

Thermisch getrennt befestigte Balkonplatten und freistehende Balkone mit Rückverankerung am Gebäude weisen eine gewisse Trittschallminderung auf, die aber bei üblichen Anordnungen i. d. R. nicht ausreichend ist; vielmehr sind trittschallmindernde Balkon- und Terrassenbeläge erforderlich, um zu den angrenzenden schutzbedürftigen Räumen einen angemessen Trittschallschutz sicherzustellen.
Segmentierte Gehbeläge aus Betonplatten mit Abmessungen von ca. 40 cm × 40 cm werden häufig für Terrassenbeläge verwendet. Die Trittschallminderung

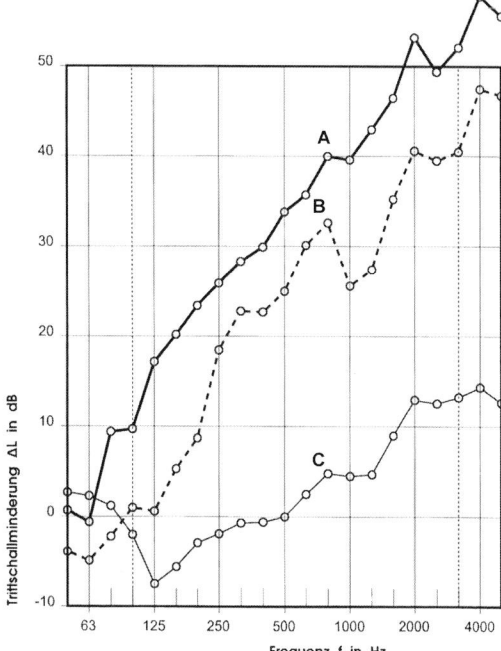

Bild 26. Trittschallminderung von Terrassenbelägen aus Betonplatten auf Gummifaserplatten. Wegen der segmentierten Gehbeläge konnten hilfsweise auch Messungen an Kleinproben durchgeführt werden
A: Gehwegplatten, 40 mm Splittbett, Vlies als Trennlage, 17 mm profilierte Gummifaserplatte, Bitumenbahn, (ΔL_w = 37 dB)
B: Gehwegplatten, 40 mm Splittbett, Vlies als Trennlage, Bitumenbahn, ΔL_w = 24 dB (gemessen an einer Kleinprobe)
C: Gehwegplatten, Bitumenbahn, ΔL_w = 6 dB (gemessen an einer Kleinprobe)

bei derartigen Aufbauten kann durch Gummifederelemente [64], durch Gummifaserplatten [62] oder andere feuchteunempfindliche Elastomerschichten erreicht werden. Durch die Segmentierung des Gehbelages wird die Ausbildung eines Biegewellenfeldes verhindert, was sich sehr positiv auf die erreichbare Trittschallminderung auswirkt (s. Bild 26).
Auch mit Holzrost-Terrassenaufbauten kann eine hochwertige Trittschallminderung erzielt werden (s. Bild 27).

3.3.5.9 Freistehender Balkon, am Gebäude verankert

Die Tragstruktur „freistehender" Balkone besteht zumeist aus Stahl oder Holz, während für die auf dieser Tragstruktur aufliegenden begehbaren Balkonplatten vornehmlich Holz oder Beton verwendet wird. Der Begriff „freistehend" ist allerdings nicht ganz korrekt oder zumindest irreführend, da die Balkone in der Regel eine Gebäudeverankerung zur Absicherung gegen horizontales Abscheren benötigen. Diese Gebäudeverankerung stellt eine Körperschallbrücke dar,

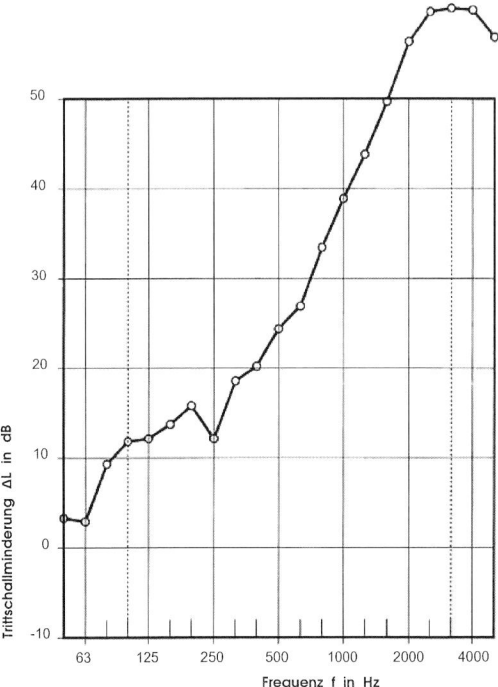

Bild 27. Trittschallminderung eines Balkonaufbaus aus einem Holzrost auf Lagerhölzern, Elastomerschicht Regupol und Warmdachaufbau. $\Delta L_w = 30$ dB

über die es zu einer wesentlichen Trittschallübertragung kommt.

Bild 28 zeigt den Norm-Trittschallpegel eines nachträglich gebauten „freistehenden" Balkons mit verzinktem Stahlrahmen und begehbaren Balkonplatten aus Stahlbeton; die Verankerung am Gebäude – einem Massivgebäude mit Trümmerstein-Mauerwerk aus den 50er-Jahren – erfolgte über einzelne Stahlanker. Die Trittschalldämmkurve verläuft im Wesentlichen horizontal, wie es bei Vorhandensein von Körperschallbrücken üblich ist – der pegelbestimmende negative Einfluss der Stahlanker ist damit belegt.

Der aus einer Baustellenmessung (Bild 28) ermittelte bewertete Norm-Trittschallpegel betrug $L'_{n,w} = 52$ dB. Allerdings muss bei ungünstigen Randbedingungen (erhöhte Anzahl der Gebäudeverankerungen an einer Wohnraumwand, veränderte Bauteilqualität der Wände u. ä.) mit einer ungünstigeren Trittschalldämmung gerechnet werden. Hersteller von körperschallentkoppelten Balkon-Verankerungen sind den Autoren nicht bekannt.

Um Zielwerte von zul. $L'_{n,w} \leq 50$–53 dB zu erreichen (die baurechtlichen Anforderungen nach DIN 4109: 2018 betragen nur zul. $L'_{n,w} \leq 58$ dB), ist daher aus planerischer Sicht der Einsatz von trittschallmindernden Auflagen auf der Balkonplatte erforderlich (was entweder zu aufwendigen (und teuren) Bodenaufbauten führt, oder zum Einsatz unliebsamer weichfedernder, witterungsbeständiger und selbsttrocknender Beläge führt). Alternativ ist die Verwendung von Elastomerschichten unter der Balkonplatte möglich.

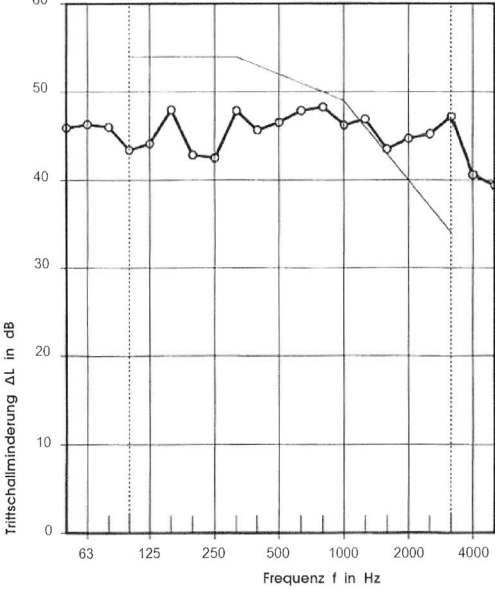

Bild 28. Norm-Trittschallpegel eines „freistehenden" Balkons mit verzinkter Stahlkonstruktionen und Balkonplatten aus Stahlbeton; die Verankerung am Gebäude – einem Massivgebäude mit Trümmerstein-Mauerwerk – erfolgte über einzelne Stahlanker. $L'_{n,w} = 52$ dB

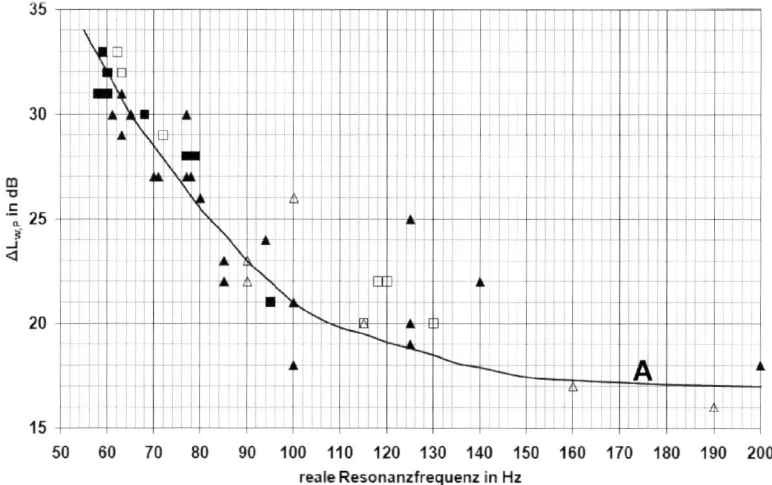

Bild 29. Zusammenhang zwischen Resonanzfrequenz und bewerteter Trittschallminderung ΔL_w aus Messungen
■: Calciumsulfatestrich auf Polystyrol-Trittschalldämmplatten
▲: Trockenestrich auf Trittschalldämmplatten
△: Gussasphaltestrich
□: Zementestrich auf Gummifaserplatten
A: Interpolation

3.3.6 Dynamische Steifigkeit nach DIN EN 29052-1 [61]

Die trittschallmindernde Wirksamkeit von schwimmenden Estrichen ist maßgeblich von der Lage der Resonanzfrequenz abhängig. Wie Bild 29 zeigt, ist dieser Zusammenhang in erster Näherung unabhängig von der Art des Estrichs und der Dämmschicht.
In praktisch allen Lehrbüchern findet man die folgende Gleichung zur Berechnung der Resonanzfrequenz f_r eines schwimmenden Estrichs [29]:

$$f_r = 160\sqrt{\frac{s'}{m'}} \qquad (14)$$

mit
f_r Resonanzfrequenz des schwimmenden Estrichs in [Hz]
m' flächenbezogene Masse des schwimmenden Estrichs in [kg/m²]
s' flächenbezogene dynamische Steifigkeit der Dämmschicht in [MN/m³]

Gleichung (14) ist zweifellos physikalisch richtig. Setzt man hier allerdings die nach DIN EN 29052-1 [61] gemessenen dynamischen Steifigkeiten ein, so findet man teilweise keine Übereinstimmung zwischen der nach Gl. (14) berechneten Resonanzfrequenz und der real gemessenen Resonanzfrequenz des schwimmenden Estrichs.
Metzen [118] hatte im Zusammenhang mit der früher verwendeten Messmethodik mit Vorbelastung nach DIN 52214 [65] bereits auf solche Abweichungen hingewiesen, die auch in Bezug auf DIN EN 29052-1 weiterhin bestehen. Als Gründe hierfür sind zu benennen:

– Für offenzellige Dämmschichten ist z. T. ein schwer zu kontrollierender Wert der Luftsteifigkeit zuzurechnen.
– Für offenzellige Dämmschichten mit dünner Schichtdicke (d ≤ etwa 10 mm) kann die dynamische Steifigkeit nicht bestimmt werden.
– Die Kontaktsteifigkeit unterscheidet sich beim realen schwimmenden Estrich häufig von der Messanordnung nach DIN EN 29052-1.
– Die Messanordnung nach DIN EN 29052-1 ist wenig geeignet, um dynamische Steifigkeiten > 100 MN/m³ zu ermitteln.

Trotz dieser Abweichungen aufgrund messtechnischer Schwierigkeiten bei der Prüfung nach DIN EN 29052-1 [61] ist diese Methode unabdingbar, weil alternativlos.
Für Dämmschichten aus Gummifasermatten wird laut Beschlussbuch der Schallprüfstellen [66] mittlerweile eine Kraft-Feder-Kennlinie zur Charakterisierung der federnden Eigenschaften der Dämmschicht vorgesehen. Damit wird allerdings keine grundlegende Verbesserung in Bezug auf die jetzige Situation erreicht.

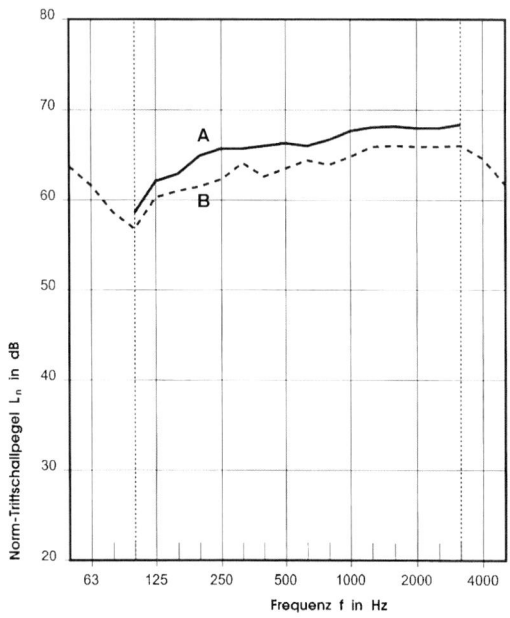

Bild 30. Norm-Trittschallpegel mit bauähnlicher bzw. mit unterdrückter Flankenübertragung
A: Stahlbeton-Massivdecke mit bauähnlicher Flankenübertragung, flankierende Bauteile $m' \approx 350$ kg/m^2, $L'_{n,w} = 73$ dB
B: wie A, nur mit biegeweichen Vorsatzschalen an den flankierenden Bauteilen, $L_{n,w} = 71$ dB

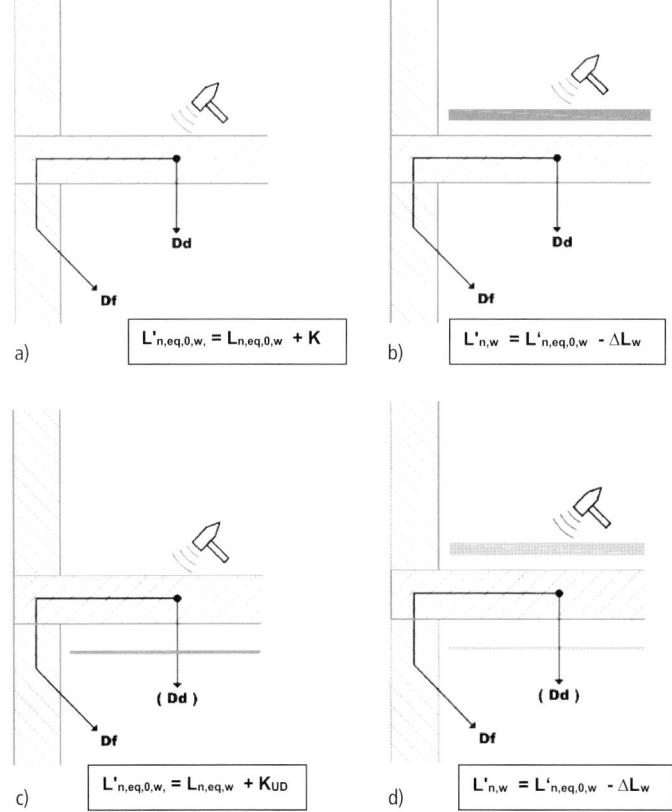

Bild 31. Schema-Darstellung zum Rechenverfahren der Trittschalldämmung von Massivdecken nach DIN 4109-2:2018 [113]; a) Rohdecke mit Deckenauflage, b) Rohdecke ohne Unterdecke, c) Rohdecke mit schalldämmender Unterdecke $\Delta R_w \geq 10$ dB, d) Rohdecke mit Deckenauflage und schalldämmender Unterdecke $\Delta R_w \geq 10$ dB

3.4 Einfluss der flankierenden Bauteile auf die Trittschalldämmung

Der Einfluss der Flankenübertragung auf den Norm-Trittschallpegel ist exemplarisch in Bild 30 dargestellt. Durch raumseitig angeordnete Vorsatzschalen wird die Flankenübertragung unterdrückt und dadurch der bewertete Norm-Trittschallpegel um 2 dB vermindert.

Das Rechenverfahren nach DIN 4109-2:2018 [113] berücksichtigt die Flanken-Trittschallübertragung gemäß einem Betrag K, siehe Bild 31, der sich in Abhängigkeit vom Verhältnis der flächenbezogenen Masse der Rohdecke und der flankierenden Bauteile ergibt. Der Beitrag der Flankenübertragung wird umso bedeutsamer, je schwerer die Massivdecke im Verhältnis zu den flankierenden Bauteilen sind. Es ist nun insbesondere möglich, auch die Trittschallübertragung über die flankierenden Bauteile beim Vorhandensein einer schalldämmenden abgehängten Unterdecke zu berücksichtigen. Die veränderten Korrekturwerte für eine schalldämmende Unterdecke mit einer Verbesserung der Luftschalldämmung von $\Delta R_w \geq 10$ dB gemäß DIN 4109-2:2018 sind in Bild 32 aufgeführt.

Messtechnische Untersuchungen zum Einfluss sehr leichter flankierender Bauteile auf die Trittschalldämmung (flächenbezogene Masse der flankierenden Bauteile ≤ 200 kg/m^2) liegen derzeit nicht in ausreichendem Maße vor – für diese Konstruktion sind nach Ansicht der Autoren die Werte nach DIN 4109-2:2018 [113] noch nicht ausreichend abgesichert. Es ist auch zu erwarten, dass leichtes Hochlochziegel-Mauerwerk und Leichtbeton-Mauerwerk aufgrund der bauakustisch ungünstigen Dickenresonanzen gegenüber den K-Werten nach Bild 32 zu einer erhöhten Trittschall-Flankenübertragung führt, was in DIN 4109-2:2018 zwar für die Luftschalldämmung berücksichtigt ist, aber nicht für die Trittschalldämmung.

3.5 Räumliche Zuordnung

Der kritischste Fall der Trittschallübertragung betrifft in der Regel den Raum direkt unter der zu betrachtenden Deckenkonstruktion. Bei nicht untereinanderliegenden Räumen ergeben sich günstigere Bedingungen, anstelle von Gl. (10) ist dann Gl. (15) mit dem Korrekturwert K_T gemäß Bild 33 zu verwenden:

nicht untereinanderliegende Räume:

$$L'_{n,w,R} = L_{n,eq,0,w} - \Delta L_w + K_T + u_{prog} \quad (15)$$

mit

$L'_{n,w,R}$ bewerteter Norm-Trittschallpegel in [dB] (mit „R" im Index ist der Rechenwert für DIN 4109 bzw. die Berücksichtigung der Unsicherheit der Prognose u_{prog} gekennzeichnet)

$L_{n,eq,0,w}$ äquivalenter Norm-Trittschallpegel in [dB], (s. Abschnitt 3.2)

ΔL_w bewertete Trittschallminderung von Deckenauflagen in [dB], (s. Abschnitt 3.3)

K_T Korrekturwert für die räumliche Zuordnung; gilt für nicht untereinanderliegende Räume
Anmerkung: In Gl. (10) und Gl. (15) haben K und K_T leider unterschiedliche Vorzeichen.

u_{prog} Unsicherheit der Prognose; $u'_{prog} = 3$ dB nach DIN 4109-2:2018 [113], (s. Abschnitt 3.6)

Diese Korrekturwerte K_T sind relativ pauschale Größen und beziehen sich auf Betrachtungen in Bezug auf die bewerteten Norm-Trittschallpegel. Sie stimmen mit den alten Werten nach Tabelle 36, Beiblatt 1 zu DIN 4109:1989 [40] überein. Eine messtechnische Überprüfung dieser Korrekturwerte K_T wäre wünschenswert, liegt derzeit aber nicht vor. Leider ist in DIN 4108-2:2018 [113] aber der Fall der Trittschallübertragung von einer Sohlplatte zu einem darüber liegendem Geschoss entfallen, der in Beiblatt 1 zu DIN 4109 mit $L'_{n,w,R} = 50$ dB $- \Delta L_w$ angegeben ist. Dieser Wert wurden durch Messungen nach *Maack* in Reihenhäusern [125] näherungsweise bestätigt.

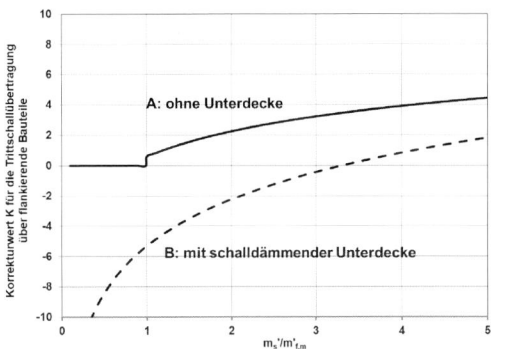

Bild 32. Korrekturwert K für die Trittschallübertragung über die flankierenden Bauteile nach DIN 4109-2:2018, Kap. 4.3.2.1.1 (hier sind jeweils numerische Gleichungen angegeben) [113] in dB

A: K-Wert ohne schalldämmende Unterdecke; gültig für eine flächenbezogene Masse der Trenndecke von 100 kg/m^2 $\leq$ m'_s $\leq$ 900 kg/m^2 und der mittleren flächenbezogenen Masse der nicht mit einer schalldämmenden Vorsatzschale bekleideten flankierenden Bauteile 100 kg/m^2 $\leq$ $m'_{f,m}$ $\leq$ 500 kg/m^2

B: K-Wert mit schalldämmender Unterdecke (K_{UD}) mit einer Verbesserung der Luftschalldämmung von $\Delta R_w \geq 10$ dB; dieser Korrekturwert verbessert die Trittschalldämmung (negative Werte), da hier der Einfluss der schalldämmenden Unterdecke mit berücksichtigt ist.

Spalte	1	2
Zeile	Lage der Empfangsräume (ER)	K_T dB
1	neben oder schräg unter der angeregten Decke	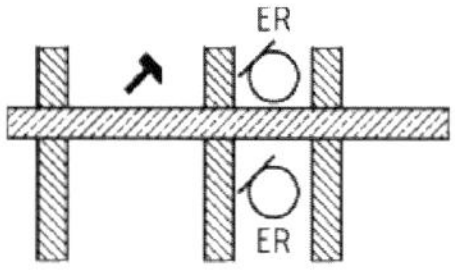 +5[b]
2	wie Zeile 1, jedoch ein Raum dazwischenliegend	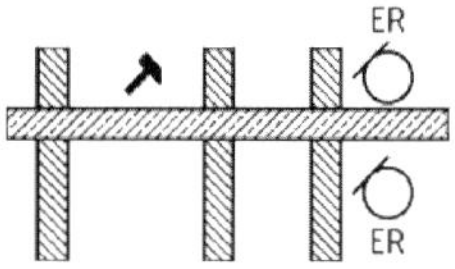 +10[b]
3	über der angeregten Decke (Gebäude mit tragenden Wänden)	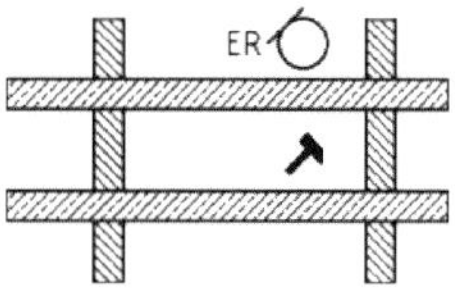 +10[c]
4	über der angeregten Decke (Skelettbau)	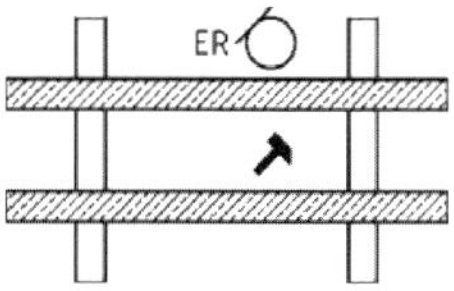 +20

[a] Norm-Hammerwerk nach DIN EN ISO 10140-5:2014-09, Anhang E.
[b] Voraussetzung: Zur Sicherstellung einer ausreichenden Stoßstellendämmung müssen die Wände zwischen angeregter Decke und Empfangsraum starr angebunden sein und eine flächenbezogene Masse $m' \geq 150$ kg/m² haben.
[c] Dieser Korrekturwert gilt sinngemäß auch für Bodenplatten.

Bild 33. Korrekturwert K_T für die Ermittlung des bewerteten Norm-Trittschallpegels für unterschiedliche räumliche Zuordnungen von Sende- und Empfangsraum (aus DIN 4108-2:2018, Tabelle 2 [113])

3.6 Prognosegenauigkeiten und Sicherheitsbeiwerte bei der Berechnung der Trittschalldämmung

Die pauschale Unsicherheit der rechnerischen Prognose wird nach DIN 4109-2:2018 [113] mit $u_{prog} = 3$ dB angegeben.

3.7 Trittschallschutz in ausgeführten Gebäuden

Mit schwimmenden Estrichen in Massivbauweise ist mit den heute üblichen Stahlbeton-Massivdecken, d = 20 bis 25 cm, in Kombination mit schweren flankierenden Massivwänden und flankierenden Montagewänden ein sehr hoher Trittschallschutz (SSt II nach VDI 4100:2007 [42] für Mehrfamilien-Wohnhäuser) erreichbar. Bild 34 zeigt derartige Beispiele.

3.8 Estrichdröhnen und tieffrequenter Trittschall

Durch das Wirkungsprinzip des schwimmenden Estrichs (s. Abschnitt 3.3) wird das Trittschallgeräusch wesentlich dumpfer als bei direkter Anregung der Rohdecke.
Manchmal ist die Resonanzerscheinung des schwimmenden Estrichs sehr stark ausgeprägt und es kommt beim Begehen einerseits zu einer verstärkten Schallabstrahlung in den eigenen Raum, andererseits zu einer starken Trittschallübertragung in die angrenzenden fremdgenutzten Bereiche. Es treten immer wieder Fälle auf, bei denen diese Geräusche von Bewohnern als sehr störend beurteilt werden. Bild 35 zeigt zwei derartige Fälle und im Vergleich dazu eine Konstruktion ohne besonders auffälliges Estrichdröhnen. Man erkennt in den Trittschallkurven mit auftretendem Estrichdröhnen ein ausgeprägtes Maximum des Norm-Trittschallpegels im Frequenzband < 100 Hz. Das Begehen der Decke wird im darunterliegenden Raum als tieffrequentes, tonhaltiges Ereignis wahrgenommen.
Der bewertete Norm-Trittschallpegel der beiden Wohnungstrenndecken mit Estrichdröhnen ist mit $L'_{n,w}$ = 41 dB bzw. 47 dB vergleichsweise gering (SSt II wird fast bzw. wird erreicht) – hierbei werden allerdings die Messwerte < 100 Hz nicht berücksichtigt. Diese Werte liegen in den gezeigten Beispielen im Maximum bei $L'_n \approx 60$ bis 65 dB.
Der Wert $L'_{n,w} + C_{I,50-2500}$ ist dagegen eine Kenngröße, die den Frequenzbereich 50 Hz $\leq$ f $\leq$ 100 Hz mit berücksichtigt. In [67] wird der Versuch unternommen, Anforderungen an diese Kenngröße $L'_{n,w} + C_{I,50-2500}$ zu stellen.
Auf die Schwierigkeiten bei der Ermittlung der Norm-Trittschallpegel im Frequenzbereich < 100 Hz sei

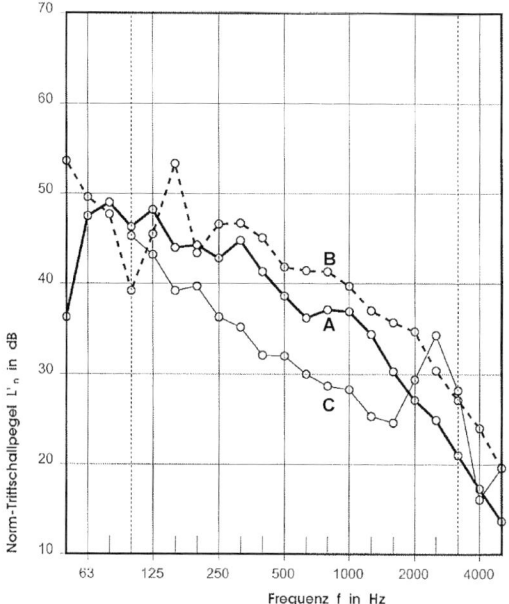
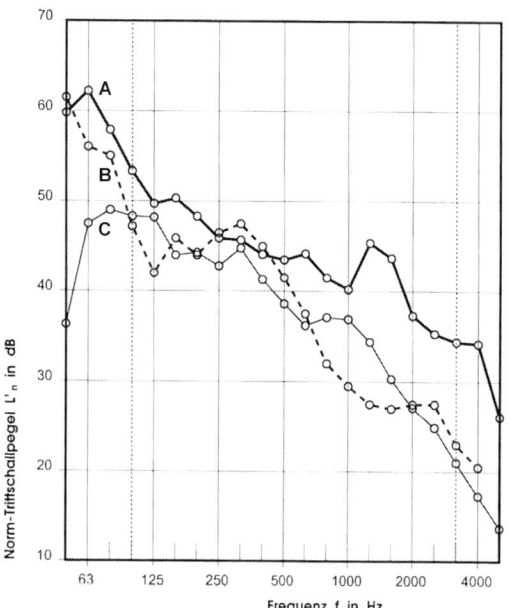

Bild 34. Norm-Trittschallpegel von Massivdecken mit hwimmenden Estrichkonstruktionen in Massivbauten
A: $L'_{n,w}$ = 39 dB
B: $L'_{n,w}$ = 43 dB
C: $L'_{n,w}$ = 38 dB; das lokale Maximum bei 2500 Hz ist auf eine Schallübertragung über einen großflächigen Heizkörper im Empfangsraum zurückzuführen

Bild 35. Norm-Trittschallpegel von Massivdecken mit schwimmenden Estrichkonstruktionen im Massivbau
A: Konstruktion mit Estrichdröhnen, $L'_{n,w}$ = 47 dB, $C_{I,50-2500}$ = 4 dB
B: Konstruktion mit Estrichdröhnen, $L'_{n,w}$ = 41 dB, $C_{I,50-2500}$ = 8 dB, entnommen aus [67] (Messkurve zeigt Werte bis 31,5 Hz, das Maximum liegt bei 50 Hz)
C: Konstruktion ohne Estrichdröhnen $L'_{n,w}$ = 39 dB, $C_{I,50-2500}$ = 2 dB

an dieser Stelle noch einmal hingewiesen (vgl. Abschnitt 1.1.11).
Das Estrichdröhnen muss gegenwärtig in Deutschland aus baurechtlicher Sicht als ungelöstes Problem betrachtet werden, da es bei fachgerechter Planung (Dimensionierung des Trittschallschutzes mit dem Instrumentarium DIN 4109-2:2018) und fachgerechter Ausführung auftreten kann und manchmal sehr störend wirksam ist.
Die Ursachen des Estrichdröhnens bei schwimmenden Estrichen sind grundsätzlich bekannt; zu nennen ist hier (s. auch [68, 151]):
– die Resonanzfrequenz des schwimmenden Estrichs,
– die inneren Verlustfaktoren der Dämmschicht und die Estrichqualität,
– die Koinzidenzfrequenzen der Rohdecke (liegt bei 20 cm Stahlbetondecken bei etwa 80 Hz)
– die Raumabmessungen im Empfangsraum und die damit verbundenen tieffrequenten Raummoden.

3.9 Körperschallbrücken am Beispiel von Sockelfliesen

Schwimmende Estriche setzen – zur Erreichung der vorgesehenen Trittschalldämmung – eine körperschallbrückenfreie Ausführung voraus. Auf die bekannten Darstellungen von *Gösele* [29] wird verwiesen.

Beispielhaft ist in Bild 36 ein Ausführungsfehler bei schwimmenden Estrichen mit Sockelfliesen aufgeführt. Wenn der Randdämmstreifen bereits vor Verlegung des Fliesenbelages abgeschnitten wird, ist eine körperschallbrückenfreie Anbringung der Sockelfliesen nicht mehr sichergestellt.

4 Trittschallschutz von Holzbalkendecken

4.1 Unterscheidung zwischen Gebäuden mit schweren Massivwänden, Gebäuden in Holzrahmenbauweise und Gebäuden mit Massivholz-Wänden

4.1.1 Holzbalkendecken in Gebäuden mit schweren Massivwänden

Um das Jahr 1900 wurden Gebäude i. d. R. als Massivbauten mit Holzbalkendecken errichtet. Diese Bauweise mit relativ schweren flankierenden Massivwänden, $\approx \geq$ 400 kg/m² war bis in die Achtzigerjahre der Maßstab, auf den Betrachtungen und Messungen der Luft- und Trittschalldämmung von Holzbalkendecken

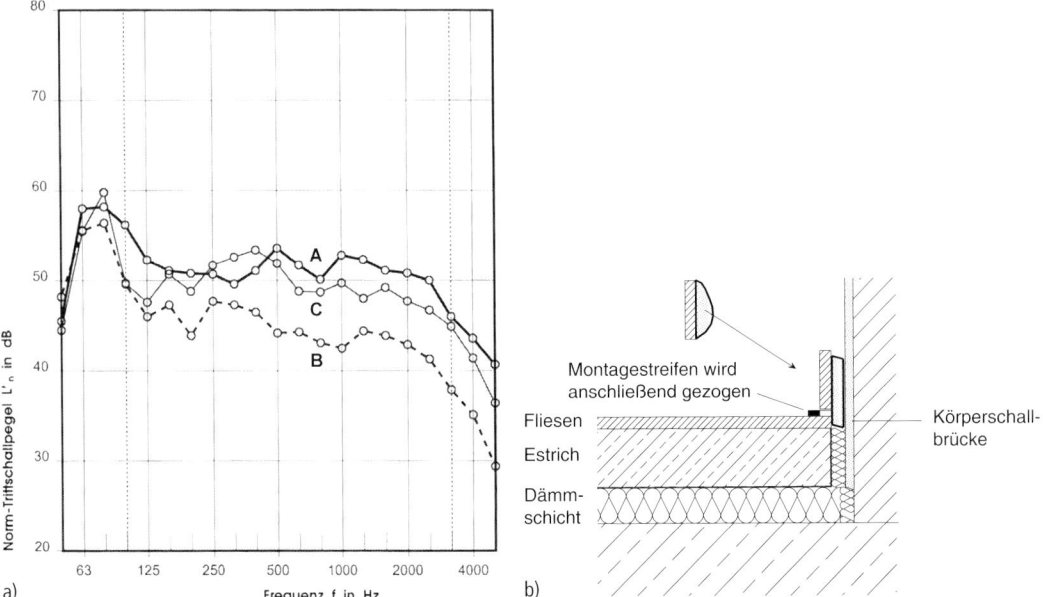

Bild 36. Norm-Trittschallpegel einer Wohnungstrenndecke mit schwimmendem Estrich und Fliesenbelag,
a) Grafik:
A: wie vorgefunden, $L'_{n,w} = 56$ dB
B: nach Entfernen der Sockelfliesen, $L'_{n,w} = 48$ dB
C: nach erneutem Anbringen der Sockelfliesen, $L'_{n,w} = 53$ dB
b) Ausführungsfehler durch Mörtelbrücke: Der Randdämmstreifen wurde zu tief abgeschnitten, sodass Mörtelbrücken beim Anbringen der Sockelfliesen praktisch unvermeidbar sind

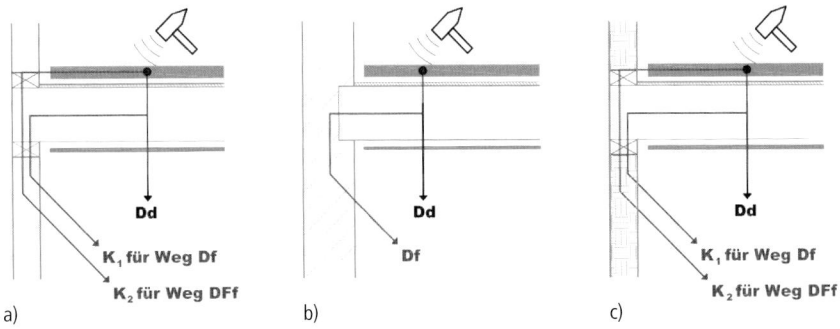

Bild 37. Unterschiedliche Trittschall-Flankenübertragung bei Holzbalkendecken;
a) schwere flankierende Massivwände (Gründerzeitgebäude u. ä.), Prognoseverfahren nach Abschnitt 4.3;
b) flankierende Wände in Holzrahmenbauweise; Prognoseverfahren nach „Schallschutz im Holzbau 2019" [116] (Abschnitt 4.4);
c) flankierende Wände aus Massivholz-Elementen, Prognoseverfahren nach „Schallschutz im Holzbau 2019" [116] (Abschnitt 4.4)

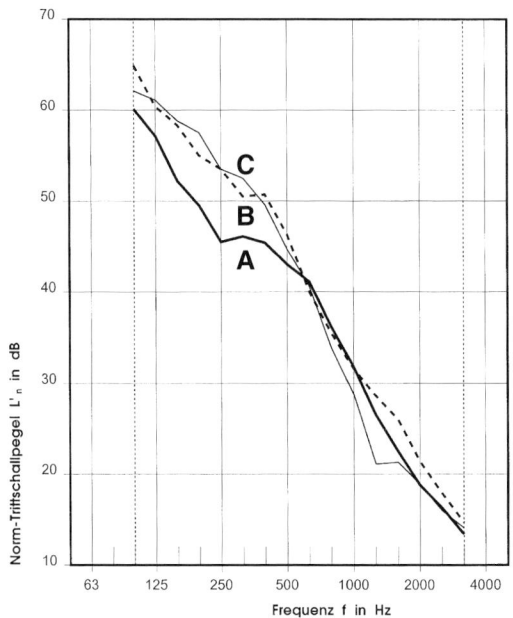

Konstruktion A:
Dielenboden auf federnden Streifenlagern,
Holzbalken-Rohdecke **mit federnd abgehängter GKB-Platte**
$L'_{n,w} = 45$ dB (Messwert)

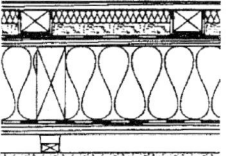

Konstruktion B:
Holzwerkstoffplatte auf Holzweichfaserplatte,
Gipsfaserplatten als Beschwerung,
Holzbalken-Rohdecke **mit federnd abgehängter GKB-Platte**
$L'_{n,w} = 51$ dB (Messwert)

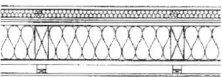

Konstruktion C:
Dielenboden auf Holzweichfaserplatte,
Beschwerung aus Gehwegplatten, Holzbalken-Rohdecke
mit an Lattung abgehängter GKB-Platte
$L'_{n,w} = 51$ dB (Messwert)

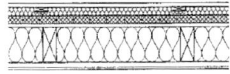

Bild 38. Holzbalkendecken mit $L'_{n,w} \leq 53$ dB mit Flankenübertragung über schwere Massivwände [77], ermittelt in einem Deckenprüfstand PFL-D mit bauähnlicher Flankenübertragung nach DIN 52210 [10]

abzielten. Auch heute ist die Altbausanierung dieser Gründerzeitgebäude inklusive Dachausbau eine zentrale Aufgabe der bauakustischen Bestandssanierung. Die Veröffentlichungen des Informationsdienstes Holz stellen seit den 70er-Jahren Bemessungsmethoden für die Schalldämmung von Holzbalkendecken dar. Bis zum Heft 1993 [81], erstellt durch *K. Gösele*, beziehen sich die Betrachtungen dabei – übrigens ganz selbstverständlich – auf Holzbalkendecken in Massivgebäuden. Die Trittschall-Flankenübertragung ist in Bild 37a dargestellt.

4.1.2 Holzbalkendecken in Gebäuden mit Holzrahmenbauweise

Gebäude in Holzrahmenbauweise wurden in den 70er- und 80er-Jahren vornehmlich bei Einparteien-Fertighäusern verwendet. Diese Bauweise wird heute auch für größere Gebäude eingesetzt. Bei der Holzrahmenbauweise befindet sich i. d. R. raumseitig an den tragenden Wänden aus statischen Erfordernissen eine Holzwerkstoffplatte.
Durch diese Konstruktionsweise ist eine – gegenüber Gebäuden mit Massivwänden – vollständig veränderte Flankenübertragungssituation gegeben, wie *K. Gösele* in [69] erläutert. Dies erklärt sich durch die etwa 20- bis 40-mal geringere flächenbezogene Masse der Beplankungen der Holzrahmenwände im Vergleich zu schweren Massivwänden, wodurch ein zusätzlicher Weg der Trittschallübertragung direkt vom schwimmenden Estrich in die Holzrahmenkonstruktion bedeutsam wird (er wird heute als Weg DFf bezeichnet [70], und die Trittschalldämmung dominieren kann (s. Bild 37).
Die Veröffentlichungen des Informationsdienstes Holz ab 1998 (z. B. [74]) gehen von flankierenden Holzrahmen-Konstruktionen aus, wobei in diesen Schriften viel zu wenig auf die spezifischen Besonderheiten dieser Flankenbauteile eingegangen wird.
Diese Schwächen sind noch im heute aktuellen Bemessungsverfahren nach DIN 4109-2:2018 [113] und dem Bauteilkatalog DIN 4109-33:2016 [109]) vorhanden (siehe z. B. unser Beitrag „Trittschallschutz" im Bauphysik-Kalender 2014 [27]).
Sogar in DIN 4109-1:2018, Tabelle 2, Fußnote b wird der Überarbeitungsbedarf festgestellt.
Mit „Schallschutz im Holzbau 2019" [116] liegt nun ein hochwertiges Bemessungsverfahren für den Trittschallschutz bei flankierenden Wänden in Holzrahmenbauweise und bei flankierenden Wänden aus Massivholz-Elementen vor.

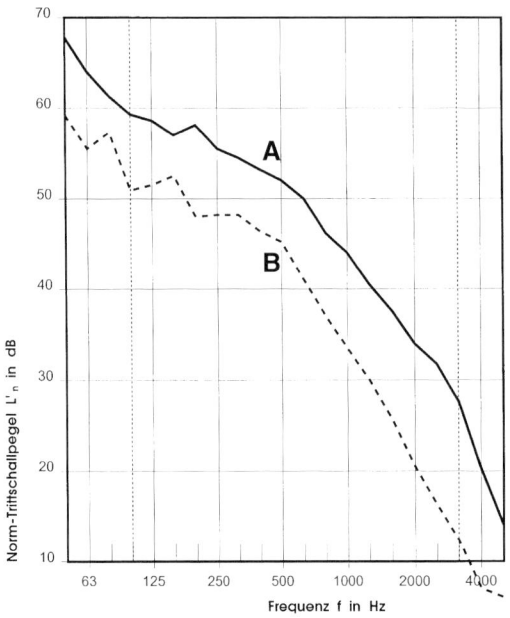

Konstruktion A:
Holzwerkstoffplatte auf federnden Streifenlagern,
Beschwerung aus Gehwegplatten,
Holzbalken-Rohdecke **mit federnd abgehängter GKB-Platte**
$L'_{n,w}$ = 51 dB (Messwert)

Konstruktion B:
Gussasphaltestrich auf Trittschalldämmplatte,
Holzbalken-Rohdecke **mit federnd abgehängter GKB-Platte**
$L'_{n,w}$ = 44 dB (Messwert)

Bild 39. Holzbalkendecken mit $L'_{n,w}$ ≤ 53 dB, Messungen in ausgeführten Gebäuden in Holzrahmenbauweise, Messwerte entnommen aus [75]

4.1.3 Holzbalkendecken in Gebäuden mit flankierenden Massivholzelementen

Seit etwa dem Jahr 2000 werden zunehmend auch Holzbauweisen mit Massivholz-Elementen entwickelt und eingesetzt [71, 98]. Diese Massivholz-Elemente wirken schalltechnisch ähnlich wie andere biegesteife Massivbauteile, haben aber aufgrund der geringen Rohdichte von Holz sehr geringe flächenbezogene Massen, womit sich ohne Zusatzmaßnahmen eine geringe Schalldämmung und eine ungünstig starke Trittschall-Flankenübertragung ergibt, siehe Bild 37.
Das Bemessungsverfahren gemäß „Schallschutz im Holzbau 2019" [116] ist auch für Holzbalkendecken mit flankierenden Massivholz-Elementen anwendbar.

4.1.4 Messwerte Holzbalkendecken

Trittschalldämmkurven für Holzbalkendecken mit $L'_{n,w}$ ≤ 53 dB sind in Bild 38 mit Flankenübertragung über schwere Massivwände bzw. in Bild 39 mit Flankenübertragung über Wände im Holzrahmenbau dargestellt. Auf die umfangreichen und sorgfältigen Forschungsberichte [72, 75] der Arbeitsgruppe um *Prof. Holtz* zur Trittschalldämmung in Gebäuden in Holzrahmenbauweise wird in diesem Zusammenhang hingewiesen.
Erkennbar ist der typische steile Abfall der Trittschalldämmkurven mit dominierenden Pegeln bei tiefen Frequenzen. Der Kurvenverlauf ist bedingt durch die mehrschichtige Konstruktion mit tief abgestimmten Resonanzfrequenzen.

4.2 Prognoseverfahren Holzbalkendecken

4.2.1 Prognoseverfahren Holzbalkendecken nach K. Gösele

Ein Prognoseverfahren für den Norm-Trittschallpegel zur Ermittlung der Trittschalldämmung zusammengesetzter Deckenkonstruktionen wurde von *K. Gösele* – ähnlich wie das von Massivdecken mit Deckenauflagen – im Jahr 1979 beschrieben [73]. Im Auftrag der Etex Building Performance GmbH wurde eine Gutachtliche Stellungnahme [119] erarbeitet, in der das vorgenannte Verfahren auf den aktuellen Stand gebracht wird und folgende Anpassungen vorgenommen werden:
– Es ist auf das aktuelle Messverfahren in Terzbändern angepasst (formuliert wurde es 1979 für die Messungen mit den seinerzeit üblichen überlappenden Oktavbändern).
– Die Decke wird unterteilt in eine Rohdecke und in eine Deckenauflage. Für die Holzbalken-Rohdecke wird ein äquivalenter bewerteter Norm-Trittschallpegel ermittelt, wobei hilfsweise das alte Verfahren nach *K. Gösele* [73] eingesetzt wird (In DIN EN ISO 717-2 [24] ist leider kein Verfahren zur Ermittlung dieser Kenngröße angegeben).
– Als Kenngröße für die Deckenauflage wird die bewertete Trittschallminderung $\Delta L_{t,w}$ verwendet. Im Labor wird diese Kenngröße derzeit nach DIN EN ISO 10140 [99] und DIN EN ISO 717-2 [24] ermittelt.

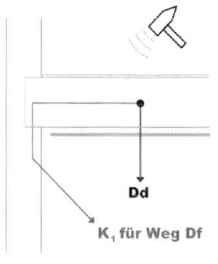
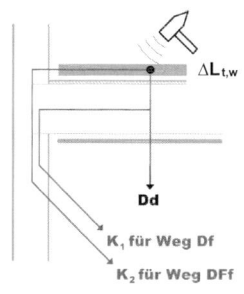
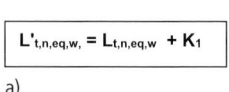

$L'_{t,n,eq,w} = L_{t,n,eq,w} + K_1$ $\quad L'_{n,w} = L'_{t,n,eq,w} - \Delta L_{t,w} + K_2$

a) b)

Bild 40. Darstellung des Prognoseverfahrens für die Trittschalldämmung von Holzbalkendecken; a) Rohdecke, b) mit Deckenauflage

– Die Trittschall-Flankenübertragung auf dem Weg Df ist je nach Bauweise (s. Bild 37, A: schwere flankierende Massivwände; B: flankierende Wände in Holzrahmenbauweise; C: flankierende Wände aus Massivholz-Elementen) anzupassen; hierzu dient der Wert $L_{t,Df,w}$.
– K. Gösele ging seinerzeit von Gebäuden mit schweren Massivwänden aus, für die Prüfstands-Messwerte aus Deckenprüfständen mit bauähnlicher Flankenübertragung nach DIN 52 510 [10] vorlagen. Heute werden Prüfstände mit unterdrückter Flankenübertragung verwendet und die Trittschall-Flankenübertragung ist – je nach Bauweise – zusätzlich zu berücksichtigen:
– Seit Ende der 90er-Jahre weiß man durch K. Gösele [69], dass neben dem Flankenweg Df zusätzlich auch der Weg DFf zu berücksichtigen ist.
– Auch die Prognosestreuung ist zu berücksichtigen. Gösele hatte 1979 empfohlen, für das Prognoseverfahren für Holzbalkendecken von einer Prognosestreuung von ±3 dB auszugehen [73].

Die Formel für das Prognoseverfahren lautet (s. Bild 40):

$$L'_{n,w,R} = L'_{t,n,w,eq} - \Delta L_{t,w} + K_{DFf} + u_{t,prog} \quad (16)$$

mit
$L'_{n,w,R}$ Rechenwert des bewerteten Norm-Trittschallpegels der Gesamtkonstruktion inklusive Flankenübertragung und der Prognoseunsicherheit.

$L'_{t,n,w,eq}$ Holzbalken-Rohdecke inklusive Unterdecke, aber ohne Deckenauflage; äquivalenter bewerteter Norm-Trittschallpegel (Gl. (17)) inklusive der Trittschall-Flankenübertragung Gl. (18)

$\Delta L_{t,w}$ bewertete Trittschallminderung einer Deckenauflage für Holzbalkendecken des Typs t1 oder t2 nach DIN EN ISO 717-2 [24] (s. Abschnitt 4.2.3)

K_{DFf} Trittschall-Flankenbeitrag Weg DFf (s. Abschnitt 4.2.4)

$u_{t,prog}$ Unsicherheit der Prognose

Das Verfahren gewährleistet die differenzierte Berücksichtigung der Flankenübertragung von Holzbalkendecken:
– für den Weg Df wirkt die Deckenauflage trittschallmindernd,
– federnd abgehängte Unterdecken haben keinen Einfluss auf den Weg Df,
– Rohdeckenbeschwerung,
– differenzierte Betrachtung der Trittschall-Flankenübertragung, je nach Bauweise (s. Bild 37).

4.2.2 Kenngröße der Trittschalldämmung von Holzbalken-Rohdecken

4.2.2.1 Äquivalenter bewerteter Norm-Trittschallpegel $L_{t,n,eq,w}$

Der äquivalente bewertete Norm-Trittschallpegel für Holzbalken-Rohdecken inklusive Unterdecke, aber ohne Flankenübertragung, wird aus Labor-Messwerten nach [99] wie folgt ermittelt [73]:

$$L_{t,n,eq,w} = \frac{1}{6}\big(L_{n,100\,Hz} + L_{n,125\,Hz} + L_{n,160\,Hz} + L_{n,200\,Hz}$$
$$+ L_{n,250\,Hz} + L_{n,315\,Hz}\big) - 4\text{ dB} \quad (17)$$

Anmerkung: In DIN 4109-33:2018 [109] und „Schallschutz im Holzbau 2019" [116] sind keine Werte für $L_{t,n,eq,w}$ angegeben; diese sind also aus bauakustischen Messungen [99] bzw. [111] und Gl. (16) zu ermitteln.

In DIN EN ISO 717-2 [24] ist kein Verfahren zur Ermittlung der Kenngröße $L_{t,n,eq,w}$ für Holzbalkendecken beschrieben. Daher wird hier hilfsweise auf Gl. (16) zurückgegriffen.

Eine etwas andere Methode zur Ermittlung der Werte $L'_{t,n,w,eq}$ bzw. $L_{t,n,w,eq}$ wird in [74–76] verwendet. Dieses Prognoseverfahren ist nicht auf Holzbalkendecken mit sichtbaren Holzbalken anwendbar (die Werte $\Delta L_{t,w}$ sind hier anders – i. d. R. deutlich besser – als für Holzbalkendecken mit abgehängter raumseitiger Beplankung, s. Abschnitt 4.2.3). In vorliegender Betrachtung sind auch Brettstapeldecken nicht eingeschlossen – hierfür wird auf die Literatur (alte Quellen: [70, 74, 75, 113]) und insbesondere „Schallschutz im Holzbau 2019" [116] verwiesen.

Konstruktion A:
25 mm Gipsplatte, $m' = 23$ kg/m^2, starr
$L_{t,n,eq,w} = 74$ dB, $L_{n,w} = 75$ dB, $C_{I,50-2500\,Hz} = -1$ dB

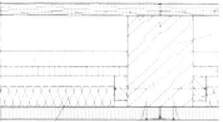

Konstruktion B:
$2 \times 12{,}5$ mm Gipsplatte, $m' = 20{,}6$ kg/m^2, U-Hänger
$L_{t,n,eq,w} = 55$ dB, $L_{n,w} = 53$ dB, $C_{I,50-2500\,Hz} = 8$ dB

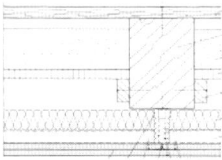

Konstruktion C:
$2 \times 12{,}5$ mm Gipsplatte, $m' = 20{,}6$ kg/m^2,
U-Hänger entkoppelt
$L_{t,n,eq,w} = 52$ dB, $L_{n,w} = 49$ dB, $C_{I,50-2500\,Hz} = 11$ dB

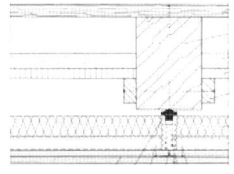

Konstruktion D:
25 mm Gipsplatte, $m' = 23$ kg/m^2,
freitragende Unterdecke
$L_{t,n,eq,w} = 46$ dB, $L_{n,w} = 43$ dB, $C_{I,50-2500\,Hz} = 6$ dB

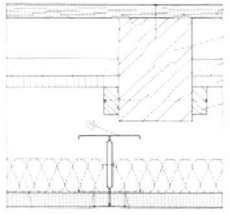

Bild 41. Holzbalken-Rohdecken mit verschiedener Befestigungsart der Unterdecke [119]

In den Bildern 41 bis 43 sind aktuelle Messkurven von Holzbalken-Rohdecken und deren $L_{t,n,eq,w}$-Werte dargestellt. Zur Beurteilung der tieffrequente Trittschalldämmung ist auch der Spektrumanpassungswert $C_{I,50-2500}$ angegeben. Die Messungen wurden im Auftrag der Etex Building Performance GmbH durchgeführt [119] und dürfen hier dankenswerterweise veröffentlicht werden.

Für Literaturangaben des $L_{t,n,eq,w}$-Wertes nach *K. Gösele* siehe [29, 73, 81].

4.2.2.2 Bedeutung der unterseitigen Beplankung

Die Befestigung der abgehängten unterseitigen Beplankung hat ganz maßgeblichen Einfluss auf die Trittschalldämmung von Holzbalkendecken – bei entkoppelter Abhängung ist die Trittschall-Flankenübertragung von signifikanter Bedeutung, siehe Bild 41 und Bild 44. Die genaue Ausführung der Gefachfüllung – ob Faserdämmstoffe oder eine Sand-/Lehm- oder Schlackefüllung – ist bei einer federnden Abhängung dagegen im Frequenzbereich 100 Hz ≤ f ≤ 3150 Hz gar nicht so entscheidend; siehe Beispiele in Bild 45 (Kurven B und C). Durch eine federnde Abhängung verbes-

Konstruktion A:
12,5 mm Gipsplatte, m′ = 10,3 kg/m^2,
U-Hänger entkoppelt
$L_{t,n,eq,w}$ = 58 dB, $L_{n,w}$ = 55 dB, $C_{I,50–2500\ Hz}$ = 6 dB

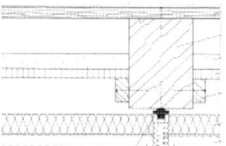

Konstruktion B:
2× 12,5 mm Gipsplatte, m′ = 20,6 kg/m^2,
U-Hänger entkoppelt
$L_{t,n,eq,w}$ = 52 dB, $L_{n,w}$ = 49 dB, $C_{I,50–2500\ Hz}$ = 11 dB

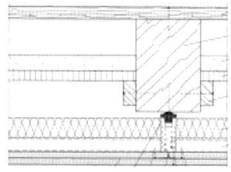

Konstruktion C:
2 × 12,5 mm Gipsplatte, m′ = 25,6 kg/m^2,
U-Hänger entkoppelt
$L_{t,n,eq,w}$ = 50 dB, $L_{n,w}$ = 47 dB, $C_{I,50–2500\ Hz}$ = 9 dB

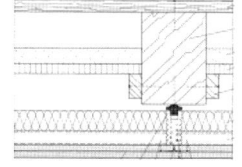

Bild 42. Holzbalken-Rohdecken mit verschieden schweren abgehängten Unterdecken [119]

sert sich die Trittschalldämmung um größenordnungsmäßig 10 dB.
Durch eine mehrlagige und damit schwerere biegeweiche Beplankung kann ferner die Trittschalldämmung verbessert werden, siehe Bild 42 und Bild 46.
Als Hohlraumbedämpfung sind schallabsorbierend wirkende Faserdämmstoffe zu verwenden; geeignet sind hier Mineralfaserdämmstoffe mit einem längenbezogenen Strömungswiderstand ≥ 5 kPas/m^2 oder geeignete Zellulosedämmstoffe [77], geeignete Holzfaserdämmstoffe, geeignete Dämmstoffe aus Flachs u. ä. Als längenbezogener Strömungswiderstand r hat sich für diese Faserdämmstoffe der Bereich 3 kPa s/m^2 ≤ r ≤ 35 kPa s/m^2 bewährt [78].
Als Konstruktionsgrundsätze für die unterseitige Beplankung ist zu benennen (s. Bild 47):
– Hohlraumtiefe ≥ 8 bis 10 cm, größere Hohlraumtiefen erhöhen die Wirksamkeit bei tiefen Frequenzen,
– Faserdämmstoff im Hohlraum, z. B. 2 cm Mineralfaser-Dämmplatten, Zellulosedämmung mit geeignetem längenbezogenen Strömungswiderstand,

– entkoppelte Abhängung der raumseitigen Beplankung,
– möglichst schwere raumseitige Beplankung (mehrlagige und schwere Beplankung erhöht die Wirksamkeit).

Bei frei montierten abgehängten Unterdecken, die nur an den Wänden befestigt sind und keinen Kontakt zur Deckenkonstruktion aufweisen, sind noch weitere Verbesserungen erreichbar [79], siehe Bild 41.
Bei Konstruktionen mit federnder Abhängung erfolgt die Trittschallübertragung – mit Ausnahme der tiefen Frequenzen – häufig im Wesentlichen über die flankierenden Wände.
Die ungünstige Trittschalldämmung von Holzbalkendecken im tieffrequenten Frequenzbereich 50 Hz ≤ f ≤ 100 Hz ist ein gravierendes Problem; durch die in den letzten Jahren entwickelten Unterdecken mit speziell tiefabgestimmten Resonanzfrequenzen gemäß „Schallschutz im Holzbau 2019" [116] können hier Verbesserungen erzielt werden.

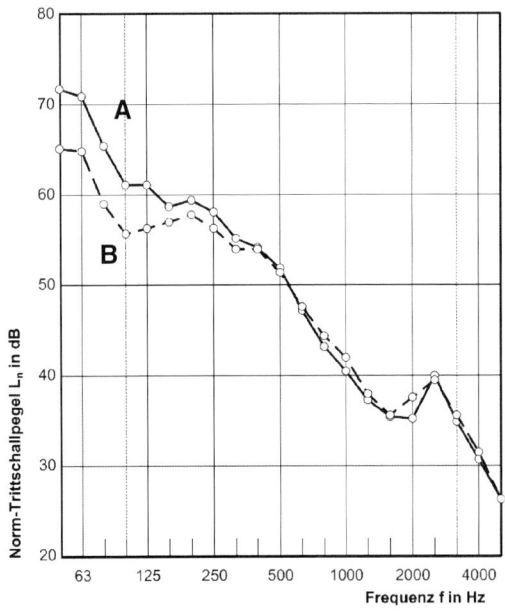
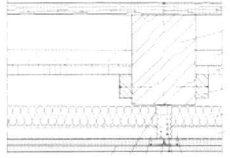

Konstruktion A:
Gefach-Schüttung (Sand-Einschub): 50 kg/m²
$L_{t,n,eq,w} = 55$ dB, $L_{n,w} = 53$ dB, $C_{I,50-2500\,Hz} = 8$ dB

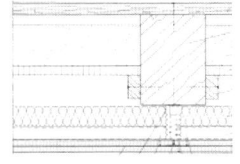

Konstruktion B:
Gefach-Schüttung (Sand-Einschub): 130 kg/m²
$L_{t,n,eq,w} = 53$ dB, $L_{n,w} = 51$ dB, $C_{I,50-2500\,Hz} = 4$ dB

Bild 43. Holzbalken-Rohdecken mit verschieden schwerer Gefach-Schüttung [119]

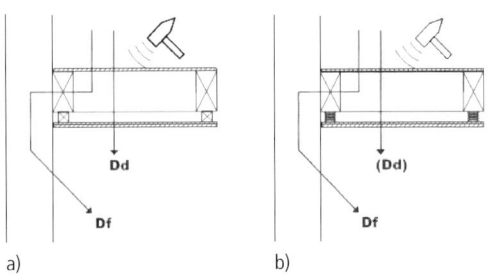

Bild 44. Zur Bedeutung der Befestigung der unterseitigen Beplankung auf den Einfluss der Trittschall-Flankenübertragung; a) starre Abhängung: Die Trittschall-Flankenübertragung auf dem Weg Df hat eine normale Bedeutung, b) entkoppelte Abhängung: Die Trittschalldämmung auf dem direkten Weg Dd ist stark vermindert, sodass Trittschall-Flankenübertragung auf dem Weg Df eine hohe Bedeutung erhält

4.2.2.3 Äquivalenter bewerteter Norm-Trittschallpegel $L'_{t,n,eq,w}$ mit Berücksichtigung des Flankenweges Df

Für Gl. (16) wird von einem Wert $L'_{t,n,eq,w}$ erforderlich, d. h. es ist der Anteil der Flankenübertragung über den Flankenweg Df mit zu berücksichtigen. Dies ergibt sich für die verschieden Bauweisen sehr unterschiedlich, siehe Bild 37 und Bild 40. $L'_{t,n,eq,w}$ berechnet sich wie folgt:

$$L'_{t,n,eq,w} = 10\lg\left(10^{(0,1\cdot L_{t,n,eq,w})} + 10^{(0,1\cdot L_{t,n,f,eq,w})}\right) \quad (18)$$

4.2.3 Trittschallminderung $\Delta L_{t,w}$ von Deckenauflagen

4.2.3.1 Bewerteten Trittschallminderung $\Delta L_{t,w}$ von Deckenauflagen auf Holzbalken-Rohdecken

Nach [73] kann die bewertete Trittschallminderung $\Delta L_{H,w}$ einer Holzbalken-Deckenauflage analog zu dem Rechenverfahren für Massivdecken aus den Messwerten der Trittschallminderung ΔL_H berechnet werden, wobei allerdings eine andere Bezugskurve, nämlich die Bezugskurven für die Bewertung der Trittschalldämmung nach DIN EN ISO 717-2, Tabelle 3 (Terzbänder) [24] verwendet wird.

Das aktuell genormte Verfahren nach DIN EN ISO 10140-5 [16] verwendet gegenüber *K. Gösele* [73] leicht veränderte Bezugskurven und verwendet als Index „t" für timber anstelle des Index „H" für Holz. Es wird zwischen drei verschiedenen Holzbalken-Rohdecken t1 (Unterdecke mit Holzlatten abgehängt), t2 (Unterdecke mit Federschienen abgehängt) bzw. t3 (offene Holzbalken-Rohdecke) unterschieden; entsprechend ergeben sich Werte $\Delta L_{t1,w}$ bzw. $\Delta L_{t2,w}$ bzw. $\Delta L_{t3,w}$. Für t1 und t2 wird dabei die gleiche Bezugskurve verwendet und die Werte $\Delta L_{t1,w}$ und $\Delta L_{t2,w}$ sind erfahrungsgemäß sehr ähnlich und werden nachfolgend als $\Delta L_{t,w}$ bezeichnet; die Abweichungen gegenüber den nach *K. Gösele* [73] ermittelten Werten $\Delta L_{H,w}$ sind gering.

Dagegen sind die Werte $\Delta L_{t3,w}$ für eine sichtbare Holzbalken-Rohdecke i. d. R. deutlich höher als die Werte $\Delta L_{t1,w}$ und $\Delta L_{t2,w}$ (nachfolgend werden hierfür keine weiteren Betrachtungen geführt).

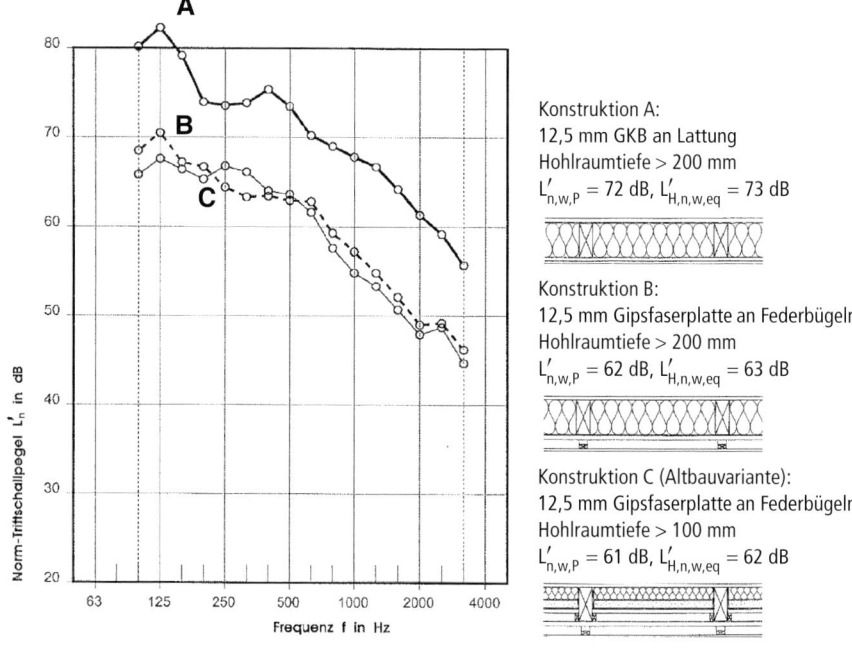

Bild 45. Einfluss verschiedener Befestigungsarten der unterseitigen Beplankung auf die Trittschalldämmung; Norm-Trittschallpegel L'_n im Prüfstand mit bauähnlicher Flankenübertragung nach DIN 52210 PFL-D [10]; mit angegeben ist die Hohlraumtiefe entspr. Bildern 41 bis 43

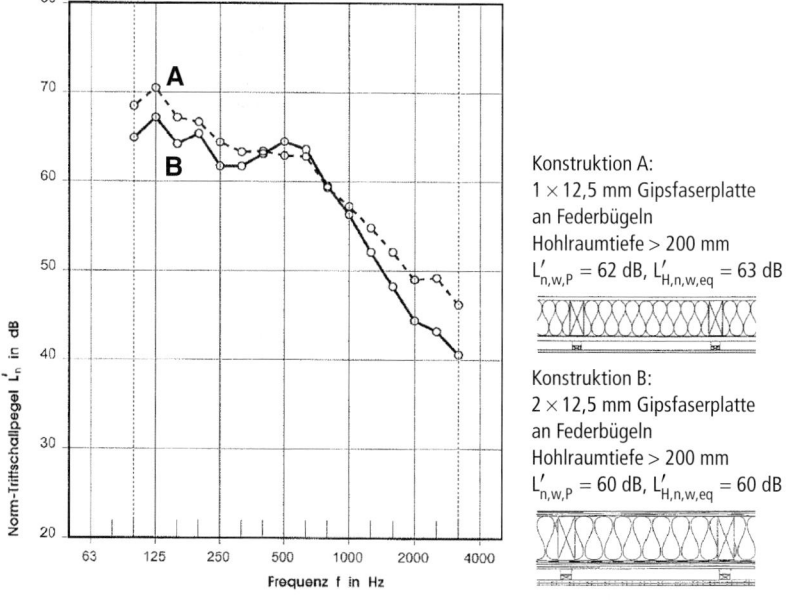

Bild 46. Einfluss einer zweiten Lage bei der unterseitigen Beplankung auf die Trittschalldämmung: Norm-Trittschallpegel L'_n im Prüfstand mit bauähnlicher Flankenübertragung nach DIN 52210 PFL-D [10], mit angegeben ist die Hohlraumtiefe entspr. Bild 37

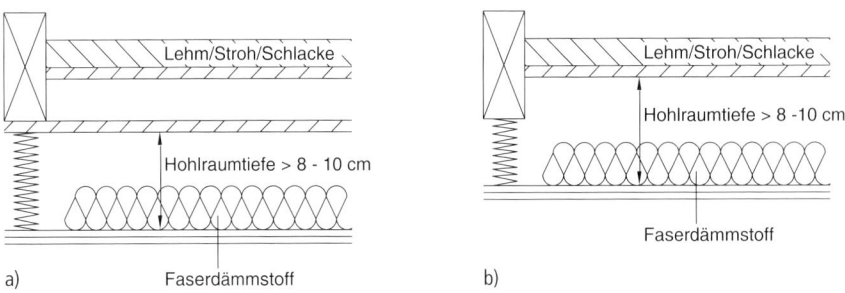

Bild 47. Konstruktionsgrundsätze für die unterseitige Beplankung am Beispiel einer „klassischen" Holzbalkendecke, a) Sanierung unter Beibehaltung der Unterdecke, b) Sanierung nach Entfernung der Unterdecke

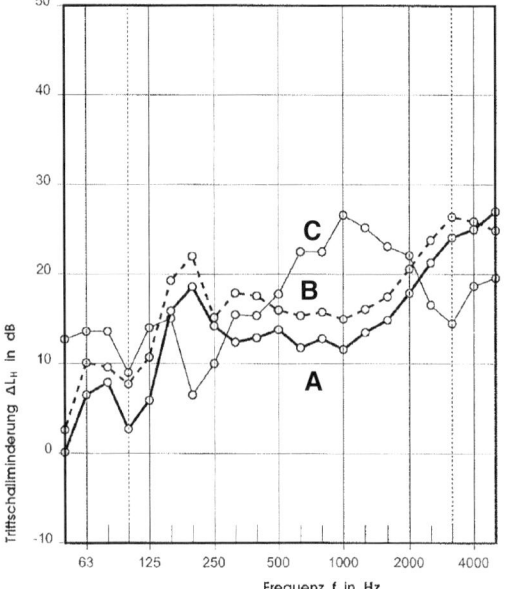

Konstruktion A: $\Delta L_{H,w} = 12$ dB
- 25 mm Gussasphaltestrich
- 30 mm Verbundplatte mit MF-Trittschalldämmplatte (FESCO ETS), dyn. Steifigkeit < 30 MN/m³

Konstruktion B: $\Delta L_{H,w} = 15$ dB
- 30 mm Gussasphaltestrich
- 30 mm steife Abdeckplatte
- 15 mm MF-Trittschalldämmplatte, dyn. Steifigkeit < 30 MN/m³

Konstruktion C: $\Delta L_{H,w} = 14$
- 50 mm Zementestrich
- 33/30 mm Polystyrol-Trittschalldämmplatte, dyn. Steifigkeit < 15 MN/m³

Bild 48. Trittschallminderung von Zementestrichen und Gussasphaltestrichen auf Holzbalken-Rohdecken

4.2.3.2 Trittschallminderung $\Delta L_{t,w}$ von Trockenestrichen, schwimmenden Nassestrichen, schwimmender Holzdielenboden

Durch schwimmend verlegte Deckenauflagen wird die Trittschalldämmung verbessert. In Bild 48 sind Beispiele für Gussasphaltestriche gezeigt, in Bild 49 Trockenestriche, in Bild 50 Fußbodenaufbauten mit entkoppelt verlegten Dielenbrettern.

Man erkennt, dass die Wirksamkeit im tieffrequenten Bereich – wie allgemein bei schwimmenden Estrichen üblich – abnimmt; bei der Resonanzfrequenz des schwimmenden Estrichs kommt es sogar zu einer Verschlechterung des Norm-Trittschallpegels der Decke. Die Resonanzfrequenz des schwimmenden Estrichs liegt dabei höher als bei schweren Massivdecken, da die leichte Holzbalken-Rohdecke mitschwingt.

Die Wirkung eines Trockenestrichs mit einer bewerteten Trittschallminderung von $\Delta L_{t,w} = 7$ dB auf die tieffrequente Trittschalldämmung ist exemplarisch in Bild 51 dargestellt. Die Auswertung der Kenngröße $L_{n,w} + C_{I,50-2500}$ ergibt keine signifikante Veränderung der tieffrequenten Trittschalldämmung $L_{n,w} + C_{I,50-2500}$. Die Dämmschichten unter schwimmenden Estrichen und Trockenestrichen werden – zur Erzielung bestmöglicher Trittschalldämmungen – i. d. R. möglichst weich gewählt. Andererseits besteht mit zunehmender Einfederungstiefe und Weichheit der Dämmschicht (und des Untergrundes!) die zunehmende Gefahr von Bauschäden beim schwimmenden Estrich bzw. bei aufgeklebten Fliesen (besondere Vorsicht ist bei großformatigen Fliesen geboten). Es muss daher dringend geraten werden, die Baustoffqualitäten (insbesondere die Estrichqualität und die Steifigkeit der Dämmschichten) entsprechend der Herstellerangaben für den schwimmenden Estrich bzw. Trockenestrich zu wählen.

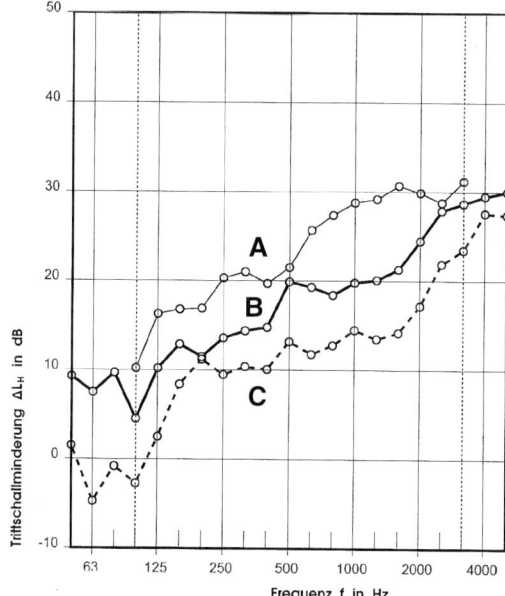

Bild 49. Trittschallminderung von Trockenestrichen auf Holzbalken-Rohdecken

Konstruktion A: $\Delta L_{H,w} = 19$ dB
– 20 mm Trockenestrich-Element
– 10 mm Holzweichfaserplatte
– 30 mm Fermacell-Wabe mit Schüttung

Konstruktion B: $\Delta L_{H,w} = 14$ dB
– 22 mm zementgeb. Trockenestrich
– 11 mm MF-Dämmplatte, dyn. Steifigkeit 40 MN/m^3
– 30 mm Trockenschüttung

Konstruktion C: $\Delta L_{H,w} = 9$ dB
– 25 mm Trockenestrich-Element
– 10 mm MF-Dämmplatte, dyn. Steifigkeit 70 MN/m^3

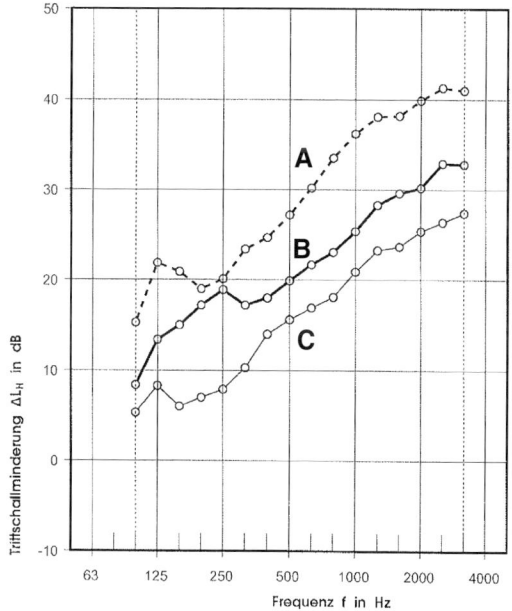

Konstruktion A: $\Delta L_{H,w} = 23$ dB
– Dielenboden auf Holzweichfaserplatte,
– Beschwerung aus Gehwegplatten

Konstruktion B: $\Delta L_{H,w} = 18$ dB
– Dielenboden auf federnden Streifenlagern,
– zusätzlich Sandschüttung und Zellulosedämmstoff

Konstruktion C: $\Delta L_{H,w} = 10$ dB
– Dielenboden auf Holzweichfaserplatte

Bild 50. Trittschallminderung von Deckenauflagen mit entkoppelt verlegten Holzdielen auf Holzbalken-Rohdecken

4.2.3.3 Zusammenhang $\Delta L_w / \Delta L_{t,w}$

Die Trittschallminderung von Deckenauflagen auf Holzbalkendecken $\Delta L_{t,w}$ ist ganz wesentlich geringer, als die auf Massivdecken ΔL_w [73,80]. Als die wichtigsten Gründe sind einerseits die geringere Impedanz, andererseits die bessere hochfrequente Trittschalldämmung von Holzbalken-Rohdecken zu benennen. In Bild 52 ist der näherungsweise Zusammenhang $\Delta L_{H,w}/\Delta L_w$ ($\Delta L_{t,w}/\Delta L_w$) anhand von Messergebnissen etwa gleicher Konstruktionen aufgetragen. Ein exakter Zusammenhang existiert nicht, u. a. wegen des unterschiedlichen Einflusses von Zusatzmassen auf die Trittschalldämmung der beiden verschiedenen Deckenarten.

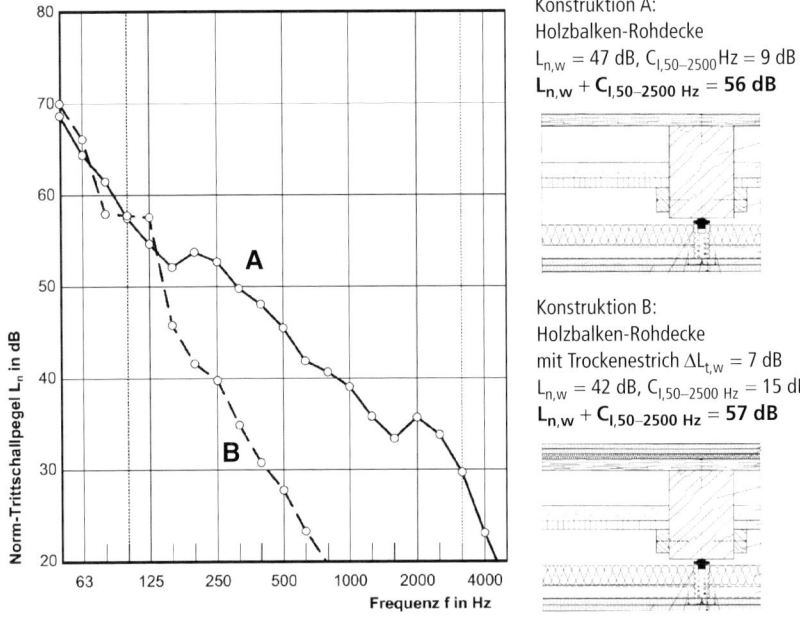

Bild 51. Exemplarische Messung: Einfluss des Trockenestrichs auf die tieffrequente Trittschalldämmung

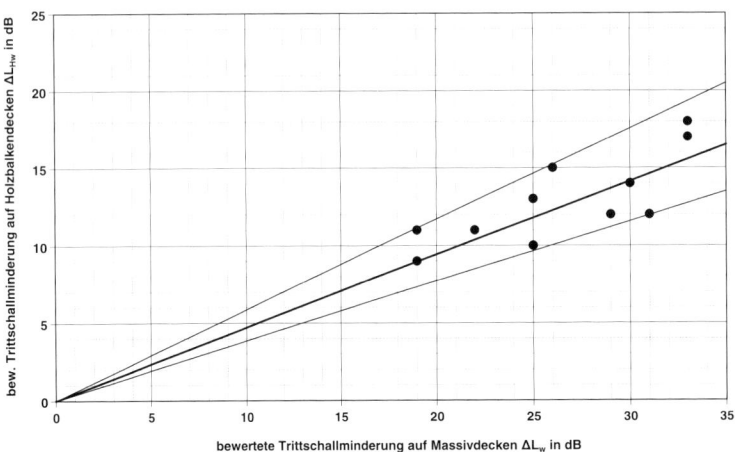

Bild 52. Trittschallmindernde Wirkung von Deckenauflagen: Zusammenhang für die Werte auf Massivdecken ΔL_w und auf Holzbalkendecken $\Delta L_{H,w}$ ($\Delta L_{t,w}$)

4.2.3.4 Trittschallminderung $\Delta L_{t,w}$ weichfedernder Beläge

Weichfedernde Beläge wirken sich trittschallmindernd aus. Bild 54 nach *Gösele* [29,73] gibt den näherungsweisen Zusammenhang – ausgehend von den Werten ΔL_w auf Massivdecken – an. Es ist zu unterscheiden, ob bereits ein trittschallmindernder Estrich o. ä. vorhanden ist (alte Bezeichnung von *Gösele*: $\Delta L_{H2,w}$), oder ob der weichfedernde Belag direkt auf die Holzbalken-Rohdecke verlegt wird (alte Bezeichnung von *Gösele*: $\Delta L_{H,w}$), in letztgenanntem Fall ergeben sich höhere Werte.

4.2.4 Flankenbeitrag DFf

Im Bereich des schwimmenden Estrichs treten sehr hohe Trittschallpegel auf, die – über den Randdämmstreifen – zu einer relevanten Anregung des Trittschall-Flankenweges DFf führen. Dies ist insbesondere bei der Bauweise gem. Bild 49 mit flankierenden Wänden in Holzrahmenbauweise und Tabelle 50 mit flankierenden Wänden aus Massivholz-Elementen relevant.

In DIN 4109-2:2018 [113] sind hierfür Korrekturwerte K_{DFf} angegeben, wobei verschiedene Bauweisen nur unzureichend unterschieden werden. Aktu-

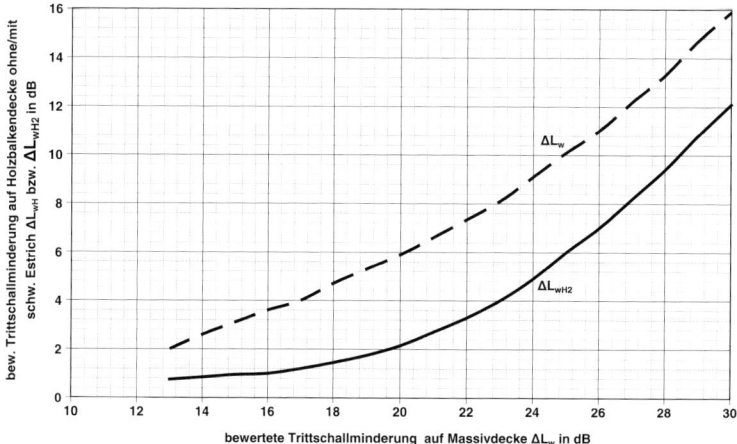

Bild 53. Trittschallminderung weichfedernder Beläge auf Holzbalkendecken, Werte nach Gösele [29, 73] mit
ΔL_W: bewertete Trittschallminderung auf einer Massivdecke in [dB]
$\Delta L_{H,W}$: bewertete Trittschallminderung auf einer Holzbalken-Rohdecke ohne schwimmenden Estrich in [dB] [73]
$\Delta L_{H2,W}$: bewertete Trittschallminderung auf einer Holzbalkenrohdecke mit schwimmendem Estrich in [dB] [73]

ell wird empfohlen, die in „Schallschutz im Holzbau 2019" [116] differenziert beschriebenen Bauweisen zu verwenden; numerische Werte K_{DFf} sind hier nicht angegeben, aber es wird mitgeteilt, für welches Anforderungsniveau (BASIS+ bzw. KOMFORT, s. Abschnitt 1.2.7 und Abschnitt 2) die jeweiligen Bauweisen geeignet sind.

4.2.5 Beschwerung, Schüttung

Schüttungen wirken insbesondere unter Faserdämmstoffen zusätzlich trittschallmindernd, wobei folgende Effekte zusammenspielen:
- Verminderung der dynamischen Steifigkeit der Faserdämmschicht durch die Ankopplung eines Luftvolumens (Verminderung der Steifigkeit der eingeschlossenen Luft),
- Verminderung der dynamischen Steifigkeit durch punktförmige Auflage der Dämmschicht,
- Erhöhung der Masse der Deckenkonstruktion.

Beschwerungen aus Gehwegplatten u. ä. wirken vorrangig durch die Erhöhung der Masse der Deckenkonstruktion. Bild 43 zeigt beispielhaft den Einfluss einer Gefach-Schüttung auf die Trittschalldämmung.
Wegen der Komplexität der Wirkungsmechanismen, insbesondere bei Schüttungen, wurde bei den hier vorgenommenen Betrachtungen die Beschwerung mit zur Deckenauflage und damit zum Wert $\Delta L_{t,w}$ zugerechnet.
Auf die Angaben zur Wirksamkeit der Beschwerung in „Schallschutz im Holzbau 2019" [116] wird verwiesen. Durch Beschwerungen ergeben sich für Holzdecken mit sichtbaren Holzbalken i. d. R deutlich größere Verbesserungen der Trittschalldämmung als für geschlossene Holzbalkendecken.

4.2.6 Trittschalldämmung der Holzbalken im Frequenzbereich 50 Hz ≤ f ≤ 100 Hz

Allgemein kann gesagt werden, dass die meisten bis heute eingesetzten Holzbalkendecken im tieffrequenten Bereich eine schlechtere Trittschalldämmung aufweisen als Stahlbeton-Massivdecken. Die baurechtliche Beurteilung der Trittschalldämmung erfolgt allerdings über den bewerteten Norm-Trittschallpegel $L'_{n,w}$ und damit im Frequenzbereich 100 Hz ≤ f ≤ 3150 Hz. Hörbar und störend sind Trittschallgeräusche auch unterhalb 100 Hz (s. Abschnitt 5.1).
Bislang wurde die ungünstige Trittschalldämmung bei tiefen Frequenzen in den Berechnungsverfahren und bei der Bemessung des Trittschallschutzes kaum beachtet. In „Schallschutz im Holzbau 2019" [116] werden Anforderungen an den Wert $L_{n,w} + C_{I,50-5000}$ (ohne Berücksichtigung der Flankenübertragung) gestellt (s. Abschnitte 1.2.7 und 2). Dadurch wird eine Entwicklung in Gang gesetzt, die zu einer verbesserten tieffrequenten Trittschalldämmung führen wird. Dies wird positive Einflüsse auf die schalltechnische Qualität und die Akzeptanz von Holzbauten haben.
Für Holzbalkendecken erscheint es für die Verbesserung der tieffrequenten Trittschalldämmung aussichtsreich, den Balkenabstand von üblichen 60 cm auf ca. 40 cm zu reduzieren. (Für Haustrennwände in Holzrahmenbauweise hat sich dies als wegweisend herausgestellt [95, 119, 121] und wird nun auch in „Schallschutz im Holzbau 2019" [116] empfohlen.)

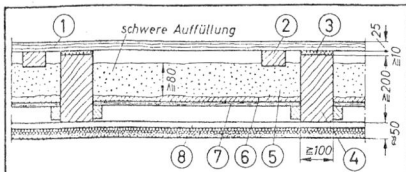

Bild 3. Lagerhölzer in der Auffüllung

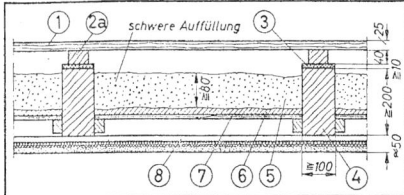

Bild 4. Lagerhölzer auf Dämmstreifen und Balken

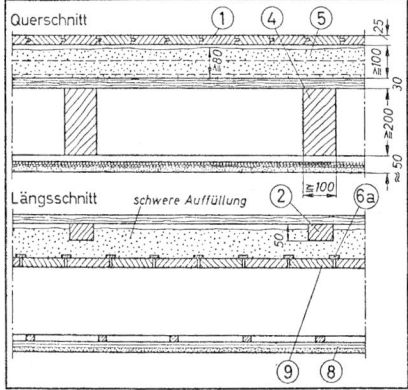

Bild 5. Lagerhölzer in der Auffüllung auf Schalung über den Balken

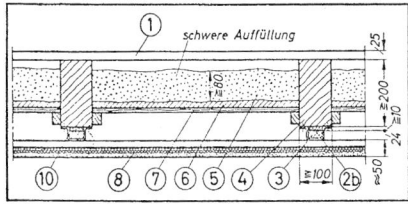

Bild 6. Unterdecke vom Balken getrennt

Bild 3 bis 6. Holzbalkendecken nach Abschnitt 1.2.

1.3. Wände

Bei der Verwendung der in den Abschnitten 1.3.1 und 1.3.2 aufgeführten Wände müssen die Hinweise auf eine geringe Schall-Längsleitung der angrenzenden (flankierenden) Bauteile (siehe Abschnitt 1.3.1.2 und Blatt 5 Abschnitt 2.3) beachtet werden.

Holzwolle-Leichtbauplatten, harte Schaumkunststoffplatten, Schilfrohrplatten oder Platten ähnlicher dynamischer Steifigkeit s', die z. B. zur Erhöhung der Wärmedämmung an einer Seite oder an beiden Seiten von Wänden auf ihrer ganzen Fläche mit Mörtel befestigt und dann verputzt werden, verschlechtern die Schalldämmung und sind deshalb unzulässig, sofern nicht durch eine Eignungsprüfung nach Blatt 2 Abschnitt 4.1.2.1 ein ausreichender Schallschutz nachgewiesen wird. Wegen der Vergrößerung der Schall-Längsleitung bei solchen Ausführungen siehe auch Blatt 5 Abschnitt 2.3.1.4.

Soweit Wände feuerbeständig oder wärmedämmend sein müssen (z. B. Wohnungstrennwände und Treppenraumwände), ist ein besonderer Nachweis für Ausführungen notwendig, die nicht in DIN 4102 Blatt 2[4]) oder in DIN 4108[4]) genannt sind.

1.3.1. Einschalige Wände

1.3.1.1. Mit Wandgewichten $\geq 400\ kg/m^2$

Die in Tabelle 3 Spalte d und e aufgeführten, beiderseits 15 mm dick geputzten einschaligen Wände mit Wandgewichten $\geq 400\ kg/m^2$ haben Luftschallschutzmaße $LSM \geq 0\ dB$ und sind ohne besondere Anforderungen an angrenzende Wände oder Decken ausreichend.

[4]) siehe Seite 4

① Holzfußboden 25 mm
② Lagerholz 50 mm × 80 mm
②a Lagerholz 40 mm × 60 mm, Nagelabstand $\geq 1,0$ m
②b Leiste 24 mm × 48 mm
③ Streifen aus Faserdämm-Platten, -Filzen oder -Matten der Dämmschichtgruppe I nach DIN 18165 oder Dämmstreifen gleicher dynamischer Steifigkeit
④ Balken ≥ 100 mm × 200 mm
⑤ Lehm, Sand, Schlacke
⑥ Lehmglattstrich oder Pappe
⑥a Fugendeckleiste oder Pappe ganzflächig
⑦ Stakung
⑧ Rohrgewebe mit Putz auf Lattung oder Schalung. Als Putzträger können auch Stabilrohr-, Holzstab-, Drahtgewebe oder Holzwolle-Leichtbauplatten nach DIN 1101 verwendet werden (gilt als feuerhemmende Bekleidung nach DIN 4102 Blatt 2 und DIN 1102[4]))
⑨ Schüttschalung 30 mm
⑩ Federnde Bügel, alle 30 cm

Bild 54. Deckenkonstruktionen, die die Anforderungen erf. TSM ≥ 0 dB (nach heutiger Nomenklatur zul. $L'_{n,w} \leq 63$ dB) erfüllen; entnommen aus Blatt 3, DIN 4109, Ausgabe 1962 [31]

4.3 Trittschalldämmung von Holzbalkendecken mit schweren flankierenden Massivwänden

4.3.1 Allgemeines

Angaben zur Trittschalldämmung von Holzbalkendecken mit Berücksichtigung der Trittschallübertragung über schwere flankierende Massivwände, m' ca. 350 bis 400 kg/m², sind in der aktuellen Literatur kaum zu finden. Gerade bei Altbausanierungen sind derartige Unterlagen allerdings von großer Bedeutung. Die in DIN 4109-2:21018 [113] und im „Schallschutz im Holzbau 2019" [116] angegebene Prognoseverfahren bezieht sich nicht auf diese Art der Trittschall-Flankenübertragung.

4.3.2 Trittschalldämmung von Holzbalkendecken nach DIN 4109, Ausgabe 1962

In Blatt 3, DIN 4109, Ausgabe 1962 [31] sind Holzbalkendecken angegeben, mit denen die Anforderungen zul. $L'_{n,w} \leq 63$ dB (eigentlich erf. TSM ≥ 0 dB) eingehalten werden; diese Konstruktionen sind in Bild 54 dargestellt. Bei den Konstruktionen wird auf einen weichfedernden Bodenbelag verzichtet, es ist aber stets eine Entkopplungsebene vorhanden, entweder eine Trennung (Entkopplung) zwischen Balken und Fußboden oder zwischen Balken und Unterdecke.

Bei Einführung von DIN 4109 Ausgabe 1962, war bereits die Massivdecke mit schwimmendem Estrich die Standardkonstruktion, sodass die in Bild 54 dargestellten Konstruktionen nur äußerst selten realisiert wurden.

In Gründerzeitgebäuden findet man dagegen standardmäßig Holzbalkendecken, bei denen Fußboden und Unterdecke mit den Balken fest verbunden sind. In Blatt 3, DIN 4109, Ausgabe 1962 werden diese Konstruktionen als schalltechnisch nicht ausreichend eingestuft: „*Selbst bei größeren Balkenquerschnitten werden Schallschutzmaße LSM und TSM ≥ 0 dB (Anmerkung der Autoren: entspricht nach heutiger Nomenklatur zul. $L'_{n,w} \leq 63$ dB) nur unsicher erreicht, unabhängig davon, ob eine schwere oder leichte Auffüllung verwendet wird.*"

4.3.3 Bauteilkataloge der Siebziger- und Achtzigerjahre

In Beiblatt 1 zu DIN 4109 [40] und in der Schrift des Informationsdienstes Holz aus dem Jahr 1993 [81] ist sowohl die Bauweise mit Massivwänden als auch mit Wänden in Holzbauweise vertreten, wobei jedoch für die Trittschalldämmung keine Abhängigkeiten von den flankierenden Bauteilen angegeben werden (wohl aber für die Luftschalldämmung).

4.3.4 Prognoseverfahren für Holzbalkendecken bei flankierenden schweren Massivwänden

4.3.4.1 Flankenübertragung bei Massivwänden

Die Trittschall-Flankenübertragung bei Holzbalken-Rohdecken mit flankierenden schweren Massivwänden ist in Bild 55, Kurve A nach Angaben von *K. Gösele* dargestellt. Kurve B wurde aus eigenen Messdaten ermittelt. Die Streubreite wird gemäß 4.3.4.2 berücksichtigt.

Weiterhin wird nach DIN 4109-32:2018 [113] eine Masseabhängigkeit des äquivalenten Norm-Trittschallpegels von Massivbauteilen von $35 * \log(m'_1/m'_2)$ angegeben. Für die nachfolgenden Betrachtungen wird daher folgendes Massegesetz für den Flankenweg $L_{t,n,f,eq,w}$ (m'_f) verwendet:

$$L_{t,n,f,eq,w}(m'_f) = 56 + 35 \lg \frac{m'_f}{350 \text{ kg/m}^2} \quad (19)$$

Der äquivalente bewertete Norm-Trittschallpegel für Holzbalken-Rohdecken $L'_{t,n,eq,w}$ berechnet sich gemäß Gl. (18).

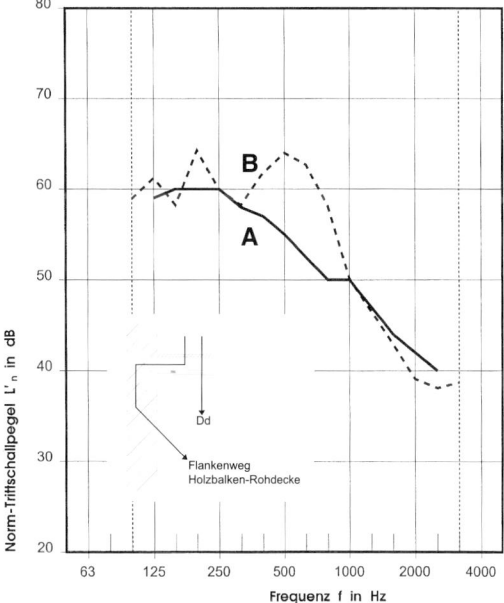

Bild 55. Trittschall-Flankenübertragung Df von Holzbalken-Rohdecken mit flankierenden schweren Massivwänden, $m'_f = 350$ kg/m²;
A: Werte nach Gösele [73] nur für die Trittschall-Flankenübertragung (umgerechnet auf Terzbänder), entspricht $L_{t,n,f,eq,w} = 56 \pm 3$ dB
B: Werte nur für den Trittschall-Flankenweg, ermittelt aus Messungen an zwei doppelten Holzbalken-Rohdecken mit an Federschienen abgehängter Unterdecke (2 × GKB) (eine Messung mit bauähnlicher Flankenübertragung, die andere Messung ohne), $L_{t,n,f,eq,w} = 56$ dB

Die Trittschallübertragung auf dem Weg DFf (Korrekturwert K_2 in Bild 40) kann für schwere flankierende Massivwände m′ ≥ 350 kg/m² vernachlässigt werden. Auf die Veröffentlichungen [93, 94] bzw. [96, 97] wird hingewiesen.

4.3.4.2 Prognoseformel für die Trittschalldämmung bei Massivwänden

Die Formel für das Prognoseverfahren lautet (s. Bild 40):

$$L'_{n,w,R} = L'_{t,n,w,eq} - \Delta L_{t,w} + K_{DFf} + u_{t,prog} \quad (20)$$

mit
$L'_{n,w,R}$ Rechenwert des bewerteten Norm-Trittschallpegels der Gesamtkonstruktion inklusive Flankenübertragung und inklusive der Prognoseunsicherheit

$L'_{t,n,w,eq}$ Holzbalken-Rohdecke inklusive Unterdecke, aber ohne Deckenauflage; äquivalenter bewerteter Norm-Trittschallpegel (Gl. (17)) inklusive der Trittschall-Flankenübertragung für flankierende schwere Massivwände nach Abschnitt 4.3.4.1

$\Delta L_{t,w}$ bewertete Trittschallminderung einer Deckenauflage für Holzbalkendecken des Typs t1 oder t2 nach DIN EN ISO 717-2 [24] (s. Abschnitt 4.2.3)

K_{DFf} Trittschall-Flankenbeitrag Weg DFf, kann für schwere flankierend Massivwände m′ ≥ 350 kg/m² vernachlässigt werden

$u_{t,prog}$ Unsicherheit der Prognose, $u_{t,prog}$ = 3 dB

4.3.5 Prognostizierte Trittschalldämmung in Abhängigkeit der Laborwertes $L_{t,n,eq,w}$, der flächenbezogenen Masse der flankierenden Bauteile m'_f und der bewerteten Trittschallminderung $\Delta L_{t,w}$

Nachfolgend werden die Berechnungen für zwei verschiedene trittschallmindernde Qualitäten von Deckenauflagen angenommen:
- $\Delta L_{t,w}$ = 8 dB → entsprechend einem guten Trockenestrich auf Mineralfaser-Trittschalldämmplatte
- $\Delta L_{t,w}$ = 13 dB → entsprechend einem guten Trockenestrich auf Mineralfaser-Trittschalldämmplatte mit Trockenschüttung unmittelbar unter der Trittschalldämmplatte

Mit den genannten Festlegungen ergeben sich die in Bild 56 und Bild 57 aufgeführten Rechenwerte $L'_{n,w,R}$.

4.3.6 Erforderliche Maßnahmen für Wohnungstrenndecken

Für die Einhaltung der Anforderungen an den Trittschallschutz von Wohnungstrenndecken nach DIN 4109:2018 [112] (zul. $L'_{n,w}$ ≤ 50 dB für Neubauten bzw. zul. $L'_{n,w}$ ≤ 53 dB für vor dem 01.07.2016 fertiggestellte Altbauten) werden i. d. R. Entkopplungsmaßnahmen an der abgehängten Unterdecke (Federschienen o. ä.) und zusätzlich die Verwendung eines entkoppelten Fußbodenaufbaus erforderlich sein.

Bei der Altbausanierung ergibt sich manchmal die Randbedingung, dass die Decke nur von oben her verändert werden kann; nicht immer kann damit die Einhaltung der baurechtlichen Anforderungen erreicht werden – u. U. selbst dann nicht, wenn sehr hochschalldämmende Fußbodenaufbauten eingesetzt werden.

Auf eine ausreichende Begrenzung der Trittschallübertragung über die flankierenden Bauteile ist zu achten.

4.4 Trittschalldämmung in Gebäuden in Holzrahmenbauweise

Durch die flankierenden Wände in Holzrahmenbauweise ergeben sich Besonderheiten der Trittschall-Flankenübertragung, wie in Abschnitt 4.1.2 beschrieben. Es sind geeignete bauliche Maßnahmen zur Begrenzung der Trittschall-Flankenübertragung vorzusehen; dies kann u. a. sein:
- Einsatz von schweren raumseitigen Beplankungen,
- raumweise Anordnung von entkoppelten Vorsatzschalen oder Installationsebenen.

Die Bemessung der Trittschalldämmung bei Gebäuden mit flankierenden Wänden in Holzrahmenbauweise sollte nach dem sehr qualifizierten Prognoseverfahren „Schallschutz im Holzbau 2019" [116] erfolgen.

Das derzeit noch aktuelle Rechenverfahren nach DIN 4109-2:2018 [113] und Bauteilkatalog DIN 4109-33:2016 [109]) ist dagegen als veraltet anzusehen und berücksichtigt die Trittschall-Flankenübertragung nur unzureichend.

Auf eine Darstellung des Bemessungsverfahrens gemäß „Schallschutz im Holzbau 2019" [116] wird in vorliegendem Beitrag verzichtet.

4.5 Holzbalkendecken mit flankierenden Wänden aus Massivholz-Elementen

Durch die flankierenden Wände aus Massivholz-Elementen ergeben sich Besonderheiten der Trittschall-Flankenübertragung, wie in Abschnitt 4.1.3 beschrieben. Es sind geeignete bauliche Maßnahmen zur Begrenzung der Trittschall-Flankenübertragung vorzusehen; dies kann u. a. sein:
- geeignete Fugenausbildung,
- Einsatz von schalldämmenden Vorsatzschalen raumseitig vor den Massivholz-Elementen,
- Einsatz von Elastomer-Entkopplungselementen an den Stoßstellen [71].

Die Bemessung der Trittschalldämmung bei Gebäuden mit flankierenden Wänden aus Massivholz-Elementen sollte nach dem sehr qualifizierten Prognoseverfahren „Schallschutz im Holzbau 2019" [116] erfolgen.

Das derzeit noch aktuelle Rechenverfahren nach DIN 4109-2:2018 [113] und Bauteilkatalog DIN 4109-33:2016 [109] ist dagegen als veraltet anzusehen.

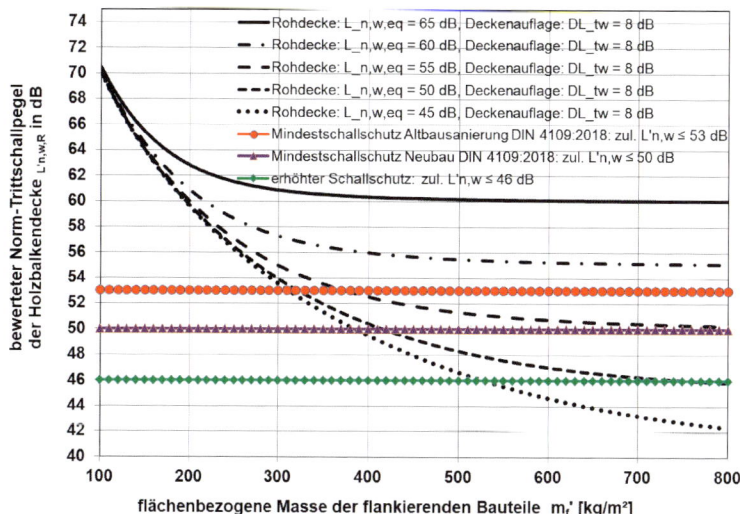

Bild 56. Rechenwert des bewerteten Norm-Trittschallpegels inklusive Flankenübertragung und Prognosestreuung $L'_{n,w,R}$ mit $u_{t,prog} = 3$ dB bei Verwendung einer Deckenauflage mit einer bewerteten Trittschallminderung $\Delta L_{t,w} = \mathbf{8\ dB}$, in Abhängigkeit von:
- dem äquivalenten bewerteten Norm-Trittschallpegel $L_{t,n,eq,w}$ der Holzbalken-Rohdecke ohne Flankenübertragung, ermittelt aus Prüfberichten nach [99],
- der flächenbezogenen Masse der flankierenden Bauteile m'_f,
- der bewerteten Trittschallminderung $\Delta L_{t,w}$ einer Deckenauflage für Holzbalkendecken des Typs t1 oder t2 nach DIN EN ISO 717-2 [24].
- Flankierende Wände mit einer flächenbezogenen Masse von $m'_f \leq 350$ kg/m² sind im Empfangsraum (unterer Raum) mit einer schalldämmenden Vorsatzschale zu versehen, da diese Bauteile eine ungünstige Trittschall-Flankenübertragung aufweisen.

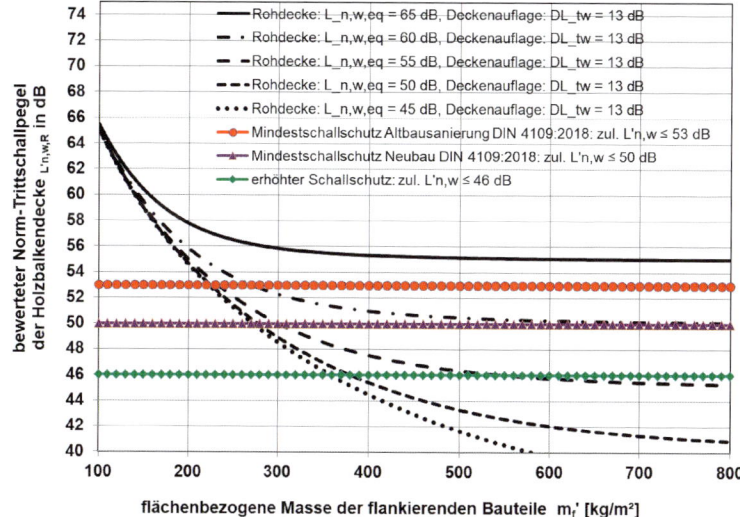

Bild 57. Rechenwert des bewerteten Norm-Trittschallpegels inklusive Flankenübertragung und Prognosestreuung $L'_{n,w,R}$ mit $u_{t,prog} = 3$ dB bei Verwendung einer Deckenauflage mit einer bewerteten Trittschallminderung $\Delta L_{t,w} = \mathbf{13\ dB}$, in Abhängigkeit von:
- dem äquivalenten bewerteten Norm-Trittschallpegel $L_{t,n,eq,w}$ der Holzbalken-Rohdecke ohne Flankenübertragung, ermittelt aus Prüfberichten nach [99],
- der flächenbezogenen Masse der flankierenden Bauteile m'_f,
- der bewerteten Trittschallminderung $\Delta L_{t,w}$ einer Deckenauflage für Holzbalkendecken des Typs t1 oder t2 nach DIN EN ISO 717-2 [24].
- Flankierende Wände mit einer flächenbezogenen Masse von $m'_f \leq 350$ kg/m² sind im Empfangsraum (unterer Raum) mit einer schalldämmenden Vorsatzschale zu versehen, da diese Bauteile eine ungünstige Trittschall-Flankenübertragung aufweisen.

Auf eine Darstellung des Bemessungsverfahrens gemäß „Schallschutz im Holzbau 2019" [116] wird in vorliegendem Beitrag verzichtet.

5 Trittschallschutz von Treppen

Generell werden Treppenkonstruktionen – ebenso wie die in den vorangegangenen Kapiteln behandelten Deckenkonstruktionen – in Massivtreppen und Leichtbautreppen unterschieden. Die Konstruktionsart der Treppe und die Art des Gebäudes, insbesondere die Bauteile, an welche die Treppe angekoppelt ist, beeinflussen die Trittschallübertragung maßgeblich. In der Baupraxis werden hauptsächlich folgende Situationen ausgeführt:
– Massivtreppen im Massivbau
– Leichtbautreppen im Massivbau
– Leichtbautreppen im Holz- und Leichtbau

Massivtreppensysteme, die in Wohngebäuden zum Einsatz kommen, bestehen aus Stahlbeton-Treppenpodesten und -Treppenläufen. Die Haupterscheinungsform in Mehrfamilienhäusern ist die zweiläufige Treppe mit Zwischenpodest. Die entkoppelte Auflagerung von Läufen oder Podesten ist bei Neubauten heutzutage in Deutschland üblich. Bei den Entkopplungs-Varianten wird zwischen der entkoppelten Podestlagerung und der entkoppelten Lauflagerung unterschieden.

Bei der entkoppelten Podestlagerung wird das Podest von den Treppenraumwänden abgerückt und über Stahlbeton- oder Stahlkonsolen, unter denen sich Entkopplungselemente befinden, in den Treppenraumwänden aufgelagert. Bei der entkoppelten Lauflagerung sind die Podeste starr mit den Treppenraumwänden verbunden und die Treppenläufe werden von den Podesten bzw. Gebäudedecken entkoppelt. Auf Podeste und Gebäudedecken wird in diesem Fall ein schwimmender Estrich aufgebracht. Bei beiden Varianten werden die Treppenläufe von der Treppenwand abgerückt, in den Hohlraum zwischen Lauf und Wand werden meistens Fugenplatten eingebracht. Abschließend werden Läufe und Podeste mit Bodenbelägen (z. B. Fliesen) versehen. Um die Trittschalldämmung von nicht entkoppelten Massivtreppen in Altbauten zu verbessern, gibt es u. a. Systeme zur Trittplatten-Entkopplung für Treppenläufe. In der Praxis werden die Entkopplungsvarianten vielfach kombiniert eingesetzt.

Leichtbautreppen werden hauptsächlich als wohnungsinterne Treppen zur Verbindung von Geschossen eingesetzt. Die am häufigsten verbauten Leichtbautreppen sind Holztreppen und Stahl-Holztreppen. Durch das im Vergleich zu Massivtreppen geringe Gewicht ergeben sich Vorteile bei der Bauausführung wie beispielsweise die nachträgliche Montage nach Fertigstellung des Rohbaus. Vergleichsweise geringe Kosten und ästhetische Aspekte sind weitere Ursachen dafür, dass sich Montagetreppen bei Planern und Bauherrn einer großen Beliebtheit erfreuen. Weniger erfreulich sind für alle Beteiligten die vor allem in Reihenhäusern oft auftretenden schalltechnischen Probleme durch die Trittschallübertragung.

In Bezug auf die Anregbarkeit, sowie das Schwingungs- und Übertragungsverhalten wirken Massivtreppen und Leichtbautreppen sehr unterschiedlich, weshalb diese nachfolgend in getrennten Kapiteln behandelt werden. Exemplarisch sind in Bild 59 die Frequenzverläufe zweier „Extrembeispiele" dargestellt, welche das generell unterschiedliche Verhalten verdeutlichen sollen. Die gut entkoppelte Massivtreppe an einer einschaligen Treppenwand weist tieffrequent wesentlich geringere Norm-Trittschallpegel auf als die nicht entkoppelte Leichtbautreppe an einer zweischaligen Holzständerwand. Dies ist im Wesentlichen auf die schlechtere Anregbarkeit der Massivtreppe infolge der viel höheren Masse zurückzuführen. Hochfrequent weist die Leichtbautreppe geringere Norm-Trittschallpegel auf, maßgeblich hierfür ist die hochfrequent sehr gute Schalldämmung der zweischaligen Holzständerwand.

Im nachfolgenden Abschnitt wird anhand von drei messtechnisch untersuchten Fallbeispielen in Gebäuden auf grundsätzliche Aspekte der Trittschalldämmung von Massiv- und Leichtbautreppen eingegangen.

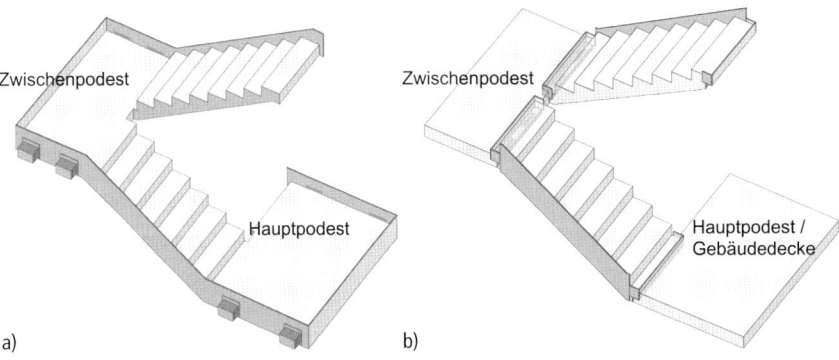

Bild 58. Entkoppelte Massivtreppensysteme, a) Entkoppelte Podestlagerung; b) Entkoppelte Lauflagerung

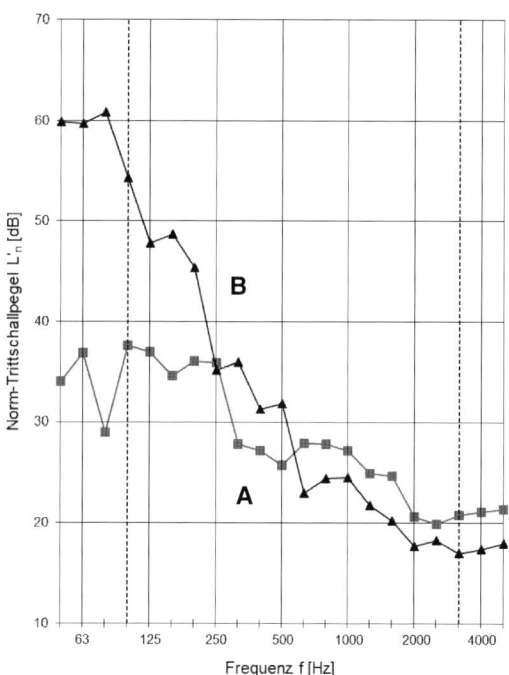
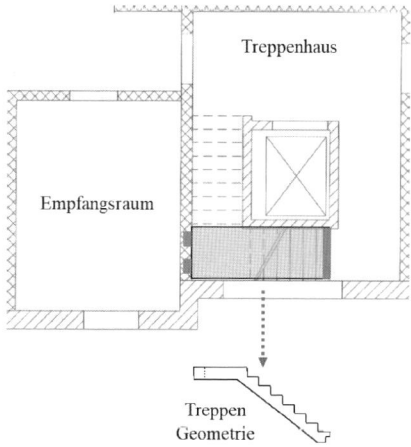

Bild 59. Norm-Trittschallpegel
A: entkoppelte Massivtreppe an einschaliger Massivwand, $L'_{n,w} = 32$ dB
B: nicht entkoppelte Leichtbautreppe an zweischaliger Holzständerwand, $L'_{n,w} = 40$ dB

Bild 60. Treppenanlage in einem Mehrfamilienhaus: Fertigteil bestehend aus Podest mit anbetoniertem 6-stufigem Treppenlauf; Entkoppelte Auflagerung in der Treppenwand (24 cm KSV RDK 1,8) und auf der Geschossdecke

5.1 Messung der Trittschalldämmung von Treppen in Gebäuden nach DIN 16283-2 [89]

5.1.1 Fallbeispiel 1: Massivtreppe im Mehrfamilienhaus

Die in-situ Messung des Norm-Trittschallpegels von Treppen in ausgeführten Gebäuden erfolgt aktuell nach DIN 16283-2 [89] nach demselben Prinzip wie für Decken. Gemäß Abschnitt D.5.2 sollen für Treppenhäuser in Mehrfamilienhäusern, also Massivtreppen, die Messungen separat für die Podeste und die Treppenläufe durchgeführt werden, wobei jeweils vier Hammerwerkspositionen zu verwenden sind.

Die Hammerwerkpositionen auf der Treppe sollen so gewählt werden, dass sich eine auf der zweiten Stufe von oben und eine auf der zweiten Stufe von unten befindet, die anderen beiden Positionen sollen gleichmäßig zwischen der oberen und unteren Position verteilt werden. Zum Vergleich mit Anforderungswerten nach DIN 4109 [38, 112] erfolgt eine Mittelung für die jeweils vier Anregepositionen, d. h. Treppenläufe und Treppenpodeste werden separat beurteilt. Diese separate Beurteilung ist nach DIN 4109:1989 [38] vorzunehmen, da die Mindestanforderung für Treppenläufe und Zwischenpodeste mit erf. $L'_{n,w} \leq 58$ dB um 5 dB geringer ist als für Hauptpodeste vor den Wohnungseingangstüren, welche wie Decken mit erf. $L'_{n,w} \leq 53$ dB behandelt werden. Hintergrund für die Festlegung der Anforderungen an Treppenläufe und Zwischenpodeste „auf der sicheren Seite" ist, dass man sich damals in einigen wesentlichen Fragen nicht sicher genug war [120]. Dies ist bemerkenswert, da erstens für Haupt- und Zwischenpodeste dieselben Entkopplungssysteme verwendet werden und zweitens man im rechnerischen Nachweis nach Beiblatt 1 derselben Norm [40] für Treppenausführungen mit „Entkopplung", ohne genauere Spezifikation der Entkopplung, pauschal $L'_{n,w} \leq 43$ dB ansetzt (Abschnitt 5.3.4.1). Nach neueren Normen- und Regelwerken gelten für Treppenläufe, Zwischenpodeste und Hauptpodeste die gleichen Anforderungswerte, was in Anbetracht der heute verfügbaren und verbreiteten technischen Lösungen gerechtfertigt ist. Dass die Mindestanforderungen an Massivtreppen nach DIN 4109-1:2018 um 3 dB geringer sind als die Anforderungen an Wohnungstrenndecken und Maisonette-Treppen mit $L'_{n,w} \leq 50$ dB ist nicht nachvollziehbar. Dasselbe gilt für die Treppen und Decken unterschiedlichen erhöhten Anforderungen nach E DIN 4109-5 [59]. Die Anforderungen an Treppen sind hinsichtlich des Schutzbedürfnisses von Bewohnern nicht von den Anforderungen an Decken zu unterscheiden und sollten daher gleich sein. Der erhöhte Anforderungswert für Decken von $L'_{n,w} \leq 45$ dB ist sowohl für Leichtbautreppen als auch für Massivtreppen durch größtenteils bereits übliche Entkopplungsmaßnahmen problemlos sicherzustellen. Bild 60 zeigt eine Treppenanlage in einem Mehrfamilienhaus, an der im Rahmen eines Forschungsprojektes Messungen auf allen 6 Stufen, sowie auf dem an den Lauf anbetonierten Podest durchgeführt wurden.

Zusätzlich wurde die Luftschalldämmung gemessen, um die Bausubstanz zu beurteilen und den Einfluss der Luftschallübertragung bei der Messung des Norm-Trittschallpegels beurteilen zu können. Die Ergebnisse der Messungen zeigt Bild 61.
Die Luftschalldämmung beträgt $R'_w = 54$ dB, entspricht in etwa dem Erwartungswert aus der Prognoserechnung nach DIN EN 12354-1 [126] und erfüllt die zum Zeitpunkt der Bauausführung gültige Mindestanforderung nach DIN 4109:1989 von $R'_w \geq 53$ dB.
Die Trittschalldämmung des Podestes beträgt $L'_{n,w} = 52$ dB, liegt um 5 dB höher als der Erwartungswert aus der Prognoserechnung nach DIN EN 12354-2 (Abschnitt 5.3.4.3) und erfüllt die Mindestanforderung nach DIN 4109:1989 von $L'_{n,w} \leq 58$ dB.
Die Norm-Trittschallpegel der einzelnen Stufen weisen frequenzabhängig Unterschiede von bis zu ca. 8 dB auf. Oberhalb 2 kHz erhöht sich der Norm-Trittschallpegel kontinuierlich mit der Stufenposition. Die Einzahlwerte der Stufen liegen zwischen $L'_{n,w} = 46–49$ dB. Für die Anregung des Podestes ergeben sich oberhalb 100 Hz deutlich höhere Norm-Trittschallpegel und ein anderer Frequenzverlauf als für die Stufen. Der Einzahlwert liegt um 3–6 dB höher als bei Anregung der Stufen des Treppenlaufes. Die Anregung des Podestes stellt den Worstcase dar, der bei Interpretation des Fertigteils als Treppenlauf mit vergrößerter 7. Stufe überhaupt nicht berücksichtigt worden wäre. Die Ursache für die starke Ortsabhängigkeit des Norm-Trittschallpegels ist das von Eigenmoden geprägte Schwingungsverhalten, welche dazu führt, dass die Prognoserechnung im Frequenzverlauf recht große Unterschiede aufweist und dass die Anregung am Podest die höchste Übertragung zur Folge hat, hierauf wird in Abschnitt 5.4.2 näher eingegangen. Hochfrequent unterschätzt die Prognoserechnung die Messung erheblich, wodurch die große Abweichung der Einzahlwerte von 5 dB zustande kommt. Dies ist offensichtlich auf Körperschallbrücken beim Anbringen des Fliesenbelages zurückzuführen.

5.1.2 Fallbeispiel 2: Leichtbautreppe im Massivbau – einschalige Trennwand

Die Leitlinien für Messungen an Massivtreppen in Treppenhäusern sind auch auf Messungen an innenliegenden Treppen anwendbar, also z. B. auf Maisonette-Treppen in einer zweistöckigen Wohnung oder auf Treppen in Doppel- und Reihenhäusern, welche i. d. R. als Leichtbautreppen ausgeführt werden.
Bild 62 zeigt den Grundriss eines Reihenhauses mit einschaligen Haustrennwänden aus Stahlbeton, in welchem im Rahmen eines Forschungsprojektes [128] Messungen an einer Holztreppe in drei unterschiedlichen Ausführungen durchgeführt wurden. Der Grundriss im Erdgeschoss ist offen, das heißt der Treppenraum und der schutzbedürftige Wohnraum sind direkt miteinander verbunden. Für die Trittschallübertragung der Treppe vom gegenüberliegenden Reihenhaus stellt das den ungünstigsten Fall dar. Der Treppengrundriss ist 2 × viertel-gewendelt, entsprechend unterschiedlich sind die einzelnen Stufengrundrisse.
Die Luftschalldämmung beträgt $R'_w = 58$ dB, entspricht in etwa dem Erwartungswert aus der Prognoserechnung nach EN 12354-1 und erfüllt die zum Zeitpunkt der Bauausführung gültige Mindestanforderung nach DIN 4109:1989 von $R'_w \geq 57$ dB.
Die Trittschalldämmung der Treppe A mit Gummilagern beträgt $L'_{n,w} = 48$ dB und erfüllt die Mindestanforderung nach DIN 4109:1989 von $L'_{n,w} \leq 53$ dB, jedoch nicht den im Planungsprozess angestrebten erhöhten Schallschutz nach DIN 4109 Beiblatt 2 [41] von $L'_{n,w} \leq 46$. Da dies aufgrund von vorausgegangenen Prüfstandsmessungen der Treppe zu erwarten war (Abschnitt 5.4.2), entspricht die Ausführung mit den Gummihülsen zur Stufenentkopplung nicht der Endausführung, sondern diente vielmehr dazu, die Prognoserechnung mit Eingangsdaten aus dem Treppenprüfstand zu validieren (Abschnitt 5.4.4.2).
Die frequenzabhängige Streuung für die Anregung der fünf Stufen liegt im Bereich von ca. 10 dB. Im Frequenzbereich unter 100 Hz ist die Streuung deutlich geringer. Dies ist darauf zurückzuführen, dass das Schwingungsverhalten der Treppe hier von Treppen- und nicht von Stufeneigenschwingungen bestimmt wird (Abschnitt 5.4.2). Für die Anregung der Wand bei Treppeneigenschwingungen erfolgt die Körperschallübertragung von der Treppe in die Wand gleichzeitig über alle Stufenbefestigungen, wohingegen im Frequenzbereich oberhalb ca. 100 Hz die Übertragung über die zwei Befestigungspunkte der jeweils direkt angeregten Stufe maßgeblich ist. Aufgrund der unterschiedlichen Stufengeometrien unterscheiden sich das Schwingungsverhalten der einzelnen Stufen und damit die Übertragung der Stufen-Schwingungen auf die Wand. Die starke Abhängigkeit des Norm-Trittschallpegels von der Anregeposition resultiert weiter daraus, dass sich die Stufen an unterschiedlichen Wandpositionen beziehungsweise Wänden befinden. Im Frequenzbereich oberhalb 2 kHz ist die Übertragung bei den Stufen an den Treppenraumwänden (Stufen 2 und 12) signifikant geringer als bei den Stufen an der Trennwand. Dies ist auf die Stoßstellendämmung zwischen Treppenraumwänden und Trennwand zurückzuführen. Trotz der sehr unterschiedlichen Frequenzverläufe ergibt sich für alle Stufen der gleiche Einzahlwert von $L'_{n,w} = 48$ dB.
Nach erfolgter Messung an Treppe A wurden die Gummilager vor Ort durch im Treppenprüfstand optimierte PUR-Lager getauscht und der Norm-Trittschallpegel für die Anregung derselben Stufen gemessen. Der daraus bestimmte Treppenmittelwert ist in Bild 65 mit dem im Ausgangszustand bestimmten verglichen, zusätzlich ist der Treppenmittelwert für Treppe B dargestellt. Mit den optimierten Stufenlagern wird ein $L'_{n,w} = 39$ dB erreicht und damit sogar Schallschutzstufe III nach VDI 4100:2007 [42]. Treppe B erreicht $L'_{n,w} = 41$ dB und damit sicher den erhöhten Schallschutz nach DIN 4109

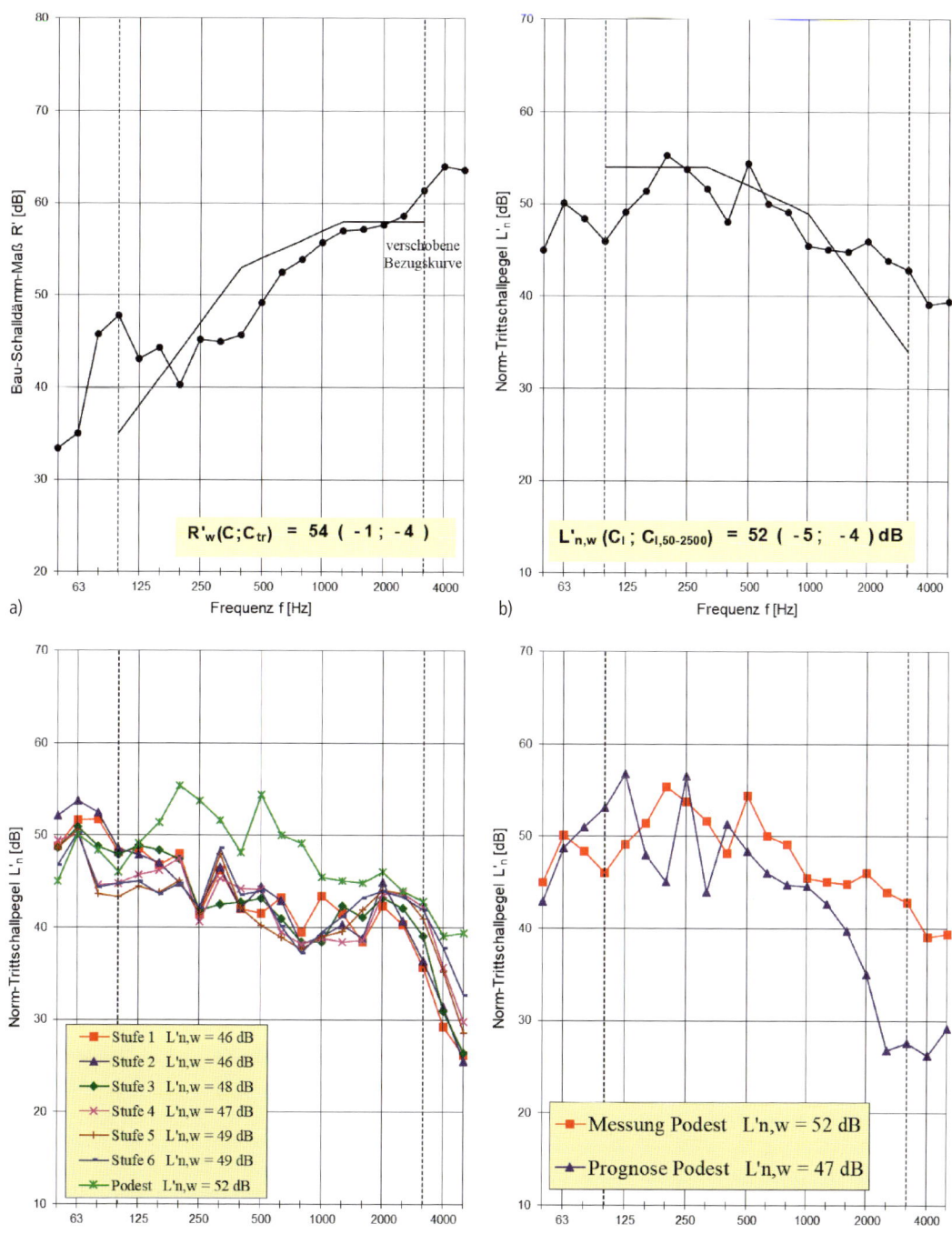

Bild 61. Messergebnisse für horizontale Übertragung der Treppenanlage aus Bild 59, a) Bau-Schalldämmmaß der Treppenwand; b) Norm-Trittschallpegel bei Anregung des Podestes; c) Norm-Trittschallpegel bei Anregung der 6 Stufen und auf dem Podest; d) Vergleich von Messung und Prognose des Norm-Trittschallpegels des Podestes

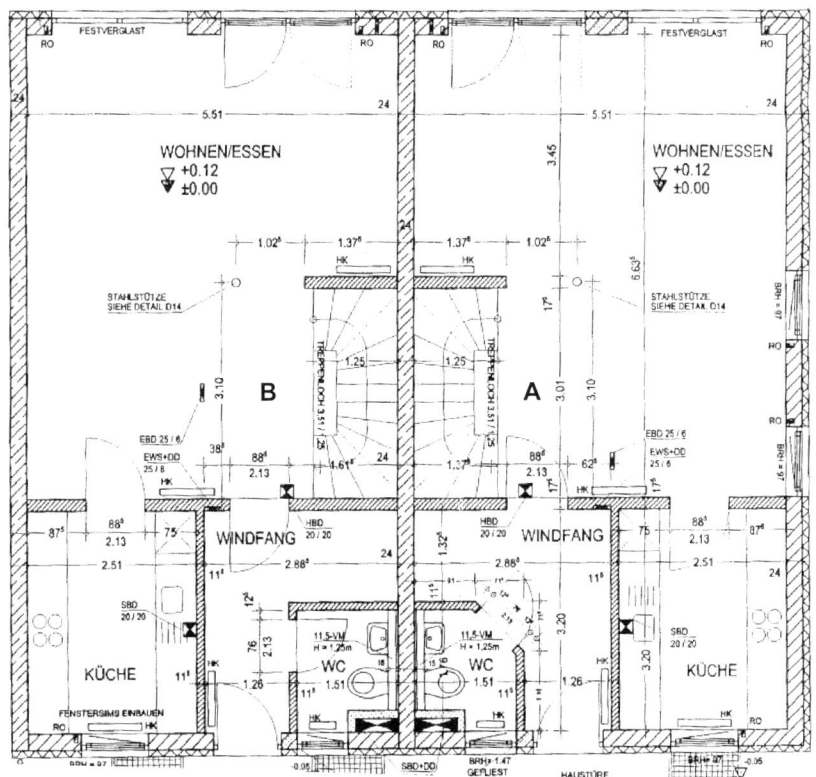

Bild 62. Grundriss einer Reihenhausanlage im Erdgeschoss mit einschaliger Haustrennwand aus 24 cm Stahlbeton und Treppenraumwänden aus 17,5 cm Hochlochziegeln, RDK 1,2, Geschossdecken aus 18 cm Stahlbeton; Treppen A und B, siehe Bild 63

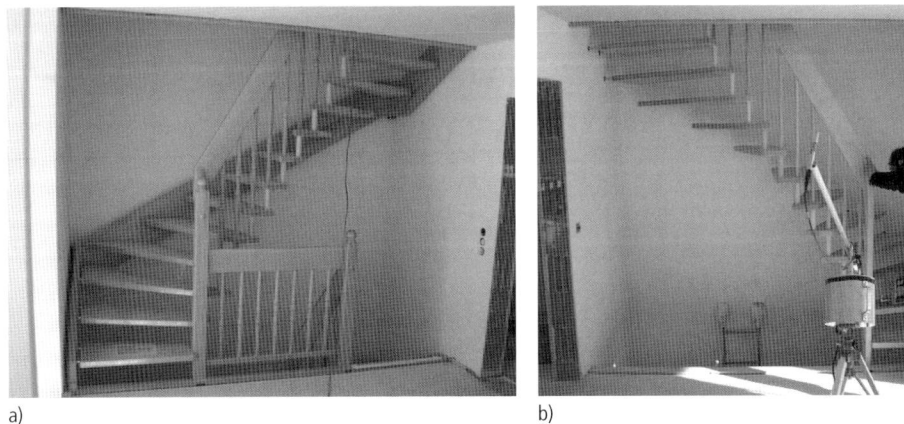

a)   b)

Bild 63. a) Treppe A: Holztreppe mit 13 massiven Stufen der Dicke 4,5 cm, die jeweils mit zwei Stahlbolzen mit Gummihülsen (im Ausgangszustand) bzw. PUR-Lagern (im Endzustand) in der Wand aufgelagert sind; b) Treppe B: wie Treppe A, jedoch mit Wandwange, die von der Wand abgerückt, mit PUR-Lagern entkoppelt in den Ecken der Treppenraumwände aufgelagert ist

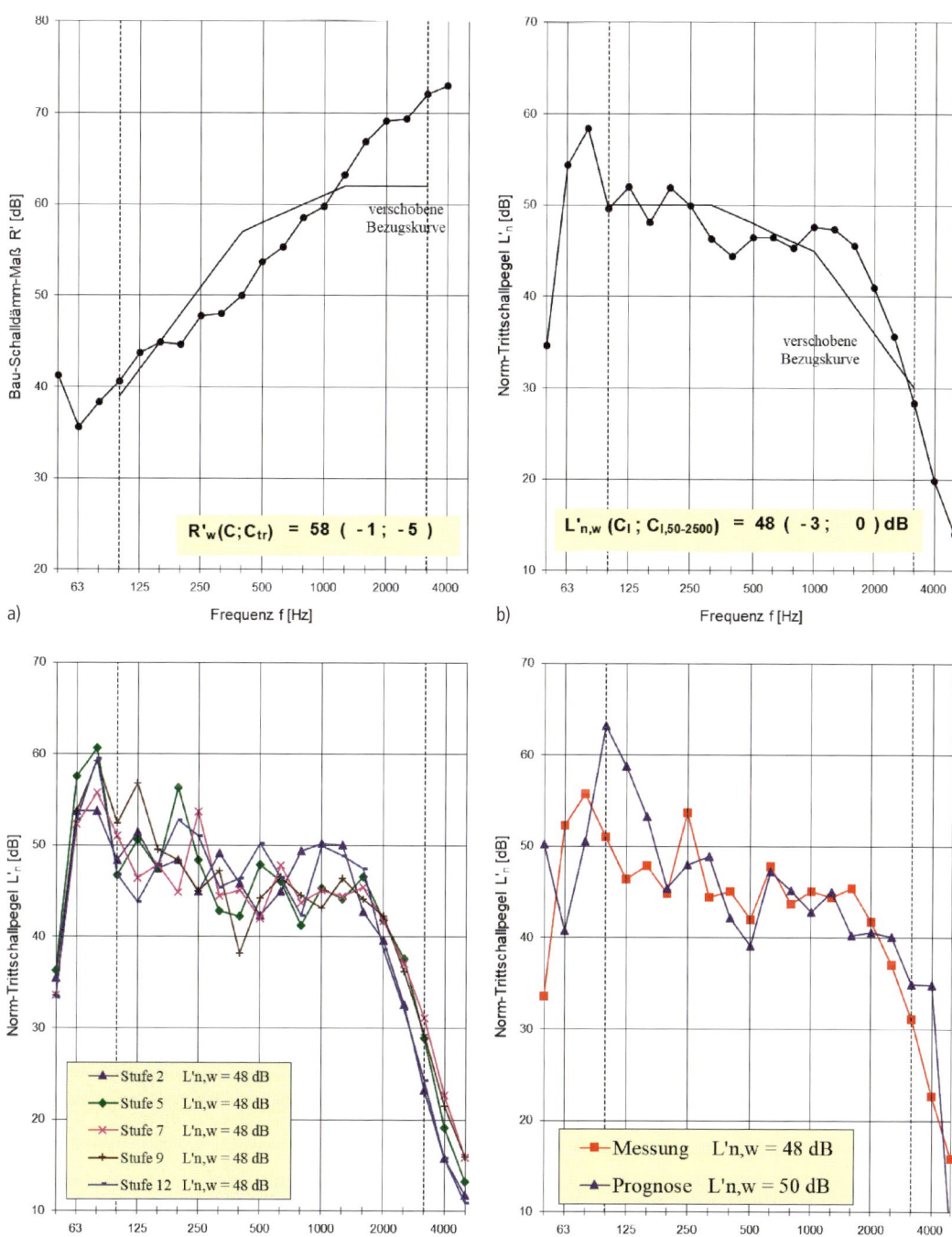

Bild 64. Messergebnisse für horizontale Übertragung der Treppe A mit Gummilagern aus Bild 63; a) Bau-Schalldämmmaß der Treppenwand; b) Norm-Trittschallpegel als Mittelwert für die Anregung von 5 Stufen; c) Norm-Trittschallpegel bei Anregung von 5 Stufen; d) Vergleich von Messung auf Stufe 7 und Prognose des Norm-Trittschallpegels

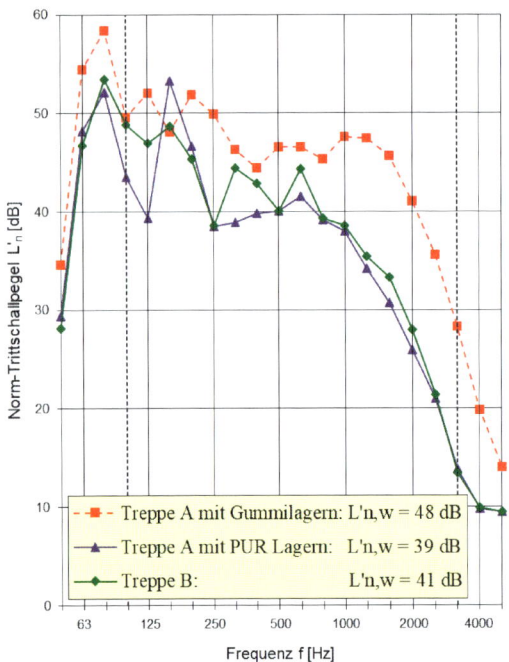

Bild 65. Norm-Trittschallpegel von Treppe A mit Gummilagern und mit PUR-Lagern und Treppe B

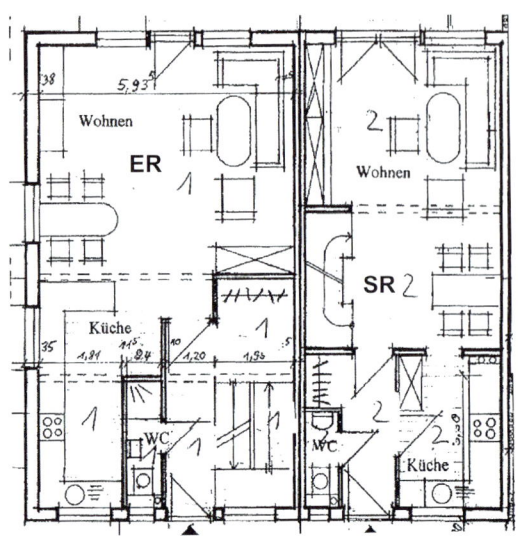

Bild 66. Grundriss eines Reihenhauses im Erdgeschoss mit zweischaliger Haustrennwand (2 × 175 mm Holzständerwand mit Mineralfaser im Zwischenraum) und Decken in Holzbauweise, Treppe siehe Bild 67

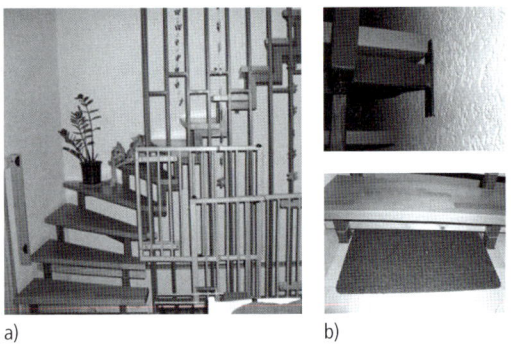

Bild 67. 2 × viertel-gewendelte Stahl-Harfentreppe mit 14 massiven Holzstufen der Dicke 4 cm. Die Stufen sind mit ca. 5 mm Gummiunterlage auf die Stahlwangen (Rechteck-Profile) geschraubt. Die Stahlwangen sind durch quer zur Laufrichtung angeschweißte Rechteck-Profile unterstützt. Diese sind an die Holzständer angeschraubt. Die Ankopplung an die Decken erfolgt über einen Stahlrahmen, der an die Deckenkonstruktion angeschraubt ist

Beiblatt 2, wie bei der Planung angestrebt. Bemerkenswert sind die recht ähnlichen Frequenzverläufe der Treppe ohne und mit Wandwange. Diese können zum einen darauf zurückgeführt werden, dass die Übertragung über die Deckenauflager bei den optimierten Wandauflagern die Gesamtübertragung mitbestimmt. Zum anderen beeinflusst bei den sehr gut entkoppelten Treppen bereits die Luftschallübertragung des von der Treppe im Senderaum abgestrahlten Schalls das Messergebnis bei mittleren und hohen Frequenzen.

5.1.3 Fallbeispiel 3: Leichtbautreppe im Leichtbau

Bild 66 zeigt den Grundriss eines Reihenhauses mit zweischaligen Haustrennwänden in Holzbauweise, in dem Messungen aufgrund von Beschwerden der Bewohner über die Trittschallübertragung der Wohnungstreppe (Bild 67) durchgeführt wurden. Vor allem die Geräusche bei der Anregung der Treppe durch die Nachbarskinder werden nach Aussagen der Bewohner als dumpfes Poltern deutlich wahrgenommen und als sehr störend empfunden. Folglich wurden ergänzend zu den bereits in den vorigen Fallbeispielen erläuterten normativen Messungen die Schallpegel im Wohnzimmer der „Kläger" bei Anregung der Treppe durch eine gehende Person und ein springendes Kind der Nachbarsfamilie gemessen. Die Messergebnisse sind in Bild 68 dargestellt.

Das bewertete Bau-Schalldämmmaß der Haustrennwand beträgt $R'_w = 65$ dB und erfüllt die baurechtlich verbindliche (Mindest-) Anforderung der zum Zeitpunkt der Messung gültigen DIN 4109:1989 von $R'_w = 57$ dB sicher. Der erhöhte Schallschutz nach DIN 4109 Beiblatt 2:1989 von $R'_w \geq 67$ dB wird knapp nicht erreicht. Nach DEGA-Empfehlung 103 wird Schallschutzklasse B sicher erreicht. Der bewertete Norm-Trittschallpegel der Treppe beträgt $L'_{n,w} = 40$ dB und erfüllt die Mindestanforderung nach DIN 4109:1989 von $L'_{n,w} = 53$ dB. Auch der erhöhte Schallschutz nach DIN 4109 Beiblatt 2:1989 von $L'_{n,w} \leq 46$ dB wird

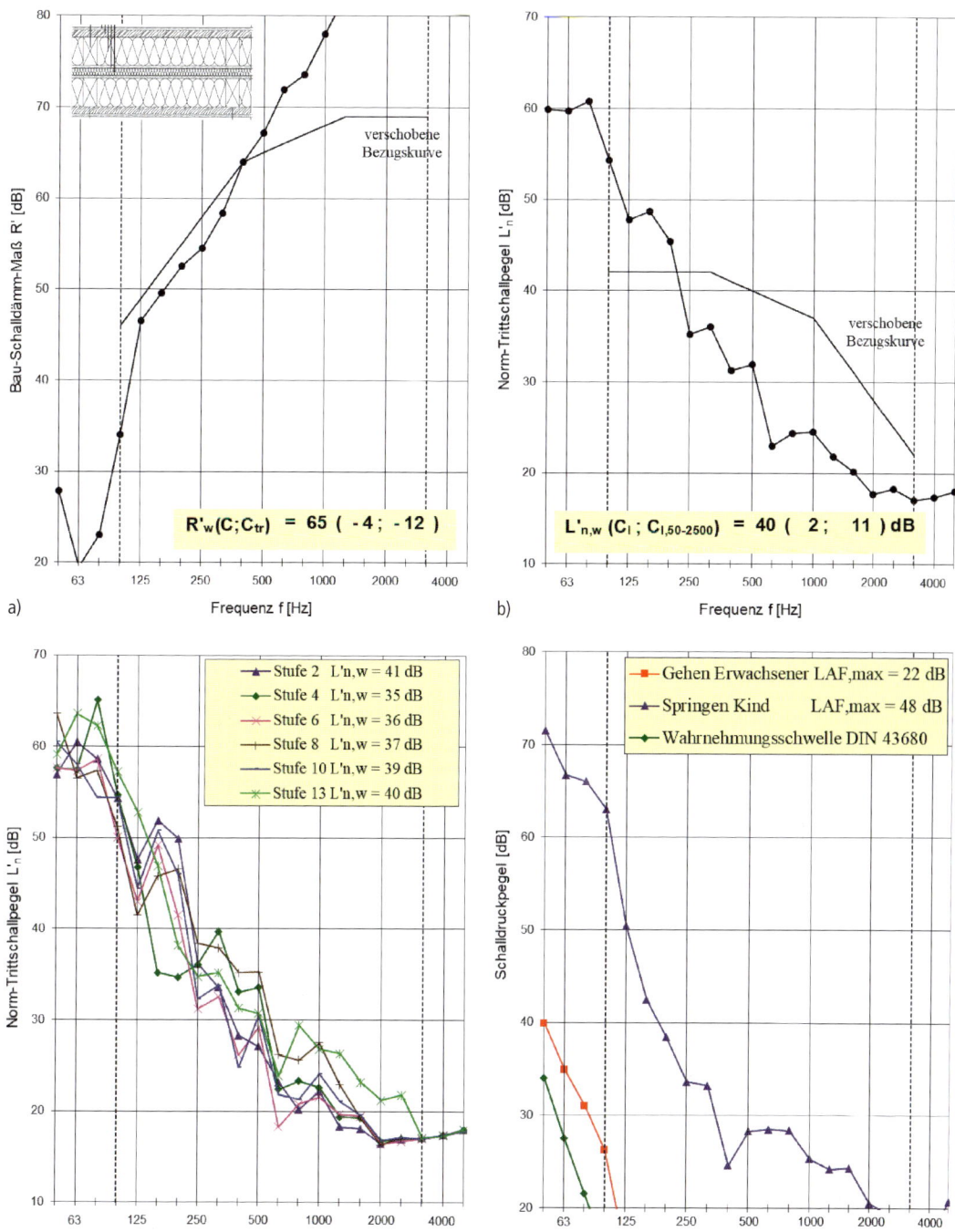

Bild 68. Messergebnisse für horizontale Übertragung für die Übertragungssituation aus Bild 65; a) Bau-Schalldämmmaß der Haustrennwand; b) Norm-Trittschallpegel der Treppe als Mittelwert für die Anregung von fünf Stufen; c) Norm-Trittschallpegel einzelner Stufen; d) Schalldruckpegel eines gehenden Erwachsenen und eines springenden Kindes mit Wahrnehmungsschwelle nach DIN 45680

sicher erreicht. Nach DEGA-Empfehlung 103 [129] wird Schallschutzklasse B: $L'_{n,w} \leq 43$ dB sicher erreicht. Schallschutzklasse B entspricht „einer Wohneinheit mit gutem Schallschutz, die bei gegenseitiger Rücksichtnahme zwischen den Nachbarn ein ruhiges Wohnen bei weitgehendem Schutz der Privatsphäre ermöglicht; Hoher Schallschutz in Mehrfamilienhäusern. Normaler Schallschutz in Doppel- und Reihenhäusern". In VDI 4100:2012 ist die Anforderungsgröße der bewertete Standard-Trittschallpegel $L'_{nT,w}$. Diese Größe ist zur Beurteilung des Schallschutzes besser geeignet als der bewertete Norm-Trittschallpegel [120]. Der bewertete Standard-Trittschallpegel der Treppe beträgt $L'_{nT,w} = 31$ dB und entspricht der (höchsten) Schallschutzstufe III: $L'_{nT,w} \leq 32$ dB. Demnach sind Gehgeräusche „nicht störend". Dass diese Einschätzung nicht dem Empfinden der Bewohner entspricht, wird nachfolgend begründet.

Der beim normalen Begehen der Treppe durch einen Erwachsenen gemessene Schalldruckpegel liegt 6 bis 9 dB über der Wahrnehmungsschwelle nach DIN 45680, beim Springen des Kindes beträgt die Überschreitung über 45 dB bei 100 Hz. Der A-bewertete Summenpegel beim Springen des Kindes beträgt $L_{AF,max} = 48$ dB(A) und liegt damit 30 dB(A) über dem Grundgeräuschpegel. Erfahrungsgemäß treten Belästigungen und massive Beschwerden von Bewohnern in schutzbedürftigen Räumen dann auf, wenn der Grundgeräuschpegel durch Nutzergeräusche um mehr als 10 dB überschritten ist. Die von den Bewohnern beklagte, erhebliche Geräuschbelästigung infolge des Springens ist somit nachvollziehbar. Gleichzeitig stellt die Anregung durch ein springendes Kind hinsichtlich der „Nutzung" einer Treppe eine Extremsituation dar, die nicht als Maßstab für die schalltechnische Beurteilung der Konstruktion herangezogen werden sollte. Das übliche Gehen wird zwar wahrgenommen aber nicht als unzumutbare Störung empfunden. Diese Beurteilung spiegelt im Wesentlichen auch die Erfahrungen mit Leichtbautreppen in Gebäuden in Massivbauweise wider und zeigt das grundsätzliche Problem der tieffrequenten Trittschallübertragung von Leichtbautreppen auf.

Die Ursachen für die tieffrequent starke Trittschallübertragung sind:
– durch Gehen/Springen erfolgt eine hauptsächlich tieffrequente Anregung,
– Leichtbautreppen sind tieffrequent sehr gut zu Schwingungen anregbar und übertragen diese über „starre" Ankopplungspunkte effektiv in den Baukörper,
– die Schalldämmung des Baukörpers ist tieffrequent gering.

Letzteres trifft v. a. im Leichtbau zu, wenn konventionelle Bauteile mit geringer Masse ohne sonstige schalltechnische Maßnahmen eingesetzt werden. Im Massivbau kommt es v. a. im Bereich der Resonanzfrequenz von zweischaligen Haustrennwänden zu einer starken Trittschallübertragung. Der Frequenzbereich unter 100 Hz wird bei der Beurteilung nach in Deutschland üblichen Norm- und Regelwerken nicht berücksichtigt, liegt aber im Bereich der menschlichen Hörwahrnehmung. Zudem werden tiefe Frequenzen durch ein springendes Kind wesentlich stärker als durch das Norm-Hammerwerk angeregt und hohe Frequenzen wesentlich geringer. Folglich wird bei der normgemäßen Bewertung der Trittschalldämmung der tieffrequente Bereich unterbewertet und der hochfrequente Bereich überbewertet.

Hilfreiche Informationen zum schalltechnischen Verhalten bei „wohnüblicher" Trittschallanregung liefert der Spektrum-Anpassungswert C_I (mit Index I für Impact Sound = Trittschall). Da der Spektrum-Anpassungswert im nach unten erweiterten Frequenzbereich ab 50 Hz bestimmt werden kann ($C_{I,50-2500}$), gibt er Auskunft über das schalltechnische Verhalten von Bauteilen im problematischen tieffrequenten Bereich. Zum informativen Vergleich mit Anforderungen wird der Spektrum-Anpassungswert $C_{I,50-2500}$ zum Einzahlwert $L'_{n,w}$ addiert. Im Fallbeispiel: $L'_{n,w} + C_{I,50-2500} = 40 + 11 = 51$ dB. Dadurch wird die Korrelation zwischen dem bewerteten Norm-Trittschallpegel und dem A-bewerteten Trittschallpegel beim Begehen deutlich verbessert [133]. Für Holzbalkendecken wurde ferner gezeigt, dass der A-bewertete Trittschallpegel gut mit der Lautheit nach *Zwicker* korreliert, welche die beste psychoakustische Beurteilung ermöglicht. Auf dieser Grundlage können geeignete Zielgrößen abgeleitet werden, für Holzbalkendecken: $L'_{n,w} + C_{I,50-2500} \leq 53$ dB zur hinreichenden Vermeidung von Trittschall-Problemen durch gehende Personen, bei $L'_{n,w} + C_{I,50-2500} \leq 46$ dB sind Gehgeräusche kaum noch wahrnehmbar. Diese Beurteilung entspricht den bisherigen Erfahrungen mit Leichtbautreppen. Um darüber hinaus Belästigungen durch springende Kinder mit hinreichender Sicherheit zu vermeiden, wäre als Zielvorgabe für Leichtbautreppen ein $L'_{n,w} + C_{I,50-2500} \leq 39$ dB anzustreben.

Wie im Folgenden noch gezeigt wird, kann diese Zielvorgabe von leichten Treppen an massiven, einschaligen Trennwänden bei gezielter Anwendung von Optimierungsmaßnahmen im Prüfstand (Abschnitt 5.2) erreicht werden. Im Holzbau liegen noch zu wenige Erfahrungen mit Entkopplungsmaßnahmen bei Leichtbautreppen vor. Allerdings wurde in [134] schon gezeigt, dass durch Entkopplungsmaßnahmen auch im tieffrequenten Bereich Verbesserungen von 10 dB erreichbar sind. Vor allem in Kombination mit schalltechnisch optimierten Holzdecken [116] und Trennwänden erscheint das Erreichen der genannten Zielvorgabe auch für Leichtbautreppen im Holzbau nicht unrealistisch.

5.2 Treppenprüfstand

Um grundlegende Untersuchungen zum Verständnis der Trittschallübertragung von Treppen durchführen

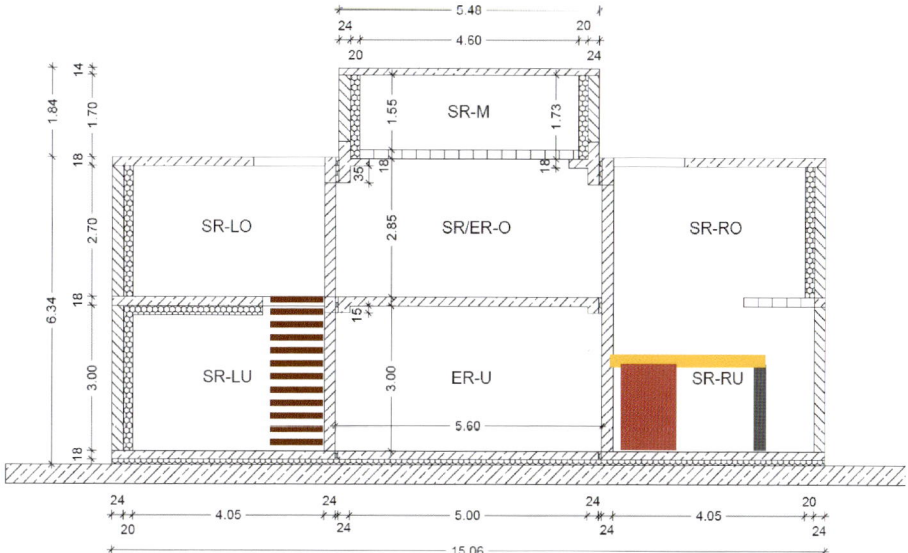

Bild 69. Schalltechnischer Treppenprüfstand der STEP GmbH mit Senderäumen (SR) und Empfangsräumen (ER) zur Prüfung von Massivtreppen (Einbau rechts) und Leichtbautreppen (Einbau links bzw. mittig für Spindeltreppen)

zu können und darauf basierend geeignete Labor-Prüfverfahren zur Kennzeichnung von kompletten Treppensystemen bzw. von Komponenten wie Entkopplungselementen zu entwickeln, wurde im Jahr 2001 ein schalltechnischer Treppenprüfstand gebaut, dessen aktuellen Zustand Bild 69 zeigt. Der Prüfstand wurde auf Basis der Vorgaben an die Prüfnormen für die Luft- und Trittschalldämmung von Wänden und Decken konzipiert und ermöglicht die Prüfung beliebiger Kombinationen von Treppen und Treppenwänden und Übertragungssituationen unter Laborbedingungen. Der Treppenprüfstand wird seit seiner Fertigstellung intensiv für Prüfung, Forschung und Entwicklung von Leichtbautreppen und Massivtreppen genutzt. Wissenschaftliche Arbeiten im Rahmen von Forschungsprojekten wurden in Kooperation der HFT Stuttgart mit dem Betreiber STEP GmbH (Schalltechnisches Entwicklungs- und Prüfinstitut) durchgeführt. Diese lieferten unter anderem die Grundlage für die Norm DIN 7396 [135], nach welcher seit 2016 Laborprüfungen von Entkopplungselementen von Massivtreppen durchgeführt werden.

5.3 Prüfstandsmessungen von Massivtreppen

5.3.1 Ausführungsvarianten

Um die Haupt- Ausführungsvarianten von entkoppelten Massivtreppen (Bild 58) im Prüfstand nachzubilden, wurde zu Beginn der Forschungsarbeiten ein Haupt-Übertragungssystem im Treppenprüfstand realisiert, das im Wesentlichen den in DIN 7396 getroffenen Festlegungen entspricht. Dieses ist in Bild 70 dargestellt.

Bild 70. Prüfaufbauten für entkoppelte Podest- und Lauflagerung im Treppenprüfstand (Podest: 2,8 m × 1,3 m × 0,18 m, Treppenlauf: 8-stufig, 1,0 m breit, 15 cm Laufplattendicke); Stahlträger und Hydraulikpresse und Druckmessdose zur Simulation von Auflasten bis ca. 5 t; Treppenwand: 24 cm Kalksandvollstein beidseitig verputzt (m′ ≅ 450 kg/m²)

5.3.2 Maßgebliche Einflüsse auf die Trittschallübertragung

Eine ausführliche Darstellung der Ergebnisse aus den Forschungsarbeiten findet sich u. a. in [100]. Eine wesentliche Erkenntnis ist, dass Prüfergebnisse für Entkopplungselemente nur dann vergleichbar sind, wenn sie im selben Übertragungssystem bestimmt werden. Dies ist darauf zurückzuführen, dass das durch die Geometrie bestimmte Schwingungsverhalten von Treppenpodest (Bild 71) und Treppenlauf (Bild 72)

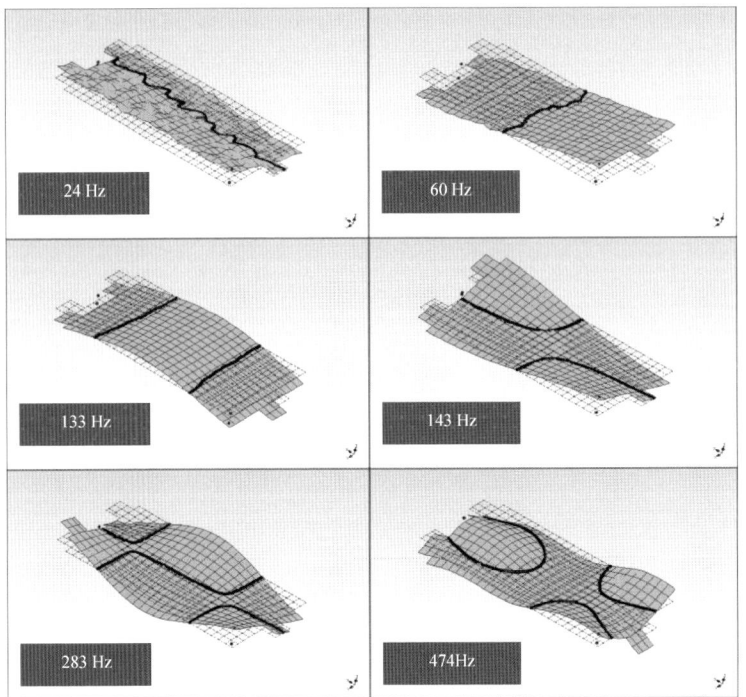

Bild 71. Eigenschwingungsformen des Referenz-Podestes (Bild 70), bestimmt anhand experimenteller Modalanalyse

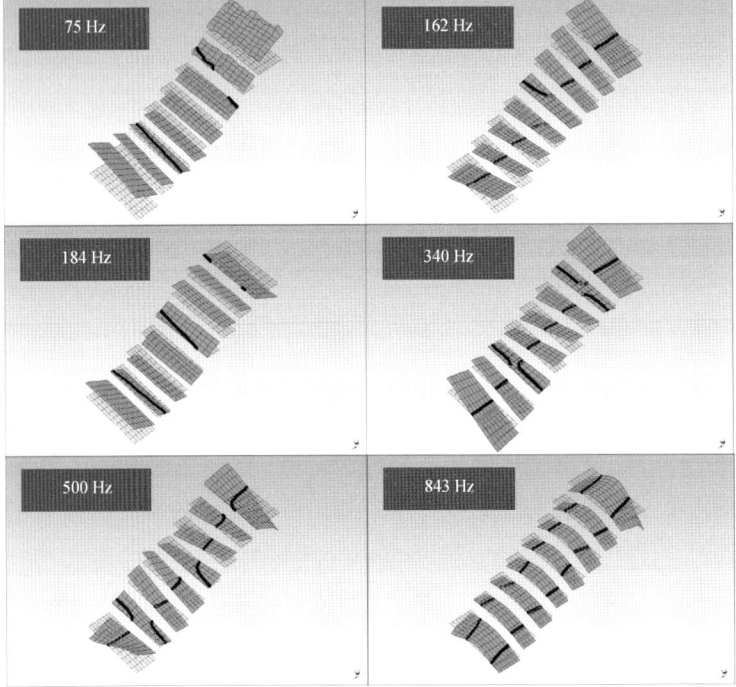

Bild 72. Eigenschwingungsformen des Referenz-Treppenlaufes (Bild 70), bestimmt anhand experimenteller Modalanalyse

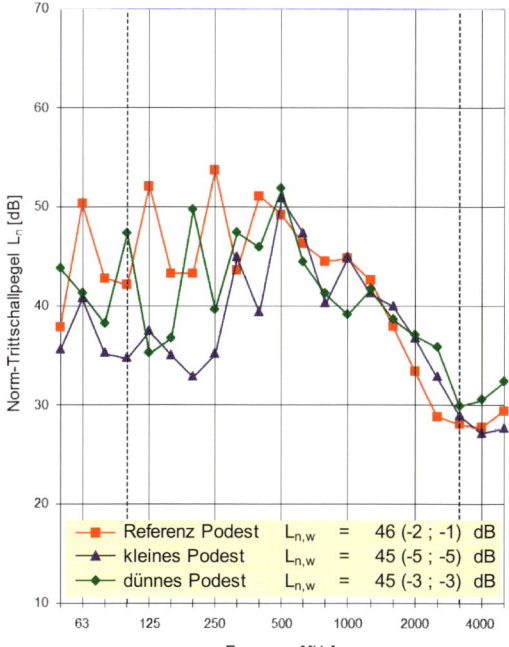

Bild 73. Norm-Trittschallpegel dreier Podeste mit unterschiedlichen Abmessungen, jeweils entkoppelt mit demselben Elastomerlager

die Trittschallübertragung maßgeblich mitbestimmt. Die maximale Übertragung erfolgt bei den Podest- bzw. Lauf-Eigenfrequenzen, die sich mit der Geometrie mehr oder weniger drastisch ändern [136]. Bild 73 zeigt den Frequenzverlauf des Norm-Trittschallpegels für drei unterschiedliche Podeste im Prüfstand, jeweils entkoppelt mit demselben Entkopplungselement. Durch die Verschiebung der Podest-Eigenfrequenzen ergeben sich im Frequenzbereich unter 500 Hz Unterschiede von bis zu 18 dB, und bis zu 5 dB im Frequenzbereich darüber. Im tieffrequenten Bereich ergeben sich mit dem Referenz-Podest nach DIN 7396 die höchsten Norm-Trittschallpegel. Mit dem kleinen Podest werden wesentlich geringere Werte gemessen, was auf die geringere Modendichte zurückgeführt werden kann. Das dünne Podest weist eine höhere Modendichte als das Referenz-Podest auf, was für sich alleine betrachtet eine stärkere Übertragung erwarten ließe. Die geringere Übertragung als mit dem 18 cm dicken Referenz-Podest lässt folglich vermuten, dass es auch bei entkoppelten Stahlbeton-Podesten eine „Stoßstellendämmung" zwischen Podest und Wand gibt, die bei Bauteilen mit gleicher flächenbezogener Masse (Wand: $m' \approx 450$ kg/m^2; 18 cm dickes Podest: $m' \approx 430$ kg/m^2) minimal ist. Trotz der erheblichen Unterschiede im Frequenzverlauf ergeben sich für alle drei Podeste nahezu gleiche Einzahlwerte für den bewerteten Norm-Trittschallpegel, was hinsichtlich der Prognose des zu erwartenden bewerteten Norm-Trittschallpegels im Gebäude optimistisch zu bewerten ist. Da der Norm-Trittschallpegel des Podestes bzw. des Laufes die Ausgangsgröße zur Charakterisierung von Entkopplungselementen ist, wirkt sich die Podest- bzw. Lauf-Geometrie auch maßgeblich auf die Frequenzverläufe der Trittschallpegeldifferenz bzw. der Trittschallpegelminderung nach Abschnitt 5.3.3 aus. Aus diesem Grund wurden für den Prüfaufbau in DIN 7396 eindeutige Festlegungen getroffen.

Für die Dämmwirkung von Entkopplungssystemen sind die Materialeigenschaften (Steifigkeit und Dämpfung) und die Geometrien der verwendeten (Elastomer-) Auflager und Fugenmaterialien maßgeblich. Die Steifigkeit der Auflager und damit das Übertragungsverhalten hängen dabei stark von deren Pressung ab. Die Lagerpressung wird durch das Eigengewicht von Treppenpodest bzw. Treppenlauf und damit wie das Schwingungsverhalten von deren Geometrie bestimmt. Im Gebäude beeinflussen aufgelagerte Treppenläufe die Lagerpressung von entkoppelten Podesten zusätzlich. Unter Berücksichtigung dieser maßgeblichen Einflüsse auf die Trittschallübertragung wurde das Prüfverfahren der DIN 7396 entwickelt.

5.3.3 Labor-Prüfverfahren nach DIN 7396

Das Prinzip, Massivtreppen vom Baukörper zu entkoppeln, kann schon seit Jahrzehnten als „anerkannte Regel der Technik" betrachtet werden (grundlegende Forschungsarbeiten wurden bereits Anfang der 80er-Jahre von *Ertel* durchgeführt, siehe u. a. [137, 138]), jedoch war das Zusammenwirken von Treppe, Entkopplungssystem und Baukörper noch nicht ausreichend untersucht, sodass es erst im Jahr 2016 gelang, eindeutige und aussagekräftige Prüfkriterien für Massivtreppen-Entkopplungselemente in einer Norm festzulegen. Im vorausgegangenen Einspruchsverfahren zum im Januar 2015 veröffentlichten Normentwurf wurden nahezu alle betroffenen Hersteller eingebunden. Somit konnte von einer breiten Akzeptanz und Anwendung des neuen Verfahrens ausgegangen werden, was durch die zahlreichen bereits durchgeführten Prüfungen von am Markt verfügbaren Entkopplungssystemen seit Erscheinen der Norm bestätigt wird. Damit ist der Weg geebnet, den bis zum Erscheinen der Norm entstandenen „Wildwuchs" an Prüfergebnissen verschiedener Hersteller, die auf sehr unterschiedliche Art und Weise zustande kamen und deren Aussagekraft nach heute vorliegenden Erkenntnissen größtenteils nicht gegeben ist, zu beseitigen. Dies ist aus Sicht der Autoren dringend erforderlich, da die vor Erscheinen der Norm dokumentierten Prüfergebnisse nicht miteinander verglichen werden können, da weder die Prüfaufbauten (oft nicht bauüblich), noch die ermittelten Kenngrößen übereinstimmen.

Der Prüfaufbau nach DIN 7396 bildet durch die Festlegung von Treppenwand, Treppenpodest und Treppenlauf ein bauübliches, eindeutig definiertes Übertra-

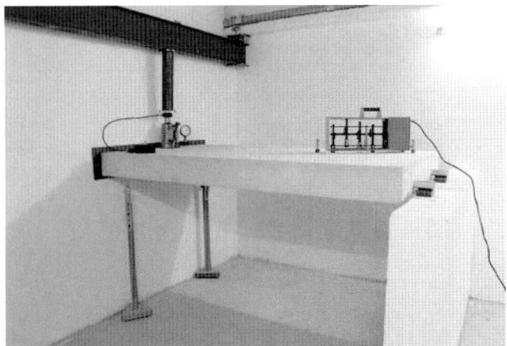

Bild 74. Prüfaufbau für entkoppelte Podestlagerung nach DIN 7396

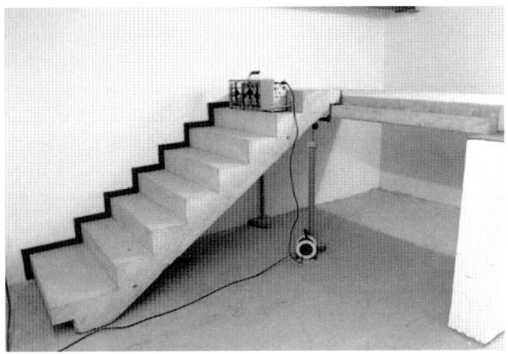

Bild 75. Prüfaufbau für entkoppelte Lauflagerung nach DIN 7396

gungssystem ab. Der Einbau erfolgt in einem nebenwegsfreien Prüfstand nach DIN EN ISO 10140-5 [139]. Bild 74 und Bild 75 zeigen exemplarisch Prüfaufbauten für entkoppelte Podest- und Lauflagerung im Treppenprüfstand. Die nach DIN 7396 obligatorisch zu bestimmende Kenngröße ist die Trittschallpegeldifferenz (Abschnitt 5.3.3.1). Optional kann zusätzlich die Trittschallpegelminderung (Abschnitt 5.3.3.2) bestimmt werden.

Die wesentlichen Prüfkriterien nach DIN 7396 sind:
- festgelegte Prüfverfahren für Entkopplungssysteme zur Podest- und Lauflagerung,
- Prüfung im bauüblichen Übertragungssystem mit allen Systemkomponenten,
- Prüfungen mit verschiedenen Laststufen nach festgelegtem Verfahren,
- Trittschallpegeldifferenz ohne und mit Entkopplung als Kenngröße zum Produktvergleich und als Hilfsgröße zur Prognose nach DIN 4109-2:2016,
- Trittschallpegelminderung als Eingangsgröße für Prognosen nach EN 12354-2.

5.3.3.1 Trittschallpegeldifferenz nach DIN 7396

Durch Messungen der Norm-Trittschallpegel bei starrem Einbau und mit Entkopplungssystem ergibt sich die Podest-Trittschallpegeldifferenz (Bild 76a):

$$\Delta L^*_{\text{Podest}} = L_{n0,\text{Podest}} - L_{n,\text{Podest}} \quad (21)$$

bzw. die Lauf-Trittschallpegeldifferenz (Bild 76b):

$$\Delta L^*_{\text{Lauf}} = L_{n0,\text{Lauf}} - L_{n,\text{Lauf}} \quad (22)$$

als kennzeichnende Größe für die Dämmwirkung des Entkopplungssystems. Durch die genaue Festlegung der Prüfkriterien im Labor kann die Trittschallpegeldifferenz zum Vergleich der akustischen Qualität unterschiedlicher Entkopplungselemente verwendet werden. Des Weiteren kann die Trittschallpegeldifferenz behelfsweise für die Prognose der Trittschallübertragung nach dem Verfahren der DIN 4109-2 verwendet werden (Abschnitt 5.3.4.2). Messung und Auswertung erfolgen zunächst frequenzabhängig. Nach einem in DIN EN ISO 717-2 genormten Verfahren wird die bewertete Podest-Trittschallpegeldifferenz $\Delta L^*_{w,\text{Podest}}$ bzw. die bewertete Lauf-Trittschallpegeldifferenz $\Delta L^*_{w,\text{Lauf}}$ als Einzahlwert bestimmt.

Bei der Prüfung von Treppenläufen erfolgt die Anregung am Austritt, da diese die höchste Trittschallübertragung zur Folge hat, was zum einen auf das Schwingungsverhalten des Laufes (am Antritt und Austritt am besten anregbar, siehe Bild 72), zurückzuführen ist. Zum anderen ist bei Anregung des Austritts der Übertragungsweg Lauf – Podest – Wand maßgeblich, die Übertragung über die Bodenplatte spielt keine Rolle. Dies ist insofern wichtig, dass Ergebnisse aus unterschiedlichen Prüfständen mit unterschiedlichen Bodenplatten vergleichbar sind.

5.3.3.2 Trittschallpegelminderung nach DIN 7396

Die Verwendung der Trittschallpegeldifferenz als Eingangsgröße für die Prognose der Trittschallübertragung in Gebäuden ist nicht unmittelbar gegeben. Aus diesem Grund wird im Anhang A der DIN 7396 zusätzlich ein Verfahren zur (optionalen) Bestimmung der Trittschallpegelminderung festgelegt. Die Trittschallpegelminderung kennzeichnet die Gesamtverbesserung durch Stoßstelle(n) und Entkopplungselemente und kann als Eingangsgröße für die Prognose der Trittschallübertragung in Gebäuden unter Berücksichtigung der flankierenden Übertragung nach DIN EN 12354-2 verwendet werden. Das Verfahren zur Bestimmung der Trittschallpegelminderung entspricht im Prinzip dem Verfahren, das für schwimmende Estriche angewendet wird [120]. Zur Bestimmung der Podest-Trittschallpegelminderung (Bild 77a):

$$\Delta L_{\text{Podest}} = L_{n0,\text{Wand}} - L_{n,\text{Podest}} \quad (23)$$

wird der Norm-Trittschallpegel der Wand benötigt. Dieser kann durch Verwendung eines Hammerwerkes mit elektrodynamischem Antrieb bestimmt werden [140] oder, wie eine aktuelle Forschungsarbeit [141] zeigt, durch ein speziell konstruiertes mechanisches „Pendel"-Hammerwerk, bzw. ganz ohne Hammerwerk, durch die Messung von Übertragungsfunktionen nach DIN EN ISO 10848-1 [143].

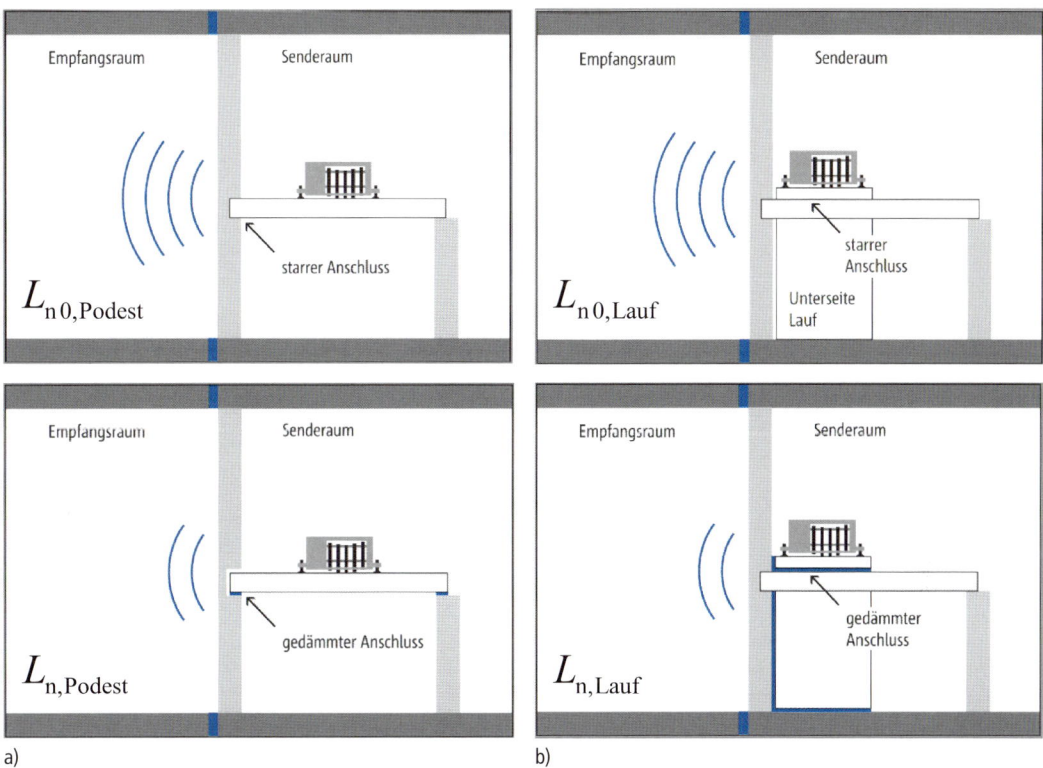

Bild 76. Messungen zur Bestimmung der Trittschallpegeldifferenz nach DIN 7396, a) entkoppelte Podestlagerung, b) entkoppelte Lauflagerung

Die Lauf-Trittschallpegelminderung ergibt sich aus der Differenz der Norm-Trittschallpegel des starr mit der Wand verbundenen Podestes und des entkoppelt aufgelagerten Treppenlaufes (Bild 77b):

$$\Delta L_{Lauf} = L_{n0,Podest} - L_{n,Lauf} \qquad (24)$$

Die Trittschallpegelminderung kann gleichermaßen zum Vergleich unterschiedlicher Entkopplungselemente verwendet werden. Zu beachten ist, dass sich durch die zusätzliche Berücksichtigung der Dämmwirkung von Stoßstellen höhere Werte ergeben als für die Trittschallpegeldifferenz. Einzahlwerte für die bewertete Podest-Trittschallpegelminderung $\Delta L_{w,Podest}$ bzw. die bewertete Lauf-Trittschallpegelminderung $\Delta L_{w,Lauf}$ werden wiederum nach DIN EN ISO 717-2 bestimmt.

Bild 79 zeigt Prüfstands-Messwerte des Norm-Trittschallpegels für das in Fallbeispiel 1 (Abschnitt 5.1.1) zur Auflagerung des Podestes in der Wand verwendete Entkopplungselement. Bild 78 zeigt die Podest-Trittschallpegeldifferenz und die Podest-Trittschallpegelminderung, welche zur Prognose des Norm-Trittschallpegels für Fallbeispiel 1 nach (Abschnitt 5.3.4) verwendet wurden.

Der Frequenzverlauf des entkoppelten Podestes zeigt im Frequenzbereich bis ca. 500 Hz ausgeprägte Maxima und Minima, welche die Podestmoden (Bild 71) kennzeichnen. Der Anstieg oberhalb 3,15 kHz ist vermutlich auf Dickenresonanzen im Elastomerlager zurückzuführen. Die Dämmwirkung nimmt erwartungsgemäß mit der Frequenz zu, tieffrequent ergibt sich eine Verschlechterung gegenüber der starren Ankopplung als Folge der Abstimmung des Masse-Feder-Systems. Durch die Entkopplung des Podestes wird gegenüber dem starren Anschluss eine Reduzierung des bewerteten Norm-Trittschallpegels von $L_{n,w} = 68$ dB auf $L_{n,w} = 46$ dB erreicht. Die bewertete Podest-Trittschallpegeldifferenz beträgt $\Delta L^*_{w,Podest} = 20$ dB. Bemerkenswert ist, dass weder der Rechenwert von $L'_{n,w,eq,R} = 66$ dB für ein starr angekoppeltes Podest, noch der Erwartungswert von für ein elastisch gelagertes Podest nach DIN 4109 Beiblatt 1 von $L'_{n,w,eq,R} = 43$ dB erreicht werden. Das im Jahr 2009 untersuchte Lager war damals in der besten Kategorie der handelsüblichen Lager. Diese Erkenntnisse aus dem Prüfstand und aus zahlreichen Bausituationen führten dazu, dass die in DIN 4109 Beiblatt 1 enthaltenen, mitunter viel zu optimistischen Werte in DIN 4109-2:2016 angepasst wurden.

In der bewerteten Podest-Trittschallpegelminderung $\Delta L_{w,Podest} = 29$ dB ist die zusätzliche Dämmung durch die Stoßstelle Podest – Wand enthalten. Die Trittschallminderung hat somit gegenüber der Trittschallpegel-

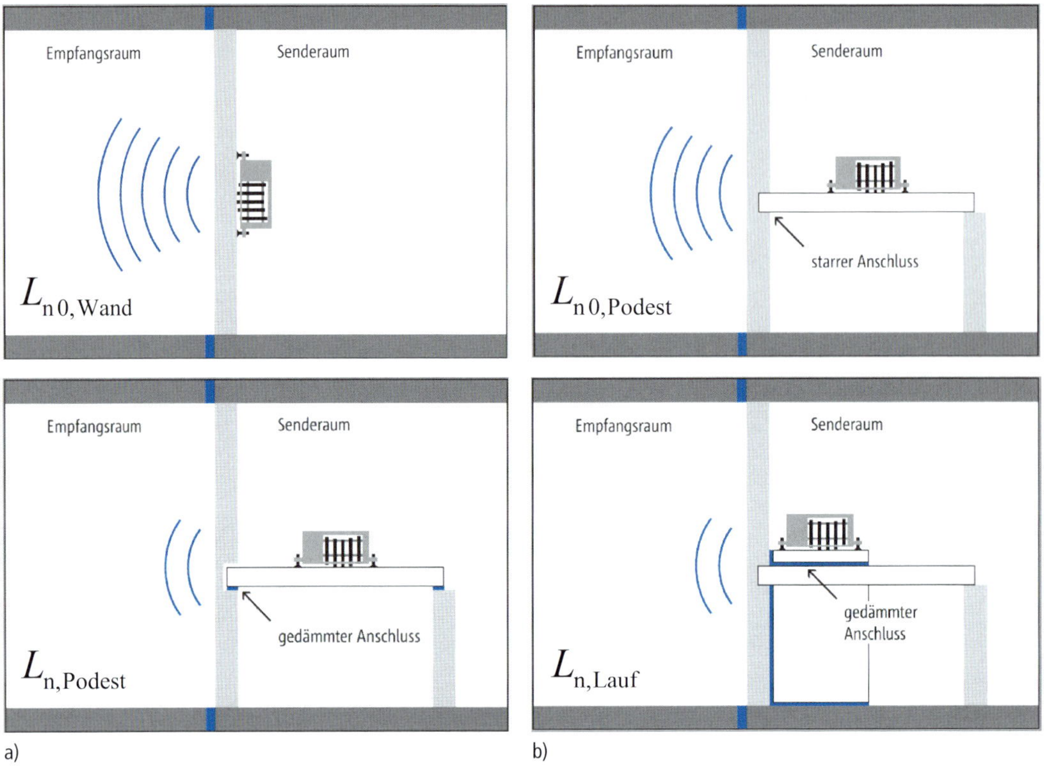

330 B 2 Trittschallschutz

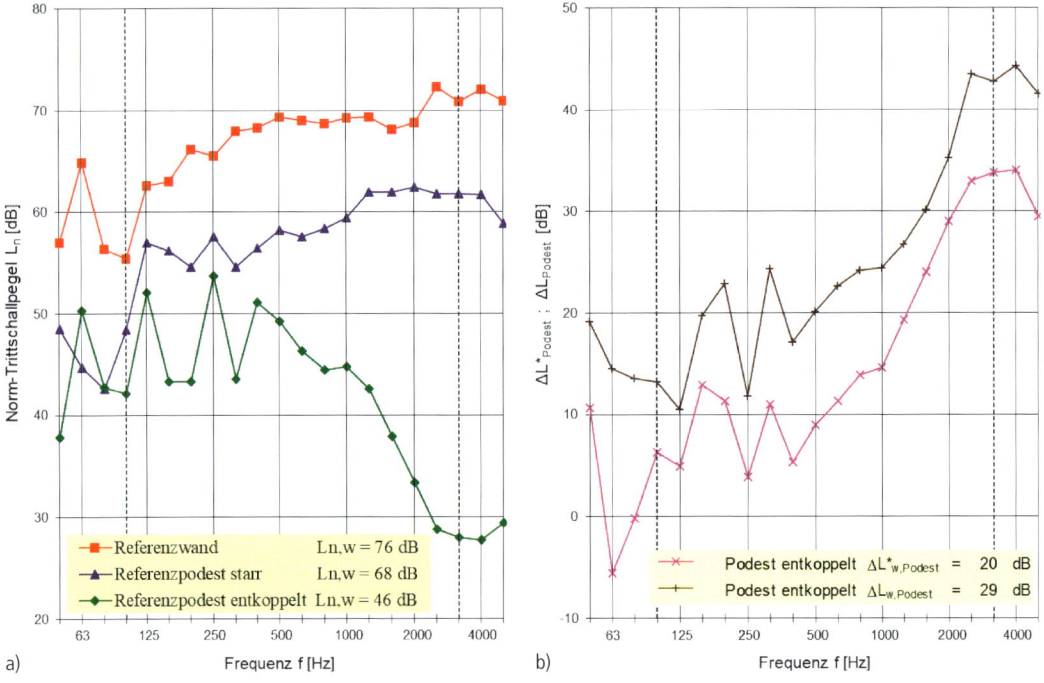

Bild 77. Messungen zur Bestimmung der Trittschallpegelminderung nach DIN 7396,
a) entkoppelte Podestlagerung, b) entkoppelte Lauflagerung

Bild 78. Norm-Trittschallpegel entkoppeltes Podest, starr verbundenes Podest und Treppenwand; Messwerte im Treppenprüfstand

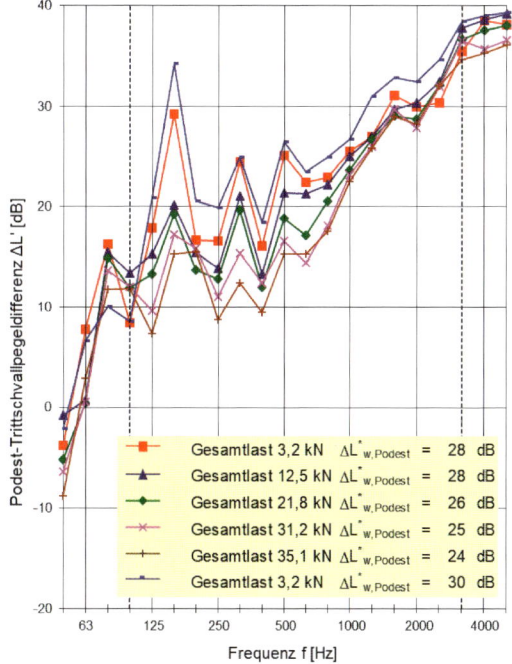

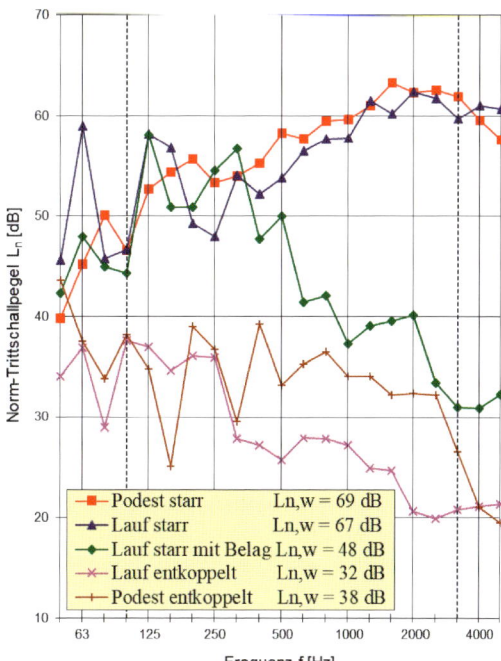

Bild 79. Podest-Trittschallpegeldifferenz und Podest-Trittschallpegelminderung, bestimmt aus Ergebnissen in Bild 78

Bild 80. Norm-Trittschallpegel nach DIN 7396 für starre und entkoppelte Podest- und Lauflagerung

differenz den Vorteil, dass sie sowohl zum Produktvergleich als auch als Eingangsgröße für die Prognose nach EN 12354-2 verwendet werden kann. Die Bestimmung erfordert zudem keinen (aufwendigen) starren Anschluss des Podestes an die Wand bzw. bei der Charakterisierung von Lauf-Entkopplungselementen des Treppenlaufes an das Podest.

5.3.3.3 Prüfungen mit bauüblichen Zusatzlasten

Um den Einfluss erhöhter Lagerpressungen zu berücksichtigen, sind die Trittschallpegeldifferenz und die Trittschallpegelminderung zusätzlich unter Aufbringung von Zusatzlasten zu bestimmen. Prüfungen mit Zusatzlasten sind stufenweise – ausgehend von der Minimallast – über mindestens zwei gleichmäßig zwischen Minimal- und Maximallast verteilte Zwischenlaststufen bis zur Maximallast durchzuführen. Die Maximallast muss so gewählt werden, dass sie der laut Herstellerangabe maximal zulässigen Eigenlast (maximal zulässige Gesamtlast ohne Verkehrslast) des entkoppelten Anschlusses entspricht. Ist dies nicht möglich, muss mit der maximal erzeugbaren Last geprüft werden. Die Minimallast entspricht der Eigenlast aus Referenztreppenpodest oder Referenztreppenlauf ohne Zusatzlasten. Zur Erzeugung der Zusatzlasten ist eine Vorrichtung zu verwenden, die es ermöglicht, messbare Zusatzlasten in einem ausreichenden Lastbereich so auf Referenztreppenpodest bzw. Referenztreppenlauf aufzubringen, dass das bzw. die Entkopplungselement(e) gleichmäßig und gleich stark belastet werden und die keine unerwünschte Nebenwegsübertragung und Energieableitung über die Vorrichtung selbst zur Folge hat. Als Alternative zu Gewichten kann eine Hydraulikpresse mit Druckmessdose (Bild 70 und Bild 74) zur Erzeugung der Zusatzlasten verwendet werden.

Bild 79 zeigt exemplarisch die nach DIN 7396 bestimmte Podest-Trittschallpegeldifferenz für das Entkopplungssystem eines Herstellers aus aktueller Serienproduktion (Weiterentwicklung des Lagers mit Werten aus Bild 77) bei unterschiedlichen Gesamtlasten. Durch die Aufbringung von Zusatzlasten ergibt sich eine frequenzabhängige Änderung der Körperschallübertragung vom Podest auf die Wand, die auf eine Versteifung des Elastomerlagers bei erhöhter Belastung zurückzuführen ist. Bei mittleren und hohen Frequenzen folgt daraus eine erhöhte Übertragung, welche beim untersuchten Entkopplungssystem eine Verschlechterung des Einzahlwertes von 4 dB ergibt.

5.3.3.4 Vergleich Podest- und Laufentkopplung

In Bild 80 sind aktuelle Messwerte des Norm-Trittschallpegels nach DIN 7396 für die starre und entkoppelte Lauflagerung für verschiedene Entkopplungsvarianten aus der Produktpalette eines Herstellers miteinander verglichen. Die Werte für starre Podest- und Lauflagerung unterscheiden sich nur geringfügig.

Durch die Aufbringung von schwimmend verlegten Trittstufen aus Granit auf den starr angeschlossenen Lauf ergibt sich oberhalb 400 Hz eine deutliche Verbesserung des Lauf-Norm-Trittschallpegels, die sich positiv auf den Einzahlwert von $L_{n,w}$ = 48 dB ($C_{I,50-2500}$ = 0 dB) auswirkt. Die Erkenntnis aus einer aktuell laufenden Forschungsarbeit [142] ist, dass diese Verbesserung des Norm-Trittschallpegels allerdings nur beim Begehen der Treppe mit Schuhen mit sehr harten Absätzen im Empfangsraum hörbar ist. Bei Anregung mit Schuhen weicherer Sohle ist für die Hörwahrnehmung nur die Übertragung im Frequenzbereich unter 500 Hz relevant. Die Entkopplung des Laufes vom Podest und der Geschossdecke ist wesentlich effektiver, da im gesamten Frequenzbereich eine erhebliche Reduzierung der Trittschallübertragung erreicht wird. Der bewertete Norm-Trittschallpegel beträgt $L_{n,w}$ = 32 dB ($C_{I,50-2500}$ = −2 dB), psychoakustische Untersuchungen [142] zeigen, dass Gehgeräusche kaum mehr wahrnehmbar sind. Die Entkopplung des Podestes ergibt $L_{n,w}$ = 38 dB ($C_{I,50-2500}$ = −4 dB), was (der höchsten) Schallschutzstufe III nach VDI 4100:2007 entspricht. Damit dieser Wert auch im Gebäude erreicht werden kann, ist eine körperschallbrückenfreie Ausführung unabdingbar. Des Weiteren darf die Schallübertragung über flankierende Bauteile nicht zu einer relevanten Erhöhung der Trittschallübertragung über die Trennwand führen. Hierauf wird im nachfolgenden Abschnitt näher eingegangen.

5.3.4 Prognose des Norm-Trittschallpegels von Massivtreppen

5.3.4.1 Pauschaler Nachweis nach DIN 4109:1989 Beiblatt 1

Seit der erstmaligen Aufnahme von Schallschutzanforderungen an Treppen in DIN 4109:1989 besteht die Notwendigkeit, diese auch rechnerisch nachweisen zu können. Allerdings wurden bei den schalltechnischen Nachweisen nach DIN 4109:1989 Beiblatt 1 nur Massivtreppen im Massivbau berücksichtigt, da dies dem damaligen Wissensstand entsprach und immerhin den größten Teil der Anwendungsfälle abdeckte [120]. Beim Nachweisverfahren nach Abschnitt 4.3 im Beiblatt 1 handelt es sich aber nicht um ein wirkliches Berechnungsverfahren im Sinne eines allgemein anwendbaren Nachweises für unterschiedliche Bausituationen. Vielmehr geht der Nachweis von tabellierten Musterlösungen aus, deren Anwendbarkeit nur für die definierten Bedingungen gegeben ist. Da dieser Nachweis in DIN 4109-2 übernommen wurde und lediglich unrealistische Werte angepasst wurden, wird das „Tabellen"-Verfahren im folgenden Abschnitt erläutert. Hervorzuheben ist jedoch an dieser Stelle, dass die Einbeziehung von entkoppelten Treppen in DIN 4109:1989 dadurch erfolgte, dass ihnen ohne jegliche nähere Spezifikation der Art der Entkopplung, sowohl für Treppenpodeste als auch für Treppenläufe ein $L'_{n,w,R}$ ≤ 43 dB attestiert wurde. Da dieser Wert in Mehrfamilienhäusern mit einschaligen Trennwänden und „herkömmlichen" Lagern äußerst selten erreicht wurde, wurde er nicht in DIN 4109-2 übernommen.

5.3.4.2 Pauschaler Nachweis nach DIN 4109-2

Für die Erarbeitung der DIN 4109-2 wäre ein Ersatz für das bisherige pauschale Nachweisverfahren nach DIN 4109:1989 Beiblatt 2 durch ein auf EN 12354-2 basierendes Verfahren wünschenswert gewesen, jedoch lieferte die damals gültige Fassung vom Jahr 2000 dafür noch keine Grundlage. Aus diesem Grund wurde das „alte" Verfahren unverändert übernommen, lediglich wurden die Werte für den Nachweis aktuellen Erkenntnissen angepasst. Insbesondere wurde der Pauschalwert für die Ausführungsbeispiele für entkoppelte Treppen auf $L'_{n,w}$ ≤ 53 dB (unter Berücksichtigung des Sicherheitsbeiwertes u_{prog} von 3 dB) um 10 dB erhöht und folgende Anmerkung gegeben:

„Aktuelle Erfahrungen zeigen, dass entgegen den Angaben in DIN 4109 Beiblatt 1:1989-11 Werte $L'_{n,w}$ ≤ 40 dB mit den Treppenausführungen in den Bildern 6 bis 10 nicht sicher erreicht werden können. Dies gilt insbesondere bei hohen Lagerpressungen, wie sie unter baulichen Bedingungen auftreten können. Wenn bewertete Norm-Trittschallpegel unterhalb der Anforderungen aus DIN 4109-1 erreicht werden sollen, wird empfohlen, auf Prüfergebnisse, die in repräsentativen Versuchsaufbauten messtechnisch bestimmt wurden, zurückzugreifen. Ein Labor-Prüfverfahren mit verbindlichen Festlegungen für die Prüfung wird in DIN 7396 (siehe [11]) beschrieben."

Diese Anmerkung gibt allerdings keine explizite Handlungsanleitung, wie mit den Werten, die nach DIN 7396 bestimmt wurden, umzugehen ist. Aus diesem Grund wird nachfolgend erläutert, wie diese in den Nachweis nach DIN 4109-2 einbezogen werden können. Die Grundlage für den Nachweis liefert Tabelle 6 aus DIN 4109-32 [108] (Bild 39). Die darin enthaltenen Werte für $L'_{n,w}$ können unter Berücksichtigung des Sicherheitsbeiwertes u_{prog} von 3 dB direkt für den Nachweis der Trittschallübertragung im Gebäude verwendet werden. Für Treppen mit trittschallmindernden Auflagen, die durch die bewertete Trittschallminderung ΔL_w (zu bestimmen im Deckenauflagenprüfstand nach DIN EN ISO 10140) gekennzeichnet werden, sind die Werte für $L_{n,eq,0,w}$ anzusetzen, von denen ΔL_w subtrahiert wird. Unter der Annahme, dass die Entkopplung von Massivtreppen dieselbe Wirkung wie eine Deckenauflage hat, kann die bewertete Tritt-

Tabelle 3. Tabelle 6 aus DIN 4109-32: Äquivalenter bewerteter Norm-Trittschallpegel $L'_{n,eq,0,w}$ und bewerteter Norm-Trittschallpegel $L'_{n,w}$ für verschiedene Ausführungen von massiven Treppenläufen und Treppenpodesten unter Berücksichtigung der Ausbildung der Treppenraumwand

Spalte	1	2	3
Zeile	Treppen und Treppenraumwand	$L_{n,eq,0,w}$ in dB	$L'_{n,w}$ in dB
1	Treppenpodest[1], fest verbunden mit einschaliger, biegesteifer Treppenraumwand (flächenbezogene Masse ≥ 380 kg/m²)	63	67
2	Treppenlauf[1], fest verbunden mit einschaliger, biegesteifer Treppenraumwand (flächenbezogene Masse ≥ 380 kg/m²)	63	67
3	Treppenlauf[1], abgesetzt von einschaliger, biegesteifer Treppenraumwand	60	64
4	Treppenpodest[1], fest verbunden mit Treppenraumwand, und durchgehender Gebäudetrennfuge nach 4.3.3.2	≤ 50	≤ 47
5	Treppenlauf[1], abgesetzt von Treppenraumwand, und durchgehender Gebäudetrennfuge nach 4.3.3.2	≤ 43	≤ 40
6	Treppenlauf[1], abgesetzt von Treppenraumwand, und durchgehender Gebäudetrennfuge nach 4.3.3.2, auf Treppenpodest elastisch gelagert	35	39

1) Gilt für Stahlbetonpodest oder -treppenlauf mit einer Dicke d ≥ 120 mm.

schallpegeldifferenz nach DIN 7396 wie folgt für den Nachweis für Treppen verwendet werden:

$$L'_{n,w} = L_{n,eq,0,w} - \Delta L^*_{w,\text{DIN 7396}} + u_{prog} \qquad (25)$$

Für die entkoppelte Podestlagerung gilt: $\Delta L^*_{w,\text{DIN 7396}} = \Delta L^*_{w,\text{Podest}}$, für die entkoppelte Lauflagerung gilt: $\Delta L^*_{w,\text{DIN 7396}} = \Delta L^*_{w,\text{Lauf}}$

Im Fallbeispiel 1 (Abschnitt 5.1.1) mit $\Delta L^*_{w,\text{Podest}} = 20$ dB (Bild 67b) konkret:

$$L'_{n,w} = 63 \text{ dB} - 20 \text{ dB} + 3 \text{ dB} = 46 \text{ dB}$$

5.3.4.3 Rechenverfahren nach EN 12354-2

In DIN EN ISO 12354-2:2017 ist erstmals ein Ansatz zur Prognose der Trittschallübertragung von entkoppelten Massivtreppen enthalten. Damit kann analog zum Verfahren für Massivdecken mit schwimmenden Estrichen die Trittschallübertragung unter Berücksichtigung der direkten und flankierenden Übertragung prognostiziert werden. Das frequenzabhängige Prognoseverfahren (detailliertes Modell) für entkoppelte Massivtreppen wird im Folgenden erläutert. Da dieses auf dem Prognoseverfahren für Massivdecken mit Deckenauflagen beruht, wird zunächst darauf näher eingegangen.

Trittschallübertragung von Massivdecken

Bei der vertikalen Trittschallübertragung wird die direkte Übertragung über die Decke und die indirekte Übertragung über üblicherweise vier flankierende Wände (Bild 81a) berücksichtigt. Der Gesamt-Norm-Trittschallpegel im Empfangsraum ergibt sich aus der energetischen Aufsummierung aller Übertragungswege (n Flanken):

$$L'_n = 10 \lg \left(10^{L_{n,d}/10} + \sum_{j=1}^{n} 10^{L_{n,ij}/10} \right) \qquad (26)$$

mit
L'_n Gesamt-Norm-Trittschallpegel in [dB]
$L_{n,d}$ Norm-Trittschallpegel durch direkte Übertragung in [dB]
$L_{n,ij}$ Norm-Trittschallpegel durch Flankenübertragung in [dB]
n Anzahl der flankierenden Bauteile

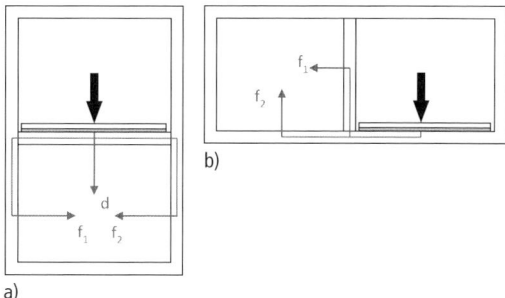

Bild 81. Trittschall-Übertragungswege bei Massivdecken; a) vertikal (n = 4); b) horizontal (n = 2)

Der Norm-Trittschallpegel für die Direktübertragung wird nach folgender Gleichung ermittelt:

$$L_{n,d} = L_{n,situ} - \Delta L_{situ} - \Delta L_{d,situ} \qquad (27)$$

mit
$L_{n,situ}$ der Norm-Trittschallpegel der Rohdecke unter den tatsächlichen Baubedingungen (in-situ) in [dB]
ΔL_{situ} Trittschallminderung[1] durch eine Deckenauflage unter den tatsächlichen Baubedingungen in [dB]
$\Delta L_{d,situ}$ Trittschallminderung durch eine Unterdecke auf der Empfangsseite des trennenden Bauteils unter den tatsächlichen Baubedingungen in [dB]

Der Norm-Trittschallpegel der Rohdecke unter den tatsächlichen Baubedingungen (in-situ) kann nach Anhang B berechnet werden:

$$L_{n,situ} = L_F + 10\lg\frac{\mathrm{Re}(Y)\sigma}{m'(1\,\mathrm{s\,m^2/kg^2})} + 10\lg\frac{T_s}{(1s)} + 10{,}6\,\mathrm{dB} \qquad (28)$$

mit
L_F Kraftpegel des Norm-Hammerwerks in [dB] (ref. 10-6 N)
m' flächenbezogene Masse der Rohdecke in [kg/m²]
$\mathrm{Re}(Y)$ Realteil der komplexen Deckenadmittanz in [s/kg]
σ Abstrahlgrad für freie Biegewellen
T_s Körperschall-Nachhallzeit in [s]

Die Trittschallminderung einer Deckenauflage, üblicherweise einem schwimmenden Estrich, kann durch Messungen in einem Deckenauflagenprüfstand nach DIN EN 10140-3 bestimmt werden:

$$\Delta L = L_{n0} - L_n \qquad (29)$$

mit
L_{n0} Norm-Trittschallpegel der Norm-Bezugsdecke ohne Deckenauflage in [dB]
L_n Norm-Trittschallpegel der Norm-Bezugsdecke mit Deckenauflage in [dB]

Für die Prognose wird angenommen, dass die Trittschallminderung am Bau der Trittschallminderung im Labor entspricht: $\Delta L = \Delta L_{situ}$.

Der Norm-Trittschallpegel für die Flankenübertragung vom angeregten Bauteil i (Decke) auf das flankierende Bauteil j (Wände) wird nach folgender Gleichung ermittelt:

$$L_{n,ij} = L_{n,situ} - \Delta L_{situ} + \frac{R_{i,situ} - R_{j,situ}}{2} - \Delta R_{j,situ}$$
$$- \overline{D}_{v,ij,situ} - 10\lg\sqrt{\frac{S_i}{S_j}} \qquad (30)$$

mit
$R_{i,situ}$ Schalldämmmaß für das angeregte Bauteil i unter den tatsächlichen Baubedingungen in [dB]
$R_{j,situ}$ Schalldämmmaß für das Bauteil j unter den tatsächlichen Baubedingungen in [dB]
$\Delta R_{j,situ}$ Luftschallverbesserungsmaß durch Vorsatzkonstruktionen auf der Empfangsseite des Bauteils j in [dB]
$\overline{D}_{v,ij,situ}$ richtungsgemittelte Schnellepegeldifferenz an der Stoßstelle zwischen Bauteil i und Bauteil j in [dB]
S_i Fläche des angeregten Bauteils (Fußboden) in [m²]
S_j Fläche des abstrahlenden Bauteils in [m²]

Bei horizontaler Anordnung von Sende- und Empfangsraum (Bild 81b) entfällt die direkte Übertragung, da das Trennbauteil von Sende- und Empfangsraum nur indirekt angeregt wird. Folglich werden in horizontaler Richtung nur zwei Übertragungswege berechnet.

Trittschallübertragung von entkoppelten Treppenläufen

Die horizontale Trittschallübertragung eines geschosshohen Treppenlaufs, der entkoppelt auf den Rohdecken bzw. auf Hauptpodesten aufliegt (Bild 82a), kann in gleicher Weise berechnet werden, wie die horizontale Trittschallübertragung einer Decke mit schwimmendem Estrich. Dazu muss lediglich die Trittschallminderung der Deckenauflage durch die Trittschallminderung des entkoppelten Treppenlaufs ΔL_{Lauf} ersetzt werden, dessen Bestimmung nach DIN 7396 erfolgt. Da in den Empfangsräumen üblicherweise schwimmende Estriche aufgebracht sind, die als Vorsatzschale wirken, ist die Gesamt-Übertragung in den Empfangsraum über das untere Auflager geringer als die Übertragung über das obere Auflager. Bei zweiläufigen Treppen mit Zwischenpodest erfolgt die Prognose ausgehend vom Zwischenpodest, welches über einen T-Stoß mit den Treppenraumwänden verbunden ist. Hierbei werden die obere und untere Wandhälfte als flankierende Bauteile betrachtet, um die Analogie zu Decken beizubehalten.

Trittschallübertragung von entkoppelten Treppenpodesten

Die horizontale Trittschallübertragung eines Podestes, das entkoppelt in der Treppenraumwand aufliegt (Bild 83), kann in gleicher Weise berechnet werden, wie die vertikale Trittschallübertragung einer Decke mit schwimmendem Estrich, wenn man das Deckenmodell gedanklich um 90° dreht und das entkoppelte Podest als „schwimmenden Estrich der Treppenwand" betrachtet. Als Eingangsgröße für die Prognose wird die Trittschallminderung ΔL_{Podest} des entkoppelten Podestes gegenüber der direkten Anregung der Treppenwand nach DIN 7396 bestimmt.

---
[1] Die Trittschallminderung wird auch als Trittschallpegelminderung bezeichnet.

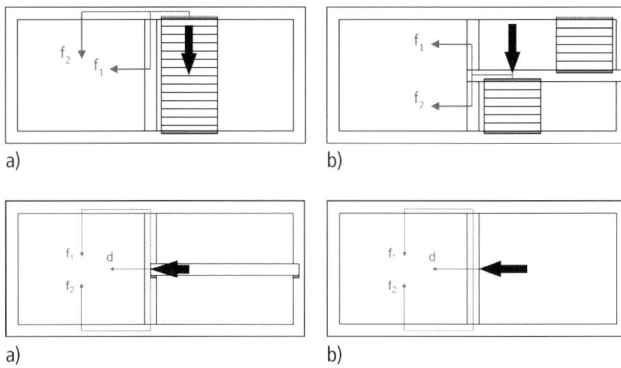

Bild 82. Trittschall-Übertragungswege bei entkoppelten Treppenläufen; a) geschosshoher Treppenlauf (n = 2); b) Treppenlauf mit Zwischenpodest (n = 2)

Bild 83. Trittschall-Übertragungswege bei entkoppelten Treppenpodesten; a) Übertragung entkoppeltes Podest; b) Übertragung bei direkter Anregung der Trennwand

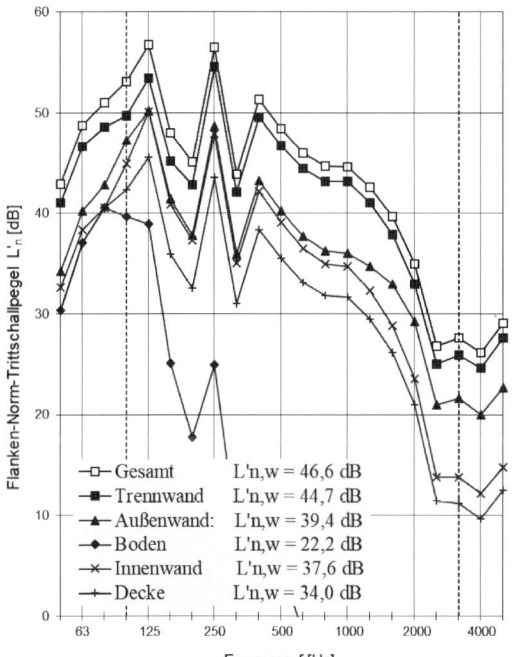

Bild 84. Fallbeispiel 1: Prognose Norm-Trittschallpegel entkoppeltes Podest nach DIN EN 12354-2 für Direktübertragung über Trennwand und Flankenübertragung

Bild 84 zeigt die Prognosewerte für die Direkt- und Flankenübertragung für das entkoppelte Podest aus Fallbeispiel 1 (Abschnitt 5.1.1). Die Gesamtübertragung mit $L'_{n,w}$ = 46,6 dB wird im gesamten Frequenzbereich maßgeblich von der Schallabstrahlung der Trennwand bestimmt, da diese über das in ihr gelagerte Podest direkt angeregt wird. Die Schallabstrahlung der leichten Außenwand folgt an zweiter Stelle, der Einzahlwert ist ca. 5 dB geringer als bei der Trennwand. Die Schallabstrahlung des Bodens wird durch den schwimmenden Estrich so stark vermindert, dass dieser Übertragungsweg für die Gesamtübertragung keine Rolle spielt. Für Fallbeispiel 1 wurde ebenfalls eine Prognoserechnung für die Schallübertragung über den auf dem Boden entkoppelten Lauf durchgeführt. Diese ergab $L'_{n,w}$ = 39,2 dB.

Vereinfachtes Verfahren nach EN 12354-2

Die frequenzunabhängige Prognose mit dem vereinfachten Verfahren nach EN 12354-2 erfolgt in gleicher Weise wie im Vorigen beschrieben, jedoch mit Einzahlwerten. Für die einzelnen Flanken-Übertragungswege gilt:

$$L_{n,ij,w} = L_{n,eq,0,w} - \Delta L_w + \frac{R_{i,w} - R_{j,w}}{2} - \Delta R_{j,w} - K_{ij}$$
$$- 10 \lg \frac{S_i}{l_0 l_{ij}} \quad (31)$$

mit
$L_{n,ij,w}$ bewerteter Norm-Trittschallpegel flankierender Bauteile, der auf der Decke bzw. der Wand oder dem starr eingebauten Podest (i) erzeugt und durch das Bauteil (j) abgestrahlt wird
$L_{n,eq,0,w}$ äquivalent bewerteter Norm-Trittschallpegel der Rohdecke bzw. der Wand oder des starr eingebauten Podestes
ΔL_w bewertete Trittschallminderung durch eine Deckenauflage bzw. durch ein entkoppeltes Podest oder einen entkoppelten Lauf
$R_{i,w}$ bewertetes Schalldämmmaß der Rohdecke bzw. der Wand oder des starr eingebauten Podestes (i)
$R_{j,w}$ bewertetes Schalldämmmaß des Bauteils (j)
K_{ij} Stoßstellendämmmaß für den Übertragungsweg ij
S_i Fläche der Decke bzw. der Wand oder des starr eingebauten Podestes (i)
l_0 Bezugskantenlänge 1 m
$l_{i,j}$ gemeinsame Kantenlänge von Bauteil (i) und Bauteil (j)

Die Erprobung bzw. Validierung des (neuen) Rechenverfahrens für Treppen nach EN 12354-2 ist seit einigen Jahren Gegenstand von Forschungsaktivitäten. Durch den Vergleich von gemessenen und gerechneten Bausituationen soll die Genauigkeit des Verfahrens statistisch erfasst und Hinweise abgeleitet werden, wie die am Bau auftretenden sehr unterschiedlichen und oft komplizierten Bedingungen (Kombination von Entkopplungsvarianten, Entkopplung in Trennwand und flankierenden Wänden etc.) im rechnerischen Nachweis vereinfacht werden können.

5.4 Prüfstandsmessung von Leichtbautreppen

5.4.1 Ausführungsvarianten

Untersuchungen im Treppenprüfstand erfolgten an einer Vielzahl von Leichtbautreppen, immer in Kombination mit einer einschaligen Treppenwand aus 24 cm Kalksandvollstein (Bild 69). Bild 85 zeigt nur eine kleine Auswahl von Leichtbautreppen-Konstruktionen, an denen Messungen der horizontalen Trittschallübertragung in unterschiedlichen Ausführungsvarianten, z. B. ohne und mit Entkopplungsmaßnahmen, durchgeführt wurden. Bild 86 zeigt die Messergebnisse des Norm-Trittschallpegels für acht unterschiedliche Treppensysteme in unterschiedlichen Konfigura-

Bild 85. Beispiele für im Treppenprüfstand untersuchte Leichtbautreppen

Trittschallschutz von Treppen

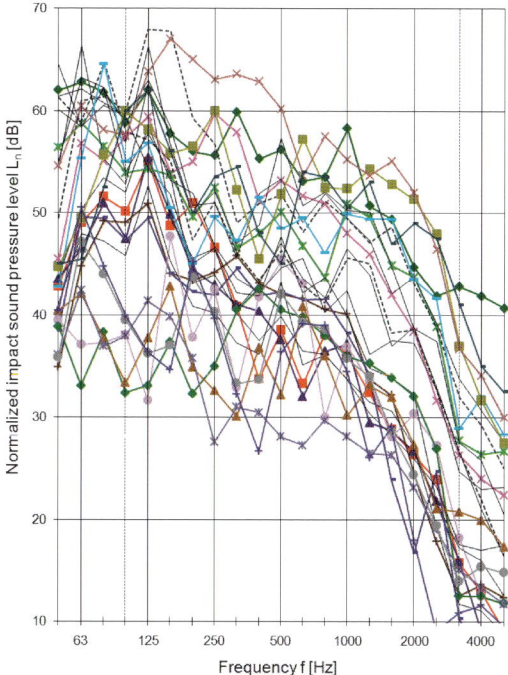

Bild 86. Messergebnisse des Norm-Trittschallpegels für 8 unterschiedliche Treppensysteme in unterschiedlichen Konfigurationen

5.4.2 Maßgebliche Einflüsse für die Trittschallübertragung

Die Trittschallübertragung einer handwerklichen Holzwangentreppe (Bild 87) wurde im Treppenprüfstand detailliert untersucht und Methoden zur Charakterisierung als Körperschallquelle zur Bestimmung von Eingangsdaten für Prognosen (Abschnitt 5.4.4) angewendet [128, 130, 132, 145]. Im Vordergrund stand dabei die horizontale Übertragung. Um für die Grundlagenuntersuchungen möglichst einfache Verhältnisse zu schaffen, wurde ein geradläufiger Treppengrundriss gewählt. Die Ankopplung der Treppenwange an die Wand erfolgte an einem einzigen starren Wandkontakt. Die Wange selbst wurde von der Wand abgerückt, um eine physikalisch einfacher zu beschreibende, punktförmige Verbindung zu schaffen. Durch Entkopplung der Deckenauflager wurde gewährleistet, dass die Körperschallanregung der Wand ausschließlich über den Wandkontakt erfolgte.

Schwingungsverhalten

Das Schwingungsverhalten ist eine maßgebliche Eigenschaft für die Körperschallübertragung von der Treppe in den Baukörper und somit hinsichtlich der Charakterisierung der Treppe als Körperschallquelle von grundlegender Bedeutung. Mittels experimenteller Modalanalyse wurden die Eigenschwingungen bestimmt. Diese sind auszugsweise in Bild 88 dargestellt. Die Schwingungsbilder sind geprägt von den Eigenschwingungen der einzelnen Komponenten der Treppe: Handlauf, Wange und Stufen und deren komplexem Zusammenspiel. Bei den zugehörigen Eigenfrequenzen ist die Treppe besonders gut anregbar, das heißt, sie kann stark schwingen. Dies ist wiederum die Voraussetzung für eine starke Körperschallanregung der Wand. Maßgeblich ist auch, wo die Treppe angeregt wird (Beispiel: Schwingungsverhalten bei 106 Hz), dadurch sind die frequenzabhängigen Unterschiede der Norm-Trittschallpegel in der Größenord-

tionen [144]. Die bewerteten Norm-Trittschallpegel liegen zwischen $L_{n,w}$ = 32–60 dB. Daraus ist ersichtlich, dass eine Vereinheitlichung von Leichtbautreppen-Konstruktionen nicht möglich ist, sondern dass individuelle Prüfergebnisse für Ausführungen von Leichtbautreppen für die Produktkennzeichnung benötigt werden und um die Schallübertragung im Gebäude prognostizieren zu können (Abschnitt 5.4.4).

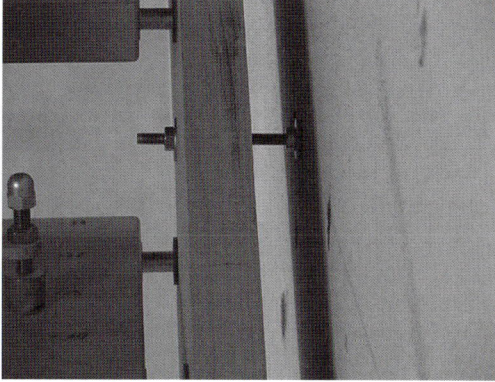

Bild 87. Handwerkliche Holztreppe mit Wandwange und punktförmigem Wandkontakt

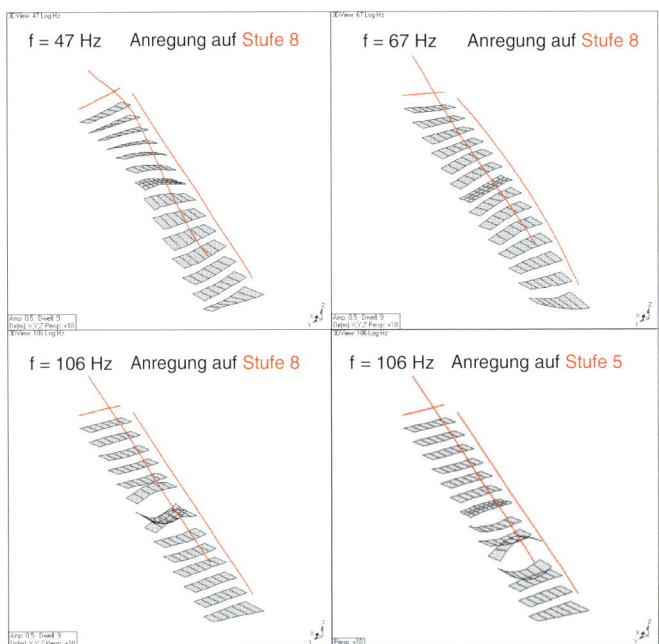

Bild 88. Tieffrequente Treppen-Eigenschwingungen der Treppe aus Bild 86, bestimmt aus experimenteller Modalanalyse

nung von 10 dB für die Anregung unterschiedlicher Stufen in Fallbeispiel 2 und 3 zu erklären. Die treppenspezifischen Eigenschwingungen sind ein wesentliches Merkmal hinsichtlich der Charakterisierung von Leichtbautreppen als Körperschallquellen. In Anbetracht der Komplexität des Schwingungssystems Treppe mit starkem Einfluss von Resonanzen ist eine schalltechnische Beschreibung generell nur auf Basis von Messungen sinnvoll.

Entkopplung
Die Holztreppe in Bild 86, jedoch mit im Ausgangszustand vollflächigem Wandkontakt, sollte schalltechnisch optimiert werden. Die damaligen Zielvorgaben waren:
– erhöhter Schallschutz ($L_{n,w}$ = 46 dB) an einer einschaligen Wohnungstrennwand,
– eine erhebliche Minderung der tieffrequenten Trittschallübertragung,
– keine grundlegenden konstruktiven Veränderungen an der Treppenkonstruktion selbst,
– sichere Begehbarkeit und Einhaltung der statischen Anforderungen nach ETAG 008 [149].

Als Optimierungsstrategie wurde die Reduzierung der Körperschalleinleitung in den Baukörper durch Entkopplung der Auflagerpunkte gewählt, da diese mit relativ geringem konstruktivem Aufwand verbunden ist, weil keine Veränderungen an der Treppe selbst vorgenommen werden müssen. Bei der Umsetzung wurde in mehreren Schritten vorgegangen, um den Einfluss der einzelnen Ankopplungspunkte an Treppenwand und Decken auf die Übertragung festzustellen. Zur Ermittlung der Optimierungsgrenze wurden zunächst alle Verschraubungen entfernt, die Treppe wurde von der Wand abgerückt und mit Elastomerlagern auf den Decken aufgesetzt. Bei dieser vollständigen Entkopplung wird der Norm-Trittschallpegel durch Schallabstrahlung der Treppe im Senderaum und Luftschallübertragung in den Empfangsraum bestimmt. Die einzelnen Maßnahmen und deren Auswirkung auf den Norm-Trittschallpegel zeigt Bild 89, eine ausführliche Dokumentation der Maßnahmen findet sich in [150]. Im Endergebnis wurde mit entkoppelten Deckenauflagern und einer statisch notwendigen (entkoppelten) Verschraubung der Wandwange ein $L_{n,w} + C_{I,50–2500}$ = 39 dB erreicht. Messungen der Lautheit nach *Zwicker* ergaben beim Begehen der Treppe eine Reduzierung um den Faktor 6. Bei der Ausführungsvariante der Treppe ohne Wandwange sind die einzelnen Stufen direkt in der Wand befestigt (Bild 90). Durch den Austausch der Gummilager durch weichere PUR-Lager wurde ebenfalls ein bewerteter Norm-Trittschallpegel von $L_{n,w} + C_{I,50–2500}$ = 39 dB erreicht (Bild 91). Die Wirksamkeit der im Prüfstand erprobten Optimierungsmaßnahmen wurde für beide Ausführungsvarianten im Gebäude bestätigt (Fallbeispiel 2 in Abschnitt 5.1.2). Eine schalltechnische Optimierung im Treppenprüfstand erfolgte für eine Vielzahl weiterer Treppensysteme unterschiedlicher Hersteller, u. a. auch für Spindeltreppen.

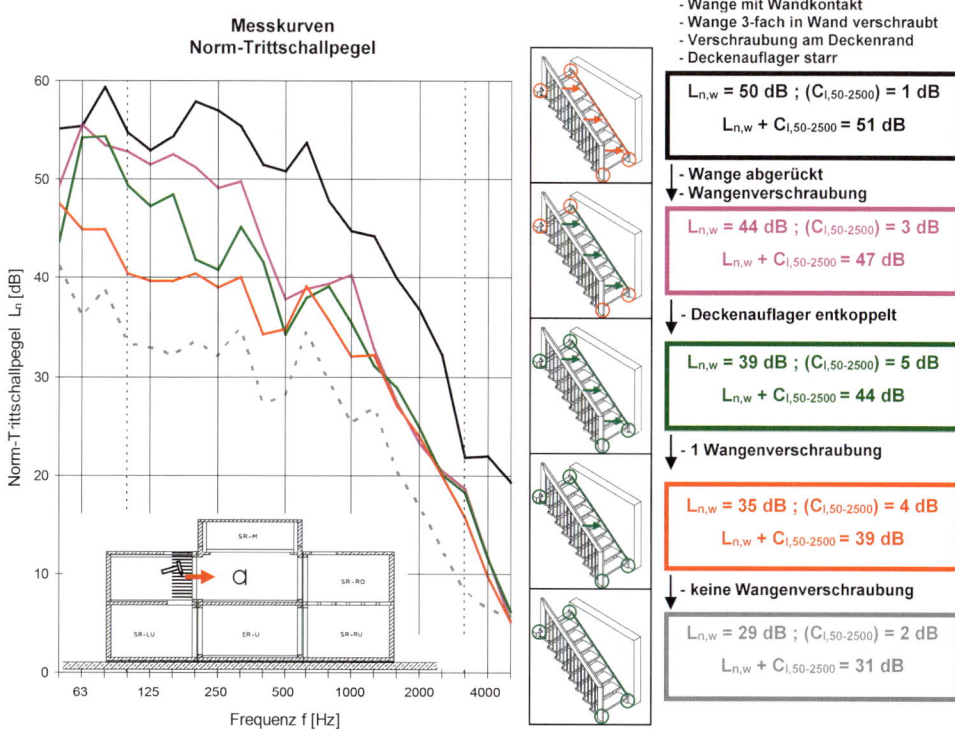

Bild 89. Schalltechnische Optimierung einer Holztreppe mit Wandwange im Treppenprüfstand

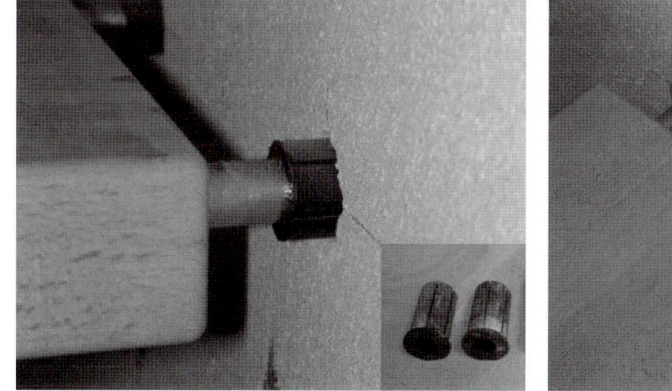

Bild 90. Schalltechnische Optimierung einer Holztreppe ohne Wandwange (Bolzentreppe) im Treppenprüfstand durch Austausch der Gummilager durch PUR-Lager

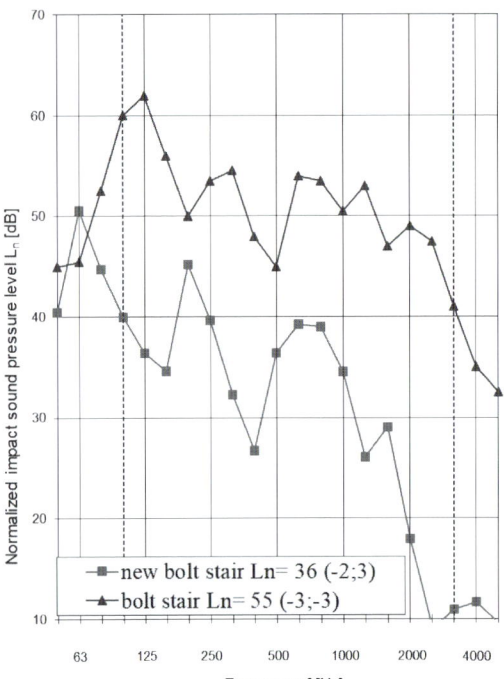

Bild 91. Schalltechnische Optimierung einer Holztreppe mit Wandwange im Treppenprüfstand

5.4.3 Labor-Prüfverfahren

Für Leichtbautreppen existiert bislang kein genormtes Labor-Prüfverfahren. Es liegt auf der Hand, dass das Verfahren nach DIN 7396 in weiten Teilen für Leichtbautreppen übernommen werden kann. Lösungen zur Charakterisierung von Leichtbautreppen hinsichtlich Produktkennzeichnung und Prognose von Leichtbautreppen wurden bereits entwickelt und erprobt. Eine Herausforderung besteht noch darin, die Körperschallübertragung in alle Bauteile, an welche die Treppe angekoppelt ist, messtechnisch getrennt voneinander zu erfassen.

5.4.4 Prognose des Norm-Trittschallpegels

5.4.4.1 Rechenverfahren nach DIN 4109

Für Leichtbautreppen enthält DIN 4109 seit jeher kein Rechenverfahren. Der in DIN EN ISO 12354-2:2017 formulierte Ansatz gilt auch für Leichtbautreppen und wurde für den Massivbau bereits erfolgreich erprobt (Abschnitt 5.4.4.2), sodass die bestehende Lücke geschlossen werden könnte.

5.4.4.2 Rechenverfahren nach EN 12354-2

Die Prognose der Schallübertragung von Leichtbautreppen im Massivbau erfolgt in gleicher Weise wie für Massivtreppen (Abschnitt 5.3.4.3), als Eingangsgröße für die horizontale Übertragung wird die Trittschallminderung der Treppe gegenüber der direkten Anregung der Wand benötigt (Bild 92). Die Prognose des Normtrittschallpegels für Fallbeispiel 2 (Bild 64) basiert auf einer Prüfstandsmessung der Trittschallminderung an einer geradläufigen Treppe. Im Frequenzbereich ab 200 Hz ist die Übereinstimmung von Prognose und Messung gut, darunter ergeben sich größere Abweichungen, die aufgrund des im Vergleich zur Prüfstands-Treppe anderen Treppengrundrisses und damit anderen Schwingungsverhaltens zu erwarten sind. Die Prognose liegt auf der sicheren Seite. Unter Berücksichtigung des Spektrum-Anpassungswertes $C_{I,50-2500}$ beträgt die Abweichung 6 dB, liegt aber auf der sicheren Seite. Weitere Vergleiche von Prognosen und Messungen in Gebäuden ergaben ähnlich gute Übereinstimmungen [128], auch für eine Bausituation mit zweischaliger Haustrennwand.

Für die Vorherberechnung der Schallübertragung von Leichtbautreppen im Holzbau muss eine etwas aufwendigere Charakterisierung erfolgen, die eine Bestimmung der installierten Leistung im Gebäude ermöglicht (Bild 93). Dazu kann derselbe Prüfaufbau verwendet werden, jedoch muss die blockierte Kurzschlusskraft oder die freie Schnelle der Treppe und die Admittanz der Treppe an den Kontaktpunkten bestimmt werden, wobei die Verfahren in EN 15657 [147] zur Anwendung kommen, wie ausführlich in [130, 132, 144, 145] beschrieben. Basierend darauf kann die Kör-

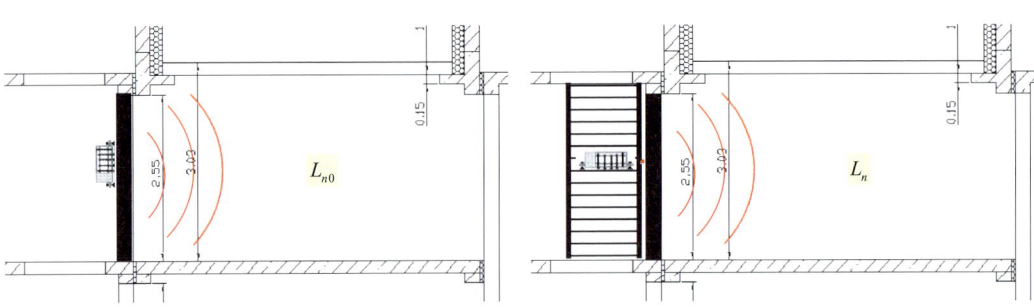

Bild 92. Messtechnische Bestimmung der Trittschallpegelminderung von Leichtbautreppen in Anlehnung an DIN 7396

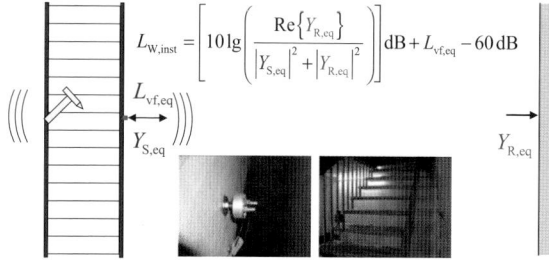

$$L_{W,inst} = \left[10 \lg \left(\frac{\text{Re}\{Y_{R,eq}\}}{|Y_{S,eq}|^2 + |Y_{R,eq}|^2} \right) \right] dB + L_{vf,eq} - 60\, dB$$

Bild 93. Prognose der installierten Leistung im Holzbau

perschallausbreitung im Gebäude mit Übertragungsfunktionen erfolgen. Dieses Vorgehen wird am Beispiel von haustechnischen Anlagen ausführlich in [148] erläutert, wurde für Leichtbautreppen jedoch noch nicht angewandt.

5.4.4.3 Praxistipps für die Ausführung von Leichtbautreppen

Vor dem Einbau einer Treppe sollte sichergestellt sein, dass der Baukörper (Wände, Decken) die Anforderungen an die Luft- und Trittschalldämmung erfüllt. Dies kann dem Schallschutznachweis (sofern verfügbar) entnommen werden. Liegt kein Schallschutznachweis vor, kann die Schalldämmung der betreffenden Bauteile (z. B. R'_w der Haustrennwand), nach DIN 4109-2 berechnet und mit den Anforderungen verglichen werden. Weiter sollte vor Ort geprüft werden, ob die Ausführung den planerischen Vorgaben entspricht. Am zuverlässigsten ist die messtechnische Bestimmung der Schalldämmung am Bau, vor Einbau der Treppe. Generell sollten nur Treppensysteme eingesetzt werden, für welche die schalltechnische Eignung vom Hersteller garantiert wird. Beim Einbau einer Leichtbautreppe sollten folgende Punkte berücksichtigt werden:
- möglichst auf Befestigungs- und Auflagerpunkte in der Haus- bzw. Wohnungstrennwand verzichten,
- kein vollflächiger Kontakt einer evtl. vorhandenen Treppenwange mit der Haus- bzw. Wohnungstrennwand,
- Auflagerpunkte sollten aufgrund der schlechteren Anregbarkeit der Bauteile möglichst in die Kanten von Bauteilen gerückt werden bzw. sind entsprechend entkoppelt auszuführen.

Weitere praktische Hinweise, u. a. auch zur rechtlichen Situation und eine schalltechnische Checkliste können [150] entnommen werden.

Dank

Heinz-Martin Fischer und Elmar Sälzer haben durch ihre Unterstützung großen Anteil an der Entstehung dieses Artikels. Hierfür bedanken sich die Autoren.

6 Literatur

[1] Lifschitz, S. (1930) *Vorlesungen über Bauakustik*, Verlag Konrad Wittwer, Stuttgart.

[2] Gastell, A. (1936) Schalldämmungsmessungen in der Praxis, *Akustik 1*.

[3] Meyer, E.; Keidel, L. (1937) Zur Schalldämmung von Federn und Dämmstoffen, *Zeitschrift Techn. Physik* 18 (1937)

[4] Moll, W. (1965) *Bauakustik*, Ernst & Sohn, Berlin, München.

[5] DIN EN ISO 140-6:1998-12 (1998) *Messung der Schalldämmung in Gebäuden und von Bauteilen – Teil 6: Messung der Trittschalldämmung von Decken in Prüfständen*, Beuth, Berlin.

[6] DIN 4110:1938-07 (1938) *Technische Bestimmungen für Zulassung neuer Bauweisen*, 2. Ausg., Abschnitt D: Durchführung und Prüfung, 11. Schallschutz.

[7] DIN 4109-1944 (1944) *Richtlinien für den Schallschutz im Hochbau*, eingeführt durch Erlass des Reichsarbeitsministers vom 18.04.1944 IV a 8 Nr. 9613-4/43.

[8] Cremer, L. (1960) *Der Sinn der Sollkurven, Schallschutz von Bauteilen*, Verlag von Wilhelm Ernst & Sohn, Berlin, München.

[9] DIN 52210:1975 (1975) *Bauakustische Prüfungen, Luft- und Trittschalldämmung*.

[10] DIN 52210 *Bauakustische Prüfungen, Luft- und Trittschalldämmung*, Ausgabe 1984–1989 (je nach Normenteil).

[11] DIN EN ISO 140-7:1998-12 (1998) *Messung der Schalldämmung in Gebäuden und von Bauteilen – Teil 7: Messung der Trittschalldämmung von Decken in Gebäuden*, Beuth, Berlin.

[12] Wittstock, V.; Scholl, W. (2007) *Die neue DIN 4109: Grund genug, über Unsicherheiten in der Akustik nachzudenken*, 5. Weimarer Bauphysiktage 2007, Tagungsband.

[13] Wilmsen, G. (1984) Ergebnisse von Trittschalldämmungsmessungen mit Oktav- und Terzfiltern, *Bundesbaublatt* Heft 9.

[14] Zeitler, B.; Nightingale, T. (2008) *Impedance of standard impact sources and their effect on impact sound pressure level of floors*, Tagungsband acoustics. '08, Paris.

[15] Ruhe, C. (1986) Nachweis der Körperschalldämmung von Kegelbahnen und Maschinenfundamenten, *Bauphysik* **11** (H. 3).

[16] DIN EN ISO 10140-5:2014-09 (2014) *Akustik – Messung der Schalldämmung von Bauteilen im Prüfstand – Teil 5: Anforderungen an Prüfstände und Prüfeinrichtungen*, Beuth, Berlin.

[17] Petzold, E.; Fischer, H.-M.; Schenk, J.; Möck, T. (2002) *Charakterisierung von Körperschallquellen in Zusammenhang mit der Anregung von leichten Treppen*, Fortschritte der Akustik, DAGA Bochum 2002, Tagungsband.

[18] Zeitler, B.; Nightingale, T.; King, F. (2008) *Methods to control low frequency impact noise in wood-frame constructions*, Tagungsband Acoustics '08, Paris.

[19] Scholl, W. (2001) Impact Sound Insulation: The Standard Tapping Machine Shall Learn to Walk, *Building Acoustics* **8** (Numb. 4).

[20] Lang, J. (2004) Luft- und Trittschallschutz von Holzdecken und die Verbesserung des Trittschallschutzes durch Fußböden auf Holzdecken, Zeitschrift *wksb* **52**.

[21] Leistner, P.; Schröder, H.; Richter, B. (2003) Gehgeräusche bei Massiv- und Holzbalkendecken, *Bauphysik* **25** (H. 4).

[22] DIN EN ISO 12999-1:2014-09 (2014) *Bestimmung und Anwendung der Messunsicherheiten in der Bauakustik – Teil 1: Schalldämmung*, Beuth, Berlin.

[23] Goydke, H.; Siebert, B.; Scholl, W. (2004) Studie zur Bestimmung von Messunsicherheiten bei Schalldämmungsmessungen, *Bauakustik* **51** (Nr. 1).

[24] DIN EN ISO 717-2:2013-06 (2013) *Bewertung der Schalldämmung in Gebäuden und von Bauteilen – Teil 2: Trittschalldämmung*, Beuth, Berlin.

[25] SIA 181 (2006) *Schallschutz im Hochbau*.

[26] ÖNORM B8115 (2006) *Schallschutz und Raumakustik im Hochbau – Teil 2: Anforderungen an den Schallschutz*.

[27] Maack, J.; Möck, T. (2014) Trittschallschutz in *Bauphysik-Kalender* 2014 (Hrsg. Nabil A. Fouad), Ernst und Sohn, Berlin.

[28] Einheitsbauordnung §§ 13 und 15 *Schallschutz von Decken und Wänden*, Rd.-Erl. d. Pr. Fin.-Min. v. 23.05.1939 – Bau 2113/2115; 23.5.

[29] Gösele, K.; Schüle, W.; Künzel, H. (1997) *Schall, Wärme, Feuchte*, Bauverlag GmbH, Wiesbaden, Berlin.

[30] Zeller, W. (1948) *Baulicher Schallschutz*, Julius Hoffmann Verlag, Stuttgart.

[31] DIN 4109:1962-09 (1962) *Schallschutz im Hochbau*, Beuth, Berlin.

[32] TGL 10687, Bl. 2 (1963) *Bauphysikalische Schallschutzmaßnahmen, Schallschutz, Mindestanforderung*.

[33] TGL 10687, Blatt 3 (1970) *Schallschutz, Schalldämmung von Bauwerksteilen*.

[34] TGL 10688 (1970) *Messverfahren der Akustik*.

[35] TGL 10687, Blatt 3 (01-1982) *Schallschutz, Schalldämmung von Bauwerksteilen*.

[36] TGL 10687, Blatt 3 (09-1986) *Schallschutz, Schalldämmung von Bauwerksteilen*.

[37] Entwurfsfassung E DIN 4109 (1979) *Schallschutz im Hochbau – Teil 2: Luft- und Trittschalldämmung in Gebäuden; Anforderungen und Nachweise, Hinweise für Planung und Ausführung*. Beuth, Berlin.

[38] DIN 4109:1989-11 (1989) *Schallschutz im Hochbau, Anforderungen*, Beuth, Berlin.

[39] Sälzer, E. (1994) *Kommentar zu DIN 4109*, Bauverlag GmbH, Wiesbaden und Berlin.

[40] Beiblatt 1 zu DIN 4109:1989-11 (1989) *Schallschutz im Hochbau – Ausführungsbeispiele und Rechenverfahren*, Beuth, Berlin.

[41] Beiblatt 2 zu DIN 4109:1989-11 (1989) *Schallschutz im Hochbau, Hinweise für Planung und Ausführung, Vorschläge für einen erhöhten Schallschutz, Empfehlungen für den Schallschutz im eigenen Wohn- oder Arbeitsbereich*, Beuth, Berlin.

[42] VDI–Richtlinie 4100:2007-08 (2007) *Schallschutz von Wohnungen – Kriterien für Planung und Beurteilung*, Beuth, Berlin.

[43] DIN EN 12354-2: 2017-11 (2017) *Bauakustik – Berechnung der akustischen Eigenschaften von Gebäuden aus den Bauteileigenschaften – Teil 2: Trittschalldämmung zwischen Räumen*, Beuth, Berlin.

[44] DEGA-Memorandum (2005) *Die DIN 4109 und die allgemein anerkannten Regeln der Technik in der Bauakustik* (Hrsg. Deutsche Gesellschaft für Akustik e. V., Fachausschuss Bau- und Raumakustik), DEGA 0101, www.dega-akustik.de.

[45] DEGA-Memorandum (2011) *Die DIN 4109 und die allgemein anerkannten Regeln der Technik in der Bauakustik* (Hrsg. Deutsche Gesellschaft für Akustik e. V., Fachausschuss Bau- und Raumakustik), DEGA 0101, www.dega-akustik.de.

[46] Möck, T.; Fischer, H.-M.; Scheck, J.; Kurz, R. (2003) Zum Stand des Schallschutzes bei Treppen in Massiv- und Leichtbauweise, Fortschritte der Akustik, DAGA 2003, Aachen.

[47] VDI-Richtlinie 3726:1991-01 (1991) *Schallschutz bei Gaststätten und Kegelbahnen*.

[48] Gösele, K. (1964) Die Beurteilung des Trittschallschutzes von Rohdecken, *Gesundheits-Ingenieur* 1964, S. 261–266.

[49] Gösele, K. (1976) *Berechnung des Trittschallschutzmaßes von Rohdecken*, Tagungsband DAGA 1976, VDI-Verlag.

[50] DIN EN 12354-2: 2000-09 (2000) Bauakustik – Berechnung der akustischen Eigenschaften von Gebäuden aus den Bauteileigenschaften – Teil 2: Trittschalldämmung zwischen Räumen, Beuth, Berlin.

[51] Fischer, H.-M.; Kohler, K.; Schneider, M. (2005) *Schallschutznachweis für die Trittschalldämmung auf Basis der DIN EN 12354-2*, Fraunhofer IRB Verlag, Stuttgart, T 3100 (Forschungsarbeit im Auftrag des Deutschen Instituts für Bautechnik DIBt, Berlin).

[52] DIN EN ISO 10140-1:2016-12 (2016) *Akustik – Messung der Schalldämmung von Bauteilen im Prüfstand – Teil 1: Anwendungsregeln für bestimmte Produkte*, Beuth, Berlin.

[53] DIN EN ISO 140-8:1997-03 (1997) *Messung der Schalldämmung in Gebäuden und von Bauteilen – Teil 8: Messung der Trittschallminderung durch eine Deckenauflage auf einer massiven Bezugsdecke in Prüfständen*, Beuth, Berlin.

[54] Cremer, L. (1952) Näherungsweise Berechnung der von einem schwimmenden Estrich zu erwartenden Verbesserung, *Forschung und Fortschritt im Bauwesen*, Heft 2 (1952), S. 123.

[55] Gösele, K. (1956) Trittschall-Entstehung und -dämmung, *VDI-Berichte* **8**, S. 23.

[56] Cremer, H.; Cremer, L. (1948) Theorie der Entstehung des Klopfschalls, *Frequenz* **2** (1948).

[57] DIN 4108-4:2017:03 (2017) *Wärmeschutz und Energieeinsparung in Gebäuden – Teil 4: Wärme- und feuchteschutztechnische Bemessungswerte*, Beuth, Berlin.

[58] Sälzer, E.; Maack, J.; Kühn, H. (2007) Schallschutz von Bauteilen aus mineralischen Baustoffen in Abhängigkeit von der Abbindezeit, *Bauphysik* **29**.

[59] Entwurf DIN 4109-5:2019-05 (2019) *Schallschutz im Hochbau – Teil 5: Erhöhte Anforderungen*, Beuth, Berlin.

[60] DIN SPEC 91314:2017-01 (2017) *Schallschutz im Hochbau – Anforderungen für einen erhöhten Schallschutz im Wohnungsbau*, Beuth, Berlin.

[61] DIN EN 29052-1:1992-08 (1992) *Bestimmung der dynamischen Steifigkeit – Teil 1: Materialien, die unter schwimmenden Estrichen in Wohngebäuden verwendet werden*, Beuth, Berlin.

[62] Freimuth, H. (2004) *Trittschallminderung von Fußbodenaufbauten auf Gummigranulat*, VMPA-Tagung Braunschweig.

[63] Sälzer, E.; Maack, J. (2004) Schallschutz mit Hohlraumböden – Teil 2: Trittschalldämmung – Flankentrittschallpegel und Trittschallminderung, *Bauphysik* **26** (H. 2), Ernst & Sohn Verlag, Berlin.

[64] Sälzer, E. (1972) *Trittschallschutz von Terrassenlagern, Kampf dem Lärm*.

[65] DIN 52214:1984-12 (1984) *Bauakustische Prüfungen, Bestimmung der dynamischen Steifigkeit von Dämmschichten für schwimmende Estriche*, Beuth, Berlin.

[66] Beschlussbuch des Arbeitskreises der Prüfstellen für die Erteilung allgemeiner bauaufsichtlicher Prüfzeugnisse für den Schallschutz im Hochbau – Arbeitskreis Schallprüfstellen, aktuelle Fassung: Beschlussbuch 25 vom 19.03.2018.

[67] Burkhart, C. (2003) *Tieffrequenter Trittschall – Messergebnisse, Beurteilung*, Fortschritte der Akustik DAGA 2003, Aachen, Tagungsband.

[68] Burkhart, C. (2002) *Tieffrequenter Trittschall – Messergebnisse, mögliche Ursachen*, Fortschritte der Akustik DAGA 2002, Bochum, Tagungsband, S. 525–530.

[69] Gösele, K. (2003) Trittschall-Übertragung bei Holzbalkendecken über die Wände, *Bauphysik* **25**.

[70] Physikalisch technische Bundesanstalt Braunschweig (PTB) (2005) *Integration des Holz- und Skelettbaus in die DIN 4109*, Fraunhofer IRB-Verlag, T3090.

[71] Dolezal, F.; Bednar, T.; Teibinger, N. (2008) Flankenübertragung bei Massivholzkonstruktionen, Teil 1: Verbesserung der Flankendämmung durch Einbau elastischer Zwischenschichten und Verifizierung der Anwendbarkeit von DIN 12354, *Bauphysik* **30**.

[72] Forschungsarbeit (2004) *Schalltechnische Optimierung des Holzbaus durch Verbesserung der Wandkonstruktionen*, Schlussbericht des Labors für Schall- und Wärmemesstechnik GmbH, Rosenheim.

[73] Gösele, K. (1979) Verfahren zur Vorausbestimmung des Trittschallschutzes von Holzbalkendecken, *Holz als Roh- und Werkstoff* **37**.

[74] Holtz, F. et al. (1999) Holzbauhandbuch, Reihe 3, Bauphysik, Teil 3 *Schallschutz, Holzbalkendecken*, Informationsdienstes Holz, (Hrsg. Entwicklungsgemeinschaft Holzbau in der DGfH e. V.), München.

[75] Forschungsarbeit (1999) *Optimierung der Trittschalleigenschaften von Holzbalkendecken zum Einsatz im mehrgeschossigen Holzhausbau*, Abschlussbericht des Labors für Schall- und Wärmemesstechnik GmbH, Rosenheim.

[76] Rabold, H.; Hessinger, J.; Bacher, S. (2008) Holzbalkendecken gezielt auf Vordermann bringen, in *MIKADOplus*, Heft 3/2008, Themenmagazin für Zimmerermeister, BEKA MEDIA GmbH & Co. KG.

[77] Prüfbericht L 23.96 – P 313/94, ITA Ingenieurgesellschaft für Technische Akustik mbH, Wiesbaden, im Auftrag der isofloc GmbH, 29.01.1996.

[78] Maack, J. (2008) Forschungsbericht Schallschutz von geneigten Dächern und Dachflächenfenstern, gefördert vom Bundesamt für Bauwesen und Raumordnung BBR, Z 6-10.07.03-04.13, 2008, www.ita.de.

[79] Krämer, G. (2007) Schallschutz mit leichtem Innenausbau – innovative Entwicklungen, Tagungsband 5. Weimarer Bauphysiktage.

[80] Gösele, K. (1999) Warum schwimmende Estriche auf Holzbalkendecken schalltechnisch nur halb so wirksam sind, in *Bauphysik* **21**.

[81] Gösele, K. (1993) Holzbauhandbuch, Reihe 3, Bauphysik, Teil 3 Schallschutz, Holzbalkendecken, Informationsdienstes Holz (Hrsg. Entwicklungsgemeinschaft Holzbau in der DGfH e. V.), München.

[82] Scheck, J.; Fischer, H.-M.; Kurz, R. (2001) *Anregevorgänge bei leichten Treppenkonstruktionen*, Fortschritte der Akustik, DAGA 2001, Hamburg.

[83] Holtz, F.; Buschbacher, H.P.; Rabold, A.; Hessinger, J. (2001) *Trittschalldämmung von Treppen im Holzbau*, DGfH-Forschungsbericht des Labors für Schall- und Wärmemesstechnik.

[84] Treppenmeister GmbH (Hrsg.) und Schalltechnisches Treppen-, Entwicklungs- und Prüfinstitut (STEP) GmbH (Redaktion) (2007) *Schallschutz bei Wohnungstreppen – Ein Handbuch über den Trittschallschutz von Leichtbautreppen im Wohnungsbau.*

[85] DIN EN ISO 140-14:2004-11 (2004) *Akustik – Messung der Schalldämmung in Gebäuden und von Bauteilen – Teil 14: Leitfäden für besondere bauliche Bedingungen*, Beuth, Berlin.

[86] Savage, J.E.; Fothergill, L.C. (1989) Reduction of Noise Nuisance from Footsteps on Stairs, *Applied Acoustics* **27** (1989), pp. 144–152.

[87] Baumgartner, H.; Kurz, R. (2003) *Mangelhafter Schallschutz von Gebäuden*, Fraunhofer IRB Verlag, Stuttgart.

[88] VDI-Richtlinie 4100:2012-10 (2012) *Schallschutz von Wohnungen – Kriterien für Planung und Beurteilung.*

[89] DIN EN ISO 16283-2:2018-11 (2018) *Messung der Schalldämmung in Gebäuden und am Bau – Teil 2: Trittschalldämmung*, Beuth, Berlin.

[90] Maack, J. (2012) Erhöhter Schallschutz – Zur Neufassung VDI 4100, Ausgabe 2012, *Bauphysik* **34**.

[91] Sälzer, E.; Maack, J.; Möck, T. (2012) Sonderfälle des Trittschallschutzes; Teil 2: Treppensanierungen, Terrassen, Balkone, Estriche auf Gummischrotbahnen, *Bauphysik* **34**.

[92] Sälzer, E.; Maack, J.; Möck, T. (2012) Sonderfälle des Trittschallschutzes; Teil 1: Laminat- und Parkettböden, Trockenböden und Terrassenbeläge, *Bauphysik* **34**.

[93] Rabold, A.; Hessinger, J.; Bacher, S. (2012) *Schallschutz historischer Holzbalkendecken- Geprüfte Wege zur schalltechnischen Sanierung*, 3. Int. Holzbauphysik-Kongr. Leipzig 2012, Tagungsband (akt. aus HOLZBAU 2/2012).

[94] Rabold, A.; Bacher, S.; Schramm, M. (2012) *Schallschutz historischer Holzbalkendecken- Methoden zur sicheren Planung*, 3. Int. Holzbauphysik-Kongr. Leipzig 2012, Tagungsband (s. HOLZBAU 3/2012).

[95] Maack, J. (2010) Mindestschallschutz 2010 – Die allgemein anerkannten Regeln der Technik (a. a. R. d. T.) und DIN 4109, *Bauphysik* **32**.

[96] Rabold, A.; Bacher, S.; Schanda, U.; Mayer, A.; Schöpfer, F. (2013) Schallschutz von Holzbalkendecken – Planungshilfen für die Altbausanierung, Teil 1: Direktschalldämmung, *Bauphysik* **35**.

[97] Rabold, A.; Bacher, S.; Schanda, U.; Mayer, A.; Schöpfer, F. (2013) Schallschutz von Holzbalkendecken – Planungshilfen für die Altbausanierung, Teil 2: Flankenschalldämmung, *Bauphysik* **35**.

[98] Teibinger, M.; Doleza, F.; Matzinger, I. (2009) Deckenkonstruktionen für den mehrgeschossigen Holzbau – Schall- und Brandschutz. Holzforschung Austria, Band 20 der HFA-Schriftenreihe, 1. Aufl.

[99] DIN EN ISO 10140-3:2015-11 (2015) *Akustik – Messung der Schalldämmung von Bauteilen im Prüfstand, Teil 3: Messung der Trittschalldämmung*, Beuth, Berlin.

[100] Scheck, J.; Taskan, E.; Fischer, H.-M.; Fichtel, C. (2013) Schallschutz von entkoppelten Massivtreppen – Teil 1: Prüfverfahren im Labor, *Bauphysik* **35**.

[101] DIN EN 16205:2013-09 (2013) *Messung von Gehschall auf Fußböden im Prüfstand*, Beuth, Berlin.

[102] Scholl, W. (2013) ISO 16717 – Revision of single-number quantities for sound insulation in buildings: state of discussion, Tagungsband Internoise Innsbruck 2013.

[103] Scholl, W. (2011) Revision of ISO 717 – Why not use impact sound reduction indicees instead of impact sound pressure levels?, *Acta Acustica United with Acustica*, Vol. 97, pp. 503–508.

[104] Scholl, W. (2012) Revision of ISO 717: *Future single-number quantities for sound insulation in buildings*, Tagungsband Bauphysikertreffen 2012, Band 127, Hochschule für Technik Stuttgart.

[105] Scholl, W.; Ciszewski, R.; Wittstock, V.: (2013) Revision of ISO 717: Why not use impact sound pressure levels? Part 2: Application to different impact Sources, *Acta Acustica united with Acustica*, Vol. 99, pp. 1–14.

[106] DIN 4109-1:2016-06 (2016) *Schallschutz im Hochbau – Teil 1: Mindestanforderungen*, Beuth, Berlin.

[107] DIN 4109-2:2016-07 (2016) *Schallschutz im Hochbau – Teil 2: Rechnerische Nachweise der Erfüllung der Anforderungen*, Beuth, Berlin.

[108] DIN 4109-32:2016-07 (2016) *Schallschutz im Hochbau – Teil 32: Daten für die rechnerischen Nachweise des Schallschutzes (Bauteilkatalog) – Massivbau*, Beuth, Berlin.

[109] DIN 4109-33:2016-07 (2016) *Schallschutz im Hochbau – Teil 33: Daten für die rechnerischen Nachweise des Schallschutzes (Bauteilkatalog) – Holz-, Leicht- und Trockenbau*, Beuth, Berlin.

[110] DIN 4109-34:2016-07 (2016) *Schallschutz im Hochbau – Teil 34: Daten für die rechnerischen Nachweise des Schallschutzes (Bauteilkatalog) – Vorsatzkonstruktionen vor massiven Bauten*, Beuth, Berlin.

[111] DIN 4109-4:2016-06 (2016) *Schallschutz im Hochbau – Teil 4: Bauakustische Prüfungen*, Beuth, Berlin.

[112] DIN 4109-1:2018-01 (2018) *Schallschutz im Hochbau – Teil 1: Mindestanforderungen*, Beuth, Berlin.

[113] DIN 4109-2:2018-01 (2018) *Schallschutz im Hochbau – Teil 2: Rechnerische Nachweise der Erfüllung der Anforderungen*, Beuth, Berlin.

[114] MVV-TB: DIBt-Mitteilungen Veröffentlichung der Muster-Verwaltungsvorschrift Technische Baubestimmungen, Ausgabe 2017/1 vom 31.08.2017, A5 Schallschutz.

[115] DiBT-Schreiben vom 25.02.2019 zur Anwendbarkeit der neuen DIN 4109-2:2018-01.

[116] Holzbau Deutschland-Institut e. V. (Hrsg.) (2019) *Schallschutz im Holzbau – Grundlagen und Vorbemessung*, Holzbau Handbuch Reihe 3, Teil 3, Folge 1, Informationsdienst Holz, Berlin.

[117] DIN EN ISO 10456:2010-05 (2010) *Wärme- und feuchteschutztechnische Eigenschaften – Tabellierte Bemessungswerte und Verfahren zur Bestimmung der wärmeschutztechnischen Nenn- und Bemessungswerte*, Beuth, Berlin.

[118] Metzen, H.A. (1995) Zur Beurteilung der Trittschallminderung schwimmender Estriche auf Grundlage der dynamischen Steifigkeit von Dämmschichten, *wskb* **36**.

[119] ITA Gutachten „Prognose der Luft- und Trittschalldämmung von Holzbalkendecken in Gebäuden mit schweren Massivwänden" 17_358 vom 17.10.2018 im Auftrag der Etex Building Performance GmbH, Geschäftsbereich Siniat, Frankfurter Landstr. 2.4, 61440 Oberursel, sowie die ITA-Prüfberichte 0050.18–17_358 bis 0054.18–17_358.

[120] Fischer, H.-M; Schneider, M. (2019) *Handbuch zu DIN 4109 – Grundlagen – Anwendungen – Kommentare*, Ernst & Sohn, Berlin.

[121] Maack, J. (2012) Vorsicht vor Tiefton-Resonanzen – Wege zu einem guten tieffrequenten Schallschutz im Holzbau, *Quadriga* 3/2012 und Tagungsband Holzbauphysiktagung Leipzig 2012.

[122] Moll, W; Moll, A. (2011) *Schallschutz im Wohnungsbau – Güterkriterien, Möglichkeiten, Konstruktionen*, Ernst & Sohn, Berlin.

[123] Cremer, L.; Heckl, (1995) *Körperschall*, 2. Aufl., Springer Verlag, Heidelberg.

[124] DIN 18560-2:2009-09 (2009) *Estriche im Bauwesen – Teil 2: Estriche und Heizestriche auf Dämmschichten (schwimmende Estriche)*, Beuth, Berlin.

[125] Maack, J. (2006) Schallschutz zwischen Reihenhäusern mit unvollständiger Trennung, *Bauphysik* **28**.

[126] DIN EN 12354-1:2017-11 (2017) *Bauakustik – Berechnung der akustischen Eigenschaften von Gebäuden aus den Bauteileigenschaften – Teil 1: Luftschalldämmung zwischen Räumen*, Beuth, Berlin.

[127] DIN EN 12354-2:2017-11 (2017) *Bauakustik – Berechnung der akustischen Eigenschaften von Gebäuden aus den Bauteileigenschaften – Teil 2: Trittschalldämmung zwischen Räumen*, Beuth, Berlin.

[128] Drechsler, A.; Fischer, H.-M.; Scheck, J. (2006) *Innovative Lösungen zur schalltechnischen Simulation und Optimierung leichter Treppen*, Abschlussbericht der Hochschule für Technik Stuttgart zum Forschungsprojekt im Rahmen des Förderprogramms „Innovative Projekte" an den Fachhochschulen Baden-Württembergs.

[129] DEGA-Empfehlung 103:2018-01 (2018) *Schallschutz im Wohnungsbau – Schallschutzausweis*.

[130] Scheck, J.M. (2011) *Characterisation of lightweight stairs as structure-borne sound sources*, PhD thesis at the University of Liverpool.

[131] DIN 45680: 2013 (Entwurf): *Messung und Beurteilung tieffrequenter Geräuschimmissionen*, Beuth, Berlin.

[132] Scheck, J.; Gibbs, B. (2015) Impacted lightweight stairs as structure-borne sound sources, *Applied Acoustics* **90**.

[133] Rabold, A. (2015) *Schallschutz in der Geschossbauweise – Decken, Trennwände und Stossstellen*, Holzbauforum.

[134] Holtz, F.; Buschbacher, H.P.; Rabold, A.; Hessinger, J. (2001) *Trittschalldämmung von Treppen im Holzbau, Bestandsaufnahme, Analyse, Optimierung*. DGfH – Forschungsbericht des Labors für Schall- und Wärmesstechnik.

[135] DIN 7396:2016-06 (2016) *Bauakustische Prüfungen – Prüfverfahren zur akustischen Kennzeichnung von Entkopplungselementen für Massivtreppen*, Beuth, Berlin.

[136] Scheck, J.; Fischer, H-M.; Taskan, E., Fichtel, C. (2013) *Impact sound transmission from decoupled heavy stairs*, Internoise 2013.

[137] Ertel, H. (1982) Verbesserung des Trittschallschutzes von Massivtreppen durch elastische Lagerungen. *IBP-Mitteilung* 79 (1982), Fraunhofer-Institut für Bauphysik, Stuttgart.

[138] Ertel, H. (1983) *Trittschalltechnische Untersuchungen an elastisch gelagerten Treppen*, Forschungsbericht BS 91/83 des Fraunhofer-Instituts für Bauphysik, IRB-Verlag, Stuttgart.

[139] DIN EN ISO 10140-5:2010-12 (2010) *Akustik – Messung der Schalldämmung von Bauteilen im Prüfstand – Teil 5: Anforderungen an Prüfstände und Prüfeinrichtungen*, Beuth, Berlin.

[140] Fichtel, C.; Scheck, J.; Kurz, R. (2007) *Ein neues Hammerwerk für Geh- und Trittschallmessungen*, Deutsche Jahrestagung für Akustik (DAGA) 2007, Stuttgart.

[141] Knuth, C. (2019) *Bestimmung des Norm-Trittschallpegels durch direkte Messung und mit Übertragungsfunktionen*, Bachelorarbeit im Studiengang Bauphysik der HFT Stuttgart.

[142] Wolters, M. (2019) *Psychoakustische Beurteilung der Schallübertragung einer Massivtreppe bei unterschiedlichen Anregungen*, Bachelorarbeit im Studiengang Innenausbau der TH Rosenheim.

[143] DIN EN ISO 10848-1:2018-02 (2018) *Akustik – Messung der Flankenübertragung von Luftschall, Trittschall und Schall von gebäudetechnischen Anlagen zwischen benachbarten Räumen im Prüfstand und am Bau – Teil 1: Rahmendokument*, Beuth, Berlin.

[144] Fichtel, C.; Scheck, J. (2013) *Prediction of horizontally transmitted Sound from Impacted Lightweight Stairs – Part 2: Proposal for a Standard Test Procedure*, Deutsche Jahrestagung für Akustik (DAGA) 2013, Meran.

[145] Scheck, J.; Gibbs, B.; Fischer, H.-M. (2013) *Prediction of horizontally transmitted Sound from Impacted Lightweight Stairs – Part 1: Case study*, Deutsche Jahrestagung für Akustik (DAGA) 2013, Meran.

[146] DIN EN 12354-5:2009-10 (2009) Bauakustik – Berechnung der akustischen Eigenschaften von Gebäuden aus den Bauteileigenschaften – Teil 5: Installationsgeräusche, Beuth, Berlin.

[147] DIN EN 15657:2017-10 (2017) *Akustische Eigenschaften von Bauteilen und Gebäuden – Messung des Körperschalls von haustechnischen Anlagen im Prüfstand für alle Installationsbedingungen*, Beuth, Berlin.

[148] Schöpfer, F. (2019) *Prognose von Körperschall aus haustechnischen Anlagen – ein robustes und einfaches Tabellenverfahren für den Holzbau*, Holzbauforum 2019.

[149] ETAG 008: Guideline for European Technical approval of prefabricated stair kits, EOTA Brüssel, Jan. 2002.

[150] Scheck, J.; Fichtel, C.; Kurz, R. (2007) *Schallschutz bei Wohnungstreppen*.

[151] Langner, N.; Fischer, H.-M.; Schneider, M. (2015) *Ursachen und Verbesserungspotential des Phänomens der tieffrequenten Trittschallgeräusche bei klassischen schwimmenden Estrichen auf Stahlbetondecken im Wohnungsbau*, Forschungsinitiative Zukunft Bau F 2931, Fraunhofer IRB-Verlag.

B 3 Nachweis des Luft- und Trittschallschutzes sowie des Schutzes gegen Außenlärm von Massivbauten nach DIN 4109:2018 und VDI 4100:2012

Helmut Marquardt

Prof. Dr.-Ing. Helmut Marquardt
hochschule 21
Studiengang Bauingenieurwesen
Harburger Str. 6, 21614 Buxtehude

Nach Studium des Bau- und Verkehrswesens an der TU Berlin in einem Ingenieurbüro für Tragwerksplanung tätig. 1984 bis 1989 wissenschaftlicher Mitarbeiter bei Professor Cziesielski am Institut für Baukonstruktionen und Festigkeit der TU Berlin, nach Promotion 1990 bis 1993 dort in der Funktion eines Akademischen Rates. Seit 1993 Professor für Baukonstruktion, Bauphysik, Holzbau und Baustofflehre in Buxtehude, an der heutigen privaten hochschule 21. 1997 Mitbegründer und seit 2005 Leiter des dortigen Instituts für Baustoffe und Bauphysik, des heutigen Instituts für Weiterbildung und Bauprüfung e. V. (IWB). Von 2014 bis 2017 auch Leiter des Studienganges Bauingenieurwesen, seitdem Vizepräsident der hochschule 21.

Bauphysik-Kalender 2020: Bau- und Raumakustik. Herausgegeben von Nabil A. Fouad.
© 2020 Ernst & Sohn GmbH & Co. KG. Published 2020 by Ernst & Sohn GmbH & Co. KG.

Inhaltsverzeichnis

1	**Einführung** 349		4.3	Rechnerischer Nachweis des Trittschallschutzes zwischen Räumen 367
2	**Anforderungen an Schalldämmung und Schallschutz** 350		4.3.1	Berechnung der Trittschalldämmung in Gebäuden allgemein 367
2.1	Öffentlich-rechtliche Anforderungen 350		4.3.2	Berechnung der Trittschalldämmung im Massivbau 367
2.2	Privatrechtliche Anforderungen 350		4.3.3	Nachweis der Trittschalldämmung nach DIN 4109 bzw. DIN SPEC 91314 369
3	**Schalldämmeigenschaften einiger Baukonstruktionen** 352		4.3.4	Nachweis des Trittschallschutzes nach VDI 4100:2012 370
3.1	Luftschalldämmung einschaliger Bauteile 352		4.4	Rechnerischer Nachweis des Schallschutzes gegen Außenlärm 370
3.2	Luftschalldämmung zweischaliger Bauteile 354		4.4.1	Berechnung der Luftschalldämmung von Außenbauteilen 370
3.3	Trittschallminderung mit geeigneten Deckenauflagen 357		4.4.2	Luftschalldämmung von massiven Außenbauteilen 371
4	**Nachweis des baulichen Schallschutzes** 357		4.4.3	Luftschalldämmung von Fenstern, Außentüren und sonstigen Fassadenelementen 374
4.1	Ablauf des Nachweises 357		4.4.4	Nachweis der Luftschalldämmung von Außenbauteilen nach DIN 4109 375
4.2	Rechnerischer Nachweis des Luftschallschutzes zwischen Räumen 359		4.5	Beispiel zum baulichen Schallschutz 378
4.2.1	Berechnung der Luftschalldämmung in Gebäuden allgemein 359		4.5.1	Aufgabenstellung 378
4.2.2	Bestimmung der flächenbezogenen Masse von einschaligen Massivbauteilen 360		4.5.2	Luftschallschutz der Wohnungstrennwand 378
4.2.3	Berechnung der Luftschalldämmung im Massivbau 361		4.5.3	Luftschallschutz der Raumtrennwand 380
4.2.4	Berechnung der Luftschalldämmung massiver zweischaliger Haustrennwände 364		4.5.4	Luftschallschutz der Wohnungstrenndecke 381
4.2.5	Nachweis der Luftschalldämmung nach DIN 4109-2 mit Anforderungen entsprechend DIN 4109-1 bzw. DIN SPEC 91314 366		4.5.5	Trittschallschutz der Wohnungstrenndecke 383
			4.5.6	Luftschallschutz der Außenwand 384
4.2.6	Nachweis des Luftschallschutzes nach VDI 4100:2012 366		**5**	**Zusammenfassung** 387
			6	**Literatur** 387

1 Einführung

Im Sommer 2016 ist – nach fast 30 Jahren – die Schallschutznorm DIN 4109 neu herausgegeben worden. Darin eingearbeitet wurden
- die neuen europäischen Regelungen zum Schallschutz,
- die u. a. die technische Weiterentwicklung in Form weiterer bei der Berechnung ansetzbarer Parameter (Tabelle 1) einschließen.

Allerdings erhöht sich dadurch der Berechnungsaufwand signifikant; u. a. deshalb wird die Notwendigkeit und Sinnhaftigkeit dieser neuen Norm in der Praxis heftig diskutiert.

Kurz nach Erscheinen der neuen DIN 4109 wurden bereits Entwürfe zweier Änderungsblätter herausgegeben, die erforderlich wurden, da die neue 16. BImschV ein überarbeitetes Rechenverfahren für den Schienenverkehrslärm enthält, das Auswirkungen auf den Nachweis des Schutzes gegen Außenlärm in DIN 4109 hat [1]. Diese Änderungsblätter sind dann allerdings nicht als solche erschienen, sondern – wegen weiterer geringfügiger Änderungen – in Form einer konsolidierten Neufassung von Teil 1 und Teil 2 der DIN 4109 [2]. U. a. wurde
- eine Anforderung an den Trittschallschutz von Balkonen neu aufgenommen und
- die Anforderung an den Trittschallschutz für Konstruktionen des Holz- und Leichtbaus reduziert [1].

Generell wird in DIN 4109 sowohl beim Luft- als auch beim Trittschall die *Schalldämmung* betrachtet, nicht der *Schallschutz*. Gemäß DIN 4109-1 [2] wird nämlich i. d. R.
- statt des Nachweises des *Schallschutzes* von schutzbedürftigen Räumen
- vereinfacht der Nachweis der *Schalldämmung* von Bauteilen dieser Räume geführt.

Der Unterschied wird in DIN 4109-1 [2] im informativen Anhang A beschrieben:

„*Der Schallschutz beschreibt Eigenschaften, welche die Schallübertragung von der Schallquelle zum Empfänger, d. h. den Hörer vermindern. Nach Art der Schallquellen ist die zu erwartende Pegeldifferenz (Luftschall) oder ein einzuhaltender Schalldruckpegel (Körperschall) zu berücksichtigen. Die Pegeldifferenz zwischen zwei Räumen wird bestimmt durch die Eigenschaft der trennenden und flankierenden Bauteile sowie durch die Größe und Ausstattung des Empfangsraumes ...*"

D. h. trotz gleicher Schalldämmung kann der Schallschutz unterschiedlich sein; beispielhaft beim Luftschall ist die nachzuweisende Kenngröße
- bei der *Schalldämmung* das bewertete Bau-Schalldämm-Maß R'_w und
- beim *Schallschutz* die bewertete Standard-Schallpegeldifferenz $D_{n,T,w}$.

Mit der Schallpegeldifferenz lässt sich der Schallschutz im schutzbedürftigen Raum (= Empfangsraum) in Abhängigkeit von der Größe der Trennfläche S, dem Raumvolumen V_E und dessen Schallabsorption (ausgedrückt durch die Nachhallzeit T_E) nachweisen (Bild 1) – bei gleichem Senderaumpegel L_S und gleichem Bau-Schalldämm-Maß R' wird in einem kleineren Empfangsraum ein höherer Schallpegel L_E gemessen als in einem größeren Empfangsraum.

Im Gegensatz zur DIN 4109:2018 [2], in der die *Schalldämmung* nachgewiesen wird, wird in der Richtlinie VDI 4100:2012 [4] der *Schallschutz* nachgewiesen (Abschnitt 4).

Vorab aber sollen im folgenden Abschnitt 2 die gültigen Anforderungen an den Schallschutz zusammengestellt werden. Danach werden im nachfolgenden Abschnitt 3 die Schalldämmeigenschaften einiger Baukonstruktionen vorgestellt.

Tabelle 1. In den Rechenmodellen von DIN 4109:1989 (Beiblatt 1) und von DIN 4109-2:2016/18 berücksichtigte Parameter (nach [1])

Parameter	DIN 4109 Beiblatt 1:1989	DIN 4109-2:2018
Bauteile:		
flächenbezogene Masse m' des Trennbauteils	ja	ja
flächenbezogene Masse m' der flankierenden Bauteile	pauschal	ja
Vorsatzschale auf flankierenden Bauteilen	pauschal	ja
ungünstige Lochung von Leichthochlochsteinen	–	ja
Geometrie:		
Fläche S_s des Trennbauteils	–	ja
Kantenlängen l_i der flankierenden Bauteile	–	ja
Flächen A_i der flankierenden Bauteile	–	ja
Stoßstellen:		
Anbindung der flankierenden Bauteile	–	ja
Eck-, Kreuz- oder T-Stoß	–	ja
elastische Entkopplung der flankierenden Bauteile	–	ja

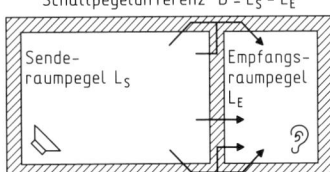

Bild 1. Zweck der Schallpegeldifferenz D als Beurteilungsgröße (nach [3]): Der Empfangsraumpegel L_E hängt ab vom Bau-Schalldämm-Maß R', der Trennfläche S und deren Größe sowie vom Volumen V_E und der Nachhallzeit T_E des Empfangsraumes (d. h. dessen äquivalenter Absorptionsfläche A_E)

2 Anforderungen an Schalldämmung und Schallschutz

2.1 Öffentlich-rechtliche Anforderungen

Gesetzliche Grundlagen

Baurecht ist Landesrecht. In der Niedersächsischen Bauordnung (Ausgabe 2012) [5] heißt es:
„*§ 15 Schall-, Wärme- und Erschütterungsschutz*
(1) Bauliche Anlagen müssen einen für ihre Benutzung ausreichenden Schall- und Wärmeschutz bieten.
(2) Von technischen Bauteilen und ortsfesten Einrichtungen in baulichen Anlagen oder auf Baugrundstücken wie von Anlagen für Wasserversorgung, Abwässer oder Abfallstoffe, von Heizungs- oder Lüftungsanlagen und von Aufzügen dürfen, auch für Nachbarn, keine Gefahren oder unzumutbare Belästigungen durch Geräusche, Erschütterungen oder Schwingungen ausgehen."
Die Landesbauordnung gibt somit nur allgemeine, für die praktische Ausführung nicht ausreichend konkrete Hinweise zum Schallschutz.

Bauaufsichtlich eingeführte Technische Baubestimmungen

Die von den Bundesländern veröffentlichte Liste der Technischen Baubestimmungen (LTB) wurde in den meisten Bundesländern durch die Verwaltungsvorschrift Technische Baubestimmungen ersetzt (die restlichen folgen); seit August 2017 liegt die Muster-Verwaltungsvorschrift Technische Baubestimmungen (MVV TB) vor [6]. Mit Einführung dieser VV TB in den Bundesländern gilt für den baulichen Schallschutz
– DIN 4109-1:2016-07: Schallschutz im Hochbau – Teil 1: Mindestanforderungen.
Entsprechend der zugehörigen Anlage A 5.2/2 der MVV TB kann der schalltechnische Nachweis geführt werden nach
– DIN 4109-2:2016-07: Schallschutz im Hochbau – Teil 2: Rechnerische Nachweise der Erfüllung der Anforderungen
in Verbindung mit den ebenfalls in Anlage A 5.2/2 der MVV TB genannten Bauteilkatalogen
– DIN 4109-31:2016-07: Schallschutz im Hochbau – Teil 31: Daten für die rechnerischen Nachweise des Schallschutzes (Bauteilkatalog) – Rahmendokument.
– DIN 4109-32:2016-07: Schallschutz im Hochbau – Teil 32: Daten für die rechnerischen Nachweise des Schallschutzes (Bauteilkatalog) – Massivbau.
– DIN 4109-33:2016-07: Schallschutz im Hochbau – Teil 33: Daten für die rechnerischen Nachweise des Schallschutzes (Bauteilkatalog) – Holz-, Leicht- und Trockenbau.
– DIN 4109-34:2016-07: Schallschutz im Hochbau – Teil 34: Daten für die rechnerischen Nachweise des Schallschutzes (Bauteilkatalog) – Vorsatzkonstruktionen vor massiven Bauteilen.
– DIN 4109-35:2016-07: Schallschutz im Hochbau – Teil 35: Daten für die rechnerischen Nachweise des Schallschutzes (Bauteilkatalog) – Elemente, Fenster, Türen, Vorhangfassaden.
– DIN 4109-36:2016-07: Schallschutz im Hochbau – Teil 36: Daten für die rechnerischen Nachweise des Schallschutzes (Bauteilkatalog) – Gebäudetechnische Anlagen.

Ergänzt werden die Angaben in der MVV TB noch durch
– die Anlage A 5.2/1 mit Hinweisen zur Anwendung bestimmter Teile der DIN 4109-1 (die informativen Anhänge z. B. sind nicht anzuwenden).
– den weiteren Hinweis in Anlage A 5.2/2, dass für Bauteile im Massivbau (bestimmte Lochsteine ausgenommen) weiterhin die Berechnung nach Beiblatt 1 zu DIN 4109:1989-11 erlaubt ist, bzw.
– die Anlagen A 5.2/3 und A 5.2/4 mit Ergänzungen für die Dämmstoffe Polystyrolgranulat und Gummifaser-/PU-Schaummatten zur Trittschalldämmung.

Wegen der Neufassung der 16. BImSchV musste das Berechnungsverfahren für Außenlärm durch Schienenverkehr geändert werden, sodass bereits sechs Monate nach Erscheinen dieser Norm die Entwürfe zweier Änderungsblätter zu Teil 1 und zu Teil 2 herausgegeben werden mussten [1], die inzwischen erschienen sind – jedoch nicht als Änderungen, sondern als komplett neue Normen:
– DIN 4109-1:2018-01: Schallschutz im Hochbau – Teil 1: Mindestanforderungen.
– DIN 4109-2:2018-01: Schallschutz im Hochbau – Teil 2: Rechnerische Nachweise der Erfüllung der Anforderungen.

Der Zeitpunkt ihrer bauaufsichtlichen Einführung ist noch unklar, dennoch sollen sie Grundlage dieses Beitrages sein.

2.2 Privatrechtliche Anforderungen

Wenn nichts Anderes im Bauvertrag vereinbart wird (eine sog. Beschaffenheitsvereinbarung geht immer vor!), sind Bauleistungen gemäß Bürgerlichem Gesetzbuch (BGB) in üblicher Beschaffenheit bzw. gemäß Vergabe- und Vertragsordnung für Bauleistungen (VOB) entsprechend den allgemein anerkannten Regeln der Technik (a. a. R. d. T.) zu erbringen. Bauleistungen entsprechend den a. a. R. d. T. zu erbringen ist üblich, sodass sie faktisch in *beiden* Vertragsvarianten zu beachten sind. Was sind nun diese a. a. R. d. T.? Definiert sind sie in einem immer noch gültigen Urteil des Reichsgerichts von 1910 (zitiert nach [7], Spiegelstriche nicht im Original) als

„… *technische Regeln für den Entwurf und die Ausführung baulicher Anlagen, die*
– *in der Wissenschaft als theoretisch richtig erkannt sind und*
– *feststehen*
sowie
– *insbesondere in dem Kreis der für die Anwendung der betreffenden Regeln maßgeblichen, nach dem neuesten Kenntnisstand vorgebildeten Techniker durchweg bekannt und*
– *auch aufgrund fortdauernder praktischer Erfahrung als technisch geeignet, angemessen und notwendig anerkannt sind."*

Was sind nun diese a. a. R. d. T. im Schallschutz?

Rückblick

Der bauliche Schallschutz war bis 2016 in DIN 4109:1989-11 geregelt – zur Entwicklung dieser Norm siehe [8].

Der Verein Deutscher Ingenieure (VDI) gibt zu diversen Themenbereichen des Schallschutzes weitergehende Richtlinien heraus, die jedoch *nicht ohne Weiteres* als allgemein anerkannte Regeln der Technik (a. a. R. d. T.) gelten und somit zwischen Bauherrn und Entwurfsverfasser vertraglich zu vereinbaren wären, z. B.
– VDI 2566: Lärmminderung an Aufzugsanlagen [9] (aktuell ersetzt durch DIN 8989:2019-08 [10]) oder
– VDI 4100: Schallschutz von Wohnungen [11].

VDI 4100:2007 war so angelegt, dass die Mindestanforderungen von DIN 4109:1989 der niedrigsten Schallschutzstufe I der VDI 4100 entsprechen, während die Schallschutzstufe II i. d. R. den *erhöhten* Anforderungen von DIN 4109 Beiblatt 2:1989 entspricht (sie teilweise übersteigt) und Schallschutzstufe III einen gehobenen Komfort bieten soll.

Die Herausgabe dieser strengeren VDI-Richtlinie 4100 hat zu kontroversen Diskussionen in der Fachöffentlichkeit geführt, auf die hin die ARGEBAU (die Bauministerkonferenz, früher Arbeitsgemeinschaft der Bauminister der Länder) eine Empfehlung für einen Erlass der Länder ausgearbeitet hat [12], nach der „*nicht davon ausgegangen werden (kann), dass es sich bei der Richtlinie VDI 4100 um eine allgemein anerkannte Regel der Technik handelt."*

Wer einen besseren Schallschutz erreichen wollte, als er in DIN 4109:1989 gefordert wurde, sollte daher die gewünschte Schallschutzstufe nach VDI 4100:2007 vertraglich vereinbaren (sog. „Beschaffenheitsvereinbarung").

Wenn nicht vereinbart: Welche Anforderung aus welchem Regelwerk (DIN 4109, VDI 4100) nun als allgemein anerkannte Regeln der Technik (a. a. R. d. T.) anzusehen war, war unter Juristen lange umstritten [13], wurde jedoch gerichtlich geklärt [14–16]:

– Laut höchstrichterlicher Entscheidung des Bundesgerichtshofs (BGH) vom 14. Juni 2007 stellt DIN 4109:1989 in keinem Fall mehr die gültigen Regeln der Technik dar. (Das Urteil bezog sich allerdings nur auf die Anforderungen an Lärm aus fremden Nachbarräumen, nicht auf das Berechnungsverfahren.)
– Das OLG Karlsruhe hat daraufhin entschieden, dass bei Bauvorhaben mit überdurchschnittlichem Qualitätsstandard in bevorzugter Wohngegend auch ohne eine besondere Beschaffenheitsvereinbarung der erhöhte Schallschutz nach DIN 4109 Beiblatt 2:1989 bzw. SSt II nach VDI 4100:2007 erwartet werden kann – der Komfortstandard SSt III wäre weiterhin zu vereinbaren.
– Dies wurde u. a. vom OLG München mit Urteil vom 19.05.2009 bestätigt [17].

Ausführliche Hinweise zum danach geschuldeten Schallschutz v. a. im Wohnungsbau gibt *Pohlenz* in [18]; ein Vergleich der verschiedenen Anforderungen findet sich z. B. auch in *Schneider* [19], Tafel 4.57/10.57 mit 4.58a/10.58a.

Heutige Regeln der Technik

Die derzeit allgemein anerkannten Regeln der Technik (a. a. R. d. T.) sind schwer zu bestimmen: Möglicherweise werden die a. a. R. d. T. erst wieder nach neuen Urteilen des BGH und der OLGe feststehen. Ohne diesen vorgreifen zu wollen, stellt sich die Lage z. Z. folgendermaßen dar:

– DIN 4109-1:2016-07 bzw. 2018-01 [2] enthält wieder nur – gegenüber der Ausgabe von 1989 nur beim Trittschallschutz von Massivdecken verschärfte – Mindestanforderungen. Geht man davon aus, dass der BGH seine o. g. Rechtsprechung fortführt, handelt es sich bei den Anforderungen an Lärm aus fremden Nachbarräumen weiterhin *nicht* um die allgemein anerkannten Regeln der Technik.
– Geht man weiter davon aus, dass die OLGe in der Folge ihre o. g. Rechtsprechung ebenfalls fortführen, so gilt i. d. R. auch künftig ohne eine besondere Beschaffenheitsvereinbarung der *erhöhte* Schallschutz als geschuldet, wofür es weiterhin zwei Regelwerke gibt:

  Die Vorschläge für einen erhöhten Schallschutz nach DIN 4109 Beiblatt 2:1989) wurden unverändert übernommen in DIN SPEC 91314: 2017-01 [20].

  Die Schallschutzstufen finden sich weiterhin in der aktuellen VDI 4100:2012: Schallschutz im Hochbau – Wohnungen – Beurteilung und Vorschläge für erhöhten Schallschutz [4], siehe z. B. auch in [19], Tafel 4.69/10.69. In dieser Neufassung geben jetzt sämtliche Schallschutzstufen einen erhöhten Schallschutz an, d. h. dem o. g. BGH-Urteil würde die neue SSt I genügen.

Bei Vereinbarung der VDI 4100:2012 ist allerdings zu beachten:
- Es wird der aufwendiger zu berechnende Schallschutz von schutzbedürftigen Räumen und nicht nur die Schalldämmung von Trennbauteilen nachgewiesen (vgl. Abschnitt 1, zur Berechnung s. Abschnitt 4).
- Neben den üblichen schutzbedürftigen Räumen (Tabelle 3, linke Spalte) gelten in Wohnungen alle Räume mit ≥ 8 m² Grundfläche als schutzbedürftige Räume, d. h. auch Bäder dieser Größe.
- Es werden auch Empfehlungen für den Luft- und Trittschallschutz im eigenen Wohn- oder Arbeitsbereich gegeben (SSt EB I, SSt EB II) – vereinbart oder nicht?

Um dieser Problematik künftig entgehen zu können und dennoch dem vorher genannten BGH-Urteil zu genügen, ist zwischenzeitlich der Normentwurf E DIN 4109-5:2019-05 [2] mit erhöhten Anforderungen erschienen, und zwar wieder Anforderungen an die Schalldämmung und nicht an den Schallschutz. Diese entsprechen im Großen und Ganzen den bekannten Anforderungen der SSt II der VDI 4100:2007.

3 Schalldämmeigenschaften einiger Baukonstruktionen

3.1 Luftschalldämmung einschaliger Bauteile

Luftschalldämmung kann mit ein- oder mehrschaligen Bauteilen erfolgen [20]. Unter einschaligen Bauteilen versteht man
- sowohl einschichtige Bauteile
- als auch mehrschichtige Bauteile, bei denen die einzelnen Schichten miteinander vollflächig, aber nicht federnd verbunden sind (z. B. Putz/Mauerwerk/Putz).

Bei senkrechtem Schalleinfall und biegeweichem Bauteil folgt das Schalldämm-Maß $R_\perp(f)$ solcher Bauteile dem *Berger'schen* Massengesetz (nach [22–25]):

$$R_\perp(f) = 20 \cdot \lg \frac{f \cdot m'}{130} \quad [\text{dB}] \qquad (1)$$

mit
f   Frequenz [Hz]
m'   flächenbezogene Masse des Bauteils [kg/m²]

Wie Gl. (1) zu entnehmen ist, nimmt die Schalldämmung nicht nur mit zunehmender flächenbezogener Masse, sondern auch mit steigender Frequenz zu. Aus diesem Grund klingen die ein solches einschaliges Bauteil durchdringenden Geräusche i. d. R. dumpfer als die Schallquelle.

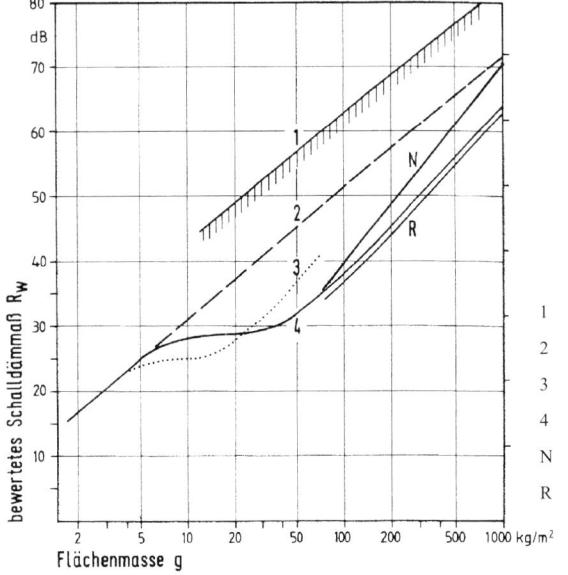

1   Obergrenze zweischaliger Bauteile mit Hohlraumdämpfung
2   Bergersches Massengesetz
3   Holz und Holzwerkstoffe in einschaliger Bauweise
4   übliche Massivbaustoffe in einschaliger Bauweise
N   Rechenwert nach DIN 4109 Beiblatt 1:1989
R   Rechenwert nach DIN 4109-2:2018

Bild 2. Abhängigkeit des bewerteten Schalldämm-Maßes R_W von einschaligen biegesteifen Wänden und Decken in Abhängigkeit von der flächenbezogenen Masse g = m' [26]

Verschiedene spätere Untersuchungen zeigten, dass die auf Grundlage des *Berger'schen* Massengesetzes theoretisch ermittelten Schalldämmwerte (Bild 2, Kurve 2) in der Praxis nicht erreicht werden (Bild 2, Kurven 3 und 4). Die Ursache für diese Diskrepanz liegt in den Voraussetzungen des *Berger'schen* Massengesetzes, nämlich der Annahme eines biegeweichen Bauteils – d. h. EI ≈ 0 – sowie einem senkrecht (normal) zum Bauteil gerichteten Schalleinfall.

Die Schalldämmung eines einschaligen Bauteils wird in bestimmten Frequenzbereichen entscheidend durch die Biegewellenausbreitung beeinflusst: Wird eine einschalige Wand punktförmig zu Schwingungen angeregt, so breiten sich mit einer bestimmten Geschwindigkeit – die von der Rohdichte, dem Elastizitätsmodul des Materials, der Bauteildicke und der Erregerfrequenz abhängt – Biegewellen im Bauteil aus. Das gilt auch, wenn eine Luftschallwelle schräg auf das Bauteil auftrifft; ist dabei die sich ausbreitende Biegewelle im Bauteil in Wellenlänge und Ausbreitungsgeschwindigkeit der Luftschallwelle gleich, so entsteht eine räumliche Resonanz: Die Druckextreme der Luftschallwelle fallen dann immer mit den Extremen der Biegewelle des Bauteils zusammen, was zu einer Vergrößerung der Biegewellenamplituden der Wand und damit zu einer größeren Schallabstrahlung von Luftschall auf der Empfangsraumseite führt. Dieser Effekt wird Spuranpassung oder Koinzidenz (Zusammentreffen zweier Ereignisse) genannt (Bild 3).

Bei flacher werdendem Einfallswinkel der Luftschallwelle muss ihre Wellenlänge größer und damit ihre Frequenz niedriger werden. Die niedrigste Frequenz, die bei einem Bauteil Koinzidenz hervorruft – also bei streifendem Schalleinfall parallel zur Wand – wird Koinzidenzfrequenz oder Grenzfrequenz f_g genannt und lässt sich wie folgt bestimmen [25]:

$$f_g = \frac{64}{d} \cdot \sqrt{\frac{\rho}{E_{dyn}}} \; [dB] \qquad (2)$$

mit
d   Bauteildicke
ρ Rohdichte des Baustoffs [kg/m^3]
E_{dyn} dynamischer Elastizitätsmodul des Baustoffs [MN/m^2] (Beispiele s. [19], Tafel 4.78/10.78)

Der dynamische Elastizitätsmodul E_{dyn} wird bei einer dynamischen Wechselbeanspruchung bestimmt; bei porösen Baustoffen ist er gegenüber dem statischen Elastizitätsmodul größer, da bei einer dynamischen Wechselbeanspruchung die Luft im Porenraum auf Grund der Trägheit nicht entweichen kann und somit durch Kompression zu einem Steifigkeitszuwachs gegenüber einer statischen Beanspruchung führt.

Das Schalldämm-Maß R(f) fällt etwas oberhalb der Grenzfrequenz f_g deutlich ab. Dieser Abfall wirkt sich bei einschaligen Bauteilen immer dann ungünstig aus, wenn die Grenzfrequenz mitten im bauakustisch relevanten Bereich (f = 100 bis 3150 Hz) liegt. D. h. die Grenzfrequenz f_g von ebenen Bauteilen sollte außerhalb des Frequenzbereichs von f ≈ 200 bis 2000 Hz liegen; dementsprechend werden ebene Bauteile
– mit Grenzfrequenzen $f_g \geq 2000$ Hz als ausreichend *biegeweich*,
– mit Grenzfrequenzen $f_g \leq 200$ Hz als ausreichend *biegesteif*
bezeichnet.

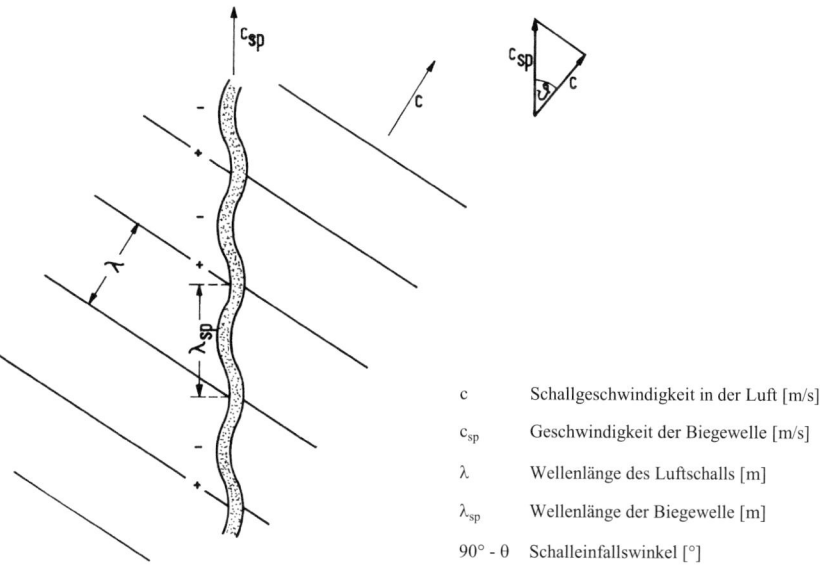

c   Schallgeschwindigkeit in der Luft [m/s]
c_{sp} Geschwindigkeit der Biegewelle [m/s]
λ Wellenlänge des Luftschalls [m]
λ_{sp} Wellenlänge der Biegewelle [m]
90° - θ   Schalleinfallswinkel [°]

Bild 3. Spuranpassung = Koinzidenz der das Bauteil streifenden Luftschallwellen mit der Biegewelle des Bauteils, d. h. die Maxima (+) beider Wellen fallen zusammen [26]

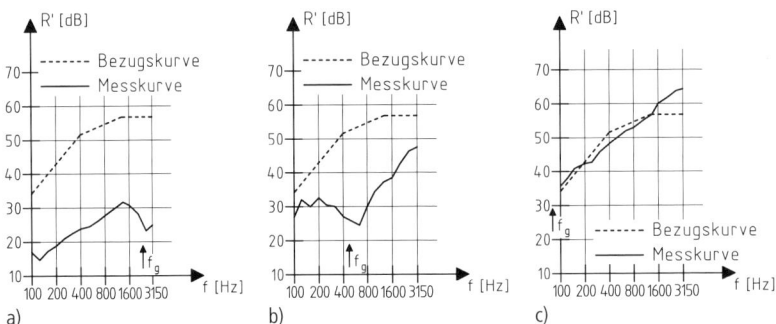

Bild 4. Abhängigkeit des Bau-Schalldämm-Maßes R′ von der Frequenz f und dem Einfluss der Spuranpassung oberhalb der Grenzfrequenz f_g (nach [27]); a) Gips(karton)platte d = 12,5 mm, b) Wand aus Gipsbauplatten d = 70 mm, c) Wand aus Kalksandvollsteinen d = 240 mm, beidseitig geputzt

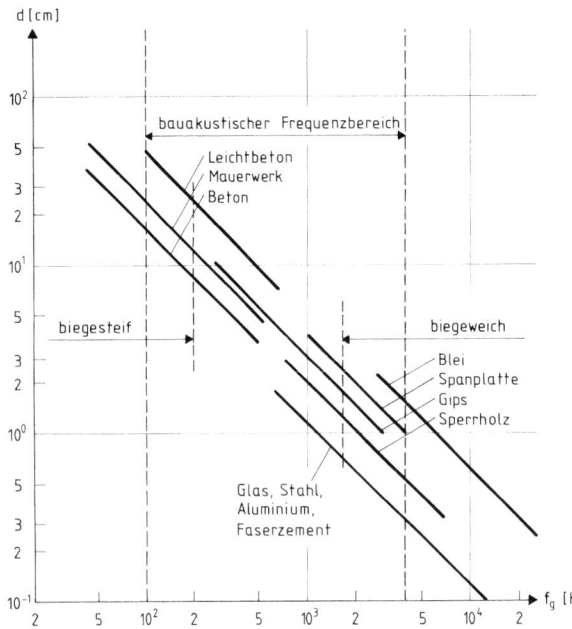

Bild 5. Grenzfrequenzen f_g von ebenen Bauteilen aus verschiedenen Baustoffen in Abhängigkeit von ihren Dicken d mit den Grenzwerten für ausreichend biegesteife (links) und ausreichend biegeweiche (rechts) Bauteile (nach [28])

Beispiele

– Eine Kalksandvollsteinwand d = 24 cm hat eine Grenzfrequenz f_g < 100 Hz und ist somit als ausreichend biegesteif einzustufen (Bild 4c),
– während eine Gips(karton)platte mit einer Grenzfrequenz f_g = 2800 Hz ausreichend biegeweich ist (Bild 4a);
– die in Bild 4b dargestellte Wand aus Gipsbauplatten mit der Grenzfrequenz f_g mitten im bauakustisch relevanten Bereich ist damit bauakustisch ungünstig.

Die Einstufung von ebenen Bauteilen aus einigen weiteren Baustoffen als ausreichend biegesteif bzw. biegeweich zeigt Bild 5.

3.2 Luftschalldämmung zweischaliger Bauteile

Da sich das Schalldämm-Maß einschaliger Wände nur über die Erhöhung der flächenbezogenen Masse m′ verbessern lässt (s. Abschnitt 3.1), werden ggf. baupraktische bzw. wirtschaftliche Grenzen überschritten – in diesen Fällen ist jedoch eine Verbesserung der Schalldämmung durch *zweischalige* Ausführungen erreichbar.

Bild 6a zeigt das Schwingungsverhalten eines zweischaligen Bauteils – dabei handelt es sich um einen sogenannten Zwei-Massen-Schwinger: Die Amplitude der zweiten Schale hängt ab von der Anregungsfrequenz f und der Anregungsamplitude x_0 der ersten Schale sowie der Dämpfung im Hohlraum des Bauteils. Derartige Schwingungssysteme besitzen eine Re-

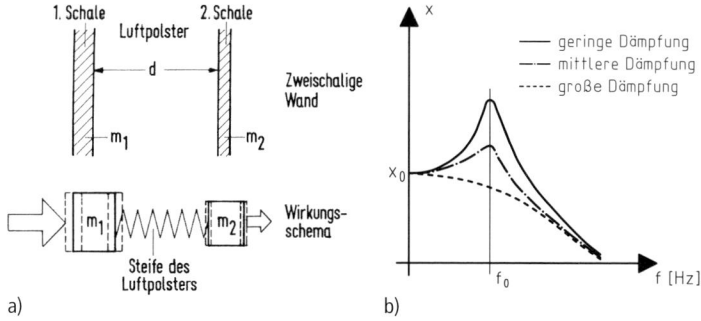

Bild 6. Schwingungsverhalten zweischaliger Bauteile, a) Prinzipdarstellung an einer Wand aus zwei biegeweichen Schalen [26], b) Amplitude x der Masse m_2 bei erzwungener Schwingung der Masse m_1 mit der Anregungsfrequenz f und der Amplitude x_0 – bei der Resonanzfrequenz f_0 ergibt sich die maximale Amplitude x_{max} der Masse m_2 (nach [27])

sonanz- oder Eigenfrequenz f_0, bei der die Amplituden der zweiten Masse (Schale) ein Maximum erreichen, dessen Höhe durch die Massen m_1 und m_2, die Federsteifigkeit sowie die Dämpfung bestimmt wird (Bild 6b) [25, 27]:

$$f_0 = \frac{1000}{2 \cdot \pi} \cdot \sqrt{s' \cdot \left(\frac{1}{m'_1} + \frac{1}{m'_2}\right)}$$

$$\approx 160 \cdot \sqrt{s' \cdot \left(\frac{1}{m'_1} + \frac{1}{m'_2}\right)} \quad [Hz] \quad (3)$$

mit
s'   dynamische Steifigkeit des Dämmstoffs [MN/m³] (gemäß DIN EN 13162 ff. [29] mit DIN 4108-10 [30])
m'_1, m'_2 flächenbezogene Massen der beiden Bauteilschalen [kg/m²]

Die Resonanz- oder Eigenfrequenzen verschiedener Massen- und Dämmstoffkombinationen zweischaliger Bauteile zeigt Tabelle 2 als Auswertung von Gl. (3).

Bei solchen zweischaligen Bauteilen sind für die mögliche Schalldämmung *drei* Frequenzbereiche zu unterscheiden (vgl. Bild 6b):

$f < f_0$ unterhalb der Eigenfrequenz f_0 schwingen beide Massen, als wären sie starr gekoppelt. Es ergibt sich durch die zweischalige Konstruktion keine Verbesserung der Schalldämmung gegenüber einem einschaligen Bauteil.

$f \approx f_0$ Die Eigenfrequenz f_0 des Systems stimmt mit der Anregungsfrequenz überein (Resonanz). Die Amplitude der zweiten Schale wird größer als die Anregung der ersten Schale. Die Schalldämmung wird erheblich verschlechtert (links im Diagramm von Bild 7).

$f > f_0$ Oberhalb der Eigenfrequenz f_0 werden die Amplituden kleiner als die Anregung. Durch die zweischalige Konstruktion wird die Schalldämmung erheblich verbessert (rechts im Diagramm von Bild 7).

Tabelle 2. Resonanz- oder Eigenfrequenz f_0 verschiedener zweischaliger Bauteile (nach [25])

Legende		Zwei gleiche biegeweiche Schalen	Biegeweiche Vorsatzschale vor biegesteifer Wand oder Decke
m'	flächenbezog. Masse einer biegeweichen Schale [kg/m²]		
d	Schalenabstand [m]		
s'	dynamische Steifigkeit der Füllung zwischen den Schalen [MN/m³]		
Lose schallschluckende Einlage im Zwischenraum		$f_0 = \dfrac{85}{\sqrt{m' \cdot d}}$ [Hz]	$f_0 = \dfrac{60}{\sqrt{m' \cdot d}}$ [Hz]
Dämmschicht im Zwischenraum mit beiden Schalen vollflächig verbunden		$f_0 = 225 \cdot \sqrt{\dfrac{s'}{m'}}$ [Hz]	$f_0 = 160 \cdot \sqrt{\dfrac{s'}{m'}}$ [Hz]

Um eine tatsächliche Verbesserung der Schalldämmung zu erreichen, sollte die Eigenfrequenz f_0 unterhalb des bauakustisch relevanten Bereichs und damit unter 100 Hz liegen:

Beispiel A
Bei Anordnung einer Vorsatzschale vor einer massiven Wand (vgl. Bild 7 und Tabelle 2 rechte Spalte) – z. B. in Form einer Gips(karton)platte von 12,5 mm Dicke – müsste hierfür der Schalenabstand mindestens d ≈ 4 cm betragen [27]. Die Schalldämmung durch solche Vorsatzschalen wird dabei maßgeblich auch von der Steifigkeit der Verbindung der beiden Schalen beeinflusst; deshalb werden
– entweder freistehende Ständerkonstruktionen aus Holz- bzw. Metall-C-Profilen
– oder Konstruktionen, die mit schwingungsfähigen Elementen an der Wand gehalten werden (z. B. Mineralfaser-Verbundplatten),
ausgeführt.

Hinweis: Aufgrund des beschriebenen Resonanzeffekts kann sich auch die Luftschalldämmung durch zusätzliche Bekleidungen erheblich *verschlechtern*: Werden Dämmplatten mit relativ hoher Steifigkeit – wie Polystyrol-Hartschaumplatten – auf eine einschalige biegesteife Konstruktion aufgebracht und verputzt (z. B. in Form eines Wärmedämm-Verbundsystems), können Verschlechterungen der Luftschalldämmung entsprechend Bild 8 auftreten.

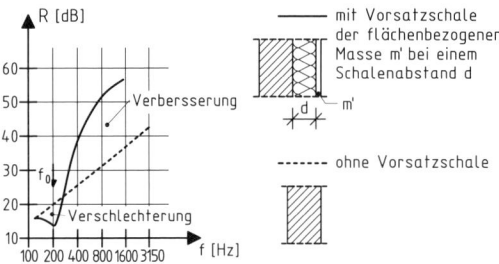

Bild 7. Veränderung des frequenzabhängigen Schalldämm-Maßes R einer Wand durch Anordnung einer Vorsatzschale (nach [27])

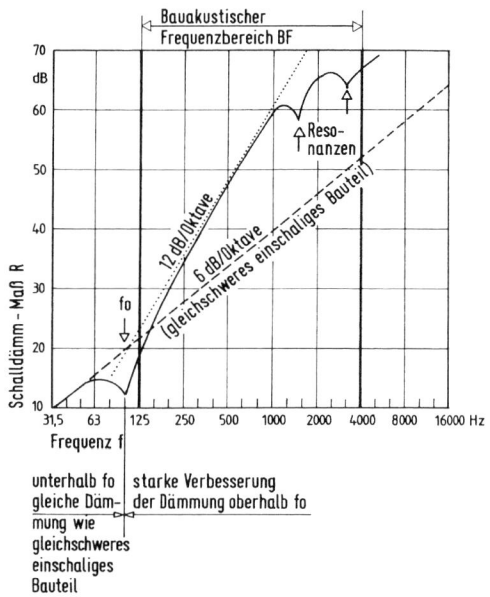

Bild 9. Bauakustisch günstige Bauteile aus zwei biegeweichen Schalen zeigen i. d. R. die beiden dargestellten Einbrüche beim frequenzabhängigen Schalldämm-Maß R (f) [26]: Resonanzfrequenz $f_0 < 160$ Hz; Grenzfrequenz $f_g \geq 2000$ Hz (hier nicht ganz erreicht)

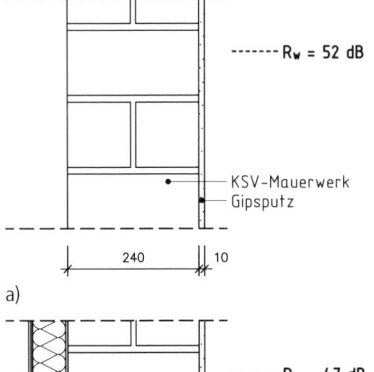

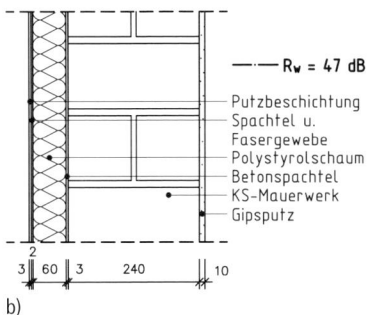

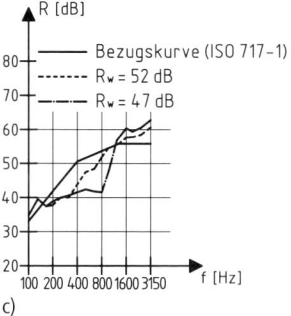

Bild 8. Beispiel einer Verschlechterung der Luftschalldämmung durch ein Wärmedämm-Verbundsystem (WDVS) um 5 dB (nach [31]);
a) ungedämmte Außenwand mit bewertetem Schalldämm-Maß $R_w = 52$ dB;
b) durch ein außenseitig aufgebrachtes WDVS gedämmte Außenwand mit bewertetem Schalldämm-Maß $R_w = 47$ dB;
c) Messkurven der Schalldämm-Maße R [dB] in Abhängigkeit von der Frequenz f [Hz]

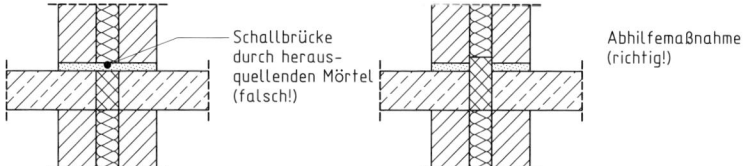

Bild 10. Bei zweischaligen Haustrennwänden müssen Beton-/Mörtelbrücken im Deckenbereich vermieden werden, z. B. durch einen über die Decke überstehenden Dämmstreifen

Beispiel B

Bei geeigneter Wahl von zwei biegeweichen Schalen (vgl. Tabelle 2 links) – z. B. in Form von Gips(karton)platten von 12,5 mm Dicke ohne oder mit loser schallschluckender Einlage (vgl. Bild 6a) – zeigt sich i. d. R. das in Bild 9 dargestellte Ergebnis: Das frequenzabhängige Schalldämm-Maß R(f) zeigt dann
– den o. g. Resonanzeinbruch bei $f_0 < 100$ Hz, d. h. unterhalb des bauakustischen Frequenzbereichs, sowie
– den in Abschnitt 3.1 beschriebenen Koinzidenzeinbruch bei $f_g \geq 2000$ Hz der hier ausreichend biegeweich gewählten Gips(karton)platten.

Beispiel C

Auch die Wahl von zwei *biegesteifen* Schalen kann für den Schallschutz günstig sein – die zweischalige Haustrennwand ist ein Beispiel dafür. Voraussetzung ist jedoch, dass zwischen den Schalen eine über die ganze Haustiefe und -höhe durchgehende schallbrückenfreie Schalenfuge angeordnet wird, die durch einen weichen Dämmstoff (i. d. R. Mineralwolle) eine mögliche Flankenübertragung vollständig unterbricht (Bild 10).

3.3 Trittschallminderung mit geeigneten Deckenauflagen

Zur Verbesserung der Trittschalldämmung gibt es verschiedene Möglichkeiten (Bild 11) – die wirksamste ist die Verwendung geeigneter Deckenauflagen wie schwimmender Estrich oder schwimmender Holzfußboden entsprechend Bild 11c, die im Folgenden näher betrachtet werden.

Die Verbesserung der Trittschalldämmung wird in EN ISO 10140-3 [32] durch die Trittschallminderung ΔL gekennzeichnet. Diese hängt ab
– von der verwendeten Rohdecke und
– von der verwendeten Deckenauflage.
Bei massiven Rohdecken kann man vereinfacht von einer massiven Standarddecke ausgehen; für solche massiven Standarddecken ergibt sich nach EN ISO 10140-3 [32] die Trittschallminderung durch Deckenauflagen als bewertete Trittschallminderung ΔL_w nach EN ISO 717-2 [33].
Diese Trittschallminderung wird in Prüfständen ermittelt, die eine alleinige Schallübertragung über das trennende Bauteil ermöglichen. Da Deckenauflagen keine Verbindung zu den flankierenden Bauteilen haben dürfen (vgl. Bild 11c), wird bei der Trittschallminderung in Gebäuden vereinfacht keine bewertete Bau-Trittschallminderung $\Delta L'_w$ eingeführt.

4 Nachweis des baulichen Schallschutzes

4.1 Ablauf des Nachweises

Der Nachweis des baulichen Schallschutzes hat sich 2016 grundlegend geändert durch die Einführung der europäischen Normung (beispielhaft dargestellt am Nachweis der Luftschalldämmung im Massivbau in Bild 12), bestehend aus
– Prüfnormen (EN ISO 10140 [32], EN ISO 10848),
– Bewertungsnormen (EN ISO 717 [33]) sowie

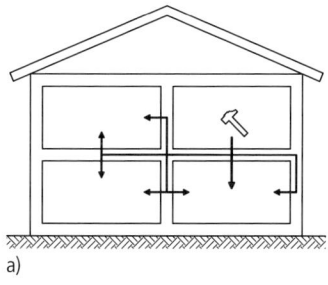
a)

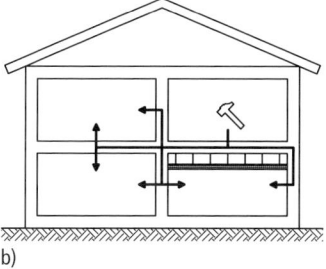
b)

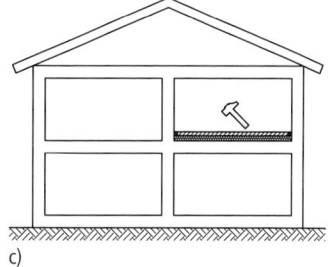
c)

Bild 11. Trittschallübertragung in benachbarte Räume, a) ohne Trittschallminderung; b) mit Trittschallminderung durch eine abgehängte Decke, c) mit Trittschallminderung durch eine geeignete Deckenauflage

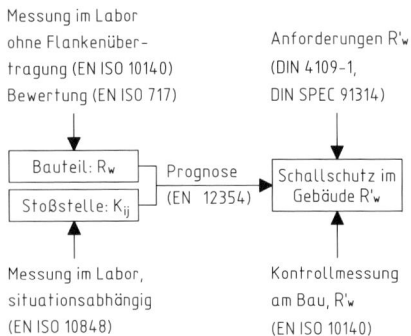

Bild 12. Nachweis der Luftschalldämmung im Massivbau anhand der europäischen Normung (nach [36])

- Prognosenorm (EN 12354:2000 ff. [35], EN ISO 12354:2017 ist noch nicht Grundlage von DIN 4109:2016/18).

Allerdings sind diese Normen für praktische Nachweise des Schallschutzes nicht relevant, da nicht nur die Anforderungen (vgl. Bild 12 oben rechts), sondern alle für die Nachweise notwendigen Angaben in DIN 4109:2016-07 (bzw. 2018-01) zu finden sind. Der Nachweis des baulichen Schallschutzes wird daher i. d. R. rechnerisch ohne bauakustische Messungen
- anhand des Rechenverfahrens aus DIN 4109-2 [2]
- mit den Konstruktionen aus den Bauteilkatalogen aus DIN 4109-32 bis -36 [2]
- im Vergleich mit den Anforderungen an die *Schalldämmung* aus DIN 4109-1 [2] bzw. DIN SPEC 91314:2017-01 [20] oder an den *Schallschutz* aus VDI 4100:2012 [4]

geführt. Dabei werden sämtliche Werte nach DIN 4109-2, 5.2, auf 1/10 dB gerundet.

Gemäß DIN 4109-1 [2] wird i. d. R. (vgl. Abschnitt 1)
- statt des Nachweises des Schallschutzes von schutzbedürftigen Räumen (Definition analog DIN 4109-1, s. Tabelle 3 links)
- vereinfacht der Nachweis der Schalldämmung von Bauteilen dieser Räume geführt,

ausgenommen gebäudetechnische Anlagen (Definition analog DIN 4109-1 s. Tabelle 3 rechts) und baulich verbundene Gewerbebetriebe. Dementsprechend werden in DIN 4109-1 [2] bzw. DIN SPEC 91314:2017-01 [20] Anforderungen gestellt (Tabelle 4)
- für *Bauteile* (jeweils mit Flankenübertragung)
  - an das bewertete Schalldämm-Maß R'_w für die Luftschalldämmung und
  - an den bewerteten Norm-Trittschallpegel $L'_{n,w}$ für die Trittschalldämmung,
- für *gebäudetechnische Anlagen* an den Norm-Schalldruckpegel $L_{AF,max,n}$ bzw.
- für baulich verbundene *Gewerbebetriebe* an den Beurteilungspegel L_r und an den Norm-Schalldruckpegel $L_{AF,max,n}$.

Zum möglichen Fehler bei diesem Nachweis der Schalldämmung statt des Schallschutzes wird in DIN 4109-1 [2] im informativen Anhang A angeführt: *„Trotz gleicher Schalldämmung kann der Schallschutz unterschiedlich sein. Der Schallschutz hängt neben der Schalldämmung auch von der Größe des Empfangsraumes ab. Mit üblichen Raumgrößen im Mehrfamilienhaus-Bau wird häufig ein gleicher und bis zu 2 dB höherer Luftschallschutz und Trittschallschutz erzielt, als durch den für die Schalldämmung geforderten Wert zu erwarten ist. Jedoch weisen etwa 25 % der Aufenthaltsräume Volumen auf, welche einen um bis zu 2 dB geringeren Trittschallschutz erwarten lassen."*

In den Abschnitten 4.2 bis 4.4 wird der rechnerische Nachweis des baulichen Schallschutzes für einfache Fälle theoretisch vorgestellt und schließlich in Abschnitt 4.5 durch ein von Hand gerechnetes Beispiel ergänzt – weitere Rechenbeispiele finden sich in [21, 38]. In der Praxis werden Schallschutznachweise per EDV geführt. Im Folgenden wird ergänzend zur Handrechnung auf den kostenlosen KS-Schallschutzrechner zurückgegriffen [39].

Tabelle 3. Beispiele von schutzbedürftigen Räumen und von gebäudetechnischen Anlagen gemäß DIN 4109-1 (nach [37])

Beispiele schutzbedürftiger Räume (= gegen Geräusche zu schützende Aufenthaltsräume)	Beispiele gebäudetechnischer Anlagen
– Wohnräume einschließlich Wohndielen oder Wohnküchen – Schlafräume einschließlich Übernachtungsräumen in Beherbergungsstätten – Bettenräume in Krankenhäusern und Sanatorien – Unterrichtsräume in Schulen, Hochschulen und ähnlichen Einrichtungen – Büroräume – Praxisräume, Sitzungsräume und ähnliche Arbeitsräume	– Versorgungs- und Entsorgungsanlagen – Transportanlagen – fest eingebaute betriebstechnische Anlagen – Gemeinschaftswaschanlagen – Schwimmanlagen, Saunen und dergleichen – Sportanlagen – zentrale Staubsauganlagen – Garagenanlagen – fest eingebaute, motorbetriebene außenliegende Sonnenschutzanlagen und Rollläden

Tabelle 4. Anforderungsgrößen für die Luft- und Trittschalldämmung sowie für den Norm-Schalldruckpegel (nach [21])

Bauteile (betriebsfertig)	Berücksichtigte Schallübertragung	Anforderungsgröße für die	
		Luftschalldämmung	Trittschalldämmung
Wände	über das trennende und die flankierenden Bauteile sowie ggf. über Nebenwege[1]	R'_w [dB]	–
Decken		R'_w [dB]	$L'_{n,w}$ [dB]
Treppen		–	$L'_{n,w}$ [dB]
Türen	nur über die Tür[2]	R_w [dB]	–
Gebäudetechnische Anlagen einschl. Wasserinstallationen		max. Norm-Schalldruckpegel $L_{AF,max,n}$ nach DIN 4109-4	
baulich verbundene Gewerbebetriebe (für die Nachtzeit gilt der Pegel der lautesten Stunde)		Beurteilungspegel L nach DIN 45645-1 bzw. TA Lärm; zusätzlich ist der max. Norm-Schalldruckpegel $L_{AF,max,n}$ zu ermitteln	

1) z. B. Kabelschotts, Installations- und Kabelkanäle in Massiv- und Installationswänden
2) dabei Sicherheitsbeiwert von 5 dB berücksichtigen

4.2 Rechnerischer Nachweis des Luftschallschutzes zwischen Räumen

4.2.1 Berechnung der Luftschalldämmung in Gebäuden allgemein

In Gebäuden wird grundsätzlich die Luftschalldämmung zwischen Räumen nach DIN 4109-2 [2, 4.2], berechnet. Die Kenngröße hierfür ist das bewertete Bau-Schalldämm-Maß R'_w, es wird rechnerisch prognostiziert gemäß dem sogenannten vereinfachten Verfahren aus DIN EN 12354 [35] (vgl. Bild 12).
Für diese Berechnung (= Prognose) werden die in Bild 13a am Beispiel einer Trennwand dargestellten Schallübertragungswege berücksichtigt. Praktisch hat jeder Raum vier flankierende Bauteile, sodass sich die in Bild 13b dargestellten 13 Übertragungswege ergeben, deren Indizierung folgendem Schema folgen:
– Der erste (Groß-)Buchstabe kennzeichnet den Schalleintritt im Senderaum, der zweite (Klein-)Buchstabe den Schallaustritt im Empfangsraum;
– das „D" bzw. „d" kennzeichnet den direkten Schalldurchgang durch das trennende Bauteil, das „F" bzw. „f" das flankierende Bauteil.
Sind alle 13 Schalldämm- bzw. Flankendämm-Maße bekannt, kann das resultierende bewertete Bau-Schalldämm-Maß bei n flankierenden Bauteilen nach DIN 4109-2 [2, 4.2.1], durch energetische Addition berechnet werden:

$$R'_w = -10 \cdot \lg \left[10^{\frac{-R_{Dd,w}}{10}} + \sum_{F=f=1}^{n} 10^{\frac{-R_{Ff,w}}{10}} + \sum_{f=1}^{n} 10^{\frac{-R_{Df,w}}{10}} + \sum_{F=1}^{n} 10^{\frac{-R_{Fd,w}}{10}} \right] \text{ [dB]} \quad (4)$$

mit
$R_{Dd,w}$ bewertetes Schalldämm-Maß für das Trennbauteil [dB]
$R_{Ff,w}$ bewertetes Flankendämm-Maß für den Übertragungsweg Ff [dB]
$R_{Df,w}$ bewertetes Flankendämm-Maß für den Übertragungsweg Df [dB]
$R_{Fd,w}$ bewertetes Flankendämm-Maß für den Übertragungsweg Fd [dB]

Hinweis: Die bewerteten Schalldämm- und Flankendämm-Maße können nach DIN 4109-2 [2, 5.1], gleichwertig entweder nach DIN 4109 *rechnerisch* ermittelt werden oder (ohne Zu- oder Abschläge) aus Prüfzeugnissen bzw. bauaufsichtlichen Zulassungen entnommen werden.
Das bewertete Bau-Schalldämm-Maß nach Gl. (4) zu ermitteln ist recht aufwendig; daher werden – soweit zum Erhalt einer ausreichenden Genauigkeit möglich – nach DIN 4109-2 [2, 4.2.1], die o. g. Flankendämm-Maße bauartspezifisch vereinfacht:
– Bei Gebäuden in einschaliger Massivbauart werden die bewerteten Flankendämm-Maße $R_{Ff,w}$, $R_{Df,w}$

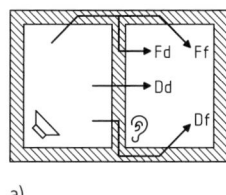
a)
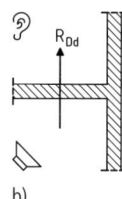
b)
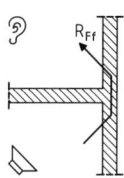 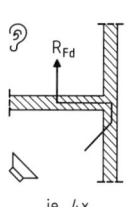 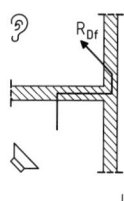
je 4x

Bild 13. Zu berücksichtigende Schall-Übertragungswege beim vereinfachten Verfahren; a) Bezeichnungen der einzelnen Übertragungswege; b) sämtliche zu berücksichtigende 13 Wege der Schallübertragung

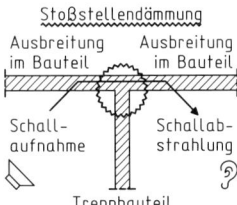

Bild 14. Zusammengefasste Stoßstellendämmung bei einem flankierenden Bauteil bei Massivbauart (nach [40])

und $R_{Fd,w}$ mithilfe des Stoßstellendämm-Maßes K_{ij} berechnet (Bild 14, vgl. auch Bild 12).
– Bei Gebäuden in Massivbauart mit zweischaliger massiver Haustrennwand ergibt sich das bewertete Bau-Schalldämm-Maß R'_w dieser Haustrennwand
  • aus dem bewerteten Schalldämm-Maß für das Trennbauteil $R_{Dd,w}$ (errechnet aus der addierten flächenbezogenen Masse der beiden Wandschalen);
  • die flankierende Übertragung im Fundamentbereich wird dann durch einen davon abhängigen sog. Zweischaligkeitszuschlag erfasst und
  • die flankierende Übertragung durch die übrigen Bauteile durch eine zusätzliche Korrektur berücksichtigt.
– Bei Leicht-, Holz- und Trockenbau werden die bewerteten Flankendämm-Maße $R_{Ff,w}$, $R_{Df,w}$ und $R_{Fd,w}$ pauschal zur bewerteten Flankenschallpegeldifferenz $D_{n,f,w}$ des jeweiligen flankierenden Bauteils zusammengefasst und zur Direktschalldämmung energetisch addiert.
– Im Skelettbau und bei Mischbauart wird eine Kombination aus den o. g. Vereinfachungen angesetzt.

In den folgenden Unterabschnitten werden nur Gebäude in Massivbauart mit akustisch biegesteifer Verbindung der Bauteile weiter betrachtet.

4.2.2 Bestimmung der flächenbezogenen Masse von einschaligen Massivbauteilen

Entscheidend für die Luftschalldämmung von *einschaligen* Massivbauteilen aus j = 1, 2, ..., n Schichten ist deren flächenbezogene Masse

$$m'_{ges} = \sum_{j=1}^{n} d_j \cdot \rho_j \quad \left[\frac{kg}{m^2}\right] \quad (5)$$

mit
d_j Dicke der Bauteilschicht j [m]
ρ_j Rohdichte des verwendeten Baustoffs der Bauteilschicht j [kg/m³]

Bei Ermittlung der flächenbezogenen Masse m' ist dabei zu beachten, dass mit wachsendem m' das Schalldämm-Maß R'_w zunimmt (vgl. Abschnitt 3.1) und somit – im Gegensatz zur statischen Bemessung von Bauteilen (vgl. die zur Nennrohdichte ρ gehörenden Wichten in EN 1991-1 mit nationalem Anhang [41]) – als sichere Seite die untere Rohdichtegrenze der Baustoffe

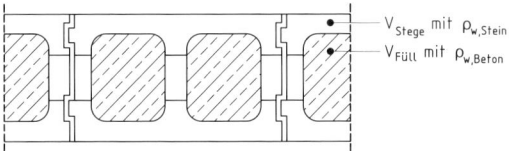

Bild 15. Beispiel eines Füllsteins aus beliebigem Steinmaterial, verfüllt mit Beton (nach [42])

nach DIN 4109-32 [2, 4.1.4.1] anzusetzen ist. Die dementsprechend anzunehmenden Rechenwerte der Rohdichte ρ_W einiger gängiger Massivbaustoffe sind (weitere s. in DIN 4109-32 bzw. [19], Tafeln 4.76/4.77 und 10.76/10.77):
– Mauerwerk der Rohdichteklasse (RDK) *mit Normalmörtel*):

$$0{,}35 \leq RDK \leq 2{,}2: \quad \rho_w = 900 \cdot RDK + 100 \quad \left[\frac{kg}{m^3}\right] \quad (6)$$

– Mauerwerk der Rohdichteklasse (RDK) *mit Leichtmörtel* (LM):

$$0{,}35 \leq RDK \leq 1{,}0: \quad \rho_w = 900 \cdot RDK + 50 \quad \left[\frac{kg}{m^3}\right] \quad (7)$$

– Mauerwerk der Rohdichteklasse (RDK) *mit Dünnbettmörtel* (DM):

$$RDK > 1{,}0: \quad \rho_w = 1000 \cdot RDK - 100 \quad \left[\frac{kg}{m^3}\right] \quad (8a)$$

$$RDK \leq 1{,}0^{1)}: \quad \rho_w = 1000 \cdot RDK - 50 \quad \left[\frac{kg}{m^3}\right] \quad (8b)$$

$$RDK \leq 1{,}0^{2)}: \quad \rho_w = 1000 \cdot RDK - 25 \quad \left[\frac{kg}{m^3}\right] \quad (8c)$$

[1]) Klassenbreite der RDK ≥ 100 kg/m³ ([19], Tafel 4.43/10.43)
[2]) Klassenbreite der RDK = 50 kg/m³ ([19], Tafel 4.43/10.43)

– Mauerwerk aus Füllsteinen (Bild 15):

$$\rho_{w,res} = \rho_{w,Stein} \cdot V_{Stege} + \rho_{w,Beton} \cdot V_{Füll} \quad [kg/m^3] \quad (9)$$

mit
$\rho_{w,Stein}$ Rechenwert der Rohdichte der unverfüllten Steine [kg/m³]
V_{Stege} Volumen der Stege der unverfüllten Steine [m³]
$\rho_{w,Beton}$ Rechenwert der Rohdichte des Füllbetons [kg/m³]
$V_{Füll}$ Volumen des (unbewehrten) Füllbetons [m³]

– Betonbauteile (aus Normalbeton, Porenbeton u. ä.) und großformatige Wandtafeln:

unbewehrter Normalbeton: $\rho_w = 2350$ kg/m³ (10a)

bewehrter Normalbeton: $\rho_w = 2400$ kg/m³ (10b)

Wände aus Leichtbeton: i. d. R. deklarierter Wert der Rohdichte ρ_D

Decken aus Leicht-/Porenbeton: $\rho_w = \rho_D - 12{,}5 \text{ kg/m}^3$ (10c)

– Putzschichten:

Gips- und Dünnlagenputze: $\rho_{Putz} = 1000 \text{ kg/m}^3$ (11a)

Kalk- und Kalkzementputze: $\rho_{Putz} = 1600 \text{ kg/m}^3$ (11b)

Leichtputze: $\rho_{Putz} = 900 \text{ kg/m}^3$ (11c)

Wärmedämmputze: $\rho_{Putz} = 250 \text{ kg/m}^3$ (11d)

– Estrichschichten:

Zementestrich: $\rho_{CT} = 2000 \text{ kg/m}^3$ (12a)

Gussasphaltestrich: $\rho_{AS} = 2300 \text{ kg/m}^3$ (12b)

4.2.3 Berechnung der Luftschalldämmung im Massivbau

Das folgende Berechnungsverfahren gilt gemäß DIN 4109-2 [2, 4.2.2], für Trennflächen zwischen Räumen ≥ 10 m² (für Trennflächen < 10 m² und Übertragungssituationen ohne gemeinsame Trennfläche s. DIN 4109-2 [2, 4.2.1.2]). Gemäß Abschnitt 4.2.1, Gl. (4) und Bild 14, sind bei Massivbauart
– die bewertete Direktschalldämmung $R_{Dd,w}$ und
– die bewertete *Flankendämmung* $R_{ij,w}$ aller flankierenden Bauteile
zu berücksichtigen:

A. Ermittlung der bewerteten Direktschalldämmung

Das bewertete Schalldämm-Maß für die direkte Schallübertragung durch das trennende Bauteil errechnet sich zu

$$R_{Dd,w} = R_{s,w} + \Delta R_{Dd,w} \quad [\text{dB}] \quad (13)$$

mit
$R_{s,w}$ bewertetes Schalldämm-Maß des trennenden massiven Bauteils [dB] (Index „s" für das trennende Bauteil)
$\Delta R_{Dd,w}$ gesamte bewertete Verbesserung des Schalldämm-Maßes durch zusätzlich angebrachte Vorsatzkonstruktionen [dB]

Darin errechnet sich – unabhängig vom Index „s" für das trennende Bauteil – das bewertete Schalldämm-Maß eines trennenden einschaligen Massivbauteils (mit Ausnahme von Wänden d > 240 mm aus bestimmten Leichtlochsteinen) nach DIN 4109-32 [2, 4.1.4.2] bzw. ([19], Tafel 4.77/10.77)
– für Beton, Betonsteine, Kalksandstein, Mauerziegel und Füllsteine mit flächenbezogener Masse 65 kg/m² ≤ m'_{ges} < 720 kg/m² (ausgewertet in Bild 16):

$$R_w = 30{,}9 \cdot \lg\left(\frac{m'_{ges}}{m'_0}\right) - 22{,}2 \quad [\text{dB}] \quad (14)$$

– für Mauerwerk aus Leichtbeton mit flächenbezogenen Masse 140 kg/m² ≤ m'_{ges} < 480 kg/m²:

$$R_w = 30{,}9 \cdot \lg\left(\frac{m'_{ges}}{m'_0}\right) - 20{,}2 \quad [\text{dB}] \quad (15)$$

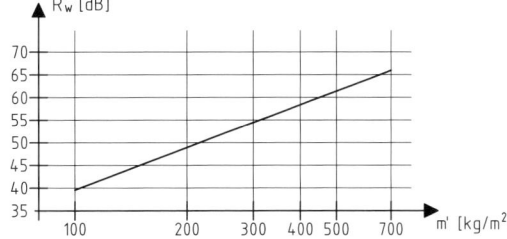

Bild 16. Bewertetes Schalldämm-Maß R_w eines trennenden einschaligen Massivbauteils aus Beton, Betonstein, Kalksandstein, Mauerziegel oder Füllsteinen in Abhängigkeit von der flächenbezogenen Masse m' (nach [1, 46])

– für Porenbeton
• mit flächenbezogener Masse 50 kg/m² ≤ m'_{ges} < 150 kg/m²:

$$R_w = 32{,}6 \cdot \lg\left(\frac{m'_{ges}}{m'_0}\right) - 22{,}5 \quad [\text{dB}] \quad (16)$$

• mit flächenbezogener Masse 150 kg/m² ≤ m'_{ges} < 300 kg/m²:

$$R_w = 26{,}1 \cdot \lg\left(\frac{m'_{ges}}{m'_0}\right) - 8{,}4 \quad [\text{dB}] \quad (17)$$

darin jeweils $m'_0 = 1 \text{ kg/m}^2$ als Bezugsgröße.
Weiter errechnet sich in Gl. (13) die gesamte bewertete Verbesserung des Schalldämm-Maßes durch zusätzlich angebrachte Vorsatzkonstruktionen – dazu gehören z. B. auch schwimmende Estriche – nach DIN 4109-2 [2, 4.2.2.1],
– bei *einseitiger* Anbringung einer Vorsatzkonstruktion (d. h. auf der Senderaum- *oder* der Empfangsraumseite) zu

$$\Delta R_{Dd,w} = \Delta R_{D,w} \quad \text{oder} \quad \Delta R_{Dd,w} = \Delta R_{d,w} \quad [\text{dB}] \quad (18)$$

– bei *beidseitiger* Anbringung einer Vorsatzkonstruktion (d. h. auf der Senderaum- *und* der Empfangsraumseite) zu

$$\Delta R_{Dd,w} = \Delta R_{D,w} + \frac{\Delta R_{d,w}}{2} \quad [\text{dB}] \quad (19a)$$

für $\Delta R_{D,w} \geq \Delta R_{d,w}$ und $\Delta R_{d,w} > 0$ dB
bzw.

$$\Delta R_{Dd,w} = \Delta R_{d,w} + \frac{\Delta R_{D,w}}{2} \quad [\text{dB}] \quad (19b)$$

für $\Delta R_{d,w} \geq \Delta R_{D,w}$ und $\Delta R_{D,w} > 0$ dB
mit
$\Delta R_{D,w}$ bewertete Verbesserung des Schalldämm-Maßes durch eine zusätzlich angebrachte Vorsatzkonstruktion auf der *Senderaumseite* des trennenden Bauteils [dB]

Tabelle 5. Resonanzfrequenz f_0 [Hz] schwimmender Estriche der Masse m'_1 in Abhängigkeit von der dynamischen Steifigkeit s' des Dämmstoffs [MN/m³] – links auf Holzbalkendecke mit 25 mm Schalung auf den Balken, rechts auf 200 mm Stahlbetondecke (nach [44])

Dämmstoff mit s' [MN/m³]	Holzbalkendecke mit Schalung d = 25 mm, d. h. m'_2 = 15 kg/m²						Stahlbetondecke d = 200 mm, d. h. m'_2 = 460 kg/m²					
	schwimmender Estrich der Masse m'_1 [kg/m²]						schwimmender Estrich der Masse m'_1 [kg/m²]					
	10	20	40	80	160	320	10	20	40	80	160	320
5	146	122	108	101	97	95	114	82	59	43	33	26
10	207	173	153	142	137	134	162	116	83	61	46	37
20	292	244	217	201	193	189	229	163	118	87	66	52
40	413	346	306	285	273	267	323	231	167	123	93	74

$\Delta R_{d,w}$ bewertete Verbesserung des Schalldämm-Maßes durch eine zusätzlich angebrachte Vorsatzkonstruktion auf der *Empfangsraumseite* des trennenden Bauteils [dB]

Die bewertete Verbesserung durch eine Vorsatzkonstruktion wird nach DIN 4109-34 [2] wie folgt bestimmt:
– Zuerst wird die Resonanzfrequenz f_0 nach Tabelle 2 berechnet – für mit beiden Schalen vollflächig verbundene Dämmschichten (wie bei schwimmenden Estrichen) gilt allgemein Gl. (3) in Abschnitt 3.2.
Hinweis: Die Resonanzfrequenz f_0 muss kleiner 160 Hz liegen, damit sich eine Verbesserung und keine Verschlechterung ergibt (vgl. Bild 7 und Bild 9)! Die Resonanzfrequenzen einiger üblicher Estrich-Rohdecken-Kombinationen zeigt Tabelle 5: Problematisch sind leichte Trockenestriche, die steife Dämmstoffe benötigen (typische Werte jeweils eingerahmt mit Strichlinien), unkritisch für die Luftschalldämmung sind Nassestriche auf weichen Dämmstoffen (typische Werte jeweils eingerahmt mit Volllinien) [44].
– Daraus ergibt sich die bewertete Verbesserung ΔR_w nach Tabelle 6 (siehe z. B. auch [19], Tafel 4.79/ 10.79).

Tabelle 6. Bewertete Verbesserung der Direktschalldämmung durch Vorsatzkonstruktionen in Abhängigkeit von der Resonanzfrequenz (nach [2])

Resonanzfrequenz f_0 der Vorsatzkonstruktion [Hz]	bewertete Verbesserung ΔR_w [dB]
$30 \leq f_0 < 160$	max($74{,}4 - 20 \cdot \lg f_0 - 0{,}5 \cdot R_w$; 0)
200	– 1
250	– 3
315	– 5
400	– 7
500	– 9
630 bis 1600	– 10
> 1600 bis $\leq$ 5000	– 5

B. Ermittlung der bewerteten Flankendämmung

Das Flankendämm-Maß für die Übertragung vom Bauteil i im Senderaum auf das Bauteil j im Empfangsraum errechnet sich je flankierendem Bauteil zu

$$R_{ij,w} = \frac{R_{i,w}}{2} + \frac{R_{j,w}}{2} + \Delta R_{ij,w} + K_{ij} + 10 \cdot \lg \frac{S_s}{l_f \cdot l_0} \; [\text{dB}] \quad (20)$$

mit
$R_{i,w}$ bewertetes Schalldämm-Maß des flankierenden massiven Bauteils im *Senderaum* [dB] nach Gl. (14) bis Gl. (17)
$R_{j,w}$ bewertetes Schalldämm-Maß des flankierenden massiven Bauteils im *Empfangsraum* [dB] nach Gl. (14) bis Gl. (17)
$\Delta R_{ij,w}$ gesamte bewertete Verbesserung des Schalldämm-Maßes durch zusätzlich angebrachte Vorsatzkonstruktionen auf dem Sende- bzw. Empfangsbauteil des betrachteten Übertragungsweges [dB] – es sind nur die raumseitig angebrachten Vorsatzkonstruktionen zu berücksichtigen!
K_{ij} Stoßstellendämm-Maß auf dem Übertragungsweg ij [dB] (s. u.)
S_s Fläche des trennenden Bauteils, die beiden Räumen gemeinsam ist [m²]
l_f gemeinsame Kopplungslänge der Verbindungsstelle zwischen dem trennenden und dem flankierenden Bauteil [m]
$l_0 = 1$ m   als Bezugskopplungslänge

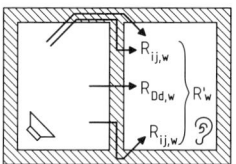

Bild 17. Zusammensetzung der resultierenden Schallübertragung R' aus den einzelnen Übertragungswegen beim vereinfachten Verfahren (nach [45])

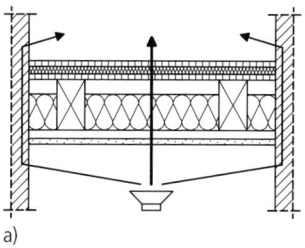 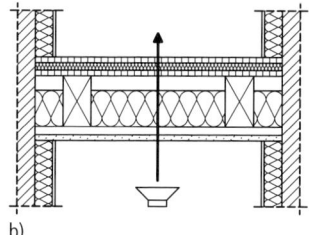

Bild 18. Luftschallübertragung beispielhaft zwischen zwei Räumen mit einer Holzbalkendecke als trennendem Bauteil und flankierenden Massivwänden (nach [46]); a) ohne Vorsatzkonstruktionen vor den Massivwänden; b) mit Vorsatzkonstruktionen auf der Senderaum- und auf der Empfangsraumseite (im Bereich des trennenden Bauteils unterbrochen)

Hinweis: Durch Gl. (20) werden alle Wege außer Dd in Bild 17 berücksichtigt, und zwar so, dass
– i über das trennende Bauteil D und über F = 1, 2, ..., n (i. d. R. n = 4) Flankenbauteile im *Senderaum* zählt sowie
– j über das trennende Bauteil d und über f = 1, 2, ..., n (i. d. R. n = 4) Flankenbauteile im *Empfangsraum* zählt.

In Gl. (20) errechnet sich die gesamte bewertete Verbesserung des Schalldämm-Maßes durch zusätzlich angebrachte Vorsatzkonstruktionen nach DIN 4109-2 [2, 4.2.2.2],
– bei Anbringung einer Vorsatzkonstruktion *entweder* auf der Senderaum- *oder* auf der Empfangsraumseite zu

$$\Delta R_{ij,w} = \Delta R_{i,w} \quad \text{oder} \quad \Delta R_{ij,w} = \Delta R_{j,w} \quad [\text{dB}] \quad (21)$$

– bei Anbringung einer Vorsatzkonstruktion auf der Senderaum- *und* auf der Empfangsraumseite (Bild 18) zu

$$\Delta R_{ij,w} = \Delta R_{i,w} + \frac{\Delta R_{j,w}}{2} \quad [\text{dB}] \quad (22a)$$

für $\Delta R_{i,w} \geq \Delta R_{j,w}$ und $\Delta R_{i,w} > 0$ dB

bzw.

$$\Delta R_{ij,w} = \Delta R_{j,w} + \frac{\Delta R_{i,w}}{2} \quad [\text{dB}] \quad (22b)$$

für $\Delta R_{j,w} \geq \Delta R_{i,w}$ und $\Delta R_{j,w} > 0$ dB

mit
$\Delta R_{i,w}$ bewertete Verbesserung des Schalldämm-Maßes durch eine zusätzlich angebrachte Vorsatzkonstruktion auf dem betrachteten *Sendebauteil* [dB]

$\Delta R_{j,w}$ bewertete Verbesserung des Schalldämm-Maßes durch eine zusätzlich angebrachte Vorsatzkonstruktion auf dem betrachteten *Empfangsbauteil* [dB]

Die bewertete Verbesserung des Schalldämm-Maßes $\Delta R_{i,w}$ bzw. $\Delta R_{j,w}$ errechnet sich genauso wie bei den Vorsatzkonstruktionen bei der Direktschalldämmung nach Tabelle 6.

Für die Berechnung des Stoßstellendämm-Maßes K_{ij} für Stoßstellen mit starrem Anschluss der Bauteile untereinander werden in DIN 4109-32 [2, 5.2], unterschieden (Bild 19):
– Eckstöße,
– T-Stöße und
– Kreuzstöße.

Dabei wird davon ausgegangen, dass jeweils die Fortsetzung des Bauteils nach der Stoßstelle die gleiche flächenbezogene Masse wie vor der Stoßstelle aufweist (vgl. Bild 19). Vor der weiteren Berechnung wird dann folgende Hilfsgröße benötigt:

$$M = \lg\left(\frac{m'_{\perp i}}{m'_i}\right) \quad [-] \quad (23)$$

mit
m'_i flächenbezogene Masse des Bauteils i im Übertragungsweg ij [kg/m²] (d. h. das flankierende Bauteil)
$m'_{\perp i}$ flächenbezogene Masse des anderen die Stoßstelle bildenden Bauteils senkrecht dazu [kg/m²] (d. h. das trennende Bauteil)

Damit ergeben sich die Stoßstellendämm-Maße K_{ij} (Indizes entsprechend Bild 19)
– für Eckstöße zu

$$K_{12} = 2{,}7 + 2{,}7 \cdot M^2 \quad [\text{dB}] \quad (24)$$

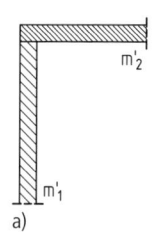 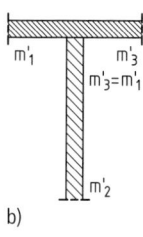 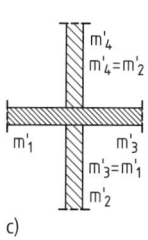

Bild 19. Verschiedene Stoßstellen, jeweils mit flächenbezogener Masse m' des Bauteils, flankierende Bauteile durchlaufend und enger schraffiert dargestellt (nach [2]); a) Eckstoß; b) T-Stoß; c) Kreuzstoß

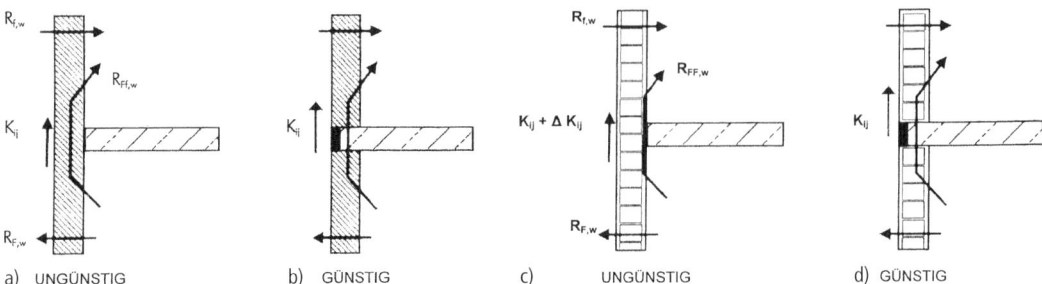

Bild 20. Horizontalschnitte durch den T-Stoß von leichter Außenwand mit schwerer Wohnungstrennwand (hier Stahlbeton) [26]; a) durchlaufende Außenwand aus Leichtsteinen (z. B. Porenbeton); b) schwere Trennwand durchdringt (teilweise) die Außenwand aus Leichtsteinen; c) durchlaufende Außenwand aus Leichtlochsteinen (z. B. Leichthochlochziegel); d) schwere Trennwand durchdringt (teilweise) die Außenwand aus Leichtlochsteinen

– für T-Stöße zu

$$K_{12} = K_{23} = 4{,}7 + 5{,}7 \cdot M^2 \quad [\text{dB}] \tag{25a}$$

für $M < 0{,}215$:

$$K_{13} = 5{,}7 + 14{,}1 \cdot M + 5{,}7 \cdot M^2 \quad [\text{dB}] \tag{25b}$$

für $M \geq 0{,}215$:

$$K_{13} = 8{,}0 + 6{,}8 \cdot M \quad [\text{dB}] \tag{25c}$$

– für Kreuzstöße zu

$$K_{12} = K_{23} = 5{,}7 + 15{,}4 \cdot M^2 \quad [\text{dB}] \tag{26a}$$

für $M < 0{,}182$:

$$K_{13} = 8{,}7 + 17{,}1 \cdot M + 5{,}7 \cdot M^2 \quad [\text{dB}] \tag{26b}$$

für $M \geq 0{,}182$:

$$K_{13} = 9{,}6 + 11{,}0 \cdot M \quad [\text{dB}] \tag{26c}$$

Weitere Stoßstellendämm-Maße bei
– abknickenden T-Stößen oder
– Stößen mit ungleichen flächenbezogenen Massen in der Fortsetzung des Bauteils nach der Stoßstelle

finden sich gesondert in DIN 4109-32, [2, 5.2.4] (siehe z. B. [19], Tafel 4.80/ 10.80 sowie Abb. 4.81/10.81). Hinweise zu anderen günstigen bzw. ungünstigen Stoßausbildungen – auch mit Entkopplungen – finden sich z. B. in [1, 47].

Durch das dargestellte Verfahren gleichermaßen erfasst werden auch T-Stöße entsprechend Bild 20a bzw. Bild 20c, obwohl bekannt ist, dass der T-Stoß in Bild 20a ungünstiger ist als der in Bild 20b bzw. der T-Stoß in Bild 20c ungünstiger als der in Bild 20d – Stöße von Mauerwerk aus bestimmten Leichtlochsteinen (die gemäß Bild 20c ausgeführt schalltechnisch ungünstig sind) finden sich allerdings gesondert in DIN 4109-32, [2, 5.2.4].

Hinweis: Statt gemäß Gl. (23) bis Gl. (26) *berechnet*, können Stoßstellendämm-Maße K_{ij} auch situationsabhängig *gemessen* und in Prüfberichten ausgewiesen werden!

4.2.4 Berechnung der Luftschalldämmung massiver zweischaliger Haustrennwände

Zweischalige massive Haustrennwände nach Bild 10 mit durchgehender Schalenfuge (gefüllt mit Mineralwolle Anwendungstyp WTH mit $d_{Dä} \geq 30$ mm, Bild 21) können gemäß DIN 4109-2 [2, 4.2.3], vereinfacht berechnet werden, und zwar noch entsprechend DIN 4109:1989 Beiblatt 1. Somit ergibt sich das bewertete Schalldämm-Maß massiver zweischaliger Haustrennwände zu

$$R'_{w,2} = R'_{w,1} + \Delta R_{w,Tr} - K \quad [\text{dB}] \tag{27}$$

mit
$R'_{w,1}$ bewertetes Schalldämm-Maß einer gleich schweren einschaligen Wand [dB] (s. nachfolgend)

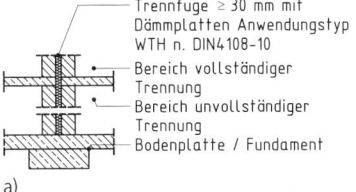
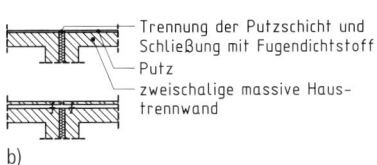

Bild 21. Beispiele für die Ausführung einer zweischaligen Haustrennwand (nach [21]); a) Vertikalschnitt durch die zweischalige Haustrennwand; b) Horizontalschnitte mit geputzter (oben) und zweischaliger (unten) Außenwand

Tabelle 7. Zuschlagswerte $\Delta R_{w,Tr}$ für unterschiedliche Übertragungssituationen (s. Pfeile in den Skizzen) für zweischalige Haustrennwände (nach [2])

Zeile	Situation (Vertikalschnitt)	Beschreibung	Zuschlagswerte $\Delta R_{w,Tr}$ [1), 2), 3)]
1		vollständige Trennung der Schalen und der flankierenden Bauteile ab Oberkante Bodenplatte (auch in allen darüber liegenden Geschossen), unabhängig von der Ausbildung der Bodenplatte und der Fundamente	12 dB
2		Außenwände durchgehend mit $m' \geq 575$ kg/m² (z. B. Kelleraußenwände als „weiße Wanne")	9 dB
3		Außenwände durchgehend mit $m' \geq 575$ kg/m² (z. B. Kelleraußenwände als „weiße Wanne"), weiter Bodenplatte durchgehend mit $m' \geq 575$ kg/m²	3 dB
4		Außenwände getrennt, weiter Bodenplatte und Fundamente getrennt	9 dB
5		Außenwände getrennt, weiter Bodenplatte getrennt auf gemeinsamen Fundament	9 dB [4)]
6		Außenwände getrennt, weiter Bodenplatte durchgehend mit $m' \geq 575$ kg/m²	6 dB [4)]

1) Falls die flächenbezogenen Massen der einzelnen Schichten $m' \leq 200$ kg/m² betragen, dürfen die Zuschlagswerte für zweischalige Haustrennwände aus Porenbeton für die Zeilen 1 bis 4 um 3 dB und für die Zeilen 5 und 6 um 6 dB erhöht werden.
2) Falls die flächenbezogenen Massen der einzelnen Schichten $m' \leq 250$ kg/m² betragen, dürfen die Zuschlagswerte für zweischalige Haustrennwände aus Leichtbeton um 2 dB erhöht werden, sofern die Steinrohdichte ≤ 800 kg/m³ beträgt.
3) Falls der Schalenabstand ≥ 50 mm beträgt und der Fugenhohlraum mit Mineralwolldämmplatten nach EN 13162 – Anwendungskurzzeichen WTH nach DIN 4108-10 – gefüllt wird, können bei allen Steinarten die Zuschlagswerte in den Zeilen 1, 2 und 4 um 2 dB erhöht werden.
4) Für eine Haustrennwand aus zwei Schalen von je 17,5 cm Porenbeton der Rohdichteklasse $\geq 0,6$ mit Schalenabstand ≥ 50 mm, verfüllt mit Mineralwolldämmplatten nach EN 13162 – Anwendungskurzzeichen WTH nach DIN 4108-10 –, kann insgesamt $\Delta R_{w,Tr} = +14$ dB angesetzt werden; Zuschläge nach Fußnote [1)] sind darin bereits berücksichtigt.

$\Delta R_{w,Tr}$ Zweischaligkeitszuschlag in Abhängigkeit von der Übertragungssituation [dB] nach Tabelle 7 (siehe z. B. auch [19], Tafel 4.82/10.82),

K Korrekturbeiwert zur Berücksichtigung der Übertragung über flankierende Decken und Wände [dB] (s. nachfolgend)

In Gl. (27) errechnet sich das bewertete Schalldämm-Maß einer gleich schweren einschaligen Wand zu

$$R'_{w,1} = 28 \cdot \lg\left(\frac{m'_{Tr,ges}}{m'_0}\right) - 18 \quad [dB] \quad (28)$$

mit
$m'_{Tr,ges}$ Summe der flächenbezogenen Massen der beiden Schalen zusammen [kg/m^2]
m'_0 1 kg/m^2 als Bezugsgröße

Weiter wird in Gl. (27) der Korrekturbeiwert zu

$$K = 0{,}6 + 5{,}5 \cdot \lg\left(\frac{m'_{Tr,1}}{m'_{f,m}}\right) \quad [dB] \quad \text{für } m'_{f,m} \leq m'_{Tr,1} \quad (29a)$$

$$K = 0 \quad [dB] \quad \text{für } m'_{f,m} > m'_{Tr,1} \quad (29b)$$

mit
$m'_{Tr,1}$ flächenbezogene Masse der Schale der zweischaligen Wand [kg/m^2] im Empfangsraum
$m'_{Tr,1}$ mittlere flächenbezogene Masse der nicht mit Vorsatzkonstruktionen bekleideten homogenen flankierenden Bauteile [kg/m^2] im Empfangsraum:

$$m'_{f,m} = \frac{1}{n} \cdot \sum_{i=1}^{n} m'_{f,i} \quad [dB] \quad (30)$$

mit
$m'_{f,i}$ flächenbezogene Masse [kg/m^2] des jeweiligen nicht mit Vorsatzkonstruktionen bekleideten massiven Flankenbauteils $i = 1, 2, ..., n$
n Anzahl der nicht mit Vorsatzkonstruktionen bekleideten massiven Flankenbauteile [–]

4.2.5 Nachweis der Luftschalldämmung nach DIN 4109-2 mit Anforderungen entsprechend DIN 4109-1 bzw. DIN SPEC 91314

Der Nachweis der Luftschalldämmung erfolgt nach DIN 4109-2 [2, 5.3], unter Berücksichtigung eines Sicherheitsbeiwerts gemäß folgender Gleichung:

$$R'_w - u_{prog} \geq \min R'_w \quad [dB] \quad (31)$$

mit

R'_w bewertetes Bau-Schalldämm-Maß nach Gl. (4) [dB], berechnet mithilfe der vorangegangenen Unterabschnitte 4.2.1 bis 4.2.3 (bzw. $R'_{w,2}$ nach Abschnitt 4.2.4)

u_{prog} Sicherheitsbeiwert, und zwar vereinfacht pauschal
u_{prog} = 5 dB bei Türen
u_{prog} = 2 dB bei allen übrigen Bauteilen
(bei bauaufsichtlichen Nachweisen ist die nach DIN 4109-2 mögliche genauere Ermittlung des Sicherheitsbeiwerts nicht zulässig)

min R'_w Mindestwert des bewerteten Bau-Schalldämm-Maßes [dB] (= Anforderung) nach DIN 4109-1 [2] bzw. DIN SPEC 91314 [20] (s. auch [19], Tafel 4.62b/10.62b bzw. 4.67/10.67)

4.2.6 Nachweis des Luftschallschutzes nach VDI 4100:2012

Die Anforderungen nach VDI 4100:2012-10 [4] werden
– nicht als bewertetes Bau-Schalldämm-Maß R'_w,
– sondern als bewertete Standard-Schallpegeldifferenz $D_{nT,w}$ aufgeführt.
Alle drei Schallschutzstufen (SSt) stellen darin einen gegenüber DIN 4109 *erhöhten* Schallschutz dar.
Im Gegensatz zum bewerteten Bau-Schalldämm-Maß R'_w beschreibt die bewertete Standard-Schallpegeldifferenz $D_{nT,w}$ (s. auch [48])
– nicht den Durchgang der Schallleistung *durch ein Bauteil*,
– sondern die Schallpegeldifferenz *zwischen Räumen* (vgl. Bild 1), die (bei quaderförmigen Räumen) von der Raumtiefe $a_\perp$ des Empfangsraums abhängig ist (Bild 22).
Diese ist eine Größe, die aus dem bewerteten Bau-Schalldämm-Maß R'_w in einem weiteren Berechnungsschritt nach DIN 4109-2, Anhang B, ermittelt wird:

$$D_{nT,w} = R'_w + 10 \cdot \lg\left(0{,}32 \cdot \frac{V_E}{S_s}\right) \quad [dB] \quad (32)$$

mit
R'_w bewertetes Bau-Schalldämm-Maß nach Gl. (4) [dB], berechnet mithilfe der vorangegangenen Unterabschnitte 4.2.1 bis 4.2.3 (bzw. $R'_{w,2}$ nach Abschnitt 4.2.4)
V_E Volumen des Empfangsraumes [m^3]
S_s Fläche des trennenden Bauteils, die beiden Räumen gemeinsam ist [m^2]

Hinweis: Im Standardfall eines quaderförmigen Raumes ist $a_\perp = V_E/S_s$!
Der Nachweis der Luftschalldämmung erfolgt nach DIN 4109-2 [2], Anhang B, wiederum unter Berücksichtigung eines Sicherheitsbeiwerts gemäß folgender Gleichung:

$$D_{nT,w} - u_{prog} \geq \text{erf } D_{nT,w} \quad [dB] \quad (33)$$

mit

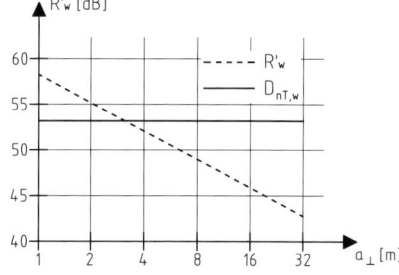
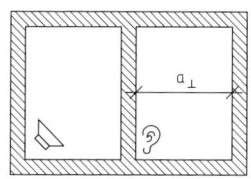

Bild 22. Mindestwert des Schalldämm-Maßes R'_w in Abhängigkeit von der Raumtiefe $a_\perp$ im Empfangsraum, um die Standard-Schallpegeldifferenz $D_{nT,w} = 53$ dB zu überschreiten (nach [49])

$D_{nT,w}$ Standard-Schallpegeldifferenz nach Gl. (32) [dB]

u_{prog} Sicherheitsbeiwert, und zwar vereinfacht pauschal
$u_{prog} = 5$ dB bei Türen
$u_{prog} = 2$ dB bei allen übrigen Bauteilen

erf $D_{nT,w}$ Mindestwert der Standard-Schallpegeldifferenz [dB] (= Anforderung) nach VDI 4100:2012 [4] (siehe z. B. auch [19], Tafel 4.69/10.69)

4.3 Rechnerischer Nachweis des Trittschallschutzes zwischen Räumen

4.3.1 Berechnung der Trittschalldämmung in Gebäuden allgemein

In Gebäuden wird grundsätzlich die Trittschalldämmung zwischen Räumen nach DIN 4109-2 [2, 4.3], berechnet. Die Kenngröße hierfür ist der bewertete Norm-Trittschallpegel am Bau $L'_{n,w}$ (vgl. Abschnitt 3.3 und Tabelle 4), er wird rechnerisch prognostiziert gemäß dem sog. vereinfachten Verfahren aus DIN EN 12354-2 [35].

Für diese Berechnung (= Prognose) werden im Massivbau die in Bild 23a dargestellten Schallübertragungswege berücksichtigt. Praktisch hat jeder Raum vier flankierende Bauteile, sodass sich analog zum Luftschall auch hier mehrere Übertragungswege ergeben. Diese zu erfassen, ist recht aufwendig; daher werden nach DIN 4109-2 [2, 4.3.1], folgende Bauarten und Bauteile unterschieden:

- Der Nachweis des Trittschalls bei Gebäuden in einschaliger Massivbauart – auch mit zweischaligen massiven Haustrennwänden – ist relativ einfach; er wird im folgenden Unterabschnitt 4.3.2 vorgestellt.
- Bei Leicht-, Holz- und Trockenbau (Bild 23b) werden mehr Übertragungswege berücksichtigt, damit wird der Nachweis aufwendiger (hier nicht weiter vorgestellt).

Ein für den Trittschallschutz speziell zu betrachtendes Bauteil stellen Treppen dar, bei denen zu unterscheiden ist, ob die Trittschallübertragung
- von massiven Treppen auf massive Treppenraumwände,
- von leichten Treppen auf massive Treppenraumwände oder
- von leichten Treppen auf leichte Treppenraumwände in Holz- oder Leichtbauart

erfolgt (hier nicht weiter vorgestellt).

4.3.2 Berechnung der Trittschalldämmung im Massivbau

Der bewertete Norm-Trittschallpegel am Bau $L'_{n,w}$ errechnet sich für eine durch Trittschall dämmende Maßnahmen verbesserte Massivdecke (vgl. Abschnitt 3.3) gemäß DIN 4109-2 [2, 4.3.2]:

$$L'_{n,w} = L_{n,eq,0,w} - \Delta L_w + K \quad [dB] \quad (34a)$$

bzw.

$$L'_{n,w} = L_{n,eq,0,w} - \Delta L_w - K_T \quad [dB] \quad (34b)$$

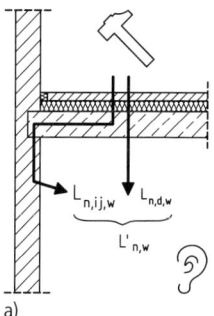
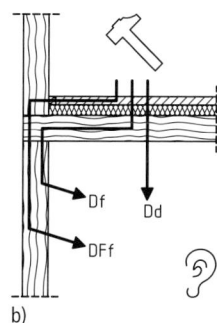

Bild 23. Übertragungswege bei der Trittschallübertragung (nach [45]); a) Zusammensetzung der resultierenden Schallübertragung im Massivbau; b) Anteile speziell im Holzbau (allgemein)

mit
L_{n,eq,0,w} äquivalenter bewerteter Norm-Trittschallpegel [dB] der gewählten Rohdecke *ohne* Deckenauflage
ΔL_w bewertete Trittschallminderung [dB] der gewählten Deckenauflage
K Korrekturwert für die Trittschallübertragung über die flankierenden Bauteile [dB]
K_T Korrekturwert für die Raumanordnung [dB]

Darin berechnen sich die einzelnen Anteile – mit flächenbezogenen Massen nach Abschnitt 4.2.2 – wie folgt:

A. Äquivalenter bewerteter Norm-Trittschallpegel der gewählten Rohdecke

Der äquivalente bewertete Norm-Trittschallpegel der gewählten Rohdecke *ohne* Deckenauflage errechnet sich nach DIN 4109-32 [2, 4.8.4] bzw. ([19], S. 4.83/ 10.83) für eine Massivdecke zu

$$L_{n,eq,0,w} = 164 - 35 \cdot \lg\left(\frac{m'}{1 \text{ kg/m}^2}\right) \text{ [dB]} \quad (35)$$

mit
m' flächenbezogene Masse der Rohdecke zwischen 100 kg/m² ≤ m' ≤ 720 kg/m²

B. Bewertete Trittschallminderung der gewählten Deckenauflage

Die bewertete Trittschallminderung eines schwimmenden Massivestrichs als häufigste Deckenauflage errechnet sich nach DIN 4109-34 [2, 4.5.4.2.1], zu (s. auch Bild 24 und [19], S. 4.84/10.84)

$$\Delta L_w = 13 \cdot \lg(m') - 14{,}2 \cdot \lg(s') + 20{,}8 \quad \text{[dB]} \quad (36)$$

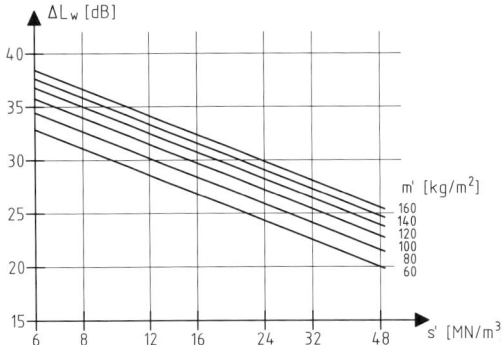

Bild 24. Auswertung von Gl. (36), d. h. bewertete Trittschallminderung ΔL_w über der dynamischen Steifigkeit der Dämmschicht s', rechts an den Kurvenscharen die flächenbezogene Masse des Estrichs m' (nach [2])

mit
m' flächenbezogene Masse des Estrichs zwischen 60 kg/m² ≤ m' ≤ 160 kg/m²
s' dynamische Steifigkeit der Dämmschicht zwischen 6 MN/m³ ≤ s' ≤ 50 MN/m³

Hinweis: Ausgleichsschichten für Heizungsrohre, elektrische Leitungen u. ä., die dadurch *nicht* über die gesamte Deckenfläche verlaufen, dürfen hier nicht als Dämmschicht angesetzt werden. (Für schwimmende Gussasphalt-Estriche s. DIN 4109-34 [2, 4.5.4.2.2]) Auch textile Bodenbeläge sowie schwimmende Parkett- bzw. Laminatbeläge können trittschallmindernd wirken. Aufgrund mehrerer Gerichtsurteile dürfen sie jedoch im Wohnungsbau nicht angesetzt werden (in DIN 4109-1 [2, 4], übernommen), da bei Nutzerwechsel ein härterer Belag mit einem geringeren ΔL_w eingebaut werden könnte – textile Bodenbeläge werden daher hier nicht weiter betrachtet.

C. Korrekturwert für die Trittschallübertragung über die flankierenden Bauteile

Der Korrekturwert K berücksichtigt die Trittschallübertragung über die flankierenden Bauteile; er berechnet sich nach DIN 4109-2 [2, 4.3.2.1.1] bzw. ([19], S. 4.84/ 10.84) in Abhängigkeit von einer ggf. vorhandenen Unterdecke (vgl. Bild 11b) für

– Massivdecken ohne Unterdecke:

$$\text{für } m'_{f,m} \leq m'_s: \ K = 0{,}6 + 5{,}5 \cdot \lg\left(\frac{m'_s}{m'_{f,m}}\right) \quad \text{[dB]}$$
(37a)

$$\text{für } m'_{f,m} > m'_s: \ K = 0 \quad \text{[dB]} \quad (37b)$$

– Massivdecken mit Unterdecke mit Verbesserung der Luftschalldämmung ΔR_w ≥ 10 dB:

$$\text{für } m'_{f,m} \leq m'_s: \quad K = -5{,}3 + 10{,}2 \cdot \lg\left(\frac{m'_s}{m'_{f,m}}\right) \quad \text{[dB]}$$
(38)

mit
m'_s flächenbezogene Masse der Rohdecke zwischen 100 kg/m² ≤ m'_s ≤ 900 kg/m²
$m'_{f,m}$ mittlere flächenbezogene Masse der nicht mit Vorsatzkonstruktionen bekleideten flankierenden massiven Bauteile zwischen 100 kg/m² ≤ $m'_{f,m}$ ≤ 500 kg/m² – berechnet nach Gl. (30)

D. Korrekturwert für die Raumanordnung

Alternativ zum Korrekturwert K berücksichtigt der Korrekturwert K_T nicht direkt übereinanderliegende Räume entsprechend Tabelle 8 (s. z. B. auch [19], Tafel 4.85/10.85).

Tabelle 8. Korrekturwerte K_T zur Ermittlung des bewerteten Norm-Trittschallpegels in Abhängigkeit von der Raumanordnung (nach [2])

Räumliche Zuordnung	K_T	Räumliche Zuordnung	K_T
	direkt übereinander, d. h. es ist stattdessen K anzusetzen		5 dB
	10 dB (bei Massivbauten)		10 dB
	20 dB (bei Skelettbauten)		15 dB

4.3.3 Nachweis der Trittschalldämmung nach DIN 4109 bzw. DIN SPEC 91314

Der Nachweis der Trittschalldämmung erfolgt nach DIN 4109-2 [2, 5.3], unter Berücksichtigung eines Sicherheitsbeiwerts gemäß folgender Gleichung:

$$L'_{n,w} + u_{prog} \leq \max L'_{n,w} \quad [dB] \quad (39)$$

mit
$L'_{n,w}$ bewerteter Norm-Trittschallpegels am Bau nach Gl. (34) [dB], berechnet mithilfe der vorangegangenen Abschnitte 4.3.1 und 4.3.2
u_{prog} = 3 dB = Sicherheitsbeiwert
$\max L'_{n,w}$ Höchstwert des bewerteten Norm-Trittschallpegels am Bau [dB] (= Anforderung) nach DIN 4109-1 [2] bzw. DIN SPEC 91314 [20] (siehe z. B. auch [19], Tafel 4.62b/10.62b bzw. 4.67/10.67)

Häufig ist durch die Gesamtkonstruktion die Art der Rohdecke vorgegeben; um den notwendigen Trittschallschutz für den Raum direkt darunter (d. h. $K_T = 0$) zu erreichen, wird eine geeignete Deckenauflage gesucht. Sofern im Standardfall der direkt *unter* dem Senderaum liegende Empfangsraum angenommen wird, lassen sich für diesen Fall Gl. (34a) und Gl. (39) so umstellen, dass sich der Mindestwert der bewerteten Trittschallminderung min ΔL_w der zu wählenden Deckenauflage ergibt:

$$\min \Delta L_w = L_{n,eq,0,w} + K + u_{prog} - \max L'_{n,w} \quad [dB] \quad (40)$$

mit
$L_{n,eq,0,w}$ äquivalenter bewerteter Norm-Trittschallpegel der gewählten Rohdecke *ohne* Deckenauflage [dB] nach Gl. (35)
u_{prog} = 3 dB = Sicherheitsbeiwert
K nur von den flächenbezogenen Massen der Rohdecke und der flankierenden Bauteile abhängiger Korrekturwert [dB] nach Gl. (37) oder Gl. (38)
$\max L'_{n,w}$ Höchstwert des bewerteten Norm-Trittschallpegels am Bau [dB] (= Anforderung) nach DIN 4109-1 [2] bzw. DIN SPEC 91314 [20] (s. z. B. auch [19], Tafeln 4.62b/10.62b bzw. 4.67/10.67)

Für dieses min ΔL_w kann dann in Bild 24 der Höchstwert der dynamischen Steifigkeit max s' der Trittschalldämmschicht abgelesen und ein passender Trittschalldämmstoff gewählt werden.

4.3.4 Nachweis des Trittschallschutzes nach VDI 4100:2012

Die Anforderungen nach VDI 4100:2012-10 [4] werden
- nicht als bewertete Norm-Trittschallpegel am Bau $L'_{n,w}$,
- sondern als bewertete Standard-Trittschallpegel $L'_{n,T,w}$ aufgeführt.

Hinweis: Aufgrund der in DIN 4109-1:2016 verschärften Mindestanforderung an die Trittschalldämmung von Wohnungstrenndecken auf max $L'_{n,w}$ = 50 dB – durch die Änderung in DIN 4109-1:2018 [2] für Holz-, Leicht- und Trockenbauten wieder auf max $L'_{n,w}$ = 53 dB zurückgenommen – stellen bei massiven Wohnungstrenndecken zwischen mittelgroßen Räumen nicht mehr alle drei Schallschutzstufen (SSt) einen gegenüber DIN 4109-1:2018 erhöhten Schallschutz dar!

Analog zu Abschnitt 4.2.5 beschreibt der bewertete Standard-Trittschallpegel nicht den Trittschallpegel unterhalb des betrachteten Bauteils, sondern den Trittschallpegel im schutzbedürftigen Raum – eine Größe, die in einem weiteren Berechnungsschritt ermittelt werden muss und die von der Größe des Raumes abhängig ist (Bild 25).

Der bewertete Standard-Trittschallpegel berechnet sich in einem weiteren Berechnungsschritt nach DIN 4109-2, Anhang B:

$$L'_{n,T,w} = L'_{n,w} - 10 \cdot \lg(0{,}032 \cdot V_E) \quad [dB] \quad (41)$$

mit
$L'_{n,w}$ bewerteter Norm-Trittschallpegel am Bau nach Gl. (34) [dB], berechnet mithilfe der vorangegangenen Abschnitte 4.3.1 und 4.3.2
V_E Volumen des Empfangsraumes [m³]

Der Nachweis der Trittschalldämmung erfolgt nach DIN 4109-2 [2], Anhang B, wiederum unter Berücksichtigung eines Sicherheitsbeiwerts gemäß folgender Gleichung:

$$L'_{n,T,w} + u_{prog} \leq \max L'_{n,T,w} \quad [dB] \quad (42)$$

mit
$L'_{n,T,w}$ bewerteter Standard-Trittschallpegel nach Gl. (41) [dB]
u_{prog} = 3 dB = Sicherheitsbeiwert
$\max L'_{n,T,w}$ Höchstwert der Standard-Schallpegeldifferenz [dB] (= Anforderung) nach VDI 4100:2012 [4] (bzw. [19], Tafel 4.69/10.69)

4.4 Rechnerischer Nachweis des Schallschutzes gegen Außenlärm

4.4.1 Berechnung der Luftschalldämmung von Außenbauteilen

Da sich Außenbauteile häufig aus *mehreren* Bauteilen (Außenwände und Fenster) sowie Elementen (z. B. Rollladenkästen, Lüftungselementen) zusammensetzen (Bild 26), wird im allgemeinen die Bestimmung des *gesamten* Luftschalldämm-Maßes für i = 1, 2, …, m Bauteile und Elemente des Außenbauteils notwendig. Dadurch ergibt sich nach DIN 4109-2 [2, 4.4.1], eine Erweiterung von Gl. (4) zur Berechnung des *gesamten* bewerteten Bau-Schalldämm-Maßes von Außenbauteilen bei n flankierenden Bauteilen:

$$R'_{w,ges} = -10 \cdot \lg \left[\sum_{i=1}^{m} 10^{\frac{-R_{e,i,w}}{10}} + \sum_{F=f=1}^{n} 10^{\frac{-R_{Ff,w}}{10}} \right.$$
$$\left. + \sum_{f=1}^{n} 10^{\frac{-R_{Df,w}}{10}} + \sum_{F=1}^{n} 10^{\frac{-R_{Fd,w}}{10}} \right] \quad [dB] \quad (43)$$

mit
$R_{e,i,w}$ auf die Außenbauteilfläche bezogenes bewertetes Schalldämm-Maß der an der Direktschallübertragung beteiligten Bauteile und Elemente i = 1, 2, …, m [dB]
$R_{Ff,w}$ bewertetes Flankendämm-Maß für den Übertragungsweg Ff [dB]
$R_{Df,w}$ bewertetes Flankendämm-Maß für den Übertragungsweg Df [dB]
$R_{Fd,w}$ bewertetes Flankendämm-Maß für den Übertragungsweg Fd [dB]

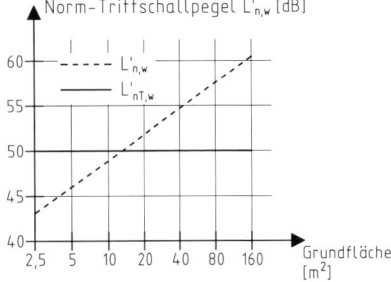

Bild 25. Höchstwert des bewerteten Norm-Trittschallpegels $L'_{n,w}$ in Abhängigkeit von der Grundfläche des Empfangsraumes, um den Standard-Trittschallpegel $L'_{n,T,w}$ = 50 dB zu unterschreiten (nach [49])

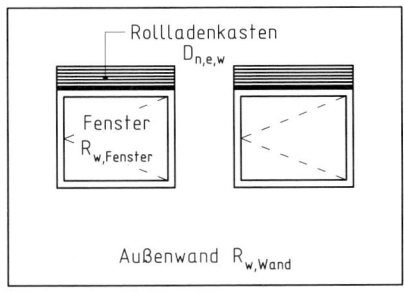

Bild 26. Wand mit Fenstern und Rollladenkästen, d. h. Teilflächen unterschiedlicher Schalldämmung (Außenwandmaße lichte Raummaße, und zwar vom Raum aus gesehen; Fenster- und Rollladenkastenmaße lichte Rohbaumaße)

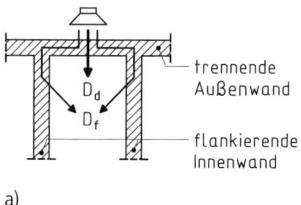 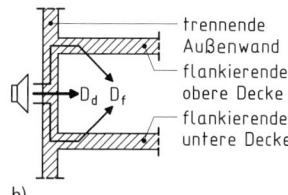

Bild 27. Vereinfachte Übertragungswege des Außenlärms ins Gebäudeinnere (nach [50]); D_d = direkte Schallübertragung; D_f = einzige indirekte Schallübertragung über die flankierenden Bauteile (Reflexionen an Bauteilen oder Abschirmungen durch Balkone vernachlässigt); a) Horizontalschnitt, b) Vertikalschnitt

Da die flankierenden Bauteile i. d. R. nicht über die Außenwand hinausragen und somit wesentlich geringer als bei Innenbauteilen zur Schallübertragung in den schutzbedürftigen Innenraum beitragen (Bild 27), können die flankierenden Bauteile bei der Berechnung vernachlässigt werden, sofern
– Außenbauteile in Holz-, Leicht- oder Trockenbaukonstruktion oder in Metall-Glas-Konstruktion vorliegen bzw.
– bei Massivkonstruktionen min $R'_{w,ges} \leq 40$ dB betragen soll (Hinweise zur Berechnung, wenn min $R'_{w,ges} > 40$ dB betragen muss, finden sich in DIN 4109-2 [2, 4.4.3]).

Damit vereinfacht sich Gl. (43) für das *gesamte* bewertete Bau-Schalldämm-Maß zu

$$R'_{w,ges} = -10 \cdot \lg \left[\sum_{i=1}^{m} 10^{\frac{-R_{e,i,w}}{10}} \right] \quad [dB] \quad (44)$$

mit
$R_{i,w}$ auf die Außenbauteilfläche bez. bewertetes Schalldämm-Maß [dB] der an der Direktschallübertragung beteiligten Bauteile und Elemente i = 1, 2, ..., m

Hinweis: Das gesamte bewertete Bau-Schalldämm-Maß ist – ohne die o. g. Berücksichtigung der Flankenübertragung – identisch mit dem früher verwendeten resultierenden Direkt-Schalldämm-Maß des Außenbauteils

$$R'_{w,ges} = R'_{w,res} = -10 \cdot \lg \left[\frac{1}{S_s} \cdot \sum_{i=1}^{m} S_i \cdot 10^{\frac{-R_{i,w}}{10}} \right] \quad [dB] \quad (45)$$

In Gl. (44) gilt für Bauteile (Außenwände und Fenster)

$$R_{e,i,w} = R_{i,w} + 10 \cdot \lg \left(\frac{S_s}{S_i} \right) \quad [dB] \quad (46)$$

mit
$R_{i,w}$ bewertetes Schalldämm-Maß der an der Direktschallübertragung beteiligten Bauteile i = 1, 2, ..., m [dB]

S_i zu $R_{i,w}$ gehörende Bauteilfläche [m²] (zur Maßdefinition s. Bild 26)
S_s $\sum S_i$ = gesamte Fläche des Außenbauteils [m²] mit den anteiligen Bauteilen und Elementen i = 1, 2, ..., m (m = 2 in Bild 26, Fenster zusammengefasst)

Bei den üblichen schlitzförmigen Fassadenelementen wie Rollladenkästen, Lüftungseinrichtungen u. ä. ist i. d. R. deren bewertete Norm-Schallpegeldifferenz $D_{n,e,lab,w}$ aus Laborprüfungen bekannt. Dann errechnet sich in Gl. (44) das auf die Außenbauteilfläche S_s bezogene bewertete Schalldämm-Maß der an der Direktschallübertragung beteiligten Elementtypen i = 1, 2, ..., m zu

$$R_{e,i,w} = D_{n,e,i,w} + 10 \cdot \lg \left(\frac{S_s}{A_0} \right) \quad [dB] \quad (47)$$

mit

$$D_{n,e,i,w} = D_{n,e,lab,i,w} - 10 \cdot \lg \left(\frac{l_{situ,i}}{l_{lab,i}} \right) \quad [dB] \quad (48)$$

bewertete Norm-Schallpegeldifferenz schlitzformiger an der Schallübertragung beteiligter Fassadenelemente vom Typ i, darin

$D_{n,e,lab,i,w}$ bewertete Norm-Schallpegeldifferenz *eines* Elements vom Typ i [dB] ermittelt im Labor (i. d. R. aus Prüfbericht zu entnehmen)
$l_{situ,i}$ tatsächliche Länge des schlitzförmigen Elements vom Typ i [m]
$l_{lab,i}$ im Labor gemessene Länge des schlitzförmigen Elements vom Typ i [m]
S_s gesamte Fläche des Außenbauteils [m²]
A_0 = 10 m² = Bezugs-Absorptionsfläche

4.4.2 Luftschalldämmung von massiven Außenbauteilen

Im Gegensatz zu den bisher betrachteten *Innen*bauteilen werden an *Außen*bauteile auch Anforderungen an den Witterungs- und an den Wärmeschutz gestellt, sodass sich andere Konstruktionen ergeben, die sich schalltechnisch auch anders verhalten. Hier einige Beispiele:

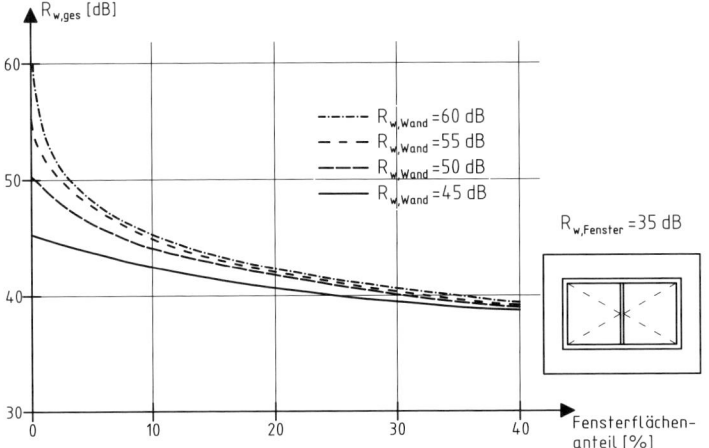

Bild 28. Luftschalldämmung $R_{w,ges}$ – ermittelt für verschiedene Außenwände mit $R_{w,Wand}$ und üblichem Fenster mit $R_{w,Fenster} = 35$ dB in Abhängigkeit vom Fensterflächenanteil (nach [51])

A. Einschalige massive Außenwände

Die schall- und wärmetechnischen Anforderungen sind bei bauakustisch einschaligen Außenwänden gegenläufig:
– Für einen guten Wärmeschutz sind möglichst leichte, porige Baustoffe günstig,
– wodurch allerdings aufgrund der niedrigeren flächenbezogenen Masse m' der Wand das bewertete Schalldämm-Maß geringer wird.

Hinweis: Bei Außenwänden mit Fenstern einfacher Bauart (s. Abschnitt 4.4.3) zeigt sich bei Auswertung von Gl. (44), dass die Luftschalldämmung der Außenwand selbst von untergeordneter Bedeutung ist (Bild 28)!

B. Massive Außenwände mit Wärmedämm-Verbundsystem (WDVS)

Zu Außenwänden mit Wärmedämm-Verbundsystem (WDVS) vgl. Bild 8 in Abschnitt 3.2. Für die praktische Anwendung galten bis 2018 die jeweiligen Allgemeinen bauaufsichtlichen Zulassungen (AbZ), diese haben jedoch aufgrund des EuGH-Urteils von 2014 nicht weiter Bestand. Das in den AbZ genannte Verfahren findet sich aber inzwischen in einem Beitrag von *Weber, Müller, Kaltbeitzel* vom Fraunhofer-Institut für Bauphysik [52], und zwar umgestellt auf die aktuelle Schallschutznormung (Beispiele daraus s. Bild 29). Danach gilt für das bewertete Schalldämm-Maß der an der Direktschallübertragung beteiligten Außenwand i

$$R_{w,i} = R_{w,0} + \Delta R_w \quad [dB] \quad (49)$$

mit
$R_{w,0}$ Schalldämm-Maß der Trägerwand ohne WDVS [dB], ermittelt nach DIN 4109-32 [2]
ΔR_w Verbesserung durch das WDVS [dB] (kann auch negativ werden!)

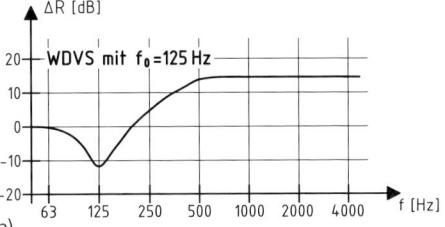

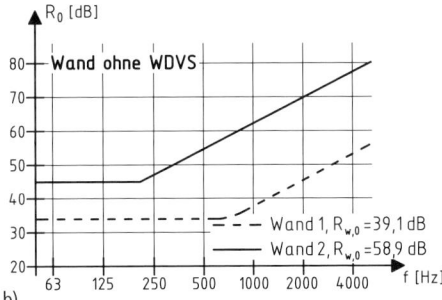

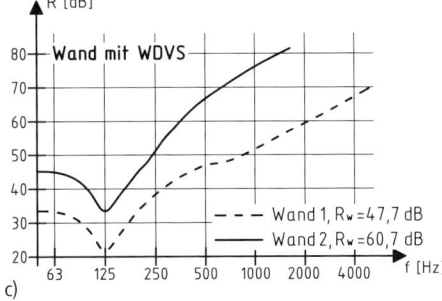

Bild 29. Mögliche Verbesserung der bewerteten Schalldämm-Maße R_w zweier unterschiedlich schwerer Außenwände ohne und mit WDVS (nach [52]); a) Verbesserung ΔR durch ein WDVS mit Eigenfrequenz $f_0 = 125$ Hz; b) bewertete Schalldämm-Maße $R_{w,0}$ zweier unterschiedlich schwerer Trägerwände ohne WDVS; c) bewertete Schalldämm-Maße R_w der beiden Trägerwände aus b) jeweils mit dem WDVS aus a)

Tabelle 9. Höchstwerte der deklarierten dynamischen Steifigkeit von elastifizierten EPS-Hartschaumplatten gemäß den Qualitätsrichtlinien für Fassaden-Dämmplatten aus EPS-Hartschaum bei Wärmedämm-Verbundsystemen (WDVS) [53]

Qualitäts-typ	maximale dynamische Steifigkeit s'_D bei Plattendicke			
	≥ 80 mm	≥ 120 mm	≥ 160 mm	≥ 200 mm
EPSe 040/035/ 032 WDV [1)]	20 MN/m³	15 MN/m³	10 MN/m³	7 MN/m³

1) ausgenommen EPSe 035 WDV weiß (kaum noch verwendet)

Tabelle 10. Koeffizienten a, b für die Berechnung der Verbesserung des bewerteten Schalldämm-Maßes R_w von Außenwänden mit WDVS unter Standardbedingungen [52]

Resonanzfrequenz f_0	EPS-Hartschaum		Mineralwolle	
	a =	b =	a =	b =
$f_0 < 125$ Hz	−35,1	79,7	−35,9	82,4
125 Hz ≤ $f_0 < 250$ Hz	−26,7	62,0	−36,5	83,5
$f_0 ≥ 250$ Hz	−2,4	3,8	5,4	−16,7

Darin ergibt sich die Verbesserung durch das WDVS zu

$$\Delta R_w = \Delta R_{w,s} - K_D - K_K - K_S - K_G \quad [\text{dB}] \quad (50)$$

mit

$$\Delta R_{w,s} = a \cdot \lg(f_0) + b \quad [\text{dB}] \quad (51)$$

Verbesserung unter Standardbedingungen [dB] mit a, b = Koeffizienten aus Tabelle 10 und der Resonanzfrequenz f_0 [Hz] nach Gl. (3) bzw. Tabelle 2 unten rechts – jeweils mit der dynamischen Steifigkeit z. B. für EPS-Systeme aus Tabelle 9

$$K_D = \begin{cases} 0 & \text{ohne Dübel} \\ (0{,}34 \cdot \Delta R_{w,s} + 0{,}4) \text{ dB} & \text{mit Dübeln} \end{cases} \quad (52)$$

Korrektur für Dübel [dB] – „mit Dübeln" gilt nur für Dübel, deren Dübelteller Kontakt zur Putzschicht haben (Körperschallbrücke)

$$K_K = 0{,}052 \cdot F - 2{,}1 \quad [\text{dB}] \quad (53)$$

Korrektur für die Klebefläche [dB] mit F = Anteil der Klebefläche an der Gesamtfläche des WDVS [%]

$$K_S = \begin{cases} (-0{,}11 \cdot r + 3{,}8) \text{ dB} & \text{für Mineralfaser-} \\ & \text{putzträgerplatten} \\ (-0{,}38 \cdot r + 9{,}8) \text{ dB} & \text{für Mineralfaser-} \\ & \text{lamellenplatten} \end{cases} \quad (54)$$

Korrektur für den längenbezogenen Strömungswiderstand r bei Mineralwolle-Dämmstoff [dB] – r kann näherungsweise Tabelle 11 entnommen werden (Korrekturwert entfällt bei EPS-Dämmung)

$$K_G = (-1{,}4 \cdot \lg(f_0) + 3{,}6) \cdot (R_{w,0} - 53 \text{ dB}) \quad [\text{dB}] \quad (55)$$

Korrektur für die Schalldämmung der Grundwand [dB] – darin ist $R_{w,0}$ das Schalldämm-Maß der Trägerwand ohne WDVS [dB] (s. o.)

C. Massive Außenwände mit hinterlüfteter Außenwandbekleidung

Bei nahezu allen hinterlüfteten Außenwandbekleidungen führt die Zweischaligkeit zu einer Verbesserung der Schalldämmung, die bei offenen Fugen jedoch gering ist (näheres siehe z. B. in [26]).

D. Außenwände aus zweischaligem Mauerwerk mit Luftschicht oder Kerndämmung

Außenwände aus zweischaligem Mauerwerk mit massiver Verblendschale haben eine gute Schalldämmung. Gemäß DIN 4109-32 [2, 4.4], errechnet sich ihr bewertetes Schalldämm-Maß der Direktschallübertragung nach bekannter Gleichung

$$R_{Dd,w} = R_{s,w} + \Delta R_{Dd,w} \quad [\text{dB}] \quad (13)$$

mit

$R_{s,w}$ bewertetes Schalldämm-Maß [dB] nach Gl. (14), berechnet für die Summe der flächenbezogenen Masse m′ beider Mauerwerksschalen

$\Delta R_{Dd,w}$ = 5 dB allgemein

$\Delta R_{Dd,w}$ = 8 dB, wenn die flächenbezogene Masse der auf die Innenschale der zweischaligen Außenwand treffenden Trennwände mehr als 50 % der flächenbezogenen Masse dieser Innenschale beträgt

Tabelle 11. Längenbezogene Strömungswiderstände r von Mineralwolldämmstoffen für WDVS für die Berechnung der Verbesserung des bewerteten Schalldämm-Maßes R_w von Außenwänden mit WDVS unter Standardbedingungen [52]

Art der Mineralwolldämmung	Längenbezogene Strömungswiderstände r		
	Mittelwert	Standardabweichung	Wertebereich
Mineralwolle-Putzträgerplatten	32 kPa · s/m²	13 kPa · s/m²	20 bis 64 kPa · s/m²
Mineralwolle-Lamellenplatten	25 kPa · s/m²	7 kPa · s/m²	17 bis 40 kPa · s/m²

Hinweis: Das zweischalige Mauerwerk stellt in DIN 4109-32 [2] einen Sonderfall dar – es ist europäisch nicht geregelt, sodass in DIN 4109-32 die Berechnung aus der alten DIN 4109:1989, Beiblatt 1, übernommen wurde. In DIN 4109-32 [2, 4.4], wird nun zwar in Abschnitt 4.4.5 als Datenherkunft DIN 4109 Beiblatt 1:1989 genannt, aber in Abschnitt 4.4.4 auf die Berechnung von $R_{s,w}$ nach DIN 4109-32 [2, 4.1.4.2], verwiesen (ohne Hinweis auf die Behandlung von Leicht- oder Porenbeton).

Empfehlung bei Tragschalen aus Leicht- der Porenbeton: Gl. (15), bis Gl. (17) für Leicht- und Porenbeton führen zu *höheren* (= besseren) Schalldämm-Maßen als Gl. (14). Da die Summe der flächenbezogenen Massen *beider* Schalen betrachtet wird und die Verblendschale i. d. R. *nicht* aus Leicht- oder Porenbeton besteht, wäre Gl. (14) auf der sicheren Seite.

E. Massive Dächer

Die Luftschalldämmung von Dächern hängt vom jeweiligen Aufbau ab. Massive Dachdecken über Aufenthaltsräumen haben i. d. R. keine Lichtkuppeln o. ä. und damit i. d. R. eine ausreichend hohe Schalldämmung (hohe flächenbezogene Masse). Hier darf übrigens die flächenbezogene Masse des Daches *einschließlich* Kiesschüttung angesetzt werden!

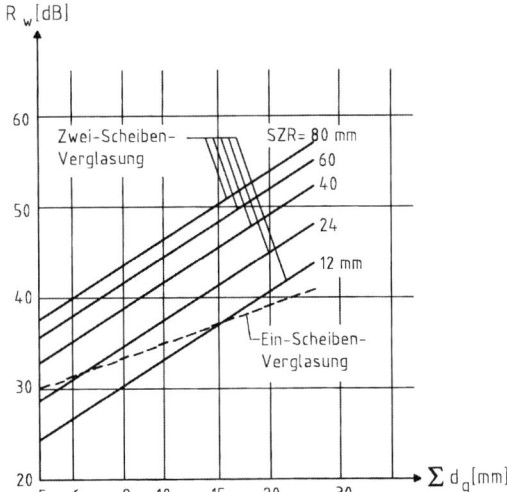

Bild 30. Bewertete Schalldämm-Maße R_w von Ein-Scheiben- und Zwei-Scheiben-Verglasungen mit verschiedenen Scheibenzwischenräumen SZR (nur Schallübertragung über die Luftschicht) in Abhängigkeit von der (addierten) Glasdicke $\sum d_g$ [54]

4.4.3 Luftschalldämmung von Fenstern, Außentüren und sonstigen Fassadenelementen

An Fenster und Außentüren werden neben der Schalldämmung vor allem Anforderungen an die Belichtung, an den Witterungs- und an den Wärmeschutz gestellt:

A. Fenster und Außentüren

Das schalltechnische Verhalten von Fenstern und Außentüren ist abhängig (näheres siehe z. B. in [26])
– zum einen von Art und Dicke der Verglasung, d. h. Anzahl und Abstand der Scheiben (Bild 30),
– vom Einfallswinkel des Schalls auf die Verglasung (Bild 31, i. d. R. nicht zu beeinflussen),
– aber auch von Rahmenmaterial und -konstruktion sowie Art der Fensterbeschläge,
– von der Dichtung zwischen Blendrahmen und Flügelrahmen bzw. zwischen Blendrahmen und Laibung sowie
– von der Ausbildung der Fensterlaibung [54].

Bewertete Schalldämm-Maße einiger Fenster in Abhängigkeit von der Verglasung finden sich in DIN 4109-35 [2] (s. Tabelle 12 bzw. z. B. [19], Tafeln 4.74b/10.74b und 4.75/10.75) – Prüfzeugnisse von Herstellern erreichen oft deutlich bessere Werte.

Ein großer Nachteil von Schallschutzfenstern mit Schallschutzverglasung ist die mangelnde Akzeptanz bei den Nutzern – man möchte mit geöffneten Fenstern leben und auch nachts schlafen können. Diesem Ansatz wird im Hamburger Leitfaden Lärm in der Bau-

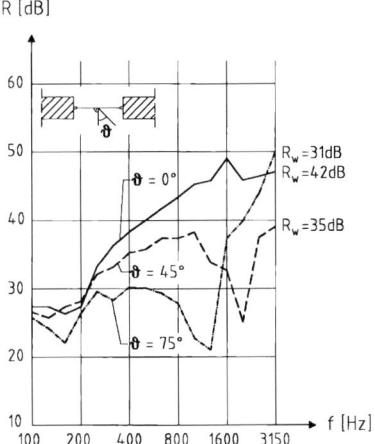

Bild 31. Schalldämm-Maße R_w einer 12 mm dicken Glasscheibe bei gerichtetem Schalleinfall unter drei verschiedenen Einfallswinkeln ϑ [54]

leitplanung 2010 [55] mit den sogenannten „HafenCity-Lösungsansätzen" Rechnung getragen:
– Statt den nächtlichen Außenlärmpegel in Wohngebieten auf < 49 dB(A) und in Mischgebieten auf < 54 dB(A) zu begrenzen (1. Fall),
– wird der nächtliche Innenraumpegel auf ≤ 30 dB(A) begrenzt, ergänzt um einen Außenlärmpegel am Tage in Wohngebieten von < 59 dB(A) und in Mischgebieten von < 64 dB(A) (2. Fall).

Wenn der 2. Fall im Bebauungsplan geregelt wird, können

Nachweis des baulichen Schallschutzes 375

Tabelle 12. Bewertete Schalldämm-Maße R_w von Einfachfenstern mit Mehrscheiben-Isolierverglasung (nach [2])

R_w [dB]	Verglasung			alternativ [2] Prüfzeugnis mit [dB]	Zahl der Falz-dichtungen	R_w [dB]	Verglasung			alternativ [2] Prüfzeugnis mit [dB]	Zahl der Falz-dichtungen
	d_{ges} [1] [mm]	Aufbau [mm]	SZR [mm]				d_{ges} [1] [mm]	Aufbau [mm]	SZR [mm]		
25	≥ 6	–	≥ 8	≥ 27	–	39	≥ 14	≥ 10+4	≥ 20	≥ 39	2 [3]
30	≥ 6	–	≥ 12	≥ 30	1	40	–	–	–	≥ 40	2
33	≥ 8	≥ 4+4	≥ 12	≥ 30	1	41	–	–	–	≥ 41	2
34	≥ 8	≥ 4+4	≥ 16	≥ 30	1	42	–	–	–	≥ 44	2
35	≥ 10	≥ 6+4	≥ 12	≥ 32	1	43	–	–	–	≥ 46	2
36	≥ 10	≥ 6+4	≥ 16	≥ 33	1	44	–	–	–	≥ 49	2
37	≥ 10	≥ 6+4	≥ 16	≥ 35	1	45	–	–	–	≥ 51	2
38	≥ 12	≥ 8+4	≥ 16	≥ 38	2 [3]	≥ 46	Nachweis durch Prüfzeugnis für die Fenster				

1) Gesamtdicke als Summe der Dicken beider Glasscheiben
2) Prüfzeugnis der Verglasung für Normformat 1,23 m × 1,48 m
3) bei Holzfenstern genügt eine umlaufende Falzdichtung

– lärmoptimierte Fenster mit Kippbegrenzung auf 40 mm und schallabsorbierenden Laibungen (auch als Kastenfenster) oder
– analoge Lösungen mit verglasten Loggien (Wintergärten)

gefunden werden, die Schallpegeldifferenzen von 18 bis 35 dB(A) erreichen [55].

Bei der Berechnung des bewertetes Schalldämm-Maßes $R_{i,w}$ des Fensters oder der Außentür ist die Einbausituation der Fenster oder Außentüren nach Tabelle 13 zu berücksichtigen. Bei wärmebrückentechnisch günstiger, aber schalltechnisch kritischer Anordnung des Fensters bzw. der Außentür in der Dämmebene (in Tabelle 13 fett hervorgehoben), ist das Fugenschalldämm-Maß $R_{s,w,k}$ für ggf. k = 1, 2, ..., n verschiedene Fugenausführungen am Fenster bzw. der Außentür einzurechnen:

$$R_{i,w} = -10 \cdot \lg \left(10^{-0,1 \cdot R_w} + \sum_{k=1}^{n} \frac{l_k \cdot l_0}{S} \cdot 10^{-0,1 \cdot R_{s,w,k}} \right) \text{ [dB]}$$

(56)

mit
R_w bewertetes Schalldämm-Maß des Fensters oder der Außentür [dB] (z. B. aus Tabelle 12 oder dem Prüfzeugnis eines Herstellers)
$R_{s,w,k}$ bewertetes Fugenschalldämm-Maß [dB] der Fuge k, bezogen auf 1 m² Bauteilfläche und $l_0 = 1$ m Fugenlänge (Bezugslänge)
l_k umlaufende Fugenlänge der Fugenausführung k um das Fenster oder die Außentür [m²]
S Gesamtfläche des Fensters oder der Außentür [m²]

Darin ist das bewertete Fugenschalldämm-Maß $R_{s,w,k}$ aus DIN 4109-35 [2, 4.5.4], zu entnehmen (Tabelle 14) oder im Labor zu bestimmen.

Bei heutigen wärmebrückenoptimierten Außenwänden
– mit zweischaligem Mauerwerk,
– mit Wärmedämm-Verbundsystemen (WDVS) oder
– mit hinterlüfteten Außenwandbekleidungen

wird meist eine schalltechnisch *kritische* Variante aus Tabelle 13 gewählt, d. h. der Einbau des Fensters in der Dämmebene – dies ist beim Nachweis des Schutzes gegen Außenlärm zu beachten! Das Institut für Fenstertechnik (ift) empfiehlt, dass die Verschlechterung nicht mehr als 1 dB betragen soll – dann sollte vereinfacht eingehalten sein [56, 57]:

$$R_{s,w} \geq R_{w,\text{Fenster}} + 10 \text{ dB} \quad (57)$$

B. Sonstige Fassadenelemente

Hierunter fallen Rollladenkästen, Lüftungselemente u. ä. Hinweise zur Erfassung von Rollladenkästen finden sich z. B. im ift-Merkblatt SC-03/3 [58].

4.4.4 Nachweis der Luftschalldämmung von Außenbauteilen nach DIN 4109

Für den rechnerischen Nachweis gilt nach DIN 4109-2 [2, 4.4.1], allgemein

$$R'_{w,\text{ges}} - 2 \text{ dB} \geq \min R'_{w,\text{ges}} + K_{AL} \text{ [dB]} \quad (58)$$

mit
$R'_{w,\text{ges}}$ ($= R_{w,\text{res}}$) nach Gl. (43) ff. ermitteltes gesamtes bewertetes Bau-Schalldämm-Maß des Außenbauteils mit Flankenübertragung [dB] (bzw. unter der in Abschnitt 4.4.1 genannten Voraussetzung, dass der Sollwert min $R'_{w,\text{ges}} \leq 40$ dB beträgt, als resultierendes bewertetes Schalldämm-Maß ohne Flankenübertragung)

Tabelle 13. Einbausituationen von Fenstern und Außentüren mit ihrer schalltechnischen Bewertung (nach [2])

Außenwand	Einbaubeispiel a)		Einbaubeispiel b)		Einbaubeispiel c)	
Monolithisches Mauerwerk		Einbau außen bündig		Einbau mittig in der Wand		Einbau gegen Anschlag
		schalltechnisch unkritisch		schalltechnisch unkritisch		schalltechnisch unkritisch
Massivwand mit WDVS		Einbau in Dämmebene		Einbau außen bündig in der Massivwand		Einbau mittig in der Massivwand
		schalltechnisch kritisch		schalltechnisch unkritisch		schalltechnisch unkritisch
Massivwand mit Verblendmauerwerk mit Luftschicht		Einbau in Dämmebene, außen bündig		Einbau in Dämmebene, innen bündig		Einbau außen bündig in der Massivwand gegen Anschlag
		schalltechnisch kritisch		schalltechnisch unkritisch		schalltechnisch unkritisch
Massivwand mit Verblendmauerwerk mit Kerndämmung		Einbau in Dämmebene, außen bündig		Einbau in Dämmebene mit Montagezarge		Einbau außen bündig in der Massivwand gegen Anschlag
		schalltechnisch kritisch		schalltechnisch unkritisch		schalltechnisch unkritisch
Massivwand mit hinterlüfteter Außenwandbekleidung		Einbau in Dämmebene, außen bündig		Einbau in Dämmebene, innen bündig		Einbau außen bündig in der Massivwand
		schalltechnisch kritisch		**schalltechnisch kritisch**		schalltechnisch unkritisch

Tabelle 14. Mindestwerte der bewerteten Fugenschalldämm-Maße min $R_{s,w}$ von Bauanschlussfugen, die dauerhaft abgedichtet werden (nach [2])

Art der Fuge	Leere Fuge			Fuge gefüllt mit Mineralwolle			Fuge gefüllt mit Montageschaum			Fuge beidseitig abgedichtet mit Hinterfüllschnur und elastischem Dichtstoff			Fuge beidseitig abgedichtet mit Bauanschlussfolie $d \geq 1$ mm		
Fugentiefe t [mm]	50 bis 100			50 bis 100			50 bis 100			50 bis 100			50 bis 100		
Fugenbreite b [mm]	10	20	30	10	20	30	10	20	30	10	20	30	10	20	30
min $R_{s,w}$ [dB]	15	10	5	35	30	25	50	47	45	55	54	53	50	45	40

min $R'_{w,ges}$ Mindestwert des gesamten bewerteten Bau-Schalldämm-Maßes des Außenbauteils [dB] nach DIN 4109-1 [2, 7.7] (s. u.)

sowie

$$K_{AL} = 10 \cdot \lg\left(\frac{S_s}{0{,}8 \cdot S_G}\right) \quad [dB] \quad (59)$$

Korrekturwert für den Außenlärm [dB]
Hinweis: Durch diesen Korrekturwert wird berücksichtigt, dass der Nachweis des *Schallschutzes* vereinfacht durch den Nachweis der Schalldämmung ersetzt wird (vgl. Abschnitt 1) mit
S_s gesamte Fläche des Außenbauteils [m²] (lichte Raummaße, s. Bild 26)
S_G Grundfläche des Raumes [m²] (lichte Raummaße)

Der *Mindest*wert des *gesamten* bewerteten Bau-Schalldämm-Maßes des Außenbauteils min $R'_{w,ges}$ ergibt sich nach DIN 4109-1 [2, 7.1], aufgrund des sogenannten maßgeblichen Außenlärmpegels L_a – ggf. ermittelt aus Lärmpegelbereichen mithilfe von z. B. [19], Tafel 4.61c/10.61c – zu

$$\min R'_{w,ges} = L_a - K_{Raumart} \quad [dB] \quad (60)$$

≥ 35 dB als *Mindestwert* für Bettenräume in Krankenanstalten und Sanatorien
≥ 30 dB als *Mindestwert* für Aufenthaltsräume in Wohnungen, Übernachtungsräume, in Beherbergungsstätten, Unterrichtsräume u. Ä.

mit
L_a maßgeblicher Außenlärmpegel [dB(A)] nach DIN 4109-2 [2, 4.4.5]
$K_{Raumart} = 25$ dB für Bettenräume in Krankenanstalten und Sanatorien
$K_{Raumart} = 30$ dB für Aufenthaltsräume in Wohnungen, Übernachtungsräume in Beherbergungsstätten, Unterrichtsräume u. Ä.
$K_{Raumart} = 35$ dB für Büroräume u. Ä.

Zur Ermittlung des maßgeblichen Außenlärmpegels L_a infolge

– Straßenverkehr,
– Schienenverkehr,
– Wasserverkehr,
– Luftverkehr sowie
– Gewerbe- und Industrieanlagen

verweist DIN 4109-2 [2, 4.4.5] v. a. auf DIN 18005-1 [59]; eine Zusammenstellung der Vorgaben zur Ermittlung des maßgeblichen Außenlärmpegels findet sich z. B. in [19], Tafel 4.59/10.59.

Für die häufigsten Lärmquellen – Straßen-, Schienen- und Schiffsverkehr – gibt es in größeren Städten meist Lärmkarten (deren Anwendbarkeit für Schallschutznachweise allerdings häufig eingeschränkt wird). Alternativ finden sich in DIN 18005-1 Nomogramme und Korrekturwerte, mit deren Hilfe der maßgebliche Außenlärmpegel aus der Verkehrsbelastung bestimmt werden kann – beispielhaft für den Straßenverkehr:
– Mithilfe des entsprechenden Nomogramms (siehe z. B. [19], Abb. 4.60/10.60) ergeben sich Beurteilungspegel am Tag und in der Nacht in Abhängigkeit
  • von der Art der Straße (Autobahn, Bundesstraße, Gemeindestraße usw.),
  • von deren durchschnittlicher täglicher Verkehrsbelastung in [Kfz/d] und
  • vom Abstand des betrachteten Außenbauteils von der Straßenmitte in [m].
Diese Beurteilungspegel werden ggf. noch für Sonderfälle korrigiert (s. ebenfalls z. B. [19], Tafel 4.61a/10.61a).
– Daraus ergeben sich die maßgebenden Außenlärmpegel mit
  • einem allgemeinen Zuschlag von $\Delta L_a = +3$ dB(A) bei Tag und
  • einem weiteren Zuschlag von $\Delta L_a = +10$ dB(A) bei Nacht, um das dann größere Schutzbedürfnis zu berücksichtigen (Schutz des Nachtschlafes).
Der *größere* der beiden Werte ist maßgebend.
– Eine zusätzliche Abminderung der maßgeblichen Außenlärmpegel darf vorgenommen werden für Gebäudeseiten, die von der Lärmquelle *abgewandt* sind, und zwar
  • um $\Delta L_a = -5$ dB(A) bei *offener* Bebauung bzw.
  • um $\Delta L_a = -10$ dB(A) bei *geschlossener* Bebauung.

Hinweis: Die Anforderungen an den Lärmschutz bei Fluglärm sind gemäß DIN 4109-1, [2, 7.1], im FlugLärmG mit der FlugLärmGDV 2 geregelt.

4.5 Beispiel zum baulichen Schallschutz

4.5.1 Aufgabenstellung

Im Folgenden werden die in den vorangegangenen Abschnitten vorgestellten Schallschutznachweise beispielhaft an einem Wohnraum in einem Mehrfamilienhaus in Massivbauart (Bild 32) geführt – die Nachbarwohnung links sei symmetrisch angeordnet. Formblätter für die Berechnungen und Nachweise finden sich zum Download unter www.hmarquardt.de.

4.5.2 Luftschallschutz der Wohnungstrennwand

Im ersten Schritt wird der Nachweis der *Luftschalldämmung* der Wohnungstrennwand IW1 links in Bild 32a (s. auch Bild 32b) für einen erhöhten Schallschutz gemäß DIN SPEC 91314 geführt; es folgt der Nachweis des *Luftschallschutzes* gemäß SSt I nach VDI 4100:2012.

Es liegt ein Gebäude in einschaliger Massivbauart mit akustisch biegesteifer Verbindung der Bauteile vor – die Grundvoraussetzung für die Anwendung des vereinfachten Verfahrens nach Abschnitt 4.2.1 ist somit gegeben.

Vorab: Gemäß Bild 20a und Bild 20b ist der Anschluss der Wohnungstrennwand an die Außenwand schalltechnisch ungünstig – daher wird in Bild 32 die KS-Wohnungstrennwand durch die PB-Außenwand hindurch bis zum WDVS geführt, um eine verbesserte Stoßstellendämmung zu erreichen.

Erster Schritt: Berechnung der Geometrie und der bewerteten Schalldämm-Maße der Bauteile ohne Vorsatzkonstruktionen

Die Berechnung wird im Folgenden mithilfe von Tabellen geführt. In Tabelle 15 werden berechnet
- die Geometrie des betrachteten Raumes (der angrenzende Raum ist wie vorgegeben symmetrisch zum betrachteten Raum),
- die flächenbezogenen Massen m' des trennenden und der flankierenden Bauteile gemäß Gl. (5) bis (12) und
- die bewerteten Schalldämm-Maße R_w des trennenden und der flankierenden Bauteile nach Gl. (14) bis Gl. (17).

Zweiter Schritt: Berechnung der bewerteten Schalldämm-Maße der direkten und der flankierenden Schallübertragung

In Tabelle 16 folgt die Berechnung der bewerteten Schalldämm-Maße der direkten und der flankierenden Schallübertragung gemäß Abschnitt 4.2.3:
- $R_{i,w}/2$ bzw. $R_{j,w}/2$ = halbiertes bewertetes Schalldämm-Maß des trennenden und der flankierenden Bauteile i bzw. j [dB] aus Tabelle 15,
- $\Delta R_{ij,w}$ = gesamte bewertete Verbesserung des Schalldämm-Maßes durch zusätzlich angebrachte Vor-

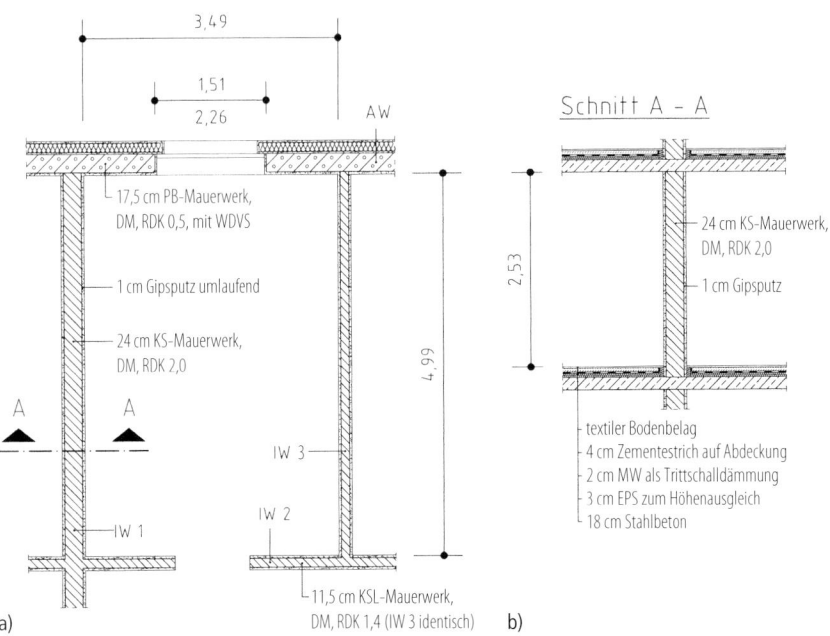

Bild 32. Raum eines Mehrfamilienhauses in Massivbauart; a) Grundriss (auf der Außenwand AW sei ein WDVS mit 16 cm elastifiziertem EPS aufgebracht); b) Schnitt A-A mit Decke DE oben und Fußboden FB unten

Tabelle 15. Berechnung der Geometrie (nach DIN 4109-2 gelten die lichten Raummaße), der flächenbezogenen Massen und des bewerteten Schalldämm-Maßes der Bauteile

Bauteil (ohne Vorsatzkonstr.)	Länge l [m]	Breite b [m]	Höhe h [m]	Fläche A [m²]	Dicke d [m]	Rohdichte ρ_w [kg/m³]	flächenbezogene Masse m' [kg/m²]	bewertetes Schalldämm-Maß R_w [dB]
Trennbauteil (Wohnungstrennwand IW1)	4,99		2,53	12,62	0,01 0,24 0,01	1000 1900 1000	10,0 456,0 10,0 476,0	60,5
flankierend 1. AW		3,49	2,53	8,83	0,01 0,175	1000 475	10,0 83,1 93,1	41,7
flankierend 2. DE	4,99	3,49		17,42	0,18	2400	432,0	59,2
flankierend 3. IW2		3,49	2,53	8,83	0,01 0,115 0,01	1000 1300 1000	10,0 149,5 10,0 169,5	46,7
flankierend 4. FB	4,99	3,49		17,42	0,18	2400	432,0	59,2

Tabelle 16. Berechnung der bewerteten Schalldämm-Maße der direkten und der flankierenden Schallübertragung

Bauteil	Weg	$R_{i,w}/2$ [dB]	$R_{j,w}/2$ [dB]	$\Delta R_{ij,w}$ [dB]	M [-]	K_{ij} [dB]	S_s [m²]	$l_f^* = l_f \cdot l_0$ [m²]	$10 \cdot \lg(S_s/l_f^*)$ [dB]	$R_{ij,w}$ [dB]
Trennbauteil	$R_{Dd,w}$	30,25	30,25	–	–	–	12,62	–	–	60,5
flankierend 1. AW	$R_{11,w}$ $R_{D1,w}$ $R_{1d,w}$	20,85 30,25 20,85	20,85 20,85 30,25	- - –	+0,709	12,8 7,56 7,56	–	2,53	6,98 6,98 6,98	61,5 65,7 65,7
flankierend 2. DE	$R_{22,w}$ $R_{D2,w}$ $R_{2d,w}$	29,60 30,25 29,60	29,60 29,60 30,25	- - –	+0,042	9,43 5,73 5,73	–	4,99	4,03 4,03 4,03	72,7 69,6 69,6
flankierend 3. IW2	$R_{33,w}$ $R_{D3,w}$ $R_{3d,w}$	23,35 30,25 23,35	23,35 23,35 30,25	- - –	+0,448	14,5 8,79 8,79	–	2,53	6,98 6,98 6,98	68,2 69,4 69,4
flankierend 4. FB	$R_{44,w}$ $R_{D4,w}$ $R_{4d,w}$	29,60 30,25 29,60	29,60 29,60 30,25	1,5 6,5 6,46 6,46	+0,042	9,43 5,73 5,73	–	4,99	4,03 4,03 4,03	82,4 76,1 76,1

satzkonstruktionen [dB] – hier nur der schwimmende Zementestrich mit flächenbezogener Masse $m'_2 = 0{,}04 \text{ m} \cdot 2000 \text{ kg/m}^3 = 80 \text{ kg/m}^2$ auf dem Fußboden mit der Eigenfrequenz nach Gl. (3) von

$$f_0 = 160 \cdot \sqrt{s' \cdot \left(\frac{1}{m'_1} + \frac{1}{m'_2}\right)}$$

$$= 160 \cdot \sqrt{18 \cdot \left(\frac{1}{432} + \frac{1}{80}\right)} = 82{,}6 \text{ Hz}$$

und damit nach Tabelle 6 für R_w aus Tabelle 15

$$\Delta R_w = 74{,}4 - 20 \cdot \lg f_0 - 0{,}5 \cdot R_w$$
$$= 74{,}4 - 20 \cdot \lg 82{,}6 - 0{,}5 \cdot 59{,}2 = 6{,}46 \text{ dB}$$

und daraus je nach Anbringung der Vorsatzkonstruktion auf der Senderaum- und/ oder Empfangsraumseite $\Delta R_{ij,w}$ nach Gl. (18/19) bzw. Gl. (21/22),
– die Hilfsgröße M nach Gl. (23),
– K_{ij} = Stoßstellendämm-Maß auf dem Übertragungsweg ij [dB] nach Gl. (24) bis Gl. (26),
– S_s = Fläche des trennenden Bauteils, die beiden Räumen gemeinsam ist [m²],
– $l_f^* = l_f \cdot l_0$ = gemeinsame Kopplungslänge der Verbindungsstelle zwischen dem trennenden und dem flankierenden Bauteil [m] multipliziert mit der Bezugskopplungslänge $l_0 = 1$ m sowie

– $R_{ij,w}$ = bewertetes Schalldämm-Maß für die Schallübertragung durch das trennende und die flankierenden Bauteile [dB] nach Gl. (13) bzw. Gl. (20).

Dritter Schritt: Berechnung des bewerteten Bau-Schalldämm-Maßes
Daraus ergibt sich das resultierende bewertete Bau-Schalldämm-Maß bei n = 4 flankierenden Bauteilen nach Gl. (4) zu

$$R'_w = -10 \lg \left[10^{\frac{-R_{Dd,w}}{10}} + \sum_{F=f=1}^{n} 10^{\frac{-R_{Ff,w}}{10}} \right.$$
$$\left. + \sum_{f=1}^{n} 10^{\frac{-R_{Df,w}}{10}} + \sum_{F=1}^{n} 10^{\frac{-R_{Fd,w}}{10}} \right]$$
$$= -10 \lg \left[10^{\frac{-60,5\,dB}{10}} \right.$$
$$+ \left(10^{\frac{-61,5\,dB}{10}} + 10^{\frac{-72,7\,dB}{10}} + 10^{\frac{-68,2\,dB}{10}} + 10^{\frac{-82,4\,dB}{10}} \right)$$
$$+ \left(10^{\frac{-65,7\,dB}{10}} + 10^{\frac{-69,6\,dB}{10}} + 10^{\frac{-69,4\,dB}{10}} + 10^{\frac{-76,1\,dB}{10}} \right)$$
$$+ \left(10^{\frac{-65,7\,dB}{10}} + 10^{\frac{-69,6\,dB}{10}} + 10^{\frac{-69,4\,dB}{10}} + 10^{\frac{-76,1\,dB}{10}} \right) \right]$$
$$= -10 \lg [0{,}000\,000\,891 + 0{,}000\,000\,708$$
$$+ 0{,}000\,000\,054 + 0{,}000\,000\,151 + 0{,}000\,000\,006$$
$$+ 2 \cdot (0{,}000\,000\,269 + 0{,}000\,000\,110$$
$$+ 0{,}000\,000\,115 + 0{,}000\,000\,025)] = 55{,}4\,dB$$

Vierter Schritt: Nachweis der Luftschalldämmung nach DIN SPEC 91314
Der Nachweis der Luftschalldämmung erfolgt nach DIN 4109-2, 5.3, unter Berücksichtigung eines Sicherheitsbeiwerts nach Gl. (31):

$R'_w - u_{prog} = 55{,}4\,dB - 2\,dB = 53{,}4\,dB \ngeq 55\,dB = \min R'_w$

mit min R'_w für Wohnungstrennwände aus DIN SPEC 91314, Tabelle 1 (oder z. B. [19], Tafel 4.67/10.67) – der Nachweis nach DIN SPEC 91314 ist somit **nicht** erbracht!

Fünfter Schritt: Nachweis des Luftschallschutzes nach VDI 4100:2012
Die Standard-Schallpegeldifferenz errechnet sich mit dem Raumvolumen des Empfangsraumes (lichte Raummaße)

$V_E = 4{,}99\,m \cdot 3{,}49\,m \cdot 2{,}53\,m = 44{,}06\,m^3$

nach Gl. (32) zu

$$D_{nT,w} = R'_w + 10 \lg \left(0{,}32 \cdot \frac{V_E}{S_s} \right)$$
$$= 55{,}4\,dB + 10 \lg \left(0{,}32 \cdot \frac{44{,}06}{12{,}62} \right) = 55{,}9\,dB$$

Damit wird der Nachweis nach Gl. (33) für die SSt I nach VDI 4100:2012 mit
$D_{nT,w} - u_{prog} = 55{,}9\,dB - 2\,dB = 53{,}9\,dB$
$\ngeq 56\,dB = \min D_{nT,w}$

ebenfalls **nicht** erfüllt (Anforderung siehe z. B. [19], Tafel 4.69/10.69).

Sechster Schritt: Verbesserung der Konstruktion, um die Anforderung an die Luftschalldämmung nach DIN SPEC 91314 zu erfüllen
Mithilfe des KS-Schallschutzrechners wurde als Verbesserung gewählt, die Rohdichte der Außenwand von RDK 0,5 (Porenbeton) auf RDK 2,0 (KS) zu erhöhen. Damit wird der Nachweis erbracht mit

$R'_w - u_{prog} = 57{,}3\,dB - 2\,dB = 55{,}3\,dB \geq 55\,dB = \min R'_w$

Nicht eingehalten wäre allerdings die sogenannte KS-Empfehlung von min $R'_w = 56\,dB$, die der Schallschutzstufe II (SSt II) der VDI 4100:2007 (identisch mit der erhöhten Anforderung aus E DIN 4109-5:2019-05) entspricht.

Siebter Schritt: Verbesserung der Konstruktion, um die Anforderung an die Luftschalldämmung nach VDI 4100 zu erfüllen
Mithilfe des KS-Schallschutzrechners wurde als zusätzliche Verbesserung gewählt, die Rohdichte der Wohnungstrennwand IW1 von RDK 2,0 (KS) auf RDK 2,2 (KS) zu erhöhen. Damit wird der Nachweis erbracht mit

$R'_w - u_{prog} = 58{,}3\,dB - 2\,dB = 56{,}3\,dB \geq 56\,dB = \min R'_w$

D. h. die sogenannte *KS-Empfehlung* = Schallschutzstufe II (SSt II) der VDI 4100:2007 (identisch mit der erhöhten Anforderung aus E DIN 4109-5:2019-05) wäre eingehalten.
Die Standard-Schallpegeldifferenz errechnet sich nun nach Gl. (32) zu

$$D_{nT,w} = R'_w + 10 \lg \left(0{,}32 \cdot \frac{V_E}{S_s} \right)$$
$$= 58{,}3\,dB + 10 \lg \left(0{,}32 \cdot \frac{44{,}06}{12{,}62} \right) = 58{,}8\,dB$$

Damit wird der Nachweis nach Gl. (29) für die SSt I nach VDI 4100:2012 mit

$D_{nT,w} - u_{prog} = 58{,}8\,dB - 2\,dB = 56{,}8\,dB$
$\geq 56\,dB = \min D_{nT,w}$

ebenfalls erfüllt (Anforderung siehe z. B. [19], Tafel 4.69/10.69).

4.5.3 Luftschallschutz der Raumtrennwand

Geführt werden soll der Nachweis der Luft*schalldämmung* der Trennwand IW3 innerhalb der Wohnung (rechts in Bild 32a) für einen erhöhten Schallschutz gemäß DIN SPEC 91314.
Die Trennwand IW3 liegt jedoch innerhalb des eigenen Wohnbereiches; hierfür werden in DIN SPEC 91314 keine Anforderungen gestellt – ein Nachweis der *Luftschalldämmung* kann somit entfallen. Ein Nachweis des *Luftschallschutzes* wäre aber möglich, da VDI 4100:2012 auch Empfehlungen für einen verbesserten Schallschutz innerhalb von Wohnungen gibt (analog zu Abschnitt 4.5.2, entfällt hier).

4.5.4 Luftschallschutz der Wohnungstrenndecke

Im ersten Schritt wird der Nachweis der *Luftschalldämmung* der Geschossdecke, die als Wohnungstrenndecke dient, für einen erhöhten Schallschutz gemäß DIN SPEC 91314 geführt; es folgt der Nachweis des *Luftschallschutzes* gemäß SSt I nach VDI 4100:2012. Als Trittschalldämmstoff sind 20 mm Mineralwolle (vgl. Bild 32b) vorgesehen – z. B. ROCKWOOL Floorrock SE 20-5 mit der deklarierten dynamischen Steifigkeit $s' = 13$ MN/m^3 [60].

Erster Schritt: Mithilfe des KS-Schallschutzrechners wurde die in Abschnitt 4.5.2 als sechster Schritt gewählte verbesserte Konstruktion geprüft, d. h. die Rohdichte der Außenwand erhöht von RDK 0,5 (Porenbeton) auf RDK 2,0 (KS). Damit wird der Nachweis nach DIN SPEC 91314 erbracht mit

$R'_w - u_{prog} = 58{,}2$ dB $- 2$ dB $= 56{,}2$ dB ≥ 56 dB $=$ min R'_w

Zweiter Schritt: Mithilfe des *KS-Schallschutzrechners* wurde die in Abschnitt 4.5.2 als siebter Schritt gewählte verbesserte Konstruktion geprüft, d. h. die Rohdichte der Wohnungstrennwand IW1 erhöht von RDK 2,0 (KS) auf RDK 2,2 (KS). Damit wird der Nachweis nach DIN SPEC 91314 ebenfalls erbracht mit

$R'_w - u_{prog} = 58{,}3$ dB $- 2$ dB $= 56{,}3$ dB ≥ 56 dB $=$ min R'_w

Die sogenannte KS-Empfehlung von min $R'_w = 57$ dB ist allerdings noch nicht eingehalten, die der Schallschutzstufe II (SSt II) der VDI 4100:2007 (identisch mit der erhöhten Anforderung aus E DIN 4109-5:2019-05) entspricht.

Dritter Schritt: Eine Trenndecke von 20 cm Dicke würde lt. KS-Schallschutzrechner erbringen:

$R'_w - u_{prog} = 59{,}1$ dB $- 2$ dB $= 57{,}1$ dB ≥ 56 dB $=$ min R'_w

Hiermit wäre dann auch die sogenannte KS-Empfehlung von min $R'_w = 57$ dB eingehalten, die der Schallschutzstufe II (SSt II) der VDI 4100:2007 (identisch mit der erhöhten Anforderung aus E DIN 4109-5:2019-05) entspricht.

Die Standard-Schallpegeldifferenz errechnet sich nun nach Gl. (28) zu

$$D_{nT,w} = R'_w + 10\lg\left(0{,}32 \cdot \frac{V_E}{S_s}\right)$$
$$= 59{,}1 \text{ dB} + 10\lg\left(0{,}32 \cdot \frac{44{,}06}{17{,}42}\right) = 58{,}2 \text{ dB}$$

Damit wird der Nachweis nach Gl. (29) für die SSt I nach VDI 4100:2012 mit

$D_{nT,w} - u_{prog} = 58{,}2$ dB $- 2$ dB $= 56{,}2$ dB
≥ 56 dB $=$ min $D_{nT,w}$

ebenfalls erfüllt (Anforderung siehe z. B. [19], Tafel 4.69/10.69).

Vierter Schritt: Zur Ergänzung des Nachweises mit dem KS-Schallschutzrechner soll die letztgenannte Variante auch von Hand nachgewiesen werden:

Tabelle 17. Berechnung der Geometrie (nach DIN 4109-2 gelten die lichten Raummaße), der flächenbezogenen Massen und des bewerteten Schalldämm-Maßes der Bauteile

Bauteil (ohne Vorsatzkonstr.)	Länge l [m]	Breite b [m]	Höhe h [m]	Fläche A [m^2]	Dicke d [m]	Rohdichte ρ_w [kg/m^3]	flächenbezogene Masse m' [kg/m^2]	bewertetes Schalldämm-Maß R$_w$ [dB]
Trennbauteil: (Wohnungstrenndecke)	4,99	3,49		17,42	0,20	2400	480,0	60,7
flankierend: 1. AW		3,49	2,53	8,83	0,01 0,175	1000 1900	10,0 332,5 342,5	56,1
flankierend: 2. IW1	4,99		2,53	12,62	0,01 0,24 0,01	1000 2100 1000	10,0 504,0 10,0 524,0	61,8
flankierend: 3. IW2		3,49	2,53	8,83	0,01 0,115 0,01	1000 1300 1000	10,0 149,5 10,0 169,5	46,7
flankierend: 4. IW3	4,99		2,53	12,62	0,01 0,115 0,01	1000 1300 1000	10,0 149,5 10,0 169,5	46,7

Tabelle 18. Berechnung der bewerteten Schalldämm-Maße der direkten und der flankierenden Schallübertragung

Bauteil	Weg	$R_{i,w}/2$ [dB]	$R_{j,w}/2$ [dB]	$\Delta R_{ij,w}$ [dB]	M [-]	K_{ij} [dB]	S_s [m²]	$l_f^* = l_f \cdot l_0$ [m²]	$10 \cdot \lg(S_s/l_f^*)$ [dB]	$R_{ij,w}$ [dB]
Trennbauteil:	$R_{Dd,w}$	30,35	30,35	5,77	–	–	17,42	–	–	66,5
flankierend: 1. AW	$R_{11,w}$	28,05	28,05	–	+0,147	7,90	–	3,49	6,98	71,0
	$R_{D1,w}$	30,35	28,05	5,77		4,82			6,98	76,0
	$R_{1d,w}$	28,05	30,35	–		4,82			6,98	70,2
flankierend: 2. IW1	$R_{22,w}$	30,90	30,90	–	–0,038	8,06	–	4,99	5,43	75,3
	$R_{D2,w}$	30,35	30,90	5,77		5,72			5,43	78,2
	$R_{2d,w}$	30,90	30,35	–		5,72			5,43	72,4
flankierend: 3. IW2	$R_{33,w}$	23,35	23,35	–	+0,452	14,6	–	3,49	6,98	68,3
	$R_{D3,w}$	30,35	23,35	5,77		8,85			6,98	75,3
	$R_{3d,w}$	23,35	30,35	–		8,85			6,98	69,5
flankierend: 4. IW3	$R_{44,w}$	23,35	23,35	–	+0,452	14,6	–	4,99	5,43	66,7
	$R_{D4,w}$	30,35	23,35	5,77		8,85			5,43	73,7
	$R_{4d,w}$	23,35	30,35	–		8,85			5,43	68,0

In Tabelle 17 werden berechnet
- die Geometrie des betrachteten Raumes (mit lichten Raummaßen, der jeweils angrenzende Raum sei symmetrisch zum betrachteten Raum),
- die flächenbezogenen Massen m' des trennenden und der flankierenden Bauteile gemäß Gl. (6) bis Gl. (12), und
- die bewerteten Schalldämm-Maße R_w des trennenden und der flankierenden Bauteile ohne Vorsatzkonstruktionen [dB] gemäß Gl. (14) bis Gl. (17).

In Tabelle 18 folgt die Berechnung der bewerteten Schalldämm-Maße der direkten und der flankierenden Schallübertragung gemäß Abschnitt 4.2.3:
- $R_{i,w}/2$ bzw. $R_{j,w}/2$ = halbiertes bewertetes Schalldämm-Maß des trennenden und der flankierenden Bauteile i bzw. j [dB] aus Tabelle 17,
- ΔR_w = gesamte bewertete Verbesserung des Schalldämm-Maßes durch zusätzlich angebrachte Vorsatzkonstruktionen [dB]
  - mit flächenbezogener Masse $m_2' = 0,040$ m · 2000 kg/m³ = 80 kg/m² (m_1' des Massivbauteils ohne Vorsatzkonstruktion s. in Tabelle 17) und
  - mit der für eine gegebene/gewählte Trittschalldämmung mit s' = 18 MN/m³ zu errechnenden Eigenfrequenz nach Gl. (3) von

$$f_0 = 160 \cdot \sqrt{s' \cdot \left(\frac{1}{m_1'} + \frac{1}{m_2'}\right)}$$
$$= 160 \cdot \sqrt{18 \cdot \left(\frac{1}{480} + \frac{1}{80}\right)} = 82,0 \text{ Hz}$$

und damit nach Tabelle 6 für R_w aus o. g. Tabelle 17

$$\Delta R_w = 74,4 - 20 \cdot \lg f_0 - 0,5 \cdot R_w$$
$$= 74,4 - 20 \cdot \lg 82,0 - 0,5 \cdot 60,7 = 5,77 \text{ dB}$$

und daraus je nach Anbringung der Vorsatzkonstruktion auf der Senderaum- und/oder Empfangsraumseite $\Delta R_{ij,w}$ nach Gl. (18/19) bzw. Gl. (21/22),

- die Hilfsgröße M nach Gl. (23),
- K_{ij} = Stoßstellendämm-Maß auf dem Übertragungsweg ij [dB] nach Gl. (24) bis Gl. (26),
- S_s = Fläche des trennenden Bauteils, die beiden Räumen gemeinsam ist [m²],
- $l_f^* = l_f \cdot l_0$ = gemeinsame Kopplungslänge der Verbindungsstelle zwischen dem trennenden und dem flankierenden Bauteil [m] multipliziert mit der Bezugskopplungslänge l_0 = 1 m sowie
- $R_{ij,w}$ = bewertetes Schalldämm-Maß für die Schallübertragung durch das trennende und die flankierenden Bauteile [dB] nach Gl. (13) bzw. Gl. (20).

Daraus ergibt sich das resultierende bewertete Bau-Schalldämm-Maß bei n = 4 flankierenden Bauteilen nach Gl. (4) zu

$$R_w' = -10 \lg \left[10^{-R_{Dd,w}/10} + \sum_{F=f=1}^{n} 10^{-R_{Ff,w}/10} \right.$$
$$\left. + \sum_{f=1}^{n} 10^{-R_{Df,w}/10} + \sum_{F=1}^{n} 10^{-R_{Fd,w}/10} \right]$$
$$= -10 \lg \left[10^{\frac{-66,5 \text{ dB}}{10}} \right.$$
$$+ \left(10^{\frac{-71,0 \text{ dB}}{10}} + 10^{\frac{-75,3 \text{ dB}}{10}} + 10^{\frac{-68,3 \text{ dB}}{10}} + 10^{\frac{-66,7 \text{ dB}}{10}} \right)$$
$$+ \left(10^{\frac{-76,0 \text{ dB}}{10}} + 10^{\frac{-78,2 \text{ dB}}{10}} + 10^{\frac{-75,3 \text{ dB}}{10}} + 10^{\frac{-73,7 \text{ dB}}{10}} \right)$$
$$\left. + \left(10^{\frac{-70,2 \text{ dB}}{10}} + 10^{\frac{-72,4 \text{ dB}}{10}} + 10^{\frac{-69,5 \text{ dB}}{10}} + 10^{\frac{-68,0 \text{ dB}}{10}} \right) \right]$$

$= -10 \lg [0{,}000\,000\,224 + (0{,}000\,000\,079 + 0{,}000\,000\,030$
$\quad + 0{,}000\,000\,148 + 0{,}000\,000\,214) + (0{,}000\,000\,025$
$\quad + 0{,}000\,000\,015 + 0{,}000\,000\,030 + 0{,}000\,000\,043)$
$\quad + (0{,}000\,000\,095 + 0{,}000\,000\,058 + 0{,}000\,000\,112$
$\quad + 0{,}000\,000\,158)]$

$= 59{,}1\,\text{dB}$

Der Nachweis der Luftschalldämmung erfolgt nach DIN 4109-2, 5.3, unter Berücksichtigung eines Sicherheitsbeiwerts nach Gl. (31):

$R'_w - u_{prog} = 59{,}1\,\text{dB} - 2\,\text{dB} = 57{,}1\,\text{dB} \geq 56\,\text{dB} = \min R'_w$

mit min R'_w aus DIN SPEC 91314 (siehe z. B. auch [19], Tafel 4.67/10.67); somit ist der Nachweis nach DIN SPEC 91314 erbracht. Auch die erhöhte Anforderung aus E DIN 4109-5:2019-05 von min R'_w = 57 dB wäre erfüllt.

4.5.5 Trittschallschutz der Wohnungstrenndecke

Im ersten Schritt wird der Nachweis der Trittschalldämmung für die Geschossdecke zu einer fremden Nachbarwohnung für einen erhöhten Schallschutz gemäß DIN SPEC 91314 geführt; es folgt der Nachweis des Trittschallschutzes gemäß SSt I nach VDI 4100:2012. Als Trittschalldämmstoff sind (wie in Abschnitt 4.5.4) 20 mm ROCKWOOL Floorrock SE 20-5 mit der deklarierten dynamischen Steifigkeit s′ = 13 MN/m³ vorgesehen [60].
Gewählt wurde die letzte Variante aus Abschnitt 4.5.4 mit einer Trenndecke von 20 cm Dicke. Es soll der Höchstwert der dynamischen Steifigkeit max s′ der Trittschalldämmschicht der zu wählenden Deckenauflage nach Gl. (36) bestimmt und geprüft werden, ob der o. g. Trittschalldämmstoff den Anforderungen genügt.

Erster Schritt: Der äquivalente bewertete Norm-Trittschallpegel der gewählten Rohdecke ohne Deckenauflage errechnet sich mit deren flächenbezogener Masse

$m'_s = 0{,}20\,\text{m} \cdot 2400\,\text{kg/m}^3 = 480{,}0\,\text{kg/m}^2$

nach Gl. (35) zu

$L_{n,eq,0,w} = 164 - 35 \cdot \lg\left(\dfrac{m'}{1\,\frac{\text{kg}}{\text{m}^2}}\right)$

$\quad = 164 - 35 \cdot \lg\left(\dfrac{480}{1}\right) = 70{,}2\,\text{dB}$

Zweiter Schritt: Mit den flächenbezogenen Massen der flankierenden Bauteile – bei Außen- und Wohnungstrennwand jeweils letzte Fassung, alle bereits beim Luftschallschutz errechnet (vgl. Abschnitt 4.5.2 bzw. 4.5.4) und hier nur wiederholt – von
– Außenwand AW: $m'_1 = 342{,}5\,\text{kg/m}^2$
– Innenwand IW1: $m'_2 = 524{,}0\,\text{kg/m}^2$
– Innenwand IW2: $m'_3 = 169{,}5\,\text{kg/m}^2$
– Innenwand IW3: $m'_4 = 169{,}5\,\text{kg/m}^2$

ergibt sich die mittlere flächenbezogene Masse der flankierenden Bauteile nach Gl. (30) zu

$m'_{f,m} = \dfrac{1}{4} \cdot (342{,}5 + 524{,}0 + 169{,}5 + 169{,}5) = 301{,}4\,\dfrac{\text{kg}}{\text{m}^2}$

Dritter Schritt: Mit $m'_{f,m} = 301{,}4\,\text{kg/m}^2 \leq m'_s = 480\,\text{kg/m}^2$ errechnet sich daraus nach Gl. (37a), der Korrekturwert K für eine Massivdecke ohne Unterdecke zu

$K = 0{,}6 + 5{,}5 \cdot \lg\left(\dfrac{m'_s}{m'_{f,m}}\right)$

$\quad = 0{,}6 + 5{,}5 \cdot \lg\left(\dfrac{480{,}0}{301{,}49}\right) = 1{,}7\,\text{dB}$

(Für $m'_{f,m} > m'_s$ ergäbe sich nach Gl. (37b) K = 0)

Vierter Schritt: Mit der Anforderung aus DIN SPEC 91314 (bzw. z. B. [19], Tafel 4.67/10.67) von max $L'_{n,w}$ = 46 dB errechnet sich nun mit Gl. (40), der Mindestwert der bewerteten Trittschallminderung min ΔL_w der Deckenauflage zu

$\min \Delta L_w = L_{n,eq,0,w} + K + 3\,\text{dB} - \max L'_{n,w}$

$\quad = 70{,}2\,\text{dB} + 1{,}7\,\text{dB} + 3\,\text{dB} - 46\,\text{dB} = 28{,}9\,\text{dB}$

Für dieses min ΔL_w = 28,9 dB und die flächenbezogene Masse des Estrichs von m′ = 80 kg/m² (vgl. Abschnitte 4.5.2 und 4.5.4) kann aus Bild 24 der Höchstwert der dynamischen Steifigkeit max s′ ≈ 14 MN/m³ abgelesen werden. Bei Verwendung des Trittschalldämmstoffs ROCKWOOL Floorrock SE 20-5 mit s′ = 18 MN/m³ ist damit der Nachweis der Trittschalldämmung **nicht** erbracht!
Verbesserung: Gewählt wird z. B. ROCKWOOL Floorrock SE 25-5 mit s′ = 13 MN/m³. (Um auch die erhöhte Anforderung aus E DIN 4109-5:2019-05 von max $L'_{n,w}$ = 45 dB zu unterschreiten, wäre eine noch geringere dynamische Steifigkeit notwendig.)

Fünfter Schritt: Nachweis des Trittschallschutzes nach VDI 4100:2012
Mit der flächenbezogenen Masse des Estrichs m′ = 80 kg/m² (s. o.) errechnet sich die bewertete Trittschallminderung für den **neu gewählten** Trittschalldämmstoff mit s′ = 13 MN/m³ nach Gl. (36) zu

$\Delta L_w = 13 \cdot \lg(m') - 14{,}2 \cdot \lg(s') + 20{,}8$

$\quad = 13 \cdot \lg(80) - 14{,}2 \cdot \lg(13) + 20{,}8 = 29{,}7\,\text{dB}$

Daraus ergibt sich der bewertete Norm-Trittschallpegel am Bau nach Gl. (34a) zu

$L'_{n,w} = L_{n,eq,0,w} - \Delta L_w + K$

$\quad = 70{,}2\,\text{dB} - 29{,}7\,\text{dB} + 1{,}7\,\text{dB} = 42{,}2\,\text{dB}$

Mit dem Raumvolumen des Empfangsraumes (lichte Raummaße)

$V_E = 4{,}99 \text{ m} \cdot 3{,}49 \text{ m} \cdot 2{,}53 \text{ m} = 44{,}06 \text{ m}^3$

errechnet sich der bewertete Standard-Trittschallpegel $L'_{n,T,w}$ nach Gl. (41) zu

$$L'_{nT,w} = L'_{n,w} - 10 \cdot \lg(0{,}032 \cdot V_E)$$
$$= 42{,}2 - 10 \cdot \lg(0{,}032 \cdot 44{,}06) = 40{,}7 \text{ dB}$$

Damit wird der Nachweis nach Gl. (42) für die SSt I nach VDI 4100:2012 (siehe z. B. auch [19], Tafel 4.69/10.69) erfüllt mit

$$L'_{nT,w} + u_{prog} = 40{,}7 \text{ dB} + 3 \text{ dB} = 43{,}7 \text{ dB}$$
$$\leq 51 \text{ dB} = \max L'_{nT,w}$$

4.5.6 Luftschallschutz der Außenwand

Geführt wird der Nachweis des Schutzes gegen Außenlärm für
- die im Abschnitt 4.5.2 bereits verbesserte Außenwand aus KS-Mauerwerk RDK 2,0 mit gedübeltem WDVS mit EPS-Hartschaumdämmung
- einschließlich Kunststoff-Einfachfenster mit Zwei-Scheiben-Wärmeschutzverglasung 4/16/4 und umlaufender Falzdichtung (oben in Bild 32a), das Fenster sei im ersten Schritt schalltechnisch unkritisch eingebaut.

Das Gebäude liegt
- in offener Bebauung,
- an einer asphaltierten Stadtstraße (nicht geriffelter Gussasphalt),
- die betrachtete Außenwand liegt 30 m von der Straßenmitte dieser Stadtstraße entfernt (Verkehrsbelastung 2000 Kfz pro Tag) und
- 90 m von einer lichtsignalgeregelten Kreuzung (Ampel) entfernt.

Es wird hierbei angenommen, dass min $R'_{w,ges} \leq 40$ dB gilt.

Hinweise zum Nachweis des Schutzes gegen Außenlärm:
- Die Grundfläche des Raumes beträgt $S_G = 17{,}42 \text{ m}^2$, s. Abschnitt 4.5.2.
- Aus Tabelle 12 wurde für das o. g. Einfachfenster $R_{1,w} = 34$ dB abgelesen.
- Elemente (d. h. Rollladenkasten, Lüftungsöffnungen) sind anfangs nicht vorhanden.
- Für die im Abschnitt 4.5.2 bereits verbesserte Außenwand aus KS-Mauerwerk RDK 2,0 mit gedübeltem WDVS mit EPS-Hartschaumdämmung wird vorab der Korrekturwert ΔR_w nach *Weber, Müller, Kaltbeitzel* [52] ermittelt:

Es handelt sich um eine Massivwand aus Kalksandstein-Mauerwerk mit einer flächenbezogenen Masse $m'_{MW} = 342{,}5 \text{ kg/m}^2$ mit einem gedübelten WDVS aus 160 mm elastifiziertem EPS und Kunstharzputz mit $m'_P = m'_{UP} + m'_{OP} = 3 \text{ kg/m}^2 + 4 \text{ kg/m}^2 = 7 \text{ kg/m}^2$ lt. Herstellerangaben. Die Resonanzfrequenz des WDVS ergibt sich daraus mit der dynamischen Steifigkeit $s' = 10$ MN/m³ aus Tabelle 9 gemäß Tabelle 2 rechts unten zu

$$f_0 = 160 \cdot \sqrt{\frac{s'}{m'_P}} = 160 \cdot \sqrt{\frac{10}{7}} = 191 \text{ Hz}$$

und damit nach Gl. (51) mit Tabelle 10 die Verbesserung unter Standardbedingungen zu

$$\Delta R_{w,s} = a \cdot \lg(f_0) + b = -26{,}7 \cdot \lg(191) + 62{,}0 = +1{,}1 \text{ dB}$$

Die Korrektur für Dübel (Dübel mit Kontakt der Dübelteller zum Putz angenommen) ergibt sich nach Gl. (52) zu

$$K_D = (0{,}34 \cdot \Delta R_{w,s} + 0{,}4) \text{ dB}$$
$$= 0{,}34 \cdot 1{,}1 \text{ dB} + 0{,}4 \text{ dB} = +0{,}8 \text{ dB}$$

Die Verklebung der Wärmedämmplatten muss mindestens 40 % betragen – dieser Standardwert wird hier angenommen, d. h. nach Gl. (53) wird der Korrekturwert für die Klebefläche zu

$$K_K = 0{,}052 \cdot F - 2{,}1 = 0{,}052 \cdot 40 - 2{,}1 = 0{,}0 \text{ dB}$$

Eine Korrektur für den längenbezogenen Strömungswiderstand nach Gl. (54) entfällt, d. h. $K_S = 0$, da keine Mineralwolleplatten oder -lamellen verwendet werden. Das Schalldämm-Maß der Trägerwand aus Kalksandstein-Mauerwerk ohne WDVS wird nach Gl. (14) zu

$$R_{w,0} = 30{,}9 \cdot \lg\left(\frac{m'_{ges}}{m'_0}\right) - 22{,}2$$
$$= 30{,}9 \cdot \lg\left(\frac{342{,}5 \frac{\text{kg}}{\text{m}^2}}{1 \frac{\text{kg}}{\text{m}^2}}\right) - 22{,}2 = 56{,}1 \text{ dB}$$

Damit wird nach Gl. (55) der Korrekturwert für die Schalldämmung der Grundwand zu

$$K_G = (-1{,}4 \cdot \lg(f_0) + 3{,}6) \cdot (R_{w,0} - 53 \text{ dB})$$
$$= (-1{,}4 \cdot \lg(191) + 3{,}6) \cdot (56{,}1 \text{ dB} - 53 \text{ dB})$$
$$= +1{,}3 \text{ dB}$$

d. h. die gesamte Verbesserung durch das WDVS wird nach Gl. (50) zu

$$\Delta R_w = \Delta R_{w,s} - K_D - K_K - K_S - K_G$$
$$= +1{,}1 \text{ dB} - 0{,}8 \text{ dB} - 0{,}0 \text{ dB} - 0{,}0 \text{ dB} - 1{,}3 \text{ dB}$$
$$= -1{,}0 \text{ dB}$$

In diesem Fall ergibt sich also eine Verschlechterung durch das WDVS. Das bewertete Schalldämm-Maß der an der Direktschallübertragung beteiligten Außenwand wird somit nach Gl. (49) zu

$$R_{w,i} = R_{w,0} + \Delta R_w = 56{,}1 \text{ dB} - 1{,}0 \text{ dB} = 55{,}1 \text{ dB}$$

Es sollen im Folgenden zwei Varianten berechnet werden:

Variante 1:
- eine Außenwand, die nur aus den Bauteilen „Wand" und „Fenster" zusammengesetzt ist

Variante 2:
- eine Außenwand, die *zusätzlich* das Element „Rollladenkasten" enthält:

Tabelle 19. Bewerteten Schalldämm-Maße der an der Direktschallübertragung beteiligten Bauteile bei Variante 1

Gesamtfläche AW	$S_s = 8{,}83$ m²	$S_G = 17{,}42$ m²	= Grundfläche des Raumes
Bauteilfläche Fenster	$S_1 = 3{,}41$ m²	$R_{1,w} = 34{,}0$ dB	$R_{e,1,w} = R_{1,w} + 10 \cdot \lg\left(\frac{S_s}{S_1}\right) = 38{,}1$ dB
Bauteilfläche AW	$S_3 = 5{,}42$ m²	$R_{3,w} = 55{,}1$ dB	$R_{e,3,w} = R_{3,w} + 10 \cdot \lg\left(\frac{S_s}{S_3}\right) = 57{,}2$ dB

Erster Schritt V1: Geometrie der Außenwandbauteile
Bruttofläche Außenwand $S_s = 3{,}49$ m $\cdot$ 2,53 m
(Innenmaße): $= 8{,}83$ m²
Fläche Fenster $S_1 = 1{,}51$ m $\cdot$ 2,26 m
(Rohbaumaße): $= 3{,}41$ m²
Nettofläche Außenwand $S_3 = 8{,}83$ m² $- 3{,}41$ m²
(Innenmaße): $= 5{,}42$ m²

Zweiter Schritt V1: Mit den bewerteten Schalldämm-Maßen der an der Direktschallübertragung beteiligten Bauteile $R_{i,w}$ bzw. der bewerteten Norm-Schallpegeldifferenz $D_{n,e,i,w}$, d. h.
– dem bewerteten Schalldämm-Maß der *Fenster* (hier ohne Fugenschalldämm-Maß, da die Fenster schalltechnisch unkritisch eingebaut sein sollen) nach Gl. (56)

$$R_{1,w} = -10 \cdot \lg\left(10^{-0{,}1 \cdot R_w} + \sum_{k=1}^{n} \frac{l_k \cdot l_0}{S} \cdot 10^{-0{,}1 \cdot R_{s,w,k}}\right)$$
$$= 34{,}0 \text{ dB}$$

– der bewerteten Norm-Schallpegeldifferenz der *Fassadenelemente* nach Gl. (48) (entfallen hier)
– dem bewerteten Schalldämm-Maß der *Außenwand* nach Abschnitt 4.4.2

$R_{3,w} = 55{,}1$ dB

ergeben sich die auf die Außenbauteilfläche bezogenen bewerteten Schalldämm-Maße der an der Direktschallübertragung beteiligten Bauteile in Tabelle 19.

Dritter Schritt V1: Da $R'_{w,ges} \leq 40$ dB betragen soll, errechnet sich nach Gl. (44) das gesamte bewertete Bau-Schalldämm-Maß vereinfacht zu

$$R'_{w,ges} = -10 \cdot \lg\left[10^{-0{,}1 \cdot R_{e,1,w}} + 10^{-0{,}1 \cdot R_{e,3,w}}\right]$$
$$= -10 \cdot \lg\left[10^{-0{,}1 \cdot 38{,}1} + 10^{-0{,}1 \cdot 57{,}2}\right]$$
$$= 38{,}0 \text{ dB}$$

Vierter Schritt V1: Ermittlung des maßgeblichen Außenlärmpegels L_a infolge Straßenverkehr in Tabelle 20.

Fünfter Schritt V1: In Abhängigkeit vom Beiwert für die Raumart – $K_{Raumart} = 30$ dB für Aufenthaltsräume in Wohnungen, Übernachtungsräume in Beherbergungsstätten, Unterrichtsräume u. Ä. – ergibt sich daraus der Mindestwert des gesamten bewerteten Bau-Schalldämm-Maßes des Außenbauteils nach Gl. (60) zu

min $R'_{w,ges} = L_a - K_{Raumart} = 60{,}5$ dB(A) $- 30{,}0$ dB
$= 30{,}5$ dB

≥ 30 dB   als Mindestwert für Aufenthaltsräume in Wohnungen, Übernachtungsräume, in Beherbergungsstätten, Unterrichtsräume u. Ä.

Tabelle 20. Ermittlung des maßgeblichen Außenlärmpegels L_a infolge Straßenverkehr

	Tag	Nacht
Beurteilungspegel nach DIN 18005-1	55,5 dB(A)	44,5 dB(A)
zulässige Höchstgeschwindigkeit beschränkt[1]	~~−2,5 dB(A)~~	~~−2,5 dB(A)~~
Straßenoberfläche (offenporiger Asphalt, Pflaster)[1]	−3,0 / +3,0 / +6,0 dB(A)	−3,0 / +3,0 / +6,0 dB(A)
Lichtsignal-Anlage in < 100 m Entfernung[1]	+2,0 dB(A)	+2,0 dB(A)
beidseitig mehrgeschossige geschlossene Bebauung[1]	~~+2,0 dB(A)~~	~~+2,0 dB(A)~~
allgemeiner Zuschlag (immer anzusetzen!)	+3,0 dB(A)	+3,0 dB(A)
Nachtzuschlag (nachts immer anzusetzen!)	–	+10,0 dB(A)
von der Lärmquelle abgewandte Gebäudeseite	~~−5,0 / −10,0 dB(A)~~	~~−5,0 / −10,0 dB(A)~~
maßgeblicher[2] Außenlärmpegel $L_a =$	**60,5 dB(A)**	**59,5 dB(A)**

1) nichtzutreffende Werte streichen, zutreffende unterstreichen
2) der größere der beiden Werte ist maßgebend und zu unterstreichen

Mit dem Korrekturwert für den Außenlärm nach Gl. (59)

$$K_{AL} = 10 \cdot \lg\left(\frac{S_s}{0{,}8 \cdot S_G}\right)$$
$$= 10 \cdot \lg\left(8{,}83 \text{ m}^2 / (0{,}8 \cdot 17{,}42 \text{ m}^2)\right) = -2{,}0 \text{ dB}$$

wird der Nachweis nach Gl. (58) erfüllt mit

$R'_{w,ges} - 2 \text{ dB} = 38{,}0 \text{ dB} - 2 \text{ dB} = 36{,}0 \text{ dB}$
$\geq 28{,}5 \text{ dB} = 30{,}5 \text{ dB} + (-2{,}0) \text{ dB}$
$= \min R'_{w,ges} + K_{AL}$

Weiterer Schritt V1: Mithilfe des KS-Schallschutzrechners wird die (allerdings erst für $\min R'_{w,ges} > 40$ dB geforderte) Genauigkeit des Nachweises erhöht, indem die flankierenden Bauteile einbezogen werden. Damit wird der Nachweis erbracht mit

$R'_{w,ges} - 2 \text{ dB} = 34{,}1 \text{ dB} \geq 28{,}5 \text{ dB} = \min R'_{w,ges} + K_{AL}$

Das gesamte bewertete Bau-Schalldämm-Maß wird also durch Einbeziehen der flankierenden Bauteile um 1,9 dB schlechter – eine Abweichung, die bei Anforderungswerten $\min R'_{w,ges} \leq 40$ dB als akzeptabel gilt.

Neue Variante V2: Über dem Fenster befinde sich jetzt ein Rollladenkasten vom Typ VEKA VARIANT – hier einige Daten aus dem Prüfzeugnis [61]:
– Der Rollladenkasten wurde geprüft mit einer Bauhöhe von h = 235 mm und einer Laborlänge von l_{lab} = 1230 mm.
– Dabei wurde als ungünstigerer Wert gemessen $D_{n,e,lab,w}$ = 57 dB (Rollpanzer oben).
– Der Rollladenkasten hat eine Bautiefe von 250 mm, d. h. der Rollladenkasten ragt in das WDVS hinein. Damit entsteht eine – wärmetechnisch günstige – Einbaulage in der Dämmebene, die jedoch nach Tabelle 13 schalltechnisch kritisch ist. Geht man davon aus, dass die Anschlussfuge
  • bei einer Mindestfugenbreite von 10 mm und üblichen Bautoleranzen eine Fugenbreite von bis zu 30 mm hat (sichere Seite) sowie
  • mit Montageschaum gefüllt und raumseitig mit einer Bauanschlussfolie abgedichtet
  ist, so wird nach Tabelle 14 – besserer Wert angesetzt – der Mindestwert des bewerteten Fugenschalldämm-Maßes mit $\min R_{s,w}$ = 45 dB angenommen. (Hiermit ist auch die vom ift empfohlene 1 dB-Regel nach Gl. (57) eingehalten.)

Mit dieser Annahme und bei einer Fugenlänge (vollständig umlaufend) von

$l_k = 2 \cdot 1{,}51 \text{ m} + 2 \cdot 2{,}26 \text{ m} = 7{,}54 \text{ m}$

ergibt sich der geänderte Nachweis wie folgt:

Erster Schritt V2: Geometrie der Außenwandbauteile
Bruttofläche Außenwand (Innenmaße): $S_s = 3{,}49 \text{ m} \cdot 2{,}53 \text{ m} = 8{,}83 \text{ m}^2$
Fläche Fenster (Rohbaumaße): $S_1 = 1{,}51 \text{ m} \cdot 2{,}26 \text{ m} = 3{,}41 \text{ m}^2$
Fläche Elemente (Rohbaumaße): $S_2 = 1{,}51 \text{ m} \cdot 0{,}235 \text{ m} = 0{,}35 \text{ m}^2$
Nettofläche Außenwand (Innenmaße): $S_3 = 8{,}83 \text{ m}^2 - 3{,}41 \text{ m}^2 - 0{,}35 \text{ m}^2 = 5{,}07 \text{ m}^2$

Zweiter Schritt V2: Mit den bewerteten Schalldämm-Maßen der an der Direktschallübertragung beteiligten Bauteile $R_{i,w}$ bzw. der bewerteten Norm-Schallpegeldifferenz $D_{n,e,i,w}$, d. h.
– dem bewerteten Schalldämm-Maß der *Fenster* hier mit Fugenschalldämm-Maß nach Gl. (56)

$$R_{1,w} = -10 \cdot \lg\left(10^{-0{,}1 \cdot R_w} + \sum_{k=1}^{n} \frac{l_k \cdot l_0}{S} \cdot 10^{-0{,}1 \cdot R_{s,w,k}}\right)$$
$$= -10 \cdot \lg\left(10^{-0{,}1 \cdot 34{,}0} + \frac{7{,}54 \cdot 1{,}0}{3{,}41} \cdot 10^{-0{,}1 \cdot 45{,}0}\right)$$
$$= 33{,}3 \text{ dB}$$

– der bewerteten Norm-Schallpegeldifferenz der *Fassadenelemente* nach Gl. (48)

$$D_{n,e,2,w} = D_{n,e,lab,2,w} - 10 \cdot \lg\left(\frac{l_{situ,2}}{l_{lab,2}}\right)$$
$$= 57 \text{ dB} - 10 \cdot \lg\left(\frac{1510 \text{ mm}}{1230 \text{ mm}}\right) = 56{,}1 \text{ dB}$$

– des bewerteten Schalldämm-Maß der *Außenwand* nach Abschnitt 4.4.2

$R_{3,w} = 55{,}1 \text{ dB}$

ergeben sich die auf die Außenbauteilfläche bezogenen bewerteten Schalldämm-Maße der an der Direktschallübertragung beteiligten Bauteile in Tabelle 21.

Dritter Schritt V2: Da $R'_{w,ges} \leq 40$ dB betragen soll, errechnet sich nach Gl. (44) das gesamte bewertete Bau-

Tabelle 21. Bewertete Schalldämm-Maße der an der Direktschallübertragung beteiligten Bauteile bei Variante 2

Gesamtfläche AW	$S_s = 8{,}83 \text{ m}^2$	$S_G = 17{,}42 \text{ m}^2$	= Grundfläche des Raumes	
Bauteilfläche Fenster	$S_1 = 3{,}41 \text{ m}^2$	$R_{1,w} = 33{,}3 \text{ dB}$	$R_{e,1,w} = R_{1,w} + 10 \cdot \lg\left(\frac{S_s}{S_1}\right)$	= 37,4 dB
Bezugsfläche Elemente	$A_0 = 10 \text{ m}^2$	$D_{n,e,2,w} = 56{,}1 \text{ dB}$	$R_{e,2,w} = D_{n,e,2,w} + 10 \cdot \lg\left(\frac{S_s}{A_0}\right)$	= 55,6 dB
Bauteilfläche AW	$S_3 = 5{,}42 \text{ m}^2$	$R_{3,w} = 55{,}1 \text{ dB}$	$R_{e,3,w} = R_{3,w} + 10 \cdot \lg\left(\frac{S_s}{S_3}\right)$	= 57,2 dB

Schalldämm-Maß vereinfacht zu

$$R'_{w,ges} = -10 \cdot \lg \left[10^{-0,1 \cdot R_{e,1,w}} + 10^{-0,1 \cdot R_{e,2,w}} + 10^{-0,1 \cdot R_{e,3,w}}\right]$$
$$= -10 \cdot \lg \left[10^{-0,1 \cdot 37,4} + 10^{-0,1 \cdot 55,6} + 10^{-0,1 \cdot 57,2}\right]$$
$$= 37,3 \text{ dB}$$

Vierter Schritt V2: Ermittlung des maßgeblichen Außenlärmpegels L_a infolge Straßenverkehr siehe in Tabelle 20 (unverändert).

Fünfter Schritt V2: Der Mindestwert des gesamten bewerteten Bau-Schalldämm-Maßes des Außenbauteils nach Gl. (60) beträgt unverändert min $R'_{w,ges}$ = 30,5 dB. Mit dem ebenfalls gegenüber Variante 1 unveränderten Korrekturwert für den Außenlärm nach Gl. (59) von $K_{AL} = -2,0$ dB wird der Nachweis nach Gl. (58) erfüllt mit

$$R'_{w,ges} - 2 \text{ dB} = 37,3 \text{ dB} - 2 \text{ dB} = 35,3 \text{ dB}$$
$$\geq 28,5 \text{ dB} = 30,5 \text{ dB} + (-2,0) \text{ dB}$$
$$= \min R'_{w,ges} + K_{AL}$$

Abschließende Bewertung: Durch Einbau eines Rollladenkastens und den daraus resultierenden Einbau des Fensters in der Dämmebene wird $R'_{w,ges}$ in der Variante 2 etwas geringer als in Variante 1; der Nachweis ist im vorliegenden Beispiel dennoch erbracht.

5 Zusammenfassung

Vorgestellt werden in diesem Beitrag
- die Anforderungen an Schalldämmung und Schallschutz,
- für den baulichen Schallschutz verwendete ein- und zweischalige Konstruktionen sowie
- vor allem die Nachweisverfahren nach DIN 4109:2018 und VDI 4100:2012,

und zwar letztere
- für den Nachweis des Luft- und Trittschallschutzes massiver Wände und Decken sowie
- für den Nachweis des Schallschutzes massiver Außenwände gegen Außenlärm.

Diese Nachweise werden nicht nur theoretisch dargestellt, sondern auch anhand eines ausführlichen Rechenbeispiels erläutert.

6 Literatur

[1] Schäfers, M. (2018) Flanken im Fokus – Schallschutzplanung im Massivbau nach DIN 4109-2:2018-02, *Bauen+*, H. 2, S. 17–26.

[2] DIN 4109-1:2018-01 (2018) *Schallschutz im Hochbau – Teil 1: Mindestanforderungen.*
DIN 4109-2:2018-01 (2018) *Schallschutz im Hochbau – Teil 2: Rechnerische Nachweise der Erfüllung der Anforderungen.*
DIN 4109-31:2016-07 (2016) *Schallschutz im Hochbau – Teil 31: Daten für die rechnerischen Nachweise des Schallschutzes (Bauteilkatalog) – Rahmendokument.*
DIN 4109-32:2016-07 (2016) *Schallschutz im Hochbau – Teil 32: Daten für die rechnerischen Nachweise des Schallschutzes (Bauteilkatalog) – Massivbau.*
DIN 4109-33:2016-07 (2016) *Schallschutz im Hochbau – Teil 33: Daten für die rechnerischen Nachweise des Schallschutzes (Bauteilkatalog) – Holz-, Leicht- und Trockenbau.*
DIN 4109-34:2016-07 (2016) *Schallschutz im Hochbau – Teil 34: Daten für die rechnerischen Nachweise des Schallschutzes (Bauteilkatalog) – Vorsatzkonstruktionen vor massiven Bauteilen.*
DIN 4109-35:2016-07 (2016) *Schallschutz im Hochbau – Teil 35: Daten für die rechnerischen Nachweise des Schallschutzes (Bauteilkatalog) – Elemente, Fenster, Türen, Vorhangfassaden.*
DIN 4109-36:2016-07 (2016) *Schallschutz im Hochbau – Teil 36: Daten für die rechnerischen Nachweise des Schallschutzes (Bauteilkatalog) – Gebäudetechnische Anlagen.*
DIN 4109-4:2016-07 (2016) *Schallschutz im Hochbau – Teil 4: Bauakustische Prüfungen.*
E DIN 4109-5:2019-05 (2019) *Schallschutz im Hochbau – Teil 5: Erhöhte Anforderungen*, Beuth, Berlin.

[3] Moll, W. (2011) Schallschutz vor Schalldämmung. *Trockenbau Akustik*, H. 3, S. 28–31.

[4] VDI 4100:2012-10 (2012) *Schallschutz im Hochbau – Wohnungen – Beurteilung und Vorschläge für erhöhten Schallschutz*, Beuth, Berlin.

[5] Niedersächsische Bauordnung (NBauO) vom 3. April 2012. Nds. GVBl. S. 46.

[6] Muster-Verwaltungsvorschrift Technische Baubestimmungen (MVV TB), Ausgabe 2017/1 mit Druckfehlerkorrektur vom 11. Dezember 2017 [online] https://www.dibt.de/de/geschaeftsfelder/data/MVV_TB.pdf#pagemode=bookmarks [Zugriff am 10. Mai 2018).

[7] Köpcke, U. (2004) Fehler – Mangel – Schaden, *Bautenschutz + Bausanierung*, H. 8, S. 48–52.

[8] Kutzer, D. (2003) Schallschutz im Hochbau – Die Entwicklung der DIN 4109, Blick zurück im Zorn? *wksb* Neue Folge, Nr. 52, S. 1–8.

[9] VDI 2566-1:2001-12 (2001) *Schallschutz bei Aufzugsanlagen mit Triebwerksraum*, VDI 2566-2:2004-05 (2004) *Schallschutz bei Aufzugsanlagen ohne Triebwerksraum*, Beuth, Berlin.

[10] DIN 8989:2019-08 (2019) *Schallschutz in Gebäuden – Aufzüge.* DIN 8989:2019-08: *Schallschutz in Gebäuden – Aufzüge*, Beuth, Berlin.

[11] VDI 4100:2007-08 (2007) *Schallschutz von Wohnungen; Kriterien für Planung und Beurteilung*, Beuth, Berlin.

[12] Aktuelle Information der Ziegel-Bauberatung vom März 1995.

[13] Locher-Weiss, S. (2005) Anerkannte Regeln der Technik und baulicher Schallschutz. *Mauerwerk* **9**, H. 5, S. 214–217.

[14] Sangenstedt, H.R. (2008) „Gehoben" wird zum Standard – Die Rechtsprechung definiert die Schallschutz-Qualität immer konkreter. *Deutsches Ingenieurblatt*, H. 4, S. 62–63.

[15] Rohr-Suchalla, K. (2008) Aktuelle Entscheidungsbesprechung: BGH-Urteil vom 14.6.2007, VII ZR 45/06: *Der Bausachverständige*, H. 1, S. 54–55.

[16] Locher-Weiss, S. (2013) Schallschutz unter Berücksichtigung der aktuellen Rechtsprechung. Vortrag beim KS-Bauseminar, Hrsg. von Kalksandsteinindustrie Nord e. V., Buxtehude.

[17] Schallschutz und „Anerkannte Regeln". *Der Bausachverständige* (2012), H. 2, S. 81–82.

[18] Pohlenz, R. (2009) DIN-gerecht = mangelhaft? Zur werkvertraglichen Bedeutung nationaler und europäischer Regelwerke im Schallschutz, in *Dauerstreitpunkte – Beurteilungsprobleme bei Dach, Wand und Keller* (Hrsg. Oswald, R.) Aachener Bausachverständigentage 2009, Vieweg + Teubner, Wiesbaden, S. 35–50.

[19] Willems, W.M.; Fouad, N.A. (2018) Bauphysik, in *Schneider Bautabellen für Architekten* (Hrsg. Albert, A.; Heisel, J.P.) 23. Aufl., Bundesanzeiger Verlag, Köln; Willems, W.M.; Fouad, N.A. (2018) Bauphysik, in *Schneider Bautabellen für Ingenieure* (Hrsg. Albert, A.) 23. Aufl., Bundesanzeiger Verlag, Köln.

[20] DIN SPEC 91314:2017-01: Schallschutz im Hochbau – Anforderungen für einen erhöhten Schallschutz im Wohnungsbau, Beuth, Berlin.

[21] Schmidt, P.; Windhausen, S. (2018) Bauphysik-Lehrbuch, Bundesanzeiger Verlag, Köln.

[22] Marquardt, H.; Krawietz, R.; Schwedler, A.; Römhild, T. (2013) Bauphysik, in *Bauwesen-Taschenbuch* (Hrsg. Fouad, N.A.; Zapke, W.) Fachbuchverlag Leipzig im Carl Hanser Verlag, Leipzig, S. 253–344.

[23] Berger, L. (1911) *Über die Schalldurchlässigkeit*, Dissertation, Technische Hochschule München 1911.

[24] Hering, E.; Martin, O.; Stohrer, M. (2005) *Taschenbuch der Mathematik und Physik*, 4. Aufl., Springer, Berlin.

[25] Gertis, K.; Mehra, S.-R.; Veres, E.; Kießl, K. (2006) *Bauphysikalische Aufgabensammlung mit Lösungen*, 3. Aufl., B.G. Teubner, Wiesbaden.

[26] Sälzer, E.; Eßer, G.; Maack, J.; Möck, T.; Sahl, M. (2015) *Schallschutz im Hochbau*, Ernst & Sohn, Berlin.

[27] Fischer, H.M. (2002) Schall, in *Lehrbuch der Bauphysik: Schall, Wärme, Feuchte, Licht, Brand, Klima* (Hrsg. Lutz et al.) 5. Aufl., B.G. Teubner, Stuttgart, S. 1–105.

[28] Ruhe, C. (1996) *Physikalische Grundlagen Schallentstehung und Schallausbreitung*, Seminar Schallschutz 20. März 1996. Baufachliche Information 1/96. Freie und Hansestadt Hamburg, Baubehörde, Amt für Bauordnung und Hochbau.

[29] DIN EN 13162:2015-04 (2015) *Wärmedämmstoffe für Gebäude – Werkmäßig hergestellte Produkte aus Mineralwolle (MW) – Spezifikation.*

DIN EN 13163:2017-02 (2017) *Wärmedämmstoffe für Gebäude – Werkmäßig hergestellte Produkte aus expandiertem Polystyrol (EPS) – Spezifikation.*

DIN EN 13164:2015-04 (2015) *Wärmedämmstoffe für Gebäude – Werkmäßig hergestellte Produkte aus extrudiertem Polystyrolschaum (XPS) – Spezifikation.*

DIN EN 13165:2016-09 (2016) *Wärmedämmstoffe für Gebäude – Werkmäßig hergestellte Produkte aus Polyurethan-Hartschaum (PU) – Spezifikation.*

DIN EN 13166:2016-09 (2016) *Wärmedämmstoffe für Gebäude – Werkmäßig hergestellte Produkte aus Phenolharzschaum (PF) – Spezifikation.*

DIN EN 13167:2015-04 (2015) *Wärmedämmstoffe für Gebäude – Werkmäßig hergestellte Produkte aus Schaumglas (CG) – Spezifikation.*

DIN EN 13168:2015-04 (2015) *Wärmedämmstoffe für Gebäude – Werkmäßig hergestellte Produkte aus Holzwolle (WW) – Spezifikation.*

DIN EN 13169:2015-04 (2015) *Wärmedämmstoffe für Gebäude – Werkmäßig hergestellte Produkte aus Blähperlit (EPB) – Spezifikation.*

DIN EN 13170:2015-04 (2015) *Wärmedämmstoffe für Gebäude – Werkmäßig hergestellte Produkte aus expandiertem Kork (ICB) – Spezifikation.*

DIN EN 13171:2015-04 (2015) *Wärmedämmstoffe für Gebäude – Werkmäßig hergestellte Produkte aus Holzfasern (WF) – Spezifikation*, Beuth, Berlin.

[30] DIN V 4108-10:2015-12 (2015) *Wärmeschutz und Energie-Einsparung in Gebäuden – Teil 10: Anwendungsbezogene Anforderungen an Wärmedämmstoffe – Werkmäßig hergestellte Wärmedämmstoffe*, Beuth, Berlin.

[31] Rückward, W. (1982) Einfluß von Wärmedämmverbundsystemen auf die Luftschalldämmung, *Bauphysik* **4**, H. 2, S. 54–56, H. 5, S. 161–165.

[32] DIN EN ISO 10140-1:2016-02 (2016) *Akustik – Messung der Schalldämmung von Bauteilen im Prüfstand – Teil 1: Anwendungsregeln für bestimmte Produkte.*

DIN EN ISO 10140-2:2010-12 (2010) *Akustik – Messung der Schalldämmung von Bauteilen im Prüfstand – Teil 2: Messung der Luftschalldämmung.*

DIN EN ISO 10140-3:2015-11 (2015) *Akustik – Messung der Schalldämmung von Bauteilen im Prüfstand – Teil 3: Messung der Trittschalldämmung.*

DIN EN ISO 10140-4:2010-12 (2010) *Akustik – Messung der Schalldämmung von Bauteilen im Prüfstand – Teil 4: Messverfahren und Anforderungen.*

DIN EN ISO 10140-5:2014-09 (2014) *Akustik – Messung der Schalldämmung von Bauteilen im Prüfstand – Teil 5: Anforderungen an Prüfstände und Prüfeinrichtungen*, Beuth, Berlin.

[33] DIN EN ISO 717-1:2013-06 (2013) *Akustik – Bewertung der Schalldämmung in Gebäuden und von Bauteilen – Teil 1: Luftschalldämmung,*

DIN EN ISO 717-2:2013-06 (2013) *Akustik – Bewertung der Schalldämmung in Gebäuden und von Bauteilen Teil 2: Trittschalldämmung*, Beuth, Berlin.

[34] DIN EN ISO 10848-1:2006-08 (2006) *Akustik – Messung der Flankenübertragung von Luftschall und Trittschall zwischen benachbarten Räumen in Prüfständen – Teil 1: Rahmendokument.*
DIN EN ISO 10848-2:2006-08 (2006) *Akustik – Messung der Flankenübertragung von Luftschall und Trittschall zwischen benachbarten Räumen in Prüfständen – Teil 2: Anwendung auf leichte Bauteile, wenn die Verbindung geringen Einfluss hat.*
DIN EN ISO 10848-3:2006-08 (2006) *Akustik – Messung der Flankenübertragung von Luftschall und Trittschall zwischen benachbarten Räumen in Prüfständen – Teil 3: Anwendung auf leichte Bauteile, wenn die Verbindung wesentlichen Einfluss hat*, Beuth, Berlin.

[35] DIN EN 12354-1:2000-12 (2000) *Bauakustik – Berechnung der akustischen Eigenschaften von Gebäuden aus den Bauteileigenschaften – Teil 1: Luftschalldämmung zwischen Räumen.*
DIN EN 12354-2:2000-09 (2000) *Bauakustik – Berechnung der akustischen Eigenschaften von Gebäuden aus den Bauteileigenschaften – Teil 2: Trittschalldämmung zwischen Räumen.*
DIN EN 12354-3:2000-09 (2000) *Bauakustik – Berechnung der akustischen Eigenschaften von Gebäuden aus den Bauteileigenschaften – Teil 3: Luftschalldämmung gegen Außenlärm.*
DIN EN 12354-4:2001-04 (2001) *Bauakustik – Berechnung der akustischen Eigenschaften von Gebäuden aus den Bauteileigenschaften – Teil 4: Schallübertragung von Räumen ins Freie.*
DIN EN 12354-5:2009-10 (2009) *Bauakustik – Berechnung der akustischen Eigenschaften von Gebäuden aus den Bauteileigenschaften – Teil 5: Installationsgeräusche.*
DIN EN 12354-6:2004-04 (2004) *Bauakustik – Berechnung der akustischen Eigenschaften von Gebäuden aus den Bauteileigenschaften – Teil 6: Schallabsorption in Räumen*, Beuth, Berlin.

[36] Scholl, W. (1998) Schallschutz von massiven Innen- und Außenwänden – mit Ausblick auf die europäische Schallschutznormung, *Das Mauerwerk* **2**, H. 2, S. 54–63.

[37] Ishorst, B. (2017) Schallschutz im Hochbau nach DIN 4109, *Sanitärjournal* 2017, H. 2, S. 50–58.

[38] Gigla, B. (2018) *Schallschutz*, Fraunhofer IRB, Stuttgart.

[39] KS-Schallschutzrechner [online] https://www.kalksandstein.de/bv_ksi/ks-schallschutzrechner?page_id=82592 (Zugriff am 05. Sept. 2017).

[40] Scholl, W. (1999) *Schalldämmung und Schall-Längsleitung gelochter Steine*, Tagungsband der Leichtbeton-Tage 1999 in Andernach, S. 81–106.

[41] DIN EN 1991-1-1:2010-12: *Eurocode 1: Einwirkungen auf Tragwerke – Teil 1-1: Allgemeine Einwirkungen auf Tragwerke – Wichten, Eigengewicht und Nutzlasten im Hochbau.*
DIN EN 1991-1-1/NA:2010-12: *Nationaler Anhang – National festgelegte Parameter – Eurocode 1: Einwirkungen auf Tragwerke – Teil 1-1: Allgemeine Einwirkungen auf Tragwerke – Wichten, Eigengewicht und Nutzlasten im Hochbau*, Beuth, Berlin.

[42] Neumann, D.; Weinbrenner, U. (2006) Frick/Knöll Baukonstruktionslehre 1. 34. Aufl., B.G. Teubner, Wiesbaden.

[43] Schäfers, M. (2018) Flanken im Fokus – Schallschutzplanung im Massivbau nach DIN 4109-2:2018-02, *Bauen+* 4 (2018), H. 2, S. 17–26.

[44] Häusler, C. (2018) Wie plant man guten Trittschallschutz? Holzbau – *die neue quadriga*, H. 3, S. 20–24.

[45] Bietz, H.; Scholl, W. (2006) Zur Überarbeitung der DIN 4109 „Schallschutz im Hochbau" unter besonderer Berücksichtigung des Holz-/Leichtbaus, *Bauphysik* **28**, H. 6, S. 349–355.

[46] *Schalltechnisches Handbuch* (Hrsg. von der SAINT-GOBAIN ISOVER G+H AG) Ludwigshafen, 2000.

[47] Fischer, H.-M. (2018) Schallschutz, in *Kalksandstein Planungshandbuch* (Hrsg. Bundesverband Kalksandsteinindustrie e. V. Hannover) 7. Aufl., Bau + Technik, Düsseldorf.

[48] Ertel, H.; Moll, W. (2007): R'_w oder $D_{nT,w}$? Überlegungen zur Kennzeichnung des Schallschutzes und Konsequenzen für die Neufassung von DIN 4109, *Bauphysik* **29**, H. 2, S. 125–130.

[49] Scholl, W. (2004) *Stand der Schallschutznormung*, Seminarvortrag im Rahmen des Weiterbildenden Studiums „Qualität im Bauwesen" des Weiterbildungszentrums der Fachhochschule Nordostniedersachsen in Buxtehude am 15.06.2004.

[50] Reyer, E.; Willems, W. (1997) Außenwände, in *Lehrbuch der Hochbaukonstruktionen* (Hrsg. Cziesielski, E.) 3. Aufl., Teubner, Stuttgart, S. 283–401.

[51] Weber, L. (2013) *WDV-Systeme zum Thema Schallschutz*, Technische Systeminfo 7 des Fachverbandes Wärmedämm-Verbundsysteme e. V. 1. überarb. Auflage Baden-Baden, Januar 2013.

[52] Weber, L.; Müller, S.; Kaltbeitzel, B. (2018) Einfluss von Wärmedämm-Verbundsystemen auf die Schalldämmung von Außenwänden, *Bauphysik* **40**, H. 1, S. 19–30.

[53] Qualitäts-Richtlinien für Fassaden-Dämmplatten aus EPS-Hartschaum bei Wärmedämm-Verbundsystemen (WDVS), Hrsg. vom Fachverband Wärmedämm-Verbundsysteme e. V., Stand Oktober 2007.

[54] Marquardt, H. (2001) Verglasungen, in *Bauphysik Kalender 2001* (Hrsg. Cziesielski, E.) S. 223–259.

[55] Behörde für Stadtentwicklung und Umwelt (Hrsg.) (2010) *Hamburger Leitfaden Lärm in der Bauleitplanung 2010*, Amt für Landes- und Landschaftsplanung [online] www.umweltbundesamt.de/sites/default/files/medien/pdfs/hamburg_laerm_baulcitpl_2010.pdf [Zugriff am 10. Nov. 2013]

[56] Leitfaden zur Planung und Ausführung der Montage von Fenstern und Haustüren für Neubau und Renovie-

rung, Technische Richtlinie des Glaserhandwerks Nr. 20, erstellt von Bundesinnungsverband des Glaserhandwerks und ift Institut für Fenstertechnik, Rosenheim. 6. Aufl. Düsseldorf: Verlagsanstalt Handwerk 2014 (mit Baustellen-Handbuch für den Handwerker).

[57] Leitfaden zur Planung und Ausführung der Montage von Fenstern und Haustüren für Neubau und Renovierung, erstellt von RAL-Gütegemeinschaft Fenster und Haustüren e. V. und ift Institut für Fenstertechnik, Rosenheim, Frankfurt am Main: RAL-Gütegemeinschaft Fenster und Haustüren, März 2014.

[58] Ift-Merkblatt SC-03/3 (2017) Bestimmung der Gesamtschalldämmung eines Fensters mit Rollladenkasten [online] https://www.ift-rosenheim.de/documents/10180/40379/ift-Merkblatt++SC-033_Schalld%C3%A4mmung+Fenster+mit+Rollladenkasten.pdf/d78da20e-baaa-4b64-d7f3-eb2ff0f32df2 [Zugriff am 27. Okt. 2018]

[59] DIN 18005-1:2002-07 (2002) *Schallschutz im Städtebau – Teil 1: Grundlagen und Hinweise für die Planung*, Beuth, Berlin.

[60] [online] https://www.rockwool.de/globalassets/rockwool-de/downloads/broschueren-decke-und-boden/br-trittschalldaemmung-rockwool.pdf [Zugriff am 06. Sept. 2017].

[61] Nachweis Luftschalldämmung von Bauteilen. Prüfbericht 165-31468/Z3 über den Rollladenaufsatzkasten VEKAVARIANT des Institut für Fenstertechnik Rosenheim (ift) vom 09. Mai 2006.

B 4 Schallmessungen am Bau

Alfred Schmitz

Prof. Dr.-Ing. Alfred Schmitz
TAC – Technische Akustik
Heinrich-Hertz-Str. 3, 41516 Grevenbroich

Studium der Elektrotechnik an der RWTH Aachen und Promotion. 1997 Laborleiter des Labors für Angewandte Akustik der Physikalisch-Technischen Bundesanstalt (PTB) Braunschweig. 2002 Gründung der Firma TAC – Technische Akustik. Ab 2003 Honorarprofessor an der Technischen Universität Braunschweig. Seit 2002 ö.b.u.v. Sachverständiger für Bau-, Raum- und Elektroakustik, Prüfstellenleiter der VMPA zertifizierten Güteprüfstelle nach DIN 4109 sowie stellvertretender Messstellenleiter der nach §§ 26, 28 BImSchG bekanntgegebenen Messstelle. Langjähriges Mitglied in zahlreichen nationalen und internationalen Gremien und Ausschüssen, darunter NABau (DIN 4109), NALS (VDI 4100), Deutsche Gesellschaft für Akustik (DEGA) und der Fachkommission Schallschutz des VMPA. Seit vielen Jahren fachlich ausgewiesener Referent insbesondere im Bereich der Bauakustik.

Bauphysik-Kalender 2020: Bau- und Raumakustik. Herausgegeben von Nabil A. Fouad.
© 2020 Ernst & Sohn GmbH & Co. KG. Published 2020 by Ernst & Sohn GmbH & Co. KG.

Inhaltsverzeichnis

1 **Einleitung** 393

2 **Normen und Richtlinien** 394
2.1 Aktuelle Normen der Bauakustik 394
2.2 Kennzeichnende Größen 397

3 **Grundlagen** 397
3.1 Definition und Messung des Schalldämmmaßes 397
3.2 Die reale Luftschalldämmung am Bau 398
3.3 Frequenzabhängigkeit der Schalldämmung, Bildung des Einzahlwertes und Unsicherheit 399
3.4 Trittschalldämmung 400
3.5 Spektrum-Anpassungwerte 402
3.6 Installationsgeräusche und Geräusche aus gebäudetechnischen Anlagen 402

4 **Gerätetechnik** 403
4.1 Messgeräte 403
4.1.1 Schallpegelmesseinrichtung 403
4.1.2 Kalibrierung und Eichung 405
4.1.3 Lautsprecher 406
4.1.4 Norm-Hammerwerk 407
4.1.5 Verstärker 408
4.1.6 Weitere Messgeräte 408
4.2 Varianten bei der Durchführung von Messungen am Bau 408
4.2.1 Ein- und zweikanalige Messungen 408
4.2.2 Serielle oder parallele Messung 409
4.2.3 Neue Messverfahren 410

5 **Durchführung der Messungen am Bau und Erstellung von Prüfberichten** 411
5.1 Allgemeine Problemstellungen und Fehlerquellen 414
5.1.1 Eichen/Kalibrieren der Messeinrichtung und der Messkette 414
5.1.2 Schließen aller Fenster und Türen 415
5.1.3 Abhören des Empfangsraumes 415
5.1.4 Räumliche Mittelung des Schallfeldes und Genauigkeit der Messungen 416
5.1.5 Bestimmung der geometrischen Daten 416
5.1.6 Bestimmung des Störgeräuschniveaus 417
5.1.7 Messungen bei Abweichungen von der Norm 417

5.2 Messung der Luftschalldämmung von Wänden 418
5.2.1 Messdurchführung 418
5.2.2 Bestimmung der gemeinsamen Trennfläche und des Raumvolumens 418
5.3 Messung von Außenbauteilen 420
5.3.1 Standardverfahren 420
5.3.2 Messung mit Außenlärm 421
5.4 Luftschalldämmung von Türen 421
5.4.1 Messverfahren 422
5.4.2 Einfluss von umgebenden Wänden 422
5.4.3 Schwachstellen einer Tür 423
5.5 Trittschalldämmung 423
5.5.1 Decken 423
5.5.2 Luftschallübertragung bei Trittschall 424
5.5.3 Schallbrücken in Estrichen 425
5.6 Trittschalldämmung Treppen 427

6 **Besondere Messbedingungen** 428

7 **Installationsgeräusche und Geräusche aus haustechnischen Anlagen** 428
7.1 Die Messnormen 428
7.2 Messung der Hilfsgrößen Ruhe- und Fließdruck und Durchfluss 430
7.3 Betätigungsspitzen bei Installationen 431
7.4 Nutzergeräusche 432

8 **Messgenauigkeit** 432

9 **Körperschallmessung** 433

10 **Häufige Fehler bei der Messung und Dokumentation** 434

11 **Literatur** 434

12 **Anhang: Checklisten** 434

1 Einleitung

Der nachfolgende Beitrag ist eine Aktualisierung des bereits im Bauphysikkalender 2014 veröffentlichten gleichnamigen Beitrages. Die Grundlagen und Prinzipien der bauakustischen Messtechnik ändern sich im Laufe der Jahre grundsätzlich wenig. Nur in manchen Bereichen gab es in den letzten Jahren größere Änderungen. Die Änderungen beziehen sich im Wesentlichen auf die Fragen der Bestimmung der Luft- und Trittschalldämmung aus den Einzelmessungen gemäß DIN EN ISO 16283 Teil 1 und 2 sowie die in den Normen enthaltenen Prozeduren für die Bestimmung der Schalldämmung bei tiefen Frequenzen (50 Hz bis 80 Hz), die nationalen Besonderheiten bei der Einführung der neuen DIN 4109 im Jahre 2018, die im Teil 4 der DIN 4109 niedergelegt sind sowie der angepassten Beschlüsse der Fachkommission „Schallschutz" der Deutschen Gesellschaft für Akustik (DEGA) für VMPA zertifizierte Güteprüfstellen des VMPA. Zudem sind in diesem Beitrag kleinere Änderungen und Korrekturen enthalten.

Die Durchführung von Schallmessungen am Bau ist oft das einzige Mittel, schalltechnische Mängel am Bau nachzuweisen. Leider ist der messtechnische Nachweis in Deutschland im Rahmen des Baugenehmigungsverfahrens im Gegensatz zu einigen anderen europäischen Ländern nicht standardmäßig vorgesehen. So werden Messungen am Bau in Deutschland „nur" durchgeführt, wenn entsprechende Beschwerden vorliegen oder aber im Zuge der Qualitätssicherung die schalltechnischen Eigenschaften der Konstruktion sichergestellt sein sollen.

Demnach ist die messtechnische Prüfung der schalltechnischen Qualität einer Baukonstruktion, zumindest gegenüber der Anzahl durchgeführter Berechnungen, eher eine Ausnahme. Angesichts der gerade am Bau vielfältig auftretenden Bauausführungsfehler ist allein schon diese Tatsache sehr bedauerlich. Hinzu kommt, dass es in Deutschland keinerlei Zulassung oder Qualitätsstandards gibt, die regelt, wer mit welcher Qualifikation Schallmessungen am Bau überhaupt qualifiziert durchführen darf. Dies hat zur Folge, dass eine messtechnische Qualitätsüberprüfung von Baukonstruktion und Bauausführungen nicht selten von völlig unqualifiziertem Personal durchgeführt wird. Dies führt zuweilen zu zweifelhaften Messergebnissen bzw. deren Ergebnisinterpretationen. Nicht zuletzt herrscht unter den Prüfstellen oft die Meinung vor, dass schalltechnische Messungen am Bau doch vergleichsweise einfach durchzuführen seien, lediglich die zu investierenden Kosten für die zugehörigen Messgeräte seien vergleichsweise hoch.

Zunächst scheint die Durchführung von schalltechnischen Messungen in der Tat keine großen Schwierigkeiten zu beinhalten. So sind die Messnormen scheinbar eindeutig, selbsterklärend und erschöpfend und die zugehörigen Anforderungen der DIN 4109 sowie die empfohlenen Schallschutzniveaus anderer Regelwerke wie der VDI 4100 oder der DEGA-Empfehlung 103 klar und übersichtlich. Bei näherer Betrachtung zeigt sich aber gerade hier, dass der Unterschied zwischen dem prinzipiellen Verständnis und der Kenntnis, die für eine sachgerechte und vor allem für eine hinreichend genaue Messung notwendig ist, besonders hoch ist. Besonders kritisch ist hierbei die Tatsache, dass die Beurteilung des baulichen Schallschutzes, d. h. sowohl die Angabe der Anforderungswerte als auch die Angabe der messtechnisch ermittelten Größen, in Stufen von 1 dB vorgenommen werden. Schalltechnische Messungen müssen daher unbedingt so genau wie möglich durchgeführt werden, damit die Gesamtungenauigkeit der Messung nicht größer ist als die Beurteilungsstufen (hier 1 dB). Das Umgehen mit offenen Grundrissstrukturen, mit transienten Störgeräuschen, mit teilabgedeckten Bauteilflächen durch Schränke, Regale o. ä., sind nur einige beispielhafte Problemfälle, bei der die Frage der Mess- und Beurteilungsgenauigkeit nur bei entsprechender Kenntnis und Erfahrung „richtig" gemeistert werden kann.

Weil die Qualitätssicherung der sog. „Schallmessstellen" oder „Güteprüfstellen nach DIN 4109" durch Zulassung o. ä. nicht gegeben ist, hat schon vor Jahrzehnten das Deutsche Institut für Bautechnik DIBt in Zusammenarbeit mit der Physikalisch-Technischen Bundesanstalt PTB ein freiwilliges Qualitätssicherungsverfahren eingeführt. Seinerzeit wurden qualifizierte Prüfstellen in einer Liste des DIBt geführt. Die Qualifikation der Prüfstellen wurde in einem Rhythmus von drei Jahren überprüft, indem die Prüfstelle bei der PTB, später dann in der Materialprüfanstalt MPA Dortmund sogenannte Schallschutzvergleichsmessungen durchführen musste. Seit etwa 17 Jahren wird diese Liste beim Verband der Materialprüfämter VMPA fortgeführt. Die fachliche Betreuung und Begutachtung übernahm dabei in der Vergangenheit eine vom VMPA eingesetzte Fachkommission. Seit 2012 obliegt die fachliche Hoheit und die Bildung der „Fachkommission Schallschutz" der Deutschen Gesellschaft für Akustik. Die Mitglieder der Fachkommission werden nach verschiedenen Gesichtspunkten im Turnus von drei Jahren gewählt und/oder bestimmt. Wenngleich die fachliche Hoheit und Betreuung der Prüfstellen durch die DEGA erfolgt, hat sich bzgl. der geforderten fachlichen Qualität nicht viel geändert. In den vielen Jahren der freiwilligen Qualitätssicherung haben sich unter den in der Liste geführten Prüfstellen in vielen Punkten in Bezug auf die Durchführung der Messung und der Dokumentation der Messungen am Bau entsprechende Standards herausgebildet.

Der nachfolgende Beitrag beschäftigt sich mit den Fragen, wie aus messtechnischer Sicht Messungen am Bau durchzuführen sind und ist als ein Beitrag zum besseren Verständnis der messtechnischen Probleme von Schallmessungen am Bau zu verstehen. Allerdings sei darauf hingewiesen, dass dabei die Problemstellungen im Einzelnen so vielfältig sind, dass sie hier nicht alle und nicht in erschöpfender Tiefe angesprochen und erläutert werden können. Ferner werden die wichtigsten Punkte in Form von Tabellen dokumentiert, die auch dem erfahrenen Messtechniker bei den Messungen am Bau eine Hilfe sein können. Bei den weiteren Ausführungen wird vorausgesetzt, dass die Grundlagen und die wesentlichen Aspekte der Schallmessungen am Bau bekannt sind. Hierzu gehören insbesondere die Fragen der Signalanalyse (z. B. A-Bewertung oder in Terzen), die Anwendung des Bezugskurvenverfahrens (DIN EN ISO 717 Teil 1 und 2) usw. Es ist naheliegend, dass der Verfasser, nicht zuletzt als langjähriges Mitglied der Fachkommission Schallschutz des VMPA und jetzt als Mitglied der Fachkommission Schallschutz der DEGA, dabei auch auf die Qualitätsstandards Bezug nimmt, sowie sie nicht nur durch die DEGA, sondern nunmehr auch durch die allermeisten Fachkollegen vertreten werden.

2 Normen und Richtlinien

Grundlage aller durchgeführten Messungen am Bau muss das aktuell gültige Normen- und Regelwerk sein. Die Kenntnis der Normen und Richtlinien ist Basis einer qualitativ hochwertigen Messung Nachfolgend ist daher eine Zusammenstellung aller für den Messtechniker am Bau wichtigen Normen- und Regelwerke gegeben. Die Liste enthält zudem zu jeder Norm eine kurze Erläuterung in Bezug auf deren Bedeutung (Tabelle 1 bis Tabelle 8).

2.1 Aktuelle Normen der Bauakustik

Stand 08/2019

Anmerkung: Alle **fett** gekennzeichneten Normen sind derzeit bei bauakustischen Messungen baurechtlich verpflichtend anzuwenden.

Tabelle 1. Aktuelle Normen: Messung der Luft- und Trittschalldämmung

Messung der Luft- und Trittschalldämmung			
DIN EN ISO 16283-1	Akustik – Messung der Schalldämmung in Gebäuden und von Bauteilen am Bau – Teil 1: Luftschalldämmung (ISO 16283-1:2014 + Amd 1:2017); Deutsche Fassung EN ISO 16283-1:2014 + A1:2017	Norm, 2018-4	Norm zur Messung der Luftschalldämmung in Gebäuden. Diese Norm enthält ebenfalls den ehemaligen Teil 14 der DIN EN ISO 140
DIN EN ISO 16283-2	Akustik – Messung der Schalldämmung in Gebäuden und von Bauteilen am Bau – Teil 2: Trittschalldämmung (ISO 16283-2:2018); Deutsche Fassung EN ISO 16283-2:2018	Norm, 2018-11	Norm zur Messung der Trittschalldämmung
DIN EN ISO 16283-3	Akustik – Messung der Schalldämmung in Gebäuden und von Bauteilen am Bau – Teil 3: Fassadenschalldämmung (ISO 16283-3:2016); Deutsche Fassung EN ISO 16283-3:2016	Norm, 2016-09	Norm zur Messung der Fassadenschalldämmung

Tabelle 2. Aktuelle Normen: Messung von Installationsgeräuschen und Geräusche aus haustechnischen Anlagen

Messung von Installationsgeräuschen u. Geräusche aus haustechnischen Anlagen			
DIN EN ISO 10052	Akustik – Messung der Luftschalldämmung und Trittschalldämmung und des Schalls von haustechnischen Anlagen in Gebäuden – Kurzverfahren (ISO 10052:2004 + Amd 1:2010); Deutsche Fassung EN ISO 10052:2004 + A1:2010	Norm, 2010-10	Derzeit aktuelle Messnorm für Installationsgeräusche. Nationale Ergänzungen zur DIN EN ISO 10052 sind in DIN 4109-4 enthalten und zwingend zu beachten.
DIN EN ISO 16032	Akustik – Messung des Schalldruckpegels von haustechnischen Anlagen in Gebäuden – Standardverfahren (ISO 16032:2004); Deutsche Fassung EN ISO 16032:2004	Norm, 2004-12	Zwar ist die DIN EN ISO 16032 auch eine deutsche Norm, jedoch findet Sie keine Anwendung, da die entsprechenden Teile der DIN EN ISO 10052 als Nachfolgenorm der DIN 52219 eingeführt wurden!

Tabelle 3. Aktuelle Normen: Anforderungen und Rechenverfahren

DIN 4109 Mindestanforderungen, Rechenverfahren, Bauakustische Prüfungen, Bauteilkatalog			
DIN 4109-1	Schallschutz im Hochbau – Teil 1: Mindestanforderungen	Norm, 2018-01	Aktuelles Normenwerk für die baurechtlichen Anforderungen an den Schallschutz
DIN 4109-2	Schallschutz im Hochbau – Teil 2: Rechnerische Nachweise der Erfüllung der Anforderungen	Norm, 2018-01	Aktuelles Normenwerk für den rechnerischen Nachweis
DIN 4109-4	Schallschutz im Hochbau – Teil 4: Bauakustische Prüfungen	Norm, 2016-07	Nationale Ergänzung zur Durchführung von bauakustischen Messungen
DIN 4109-31	Schallschutz im Hochbau – Teil 31: Daten für die rechnerischen Nachweise des Schallschutzes (Bauteilkatalog) – Rahmendokument	Norm, 2016-07	Aktueller Bauteilkatalog
DIN 4109-32	Schallschutz im Hochbau – Teil 31: Daten für die rechnerischen Nachweise des Schallschutzes (Bauteilkatalog) – Massivbau	Norm, 2016-07	
DIN 4109-33	Schallschutz im Hochbau – Teil 33: Daten für die rechnerischen Nachweise des Schallschutzes (Bauteilkatalog) – Holz-, Leicht- und Trockenbau	Norm, 2016-07	
DIN 4109-34	Schallschutz im Hochbau – Teil 34: Daten für die rechnerischen Nachweise des Schallschutzes (Bauteilkatalog) – Vorsatzkonstruktionen vor massiven Bauteilen	Norm, 2016-07	
DIN 4109-34/A1	Schallschutz im Hochbau – Teil 34: Daten für die rechnerischen Nachweise des Schallschutzes (Bauteilkatalog) – Vorsatzkonstruktionen vor massiven Bauteilen	Entwurf, 2018-10	
DIN 4109-35	Schallschutz im Hochbau – Teil 35: Daten für die rechnerischen Nachweise des Schallschutzes (Bauteilkatalog) – Elemente, Fenster, Türen, Vorhangfassaden	Norm, 2016-07	
DIN 4109-35/A1	Schallschutz im Hochbau – Teil 35: Daten für die rechnerischen Nachweise des Schallschutzes (Bauteilkatalog) – Elemente, Fenster, Türen, Vorhangfassaden	Entwurf, 2018-10	
DIN 4109-36	Schallschutz im Hochbau – Teil 36: Daten für die rechnerischen Nachweise des Schallschutzes (Bauteilkatalog) – Gebäudetechnische Anlagen	Norm, 2016-07	
DIN EN 12354 Teil 1–4	Bauakustik – Berechnung der akustischen Eigenschaften von Gebäuden aus den Bauteileigenschaften Teil 1: Luftschalldämmung zwischen Räumen Teil 2: Trittschalldämmung zwischen Räumen Teil 3: Luftschalldämmung gegen Außenlärm Teil 4: Schallübertragung von Räumen ins Freie	Norm	Normen als Grundlage für DIN 4109 Teil 2

Tabelle 4. Aktuelle Normen: Ermittlung des Einzahlwertes

Ermittlung des Einzahlwertes			
DIN EN ISO 717-1	Akustik – Bewertung der Schalldämmung in Gebäuden und von Bauteilen – Teil 1: Luftschalldämmung (ISO 717-1:2013); Deutsche Fassung EN ISO 717-1:2013	Norm, 2006-11	Aus dem früheren Hauptteil der DIN EN ISO 717-1 und der Änderung A1 zusammengefasste Bewertungsnorm.
DIN EN ISO 717-2	Akustik – Bewertung der Schalldämmung in Gebäuden und von Bauteilen – Teil 2: Trittschalldämmung (ISO 717-2:2013); Deutsche Fassung EN ISO 717-2:2013	Norm, 2006-11	Aus dem früheren Hauptteil der DIN EN ISO 717-1 und der Änderung A1 zusammengefasste Bewertungsnorm.

Tabelle 5. Aktuelle Normen: Ermittlung der Nachhallzeit

Ermittlung der Nachhallzeit			
DIN EN ISO 3382-2	Akustik – Messung von Parametern der Raumakustik – Teil 2: Nachhallzeit in gewöhnlichen Räumen (ISO 3382-2:2008); Deutsche Fassung EN ISO 3382-2:2008	Norm, 2008-09	Norm zu Messung der Nachhallzeit bei bauakustischen Messungen

Tabelle 6. Kennzeichnende Größen: Luftschalldämmung

Luftschalldämmung	
Kennzeichnende Größen	Erläuterung
R	Schalldämmmaß ohne Flankenübertragung, ermittelt in Terzen
R_w	bewertetes Schalldämmmaß ohne Flankenübertragung, Einzahlwert
R'	Bau-Schalldämmmaß, Schalldämmmaß mit Flankenübertragung, ermittelt in Terzen
R'_w	bewertetes Bau-Schalldämmmaß, Schalldämmmaß mit Flankenübertragung, Einzahlwert
$R_{w,P}$	bewertetes Schalldämmmaß, Einzahlwert, Prüfstandswert
$R_{w,R}$	bewertetes Schalldämmmaß, Einzahlwert, Rechenwert (Vorhaltemaß bereits abgezogen)
$R'_{w,ges}$	Gesamt-Bauschalldämmmaß, wenn Trennbauteil aus einzelnen Bauteilen mit unterschiedlichen Schalldämmmaßen besteht (typ. Wand mit Tür oder Wand mit Fenster)
R_L	Schall-Längsdämmmaß, Schalldämmmaß eines flankierenden Übertragungsweges Ff
$R_{L,w}$	bewertetes Schall-Längsdämmmaß, Schalldämmmaß eines flankierenden Übertragungsweges Ff, Einzahlwert
D_n	Norm-Schallpegeldifferenz, ermittelt in Terzen
$D_{n,w}$	bewertete Norm-Schallpegeldifferenz, Einzahlwert
$D_{n,T}$	Standard-Schallpegeldifferenz, ermittelt in Terzen
$D_{nT,w}$	bewertete Standard Schallpegeldifferenz, Einzahlwert

Tabelle 7. Kennzeichnende Größen: Trittschalldämmung

Trittschalldämmung	
Kennzeichnende Größen	Erläuterung
L_n	Norm-Trittschallpegel ohne Flankenwege, ermittelt in Terzen
$L_{n,w}$	bewerteter Norm-Trittschallpegel ohne Flankenwege, Einzahlwert
L'_n	Norm-Trittschallpegel mit Flankenwegen, ermittelt in Terzen
$L'_{n,w}$	bewerteter Norm-Trittschallpegel mit Flankenwegen, Einzahlwert

Grundlagen

Tabelle 8. Kennzeichnende Größen: Installationsgeräusche und Geräusche aus haustechnischen Anlagen

Installationsgeräusche und Geräusche aus haustechnischen Anlagen	
Kennzeichnende Größen	Erläuterung
L_{AF}	A-bewerteter Schalldruckpegelverlauf, Zeitbewertung „Fast"
$L_{AF\,max}$	maximaler A-bewerteter Schalldruckpegelverlauf, Zeitbewertung „Fast"
$L_{AF\,max,n}$	maximaler, auf $A_0 = 10\,m^2$ normierter A-bewerteter Schalldruckpegelverlauf, Zeitbewertung „Fast"
L_{Aeq}	energieäquivalenter, A-bewerteter Schalldruckpegel

2.2 Kennzeichnende Größen

Siehe Tabellen 6–8.

3 Grundlagen

In diesem Abschnitt sollen zunächst grundlegende Definitionen und physikalische Zusammenhänge zur Luftschalldämmung, zur Trittschalldämmung sowie zu Installationsgeräuschen und Geräuschen aus haustechnischen Anlagen erläutert werden. Diese fundamentalen Grundlagen sind von besonderer Bedeutung, da in der Praxis eine Vielzahl von Problemen bereits in einer unscharfen bzw. gar Fehlinterpretation physikalischer Zusammenhänge begründet sind.

3.1 Definition und Messung des Schalldämmmaßes

Schalldämmung beschreibt wie stark das Bauteil aufgrund verschiedener physikalischer Effekte (Reflektion, Absorption) die Transmission von Luftschallenergie verhindert.

Das Schalldämmmaß R eines „unendlich großen" Bauteils (s. Bild 1) ist gemäß Gl. (1) definiert als das logarithmische Verhältnis der auf das Bauteil einfallenden (P_{ein}) zur durch das Bauteil transmittierten (P_{durch}) Schallenergie oder Schallintensität.

$$R = 10\lg\frac{P_{ein}}{P_{durch}} = 10\lg\frac{I_{ein}}{I_{durch}} \quad (1)$$

Selbstverständlich kann die Luftschalldämmung dabei nicht nur für vertikale Bauteile wie Wände oder Türen, sondern auch für horizontale Bauteile wie Decken bestimmt werden.

Aus der Definition wird bereits ersichtlich, dass das Schalldämmmaß eine reine Bauteileigenschaft ist und zunächst nicht auf konkrete Raumsituationen Bezug nimmt. Ferner ist festzustellen, dass das Schalldämmmaß ein Verhältnis zweier Energiegrößen ist, bei dem die Bauteilgröße überhaupt nicht eingeht. In der Praxis sind die Bauteilgrößen jedoch endlich. Bei gleichem Schalldämmmaß des trennenden Bauteils wird demnach für größere Bauteile mehr Energie vom Senderaum in den Empfangsraum übertragen als für kleinere Bauteile, was wiederum bei gleichen Empfangsraumvolumina zu unterschiedlichen Empfangsraumpegeln führt.

Zur Bestimmung der Luftschalldämmung wäre gemäß Gl. (1) die Messung der Schallleistungen bzw. der Schallintensitäten notwendig. Die Messung der Schallleistung bzw. Schallintensität setzt jedoch voraus, dass neben dem Schalldruck p auch die Schallschnelle v vergleichsweise genau gemessen werden kann, was bis zum heutigen Tag aufgrund der noch nicht hinreichend gut entwickelten Sensortechnik mit der notwendigen Genauigkeit schwer bis gar nicht möglich ist.

Allerdings kann unter bestimmten Voraussetzungen die Messung des Schalldämmmaßes R durch reine Schalldruckpegelmessungen in Sende- und Empfangsraum (L_S und L_E) sowie mit einer Bestimmung der äquivalenten Absorptionsfläche A über die Messung der Nachhallzeit im Empfangsraum bestimmt werden. Unter der Annahme, dass sende- und empfangsseitig geschlossene Räume vorhanden sind und dass die Schallfelder diffus sind (Bild 2), muss dazu Gl. (1) mithilfe der Theorie diffuser Schallfelder [1] in folgende

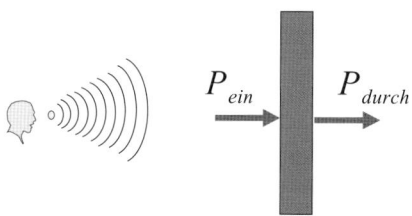

Bild 1. Definition des Schalldämmmaßes

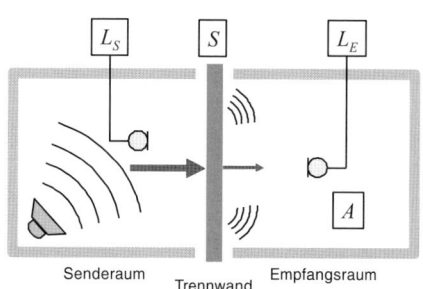

Bild 2. Messung der Schalldämmung mithilfe diffuser Schallfelder

Messgleichung (Gl. (2)) überführt werden:

$$R = L_S - L_E + 10 \lg \frac{S}{A} \quad (2)$$

Der Berechnung der Absorptionsfläche A liegt dabei folgende Gleichung zugrunde:

$$A = 0{,}16 \frac{V}{T} \quad (3)$$

Die Messgleichung 2 ist allerdings nur unter der Voraussetzung diffuser Schallfelder in Sende- und Empfangsraum möglich. Aus der Raumakustik ist bekannt [2], dass die Diffusität eines Schallfeldes mit der Modendichte im Raum einhergeht, die mit der Frequenz quadratisch zunimmt. Demzufolge ist der Schalldruckpegel in einem Raum ortsabhängig und die Stärke der Schwankung abhängig von der Frequenz. Um bei der Messung der Schalldämmung den Fehler aufgrund der Schallfelderfassung gering zu halten, wird zur Bestimmung der Schalldämmung der Mittelwert des Schalldruckpegels über mehrere, räumlich verschiedene Messpunkte oder kontinuierlich auf kreisförmigen Messpfaden erfasst. Dies erhöht den Aufwand der Messung erheblich. Die Frage der räumlichen Mittelung wird in einem weiteren Abschnitt noch einmal ausführlicher erläutert.

Aufgrund der Messgleichung 2 wird das Schalldämmmaß oft als „normierte Schallpegeldifferenz" bezeichnet, was jedoch falsch ist. In das Schalldämmmaß geht wie oben erläutert per Definition die Größe des Bauteils nicht ein. In der Messgleichung 2 muss daher durch das Korrekturglied die Größe des Bauteils, die für die herrschende Pegeldifferenz eine entscheidende Rolle spielt, wieder herausgerechnet werden.

Zur Angabe der tatsächlichen „normierten" Pegeldifferenz zwischen zwei Räumen wird die sogenannte Norm-Schallpegeldifferenz D_n (s. Gl. (4)) herangezogen:

$$D_n = L_S - L_E - 10 \lg \frac{A}{A_0} \quad (4)$$

Hier wird zunächst die Pegeldifferenz zwischen zwei Räumen bestimmt und zusätzlich die Empfangsraumeigenschaften auf eine Bezugsabsorptionsfläche von $A_0 = 10\,m^2$ normiert. Die Unterschiede zwischen dem Schalldämmmaß R und der Norm-Schallpegeldifferenz D_n können im Extremfall (z. B. bei offenen Grundrissstrukturen mit nominell großer gemeinsamer Trennwand) auch schon mal 10 dB oder mehr betragen.

Insofern ist das Schalldämmmaß R nur bedingt geeignet, die wirkliche schalltechnische Situation zwischen zwei Räumen abzubilden. Der Messtechniker ist jedoch in der Wahl seiner Messgröße nicht frei. Die internationale Messnorm DIN EN ISO 16283-1 (s. auch Abschnitt 4) legt fest, welche Messgrößen grundsätzlich Verwendung finden dürfen. Hier sind zur Kennzeichnung der Luftschalldämmung die Bestimmung des Schalldämmmaßes R, der Norm-Schallpegeldifferenz D_n oder der Standard-Schallpegeldifferenz D_{nT}

möglich. Bei der Standard-Schallpegeldifferenz werden die Empfangsraumeigenschaften nicht auf eine Bezugsabsorptionsfläche von $A_0 = 10\,m^2$, sondern auf eine Bezugs-Nachhallzeit von $T_0 = 0{,}5$ s normiert (s. Gl. (5)).

$$D_{nT} = L_S - L_E + 10 \lg \frac{T}{T_0} \quad (5)$$

Der Unterschied zwischen der Norm- und der Standard-Schallpegeldifferenz besteht darin, dass für große Räume die Norm-Schallpegeldifferenz D_n vergleichsweise klein wird.

Die DIN EN ISO 16283-1 macht demnach bereits grundsätzliche Vorgaben zu den kennzeichnenden Größen der Luftschalldämmung. In Deutschland werden die kennzeichnenden Größen durch die Vorgaben der baurechtlich eingeführten DIN 4109 bestimmt. Zur Kennzeichnung der Luftschalldämmung zwischen zwei Räumen ist demnach stets das Schalldämmmaß R zu bestimmen. In Abschnitt 6 wird beschrieben, in welchen Fällen von dieser Regel abgewichen wird.

3.2 Die reale Luftschalldämmung am Bau

Bekanntermaßen findet bei einer realen Baukonstruktion die Schallübertragung vom Sende- zum Empfangsraum nicht nur über das trennende, sondern auch über die flankierenden Bauteile statt. Bild 3 zeigt die entsprechenden Schallübertragungswege. Bei Schallmessungen am Bau kann im Gegensatz zur Messung im Prüfstand im Allgemeinen nicht ausgeschlossen werden, dass andere Übertragungswege als der Weg durch das trennende Bauteil (hier Weg Dd) an der Schallübertragung beteiligt sind.

Zur Kennzeichnung eines real am Bau gemessenen Schalldämmmaßes wird daher die Kennzeichnung R′ verwendet, dieses „reale Schalldämmmaß" wird gemäß DIN EN ISO 16283-1 als Bau-Schalldämmmaß bezeichnet. Im Bau-Schalldämmmaß R′ sind demnach alle Flankenübertragungen enthalten. In der Praxis kommt es nicht selten vor, dass das Messergebnis sogar maßgeblich durch die Flanken bestimmt wird. Hier zeigt sich erneut, dass die Definition des Schalldämmmaßes zur Beschreibung realer Situationen zumindest fragwürdig ist, weil die Schallübertragung über die Flanken rechnerisch der Eigenschaft des trennenden Bauteiles zugerechnet werden und somit zunächst auch

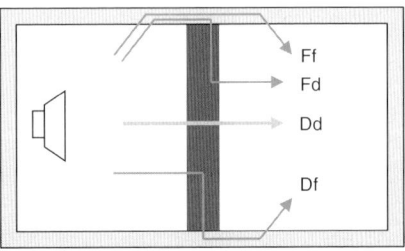

Bild 3. Reale Schallübertragung

als Eigenschaft der Trennwand und damit ggf. auch als Schwäche des trennenden Bauteils interpretiert wird. Nicht selten ergeben sich aus diesem Umstand diverse Beratungsfehler. Werden beispielsweise für eine Trennwand am Bau niedrige Bau-Schalldämmmaße ermittelt, lautet so mancher Sanierungsvorschlag, die Schalldämmung der Trennwand z. B. durch Einbringen einer biegeweichen Vorsatzschale sendeseitig vor der Trennwand zu ertüchtigen. Damit wird die Übertragung der Wege Dd, und Df unterdrückt, die Wege Ff und Df verbleiben jedoch. Wenn der Weg Ff allerdings dominant ist, ist eine solche Sanierungsmaßnahme a priori zum Scheitern verurteilt. Es sei bereits hier erwähnt, dass durch ein einfaches Abhören des Empfangsraumes (s. Abschnitt 5.1.3) bei sendeseitiger Anregung die Hauptübertragungswege meist erkannt und infolgedessen viele solcher Beratungsfehler vermieden werden könnten.

3.3 Frequenzabhängigkeit der Schalldämmung, Bildung des Einzahlwertes und Unsicherheit

Gemäß DIN EN ISO 16283-1 wird die Schalldämmung am Bau frequenzabhängig bestimmt. Hierzu werden die Größen wie Sende- und Empfangsraumpegel sowie Nachhallzeit in Terzen ermittelt. Der Messbereich umfasst dabei mindestens einen Bereich von 100 Hz bis 3150 Hz (entspricht 16 Terzen). Optional kann die Messung auch im um fünf Terzen erweiterten Frequenzbereich erfolgen. Dieser reicht dann von 50 Hz bis 5000 Hz. Der Nachweis einer ausreichenden Schalldämmung ist allerdings nicht in Terzen, sondern mit einem sogenannten Einzahlwert zu führen. Dieser Einzahlwert wird jedoch immer „nur" aus den Messungen der 16 Terzen zwischen 100 Hz und 3150 Hz berechnet. Auch im Falle einer Messung im erweiterten Frequenzbereich werden die zusätzlichen Terzwerte zur Bildung des Einzahlwertes zumindest in Deutschland derzeit nicht herangezogen. Zur Bildung des Einzahlwertes wird das sogenannte Bezugskurvenverfahren nach DIN EN ISO 717-1 angewendet. Als Bezugskurve dient hier der stilisierte Kurvenverlauf der Schalldämmung einer 24 cm dicken Ziegelwand. Zur Ermittlung des Einzahlwertes wird standardmäßig die Bezugskurve in ganzen dB-Schritten so verschoben, dass die Summe der negativen Abweichungen zwischen der Messkurve und der verschobenen Bezugskurve maximal 32 dB beträgt. Als negative Abweichungen werden diejenigen betrachtet, bei denen die Messkurve unterhalb der Bezugskurve liegt. Der Wert der verschobenen Bezugskurve bei 500 Hz entspricht dann dem Einzahlwert, dem bewerteten Schalldämmmaß oder Bau-Schalldämmmaß R_w bzw. R'_w.

Bis zum Jahre 2013 galt gemäß der „alten" DIN EN ISO 717, dass die Bezugskurve in ganzen dB-Schritten verschoben wurde. Dies führt dazu, dass die Einzahlangabe so immer mit ganzen dB ermittelt wird. Mit der DIN EN ISO 717, die 2013 eingeführt wurde, besteht die Möglichkeit, die Messergebnisse mit einer Nachkommastelle auf zehntel dB, jedoch dann immer zusätzlich mit Angabe der Messunsicherheit darzustellen. Als Messunsicherheit dient hierzu die Standardabweichung σ. Setzt man bei einer gewonnenen Häufigkeitsverteilung voraus, dass diese ungefähr einer Normalverteilung gleicht, würde ein Vertrauensbereich von 84 % entstehen, innerhalb derer die Ergebnisse liegen. Aus der Auswertung zahlreicher Vergleichsmessungen ist die Messunsicherheit für bauakustische Messungen zumindest für die meisten Fälle nunmehr sehr gut bekannt. Die Kenntnis ist in der DIN EN ISO 12999-1 niedergelegt. Demnach kann für Luftschallmessungen für die in der Norm beschriebene Situation B eine Standardabweichung von σ = 0,9 angenommen werden. Situation B bedeutet hierbei, dass verschiedene Messteams an demselben Objekt messen und aus den so gewonnen Ergebnissen die zugehörige Unsicherheit bestimmt wird. Die Einzahlangabe lautet für das bewertete Bau-Schalldämmmaß dann z. B. $R'_w = 39,2 \pm 0,9$ dB.

Wenngleich es zunächst verlockend erscheint, die Einzahlangabe vermeintlich präziser, d. h. auf eine Nachkommastelle mit Angabe der Messunsicherheit machen zu wollen, hat sich doch gezeigt, dass dies insgesamt zu mehr Verunsicherung führt. Dies insbesondere, da die Unsicherheit fast so groß ist wie die Unterscheidungsschwelle der Anforderungen – hier 1 dB. Bei einer Angabe der Luftschalldämmung einer Wohnungstrennwand von $R'_w = 52,6 \pm 0,9$ dB kann es bei einer gestellten Anforderung von $R'_w = 53$ dB zu entsprechenden Diskussionen kommen, ob die Anforderung angesichts der Messunsicherheit nicht doch eingehalten ist. Um dies zu vermeiden, hat die Fachkommission Schallschutz der DEGA in ihrem Beschlussbuch ausgeführt, dass zumindest für die VMPA-Prüfstellen so zu verfahren ist, dass lediglich die Einzahlangabe ohne Nachkommastelle und Messunsicherheit in den Prüfberichten angegeben wird (s. auch Abschnitt 9).

Grundsätzlich sind Messwerte, die 1 dB von der Anforderung abweichen, immer kritischer zu sehen, als solche, die vergleichsweise eindeutiger sind. In diesem Sinne gilt die Empfehlung, bei grenzwertigen Ergebnissen immer etwas genauer „hinzuschauen", und ggf. die Messpositionen o. ä. nochmals zu prüfen oder z. B. deren Anzahl zu erhöhen.

Gemäß DIN EN ISO 717-1 sind der Verlauf der Schalldämmkurve sowie die verschobene Bezugskurve in einem Diagramm darzustellen. Das Darstellungsraster des Diagramms ist dabei festgelegt, für eine Oktave auf der Abszisse beträgt das Raster 15 mm, das Raster auf der Ordinate beträgt 20 mm je 10 dB.

Die Norm fordert zusätzlich zur Darstellung der gemessenen Kurve auch die zahlenmäßige Angabe der Schalldämmaße in Terzen sowie die Angabe des Einzahlwertes (siehe oben.). Zudem sind auch die sog. Spektrum-Anpassungswerte, auch C-Koeffizienten genannt, mit anzugeben (s. auch Abschnitt 3.5). Es sei hier schon erwähnt, dass die Spektrum-Anpassungswerte keine eigene Unsicherheit besitzen. Bild 4 zeigt

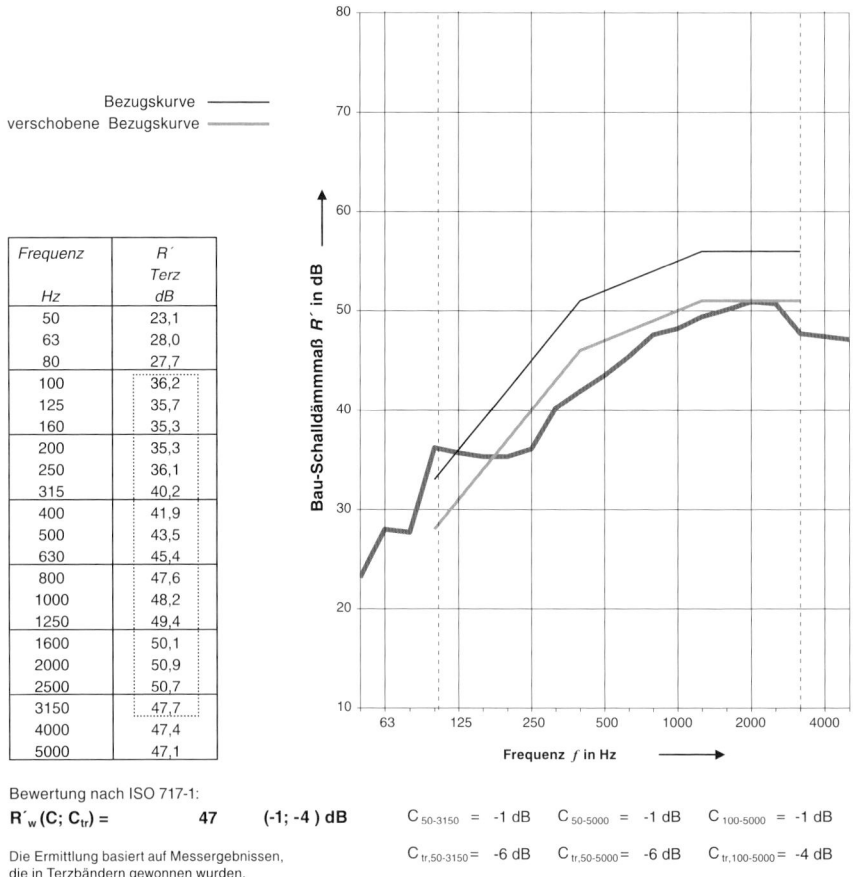

Frequenz	R´
Hz	Terz dB
50	23,1
63	28,0
80	27,7
100	36,2
125	35,7
160	35,3
200	35,3
250	36,1
315	40,2
400	41,9
500	43,5
630	45,4
800	47,6
1000	48,2
1250	49,4
1600	50,1
2000	50,9
2500	50,7
3150	47,7
4000	47,4
5000	47,1

Bewertung nach ISO 717-1:
$R'_w (C; C_{tr})$ = 47 (-1; -4) dB $C_{50-3150}$ = -1 dB $C_{50-5000}$ = -1 dB $C_{100-5000}$ = -1 dB

Die Ermittlung basiert auf Messergebnissen, die in Terzbändern gewonnen wurden. $C_{tr,50-3150}$ = -6 dB $C_{tr,50-5000}$ = -6 dB $C_{tr,100-5000}$ = -4 dB

Bild 4. Auszug aus einem Formblatt nach DIN EN ISO 717-1 zur Darstellung des gemessenen Bau-Schalldämmmaßes

beispielhaft die Darstellung der wichtigsten Angaben in einem Formblatt für die Angabe ohne Messunsicherheit.

3.4 Trittschalldämmung

Bauteile können nicht nur durch Luftschall, sondern auch durch unmittelbare Krafteinleitung in die Struktur direkt zu Körperschallschwingungen angeregt werden. Wichtigster Fall in der Praxis für die direkte Einleitung von Körperschall in den Baukörper ist die Trittschallanregung.

Die Trittschalldämmung eines horizontalen Bauteils wird durch den sogenannten Norm-Trittschallpegel charakterisiert. Hierbei wird das Bauteil (z. B. eine Decke oder Treppe) nicht durch eine natürliche, gehende Person, sondern durch eine technische Ersatzquelle angeregt (s. Bild 5). Die technische Ersatzquelle ist ein Norm-Hammerwerk nach DIN EN ISO 16283-2, bei dem 5 Hämmer mit einem Gewicht von je 500 g aus 40 mm Fallhöhe mit einer Frequenz von 10 Hz auf das Messobjekt schlagen. Der Vorteil des Einsat-

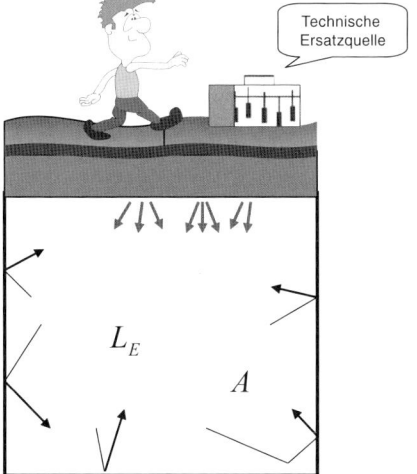

Bild 5. Zur Darstellung des Norm-Trittschallpegels

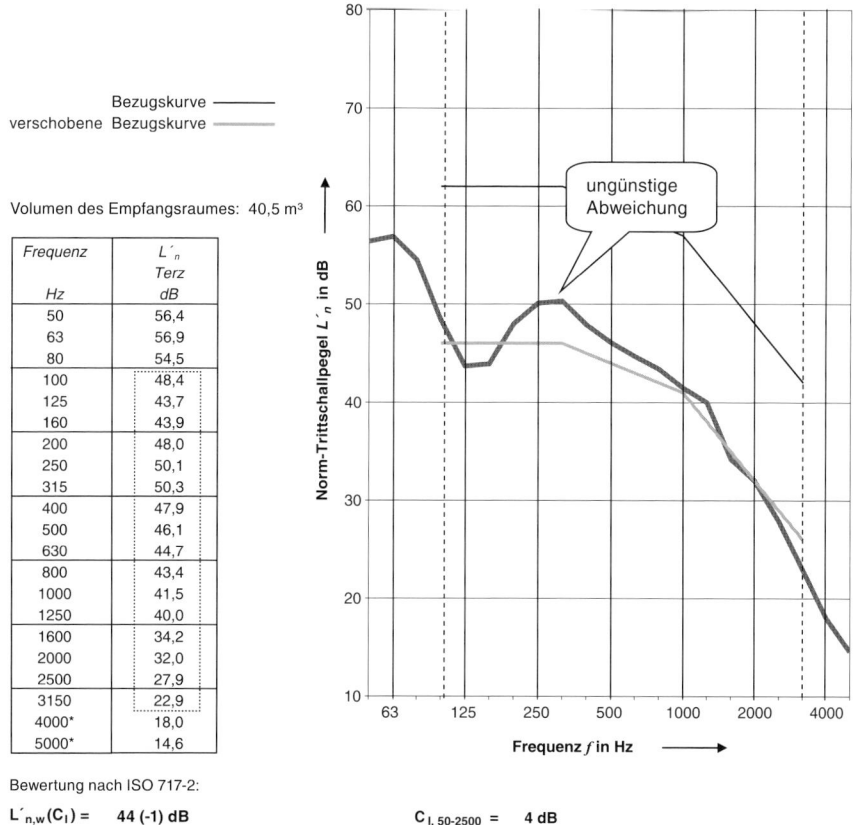

Frequenz	L'_n
	Terz
Hz	dB
50	56,4
63	56,9
80	54,5
100	48,4
125	43,7
160	43,9
200	48,0
250	50,1
315	50,3
400	47,9
500	46,1
630	44,7
800	43,4
1000	41,5
1250	40,0
1600	34,2
2000	32,0
2500	27,9
3150	22,9
4000*	18,0
5000*	14,6

Bewertung nach ISO 717-2:

$L'_{n,w}(C_I)$ = 44 (-1) dB $C_{I, 50-2500}$ = 4 dB

Die Ermittlung basiert auf Messergebnissen, die in Terzbändern gewonnen wurden.

Bild 6. Auszug aus einem Formblatt nach DIN EN ISO 16283-2 zur Darstellung des gemessenen Norm-Trittschallpegels ohne Angabe der Unsicherheit

zes einer technischen Ersatzquelle liegt in der Möglichkeit, reproduzierbare und vergleichbare Messungen durchzuführen. Im Empfangsraum wird der durch das Hammerwerk hervorgerufene Schalldruckpegel L_E gemessen und wieder mit einer Bezugs-Absorptionsfläche von $A_0 = 10$ m² normiert. Der so ermittelte Pegel (s. auch Gl. (6)) heißt Norm-Trittschallpegel L_n. Wie bei der Bestimmung des Bau-Schalldämmmaßes R'_w muss auch bei der Ermittlung des Norm-Trittschallpegels das Schallfeld durch Messung an verschiedenen Raumpunkten räumlich gemittelt werden.

$$L_n = L_E + 10 \lg \frac{A}{A_0} \qquad (6)$$

Die Ermittlung des Norm-Trittschallpegels erfolgt analog zur Pegelbestimmung bei der Luftschalldämmung. Auch hier muss der Schalldruckpegel mindestens in 16 Terzbändern zwischen 100 Hz bis 3150 Hz oder kann im erweiterten Frequenzbereich zwischen 50 Hz und 5000 Hz ermittelt werden. Zur Ermittlung des Einzahlwertes wird auch hier das Bezugskurvenverfahren angewendet. Als Bezugskurve wird hier eine stilisierte Kurve des Norm-Trittschallpegels einer „mittleren Holzbalkendecke" benutzt (s. Bild 6). Die Wahl der beiden Bezugskurven für die Luft- und Trittschalldämmung ist historisch begründet: Sie repräsentieren die früher gängigen Bauweisen – Massivwände mit Holzbalkendecken. Die Bezugskurve wird wieder analog zu dem Verfahren bei der Luftschalldämmung standardmäßig in ganzen dB-Schritten in Richtung der gemessenen Kurve des Norm-Trittschallpegels verschoben bis die Summe der ungünstigen Abweichungen wiederum nicht größer als 32 dB ist. Im Gegensatz zur Bestimmung des bewerteten Bau-Schalldämmaßes R'_w sind im Falle der Bestimmung des bewerteten Norm-Trittschallpegels $L'_{n,w}$ die ungünstigen Abweichungen diejenigen, bei denen die gemessenen Werte der Norm-Trittschallpegel *oberhalb* der Bezugskurve liegen. Der Wert der verschobenen Bezugskurve bei 500 Hz ist nunmehr der so ermittelte bewertete Norm-Trittschallpegel $L'_{n,w}$.

Analog zur Luftschalldämmung kann auch bei der Trittschalldämmung seit der Einführung der DIN EN ISO 717-2 im Jahr 2013 die Einzahlangabe auf zehntel dB erfolgen, wenn die Messunsicherheit zusätzlich angegeben wird. Gemäß Din EN ISO 12999 kann bei Trittschallmessungen für die Standardabweichung σ ein Wert von σ = 1,0 dB angenommen werden. Die Einzahlangabe mit Angabe der Unsicherheit lautet demnach beispielsweise $L_{n,w}$ = 43,2 ± 1,0 dB.

Aber analog zur Angabe des bewerteten Bau-Schalldämmmaßes ist es bei der Angabe des bewerteten Norm-Trittschallpegels empfehlenswert und laut VMAP-Beschlussbuch erforderlich, die Einzahlangabe auf ganze dB ohne Angabe der Messunsicherheit zu machen.

Wenngleich das erste Hammerwerk 1937 entwickelt wurde und sich diese Trittschallquelle bis heute als internationaler Standard etabliert hat, soll nicht unerwähnt bleiben, dass das Hammerwerk schon seit längerer Zeit in der Kritik steht, da die Eingangsimpedanz eines Hammers erheblich von der eines natürlichen Gehers abweicht. Es gibt hierzu zahlreiche Untersuchungen und Beiträge der PTB. Die mit dem Hammerwerk gemessenen Werte für das Trittschallverbesserungsmaß ΔL_w von Deckenauflagen korrelieren nicht mit den Verbesserungen, die für gehende Personen erzielt werden. Auch ergeben sich erhebliche Schwierigkeiten bei der Beurteilung des Trittschallschutzes von Holzbalkendecken. Trotz berechtigter Kritik und alternativer Vorschläge wird das Hammerwerk in absehbarer Zeit jedoch nicht als Normquelle ersetzt werden. Dennoch sind in DIN EN ISO 16283 alternative Trittschallquellen wie das modifizierte Hammerwerk (Hammerwerk mit Unterlage einer weichen Schicht) oder der japanische Gummiball aufgeführt und deren Nutzung beschrieben. Diese können jedoch in Deutschland nur ergänzend zum Standardverfahren eingesetzt werden.

3.5 Spektrum-Anpassungwerte

Gemäß DIN EN ISO 16283-1 und -2 ist zusätzlich zu den bereits beschriebenen Größen die Angabe der sogenannten Spektrum-Anpassungswerte (C-Koeffizienten) verpflichtend. Diese Werte basieren ursprünglich auf einem Kompromiss, der im Zuge der europäischen Harmonisierung der Messnormen mit Frankreich gefunden wurde. Mithilfe der Spektrum-Anpassungswerte lassen sich die Kennwerte für die Luft- und Trittschalldämmung in die in Frankreich üblichen Kennwerte umrechnen. Zwar gibt es einen Reihe von interessanten Veröffentlichungen, die die Bedeutung der Spektrum-Anpassungswerte auch im Hinblick auf eine bessere Korrelation zwischen dem schalltechnischen Kennwert und der Empfindung aufzeigen; in Deutschland werden diese Werte bei der Messung jedoch „nur" mit angegeben, haben aber noch keinerlei Bedeutung. Während die Spektrum-Anpassungswerte im europäischen Ausland zunehmend auch mit in die Formulierung der Anforderungen einbezogen werden, ist dies in Deutschland auch in der neu erarbeiteten DIN 4109 bis jetzt nicht der Fall. Aktuell gibt es jedoch eine Arbeitsgruppe im DIN, die sich mit der Frage beschäftigt, ob und wie ggf. tiefe Frequenzen bei der Bemessung und Prüfung der Schalldämmung ggf. durch Nutzung der Spektrum-Anpassungswerte in Deutschland einbezogen werden können und sollen. Diese Arbeiten haben aber erst 2019 begonnen, das Ergebnis ist derzeit offen.

Es sei aber darauf hingewiesen, dass andere Dokumente, die den baulichen Schallschutz zum Inhalt haben, wie die DEGA-Empfehlung 103, zum Teil auf die Spektrum-Anpassungswerte Bezug nehmen. Sofern die Einzahlwerte gemäß Ermittlung nach DIN EN ISO 717 1 oder -2 mit Angabe der Messunsicherheit ermittelt werden, ist zu beachten, dass die Spektrum-Anpassungswerte keine eigenen Messunsicherheiten besitzen.

3.6 Installationsgeräusche und Geräusche aus gebäudetechnischen Anlagen

Bei Installationsgeräuschen und Geräuschen aus haustechnischen Anlagen erfolgt wie beim Trittschall eine direkte Körperschalleinleitung in den Baukörper. Unter Installationsgeräuschen werden dabei Geräusche verstanden, die durch den Betrieb einer Wasserinstallation entstehen. Hierzu zählen gleichermaßen Geräusche, die durch den Betrieb von Armaturen und Spülkästen erzeugt werden oder solche, die durch den Ablauf von Wasser z. B. aus einer Badewanne entstehen. Ursache solcher Geräusche sind meist Strömungsturbulenzen in den Leitungen oder an den Ein- und Auslässen, die Kräfte meist auf das führende Leitungssystem und somit das gesamte Installationssystem ausüben. Diese Kräfte werden über die Befestigungspunkte oder andere Auflager auf den Baukörper übertragen. In diesem werden Körperschallwellen angeregt, die sich wiederum im Baukörper ausbreiten und schließlich als Luftschall in die benachbarten Räume abgestrahlt werden (s. Bild 7).

Unter den sogenannten gebäudetechnischen (früher haustechnischen) Anlagen werden fest installierte Anlagen verstanden, deren Betrieb automatisch abläuft und deren Geräuscherzeugung durch den Benutzer nicht beeinflusst werden kann, sofern sich diese außerhalb des eigenen Wohnbereiches, jedoch innerhalb des Gebäudes (z. B. Keller, Hausflur oder Nachbarwohnung) befinden. So zählen Heizungen, Gasthermen oder Wasserpumpen ebenso als haustechnische Anlagen wie die elektrisch betriebenen Rollläden einer Nachbarwohnung. Aber auch eine Haustürklingel oder eine Tür mit einem automatischen Schließmechanismus zählen hierzu. Geräusche aus mechanisch betriebenen Rollläden oder mechanisch öffnenden Fenster sind hingegen keine Geräusche aus haustechnischen Anlagen im Sinne der Norm (hier DIN 4109), sie zählen vielmehr zu den sog. Nutzergeräuschen. Die Problematik der Nutzergeräusche wird in Abschnitt 7.3 betrachtet. Es sei hier noch einmal betont, dass die DIN 4109 keine baurechtlichen Anforderungen an An-

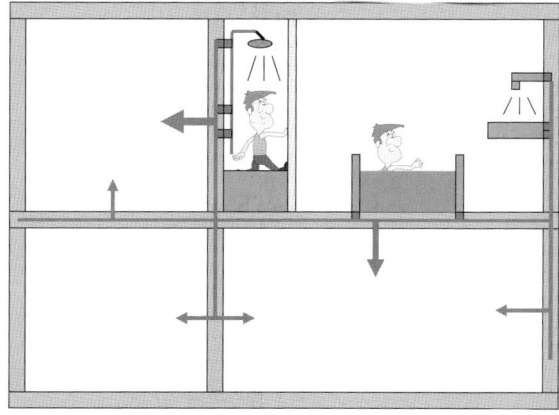

Bild 7. Entstehung und Ausbreitung von Installationsgeräuschen

lagen im eigenen Wohnbereich stellt, jedoch mit einer Ausnahme bei fest installierten technischen Schallquellen der Raumlufttechnik.

Messtechnisch werden Installationsgeräusche und Geräusche aus haustechnischen Anlagen gleichbehandelt. Dabei wird in der Nähe der Mitte des Empfangsraumes der Verlauf des A-bewerteten und mit der Zeitkonstante „Fast" ermittelten Schalldruckpegels für einen typischen Betriebszyklus (z. B. ein Spülvorgang eines Spülkastens) bestimmt. Aus dem zeitlichen Kurvenverlauf wird der maximale A-bewertete Schalldruckpegel ermittelt. Der Installationspegel ist der auf eine Bezugsabsorptionsfläche von $A_0 = 10\ m^2$ normierte maximale, A-bewertete Schalldruckpegel $L_{AF\,max,n}$.

$$L_{AF\,max,n} = 10 \log L_{AF\,max} + 10 \lg \frac{A}{A_0} L_{AF\,max,n}$$

$$= 10 \log \left(\frac{10^{\frac{L_{AF\,max,1}}{10}} + 10^{\frac{L_{AF\,max,2}}{10}} + 10^{\frac{L_{AF\,max,3}}{10}}}{3} \right)$$

$$+ 10 \lg \frac{A}{A_0}. \qquad (7)$$

Da gerade bei Wasserinstallationen für verschiedenen Betriebszyklen Pegelschwankungen auftreten, sind zur Erhöhung der Genauigkeit jeweils drei Zyklen zu erfassen und deren Schalldruckpegel zu mitteln. Die möglichen Fehlerquellen bei der Installationsgeräuscherfassung werden im Abschnitt 8 diskutiert.

4 Gerätetechnik

Bevor einige messtechnische Problemstellungen im Einzelnen diskutiert werden, soll an dieser Stelle zunächst ein Blick auf die Gerätetechnik erfolgen. Die Gerätetechnik ist von besonderer Wichtigkeit, da nicht selten der durch falsche Geräteeinstellung bzw. Gerätenutzung entstehende Messfehler unterschätzt wird. Dies umso mehr, da die Gesamtgenauigkeit der Messung möglichst 1 dB (entspricht gemäß Abschnitt 3.3 und 3.4 ungefähr einer Standardabweichung der Messungen für Luft- und Trittschalldämmung) nicht überschreiten sollte, jedoch bereits auch erhebliche Fehler im Verfahren selber, d. h. bei der Erfassung des mittleren Schalldruckpegels im diffusen Schallfeld, entstehen. Die Messgenauigkeit der Messgeräte sollte daher nach Möglichkeit deutlich weniger als 1 dB betragen.

4.1 Messgeräte

Bild 8 zeigt zunächst eine beispielhafte Zusammenstellung der Messgeräte, die für die Durchführung von bauakustischen Messungen benötigt werden.

4.1.1 Schallpegelmesseinrichtung

Die Schallpegelmesseinrichtung besteht aus dem Schallanalysator, in dem die gesamte Signalerfassung, -bearbeitung und -auswertung enthalten ist, sowie dem Mikrofon inklusive Mikrofonvorverstärker und Kabel. Der Schallpegelmesser muss gemäß DIN EN ISO 16283-1 Abschnitt 4.2 für bauakustische Messungen der Genauigkeitsklasse 1 nach IEC 61672-1 (Abweichung ±0,7 dB) genügen. Demzufolge benötigt er eine entsprechende Prüfung und „Zulassung". Diese erfolgt in Deutschland durch die sogenannte Bauartzulassung bei der Physikalisch-Technischen-Bundesanstalt PTB. Nachfolgend werden zunächst der Schallanalysator und das Mikrofon mit Vorverstärker beschrieben. Danach wird die Frage des Eichens und des Kalibrierens ausführlicher dargestellt.

a) Schallanalysator

Kern der gesamten Messtechnik ist der Schallanalysator. Schallanalysatoren werden in ein-, zwei- oder gar mehrkanaligen Ausführungen und in verschiedenen Baugrößen angeboten. Handmessgeräte sind leicht, aber oft nur einkanalig. Größere Analysatoren bieten meist differenzierte Einstell- und Speichermöglichkeiten, sind jedoch weniger mobil.

b) Mikrofon und Vorverstärker

Das Mikrofon, der Mikrofonvorverstärker und das Kabel gehören zur Schallpegelmesseinrichtung. Ge-

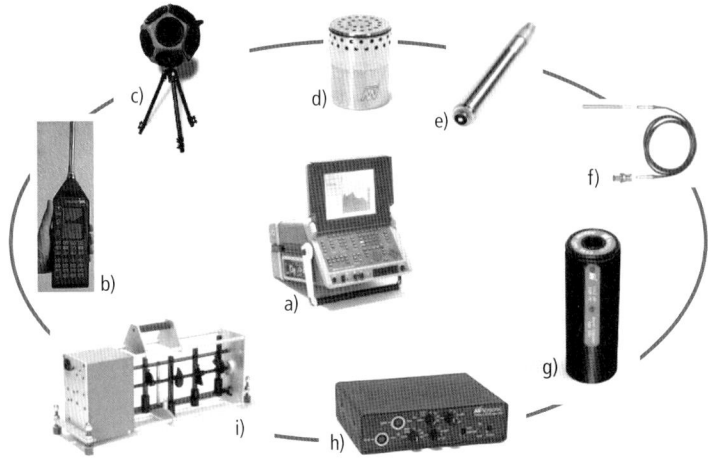

Bild 8. Übersicht über die benötigten Messgeräte
a) Schallanalysator
b) Handschallpegelmesser
c) Dodekaederlautsprecher
d) Mikrofonkapsel
e) Mikrofonvorverstäker
f) Kabel mit Mikrofon
g) Kalibrator
h) Mikrofonspeisegerät
i) Norm-Hammerwerk

mäß den Vorgaben der Bauartzulassung werden Mikrofon und Vorverstärker und das Mikrofonkabel zusammen mit dem Schallanalysator geprüft. Hierbei wird eine feste Zuordnung des Mikrofons, des Vorverstärkers und des Kabels zu dem entsprechenden Kanal des Analysators getroffen. Nur unter Einhaltung der Zuordnung bei der Zulassung ist das Gerät als zugelassen anzusehen.

Die Mikrofone der Schallpegelmesseinrichtung müssen einige Bedingungen erfüllen. Die Bauartzulassung für die Einhaltung der Klasse 1 fordert Mikrofone mit einem Kapseldurchmesser von max. 1/2″ (entspricht 1,27 cm). Größere Mikrofone wie z. B. 1″-Kapseln weisen zwar eine bessere Empfindlichkeit und einen besseren Störabstand auf, sie beeinflussen jedoch durch ihre Baugröße bei hohen Frequenzen das Schallfeld zu stark. Eichfähige Mikrofone müssen Druckmikrofone mit einer Freifeldcharakteristik sein, d. h. sie müssen bei Beschallung von vorne einen linearen Frequenzgang aufweisen. Bei der Bauartzulassung ist die Verwendung sogenannter Freifeldmikrofone vorgeschrieben. Auch die Mikrofone mit einer Baugröße von 1/2″ beeinflussen jedoch bei hohen Frequenzen das Schallfeld. So werden Schallanteile, die von hinten auf das Mikrofon fallen, bei hohen Frequenzen merklich abgeschattet und die rückwärtige Empfindlichkeit sinkt. Setzt man ein solches Mikrofon für Messungen im Diffusfeld ein, so wie es bei der Bauakustik der Fall ist, muss die Empfindlichkeitsdifferenz zwischen dem allseitigen Schalleinfall und dem Schalleinfall von vorne, für den die Eichung vorgenommen wurde, korrigiert werden. Die sogenannte Freifeld-Diffusfeld-Korrektur ist daher im Wesentlichen eine Korrektur, die auf die Baugröße des Mikrofons zurückzuführen ist (Tabelle 9). Die Korrekturen sind bei den Herstellern der Mikrofone verfügbar.

c) Kalibrator
Kalibratoren dienen der Überprüfung und „Kalibrierung" der Messkette. Kalibratoren werden auf das Mikrofon der Messketten aufgesetzt und erzeugen am Mikrofon einen definierten, bekannten Schalldruckpegel (typ. 94 dB oder 114 dB) bei einer Frequenz (meist 1 kHz). Kalibratoren stehen z. B. als geregelte Präzisionskalibratoren (Pistonphon) oder als einfache ungeregelte Kalibratoren zur Verfügung. Im letzteren Fall muss das verbleibende Volumen nach dem Aufsetzen auf das Mikrofon bekannt sein. Kalibratoren gehören seit geraumer Zeit gemäß Bauartzulassung zum Schallpegelmesser, müssen die Anforderungen der IEC 60942 erfüllen und werden mit diesem entsprechend regelmäßig überprüft.

Die Nutzung und Bedeutung des Kalibrators wurde in der Vergangenheit unterschiedlich gesehen. Früher waren Kalibratoren nicht automatischer Bestandteil des Schallpegelmessers und unterlagen somit auch keiner Kalibrier- oder Eichpflicht. Demzufolge wurde zumindest in der Bauakustik der Kalibrator „nur" zur Funktionsüberprüfung der Schallmesskette genutzt. Heutzutage ist der Kalibrator geprüft und gemäß den Vorgaben der PTB als „Normal" einzusetzen. Die Messkette ist demnach mit dem Kalibrator zu prüfen und ggf. sind die Differenzen durch Einstellen der Mikrofonempfindlichkeiten im Softwaremenü des Schallpegelmessers zu korrigieren. Mit diesem Vorgehen werden auch viele Fehler, die bei Verwendung ggf. defekter Kabel o. ä. entstehen, entdeckt. Die Verwendung unterschiedlicher Kabellängen ist somit weniger kritisch. Diese vergleichsweise neue Vorgehensweise ist leider unter den Prüfstellen der Bauakustik auch aufgrund der langen, anders gelebten Tradition noch nicht hinreichend kommuniziert.

Tabelle 9. Freifeld-Diffusfeld-Korrektur zur Anwendung bei Güteprüfungen am Bau

Korrektur		
Freifeld-Diffusfeld-Korrektur	durch die Baugröße der Mikrofone ist die Empfindlichkeit bei hohen Frequenzen von der Schalleinfallsrichtung abhängig (Abschattungseffekte)	Freifeld ≠ Diffusfeld

Grundsätzlich bleibt jedoch anzumerken, dass Kalibratoren die Messkette nur bei einer Frequenz überprüfen. Zwar sind auch Mehrfrequenz-Kalibratoren auf dem Markt verfügbar, diese haben jedoch einen weitaus geringeren Verbreitungsgrad als Einzeltonkalibratoren. Prinzipielle Fehler in der Messkette wie Kabelbrüche o. ä. lassen sich allerdings bereits sehr gut mit einem Einzeltonkalibrator detektieren. Seltene Fehler, bei denen das Mikrofon frequenzselektiv an Empfindlichkeit verliert, wie z. B. Verschmutzung der Membran o. ä., sind damit dagegen mitunter nur schwer oder gar nicht erkennbar. Die Kalibrierung der Messkette mit dem Kalibrator ist zwar unerlässlich, aber keine unbedingte Garantie der vollkommenen Funktionstüchtigkeit der Schallpegelmesseinrichtung.

4.1.2 Kalibrierung und Eichung

Wie bereits erwähnt, muss gemäß DIN 16283-1 Abschnitt 4.2 der Schallpegelmesser der sogenannten Klasse 1 entsprechen. Zur Überprüfung dieser Eigenschaft wird der Schallpegelmesser in der PTB gemäß seiner Bauart entsprechend zugelassen. Um sicherzustellen, dass die Geräte dauerhaft ihre Eigenschaft behalten, gibt es in Deutschland das sogenannte Eichgesetz. *„Das Mess- und Eichgesetz legt im deutschen Recht Anforderungen fest, die für Messgeräte einzuhalten sind, um dem Stand der Technik zur Gewährleistung richtiger Messergebnisse und Messungen zu entsprechen."* (Wikipedia). Im Rahmen des Altgesetzes und der zugehörigen Eichordnung besteht die Verpflichtung, Geräte regelmäßig durch Eichämter hinsichtlich ihrer Qualität überprüfen zu lassen. Bezogen auf die Schallpegelmesseinrichtung gilt hier § 3 der Eichordnung wie folgt:

§ 3 Sonstige Messgeräte

§ 3 wird in 6 Vorschriften zitiert
(1) Geeicht sein müssen:
1. Schallpegelmeßgeräte, wenn sie im Bereich des Arbeits- oder Umweltschutzes zum Zwecke
a) der Durchführung öffentlicher Überwachungsaufgaben,
b) der Erstattung von Gutachten für staatsanwaltschaftliche oder gerichtliche Verfahren, Schiedsverfahren oder für andere amtliche Zwecke oder
c) der Erstattung von Schiedsgutachten
verwendet werden...

Insofern legen gewisse Anwendungsfälle eine zwingende Überprüfung des Schallpegelmessers durch die Eichämter fest. Dies war bis vor wenigen Jahren die gängige Methode zur Qualitätssicherung von Schallpegelmessern in Deutschland. Im Zuge der europäischen Harmonisierung und Gesetzgebung haben sich jedoch die Randbedingungen geändert. Demnach war Deutschland gezwungen, eine einzige Institution zu benennen, die für alle Fragen der Kalibrierung, Rückführung und Akkreditierung in Deutschland zuständig ist. Diese Stelle bildet heute der DAkkS Deutsche Akkreditierungsstelle GmbH. Mithilfe des DAkkS können sich Prüfinstitute für verschiedene Messaufgaben akkreditieren lassen. Diese Labore müssen zeigen, dass ihre Messgeräte entsprechend auf die PTB „zurückgeführt" sind, d. h. in der Sprache der Metrologie gesprochen, das Gebrauchsnormal vom Primärnormal der PTB abgeleitet ist. So gibt es nunmehr eigens DAkkS-akkreditierte Labore, die ihrerseits Messgeräte prüfen und so die Rückführung zur PTB sicherstellen. Man sagt, auch die Messgeräte besitzen so eine DAkkS-Kalibrierung. Das Eichwesen, das man in dieser Form nur in Deutschland und Österreich findet, ist gerade in Bezug auf die Schallmesstechnik nicht auf die DAkkS-Kalibrierung abgestimmt bzw. nicht mit ihr kompatibel. Dies insbesondere, da die Eichämter nicht a priori auf das Primärnormal der PTB zurückgeführt sind. So kommt es zu dem besonderen Umstand, dass nunmehr für die Akkreditierung von Prüflaboren eine DAkkS-Kalibrierung der Messgeräte verlangt wird, gleichzeitig aber bei der Verwendung der Messgeräte für Anwendungsfälle nach § 3 der Eichordnung auch eine Eichung erforderlich ist. Nach heutiger Sichtweise ist die DAkkS-Kalibrierung im Sinne der Rückführbarkeit die genauere und bessere Methode, genügt aber nicht dem deutschen Eichgesetz. Diesen Umstand bekommen derzeit insbesondere die Prüfstellen zu spüren, die zur Anerkennung nach § 28 Bundes-immissionsschutzgesetz zwingend eine DAkkS-Akkreditierung benötigen. Diese müssen alle ihre Geräte, sofern diese für universelle Einsatzzwecke gedacht sind, sowohl einer DAkkS-Kalibrierung als auch einer Eichung unterziehen. Dieser absolut unzufriedenstellende Zustand wird sich in absehbarer Zeit noch nicht lösen lassen.

Bis dahin gelten folgende Vorgaben: Werden Schallpegelmesser im Sinne des § 3 der Eichordnung genutzt, müssen diese eine Bauartzulassung der PTB und eine gültige Eichung besitzen. Werden Schallpegelmesser in der Bauakustik benutzt, ist eine Eichung nicht zwingend erforderlich, jedoch muss eine Bauartzulassung der PTB vorliegen, die die Eignung des Gerätes als Klasse 1 gemäß IEC 61672-1 ausweist. Zusätzlich muss regelmäßig nachgewiesen werden, dass die Messgeräte diese Bedingungen noch erfüllen. Dies erfolgt am besten durch eine entsprechende DAkkS-Kalibrierung. Werden die Messgeräte im Rahmen einer Akkreditierung verwendet, ist eine DAkkS-Kalibrierung der Geräte zwingend erforderlich. Manche Hersteller verfügen über DAkks-akkreditierte Prüflabore für die Prüfung von Schallpegelmessern und können so direkt die Kalibrierung vornehmen.

Weiterhin soll nicht unerwähnt bleiben, dass z. B. das Vertauschen der Mikrofone, z. B. bei zweikanaliger Messung, oder das Austauschen des Mikrofons die Bauartzulassung verletzt. Auch das Austauschen des Kabeltypes und ggf. auch Kabellängen (!) verletzen somit formal die Zulassung der Messeinrichtung. Dieser Sachverhalt ist in der Praxis sehr problematisch. Bei bauakustischen Messungen werden je nach Messaufgabe unterschiedlich lange Kabel eingesetzt. Jede Prüfstelle hat in der Regel verschiedene Kabellängen, u. a. auf Kabeltrommeln vorrätig. Bei Verwendung aller Kabel müsste damit der Schallpegelmesser mit jedem Kabel und jeder Kabelkombination einzeln geeicht werden. Der Aufwand wäre enorm. Die Vorgabe, bei den Messungen jedoch immer nur eine Kabelkonfiguration zu verwenden, ist absolut praxisfremd und somit nicht anwendbar.

Im Zuge eines Kompromisses wurde in Absprache zwischen der PTB, die verantwortlich ist für die Bauartzulassung der Schallpegelmesseinrichtung, und den Eichämtern vereinbart, eine vereinfachte Eichung/Überprüfung in Bezug auf die Kabelproblematik einzuführen. Hierbei werden alle Kabel, die für einen Kanal benutzt werden, hintereinandergeschaltet und vom Eichamt gemessen. Sofern die Abweichungen innerhalb der zulässigen Schallpegelmesstoleranz liegen, sind dann alle in der Hintereinanderschaltung gemessenen Kabel in jeder Kombination für diesen Kanal verwendbar. Aus den dem Autor bekannten Rückmeldungen der Eichämter und Prüfstellen scheint sich dieser Kompromiss jedoch nicht durchgesetzt zu haben. Vielmehr verhält es sich offensichtlich so, dass die Prüfstellen ein kurzes Kabel mit zur Eichung schicken oder gar durch die Eichämter aufgefordert werden, nur ein Kabel mitzuschicken und alle anderen Kabel später frei einsetzen. Diese Vorgehensweise scheint auch aus der Sicht des Autors die einzig praxisgerechte zu sein, zumal durch die ebenfalls geänderte Bedeutung des Kalibrators (s. auch Punkt c) die Gefahr eines Kabeldefektes und somit eines Messfehlers minimiert wird.

4.1.3 Lautsprecher

a) Messlautsprecher zur Ermittlung der Schalldruckpegel in Sende- und Empfangsraum

Die Anforderungen an die Eigenschaften des Messlautsprechers zur Ermittlung der Schalldruckpegel in Sende- und Empfangsraum sind in DIN EN ISO 16283-1 niedergelegt. Während es keine Anforderungen an die Belastbarkeit und Größe o. ä. gibt, sind sehr wohl Anforderungen an die Abstrahlcharakteristik gestellt. Zur Anregung eines weitgehend diffusen Schallfeldes wird die Verwendung einer möglichst allseitig abstrahlenden Schallquelle gefordert. Die in der DIN EN ISO 16283-1 gegebenen Anforderungen an die Richtcharakteristik sind vergleichsweise schwach und beruhen auf frühen Untersuchungen der PTB in den sechziger Jahren.

In der Praxis hat sich die Verwendung von Lautsprechergehäusen auf Basis eines regelmäßigen Polyeders durchgesetzt. Meist werden würfelförmige Lautsprecher oder Lautsprecher in Dodekaederform (12-Flächner) eingesetzt. Die Einhaltung der Anforderung an die Richtcharakteristik nach DIN EN ISO 16283-1 ist für diese Bauformen unproblematisch, solange alle Systeme im Lautsprecher funktionstüchtig sind. Fällt jedoch ein System teilweise oder ganz aus, ist dies nicht mehr gegeben.

Zur regelmäßigen Überprüfung der Schallsender sei auf den Abschnitt 5.1.4 verwiesen, in dem die derzeitige Lage für beide Schallsender (Lautsprecher und Norm-Hammerwerk) erläutert wird.

b) Nachhalllautsprecher

An den Lautsprecher zur Messung der Nachhallzeit, die für die Bestimmung aller schalltechnischen Kennwerte als Hilfsgröße notwendig ist, waren bislang keine Anforderungen gegeben. Auch war es zwischenzeitlich erlaubt, Impulsquellen als Anregung zu nutzen. Mit der Einführung der neuen 16283-1 (2018) ist ausschließlich der Einsatz von Lautsprechern als Schallquelle für Nachhallzeitmessungen zulässig, die die gleichen Anforderungen an die Richtcharakteristik erfüllen, wie die Lautsprecher zur Pegelmessung. Daraus folgt, dass nunmehr der Dodekaeder in der Regel gleichermaßen als Schallquelle zur Pegelmessung, als auch zur Nachhallmessung eingesetzt wird. Dass der Lautsprecher selber bei der Nachhallmessung eine geringe äquivalente Absorptionsfläche A aufweist, jedoch bei der Pegelmessung nicht im Empfangsraum steht, sondern im Senderaum, wird im Gegensatz zu früheren Zeiten heute als vernachlässigbar angesehen.

c) Fassadenlautsprecher

Bei der Messung von Außenbauteilen wird das Außenbauteil gemäß DIN EN ISO 16283-3 von außen unter einem Winkel von 45° beschallt (s. Bild 9). Sen-

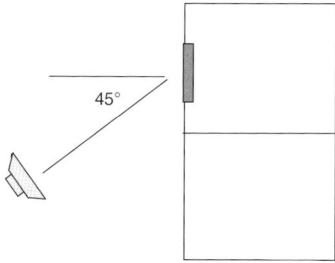

Bild 9. Prinzipskizze zur Messung von Außenbauteilen

deseitig ist somit kein Diffusfeld gegeben, sodass auf die Rundum-Abstrahlcharakteristik des Sendelautsprechers verzichtet werden kann – aber nicht muss!

d) Zum Einsatz kommen hier vielmehr Lautsprecher, die eine große Belastbarkeit besitzen bzw. einen großen Schalldruckpegel erzeugen. Der Lautsprecher muss so weit vom Objekt positioniert werden, dass das Bauteil hinreichend gleichmäßig „ausgeleuchtet" wird. Zwar kann hier auch ein Dodekaeder zur Messung von Außenbauteilen verwandt werden, jedoch strahlt dieser einen Großteil seiner Energie gar nicht auf das Bauteil, so dass der Pegel auf dem Bauteil zur Erzielung eines hinreichend hohen Störabstandes zum Hintergrundgeräusch in der Regel nicht ausreicht. Für die Messung hat sich der Einsatz von Lautsprechern bewährt, wie sie auch in der Beschallungstechnik (PA-Systeme) Verwendung finden (s. auch Bild 10). Anforderungen an den Lautsprecher sind nach Norm zunächst nicht gestellt, lediglich ein Kriterium für die gleichmäßige „Ausleuchtung" des zu messenden Bauteils ist vorgegeben. Alternativ werden im Anhang C der DIN EN ISO 16283-3 Anforderungen an die Richtwirkung des Lautsprechers genannt, die aber letztlich nur sicherstellen, dass der Lautsprecher prinzipiell in der Lage ist, eben diese gleichmäßige „Ausleuchtung" auf dem Bauteil herzustellen.

Bild 10. Fassadenlautsprecher

4.1.4 Norm-Hammerwerk

Die Anforderungen an das Norm-Hammerwerk sind in DIN EN ISO 16283-2 gegeben. Wie bereits in Abschnitt 5.3 beschrieben, ist das Hammerwerk eine technische Ersatzquelle für eine gehende Person, bei der 5 Hämmer mit einem Gewicht von je 500 g aus 40 mm Fallhöhe mit einer Frequenz von 10 Hz auf das Messobjekt schlagen. Wegen der Begrenztheit des Marktes werden Hammerwerke nur von wenigen Firmen gebaut und vertrieben. Hammerwerke gibt es heutzutage mit Batteriebetrieb und Fernsteuerung, sodass Messungen mittlerweile recht bequem und flexibel möglich sind. Hammerwerke müssen gemäß DIN EN ISO 16283-2 ebenso wie Lautsprecher gemäß DIN EN ISO 16283-1 alle zwei Jahre geprüft werden. Weitere Regelungen sind zunächst nicht getroffen. Vormals war in Teil 11 der alten DIN 4109 eine Typ- oder Einzelprüfung der Schallsender verlangt, dies ist im aktuellen Teil 4 der DIN 4109 nicht der Fall. So ist für Lautsprecher und Hammerwerke unklar, wer genau diese Prüfung durchführen darf.

Insofern besteht für die Schallsender eine entsprechende Regelungslücke insbesondere im Hinblick auf die derzeitige Praxis in Deutschland. Demnach werden die Schallsender seitens der Hersteller in der Regel mit einem entsprechenden Prüfzertifikat ausgeliefert. Prüfungen der Schallsender nimmt im Rahmen der sog. Typprüfung die PTB Physikalisch-Technische Bundesanstalt in Braunschweig vor. Regelmäßige Prüfungen der Schallsender werden bei den VMPA-Prüfstellen im Rahmen der im Turnus von drei Jahren stattfindenden Schallschutzvergleichsmessungen derzeit vom MPA Leipzig durchgeführt, das seine Prüfapparaturen im engen Austausch mit der PTB betreibt. Im Rahmen des Qualitätssicherungsverfahrens des VMPA werden die Hammerwerke einer Kurzprüfung unterzogen, bei der die wichtigsten Parameter wie Fallhöhe, Schlagfolge, Gewicht, Krümmungsradius der Hämmer überprüft werden. Bei den Lautsprechern wird die Richtcharakteristik entsprechend der Norm geprüft. Grundsätzlich bietet die MPA Leipzig Schallsenderprüfungen für alle Prüfstellen an, diese Prüfungen können aber auch bei einigen Herstellern der Geräte durchgeführt werden. Da die Schallschutzvergleichsmessungen im Turnus von 3 Jahren stattfinden, die Schallsender aber gemäß DIN EN ISO 16283-1 und -2 im Turnus von 2 Jahren zu prüfen sind, ergibt sich hier ein Widerspruch. Derzeitige Praxis ist, dass der Überprüfungsturnus von drei Jahren beibehalten und die Norm an dieser Stelle großzügig ausgelegt wird.

Es soll nicht unerwähnt bleiben, dass man Lautsprecher auch selber durch Abhören jedes einzelnen Chassis auf seine Grundfunktion prüfen und so schon grobe Fehler erkennen kann. Dies ersetzt freilich nicht die vollständige Prüfung mit entsprechendem Messequipment. Ansonsten benötigen Lautsprecher wenig Pflege. Anders verhält es sich beim Hammerwerk. Hier ist die Pflege der kritischste Punkt. Hammerwerke laufen nur einwandfrei, wenn sie regelmäßig gesäubert und die

Tabelle 10. Übersicht über die Anforderungen an die Messgeräte

Messgerät	Anforderung nach Norm	Art der Zulassung/Prüfung	
Schallpegelmesseinrichtung Kalibrator	IEC 61672-1IEC 60942	Bauartzulassung und Eichung	Eichordnung § 3 DAkkS-Akkreditierung
Bestimmung der Diffusfeldkorrekturen	Hersteller, PTB	einmalig je Mikrofontyp durch Hersteller	
Lautsprecher mit allseitiger Abstrahlung	DIN EN ISO 16283-1	Herstellerzertifikat (regelmäßige Überprüfung durch DAkkS-Labor)	
Norm-Trittschall-Hammerwerk	DIN EN ISO 16283-2	Herstellerzertifikat (regelmäßige Überprüfung durch DAkkS-Labor)	
Verstärker	keine Anforderung	Bei modernen Verstärkern ist auf die Volllastfähigkeit und Pegelstabilität unter Last zu achten	
Nachhalllautsprecher	DIN EN ISO 16283-1		
Längenmessgerät, Druckmesser, Durchflussmesser	keine Anforderung	Geräte zur Bestimmung von Hilfsgrößen, die gar nicht oder nur in geringem Maße in das Messergebnis eingehen	

Hammerführungen geschmiert werden. Insbesondere an den Hammerflächen können bei intensiver Nutzung erhebliche Ablagerungen haften bleiben, die im Laufe der Zeit verkleben. Durch diese mangelnde Pflege können Messfehler von einigen dB entstehen. Die Bedeutung der Qualitätssicherung zeigt sich hier besonders deutlich, weil nicht wenige Prüfstellen erst dann ihr Hammerwerk säubern, wenn die Qualitätssicherung durchgeführt werden soll.

4.1.5 Verstärker

Die Bedeutung des Verstärkers in der Messkette wird heutzutage immer noch deutlich unterschätzt. In den Messnormen finden sich keinerlei Angaben oder Vorgaben zur Nutzung von Verstärkern. So werden für die Messung sehr unterschiedliche Verstärker eingesetzt. Moderne Endstufen mit „Class D"- oder „Class H"-Technik verwenden Schaltnetzteile sowie eine Ansteuerung der Endstufentransistoren mit Pulsweitenmodulation. Der Vorteil liegt darin, sehr kompakte Bauformen bei hohen Leistungen realisieren zu können. Der Nachteil liegt jedoch darin, dass viele Endstufen dieser Bauart – besonders im Billigsegment – nicht pegelfest sind. Die angegebenen Spitzenpegel können mitunter nur für wenige Sekunden erbracht werden. Der Pegel wird dann elektronisch unter ein für die Endstufe kritisches Maß reduziert. Solche Betriebsweisen sind für die Bauakustik absolut ungeeignet, da die Pegelkonstanz eine wichtige Voraussetzung bei der Messung ist. Nur bei absoluter Pegelkonstanz können zeitliche und räumliche Pegelmittelungen korrekt durchgeführt werden. Leider ist dem Verstärker von außen seine technische Qualität nicht anzusehen. Hier können leider nur Tests von Experten oder die Erfahrungen von Kollegen weiterhelfen. Dem Messtechniker sei daher empfohlen, bei der Auswahl des Verstärkers besondere Sorgfalt walten zu lassen.

4.1.6 Weitere Messgeräte

Weitere Messgeräte sind Längenmessgerät, Druckmesser und Durchflussmesser. Da diese Messgeräte nur Hilfsgrößen erfassen, die nicht oder nur in geringem Maße in das Messergebnis eingehen, sind an diese Geräte keine Anforderungen gestellt.
Tabelle 10 fasst noch einmal die Anforderungen an die Messgeräte in einer Übersicht zusammen.

4.2 Varianten bei der Durchführung von Messungen am Bau

4.2.1 Ein- und zweikanalige Messungen

Bei der Bestimmung der Luftschalldämmung am Bau besteht grundsätzlich die Möglichkeit, Sende- und Empfangsraumpegel über einen zweikanaligen Analysator gleichzeitig oder aber die Schallfelder beider Räume nacheinander zu erfassen. Die einkanalige Messung birgt den Vorteil, dass das Schallpegelmessgerät auch nur einen Kanal besitzen muss und somit die Investitionskosten in das Messgerät geringer sind. Auch ist hier die Behandlung der Mikrofonkorrekturen sehr viel einfacher, weil diese bei der einkanaligen Messung zumindest bei der Berechnung des Bau-Schalldämmmaßes oder der Norm-Schallpegeldifferenz durch die Differenzbildung einfach rausfallen. Bei zweikanaligen Messungen hingegen müssen die Mikrofonkorrekturen nach Abschnitt 5.1 für beide Kanäle ermittelt und berücksichtigt werden.
Nachteil der einkanaligen Messungen ist jedoch, dass sich die Messdauer verlängert, insbesondere, wenn auch die in Abschnitt 5.2.2 beschriebene serielle Messung angewendet werden muss. Ferner muss sichergestellt sein, dass die Pegelverhältnisse in Sende- und Empfangsraum sowohl bei der Abtastung des Sende- als auch des Empfangsraumschallfeldes exakt gleich

sind. Dies ist nicht mehr gegeben, wenn sich die messende Person zur Erfassung des Sende- und Empfangsraumschallfeldes bei der Messung in den jeweiligen Räumen aufhält. Die Person besitzt im Gegensatz zum Nachhalllautsprecher (vgl. Abschnitt 5.1, Nachhalllautsprecher) eine nicht mehr allgemein zu vernachlässigende Schallabsorption. Dies hat zu Folge, dass der Analysator in der Regel außerhalb des zu messenden Raumes aufgestellt und von dort bedient werden muss. Auch muss sichergestellt sein, dass der Verstärker in der Lage ist, über die gesamte Messdauer konstante Pegelverhältnisse zu gewährleisten (siehe Abschnitt 5.1.5, Verstärker).

Bei Beachtung der obigen Randbedingungen sind jedoch die Ergebnisse der ein- und zweikanaligen Messungen absolut gleichwertig.

4.2.2 Serielle oder parallele Messung

In den meisten Fällen werden Messungen der Luftschalldämmung unter Anregung des Senderaumes mit einem breitbandigen Signal durchgeführt. Die breitbandige Anregung bietet den Vorteil, dass alle 16 Terzen (21 Terzen für den erweiterten Frequenzbereich) simultan erfasst werden können. Hierzu filtert der Schallanalysator die breitbandigen Mikrofonsignale mit den implementierten Terzfiltern. Bei dieser Art der Messung ist jedoch nachteilig, dass sich die gesamte zur Verfügung stehende Sendeleistung (Verstärkerleistung und Lautsprecherbelastbarkeit) auf den gesamten Frequenzbereich aufteilt. Bei hohen Schalldämmungen des zu messenden Bauteils oder bei hohen Störgeräuschen im Empfangsraum kann der Empfangsraumpegel jedoch so gering werden, dass der notwenige Störabstand nicht mehr gegeben ist. Die zu messende Schalldämmung ist somit begrenzt. In der Praxis tritt der Fall häufig bei der Messung von doppelschaligen Haustrennwänden auf, bei denen die Schalldämmung R für hohe Frequenzen zum Teil bis an die 100 dB reicht und manchmal sogar überschreitet.

Durch die Auswahl der breitbandigen Signalart kann die Energieverteilung im Signal zumindest in Grenzen der Messsituation angepasst werden. Schallpegelmesser stellen meist drei verschiedene breitbandige Signale mit verschiedenen Energieverteilungen im Frequenzbereich zur Verfügung: weißes Rauschen, rosa Rauschen und ggf. rotes Rauschen. Weißes Rauschen besitzt eine frequenzkonstante Leistungsdichte, bei rosa Rauschen fällt die Leistungsdichte mit 3 dB je Oktave, bei rotem Rauschen (auch braunes Rauschen genannt) mit 6 dB je Oktave ab. In der Darstellung als Terz- oder Oktavpegel, bei der die relative Bandbreite konstant bleibt, steigt der Pegel des weißen Rauschen mit 3 dB je Oktave an, für rosa Tauschen sind Terz- und Oktavpegel frequenzkonstant, für rotes Rauschen fällt der Pegel mit 3 dB je Oktave ab. Durch die richtige Wahl des Anregungssignals lassen sich oft einige dB Störgeräuschabstand in einzelnen Frequenzbändern gewinnen. Für die Messung sehr hoher Schalldämmungen

ist jedoch auch dies nicht ausreichend. Daher verfügen die meisten Schallanalysatoren über die Möglichkeit, die verschiedenen Terzfrequenzen nacheinander, also seriell zu messen. Hierdurch kann die gesamte Sendeenergie auf nur ein Frequenzband konzentriert werden. Im Idealfall lässt sich so der Signal-Störabstand um 12 bis 15 dB gegenüber einer parallelen Messung erhöhen. Moderne Messgeräte bieten auch die Möglichkeit bei einer breitbandigen Messung zu erkennen, welche Terzbänder ggf. keinen ausreichenden Signal-/Störabstand S/N besitzen. Hierzu muss lediglich die Störgeräuschmessung vor (!) der eigentlichen Pegelmessung erfolgen. Werden diese Terzen mit unzureichendem Störabstand detektiert, misst das Messgerät diese Terzen im seriellen Modus mit dort erhöhtem S/N nach und ergänzt so die breitbandige Messung zu einer dann vollständigen Messung.

Bild 11 zeigt ein Beispiel, bei dem die Schalldämmung einer Doppelhaustrennwand, bestehend aus 2×17,5 cm dicken KS Steinen (Steinrohdichte 1,8 mit einer 4 cm breiten Fuge) mit drei verschiedenen Messmethoden ermittelt wurde. Es ist deutlich zu erkennen, dass bei der Anwendung eines breitbandigen Messsignals bereits ab 630 Hz das Messergebnis nur noch durch das Störgeräuschniveau bestimmt wird. Bei der seriellen Messung werden immerhin mehr als 12 dB Dynamikgewinn erzielt, jedoch ist auch hier ab 2000 Hz der Störabstand kleiner als die von der Norm geforderten 6 dB. Erst bei Anwendung spezieller Messverfahren (siehe Abschnitt 4.2.3) in Verbindung mit spezieller Verstärker- und Lautsprechertechnik konnte die tatsächliche Schalldämmkurve ermittelt werden, bei der die Schalldämmung bei 4000 Hz fast 100 dB beträgt.

Die in der Tabelle von Bild 11 angegebenen Zahlenwerte gelten für die serielle Messung. Aus dem Beispiel wird ersichtlich, dass eine parallele Messung zur sicheren Bestimmung des bewerteten Bau-Schalldämmmaßes R'_w = 76 dB nicht ausreichend gewesen wäre, da die Ergebnisse der parallelen Messung die für den störgeräuschfreien Fall ermittelte Bezugskurve ab 1250 Hz unterschreitet. Bei Anwendung der seriellen Messung ist die Bestimmung des bewerteten Bau-Schalldämmmaßes hingegen sicher möglich. Wenngleich auch hier ab 2000 Hz der erforderliche Störabstand nicht mehr eingehalten ist.

Im Übrigen sind nach Norm bei der Messung immer diejenigen Frequenzen zu kennzeichnen, bei denen der Störabstand ≤ 6 dB beträgt und eine Störgeräuschkorrektur nach Norm nicht mehr möglich ist. Der erfahrene Messtechniker kann sowohl bei der Messung der Luftschalldämmung als auch bei der Bestimmung des Norm-Trittschallpegels den Kurvenverläufen meist ansehen, ob diese aufgrund mangelndem Signal-Störverhältnis „abknicken" oder der Verlauf bauphysikalisch anders begründet ist. Die fehlende Kennzeichnung der Messfrequenzen und die damit mangelnde Interpretation der Messergebnisse ist leider ein nicht selten auftretender Fehler bei der Abfassung der Messberichte.

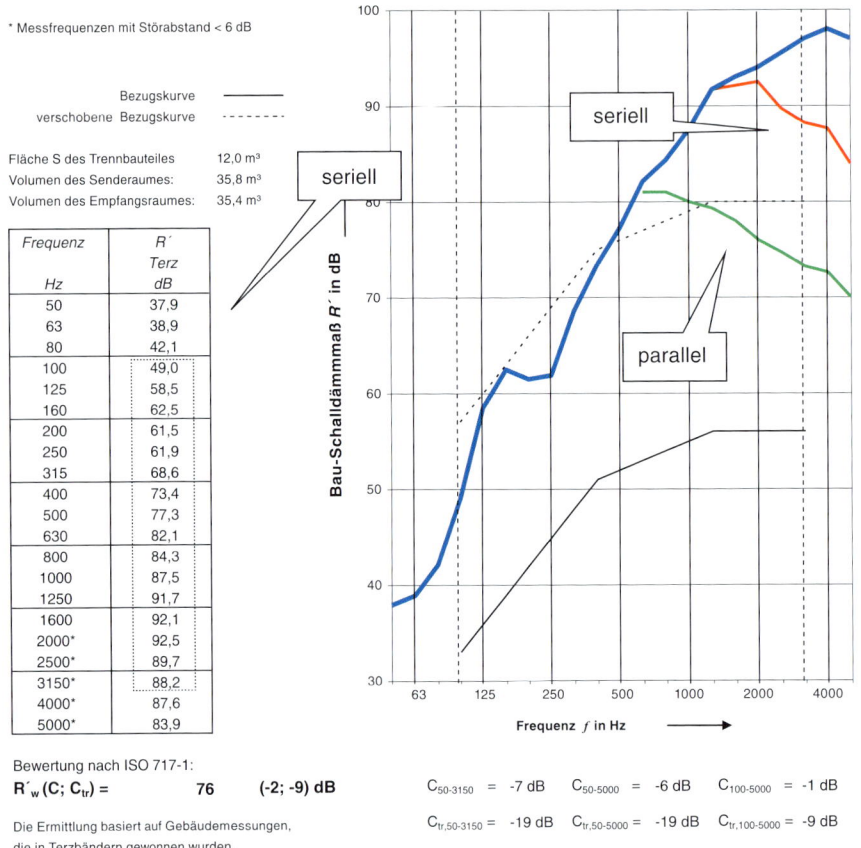

Bild 11. Beispiel: Messergebnisse einer Haustrennwand für drei verschiedene Messmethoden
(grüne Kurve: parallele Messung; rote Kurve: serielle Messung; blaue Kurve; spezielle Messung nach Abschnitt 4.2.3)

4.2.3 Neue Messverfahren

Seit ca. 15 Jahren haben in der Bauakustik die sogenannten „neuen Messverfahren" für die Bestimmung der Luftschalldämmung und der Nachhallzeit zunächst in einzelnen Erprobungen, später in festen Messgeräteimplementierungen ihren Einsatz gefunden. Mit dem Erscheinen der Norm DIN EN ISO 18233 im Jahre 2006 ist die Erprobungsphase formal beendet und die Verfahren entsprechend genormt. Wesentliche Neuerung ist, dass die Sende- und Empfangsraumenergie bei der Bestimmung der Luftschalldämmung nicht aus einem stationären Rauschsignal bestimmt wird, sondern aus der Messung der Energieimpulsantwort berechnet wird.

Bild 12 zeigt das Vorgehen. Zunächst wird die Energieimpulsantwort bei Anregung des Senderaumes in Sende- und Empfangsraum bestimmt. Aus der Impulsantwort lässt sich das Störgeräuschniveau am rechten Ende der Zeitskala direkt ablesen. Hier sinkt die Signalenergie mit der Zeit nicht mehr ab. Als Nutzsignal kann zunächst der gesamte Energieinhalt der Impulsantwort herangezogen werden. Die Gesamtenergie beinhaltet aber auch noch die Störsignalenergie. Da jedoch das die Messung beeinflussende Störgeräuschniveau direkt abgelesen werden kann, kann die Störsignalenergie von der Gesamtenergie subtrahiert werden.

Vorteil dieser Messmethode ist, dass bei der Messung die Nutz- und Störsignalenergie gleichzeitig erfasst werden. Ferner sind noch gültige Messungen möglich, wenn das nominelle Signal-Stör-Verhältnis < 6 dB ist. Es ist lediglich erforderlich, dass zu Beginn der Impulsantwort die Nutzsignalenergie deutlich aus dem Störgeräuschniveau heraustritt und am Ende der Impulsantwort das Störgeräuschniveau detektierbar ist.

Die Impulsantwort selber wird nicht über die Anregung des Raumes mit Impulsen, sondern mithilfe der sogenannten Korrelationsmesstechnik gewonnen. Hierbei werden intelligente Messsignale wie Maximalfolgen oder Sinus-Sweeps als Sendesignal eingesetzt. Die Signale sind breitbandig und beinhalten genügend Energie im gesamten Frequenzbereich. Der Vorteil dieser Signale ist, dass die Gesamtenergie nicht zu einem Zeitpunkt wie bei einem Impuls ausgesandt wird, sondern zeitlich verteilt wird. Da die Signalenergie für

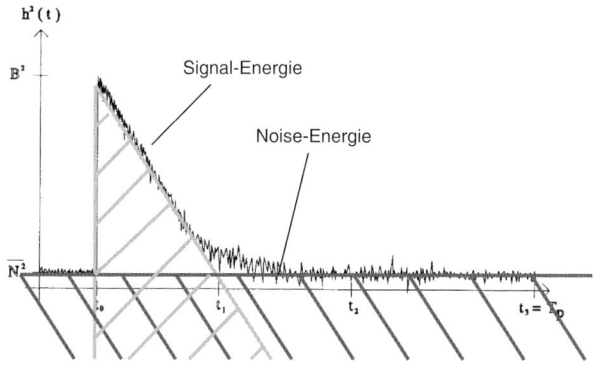

Bild 12. Energieimpulsantwort mit Signal- und Störgeräuschenergie

die Wiedergabe von Impulsen aufgrund der Aussteuerungsgrenzen von Verstärker und Lautsprecher sehr begrenzt ist, kann diese durch die zeitliche Verteilung extrem vergrößert werden. Mithilfe geeigneter signalverarbeitender Schritte z. B. Entfaltung oder Korrelationsbildung, kann so eine Impulsantwort mit sehr viel Nutzsignalenergie gewonnen werden.

Bei dennoch fehlender Signalenergie kann durch zusätzliche Messungen mit entsprechender phasenrichtiger Mittelung der Impulsantworten der Signal-Störabstand zusätzlich erhöht werden. Der Gewinn des Signal-Störabstandes Δ(S/N) steigt mit der Anzahl der Mittelungen n wie folgt:

$$\Delta \frac{S}{N} = 10 \lg n \tag{8}$$

Erweiterungen des Algorithmus sind möglich, sodass nicht nur die Gültigkeit der Messung detektiert und angezeigt wird, sondern z. B. bei zu hohem Störgeräusch auch Empfehlungen für die noch durchzuführende Anzahl an Mittelungen gegeben werden. Die Grenzen und Möglichkeiten dieser Verfahren sind bereits vielfach diskutiert worden und soll an dieser Stelle nicht weiter ausgeführt werden.

Es soll nicht unerwähnt bleiben, dass über die Bestimmung der Impulsantwort unter Anwendung der seit längerem bereits in Schallpegelmessern eingesetzten sogenannten *Schroeder'schen* Rückwärtsintegration auch direkt die Bestimmung der Nachhallzeit möglich ist (s. auch [1]). So können die neuen Messverfahren gleichermaßen für Pegel- und Nachhallzeitmessung eingesetzt werden.

Abschließend ist aber festzustellen, dass sich die Nutzung der neuen Messverfahren für die Pegelmessung leider immer noch nicht hinreichend durchgesetzt hat. Dies ist nicht zuletzt der Tatsache geschuldet, dass die Bauakustik insgesamt ein sehr konservatives Gebiet der Akustik ist, in dem Neuerungen jedweder Art nur schwer angenommen werden. Zudem hat der Messtechniker bei der Anwendung der neuen Messverfahren keinen direkten Zugriff auf Nutz- und Störsignalniveau, sondern muss sich ganz auf das Gerät verlassen, wenn dies nach der Messprozedur die Gültigkeit der Messung anzeigt. Dem erfahrenen Messtechniker ist diese Vorgehensweise jedoch fremd, sodass häufig das Vertrauen in diese Anzeigen fehlt.

5 Durchführung der Messungen am Bau und Erstellung von Prüfberichten

Bei der Durchführung qualifizierter schalltechnischer Messungen am Bau ist eine Vielzahl von Punkten zu beachten. Zunächst sind die Anforderungen an die Durchführung der Messungen in den zugehörigen Messnormen maßgebend. Diese sind:
– Luftschalldämmung zwischen Räumen am Bau – DIN EN ISO 16283-1
– Luftschalldämmung von Fassadenelementen am Bau – DIN EN ISO 16283-3
– Trittschalldämmung am Bau – DIN EN ISO 16283-2
– Installationsgeräusche und Geräusche aus haustechnischen Anlagen – DIN EN ISO 10052
– DIN 4109 Teil 4 (für alle obigen Messungen)

Die wesentlichen Punkte der Normen DIN EN ISO 16283-1, DIN EN ISO 16283-2, DIN EN ISO 16283-3 sowie DIN EN ISO 10052 sind nachfolgend in Tabelle 11 bis Tabelle 14 zusammengefasst.

Darüber hinaus gibt es jedoch viele weitere Randbedingungen, die bei der Durchführung der Messungen zu beachten sind und nicht oder nicht direkt in den Messnormen enthalten sind. Grund hierfür ist, dass zum einen nicht alle für den Fachmann gängigen „Selbstverständlichkeiten" in die Messnormen geschrieben werden, zum anderen aber auch ergänzende nationale Vorgaben (DIN 4109-1 und DIN 4109-4) in einer europäisch harmonisierten Messnorm nicht enthalten sind.

Die wesentliche Änderung der neuen DIN 16283-1 zu den früheren Verfahren besteht in folgenden zwei Punkten:

1. In der aktuellen Messnorm werden nicht mehr die Sende- und Empfangsraumpegel für alle Mikrofonpositionen oder Schwenkbahnen energetisch gemittelt und hieraus mithilfe der Messgleichung das Schalldämmmaß bestimmt. Vielmehr werden nur

Tabelle 11. Zusammenfassung der Messbedingungen der Luftschalldämmung von Bauteilen nach DIN EN ISO 16283-1

Luftschalldämmung nach DIN EN ISO 16283-1	
Schallfelderzeugung	– stationärer Sendepegel – keine größeren Unterschiede als 6 dB zwischen benachbarten Terzen wenn breitbandig gemessen wird – Raum mit dem größeren Volumen als Senderaum – zwei Quellenorte bei Benutzung einer Schallquelle – 1,4 m Abstand zwischen den Quellpositionen – 0,5 m Abstand Quellposition – Wände
Mikrofonpositionen	– 0,7 m Abstand zwischen Mikropositionen – 0,5 m Abstand zwischen Mikroposition und Wand – 1 m Abstand zwischen Mikroposition und Lautsprecher – Mikropositionen bei Einzelpositionen – 0,7 m Bahnradius bei Schwenkanlage, 10° Neigung
Messungen	– Mindestanzahl 10 bei festen Positionen – Mindestanzahl 2 bei Schwenkanlage **(auch manuelles Schwenken möglich, siehe Grafik!)** Kreis – Helix – Zylindrisch – Drei Halbkreise
Mittelungszeit	– f < 400 Hz, Mittelungszeit = min. 6 s, feste Positionen – f > 400 Hz, Mittelungszeit = min. 4 s, feste Positionen – mind. 30 s Mittelungszeit bei Schwenkanlage, ganze Anzahl von Bahnumläufen
Messgleichung	$R' = -10 \lg \frac{1}{m} \sum_{j=1}^{m} 10^{-R'_j/10}$, $D_{nT} = -10 \lg \frac{1}{m} \sum_{j=1}^{m} 10^{-D_{nT,j}/10}$ mit m = Anzahl der Lautsprecherpositionen $D_{nT,j}$ = die Standard-Schallpegeldifferenz für die Lautsprecherposition j R'_j = das Bau-Schalldämmmaß für die Lautsprecherposition j
Absorptionsfläche	– abgeschaltetes Rauschen – 10 dB Rauschspannungsabstand – mindestens T_{20} auswerten – 6 Abklingverläufe aus mind. einer Lautsprecher- und 3 Mikrofonpositionen
Fremdgeräuschkorrektur	– Fremdgeräuschabstand $\Delta L \geq 10$ dB, → keine Korrektur – 6 dB $\leq \Delta L \leq 10$ dB → Korrektur $L = 10 \lg \left(10^{L_{sb}/10 \, dB} - 10^{L_b/10 \, dB} \right)$ dB mit L_{sb} = Kombinationspegel aus Signal und Fremdgeräusch L_b = Fremdgeräuschpegel L = korrigierte Signalpegel – $\Delta L \leq 6$ dB dann Korrektur = 1,3 dB mit Angabe im Prüfbericht

die jeweiligen Pegel für die zugehörige Lautsprecherposition gemittelt, hieraus für jede Lautsprecherposition das Schalldämmmaß bestimmt und anschließend die Schalldämmaße für die verschiedenen Lautsprecherpositionen arithmetisch gemittelt. Dieselbe Vorgehensweise gilt für die Ermittlung der Norm- und der Standard-Schallpegeldifferenz. Die Änderung des Verfahrens soll eine verbesserte Genauigkeit erbringen, in der Praxis zeigt sich jedoch, dass dies eher akademischen Charakter besitzt.

2. Bei der Messung der Schalldämmung und Nachhallzeit tiefer Frequenzen für Räume mit einem Volumen < 25 m³ ist eine spezielle Messprozedur eingeführt, bei der u. a. auch die Eckposition bei der

Tabelle 12. Zusammenfassung der Messbedingungen der Luftschalldämmung für Außenbauteile nach DIN EN ISO 16283-1 und DIN 4109-4

Außenbauteile nach DIN EN ISO 16283-3	

Bauteil-Lautsprecherverfahren	– Lautsprecher mit homogener Bauteil"ausleuchtung" ($\Delta L = 5$ dB in jedem Frequenzband, bei Bauteildimensionen > 5 m $\Delta L = 10$ dB zulässig, Angabe im Prüfbericht erforderlich)
	– 45° ± 5° Lautsprecherneigung in irgendeine Richtung gegenüber der Wandnormalen
	– Lautsprecher mind. 2 m Abstand zum Messobjekte
	– Aufstellung auf dem Boden oder alternativ so hoch wie möglich
	– sendeseitig
	  • Schalldruckermittlung auf der Bauteiloberfläche
	  • Abstand der Mikrofone max. 10 mm zum Bauteil
	  • 3–10 Messpositionen, je nach Pegelvariation
	  • bei $\Delta L = 10$ dB Angabe im Prüfbericht
	– empfangsseitig keine besonderen Punkte zu beachten

Mikrofonpositionen auf dem Bauteil (sendeseitig)	– mindestens 3 Positionen – ist Pegeldifferenz zwischen zwei beliebigen Punkten auf dem Bauteil = „n" dB ist die Anzahl der Mikrofonpositionen auf n, bis max. 10, zu erhöhen. Ist die Pegeldifferenz > 10 dB muss dies im Prüfbericht angegeben werden.
Auswertegleichung Bauteil-Lautsprecherverfahren nach DIN EN ISO 16283-3	$R'_{45} = L_{1,S} - L_2 + 10 \lg \frac{S}{A} dB - 1{,}5$ dB mit $L_{1,S}$ = mittlerer Pegel auf der Bauteiloberfläche L_2 = Pegel im Empfangsraum S = Bauteilfläche A = äquivalente Absorptionsfläche im Empfangsraum
Auswertegleichung nach DIN 109-4 (B.2 und B.3)	$R'_{\delta} = L_1 - L_2 + 10 \lg \frac{S \cos \delta}{A} dB$ $R'_{\delta} = L'_1 - L_2 + 10 \lg \frac{S \cos \delta}{A} = dB$ mit L_1 = der mittlere Schalldruckpegel an der Oberfläche des Prüfgegenstandes (einschließlich des vom Prüfgegenstand reflektierten Schallanteils) in [dB] L_2 = der mittlere Schalldruckpegel im Raum hinter dem Prüfgegenstand (Empfangsraum) in [dB] L'_1 = der mittlere Schalldruckpegel in 2 m Abstand von der Oberfläche des Prüfgegenstandes (einschließlich des vom Prüfgegenstand reflektierten Schallanteils) in [dB] S = die Fläche des Prüfgegenstandes in [m²] A = die äquivalente Schallabsorptionsfläche im Empfangsraum in [m²] δ = der Schalleinfallswinkel (Winkel zwischen der Verbindungslinie Mitte Lautsprecher bis Mitte Prüfgegenstand und der Flächennormalen des Prüfgegenstandes), in [°]. Nach DIN 4109-4 sind beliebige Winkel zugelassen
Lautsprecherverfahren	– Abstand des Mikrofons 2 m (±0,2 m) vor dem Messobjekt – Mikrofonhöhe 1,5 m über dem Boden

Messung einbezogen wird. Da in Deutschland tiefe Frequenzen unter 100 Hz nicht in die Anforderungen eingehen und die Messprozedur vergleichsweise aufwendig ist, wird in Deutschland in Abstimmung unter den Prüfstellen vorerst hierauf verzichtet.

Bei der Messung von Installationsgeräuschen und Geräuschen aus gebäudetechnischen Anlagen wurde die Verwendung der Eckposition bereit mit dem Erscheinen der DIN EN 10052 im Jahre 2007 eingeführt. Es zeigte sich jedoch, dass die Verwendung der Eckposition aufwendiger ist, jedoch insgesamt keinen Vorteil gegenüber der Messung ohne Eckposition bietet. Vielmehr ergeben sich abhängig vom Frequenzgang der Quelle Unterschiede bei den Messungen von 0 bis 2 dB. Da man die Anforderungswerte nicht anpassen wollte und die ungeliebte Eckposition nicht wünschte, wird auf diese nun in Deutschland verzichtet. Wenngleich dies nicht explizit in der DIN 4109 ausgeführt ist, besteht die Verabredung unter den Prüfstellen, die auch im VMPA-Beschlussbuch niedergelegt ist, dass nunmehr drei verschiedene Positionen im Hallfeld des Raumes für die drei Messzyklen zu verwenden sind.

Tabelle 13. Zusammenfassung der Messbedingungen der Trittschalldämmung nach DIN EN ISO 16293-2

Trittschalldämmung DIN EN ISO 16283-2	
Schallfelderzeugung	– 4 Hammerwerkspositionen – 0,5 m Abstand von den Raumbegrenzungsflächen – 45° Winkel zu Balken oder Rippen
Mikrofonpositionen	– 0,7 m Abstand zwischen Mikrofonpositionen – 0,5 m Abstand zwischen Mikrofonposition und Wand – 1 m Abstand zwischen Mikrofonposition und Prüfobjekt – 5 Mikropositionen bei Einzelpositionen – 0,7 m Bahnradius bei Schwenkanlage, 10° Neigung
Messungen	– Mindestanzahl 6 bei festen Positionen Kombination aus 4 Hammerwerks- und 4 Mikrofonpositionen – Mindestanzahl 4 bei Schwenkanlage
Messgleichung	$L'_n = -10 \lg \frac{1}{m} \sum_{j=1}^{m} 10^{-L'_{n,j}/10}$ mit m = Anzahl der Positionen des Hammerwerks $L'_{n,j}$ = der Norm-Trittschallpegel für die Hammerwerksposition j
Mittelungszeit	wie ISO 16283-1
Absorptionsfläche	wie ISO 16283-1
Fremdgeräuschkorrektur	wie ISO 16283-1
Luftschallübertragung bei Trittschallanregung	gemäß DIN EN ISO 16283-2 und DIN 4109-4 Anhang A5 (Siehe auch VMPA-Beschlussbuch) 6 dB ≤ (L_{HW} – D) ≤ 10 dB analog zu allg. Störgeräuschbehandlung 6 dB ≤ (L_{sb} – L_b) ≤ 10 dB
Treppenmessung nach DIN EN ISO 16283-2	
Hammerwerkspositionen	– mindestens 4 Positionen – erste oder zweite Stufe von oben und von unten – 2 Positionen frei wählbar – Hammerwerksposition in Prüfbericht dokumentieren

In den folgenden Abschnitten sollen die Problemstellungen und die Fehlerquellen für die am häufigsten durchgeführten bauakustischen Messungen aufgezeigt und diskutiert werden. Auch hierbei bietet sich wieder ein Rückgriff auf das Qualitätssicherungssystem des VMPA für zertifizierte Güteprüfstellen an. Wie bereits eingangs erwähnt, werden Güteprüfstellen nach DIN 4109, die in der Liste des VMPA geführt werden, alle drei Jahre einer Qualitätskontrolle unterzogen in dem diese an einer Schallschutzvergleichsmessung teilnehmen, bei denen an unbekannten bauähnlichen Objekten schalltechnische Messungen (typ. Luftschalldämmung, Trittschallpegel und Geräusche aus gebäudetechnischen Anlagen) durchgeführt werden. Das genaue Verfahren soll an dieser Stelle nicht weiter beschrieben werden. Wichtig ist jedoch, dass für die Prüfstellen Checklisten erarbeitet wurden, die den Prüfstellen als Hilfestellung für die Durchführung der Messungen am Bau in Stichworten die wesentlichen Punkte, die bei der Durchführung der Messungen zu beachten sind. Die vollständigen VMPA-Checklisten sind im Anhang abgedruckt und können wiederum auch dem erfahrenen Messtechniker eine wertvolle Hilfe bei der Durchführung der Messungen sein.

Im nachfolgenden Abschnitt 5.1 werden nunmehr die Punkte diskutiert, die für Luftschallmessungen, Trittschallmessungen und Bestimmung von Installationsgeräuschen und Geräuschen aus haustechnischen Anlagen der Checklisten gleichermaßen relevant sind. In den weiteren Abschnitten werden die speziellen Punkte behandelt, die nur für die jeweilige Messsituation wichtig sind.

5.1 Allgemeine Problemstellungen und Fehlerquellen

5.1.1 Eichen/Kalibrieren der Messeinrichtung und der Messkette

In den Messnormen ist ausgeführt, dass jeweils vor und nach der Messung eine Überprüfung der Messkette mithilfe des Kalibrators vorzunehmen ist. Die-

Tabelle 14. Zusammenfassung der Messbedingungen für Installationsgeräusche und Geräusche aus haustechnischen Anlagen nach DIN EN ISO 10052

Installationsgeräusche und Geräusche aus haustechnischen Anlagen nach DIN EN ISO 10052 und nationale Anleitung nach DIN 4109 und VMPA-Beschlussbuch	
Messverfahren gemäß DIN EN 10052 mit nationaler Handlungsanweisung	– Messung des A-bewerteten Schalldruckpegels an drei Punkten im Hallfeld des schutzbedürftigen Raumes – 3 Arbeitszyklen der Anlage – Messung des A-bewerteten Schalldruckpegelverlaufs mit der Zeitbewertung „Fast", $L_{AF(t)}$ – Bestimmung der jeweiligen maximalen Pegel der drei Schalldruckpegelverläufe, $L_{AF\,max}$ – **Energetische Mittelung der drei Maximalpegel** $$L_{AF\,max} = 10\,\lg\left(\frac{10^{\frac{L_{AF\,max,1}}{10}} + 10^{\frac{L_{AF\,max,2}}{10}} + 10^{\frac{L_{AF\,max,3}}{10}}}{3}\right)\,dB$$ – Durchführung der Absorptionskorrektur und mathematische Rundung auf ganze 1 dB – Nachhallkorrektur darf nicht aus Tabelle entnommen werden (siehe DIN 4109 Teil 4) – Für Wasserinstallationen sind Ruhedruck, Fließdruck und Durchfluss zusätzlich zu bestimmen
Auswertegleichung	$L_{In} = L_{AF\,max} + 10\,\lg\dfrac{A}{A_0}$ mit $A_0 = 10\,m^2$ für Installationen $L_{AF\,max,n} = L_{AF\,max} + 10\,\lg\dfrac{A}{A_0}$ mit $A_0 = 10\,m^2$ für gebäudetechnische Anlagen
Betriebszyklen	– Betriebszyklen sind für viele Situationen gegeben

se Überprüfung ist in jedem Fall als sinnvoll zu erachten, da mitunter bei der rauen Betriebsamkeit am Bau eine einwandfreie Funktion der Kabel, der Steckverbinder, aber auch der Mikrofone und des Schallpegelmessers nicht selbstverständlich ist. Einige Prüfinstitute verzichten dennoch auf die Kalibrierung oder führen diese nur vor der Messung durch. Dieser Verzicht ist mehr als fahrlässig, da insbesondere Pegelminderungen durch fehlerhafte Kabel, Stecker oder Mikrofone, die nicht mit einem Totalausfall der Geräte einhergehen, nicht einfach bemerkt werden können.

5.1.2 Schließen aller Fenster und Türen

Grundsätzlich gilt, dass bei bauakustischen Messungen alle Fenster und Türen fest zu schließen sind. Sofern ein Fenster oder eine Tür das zu messende Element darstellen, ist das Schließen ohnehin eine Selbstverständlichkeit. Aber auch wenn Fenster oder Türen nicht Teil des Trennbauteils sind, ist die Vorgabe zwingend. Sind Fenster und Türen nicht geschlossen, besteht zum einen die Gefahr, dass sich Schallnebenwege bilden. So können je nach Gesamtsituation große Schallanteile über die angrenzenden Räume durch die offenen Türen oder von außen durch die geöffneten Fenster in den Empfangsraum gelangen. Insbesondere bei der Messung hoher Schalldämmungen (z. B. bei Doppel- und Reihenhäusern) ist dies ein Fehler, der das Messergebnis erheblich verfälschen kann. Geöffnete Fenster und Türen im Empfangsraum können zum anderen auch die im Empfangsraum ermittelten Absorptionsflächen und Nachhallzeiten deutlich beeinflussen. Nicht zuletzt werden gerade durch geöffnete Fenster oftmals zusätzliche Störgeräusche in den Empfangsraum eingetragen.

5.1.3 Abhören des Empfangsraumes

Einer der einfachsten aber wichtigsten Punkte bei der Durchführung schalltechnischer Messungen ist das Abhören des Empfangsraumes. Hierzu wird die Schallquelle im Senderaum (Lautsprecher, Hammerwerk, Installation oder haustechnische Anlage) in Betrieb genommen und deren Schalleintrag im Empfangsraum mit den eigenen Ohren abgehört. Durch das Abhören können eine Reihe von wesentlichen Dingen bereits qualitativ sehr gut beurteilt werden. Wichtigster Punkt ist die Lokalisation der Schallquelle. Bereits durch das vergleichsweise einfache Abhören des Empfangsraumes kann festgestellt werden, ob der Schall maßgeblich durch das flächenhafte trennende Bauteil, über eine Flanke (Fassade o. ä.) oder gar durch eine Leckage (Undichtigkeit in der Wand o. ä.) übertragen wird. Diese Beurteilung ist wichtig, um ggf. bereits vor der Messung auf die bauliche Situation reagieren zu können. So kann schon vor der Messung eine Leckage in der Trockenbauwand abgedichtet, eine undichte Tür neu eingestellt oder ein undichtes Fenster abgedichtet werden. Ferner kann bereits qualitativ geprüft werden, welcher Art das „Problem" im vorliegenden Fall ist. Im Fall der Trittschallmessung kann zudem mit ein wenig Erfahrung subjektiv festgestellt werden, ob in schwimmenden Estrichkonstruktionen Schallbrücken vorhanden sind oder ob z. B. bei Holzbalkendecken die Schallübertragung bei sehr tiefen Frequenzen < 100 Hz das Problem darstellt usw. Durch konsequentes „Üben" ist man so nach einiger Zeit in der Lage, bereits ohne Messung das Messergebnis weitgehend vorherzusagen. So kann je nach Beauftragung dem Auftraggeber auch eine Unterstützung bei der Frage gegeben werden, an welcher Stelle eine normgerechte Schallmessung sinnvoll ist oder wo diese mit Sicherheit nur den vielleicht gehörten Mangel bestätigen würde. Nicht zuletzt dient das Abhören des Empfangsraums gerade bei Gerichtsgutachten dazu, die Beschwerdelage mit dem von den Parteien vorgetragenen subjektiven bauphysikalischen Problem in Einklang zu bringen.

5.1.4 Räumliche Mittelung des Schallfeldes und Genauigkeit der Messungen

Gemäß DIN EN ISO 16283-1, -2 und -3 sind die Schallfelder räumlich zu mitteln. Dabei können gemäß Norm feste Mikrofonpositionen oder alternativ bewegliche Mikrofonbahnen benutzt werden.
Bei der Anwendung fester Mikrofonpositionen ist das Mikrofon an verschiedenen Raumpunkten unter Einhaltung gewisser Randbedingungen aufzustellen. Zunächst sind hier zwingend die Vorgaben der Messnorm über die einzuhaltenden Mikrofonabstände zu den Wänden, der Schallquelle und auch zwischen Mikrofonpositionen zu beachten.
Eine Neuerung mit der Einführung der DIN 16283-1 und -2 ist die Messprozedur bei tiefen Frequenzen, hier 50 Hz, 63 Hz und 80 Hz Terz. Sofern das Volumen von Sende- und/oder Empfangsraum < 25 m³ beträgt, ist diese in den jeweiligen Räumen anzuwenden. Hierbei ist – aufgrund in solchen Räumen herrschenden sehr geringen Modendichten – der Schalldruck in der Nähe der Raumecken (mindestens 4 Ecken) zu erfassen. Hierzu sind ausschließlich feststehende Mikrofonpositionen zu verwenden. Die Anwendung der Methode erfordert demnach einen nicht unerheblichen zusätzlichen Aufwand.
Da in Deutschland bislang regelmäßig keine Anforderungen an tiefe Frequenzen gestellt werden, wurde bisher auf die Anwendung dieser Prozedur verzichtet. Sollten die tiefen Frequenzen in Zukunft bei der Bemessung und Bewertung des baulichen Schallschutzes in Deutschland eine Rolle spielen, ist zu erwarten, dass mithilfe einer nationalen Regelung die verpflichtende Anwendung dieser Prozedur festgelegt wird.
In Bezug auf die Mittelung der an verschiedenen diskreten Raumpunkten, also bei Anwendung fester Mikrofonpositionen, gewonnenen Messergebnisse ist es besonders problematisch, wenn bei der Messung aus Zeitdruck oder anderen Gründen einfach ein paar Messpositionen weggelassen werden und das Ergebnis mit weniger als in der Norm vorgeschriebenen Messpunkten ermittelt wird. Hierdurch wird das Ergebnis zum einen ungenauer und zum anderen wird der Verlauf der Messkurve „unruhiger". Man erkennt zahlreiche Ungleichmäßigkeiten in Form von Knicken. Die

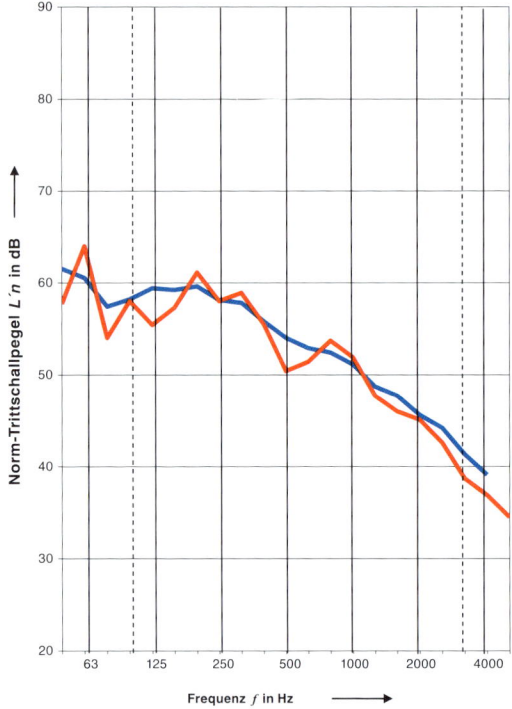

Bild 13. Auswirkungen einer zu geringen Anzahl von Mikrofonpositionen am Beispiel einer Trittschallmessung (rot: 3 Messpositionen, blau: 10 Messpositionen)

Messkurve ist insgesamt „eckiger". Mit ein bisschen Übung kann der Messtechniker einer Messkurve meist ansehen, ob diese durch eine hinreichende Abtastung der Schallfelder, d. h. mit genügend Messpunkten erfasst wurde oder nicht. Bild 13 zeigt ein Beispiel einer Trittschallmessung, bei dem das Messergebnis einmal aus einer Mittelung von einer Hammerwerksposition und drei Mikrofonpositionen, zum anderen aus 10 unabhängigen Messpositionen gemäß Norm gewonnen wurde.
Wird das Schallfeld entweder manuell oder mithilfe einer sogenannten Schwenkanlage kontinuierlich auf Bahnen abgetastet, sind die oben erwähnten Probleme der zackigen Messkurve in der Regel nicht zu erwarten, auch wenn hier entgegen der Normvorgaben nur eine statt zweier verschiedener Schwenkbahnen verwendet werden. Dennoch ist das Messergebnis dann entsprechend ungenauer, so dass die Anwendung einer zweiten Messbahn natürlich erforderlich ist.

5.1.5 Bestimmung der geometrischen Daten

Gemäß den Messgleichungen ist bei allen bauakustischen Messungen zur Berechnung der Schallabsorptionsfläche das Empfangsraumvolumen zu bestimmen. Im Fall der Messung der Luftschalldämmung sind zudem gemäß den Normvorgaben auch das Senderaumvolumen und die Bauteiltrennfläche zu ermitteln. Entgegen der Praxis so mancher Prüfstelle dürfen die geometrischen Daten nicht (!) Architektenplänen o. ä. entnommen werden, sondern müssen durch eigene Messungen der Prüfstelle vor Ort ermittelt werden. Die Vorgabe ist zwingend, denn unzählige Beispiele zeigen, dass zwischen Plänen und der tatsächlichen Bauausführung zum Teil erhebliche Unterschiede bestehen können. In der Praxis hat sich bewährt, neben einem Gliedermaßstab auch ein Laserdistanzmessgerät mitzuführen. Hierdurch wird die Aufnahme der Bauteilgrößen vergleichsweise leicht. Auch bei komplizierten Raumformen können die geometrischen Daten auf Grundlage dieser Messungen leicht berechnet werden.

5.1.6 Bestimmung des Störgeräuschniveaus

Ein weiterer wichtiger Punkt bei allen bauakustischen Messungen ist die Ermittlung des Störgeräuschniveaus. Die Kenntnis des Störgeräuschniveaus ist erforderlich, weil ggf. bei einem Signal-Störabstand < 10 dB für Luft- und Trittschallmessungen eine Störgeräuschkorrektur erforderlich ist. Grundsätzlich ist festzustellen, dass eine bauakustische Messung bei fluktuierendem, nicht stationärem Störgeräusch nur sehr schwer möglich ist. Hierfür muss sichergestellt sein, dass der Nutzpegel im Empfangsraum immer 10 dB über dem maximalen Störpegel liegt. Ist dies nicht der Fall, kann nicht sicher gesagt werden, bei welcher Messposition nun eine Störgeräuschkorrektur durchzuführen ist und bei welcher nicht. Leider tritt ein nicht stationäres Störgeräusch bei Messungen am Bau nicht selten auf, sodass hier besondere Aufmerksamkeit bei der Messung geboten ist.

Bei der Durchführung von Schalldämmungsmessungen hat sich bewährt, vor (!) dem Beginn der Pegelmessung eine Störgeräuschbetrachtung anzustellen. Hierzu wird zunächst der terzabhängige Empfangsraumpegel mit dem Schallpegelmesser dargestellt. Dann wird die Schallquelle (Lautsprecher oder Hammerwerk) eingeschaltet und geprüft, ob der Signalpegel im Empfangsraum nun in jeder Terz um mehr als 10 dB ansteigt. Ist dies sicher der Fall, kann die Messung bei stationärem Störgeräusch ohne weitere Störgeräuschbetrachtung durchgeführt werden. Ist dies nicht der Fall, kann zumindest bei der Messung der Luftschalldämmung versucht werden, unter Variationen des Sendepegels und durch Wahl des Anregungssignals oder durch Wahl der Messmethode (seriell oder parallel) bei den kritischen Terzen ein verbessertes Signal-Störverhältnis zu erzielen. Erst bei „erfolgloser" Optimierung der Messbedingungen muss eine entsprechende Störgeräuschaufzeichnung mit Störgeräuschkorrektur erfolgen. Bei Messungen der Trittschalldämmung kann die Anregung der Quelle nicht verändert werden. Hier bleibt nur die Durchführung der Störgeräuschmessung und die Korrektur entsprechend der Normvorgabe in DIN EN ISO 16283-2.

Problematischer ist die Anwendung einer Störgeräuschkorrektur bei der Messung von Installationsgeräuschen und Geräuschen aus gebäudetechnischen Anlagen. Bei der Messung von Luft- und Trittschalldämmung werden sowohl die Nutzpegel (Sende- und Empfangsraumpegel) als auch das Störgeräusch als zeitlicher Mittelwert (L_{eq}) erfasst. Bei zeitlichen Mittelwerten fallen der stochastische Charakter der Störgeräusche sowie ggf. einzelne Störgeräuschspitzen nicht stark ins Gewicht. Die Messung des Störgeräuschniveaus ist dadurch vergleichsweise genau. Daher kann, zumindest wenn es sich um ein einigermaßen gleichmäßiges und stationäres Störgeräusch handelt, die Störgeräuschmessung vor oder nach der eigentlichen Nutzpegelmessung erfolgen, ohne dass bei der anschließenden Störgeräuschkorrektur signifikante Fehler auftreten.

Bei der Messung von Installationsgeräuschen und Geräuschen aus gebäudetechnischen Anlagen ist jedoch wie bereits beschrieben zur Beurteilung ein Maximalpegel, hier der L_{AFmax} zu bestimmen. Um hierbei eine korrekte Störgeräuschkorrektur durchführen zu können, müsste man genau den Störgeräuschpegel kennen, der zum Zeitpunkt des maximalen Nutzsignals vorhanden war. Dieser kann aber natürlich nicht gleichzeitig mit dem Nutzsignal erfasst werden. Daher bleibt wie bei der Luft- und Trittschallmessung nur die Möglichkeit, die Störgeräuschmessung vor oder nach der eigentlichen Bestimmung des Maximalpegel durchzuführen. Dies ist jedoch aus technischer Sicht falsch, denn man kann grundsätzlich einen Spitzenwert eines Nutzsignals nicht mit einem Mittelwert eines Störsignales korrigieren. Deshalb ist in der DIN 10052 auch für die Ermittlung von Maximalwerten a priori keine Störgeräuschkorrektur vorgesehen, weil diese aus physikalischer Sicht zumindest auch aus Sicht der internationalen Experten als unrichtig erscheinen. Aus historischen Gründen besteht jedoch offenbar der Wunsch, in Deutschland eine obig beschriebe Störgeräuschkorrektur anzuwenden. Diese ist im Teil 4 der DIN 4109 entsprechend verankert und vorgegeben und somit auch verpflichtend. Die Anwendung dieser Störgeräuschkorrektur ist nach Auffassung des Autors im Allgemeinen falsch und führt nur in speziellen Situationen zu besseren Ergebnissen. Grundsätzlich wird durch die Anwendung der Störgeräuschkorrektur eine Genauigkeit suggeriert, die dieses Verfahren überhaupt nicht besitzt. Insofern ist die Anwendung dieser Korrektur mit sehr viel Sorgfalt vorzunehmen.

5.1.7 Messungen bei Abweichungen von der Norm

Bei Messungen am Bau kann es immer wieder vorkommen, dass aus verschiedenen Gründen die Vorgaben in den Messnormen nicht eingehalten werden können. Das Spektrum der möglichen Abweichung ist weit. So können z. B. in kleinen Räumen oft die Abstandsbedingungen für die Lautsprecher- und Mikrofonpositionen nicht realisiert, Betriebszyklen von Installationen oder haustechnische Anlagen nicht eingehalten, bei komplizierten Raumformen keine adäquaten Messbedingungen vorgefunden oder Außenbauteile nur sehr trickreich gemessen werden. Aus messtechnischer Sicht stellt jedwede Abweichung von der Norm grundsätzlich kein Problem dar, wenn diese Abweichungen aus sachlich-fachlicher Sicht notwendig und geboten sind. Die Reaktion auf das auftretende Problem und somit die gewählte Abweichung muss jedoch in jedem Fall sachgerecht sein. Das alternative Vorgehen ist grundsätzlich im Prüfbericht zu beschreiben und kurz zu begründen. Nur so ist im Zweifelsfall nachvollziehbar, welche Annahmen und Verfahren dem ermittelten Ergebnis und ggf. der Ergebnisinterpretation zugrunde gelegen haben.

Unter den Prüfstellen erfolgt die Kennzeichnung, dass bei der Messung von der Norm abgewichen wurde, unterschiedlich. Einige wenige vertreten die Meinung, dass bei Abweichungen von der Norm grundsätzlich keine Normmessung mehr vorliegt und die Messung daher nur als *„Messung in Anlehnung an die Norm"* bezeichnet werden darf. Leider zeigt sich, dass bei dem Gebrauch dieses Ausdrucks in den Augen vieler Auftraggeber die Qualität der Messung in Frage steht. Daher hat sich bewährt, in den Prüfbericht einen Absatz aufzunehmen, der beschreibt, in welchen Punkten und aus welchen Gründen bei der Messung von der Norm abgewichen wurde. Somit bleibt die Messung eine Messung nach Norm mit Ausnahme der explizit angegebenen Punkte.

5.2 Messung der Luftschalldämmung von Wänden

5.2.1 Messdurchführung

Bei der Messung der Luftschalldämmung kann es hilfreich sein, nicht nur den Empfangsraum insgesamt, sondern auch einzelne Fugen und Stoßstellen noch einmal speziell abzuhören. Hierzu ist es äußerst nützlich, ein Stethoskop zu benutzen, dass für wenige Euro in jedem Sanitärhandel erhältlich ist (s. Bild 14). Zum Abhören von Fugen und Stoßstellen wird die Membran vom Schlauch des Stethoskops entfernt und nur der Schlauch in einem Abstand von wenigen Millimetern an der Fuge oder Stoßstelle entlang bewegt. Die Öffnung des Schlauches darf während der Bewegung nicht zugedrückt werden. Im Senderaum wird nach Möglichkeit ein rosa oder besser noch weißes Rauschen über den Lautsprecher abgestrahlt. Anhand der gehörten Klangfarbe bzw. deren örtlicher Variation kann sehr deutlich akustisch detektiert werden, an welcher Stelle die Fuge oder Stoßstelle undicht ist. Ist die Fuge dicht, ist der Klang vergleichsweise dumpf. Bei Undichtigkeiten wird der Klang sehr hell, weil die hohen Frequenzen über die Fuge in den Empfangsraum gelangen. Undichtigkeiten können ebenso bei nicht tragenden, massiven Innenwänden auftreten, die nach dem Trocknen von der Decke abreißen, wie bei allen Anschlüssen von Leichtbau- und Systemtrennwänden.

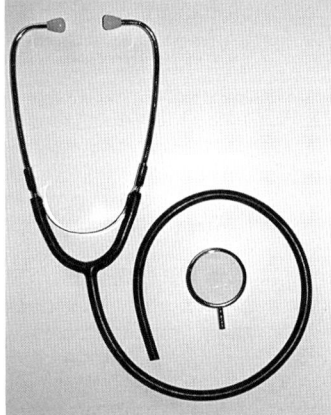

Bild 14. Stethoskop zur Feststellung von Undichtigkeiten

Die Abhörmethode mit dem Stethoskop ist eine hervorragende Methode die ggf. gefundenen Mängel hörbar zu machen, um so auch den beteiligten Personen die Problemstellung akustisch zu demonstrieren.

Ansonsten ist bei der Bestimmung der Luftschalldämmung darauf zu achten, dass die Schallquelle in dem Raumbereich aufgestellt wird, der dem Trennbauteil gegenüberliegt. Für horizontale Messungen muss also der Lautsprecher gegenüber der Trennwand platziert werden, bei vertikalen Messungen z. B. von oben nach unten soll die Schallquelle vergleichsweise hoch montiert werden. Bei der Messung der Schalldämmung von Decken muss ein entsprechend hohes Stativ eingesetzt werden. Somit ist sichergestellt, dass das Trennbauteil nicht vom Direktschallfeld der Quelle, sondern „nur" vom diffusen Schallfeld des Raumes angeregt wird.

Abhängig von Messgerät und des verwendeten Kabeltyps kann es zudem zu Problemen kommen, wenn das Lautsprecherkabel in engem Kontakt parallel zum Kabel des Empfangsraummikrofons verlegt wird. Hier findet durch elektrische und elektromagnetische Kopplung ein Übersprechen von der Lautsprechleitung auf den Empfangskanal statt. Zur Herstellung eines kritischen Übersprechens reicht hier manchmal deutlich weniger als 1 m gemeinsame Verlegungslänge aus. Besonders problematisch ist hierbei, dass das Übersprechen bei der eigentlichen Störgeräuschmessung nicht entdeckt wird, weil dies ja nur beim Betrieb des Senders auftritt. Da die Detektion von Übersprechen im Einzelnen schwierig ist, sollte die unbedingte Regel berücksichtigt werden, das Signalkabel für den Lautsprecher immer deutlich getrennt (Abstand > 2 m) vom Kabel des Empfangsmikrofons zu verlegen.

5.2.2 Bestimmung der gemeinsamen Trennfläche und des Raumvolumens

Bei der Bestimmung des Bau-Schalldämmmaßes geht die Größe der Trennfläche entscheidend ein. Als Trennfläche zählt hier die Fläche, die dem Sende- und dem

Empfangsraum gemeinsam ist. In vielen Fällen lässt sich so die Trennfläche einfach bestimmen. Wenn die Räume *nicht versetzt* sind *und* die Trennfläche sehr klein wird, wird das gemessene Bau-Schalldämmmaß R' gemäß Gl. (2) sehr gering. Mathematisch wird durch diese Gleichung die ganze in den Empfangsraum übertragene Energie (also die direkt durch das Trennbauteil und die über die Flanken übertragene Energie) dem hier vergleichsweise kleinen Trennbauteil zugeschlagen. Obwohl für sehr kleine Trennbauteile (typ. < 5 m²) nicht selten die Flankenübertragung maßgeblich ist, zeigt sich daher faktisch, dass so das Trennbauteil gemäß der Berechnung hinsichtlich seiner Schalldämmung ungerechtfertigt schlecht zu sein scheint. Auch für diese Fälle wird wiederum deutlich, dass die kennzeichnende Größe des Bau-Schalldämmmaßes R' zur Kennzeichnung der Luftschalldämmung am Bau nicht unproblematisch ist. Die Regelung, wie mit kleinen Trennflächen bei versetzten und nicht versetzen Räumen umzugehen ist, wurde in den letzten Jahren mehrfach geändert. Dies lag zum Teil daran, dass das Zusammenspiel von Messnorm DIN EN ISO 16283 und Anforderungsnorm DIN 4109 in der Umstellungsphase beider Normen nicht optimal war. Gemäß DIN 4109 Teil 1 gilt die Regelung, dass für gemeinsame Trennflächen die < 10 m² sind, anstelle des bewerteten Bau-Schalldämmmaßes R'_w, die bewertete Norm-Schallpegeldifferenz $D_{n,w}$ zum Vergleich mit den Anforderungen herangezogen wird.

Gemäß der neuen DIN EN ISO 16283-1 wird zwischen versetzten und nicht versetzten Räumen unterschieden. Sind die Räume nicht versetzt, ist auch für den Fall gemeinsame Trennflächen < 10 m² das bewertete Bau-Schalldämmmaßes R'_w zu bestimmen. Erst wenn es keine gemeinsame Trennflächen gibt, also die gemeinsame Trennflächen 0 m² beträgt, ist hier die Standard-Schallpegeldifferenz $D_{nT,w}$ auszuwerten. Wenn der Fall vorliegt, dass die Räume zueinander versetzt sind und die gemeinsame Trennfläche < 10 m² beträgt, wird empfohlen (ohne Verpflichtung), eine entsprechend andere Auswertungsprozedur anzuwenden. Diese Anwendungsprozedur war seinerzeit auch bereits in DIN EN ISO 140-4 enthalten. Zunächst wird auch für diesen Fall das bewertete Bau-Schalldämmmaß R'_w bestimmt. Nunmehr wird für den Fall versetzter Räume und Trennflächen < 10 m² die Größe der gemeinsamen Trennfläche mit dem Wert V/7,5 verglichen. V ist dabei das Volumen des Empfangsraumes, der in diesem Fall der kleinere Raum sein muss. Der größere Wert von beiden, also die tatsächliche Trennfläche versus V/7,5 wird rechnerisch als Trennfläche bei der Berechnung des bewerteten Bau-Schalldämmmaßes R'_w eingesetzt. Die Anwendung dieser Prozedur soll verhindern, dass bei versetzten Räumen und sehr kleinen gemeinsamen Trennflächen das ermittelte Bau-Schalldämmmaß mathematisch sehr klein wird.

Leider gilt diese Ausnahmeregelung nur für versetzte Räume oder solche mit ungleicher Trennfläche. Ist für beide Räume die Trennfläche gleich und nicht versetzt, wird immer die geometrische Fläche des Trennbauteils unabhängig von seiner Größe als Trennfläche eingesetzt. In den meisten Fällen ist dies physikalisch sinnvoll und birgt keine größeren Probleme. In den Fällen, in denen das Trennbauteil aber wirklich sehr klein ist, kann die „sture" Anwendung der Messgleichung 2 zu unsinnigen Aussagen führen. Hier ist der Messtechniker angehalten, die Situation im Messbericht zu beschreiben und sinnvoll zu interpretieren.

In der Praxis bleibt nun die Frage, an welcher Regel man sich halten sollte und was physikalisch wirklich die „richtige" Vorgehensweise ist. Es wird empfohlen, die Auswertung sowohl nach dem Verfahren der DIN 4109 als auch nach dem Verfahren der DIN EN ISO 16283-1 durchzuführen. Sollten beide Verfahren im Vergleich zu den gestellten Anforderungen zum gleichen Ergebnis kommen, ist die doppelte Auswertung vergleichsweise unproblematisch. Sollte die Bewertung unterschiedlich sein, wird vorgeschlagen, dies entsprechend im Prüfbericht auszuweisen und gegebenenfalls gutachterlich zu bewerten.

Grundsätzlich ist festzustellen, dass bei Messungen des Bau-Schalldämmmaßes die Wahl des Sende- und Empfangsraumes zunächst beliebig ist, da gemäß der Definition das Bau-Schalldämmmaß richtungsunabhängig ist. In der Praxis sollte jedoch, wenn immer möglich, der größere Raum der Senderaum sein, weil im Senderaum nicht nur die Mikrofone, sondern auch immer die Schallquelle mit den entsprechenden Abstandsbedingungen platziert werden muss. Je größer der Senderaum ist, desto leichter ist die Einhaltung der Abstandsbedingungen.

Nicht selten wird die Bestimmung der Trennfläche und des Raumvolumens jedoch aus anderen Gründen schwierig. So stellt sich selbst dem Fachmann die Frage, wie physikalisch eine Schrankwand oder eine abgehängte Akustikdecke in Bezug auf die Trennfläche oder das Raumvolumen zu bewerten ist. Leider gibt es nur in wenigen Fällen aus physikalischer Sicht eine eindeutige Antwort. Bei abgehängten Decken sind sich die Fachleute insofern einig, als dass hier das Höhenniveau der abgehängten Decke für die Volumenbestimmung herangezogen wird. Wenngleich der Schall in eine „Akustikdecke" mehr oder minder eindringt, ist die Vorgehensweise zumindest eindeutig und auch physikalisch auch meist nicht ganz falsch.

Bei der Behandlung von kleineren Schränken, Schrankwänden oder mit Büchern gefüllten Regalen ist die Vorgehensweise jedoch nicht eindeutig. Zunächst würde man meinen, dass Schränke o. ä. das auf die Wand treffende Schallfeld abschatten und somit die wirksame Wandfläche entsprechend verkleinert wird. Untersuchungen zeigen jedoch, dass zumindest für leere Schränke durch Hohlraumresonanzen die Schallübertragung für einzelne Frequenzen auch größer sein kann als ohne Schrank. Auch wird in der Regel ein Teil des auf die Wand treffenden Schalls hinter das abschattende Objekt gelangen und so zur Anregung der Wand beitragen. In DIN EN ISO 16283-1 aber auch im VMPA-

Beschlussbuch sind Hinweise und Vorgehensweisen beschrieben, wie mit solchen Situationen umzugehen ist. Hier wird jedoch empfohlen, diese Hinweise nicht dogmatisch zu sehen, sondern als Hilfestellung. Grundsätzlich ist es empfehlenswert, sich die physikalische Wirkung der Einbauten zu überlegen und danach eine sachgerechte Vorgehensweise zu wählen.

Grundsätzlich wird aber empfohlen, Messungen mit Objekten, die die Trennwand teilweise abdecken, dann *nicht* zur Beurteilung heranzuziehen, wenn die Ergebnisse grenzwertig in Bezug auf die gestellten Anforderungen sind. Hier sollte überlegt werden, ob nicht die Qualität der Trennwand o. ä. über die Messung der Schalldämmung bei einer anderen Situation erfolgen kann. In vielen Bauten, z. B. in Doppel- und Reihenhäusern, lassen sich oft in anderen Räumen oder Etagen bessere Messsituationen finden, um z. B. die Luftschalldämmung der Doppelhaustrennwand o. ä. zu bestimmen. Der Messtechniker sollte hier ebenfalls entsprechende Sachkunde walten lassen und bei sensiblen Fragestellungen die Problematik der teilabgedeckten Bauteile adäquat behandeln.

5.3 Messung von Außenbauteilen

Die Messung der Luftschalldämmung von Außenbauteilen erfolgt grundsätzlich zunächst nach DIN EN ISO 16283-3.

5.3.1 Standardverfahren

Das Standard-Messverfahren ist das *Bauteil-Lautsprecherverfahren*, bei dem das Außenbauteil mithilfe eines Lautsprechers angeregt und der Schalldruck sendeseitig unter Nutzung des Nahfeldverfahrens auf dem Bauteil erfasst wird. Alternativ hierzu kann das *Lautsprecherverfahren* angewandt werden, bei dem der Schalldruck des Mikrofons sendeseitig nicht direkt vor dem Bauteil, sondern in einem Abstand von mindestens 2 m erfasst wird. Beide Verfahren sind dazu gedacht, das Schalldämmmaß R' oder das resultierende Schalldämmmaß R'_{res} von Außenbauteilen zu bestimmen. Wichtig hierbei ist, dass die akustische „Ausleuchtung" möglichst gleichmäßig sein muss. Für Bauteile mit Dimensionen < 5 m darf die Pegelschwankung auf dem Bauteil in jedem Terzband max. $\Delta L_{max} = 5$ dB betragen, bei größeren Bauteilen $\Delta L_{max} = 10$ dB. Die Pegelschwankungen auf dem Bauteil bestimmen auch direkt die Anzahl der zu verwendenden Mikrofonpositionen. Die Mindestanzahl der zu verwendenden Mikrofonposition beträgt 3. Beträgt die Pegeldifferenz auf dem Bauteil n dB, so ist die Anzahl der Mikrofonpositionen auf n zu erhöhen. Da die Pegeldifferenz auf dem Bauteil maximal 10 dB betragen darf, beträgt ebenfalls die Anzahl der Mikrofonpositionen hier n = 10. Sind die Pegelschwankungen auf dem Bauteil > 10 dB, ist dies entsprechend im Prüfbericht anzugeben.

An dieser Stelle sei noch einmal ausdrücklich betont, dass grundsätzlich Nahfeldmessverfahren wie hier das Bauteil-Lautsprecherverfahren, bei denen das Mikrofon in einem Abstand von wenigen Millimetern unmittelbar vor das Bauteil gebracht wird, nur auf der Schalleinfallsseite (Sendeseite) des Bauteils angewendet werden dürfen. Auf der schallabstrahlenden Seite (Empfangsraumseite) entstehen bei der Abstrahlung im Nahbereich des Trennbauteils sogenannte Nahfelder. Nahfelder erzeugen vor dem Bauteil lokale Druckschwankungen, die jedoch zum Teil nicht ausbreitungsfähig sind. Im Falle einer Nahfeldmessung auf der Empfangsseite des Bauteils, würden diese nicht ausbreitungsfähigen Druckstörungen mit erfasst und somit ggf. zu erheblichen Messfehlern führen.

Idealerweise sollte die Anregung eines Außenbauteils allseitig erfolgen, da sich nur so das Koinzidenzverhalten des Bauteils für alle Winkel im Messergebnis niederschlägt. Um das Messverfahren unter Anregung mit einem Lautsprecher jedoch einfach und handhabbar zu halten, wurde für die Lautsprecheranregung ein fester Beschallungswinkel von 45° zur Bauteilnormalen ausgewählt, bei dem die auftretenden Koinzidenzeffekte näherungsweise im Mittel alle Einfallswinkel „repräsentieren". Wenngleich dies im strengen physikalischen Sinne unzutreffend ist, erweist sich in der Praxis die Anregung unter 45° als guter Kompromiss. Jedoch hat dieses Verfahren a priori nicht die Genauigkeit, wie man es von einem Verfahren, das sowohl sendeseitig als auch empfangsraumseitig diffuse Schallfelder aufweist, erwarten würde. Es empfiehlt sich daher, bei Fassadenmessungen grenzwertige Ergebnisse immer noch einmal zu überprüfen.

Die Norm schreibt vor, dass der Lautsprecher zur Anregung entweder auf dem Boden oder alternativ so hoch wie möglich positioniert werden sollte. Durch die Vorgabe soll vermieden werden, dass durch Reflexionen am meist schallharten Boden Interferenzen entstehen, die im Frequenzbereich einen sehr unausgeglichenen Frequenzgang (Kammfilterstruktur) nach sich ziehen. Wird der Lautsprecher dagegen direkt auf dem Boden aufgestellt, sind die Reflexionen des sehr nahen Bodens meist annähernd mit den direkt abgestrahlten Anteilen in Phase. Wird der Lautsprecher sehr hoch positioniert, ist die Bodenreflexion gegenüber dem Direktschall meist aufgrund des sehr viel längeren Laufweges und der damit verbundenen Schwächung (1/r-Gesetz) vergleichsweise klein.

Weil eine Aufstellung des Lautsprechers unter 45° bei der Messung von Außenbauteilen oft nicht möglich ist, können DIN 4109-4 auch „beliebige" andere Aufstellwinkel des Lautsprechers verwendet werden. Bei der Wahl anderer Winkel ist jedoch zu berücksichtigen, dass sich auch bei richtiger Anwendung einer anderen Messgleichung (s. Tabelle 15) der Koinzidenzeffekt anders ausbildet und somit ein anderer Verlauf der Schalldämmung gemessen wird. Es sollte daher gut

Tabelle 15. Verschiedenen Verfahren zur Bestimmung der Schalldämmung eines Außenbauteils

Verfahren	Formel
DIN EN ISO 16283-3 Bauteil-Lautsprecher-Verfahren	$R'_{45°} = L_{1,S} - L_2 + 10 \lg \frac{S}{A} - 1{,}5 \text{ dB}$
DIN EN ISO 16283-3 Gesamt-Lautsprecher-Verfahren	$R'_{45°} = L'_1 - L_2 + 10 \lg \frac{S}{A} + 1{,}5 \text{ dB}$
Zusatzverfahren DIN 4109 Teil 4 Bauteil-Lautsprecher-Verfahren	$R'_\delta = L_{1,S} - L_2 + 10 \lg \frac{S \cos \delta}{A} \text{ dB}$ mit $L_{1,S}$ = mittlerer Schalldruckpegel an der Oberfläche des Bauteils
Zusatzverfahren DIN 4109 Teil 4 Gesamt-Lautsprecher-Verfahren	$R'_\delta = L'_1 - L_2 + 10 \lg \frac{S \cos \delta}{A} \text{ dB} + 3 \text{ dB}$ mit L'_1 = mittlerer Schalldruckpegel an der Oberfläche des Bauteils

überlegt werden, inwieweit man von der Normvorgabe von 45° abweicht. In der Praxis hat sich bewährt, möglichst einen Winkel von $\delta = 30°–60°$ einzuhalten. In jedem Fall ist der verwendete Schalleinfallswinkel im Prüfzeugnis anzugeben.

5.3.2 Messung mit Außenlärm

Die Messung der Luftschalldämmung eines Außenbauteils ist auch mithilfe des vorhandenen Außenlärms möglich. Diese Methode ist jedoch ungenauer und oft nicht geeignet, die Messergebnisse direkt mit den an die Bauteile geforderten Schalldämmmaße zu vergleichen. Dennoch kann es notwendig sein, z. B. bei der Messung der Schalldämmung von Dächern o. ä. alternative Verfahren zum Lautsprecherverfahren anzuwenden. An dieser Stelle sei jedoch auf eine häufig auftretende Missinterpretation der in der DIN ENISO 16283-3 beschriebenen Verfahren hingewiesen.

In der DIN 4109-1 sind in Abschnitt 8 die baurechtlichen Anforderungen an Außenbauteile niedergelegt. Die Anforderungen sind an ein bewertetes Gesamt-Bau-Schalldämmmaß $R'_{w,ges}$ gestellt. Wenngleich in der Messnorm auch verschiedene Norm- und Standard-Schallpegeldifferenzen als kennzeichnende Größen angegeben sind, muss zum Vergleich von Messwerten mit den Anforderungen messtechnisch auch ein bewertetes *Gesamt-Bau-Schalldämmmaß* $R'_{w,ges}$ ermittelt werden. Es sei an dieser Stelle noch einmal darauf hingewiesen, dass der Messtechniker in der Wahl seiner Messgrößen nicht frei ist. Vielmehr dürfen bei einer durch die Messnorm gegebenen Vielzahl von kennzeichnenden Größen nur solche benutzt werden, die sich auch mit den gestellten Anforderungen z. B. der DIN 4109 vergleichen lassen. Somit wird auch die Schalldämmung von Außenbauteilen durch ein Schalldämmmaß und nicht durch einen Schallpegeldifferenz gekennzeichnet.

5.4 Luftschalldämmung von Türen

Messverfahren der Luftschalldämmung zwischen zwei Räumen von Türen sind nunmehr teilweise in der Messnorm DIN EN ISO 16283-1 Anhang C.4 beschrieben. Dennoch bergen diese eine Reihe von Problemen, die im Folgenden erläutert werden.

Tabelle 16. Verschiedene Verfahren zur Bestimmung der Schalldämmung einer Tür

Norm	Skizze des Verfahrens	Auswertegleichung
DIN EN ISO 16283-1 Standardverfahren		$R' = L_1 - L_2 + 10 \lg \frac{S}{A}$ dB
DIN 4109-4 Zusatzverfahren		$R' = L_{1,S} - L_2 + 10 \lg \frac{S}{A}$ dB $- 3$ dB mit $L_{1,S}$ = mittlerer Schalldruckpegel an der Oberfläche des Bauteils
DIN 4109 Teil 4 Lautsprecher-Verfahren		$R'_\delta = L'_1 - L_2 + 10 \lg \frac{S \cos \delta}{A}$ dB $+ 3$ dB mit L'_1 (auch $L_{1,2m}$ genannt) = mittlerer Schalldruckpegel in 2 m Abstand von der Oberfläche des Prüfgegenstandes
DIN 4109 Teil 4 Gesamt-Lautsprecher-Verfahren		$R'_\delta = L_{1,S} - L_2 + 10 \lg \frac{S \cos \delta}{A}$ dB mit $L_{1,S}$ = mittlerer Schalldruckpegel an der Oberfläche des Bauteils

5.4.1 Messverfahren

Die Schalldämmung von Türen wird standardmäßig nach DIN EN ISO 16283-1. Sofern jedoch die Tür Trennbauteil zu einem Flur ist, ist das Senderaumvolumen nicht definiert und auch die Diffusität des Schallfeldes steht in Frage. Für diesen Fall ist in DIN 4109-4 Anhang B vorgegeben, sendeseitig den Schalldruckpegel im Nahfeld der Tür zu messen. Eine Tür kann aber auch ein Außenbauteil sein. Hierzu gelten alle Ausführungen des vorherigen Abschnittes analog. Tabelle 16 zeigt alle Verfahren mit denen das Schalldämmmaß einer Tür messtechnisch bestimmt werden kann.

5.4.2 Einfluss von umgebenden Wänden

Messtechnisch kann nur das Gesamt-Schalldämmmaß $R'_{w,ges}$ der Tür und der sie tragenden Wand ermittelt werden. In Deutschland werden aber innerhalb von Wohnungen die Anforderungen an die Türen ohne ihre tragende Konstruktion, d. h. ohne die Wand in die sie eingebaut sind, gestellt. Die Anforderungen an Türen im Innenbereich beziehen sich daher auf das R_w der Tür. Wie letztlich dabei vorzugehen ist, aus dem messtechnisch ermittelten Gesamt-Schalldämmmaß $R'_{w,ges}$ nunmehr das R_w der Tür herauszufinden, ist in DIN EN ISO 160283-1 Anhang C4.4 beschrieben. Leider ist diese Beschreibung etwas unglücklich und nicht sofort verständlich. Daher wird nachfolgend beschrieben, welcher Text sinngemäß in einer früheren Version des VMPA-Beschlussbuches niedergelegt war. Mit Hilfe der dortigen Erläuterung lässt sich schnell eine einfache Abschätzung darüber treffen, wann angrenzende Bauteile bei der Ermittlung des bewerteten Gesamt-Schalldämmmaßes $R'_{w,ges}$ signifikant zur Energieübertragung beiträgt oder nicht.

„An der Schallübertragung zwischen zwei Räumen, die durch eine Tür verbunden sind, sind i. A. nicht nur die Tür, sondern auch die angrenzenden Bauteile (z. B. angrenzende Wand oder Oberlicht) und die flankierenden Bauteile (z. B. ein durchlaufend verlegter schwimmender Estrich oder eine abgehängte Decke) beteiligt. Bei Einfluss der angrenzenden und der flankierenden Bauteile auf die Schallübertragung darf bei der Ermittlung des Schalldämm-Maßes einer Tür als Prüffläche nicht die Türöffnungsfläche eingesetzt werden. Bei einer derartigen Auswertung kann sich für das ermittelte Schalldämm-Maß ein geringeres als das tatsächliche Schalldämm-Maß der Tür ergeben.

Die Schalldämmung der Tür kann aus den Messwerten nur dann mit Bezug auf die Rohbauöffnungsfläche der Tür ermittelt werden, wenn die nachfolgende Bedingung erfüllt ist:

$$R'_{w,Wand} \geq R_{w,Tür} + 10 \log \frac{S_{Wand}}{S_{Tür}} + 10 \text{ dB} \quad (9)$$

mit
$R'_{w,Wand}$ bewertetes Schalldämmmaß der Wand einschließlich der sonstigen Trennbauteile und der Flanken
S_{Wand} Fläche der Wand einschließlich der sonstigen Trennbauteile
$R_{w,Tür}$ bewertetes Schalldämmmaß der Tür
$S_{Tür}$ Rohbauöffnungsfläche der Tür

Ist diese Bedingung nicht erfüllt, so sind aus dem bewerteten Gesamt-Schalldämm-Maß der Wand mit Tür und Flanken $R'_{w,ges}$ die Schallenergieanteile der umgebenden Wandfläche und der flankierenden Bauteile herauszurechnen. Gegebenenfalls ist dafür eine weitere Güteprüfung erforderlich, bei der die Schalldurchgänge durch das Türblatt, die Funktionsfugen, die Zarge und die Einbaufugen in geeigneter Weise – z. B. durch eine schalldämmende Vorsatzschale – soweit reduziert werden, dass die „Grenzdämmung der Prüfsituation" ermittelt werden kann. Nach energetischer Subtraktion der durch die umgebenden Bauteile übertragenen Energie erhält man aus dem $R'_{w,ges}$ das $R_{w,Tür}$."

5.4.3 Schwachstellen einer Tür

Die typischen Schwachstellen (s. auch Bild 15) einer Tür sind Undichtigkeiten, die sich oft in der Zarge, der Falz- und der Bodendichtung finden lassen.

In diesem Abschnitt soll betont werden, dass Undichtigkeiten in den allermeisten Fällen die Mangelursache bei der Schalldämmung von Türen sind. Fast ohne Ausnahme kann gesagt werden, dass eine Tür mit schalltechnisch ausgewiesener Qualität das vorgegebene Schalldämmmaß R_w nicht erreicht, wenn die Tür an irgendeiner Stelle undicht ist. Da das Detektieren von Undichtigkeiten mit dem Stethoskop (s. Bild 14) sehr einfach ist, ist das Abhören der Tür vor der Messung unerlässlich. Durch das Abhören kann vergleichsweise sehr einfach und sicher festgestellt werden, ob im vorgefundenen Zustand der Türe mithilfe einer Messung überhaupt die Chance besteht, ein hinreichendes Schalldämmmaß zu ermitteln. Im Übrigen ist gerade im Fall der Türen das Abhören sehr gut geeignet, den Verantwortlichen das Problem nahe zu bringen und „hörbar" zu machen.

Durch das manuelle temporäre Abdichten einzelner Türbereiche können die Fehlerquellen dann auch einfach quantitativ beschrieben werden. Bild 16 zeigt beispielhaft eine Tür mit abgedichteter Bodendichtung. Der Aufwand für die Abdichtung ist vergleichsweise gering. Auch kann zur überschlägigen quantitativen Ermittlung der Abdichtung jeweils die Änderungen für verschiedene Zustände der Tür für jeweils nur eine Lautsprecher- und Mikrofonposition ermittelt werden.

5.5 Trittschalldämmung

5.5.1 Decken

Die Messung der Trittschalldämmung von Trenndecken erscheint zunächst vergleichsweise einfach. Bei Holzbalkendecken oder anderen nicht homogenen Deckenbauteilen ist darauf zu achten, dass die die De-

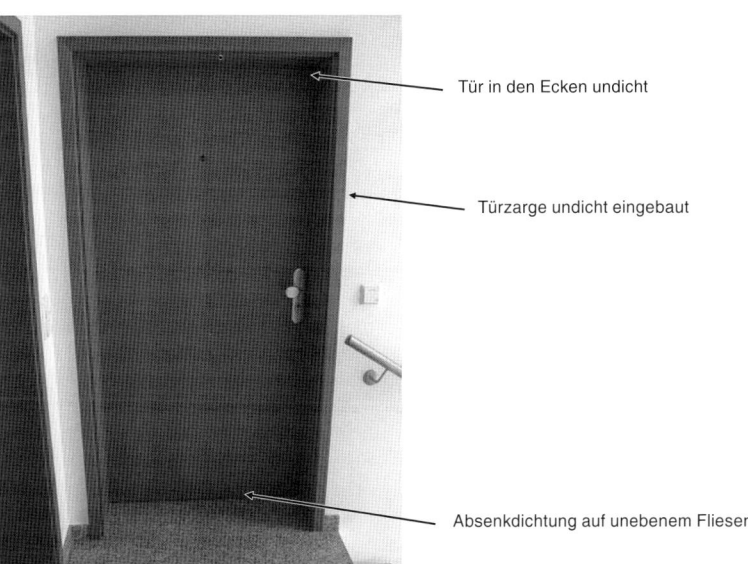

Bild 15. Typische Schwachstellen einer Tür

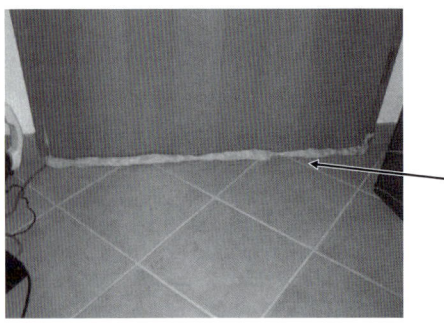

Bild 16. Abdichten des Bodenspaltes zur Überprüfung der Funktion der Bodendichtung

cke mit dem Norm-Hammerwerk und den zugehörigen Positionen gleichmäßig angeregt wird. Bei der Messung von Holzbalkendecken ist daher das Hammerwerk jeweils mit einem Verdrehwinkel von 45° gegen die Balkenachse aufzustellen. Wenn die Räume sehr klein sind (z. B. Bad), können die nach DIN EN ISO 16283-2 geforderten vier Hammerwerkspositionen nicht mit dem entsprechenden Abstand realisiert werden. Dann ist es empfohlen, das Hammerwerk für eine weitere Messposition zumindest auf der Stelle um 90° zu verdrehen.

Bei der Messung der Trittschalldämmung von Decken soll nicht unerwähnt bleiben, dass gemäß DIN 4109-1 folgende Regelung gilt:

„*Trittschallmindernde, leicht austauschbare Bodenbeläge (z. B. weichfedernde Bodenbeläge nach DIN 4109-34:2016-07, Tabelle 2, sowie schwimmend verlegte Parkett- und Laminatbeläge) dürfen beim Nachweis im Wohnungsbau nicht angerechnet werden.*"

Dies bedeutet, dass der messtechnische Nachweis der Güte am Bau dann im strengen Sinne auch ohne die weichfedernden Bodenbeläge erfolgen muss. Bei den Messungen ist daher darauf zu achten, dass Teppiche o. ä. möglichst bei der Messung entfernt oder umgeklappt werden. Alternativ, wenn z. B. der Teppichboden nicht entfernbar ist, könnte man meinen, dass die Messung der Trittschalldämmung zunächst auch mit diesem durchgeführt werden könnte und anschließend vom Messergebnis das Trittschallverbesserungsmaß ΔL_w des Teppichs wieder abgezogen wird. Messungen sind aber auf einem weichfedernden Bodenbelag auch bei bekanntem Trittschallverbesserungsmaß ΔL_w nur in geringem Maße aussagekräftig, da die Höhe der Trittschallverbesserung in hohem Maße von der Deckenkonstruktion selber abhängt. Da in Deutschland im Wohnungsbau zumindest für Massivdecken regelmäßig eine schwimmende Estrichkonstruktion eingesetzt wird, ergeben sich für weichfedernde Bodenbeläge deutlich geringere Trittschallminderungen als dies im Prüfstand auf einer reinen Betonrohdecke nach DIN EN ISO 16251-1 erzielt wird.

Die Behandlung weichfedernder Bodenbeläge bei der Bestimmung Trittschalldämmung bedarf daher einer besonderen Fachkenntnis und ist im allgemeinen Fall nicht trivial.

5.5.2 Luftschallübertragung bei Trittschall

Bei Anregung der Decke durch das Hammerwerk können bei Trittschallmessungen im Senderaum erhebliche Luftschallpegel entstehen. Bei geringer Luftschalldämmung der Decke kann dieser Luftschallpegel des Senderaums in den Empfangsraum so übertragen werden, dass der in den Empfangsraum übertragene Luftschallanteil (s. Bild 17, rot dargestellt) gegenüber dem des durch Trittschall verursachten Schallanteils (s. Bild 17, grün dargestellt) nicht vernachlässigbar ist.

Der Luftschallanteil im Empfangsraum kann somit sinngemäß als Störgeräusch aufgefasst werden, sodass er entsprechend der Regeln für die Störgeräuschkorrektur nach DIN EN ISO 16283-1 zu behandeln ist.

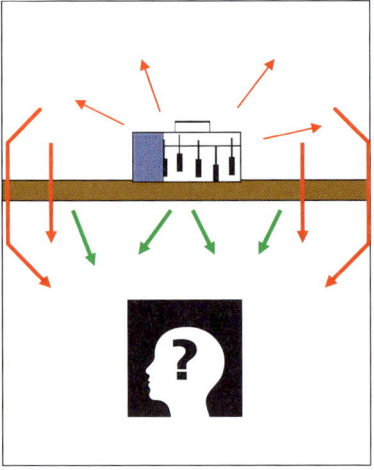

Bild 17. Zur Luftschallübertragung bei Trittschallanregung (rot: Übertragung des vom Hammerwerk abgestrahlten Luftschalls durch die Decke in den Empfangsraum, grün: Abstrahlung von Luftschall in den Empfangsraum des direkt durch das Hammerwerk eingeleiteten Körperschalls)

Zur Kenntnis des Störgeräuschniveaus ist jedoch gemäß Gl. (10) die Erfassung des Luftschallpegels im Senderaum sowie die Messung der Luftschallpegeldifferenz notwendig.

$$L = 10 \lg \left(10^{0,1 L_E} - 10^{0,1(L_{HW}-D)} \right) \text{ dB} \qquad (10)$$

mit
L tatsächlicher Trittschallpegel in dB
L_E der im Empfangsraum gemessene Trittschallpegel mit Luftschallanteil
L_{HW} der bei Betrieb des Hammerwerkes im Senderaum gemessenen Luftschallpegel
D Schallpegeldifferenz zwischen Sende- und Empfangsraum

Die Korrektur ist nur anzuwenden, wenn 6 dB ≤ (L_{HW} – D) ≤ 10 dB. Wenn (L_{HW} – D) < 6 dB ist gemäß der Regeln für Störgeräuschkorrekturen eine feste Korrektur von 1,3 dB zu verwenden und dies im Prüfbericht anzugeben.
Die Anwendung dieser Korrektur ist nicht in DIN EN ISO 16283-2 beschrieben, jedoch in DIN 4109-4 Anhang A. Der dortige Anhang gilt jedoch nur für die Messung der Trittschalldämmung in Prüfständen. Insofern wurde die Anwendung der Luftschallkorrektur bei Trittschallmessungen für Messungen am Bau in das VMPA-Beschlussbuch aufgenommen.

5.5.3 Schallbrücken in Estrichen

Wenngleich sich der vorliegende Beitrag mit den messtechnischen Aspekten am Bau beschäftigt, sei hier kurz ein typischer Bauausführungsfehler diskutiert, da dieser sich in der Regel messtechnisch auch sehr einfach erfassen lässt.

Wie in Abschnitt 5.5.1 bereits ausgeführt, werden im Wohnungsbau standardmäßig schwimmende Estriche eingesetzt. Bei schwimmenden Estrichen muss die Estrichplatte vollständig schwimmend gelagert sein und darf keinerlei feste Verbindungen zum Baukörper besitzen. Einer der häufigsten Baufehler dieses Gewerkes ist es, dass Schallbrücken unter dem Estrich oder im Randbereich auftreten. Zum einen können Schallbrücken direkt beim Verlegen des Estrichs entstehen. So kann z. B. entweder die durchgehende Trittschalldämmschicht wegen verlegter Leitungen auf der Rohdecke unterbrochen sein oder Randschallbrücken wegen mangelhafter Verlegung des Randdämmstreifens entstehen. Auch nach der Verlegung des Estrichs können noch Schallbrücken entstehen, wenn z. B. vor dem Verfliesen der Randdämmstreifen zu niedrig abgeschnitten wird und dann Fliesenkleber in die Randfuge läuft und dort aushärtet (s. auch Bild 18).
Die Auswirkungen solcher Schallbrücken sind gravierend. Bild 19 und Bild 20 zeigen zur Verdeutlichung Messbeispiele, wie sie Mitarbeiter von Güteprüfstellen täglich sehen. Dargestellt ist der Verlauf des Norm-Trittschallpegels einer Massivdecke mit schwimmendem Estrich zum einen mit massiven Randschallbrücken und zum anderen ohne Körperschallbrücken. Die Norm-Trittschallpegel unterscheiden sich hochfrequent um mehr als 50 dB, die bewerteten Norm-Trittschallpegel fast um 30 dB.
Bei Messungen am Bau lassen sich solche Schallbrücken vergleichsweise einfach orten. Hierzu hat sich der Einsatz eines Gummihammers bewährt, mit dem der

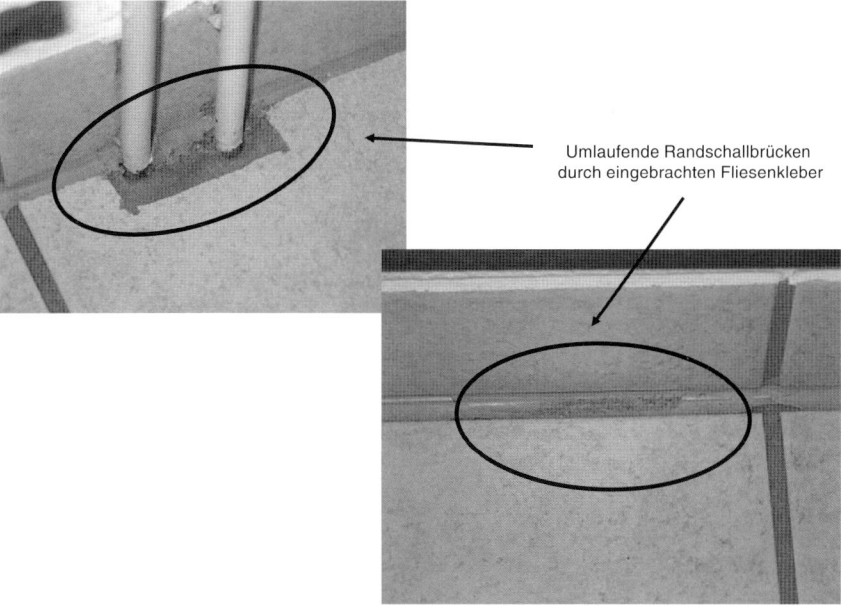

Bild 18. Randschallbrücken in schwimmenden Estrich

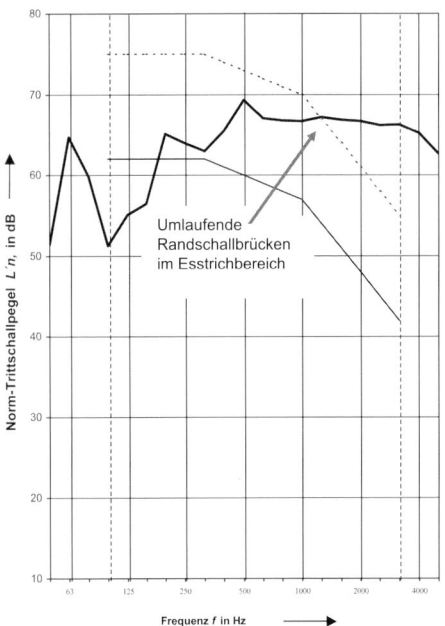

Bild 19. Norm-Trittschallpegel eines schwimmenden Estrichs mit Randschallbrücken ($L'_{n,w} = 73$ dB)

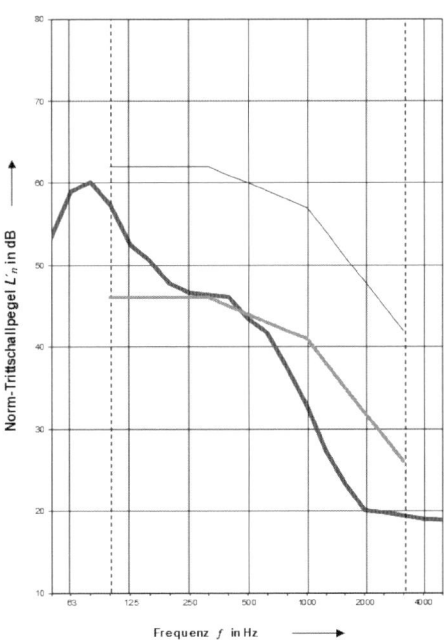

Bild 20. Norm-Trittschallpegel eines schwimmenden Estrichs nach der Sanierung ($L'_{n,w} = 44$ dB)

Estrich abgeklopft wird. Ein Estrich, der frei liegt, klingt relativ dumpf. Dringt man mit dem Klopfen zu den Rändern und den Ecken vor, wird der Klang noch ein wenig dumpfer, da insbesondere die Ecken der Estrichplatte zweiseitig nicht „festgehalten" sind. Beim Vorhandensein von Schallbrücken ändert sich der Klang deutlich hörbar. Der Schlag klingt heller und härter. Mit ein wenig Übung lassen sich so Randschallbrücken aber auch vereinzelte Schallbrücken unter der Estrichplatte sehr gut lokalisieren. Zusätzlich kann auch eine Hand auf die Verbindungsstelle zwischen Estrich und Wand gelegt werden. Mithilfe der Hand lassen sich die Bewegungen des Estrichs gut erspüren. Zur qualitativen Überprüfung von schwimmenden Estrichen aber auch zur Lokalisation von Schallbrücken nach der Messung ist die qualitative Prüfmethode mit dem Gummihammer bestens geeignet. Die Methode des Gummihammers hat den Nachteil, dass man als Messtechniker „auf die Knie" gehen muss. Abhilfe schafft hier ein längerer Stock, der unten mit einem entsprechenden Hartgummiball versehen wird. So kann mit dem Stock im Stehen auf den Estrich geklopft und die Untersuchung durchgeführt werden.

Im Normalfall müssen Randschallbrücken entsprechend freigeschnitten werden. Schallbrücken unter dem Estrich lassen sich nur schwer entfernen, meist ist der Estrich hier auszutauschen. Nicht unerwähnt bleiben soll auch eine vergleichsweise ungewöhnliche Methode der Estrichsanierung. Hierbei wird mithilfe eines schweren, aber weichen „Hammers" ein massiver Schlag auf den Estrich ausgeführt. Dieser Schlag zwingt den Estrich zu einer einmaligen starken Auslenkung. Sind die Schallbrücken nur an einzelnen Stellen vorhanden, werden die Schallbrücken unter dem Estrich durch die Bewegung „zerbröselt", einzelne Schallbrücken am Rande reißen ab. So lassen sich schwimmende Estriche beim Vorhandensein einzelner Schallbrücken vergleichsweise einfach sanieren. Die Anwendung der Methode erfordert aber eine entsprechend große Erfahrung mit Estrichen.

Ein anderer häufig auftretender Fall soll ebenfalls nicht unerwähnt bleiben. Wenn bei der Messung der horizontalen Luft- und Trittschalldämmung die erforderlichen Werte nicht erreicht werden, ist nicht selten eine durchlaufende oder nicht vollständig getrennte schwimmende Estrichplatte die Ursache. Wenn die Estrichplatte nicht getrennt ist, findet man regelmäßig einen erhöhten Norm-Trittschallpegel bei ca. 300 bis 320 Hz sowie einen entsprechenden Einbruch bei den Frequenzen in der Luftschalldämmung. Grund hierfür ist, dass die Estrichplatte oft bei dieser Frequenz ihre Koinzidenzgrenzfrequenz besitzt und hier besonders gut Schall sendeseitig aufnimmt und empfangsseitig abstrahlt. Bild 21 und Bild 22 zeigen ein Beispiel einer horizontalen Trittschalldämmung zum einen mit nicht vollständig getrenntem Estrich und zum anderen bei vollständiger Trennung. Die Unterschiede sind deutlich.

Grundsätzlich ist anzumerken, dass die Luftschalldämmung bei durchgehendem Estrich durch die Est-

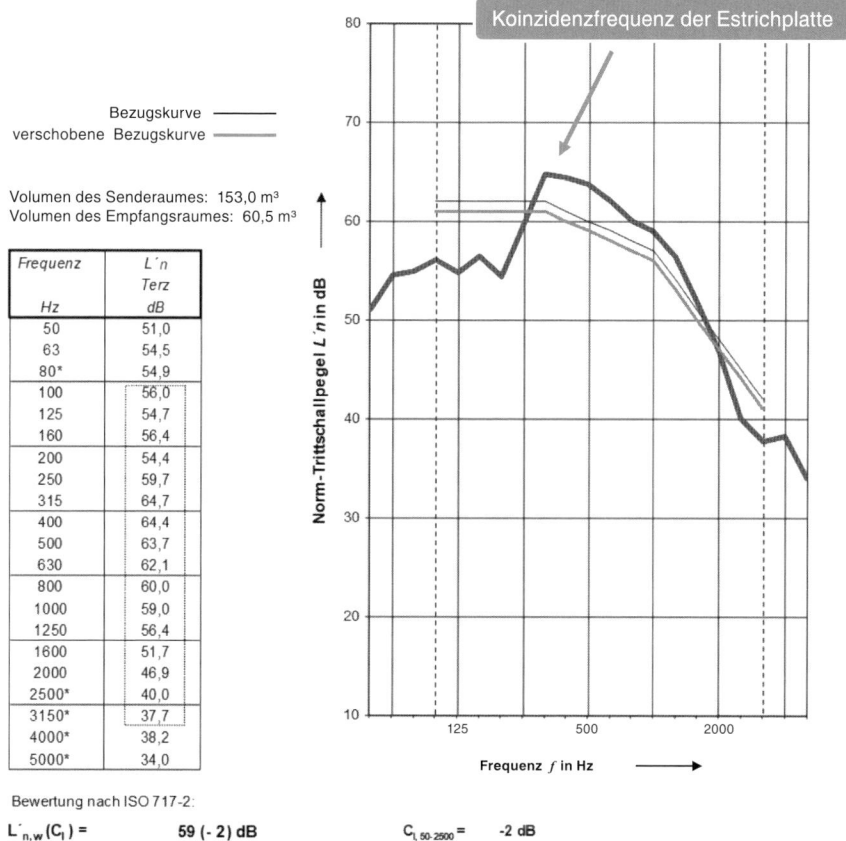

Bild 21. Norm-Trittschallpegelverlauf bei schwimmendem Estrich mit Schallbrücken (horizontal)

richplatte auch die Luftschalldämmung auf typ. R'_w = 38 dB begrenzt ist. Dieser Effekt wird leider bei der Messung der Schalldämmung von Türen o. ä. oft nicht berücksichtigt, sodass hier der Tür fälschlicherweise Mängel zugeschrieben werden, die jedoch von der unvollständig getrennten Estrichplatte herrühren.

5.6 Trittschalldämmung Treppen

Bei der Trittschalldämmung von Treppen ist die Besonderheit gegeben, dass je nach Aufbau der Treppe die einzelnen Stufen einen deutlich unterschiedlichen Norm-Trittschallpegel im Empfangsraum erzeugen können. Dies umso mehr, wenn die Treppenstufen einzeln gelagert sind oder wie im Falle von leichten Stahltreppen die Treppe in der Nähe einiger Stufen Auflagerpunkte zur Wand besitzt. Die Trittschalldämmung von Treppen ist ebenfalls nach DIN EN ISO 16283-2 zu ermitteln. Hierfür sind vier Hammerwerkspositionen, d. h. vier Treppenstufen auszuwählen. Unter den Messtechnikern herrschte über längere Zeit Uneinigkeit darüber, ob beliebige vier Treppenstufen zur Anregung ausgewählt werden dürfen, oder ob durch schrittweises Abtasten die schlechtesten Stufen herausgefunden, und für diese der Norm-Trittschallpegel zu bestimmen sei. So wurde nicht selten argumentiert, dass eine Treppe immer stufenweise (sequentiell) begangen wird, sodass auch immer die Trittschalldämmung jeder (!) Stufe hörbar und im Zweifelsfall auch störend ist. Ein beliebiges Auswählen von vier Stufen würde diesem Sachverhalt keine Rechnung tragen.

Den Güteprüfstellen ist zu empfehlen, bei Treppen, die starke Abhängigkeiten des Norm-Trittschallpegels von der Treppenstufe zeigen, diese Abhängigkeit entsprechend im Messbericht zu dokumentieren und die einzelnen kritischen Stufen zu benennen. Hier sollte eine vollständige Untersuchung der Treppe mit weitaus mehr Anregepositionen als gefordert erfolgen und eine entsprechende Dokumentation und Interpretation im Messbericht gegeben werden.

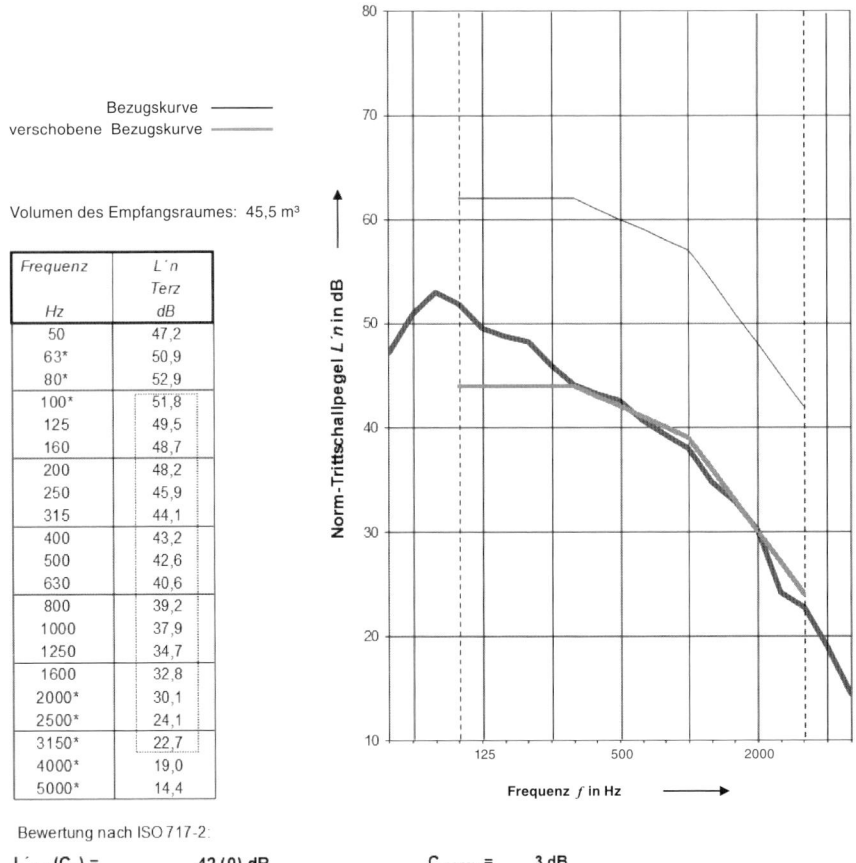

Frequenz	L´n
	Terz
Hz	dB
50	47,2
63*	50,9
80*	52,9
100*	51,8
125	49,5
160	48,7
200	48,2
250	45,9
315	44,1
400	43,2
500	42,6
630	40,6
800	39,2
1000	37,9
1250	34,7
1600	32,8
2000*	30,1
2500*	24,1
3150*	22,7
4000*	19,0
5000*	14,4

Bewertung nach ISO 717-2:

$L´_{n,w}(C_I) =$ 42 (0) dB $\qquad C_{I, 50-2500} =$ 3 dB

Bild 22. Norm-Trittschallpegelverlauf nach der Entfernung der Schallbrücken

6 Besondere Messbedingungen

Wie eingangs erwähnt, wird der Messtechniker bei der Luft- und Trittschallmessung nicht selten vor schwierige Bedingungen gestellt, da beispielsweise weder die Raumschallfelder diffus sind, noch die Raumgeometrien entsprechend abgegrenzt. Für viele der dann entstehenden Fragen waren seinerzeit in der DIN EN ISO 140-14 Empfehlungen gegeben, wie in solchen Situationen zu verfahren ist. Diese Empfehlungen sind nunmehr in die entsprechenden Hauptnormen DIN EN ISO 16283-1, und -2 eingeflossen. Trotz der vielfältig möglichen Probleme lassen sich viele gute Hinweise aus der Norm erhalten und entsprechend anwenden. Die Inhalte der Norm können und sollen hier nicht wiedergegeben werden. In Tabelle 17 sind jedoch einige Beispiele aufgeführt, wie gemäß der Norm die Mikrofon- und Lautsprecherpositionen bei unterschiedlichen Raumkonfigurationen zu verteilen sind.

7 Installationsgeräusche und Geräusche aus haustechnischen Anlagen

7.1 Die Messnormen

Die DIN EN ISO 10052 beschreibt Kurzprüfverfahren für die Messung der Luftschalldämmung, Trittschalldämmung, Installationsgeräusche und Geräusche aus haustechnischen Anlagen. Während die Kurzprüfverfahren für die Luft- und Trittschalldämmung in Deutschland keine Anwendung finden, sind die Kurzprüfverfahren für die Installationsgeräusche und Geräusche aus haustechnischen Anlagen als Standardverfahren in Deutschland eingeführt. Dies insbesondere, da das Kurzprüfverfahren für den letzteren Fall dem früheren Verfahren nach DIN 52219, das lange in Deutschland angewandt wurde, sehr nahekommt.
Zudem sind zur DIN EN ISO 10052 in Deutschland folgende wesentliche Zusatzregelungen in DIN 4109-4 getroffen:

Tabelle 17. Lautsprecher- und Mikrofonpositionen für verschiedenen Raumkonfigurationen nach DIN EN ISO 162382-1

Beispiel	Bedeutung der Symbole: ○ Lautsprecherpositionen × Diskrete Mikrofonpositionen △ Mikrofonbahnen
1	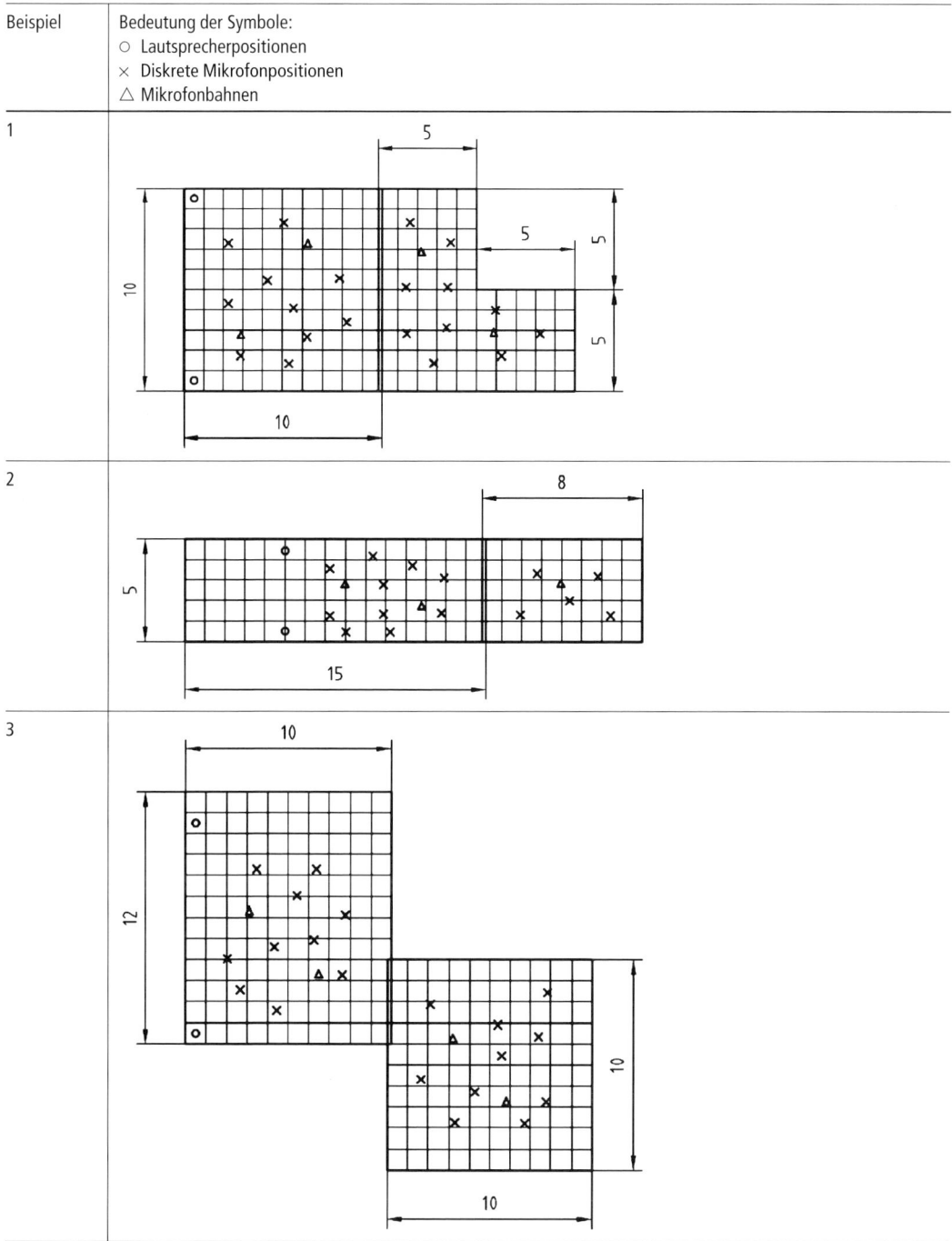
2	
3	

Tabelle 17. Lautsprecher- und Mikrofonpositionen für verschiedenen Raumkonfigurationen nach DIN EN ISO 162382-1 (Fortsetzung)

Beispiel	Bedeutung der Symbole: ○ Lautsprecherpositionen × Diskrete Mikrofonpositionen △ Mikrofonbahnen
4	
5	

– verpflichtende Messung der Nachhallzeit zur Bestimmung der Absorptionskorrektur; die Anwendung der in der DIN EN ISO 10052 enthaltenen „Korrekturtabelle" ist nicht erlaubt;
– Regelung einer möglichen Störgeräuschkorrektur, die in DIN EN ISO 10052 nicht vorgesehen ist;
– auf die Anwendung der Prozedur mit Eckposition wird verzichtet.

Im früheren Teil 11 der DIN 4109 (mit Einführung der neuen DIN 4109 zurückgezogen) war noch die Bestimmung von Ruhe- und Fließdruck und des Durchflusses von Wasserinstallationen, die in DIN EN ISO 10052 nur optional zu bestimmen sind, verpflichtend geregelt. Ob diese Regelung mit Absicht oder nur aus Versehen nicht mehr niedergelegt ist, ist unklar. Wenngleich diese Regelung derzeit nirgendwo aufgeführt ist, gilt für VMPA-Prüfstellen, dass die Erfassung von Ruhe- und Fließdruck sowie Durchfluss obligatorisch durchzuführen sind (siehe auch Abschnitt 7.3).

In DIN EN ISO 10052 sind dagegen für eine Reihe von haustechnischen Anlagen Vorgaben gemacht, unter welchem Betriebszustand eine Anlage zur Messung der Geräusche zu betreiben ist. Im Zweifelsfall können auch immer Messungen mit von der Norm abweichenden Betriebsbedingungen durchgeführt werden. In jedem Fall muss jedoch die Betriebsbedingung im Prüfbericht hinreichend gut dokumentiert sein.

7.2 Messung der Hilfsgrößen Ruhe- und Fließdruck und Durchfluss

Die Betriebsbedingungen für die Messung der Wasserinstallationen sind dabei in den Messnormen beschrieben. Messtechnisch ist es daher möglich, alle Anteile der Installationsgeräusche (Zulauf-, Prallgeräusche und Ablauf) gemeinsam zu messen, oder bei Bedarf separat zu untersuchen. In jedem Fall muss immer im Prüfzeugnis angegeben werden, welcher Geräuschanteil bestimmt wird.

Wie in Abschnitt 7.1 ausgeführt, werden bei Messungen der Installationsgeräusche auch regelmäßig die Hilfsgrößen bestimmt. Hierbei bereitet immer wieder die Erfassung der Hilfsgrößen wie Ruhedruck, Fließdruck und Durchfluss größere Schwierigkeiten. Ruhe- und Fließdruck bestimmen in einem Wassersystem maßgeblich die an den Armaturen entstehenden Geräuschniveaus. Die Druckverhältnisse im Installationssystem können aber vor der Messung z. B. durch Manipulation mithilfe der Einstellmöglichkeiten an den Eckventilen oder dem Hauptwasserhahn im Hausanschlussraum gezielt reduziert werden. Die so gemessenen Installationsgeräusche sind dann erheblich geringer als bei unvermindertem Druck. Um eine solche Manipulation auszuschließen und im Zweifelsfall verschiedene Messungen auch vergleichbar zu machen, müssen Ruhe-, Fließdruck und Durchfluss der Armaturen mit erfasst werden.

Zur Erfassung der Druckverhältnisse werden folgende Hilfsmittel benötigt:
- Manometer mit Anschlussschlauch, ggf. zusätzliches Verlängerungsstück (s. Bild 23a,b)
- Adapter von $\frac{1}{2}''$ Innengewinde auf $\frac{1}{2}''$ und $\frac{3}{4}''$ Grob- und Feingewinde (s. Bild 23c)
- Rohrzange

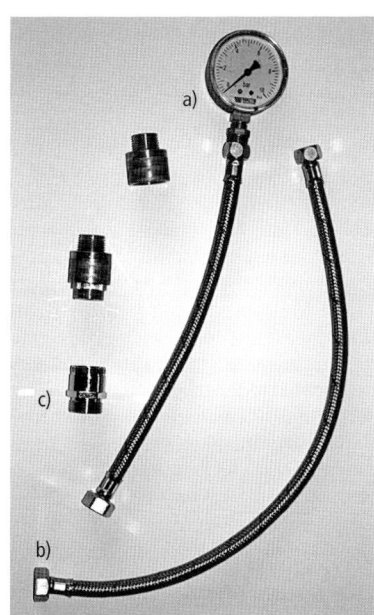

Bild 23. Hilfsmittel zur Messung von Ruhe- und Fließdruck a) Manometer mit Anschlussschlauch, b) Verlängerungsstück, c) Adapterstücke für unterschiedliche Gewindetypen)

Der Ruhedruck lässt sich im Bad am Waschtisch oder an der Badewannenarmatur leicht bestimmen. Hierzu wird zunächst der Strahlregler z. B. mit einer Rohrzange abgeschraubt. Mithilfe entsprechender Adapterstücke wird dann ein Schlauch mit einem Manometer eingeschraubt. Der Ruhedruck lässt sich nach dem Öffnen der Armatur direkt ablesen. Der Fließdruck kann bestimmt werden, wenn bei der Druckmessung am Waschtisch z. B. die Badewannenarmatur geöffnet wird. Der Fließdruck lässt sich aus hydrodynamischen Gründen nur sehr überschlägig bestimmen, er gibt jedoch einen Hinweis darauf, wie groß der Druckabfall im Falle einer Wasserentnahme im System ist, und ob hier möglicherweise eine Störung im Wassersystem vorliegt. Als Orientierungswert kann hier angegeben werden, dass Ruhedrücke in Wassersystemen im Bereich von ca. 3–5 bar, Fließdrücke ca. 0,5 bar darunter liegen.

Für die Durchflussmessung werden noch ein Auffanggefäß (Eimer o. ä.), eine Federwaage und eine Uhr mit Sekundenzeiger benötigt. Über die Füllzeit und das Gewicht lässt sich der Durchfluss leicht bestimmen.

Bei allen Installationsgeräuschmessungen sollte darauf geachtet werden, dass die Eckventile voll geöffnet und die Strahlregler der Armaturen entsprechend gereinigt sind.

7.3 Betätigungsspitzen bei Installationen

Die Anforderungen an Installationsgeräusche sind in der DIN 4109 Tabelle 4 geregelt. Die Tabelle enthält eine Fußnote mit folgendem Inhalt:

„Einzelne, kurzzeitige Betätigungsspitzen, die beim Betätigen der Armaturen und Geräte nach Tabelle 6 (Öffnen, Umstellen, Unterbrechen u. a.) entstehen, sind z. Z. nicht zu berücksichtigen."

Ursprung dieser Fußnote war die Tatsache, dass früher die Umsteller zwischen Armatur und Handbrause an den Badewannenarmaturen beim Umstellen Druckstöße produzierten, deren Geräuschentwicklung sehr hoch war und seinerzeit konstruktiv nicht reduziert werden konnten. Daher sollten solche Spitzen von den Anforderungen ausgenommen werden. Während früher die Anwendung dieser Regelung nach Mitteilung der seinerzeit an der Normung Beteiligten verständlich war, wird die Frage, was genau eine Betätigungsspitze im Sinne der Norm ist, heute sehr unterschiedlich diskutiert. Einige Messtechniker wenden die Ausnahmeregelung nur auf Umsteller an, andere beziehen bewusst auch die Geräusche mit ein, die nach dem Betätigen der Druckplatte von Spülkästen entstehen. Wieder andere halten die Regelung, die nunmehr bereits mehr als 20 Jahre alt ist, schon längst für überholt.

Die Frage der Betätigungsspitzen ist nicht unerheblich, weil in vielen Fällen die Geräusche der Betätigungsspitzen die Anforderungen von $L_{AF,max} = 30$ dB(A) deutlich überschreiten, die anderen Geräuschanteile im Betätigungszyklus jedoch die Anforderung sicher erfüllen. Je nach Behandlung der Betätigungsspitzen kommt man somit in Bezug auf die Einhaltung der Anforderung zu deutlich unterschiedlichen Ergebnissen. Leider gibt es zur Behandlung von Betätigungsspitzen derzeit keine einheitliche Meinung unter den Experten und auch kein einheitliches Vorgehen unter den Prüfstellen. Mittlerweile habe sich jedoch die VMPA-Prüfstellen darauf geeinigt, Betätigungsspitzen regelmäßig mit zu berücksichtigen und die Höhe der durch sie erzeugten Geräusche den Anforderungen zu unterwerfen.

7.4 Nutzergeräusche

Ein Thema besonderer Bedeutung ist die Behandlung von Nutzergeräuschen. Unter Nutzergeräuschen werden alle Arten von Geräuschen verstanden, deren Geräuscherzeugung durch den Benutzer beeinflusst werden kann und die nicht durch einen automatischen Ablauf gesteuert sind. Typische Nutzergeräusche sind das Aufstellen des Zahnputzbechers auf der Ablage, das Herunterfallen des Toilettendeckels, der Spureinlauf (Urinieren) sowie das Betätigen mechanischer Rollläden. Nutzergeräusche sind nicht selten die eigentliche Ursache etwaiger Beschwerden. Diese sind jedoch ausdrücklich von den Anforderungen an Installationsgeräusche oder Geräusche aus haustechnischen Anlagen ausgenommen.

Die Behandlung von Nutzergeräuschen durch Messtechniker und Gutachter erfolgt heutzutage sehr unterschiedlich. Da dieses Thema jedoch für den Nutzer von sehr hohem Interesse ist, verstärkt sich derzeit die Forschung im Bereich der Erfassung und Auswertung von Nutzergeräuschen sehr stark.

Es ist zwar in absehbarer Zeit nicht damit zu rechnen, dass Anforderungen zu Nutzergeräuschen in irgendeiner Weise gestellt werden, jedoch werden schon in der ein oder anderen schalltechnischen Empfehlung (z. B. DEGA-Empfehlung 103) Maximalwerte für Nutzergeräusche angegeben. Insofern ist zu erwarten, dass die Frage nach den Nutzergeräuschen im Laufe der Zeit an Bedeutung zunimmt.

8 Messgenauigkeit

Die Messgenauigkeit von schalltechnischen Messungen ist ein viel diskutiertes Thema. Dies insbesondere, weil wie eingangs erwähnt die Unterscheidungsschwelle zwischen den gemessenen Luft- und Trittschalldämmungen sowie Geräuschpegeln mit 1 dB genau in der Größenordnung der Messungenauigkeit liegt. In besonderen Fällen, bei denen die Messsituation schwierig ist, kann die Messungenauigkeit auch entsprechend höher ausfallen. In der Physikalisch-Technischen Bundesanstalt PTB sind in den letzten Jahren viele Untersuchungen zu den Einflussfaktoren der Messunsicherheit und deren Beitrag zum Gesamtunsicherheitsbudget gemacht worden. Diese Untersuchungen münden in der Norm DIN EN ISO 12999-1.

Die Bilder 24 und 25 zeigen die nach ISO 12999-1 gegebenen terzabhängigen Unsicherheiten für Luft- und Trittschallmessungen für drei unterschiedliche Situationen. Situation A kennzeichnet dabei die Bauteilprüfung in Prüfständen und beinhaltet auch die Unsicherheit, die bei Messungen in verschiedenen Prüfständen besteht, Situation B beschreibt den Sachverhalt, wenn verschiedene Messteams die Messungen an einem Objekt am Bau durchführen. Situation C kennzeichnet die Unsicherheit, wenn ein Messteam die Messungen mehrfach an einem Objekt durchführt. Für die Beurteilung der Messungen am Bau ist die Situation B die wichtigste, weil diese zeigt, welche Unsicherheiten zu erwarten sind, wenn z. B. verschiedene Prüfstellen oder Sachverständige die Luft- oder Trittschalldämmung desselben Objektes prüfen und diese im Rahmen von Gerichtsgutachten o. ä. miteinander verglichen werden.

Weiterhin führt die Norm aus, dass, wie schon in Abschnitt 4 erläutert, die zu erwartende Unsicherheit für Luftschallmessungen bei $\sigma = 0{,}9$ dB und für Trittschallmessungen bei $\sigma = 1{,}0$ dB liegt. Wie aus den terzabhängigen Unsicherheitsverläufen erkennbar ist, steigt die Unsicherheit zu tiefen Frequenzen stärker an. Aufgrund der vergleichsweise großen Messunsicherheit bei tiefen Frequenzen bestehen daher von vielen Seiten erhebliche Bedenken, den bauakustischen Mess- und Bewertungsbereich z. B. mithilfe der C-Koeffizienten auf Frequenzen unter 100 Hz auszudehnen. Man befürchtet hier im Zweifelsfall eine erhebliche Rechtsunsicherheit in Bezug auf die Planung und die spätere Bewertung.

Nicht selten steht der Messtechniker vor dem Problem, dass das von ihm ermittelte Messergebnis die gestellte Anforderung um 1 dB verfehlt. Ein solches Ergebnis ruft unter den Messtechnikern unterschiedliche Interpretationen hervor. Die Unterschiedsschwelle der Hörbarkeit zwischen zwei Pegeln liegt standardmäßig im A-B-Vergleich bei ca. 1 dB. Eine Unterschreitung der Anforderungen um 1 dB sei daher fast nicht wahrnehmbar und somit unbedeutend. Weiterhin wird argumentiert, dass die Messungenauigkeit ca. 1–1,5 dB beträgt und somit die Anforderung auch erfüllt sein könnte. Eine Unterschreitung der Anforderung um 1 dB werde daher nicht als Mangel gewertet.

Gemäß den Ausführungen früher an den Normungsprozessen Beteiligten, wurde die Unsicherheit der Messung am Bau bereits durch die systematische Absenkung der Anforderungen um 1 dB berücksichtigt. Nunmehr bei der Messung eine weitere Unsicherheit zu berücksichtigen, würde dem ursprünglichen Gedanken zuwiderlaufen. Im Übrigen sei erwähnt, dass im neuen Sicherheitskonzept der DIN 4109 entsprechende Sicherheitsabschläge von 2 dB auf die Prognose genommen werden. Bei Türen beträgt der Sicherheitsabschlag sogar 5 dB.

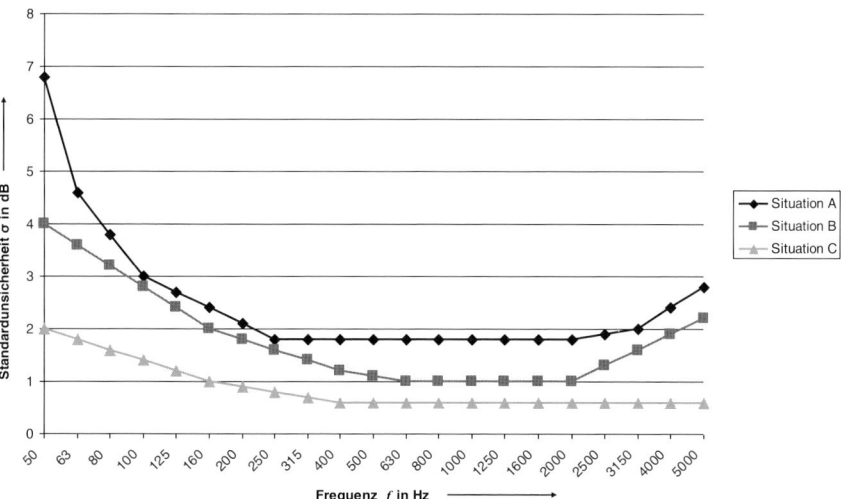

Bild 24. Standardunsicherheit nach DIN EN ISO 12999-1 für Messungen der Luftschalldämmung am Bau

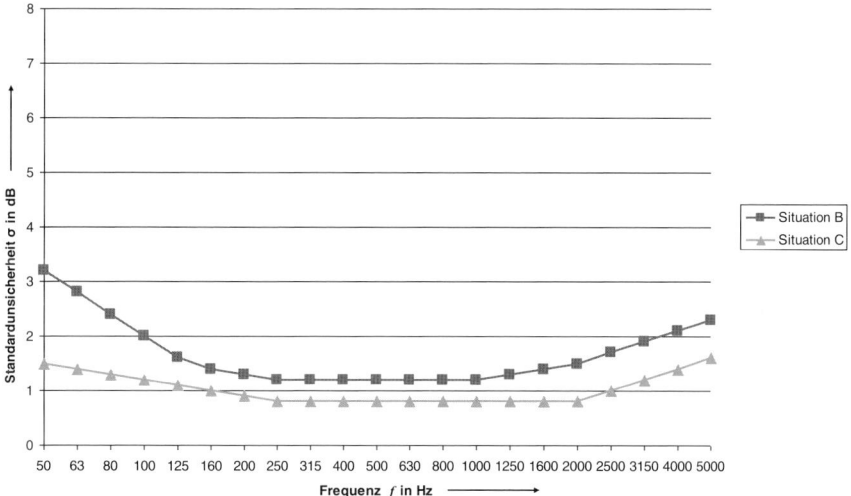

Bild 25. Standardunsicherheit nach DIN EN ISO 12999-1 für Messungen der Trittschallschalldämmung am Bau

Bei allen Argumenten für und gegen eine scharfe Grenzziehung, sowohl nach der derzeitigen Philosophie der DIN 4109 als auch nach den Qualitätsrichtlinien der VMPA zertifizierten Prüfstellen, ist das Vorgehen eindeutig. Demnach gilt eine messtechnische Unterschreitung der gestellten Anforderung um 1 dB zunächst als nicht ausreichend bzw. nicht erfüllt. Allerdings wird in solchen Grenzfällen empfohlen, die Messgenauigkeit so weit wie möglich zu erhöhen. Dies kann durch Einbeziehung zusätzlicher Anrege- und Mikrofonpositionen erreicht werden. Wenn dann keine Einigkeit über das Messergebnis bzw. über die Interpretation erzielt wird, kann auch eine zweite Messung eines anderen Teams die Messgenauigkeit entsprechend erhöhen.

Im Übrigen geben die Prüfstellen bis heute bei ihren Messungen bewusst keine Messgenauigkeit an, da dies angesichts der vorher dargestellten Problematik Vorschub für Fehlinterpretationen und somit für noch mehr Rechtsstreitigkeiten leisten würde.

9 Körperschallmessung

Abschließend soll kurz erläutert werden, in welcher Weise Körperschallmessungen die messtechnischen Untersuchungen am Bau unterstützen können.
Die Messung der Luft- und Trittschalldämmung am Bau setzt das Vorhandensein diffuser Schallfelder vor-

aus. Im Empfangsraum kann über die Messung des räumlich gemittelten Luftschallpegels „nur" die Summe aller in den Raum übertragenen Energieanteile bestimmt werden. Wenn jedoch der Empfangsraum z. B. wegen einer offenen Grundrissstruktur oder einer sehr starken Raumabsorption (Kinosäle o. ä.) kein geeignetes Diffusfeld aufweist, ist die Messung der Luft- und Trittschalldämmung schwierig bis unmöglich. Auch versagt die Messmethode, wenn die Frage beantwortet werden soll, in welcher Weise einzelne Bauteile an der Gesamtübertragung teilhaben.

In beiden Fällen kann die Durchführung von Körperschallmessungen weiterhelfen. Bei der Körperschallmessung wird ein entsprechender Körperschallaufnehmer (meist Beschleunigungsaufnehmer) direkt auf das Bauteil aufgesetzt und die frequenzabhängige Schwingungsschnelle an verschiedenen Positionen auf dem Bauteil gemessen. Aus der gemittelten Oberflächenschnelle kann die vom Bauteil abgestrahlte Schallleistung wie folgt bestimmt werden:

$$P_{durch} = \rho_0 c_0 S \overline{v^2} \sigma \qquad (11)$$

mit
v Schnelle auf der Bauteiloberfläche
S Bauteilfläche
σ Abstrahlgrad (oberhalb von f_c ist σ ≈ 1)

Gemäß Gl. (9) setzen Körperschallmessungen die Kenntnis des Abstrahlgrades σ voraus. Dieser ist unterhalb der Koinzidenzgrenzfrequenz f_c stark frequenzabhängig, konvergiert aber oberhalb von f_c schnell gegen σ = 1. Praktisch ist daher die Anwendung der Körperschallmesstechnik zur Ermittlung quantitativer Aussagen auf den Frequenzbereich oberhalb von f_c beschränkt. Im Umkehrschluss bedeutet dies, dass für hinreichend breitbandige Messungen die Koinzidenzgrenzfrequenz des in den Empfangsraum abstrahlenden Bauteils vergleichsweise tieffrequent sein muss. Dies ist jedoch vorwiegend nur bei massiven schweren Bauteilen der Fall. Insofern bleibt die Anwendung der Körperschallmesstechnik auf den Massivbau beschränkt, dort sind die erzielten Ergebnisse jedoch entsprechend aussagekräftig.

Das Schalldämmmaß R′ und der Norm-Trittschallpegel L_n lassen sich dann gemäß nachfolgender Gleichungen direkt bestimmen.

$$R = L_S - L_v - 6{,}3 \text{ dB} \qquad (12)$$

$$L_n = L_v + 10 \lg S - 3{,}7 \text{ dB} \qquad (13)$$

$$L_v = 20 \log \frac{\tilde{v}}{v_0} \text{ dB} \qquad (14)$$

mit $v_0 = 5 \cdot 10^{-8}$ m/s

Der Körperschallaufnehmer sollte mit einer dünnen Schicht Wachs oder Knetmasse auf dem Bauteil befestigt werden. Dabei ist darauf zu achten, dass die so entstehende weiche Zwischenschicht dünn bleibt, da ansonsten eine zunehmend tieffrequente Entkopplung zwischen dem Bauteil und den Körperschallaufnehmer entsteht. ***Es sei betont, dass eine Körperschallmessung eine Norm-Messung nach DIN EN ISO 16283 nicht ersetzt, sondern bei der Interpretation der Ergebnisse bzw. bei der Fehlersuche sehr hilfreich sein kann.***

10 Häufige Fehler bei der Messung und Dokumentation

In Tabelle 18 sind die häufigsten Fehler bei der Durchführung und Dokumentation von schalltechnischen Messungen zusammengefasst.

11 Literatur

[1] Kuttruff, H. (2004) *Akustik: Eine Einführung*, Hirzelverlag, Stuttgart.

[2] Fasold, W.; Veres, E. (2003) *Schallschutz und Raumakustik in der Praxis: Planungsbeispiele und konstruktive Lösungen*, Verlag Bauwesen, Berlin.

12 Anhang: Checklisten

Nachfolgend sind die Checklisten aufgeführt, die im Rahmen der Qualitätsüberwachung der VMPA zertifizierten Prüfstellen bei der Begutachtung für Messungen am Bau angewendet werden. Die Checklisten sind für jeden Messtechniker eine sehr gute Hilfe, bei Messungen am Bau alle wesentlichen Punkte zu berücksichtigen.

Checkliste Luftschalldämmmessung

– Auswahl der Prüfobjekte und Messräume
– Beachtung besonderer Prüfbedingungen (DIN EN ISO 16283-1)
– Aufnahme der Trennbauteile (Baustoffe, Konstruktion, Abmessungen)
– Aufnahme der Flankenbauteile (Baustoffe, Konstruktion, Abmessungen)
– Trennfläche (gemeinsam, versetzt, keine gemeinsame Trennfläche)
– Senderaumvolumen
– Empfangsraumvolumen
– Aufstellung des Lautsprechers (Ausrichtung zum Prüfobjekt, Abstände zwischen Sender und Bauteilen)
– Aufstellung der Mikrofone (Abstände zwischen Sender und Mikrofonen und Wahl der Aufstellungsorte im Raum)
– Aufstellung der Mikrofone in Abhängigkeit vom zu messenden Frequenzbereich und den Raumabmessungen
– Mikrofonschwenkanlagen (Dauer des Schwenkvorganges auf Integrationszeit abgestimmt?)

Tabelle 18. Häufige Fehler bei der Messung und Dokumentation

Messung allgemein

- Kalibrierung vor und nach der Messung nicht durchgeführt
- Korrekturwerte für die Mikrofone unbekannt oder nicht eingerechnet
- Empfangsraum nicht abgehört
- Fremdgeräuschbetrachtung fehlerhaft oder überhaupt nicht durchgeführt

Luftschalldämmung

- Trennbauteilfläche falsch bestimmt
- Raumgeometrien aus Plänen entnommen
- ungünstige Wahl von Sende- und Empfangsraum
- Kabelverlegung ungünstig, Übersprechgefahr
- besondere Messbedingungen nach DIN EN ISO 16283-1 nicht beachtet
- offensichtliche Undichtigkeiten nicht abgehört bzw. detektiert
- Schalldämmung der tragenden Wand bei Türen nicht berücksichtigt
- falscher Kennwert (R'_w oder $D_{n,w}$) ermittelt

Luftschalldämmung Außenbauteile

- Aufstellung des Sendelautsprechers nicht normgerecht
- „Ausleuchtung" des Messobjektes nicht geprüft
- Kabelführung nicht beachtet
- Abstand der Schallquelle zum Prüfobjekt zu gering
- Schalleinfallswinkel „ohne Not" falsch gewählt
- Korrektur für evtl. umgebende Wände nicht durchgeführt

Trittschalldämmung

- Wahl der Hammerwerkspositionen ungünstig
- Wahl und Dokumentation der Hammerwerkspositionen auf Treppenläufe nicht sachgerecht
- Luftschallübertragung des Hammerwerkes nicht berücksichtigt
- Messung von Treppenläufen und Treppenpodesten nicht getrennt durchgeführt
- zu wenig Messpositionen

Installationsgeräusche und Geräusche aus haustechnischen Anlagen

- Bedienung des Gerätes nicht normgemäß
- Prüfzeichen der Armaturen nicht ermittelt
- Nutzergeräusche gemessen und nach DIN 4109 bewertet
- Ermittlung des Durchflusses, des Ruhe- und Fließdrucks nicht durchgeführt
- Pegelaufzeichnung fehlerhaft
- Bezug auf Bezugsabsorptionsfläche von 10 m^2 nicht durchgeführt
- Pegelaufzeichnung falsch interpretiert
- Betätigungsspitzen falsch detektiert

Prüfberichte

- Aufgabenstellung unzureichend dokumentiert
- Beschreibung des Messobjektes mangelhaft
- Beschreibung der flankierenden Bauteile mangelhaft
- Sende- und Empfangsraumvolumina fehlen
- Messverfahren nicht beschrieben
- Auswertegleichung nicht angegeben
- Angabe der bewerteten Größen bzw. des Installationsgeräuschpegel auf 0,1 dB
- grafische Darstellung der Kurven nicht normgerecht
- Verschobene Bezugskurve nicht angegeben
- Fremdgeräuschkorrektur nicht dokumentiert
- Messfrequenzen mit geringem Störabstand nicht gekennzeichnet
- Prüfzeichen der Armaturen nicht angegeben
- Betriebsbedingungen haustechnischer Anlagen nicht angegeben
- Abweichungen von der Messnorm nicht dokumentiert
- Angaben über Eichung und Prüfung der Geräte fehlen

- Zahl der Schwenkpositionen, Winkel der Schwenkebenen zueinander
- Zahl der festen Mikrofonpositionen
- Umgang mit versetzten Grundrissen
- Kabelführung (ohne Beeinflussung der Messwerte)
- Randbedingungen
- Fremdgeräusche und Fremdgeräuschkorrekturen
- Testlauf der Messung und Anhören der Schallsituation im Empfangsraum
- Besonderheiten

Checkliste Trittschalldämmmessung

- Auswahl der Prüfobjekte und Messräume
- Beachtung besonderer Prüfbedingungen (DIN EN ISO 16283-2)
- Aufnahme Trennbauteil (Belag, Baustoffe, Konstruktion, Abmessungen)
- Trennfläche (gemeinsam, versetzt, keine gemeinsame Trennfläche, Messrichtung)
- Empfangsraumvolumen
- Aufstellung der Hammerwerke (Abstände von den Wänden, bei Rippendecken und Holzbalkendecken quer im Feld, versetzte Grundrisse
- Protokollierung der Hammerwerkspositionen auf Treppenläufen, Beachtung der Empfehlungen von DIN EN ISO 16283-2
- Aufstellung der Mikrofone (Wahl der Aufstellungsorte im Raum)
- Aufstellung der Mikrofone in Abhängigkeit vom zu messenden Frequenzbereich und den Raumabmessungen
- Mikrofonschwenkanlagen (Dauer des Schwenkvorganges auf Integrationszeit abgestimmt?)
- Zahl der Schwenkpositionen, Winkel der Schwenkebenen zueinander
- Zahl der festen Mikrofonpositionen
- Luftschallübertragung/Korrektur
- Fremdgeräusche und Fremdgeräuschkorrekturen
- Kabelführung (ohne Beeinflussung der Messwerte)
- Messung von Treppenpodesten und Treppenläufen getrennt
- Testlauf der Messung und Anhören der Schallsituation im Empfangsraum
- Besonderheiten

Checkliste Installationsgeräusche und haustechnische Anlagen

- Auswahl der Installationen und Armaturen, Auswahl des Empfangsraumes
- Prüfzeichen
- Trennung der Messungen von Armaturen und Installationen und von Nutzergeräuschen
- Kontrolle der Funktionsfähigkeit der Armaturen (Strahlregler, Eckventile)
- Prüfung des Ruhedrucks, des Fließdrucks und der Durchflussmenge
- Messung der Pegel in den Armaturenpositionen kalt/warm
- Messung von Prallgeräuschen aus definierter Fallhöhe
- Ermittlung der Messwerte (Spitzenpegel und Mittelung aus drei Durchläufen)
- Ablesen der Maximalpegel/Aufzeichnen in Pegelschrieben
- Trennung der Betätigungsspitze
- Mikrofon in einer Ecke (Wandabstand 0,5 m, lauteste Position)
- Sicherstellung der Erfassung der Anlagen/Betriebszustände/Funksprechverkehr
- Betätigung der Anlagen durch eigenen Mitarbeiter/Fremden
- Bezug auf eine äquivalente Absorptionsfläche von 10 m^2, Nachhallzeitmessung
- Fremdgeräusche und Fremdgeräuschkorrekturen
- Ermittlung des Installationsgeräuschpegels
- Bewertung nach Norm
- Testlauf der Messung und Anhören der Schallsituation im Empfangsraum
- Messung von Geräuschen von Aufzügen; Schließen/Öffnen der Türen
- Anfahren, Bremsen, Belastung
- Fahrt zwischen welchen Stockwerken
- Besonderheiten

Checkliste Fassadenmessung

- Auswahl der Prüfobjekte und Messräume
- Aufnahme der Bauteile (Baustoffe, Konstruktion, Abmessungen)
- Aufnahme der sonstigen Bauteile, die an der Schallübertragung beteiligt sind (z. B. Außenwandanteile, ggf. Flanken)
- Trennflächen
- Empfangsraumvolumen
- Aufstellung der Mikrofone im Empfangsraum (Wahl der Aufstellungsorte im Raum)
- Mikrofon-Schwenkanlagen (Dauer des Schwenkvorganges auf Integrationszeit abgestimmt?)
- Zahl der Schwenkpositionen, Winkel der Schwenkebenen zueinander
- Zahl der festen Mikrofonpositionen
- Position der Mikrofone sendeseitig
  - Pegeldifferenz auf dem Bauteil bestimmen und daraus Anzahl der Mikrofonpositionen herleiten
  - (Schallfeldabtastung auf der Oberfläche in definiertem Abstand von 5 mm), Maßnahme zur Gewährleistung des Abstandes.
- Punktweise Abtastung oder bewegtes Mikrofon
- Kabelführung (ohne Beeinflussung der Messwerte)
- Fremdgeräusche und Fremdgeräuschkorrekturen
- Anwendung der Auswerteformel
- Testlauf der Messung und Anhören der Schallsituation im Empfangsraum

- Aufstellung des Lautsprechers unter 45° zur Flächennormalen des Prüfobjektes
- Abstand vom Prüfobjekt
- Bestimmung des Schalleinfallswinkels
- Ausrichtung der Lautsprecherachse auf das Prüfobjekt
- gleichmäßige Beschallung des Prüfobjektes
- Besonderheiten

Checkliste Türen

- Auswahl der Prüfobjekte und Messräume
- Auswahl der Messmethode Nahfeld/Diffusfeld Randbedingungen bezüglich der Beschallung
- Sichtprüfung (Fugendichtheit)
- Aufnahme der Trennbauteile (Baustoffe, Konstruktion, Abmessungen)
- Ausreichende Bauteilbeschreibung mit Türabmessungen, Falzart, Zargendichtungen (Zahl und Art, Bodendichtung, Futter, Bänder und Schließbleche, ein- oder zweiflüglige Türen)
- Besonderheiten (z. B. Spezialverriegelungen) und Qualität der Schließbleche
- Allgemeiner optischer Eindruck (z. B. Blatt verzogen, Fugenbreiten, Bodenfugenhöhe)
- Besonderheiten ausreichend beachtet/im Protokoll aufgenommen, z. B. unebener Fußboden, Belagswechsel, Anschlag, Einbau von Trennschienen, durchlaufende Fußböden
- Aufnahme der sonstigen Bauteile, die an der Schallübertragung beteiligt sind (z. B. Wandanteile, ggf. weitere Flanken)
- Senderaumvolumen/Empfangsraumvolumen
- Beachtung besonderer Prüfbedingungen DIN EN ISO 16283-1 und DIN 4109-4
- Aufstellen des Lautsprechers (Beschallungsrichtung, Abstand zwischen Sender und Bauteilen)
- Nahfeldmethode oder Zwei-Hallraum-Methode
- Aufstellen der Mikrofone (Abstand zwischen Sender und Mikrofonen und Wahl der Aufstellungsorte im Raum)
- Mikrofon-Schwenkanlagen (Dauer des Schwenkvorganges auf Integrationszeit abgestimmt?)
- Zahl der Schwenkpositionen, Winkel der Schwenkebenen zueinander
- Zahl der festen Mikrofonpositionen
- Kabelführung (ohne Beeinflussung der Messwerte)
- Randbedingungen
- Fremdgeräusche und Fremdgeräuschkorrekturen
- Testlauf der Messungen und Anhören der Schallsituation im Empfangsraum
- Besonderheiten

Bautechnik. Materialunabhängig.
Fachübergreifend. Konstruktiv.

Die Diskussionsplattform für den gesamten Ingenieurbau. Aktuelle und zukunftweisende Themenschwerpunkte, wissenschaftliche Erstveröffentlichungen kombiniert mit Beträgen aus der Baupraxis, ein übersichtliches Layout: dieses Konzept macht **Bautechnik** zu einer der erfolgreichsten Fachzeitschriften für den Ingenieurbau – seit 90 Jahren!

Hrsg.: Ernst & Sohn, Berlin
Bautechnik
Zeitschrift für den
gesamten Ingenieurbau
96. Jahrgang 2019
12 Hefte / Jahr
Impact-Faktor 2017: 0,291
ISSN 0932-8351 print
ISSN 1437-0999 online
Auch als ejournal erhältlich.

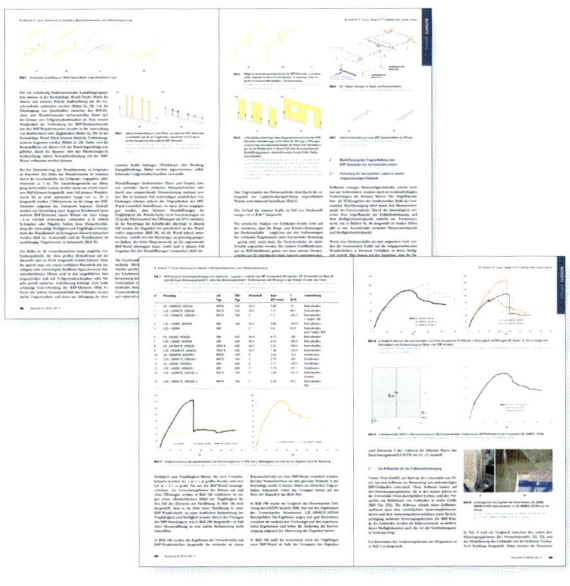

Weitere Zeitschriften:

- Stahlbau
- UnternehmerBrief Bauwirtschaft
- geotechnik

Probeheft bestellen:
www.ernst-und-sohn.de/bate

Ernst & Sohn
Verlag für Architektur und technische
Wissenschaften GmbH & Co. KG

Kundenservice: Wiley-VCH
Boschstraße 12
D-69469 Weinheim

Tel. +49 (0)800 1800-536
Fax +49 (0)6201 606-184
cs-germany@wiley.com

1024166_dp

B 5 Umsetzung eines Ringversuchs am akustischen Wandprüfstand

Michael Flieger, Markus Hofmann, Oliver Kornadt

B.Sc. Michael Flieger
Technische Universität Kaiserslautern
Fachgebiet Bauphysik/Energetische Gebäudeoptimierung
Paul-Ehrlich-Straße 29, 67663 Kaiserslautern

Studium des Bauingenieurwesens an der Technischen Universität Kaiserslautern. Seit 2015 Mitarbeiter am Fachgebiet Bauphysik/Energetische Gebäudeoptimierung der Technischen Universität Kaiserslautern.

Dipl.-Ing. Markus Hofmann
Technische Universität Kaiserslautern
Fachgebiet Bauphysik/Energetische Gebäudeoptimierung
Paul-Ehrlich-Straße 29, 67663 Kaiserslautern

Studium des Bauingenieurwesens an der Bauhaus-Universität Weimar. 2008 wissenschaftlicher Mitarbeiter am Lehrstuhl Bauphysik an der Bauhaus-Universität Weimar. Seit 2013 wissenschaftlicher Mitarbeiter am Fachgebiet Bauphysik/Energetische Gebäudeoptimierung der Technischen Universität Kaiserslautern.

Prof. Dr. rer. nat. Oliver Kornadt
Technische Universität Kaiserslautern
Fachgebiet Bauphysik/Energetische Gebäudeoptimierung
Paul-Ehrlich-Straße 29, 67663 Kaiserslautern

Studium der Physik und Mathematik mit Diplom in Physik an der Universität des Saarlandes, 1992 Promotion an der RWTH Aachen. 1993–2001 Leiter des Fachgebiets Bauphysik der Philipp Holzmann AG. 2001 Berufung zum Universitätsprofessor für Bauphysik an der Bauhaus-Universität Weimar. 2012 Berufung zum Universitätsprofessor für Bauphysik/Energetische Gebäudeoptimierung an der Technischen Universität Kaiserslautern. Seit 1997 Mitglied und seit 2006 Obman des NaBau-Ausschuss zur DIN 4109-1 „Schallschutz im Hochbau". Zahlreiche Publikationen und mehrere Auszeichnungen für seine Forschungsarbeiten.

Bauphysik-Kalender 2020: Bau- und Raumakustik. Herausgegeben von Nabil A. Fouad.
© 2020 Ernst & Sohn GmbH & Co. KG. Published 2020 by Ernst & Sohn GmbH & Co. KG.

Inhaltsverzeichnis

1	Einleitung 441		4	Ringversuch der Physikalisch-Technischen Bundesanstalt 453
2	Grundlagen 441		4.1	Allgemeines Versuchsprogramm 453
2.1	Diffusivität und Umwelteinflüsse 441		4.2	Referenzwerte der Physikalisch-Technischen Bundesanstalt 453
2.2	Akustische Begriffe im Rahmen des Ringversuches 442		4.2.1	Ermittlung der Referenzwerte 453
2.3	Korrekturwerte 442		4.2.2	Beurteilung der Messwerte 453
2.3.1	Hintergrundgeräuschpegel-Korrektur 443			
2.3.2	Verlustfaktor-Korrektur 443		5	Messungen an der Technischen Universität Kaiserslautern 454
3	Normative Vorgaben für akustische Wandprüfstände 445		5.1	Wandprüfstand der TU Kaiserslautern 454
3.1	Anforderungen an die Kompetenz von Prüflaboren 445		5.2	Messeinrichtungen 455
3.1.1	Laborstruktur 445		5.3	Messdurchführung 455
3.1.2	Ressourcen 445		6	Ergebnisse 456
3.1.3	Validierung und Verifizierung von Messverfahren 446		6.1	Messergebnisse und Auswertung 456
3.1.4	Sicherung der Validität von Ergebnissen 447		6.1.1	Nachhallzeiten 456
3.2	Prüfeinrichtungen 447		6.1.2	Schalldämmmaße 456
3.2.1	Terzfilter 447		6.1.3	Körperschallnachhallzeiten 458
3.2.2	Lautsprecher 447		6.2	Vergleich mit anderen Ringversuchsteilnehmern 458
3.2.3	Apparatur zur Aufzeichnung der Pegelabnahme 448		6.3	Zusammenfassung 459
3.3	Durchführung akustischer Messungen 448		7	Literatur 460
3.3.1	Bestimmung des Schalldämmmaßes 448			
3.3.2	Bestimmung der Nachhallzeit 449			
3.3.3	Bestimmung der Körperschallnachhallzeit 450			
3.3.4	Anwendungsregeln für den Einbau von Wänden 451			
3.4	Konstruktive Anforderungen an den Wandprüfstand 451			

1 Einleitung

Die Zuverlässigkeit von Messergebnissen hat für Praxis und Wissenschaft seit jeher eine entscheidende Bedeutung. Die Genauigkeit von Messwerten ist in besonderem Maße von dem angewandten Messverfahren und der jeweiligen Messtechnik abhängig. Dabei spielen neben dem Kalibrieren, Justieren, Verifizieren und Eichen von Messgeräten auch der Aufbau und die korrekte Nutzung von Prüfständen eine zentrale Rolle. Es ist also nötig, regelmäßige Qualitätssicherungen vorzunehmen.

Hierfür haben sich Ringversuche für Labore der verschiedensten Forschungsrichtungen als sehr erfolgreich gezeigt, insbesondere auch für die Bauphysik. Ringversuche bieten zum einen die Möglichkeit, verschiedene, gleichartige Prüfstände miteinander zu vergleichen, zum anderen können geltende Vorschriften zu Messverfahren validiert werden. Der Ablauf und die Beurteilung eines Ringversuches für Schallschutz-Vergleichsmessungen sind durch die Richtlinien der Physikalisch-Technischen Bundesanstalt (PTB) und des Deutschen Instituts für Bautechnik (DIBt) geregelt [1]. Das Ergebnis eines Ringversuches ist aber nicht nur aus wissenschaftlicher Sicht für ein Labor interessant. Der Verband der Materialprüfungsanstalten e. V. (VMPA) hat in seinem Beschlussbuch [2] genaue Prüfregeln und Anforderungen an die Qualitätssicherung aufgestellt. Für die Zulassung als „VMPA anerkannte Schallschutzprüfstelle nach DIN 4109" [3] muss unter anderem ein Ringversuch mit drei Messaufgaben alle drei Jahre durchgeführt werden [2]. Ringversuche bilden somit einen zentralen Bestandteil, um das eingetragene Markenprüfzeichen der VMPA führen zu dürfen.

Der Beitrag befasst sich mit einem dieser Ringversuche der Physikalisch-Technischen Bundesanstalt und dem dazugehörendem normativen Hintergrund. Hierfür sollen zunächst in Abschnitt 2 die Grundlagen erläutert werden. Abschnitt 3 gibt zunächst einen Einblick in die allgemeinen Anforderungen, welche an die Kompetenz von Prüf- und Kalibrierlaboren [4] gestellt werden. Anschließend werden die gültigen normativen Vorgaben an Messungen der Schalldämmung im Prüfstand, mit Fokus auf die Luftschalldämmung [5] und an Messungen der Nachhallzeit [6] sowie der Körperschallnachhallzeit [7] erklärt. Der Aufbau des für den Ringversuch benötigten Wandprüfstandes wird ebenfalls erläutert [5]. Der eigentliche Ringversuch der Physikalisch-Technische Bundesanstalt an bauakustischen Wandprüfständen wird in Abschnitt 4 beschrieben. Dessen Umsetzung an der Technischen Universität Kaiserslautern ist Thema in Abschnitt 5. Die dabei gewonnenen Messdaten werden in Abschnitt 6 vorgestellt, verglichen und diskutiert.

2 Grundlagen

2.1 Diffusivität und Umwelteinflüsse

In der Bauakustik wird das Augenmerk vor allem auf die schalltechnischen Eigenschaften von Bauteilen und Räumen gerichtet. Um diese Prozesse verstehen zu können, muss vorab das Thema der Schallausbreitung im Raum verstanden werden.

Diffuses Schallfeld

Die Raumbegrenzungsflächen (Wände, Decke, Boden) eines Prüfstandes absorbieren und reflektieren einen Teil des auftreffenden Schalls. Die Reflektionen überlagern sich gegenseitig und mit den durch die Schallquelle direkt erzeugten Schallwellen. In einem geschlossenen Raum bildet sich mit der Zeit ein Gleichgewicht aus eingebrachter und durch die Raumbegrenzungen absorbierter/reflektierter Energie aus. Das dadurch entstehende Schallfeld hat theoretisch überall die gleiche Schallenergiedichte und die möglichen Schalleinfallsrichtungen sind für jede Frequenz an jedem Raumpunkt mit gleicher Wahrscheinlichkeit gegeben [8]. Dieses Schallfeld wird als diffus bezeichnet und ermöglicht die statistischen Auswertungen für die Raumakustik [9].

Umwelteinflüsse

Als Umwelteinfluss bezeichnet man bei akustischen Messungen eine Größe, die durch ihr Auftreten oder ihre Zu-/Abnahme Einfluss auf die Entstehung und die Gestalt eines Schallfeldes nimmt. In der Regel verursacht ein solcher Einfluss eine Verfälschung der Messergebnisse. Zu den für die Akustik wichtigsten Umwelteinflüssen zählen die Hintergrundgeräusche, die Temperatur, die relative Luftfeuchte und der statische Druck. Diese Werte müssen daher bei allen Messungen im Wandprüfstand mitgemessen und dokumentiert werden [5].

Der Einfluss der Temperatur zeigt sich bereits bei der vereinfachten Berechnung der Ausbreitungsgeschwindigkeit von Luftschall im Bereich $-20\,°C$ bis $+40\,°C$, wie Gl. (1) veranschaulicht.

$$C = 331{,}5 + 0{,}6 \cdot \vartheta \tag{1}$$

mit
C   Schallgeschwindigkeit in Luft [m/s]
ϑ Temperatur [°C]

Aber auch die relative Feuchte, die Gaszusammensetzung und der statische Druck haben einen Einfluss [10]. Jegliche Schwankung der genannten Faktoren muss somit präzise gemessen und über Korrekturwerte in die späteren Auswertungen einbezogen werden.

2.2 Akustische Begriffe im Rahmen des Ringversuches

Für die Bauakustik gibt es ein großes Spektrum an relevanten Messgrößen. Sie werden in der Regel in Dezibel (dB), Meter (m), Sekunden (s) oder einer Kombination aus diesen angegeben. Im Zusammenhang mit dem Wandprüfstand rücken vor allem die Nachhallzeit, der Schalldruckpegel, das Schalldämmmaß und die Körperschallnachhallzeit in den Vordergrund.

Nachhallzeit

Die Nachhallzeit wird in Sekunden (s) angegeben und beschreibt die Dauer ab dem Verstummen einer Schallquelle bis zum Abfall des Schalldruckpegels in einem Raum um 60 dB. Beim Einmessen und Charakterisieren von Prüfständen spielt die Nachhallzeit eine zentrale Rolle. Oft sind durch Normen Grenzen an ihre Mindest- beziehungsweise ihre Maximalwerte gestellt. In der Regel können in der Praxis jedoch keine Messungen zu 60 dB normgerecht ausgewertet werden. Für die Auswertung muss deshalb eine andere Basis gefunden werden. Es hat sich als erfolgreich gezeigt, kleinere Pegelabfälle zu messen und von diesen Werten aus die Nachhallzeit zu extrapolieren. Diese berechneten Nachhallzeiten werden häufig mit T30 oder T20 bezeichnet und beschreiben eine extrapolierte Nachhallzeit auf Grundlage einer Zeitmessung zur Dauer eines Pegelabfalls von 30 bzw. 20 dB.

Schallabsorptionsgrad

Das Verhältnis von absorbierter Schallenergie zu auftreffender Schallenergie ist für jedes Material unterschiedlich. Diese Materialeigenschaft wird als Schallabsorptionsgrad bezeichnet [11]. Neben dem Material selbst spielt für den Betrag des Schallabsorptionsgrades auch die Frequenz des auftreffenden Schalls eine große Rolle. Zu einigen der am häufigsten verwendeten Bauteile zeigt Tabelle 1 den Schallabsorptionsgrad in Abhängigkeit von der Frequenz.

Äquivalente Schallabsorptionsfläche

Multipliziert man den Schallabsorptionsgrad mit der geometrischen Oberfläche des Materials erhält man die äquivalente Schallabsorptionsfläche.
Auch ein Mensch besitzt eine äquivalente Schallabsorptionsfläche. Multipliziert man seinen Absorptionsgrad mit der Oberfläche des menschlichen Körpers, so erhält man seine äquivalente Schallabsorptionsfläche [13]. Für Messungen der äquivalenten Schallabsorptionsfläche, der Nachhallzeit und der Schalldämmung gilt daher, dass sich keine Menschen und Gegenstände (ausgenommen notwendiges Messequipment) zum Zeitpunkt der Messungen im Prüfstand befinden dürfen [5].

Energetisch gemittelter Schalldruckpegel

Der energetisch gemittelte Schalldruckpegel ist eine logarithmische Größe mit der Einheit Dezibel (dB). Er wird aus den gemessenen Schalldrücken zu jeder einzelnen Frequenz energetisch gemittelt. Für Messungen mit unbeweglichen Mikrofonen kann er aus Effektivwerten des Schalldrucks nach Gl. (2) berechnet werden [5].

$$L = 10 \cdot \lg \left(\frac{p_1^2 + p_2^2 + \ldots + p_n^2}{n \cdot p_0^2} \right) \quad (2)$$

mit
L Energetisch gemittelter Schalldruckpegel [dB]
n Anzahl Messwerte für p
p_x Effektivwert des Schalldruckes an Position x im Raum [Pa]
p_0 Bezugsschalldruck, 2×10^{-5} [Pa]

Mithilfe einzelner Schalldruckpegel lässt sich der energetisch gemittelte Schalldruckpegel nach Gl. (3) berechnen [5]. Werden die Messungen stattdessen mit einem bewegten Mikrofon durchgeführt, muss für die Berechnung Gl. (4) verwendet werden [5].

$$L = 10 \cdot \lg \left(\frac{1}{n} \cdot \sum_{j=1}^{n} 10^{\frac{L_j}{10}} \right) \quad (3)$$

mit
L_j Schalldruckpegel zu der betreffenden Raumposition n

$$L = 10 \cdot \lg \left(\frac{\frac{1}{T_m} \cdot \int_0^{T_m} p^2(t) \, dt}{p_0^2} \right) \quad (4)$$

mit
T_m Integrationszeit [s]
p Schalldruck [Pa]

Schalldämmmaß

Das Schalldämmmaß ist der zehnfache dekadische Logarithmus des Verhältnisses von auftreffender und auf der gegenüberliegenden Seite eines Bauteils abgestrahlter Schallleistung, in Dezibel (dB) [5]. Für den später beschriebenen Ringversuch ist es die zu vergleichende Größe zwischen den Laboratorien. Die Berechnung des Schalldämmmaßes hängt unmittelbar mit der Art des Messens zusammen und wird in Abschn. 3.3.1 zu jedem möglichen Messaufbau beschrieben.

2.3 Korrekturwerte

In den meisten Fällen ist für die berechneten Werte des Schalldruckpegels und des Schalldämmmaßes eine Korrektur erforderlich. Dadurch sollen in erster Linie Umwelteinflüsse und spezifische Bauteileigenschaften berücksichtigt werden. Für den hier beschriebenen Ringversuch gibt die DIN EN ISO 10140 [5] zwei notwendige Korrekturen vor:
– Hintergrundgeräuschpegel-Korrektur
– Verlustfaktor-Korrektur

Tabelle 1. Beispiele für den Schallabsorptionsgrad für verschiedene Frequenzen [12]

Spalte	1	2	3	4	5	6	7
Zeile	Kurzbeschreibung Schallabsorber	Frequenz [Hz]					
		125	250	500	1000	2000	4000
1	Mauerziegelwand, unverputzt, Fugen ausgestrichen	0,03	0,03	0,03	0,04	0,05	0,06
2	Mauerwerk, Hohllochziegel, Löcher sichtbar, 60 mm vor Massivwand	0,11	0,22	0,34	0,35	0,51	0,43
3	Glattputz	0,02	0,02	0,03	0,03	0,04	0,06
4	Kalkzementputz	0,03	0,03	0,02	0,04	0,05	0,05
5	Tapete auf Kalkzementputz	0,02	0,03	0,04	0,05	0,07	0,08
6	Spiegel, vor der Wand	0,12	0,10	0,05	0,04	0,02	0,02
7	Tür, Holz, lackiert	0,10	0,08	0,06	0,05	0,05	0,05
8	Stuckgips, unverputzter Beton	0,02	0,02	0,03	0,04	0,05	0,05
9	Marmor, Fliesen, Klinker	0,01	0,01	0,02	0,02	0,03	0,03
10	Fenster (Isolierverglasung)	0,28	0,20	0,11	0,06	0,03	0,02
11	Parkettfußboden, aufgeklebt	0,04	0,04	0,05	0,06	0,06	0,06
12	Parkettfußboden, auf Blindboden	0,20	0,15	0,10	0,09	0,06	0,10
13	Parkettfußboden, hohlliegend	0,15	0,08	0,07	0,06	0,06	0,06
14	Teppichboden, bis 6 mm Florhöhe, auf massivem Untergrund	0,02	0,04	0,07	0,19	0,29	0,35
15	Teppichboden, 7 mm bis 10 mm Florhöhe, auf massivem Untergrund	0,04	0,07	0,14	0,30	0,51	0,78
16	Nadelfilz, 7 mm, auf massivem Untergrund	0,02	0,04	0,12	0,20	0,36	0,57
17	5 mm Teppich mit 5 mm Filzunterlage, auf massivem Untergrund	0,07	0,21	0,57	0,68	0,81	0,72
18	PVC-Fußbodenbelag (2,5 mm) auf Betonfußboden	0,01	0,02	0,01	0,03	0,05	0,05
19	Linoleum auf Beton	0,02	0,02	0,03	0,03	0,04	0,04
20	Furnierte Holz- oder Spanplatte dicht vor festem Untergrund	0,04	0,04	0,05	0,06	0,06	0,06
21	4 mm Hartfaserplatte, kassettiert ohne Dämmstoff, Wandabstand 60 mm	0,22	0,19	0,13	0,07	0,05	0,05

2.3.1 Hintergrundgeräuschpegel-Korrektur

Die Hintergrundgeräusche können einen starken Einfluss auf die Messergebnisse haben. Ein Hintergrundgeräusch bei einer Schallmessung kann aus verschiedenen Quellen stammen. Durch die Anlagentechnik, den Straßenlärm eines naheliegenden Verkehrsweges, bis hin zu den eingeschalteten Messgeräten selbst, können Geräusche verursacht werden, welche eine Messung beeinflussen. Um die Genauigkeit von Messdaten zu gewährleisten, muss dieser Einfluss berücksichtigt werden. Hierfür werden vor den eigentlichen Messungen Untersuchungen zum Hintergrundgeräuschpegel durchgeführt und gegebenenfalls eine Korrektur des Signalpegels vorgenommen. Der korrigierte Signalpegel kann nach Gl. (5) berechnet werden [5].

$$L_k = 10 \cdot \lg \left(10^{\frac{L_{sb}}{10}} - 10^{\frac{L_b}{10}} \right) \quad (5)$$

mit
L_k Korrigierter Signalpegel [dB]
L_{sb} Pegel aus Signal und Hintergrundgeräusch [dB]
L_b Hintergrundgeräuschpegel [dB]

Ob eine solche Korrektur nötig ist oder nicht, ist abhängig von der Pegeldifferenz zwischen Signal und Hintergrundgeräusch:
– Pegeldifferenz > 15 dB → keine Korrektur
– 6 dB < Pegeldifferenz < 15 dB → Korrektur entsprechend Gl. (5)
– Pegeldifferenz ≦ 6 dB → Korrekturwert von −1,3 dB für den Signalpegel

Das Vornehmen einer Korrektur ist für jedes Frequenzband zu prüfen und muss im späteren Messbericht kenntlich gemacht werden [5].
Es ist möglich, den durch eine vorhandene Anlagentechnik benachbarter Räume erzeugten Hintergrundgeräuschpegel näherungsweise zu prognostizieren [14]. Dafür kann eine Quellencharakterisierung mit anschließender Körperschallleistungsprognose durchgeführt werden. Eine Option zur Charakterisierung von Körperschallquellen bietet zum Beispiel die Two-stage Methode [15].

2.3.2 Verlustfaktor-Korrektur

Aufgrund der Möglichkeit von indirekter Schallübertragung (Flankenübertragung) von Raum zu Raum, ist es nötig, ein korrigiertes Schalldämmmaß für ein trennendes Bauteil zu bestimmen. Die Berechnung eines korrigierten Schalldämmmaßes macht Messungen zur Körperschallnachhallzeit erforderlich. Im Gegensatz zur Nachhallzeit bezieht sich diese nicht auf einen gesamten Raum, sondern lediglich auf eine einzelne Konstruktion. Für die Messung der Körperschallnachhallzeit werden Beschleunigungssensoren an der zu untersuchenden Konstruktion aufgebracht. Gemessen wird die Zeit für eine Beschleunigungspegelabnahme von 60 dB. Aus dieser Zeit kann ein Gesamtverlustfaktor nach Gl. (6) berechnet werden [5]. Der Faktor beinhaltet die inneren Verluste aus der Körperschalldämpfung und die Verluste aus der baulichen Kopplung. Zusätzlich werden die Strahlungsverluste in den umgebenden Luftraum berücksichtigt.

$$n_{total} = \frac{2,2}{f \cdot T_s} \quad (6)$$

mit
n_{total} Gesamtverlustfaktor
f Terzband-Mittenfrequenz [Hz]
T_S Körperschallnachhallzeit [s]

Neben dem Verlustfaktor muss auch die Bauart des Bauteils nach DIN EN ISO 12354 [13] bestimmt werden. Es wird in Bauteile der Bauart A oder B unterschieden, deren Einteilung richtet sich nach der Körperschallnachhallzeit.
Für Bauteile der Bauart A muss die Körperschallnachhallzeit in erster Linie durch die verbundenen Bauteile und durch eine Verringerung von weniger als 6 dB beim Schnellepegel über dem Bauteil senkrecht zur Verbindungslinie bestimmt werden. Aus diesem Grund sind beispielsweise Bauteile aus Ziegel, Ortbeton oder Massivholz, welche mechanisch durch Oberflächenausführungen bzw. Aufbeton verbunden sind, überwiegend der Bauart A zugeordnet. Unter Bauart B fallen alle Bauteile, welche die genannte Anforderung an die Körperschallnachhallzeit nicht erfüllen. Wichtig ist zu beachten, dass die Körperschallnachhallzeit eine frequenzabhängige Größe darstellt. Es ist daher möglich, eine frequenzabhängige Einteilung vorzunehmen. Für Messungen im akustischen Wandprüfstand kann ein Bauteil für einen Frequenzbereich als Bauteil der Bauart A und für einen anderen Frequenzbereich als Bauteil der Bauart B gelten.
Die Berechnung des korrigierten Schalldämmmaßes, oder auch Schalldämmmaß unter Baubedingungen genannt, erfolgt für die Bauart A nach Gl. (7) [13]. Bei der Bauart B ist das korrigierte Schalldämmmaß gleich dem unkorrigierten Schalldämmmaß.

$$R_{situ} = R - \left(10 \cdot \lg\left(\frac{T_{s,situ}}{T_{s,lab}}\right)\right) \quad (7)$$

mit
R_{situ} Schalldämmmaß unter Baubedingungen (korrigiertes Schalldämmmaß) [dB]
R Schalldämmmaß [dB]
$T_{s,situ}$ Körperschallnachhallzeit des Bauteils unter Baubedingungen [s]
$T_{s,lab}$ Körperschallnachhallzeit des Bauteils im Prüfstand [s]

Neben der Verlustfaktor-Korrektur beschreibt der Anhang B der DIN EN ISO 12354 [13] eine Möglichkeit, um das Schalldämmmaß für resonante Übertragung aus der Körperschallnachhallzeit zu berechnen. Grundlegend sollte sich das im akustischen Wandprüfstand bestimmte Schalldämmmaß nur auf die resonante Schallübertragung beziehen. Insbesondere im Bereich der Koinzidenz-Grenzfrequenz und darunter, werden aber auch andere Übertragungsmöglichkeiten relevant. Aus diesem Grund ist gerade bei Bauteilen mit einer hohen Koinzidenz-Grenzfrequenz die Berechnung eines Schalldämmmaßes für resonante Übertragung erforderlich.
Die Bestimmung der Koinzidenz-Grenzfrequenz erfolgt nach Gl. (8). Je nach Verhältnis von betrachteter Frequenz zur Koinzidenz-Grenzfrequenz muss eine der Gln. (9), (10), oder (11) zur Berechnung des Transmissionsgrades verwendet werden [13].

$$f_c = \frac{C^2}{1,8 \cdot C_L \cdot t} \quad (8)$$

mit
f_c Koinzidenz-Grenzfrequenz [Hz]
C_L Quasi-Longitudinalwellengeschwindigkeit [m/s]
t Bauteildicke [m]

Frequenz > Koinzidenz-Grenzfrequenz

$$\tau = \left(\frac{2 \cdot p_0 \cdot C}{2 \cdot \pi \cdot f \cdot m'}\right)^2 \cdot \frac{\pi \cdot f_c \cdot \sigma^2}{2 \cdot f \cdot n_{total}} \quad (9)$$

mit
τ Transmissionsgrad
f Frequenz [Hz]
m' flächenbezogene Masse [kg/m^2]
σ Abstrahlgrad für freie Biegewellen

Frequenz $\approx$ Koinzidenz-Grenzfrequenz

$$\tau = \left(\frac{2 \cdot p_0 \cdot C}{2 \cdot \pi \cdot f \cdot m'}\right)^2 \cdot \frac{\pi \cdot \sigma^2}{2 \cdot n_{total}} \quad (10)$$

Frequenz < Koinzidenz-Grenzfrequenz

$$\tau = \left(\frac{2 \cdot p_0 \cdot C}{2 \cdot \pi \cdot f \cdot m'}\right)^2 \\ \cdot \left(2 \cdot \sigma_f \cdot \left[\frac{1-f^2}{f_c^2}\right]^{-2} + 2 \cdot \frac{\pi \cdot f_c \cdot \sigma^2}{4 \cdot f \cdot n_{total}}\right) \quad (11)$$

mit
σ_f Abstrahlgrad für erzwungene Übertragung

Aus dem Transmissionsgrad kann das frequenzabhängige Schalldämmmaß für eine übliche homogene Baukonstruktion nach Gl. (12) bestimmt werden. Aus diesem wird näherungsweise das Schalldämmmaß für resonante Übertragung nach Gl. (13) berechnet werden.

Die Bestimmung der dafür erforderlichen Abstrahlgrade erfolgt nach DIN EN ISO 12354 [13].

$$R = -10 \cdot \lg(\tau) \quad (12)$$

mit
R Schalldämmmaß eines Bauteils [dB]

$$R^* = R + 10 \cdot \lg \left(\frac{\sigma_a}{\sigma_s} \right) \quad (13)$$

mit
R^* Schalldämmmaß für resonante Übertragung [dB]
σ_a Abstrahlgrad für Luftschallanregung
σ_s Abstrahlgrad für (indirekte) Körperschallanregung

3 Normative Vorgaben für akustische Wandprüfstände

3.1 Anforderungen an die Kompetenz von Prüflaboren

Im Allgemeinen muss ein Prüflabor strengen Anforderungen genügen. Diese gelten insbesondere auch für Labore mit akustischem Wandprüfstand. Die Anforderungen an die Kompetenz von Prüf- und Kalibrierlaboratorien werden in der DIN EN ISO/IEC 17025 [4] beschrieben. Das übergeordnete Ziel aller darin beschriebenen Vorgaben ist es, die Zuverlässigkeit und das Vertrauen in die Ergebnisse der Labore zu stärken. Die im Folgenden beschriebenen Vorgaben an die Laborstruktur, die Ressourcen, die metrologische Rückführbarkeit von Messdaten, die Auswahl und Verifizierung von Verfahren, die Validierung und die Sicherung der Validität sind ein Teil der DIN EN ISO/IEC 17025 [4]. Ihre Gültigkeit ist nicht auf akustische Labore beschränkt, stattdessen vermitteln sie einen groben Überblick, was bei jeglicher Art von Labor und Labortätigkeit einzuhalten ist.

3.1.1 Laborstruktur

An den strukturellen Aufbau von Laboratorien werden einige grundlegende Anforderungen gestellt. Der erste Punkt ist ihr juristischer Status. Ein Labor muss ein definierter Bestandteil einer juristischen Person sein, oder selbst als solche gelten. Der behördliche Status eines staatlichen Laboratoriums gilt im gleichen Sinne. Dadurch ist sichergestellt, dass die rechtliche Verantwortung für ihre Tätigkeiten bei den Laboren selbst liegt. Ungeachtet der internen Strukturen muss zu diesem Zweck eine Leitung eingesetzt werden, welche die gesamte Verantwortung trägt. Ein anderer Aspekt ist, inwieweit vom Laboratorium eine Konformität mit der DIN EN ISO/IEC 17025 [4] beansprucht werden kann. Hierfür müssen der Umfang jeder einzelnen Tätigkeit klar und vollständig dokumentiert werden und fortlaufende externe Leistungen sind auszuschließen. Alle etwaigen Abweichungen sind dabei kenntlich zu machen und das Labor kann für sie keine Gültigkeit nach Norm beanspruchen. Dies beschränkt sich nicht nur auf Versuche in eigenen permanenten Räumlichkeiten, sondern gilt auch für alle Labortätigkeiten bei Kunden oder in mobilen Laboren.

Aus dieser Vorgabe und der rechtlichen Verantwortlichkeit ergibt sich die Forderung nach einer klaren Zuordnung von Verantwortlichkeiten und Befugnissen innerhalb der Laborstruktur. Neben dem Einsetzen einer Leitung mit Gesamtverantwortung, muss deren Organisation, Struktur und Stellung zu übergeordneten Organisationen beschrieben und kenntlich gemacht werden. Zudem muss klar ersichtlich sein, welcher Mitarbeiter beim Durchführen oder Verifizieren von Ergebnissen beteiligt ist.

3.1.2 Ressourcen

Neben der erforderlichen Struktur müssen dem Labor auch die für seine Tätigkeit benötigten Ressourcen zur Verfügung stehen. Der Begriff „Ressourcen" umfasst:
– Personal,
– Räumlichkeiten,
– Einrichtungen,
– Systeme,
– unterstützende Dienstleistungen.

Insbesondere für das Personal gelten einige Vorschriften, damit die Kompetenz und Vertraulichkeit eines Laboratoriums gesichert ist. Es muss nicht nur immer in Übereinstimmung mit der Laborleitung arbeiten, sondern auch einen unparteilichen Standpunkt beim Messen vertreten. Natürlich spielt auch die Qualifikation, die Fertigkeit und das fachliche Wissen des Personals eine zentrale Rolle und muss für die zugeteilten Aufgaben vorhanden und nachgewiesen werden. Die Vergabe von Befugnissen und Verantwortungen bei den einzelnen Aufgaben und die Sicherstellung der Kompetenz der Mitarbeitenden ist dabei allerdings Sache der Laborleitung. Deshalb müssen Aufzeichnungen geführt werden, aus denen die folgenden Daten klar ablesbar sind:
– Kompetenzanforderungen für die betreffende Aufgabe,
– Personalauswahl,
– Personalschulung,
– Personalbeaufsichtigung,
– Befugnisse,
– Kompetenzüberwachung.

Ein anderer Aspekt sind die Räumlichkeiten. Diese müssen zuverlässige Messungen durch ihre bauliche Struktur und ihre Umgebungsbedingungen ermöglichen. Im Falle des akustischen Wandprüfstandes sind diese in Abschnitt 3.4 beschrieben. Je nach Art des Laboratoriums können die einzuhaltenden Umgebungsbedingungen stark voneinander abweichen. Werden diese nicht beachtet, so kann es zu Beeinflussungen bei Messungen und damit teils zu erheblichen Ungenau-

igkeiten kommen. Ein Umgebungseinfluss kann zum Beispiel sein:
- Staub,
- Elektromagnetismus,
- Strahlung,
- Feuchtigkeit,
- Temperatur,
- Schall,
- Vibrationen.

Daraus ergibt sich die Notwendigkeit, Maßnahmen zur Kontrolle der Umgebungsbedingungen von Prüfständen einzuführen. Diese können zum Beispiel aus der Überwachung und der Steuerung von Temperaturen bestehen. Wie weit eine Kontrolle der Umgebung notwendig ist, hängt wiederum stark vom jeweiligen Labor und dessen Nutzung ab. Allerdings gibt es einige universell gültige Kontrollmechanismen:
- Kontrolle über Zugang und Nutzung des Labors oder seiner Bereiche,
- Vermeidung von Kontaminationen und Störungen (soweit beinflussbar),
- Abtrennung von sich gegenseitig ungewollt beeinflussender Tätigkeiten.

Für Räumlichkeiten, die alle genannten Regeln entsprechen, benötigt man zudem noch die passenden Einrichtungen. Unter Einrichtungen versteht man beispielsweise:
- Messgeräte,
- Software,
- Referenzmaterialien,
- Verbrauchsmaterialien,
- Hilfseinrichtungen.

Für viele davon gelten zusätzlich Anforderungen. Zu den Anforderungen an das Messequipment gehören auch die Anforderungen an Referenzbauteile. Diese müssen vollständig aus Referenzmaterialien gefertigt werden. Damit ein Material als solches anerkannt wird, muss es von einem Referenzmaterialhersteller stammen. Referenzmaterialhersteller erfüllen die Anforderungen der ISO 17034 [16] und kennzeichnen ihre Produkte entsprechend in den Produktinformationsblättern/-zertifikaten.

Neben den genormten Anforderungen müssen alle Einrichtungen kalibriert werden. Eine Kalibrierung wird vor allem dann nötig, wenn die Messgenauigkeit die Validität der Ergebnisse beeinflusst, oder die metrologische Rückführbarkeit zu überprüfen ist.

Aus diesen Vorgaben resultiert auch hier eine Forderung nach korrekten Aufzeichnungen. Diese müssen, soweit dies die Nutzung der Einrichtung betrifft und zulässt, folgende Punkte umfassen:
- eine Bezeichnung der Einrichtung, gegebenenfalls eine Seriennummer oder bei Software eine Versionsnummer,
- Herstellernamen und Typbezeichnung,
- Nachweis, dass die Einrichtung den Anforderungen genügt,
- Standort,
- Kalibrierdaten,
- Dokumentation von Referenzmaterialien,
- Wartungsplan und Liste aller durchgeführten Wartungen/Ausbesserungen,
- Auflistung aller Schäden, Störungen und Änderungen.

Alle so erstellten Aufzeichnungen müssen immer zeitnah und aktuell gehalten werden, damit Fehler frühzeitig erkannt und behoben werden können, bzw. ein falscher Gebrauch von Einrichtungen erkannt werden kann.

Wie wichtig dabei die metrologische Rückführbarkeit von Einrichtungsdaten und Ergebnissen ist, lässt sich schon aus den Vorschriften, wann eine Kalibrierung erfolgen muss, schließen. Daraus und dem Ziel nach internationaler Vergleichbarkeit von Daten ergibt sich die Notwendigkeit, dass Messergebnisse auf das internationale Einheitensystem (SI) rückführbar sein müssen. Die DIN EN ISO/IEC 17025 [4] bietet im Anhang A eine Hilfestellung wie die metrologische Rückführbarkeit sichergestellt werden kann. Dies umfasst im Wesentlichen fünf Punkte:
- Angabe der Messgröße,
- Dokumentation einer ununterbrochenen Kalibrierung,
- Ermitteln von Messunsicherheiten bei jedem Messschritt nach gültigen Verfahren,
- Anwendung der gültigen Messverfahren,
- Nachweis der Kompetenz aller Beteiligten.

3.1.3 Validierung und Verifizierung von Messverfahren

Werden alle bisher genannten Vorgaben an Räumlichkeiten, Einrichtungen, Laborstrukturen und Aufzeichnungen erfüllt, kann ein geeignetes Messverfahren für die betreffenden Labortätigkeiten und Datenanalysen gewählt werden. Ein solches Verfahren beinhaltet immer eine Möglichkeit zur Ermittlung von Messunsicherheiten, soweit dies angemessen ist. Die Auswahl des richtigen Messverfahrens kann sich oftmals als recht schwierig gestalten. Zunächst muss die Entscheidung getroffen werden, ob man ein bestehendes erprobtes Verfahren anwendet, oder ein neues entwickelt. Wird ein bereits bestehendes ausgewählt, sind alle Tätigkeiten nach der neuesten gültigen Version des Verfahrens durchzuführen. Dieses kann normalerweise den nationalen Normen entnommen werden. Gibt eine nationale Norm keine Regelungen vor, sollte ein Verfahren nach dem international etablierten Standard durchgeführt werden. Existiert das benötigte Verfahren noch nicht, oder können die Vorgaben an das momentan gültige nicht eingehalten werden, wird die Entwicklung eines neuen/abgeänderten Messverfahrens nötig. Dabei ist es unerlässlich, jede Abänderung bzw. jeden Entwicklungsschritt genauestens zu dokumentieren und von kompetentem Personal durchführen zu lassen. Gerade bei Abweichungen von bestehenden Messabläufen müssen diese aus fachlicher Sicht gerechtfertigt und nicht nur mangelnder Vorbe-

reitung geschuldet sein. Solche neuen bzw. abgeänderten Verfahren müssen validiert werden. Zur Validierung können einzelne oder Kombinationen aus den folgenden Techniken verwendet werden:
- Kalibrierung mithilfe von Referenzmaterialen,
- systematische Bewertung aller beeinflussenden Faktoren,
- Variation und Vergleichsanalyse der kontrollierten Parameter,
- Vergleiche mit anderen bereits validierten Verfahren,
- Vergleiche zwischen Laboren (z. B. Ringversuche),
- Ermittlung von Messunsicherheiten anhand der theoretischen Grundlagen bzw. der praktischen Erfahrung.

Insbesondere die Änderungen an bestehenden Verfahren müssen durch diese Techniken auf den Einfluss der abgeänderten Parameter untersucht und bewertet werden. Für jede vorgenommene Validierung ist dabei ein Nachweis zu erstellen.

3.1.4 Sicherung der Validität von Ergebnissen

Um eine gleichbleibende Messqualität zu gewährleisten und damit die Validität von Ergebnissen zu sichern, müssen regelmäßige Überwachungen innerhalb des Laboratoriums stattfinden. Diese notwendigen Überwachungsverfahren umfassen:
- Verwendung von Referenzmaterialien,
- Nutzung von alternativem Messequipment,
- Funktionsprüfung aller Einrichtungen,
- Einsatz von Prüf- und Gebrauchsnormalen mit Regelkarten,
- Durchführen von Zwischenprüfungen,
- Durchführen von Wiederholungsprüfungen,
- erneutes Prüfen von aufbewahrten Gegenständen,
- Untersuchung der Korrelation von Gegenstandsmerkmalen,
- Überprüfung berichteter Ergebnisse,
- Vergleichen innerhalb des Labors,
- Durchführen von Blindversuchen.

Das Anwenden aller genannten Verfahren ist aber nur der erste Schritt für eine ausreichende Qualitätssicherung. Die genannten internen Kontrollen werden noch um externe Kontrollen erweitert. Diese verlangen eine Teilnahme des Laboratoriums an Eignungsprüfungen oder Vergleichen zwischen Laboren. Für diese Zwecke bietet sich besonders die Methode des Ringversuches an. Aufgrund der in der Regel recht hohen Beteiligung können damit die Leistungen eines Laboratoriums aussagekräftig bewertet und ihre Qualität im Vergleich zu anderen eingeordnet werden.

3.2 Prüfeinrichtungen

Die normgerechte Durchführung des Ringversuches stellt an das Messequipment und dessen Mindestleistungen strenge Anforderungen. Daher werden für den Ringversuch im akustischen Wandprüfstand die folgenden Prüfeinrichtungen benötigt:
- Luftschallquelle (Lautsprecher) nach DIN EN 10140 [5],
- Terzfilter der Klasse 0 oder 1 nach DIN EN 61260 [17],
- Messsystem (Mikrofone und Kabel) der Klasse 1 nach DIN EN 61672-1 [18] und den zusätzlichen Anforderungen an Mikrofone nach DIN EN ISO 3382 [6],
- Schallkalibrator nach DIN EN IEC 60942 [19],
- Apparatur zur Aufzeichnung der Pegelabnahme nach DIN EN ISO 3382 [6],
- Beschleunigungsmessgeräte nach DIN EN ISO 10848 [7],
- Schlaghammer nach DIN EN ISO 7626 [20].

3.2.1 Terzfilter

Um statistisch verwertbare Informationen zu einer Schallmessung im Prüfstand zu erlangen, wird der zu messende Frequenzbereich in der Regel in Abschnitte unterteilt. Diese werden als Bänder bezeichnet und haben eine Bandbreite von einer Oktave beziehungsweise von einer Terz (= 1/3 Oktave). Dabei ist die höchste Frequenz in einem Band das Doppelte der kleinsten Frequenz.

Beim Messen mit einem Terzbandfilter erhält man Werte zu der Mittenfrequenz jedes Bandes. Die für bauakustische Messungen von Bauteilen im Prüfstand notwendigen Mittenfrequenzen werden durch die DIN EN 10140 [5] festgelegt. Die mindestens zu messenden Mittenfrequenzen sind mit: 100, 125, 160, 200, 250, 310, 400, 500, 630, 800, 1000, 1250, 1600, 2000, 2500, 3150, 4000, 5000 Hertz (Hz) angegeben. Bei Untersuchungen zu tiefen Frequenzen kommen noch die folgenden Mittenfrequenzen: 50, 63, 80 Hertz hinzu [5]. Natürlich gibt es Unsicherheiten bei Terzband-Analysen und den sich daraus ergebenden Terz-Schalldruckpegeln [21, 22]. Daher werden die Filter für eine Terzband-Analyse durch die DIN EN 61260 in drei Klassen nach Anforderung an ihre Genauigkeit eingeteilt [17].

3.2.2 Lautsprecher

Damit ein Lautsprecher als Schallquelle im Rahmen der DIN EN 10140 [5] zulässig ist, muss er strengen Anforderungen an seine technischen Leistungen genügen. Er muss Schall gleichmäßig abgeben und ein kontinuierliches Spektrum über alle Frequenzbänder erzeugen. Die Verwendung eines Filters für Quellensignalfilterungen ist dabei erst ab einer Terz Bandbreite aufwärts zulässig. Ob dies für eine Schallquelle zutreffend ist oder nicht, lässt sich anhand der Pegeldifferenzen von benachbarten Terzbändern überprüfen. Die Mittenfrequenzen dieser Bänder dürfen für den erzeugten Schall keine Pegeldifferenzen größer 6 dB aufweisen.

3.2.3 Apparatur zur Aufzeichnung der Pegelabnahme

Der Abklingvorgang zur Bestimmung der Nachhallzeit ist durch eine Apparatur nach DIN EN ISO 3382 [6] aufzuzeichnen, bzw. auszuwerten und muss nach einem der folgenden Verfahren erfolgen.
Die Apparatur muss eine Exponentialmittelwertbildung für ein kontinuierliches Ausgangssignal durchführen können. Das Ausgangssignal kann dabei auch durch ein Signal aus aufeinanderfolgenden diskreten Abtastwerten, die aus dem fortlaufend gebildeten Mittelwert zu ermitteln sind, ersetzt werden. Alternativ kann ein Ausgangssignal bestehend aus aufeinanderfolgenden diskreten Linear-Mittelwerten zur Mittelwertbildung verwendet werden. Dabei ist zu beachten, dass der Mittelungszeitraum für die Exponentialmittelwertbildung und für die Linear-Mittelwertbildung unterschiedlich lang sein muss. Der Mittelungszeitraum kann nach Gl. (14) bestimmt werden. Der exakte Mittelungszeitraum für das gewählte Verfahren orientiert sich am Ergebnis. Er sollte möglichst dicht daran liegen, aber den errechneten Wert nie erreichen.

$$T_m < \frac{T}{X_i} \tag{14}$$

mit
T_m Mittelungszeit [s]
T gemessene Nachhallzeit [s]
X_i 30 für Exponentialmittelwertbildung
    12 für lineare-Mittelwertbildung

Für Apparaturen, die Abkling-Aufzeichnungen basierend auf dem Verfahren mit diskreten Abtastwerten erzeugen, muss das Zeitintervall zwischen den Aufzeichnungspunkten kleiner als das 1,5-fache der bestimmten Mittelungszeit des Gerätes sein.

3.3 Durchführung akustischer Messungen

In Deutschland gelten für die akustischen Messungen im Rahmen des Ringversuches die Regelungen aus der DIN EN ISO 10140 [5], der ISO 3382 [6] und der ISO 10848 [7]. Gleich mehrere Ziele sollen damit erreicht werden. Diese sind, unter anderem die Einheitlichkeit von Messdaten sicherzustellen, Vorgaben an den Messaufbau festzulegen und Anwendungsregeln für bestimmte Produkte aufzustellen. Normgerechte Messungen in Prüfständen ermöglichen die genaue Ermittlung von Referenzwerten zu Materialien und Bauprodukten. Anhand dieser lässt sich ein Bauwerk schon vorab für gewünschte Schallschutzziele planen. Sie bilden somit das Bindeglied zwischen Theorie und Praxis [23].

3.3.1 Bestimmung des Schalldämmmaßes

Der Aufbau für Messungen des Schalldämmmaßes nach DIN EN ISO 10140 [5] erfolgt mit dem Ziel, für jedes Frequenzband einen Schalldruckpegel im Sende- und Empfangsraum eines Wandprüfstandes zu ermit-

Tabelle 2. Mögliche Auswahl für Messeinrichtungen

Option	Aufnahmegerät
1	Einzelnes Mikrofon, welches kontinuierlich bei den Messungen bewegt wird
2	Einzelnes Mikrofon, welches von Position zu Position verschoben wird
3	Mehrere Mikrofone an festen Stellen
Option	**Schallquelle**
1	Mindestens zwei Lautsprecher an unterschiedlichen Positionen
2	Ein Lautsprecher, der zu mindestens zwei Positionen bewegt wird
3	Ein bewegter Lautsprecher

teln. Bei Anwendung dieser Norm gelten strenge Anforderungen an die Anzahl, Positionierung und Handhabung der Prüfeinrichtungen.
Für die Anzahl einzelner Prüfeinrichtungen werden einige Auswahlmöglichkeiten vorgegeben. Verwendet werden muss eine Kombination aus den Vorgaben der Tabelle 2.
Die Verwendung der Option 1 für das Aufnahmegerät in Kombination mit Option 1, 2 oder 3 für die Schallquelle muss für das bewegte Mikrofon ein Bahnradius von mindestens einem Meter eingehalten werden. Die Bahnebene darf dabei in keiner Ebene liegen, die weniger als 10° gegenüber den Raumbegrenzungen (Boden, Decke, Wände) geneigt ist. Zusätzlich muss die Bahnperiode mindestens 15 Sekunden betragen. Dabei ist zu beachten, dass für die Kombination mit der 2. Option pro Schallquellenposition mindestens eine Messung erfolgen muss. Für die anderen Kombinationen ist nur eine Messung erforderlich.
Wird die Option 2 oder 3 als Aufnahmegerät gewählt, macht dies für jede Kombinationsmöglichkeit ein Messen an mindestens fünf Positionen erforderlich. Das bedeutet, es sind mindestens fünf Mikrofone zu verwenden bzw. das einzelne Mikrofon muss wenigstens fünfmal verschoben werden.
Neben der zu wählenden Anzahl an Mikrofonen und Schallquellen muss bei deren Positionierung im Prüfstand auf die Einhaltung von Mindestabständen geachtet werden. Die genauen Werte für die geforderten Mindestabstände eines Mikrofons zu anderen Prüfeinrichtungen können Tabelle 3 entnommen werden. Dabei empfiehlt es sich, diese nach den gegebenen räumlichen Voraussetzungen zu überschreiten.
Wird kein bewegtes Mikrofon verwendet, ist bei der endgültigen Standortwahl zusätzlich darauf zu achten, dass die Mikrofonpositionen nicht in der gleichen Ebene, bezogen auf die Raumbegrenzungen, liegen und in ihrer Anordnung keinem regelmäßigen Raster entsprechen.
Für die Positionierung der Schallquelle(n) müssen drei Vorgaben eingehalten werden. Erstens darf die direk-

Tabelle 3. Mindestabstände zwischen Mikrofon und anderen Messeinrichtungen

Prüfeinrichtung	Abstand [cm]
Mikrofon	70
Raumbegrenzung	70
Diffusor	70
Prüfbauteil	100
Schallquelle	100

te Strahlung der Schallquelle(n) auf das Prüfbauteil nicht dominant werden. Zweitens muss die Positionierung der Mikrofone außerhalb des direkten Schallfelds der Quelle(n) für die genannten Mindestabstände im Raum möglich sein. Drittens muss ein diffuses Schallfeld im Raum erzeugt werden. Ob alle drei Vorgaben eingehalten werden, kann durch eine Eignungsprüfung für Lautsprecherpositionen nach Anhang A der DIN EN ISO 10140-5 [5] ermittelt werden.

Bei Messungen in tiefen Frequenzbändern insbesondere unterhalb von 100 Hz ist das Schallfeld nicht länger diffus. Schon ab 400 Hz ist die Diffusivität zumeist beeinflusst. Daher empfiehlt es sich, Änderungen am Messaufbau vorzunehmen. Die DIN EN ISO 10140 Teil 4 [5] gibt im Anhang A Anhaltspunkte, wie trotzdem aussagekräftige Messungen durchgeführt werden können. An erster Stelle sollten die Abstände aus Tabelle 2 bis zum 50-Hz-Terzband linear verdoppelt werden. Für den Abstand der Mikrofone zu den Raumbegrenzungen und dem Prüfbauteil sollte dabei ein Maximalwert von 1,2 m eingehalten werden. In einem zweiten Schritt sollte die Anzahl an Positionen für die Schallquellen und Mikrofone erhöht werden. Es wird empfohlen, einen kontinuierlich bewegten Lautsprecher zu verwenden oder mindestens für drei Schallquellpositionen zu messen. Die Mikrofone sollten dabei gleichmäßig über den Raum verteilt sein bzw. im Falle des bewegten Mikrofones den Raum gleichmäßig abtasten. Gerade in Raummitte werden bei tiefen Frequenzen oft niedrige Schalldrücke gemessen. Die Messpositionen sollten daher nicht nur in diesem Bereich liegen.

Die Erhöhung der Schallquellpositionen führt nicht zu einem diffusen Schallfeld, stattdessen werden mehrere verschiedene Schallfelder im Raum erzeugt. Dadurch ändert sich die Schallverteilung im Prüfstand mehrfach für jede Mikrofonposition und gleicht bei der Mittelwertbildung die fehlende Diffusivität teilweise aus.

Zur Bestimmung des Schalldämmmaßes werden die gemessenen Schalldruckpegel im Sende- und Empfangsraum energetisch gemittelt und daraus ein Schalldämmmaß zu jeder Mittenfrequenz nach Gl. (15) bestimmt. Für den Ansatz mit mindestens fünf festen Messpositionen und einem wenigstens zweimalig zu verschiebenden Lautsprecher, werden die berechneten Schalldämmmaße nach Gl. (16) gemittelt.

$$R = L_1 - L_2 + 10 \cdot \lg\left(\frac{S}{A}\right) \quad (15)$$

mit
R   Schalldämmmaß [dB]
L_1 Energetisch gemittelter Schalldruckpegel im Senderaum [dB]
L_2 Energetisch gemittelter Schalldruckpegel im Empfangsraum [dB]
S   Fläche der Prüföffnung [m²]
A   Äquivalente Schallabsorptionsfläche im Empfangsraum [m²]

$$R_m = -10 \cdot \lg\left(\frac{1}{n} \sum_{i=1}^{n} 10^{\frac{-R_i}{10}}\right) \quad (16)$$

mit
R_m Mittleres Schalldämmmaß für eine Frequenz [dB]
R_i Schalldämmmaß aus einer Messung [dB]
n   Anzahl berücksichtigter Messungen

Für die Verwendung von mehreren Mikrofonen mit festen Positionen ist es erforderlich, bei den Frequenzbändern von 100 bis 400 Hz, eine Mittelwertbildung über mindestens 6 Sekunden durchzuführen. Für höhere Frequenzbänder reichen schon 4 Sekunden aus. Hingegen muss für bewegte Mikrofone eine Mittelwertbildung über mindestens 30 Sekunden erfolgen. Dabei ist es erforderlich, eine ganze Anzahl von Bahnumläufen des Mikrofones zu erfassen. Auch hier sollten die Zeiten, über die gemittelt wird, für Messungen in tiefen Frequenzbändern erhöht werden. Bei festen Mikrofonen sollte sie verdreifacht und bei einem kontinuierlich bewegten Mikrofon verdoppelt werden.

3.3.2 Bestimmung der Nachhallzeit

Es gibt drei mögliche Verfahren, mit denen die Nachhallzeit bestimmt werden kann. Diese unterscheiden sich in erster Linie durch Messumfang, Messdauer und Genauigkeit voneinander. Bezogen auf die Messungen des Ringversuchs sollte das sogenannte Standardverfahren nach DIN EN ISO 3382 [6] angewendet werden. Bei dem Verfahren kann von einer Nenngenauigkeit von mehr als 10 % bei Terzbändern ausgegangen werden. Es eignet sich daher zur Überprüfung der Gebäudeeigenschaften und der Raumabsorption. Besonders in Bezug auf Messungen des Schalldämmmaßes nach DIN EN ISO 10140 [5] sollte die Nachhallzeit vorab mit dem Standardverfahren gemessen werden. Der Messumfang muss sich dabei an die strikten Vorgaben aus der DIN EN ISO 3382 [6] halten.

Es muss sechs Sender-Mikrofon-Kombinationen geben, für die mindestens jeweils zwei unterschiedliche Schallquell- und Mikrofonpositionen zu wählen sind. An jeder sich daraus ergebenden Position sind zwei Abklingvorgänge zu messen. Falls die Nachhallzeit nur für die Berechnung eines Korrekturwertes benötigt wird, reicht eine Senderposition mit drei Mikrofonen aus. Statt den drei Mikrofonen darf in diesem Fall auch ein Mikrofon mit rotierendem Galgen eingesetzt werden. Der im Weiteren beschriebene Aufbau bezieht sich allerdings in erster Linie auf Messungen mit festen Mikrofonen.

Bezogen auf die Positionierung der Messeinrichtungen für das Standardverfahren empfiehlt die DIN EN ISO 3382 [6], sich an die von ihr beschriebene Platzierung zu halten. Die Mikrofone sollten zueinander mindestens eine halbe Wellenlänge Abstand haben und kein symmetrisches Raster bilden. Normalerweise liegt der Abstand daher bei ungefähr zwei Metern. Zu den Raumbegrenzungen reicht schon ein Meter Abstand (ungefähr eine Viertel Wellenlänge) aus. Die Schallquelle sollte in eine Ecke des Prüfraumes gestellt werden und einen Mindestabstand zu jedem Mikrofon nach der Gl. (17) einhalten.

$$d_{min} = 2 \cdot \sqrt{\frac{V}{c \cdot T_{sch}}} \quad (17)$$

mit
d_{min} Mindestabstand Mikrofon-Schallquelle [m]
V Raumvolumen [m³]
T_{sch} Schätzwert der erwarteten Nachhallzeit [s]

Für die Anregung des Raumes durch die Schallquelle bietet die DIN EN ISO 3382 [6] wiederum zwei Auswahlmöglichkeiten an. Eine davon ist das Verfahren mit abgeschaltetem Rauschen.

Für das Verfahren mit abgeschaltetem Rauschen kann, wie bei den Messungen zum Schalldämmmaß, ein Lautsprecher als Schallquelle dienen. Die Bandbreite des so erzeugten Signals muss dabei mindestens eine Terz für Messungen in Terzbändern betragen. Das Signal ist außerdem mit breitbandigem statistischem oder pseudo-statistischem elektrischem Rauschen zu erzeugen. Bei Verwendung eines pseudo-statistischen Rauschens muss dieses zufällig unterbrochen werden, sodass Wiederholungen ausgeschlossen sind. Der nach beiden Arten erzeugte Schalldruckpegel muss eine Abklingkurve gewährleisten, die im schlechtesten Fall 35 dB über dem Störpegel (Hintergrundrauschen) beginnt. Dies wird für T30-Messungen auf 45 dB verschärft. Die Mindestdauer der Anregung ist für das Standardverfahren durch Gl. (18) gegeben.

$$T_e \geq T/2 \quad (18)$$

mit
T_e Mindestdauer der Anregung [s]
 ≥ 1 Sekunde bei großen Raumvolumen

Um Unsicherheiten auszugleichen, werden die gewonnenen Messergebnisse für alle Positionen gemittelt. Es ist nach DIN EN ISO 3382 [6] unter anderem zulässig, Mittelwerte aus den einzelnen gemessenen Nachhallzeiten für jede Mittenfrequenz zu bilden.

3.3.3 Bestimmung der Körperschallnachhallzeit

Um den Gesamtverlustfaktor für die Messungen im akustischen Wandprüfstand zu ermitteln, wird die Körperschallnachhallzeit benötigt [5]. Diese ist durch Schwingungsmessungen zu bestimmen. Um die Bauteilschwingungen erfassen zu können, werden hier statt Mikrofonen Beschleunigungsmessgeräte verwendet. Beim Messen mit ihnen müssen folgende Vorgaben aus DIN EN ISO 10848 [7] eingehalten werden.

Für den Messaufbau muss zunächst die Art und die Herstellung der Verbindung zwischen Prüfbauteil und Messgerät festgelegt werden. Regelungen und Vorschläge dafür finden sich in DIN EN ISO 10848 [7]. Die Beschleunigungsmessgeräte sollten senkrecht zur Prüfbauteiloberfläche angebracht und steif verbunden werden. Um Messfehler aus einer zu schwachen Fixierung zu umgehen, sollte beim Anbringen auf einen guten Verbund von Messgerät und Prüfbauteil geachtet werden. Die Norm schlägt zur Lösung dieses Problems verschiedene Wachse, wie z. B. Bienenwachs oder Wachse auf Erdölbasis, vor. Für den Fall, dass das Wachs keinen ausreichenden Verbund gewährleisten kann, können metallische Unterlegscheiben und gegebenenfalls Zapfen zur Befestigung des Beschleunigungsmessgerätes verwendet werden.

Neben der Art des Anbringens muss auch auf den Einfluss der Massenzuladung durch das Beschleunigungsmessgerät geachtet werden. Damit dieser Einfluss möglichst gering ausfällt, muss die Masse des Gerätes so klein wie möglich sein. Vernachlässigbar klein ist der Einfluss, wenn die Ungleichung (19) für das Gerätegewicht eingehalten wird.

$$m_{acc} < \frac{1}{2 \cdot \pi \cdot f \cdot Y_{dp}} \quad (19)$$

m_{acc} Masse des Beschleunigungsmessgerätes [kg]
Y_{dp} mechanische Admittanz des Antriebspunktes [N·s/m]

Zur Anregung des Prüfbauteils kann entweder ein elektrodynamischer Schwingerreger oder ein Schlaghammer nach ISO 7626 [20] eingesetzt werden. Beispielsweise darf der Schlaghammer nur verwendet werden, wenn die Nachhallzeitmessung am Prüfbauteil nicht durch die Stärke des Hammerschlags beeinflusst wird.

Mit dem gewählten Erreger muss an mindestens drei unterschiedlichen Positionen angeregt werden. Dabei ist immer mit mindestens drei Beschleunigungsmessgeräten zu messen. Für die sich aus dieser Bedingung ergebenden Messaufbauten müssen, ähnlich wie bei den Messungen des Schalldämmmaßes, Mindestabstände zwischen den Messeinrichtungen eingehalten und auf die Positionsverteilung geachtet werden. Dies umfasst vier Punkte:
– 0,5 m zwischen Messposition und Bauteilrand,
– 1 m zwischen Messposition und Anregungspunkt,
– 0,5 m zwischen den Messpositionen,
– zufällige Verteilung der Messgeräte über das Prüfbauteil.

Aus den gewonnenen Messdaten werden Abklingkurven nach ISO 3382 [6] gebildet und ausgewertet. Dabei wird die Körperschallnachhallzeit durch arithmetische Mittelwertbildung der einzelnen Nachhallzeiten bestimmt. Alternativ kann sie durch energetische Mittelung der einzelnen Abklingkurven berechnet werden. Die bei der Analyse zu betrachtenden Mittenfrequenzen entsprechen denen der Messungen des Schalldämmmaßes.

Bei der Auswertung der Abklingkurven ist darauf zu achten, dass bei der traditionellen Vorwärtsanalyse der Impulsantwort die Ungleichungen (20) und (21) für jedes Terzband erfüllt werden. Andernfalls muss das Zeitumkehr-Verfahren nach DIN EN ISO 3382 [6] verwendet werden, welches eine knapp vierfach geringere Grenze als Ungleichung (20) vorgibt.

$$T_s > \frac{70}{f} \qquad (20)$$

$$T_s > 2 \cdot T_{det} \qquad (21)$$

mit
T_{det} Nachhallzeit des mittelwertbildenden Detektors [s]

3.3.4 Anwendungsregeln für den Einbau von Wänden

Neben den Anforderungen an die Messungen enthält die DIN EN ISO 10140 [5] Anwendungsregeln für den Einbau des Bauteils im akustischen Wandprüfstand. Zunächst muss anhand des Bauteilaufbaus entschieden werden, ob eine Seite mehr Schall absorbieren kann als eine andere. Sollte dies der Fall sein, muss das Bauteil so eingebaut werden, dass die stärker absorbierende Fläche zur Schallquelle zeigt. Der Einbau erfolgt in eine Prüföffnung. Je nach Größe und Nutzung eines Prüfstandes, als Fenster-, Wand- oder Türprüfstand, gibt es verschiedene Ausführungen.

Die Prüföffnung vollständiger Größe nimmt in der Regel die Fläche einer kompletten Begrenzungswand ein. In dieser Prüföffnung werden in erster Linie großflächige Bauteile, wie Wände, getestet.

Die Prüföffnung verringerter Größe kommt zum Einsatz, wenn der Prüfstand keine geeignete Möglichkeit für eine große Öffnung bietet. Da die Messungenauigkeiten mit abnehmender Öffnungsfläche zunehmen, unterliegt deren Einsatz bestimmten Bedingungen. Hintergrund ist, dass örtliche Schwankungen im Schallfeld (trotz theoretisch vorausgesetztem diffusem Schallfeld) immer auftreten können und die Empfindlichkeit der Ergebnisse mit sich verringernder Bauteilfläche ansteigt. Ist ein Bauteil zu klein für die gegebene Prüföffnung wird darin eine Trennwand mit ausreichend hoher Schalldämmung errichtet und das Bauteil wird in sie eingebaut. Unter „ausreichend" ist bei einer Trennwand eine so hohe Schalldämmung zu verstehen, dass der durch sie übertragene Schall, im Bezug zu dem durch das Prüfbauteil übertragenen Schall, vernachlässigbar wird.

Teil 5 der DIN EN ISO 10140 [5] bietet, für den Fall sehr kleiner Bauteile, zudem noch die Möglichkeit einer speziellen kleinen Prüföffnung mit Vorgaben an deren Größe und Ausführung.

Bezogen auf das großflächige Prüfbauteil Wand wird nur die Öffnung vollständiger Größe für die Messungen im akustischen Wandprüfstand verwendet.

3.4 Konstruktive Anforderungen an den Wandprüfstand

Neben den beschriebenen Anforderungen an Durchführung, Equipment und Aufbau einer Messung, werden durch die DIN EN ISO 10140 [5] Vorgaben an die bauliche Ausführung und erforderlichen Eigenschaften eines Wandprüfstandes gestellt. Die Einhaltung dieser Anforderungen ist für die Teilnahme an einem Ringversuch unerlässlich.

Grundlegend besteht ein Wandprüfstand aus zwei benachbarten Räumen. Der Sende- und Empfangsraum sollten jeweils mindestens 50 m³ Raumvolumen aufweisen. Dabei sollte der Senderaum ein größeres Raumvolumen als der Empfangsraum umschließen. Beide Räume sollten außerdem unterschiedliche Maße (Höhe, Länge, Breite) besitzen. Eine Abweichung von circa 10% gilt dabei als Richtwert. Die genaue Festlegung dieser Werte richtet sich nach dem Ziel einer gleichmäßigen Verteilung von Eigenfrequenzen bei tiefen Frequenzbändern.

Als benachbarte Räume sind Sende- und Empfangsraum durch eine Wand voneinander getrennt. Die Trennwand wird entfernt und durch eine Prüföffnung ersetzt. Diese ist für einen akustischen Wandprüfstand als Prüföffnung vollständiger Größe auszuführen und sollte den Einbau eines Prüfobjekts mit 10 m² Oberfläche pro Raum ermöglichen.

Weist das Schallfeld innerhalb der Prüfräume starke Schwankungen auf, muss dies durch Diffusoren behoben werden. Grund für die Verteilungsdifferenzen sind dabei zumeist stehende Wellen. Zusätzliche Diffusoren übernehmen die Aufgabe, den Schall besser im Raum zu streuen. Je nachdem welche Raumeigenschaften erreicht werden wollen, können die verschiedensten Diffusoren zum Einsatz kommen. Es gibt sie als simple Plexiglasscheiben aber auch als ganzräumige Systeme. Bild 1 zeigt Plexiglas-Diffusoren am Beispiel des Hallraums der TU Kaiserslautern.

Bild 1. Plexiglasdiffusoren im Prüfstand

Die Anbringung der Diffusoren ist ein experimenteller Prozess. Es muss mit jedem neuen Diffusor geprüft werden, ob sich das Schalldämmmaß in einem Frequenzband ändert. Erst wenn das Installieren weiterer Diffusoren keine Änderungen mehr bewirkt, kann der Prozess als abgeschlossen angesehen werden.

Nach dem Einbringen der Diffusoren muss die Nachhallzeit des Prüfstandes für beide Räume überprüft und gegebenenfalls korrigiert werden. Sie sollte bei Frequenzen über 100 Hz zwischen einer und zwei Sekunden liegen. Werden diese Grenzen nicht eingehalten muss geprüft werden, ob das Schalldämmmaß durch sie beeinflusst wird. Ist dies der Fall muss der Prüfstand solange verändert und angepasst werden bis die Nachhallzeit in jedem Raum die Ungleichung (22) erfüllt:

$$1 \leq T \leq 2 \cdot \left(\frac{V}{50}\right)^{\frac{2}{3}} \quad (22)$$

mit
V Raumvolumen [m³]

Neben der Nachhallzeit und den Raummaßen muss die Flankenschallübertragung bei der Errichtung eines neuen Prüfstandes berücksichtigt werden. Bild 2 zeigt die möglichen Übertragungswege für einen Wandprüfstand nach DIN EN ISO 10140 [5]. Zu sehen sind der direkte Übertragungsweg „Dd" und die indirekten Übertragungswege (Flankenschallübertragungswege) „Fd", „Ff" sowie „Df".

Die Skizze in Bild 2 kann auf zwei Arten betrachtet werden. Zunächst ist sie als Gebäudegrundriss zu verstehen und stellt die möglichen Übertragungswege durch die Wände dar. Die andere Betrachtung ist als Gebäudeaufriss, dabei zeigt sie die möglichen Flankenschallwege für Boden und Decke. Die auf einer Seite gezeigten Flankenschallwege existieren auch immer gespiegelt für die gegenüberliegende Raumbegrenzungsfläche. Somit ergeben sich für den Flankenschall viele mögliche Wege übertragen zu werden. Diese müssen für den Prüfstand weitgehend unterdrückt werden, damit das Prüfbauteil den maßgeblichen Einfluss bei der Schallübertragung hat. Eine Option ist die Entkopplung von Senderaum und Empfangsraum. Dies kann zum Beispiel durch eine Elastomerfuge zwischen den aneinandergrenzenden Begrenzungsflächen der Räume ausgeführt werden.

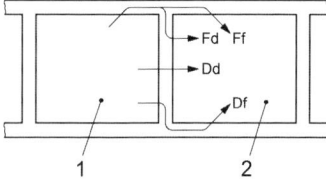

Bild 2. Mögliche Übertragungswege für den Flankenschall mit Raum 1 als Senderaum [5]

Tabelle 4. Maximales Schalldämmmaß in einem Prüfstand zur Prüfung von Wänden und Decken vom Typ C [5]

Frequenz [Hz]	R'_{max} für Wege Ff, Fd und Df [dB]
100	45,0
125	50,0
160	53,0
200	56,0
250	58,5
315	61,0
400	63,5
500	66,0
630	68,5
800	71,0
1000	73,5
1250	76,0
1600	78,5
2000	81,0
2500	83,5
3150	86,0
4000	88,5
5000	91,0

Aber nicht nur die zusätzlich möglichen Wege zur Schallübertragung aus dem Senderaum können zu einer ungewollten Erhöhung des Schallpegels im Empfangsraum führen. Auch kann Schall aus Quellen außerhalb des Prüfstandes über die Raumbegrenzungen übertragen werden. Auch hier empfiehlt sich eine Entkopplung vom restlichen Laboratorium.

Um zu kontrollieren, wie ausgeprägt die Flankenschallübertragung eines Prüfstandes für eine bestimme Prüfbauteil-Konstruktionsweise ist, werden drei repräsentative Konstruktionstypen in DIN EN ISO 10140 [5] vorgestellt:
– Typ A: Leichtbauwand
– Typ B: Leichtmauerwerk
– Typ C: Massives Mauerwerk

Die Aufbauten jedes Typs sind in der Norm klar definiert und stellen als repräsentative Konstruktionen die üblicherweise im Prüfstand zu messenden Aufbauten nach. Für jeden damit eingemessenen Prüfstand ergibt sich daraus eine individuelle, frequenz- und typabhängige Aussage über sein maximal messbares Schalldämmmaß. In Tabelle 4 sind beispielhaft die maximalen Schalldämmmaße für einen Prüfstand für Bauteile des Typs C aufgezeigt.

4 Ringversuch der Physikalisch-Technischen Bundesanstalt

Die Physikalisch-Technische Bundesanstalt (PTB) führt alle drei Jahre einen Ringversuch an akustischen Wandprüfständen durch. Die Notwendigkeit einer dreijährigen Wiederholung ergibt sich aus der Richtlinie für Schallschutz-Vergleichsmessungen der PTB [1]. Für Prüfstellen, die zur Erteilung allgemeiner bauaufsichtlicher Prüfzeugnisse anerkannt sind, ist nach einem abgeschlossenen Zulassungsverfahren die Teilnahme im Dreijahresintervall verpflichtend [2], um den erreichten Qualitätsstandard sicherzustellen. Insgesamt bietet sich durch die Teilnahme am Ringversuch auch anderen Prüfstellen und Forschungseinrichtungen die Möglichkeit, ihre Messdaten mit einer großen Anzahl gleichartiger Laboratorien zu vergleichen.

4.1 Allgemeines Versuchsprogramm

Die Physikalisch-Technische Bundesanstalt hat für den Ringversuch an akustischen Wandprüfständen jedem beteiligten Laboratorium einen Plan mit dem genauen Ablauf zukommen lassen. Diesem können die nachfolgenden Schritte entnommen werden:
1. Einreichen eines schriftlichen Antrages mit Festlegung des Prüfumfangs bei der PTB,
2. die PTB beschafft Kalksandsteine als Referenzobjekt,
3. Organisation und Finanzierung des Transportes der Kalksandsteine zum Prüfstand durch die Prüfstelle,
4. Einbau der Kalksandsteine in die Prüföffnung des Wandprüfstandes mittels einer elastischen Fuge nach festen Vorgaben,
5. Messung der Schalldämmung und des Verlustfaktors durch die Prüfstelle,
6. Bewertung der Ergebnisse durch die PTB,
7. bei ausreichender Datenübereinstimmung mit dem Ringversuch wird die elastische Fuge durch eine Fuge mit Quellmörtel ersetzt,
8. Messung der Schalldämmung und des Verlustfaktors durch die Prüfstelle,
9. erneute Bewertung durch die PTB,
10. bei guter Datenübereinstimmung mit dem Ringversuch werden jeweils vier weitere Schalldämmungs- und Verlustfaktormessungen durch die Prüfstelle vorgenommen,
11. erneute Bewertung und Erstellung eines „Toleranzschlauches" durch die PTB,
12. Einbau einer zusätzlichen Vorsatzschale,
13. Messung der maximalen Schalldämmung durch die Prüfstelle,
14. Messung der maximalen Schalldämmung durch Mitarbeiter der PTB,
15. Rückbau der Vorsatzschale,
16. Messung der Schalldämmung und des Verlustfaktors durch die PTB,
17. Vergleich der PTB-Messungen im Prüfstand mit den PTB-Referenzwerten,
18. Bewertung durch die PTB, ob der Prüfstand den Anforderungen der DIN EN ISO 10140 [5] genügt.

Der Ablauf kann durch Absprachen zwischen dem teilnehmenden Labor und der PTB in Umfang und Reihenfolge variieren. Gerade falls ein Labor nicht teilnimmt, um seine Berechtigung zur Erteilung allgemeiner bauaufsichtlicher Prüfzeugnisse zu erneuern, kann der Messablauf in verringerter Form durchgeführt werden.

4.2 Referenzwerte der Physikalisch-Technischen Bundesanstalt

4.2.1 Ermittlung der Referenzwerte

Um die Messungen der einzelnen Laboratorien vergleichen und bewerten zu können, werden von der PTB Referenzwerte sowie deren zulässige Abweichungen und Toleranzgrenzen ermittelt. Anhand dieser wird ein sogenannter „Toleranzbereich" gebildet. Zur Ermittlung der Werte wird zunächst von der PTB mit mindestens vier verschiedenen Geräten das Schalldämmmaß und die Körperschallnachhallzeit am Referenzbauteil gemessen [1]. Aus den daraus gewonnen Daten wird ein Mittelwert gebildet. Danach wird der Bereich der zufälligen Abweichungen für die Ergebnisse errechnet. Hierfür werden Werte der Standardabweichung verwendet, welche durch Messungen unter Wiederholbedingungen ermittelt werden. Als statistische Sicherheit bzw. Vertrauensniveau legt die PTB dabei 95 % fest. Zusätzlich wird der Geltungsbereich für Vergleichsmessungen durch Zuschläge vergrößert. Diese haben je nach Frequenz einen anderen Betrag und sind in Tabelle 5 aufgetragen.
Aus den so ermittelten Werten ergeben sich für jede Terz-Mittenfrequenz eine Unter- und eine Obergrenze, zwischen denen das frequenzabhängige Schalldämmmaß bei den Messungen in den Prüfständen liegen sollte. Diese beiden Grenzen bilden den „Toleranzbereich" [1].

4.2.2 Beurteilung der Messwerte

Um die Ergebnisse eines teilnehmenden Labors bewerten zu können, wird für jede Mittenfrequenz eine Differenz aus Messwert und dem von der PTB ermittelten Vergleichswert gebildet. Anschließend wird diese mit den zulässigen Grenzwerten verglichen. Dabei darf für den Bereich 250–5000 Hz die Summe der Grenzüberschreitungen nicht mehr als 3 dB betragen. Zudem dürfen keine systematischen Unterschiede über 0,3 dB erkennbar sein. Anschließend findet eine Verlustfaktor-Korrektur bei den Referenz- und bei den Laborwerten statt. Hierdurch ergibt sich ein neuer Toleranzbereich und die korrigierten Werte des teilnehmenden Labors werden erneut bewertet. Der gesamte Vorgang wird sowohl auf den Versuch mit elastischer Fuge als auch auf den Versuch mit Quellmörtel angewandt.

Tabelle 5. Zuschlagswerte in dB abhängig von der Frequenz in Hz

Frequenz [Hz]	Zuschlag [dB]
50	3,5
63	3,5
80	3,5
100	2,5
125	2,5
160	2,5
200	2,5
250	1,5
315	1,5
400	1
500	1
630	1
800	1
1000	1
1250	1
1600	1
2000	1
2500	1
3150	1
4000	1
5000	1

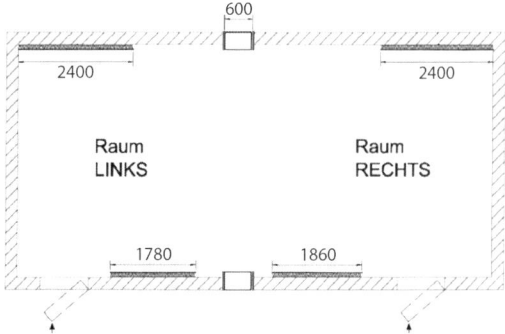

Bild 3. Grundriss Wandprüfstand der TU Kaiserslautern mit Prüfrahmen, Prüfrahmenentkopplung(rot) und Absorbern

Die PTB erstellt nach Abschluss ihrer internen Bewertung für das Labor eine Mitteilung über ihre gewonnenen Erkenntnisse. Diese beinhaltet eine Gesamteinschätzung des Prüfstandes und Grafiken zum Vergleich mit allen anderen teilnehmenden Laboren des Ringversuches.

5 Messungen an der Technischen Universität Kaiserslautern

Die Technische Universität Kaiserslautern hat mit ihrem im Jahre 2017 modernisierten Wandprüfstand erstmalig im Jahre 2019 am Ringversuch der PTB teilgenommen. Ziel war es eine Bewertung über die Qualität des vorhandenen Wandprüfstandes, der Messeinrichtungen und der Arbeit des Personals zu erhalten.

5.1 Wandprüfstand der TU Kaiserslautern

Um am Ringversuch teilnehmen zu können, wurde der bis zum Jahr 2017 vorhandene, aber aufgrund der Anforderungsänderungen der letzten Jahrzehnte veraltete, Wandprüfstand umgebaut [24]. Im ursprünglichen Zustand waren Sende- und Empfangsraum nicht baulich voneinander getrennt und Einflüsse durch Flankenschallübertragung waren möglich. Im Zuge des Umbaus wurden daher beide Räume mittels einer Elastomerfuge voneinander entkoppelt und die Flankenschallübertragung stark verringert. Nach Abschluss der Umbauarbeiten fanden Messungen zur Bestimmung der Nachhallzeit und des Schalldruckpegels an einer dafür errichteten Probewand statt, um die Einhaltung der DIN EN ISO 10140 [5] nachzuweisen.
Eine Vermessung des umgebauten Prüfstandes ergibt die folgenden Werte zur Raumgeometrie:

Linker Raum: $L \times B \times H$: $4{,}71\,m \times 4{,}30\,m \times 2{,}63\,m$
Rechter Raum: $L \times B \times H$: $5{,}18\,m \times 4{,}30\,m \times 2{,}63\,m$

Bild 3 zeigt den Grundriss des Wandprüfstandes. Zwischen den Räumen lässt sich die Öffnung vollständiger Größe erkennen, in welche die Prüfbauteile eingebaut werden. Aufgrund ihrer Lage bot sich in erster Linie die Raumlänge als veränderliche Variable an. Hier wurde mit 4,71 Metern zu 5,18 Metern etwas über 9 % Abweichung erreicht.
Der Prüfstand befindet sich als Raum in Raum-Konstruktion innerhalb einer Versuchshalle. Dadurch wird die Decke nicht weiter belastet und eine Übertragung von Körperschall aus darüberliegenden Geschossen ist auf diesem Weg unterdrückt. Durch eine Entkopplung des Bodens zu den darunterliegenden Räumen wird die Schallübertragung durch externe Quellen auch verschwert. Die Lage des Wandprüfstandes hinsichtlich anderer akustischer Prüfstände, wie zum Beispiel einem Hallraum und einem Deckenprüfstand sowie seine Hallenteilung mit einer Werkhalle für Betonarbeiten, machten diese bauliche Entkopplung notwendig. Bild 4 zeigt in der Mitte den Wandprüfstand (Raumnummer 338), links daneben ist der Hallraum (Raum 334) und rechts der Deckenprüfstand (Räume 242/ 342) zu erkennen. Das darunterliegende Geschoss wird meist als Lager oder für Versuche des Materialprüfamtes Kaiserslautern genutzt. Dank der zuvor erwähnten baulichen Trennung vom Boden, kann der Einfluss von Hintergrundgeräuschen aus diesen Räumen größtenteils unterdrückt werden.

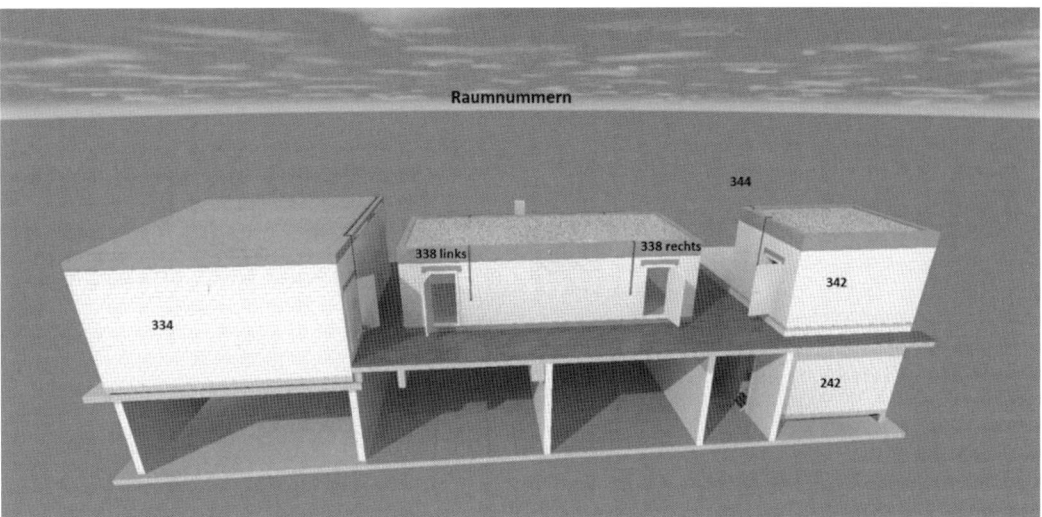

Bild 4. Akustische Prüfstände der TU Kaiserslautern

5.2 Messeinrichtungen

Zusätzlich zum Umbau wurden für den Wandprüfstand in den letzten Jahren neue Messeinrichtungen angeschafft. Die Neuausstattung beinhaltet insbesondere Mikrofone, eine Kugelschallquelle für die Erzeugung eines diffusen Schallfeldes, Verstärker und einen Multikanalanalysator.

Aufgezeichnet und teils ausgewertet wurden die Messdaten des Ringversuches über das Programm SAMURAI der Sinus Messtechnik GmbH. Das Programm ist auf einem Multikanalanalysator installiert, Bild 5, analysiert die Messdaten und bereitet die Messergebnisse zeitnah grafisch auf.

Es ist daher bereits während des Messprozesses möglich, einen Überblick über die späteren Ergebnisse zu erlangen. Auch kann abgeschätzt werden, wie hoch etwaige Hintergrundgeräuschpegel sind und für welche Frequenzen zusätzliche Messgenauigkeiten erforderlich sind. Die Option bis zu 32 Mikrofone oder andere Sensoren gleichzeig anzuschließen, ermöglicht es, die Messpräzision um ein Vielfaches, als normativ gefordert, zu erhöhen. Zudem besitzt das Gerät noch einen internen Signalgenerator zur Erzeugung von akustischen Signalen.

5.3 Messdurchführung

Die Messungen für den Ringversuch an der TU Kaiserslautern erfolgen unter strikter Einhaltung der in den vorherigen Abschnitten beschriebenen normativen Anforderungen. Die Nachhallzeit wird nach DIN EN ISO 3382 [6], das Schalldämmmaß nach DIN EN ISO 10140 [5] und die Körperschallnachhallzeit nach DIN EN ISO 10848 [7] sowie allen damit verbundenen Normen, gemessen bzw. berechnet. Alle Einrichtungen er-

Bild 5. Multikanalanalysator

füllen dabei die an das Messequipment gestellten Anforderungen für den Ringversuch. Für jede Messung wird zusätzlich der Luftdruck, die relative Luftfeuchte und die Temperatur ermittelt und protokolliert. Zudem werden vor jeder Messung des Schalldämmmaßes Messungen zum Hintergrundgeräuschpegel durchgeführt.

Für die Messung des Schalldämmmaßes wird der Ansatz mit festen Mikrofonpositionen und mehreren festen Schallquellpositionen verwendet [5]. Für die Messungen des Prüfbauteils mit elastischer Fuge zum Prüfstand wird mit je 2 Schallquellpositionen und jeweils 5 Mikrofonen im Sende- und Empfangsraum gemessen. Zusätzlich findet die Messung in beide Richtungen statt. Das bedeutet, dass zunächst der linke Raum Sender und der rechte Raum Empfänger ist, anschließend werden die Rollen vertauscht. Für die Messungen des Prüfteils mit starrem Anschluss wird die Anzahl der Schallquellpositionen auf 4 erweitert, um die Messpräzision weiter zu erhöhen.

Die Nachhallzeit wird mit dem Standardverfahren ermittelt [6]. Zur Raumanregung wird ein abgeschaltetes Rauschen verwendet. Gemessen wird sie in jedem Raum des Prüfstandes und mit einem raumspezifischen Hintergrundgeräuschpegel korrigiert.

Die Körperschallnachhallzeit wird unter Verwendung eines Schlaghammers in Kombination mit Beschleunigungssensoren bestimmt [7]. Als Befestigungsmittel für die Beschleunigungssensoren am Bauteil wird Wachs verwendet.

Bei allen drei Messabläufen wird auf die genaue Einhaltung der vorgegebenen Mindestabstände für das Messequipment geachtet. Auch werden symmetrische Messraster vermieden und die Mikrofone nach Möglichkeit so verteilt bzw. umgestellt, dass der ganze Raum bei den Messungen erfasst wird.

6 Ergebnisse

6.1 Messergebnisse und Auswertung

Im Folgenden werden, am Beispiel der Messdaten des Wandprüfstandes der TU Kaiserslautern, exemplarisch Ergebnisse des Ringversuches zur Messung des Schalldämmmaßes der Prüfwand mit elastischer Anschlussfuge zum Prüfrahmen vorgestellt und diskutiert.

6.1.1 Nachhallzeiten

Bild 6 zeigt die Nachhallzeiten für beide Räume des akustischen Wandprüfstandes. Die Nachhallzeiten liegen tendenziell dicht beieinander, wobei sich für den rechten Prüfraum in der Regel leicht höhere Werte bei den Frequenzen oberhalb von 250 Hz messen lassen. Unterhalb von 250 Hz gibt es Abweichungen. Diese sind jedoch nicht systematisch, sondern tendieren mal zu höheren und mal zu tieferen Werten.

Die Nachhallzeiten müssen für Frequenzen zwischen 100 und 5000 Hz nach DIN EN ISO 10140 [5] innerhalb eines definierten Bereiches liegen. Der untere Grenzwert liegt bei einer Sekunde. Der obere Grenzwert wird mithilfe der Ungleichung (22) bestimmt. Bild 7 und Bild 8 zeigen den frequenzabhängigen Verlauf der Nachhallzeiten des linken und des rechten Prüfraumes, im Bezug auf die Grenzwerte von einer Sekunde und den Werten aus der Ungleichung (22).

Die Nachhallzeit beider Räume liegt für den normativ geregelten Bereich von 100 Hz bis 5000 Hz innerhalb des durch die Grenzwerte definierten Rahmens. Der akustische Wandprüfstand der TU Kaiserslautern erfüllt somit die Anforderungen der DIN EN ISO 10140 [5] an die Nachhallzeit.

6.1.2 Schalldämmmaße

Das Schalldämmmaß wird zweimal bestimmt. Dies geschieht über den Wechsel von Sende- und Empfangsraum. Bild 9 zeigt die ermittelten Schalldämmmaße in Abhängigkeit von den Terzband-Mittenfrequenzen.

Für beide Messrichtungen zeigt sich in Bild 9 ein nahezu identischer Verlauf für das Schalldämmmaß oberhalb von 400 Hz. Abweichungen von bis zu 3,7 dB

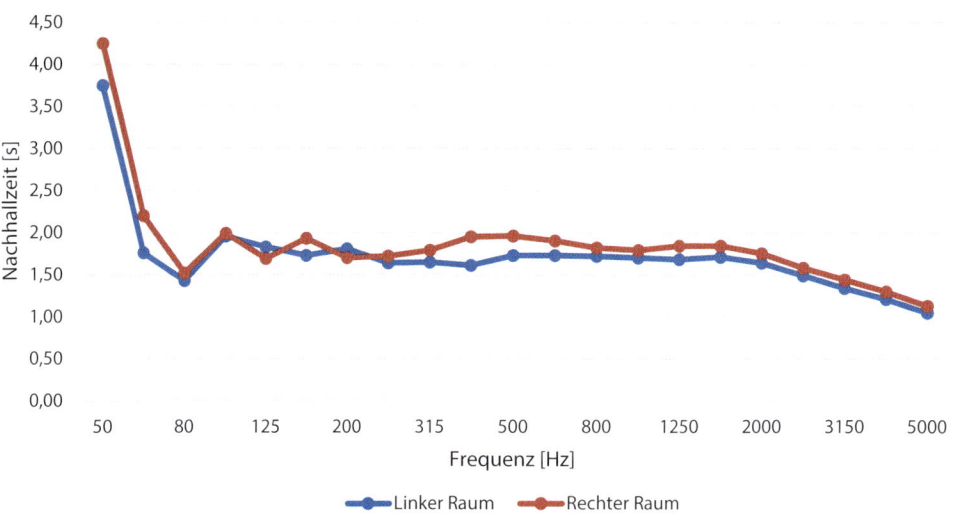

Bild 6. Nachhallzeiten für den linken und rechten Raum des akustischen Wandprüfstandes

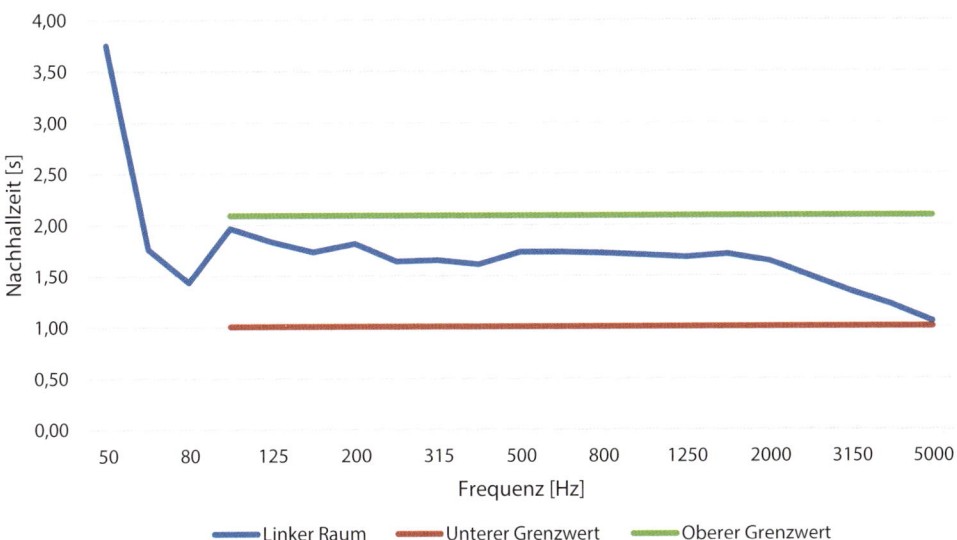

Bild 7. Frequenzabhängige Nachhallzeit des linken Prüfraums im Vergleich mit den Grenzwerten

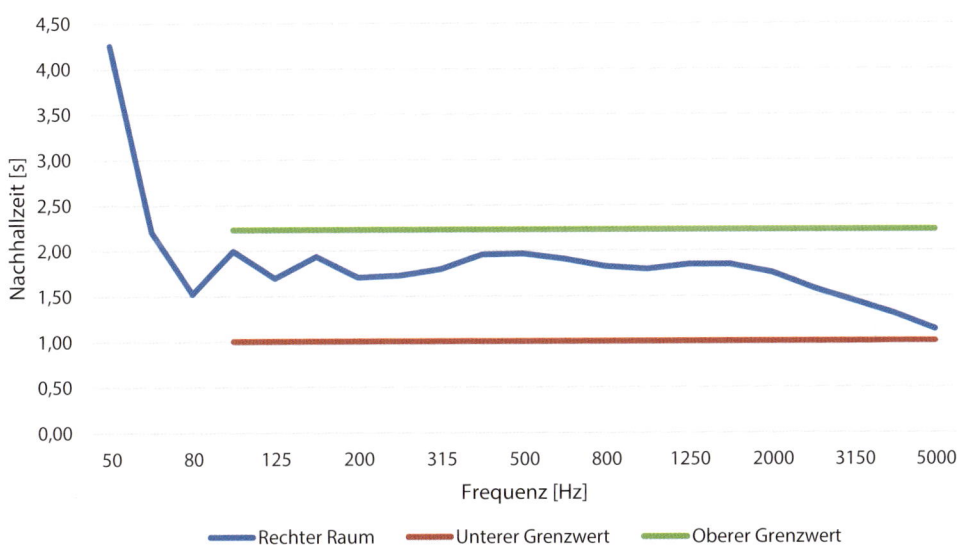

Bild 8. Frequenzabhängige Nachhallzeit des rechten Prüfraums im Vergleich mit den Grenzwerten

treten bei den tiefen Frequenzbändern unterhalb von 400 Hz auf. Diese Abweichungen sind nicht systematisch und erfüllen die Anforderungen nach [6].

Für beide Räume wurden die gleichen Umgebungsbedingungen bezogen auf Temperatur, relative Feuchte, Luftdruck und Umgebungsgeräusche gemessen. Die Abweichungen bei den ermittelten Schalldämmmaßen sind vermutlich auf das unterschiedliche Raumvolumen zurückzuführen. Dadurch baut sich das Schallfeld in beiden Räumen unterschiedlich auf. Die grundlegend angenommene Diffusivität der erzeugten Schallfelder nimmt unterhalb von 400 Hz mit der Verringerung der Frequenz zunehmend ab [5]. Es ist daher mit großer Wahrscheinlichkeit davon auszugehen, dass sich bei den Frequenzbändern von 400 Hz abwärts Unterschiede innerhalb der Schallfelder im Senderaum einstellen.

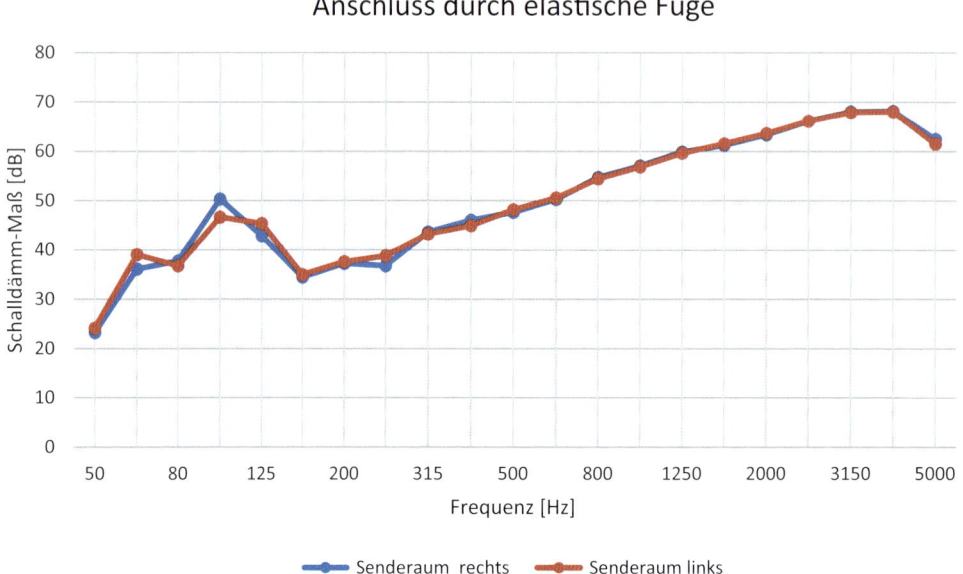

Bild 9. Frequenzabhängiger Verlauf des Schalldämmmaßes für den elastischen Anschluss des Prüfbauteils

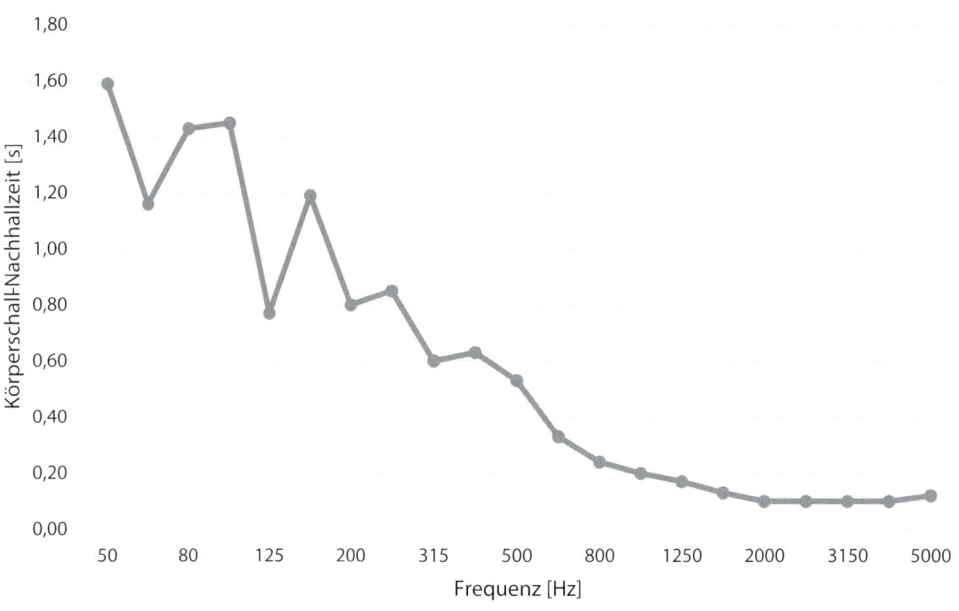

Bild 10. Körperschallnachhallzeit der Prüfwand für den Anschluss mit elastischer Fuge

6.1.3 Körperschallnachhallzeiten

Die gemessenen Körperschallnachhallzeiten der Prüfwand für die Terzband-Mittenfrequenzen von 50 bis 5000 Hz sind in Bild 10 aufgetragen. Aus den Körperschallnachhallzeiten wird durch die PTB für jede der Terzband-Mittenfrequenzen ein korrigiertes Schalldämmmaß errechnet.

6.2 Vergleich mit anderen Ringversuchsteilnehmern

Bild 11 zeigt den frequenzabhängigen Verlauf der Schalldämmmaße des akustischen Wandprüfstands der TU Kaiserslautern für den Anschluss mit der elastischen Fuge (schwarz), im Vergleich mit dem von der PTB aufgestellten Toleranzschlauch (grau).

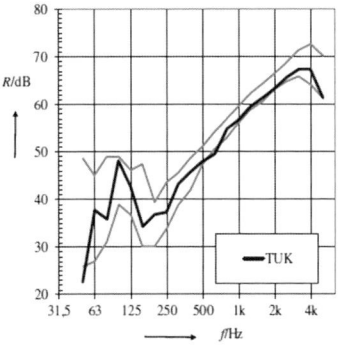
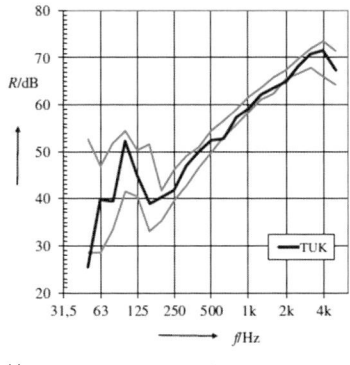

a) KSV, elastisch, unkorrigiert b) KSV, elastisch, korrigiert

Bild 11. Schalldämmmaße der TU Kaiserslautern innerhalb des Toleranzschlauches der PTB

Nach Bild 11a ist das unkorrigierte Schalldämmmaß zu sehen und in Bild 11b das von der PTB korrigierte Schalldämmmaß.
Es zeigt sich, dass die im Wandprüfstand der TU Kaiserslautern gemessenen Werte für das Schalldämmmaß größtenteils innerhalb des Toleranzschlauches liegen. Für alle Frequenzen bis auf 50 Hz und 630 Hz liegen die Schalldämmmaße ohne Verlustfaktor-Korrektur innerhalb des durch die Grenzwerte festgelegten Bereiches. Bei 50 Hz (630 Hz) liegt das Schalldämmmaß allerdings 3,5 dB (1,5 dB) unterhalb vom unteren Grenzwert. Mit Verlustfaktor-Korrektur liegen alle Schalldämmmaße innerhalb des Toleranzschlauches, ausgenommen jene der Frequenzen 50 Hz, 630 Hz und 2000 Hz. Hier ist bei der Frequenz 50 Hz (630 Hz/ 2000 Hz) eine Abweichung zum unteren Grenzwert von 3,5 dB (1 dB/1 dB) feststellbar. Die Ursache für die Abweichungen wird in einer nicht ganz sachgerechten Errichtung der Prüfwand vermutet. Hierzu sind jedoch weitere Untersuchungen erforderlich.
Bild 12 zeigt die Ergebnisse aller am Ringversuch teilnehmenden Labore für die Messungen des Schalldämmmaßes. Obwohl es Abweichungen zueinander gibt, tendieren die Ergebnisse zu einem ähnlichen Werteverlauf. Die größten Streuungen für das unkorrigierte Schalldämmmaß treten bei 50 Hz und 200 Hz auf.

Für das korrigierte Schalldämmmaß sind ebenfalls bei 50 Hz und 200 Hz die größten Streuungen feststellbar, fallen aber um etwa ein Dezibel geringer aus.

6.3 Zusammenfassung

In diesem Beitrag werden zu Beginn die bauakustischen Grundlagen vorgestellt, welche für einen Ringversuch in akustischen Wandprüfständen eine Rolle spielen. Es folgt eine Beschreibung der allgemein gültigen normativen Vorgaben an die Strukturen und an die Messprotokolle eines Labors. Anschließend wird auf die durch DIN EN ISO 10140 gestellten Anforderungen an einen akustischen Wandprüfstand und an die darin durchzuführenden Messungen eingegangen. Die Erfüllung dieser Anforderungen ist Voraussetzung dafür, dass ein akustisches Labor an einem Ringversuch teilnehmen kann, der regelmäßig von der Physikalisch-Technischen Bundesanstalt in Braunschweig durchgeführt wird.
Im zweiten Teil des Beitrags wird auf die Teilnahme der TU Kaiserslautern an einem Ringversuch der PTB eingegangen. Die dabei im akustischen Wandprüfstand gemessenen Nachhallzeiten, Schalldämmmaße und Körperschallnachhallzeiten werden vorgestellt und diskutiert. Abschließend wird ein Vergleich

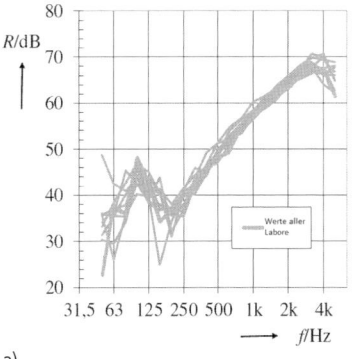
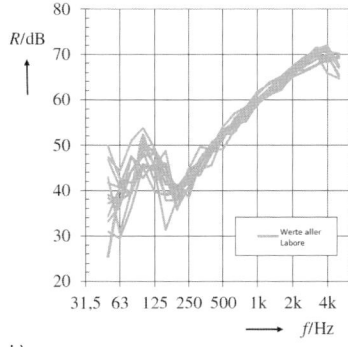

a) b)

Bild 12. Schalldämmmaße aller Teilnehmer des Ringversuches (grau), a) unkorrigiert, b) korrigiert

mit Werten der PTB und anderen Ringversuchsteilnehmern durchgeführt. Insgesamt zeigten die umfangreichen, experimentellen Untersuchungen im Rahmen des Ringversuches, dass der Wandprüfstand der TU Kaiserslautern die normativen Anforderungen erfüllt. Darüber hinaus ergab sich eine sehr gute Vergleichbarkeit mit anderen Ringversuchsteilnehmern. Die vorliegenden Ergebnisse belegen, dass die Instandsetzungsmaßnahmen am Wandprüfstand erfolgreich waren und zeigen, dass zukünftige akustische Bauteiluntersuchungen normgerecht, qualitativ hochwertig und reproduzierbar im Wandprüfstand der TU Kaiserslautern durchgeführt werden können.

7 Literatur

[1] Richtlinien der Physikalisch-Technischen Bundesanstalt (PTB) für Schallschutz-Vergleichsmessungen, 1999.

[2] Beschlussbuch der VMPA anerkannten Schallschutzprüfstellen nach DIN 4109, 2017.

[3] DIN 4109-1:2018-01 (2018) *Schallschutz im Hochbau*, Beuth Verlag, Berlin.

[4] DIN EN ISO/IEC 17025:2018-03 (2018) *Allgemeine Anforderungen an die Kompetenz von Prüf- und Kalibrierlaboratorien*, Beuth Verlag, Berlin.

[5] DIN EN ISO 10140 *Akustik – Messung der Schalldämmung von Bauteilen im Prüfstand*, Beuth Verlag, Berlin.

[6] DIN EN ISO 3382 *Messung von Parametern der Raumakustik*, Beuth Verlag, Berlin.

[7] DIN EN ISO 10848 *Messung der Flankenübertragung von Luftschall, Trittschall und Schall von gebäudetechnischen Anlagen zwischen benachbarten Räumen im Prüfstand und am Bau*, Beuth Verlag, Berlin.

[8] Long, M. (2014) *Architectural Acoustics*, Academic Press, 2. Auflage.

[9] Ollendorff, F (1969) Statistical Room-Acoustics as a Problem of Diffusion (A Proposal). *Acta Acustica united with Acustica*, Vol. 21, N. 4.

[10] Cramer, O. (1993) The variation of the specific heat ratio and the speed of sound in air with temperature, pressure, humidity, and CO_2 concentration, *The Journal of the Acoustical Society of America* 93, 2510.

[11] Müller, G.; Möser, M. (2004) *Taschenbuch der Technischen Akustik*, Springer Verlag.

[12] DIN 18041 *Hörsamkeit in Räumen*, Beuth Verlag, Berlin.

[13] DIN EN 12354 *Bauakustik – Berechnung der akustischen Eigenschaften von Gebäuden aus den Bauteileigenschaften*, Beuth Verlag, Berlin.

[14] Vogel, A.; Wittstock, V.; Kornadt, O.; Scholl, W. (2015) Erreichbare Genauigkeit bei der Körperschallprognose mit der „Two-stage Method", in *Proceedings DAGA*, Nürnberg.

[15] Gibbs, B.M.; Seiffert, G.; Lai, Heng-Yi (2016) Uncertainties in the Two-Stage Reception Plate Method for Source Characterisation and Prediction of Structure-Borne Sound Power. *Acta Acustica united with Acustica*. 102. 441–451. 10.3813/AAA.918963.

[16] DIN EN ISO 17034:2017-04 (2017) *Allgemeine Anforderungen an die Kompetenz von Referenzmaterialherstellern*, Beuth Verlag, Berlin.

[17] DIN EN 61260 (2018) *Elektroakustik – Bandfilter für Oktaven und Bruchteile von Oktaven*, Beuth Verlag, Berlin.

[18] DIN EN 61672 (2017) *Elektroakustik – Schallpegelmesser*, Beuth Verlag, Berlin.

[19] DIN EN IEC 60942:2018-07 (2018) *Elektroakustik – Schallkalibratoren*, Beuth Verlag, Berlin.

[20] DIN EN ISO 7626:2015-04 (2015) *Schwingungen und Stöße – Experimentelle Bestimmung der mechanischen Admittanz*, Beuth Verlag, Berlin.

[21] Piprek, P.; Budde, C.W. (2011) Bewertung der Unsicherheit von Terzband-Analysen bei akustischen Messungen, DAGA Düsseldorf.

[22] Payne, R. (2004) Uncertainties associated with the use of a sound level meter, *NPL REPORT* DQL-AC 002.

[23] Hopkins, C. (2007) *Sound Insulation*, Butterworth-Heinemann.

[24] Vogel, A.; Kornadt, O. (2016) Wiederbelebung des Akustischen Prüfstands an der Technischen Universität Kaiserslautern, in *Proceedings DAGA*, Aachen.

B 6 Akustische Messräume für einen erweiterten Frequenzbereich

Helmut V. Fuchs, Xueqin Zha

Prof. Dr.-Ing. Helmut V. Fuchs
Casa Acustica
Kirchblick 5, 14129 Berlin

Studium der Nachrichtentechnik an der TU Berlin; Promotion bei L. Cremer und R. Wille. Tätig in der Grundlagenforschung an Instituten der Deutschen Luft- und Raumfahrt in Berlin und Oberpfaffenhofen, Sound and Vibration der Southampton University sowie Aeroacoustics der Stanford University. Seit 1979 widmete er sich als Begründer der Abteilung Technische Akustik am Fraunhofer IBP in Stuttgart mit angewandter F&E dem Schallschutz. Seit 1986 Professor für Bauakustik und Immissionsschutz an der FH für Technik in Stuttgart, seit 1995 auch stellvertretender Institutsleiter sowie Leiter der Abteilung Raumakustik/Technische Akustik des IBP. Seit 2005 engagiert er sich verstärkt der baulichen Umsetzung seines raumakustischen Konzepts, seit 2007 mit einer Stiftung „Räume schaffen für besseres Verstehen und Lernen" beim SOS Kinderdorf e. V. und bis 2012 auch in der Forschungsgesellschaft für angewandte Systemsicherheit und Arbeitsmedizin in Mannheim. Ab 2013 im Vorstand der gemeinnützigen Stiftung „Casa Acustica" in Berlin. 2018 Gastprofessur für Raumakustik im Fachgebiet Audiokommunikation an der TU Berlin. Ab 2019 im F&E-Vertrag mit der TU Berlin zur Förderung der Stiftungszwecke.

Prof. Xueqin Zha
Casa Acustica
Kirchblick 5, 14129 Berlin

Studium der Physik an der Nanjing University. Chief Engineer Akustik im Design Institute, Ministry of Radio and Television, Beijing; raum- und bauakustische Auslegungen und Schallschutzkonzepte für Studiokomplexe. 1984 und 1986 Gastwissenschaftlerin am Institut für Rundfunktechnik in München. 1988 Professur für Akustik im o. g. Design Institute. Seit 1992 wissenschaftliche Mitarbeiterin, ab 1995 Leiterin der Arbeitsgruppe Raumakustik im Fraunhofer IBP in Stuttgart. Verantwortlich in der Entwicklung alternativer Schallabsorber sowie der raumakustischen Gestaltung denkmalgeschützter Bauwerke und Neubauten (z. B. Staatstheater Mainz, Oriental Concert Hall Shanghai, VW Akustikzentrum, Prüfstände der Shanghai Academy of Public Measurement und des Beijing National Institute of Metrology). Seit 2013 im Vorstand der gemeinnützigen Stiftung „Casa Acustica" in Berlin und Akustikberaterin des Ingenieurbüros Landtop Technologies in Beijing und Shanghai.

Bauphysik-Kalender 2020: Bau- und Raumakustik. Herausgegeben von Nabil A. Fouad.
© 2020 Ernst & Sohn GmbH & Co. KG. Published 2020 by Ernst & Sohn GmbH & Co. KG.

Inhaltsverzeichnis

1 Einleitung   463

2 Anregung von Raummoden bei tiefen Frequenzen   464

3 Messung des Absorptionsgrades bei den Raummoden   467

4 Erweiterte Messung des Schalldämmmaßes im geeignet bedämpften Prüfstand   471

5 Vergleich verschiedener Messverfahren zur Schalldämmung   473

6 Messung der Schallleistung im geeignet bedämpften Hallraum   474

7 Messung des Absorptionsgrades im geeignet bedämpften Hallraum   477

8 Messung der Schallabstrahlung in reflexionsarmen Räumen   479
8.1 Rechnerische Simulation von Schallfeldern in Messräumen   481
8.1.1 Einfluss des Absorptionsgrades   483
8.1.2 Einfluss des geschlossenen Rechteck-Raumes   484
8.1.3 Einfluss der Raumgeometrie   484
8.1.4 Einfluss der Quellposition   486
8.1.5 Einfluss der Bodenreflexionen   486
8.1.6 Einfluss der Bandbreite des Testsignals   486
8.1.7 Optimierung durch eine inhomogene Auskleidung   488
8.2 Beispiele innovativer Akustikprüfstände bei Autoherstellern   489
8.2.1 BMW Motor-Akustikprüfstand in München   489
8.2.2 VW Außengeräusch-Messhalle in Wolfsburg   491
8.2.3 Daimler-Chrysler (DC) Aero-Acoustic Wind Tunnel in Detroit   494

9 Schlussbemerkungen   495

10 Literatur   497

Alle Einzelgebiete der Bauphysik in einer Zeitschrift

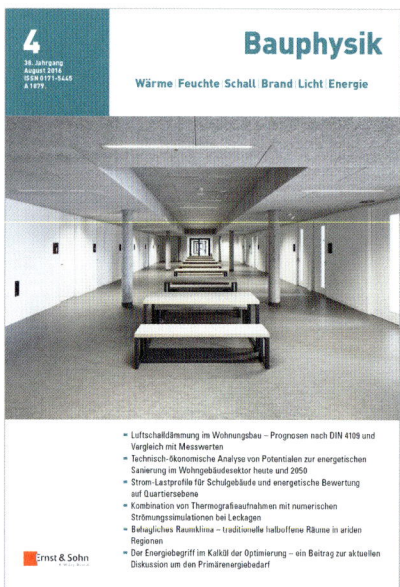

Seit über 35 Jahren ist **Bauphysik** die einzige deutsche Fachzeitschrift, die alle Einzelgebiete der Bauphysik bündelt. Hier werden jährlich ca. 35 wissenschaftliche Aufsätze und Projektberichte mit interdisziplinärem Hintergrund veröffentlicht und aktuelle technische Entwicklungen vorgestellt. Damit ist die Zeitschrift Spiegel der Forschung in Wissenschaft und Industrie und der Normung, mit starken Impulsen aus der Planungspraxis.

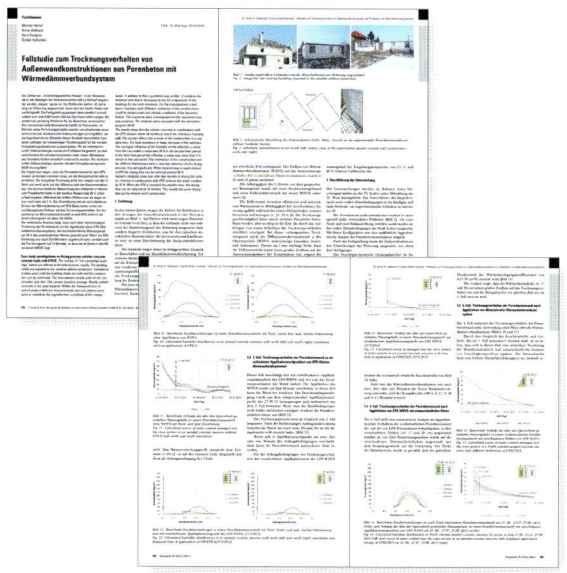

Hrsg.: Ernst & Sohn
Bauphysik
Wärme | Feuchte | Schall |
Brand | Licht | Energie
41. Jahrgang 2019.
6 Hefte / Jahr
Impact-Faktor 2017: 0,202
ISSN 0171-5445 print
ISSN 1437-0980 online
Auch als ejournal erhältlich.

Probeheft bestellen:
www.ernst-und-sohn.de/bapi

Ernst & Sohn
Verlag für Architektur und technische
Wissenschaften GmbH & Co. KG

Kundenservice: Wiley-VCH
Boschstraße 12
D-69469 Weinheim

Tel. +49 (0)800 1800-536
Fax +49 (0)6201 606-184
cs-germany@wiley.com

1089136_dp

„Durch bloßes logisches Denken vermögen wir keinerlei Wissen über die Erfahrungswelt zu erlangen; alles Wissen über die Wirklichkeit geht von der Erfahrung aus und mündet in ihr."
A. Einstein

1 Einleitung

Der gesamte Hörbereich des Menschen ist in Beitrag B 8 auf Bild 1 dargestellt. Von tiefen Frequenzen f spricht man gern unterhalb von circa 100 Hz. In der Bau- und Raumakustik meint man verbreitet, sich nur auf die Oktaven oberhalb von 125 Hz konzentrieren zu sollen. Langsam erweitert sich aber die Aufmerksamkeit bis 50 Hz, nicht erst seitdem das Phänomen des „Estrich-Dröhnens" Bauherren und Nutzer neuerer Immobilien die Bedeutung des unteren Frequenzbereichs deutlich gemacht hat. Schallschutz ist aber generell eine sehr komplexe Aufgabe, wie sie Gl. (1), freilich nur schematisch die verschiedenen Einflüsse symbolisierend, beschreibt:

$$L = L_W - \Delta L_Q + DI + 10 \lg v + 10 \lg n$$
$$- 20 \lg s - \sum_i D_i$$
$$- 20 \lg f m$$
$$- 10 \lg A + \Delta L_R + \Delta L_S + \Delta L_T + const. \quad (1)$$

Der Immissions-Schalldruckpegel L(f) in der Nachbarschaft einer oder mehrerer (n) gleicher Schallquellen Q ergibt sich zunächst aus dem jeweiligen, z. B. unter Freifeldbedingungen nach ISO 3745 gemessenen Emissions-Schallleistungspegel L_W(f) mit der jeweiligen Richtcharakteristik DI(f). Handelt es sich beispielsweise um einen über die Schornsteinmündung breitbandig abstrahlenden Ventilator, so können sich bei den immissionswirksamen Abstrahlwinkeln (typischerweise zwischen 80° und 100° zur Schornsteinachse) die tiefen Frequenzen gegenüber den hohen um unter Umständen entscheidende 10 dB stärker bemerkbar machen, s. [1, Abb. 18.29]. Eine frequenzunabhängige Erhöhung in L(f) ergibt sich, wenn eine in alle Richtungen gleichförmig abstrahlend angenommene Quelle nicht frei (Richtungsfaktor v = 1), sondern vor einer reflektierenden Fläche (v = 2), von einer Kante aus (v = 4) oder aus einer Ecke heraus (v = 8) abstrahlt. Auch ein Kanzeldach oder ein Schalltrichter können menschliche Stimmen in eine bestimmte Richtung verstärken. Man sollte aber beachten, dass ein Reflektor, auch für entferntere Quellen, nur dann Schall lenkend funktioniert, wenn er schwer genug ist und seine Abmessungen der jeweiligen Wellenlänge entsprechen.

Die Lärmschutzbeauftragten in großen Betrieben und Entwicklungsingenieure wissen, dass Lärmbekämpfung möglichst nahe an den Quellen, am besten gleich in den Entstehungsprozess eingreifen oder durch Kapselung oder/und Schalldämpfer erreicht werden sollte (ΔL_Q in Gl. (1)). Lärmarmes Konstruieren kann allerdings immer nur bei der Planung neuer Aggregate zum Zuge kommen. Sie treibt im Allgemeinen die Entwicklungskosten in die Höhe und – oftmals noch wichtiger – erfordert zusätzliches Volumen, Gewicht und Material. Lärmarme Produkte müssen daher in der Regel teurer verkauft bzw. eingekauft werden. Tatsächlich unterliegen fast alle relevanten Geräuscherzeuger, dank nationaler und internationaler Richtlinien und Gesetze, einer strengen Emissionskontrolle. Sie ist vielfach wichtiger Bestandteil der Marktzulassung eines jeden neuen Gerätes. Außerdem legt ein wachsender Anteil der Käufer und Nutzer Wert auf Komfort, auch auf akustischen. Da es aber generell leichter fällt, den weltweit allein maßgeblichen A-bewerteten Schallpegel durch Maßnahmen bei höheren Frequenzen zu senken, verschieben diese das Maximum in den Lärmspektren regelmäßig zu niedrigen Frequenzen. Viel weniger bekannt ist, dass man auch an menschlichen Schallquellen, die z. B. in einer lautstarken Konferenz ertönen, durch vergleichsweise einfache bauliche Maßnahmen im Raum direkt auf die Emissionen (L_W) Lärm mindernd einwirken kann. Wo diese raumakustischen Maßnahmen unterbleiben, darf man bei der Kommunikation Vieler nicht von einer einfachen Pegelerhöhung gemäß 10 lg n gemäß Gl. (1), sondern muss von einer regelmäßig viel stärkeren ausgehen, siehe Beitrag C 4 „Schall lenkende und absorbierende Maßnahmen in kleineren Räumlichkeiten".

Zeile 2 von Gl. (1) steht für Einflüsse auf dem Ausbreitungsweg der Schallwellen. Im Freien, aber auch im Nahfeld einer Quelle im Raum, spielt zunächst natürlich das frequenzunabhängige Abstandsmaß 20 lg s eine wichtige Rolle mit 6 dB pro Verdopplung der Entfernung s. Bei schlechter Verständlichkeit in der Gruppe ist die Verkürzung des Abstands zwischen Sender und Empfänger eine leider nicht immer mögliche Alternative zur in vieler Hinsicht schädlichen Stimmanhebung gemäß Beitrag C 4, Abschnitt 4.5. Abschirmende und dämpfende Maßnahmen (D_i(f) in Gl. (1)), wie sie im Freien, besonders hinsichtlich höherer Frequenzen, vielfältig wirksam sein können, sind in geschlossenen Räumen meist wirkungslos, besonders im Hinblick auf die hier ganz allgemein unterschätzten tiefen Frequenzen (Beitrag B 8 „Schall absorbierende Bauteile – Eine aktuelle Übersicht", Abschnitt 2.5). Man muss also davon ausgehen, dass selten das im Freifeld nahe der Quelle gemessene Emissionsspektrum für die eigentliche Lärmbelastung in ihrer Nachbarschaft maßgeblich ist. Je größere Entfernungen und je mehr Hindernisse die Schallwellen auf ihrem Weg zum jeweiligen Immissionsort zu überwinden haben, umso stärker treten die tiefen Frequenzanteile in den Vordergrund. Das gilt nicht nur für die Schallausbreitung im Freien, sondern oft auch für den Nachhall in (größeren) Räumen. Die Tiefen werden aber von sensibleren Menschen, gerade auch von Hörgeschädigten, oftmals als besonders lästig wahrgenommen, auch wenn die A-Bewertung der Pegel und die übliche Konzentration auf die mittleren Frequenzen bei der Nachhallzeit dieses Problem in der

Praxis stets verschleiern. Auch die von den einschlägigen Normen und Richtlinien gestützte Gewohnheit, Schallpegel, -dämmung und -dämpfung nur bis 125 oder 100 Hz zu messen und erst oberhalb 500 Hz schärfer zu bewerten, hat zwar zu Schall dämpfenden und dämmenden Bauteilen mit eindrucksvollen Einzahl-Angaben, z. B. dem bewerteten Absorptionsgrad α_w nach DIN EN ISO 11 654 oder Schalldämmmaß R_w nach DIN EN ISO 717 geführt. Tatsächlich bleibt ihre Wirksamkeit im Einsatzfall aber oft weit hinter der dadurch beim Anwender geweckten Erwartung zurück, weil man eben nicht einfach die Einzahl-Angaben für die Quellen und Übertragungswege addieren oder subtrahieren darf, sondern bei einer ernsthaften raum- und bauakustischen Planung die jeweilige spektrale Charakteristik aller Terme in Gl. (1) berücksichtigen muss. Auch eine mögliche Dämmung durch leichte Bauteile, wie z. B. Fenster, wächst mit deren Masse m wie 20 lg m, fällt aber etwa wie 20 lg f mit der Frequenz f ebenso stark ab, siehe Zeile 3 in Gl. (1). Häufig ist das Problem bei tiefen Frequenzen sogar noch gravierender: Zum einen erkaufen zweischalige Bauteile, wie Fenster, Türen, Wände und Fassaden ihre hohe Dämmung bei mittleren und hohen Frequenzen, die ihnen bei der üblichen Einzahl-Bewertung so zugutekommt, durch eine Masse-Feder-Resonanz bei Frequenzen unter 100 Hz, bei welcher ein praktisch ungehinderter Schalldurchgang von der lauten zur leisen Seite erfolgen kann, siehe [1, Abschnitt 3.7] und Bild 1.

Zum anderen kann der in einen Raum eindringende oder dort emittierte Schall in diesem sogenannte Hohlraum- oder Eigenresonanzen gewaltig anregen und auch dadurch bei bestimmten Frequenzen eine wesentliche Verstärkung ($+\Delta L_R(f)$ in Gl. (1)) um 10 bis 20 dB verursachen. Das ist viel mehr, als was man üblicherweise von konventionellen raumakustischen Maßnahmen mit A(f) an Minderung ($-10\lg A$ in Gl. (1)) erwarten kann. In Zeile 4 von Gl. (1) sind der Vollständigkeit halber noch zwei Einflüsse symbolisch dargestellt, die eine Anhebung der emittierten Schallleistung miteinander kommunizierender menschlicher Stimmen verursachen: $+\Delta L_S(f)$ infolge von Störgeräuschen und $+\Delta L_T(f)$ infolge ungeeigneter Nachhallzeiten im Raum (Beitrag C 4). Wenn er also nicht breitbandig bedämpft wurde, kann jeder Raum zu einem akustischen „Horrorkabinett" für seine Nutzer werden, sowohl wegen von außen eindringender als auch durch innen erzeugte Geräusche.

Zur normgerechten Messung und Beurteilung der Emissionen technischer Schallquellen sowie der Dämmung und Absorption bauüblicher Materialien benötigt man entweder möglichst reflexionsarme Freifeldräume oder möglichst stark reflektierende Hallräume. Weil die Moden-Felder bei den tiefen Frequenzen in jeder akustischen Messung sowohl positiv wie in Abschnitt 3 als auch negativ wie in den Abschnitten 4 bis 8 mitspielen können, werden sie im Folgenden ausführlich behandelt.

2 Anregung von Raummoden bei tiefen Frequenzen

Ebene stehende Wellen vor einer mehr oder weniger absorbierenden Wand, wie sie in Beitrag B 8 als Abbild angesprochen werden, sind Ausgangspunkt für die aeroakustische Tonerzeugung in vielen Blasinstrumenten. Eine Orgelpfeife bildet einen möglichst starken Grundton entsprechend ihrer Länge und der Art ihrer Abschlüsse (gedackt bzw. offen) aus. Die harmonischen Obertöne entsprechend den Gln. (7.6) bzw. (7.8) in [1] werden zwar viel schwächer angeregt, bestimmen aber das Klangbild mit. In nicht unbedingt allseitig geschlossenen Räumen treten Eigenresonanzen am deutlichsten in Erscheinung, wenn mindestens eine ihrer Dimensionen kleiner als etwa 10 m ist, also auch in sogenannten Flachräumen wie Großraumbüros (Beitrag C 4 dieses Kalenders). Im Frequenzbereich zwischen 200 und 50 Hz, gegebenenfalls bis 31 Hz herunter, prägen dann zwei- bzw. dreidimensionale stehende Wellen (Moden) ein Schallfeld, das schon mit deren Grundtönen ein sehr disharmonisches Klangbild hervorruft. Bild 2 zeigt z. B. für einen quasi unbedämpften Quaderraum mit $l_x = 5$ m, $l_y = 4$ m, $l_z = 3$ m in einer zwischen zwei diagonal gegenüberliegenden Ecken gemessenen Übertragungsfunktion kaum mehr als 10

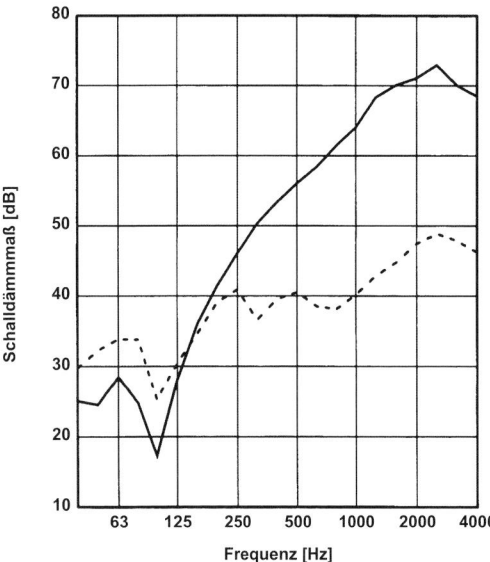

Bild 1. Schalldämmmaß R nach DIN EN ISO 140 eines Türblattes allein (strichliert) und mit Vorsatzschale (VPR nach Beitrag B 8, Abschnitt 4.3; 1 mm Stahlblech, 40 mm Weichschaum)

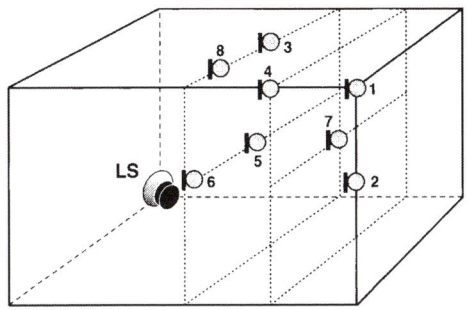

Messort	Eigenfrequenz [HZ]		Mode
	gemessen	gerechnet	
1	35,0	34,3	1,0,0
1	42,5	42,9	0,1,0
2	55,5	54,9	1,1,0
3	56,3	57,2	0,0,1
4	66,1	66,7	1,0,1
5	68,9	68,6	2,0,0
4	70,6	71,5	0,1,1
1	78,8	79,3	1,1,1
6	80,5	80,9	2,1,0
7	85,5	85,8	0,2,0
8	89,0	89,3	2,0,1

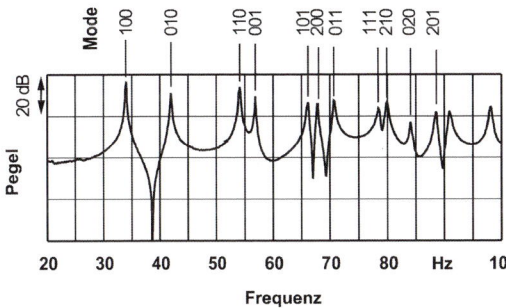

Bild 2. Eigenfrequenzen und Übertragungsfunktion in einem schallhart belassenen, 5 × 4 × 3 m großen Quaderraum und Zuordnung der Messorte gemäß Abschnitt 3

stark hervortretende Resonanzen nach [3, Kap. 11] bei

$$f_{n_x,n_y,n_z} = \frac{c_0}{2}\sqrt{\left(\frac{n_x}{l_x}\right)^2 + \left(\frac{n_y}{l_y}\right)^2 + \left(\frac{n_z}{l_z}\right)^2}$$

$n_x, n_y, n_z = 0, 1, 2 \ldots$ (2)

mit der Schallgeschwindigkeit c_0. Wenn diese Resonanzen in benachbarten Räumen zusammenfallen, wie beispielsweise in Klassenräumen und Schalldämmungs-

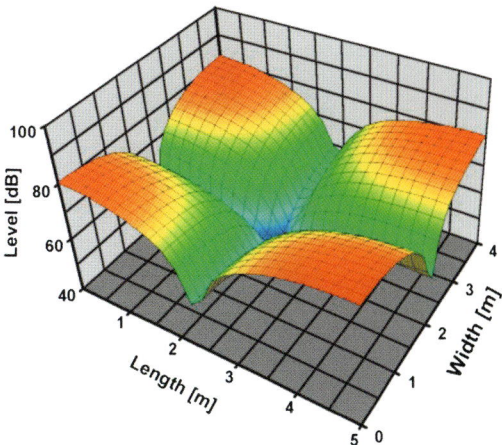

Bild 3. Pegelverteilung der Mode 1,1,0 bei f = 55 Hz, 1,3 m über dem Boden des schwach bedämpften Raumes in Bild 2

Prüfständen oder in den trennenden Bauteilen, z. B. einem Fenster, dann kann diese starke Wechselwirkung der Quellen mit dem Raum und den Bauteilen in ihrer näheren oder weiteren Umgebung mit $\Delta L_R(f) = 10$ bis 30 dB in Gl. (1) bei tiefen Frequenzen sogar dramatisch ausfallen.

In Bild 3 ist z. B. die Pegelverteilung in einer Ebene 1,3 m über dem Boden für die 1,1,0-Mode bei 55 Hz dargestellt mit einer maximalen Differenz von fast 40 dB zwischen der Mitte und den 4 Kanten des fensterlosen Raumes, der durch sorgfältige Entdröhnung der inneren Schale seiner Schalldämmtür rundum schallhart gemacht wurde. Wenn man seine unvermeidbare Wandabsorption bei jeder einzelnen Mode n, z. B. als „Halbwertsbreite" $\delta_n = 2\pi\Delta f_n$ nach [4, S. 65], aus ihrer Nachklingzeit (für 60 dB) T_n in s nach [3, Kap. 9] als

$$\delta_n = \frac{6,9}{T_n} \qquad (3)$$

(z. B. aus Messungen wie in [5] beschrieben) in der Rechnung berücksichtigt, lässt sich das Schallfeld in diesem Referenzraum für zahlreiche Untersuchungen bei sehr tiefen Frequenzen in guter Übereinstimmung mit Messungen bestimmen. Bild 4 verdeutlicht durch Schwärzung die dreidimensionale Pegelverteilung der Moden (1,0,0), (1,1,0), (1,1,1) in einem Rechteckraum. Aber jeder schallhart belassene Raum, auch völlig unsymmetrische Schallkapseln für laute Maschinen, Fahrgasträume von Kfz, Studios für die Aufnahme und Bearbeitung von Audioproduktionen und Hallräume zum Messen des Absorptionsgrades von Bauteilen sowie der Leistung von Schallquellen, ja sogar Freifeld-Räume zeigen bei tiefen Frequenzen ein ganz ähnliches Verhalten: Der Raum dröhnt (im Englischen spricht man sehr bildhaft und treffend von booming); alle darin wirksamen Quellen werden selektiv ver-

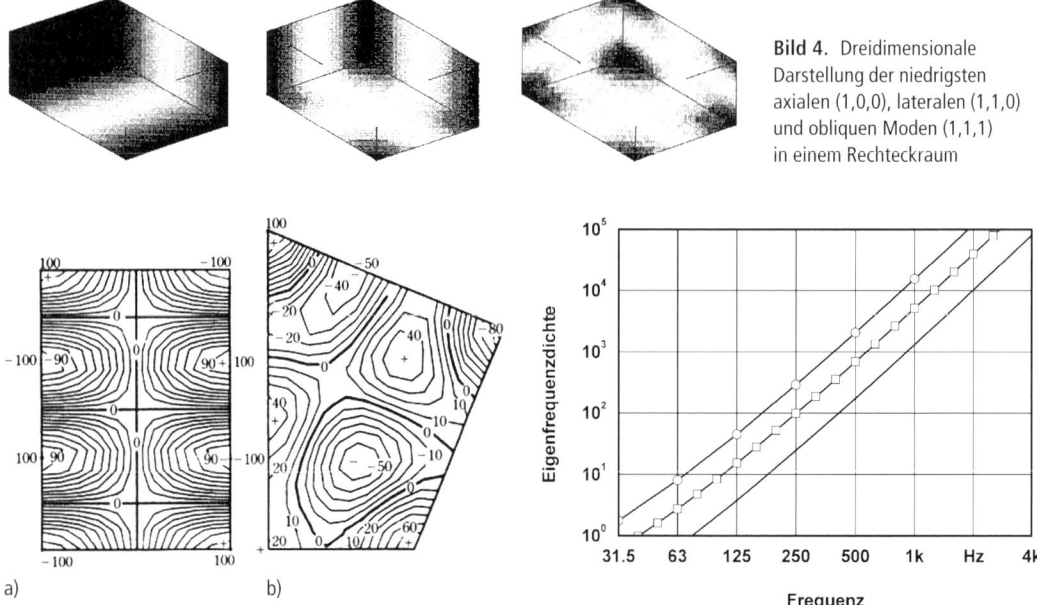

Bild 4. Dreidimensionale Darstellung der niedrigsten axialen (1,0,0), lateralen (1,1,0) und obliquen Moden (1,1,1) in einem Rechteckraum

Bild 5. Die Moden-Struktur in zweidimensionalen Schallfeldern zwischen rechtwinkligen a) und nicht rechtwinkligen Reflexionsflächen b) berechnet für stationäre Anregungen bei 81 bzw. 86 Hz [6]; Linien gleichen Schallpegels (dünn), Nulldurchgänge der stehenden Wellen (dick)

Bild 6. Eigenfrequenzdichte ΔN nach Gl. (6) und Tab. 1 für den Quaderraum gemäß Bild 2 bei Messungen in Oktaven (○), Terzen (□) oder mit Halbtönen (1/12-Oktaven)

stärkt bzw. in Klangentfaltung und Abstrahlverhalten stark beeinflusst. Dass dieses physikalische Phänomen nicht nur in rechtwinkligen, sondern genauso in Räumen mit schräg zueinander stehenden Reflexionsflächen auftritt, zeigen Rechenergebnisse in Bild 5. Akustische Normmessungen sind unter diesen Umständen nur mit besonderen Vorkehrungen in den Prüfständen möglich, die bereits grundlegend in [5] sowie danach in [2] und [7] eingehend diskutiert wurden.

Bei höheren Frequenzen treten die Resonanzen immer dichter zusammen und verursachen immer flachere und damit weniger störende Einbrüche im Spektrum, wie man in Bild 2 andeutungsweise erkennen kann. Für einen Quaderraum mit $l_x > l_y > l_z$ bzw. einen Würfel mit dem Volumen V in m³ ergibt sich die tiefste Resonanz bei:

$$f_1 = \frac{c_0}{2l_x} \quad \text{bzw.} \quad f_1 = \frac{c_0}{2\sqrt[3]{V}} \qquad (4)$$

Unterhalb dieser unteren Grenzfrequenz verhält sich der Raum zunehmend wie eine als ganzes und gleichphasig anregbare „Druckkammer". Oberhalb f_1 dominieren die Modalfelder. Zwischen zwei Resonanzen nach Gl. (2) lässt sich der Raum, auch mit einem Sinus-Ton, nicht anregen, aber z. B. mit einem Kontrabass auch kaum bespielen.

In [8] wird die Zunahme der Eigenfrequenzen N zwischen 0 und f nach

$$N = \frac{4\pi}{3c_0^3}f^3 V + \frac{\pi}{4c_0^2}f^2 S + \frac{1}{8c_0}fL \qquad (5)$$

mit dem Volumen $V = l_x l_y l_z$ in m³, der Fläche $S = 2(l_x l_y + l_x l_z + l_y l_z)$ in m² und der Kantenlänge $L = 4(l_x + l_y + l_z)$ in m eines Quaderraumes angegeben. Für Messungen mit relativ konstanter Bandbreite $\Delta f/f_m$ kann man die Frequenzdichte (bezogen auf die jeweilige Bandbreite Δf) abhängig von der Band-Mittenfrequenz f_m in Hz abschätzen nach

$$\Delta N = C_3\left(\frac{f_m}{c_0}\right)^3 V + C_2\left(\frac{f_m}{c_0}\right)^2 S + C_1\frac{f_m}{c_0}L \qquad (6)$$

mit den in Tabelle 1 für verschiedene Bandbreiten angegebenen Konstanten. Für den Referenzraum zeigt Bild 6 die in Abhängigkeit von der Frequenz zu erwartende Modendichte. Terz-Messungen genügen den meisten Anforderungen der Raum- und Bauakustik. Oktav-Messungen sind dagegen, insbesondere bei tiefen Frequenzen, meist unzureichend. Im Vergleich dazu erfüllen 1/12-Oktav-Messungen auch höhere Anforderungen im Bereich des technischen Schallschutzes. Näherungsweise gilt Gl. (6) auch für von der Quaderform abweichende Räume, wenn auch nicht für ausgesprochene Flachräume.

Eine zweite Grenzfrequenz f_s, oberhalb welcher in schwach bedämpften Räumen ein Diffus- oder Hallfeld angenommen werden darf, wird nach [9] und [10] bzw. DIN 52 212 etwas unterschiedlich angegeben:

$$f_s = \frac{3c_0}{\sqrt[3]{V}} \quad \text{bzw.} \quad f_s = \frac{2c_0}{\sqrt[3]{V}} \qquad (7)$$

Tabelle 1. Konstanten zur Berechnung der Eigenfrequenzen eines Raumes innerhalb einer vorgegebenen Bandbreite gemäß Gl. (6) nach [8]

$\Delta f/f_m$	C_3	C_2	C_1
$1/\sqrt{2}$ (Oktave)	8,89	1,11	0,087
$1/\sqrt[3]{2}$ (Terz)	2,96	0,37	0,029
$1/\sqrt[12]{2}$ (Halbton)	0,74	0,09	0,007

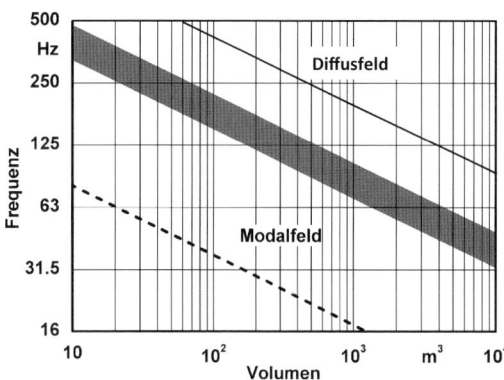

Bild 7. Frequenzbereiche für ein vorwiegend modales bzw. diffuses Schallfeld in einem halligen Raum in Abhängigkeit vom Volumen. Übergangsbereich (grau) gemäß Gl. (7) bzw. ISO 3741 (obere Linie); – – – erste Eigenresonanz des Raumes gemäß Gl. (2)

Diese Unsicherheit ist in der vereinfachten Darstellung von Bild 7 durch den Graubereich angedeutet. Für die Quaderräume, auf die sich die gängigen bauakustischen Prüfungen im Labor fast ausnahmslos beziehen, ist selbst die erstgenannte Grenzfrequenz noch als optimistisch einzustufen. Erfahrene Messtechniker trauen ihren Messungen z. B. in einem 400 m³ großen Hallraum oft bereits ab 250 Hz abwärts nicht mehr so recht. In Annex D von ISO 3741-1999 wird entsprechend der durchgezogenen Kurve in Bild 7 eine kritische Grenze schon bei $2000/V^{1/3}$ gezogen.

Hier soll es um die Verbesserung der akustischen Mess- und Beurteilungsverfahren für Bauteile in Räumen gehen, die in einer oder mehreren Dimensionen weder sehr groß noch sehr klein, sondern gerade in der Größenordnung der Wellenlänge bei Frequenzen etwa zwischen 50 und 100 Hz liegen und deshalb stets die bereits dargestellten Inhomogenitäten im Raum-, Zeit- und Frequenzbereich aufweisen. Wenn man die bewährten und genormten Mess- und Prüfräume für Frequenzen weit unter 125 Hz ertüchtigen will, so muss die raumakustische Konditionierung natürlich noch stärker als bei der Lärmbekämpfung und Herstellung akustischer Behaglichkeit sowie Sprachverständlichkeit (siehe Beiträge A6, C4 und C5) ganz konkrete objektive Kriterien bezüglich der darin jeweils erzeugten Schallfelder erfüllen.

3 Messung des Absorptionsgrades bei den Raummoden

Luftschall-Absorber werden bei mittleren und hohen Frequenzen üblicherweise bei senkrechtem Schalleinfall im Impedanz- oder Kundt'schen Rohr mit Querabmessungen von 10 bis 20 cm gemäß DIN ISO 10534 und bei diffusem Schalleinfall im Hallraum mit einem Volumen von 200 bis 400 m³ gemäß DIN EN ISO 354 auf ihren Absorptionsgrad hin geprüft. Großflächige oder voluminöse Absorber für tiefe Frequenzen lassen sich nach keinem der genormten Messverfahren ohne Weiteres testen und vergleichen. Bei der Entwicklung der Verbundplatten-Resonatoren VPR (Beitrag B 8, Abschnitt 4.3) leistete deshalb der große Impedanz-Kanal im Fraunhofer IBP dem Forscherteam wertvolle Dienste. Dabei handelt es sich um einen etwa 10 m langen, allseitig massiv und steif ausgeführten Kanal mit einem Querschnitt von $1,70 \times 0,65$ m, in dem also entsprechend große Prüflinge bis unter 50 Hz mit ebenen Wellen angeregt werden können. Bild 17 im Beitrag B 8 zeigt z. B. die schmalbandige Absorption eines konventionellen Platten-Resonators nach Beitrag B 8, Abschnitt 4.2 bestehend aus einer t = 0,2 mm dicken Edelstahl-Platte vor einem d = 100 mm tiefen Hohlraum. Bild 8 zeigt zum Vergleich das Ergebnis zunächst zweier mit $0,85 \times 0,65$ m relativ kleinformatiger VPR, die nur an jeweils 4 Punkten über 8 durchgehende Bolzen unterschiedlich stramm vor den schallharten Abschluss geschraubt werden konnten, offenbar ohne dass dadurch ihre Schwingungen und damit ihre Absorption behindert wurden. In den Abmessungen $1,7 \times 0,65 \times 0,01$ m sorgt die Stahlplatte für eine ebenso breitbandige Absorption bei etwas tieferen Frequenzen (Bild 9), wenn sie rundum frei schwingen kann. Wird sie dagegen am nur 5 mm breiten Randspalt schrittweise durch eine dicke plastische Terostatwulst festgehalten und bedämpft, so wird auch dieser Resonator immer schmalbandiger, weil ihm dann, beginnend bei den höheren Frequenzen, seine Eigenschwingungen gebremst werden, bis schließlich nur noch ein etwas verschobener konventioneller Platten-Resonator übrig bleibt. Wenn man dagegen die Randspalte zur porösen Schaumschicht weiter öffnet, dann kann man die Wirksamkeit des VPR auf höhere Frequenzen, allerdings ebenfalls etwas auf Kosten der tieferen, ausdehnen (Bild 10). Diesen Effekt kann man bedarfsgerecht nutzen, indem man die Stirnflächen des VPR akustisch offen gestaltet und bei flächiger Verlegung an Wand oder Decke zwischen benachbarten Modulen Abstände von ungefähr 200 mm einhält.

Bei der Entwicklung spezieller Tiefenabsorber und zum Vergleich der Wirksamkeit ihrer verschiedenen Bauformen (Beitrag B 8) hat sich neben dem großformatigen Kundt'schen Rohr ein Messverfahren im Quader-Raum für den Bereich (a) sehr geringer Eigenfrequenzdichte ($\Delta N < 5$ pro Terz) gut bewährt. Dazu bestimmt man nach [11], ähnlich wie in einer „Hallkammer" nach [3, Kap. 11, S. 258], die bereits zur

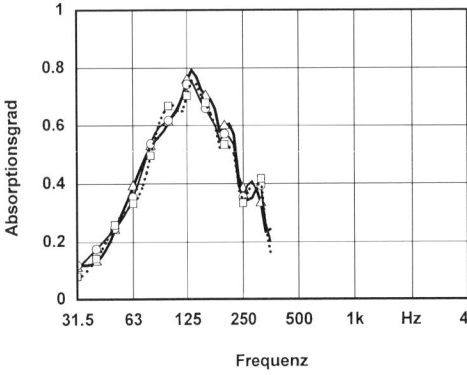

Bild 8. Absorptionsgrad α_0 bei senkrechtem Schalleinfall, gemessen im großen Kundt'schen Kanal, zweier ca. 0,85×0,65 m großen, 1 mm dicken Edelstahlplatten auf einer 100 mm dicken Weichschaumplatte bei punktweiser Befestigung; locker (fett), fest (dünn), stramm (strichliert)

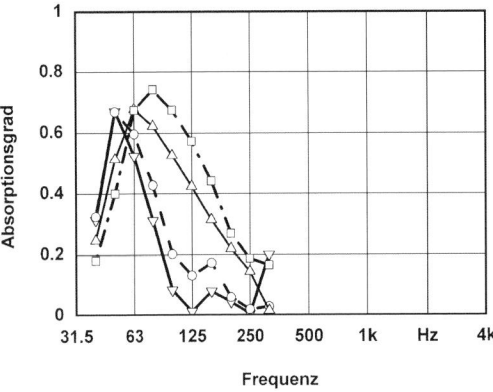

Bild 9. Absorptionsgrad α_0 einer ca. 1,70 × 0,65 m großen, 1 mm dicken Stahlplatte auf 100 mm Weichschaum mit 5 mm breitem Randspalt; rundum frei (strich-punktiert), 2 × 0,65 m fest (dünn), 2 × 1,70 m fest (strichliert), rundum fest (fett)

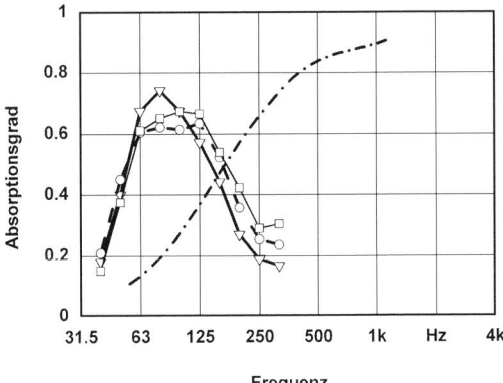

Bild 10. Absorptionsgrad α_0 eines VPR nach Bild 9 bei variierendem Randspalt; 5 mm (fett), 10 mm (strichliert), 20 mm (dünn)

Bestimmung der Moden-Dämpfung in Gl. (3) eingeführte Nachklingzeit an sorgfältig der Moden-Struktur angepassten Messpunkten. Dies geschieht z. B. in einem Quaderraum nach Bild 2 mit Sinus-Anregung einmal ohne ($T_{n,0}$) und zum anderen mit ($T_{n,m}$ in s) dem Prüfling in den Ecken und Kanten des Raumes. Man kann dann, in Analogie zum Hallraum-Verfahren (Abschnitt 7), mit der Fläche des Absorbers S_A in m² einen „effektiven" Absorptionsgrad nach Gl. (8) ermitteln:

$$\alpha_e = 0{,}16 \frac{V}{S_A}\left(\frac{1}{T_{n,m}} - \frac{1}{T_{n,0}}\right) \quad (8)$$

Die Abklingzeiten könnten im Prinzip in der dem Lautsprecher diagonal gegenüberliegenden Ecke wie in Bild 2 bei der jeweiligen Eigenfrequenz des Raumes bestimmt werden. Da aber in den Raumecken der Schalldruck für *alle* Moden ein Maximum aufweist, können sich beim Abklingen zwei sehr eng benachbarte Mo-

den gegenseitig stören. In einem solchen Fall sollte die Position des Mikrofons im Raum so gewählt werden, dass an dieser Stelle die zu messende Eigenmode gerade ein Schwingungsmaximum und die eng benachbarte gerade ein Minimum aufweisen [5], wie es in Bild 8 beispielsweise für die 3. und 4. (Position 2 und 3) sowie für die 5. und 6. Mode (Position 4 und 5) dargestellt ist.

Für den Bereich (b) (5 < ΔN < 20 pro Terz) kann zeitsparend mit Terz-Rauschen aus einer Ecke heraus angeregt und in anderen Ecken das Abklingen (T_n) aller Eigenfrequenzen des jeweiligen Frequenzbandes gemessen werden. Erst für den Bereich (c) (ΔN > 20 pro Terz) kann man schließlich die Absorptionsgrad (α_s)-Messung nach DIN EN ISO 354 durchführen. Dabei hat sich in zahlreichen Untersuchungen bestätigt, dass eine gewisse Grunddämpfung des Hallraumes in mindestens zwei seiner unteren Ecken die Wiederholgenauigkeit und Reproduzierbarkeit in anderen Räumen für Frequenzen mindestens bis 200 Hz hin-

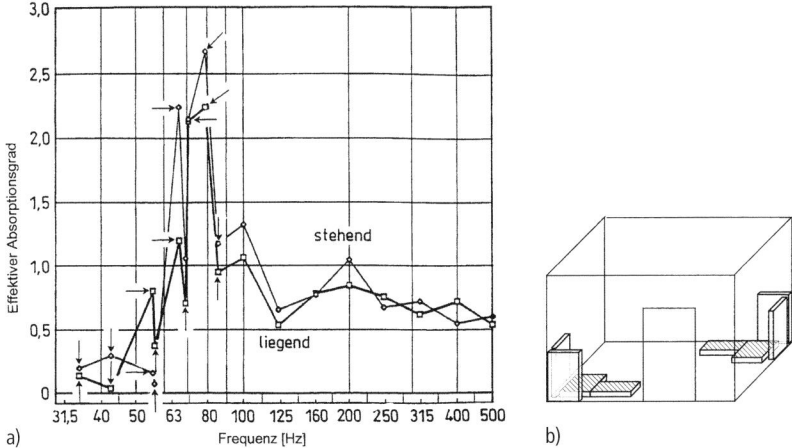

Bild 11. a) Effektiver Absorptionsgrad α_e von vier 1,4 m² großen VPR-Modulen, Axial-Moden (senkrechte), Tangential-Moden (waagrechte), Oblique-Moden (schräge Pfeile); b) unterschiedliche Orientierung der Module zum Raum

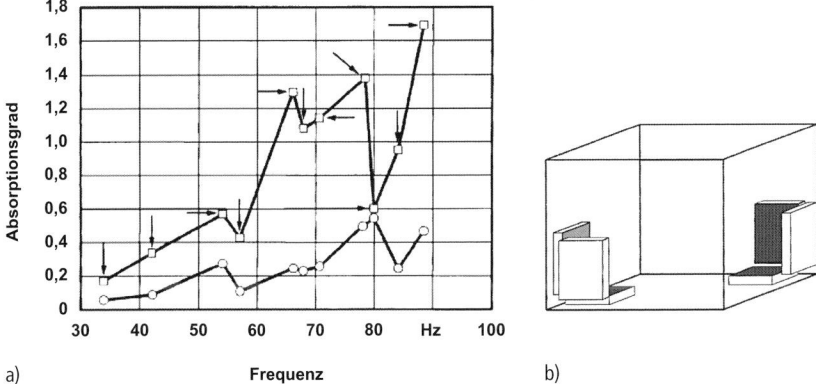

Bild 12. a) Effektiver Absorptionsgrad α_e von sechs 1,5 m² großen VPR-Modulen mit 1 mm dicken Stahlplatten (□) im Vergleich zu bloßen Weichschaumplatten (○) gleicher Größe und Orientierung; b) Anordnung der Module im Raum

auf deutlich verbessert, siehe Abschnitt 7, Bild 28. Man muss aber beachten, dass ein nach Gl. (8) ermittelter Absorptionsgrad aus physikalisch erklärbaren Gründen
– auch Werte weit über 1 annehmen kann,
– nicht nur eine Eigenschaft des Absorbers selbst, sondern, wegen seiner Wechselwirkung mit dem Schallfeld, auch des Messraumes (V in Gl. (8)) und der darin vorhandenen „Grunddämpfung" darstellt,
– der Absorber sich unterschiedlich auswirken kann, je nachdem, wo der Prüfling im Raum positioniert wird,
– seine Wirksamkeit nicht nur von der Bauweise, sondern auch seiner Größe (S_A in Gl. (8)) des Absorbers abhängen kann,
– der Absorptionsgrad nach Gl. (8) nicht ohne weiteres auf andere Einbausituationen übertragen oder z. B. zur Bestimmung von Schallpegeln und Nachhallzeiten eingesetzt werden darf.

Da es sich bei der Bedämpfung der Raummoden eigentlich nicht um die Absorption von Schallwellen auf ihrem Ausbreitungsweg über viele Reflexionen an den Begrenzungsflächen handelt, sondern um einen direkten Eingriff in einen Hohlkammerresonator, ist α_e der ersten eingebrachten Absorber stets stärker als diejenige der nachfolgenden. Bild 11 zeigt bei den tiefsten Raummoden für den Einbau von nur 4 VPR-Modulen stehend oder liegend in zwei Raumecken z. B. einen deutlichen Einfluss ihrer Orientierung mit Werten bis über 2, wohlgemerkt immer bezogen auf die Bauteiloberfläche. Das Ergebnis von 6 VPR-Modulen in zwei gegenüberliegenden unteren Raumecken lässt sich in Bild 12 mit demjenigen vergleichen, das man erhält, wenn man alle Absorbermodule durch gleich große aus bloßem Weichschaum ersetzt, die Raummoden also keine stark bedämpft mitschwingenden Verbundplatten mehr vorfinden. Bild 13 demonstriert, wie die Absorberanordnung in Bild 12 die diago-

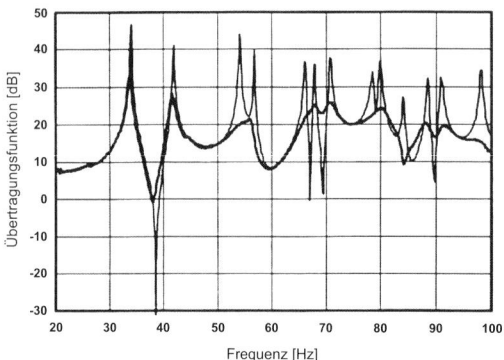

Bild 13. Vergleich der Übertragungsfunktionen im Raum nach Bild 2 vor (dünn) und nach Einbau (fett) von 6 VPR-Modulen gemäß Bild 12

nal über Eck gemessene Übertragungsfunktion glätten kann.
Dieses nicht genormte Messverfahren hat sich bei der Entwicklung z. B. des VPR nach Beitrag B 8, Abschnitt 4.3, Bild 20, zur Optimierung seiner Auslegungsparameter sehr gut bewährt. Allerdings erhält man nur bei sehr breitbandig wirksamen reaktiven Absorbern nach den Verfahren (a) und (b) überhaupt genügend hohe und sichere α_c-Werte, um trotz der Selektivität der Messungen zu einer Absorptionscharakteristik zu kommen, die Aufschluss über die Resonanzmechanismen im Absorber selbst geben kann, welche breitbandig über mehrere Oktaven reichen. Dieses Laborverfahren wäre aber für Standardprüfungen, z. B. zum kritischen Vergleich alternativer Absorber, wie sie in [12] beschrieben sind, mit bereits marktgängigen Produkten, viel zu aufwendig. Aber auch für die Ergebnisse aus geeignet bedämpften Normprüfständen nach Abschnitt 7 gelten einige der vorstehenden Warnhinweise in abgeschwächter Form. Da die hier angesprochenen Tiefen-Schlucker primär in kleinen bis mittelgroßen Räumen zur Bedämpfung ihrer Eigenresonanzen eingesetzt werden, leuchtet unmittelbar ein, dass ihre Wirkung umso stärker ausfällt, je weniger dieselben bereits durch Einbauten, z. B. Möbel, bedämpft sind.

Es sei aber nochmals betont, dass in dem für die Raumakustik wie für die Lärmbekämpfung so wichtigen Frequenzbereich, wo Absorber mit dem Schallfeld unvermeidbar reagieren, ein wie auch immer gemessenes $\alpha(f)$ eine nur mit entsprechender Erfahrung nutzbare Kennzeichnung darstellt. Noch mehr als bei den eigentlich nur für höhere Frequenzen entwickelten Normverfahren gilt für die tiefen, dass man auch Produktvergleiche immer nur bei sehr engen Vorgaben hinsichtlich der Prüfräume und der Anordnung des Prüflings darin sinnvoll anstellen kann. Da sich die Schaller-

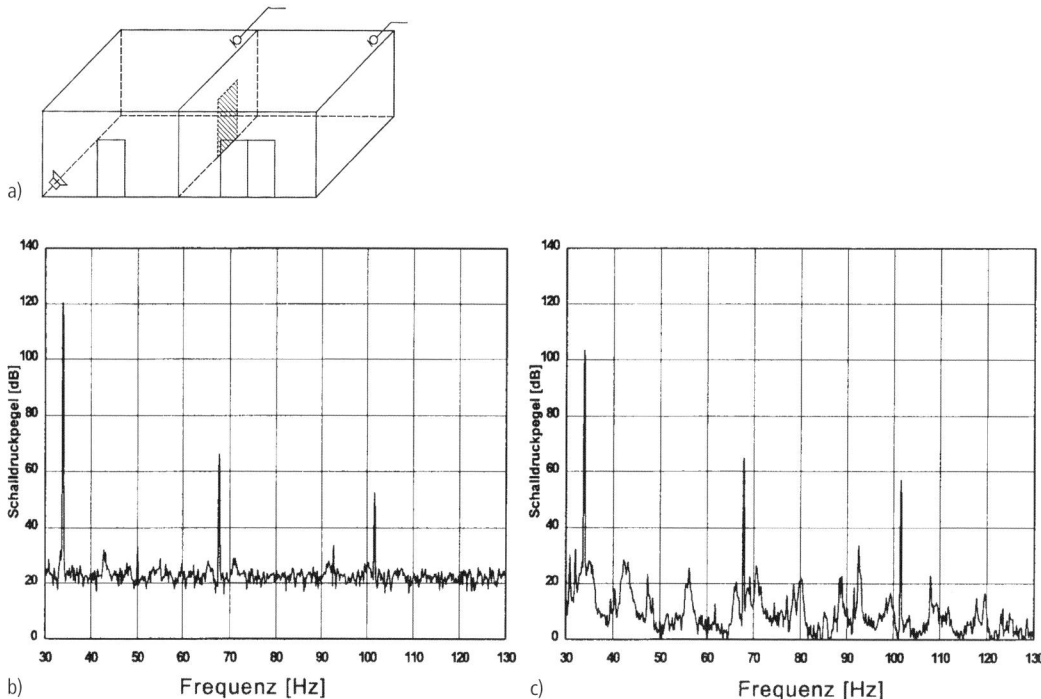

Bild 14. Anregung mit Lautsprecher bei 34 Hz zweier benachbarter, unbedämpfter, jeweils 5 × 4 × 3 m großer Messräume eines Türen-Prüfstands ohne Prüfling a); Modenanregung im Senderaum b) und im Empfangsraum c)

gie, wie in Bild 3 nur beispielhaft dargestellt, bei tiefen Frequenzen immer ungleich im Raum verteilen will, wäre es z. B. unzweckmäßig, die Absorber räumlich oder flächig, etwa entsprechend den in den Normen für Freifeld-Räume formulierten Anforderungen, möglichst gleichmäßig zu verteilen. Stattdessen ist es sinnvoll, die Bauteile für die tiefsten Frequenzen bevorzugt in den Ecken und Kanten der Räume anzubringen (vgl. Beitrag B 8, Abschnitt 8.5 und Beitrag C 4).

4 Erweiterte Messung des Schalldämmmaßes im geeignet bedämpften Prüfstand

Der Türen-Prüfstand im Fraunhofer-IBP (Bild 14) weist im Sende- wie im Empfangsraum die gleichen Abmessungen wie der Raum in Bild 2 auf. Regt man beispielsweise bei 34 Hz die Grundmode im Senderaum mit 120 dB an, so erklingt im Empfangsraum derselbe Ton mit circa 102 dB. Zusätzlich werden der erste und zweite Oberton dieser beiden Hohlraum-Resonatoren gleich mit angeregt, und zwar mit 63 dB und 53 dB etwa gleich laut in beiden Räumen, wenn kein Prüfling eingebaut ist. Dies zeigt nebenbei, wie kritisch insbesondere die Anregung durch ein Tonsignal bei tiefen Frequenzen den Wohnungsnachbarn treffen kann, wenn die benachbarten Räume etwa gleiche Dimensionen aufweisen und schlecht gegeneinander gedämmt und/oder nur schwach bedämpft sind. Das Einbringen einiger breitbandig wirksamer Tiefabsorber nach Beitrag B 8, Abschnitt 4.3, 5.3 und 8.5 kann die Eigenresonanz-Spitzen um 10 bis 20 dB absenken und damit mehr zur Problemlösung beim Nachbarn beitragen als eine bei den Tiefen unwirksame oder gar schädliche Vorsatzschale an der Trennwand, siehe Bild 15.

In diesem Prüfstand wurde bei unterschiedlicher Bedämpfung beispielsweise auch die Schallpegelverteilung entlang einer Raumdiagonalen von einer Kante, in der sich auf dem Boden die Schallquelle befand, zur gegenüberliegenden Kante gemessen. In Bild 16 zeigt sich eine Glättung der Ortsabhängigkeit im 80 Hz-Terzband bei zunehmender Belegung (mit VPR) sowohl bei der Messung als auch bei einer Berechnung nach [13] (s. Abschnitt 8) mit den unter dem Bild angegebenen mittleren Absorptionsgraden. Bei 40-prozentiger Belegung herrschen in großen Teilen des Raumes nahezu Freifeld-Bedingungen. Die optimale Bedämpfung wird im Prüfstand mit einem mittleren Absorptionsgrad von etwa 0,2 erreicht: Wenn auch auf anderen Messpfaden ein ähnlich homogenes Schallfeld gemessen wird, so kann man sich vorstellen, dass man im mittleren Raumbereich (z. B. mit einem Drehmikrophon) einen mittleren Schallpegel ähnlich wie im diffusen Schallfeld bei höheren Frequenzen in Terzen bestimmen kann. Für die Messung des Schalldämmmaßes ab 50 Hz wird deshalb eine etwa 20-prozentige Belegung empfohlen (Bild 17 und 18). Bei etwas schwächerer oder stärkerer Bedämpfung (15 bis 25 Prozent) ergeben sich ähnliche Ergebnisse. Bei viel niedrigerer Bedämpfung erhält man aber deutlich kleinere Schalldämmmaße. Sind die Räume dagegen stärker bedämpft (etwa 40 Prozent), dann werden etwas höhere Werte gemessen. Die Glättung des Schallfeldes durch Absorption wirkt also hier ähnlich positiv auf das Ergebnis wie diejenige durch den Einbau von Diffusoren in den Hallraum bei der Bestimmung von Absorptionsgraden bei hohen Frequenzen [14] (s. Abschnitt 7).

Die Bestimmung der Wiederholgrenze r durch fünfmaliges Messen des Schalldämmmaßes eines Bauteils verdeutlicht, dass die Messgenauigkeit mit dieser Grunddämpfung zwischen 50 und 100 Hz fast so gut ist wie bei mittleren und hohen Frequenzen (s. Bild 17b). Messungen an zehn Bauteilen haben gezeigt, dass

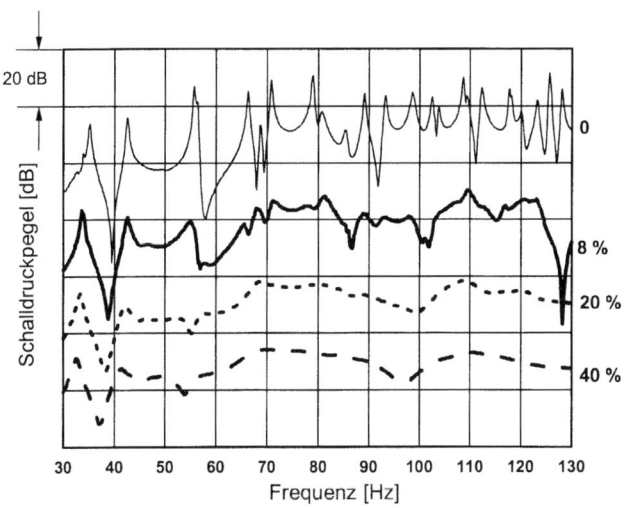

Bild 15. Übertragungsfunktionen eines Raumes wie in Bild 2, 11 bis 13 bei Belegung in % der Raumbegrenzungsfläche mit VPR nach Beitrag B 8 (Abschnitt 4.3)

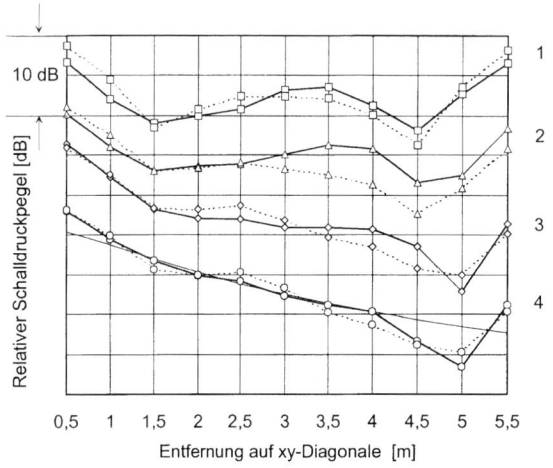

	1	2	3	4	
Messung	0	8	20	40	VPR-Belegung [%]
Rechnung	1,5	8	20	40	α_m [%]
Direktfeld					

Bild 16. Schalldruckpegel im Terzband bei 80 Hz auf einer horizontalen Diagonalen 1,3 m über dem Boden in einem Raum wie in Bild 2 bei Belegung mit VPR wie in Bild 15 gemessen und nach [13] berechnet

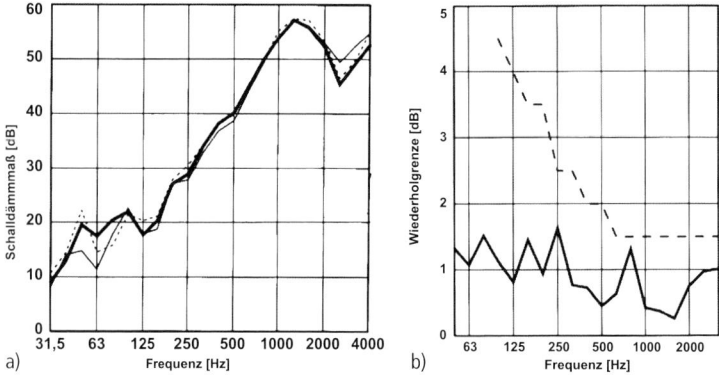

Bild 17. Schalldämmmaß a) und Wiederholgenauigkeit sowie Grenzwert derselben nach DIN EN ISO 140 b) im Prüfstand nach Bild 14 ohne (dünne) und mit 8 % (strichlierte Kurve) bzw. 20 % VPR-Belegung nach Bild 18; Prüfobjekt: 2 × GK-Platten 12,5 mm, 60 mm unbedämpfter Zwischenraum

– man mindestens bis 50 Hz herunter die Schalldämmung in den bei allen Prüfstellen vorhandenen Prüfständen nach DIN EN ISO 140 mit der erforderlich Genauigkeit bestimmen kann,
– außer dem flexiblen und reversiblen Einbau von geeigneten Tiefen-Schluckern keinerlei zusätzlicher gerätetechnischer Aufwand zu leisten ist,
– die Messungen über den gesamten erweiterten Frequenzbereich in Terzen ohne zeitlichen Mehraufwand oder besonderes Können z. B. mit Drehmikrofonen in Raummitte und Lautsprecher in einer Raumecke gemäß den geltenden Normen durchgeführt werden können, ohne dass dabei die darin festgelegten Wiederholgrenzen unterhalb 100 Hz ansteigen müssten.

Bei zweischaligen Bauteilen traten ihre charakteristischen Resonanzeigenschaften klar hervor. Ein Versuch, die mit dem so erweiterten Messverfahren gemessene Schalldämmung eines Türblatts durch ein ganzflächig vorgesetztes VPR-Modul zu verbessern, schlug fehl: Bild 19 zeigt zwar oberhalb 125 Hz stets die für eine Vorsatzschale aus 40 mm Weichschaum und 1 mm Stahlblech zu erwartende Erhöhung der Dämmung um mehr als 20 dB, wie schon anhand von Bild 1 diskutiert wurde. Bei tieferen Frequenzen verschlechtert diese Maßnahme aber die Dämmung um bis zu 10 dB. Für eine dickere Schaumstoffschicht verschiebt sich der Dämmungseinbruch von 100 zu 50 Hz, was nach Abschnitt 2 nicht in jedem Fall eine Verbesserung bedeutet.

Vergleich verschiedener Messverfahren zur Schalldämmung 473

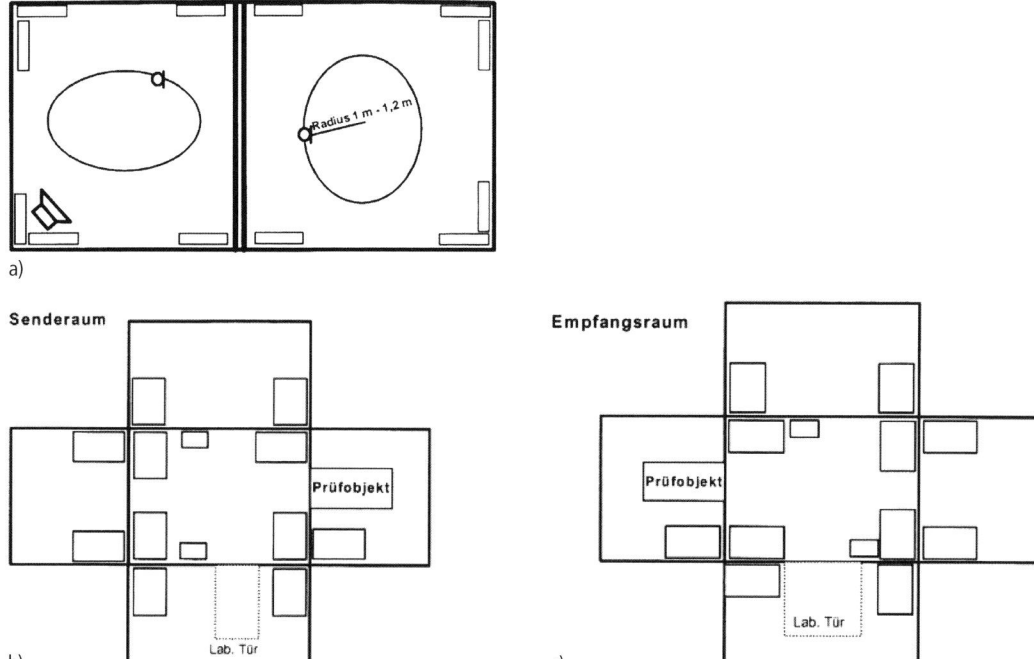

Bild 18. Vorschlag für eine Grunddämpfung in Dämmprüfständen nach DIN EN ISO 140 a), beispielhafte VPR-Belegung (20 %) im Sende- b) wie im Empfangsraum c) des Prüfstands in Bild 14

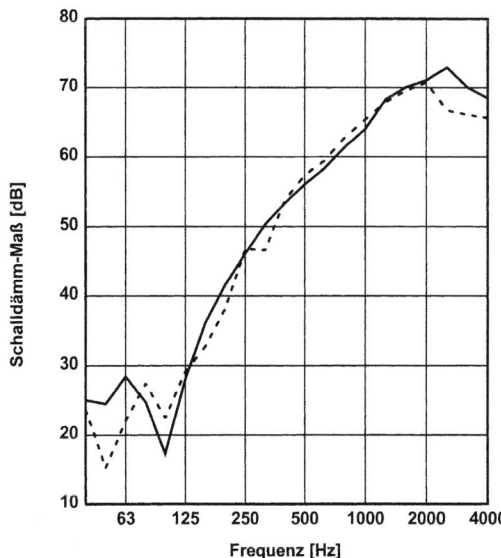

Bild 19. Schalldämmmaß im Prüfstand nach Bild 18 gemäß DIN EN ISO 140 eines Türblatts mit Vorsatzschale; 1 mm Stahlplatte auf 40 mm Weichschaum (durchgezogen), auf 100 mm Weichschaum (strichliert)

5 Vergleich verschiedener Messverfahren zur Schalldämmung

Im Anhang F zur DIN EN ISO 140 findet sich eine „Anleitung für Messungen in den tiefen Frequenzbändern". Um die Nachhallzeiten bei tiefen Frequenzen zu reduzieren, die Überlappung der Raummoden zu erhöhen und so die Schallfelder zu glätten, wird dort u. a. die Anbringung von GK-Platten vor Mineralwolle an Decke und Wänden sowie eines schwimmenden Estrichs auf dem Boden der Prüfräume empfohlen. Außerdem soll die Anzahl der Messungen bei den Tiefen erhöht werden. In [15] werden Ergebnisse von Ringversuchen in vier europäischen Prüfstellen (CSTB, DELTA, IBP und PTB) an verschiedenen Prüfobjekten mitgeteilt. In Bild 20 ist die resultierende Standardabweichung für eine 6-16-6 mm-Verglasung sowie eine $2 \times 2 \times 12{,}5$ mm GK-Ständerwand wiedergegeben. Die Maximalwerte von circa 5 und 6 dB bei 125 und 80 Hz zeigen allerdings, dass das Problem bei den Tiefen durch die ISO-Empfehlungen nicht befriedigend gelöst werden kann. Deshalb hat man in [15] eine Alternative vorgeschlagen und getestet. Diese platziert den Lautsprecher in den Ecken oder bewegt ihn auf Bahnen im Senderaum. Außerdem wird
– an einer großen Zahl von Mikrofonpositionen nahe dem Prüfobjekt ein mittlerer Schalldruckpegel im Senderaum bestimmt,

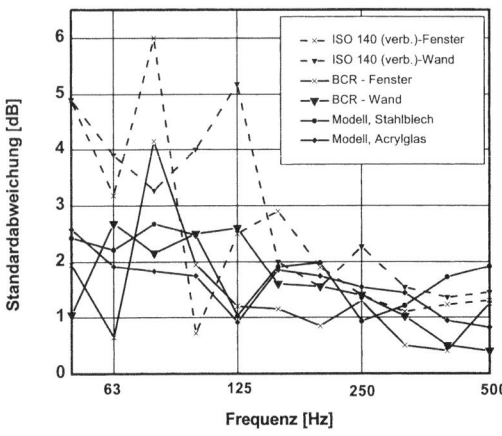

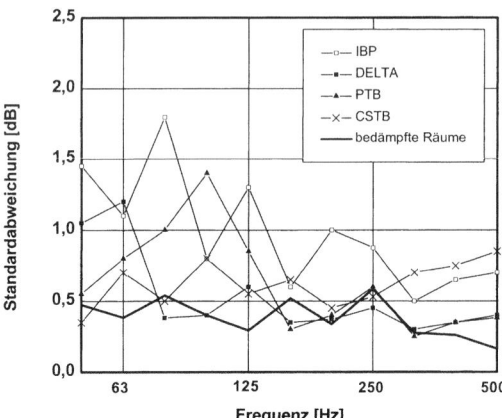

Bild 20. Standardabweichung von Ergebnissen der Schalldämmung desselben Prüfobjekts in unterschiedlich behandelten Prüfständen; nach „verbessertem" ISO 140-Verfahren (strichliert), nach Bild 21 bedämpft (Kreuze bzw. Dreiecke), nach Bild 12 bedämpft (Kreise bzw. Romben)

Bild 22. Standardabweichung von 6 Einzelmessungen am selben Prüfobjekt in unterschiedlich konditionierten Norm-Prüfständen; fett durchgezogen: optimale Bedämpfung nach Bild 18

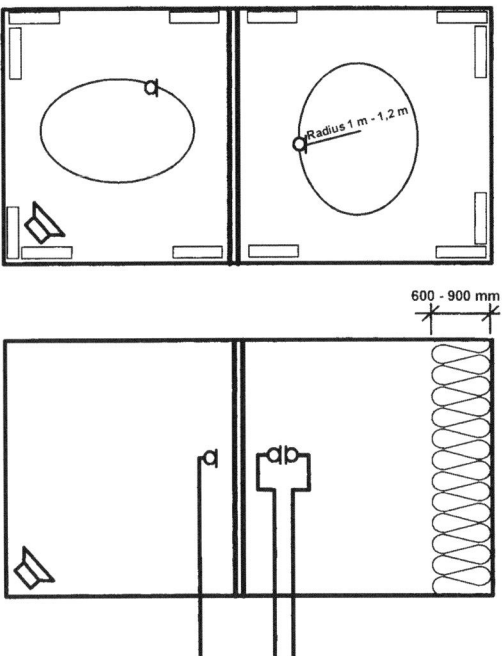

Bild 21. Vorschlag zur Messung der Schalldämmung nach [15]; im Nahfeld, nur eine Rückwand bedämpft

moden durch den rückwandigen Absorber bedämpfen und durch die Druck- bzw. Intensitätsmessungen im Nahfeld des Prüflings die natürlich weiterhin vorhandenen anderen Moden irgendwie ausblenden. Abgesehen von der fragwürdigen Wirksamkeit dieser Maßnahmen zur Unterdrückung des Moden-Einflusses auf die Messergebnisse, würde diese Alternative den Aufwand an Geräten, Material und Zeit für die Dämmungsmessungen sehr stark erhöhen.

Gegenüber dem verbesserten ISO 140-Verfahren führt dieses Nahfeld-Verfahren zwar zu einer etwas besseren Vergleichbarkeit der Messungen an einer 4/4-6-8 mm-Verglasung bzw. einer $2 \times 1 \times 12{,}5$ mm GK-Ständerwand, wie Bild 20 zeigt. Wenn man stattdessen vier Modellmessungen aus [2] an einer 0,88 mm Stahlplatte bzw. an einer 2 mm Acrylglasscheibe zum Vergleich heranzieht, so wird in Bild 20 deutlich, dass man mit einer durchweg noch niedrigeren Standardabweichung rechnen kann.

Der Vergleich der Wiederholgenauigkeit für Messungen am unveränderten Prüfobjekt ($2 \times 1 \times 12{,}5$ mm GK-Ständerwand) unter gleichen Messbedingungen im jeweiligen Prüfstand fällt noch stärker zugunsten des hier favorisierten Verfahrens aus (Bild 22): die Standardabweichung übersteigt kaum den Wert von 0,5 dB! Damit ist aber klar, wie man auch für Messungen der Schallleistung und des Absorptionsgrades im Hallraum als Normprüfstand den Frequenzbereich zu den Tiefen erweitern kann.

- die Rückwand des Empfangsraumes beispielsweise mit Mineralwolle 60 bis 90 cm tief absorbierend ausgekleidet,
- an einer wiederum großen Zahl von Positionen nahe dem Prüfobjekt ein mittlerer Schallintensitätspegel im Empfangsraum bestimmt (Bild 21).

Dahinter steht die Vorstellung, man könnte wenigstens einen Teil der meist tatsächlich dominanten Axial-

6 Messung der Schallleistung im geeignet bedämpften Hallraum

Wenn es um die akustische Gestaltung von Messräumen geht, möchte man auch den geringsten messbaren Einfluss des Raumes auf das Schallfeld eines Testobjekts ausschließen. Schließlich können Bruchteile eines dB über die Zulassung eines Gerätes entscheiden, während doch die subjektive Unterscheidung beim Menschen höchstens bei 3 dB liegt. Dies führt zu entsprechend genormten Freifeld-Räumen, in denen die Begrenzungsflächen nach herkömmlicher Vorstellung mindestens 99 Prozent der auftreffenden Schallenergie absorbieren sollten (Abschnitt 8). Diese verlangen aber nicht nur bei ihrer Errichtung und Ausstattung einen relativ hohen Investitionsaufwand. Auch die in ihnen vorzunehmenden Messungen der Schallleistung und der Abstrahlcharakteristik einer Quelle oder der Empfangscharakteristik eines Empfängers erfordern regelmäßig einen hohen Zeitaufwand. Die im Freifeld anfallende große Datenmenge muss danach wieder auf handliche Kennwerte reduziert werden.

Die meisten technischen Geräuschquellen und akustisch wirksamen Bauteile untersucht man deshalb nicht in reflexionsarmen, sondern in sogenannten Hallräumen. Wenn deren Abmessungen sehr groß gegenüber der Schallwellenlänge sind, breiten sich von einer stationären Quelle ständig Wellen in allen Richtungen aus und werden von allen schallhart belassenen Begrenzungsflächen vielfach in alle Richtungen reflektiert – die Quelle „füllt" den Raum sehr rasch mit einem gleichmäßig verteilten Diffusfeld, dessen Intensität außer von der Quelle nur von der im Raum verteilten (mittleren) Absorption abhängt. In Hallräumen zur Bestimmung der Schallemission insbesondere von technischen Quellen und der Schallabsorption von Materialien und Bauelementen macht man deshalb Wände, Decke und Boden i. Allg. so reflektierend wie möglich, manchmal sogar durch spezielle Beschichtungen, die jede unnötige Porosität und damit Absorption vermeiden. In [16, S. 2.13] wird der Hallraum umschrieben als „... *a room having a long reverberation time, especially designed to make all surfaces as sound-reflective as possible and to make the sound field within it as diffuse as possible...*", in [17] liest man: „... *the walls and all surfaces in the room are made highly reflective so that reverberation times are long and the region dominated by the direct field of sources is as small as possible...*", oder in [18, S. 41]: „... *um eine hohe Genauigkeit bei der Messung zu erzielen, soll die Nachhallzeit des Raumes möglichst lang sein*".

Für hohe und mittlere Frequenzen und nicht zu kleine Räume ist diese Vorstellung auch richtig. Für tiefe Frequenzen (< 125 Hz) und kleinere Volumina (< 180 m³) führt eine solche Strategie aber in die falsche Richtung, weil sich hier die Schallwellen nicht diffus sondern diskret überlagern. Bei schallharten Oberflächen bildet sich dann unvermeidbar das in Abschnitt 2 beschriebene sehr ungleichförmige Modenfeld aus. Selbst bei Anregung mit Breitband-, Oktav- oder Terz-Rauschen fällt es deshalb für tiefere Frequenzen schwer,
– einen mittleren Schalldruckpegel als Maß für die Schallleistung von Quellen oder Schall übertragenden Bauteilen,
– ein Spektrum der einspeisenden Quellen oder übertragenden Bauteile,

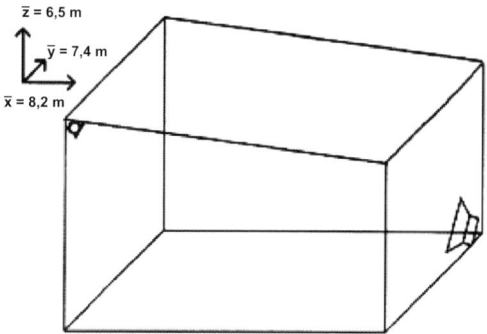

Nr.	Eigenfrequenz [Hz]		Mode
	gemessen	gerechnet	
1	20,5	21,0	1,0,0
2	23,1	23,2	0,1,0
3	26,4	26,4	0,0,1
4	31,1	31,3	1,1,0
5	33,3	33,7	1,0,1
6	34,8	35,1	0,1,1
7	41,0	41,0	(1,1,1)
8	41,0	42,0	2,0,0
9	47,4	46,4	0,2,0
10	47,4	48,0	(2,1,0)
11	51,7	50,9	(1,2,0)
12	51,7	52,9	0,0,2
13	54,1	53,6	0,2,1
14	54,1	54,8	(2,1,1)
15	57,0	56,9	1,0,2
16	57,8	57,7	0,1,2

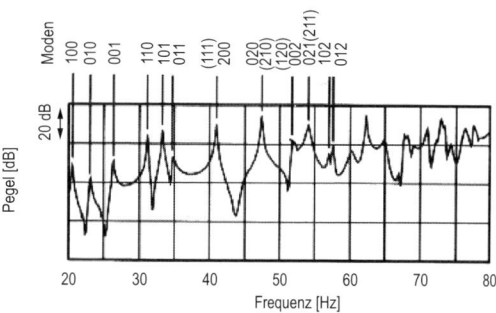

Bild 23. Eigenfrequenzen und über Eck gemessene Übertragungsfunktion im 392 m³ großen Hallraum des Fraunhofer IBP

– eine Nachhallzeit als Maß für die gesamte äquivalente Absorptionsfläche im Raum

mit der nach den jeweils geltenden Normen zu fordernden Genauigkeit, zu bestimmen. Konventionelle reflexionsarme Räume verhalten sich weit unter 100 Hz ähnlich, weil ihre Auskleidung erst bei höheren Frequenzen zu wirken beginnt. Will man daher Quellen, Materialien und Bauteile mindestens bis 63 oder 50 Hz herunter akustisch untersuchen, dann lohnt es sich, die standardisierten Messräume für tiefe Frequenzen et-

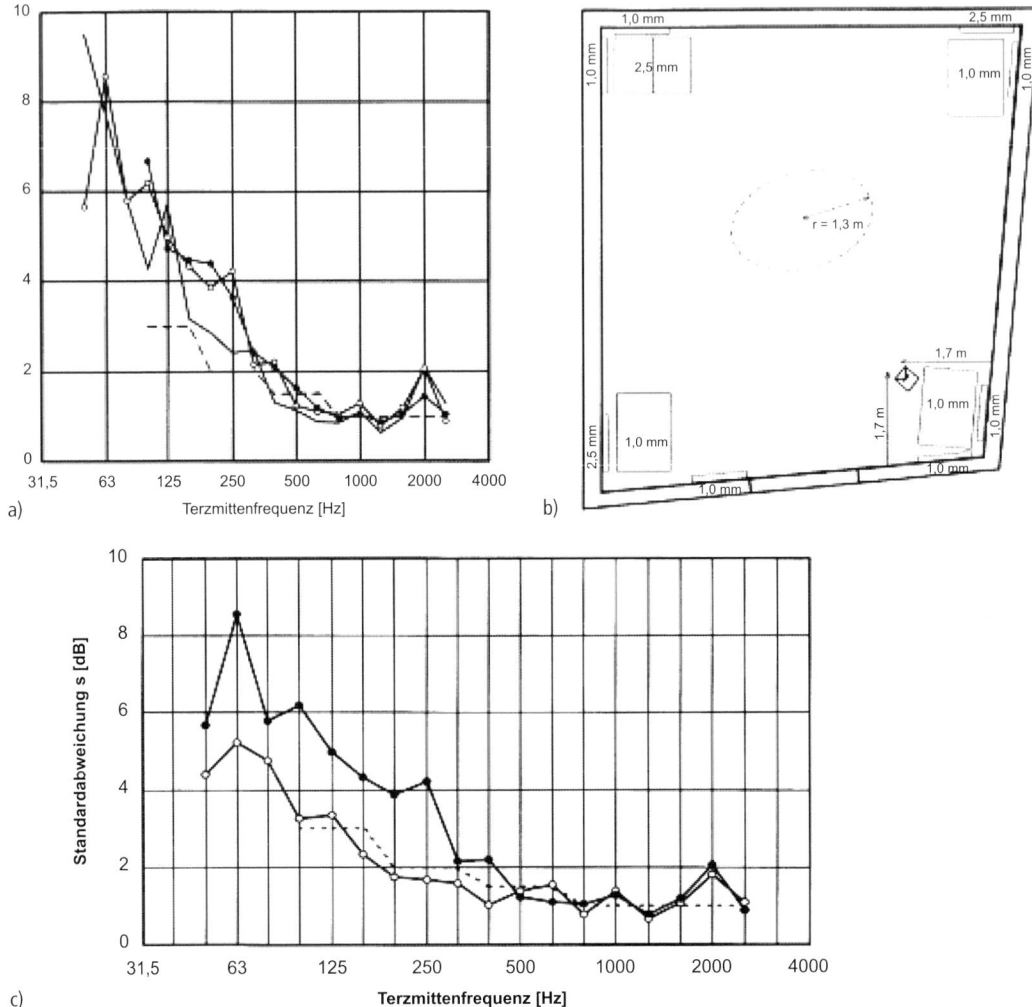

Bild 24. Standardabweichungen bei der Raumeignungsprüfung nach DIN EN ISO 3741 in 392 (○), 290 (●), 249 (—) m³ großen Hallräumen a); 12 VPR-Module in den vier unteren Ecken des mittleren b); Absenkung der Standardabweichung (○) auf den Grenzwert nach Norm (strichliert) durch diese Grunddämpfung c)

was zu modifizieren und so für ihren Zweck besser zu qualifizieren, so wie dies bereits in Abschnitt 6 für die Pegel-Differenzen zwischen zwei Räumen beschrieben wurde.

Auch wenn man die Emission einer Quelle nicht in einem simulierten Freifeld, sondern im Hallraum prüfen will, verlangt die dann erforderliche Diffusität des Schallfeldes durch Vielfachreflexionen für die tiefen Frequenzen nach Bild 7 derart große Volumina, dass die Messungen bei hohen Frequenzen im selben Raum wegen der dann entsprechend hohen Ausbreitungsdämpfung schwierig würden. Wenn man etwa die Schallleistung schmalbandig abstrahlender Quellen nach DIN EN ISO 3741 in kleineren Hallräumen misst, so übersteigt die Standardabweichung der Ergebnisse bis 500 Hz in der Regel die von der Norm

gesetzte Grenze. Das liegt, wie Bild 23 anschaulich macht, daran, dass auch in ziemlich großen Hallräumen mit allseitig nicht parallelen Begrenzungsflächen bei tiefen Frequenzen, ganz so wie in Rechteckräumen, bei der Messung die Modenfelder weiter dominieren, vgl. auch Bild 5. Bei der Berechnung der Eigenfrequenzen nach Gl. (2) muss man nur den mittleren Abstand zwischen gegenüberliegenden Begrenzungsflächen benutzen. Es lohnt also eigentlich nicht, mit einem erheblich höheren Bauaufwand dem Raum schräge Begrenzungsflächen zu verpassen, auch wenn dies offenbar zum allgemeinen Standard zu gehören scheint. Etwas mehr bringt es schon (bei entsprechend geringeren Baukosten), bei vorgegebenem Raumvolumen die Seitenverhältnisse $l_x : l_y : l_z$ sehr sorgfältig nach Gl. (2) so zu wählen, dass die Modenverteilung über der Frequenz möglichst gleichmäßig wird. Am ungünstigsten sind in dieser Hinsicht natürlich Räume mit näherungsweise würfelförmiger Struktur oder ausgesprochene Flachräume.

Wegen der in Bild 24a zu erkennenden hohen Standardabweichungen in vier zufällig ausgewählten Hallräumen verschiedener Prüflabore wurde der folgende Weg gewählt, der mit geringem Aufwand und sehr flexibel zur nachträglichen Qualifizierung dieser Prüfräume führt: Der Hallraum wird in seinen vier unteren Ecken mit jeweils drei unterschiedlich abgestimmten VPR-Modulen nach Beitrag B 8, Abschnitt 4.3, soweit bedämpft (b), dass die örtlich starken Resonanzüberhöhungen bei tiefen Frequenzen abgebaut und dadurch die von den einschlägigen Normen geforderten Standardabweichungen bei Wiederholungsmessungen tatsächlich auch eingehalten werden können. Bild 24c zeigt ein Beispiel einer Raumeignungsprüfung für tonale Geräusche, bei dem die Standardabweichung in den zu fordernden Grenzen bleibt, ohne dass die eingebaute Absorption den Grenzwert für den mittleren Absorptionsgrad nach DIN EN ISO 3741 überschreitet oder die Nachhallzeit im Messraum zu stark reduziert würde, vgl. Bild 25. Für Terz-Messungen beträgt die Abweichung bei 125 Hz nur 1,2 dB, darüber unter 1 dB.

Für hohe Frequenzen kann die Nachhallzeit dagegen gar nicht groß genug belassen werden. Hier fand man in den 1960er-Jahren empirisch heraus, dass erst ausreichend Diffusoren eingebracht waren, wenn ein im Raum gemessener Absorptionsgrad bei den höheren Frequenzen nicht mehr ansteigt [14] – in gewisser Analogie zu den gut 30 Jahre später beobachteten Effekten bei den tiefen Frequenzen, wenngleich mit ganz anderer Begründung [2, 5]. Um bei hohen Frequenzen ein möglichst gleichmäßiges Testschallfeld zu erzielen, haben sich im Raum abgehängte Diffusoren aus Metall oder Acrylglas bestens bewährt (Bild 26a und b). Aber auch Ausbeulungen der Wände und Decke etwa wie in Bild 26c sind stellenweise beliebt. Dagegen haben sich Dreh-Diffusoren, wie man z. B. einen in [19, Abb. 2.21] bestaunen kann, nicht wirklich in die messtechnische Praxis eingeführt. Alle Diffusoren sind natürlich nur so lange wirksam, wie ihre Abmessungen groß gegenüber der Schallwellenlänge sind. In [20, Abschnitt 4.1.5.2] werden ihre geometrischen Auslegungsparameter in m gemäß Bild 27 wie folgt abgeschätzt:

$$g \cong \frac{500}{f} \; ; \quad b > \frac{g}{2} \; ; \quad d \cong (0{,}3 - 0{,}5)b \qquad (9)$$

Für 125 Hz wären das im optimalen Fall also etwa: g = 4 m, b > 2 m, d = 0,6 – 1 m. Unter 100 Hz können Diffusoren die bereits beschriebenen Absorber (in Bild 20d in einer Ecke unter der Decke dauerhaft montiert) jedenfalls nicht ersetzen.

7 Messung des Absorptionsgrades im geeignet bedämpften Hallraum

In Abschnitt 3 wird beschrieben, wie die Schall absorbierende Wirkung insbesondere von Tiefen-Schluckern stark abhängt von der Struktur des Schallfeldes, welchem sie in der jeweiligen Einbausituation ausgesetzt werden. Ebenso hängt die Schalldämmung von Bauteilen, nach Abschnitt 4 und 5 gut wiederholbar und unter Normbedingungen reproduzierbar gemessen, wiederum besonders bei tiefen Frequenzen, von ihrer Einbausituation in der Wand eines kleineren Raumes ab. Auch die Schallleistung einer Quelle (Abschnitt 6) verändert sich bei tiefen Frequenzen in kleinen Räumen mit der Lastimpedanz an ihrem jeweiligen Aufstellungsort. Dies sind physikalisch vorgegebene Randbedingungen, die man in der Praxis der Lärmbekämpfung und in der raumakustischen Gestaltung in kritischen Situationen zu berücksichtigen hat. Nicht immer kann man sich bei Reklamationen allein auf die Messungen in Normprüfständen berufen, wie etwa bei der Schalldämmung einer Tür oder eines Fensters oder der Einfügungsdämpfung eines Schalldämpfers nach [1, Kap. 17].

Aber ähnlich wie man nach Abschnitt 6 den messtechnischen Einfluss der Modenfelder bei der Bestimmung der Schallleistung zurückdrängen kann, gelingt es auch bei der Messung des Absorptionsgrades nach DIN EN ISO 354,

$$\alpha_s = 0{,}16 \frac{V}{S_A} \left(\frac{1}{T_m} - \frac{1}{T_0} \right) \qquad (10)$$

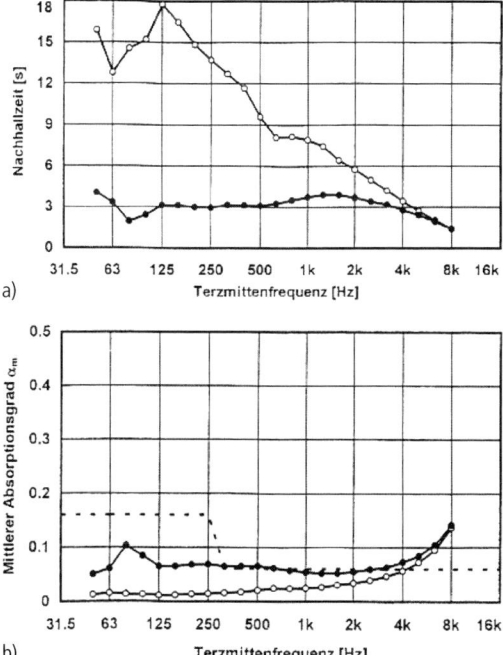

Bild 25. Nachhallzeit T a) und mittlerer Absorptionsgrad b) im leeren Hallraum gemäß Bild 24b ohne (○) bzw. mit (●) Grunddämpfung sowie Grenzdämpfung nach DIN EN ISO 3741

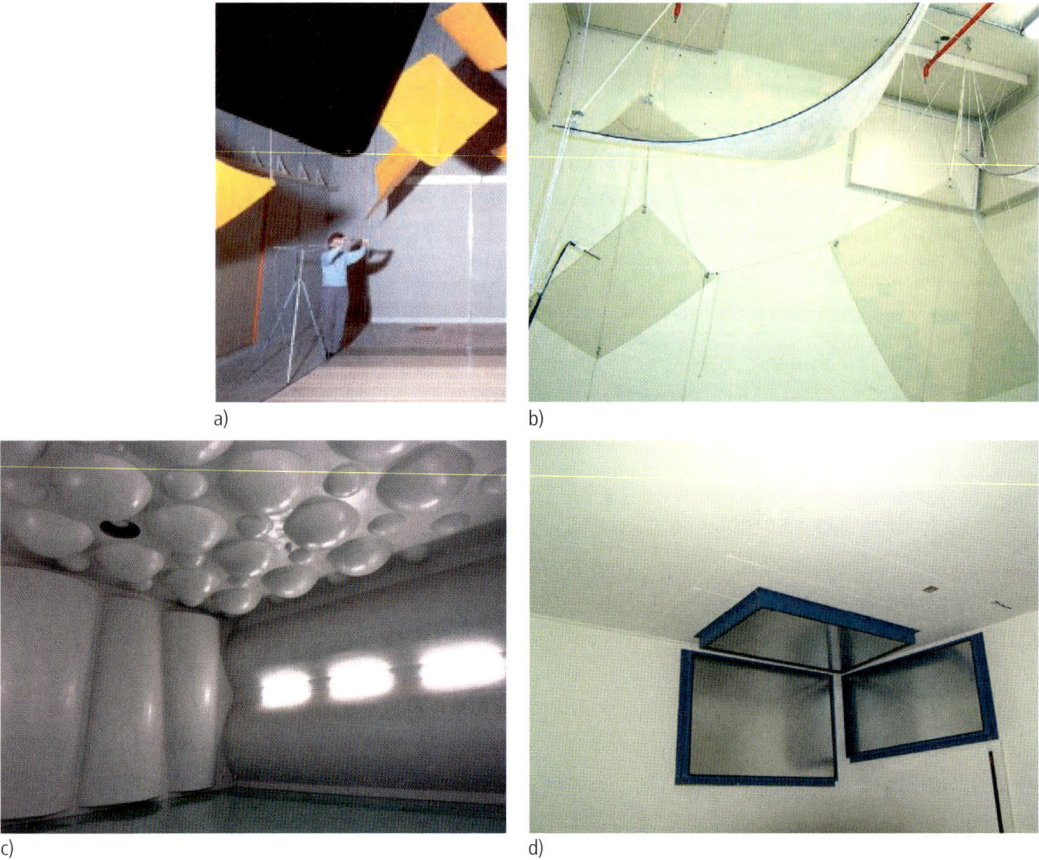

Bild 26. Abgehängte Diffusoren aus a) Stahl bzw. Acrylglas, b) Auswölbungen an Decke und Wänden sowie c) fest montierte Tiefen-Schlucker in der Ecke unter der Decke in Hallräumen, s. auch Bild 28

in verschiedenen Hallräumen vergleichbare Ergebnisse auch bei tiefen Frequenzen zu erzielen. Allerdings sind hier der Einbringung von Grunddämpfung zur Glättung der Modenfelder engere Grenzen gesetzt, weil die Messgenauigkeit auch leidet, wenn die Nachhallzeit des „leeren" Raumes (T_0 ohne Prüfling) kleiner und damit die Differenz zur Nachhallzeit mit Prüfling (T_m) geringer ausfällt.

Das Bild 28 zeigt die Tiefen-Schlucker (jeweils drei VPR-Module in den Abmessungen $1{,}5 \times 1 \times 0{,}1$ m mit 1 bzw. 2,5 mm dicken Schwingplatten in rundum geschlossenen Rahmen, ähnlich wie in Bild 26 für die Grunddämpfung in den zwei unteren Ecken des Hallraumes und Bild 29 das Ergebnis einer Prüfung in Terzen bis 50 Hz herunter im Hallraum des Fraunhofer IBP für BKA-Module nach Beitrag B 8, Abschnitt 8.6 und 8.11. In Bild 30 ist die Standardabweichung bei der Bestimmung der Nachhallzeiten T_0 ohne bzw. mit der Grunddämpfung dargestellt. Bild 31 zeigt die gemittelten Nachhallzeiten T_0 des gemäß Bild 28 bedämpften Hallraumes im Vergleich zum schallhart belassenen Raum. Aus der entsprechenden mittleren äquivalenten Absorptionsfläche in Bild 31b geht hervor, dass der so bedämpfte Raum immer noch den Anforderungen der Norm entspricht, wenn man nur die dort festgelegte Grenzkurve bis 63 Hz waagrecht extrapoliert. Bild 32 zeigt Messergebnisse mit einem 0,1 m hohen schallharten Rahmen, der gemäß Bild 28 sechs im Abstand von 0,2 m ausgelegte VPR-Module mit einheitlich 1 mm dicken Stahlplatten im Verbund mit 100 mm dicken Platten aus Melaminharzschaum bzw. Polyesterfasern umschließt. Der auf die grau angelegte Absorberfläche $S_A = 9$ m^2 bezogene Absorptionsgrad zeigt ein breitbandiges Wirkungsmaximum, das einen gleich dicken porösen/faserigen Absorber in gleicher Anordnung zwischen 50 und 250 Hz deutlich übertrifft und einen nur allmählich zum kHz-Bereich hin abfallenden „Schwanz", der vor allem auf die in diesem Prüfaufbau zu 60 Prozent offenen Randspalte zurückzuführen ist. Für dickere Stahlplatten verschiebt sich das Maximum andeutungsweise auch im Hallraum, der aber unter 63 Hz, auch in diesem bedämpften Zustand, für α-Messungen nicht mehr recht taugt.

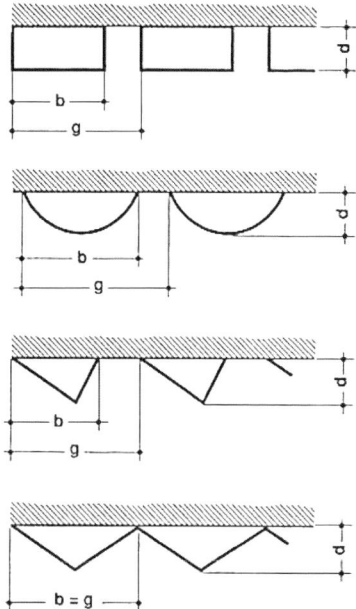

Bild 27. Auslegungsparameter von Diffusoren für Hallräume gemäß Gl. (9) nach [20]

8 Messung der Schallabstrahlung in reflexionsarmen Räumen

Während man bei der Konditionierung der Messräume gemäß Abschnitt 4 bis 7 damit auch übertreiben kann, verlangen Freifeld- bzw. Halbfreifeld-Räume nach ISO 3745 eine möglichst vollständige Absorption an 5 bzw. 6 ihrer Raumbegrenzungsflächen. Auch hier wächst aus den in Abschnitt 1 genannten Gründen der Bedarf für Messungen bis 50 Hz, besser noch bis weit darunter, dem selbst größere bestehende reflexionsarme Räu-

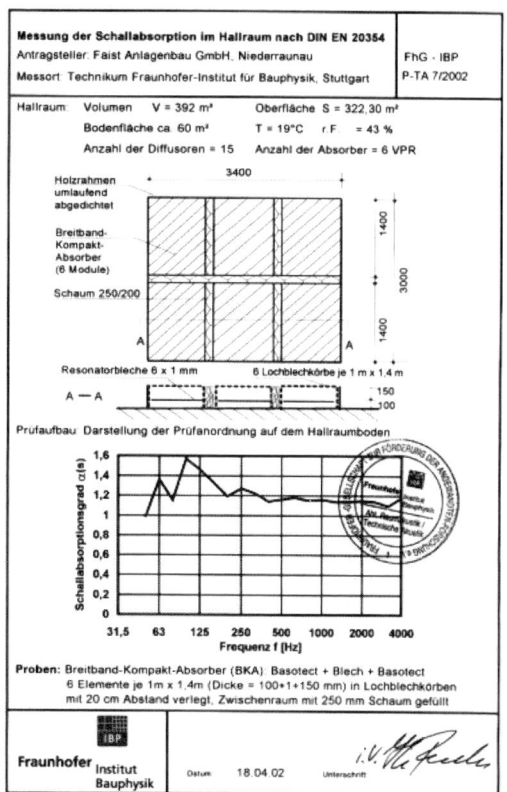

Bild 29. Prüfung von Breitband-Kompaktabsorbern im Hallraum des Fraunhofer IBP wie in Bild 28

me mit Keilauskleidungen nicht genügen. Der große „schalltote Raum" im Fraunhofer IBP Bild 33 ist zwar mit seiner Fundamentfederung wunderbar bis zu den tiefsten Frequenzen gegen Fremdeinflüsse isoliert worden. Um aber der häufig aufgestellten Forderung nach

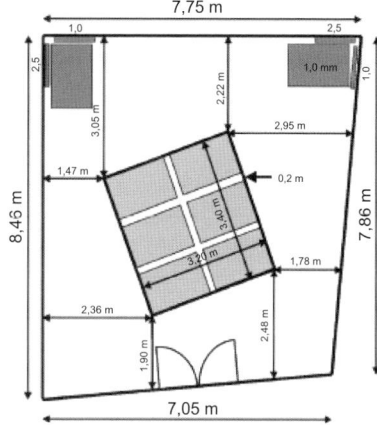

Bild 28. Messung des Absorptionsgrades im durch sechs VPR-Module in zwei unteren Ecken bedämpften Hallraum

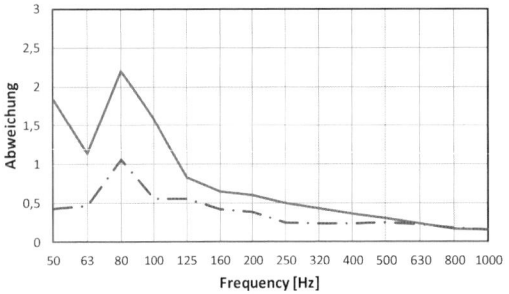

Bild 30. Standardabweichung bei der Messung der Nachhallzeit T_0 im Hallraum nach Bild 28 und 29 ohne (obere) bzw. mit geeigneter Grunddämpfung (untere Kurve)

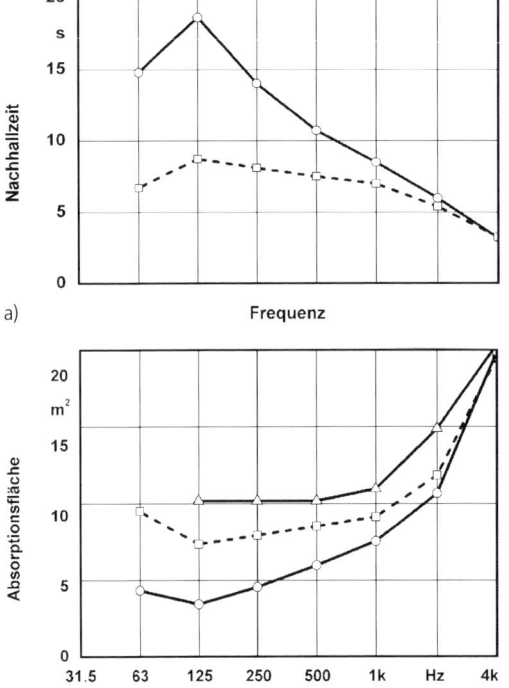

a)

b)

Bild 31. a) Nachhallzeiten und b) äquivalente Absorptionsfläche im Hallraum mit $V = 392\ m^3$ ohne (○) und mit (□) konstanter Grunddämpfung in zwei unteren Ecken gemäß Bild 28; zum Vergleich (△): maximal zulässige Absorptionsfläche nach DIN EN ISO 354

$\alpha \geq 0{,}99$ nahezukommen, müssten konventionelle Keilabsorber nach Gl. (28) in Beitrag B 8 dieses Kalenders für 50 Hz bereits 1,7 m in den Raum hineinragen!
Die Eignungsprüfung für Freifeldräume fordert, dass die Pegelabnahme von einer kugelförmig abstrahlenden Punktschallquelle, dem Abstandsgesetz nach Gl. (1) folgend, mit 6 dB pro Entfernungsverdopplung mit den in Tabelle 2 vorgegebenen Toleranzen

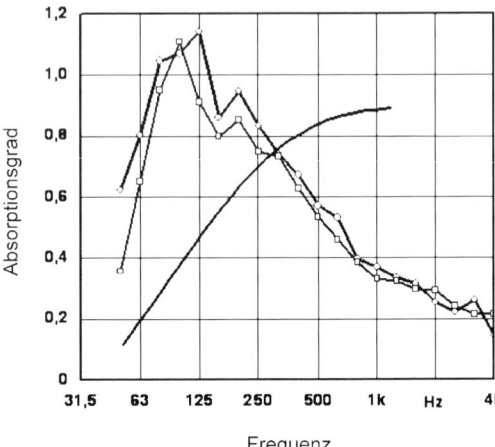

Bild 32. Absorptionsgrad α_s von sechs VPR-Modulen ($1{,}5 \times 1 \times 0{,}1$ m, 1 mm Stahl-Schwingplatte) auf Melaminharzschaum (□) bzw. Polyesterfasern (○), gemessen nach Bild 28 und bezogen auf 9 m²; zum Vergleich (△): faseriger/poröser Absorber gleicher Dicke nach Beitrag B 8, Bild 6

Tabelle 2. Toleranzen für Pegelabweichungen in Räumen gemäß Genauigkeitsklasse 1 nach ISO 3745

Messraumtyp	Terzmittenfrequenz in Hz	Grenzwerte für Differenzen in dB
Freifeld	≤ 630	±1,5
	800 bis 5000	±1,0
	≥ 6300	±1,5
Freifeld über reflektierender Ebene	≤ 630	±2,5
	800 bis 5000	±2,0
	≥ 6300	±3,0

abnimmt. Zwischen dieser Anforderung und den Pegeldifferenzen im ebenen Wellenfeld vor einer reflektierenden Wand gemäß Bild 34 und Tabelle 3 besteht aber ein wesentlicher Unterschied: Im Raum bildet sich nach Abschnitt 2 ein sehr komplexes dreidimensionales Schallfeld, im einfachsten Fall angeregt durch Kugelwellen, kaum je durch ebene Wellen, aus. Deshalb wird hier bei der Raumauslegung für einen zu tiefen Frequenzen ausgedehnten Frequenzbereich auch der Ansatz mit einer nach Norm stets homogenen Auskleidung mit Pyramiden, Keilen oder Würfelchen (nach Abb. 15.16 in [1]) verlassen und eine sehr schlanke und ebene reflexionsarme Auskleidung vorteilhaft zum Einsatz gebracht. Diese lässt sich an die jeweilige Geometrie des Raumes und der Quelle darin ganz individuell anpassen und schafft gerade in kleineren Räumen mehr Aktionsraum für Freifeldmessungen. Für optimale Ergebnisse werden dabei mit Bauherren und Nutzern möglichst frühzeitig auch die Rohbaudimensionen und die vorherrschenden Sender-Empfänger-Konfigurationen in der Bauplanung berücksichtigt.

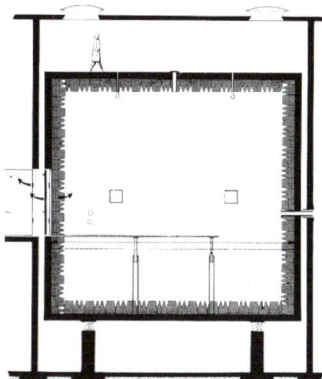

Bild 33. Freifeldraum im Fraunhofer IBP mit einem Rohbauvolumen von 1750 m³, einer unteren Grenzfrequenz von 80 Hz sowie einer Resonanzfrequenz der Federung von 2 Hz; reflexionsarme Wandauskleidung aus Mineralfaserkeilen in Gazestrümpfen

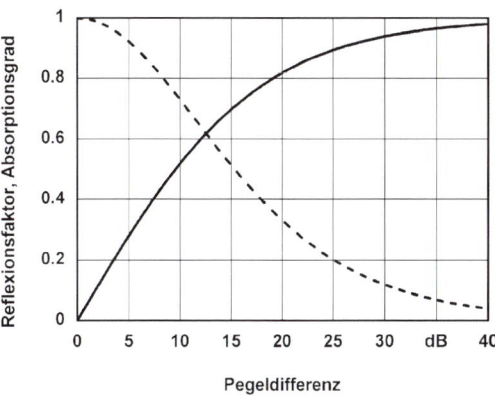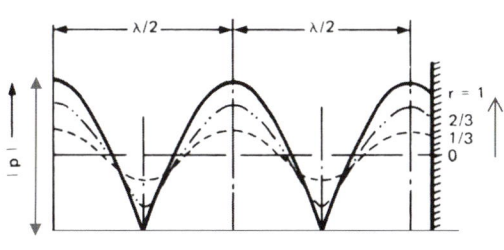

Bild 34. Reflexionsfaktor r(0) (—) und Absorptionsgrad $\alpha(0)$ (- - -) bei senkrechtem ebenem Schalleinfall als Funktion der Pegeldifferenz D im Stehwellenfeld vor einer ebenen Wand nach Gl. (11)

Tabelle 3. Pegeldifferenz in einer ebenen stehenden Welle vor einem ebenen absorbierenden (α) bzw. reflektierenden (r) Hindernis

α	ΔL in dB	$|r|$
0,999	0,6	0,032
0,99	2	0,100
0,9	6	0,316
0,6	13	0,63
0,2	25	0,89
0,01	50	0,99

8.1 Rechnerische Simulation von Schallfeldern in Messräumen [21]

Wenn man einmal von der unmittelbaren und vollständigen Reflexion (nach Norm: $\alpha \leq 0{,}06$) der Schallwellen einer Quelle vom schallharten Boden eines Halbfreifeld-Raumes und den damit einhergehenden Interferenz-Effekten absieht (vgl. Bild 58), so lässt sich das Schallfeld grundsätzlich in drei Zonen unterteilen:

a) das **Nahfeld**, wo der Druckpegel so stark ist, dass er durch Reflexionen von den Raumbegrenzungen in keiner Weise beeinflusst werden kann, auch nicht durch die sich im Raum mehr oder weniger stark ausbildenden Moden,

b) das **Fernfeld**, in welchem Schallmessungen nach Norm durchzuführen sind und wo deshalb insbesondere der Einfluss der Raummoden, durch geeignete Dämpfungsmaßnahmen in engen Grenzen zu halten ist,

c) das **Randfeld**, wo sich Schallwellen in größter möglicher Entfernung von der Quelle und daher mit relativ geringer Amplitude mit unvollständig absorbierten und (geometrisch) reflektierten Wellen besonders kritisch überlagern, s. [1, Abschnitt 15.3.2, 15.3.5 und 16.9.1].

Für Messungen nach Norm eignet sich die Zone a) nicht, weil ein gewisser Mindestabstand $s > 2\,l$ (l = Abmessung der Quelle) bzw. $s > \lambda/2$ oder $s > l^2/\lambda$

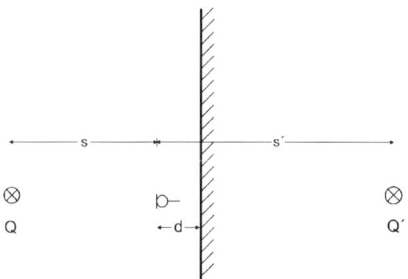

Bild 35. Zum Schallfeld frontal vor einer ebenen, unvollständig absorbierenden Wand

nach DIN 45 573 mit der Wellenlänge λ von der Quelle eingehalten werden sollte. In Zone b) kann der Schalldruckpegel durch den Einfluss des Raummodenanteils verfälscht werden. Eine Pegelerhöhung oder -minderung durch Interferenz der Direktschallwelle mit reflektierten und dabei, je nach Raumauskleidung, mehr oder weniger geschwächten Schallwellen bleibt in nicht zu großer Entfernung von der Quelle relativ gering, solange der Abstand s′ von der durch die Absorption in ihrer Schallleistung verminderten Spiegel-Quelle Q′ zum Messpunkt viel größer ist als sein Abstand s zur realen Quelle Q (Bild 35).

Je näher aber der Messpunkt an eine reflektierende Begrenzungsfläche rückt, umso geringer wird der Unterschied in den Abständen s zur realen und s′ zur Spiegel-Quelle. Wenn dieser gerade $2d \cong \lambda/2$ (bei 80 Hz also z. B. 2,15 m) wird, dann können hier hin- und rücklaufende Wellen von Quellen in sehr großem Abstand besonders stark interferieren, wenn die Auskleidung unvollständig absorbiert. Dies ist der Grund, warum Messungen nach Norm eine Randzone (c) mit $d < \lambda/4$ meiden sollen. Bild 34 zeigt die resultierende Differenz D der maximalen und minimalen Pegel im Grenzfall ebener stehender Wellen ($s = s′ \to \infty$) vor einer Wand in Abhängigkeit von r,

$$r(0) = \frac{10^{D/20 \, dB} - 1}{10^{D/20 \, dB} + 1} \tag{11}$$

bzw. vom Absorptionsgrad α(0). Wollte man nach diesem einfachen Modell die Pegeldifferenz gemäß ISO 3745 für mittlere Frequenzen auf ±1 dB begrenzen, so sollte r(0) höchstens einen Wert von 0,1 ($D \cong 2$ dB) und α(0) mindestens 0,99 aufweisen (Tabelle 3).

Nach [22] und [23] lässt sich das Schalldruckquadrat im Raum mit dem Volumen V am Ort r (x, y, z) um eine Punktquelle bei r_0 (x_0, y_0, z_0) schreiben als Überlagerung des Direktfeldes der Quelle (p_1) mit einer Quellstärke Q_0 und des Modenfeldes (p_2) mit den proportional zu Q_0 bei der Kreisfrequenz ω abhängig von ihrer Ordnung (Λ_n), Kreisfrequenz (ω_n) und Dämpfung (k_n) angeregten Modenfeldern der Amplituden Φ_n:

$$p_1^2 \sim \frac{Q_0^2}{(r-r_0)^2} \quad p_2^2 \sim \frac{Q_0^2}{V^2} \sum_n \frac{1}{\Lambda_n^2} \frac{\Phi_n^2(r)\Phi_n^2(r_0)}{(2\omega_n k_n)^2 + (\omega^2 - \omega_n^2)^2} \tag{12}$$

In [13] wurde versucht, mit einer solchen Näherung die Messergebnisse in einem Rechteckraum nachzuvollziehen. Man kann zwar in dem entsprechenden Bild 17 den Modeneinfluss jeweils ganz gut erkennen, aber für eine Abschätzung der Einflüsse aller verbleibenden, viel geringeren Reflexionen in einem Freifeldraum, wäre dieser Ansatz viel zu ungenau. Nachdem in [13] aber auch gezeigt wurde, wie wichtig es für die Auslegung von Freifeldräumen ist, dass es hier nicht um ebene Wellen, wie für Gl. (11) angenommen, sondern viel eher um die Ausbreitung von Kugelwellen geht, wurde ein entsprechendes dreidimensional rechnendes Simulationsprogramm mit Spiegelquellen als wichtiges Handwerkszeug für die Auslegung reflexionsarmer Räume entwickelt und bereits vielfach in der Praxis eingesetzt [21]. Damit kann auch ein akustischer Laie die Qualität des Freifeldes bei der Auslegung des Rohbaus und die Planung der Innenausstattung von Rechteckräumen im Voraus berechnen und optimieren. Im Abstand s von einer Punktquelle mit der Amplitude A_0 ergibt sich der Schalldruckpegel

$$p = \frac{A_0}{s} \exp(-jks) + \sum_{i=1}^{N} r_i^n \frac{A_0}{s_i} \exp(-jks_i) \tag{13}$$

als Überlagerung des Direktfeldes und einer Summe der Felder von N Spiegelquellen nach Bild 36 mit der Wellenzahl k, den Abständen s_i eines beliebigen Messpunktes im Raum von den jeweiligen Spiegelquellen i der Ordnung n und dem (komplexen) Reflexionsfaktor $r = |r| \exp -j\varphi$ der betreffenden Begrenzungsfläche. Spiegelquellenmodelle werden auch in akustisch anspruchsvollen Audio- (Darbietungs- und Aufnahme-) sowie Kommunikations- (Arbeits- und Freizeit-) räumen gern zur Simulation ihrer Raumakustik (s. Beitrag C 4), in Konzertsälen beispielsweise auch zu ihrer Auralisation, eingesetzt (siehe Beitrag C 5). Damit kann man einige raumakustische Parameter sowie zu erwartende Höreindrücke für Architekten und Bauherren

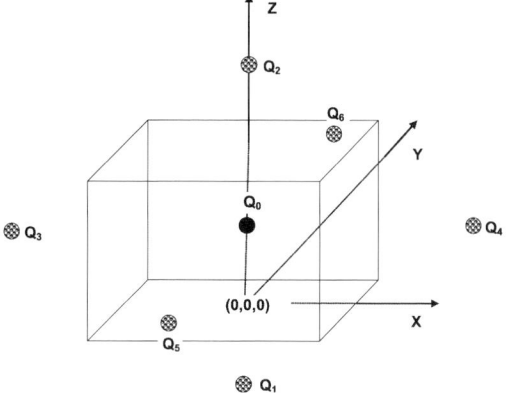

Bild 36. Rechteckraum mit einer zentral angeordneten Schallquelle und sechs Spiegelquellen erster Ordnung zur Simulation eines Freifeldes nach [21]

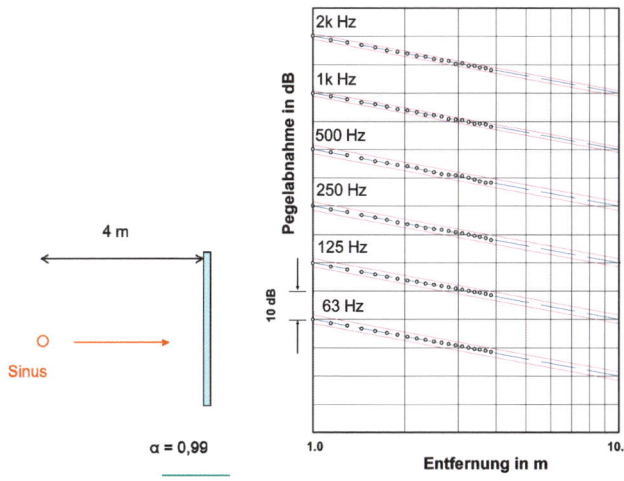

Bild 37. Pegelabnahme von einer Punktquelle frontal zu einer 4 m entfernten ebenen Wand mit einem Absorptionsgrad α = 0,99, berechnet für Sinus-Töne; Toleranzbänder gemäß Tabelle 2

ren, Investoren und Nutzer bereits in einer sehr frühen Planungsphase simulieren. In den meisten dieser Anwendungen werden aber, wie auch beim Raytracing-Verfahren nach [24], die Phasenbeziehungen bei der Überlagerung der direkten (–jks) und der reflektierten Schallwellen (–jks$_i$) auf ihren Ausbreitungswegen, also ihre Interferenzen vernachlässigt und stattdessen nur ihre Energieverteilung im Raum betrachtet. Auch der Phasensprung φ bei jeder Reflexion wird so nicht berücksichtigt, stattdessen nur der Betrag des Reflexionsfaktors gemäß

$$|r| = \sqrt{1 - \alpha} \qquad (14)$$

zum Ansatz gebracht, wobei man, insbesondere hinsichtlich der späten Vielfachreflexionen, die das Diffusfeld im Raum ausmachen, mit dem nach ISO 354 im Hallraum gemessenen Absorptionsgrad α_s rechnet. Bei den für Freifeldräume allein wichtigen frühen Reflexionen, wie sie im Allgemeinen bereits durch die Spiegelquellen erster Ordnung hinreichend genau beschrieben werden, spielen dagegen der Phasenwinkel φ und der Reflexionsgrad unter einem ganz bestimmten geometrischen Einfalls- und Ausfallswinkel eine viel größere Rolle. Trotzdem beschränkten sich Vorläufer der aktuellen ISO 3745 mit ihren Empfehlungen stets nur auf den Absorptionsgrad bei senkrechtem Schalleinfall (α ≥ 0,99).

Im hier vorgestellten Modell wird dagegen die besonders für die tiefen Frequenzen wichtige phasenrichtige Überlagerung aller Schallwellen simuliert, allerdings nur mit einem mittleren Absorptionsgrad jeder Begrenzungsfläche gerechnet, wie er üblicherweise für konventionelle Keil- und Pyramidenabsorber im Kundt'schen Rohr und für die hier favorisierten alternativen Absorber (Beitrag B 8, Abschnitt 8.11) im Hallraum nach Abschnitt 7 gemessen wird. Nachstehend sollen einige für reflexionsarme Rechteckräume besonders wichtige Einflüsse auf das Schallfeld einer Punktquelle diskutiert werden, die umso wichtiger sein können, je mehr der Absorptionsgrad ihrer Auskleidung von 1 abweicht.

8.1.1 Einfluss des Absorptionsgrades

Zunächst sei an der Reflexion der Schallwellen einer Quelle im Zentrum eines 8 × 8 × 8 m großen Raumes der Einfluss des Absorptionsgrades dargestellt, wenn 5 seiner 6 Begrenzungsflächen mit α = 1 vollständig absorbierend angenommen werden. Auf einem Pfad von der Quelle frontal auf die 6. Begrenzungsfläche zu, fällt der Schalldruckpegel für den hier angenommenen Wert von α = 0,99 tatsächlich im gesamten interessierenden Frequenzbereich innerhalb der von der ISO 3745 vorgegebenen Toleranzbänder nach Tabelle 2 mit dem Abstand von der Quelle ab (Bild 37). Nimmt man dagegen einen im Allgemeinen als unzureichend angesehenen Wert α = 0,86 entsprechend |r| = 0,37 an, so werden, wie Bild 38a zeigt, die engeren Grenzen von ±1 dB für die höheren Frequenzen in einem Abstand von 3 m überschritten. Für einen noch kleineren Wert α = 0,7 treten die Abweichungen von dem theoretischen Pegelabfall, die man auch als rudimentären Einfluss der Raummoden erkennen und verstehen kann, bei entsprechend geringerem Abstand auf (Bild 38b). Dass die Überschreitungen bei den tieferen Frequenzen mit den etwas geringeren Normanforderungen für s > 3,5 m unter 500 Hz im Pegelverlauf nicht deutlicher in Erscheinung treten, liegt einfach daran, dass sich das kritische Randfeld in Wandnähe bei dieser Konfiguration gar nicht über der gemessenen Wegstrecke im Vergleich zur Wellenlänge ausprägen kann. Die Pegelabweichungen bleiben aber auch in diesem Fall in relativ engen Grenzen, so wie dies nach den Ausführungen in Abschnitt 8.1 auch nicht anders zu erwarten war. Die Situation wird jedoch gleich kritischer, wenn man statt einer im Folgenden sechs oder fünf Begrenzungsflächen mit unvollständiger Absorption betrachtet.

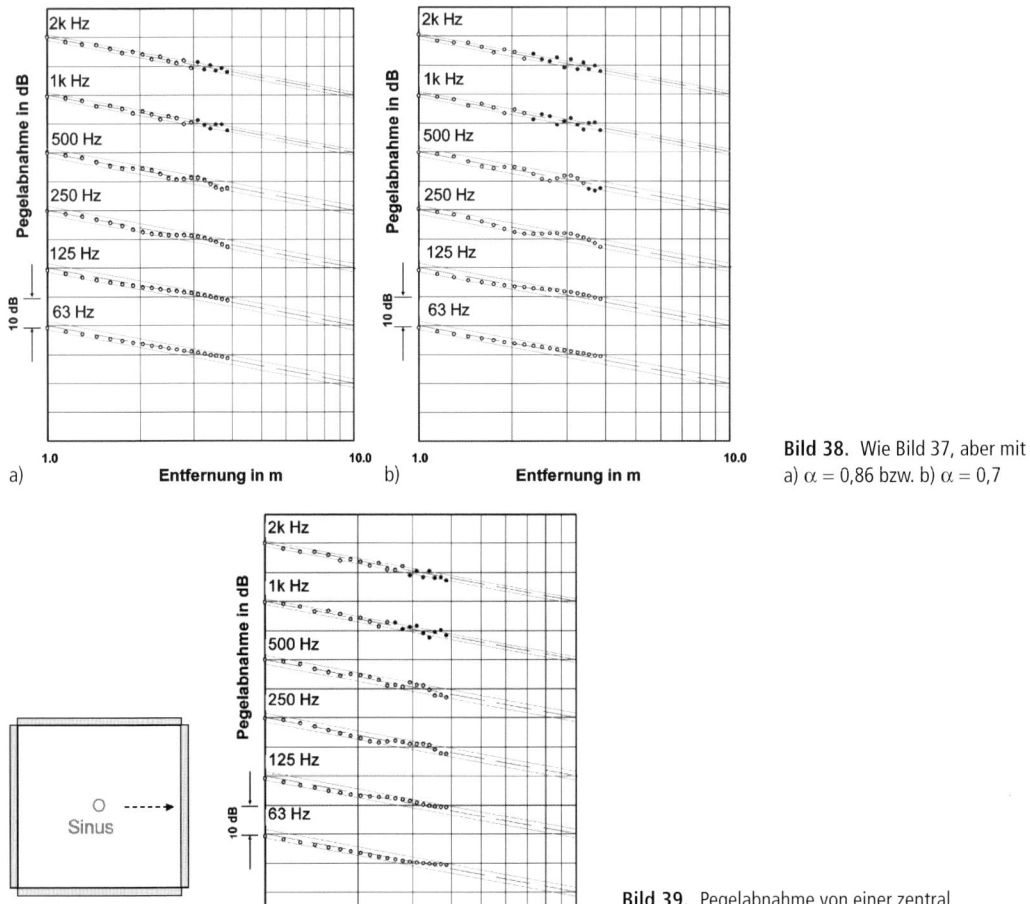

Bild 38. Wie Bild 37, aber mit a) $\alpha = 0{,}86$ bzw. b) $\alpha = 0{,}7$

Bild 39. Pegelabnahme von einer zentral positionierten Quelle in einem $8 \times 8 \times 8$ m großen Raum mit allseitig $\alpha = 0{,}99$ auf einem Pfad frontal zu einer Wand

8.1.2 Einfluss des geschlossenen Rechteck-Raumes

Vergleicht man die Rechenergebnisse in Bild 39 mit denen in Bild 37, so wird deutlich, dass der das Freifeld störende Einfluss der allseitigen Umfassung der Quelle durch 6 Begrenzungen selbst bei einheitlich $\alpha = 0{,}99$ stärker ist als derjenige einer einzelnen Begrenzung mit viel geringerer Absorption ($\alpha = 0{,}86$). Erst bei $\alpha = 0{,}7$ wäre die einfache Reflexion etwas kritischer (Bild 38).

8.1.3 Einfluss der Raumgeometrie

Eine andere in diesem Simulationsprogramm für reflexionsarme Räume vorgesehene, tabellarische Darstellung markiert die Überschreitungen der Toleranzen nach ISO 3745 durch eine farbige Hinterlegung der jeweiligen Abweichungen vom idealen Freifeld-Pegelabfall (Bild 40) für einen diagonalen Berechnungspfad von einer zentralen Quelle in eine Ecke eines Raumes mit $6 \times 6 \times 6$ m und allseitig $\alpha = 0{,}99$. Überschreitungen treten z. B. bei 2 kHz schon ab einem Abstand von 2,5 m von der Quelle auf. Vergleicht man dieses Ergebnis mit einem identisch ausgekleideten Raum etwa gleichen Volumens mit den Abmessungen $7 \times 6 \times 5$ m (Bild 41), so stellt man fest, dass bedeutend schwächere Überschreitungen generell erst in viel größeren Abständen auftreten. Dies macht den großen Einfluss deutlich, den die Raumgeometrie und damit auch die Modenstruktur auf die Qualität des Freifeldraumes mit unvollständiger Absorption ausüben. Man sollte also tunlichst die ungünstige Würfelform für solche Messräume vermeiden, auch wenn die Raumausnutzung für kleine konzentrierte Schallquellen dadurch etwas geschmälert werden sollte. Für die in der Praxis aber häufigeren, in einer Richtung ausgedehnten Quellen wie z. B. Automobile empfiehlt es sich also oft aus zweierlei Hinsicht, die Raumabmessungen der Geometrie der Quelle anzupassen – nämlich aus Sicht der Praktikabilität und Zugänglichkeit ebenso wie aus Sicht der Freifeldqualität.

| Abweichung in dB | Frequenz Hz | \multicolumn{15}{c}{Entfernung Schallquelle - Mikrofon in m} |

Abweichung in dB	Frequenz Hz	1.00	1.25	1.50	1.75	2.00	2.25	2.50	2.75	3.00	3.25	3.50	3.75	4.00	4.25	4.50
1.5	20	-1.1	-1.0	-0.9	-0.7	-0.6	-0.4	-0.2	0.0	0.2	0.4	0.5	0.7	0.8	1.0	1.1
1.5	25	-1.0	-1.0	-1.0	-0.9	-0.7	-0.6	-0.4	-0.2	0.1	0.3	0.5	0.6	0.8	0.9	1.0
1.5	31.5	-0.8	-1.0	-1.0	-1.0	-0.9	-0.8	-0.6	-0.3	-0.1	0.1	0.4	0.6	0.8	0.9	1.0
1.5	40	-0.6	-0.8	-1.0	-1.1	-1.1	-1.0	-0.9	-0.6	-0.3	0.0	0.2	0.5	0.8	1.0	1.1
1.5	50	-0.4	-0.6	-0.9	-1.1	-1.2	-1.3	-1.2	-1.0	-0.7	-0.3	0.1	0.4	0.8	1.0	1.3
1.5	63	-0.5	-0.5	-0.7	-1.0	-1.2	-1.4	-1.5	-1.4	-1.1	-0.6	-0.1	0.4	0.8	1.2	1.5
1.5	80	0.2	0.3	0.3	0.1	-0.2	-0.7	-1.1	-1.3	-1.2	-0.7	-0.1	0.7	1.3	1.9	2.4
1.5	100	0.3	0.5	0.8	1.0	0.9	0.5	-0.3	-1.2	-2.2	-2.6	-2.2	-1.3	-0.3	0.6	1.3
1.5	125	-0.1	-0.3	-0.1	0.5	1.1	1.5	1.5	1.1	0.3	-0.8	-1.5	-1.6	-0.9	0.0	0.9
1.5	160	0.9	0.9	0.3	-0.7	-1.1	-0.4	0.8	1.4	1.3	0.4	-1.0	-2.0	-1.5	0.0	1.5
1.5	200	-1.4	-1.4	-0.5	0.2	0.0	-1.0	-1.4	-0.3	1.0	1.4	0.8	-0.6	-2.1	-2.2	-0.9
1.5	250	0.4	1.1	0.7	-0.2	0.5	1.5	1.0	-0.8	-1.5	0.2	1.3	0.7	-1.5	-4.1	-3.1
1.5	315	0.5	0.5	-0.2	1.0	1.2	-0.6	-0.1	1.3	0.1	-2.6	-1.3	0.7	0.3	-2.6	-4.4
1.5	400	-0.6	-0.5	-1.4	0.4	-0.9	0.2	1.4	-0.7	0.8	1.9	-0.6	-1.2	1.4	0.8	-2.9
1.5	500	-0.3	1.0	-0.1	1.3	-0.8	0.8	-1.4	-0.4	-0.3	-2.2	1.4	-0.7	-0.3	2.7	1.1
1.5	630	0.0	-0.3	1.2	0.3	0.3	0.6	-1.9	0.6	-2.6	1.5	-1.5	2.2	0.7	0.7	2.9
1.0	800	0.4	0.6	1.0	0.9	-0.1	-1.0	1.4	2.3	-0.2	2.1	0.1	-0.7	0.7	-1.8	1.5
1.0	1000	-0.3	0.4	0.8	0.4	-0.2	-0.2	-0.1	-0.7	-0.8	0.7	0.4	-3.1	-1.8	1.6	-2.0
1.0	1250	-0.4	0.9	0.9	-0.8	-1.0	0.9	2.1	1.9	1.2	1.0	1.7	1.7	-0.1	-0.8	1.5
1.0	1600	0.5	0.4	-1.0	1.0	-0.3	0.6	-1.4	0.9	2.0	-0.8	-3.1	-0.8	0.4	-0.5	-2.7
1.0	2000	-0.1	-0.2	0.6	-0.3	0.6	-0.8	-2.8	0.8	0.3	-2.7	0.8	0.7	-2.7	-0.2	1.3
1.0	2500	0.9	0.8	0.5	1.0	1.0	-1.0	2.1	1.5	2.2	2.8	0.4	-0.8	2.2	0.8	-0.8
1.0	3150	0.2	1.0	-0.2	-1.0	0.0	-1.1	1.8	-0.1	0.2	0.0	2.1	-1.7	-2.3	-1.1	-2.2
1.0	4000	-0.9	-0.2	0.4	0.7	-0.7	-2.2	1.0	-1.0	-2.9	0.3	-2.2	-1.5	-0.5	0.2	0.4
1.0	5000	-0.4	0.2	0.3	0.1	-0.9	0.4	-0.3	0.7	0.1	0.9	-0.9	-0.1	-1.9	-1.7	-3.0
1.5	6300	-0.5	0.6	-1.1	0.4	1.1	-0.1	1.0	-0.8	0.4	-0.1	0.4	0.2	0.9	2.1	0.6
1.5	8000	-0.1	0.1	0.7	1.1	-1.2	1.2	0.9	-1.0	1.2	-0.2	0.3	3.0	0.5	-0.2	2.3
1.5	10000	0.1	-0.3	-0.2	-1.1	-0.4	-0.9	-0.2	-0.3	2.0	-0.6	0.6	0.9	1.1	-1.1	-0.5
1.5	12500	0.3	0.1	-0.5	0.4	-1.5	1.1	1.5	1.4	1.8	-0.6	2.1	2.1	0.7	2.8	-2.2
1.5	16000	-0.6	-0.9	-0.8	-0.9	0.4	-1.2	-1.4	-0.6	-2.8	1.4	0.3	1.8	-0.2	1.4	-1.8
1.5	20000	0.1	-0.7	0.4	0.0	-1.0	0.9	-0.4	0.7	2.6	-0.4	-2.6	-1.3	1.3	-0.8	-1.0

6 × 6 × 6 m
α = 0,99
(diagonal)

Bild 40. Spektren der Abweichungen in dB von der theoretischen Freifeld-Pegelabnahme für verschiedene Abstände (1 m bis 4,5 m) von einer zentral positionierten Quelle in einem $6 \times 6 \times 6$ m großen Raum mit allseitig $\alpha = 0{,}99$ auf einem Pfad diagonal in eine Raumecke. Grau hinterlegt: Überschreitungen der Toleranzen gemäß Tabelle 2; eingekästelt: Abstände mit $s < \lambda/4$ zur nächstgelegenen Wand

Abweichung in dB	Frequenz Hz	1.00	1.25	1.50	1.75	2.00	2.25	2.50	2.75	3.00	3.25	3.50	3.75	4.00	4.25	4.50
1.5	20	-1.1	-1.0	-0.9	-0.7	-0.6	-0.4	-0.2	0.0	0.2	0.4	0.5	0.7	0.8	0.9	1.0
1.5	25	-1.0	-1.0	-1.0	-0.9	-0.7	-0.5	-0.4	-0.1	0.1	0.3	0.4	0.6	0.8	0.9	1.0
1.5	31.5	-0.9	-1.0	-1.0	-1.0	-0.9	-0.7	-0.6	-0.3	-0.1	0.1	0.3	0.5	0.7	0.9	1.0
1.5	40	-0.7	-0.8	-1.0	-1.1	-1.1	-1.0	-0.8	-0.6	-0.3	-0.1	0.2	0.5	0.7	0.9	1.1
1.5	50	-0.5	-0.7	-0.9	-1.0	-1.2	-1.2	-1.1	-0.9	-0.6	-0.3	0.0	0.4	0.7	0.9	1.2
1.5	63	-0.4	-0.5	-0.7	-0.9	-1.1	-1.2	-1.3	-1.2	-1.0	-0.6	-0.2	0.2	0.6	1.0	1.3
1.5	80	-0.2	-0.2	-0.2	-0.3	-0.6	-0.9	-1.2	-1.3	-1.3	-1.1	-0.6	-0.1	0.4	0.9	1.3
1.5	100	0.0	0.1	0.2	0.2	0.2	0.0	-0.3	-0.7	-1.0	-1.1	-1.0	-0.6	0.0	0.6	1.1
1.5	125	-0.1	0.0	0.0	0.1	0.2	0.2	0.1	-0.2	-0.5	-0.8	-1.0	-0.8	-0.3	0.3	1.0
1.5	160	0.1	0.1	0.1	0.3	0.5	0.6	0.6	0.4	0.1	-0.2	-0.5	-0.6	-0.6	-0.2	0.3
1.5	200	0.2	0.2	0.0	-0.3	-0.4	-0.1	0.4	0.5	0.2	-0.3	-0.6	-0.6	-0.3	0.1	0.6
1.5	250	0.3	0.3	0.4	0.6	0.7	0.3	-0.1	0.4	1.1	0.9	-0.1	-1.1	-1.0	-0.3	0.3
1.5	315	0.5	0.6	0.2	0.9	0.9	0.3	0.6	0.1	-0.9	-0.1	0.6	-0.7	-2.9	-2.2	-0.3
1.5	400	-0.3	-0.2	-1.0	0.5	-0.7	-0.2	0.7	-0.6	0.2	0.1	-0.5	1.0	0.4	-2.3	-0.8
1.5	500	-0.2	-0.2	-0.3	0.3	-0.4	1.0	-0.1	0.4	0.8	-1.0	0.2	-0.9	0.0	-0.7	-3.0
1.5	630	-0.3	-0.1	0.1	0.8	-0.5	0.2	-1.1	-0.7	-1.1	0.0	-0.2	0.2	1.1	0.8	0.0
1.0	800	-0.3	-0.3	0.6	1.0	0.1	-0.4	-0.7	0.1	0.8	-1.0	2.2	0.3	0.4	1.3	-1.7
1.0	1000	-0.6	-0.2	-0.1	-0.4	-0.5	-0.1	0.0	0.0	0.7	-0.4	-1.0	0.1	-2.0	-0.2	1.0
1.0	1250	0.7	0.6	0.7	0.3	-0.2	0.2	0.7	0.8	0.5	0.2	-0.8	-0.2	1.6	0.7	1.5
1.0	1600	0.1	-0.8	-0.1	0.4	1.0	-0.1	-0.3	1.0	-0.5	1.0	1.0	-0.6	-1.0	0.1	0.5
1.0	2000	0.1	-0.2	0.0	-0.7	-0.5	0.2	-0.4	-0.1	-0.9	0.4	-0.7	-0.3	-0.2	0.1	0.9
1.0	2500	-0.2	0.1	0.1	-0.3	0.9	0.4	-0.3	0.1	-0.1	0.3	-0.2	-0.4	-0.4	0.3	-0.9
1.0	3150	0.5	-0.5	-0.1	0.9	-0.6	0.5	-0.7	-0.5	-0.9	1.0	-1.4	-1.0	1.4	0.4	0.5
1.0	4000	-0.3	0.0	-0.2	-0.9	-0.9	-0.2	0.9	0.0	-0.8	1.5	-2.0	0.0	-0.6	0.0	-0.5
1.0	5000	-0.1	-0.6	-0.6	-0.3	0.2	0.1	0.0	-0.8	-1.9	0.6	-0.6	-2.7	1.0	0.3	-1.0
1.5	6300	0.1	-0.3	-0.4	0.1	0.6	1.2	1.2	-0.2	-0.5	0.5	0.4	-1.2	0.3	0.8	0.5
1.5	8000	0.3	0.1	-0.2	0.4	-0.1	0.3	0.5	0.6	1.3	0.4	0.1	-0.1	1.2	0.7	-1.3
1.5	10000	0.5	0.6	-0.2	0.0	0.1	0.6	1.0	-0.6	0.7	-1.3	-0.5	1.1	-0.3	1.3	0.7
1.5	12500	-0.1	-0.9	-0.1	-0.1	-0.6	-0.2	-0.3	-0.6	-0.6	-0.8	-0.4	-1.0	1.0	0.2	-0.5
1.5	16000	0.0	-0.6	-0.4	-0.2	-0.4	-1.4	-0.3	1.4	0.0	0.9	0.3	1.2	0.3	0.6	0.4
1.5	20000	0.0	-0.2	0.8	0.1	0.1	0.5	-0.1	1.3	1.3	0.6	-1.3	-0.1	1.3	0.9	-2.0

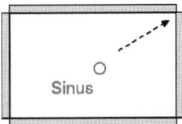

7 × 6 × 5 m
α = 0,99
(diagonal)

Bild 41. Wie Bild 40, aber Abmessungen $7 \times 6 \times 5$ m

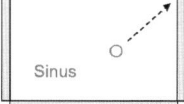

Abwei-chung in dB	Frequenz Hz	Entfernung Schallquelle - Mikrofon in m														
		1.00	1.25	1.50	1.75	2.00	2.25	2.50	2.75	3.00	3.25	3.50	3.75	4.00	4.25	4.50
1.5	20	-1.0	-0.9	-0.8	-0.7	-0.5	-0.3	-0.1	0.0	0.2	0.4	0.6	0.7	0.8	0.9	1.0
1.5	25	-1.0	-1.0	-0.9	-0.8	-0.6	-0.5	-0.3	-0.1	0.1	0.3	0.5	0.7	0.8	0.9	1.0
1.5	31.5	-0.9	-1.0	-1.0	-0.9	-0.8	-0.6	-0.4	-0.2	0.0	0.2	0.4	0.6	0.8	0.9	1.0
1.5	40	-0.9	-1.0	-1.1	-1.1	-1.0	-0.9	-0.7	-0.4	-0.1	0.2	0.4	0.6	0.8	1.0	1.1
1.5	50	-1.0	-1.1	-1.3	-1.4	-1.3	-1.2	-1.0	-0.7	-0.3	0.0	0.4	0.7	1.0	1.2	1.4
1.5	63	-0.9	-1.0	-1.2	-1.4	-1.5	-1.5	-1.4	-1.0	-0.6	-0.1	0.4	0.9	1.2	1.5	1.8
1.5	80	0.4	0.3	0.1	-0.2	-0.7	-1.1	-1.3	-1.2	-0.7	-0.1	0.6	1.3	1.8	2.3	2.6
1.5	100	0.9	1.1	1.2	1.1	0.8	0.2	-0.5	-1.2	-1.5	-1.3	-0.7	0.1	0.9	1.5	1.9
1.5	125	-0.5	-0.4	0.0	0.3	0.5	0.5	0.2	-0.4	-1.1	-1.4	-1.1	-0.3	0.6	1.4	2.0
1.5	160	0.9	0.7	0.6	0.7	1.0	1.3	1.5	1.3	0.5	-0.6	-1.5	-1.3	-0.1	1.2	2.1
1.5	200	0.9	0.9	0.6	0.3	0.2	0.3	0.8	1.2	1.3	0.7	-0.4	-1.3	-0.6	1.0	2.3
1.5	250	0.3	0.1	0.6	0.6	0.1	-0.3	-0.1	0.4	1.0	1.3	0.8	-0.5	-1.3	0.0	1.8
1.5	315	0.1	0.7	0.3	-0.6	0.1	0.3	-0.7	-0.9	-0.2	0.4	0.9	0.5	-1.1	-1.1	1.1
1.5	400	0.0	0.5	0.1	0.5	1.0	-0.4	0.9	0.8	-0.7	-0.4	0.0	0.3	-0.6	-3.0	-1.0
1.5	500	0.0	-0.4	-0.2	-0.4	-0.4	-0.2	0.0	-0.9	1.0	-0.7	0.0	0.8	1.2	-0.4	-1.2
1.5	630	-0.4	-0.2	-0.6	-0.6	-0.3	-0.7	-0.3	0.4	-0.9	0.9	-0.5	-0.5	0.2	0.1	-2.8
1.0	800	-0.2	-0.3	0.1	0.3	-0.3	-0.3	0.2	-0.4	-0.5	0.4	0.2	-0.6	0.2	1.0	-1.0
1.0	1000	0.1	0.1	-0.4	-0.5	0.2	0.7	0.0	-0.9	-0.1	0.9	1.7	1.3	0.9	0.5	-0.2
1.0	1250	0.1	0.6	0.3	-0.6	-1.0	-0.8	-0.5	-0.6	-0.5	0.4	0.8	1.0	1.3	-1.0	0.6
1.0	1600	-0.8	-0.9	-0.2	-0.4	-0.5	-1.0	-1.0	-0.1	0.5	0.5	-0.7	-0.7	-0.7	0.4	1.0
1.0	2000	0.7	0.2	0.7	0.4	-0.2	0.4	-0.2	1.0	-1.0	-0.9	1.9	0.5	0.7	-0.9	0.2
1.0	2500	-0.3	-0.2	-0.9	-0.4	0.9	-0.6	0.6	-0.7	-0.5	0.2	-0.9	1.8	-0.9	0.0	-2.0
1.0	3150	0.3	-0.1	-0.2	0.3	-0.1	0.4	-0.7	1.0	0.7	-0.6	-1.0	-0.7	-0.3	-1.2	1.8
1.0	4000	-0.4	-0.6	-0.1	-0.5	-0.8	-0.1	-0.3	-0.6	-0.2	-0.8	-0.3	0.3	0.4	0.4	0.8
1.0	5000	0.2	0.2	0.1	-0.4	0.9	0.3	-0.1	-0.9	0.6	0.3	0.9	0.9	0.8	0.3	0.2
1.5	6300	0.2	-0.1	0.3	-0.2	0.9	-0.6	0.8	0.2	-0.2	0.3	-1.3	1.3	-1.0	-0.5	-0.2
1.5	8000	-0.3	-0.4	-0.1	0.0	-0.4	0.8	0.8	0.0	0.5	-0.4	1.0	-0.6	-1.0	-2.3	0.7
1.5	10000	-0.2	-0.8	-0.2	-0.4	0.4	-0.5	0.6	0.9	-1.4	-0.5	1.4	-1.3	-0.9	0.4	1.1
1.5	12500	0.6	0.6	0.6	0.0	0.6	1.1	-1.3	0.1	0.4	1.2	-0.4	-0.5	0.1	1.3	-0.8
1.5	16000	-0.2	-0.3	0.0	1.0	-0.9	0.2	-1.0	0.5	0.0	0.9	-0.3	-0.1	0.4	0.6	0.0
1.5	20000	0.1	0.5	0.5	0.5	1.4	-0.3	0.1	0.8	0.1	0.6	0.5	1.1	-1.4	0.4	1.4
	Index	001	002	003	004	005	006	007	008	009	010	011	012	013	014	015

7 x 6 x 5 m
α = 0,99
(diagonal, asymm.)

Bild 42. Wie Bild 41, aber Quelle bei x = 0,5; y = 0,3; z = 2,8 m

8.1.4 Einfluss der Quellposition

Auch die jeweilige Positionierung einer konzentrierten Quelle im Raum beeinflusst ganz entscheidend die Freifeldbedingungen in ihrer Umgebung. Ein Vergleich von Bild 40 mit Bild 42 zeigt bei einer Verrückung der Quelle aus dem Zentrum auf x = 0,5, y = 0,3 und z = 2,8 m deutlich geringere Pegelabweichungen. Die Verbesserung gegenüber der eigentlich nahe liegenden zentralen Positionierung ist in etwa vergleichbar mit der Optimierung der Raumgeometrie, wie sie unter 8.1.3 geschildert wurde.

8.1.5 Einfluss der Bodenreflexionen

Die meisten technischen Schallquellen, beispielsweise Haushaltsgeräte oder Kraftfahrzeuge, können und sollen nicht in allseitig absorbierend ausgekleideten Freifeldräumen getestet werden, sondern müssen nach den entsprechenden Normen praxisgerecht in Halbfreifeldräumen mit einem schallharten Boden mit α ≤ 0,06 akustisch vermessen werden. Hier sind natürlich Reflexionen vom Boden her praktisch unvermeidlich und daher auch in jedem Messergebnis mit enthalten. Bei der Abnahmemessung nach ISO 3745 zum Nachweis der Raumqualität, und damit der reflexionsarmen Auskleidung der übrigen Begrenzungsflächen, schreibt die Norm aber logischerweise vor, dass die als punktförmig anzusehende Testschallquelle in der Bodenmitte vollständig versenkt wird. Wo dies praktisch (wie meistens) nicht möglich ist, muss man regelmäßig mit entsprechenden Interferenzen zwischen dem direkten und reflektierten Schall rechnen. Bild 43 zeigt deshalb folgerichtig im 6 × 6 × 6 m großen Halbfreifeldraum mit fünfseitig α = 0,99 Überschreitungen bis fast 10 dB der Normanforderungen schon bei Abständen s > 2 m, wenn die Quelle (hier: Sinusanregung bei 500 Hz) z. B. nur 0,2 m über dem schallharten Boden positioniert wird, was als normal angenommen werden kann.

Diese Simulation, aber noch mehr die Messungen in [1, Abb. 16.67–16.72] verdeutlichen, dass es bei praktisch allen Untersuchungen technischer Schallquellen in Halbfreifeldräumen wie z. B. an einer Waschmaschine immer Reflexionen vom Boden und fast unvermeidlich solche von irgendwelchen Versuchsaufbauten und Gebrauchsgegenständen gibt, die das Messergebnis beeinflussen können. Wenn aber Einbauten unbedingt erforderlich sind, sollte das Mikrofon möglichst nah zur Quelle und fern zum Störkörper positioniert werden.

8.1.6 Einfluss der Bandbreite des Testsignals

In der Praxis emittieren technische Schallquellen nur selten reine Töne. Die bis hierher dargestellten Zusammenhänge und Rechenergebnisse wurden dennoch für Sinussignale abgeleitet, weil die verschiedenen Effekte sich so am deutlichsten zeigen lassen. Sie stimmen, zumindest qualitativ, alle sehr gut mit Messungen in ausgeführten Räumen mit realen Testschallquellen überein. Bild 44 zeigt ein Beispiel für f = 200 Hz auf einem diagonalen Pfad in einem (in seiner ursprünglichen Verwendung als Hallraum begründet) unsymmetrisch gestalteten Halbfreifeldraum nach [11] mit einer nur 25 cm dicken reflexionsarmen Auskleidung aus

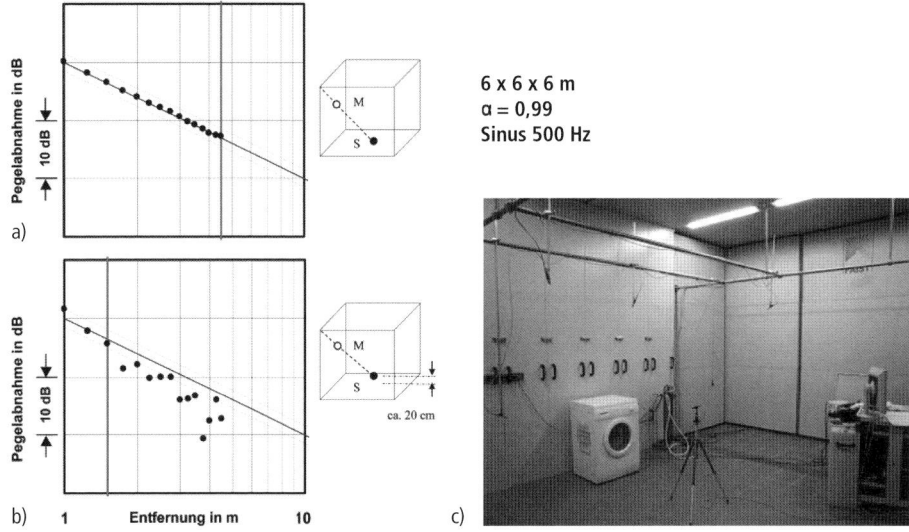

Bild 43. Pegelabnahme bei 500 Hz (Sinus) von einer Quelle bei a) x = 0; y = 0; z = 0 bzw. b) x = 0; y = 0; z = 0,2 m in einem 6 × 6 × 6 m großen Halbfreifeldraum mit fünfseitig α = 0,99; c) Halbfreifeldraum mit einer BKA-Auskleidung nach [1, Abb. 10.32–10.35] zur Messung der Schallabstrahlung von Haushaltsgeräten

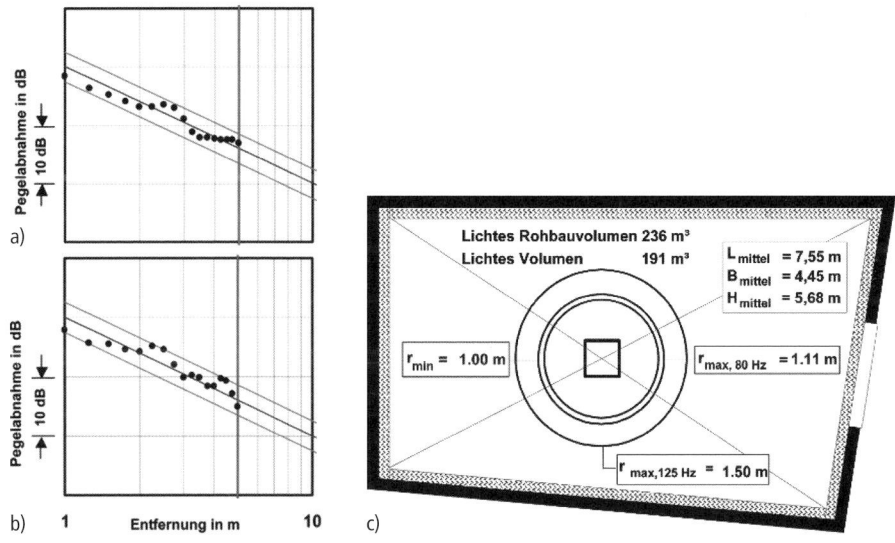

Bild 44. Pegelabnahme bei 200 Hz (Sinus) von einer zentralen Quelle am Boden des Halbfreifeldraumes gemäß Bild 48 mit einem über fünf Flächen gemittelten α = 0,95 auf einem diagonalen Pfad in eine obere Raumecke; a) Rechnung, b) Messung, c) Grundriss des Halbfreifeldraumes nach [13] mit 25 cm dicker inhomogener BKA-Auskleidung

Breitband-Kompaktabsorbern nach Beitrag B 8, Abschnitt 8.11 (Bild 45).
Die Messergebnisse in Bild 46 verdeutlichen aber auch, dass es einen eindeutigen Einfluss der Bandbreite des Testsignals gibt. Im Halbfreifeldraum von Bild 44 verkürzt sich der Freifeldabstand beim Wechsel von Terzrauschen zum Sinuston bei 1 kHz von 5 m auf 4,75 m, bei 250 Hz auf 4 m und bei 63 Hz von 5 auf nur noch 3,5 m. Als Konsequenz kann man daraus ableiten, dass sich in jedem Freifeldraum das Messvolumen, in dem Präzisionsmessungen nach ISO 3745 durchgeführt werden können, stets etwas verkleinert, wenn man auch tonale Komponenten einer Schallquelle präzise messen will. Es gibt aber keinen vernünftigen Grund, eine Absorbertechnologie gegen eine andere mit einer auf diesem physikalischen Zusammenhang aufgebauten Argumentation auszuspielen.

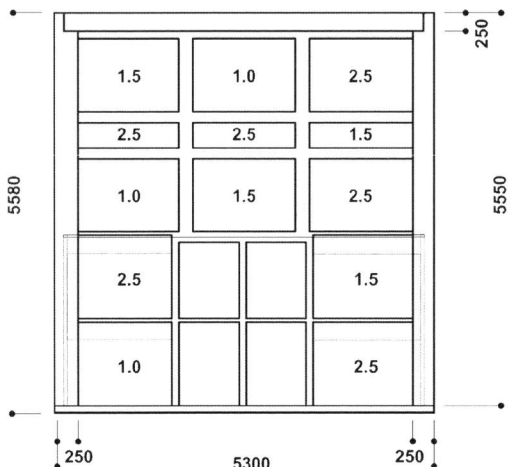

Bild 45. Inhomogene Wandverkleidung aus unterschiedlich abgestimmten BKA-Modulen im Raum nach Bild 44

8.1.7 Optimierung durch eine inhomogene Auskleidung

Einige von vielen weiteren möglichen Einflüssen auf die Freifeldbedingungen in Messräumen werden an konkreten Beispielen in [1, Kap. 16] diskutiert. Aus dem Vorstehenden ergeben sich aber schon einige Empfehlungen für die Planung und Ausführung von Freifeldräumen:

– Große Schallquellen verlangen natürlich nach möglichst großen Freifeldräumen, um die für ihre Vermessung nötigen Fernfeld- und Freifeldabstände realisieren zu können.
– Lang gestreckte Schallquellen lassen sich aus dem gleichen Grunde besser in ebensolchen Räumen testen.
– Je geringer die Bautiefe der reflexionsarmen Auskleidung bei gleichem Absorptionsgrad ist, umso größer bleibt der Freiraum zwischen den Fernfeld- und Freifeldabständen, auch mit Rücksicht auf den von der ISO 3745 ebenfalls nahe gelegten Abstand von einem Viertel der jeweiligen Wellenlänge von der Innenkante der Raumauskleidung.
– Um eine Häufung von Interferenz-Effekten (auch bei breitbandigen Signalen) zu vermeiden, sollten symmetrische Würfel und zentrale Positionen für die Schallquellen im Raum vermieden werden.
– Grundsätzlich ist natürlich ein möglichst hoher Absorptionsgrad der Auskleidung anzustreben. Ob aber α = 0,99 ausreichend oder übertrieben ist, hängt von vielen räumlich-geometrischen Einflussparametern ab.
– Je größer die Absorption von der Decke und den Wänden des Raumes gemacht wird, umso kritischer sind im Raum verbleibende Reflexionsflächen z. B. von Prüfaufbauten oder an den Quellen selbst.

Da es in der Praxis also keine völlig symmetrischen Räume und auch keine Punktquellen gibt, liegt es nahe, auch die Raumauskleidung den jeweiligen Raum-, Nutzungs- und Messbedingungen anzupassen, sie also gerade nicht, wie von den Normen nahegelegt, völlig homogen auszuführen. Bild 45 zeigt die Auskleidung der rechten Wand (mit Tür) im Raum nach Bild 44 mit Breitband-Kompaktabsorbern, in die Stahlbleche unterschiedlicher Dicke (1 bis 2,5 mm) eingebettet sind. In [1, Kap. 16] werden Beispiele beschrieben, in denen nur bereichsweise den Verbundplatten-Resonatoren Asymmetrisch Strukturierte Absorber (s. Abschnitt 8.2.1) vorgeschaltet wurden. Für eine derart auf den jeweiligen Anwendungsfall individuell zugeschnittene Detailauslegung reicht allerdings das Spiegelquellen-Modell nicht aus. Hier hilft nur die aus zahlreichen ausgeführten Bauprojekten gesammelte Erfahrung mit vielen Versuchen, Fehlschlägen wie Erfolgen, weiter. Nur drei solcher Projekte sollen hier beschrieben werden.

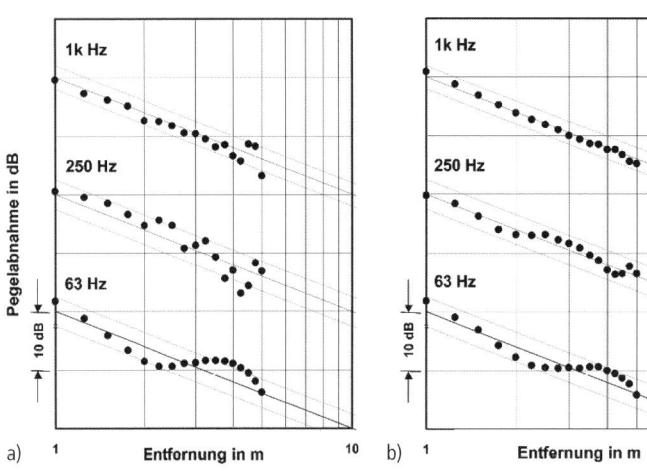

Bild 46. Pegelabnahme gemessen auf einem diagonalen Pfad von einer zentralen Quelle am Boden zu einer oberen Ecke (rechts unten in Bild 44c); a) mit Sinussignal bzw. b) Terzsignal bei den angegebenen Mittenfrequenzen

8.2 Beispiele innovativer Akustikprüfstände bei Autoherstellern

Die heute verfügbaren Tiefen-Schlucker Membranabsorber, Verbundplatten-Resonator und Breitband-Kompaktabsorber nach Beitrag B 8 haben eine nachhaltige Erneuerung der etwa 65 Jahre alten Standardauskleidungen für Freifeldmessräume möglich gemacht. Ihre akustisch erweiterte Wirksamkeit, ihre optisch ansprechende Oberfläche und die funktionale Möglichkeit, jegliche Installationen sowie Decken- und Wanddurchführungen in die Auskleidung zu integrieren, (s. Beitrag B 8, Bild 68) haben zu einer relativ schnellen Umsetzung aus der Forschung in die Praxis in weltweit über 200 alternativ ausgestatteten Freifeld- und Halbfreifeldräumen überwiegend im Automobilbereich geführt.

8.2.1 BMW Motor-Akustikprüfstand in München

Akustikprüfstände, wie sie zahlreich in vielen Industriebetrieben anzutreffen sind, begnügen sich üblicherweise mit relativ kleinen Räumen, die eng an die Größe und Form der jeweiligen Schallquelle angepasst werden. Die im Allgemeinen intensiv genutzten reflexionsarmen Räume bei den Herstellern schalltechnisch zu prüfender oder zu überwachender Geräte oder Maschinen müssen regelmäßig für Betrieb, Wartung und Eingriffe in den Prüfling neben den akustischen Messvorrichtungen auch umfangreiche Installationen und Einbauten, wie Maschinenrahmen, -halterungen und -zuführungen erhalten. Außerdem herrschen hier höhere Anforderungen an die Robustheit und Reinigbarkeit der Boden-, Wand- und Deckenflächen. Unter diesen Bedingungen sind Freifeldverhältnisse häufig nur eingeschränkt realisierbar. Im Konflikt zwischen ausreichend großem Messabstand s zur Quelle und erforderlicher Auskleidungstiefe t muss oft ein unbefriedigender Kompromiss zwischen Bewegungsfreiheit und Akustik geschlossen werden. Eine Raumauskleidung mit nur 250 mm Bautiefe, die bis 50 Hz herunter Präzisionsmessungen ermöglicht, eröffnet da neue Möglichkeiten. Deshalb war der (ohne Auskleidung) nur 339 m³ große Motor-Akustikprüfstand [25] im BMW Forschungs- und Ingenieurzentrum in München sehr förderlich für die Durchsetzung einer damals neuen Technologie. Die Quelle liegt hier stark aus der Raummitte verrückt, damit auch die Abgasanlage noch Platz findet (Bild 47), was das nutzbare Freifeld weiter einschränkt.

Um das BKA-Auskleidungssystem dem konventionellen mit Keilabsorbern gegenüberzustellen, kann man für einen würfelförmigen Raum der Kantenlänge l_R den Raumnutzungsgrad

$$\eta_R = \frac{V_i}{V_a} = \frac{(l_R - 2t)^3}{l_R^3 - (l_R - 2t)^3} \quad (15)$$

berechnen mit V_i = Innenvolumen zwischen den absorbierenden Flächen und V_a = Absorbervolumen. In Bild 48 ist η_R für verschiedene Rohbauvolumina V in

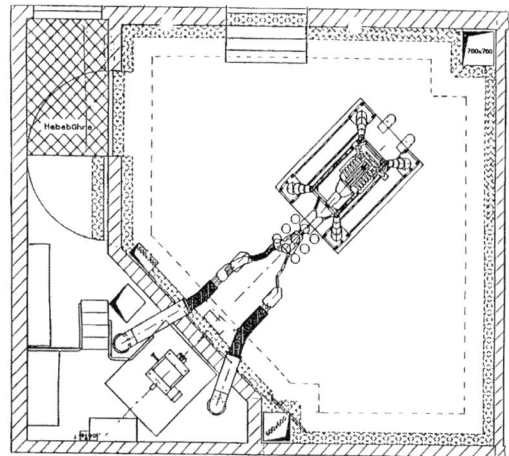

Bild 47. BMW Motor-Akustikprüfstand mit angedeuteter Wand-Auskleidung aus Breitband-Kompaktabsorbern, im Vergleich zu Keilabsorbern für $f_u = 125$ Hz (– – –)

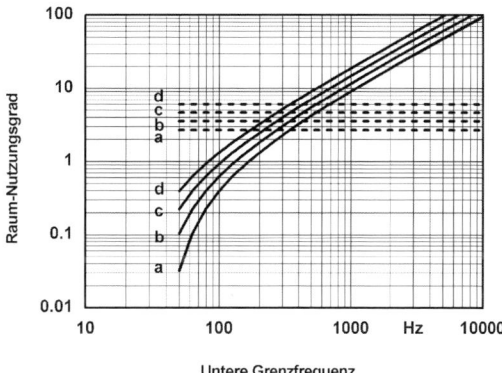

Bild 48. Raumnutzungsgrad η_R nach Gl. (15) für Messräume mit allseits konventioneller Keilauskleidung (—) und 250 mm dicker BKA-Auskleidung (– – –) in Abhängigkeit von der unteren Grenzfrequenz f_u und vom Rohbauvolumen V = a) 125 m³, b) 250 m³, c) 500 m³, d) 1000 m³

Abhängigkeit von der Frequenz aufgetragen. Wie zu erwarten, weist der mit BKA ausgeführte Messraum unterhalb 315 Hz höhere η_R auf als der mit Keilabsorbern, da sich durch die nur 250 mm dicken BKA ein größeres V_i realisieren lässt. Je kleiner das Rohbauvolumen und die Messfrequenz, desto stärker reduzieren die großen Bautiefen der Keilabsorber den noch für Messungen zur Verfügung stehenden Innenraum. Dieser Unterschied wird bei Quader-Räumen noch deutlicher.

In Bild 49 ist die untere Messfrequenz

$$f_u = \frac{3c_0}{l_R - 1} \quad (16)$$

(mit l = Kantenlänge einer würfelförmigen, mittig angeordneten Schallquelle) dargestellt für den Fall, dass

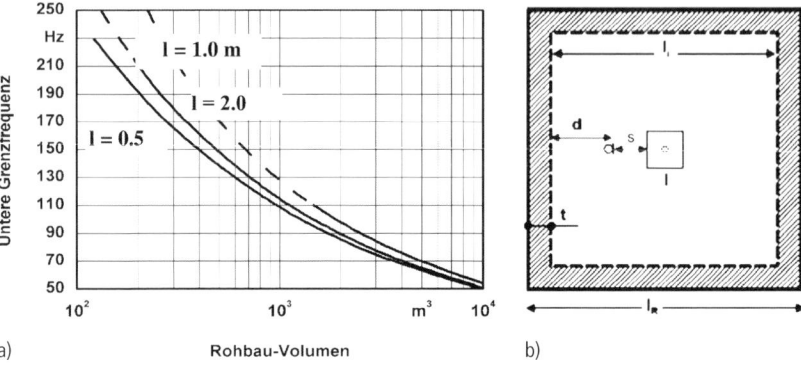

Bild 49. Grenzfrequenz f_u in Abhängigkeit vom Rohbauvolumen (—) für $s = \lambda$ und $d = t = \lambda/4$ nach ISO 3745, Prüflingsvolumen > 0,5 % des Messraumvolumens (– – –) für l = 0,5, 1 und 2 m

t und d, der Norm folgend, $\lambda/4$ und $s = \lambda$ entspricht, sowie die zusätzliche Bedingung nach ISO 3745,

$$l^3 \leq 0{,}005\, l_i^{\,3} \qquad (17)$$

eingehalten wird. Zur Realisierung von Messräumen bis 50 Hz herunter wären nach diesen Idealvorstellungen also Rohbauvolumina in der Größenordnung von einigen Tausend m³ nötig. Mit $l_R^3 = 339$ m³ wäre der Motor-Akustikprüfstand konventionell nur bis etwa 176 Hz zu ertüchtigen gewesen, selbst wenn die Quelle punktförmig in Raummitte zu lokalisieren wäre. Tatsächlich wurde aber durch ihre vorgegeben außermittige Anordnung das nutzbare Volumen zusätzlich so stark (auf effektiv nur noch etwa 138 m³) eingeschränkt, dass bei der relativ großen Quelle (l > 0,5 m) eine Auslegung nach dem herkömmlichen Stand der Technik eigentlich nur auf $f_u > 220$ Hz hätte abzielen können.

In die Decke des alternativ ausgekleideten Prüfstands sind eine Sprinkleranlage, verschiedene Sensoren, Leuchtstofflampen, Videokameras und Rauchmelder integriert. Fugen im Wandbereich ermöglichen die Unterbringung von Mess- und Versorgungsleitungen. Zur Raumseite hin sind diese absorbierend abgedeckt, sodass sich im Inneren des Prüfstandes eine geschlossene ebene Oberfläche ergibt. Sämtliche Kanäle im Bereich der Zu- und Abluftöffnungen sind mit Schaum hinter Lochblech abgedeckt. Die Reflektoren der 17 Leuchtstofflampen bestehen aus dem gleichen Lochblech wie die BKA-Verkleidung und sind ebenfalls mit Schaum absorbierend hinterlegt. Unverkleidet blieben die Gitterroste, der Montagerahmen für den Motor, die Oberseiten der Gitterrost-Tragkonstruktion, die zuvor erwähnten Hilfseinrichtungen sowie die Treppe mit Geländer. Insgesamt sind so ungefähr 6 m² schallharte Oberfläche im Raum verblieben, entsprechend etwa 10 Prozent der Grundfläche. Bild 50 zeigt den Motor im fertigen Raum mit seinen auffallend hellen, glatten Oberflächen. In Bild 51 ist beispielhaft die Pegelabnahme auf einer oberen Bahn für zwei Frequenzbänder dargestellt. Hier beträgt die Abweichung selbst bei der größten Messentfernung von 4,5 m bei

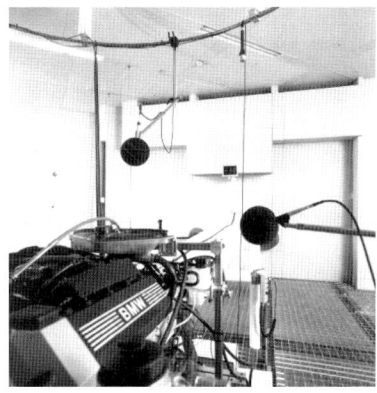

Bild 50. BMW Motor-Akustikprüfstand nach [25] mit dem ersten Prüfling

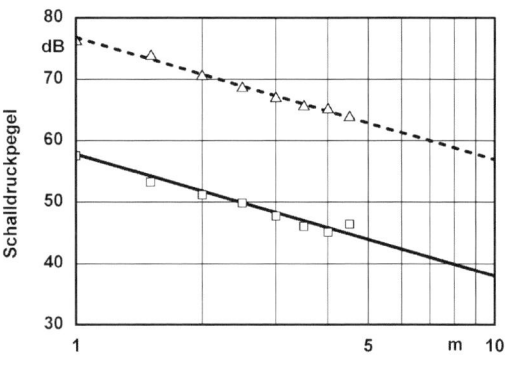

Bild 51. Pegelabnahme mit der Entfernung von einer Testschallquelle auf einer oberen Bahn im Raum nach Bild 50 ohne Gitterrost für Terzbandbreite bei 800 Hz (△) und 50 Hz (□)

50 Hz weniger als 1,5 dB und bei 800 Hz weniger als 1 dB. Auf dieser Bahn kann also mindestens ab 50 Hz aufwärts überall wie im Freifeld mit höchster Genauigkeit gemessen werden.

8.2.2 VW Außengeräusch-Messhalle in Wolfsburg

Den Kern des 2002 eingerichteten VW-Akustikzentrums [26] und [27] bildet die Außengeräusch-Messhalle (Bild 52) mit lichten Rohbaumaßen von 25 × 20 × 6,8 m. Mit einem 4 × 175 kW Allrad-Rollen-Prüfstand und modernster Messtechnik ausgerüstet, bietet dieser Prüfraum die Möglichkeit, Untersuchungen zum Vorbeifahrtgeräusch witterungsunabhängig und reproduzierbar durchzuführen. Auf dem Prüfstand lassen sich gezielte Quellenanalysen durchführen, ohne dass straßentaugliche Aufbauständer der Fahrzeuge realisiert werden müssen. Zur Simulation der Vorbeifahrt werden nach ISO 362 beidseitig in 7,5 m Abstand zur Längsachse eines Fahrzeuges auf jeweils 20 m Länge Mikrofone in 1,20 m Höhe über dem Boden installiert. Etwas außermittig in diesem 300 m² großen Areal befindet sich das zu untersuchende Fahrzeug auf Rollen. Mit verschiedenen Belägen lassen sich unterschiedliche Straßenverhältnisse simulieren. Die Außenwände sind aus Gründen der Tauwasserproblematik innen mit einer Wandheizung versehen.

Eine besondere Herausforderung ergab sich aus der von Seiten des Nutzers verschärften Spezifikation, die nach Norm vorgegebene Toleranzbreite gemäß Tabelle 2 ab 100 Hz aufwärts auf nur ±1 dB (für Terzmessungen) abzusenken. Hintergrund dieser Forderung bildet die VW-interne Messkonzeption, die ermittelten Schalldruckpegel mit der größtmöglichen Präzision und Sicherheit und ohne eine Korrektur für alle Beurteilungen heranzuziehen. In den Messräumen wurden Messquader vorgegeben, in denen diese verschärften Freifeldbedingungen gelten sollten. Aufbauend auf den VPR-Elementen konnten geschlossene Auskleidungen für reflexionsarme („schalltote") Räume in zwei Stufen zur Befriedigung unterschiedlicher Anforderungen entwickelt werden: Mit einer Bautiefe von insgesamt nur circa 250 mm lassen sich mit einer BKA-Auskleidung gemäß Bild 66 in Beitrag B 8 dieses Kalenders auch sehr kleine Freifeldräume für Messungen der Genauigkeitsklasse 1 nach Norm für Frequenzen bis 50 Hz und darunter ertüchtigen, s. Abschnitt 8.2.1. Wenn man die raumseitig vorgesetzte poröse Schicht etwas dicker (z. B. 520 mm) macht und den Schalleintritt dadurch erleichtert, dass man diese Schicht nach Bild 53 strukturiert, so entsteht eine reflexionsarme Auskleidung, die auch erhöhte Anforderungen wie diejenigen vom Automobilhersteller VW erfüllen kann. Allerdings beansprucht diese Ausführung mit Asymmetrisch Strukturierten Absorbern (ASA) eine Bautiefe von insgesamt 620 mm. Diese sollte mindestens in Reichweite mit einer vorderseitigen Gazeschicht gegen Berührung geschützt werden. In allen Rollenprüfständen bei VW erfolgt die Raumbelüftung und -entlüftung über Luftführungskanäle mit in die Absorberschicht jeweils längsseits im Deckenbereich integrierten Schlitzauslässen (Bild 54).

Zur Prüfung der Pegelabnahme gemäß ISO 3745 (Anhang A) von einer zentralen Sendeposition auf dem Boden wurden, in Abstimmung mit den späteren Nutzern, vier Messbahnen diagonal durch die oberen Ecken und eine Bahn durch die Mitte einer der oberen Kanten des in Bild 52 skizzierten Messquaders mit den Abmessungen 13 × 8 × 5 m festgelegt. Die Messungen wurden in Schritten von 0,5 m, beginnend 1 m von der Schallquelle, durchgeführt. Auf jeweils 9 m Bahnlänge erfüllt der Raum die Normanforderungen gemäß Tabelle 2 ab einer unteren Grenzfrequenz von 40 Hz. Die VW-Anforderungen mit ±1 dB werden für den Frequenzbereich von 100 Hz bis 16 kHz und mit ±2,5 dB für 40 Hz bis 16 kHz erfüllt. Ebenso werden im kHz-Bereich die Anforderungen auf den Bahnen 1 bis 4 über den Messquader hinaus statt bis 9 m noch bis zu Abständen über 12 m erfüllt. Im fahrzeugnahen Bereich

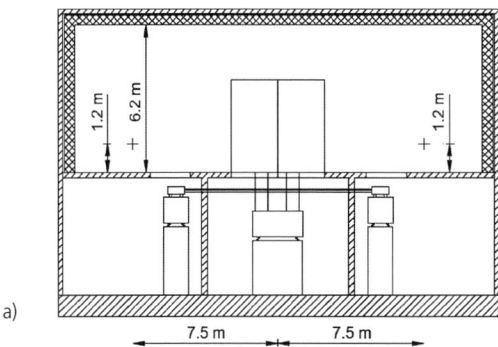

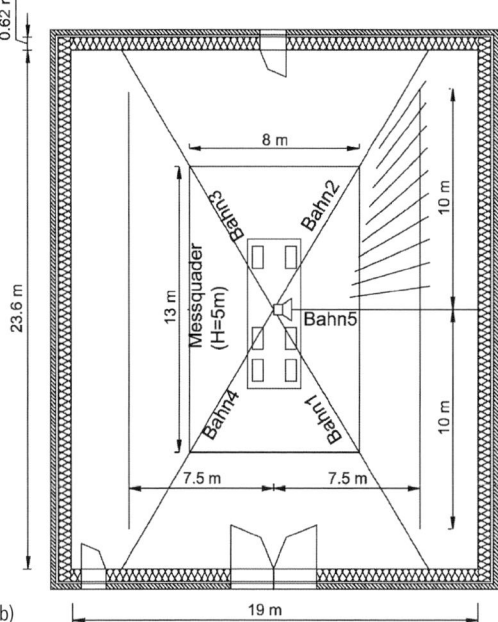

Bild 52. a) Längsschnitt und b) Grundriss, 7,5 m-Pfade für die nach ISO 362 simulierte Vorbeifahrt sowie Messquader und Messbahnen 1 bis 5 nach ISO 3745 der Außengeräusch-Messhalle im VW Akustikzentrum

Bild 53. Asymmetrisch Strukturierter Absorber aus einem offenporigen Melaminharzschaum mit beispielsweise $B_1 = B_2 = 125$, $D_1 = 100$, $D_2 = 150$, $H_1 = 250$, $H_2 = 270$ (400, 530) mm

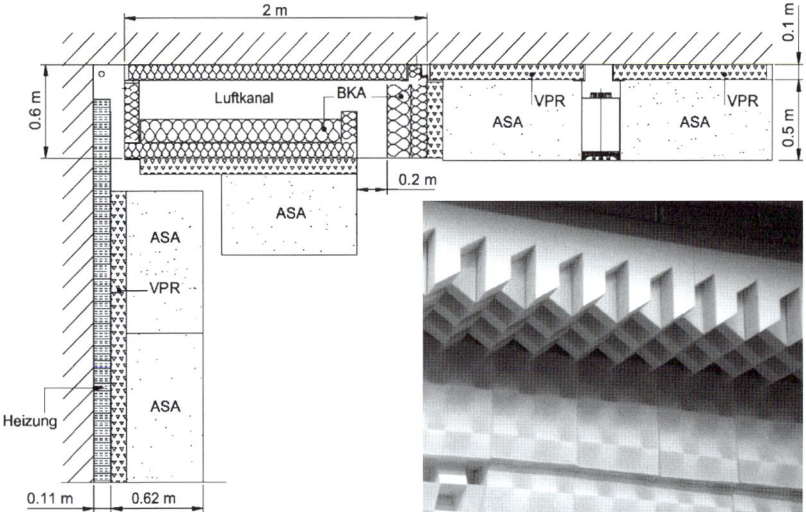

Bild 54. Schnitt einer Raumkante mit schallgedämpften Lüftungskanälen sowie strukturierter reflexionsarmer Raumauskleidung des Prüfstandes in Bild 52

sind sogar Messungen nach Norm bei 31,5 Hz bis zu 8 m und bei 25 Hz bis zu 5,5 m möglich.

Für die Messungen der simulierten Vorbeifahrt gemäß ISO 362 wurde zum Nachweis der Freifeldeigenschaften in einem Viertel des Raumes, d. h. für 10 m der Raumlänge in jeweils 1 m Abstand auf den 7,5 m-Pfaden gemäß Bild 52 zusätzlich die Pegelabnahme auf elf Bahnen bestimmt. Die Bahnen führten radial von derselben Testquelle durch die in 1,2 m Höhe liegenden 7,5 m-Bezugspunkte. Die Abweichungen bleiben für Terzmessungen wiederum im gesamten besonders interessierenden Frequenzbereich von 100 Hz bis 16 kHz in der engen Toleranzvorgabe von nur ±1 dB bis zur 7,5 m-Bezugslinie. Die Normbedingungen nach Tabelle 2 konnten für 50 Hz bis 9 m und für 40 Hz bis 8 m in Richtung Stirnwand entlang des 7,5 m Pfades eingehalten werden. Hier wird der Grenzabstand zur Wandauskleidung von λ/4 nach Norm zur Stirnwand hin erreicht (s. a. die Ausführungen in Abschnitt 8.1 unter c) (Randfeld)).

An diesem Punkt wird der Vorteil der raumsparenden Auskleidung besonders greifbar: Eine konventionelle Wandauskleidung mit Keilabsorbern würde für Frequenzen unter 100 Hz nach Gl. (28) in Beitrag B 8 Bautiefen entsprechend λ/4 von über 1 m, für 50 Hz z. B. 1,70 m, verlangen. Dies entspräche einem Raumnutzungsgrad nach Gl. (15) von nur 1,2 gegenüber 4,2 für die neuartige Auskleidung. Abbildung 16.48 in [1] zeigt, wie bei gleichen Rohbauabmessungen der Messbereich längs des 7,5 m-Pfades eingeschränkt würde, bzw. um wie viel größer die Vorbeifahrt-Messhalle tatsächlich hätte gebaut werden müssen. Vor Allem macht aber das Foto in Bild 55 die optischen und nutzungstechnischen Vorteile dieser Auskleidung deutlich.

Bild 56 zeigt die Pegelabnahme auf einer diagonalen Bahn 1 gem. Bild 52 in der Außengeräusch-Messhalle, die zwischen der Quelle auf dem harten Boden und der Rohdecke ungefähr 14 m lang ist. Etwa auf halber Höhe, also bei circa 7 m, sind für das Terzband bei 50 Hz ein ausgeprägtes Maximum bzw. für 25 Hz ein

Bild 55. Innenansicht der Außengeräusch-Messhalle im VW-Akustikzentrum

Minimum zu erkennen, von denen letzteres den Toleranzbereich nach Tabelle 2 stark überschreitet. Beide lassen sich eindeutig den Axial-Moden 0, 0, 1 bzw. 0, 0, 2 gem. Gl. (2) mit $L_z = \lambda/2$ bzw. λ zuordnen. Bei 3,5 und 10,5 m Entfernung von der Quelle deuten sich bei 50 Hz außerdem zwei Minima entsprechend der ebenfalls in Bild 56 skizzierten Schallfeldverteilung an. Erhöht man den Anteil der mit 2,5 mm dicken Schwingblechen bevorzugt auf diese tiefen Frequenzen abgestimmten VPR z. B. an der Decke von zunächst nur 8 auf 20 Prozent der Deckenfläche und die Belegung aller Wände und der Decke mit VPR insgesamt von 39 auf schließlich 55 Prozent, so wird der Toleranzbereich nach Tabelle 2 für diese beiden tiefsten Terzen erst im Abstand von ca. 13 m (25 Hz) bzw. 9,5 m (50 Hz) verlassen [1, Abb. 16.66].

Aber auch bei sehr hohen Frequenzen traten bei den Abnahme-Messungen weitere Interferenz-Effekte auf, die wiederum nichts mit der reflexionsarmen Auskleidung zu tun haben: Weil die Quelle selbst nie punktförmig sein kann und im vorliegenden Fall (Bild 57) z. B. die Öffnung der Druckkammer ein kleiner Kragen umgibt, zeigte die Pegelabnahme bei 6,3 kHz eine Abweichung, die aber leicht korrigiert werden konnte, indem der Kragen mit einer nur 5 mm dicken Schaumstoffscheibe belegt wurde (Bild 57c). Ähnlich verhält es sich mit einer Abweichung bei 10 kHz, die nicht unmittelbar an der Quelle, sondern am Empfänger ihre banale Ursache hat: Nur wenn man auch den kleinen fernsteuerbaren Messwagen, der das Mikrofon gemäß Bild 57b entlang einem im Raum gespannten Drahtseil führt, ebenfalls mit einem dünnen Absorber verkleidet, verschwindet dieses Phänomen, das auch bei jeder Freifeldmessung in der Praxis auftreten kann. Es sei aber ausdrücklich darauf hingewiesen, dass bei fast allen Messungen im Freifeld mit reflektierendem Boden in der Praxis Interferenz-Effekte nahezu unvermeidlich auftreten. Bild 58 verdeutlicht am Beispiel einer Quelle in 1 m Höhe über reflektierendem Boden, dass sich hier die Ungleichförmigkeit des Schallfeldes auch zu tieferen Frequenzen fortsetzen kann, wenn man die Bodenreflexionen nicht im Auge behält. Es kann andererseits durchaus sinnvoll sein, diesen Einfluss in Messungen nach Normen, die auf die jeweilige technische Schallquelle zugeschnitten sind, mit zu erfassen. Man muss sich dann nur klar darüber sein, dass der Pegel in einem bestimmten Abstand u. a. deutlich von der Höhe der Quelle über dem Boden abhängt.

Schließlich sei hier noch die Tauglichkeit der Vorbeifahrt-Messhalle für schmalbandige (Sinus-)Messungen gemäß GK 1 nach Norm nachgewiesen, auch wenn diese aufwendige Messtechnik, wie bei den meisten Freifeldmessungen in der industriellen Praxis, selbst bei VW nicht ausdrücklich zu verifizieren war. Bild 59 zeigt, dass bei Vermeidung aller Reflexionen und Interferenzen im Messraum und an den Messaufbauten der Messabstand für $f \geq 80$ Hz mehr als 9 m, für 63 Hz 7,5 m und für 31,5 Hz wieder mehr als 9 m, der Zielvorgabe des Nutzers und Auftraggebers, betragen darf.

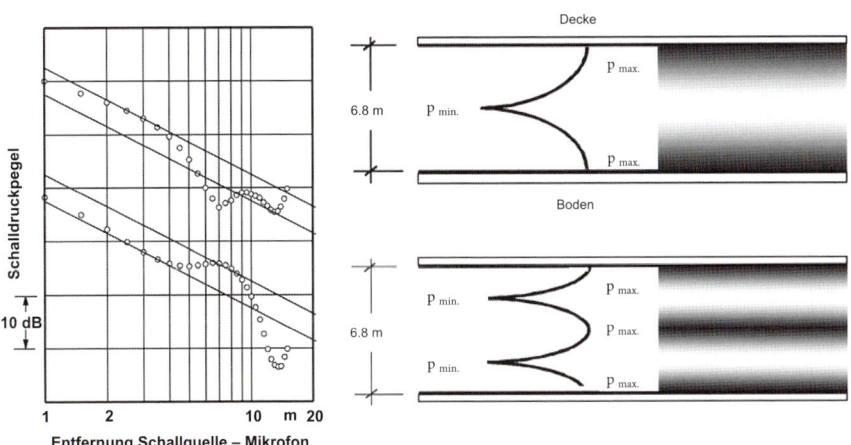

Bild 56. Pegelabnahme auf Bahn 1 nach Bild 52 und Schallverteilung der axialen Mode 0,0,1 bei 25 Hz (oben) bzw. 0,0,2 bei 50 Hz (unten) in der Außengeräusch-Messhalle des VW-Akustikzentrums

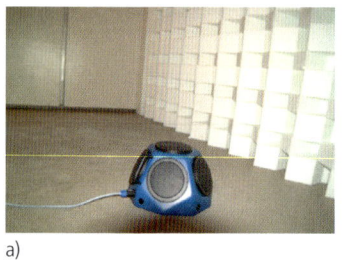 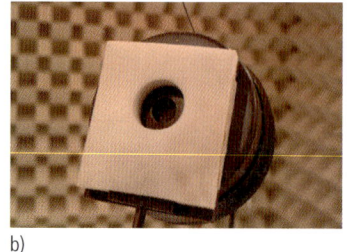 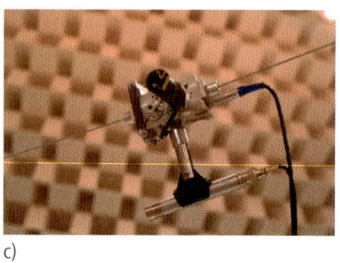

a)　　　　　　　　　　　　b)　　　　　　　　　　　　c)

Bild 57. Sender- und Empfängeranordnung für die Abnahmemessungen nach [28]; a) Dodekaeder-Lautsprecher für f ≤ 400 Hz; b) Druckkammer-Lautsprecher für f ≥ 500 Hz; c) Mikrofon-Messwagen

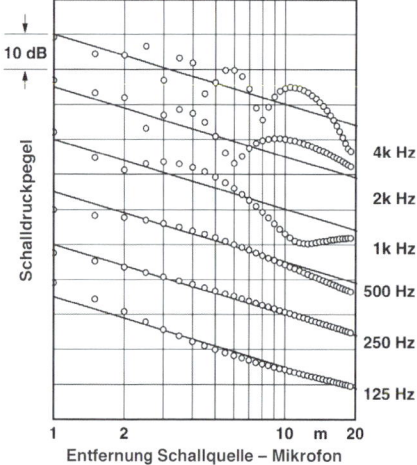

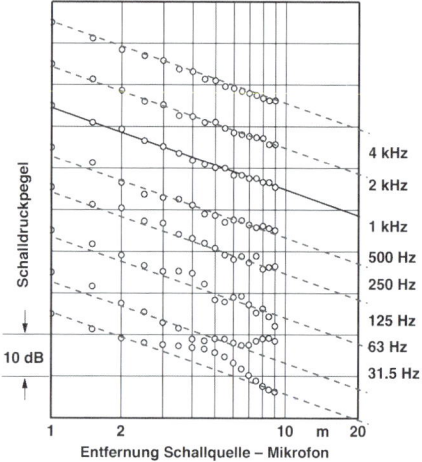

Bild 59. Pegelabnahme bei Sinusmessungen nach ISO 3745 auf der Bahn 1 gemäß Bild 52

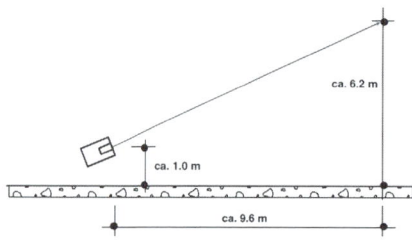

Bild 58. Abschätzung des Bodeneinflusses bei einer Punktquelle 1 m über einem mit $r \cong 0{,}7$ reflektierenden Boden nach [21]

8.2.3 Daimler-Chrysler (DC) Aero-Acoustic Wind Tunnel in Detroit

Die Entwicklung raumsparender und abriebfester reflexionsarmer Auskleidungen für Freifeldmessräume wurde wesentlich durch die ständig wachsenden Anforderungen in der Kfz-Industrie vorangetrieben. Dabei spielten die Bestimmung und Analyse sowie das Design des Umströmungsgeräuschcs von Automobilen in Aeroakustik-Windkanälen eine besondere Rolle, ausgehend vom BMW-Kanal [1, Abschnitt 16.1] über den FKFS-Kanal [1, Abschn. 15.2.3] bis zur Audi-Anlage [1, Abschnitt 16.2]. Wegen der in Kanälen zur Simulation von Fahrgeschwindigkeiten bis nahe 300 km/h entsprechend 80 m/s extrem hohen Anforderungen an die Abriebfestigkeit der Strömung führenden Berandungen, gelang 2001 der Sprung über den Atlantik mit der neuen faserfreien Technologie zuerst ebenfalls für einen Kfz-Kanal, sogar den damals wohl größten seiner Art.

Ähnlich wie beim Audi-Windkanal wurden bei (seinerzeit) Daimler-Chrysler (Bild 60) in Auburn Hills bei Detroit nicht nur das Plenum mit BKA-Modulen gestaltet, sondern auch die Kanäle zu großen Teilen mit BKA-Wandverkleidungen versehen.

Der Grundriss des Plenums ist in Bild 61 skizziert. Die zweiflügelige Zugangstür, durch welche die Fahrzeuge in das Plenum gelangen, und die schmale Tür ins Freie auf der gegenüberliegenden Seite sind in der gleichen Weise mit Absorbern verkleidet wie das Plenum selbst. Die übrigen Fenster und die Zugangstür zum Kontrollraum blieben unverkleidet. Sie können jedoch ebenfalls mit Absorbermodulen, die über eine automatische Vorrichtung bewegt werden, ebenso wie die Wände absorbierend verkleidet werden. Die Prüflinge

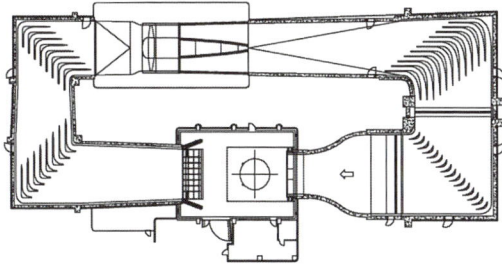

Bild 60. Waagerechter Schnitt durch den 87 × 33 m großen Aero-Acoustic Wind Tunnel AAWT im DC Technology Center in Auburn Hills nach [29] und [30]

Bild 62. Ansicht des Plenums vom Kollektor aus mit Blick auf die 6,9 × 4,4 m große Düsenöffnung des DC-Windkanals

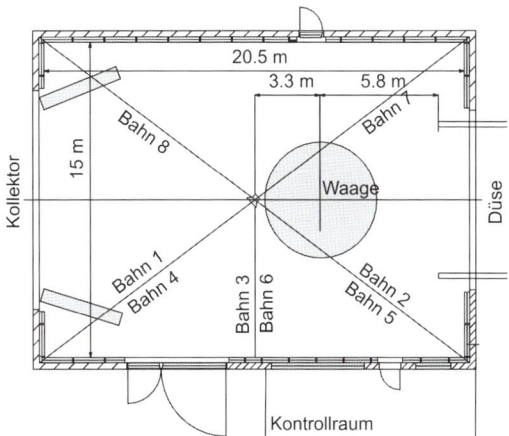

Bild 61. Grundriss des Plenums im DC-Windkanal nach Bild 64 mit den Messbahnen für die Pegelabnahmemessungen nach [29]

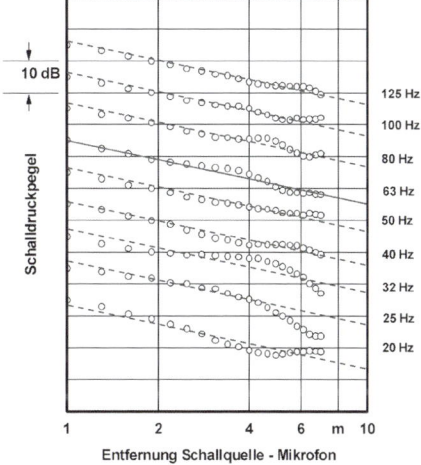

Bild 63. Pegelabnahme bei Terzmessungen nach Norm auf der Bahn 8 gemäß Bild 61

werden auf dem Boden im Zentrum der Waage aufgestellt, die um 3,28 m aus dem Zentrum des Plenums in Richtung zur Düse verschoben liegt.

Die Wand- und Deckenverkleidungen bestehen aus Breitband-Kompaktabsorbern aus PU-Schaum mit einer Gesamtdicke von 250 mm und einer Standardmodulgröße von 1,2×1,5 m. Sie sind direkt auf die Betonwänden und die Innenseiten der Zugangstüren angebracht. Zum Schutz vor Beschädigungen sind die BKA mit weiß lackierten Lochblechkörben abgedeckt und gehalten. An einer Längswand wurden die Lochblechkörbe als Hintergrund für Videoaufzeichnungen von Rauchbildern der Strömung schwarz lackiert (Bild 62). Zur Überprüfung der Freifeldeigenschaften wurden Abnahmemessungen auf den fünf Bahnen Nr. 1, 2, 3, 7 und 8 nach Bild 61 in Terzen durchgeführt und der Einfluss der Fenster- und Türverkleidungen an der Kontrollraumwand durch weitere Messungen auf den Bahnen 4, 5 und 6 ermittelt, wobei der Bahnradius auf 7 m ausgedehnt wurde. Auf allen Bahnen wurden Freifeldbedingungen nach Norm im erweiterten Frequenzbereich bis 50 Hz und bis 7 m Bahnradius erfüllt. Wenn die Anforderungen gemäß Auftrag nur bis 80 Hz und für einen Bahnradius von 5,5 m einzuhalten sind, kann auf die Verkleidung der Kontrollraumfenster und der Tür verzichtet werden. Auf der durch reflektierende Einbauten am wenigsten beeinträchtigten Bahn 8 offenbarten Testmessungen, die in Bild 63 für den tieffrequenten Bereich dargestellt sind, dass bis auf die 31,5 Hz-Terz Freifeldbedingungen im 5,5 m-Radius sogar bis 20 Hz herunter erfüllt werden.

9 Schlussbemerkungen

In der Praxis der Lärmbekämpfung ist es unbedingt notwendig und allgemein üblich, die Emissionen wie die Immissionen von technischen Schallquellen stets im gesamten interessierenden Frequenzbereich zu behandeln. Hier kommt kein qualifizierter Berater oder Hersteller auf die Idee, etwa die Einfügungsdämpfung eines Schalldämpfers nur mit einer Einzahl-Angabe auszulegen oder anzubieten. Auch bei der Beurteilung

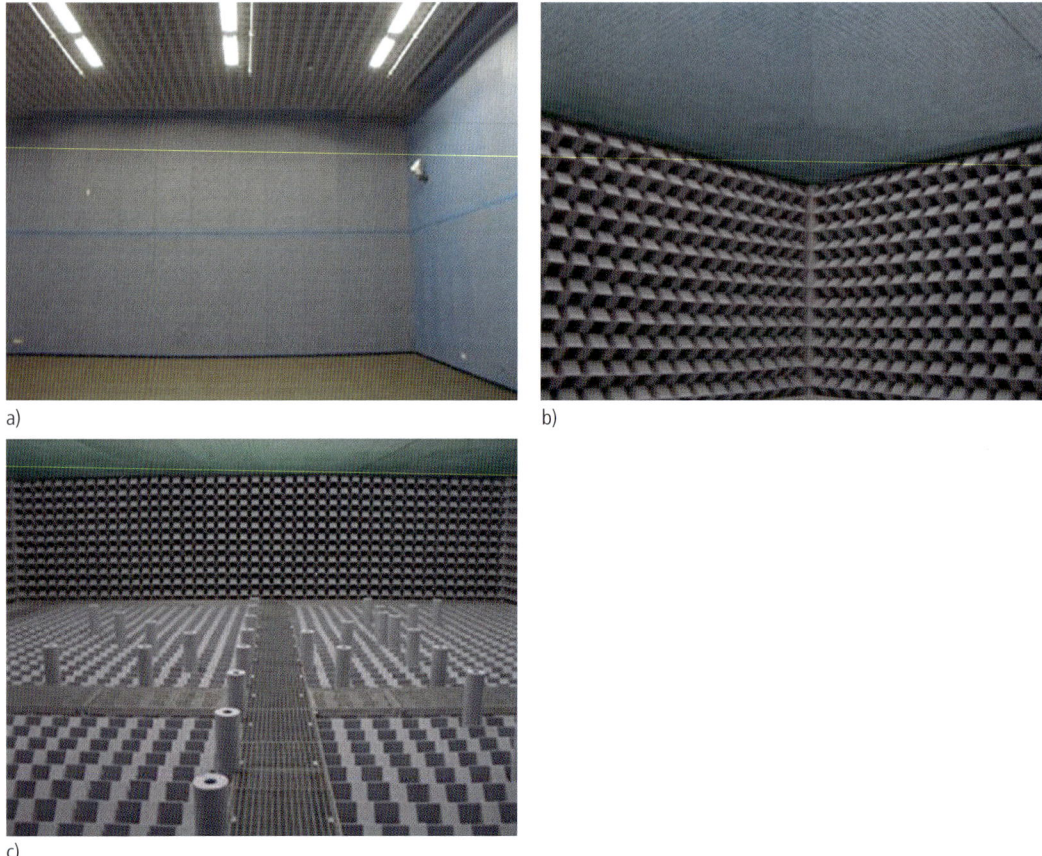

Bild 64. Vollfreifeldraum des Beijing National Institute of Metrology mit einer allseitigen ASA-Auskleidung vor BKA-Modulen; a) oberer Arbeitsbereich; b) Stahldrahtgitterrost von unten; c) Boden mit absorbierend verkleideten Konsolen für Einbauten (Foto: Faist Anlagenbau)

von Geräten des täglichen Gebrauchs betrachtet man mindestens die Spektren, oft auch weitere Charakteristika im Zeitverlauf ihres Geräuschs. Nur in der Bau- und Raumakustik meinte man lange, nur mit Einzahl-Kriterien wie z. B. bewertetem Schalldämmmaß R_w, Norm-Trittschallpegel $L_{n,w}$ Schallschutz betreiben zu können, oder auch mit einer nur zwischen 500 und 2000 Hz gemessenen Nachhallzeit sowie einem nur zwischen 250 und 4000 Hz bewerteten Absorptionsgrad α_w raumakustische Qualität beschreiben zu können. In letzter Zeit findet aber auch hier langsam ein Umdenken statt. Man findet mindestens in Prüfberichten mehr und mehr Spektren, die bis 50 Hz herunter die jeweiligen schalltechnischen Eigenschaften von Bauteilen ausweisen. Um die entsprechenden Prüfstände insbesondere für die tiefen Frequenzen zu konditionieren, haben sich zum Teil neuartige Schallabsorber bewährt, die ganz gezielt auf die Bedämpfung der die Messungen störenden Modenfelder hin entwickelt wurden. In Freifeld- und Halbfreifeldräumen findet man inzwischen weltweit reflexionsarme Auskleidungen, die nicht mehr nur aus strukturierten faserigen oder porösen Bauteilen bestehen, sondern, auch optisch und haptisch sehr attraktiv, auf einem breitbandig wirksamen Plattenresonator aufgebaut sind und Messungen bis weit unter 50 Hz ermöglichen. Bild 64 zeigt beispielsweise die reflexionsarme (BKA plus ASA)-Auskleidung eines $15{,}6 \times 13 \times 10{,}4$ m = 2109 m^3 großen Freifeldraumes [31], dessen den eigentlichen Arbeitsbereich (a) begrenzende Wände durch mit Glasvlies beklebte Gitterkörbe mechanisch geschützt sind. Aber auch in den Bauakustiklaboren findet man zunehmend breitbandige Resonatoren, die Messungen bis 50 Hz herunter einigermaßen wiederholbar und reproduzierbar machen, auch in Hallräumen mit parallelen Begrenzungsflächen. Der notwendigen Ausdehnung des zu bewertenden Frequenzbereichs zu tiefen Frequenzen gemäß [32] in kleinen und mittelgroßen Räumen (Beitrag C 4), aber auch in großen Hallen und Auditorien (Beitrag C 5) steht damit ebenfalls schon lange nichts mehr im Weg.

10 Literatur

[1] Fuchs, H.V. (2017) *Raum-Akustik und Lärm-Minderung*, Springer, Berlin.

[2] Fuchs, H.V.; Späh, M.; Pommerer, M.; Schneider, W.; Roller, M. (1998) Akustische Gestaltung kleiner Räume bei tiefen Frequenzen, *Bauphysik* **20**, H. 6, S. 181–190.

[3] Cremer, L.; Müller, H.A. (1976) *Die wissenschaftlichen Grundlagen der Raumakustik*, Bd. 2, Hirzel, Stuttgart.

[4] Kurtze, G.; Schmidt, H.; Westphal, W. (1975) *Physik und Technik der Lärmbekämpfung*, G. Braun, Karlsruhe.

[5] Oelmann, J.; Zha, X. (1986) Zur Messung von „Nachhallzeiten" bei geringer Eigenfrequenzdichte. *Rundfunktechn. Mitt.* **30**, H. 6, S. 257–268.

[6] van Nieuwland, J.M.; Weber, C. (1979) Eigenmodes in nonrectangular reverberation rooms, *Noise Control Engin.* **13**, H. 3, S. 112–121.

[7] Fuchs, H.V.; Zha, X.; Pommerer, M. (2000) Qualifying freefield and reverberation rooms for frequencies below 100 Hz, *Applied Acoustics* **59** (4), pp. 303–322.

[8] Bies, D.A.; Hansen, C.H. (1996) *Engineering noise control*, E & FN Spon, London.

[9] Cremer, L.; Müller, H.A. (1978) *Die wissenschaftlichen Grundlagen der Raumakustik*, Bd. 1, Hirzel, Stuttgart.

[10] Morse, P.M.; Ingard, K.U. (1968) *Theoretical acoustics*, McGraw-Hill, New York.

[11] Zha, X.; Fuchs, H.V.; Späh, M. (1996) Messung des effektiven Absorptionsgrades in kleinen Räumen, *Rundfunktechn. Mitt.* **40** (3), S. 77–83.

[12] Fuchs, H.V.; Zha, X.; Krämer, M.; Zhou, X.; Eckoldt, D.; Brandstätt, P.; Rambausek, N.; Hanisch, R.; Leistner, P.; Leistner, M.; Zimmermann, S.; Babuke, G. (2002, 2003) Schallabsorber und Schalldämpfer. Innovatorium für Maßnahmen zur Lärmbekämpfung und Raumakustik, Teile 1–6, *Bauphysik* **24**, H. 2, S. 102–113, H. 4, S. 218–227, H. 5, S. 286–295, H. 6, S. 361–367 und 25, H. 2, S. 80–88, H. 5, S. 261–270.

[13] Zha, X.; Fuchs, H.V.; Späh, M. (1998) Ein neues Konzept für akustische Freifeldräume, *Rundfunktechn. Mitt.* **42**, H. 3, S. 81–91.

[14] Komer, F.; Krnák, M.; Tichy, J. (1960) Beitrag zur Problematik der Diffusität des Schallfeldes im Hallraum, *Acustica* **10**, S. 357–371.

[15] Pedersen, D.B. (1997) *Measurement of the low-frequency sound insulation of building components*, Synthesis Report, DELTA Acoustics & Vibration, Aarhus.

[16] Harris, C.M. (Hrsg) (1991) *Handbook of acoustical measurements and noise control*, McGraw-Hill, New York

[17] Beranek, L.L.; Ver, I.L. (Hrsg) (1992) *Noise and vibration control engineering*, Wiley, New York.

[18] Möser, M. (1994) Akustische Messtechnik, in *Taschenbuch der Technischen Akustik* (Hrsg. Heckl, M.; Möser, M.), Springer, Berlin.

[19] Vorländer, M.: Akustische Messtechnik, in *Taschenbuch der Technischen Akustik* (Hrsg. Müller, G.; Möser, M.), Kap. 2, Springer, Berlin.

[20] Fasold, W.; Veres, E. (2003) *Schallschutz + Raumakustik in der Praxis*, Verlag Bauwesen, Berlin.

[21] Zha, X.; Fuchs, H.V. (2009) Schallfeldsimulation mit Spiegelquellen – Eine Planungshilfe für reflexionsarme Räume, *Bauphysik* **31** (4), S. 208–215.

[22] Morse, P.M. (1995) Vibration and sound. *Acoust. Soc. Amer.* 1936.

[23] Maa, D.-Y. (1992) Steady-state sound field in a room. 14th ICA 1992, III, F8-1.

[24] Krokstad, A.; Ström, S.; Sörsdal, S. (1968) Calculating the acoustical room response by use of a ray tracing technique, *J. Sound and Vibration* **8**, S. 118–125.

[25] Pfeiffer, G.; Zuber-Goos, F.; Seibel, M.; Volkert, P.; Baumgart, H. (1997) Moderne Prüftechnik in der BMW-Antriebsentwicklung – Drei neue Spezialprüfstände. *Automobiltechn. Z.* **99**, H. 7/8, S. 446–454.

[26] Dreyer, W.; Hoppe, P.; Friederich, P.; Fuchs, H.V. (2003) Das neue Volkswagen-Akustikzentrum in Wolfsburg. Teil 1: Prüfstände, *Automobiltechn. Z.* **105**, H. 3, S. 250–260.

[27] Fuchs, H.V.; Zha, X.; Babuke, G.; Friederich, P. (2003) Das neue Volkswagen-Akustikzentrum in Wolfsburg. Teil 2: Reflexionsarme Raumauskleidungen, *Automobiltechn. Z.* 105, H. 4, S. 19–23.

[28] Bay, K.; Zhou, X.; Schneider, W.; Brandstätt, P. (2005) Measuring system for qualification tests of freefield rooms. *Building Acoustics* **12**, H. 1, pp. 51–56.

[29] Brandstätt, P.; Fuchs, H.V.; Roller, M. (2002) Novel silencers and absorbers for wind tunnels and acoustic test cells, *Noise Control Eng. J.* **50**, H. 2, pp. 41–49.

[30] Walter, J.; Duell, E.; Martindale, B.; Arnette, S.; Geierman, R.; Gleason, M.; Romberg, G. (2003) *The DaimlerChrysler full-scale aeroacoustic wind tunnel*, Soc. Autom. Engin. SAE Paper 2003-01-0426

[31] Fuchs, H.V.; Zhou, H.; Zha, X.; Lecheler, A. (2007) Akustik-Prüfstände im innovativen Outfit, *Gesundheits-Ingenieur* **128** (2), S. 65–73.

[32] Fuchs, H.V. (2018) Thesen zur Akustik anspruchsvoller Räume. Teil 1: Bass-Verhältnis und Hörsamkeit in größeren Räumlichkeiten, *Akustik Journal* **2**. 2018, S. 31–45; Teil 2: Bass-Verhältnis und Schallbelastung in kleineren Räumlichkeiten. *Akustik Journal* **3**.2018, S. 39–51.

B 7   Raumakustik und Beschallungstechnik

Michael Vorländer, Ingo Witew

Univ.-Prof. Dr. rer. nat. Dr.-Ing. habil. Michael Vorländer
RWTH Aachen
Institut für Technische Akustik
Kopernikusstraße 5, 52074 Aachen

Studium der Physik in Dortmund und Aachen, Promotion (1989) an der RWTH Aachen zu einem Thema der raumakustischen Computersimulation. Nach Tätigkeit an der Physikalisch-Technischen Bundesanstalt (PTB) Habilitation an der Technischen Universität Dresden (1994). Seit 1996 Professor und Leiter des Instituts für Technische Akustik der RWTH Aachen. Interessengebiete (Schwerpunkte) Raumakustik, Bauakustik, Akustische Messtechnik, Psychoakustik, Virtuelle Akustik. Langjährige Mitarbeit in den Vorständen der Deutschen Gesellschaft für Akustik (DEGA), der European Acoustics Association (EAA), der International Commission for Acoustics (ICA) und der Acoustical Society of America (ASA). Präsident der EAA 2004–2007, der ICA 2010–2013, der DEGA 2016–2019. Fellow der Acoustical Society of America.

Dipl.-Ing. Ingo Witew
RWTH Aachen
Institut für Technische Akustik
Kopernikusstraße 5, 52074 Aachen

Studium der Elektrotechnik an der RWTH Aachen, Diplom 2003 zu einem Thema der Schallwahrnehmung in Konzertsälen. Wissenschaftlicher Mitarbeiter am Institut für Technische Akustik der RWTH Aachen und selbstständige Tätigkeit im eigenen Ingenieurbüro. Schwerpunkte der Forschung sind die Bestimmung der Messunsicherheit bei raumakustischen Messungen, Untersuchungen zur Wahrnehmung von Schall in Konzertrumen sowie die raumakustische Simulation und Auralisation. 2001 6-monatige raumakustische Planungstätigkeit bei ARTEC Consultants in New York. Mitglied der Deutschen Gesellschaft für Akustik (DEGA) und der Acoustical Society of America (ASA).

Bauphysik-Kalender 2020: Bau- und Raumakustik. Herausgegeben von Nabil A. Fouad.
© 2020 Ernst & Sohn GmbH & Co. KG. Published 2020 by Ernst & Sohn GmbH & Co. KG.

Inhaltsverzeichnis

1	**Einleitung** 501		6	**Methoden und Werkzeuge bei der Planung von Räumen** 513
2	**Grundlagen der Akustik** 501		6.1	Berechnung anhand einfacher Formeln 513
2.1	Schallquellen 501		6.2	Geometrische Strahlkonstruktion 514
2.2	Reflexion an einer ebenen Fläche 502		6.3	Maßstäbliche Raummodelle 514
2.3	Berechnung der Schallabsorption 503		6.4	Computersimulationen – Ray Tracing 515
2.4	Streuung an einer unebenen Fläche 505		7	**Ziele bei der Planung von Räumen für verschiedene Nutzungen** 516
3	**Schallfelder in Räumen** 507		7.1	Grundlegende Überlegungen 516
3.1	Wellentheoretische Betrachtung – Raummoden 507		7.2	Kleine Räume 517
3.2	Statistische Nachhalltheorie – Diffuses Schallfeld 507		7.3	Büroräume und Werkhallen 517
			7.4	Räume für Sprache 518
			7.4.1	Vorlesungsräume 518
4	**Subjektive Schallwahrnehmung in Räumen** 508		7.4.2	Sprechtheater 520
4.1	Die Impulsantwort und Wahrnehmung von Reflexionen 509		7.5	Räume für Musik 522
			7.5.1	Konzertsäle für klassische Musik 522
4.2	Nachhall 509		7.5.2	Räume für Beschallungstechnik 528
4.3	Lautstärke 509		7.6	Räume für gemischte Nutzung 529
4.4	Sprachverständlichkeit und Durchsichtigkeit 509		7.6.1	Opernhäuser 529
4.5	Räumlichkeit 510		7.6.2	Sakralbauten 530
4.6	Der akustische Gesamteindruck 510		7.6.3	Mehrzweckräume 530
4.7	Neue Erkenntnisse aus der Psychoakustik von Räumen 511		8	**Beschallungsanlagen** 531
			8.1	Grundlegende Überlegungen 531
			8.2	Lautsprecher 532
5	**Raumakustische Messtechnik** 511		8.2.1	Richtcharakteristik von Lautsprechern 532
5.1	Nachhallmessung – Traditionelles Verfahren 511		8.2.2	Schalldruckfrequenzgang 534
5.2	Nachhallmessung – Messung mit Impulsverfahren 511		8.2.3	Nichtlineares Abstrahlverhalten 534
			8.3	Dimensionierung von Beschallungsanlagen 534
5.3	Messung raumakustischer Kenngrößen 512		8.4	Akustische Rückkopplung 536
5.4	Schallfeldabtastung mit automatischen Messsystemen 512		8.5	Künstliche Nachhallverlängerung 537
			9	**Literatur** 537

1 Einleitung

Der gleichnamige Beitrag aus dem Bauphysik-Kalender 2014 wurde aktualisiert und ergänzt.
In diesem Beitrag werden Raumschallfelder und ihre Eigenschaften, ihre Messung, Berechnung, Planung und Optimierung erläutert. Die zu beachtenden Phänomene der Raumakustik und die Ziele der raumakustischen Planung sind von der Anwendung des Raums abhängig. Dementsprechend werden Planungskonzepte an Beispielen für Konzertsäle, Opernhäuser, Hörsäle, Klassenzimmer und Besprechungsräume, Büros, Arbeitsräume bis hin zu Fabrikhallen separat behandelt. Eine generell anwendbare Vorgehensweise für all diese Raumarten gibt es nicht, ebenso keine Patentlösung für einen Mehrzwecksaal. Insofern sind Mehrzwecksäle immer Kompromissen unterworfen. Wenn eine gute raumakustische Basis gegeben ist, kann eine elektroakustische Beschallungsanlage eine spezielle Unterstützung für die Kommunikation und für Musikübertragung darstellen. In Grenzen sind elektroakustische Systeme in der Lage, raumakustische Defizite auszugleichen.

2 Grundlagen der Akustik

2.1 Schallquellen

Für das Verständnis der Schallausbreitung in Räumen sind die Eigenschaften des sogenannten Direktschalls sowie weiterer „früher" Reflexionen von den Begrenzungsflächen und des sogenannten „diffusen" Schallanteils wichtig. Der Direktschall wird von Schallquellen und Lautsprecheranlagen kugelförmig abgestrahlt und breitet sich ungestört und ohne Interaktion mit dem Raum aus. Sofern eine freie Sichtlinie zwischen Sender und Empfänger vorliegt, ist der Direktschall die am frühesten eintreffende und stärkste Komponente des Schallfelds.

Schallquellen lassen sich für die Schallausbreitung in Räumen mit recht einfachen energetischen Beziehungen beschreiben. Dabei sind a) die Entfernungsabhängigkeit der Schallintensität mit $1/r^2$ und b) die Richtwirkung als Polardiagramm oder Ballon-Richtcharakteristik maßgebend. Die charakteristische Quellgröße ist die Schallleistung P (in W).

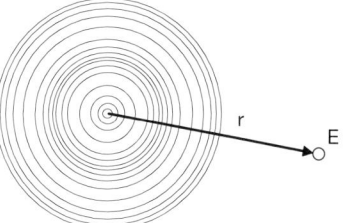

Bild 2. Kugelwelle zwischen Sender und Empfänger E im Abstand r

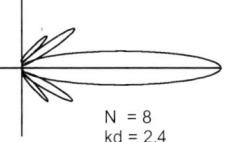

Bild 3. Richtcharakteristik $G(\vartheta)$ einer gleichmäßig belegten Strahlerzeile mit acht Einzelquellen im Abstand d bei der Frequenz entsprechend $kd = 2\pi fd/c = 2{,}4$ (Schnitt)

Schallintensität in W/m²:
$$I(r) = \frac{P}{4\pi r^2} \quad (1)$$

Energiedichte in J/m³:
$$w(r) = \frac{P}{4\pi c r^2} \quad (2)$$

Schalldruck-Effektivwert in Pa:
$$\tilde{p}(r) = \sqrt{\frac{P\rho c}{4\pi r^2}} \quad (3)$$

Schalldruckpegel L und Schallleistungspegel L_W:
$$L(r) = L_W - 20\log r - 11 \quad (4)$$

Die Gln. (1)–(4) gelten für das Schallfeld einer (im Vergleich zur Wellenlänge) sehr kleinen Schallquelle und auch sehr weitgehend im „Fernfeld" beliebiger Schallquellen. Sofern nicht nur eine Abstandsabhängigkeit, sondern auch eine Richtwirkung relevant ist, wird diese durch eine winkelabhängige Funktion $G(\vartheta, \varphi)$ angegeben. Dabei sind ϑ Polar- und φ Azimutwinkel der

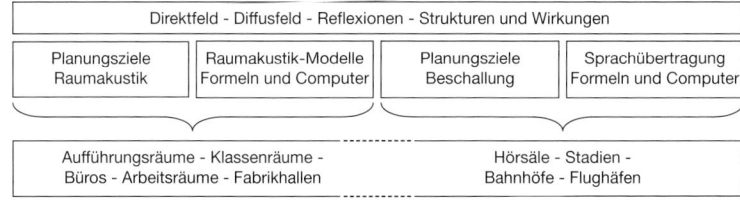

Bild 1. Organisation des Kapitels Raumakustik und Beschallungstechnik

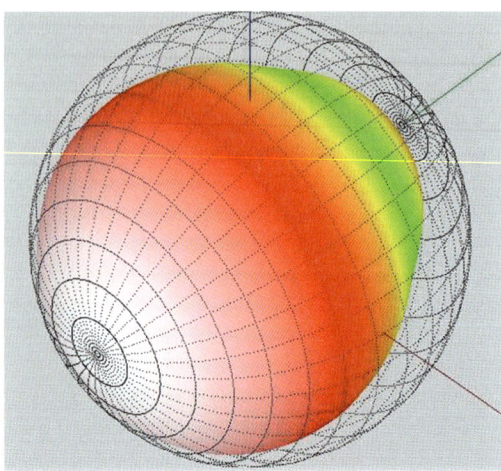

Bild 4. Balloon-Plot der Richtcharakteristik eines Lautsprechers (Beispiel für 500 Hz)

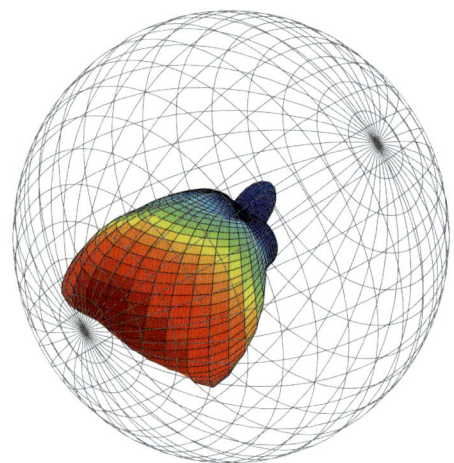

Bild 5. Balloon-Plot der Richtcharakteristik einer Trompete (Beispiel für 2000 Hz)

Richtungen in Kugelkoordinaten um die Quelle. Normalerweise wird die stärkste Abstrahlrichtung (Hauptabstrahlrichtung) durch $(\vartheta, \varphi) = (0,0)$ definiert, mit $G(0,0) = 1$.

Schallintensität in [W/m^2]:

$$I(r, \vartheta, \phi) = \frac{P}{4\pi r^2} |G(\vartheta, \phi)|^2 \qquad (5)$$

Energiedichte in [J/m^3]:

$$w(r, \vartheta, \phi) = \frac{P}{4\pi c r^2} |G(\vartheta, \phi)|^2 \qquad (6)$$

Schalldruck-Effektivwert in [Pa]:

$$\tilde{p}(r, \vartheta, \phi) = \sqrt{\frac{P \rho c}{4\pi r^2}} \cdot |G(\vartheta, \phi)| \qquad (7)$$

Schalldruckpegel L, Schallleistungspegel L_W und Bündelungsmaß L_B:

$$L(r) = L_W - 20 \log r - L_B - 11 \qquad (8)$$

$$L_B = 10 \log \left(\frac{1}{4\pi} \iint_\Omega |G(\vartheta, \phi)|^2 d\Omega \right) \qquad (9)$$

2.2 Reflexion an einer ebenen Fläche

Für Frequenzen im Hörbereich gilt, dass Kugelwellenfronten ab einem Abstand von ungefähr 2 m von der Quelle „quasi-eben" angesehen werden können, d. h. ihre Feldimpedanz ist ρc. Fällt eine ebene oder quasi-ebene Schallwelle mit dem Schalldruck p_e auf eine unendlich ausgedehnte glatte Wand, so wird sie an dieser nach dem Reflexionsgesetz zurückgeworfen. Dabei verringert sich im Allgemeinen ihre Amplitude, zugleich ändert sich die Phase um einen Betrag γ. Wird die unter einem Winkel ϑ auftreffende Welle reflektiert, so gilt für den Reflexionsfaktor

$$\underline{R} = |\underline{R}| e^{j\gamma} \qquad (10)$$

und

$$\underline{R} = \frac{\underline{p}_r}{\underline{p}_e} = \frac{\underline{Z} \cos \vartheta - \rho_0 c}{\underline{Z} \cos \vartheta + \rho_0 c} \qquad (11)$$

der mit der Wandimpedanz Z verknüpft ist. Hängt sie nicht vom Einfallswinkel ϑ ab, so spricht man von einer „lokal reagierenden" Wandfläche.

Für die Praxis besonders wichtig ist jedoch der Absorptionsgrad α, der das Verhältnis der Intensitäten der nicht reflektierten und der einfallenden Welle ist:

$$\alpha = \frac{|p_e|^2 - |p_r|^2}{|p_e|^2} = 1 - |\underline{R}|^2 \qquad (12)$$

Die messtechnische Bestimmung des Absorptionsgrades bzw. der Wandimpedanz ist in der Norm DIN EN ISO 354 [1] und der Normreihe DIN EN ISO 10534 [2, 3] beschrieben. Das Hallraumverfahren (ISO 354) basiert auf der Erkenntnis, dass der stationäre Schalldruckpegel oder das Abklingen des Schalldruckpegels nach Abschalten einer Schallquelle in geschlossenen Räumen unter anderem von den schallabsorbierenden Eigenschaften der Wandbegrenzungen abhängt. In zwei Messreihen wird die mittlere Nachhallzeit in einem richtig bemessenen Hallraum mit und ohne Prüfobjekt bestimmt. Durch Anwendung der Sabine'schen Gleichung (Abschn. 3.2) kann der Absorptionsgrad schnell und einfach aus diesen Messungen bestimmt werden.

Wird für die Bestimmung der Schallabsorptionseigenschaften ein Impedanzrohr (ISO 10534) benutzt, lässt sich neben dem Absorptionsgrad auch noch die Impedanz des Materials bestimmen. Bei diesem Verfahren wird an einem Ende eines geraden, starren, glatten und dichten Rohrs (Kundt'sches Rohr) der Prüfgegenstand montiert. Durch einen Lautsprecher, der am anderen Ende des Rohrs befestigt ist, wird eine ebene

Bild 6. Hallraumverfahren der Absorptionsgradmessung nach DIN EN ISO 354

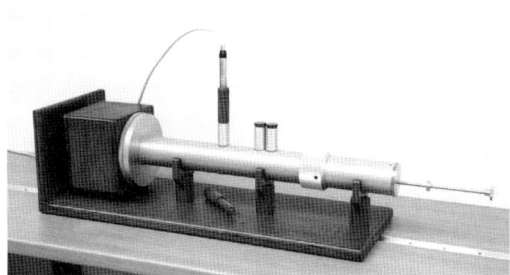

Bild 7. Impedanzrohr mit Zwei-Mikrofon-Verfahren nach DIN ISO 10534-2

Schallwelle erzeugt. Durch Vermessen des Stehwellenfeldes in dem Rohr kann die akustische Impedanz des Prüfmaterials bestimmt werden. In Teil 1 der Norm wird das klassische Verfahren mit einzelnen Sinustönen und Ausmessen der Minima des Schallfeldes beschrieben. Das Verfahren über die Bestimmung der Übertragungsfunktion zwischen zwei Mikrofonen wird in Teil 2 beschrieben. Das in Teil 2 beschriebene Verfahren erweist sich trotz aufwendigerer Technik als deutlich leistungsfähiger, da die Prüflingseigenschaften in einer einzelnen Messung für große Frequenzbereiche simultan bestimmt werden können.

Die Daten aus dem Hallraumverfahren beziehen sich auf das diffuse Schallfeld und die Daten aus dem Impedanzrohrverfahren auf ebene Wellen. Ferner können im Rohr nur sehr kleine Proben untersucht werden, was problematisch sein kann, wenn Einspannungseffekte das Ergebnis verfälschen. Im Hallraum hingegen kann der Kanteneffekt wichtig werden, der Schallbeugung und dadurch eine scheinbar größere Probenfläche bzw. systematisch zu große Absorptionsgrade verursacht.

2.3 Berechnung der Schallabsorption

Absorption kommt dadurch zustande, dass die Wandoberflächen entweder Poren enthalten, in denen die Luft unter Einwirkung des äußeren Schallfeldes hin- und her bewegt wird, was zu Verlusten durch innere Reibung führt (poröse Absorption), oder dass die Wände selbst nicht starr sind und Schallenergie durch Mitschwingen verzehren (mitschwingende Absorber). Die Eigenschaften eines porösen Materials werden im Wesentlichen durch seine Porosität σ (= Bruchteil des Porenvolumens zum Gesamtvolumen) und durch den längenspezifischen Strömungswiderstand Ξ gekennzeichnet. Der letztere kann durch eine Messung mit einer Gleichströmung bestimmt werden: ISO 9053 [5] bzw. DIN EN 29053 [6]. Durch eine (negative) Druckdifferenz Δp zwischen der Rückseite $x+\Delta x$ und der Vorderseite x eines Prüfstücks der Dicke Δx wird eine Luftströmung mit der Geschwindigkeit v_0 erzeugt. Dann ist der Strömungswiderstand:

$$\Xi = -\frac{\Delta p}{\Delta x}\frac{1}{v_0} \tag{13}$$

Fällt eine Schallwelle auf eine bewegliche Wand, so wird diese im Allgemeinen zum Schwingen angeregt. Zugleich wird auf der abgewandten Seite eine Schallwelle abgestrahlt. Ist m'' die Flächenmasse der Wand (in kg/m^2), dann ist ihr Absorptionsgrad bei senkrechtem Schalleinfall:

$$\alpha = \frac{1}{1+\left(\frac{\omega m''}{2\rho_0 c}\right)^2} \tag{14}$$

Er fällt mit wachsender Frequenz monoton ab – eine Folge der Massenträgheit. In der Praxis macht sich diese Art der Absorption nur bei dünnen Wänden (Fensterscheiben, Folien) bemerkbar und auch da nur bei tiefen Frequenzen. Wichtiger ist dagegen die Absorption einer schwingungsfähigen Wand, die im Abstand d vor einer schallharten Wand montiert ist. Der Luftraum der Dicke d wirkt wie eine Feder mit der flächenbezogenen Nachgiebigkeit:

$$n'' = \frac{d}{\rho_0 c^2} \tag{15}$$

Bei der Frequenz

$$f_0 = \frac{1}{2\pi}\frac{1}{\sqrt{m''n''}} = \frac{1}{2\pi}\sqrt{\frac{\rho_0 c^2}{m''d}} \tag{16}$$

wird die Schwingungsamplitude sehr groß und unvermeidbare Verluste z. B. durch Biegung der Verkleidung (elastische Verluste) bilden einen Absorptionsmechanismus. Um eine höhere Absorption zu erhalten, kann man den Hohlraum zusätzlich ganz oder teilweise mit porösem Material mit der Verlustkonstante w (Reibungswiderstand) füllen. Es gilt dann

$$\alpha_{max} = \frac{4w\rho_0 c}{(w+\rho_0 c)^2} \tag{17}$$

Derartige Resonanzabsorber spielen in der Raumakustik eine große Rolle, da man mit ihnen durch geeignete Dimensionierung Wände mit weitgehend vorgebbarer Absorption herstellen kann. Auch für Loch- oder Schlitzplatten kann man eine effektive mitschwingende Masse m'' berechnen. Diese Masse entspricht der

Tabelle 1. Absorptionsgrade einiger Wandmaterialien und Wandverkleidungen unmittelbar, bzw. in angegebenem Abstand von einer harten Wand

Material	Absorptionsgrad bei Frequenz (in Hz)					
	125	250	500	1000	2000	4000
Harte Flächen (Putz, Mauerwerk, harte Fußböden)	0,02	0,02	0,03	0,03	0,04	0,04
Teppich in Schlingenwebart, 4,5 mm dick, imprägniert, direkt auf dem Boden	–	0,02	0,04	0,15	0,36	0,32
Satinvorhang 82 Rayl, 20 cm vor Wand, 1,5-fache Faltung	0,09	0,55	1,03 *)	0,89	0,93	0,92
Gebundene Mineralfaserplatte 12 Rayl/cm, 30 mm dick	–	0,44	0,84	0,84	0,93	0,88
Gebundene Mineralfaserplatte 12 Rayl/cm, 30 mm dick, mit 50 mm lichtem Abstand montiert	–	0,73	1,00	0,89	0,82	0,84
Mineralfaserplatte 20 Rayl/cm, 50 mm dick, 50 mm lichter Wandabstand, sichtseitig mit 6 mm Sperrholz abgedeckt	0,40	0,53	0,29	0,18	0,11	0,11
Holz, 1,6 cm dick, auf 4 cm Holzlatten	0,18	0,12	0,10	0,09	0,08	0,07
18 mm Gipskartonplatte, 16 kg/m², 40 mm vor starrer Wand	0,10	0,09	0,05	0,05	0,07	0,04
18 mm Gipskartonplatte, 16 kg/m², hinterlegt mit 30 mm Mineralfasermatte, 1,05 kg/m²	0,18	0,10	0,08	0,07	0,10	0,10
Geschlossenes Doppelfenster	0,10	0,04	0,03	0,02	0,02	0,02
Gipskartonlochplatte 19,6 % Lochflächenanteil, 15 mm Lochdurchmesser, 100 mm vor starrer Wand, hinterlegt mit Faservlies 12 Rayl, Mineralfasermatte 1,05 kg/m²	0,30	0,69	1,01 *)	0,81	0,66	0,62
Metallpaneele, 0,5 mm Alublech, 85 mm breit, 15 mm freie Schlitzbreite zwischen Paneelen, 164 mm Abstand vor starrer Wand, hinterlegt mit 20 mm Mineralfaserplatte 2,5 kg/m²	0,30	0,69	1,01 *)	0,81	0,66	0,62

*) Definitionsgemäß kann der Absorptionsgrad nicht größer als 1,0 werden. Bei Proben mit exponierten Kanten besteht bei Anwendung der Hallraum-Messmethode jedoch die Möglichkeit, dass durch den Kanteneffekt (Beugung) der Absorptionsgrad überschätzt wird.

Tabelle 2. Absorptionsgrade von Gestühl und Publikum

Absorptionsgrade von geschlossen sitzendem Publikum und von Gestühl	Absorptionsgrad bei Frequenz [Hz]						
Material	125	250	500	1000	2000	4000	6300
Publikum auf Holzstühlen 2 Personen pro m	0,24	0,40	0,78	0,98	0,96	0,87	0,80
Publikum auf Holzstühlen 1 Person pro m	0,16	0,24	0,56	0,69	0,81	0,78	0,75
Publikum auf mäßig gepolstertem Gestühl 0,85 m × 0,63 m	0,72	0,82	0,91	0,93	0,94	0,87	0,77
Publikum auf mäßig gepolstertem Gestühl 0,90 m × 0,55 m	0,55	0,86	0,83	0,87	0,90	0,87	0,80
Mäßig gepolstertes, unbesetztes Gestühl	0,44	0,56	0,67	0,74	0,83	0,87	0,80
Dicht sitzendes Publikum, Orchester und Chor unter Einbeziehung angrenzender Gänge bis zu einer Breite von 1 m	0,60	0,74	0,88	0,96	0,93	0,85	0,80
Unbesetztes, „durchschnittliches" mit Stoff bezogenes, gut gepolstertes Gestühl (Sitze mit perforierten Unterseiten)	0,49	0,66	0,80	0,88	0,82	0,70	0,64

Tabelle 3. Dämpfungskonstanten der Luft für verschiedene Luftfeuchtigkeiten

Dämpfungskonstante der Luft bei 20 °C und 1013 hPa in 1000^{-1} m^{-1} (nach *Bass* et al. 1995 [4])	Frequenz [Hz]				
Relative Luftfeuchtigkeit [%]	500	1000	2000	4000	8000
40	0,60	1,07	2,58	8.40	30.00
50	0,63	1,08	2,28	6,84	24,29
60	0,64	1,11	2,14	5,91	20,52
70	0,64	1,15	2,08	5,32	17,91

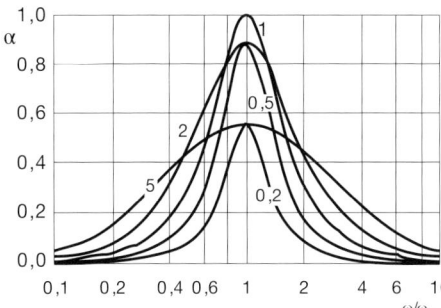

Bild 8. Absorptionsgrad einer Massenschicht vor starrer Wand, für senkrechten Schalleinfall; berechnet für verschiedene Werte von $w/\rho_0 c$

Masse der Luft in den Löchern:

$$m'' = \frac{\rho_0}{\sigma}(b + 1{,}6a) \quad (18)$$

Hierin ist b die Plattendicke, a der Radius der als kreisförmig angenommenen Löcher und σ der „Perforationsgrad", d. h. der Bruchteil der Öffnungsfläche an der Gesamtfläche. Durch starke Perforation lassen sich also auch Schichten mit kleinen Flächenmassen herstellen, die zusammen mit einer porösen Schicht einen Resonator mit relativ hoher Resonanzfrequenz und wenig ausgeprägter Resonanz ergeben. Daher eignen sich dünne, hochperforierte Platten aus Blech, Gips oder Holz zur Abdeckung von Schluckstoffschichten (Mineralwolle oder ähnliche Stoffe), was praktisch aus Gründen des Berührungsschutzes, aber auch eines besseren Aussehens, erforderlich ist. Diese Form findet oft Anwendung als sogenannte Akustikdecke. Dies ist typischerweise folgender Aufbau (von oben gesehen): Massive Rohdecke – Luftraum – Mineralwolle – Lochplatte.

In der Vergangenheit fanden ebenfalls sogenannte mikroperforierte Absorber zunehmend Beachtung. Diese bestehen aus einer Folie (z. B. transparenter Kunststoff) oder Platte (z. B. Acrylglas) mit sehr kleinen Löchern (d = 0,05–0,5 mm). In Abhängigkeit der Anwendung ist der Lochungsgrad im Bereich von 0,5–2 Prozent. Bei solchen Anordnungen ist die Absorption hauptsächlich auf die viskose Reibung der Luftmoleküle an den Wänden der Mikrolochung zurückzuführen. Da mikroperforierte Absorber auch aus transparentem Material hergestellt werden können, finden sie oft in Situationen Einsatz, in denen aus ästhetischen Gründen die Nutzung anderer Absorptionsmechanismen unerwünscht ist.

2.4 Streuung an einer unebenen Fläche

Ist die Wand rau mit Unebenheiten, die nicht klein im Vergleich zur Wellenlänge des Schalls sind, dann wird Schall nicht geometrisch, d. h. nach dem Reflexionsgesetz reflektiert, sondern in viele Richtungen gestreut. In einer Energiebilanz der gestreuten und gespiegelten Anteile wird der Streugrad s definiert.

Der Grenzfall ist derjenige der ideal diffusen Streuung, für die das Lambertsche Kosinusgesetz gilt. Ihm zufolge ist die Intensität der unter dem Winkel ϑ gestreuten Strahlung im Abstand r von einem Wandelement der Fläche dS:

$$I(\vartheta) = (1-\alpha)\frac{B dS}{\pi r^2}\cos\vartheta \quad (19)$$

Hierin ist B die Bestrahlungsstärke der Wand, das ist die pro Flächeneinheit auftreffende primäre Schallleistung. Der Absorptionsgrad α ist hier der Bruchteil der sekundlich auftreffenden Energie B dS, der sich nicht in der Streustrahlung wiederfindet.

Um die Eigenschaften, wie Schall von Wänden zurückgeworfen wird, quantitativ zu beschreiben, wurden in den vergangenen Jahren der Streugrad und der Diffusionskoeffizient entwickelt und in ISO 17497 [7, 8] genormt. Der Streugrad beschreibt unter energetischen Gesichtspunkten, wie viel Schall von der spiegelnden

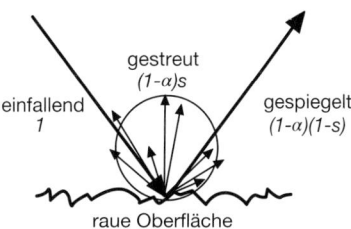

Bild 9. Schallstreuung an einer rauen Oberfläche

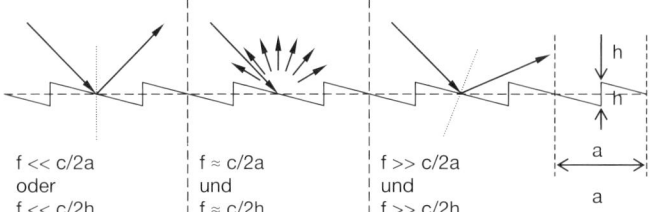

f << c/2a	f ≈ c/2a	f >> c/2a
oder	und	und
f << c/2h	f ≈ c/2h	f >> c/2h

Bild 10. Schallstreuung in Abhängigkeit der Frequenz

Reflexion weg gestreut wird. Für die Bestimmung des Diffusionskoeffizienten wird eine Kenngröße berechnet, welche die räumliche Gleichmäßigkeit beschreibt, mit der Schall an einer Wand zurückgeworfen wird. Der Streugrad nimmt theoretisch den Wert 1 an, wenn kein Anteil der insgesamt zurückgeworfenen Schallenergie in der geometrischen Richtung (Einfallswinkel = Ausfallswinkel) verbleibt. Dies ist praktisch unerreichbar, da selbst bei ideal diffuser Streuung immer ein Rest in diesem Winkelbereich liegt. Maximale Streugrade liegen daher typischerweise bei 90 Prozent. Wird der Schall jedoch perfekt spiegelnd reflektiert, ist der Streugrad null. Beim Diffusionskoeffizienten ist der maximale Wert von 1 erreicht, wenn die rückgeworfene Energie gleichverteilt in allen Richtungen ist, also auf einer Halbkugel konstant verteilt.

Um das Ausmaß der Streuung zu verdeutlichen, wird das Diagramm in Bild 10 betrachtet. Die Abmessungen der Struktur seien durch die Größen a und h charakterisiert. Bei sehr tiefen Frequenzen, bei denen die Wellenlänge groß gegenüber a und h ist, spielt die Oberflächenstruktur keine Rolle. Die gesamte Schallenergie wird an der gestrichelten Wandebene spiegelnd reflektiert und entsprechend sind Streugrad und Diffusionskoeffizient sehr klein. Bei steigender Frequenz wird irgendwann der Punkt erreicht, an dem die betrachtete Wellenlänge in der Größenordnung der doppelten Strukturabmessung 2a ist. In diesem Frequenzbereich werden große Schallanteile nicht mehr spiegelnd reflektiert und sowohl Streugrad als auch Diffusionskoeffizient weisen hohe Werte auf. Bei weiter steigenden Frequenzen wird die Oberflächenstruktur des Sägezahns irgendwann sehr groß im Vergleich zur betrachteten Wellenlänge sein und die Reflexion wird umgelenkt.

Bei der Planung und der Bewertung von Wandeigenschaften sind Werkzeuge nützlich, mit denen sich auch ohne Messung die jeweiligen Kenngrößen z. B. durch eine Faustformel abschätzen lassen. Bei der Abschätzung der Streueigenschaften der Wände spielen die charakteristischen Abmessungen eine entscheidende Rolle. Bei dem in Bild 12 dargestellten Material handelt es sich um die Wandverkleidung eines Theaters. Auf einem Holzrahmen sind dreieckige Holzlatten in einem Abstand von 8 cm parallel montiert. Dieser Abstand ist gleichzeitig die mittlere Strukturlänge a. Aus der Faustformel (Bild 11)

$$f = c/2a \qquad (20)$$

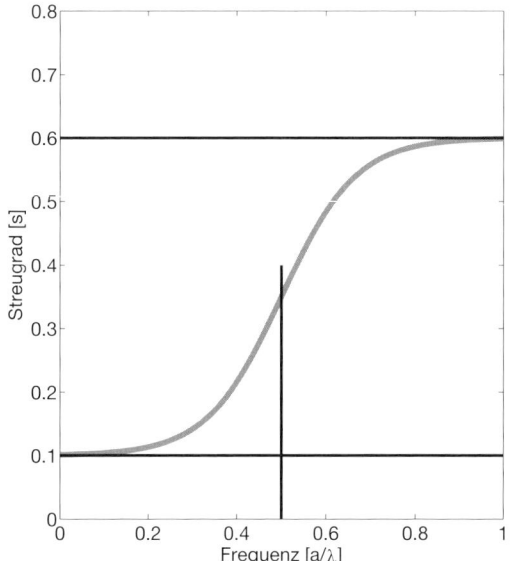

Bild 11. Verlauf des Streugrad als Funktion der Frequenz

Bild 12. Wandverkleidung eines Theaters im Prüfstand zur Messung von Streugrad und Diffusionskoeffizient

ergibt sich die mittlere Frequenz des Streueffektes zu 2 kHz und die Kurve des Streugrades kann durch eine Art Rampenfunktion bei 2 kHz angenähert werden.

Die Messvorschrift zur Bestimmung von Streugraden ist in ISO 17497-1 [7] festgelegt. Die Messungen werden in vier Messreihen in Hallräumen durchgeführt. Die Methode folgt im Wesentlichen der Absorptionsgradmessung im Hallraum und benötigt darüber hinaus einen Drehteller zur Bewegung der Probe. Diese Messungen können in natürlichem oder auch im Mo-

Bild 13. Modellmessung des Streugrades einer mit Halbkugeln belegten Fläche

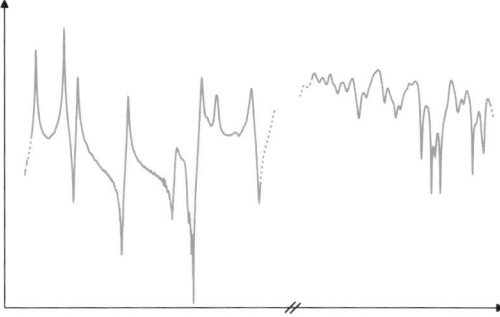

Bild 14. Frequenzgang von Moden eines Raumes

Tabelle 4. Typische Werte des Volumens, der Nachhallzeit und der Schroeder-Frequenz für Räume unterschiedlicher Nutzung

Raumart	Volumen	Nachhallzeit	Schroeder-Frequenz
Musikunterrichtsraum, Festsaal für Musikdarbietungen	500 m³ 1000 m³ 5000 m³	1,3 s 1,4 s 1,7 s	64 Hz 47 Hz 23 Hz
Gerichtssaal, Gemeindesaal, Sporthalle mit Publikum	500 m³ 1000 m³ 5000 m³	0,9 s 1,0 s 1,2 s	53 Hz 40 Hz 19 Hz
Unterrichtsraum, Seminarraum, Hörsaal, Konferenzraum	500 m³ 1000 m³ 5000 m³	0,7 s 0,8 s 1,0 s	47 Hz 35 Hz 18 Hz
Sporthalle ohne Publikum (einzelne Sportgruppe)	5000 m³	2,2 s	26 Hz
Sporthalle ohne Publikum (mehrere Sportgruppen)	5000 m³	1,8 s	24 Hz

dellmaßstab (siehe Bild 13) durchgeführt werden. Die messtechnische Bestimmung des Diffusionskoeffizienten ist in reflexionsfreien Halbräumen mit Mikrofonarrays durchzuführen. (ISO 17497-2 [8]).

3 Schallfelder in Räumen

3.1 Wellentheoretische Betrachtung – Raummoden

Eine physikalisch korrekte Beschreibung der Schallausbreitung in geschlossenen Räumen geht von der Wellengleichung aus. Dabei findet man im Falle einfach beschreibbarer Geometrien wie z. B. bei Quaderräumen mit den Abmessungen L_x, L_y, L_z Eigenfrequenzen und Eigenschwingungen in der Form:

$$f_{lmn} = \frac{c}{2}\sqrt{\left(\frac{l}{L_x}\right)^2 + \left(\frac{m}{L_y}\right)^2 + \left(\frac{n}{L_z}\right)^2} \quad (21)$$

$$p_{lmn}(x, y, z) \propto \cos\left(\frac{l\pi x}{L_x}\right) \cos\left(\frac{m\pi y}{L_y}\right) \cos\left(\frac{n\pi z}{L_z}\right) \quad (22)$$

(l, m, n sind ganze Zahlen)

Diese Art der Schallfelder in Räumen gilt für alle Raumformen. Der Unterschied zwischen Räumen beliebiger Form und Quaderräumen ist nur, dass man die Eigenschwingungen (auch Moden genannt) nicht mehr einfach berechnen kann. Wichtig für die Praxis ist vor allem, dass ausgeprägte Moden nur bei sehr tiefen Frequenzen in Erscheinung treten. Allgemein gilt nämlich für Verluste durch Absorption, dass sich benachbarte Moden im Frequenzbereich überlappen und zwar zunehmend mit wachsender Frequenz (Bild 14).

Die sogenannte Schroeder-Frequenz charakterisiert die Grenze, unterhalb derer modale Effekte spürbar sind:

$$f_{Schroeder} \simeq 0{,}2\sqrt{\frac{c^3 T}{V}} \quad (23)$$

mit T = Nachhallzeit (s. Abschnitt 3.2.).

Bei nicht zu kleinen Räumen ist fast der ganze interessierende Frequenzbereich (typischerweise 100 Hz bis 10 kHz) oberhalb der Schroeder-Frequenz.

3.2 Statistische Nachhalltheorie – Diffuses Schallfeld

Ein Schallfeld in einem Raum heißt diffus, wenn sich in ihm Schall so in allen möglichen Richtungen ausbreitet, dass es keine Vorzugsrichtungen der Schallausbreitung gibt. Reale Schallfelder kommen diesem Grenzfall oberhalb der Schroeder-Frequenz mehr oder weniger nahe, und zwar dann, wenn die Raumform möglichst unregelmäßig und die Absorption nicht allzu ungleichmäßig auf die einzelnen Wände verteilt ist. Nach dem Ansatz des diffusen Feldes wird ferner jedes Wandelement im Raum gleich stark und aus allen Richtungen gleichmäßig mit Schall bestrahlt. Der effektiv wirksame Absorptionsgrad im diffusen Schallfeld ist dann (Paris'sche Formel):

$$\alpha_{\text{diffus}} = \frac{I_{\text{abs}}}{B} = \int_0^{\pi/2} \alpha(\vartheta)\sin(2\vartheta)\,d\vartheta \qquad (24)$$

Man beachte, dass dieser Absorptionsgrad unterschieden werden muss vom Absorptionsgrad für senkrechten Schalleinfall, etwa gemessen im Impedanzrohr (s. Abschn. 2.2).

Nach dem plötzlichen Abschalten einer Schallquelle oder nach Aussendung eines impulsartigen Schalls (Knall) durch eine Schallquelle verschwindet die Schallenergie in einem Raum nicht sofort, sondern klingt nur allmählich ab. Diese Erscheinung, die von ausschlaggebender Bedeutung für die akustische Eignung eines Raumes für die Wiedergabe von Sprache oder Musik ist, wird als Nachhall bezeichnet. Der Nachhall entsteht dadurch, dass auch nach Abschalten der Schallquelle sich noch Schallwellen im Raum ausbreiten, deren Energie nur allmählich durch unvollständige Reflexion (d. h. durch teilweise Absorption) an den Wänden aufgebraucht wird. Der Schallpegel fällt dann über der Zeit ab gemäß:

$$L(t) = L_0 + 4{,}34 \frac{cS}{4V}\ln(1-\alpha)\cdot t \qquad (25)$$

In der Praxis ist dieses Gesetz meist in recht guter Annäherung erfüllt. Die Dauer des Nachhallvorgangs kennzeichnet man durch die Nachhallzeit T. Das ist die Zeit, in welcher der Pegel um 60 dB gegenüber dem Ausgangswert abgefallen ist (Bild 15). So ergibt sich die Eyring'sche Nachhallformel:

$$T = -\frac{24\ln(10)}{c}\frac{V}{S\ln(1-\alpha) + 4mV}$$

$$= 0{,}16\frac{V}{-S\ln(1-\alpha) + 4mV} \qquad (26)$$

mit
V   Raumvolumen in [m³]
S   Raumoberfläche in [m²]
T   Nachhallzeit in [s]
m   Luftdämpfung in [m⁻¹]

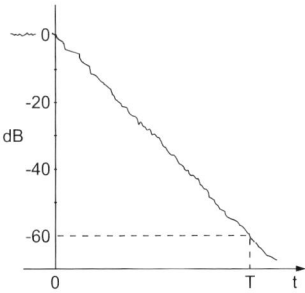

Bild 15. Nachhallkurve eines Raums

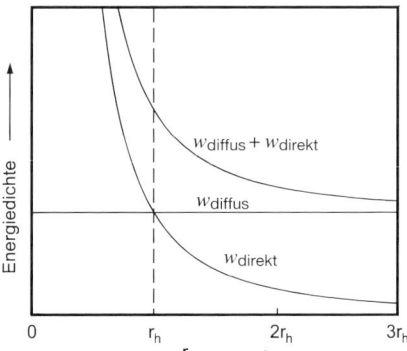

Bild 16. Abstandsgesetze von Direktschall und Diffusschall im Raum

Für kleine Absorptionsgrade gilt auch die Sabine'sche Nachhallformel:

$$T = 0{,}16\frac{V}{S\alpha + 4mV} = 0{,}16\frac{V}{A + 4mV} \qquad (27)$$

Falls die Absorptionsgrade im Raum nicht einheitlich sind, ist in den Nachhallformeln der flächengewogene mittlere Absorptionsgrad einzusetzen:

$$\overline{\alpha} = \frac{A}{S} = \frac{1}{S}\sum_{i=1}^{N} S_i\alpha_i \quad S = \sum_{i=1}^{N} S_i \quad A = \sum_{i=1}^{N} S_i\alpha_i \qquad (28\text{a,b,c})$$

Die Größe A ist die äquivalente Absorptionsfläche.
Die stationäre Energiedichte im diffusen Schallfeld ist:

$$w_{\text{diffus}} = \frac{4P}{cA}e^{-A/S} \qquad (29)$$

Diese Energiedichte kann mit der Energiedichte bei freier Kugelwellenausbreitung verglichen werden. Der Abstand, bei welchem beide Anteile gleich sind, heißt Hallradius (Bild 16):

$$r_H \approx \frac{1}{4}\sqrt{\frac{A}{\pi}} \approx 0{,}057\sqrt{\frac{V}{T}} \qquad (30)$$

4 Subjektive Schallwahrnehmung in Räumen

Das auffälligste akustische Merkmal eines Raumes ist sein Nachhall. Daraus folgt, dass die Nachhallzeit mit ihrer Frequenzabhängigkeit zu den wichtigsten akustischen Kenndaten eines Raumes gehört. Daneben gibt es eine Reihe anderer Schallfeldeigenschaften, aus denen sich akustische Parameter ableiten lassen, die für den Höreindruck in einem Raum oder an einem bestimmten Platz bzw. für bestimmte Aspekte des Höreindrucks kennzeichnend sind.

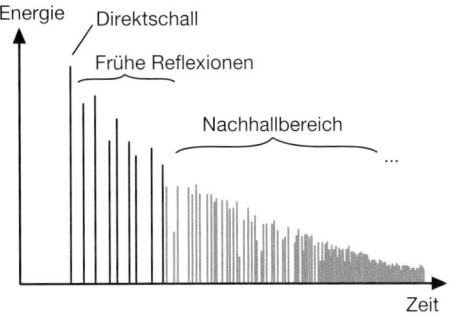

Bild 17. Schematische Raumimpulsantwort bestehend aus Direktschall, frühen „nützlichen" Reflexionen (t < 50 ms) und Nachhall (t > 50 ms)

4.1 Die Impulsantwort und Wahrnehmung von Reflexionen

Nach den Vorstellungen der geometrischen Akustik kommt der Nachhall eines Raumes dadurch zustande, dass der Schall an den Raumbegrenzungsflächen immer wieder zurückgeworfen wird. Ein Zuhörer in einem Raum empfängt also nicht nur den Direktschall, sondern zahlreiche „Rückwürfe", d. h. Schallanteile über einmal, zweimal usw. reflektierte Schallstrahlen. Die letzteren sind gegenüber dem Direktschall verzögert und außerdem schwächer als dieser, da sie größere Wege zurückzulegen haben und nur unvollkommen an den Wänden reflektiert werden.

Sendet die Schallquelle einen kurzen Impuls aus, so besteht die am Ohr des Zuhörers auftretende Antwort des Raumes aus einer ganzen Folge von Impulsen, deren Dichte mit der Zeit im Mittel quadratisch zunimmt, deren Stärke aber immer kleiner wird.

Der erste davon, der Direktschall, legt die Richtung fest, aus der die Schallquelle gehört wird (Gesetz der ersten Wellenfront). Die Rückwürfe, die nur weniger als etwa 50 ms gegenüber dem Direktschall verzögert sind, werden gehörmäßig dem Direktschall zugerechnet, vergrößern also dessen scheinbare Lautstärke („nützliche" Reflexionen). Alle anderen Rückwürfe bilden den Nachhall. Falls unter den länger als um 50 ms verzögerten einer die anderen energiemäßig deutlich überragt, wird er als Echo gehört, was in der Regel ungünstig ist (Bild 17).

Die Funktion E(t) beschreibt dabei die bereits erläuterte, energetische Impulsantwort des Raumes. Sie sieht für jede Sender/Empfängerposition im Detail anders aus, so, wie auch der spezifische Höreindruck an verschiedenen Plätzen unterschiedlich ist. Allenfalls der Nachhallbereich verläuft im Mittel an allen Orten im Raum gleich. Die Impulsantwort ist also so etwas wie der Fingerabdruck der Raumakustik. Aus ihr lassen sich weitere Kenngrößen der Raumakustik ableiten, die mit subjektiven Höreindrücken korreliert sind.

4.2 Nachhall

Der Nachhall ist natürlich nicht nur am Ende eines Schallsignals vorhanden, sondern während des gesamten Schallsignals und bewirkt ein gewisses zeitliches Verschmelzen aufeinander folgender Signalabschnitte. Dies wirkt sich bei Sprache und Musik unterschiedlich aus.

Eine Nachhallkurve lässt sich nur sehr selten mit einem Pegelabfall um 60 dB bestimmen. Daher sind einige Nachhallzeit-Bezeichnungen gebräuchlich, die ausdrücken, über welches Zeitintervall und Extrapolation die Nachhallzeit ermittelt wurde. Die Größe des Intervalls schreibt man in den Index. So ist T_{30} die doppelte Zeit zwischen den Punkten in der Nachhallkurve beim Abfall um 5 dB und 35 dB. Betrachtet man eine Nachhallkurve genauer, so stellt man fest, dass T_{10}, T_{20}, T_{30} usw. sich leicht unterscheiden. Bei größeren Unterschieden zeigt der Raum Anomalien, d. h. er hat kein näherungsweise diffuses Schallfeld (z. B. bei Korridoren, Flachräumen oder bei gekoppelten Räumen, siehe auch Abschn. 3.2).

Da die Nachhallkurve des Raumes auch bei näherungsweise diffusem Schallfeld nicht exakt linear verläuft, muss zur Bewertung des subjektiven Höreindrucks eines der möglichen Auswerteintervalle gewählt werden. Die Anfangsnachhallzeit (Early Decay Time) EDT hat sich dazu als geeignet erwiesen. Sie ergibt sich durch Auswertung der Steigung nur der ersten 10 dB der Nachhallkurve und Extrapolation auf einen Abfall um 60 dB. In den weit überwiegenden Fällen ist EDT kleiner als T_{30}.

4.3 Lautstärke

Ein wichtiger Eindruck ist zunächst derjenige der Lautstärke. Er wird charakterisiert durch das sogenannte Stärkemaß G. Dieses gibt an, wie laut es im Raum ist, im Vergleich zur Lautstärke bei freier Kugelwellenausbreitung (ungerichtet) in 10 m Abstand. Bei gerichteter Schallabstrahlung liegt der Bezugspunkt meistens in Hauptabstrahlrichtung:

$$G = 10 \log \frac{\int_0^\infty p^2(t)dt}{\int_0^\infty p_{10}^2(t)dt} \text{ dB} \qquad (31)$$

4.4 Sprachverständlichkeit und Durchsichtigkeit

Da die um weniger als 50 ms verzögerten Reflexionen zusammen mit dem Direktschall für die Lautstärke und Klarheit des gehörten Schalls maßgebend sind, hat man zur Kennzeichnung der Sprachverständlichkeit die Deutlichkeit D eingeführt:

$$D = \frac{\int_0^{50 \text{ ms}} p^2(t)dt}{\int_0^\infty p^2(t)dt} \qquad (32)$$

Auf ähnlichen Überlegungen beruht das Klarheitsmaß C. Es ist definiert als C80 für Musik und als C50 für Sprache:

$$C_{80} = 10 \log \frac{\int_0^{80 \text{ ms}} p^2(t)dt}{\int_{80 \text{ ms}}^\infty p^2(t)dt} \quad [\text{dB}] \qquad (33)$$

$$C_{50} = 10 \log \frac{\int_0^{50 \text{ ms}} p^2(t)dt}{\int_{50 \text{ ms}}^\infty p^2(t)dt} \quad [\text{dB}] \qquad (34)$$

und

$$C_{50} = 10 \log \left(\frac{D}{1-D} \right) \qquad (35)$$

Die Schwerpunktzeit TS (für Sprache) ist das 1. Moment der Impulsantwort: Es ist ebenfalls mit der Sprachverständlichkeit korreliert.

$$TS = \frac{\int_0^\infty t p^2(t)dt}{\int_0^\infty p^2(t)dt} \qquad (36)$$

4.5 Räumlichkeit

Ferner ist es für die Akustik eines Konzertsaals wesentlich, dass der Schall nicht ausschließlich vom Podium herzukommen scheint, sondern dass sich der Zuhörer gleichsam vom Schall eingehüllt fühlt, ohne die Fähigkeit der gehörmäßigen Lokalisierung der Schallquelle zu verlieren. Es liegt auf der Hand, dass dieser subjektive Eindruck eines räumlich ausgedehnten Schallfelds wesentlich darauf beruht, dass wir zweiohrig hören und dabei zwar nicht die Einfallsrichtung der einzelnen Rückwürfe gehörmäßig unterscheiden können, wohl aber in pauschalerer Form einen Eindruck von der Dreidimensionalität des Schallfelds in einem Raum erhalten. Dabei ist es nicht wesentlich, ob es sich bei diesen seitlichen Rückwürfen um sehr viele schwache Rückwürfe aus verschiedensten Richtungen handelt, oder um wenige energiereiche Rückwürfe. Für die Wahrnehmung ist in diesem Zusammenhang der Zeitpunkt entscheidend, wann der Schall den Hörer erreicht. Schall, der innerhalb der ersten 80 ms nach dem Direktschall beim Zuhörer eintrifft, wird in der Wahrnehmung zusammengefasst und der Quelle zugeordnet. Hat der Schall dieser frühen Reflexionen seitliche Anteile, so wird das durch eine scheinbare räumliche Vergrößerung der Schallquelle wahrgenommen. Bei der Wahrnehmung von räumlichen Schallfeldern ist jedoch auch ein zweiter Aspekt relevant. Schallanteile, die den Hörer nach mehr als 80 ms erreichen, werden in der Wahrnehmung nicht mehr der Quelle, sondern dem Raum zugeordnet. Auch hier ist die Einfallsrichtung des Schalls relevant. Spät eintreffende Schallanteile aus seitlichen Einfallsrichtungen tragen dazu bei, dass man sich von dem Schall umhüllt fühlt.
Als objektive Messgröße für die scheinbare Quellbreite, die sich auf die frühen Anteile der Impulsantwort bezieht, wird der sogenannte Seitenschallgrad benutzt.

$$LF = \frac{\int_{5 \text{ ms}}^{80 \text{ ms}} p_L^2(t)dt}{\int_0^{80 \text{ ms}} p^2(t)dt} \qquad (37)$$

wobei p_L die Energie der Rückwürfe in der Impulsantwort des Raumes an der betreffenden Stelle ist, die mit einem Gradientenmikrofon ermittelt wird. Das Gradientenmikrofon besitzt eine achtförmige Richtcharakteristik und ist in derjenigen Achse ausgerichtet, welche die Ohren des gedachten Zuhörers verbindet. $p_L(t)$ wird mit dem Gradientenmikrofon in Ausrichtung in „Ohrachse" gemessen, also horizontal und senkrecht zur Blickrichtung. (Der Zuhörer schaue dabei in Richtung der Schallquelle.) Die Integrale sind nur über die Rückwürfe mit kleineren Verzögerungszeiten als 80 ms zu erstrecken.
Ebenfalls ein Maß des Räumlichkeitseindruckes ist der Interaurale Kreuzkorrelationskoeffizient IACC (Kohärenzgrad), der gebildet wird aus

$$IACF_{t_1,t_2}(\tau) = \frac{\int_{t_1}^{t_2} p_l(t) \cdot p_r(t+\tau)dt}{\sqrt{\int_{t_1}^{t_2} p_l^2(t)dt \int_{t_1}^{t_2} p_r^2(t)dt}} \qquad (38)$$

$$IACC_{t_1,t_2} = \max \left[IACF_{t_1,t_2}(\tau) \right] \qquad (39)$$

mit $-1 \text{ ms} < \tau < 1 \text{ ms}$. Dabei sind $p_r(t)$ und $p_l(t)$ die an den Ohren eines Kunstkopfes (oder einer Versuchsperson) gemessenen Schalldruck-Impulsantworten. Mit der Wahl von t_1 und t_2 kann zwischen Umhülltsein ($t_1 = 80$ ms, $t_2 = $ EDT) und dem Eindruck der scheinbaren Schallquellenausdehnung ($t_1 = 0$, $t_2 = 80$ ms) unterschieden werden.
Als alternatives Maß für das Umhülltsein ist auch der „späte seitliche Schallpegel" LG eingeführt worden:

$$LG = 10 \log_{10} \left(\frac{\int_{0,080 \text{ s}}^\infty p_L^2(t)dt}{\int_0^\infty p^2(t)dt} \right) [\text{dB}] \qquad (40)$$

4.6 Der akustische Gesamteindruck

In den vergangenen 50 Jahren wurden zahlreiche Untersuchungen durchgeführt, um herauszufinden, wie Schall in Räumen wahrgenommen wird und wie sich die akustische Qualität anhand von isolierten objektiven Messgrößen bestimmen lässt. Einige Ergebnisse lassen sich ansatzweise zu einer Aussage über „die Akustik" zusammenfassen, jedoch muss festgehalten werden, dass die Wahrnehmung der Akustik in Räumen hoch komplex ist.
Um einzuschätzen, wie stark sich verschiedene akustische Szenarien voneinander unterscheiden, können Unterscheidungsschwellen einen Anhaltspunkt geben. Es ist jedoch wichtig anzumerken, dass diese Größen unter Laborbedingungen ermittelt wurden. „Echte" Schallfelder unterscheiden sich nahezu immer in mehreren Wahrnehmungsgrößen gleichzeitig, wodurch feinste Unterschiede nicht immer herauszuhören sind. Die Unterscheidungsschwellen sind dennoch für die raumakustische Planung wichtig, da sie die Obergrenze der erforderlichen Genauigkeit der Prognosewerkzeuge und von Messungen definiert.

Tabelle 5. Unterscheidungsschwellen für verschiedene raumakustische Parameter

Subjektive Wahrnehmungsgröße	Objektive akustische Messgröße	Unterscheidungsschwelle (jnd)
Subjektiver Schallpegel	Stärkemaß G	1 dB
Wahrgenommene Halligkeit	Frühe Abklingzeit EDT	Relativ 5 %
Wahrgenommene Transparenz des Schalls	Klarheitsmaß C_{80} Deutlichkeit D_{50} Schwerpunktzeit ts	1 dB 0,05 10 ms
Scheinbare Quellbreite	Seitenschallgrad LF	0,05
Zuhörer-Umhüllung	Später seitlicher Schallpegel LG	Unbekannt

4.7 Neue Erkenntnisse aus der Psychoakustik von Räumen

In neuerer Zeit gab es einige Beiträge zum Hören in Räumen, die auf der Grundlage der Weiterentwicklung der Psychoakustik neue Kriterien hervorgebracht haben. Dies betrifft zum einen die Nutzung von Lautheitsmodellen (in der Einheit sone) unter Berücksichtigung der spektralen Verdeckung. Dieser Effekt wird auch in der Kompression von Audiodaten (mp3) ausgenutzt und ist somit eine wesentliche Grundlage für die heutige Musikreproduktion und -archivierung. Die Lautheit von komplexen Schallereignissen wird dabei nicht nur als physikalischer Pegel-Effekt behandelt, sondern als nichtlinearer Prozess, der im peripheren Hörsystem im Innenohr passiert. Das Lautheitsmodell ist nun für Pegelabnahmen wie beim Nachhallhören ein sehr interessantes Werkzeug und kann signalabhängig für laufende Musik oder bei Schlussakkorden herangezogen werden, um das Hallempfinden zu beschreiben. Es wurde gezeigt [9], dass Hörversuche zum Hallempfinden besser mit Lautheits-Nachhallkurven korrelieren als mit Pegel-Nachhallkurven.

Zum anderen wurden mit umfangreichen Vergleichsuntersuchungen [10, 11] in europäischen Konzertsälen mit einem immer exakt wiederholbar spielenden Lautsprecherorchester Hörversuche zu den Wahrnehmungskriterien neue Erkenntnisse gewonnen, wie sich der Gesamthöreindruck zusammensetzt. Neben den bekannten Kriterien wie früher Nachhall, Klarheit und Räumlichkeit gibt es Hinweise auf eine Wahrnehmungsdimension „Proximity" (Nähe), die so etwas wie den Eindruck der Unmittelbarkeit der Verbindung zwischen dem Orchester und dem Zuhörer widerspiegelt. Eine starke Direktschallkomponente trägt in jedem Fall zu diesem Eindruck bei. Diese Untersuchungen müssen noch bestätigt werden, und es muss ein Parameter gefunden werden, der in den Impulsantworten eine derartige Komponente statistisch gut beschreibt.

5 Raumakustische Messtechnik

Raumakustische Messungen sind ein wichtiger Bestandteil des akustischen Entwurfs. Neben dem Planen neuer Projekte ist die Sanierung und Renovierung bereits existierender Bauten in einigen Fällen ebenfalls eine wichtige Aufgabe der Raumakustik. Unabhängig davon, ob durch die Erneuerungsmaßnahmen eine Verbesserung oder der Erhalt der akustischen Eigenschaften des Bauwerks erreicht werden soll, eignen sich Messungen, um den Ist-Zustand der Raumakustik zu dokumentieren, was natürlich auch für neue Räume nach Fertigstellung gilt.

5.1 Nachhallmessung – Traditionelles Verfahren

Zur traditionellen Messung der Nachhallzeit wird meist der Raum über einen Lautsprecher angeregt, der mit einem frequenzmodulierten Sinuston oder mit Rauschen von Oktav- oder Terzbandbreite gespeist wird. Zu einem bestimmten Zeitpunkt wird das elektrische Signal unterbrochen; der einsetzende Nachhall wird von einem Mikrofon aufgenommen, dessen Ausgangssignal verstärkt, gefiltert und von einem logarithmischen Schreiber aufgezeichnet und manuell für EDT, T_{30} etc. ausgewertet. Die Frequenzabhängigkeit der Nachhallzeit ergibt sich dann allein aus der Stellung des Oktav- oder Terzfilters im Empfangszweig.

5.2 Nachhallmessung – Messung mit Impulsverfahren

Regt man den Raum jedoch nicht mit einem Rauschsignal an und beobachtet den Abklingvorgang nach Abschalten, sondern verwendet man einen *Impuls* als Anregung, so muss die gemessene Impulsantwort gespeichert und integriert werden. Die dem abgeschalteten Rauschen entsprechende energetische Nachhallkurve $r^2(t)$ ergibt sich nachträglich durch eine „Rückwärtsintegration" der energetischen Impulsantwort $h^2(t)$:

$$r^2(t) = \int_0^\infty h^2(\tau)d\tau - \int_0^t h^2(\tau)d\tau = \int_t^\infty h^2(\tau)d\tau \quad (41)$$

Man kann sich zur Veranschaulichung vorstellen, dass im stationären Fall zunächst der Raum mit der Gesamtenergie, die in der Impulsantwort vorhanden ist, „geladen" wird (linkes Integral der Gl. (42)) und dass diese Energie nach dem gedachten Abschalten gemäß der Energieabfolge der Impulsantwort abfließt, dargestellt durch die Subtraktion des mittleren Integrals vom linken. (Die rechte Seite der Gl. (42)) bildet lediglich eine rechnerische Vereinfachung.) Somit wird der stationäre Fall mit Abschalten durch den transienten Fall mit Impuls nachgestellt.

Die Vorteile der Impulsmessung sind die schnelle Durchführbarkeit und die Möglichkeit, moderne FFT- oder Korrelationsmesstechniken einzusetzen, die enorme Vorteile gegenüber dem traditionellen Verfahren besitzen (insbesondere Störfestigkeit). Im Übrigen, und das ist viel wichtiger, lassen sich aus Impulsantworten von Räumen weitere wichtige Kenngrößen ableiten.

5.3 Messung raumakustischer Kenngrößen

In der vorhergehenden Diskussion der Wahrnehmung von Schall in Räumen sind eine Anzahl von raumakustischer Parameter definiert worden, die sich alle auf die Raumimpulsantwort (RIA) als elementare Größe beziehen. Die genauen Vorschriften zur Durchführung raumakustischer Messungen können der Normenreihe DIN EN ISO 3382 [12, 13] und der DIN EN ISO 18233 [14] entnommen werden. Für die Bestimmung der Impulsantwort stehen generell zwei Methoden zur Verfügung.

Im einfachsten Verfahren versucht man den Raum in der Tat mit einem Impuls anzuregen. Am Messort wird ein Mikrofon aufgestellt und die RIA wird gemessen, in dem einfach der Schalldruckverlauf als Funktion der Zeit aufgezeichnet wird. Als Impulsquellen werden oftmals platzende Luftballons, Papiertüten, Holzklatschen oder Schüsse aus Schreckschusspistolen verwendet. Dieses Verfahren kann in der Praxis sehr schnelle Ad-Hoc-Ergebnisse liefern, wenn es wichtig ist, schnell einen ersten Eindruck über die Schallfeldeigenschaften zu erhalten. Die Voraussetzung, dass die Schallquelle einen möglichst idealen Impuls erzeugen kann, ist dabei jedoch nicht immer erfüllt. Die Qualität des Impulses kann durch so viele Einflussgrößen signifikant verändert werden, dass dieses Verfahren für eine belastbare Untersuchung kaum Anwendung finden sollte. Aufgrund der starken Veränderlichkeit wiederholter Anregungen können z. T. große Fehler bei einer ungeeigneten Aussteuerung der Mikrofone entstehen. Bei Übersteuerung ist der frühe Teil der Impulsantwort unbrauchbar und bei Untersteuerung können Störgeräusche die Qualität der Messung beeinträchtigen, sodass der spätere Nachhall nicht auswertbar ist.

Reproduzierbare und belastbarere Ergebnisse können unter Anwendung der FFT- oder Korrelationsmesstechnik erzielt werden. Da in diesem Beitrag nicht auf alle systemtheoretischen Grundlagen dieser Methode eingegangen werden kann, muss der Hinweis genügen, dass bei diesem Ansatz davon ausgegangen wird, dass es sich bei dem zu untersuchenden Raum um ein lineares und zeitinvariantes System handelt. In einem solchen System ergibt sich das Signal, welches am Mikrofon aufgezeichnet wird, aus dem Faltungsprodukt des ausgesendeten Quellsignals und der gesuchten Raumimpulsantwort. Die RIA wird nachträglich bei Kenntnis der Anregung in einer geeigneten inversen Operation extrahiert. Obwohl für diesen Ansatz aufwendigere technische Methoden und Gerätschaften erforderlich sind, ergeben sich zahlreiche Vorteile. Die Reproduzierbarkeit der Messungen ist deutlich größer und weiterhin lassen sich Methoden zur Verbesserung des Signal-Rausch-Abstands anwenden.

Die im vorherigen Abschnitt definierten Messgrößen wie Nachhallzeit, Deutlichkeit, Klarheit oder Stärkemaß können somit direkt aus der gemessenen Impulsantwort bestimmt werden. Der Zeitpunkt t = 0 wird dabei bei auf den Beginn der Impulsantwort, also auf das Eintreffen des Direktschalls, gelegt.

Bei der Dokumentation der Messergebnisse ist darauf zu achten, dass einige Kenngrößen stark platzabhängig sind. Messungen der Nachhallzeit zeigen in den meisten Fällen nur geringe Abweichungen im Vergleich verschiedener Messpositionen in einem Raum. Zeigt der Abklingvorgang „normales" lineares Verhalten, gehen durch das Zusammenfassen der Ergebnisse kaum nützliche Informationen verloren. Messgrößen, die eine Freifeldnormierung beinhalten, wie z. B. das Stärkemaß, sind sehr stark vom Quellen-Mikrofonabstand abhängig. Beim Zusammenfassen der Ergebnisse sollte diese Information erhalten bleiben. Messgrößen, die die Energie der frühen Reflexionen berechnen, ändern sich sehr stark von Ort zu Ort in einem Konzertsaal. Eine Mittelwertbildung ist in solchen Fällen nur über kleine Publikumsbereiche empfehlenswert.

5.4 Schallfeldabtastung mit automatischen Messsystemen

Messungen nach ISO 3382 gelten weitgehend als etabliert und legen einen klaren Fokus auf raumakustische Kenngrößen. Mit Array-Messungen entlang einer Linie untersuchte de Vries [15], wie stark sich der Seitenschallgrad über kleinste Änderungen in der Mikrofonposition ändert. Da sich die dabei gefundenen Fluktuationen über den Messort auch auf andere Parameter übertragen ließen, wurden Zweifel an der praktischen Messbarkeit der ISO 3382-Parameter geweckt. Um diese Sichtweise zu verdeutlichen, können in 2018 gesammelte Daten aus aufwendigen Messreihen in verschiedenen Auditorien diskutiert werden. Diese Daten bestehen aus Impulsantworten, die mit einem automatisierten Messsystem (hier im Concertgebouw Ams-

Bild 18. Automatisiertes Messsystem im Concertgebouw Amsterdam zur Abtastung des Schallfeldes auf einer Fläche von 8,0 × 5,3 m (Foto: I. Witew)

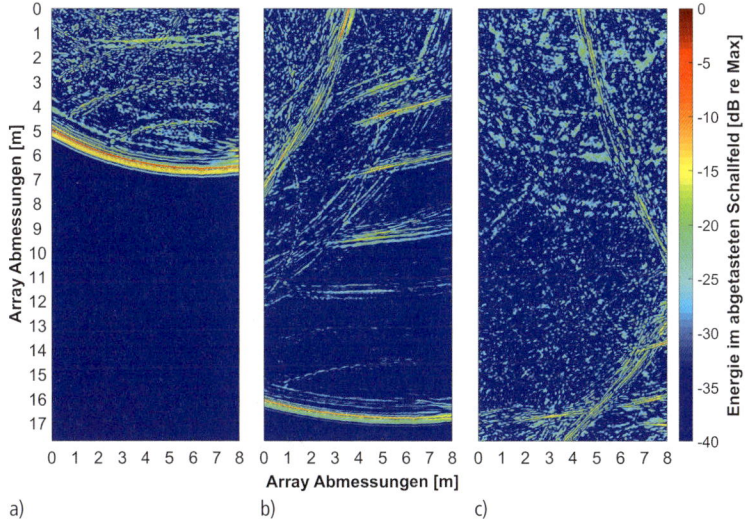

Bild 19. Schallausbreitung im Concertgebouw Amsterdam zu verschiedenen Zeiten nach Eintritt des Direktschalls in das Abtastfeld; a) t = 22 ms, b) t = 52 ms, c) t = 79 ms

terdam, Bild 18) in einem 5 cm Raster hochauflösend und großflächig vermessen wurde. Da sich Schall als Schwingung zeitlich und örtlich ausbreitet, lassen sich zu wählbaren Zeitpunkten der Impulsantwort Bilder berechnen, die die Ausbreitung des abgetasteten Schallfelds graphisch darstellen und so den Ursprung der verschiedensten akustischen Phänomene zeigen.

Bild 19a zeigt die Ausbreitung des Direktschalls (von oben nach unten in rot und gelb) und seine Streuung an Stuhlbereichen (türkis). Es ist zu erkennen, dass die so zurückgestreuten Wellen nicht vollständig an den rechten und linken Rand des Abtastfeldes reichen, da sich die Stützen des Aufbaus in den Gängen zu beiden Seiten des Publikumsbereichs befinden.

Im Bild 19b ist zu sehen, wie der Direktschall nun bis in die hinteren Reihen des Konzertsaals vorgedrungen ist und im Vergleich zu Bild 19a deutlich an Amplitude verloren hat. Von der linken Seite erreichen drei Reflexionen das Abtastfeld. Besonders deutlich ist die Reflexion an der Seitenwand zu erkennen. Der Schallrückwurf vom Balkon ist deutlich weniger strukturiert. Am schwächsten sind die kreisrunden Schallwellen ausgeprägt, die sich aus der Streuung an den Säulen des Balkons ergeben.

In der Mitte von Bild 19b sind fünf isolierte Regionen mit relativ hohen Amplituden zu sehen. Diese Brennpunkte von den konzentrischen Bühnenpodien sind während der Konzerte natürlich nicht hörbar, da sich der Schall mit Musikern auf der Bühne nicht mehr frei ausbreiten kann und so die Grundlage für die Brennpunktbildung fehlt.

Bild 19c zeigt das Schallfeld zu einem Zeitpunkt, zu dem die erste Reflexion von der Rückwand gerade wieder unten in das Abtastfeld läuft. Im oberen Bildbereich ist einerseits die erste Reflexion an der rechten Seitenwand, aber auch die erste Deckenreflexion zu sehen. Durch die starke Aufteilung der Decke in Kassetten mit unterschiedlicher Höhe ist dieser Schallrückwurf nicht besonders scharf abgegrenzt, sondern sehr stark über den Ort und die Zeit verwischt. Durch die Anordnung eines großen Publikumsbereichs hinter dem Orchester ist keine deutliche Reflexion von der Bühnenrückwand sichtbar. Eine hochauflösende Animation der Schallausbreitung ist unter der Referenz [16] zu finden.

Aus diesen Daten wird anschaulich klar, wie sich Schall in Räumen ausbreitet und dass sich Impulsantworten sehr präzise messen lassen. Etwaige Schwierigkeiten bei der Interpretation von Messergebnissen lassen sich auch oft auf Unsicherheiten in den zugrundeliegenden Messbedingungen (z. B. Genauigkeit der Bestimmung der Messposition oder Vergleichbarkeit von Messreihen über mehrere Jahre) zurückführen. Derartige Array-Messungen können helfen, die Unsicherheitsbudgets in Standardmessungen zu ermitteln.

6 Methoden und Werkzeuge bei der Planung von Räumen

6.1 Berechnung anhand einfacher Formeln

Zu Beginn der Planung liegen aber oft noch recht vage Vorstellungen von der Größe und der Ausstattung des Saales, von der Zuhörerzahl usw. vor. In diesem Fall kann die Anwendung bestimmter Faustformeln für die Berechnung der Nachhallzeit in Sekunden zweckmäßig sein:

$$T = \frac{V}{4N} \tag{42}$$

(mit V = Raumvolumen in m³, N = Zuhörerzahl)

$$T = 0{,}15 \frac{V}{S_P} \tag{43}$$

Tabelle 6. Effektiver Absorptionsgrad von Publikum

Frequenz (in Hz)	125	250	500	1000	2000	4000
effektiver Absorptionsgrad	0,96	1,0	1,05	1,09	1,15	1,29

oder

$$T = 0{,}163 \frac{V}{\alpha_e S_P} \tag{44}$$

(mit S_P = Fläche des Publikums in m², gegebenenfalls des Orchesters und des Chors). Der geometrischen Fläche ist an den Gängen ein Streifen von 1 m Breite zuzurechnen, der die Beugung in etwa berücksichtigt (α_{eff} ist ein effektiver Absorptionsgrad gemäß Tab. 6).
Zur Berechnung der Nachhallzeit (und anderer Maße) kann man natürlich auf die statistische Nachhalltheorie und die Sabine'sche und Eyring'sche Formeln (s. Abschn. 3.2) zurückgreifen, sofern die Absorptionsgrade aller Teilflächen bekannt sind. Ebenfalls mit Mitteln der statistischen Nachhalltheorie kann man Erwartungswerte für das Stärkemaß und für das Klarheitsmaß ableiten:

$$G = 37 - 10 \log A \tag{45}$$

$$C = 10 \log(e^{1{,}1/T} - 1) \tag{46}$$

6.2 Geometrische Strahlkonstruktion

Reflexionen an Wänden lassen sich anhand des Spiegelungsgesetzes leicht konstruieren, womit eine Möglichkeit gegeben ist, Laufzeit und Energie zu bestimmen. Dazu trägt man von der Originalschallquelle ausgehend Spiegelschallquellen auf, mit deren Hilfe man Schallpfade zeichnen kann. Die Laufwege und Laufzeiten der Reflexionen können in eine Impulsantwort eingetragen werden, auch unter Berücksichtigung der Wandabsorption (Bild 20).

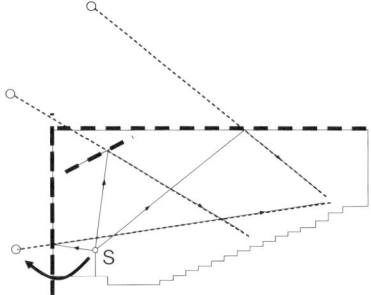

Bild 20. Konstruktion von Spiegelschallquellen (durch Spiegelung der Quelle S) an Raumbegrenzungen (gestrichelte Linien) und zugehörige Schallpfade

6.3 Maßstäbliche Raummodelle

Zur Beurteilung der örtlichen Verteilung der gesamten Schallenergie in einem Raum eignet sich die zeichnerische Konstruktion von Schallwegen nicht gut, da man außer dem Direktschall nur die Reflexionen erster, allenfalls zweiter Ordnung konstruieren kann. Daher bedient man sich schon seit langer Zeit maßstabsgerechter Modelle, um die Schallverteilung experimentell zu ermitteln. Das wichtige transiente Verhalten eines Raumes kann man durch akustische Messungen in einem maßstabsgerechten Modell ermitteln. Ist μ der Maßstabsfaktor (10…50), dann muss für alle Längen gelten (gestrichene Größen beziehen sich auf das Modell):

$$l' = l/\mu \tag{47}$$

Da dies auch für die Wellenlänge des Schalls gilt, muss

$$f' = \mu f \tag{48}$$

sein, wobei vorausgesetzt ist, dass das Modell mit Luft gefüllt ist. Die Modellmessungen müssen daher im Ultraschall-Frequenzbereich durchgeführt werden. Weiterhin muss sein

$$\alpha(f') = \alpha(f) \tag{49}$$

und für die Absorptionskonstante der Luft sollte sein:

$$m(f') = \mu m(f) \tag{50}$$

Die Erfüllung der letzteren Bedingung macht am meisten Schwierigkeiten, bis zu einem gewissen Grad gelingt sie mit sehr trockener Luft oder mit Stickstoff als Füllgas. Beschränkt man sich auf die Aufnahme von Impulsantworten in einem beschränkten Frequenzband, dann kann man die gegenüber dem Originalraum meist zu hohe Luftabsorption im Modell mit einem Verstärker mit zeitlich ansteigender Verstärkung oder rechnerisch berücksichtigen. Meist genügt es dann auch, nur zwei Arten von Wandmaterialien nachzubilden, nämlich gut reflektierende durch Metall, Kunststoff o. ä. und stark absorbierende (Publikum) durch Schaumkunststoff oder ein ähnliches Material.
Als Schallempfänger verwendet man ein Mikrofon, das auch bei hohen Frequenzen eine geringe Richtwirkung hat, eventuell auch zwei, die in einem Miniaturkunstkopf eingebaut sind. Größere Schwierigkeiten macht die ungerichtete Abstrahlung von hochfrequenten Schallimpulsen. Man kann hierzu kleine Funkenstrecken oder kleine elektrostatische oder piezoelektrische Schallquellen verwenden. Als Ergebnis erhält man die Impulsantwort des Raumes an den einzelnen Plätzen, aus der man die Verteilung des Direktschalls und der einzelnen (frühen) Reflexionen, bei entsprechender Auswertung auch die frühe Nachhallzeit (EDT), die Deutlichkeit usw. ermitteln kann. Zur Bestimmung des Seitenschallgrades benötigt man allerdings eine Art Gradientmikrofon.

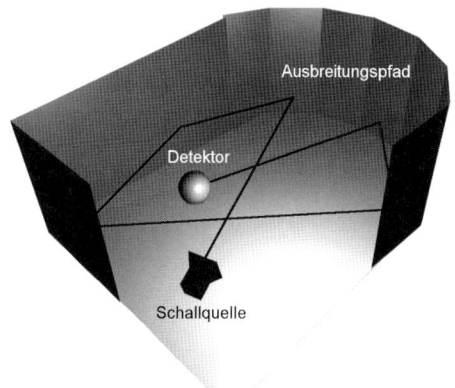

Bild 21. Computermodell eines modellierten Raums. Die Kugel entspricht einem Teilchendetektor. (Graphik: D. Schröder)

6.4 Computersimulationen – Ray Tracing

Hierbei wird eine geometrische Nachbildung des Raumes mithilfe von Flächen (z. B. Ebenen und Polygonen) erstellt (Bild 21). Die Schallquellen und -empfänger sind klein gegen die Wellenlänge. Die Computerverfahren bestehen letztlich in der Lösung geometrischer Algebra, nämlich in der Verfolgung von Strahlen oder Schallteilchen auf Geraden, die Ebenen schneiden, die reflektiert oder detektiert werden. Die Verfahren werden angewendet zur Berechnung der Parameter (T, EDT, D, C, TS, LF, IACC…) oder zur Auralisation (Hörbarmachung) der Akustik von Räumen. Grundsätzlich unterscheidet man zwei Modellansätze: (stochastisches) Ray Tracing und (deterministisches) Spiegelschallquellen-Verfahren, welches leider oft auch als Ray Tracing bezeichnet wird. Der Unterschied zwischen diesen Verfahren ist, dass Spiegelungsverfahren reine Konstruktionsverfahren und damit theoretisch exakt sind, und dass stochastisches Ray Tracing ein Strahl- oder Teilchenverfolgungsprinzip ist, wobei neben der Spiegelung auch Streuung berücksichtigt werden kann. Letzteres ist sehr wichtig für eine realistische Simulation, denn Schallstreuungen in akustischen Umgebungen sind praktisch unvermeidlich.

Die geometrische Akustik ermöglicht Simulationen von Schallfeldern in Räumen und im Freien. Diese Modelle führen unter gewissen Umständen zu exakten Lösungen der Schalldruckfelder, d. h. zu exakten Lösungen, die auch die Wellengleichung unter den gegebenen Randbedingungen (die schallhart, d. h. 100%ig reflektierend sein müssen) erfüllen. In den allermeisten praktischen Fällen bietet die geometrische Akustik nur Näherungen. Diese Näherungen sind für große Räume und/oder hohe Frequenzen normalerweise vollkommen hinreichend. Gewisse Erweiterungen der geometrischen Akustik, insbesondere die Berücksichtigung komplexer Flächenimpedanzen, verführen allerdings zu unbedachten Anwendungen und zum irrigen Glauben, dass man nun auch Eigenschwingungen in kleinen Räumen ermitteln oder andere modale Probleme lösen kann. Dies geht im Allgemeinen nur mit wellenakustischen numerischen Methoden wie FEM (Finite-Elemente-Methode) oder BEM (Randelementemethode).

Üblicherweise werden raumakustische Kenngrößen wie Nachhallzeit, Klarheitsmaß, Stärkemaß etc. für Frequenzbänder angegeben. Die Begründung für diese Art der Analyse (Terz- oder Oktavanalyse) lautet, dass die in Räumen verwendeten Signale wie Musik oder Sprache eher breitbandig als schmalbandig sind und dass auch aus gehörphysiologischen Gründen Terzfilter ein guter Kompromiss sind, da sie etwa den Frequenzgruppen des Gehörs entsprechen. Dies ist ebenfalls die Begründung für den Einsatz der Modelle der geometrischen Akustik, die zunächst rein energetisch formuliert ist und Phasenbeziehungen außer Betracht lässt. Bei tiefen Frequenzen liegt die Problematik etwas anders und die Übertragung reiner (Grund-)Töne ist durchaus von Interesse, sei es, um die Aufstellung von Musikinstrumenten zu optimieren (in Sinne von Vermeidung von „dead spots" im Raum) oder um optimale Lautsprecher- oder Zuhörerpositionen zu ermitteln, die möglichst wenig extremen Pegelschwankungen in der Übertragungsfunktion unterworfen sind. Aber auch hierbei ist eine gewisse Mittelung über Frequenzgruppen (Bandbreite konstant ca. 100 Hz) eher sinnvoll als die willkürliche Wahl einer bestimmten Frequenz. Wesentlich ist auch, dass eine breitbandige Anregung oder Analyse ein Einschwingen von Moden und somit Glättungen der Feinstruktur der Übertragungsfunktion zur Folge hat.

Ebenfalls problematisch ist die exakte Nachbildung von Kugelwellenreflexionen. Als Faustregel sollte man sich merken, dass bei flachem Schalleinfall ($\vartheta > 60$ Grad) und bei zu nahen Abständen der Quelle oder des Empfängers vor der Wand die Fehler groß werden, d. h. in der Raummitte sind die Ergebnisse der geometrischen Akustik eine gute Näherung. Bedenkt man nun diese Bedingungen und die Raumabmessungen, so ist festzustellen, dass bei mittleren und kleinen Räumen (50 m^3 < V < 200 m^3) praktisch keine Zone einer „Raummitte", also genügend weit von den Wänden entfernt, existiert.

Bei der Lösung dreidimensionaler Probleme bleibt die Frage, wie die Randbedingungen das Ergebnis beeinflussen, ob die komplexen Impedanzen auch im Falle von Plattenschwingern mit lokalen Fixpunkten (Verschraubungen etc.) „richtig" sind, inwieweit Kugelwellenimpedanzen eine Verbesserung darstellen würden und, ganz wichtig, welche Ergebnisse überhaupt gehörphysiologisch relevant sind.

Um den Aufwand für Computersimulationen auf das notwendige Maß zu beschränken, spielen zwei Überlegungen eine Rolle. Die Rechenzeiten können bei komplexen Raumgeometrien mit zahlreichen Wandflächen sehr lang werden, sodass darauf geachtet werden sollte, nur relevante Oberflächen zu modellieren. Eine Antwort auf die Frage, welche Detailstruktur relevant ist, ergibt sich aus der betrachteten Frequenz und der Diskussion zur Schallstreuung (s. Abschnitt 2.4). Wandelemente, die klein gegenüber der Wellenlänge sind, sollten nicht im Modell enthalten sein. In diesem Zusammenhang sollte auch bedacht werden, dass bei einer zu detaillierten Implementierung des Computermodells nicht mit genaueren Ergebnissen, sondern mit Fehlern zu rechnen ist. Dieser Grundgedanke lässt sich bei der Modellierung einer Treppe verdeutlichen. Die Darstellung jeder einzelnen Stufe würde sicherlich nur für höchste Frequenzen zu einem richtigen Ergebnis führen. Tatsächlich wird für mittlere Frequenzen (1–2 kHz) der Schall nicht wie an einem Winkelspiegel zurückgeworfen, sondern in viele Richtungen gestreut werden. Bei tiefen Frequenzen wird auch die Streuung keine wichtige Rolle mehr spielen und der Schall wird wie an einer glatten Rampe reflektiert. Aus diesen Überlegungen ergibt sich die Konsequenz, dass eine Treppe (und vergleichbare Strukturen) sinnvollerweise durch eine einzelne Fläche und einem zugehörigen frequenzabhängigen Streugrad dargestellt wird.

In einem zweiten Aspekt gilt es, die Anzahl der notwendigen Schallstrahlen so zu wählen, dass die Ergebnisse die erforderliche maximale Schwankungsbreite etwa bei einer Wiederholung der Berechnung besitzen. Hier ist die Referenz zu den Wahrnehmbarkeitsschwellen der verschiedenen raumakustischen Parameter nützlich, da dort die erforderliche Genauigkeit direkt zu finden ist.

7 Ziele bei der Planung von Räumen für verschiedene Nutzungen

7.1 Grundlegende Überlegungen

Das wichtigste akustische Qualitätskriterium für einen Raum ist seine Nachhallzeit und deren Frequenzabhängigkeit. Bei reinen Sprachdarbietungen soll die Nachhallzeit relativ kurz sein (0,6 bis 1,3 s), da langer Nachhall die Sprachverständlichkeit verschlechtert. An und für sich brauchte man hier überhaupt keinen Nachhall, wohl aber im Interesse genügender Lautstärke wenig verzögerte, starke Rückwürfe. Da man aber das eine nicht ohne das andere erreichen kann, stellt die obige Zahl einen günstigen Kompromiss dar. Die niedrigeren Werte gelten dabei für Hörsäle, Sitzungsräume und dergleichen, die höheren für Schauspieltheater. Kinos brauchen im Prinzip überhaupt keinen eigenen Nachhall, da sie reine Wiedergaberäume sind. Konzertsäle sollen Nachhallzeiten zwischen 1,6 s und 2,1 s haben, wobei die niedrigeren Werte für Kammermusik und die höheren für Orchesterkonzerte und Chordarbietungen gelten. Orgelmusik verlangt noch längere Nachhallzeiten. Bei Opernhäusern kann mehr Gewicht auf die Verständlichkeit der Sprache oder aber auf den Wohlklang der Musik gelegt werden. Demgemäß gibt es sehr gute Opertheater sowohl mit relativ kurzen (Mailänder Scala: 1,2 s) als auch mit relativ langen Nachhallzeiten (Festspielhaus Salzburg: 1,7 s). Bei Kirchen werden Nachhallzeiten zwischen 2 und 3 s als günstig empfunden.

Die angegebenen Zahlen beziehen sich auf einen mittleren Frequenzbereich von 500 bis 1000 Herz. Bei Musiksälen wird ein Anstieg der Nachhallzeit nach tiefen Frequenzen oft als angenehm empfunden; bei Sprache wirkt sich ein solcher Anstieg dagegen ungünstig aus, da er die Verständlichkeit herabsetzt. Außer der Nachhallzeit spielt bei Räumen für Sprache eine ausreichende Stärke des Direktschalls sowie der ersten, nur wenig verzögerten Rückwürfe eine wichtige Rolle, da diese die Nutzlautstärke und damit die Sprachverständlichkeit erhöhen. Daher ist es vorteilhaft, wenn sich in der Nähe der Schallquelle reflektierende Flächen befinden, auch eine reflektierende Decke wirkt sich günstig aus, falls sie nicht zu hoch ist.

Bei Musikdarbietungen spielt die „Verständlichkeit" eine untergeordnete Rolle, dagegen soll der Zuhörer einen räumlich wirkenden Höreindruck haben. Dieser wird durch möglichst kräftige Schallrückwürfe aus seitlichen Richtungen erzielt. Für einen Konzertsaal ist daher neben einer ausreichenden Nachhallzeit die Gestaltung der Seitenwände besonders wichtig. Natürlich sollen in einem Raum weder allzu ausgeprägte Lautstärkeunterschiede noch hörbare Echos auftreten.

Ein besonderes Problem stellen Mehrzwecksäle (Stadthallen und dergleichen) dar, in denen alle Arten von Veranstaltungen stattfinden sollen (Versammlungen, Feiern, Theater, Konzerte aller Art). Hier muss ein Kompromiss zwischen den einander zuwiderlaufenden Anforderungen geschlossen werden, es sei denn, man kann eine „wandelbare Akustik" realisieren.

Im Wesentlichen sind folgende Ziele zu erreichen, die je nach dem Verwendungszweck des Raumes unterschiedlich zu gewichten sind:
1. gute Versorgung der Zuhörer mit Direktschall und frühen (nützlichen) Rückwürfen,
2. eine dem Verwendungszweck angemessene Nachhallzeit (Tab. 7),
3. bei Konzertsälen: hohe Räumlichkeitswirkung des Schallfelds durch seitliche, wenig verzögerte Rückwürfe,
4. unbedingte Abwesenheit störender Echos.

Tabelle 7. Angemessene Nachhallzeiten

Raumart	Nachhallzeit T in [s]
Hörsaal, Sitzungssaal	< 1
Schauspiel	1–1,4
Oper	1,2–1,8
Konzertsaal	1,7–2,1
Kirche	> 2

Versorgung mit Direktschall und frühen Rückwürfen

Die Stärke des Direktschalls hängt in einem Raum wie im Freien in erster Linie von der Entfernung zwischen Schallquelle und Zuhörer ab. Sie kann im Mittel durch die Wahl einer in diesem Sinn günstigen Raumform beeinflusst werden. Mit S_P als dem Inhalt der vom Publikum eingenommenen Fläche ergibt sich als charakteristische Größe eine mittlere, auf die Fläche der Zuhörerschaft normierte Entfernung r_n.

$$\rho = \frac{\langle r_n \rangle}{\sqrt{S_P}} \qquad (51)$$

Allerdings könnte sich ein in dieser Hinsicht optimaler Raumgrundriss bei einem Konzertsaal als nachteilig erweisen. Des Weiteren kann die Stärke des Direktschalls durch mehr oder weniger streifende Ausbreitung vermindert werden. Man versucht dem bekanntlich durch nach hinten ansteigende Sitzreihen entgegenzuwirken. Die gleichmäßigste Direktschallversorgung erreicht man, wenn der Einfallswinkel für alle Sitzreihen ungefähr der gleiche ist. Theoretisch wird dies erreicht, wenn die Querschnittskurve des Parketts eine Exponentialspirale ist. Bei schon vorgegebenen Sitzreihenanordnungen kann man die ungehinderte Direktschallversorgung durch den vertikalen Sichtlinienabstand kennzeichnen. Er sollte mindestens 8 cm, besser 10 cm betragen, in Theatern sogar 12 bis 15 cm.

Die für die Sprachverständlichkeit wichtigen frühen (d. h. wenig verzögerten) Schallrückwürfe entstehen vor allem in der Nähe der Schallquelle, d. h. an den Seitenwänden und der Rückwand der Bühne (falls vorhanden), die daher nicht mit Vorhängen abgedeckt werden dürfen. Gleichfalls sehr wichtig ist die Gestaltung der Decke über und vor der Schallquelle, falls sie nicht zu hoch ist; gegebenenfalls kann man zusätzliche Reflexionen mithilfe besonderer Reflektoren erzeugen (Kanzeldeckel in Kirchen!). Überhaupt ist die Deckengestaltung für die Versorgung mit frühen Reflexionen sehr wichtig, da sie sich über die ganze Zuhörerschaft erstreckt. Vielfach können auch Rang- und Balkonunterseiten so geformt werden, dass sie Schall auf die Zuhörer lenken.

Die Wirkung reflektierender Flächen oder besonderer Reflektoren kann durch einfache Strahlenkonstruktionen ermittelt werden, woraus auch die auftretenden Laufzeitdifferenzen entnommen werden können. Bei ebenen Flächen erlaubt die Konstruktion von Spiegelschallquellen (s. Abschn. 6.3) eine beträchtliche Vereinfachung. Diese geometrischen Überlegungen sind natürlich nur dann zulässig, wenn die betreffenden Flächen in jeder Richtung zumindest einige Schallwellenlängen groß sind.

Für Mehrzwecksäle wäre es günstig, wenn man die akustischen Verhältnisse und insbesondere die Nachhallzeit dem jeweiligen Verwendungszweck anpassen könnte. Man kann dies durch dreh- oder umklappbare Wand- oder/und Deckenelemente erreichen, die auf der einen Seite Schall reflektierend, auf der anderen absorbierend sind. Auch Rollos aus Schall absorbierenden Stoffen können zu diesem Zweck verwendet werden.

7.2 Kleine Räume

Die akustische Planung kleiner Räume bis zu einem Volumen von circa 250 m^3 birgt in der Praxis kleinere Herausforderungen als der Entwurf größerer Räume. Grund dafür ist, dass bei kleinen Räumen die ersten Reflexionen zeitlich bereits sehr kurz nach dem Direktschall eintreffen und somit Kriterien wie ausreichende Deutlichkeit oder Lautstärke nahezu automatisch erfüllt sind. Wird auf kritische Geometrien wie Raumabmessungen, die sich sehr stark voneinander unterscheiden (Tunnel oder Korridore), oder konkave Oberflächen verzichtet, ist das Augenmerk fast ausschließlich auf die richtige frequenzabhängige Bemessung der Nachhallzeit zu legen. Diese lässt sich mit der Sabine'schen Nachhallformel (Abschnitt 3.2) sehr gut abschätzen. Vorgaben für Sollnachhallzeiten können aus der DIN 18041 [17] entnommen werden und liegen je nach beabsichtigter Nutzung des Raumes für mittlere Frequenzen im Bereich von 0,4–0,5 s für Sprachnutzung bzw. im Bereich von 1,0 s für musikalische Nutzung.

Wegen der kleinen Raumgeometrien ergeben sich jedoch manchmal störende Dröhneffekte bei tiefen Frequenzen, da einzelne Raummoden unter Umständen sehr exponiert und wenig bedämpft sind. Durch die Wahl geeigneter Raumproportionen bei rechtwinkligem Grundriss, d. h. dass sich die Abmessungen der Wände voneinander unterscheiden, und abgestimmter Resonanzabsorber und Streuelemente lassen sich derartige Probleme vermeiden.

Obwohl es sinnvoll ist, alle Raumoberflächen gleichmäßig mit absorbierenden Materialien auszukleiden, kann bei Unterrichts- und Vortragsräumen die Situation eintreten, dass die Seitenwände sehr eben sind (da unmöbliert) und diese Flächen auch nicht großflächig als Schallabsorptionsflächen zur Verfügung stehen. Wird nun die Decke vollständig schallabsorbierend ausgelegt (Bild 22a), besteht die Gefahr, dass Flatterechos wahrnehmbar sind. Dieses Risiko kann minimiert werden, indem der mittlere Deckenbereich schallreflektierend ausgeführt wird (Bild 22b).

7.3 Büroräume und Werkhallen

In Arbeitsräumen wie Büros und Werkhallen spielen die raumakustischen Eigenschaften eine wichtige Rolle. In Büros für mehrere Personen sollen die Schallpegel so niedrig sein, dass ein konzentriertes Arbeiten bei Hintergrundgeräuschen wie klingelnden Telefonen, klappernden Tastaturen oder sonstigen Gesprächen möglich ist. Gleichzeitig soll auch eine Privatsphäre gewährleistet sein, damit vertrauliche Gespräche nicht unbeabsichtigt mitgehört werden können. In Werkhallen oder Maschinenräumen sind Faktoren des

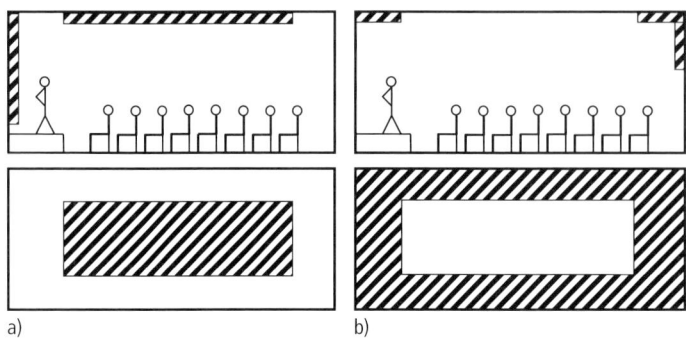

Bild 22. a) Ungünstige und b) günstige Platzierung von Absorptionsmaterial

Arbeitsschutzes wichtig, da Obergrenzen des mittleren Schalldruckpegels an Arbeitsplätzen nicht überschritten werden dürfen.

Wird die Schallpegelverteilung in Räumen über die Nachhallzeit und dem Ansatz des diffusen Schallfelds berechnet, ergibt sich ein Schalldruckpegel, welcher, abgesehen von Punkten in der Nähe der Quelle, unabhängig vom Ort ist. Arbeitsräume sind jedoch oft flache Räume, sodass schon aus der Geometrie ablesbar ist, dass die Bedingungen für ein diffuses Schallfeld nicht erfüllt sein können. Es zeigt sich daher auch, dass der Schalldruckpegel in solchen Räumen mit zunehmendem Quellenabstand, entgegen der Diffusfeldvorhersage, abnimmt.

Entsprechend der Richtlinie VDI 3760 [18] wird das Schallfeld in solchen Räumen durch sogenannte mittlere Schallausbreitungskurven (SAK) beschrieben und kann beispielsweise mit Spiegelschallquellenverfahren oder Ray Tracing berechnet werden. Durch Gegenstände im Raum, wie beispielsweise trennende Halbwände, Versorgungskanäle, Maschinen oder einer geneigten Deckenstruktur wird der Pegel in der Nähe der Schallquelle durch Reflexion und Streuung erhöht. Gleichzeitig ergibt sich daraus, dass der Schallpegel bei größeren Entfernungen von der Quelle stärker abnimmt.

Durch raumakustische Maßnahmen kann der Schalldruckpegel in Arbeitsräumen gesenkt werden. Da sich das Schallfeld in Arbeitsräumen stark vom diffusen Schallfeld unterscheidet, ist die Effektivität von Absorptionsmaterial stark vom Ort abhängig. Das Anbringen von schallabsorbierenden Materialien ist in flachen Räumen besonders wirksam, wenn der Absorptionsgrad an Stellen nahe der Quelle besonders groß ist, da dem Schallfeld dort sofort Energie entzogen wird. Außerdem erweist es sich als vorteilhaft, große Flächen mit Absorptionsmaterial zu verkleiden, da so die Möglichkeit besteht, einen größeren Anteil möglicher Schallausbreitungspfade zu bedämpfen.

Die Effektivität von Schallschirmen kann durch eine Reflexion z. B. an der Decke über dem Schirm negativ beeinträchtigt werden. Um die Verständlichkeit von vertraulichen Gesprächen hinter einer solchen Trennwand zu senken, sollte der Deckenbereich über solchen Stellwänden absorbierend gestaltet werden. Bei der Planung von Werkhallen sollte überlegt werden, laute Maschinen oder Schallquellen in Raumecken zu platzieren. Das Anbringen von Absorptionsmaterialien an den Seitenwänden und der Decke sowie das Aufstellen von schallabsorbierenden Trennwänden können den Pegel an entfernten Plätzen wesentlich mindern.

7.4 Räume für Sprache

7.4.1 Vorlesungsräume

Bei mittelgroßen Räumen bis zu einem Volumen von ungefähr 5000 m^3 handelt es sich in der Regel um Hörsäle oder große Klassenräume bzw. Seminarräume. Bei Räumen einer solchen Größenordnung ist es sinnvoll, neben der Planung der frequenzabhängigen Nachhallzeit auch die Lenkung nützlicher Reflexionen, bzw. das Vermeiden von schädlichen Reflexionspfaden zu berücksichtigen. Aufgrund der Raumgröße treffen die ersten Reflexionen später bei den Zuhörern ein, als das bei kleineren Räumen der Fall ist. So besteht je nach Abmessungen des Raums die Möglichkeit, dass einzelne exponierte Reflexionen später als 50 ms bei Zuhörern eintreffen. Trifft sehr viel Schallenergie so spät bei Zuhörern ein, besteht die Gefahr, dass diese Reflexionen (bei Sprache) als Echo wahrgenommen werden.

Bei Räumen für Sprache ist es ferner wichtig, dass bei allen Zuhörerbereichen die Lautstärke ausreichend ist. Man geht von einem für die Sprachverständlichkeit optimalen Sprachpegel von 60–70 dB aus. Aus den Überlegungen zu Arbeitsräumen (Abschn. 7.3) ergibt sich daraus die Konsequenz, dass geringe Deckenhöhen vermieden werden sollten, da der Sprecher bei weit entfernten Zuhörern sonst zu leise zu hören wäre. Abgesehen von diesem Ansatz stellen die Raumproportionen keinen kritischen Faktor dar, da die Schroeder-Frequenz bei solchen Räumen meist unterhalb des genutzten Frequenzbereichs liegt. Wie auch bei kleineren Räumen kann sich für die Planung der Nachhallzeiten an der Norm DIN 18041 [17] orientiert werden.

In Bild 23a ist grafisch dargestellt, mit welchen Problemen in mittelgroßen Räumen zu rechnen ist, deren Länge größer als etwa 9 m ist. Ist die Rückwand akus-

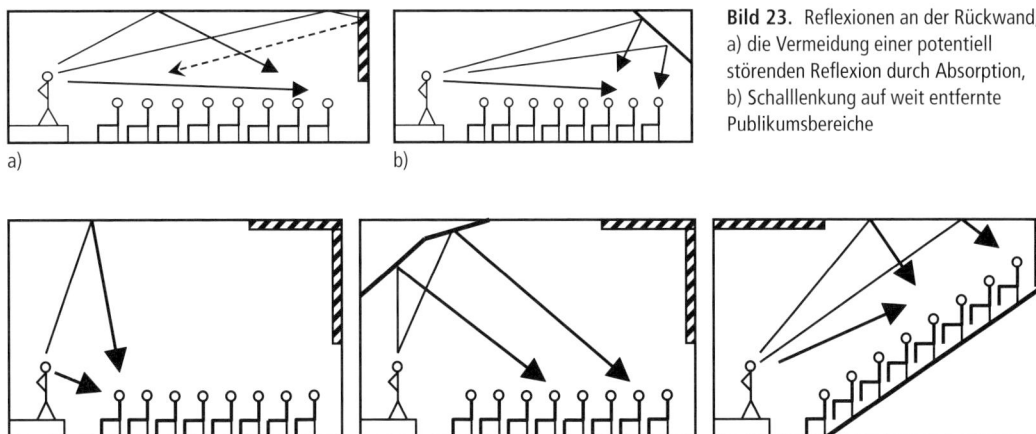

Bild 23. Reflexionen an der Rückwand, a) die Vermeidung einer potentiell störenden Reflexion durch Absorption, b) Schalllenkung auf weit entfernte Publikumsbereiche

Bild 24. Nützliche Reflexionen für den hinteren Publikumsbereich

tisch nicht vorteilhaft behandelt, besteht die Möglichkeit einer „Winkelspiegel"-Reflexion, die den Schall vom Sprecher direkt zurück zur Bühne wirft. Dieser Fall ist gestrichelt dargestellt. Wegen der langen Laufzeitunterschiede zwischen dem Direktschall und dieser sehr spät eintreffenden Reflexion kann die Sprachverständlichkeit in den vorderen Reihen stark beeinträchtigt werden. Wird die Rückwand jedoch absorbierend ausgelegt, wird die Energie dieses Reflexionsweges stark bedämpft. Als alternative Auslegung kann die Rückwand geeignet geneigt werden, sodass die hinteren Sitzreihen mit zusätzlicher Schallenergie versorgt werden, wodurch zudem die Lautstärke des Sprechers bei diesen Hörern verstärkt wird. Gerade bei großen Entfernungen zum Sprecher kann dieser Lösungsansatz vorteilhaft sein.

Bild 24a verdeutlicht, dass zu spät eintreffende Reflexionen nicht nur bei langen, sondern auch bei hohen Räumen eine Herausforderung darstellen können. Auch hier kann eine mögliche Lösung die Lenkung der Reflexionen auf weiter entfernte Publikumsbereiche sein (Bild 24b). Bei Räumen mit großem Volumen besteht gelegentlich die Gefahr, dass die Nachhallzeit bei unbehandelten Wänden sehr lang wird. Wände, an denen kritische Reflexionen zu erwarten sind, können auch in solchen Fällen (Bild 24c) absorbierend ausgestaltet werden. In diesem Bild wird zusätzlich verdeutlicht, dass es in großen Räumen nützlich ist, das Publikum in ansteigenden Sitzreihen anzuordnen. Dabei wirkt sich positiv aus, dass das Publikum besser mit Direktschall versorgt wird. Außerdem sind die Zuhörer näher an reflektierenden Flächen. Ein weiterer Aspekt ist die Reduktion des Raumvolumens, was zu einer Absenkung der Nachhallzeit führt. Eine zu starke Dämpfung des Raums ist bei Auditorien jedoch auch mit Risiken verbunden. Obwohl eine kürzere Nachhallzeit mit einem höheren Deutlichkeitsmaß einhergeht und somit vorteilhaft für die Sprachverständlich-

keit sein sollte, bedeutet eine Absenkung der Nachhallzeit gleichzeitig auch ein Absenken der Lautstärke, sofern keine elektroakustische Anlage verwendet wird.

Der Decke kommt in Räumen, die für Sprachdarbietungen benutzt werden eine besondere Rolle mit zahlreichen Funktionen zu. Besonders wichtig ist einerseits eine akustisch reflektierende Auslegung, damit nützliche Reflexionen beim Hörer eintreffen, andererseits müssen große Räume auch ausreichend mit Absorptionsmaterial bedämpft werden, damit die Nachhallzeit entsprechend der DIN 18041 [17] richtig eingestellt werden kann. Es ist also wichtig, genau diejenigen Bereiche der Decke zu identifizieren, die reflektierend ausgelegt werden sollten. Mit dem Spiegelschallquellen-Ansatz ist dies sehr leicht möglich. Bild 25 links oben zeigt einen Hörsaal mit grau gekennzeichnetem Publikumsbereich im Längsschnitt und in der Draufsicht. Zusätzlich ist die Sprecherposition durch einen Punkt gekennzeichnet.

Im ersten Schritt Bild 25 rechts oben, wird die akustische Ersatzquelle durch Spiegelung an der Decke konstruiert. Der Ort der Spiegelschallquelle muss sowohl für die Draufsicht als auch für den Schnitt bestimmt werden. Durch Verbinden der Spiegelschallquelle (SSQ) mit dem Rändern der Publikumsbereiche im Längsschnitt (gestrichelte Linie) werden die Bereiche in Längsrichtung auf der Decke identifiziert, die für die Deckenreflexion relevant sind. Um diese Bereiche auch in der Draufsicht sichtbar zu machen, werden die Schnittpunkte durch die strich-punktierten Linien auf die Draufsicht übertragen.

Nun soll der für nützliche Reflexionen relevante Deckenbereich auch in Querrichtung eingegrenzt werden. Dazu wird die Spiegelschallquelle in der Draufsicht benötigt (Bild 25 links unten). Durch Verbinden der Spiegelschallquelle mit den Ecken der Publikumsbereiche (durchgezogene Linie) lässt sich aus den Schnittpunkten mit den strichpunktierten Linien genau der Bereich

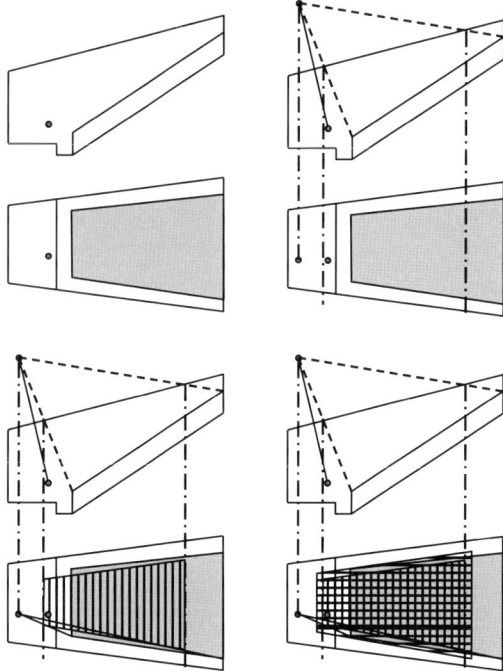

Bild 25. Konstruktion einer reflektierenden Decke

festlegen, der für die Reflexionen notwendig ist. Um den Bereich deutlicher hervorzuheben, ist er vertikal schraffiert.
Im letzten Schritt muss noch überlegt werden, für welche Frequenzbereiche die Deckenreflexion effektiv sein soll. Entsprechend und um einen gewissen Einfluss der Beugung zu berücksichtigen, muss der im vorherigen Schritt konstruierte Deckenbereich in jeder Richtung noch um eine Wellenlänge vergrößert werden. Das ist im Bild 25 rechts unten durch die waagerechte Schraffierung gekennzeichnet.
Die Deckenbereiche, die außerhalb der Schraffierung liegen, können je nach Bedarf absorbierend gestaltet werden. Obwohl die Berechnung der notwendigen Absorptionsfläche mit der Sabine'schen Formel in den seltensten Fällen ungenau wird, ist es wichtig, die Grenzen der Anwendbarkeit zu kennen. Sind beispielsweise sehr viele Wandelemente so ausgerichtet, dass sie den Schall von der Quelle direkt auf hoch absorbierende Publikumsbereiche lenken, besteht die Möglichkeit, dass der sich tatsächlich einstellende Nachhalleffekt schwächer als der erwartete Effekt ist. In solchen Fällen wird dem Schallfeld schon nach der ersten Reflexion so viel Energie entzogen, dass nur noch sehr wenig für einen angemessenen Nachhallpegel zur Verfügung steht, selbst wenn die Nachhallzeit angemessen ist. Der umgekehrte Fall kann eintreten, wenn in einem Raum mit glatten, parallelen und wenig schallabsorbierenden Wänden, Absorption sonst nur in der Decke und durch das Publikum gegeben ist. Hier würde der Schall wie bei einem Flatterecho zwischen den parallelen Wänden hin und her geworfen und nur wenig gedämpft werden. In solchen Fällen ist es ratsam, wenigstens eine Wand so stark zu fragmentieren und aufzubrechen, dass der Schall durch Streuung auch auf absorbierende Raumbegrenzungen gelenkt wird.

7.4.2 Sprechtheater

Sprechtheater bezeichnet die Sparte des Schauspiels, die mehrheitlich aus gesprochenen Theateraufführungen besteht. Für die Schauspielsparten wie Musik- oder Tanztheater ist die akustische Umgebung eines Opernhauses besser geeignet.
Bereits im Abschnitt zu den Hörsälen und Klassenzimmern wurden einige Möglichkeiten beschrieben, wie die Sprachverständlichkeit in Räumen durch eine geeignete Ausstattung der verschiedenen Wandoberflächen unterstützt werden kann. Generell können auch hierbei die Zielvorgaben aus der DIN 18041 [17] für die Nachhallzeit in Räumen für Sprache verwendet werden. Es ist jedoch zu bemerken, dass eine Nachhallzeit von 1,0 s als Obergrenze anzustreben ist. In sehr kleinen Räumen für etwa 100 bis 200 Personen kann die Nachhallzeit auf etwa 0,5 Sekunden reduziert werden.
Im Gegensatz zu Hörsälen, in denen die Sitzordnung in den meisten Fällen eindeutig ist, gibt es im Theater immer wieder kreative Ansätze, die nach einer hohen Flexibilität des Bühnenlayouts und der Publikumsbereiche verlangen. Mit einem solchen Pflichtenheft ist es außerordentlich wichtig, die akustischen Grenzen der Sprachverständlichkeit zu kennen, um sicherzustellen, dass die gewünschten Anforderungen erfüllt werden können.
Aus akustischer Sicht sind die höchsten Anforderungen an eine geeignete Sprachverständlichkeit zu stellen. Aus psychoakustischen Hörversuchen hat sich ergeben, dass eine Deutlichkeit von 50 Prozent einer Silbenverständlichkeit von 90 Prozent entspricht. Dieser Wert gilt als Zielvorgabe für die Akustik in Theatern als akzeptabel.
Weitere Anforderungen bestehen für einen ausreichenden Signal-Störgeräusch-Abstand, auch bei relativ leise gesprochenen Passagen. Ausgangspunkt für die Überlegungen ist die Erkenntnis, dass ausgebildete Sprecher in der Lage sind, im mittleren Frequenzbereich von 500 bis 2000 Hz einen mittleren Schallleistungspegel von 70 dB zu erzeugen. Dies entspricht einem Direktschalldruckpegel in 10 m Abstand von 39 dB. Der Schalldruckpegel an einer Hörposition im Raum ergibt sich also bei einem ausgebildetem Sprecher als Schallquelle zu $(39 + G)$ dB (G = Stärkemaß). Wenn nun der Aspekt des Signal-Stör-Abstands genauer berücksichtigt werden soll, kann man den Signal-Rausch-Abstand in Theatern heranziehen. Er gilt als akzeptabel, wenn er > 12 dB ist. Das bedeutet, dass das gesprochene Nutzsignal des Schauspielers im betrachteten Frequenzbereich mindestens 12 dB mehr Energie haben sollte als die Störanteile S von Belüf-

tung, Beleuchtung oder Lärm von außen. Quantitativ lassen sich beide Argumentationsstränge in einer Formel zusammenfassen:

$$G + 39 \text{ dB} > S + 12 \text{ dB} \tag{52}$$

Diese kann nun genutzt werden, um je nach Situation Anforderungen für das Stärkemaß oder für Hintergrundgeräusche in Theatern zu formulieren. Um ein Gefühl dafür zu bekommen, welcher Wertebereich zu erwarten ist, kann auf die „Noise Criteria" (NC) der amerikanischen ANSI/ASA-Norm S12.2 [19] zurückgegriffen werden, wobei typischerweise NC25 als akzeptabel gilt. Bezogen auf den hier diskutierten Frequenzbereich ergibt sich daraus ein Schalldruckpegel von circa 27 dB für die Störgeräusche und entsprechend für das Stärkemaß eine Zielvorgabe von $G > 0$. Für ein Großteil von Anwendungen wird sich der Anforderungsdreiklang von $D > 0,5$, $G > 0$ und NC25 als ausreichend herausstellen. In Situationen, in denen aus speziellen Gründen der angegebene Störgeräuschpegel nicht eingehalten werden kann (z. B. Freiluftbühnen), lässt sich diese Randbedingung durch ein angemessenes Stärkemaß kompensieren.

Der Anordnung von Publikumsflächen kommt in Theatern ein besonderes Augenmerk zu. Zum einen sind natürlich visuelle Gründe sehr wichtig, aber auch aus akustischen Erwägungen ist eine gute Versorgung mit Direktschall förderlich, da dadurch sowohl die Deutlichkeit als auch das Stärkemaß positiv beeinflusst werden. Ansteigende Sitzreihen vermindern zusätzlich den Einfluss der Schalldämpfung durch streifenden Schalleinfall über Publikumsflächen und sind daher sehr nützlich. Im einfachsten möglichen Ansatz ist eine flache Rampe mit einem Steigungswinkel δ vorstellbar. Wichtige Kenngrößen lassen sich aus der Formel

$$\tan \delta = \frac{hb}{da} - \frac{e}{a} \tag{53}$$

berechnen. In einer solchen Anordnung ist die Sitzreihenüberhöhung, also der Höhenunterschied von Reihe zu Reihe, konstant. Zentrale Bedeutung hat bei der Anordnung von Publikumsbereichen die Überhöhung der Sichtlinien h. Wird ein Publikumsbereich mit einer konstanten Sitzreihenüberhöhung ausgelegt, ist die Überhöhung der Sichtlinien in der letzten Reihe kritisch, da dort der Abstand h am kleinsten ist. Die Überhöhung der Sichtlinien sollte mindestens so hoch sein, dass man über Zuschauerköpfe in der vorherigen Reihe hinwegsehen kann. In absoluten Mindestanforderungen ist von einer Überhöhung der Sichtlinien von 8 cm auszugehen, solange die Sitze jeweils so versetzt sind, dass der Blick auf die Bühne zwischen zwei Köpfen hindurch geht. In Theatern spielen jedoch auch visuelle Faktoren eine wichtige Rolle und so sind Überhöhungen von 12 bis 15 cm zu bevorzugen.

Durch Umstellen der Formel lässt sich insbesondere der maximale Abstand von der Quelle bestimmen, der bei einer gegebenen Sichtlinienüberhöhung vom Publikum gerade noch toleriert würde:

$$b = \frac{d}{h}(e + a \tan \delta) \tag{54}$$

Der Nachteil von Publikumsflächen, die mit einer konstanten Sitzreihenüberhöhung dimensioniert sind, liegt sicherlich in der Tatsache, dass in den vorderen Reihen das notwendige Kriterium für die Sichtlinienüberhöhung bei weitem übertroffen wird. Das hat zur Konsequenz, dass die hinteren Reihen sehr hoch angeordnet sind und somit das Volumen des Raumes möglicherweise unnötig verkleinert ist. Als Alternative bietet sich die Anordnung der Publikumsbereiche in Form einer logarithmischen Spirale an. Hier ist die Sichtlinienüberhöhung wie auch der Sichtwinkel über den gesamten Publikumsbereich konstant. Durch die folgende Formel wird die Höhe der Zuschauerköpfe, bezogen auf die Kopfhöhe der Zuhörer in der ersten Reihe, festgelegt.

$$H_n = \gamma \left[d_n \log_e \left(\frac{d_n}{d_0} \right) - (d_n - d_0) \right] \tag{55}$$

In dieser Formel ist mit d_0 der Abstand von der ersten Sitzreihe zur Schallquelle beschrieben. Der Abstand von der Schallquelle zur n-ten Sitzreihe ist mit d_n festgelegt. Besonders wichtig ist die Größe des Sichtwinkels γ. Geeignete Werte für den Sichtwinkel hängen nicht nur vom Sitzreihenabstand, sondern auch von der beabsichtigten Nutzung des Auditoriums ab. Bei Nutzung für Theateraufführungen und einem Reihenabstand von 1 m ist ein Sichtwinkel von 8 bis 10° erforderlich, was wiederum einer Sichtlinienüberhöhung von 12 bis 15 cm entspricht (Bilder 26 und 27).

Klassische Theater werden aus visuellen und akustischen Gründen selten für mehr als 1000 Zuschauer aus-

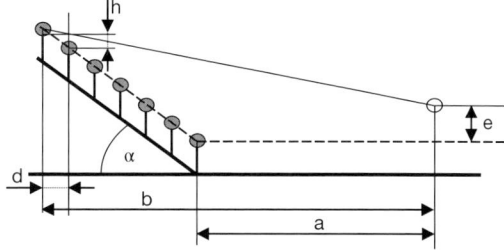

Bild 26. Sitzreihenüberhöhung durch eine flache Rampe

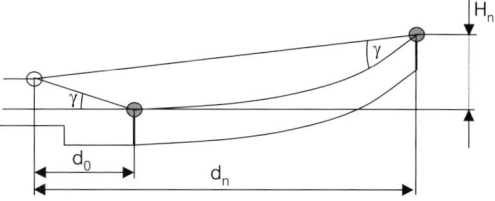

Bild 27. Sitzreihenüberhöhung durch eine logarithmische Spirale

gelegt. Bei größeren Räumen kann eine elektroakustische Beschallung erforderlich werden und es wird zunehmend schwieriger, die Mimik der Schauspieler zu erkennen. Die maximale Entfernung der Zuschauer von der Bühne sollte daher nicht größer als 20 m sein.

7.5 Räume für Musik

7.5.1 Konzertsäle für klassische Musik

Für die erfolgreiche Ausgestaltung und detaillierte raumakustische Planung eines Konzertsaals ist die Erfüllung einiger Randbedingungen erforderlich. Zu diesen Bedingungen gehören unter anderem grundsätzliche Vorüberlegungen zur Wahl eines Baugeländes mit niedriger Lärmbelastung (z. B. durch Zug- und U-Bahnverkehr) und die geeignete Dimensionierung der bauakustischen Maßnahmen zum Lärm- und Schwingungsschutz.

Die akustische Planung und Dimensionierung von Konzertsälen für klassische Musik gestaltet sich als besonders vielseitige Aufgabe. In Räumen für Musik ist dieser Ansatz bei weitem nicht so einfach überschaubar wie bei Räumen für Sprache. Tatsächlich zeigt sich, dass neben den Faktoren wie der Deutlichkeit, der Nachhallzeit und dem Stärkemaß, die schon bei der Akustik für Sprache als psychoakustisch relevant identifiziert wurden, bei Räumen für Musik zusätzlich noch der Räumlichkeitseindruck und die Klangfarbe als wichtige Bewertungsgrößen hinzukommen. In einem weiteren Themengebiet ergibt sich die Akustik für die Musiker auf der Bühne zu einem weiteren wichtigen Aspekt, der in der Planung berücksichtigt werden muss.

Raumvolumen
In ersten Schritt ist es nützlich, sich über die Dimensionen des Auditoriums zu verständigen. Diese hängen direkt mit der Anzahl der Zuhörer zusammen, sowie mit der Nachhallzeit, die der Raum haben soll. Die Zielvorgabe für die Nachhallzeit ergibt sich aus der beabsichtigten Nutzung des Raumes. Die beabsichtigte Zahl der Plätze, die der Saal beherbergen soll, ist in vielen Fällen bereits durch den Bauherrn in der Ausschreibung festgelegt worden.

Um sich einen ersten Überblick über die zu erwartende Größe des Konzertsaals zu verschaffen, kann man sich einer Faustformel bedienen, die einen Richtwert von mindestens 10 m³ erforderlichem Raumvolumen pro Person angibt. Diese Zahl ist aus der Erfahrung mit Bauprojekten in der Vergangenheit entstanden und stellt allenfalls einen groben Richtwert dar.

Nachhallzeit
Als optimale Werte für die Nachhallzeit in Konzerthäusern für klassische Musik hat sich der Bereich von 1,8 bis 2,2 Sekunden bewährt, wobei es die optimale Nachhallzeit nicht gibt. Es kann durch variable Absorptionselemente die Möglichkeit geschaffen werden, die Nachhallzeit je nach Repertoire anzupassen.

Das Publikum hat sehr stark schallabsorbierende Eigenschaften. Um dennoch die Zielvorgabe für eine Nachhallzeit von 2,0 Sekunden Länge zu erreichen, ist es erforderlich, die Wände möglichst reflektierend auszulegen. Aus der Sabine'schen Formel ergibt sich natürlich auch noch das Raumvolumen als theoretischer Freiheitsgrad, der für die Einstellung der Nachhallzeit genutzt werden kann. Aus bautechnischen Gründen wird man jedoch immer bestrebt sein, das Volumen eines Konzertsaals möglichst klein zu halten. Bei hohen Frequenzen ergibt sich auf natürliche Weise eine Nachhallzeit, die ein wenig kürzer ist als die bei mittleren Frequenzen (durch Luftabsorption). Damit die Brillanz des Klanges jedoch nicht verloren geht, sollten die Wände bei hohen Frequenzen keine Schallabsorption aufweisen. Bei tiefen Frequenzen (circa 125 Hz) ist in der Vergangenheit ein Anstieg von bis zu 25 Prozent als positiv bewertet worden, da eine längere Nachhallzeit bei diesen Frequenzen für eine „akustische Wärme" verantwortlich ist. Damit die Wände auch bei diesen Frequenzen möglichst viel Schallenergie reflektieren, ist es wichtig, die Raumbegrenzungen massiv auszulegen. Der Vollständigkeit halber sei angemerkt, dass der tatsächliche Nutzen einer ansteigenden Nachhallzeit bei tiefen Frequenzen immer mal wieder diskutiert wird. Das ist sicherlich auch eine Frage der Akzeptanz und Erwartung bei Publikum, Orchester und Dirigenten.

Aus anderen Randbedingungen ergibt sich, dass sich für die Raumgröße als Funktion der Zuhörerzahl eine Obergrenze ergibt. Konzerträume sollten nicht für mehr als 3000 Zuhörer ausgelegt werden. Bei einem Platzbedarf von ca. 0,5 m²/Person ergibt sich bei so viel Publikum eine sehr große Absorptionsfläche, die zu sehr großen Raumvolumina führen würde. Bei so großen Räumen gibt es dann auch viele Plätze, die einen sehr großen Abstand zur Bühne haben. Neben visuellen Gründen gibt es auch akustische Faktoren, die eine Grenze von maximal 40 m zwischen den Sitzplätzen und der Bühne nahelegen. Bei diesen Entfernungen wird es zunehmend schwierig, für ein ausreichendes Stärkemaß bei diesen Plätzen zu sorgen, da der Direktschall bei solchen Entfernungen bereits um 43 dB gedämpft wurde.

Andere Kriterien
Die alleinige Betrachtung der Sabine'schen Nachhallformel legt nahe, dass die Raumform des Auditoriums keinen signifikanten Einfluss auf die Nachhallzeit hat. Dieser vermeintliche Freiheitsgrad hat jedoch in der Vergangenheit zu zahlreichen akustischen Problemen geführt. Um möglichst vielen Zuhörern eine gute Sicht auf die Bühne zu ermöglichen, wird man bestrebt sein, Grundrisse für das Auditorium zu wählen, die einen möglichst geringen mittleren Abstand der Zuhörer zur Bühne aufweisen. Dieser Ansatz führt zu Auditorien, die wie die antiken griechischen und römischen Theater in der Form eines Fächers geschnitten sind. Trotz der Vorteile der kurzen Sichtlinien dieser Raumformen

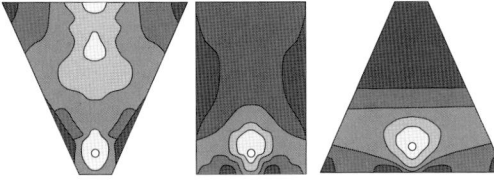

Bild 28. Seitenschallgrad in verschiedenen Raumformen (Die Schallquelle ist durch den weißen Kreis dargestellt, dunkle Bereiche kennzeichnen einen hohen Seitenschallgrad)

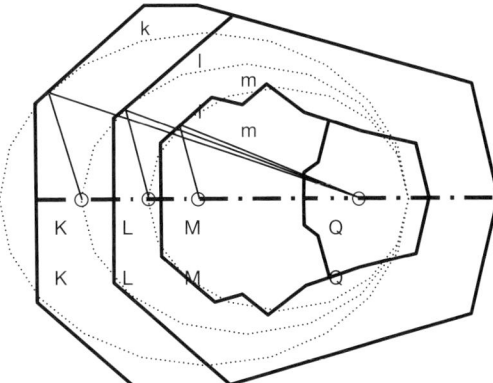

Bild 29. Bestimmung der Orte notwendiger Reflektoren durch einzeichnen von Ellipsen (Zeichnung nicht maßstäblich)

erweist sich der Mangel an Reflexionen von den seitlichen Wänden als so großer Nachteil, dass diese Form bei Räumen für musikalische Nutzung in letzter Zeit nur selten realisiert wurde. Frühe Reflexionen, die bei dem Zuhörer bis zu 80 ms nach dem Direktschall eintreffen, sind in der Raumakustik besonders wichtig, da sie drei Aspekte positiv beeinflussen. Durch starke frühe Reflexionen wird das Klarheitsmaß erhöht. Das ist vorteilhaft, da auch schnelle Musikpassagen klar und präzise gehört werden können. Eine ausreichend hohe Energie durch frühe Reflexionen ist ebenfalls für das Stärkemaß wichtig. Das Stärkemaß gilt außerdem als Kenngröße, welches die wahrgenommene Intimität und Lautstärke des Musikerlebnisses charakterisiert. Als Zuhörer wird die musikalische Darbietung als entfernt und wirkungslos wahrgenommen, wenn das Stärkemaß zu niedrig ist. Frühe Reflexionen sollten ferner so gelenkt werden, dass sie den Zuhörer aus seitlichen Richtungen erreichen. Dieser Wahrnehmungsaspekt des Räumlichkeitseindrucks wird bei der Bewertung der Raumakustik in Konzertsälen als besonders wichtig eingestuft. In den Diagrammen in Bild 28 wird die Verteilung des Seitenschallgrads LF für verschiedene Raumformen angezeigt. Es wird deutlich, dass die Fächerform sich in diesem Punkt als ungünstig erweist. Reflexionen an den Seitenwänden des Fächers werden kaum in ihrer Richtung umgelenkt und erreichen den Zuhörer aus nahezu frontaler Richtung. Entsprechend ist der Seitenschallgrad und somit die wahrgenommene Quellbreite sehr klein. Werden die Seitenwände jedoch parallel oder sogar in Form eines umgekehrten Fächers ausgelegt, so ändert sich die Richtung der Reflexionen, und die seitlichen Komponenten des Schalleinfalls werden beim Zuhörer deutlich größer, was sich sofort in den höheren LF-Werten bemerkbar macht. In solchen Situationen wird der Räumlichkeitseindruck sehr positiv und ausgeprägt bewertet werden.

Grenzen

Bei größeren Auditorien wird der Aufwand, der betrieben werden muss, um Zuhörer mit ausreichend frühen Reflexionen zu versorgen, größer. In solchen Räumen benötigt der Schall bei gleicher Ausbreitungsgeschwindigkeit länger, um zwischen den Wänden hin und her geworfen zu werden (Large-Concert-Hall-Problem). Neben dem Nachteil, dass es in großen Räumen schwieriger ist, für die notwendigen frühen Reflexionen bei allen Publikumsbereichen zu sorgen, besteht jetzt sogar die Gefahr, dass die erste Reflexion den Zuhörer so spät erreicht, dass nach dem Eintreffen des Direktschalls 50 ms oder mehr vergangen sind. Letzteres kann sich als ernstzunehmendes Problem herausstellen, da diese Reflexion das Potenzial hat, als störendes Echo wahrgenommen zu werden. Es sollte sehr darauf geachtet werden, dass diese Reflexionen in der Impulsantwort zeitlich nicht sehr isoliert oder in der Amplitude exponiert auftreten. Dieses Large-Concert-Hall-Problem kann vermieden werden, indem zusätzliche reflektierende Oberflächen in der Nähe von kritischen Publikumsbereichen so eingeplant werden, dass die erste Reflexion immer vor der kritischen Grenze von 50 ms beim Zuhörer eintrifft. Oftmals sind die Plätze entlang der Mittellinie eines Konzertsaals diesbezüglich kritische Plätze. Durch das Einzeichnen von sogenannten „Echo-Ellipsen" lässt sich einfach erkennen, ob der betreffende Platz eine geeignete reflektierende Oberfläche in seiner Umgebung hat. Im Bild 29 sind diese Ellipsen beispielhaft über den Grundriss des großen Saals im neuen Gewandhaus Leipzig gelegt. Da die Außenwände von einigen Plätzen sehr weit entfernt sind, wurden die Publikumsbereiche unterteilt und so werden die Plätze, die sehr nahe an der Bühne sind, auch mit einer ausreichenden Dichte an frühen Reflexionen versorgt.

Balkone

Durch das Anordnen von Publikumsbereichen auf Balkonen werden zusätzliche Plätze geschaffen, bei denen ein relativ kleiner Abstand zur Bühne besteht, was sich positiv auf die Energie des Direktschalls auswirkt. Neben dem höheren Direktschallpegel wirken sich Balkone jedoch auch positiv auf die Deutlichkeit und das Stärkemaß an den neu entstandenen Balkonplätzen und den Plätzen darunter aus, da diese nun näher an der reflektierenden Saaldecke bzw. an den Balkonunterseiten sind. Bei der Dimensionierung von

Balkonen sind jedoch zahlreiche Randbedingungen zu berücksichtigen, die über die Qualität des Entwurfes entscheiden. Wie auch in Theatern spielen gute Sichtlinien in Konzertsälen eine wichtige Rolle. Während im Sprechtheater ein Sichtwinkel von 8 bis 10° für erforderlich erachtet wurde, sind in Räumen für klassische Musik circa 6° ausreichend. Dieser Sichtwinkel entspricht einer Sichtlinienüberhöhung von etwa 8 cm. Die Absenkung des Sichtlinien-Kriteriums ist im Wesentlichen auf zwei Faktoren begründet. Obwohl visuelle Faktoren in Konzertsälen zwar nach wie vor eine Rolle spielen, sind sie nicht von so zentraler Bedeutung wie in Theatern. Außerdem ist die effektive Absorptionsfläche bei ansteigenden Publikumsbereichen größer als bei flach angeordnetem Sitzreihen. Durch flachere Sitzreihen wird weniger Direktschall von der Schallquelle absorbiert und entsprechend steht mehr Energie für den wichtigen Nachhall zur Verfügung. Natürlich muss auch bei Plätzen auf Balkonen das Sichtlinien-Kriterium erfüllt werden. Bei so erhöhten Sitzen kann das zu besonders starken Sitzreihenüberhöhungen führen. Die Steigung sollte den gesetzlichen Anforderungen genügen und aus Sicherheitsgründen nicht größer als 35° sein.

Die Sitzplätze unterhalb der Balkonvorsprünge sind akustisch oftmals benachteiligt und daher sollten ein paar Anforderungen an die Plätze dort beachtet werden. Wichtig ist z. B., dass diese Plätze nicht vom Volumen des Raumes akustisch abgekoppelt werden. Sind die Vorsprünge zu tief gewählt, wird die Zuhörer dort nicht genügend Schallenergie aus dem Nachhall erreichen und das akustische Ereignis wird entfernt und leise klingen. Aus praktischer Erfahrung wurden von *Beranek* Faustformeln entwickelt, die nahelegen, dass in Theatern das Verhältnis aus Höhe (H) und Tiefe (T) von Balkonen nicht größer als H ≥ 2T und in Konzertsälen nicht größer als H ≥ T sein sollte.

Durch eine geeignete Modellierung der Balkonunterseiten kann diese Oberfläche auch zur Schalllenkung benutzt werden. Wie im Bild 30 gezeigt, besteht bei einer unglücklichen Auslegung des Balkons die Gefahr, dass ein Echo durch die Reflexion an Balkon und Rückwand zurück zur Bühne geworfen wird. Im unteren Teil des Diagramms ist zu sehen, dass die Reflexionen an dieser Oberfläche für die Plätze unter dem Balkon durchaus nützlich sein können, da sie das Stärkemaß erhöhen können. Wird die Oberfläche moderat und geeignet mit Diffusoren ausgekleidet, können den Reflexionen durch Streuung (gestrichelt dargestellt) sogar seitliche Komponenten hinzugefügt werden, was den Räumlichkeitseindruck unter dem Balkon unterstützen würde.

In Rechteckräumen ist das bereits beschriebene Bühnenecho von der Rückwand natürlich genauso unerwünscht wie in jedem anderen Auditorium. Bei den Balkonen an den Seitenwänden ist dieser Effekt aber sehr erwünscht, da die dort zurückgeworfene Reflexion den Schall von den Seiten auf das Hauptparkett richtet. Die Gefahr eines Echos besteht hier in den meisten Fällen nicht. Hier ist jedoch eine ausreichende Höhe des Balkons von entscheidender Wichtigkeit. Wäre der obere Balkon in der Skizze etwa aus Platzgründen tiefer angeordnet worden, würde die Reflexion in den Zuhörerbereich auf den unteren Balkon gerichtet. Da dieser Bereich natürlich einen großen Teil der Schallenergie absorbieren würde, kann diese Reflexion nicht genutzt werden. Im Bild 31 ist zu sehen, dass die Höhe der Balkone nach oben größer wird. Aus dem Parkett sind die Balkonunterseiten frei sichtbar.

Reflektoren

In großen Räumen kann es erforderlich sein, frühe Reflexionen auf Publikumsbereiche zu lenken, ohne das Raumvolumen oder die Raumform zu verändern. In solchen Situationen können abgehängte Deckensegel eingesetzt werden. Über der Bühne können Deckensegel sinnvoll genutzt werden, da sie die Kommunika-

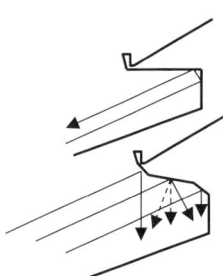

Bild 30. Modellierung der Balkonunterseite

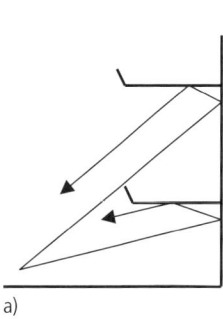

Bild 31. Richtige Dimensionierung der Balkonhöhe a), Ansicht des Innenraums b) (Foto: Metropolitan Opera New York)

a)   b)

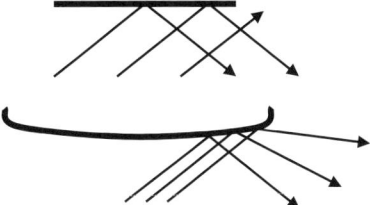

Bild 32. Schallenkung durch Reflektoren

Bild 34. Bühnenreflektoren im Konzerthaus Dortmund (Foto: Daniel Sumesgutner)

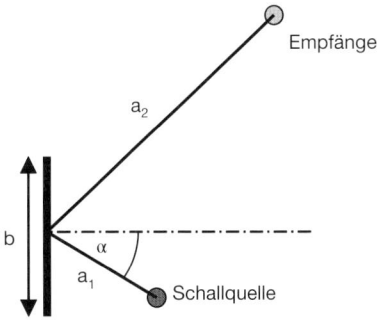

Bild 33. Dimensionierung von Reflektoren

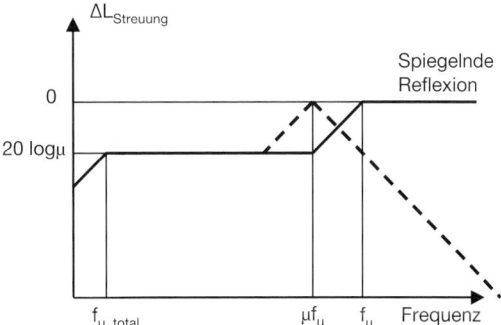

Bild 35. Wirksamkeit von Reflektorgruppen

tion der einzelnen Instrumentengruppen positiv beeinflussen.

Die wichtigsten Einflussgrößen auf die Wirkungsweise eines Reflektors sind seine Form und seine Größe. Diese bestimmt einerseits, für welchen Raumbereich der Reflektor nützlich ist und andererseits, in welchem Frequenzbereich. Wie im Bild 32 zu sehen, ergibt sich der erste Aspekt aus elementar geometrischen Überlegungen. Bei einem einfachen, flach ausgelegten Reflektor ergibt sich ein recht scharfer Übergang, wenn der Bereich der spiegelnden Reflexion von dem Reflektor verlassen wird. Durch eine konvexe Ausgestaltung des Reflektors ist es möglich, den wirksamen Raumbereich eines Reflektors zu erhöhen.

Um die Wirksamkeit von Reflektoren zu bestimmen, kann abgeschätzt werden, welchen Pegel eine Reflexion etwa haben wird und bei welchen Frequenzen der Reflektor relevant ist. Der Pegel der Reflexion kann aus der Ausbreitungsdämpfung von Kugelwellen abgeschätzt werden. Relevant ist hier die Summe der im Bild 33 eingetragenen Entfernungen a_1 und a_2.

Für die Abschätzung, welche Größe ein Reflektor haben muss, um bei einer gegebenen Frequenz noch wirksam zu sein, kann die folgende Formel, zusammen mit der Darstellung in Bild 33 benutzt werden. Die untere Grenzfrequenz eines Reflektors ergibt sich zu

$$f_u \approx \frac{2c}{(b \cos \alpha)^2} \frac{a_1 a_2}{a_1 + a_2} \text{ Hz} \qquad (56)$$

Aus dieser Formel lassen sich zwei wichtige Erkenntnisse gewinnen. Aus dem Cosinus-Term im Nenner ergibt sich, dass Reflektoren bei streifendem Schalleinfall sehr groß sein müssen, um wirksam zu sein. Außerdem ist erkennbar, dass Plätze, die sich näher an einem Reflektor befinden, besser mit tieffrequentem Reflexionsschall versorgt werden als weiter entfernte Sitzplätze.

Wie in Bild 34 zu sehen, werden Reflektoren über Bühnen häufig in Gruppen aufgehängt. Durch einen solchen Aufbau kann die untere Grenzfrequenz nach unten erweitert werden. Wichtige Größe ist hier der Abdeckungsgrad μ der Reflektorgruppe. Dieser berechnet sich aus dem Verhältnis der Oberfläche aller Reflektoren und der durch die Reflektorgruppe abgedeckten Oberfläche.

Bei sehr hohen Frequenzen, oberhalb der Grenzfrequenz der Einzelreflektoren, hängt der Pegel der Reflexion davon ab, ob der Empfänger sich im Bereich der spiegelnden Reflexion befindet. Fällt der Reflexionspunkt auf ein Deckensegel, ist die durchgezogene Linie im Diagramm des Bildes 35 relevant und der Reflexionspegel ist sehr hoch. Fällt der Reflexionspunkt jedoch auf den Bereich zwischen die Segel, setzt sich die von der Reflektorgruppe zurückgeworfene Schallenergie aus gestreuten Anteilen zusammen. Die resultierende Dämpfung ΔL ist von der Frequenz abhängig und im Diagramm an der gestrichelten Linie ablesbar. Die relevanten Grenzfrequenzen f_u lassen sich aus der Gl. (57) für Einzelreflektoren bestimmen. Die absolute untere Grenzfrequenz der Reflektorgruppe ist durch $f_{u,total}$ gekennzeichnet und berechnet sich ebenfalls aus der Gl. (57). Mit b werden die Abmessungen des Reflektors berücksichtigt. In diesem Fall sind die Abmessungen der gesamten Reflektorgruppe einzusetzen (Bild 35).

Bühnenakustik

Um die Aspekte des Selbsthörens und des Ensemblespiels zu begünstigen, sind frühe Reflexionen auf der Bühne notwendig. Diese Reflexionen müssen jedoch schon nach circa 20 bis 25 ms bei dem Musiker eintreffen, um das Zusammenspiel zu begünstigen. Bei solchen Randbedingungen kommen nur Wände, die bis zu 8 m von der Quelle entfernt sind, wie z. B. die Bühnenbegrenzungswände oder die Bühnendecke in Betracht. Bei großen Bühnen und hohen Bühnendecken sind daher Deckensegel, die in weniger als 8 bis 12 m Höhe über der Bühne aufgehängt sind, notwendig, um für eine ausreichende Kommunikation zwischen entfernt sitzenden Orchestergruppen zu sorgen.

Als objektiver Parameter für die Kommunikation zwischen den Musikern ist die in der DIN EN ISO 3382-1 [12] definierte „Frühe Unterstützung" (Early Support) geeignet. Wie in Gl. (58) zu erkennen, wird darin das Verhältnis der Energie der frühen Reflexionen zur Direktschallenergie gebildet.

$$ST_{early} = 10 \log_{10} \frac{\int_{0,020\,s}^{0,100\,s} p^2(t)dt}{\int_{0\,s}^{0,010\,s} p_{1m}^2(t)dt} \quad [dB] \quad (57)$$

Die Energie des zurückgeworfenen Schalls ist ebenfalls für das Selbsthören der Musiker wichtig. Da durch das Spielen des eigenen Instrumentes die sehr frühen Reflexionen jedoch maskiert werden, spielen die späteren Reflexionen eine wichtigere Rolle. Das ist in Gl. (59), der Definition der „Späten Unterstützung" (Late Support), zu erkennen

$$ST_{late} = 10 \log_{10} \frac{\int_{0,10\,s}^{1,0\,s} p^2(t)dt}{\int_{0\,s}^{0,010\,s} p_{1m}^2(t)dt} \quad [dB] \quad (58)$$

Bei beiden Messgrößen (Gl. (58) und Gl. (59)) wird sowohl im Zähler als auch im Nenner die Impulsantwort benutzt, die durch einen Messlautsprecher ohne Richtcharakteristik und einem Mikrofon gemessen wird, dass sich in 1 m Entfernung von der Quelle befindet.

Klassische Fallbeispiele

a) Concertgebouw Amsterdam („Schuhkarton")
Beim Entwurf von Räumen für sinfonische Musik sind viele unterschiedliche Raumformen realisiert worden. Die Tradition, öffentliche Konzerte aufzuführen, reicht bis zu 250 Jahre zurück. Aus dieser Zeit stammen auch die ersten Gebäude, die speziell für die Aufführung solcher Konzerte errichtet wurden. Vermut-

Bild 36. Großer Saal im Concertgebouw Amsterdam
(Foto: Het Concertgebouw)

lich aus Gründen der Statik weisen viele dieser Räume eine schmale Rechteckform auf, bei denen das Orchester an einem Ende des Raums platziert ist und das Publikum auf einem flachen Parkett sitzt. Zu den sehr bekannten Räumen dieser Form gehört das Concertgebouw in Amsterdam (Bild 36).

Kennzeichnend für die anerkannt gute Akustik in den historischen Räumen dieser Raumform ist, dass sie oft sehr schmal ausgelegt sind und die Seitenwände mit ungefähr 23 m sehr nah zu allen Publikumsbereichen sind (mit einer Breite von ca. 27,7 m ist das Concertgebouw ein wenig breiter als die meisten Rechteckräume). Durch diese Nähe werden alle Plätze mit sehr starken seitlichen Reflexionen versorgt, was für große Deutlichkeit und einen ausgeprägten Räumlichkeitseindruck sorgt. Auffallend ist ebenfalls, dass diese Räume trotz ihrer relativ hohen Decke meist nur ein recht geringes Volumen pro Sitzplatz aufweisen. Sowohl der berühmte große Wiener Musikvereinssaal als auch das Amsterdamer Concertgebouw ist mit ca. 9 m³/Platz relativ klein. Dennoch liegt die Nachhallzeit bei mittleren Frequenzen bei 2,0 Sekunden im vollbesetzten Saal. Der Grund dafür kann in zwei wesentlichen Eigenschaften gefunden werden. Das Publikum in diesen Räumen ist auf einer sehr kleinen Fläche mit nur ca. 0,4 m²/Person auf einem flachen Parkett ohne Steigung angeordnet. Im oberen Volumen dieser Konzerthäuser befinden sich nur Materialien mit sehr geringer Schallabsorption.

b) Salle Pleyel („Trapezform")
Mit der Verfügbarkeit neuer Bautechniken entstand im 20. Jahrhundert die Möglichkeit, auch andere Raumformen zu bauen. Um das Publikum möglichst nah an den Musikern zu platzieren, wurden viele Auditorien in Fächerform gebaut. Gleichzeitig wurden gemäß den Gesetzen der geometrischen Raumakustik die Raumbegrenzungen so dimensioniert, dass der Schall möglichst effizient von der Quelle auf weite Bereiche des

Bild 37. Innenraum des Salle Pleyel zu seiner Eröffnung aus dem Jahr 1927 (Foto: Archives Pianos Pleyel)

absorbierenden Publikums gerichtet wurde. Eines der ersten Beispiele dieser Bauform ist der 1927 gebaute Salle Pleyel in Paris (Bild 37).

Durch die Fächerform des Grundrisses erreicht der Schall den Zuhörer nahezu nur aus frontalen Richtungen, was zwar für eine sehr hohe Deutlichkeit nützlich ist, jedoch die Aspekte des Seitenschalls und des Räumlichkeitseindrucks kaum fördert. Als Beispiel für diese Raumform ist im deutschsprachigen Raum auch die Kölner Philharmonie zu nennen, die nahezu die Form eines antiken griechischen Amphitheaters mit den genannten prinzipiellen Nachteilen hat. Daher werden in der Philharmonie in Köln schon Maßnahmen getroffen, durch Terrassierung von Publikumsbereichen Seitenschalleffekte zu stärken, ohne gute Sicht und Deutlichkeit zu reduzieren.

c) Philharmonie Berlin („Vineyard-Terrassen-Form")

Der Klassiker der Terrassenform ist aber die Philharmonie in Berlin. Sie wurde 1963 als Alternative zum Rechteckraum entwickelt, der jedoch die Nachteile von Fächerräumen vermeidet. In diesem Ansatz wird auf überhängende Balkone vollständig verzichtet. Stattdessen befindet sich die Bühne nahezu in der Mitte des Konzertsaals angeordnet und ist von großen Publikumsbereichen umgeben. Diese Publikumsbereiche sind in kleine Unterbereiche geteilt, die relativ zueinander verschiedene Höhen haben. Die so entstehende Terrassierung erlaubt die Anordnung von Reflektoren an den vorderen und seitlichen Terrassengrenzen. Diese Reflektoren sind nun so ausgerichtet, dass sie benachbarte Publikumsbereiche mit frühen Reflexionen aus seitlichen Richtungen versorgen. Noch heute wird diese Gruppe von Raumformen wegen der Anordnung der Publikumsbereiche in verschiedene Terrassen als „Weingartenarchitektur" bezeichnet.

Durch den Verzicht auf Balkone sind in dieser Architektur große Bereiche des Raumes durch das Publikum mit hochabsorbierenden Eigenschaften versehen. Außerdem haben die Publikumsbereiche seitlich der Bühne und in hohen Terrassen eine recht große Steigung, wodurch die effektive Absorptionsfläche noch ein wenig vergrößert wird. Um dennoch eine Nachhallzeit von 2,0 Sekunden zu erreichen, ist es in solchen Räumen daher wichtig, sehr viel Volumen pro Zuhörer einzuplanen. In Berlin sind es sogar 14 m³/Person (Bild 38).

d) Christchurch Townhall for Performing Arts („Konzerträume mit großen Volumina")

Viele der zuvor diskutierten Entwürfe verdeutlichen einen Spagat zwischen einer hohen Deutlichkeit in Konzertsälen die durch energiereiche frühe Reflexionen erreicht wird und dem entgegengesetzten Wunsch nach einer langen Nachhallzeit auf der anderen Seite. Einerseits kann das Klarheitsmaß durch Reflexionen die gezielt auf das Publikum gerichtet sind oder durch eine große Sitzreihenüberhöhung angehoben werden. Gerade in großen Räumen ist dieser Ansatz wichtig, um auch weit entfernte Sitzplätze mit ausreichend früher Schallenergie zu versorgen. Gleichzeitig wird dem Schallfeld jedoch auch die Energie entzogen, die für einen langen Nachhall erforderlich wäre. In neueren Ent-

Bild 38. Panoramaansicht des großen Saals der Philharmonie Berlin (Foto: I. Witew)

Bild 39. Auditorium der Christchurch Town Hall for Performing Arts (Foto: Christchurch Town Hall for Performing Arts)

würfen wird versucht, sowohl eine hohe Deutlichkeit als auch einen langen Nachhall zu ermöglichen. Gutes Beispiel war die leider einem Erdbeben zu Opfer gefallene Christchurch Town Hall for Performing Arts in Neuseeland. Frühe Reflexionen wurden in diesem Entwurf durch sehr große Segel, die über dem Publikum geneigt angeordnet sind, auf die Zuhörer gerichtet. Um jedoch gleichzeitig für einen langen Nachhall zu sorgen, befand sich hinter den Segeln im Deckenbereich ein recht großes Volumen, dass ähnlich wie bei den klassischen Rechteckräumen als Nachhallreservoir dient. Im Spezialfall der Town Hall wurden frühe Reflexionen zusätzlich noch von den Balkonen auf die Publikumsbereiche gerichtet (Bild 39).

e) Konzertsaal im KKL Luzern („wandelbare Akustik")
Räume, bei denen die frühen Reflexionen von den Seitenwänden bereits für eine hohe Deutlichkeit sorgen, können um seitlich benachbarte Nachhallkammern erweitert werden. Dieses Volumen ist über schwere bewegliche Türen an den Konzertsaal angekoppelt. Bei dieser Strategie entsteht ein Nachhallverlauf, der sich aus den Nachhalleigenschaften der Teilvolumina zusammensetzt. Im frühen Teil der Impulsantwort wird der Nachhall durch die Eigenschaften des freien Konzertsaalvolumens bestimmt. Der späte Teil des Nachhalls hat eine längere Nachhallzeit und wird durch die akustischen Eigenschaften der Nachhallkammern bestimmt. Bei Räumen mit gekoppelten Volumina ist es wichtig, dass die Volumina mit einer passend dimensionierten Öffnung aneinander angeschlossen sind. Ist die Öffnung zu klein, wird die Energie des späten Nachhallteils zu gering sein und entsprechend kaum hörbar. Ist die Öffnung zu großzügig dimensioniert, läuft man Gefahr, dass sich der Raum nicht wie zwei gekoppelte Volumina verhält, sondern wie ein einzelner Raum ohne Variabilität (Bilder 40 und 41).

7.5.2 Räume für Beschallungstechnik

Die Spanne an Räumen, in denen elektronisch verstärkte Sprache oder Musik vorgetragen wird, ist sehr

Bild 40. Innenansicht des Konzertsaals im KKL Luzern (Foto: KKL Luzern)

Bild 41. Detailansicht der Türen zu den Nachhallkammern im KKL Luzern (Foto: KKL Luzern)

groß. Sie reicht von kleinen Diskotheken oder Veranstaltungsräumen für etwa 100 Personen bis zu großen Olympiastadien, in denen gut und gerne bis zu 80000 Personen Platz finden. In einem ersten Ansatz würde man feststellen, dass die Musik durch Toningenieure bereits so aufbereitet ist, dass jede Veränderung durch die Akustik des Raumes unerwünscht ist. Dieser Ansatz würde im Ideal zur Zielvorgabe führen, dass Räume für verstärkte Musik so weit bedämpft werden, dass sie die akustischen Eigenschaften von reflexionsarmen oder „schalltoten" Räumen haben müssten. Besonders in großen Räumen ist dieser Ansatz jedoch nicht realistisch, da sich alleine wegen des immensen Volumens oftmals beachtliche Nachhallzeiten von vielen Sekunden ausbilden. Es scheint also realistischer zu sein, einen anderen Ansatz zu verfolgen, indem die Grenzen bestimmt werden, bis zu denen der Einfluss der Raumakustik nicht störend ist. Aus den Überlegungen zu Räumen für Sprache ergibt sich daher die Anforderung, dass die Nachhallzeit auf Werte kleiner als 1,0 Sekunden begrenzt werden sollte. Gerade in großen Räumen ist es von großer Wichtigkeit, kritische Flächen mit effizienter Schallabsorption zu versehen. Zudem ist es wichtig, die Absorption gleichmäßig auf alle Wände zu verteilen. Werden einzelne Flächen, wie z. B. Zugangstüren ausgespart und daher reflektierend gestaltet, ergibt sich daraus bei den großen Schalllaufzeiten das Potenzial ein störendes Echo zu erzeugen. Bei sehr großen Räumen wird es jedoch auch mit großem Einsatz nicht möglich sein, die Nachhallzeit auf die vorgeschlagene eine Sekunde zu begrenzen. In solchen Fällen ist es wichtig, dass der Akustiker mit dem Fachplaner für die elektroakustische Beschallungsanlage zusammenarbeitet. Längere Nachhallzeiten, wie sie gemäß Sabine'scher Nachhallformel prognostiziert werden, können in Auditorien dann toleriert werden, wenn die Lautsprecher der Beschallungsanlage so ausgewählt werden, dass durch die Richtcharakteristik Schall nur auf hochabsorbierende Publikumsbereiche gerichtet wird. Bei der raumakustischen Planung ist es jedoch ratsam, sich nicht ausschließlich darauf zu verlassen, dass die raumeigene Beschallungsanlage bei allen Veranstaltungen Verwendung findet. Zum einen wäre es mit sehr großem Aufwand verbunden, „alle" möglichen Anwendungsszenarien zu berücksichtigen und andererseits ist oft festzustellen, dass gastierende Musikgruppen auf ihren Tourneen eine eigene Beschallungsanlage aufbauen. Beim Aufbau einer solchen mobilen Anlage ist nur in den seltensten Fällen damit zu rechnen, dass der Aufwand betrieben wird, für ein Konzert die Richtcharakteristiken der jeweiligen Lautsprecher so auszurichten, dass vom Nachhall so wenig wie möglich angeregt wird.

7.6 Räume für gemischte Nutzung

7.6.1 Opernhäuser

Die Kunstform der Oper blickt auf eine 350-jährige Tradition zurück. Noch heute weist der weit überwiegende Teil der Opernhäuser die Raumform der damals im italienischen Barock eingeführten Hufeisenform auf. Seither haben sich nur sehr geringe Veränderungen ergeben.

Wie im Bild 42 zu sehen, erstreckt sich der Bogen des Hufeisens aus Balkonen von der einen Seite der Proszeniumsöffnung zu der anderen. Das Proszenium ist das Bühnenportal, welches die Bühnenöffnung umrandet. In dem hier dargestellten Fall (Bild 42) befinden sich Zuschauerboxen im Proszenium. Wie in der Detailansicht am Beispiel des Modells der Opera Garnier in Paris zu sehen, sind die Plätze auf den Balkonen (an der Seite) oftmals in kleine Boxen unterteilt, oder, wie auf dem obersten Balkon (hinten), in Sitzreihen. Das Orchester ist in moderneren Häusern (etwa seit dem 19. Jahrhundert) in einem Orchestergraben untergebracht, der sich zwischen der Bühne und dem Zuschauerparkett befindet. Auf dem Bild ist ebenfalls das große Bühnenhaus zu erkennen. Das Bühnenhaus beinhaltet neben der vom Zuschauerraum sichtbaren Hauptbühne auch noch den Bühnenturm, die Seitenbühne(n) und die Unterbodenmaschinerie. In vielen Fällen haben alle diese angeschlossenen Räume ein Volumen, welches, jedes für sich, etwa so groß wie der Zuschauerraum ist.

Sänger und auch Sprecher weisen eine sehr ausgeprägte Richtcharakteristik auf, sodass bei höheren Frequenzen ein großer Teil der Schallleistung in frontaler Richtung ausgesendet wird. Sofern Sänger nicht direkt an der Bühnenkante stehen, erreicht der Schall die Zuhörer nicht nur auf dem direkten Weg, sondern auch über die sehr nützliche Reflexion vom Bühnenboden. Ist der Sänger, etwa in einem Duett, ein wenig zu einer Seite gedreht, erweist sich das Proszenium als nützliche Fläche, um Schall auf das Parkett zu richten.

Der Orchestergraben ist üblicherweise durch eine kleine Wand vom Publikumsbereich getrennt. Diese Wand kann auch hilfreich für die akustische Kommunikation der Sänger mit dem Orchester oder solistischen Begleitungsstimmen eingesetzt werden. Durch die abgesenkte Lage der Musiker im Orchestergraben ergeben

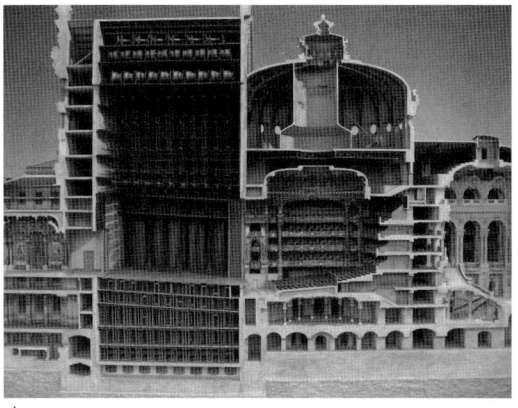
a)

b)

Bild 42. Modell der Opera Garnier in Paris aus dem Musée d'Orsay (Fotos: I. Witew)

sich für die Zuhörer im Parkett einige Nachteile. Der Direktschall ist durch die Beugung an der Grabenkante bei hohen Frequenzen so stark gedämpft, dass das klangliche Erlebnis zuweilen als etwas dumpf beschrieben wird. Zuhörer auf den höheren Balkonen kommen zwar nicht in den Genuss der verbesserten Sänger/Musiker-Balance, jedoch ist die Klangfarbe des Orchesters ausgewogener.

Aus der traditionellen Raumform ergeben sich jedoch einige akustische Herausforderungen. Durch die gekrümmte Oberfläche der Balkonvorderseiten zu der Hufeisenform prägen sich akustische „Brennpunkte" im Zuhörerraum aus. In einigen Opernhäusern sind die Decken zusätzlich zu Kuppeln gebaut, welche ebenfalls den Schall in Brennpunkten fokussieren. Als schallreflektierende Oberflächen stehen neben der Decke nur die Balkonvorderseiten zur Verfügung. Diese Vorderseiten sind jedoch relativ klein, um gleichzeitig nützliche frühe Reflexionen für eine ausreichende Klarheit in passende Richtungen zu lenken und außerdem noch für einen angemessenen Nachhall zu sorgen. Letztlich wird beim Betrachten der Volumenverhältnisse zwischen Bühnenraum und Publikumsraum deutlich, dass von dem Sänger nur ein Teil der Schallenergie überhaupt in den Zuschauerraum gelangt.

In Opernhäusern muss die Nachhallzeit zwei Anforderungen von Sprache und Musik gleichzeitig genügen. Es zeigt sich, dass ältere Räume, wie z. B. das Teatro alla Scala in Mailand oder die in Bild 42 im Modell dargestellte Opera Garnier, Nachhallzeiten von 1,1, bzw. 1,2 Sekunden aufweisen. Bei moderneren Opernbauten ist feststellbar, dass die Nachhallzeiten deutlich länger sind und sich über einen Wertebereich von ungefähr 1,4 bis 1,8 Sekunden erstrecken.

In einem weiteren Aspekt ist eine ausreichende Sprachverständlichkeit in Opernhäusern wichtig. Sicherlich sind hier nicht die gleichen hohen Anforderungen zu stellen, wie sie für Theater definiert wurden, jedoch sollten viele der verfügbaren Flächen in Opernhäusern so ausgerichtet werden, dass die Sprachverständlichkeit durch frühe Reflexionen unterstützt wird. Als besonders wichtige Fläche ist hier das Proszenium zu nennen, da es weite Teile des Parketts mit einer wichtigen Reflexion versorgt. Bei neueren Opernhausprojekten ist festzustellen, dass auch die Winkelspiegelreflexion an der Balkonunterseite und der Seiten- bzw. Rückwand zunehmend als Fläche für die Versorgung des Parketts mit nützlichen Reflexionen genutzt wird. Dies erfordert, wie es auf dem Bild von der Metropolitan Opera in New York (Abschnitt 7.5) zu sehen ist, dass die Höhe der Balkone angemessen ausgelegt wird. Letztlich sollte noch darauf geachtet werden, dass der Raum die Balance zwischen Sängern und dem Orchester ausgewogen unterstützt. Diese Anforderungen gehen sehr stark mit den Forderungen nach einer angemessenen Deutlichkeit einher. Aber vielfach sind die akustischen Unzulänglichkeiten des Orchestergrabens Ursache dafür, dass Orchester sehr laut spielen, da sich die Musiker selbst oder ihre Mitspieler nur schlecht hören. Auch der geeignete Entwurf von Orchestergräben stellt den Akustiker daher vor große Herausforderungen. Eine abschließende Lösung scheint in diesem Punkt bisher noch nicht gefunden.

7.6.2 Sakralbauten

Das hervorstechende akustische Merkmal von traditionellen christlichen Kirchen ist sicherlich der lange Nachhall. Die Ursache dafür ist zumindest aus technischer Sicht in den massiven Baustoffen zu suchen, die den Schall sehr gut reflektieren. Aus liturgischer Sicht ist ein langer Nachhall durchaus erwünscht, da er die musikalischen Elemente der Zeremonie, wie z. B. das Orgelspiel oder das gemeinsame Singen der Gemeinde unterstützt und einen feierlichen Charakter verleiht. Aspekte der Sprachverständlichkeit sind erst in der jüngeren Vergangenheit Faktoren der Kirchenakustik geworden. Bei der Planung der Akustik von Kirchen sollte daher eine angemessen lange Nachhallzeit angestrebt werden, die die musikalischen Elemente eines Gottesdienstes oder eine Messe unterstützt. Um bei Predigten für eine ausreichende Sprachverständlichkeit zu sorgen, werden vielfach verteilte Beschallungsanlagen verwendet, die die Gemeinde mit ausreichend Direktschall versorgen. Im Ideal wird die Anlage so ausgelegt sein, dass der für die Sprachverständlichkeit störende Nachhall nicht angeregt wird (s. Abschnitt 7.5.2).

Bei Moscheen wird ein ähnlicher Ansatz verfolgt. Die islamische Liturgie ist ebenfalls in Räumen mit sehr ausgeprägtem Nachhall entstanden. Der traditionelle Gesang des Imam wird durch einen langen Nachhall unterstützt. Das gesprochene Wort wird ebenfalls durch eine Beschallungsanlage übertragen.

7.6.3 Mehrzweckräume

Der Wunsch eine Mehrzweckhalle zu bauen, entspringt sehr oft der Erkenntnis, dass der Bau von mehreren Einzelfunktionsräumen, die speziell auf die jeweilige Nutzung ausgelegt wären, nicht wirtschaftlich ist. Dieser Ansatz ist jedoch keineswegs eine neuere Entwicklung, wenn bedacht wird, dass die ersten klassischen Rechteck-Konzertsäle auch als Ballsaal genutzt wurden. Aus dieser Tradition ergibt sich ein möglicher Nutzungskatalog gesellschaftlicher Veranstaltungen, die das Spektrum von klassischen Sinfoniekonzerten bis zu elektronisch verstärkten Rock/Pop-Konzerten, von Opern oder Musicals bis zum Sprechtheater oder Konferenzen, Bankette oder Ausstellungen umfassen kann. Die Anforderungen an einen Mehrzwecksaal werden also eine große Flexibilität bei möglichst guten Gesamtbedingungen beinhalten.

Bei der bisherigen Diskussion der verschiedenen Räume ging die Überlegung sehr oft von der Bestimmung einer geeigneten Nachhallzeit aus, wobei anschließend die Schallausbreitung über die ersten Reflexionen betrachtet wurde. Dieser Ansatz scheint den akustischen Planer bei Mehrzweckhallen zunächst vor größere Herausforderungen zu stellen, da die verschiedenen Nutzungsformen nicht nur unterschiedliche Nachhallzeiten bedürfen, sondern auch nicht in allen Fällen eine feste Sender-Empfänger-Konfiguration definiert werden kann.

Eine der ersten Aufgaben des Akustikers sollte es daher sein, den unter realistischen Annahmen angedachten hauptsächlichen Nutzungszweck festzustellen. Beinhaltet der Anforderungskatalog Nutzungsformen, die eine lange Nachhallzeit erfordern (z. B. unverstärkte Musik) oder die den Vortrag von Sprache vorsehen, wird es kaum möglich sein, Methoden zur Steuerung der Nachhallzeit auszuschließen. Bei der Planung von Elementen zur Steuerung der akustischen Eigenschaften von Mehrzweckhallen sollte bedacht werden, dass solche Elemente die Akustik meist in mehreren Aspekten gleichzeitig ändern. Eine Verkürzung der Nachhallzeit kann z. B. gleichzeitig zu einer ungewollten Verringerung des Stärkemaßes führen.

Die detaillierte Planung einer Mehrzweckhalle richtet sich, schon aus Effizienzgründen, genau nach dem zuvor definierten Nutzungskatalog. Es ist daher nicht möglich, einen Prototyp für Mehrzwecksäle zu entwickeln, der allen Anforderungen gerecht wird. Im Folgenden soll daher versucht werden, die Anforderungen modular zu betrachten, indem zwei Aspekte herausgestellt werden.

Sollen in dem Saal z. B. Ausstellungen oder Bankette stattfinden, erfordert dies einen flachen Boden. Diese Anforderung steht jedoch im Widerspruch zu den modernen Anforderungen für Aufführungsräume für Musik oder besonders Theater, bei denen gute Sichtlinien zur Bühne nicht nur aus akustischen Erwägungen wichtig sind. Durch ein Podiensystem mit Hubmechanismen ist es möglich, das Publikum entsprechend der Anforderungen für die jeweilige Veranstaltung anzuordnen.

Größer kann sich der Aufwand gestalten, wenn die Bühne sowohl Konzerten, Opern und auch Theatern ausreichende Möglichkeiten bieten soll. Sowohl für Theater- als auch für Opernaufführungen sind gelegentlich Bühnenbilder notwendig, die ggf. sehr aufwendig gestaltet sein können. Derartige Aufbauten werden üblicherweise über Bühnenmaschinerie bedient, wie sie in Bühnentürmen untergebracht sind. Aus akustischen Erwägungen ist zudem das Proszenium eine wichtige Fläche, über die Reflexionen in das Publikum gerichtet werden. Es liegt also nahe, auch in einem solchen Fall, diese Flächen und Funktionen mit einem Bühnenturm und einer entsprechenden Bühnenöffnung zu bedienen. Ein solcher Aufbau würde sich jedoch für konzertante Aufführungen als nachteilig erweisen. Um nun einem Orchester in einem solchen Raum eine akzeptable Umgebung für Aufführungen zu ermöglichen, kann die Strategie verfolgt werden, eine massive Konzertmuschel auf der Bühne aufzubauen, die das Volumen des Bühnenturms abtrennt und so die Schallenergie des Orchesters in den Zuschauerraum lenkt.

8 Beschallungsanlagen

8.1 Grundlegende Überlegungen

Beschallungsanlagen dienen dazu, größere Zuhörermengen mit Schall zu versorgen. Meist handelt es sich darum, den Schall von einer natürlichen Schallquelle, z. B. von einem Redner, zu verstärken. Die Anwendungen solcher Beschallungsanlagen sind vielfältig:
- Kirchen
- Sprachalarmzentralen in Fabrikhallen
- Beschallung in Bahnhöfen und U-Bahnhöfen
- Multifunktionsanlagen in Mehrzweckstadien
- Hörsaal- und Konferenzraumbeschallung
- Konzerte und Großveranstaltungen in Hallen und Stadien
- Tonstudios

Des Weiteren gibt es noch einige Spezialanwendungen wie Beschallung für virtuelle Umgebungen mit dynamischer Übersprechkompensation, Wellenfeldsynthese zur zweidimensionalen Rekonstruktion von Schallfeldern, Beschallungsanlagen zur künstlichen Nachhallverlängerung.

In den meisten Anwendungen ist es von größter Bedeutung, dass unter allen Umständen eine gewisse Sprachverständlichkeit im beschallten Raum garantiert wird. Da die Sprache im Allgemeinen über eine Signalkette, bestehend aus:

Sprecher $\rightarrow$ Senderaum $\rightarrow$

Mikrofon $\rightarrow$ Signalverarbeitung $\rightarrow$

Beschallungsanlage $\rightarrow$ Empfangsraum

übertragen wird, muss hier genau genommen die Sprachübertragungsqualität garantiert werden. Der Sende- und der Empfangsraum können dabei identisch oder verschieden (z. B. Sprecherkabine/Saal) sein. Dabei wird die Sprachübertragungsqualität hauptsächlich von zwei Faktoren beeinflusst: durch hohe Störgeräuschpegel und ungünstige Nachhallverläufe im Raum.

Neben der Sprachübertragungsqualität sind oft auch noch andere Kriterien wichtig, wie beispielsweise hohe maximale Schalldruckpegel, ausgewogener Schalldruckfrequenzgang oder extrem verzerrungsfreie Wiedergabe in Tonstudios. Da in vielen Fällen keine Eingriffe in die Raumakustik mehr möglich sind, sei es aus Kostengründen oder aus optischen Beweggründen, gestaltet sich die Dimensionierung manchmal schwierig und ist nur mit stark richtenden Lautsprechern und PC-gestützter Steuerung möglich.

Die Sicherstellung der Sprachübertragungsqualität ist die Hauptaufgabe in vielen praktischen Anwendungen und muss dementsprechend bei der Endabnahme der LS-Anlage durch Messungen im Raum nachgewiesen werden. Ein Verfahren, das die objektive Bewertung der Sprachübertragungsqualität gewährleistet, ist in DIN EN 60268-16 [20] beschrieben. Es stützt sich auf die Erkenntnis, dass die Sprachverständlichkeit mit dem Modulationsgrad des Sprachsignals kor-

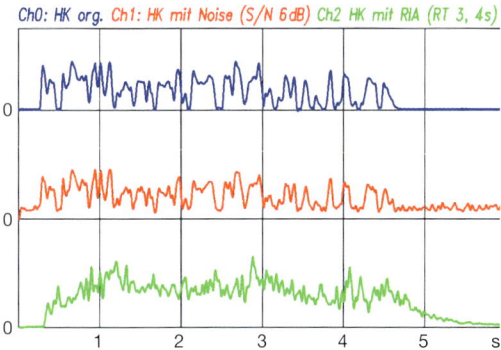

Bild 43. MTF ungestört (blau, oben), mit Rauschen (rot, mitte) und Nachhall (grün, unten)

reliert ist. Der Modulationsgrad bezeichnet das Verhalten der Einhüllenden eines Sprachsignals. Wenn sich nun dieses Verhalten nach der Sprachübertragung verschlechtert, was im Allgemeinen immer der Fall ist, so verschlechtert sich auch die Sprachverständlichkeit. Der Speech Transmission Index (STI), der in der Norm beschrieben ist, bewertet diese Verschlechterung anhand der sogenannten Modulationsübertragungsfunktion (MTF). Die MTF ist das Verhältnis des Hüllkurvenspektrums des Signals im Empfangsraum zum Hüllkurvenspektrum des Eingangssignals. Wird das übertragene Sprachsignal durch Nachhall und Störgeräusche verändert, so verringert sich der Wert der MTF vom Idealwert 1 auf kleinere Werte. Etwas detaillierter aufgeschlüsselt ist der Einfluss von Störgeräuschen und Nachhall in Bild 43. Dabei wird ersichtlich, dass Nachhall hauptsächlich die hohen Modulationsfrequenzen stört, während Rauschen breitbandig den Modulationsgrad verringert.

Der STI wird nach Messung mit geeigneten Eingangssignalen berechnet, indem für verschiedene Frequenzbänder die MTF ermittelt wird und innerhalb dieser Bänder der über die Modulationsbandbreite gemittelte Modulationsverlust auf einer Skala zwischen 0 und 1 abgebildet wird. 1 würde bedeuten, dass kein Modulationsverlust stattgefunden hat, also die Sprachverständlichkeit sich nicht verändert hat. 0 bedeutet den völligen Verlust der Sprachverständlichkeit. In akustisch schwierigen Umgebungen (viel Nachhall und hoher Störgeräuschpegel, z. B. Bahnhofshalle) gilt ein Wert von 0,5 als akzeptabel. Subjektiv könnte man diesen Wert als „gerade noch zu verstehen" bezeichnen.

Es stellt sich an dieser Stelle natürlich die Frage, wie der STI durch geschickte Positionierung und Auswahl der Lautsprecher beeinflusst werden kann. Wenn man nun versucht, durch eine große Anzahl räumlich verteilter Lautsprecher eine Verbesserung zu erzielen, so gelingt dies auch, solange man nur Hörerflächen im Direktschallfeld (innerhalb des Hallradius) einzelner Lautsprecher betrachtet. Außerhalb des Hallradius tritt durch die zeitverzögert eintreffenden Signale der an-

deren Lautsprecher eine Verschlechterung ein, da der Raumhall angeregt wird. Diesen Effekt kennt man von vielen großen Bahnhofshallen. Abhilfe schaffen Lautsprecher mit geeignetem Richtverhalten, die die Leistung nur dorthin abstrahlen, wo sich die Hörerflächen befinden. Eine reine Erhöhung der abgestrahlten Leistung ist bei Nachhallproblemen also keine Lösung, da die Diffusfeldenergie auch erhöht wird. Unabhängig davon sollte der Sprachpegel um einige dB über dem Störgeräuschpegel liegen. Für den Panikfall bei Stadien wird typischerweise verlangt, dass die über die Beschallungsanlage durchgesagten Anweisungen 10 dB über dem Störpegel liegen müssen.

8.2 Lautsprecher

Bei der Auswahl eines geeigneten Lautsprechers für eine Beschallungsaufgabe gibt es im Wesentlichen drei Hauptkriterien: Richtverhalten, Frequenzgang und das nichtlineare Verhalten. Für die Gleichmäßigkeit der Beschallung und für die Optimierung der Sprachverständlichkeit ist das Hauptkriterium die Richtcharakteristik. Soll zusätzlich Musik in hoher Qualität übertragen werden, so sind weitere Forderungen hinsichtlich der Frequenzganglinearität und auch der Übertragungsbandbreite einer Lautsprecheranlage zu erfüllen.

8.2.1 Richtcharakteristik von Lautsprechern

Im Allgemeinen sind sowohl der Betrag und die Phase des abgestrahlten Schalls eines Lautsprechers frequenz- und ortsabhängig. Eine grafische Darstellung würde also neben den drei Raumrichtungen noch zwei weitere Dimensionen erfordern. Die Formen der Abstrahlung sind in zwei Varianten elementar unterschiedlich, was an einfachen Modellen des „Kolbenstrahlers" (typischerweise angenäherte Kreismembran) und der „Strahlerzeile" (typischerweise mehrere kleine Lautsprecher übereinander) darstellbar ist. Beide Strahler-Modelle weisen Symmetrien auf – die Zeile in ihrer Achse und der Kolbenstrahler in seiner Mittelachse senkrecht zu seiner Fläche. Die Strahlerzeile bündelt Schall in einer *Ebene* senkrecht zu ihrer Symmetrieachse und bildet somit einer Art tellerförmige Bündelung. Der Kolbenstrahler bündelt Schall in *Achse*, und zwar in Richtung seiner Mittelachse und bildet somit eine keulenförmige Abstrahlung (Bild 44).

Verschiedene Darstellungsformen für Richtcharakteristiken sind gebräuchlich.

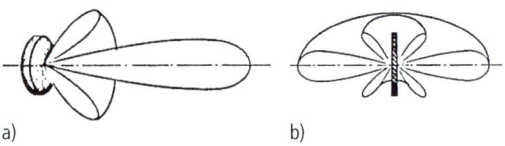

Bild 44. Bündelung der Abstrahlung mit a) Kolbenstrahler und b) Strahlerzeile

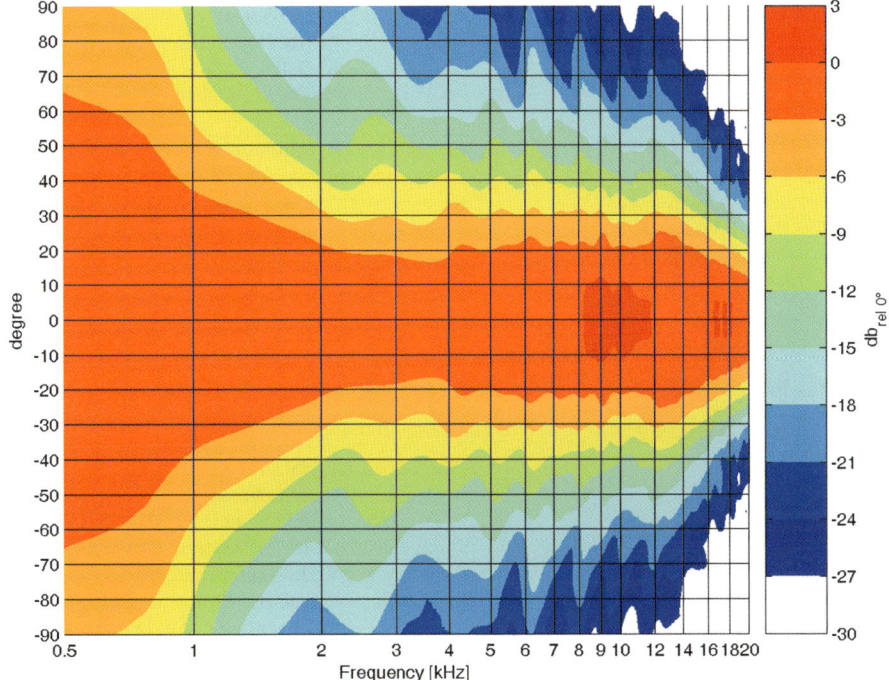

Bild 45. Isobarendarstellung eines 60 × 40°-Hochtonhorns in der 60°-Ebene

a) Isobaren-Diagramme

Die Isobarendarstellung ist besonders nützlich, um geeignete Lautsprecher für Lautsprechercluster zu ermitteln. Ein Cluster ist eine Zusammenstellung verschiedener Einzelsysteme zu einem Gesamtsystem. Da sich die Schallfelder der einzelnen Lautsprecher überlagern, kommt es zu Interferenzbereichen, die von mehr oder weniger starken Druckschwankungen geprägt sind. Je gleichmäßiger die Einzelsysteme abstrahlen, desto besser lassen sie sich mit geringen Interferenzeffekten kombinieren. Der Isobarendarstellung liegt ein Datensatz von Schalldruckspektren zugrunde, die auf einer Kreisbahn um den Lautsprecher herum berechnet oder gemessen worden sind.

Alle Messungen werden für die spätere Darstellung auf einen Referenzmesspunkt (normalerweise die Hauptabstrahlrichtung, Mittelachse) bezogen. Hervorgehoben ist in Bild 45 die –6 dB-Isobarenlinie. Hier ist der Schalldruckpegel gegenüber der Mittelachse um 6 dB geringer. Der eingeschlossene Winkel beträgt hier 60°, sodass man von einem „60°-Horn" spricht. Je paralleler die Isobarenlinien verlaufen, desto gleichmäßiger fällt der Schalldruck ab, wenn man die Hauptabstrahlachse (0°) zu anderen Richtungen hin verlässt.

b) Balloonplot

Hier wird der Schalldruckpegel (oder die Energie) in der jeweiligen Abstrahlrichtung als Vektorbündel auf einer Kugeloberfläche abgebildet. Die entstehende Flä-

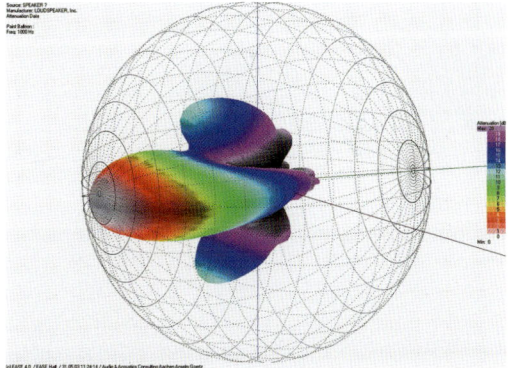

Bild 46. Balloonplot einer Lautsprecherrichtcharakteristik bei 1 kHz

che, welche die Vektorspitzen verbindet, stellt eine Ballonoberfläche in einer für die räumliche Abstrahlung spezifischen Form dar.

Polardiagramme sind Schnitte, meistens horizontal oder vertikal, aus den Ballonplots (Bilder 46 und 47). Das Bündelungsmaß ist für die rechnerische Dimensionierung besonders praktisch, da es ein energetisches Maß ist und direkt einen Unterschied zwischen einer kugelförmigen Abstrahlung und der aktuellen Abstrahlung darstellt. Es bewertet somit die (maximale) Intensität in Hauptabstrahlrichtung, bezogen auf die

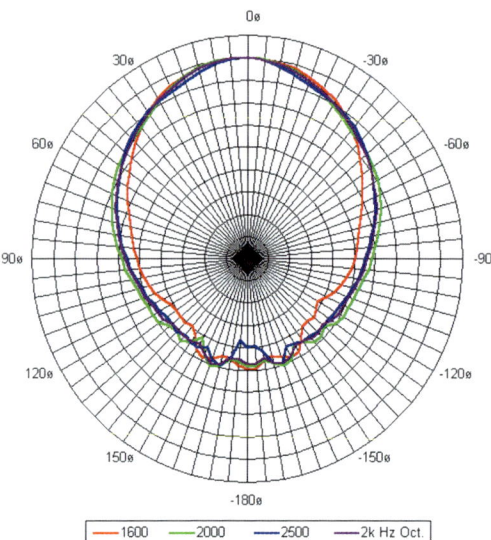

Bild 47. Polardiagramm eines Lautsprechers

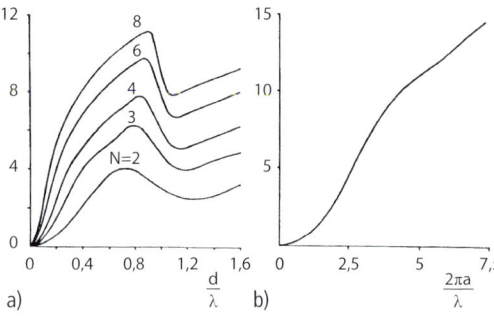

Bild 48. Bündelungsmaß: a) Strahlerzeile und b) Kolbenstrahler

räumlich gemittelte Intensität, falls diese auf eine Kugelfläche gleichverteilt wäre (Bild 48). Die Definition ist wie folgt:

$$L_B = 10 \log_{10} \left(\frac{I_{max}}{P/4\pi r^2} \right) \tag{59}$$

8.2.2 Schalldruckfrequenzgang

Ein weiteres Auswahlkriterium für einen Lautsprecher ist der Schalldruckfrequenzgang in Hauptabstrahlrichtung (Bild 49). Grob lässt sich die Qualität unter zwei Aspekten zusammenfassen; nämlich Bandbreite und Linearität des Frequenzgangs. Es ist nun abhängig von der Anwendung, welche Bandbreite, bzw. Linearität erforderlich ist. Ein paar exemplarische Beispiele sind in Tabelle 8 zusammengefasst.

Tabelle 8. Anforderungen an die Wiedergabe verschiedener Signale

Nutzung	Erforderliche Bandbreite	Linearität des Frequenzgangs
Alarmsignale	400 Hz–2 kHz	nicht wichtig, Schalldruck zählt
Sprachsignale	300 Hz–6 kHz	einige dB Abweichung sind unkritisch
Konzerte	40 Hz–15 kHz	wichtig
Tonstudio	20 Hz–20 kHz	extrem wichtig

8.2.3 Nichtlineares Abstrahlverhalten

Im Allgemeinen gilt für Lautsprecher, dass der nichtlineare Anteil mit steigendem Schalldruckpegel auch steigt. Der erreichbare Schalldruck wird also nicht nur durch die maximal zulässige zugeführte elektrische Leistung begrenzt, sondern auch durch den Anteil der Nichtlinearitäten, der für die jeweilige Anwendung gerade noch tolerierbar ist. Als Hauptursachen bei den Schallwandlern sind inhomogene Magnetfelder im Antrieb des Lautsprechers und eine nichtlineare Aufhängung der Membran zu nennen. Bei Kompressionstreibern und Hörnern ist der nichtlineare Anteil der Schallausbreitung verantwortlich für harmonische Oberwellen. Von untergeordneter Rolle ist der Dopplereffekt, der bei gleichzeitiger Abstrahlung tiefer und hoher Frequenzen von einer Membran zur Frequenzmodulation der hohen Frequenzen führt und damit Seitenlinien im Spektrum erzeugt. Bei der Auswahl eines Beschallungslautsprechers für Konzerte ist der maximal erreichbare Schalldruckpegel ein Kriterium. Hier wird oft 10 % Klirrfaktor (d. h. der Anteil der Nichtlinearitäten ist 10 % vom eigentlichen Signal) als maximal tolerierbar definiert, wohingegen 3 % oder sogar nur 1 % im Studiobereich übliche Grenzen sind. Bild 50 zeigt den bei einem Hornhochtöner gemessenen Schalldruckpegel in 1 m Entfernung bei 3 % und 10 % Klirrfaktor.

8.3 Dimensionierung von Beschallungsanlagen

Bei der Dimensionierung einer Beschallungsanlage wird oftmals Simulationssoftware eingesetzt. Da in fast allen praktischen Fällen die Raumabmessungen erheblich größer sind als die Wellenlängen im interessierenden Frequenzbereich, arbeiten diese Programme mit auf der Strahlenakustik basierten Algorithmen, praktisch in identischer Weise wie die raumakustischen Simulationen. Bei der Modellierung der Räume oder Stadien sind Streugrad und Absorption der begrenzenden Flächen zu berücksichtigen. Des Weiteren ist das räumliche Abstrahlverhalten der einzusetzenden Lautsprecher im Simulationsprogramm ein wichtiger Parameter.

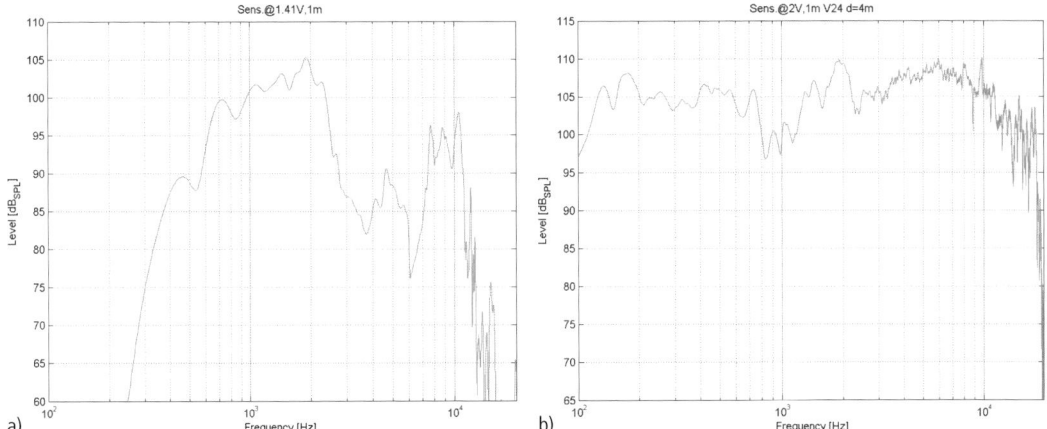

Bild 49. Schalldruckfrequenzgang a) eines gefalteten Horns für Alarmsignale und b) eines Beschallungslautsprechers

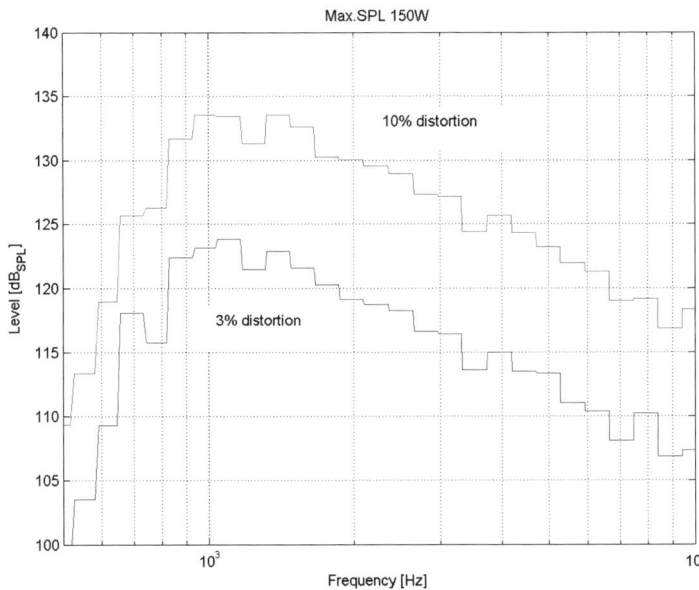

Bild 50. Maximaler Schalldruckpegel eines Hornhochtöners bei 10 % und 3 % Klirrfaktor und 150 W maximaler elektrischer Eingangsleistung

Oftmals sind keine verlässlichen Daten für die Wandeigenschaften vorhanden, sodass hier Schätzwerte einzusetzen sind. Die Planungssicherheit kann erhöht werden, wenn Kontrollmessungen durchgeführt werden, um dann Simulation und Messung anzugleichen. Schwierig ist besonders die Planung noch nicht vorhandener Umgebungen, da Kontrollmessungen hier nicht möglich sind. Bei großen Beschallungsanlagen kann vor der eigentlichen Installation eine kleinere Probeinstallation ausgeführt werden, um Simulationsergebnisse zu verifizieren.

Neben der Simulation der Direktschallverteilung ist es für die Bewertung eines Simulationsergebnisses besonders wichtig, dass die STI-Verteilung auf den relevanten Hörerflächen zuverlässig berechnet wird. Üblicherweise darf der STI-Wert auf einer Mindestfläche bestimmte Grenzwerte nicht unterschreiten. Es könnte z. B. vom Betreiber gefordert werden, dass der STI-Wert auf 80 % der Hörerfläche mindestens 0,5 sein muss. Diese Vorgabe ist dann auch bei der endgültigen Abnahmemessung nachzuweisen, indem auf der Hörerfläche Messungen durchgeführt werden. Es können außerdem noch weitere Vorgaben seitens des Betreibers einzuhalten sein, wie Frequenzganglinearität oder dass die Direktschallverteilung gewissen Toleranzen unterworfen ist (Bild 51).

Bei der Beschallung von Sälen darf man nicht einfach die Leistung aus einem vorgeschriebenen Wert der stationären Energiedichte berechnen. Vielmehr muss man berücksichtigen, dass sich das Schallfeld nach Abschnitt 4.1 aus dem Direktschall und unterschiedlich verzögerten Rückwürfen zusammensetzt, die sich un-

Bild 51. Berechneter STI als Funktion der Hörposition in einem Stadion

terschiedlich im Hinblick auf die Sprachverständlichkeit auswirken. Stellt man vereinfachend die Impulsantwort als Exponentialfunktion dar und bezeichnet alle Rückwürfe mit Verzögerungszeiten > 100 ms als „schädlich", dann kann man den störenden Anteil der Intensität des Raumschallfeldes abschätzen. Aus entsprechenden Untersuchungen ist bekannt, dass im Interesse einer guten Sprachverständlichkeit dieser Anteil kleiner sein muss als die Intensität des Direktschalls. Aus dem Vergleich beider Intensitäten ergibt sich die Bedingung für die längste überbrückbare Entfernung:

$$r_{max} \approx 0{,}057 \sqrt{\frac{V}{T}} \ \ 2^{1/T} \cdot 10^{0{,}05 L_B} \tag{60}$$

Ihre Erfüllung ist fast noch wichtiger als die Abstrahlung der erforderlichen Leistung.
Ein Beispiel: Ein Raum von 10000 m³ Rauminhalt habe eine Nachhallzeit von 1 s; die längste zu überbrückende Entfernung betrage r_{max} = 40 m. Die vorher genannte Bedingung liefert dann $10^{0{,}05 L_B} \approx 3{,}5$ oder $L_B \approx 10{,}9$ dB, was erfüllbar ist. Die erforderliche akustische Leistung ergibt sich dann nach Gl. (8) zumindestens 16 mW, wenn ein Sprachpegel von 70 dB angestrebt wird. Es ist zweckmäßig, ein Vielfaches dieser Leistung vorzusehen, um Reserven bei der Entstehung von Geräuschen zur Verfügung zu haben.

Sowohl im Hinblick auf die aufzuwendende Leistung als auch auf die Erfüllung der Bedingung kann sich die Überbrückung größerer Entfernungen als schwierig erweisen, da sie in beiden Fällen quadratisch eingeht. Auch hier kann es zweckmäßig werden, mehrere verteilte Lautsprecher vorzusehen, die dann aber auch wieder mit verzögerten Signalen betrieben werden sollten, um durch Ausnutzung des Haas-Effekts[1] einen naturgetreuen Richtungseindruck zu erzielen, und um Verwirrungsgebiete zu vermeiden.

8.4 Akustische Rückkopplung

Besonders bei Lautsprecheranlagen in Sälen beobachtet man häufig, dass bei Überschreiten einer bestimmten Verstärkung die Anlage instabil wird und zu heulen oder zu pfeifen beginnt. Dies ist darauf zurückzuführen, dass der Lautsprecher auch das Aufnahmemikrofon beschallt, wodurch eine geschlossene Rückkopplungsschleife entsteht. Man bekämpft die akustische Rückkopplung dadurch, dass man Lautsprecher und Mikrofon geeignete Richtcharakteristiken gibt. Eine weitere Verbesserung, nämlich einer Erhöhung der sta-

---

[1] Der Haas-Effekt besagt, dass die Lokalisation von Schallquellen nach dem Gesetz der ersten Wellenfront (Präzedenzeffekt) auch noch gültig ist, wenn der verzögerte Sekundärschall bis circa 10 dB lauter als der Primärschall (Direktschall) ist.

bilen Verstärkung um 4 bis 6 dB, erreicht man dadurch, dass man das ganze Spektrum durch eine zwischen Mikrofon und Lautsprecher eingefügte Schaltung um einige Hertz verschiebt, so, dass bei Sprache gerade noch keine hörbare Klangänderung bewirkt.

8.5 Künstliche Nachhallverlängerung

Es kommt vor, dass die Nachhallzeit eines Saales im Hinblick auf seine Verwendung zu niedrig ist, oder dass ein Raum für viele Zwecke, die unterschiedliche Nachhallzeiten erfordern, verwendet werden soll. Im letzteren Fall kann man dem Raum eine relativ niedrige natürliche Nachhallzeit geben, wie sie z. B. für Sprachdarbietungen optimal ist und sie für andere Zwecke (Konzert, Oper) mit elektroakustischen Hilfsmitteln verlängern. Hierzu wird der Originalschall in der Nähe der Schallquelle mit einem Mikrofon aufgenommen und nach geeigneter Verstärkung einem System N zugeführt, dass das elektrische Signal mit Nachhall der gewünschten Dauer versieht. Nach geeigneter Verzögerung wird es dann über zahlreiche räumlich verteilte Lautsprecher wieder im Saal abgestrahlt. Die Verzögerung soll sicherstellen, dass das verhallte Signal an allen Zuhörerplätzen später eintrifft, als der sich im Saal selbst ausbreitende Direktschall von der Schallquelle.

Das nachhallerzeugende System N kann man z. B. als zweiten (wesentlich kleineren) Raum mit der gewünschten Nachhallzeit realisieren, indem das Signal über Lautsprecher abgespielt und erneut mit Mikrofonen aufgenommen wird. Zweckmäßiger sind vollelektronische Nachhallgeräte, die ein elektrisches Signal mit Nachhall der gewünschten Dauer versehen.

Neben diesem Prinzip kann man auch die nachhallverlängernde Wirkung einer nahe an der Selbsterregungsgrenze betriebenen Lautsprecheranlage ausnutzen. Allerdings würde eine Einkanalanlage den Nachhall nur bei einer einzigen Frequenz merklich verlängern – das entstehende Signal würde stark gefärbt klingen. Erst mit Vielkanalanlagen kann man nach diesem Prinzip natürlich klingenden Nachhall erzeugen. Bei Verwendung von größenordnungsmäßig 50 Mikrofon-Lautsprecherkanälen, bei denen jeder Lautsprecher auf jedes Mikrofon einwirkt, kann man mit der Schleifenverstärkung weit unterhalb der Selbsterregungsgrenze bleiben und erhält dennoch eine merkliche Entdämpfung des Raumes.

9 Literatur

[1] DIN EN ISO 354:2003-12 (2003) *Akustik – Messung der Schallabsorption in Hallräumen*, Beuth, Berlin.

[2] DIN EN ISO 10534-1:2001-10 (2001) *Akustik – Bestimmung des Schallabsorptionsgrades und der Impedanz in Impedanzrohren – Teil 1: Verfahren mit Stehwellenverhältnis*, Beuth, Berlin.

[3] DIN EN ISO 10534-2:2001-10 (2001) und Berichtigung 1 aus 2007, *Akustik – Bestimmung des Schallabsorptionsgrades und der Impedanz in Impedanzrohren – Teil 2: Verfahren mit Übertragungsfunktion*, Beuth, Berlin.

[4] Bass, H.E. et al. (1995) Atmospheric absorption of sound: Further developments, *J. Acoust. Soc. America*, **97**, 1995, 680.

[5] DIN EN ISO 9053:2017-12 (2017) *Akustik – Werkstoffe für akustische Zwecke; Bestimmung des Strömungswiderstandes*, ISO International Organization for Standardization, Beuth, Berlin.

[6] DIN EN 29053:1993-05 (1993) *Akustik – Materialien für akustische Anwendungen; Bestimmung des Strömungswiderstandes*, Beuth, Berlin.

[7] ISO 17497-1:2004-05 (2004) *Akustik – Messung der Schallstreueigenschaften von Oberflächen – Teil 1: Messung des Streugrades für allseitigen Schalleinfall im Hallraum*, Beuth, Berlin.

[8] ISO 17497-2: 2012-05 (2012) *Akustik – Messung der Schallstreueigenschaften von Oberflächen – Teil 2: Messung des Richtungsdiffusionskoeffizienten in einem Freifeld*, ISO International Organization for Standardization, Beuth, Berlin.

[9] Lee, D. et al. (2012) The effect of loudness on the reverberance of music: Reverberance prediction using loudness models, *J. Acoust. Soc. America*, **131**, 1194–1205.

[10] Lokki, T. et al. (2011) Concert hall acoustics assessment with individually elicited attributes, *J. Acoust. Soc. America*, **130**, 835–849.

[11] Lokki, T. et al. (2012) Disentangling preference ratings of concert hall acoustics using subjective sensory profiles, *J. Acoust. Soc. America*, **132**, 3148–3161.

[12] DIN EN ISO 3382-1:2009-10 (2009) *Akustik – Messung von raumakustischen Parametern – Teil 1: Aufführungsräume*, Beuth, Berlin.

[13] DIN EN ISO 3382-2:2008-09 (2008) *Akustik – Messung von Parametern der Raumakustik – Teil 2: Nachhallzeit in gewöhnlichen Räumen*, Beuth, Berlin.

[14] DIN EN ISO 18233:2006-08 (2006) *Akustik – Anwendung neuer Messverfahren in der Bau- und Raumakustik*, Beuth, Berlin.

[15] de Vries, D. et al. (2001) Spatial fluctuations in measurements for spaciousness, *J. Acoust. Soc. America*, **110**, 947–954.

[16] Witew, I. et al. (2018) Visualisation of the sound field in a concert hall, RWTH Publications, https://doi.org/10.18154/RWTH-2018-229172.

[17] DIN 18041:2016-03 (2016) *Hörsamkeit in kleinen bis mittelgroßen Räumen – Anforderungen, Empfehlungen und Hinweise für die Planung*, Beuth, Berlin.

[18] VDI 3760:1996-02 (1996) *Berechnung und Messung der Schallausbreitung in Arbeitsräumen*, Verein Deutscher Ingenieure, Beuth, Berlin.

[19] ANSI/ASA S12.2-1995 (R1999), Noise – Criteria for evaluating room noise, American National Standards Institute.

[20] DIN EN 60268-16:2012-05 (2012) *Elektroakustische Geräte – Teil 16: Objektive Bewertung der Sprachverständlichkeit durch den Sprachübertragungsindex*, Beuth, Berlin.

Weiterführende Literatur

Kuttruff, H. (1973) *Room Acoustics*, Taylor & Francis, London.

Barron, M. (1993) Auditorium Acoustics and Architectural Design, E & FN Spon, London.

Beranek, L.L. (1996) Concert Halls and Opera Houses, Springer, New York.

B 8 Schall absorbierende Bauteile – Eine aktuelle Übersicht

Helmut V. Fuchs, Xueqin Zha

Prof. Dr.-Ing. Helmut V. Fuchs
Casa Acustica
Kirchblick 5, 14129 Berlin

Studium der Nachrichtentechnik an der TU Berlin; Promotion bei L. Cremer und R. Wille. Tätig in der Grundlagenforschung an Instituten der Deutschen Luft- und Raumfahrt in Berlin und Oberpfaffenhofen, Sound and Vibration der Southampton University sowie Aeroacoustics der Stanford University. Seit 1979 widmete er sich als Begründer der Abteilung Technische Akustik am Fraunhofer IBP in Stuttgart mit angewandter F&E dem Schallschutz. Seit 1986 Professor für Bauakustik und Immissionsschutz an der FH für Technik in Stuttgart, seit 1995 auch stellvertretender Institutsleiter sowie Leiter der Abteilung Raumakustik/Technische Akustik des IBP. Seit 2005 engagiert er sich verstärkt der baulichen Umsetzung seines raumakustischen Konzepts, seit 2007 mit einer Stiftung „Räume schaffen für besseres Verstehen und Lernen" beim SOS Kinderdorf e. V. und bis 2012 auch in der Forschungsgesellschaft für angewandte Systemsicherheit und Arbeitsmedizin in Mannheim. Ab 2013 im Vorstand der gemeinnützigen Stiftung „Casa Acustica" in Berlin. 2018 Gastprofessur für Raumakustik im Fachgebiet Audiokommunikation an der TU Berlin. Ab 2019 im F&E-Vertrag mit der TU Berlin zur Förderung der Stiftungszwecke.

Prof. Xueqin Zha
Casa Acustica
Kirchblick 5, 14129 Berlin

Studium der Physik an der Nanjing University. Chief Engineer Akustik im Design Institute, Ministry of Radio and Television, Beijing; raum- und bauakustische Auslegungen und Schallschutzkonzepte für Studiokomplexe. 1984 und 1986 Gastwissenschaftlerin am Institut für Rundfunktechnik in München. 1988 Professur für Akustik im o. g. Design Institute. Seit 1992 wissenschaftliche Mitarbeiterin, ab 1995 Leiterin der Arbeitsgruppe Raumakustik im Fraunhofer IBP in Stuttgart. Verantwortlich in der Entwicklung alternativer Schallabsorber sowie der raumakustischen Gestaltung denkmalgeschützter Bauwerke und Neubauten (z. B. Staatstheater Mainz, Oriental Concert Hall Shanghai, VW Akustikzentrum, Prüfstände der Shanghai Academy of Public Measurement und des Beijing National Institute of Metrology). Seit 2013 im Vorstand der gemeinnützigen Stiftung „Casa Acustica" in Berlin und Akustikberaterin des Ingenieurbüros Landtop Technologies in Beijing und Shanghai.

Bauphysik-Kalender 2020: Bau- und Raumakustik. Herausgegeben von Nabil A. Fouad.
© 2020 Ernst & Sohn GmbH & Co. KG. Published 2020 by Ernst & Sohn GmbH & Co. KG.

Inhaltsverzeichnis

1 **Einleitung** 541

2 **Schallabsorption für Raumakustik und Lärmschutz** 542
2.1 Minderung schädlicher Reflexionen 543
2.2 Raumakustische Kenngrößen 544
2.3 Schutz gegenüber Außenlärm 544
2.4 Kapselung lauter Bereiche gegenüber ruhigen Bereichen 545
2.5 Abschirmung im selben Raum 545

3 **Passive Absorber** 546
3.1 Faserige Materialien 548
3.2 Offenporige Schaumstoffe 549
3.3 Geblähte Baustoffe 550

4 **Plattenresonatoren** 550
4.1 Folienabsorber 551
4.2 Plattenschwinger 552
4.3 Verbundplatten-Resonatoren 554

5 **Helmholtz-Resonatoren** 556
5.1 Lochflächenabsorber 556
5.2 Schlitzabsorber 557
5.3 Membranabsorber 560

6 **Interferenz-Dämpfer** 561

7 **Mikroperforierte Absorber** 562
7.1 Mikroperforierte Platten 564
7.2 Mikroperforierte Folien 566
7.3 Mikroperforierte Flächengebilde 567

8 **Integrierte und integrierende Absorber** 569
8.1 Umlenkschalldämpfer in Aeroakustik-Windkanälen 570
8.2 Schlitz-Schalldämpfer in Heizungsanlagen 570
8.3 Schall dämpfende Innenzüge in Schornsteinen 570
8.4 Glasschaum-Module an Straßen und Schienenwegen 572
8.5 Kompaktabsorber in Kommunikationsräumen 572
8.5.1 Ein vernachlässigtes Lärmproblem 572
8.5.2 Kanten-Absorber als Problemlöser 573
8.5.3 Sanierungsbeispiel 579
8.6 Akustische Allesschlucker: Breitband-Kompaktabsorber 580
8.7 „Versteckte" Schallabsorber 580
8.8 Schallabsorber in Glas-Systemwänden 583
8.9 Thermisch aktivierte Akustikelemente 584
8.10 Schall schluckende Möbel 586
8.11 Schlanke Auskleidungen für reflexionsarme Messräume 586

9 **Schlussbemerkungen** 588

10 **Literatur** 589

„Akustik ist eben doch eine Angelegenheit der Psychologie wie der Physik ... in einem Raum durch bestimmte Maßnahmen bei gleichen Messergebnissen andere, psychologisch günstigere Merkmale in Erscheinung treten. Ob das Wegnehmen der Matten oder das Anpinseln der Betonwände nun das Ergebnis gezeigt hat, mag Sie interessieren. Mir persönlich ist das vollkommen egal."

E. Eiermann, Briefe des Architekten (an *L. Cremer*, 16.7.1962 zum Neubau der Kaiser-Wilhelm-Gedächtniskirche in Berlin)

1 Einleitung

Der gleichnamige Beitrag aus dem Bauphysik-Kalender 2014 wurde aktualisiert und ergänzt.

Akustik in Gebäuden, soweit diese den Luftschall betrifft, basiert auf ganz unterschiedlichen Konzepten, von denen besonders das dritte aktuell stark an Bedeutung gewinnt:

a) Minimierung der Schallübertragung aus lauten Bereichen (außen z. B. von Straßen, Schienen und Luftwegen oder Geräten, Anlagen und Gebäuden; innen beispielsweise von Nachbarn oder haustechnischen Anlagen und deren Betätigung) in schützenswerte Räume gemäß DIN 4109,

b) Optimierung der Übertragung der Darbietungen von verschiedenen Schallsendern (Stimmen, Instrumente, elektroakustischen Anlagen etc.) zu den jeweiligen Schallempfängern innerhalb eines Raumes gemäß DIN EN ISO 3382,

c) Reduktion der Schallemission und -immission bei der Kommunikation von Raumnutzern in Räumen, wie sie beispielhaft im Beitrag C4 aufgeführt und teilweise auch in DIN 18041 angesprochen werden.

Ziel a) wird vorrangig durch Schall dämmende Maßnahmen mit Räume oder Bereiche trennenden Bauteilen wie Wänden, Decken, Fenstern und Türen unter dem Oberbegriff „Bauakustik" behandelt. Traditionell bezeichnet der Oberbegriff „Raumakustik" dagegen Schall lenkende und dämpfende Maßnahmen, die vorrangig dem Ziel b) dienen sollen. In jüngeren Darstellungen versteht man darunter aber einerseits sowohl dämpfende als auch dämmende Maßnahmen in den betreffenden Räumen selbst und andererseits auch solche, die mit dem Ziel c) auf die menschlichen Artikulationen direkt deren Schallemissionen optimierend und reduzierend einwirken können. Letzteres gelingt besonders nachhaltig in kleinen aber auch größeren Räumen mit Maßnahmen, die den emittierten Schall insbesondere bei den tiefen Frequenzen absorbieren, die für die Kommunikation in Sprache wie in Musik oft einen überwiegend negativen Einfluss ausüben (s. Beiträge A6, C4 und C5).

Für alle raumakustischen Optimierungen spielt daher die Nachhallzeit T stets eine zentrale Rolle. Zwar nicht so sehr wegen des Nachhalls von Schallereignissen, sondern als Abbild der im Raum insgesamt vorhandenen äquivalenten Absorptionsfläche A nach Gl. (11): Eine optimale Nachhallzeit ist zwar nicht alles; aber sie kann die Arbeit des Akustikers erleichtern! Welche anzustreben ist, entscheidet sich aber nicht in einer Einzahl-Angabe, sondern immer nur in ihrem Frequenzspektrum, das weder einfach gemittelt noch etwa irgendeiner Bewertung unterzogen werden sollte. Die so verbreitete Konzentration auf Frequenzen zwischen 500 und 1000 Hz ist eine unzulässig grobe Vereinfachung, die dem komplexen Problem der Akustik und des Schallschutzes im Raum niemals gerecht werden kann. Das bezeugen Fehlschläge in zahllosen Aufführungssälen ebenso wie in der Mehrzahl der Klassenzimmer und Restaurants für jeden, der differenziert hören kann und dessen Gehör noch empfindlich genug auf Lärm reagiert. Wenn aber die Nachhallzeit einen so dominanten Einfluss ausübt, dann kommt allen sie bestimmenden Schallabsorbern natürlich große Bedeutung zu. Auch hier hat die Auslegung mithilfe nur eines bewerteten Absorptionsgrades α_w nach DIN EN ISO 11654, der die Absorption bei 250 Hz nur wenig, bei Frequenzen darunter aber überhaupt nicht berücksichtigt, schon viel Unheil angerichtet und teure Sanierungen notwendig gemacht.

Die Schalldämmung trennender Bauteile fällt zu den tiefen Frequenzen hin regelmäßig steil ab. Zwei- und mehrschalige Bauteile, z. B. auf einer Dämmschicht schwimmende Estriche oder Leichtbau-Ständerwände, erreichen exzellente Werte bei den hohen Frequenzen nur auf Kosten eines Körperschall- bzw. Luftschalleinbruchs bei den tiefen Frequenzen, meist unter 125 Hz. Die hier verstärkt übertragene Schallenergie regt aber im Empfangsraum unweigerlich dessen tieffrequente Eigenresonanzen gemäß Beitrag B6, Abschn. 2 an. Dieses lange vernachlässigte Problem kann man oft besser mit entsprechender Absorption im Raum als durch erhöhte Dämmung in den Bauteilen lösen. Ein derart aktualisiertes und erweitertes Verständnis von Raumakustik baut eine neue Brücke für den Schallschutz im Hochbau neben der klassischen Bauakustik auf. Dafür müssen allerdings besondere Schallabsorber zur Anwendung kommen. Wie schon in anderen Bereichen der technischen Akustik und der Lärmbekämpfung, stellen die Entwicklung und der Einsatz *breitbandig* wirksamer Absorber deshalb auch hier eine aktuelle Herausforderung für akustische Berater, Planer und Architekten gleichermaßen dar.

Dieser Beitrag beschreibt die bekannten passiv oder reaktiv Luftschall dämpfenden Materialien und Bauteile mit ihren unterschiedlichen Wirkungsmechanismen und Ausformungen. In Beitrag A6 wird aufgezeigt, wie man durch geeignete Schallabsorber in kommunikativ genutzten Räumen die Akustik hinsichtlich der Deutlichkeit von Sprache sowie der Klarheit von Musik optimieren und so die hier durch ihre Nutzer selbst erzeugte Schallbelastung senken und gleichzeitig das Hörerlebnis bei jeglicher Schalldarbietung und -aufnahme verbessern kann. Zielkriterien für eine funktionelle Akustik in größeren Räumlichkeiten werden

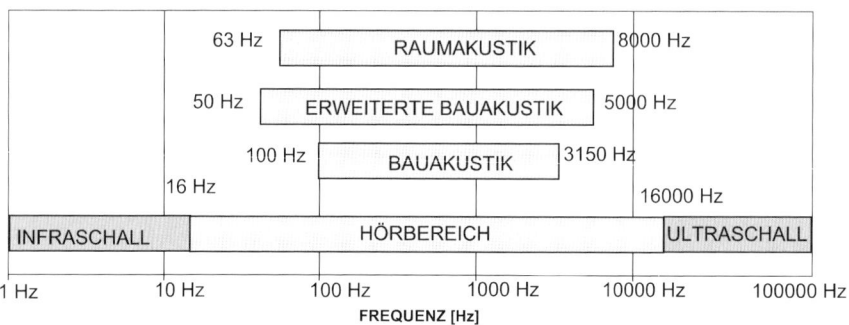

Bild 1. Für die Bau- und Raumakustik relevante Frequenzbereiche nach [1]

in Beitrag C 5 behandelt. Auf zeitgemäße raumakustische Maßnahmen zur Lärmprävention in kleineren Räumen wird in Beitrag C 4 eingegangen. Beitrag B 6 beschreibt schließlich die Konditionierung akustischer Messräume, konsequenterweise ebenfalls mit einem Schwerpunkt bei den tiefen Frequenzen.

Herkömmliche Schalldämpfer und Schallabsorber aus faserigen oder porösen Materialien sind zwar unverzichtbar zur Dämpfung mittel- und hochfrequenter Anteile vieler technischer Schallquellen. In der täglichen Praxis sowohl der Lärmbekämpfung als auch der akustischen Raumgestaltung liegt das eigentliche Problem aber überwiegend am unteren Ende des für die Raum- und Bauakustik nach Bild 1 relevanten Frequenzbereichs (etwa in den Oktaven 63 bis 250 Hz), der wegen ihrer hierfür erforderlichen Bautiefe mit passiven flächigen Auskleidungen nur schlecht zu beherrschen ist. Die folgenden Abschnitte nehmen stets auf diese Schwierigkeit Bezug und bieten dazu passende Alternativen an, die sich bereits in der Praxis bewährt haben. Dabei wird weniger auf theoretische Ausführlichkeit Wert gelegt, stattdessen stehen unmittelbare Anwendungen im Vordergrund. Auch die Auslegung, Dimensionierung und Anbringung etlicher neuartiger Absorber wird jeweils an konkreten Umsetzungsprojekten und typischen Sanierungsfällen verdeutlicht. Eine ausführlichere Darstellung des Standes der Technik bei Schallabsorbern und -dämpfern für den jeweils akuten praktischen Bedarf finden sich in [2] und [3].

2 Schallabsorption für Raumakustik und Lärmschutz

Luftschall findet auf vielen Wegen zum Ohr des Hörers. Trifft eine Schallwelle mit der Schallleistung P_i, dem Schalldruck p_i, der Schallschnelle v_i und Frequenz f auf ein gegenüber ihrer Wellenlänge λ sehr großes Hindernis, so wird sie teilweise reflektiert (P_r), unter Umständen auch gebeugt und gestreut, durchgelassen (P_t), als Körperschall fortgeleitet (P_f), aber auch absorbiert (P_a). Die auftreffende Leistung P_i teilt sich nach Bild 2 auf in:

$$P_i = P_r + P_t + P_f + P_a \quad (1)$$

Handelt es sich bei dem Hindernis beispielsweise um eine Wand (oder Decke), deren flächenbezogene Masse m''_W groß gegenüber der in der auftreffenden Welle mitbewegten flächenbezogenen Luftmasse m''_A ist,

$$m''_W \gg m''_A = \frac{1}{2\pi f}\frac{p_i}{v_i} = \frac{1}{2\pi f}Z_0 = \frac{\rho_0 \lambda}{2\pi} \quad (2)$$

mit dem Wellenwiderstand

$$Z_0 = \rho_0 c_0 = 408\ \mathrm{Pa\,s\,m^{-1}} \quad (\text{bei } 20\,°\mathrm{C} \text{ und } 10^5\ \mathrm{Pa}) \quad (3)$$

der Dichte $\rho_0 = 1{,}2\ \mathrm{kg/m^3}$ und der Schallgeschwindigkeit $c_0 = 340\ \mathrm{m\,s^{-1}}$ der Luft, so wird (stets stark frequenzabhängig) nur ein kleiner Teil der Schallleistung durchgelassen oder fortgeleitet. Der größte Teil wird zur Quelle oder in den Raum zurückgeworfen, es sei denn, dass vor, an oder auch in der Wand ein absorbierendes Material oder Bauteil eingebaut wurde, das einen wesentlichen Teil von P_i unmittelbar nach dem Auftreffen „schluckt", d. h. in Wärme umwandelt. Will man einen solchen Absorber quantifizieren, so kann man hinsichtlich seiner Wirksamkeit für die Sendeseite

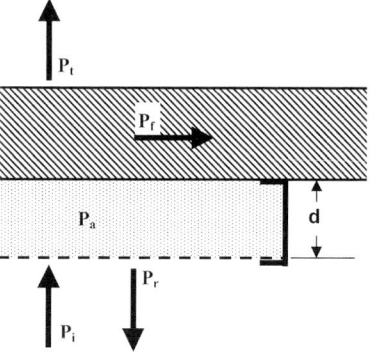

Bild 2. Der Weg der Leistung in einer Schallwelle, die auf ein absorbierendes Hindernis trifft

P_t und P_f zu P_a gegebenenfalls hinzurechnen:

$$\alpha = \frac{P_a + P_t + P_f}{P_i} = \frac{P_i - P_r}{P_i} = 1 - \rho \quad (4)$$

Der Absorptionsgrad α kann also, ebenso wie der Reflexionsgrad ρ, Werte zwischen nahe 0 und nahe 1 annehmen. Letzterer lässt sich auch durch das Verhältnis der Amplituden des Schalldrucks der reflektierten (p_r) und der auftreffenden Welle, den i. Allg. komplexen Reflexionsfaktor r, ausdrücken:

$$\rho = \frac{P_r}{P_i} = \frac{p_r^2}{p_i^2} = r^2 = 1 - \alpha \quad (5)$$

Nach [4, dort Kap. 2–4] kann man r aus der ebenfalls komplexen Wandimpedanz W ableiten, die den Wandaufbau akustisch vollständig beschreibt. Für senkrechten Schalleinfall gilt mit Druck und Schnelle p_W und v_W vor der Wand (W' Realteil, W'' Imaginärteil von W):

$$W = \frac{p_W}{v_W} = W' + jW'' \quad (6)$$

$$r = \frac{W - \rho_0 c_0}{W + \rho_0 c_0} \quad \alpha = \frac{4 W' \rho_0 c_0}{(W'' + \rho_0 c_0)^2 + W'^2} \quad (7)$$

Man bezeichnet Gl. (7) als „Anpassungsgesetz": Die Absorption wird am größten, wenn der Imaginärteil der Impedanz verschwindet. Sie erreicht den Maximalwert 1 aber nur, wenn der Realteil der Impedanz gleich $\rho_0 c_0$ ist. Bei jeder „Fehlanpassung" mit teilweiser Reflexion (r < 1) ist das Feld vor dem Reflektor aus einer in x-Richtung fortschreitenden und einer rückläufigen Welle

$$p = p_0 e^{-jkx} + r p_0 e^{jkx} = (1-r) p_0 e^{-jkx} + r p_0 (e^{-jkx} + e^{jkx}) \quad (8)$$

mit der Wellenzahl $k = 2\pi f/c_0$ zusammengesetzt. Für Anpassung mit r = 0 tritt nur die fortschreitende Welle mit konstantem Pegel-Ortsverlauf auf; für Totalreflexion r = 1 besteht das Feld aus einer stehenden Welle, deren Pegel örtlich stark schwankt. Allgemein bildet deshalb die Pegeldifferenz

$$\Delta L = L_{max} - L_{min} \quad (9)$$

ein Maß für den Absorptionsgrad, s. [5]. und Tabelle 1. Die Extremwerte für α ergeben sich zum einen bei glatt verputztem oder gefliestem Mauerwerk ($\alpha \approx 0{,}01$) und zum anderen bei einer besonders ausgestatteten Wandauskleidung reflexionsarmer Räume ($\alpha \approx 0{,}99$). Die meisten am Bau vorkommenden schallabsorbierenden Materialien und Bauteile mit der Fläche S_i summieren sich mit α_i-Werten zwischen 0,2 und 0,6 bis über 0,8, wie sie „Schluckgrad-Tabellen", z. B. in [6], zu entnehmen sind, zur äquivalenten Absorptionsfläche A_S des Raumes. Daneben tragen Möbel, Einrichtungsgegenstände und Akustikmodule, die als Einzelelemente im Raum installiert werden, sowie Personen (A_j) zur resultierenden Absorptionsfläche des Raumes bei:

$$A_S = \sum_i \alpha_i S_i \; ; \quad A_E = \sum_j A_j \quad (10)$$

Tabelle 1. Pegeldifferenz ΔL in dB in einer ebenen stehenden Welle vor einem mehr oder weniger absorbierenden ebenen Hindernis und zugehöriger Absorptionsgrad α sowie Betrag des Reflexionsfaktors |r|

α	ΔL in dB	|r|
0,999	0,6	0,032
0,99	2	0,100
0,9	6	0,316
0,6	13	0,63
0,2	25	0,89
0,01	50	0,99

2.1 Minderung schädlicher Reflexionen

Vor schwach absorbierenden Begrenzungsflächen ($\alpha <$ 0,2) ist das Schallfeld gemäß Gl. (9) und Tabelle 1 stark ortsabhängig. Das erschwert die Ortung von Schallquellen und beeinträchtigt die Klarheit von Musik sowie die Deutlichkeit der Sprache. Gegen die schädlichen Interferenzen diskreter Schallwellen hilft, in der Nähe der Quelle, neben architektonischen Maßnahmen (z. B. Schrägstellung von Fenstern oder Wänden und Anbringung zusätzlicher Reflektoren oder Diffusoren) die Abschwächung starker Reflexionen durch gezielte Absorption. In kleinen bis mittelgroßen Räumen jeglicher Geometrie führen Vielfach-Reflexionen darüber hinaus bei tiefen Frequenzen zur Ausbildung von stehenden Wellen (Moden), die den ganzen Raum in allen drei Dimensionen erfassen, ganz gleich von wo dieser durch Geräusch, Sprache oder Musik angeregt wird (s. Beiträge A 6 und B 6). In größeren, auch sehr großen Räumen können direkt zum Hörer gelangende Wellen bei tiefen Frequenzen ebenfalls destruktiv mit etwas später von Decken und Wänden reflektierten Wellen interferieren (s. Beitrag C 5). In beiden Fällen leidet die akustische Transparenz des Dargebotenen, wenn es an Diffusität und/oder geeigneter Absorption im Raum fehlt. Bei vorgegebener architektonischer Primärstruktur fällt es generell schwer, für die Tiefen zusätzlich genügend große Reflektoren oder Diffusoren im Raum anzubringen. Hier müssen und können Absorber die akustischen Nutzungsbedingungen unterschiedlichster Räume verbessern. Deshalb stellt die mittlere Absorption im Raum, die man relativ einfach als Nachhallzeit, natürlich immer in Abhängigkeit von der Frequenz bis ca. 63 Hz herunter, messen kann, auch gemäß DIN 18041 einen entscheidenden raumakustischen Parameter dar. Nur wenn die damit zusammenhängenden Raumeigenschaften gut konditioniert sind, kommen auch zahlreiche andere Kriterien zur Geltung.

2.2 Raumakustische Kenngrößen

Nach den bahnbrechenden Erkenntnissen von *W.C. Sabine* (um das Jahr 1900) ist die Nachhallzeit T in s eines Raumes mit dem Volumen V in m³ umgekehrt proportional zur mittleren (äquivalenten) Absorption(sfläche) A in m²:

$$T = 0{,}16 \frac{V}{A} \quad \text{mit} \quad A = A_S + A_E + 4\,V\,m \tag{11}$$

Die Dämpfung auf den Wegen der Schallwellen zwischen zwei Reflexionen, ausgedrückt durch die Dämpfungskonstante m, nimmt von 8000 bis 250 Hz von 25 bis $0{,}08 \times 10^{-3}$ pro m stark ab und spielt bei tieferen Frequenzen selbst in großen Hallen keine Rolle. Da die Absorption durch Publikum, Möblierung und Einrichtung (A_E) ihm nach Größe und spektraler Verteilung weitgehend vorgegeben wird, muss sich der Akustiker um geeignete Flächen S_i und Absorptionsgrade α_i(f) für seine Zwecke bemühen, um eine nach Möglichkeit von der Frequenz f unabhängige Bedämpfung des Raumes zu erreichen. Der Bedarf für große wie für kleine Räume liegt typischerweise bei Absorbern für tiefe, selten für mittlere und hohe Frequenzen, die schon von den diversen Einbauten und Personen stärker geschluckt werden. Bei der Bestimmung ihrer Absorptionsgrade in speziellen „Hallräumen" nach ISO 354 aus den Nachhallzeiten T_m mit bzw. T_o ohne den auf einer Prüffläche S_A ausgelegten Absorber,

$$\alpha_s = 0{,}16 \frac{V}{S_A} \left(\frac{1}{T_m} - \frac{1}{T_0} \right) \tag{12}$$

erschweren natürlich die oben erwähnten Moden mit ihren alles andere als diffusen Schallfeldern die Messung, wenn der Raum bei den Tiefen nicht ausreichend bedämpft wurde (s. Beitrag B 6). Nur in einem hinreichend bedämpften Raum kann man auch davon ausgehen, dass der Schalldruckpegel L in der Nähe einer Quelle mit dem konstanten Schallleistungspegel L_W wie 20 lg r mit dem Abstand von derselben abnimmt und in einiger Entfernung von ihr in den sich aus Vielfachreflexionen ergebenden mittleren Schalldruckpegel im Raum übergeht:

$$\overline{L} = L_W - 10\lg A + 6\,dB = L_W - 10\lg V + 10\lg T + 14\,dB \tag{13}$$

Ein verbreiteter Ansatz zur Lärmminderung durch raumakustische Maßnahmen geht davon aus, dass sich eine Pegelsenkung

$$\Delta \overline{L} = -10\lg \frac{A_2}{A_1} \tag{14}$$

im Raum erreichen lässt, wenn man nur die Absorption im den Pegel bestimmenden Frequenzbereich von A_1 auf A_2 erhöht.
In realen Räumen treffen alle diese Vorstellungen aber so nicht wirklich zu. Zunächst könnte man annehmen, dass ein jeder Sprecher seine Schallleistung L_W entsprechend der im Raum vorhandenen Absorption A anpasst, um einen bestimmten angemessenen mittleren Pegel gemäß Gl. (13) zu erzeugen. Tatsächlich nimmt er aber seine Stimme nicht etwa zurück, sondern hebt sie unwillkürlich an, wenn die Nachhallzeit T, wie leider durchweg üblich, zu den tiefen Frequenzen ansteigt – so, wie wenn ein Fremdgeräusch ihn stören würde, s. Abschnitt 3.3 in Beitrag A 6. Außerdem ist das ihn umgebende Schallfeld üblicherweise sowohl in kleinem wie in großem Abstand durch Modenfelder stark zerklüftet. Wenn man dagegen einen Abfall der Absorption zu den Tiefen durch bauliche Maßnahmen kompensiert, entfällt der Zwang zur Stimmanhebung, und man kann so, weit mehr als nach Gl. (14) zu erwarten (z. B. nur −3 dB bei einer Verdopplung der Absorptionsfläche A), erreichen. Außerdem wirken solche bisher seltenen Maßnahmen sowohl im Fernfeld als auch im unmittelbaren Nahfeld einer jeden Quelle, weil die Modenfelder stets den ganzen Raum erfassen.

Auch den sogenannten „Hallabstand", bei dem das „Direktfeld" und das „Diffusfeld" einer Quelle mit der Schallleistung P_1 gerade gleich groß angenommen werden,

$$r_H = 0{,}04 \sqrt{A \frac{v P_1}{P_{ges}}} \tag{15}$$

muss man etwas anders als gewohnt interpretieren, wenn mehrere Quellen sich gleichzeitig mit einer Schallleistung P_{ges} artikulieren. Für jede einzelne gilt das bereits Gesagte. Man kann zwar ihre Bedingungen, sich verständlich zu machen, dadurch etwas verbessern, dass man sie nicht inmitten des Raumes frei sprechen lässt (v = 1), sondern vor einer großen reflektierenden Wand (v = 2), in einer Kante (v = 4) oder gar in einer Ecke (v = 8) des Raumes. Ähnliche Verbesserungen erreicht man bekanntlich mit trichterförmig vorgehaltenen Händen, einem Kanzeldach [5, Teil 1, Abschn. 7] oder Lautsprechern mit starker Bündelung v. Es scheint nach Gl. (15) zwar so, dass mit der Anzahl der kommunizierenden Personen auch die von ihnen mitgebrachte Absorptionsfläche ($A_{ges} \sim P_{ges}$) gleichzeitig proportional zunimmt. Die Erfahrung lehrt aber, dass man sein Gegenüber immer schlechter versteht, je mehr Personen sich versammeln und unterhalten, weil die Teilnehmer Absorption leider nur für Frequenzen oberhalb etwa 250 Hz mitbringen. Dasselbe gilt übrigens auch für die häufig anzutreffenden „Akustikdecken", die üblicherweise im Sprachbereich stark, im Modenbereich dagegen kaum absorbieren.

2.3 Schutz gegenüber Außenlärm

Der über die Außenwand ins Gebäudeinnere übertragene Pegel L_i beträgt

$$L_i = L_e - R + 10\lg S - 10\lg A \tag{16}$$

mit L_e Außenpegel, R Schalldämmmaß nach ISO 717 und S Fläche des Bauteiles sowie A Absorptionsfläche des Empfangsraumes. Große Flächen S mit kleinem

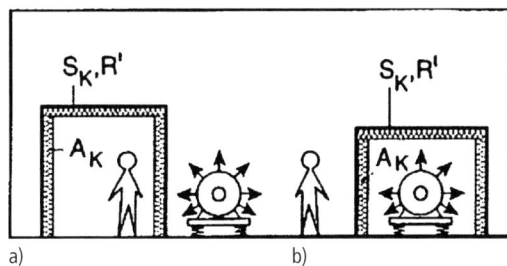

Bild 3. Einhausung von a) Menschen oder b) Lärmquellen als Schallschutzmaßnahme [8]

Schalldämmmaß R (z. B. Fenster und Glasfassaden) führen zu höheren Innenpegeln L_i. Das große bewertete Dämmmaß von mehrschaligen Konstruktionen wird oft mit einem Dämmungseinbruch bei tiefen Frequenzen erkauft [2, Abschnitt 3.7]. Deshalb tritt gerade bei geschlossenen Fenstern typischerweise der tieffrequente Teil des Verkehrslärms, des Lärms von Diskotheken oder von industriellen Anlagen als eigentliche Störung in Erscheinung. Auch relativ leichte biegeweiche Schalen, wie sie hier und da im Hochbau wie im Maschinenbau vorkommen, verlieren nach dem Massegesetz [7]

$$R = 20 \lg m_W + 20 \lg f - 45 \text{ dB} \tag{17}$$

zu den tiefen Frequenzen hin um 6 dB pro Oktave an der sonst nur durch ihre flächenbezogene Masse m_W in kg/m² bestimmten Dämmung. In bauakustischen Normen versucht man bereits seit einiger Zeit, dem als Problem erkannten Bereich der tiefen Frequenzen durch „Spektrum-Anpassungswerte" (bis 50 Hz herunter) die ihm zukommende Bewertung beizumessen. Absorption in diesem Frequenzbereich kann, wie beim z. B. durch Kommunikation der Nutzer im Raum selbst erzeugten Geräusch, wiederum viel mehr bringen als nach Gl. (16) zu erwarten und durch schwerere Außenbauteile jemals zu erreichen wäre.

2.4 Kapselung lauter Bereiche gegenüber ruhigen Bereichen

In Schallkapseln für laute Maschinen und Anlagen wie in Einhausungen für zu schützende Menschen bleibt meist nur wenig Platz für eine absorbierende Auskleidung, die nicht nur bei hohen, sondern auch bei mittleren und tiefen Frequenzen wirken könnte. Außerdem spricht hier ihre gleichzeitig hohe Wärmedämmung gegen den Einsatz von dickeren porösen oder faserigen Dämpfungsschichten. Eine hohe Schalldämmung R von beispielsweise geschlossenen Stahlpaneelen als außenliegende Wandelemente einer Schallschutzhaube allein hilft nicht viel, wenn nicht im selben Frequenzbereich auch ausreichend Absorption in ihrem Inneren installiert ist. Die Einfügungsdämmung D_e einer Kabine als Lärmschutz für Personen oder einer Kapsel als Maßnahme an der Quelle nach Bild 3 hängt gemäß

$$D_e = R - 10 \lg \frac{S_K}{A_K} = R - 10 \lg \frac{1}{\overline{\alpha_K}} \tag{18}$$

nicht von der Größe S_K der geschlossenen Einhausung, aber stark von der äquivalenten Absorptionsfläche A_K bzw. dem mittleren Absorptionsgrad $\overline{\alpha_K}$ ihrer Auskleidung ab. Auch hier können Absorber, die die Moden-Anregung im Innern der geschlossenen Kapselung dämpfen, mehr zu ihrer Wirksamkeit beitragen, als man nach Gl. (18) erwarten würde. Allerdings fällt es, wie auch in den zuvor angesprochenen Fällen, immer sehr schwer, diesen Lärmminderungseffekt exakt in dB vorherzusagen, weil er von zu vielen Parametern des jeweiligen Raumes abhängt.

2.5 Abschirmung im selben Raum

Zu den am meisten überschätzten Lärm mindernden Maßnahmen gehören Schallschirme, jedenfalls bei ihrem konventionellen Einsatz in geschlossenen Räumen mit schallharten Wänden und Decken. Im besten Fall wird ihre abschirmende Wirkung gemäß

$$D_s = 10 \lg \left(1 + 20 \frac{h_{\text{eff}}^2}{s\lambda}\right) \tag{19}$$

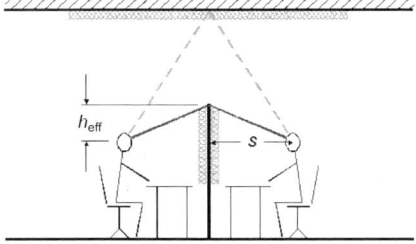
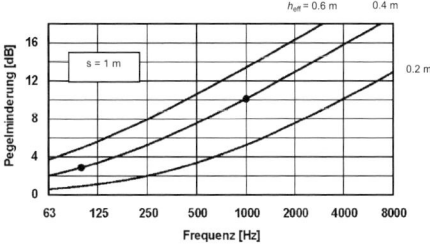

Bild 4. Maximal mögliche Abschirmung D_S nach Gl. (19) für verschiedene Schirmhöhen h_{eff} und s = 1 m bei vollständig absorbierenden Begrenzungen, wie in der Skizze angedeutet

vom Verhältnis der effektiven Schirmhöhe h_{eff} einerseits zur Wellenlänge λ und andererseits zum Abstand s von Sender und Empfänger vom Schirm, wiederum insbesondere hinsichtlich tiefer Frequenzen, stark begrenzt. Bei einem schon relativ hohen Schirm mit h_{eff} = 0,4 m sind oberhalb 1000 Hz zwar mehr als 10 dB Pegelminderung durch diese Maßnahme erreichbar; bei 100 Hz sind es aber nur noch 3 dB. Dabei werden die in Bild 4 angedeuteten Werte nur erreicht, wenn alle beteiligten Flächen am und in der Nähe des Schirmes im jeweiligen Frequenzbereich voll absorbierend gestaltet sind! Wenn dies bei tiefen Frequenzen, wie üblich, nicht gelingt, dann kann eine Abschirmung zwar die Sprachverständlichkeit zwischen Nachbarn herabsetzen, aber die Störung durch die Moden-Anregung gemäß Beitrag A 5 bleibt nahezu unverändert.

3   Passive Absorber

Alle Schallabsorber, ob passiv, reaktiv oder aktiv, folgen gemäß Gl. (7) dem Prinzip, den Schallwellen bei ihrem Auftreffen möglichst einen Widerstand W in der Nähe der Anpassung $W = \rho_0 c_0$ entgegenzusetzen. Wäre die Schichtdicke d eines Absorbermaterials aus Fasern oder offenzelligem Schaum sehr groß, so wäre nach [9]

$$W = \rho_0 c_0 \frac{\sqrt{\chi}}{\sigma} \sqrt{1 - j \frac{\sigma \Xi}{2\pi f \rho_0 \chi}} \quad (20)$$

durch die folgenden Materialparameter charakterisiert:
a) Porosität σ mit dem akustisch wirksamen Luftvolumen im Absorber (V_L) und seinem Gesamtvolumen (V_A),

$$\sigma = \frac{V_L}{V_A} \leq 1 \quad (21)$$

b) Strukturfaktor χ mit dem an der Kompression (V_K) bzw. Beschleunigung (V_B) beteiligten Luftvolumen,

$$\chi = \frac{V_K}{V_B} \overset{3}{\geq} 1 \quad (22)$$

c) Längenbezogener Strömungswiderstand Ξ mit dem Druckabfall Δp bei gleichmäßigem Durchströmen einer Absorberschicht der Dicke Δx mit der Geschwindigkeit v,

$$\Xi = \frac{\Delta p}{v \Delta x} \quad (23)$$

Für sehr kleine Strömungswiderstände oder sehr hohe Frequenzen vereinfachen sich die Gln. (20), 6 und 7,

$$\Xi \ll 2\pi \rho_0 f \quad \rightarrow \quad W = \rho_0 c_0 \frac{\sqrt{\chi}}{\sigma} \; ; \; \alpha = \frac{4}{2 + \frac{\sigma}{\sqrt{\chi}} + \frac{\sqrt{\chi}}{\sigma}} \quad (24)$$

und zeigen, dass für Fasermaterialien mit nur wenig von 1 abweichenden Kenngrößen σ und χ, wie sie üblicherweise für akustische Zwecke eingesetzt werden, sich W dem Wert $\rho_0 c_0$ und α dem Wert 1 nähert („Anpassung"). Eine ebene Schallwelle würde in diesem Grenzfall exponentiell mit dem Laufweg im Material abklingen, nach [4, Kap. 8] mit einem Exponenten:

$$\mu \sim \sqrt{\frac{\sigma \Xi f}{\rho_0 c_0^2}} \quad (25)$$

Gl. (25) zeigt die charakteristische Eigenschaft aller passiven Schallabsorber, bei höheren Frequenzen stärker zu dämpfen als bei niedrigen.
Nun soll aber der Schall auf einem möglichst kurzen Weg (d in Bild 2) durch den Absorber zur reflektierenden Wand und auf dem Weg zurück durch Reibung der in der Welle mitbewegten Luftteilchen an dem sehr fein strukturierten faserigen oder offenporigen Material seine Energie an den sich im Übrigen passiv verhaltenden Absorber abgeben. Dann genügt es offenbar nicht mehr, Ξ nur möglichst klein zu machen, für 100 Hz nach Gl. (24) z. B. weit unter 750 Pa s/m². Tatsächlich kommen für die Lärmbekämpfung und Raumakustik überwiegend Materialien mit Ξ > 7500 Pa s/m² in Betracht. Damit der Schall einerseits möglichst ungehindert in einen Absorber endlicher Dicke d eindringen kann, sollte Ξ nicht zu groß gemacht werden. Damit er aber auf seinem (meist zweifachen) Weg durch den Absorber dennoch hinreichend starken Reibungsverlusten ausgesetzt wird, sollte Ξ andererseits genügend groß sein. Für die Bauteilkenngröße Strömungswiderstand (Ξ im Produkt mit der Schichtdicke d in mm, bzw. dieser Wert bezogen auf den Wellenwiderstand $\rho_0 c_0$) hat sich generell der Bereich

$$800 < \Xi d < 2400 \text{ Pa s m}^{-1} \quad \text{bzw.}$$
$$2 < \varepsilon = \frac{\Xi d}{\rho_0 c_0} \frac{\sigma}{\sqrt{\chi}} < 6 \quad (26)$$

als „optimal" herausgestellt. Das „Anpassungsverhältnis" ε ist in Bild 5 als Funktion von Ξ mit d als Parameter und $\sigma \approx \chi \approx 1$ nach [14] dargestellt. Die etwas schematisierte und normierte Darstellung in Bild 6 zeigt, dass für Schichtdicken d $\ll \lambda$ auch bei optimaler Anpassung keine hohen Absorptionsgrade α erreicht werden können. Bei d $\geq \lambda/8$ kann man $\alpha \geq$ 80 % für

$$d \geq \frac{42,5}{f} 10^3 \quad (27)$$

mit f in Hz erwarten, aber erst für d > $\lambda/4$ wird α > 0,9. Diese äußerst einfache Dimensionierungsvorschrift für alle homogenen porösen/faserigen Materialien, die in der Praxis nur irgendwo als Schallabsorber oder -dämpfer infrage kommen, suggeriert eine geradezu universelle Einsetzbarkeit. Man beachte aber, dass zur Absorption bei 100 Hz mit d = 500 mm das optimale Ξ nach Bild 5 zwischen 1600 und 4800 Pa s/m², also wiederum unterhalb des Strömungswiderstandes üblicher Absorptionsmaterialien, liegt. Derart locke-

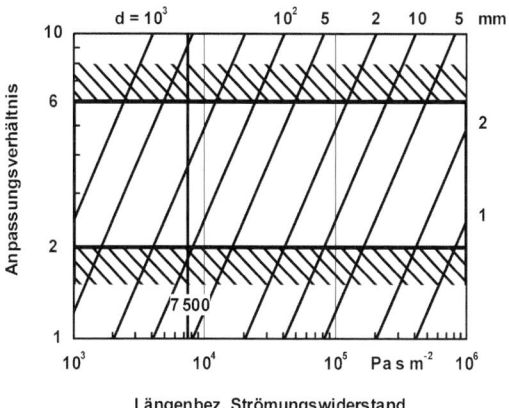

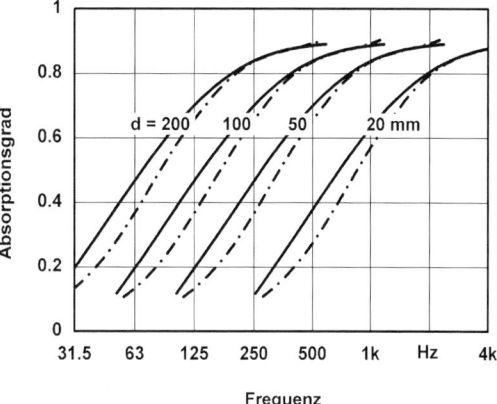

Bild 5. Anpassungsverhältnis ε als Funktion des längenbezogenen Strömungswiderstandes Ξ für verschiedene Schichtdicken d [10]

Bild 6. Absorptionsgrad α faseriger/poröser Absorber unterschiedlicher Dicke mit optimalem Anpassungsverhältnis für diffusen (—) bzw. senkrechten (– · –) Schalleinfall [6]

res Material wäre selbst im Bereich der Raumakustik, gut geschützt und verpackt, nicht verwendbar. Auch in meterdicken Schalldämpfer-Kulissen hinter Faservlies und Lochblech empfiehlt es sich nicht, die tiefen Frequenzen mit Material optimalen Strömungswiderstandes mit entsprechend niedrigem Raumgewicht und geringer Festigkeit zu bedämpfen. Für die reflexionsarme Auskleidung von Freifeld-Räumen zu Messzwecken ging man deshalb zu λ/4-langen Keilen oder Pyramiden über, die in ihrer Eintrittsebene den Schallwellen einen von $\rho_0 c_0$ nur wenig abweichenden Widerstand entgegensetzen, aber auf ihrem nach konventioneller Auslegung insgesamt mindestens λ/2 langen Laufweg hin zur Wand und wieder zurück dennoch fast alle (ca. 99 Prozent) ihrer Energie durch Dissipation im faserigen/porösen Material entziehen. Es versteht sich von selbst, dass man derartigen Auskleidungen mit Keillängen t_K in mm nach

$$t_K = \frac{85}{f} 10^3 \qquad (28)$$

von z. B. 1700 mm für 50 Hz durch zusätzliche Armierungen oder akustisch transparente Abdeckprofile Halt und Schutz geben muss, damit sie dauerhaft „in Form" bleiben.

Die Absorption bei Fehlanpassung ist in Bild 7 dargestellt: Wegen des bei größeren Schichtdicken wie d = 500 mm viel zu großen Strömungswiderstandes, bleibt die Absorption bei tiefen Frequenzen deutlich unter den Erwartungen. Bei dünneren Schichten, wie sie in Wand- und Deckenverkleidungen üblich sind (z. B. d = 20 bis 50 mm), liegt die Absorption im gesamten interessierenden Frequenzbereich weit unter den Werten nach Bild 6. Es macht daher Sinn, dünnere Mineralwolleschichten vor Ort mit einem relativ dichten porösen Putz abzudecken. Dieser kann zumindest die Absorption bei den mittleren Frequenzen etwas verbessern, sowie die empfindliche Mineralwolle optisch und haptisch attraktiv verkleiden. Bild 8 zeigt z. B. den

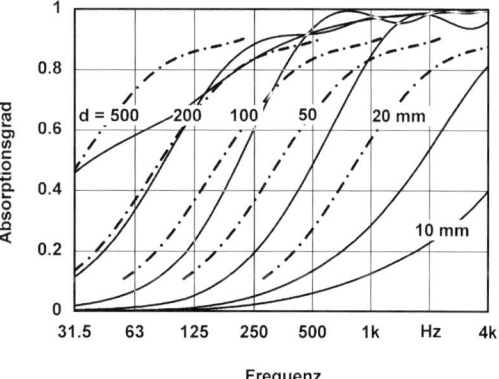

Bild 7. Absorptionsgrad $α_0$ bei senkrechtem Schalleinfall auf eine Schicht unterschiedlicher Dicke d aus handelsüblichen Mineralfasern vor schallharter Wand bei optimal angepasstem Strömungswiderstand ε = 4 (– · –) bzw. konstantem Ξ = 8000 Pa s/m² (—)

im Hallraum gemessenen Absorptionsgrad eines insgesamt 65 mm dicken derart geschichteten handelsüblichen Aufbaus. Letzterer kann aber weder die Wirksamkeit eines ausgesprochenen Tiefen-Schluckers nach Abschnitt 4.3 erreichen, noch diejenige eines Breitbandabsorbers nach Abschnitt 8.5 und 8.6 mit Absorptionsgraden auch weit oberhalb 80 Prozent in einem jeweils weiten Frequenzbereich. Trotz dieser Einschränkungen für die praktische Realisierung kann man die durchgezogenen Kurven in Bild 6 generell als Referenzkurven für passive Absorber bei statistischem, die strichpunktierten bei senkrechtem Schalleinfall zur Orientierung heranziehen, auch wenn es sich um ganz unterschiedliche Materialien und Konstruktionen, aber gleiche Bautiefen handelt.

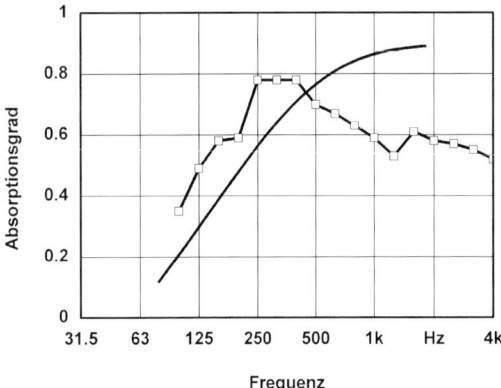

Bild 8. Absorptionsgrad α_S bei diffusem Schalleinfall auf eine 60 mm dicke Glaswolleplatte mit 80 kg/m³ hinter einer 5 mm dicken porösen Putzschicht (□) im Vergleich mit einem Absorber gleicher Gesamtdicke nach Bild 6

3.1 Faserige Materialien

Die hier zunächst angesprochenen Absorber, überwiegend aus künstlichen Mineralfasern hergestellt, bezeichnet man als passiv, weil sie, trotz ihres in der Regel sehr niedrigen Raumgewichts $\rho_A \approx 30$ bis 150 kg/m³, von Schallwellen praktisch nicht zum Mitschwingen angeregt werden. Ihre Strukturen, so zerbrechlich und empfindlich sie gegenüber mechanischer Beanspruchung auch sein mögen, sind im Allgemeinen schwer genug, um beliebigen Luftschallfeldern im Hörbereich keinerlei Angriffsfläche zu bieten. Man kann hier zusammenfassen, dass insbesondere faserige Materialien mit Schichtdicken von 50 bis 100 mm geradezu ideale Schallabsorber für den Frequenzbereich oberhalb etwa 500 bis 250 Hz darstellen. In diesem Frequenzbereich lässt sich die jeweils erforderliche Absorption nach dem oben Gesagten einfach abschätzen. Um im kHz-Bereich kräftig absorbieren zu können, reichen auch ein dickerer Teppich oder Stofftapete von 5 bis 10 mm Dicke aus, allerdings mit einem Strömungswiderstand von, am besten, mehr als 10^5 Pa s/m².

Für alle faserigen Absorber gilt, dass ein sie gegen Abrieb schützendes, entsprechend dichtes Faservlies dem optimalen Strömungswiderstand des Gesamtaufbaus nach Gl. (26) angepasst sein muss. Strömungswiderstände verschiedener gebräuchlicher Stoffe finden sich z. B. in [6, Tafel 3]. Eine als Rieselschutz häufig vor dem Absorber angeordnete Folie darf, um den Schalleintritt nicht wesentlich zu behindern, gegenüber der in der Welle mitbewegten Luftmasse nach Gl. (2) nicht zu schwer (m''_F) bzw. dick (t) sein:

$$m''_F = \rho_F t \ll m''_A = \frac{\rho_0 c_0}{2\pi} \frac{1}{f} \tag{29}$$

Damit der Transmissionsgrad der Folie $\tau_F = P_t/P_i$ auch nur mindestens 80 % beträgt, sollte ihre Masse m''_F in kg/m² nach [6]

$$m''_F \leq \frac{90}{f} \tag{30}$$

sein, für $f > 250$ Hz also $m''_F < 360$ g m⁻², für 2500 Hz aber nur 36 g m⁻². Diese Abschätzung gilt allerdings nur dann als sicher, wenn die Folie frei beweglich bleibt, also nicht (wie allgemein üblich) zwischen der Absorberfüllung und einem Lochblech eingezwängt wird [9, Bilder 6–17, 6–18]. Einer Abdeckung aus einem widerstandsfähigen Stoff oder Vlies ist der Vorzug zu geben, insbesondere wenn letztere auf eine faserige Platte oder Matte aufkaschiert sind.

Soll eine Lochplattenabdeckung als Sicht- und Berührungsschutz den Schall ebenfalls nur zu 80 % durchlassen, so müssen nach [7] und [8] die effektive Plattendicke t_{eff} in mm und das Lochflächen-Verhältnis σ entsprechend

$$\frac{t_{eff}}{\sigma} \leq \frac{75}{f} 10^3 \qquad t_{eff} = t + 2\Delta t \tag{31}$$

gewählt werden. Aus [9, Abschn. 6.2.3] lassen sich die Mündungskorrekturen $2\Delta t$ ablesen, um welche die Plattendicke t bei unterschiedlicher Lochgeometrie vergrößert wirkt. Abdeckungen mit einem Perforationsgrad von üblicherweise $\sigma > 0,3$ sind dennoch bis zu sehr hohen Frequenzen als akustisch transparent zu betrachten – für viel kleinere σ siehe [9, Bild 6–16] und Abschnitt 5.2.

Zum Einfluss von Raumgewicht, Stopfdichte und Temperatur auf die Wirksamkeit faseriger Schallabsorber wird auf [9] bis [11] verwiesen. Es sei hier aber deutlich gesagt, dass auch detailliertere Berechnungen für faserige Schichten mit den verschiedensten Abdeckungen wegen der im Allgemeinen recht großen Streuungen aller Materialdaten bei ihrer Herstellung immer nur eine grobe Abschätzung darstellen und bei der Planung regelmäßig Prüfergebnisse aus dem Kundt'schen Rohr für senkrechten bzw. dem Hallraum für statistischen Schalleinfall für die auf dem Markt in sehr großer Vielfalt erhältlichen Faserabsorber zugrunde gelegt werden. Allein die mehr als 50 Formgebungen für flächige und kompakte, anliegende bzw. abgehängte Auskleidungen, Balken, Kegel, Baffles der Tafeln 5 und 6 in [6] könnten eine ergiebige Fundgrube für Architekten abgeben, die ihren Bauwerken nicht nur statischen und visuellen sondern auch akustischen Wert mitgeben wollen.

Die massenweise Verwendung künstlicher Mineralfasern z. B. als Auskleidung im Plenum eines Windkanals, als Schalldämpfer in Strömungskanälen oder im Rückkühlwerk eines Kernkraftwerks wird in [2, Abschnitt 15.3, 17.3, 17.7 und Abb. 18.35] ausführlich beschrieben. Neuerdings kommen sie aber auch als besonders breitbandig wirksame Kanten-Absorber nach Abschnitt 8.5 und Beitrag C 4 in Unterrichts- und Speiseräumen zunehmend zum Einsatz.

3.2 Offenporige Schaumstoffe

Kunststoffschäume, deren feine Skelettstrukturen kleine Poren im Sub-Millimeter-Bereich untereinander offen halten, wirken in erster Näherung gemäß Gln. (20)–(28) ganz ähnlich wie die faserigen Schallabsorber gemäß Bild 6. Bei bestimmten Weichschäumen kann man bei tieferen Frequenzen, bei denen nach Gl. (2) auch erhebliche Luftmassen in Bewegung gesetzt werden, ein Mitschwingen des Materials beobachten und für schalltechnische Optimierungen nutzbar machen. Die hohe Flexibilität, leichte Verarbeitung und Formbarkeit sowie haltbare Verbindungsmöglichkeiten mit anderen Materialien, auch durch dauerelastische Verklebungen, machen Schäume zu einem wichtigen alternativen Schallabsorber im Lärmschutz wie in der Raumakustik. Hier seien besonders die Anwendungen in den Schalldämpfern am Gebläse und in den Kollektoren am Plenum aeroakustischer Windkanäle nach [2, Kap. 16] erwähnt. Als strömungsgünstig geschnittene Formteile können diese porösen Absorber z. B. den Leitblechen in den Umlenkecken großer Luftführungen angepasst werden. Im Kfz-Akustik-Windkanal der Universität Stuttgart sind mit einer sehr dünnen Verhautung versehene Schaumstoffprofile ohne Spuren von Abrieb oder Alterung seit 1993 Anströmgeschwindigkeiten bis 137 km h^{-1} (38 m s^{-1}) ausgesetzt, s. Bild 9. Vor allem kommen aber bevorzugt Melaminharzschäume in den Verbundplatten-Resonatoren und Breitband-Kompaktabsorbern nach Abschnitt 4.3 und 8.6 zum Einsatz. Dieses Material findet sich auch in fast allen Komponenten einer inzwischen ausgedehnten Familie von hochwirksamen Schallabsorbern für alle Arten von reflexionsarmen Räumen (s. Abschnitt 8.11 und Beitrag B 6).

Der Trend zu organischen (z. B. Seegras, Kokosfasern, Holzschnitzeln) oder tierischen Materialien (z. B. Schafswolle) als umweltfreundlichem Ersatz für künstliche Mineralfasern ist zwar nach kurzem Boom wieder abgeklungen. Man kann aber festhalten, dass auch weiterhin alle porösen oder faserigen Stoffe mit in etwa optimalem Strömungswiderstand nach Gl. (25) als Dämpfungsmaterial infrage kommen. So kann man z. B. eine verschmutzungsempfindliche Mineralfaserfüllung in einer Schalldämpferkulisse zunächst mit geeignetem Vlies oder Folie abdecken und davor eine dünnere (weil viel teurere) Schicht aus Edelstahlwolle hinter Lochblech anbringen. Eine derart verkleidete Kulisse lässt sich leichter z. B. mit Druckluft oder Wasserstrahl rückstandsfrei von Ablagerungen aus dem Fluid reinigen. Wenn man stattdessen Aluminiumspäne als Schallabsorber einsetzen möchte, muss man das Material nur genügend dicht stopfen, um eine Absorption wie mit einer gleich dicken Mineralfaserschicht zu erreichen. Es ist jedenfalls nicht notwendig, die Porengröße, Spandicke oder Faserstärke, wie bei Mineralfasern üblich, im μm-Bereich zu suchen, s. [11, Tabelle 19.7], wenn man mit diesen diversen fein strukturierten Materialien neben der Schalldämpfung nicht gleichzeitig die Wärmedämmung optimieren möchte. Schließlich liegt die Dicke der akustischen (Zähigkeits-)Grenzschicht an einem ebenen Hindernis,

$$\delta = \sqrt{\frac{\eta}{\rho_0 \omega}} = \frac{1500}{\sqrt{f}} \qquad (32)$$

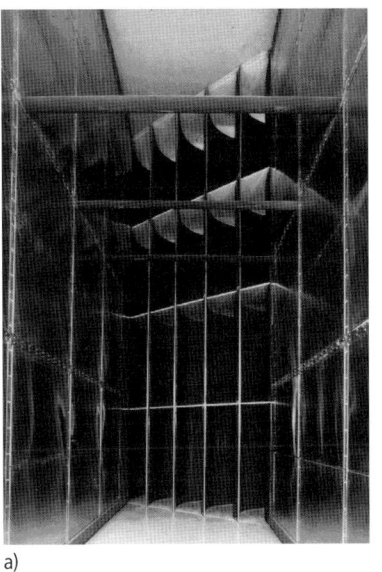
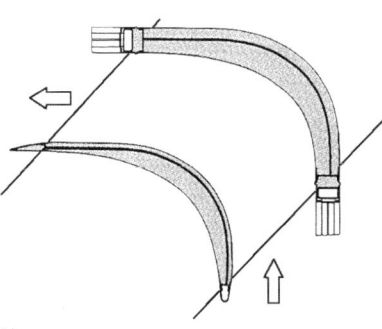

a) b)

Bild 9. 8,5 m hoher Umlenk-Schalldämpfer im FKFS-Windkanal der Uni Stuttgart; a) mit Schaumstoffbelegungen aerodynamisch optimierter Profile und b) Membranabsorber-Kulissen nach Abschnitt 5.3 [2, Abschnitte 4.2 und 15.3]

mit der dynamischen Zähigkeit von Luft $\eta = 0{,}018\ \mathrm{g\ m^{-1}\ s^{-1}}$ bei 20 °C bei mittleren und tiefen Frequenzen f in Hz auch nur im Submillimeter-Bereich.

3.3 Geblähte Baustoffe

Zu den unabsichtlichen Dämpfungseffekten im Bau gehören Kanten, Spalte, Nischen und Hohlräume, auch wenn sie anderen Zwecken dienen sollen, z. B. der Erhöhung der Diffusität von Schallfeldern. So können Lüftungs- und andere haustechnische Komponenten erheblichen Einfluss auf die raumakustische Planung haben. Es gibt aber auch eine ganze Reihe von Bauteilen an Wänden und Decken, die neben statischen auch Schall absorbierende Aufgaben gezielt übernehmen können. Dazu gehören Bauteile aus Blähton, Porenbeton und besonders geformte Loch- oder Hohlblocksteine. Wenn die darin vorgegebene Porosität nicht durch dichte Putze oder Abdeckungen verschlossen wird, kann man auch in inhomogenem porösen Material selbst bei einem nach Gl. (26) keinesfalls optimalen Strömungswiderstand einen mehr oder weniger breitbandigen Absorptionsgrad um 0,8 erwarten. Allerdings tritt z. B. für ein haufwerksförmiges Lavagestein mit $\chi \cong 4$ und d = 120 mm bei etwa 800 Hz entsprechend $d \cong \lambda/2$ ein Dämpfungs-Minimum in Erscheinung und erst bei $d \cong 3\lambda/4$ ein zweites Maximum, s. [2, Abb. 4.7]. Wenn man aber als Ausgangsmaterial einen durch und durch offenporig und genügend fein strukturierten Glasschaum nach [2, Abschnitt 4.3] zum Einsatz bringt, dann kann man, wie Bild 10 zeigt, bei einiger Optimierung eine Absorptions-Charakteristik vergleichbar mit derjenigen einer Mineralwollschicht erreichen.

Die Geräuschminderung von breitbandig 8 dB in einer Werkstatt durch die Belegung ihrer Decke und Teile der Wände mit nur 50 mm dicken Glasschaumplatten werden in [2, Abschnitt 3.3] ausführlich behandelt. Ebenso die Auskleidung der Decken über den Bahnsteigen und Gleisen des Bahnhofs Potsdamer Platz in Berlin in [2, Abschnitt 14.7.1]. Diese Schallabsorber haben sich auch bestens in Lärmschutzwänden an Straßen und Schienenwegen bewährt, s. Abschnitt 8.4.

4 Plattenresonatoren

Abschnitt 3.1 hat sich bereits – im Zusammenhang mit der als Rieselschutz üblichen Abdeckung von Faserabsorbern – mit Folien als vorgesetzte luftundurchlässige Schichten beschäftigt. Dort sollte die Masse nach Gln. (29), (30) eine gewisse Grenze nicht überschreiten, um den Schalleintritt in das poröse Material als dem eigentlichen Absorber möglichst wenig zu behindern. In Abschnitt 5.2 wird beschrieben, wie mit nur teilweiser, z. B. streifenförmiger Abdeckung eines hinter den so gebildeten Eintrittsschlitzen dicht gepackten porösen oder faserigen Materials breitbandig wirksame Absorber für mittlere Frequenzen geschaffen werden können. Dieser Abschnitt beschäftigt sich mit reaktiven Absorbern mit für Schall undurchlässigen Schichten, deren flächenbezogene Masse m″ nicht klein, sondern groß gegenüber der in der auftreffenden Welle mitbe-

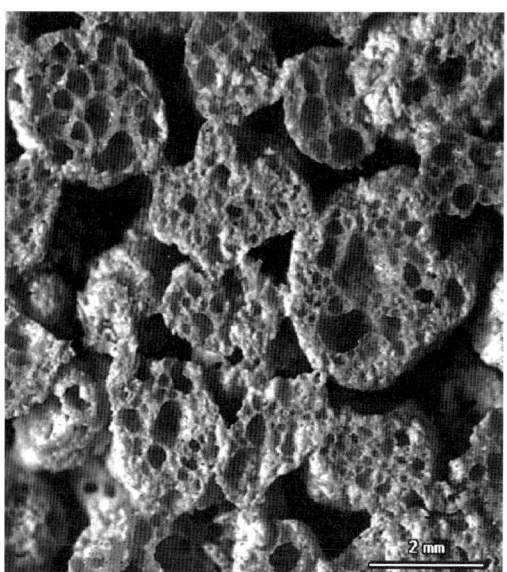
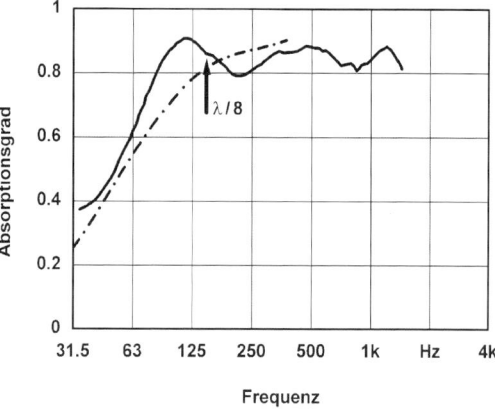

Bild 10. Schnitt und Absorptionsgrad bei senkrechtem Schalleinfall eines aus drei jeweils 100 mm dicken Schichten aus 230, 250 und 275 kg/m³ aufgebauten Glasschaumes im Vergleich mit einem gleichdicken Absorber nach Bild 6

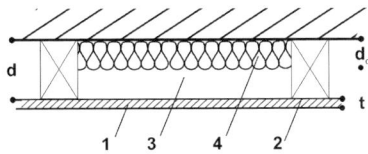

Bild 11. Klassischer Plattenresonator aus einer geschlossenen Schicht der Masse m″ (1); einem unnachgiebigen Rahmen (2); einem Luftkissen der Dicke d (3); einer Dämpfungsschicht der Dicke d_α (4)

wegten Luftmasse nach Gl. (2) ist. Eine solche Masse kann mit dem Schallfeld nur reagieren, wenn sie als Teil eines Resonanzsystems anregbar gemacht wird. Dies geschieht am einfachsten durch eine Platte, die im Abstand d zu einer schallharten Rückwand auf einer Unterkonstruktion befestigt wird (Bild 11). Im Inneren des durch eine Plattenbewegung komprimierbaren Luftraumes sollte nach herkömmlicher Vorstellung eine dünnere Schicht (d_α) aus einem faserigen oder offenporigen Dämpfungsmaterial mit einem Strömungswiderstand Ξd_α, der im optimalen Fall wieder Werten nach Gl. (26) entspricht, so eingebaut werden, dass sie nach Möglichkeit die Platte nicht berühren und deren Schwingungen daher nicht direkt behindert, sondern nur indirekt bedämpfen kann.

4.1 Folienabsorber

Wenn die schwere Schicht 1 in Bild 11 selbst keine Steifigkeit aufzuweisen hat, trifft die nach Bild 2 auffallende Schallwelle auf die Wandimpedanz gemäß Gl. (6)

$$W = r + W_m + W_s \qquad W_m = j\omega m'' = j\omega \rho_t t \qquad (33)$$

mit der etwas schwer zu quantifizierenden Reibung r in Pa s/m, nach [9] näherungsweise $r = \Xi d_\alpha/3$, sowie der flächenbezogenen Masse m″ in kg/m² der Platte mit der Dicke t in mm sowie der Kreisfrequenz $\omega = 2\pi f$. Für Luftkissen, deren Dicke d klein gegenüber λ/4 ist, reduziert sich deren Impedanz auf ihre flächenbezogene Federsteife s″ in Pa/m:

$$W_s = -j\rho_0 c_0 \cot \frac{\omega d}{c_0} \cong -j\frac{\rho_0 c_0^2}{\omega d} = -j\frac{s''}{\omega} \qquad (34)$$

Die stärkste Reaktion zeigt dieser Resonator, wenn der Imaginärteil von W verschwindet. Dies ist bei der Resonanzfrequenz f_R in Hz mit d in mm der Fall bei:

$$f_R = \frac{1}{2\pi}\sqrt{\frac{s''}{m''}} \cong \frac{c_0}{2\pi}\sqrt{\frac{\rho_0}{m''d}} \cong \frac{1900}{\sqrt{m''d}} \qquad (35)$$

Damit lässt sich W, normiert auf $\rho_0 c_0$, schreiben als:

$$\frac{W}{\rho_0 c_0} = \frac{r}{\rho_0 c_0} + j\frac{\sqrt{m''s''}}{\rho_0 c_0}\left(\frac{f}{f_R} - \frac{f_R}{f}\right) = r' + jZ_R' F \qquad (36)$$

Der normierte Resonator-Kennwiderstand

$$Z_R' = \frac{Z_R}{\rho_0 c_0} = \frac{\sqrt{m''s''}}{\rho_0 c_0} = \sqrt{\frac{m''}{\rho_0 d}} \qquad (37)$$

ist eine Funktion nur der Größe der Masse und der Feder des Resonators und er bestimmt nach Gl. (7),

$$\alpha = \frac{4r'}{(r'+1)^2 + (Z_R' F)^2} = \frac{\alpha_{max}}{1 + \left(\frac{Z_R'}{r'+1}F\right)^2} \qquad F = \frac{f}{f_R} - \frac{f_R}{f}$$

(38)

im Produkt mit der Frequenzverstimmung F den Absorptionsgrad α bei senkrechtem Schalleinfall. Man erkennt an Gl. (38) dreierlei:
– Der maximal mögliche Absorptionsgrad $\alpha_R = 1$ kann nur mit optimaler Dämpfung ($r' = 1$ bzw. $r = \rho_0 c_0$) bei der Resonanzfrequenz erreicht werden ($F = 0$ bzw. $f = f_R$).
– Unabhängig vom Wert der Absorption bei Resonanz, $\alpha_R(f_R)$, klingt α zu beiden Seiten von f_R mit wachsendem |F| umso stärker ab, je kleiner der Reibungswiderstand r′ ist.
– Während sich der r′-Einfluss auf die Bandbreite nur etwa um einen Faktor 5 ändern lässt ($r' \approx 0{,}2$ gegen-

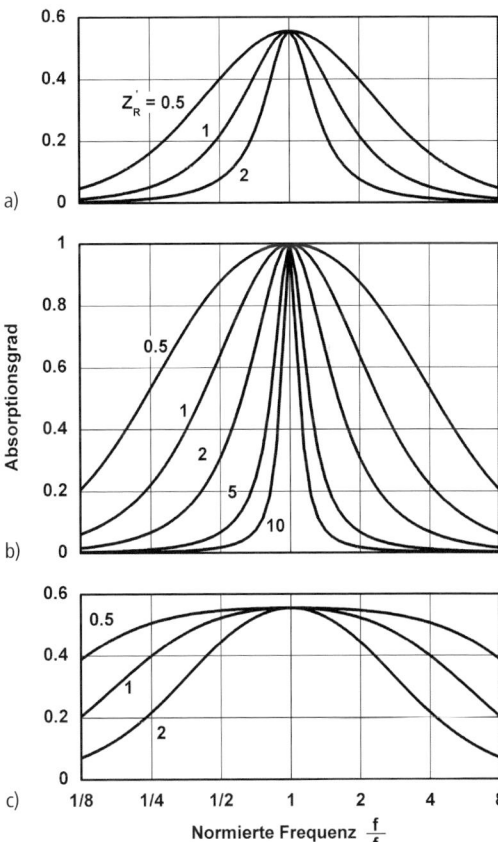

Bild 12. Absorptionsgrad α eines einfachen Masse/Feder-Schwingers in Abhängigkeit von der Frequenz f und dem normierten Kennwiderstand Z_R'; a) schwach bedämpft ($r' = 0{,}2$); b) optimal bedämpft ($r' = 1$); c) stark bedämpft ($r' = 5$)

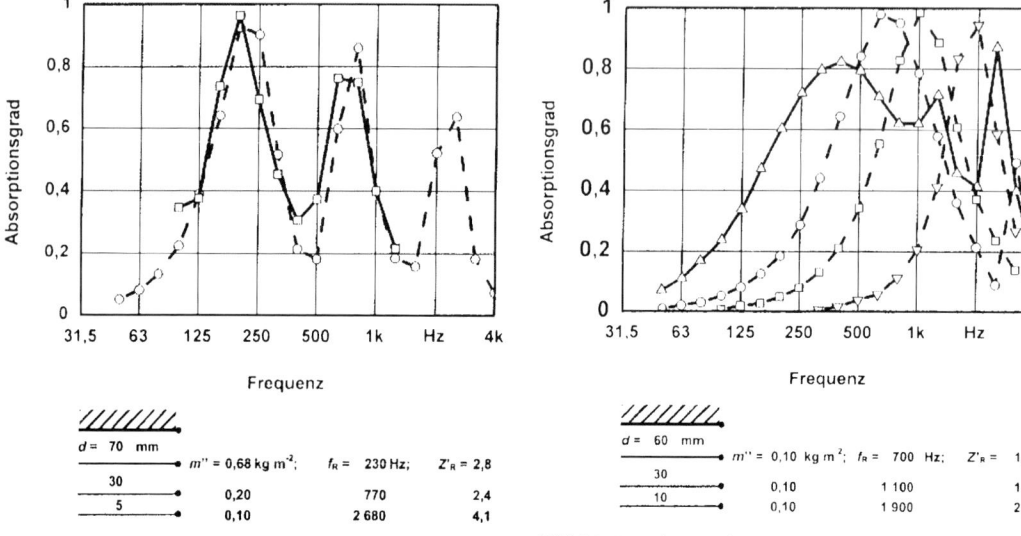

Bild 13. Absorptionsgrad α_0 für senkrechten Schalleinfall auf dreifach vor einer schallharten Wand angeordneten Folien; Messung (□); Rechnung (○)

Bild 14. Berechneter Absorptionsgrad α_0 von Folien vor schallharter Wand; einfache Anordnung (- - -); dreifache Anordnung (—) [12]

über $r' \approx 1$), stellt der im Produkt mit F auftretende Kennwiderstand Z'_R einen Einstellparameter für die mit einem solchen reaktiven Absorber erreichbarer Breitbandigkeit dar, der um Größenordnungen variieren kann. Dieser Sachverhalt wird in Bild 12 über einer mit der Resonanzfrequenz f_R normierten Frequenzskala dargestellt.

Die optimale Auslegung eines Masse-Feder-Systems erfolgt vor allem durch die Wahl des Kennwiderstandes Z'_R. Die für breitbandige Absorption wichtigste Auslegungsregel besteht demnach darin, sowohl m'' als auch s'', unabhängig vom jeweiligen f_R, möglichst klein zu wählen. Es bestätigt sich damit, dass Tiefenabsorber nicht allein durch große Massen zu realisieren sind. Nicht nur aus akustischer Sicht sollte nach [6] der Wandabstand weder zu groß noch zu klein gegenüber den zu dämpfenden Wellenlängen λ sein:

$$\frac{3400}{f} = \frac{\lambda}{100} < d < \frac{\lambda}{12} = \frac{28}{f} 10^3 \quad (39)$$

Große Bautiefen d sind generell bei Wandverkleidungen unerwünscht; man muss deshalb danach trachten, über möglichst kleine Massen m'' zu kleinen Werten für Z'_R zu kommen. Dagegen spricht aber bei diesem Resonator seine zentrale Auslegungsregel Gl. (35), weshalb auch die konventionellen Tiefenabsorber nach diesem Prinzip stets nur relativ schmalbandig wirken bzw. nur α-Werte unter 0,5 erreichen, siehe die mehr als 30 Beispiele der üblichen Sperrholz-, Holzspan- und Gipskartonplatten mit bzw. ohne Hinterfüllung des Hohlraums in [6, Tafel 7.1].

Etwas günstiger sieht die Auslegung von Resonatoren mit dünneren Kunststofffolien oder Metallmembranen für mittlere Frequenzen aus, insbesondere wenn meh-

rere Schichten hintereinander angeordnet werden. Legt man die Resonanzen von drei hintereinander angeordneten Folien durch entsprechende Wahl ihrer Flächengewichte und Abstände zueinander weit auseinander, so zeigen Messung und Rechnung in [12] deutlich getrennte α-Maxima (Bild 13). Liegen die Resonanzen enger beisammen, so erscheint die Absorption der geschichteten Anordnung etwas gespreizt. Bild 14 zeigt einen Absorber, der zwischen 200 und etwas oberhalb 2000 Hz gut 60 % absorbiert. Die Rechnung simuliert den nach [20] entwickelten Folienabsorber aus tiefgezogenen Becherstrukturen, wie er in [2, Abschnitt 5.1] beschrieben und in einigen Reinraumbereichen zum Einsatz gebracht wurde, s. [2, Abb. 5.6 und 5.7]. Er ist aus einem transluzenten Material, das sich leider mit der Zeit unansehnlich verfärbte. Inzwischen wurde dieses Produkt aber durch die in Abschnitt 7.2 beschriebenen mikroperforierten Folien ersetzt, die mit ihren glatten, ebenen Flächen der architektonischen Gestaltung und den hygienischen Anforderungen noch besser entgegenkommen.

4.2 Plattenschwinger

In [6, Tafel 7] werden bereits 36 mehr oder weniger praktikable Masse/Feder-Systeme mit rundum geschlossenen Luftkissen samt ihren Absorptionsgraden katalogisiert, und zwar gegebenenfalls bis zur 63 Hz-Terz herunter. In der mehr theoretisch gehaltenen Literatur wird auch schon ein elastischer Plattenresonator behandelt [11], bei welchem eine Frontplatte 1 nicht nur als Ganzes gegen die Feder des Luftkissens 3 und u. U. auch der Auflage 2 in Bild 11, sondern stattdessen bzw. zusätzlich bei ihren Biegeschwingungs-Eigenfre-

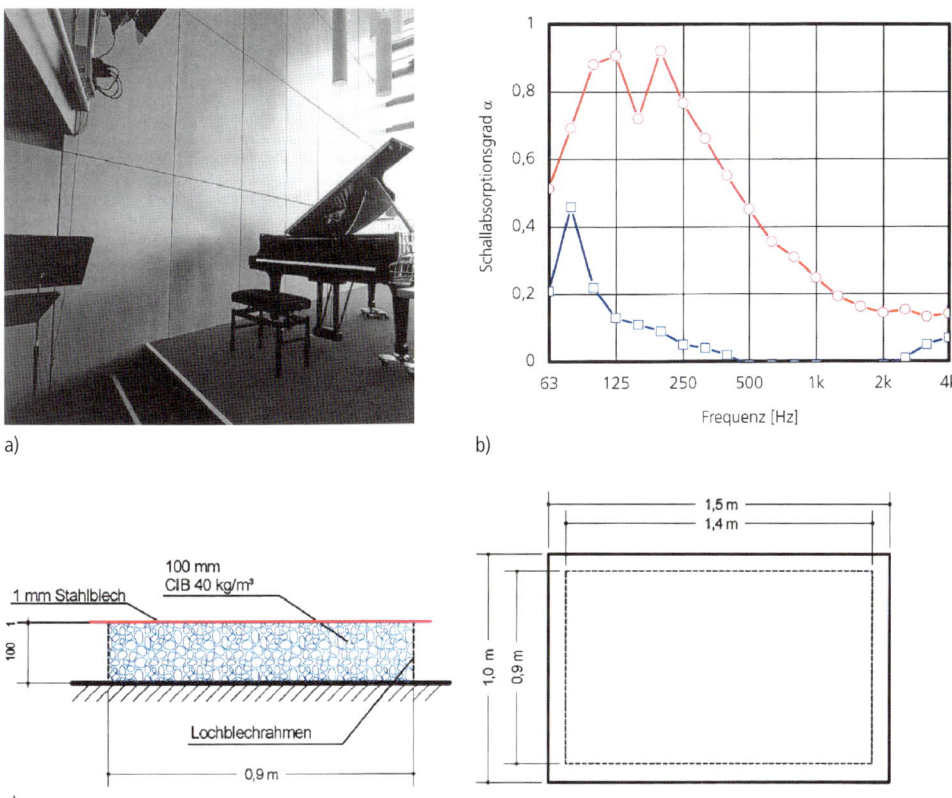

Bild 15. Verbundplatten-Resonatoren aus 1 mm starken Stahlplatten können konventionelle Platten-Resonatoren aus 7 mm starken Sperrholzpaneelen brand- und schalltechnisch vorteilhaft ersetzen, s. [2, Abschnitt 12.8]; a) Plenarsaal in der Akademie der Künste Berlin, b) im Hallraum gemessener Absorptionsgrad für VPR (○) bzw. Holzpaneele (□), c) jeweils im Abstand von 100 mm zur Massivwand

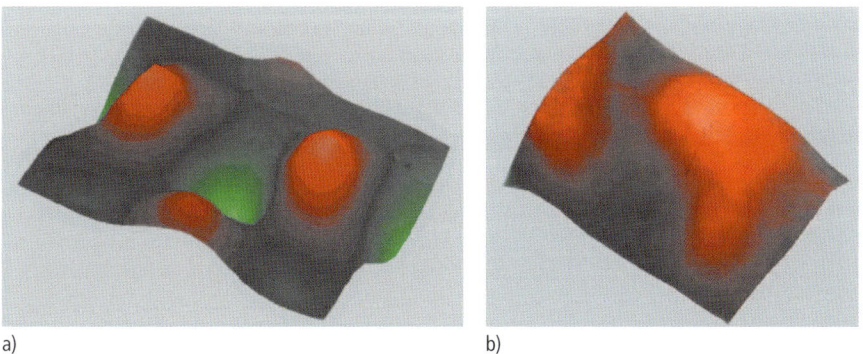

Bild 16. Momentanwert der mit einem Laser-Vibrometer gemessenen Auslenkung einer 1500 mm × 1000 mm × 1 mm großen Stahlplatte bei Anregung mit Luftschall; a) Platte auf 100 mm Holzrahmen, Anregung bei 50 Hz; b) Platte auf 100 mm Melaminharzschaum, Anregung bei 76 Hz

quenzen Luftschall absorbieren soll. In [12] wird dem gemäß mit parallel geschalteten Impedanzen

$$W_{mn} = \frac{B'B_{mn}\delta_{mn}}{\omega L^4} + j\left[\omega m''A_{mn} - \frac{B'B_{mn}}{\omega L^4}\right] ; \quad (40)$$

m, n = 1, 3, 5, ...

einer quadratisch angenommenen Platte der Kantenlänge L und der Dicke t sowie flächenbezogenen Masse m'' und Biegesteife B',

$$B' = \frac{E\,t^3}{12(1-\mu^2)} \quad (41)$$

mit dem Elastizitätsmodul E und der Poissonzahl μ (z. B. 0,3 für Stahl) nachgegangen. Die Konstanten A_{mn} und B_{mn} wurden dabei gemäß Tabelle 2 für frei aufliegende (dickere) bzw. fest eingespannte (dünnere) Platten entnommen, die entsprechenden Verlustfaktoren in [12] aus zahlreichen Modellmessungen im Kundt'schen Rohr an 0,2 m × 0,2 m großen Platten empirisch zu $\delta_{11} = 0,3$ und $\delta_{13} = \delta_{31} = \delta_{33} = 0,1$ ermittelt. Um eine näherungsweise Übereinstimmung mit der Rechnung zu erreichen, musste also die Grundmode (wohlgemerkt *ohne* jedes Dämpfungsmaterial an der Platte oder im Hohlraum) stärker gedämpft als alle höheren Moden angenommen werden.
Die in [12] experimentell und theoretisch aus

$$W = W_{mn} - j\frac{\rho_0 c_0^2}{\omega d}$$

$$f_{mn} = \frac{c_0}{2\pi}\sqrt{\frac{\rho_0}{m''dA_{mn}}\left(1 + \frac{dB'}{L^4\rho_0 c_0^2}B_{mn}\right)} \quad (42)$$

gefundenen Eigenfrequenzen stimmen bei den kleinen untersuchten Testobjekten zwar auch für mehrschichtige Anordnungen aus Aluminium bis t = 0,8 mm recht gut überein. Bei d = 30...50 mm dicken Luftzwischenräumen bleiben sie aber, alle noch weit oberhalb 125 Hz, so weit auseinander und derart schmalbandig, dass man daraus folgern muss, dass derartige Plattenresonatoren in der angewandten Akustik so keine große praktische Bedeutung erlangt hätten. Dies bestätigt die praktische Erfahrung in [6], dass man die kleinste Plattenabmessung nicht unter 0,5 m und ihre Fläche nicht kleiner als 0,4 m² wählen sollte, um bei geeigneter Dämpfung im Hohlraum wenigstens die Feder-Masse-Resonanz nutzen zu können, so gut dies eben bei einer festen Einspannung der einzelnen Paneele am Rand überhaupt möglich ist. Selbst dann gilt die Auslegung dieser Resonanzabsorber wegen einer Vielzahl von Einflüssen von der Art der Befestigung zwischen 1 und 2 in Bild 11 noch als stets unsicher, und es wird in [7] und [8] empfohlen, sich im konkreten Fall immer auf Messergebnisse abzustützen. Zu einem für die Praxis optimierten, zu viel tieferen Frequenzen reichenden und breitbandiger arbeitenden Plattenresonator konnte man aber fortschreiten, indem man seinen Aufbau in einigen wesentlichen Merkmalen veränderte.

Tabelle 2. Bei der Berechnung der Eigenfrequenzen nach Gl. (40) von am Rande aufliegenden quadratischen Platten auftretende Konstanten [14]

Auflage	A_{11}	$A_{13} = A_{31}$	A_{33}	B_{11}	$B_{13} = B_{31}$	B_{33}
fest	2,02	10,8	57,1	2640	$1,9 \times 10^5$	$2,8 \times 10^6$
frei	1,52	13,7	123	592	$1,3 \times 10^5$	$3,9 \times 10^6$

4.3 Verbundplatten-Resonatoren

Diese bestehen aus einer 0,5 bis 2,5 (oder gar 3) mm dicken Stahlplatte, die auf ihrer ganzen Fläche und am gesamten Rand frei schwingfähig und anregbar gelagert wird. Für derart schwere Platten (5 < m'' < 25 kg/m²), wie man sie sich nach Gl. (35) oder (42) schon vorstellen muss, wenn man bei Bautiefen von nur 50 < d < 100 mm in den Frequenzbereich 100 > f > 50 (oder gar darunter) vorstoßen will, ist ohne weiteres klar, dass man mit lockerer Dämpfung im Hohlraum ohne Kontakt zur Platte keine optimale Bedämpfung aller Plattenschwingungen nach Gl. (42) erreichen kann. Ausgehend von dem dicht gestopften Folienabsorber in [4, Abb. 61] kann man aber vermuten, dass auch ein inniger Verbund der Frontplatte (mit sehr geringer innerer Reibung wie bei Stahl) mit einem eng anliegenden, aber die Schwingungen nicht behindernden elastischen Material mit hoher innerer Reibung vorteilhaft ist. Dies geschieht am besten dadurch, dass man die Platte ganzflächig auf einer Elastomerschicht „schwimmen" lässt.
Wenn letztere nach Bild 15c beispielsweise aus einer Weichschaumplatte nach Abschnitt 3.2 mit ca. 40 kg/m³ besteht, die in etwa die Abmessungen der Frontplatte oder sogar (wie bei der Anwendung in Abschnitt 8.11 beschrieben) etwas größere besitzt, so können beide Schichten im Verbund vor einer schallharten Rückwand (oder auch, mit einer zweiten schweren Schale, als Baffle) vom dieses Flächengebilde umgebenden Schallfeld zu sehr vielfältigen, aber stets stark gedämpften Schwingungen angeregt werden.
Ein solcher sehr universell einsetzbarer Akustikbaustein verwirklicht als erstes den Masse-Feder-Resonator nach Abschnitt 4.1. Da eine hochdämpfende Platte das Luftkissen ersetzt hat, entfällt für die meisten Anwendungen der schalltechnische Bedarf für zusätzliche Kassettierungen, Unterkonstruktionen oder Rahmen. Die Resonanzfrequenz dieses Verbundsystems,

$$f_d = \frac{c_d}{2\pi}\sqrt{\frac{\rho_d}{\rho_t t\,d}} = f_R\sqrt{\frac{E_d}{E_0}} \quad (43)$$

verschiebt sich dennoch u. U. nur unwesentlich gegenüber f_R in Gl. (35), wenn die Dehnwellengeschwindigkeit c_d in der dämpfenden Platte etwa im gleichen Maße gegenüber c_0 verkleinert wie $\sqrt{\rho_d}$ gegenüber $\sqrt{\rho_0}$ vergrößert wird oder, anders gesagt, wenn der Elastizitätsmodul der Dämpfungsschicht nur wenig von $E_0 = 0,14 \cdot 10^6$ Pa (für Luft bei 20 °C) abweicht (z. B.

für Weichschaum: $0,1 < E < 0,8 \cdot 10^6$ Pa). Gegenüber Anordnungen wie in Bild 11 kann die Verbundplatte freier in allen ihren eigenen Moden schwingen, wenn die Dämpfungsschicht diese Schwingungen, etwa wie ein „Antidröhn"-Belag, nur ebenfalls ungehindert mitmacht und dabei bestimmungsgemäß dämpft. *E. E. F. Chladni* [15] hat bereits 1787 auf ebenen quadratischen Platten ohne jede Randeinspannung ihre Eigenresonanzen, zur Verblüffung seiner Zeitgenossen, sichtbar gemacht, indem er sie mit einem „Staub" aus Sand, Sägemehl oder dergleichen bedeckte. Bild 16 zeigt die mit einem Laser-Vibrometer sicht- und messbar gemachte Auslenkung einer 1,5 m × 1 m großen und 1 mm dicken Stahlplatte. Zum einen wenn diese waagerecht auf einem schmalen, 100 mm hohen Holzrahmen vor einem harten Boden (ohne Dämpfung des Hohlraumes) aufgelegt bei der (5,3)-Mode nach Gl. (42) bei der Frequenz 50 Hz mit einem Lautsprecher frontal aus etwa 1 m Entfernung angeregt wird. Die Platte kann offenbar, trotz der allerdings relativ „weichen" Auflage, bis in die Randbereiche sehr gut schwingen. Zum anderen ist in Bild 16 die Auslenkung bei gleicher Anregung mit 76 Hz dargestellt, wenn dieselbe Platte ganzflächig auf einer 100 mm dicken Platte aus Melaminharzschaum (ohne Rahmen) aufliegt.

Die mathematische Beschreibung der freien Plattenschwingungen endlicher Ausdehnung ist nicht trivial (s. [15] bis [19]). Da es aber um ein Modell für einen Breitbandabsorber geht, soll die Abschätzung der Resonanzfrequenzen für die aufgestützte Rechteckplatte hier genügen:

$$f_{m_x n y} = \frac{\pi}{2}\sqrt{\frac{B'}{m''}}\left[\left(\frac{m_x}{L_x}\right)^2 + \left(\frac{m_y}{L_y}\right)^2\right]$$
$$= 0{,}45\, c_t t \left[\left(\frac{m_x}{L_x}\right)^2 + \left(\frac{m_y}{L_y}\right)^2\right] \quad (44)$$

mit $m_x, m_y = 1, 2, 3\ldots$. Für eine $t = 2$ mm dicke $L_x = 1{,}5$ m × $L_y = 1$ m große Platte aus Stahl mit einer Dehnwellengeschwindigkeit $c \approx 5100$ ms^{-1} läge die tiefste Eigenfrequenz etwa bei $f_{1,1} = 6{,}6$ Hz, also weit unter der Feder-Masse-Frequenz nach Gl. (35) von $f_R = 48$ Hz für $d = 100$ mm. Die Anzahl der Eigenfrequenzen in einem bestimmten Frequenzband Δf steigt nach [20, Abschnitt 4.3] gemäß

$$\Delta N = 1{,}75 \frac{S_A}{c_t t}\Delta f \qquad S_A = L_x L_y \quad (45)$$

im Gegensatz zu den Raumresonanzen nach Gl. (30) mit der Mittenfrequenz nicht an. Trotzdem ergeben sich für das obige Beispiel in der 50-Hz-Oktave bereits neun, in der 100-Hz-Oktave sogar 18 Eigenfrequenzen. Dies ist in jedem Fall genug, um für jede der Raum-Moden nach Beitrag C4 eine Plattenresonanz zur Dämpfung bereitzuhalten.

Bild 17 zeigt die Absorption eines konventionellen Plattenresonators nach Abschnitt 4.2 bestehend aus einer $t = 0{,}2$ mm dicken Edelstahlplatte vor einem

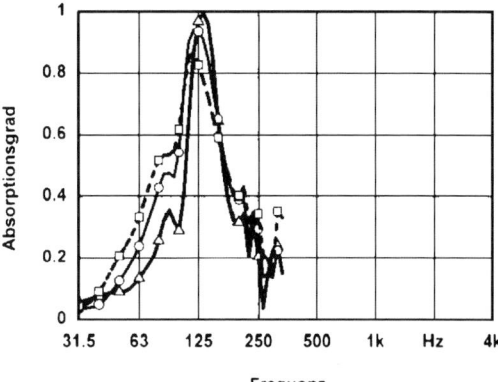

Bild 17. Absorptionsgrad α_0 bei senkrechtem Schalleinfall auf eine $1{,}70 \times 0{,}65$ m große, 0,2 mm dicke Edelstahlplatte als fest schließender „Deckel" einer $d = 100$ mm tiefen starren „Wanne" mit Mineralfasereinlage gemäß Bild 11 ($\rho = 50$ kg/m^3, $\Xi = 2{,}18 \cdot 10^4$ Pa s/m^2); $d_\alpha = 88$ (□), 50 (○), 0 mm (△)

$d = 100$ mm tiefen Hohlraum. Seine Resonanzfrequenz $f_R \approx 150$ Hz nach Gl. (35) verschiebt sich erwartungsgemäß nur wenig, seine Absorption steigt aber merklich bei tiefen Frequenzen an, wenn in den Hohlraum ein nach Gl. (26) optimaler Strömungswiderstand $\Xi d = 1090$ bzw. 1740 Pa s/m eingebracht wird.

In [2, Abschnitt 5.3] wurden systematische Absorptionsmessungen an Verbundplatten-Resonatoren in unterschiedlichen Abmessungen und Aufbauten im großen Impedanzkanal, im kleineren Kundt'schen Rohr und im Quaderraum gemäß Bild 18 ausführlich dargestellt. Zum Vergleich mit anderen Produkten wurden auch zahlreiche Messungen im bedämpften Hallraum durchgeführt (s. Beitrag B6). Bild 15b zeigt rückblickend das schmalbandig dürftige Ergebnis für einen konventionellen Plattenschwinger, bestehend aus 7 mm dicken furnierten Sperrholzpaneelen mit einer losen Hinterfüllung aus 40 mm Mineralwolle mit einer Rohdichte von 50 kg/m^3 und $\Xi = 16$ kPa s/m^2 im 100 mm tiefen Hohlraum. Er sollte im ca. 1700 m^3 großen Plenarsaal der 2004 erbauten Akademie der Künste am Brandenburger Tor in Berlin auf ca. 150 m^2 einer Brandwand zum benachbarten Bankgebäude großflächig angebracht werden, um passive Schallabsorber, wie in [2, Abb. 12.46a)] abgebildet, zu den Tiefen hin zu ergänzen. Bedenken hinsichtlich Brandschutz und die höhere akustische Wirksamkeit brachten stattdessen Verbundplatten-Resonatoren mit 1 mm dicken Stahl-Schwingblechen auf einem Polyester-Vlies mit 40 kg/m^3 und etwa gleicher Bautiefe zum Einsatz. Die breitbandig hohe Absorption der VPR in Bild 15b sollte sich kaum ändern, wenn in diesem Fall auf ihrer Vorderseite noch ein 1 mm dickes Echtholzfurnier aufkaschiert und ähnlich wie bei den zunächst geplanten Sperrholzpaneelen farblich behandelt wurde und die hier $1{,}7$ m × 1 m × 0,1 m großen VPR-Module mit einer

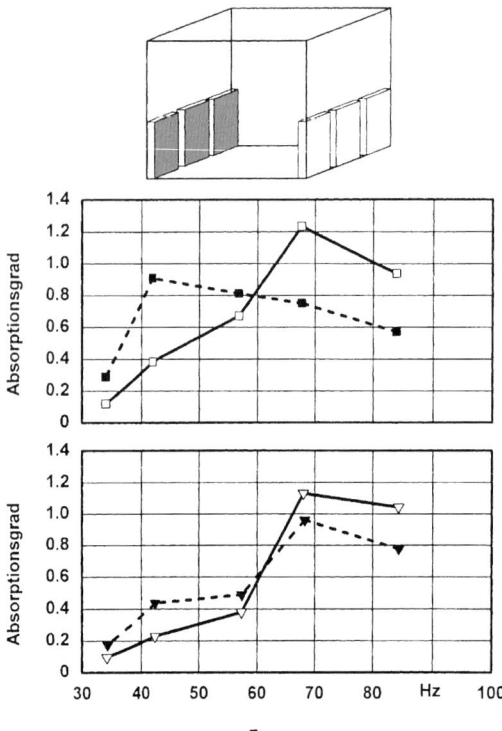

Bild 18. Effektiver Absorptionsgrad α_e nach [21], gemessen bei den niedrigsten axialen Moden und entsprechender Ausrichtung von sechs Verbundplatten-Resonatoren mit d = 100 mm; $L_x = 1{,}5$, $L_y = 1$ m, $t = 1$ mm (□), $L_x = 1$, $L_y = 0{,}75$ m, $t = 1$ mm (△), $L_x = 1{,}5$, $L_y = 1$ m, $t = 2{,}5$ mm (■), $L_x = 1$, $L_y = 0{,}75$ m, $t = 2{,}5$ mm (▲)

unüblich schmalen Fuge von 8 mm montiert wurden, s. Bild 15a.
Anwendungen dieses VPR finden sich inzwischen in unzähligen Räumlichkeiten für anspruchsvolle Musik- und Sprachdarbietungen sowie alle Arten von Kommunikation und Ensemblespiel. Da der VPR mit seiner glatten, z. B. lackierten oder pulverbeschichteten Oberfläche dem architektonischen Design und den Nutzeransprüchen häufig entgegenkommt, haben sich Module auch schon als Pinnwand, Tafel, Projektionsfläche oder Spiegel vielfach nützlich gemacht und ihren nur geringen Raumbedarf gerechtfertigt. Wegen ihrer kleinen Bautiefe lassen sich VPR auch hinter akustisch transparenten Vorsatzschalen, Unterdecken und Hohlraumböden „verstecken". Damit können besonders schlanke Tiefschlucker in einer robusten, praktikablen Bauart für die vielfältigen Problemfälle der Raum- und Bauakustik nach Abschnitt 2 zum Einsatz kommen. Eine besonders attraktiver Platten-Resonator wurde als „Eckiger Innenzug" in Abgasleitungen und Schornsteinen für den technischen Schallschutz entwickelt, s. Abschnitt 8.3.

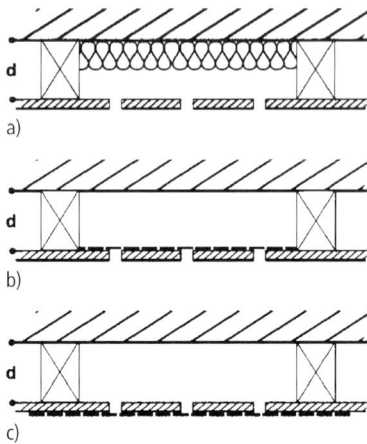

Bild 19. Helmholtz-Resonator klassischer Bauart mit a) Dämpfung im Hohlraum, b) Strömungswiderstand hinter bzw. c) vor der Lochplatte

5 Helmholtz-Resonatoren

In Abschnitt 3.1 ist das Verhalten von Loch- oder Schlitzplatten als vorgesetzte schalldurchlässige Schichten für den Sicht- und Berührungsschutz diskutiert worden. Dort sollten die effektive Plattendicke t_{eff} und das Lochflächenverhältnis σ nach Gl. (29) bestimmte Grenzen nicht über- bzw. unterschreiten, um den Schalleintritt in das poröse Material als eigentlichen Absorber möglichst wenig zu behindern.
Hier interessieren reaktive Absorber, bei denen die Masse in den Löchern oder Schlitzen von unterschiedlich perforierten Platten oder Membranen nicht klein gegenüber der in der auf die Löcher treffenden Welle mitbewegten Luftmasse nach Gl. (2) ist. Eine solche, unter Umständen durch die den Löchern benachbarte Luft zusätzlich beschwerte Masse, kann mit dem Schallfeld, ähnlich wie beim Plattenresonator, nur reagieren, wenn sie als Teil eines Resonanzsystems anregbar gemacht wird. Dies geschieht am einfachsten durch eine geeignet perforierte Platte im Abstand d zu einer schallharten Rückwand (Bild 19), die auf einer Unterkonstruktion aufliegt und das so gebildete Luftkissen akustisch schließt. Anders als beim Platten-Resonator (Bild 11), kann man die Dämpfung dieses Schwingsystems „Luft in Luft" – auch nach herkömmlicher Vorstellung – nicht nur durch eine lockere Füllung des Hohlraumes mit Dämpfungsmaterial, sondern sogar viel effizienter durch Aufspannen eines nach Gl. (26) optimalen Strömungswiderstands unmittelbar vor oder hinter den Löchern in Form eines Faservlieses oder Tuches bewerkstelligen.

5.1 Lochflächenabsorber

Die akustische Beschreibung von Lochflächen-Absorbern erfolgt analog zu Gln. (35)–(38). Mit dem Kompressionsmodul in Luft:

$$\frac{Druck}{Kompression} = \frac{\Delta p}{\frac{-\Delta V}{V}} = \rho_o c_o^2 = \frac{\Delta p}{\frac{\Delta x S_H}{dS_A}} \quad (46)$$

mit der Absorberfläche S_A, ergibt sich hier eine wirksame Federsteife:

$$s_H = \frac{\Delta p S_H}{\Delta x} = \rho_o c_o^2 \frac{S_H^2}{dS_A} \quad (47)$$

bzw. auf die wirksame Fläche S_H bezogen:

$$s_H'' = \rho_o c_o^2 \frac{S_H}{dS_A} = \rho_o c_o^2 \frac{\sigma}{d} \quad (48)$$

mit dem Lochflächenverhältnis σ. Für die hier schwingende Luftmasse in den Löchern gilt:

$$m_H = \rho_o t_{eff} S_H \quad (49)$$

bzw. wieder auf die wirksame Fläche S_H bezogen:

$$m_H'' = \rho_o t_{eff} \quad (50)$$

Die daraus resultierende Resonanzfrequenz ergibt sich so zu

$$f_H = \frac{c_0}{2\pi} \sqrt{\frac{\sigma}{dt_{eff}}} = \frac{c_0}{2\pi} \sqrt{\frac{S_H}{dS_A t_{eff}}} = \frac{c_0}{2\pi} \sqrt{\frac{S_H}{V t_{eff}}} \quad (51)$$

oder mit d; t_{eff} in mm, S_H; S_A in cm^2 und V in cm^3 als Zahlenwertgleichung:

$$f_H = 54 \cdot 10^3 \sqrt{\frac{\sigma}{dt_{eff}}} \quad (52)$$

Das Lochflächenverhältnis liegt typisch bei $0{,}02 < \sigma < 0{,}2$. Führt nur ein konzentriertes Loch (S_H) die bewegte Luftmasse, so ist:

$$f_H = 17 \times 10^3 \sqrt{\frac{S_H}{V t_{eff}}} \quad (53)$$

Wegen einer Abschätzung von t_{eff} wird auf Abschnitt 3.1 verwiesen. Für den Kennwiderstand gilt nach Gl. (37):

$$Z_H' = \sqrt{\frac{t_{eff}}{d\sigma}} \quad (54)$$

Ähnlich wie schon beim Plattenresonator führen also auch beim Helmholtz-Resonator nur große Bautiefen (d) zu tiefen Frequenzen und kleinen Z_H', sehr kleine Löcher und dicke Platten aber zu nur schmalbandig wirksamen Tiefenschluckern, selbst bei optimaler Dämpfung $r' = 1$. Man sollte daher auch bei diesem Hohlkammer-Resonator versuchen, weitere Schwingungsformen anzukoppeln, die seine Absorptionscharakteristik verbreitern können (auch die Überlegungen in [6, S. 141] gehen in diese Richtung). In [12] wird eine Vielfalt von Lochplattenresonatoren unter Einbeziehung der Platten- und Hohlraumresonanzen, mit und ohne Kassettierung, in sehr guter Übereinstimmung zwischen Theorie und Messung untersucht. Dabei wird deutlich, dass bei einer Bautiefe von 50 mm die Bandbreite der Absorption auch bei mittleren Frequenzen stets gering bleibt, solange die Resonanzen weit auseinander liegen. Legt man sie dagegen eng zusammen, so dominiert stets nur einer der Mechanismen [12, Abbildungen 4 bis 7]. Wenn man aber die Helmholtz- und die ersten Plattenresonanzen (f_H nach Gl. (52) und f_{11}, f_{13} nach Gl. (42)) optimal etwa jeweils eine Oktave höher auslegt, behindern sie sich nicht gegenseitig [12, Abb. 8]. Allerdings muss ausreichende Dämpfung dann helfen, die einzelnen Maxima zu einem breitbandigen Absorptionsspektrum zu „verschmelzen".

In [5, Bild 41, S. 296] wird ein Überblick über die in der Praxis üblichen Lochgeometrien in relativ dicken und daher in der Regel nicht zu Schwingungen anregbaren Holz- oder Gipskartonplatten gegeben, wobei der Lochanteil zwischen 2 und 30 Prozent, die in den Löchern schwingende Luftmasse nach Gl. (46) zwischen 30 und 330 g/m^2 und die Resonanzfrequenz nach Gl. (52) zwischen 420 und 1460 Hz variieren können. Im Hallraum gemessene Absorptionsspektren sind in [6, Tafel 7.2] zu finden. Darin zeigt Beispiel 7.2.4 die Schwierigkeit, mit dieser Art von Helmholtz-Resonatoren den Frequenzbereich unter 250 Hz abzudecken. Selbst mit einer Bautiefe von 240 mm fällt die Absorption unter 200 Hz steil ab. Als Mittenschlucker haben sich Lochflächenabsorber aber in der raumakustischen Gestaltung durchgesetzt. Im Folgenden sei ein Auslegungs- und Optimierungsverfahren für eine spezielle Klasse von besonders breitbandigen Schlitzabsorbern beschrieben.

5.2 Schlitzabsorber

Die Auslegung konventioneller Helmholtz- und Lochflächenabsorber erfolgt in der Regel nach den Gln. (46)–(52) mit dem meistens experimentell bestätigten Resultat relativ schmalbandig wirksamer Resonanzabsorber. Wenn man aber einen breitbandigen Mittenschlucker flächen- oder raumsparend optimieren will, so lohnt sich eine etwas genauere Betrachtung der in Abschnitt 5.1 beschriebenen Wirkungsmechanismen und Bestandteile dieses Hohlkammer-Resonators. Zu seiner Optimierung stellt sich, ähnlich wie beim Verbundplatten-Resonator in Abschnitt 4.3, eine innige Verknüpfung der Luftschwingung in den Schlitzen mit einem unmittelbar dahinter angeordneten voluminösen, porösen oder faserigen Dämpfungsmaterial als vorteilhaft heraus. Außerdem gewinnt die Verteilung der Schlitze innerhalb der Absorberfläche S_A nicht nur hinsichtlich der Mündungskorrektur als Teil von t_{eff} nach Gl. (31) an Bedeutung. Schließlich können Eigenfrequenzen des zwischen dem Schlitzflächengebilde und der schallharten Rückwand geformten Raumes eine wichtige Rolle in einem verbreiterten Resonanzbereich spielen.

Wenn man das Verhältnis von Schlitzbreite b und Schlitzabstand a nicht nur, wie z. B. in [4, 9] geschehen, als Perforationsgrad $\sigma = b/a$ in der Auslegung

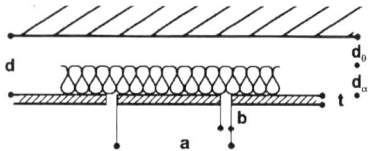

Bild 20. Prinzipieller Aufbau eines Absorbers mit parallelen Schlitzen nach [22]

berücksichtigt, sondern als geometrische Einstellparameter jeden für sich in die Berechnung einführt, ergeben sich neue Möglichkeiten zur Optimierung. Zur Erläuterung des Funktionsmodells Schlitzabsorber lassen sich zunächst in Bild 20 die geometrischen Größen (Schlitzgebilde) und Materialkenngrößen (Absorberschicht) erkennen. Die Luftmasse in den Schlitzen einschließlich der jeweils zugehörigen Mündungskorrektur (hier allerdings nur einseitig auf der Vorderseite) ergibt sich ähnlich wie bei Helmholtz-Resonatoren nach Abschnitt 5.1 aus:

$$m''_S = t_S \rho_0 \quad \text{mit} \quad t_S = t + \Delta t \tag{55}$$

Für die Impedanz der Absorberschicht (Dicke d) gilt mit Bezug auf die freie Schlitzfläche zunächst nach [9]:

$$W = \sigma W_A \coth \Gamma_A d_\alpha \tag{56}$$

Der Wellenwiderstand W_A und die Ausbreitungskonstante Γ_A der Absorberschicht lassen sich nach [11] mit

$$W_A = \rho_0 c_0 \sqrt{(E + 0{,}86) - j\frac{0{,}11}{E}}$$

$$\Gamma_A = \frac{2\pi f}{c_0} \sqrt{(E - 1{,}24) + j\frac{0{,}22}{E}} \tag{57}$$

und

$$E = \frac{\rho_0 f}{\Xi} \tag{58}$$

für $\Xi > 7500$ Pa s/m² ausreichend genau abschätzen. Bei offenzelligem Melaminharzschaum mit nachweislichen Skelettschwingungen erweist sich die Einbeziehung des Raumgewichtes ρ_a in Gestalt einer Zusatzmasse als sinnvoll:

$$E = \frac{\rho_0 f}{\Xi} - j\frac{\rho_0}{2\pi\rho_\alpha} \tag{59}$$

Unter der Annahme, dass sich das Schallfeld im Absorber wie hinter einem Beugungsgitter ausbildet, wird in [22] die Wandimpedanz des Schlitzabsorbers einschließlich der Luftmasse in den Schlitzen und der Mündungskorrektur (Δt) abgeleitet:

$$W_S = \frac{1}{\sigma}\left(j\omega m''_s + \sigma W_A \coth \Gamma_A d_\alpha \right.$$
$$\left. + \frac{a^2}{b\pi^3} W_A \Gamma_A \left(\sin \pi \frac{b}{a}\right)^{\frac{3}{2}}\right) \tag{60}$$

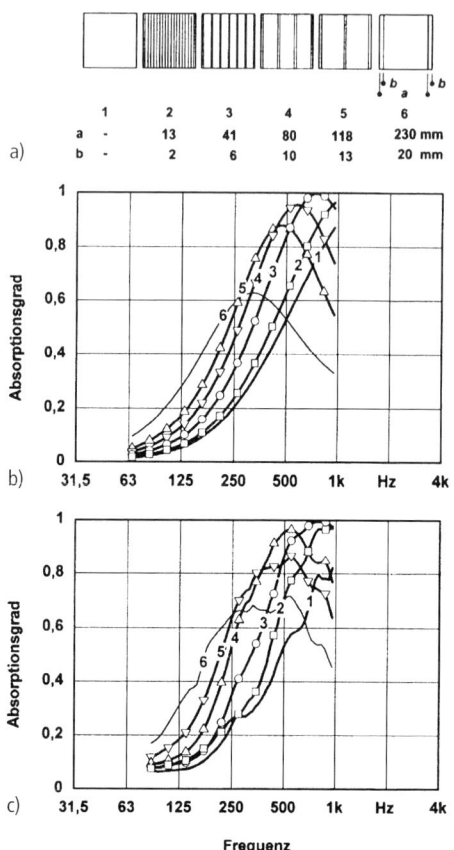

Bild 21. Absorptionsgrad α_0 bei senkrechtem Schalleinfall auf Abdeckungen mit unterschiedlichen Schlitzbreiten b und -abständen a, aber etwa gleichem Perforationsgrad σ, vor 50 mm offenzelligem Melaminharz-Weichschaum mit $\rho \approx 10$ kg/m³ und $\Xi \approx 10$ kPa s/m²; a) Draufsicht, b) Rechnung, c) Messung

Einerseits entsteht durch die Verknüpfung der Absorberschicht mit der Luftmasse in den Schlitzen wieder ein Resonanzsystem. Andererseits erhöhen sich aber die wirksame Federwirkung und Dämpfung der Absorberschicht, siehe den 3. Summanden in Gl. (60). Dies begründet die im Vergleich zu bedämpften oder unbedämpften Helmholtz-Resonatoren gleicher Bautiefe deutlich tieferen Resonanzfrequenz und größere Bandbreite der Schlitzabsorber.

Bild 21 zeigt den nach Gl. (7) und Gl. (60) berechneten und im Kundt'schen Rohr gemessenen Absorptionsgrad für einen Absorber mit stark unterschiedlicher Schlitzgeometrie, aber immer etwa gleichem Perforationsgrad $\sigma \approx 0{,}02$. In [22, Bild 7] wird ein Schlitzabsorber mit $\sigma \approx 0{,}02$ mit zwei konventionellen Helmholtz-Resonatoren mit optimaler Dämpfung verglichen, zum einen mit nur einem zentralen Schlitz, zum anderen mit nur einem zentralen Loch mit jeweils gleichem $\sigma \approx 0{,}02$.

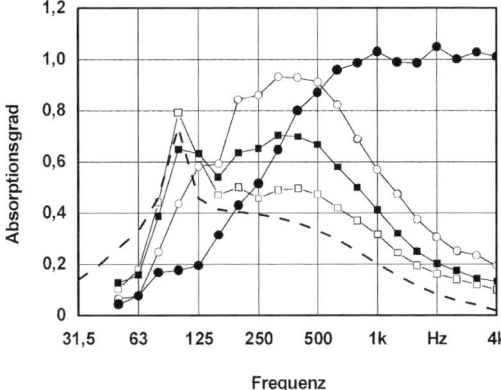

Bild 22. Absorptionsgrad α_s eines Schlitzabsorbers mit schwingfähig gelagerter Abdeckung (1 mm Stahl), gemessen im nach [2, Abb. 5.14] bedämpften Hallraum; *ohne* Abdeckung, $d = d_\alpha = 50$ mm (●), 312 mm × 312 mm große Abdeckungen mit b = 15 mm (○), 625 mm × 625 mm große Abdeckungen mit b = 28 mm (■) (s. Foto), 1250 mm × 1250 mm große Abdeckungen mit b = 50 mm (□), Rechnung für 1250 mm × 1250 mm große Abdeckungen mit b = 50 mm (- - -)

Hinsichtlich ihrer praktischen Anwendung zeichnen sich Schlitzabsorber also durch hohe und breitbandige Absorption vorwiegend im mittleren Frequenzbereich aus. Sie ermöglichen die Einsparung von Bautiefe und stellen keine besonderen Ansprüche an die Gestalt und Befestigung der streifenförmigen Abdeckungen. Dadurch ergeben sich vielfältige neue Oberflächenstrukturen und Möglichkeiten zur Kombination mit den in Abschnitt 4.3 vorgestellten Verbundplatten-Resonatoren als breitbandige Schallabsorber für die Raumakustik. Bild 22 zeigt z. B. den Absorptionsgrad bei diffusem Schalleinfall für einen mit Stahlblechplatten kachelartig ausgelegten Schlitzabsorber unterschiedlicher Formatierung. Bei größeren Schlitzabständen a tritt das Maximum bei der Masse/Feder-Resonanz, wie nach Gl. (9.45) bzw. (9.53) erwartet, bei etwa 100 Hz deutlich in Erscheinung.

Der Absorptionsgrad ergibt sich zum einen aus der Impedanz eines einfachen Masse-Feder-Systems

$$W_P = \frac{1}{1-\sigma}\left(j\omega m_p'' + W_A \coth \Gamma_A d_A\right) \quad (61)$$

mit der flächenbezogenen Masse m_p'' der Schwingplatte. Die Parallelschaltung mit W_S nach Gl. (60) ergibt nach [12] die Impedanz

$$W_{res} = \frac{W_P W_S}{W_P + W_S} \quad (62)$$

welche den Wirkungsbereich einer porösen oder faserigen Schicht (s. Abschnitt 3) nochmals auf eindrucksvolle Weise zu tiefen Frequenzen zu verschieben erlaubt. Wenn die Abdeckungen also sehr groß werden, tritt einerseits der Masse-Feder-Effekt bei tiefen Frequenzen deutlich in Erscheinung; der Schlitzeffekt bei mittleren Frequenzen tritt dagegen etwas in den Hintergrund.

In [1] wird ein Schlitzabsorber vorgestellt, der großflächig auf der Innenseite von Außenwänden ohne die bei konventionellen Absorbern auftretenden Kondensationsprobleme appliziert werden kann. Dazu wird zunächst eine hinsichtlich ihres Strömungswiderstandes auf 19600 Pa s/m² optimierte Zelluloseschicht mit einer Dichte von 100 kg/m³ auf Basis von Altpapier 5 bis 6 cm dick, auch auf unebenem oder gewölbtem Untergrund, aufgespritzt. Die schallharten Stege werden durch einen speziellen Grundputz mit einer Dicke von 12 bis 15 mm und geringem Dampfdiffusionswiderstand gebildet und die Schlitze dazwischen wiederum mit Zellulose ausgefüllt, s. Bild 23a. Der besondere Reiz dieser Variante besteht darin, dass der Schlitzabsorber abschließend mit einem hochporösen, dispersionsgebundenen, 2 bis 3 mm dicken, jetzt ganzflächigen Deckputz akustisch im Hinblick auch auf die tiefen Frequenzen hin zusätzlich eingestellt werden kann, s. Bild 23b. Die fugenlose Oberfläche kommt einem Wunsch nach Unauffälligkeit der raumakustischen Maßnahme entgegen. Eine besonders erfolgreiche Anwendung eines Schlitzabsorbers auf Mineralwollebasis stellt seine außerordentlich kompakte Integration in einen handelsüblichen Heizkessel hinter der Brennkammer dar [2, Abschnitt 18.7.3].

Lochflächen- und Schlitzabsorber nach Abschnitt 5.1 und 5.2 benötigen für ihre Dämpfung stets den Einsatz faserigen oder porösen Materials. Erst in Abschnitt 7 werden mit den mikroperforierten Bauteilen Absorber beschrieben, die für etwa den gleichen Frequenzbereich auslegbar sind, aber ganz ohne dämpfende Materialien auskommen. Um aber ohne dieselben und mit maßvollen Bautiefen insbesondere zu tiefen Frequenzen zu kommen, bedurfte es einer anderen Entwicklung im Fraunhofer IBP, die nachfolgend beschrieben wird und die auch 35 Jahre nach Anmeldung des ersten entsprechenden Patents vom damaligen Lizenzpartner noch immer als Kulissenschalldämpfer erfolgreich vermarktet wird.

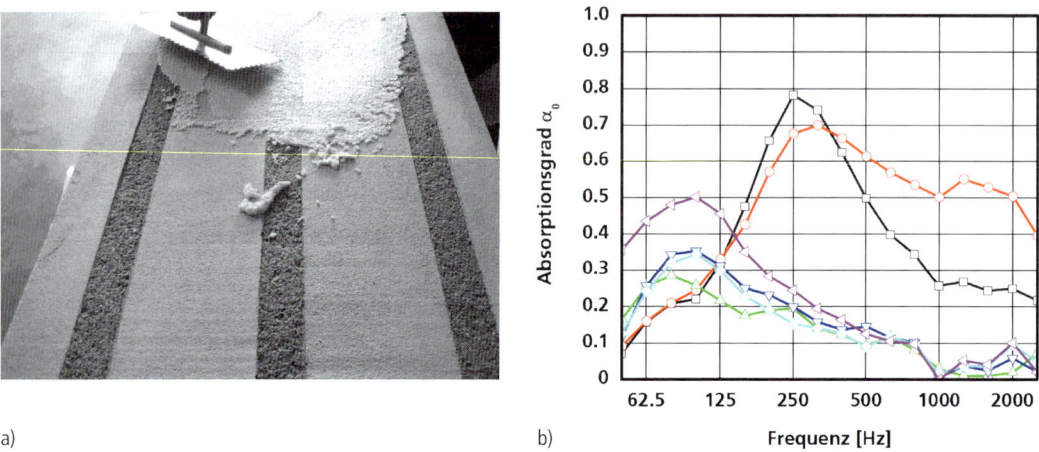

a) b)

Bild 23. a) Ganzflächig verputzter Schlitzabsorber auf Zellulosebasis an der Innenseite von Außenwänden nach [1];
b) Absorptionsgrad bei senkrechtem Schalleinfall auf eine 20 cm × 20 cm × 6 cm große Probe, abgestimmt auf 250 bis 315 Hz
ohne (□, ○) bzw. auf 80 bis 100 Hz mit (links) einem hochporösen Deckputz (Foto: cph)

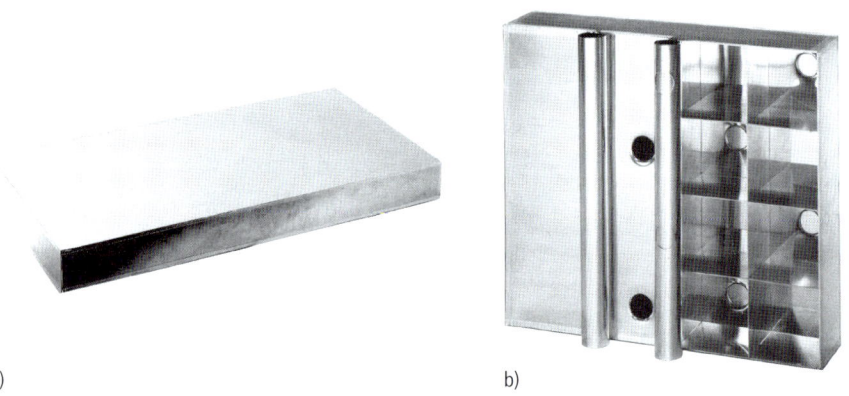

a) b)

Bild 24. a) Modell eines beidseitig absorbierenden Membranabsorbers mit b) teilweise abgewickelten
Loch- und Deckmembranen

5.3 Membranabsorber

Für bestimmte Anwendungen verbietet sich der Einsatz von faserigem, aber auch von porösem Dämpfungsmaterial wie Kunststoff-Weichschaum aus gesundheitlichen, hygienischen, Brandschutz- oder Haltbarkeitsgründen. Bei raumlufttechnischen Anlagen wie zum Beispiel in Krankenhäusern, Altenheimen und Produktionsstätten mit ausgesprochenen Reinraumbedingungen und für prozesslufttechnische Anlagen mit stark verschmutzenden oder aggressiven Fluiden in den Strömungskanälen oder Schornsteinen haben sich Schalldämpfermodule ganz aus Aluminium oder Edelstahl bewährt, die rundum gegenüber der Strömung hermetisch abgeschlossen sind [23]. Ihre bemerkenswerte Steifigkeit und Resistenz verdanken diese Membranabsorber-Module einer aus dem Leichtbau entlehnten Wabenstruktur, über welche zwei relativ dünne (0,05 < t < 1 mm) Platten ein- oder auch beidseitig (Bild 24) eben aufgespannt sind.

Die starke Unterteilung des im Übrigen leeren Hohlraumes wirkt akustisch wie eine „Kassettierung", die bei schrägem oder streifendem Schalleinfall (z. B. beim Einsatz als Schalldämpferkulisse) die Längsausbreitung des Schalls im Hohlraum verhindert. Wenn die Stege quer zur Ausbreitungsrichtung einen Abstand

$$e \leq \frac{\lambda}{8} = \frac{42{,}5}{f} 10^3 \qquad (63)$$

mit f in Hz aufweisen, dann reagiert auch dieser faserfreie Absorber stets „lokal" [4], d. h. mit einer Wandimpedanz W nach Gl. (6). Da der Membranabsorber zwar für maximale Absorption mit einem Bruchteil der Bautiefe d eines passiven Absorbers auskommt, aber dennoch für tiefere Frequenzen zu größeren Kammertiefen d tendiert, um genügend breitbandig zu bleiben, kommt ein in etwa konstantes e/d-Verhältnis von etwa 1 bis 2 auch den Erfordernissen der Statik entgegen. In der Praxis haben sich würfelförmige Kammern mit

z. B. $L_x L_y d = d^3 = V \approx 1000$ cm³ für maximale Absorption bei 250 Hz durchgesetzt.

Pro Hohlkammer hält die innen möglichst weich auf dem Raster aufliegende Lochmembran ein Loch oder einen Schlitz zur Ausbildung eines Helmholtz-Resonators bereit. Loch- und Kammergröße sind, näherungsweise nach Gl. (51), so aufeinander abzustimmen, dass sie die untere Grenze des Wirkungsbereichs, etwa analog Gl. (27) für passive Absorber, markiert. Dabei kommt bei runden Löchern, die kaum kleiner als 5 mm sind, und der zum Lochdurchmesser d_H meist kleinen Membranstärke t der Mündungskorrektur $2\Delta t \approx 0{,}85 d_H$ nach Abschnitt 3.1 besondere Bedeutung zu. Für $V = 1000$ cm³; $d_H = 10$ mm, $S_H = 0{,}78$ cm²; $t = 0{,}2$ mm, $t_{eff} = 8{,}7$ mm erhält man nach Gl. (51) $f_H \approx 160$ Hz und nach Gl. (54) etwa $Z'_H \approx 3{,}3$. Diese Parameter lassen nach Bild 12 bei nicht zu geringer Dämpfung bereits einen recht breitbandigen Absorber erwarten.

Für die ungelochte Aluminium-Deckmembran ergäbe sich nach Gl. (35) die erste Plattenresonanz näherungsweise bei $f_R = 258$ Hz. Tatsächlich wird aber die Kompression des Luftkissens beim Helmholtz-Resonator durch die Ausweichbewegung der doch etwas nachgiebigen Membran und beim Plattenresonator durch die Ausweichbewegung des Luftpfropfens im Loch geringfügig erhöht. In [24] wird der Frage dieser Kopplung beider Resonanzmechanismen experimentell und theoretisch nachgegangen. Bild 25 zeigt für den oben beschriebenen Membranabsorber (noch ohne Deckmembran) in recht guter Übereinstimmung mit einer detaillierteren Rechnung (unter Einbeziehung auch der Randeinflüsse an der Lochmembran), dass im Membranabsorber zwei Hauptmaxima das Absorptionsspektrum dominieren können: f_H bei ca. 125 Hz und f_{11} bei ca. 270 Hz. Ein Nebenmaximum ist bei $f_{13} \approx 650$ Hz zu erkennen.

Ein Rohrschalldämpfer, aus einem Polygon von Membranabsorber-Streifen zusammengesetzt, zeigt in Bild 26 eine ähnliche Charakteristik, auch als Einfügungsdämpfung nach DIN EN ISO 7235 gemessen. Wenn man die Löcher der Lochmembran zuklebt, bleibt nur ein in seiner Dämpfung stark reduzierter Plattenresonator übrig. Wenn man dagegen eine Deckmembran unmittelbar vor der Lochmembran anordnet, ohne dass beide sich berühren, so verschiebt sich das nicht immer derart breitbandige Absorptionsmaximum zu etwas tieferen Frequenzen. Offenbar koppelt sich die zusätzliche Masse in das komplexe Schwingsystem mit ein. Höhere Moden der Lochmembran verschwinden allerdings dann meistens. Wenn man die Deckmembran auf weichen Moosgummistreifen bettet, kann sie auch bei hohen Frequenzen eine deutliche Verbesserung der Absorption bringen, wie in [24] gezeigt wurde. Dass auch die Deckmembran Schwingungen ähnlich wie der Verbundplatten-Resonator (Abschnitt 4.3) ausführen kann, zeigen Fotos von „Staub-Figuren" einer f_{15}-Mode in [25]. Es ist zwar ein charakteristisches Merkmal des Membranabsorbers, dass er funktioniert, auch wenn die

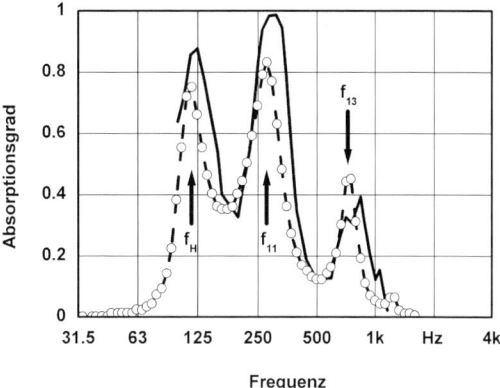

Bild 25. Absorptionsgrad α eines Helmholtz-Resonators (ohne Deckmembran) für senkrechten Schalleinfall; —- Messung, ○ Rechnung

Deckmembran in geringem Abstand vor den Löchern angebracht wird und so den schwingenden Luftpfropfen stark verformt. Die dadurch erzwungenen Schwingungen im engen Spalt zwischen Loch- und Deckmembran mit entsprechend vergrößerter Wandreibung, wie sie etwa bei der Dämpfung von Biegewellen in zweischaligen Bauteilen wirksam werden, können hier keine entscheidende Rolle spielen, weil der Membranabsorber auch mit größerem Spalt und auch ganz ohne Deckmembran gut funktioniert, s. Bild 26. Eine ausführlichere Diskussion der Dämpfung in Membranabsorbern findet sich in [2, Abschnitt 6.3].

Dieser Tiefenschlucker konnte sich vielfältig als besonders schlanker Schalldämpfer für besondere Anforderungen, z. B. in Anlagen zur Rauchgasreinigung und Nassentstaubung, an Vakuumpumpen und Mineralfaserproduktionsanlagen, bewähren [2, Kap. 18]. Sein Einsatz im reflexionsarmen Plenum sowie in den Umlenkschalldämpfern eines Windkanals wird in [2, Kap. 15] beschrieben. Die Umsetzung von Membranabsorber-Bauteilen als Wandelemente in Schallkapseln mit besonders hoher Dämpfung und Dämmung zwischen 25 und 125 Hz [26, 27] steht dagegen noch aus.

6 Interferenz-Dämpfer

Einhausungen, Kapselungen und Schalldämpfer müssen, je nach Schallquelle und Einsatzbedingungen, hinsichtlich ihrer Dämmung und Dämpfung auf unterschiedliche Geräuschspektren, u. U. auch schmalbandig, abstimmbar sein und oft extremen mechanischen, chemischen und thermischen Belastungen möglichst dauerhaft standhalten. Hier bringt fast jede neue Anwendung den Zwang zu innovativen Problemlösungen, sei es um einen Wärmestau zu vermeiden oder Druckverluste zu minimieren. Allein die Verschmutzungsproblematik verhindert immer noch bereichsweise den Einsatz geeigneter Schallschutzmaßnahmen an Maschinen und in Kanälen. Weil das Verschmutzen oder

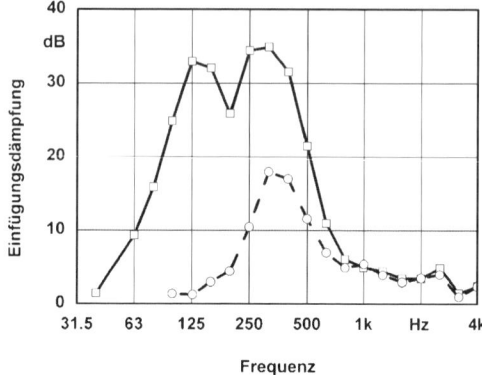

Bild 26. Ansicht (ohne Mantel) und Einfügungsdämpfung D_e (ohne Deckmembran) eines aus Membranabsorbern zusammengesetzten Rohrschalldämpfers; □ Löcher offen; ○ Löcher zu

Austragen der faserigen oder porösen Dämpfungsmaterialien Probleme schafft, besteht oft Bedarf für alternative, faserfreie Absorbertechnologien [28].
Der Membranabsorber in Abschnitt 5.3 kann, was tiefe Frequenzen, Druckverlust, Haltbarkeit und Reinigbarkeit angeht, universell als Schalldämpferkulisse und Kapsel-Wandelement mit hoher Dämpfung und (steifebedingter) Dämmung eingesetzt werden. Für mittlere und hohe Frequenzen bieten sich entsprechende Bauteile aus gesintertem Glasschaum nach Abschnitt 3.3 an. Speziell für Schornsteine haben sich, wiederum für die so wichtigen tiefen Frequenzen, ebenfalls recht breitbandig wirksame Auskleidungen nach Abschnitt 8.2 bestens bewährt. Es gibt aber Einsatzbereiche an Maschinen und Kraftfahrzeugen, bei denen Schallabsorber starken Erschütterungen ausgesetzt sind, denen weder der Membran- noch ein Glasschaum- oder irgendein anderer Absorber standhält. Hier haben sich z. B. Hohlkammer-Resonatoren unterschiedlichster Bauart mit Wandungen aus hochwertigen Stählen bewährt, wie sie in Bild 27 schematisch als einfacher Querschnittssprung (a), λ/4-Resonator (b, c) und λ/2-Resonator (d) dargestellt und in [2, Kap. 7] ausführlicher beschrieben sind. Sie können oft ganz ohne Absorptionsmaterial auskommen. Ihre Wirkung in Kanälen verdanken sie überwiegend verschiedenen Interferenzmechanismen, die eine Reflexion der Schallenergie zur Quelle hervorrufen. Weil diese aber prinzipiell relativ schmalbandig wirken, müssen in der Regel mehrere solcher Interferenz-Dämpfer, unterschiedlich abgestimmt, neben- oder hintereinander kombiniert werden, etwa so wie dies beispielsweise in Bild 28 dargestellt ist.

7 Mikroperforierte Absorber

In den vorherigen Abschnitten wurde ein Überblick gegeben über alle klassischen Materialien für und Bauformen von Schallabsorbern. Noch bestehen diese über-

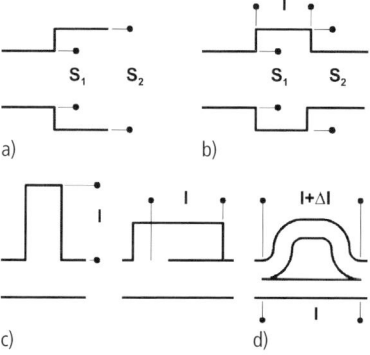

Bild 27. Prinzipien reaktiver Interferenzschalldämpfer:
a) einfacher Querschnittssprung, b) Expansionskammer,
c) Abzweigresonatoren, d) Umwegleitung

wiegend aus den verschiedensten faserigen oder porösen Stoffen, die sich Luftschallwellen gegenüber passiv verhalten (Abschnitt 3). Andererseits rücken heute diverse Resonatoren immer mehr in den Vordergrund, die mit dem sie anregenden Schallfeld auf sehr unterschiedliche Weise reagieren (Abschnitte 4 bis 6). Ob letztere nun materiell mit Platten, Folien oder Membranen oder nur mit unterschiedlich ausgeformten Luftvolumina zum Mitschwingen veranlasst werden – auch ihre Wirksamkeit kann in den meisten Fällen durch das Anbringen bzw. Einbringen einer kleineren oder größeren Menge akustischen Dämpfungsmaterials aktiviert bzw. optimiert werden. G. Kurtze [30] konnte nachweisen, dass man Decken- oder Wandverkleidungen mit möglichst dicken passiven Schichten nach Abschnitt 3 und Bild 29a hinter Lochplatten mit mindestens 15 Prozent Lochanteil einfach und wirtschaftlich durch ähnlich perforierte Blechkassetten, Holz- oder Gipskartonplatten mit einer viel dünneren vorder- oder rückseitigen Vlies- bzw. Stoffbespannung ersetzen kann (s. Bild 29b). Es blieb dabei aber der nicht transparente mehrschichtige Aufbau akustischer Beläge.

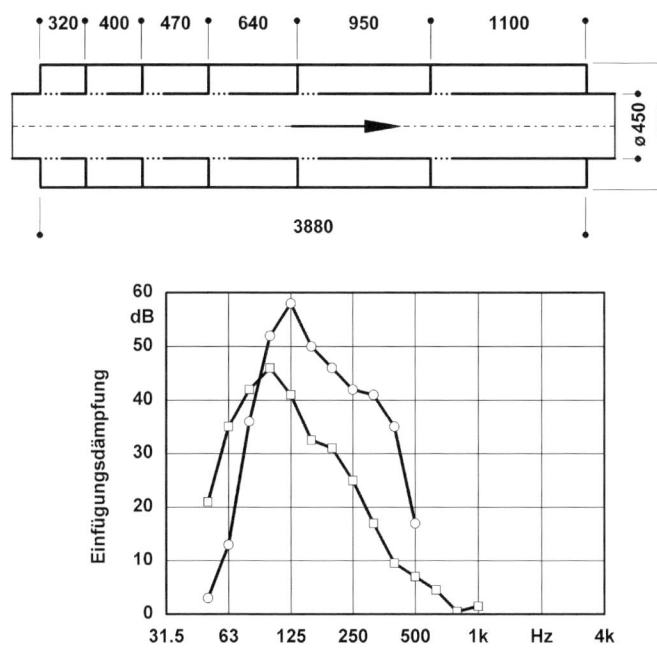

Bild 28. Längsschnitt sowie Einfügungsdämpfung D_e eines Rohrschalldämpfers mit sechs Kammern: □ im Prüfstand gemessen (20 °C); ○ Rechnung für 180 °C nach [29]

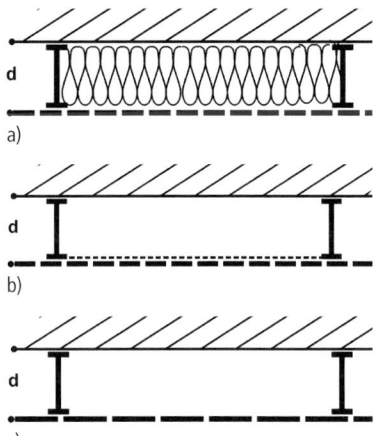

Bild 29. Verkleidungen für Wände und Decken: Perforierte Platten mit mehr als 15 % Lochanteil, a) Hohlraum zumindest teilweise mit porösem/faserigem Dämpfungsmaterial gefüllt, b) Lochplatte wie a), aber mit einem porösen/faserigen Strömungswiderstand dünn bespannt, c) mikroperforierte Platte oder Folie mit ca. 1 % Lochanteil – ohne jegliche Dämpfung hinter oder vor der Platte

In ästhetischer wie ergonomischer und hygienischer Hinsicht hat *D.-Y. Maa* [31] mit seiner Idee für einen mikroperforierten Plattenabsorber nicht nur die Entwicklung völlig neuartiger Akustikbausteine angestoßen, die ganz ohne den Einsatz poröser oder faseriger Dämpfungsmaterialien auskommen (s. Bild 29c). Da sich ihre akustische Wirksamkeit fast unabhängig von der Wahl des Plattenmaterials exakt einstellen lässt, ermöglichen mikroperforierte Bauteile erstmals auch optisch transparente oder transluzente Schallabsorber für raumakustische Anwendungen z. B. aus Acrylglas, Polycarbonat, PVC oder ETFE [32].

In allen inzwischen schon sehr vielfältig in der Praxis erprobten Varianten schwingt die Luft in vielen nebeneinander angeordneten Löchern (a, b) oder Schlitzen als Masse zusammen mit der Luft im Zwischenraum (d) zu einer in der Regel schallharten Rückwand gemäß Bild 30a als Feder nach Art eines Helmholtz-Resonators nach Abschnitt 5. Gegenüber konventionellen Lochflächenabsorbern nach Abschnitt 5.1 und den in Abschnitt 5.2 vorgestellten Schlitz-Resonatoren wird in mikroperforierten Absorbern allerdings nur ein verhältnismäßig kleines Lochflächenverhältnis σ (bevorzugt in der Größenordnung von 1 %) gewählt. Vor allem wird aber die kleinste Abmessung der Löcher oder Schlitze ($2r_0$) stets so klein gemacht, dass sie in die Größenordnung der akustischen Grenzschicht δ gerät, s. Bild 32b und Gl. (30).

Bei allen porösen Schallabsorbern, in denen Luftschwingungen durch Reibung bedämpft werden sollen, spielt das Verhältnis aus Porenabmessung quer zur Schwingungsrichtung und Grenzschichtdicke δ eine wichtige Rolle. Für zylindrische Löcher mit dem Radius r_0 in mm liefert z. B. das dimensionslose Verhältnis

$$x = \frac{r_0}{d} = 0{,}65 r_0 \sqrt{f} \tag{64}$$

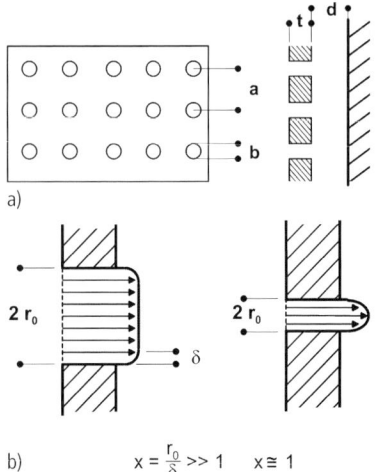

Bild 30. Zum Prinzip der mikroperforierten Absorber MPA:
a) Draufsicht und Schnitt, b) Schnelleverteilung der Schwingungen in großen (links) und kleinen (rechts) Löchern oder Schlitzen

mit f in Hz eine qualitative Aussage darüber, wie wirkungsvoll die Wandhaftung die Schwingungen in den Löchern dämpfen kann. In konventionellen Lochflächenabsorbern mit $2 < r_0 < 25$ mm bleibt die Reibung mit $10 < x < 500$ so lange gering, wie man nicht durch Anbringung zusätzlichen Dämpfungsmaterials vorzugsweise in der Nähe der Löcher für additive Dissipation sorgt. Für typische Lochgrößen $0,05 < r_0 < 5$ mm in mikroperforierten Absorbern MPA bleibt r_0 dagegen in der Größenordnung von δ; die durch Resonanz verstärkten Schwingungen in den Löchern können optimal gedämpft werden. Für offenporige Schäume empfehlen sich ebenfalls Porengrößen zwischen 0,1 und 0,5 mm, um hohe innere Reibung auch ohne Resonanzeffekte erreichen zu können. Wenn man dasselbe Modell der Reibung in engen Kanälen auf die üblichen künstlichen Mineralfasern überträgt, so wie es im *Rayleigh*-Modell [4, Abschn. 40] allgemein üblich ist, so ergeben sich aus mittleren Faserdurchmessern nach [11, Tab. 19.7] von 4 bis 15 µm zwar stark vom optimalen Wert $x \approx 1$ abweichende Reibungsparameter. Tatsächlich lässt sich durch Vergleich der Theorie des *Rayleigh*-Modells mit Messungen an realen Faserabsorbern aber ein effektiver Porenradius zwischen 65 und 125 µm bestimmen. Damit ergeben sich interessanterweise ungefähr wieder die Werte $0,5 < x < 5$, ganz ähnlich wie beim MPA.

Man kann also die Mikroperforation je nach anvisiertem Frequenzbereich so einrichten, dass das Verhältnis x für r_0 im Submillimeter-Bereich nicht viel von 1 abweicht. Mit entsprechend feiner Perforation (r_0) kann man die Reibung für die Schwingungen in den Löchern auch für höhere Frequenzen gerade so einstellen, dass es zur optimalen Dämpfung des Resonators keines zusätzlichen Absorbermaterials vor, in oder hinter den Löchern oder gar im Hohlraum dahinter bedarf. Mit der „inhärenten" Reibung und der vollständig durch die geometrischen Parameter definierten Wirkungsweise lassen sich mikroperforierte Absorber exakt aus den Auslegungsparametern berechnen und genau auf das vorgegebene Schallspektrum auslegen.

Bei gut wärmeleitenden Platten aus Metall oder Glas lassen sich in einer thermischen Grenzschicht, die von gleicher Größenordnung wie die akustische ist [5, S. 79] zusätzliche Verluste durch Wärmeableitung identifizieren. Bei sonst gleicher geometrischer Auslegung sollten also z. B. mikroperforierte Absorber aus Glas eine etwas größere inhärente Absorption aufweisen als solche aus Acrylglas. In ungefährer Übereinstimmung mit anderen Autoren (z. B [4].) führt *Maa* für den Fall, dass es sich bei der Platte um ein wärmeleitendes Material (z. B. Metall, Glas oder Keramik) handelt, im Grenzschichtparameter x zur dynamischen Viskosität η noch zusätzliche Verluste mit dem Wert 0,024 g/ms ein, sodass

$$x = 0{,}42 r_0 \sqrt{f} \tag{65}$$

Gl. (64) für mikroperforierte Bauteile mit guter Wärmeleitung ersetzt.

7.1 Mikroperforierte Platten

Die Theorie der MPA und ihre lange Vorgeschichte, die bis in die 40er-Jahre des vorigen Jahrhunderts zurückreicht und bei welcher *K.A. Velizhanina* eine wichtige Rolle gespielt hat, wird ausführlich in [32] beschrieben. Hier soll die Wandimpedanz einer mikroperforierten Anordnung nach Bild 30 gemäß Gl. (6), auf den Kennwiderstand der Luft bezogen,

$$\frac{W}{r_0 c_0} = r' + j\left(\omega m' - \cot\frac{\omega d}{c_0}\right) \tag{66}$$

in der Näherung von *Maa* [31] für zylindrische Löcher zur Beschreibung der MPA herangezogen werden. Gegenüber dem einfachen Feder-Masse-System, wie es in Abschnitt 4.1 und 5.1 schon als Modell für Resonanzabsorber mit konzentrierten Elementen ($d < \lambda$) behandelt wurde, beschreibt der $\cot \omega d/c_0$ in Gl. (66) die Tatsache, dass für die hier angestrebten relativ breitbandig wirksamen MPA der Raum zwischen Lochplatte und Wand für höhere Frequenzen einen Hohlkammer-Resonator darstellt. Für $d = \lambda/4$ würde dieser bei nicht zu großen Werten der flächenbezogenen, mit $\rho_0 c_0$ normierten Masse der in den Löchern schwingfähigen Luft m' ein entsprechend r' gedämpftes Schwingungsmaximum zulassen. Andererseits wird $\cot \omega d/c_0$ für $d = \lambda/2$ unendlich groß, sodass bei der entsprechenden Frequenz ebenso wie bei ganzzahligen Vielfachen derselben kein Mitschwingen und daher, im Rahmen dieses Modells, auch keine Absorption möglich ist. Da für sehr kleine Frequenzen

$$\cot\frac{\omega d}{c_0} \cong \frac{c_0}{\omega d} \tag{67}$$

gilt, tendiert die Frequenz des Absorptionsmaximums gegenüber einer wie auch immer gearteten Grobabschätzung nach Gl. (51) zu etwas niedrigeren Frequenzen. Der Hauptunterschied zum konventionellen Helmholtz-Resonator steckt aber natürlich in der (über den Grenzschichtparameter x) stark frequenzabhängigen Form von r' und m' in Gl. (66).

$$m' = \frac{t}{c_0 \sigma} K_m \qquad K_m = 1+(9+0{,}5x^2)^{-1/2}+1{,}7r_0 t^{-1} \quad (68)$$

$$r' = \frac{8h}{r_0 c_0} \frac{t}{\sigma r_0^2} K_r \cong 0{,}34(0{,}78)10^{-3} \frac{t}{\sigma r_0^2} K_r \quad (69)$$
$$K_r = (1+0{,}031x^2)^{1/2} + 0{,}35xr_0 t^{-1}$$

wobei der jeweils letzte Summand in den für MPA charakteristischen Multiplikatoren K_m und K_r unschwer als spezielle „Mündungskorrekturen" zu erkennen sind, die – wie beim klassischen Helmholtz-Resonator – mit dem Verhältnis r_0/t die mitschwingende Masse erhöhen, aber bei kleinen Löchern (r_0 in mm) und dicken Platten (t in mm) an Bedeutung verlieren. Mit der Näherung (69) ohne (bzw. mit) Verluste(n) durch Wärmeleitung in r' kann man die mikroperforierten Absorber in Analogie zum einfachen Feder-Masse-System nach Abschnitt 5.1 hinsichtlich ihrer Hauptresonanzfrequenz

$$f_{MPA} = 54 \cdot 10^3 \sqrt{\frac{\sigma}{dt K_m}} \quad (70)$$

und ihres normierten Kennwiderstandes

$$Z'_{MPA} = \sqrt{\frac{t K_m}{d \sigma}} \quad (71)$$

charakterisieren, wenn man nur den, wiederum über x nach Gln. (64), (65) vom Frequenzbereich der Auslegung abhängigen Korrekturfaktor K_m, nach Gl. (68) abschätzt und alle Maße in mm einsetzt. Aus dem Verhältnis $(r'+1)/Z'_{MPA}$ folgt dann nach dem Modell in Abschnitt 4.1 auch eine Aussage über die relative Bandbreite des Absorbers. Damit steht ein einfach handhabbares Handwerkszeug und Rechenprogramm für den tatsächlich einzigen Schallabsorber zur Verfügung, dessen Absorptionscharakteristik frequenzabhängig und absolut zuverlässig allein aus seiner Geometrie berechnet werden kann. In [2, Kap. 9] wurde der Einfluss der geometrischen Einstellparameter a, b, d, t nach Bild 30 sowohl theoretisch als auch experimentell ausführlich dargestellt. Wenn man die Löcher z. B. zu eng wählt, wird der gemäß Gln. (68)–(71) modifizierte Helmholtz-Resonator „überdämpft". Macht man sie andererseits zu groß, so muss man gegebenenfalls wieder mit additivem Dämpfungsmaterial, beispielsweise einem Vlies, für die zur optimalen Absorption nötige Reibung sorgen.

Beim Übergang vom senkrechten zum schrägen oder diffusen Schalleinfall verschiebt sich nach [31] gemäß

$$\alpha = \frac{4r' \cos\theta}{(r'\cos\theta+1)^2 + \left(\omega m'\cos\theta - \cot\frac{\omega d \cos\theta}{c_0}\right)^2} \quad (72)$$

für $\theta > 0$ das Absorptionsmaximum zu etwas höheren Frequenzen und fällt etwas niedriger aus. Weil aber nicht nur r' effektiv kleiner wird, sondern auch Z'_{MPA},

nimmt die relative Bandbreite im Diffusfeld etwas zu. Während die Übereinstimmung zwischen Rechnung und Messung bei senkrechtem Einfall immer als gut zu bezeichnen ist (< 5 Prozent Unterschied in $\alpha(0)$), stellt man bei Messungen im Hallraum nicht selten fest, dass die theoretischen Werte, insbesondere bei höheren Frequenzen, etwas überschritten werden. Man liegt also hier mit der Abschätzung nach *Maa* in der Regel auf der sicheren Seite. Dies kann aber beim Einsatz von mikroperforierten Absorbern unter streifendem Schalleinfall, z. B. als Resonatoren in Kulissenschalldämpfern, wieder anders sein, wenn man den Hohlraum hinter der Lochplatte nicht kassettiert. Durch eine zum Raum hin konvex gewölbte Ausführung, wie sie in [32, Abb. 11] dargestellt ist, lässt sich die Bandbreite der Wirksamkeit weiter steigern, sodass es möglich ist, über mehr als zwei Oktaven über 50 Prozent der auftreffenden Schallenergie zu schlucken.

Wenn die Bandbreite eines einlagigen mikroperforierten Absorbers nicht ausreicht, kann man auch zwei oder drei mikroperforierte Platten hintereinander mit vorzugsweise wachsendem Abstand zueinander so anordnen, dass die höheren Frequenzanteile vor allem in der vorderen und die tieferen vor allem in den nachgeordneten Platten absorbiert werden. Bild 31 zeigt so ein Auslegungsbeispiel mit einer Bandbreite von 4 Oktaven [12]. Die Bandbreite der Absorption lässt sich natürlich auch dadurch erhöhen, dass man z. B. bei einer mikroperforierten Blechkassetten-Unterdecke einfach die Abhängehöhe variiert, s. [2, Abb. 9.9].

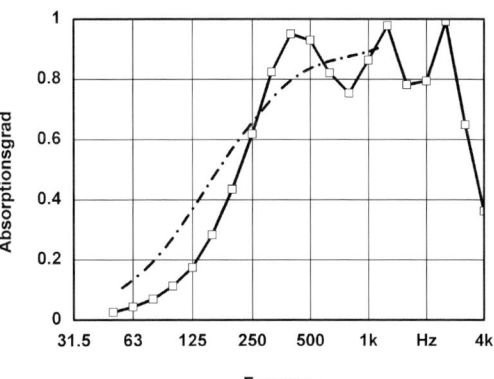

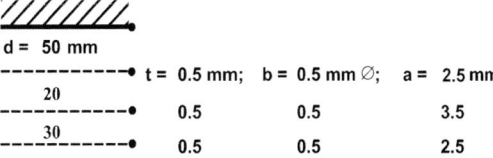

Bild 31. Absorptionsgrad α eines dreilagigen MPA-Aufbaues aus Aluminium, berechnet für senkrechten Schalleinfall [12]. Zum Vergleich: poröser/faseriger Absorber gleicher Dicke nach Bild 6 (–·–·–)

Nach Gl. (68) ist die effektive Masse der Luft in den Löchern dem Perforationsgrad σ umgekehrt proportional. Wollte man aber nur über kleine Werte σ und große t nach Gl. (70) zu tiefen Frequenzen hin auslegen, so kann man zwar gemäß Gl. (69) auch gleichzeitig r' erhöhen. Die Bandbreite wird aber dennoch begrenzt, weil nach Gl. (71) Z'_{MPA} dann ebenfalls zunimmt. Abschließend soll auf eine noch wichtigere Begrenzung dieser an sich naheliegenden Vorgehensweise hingewiesen werden: Wenn m' in den Löchern in die Größenordnung der flächenbezogenen Plattenmasse $m''/\rho_0 c_0$ kommt oder sogar größer als diese wird, lässt sich der so ausgelegte Absorber nicht anregen. Wenn das Massenverhältnis

$$\frac{m'}{m''/\rho_0 c_0} = \frac{\rho_0 K_m}{\rho \sigma} < 1 \qquad (73)$$

mit der Dichte ρ des mit σ mikroperforierten Flächengebildes viel größer als 1 wird, so verhält sich dieses u. U. wie ein Plattenresonator nach Abschnitt 4.2.

Angefangen von dem berühmt gewordenen Einsatz an den 24 Eingangstüren des glasumschlossenen alten Plenarsaales des Bundestages in 1993, sind in [2, Abschnitt 12.7] zahlreiche Anwendungsbeispiele von MPA aus Acrylglas vor Fenstern und Fassaden ausführlicher dokumentiert, darunter ein weiterer Plenarsaal, Tagungsräume im Bundes-Wirtschaftsministerium, Mehrzwecksäle, Glaskabinen und Sprecherstudios. Die Lizenzpartner können inzwischen natürlich auf eine viel längere Projektliste verweisen.

7.2 Mikroperforierte Folien

Die Entwicklung einer Familie von sehr unterschiedlich mikroperforierten Akustikelementen begann nach ersten Bohrversuchen an Prototypen aus Aluminium 1993 mit dem Schneiden von Löchern und Schlitzen in Acrylglas mittels eines entsprechend programmierten Einstrahl-Lasers. Danach wurde das Bohren in Kunststoffen mit einer Mehrspindelmaschine produktiv. Stahlbleche dünner als 1 mm ließen sich bald darauf mit Stanzwerkzeugen zu Deckenkassetten mikroperforieren. Für die Anwendung von dünnen Blech- und Kunststoffteilen für den Schallschutz an Kraftfahrzeugen, haben es inzwischen auch spezielle Schlitzverfahren mit anschließendem Walzprozess bis zur Serienreife gebracht, s. Abschnitt 8.10.

Kunststofffolien lassen sich am besten über mit heißen Nadeln bestückte Walzen mikroperforieren, wobei die Löcher mit d ≈ t für eine optimale Auslegung recht zahlreich sein müssen (ca. 250000/m²). Da mit einem Perforationsgrad von 1 Prozent die Hohlraumresonanzen entsprechend dem cot-Term in Gl. (66) offenbar gut angeregt werden kann, man das „Kopf"-Maximum des MPA gemäß Bild 32 mit wachsendem d auch weit zu tiefen Frequenzen verschieben und trotzdem einen relativ hohen „Rücken" bei mittlerem und langem „Schwanz" bei hohen Frequenzen erhalten. Die daraus resultierende Breitbandigkeit dieses speziellen Helm-

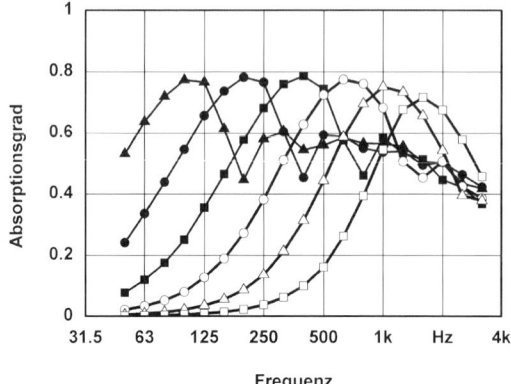

Bild 32. Für senkrechten Schalleinfall berechneter Absorptionsgrad α_0 eines Folien-MPA (ohne Wärmeleitung) mit b = 0,2, a = 2, t = 0,2 mm; d = 25 (□), 50 (△), 100 (○), 200 (■), 400 (●), 800 mm (▲)

Bild 33. Mikroperforierte transparente Folienabsorber im Dach reduzieren den Lärmpegel in der „Welle" um 5 dB [34]

holtz-Resonators, dessen ungedämpfter Hohlraum für auftreffende Schallwellen anregbar ist, erinnert an diejenige des Schlitzabsorbers in Abschnitt 5.2, dessen Hohlraum aber möglichst prall mit Dämpfungsmaterial gefüllt wird. Zu derart tiefen Frequenzen kann man mit so dünnen Folien allerdings wegen des Verhältnisses 73 nur gelangen, indem man diese z. B. durch ein weitmaschiges Stützgerüst in Form bringt und so am Mitschwingen hindert. Wenn man aber auf den Frequenzbereich zwischen 250 und 4000 Hz abzielt, wie er etwa in „Spaßbädern" oder „Flaschen-Kellern" dominiert, so bietet eine zweilagige MPA-Variante die pas-

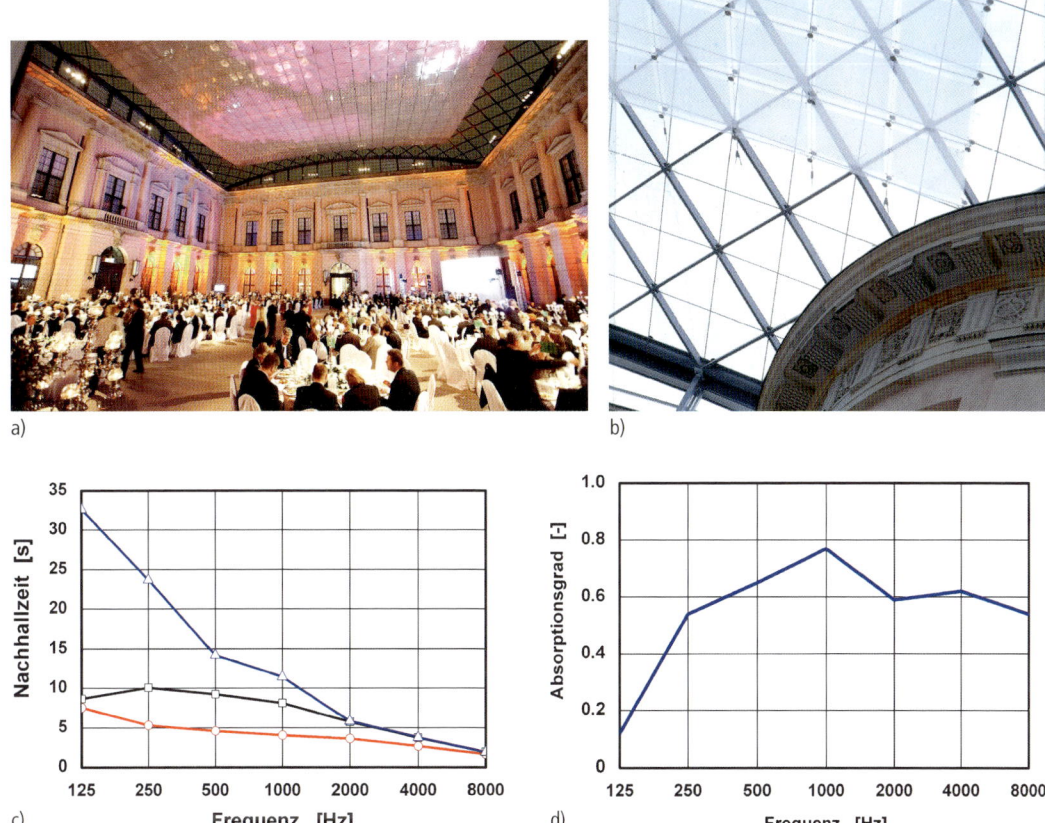

Bild 34. Erst ein mikroperforiertes Segel unter seinem konkav gewölbten Glasdach machte den „Schlüterhof" fit für Staatsempfänge, Konzerte und Talk-Shows; a) Ansicht, b) Abhängung, c) Nachhallzeit (□) bzw. Echo-Abklingdauer (△) vorher, Nachhallzeit nachher (○), d) resultierender Absorptionsgrad des transparenten Segels (Fotos: Rigips, Kaefer)

sende Absorption, wie das Ergebnis der ersten Musterinstallation im Dachbereich eines Bades (Bild 33) mit einer Halbierung der Nachhallzeit und einer Pegelminderung von ca. 5 dB bei den mittleren Frequenzen deutlich gemacht hat, s. [2, Abschnitt 12.17].

Transparente MPA-Folien empfehlen sich natürlich besonders als Bespannungen und Rollos vor Glasfenstern und -fassaden, wenn die Vorsatzschale aus Acrylglas wegen ihres höheren Preises nicht infrage kommt. Auch bieten „Spanndecken" aus PVC-Folien und Gewebe nach [33] sehr vielfältige neue Möglichkeiten zur Verbesserung des Lärmschutzes und der akustischen Behaglichkeit, wenn diese mikroperforiert ausgeführt werden. Unter den Musterinstallationen in [2, Abschnitt 11.15] sind neben dem „Erlebnisbad Welle" Gütersloh der „Schlüterhof" im Deutschen Historischen Museum Berlin (Bild 34) und der „Mediengarten des Mitteldeutschen Rundfunks" Leipzig (Bild 35), um nur einige namhafte Beispiele zu nennen.

7.3 Mikroperforierte Flächengebilde

Bei allen in Abschnitt 7.1 und 7.2 diskutierten mikroperforierten Bauteilen ging es stets um Luft-in-Luft-Resonatoren, deren Bautiefe nach den Gln. (70) und 68 nicht nur die Resonanzfrequenzen, sondern nach Gln. (71) und (38) auch die Bandbreite ihres Wirkungsmaximums mitbestimmt. Die akustisch aktivierten Folien bewähren sich aber in großen Werkhallen, Atrien und Auditorien auch dann als Mitten- und Höhenschlucker, wenn sie nicht mit einer schallharten Wand oder Decke einen rundum abgeschlossenen Hohlraum bilden. Es ist bekannt, dass die „klassischen" MPA zu tieferen Frequenzen hin etwas an Wirkung verlieren, wenn besagtes Luftkissen akustisch nicht richtig geschlossen ist. Dass irgendwie waagerecht oder schräg frei im Raum aufgespannte mikroperforierte Folien trotzdem über zwei bis drei Oktaven hin die Nachhallzeit in einer Halle bei 1000 Hz von 3,6 auf 2,1 s senken konnten, war daher zunächst unerwartet [35]. Auch wenn mikroperforierte ebene

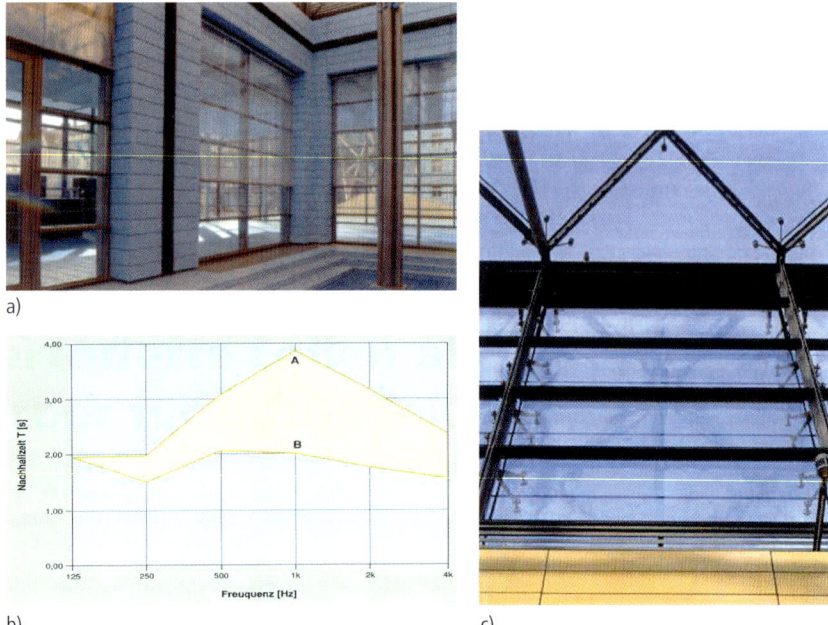

Bild 35. Bewegliche mikroperforierte Folien-Rollos vor a) der unteren und b) oberen Glasfassade des „Mediengartens" helfen mit, die c) Nachhallzeit breitbandig zu senken, im Maximum sogar fast zu halbieren [35]

Flächengebilde einfach parallel zueinander senkrecht von einer Decke oder auch Zwischendecke abgehängt werden, zeigen sie zu höheren Frequenzen hin eine bemerkenswerte Schallabsorption, die natürlich wiederum von allen geometrischen Parametern dieser Anordnung stark beeinflusst wird [2, Abb. 9.15].

Mit mikroperforierten Blechen oder Folien kann man nicht nur Hohlkörper bauen und versuchen, möglichst viel Schall in ihrer Hülle zu schlucken. Es erscheint auch sinnvoll, derartige flächige und räumliche Gebilde nach Art von Schalldämpfern, die konventionell mit porösem/faserigem Material nach Abschnitt 3 arbeiten, stattdessen mit einem wiederum mikroperforierten Flächengebilde zu „füllen". Anstelle von sehr eng beieinander angeordneten Poren und Fasern im μm-Bereich lassen sich durch u. U. extrem dünne mikroperforierte Folien, die in den Hohlraum hinein gefaltet, gerollt oder geknüllt werden, Löcher oder Kanäle in kleinerer aber immer noch ausreichender Zahl in einer mehr oder weniger gleichmäßigen Verteilung zwischen Teilkammern unterschiedlicher Größe „aufspannen". Durch und durch mikroperforierte Schalldämpfer, wie sie in Bild 36 schematisch dargestellt sind, könnten Vorteile bieten: die großen innen wie außen zusammenhängenden mikroperforierten Flächengebilde (z. B. aus Edelstahl) können harte Stöße und anhaltende Vibrationen besser auffangen und aushalten als unzusammenhängende, relativ spröde Mineralfasern oder Hartschäume nach Abschnitt 3. Ihre fast geschlossenen glatten Oberflächen verschmutzen außerdem weniger und lassen Flüssigkeiten abtropfen.

In [36] wird ein etwas anderes Auslegungskonzept für mikroperforierte Flächengebilde propagiert, die – einzeln und völlig frei im Raum aufgespannt – ihre Schall absorbierende Wirkung entfalten können. Mit ihrer nur aus der Luftmasse m' und dem Strömungswiderstand r' in den Löchern gebildeten Impedanz (bezogen auf $\rho_0 c_0$),

$$\frac{W}{\rho_0 c_0} = r' + j\omega m' \qquad (74)$$

lässt sich das Absorptionsvermögen eines gegenüber der Wellenlänge großen derartigen Flächengebildes nach Gl. (7) abschätzen:

$$a = \frac{4r'}{(1+r')^2 + (\omega m')^2} = \frac{4}{2 + \frac{1}{r'} + r'\left[1 + \left(\frac{\omega m'}{r'}\right)^2\right]} \qquad (75)$$

Wenn man r' nahe 1 und das Verhältnis

$$\frac{\omega m'}{r'} = 0{,}0537(0{,}0234) f\, r_0^2 \frac{K_m}{K_r} < 1 \qquad (76)$$

ohne (oder mit) Wärmeleitung im Material über r_0 und K_m/K_r möglichst klein macht, dann kann man auch bei mittleren und hohen Frequenzen noch hohe Absorption erreichen. Für z. B. r_0 = 0,1 mm und t = 0,2 mm ergäbe sich bei 1000 oder 500 Hz für $\omega m'/r'$ ein Wert von 0,813 (0,403) oder 0,452 (0,216). Entsprechend hohe Absorptionsgrade ließen sich nach Gl. (75) mit r' ≈ 1 für σ ≈ 0,01 (0,02) erreichen. In der Realität kann zwar ein Teil der so absorbierten Schallenergie sich hinter diesem dünnen mikroperforierten Flächengebilde weiter im Raum ausbreiten. Andererseits bietet

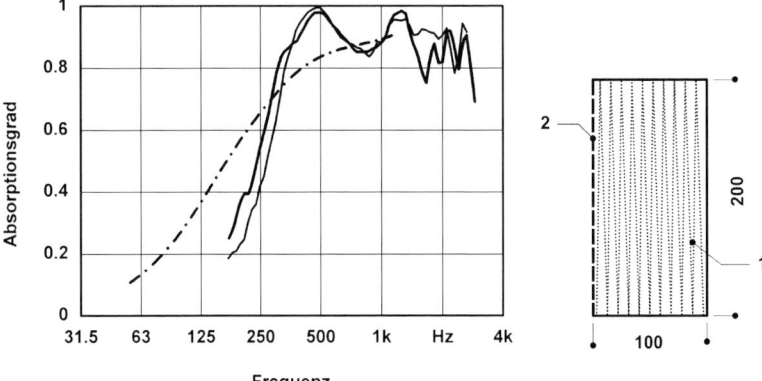

Bild 36. Absorptionsgrad α, gemessen bei senkrechtem Schalleinfall, auf eine Schalldämpferpackung aus ca. 20 Lagen mikroperforierter Folie 1 mit Lochblechabdeckung 2 regelmäßig wie skizziert (fett) bzw. unregelmäßig gefaltet (dünn). Zum Vergleich: poröser/faseriger Absorber gleicher Dicke nach Bild 6 (strichliert)

dieser Absorber, anders als der herkömmliche als Vorsatzschale vor einer harten Rückwand nach Bild 29c bzw. 30, seine Oberfläche S_A beidseitig dem Schallfeld im Raum dar.

8 Integrierte und integrierende Absorber

Die vorhergehenden Abschnitte geben einen aktuellen Überblick über die verschiedenen Wirkungsweisen und Bauarten altbekannter, aber auch etlicher neuartiger marktgerechter Luftschallabsorber. Dabei stand die Erläuterung der im Einzelnen sehr unterschiedlichen physikalischen Dämpfungsmechanismen ordnend im Vordergrund. In der Praxis der Lärmbekämpfung und bei der raumakustischen Gestaltung besteht aber oft die Aufgabe darin, z. B. einen bestimmten bewerteten Schallpegel, etwa nach Gln. (13), (16), bzw. eine wünschenswerte Nachhallcharakteristik, etwa nach Gl. (11), sicher einzuhalten bzw. bedarfsgerecht einzustellen. Es kommt dann darauf an, mit einer möglichst wirksamen und kostengünstigen Auswahl oder einer optimalen Kombination von geeigneten Absorbern das gesteckte oder vorgegebene Ziel unter den jeweiligen Einbau- und Betriebs- bzw. Nutzungsbedingungen zu erreichen. Je breiter die Palette ist, aus der sich ein erfahrener Berater oder Planer bedienen kann, umso besser wird er den gestellten Erwartungen gerecht.

An Maschinen und Anlagen sind dabei immer wieder neue räumliche, thermische, mechanische und strömungsmechanische Randbedingungen zu erfüllen. Hersteller und Betreiber müssen den technischen Schallschutz als integralen Bestandteil ihres Betriebs begreifen und wertschätzen, um auch harte Normauflagen zu erfüllen und Klagen aus der Nachbarschaft zu vermeiden. Hier werden deshalb Problemlösungen wie beispielsweise diejenigen in den Abschnitten 8.1 bis 8.4 sehr dankbar aufgegriffen. Auch der Ersatz voluminöser Auskleidungen reflexionsarmer Räume für Messungen an technischen Schallquellen durch schlanke Alternativen mit vielfältigen Vorteilen für ihre Nutzer (Abschnitt 8.9) ging, insbesondere in den Laboren der Autoindustrie, sehr zügig vonstatten.

Viel weniger zwingend erscheint dagegen den meisten Architekten und Bauherren die Notwendigkeit, auch in Arbeits-, Unterrichts-, Speise- und Versammlungsräumen raumakustische Maßnahmen zu integrieren, die den von ihren Nutzern selbst erzeugten Schallpegel begrenzen. Weil hierzu leider keine ebenso harten Anforderungen genormt sind, leiden viel mehr Menschen darunter als etwa unter dem stärker reglementierten Industrie-, Straßen- und Fluglärm. Die Anwendungsbeispiele in den Abschnitten 8.5 bis 8.10 sollen demonstrieren, wie man mit innovativ gestalteten Schallabsorbern auch diesen vergleichsweise rückständigen Anwendungsbereich sehr attraktiv bedienen kann, ohne das architektonische Konzept und Baubudget unnötig zu strapazieren. Besonders gut kommen dabei natürlich solche raumakustischen Bauelemente an, die möglichst unauffällig bleiben und gleichzeitig noch andere Funktionen im Raum integrieren können.

Eine enge Verzahnung von Forschung, Entwicklung und Vermarktung alternativer Konzepte und Produkte für den Schallschutz war charakteristisch für die praxisnahe Zusammenarbeit der Abteilung Raumakustik/Technische Akustik des Fraunhofer-Instituts in Stuttgart mit zahlreichen kleinen und mittleren Unternehmen. Nur so gelangen von 1980 bis heute nachhaltige schalltechnische Innovationen, wie sie mit den folgenden Beispielen nur angedeutet und in [2] ausführlicher beschrieben werden.

8.1 Umlenkschalldämpfer in Aeroakustik-Windkanälen

Um beispielsweise die Geräusche eines 3-MW-Ventilators eines Kfz-Windkanals in der Messstrecke zu eliminieren, erschien es im Auftrag für eine akustische Nachrüstung [37] nicht sehr sinnvoll, die Luft auf konventionelle Weise durch enge, mit Fasern gestopfte Schalldämpferpakete zu pressen. Stattdessen kann man die mittleren und hohen Frequenzanteile in verhauteten Schaumprofilen dämpfen, die in die Umlenkvorrichtungen auch strömungsmechanisch sinnvoll integriert werden (s. Abschnitt 3.2). Die tiefen Frequenzen lassen sich ebenfalls ohne wesentlichen Druckverlust in Membranabsorbern nach Abschnitt 5.3 schlucken, die gemäß Bild 37 mit ihren glatten metallischen Oberflächen die Strömung an den Wänden und Zwischenwänden der beiden 180°-Umlenkungen optimal um die vier Ecken herumführen. Seit Abschluss dieses Pilotprojektes gehören Umlenkschalldämpfer in dieser und ähnlicher Bauart zur Standardempfehlung bei Schalldämpferauslegungen, um gegenüber der Abschätzung gemäß [2, Abschnitt 17.3.2] einen kräftigen „Umlenk-Bonus" von bis zu 15 dB zu nutzen, s. [2, Abschnitt 10.1 und Abb. 15.10]. So wie hier robust gebaute Schallabsorber die Luftströmung mit über 200 km/h um Ecken herum führen, lassen sich auch Maschinenkapseln und -einhausungen unter widrigsten mechanischen und chemischen Bedingungen aus selbst tragenden Absorberbauteilen aufbauen, wenn deren Oberflächen nur genügend resistent und reinigbar gemacht werden.

8.2 Schlitz-Schalldämpfer in Heizungsanlagen

Die vorwiegend tieffrequenten Brenner- und Gebläsegeräusche aus den Heizungsanlagen für Büro- und Wohngebäude sind, besonders nach dem Einbau metallischer Innenzylinder in die Schornsteine, zu einem Nachbarschaftsproblem geworden. Hier haben sich u. a. Schlitzabsorber nach Abschnitt 5.2 zum Einbau zwischen Heizkessel und Abgasleitung bewährt. Bei entsprechend sorgfältiger akustischer Anpassung an die Quelle lässt sich nach diesem Konzept ein sehr kompakter Schalldämpfer auch serienmäßig vollständig in den Heizkessel, unmittelbar hinter der Brennkammer, integrieren. Das Schnittmodell und das Spektrum in Bild 38 sollen den Einbau und eine Pegelminderung von ca. 8 dB(A) verdeutlichen, s. auch [2, Abschnitt 18.7.3].

8.3 Schall dämpfende Innenzüge in Schornsteinen

Rohrleitungen und Schornsteine stellen im neuen Zustand, bzw. wenn sie nur wenig verschmutzt sind, ideale Schallwellenleiter dar. Es werden aber häufig Schornsteine verwendet, die einen dünnen „Innenzug" aus hochwertigem Material (Edelstahl) enthalten, der von einem außenliegenden, die statischen und dynamischen Lasten aufnehmenden Außenrohr gehalten wird. Wenn man diese inneren, die Strömung und den Schall im

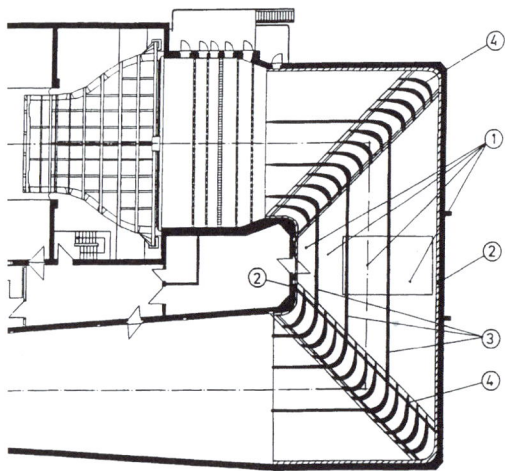

Bild 37. Umlenkschalldämpfer in den Ecken eines Fahrzeug-Windkanals nach [37]: 1 Aufteilung der Luftführung in ungleiche Kanäle mit gleicher Einfügungsdämpfung und gleichen Druckverlusten, 2 Wandverkleidung aus Membranabsorbern, 3 Kulissen mit „Rücken-an-Rücken"-Anordnung von Membranabsorbern, 4 Umlenkschaufeln mit profilierter und absorbierender Schaumstoff-Beschichtung (Zeichnung: FKFS)

a)

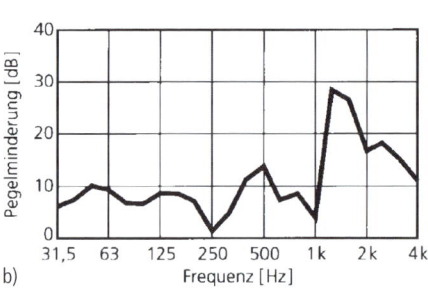
b)

Bild 38. Schlitz-Schalldämpfer im Abgasweg von Heizungsanlagen; a) zwischen Heizkessel und Abgasleitung im Brennraum und b) die damit erzielbare Pegelminderung (Foto: Viessmann, Messung: K+W)

Integrierte und integrierende Absorber 571

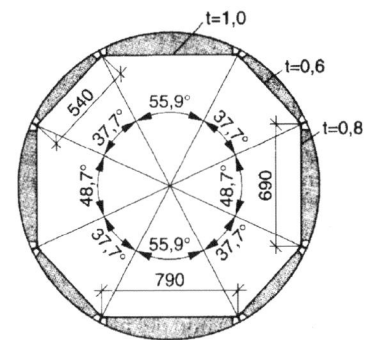

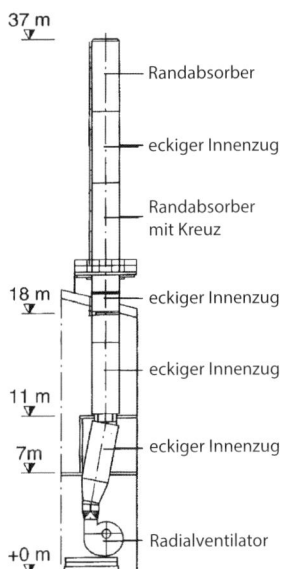

Bild 39. Schornsteinelement mit 8-eckigem Innenzug nach [38] gemäß Teil 3 in Skizze; Montage siehe Bild 40

Schornstein führenden Bauteile nicht rund, sondern (viel-)eckig ausführt, kann der Schall die dann ebenen inneren Begrenzungsflächen zum Mitschwingen anregen. Die „Eckigen Innenzüge" EIZ (Bild 39) können durch ihre geometrischen und Materialparameter akustisch so abgestimmt werden, dass erforderlichenfalls bereits im Oktavband 31,5 Hz beginnend eine breitbandige und dem Frequenzspektrum der Lärmquelle angepasste Einfügungsdämpfung erzielt wird. Diese Auslegung kann mithilfe eines Computerprogramms schnell und einfach vorgenommen werden. Der Absorptionsgrad der einzelnen Plattenresonatoren wird zum einen aus den Impedanzen W_P ihrer Eigenschwingungen, s. Gl. (40), berechnet:

$$W_P = \frac{1}{\sum_m \sum_n \frac{1}{W_{mn}}} ; \quad m, n = 1, 3, 5, \ldots \quad (77)$$

Eine Transferimpedanz W_T berücksichtigt zum anderen die Wirkung des Luftvolumens entsprechend Gl. (34) und die Impedanz des Abschlusses hinter dem Luftvolumen [13]. Wellenwiderstand, Dicke des Absorbers und Ausbreitungskonstante im Absorber werden wie in Gl. (56) berücksichtigt. Mit $W = W_P + W_T$ berechnet sich der Absorptionsgrad α bei senkrechtem Schalleinfall dann wie in Gl. (7) angegeben.

Die Prinzipskizze in Bild 39b zeigt eine auf 50 bis 200 Hz abgestimmte Anordnung eines EIZ aus je n = 2 Platten mit 0,8 und 1 mm Dicke und aus n = 4 Platten mit 0,6 mm Blechstärke. Mithilfe einer an einen EIZ der Länge l und mit α_i unterschiedlich abgestimmten Berandungselementen U_i angepassten *Piening*-Formel kann so eine Dämpfung D abgeschätzt werden nach

$$D = \frac{1,5l}{S} \sum n_i \alpha_i U_i ; \quad i = 1, 2, 3 \ldots \quad (78)$$

Bild 40 zeigt die gemessenen Dämpfungswerte eines Schornsteines mit integriertem Schalldämpfer. Im Foto, das bei der Montage entstand, erkennt man unten den leicht abgewinkelten, ebenfalls eckigen Anschlussteil des Schornsteines. Für diese vor allem bei 63 und 125 Hz relativ hohe Dämpfung wurde die gesamte zur

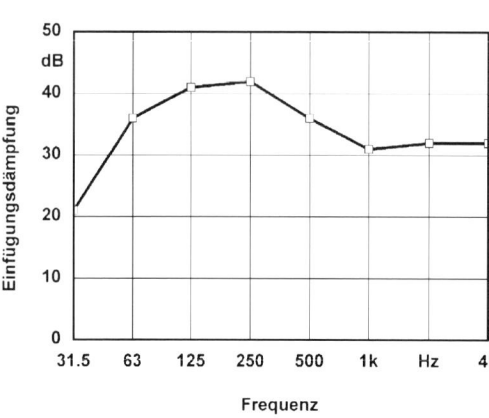

Bild 40. Einfügungsdämpfung D_e und Montage eines 5 m langen Schornsteins mit Eckigem Innenzug bei einem Faserplattenwerk in Amorbach, s. [2, Abschnitt 18.4.3]

Verfügung stehende Schornsteinlänge von 31 m genutzt. Bei 1,6 m innerem und 1,8 m äußerem Durchmesser sind auf jeweils 20 m Länge die Eckigen Innenzüge und zusätzlich auf 11 m Länge poröse Absorber eingebaut. Die Schalldämpfer werden zwei- bis dreimal pro Jahr mit Wasserstrahl über Inspektionsluken gereinigt. Weil sie fast druckverlustfrei arbeiten, spart der Betreiber gegenüber der alten Ausführung mit Kulissenschalldämpfern etwa 30000 € pro Jahr an Energiekosten. Weitere Einsätze dieser außerordentlich erfolgreichen Innovation in Anlagen zur Papierherstellung, zur Mineralwolle- und Düngemittelproduktion und Nassentstaubung werden in [2, Abschnitte 18.3 bis 18.5] diskutiert.

8.4 Glasschaum-Module an Straßen und Schienenwegen

Der Schallschutz an Straßen verlangt nach sehr widerstandsfähigen Absorbern. An Schienenwegen, insbesondere solchen von Hochgeschwindigkeitsstrecken, konnten sich ausgesprochen schlanke, dabei aber außerordentlich stabile Fertigteile bewähren, in denen Blähglasformkörper nach Abschnitt 3.3 mit Betontragschalen bereits im Werk zu einer festen Einheit verbunden werden. Die 55 mm dicken Absorberpaneele erlauben die Realisierung von Betonwänden mit sehr geringer Wandstärke. Das dadurch reduzierte Eigengewicht erleichtert die Montage vor Ort erheblich. Die derart massiven Verbundbauteile kommen der Stand- und Verkehrssicherheit, die hier absolute Priorität haben, sehr entgegen. Mit einem Absorptionsgrad von 1 oberhalb 315 Hz und einem Schalldämmmaß von 44 dB werden die höchsten Anforderungen

der Deutschen Bahn (ZTV-Lsw 88) übererfüllt. Bild 41 zeigt z. B. eine solche Lärmschutzwand an einer Umgehungsstraße der Stadt Leimen. In Tunnels der „Thalys" Schnellbahntrasse zwischen Paris und Amsterdam wurden z. B. insgesamt 5250 m² der Blähglasplatten als Schürzen und Wandverkleidungen verlegt. Wie man dieselben großflächig über den Bahnsteigen und -gleisen im Regionalbahnhof Potsdamer Platz in Berlin mit einem speziell hierfür entwickelten Schnellkleber angebracht hat, wird in [2, Abschnitt 14.7.1] beschrieben.

8.5 Kompaktabsorber in Kommunikationsräumen

8.5.1 Ein vernachlässigtes Lärmproblem

Beim technischen Schallschutz an Maschinen, Anlagen oder Verkehrswegen (s. Abschnitte 8.1 bis 8.4) sind Schallabsorber zu selbstverständlichen und unabdingbaren Komponenten bei jedem Neubau ebenso wie bei jeder konstruktiven Änderung oder Sanierung geworden. Man kalkuliert dabei regelmäßig zusätzliche Projektkosten von bis zu 20 Prozent für den Schallschutz ein. Selbst zusätzliches Gewicht oder Bauvolumen sowie thermische und energetische Verluste, die auch die Betriebskosten erheblich erhöhen können, werden in Kauf genommen. Dagegen werden raumakustische und Lärm dämpfende Maßnahmen im Hochbau von den meisten Architekten, Bauherren und Investoren als lästige Nebensache betrachtet, der man sich auf einfachste und billigste Art zu entledigen sucht. Dabei werden in intensiv für Sprache oder Musik genutzten Räumen inzwischen viel mehr Menschen während der Arbeit oder Freizeit von oft unnötig hohen Lärmpegeln geplagt.

Bild 41. a) Blähglas als Schallschutz-Module in einer Lärmschutzwand aus Beton-Verbundabsorbern an einer Umgehungsstraße, b) bis d) im und am Tunnel einer Schnellbahntrasse (Fotos: Liaver)

Für alle bisher hier diskutierten hochbaulichen Maßnahmen, auch die meisten in [2, 39, 40] propagierten, müssen generell relativ große Flächen im Raum belegt werden. Das macht sie tatsächlich und nachvollziehbar zu einem unbeliebten Hindernis im immer mehr rationalisierten Baugeschehen. Aktuell werden deshalb neu und immer teurer gebaute, aber auch aufwendig restaurierte Räume oft ganz „nackt" und entsprechend „hallig" den jeweiligen Nutzern übergeben. Das ist auch bei Luxusimmobilien nicht anders. Die Nutzer haben dann mit den akustischen Unzulänglichkeiten für die Darbietung und Kommunikation in diesen professionellen, öffentlichen und privaten Räumen zu leben oder müssen versuchen, mit meist untauglichen Hilfsmitteln nachträglich selbst für etwas höheren akustischen Komfort zu sorgen. So suchen z. B. Eltern von Lärm geplagter Kinder und Lehrer oder Leiter von Musikkapellen für ihre Räumlichkeiten zum Lernen, Üben und Darbieten weiter Zuflucht zu Eierkartons, Schaumstoffmatten und Vorhängen, um ihre sowie die Ohren und Nerven ihrer Zöglinge zu schonen und effizienter arbeiten zu können. Viel sinnvoller wäre es natürlich, für alle anspruchsvollen Räume die Akustik von Anfang an zum unabdingbaren Bestandteil des Innenausbaus zu machen.

8.5.2 Kanten-Absorber als Problemlöser

In Beitrag A 6 und in [41] wird ausführlich das Problem hoher Schallpegel in Räumen für intensive sprachliche und musikalische Nutzung behandelt. Dabei spielen die Maskierung hoher Frequenzanteile durch tiefe, der *Lombard*- Im Effekt, aktuelle Trends in der Architektur sowie eine missverständliche Norm verhängnisvoll zusammen. Als Problemlösung wird die Erzeugung akustischer Transparenz durch Bedämpfung der Raum-Moden und eine generelle Absenkung der Nachhallzeit bis zu den tiefen Frequenzen empfohlen. Im Beitrag B 6, Abschnitt 2, wird auch gezeigt, wie sich bei beliebiger Anregung eines Raumes die Schallenergie in seinen Ecken und Kanten konzentriert. Um insbesondere das „Dröhnen" kleinerer Räume bei den tiefen Frequenzen zu dämpfen, hat sich deshalb zunächst der Einbau von Membranabsorbern nach Abschnitt 5.3, etwas später dann von Verbundplatten-Resonatoren nach Abschnitt 4.3 und seit 2010 sogenannter Kanten-Absorber bewährt. Letztere bestehen im einfachs-

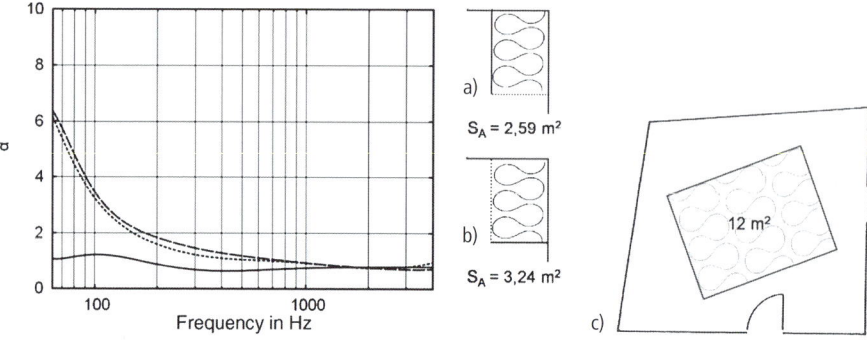

Bild 42. Im Hallraum gemessener Absorptionsgrad von Kanten-Absorbern in Abmessungen 400 mm × 500 mm mit Mineralwollefüllung im Vergleich zur flächigen Anordnung desselben Materials mit umlaufendem Rahmen, jeweils bezogen auf die „offene" Fläche S_A; a) breite Seite mit GK-Platten, schmale mit GK-Lochplatten (strichliert), b) schmale Seite mit GK-Platte abgedeckt (punktiert), c) 12 m² flächig ausgelegt (durchgezogen) [42]

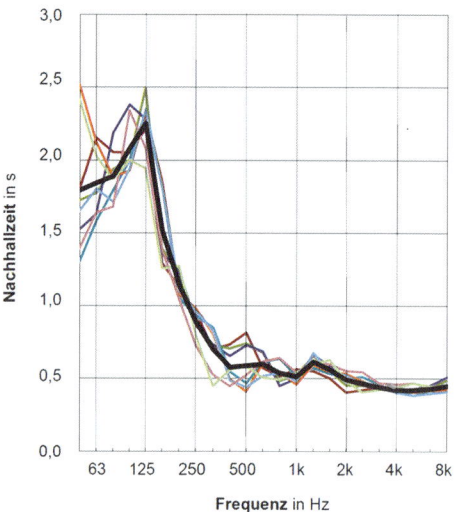

Bild 43. Nachhallzeit in einem Unterrichtsraum für Musik in der M. v. Ardenne-Schule in Berlin-Lichtenberg (unmöbliert und unbesetzt) an 8 Messpunkten und Mittelwert (fett) vor der Sanierung. Strichliert: T_{soll} = 0,6 s nach DIN 18 041-2004 (Messungen: Moll-Akustik, Berlin, 2015)

ten Fall aus größeren Mengen faserigen oder porösen Materials, die, z. B. in senkrechten Kanten von Tonstudios installiert, bekanntlich Schallenergie sehr effizient schlucken können.

Damit aber das raumakustische Konzept von Beitrag C 4 unter den rauen Bedingungen des Marktes eine Chance zur massenweisen Umsetzung bekommen konnte, mussten zunächst breitbandig wirksame Schallabsorber entwickelt werden, die das Problem bei den Tiefen an seiner Wurzel packen, ohne die mittleren und hohen Frequenzen zu vernachlässigen. Außerdem mussten sie sich kostengünstig und optisch attraktiv besser in den Innenausbau integrieren lassen als jedwede Schall dämpfenden Vorsatzschalen und Paneele an Decken, Wänden oder Einrichtungsgegenständen. Die üblichen porösen oder faserigen Akustik-Materialien und Bauteile vor einer schallharten Fläche weisen gemäß Bild 6 einen Absorptionsgrad, bezogen auf ihre Oberfläche S_A in m²,

$$\alpha = \frac{A}{S_A} \qquad (79)$$

bei hohen Frequenzen nahe 1 auf, der aber unterhalb einer Frequenz f_u in Hz nach Maßgabe seiner Dicke d_α in mm steil abfällt:

$$f_u \approx \frac{43}{d_\alpha} 10^3 \qquad (80)$$

Nur mit einer solchen unrealistisch dicken Absorberbelegung, z. B. d_α = 400 mm in einer Fläche von S_A = 12 m² auf dem Boden eines mit V = 220 m³ mittelgroßen Raumes und von einem Rahmen aus 9,5 mm dicken Gipskarton(GK)-Platten umschlossen, ergäbe sich nach Bild 42c ein Absorptionsgrad, der auch unter 100 Hz dem maximal möglichen Wert nahekommt.

Schalltechnisch ideal wäre natürlich eine Anordnung, deren äquivalente Absorptionsfläche etwa die gleiche Frequenzcharakteristik aufzuweisen hat wie die in Bild 43 dargestellte Nachhallzeit, damit diese im jeweiligen Raum durch jene optimal geglättet werden kann. Wenn man den Absorber (in Bild 42: Mineralwolle mit einer Dichte von ca. 25 kg/m³) als Streifen, 400 mm dick und 500 mm breit (mit schmalseitig wiederum einem GK-Rahmen und breitseitig mit einer ebenfalls 9,5 mm dicken GK-Lochplatte mit einem Lochanteil von 16 Prozent) 6,48 m lang entlang einer unteren Kante von Ecke zu Ecke im selben Raum auslegt (Bild 44b), so misst man, bezogen auf die Fläche S_A = 3,24 m², bei hohen Frequenzen (oberhalb 1 kHz) zwar etwa denselben Absorptionsgrad wie in der Fläche. Zu den tiefen Frequenzen steigt dieser aber schon bis 160 Hz auf den doppelten und bis 63 Hz sogar auf den sechsfachen Wert an, s. Bild 42b.

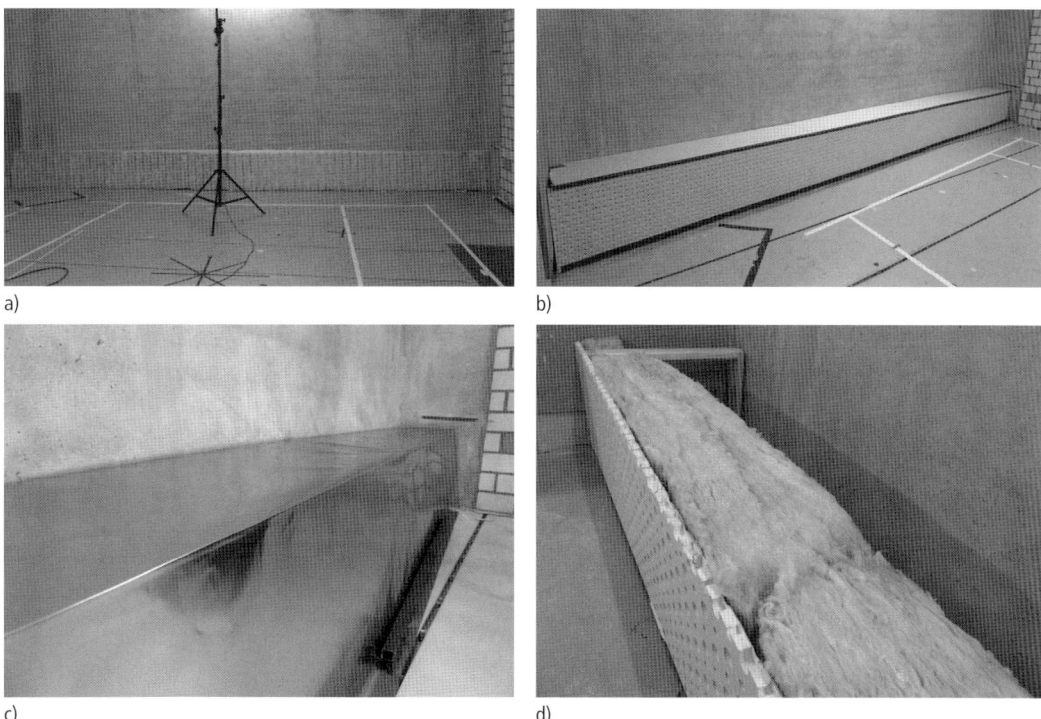

Bild 44. Kanten-Absorber im Hallraum des Instituts für Arbeitsschutz; a) Mineralwolle ohne Abdeckung, b) gemäß Bild 42b verkleidet, c) mit zusätzlicher Abdeckung durch eine Metallfolie, d) mit nur teilweiser Füllung [42]

Auch wenn man die Abdeckungen der schmalen und breiten Seiten dieses Kanten-Absorbers vertauscht, ergibt sich, entsprechend bezogen auf dann $S_A = 2{,}59 \text{ m}^2$, eine ganz ähnliche Absorptionscharakteristik, s. Bild 42a. Was die Wirkung derselben Menge an passivem Dämpfungsmaterial auf die mittleren Schallpegel nach Gl. (13) und Gl. (16) angeht, so ist die Abdeckung gemäß Bild 42b also etwas günstiger als die breitere in Bild 42a, weil die absorbierende Fläche dort wirklich bis in die Kante des Raumes hinein reicht. An dieser Stelle sei aber betont, dass alle Messungen unter etwa 250 Hz relativ stark streuen. Deswegen wurden mindestens 2 Sende- und 6 Empfangspositionen zur Ermittlung der jeweiligen, stets in Terzen gemessenen Nachhallzeiten im Raum ausgewertet und anschließend alle Kurven einer Glättung unterzogen.

Bereits ein nur oberflächlicher Vergleich der Ergebnisse in Bild 42 und 43 zeigt, dass diese Schallabsorber ein sehr probates Mittel zur Vergleichmäßigung der Nachhallcharakteristik mittelgroßer Räume darstellen, ja sogar für eine Absenkung derselben zu den Tiefen hin taugen könnten. Jedenfalls lohnt es sich, die Auslegung dieser Absorber, gerade im Hinblick auf diesen bisher bedauerlicherweise meist vernachlässigten Frequenzbereich, etwas eingehender zu untersuchen und weiter zu entwickeln. Zunächst zeigt Bild 45 für Kanten-Absorber ganz ohne jede Abdeckung (Bild 44a),

dass die gemessene Absorptionsfläche A bei mittleren und hohen Frequenzen stets näherungsweise der freien Oberfläche S_A entspricht. Zu den sehr tiefen Frequenzen hin fällt A bei einer Bautiefe von $d_\alpha = 200$ mm gemäß Bild 45d und e erwartungsgemäß entsprechend Gl. (80) und Bild 6 deutlich ab. Das charakteristische Spektrum der Kanten-Absorber stellt sich offenbar optimal erst für $d_\alpha \geq 400$ mm ein: Beim Absorber 400 mm × 500 mm steigt A gemäß Bild 45c mit 20 m² bis auf das 6,2-fache der durch ihn belegten Grundfläche von 3,24 m² an – ein eindrucksvoller Multiplikator für seine akustische Wirksamkeit! Dieser oft noch leicht handhabbare Querschnitt steht nachfolgend im Vordergrund. Aber natürlich kann man sich auch mit anderen Abmessungen den jeweiligen Anforderungen anpassen.

Die besondere Wirksamkeit dieser Absorberanordnung bleibt auch bei einer Abdeckung mit den oben beschriebenen GK-Lochplatten näherungsweise erhalten, vgl. Bild 46a und b. Natürlich kann man den darin erkennbaren Absorptionsverlust weiter reduzieren, indem man Abdeckungen mit größerem Lochanteil bzw. geringerem Strömungswiderstand zum Einsatz bringt. Eine Abdeckung der breiten Seite des Absorbers mit 9,5 mm dicken GK-Platten gemäß Bild 46c schmälert erwartungsgemäß die Dämpfung der mittleren und hohen Frequenzen; dagegen bleibt die Absorption bei den

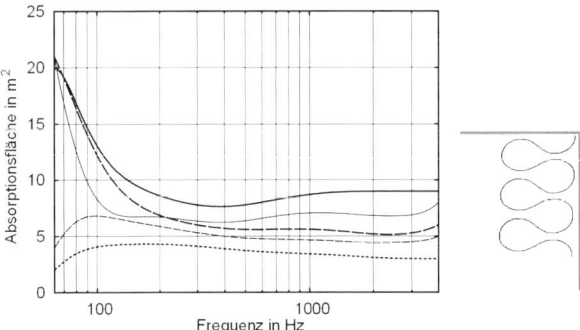

Bild 45. Äquivalente Absorptionsfläche von Mineralwolle unterschiedlicher Dicke in einer unteren Kante der Länge 6,48 m gemäß Bild 44a; a) 400 mm × 1000 mm: $S_A = 9{,}07\ m^2$ (fett), b) 200 mm × 1000 mm: $S_A = 7{,}78\ m^2$ (dünn), c) 400 mm × 500 mm: $S_A = 5{,}83\ m^2$ (dick strichliert), d) 200 mm × 500 mm: $S_A = 4{,}54\ m^2$ (dünn strichliert), e) 200 mm × 250 mm: $S_A = 2{,}92\ m^2$ (punktiert) [42]

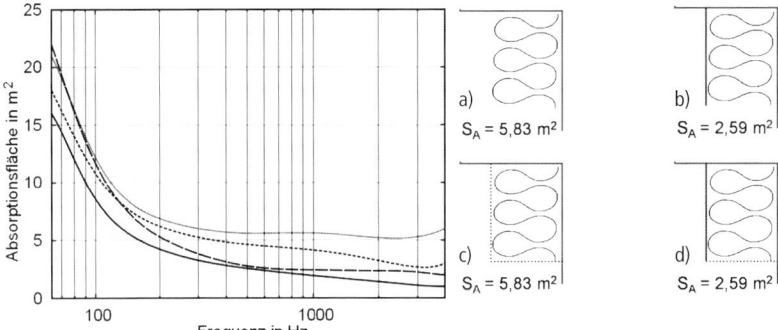

Bild 46. Absorptionsfläche eines Kanten-Absorbers gemäß Bild 45c; a) ohne Abdeckung (dünne Linie), b) beidseitig mit GK-Lochplatten abgedeckt (punktiert), c) breite Seite mit GK-Platten abgedeckt (strichliert), d) breite Seite mit GK-Platten, schmale mit GK-Lochplatten abgedeckt (dicke Linie) [42]

Tiefen praktisch unverändert, was auf Resonanzeffekte hindeuten könnte, die in [42] aber zunächst nicht weiter untersucht wurden. Für eine von den Einbauverhältnissen etwas unabhängige Auslegung empfiehlt sich etwa die Kurve d in Bild 46. Es sei aber betont, dass die übliche Abschätzung der Nachhallzeit nach Gl. (11) bei tiefen Frequenzen besonders stark vom jeweiligen Raum und seiner Einrichtung abhängt. Die Kurven in Bild 47 zeigen den Einfluss der Schichtdicke im Absorber. Man könnte meinen, dass es von großem Vorteil wäre, die Kanten-Absorber in drei Kanten des Raumes senkrecht zueinander, also z. B. zwei friesartig unter der Decke und einen senkrecht darunter, zu installieren, um so alle Raum-Moden optimal zu erfassen. Bild 48 zeigt aber, dass die auf die jeweilige Gesamtfläche oder -länge bezogene Absorption, selbst bei den tiefsten Frequenzen, sich bei diesen drei Anordnungen, jedenfalls in diesem Messraum, nicht wesentlich unterscheidet.

Bereits aus diesen Laborergebnissen lassen sich einige Vorzüge dieser Absorbertechnologie ableiten:

– Ihre hohe Wirksamkeit im gesamten interessierenden Frequenzbereich, besonders aber bei den Tiefen, unterstützt die Deutlichkeit von Sprache und die Klarheit von Musik und kann so den von den Nutzern selbst erzeugten Schallpegel senken und die akustische Behaglichkeit des Raumes generell anheben.
– Die Absorber nehmen ein minimales Volumen in einem Raumbereich in Anspruch, der in der Regel für keinen anderen Zweck genutzt wird und keiner anderen Installation im Wege ist, weil jene in ihrem Inneren „versteckt" werden können, s. Bild 49. Zu den Kanten hin, halten üblicherweise die im Beton verlegten Rohre von „Kühldecken" einen gewissen Abstand, sodass die Kanten-Absorber hier den Wärmetransport nicht behindern.
– Sowohl die geschlossenen als auch die Lochplatten können am einfachsten vor Ort aus Gipskarton, aber ebenso auch aus Holz, Metall oder Kunststoff zugeschnitten und auf einer aus dem Trockenbau entlehnten Unterkonstruktion montiert werden. Im Gegensatz zu vielen Akustikpaneelen und -putzen

Integrierte und integrierende Absorber   577

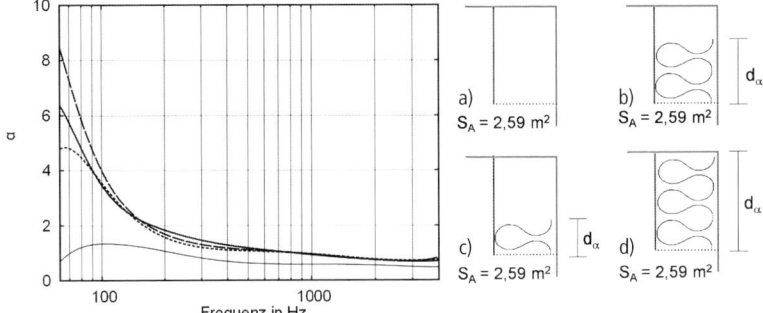

Bild 47. Absorptionsgrad eines Kanten-Absorbers gemäß Bild 42a, jeweils bezogen auf $S_A = 2{,}59$ m^2; a) leer (durchgezogen), b) $d_\alpha = 160$ mm (punktiert), 320 mm (strichliert), 500 mm (fett durchgezogen) [42]

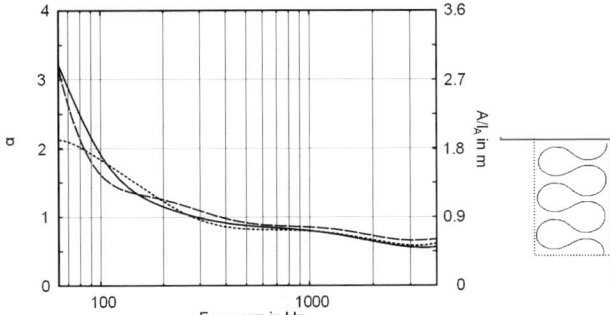

Bild 48. Absorptionsgrad (linke Skala) bzw. Absorptionsfläche pro m Kantenlänge (rechte Skala) von Absorbern gemäß Bild 46 in Kanten senkrecht zueinander; a) eine Kante mit 6,48 m Länge und $S_A = 5{,}83$ m^2 (durchgezogen), b) zwei Kanten mit 11,48 m Länge und $S_A = 10{,}33$ m (strichliert), c) drei Kanten mit 17,27 m Länge und $S_A = 15{,}54$ m^2 (punktiert) [42]

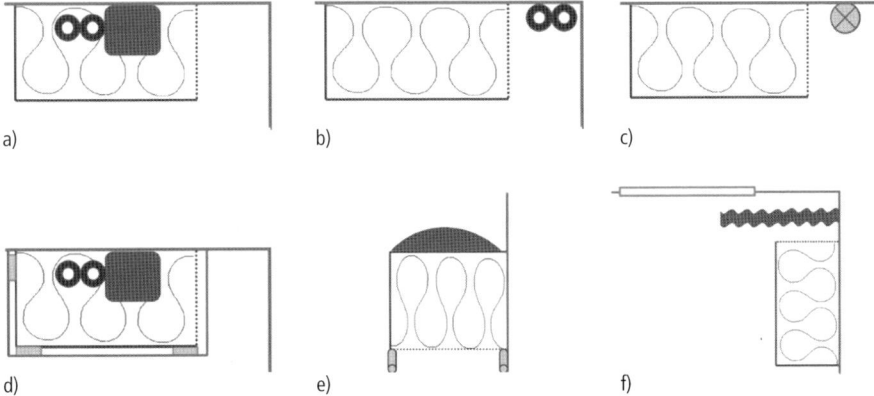

Bild 49. Kanten-Absorber als multifunktionales Bauelement, das a) Wasser- sowie Heizleitungen und Lüftungskanäle integrieren, b) Installationsleitungen in den Raumkanten verdecken, c) mit indirekter Beleuchtung kombiniert werden, d) rundum hermetisch gegen Verschmutzung und Feuchte geschützt werden, e) als Sitzbank genutzt werden, f) als Nische für Vorhänge fungieren kann [42]

lassen sie sich leicht reinigen und bei einer Renovierung einfach überstreichen.
Nachdem ganzflächig angebrachte „Akustikdecken" aus verschiedenen Gründen an Attraktivität verloren haben, bieten sich derartige Kantenanordnungen an, um mit einem Bruchteil der Fläche eine viel stärkere Wirkung, insbesondere bei den so wichtigen tiefen Frequenzen, zu erzielen. In Schallabsorbern für höchste hygienische Anforderungen z. B. in den Produktionsstätten der Nahrungsmittelindustrie sowie in Großkü-

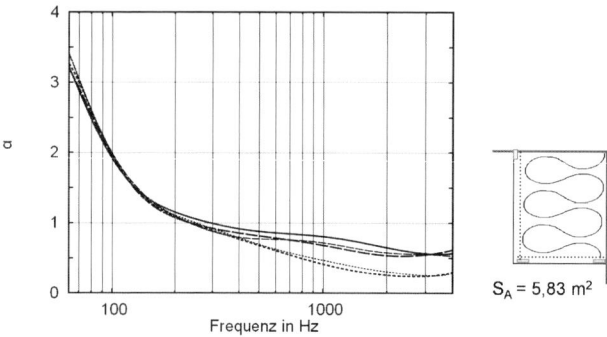

Bild 50. Absorptionsgrad eines Kanten-Absorbers gemäß Bild 46b; a) ohne Abdeckung, b) mit 30 μm Alu-Folie: $m'' = 81$ g/m² → $f_o = 1111$ Hz (weit strichliert), c) mit 50 μm Alufolie: $m'' = 135$ g/m² → $f_o = 666$ Hz (eng strichliert), d) mit 38 μm Edelstahlfolie: $m'' = 296$ g/m² → $f_o = 304$ Hz (weit punktiert), e) mit 50 μm Edelstahlfolie: $m'' = 390$ g/m² → $f_o = 230$ Hz (eng punktiert) [42]

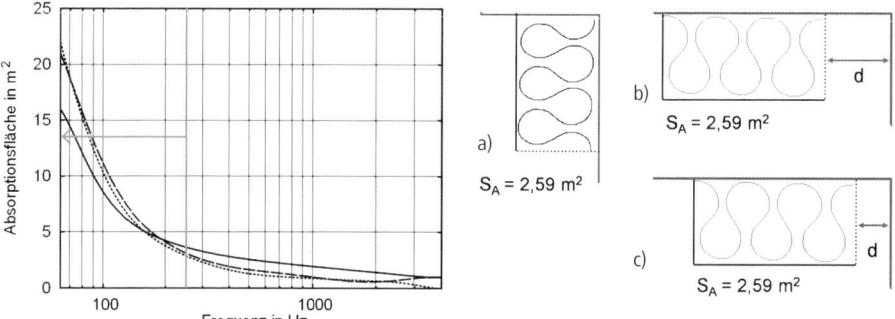

Bild 51. Absorptionsfläche von dem Raum zu bzw. abgewandten Kanten-Absorbern; a) wie in Bild 46d (durchgezogen), b) mit d = 200 mm (strichliert), c) mit d = 100 mm (punktiert)

chen muss eine Verschmutzung des faserigen/porösen Dämpfungsmaterials im Absorber verhindert werden. Das geschieht z. B., indem man den wie auch immer strukturierten Absorber rundum hermetisch und dauerhaft mit einer Metall- oder Kunststofffolie umhüllt, die den jeweiligen Anforderungen des Betriebes genügt. Das muss allerdings so geschehen, dass die Folie weder auf dem Dämpfungsmaterial noch auf dessen perforierter Abdeckung anliegt. Selbst wenn dies konstruktiv entsprechend gelöst wird, reduziert solch eine Verkleidung grundsätzlich die Wirksamkeit des Absorbers. Abhängig vom Flächengewicht m'' in kg/m² der Abdeckung, bleibt diese oberhalb einer oberen Frequenz f_o in Hz,

$$f_o \approx \frac{90}{m''} \qquad (81)$$

mit wachsender Frequenz immer mehr hinter derjenigen des unverkleideten Absorbers zurück. Bild 50 zeigt diesen Abfall bereits oberhalb 200 Hz für die schwerste Abdeckung, Edelstahl mit 390 g/m². Aber auch noch viel dünnere Edelstahlfolien als in Bild 50 können bei sorgfältiger Montage diese Schutzfunktion erfüllen, ohne die Absorption bei den oft dominanten Frequenzanteilen um 1 kHz in Werkhallen wesentlich zu mindern, weil man ihnen ja mit stabilen Lochplatten einen sicheren mechanischen Schutz geben kann. Wenn andererseits, z. B. in einem voll besetzten Musiksaal, die Höhen bereits durch die Belegung oder die Möblierung stark bedämpft sind, kann man den Nachhall des Raumes durch eine entsprechende Wahl der Abdeckung gezielt abstimmen.

Ein Vergleich der Messkurven c und d in Bild 46 macht zwar deutlich, dass man die den Schalleintritt erlaubende Seite möglichst widerstandsfrei und offen gestalten sollte. Einen wichtigen Schritt zur Fortentwicklung der prinzipiell bekannten Kanten-Absorber stellt aber Bild 51 dar: Überraschenderweise verliert der hier schalltechnisch optimierte Kanten-Absorber gemäß Bild 48d kaum seine Wirksamkeit bei tiefen Frequenzen, wenn man diesen mit seiner Öffnung nahe zu einer Wand oder Decke anordnet, ihn also nach herkömmlicher Vorstellung eigentlich falsch herum an einer Wand oder Decke fest installiert. Die vom Raum her dann noch sichtbare Öffnungsfläche S_o kann so nicht nur viel kleiner als die Absorberoberfläche S_A, sondern geradezu verschwindend klein gegenüber seiner äquivalenten Absorptionsfläche A gewählt werden:

$$S_o \ll S_A \ll A \qquad (82)$$

Sowohl die Variante b als auch c in Bild 51 übersteigen bei sehr tiefen Frequenzen die äquivalente Absorptionsfläche des zum Raum hin schmalseitig geöffneten konventionellen Kanten-Absorbers gemäß Bild 51a. Sie erreichen tieffrequent sogar die akustische Wirksamkeit der zum Raum hin breitseitig geöffneten Variante gemäß Bild 42! Bild 52 zeigt übrigens die Messwerte für die Anordnungen b und c in Bild 51 und wie die angewandte Glättung Eigenheiten des Raumes überspielt, die bei allen Messungen ähnlich auftraten. Diese Ergebnisse eröffnen sehr vielfältige neue Problemlösungen für die raumakustische Konditionierung von Räumen und könnten diese Aufgabe vom Nutzer bzw. Mieter wieder zum Investor bzw. Vermieter zurückbringen, wohin sie eigentlich auch gehört. Ihre Vorteile liegen auf der Hand:

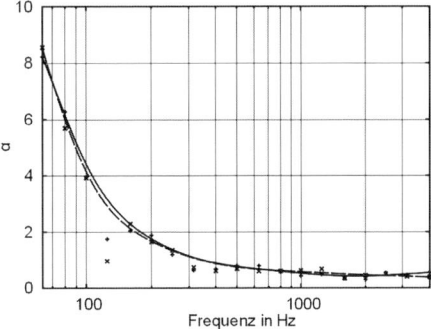

Bild 52. Einfluss der angewandten Glättungsfunktion auf die Messergebnisse, die einen gewissen Raumeinfluss zeigen

- Der nahe (400 bis 20 mm) bis an eine Wand oder Decke herangeführte, sozusagen gänzlich „umgestülpte" Kanten-Absorber erscheint visuell nicht mehr als Schallabsorber, sondern eher wie ein „Unterzug" aus schallhartem Material (z. B. Beton) oder „Koffer" bzw. Verkleidung für Kabel und Kanäle (z. B. aus Gips, Blech, Holz oder Kunststoff).
- Insbesondere wenn die breitere Platte in Bild 51 etwas über den Rand zur absorbierenden Fläche übersteht, lässt die dadurch gebildete „Schattenfuge" den Spalt zwischen Absorber und Decke oder Wand als bewusst gestaltetes Designelement erscheinen.
- Da die absorbierende Fläche sehr nahe zu einer Decke oder Wand angeordnet ist, kann ihre Abdeckung weitgehend nach schalltechnischen Gesichtspunkten gestaltet werden. Vorzugsweise besteht diese aus einem vollständig schalldurchlässigen Material, z. B. einer Folie mit geringem Gewicht bzw. einem Faservlies mit niedrigem Strömungswiderstand.
- Der Absorber-Spalt zur Decke oder Wand bietet Sichtschutz für ebenfalls bevorzugt in Raumkanten offen zu verlegende diverse Kabel, Leitungen und Kanäle, wie in Bild 49b angedeutet.
- Im Absorber-Spalt lassen sich Leuchten und Lichtbänder für jede Art indirekter Beleuchtungstechnik optisch sehr attraktiv unterbringen (Bild 49c).
- Obgleich die Einbauten im Absorber-Spalt den Blicken der Nutzer verborgen sind, bleiben sie für jedwede Revisionen, Reparaturen und Änderungen durch Handwerker zugänglich.
- Dieser Absorber wird leicht zu einem äußerst robusten multifunktionellen Bauelement, in dessen vorzugsweise mit Mineralwolle gefülltem Koffer alle möglichen Installationen untergebracht und gegebenenfalls schallisoliert geführt werden können.
- An jeder seiner drei Oberflächen können Öffnungen für den Lufteintritt bzw. -austritt in bzw. aus Lüftungskanälen angebracht werden.
- Seine rundum glatten Oberflächen machen den Absorber besonders geeignet als hygienisch qualifiziertes Bauteil, wenn man diesen als Ganzes oder in Teilen mit einer dünnen, resistenten Folie z. B. aus Edelstahl umhüllt (Bild 49d).
- Er kann kostengünstig vor Ort in Trockenbauweise installiert werden.
- Die robusten Seitenwände der umgestülpten Kanten-Absorber können als Sitzbänke ausgebildet werden (Bild 49e).
- Wenn der neuartige Schallabsorber senkrecht vor einer Fensterwand installiert wird, kann er einen Stauraum für einen Vorhang oder für Vertikallamellen als Sicht- und Sonnenschutz fungieren (Bild 49f).

8.5.3 Sanierungsbeispiel

Neu aus der Taufe gehoben wurde der an sich aus der Studiotechnik bekannte Kanten-Absorber zuerst im Jahr 2010 für die Macromedia Hochschule für Medien und Kommunikation MHMK in Berlin-Kreuzberg. Zunächst wurden hier sechs mittelgroße Räume für Unterricht und Seminare sowie als Bibliothek und Cafeteria in einem für diese und andere Nutzungen komplett restaurierten historischen Gebäudekomplex einer ehemaligen Druckerei in Berlin-Tempelhof angemietet. Das schöne Erscheinungsbild der sehr massiv umschlossenen Räume mit einer imposanten Höhe von ca. 3,8 m wird durch eine Vielzahl gewaltiger Betonunterzüge (0,4 m tief unter der Betondecke) geprägt. Nach kurzem Unterrichtsbetrieb zwangen aber die Klagen von Studenten und Dozenten gleichermaßen zu einer umgehenden Nachrüstung – natürlich, wie fast immer in solchen Fällen, am besten sozusagen im Handumdrehen und mit möglichst niedrigen Kosten! Verbundplatten-Resonatoren nach Abschn. 4.3 erhielten daher hier keine Chance.

Die Nachhallzeit in den Schulungsräumen stieg zunächst, ganz typisch für solche baulichen Situationen, von 1,5 s bei 4 kHz bis auf 4 s bei 100 Hz an, s. Bild 53. Eine vom Investor und Vermieter dieser Immobilie zunächst geplante Akustikdecke hätte nicht zu der für diesen Zweck bei einer Raumgröße von ca. 300 m³ zu empfehlenden Nachhallzeit von 1 s, möglichst konstant

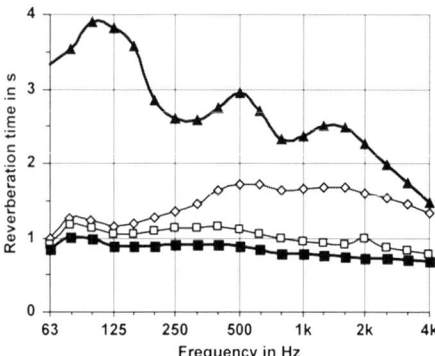

Bild 53. Nachhallzeit in einem Hörsaal der *Macromedia* Hochschule für Medien und Kommunikation in Berlin-Kreuzberg nach Bild 54; unbesetzt vor (▲), nach (◊) der Installation von Kanten-Absorbern, mit 25 Nutzern (□), plus Utensilien (■)

bis 63 Hz herunter, geführt. Die Unterzüge (s. Bild 54) gaben schließlich das Designmotiv ab für 400 mm tiefe Kanten-Absorber, die eine ganzflächig abgehängte Decke mit etlichen teuren Ausschnitten und Durchbrechungen für die hier schon fertig installierten Leuchten, Kabel und Kanäle ganz entbehrlich machen. Beginnend im ca. $10,7 \times 6,7 \times 3,8 = 272$ m³ großen Unterrichtsraum wurden diese auf einer Länge von ca. 25 m an den drei fensterlosen Wänden waagrecht unter der Decke sowie senkrecht in einer Raumkante, ca. 400 bis 600 mm breit, jeweils den baulichen Gegebenheiten angepasst, eingebaut. Der von Gipskartonplatten einerseits und Lochblechkassetten andererseits (rückseitig mit Faservlies als Rieselschutz) umschlossene Hohlraum der Kanten-Absorber wurde ganz mit Mineralwolle ausgefüllt.

Nach sorgfältiger Verspachtelung aller Wand- und Deckenanschlüsse sorgten Anstriche der Einbauten im gleichen Weiß der Wände und Decken dafür, dass diese Maßnahme den Nutzern nach einer kurzen Ferienpause optisch überhaupt nicht auffiel. Im Vergleich zur Nachhallzeit eines fast baugleichen Raumes mit 254 m³, ist in Bild 53 eine gewaltige Absenkung insbesondere des tieffrequenten Nachhalls auf etwas über 1 s zu erkennen. Wenn man die Absorption durch etwa 25 Personen berücksichtigt und zusätzlich zu erwartende Dämpfung durch abgelegte Kleidung, Taschen und Arbeitsutensilien, die sie in den Raum hineintragen, dann ergibt sich nach dieser Sanierungsmaßnahme eine frequenzunabhängige Nachhallzeit von konstant 1 s, wie sie für kommunikationsintensiv genutzte Räume dieser Größe schon fast als ideal anzusehen ist. Inzwischen wurden in diesem Gebäude mehr als 10 Räume raumakustisch entsprechend aufgewertet. Darunter sind auch eine große Pausenhalle mit Cafeteria und ein Konferenzzimmer, in welchem erstmals die „verdeckte" Bauweise der Kanten-Absorber gemäß Bild 51c mit d ≈ 150 mm in die Praxis umgesetzt wurde, siehe Bild 55. Weitere Anwendungsbeispiele der Kanten-Absorber finden sich in Beitrag C 4.

8.6 Akustische Allesschlucker: Breitband-Kompaktabsorber

Für kleine bis mittelgroße (etwa < 1000 m³) Kommunikationsräume haben sich Kanten-Absorber nach Abschnitt 8.5 in Abmessungen bis 500 mm × 600 mm zur Lärmminderung bestens bewährt. Für größere Hallen stößt dieses Dämpfungskonzept aber an seine Grenzen. Dann können zusätzliche Absorbermodule an Decke und Wänden weiterhelfen. Da aber dort normalerweise nicht genügend Fläche und Raum für unterschiedlich abgestimmte Akustikelemente vorhanden ist, suchte man lange händeringend nach einem schlank bauenden Breitbandabsorber. Erst wenn man den gesamten Hörbereich des Menschen gemäß Bild 1 von 50 Hz bis weit in den kHz-Bereich hinein an ein und derselben Begrenzungsfläche mit geringer Bautiefe bei entsprechendem Bedarf praktisch vollständig absorbieren kann, hoffte man, vielleicht auch hartnäckige Zweifler von der Bedeutung der Akustik anspruchsvoller Arbeits- und Aufenthaltsräume überzeugen zu können. Abschnitt 4.3 beschreibt schon einen breitbandig ausgelegten Tiefenschlucker, welcher die freien Schwingungen einer „schwimmend" verlegten Stahlplatte mit der Absorption einer am Rande offenen Weichschaumplatte kombiniert. Bereits bei diesem Verbundplatten-Resonator VPR spielte die möglichst elastische Verbindung zwischen schwingender Platte und dämpfender Schicht eine wichtige Rolle. Wenn man gemäß Bild 56 eine zweite faserige oder poröse Schicht auf ähnliche Weise vor der Stahlplatte anbringt, dann entfaltet letztere nicht nur die in Abschnitt 3.1 bzw. 3.2 beschriebene Absorption bei höheren Frequenzen. Offenbar erreicht bei dieser Konfiguration, bei der die Platte allseitig weich eingebettet frei schwingen kann, das Dämpfungspotenzial dieses kombiniert reaktiv-passiven Breitband-Kompaktabsorbers BKA ein absolutes Optimum: Die Ergebnisse in Bild 56 zeigen auf eindrucksvolle Weise, dass man mit einem nur 100 mm dicken BKA mit innen schwimmend gelagerter 1 mm starker Stahlplatte den gesamten praktisch interessierenden Hörbereich an beliebigen Begrenzungsflächen des Raumes absorbieren kann. Die Wirkung von noch dickeren Stahlplatten (bis 2,5 mm) lässt sich allerdings auch in nach [2, Abb. 5.14] konditionierten Hallräumen nicht mehr so eindeutig quantifizieren wie durch Messung der Nachklingzeiten bei den Eigenresonanzen des Raumes, s. [2, Abschnitt 5.3]. Auch die etwas hervortretenden Maxima in den beiden Messkurven von Bild 56 unter 250 Hz haben mehr mit dem speziellen Messraum als mit den Resonanzmechanismen in diesen vielfach geschichteten Absorbermodulen zu tun.

8.7 „Versteckte" Schallabsorber

Es gibt leider viele Architekten und Denkmalschützer, die absolut keine Schallabsorber als solche erkennbar in ihren Räumen dulden wollen – gleich welcher Nutzung diese dienen sollen. So wurde eine erhaltens-

Bild 54. Einer der Hörsäle in einer umgenutzten Druckerei, in der Kanten-Absorber gemäß Bild 42a die raumakustischen Bedingungen entsprechend Bild 53 verbessern

Bild 55. Ein Konferenzraum der MHMK, der mit „verdeckten" Kanten-Absorbern nach Bild 51c nutzbar gemacht wurde

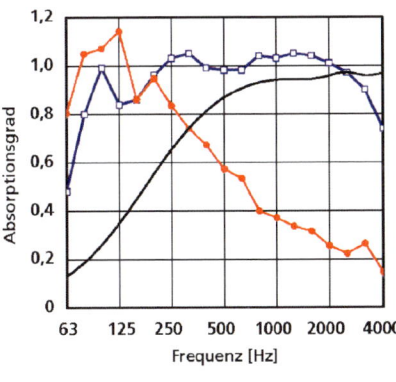 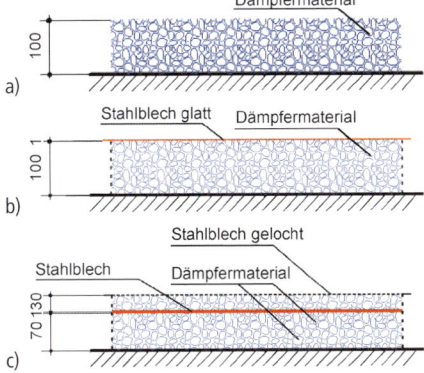

Bild 56. Im Hallraum nach [2, Abschnitt 5.3] gemessener Absorptionsgrad für (schematisch dargestellte) a) poröse/faserige Absorber nach Abschnitt 3 (ohne Symbole) b) Verbundplatten-Resonatoren nach Abschnitt 4.3 (●) sowie c) Breitband-Kompaktabsorber (□) in flächiger Anordnung mit stets gleicher Bautiefe

werte 2400 m³ große Fabrikhalle der Firma Bosch aus dem Jahre 1903 zu einem modernen, vielfältig nutzbaren Schulungszentrum umgebaut (Bild 57). Von den alten Kranschienen im Raum bis zu den wertvollen Stuckarbeiten an der Decke musste das architektonische Konzept vollständig erhalten bleiben. Glatte, geschlossene Oberflächen sollten das ursprüngliche Erscheinungsbild einer Fabrikhalle auch weiterhin betonen. Konventionelle Akustikmaterialien hinter perforierten Abdeckungen kamen daher hier nicht in Frage. Die Decke durfte in keiner Weise „belegt" werden. Unter diesen sehr starken Einschränkungen erschien eine Absenkung der Nachhallzeit der leeren Halle von fast 8 auf unter 1,5 s als große Herausforderung. Um die tiefen Frequenzen von Sprache und Musik bis 63 Hz herunter zu dämpfen, kamen VPR in drei verschiedenen Konfigurationen zum Einsatz:

– An der Vorder- und an der Rückwand der Halle insgesamt 58 m² 10 cm dicke VPR-Module gemäß Bild 57a und c. Eine ebene, geschlossene Oberfläche wurde mit einer unmittelbar davor angebrachten, 1,8 cm dicken Gipskarton-Vorsatzschale erreicht. Ihre Perforation mit einem Lochanteil von 20 % wurde mit einem Stoff abgedeckt, der mit einer Spezialfarbe den ursprünglichen Putz und Anstrich simuliert. Der Transmissionsgrad dieser Kaschierung liegt bis 250 Hz hinauf über 90 Prozent, bis 500 Hz noch über 80 Prozent,
– 54 m² VPR im Hohlraumboden in Wandnähe hinter einer ebenfalls akustisch ausreichend transparenten Abdeckung,
– schließlich noch 32 m² dieser besonders effizienten Tiefenschlucker auf den Kranschienen liegend.

Für eine hochwirksame Absorption über den ganzen interessierenden Frequenzbereich kamen insgesamt noch 58 m² BKA-Module, vor allem hinter der großen Projektionsfläche an der Rückwand (Bild 57b und d) zum Einsatz. Um bei dieser starken Absorption vor allem der beiden Stirnwände der Echobildung von den Seitenwänden her vorzubeugen und noch etwas zusätzliche Absorption bei mittleren Frequenzen zu besorgen, wurden schließlich noch MPA-Rollos vor

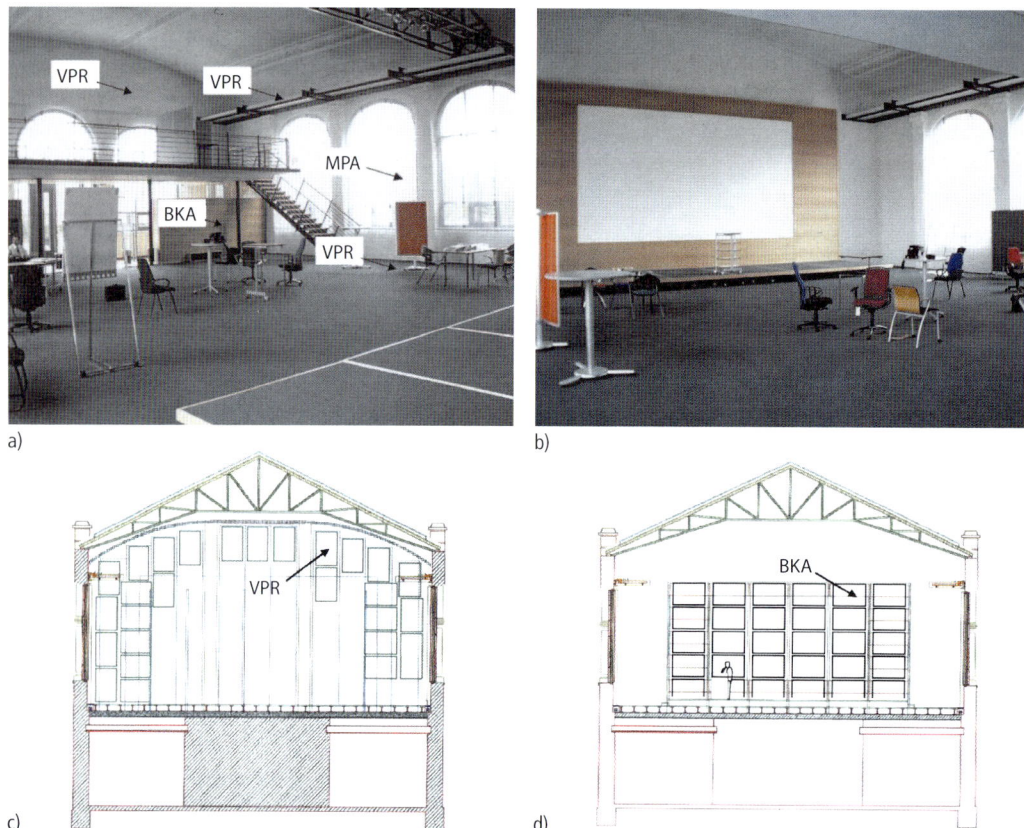

Bild 57. Durch verschiedene „versteckt" installierte Breitband-Schallabsorber ließ sich eine denkmalgeschützte Fabrikhalle bei Bosch in Reutlingen zu einem Mehrzweckraum restaurieren. Insbesondere die VPR- und BKA-Module an der Vorderwand (a und c) und an der Rückwand (b und d) sorgen für eine drastische und gleichmäßige Absenkung der Nachhallzeit gemäß Bild 58

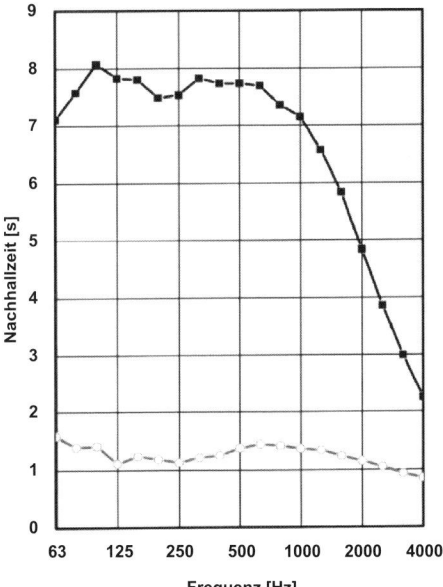

Bild 58. Nachhallzeit vor (■) bzw. nach der raumakustischen Konditionierung (○) der Halle in Bild 57

den Glasfenstern vorgesehen. Damit konnte die sehr gleichmäßige Nachhallzeit gemäß Bild 58 mit einer Belegung von kaum 20 Prozent der gesamten Raumoberfläche realisiert und so eine universelle Nutzung, z. B. auch als Mehrpersonen-Büro, ermöglicht werden.

Im Zuge der Restaurierung eines anderen historischen Gebäudes wurden kommunikativ zu nutzende Räume im modernen Design geschaffen, s. [2, Abschn. 14.2.7]. In den alten Strukturen wurden die notwendigen Installationen hinter einer vollflächig und (nach Maßgabe eines Betonunterzuges) tief abgehängten Gipskarton-Unterdecke elegant untergebracht. Die Nutzer beklagten in einem Mehrzweckraum aber dessen raumakustische Unbehaglichkeit, da zunächst keinerlei Schall dämpfende Maßnahmen ergriffen worden waren. Im architektonischen Konzept hatten natürlich weder ein Teppich auf dem Steingutboden noch Vorhänge vor den sechs Fenstern oder gar absorbierende Segel oder Baffles, frei im Raum aufgehängt, eine Chance.

Nach einigen Diskussionen kamen hier zwar keine sichtbar vorstehenden Kanten-Absorber nach Abschnitt 8.5.2 an den glatt verputzten Wänden zum Einsatz, wohl aber solche, die ganz im Deckenhohlraum verschwinden. Um hier den Eindruck einer glatten Unterdecke zu erhalten, wurde umlaufend an allen Raumkanten die glatte geschlossene Beplankung der Unterkonstruktion in einer Breite von b ≈ 35 cm ausgebaut und nachträglich als breitbandig sehr wirksamer Schallabsorber ausgebildet. Bild 59 verdeutlicht das danach mehrfach zur Anwendung gebrachte Konzept: Die Stabilität der abgehängten Decke bleibt voll erhalten, wenn die GK-Platten am Rand durch gleich dicke Lochplatten (hier: Knauf Cleaneo 12/25 mit 23 Prozent Lochanteil und rückseitiger Vliesbeschichtung) ersetzt werden. Die Mineralwolle kann, dort wo Installationen im Deckenhohlraum verlegt wurden, problemlos angepasst und eingefügt werden.

Die Messergebnisse in Bild 60 zeigen zunächst den hier erwarteten kontinuierlichen Anstieg der Nachhallzeit von den hohen zu den tiefen Frequenzen von 1,5 bis 2,5 s für den restaurierten, aber akustisch noch unbehandelten Raum. Im unbesetzten 13,25 m × 4,92 m × 2,94 m großen sanierten Raum liegt das Maximum der Nachhallzeit nun mit gut 1,5 s bei den mittleren Frequenzen. Aber bereits bei einer Belegung mit 22 Personen kann man mit einer von 1 s bei mittleren zu tieferen Frequenzen kaum noch ansteigenden Nachhallzeit rechnen. Zur weiteren Verbesserung der raumakustischen Situation wäre eine zusätzliche Öffnung der schallharten Decke auch inmitten des Raumes zur Integration von weiteren Breitbandabsorbern empfehlenswert. Hier lässt sich die schon erreichte Verbesserung durch den direkten Vergleich mit einem etwa gleich großen, unbehandelt gebliebenen Nachbarraum sehr gut demonstrieren.

8.8 Schallabsorber in Glas-Systemwänden

In Großraumbüros mit thermisch aktivierter Decke, dem Anspruch flexibler Arbeitsplatzgestaltung und rundum höchster optischer Transparenz, sind herkömmliche abgehängte Akustikdecken, Wandverkleidungen oder Kanten-Absorber kaum unterzubringen. Stattdessen sind heute in das architektonische und ergonomische Konzept und in den gesamten Innenausbau voll integrierte akustische Maßnahmen nach [2, Abschnitt 14.6] gefragt, die mit attraktiven, glatten Oberflächen dem Betreiber oder Nutzer möglichst jede Gestaltungsmöglichkeit lassen und keinen zusätzlichen Raumbedarf verursachen oder gar kostbare Nutzfläche verbrauchen. Unter einem solchen ökonomischen Zwang liegt es nahe, die in Abschnitt 4.3 bzw. 8.6 beschriebenen VPR bzw. BKA vollständig in Systemwände zu integrieren. Nachdem sich das alternative Raumakustikkonzept im Markt für Büro-Immobilien etabliert hat und die neuartigen Akustik-Bausteine außer der Dämpfung und Dämmung von Schallwellen auch noch wichtige zusätzliche Funktionen der Beleuchtung, der elektrischen Verkabelung sowie der elektronischen Vernetzung und sogar der Klimatisierung der Arbeitsplätze mit übernehmen können, lassen sich offene Bürolandschaften jetzt kostengünstig komplett transparent einrichten.

In Bild 61 erkennt man raumhohe Schallschirme mit den jeweils beidseitig flankierenden und vorder- wie rückseitig breitbandig absorbierenden Kompaktabsorbern. In diesem Beispiel geht es um ein modernes Verwaltungsgebäude, das als „Atrium" angemietet wurde. Die Nutzer klagten aber nach kurzer Zeit über ein für konzentriertes Arbeiten untaugliches akustisches Am-

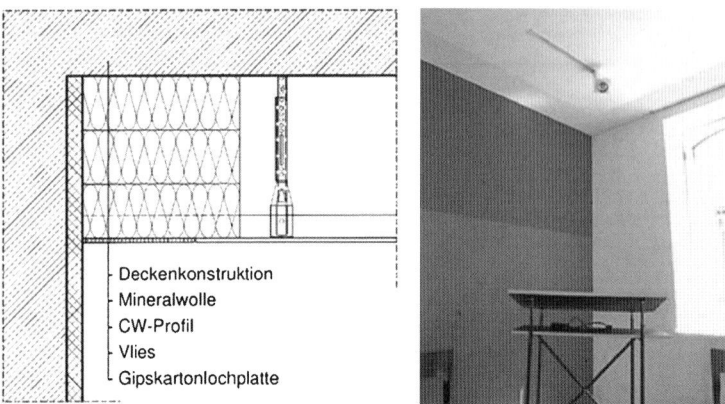

Bild 59. Breitbandabsorber hinter Gipskarton-Lochplatten, integriert im Deckenhohlraum eines restaurierten Konferenzraumes der Bundesstiftung Baukultur in Potsdam

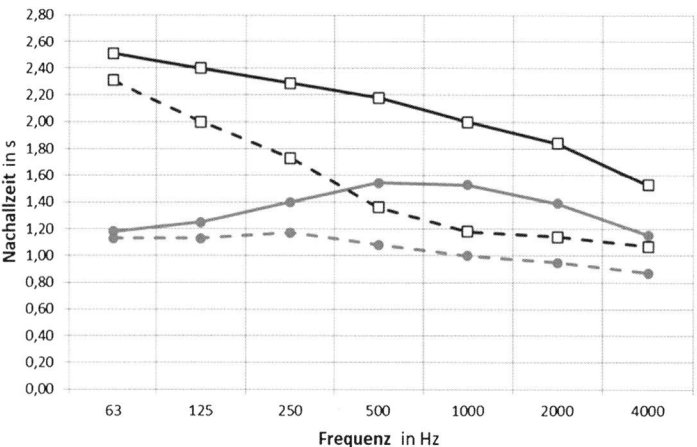

Bild 60. Nachhallzeiten im restaurierten Raum nach Bild 59; vor (□) bzw. nach seiner Aufwertung durch Breitbandabsorber (●), jeweils ohne (durchgezogen) bzw. mit zusätzlich 22 Personen (strichliert)

biente. Auch die probeweise Aufstellung herkömmlicher stoffbespannter Akustik-Stellwände zwischen den Arbeitsplätzen brachte keine nennenswerte Verbesserung. Für eine Gebäudespange mit V = 741 m³, S_G = 19 × 13 = 247 m², h = 3 m wurde ein mustergültiges raumakustisches Konzept für eine Flächenkennzahl von 9 m² pro Nutzer erarbeitet. Für einen hohen Zukunftswert sollten alle Einbauten nicht nur möglichst transparent, sondern auch einfach de- und remontierbar sein.

Die raumakustische Gestaltung schuf mithilfe von sechs raumhohen Schallschirmen, fünf derselben in L-Form und drei in T-Form insgesamt 14 akustisch definierte, aber optisch völlig offene Zonen für verschiedene Arbeitsgruppen und Nutzungsarten. Mit einer Absorberfläche S_A = 147 m², entsprechend etwa 60 Prozent der Grundfläche dieses Musterraumes, wurden hier immerhin über 5 m² pro Nutzer installiert – trotzdem eine Investition, die in diesem Falle im Bauetat fast unterging. Befindet sich zwischen einem Sende- und einem Empfangsort auch nur einer dieser Schallschirme, so ergeben sich, ganz ohne geschlossene Wände oder Türen, Pegeldifferenzen von ca. 22 dB(A) und Immissionspegel durch normale Gespräche von unter 40 dB(A) [43].

8.9 Thermisch aktivierte Akustikelemente

Die fortschreitende Verdichtung von Arbeitsplätzen in Verwaltungs- und Dienstleistungszentren auf immer geringeren Grundflächen S_G und mit immer weniger umbautem Raum V bringt für deren Hersteller und Betreiber eine grundsätzlich sehr attraktive Senkung der Investitions- und Betriebskosten. Bei Flächenkennzahlen

$$K_S = \frac{S_G}{n} \tag{83}$$

Bild 61. System-Wände aus Glas mit komplett integrierten Kompaktabsorbern erhalten die Offenheit und Transparenz einer Bürolandschaft, senken aber den Störpegel an den Arbeitsplätzen

von weniger als 10 m² (stellenweise nur noch 5 m²) pro Arbeitsplatz (n) und Volumenkennzahlen

$$K_V = \frac{V}{n} \tag{84}$$

von weniger als 30 m³ (stellenweise nur noch 15 m³)[3] pro Arbeitsplatz rücken die Nutzer aber mit allen ihren Emissionen derart eng zusammen, dass *alle* sensorischen Einflüsse auf das Wohlbefinden und die Leistungsfähigkeit der Menschen bereits vom Raum her optimiert werden müssen.

So ist blendfreies, regelbares Licht bei Bildschirmarbeitsplätzen kein Luxus mehr. Auf dem Weg zu einem multifunktionalen Akustikelement wurden deshalb in die bereits angesprochenen Schallschirme neben allen notwendigen Verkabelungen schon Leuchten mit besonders breit strahlender Reflektortechnik integriert (Bild 62). Die licht- und gerätetechnische Ausstattung derart verdichteter Arbeitsbereiche führt nicht nur zu einer (*mehr* als n proportionalen) Erhöhung der emittierten Schallleistung, sondern auch zu einer (etwa n proportionalen) Erhöhung der Energiedichte der diversen Wärmequellen. Wenn man jeweils pro Arbeitsplatz, von einer zu erwartenden Wärmeentwicklung von $W_L = 150$ W für die Beleuchtung und $W_A = 350$ W für die diversen Arbeitsgeräte sowie $W_M = 100$ W für die Wärmeemission des Menschen und schließlich $W_G = 50$ W pro m² Nettogrundfläche NGF für die Wärmeeinstrahlung (im Jahresmittel) durch die äußere Gebäudehülle ausgeht, so muss man mit einer spezifischen Wärmekennzahl

$$K_{W,S} = \frac{W_L + W_A + W_M}{S_G} n + W_G \tag{85}$$

von insgesamt etwa 170/110 W pro m² NGF bzw. etwa 60/40 W pro m³ Raumvolumen (bei $K_S = 5/10$ m² pro Arbeitsplatz) rechnen. Solche Wärmelasten sind mit konventionellen Mitteln nur mit hohem Aufwand oder erheblichen Einbußen bei anderen Komfortkriterien abzuführen.

Beton-Kühldecken, in denen zentral bereitgestelltes Kühlmittel zirkuliert, mit einer Kühlleistung von nur etwa 30 W pro m² Grundfläche, können die klimatischen Anforderungen dann oft nicht allein erfüllen. Kompakte, separat aufzustellende Kühlaggregate, die man gern wie „Klimatruhen" in der Nähe von Arbeitsplätzen installieren würde, können es zwar mit entsprechend hohem Lufttransport und leistungsfähigen Wärmetauschern auf mehrere kW pro Gerät bringen. Sie entsprechen aber nicht den anderen sensuellen Anforderungen an hochwertige Aufenthaltsräume. Zugerscheinungen und Lärmbelastungen sind damit unvermeidlich verbunden. Man versucht deshalb, dem stark gestiegenen Bedarf für Wärme- und Schallabsorption mit *einem* Bauteil entgegen zu kommen: Bild 63 zeigt einen speziellen Breitbandabsorber mit einem vorgesetzten Kühlelement.

Bild 62. Glas-Systemwände integrieren Akustik, Licht und Klima im Raum (Foto: Renz Solutions)

 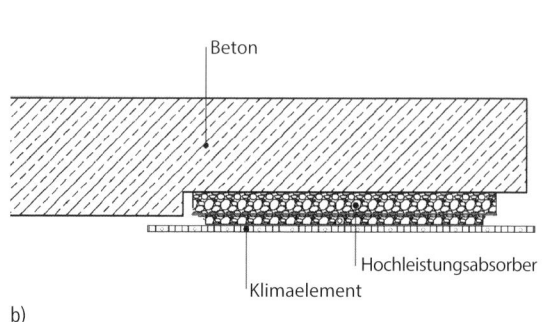

a) b)

Bild 63. Thermisch aktivierter Breitbandabsorber unter einer Betondecke; a) Ansicht, b) Schnitt
(Foto und Zeichnung: Renz Solutions)

Diese Kombination setzt allerdings eine frühzeitige Planung voraus und kann später wechselnden Bürostrukturen kaum angepasst werden. In [2, Abschnitt 10.5] wird sogar ein Schall absorbierendes Umluft-Klimagerät vorgestellt, das in eine flexibel installierbare Glas-Systemwand so integriert wird, dass diese nicht nur für eine gute Raumakustik sondern auch für ein gutes Raumklima sorgt. Äußerlich unterscheidet sich dieser „Kühlabsorber" nur durch eine leicht handhabbare Steuereinheit, die es dem Nutzer erlaubt, die luft- und wärmetechnischen Funktionen dieses multisensuellen Wandelementes auf seinen Arbeitsplatz und seine Nutzungsweise ganz individuell einzustellen.

8.10 Schall schluckende Möbel

Wenn es um die Akustik und den Schallschutz geht, spielt nicht nur die in den Raum eingebaute Absorptionsfläche nach Gl. (12) eine wichtige Rolle, sondern stets auch die Diffusität des sich darin bildenden Schallfeldes. Deshalb kommt grundsätzlich auch der Einrichtung, insbesondere der Möblierung, zusätzlich zu der von dieser selbst eingebrachten Absorption, eine entscheidende Bedeutung zu, und zwar immer eine die Nachhallzeit senkende.

Konventionelle Schallabsorber bieten ihre möglichst große poröse/faserige, dem Schallfeld zugekehrte Oberfläche den Schallwellen so offen wie möglich dar, damit diese in das jeweilige Dämpfungsmaterial ungehindert eindringen können. Bei Akustikdecken oder -putzen, Bodenbelägen und Wandverkleidungen wächst ihre äquivalente Absorptionsfläche A etwa proportional mit der Absorberoberfläche S_A an. Wenn in zeitgemäß eng belegten Büroräumen sonst keine Decken- oder Wandflächen für die Anbringung von Absorbern zur Verfügung stehen, liegt es nahe, diese an den Front- und Seitenflächen der oft ebenfalls nur sehr sparsam vorgesehenen Schränke und Regale anzubringen, vgl. [2, Abb. 10.23 bis 10.25].

In den Mehrpersonen-Büros eines großen IT-Unternehmens hat man so z. B. einen Teil der akustisch notwendigen Maßnahmen in Form von mikroperforierten farbigen Acrylglasplatten nach Abschnitt 7.1 als Wand- und Türelemente in Möbeln integriert, die gleichzeitig auch als Leuchtkörper dienen, siehe Bild 64a. Auch mikrogeschlitzte Metalltüren können ein attraktives Design abgeben und der Akustik dienen (Bild 64b). Wenn man die Vorderseite von Schränken durch eine Perforation gemäß Gl. (31) genügend offen belässt, kann man Absorber auch innen vor der Rückwand wirksam anbringen. Bild 65 zeigt ein Aktenrondell, dessen Wandelemente, ähnlich wie in Abschnitt 8.8 beschrieben, rundum absorbierend gestaltet wurde.

8.11 Schlanke Auskleidungen für reflexionsarme Messräume

Die in den Abschnitten 4.3 und 8.6 beschriebenen VPR und BKA wurden zwar ursprünglich für diverse Anwendungen im technischen Schallschutz entwickelt. Sie dienten aber bald auch der Gestaltung von Schallfeldern in hochwertigen Abhörräumen von professionellen Audio- und Videostudios sowie als Hilfsmittel zur Schaffung einer geeigneten raumakustischen Umgebung für eine natürliche Mehrkanalwiedergabe, s. [2, Abschn. 14.5]. Angesichts ihrer in Bild 56 dargestellten Absorptionseigenschaften lag es aber nahe, auf dieser Basis eine neuartige reflexionsarme Auskleidung für akustische Mess- und Prüfräume zu schaffen [2, Kap. 15 und 16].

Bei tiefen Frequenzen, für welche reflexionsarme Räume nicht mehr sehr groß gegenüber der Wellenlänge sind, bildet sich, wie im Beitrag B 6 beschrieben, ein ungleichförmiges Schallfeld aus. Die neuartige BKA-Auskleidung trägt diesem Umstand Rechnung, indem sie, anders als bei der konventionellen Auskleidung mit Keilabsorbern und entgegen einer verbreiteten Gewohnheit, die rückseitigen Resonatoren *nicht* gleichmäßig auf alle Begrenzungsflächen verteilt, sondern

Integrierte und integrierende Absorber 587

a)

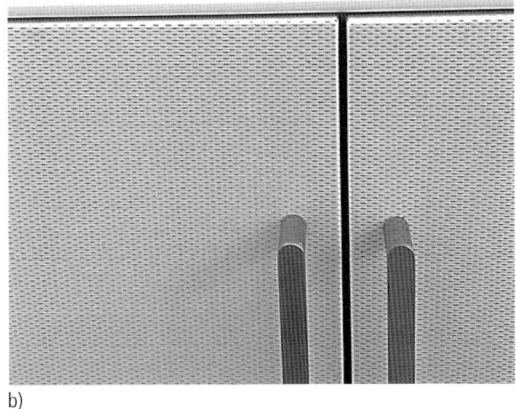
b)

Bild 64. Schall absorbierende Möbel aus mikroperforiertem farbigen Acrylglas (a, Foto: Renz Solutions) bzw. mit mikrogeschlitzten Blechtüren (b, Foto: Andritz)

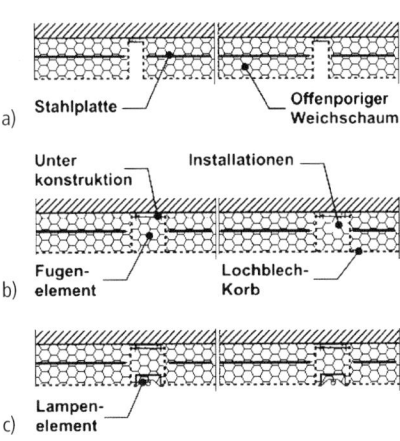

Bild 66. BKA-Auskleidung mit 1 bis 2,5 mm dicken Stahlplatten zwischen 100 bzw. 150 mm offenporigen Weichschaumplatten mit offenen Fugen a), Passstücken für Leitungen, Kanäle etc. b) sowie integrierten Leuchtkörpern c)

Bild 65. Allseitig Schall absorbierendes Aktenrondell (Foto: Renz Solutions)

diejenigen mit den dicksten Schwingblechen bevorzugt in den Raumkanten platziert. Von hier können sie die Raummoden am wirksamsten dämpfen, s. hierzu auch Abschnitt 8.5. Bereichsweise, z. B. vor Türen, kann man die schweren Schwingbleche auch ganz fortlassen. Zwischen den stets mit etwas Abstand montierten BKA-Modulen, deren bevorzugte Größe über 1 m^2 sein sollte, lassen sich Kanäle und Leitungen sowie andere Installationen zur jeweiligen Raumnutzung geschickt integrieren. Auch Leuchten lassen sich in der Deckenauskleidung versenken (Bild 66).

In Akustikprüfständen für Motoren und Fahrzeuge sind diverse Installationen für den Komfort und die Sicherheit ihrer Nutzer an Decken und Wänden zu installieren. Bild 67 illustriert, wie diese ebenfalls wandbündig mit der jeweiligen Auskleidung sehr funktional und attraktiv integriert werden können, ohne deren absorbierende Wirkung merklich zu schmälern. Wenn es z. B. in einem Rollenprüfstand für Pkw darum geht, den Fahrwind zu simulieren und die durch die Antriebsleistung bedingten hohen Wärmelasten aus dem Raum abzuführen, bietet die Auskleidung des Halb-Freifeldraumes mit selbst tragenden BKA-Modulen auch die Möglichkeit, die zu- und abführenden Kanäle in letztere gleichzeitig Schall dämpfend zu integrieren, siehe Bild 68.

  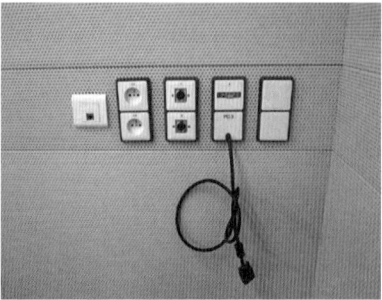

Bild 67. In die reflexionsarme Auskleidung von Freifeld-Prüfständen integrierte Installationen

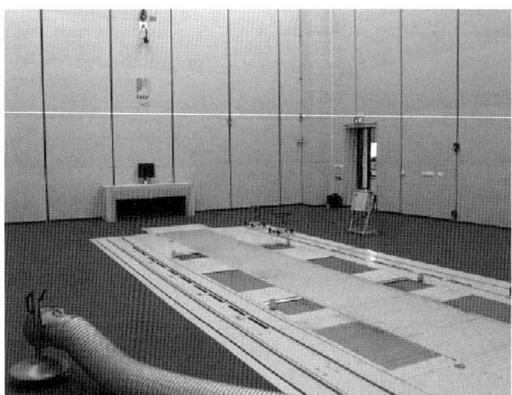 

Bild 68. In die Auskleidung eines Rollenprüfstandes für Pkw integrierte Fahrwindsimulation und Raumbelüftung

Die BKA-Auskleidung in ihrer einfachsten Form führt für breitbandig abstrahlende Quellen zu einer äußerst geringen Raumrückwirkung auf das Direktfeld der Quelle. Dabei erreicht ihr Absorptionsgrad bei senkrechtem Schalleinfall nicht unbedingt die von älteren Ausgaben der geltenden Norm ISO 3745 geforderten 99 Prozent. Entsprechende Messungen an Absorbern, deren Wirkung bei tiefen Frequenzen auf mitschwingenden Platten mit Abmessungen im m-Bereich beruhen, gestalten sich schwierig. Auch kann man bezweifeln, dass diese Forderung grundsätzlich Sinn macht. Sie ist offensichtlich von der Situation in einem wirklich ebenen Wellenfeld abgeleitet, in dessen aus hin- und rücklaufender Welle resultierendem Stehwellenfeld sich gemäß Gl. (8) und Tabelle 1 eine Welligkeit von gerade einmal ±1 dB ergibt, wenn der Absorptionsgrad 0,99 beträgt. Tatsächlich hat man es insbesondere in den stets möglichst klein gebauten reflexionsarmen Räumen RaR näherungsweise eher mit Kugelwellen zu tun, deren Amplitude nicht konstant ist, sondern sich näherungsweise wie $-20 \lg r$ mit ihrem Laufweg stark ändert.

Dennoch kann es in besonderen Fällen, bei denen es um Untersuchungen an schmalbandig abstrahlenden Quellen geht, unter Umständen Sinn machen, die BKA-Auskleidung mit einem vorderseitig geeignet strukturierten porösen Absorber zu kombinieren [2, Abschnitt 15.4]. Wenn man dem Schall den Eintritt in die poröse Schicht z. B. aus Melaminharzschaum durch eine spezielle Formgebung wie in Bild 69 noch etwas erleichtert, dann gelingt es, die Absorptionsgrade herkömmlicher Absorber noch zu übertreffen bzw. ihre Wirksamkeit bei hohen wie tiefen Frequenzen mit deutlich geringerer Bautiefe zu erreichen. Eine ausführlichere Darstellung der alternativen Auskleidungen für Freifeldräume findet sich in Beitrag B 6 und [2, Kap. 15 und 16]. Dort werden auch weit über hundert Anwendungen der neuartigen Absorbertechnologien in RaR von diversen Akustikprüfständen, insbesondere auch in Aeroakustik-Windkanälen, aufgeblättert. Als Vorreiter für das dabei zugrunde gelegte Auslegungskonzept fungierten hier weltweit Hersteller und Zulieferer der Automobil-Branche [44]. Bild 70 zeigt die BKA- und ASA-Auskleidung (an der Decke) einer Vorbeifahrt-Messhalle im Fraunhofer-Zentrum Stuttgart [45].

9 Schlussbemerkungen

Dieser Beitrag versucht, einen aktuellen Überblick über Materialien und Bauteile zu geben, die es dem beratenden und planenden Ingenieur ermöglichen,

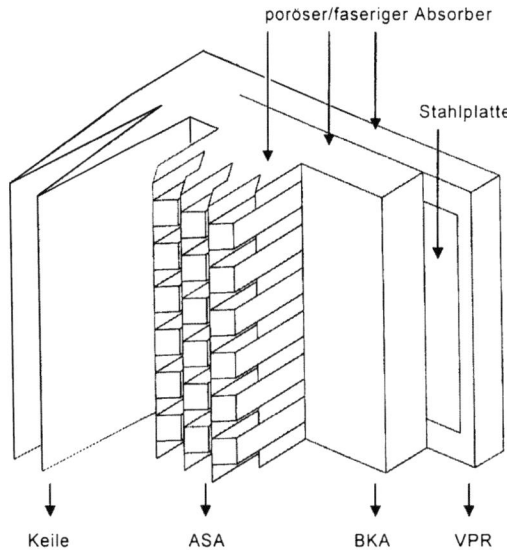

Bild 69. Verbundplatten-Resonatoren VPR, Breitband-Kompaktabsorber BKA und asymmetrisch strukturierte Absorber ASA als alternative reflexionsarme Raumauskleidungen (schematisch)

Bild 70. Halbfreifeldraum mit Allrad-Rollenprüfstand (mittig) und Mikrofonreihen (rechts) zur Messung der simulierten Vorbeifahrt im Fraunhofer IBP in Stuttgart (Foto: Faist Anlagenbau)

Raumakustik und Lärmschutz nach dem Stand der Technik zu gestalten. Dabei wird ein Schwerpunkt auf die Schalldämpfung bei tiefen Frequenzen und den Einsatz abriebfester Absorber mit glatten, möglichst geschlossenen Oberflächen gelegt. Etwa 70 Prozent des Beitrags behandeln neuartige Werkzeuge und Hilfsmittel zur Lösung akuter Probleme der technischen Akustik. Dank gilt einigen engagierten Wissenschaftlern und Technikern am Fraunhofer-IBP sowie potenten Entwicklungs- und Lizenzpartnern, die es den Forschern ermöglichen, aus Ideen und Prototypen auf direktem Weg vermarktbare Produkte zu machen und diese in repräsentativen Bauvorhaben mustergültig zum Einsatz zu bringen. Die vielfältigen Investitionen in neue Konzepte, Verfahren und Produkte, wie sie hier nur in der gebotenen Kürze angesprochen werden konnten, haben sich in den allermeisten Fällen für alle Beteiligten gelohnt, besonders natürlich für die Hersteller und unzähligen Anwender.

Bereits der Arzt und Nobel-Preisträger R. Koch wünschte sich: „*Eines Tages wird der Mensch den Lärm so unerbittlich bekämpfen, wie einst die Cholera und die Pest*". Davon ist man heute leider noch weiter entfernt als damals. Selbst in teuren Gourmet-Tempeln (oft gerade dort!) kann Feinschmeckern der Appetit vergehen, wenn sie sich nicht einmal mit ihrem nächsten Tischnachbarn entspannt unterhalten können. Auch wenn sich Akustiker gesellig zusammenfinden, gehen ihre Gespräche regelmäßig in einem raumakustischen Tohuwabohu unter, bei dem man sein eigenes Wort nicht mehr versteht. Deshalb wird auf deren nächster Jahrestagung wiederum ein neuartiger Breitband-Kompaktabsorber präsentiert [46]. Dieser umschließt das Dämpfungsmaterial rundum mit einem nur rückseitig perforierten Stahlblechmantel und kann, quasi über Nacht, nahe der Kanten von Speise-, Küchen- und anderen Reinräumen an der Decke auf- und, etwa zum Reinigen oder Umziehen, ebenso leicht wieder abgehängt werden. Und was die raumakustische Qualität in Darbietungsräumen angeht, so beklagt ein Editorial der Zeitschrift *Das Orchester*: „*Irgendwie bleibt es doch ein Mirakel: modernste Computertechnik, ausgetüftelte akustische Konzertsaalmodelle, Messungen und Berechnungen ... sind noch immer keine Gewähr dafür, dass der neue Saal auch wirklich gut klingt ...*". In den Beiträgen C 4 und C 5 werden raumakustische Eigenschaften kleinerer und größerer Räumlichkeiten kritisch untersucht. Für beide Problembereiche steht heute ein umfangreicher Werkzeugkasten u. a. mit Schallabsorbern für praktisch jede Anwendung bereit. Aber wie schon *J.W. v. Goethe* einst anmerkte: „*Es ist nicht genug zu wissen, man muss auch anwenden. Es ist nicht genug zu wollen, man muss auch tun*".

10 Literatur

[1] Kautsch, P.; Ferk, H.; Hengsberger, H. (2009) Grundlagen, Stand und Trends in der Bau- und Raumakustik, in *Bauphysik-Kalender 2009* (Hrsg. Fouad, N.A.), Ernst & Sohn, Berlin 2009.

[2] Fuchs, H.V. (2017) Raum-Akustik und Lärm-Minderung, Springer, Berlin.

[3] Fuchs, H.V.; Möser, M. (2016) Schallabsorber, in *Taschenbuch der Technischen Akustik* (Hrsg. Müller, G., Möser, M.), Springer, Berlin.

[4] Cremer, L.; Müller, H.A. (1974) *Die wissenschaftlichen Grundlagen der Raumakustik, Bd. II*, Hirzel, Stuttgart.

[5] Cremer, L.; Müller, H.A. (1978) *Die wissenschaftlichen Grundlagen der Raumakustik, Bd. I*, Hirzel, Stuttgart.

[6] Fasold, W.; Sonntag, E.; Winkler, H. (1987) *Bau- und Raumakustik,* Verlag für Bauwesen, Berlin.

[7] Lotze, E. (1996) Luftschalldämmung, in *Technischer Lärmschutz* (Hrsg. Schirmer, W.), VDI-Verlag, Düsseldorf.

[8] Gruhl, S.; Kurz, U.J. (2006) Schallausbreitung und Schallschutz in Arbeitsräumen, in *Technischer Lärmschutz* (Hrsg. Schirmer, W.) VDI-Verlag, Düsseldorf.

[9] Lotze, E. (2006) Luftschallabsorption, in *Technischer Lärmschutz* (Hrsg. Schirmer, W.) VDI-Verlag, Düsseldorf.

[10] Frommhold, W. (2006) Absorptionsschalldämpfer, in *Technischer Lärmschutz* (Hrsg. Schirmer, W.) VDI-Verlag, Düsseldorf.

[11] Mechel, F.P. (1994) Schallabsorption, in *Taschenbuch der Technischen Akustik* (Hrsg. Heckl, M., Müller, H.A.) Springer, Berlin.

[12] Zhou, X.; Heinz, R.; Fuchs, H.V. (1998) Zur Berechnung geschichteter Platten- und Lochplatten-Resonatoren, *Bauphysik* **20** (3), S. 87–95.

[13] Kiesewetter, N. (1980) Schallabsorption durch Platten-Resonanzen, *Gesundheitsingenieur* **101** (1), S. 57–62.

[14] Ford, R.D.; McCormick, M.A. (1969) Panel sound absorbers, *J Sound Vib*. **10** (3), S. 411–423.

[15] Chladni, E.E.F. (1787) *Entdeckungen über die Theorie des Klanges,* Leipzig.

[16] Lord Rayleigh (1877) *Theory of sound,* London.

[17] Ritz, W. (1909) Theorie der Transversalschwingungen einer quadratischen Platte mit freien Rändern, *Annalen der Physik* **28**, S. 737–786.

[18] Cremer, L. (1981) *Physik der Geige,* Hirzel, Stuttgart.

[19] Hurlebaus, S.; Gaul, L.; Wang, J.T.S. (2001) An exact series solution for calculating the eigenfrequencies of orthotropic plates with completely free boundary, *J. Sound Vib.* **244** (5), S. 747–759.

[20] Schirmer, W. (2006) Schwingungen und Schallabstrahlung von festen Körpern, in *Technischer Lärmschutz* (Hrsg. Schirmer, W.) VDI-Verlag, Düsseldorf.

[21] Zha, X.; Fuchs, H.V.; Späh, M. (1996) Messung des effektiven Absorptionsgrades in kleinen Räumen, *Rundfunktechn. Mitt.* **40** (3), 1996, S. 77–83.

[22] Leistner, P.; Fuchs, H.V. (2001) Schlitzförmige Schallabsorber, in *Bauphysik* **23** (6), S. 333–337.

[23] Fuchs, H.V.; Ackermann, U.; Rambausek, N. (1989) *Nichtporöser Schallabsorber für den Einsatz in Rauchgasreinigungsanlagen,* VGB Kraftwerkstechnik **69**, S. 1102–1110.

[24] Fuchs, H.V.; Frommhold, W.; Sheng, S. (1992) Akustische Eigenschaften von Membran-Absorbern, in *Gesundheitsingenieur* **113** (4), S. 205–213.

[25] Hunecke, J.; Zhou, X. (1992) Resonanz- und Dämpfungsmechanismen in Membran-Absorbern, in *VDI Berichte* 938. VDI-Verlag, Düsseldorf, S. 187–196.

[26] Fuchs, H.V.; Ackermann, U.; Fischer, H.M. (1990) Membran-Bauteile für den technischen Schallschutz, in *Zeitschrift Lärmbekämpf.* **37** (4), S. 91–100.

[27] Vér, I.L.: Enclosures and wrappings, in Beranek, L.L., Vér, I.L. (Hrsg): *Noise and vibration control engineering,* Kap 13. Wiley, New York 1992.

[28] Fuchs, H.V. (2001) Alternative fibreless absorbers New tools and materials for noise control and acoustic comfort, in *Acustica* **87** (3), S. 414–422.

[29] Eckoldt, D.; Rambausek, N.; Brandstätt, N.; Hemsing, J. (1998) Nutzung von Schornsteinen als Breitband-Schalldämpfer, in *Bauphysik* **20** (6), S. 191–194.

[30] Kurtze, G. (1977) Wirtschaftliche Gestaltung von Schallschluckdecken, in *VDI-Zeitschrift* **119** (24), S. 1193–1197.

[31] Maa, D.-Y. (1975) Theory and design of microperforated panel sound absorbing constructions, in *Scientia Sinica* **18** (1), S. 55–71.

[32] Fuchs, H.V.; Zha, X. (1995) Einsatz mikro-perforierter Platten als Schallabsorber mit inhärenter Dämpfung, in *Acustica* **81**(2), S. 107–116.

[33] Kang, J.; Fuchs, H.V. (1999) Predicting the absorption of open weave textiles and micro-perforated membranes backed by an air space, *J. Sound Vib.* **220**, S. 905–920.

[34] Fuchs, H.V.; Zha, X.; Wenski, H.; Mauritz, U. (1998) Die Welle, Gütersloh: Überzeugende Lärmminderung in einem Freizeitbad, in *Archiv des Badewesens* **51** (11), S. 542–549.

[35] Fuchs, H.V.; Drotleff, H.; Wenski, H. (2002) Mikroperforierte Folien als Schallabsorber für große Räume, in *Technik am Bau* **10**, S. 67–71.

[36] Fuchs, H.V.; Zha, X. (2006) Micro-perforated structures as sound absorbers – A review and outlook, in *Acustica* **92** (1), S. 139–146.

[37] Potthoff, J.; Essers, U.; Eckoldt, D.; Fuchs, H.V.; Helfer, M. (1994) Der neue Aeroakustik-Fahrzeugwindkanal der Universität Stuttgart, in *Automobiltechn. Z.* **96** (7/8), S. 438–447.

[38] Eckoldt, D.; Hemsing, J. (1997) Kamin mit eckigem Innenzug als integralem Schalldämpfer, in *Z. Lärmbekämpf.* **44** (4), S. 115–117.

[39] Fuchs, H.V.; Zha, X.; Zhou, X.; Drotleff, H. (2001) Creating low-noise environments in communication rooms, in *Applied Acoustics* **62**, Nr. 2, S. 1375–1396.

[40] Tiesler, G.; Oberdörster, M. (2006) *Lärm in Bildungsstätten. Initiative Neue Qualität der Arbeit*, Bundesanstalt für Arbeitsschutz und Arbeitsmedizin.

[41] Fuchs, H.V. (2018) Thesen zur Akustik anspruchsvoller Räume. Teil 2: Bass-Verhältnis und Schallbelastung in kleineren Räumlichkeiten, in *Akustik Journal* **3**, S. 39–51.

[42] Fuchs, H.V.; Lamprecht, J.; Zha, X. (2011) Zur Steigerung der Wirkung passiver Absorber: Schall in

Raumkanten schlucken! *Gesundheitsingenieur* **132** (5), S. 240–250.

[43] Fuchs, H.V.; Renz, J. (2006) Raumakustische Gestaltung offener Bürolandschaften, in *Bauphysik* **28**, H. 5, S. 305–320.

[44] Fuchs, H.V.; Zhou, H.; Zha, X.; Lecheler, A. (2007) Akustik-Prüfstände im innovativen Outfit, in *Gesundheits-Ingenieur* **128**, H. 2, S. 65–73.

[45] Teller, P.; Brandstätt, P. (2010) *Labor für Fahrzeugakustik und simulierte Vorbeifahrt*, 36. Jahrestagung DAGA 2010, Berlin, S. 971–972.

[46] Fuchs, H.V.; Alexander, B.; Weinzierl, S. (2020) *Flexibel installierbare Breitband-Schallabsorber für Kommunikationsräume.* Jahrestagung der DEGA, Hannover, 16.–19. März

Das Jahrbuch zum Glasbau

Hrsg.: Bernhard Weller, Silke Tasche
Glasbau 2019
April 2019 · 498 Seiten
ca. € 39,90*
ISBN 978-3-433-03260-2
Auch als ebook erhältlich.

Das vorliegende Buch präsentiert in zahlreichen Beiträgen renommierter Autoren den aktuellen Stand der Technik im konstruktiven Glasbau. Die Planung und die Ausführung wegweisender Glasarchitektur werden ausführlich erläutert, die Bemessung und die Konstruktion tragender Glasbauteile praxisgerecht erklärt.

Online Bestellung: www.ernst-und-sohn.de/3260

Ernst & Sohn
Verlag für Architektur und technische
Wissenschaften GmbH & Co. KG

Kundenservice: Wiley-VCH
Boschstraße 12
D-69469 Weinheim

Tel. +49 (0)6201 606-400
Fax +49 (0)6201 606-184
service@wiley-vch.de

* Der €-Preis gilt ausschließlich für Deutschland. Inkl. MwSt. Die Versandkosten für Deutschland, Österreich, Schweiz, Liechtenstein und Luxemburg entfallen. Für alle anderen Länder gilt der Preis zzgl. Versandkosten. Irrtum und Änderungen vorbehalten. 1072226_dp

Schallschutz im Wohnungsbau

Wolfgang Moll, Annika Moll
Schallschutz im Wohnungsbau
Gütekriterien, Möglichkeiten, Konstruktionen
2011. 138 Seiten.
€ 59,–*
ISBN 978-3-433-02936-7
Auch als ebook erhältlich

Das Buch beantwortet die Fragen nach dem erwünschten, erforderlichen oder geschuldeten Schallschutz und nach den Möglichkeiten der Schalldämmung. Ein Praxisbuch für Architekten und Ingenieure, für die Wohnungswirtschaft, für Mieter und Eigentümer, sowie für Juristen im Baurecht.

Online Bestellung:
www.ernst-und-sohn.de/2936

Ernst & Sohn
Verlag für Architektur und technische
Wissenschaften GmbH & Co. KG

Kundenservice: Wiley-VCH
Boschstraße 12
D-69469 Weinheim

Tel. +49 (0)6201 606-400
Fax +49 (0)6201 606-184
service@wiley-vch.de

* Der €-Preis gilt ausschließlich für Deutschland. Inkl. MwSt. Die Versand kosten für Deutschland, Österreich, Schweiz, Liechtenstein und Luxemburg entfallen. Für alle anderen Länder gilt der Preis zzgl. Versandkosten. Irrtum und Änderungen vorbehalten.1058106_dp

C
Konstruktive Ausbildung von Bauteilen und Bauwerken

C 1 Schalldämmung von Fenstern, Türen und Vorhangfassaden

Joachim Hessinger, Bernd Saß

Dr. Dipl.-Phys. Joachim Hessinger
ift Rosenheim
Theodor-Gietl-Straße 7–9, 83026 Rosenheim

Physikstudium an der Johannes Gutenberg Universität Mainz und Promotion. Seit 2005 Prüfstellenleiter im ift Labor Bauakustik, zu dem die Prüfung von Bauelementen, Deckenelementen, Verglasungen und Holzbauwänden sowie Forschungsprojekte, Baumessungen und Gutachten gehören. Seit vielen Jahren in der Holz- und Fensterbranche in verschiedenen Funktionen tätig; Lehrbeauftragter, Referent und Fachautor. Mitglied in verschiedenen Normen und Fachausschüssen, beispielsweise NA 005-55-74 AA (Anforderungen an den Schallschutz) des DIN.

Dipl.-Ing. (FH) Bernd Saß
ift Rosenheim
Theodor-Gietl-Straße 7–9, 83026 Rosenheim

Holztechnik-Studium an der Fachhochschule Rosenheim. Seit 2001 Prüfstellenleiter am ift Rosenheim im Bereich Bauakustik und seit 2004 stellvertretender Prüfstellenleiter des ift Labor Bauakustik, zu dem die Prüfung von Bauelementen, Deckenelementen, Verglasungen und Holzbauwänden sowie Forschungsprojekte, Baumessungen und Gutachten gehören. Als gelernter Tischler seit vielen Jahren in der Fensterbranche in verschiedenen Funktionen tätig; ebenso als Referent und Fachautor. Mitglied in verschiedenen Normen- und Fachausschüssen, beispielsweise in NA 062-02-31 AA (Arbeitsausschuss Schalldämmung und Schallabsorption, Messung und Bewertung) des NMP oder im Normenausschuss NA 005-55-75 AA (Nachweisverfahren, Bauteilkatalog, Sicherheitskonzept zu DIN 4109).

Bauphysik-Kalender 2020: Bau- und Raumakustik. Herausgegeben von Nabil A. Fouad.
© 2020 Ernst & Sohn GmbH & Co. KG. Published 2020 by Ernst & Sohn GmbH & Co. KG.

Inhaltsverzeichnis

1	**Einführung** 597	

2 Schalldämmung von Fenstern 597
2.1 Glas 597
2.1.1 Schalldämmung von Verglasungen mit Verbundscheiben 597
2.1.1.1 Einfluss der Temperatur auf die Schalldämmung 599
2.1.1.2 Auswirkungen des Temperatureinflusses bei Schalldämmprüfungen von Fenstern im Labor 599
2.1.1.3 Auswirkung des Temperatureinflusses vor Ort 599
2.1.2 Einfluss der Gasfüllung auf die Luftschalldämmung von Isolierglas 600
2.1.3 Schalldämmung von Dreifach-Isolierverglasungen 601
2.1.4 Schalldämmung von Isolierglas unter Berücksichtigung des Spektrum-Anpassungswertes C_{tr} für Straßenverkehrslärm 602
2.1.4.1 Auswirkung des Spektrum-Anpassungswertes C_{tr} auf die Bewertung der Schalldämmung von Isolierglas 602
2.1.4.2 Einflussgrößen auf den C_{tr}-Wert von Verglasungen 603
2.2 Paneele 603
2.2.1 Einführung 603
2.2.2 Konstruktive Einflüsse auf die Schalldämmung von Paneelen 603
2.2.3 Beispiele für die Schalldämmung von Paneelen 604
2.3 Fensterrahmen 605
2.3.1 Massive Rahmenprofile 605
2.3.2 Hohlkammerprofile 605
2.3.3 Falzausbildung 606
2.4 Bauarten und Formate 606
2.5 Fenstermontage 607
2.5.1 Anforderungen 607
2.5.2 Berücksichtigung der Einbausituation bei der Planung von Außenbauteilen 607
2.6 Fenster und Lüftung 610
2.6.1 Anforderungen an die Lüftung 610
2.6.2 Schallschutzanforderungen an Lüfter 610
2.6.3 Weitere Anforderungen an Lüfter 611
2.6.4 Kenngrößen 613
2.6.4.1 Schalldämmung von Lüftern 614
2.6.4.2 Einzahlangaben 615
2.6.4.3 Eigengeräusche von Lüftern 615
2.6.4.4 Luftleistung 615
2.6.5 Bauarten von Lüftern und Lüftungselementen 615
2.6.6 Lüftung im und am Fenster 616
2.6.7 Lüftung, unabhängig vom Fenster 617
2.7 Rollladenkästen 617
2.7.1 Einführung 617
2.7.2 Rechnerischer Nachweis der Schalldämmung 618
2.7.3 Schalldämmung von Rollladenkästen 618
2.7.4 Temporärer Schallschutz durch Rollladenabschlüsse 620

3 Schalldämmung von Türen 621
3.1 Schallübertragung bei Türen 621
3.1.1 Schallübertragungswege 622
3.1.2 Schalldämmung von Türblättern 622
3.1.3 Berechnung der Gesamtschalldämmung der Tür aus den einzelnen Schalldämmmaßen 622
3.1.4 Abschätzung der Teilkomponenten 622
3.1.5 Grafische Ermittlung der Schalldämmung der Tür 623

4 Schalldämmung von Vorhangfassaden 623
4.1 Einleitung 624
4.2 Datenanalyse zur Luft- und Längsschalldämmung 625
4.3 Luftschalldämmung 625
4.3.1 Pfosten-/Riegelfassaden 625
4.3.2 Elementfassaden 625
4.3.3 Tabellenvorschlag für die Luftschalldämmung von Vorhangfassaden 626
4.4 Horizontale Längsschalldämmung 627
4.4.1 Fensterbänder 627
4.4.2 Pfosten-Riegelfassaden, Elementfassaden 627
4.4.3 Profilschalldämmung 628
4.5 Vertikale Längsschalldämmung 630

5 Nachweisverfahren 633
5.1 Konstruktionstabellen für Fenster 633
5.1.1 Tabelle 1 und 2 aus DIN 4109-35 633
5.1.2 Nachweisverfahren nach DIN EN 14351-1 Anhang B 635
5.1.3 Ergänzende Hinweise zu den Tabellen 637
5.1.4 Anwendungsregeln für Außenbauteile in Deutschland 639
5.2 Anforderungen an Türen 639
5.2.1 Anforderungen nach DIN 4109 639
5.2.2 Tabellennachweis der Schalldämmung von Innentüren 641
5.2.3 Ermittlung der Schalldämmung für den Nachweis im CE-Kennzeichen 641
5.3 Nachweis- und Rechenverfahren 641

6 Literatur 643

1 Einführung

Die Schalldämmung von Bauelementen wie Fenstern, Türen und Fassaden ist seit vielen Jahren eine zentrale Eigenschaft, die vom Hersteller solcher Bauelemente für seine Produkte und für konkrete Anforderungen in Objekten nachgewiesen werden muss. In diesem Beitrag werden die Einflussfaktoren und Daten zur Schalldämmung von Fenstern, Türen und Vorhangfassaden zusammengestellt. Der Beitrag fasst die Erkenntnisse und Leistungsdaten von bekannten Konstruktionen zusammen, wobei der Schwerpunkt auf Konstruktionen liegt, die im deutschsprachigen Raum üblich sind. Weiterhin werden Hinweise zu aktuellen Entwicklungen in der Baukonstruktion sowie der Normung gegeben.

2 Schalldämmung von Fenstern

Die Schalldämmung von Fenstern hängt im Wesentlichen von der Schalldämmung der Füllung (des Glases), des Rahmens sowie der Dichtigkeit des Funktionsfalzes und der Ausführung der Baukörperanschlüsse ab. Für diese Details werden nachfolgend Einflüsse auf die Schalldämmung dargelegt.

2.1 Glas

Die Schalldämmung von Glas und Glaserzeugnissen wird durch den geometrischen Aufbau, die Glaskonstruktion und die Gasfüllung im Scheibenzwischenraum bestimmt. Als akustische Einflussgrößen seien die Doppelscheibenresonanzfrequenz beim Mehrscheiben-Isolierglas f_R (Masse-Feder-Masse Prinzip, das Schwingungsverhalten der Scheiben gegeneinander) und die Koinzidenzgrenzfrequenz f_g (Einfluss der Biegesteifigkeit der einzelnen Scheiben) genannt. In der europäischen Norm DIN EN 12758:2011 [1] „Glas und Luftschalldämmung" sind die technischen Details zusammengefasst. Wichtig hierbei ist, dass die Glasdaten immer Bezug auf ein normativ festgelegtes Glasformat (1,23 m × 1,48 m) haben; Formatunterschiede werden bei der Beurteilung der Bauelemente mithilfe von Zuschlägen berücksichtigt (vgl. Tabelle 16).

Auch sind in der DIN EN 12758 Beispieldaten vorhanden, die auszugsweise in Tabelle 1 wiedergegeben sind. Mit der Neufassung der Norm (Entwurfsfassung 2018 [2]) ist u. a. geplant, diese Datensammlung um Erweiterungsregeln; weitere Glasaufbauten und spektrale Schalldämmmaße R in Terzbandbreite zu erweitern und zu aktualisieren. Diese Daten wurden aus dem Mittelwert typischer Messwerte unter Abzug einer Standardabweichung abgeleitet. Sie stellen somit vorsichtig bemessene Werte dar.

In den letzten Jahren haben sich bei den Glaskonstruktionen im Hinblick auf die Schalldämmung im Wesentlichen Veränderungen hinsichtlich der Anwendung von Spektrum-Anpassungswerten, Gasfüllungen, Verbundscheiben mit akustisch wirksamen Zwischenschichten und dem Einsatz von Dreifach-Aufbauten von Isolierverglasungen ergeben.

2.1.1 Schalldämmung von Verglasungen mit Verbundscheiben

Eine bereits seit langem eingesetzte konstruktive Möglichkeit zur Verbesserung der Schalldämmung von Isolierglas und weiteren Glasprodukten ist die Verwendung von Verbundglas. Verbundgläser sind Sandwichkonstruktionen aus mindestens 2 Glasscheiben (aus z. B. Float oder ESG) mit einer verbindenden Zwischenschicht. Diese Zwischenschicht beeinflusst mit ihren mechanischen Eigenschaften signifikant die Schalldämmung der Verbundglaskonstruktion. Sie besteht meist aus Kunststofffolien mit unterschiedlichen mechanischen Eigenschaften, die für verschiedene Anwendungsbereiche der Verbundscheiben entwickelt werden, im Wesentlichen im Hinblick auf Sicherheitsaspekte und/oder zur Verbesserung der Schalldämmung.

Als Verbundschicht kommen verschiedene Materialien zum Einsatz. An dieser Stelle seien für Verbundschichten von Sicherheits- und Schallschutzglas genannt:
– Polyvinylbutyral (PVB); hieraus bestehen die meisten Folienschichten. Die PVB-Folie kann als Standard oder als Akustikfolie mit besonderen schalldämmenden Eigenschaften ausgeführt werden,
– Gießharz (GH); wird heute nur noch selten verwendet,
– Ethylenvinylacetat (EVA); Alternativmaterial zu PVB,
– Alkali-Silikat-Gel; bei Brandschutzglas.

Bis vor ungefähr 15 Jahren wurden vielfach Verbundschichten aus Gießharz eingesetzt. Heutzutage wird Gießharz kaum noch verwendet, es kommen hauptsächlich Folien auf Basis von PVB zur Anwendung. Messbeispiele der Luftschalldämmung einzelner Verbundscheiben (siehe Bild 1) zeigen charakteristische Resonanzeinbrüche aufgrund der Koinzidenzgrenzfrequenz. Diese lassen aufgrund der spektralen Charakteristik Schlüsse auf die Qualität der Verbundschicht zu. Liegt die Resonanzfrequenz in dem Bereich einer gleichdicken monolithischen Scheibe (im Beispiel 8 mm Float bzw. 4-1PVB-4 bei 1600 Hz), so ist der Verbund der Scheiben vergleichsweise biegesteif, und es ergibt sich nur eine geringe Verbesserung bei der Schalldämmung. Diese Charakteristik ist typisch für Verbundscheiben, die alleine als Sicherheitsglas konstruiert wurden.

Bei den Verbundschichten für biegeweiche, schalldämmende Glasaufbauten ist die Resonanz im Bereich der einzelnen Glastafeln (im Beispiel 4 mm Glas entsprechend 3000 Hz Biegewellenresonanz). Da die akustischen Eigenschaften der Scheiben sehr stark von den Folieneigenschaften abhängen, ist eine Charakterisierung dieser Eigenschaften erforderlich.

Tabelle 1. Schalldämmung von monolithischem Glas und von Isolierglas nach DIN EN 12758:2011 [1]

Aufbau in [mm]	Schalldämmmaß in [dB] bei Oktavband-Mitten-Frequenz in [Hz]						Einzahlangaben in [dB]		
	125	250	500	1000	2000	4000	R_w	C	C_{tr}
Einfachglas									
3	14	19	25	29	33	25	28	−1	−4
4	17	20	26	32	33	26	29	−2	−3
5	19	22	29	33	29	31	30	−1	−2
6	18	23	30	35	27	32	31	−2	−3
8	20	24	29	34	29	37	32	−2	−3
10	23	26	32	31	32	39	33	−2	−3
12	27	29	31	32	38	47	34	0	−2
Verbundglas (Glas, das eine organische aber keine akustische Zwischenschicht hat)									
6	20	23	29	34	32	38	32	−1	−3
8	20	25	32	35	34	42	33	−1	−3
10	24	26	33	33	35	44	34	−1	−3
12	24	27	33	32	37	46	35	−1	−3
16	26	31	30	35	43	51	36	−1	−3
20	30	32	31	35	46	56	37	−1	−3
24	31	31	31	38	49	56	38	−1	−3
Zweifach-Isolierverglasung mit Einfach- oder Verbundscheiben; Zwischenraum von 6 mm bis 16 mm Luft- oder Argonfüllung									
4 (6–16) 4	21	17	25	35	37	31	29	−1	−4
6 (6–16) 4	21	20	26	38	37	39	32	−2	−4
6 (6–16) 6	20	18	28	38	34	38	31	−1	−4
8 (6–16) 4	22	21	28	38	40	47	33	−1	−4
8 (6–16) 6	20	21	33	40	36	48	35	−2	−6
10 (6–16) 4	24	21	32	37	42	43	35	−2	−5
10 (6–16) 6	24	24	32	37	37	44	35	−1	−3
6 (6–16) 6 Verbundglas	20	19	30	39	37	46	33	−2	−5
6 (6–16) 10 Verbundglas	24	25	33	39	40	49	37	−1	−5

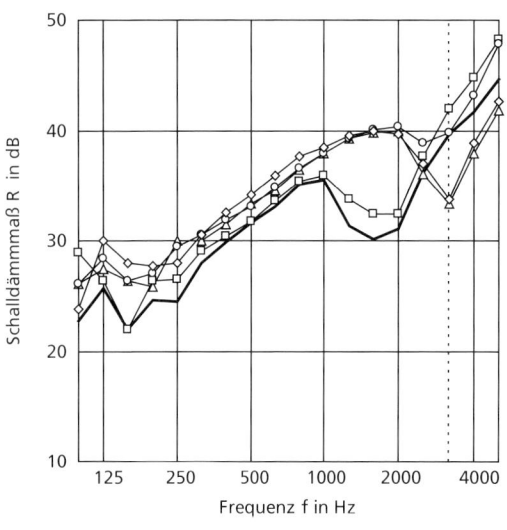

Bild 1. Beispiel für die Schalldämmung von 8 mm Verbundscheiben im Vergleich zu einer gleichdicken monolithischen Scheibe

Hierzu wird in ISO 16940 [3] ein Verfahren zur Messung der mechanischen Impedanz von Verbundglas beschrieben. Dazu wird ein Prüfkörper von 300 mm × 25 mm aus der zu untersuchenden Scheibe herausgeschnitten. Die Probe wird mechanisch zu Schwingungen angeregt und aus der Resonanzkurve die Resonanzfrequenz und die Dämpfung ermittelt.

Messungen im ift Rosenheim [4] haben gezeigt, dass eine Aussage zur Qualität der Verbundscheibe bzw. der Folientypen mit der Messung der Mechanischen Impedanz möglich ist. Da ein Muster aus der Scheibe geschnitten werden muss, handelt es sich um eine zerstörende Prüfung, was die Anwendung in der Prüfpraxis auf Streitfälle reduzieren dürfte.

2.1.1.1 Einfluss der Temperatur auf die Schalldämmung

Bei der Laborprüfung von Verglasungen mit Verbundscheiben aus Folien- oder Gießharz-Zwischenlagen sowie von Fenstern, in die solche Verbundscheiben eingebaut wurden, zeigt sich ein deutlicher Einfluss der Temperatur auf die Schalldämmung. Weichen die Temperaturen von den genormten Prüfbedingungen (20 °C ± 3 °C nach DIN EN ISO 10140-1) [5] ab, kann sich die Schalldämmung von Verbundscheiben deutlich verändern; insbesondere bei tieferen Umgebungstemperaturen kann sich die Schalldämmung deutlich reduzieren. In dem gezeigten Beispiel, siehe Bild 2, war die Schalldämmung bei einer Temperatur von 10 °C um 3 dB geringer im Vergleich zu den Normbedingungen. Größere Unterschiede sind bei anderen Aufbauten oder Temperaturdifferenzen möglich; die Ursache dafür liegt in der Chemie der Verbundschicht [6]. In diesem Zusammenhang ist die Anmerkung in der Prüfnorm DIN EN ISO 10140-1 Abschnitt D.4 [5] und DIN EN 12758:2011 Abschnitt 5.1 [1] zu verstehen; Verbundscheiben mit „Schallschutzfolien" scheinen zudem eine größere Empfindlichkeit bezüglich unterschiedlicher Temperaturen im Vergleich zu den früher verwendeten Gießharzscheiben zu haben. Um Einflüsse aus großen Temperaturunterschieden auf die Schalldämmung zu reduzieren wird daher empfohlen, Verbundscheiben in Isolierverglasungen bei Einbau in Fenstern oder Fassaden zur beheizten Raumseite hin orientiert einzubauen.

2.1.1.2 Auswirkungen des Temperatureinflusses bei Schalldämmprüfungen von Fenstern im Labor

Auch bei der Prüfung der Schalldämmung von Fenster- und Fassadenelementen im Labor des ift Labor Bauakustik wurden bei Vergleichsmessungen Unterschiede in der Schalldämmung gemessen, die in einer Größenordnung von etwa $\Delta R_w \approx 2$ bis 3 dB liegen können. Dies zeigt sich vor allem in der kühlen Jahreszeit, wenn sich angelieferte Prüfelemente der Außentemperatur angeglichen haben. Deshalb sollen die Prüfelemente vorab auf Raumtemperatur konditioniert werden.

Die Temperatur kann also die Schalldämmung ein und desselben Elementes ändern. Das unterscheidet die Temperatur von anderen Einflussgrößen wie z. B. dem Format des Glases oder dem Rahmenmaterial eines Fensters, die daher auch mithilfe von Korrekturwerten in der Planung berücksichtigt werden können. Ein Korrekturwert für die Umgebungstemperatur existiert nicht.

2.1.1.3 Auswirkung des Temperatureinflusses vor Ort

Die Temperatur der Umgebung lässt sich vor Ort nur bedingt beeinflussen. Somit stellt sich die Frage, wie auf die Änderung der Schalldämmung durch den Temperatureinfluss reagiert werden kann. Diese Frage soll anhand der nachfolgenden Beispiele diskutiert werden. In Bereichen, in denen klimabedingt Temperaturen herrschen, die zeitweise deutlich unter 10 °C lie-

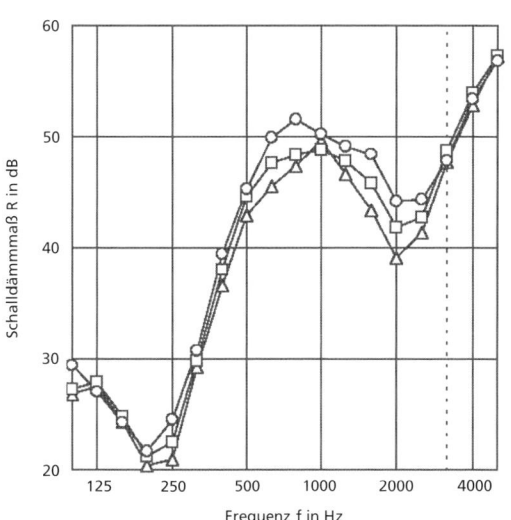

Bild 2. Beispiel für die Schalldämmung bei unterschiedlichen Temperaturen (Mehrscheiben-Isolierglas 8VSG/12 Krypton/6)

gen, kann beispielsweise die Fragestellung auftreten, ob bei einer Abnahmeprüfung bei kalten Außentemperaturen eine gestellte Anforderung an die Schalldämmung nicht erreicht wird, weil die Schalldämmung der Scheibe temperaturbedingt zu gering ist. Ein Lösungsweg ist es, die Verbundscheibe einer Isolierglaseinheit auf der Seite mit der höheren Temperatur (i. d. R. die geheizte Raumseite) zu positionieren, sofern dies technisch möglich ist. Aufgrund des Temperaturverlaufs innerhalb der Verglasung bei kalten Außentemperaturen ist der Einfluss der Temperatur auf die Schalldämmung dann nicht so groß zu erwarten [7].

Ein weiterer denkbarer Fall sind Anforderungen an die Schalldämmung von Verglasungen in Räumen mit ständiger Kältebelastung, sei es nutzungsbedingt oder aus geografischen Gegebenheiten. In diesen Fällen kann es erforderlich sein, die gewünschte Schalldämmung durch alternative Maßnahmen, also nicht mit Verbundscheiben, zu erzielen.

2.1.2 Einfluss der Gasfüllung auf die Luftschalldämmung von Isolierglas

Der Einfluss der Gasfüllung auf die Schalldämmung von Isolierglas wurde in der Vergangenheit in vielen Veröffentlichungen belegt [8–14]. Der Einfluss der vor der Jahrtausendwende verwendeten Gasfüllungen aus Schwefelhexafluorid SF_6 oder von Gasgemischen mit SF_6-Anteil wird an dem Beispiel in Bild 3 deutlich. Physikalisch wird die Steifigkeit der Gasschicht verändert, die über die Biegeschwingungen der Scheiben zur Schwingung angeregt wird. Im Vergleich zu argon- und luftgefüllten Scheiben verbessert eine SF_6-Füllung das bewertete Schalldämmmaß R_w um ca. 3–5 dB. Mit Argon und Luft gefüllte Verglasungen besitzen eine sehr ähnliche Schalldämmung, sowohl was den Frequenzverlauf als auch die Einzahlangaben angeht.

Bis zum Inkrafttreten der Wärmeschutzverordnung (WSVO) 1995 wurden Schallschutzverglasungen mit reiner SF6-Füllung eingesetzt. Aufgrund der Eigenschaft von SF6, die Wärmedämmung zu verringern, wurde SF_6 dann als Bestandteil von Gasgemischen zusammen mit Argon verwendet. Mit Verordnung der Europäischen Union vom 17.05. 2006 [15] ist der Gebrauch von SF_6 als Füllgas von Isolierglasscheiben nicht mehr zulässig.

Die Verbesserung des bewerteten Schalldämmmaßes R_w durch Änderung der Gasfüllung von Argon auf ein Gasgemisch aus Argon und SF_6 ist bei Fenstern nicht so stark wie bei Verglasungen. Das bewertete Schalldämmmaß R_w verbessert sich im Mittel nur um ca. 1 bis 2 dB, wenn anstelle einer Argon- (oder Luft-) Füllung SF_6 eingefüllt wird.

Aus Kenntnis dieser Zusammenhänge wurde bereits bei der Erstellung der überarbeiteten Tabelle 40 aus DIN 4109 [24] und auch bei der Fenstertabelle in der Produktnorm DIN EN 14351-1 Anhang B [16] auf die Wiedergabe von Schalldämmmaßen mit Glaskonstruktionen mit SF_6-Anteil verzichtet.

In einzelnen Fällen wird das Gas Krypton zur Verbesserung der Wärme- und Schalldämmung eingesetzt, was jedoch mit einem hohen Kostenaufwand verbunden ist, da Krypton mengenmäßig nur begrenzt zur Verfügung steht.

Aktuell (2019) werden als Füllgase im Scheibenzwischenraum von Isolierverglasungen praktisch nur noch Luft oder Argon eingesetzt.

Zu den in letzter Zeit diskutierten Vakuum-Isolierverglasungen gibt es aus bauakustischer Sicht noch zu wenig Erfahrungswerte um an dieser Stelle eine fundierte Aussage tätigen zu können.

Durch den Wegfall der Möglichkeit einer Gasfüllung mit SF_6 und wegen der hohen Kosten für Kryptongasfüllungen wird zur Verbesserung der Schalldäm-

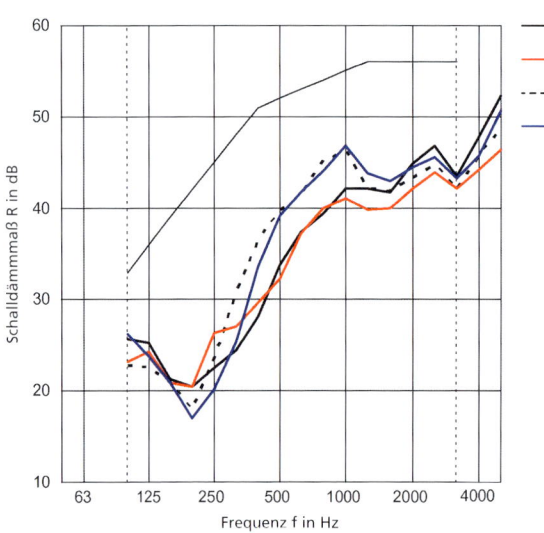

Bild 3. Schalldämmung einer Isolierglasscheibe mit dem Aufbau 6/16/4 [mm] mit verschiedenen Gasfüllungen

mung im Glasbereich derzeit also nicht mehr auf Modifikationen der Gasfüllung zurückgegriffen. Stattdessen werden andere Konstruktionsmerkmale der Verglasungen variiert. Als Beispiele seien genannt:
- Vergrößerung des Scheibenzwischenraums um 2 bis 4 mm (z. B. anstelle von 16 mm ein 20-mm-Scheibenzwischenraum)
- Änderung der Glasdicke einer Scheibe des Isolierglases um 2 mm (z. B. anstelle einer 6-mm-Scheibe eine 8-mm-Scheibe verwenden)
- Einsatz von Verbundscheiben

2.1.3 Schalldämmung von Dreifach-Isolierverglasungen

Getrieben von dem Verlangen nach energiesparenden Bauweisen werden in den letzten Jahren vermehrt Dreifach-Isolierverglasungen im Fenster- und Fassadenbau eingesetzt. Durch diese Bauweise lässt sich die Wärmedämmung verbessern, der U-Wert solcher Verglasungseinheiten liegt in Abhängigkeit der technischen Ausstattung (u. a. Beschichtung, Gasfüllung) bei einem Wärmedurchgangskoeffizienten bis zu $U_g = 0{,}5$ W/m²K.

Der Einsatz von Dreifach-Isolierglas wirkt sich auch auf andere Eigenschaften des Fensters oder der Fassade aus, unter anderem sind in diesem Zusammenhang das erhöhte Gewicht, die Dauerhaftigkeit des Glasauf- und Glaseinbaus, Glasbruchgefahr durch zu hohe Kantenbelastung und nicht zuletzt die Schalldämmung zu nennen [17].

Das ift Rosenheim hat dazu in den letzten Jahren die Schalldämmung von Dreifach-Isolierglas nach dem in DIN EN ISO 10140-2 beschriebenen Prüfverfahren an Scheiben mit der Abmessung 1230 mm × 1480 mm untersucht. Die wichtigsten Erkenntnisse aus diesen Messungen werden nachfolgend beschrieben.

Der Einfluss der Koinzidenzgrenzfrequenz zeigt sich bei Dreifach-Isolierglas in gleicher Weise wie bei Zweifach-Isolierglas, wie das Beispiel in Bild 4 zeigt. Für die Schalldämmung bestimmend wirken die äußere und die innere Scheibe. Die mittlere Scheibe besitzt nur geringen Einfluss auf die Schalldämmung der gesamten Isolierglaseinheit.

Die Analyse der Messungen zeigt auch, dass sich bei gleichen Scheibenabständen die Doppelscheiben-Resonanzfrequenz zu tiefen Frequenzen hin verschiebt. Das liegt unter anderem daran, dass sich die Wechselwirkung der beiden äußeren Scheiben zu einer Doppelscheibenresonanz überlagert, die einem Zweifach-Isolierglas mit der Summe der beiden SZR als gesamten Scheibenabstand entspricht.

Bei Dreifach-Isolierglas mit Verbundglas aus Folien mit akustisch günstigen Eigenschaften zeigt sich ein ähnliches Bild, nur dass die Koinzidenzgrenzfrequenz sich nicht so negativ auswirkt wie bei dem Beispiel in Bild 4. Wie bei Zweifach-Isolierglas auch, kann die Schalldämmung von Dreifach-Isolierglas durch Vergrößerung des Scheibenzwischenraumes erhöht werden; die Doppelscheiben-Resonanzfrequenz verschiebt sich zu tiefen Frequenzen durch die größere Gesamtdicke der Isolierglaseinheit.

Technische Grenzen bei der Vergrößerung des Scheibenzwischenraumes ergeben sich durch die Gesamtglasdicke, die aus der Fenster- oder Fassadenkonstruktion begrenzt wird, und die steigenden mechanischen Belastungen, die sich aus dem größer werdenden, eingeschlossenen Gasvolumen ergeben. Derzeit werden von der Glasindustrie Dreifach-Isolierverglasungen angeboten die eine Schalldämmung bis etwa $R_{w,Glas} = 50$ dB erreichen.

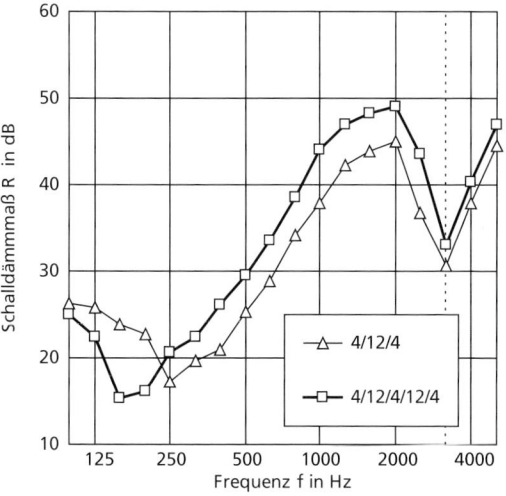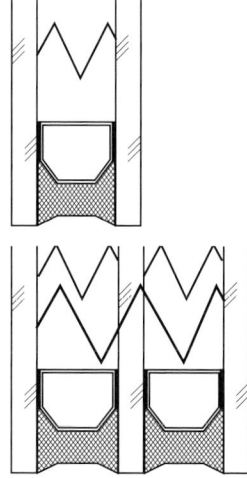

Bild 4. Vergleich der Schalldämmung von Zweifach- und Dreifach-Isolierglas, Zahlenangaben in mm, Ergebnis: 4/12 Ar/4: $R_w(C; C_{tr}) = 30(-1; -3)$ dB; 4/12 Ar/4/12 Ar/4: $R_w(C; C_{tr}) = 32(-1; -5)$ dB

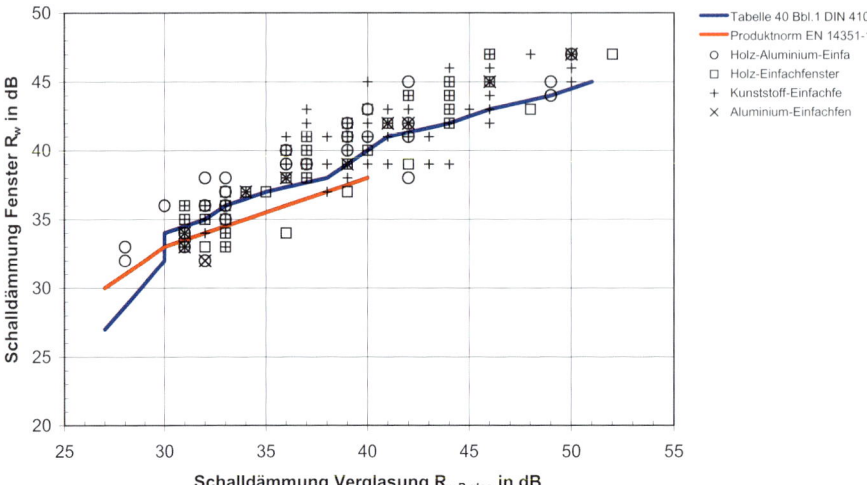

Bild 5. Schalldämmung von Einfachfenstern mit Dreifach-Isolierglas als Funktion der Schalldämmung der Verglasung, aus [18]. Die verschiedenen Symbole repräsentieren unterschiedliche Rahmenmaterialien. Die Schalldämmung der Verglasung wurde aus Schalldämmmessungen nach DIN EN ISO 10140-2 an Scheiben im Normformat ermittelt. Die durchgezogenen Linien entsprechen Tabellenwerten aus Tabelle 1 DIN 4109-35 [27] (vormals Tabelle 40 aus Beiblatt 1 DIN 4109) und Tabelle B.1 aus Anhang B der DIN EN 14351-1 [16]

Für die praktische Anwendung der Schalldämmwerte der Verglasung ist interessant, wie sich diese in einer Fensterkonstruktion verhalten. Eine Analyse von Messdaten aus Laborprüfungen wird in Bild 5 dargestellt.

Hier wurden für Einfach-Fensterelemente mit Dreifach-Isolierverglasungen die Schalldämmmaße R_w den Schalldämmwerten der Verglasung $R_{w,Glas}$ gegenübergestellt. Die Analyse zeigt, dass sich die generelle Abhängigkeit der Schalldämmung des Fensters von der Schalldämmung der Verglasung auch bei Dreifach-Isolierverglasungen zeigt. Auch wenn die Schalldämmwerte der Fenster wegen der unterschiedlichen Konstruktionsmerkmale (Rahmenmaterialien, Anzahl und Wirksamkeit der Falzdichtungen, Formate aber auch Produktschwankungen etc.) eine Streuung aufweisen, wird deren Verhalten durch die Prognosewerte aus der Tabelle 1 aus DIN 4109-35 [27] (vormals Beiblatt 1 DIN 4109) bzw. Produktnorm DIN EN 14351-1 gut wiedergegeben.

2.1.4 Schalldämmung von Isolierglas unter Berücksichtigung des Spektrum-Anpassungswertes C_{tr} für Straßenverkehrslärm

Mit der europäischen Harmonisierung der bauakustischen Bewertungsverfahren nach DIN EN ISO 717-1 [19] sind seit 1996 zusätzlich zu dem bewerteten Schalldämmmaß R_w die Spektrum-Anpassungswerte C und C_{tr} zu bestimmen. Die Bedeutung dieser Kenngrößen ist in Deutschland derzeit nach wie vor gering und wird nach DIN 4109 nicht gefordert. Eine Anwendung ist jedoch zulässig, wenn sie vereinbart wird.

Im europäischen Ausland sind die C_{tr}-Werte von größerer Bedeutung, da in einigen Ländern Anforderungen an das bewertete Schalldämmmaß unter Berücksichtigung des Spektrum-Anpassungswertes für Straßenverkehr (also $R_w + C_{tr}$ oder $R_{A,tr}$) gestellt werden. Vor allem ist hier Frankreich zu nennen, jedoch existieren auch in anderen europäischen Ländern Regelungen, nach denen Anforderungen an die Schalldämmung von Außenbauteilen auf ein normiertes Straßenverkehrsspektrum bezogen, gestellt werden, beispielsweise in der Schweiz und in Österreich.

2.1.4.1 Auswirkung des Spektrum-Anpassungswertes C_{tr} auf die Bewertung der Schalldämmung von Isolierglas

Der Spektrum-Anpassungswert C_{tr} bestimmt sich auf Basis eines normierten Straßenverkehrsspektrums. Hierbei wird die Schalldämmung bei tiefen Frequenzen stärker berücksichtigt. Für die Einzahlangabe ergibt sich in aller Regel ein kleinerer Wert bei Berücksichtigung des C_{tr}-Wertes, da die Schalldämmung eines Bauteils bei tiefen Frequenzen geringer ist. Bei Zweifach- und Dreifach-Mehrscheiben-Isolierglas ist die Schalldämmung bei Frequenzen bis ca. 200 Hz in der Regel geprägt durch eine Resonanz, die sich aus der Kopplung der beiden Scheiben mit der dazwischenliegenden Gasschicht als Feder ergibt (die sogenannte Doppelscheibenresonanz). Dies bedingt eine geringere Schalldämmung in diesem Frequenzbereich und somit ergeben sich kleinere Einzahlangaben für Isolierglas bei Berücksichtigung der Spektrum-Anpassungswerte C_{tr} im Vergleich zum bewerteten Schalldämmmaß R_w.

Nach den Prüferfahrungen des ift Rosenheim sind die Zahlenwerte für $R_w + C_{tr}$ von Verglasungen um 4 bis 10 dB niedriger als die bewerteten Schalldämmmaße R_w. Für argon- und luftgefüllte Scheiben liegen die C_{tr}-Werte in Abhängigkeit vom Scheibenaufbau im Bereich von etwa –4 dB bis –7 dB; bei kryptongefüllten Scheiben können die C_{tr}-Werte bis –9 dB, bei SF_6 gefüllten Scheiben bis –10 dB betragen. Um den $R_w + C_{tr}$-Wert zu beeinflussen, müssen die Einflussgrößen besonders bei tiefen Frequenzen betrachtet werden.

Da sich die Zahlenwerte R_w und $R_w + C_{tr}$ unterscheiden, ergeben sich also für ein und dieselbe Konstruktion unterschiedliche Einzahlangaben. Für die praktische Anwendung muss also genau darauf geachtet werden, welche Kenngröße (R_w oder $R_{A,tr}$) vereinbart ist. $R_{A,tr}$-Werte können nicht mit Anforderungen nach DIN 4109 verglichen werden

2.1.4.2 Einflussgrößen auf den C_{tr}-Wert von Verglasungen

Da Verglasungen im Format 1,23 m × 1,48 m geprüft werden, ergibt sich für den Nachweis über das Format kein Einfluss auf die Schalldämmung. Es ist jedoch bekannt, dass sich durch unterschiedliche Formate die Schalldämmung und auch die Spektrum-Anpassungswerte verändern. Im Wesentlichen können bei Isolierglas vier Einflussgrößen genannt werden:
1. Masse
   Größere Masse bedeutet höhere Schalldämmung bei tiefen Frequenzen. Bei Verglasungssystemen kann dies durch größere Glasdicken erreicht werden. Durch die gleichzeitig erhöhte Biegesteifigkeit der Scheiben gilt dies jedoch nicht für den mittleren bis hohen Frequenzbereich; die Biegesteifigkeit wird durch größere Glasdicken erhöht.
2. Scheibenabstand
   Mit größerem Scheibenabstand wird die Doppelscheibenresonanz zu tiefen Frequenzen verschoben, was die Schalldämmung günstig beeinflusst.
3. Verbundscheiben
   Durch die Verwendung von Verbundscheiben mit weichen Zwischenschichten bei Isolierglas, z. B. Folien oder Gießharze mit akustischen Eigenschaften, erhöht sich die Schalldämmung im gesamten bauakustischen Frequenzbereich von 100 Hz bis 5 kHz.
4. Gasfüllung
   Bei Betrachtung eines Glassystems ergeben sich durch unterschiedliche Gasfüllungen Einflüsse auf die Schalldämmung. Die Füllung mit dem früher üblichen Schwergas SF_6 oder mit Krypton verbessert die Schalldämmung oberhalb der Doppelscheibenresonanz, verringert jedoch die Schalldämmung bei tiefen Frequenzen. Diese geringere Schalldämmung bei tiefen Frequenzen bewirkt kleinere C_{tr}-Werte im Vergleich zu argon- oder luftgefüllten Verglasungen. Betrachtet man die Schalldämmung von Isolierglas auch unter Berücksichtigung von Straßenverkehrslärm mit dem C_{tr}-Wert, machen Gasfüllungen zur Verbesserung des bewerteten Schalldämmmaßes $R_w + C_{tr}$ mit SF_6- oder Kryptonanteil keinen Sinn. Der Schwerpunkt bei der Konstruktion schalldämmender Gläser sollte demnach eher bei der Erhöhung der Masse bzw. des Scheibenabstandes gelegt werden.

2.2 Paneele
2.2.1 Einführung

In Fensterkonstruktionen werden neben Isolierverglasungen auch opake Paneelelemente eingesetzt, die ähnlich wie die Mehrscheiben-Isolierverglasungen bauphysikalische Anforderungen an die Außenhaut wie Schallschutz, Wärmeschutz und Feuchteschutz erfüllen müssen. Diese Paneele sind in der Regel leichte Konstruktionen, d. h. Sandwichelemente aus Holz, Metall, Glas und Kunststoffen in Verbindung mit wärmedämmenden Materialien wie Mineralfaser-, Polystyrol-Hartschaum-, Polyurethanschaumplatten oder auch Vakuumdämmeinheiten. Die genannten bauphysikalischen Eigenschaften müssen in der Regel gleichzeitig erfüllt werden, wobei Kompromisse oder die Optimierung, z. B. von Schalldämmmaß und U-Wert, angestrebt werden.

2.2.2 Konstruktive Einflüsse auf die Schalldämmung von Paneelen

Die Schalldämmung eines Fassadenpaneels beruht auf seinen Konstruktionsmerkmalen als geschichtetes Bauteil mit zwei Deckschalen (außen und innen) und einem wärmedämmenden Kern. Schalltechnisch verhält sich dieses System als Masse-Feder-Masse-System mit einer Resonanzfrequenz f_R, bei der die beiden Deckplatten mit dem Dämmmaterial in Resonanz schwingen. Weil diese Resonanzfrequenz die Schalldämmung stark reduziert (sog. Einbruch der Schalldämmkurve), versucht man in der Entwicklung akustisch geeigneter Elemente, diese Resonanzfrequenz aus dem bauakustisch relevanten Frequenzbereich zu schieben. Dies erfolgt durch Veränderung der Steifigkeit der Kernschicht und/oder der Massen der Deckschalen.

Für die Praxis kann man zwischen Paneelen mit weichem und hartem Dämmkern unterscheiden. Während sich Paneele mit weichem Dämmkern, z. B. aus Mineralfaserdämmstoff, physikalisch wie ein zweischaliges biegeweiches Bauteil verhalten, können Paneele mit einem harten Dämmkern, z. B. aus Hartschaum, eher als einschaliges biegesteifes Bauteil charakterisiert werden. Dies wird in Bild 7 illustriert. Wärmedämmmaterialien aus Polyurethan- oder Polystyrol-Hartschaum gestatten aus Sicht des Wärmeschutzes zwar einen besseren U-Wert, sie haben aus akustischer Sicht jedoch den Nachteil, dass ihre dynamische Steifigkeit s′ sehr hoch ist. Daraus resultiert ein ungünstiger Kurvenverlauf der Schalldämmung über der Frequenz, welcher wegen des charakteristischen Kurveneinbruchs bei der Resonanzfrequenz zu einem im Vergleich ge-

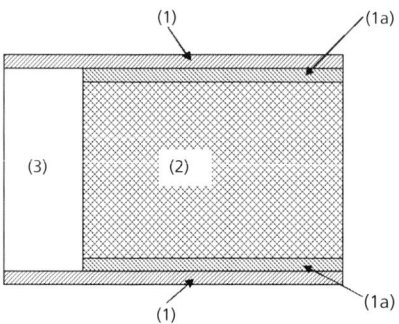

Bild 6. Prinzipaufbau von Paneelelementen
(1) Deckschalen: Platten/Schichten/Beplankungen mit möglichst hoher flächenbezogener Masse, dabei jedoch möglichst biegeweich, z. B. Aluminium- oder Stahlblech mit Dicke 2–3 mm; Holzwerkstoffplatten mit Dicke $\leq$ 20 mm; Schichtstoffplatten mit Dicke $\leq$ 8 mm; Faserzementplatten mit Dicke $\leq$ 8 mm
(1a) Platten mit zusätzlichen Beschwerungen zur Erhöhung der flächenbezogenen Masse, z. B. weitere Schichten aus Metallblechen, Gipsbauplatten, Schwerbitumenmatten, Spezialplatten
(2) Dämmschicht, üblicherweise aus Wärmedämmmaterialien, z. B. Faserdämmstoffe (für die Schalldämmung mit längenbezogenem Strömungswiderstand von r $\geq$ 5 kNs/m^4) oder Hartschaumdämmplatten (z. B. Polystyrol- oder Polyurethan-Hartschaum)
(3) Abstandhalter/Einleimer mit erforderlicher Festigkeit, jedoch möglichst dämpfenden Eigenschaften bzw. Zwischenlagen. Bei Dämmschichten aus Hartschaumplatten wird in aller Regel auf den Abstandhalter verzichtet

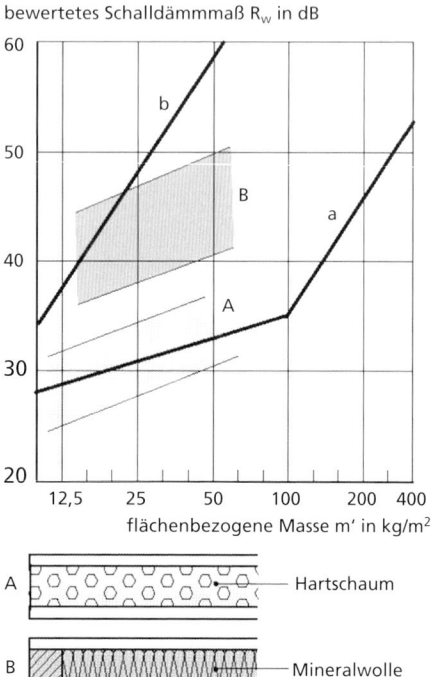

a Gewichtkurve für einschalige Bauteile aus Mauerwerk oder Beton
b Messkurve für zweischalige Bauteile aus Leichtmetallelementen

Bild 7. Vergleich der Schalldämmung von ein- und zweischaligen Paneelen in Abhängigkeit von der flächenbezogenen Masse mit typischen Gewichtskurven (aus [20, 21])

ringen Schalldämmmaß R_w führt. Solche Paneele verhalten sich, insbesondere unterhalb der Resonanzfrequenz, wie einschalige Bauteile mit geringer Masse und damit geringer Schalldämmung; dies wird in Bild 7 durch den Bereich A verdeutlicht. Aufgrund der gestiegenen Anforderungen an den Wärmeschutz werden derzeit auch Paneelelemente mit Vakuumdämmeinlagen eingesetzt. Über die Schalldämmung dieser Paneele gibt es derzeit noch keine allgemeinen Erfahrungswerte, es ist jedoch zu beobachten, dass sich diese Elemente ähnlich den Hartschaumpaneelen verhalten, wenn die Deckschalen direkt auf der Vakuumdämmeinlage aufgebracht werden. Sandwichelemente mit weichem Kern, d. h. mit Mineralfaserdämmstoff, besitzen zwar in der Regel eine ungünstigere Wärmeleitfähigkeit als die Hartschäume, sie verhalten sich jedoch aus schalltechnischer Sicht günstiger, was durch den Bereich B in Bild 7 illustriert wird.

2.2.3 Beispiele für die Schalldämmung von Paneelen

Bei Paneelen sind zwei Konstruktionstypen zu unterscheiden, wie sie auch schon in Bild 6 dargestellt wurden:

(a) Fassadenelemente mit steifem Kernmaterial sind leichte, mehrschichtige biegesteife Sandwichplatten mit einem Kernmaterial aus Polystyrol- oder Polyurethan-Hartschaum zwischen dem plattenförmigen Deckmaterial aus Stahl- oder Aluminiumblech, Hartfaser- oder Faserzementplatten oder PVC-Schichten. Diese Paneele haben in der Regel eine geringe Masse der Deckschichten und eine hohe dynamische Steifigkeit des Kernmaterials mit einer charakteristischen Resonanzfrequenz im bauakustisch wichtigen Frequenzbereich. Bild 8 zeigt die Luftschalldämmung eines typischen Vertreters dieser Paneele mit einem bewerteten Schalldämmmaß von R_w = 29 dB.
(b) Fassadenelemente mit weichem Kernmaterial haben eine gute Schalldämmung bei gleichzeitig niedrigem (also günstigem) U-Wert. Um das zu erreichen, wird das Paneel als akustisch entkoppeltes zweischaliges Bauelement aufgebaut. Ein umlaufender Rahmen aus Holz, PU-Hartschaum oder Recyclingmaterialien wird beidseitig mit Metallblechen oder witterungsbeständigen Bauplatten beplankt und im Hohlraum mit einem Faserdämmstoff gefüllt. Dieses Paneel zeigt das akustische Verhalten eines zweischaligen Bauteils;

Schalldämmung von Fenstern

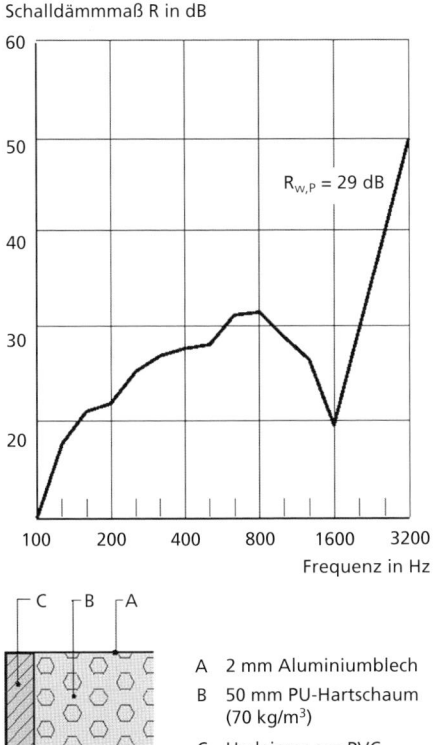

Bild 8. Schalldämmung eines Paneels mit hartem Dämmkern (aus [20, 21])

A 2 mm Aluminiumblech
B 50 mm PU-Hartschaum (70 kg/m³)
C Umleimer aus PVC

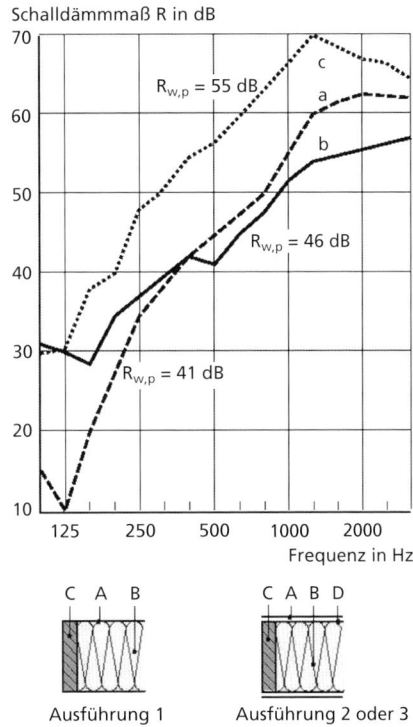

Bild 9. Schalldämmung von Paneelen mit weicher Kerndämmung (aus [20, 21])
Kurve a: Ausführung 1, Aluminiumblech alleine
Kurve b: Ausführung 2, Aluminiumblech mit Stahlblech
Kurve c: Ausführung 3, Aluminiumblech mit Bleiblech
A 2,5 mm Aluminiumblech
B 70 mm Mineralfaserdämmung
C 70 mm Isoternitrahmen umlaufend
D 2 mm Stahl- oder Bleiblech

die Resonanzfrequenz liegt wegen der geringen dynamischen Steifigkeit des Kernmaterials sehr tief (unter 100 Hz), was gleichzeitig durch eine Erhöhung der Masse der Deckplatten verstärkt wird. Wie Bild 9 deutlich macht, ist bei zweischaligen Brüstungspaneelen mit einem bewerteten Schalldämmmaß zu rechnen, das um 15 bis 25 dB höher ist als die einfacher Paneele mit steifem Kernmaterial.

2.3 Fensterrahmen

Fensterrahmen können aus bauakustischer Sicht in massive Rahmen, die in der Regel aus Holz bestehen, und Rahmen aus Hohlkammerprofilen, die aus Kunststoff oder Metall hergestellt werden, unterschieden werden. Speziell bei Fensterrahmen wurden in den letzten Jahren Rahmen mit hoher Wärmedämmung entwickelt. Diese aktuelle Entwicklung betrifft sowohl die massiven Rahmen (z. B. aus Holzprofilen) als auch Hohlkammerprofile.

2.3.1 Massive Rahmenprofile

Bei massiven Rahmenprofilen hängt die Schalldämmung von der flächenbezogenen Masse ab. Steigende Rohdichte des Materials und höhere Rahmendicke wirken sich günstig auf die Schalldämmung aus. In der Ansicht breite Profile können aufgrund der Schalldämmung des Rahmenprofils und des größeren Flächenanteils die Schalldämmung eines Fensters stärker beeinflussen als schmale Profile.

Neuentwicklungen von Fensterprofilen orientieren sich derzeit an den Vorgaben für Wärmeschutz und Energieeinsparung. Sie führen zu erhöhten Rahmendicken und Verbundrahmen mit hochwärmegedämmten Zwischenlagen.

Im Bereich der Holz- und Holz-Aluminium-Fenster wurden hier zwischenzeitlich Untersuchungen durchgeführt, in denen nachgewiesen wurde, dass hochwärmedämmende Holzfensterprofile eine gleichwertige Schalldämmung gewährleisten können wie Standard-Holzprofile (z. B. IV68 oder IV78) [18, 22].

2.3.2 Hohlkammerprofile

Zu den Hohlkammerprofilen zählen Kunststoffprofile (mit/ohne Stahlarmierung) sowie Metall-Kunststoff-Verbundprofile. Bei Hohlkammerprofilen ist neben der

Profilstärke und Ansichtsbreite die Größe der Kammern ein wesentliches Kriterium. Je größer die Profilkammern sind, desto geringer ist die Profilschalldämmung, und die gesamte Schalldämmung des Fensters reduziert sich. Das betrifft Rahmen ab etwa 50 mm Kammergröße. Dieser Effekt kann durch Verbesserungsmaßnahmen wie Sandfüllungen oder Beschwerungen mit Metall oder Gipsbauplatten reduziert werden.

Auch bei den Hohlkammerprofilen wird die Weiterentwicklung von Profilsystemen durch die Anforderungen an den Wärmeschutz vorangetrieben. Sie umfassen
– die Erhöhung der Bautiefe und Kammeranzahl,
– verbreiterte Dämmzonen,
– Einsatz neuer Materialien mit verbesserten Wärmeleitfähigkeiten,
– das Ein- und Aufbringen von Wärmedämmstoffen,
– Ersatz von Stahlarmierungen durch thermisch getrennte Armierungen oder Glasverklebung mit dem Flügel,
– wärmetechnisch optimierte Dichtungen.

Diese Maßnahmen können auch einen Einfluss auf die Schalldämmung der Systeme haben. Wegen der Komplexität solcher Konstruktionen können derzeit aber keine allgemeingültigen Regeln für eine zuverlässige Prognose der Schalldämmung von hochwärmedämmenden Fensterrahmen mit Hohlkammern gemacht werden. Industrieprüfungen haben jedoch bereits gezeigt, dass eine Kombination von hochwärmedämmenden und hochschalldämmenden Fensterkonstruktionen möglich ist.

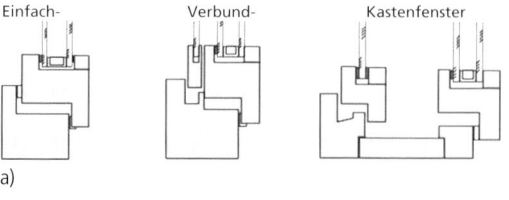

a)

b)

Bild 10. Konstruktionsprinzipien und Öffnungsarten von Fenstern (Bild 10b: © ift Rosenheim)

2.3.3 Falzausbildung

Über die Profilart hinaus ist die Falzgeometrie ein wesentliches Konstruktionskriterium von Fensterrahmen. Eine, oder besser zwei, umlaufende Dichtungsebenen, die ohne Unterbrechung den Falz vollständig abdichten, sind eine Grundvoraussetzung für schalldämmende Fenster. Die in Deutschland übliche Bauart von Drehkippfenstern mit umlaufenden Verriegelungen, die die Flügeldichtung in den Falz ziehen und die zusätzlich einstellbar sind, ist eine günstige Bauweise für schalldämmende Fenster. Bei Spezialkonstruktionen wie Stulpfenstern, Schwingfenstern oder Schiebefenstern kann die Unterbrechung der Dichtung oder die spezielle Dichtungsbauart mit z. B. Bürstendichtungen die Gesamtschalldämmung maßgeblich reduzieren (im Vergleich zur Drehkippfensterkonstruktion).

2.4 Bauarten und Formate

Die Bauarten von Fenstern werden in Einfach-, Verbund und Kastenfenster gegliedert (Bild 10a). Bei Einfachfenstern wird das Element aus einem Blend- und einem Flügelrahmen gebildet, in den in der Regel ein Mehrscheiben-Isolierglas eingebaut ist. Diese Bauart kann auf die unterschiedlichste Weise angeschlagen sein, d. h. es gibt eine Vielzahl von Öffnungsarten. Beispielhaft seien Drehfenster (nach innen oder auch nach außen öffnend), Dreh-Kipp- oder Klappfenster, Schwing- und Wendefenster sowie Schiebeelemente genannt. Auch mehrflügelige Fenster wie Stulpfenster und Fenstertüren fallen unter diese Bauart, sie repräsentiert den mit Abstand größten Teil der in Deutschland üblichen Fensterkonstruktionen.

Beim Verbundfenster besteht der Flügel aus zwei Einheiten. Dabei werden zwei Rahmen aufeinandergesetzt. Diese Rahmen können jeweils mit Einfachglas oder mit einer Kombination aus Einfachglas und Mehrscheiben-Isolierglas ausgestattet sein (als heute übliche Ausführung). Im Zwischenraum der Flügel können Einbauten wie Sonnenschutzeinrichtungen integriert werden. Die Flügel sind üblicherweise mit Beschlägen lösbar verbunden, um eine Reinigung zu ermöglichen. Die möglichen Öffnungsarten entsprechen denen von Einfachfenstern; Verbundfenster stellen jedoch eine kleinere Gruppe von Fensterkonstruktionen dar, da sie technisch aufwendiger konstruiert sind. Da mit Verbundfenstern eine im Vergleich zu Einfachfenstern höhere Schalldämmung erzielt werden kann stellt diese Bauweise eine Nische dar für Fälle mit hohen schalltechnischen Anforderungen.

Werden zwei eigenständige Fensterelemente mit einem Futter verbunden, handelt es sich um ein Kastenfenster. Die Fensterflügel können dabei sowohl mit Einfachgläsern als auch mit Mehrscheiben-Isoliergläsern ausgestattet sein. Bei Kastenfenstern sind beide Flügel so aufeinander abzustimmen, dass eine Öffnung der Fenster für eine Reinigung der Außenflächen ermöglicht wird. Auch hier kann der Zwischenraum für Einbauten wie Sonnenschutzeinrichtungen genutzt werden. Sowohl bei Verbund- als auch bei Kastenfenstern ist der Zwischenraum mit dem Außenklima zu verbinden, um eine dortige Tauwasserbildung zu minimieren. Der Grad dieser Hinterlüftung kann die Schalldämmung des Fensterelements reduzieren.

Mit Kastenfenstern sind im Vergleich zu Einfach- oder Verbundfenstern hohe Schalldämmmaße realisierbar, was in der letzten Zeit dazu führt, dass diese Fensterkonstruktion eine kleine Renaissance erlebt. Aktuell werden für bestimmte Bausituationen auch Kastenfensterkonstruktionen mit teilgeöffneten Fensterflügeln (sog. Hafencityfenster [57]) propagiert, die eine Mindestschalldämmung bei gleichzeitiger Lüftung gewährleisten sollen. Anwendung und Auslegung dieser Konstruktionsweise werden unter Bauakustikern, Stadtplanern und Anwendern noch diskutiert. Zur konkreten Anwendung und Auslegung dieser Fensterelemente wird hier keine Aussage getätigt, da diese im Einzelfall festgelegt werden muss.

2.5 Fenstermontage

In Verbindung mit dem Einbau von Fenstern und Außentüren sind ergänzend zu den statischen Anforderungen der winterliche und sommerliche Wärmeschutz, der Feuchteschutz (Tauwasser, Schimmel und Schlagregen), der Schallschutz und der Brandschutz Eigenschaften, deren Berücksichtigung auch vom Gesetzgeber durch baurechtlich eingeführte Regelwerke und Verordnungen verbindlich gefordert werden. Die Nachweisführung für ein Objekt ist Aufgabe des Planers. Die Einhaltung der Anforderungen erfordert eine fachgerechte Umsetzung der planerischen Vorgaben und liegt damit in der Verantwortung des ausführenden Betriebs. Die Kenntnis bauphysikalischer Grundlagen bei der Montage von Fenstern ist daher nicht nur für den Planer eine zwingende Voraussetzung, sondern fordert auch vom Ausführenden notwendiges Fachwissen.

An dieser Stelle werden die Anforderungen an die Montage hinsichtlich der Schalldämmung behandelt.

2.5.1 Anforderungen

Im Grundsatz werden schallschutztechnische Anforderungen an das gesamte Außenbauteil im eingebauten Zustand gestellt. Neben dem Fenster betrifft dies die Zubehörteile wie Rollladenkästen und Lüfter sowie die Außenwand nebst den Bauanschlüssen; die Anforderung an die Schalldämmung wird an die Summe aller Einzelbauteile gestellt. Das schließt auch die Einbaufuge ein. Für Neubauten und Sanierungen ist über die MVVTB [51] auch die DIN 4109-1 [25] bauaufsichtlich eingeführt, siehe auch Abschnitt 5.1.4. Aufgabe des Planers ist es, auf Basis der Anforderung an das gesamte Außenbauteil die Einzelbauteile zu dimensionieren. Dieses Verfahren betrifft neben der Festlegung von Anforderungen an die Wände, Fenster und Zubehörteile auch die Bauanschlussfuge.

Im Unterschied zur Fassung aus dem Jahr 1989 wurde mit der Ausgabe der DIN 4109 von 2016 (in 2018 nochmals modifiziert [25, 26]) auch ein Nachweis für die Schalldämmung der Einbaufuge etabliert, der bei kritischen Einbausituationen zu führen ist. Betroffen sind dabei im Wesentlichen Fenster, die in der Ebene der Wärmedämmung eingebaut werden.

2.5.2 Berücksichtigung der Einbausituation bei der Planung von Außenbauteilen

Das Verfahren zur Planung der Schalldämmung von Außenbauteilen umfasst die raumweise Auslegung der Schalldämmung des gesamten Außenbauteils (Wand und Fenster) unter Berücksichtigung des vorhandenen (Außen-) Schallpegels, der zu reduzieren ist, siehe auch Abschnitt 5.1.4. Nach Ermittlung der erforderlichen resultierenden Schalldämmung wird die erforderliche Schalldämmung der einzelnen Bestandteile (d. h. Wand, Fenster, Außentüren, Rollladenkästen usw.) anhand der Flächenanteile bestimmt bzw. festgelegt.

Dabei ist nach der aktuellen Norm auch die Einbausituation von Fenstern zu beurteilen und zu berücksichtigen. Dies erfolgt über eine Nachweistabelle, siehe Bild 11:
- bei schalltechnisch unkritischer Situation (Bild 11) erfolgt keine separate Berücksichtigung,
- bei schalltechnisch kritischer Situation (Bild 11) erfolgt eine rechnerische Berücksichtigung der Schallübertragung bei Einsatz der Fugenschalldämmung.

Liegt kein Einfluss durch die Einbausituation entsprechend einer schalltechnisch unkritischen Situation nach Bild 11 vor, so muss die Schalldämmung der Einbaufuge in der Planung nicht berücksichtigt werden. Man geht davon aus, dass bei einer fachgerechten Ausführung die Einbaufuge ausreichend dimensioniert ist. Bei einer schalltechnisch kritischen Einbausituation müssen nun auch nach DIN 4109 die Einflüsse über ein Fugenschalldämmmaß $R_{s,w}$ berücksichtigt werden. Der rechnerische Ansatz entspricht dem Verfahren nach Gl. (1).

Für die Planung der Einzelbauteile inklusive der Bauanschlussfugen ist das Verfahren nach DIN EN ISO 12354-3 [28] zusammen mit DIN 4109-2 zu nennen. Sobald die erforderliche resultierende Schalldämmung bekannt ist, kann die Auslegung der Schalldämmung der Einzelbauteile und der Fugenschalldämmung der Anschlussfugen erfolgen. Dieses Verfahren wird nachfolgend beschrieben. Die Berechnung der Schalldämmung der Einzelbauteile wird in der Baupraxis mit Ein-

Außenwand	Einbaubeispiel 1	Einbaubeispiel 2	Einbaubeispiel 3
Mauerwerk mit vorgehängter, hinterlüfteter Fassade	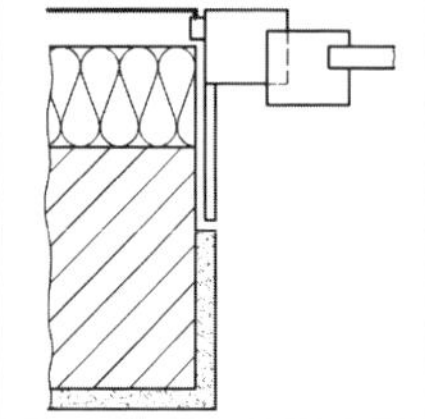	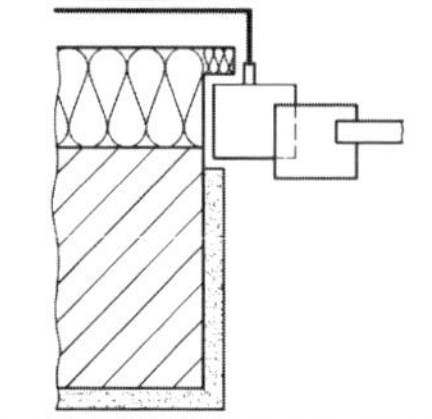	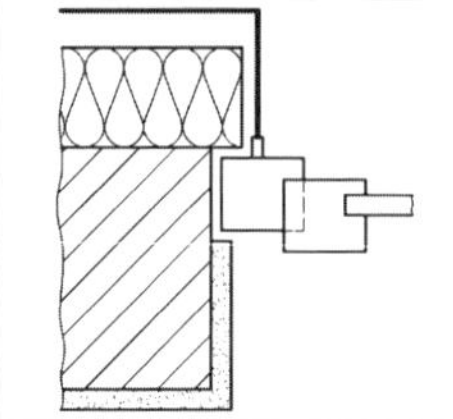
Einbaulage	Einbau in Dämmebene, außen bündig	Einbau in Dämmebene, innen bündig	Einbau außen bündig im Mauerwerk
Einbausituation	schalltechnisch kritisch	schalltechnisch kritisch	schalltechnisch unkritisch
Zweischaliges Mauerwerk	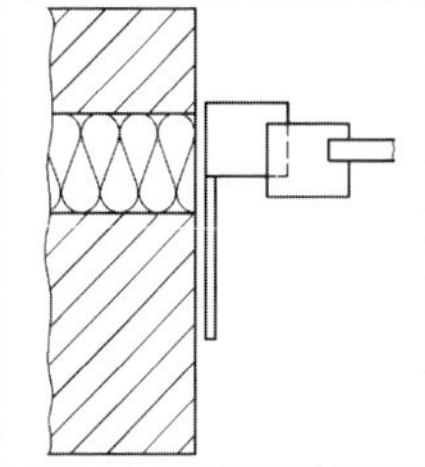	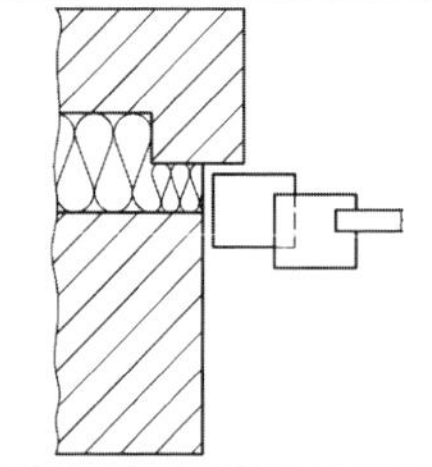	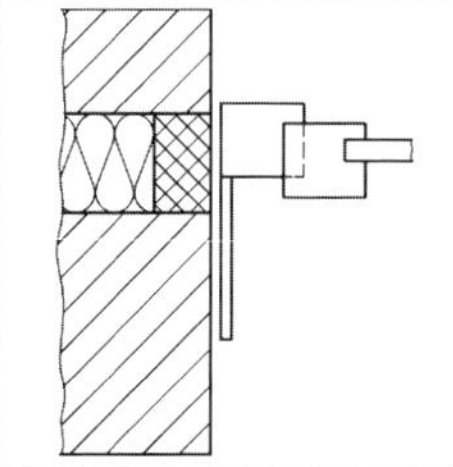
Einbaulage	Einbau in Dämmebene, außen bündig	Einbau im raumseitigen Mauerwerk, gegen Anschlag	Einbau in der Dämmebene mit Montagezarge
Einbausituation	schalltechnisch kritisch	schalltechnisch unkritisch	schalltechnisch unkritisch

Bild 11. Schematische Darstellung von Fenstereinbausituationen im Hinblick auf deren schalltechnische Eignung gemäß DIN 4109-2 (exemplarischer Auszug); die Darstellung ist vergleichbar mit der im RAL-Montageleitfaden für Fenster und Haustüren [30]

zahlangaben durchgeführt, sie könnte prinzipiell bei Vorliegen von geeigneten Bauteilkenndaten auch frequenzabhängig geführt werden. Der allgemeine rechnerische Ansatz für die Rechnung mit Einzahlangaben lautet:

$$R_{w,res} = -10 \cdot \lg \left(\sum_{i=1}^{n} \frac{S_i}{S_{ges}} \cdot 10^{\frac{-R_{w,i}}{10}} + \sum_{j=1}^{m} \frac{l_j}{S_{ges}} \cdot 10^{\frac{-R_{S,w,j}}{10}} \right) \quad (1)$$

mit
R_w bewertetes Schalldämmmaß in dB
S Fläche des Bauteils in m²
i, j Laufvariablen für Bauteile und Fugen
$R_{S,w}$ bewertetes Fugenschalldämmmaß in dB
l Länge der Fuge in m

Die Fugenschalldämmung von Füllstoffen bzw. Dichtsystemen kann durch eine Prüfung im Labor nachgewiesen werden. Die Fugenschalldämmung wird mit dem Kürzel R_S gekennzeichnet (s steht für „slit" oder „Schlitz"). Die Labormessung erfolgt im Zweiraumverfahren wie es in DIN EN ISO 10140-1:2016-12, Anhang J, [5]) beschrieben ist. Für die Ausbildung der zu untersuchenden Fuge ist eine Prüfvorrichtung erforderlich, die die geometrischen Verhältnisse der zu untersuchenden Fuge so genau wie möglich nachbildet

und gleichzeitig eine (bis auf die Fuge) geringe Schalltransmission aufweist.

Fugenschalldämmmaße sind im Labor bis zu einer Größe von $R_{S,w}$ ca. 60 dB messtechnisch bestimmbar; darüber hinausgehende Werte liegen meist im Bereich der physikalischen Messgrenzen im Labor. Mit dem Fugenschalldämmmaß gibt es eine Beurteilungsmöglichkeit, den Einfluss der Anschlussfuge auf das Gesamtschalldämmmaß zu charakterisieren.

Die Besonderheit ist, dass die Bezugsfläche mit der Länge der Fuge verknüpft wird, was bei der Berechnung der resultierenden Schalldämmung mit zu berücksichtigen ist, siehe Gl. (1).

Die in Gl. (1) dargestellte Ermittlung der resultierenden Schalldämmung wurde in Bild 12 grafisch dargestellt. Der Einfluss des Verhältnisses von Fugenlänge zu Fensterfläche wurde hier über den Anwendungsbereich von kleinen zu großen Fenstern abgebildet. Es zeigt, dass im Hinblick auf die Ausbildung der Fensterfuge kleine Fenster etwas kritischer zu bewerten sind als große Fenster. Das liegt an dem Verhältnis von Fugenlänge zu Gesamtfläche des Fensters, welches bei kleinen Elementen ungünstiger ausfällt. Für das dargestellte Ablesebeispiel wurde der mittlere Größenbereich von Fenstern betrachtet.

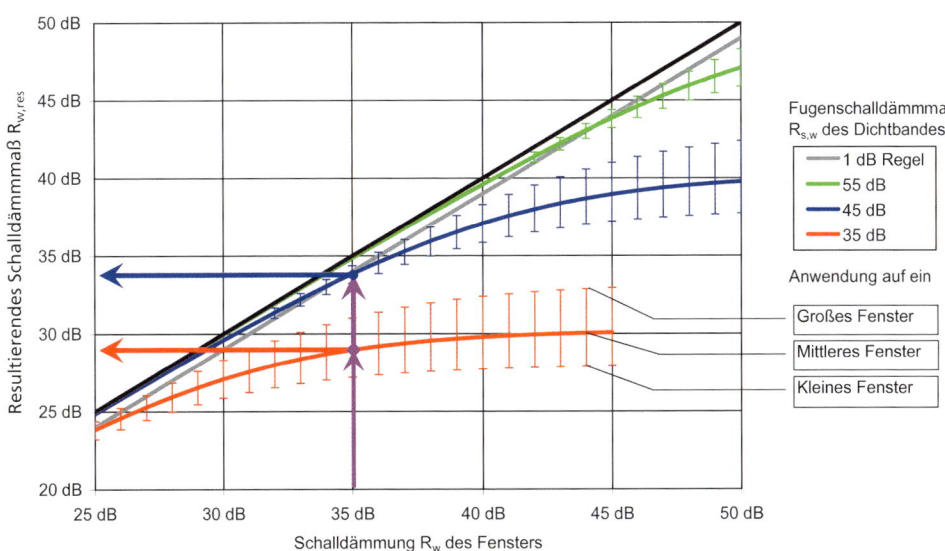

Bild 12. Rechnerischer Einfluss der Fugenschalldämmung auf das resultierende Schalldämmmaß von kleinen, mittleren und großen Fenstern im eingebauten Zustand:
Kleines Fenster mit Fläche S = 0,64 m² und Fugenlänge von l = 3,2 m
Mittleres Fenster mit Fläche S = 1,8 m² und Fugenlänge von l = 5,4 m
Großes Fenster mit Fläche S = 7,1 m² und Fugenlänge von l = 10,7 m

Eine Planung der Fugenschalldämmung sollte unter der Prämisse stehen, dass die Einbaufuge die Schalldämmung eines Fensters nicht verschlechtern darf. Dies veranschaulicht das Diagramm in Bild 12 mit einem Ablesebeispiel: Beträgt die Fugenschalldämmung z. B. $R_{s,w}$ = 35 dB (rote Kurve), so reduziert sich die Schalldämmung eines Fensters mit R_w = 35 dB (im Beispiel magenta) bei mittleren Fenstergrößen um etwa 6 dB. Bei einer Fugenschalldämmung von $R_{s,w}$ = 45 dB (blaue Kurve) beträgt der Verlust bei dem gleichen Fenster etwa 1 dB [29].

Für die Planung der Bauanschlussfuge sollte die Fugenschalldämmung möglichst hoch sein, um die Schalldämmung des Bauteils (Fenster, Tür) zu erhalten, d. h. um nicht mehr als 1 dB abzuschwächen. Um einen Überblick über übliche Fugenschalldämmmaße zu bekommen, ist die Kenntnis der gesamten Fuge und der Einzelbestandteile erforderlich. Tabelle 2 gibt dazu einen Überblick (die hier angegebenen Zahlenwerte entsprechen im Wesentlichen den Angaben aus dem Bauteilkatalog der neuen DIN 4109-35 [27]). Kombinationen von Fugenmaterialien erhöhen in aller Regel die Fugenschalldämmung. Weiterhin ist die Außenwand- und Einbausituation zu berücksichtigen. Die tabellarischen Werte können auf die in Bild 13 abgebildeten, grün eingerahmten Außenwand- und Einbausituationen angewendet werden, während die rot eingerahmten Anschlusssituationen die Schalldämmung ungünstig beeinflussen. Eine Anwendung der Werte ist hier nicht ohne Weiteres möglich.

Allgemein müssen Fugen so geplant und ausgeführt werden, dass der Schalldämmwert R_w der Bauteile selbst erhalten bleibt. Kleine Löcher oder Haarfugen im Anschlussbereich können das Gesamtergebnis erheblich – um mehr als 10 dB – verschlechtern, siehe z. B. Bild 14. Eine luftdichte Anschlussfuge ist also neben dem Wärme- und Feuchteschutz auch für den Schallschutz eine Grundvoraussetzung. Um die Auswirkungen des Fugenschalls möglichst gering zu halten, wirken sich folgende Maßnahmen positiv aus:

– Fugendämmung
  Fugendämmstoffe wie PU-Schaum, Spritzkork oder Mineralfaser dienen sowohl als Wärme- als auch als Schallschutzmaßnahme (nur in Verbindung mit Abdichtungssystemen wie Dichtstofffugen oder vorkomprimierten Dichtungsbändern).

– Luftdichtheit
  Dichtsysteme wie Dichtstoffe und Dichtungsbänder dichten den Anschluss auch akustisch. Dichtfolien können aufgrund ihrer geringeren Masse nicht ohne Weiteres mit den vorgenannten Dichtsystemen gleichgesetzt werden.

In Abhängigkeit der Anforderung an das bewertete Schalldämmmaß $R_{w,R}$ des Fensters, muss das Fugenschalldämmmaß $R_{S,w}$ ausgelegt werden, um die Gesamtschalldämmung nicht zu verringern. Als Richt-

Tabelle 2. Fugenschalldämmung von Bauanschlussfugen von Fenstern, Fugentiefe 50 mm bis 100 mm

Ausbildung der Fuge	Fugenschalldämmmaß $R_{S,w}$ in dB bei Fugenbreiten von		
	10 mm	20 mm	30 mm
leere Fuge	15	10	5
Mineralfaser ausgestopft (je nach Stopfgrad)	35..45	30..40	25..35
PU-Montageschaum	≥ 50	≥ 47	≥ 45
komprimiertes Dichtungsband, Komprimierungsgrad[*)] ≤ 50 %, einseitig	≥ 30	–	–
komprimiertes Dichtungsband, Komprimierungsgrad[*)] ≤ 20 %, einseitig	≥ 40	–	–
komprimiertes Dichtungsband, Komprimierungsgrad[*)] ≤ 20 %, beidseitig	≥ 50	–	–
beidseitig mit Hinterfüllschnur und elastischem Dichtstoff versiegelte Fuge	≥ 55	≥ 54	≥ 53
einseitig Bauanschlussfolie ≥ 1 mm	≥ 40	≥ 35	≥ 30
beidseitig Bauanschlussfolie ≥ 1 mm	≥ 50	≥ 45	≥ 40

[*)] Der Komprimierungsgrad eines Dichtbandes bestimmt sich aus dem Verhältnis von der Fugenbreite zur Abmessung im expandierten Zustand.

wert wird in [30] angegeben:

$$R_{S,w} \geq R_{w,R} + 10 \text{ dB} \qquad (2)$$

Wenn dieses Verhältnis gewährleistet ist, kann davon ausgegangen werden, dass sich das Schalldämmmaß $R_{w,R}$ des Fensters um nicht mehr als 1 dB durch die ausgeführte Fuge mit dem dazugehörenden Fugenschalldämmmaß $R_{S,w}$ verringert – die Schalldämmung des Bauteils bleibt also erhalten.

2.6 Fenster und Lüftung

Die Lüftung eines Gebäudes ist eine wichtige Größe, um das Wohlbefinden der Menschen zu gewährleisten, die ein Gebäude bewohnen oder darin arbeiten. Zu geringe Lüftung führt zudem immer wieder zu Bauschäden, gerade im Hinblick auf dichter werdende Gebäudehüllen.
Wenn zusätzlich Anforderungen an die Schalldämmung der Außenbauteile gestellt werden, ist eine Lüftung auf dem herkömmlichen Weg durch geöffnete Fenster nur bedingt möglich, da aufgrund der niedrigen Schalldämmung geöffneter Fenster der Schallpegel im Raum zu hoch wird. Nach einer Einführung in die gestellten Anforderungen an Lüfter wird eine Übersicht über gängige Lüftungssysteme mit den zugehörenden Kennwerten zum Schallschutz und zur Luftmenge gegeben, um die verschiedenen Systeme und Bauarten vergleichen zu können. Dieser Beitrag kann aufgrund der vielfältigen Lüftungssysteme nur einen prinzipiellen Überblick über die Lüftungssysteme geben und erhebt keinen Anspruch auf Vollständigkeit.

2.6.1 Anforderungen an die Lüftung

Die Anforderungen an die Lüftung müssen in ihrer Gesamtheit betrachtet werden, um Planungsfehler zu vermeiden. Zu beachten sind folgende Gesichtspunkte:
– Luftqualität/Lufthygiene
– Begrenzung der Luftfeuchtigkeit
– Energieeinsparung
– Schallschutz

Auch ist dafür zu sorgen, dass durch die Lüftung keine störenden Zugluftercheinungen auftreten. Zudem sind der Brand-/Rauchschutz und sicherheitsrelevante Vorgaben zu beachten. Daten für die Planung von Lüftungseinrichtungen sind in der Normenreihe DIN 1946 enthalten. Für Wohnungslüftung ist der Teil 6 [31] dieser Normenreihe im Jahr 2009 überarbeitet worden mit der Konsequenz, dass eine nutzerunabhängige Lüftung zum Feuchteschutz vorgeschrieben wird. Für die praktische Anwendung von Fensterlüftern wurden vom ift Rosenheim zusammen mit Projektpartnern aus der Branche die Richtlinien LU-01:2007 „Fensterlüfter Teil 1, Leistungseigenschaften" und LU-02:2010 „Fensterlüfter Teil 2, Empfehlung für die Umsetzung von lüftungstechnischen Maßnahmen im Wohnungsbau" [32] erarbeitet, in denen Kriterien für eine praxistaugliche Bemessung und Klassifizierung von Lüftern sowie Einsatzempfehlungen dargestellt werden, siehe Bild 17.

2.6.2 Schallschutzanforderungen an Lüfter

Die Schalldämmung von Gebäuden ist unter Berücksichtigung der eingebauten Lüftungseinrichtungen zu planen und auszuführen. Grundlage hierzu ist u. a. DIN 4109 [25–27], in der Anforderungen an die Schalldämmung von Außenbauteilen und an den Schalldruckpegel aus haustechnischen Anlagen festgelegt sind. Nach DIN 4109 richtet sich die Anforderung an die Gesamtschalldämmung nach dem Außenlärmpegel. Die Anforderung an den zulässigen Schallpegel des Lüftermotors beträgt je nach Nutzung des Raums 25 bis 35 dB(A), wobei Dauergeräusche von Lüftungseinrichtungen ohne auffällige Einzeltöne 5 dB höher liegen dürfen [25]. Anforderungen an den Schallpegel einer Lüftungsanlage sind in Abhängigkeit der Nutzung auch in DIN EN 13779 Tabelle A.12 enthalten [33]. Ein Beispiel für die Auswirkung eines in den Fensterrahmen integrierten Lüfters auf die Schalldämmung des Fensters zeigt, dass die Schalldämmung sich verringert, vor allem im Frequenzbereich oberhalb von 400 Hz, was typisch ist für Undichtigkeiten, die über Lüftungssysteme erzeugt werden. Bei starken Undich-

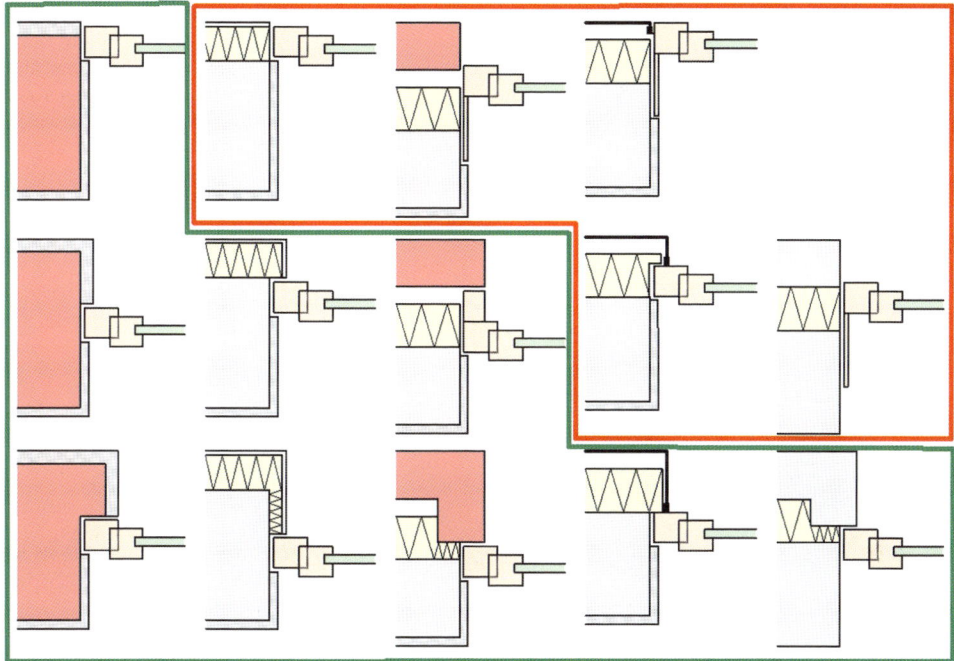

Bild 13. Einfluss der Außenwand- und Einbausituation auf die Schalldämmung

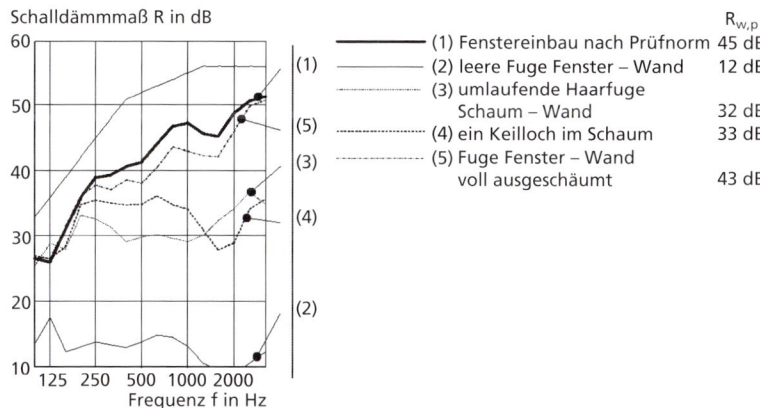

Bild 14. Schalldämmmaße eines Fensters in Abhängigkeit unterschiedlicher Anschlussausbildungen und Fehlstellen zwischen Fenster und Wand

tigkeiten, wie z. B. gekippte Fensterflügel, verringert sich die Schalldämmung im gesamten Frequenzbereich, siehe Bild 15 und Bild 16.

Das Beispiel zeigt anschaulich zwei Abhängigkeiten:
- Je höher die Differenz zwischen der Schalldämmung des Fensters und des Lüfters ist, desto stärker bestimmt die geringere Schalldämmung des Lüfters die Gesamtschalldämmung.
- Bei großen Undichtigkeiten (im Beispiel: Lüfter geöffnet) ist die Schallübertragung über den Lüfter so groß, dass die Schalldämmung des Fensters keinen Einfluss auf die Gesamtschalldämmung hat.

2.6.3 Weitere Anforderungen an Lüfter

Die Anforderungen an die Luftdichtigkeit eines Gebäudes sind z. B. in DIN 4108-7:2011-01 [34] festgelegt. Diese sind, bezogen auf eine Druckdifferenz von 50 Pa und gemessen mit dem Blower-door-Verfahren, als Austausch der Luftmenge pro Stunde definiert. Bei Gebäuden ohne raumlufttechnische Anlagen beträgt der maximal zulässige Wert für den Luftwechsel $3\ h^{-1}$, bei Gebäuden mit raumlufttechnischen Anlagen $1{,}5\ h^{-1}$. Die Wärmedämmung von Außenwandlüftern ist je nach Bauart gemäß den Anforderungen an die Fens-

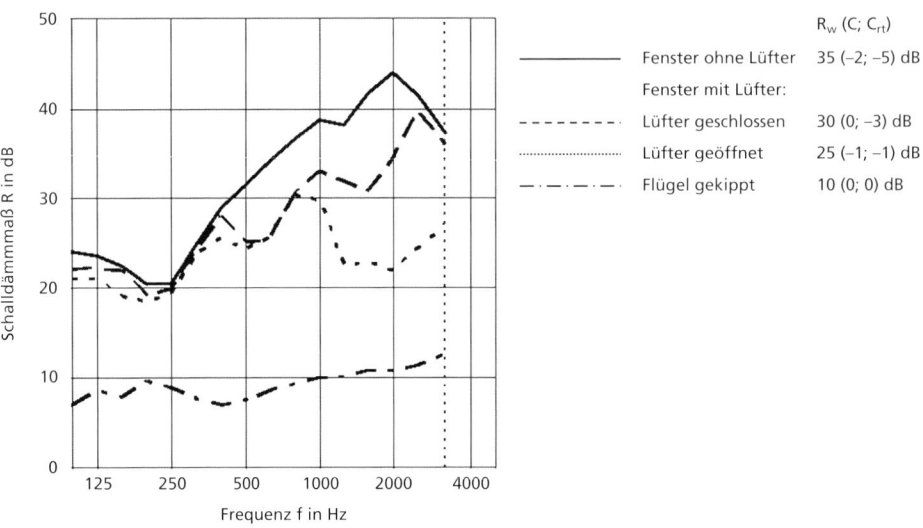

Bild 15. Beispiel für die Schalldämmung eines Fensters mit nicht angepasstem Lüfter

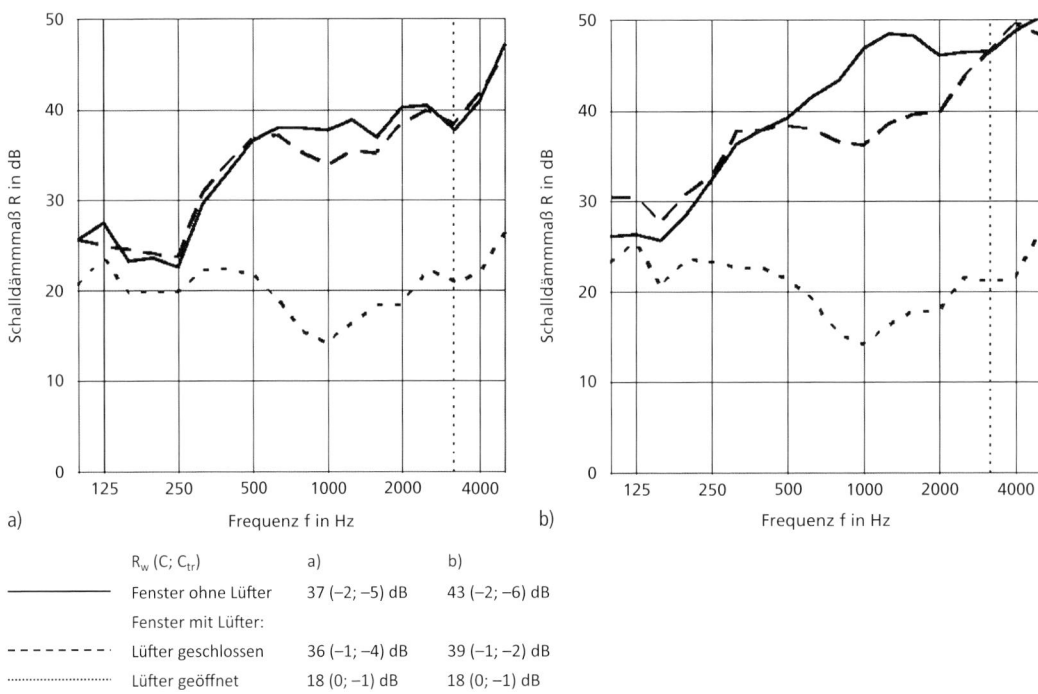

	R_w (C; C_{tr})	a)	b)
——	Fenster ohne Lüfter	37 (–2; –5) dB	43 (–2; –6) dB
	Fenster mit Lüfter:		
- - - - -	Lüfter geschlossen	36 (–1; –4) dB	39 (–1; –2) dB
....	Lüfter geöffnet	18 (0; –1) dB	18 (0; –1) dB

Bild 16. Beispiel für die Schalldämmung eines Fensters mit Lüfter und unterschiedlichen Verglasungen; a) Verglasung 8/16/4, b) Verglasung 9GH/24/6

ter oder die Außenwand festzulegen. Die Luftqualität wird über die in der Luft enthaltene Feuchtigkeit bzw. die Feuchtigkeitszunahme durch die Raumnutzung sowie die maximale CO_2-Konzentration in der Luft beschrieben. Die Kennwerte sind nach der Nutzung (z. B. Anzahl der Personen) und Größe des Raums zu bestimmen. Eine Luftwechselzahl von 0,3 h^{-1} ist in einem ständig bewohnten Haus mindestens erforderlich, um eine angenehme Luftqualität zu gewährleisten, als oberer Grenzwert gilt eine Luftwechselrate von 0,8 bis 1 h^{-1} [35]. Bei Geräten ohne mechanische Lüftung ist zu beachten, dass die ausgetauschte Luftmenge von der

Schalldämmung von Fenstern 613

Tabelle 1 Klassifizierung der Eigenschaften von Lüftungselementen

Produktbezeichnung							
Hersteller							
Produktbeschreibung							
Art der Regelung							
			Leistungseigenschaften				
Nr.		§ Nr	Beschreibung	Klassifizierung			

Nr.		§ Nr	Beschreibung						
1		3.1.1	Strömungskoeffizienten	K, n					
			Luftvolumenstrom in m³/h		4 Pa*	8 Pa*	10 Pa*	20 Pa*	
				Zuluft					
				Abluft					
2		3.2	Luftdurchlässigkeit in geschlossenem Zustand	1	2	3	4		
3		3.3	Schlagregendichtheit						
			offen Prüfdruck (Pa)	npd	1	2	3	4	5	6
					10	20	50	100	150	>150
			geschlossen ungeschützt (A) Prüfdruck (Pa)	npd	1A	2A	3A	4A	5A	6A	7A	8A	9A
					0	50	100	150	200	250	300	450	600
4		3.4.1	Luftschalldämmung $R_w(C;C_{tr})$ in dB für Fenster mit Lüfter	offen			geschlossen		
			$D_{ne,w}(C;C_{tr})$ in dB für Aufsatzelemente	offen			geschlossen		
5		3.11	Einbruchhemmung	npd	WK 1	WK 2	WK 3	WK 4	WK 5	WK 6

npd = no performance determined/keine Leistungsmerkmale bestimmt
* Werte gemäß EN 14351-1

Bild 17. Leistungseigenschaften für Fensterlüfter (Tabellen 1 und 2 der ift Richtlinie LU-01:2007 „Fensterlüfter Teil 1, Leistungseigenschaften")

Druckdifferenz abhängt, die in vielen Fällen wesentlich geringer ist als 50 Pa. Das bedeutet, dass die Luftwechselrate mit der Anforderung aus DIN 4108-7 nicht direkt vergleichbar ist, da den Angaben unterschiedliche Druckdifferenzen zugrunde liegen.

2.6.4 Kenngrößen

Um die verschiedenen Lüftungssysteme miteinander zu vergleichen, ist eine Übersicht über die zu ermittelnden Kenngrößen erforderlich. Im Bereich des Schallschutzes gibt man die Dämmung gegen Außenlärm und zusätzlich, bei mechanisch angetriebenen Systemen, den Eigengeräuschpegel des Gerätes an. Neben der Luftleistung und der Schalldämmung werden, je nach Anwendung, die Wärmedämmung, Brandschutzeigenschaften und/oder Sicherheitsklassen angegeben. Nachfolgend sind die in den Gln. (3) bis (8) verwendeten Formelzeichen aufgeführt:

A Äquivalente Absorptionsfläche im Empfangsraum in m²
A_0 Bezugs-Absorptionsfläche (10 m²)
L_1, L_2 Schalldruckpegel im Senderaum (1) bzw. Empfangsraum (2) in dB
L gemessener Schalldruckpegel in dB(A)

Tabelle 2 Klassifizierung der Eigenschaften von ventilatorgestützten Lüftungsgeräten

Nr.		§ Nr								
1		3.1.2	Luftvolumenstrom in m³/h		0 Pa			8 Pa		
				Zuluft						
				Abluft						
2		3.2	Luftdurchlässigkeit in geschlossenem Zustand	1		2		3		4
3		3.3	Schlagregendichtheit							
			offen Prüfdruck (Pa)	npd	1	2	3	4	5	6
					10	20	50	100	150	>150
			geschlossen ungeschützt (A) Prüfdruck (Pa)	npd	1A	2A	3A	4A	5A 6A	7A 8A	9A
					0	50	100	150 200	250 300	450 600
4		3.4.1	Luftschalldämmung $R_w(C;C_{tr})$ in dB für Fenster mit Lüfter		offen			geschlossen		
			$D_{ne,w}(C;C_{tr})$ in dB für Aufsatzelemente		offen			geschlossen		
5		3.4.2	Eigengeräuschpegel L_N in dB(A)	> 45	≤ 45		≤ 40	≤ 35	≤ 30	≤ 25
6		3.5	Wirkungsgrad ε der Wärmerückgewinnung							
7		3.11	Einbruchhemmung	npd	WK 1	WK 2		WK 3	WK 4	WK 5	WK 6
8		3.12	Energieverbrauch in Wh/m³							

npd = no performance determined/ keine Leistungsmerkmale bestimmt

Bild 17. Leistungseigenschaften für Fensterlüfter (Tabellen 1 und 2 der ift Richtlinie LU-01:2007 „Fensterlüfter Teil 1, Leistungseigenschaften") (Fortsetzung)

L_w Schallleistungspegel in dB(A)
$R_{w,res}$ resultierende Schalldämmung von Fenster und Lüfter in dB
$R_{w,Lü}$ bewertetes Schalldämmmaß des Lüfters in dB
$R_{w,F}$ bewertetes Schalldämmmaß des Fensters in dB
S   Fläche des Bauteils in m²; bei Prüfung im Labor ist dies die Fläche des gesamten Bauteils, z. B. 1,88 m² bei einem Fenster mit Lüfter, im Prüfstand nach DIN EN ISO 10140-5
S_F, $S_{Lü}$ Fläche des Fensters bzw. des Lüfters in m²

2.6.4.1 Schalldämmung von Lüftern

Die Schalldämmung eines Lüfters beschreibt die Dämmung des Systems gegen Luftschallanregung, in der Regel gegen Außenlärm. Je nach Bauweise kann der Dämmwert unterschiedlich bestimmt werden. Bei integrierten Systemen, z. B. Lüfter innerhalb eines Fensters oder einer Brüstung, wird im Labor nach DIN EN ISO 10140-2 [5] das Schalldämmmaß R des gesamten Bauteils mit Lüfter im Frequenzbereich von 100 (optional ab 50) bis 5000 Hz bestimmt:

$$R = L_1 - L_2 + 10 \cdot \lg\left(\frac{S}{A}\right) \quad dB \qquad (3)$$

Bei den meisten Systemen handelt es sich im Sinne der Prüfnorm um ein kleines Bauteil mit einer Fläche von weniger als 1 m², für das nach DIN EN ISO 10140-2 [5] die Normschallpegeldifferenz $D_{n,e}$ des Bauteils gemessen wird:

$$D_{n,e} = L_1 - L_2 + 10 \cdot \lg\left(\frac{A_0}{A}\right) \quad \text{dB} \tag{4}$$

Hat das Lüftungssystem mehrere Einstellmöglichkeiten, z. B. geöffnet und geschlossen, so wird das Schalldämmmaß bzw. die Normschallpegeldifferenz für jede Einstellung bestimmt.

2.6.4.2 Einzahlangaben

Aus den ermittelten Daten werden nach DIN EN ISO 717-1 [19] folgende Einzahl-Kennwerte bestimmt:

R_w, $R_{w,Lü}$ bewertetes Schalldämmmaß des Lüfters
$D_{n,e,w}$ bewertete Normschallpegeldifferenz des Lüfters
C, C_{tr} Spektrum-Anpassungswerte zur Berücksichtigung der Schallspektren 1 (für Wohnaktivitäten) und 2 (für städtischen Straßenverkehr)

Für Bauteile, für die die Normschallpegeldifferenz bestimmt wurde, kann der ermittelte Dämmwert auf die Schalldämmung R mit der Bauteilfläche $S_{Lü}$ am Bau umgerechnet werden. Das geschieht nach der Beziehung:

$$R_{w,Lü} = D_{n,e,w} - 10 \times \lg\left(\frac{A_o}{S_{Lü}}\right) \quad \text{dB} \tag{5}$$

Der Betrag der Normschallpegeldifferenz $D_{n,w}$ ist aufgrund der kleinen Fläche des Lüfters wesentlich größer als das Schalldämmmaß R_w; der Unterschied liegt zahlenmäßig häufig in einer Größenordnung von 15 bis 20 dB. Daher ist genau darauf zu achten, mit welchen Größen gearbeitet wird bzw. welche Größen in Prüfzeugnissen und Prüfberichten angegeben werden. In älteren Datenblättern wird manchmal auch ein bewertetes Schalldämmmaß $R_{w,1,9}$ angegeben. Dieser Wert wurde im Fensterprüfstand ermittelt und auf 1,9 m² bezogen. Diese Fläche entspricht der lichten Öffnung in der Prüfwand des Fensterprüfstandes (Normöffnung 1,25 m × 1,50 m nach DIN EN ISO 10140-5 [5]). Da bei der Planung die Schalldämmung des Lüfters mit der Schalldämmung z. B. des Fensters kombiniert wird und für den Lüfter die abstrahlende Fläche anzusetzen ist, ist diese Größe nicht sehr aussagekräftig und kann zur Verwirrung beim Anwender führen.
Zahlenmäßig gilt: $R_{1,9} = D_{n,e} - 7$ dB.

Gesamtschalldämmung von Fenster und Lüfter

Wird ein Lüfter mit einem Fenster bestimmter Fläche zu einem Gesamtelement zusammengesetzt, so ergibt sich das resultierende bewertete Schalldämmmaß $R_{w,res}$ aus den einzelnen Schalldämmmaßen von Fens-

ter F und Lüftung Lü wie folgt:

$$R_{w,res} = -10 \times \lg\left(\frac{S_F}{S_{Lü} + S_F} \times 10^{-0,1 \times R_{w,F}}\right.$$
$$\left. + \frac{S_{Lü}}{S_{Lü} + S_F} \times 10^{-0,1 \times R_{w,Lü}}\right) \text{dB} \tag{6}$$

2.6.4.3 Eigengeräusche von Lüftern

Lüfter, die motorisch angetrieben werden, erzeugen einen Eigengeräuschpegel. Eine Möglichkeit zur Kennzeichnung ist die Angabe eines Schallleistungspegels L_W, der bei der Planung auf die Verhältnisse im Raum umzurechnen ist. Häufig wird ein A-bewerteter normierter Schallpegel L_N angegeben, der wie folgt ermittelt wird:

$$L_N = L + 10 \lg\left(\frac{A}{A_0}\right) \quad \text{dB(A)} \tag{7}$$

mit L = L_P = Schalldruckpegel, erzeugt durch den motorisch betriebenen Lüfter im Raum. Ist der Schallleistungspegel L_W bekannt, so kann der Schallpegel im Hallraum wie folgt daraus bestimmt werden:

$$L = L_W + 6 \text{ dB} - 10 \lg\left(\frac{A}{1 \text{ m}^2}\right) \quad \text{dB(A)} \tag{8}$$

Bei Geräten mit mehreren Schaltstufen wird der Schallpegel für jede Betriebsstufe angegeben.

2.6.4.4 Luftleistung

Die Luftleistung wird mithilfe von Prüfständen ermittelt, die den Volumenstrom in m³/h bestimmen. Hat das Lüftungsgerät keinen eigenen Antrieb, so wird der Volumenstrom durch eine Druckdifferenz erzeugt. Die Angabe erfolgt dann für verschiedene Druckdifferenzen, z. B. 2, 4, 10 oder 50 Pa. 50 Pa entsprechend den Verhältnissen bei den nach DIN 4108-7 und EnEV geforderten Blower-door-Tests in Gebäuden, an die bereits Anforderungen gestellt werden. Im Jahresmittel muss allerdings von geringeren Druckunterschieden ausgegangen werden. DIN 1946-6 gibt hier Auslegungsdruckdifferenzen als Planungswerte an, die je nach Gebäudetyp und Lage sowie Lüftungsart zwischen 2 und 8 Pa variieren. Die tatsächliche Luftmenge die zugeführt wird, hängt also von den Verhältnissen vor Ort ab (Wind, Gebäudehöhe, Grundriss, Anordnung der Lüfter, zusätzliche Einrichtungen zur Erzeugung eines Unterdrucks im Gebäude usw.). Hat das Lüftungsgerät einen eigenen Antrieb, so wird die Angabe zur Luftleistung bei eingeschaltetem Gebläse – bei Geräten mit mehreren Schaltstufen zu jeder Schaltstufe – gemacht, geprüft ohne Druckdifferenz (0 Pa).

2.6.5 Bauarten von Lüftern und Lüftungselementen

Es gibt eine Vielzahl unterschiedlicher Lüftungssysteme, die in verschiedene Bauarten unterteilt werden können. Für die Planung von Lüftungselementen ist in jedem Fall darauf zu achten, dass die erforderlichen

Tabelle 3. Schalldämmung und Luftleistung von Lüftungssystemen am Fenster (Aufsatzlüfter am Blendrahmen montiert, nach Bild 19), Werte stammen aus Produktunterlagen der verschiedenen Hersteller, sie sind Orientierungswerte, die im Einzelfall auch über- bzw. unterschritten werden können, Tabelle entnommen aus [36]

Bauart	Bewertete Normschallpegeldifferenz $D_{n,e,w}$ [dB]	Eigengeräuschpegel L_N [dB(A)]	Luftmenge [m³/h]
Lüftungsgeräte ohne Gebläse	49–57	–	50–120
Lüftungsgeräte mit Gebläse	54–58	17–36 [*)]	30–120 [*)]

[*)] in Abhängigkeit der Gebläsestufe

Rahmenbedingungen realisiert werden. Für mechanisch angetriebene Lüfter heißt das z. B., dass der erzeugte Volumenstrom keinen Überdruck bewirkt, damit der erwartete Volumenstrom auch realisiert werden kann (z. B. durch weitere Lüftungskanäle oder Überströmöffnungen). In Tabelle 3 sind typische Kenndaten für Aufsatzlüfterelemente angegeben.

2.6.6 Lüftung im und am Fenster

Im Fenster gibt es mehrere Möglichkeiten, eine Lüftung zu integrieren. Die bekannteste Möglichkeit ist natürlich, das Fenster zu kippen oder zur sogenannten Stoßlüftung regelmäßig für eine kurze Zeit zu öffnen. Diese Methode setzt eine Eigenverantwortung der Bewohner zur Lüftung voraus, was in großen, vermieteten Wohnanlagen häufig zu Streitigkeiten führt. Zudem ist die Schalldämmung bei geöffnetem Fenster sehr gering. Um Feuchteschäden weit möglichst vorzubeugen, wurde daher in DIN 1946-6 eine Lüftung zum Feuchteschutz eingeführt, die nutzerunabhängig sicherzustellen ist. Fensterlüfter die hierzu vorgesehen sind, wurden in den letzten Jahren auch im Hinblick auf Schalldämmung geprüft, siehe auch Bild 19.

Bild 18 zeigt typische Schalldämmwerte von Fenstern in Abhängigkeit des Luftdurchgangs. Die Werte wurden der Literatur [37, 38] entnommen und entstammen einer Analyse des ift-Archivs. Basis sind einflügelige Fenster mit einer Größe von 1,23 m × 1,48 m entsprechend der Normfenstergröße für Schalldämmprüfungen von Fenstern. Die Lüftungsmaßnahmen wurden durch verschiedene Maßnahmen erreicht:

– Fensterfalzlüfter (z. B. Luftführungen über unterbrochene Dichtungen oder auch Schlitze in Hohlkammerprofilen oder mit in den Falz eingeschraubten kleinen Lüfterelementen),
– Aufsatzlüfter im Blendrahmen oder am Blendrahmen montiert,
– gekipptes und geöffnetes Fenster.

Bei Fensterfalzlüftern mit niedrigen Luftwechselraten ist eine relativ geringe Reduzierung der Schalldämmung festzustellen. Ein höherer Luftdurchsatz lässt sich mit Aufsatzelementen erreichen, die entweder im Fensterrahmen integriert oder auf ihn aufgesetzt werden, beispielsweise im Fensterbankbereich, oder auch oberhalb oder seitlich zwischen Fenster und Mauerwerk eingebaut sind. Auch Brüstungselemente mit integrierter Lüftung können in diese Kategorie eingeordnet werden. Ohne zusätzliche schallabsorbierende Maßnahmen wird hierdurch die Schalldämmung des Fensters deutlich reduziert. Diese deutliche Minderung der Schalldämmung lässt sich weitgehend vermeiden, wenn Aufsatzlüfterelemente mit zusätzlichen Schalldämmeinlagen (z. B. aus schallabsorbierenden

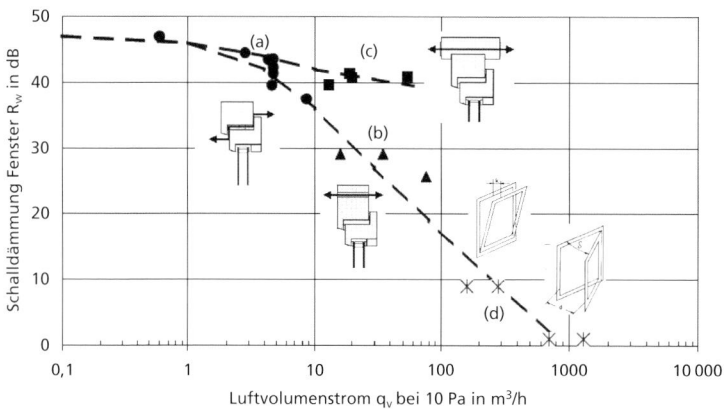

Bild 18. Schalldämmung von Fenstern im Normformat (Verglasung mit Schalldämmung $R_{W,Glas}$ = 49 dB) mit unterschiedlichen Fensterlüftern als Funktion des Luftvolumenstroms bei 10 Pa Druckdifferenz, aus [37, 38], die durchgezogenen Linien führen das Auge: (a) Fenster mit Fensterfalzlüfter, (b) Fenster kombiniert mit im Blendrahmen integrierten Aufsatzlüftern ohne besondere Schalldämmeigenschaften, (c) Fenster kombiniert mit Aufsatzlüfter mit Schalldämmeinlagen, (d) Werte für offenes und gekipptes Fenster, Luftvolumenstrom nach Angaben aus [11] abgeschätzt

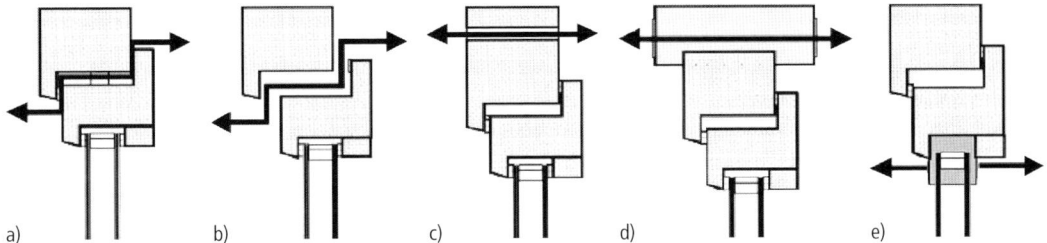

Bild 19. Prinzipdarstellungen von Fensterlüftungen, a) Fensterfalzlüfter, b) beschlagsgeregelter Lüfter, c) Aufsatzlüfter in Blendrahmen integriert, d) Aufsatzlüfter am Blendrahmen montiert, e) Aufsatzlüfter in Glasfalz integriert

Schaumstoffen) eingesetzt werden. In dieser Kategorie gibt es sowohl Schiebe-/Klapplüfter als auch Geräte mit integriertem Gebläse und Maßnahmen zur Wärmerückgewinnung. Typische Werte für Aufsatzlüfterelemente sind in Tabelle 3 angegeben.

Ein Sonderfall sind Wintergartenlüfter, die einen hohen Volumenstrom erzeugen. Dabei kann das Gebläse ein störendes Element sein, mit einem Eigengeräuschpegel bis etwa 55 dB(A). Schalldämmmaße für Wintergartenlüfter werden üblicherweise nicht angegeben, da es keine konkreten Anforderungen an den Aufenthaltsbereich in Wintergärten gibt.

2.6.7 Lüftung, unabhängig vom Fenster

In diese Kategorie fallen Geräte, die in Verbindung mit Lüftungsschächten eine Lüftung im Raum unabhängig vom Fenster erzeugen. Die Zu- und Abluft wird über eigene Kanäle geführt, z. B. im Sanitärbereich. Geräte dieser Bauweise haben in der Regel Anforderungen an den Eigengeräuschpegel der Gebläse. Da nach DIN 4109 Schallpegel größer als 35 dB(A) in schutzbedürftigen Räumen nicht zulässig sind, sind einige Geräte nur in nicht schutzbedürftigen Räumen zu verwenden. Anforderungen an die Schalldämmung (bewertete Normschallpegeldifferenz $D_{n,e,w}$) werden dann gestellt, wenn das Gerät eine direkte Verbindung nach außen hat. Tabelle 4 enthält gemittelte Daten von verschiedenen Herstellern.

Tabelle 4. Schallpegel und Luftleistung von Gebläselüftern, Werte stammen aus Produktunterlagen der verschiedenen Hersteller, sie sind Orientierungswerte, die im Einzelfall auch über- bzw. unterschritten werden können, Tabelle entnommen aus [36]

Bauart	Eigengeräuschpegel* L_N [dB(A)]	Bewertete Normschallpegeldifferenz $D_{n,e,w}$ [dB]	Luftmenge [m³/h]
Schachtlüfter	32–54*)	–	30–130*)
Außenluftgeräte	18–50*	50–58	15–110*)

*) in Abhängigkeit der Gebläsestufe

2.7 Rollladenkästen

2.7.1 Einführung

In diesem Abschnitt soll auf die Besonderheiten bei der Schalldämmung von Rollladenkästen eingegangen werden. Hinsichtlich der Konstruktionsvielfalt von Rollladenkästen wird unterschieden in (exakte Definitionen nach [39, 40]):

a) Einputzkästen

Einputzkästen werden in aller Regel unabhängig vom Fenster eingebaut und mit der Wand verputzt, sodass sie sich nicht separat im Bild der Fassade abzeichnen. Einputzkästen können weiter unterteilt werden in drei Untergruppen:
- nichttragende Rollladenkästen, Leichtbaukästen, (diese bestehen in der Regel nur aus Dämmstoffen und müssen beim Einbau während des Erstellens des Sturzes abgestützt werden),
- selbsttragende Rollladenkästen (bestehen aus Grundkörper mit Dämmung bzw. Dämmstoffen mit Verstärkung), die bei kleineren Spannweiten während der Wand- und Sturzerstellung nicht abgestützt werden müssen,
- tragende Rollladenkästen (dienen als Sturzersatz). Es muss ein statischer Nachweis vorliegen.

b) Aufsatzkästen

Aufsatzkästen sind auf ein Fensterelement aufgebaute Konstruktionen, die in aller Regel zusammen mit dem Fensterelement eingebaut werden. Aufsatzkästen haben eine Fläche nach außen und eine Fläche zur Raumseite, sodass die Schalldämmung des Kastens selbst in die resultierende Schalldämmung des Außenbauteils eingeht.

c) Vorsatzkästen

Vorsatzkästen werden üblicherweise ebenfalls auf ein Fensterelement aufgebaut, nur werden sie auf eine bestehende Konstruktion appliziert, ohne eine eigene Trennung in der Fassade darzustellen. Aus diesem Grunde geht die Schalldämmung von Vorsatzkästen in der Regel nicht in die resultierende Schalldämmung des Außenbauteils ein. Vorsatzkästen sind schalltechnisch eine vergleichsweise günstigere Bauweise, da sie kein direkt trennendes Außenbauteil sind.

In diesem Abschnitt soll im Wesentlichen die Schalldämmung von Aufsatzkästen diskutiert werden. Falls Fensterelemente mit Aufsatz-Rollladenkästen kombiniert werden, so sind bei einer Beurteilung des Gesamtelements die Eigenschaften beider Bauteile sowie die Wechselwirkungen zwischen Fenster und Rollladen zu betrachten. Es sind hierbei zwei Effekte zu berücksichtigen: Der Schalldurchgang durch den Rollladenkasten allein und durch die Anschlussfuge zum Fensterelement sowie die Wechselwirkung zwischen Fensterelement und dem herabgelassenen Rollpanzer.

2.7.2 Rechnerischer Nachweis der Schalldämmung

Als Kenngröße für die Schalldämmung von Rollladenkästen werden analog zu Aufsatzlüftern (vgl. Abschn. 2.6.7) das bewertete Schalldämmmaß R_w und die bewertete Normschallpegeldifferenz $D_{n,e,w}$ angegeben. Die Umrechnung der beiden Größen erfolgt analog zu Gl. (5). Für das resultierende Schalldämmmaß des Gesamtelements aus Fenster und Rollladenkasten ist Gl. (6) sinngemäß anzuwenden. Bei der Schalldämmung eines Rollladenkastens ist zu beachten, dass diese auch vom Betriebszustand (Rollpanzer aufgerollt/herabgelassen) abhängt. Welcher der beiden Betriebszustände zu einer besseren Schalldämmung führt, ist im Einzelfall zu prüfen. Für den Betriebszustand Rollpanzer herabgelassen ist zu beachten, dass hier Wechselwirkungen zwischen Fensterelement und herabgelassenem Rollpanzer einen Einfluss auf die Schalldämmung haben.

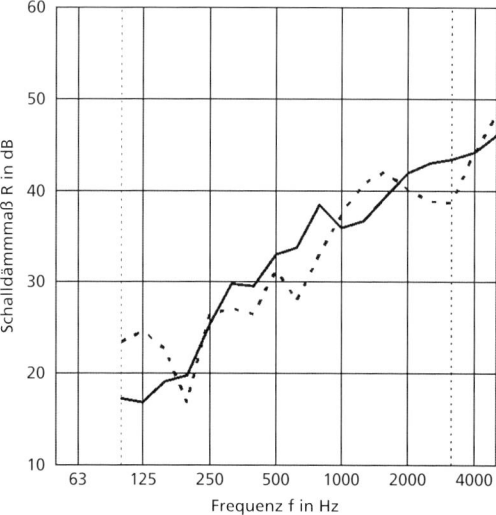

Bild 20. Schalldämmung eines Rollladenkasten in zwei Betriebszuständen; PVC-Aufsatzkasten, Auslassschlitz mit Bürstendichtung abgedichtet:
Durchgezogene Linie: aufgerollter Rollpanzer $R_w = 35$ dB;
Gestrichelte Linie: herabgelassener Rollpanzer $R_w = 34$ dB

2.7.3 Schalldämmung von Rollladenkästen

Für den Nachweis der Schalldämmung nach DIN 4109 liefert der Bauteilkatalog nach DIN 4109-35, Tabelle 6 [27], Ausführungsbeispiele für Rollladenkästen. Diese Sammlung von Ausführungsbeispielen stellt den Stand aus den 1980er-Jahren dar und wurde bislang noch nicht auf einen aktuellen Stand gebracht. Auf eine detailliertere Diskussion dieser Tabelle wird hier verzichtet, stattdessen werden einige allgemeine Hinweise zur Schalldämmung unterschiedlicher Konstruktionen gegeben. Die Konstruktionsmerkmale, die im Wesentlichen die Schalldämmung bestimmen, werden nachfolgend aufgelistet und diskutiert.

Innenschürze, waagerechter unterer Abschluss bzw. Montagedeckel (Revisionsdeckel) (Punkt C und D, Bild 21)

Für die Schalldämmung sind die Materialien, die Dichtheit der Stoßfugen sowie deren flächenbezogene Massen maßgeblich. Bei Aufsatzrollladenkästen kommen häufig zum Einsatz:
– PVC-Stegplatten mit Dicken zwischen 8 und 10 mm,
– Holzwerkstoffplatten mit Dicken zwischen 8 und 13 mm,
– Putzträgerplatten mit Innenputz einer Dicke von 10 bis 15 mm.

Die akustische Wirksamkeit der einzelnen Materialien wird im Wesentlichen durch deren flächenbezogenen Massen charakterisiert. Hier haben PVC-Stegplatten die niedrigste Masse, wogegen verputzte Systeme bei Putzdicken ≥ 10 mm durch die Masse des Putzes (etwa m′ ca. 23 kg/m^2) eine höhere Schalldämmung erwarten lassen. Werden leichte Plattenmaterialien als Innenschürze, waagerechter unterer Abschluss bzw. Revisionsdeckel eingesetzt, so können zur Verbesserung der Schalldämmung zum Rollraum Schwerfolien oder Metallblechauflagen aufgeklebt werden. Hier werden Folien aus Schwergummi, Schwerbitumen, Stahl- oder Bleibleche eingesetzt, deren flächenbezogene Massen ≥ 8 kg/m^2 betragen sollten. Ein Beispiel für die Schalldämmung eines PVC-Aufsatzkastens ist im Bild 22 dargestellt.

Dichtung der Anschlussfuge (Punkt F, Bild 21)

Die Fugen zwischen Revisionsdeckel und dem Korpus sowie zwischen dem unteren, waagerechten Anschluss und dem Fensterblendrahmen müssen gegenüber Fugenschall dicht ausgeführt werden. Dazu sollten diese Fugen mit einer umlaufenden Nut- und Federverbindung (alternativ mit Schnapp- oder Steckverbindungen) ausgeführt werden. Für Schalldämmanforderungen an den Rollladenkasten von $D_{n,e,w} \geq 45$ dB wird empfohlen, die akustische Wirksamkeit einer solchen Nut- und Federverbindung bzw. Schnapp- oder Steckverbindung im Laborversuch zu prüfen oder die Fuge dauerelastisch zu versiegeln.

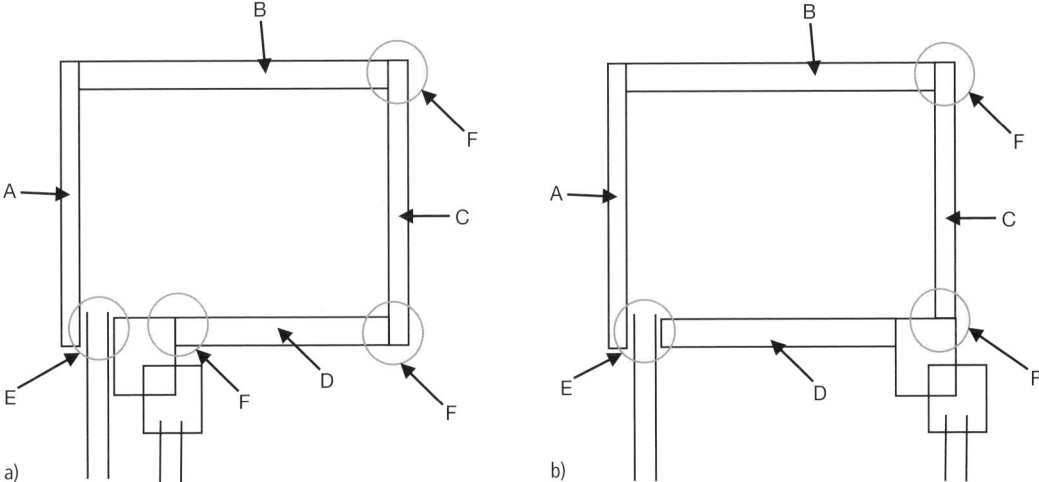

Bild 21. Prinzipaufbau von Rollladenaufsatzkästen mit folgenden Konstruktionsdetails,
a) Kasten mit Innenrevision,
b) Kasten mit Außenrevision
A: Außenschürze; B: Kastenoberteil; C: Innenschürze, Verkleidung oder Montagedeckel; D: Unterer waagerechter Abschluss oder Rollkastendeckel; E: Auslassschlitz, F: Anschlussfuge

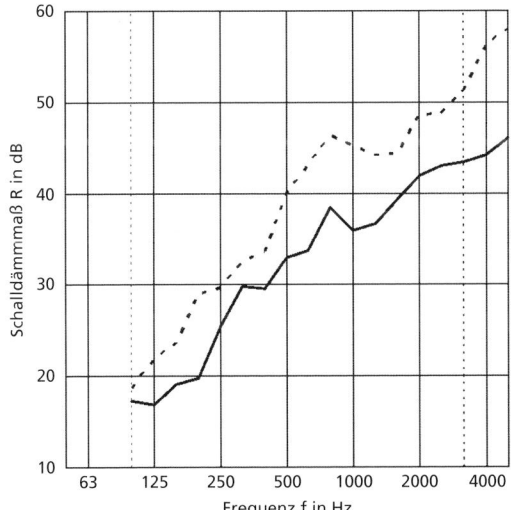

Bild 22. Schalldämmung eines Rollladenkastens mit/ohne Beschwerungsmaßnahmen; PVC-Aufsatzkasten, Auslassschlitz mit Bürstendichtung abgedichtet, Betriebszustand herabgelassener Rollpanzer
Durchgezogene Linie: ohne Beschwerungsmaßnahme $R_w = 35$ dB
Gestrichelte Linie: Innenschürze, Oberteil und unterer waagerechter Abschluss mit Schwerfolie $m' = 8$ kg/m² beschwert $R_w = 41$ dB

Ausführung des Auslassschlitzes (Punkt E, Bild 21)

Eine auch aus wärmetechnischen Gründen erforderliche Abdichtung des Auslassschlitzes kann den Schalldurchgang über den Rollraum von außen nach innen deutlich reduzieren und somit die Schalldämmung des Kastens erhöhen. Für die Wirksamkeit einer solchen Abdichtung sind die Breite des Auslassschlitzes und die Qualität der Dichtprofile maßgebend. Es ist zu empfehlen, die Breite des Auslassschlitzes so gering wie möglich zu halten. In der Praxis werden oft Dichtprofile als Bürstendichtung eingesetzt. Im Betriebszustand Rollpanzer aufgezogen kann der Auslassschlitz auch durch einen geeigneten Endstab (Ausführung z. B. als T-Profil) ganz oder teilweise abgedeckt werden.

Einfluss des Antriebs

Die derzeit üblichen Antriebsarten eines Rollladens sind Gurtantrieb, Kurbel oder Motor. Die Art des Antriebs hat einen Einfluss auf die Schalldämmung, weil sowohl bei Gurt- als auch bei Kurbelantrieb eine Durchdringung der Innenschürze oder Bodenplatte des Kastens entsteht, die zu einem erhöhten Schalldurchgang führen kann. Um diesen Schalldurchgang so weit wie möglich zu reduzieren, ist es erforderlich, die Durchdringung geeignet abzudichten. Im Falle eines Gurtantriebs ist die Gurtdurchführung über eine Pfeife mit Bürstendichtungen abzudichten. Bei einem Kurbelantrieb ist die Durchführung der Kurbelstange dauerelastisch abzudichten. Bei motorisch betriebenen Rollladenkästen ist eine schalldichte Kabeldurchführung in aller Regel gegeben.

Hohlraumabsorption im Rollraum

Bei hochschalldämmenden Rollladenkästen hat es sich als vorteilhaft erwiesen, in den Rollraum schallabsorbierendes Material (z. B. Mineralfaserdämmung) einzubringen. Diese Maßnahme wird bei heutigen Aufsatz-Rollladenkästen aus Gründen des Wärmeschutzes (bessere Wärmeleitfähigkeit von Hartschaumdämmplatten im Vergleich zu Mineralfaser) und der besseren Verarbeitung in aller Regel nicht mehr verwendet.

Außenschürze (Punkt A, Bild 21)

Für die Schalldämmung des Rollladenkastens ist die konstruktive Ausführung der Außenschürze, verglichen mit den anderen oben diskutierten Konstruktionsmerkmalen, als weniger kritisch zu bewerten. Es zeigt sich allerdings, dass sich Konstruktionen mit einer höheren flächenbezogenen Masse schalltechnisch günstiger verhalten als leichte Konstruktionen. Über den Einfluss von zusätzlichen Wärmedämmschichten (WDVS) auf der Außenschürze liegen derzeit noch keine Erfahrungswerte vor.

Außenrevision (Konstruktionsvarianten)

Für die Wartung eines Rollladenkastens ist es unbedingt erforderlich, eine Revisionsöffnung zum Rollraum zu schaffen. Konstruktiv wird diese Revisionsöffnung nach innen (in der Innenschürze oder im unteren waagerechten Anschluss) oder nach außen öffnend realisiert. Aus schalltechnischer Sicht ist eine Außenrevision vorteilhafter als eine Innenrevision, da die raumseitige Schale des Korpus (Innenschürze oder unterer waagerechter Anschluss) dicht ausgeführt werden kann. Wird die im Bild 21b dargestellte Systemvariante eingesetzt, so erhält man bei einem rechtsaufrollenden Rollpanzer eine deutliche Verbesserung der Schalldämmung des Gesamtelements (Fenster plus Rollladenkasten) bei herabgelassenem Rollpanzer aufgrund des vergleichsweise großen Abstandes zwischen Rollpanzer und Fensterscheibe. Angaben dazu finden sich auch in DIN EN 14759 [39].

2.7.4 Temporärer Schallschutz durch Rollladenabschlüsse

Rollladenkästen und Abschlüsse (zusammenfassender Begriff für Rollpanzer und Fensterläden) sind hinsichtlich ihrer Schalldämmung immer im Zusammenhang mit dem Fenster oder der Fassade zu sehen. Das gilt besonders im Zustand mit herabgelassenem Rollpanzer, da hier der Rollpanzer zusammen mit dem Fenster/der Glasscheibe ein eigenständiges System bildet und eine Schalldämmung zu erwarten ist, die von einem Fenster ohne herabgelassenen Abschluss abweicht [39]. Diese Problematik ist insbesondere für den Schallschutz in Schlafzimmern von großer Bedeutung. Anhand theoretischer Überlegungen und einzelner Laborprüfungen können Erkenntnisse abgeleitet werden, die für den Anwender hilfreich sind. Literaturangaben geben in Abhängigkeit des Abstands zwischen Roll-

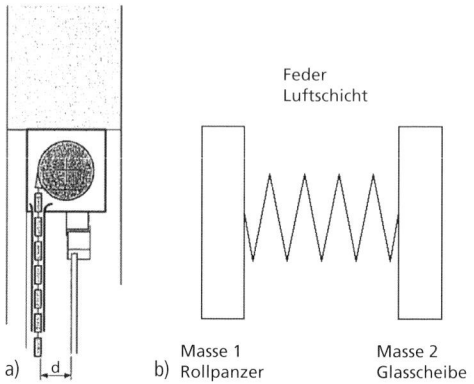

Bild 23. a) Beispiel für Rollladenkasten mit herabgelassenem Rollpanzer vor Fensterelement; b) physikalisches Wirkungsbild eines Masse-Feder-Masse Systems; Masse 1 entspricht dem Rollpanzer, die Feder entspricht der Luftschicht der Dicke d, Masse 2 entspricht der Verglasung des Fensters

panzer und Glasscheibe eine Verbesserung der Schalldämmung zwischen ca. 0 dB und 10 dB an [42]. In ungünstigen Situationen kann bei kleinem Abstand zur Scheibe auch eine Verschlechterung der Schalldämmung durch den herabgelassenen Rollpanzer vorkommen. Voraussetzung ist ein möglichst vollständig dicht schließender Abschluss. Durch den herabgelassenen Rollpanzer wird physikalisch ein Masse-Feder-Masse-System gebildet, dessen Eigenschaften durch die Resonanzschwingung der Luftsäule zwischen Rollpanzer und Glasscheibe geprägt ist. Die akustische Wirksamkeit dieser Resonanzschwingung wird durch ihre Resonanzfrequenz f_R nach Gl. (9) geprägt. Die Höhe der Resonanzfrequenz ist eine Funktion des Abstands zwischen Rollpanzer und Glasscheibe, sowie von den flächenbezogenen Massen der beiden Schalen, siehe Bild 23.

$$f_R = 1900 \cdot \sqrt{\frac{1}{d} \cdot \left(\frac{1}{m'_1} + \frac{1}{m'_2} \right)} \qquad (9)$$

mit
f_R Resonanzfrequenz des Masse-Feder-Masse-Systems; Angabe von f_R in Hz wenn d in mm und flächenbezogene Massen m' in kg/m²

Praxisbeispiel (Bild 24): Ein Fensterelement mit Rollladenkasten wurde im Prüfstand mit aufgezogenem Rollpanzer und herabgelassenem Rollpanzer gemessen. Die Messung zeigt, dass durch den herabgelassenen Rollpanzer eine deutliche Verbesserung im hochfrequenten Schalldämmbereich erfolgt ist. Die Wirksamkeit wird deutlicher, wenn man die Verbesserung des Schalldämmmaßes als $\Delta R_{Abschluss}$ (= $R_{(ausgefahrener\ Abschluss)} - R_{(eingefahrener\ Abschluss)}$) betrachtet. Diese ist für das beschriebene Beispiel in Bild 25 frequenzabhängig dargestellt und mit einer Prüfung an einem anderen Fensterelement verglichen,

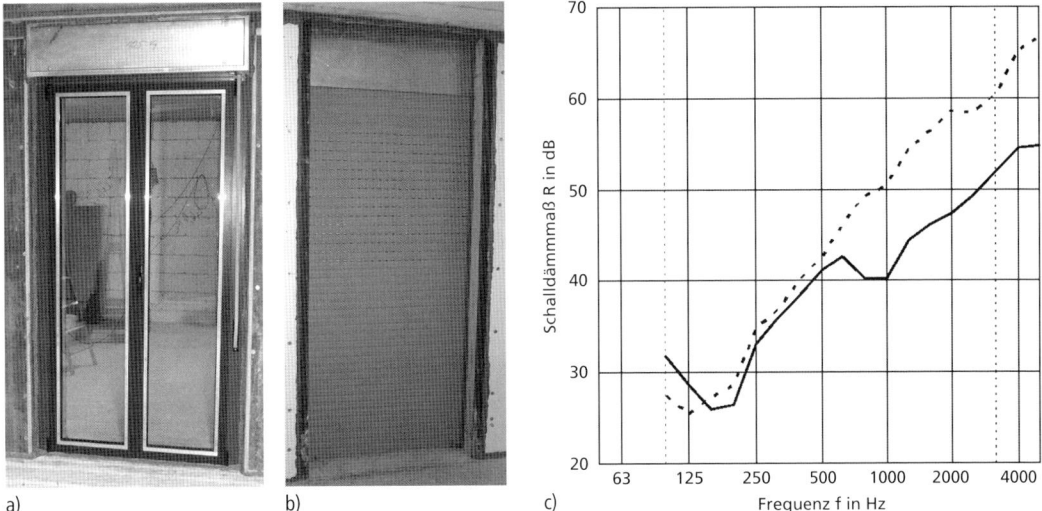

Bild 24. Schalldämmprüfung an Fensterelement mit Rollladenkasten; a) Ansicht Fensterelement mit aufgerolltem Rollpanzer; b) Ansicht Fensterelement mit herabgelassenem Rollpanzer (Abstand Rollpanzer zu Scheibe ca. 70 mm); c) Schalldämmkurven der beiden Situationen
Durchgezogene Linie: aufgerollter Rollpanzer $R_w = 42$ dB
Gestrichelte Linie: herabgelassener Rollpanzer $R_w = 45$ dB

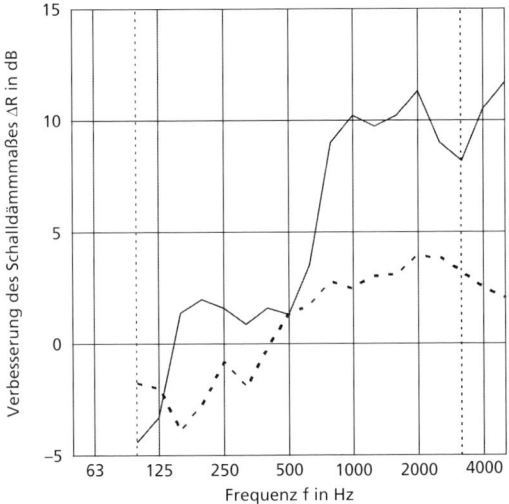

Bild 25. Verbesserung der Schalldämmung $\Delta R_{Abschluss}$ durch herabgelassenen Rollpanzer bei zwei unterschiedlichen Situationen:
Durchgezogene Linie: Fenster mit Abstand zu Rollpanzer d = 70 mm
Gestrichelte Linie: Fenster mit Abstand zu Rollpanzer d = 43–50 mm (Mittelung aus fünf unabhängigen Messungen)

bei dem der Abstand zwischen Fenster und Rollpanzer geringer war. Es ist deutlich zu sehen, dass die Verbesserung der Schalldämmung umso wirksamer ist, je größer der Abstand zwischen Fenster und Rollpanzer ist. Es wird aber auch deutlich, dass das Masse-Feder-Masse System zu einer Verschlechterung der Schalldämmung bei tiefen Frequenzen um die Resonanzfrequenz f_R führt. Dies ist insbesondere bei Lärmbelastungen mit stark tieffrequenten Schallanteilen zu beachten, da die in diesem Frequenzbereich ohnehin bereits niedrige Schalldämmung des Fensters/der Verglasung durch den herabgelassenen Rollpanzer noch weiter reduziert wird. Für diese Fälle wird empfohlen, die Resonanzfrequenz f_R durch geeignete Maßnahmen (weitere Erhöhung des Abstands d zwischen Rollpanzer und Fenster, Erhöhung der Massen der beiden Schalen) soweit zu tiefen Frequenzen hin zu verschieben, dass die Effekte sich für die Bewertung der Schalldämmung und das subjektive Empfinden der betroffenen Personen nicht mehr auswirken.

3 Schalldämmung von Türen

3.1 Schallübertragung bei Türen

Die Schalldämmung einer Tür wird maßgeblich bestimmt von der Schalldämmung des Türblattes. Eine höhere Schalldämmung als die des Türblattes kann nicht erzielt werden; vielmehr dient die Betrachtung aller anderen Komponenten dazu, die Schalldämmung des Türblattes zu erhalten, bzw. so wenig wie möglich abzuschwächen. Die folgenden Abschnitte geben die Ergebnisse eines Forschungsprojektes des ift Rosenheim [43], ergänzt um Hinweise aus der VDI 3728 [44] wieder.

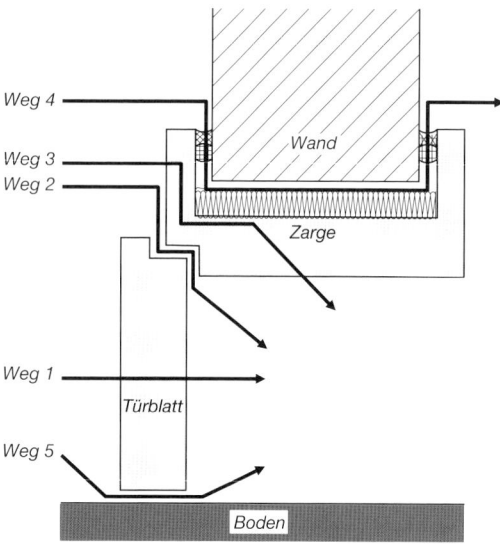

Bild 26. Schallübertragungswege bei Türen

3.1.1 Schallübertragungswege

Bei Türen sind nachfolgend genannte Schallübertragungswege relevant:
– Türblatt (Weg 1),
– Fuge zwischen Türblatt und Zarge (Weg 2),
– Zarge (Weg 3),
– Fuge zwischen Zarge und Wand (Weg 4) und
– Bodenfuge (Weg 5).

Um die Schalldämmung der Tür zu betrachten, können die einzelnen Komponenten der Schallübertragungswege bestimmt und zur resultierenden Schalldämmung der Tür zusammengefasst werden (Bild 26). Eine Möglichkeit, die Gesamtschalldämmung der Tür zu bestimmen, wird in der Folge vorgestellt. Voraussetzung für diese Betrachtungen ist selbstverständlich, dass die Schalldämmung der einzelnen Komponenten bekannt ist.

3.1.2 Schalldämmung von Türblättern

Als bestimmende Größe für die Schalldämmung einer Tür kann die Schalldämmung des Türblattes herangezogen werden. Gerade bei diesem Thema gibt es auf dem Markt eine Vielzahl von Konstruktionsweisen und Halbzeugen, sodass eine umfassende Ausarbeitung an dieser Stelle nicht möglich ist. Im Rahmen eines Forschungsprojektes des ift Rosenheim [43] wurde eine Übersicht von gängigen Konstruktionen für Innentüren zusammengetragen. Seit dieser Zeit haben sich die Grundkonstruktionen nicht wesentlich geändert; es lassen sich Türblätter nach wie vor in einschalige, mehrlagige und mehrschalige Konstruktionen untergliedern. Eine Übersicht über die Schalldämmung von häufigen Türblattaufbauten ist in Bild 27 wiedergegeben. Hinzugekommen sind in der letzten Zeit vor allem neue Materialien, deren Eigenschaften jedoch nicht verallgemeinert werden können.

3.1.3 Berechnung der Gesamtschalldämmung der Tür aus den einzelnen Schalldämmmaßen

Rechnerisch lässt sich die Gesamtschalldämmung aus den einzelnen Übertragungswegen über energetische Addition der Teilschalldämmmaße bestimmen. Werden alle Wege berücksichtigt, so lautet die Berechnungsformel wie folgt:

$$R_{w,\text{Tür}} = -10\lg\frac{1}{S_{\text{ges}}}\left(S_{\text{Türblatt}} \cdot 10^{\frac{-R_{w,\text{Türblatt}}}{10}}\right.$$
$$+\frac{l_{\text{Falzfuge}} \cdot S_o}{l_o} \cdot 10^{\frac{-R_{S,w,\text{Falzdichtung}}}{10}} + S_{\text{Zarge}} \cdot 10^{\frac{-R_{w,\text{Zarge}}}{10}}$$
$$+\frac{l_{\text{Anschlussfuge}} \cdot S_o}{l_o} \cdot 10^{\frac{-R_{S,w,\text{Anschlussfuge}}}{10}} + \frac{l_{\text{Bodenfuge}} \cdot S_o}{l_o}$$
$$\left.\cdot 10^{\frac{-R_{S,w,\text{Bodendichtung}}}{10}}\right) \text{ dB} \tag{10}$$

mit
$R_{w,\text{Tür}}$ Bewertetes Schalldämmmaß der betriebsfertigen Tür [dB]
$R_{w,\text{Türblatt}}$ Bewertetes Schalldämmmaß des Türblattes [dB], Weg 1 nach Bild 26
$R_{S,w,\text{Falzdichtung}}$ Bewertetes Fugenschalldämmmaß der Falzdichtung [dB], Weg 2 nach Bild 26
$R_{w,\text{Zarge}}$ Bewertetes Schalldämmmaß der Zarge [dB], Weg 3 nach Bild 26
$R_{S,w,\text{Anschlussfuge}}$ Bewertetes Fugenschalldämmmaß der Anschlussfuge [dB], Weg 4 nach Bild 26
$R_{S,w,\text{Bodendichtung}}$ Bewertetes Fugenschalldämmmaß der Bodendichtung [dB], Weg 5 nach Bild 26
$S_{\text{Türblatt}}$ Fläche des Türblattes [m²]
l_{Falzfuge} Länge der Falzfuge [m]
S_{Zarge} Projektionsfläche der Zarge [m²] (vgl. 3.1.4 und Bild 26)
$l_{\text{Anschlussfuge}}$ Länge der Anschlussfuge zwischen Zarge und Mauer [m]
$l_{\text{Bodenfuge}}$ Länge der Bodenfuge [m]
S_o Bezugsfläche (1 m²)
S_{ges} Gesamtfläche der Tür [m²]
l_o Bezugslänge (1 m)

3.1.4 Abschätzung der Teilkomponenten

Türblatt

Die Schalldämmung des Türblattes geht mit der Türblattfläche in die Berechnung ein.

Falzdichtung, Bodendichtung

Der Zargendichtung und der Bodendichtung kann eine Fugenschalldämmung zugeordnet werden, die mit der Fugenlänge in die Berechnung eingeht.

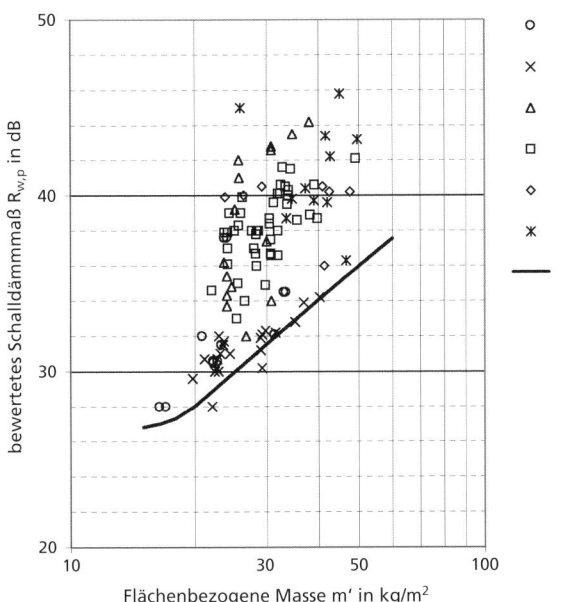

Bild 27. Bewertetes Schalldämmmaß R_w als Funktion der flächenbezogenen Masse für Türblätter mit unterschiedlichem Aufbau

Zarge

Der Schallübertragung über die Zarge eine Schalldämmung zuzuordnen, ist mit folgendem Problem verbunden: Der Zarge ist in den meisten Fällen keine eindeutige Fläche zuzuordnen. Zieht man von der Gesamtfläche der Tür die Fläche des Türblattes ab, so hat die Zarge in den meisten Fällen praktisch die Fläche 0 m². Das liegt daran, dass die abstrahlende Fläche die Leibung in der Tür ist, die in der Projektionsfläche der Tür nicht berücksichtigt wird. Betrachtet man die abstrahlende Fläche, so ergeben sich jedoch Schalldämmungen der Zarge, die in der Regel ausreichend hoch sind, sodass sie vernachlässigt werden können. Für Türen mit einer Schalldämmung $R_w > 40$ dB kann es jedoch vorkommen, dass die Schalldämmung der Zarge die Gesamtschalldämmung der Tür beeinflusst.

Anschlussfuge

Der Anschlussfuge kann eine Fugenschalldämmung zugeordnet werden. Sie geht mit der Fugenlänge in die Berechnung ein.

3.1.5 Grafische Ermittlung der Schalldämmung der Tür

Zum besseren Verständnis der Berechnungsformel kann der Zusammenhang auch grafisch in Form eines Nomogramms dargestellt werden. Der eingezeichnete Pfeil beschreibt beispielhaft die Ableserichtung des Nomogramms. Dargestellt ist im unteren Bereich eine Kurvenschar mit Fugenschalldämmungen der Falzfuge, im oberen Bereich eine Kurvenschar mit Fugenschalldämmungen der Bodenfuge. Dem liegt eine Tür in folgender Abmessung zugrunde, Baurichtmaß 1000 mm × 2000 mm, $S_{ges} = 2{,}00$ m², $l_{Bodenfuge} = 0{,}985$ m, $l_{Falzfuge} = 4{,}9$ m.

Weiterhin wird vorausgesetzt, dass die Zarge und die Anschlussfuge nicht an der Übertragung beteiligt sind, sodass der Wert für die Wege 3 und 4 zu vernachlässigen ist. Somit benötigt man für die Verwendung des Diagramms die Fugenschalldämmaße $R_{S,w}$ für Falzdichtung und Bodendichtung und das Schalldämmmaß R_w des Türblattes. Das Nomogramm (Bild 28) ist dann wie folgt zu lesen:
Im unteren Bereich der Ordinate beginnt man mit der Schalldämmung des Türblattes und geht waagerecht bis zur ausgewählten Fugenschalldämmung der Falzdichtung. Anschließend geht man von dem gefundenen Punkt senkrecht nach oben bis zur ausgewählten Fugenschalldämmung der Bodendichtung. Als letztes liest man waagerecht in der Ordinate die Schalldämmung der betriebsfertigen Tür ab.
Ablesebeispiel in Bild 28:
Gegeben sei
– ein Türblatt mit $R_w = 40$ dB,
– eine Falzdichtung mit $R_{S,w} = 48$ dB und
– eine Bodendichtung mit $R_{S,w} = 32$ dB.
Es ergibt sich für die Tür $R_w = 33$ dB.

4 Schalldämmung von Vorhangfassaden

Die nachfolgende Ausarbeitung basiert auf einem im Rahmen der Forschungsinitiative „ZukunftBau" geförderten Forschungsprojekt [54], das einen Vorschlag zur Erarbeitung eines Bauteilkataloges zur Ermittlung der Luft- und Längsschalldämmung von Vorhangfassaden erstellt hat.

624 C 1 Schalldämmung von Fenstern, Türen und Vorhangfassaden

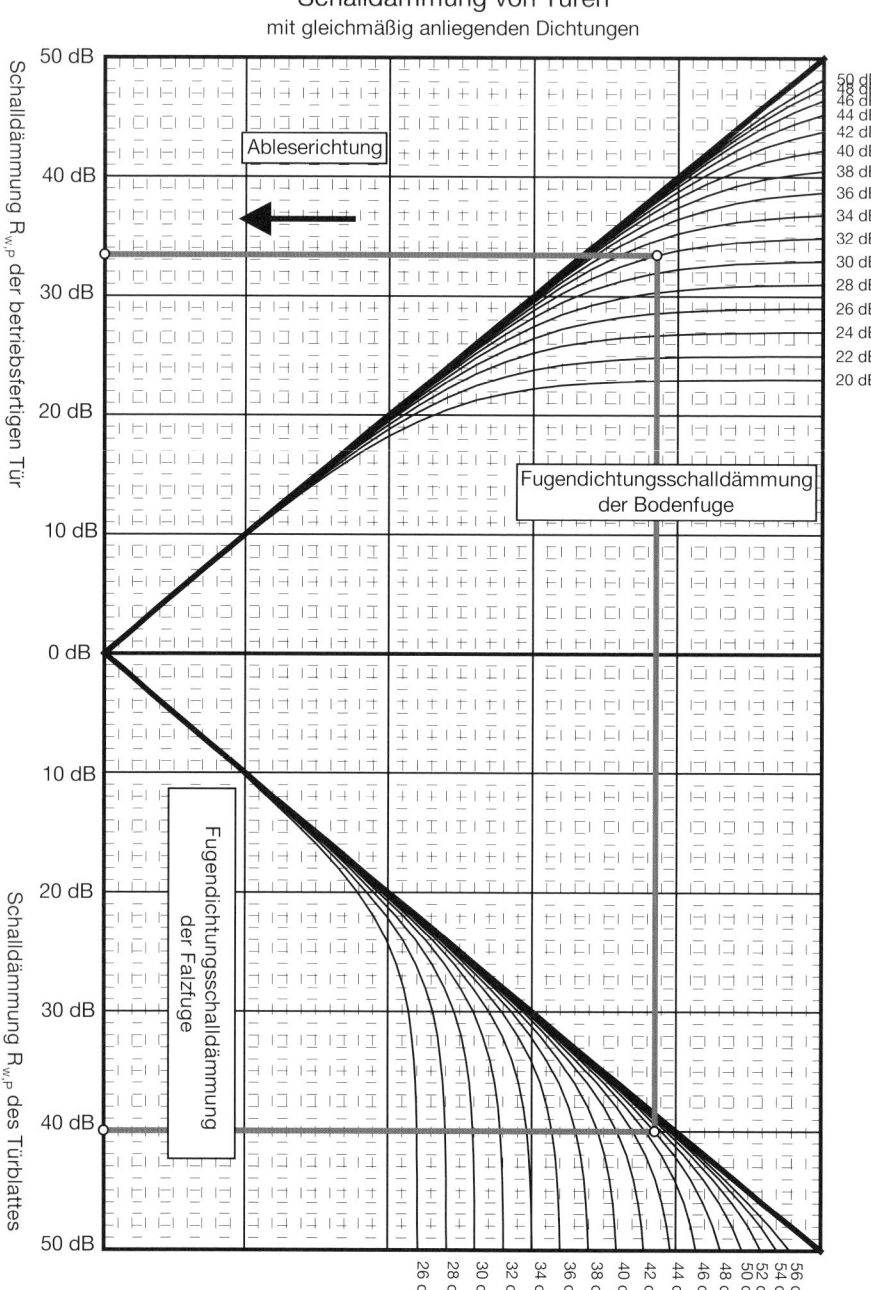

Bild 28. Nomogramm zur grafischen Bestimmung der Schalldämmung von Türen

4.1 Einleitung

In der bauakustischen Planung von Gebäuden werden Angaben zur Luft- und Längsschalldämmung von Bauteilen benötigt. Für die Bauteilgruppe „Vorhangfassaden" lassen sich solche Angaben bis dato nur anhand von Messungen im Labor oder aus Untersuchungen am Bau nachweisen.

Um hier eine belastbare Planungsgrundlage zu schaffen, wurde am ift Rosenheim, Labor Bauakustik, ein Forschungsprojekt durchgeführt, bei dem bestehende Messdaten analysiert und ergänzende Labormessungen zur Längsschalldämmung durchgeführt wurden, um Planungstabellen zu erstellen. Ziel des Projektes war es, diese Tabellen in die Bauteilkataloge der DIN 4109 und der Produktnorm für Vorhangfassaden EN 13830 zu integrieren. Für die nationale Anwendung mit DIN 4109 wurde bereits ein Entwurf für eine Änderung des Bauteilkatalogs DIN 4109-35 [58] veröffentlicht.

4.2 Datenanalyse zur Luft- und Längsschalldämmung

Zur Analyse der Luft- und der Längsschalldämmung von Vorhangfassaden wurden im Rahmen des Forschungsprojektes in einem ersten Schritt vorhandene Messungen ausgewertet und in einem zweiten Schritt gezielte Messungen von Musterfassaden durchgeführt. Für die Analyse wurde eine Datenbank aus Messdaten des ift Labor Bauakustik und weiteren nationalen Prüflaboratorien aufgestellt.
Zur Auswertung der Datenbank wurden Filterkriterien festgelegt, anhand derer die Datenanalyse durchgeführt wurde. Filter wurden u. a. zu folgenden Einflussgrößen gesetzt:
– Schallübertragungsweg (Transmission, Flankenschalldämmung horizontal von Raum zu Raum oder vertikal von Geschoß zu Geschoß)
– Bauweisen der Fassaden (Pfosten-Riegelfassade, Elementfassade, Doppelfassade usw.)
– Abmessungen
– Rahmenmaterial (Metall, Holz und Kombinationen)
– geometrische Daten wie Ansichtsbreite b und Bautiefe t der eingesetzten Profile
– Aufteilung (z. B. Flügel, Festfeld) sowie Größe der Füllungen
– Art der Füllungen (Isolierglas, opake Ausfachungen etc.)
– Fläche der Füllung/Fläche des größten Glasfeldes in m^2
– Schalldämmung der Füllung (R_w (C; C_{tr}) in dB)
– Anschlussdetails an das trennende Bauteil (Wand/Decke)
– Ausführung von Fassadendetails im Anschlussbereich
– gemeinsame Kantenlänge

Aufgrund des recht großen Datenumfangs werden die Übertragungsrichtungen in drei Kapiteln zur Luftschalldämmung sowie zur horizontalen und vertikalen Längsschalldämmung getrennt für die Bauarten der Pfosten-Riegelfassaden und Elementfassaden behandelt.

4.3 Luftschalldämmung

Die Schalldämmung von Fassadenelementen gegen Außenlärm hängt wesentlich von der verwendeten (Glas-) Füllung ab. Daher wurde im Zuge der Datenerfassung jeder dokumentierten Füllung ein bewertetes Schalldämmmaß inklusive der Spektrum-Anpassungswerte zugeordnet. Sofern diese Angabe nicht dem Prüfbericht zu entnehmen war; wurde die benannte Schalldämmung auf Basis der Datensammlung zugeordnet. Die den Bauteiltabellen zugrundeliegende Datenanalyse wurde in zwei Schritten durchgeführt: Analyse von Elementen im Prüfformat 1,23 m × 1,48 m (Norm-Fensterformat) und in einem zweiten Schritt Elemente im Großformat.

4.3.1 Pfosten-/Riegelfassaden

Die Pfosten-Riegel-Fassade ist eine Bauart der Vorhangfassade die aus Pfosten- und Riegelprofilen erstellt und üblicherweise auf der Baustelle montiert wird. Für Elemente im Norm-Fensterformat zeigt sich eine gute Korrelation zwischen der Schalldämmung des Fassadenelements und der Verglasung. Diese Auswertung bildet die Grundlage für einen Vorschlag eines tabellarischen Nachweisverfahrens in Abhängigkeit der Schalldämmung der Verglasung. Die Analysen haben hierbei auch gezeigt, dass die Schalldämmwerte unabhängig vom Rahmenmaterial (Aluminium, Holz, Stahl) angesetzt werden können.
Zur Übertragung der Tabellenwerte auf reale Fassaden sind noch verschiedene Effekte zu berücksichtigen wie z. B. Scheibenformate oder der Einfluss von Einsatzelementen. Der Einbau von Einsatzelementen kann in der Prognose mitberücksichtigt werden, sofern es sich hierbei um Fensterelemente mit einer maximalen Ansichtsbreite von 100 mm und mindestens zwei umlaufenden Falzdichtungsebenen handelt, bei denen der Blendrahmen gegen Pfosten- und Riegelprofile der Fassadenkonstruktion abgedichtet wird (z. B. durch eine dauerelastische Versiegelung oder ein geeignetes Dichtprofil). Andere Einsatzelemente wie z. B. Schiebeelemente, Lüfter, Lüftungsklappen, Türen etc. werden durch dieses einfache Tabellenverfahren nicht mit abgedeckt.

4.3.2 Elementfassaden

Elementfassade stellen mittlerweile neben den Pfosten-Riegel-Fassaden die in Deutschland am meisten verbreitete Bauart von Vorhangfassaden dar. Rahmenmaterial ist in den meisten Fällen Aluminium, es gibt aber auch Beispiele für Elementfassaden aus Holzprofilen. Bei Elementfassaden werden die einzelnen Fassadenelemente werkseitig vorgefertigt an die Baustelle angeliefert und brauchen dort nur noch am Baukörper montiert zu werden.
Im Vergleich zu den Pfosten-Riegelfassaden kommen bei Elementfassaden Profile zum Einsatz, die sehr stark im Hinblick auf Ansichtsbreite und Bautiefe variieren können. Oftmals werden hier auch Objektprofile verwendet, die nur für ein bestimmtes Bauvorhaben zum Einsatz kommen. Dies führt zu einer größeren Streuung der Messwerte, was sich auch in der Analyse der Messergebnisse gezeigt hat. Abhängig von der Rahmenansichtsbreite zeigen sich größere Unterschiede zwischen Element- und Glasschalldämmung

im hochschalldämmenden Bereich. Dies ist auf eine höhere Schalltransmission durch die breiteren Rahmenprofile zurückzuführen und wird in den Prognosetabellen durch Ansatz eines modifizierten Kennwerts berücksichtigt. Dieser modifizierte Kennwert ist identisch für Elementfassaden und Pfosten-Riegelfassaden mit Einsatzelement.

4.3.3 Tabellenvorschlag für die Luftschalldämmung von Vorhangfassaden

Die Analysen von Schalldämmprüfungen an Vorhangfassaden haben zu einem Vorschlag für Tabellenwerte geführt, mit denen die Schalldämmung einer Vielzahl von Vorhangfassaden prognostiziert werden kann. Das Verfahren orientiert sich an der bewährten Fenstertabelle aus DIN 4109-35 [27] und listet die Schalldämmung der Fassade als Funktion der Schalldämmung der Füllung auf. Die Tabelle beruht zwar auf Messungen mit Glasfüllungen, sie ist aber auch anwendbar auf opake Füllungen, z. B. Paneele, wenn deren Schalldämmung R_w ($C; C_{tr}$) bekannt ist. Bei den Zahlenwerten der Tabelle wird unterschieden zwischen Vorhangfassaden die in Pfosten-Riegelbauweise nur mit Festverglasungen erstellt werden und solchen mit Einsatzelementen bzw. Elementfassaden. Bei Fassaden mit Einsatzelementen ist darauf zu achten, dass die Einbaufuge raumseitig geeignet abgedichtet wird. Folgende Einsatzelemente werden nicht durch die Tabellenwerte abgedeckt: Fensterflügel ohne innere (raumseitige) Überschlagdichtung, Schiebeelemente, Hebe-Schiebeelemente, Schwing- bzw. Wendefenster, Lüftungsflügel, Klappen, Türen, Lüfterelemente.

Die Analysen erfolgten separat für die bauakustischen Kenngrößen R_w, $R_A = R_w + C$ und $R_{A,tr} = R_w + C_{tr}$. Sie sind exemplarisch für R_w in Tabelle 5 dargestellt.

Die Zahlenwerte in Tabelle 5 gelten für Elemente im Norm-Fensterformat. Sie müssen noch auf Vorhangfassaden in realen Abmessungen umgerechnet werden. Dazu müssen die Korrektursummanden für die Glasformate entsprechend der Fläche der größten Glasscheibe lt. Tabelle 6 auf die Schalldämmwerte R_w (lt. Tabelle 5), $R_A = R_w + C$ und $R_{A,tr} = R_w + C_{tr}$ aufgerechnet werden.

Tabelle 5. Bewertetes Schalldämmmaß R_w von Vorhangfassaden im Norm-Fensterformat

Füllung	Pfosten-Riegel-Fassaden ohne Einsatzelemente mit einer Ansichtsbreite b der Profile bis 70 mm	Pfosten-Riegel-Fassaden mit Einsatzelementen, Ansichtsbreite b zusammen = 150 mm, und Elementfassaden bis zu einer mittleren Ansichtsbreite b der Profile von 75 mm
	R_w in dB	
32	31	31
33	32	32
34	33	33
35	34	34
36	34	34
37	35	35
38	36	36
39	36	36
40	37	37
41	38	38
42	39	39
43	40	40
44	41	41
45	42	42
46	43	42
47	44	42
48	44	43
49	45	43
50	46	43
≥ 51	47	43

Tabelle 6. Korrektursummand für Glasformate für die Luftschalldämmung von Vorhangfassaden

Fläche des größten Glasfeldes in m²	Korrektursummand für die Luftschalldämmung
bis 2,0 m²	0 dB
> 2,0 bis 4,0 m²	–1 dB
> 4,0 bis 6,0 m²	–2 dB
> 6,0 bis 10,0 m²	–3 dB

4.4 Horizontale Längsschalldämmung

Die horizontale Längsschalldämmung ist relevant für den Anschluss an eine Trennwand zwischen zwei Räumen in einer Etage. Aus der Anforderung an die resultierende Schalldämmung zwischen den beiden Räumen ergibt sich die Anforderung an die Längsschalldämmung. Die Flankenschalldämmung einer Fassade wird quantifiziert über die bewertete Norm-Flankenschallpegeldifferenz $D_{n,f,w}$ und deren Spektrum-Anpassungswerte C und C_{tr}, wobei die Spektrum-Anpassungswerte für den bauaufsichtlichen Nachweis in Deutschland nicht zu berücksichtigen sind. Die Messung der Norm-Flankenschallpegeldifferenz erfolgt nach DIN EN ISO 10848 [59].

Die Trennwand hat in Abhängigkeit der Anforderung häufig eine Dicke von 100 bis 150 mm, sodass bei dem Anschluss an die Fassade ein sogenannter Schwertanschluss mit reduzierter Bautiefe erfolgen muss, wenn die Breite des an die Trennwand anschließenden Profils geringer ist. Schwertanschlüsse wurden hier nicht thematisiert und müssen in der Planung eigenständig betrachtet werden.

4.4.1 Fensterbänder

Fensterbänder sind horizontal nebeneinander gekoppelte einzelne Fensterelemente, an die eine Trennwand angeschlossen wird. Es ist zwischen zwei Bauanschlusssituationen der Trennwand zu unterscheiden, den Anschluss an einen Montagepfosten und an einen Mittelpfosten, auch Kämpfer genannt.

Im Vergleich zu festverglasten Fensterbandelementen ist die Längsschalldämmung von Elementen mit öffenbaren Flügeln mit Innendichtung etwas höher. Dies lässt sich plausibel durch die zusätzliche Entkopplung zwischen Flügel und Blendrahmen erklären.

Festverglaste Fassadenelemente sind in diesem Detail demnach der ungünstigere Fall, sodass die Tabellen auf festverglaste Elemente hin abgestimmt wurden.

Zur Unterscheidung der Fensterbänder sind geometrische Angaben zu den Rahmenprofilen zu ermitteln, da breite Profile sich ungünstig auf die Längsschalldämmung auswirken können.

Für die Anwendung der Tabellen wurden folgende Randbedingungen formuliert:
– sofern nicht anders beschrieben, gelten die Werte für eine Mindestschalldämmung der raumseitigen Schale (z. B. innere Scheibe des Isolierglases) von $R_w ≥ 31$ dB,
– Mindestmaterialdicke bei Metall-Hohlprofilen 2 mm,
– die Werte gelten für festverglaste Elemente und Elemente mit öffenbaren Flügeln mit raumseitig umlaufender Dichtung,
– Fensterflügel benötigen mindestens zwei umlaufende Dichtungsebenen,
– die Tabelle gilt für die Rahmenmaterialien Aluminium, Holz, Holz-Metall und Stahl,
– Schwertanschlüsse sind bei der Tabelle nicht berücksichtigt.

4.4.2 Pfosten-Riegelfassaden, Elementfassaden

Bei Pfosten-Riegelfassaden finden sich für den Bauanschluss an die Trennwand drei prinzipielle Anschlussvarianten; der Anschluss an einen Montagepfosten, an einen monolithischen Pfosten sowie die Ausführung als

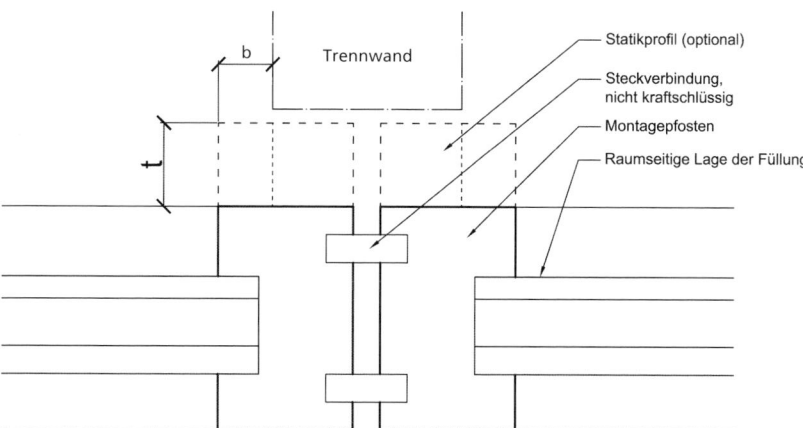

Bild 29. Prinzipskizze zum Trennwandanschluss an einen Montagepfosten

Tabelle 7. Längsschalldämmung von Fensterbändern

Trennwandanschluss/waagerechte Rahmenprofile	Profilbreite b [mm]	Bautiefe t [mm]	Raumseitige Schale R_w [dB]	$D_{n,f,w}$ (C; C_{tr}) [dB]
Montagepfosten/keine durchlaufenden Profile	b ≤ 10	t = 0	29	59 (–3; –9)
			31	60 (–3; –9)
			33	61 (–3; –9)
			35	62 (–2; –9)
			37	63 (–2; –9)
		t ≤ 50	–	55 (–2; –6)
	b ≤ 35	t = 0	29	59 (–3; –9)
			31	60 (–3; –9)
			33	61 (–3; –9)
		t ≤ 50	–	55 (–2; –6)
	b ≤ 75	t = 0	–	56 (–2; –6)
Mittelpfosten/Rahmenprofil bis 50 mm durchlaufend	b ≤ 35	t = 0	29	54 (–2; –6)
			31	56 (–2; –6)
			33	57 (–2; –6)
			35	58 (–2; –6)
		t ≤ 50	–	53 (–2; –5)
	b ≤ 75	t = 0	–	49 (–1; –3)
Mittelpfosten/Blendrahmenverbreiterung bis 250 mm durchlaufend	b ≤ 35	t = 0	–	42 (–1; –3)

Die kennzeichnende Größe $D_{n,f,w}$ ist auf die Bezugslänge $l_0 = 2,8$ m bezogen.

Doppelpfosten. Anders als bei Fensterbändern ist hier zwischen den Rahmenmaterialien zu unterscheiden.
Bei Elementfassaden findet sich eine große Formenvielfalt, die Rahmenquerschnitte und Ansichtsbreiten variieren stärker als bei Pfosten-Riegelfassaden. Ein wichtiges Kriterium hier ist die Lage der Elementstoßfuge. Wird der Trennwandanschluss an der Elementstoßfuge ausgeführt, so sind höhere Längsschalldämmmaße zu erwarten, da es keine über den T-Stoß hinweg laufenden Rahmenprofile gibt.
Über den T-Stoß hinweg laufende Hohlräume, also Hohlprofile oder auch Hohlräume zwischen Profilen und/oder zwischen Profil und Baukörper, können die Längsschalldämmung deutlich negativ beeinflussen. Abhilfe schafft hier ein Hohlraum-Schott im Bereich des T-Stoßes.
Für Vorhangfassaden in Pfosten-Riegel- und in Elementbauweise wurde im Rahmen des Forschungsprojektes eine Tabelle mit Konstruktionsmerkmalen erarbeitet, die nachfolgend als Tabelle 8 wiedergegeben wird. Für die Anwendung der Tabelle wurden folgende Randbedingungen festgelegt:

– Mindestschalldämmung der raumseitigen Schale (z. B. innere Scheibe des Isolierglases) $R_w \geq 31$ dB,
– Mindestmaterialdicke bei Metall-Hohlprofilen 2 mm,
– die Tabelle gilt für festverglaste Elemente und Elemente mit öffenbaren Flügeln mit zwei umlaufenden Dichtebenen, eine davon raumseitig,
– keine über den T-Stoß durchlaufende Hohlkammern in oder zwischen den Elementen (durchlaufende Hohlräume müssen mit einem Schott ausgestattet werden)
– Abdichtung der Fuge zwischen Pfostenprofil und Aufsatzkonstruktionen (wo zutreffend),
– Einbau der Füllung mit Dichtprofilen oder geklebt (Structural Glazing SG),
– Schwertanschlüsse sind nicht berücksichtigt.

4.4.3 Profilschalldämmung

Zur Berücksichtigung des Pfostenprofils, das an die Trennwand anschließt, kann die Profilschalldämmung herangezogen werden. So können z. B. gezielte Verbes-

Tabelle 8. Längsschalldämmung von Vorhangfassaden, horizontale Schallübertragung, bezogen auf $l_0 = 2{,}8$ m, Trennwandanschluss ≥ 100 mm Wanddicke

Trennwandanschluss/waagerechte Rahmenprofile	Profiltiefe t [mm]	Rahmenmaterial	$D_{n,f,w}$ (C; C_{tr}) [dB]
Pfosten-Riegel-Fassade, Anschluss an Montagepfosten/keine am Stoß durchlaufenden Riegelprofile oder Hohlräume	≤ 150	Aluminium-Hohlprofil, Profilbreite ≥ 50 mm	42 (−3; −5)
		Holz (Fichte) Metall-Aufsatzkonstruktion Profilbreite ≥ 50 mm	50 (−1; −3)
Pfosten-Riegel-Fassade, Anschluss an Mittelpfosten/keine am Stoß durchlaufenden Riegelprofile oder Hohlräume	≤ 100	Aluminium-Hohlprofil, Profilbreite ≥ 50 mm	45 (−2; −5)
		Holz (Fichte) Metall-Aufsatzkonstruktion Profilbreite ≥ 50 mm	53 (−1; −5)
	≤ 150	Aluminium-Hohlprofil, Profilbreite ≥ 50 mm	40 (−3; −5)
		Holz (Fichte) Metall-Aufsatzkonstruktion Profilbreite ≥ 50 mm	48 (−1; −3)
		Stahl-Hohlprofil, Profilbreite ≥ 50 mm	43 (−1; −2)
	≤ 200	Aluminium-Hohlprofil, Profilbreite ≥ 50 mm	39 (−3; −5)
Pfosten-Riegel-Fassade, Anschluss an Doppelpfosten/keine am Stoß durchlaufenden Riegelprofile oder Hohlräume	≤ 150	Aluminium-Hohlprofil, Profilbreite ≥ 50 mm	58 (−1; −6)
Elementfassade, Anschluss an Elementstoß/keine am Stoß durchlaufenden Riegelprofile oder Hohlräume	0 (Glasleiste oder Paneelfeld innen bündig)	Aluminium-Hohlprofil, Profilansichtsbreite ≤ 100 mm	58 (−2; −6)
	≤ 50		55 (−2; −6)
	≤ 100		50 (−1; −4)
	≤ 150		45 (−1; −3)
	≤ 200		42 (−1; −3)

Tabelle 8. Längsschalldämmung von Vorhangfassaden, horizontale Schallübertragung, bezogen auf $l_0 = 2,8$ m, Trennwandanschluss ≥ 100 mm Wanddicke (Fortsetzung)

Trennwandanschluss/waagerechte Rahmenprofile	Profiltiefe t [mm]	Rahmenmaterial	$D_{n,f,w}$ (C; C_{tr}) [dB]
Elementfassade, Anschluss an Mittelpfosten/durchlaufender Elementrahmen, keine weiteren am Stoß durchlaufenden Riegelprofile oder Hohlräume	0 (Glasleiste oder Paneelfeld innen bündig)	Aluminium-Hohlprofil, Profilansichtsbreite ≤ 100 mm	55 (−1; −4)
	≤ 50		48 (−1; −2)
	≤ 100		40 (−1; −2)
	≤ 150		37 (−3; −4)

serungsmaßnahmen zur Erhöhung der Flankenschalldämmung mit verhältnismäßig geringem messtechnischem Aufwand bewertet werden.

In dem Forschungsprojekt wurde zu den geprüften Varianten der Längsschalldämmung jeweils auch die Profilschalldämmung des Fassadenprofils am Anschluss untersucht. Vergleicht man die Messung der Profilschalldämmung mit der Messung der Längsschalldämmung der Pfosten-Riegelfassaden, bei der das gleiche Profil am Trennwandanschluss anschließt, so ergeben sich gute Übereinstimmungen im spektralen Verlauf oberhalb von etwa 500 Hz. Das gilt für Profile ohne und mit Maßnahmen zur Verbesserung der Schalldämmung. Bild 30 enthält dazu ein vergleichendes Beispiel. Zur Berücksichtigung der Profilschalldämmung wurde daraus ein Tabellenverfahren entwickelt, das neben tabellierten Werten auch die Berechnung der Längsschalldämmung vorsieht. Dazu wird ein Referenzwert benötigt, welcher die Flankenschallübertragung über den Rest der Fassade quantifiziert und in Abhängigkeit der Füllung in einer Tabelle angegeben ist (Tabelle 9). Zur Berechnung benötigt man dann die Profilschalldämmung als bewertete Normschallpegeldifferenz, die auf die gemeinsame Kantenlänge (2,8 m bei horizontaler Längsschalldämmung) bezogen ist.

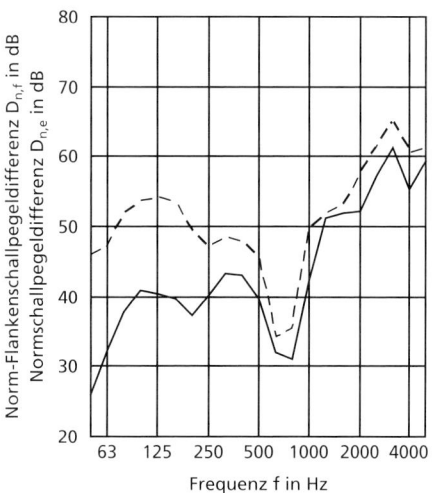

Bild 30. Vergleich von Profilschalldämmung (als $D_{n,e}$) und Längsschalldämmung (als $D_{n,f}$) mit dem gleichen Pfostenprofil am Trennstoß

Mit dem Referenzwert und der Profilschalldämmung kann die Norm-Flankenschallpegeldifferenz $D_{n,f,w}$ berechnet werden, bezogen auf die Bezugs-Kantenlänge $l_0 = 2,8$ m:

$$D_{n,f,w} = -10 \cdot \log\left(10^{-\frac{D_{n,f,0,w}}{10}} + 10^{-\frac{D_{n,e,0,w}}{10}}\right) - 1 \quad [\text{dB}]$$
(11)

4.5 Vertikale Längsschalldämmung

Die vertikale Längsschalldämmung ist relevant für den Anschluss einer Vorhangfassade an eine Trenndecke zwischen zwei übereinanderliegenden Etagen. Aus der Anforderung an die resultierende Schalldämmung zwischen den beiden Räumen ergibt sich, wie bei der

Tabelle 9. Referenzwert zur horizontalen Längsschalldämmung $D_{n,f,0,w}$ von Vorhangfassaden

Trennwandanschluss	Raumseitige Schale R_w [dB]	$D_{n,f,0,w}$ (C; C_{tr}) [dB]
Montagepfosten oder monolithische Pfosten/ keine am Stoß durchlaufenden Riegelprofile oder Hohlräume	31	56 (−2; −6)
	34	57 (−2; −6)
	37	58 (−2; −6)
	39	59 (−2; −6)

Tabelle 10. Längsschalldämmung von Pfosten-Riegel-Fassaden, vertikale Schallübertragung, bezogen auf $l_0 = 4{,}5$ m

Trenndeckenanschluss	Pfostenprofil	Profiltiefe t [mm]	Deckenhöhe d [mm]	Rahmenmaterial	$D_{n,f,w}$ (C; C_{tr}) [dB]
Ein Deckenriegel	Durchlaufend	≤ 125	Keine Angabe	Aluminium-Hohlprofil, Profilbreite ≥ 50 mm	32 (−2; −3)
		≤ 80		Stahl-Hohlprofil	40 (−2; −3)
	Getrennt mit Einschiebling	≤ 160	Keine Angabe	Aluminium-Hohlprofil, Profilbreite ≥ 50 mm	33 (−3; −4)
		≤ 80		Stahl-Hohlprofl	42 (−2; −4)
	Getrennt mit Einschiebling, Profilkammer mit Schott geschlossen	≤ 160	Keine Angabe	Aluminium-Hohlprofil, Profilbreite ≥ 50 mm	39 (−2; −5)
Zwei Deckenriegel, ohne Hohlraumdämmung	Durchlaufend	≤ 140	≥ 180	Holzprofile, Profilbreite ≥ 80 mm	48 (−2; −4)
	Getrennt mit Einschiebling	≤ 160	≥ 200	Aluminium-Hohlprofil, Profilbreite ≥ 50 mm	36 (−1; −3)
	Getrennt, gedübelt	≤ 140	≥ 180	Holzprofile, Profilbreite ≥ 80 mm	50 (−2; −4)
	Getrennt mit Einschiebling, Profilkammer mit Schott geschlossen	≤ 160	≥ 280	Aluminium-Hohlprofil, Profilbreite ≥ 50 mm	47 (−5; −7)
Zwei Deckenriegel, Hohlraum mit Mineralwolle gedämmt, Anschlussblech 2 mm Stahlblech oben und unten	Durchlaufend	≤ 125	≥ 200	Aluminium-Hohlprofil, Profilbreite ≥ 50 mm	39 (−2; −3)
			≥ 400		45 (−3; −5)
		≤ 140	≥ 180	Holzprofile, Profilbreite ≥ 80 mm	48 (−1; −5)
	Getrennt mit Einschiebling	≤ 160	≥ 280	Aluminium-Hohlprofil, Profilbreite ≥ 50 mm	41 (−1; −3)
	Getrennt, gedübelt	≤ 140	≥ 180	Holzprofile, Profilbreite ≥ 80 mm	54 (−1; −4)
	Getrennt mit Einschiebling, Profilkammer mit Schott geschlossen	≤ 100	≥ 140	Aluminium-Hohlprofil, Profilbreite ≥ 50 mm	49 (−1; −4)
		≤ 125	≥ 400		48 (−2; −4)
		≤ 160	≥ 280		48 (−4; −6)

Tabelle 11. Längsschalldämmung von Elementfassaden, vertikale Schallübertragung, bezogen auf $l_0 = 4{,}5$ m

Trenndeckenanschluss	Abstand h [mm]	Profiltiefe t [mm]	Deckenhöhe d [mm]	Rahmenmaterial	$D_{n,f,w}$ (C; C_{tr}) [dB]
Elementstoß im Deckenbereich, zwei Deckenriegel, Hohlraumdämmung, Anschlussblech 2 mm Stahlblech oben und unten	0 (im Deckenbereich)	0 (Glasleiste oder Paneelfeld innen bündig)	≥ 300	Aluminium-Hohlprofil, Profilbreite b ≤ 50 mm	61 (−2; −7)
		≤ 100	≥ 150	Aluminium-Hohlprofil, Profilbreite b ≤ 100mm	55 (−1; −6)
Elementstoß oberhalb der Decke, zwei Deckenriegel, Hohlraumdämmung, Anschlussblech 2 mm Stahlblech oben und unten	≤ 150	≤ 50	≥ 250	Aluminium-Hohlprofil, Profilbreite b ≤ 50 mm	57 (−1; −5)
			≥ 100	Aluminium-Hohlprofil, Profilbreite b ≤ 130mm	51 (−2; −5)
			≥ 260		56 (−2; −6)
			≥ 190	Aluminium-Hohlprofil, Profilbreite b ≤ 200 mm	49 (−1; −5)
		≤ 100	≥ 150	Aluminium-Hohlprofil, Profilbreite b ≤ 50mm	54 (−1; −4)
		≤ 150	≥ 150		51 (−1; −3)
		≤ 200			45 (−1; −3)
Elementstoß oberhalb der Decke, 1 Deckenriegel (hinterschnitten), Hohlraumdämmung, Anschlussblech 2 mm Stahlblech oben und unten	≤ 150	≤ 90	≥ 200	Aluminium-Hohlprofil, Profilbreite b ≤ 50mm	50 (−2; −4)
		≤ 180			44 (−2; −4)

Übertragung in horizontaler Richtung auch, die Anforderung an die Längsschalldämmung, die in der Planungsphase eines Gebäudes festzulegen ist. Die Schallübertragung ist in diesem Fall komplexer als bei der horizontalen Schallübertragung, was ein Rechenverfahren ausschließt.

Bei Labormessungen wird häufig der Bauanschluss an die Decke nach Ausführungsplanung aufgebaut. Dabei reicht die Höhe des Deckenanschlusses in der Datenanalyse von 100 mm bis etwa 700 mm, die Fassade hat in den meisten Fällen einen Abstand zur Decke zwischen etwa 50 und 150 mm, in dem die Tragkonstruktion eingebaut wird (die Auflager, Los- und Festlager). Der so entstehende Hohlraum wird dann im Regelfall mit Mineralwolledämmstoff ausgefüllt und oben und unten mit einer Abdeckung verschlossen, häufig mit Metallblech aus Aluminium oder Stahl.

Dieser Bauanschluss wird häufig vom Fassadenbauunternehmen ausgeführt, daher macht es Sinn, dieses Detail des Anschlusses mit in die Beurteilung einzubauen, wenngleich es sich streng genommen nicht um einen Bestandteil des Schallübertragungsweges Ff der Fassade handelt.

Für die vertikale Längsschalldämmung wurden Tabellen mit Konstruktionsmerkmalen für Pfosten-Riegelfassaden und für Elementfassaden erarbeitet. Diese sind nachfolgend wiedergegeben.

Die kennzeichnende Größe $D_{n,f,w}$ ist darin auf die Bezugslänge $l_0 = 4{,}5$ m bezogen.

Für die Anwendung der Tabellen wurden folgende Randbedingungen festgelegt:
- Mindestschalldämmung der raumseitigen Schale (z. B. innere Scheibe des Isolierglases) von $R_w \geq 31$ dB,
- Mindestmaterialdicke bei Metall-Hohlprofile 2 mm,
- Die Werte gelten für festverglaste Elemente und Elemente mit öffenbaren Flügeln mit raumseitig umlaufender Dichtung,
- Fensterflügel benötigen mindestens zwei umlaufende Dichtungsebenen,
- Einbau der Füllung mit Dichtprofilen oder geklebt (Structural Glazing SG),

- durchlaufende Profile und Hohlräume sind im Bereich des Deckenanschlusses mit einem Schott abzudichten,
- Anschlüsse von Böden oder abgehängten Decken sind in der Tabelle nicht berücksichtigt.

5 Nachweisverfahren

Die Nachweisverfahren für die behandelten Bauteile werden nachfolgend vorgestellt, wobei die aktuellen Nachweise (Stand 2019) für Deutschland beschrieben werden.

5.1 Konstruktionstabellen für Fenster

In der aktuellen deutschen Norm DIN 4109-35 wird für den Eignungsnachweis der Schalldämmung von Fenstern auf die Produktnorm DIN EN 14351-1 verwiesen. Diese gibt zwei Nachweismöglichkeiten vor: Nachweis durch Prüfung (Prüfung im Labor nach DIN EN ISO 10140-2) oder tabellarischer Nachweis nach Anhang B der DIN EN 14351-1. Die in DIN 4109-35 [27] wiedergegebenen Fenstertabellen 1 und 2 können zur Planung angewendet werden, falls kein Schalldämmwert deklariert wurde.

Beide Tabellenverfahren werden nachfolgend beschrieben.

5.1.1 Tabelle 1 und 2 aus DIN 4109-35

Die Tabelle baut mit ihrer ersten Fassung auf einer Erhebung des Jahres 1981 auf. Basis war hier die Analyse von 931 Prüfberichten mit Angaben zur Konstruktion von Schallschutzfenstern (Einfach-, Verbund und Kastenfenster) mit der Zuordnung des bewerteten Schalldämmmaßes nach sogenannten Schallschutzklassen in 5-dB-Schritten, wie sie auch in VDI 2719 [45] „Schalldämmung von Fenstern und deren Zusatzeinrichtungen" wiedergegeben sind.

Nach einer neuerlichen Untersuchung des ift Rosenheim aus dem Jahr 1999 [46–48] mit einer erweiterten Datenbasis von circa 2500 Einzelergebnissen wur-

Tabelle 12. Schalldämmung von Einfachfenstern mit Mehrscheiben-Isolierglas (Tabelle 1 aus DIN 4109-35)

Spalte	1	2	3	4	5	6	7	8	9	10
Zeile	R_w [dB]	C a) [dB]	C_{tr} a) [dB]	Konstruktions-merkmale	Einfachfenster mit MIG b)	Korrekturen in dB				
						K_{RA}	K_S	K_{FV}	$K_{F,1.5}$	K_{Sp}
1	25	.	.	d_{Ges} in mm SZR in mm Falzdichtung	≥ 6 ≥ 8 –	–	–	–	–	–
2	30	–	–	d_{Ges} in mm SZR in mm Falzdichtung	≥ 6 ≥ 12 ①	–	–	–	–	–

Tabelle 12. Schalldämmung von Einfachfenstern mit Mehrscheiben-Isolierglas (Tabelle 1 aus DIN 4109-35) (Fortsetzung)

Spalte	1	2	3	4	5	6	7	8	9	10
Zeile	R_W [dB]	$C^{a)}$ [dB]	$C_{tr}{}^{a)}$ [dB]	Konstruktionsmerkmale	Einfachfenster mit MIG[b)]	Korrekturen in dB				
						K_{RA}	K_S	K_{FV}	$K_{F,1.5}$	K_{Sp}
3	33	−2	−5	Glasaufbau in mm SZR in mm Falzdichtung	≥ 4 + 4 ≥ 12 ①	−2	0	−1	0	0
4	34	−2	−6	Glasaufbau in mm SZR in mm Falzdichtung	≥ 4 + 4 ≥ 16 ①	−2	0	−1	0	0
5	35	−2	−4	Glasaufbau in mm SZR in mm Falzdichtung	≥ 6 + 4 ≥ 12 ①	−2	0	−1	0	0
6	36	−1	−4	Glasaufbau in mm SZR in mm Falzdichtung	≥ 6 + 4 ≥ 16 ①	−2	0	−1	0	0
7	37	−1	−4	Glasaufbau in mm SZR in mm Falzdichtung	≥ 6 + 4 ≥ 16 ①	−2	0	−1	0	0
8	38	−2	−5	Glasaufbau in mm SZR in mm Falzdichtung	≥ 8 + 4 ≥ 16 ② (AD/MD+ID)[c)]	−2	0	0	0	0
9	39	−2	−5	Glasaufbau in mm SZR in mm Falzdichtung	≥ 10 + 4 ≥ 20 ② (AD/MD+ID)[c)]	−2	0	0	0	0
10	40	−2	−5	$R_{w,GLAS}$ in dB Falzdichtung	≥ 40 ② (AD/MD+ID)	−2	0	0	−1	−1
11	41	−2	−5	$R_{w,GLAS}$ in dB Falzdichtung	≥ 41 ② (AD/MD+ID)	0	0	0	−1	−2
12	42	−2	−5	$R_{w,GLAS}$ in dB Falzdichtung	≥ 44 ② (AD/MD+ID)	0	−1	0	−1	−2
13	43	−2	−4	$R_{w,GLAS}$ in dB Falzdichtung	≥ 46 ② (AD/MD+ID)	0	−2	0	−1	−2
14	44	−1	−4	$R_{w,GLAS}$ in dB Falzdichtung	≥ 49 ② (AD/MD+ID)	0	−2	+1	−1	−2
15	45	−1	−5	$R_{w,GLAS}$ in dB Falzdichtung	≥ 51 ② (AD/MD+ID)	0	−2	+1	−1	−2
16	≥ 46[d)]	−	−	−	−	−	−	−	−	−

d_{ges}	Gesamtglasdicke
Glasaufbau	Zusammensetzung der beiden außenliegenden Einzelscheiben
SZR	Scheibenzwischenraum (bei 3-fach MIG Summe der Zwischenräume); mit Luft oder Argon gefüllt
$R_{w,Glas}$	Prüfwert der Scheibe im Normformat (1,23 m × 1,48 m) im Labor
Falzdichtung	AD = umlaufende Außendichtung, MD = umlaufende Mitteldichtung, ID = umlaufende Innendichtung im Flügelüberschlag
①	Mindestens eine umlaufende elastische Dichtung, in der Regel als Mitteldichtung angeordnet
②	Zwei umlaufende elastische Dichtungen, in der Regel als Mittel- und Innendichtung oder auch als Außen- und Innendichtung angeordnet
MIG	Mehrscheiben-Isolierglas

a) Die Spektrum-Anpassungswerte gelten für das Bauteil Fenster. Sie können von den glasspezifischen Werten abweichen.
b) Doppelfalze bei Flügeln von Holzfenstern; mindestens zwei wirksame Anschläge bei Flügeln von Metall und Kunststofffenstern. Erforderliche Falzdichtungen sind umlaufend, ohne Unterbrechungen anzubringen und müssen weich federnd, dauerelastisch, alterungsbeständig und leicht auswechselbar sein.
c) Bei Holzfenstern genügt eine umlaufende Dichtung.
d) Nachweis entsprechend Produktnorm DIN EN 14351-1 durch Prüfung

den die für den Bauteilkatalog im Beiblatt 1 zur DIN 4109-89 erstellten Tabellen 40 und Tabelle 40a als überarbeitete Version in den Bauteilkatalog von DIN 4109 Beiblatt 1 aufgenommen. Zusätzlich zum bewerteten Schalldämmmaß des Fensters wurden die Spektrum-Anpassungswerte C und C_{tr} ergänzt und die Tabelle feiner gegliedert. Diese Tabellen wurden ohne sachliche Änderungen in die Neufassung der Beispielsammlung DIN 4109-35 [27] übernommen. Lediglich die Konstruktionsmerkmale wurden nun gestrafft dargestellt und die Spalte mit dem Rechenwert $R_{w,R}$ entfernt.

Der aus Tabelle 12 abzulesende Wert für die Schalldämmung $R_{w,Fenster}$ für Einfachfenster mit Mehrscheiben-Isolierglas (MIG) kann wie folgt bestimmt werden:

$$R_{w,Fenster} = R_w + K_{AH} + K_{RA} + K_S + K_{FV} + K_{F,1.5} + K_{F,3} + K_{Sp} \quad dB \quad (12)$$

Dabei ist:
- R_w Wert der Schalldämmung des Fensters gem. Spalte 1
- K_{AH} Korrektur für Aluminium-Holzfenster; $K_{AH} = -1$ dB
  Diese Korrektur entfällt, wenn die Aluminiumschale zum Flügel- und Blendrahmen hin abgedichtet wird. Kleine Öffnungen zum Zweck des Dampfdruckausgleichs zwischen Aluminiumschale und Holzrahmen sind zulässig.
- K_{RA} Korrekturwert für einen Rahmenanteil $< 30\%$
  Der Rahmenanteil ist die Gesamtfläche des Fensters abzüglich der sichtbaren Scheibengröße. KRA darf bei Festverglasungen nicht berücksichtigt werden.
- K_S Korrekturwert für Stulpfenster (zweiflügelige Fenster ohne festes Mittelstück)
- K_{FV} Korrekturwert für Festverglasungen mit erhöhtem Scheibenanteil
- $K_{F,1.5}$ Korrektur für Fenster $< 1,5$ m²
- $K_{F,3}$ Korrektur für Fenster mit Einzelscheibe ≥ 3 m²; $K_{F,3} = -2$ dB
- K_{Sp} Korrekturwert für glasteilende Sprossen

Die Werte gelten für ringsum dicht schließende Fenster. Fenster mit Lüftungseinrichtungen werden nicht erfasst.

5.1.2 Nachweisverfahren nach DIN EN 14351-1 Anhang B

Zur Ermittlung der Produkteigenschaften nach DIN EN 14351-1 sind als Prüfverfahren Laborprüfungen nach DIN EN ISO 10140-2 (vormals DIN EN ISO 140-3 [49]) vorgesehen. Baumessungen (nach DIN EN

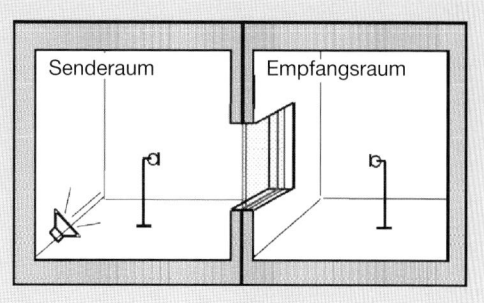

Bild 31. Prinzip der Schallmessung im Labor

ISO 16283-3[50]) können den Nachweis für ein konkretes Objekt liefern, sind jedoch für die CE-Kennzeichnung nicht zugelassen. Die Schallmessung im Labor (Bild 31) erfolgt an Probekörpern im betriebsfertigen Zustand, für Fenster mit einem Standardmaß von vorzugsweise 1,23 m × 1,48 m, für Außentüren ist ein Mindestmaß von 0,9 m × 2,0 m vorgesehen. Die so bestimmten Schalldämmmaße R werden nach DIN EN ISO 717-1 bewertet, die neben dem Bewertungsverfahren für R_w zwei Bewertungskurven kennt, die zusätzlich die Art der Lärmquelle (also z. B. Straßenlärm, Wohnaktivitäten oder Fluglärm) berücksichtigen. Anzugeben ist das bewertete Schalldämmmaß R_w und die Spektrum-Anpassungswerte C und C_{tr}, z. B.: $R_w(C; C_{tr}) = 33(-1; -3)$ dB.

Zusätzlich zur Labormessung bietet die DIN EN 14351-1 die Möglichkeit der Ermittlung der Schalldämmung von Fenstern über Tabellen für bestimmte Fenstertypen (s. Tabelle 14, Tabelle 15, Tabelle 16) in Abhängigkeit von der Verglasung und von konstruktiven Eigenschaften. Die Schalldämmung der Verglasung ist der CE-Kennzeichnung des eingesetzten Mehrscheiben-Isolierglases zu entnehmen (aus Messung nach DIN EN ISO 10140-2 oder Tabellenwert nach DIN EN 12758). Da nur vereinzelt Anforderungen an die Schalldämmung von Außentüren gestellt werden, gibt es keine Tabelle für Außentüren. In der Produktnorm werden zudem Extrapolationsregeln für die Übertragung auf abweichende Fenstergrößen angegeben, vgl. Tabelle 16. Diese gelten sowohl für gemessene als auch für die nach dem Tabellenverfahren ermittelten Kennwerte. Soll in einem konkreten Fall bei Fenstern der Spektrum-Anpassungswert C_{tr} für Straßenverkehrslärm zur Anwendung kommen, so ist dazu die Summe aus R_w und C_{tr} zu bilden, im obigen Beispiel ist dies $R_w + C_{tr} = 33 + (-3) = 30$ dB. Die Kenngröße $R_w + C$ wird auch R_A, die Kenngröße $R_w + C_{tr}$ auch $R_{A,tr}$ genannt. Welche der drei Größen zur Anwendung kommt, liegt in der Verantwortung der planenden Stelle.

Tabelle 13. Schalldämmung von Einfachfenstern mit Einfachglas, Verbund- und Kastenfenstern (Tabelle 2 aus DIN 4109-35)

Spalte	1	2	3	4	5
Zeile	R_w dB	Konstruktionsmerkmale	Einfachfenster mit Einfachglas [a]	Verbundfenster [a]	Kastenfenster [a], [b]
1	25	d_{Ges} [mm] Falzdichtung	≥ 4 ①	≥ 6 –	≥ 6 –
2	30	d_{Ges} [mm] SZR [mm] Falzdichtung	≥ 8 –①	≥ 6 ≥ 30 ①	≥ 6 ≥ 30 –
3	32	d_{Ges} [mm] Glasaufbau [mm] SZR [mm] Falzdichtung	[c]	≥ 8 bzw. ≥ 4 + 4/12/4 ≥ 30 ①	≥ 8 – ≥ 30 ①
4	35	d_{Ges} [mm] Glasaufbau [mm] SZR [mm] Falzdichtung	[c]	≥ 8 bzw. ≥ 6 + 4/12/4 ≥ 40 ①	≥ 8 – ≥ 40 ①
5	37	d_{Ges} [mm] Glasaufbau [mm] SZR [mm] Falzdichtung	[c]	≥ 10 bzw. ≥ 6 + 6/12/4 ≥ 40 ①	≥ 8 bzw. ≥ 4 + 4/12/4 ≥ 100 ①
6	40	d_{Ges} [mm] Glasaufbau [mm] SZR [mm] Falzdichtung	[c]	≥ 14 bzw. ≥ 8 + 6/12/4 ≥ 50 AD+ID [d]	≥ 8 bzw. ≥ 6 + 4/12/4 ≥ 100 AD+ID
7	42	d_{Ges} [mm] Glasaufbau [mm] SZR [mm] Falzdichtung	[c]	≥ 16 bzw. ≥ 8 + 8/12/4 ≥ 50 AD+ID	≥ 10 bzw. ≥ 8 + 4/12/4 ≥ 100 AD+ID
8	45	d_{Ges} [mm] Glasaufbau [mm] SZR [mm] Falzdichtung	[c]	≥ 18 bzw. ≥ 8 + 8/12/4 ≥ 60 AD+ID	≥ 12 bzw. ≥ 8 + 6/12/4 ≥ 100 AD+ID
9	46		[c]	[c]	[c]

d_{ges} Gesamtglasdicke, bei Verbund- und Kastenfenstern alternativ zum Glasaufbau für Konstruktionen mit Einfachgläsern
Glasaufbau Zusammensetzung der Einzelscheiben
SZR Scheibenzwischenraum
$R_{w,Glas}$ Prüfwert der Scheibe im Normformat (1,23 m × 1,48 m) im Labor
Falzdichtung AD = Dichtung im äußeren Flügel, umlaufend, bei Verbundfenstern mit Belüftung des SZR, ID = Dichtung im inneren Flügel, umlaufend
① Mindestens eine umlaufende elastische Dichtung, in der Regel als Mitteldichtung angeordnet

a) Doppelfalze bei Flügeln von Holzfenstern; mindestens zwei wirksame Anschläge bei Flügeln von Metall und Kunststofffenstern. Erforderliche Falzdichtungen sind umlaufend, ohne Unterbrechungen anzubringen und müssen weich federnd, dauerelastisch, alterungsbeständig und leicht auswechselbar sein.
b) Eine schallabsorbierende Laibung ist sinnvoll, da sie durch Alterung der Falzdichtung entstehenden Fugenundichtigkeiten teilweise ausgleichen kann.
c) Nachweis durch Prüfung
d) Werte gelten nur, wenn keine zusätzlichen Maßnahmen zur Belüftung des Scheibenzwischenraumes getroffen sind oder wenn eine ausreichende Luftumlenkung im äußeren Dichtsystem vorgenommen wurde (Labyrinthdichtung).

Tabelle 14. R_w für Fenster, beruhend auf R_w für Isolierglas (Tab. B.1 aus Anhang B von DIN EN 14351-1)

Isolierglaseinheit R_w [a)]	Einfachfenster [b)]		Einfach-Schiebefenster [c)]	
dB	Fenster R_w dB	Anzahl der erforderlichen Dichtungen [d)]	Fenster R_w dB	Anzahl der erforderlichen Dichtungen [d)]
27	30	1	25	1
28	31	1	26	1
29	32	1	27	1
30	33	1	28	1
32	34	1	29	1
34	35	1	29	1
36	36	2	30	1
38	37	2	Nicht anwendbar	Nicht anwendbar
40	38	2	Nicht anwendbar	Nicht anwendbar

a) Prüfung nach DIN EN ISO 10140-2 (Referenzverfahren) oder generische Daten nach DIN EN 12758 oder DIN EN ISO 12354-3
b) Fest verglaste und zu öffnende (Klappflügel-/Drehflügel-/ Kippflügel-, Schwingflügel-) Einfachfenster, die der Luftdurchlässigkeitsklasse 3 entsprechen, siehe Abschnitt 4.14 in DIN EN 14351-1
c) Einfach-Schiebefenster der Luftdurchlässigkeitsklasse 2, siehe Abschnitt 4.14 in DIN EN 14351-1
d) Nur zu öffnende Fenster

Tabelle 15. $R_w + C_{tr}$ für Fenster, beruhend auf $R_w + C_{tr}$ für Isolierglaseinheiten (Tab. B.2 aus Anhang B von DIN EN 14351-1)

Isolierglaseinheit $R_w + C_{tr}$ [a)]	Einfachfenster [b)]		Einfach-Schiebefenster [c)]	
dB	Fenster $R_w + C_{tr}$ dB	Anzahl der erforderlichen Dichtungen [d)]	Fenster $R_w + C_{tr}$ dB	Anzahl der erforderlichen Dichtungen [d)]
24	26	1	24	1
25	27	1	25	1
26	28	1	26	1
27	29	1	26	1
28	30	1	27	1
30	31	1	27	1
32	32	2	28	1
34	33	2	Nicht anwendbar	Nicht anwendbar
36	34	2	Nicht anwendbar	Nicht anwendbar

a) Prüfung nach DIN EN ISO 10140-2 (Referenzverfahren) oder generische Daten nach DN EN 12758 oder DIN EN ISO 12354-3
b) Fest verglaste und zu öffnende (Klappflügel-/Drehflügel-/Kippflügel-, Schwingflügel-) Einfachfenster, die der Luftdurchlässigkeitsklasse 3 entsprechen, siehe Abschnitt 4.14 in DIN EN 14351-1
c) Einfach-Schiebefenster der Luftdurchlässigkeitsklasse 2, siehe Abschnitt 4.14 in DIN EN 14351-1
d) Nur zu öffnende Fenster

In Deutschland kann im Allgemeinen davon ausgegangen werden, dass das bewertete Schalldämmmaß R_w ohne Spektrum-Anpassungswerte geplant wird. Im Zweifelsfall sollte jedoch beim Planer nachgefragt werden. Der Elementehersteller hat mit der Angabe der drei Zahlenwerte R_w (C; C_{tr}) seine Aufgabe zur Kennzeichnung des Fensters erfüllt.

5.1.3 Ergänzende Hinweise zu den Tabellen

Die Tabellen machen keine Aussage über Profilansichtsbreiten, d. h. nach diesen Tabellen können Fenster mit beliebigen Profilansichtsbreiten nachgewiesen werden. In Einzelfällen (sehr breite Profile bei Schalldämmmaßen $R_w \geq 36$ dB) können so zu günstige Werte geliefert werden.

Tabelle 16. Extrapolationsregeln für unterschiedliche Fenstergrößen (Tabelle B.3, Anhang B, DIN EN 14351-1)

Bereiche für Fenstergrößen		Schallschutzwert für Fenster
Prüfergebnisse für Prüfkörper jeglicher Größe, siehe Abschnitt B.2 in DIN EN 14351-1	Tabellarische Werte, siehe Abschnitt B.3 in DIN EN 14351-1 [a)]	
−100 % bis +50 % der Prüfkörper-Gesamtfläche	Gesamtfläche ≤ 2,7 m²	R_w und $R_w + C_{tr}$ nach Abschnitt B.2 oder B.3 aus DIN EN 14351-1
+50 % bis +100 % der Prüfkörper-Gesamtfläche	2,7 m² < Gesamtfläche ≤ 3,6 m²	R_w und $R_w + C_{tr}$ korrigiert durch −1 dB
+100 % bis +150 % der Prüfkörper-Gesamtfläche	3,6 m² < Gesamtfläche ≤ 4,6 m²	R_w und $R_w + C_{tr}$ korrigiert durch −2 dB
> +150 % der Prüfkörper-Gesamtfläche	4,6 m² < Gesamtfläche	R_w und $R_w + C_{tr}$ korrigiert durch −3 dB

a) Die für die tabellarischen Werte angegebenen Flächenintervalle sind identisch mit den Intervallen für die Prüfergebnisse nach Abschnitt B.2 in DIN EN 14351-1 unter Anwendung der empfohlenen Prüfkörpergröße von 1,23 m × 1,48 m.

Tabelle 17. Spektrum-Anpassungswerte C und C_{tr} nach DIN EN ISO 717-1

Geräuschquelle	Entsprechender Spektrum-Anpassungswert
Wohnaktivitäten (Reden, Musik, Radio) Kinderspielen Schienenverkehr mit mittlerer und hoher Geschwindigkeit [1)] Autobahnverkehr > 80 km/h [1)] Düsenflugzeug in kleinem Abstand Betriebe, die überwiegend mittel- und hochfrequenten Lärm abstrahlen [1)]	C (Spektrum Nr. 1)
Städtischer Straßenverkehr Schienenverkehr mit geringer Geschwindigkeit [1)] Propellerflugzeug Düsenflugzeug in großem Abstand Discomusik Betriebe, die überwiegend tief- und mittelfrequenten Lärm abstrahlen	C_{tr} (Spektrum Nr. 2)

1) In mehreren europäischen Ländern bestehen Rechenverfahren für Straßenverkehrsgeräusche und Schienenverkehrsgeräusche, welche Oktavbandschallpegel festlegen; diese können zum Vergleich mit den Spektren 1 und 2 herangezogen werden.

Bei der Anwendung der Tabelle 14 und Tabelle 15 wird mindestens eine oder zwei durchlaufende Dichtungsebene(n) der Falzdichtung gefordert. Aus schalltechnischer Sicht bedeutet dies, dass kein noch so kleiner Versatz in der durchlaufenden Dichtungsebene vorhanden sein darf. Dies ist besonders bei den Öffnungsarten Schwing, Schiebe und Senk-Klapp zu beachten.

Bei der Interpretation von Messungen an Fenstern gelten die Messungen nur für die geprüften Profile (mit einer speziellen Ansichtsbreite). Übertragungsregeln für die Anwendung auf andere alternative Ansichtsbreiten oder Bautiefen existieren im Zusammenhang mit dem Nachweisverfahren nach dieser Produktnorm nicht.

Tabelle 14 und Tabelle 15 können für einflügige Fenster verwendet werden. Eine Anwendung auf zweiflügelige Fenster ohne festes Mittelstück (Stulp-Fenster) wird nicht explizit erwähnt, jedoch zeigt die Prüferfahrung im Labor, dass bei einer bzw. zwei vollständig umlaufenden Dichtungsebenen im Hinblick auf den Wertebereich bis R_w = 38 dB eine Anwendung dieser Tabellen auch auf Stulp-Fenster erfolgen kann. Die Tabellen können auf zwei- oder mehrflügige Fenster mit festem Mittelstück (Setzpfosten) angewendet werden, falls der Setzpfosten von den Profilabmessungen und der Falzgeometrie her den Profilen des Blendrahmens entspricht. Gleiches gilt für die Übertragung von Prüfergebnissen aus Messungen von einflügigen Fenstern. Wichtig ist, dass die Dichtungsebene keinen Versatz hat, die Ansichtsbreite des Setzpfostens kleiner oder gleich der des Profils des Blendrahmens ist und die Scheibenformate der Flügel denen des geprüften einflügigen Fensters entsprechen.

Bei Anwendung der Extrapolationsregeln aus Tabelle 16 auf hochschalldämmende Fenster (R_w ≥ 42 dB) können zu gute Schalldämmwerte resultieren, wenn kleinere Fensterformate gekennzeichnet werden. Die Anwendbarkeit ist im Einzelfall zu prüfen. Die Tabellen sind nicht auf Türen anwendbar, für Türen müssen daher Prüfungen durchgeführt werden.

Besonders wichtig ist bei der Schalldämmung, dass alle Fugen und Falze der Anwendung entsprechend funktionsfertig ausgeführt werden. Für die Übertragung sind die bei den Prüfbedingungen untersuchten definierten Verriegelungsabstände, Mindestanpressdrücke der Dichtungen, maximal zulässige Verformung z. B. von Türblättern bei der Extrapolation zu berücksichtigen.

5.1.4 Anwendungsregeln für Außenbauteile in Deutschland

Für den Einsatz schalldämmender Fenster in Deutschland wird überwiegend die bauaufsichtlich eingeführte Norm DIN 4109 herangezogen. Die DIN 4109 als maßgebende Schallschutznorm in Deutschland legt u. a. fest, wie die erforderliche Schalldämmung des Außenbauteils $R'_{w,ges}$ in Abhängigkeit des Außenlärmpegels, der Raumnutzung und geometrischen Korrekturen für die Raumtiefen festzulegen ist, Details dazu finden sich in DIN 4109-1:2018, Abschnitt 7. Im aktuellen Verfahren wurde die tabellierte Nachweistabelle durch eine Berechnung des gesamten bewerteten Bau-Schalldämmmaßes $R'_{w,ges}$ ersetzt. Zu bestimmen ist dazu als Eingangsgröße der sogenannte maßgebliche Außenlärmpegel L_a und festzulegen ist die Raumnutzung anhand eines Korrektursummanden $K_{Raumart}$. Daraus ergibt sich dann $R'_{w,ges} = L_a - K_{Raumart}$ in dB.

Da die erforderliche Schalldämmung für das gesamte Außenbauteil (d. h. Außenwand, Fenster, Außentür und sonstige Bauelemente, wie z. B. Rollladenkasten und Lüfter) gilt, wird weiterhin festgelegt, wie die Schalldämmung des gesamten Außenbauteils aus den Einzelwerten ermittelt werden kann. Beim Berechnungsverfahren für den Schallschutz gegen Außenlärm hat es bei der Vorgehensweise im Vergleich zur Ausgaben von 1989 der DIN 4109 [23] keine grundlegenden sachlichen Änderungen gegeben. Die resultierende Schalldämmung der Gebäudehülle wird abhängig von den Flächenanteilen und der Schalldämmung der einzelnen Komponenten, d. h. von Wand, Fenster und sonstigen Bauteilen (Türen, Rollladenkästen, Lüfter) ermittelt.

Änderungen haben sich bei folgenden Punkten ergeben:
– Nur noch rechnerische Ermittlung der resultierenden Schalldämmung von Fenster/Wand-Kombinationen, Nachweistabelle 10 aus DIN 4109:1989 entfällt,
– Berücksichtigung der Einbausituation von Fenstern:
  • bei schalltechnisch unkritischer Situation (Bild 11) erfolgt keine separate Berücksichtigung,
  • bei schalltechnisch kritischer Situation (Bild 11) erfolgt eine rechnerische Berücksichtigung der Schallübertragung bei Einsatz der Fugenschalldämmung.
– Berücksichtigung der Flankenschallübertragung bei Außenwänden, ist aber nur relevant bei massiven Außenwände (z. B. Beton-, Ziegel oder Kalksandsteinwände) mit einer Schalldämmung von $R_w \geq$ 50 dB bei einer resultierenden Schalldämmung von $R'_{w,ges} > 40$ dB

Für den Nachweis der Schalldämmung von Fensterkonstruktionen legt die DIN 4109 zusammen mit der MVV TB des Deutschen Instituts für Bautechnik [51] folgende Spielregeln fest:

Es wird nur das bewertete Schalldämmmaß R_w zum Nachweis der Schalldämmung herangezogen, die Spektrum-Anpassungswerte C und C_{tr} haben für das bauaufsichtliche Nachweisverfahren keine Bedeutung. Das bewertete Schalldämmmaß R_w von Fenstern oder Außentüren ist einer Produktdeklaration (CE Kennzeichen) nach Produktnorm DIN EN 14351-1 zu entnehmen, wobei das bewertete Schalldämmmaß R_w ohne Abzug eines Vorhaltemaßes weiterverwendet wird (anstelle des Vorhaltemaßes wird ein Sicherheitsbeiwert u_{prog} eingerechnet, siehe auch Abschnitt 5.3). Die Nachweistabelle 1 aus DIN 4109-35 kann nur noch zur Planung der Schalldämmung angewendet werden.

5.2 Anforderungen an Türen

5.2.1 Anforderungen nach DIN 4109

An die Schalldämmung von Türen sind in Deutschland seit 1989 in der DIN 4109 Anforderungen festgelegt. Diese sind aktuell in den Tabellen 2 bis 5 der DIN 4109-1:2018 enthalten, abhängig von der Gebäudenutzung.

In DIN 4109-1 Kapitel 5.1, Tabelle 2 stehen Anforderungen an die Schalldämmung in Mehrfamilienhäusern, Bürogebäuden und in gemischt genutzten Gebäuden. Darin sind die Anforderungen an Türen in Zeile 18 und 19 wie in Tabelle 18 gezeigt, festgelegt. Die zitierte Fußnote c nach Tabelle 1 besagt, dass ein Sicherheitsbeiwert von 5 dB berücksichtigt werden muss.

In DIN 4109-1 Kapitel 6.1, Tabelle 4 stehen Anforderungen an die Schalldämmung in Hotels und Beherbergungsstätten. Darin sind die Anforderungen an Türen in Zeile 6 wie in Tabelle 19 gezeigt, festgelegt.

In DIN 4109-1 Kapitel 6.3, Tabelle 6 stehen Anforderungen an die Schalldämmung in Schulen und vergleichbaren Einrichtungen. Darin sind die Anforderungen an Türen in Zeile 8 und 9 wie in Tabelle 20 gezeigt, festgelegt.

In DIN 4109-1 Kapitel 6.2, Tabelle 5 stehen Anforderungen an die Schalldämmung in Krankenhäusern und Sanatorien. Darin sind die Anforderungen an Türen in Zeile 9 bis 11 wie in Tabelle 21 gezeigt, festgelegt.

Damit ergibt sich die Notwendigkeit, allgemeingültige Konstruktionen und Konstruktionsmerkmale zu ermitteln, um nicht in jedem Fall einen Nachweis durch Prüfungen führen zu müssen. Basisarbeit zu diesem Thema wurde im Rahmen eines Forschungsprojekts des ift Rosenheim geleistet, in dem Konstruktionsmerkmale zu Türen und Zubehör wie Dichtungen und

Tabelle 18. Auszug aus DIN 4109-1:2018-01, Tabelle 2

Spalte	1	2	3	4	5
Zeile		Bauteile	Anforderungen		Bemerkungen
			R'_w [dB]	$L'_{n,w}$ [dB]	
18	Türen	Türen, die von Hausfluren oder Treppenräumen in geschlossene Flure und Dielen von Wohnungen und Wohnheimen oder von Arbeitsräumen führen	≥ 27	–	Bei Türen gilt R_w nach Tabelle 1 – siehe auch Tabelle 1, Fußnote c.
19		Türen, die von Hausfluren oder Treppenräumen unmittelbar in Aufenthaltsräume – außer Flure und Dielen – von Wohnungen führen	≥ 37	–	

Tabelle 19. Auszug aus DIN 4109-1:2018-01, Tabelle 4

Spalte	1	2	3	4	5
Zeile		Bauteile	Anforderungen		Bemerkungen
			R'_w [dB]	$L'_{n,w}$ [dB]	
6	Türen	Türen zwischen Fluren und Übernachtungsräumen	≥ 32		Bei Türen gilt R_w nach Tabelle 1 – siehe auch Tabelle 1, Fußnote c.

Tabelle 20. Auszug aus DIN 4109-1:2018-01, Tabelle 6

Spalte	1	2	3	4	5
Zeile		Bauteile	Anforderungen		Bemerkungen
			R'_w [dB]	$L'_{n,w}$ [dB]	
8	Türen	Türen zwischen Unterrichtsräumen oder ähnlichen Räumen und Fluren	≥ 32	–	Bei Türen gilt R_w nach Tabelle 1 – siehe auch Tabelle 1, Fußnote c.
9 a)		Türen zwischen Unterrichtsräumen oder ähnlichen Räumen untereinander	≥ 37	–	

a) Neu ist die Anforderung nach Zeile 9 an Türen zwischen Unterrichtsräumen oder ähnlichen Räumen untereinander (im Vergleich zur Vorgängernorm DIN 4109:1989-11).

Tabelle 21. Auszug aus DIN 4109-1:2018-01, Tabelle 5

Spalte	1	2	3	4	5
Zeile		Bauteile	Anforderungen		Bemerkungen
			R'_w [dB]	$L'_{n,w}$ [dB]	
9	Türen	Türen zwischen – Untersuchungs- bzw. Sprechzimmern – Fluren und Untersuchungs- bzw. Sprechzimmern	≥ 37	–	Bei Türen gilt R_w nach Tabelle 1 – siehe auch Tabelle 1, Fußnote c.
10 a)		Türen zwischen Räumen mit Anforderungen an erhöhtes Ruhebedürfnis und besondere Vertraulichkeit (Diskretion)	≥ 37	–	
11		Türen zwischen – Fluren- und Krankenräumen, – Operations- bzw. Behandlungsräumen, – Fluren und Operations- bzw. Behandlungsräumen	≥ 32	–	

a) Neu ist die Anforderung nach Zeile 10 an Türen zwischen Räumen mit Anforderungen an erhöhtes Ruhebedürfnis und besondere Vertraulichkeit (Diskretion) (im Vergleich zur Vorgängernorm DIN 4109:1989-11).

Zargen untersucht worden sind [43]. Nach DIN 4109 gibt es drei verschiedene Anforderungsniveaus bei Innentüren. Um diese Anforderungen zu erfüllen, sind prinzipiell zwei Wege denkbar:

Der Nachweis der Schalldämmung kann durch eine Laborprüfung einer betriebsfertig eingebauten Tür bei einer zugelassenen Prüfstelle erfolgen; in diesem Fall wird der Nachweis als bewertetes Schalldämmmaß R_w geführt; ein Vorhaltemaß wie in der Fassung der DIN 4109 von 1989 beschrieben, wird nicht mehr abgezogen. Stattdessen wird in der Planung ein Sicherheitsbeiwert u_{prog} angesetzt, der mit 5 dB vom Zahlenwert identisch ist mit dem früheren Vorhaltemaß, siehe auch Abschnitt 5.3.

Ein Nachweis der Güte der Ausführung kann durch eine Schallmessung am Bau erfolgen (nach [52]), wobei alleine die Schallübertragung über die Tür zu berücksichtigen ist. Das gemessene Bau-Schalldämmmaß wird dann direkt mit dem Anforderungswert verglichen.

Mit der neuen Norm kann der Nachweis auch durch Einstufung nach Konstruktionskriterien über Tabellen erfolgen. Eine solche Tabelle wurde in den Bauteilkatalog der neuen DIN 4109-35 [27] und in der Produktnorm DIN EN 14351-2 [53] eingebaut.

5.2.2 Tabellennachweis der Schalldämmung von Innentüren

Mit Erscheinen der Neufassung der DIN 4109 wurde ein Tabellenverfahren für den Nachweis der Schalldämmung von Türen in den Bauteilkatalog in Teil 35 eingebaut. Die Bauteilsammlung DIN 4109-35 [27] enthält also ein Tabellenverfahren, mit dem die Schalldämmung von Innentüren auf Basis der Kenngrößen für die Einzelkomponenten (Türblatt, Boden- und Falzdichtung) ermittelt werden kann. Aus Tabelle 22 können, ausgehend vom Planungswert für das Türelement im funktionsfertigen Zustand (erf. R_w) die Mindestvorgaben an die Schalldämmung des Türblatts sowie die Fugenschalldämmung für Falz- und Bodendichtung entnommen werden. Tabelle 23 listet Korrektursummanden für verschiedene Konstruktionsdetails, die auf die Prognosewerte nach Tabelle 22 aufgeschlagen werden müssen.

Diese Tabelle ist auf Holz- und Metallzargen anwendbar. Der Wert bezieht sich auf den Zustand „Tür in Falle", also nicht verriegelt, sofern nichts anderes vereinbart ist.

5.2.3 Ermittlung der Schalldämmung für den Nachweis im CE-Kennzeichen

Die Regelungen für die Kennzeichnung der Leistungseigenschaften von Innentüren wird zukünftig europaweit harmonisiert über die Produktnorm DIN EN 14351-2 [53] erfolgen. In dieser Produktnorm wird ebenfalls ein Tabellenverfahren zur Prognose der Schalldämmung dargestellt, siehe Tabelle 24.

Anmerkung 1: Das bewertete Schalldämmmaß und die Spektrum-Anpassungswerte R_w (C; C_{tr}) von betriebsbereiten Innentüren sind durch eine Prüfung nach DIN EN ISO 10140 (Bezugsverfahren) zu bestimmen. Als Wahlmöglichkeit kann die Schalldämmung betriebsbereiter Innentüren aus den Bauteilangaben nach Tabelle B.2 bestimmt wurden. Hinsichtlich der Türgrößen enthält Tabelle B.1 Fußnote b Erweiterungsregeln für das bewertete Schalldämmmaß R_w, die für beide Verfahren gelten.

Anmerkung 2: Bestimmung der Schalldämmung durch Prüfen. Die Prüfung ist nach DIN EN ISO 10140-2 durchzuführen. Größen betriebsbereiter und eingebauter Türen von mindestens 0,9 m × 2,0 m werden empfohlen. Andere Türgrößen können in einer Prüfung untersucht werden, wenn zweckmäßig.

Anmerkung 3: Bestimmung der Schalldämmung durch einzelne Angaben der Bauteile.

Mit den Schalldämmaßen der einzelnen Komponenten kann die Schalldämmung der betriebsbereiten Tür vom Hersteller nach Tabelle B.2 bestimmt werden

5.3 Nachweis- und Rechenverfahren

Die DIN 4109-2 [26] gibt die Regeln für den rechnerischen Nachweis der Schalldämmung vor. Türen im Gebäudeinneren nehmen an dieser Stelle eine Sonderstellung ein, denn für Türen sind als einziges Bauteil direkte Anforderungen formuliert, sodass die Anwendung des Rechenverfahrens entfällt. Im Vergleich zur Vorgängernorm haben sich folgende Änderungen beim Sicherheitskonzept ergeben.

Die Berechnung und Planung von Übertragungen erfolgt in der neuen DIN 4109 mit Bauteildaten ohne Berücksichtigung eines Vorhaltemaßes für das einzelne Bauteil. Es gibt also kein $R_{w,R}$ mehr! Anstelle dessen wird ein sogenannter Sicherheitsbeiwert u_{Prog} eingeführt, der auf die berechnete Gesamtsituation R'_w beim Vergleich mit der Anforderung angewendet wird; also

$$R'_w - u_{prog} \geq \text{erf. } R'_w \quad [\text{dB}]$$

Tabelle 22. Schalldämmung von einflügeligen Innentüren (Sperrtüren) ohne Messung [27] (Tabelle 4 aus DIN 4109-35)

Spalte	1	2
Zeile	Bauteil	Anforderung
1	Einfach überfälztes Türblatt	$R_w \geq$ erf. $R_w + 2$ dB
2	Stumpf einschlagendes Türblatt	$R_w \geq$ erf. $R_w + 4$ dB
3	Falzdichtung	$R_{S,w} \geq$ erf. $R_w + 10$ dB [a]
4	Bodendichtung	$R_{S,w} \geq$ erf. $R_w + 10$ dB

[a] Fugenschalldämm Maß $R_{S,w}$ für Falzdichtungen; (siehe DIN 4109-35 Kapitel 4.5.4). Der Wirkungsbereich der Dichtung ist so zu bemessen, dass die Verformung der Tür (nachgewiesen z. B. durch RAL Typprüfungen) kleiner als der Wirkungsbereich der Dichtung ist.

Tabelle 23. Korrekturwerte für die Schalldämmung von Türblättern bei konstruktiven Veränderungen (Tabelle 5 aus DIN 4109-35) [27] Tabelle enthält Korrekturwerte für Türen, die auf das bewertete Schalldämmmaß bei konstruktiven Änderungen ohne prüftechnischen Nachweis angerechnet werden können.

Spalte	1	2	3
Zeile	Merkmal	Zuschlag für Sperrtüren	
		Einschichtige Türblätter	Mehrschichtige Türblätter
1	Bewertetes Schalldämmmaß des Türblattes	R_w = 30 dB bis 34 dB	R_w = 35 dB bis 40 dB
2	Verdoppelung des Flächenanteils des Rahmens, der die Einlage im Türblatt umschließt	0	−2
3	Lichtausschnitt mit einem Flächenanteil von 15 %, Verglasung Einfachglas ($R_{w,Verglasung}$ = 31 dB)	+1	−3
4	Lichtausschnitt mit einem Flächenanteil von 15 %, Verglasung Verbundglas ($R_{w,Verglasung}$ = 37 dB)	+1	−1
5	Lichtausschnitt mit einem Flächenanteil von 50 %, Verglasung Einfachglas ($R_{w,Verglasung}$ = 31 dB)	0	−8
6	Lichtausschnitt mit einem Flächenanteil von 50 %, Verglasung Verbundglas ($R_{w,Verglasung}$ = 37 dB)	0	−3
7	Verwendung eines Buntbartschlosses anstelle eines Profilzylinderschlosses	−1	−1
8	Verdoppelung der Anzahl der Deckplatten	+2	0

Tabelle 24. Tabelle B2 aus DIN EN 14351-2 zum Nachweis von Innentüren [53]

Schalldämmung der Innentür (Kennwert)	Türblatt[a]	Falzdichtung[b]	Bodendichtung[b]
R_w (C; C_{tr}) [dB]	R_w (C; C_{tr}) [dB]	$R_{S,w}$ (C; C_{tr}) [dB]	$R_{S,w}$ (C; C_{tr}) [dB]
10 (0; 0)	Keine spezifische Leistung erforderlich	Keine Falzdichtung erforderlich	Keine Dichtung erforderlich
15 (0; 0)	22 (0; 0)	Eine Falzdichtung erforderlich	Keine Dichtung erforderlich, Höchstabstand vom Boden 10 mm
20 (0; 0)	25 (0; 0)	Eine Falzdichtung erforderlich	Eine Dichtung erforderlich
25 (−1; −2)	29 (−1; −2)	Eine Falzdichtung erforderlich mit einem Minimum von 35 (0;0)dB	35 dB (−1; −2), Eine Dichtung erforderlich
30 (−1; −2)	33 (−1; −2)	40 (0;0)dB, Eine Falzdichtung erforderlich	40 dB (−1; −2), Eine Dichtung erforderlich
33 (−1; −2)	36 (−1; −2)	45 (0;0)dB, Eine Falzdichtung erforderlich	45 dB (−1; −2), Eine Dichtung erforderlich
35 (−1; −3)	38 (−1; −2)	45 (0;0)dB, Eine Falzdichtung erforderlich	45 dB (−1; −2), Eine Dichtung erforderlich
> 35 dB	Keine tabellarischen Werte		

a) Pendeltüren/Schwingtüren sind in dieser Tabelle nicht berücksichtigt.
b) Siehe EN ISO 10140-1

Für Außenbauteile wie Fenster und Fassaden beträgt der pauschalierte Sicherheitsbeiwert u_{Prog} = 2 dB für das gesamte Außenbauteil inclusive der Nebenwege und der Einbausituation, korrigiert um eine geometrische Raumkorrektur K_{AL}, so dass für den Nachweis von Außenbauteilen nun gilt:

$$R'_{w,ges} - 2 \geq \text{erf. } R'_{w,ges} + K_{AL} \quad [dB]$$

Für Innen- und Laubengangtüren beträgt der pauschalierte Sicherheitsbeiwert u_{Prog} = 5 dB, sodass für den Nachweis von Innentüren nun gilt:

$$R_w - 5 \geq \text{erf. } R_w \quad [dB]$$

Da der Sicherheitsbeiwert von 5 dB zahlenmäßig gleich ist mit dem Vorhaltemaß aus DIN 4109:1989, hat sich an dem Anforderungsniveau für die Innentüren im Vergleich zur Vorgängernorm praktisch nichts geändert.

6 Literatur

[1] DIN EN 12758:2011-04 (2011) *Glas im Bauwesen, Glas und Luftschalldämmung – Produktbeschreibungen und Bestimmung der Eigenschaften*, Beuth, Berlin.

[2] E DIN EN 12758:2018-09 (2018) *Glas im Bauwesen, Glas und Luftschalldämmung – Produktbeschreibungen, Bestimmung der Eigenschaften und Erweiterungsregeln*, Beuth, Berlin.

[3] ISO 16940:2008-12 (2018) *Glas im Bauwesen – Glas und Luftschalldämmung – Messung der mechanischen Impedanz von Verbundglas*, Beuth, Berlin.

[4] Saß, B. (2011) Schalldämmung von Verbundglas, Vortrag auf der DAGA, Düsseldorf.

[5] Normenreihe DIN EN ISO 10140 *Akustik – Messung der Schalldämmung von Bauteilen in Prüfständen*; Teil 1: Anwendungsregeln für bestimmte Produkte, 2016-12; Teil 2: Messung der Luftschalldämmung, 2010-12; Teil 3: Messung der Trittschalldämmung, 2015-11; Teil 4: Messverfahren und Anforderungen, 2010-12; Teil 5: Anforderungen an Prüfstände und Prüfeinrichtungen, 2014-09, Beuth, Berlin.

[6] Bouré J.P. *Temperature effect on laminated glazing sound transmission loss*, Arbeitspapier CEN joint TC 126/ TC 129 N 17.

[7] Saß, B. (2006) *Einfluss der Temperatur auf die Schalldämmung von Verbundscheiben*, Vortrag auf der DAGA, Braunschweig.

[8] Derner, P. (1975) *Einfluss der Gasfüllung auf die Schall- und Wärmedämmung von Isoliergläsern*, Glastechnischer Bericht.

[9] Gösele, K. (1975) *Verbesserung der Schalldämmung von Isolierglasscheiben durch Gasfüllung*, Glastechnischer Bericht.

[10] Gösele, K. (1982) *Verbessern Gasfüllungen die Schalldämmung von Fenstern mit Isolierglasscheiben?*, Glastechnischer Bericht.

[11] Catrici, I.; Froelich, H.; Schäfer, R.; Schumacher, R.; Wigger H. (1988) *Untersuchung über die Veränderung der Schalldämmung durch Kurzzeitprüfungen entsprechend der gebrauchsmäßigen Nutzung*, ift Rosenheim.

[12] Koch, S. (1995) Schalldämmung von Isolierglasscheiben im Kontext neuer Regelwerke, *IBP Mitteilung 284*.

[13] Hartmann, H.J. (1995) *Wärmedurchgangskoeffizienten und Schalldämmwerte von Funktionsgläsern*, Vortrag Rosenheimer Fenstertage.

[14] Schumacher, R.; Saß, B. (2001) Einfluss der SF_6-Gasfüllung auf die Schalldämmung, *Glas Fenster Fassade*, Ausg. 2001-10.

[15] Verordnung (EG) Nr. 842/2006 des europäischen Parlaments und des Rates vom 17.05.2006 über bestimmte fluorierte Treibhausgase.

[16] DIN EN 14351-1:2016-12 (2016) *Fenster und Türen – Produktnorm, Leistungseigenschaften – Teil 1: Fenster und Außentüren*, Beuth Verlag, Berlin.

[17] Saß, B. (2009) *Schalldämmung von Dreifach-Isolierglas*, Vortrag auf der DAGA 2009 in Rotterdam.

[18] Hessinger, J.; Saß B. (2013) *Sound Insulation of High Performance Thermal Insulating Window Constructions*, Vortrag auf der DAGA 2013 in Meran.

[19] DIN EN ISO 717-1:2013-06 (2013) *Akustik – Bewertung der Schalldämmung in Gebäuden und von Bauteilen – Teil 1: Luftschalldämmung*, Beuth, Berlin.

[20] Froelich, H. (1997) Füllungen für Fensterelemente und Fensterwände, Undurchsichtig aber wichtig, Teil 2 Schallschutz, *ifz info* Ausgabe 1/97, Rosenheim.

[21] Schumacher, R. (1996) *Der Schallschutz wärmegedämmter Paneele*, Rosenheimer Fenstertage 96.

[22] Bliemetsrieder, B.; Sack, N. (2011) *Nachhaltige Optimierung von Holzfensterprofilen zur Erreichung der Anforderungen der EnEV 2012*, ift Forschungsbericht, ift Rosenheim.

[23] DIN 4109:1989-11 (1989) *Schallschutz im Hochbau, Anforderungen und Nachweise*, Beuth, Berlin.

[24] Beiblatt 1/A1 zu DIN 4109:2003-09 (2003) *Schallschutz im Hochbau, Ausführungsbeispiele und Rechenverfahren; Änderung A1*, Beuth, Berlin.

[25] DIN 4109-1:2018-01 (2018) *Schallschutz im Hochbau – Teil 1: Mindestanforderungen*, Beuth, Berlin.

[26] DIN 4109-2:2018-01 (2018) *Schallschutz im Hochbau – Teil 2: Rechnerische Nachweise der Erfüllung der Anforderungen*, Beuth, Berlin.

[27] DIN 4109-35:2016-07 (2016) *Schallschutz im Hochbau – Teil 35: Daten für die rechnerischen Nachweise des Schallschutzes (Bauteilkatalog) – Elemente, Fenster, Türen, Vorhangfassaden*, Beuth, Berlin.

[28] DIN EN ISO 12354-3:2017-11 (2017) *Bauakustik – Berechnung der akustischen Eigenschaften von Gebäuden aus den Bauteileigenschaften – Teil 3: Luftschalldämmung von Außenbauteilen gegen Außenlärm*, Beuth, Berlin.

[29] Saß, B. (2012) Bewertung der Schalldämmung von Einbaufugen – Anwendung des Fugenschalldämm-Maßes, *BUT Bauelemente und Technik*, 2012-01.

[30] *Leitfaden zur Planung und Ausführung der Montage von Fenstern und Haustüren (2010)*, Hrsg. RAL-Gütegemeinschaft Fenster und Haustüren e. V., Frankfurt.

[31] DIN 1946-6:2009-05 (2009) *Raumlufttechnik – Teil 6: Lüftung von Wohnungen – Allgemeine Anforderungen, Anforderungen zur Bemessung, Ausführung und Kennzeichnung, Übergabe/Übernahme (Abnahme) und Instandhaltung*; Beuth, Berlin.

[32] ift Richtlinie LU-01/1:2007-06 (2007) *Fensterlüfter – Teil 1: Leistungseigenschaften*, ift Richtlinie LU-02/1:2010-03 (2010) *Fensterlüfter – Teil 2: Empfehlung für die Umsetzung von lüftungstechnischen Maßnahmen im Wohnungsbau*, Beuth, Berlin.

[33] DIN EN 13779:2007-09 (2007) *Lüftung von Nichtwohngebäuden – Allgemeine Grundlagen und Anforderungen für Lüftungs- und Klimaanlagen und Raumkühlsysteme*, Beuth, Berlin.

[34] DIN 4108-7:2011-01 (2011) *Wärmeschutz und Energieeinsparung in Gebäuden: Luftdichtheit von Gebäuden, Anforderungen, Planungs- und Ausführungsempfehlungen sowie Beispiele*, Beuth, Berlin.

[35] Sack, N.; Benitz-Wildenburg J. (2008) Lüften mit Fenstern – Anforderungen, Planung und praktische Umsetzung, *Bau- und Möbelschreiner 9/2008*.

[36] Saß, B. (2004) *Schalldämmung & Lüftung*, Seminarunterlagen/Ausarbeitung für OTTI e. V. Regensburg.

[37] Hessinger, J. (2011) Schalldämmung von Fensterlüftern, Vortrag auf der DAGA 2011 in Düsseldorf.

[38] Hessinger, J. (2010) Wohnkomfort durch Ruhe und ausreichende Luftqualität, Rosenheimer Fenstertage 2010.

[39] DIN EN 14759:2005-07 (2005) *Abschlüsse außen, Luftschalldämmung, Angabe der Leistungen*, Beuth, Berlin.

[40] Technische Richtlinie TR 03 (2000) Rollladen – Rollladenkasten des Bundesverband Rollladen und Sonnenschutz e. V.

[41] Beiblatt 1 zu DIN 4109:1989-11 (1989) *Schallschutz im Hochbau, Ausführungsbeispiele und Rechenverfahren*, Beuth, Berlin.

[42] Lutz, O.; Lakatos. B. (1977) Einfluß des heruntergelassenen Rolladens auf die Schalldämmung eines Fensters, *IBP Mitteilung* **5**.

[43] Froelich, H.; Schumacher, R.; Saß, B. (1996) *Konstruktionsmerkmale für schalldämmende Wohnungseingangstüren und Bürotüren aus Holz und Holzwerkstoffen*, ift-Forschungsbericht, ift Rosenheim.

[44] VDI 3728:2012-03 (2012) *Schalldämmung beweglicher Raumabschlüsse*, Beuth, Berlin.

[45] VDI 2719:1987-08 (1987) *Schalldämmung von Fenstern und deren Zusatzeinrichtungen*, Beuth, Berlin.

[46] Froelich, H.; Saß, B.; Schumacher, R. (1999) *Überarbeitung von DIN 4109 Beiblatt 1 Tabelle 40*, ift-Forschungsbericht, ift Rosenheim.

[47] Schumacher R. (1999) *Schallschutz im Hochbau – die neue Fenstertabelle*, Vortrag Rosenheimer Fenstertage.

[48] Saß, B.; Schumacher, R.; Froelich, H. (1999) *About the sound insulation of Windows*, Joint ASA/EAA/DEGA Meeting on Acoustics, Berlin 1999.

[49] DIN EN ISO 140-3:2005-03 (2005) *Akustik – Messung der Schalldämmung in Gebäuden und von Bauteilen – Teil 3: Messung der Luftschalldämmung von Bauteilen in Prüfständen (ISO 140-3:1995 + AM 1:2004)*, Beuth, Berlin.

[50] DIN EN ISO 16283-3:2016-09 (2016) *Akustik – Messung der Schalldämmung in Gebäuden und von Bauteilen am Bau – Teil 3: Messung der Fassadenschalldämmung (ISO 16283-3:2016)*, Beuth, Berlin.

[51] Muster Verwaltungsvorschrift Technische Baubestimmungen MVV TB Ausgabe 2017/1 des Deutschen Instituts für Bautechnik vom 31.8.2017.

[52] DIN EN ISO 16283-1:2018-04 (2018) *Akustik – Messung der Schalldämmung in Gebäuden und von Bauteilen am Bau – Teil 1: Luftschalldämmung (ISO 16283-1:2014+Amd1:2017)*, Beuth, Berlin.

[53] DIN EN 14351-2:2019-01 (2019) *Fenster und Türen – Produktnorm, Leistungseigenschaften – Teil 2: Innentüren*, Beuth, Berlin.

[54] ift Rosenheim (2017) *Forschungsbericht Erarbeitung eines Bauteilkatalogs zur Ermittlung der Luftschalldämmung sowie Längsschalldämmung von Vorhangfassaden*.

[55] DIN EN 13830:2015-07 (2015) *Vorhangfassaden – Produktnorm*, Beuth, Berlin.

[56] ift Richtlinie SC08/1: 2017-01 (2017) *Bestimmung der Profilschalldämmung*, Beuth, Berlin.

[57] *Schallschutz bei teilgeöffneten Fenstern* (2011), Leitfaden der HafenCity Hamburg GmbH/Behörde für Stadtentwicklung und Umwelt, Hamburg.

[58] E DIN 4109-35/A1:2018-10 (2018) *Schallschutz im Hochbau – Teil 35: Daten für die rechnerischen Nachweise des Schallschutzes (Bauteilkatalog) – Elemente, Fenster, Türen, Vorhangfassaden*, Beuth, Berlin.

[59] Normenreihe DIN EN ISO 10848:2018 (2018) *Akustik – Messung der Flankenübertragung von Luftschall, Trittschall und Schall von gebäudetechnischen Anlagen zwischen benachbarten Räumen im Prüfstand und am Bau – Teil 1: Rahmendokument, 2018-02; Teil 2: Anwendung auf Typ-B-Bauteile, wenn die Verbindung geringen Einfluss hat, 2018-02*, Beuth, Berlin.

C 2   Leistungsfähigkeit von Baukonstruktionen

Tanja Skottke, Wolfgang M. Willems

Dr.-Ing. Tanja Skottke
Technische Universität Dortmund
Lehrstuhl für Bauphysik und Technische Gebäudeausrüstung
August-Schmidt-Straße 8, 44227 Dortmund

Studium des Bauingenieurwesens an der Ruhr-Universität Bochum und Diplom 2007, seit 2007 wissenschaftliche Mitarbeiterin am Lehrstuhl für Bauphysik und Technische Gebäudeausrüstung der Technischen Universität Dortmund, 2016 Promotion. Seit 2007 freie Mitarbeiterin in der Ingenieurgesellschaft Willems und Schild GmbH in Dortmund und seit 2018 Lehrbeauftragte für das Lehrgebiet Baukonstruktionslehre an der Helmut-Schmidt-Universität, Hamburg.

Univ.-Prof. Dr.-Ing. habil. Wolfgang M. Willems
Technische Universität Dortmund
Lehrstuhl für Bauphysik und Technische Gebäudeausrüstung
August-Schmidt-Straße 8, 44227 Dortmund

Studium des Bauingenieurwesens an der Universität Essen. 1988 bis 1998 wissenschaftlicher Mitarbeiter am Lehrstuhl für Baukonstruktionen, Ingenieurholzbau und Bauphysik der Ruhr-Universität Bochum, 1993 Promotion. 1992 bis 1993 freier Gerichtsgutachter (Baukonstruktionen/Bauphysik), 1993 bis 1998 freier Mitarbeiter in einem Bochumer Ingenieurbüro mit dem Schwerpunkt Bauphysik. 1999 Habilitation und venia legendi, 1999 bis 2003 Privatdozent an der Ruhr-Universität Bochum. 1998 bis 2000 zuständig für Projektentwicklung/Geschäftsfelderweiterung bei der VEBA Immobilien AG im Bereich Modernisierung und Instandhaltung. 2000 bis 2003 Leiter Technische Entwicklung und Qualitätsmanagement der Produktsparte Bauelemente bei der ThyssenKrupp Stahl AG. Seit 2001 Mitglied mehrerer Sachverständigenausschüsse beim DIBt. Ab 2003 Leiter der Arbeitsgruppe Baukonstruktionen und Bauphysik an der Ruhr-Universität Bochum. Seit 2004 Mitglied im Normenausschuss Wärmeschutz beim DIN. Seit 2004 Gesellschafter der Ingenieurgesellschaft Willems und Schild GmbH in Dortmund. Ordinarius des Lehrstuhls für Bauphysik und Technische Gebäudeausrüstung an der Technischen Universität Dortmund seit 2007 und ab 2008 Gesellschafter der ENOTherm – Institut für energieoptimiertes Bauen GmbH. Seit 2012 Mitglied im Normenausschuss Vakuumdämmung.

Bauphysik-Kalender 2020: Bau- und Raumakustik. Herausgegeben von Nabil A. Fouad.
© 2020 Ernst & Sohn GmbH & Co. KG. Published 2020 by Ernst & Sohn GmbH & Co. KG.

Inhaltsverzeichnis

1	**Einleitung**	647
2	**Physikalisches Prinzip**	647
2.1	Nachweisführung	647
2.2	Vorbemessung	647
3	**Massive Baukonstruktionen**	651
3.1	Trennende Bauteile	651
3.1.1	Überblick	651
3.1.2	Einschalige biegesteife Bauteile	651
3.1.3	Einschalige biegesteife Bauteile mit biegeweicher Vorsatzschale	653
3.1.4	Zweischalige massive Konstruktionen aus biegesteifen Bauteilen	657
3.2	Flankierende Bauteile	660
3.2.1	Rechenansatz	660
3.2.2	Direktschalldämmmaße der flankierenden Bauteile	661
3.2.3	Raumseitige Vorsatzschalen	661
3.2.4	Stoßstelle	661
3.2.5	Geometrie	664
4	**Baukonstruktionen in Leichtbauweise**	665
4.1	Allgemeines	665
4.2	Trennende Bauteile	666
4.2.1	Überblick	666
4.2.2	Wände	666
4.2.3	Dächer	671
4.2.4	Decken	679
4.3	Flankierende Bauteile	681
4.3.1	Wände	681
4.3.2	Dächer	683
5	**Spektrumanpassungswerte**	690
6	**Zusammenfassung**	691

1 Einleitung

Im Rahmen der bauakustischen Planung eines Gebäudes oder der (Vor-)Bemessung seiner einzelnen baukonstruktiven Komponenten ist es für den Architekten wie für den Fachplaner von wesentlicher Bedeutung, schon im Vorfeld die akustische Leistungsfähigkeit der unterschiedlichen Bauweisen einschätzen zu können.

Das Ziel des vorliegenden Beitrages liegt somit in der strukturierten Aufbereitung der entsprechenden konstruktiven Möglichkeiten in Massiv- und Leichtbau – jeweils vor dem Hintergrund der korrespondierenden Rechenalgorithmen zum normkonformen Nachweis des geforderten bewerteten Kennwertes unter Berücksichtigung aller Einflussparameter.

Dabei muss an dieser Stelle darauf hingewiesen werden, dass die nachfolgenden Ausführungen sich explizit nur auf die in der Normengruppe der DIN 4109 geregelten Bauweisen und Baukonstruktionen beziehen – leistungsfähigere Baukonstruktionen lassen sich natürlich jenseits der Norm durch entsprechende Prüfzeugnisse nachweisen; diese können und sollen hier aber nicht Gegenstand der Betrachtungen sein. Ebenso muss darauf hingewiesen werden, dass hier – im Rahmen eines Aufsatzes mit zwangsläufig beschränktem Umfang – nicht alle Baukonstruktionen betrachtet werden können; der Schwerpunkt der Ausführung liegt damit auf den zentralen Konstruktionen.

2 Physikalisches Prinzip

2.1 Nachweisführung

Der Rechenansatz zur Quantifizierung der Luftschalldämmung von trennenden Bauteilen stellt sich vom Prinzip her zunächst als eine Addition der auf allen Übertragungswegen zwischen dem Senderaum, in dem ein diffuses – also nicht gerichtetes – Schallfeld vorausgesetzt wird, und dem Empfangsraum transportierten Schallenergie dar. Dabei werden nach Norm jedoch nicht alle denkbaren Nebenwege berücksichtigt (also neben der Baukonstruktion des Gebäudes z. B. auch Kanäle von Lüftungsanlagen), sondern lediglich die flankierenden Bauteile, vgl. dazu das Beispiel in Bild 1 mit einer Trennwand D und den vier flankierenden Bauteilen Decke (1), Außenwand (2), Boden (3) und Innenwand (4). Die einzelnen Übertragungswege für dieses Beispiel sind – bei Annahme einer massiven Bauweise mit biegesteifen Anbindungen der einzelnen Bauteile – in Tabelle 1 zusammengestellt.

Das aus der Übertragung auf den unterschiedlichen Wegen sich ergebende gesamte Luftschalldämmmaß $R_{ges.}$ (in diesem Zusammenhang ist es identisch mit dem bewerteten Bauschalldämmmaß R'_w des trennenden Bauteils) ergibt sich somit aus der energetische Addition der Schalltransmissionsgrade τ_j auf allen betrachteten Übertragungswegen j = 1 bis n wie folgt:

$$R_{ges.} = -10 \lg \sum_{j=1}^{n} 10^{-0,1 \cdot R_j} = -10 \lg \sum_{j=1}^{n} \tau_j \quad (1)$$

mit
R_{ges} Gesamtschalldämmmaß in dB
R_j Schalldämmmaß des Bauteils j in dB
τ_j Schalltransmissionsgrad des Bauteils j

Die besondere Sensibilität dieser energetischen Addition gegenüber einzelnen „Ausreißern" im Sinne bauakustisch unbefriedigender (Einzel-)Bauteile mit niedrigen Schalldämmmaßen zeigt Bild 2, in dem die gewaltige Spannbreite der Transmissionsgrade über acht Zehnerpotenzen recht anschaulich dargestellt ist.

Ein Beispiel für den Einfluss eines einzelnen niedrigen Luftschalldämmmaßes auf das sich letztendlich ergebende Bauschalldämmmaß R′ zeigt recht anschaulich Bild 3.

2.2 Vorbemessung

Im Rahmen der Bauteilbemessung ist zunächst bei der ersten Auswahl von Bauteilen und Bauteilanschlüssen diese bereits beschriebene energetische Addition

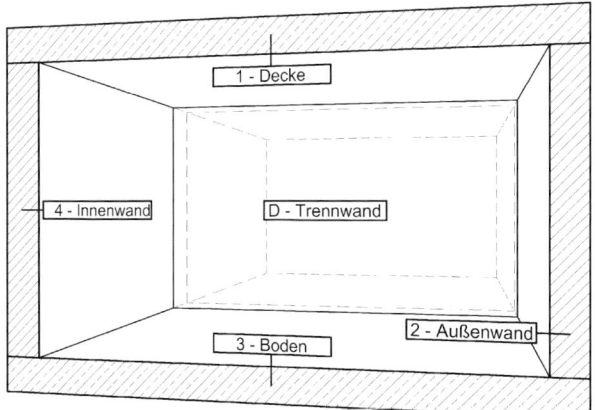

Bild 1. Beispielhafte Darstellung der an der horizontalen Schallübertragung zwischen zwei Räumen beteiligten Bauteile

Tabelle 1. Zusammenstellung der einzelnen Übertragungswege (hier: trennendes Bauteil und flankierende Bauteile) zwischen zwei Räumen in einem massiven Gebäude entsprechend Bild 1; üblicherweise ergeben sich hier 13 Übertragungswege, wobei Variationen selbstverständlich möglich sind

Bauteil			Übertragungsweg		
Typ	Bezeichnung	Schnittführung	Skizze		Benennung
Trennbauteil	Trennwand	horizontal oder vertikal			Dd
Flanke	1 – Decke	vertikal			11
					D1
					1d
Flanke	2 – Außenwand	horizontal			22
					D2
					2d
Flanke	3 – Boden	vertikal			33

Tabelle 1. Zusammenstellung der einzelnen Übertragungswege (hier: trennendes Bauteil und flankierende Bauteile) zwischen zwei Räumen in einem massiven Gebäude entsprechend Bild 1; üblicherweise ergeben sich hier 13 Übertragungswege, wobei Variationen selbstverständlich möglich sind (Fortsetzung)

Bauteil		Übertragungsweg		
Typ	Bezeichnung	Schnittführung	Skizze	Benennung
				D3
				3d
Flanke	4 – Innenwand	horizontal		44
				D4
				4d

im Blick zu halten; eine Abschätzung der erforderlichen Überbemessung der einzelnen Luftschalldämmmaße der an der Schallübertragung beteiligten Bauteile kann zunächst unter Ansatz der insgesamt betrachteten Übertragungswege n und unter Annahme gleicher schallschutztechnischer Mindestqualitäten wie folgt erfolgen:

$$R_{w,i,min} = R'_{w,erf.} + 10 \cdot \lg n \quad (2)$$

mit
$R_{w,i,min}$ Minimal erforderliches Schalldämmmaß des an der Schallübertragung beteiligten Bauteils i in dB
$R_{w,erf.}$ Erforderliches Schalldämmmaß des trennenden Bauteils in dB
n Anzahl der an der Schallübertragung beteiligten Bauteile

Eine einfache Auswertung dieser Gleichung – vorausgesetzt wird hier eine gleichmäßige Vorbemessung der einzelnen Bauteile, mit anderen Worten also die Annahme gleicher schallschutztechnischer Mindestqualitäten – zeigt Tabelle 2.

Bild 4 zeigt beispielhaft die Zusammenstellung von vier unterschiedlichen Bauteilsituationen mit jeweils fünf involvierten Bauteilen (z. B. Trennwand mit flankierender Decke, Boden, Innen- und Außenwand, bei denen die Übertragungswege Ff, Df und Fd bereits jeweils zu einem Wert zusammengefasst worden sind). Hier zeigt sich, dass neben einer gleichmäßigen Vorbemessung der Bauteile entsprechend vorhergeher Gl. (2) natürlich auch teilweise deutlich unterschiedliche Schalldämmmaße angesetzt werden können. Als jeweils eingehaltene Zielgröße ist dabei in diesem Beispiel ein bewertetes Luftschalldämmmaß $R'_w = 56$ dB vorgegeben,

650 C2 Leistungsfähigkeit von Baukonstruktionen

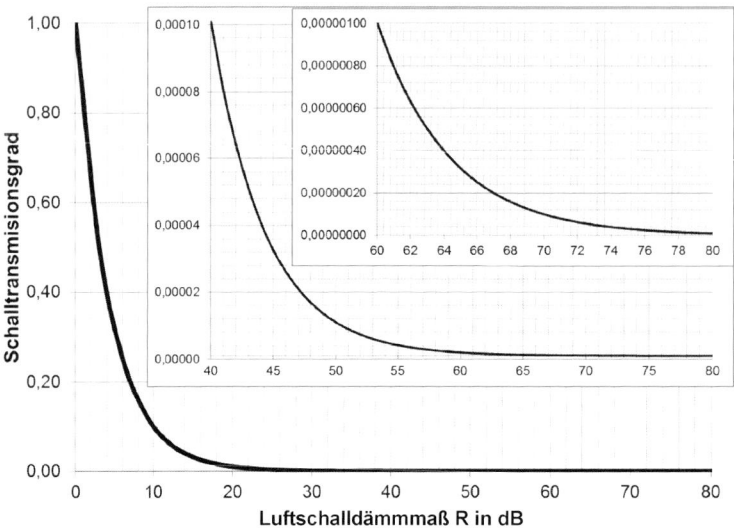

Bild 2. Zusammenhang zwischen Schalltransmissionsgraden τ und zugehörigen Luftschalldämmmaßen R

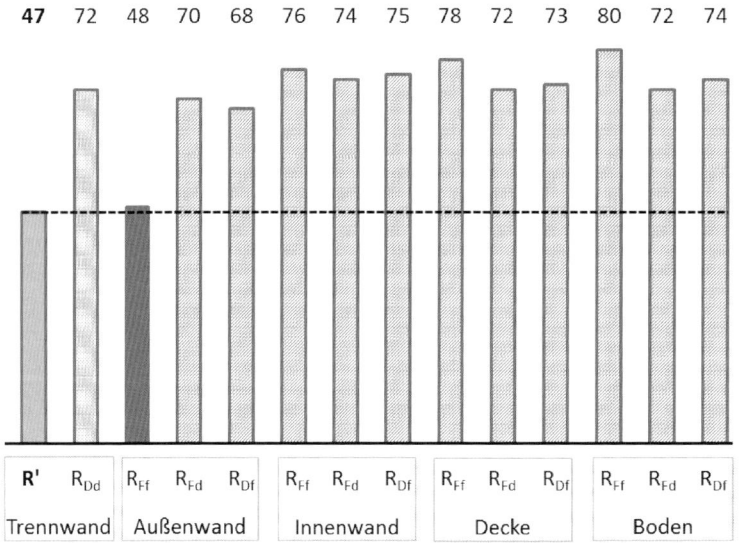

Bild 3. Addition unterschiedlicher Schalldämmmaße R_i zu R' am Beispiel einer Trennwand mit:
R_{ij} = Flankenschalldämmmaße von Außenwand, Innenwand, Decke und Boden sowie
R_{Dd} = Direktschalldämmmaß der Trennwand

Tabelle 2. Erforderliche Überbemessung (Vorhaltemaß) der einzelnen an der Schallübertragung beteiligten Bauteile i in Abhängigkeit der Anzahl der betrachteten Übertragungswege n (Voraussetzung ist hier eine gleichmäßige Vorbemessung der einzelnen Bauteile → gleiche schallschutztechnische Mindestqualitäten)

Anzahl n der Übertragungswege	2	3	4	**5**[1]	6	7	8	9	10	11	12	**13**[2]
Vorhaltemaß in dB	3,0	4,8	6,0	**7,0**	7,8	8,5	9,0	9,5	10,0	10,4	10,8	**11,1**

1) Standardfall, wenn bei vier flankierenden Bauteilen die jeweils möglichen drei Übertragungswege (Ff, Df und Fd) pro Flanke bereits zu einem Wert zusammengefasst wurden
2) Standardfall, wenn bei vier flankierenden Bauteilen alle möglichen 12 Übertragungswege (viermal: Ff, Df und Fd) einzeln angesetzt werden

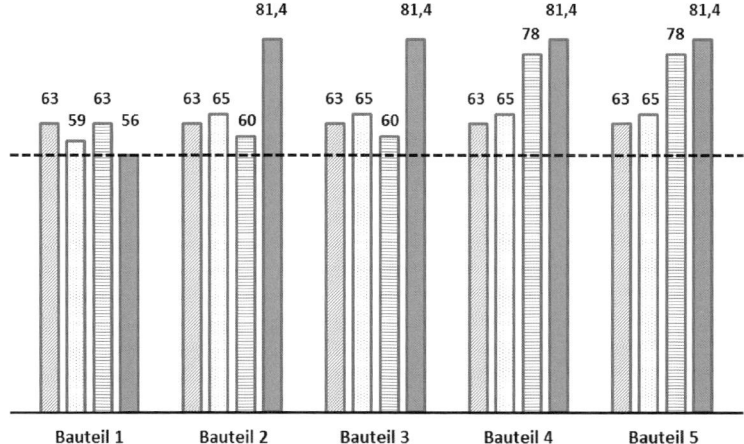

Bild 4. Beispielhafte Zusammenstellung von vier unterschiedlichen Bauteilsituationen, bei denen ein bewertetes Luftschalldämmmaß $R'_w = 56$ dB (gestrichelte Linie) einzuhalten ist. Über den jeweils gruppenweise gleich schraffierten Säulen sind die erforderlichen Mindestwerte der jeweiligen Luftschalldämmmaße R in dB angegeben.

dargestellt durch die horizontale, gestrichelte Linie (die erforderlichen Mindestwerte der jeweiligen Luftschalldämmmaß R sind über den jeweils gruppenweise gleich schraffierten Säulen in dB angegeben).

3 Massive Baukonstruktionen

3.1 Trennende Bauteile

3.1.1 Überblick

Einen Überblick über die schalltechnisch prinzipiell möglichen Konstruktionsarten massiver Bauteile (Wände und Decken) zeigt Bild 5.
Im Folgenden soll nun zusammengestellt werden, welche bewerteten Luftschalldämmmaße sowie bewertete Normtrittschallpegel mit diesen Konstruktionen erreichbar sind – immer dessen eingedenk, dass die flankierenden Bauteile das Endergebnis noch deutlich verändern können!

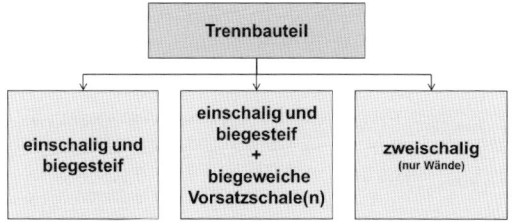

Bild 5. Überblick über die schalltechnisch prinzipiell möglichen Konstruktionsarten massiver Bauteile (Wände und Decken)

3.1.2 Einschalige biegesteife Bauteile

Luftschallschutz

Die nach dem allgemeinen Massegesetz der DIN 4109-32 ($\to$ gültig also für Beton, Betonsteine, Kalksandstein, Mauerziegel und Verfüllsteine) in Abhängigkeit von der flächenbezogenen Masse und dem vorgegebenen Gültigkeitsbereich erreichbaren Luftschalldämmmaße der Direktschalldämmung einschaliger biegesteifer Bauteile (also massive Wände und Decken) zeigt Tabelle 3; der maximal erreichbare bauakustische Grenzwert für einschalige biegesteife Bauteile ergibt sich – unter Berücksichtigung beidseitiger Putzschichten – nach Norm damit zu max $R_w = 66{,}1$ dB. Zur weiteren Orientierung hinsichtlich der damit verbundenen Baukonstruktionen werden einige Beispiele für Wandaufbauten in Verbindung mit unterschiedlichen Rohdichteklassen in das Nomogramm eingebettet.

Trittschallschutz

Die nach den Massegesetzen der DIN 4109-32 in Abhängigkeit von Dicke d und dem entsprechenden Gültigkeitsbereich erreichbaren bewerteten äquivalenten Normtrittschallpegel $L_{n,eq,0,w}$ für einschalige Massivdecken zeigt Bild 6; der untere Grenzwert ergibt sich unter Berücksichtigung einer unterseitigen Putzschicht nach Norm damit zu min $L_{n,eq,0,w} = 63{,}9$ dB, was einer maximalen Dicke der unterseitig verputzten Stahlbetonplatte von d = 30 cm entspricht.

Tabelle 3. In Abhängigkeit von der flächenbezogenen Masse m' und dem entsprechenden Gültigkeitsbereich nach DIN 4109-32 erreichbare bewertete Luftschalldämmmaße R_w einschaliger massiver Wände und Decken (darin berücksichtigt werden entsprechende Schichten aus Kalkputz der Dicke d = 1 cm)

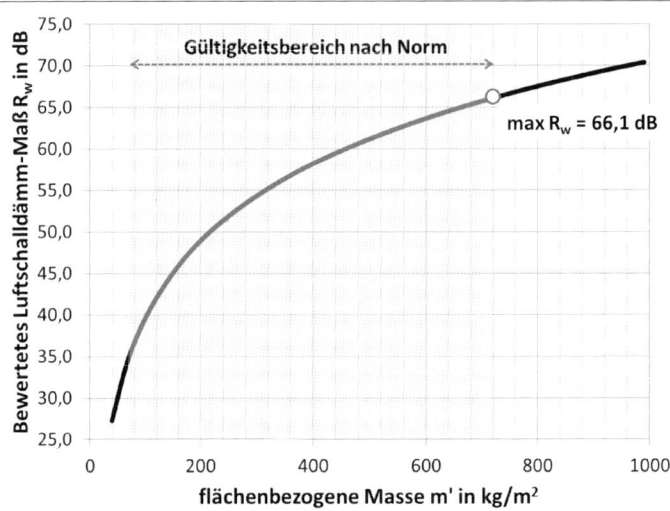

RDK[2]	Bewertetes Luftschalldämmmaß R'_w in dB [1]					
	Mauermaße[4] in cm					
	11.5	17.5	24	30	36.5	42.5
1,6	49,5	54,4	58,3	61,0	63,5	**65,5**
2,0	51,9	57,0	60,9	63,7	**66,2**	
2,2	53,0	58,1	62,0	**64,8**		
2,4 [3]	54,7	59,8	63,8	**66,7**		

1) Berücksichtigt ist hier eine beidseitige Putzschicht (d = 1 cm) aus Kalkputz.
2) Vorausgesetzt wird die Verwendung von Normalmörtel.
3) Stahlbeton mit üblichem Bewehrungsanteil; aus Vereinfachungsgründen wird hier auch mit Mauermaßen gerechnet.
4) Bei Stahlbeton gelten diese Werte dann optional natürlich auch für Rohdecken (hier dann mit nur einer Putzschicht, was die Werte im Bereich 0,7 bis 0,3 dB reduziert; bei einer Dicke von 30 cm ergibt sich ein bewertetes Luftschalldämmmaß von 66,4 dB).

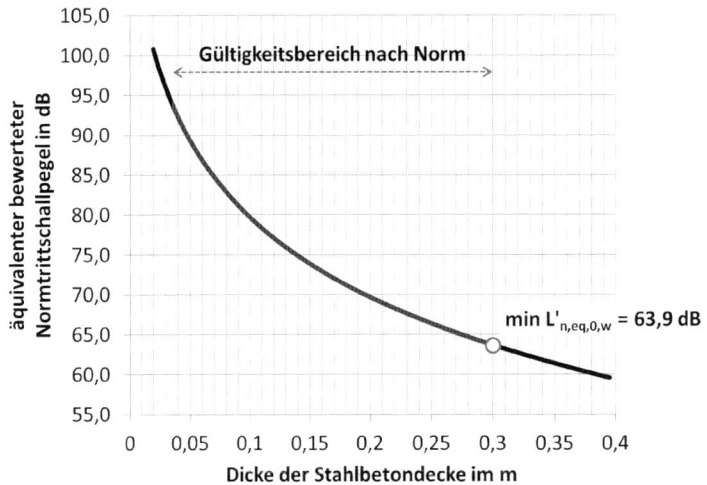

Bild 6. In Abhängigkeit von der flächenbezogenen Masse m' und dem entsprechenden Gültigkeitsbereich nach DIN 4109-32 erreichbare bewertete äquivalente Normtrittschallpegel $L_{n,eq,0,w}$ einschaliger Massivdecken (darin berücksichtigt wird eine unterseitige Schicht aus Kalkputz der Dicke d = 1 cm)

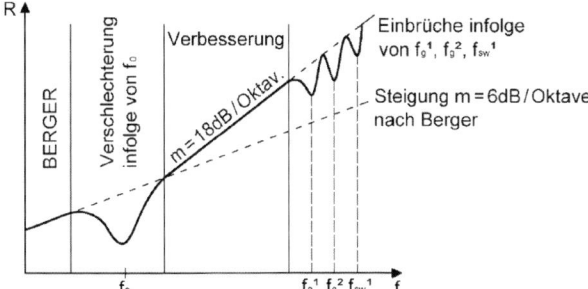

Bild 7. Prinzipieller Verlauf des Luftschalldämmmaßes R eines zweischaligen Bauteiles bei konstanter flächenbezogener Masse m′ in Abhängigkeit der Frequenz f. Darin sind im Weiteren f_0 = Resonanzfrequenz, f_g^1 und f_g^2 = Koinzidenzgrenzfrequenzen der einzelnen biegesteifen Bauteilschichten, $f_{sw}^{\ 1}$ = erste stehende Welle (optional bei unbedämpfter oder nicht ausreichend bedämpfter Luftschicht als Feder)

3.1.3 Einschalige biegesteife Bauteile mit biegeweicher Vorsatzschale

Luftschallschutz

Durch die Anordnung einer auf einer Feder (→ hier im Sinne eines elastischen Materials, dessen Masse vernachlässigbar ist) schwingenden zweiten Masse wird aus einem ehemals einschaligen Bauteil ein zweischaliges Feder-Masse-System, dessen schallschutztechnische Eigenschaften nun nicht mehr nur masseabhängig sind. Bild 7 zeigt den prinzipiellen Verlauf des Luftschalldämmmaßes R für eine konstante flächenbezogene Masse m′ in Abhängigkeit der Frequenz f.
Deutlich zu erkennen ist, dass unterhalb des Resonanzeffektes rund um die Resonanzfrequenz f_0, der zu einer signifikanten Erhöhung der Schallübertragung durch das Bauteil (und damit zu einer deutlichen Verschlechterung des Luftschalldämmmaßes in diesem Frequenzband) führt, das Bauteil akustisch immer noch als einschalige Konstruktion reagiert. Liegt nun der obere Rand des Resonanzbereiches im Bereich der Untergrenze der bauakustisch relevanten, tiefsten Frequenz (im Bereich des Mindestschallschutzes bedeutet dies f = 100 Hz; bei erhöhten Anforderungen wird man diese Grenze ggf. tiefer ansetzen, z. B. bei f = 50 Hz), so wirkt sich der Effekt der Zweischaligkeit (→ mechanische Schwingungsentkopplung von angeregter [Senderaum] und abstrahlender [Empfangsraum] Bauteiloberfläche) zunächst prinzipiell sehr günstig auf die Reduzierung der Schallübertragung aus. An dieser Stelle sei jedoch im Vorfeld der weiteren Betrachtungen schon darauf hingewiesen, dass dieser Verbesserungseffekt nicht von konstanter Größe ist, sondern sehr stark von der bauakustischen Qualität des einschaligen „Basisbauteils" abhängt.
Die Resonanzfrequenz eines solchen zweischaligen Feder-Masse-Systems berechnet sich allgemeingültig wie folgt:

$$f_0 = 160 \cdot \sqrt{\frac{E_{Dyn}}{d} \cdot \left(\frac{1}{m_1'} + \frac{1}{m_2'}\right)} \quad (3)$$

mit
f_0 Resonanzfrequenz in Hz
E_{Dyn} Dynamischer Elastizitätsmodul der federnden Schicht in MN/m²
d   Dicke der federnden Schicht in m
m_1' Flächenbezogene Masse der Schicht 1 in kg/m²
m_2' Flächenbezogene Masse der Schicht 2 in kg/m²

In Tabelle 4 sind für unterschiedliche Dämmstoffe die jeweiligen dynamischen Elastizitätsmodul E_{Dyn} beispielhaft zusammengestellt.
Grundsätzlich gibt es nun zwei baukonstruktive Varianten für die Ausführung biegeweicher Vorsatzschalen:
1. Vorsatzkonstruktionen, die direkt auf dem Grundbauteil über eine Dämmschicht (ohne Verwendung von Stützen oder Lattungen) befestigt werden und
2. Vorsatzkonstruktionen, die mittels Blechprofilen oder Holzständern freistehend oder auch als abgehängte Unterdecke und ohne körperschallübertragende Verbindungen erstellt werden.

Die nachfolgenden Bilder 8 und 9 zeigen die für diese beiden Varianten entsprechend erreichbaren Resonanzfrequenzen, wenn eine der beiden Schalen eine flächenbezogene Masse von $m_2' \approx 300$ kg/m² (z. B. beidseitig verputzte Wand mit d = 17^5 cm und RDK 1,6 oder unterseitig verputzte Stahlbetonplatte mit

Tabelle 4. Dynamische Elastizitätsmodul E_{Dyn} unterschiedlicher Dämmstoffe

Dämmstoff	E_{Dyn} in MN/m²
Stehende Luft	0,08
Mineralfaserplatten	0,14 bis 0,40
Expandierter Hartschaum (EPS)	2 bis 4
Elastifizierter EPS-Hartschaum	0,60 bis 0,80
Extrudierter Hartschaum (XPS)	30
Polyurethan-Hartschaum (PUR)	1 bis 6
Korkplatten	10 bis 30
Naturkork	15 bis 25
Holzwolle-Leichtbauplatten	100 bis 200
Gummischrotplatte	0,63
Schaumglas	1300 bis 1600

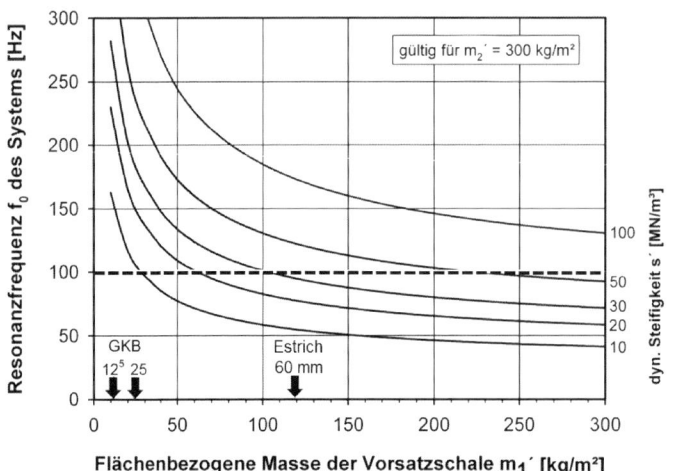

Bild 8. Für **Variante 1.** in Abhängigkeit von der flächenbezogenen Masse m_1' der schwingenden Masse und der dynamischen Steifigkeit $s' = E_{Dyn/s}$ der federnden Schicht sich ergebende Resonanzfrequenzen f_0. Zusätzlich sind Beispiele für typische Gipskartonplatten sowie schwimmenden Zementestrich eingefügt.

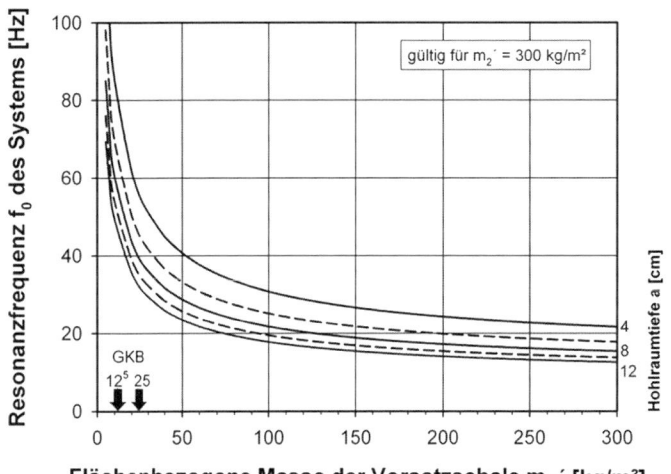

Bild 9. Für **Variante 2.** in Abhängigkeit von der flächenbezogenen Masse m_1' unterschiedlicher schwingender Vorsatzkonstruktionen und dem Schalenabstand d (Dicke des bedämpften Hohlraums) sich ergebende Resonanzfrequenzen f_0

d = 12 cm) aufweist. An dieser Stelle sei angemerkt, dass eine weitere Erhöhung der flächenbezogenen Masse m_2' bei den genannten Konstruktionen keine signifikante Veränderung der Resonanzfrequenz mehr bewirkt.

Mit diesen Resonanzfrequenzen ergeben sich dann die erreichbaren Luftschallverbesserungsmaße ΔR_w mit einer (Bild 10) bzw. mit zwei zusätzlichen biegeweichen Vorsatzschalen (Bild 11), wenn jeweils gilt, dass $f_0 \leq 160$ Hz ist. Von wesentlicher Bedeutung für das Luftschallverbesserungsmaß ΔR_w der jeweiligen Konstruktion ist dabei das Luftschalldämmmaß R_w des massiven einschaligen Basisbauteiles.

Anmerkung:
Nach Norm ist bei der Annahme beidseitiger Anordnung biegeweicher Vorsatzschalen die weniger wirksame Schale nur noch mit 50% ihres Verbesserungsmaßes anzusetzen. Diese Vorgabe ist in den Graphen in Bild 11 bereits berücksichtigt.

Tabelle 5. Zusammenstellung der letztendlich maximal erreichbaren bewerteten Luftschalldämmmaße R_w einschaliger biegesteifer Massivkonstruktionen mit ein- oder zweiseitig angebrachten biegeweichen Vorsatzschalen

	Maximal erreichbare bewertete Luftschalldämmmaße R_w	
Resonanzfrequenz f_0 in Hz	Anzahl der biegeweichen Vorsatzschalen	
	1	2
120	66 dB	
80	69 dB	71 dB
30	78 dB	84 dB

Die letztendlich maximal erreichbaren bewerteten Luftschalldämmmaße einschaliger biegesteifer Massivkonstruktionen mit ein- oder zweiseitig angebrachten biegeweichen Vorsatzschalen sind in Tabelle 5 zusammengefasst.

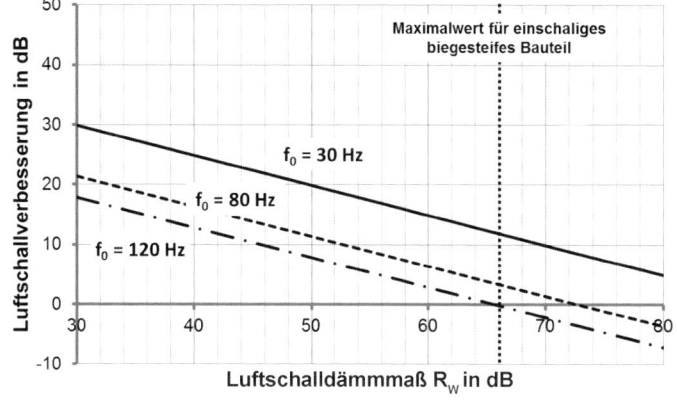

Bild 10. Luftschallverbesserung (→ Luftschallverbesserungsmaße ΔR_w) bei Anordnung *einer* zusätzlichen biegeweichen Vorsatzschale, wenn gilt, dass $f_0 \leq 160$ Hz und $\Delta R_w \geq 0$ sind

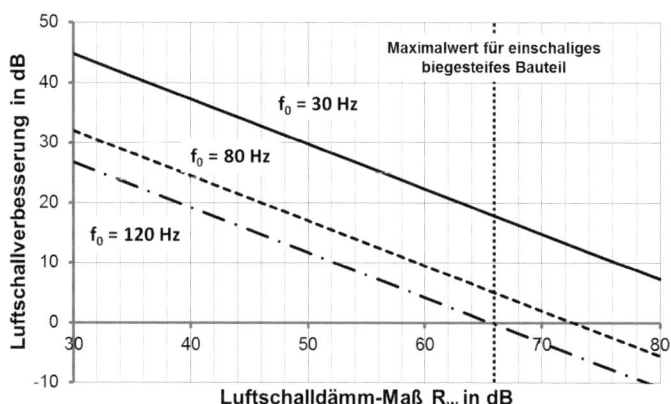

Bild 11. Luftschallverbesserung (→ Luftschallverbesserungsmaße ΔR_w) bei Anordnung *zweier* zusätzlicher biegeweicher Vorsatzschalen, wenn gilt, dass $f_0 \leq 160$ Hz und $\Delta R_w \geq 0$ sind

Trittschallschutz

Bei der Berechnung der bewerteten Trittschallminderung ΔL_w schwimmender Estriche nach DIN 4109-34 wird die Resonanzfrequenz nur latent berücksichtigt, indem die entsprechenden Rechenalgorithmen die flächenbezogenen Massen der biegeweichen Vorsatzschalen m′ sowie die dynamischen Steifigkeiten s′ der federnden Zwischenschichten beinhalten. Die dynamische Steifigkeit berechnet sich dabei nach:

$$s' = \frac{E_{Dyn}}{d} \qquad (4)$$

mit
s′ Dynamische Steifigkeit in MN/m³
E_{Dyn} Dynamischer E-Modul der federnden Schicht in MN/m²
d Dicke der federnden Schicht in m

Die nach Norm möglichen respektive erreichbaren Trittschall-Verbesserungsmaße ΔL_w der unterschiedlichen schwimmenden Estriche zeigen die Bilder 12 bis 14.
Die letztendlich minimal erreichbaren bewerteten Normtrittschallpegel min $L'_{n,w}$ einschaliger biegesteifer Massivdecken mit schwimmenden Estrichen sind in Tabelle 6 zusammengefasst. Der Einfluss der mittleren flächenbezogenen Masse der flankierenden Bauteile sowie einer optional angeordneten Unterdecke (relevant nur wenn $\Delta R_w \geq 10$ dB!) ist entsprechend Bild 15 durch den Zuschlag (Addition) eines Korrekturwertes K noch abschließend entsprechend zu berücksichtigen (→ *Hinweis: Gleiches gilt für den Sicherheitsbeiwert u_{prog} im Rahmen der Nachweisführung!*)

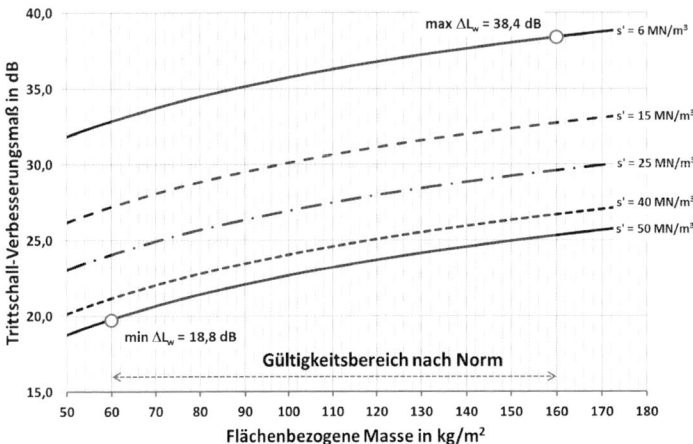

Bild 12. Verbesserungsmaße ΔL_W für Massivdecken mit auf Dämmschichten schwimmenden Zement-, Calciumsulfat-, Calciumsulfatfließ-, Magnesia- und Kunstharzestrichen mit $6 \leq$ zul. $s' \leq 50$ MN/m³

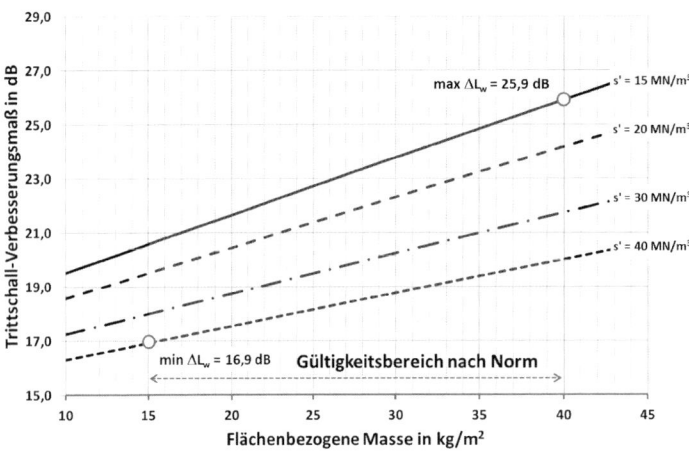

Bild 13. Trittschall-Verbesserungsmaße ΔL_W für Massivdecken mit auf Dämmschichten schwimmenden Fertigteilestrichen mit $15 \leq$ zul. $s' \leq 40$ MN/m³

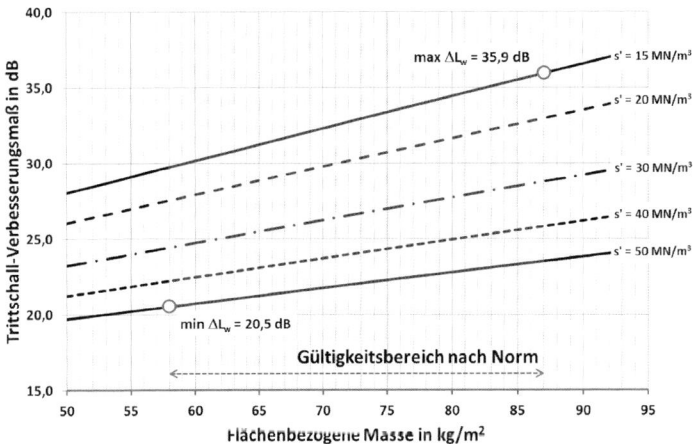

Bild 14. Trittschall-Verbesserungsmaße ΔL_W für Massivdecken mit auf Dämmschichten schwimmenden Gussasphaltestrichen mit $15 \leq$ zul. $s' \leq 50$ MN/m³

Tabelle 6. Zusammenstellung der letztendlich minimal erreichbaren bewerteten Normtrittschallpegel min $L'_{n,w}$ einschaliger biegesteifer Massivdecken mit schwimmenden Estrichen *ohne Berücksichtigung* von Unterdecken und der mittleren flächenbezogenen Masse der flankierenden Wände

min $L_{n,eq,0,w}$ nach Bild 6 in dB	Minimal erreichbare bewertete Normtrittschallpegel min $L'_{n,w}$		
	Schwimmender Estrich als		
	Mörtel-Estrich nach Bild 12	Fertigteil-Estrich nach Bild 13	Gussasphalt-Estrich nach Bild 14
63,9	25,5 dB	38,0	28,0

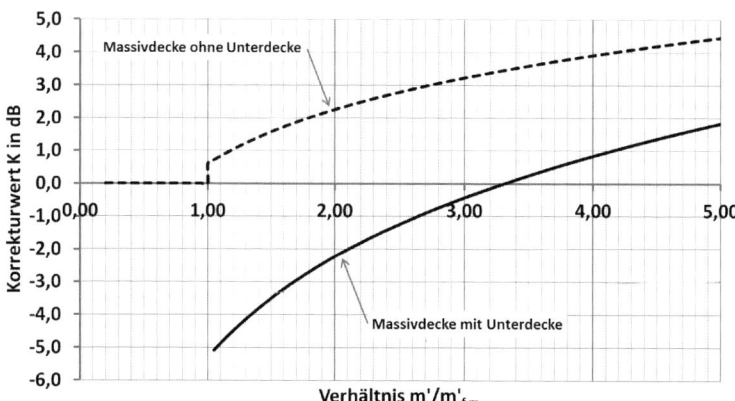

Bild 15. Bei der Ermittlung des bewerteten Normtrittschallpegels $L'_{n,w}$ aufzuaddierender Korrekturwert K zur Berücksichtigung der flankierenden Bauteile sowie optionaler Unterdecken (nur wenn $\Delta R_w \geq 10$ dB) mit m' = flächenbezogene Masse der Trenndecke (gültig für $100 \leq m' \leq 900$ kg/m²) und $m'_{f,m}$ = mittlere flächenbezogene Masse der flankierenden Bauteile (gültig für $100 \leq m'_{f,m} \leq 500$ kg/m²)

3.1.4 Zweischalige massive Konstruktionen aus biegesteifen Bauteilen

Die Ausführung von Wänden als zweischalige Bauteile mit konsequent durch das Gebäude durchgeführten Trennfugen (hier ist zwingend eine weichfedernde Zwischenschicht zu gewährleisten) erlaubt die Realisierung sehr hoher Luftschalldämmmaße. Für die in Tabelle 7 dargestellten Randbedingungen (1. Schallübertragung im Obergeschoss eines mehrgeschossigen Gebäudes in Wandbauweise – aber nicht (!) im Dachgeschoss, 2. Schallübertragung im Kellergeschoss mit durchlaufenden Außenwänden und Bodenplatte mit jeweils m' ≥ 575 kg/m² (z. B. Weiße Wanne)) werden die schallschutztechnischen Möglichkeiten entsprechend DIN 4109-2 etwas genauer betrachtet. Die entsprechenden Auswertungen finden sich in den Tabellen 8 bis 10.

Hinweis:
Hier weicht das Berechnungsverfahren der DIN 4109-2 von den bereits geschilderten Verfahren der energetischen Additionen nach DIN EN 12354 grundlegend ab; für zweischalige Massivkonstruktionen wurde das bekannte Verfahren der direkten Berechnung eines bewerteten Bauschalldämmmaßes R'_w aus der „alten" DIN 4109 (11.1989) grundsätzlich übernommen, etwas modifiziert sowie deutlich erweitert.

Abschließend muss an dieser Stelle noch darauf hingewiesen werden, dass die vorher errechneten Schalldämmwerte in der obersten Etage eines Gebäudes nur erreicht werden, wenn die Flankenschallübertragung über das Dach keine Rolle spielt. Dieses ist dann der Fall, wenn für die bewerteten Norm-Flankenschallpegeldifferenzen $D_{n,f,w}$ der üblichen Satteldachkonstruktion ($\rightarrow$ insgesamt also drei Schallübertragungswege) gilt, dass:

$$D_{n,f,w} \geq R'_{w,2} + 5 \text{ dB} \tag{5}$$

Tabelle 7. Konstruktion und Eigenschaften der schallschutztechnisch betrachteten zweischaligen Wände sowie die nach DIN 4109-2 zugehörigen Zweischaligkeitszuschläge $\Delta R'_{w,tr}$

Schallübertragung	Konstruktion	Zweischaligkeitszuschlag $\Delta R'_{w,tr}$ in dB		
		allgemein	Porenbeton	Leichtbeton
1. Obergeschoss: Vollständige Trennung der Schalen bis zur Bodenplatte				
EG / KG	Fuge ≥ 30 und Dämmstoffspezifikation	+12	+15	+14
	Fuge ≥ 50 und Dämmstoffspezifikation	+14	+17	+16
2. Kellergeschoss: Kelleraußenwände und Bodenplatte durchgehend mit jeweils m' ≥ 575 kg/m²				
EG / KG	Fuge ≥ 30 und Dämmstoffspezifikation	+3	+6	+5
	Fuge ≥ 50 und Dämmstoffspezifikation			

Tabelle 8. In Abhängigkeit von der Übertragungssituation (→ Obergeschoss/Kellergeschoss mit durchgehenden Außenwänden mit m' ≥ 575 kg/m²), der flächenbezogenen Masse m' sowie der Fugenausführung erreichbare bewertete Luftschalldämmaße R'_w (→ Bauschalldämmaße) **allgemeiner zweischaliger massiver Wände** (darin berücksichtigt werden entsprechende Schichten aus Kalkputz der Dicke d = 1 cm)

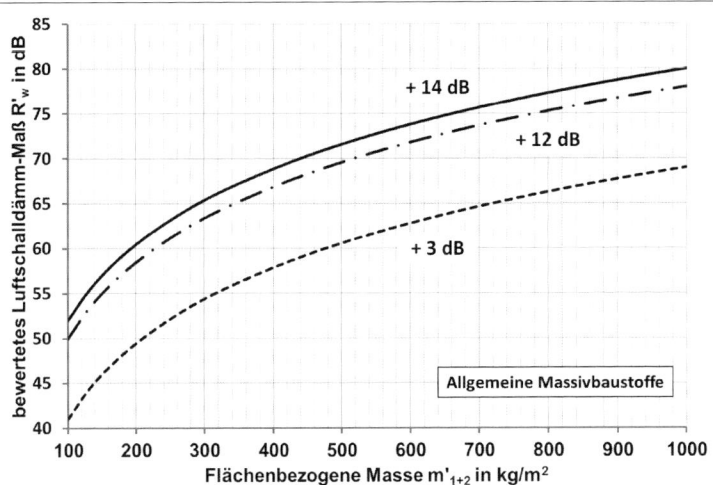

	Bewertetes Luftschalldämmmaß R'_w in dB [1]								
RDK [2]	Allgemeine Massivbaustoffe, Mauermaße in cm								
	+14 dB [4]			+12 dB [4]			+3 dB		
	2 × 17[5]	2 × 20	2 × 24	2 × 17[5]	2 × 20	2 × 24	2 × 17[5]	2 × 20	2 × 24
1,6	73,2	74,7	76,8	71,2	72,7	74,8	62,2	63,7	65,8
2,0	75,6	77,2	79,3	73,6	75,2	77,3	64,6	66,2	68,3
2,2	76,7	78,2	80,4	74,7	76,2	78,4	65,7	67,2	69,4
2,4 [3]	78,3	79,9	82,1	76,3	77,9	80,1	67,3	68,9	71,1

1) Berücksichtigt ist hier eine beidseitige Putzschicht (d = 1 cm) aus Kalkputz.
2) Vorausgesetzt wird die Verwendung von Normalmörtel.
3) Stahlbeton mit üblichem Bewehrungsanteil; aus Vereinfachungsgründen wird auch hier mit Mauermaßen gerechnet.
4) Hier ist im Weiteren noch der Korrekturwert K nach Bild 16 zu berücksichtigen (→ zu subtrahieren).

Tabelle 9. In Abhängigkeit von der Übertragungssituation (→ Obergeschoss/Kellergeschoss mit durchgehenden Außenwänden mit m′ ≥ 575 kg/m²), der flächenbezogenen Masse m′ sowie der Fugenausführung erreichbare bewertete Luftschalldämmmaße R'_w (→ Bauschalldämmmaße) **zweischaliger massiver Wände aus Porenbeton** (darin berücksichtigt werden entsprechende Schichten aus Kalkputz der Dicke d = 1 cm)

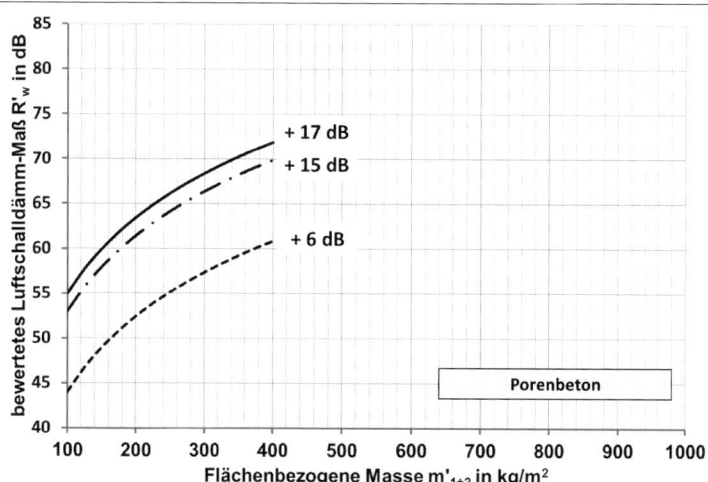

	Bewertetes Luftschalldämmmaß R'_w in dB[1]								
RDK[2]	Porenbeton[3], Mauermaße in cm								
	+17 dB[4]			+15 dB[4]			+6 dB		
	2×17[5]	2×20	2×24	2×17[5]	2×20	2×24	2×17[5]	2×20	2×24
0,5	60,3	61,7	63,6	58,3	59,7	61,6	49,3	50,7	52,6
0,6	62,3	63,7	65,7	60,3	61,7	63,7	51,3	52,7	54,7
0,7	64,0	65,4	67,4	62,0	63,4	65,4	53,0	54,4	56,4
0,8	65,5	67,0	69,0	63,5	65,0	67,0	54,5	56,0	58,0

1) Berücksichtigt ist hier eine beidseitige Putzschicht (d = 1 cm) aus Kalkputz.
2) Vorausgesetzt wird die Verwendung von Dünnbettmörtel.
3) Die flächenbezogene Masse der doppelschaligen Wand ist nach DIN 4109-2 auf 2 × m′ ≤ 200 kg/m² begrenzt.
4) Hier ist im Weiteren noch der Korrekturwert K nach Bild 16 zu berücksichtigen (→ zu subtrahieren).

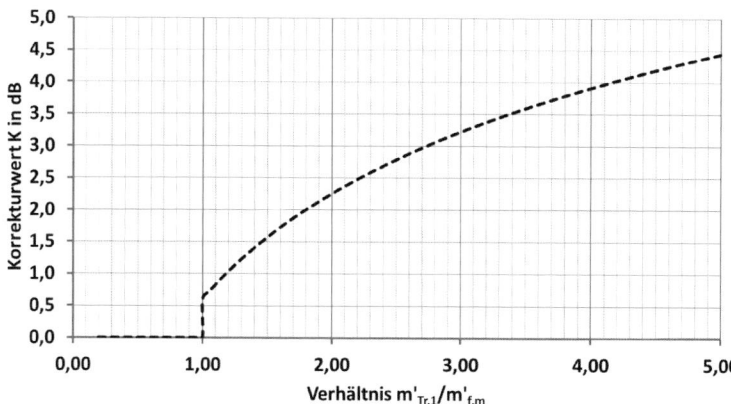

Bild 16. Bei der Ermittlung des bewerteten Luftschalldämmmaßes $R'_{w,2}$ zu subtrahierender Korrekturwert K zur Berücksichtigung von Flankenschallübertragung mit $m'_{tr,1}$ = flächenbezogene Masse der Trennwandschale im Empfangsraum und $m'_{f,m}$ = mittlere flächenbezogene Masse der flankierenden Bauteile ohne biegeweiche Vorsatzschalen mit f_0 < 125 Hz

Tabelle 10. In Abhängigkeit von der Übertragungssituation (→ Obergeschoss/Kellergeschoss mit durchgehenden Außenwänden mit m′ ≥ 575 kg/m²), der flächenbezogenen Masse m′ sowie der Fugenausführung erreichbare bewertete Luftschalldämmmaße R'_w (→ Bauschalldämmmaße) **zweischaliger massiver Wände aus Leichtbeton** (darin berücksichtigt werden entsprechende Schichten aus Kalkputz der Dicke d = 1 cm)

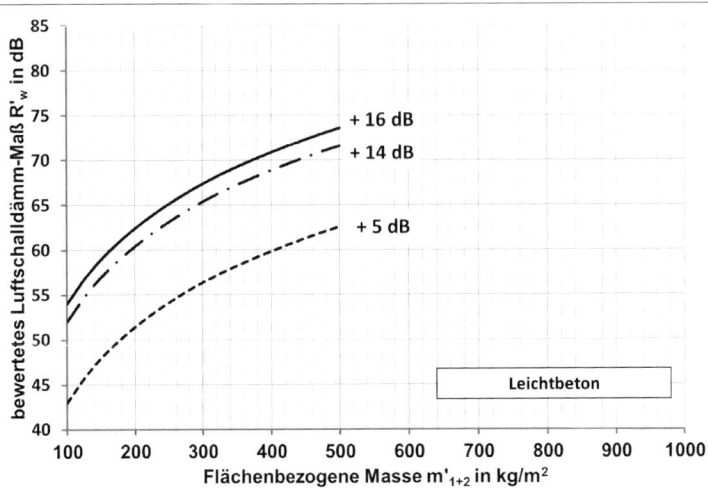

	Bewertetes Luftschalldämmmaß R'_w in dB [1]								
RDK [2]	Leichtbeton [3], Mauermaße in cm								
	+16 dB [4]			+14 dB [4]			+5 dB		
	2 × 17,5	2 × 24	2 × 30	2 × 17,5	2 × 20	2 × 24	2 × 17,5	2 × 20	2 × 24
0,5	60,8	64,2	66,6	58,8	62,2	64,6	49,8	53,2	55,6
0,6	62,6	66,0	68,4	60,6	64,0	66,4	51,6	55,0	57,4
0,7	64,1	67,5	70,0	62,1	65,5	68,0	53,1	56,5	59,0
0,8	65,4	68,9	71,4	63,4	66,9	69,4	54,4	57,9	60,4

1) Berücksichtigt ist hier eine beidseitige Putzschicht (d = 1 cm) aus Kalkputz.
2) Vorausgesetzt wird die Verwendung von Leichtmörtel; die Steinrohdichte ist nach DIN 4109-2 begrenzt auf RDK ≤ 0,8.
3) Die flächenbezogene Masse der doppelschaligen Wand ist nach DIN 4109-2 auf 2 × m′ ≤ 250 kg/m² begrenzt.
4) Hier ist im Weiteren noch der Korrekturwert K nach Bild 16 zu berücksichtigen (→ zu subtrahieren).

3.2 Flankierende Bauteile

3.2.1 Rechenansatz

Die Abhängigkeiten des bewerteten Flankenschalldämmmaßes massiver Bauteile auf dem Übertragungsweg i → j von den unterschiedlichen Parametern (→ bzw. Einflussgrößen) zeigt die nachfolgende Gleichung entsprechend DIN 4109-2:

$$R_{ij} = \frac{R_{i,w} + R_{j,w}}{2} + \Delta R_{ij,w} + K_{ij} + 10 \cdot \lg \frac{S_s}{l_0 \cdot l_f} \quad (6)$$

Die einzelnen Parameter bzw. Einflussgrößen lassen sich wie folgt beschreiben:

1. Mittleres bewertetes Luftschalldämmmaß als masseabhängige Größe

   $\dfrac{R_{i,w} + R_{j,w}}{2}$

   $R_{i,w}$ Bewertetes Schalldämmmaß des flankierenden massiven Bauteils im Senderaum in dB

   $R_{j,w}$ Bewertetes Schalldämmmaß des flankierenden Bauteils im Empfangsraum in dB

2. Optionale Überführung in ein zweischaliges Feder-Masse-System (Resonanzfrequenz!)

   $\Delta R_{ij,w}$ Gesamte bewertete Verbesserung des Schalldämmmaßes durch zusätzlich angebrachte Vorsatzkonstruktionen auf dem Sende- (i) und/oder Empfangsbauteil (j) des betrachteten Übertragungsweges in dB
   Anmerkung: Es dürfen nur die raumseitig angebrachten Vorsatzkonstruktionen berücksichtigt werden.

3. Jeweilige Ausführung des Bauteilstoßes zwischen Trennbauteil und Flanke
   K_{ij} Stoßstellendämmmaß auf dem Übertragungsweg ij in dB
4. Geometrie
   $10 \cdot \lg \dfrac{S_s}{l_0 \cdot l_f}$ S_S Fläche des trennenden Bauteils, die beiden Räumen gemeinsam ist, in m²
   l_f Gemeinsame Kopplungslänge der Verbindungsstelle zwischen dem trennenden und dem flankierenden Bauteil in m
   l_0 Bezugskopplungslänge mit $l_0 = 1,0$ m

Die zu erwartenden Größenordnungen für die unterschiedlichen Summanden in dieser Gleichung werden in den nachfolgenden Abschnitten für typische Gebäudesituationen beispielhaft abgeschätzt.

3.2.2 Direktschalldämmmaße der flankierenden Bauteile

Die Möglichkeiten und Grenzen der bewerteten Luftschalldämmmaße R_w ($\rightarrow$ Direktschalldämmmaße) werden ausführlich in Abschnitt 3.1.2 beschrieben, weswegen an dieser Stelle dorthin verwiesen sei.
Ergänzend sei hier noch einmal das nach Norm maximal erreichbare bewertete Luftschalldämmmaß max $R'_w = 66,1$ dB angeführt.

3.2.3 Raumseitige Vorsatzschalen

Die physikalischen sowie konstruktiven Hintergründe zum Thema „Biegeweiche Vorsatzschalen" sind bereits in Abschnitt 3.1.3 ausführlich beschrieben worden, weswegen an dieser Stelle auch zunächst dorthin verwiesen sei. Im Zusammenhang mit biegeweichen Vorsatzschalen auf den flankierenden Bauteilen muss jedoch bedacht werden, dass nur die raumseitig angebrachten Vorsatzkonstruktionen berücksichtigt dürfen, da nur sie im Schallausbreitungsweg liegen. Für flankierende Außenwände bedeutet dies also, dass außenseitig angebrachte biegeweiche Vorsatzschalen in Form von zum Beispiel Wärmedämm-Verbundsystemen oder Vormauerschalen entsprechend unberücksichtigt bleiben.
Zur vertieften Veranschaulichung der Einflussmöglichkeiten sollen hier – ergänzend zu den Ausführungen in Abschnitt 3.1.3 – aber dennoch zwei tabellarische Übersichten dienen, vgl. Tabellen 11 und 12.

3.2.4 Stoßstelle

Die sich durch die unterschiedlichen Randbedingungen der flächenbezogenen Massen sowie der konstruktiven Anschlussmöglichkeiten ergebende Variationsbreite des Stoßstellendämmmaßes K_{ij} ist äußerst groß und lässt sich daher in einer geschlossenen, allumfassenden Auswertung nicht sinnvoll darstellen.
Um den doch sehr signifikanten Einfluss der konstruktiven Ausbildung des Anschlusses zwischen tren-

Tabelle 11. Überblick über die möglichen Luftschall-Verbesserungsmaße ΔR_w einer biegeweichen Vorsatzschale (im Sende- **oder** Empfangsraum) für unterschiedliche Resonanzfrequenzen f_0 und unterschiedliche bewertete Direktschalldämmmaße der Flanke R_w

f_0 in Hz	Mögliche Luftschall-Verbesserungsmaße ΔR_w einer biegeweichen Vorsatzschale in dB								
	Mittleres bewertetes Luftschalldämmmaß der Flanke $R_{ij,w}$ in dB								
	30	35	40	45	50	55	60	65	66
30	29,9	27,4	24,9	22,4	19,9	17,4	14,9	12,4	11,9
40	27,4	24,9	22,4	19,9	17,4	14,9	12,4	9,9	9,4
50	25,4	22,9	20,4	17,9	15,4	12,9	10,4	7,9	7,4
60	23,8	21,3	18,8	16,3	13,8	11,3	8,8	6,3	5,8
70	22,5	20,0	17,5	15,0	12,5	10,0	7,5	5,0	4,5
80	21,3	18,8	16,3	13,8	11,3	8,8	6,3	3,8	3,3
90	20,3	17,8	15,3	12,8	10,3	7,8	5,3	2,8	2,3
100	19,4	16,9	14,4	11,9	9,4	6,9	4,4	1,9	1,4
110	18,6	16,1	13,6	11,1	8,6	6,1	3,6	1,1	0,6
120	17,8	15,3	12,8	10,3	7,8	5,3	2,8	0,3	−0,2
130	17,1	14,6	12,1	9,6	7,1	4,6	2,1	−0,4	−0,9
140	16,5	14,0	11,5	9,0	6,5	4,0	1,5	−1,0	−1,5
150	15,9	13,4	10,9	8,4	5,9	3,4	0,9	−1,6	−2,1
160	15,3	12,8	10,3	7,8	5,3	2,8	0,3	−2,2	−2,7

Tabelle 12. Überblick über die möglichen Luftschall-Verbesserungsmaße ΔR_w zweier biegeweicher Vorsatzschalen (im Sende- **und** Empfangsraum) für unterschiedliche Resonanzfrequenzen f_0 und unterschiedliche bewertete Direktschalldämmmaße der Flanke R_w

f_0 in Hz	Mögliche Luftschall-Verbesserungsmaße ΔR_w zweier biegeweicher Vorsatzschale in dB								
	Mittleres bewertetes Luftschalldämmmaß der Flanke $R_{ij,w}$ in dB								
	30	35	40	45	50	55	60	65	66
30	44,8	41,0	37,3	33,5	29,8	26,0	22,3	18,5	17,8
40	41,0	37,3	33,5	29,8	26,0	22,3	18,5	14,8	14,0
50	38,1	34,4	30,6	26,9	23,1	19,4	15,6	11,9	11,1
60	35,8	32,0	28,3	24,5	20,8	17,0	13,3	9,5	8,8
70	33,7	30,0	26,2	22,5	18,7	15,0	11,2	7,5	6,7
80	32,0	28,3	24,5	20,8	17,0	13,3	9,5	5,8	5,0
90	30,5	26,7	23,0	19,2	15,5	11,7	8,0	4,2	3,5
100	29,1	25,4	21,6	17,9	14,1	10,4	6,6	2,9	2,1
110	27,9	24,1	20,4	16,6	12,9	9,1	5,4	1,6	0,9
120	26,7	23,0	19,2	15,5	11,7	8,0	4,2	0,5	−0,3
130	25,7	21,9	18,2	14,4	10,7	6,9	3,2	−0,6	−1,3
140	24,7	21,0	17,2	13,5	9,7	6,0	2,2	−1,5	−2,3
150	23,8	20,1	16,3	12,6	8,8	5,1	1,3	−2,4	−3,2
160	23,0	19,2	15,5	11,7	8,0	4,2	0,5	−3,3	−4,0

nendem und flankierendem Bauteil – und damit die schallschutztechnische Leistungsfähigkeit der Baukonstruktion – dennoch anschaulich darstellen zu können, soll dieser beispielhaft an der typischen Konstruktion „T-Stoß einer Trennwand und einer flankierenden Außenwand" mit vorgegeben Randbedingungen durchgerechnet werden. Die hier im Beispiel betrachteten unterschiedlichen Varianten der T-Stoß-Ausbildung sind in Tabelle 13 zusammengestellt.

Für das Beispiel werden zunächst folgende Randbedingungen definiert:
a) Flankierende Wand mit d = 24 cm und RDK 1,6 (optionale äußere Schalen wie z. B. WDVS bleiben hier unberücksichtigt)
b) Trennwand mit d = 30 cm und RDK 2,0
c) Keine Vorsatzschalen
d) Geometriesummand 6,0 dB

Variante A
Da die Stoßstellendämmmaße K_{ij} hier von den jeweiligen flächenbezogenen Massen und ihren logarithmischen Verhältnissen zueinander abhängen, ergibt sich zwangsläufig eine relativ breite Ergebnismatrix; für den Übertragungsweg Ff (korrespondiert hier mit dem Stoßstellendämmmaß K_{13}) sind die möglichen Kennwerte beispielhaft für flächenbezogene Massen $100 \leq m' \leq 500$ kg/m² in Tabelle 14 zusammengestellt. Es ist deutlich zu erkennen, dass

– eine symmetrische Ausführung der flächenbezogenen Massen von Flanke und Trennwand zu einem konstanten $K_{13} = 5,7$ dB führt,
– eine gegenüber der Trennwand deutlich schwerere Flanke zu sehr kleinen und ggf. sogar negativen Werten K_{13} führt,
– eine gegenüber der Trennwand deutlich leichtere Flanke zu sehr großen Werten K_{13} führt.

Für das Beispiel ergeben sich nun die folgenden bewerteten Flankenschalldämmmaße:

$R_{Ff,w} = 58,0 + 0 + 8,4 + 6,0 = 72,4$ dB
$R_{Fd,w} = 0,5 \times (58,0 + 64,0) + 0 + 4,9 + 6,0 = 71,9$ dB
$R_{Df,w} = R_{Fd,w} = 71,9$ dB
$\mathbf{R_{Flanke,w}} = \mathbf{67{,}0}$ **dB**

Variante B
In der Variante B wird die Trennwand in die Flanke geschoben und die Fugen im Flankenweg Ff mit einem elastischen Fugenmaterial (die dynamische Steifigkeit des ausgewählten Material beträgt s′ = E_{Dyn}/d = 100 MN/m³) geschlossen.

Für das Beispiel ergeben sich nun die folgenden bewerteten Flankenschalldämmmaße:

$R_{Ff,w} = 58,0 + 0 + 8,4 + \mathbf{2 \times 6{,}0} + 6,0 = 84,4$ dB
$R_{Fd,w} = 0,5 \times (58,0 + 64,0) + 0 + 4,9 + \mathbf{6{,}0} + 6,0 = 77,9$ dB
$R_{Df,w} = R_{Fd,w} = 77,9$ dB
$\mathbf{R_{Flanke,w}} = \mathbf{74{,}4}$ **dB**

Tabelle 13. Überblick über ausgewählte Ausführungen eines T-Stoßes zwischen Trennwand und flankierender Außenwand

Variante	Skizze	Benennung
A	m'_1 ... $m'_3 = m'_1$ ... m'_2	Biegesteifer Anschluss im T-Stoß
B	m'_1 ... $m'_3 = m'_1$ ... m'_2	In der Flanke doppelt elastisch entkoppelter Anschluss im T-Stoß
C	m'_1 ... m'_3 ... m'_2	In der Flanke vollständig entkoppelter Anschluss im T-Stoß
D	m'_1 ... $m'_3 = m'_1$ ... m'_2	In der Trennwand vollständig entkoppelter Anschluss im T-Stoß

Tabelle 14. Überblick über die möglichen Stoßstellendämmmaße K_{13} für einen starren T-Stoß mit Variation der flächenbezogenen Massen

$m'_{1,3}$ in kg/m²	m'_2 in kg/m²							
	100	150	200	250	300	350	400	450	500
100	**5,7**	8,4	10,5	12,2	13,7	15,1	16,3	17,3	18,3
150	3,4	**5,7**	7,6	9,1	10,5	11,7	12,7	13,7	14,6
200	2,0	4,0	**5,7**	7,1	8,4	9,5	10,5	11,4	12,2
250	1,0	2,9	4,4	**5,7**	6,9	7,9	8,8	9,7	10,5
300	0,3	2,0	3,4	4,6	**5,7**	6,7	7,6	8,4	9,1
350	−0,3	1,3	2,6	3,8	4,8	**5,7**	6,5	7,3	8,0
400	−0,7	0,7	2,0	3,1	4,0	4,9	**5,7**	6,4	7,1
450	−1,1	0,3	1,4	2,5	3,4	4,2	5,0	**5,7**	6,4
500	−1,4	−0,1	1,0	2,0	2,9	3,7	4,4	5,1	**5,7**

Variante C

In der Variante C wird die Trennwand ebenfalls in die Flanke geschoben, die Fugen im Flankenweg bleiben jedoch frei (sie werden konstruktiv mit einem weichen Material verfüllt und bedürfen im Detail dann noch einer weiteren baukonstruktiven Ausbildung). In diesem Fall der vollständigen Trennung bzw. Entkopplung sind für alle Wege die maximalen Stoßstellendämmmaße $K_{ij,max} = K_{ij} + 20$ dB anzusetzen.

Für das Beispiel ergeben sich nun die folgenden bewerteten Flankenschalldämmmaße:

$R_{Ff,w} = 58{,}0 + 0 + (\mathbf{8{,}4 + 20}) + 6{,}0$ = 92,4 dB
$R_{Fd,w} = 0{,}5 \times (58{,}0 + 64{,}0) + 0 + (\mathbf{4{,}9 + 20}) + 6{,}0$ = 91,9 dB
$R_{Df,w} = R_{Fd,w}$ = 91,9 dB
$\mathbf{R_{Flanke,w}}$ = **87,3 dB**

Variante D

In der Variante wird die Trennwand vollständig von der Flanke entkoppelt (die Fuge wird konstruktiv mit einem weichen Material verfüllt und bedarf im Detail dann noch einer weiteren baukonstruktiven Ausbildung), während die Flanke durchläuft. In diesem Fall der vollständigen Trennung ist auf dem Weg Ff nur der geometrische Mindestwert $K_{ij,min}$ für das Stoßstellendämmmaß K_{13} anzusetzen, während auf den Wegen Fd und Df die maximalen Stoßstellendämmmaße $K_{ij,max} = K_{ij} + 20$ dB anzusetzen sind.

Für das Beispiel ergeben sich nun die folgenden bewerteten Flankenschalldämmmaße:

$R_{Ff,w} = 58{,}0 + 0 - \mathbf{2{,}0} + 6{,}0$ $= 62{,}0$ dB

$R_{Fd,w} = 0{,}5 \times (58{,}0 + 64{,}0) + 0 + \mathbf{4{,}9} + \mathbf{20{,}0} + 6{,}0 = 91{,}9$ dB

$R_{Df,w} = R_{Fd,w}$ $= 91{,}9$ dB

$\mathbf{R_{Flanke,w}}$ $= \mathbf{62{,}0}$ **dB**

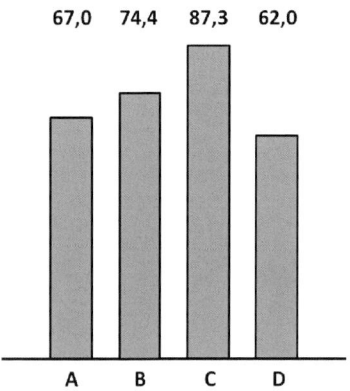

Bild 17. Vergleich der sich für die Varianten A bis D einstellenden schallschutztechnischen Leistungsfähigkeit in Form der bewerteten Flankenschalldämmmaße $R_{Flanke,w}$

Hinweis:
Soll diese Entkopplung an allen Flanken erfolgen, so ändert sich das Schwingungsverhalten der nun ringsum gelenkig gelagerten Platte ($\rightarrow$ Trennwand) in so deutlich ungünstiger Weise, dass das Direktschalldämmmaß des trennenden Bauteils infolge der nun erhöhten Schallübertragung um den Korrekturwert K_E abzumindern ist, vgl. dazu die Ausführungen in DIN 4109-32 Abs. 4.2.2.

Vergleich der Varianten

Die durch die unterschiedlichen konstruktiven Ausführungen des Stoßes von Trennwand und flankierender Außenwand ergebenden Flankenschalldämmmaße sind recht anschaulich in Bild 17 dargestellt. Die Konsequenzen dieser Variationen auf die sich letztendlich ergebende Leistungsfähigkeit der Gesamtkonstruktion ($\rightarrow$ also das resultierende Bauschalldämmmaß R') sind ausführlich in Abschnitt 2 dargelegt worden.

3.2.5 Geometrie

Gemäß den Ausführungen in Abschnitt 3.1.1 gehen als geometrische Größen
- die Fläche S_S des trennenden Bauteils, die den beiden Räumen gemeinsam ist,
- die gemeinsame Kopplungslänge der Verbindungsstelle zwischen dem trennenden und dem flankierenden Bauteil und
- die Bezugskopplungslänge mit $l_0 = 1{,}0$ m

in den Rechenalgorithmus ein.
Die grundsätzliche Entwicklung dieses Geometriesummanden in Abhängigkeit des Verhältnisses von Fläche des Trennbauteils zu gemeinsamer Kopplungslänge zeigt der Graph in Bild 18.
Es ergeben sich dann für die üblichen, typischen Raumabmessungen die folgenden Größenordnungen des Geometriesummanden nach Tabelle 15.

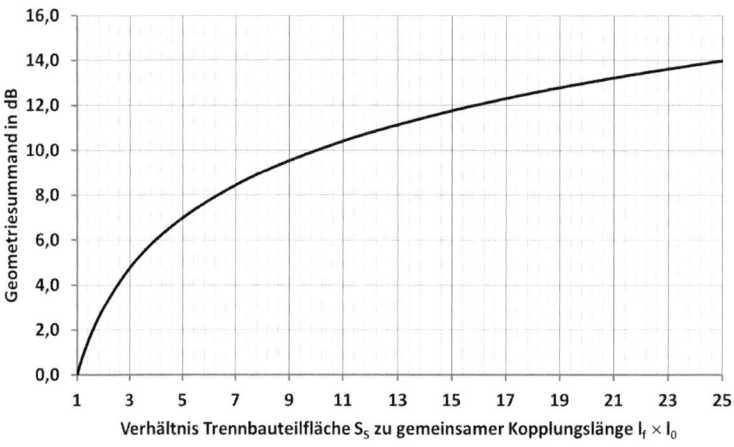

Bild 18. Grundsätzliche Entwicklung des Geometriesummanden in Abhängigkeit des Verhältnisses von Fläche des Trennbauteils S_S zu gemeinsamer Kopplungslänge $l_f \times l_0$

Tabelle 15. Typische Geometriesummanden

Schallübertragung	Trennendes Bauteil		Flankierendes Bauteil	Geometriesummand in dB
	Bezeichnung	Abmessungen		
Raumhöhen 2,50 bis 3,0 m				
Vertikal	Decke/Boden	4 m × 6 m	Außen-/Innenwand	6,0 bis 7,8
		6 m × 10 m		7,8 bis 10,0
Horizontal	Trennwand	4 m bis 6 m	Boden/Decke	4,0 bis 4,8
		6 m bis 10 m		4,0 bis 4,8
		6 m bis 10 m	Außen-/Innenwand	6,0 bis 10,0
Raumhöhen 3,0 bis 3,5 m				
Vertikal	Decke/Boden	4 m × 6 m	Außen-/Innenwand	6,0 bis 7,8
		6 m × 10 m		7,8 bis 10,0
Horizontal	Trennwand	4 m bis 6 m	Boden/Decke	4,8 bis 5,4
		6 m bis 10 m		4,8 bis 5,4
		6 m bis 10 m	Außen-/Innenwand	6,0 bis 10,0

4 Baukonstruktionen in Leichtbauweise

4.1 Allgemeines

Die Leichtbauweise gehört zu den ältesten Bauweisen in der Geschichte der Menschheit. Sie basiert auf einem einfachen System: eine stabile Tragkonstruktion aus Holz, deren Gefachbereiche – abhängig vom jeweiligen Zeitalter – z. B mit Lehm, Steinen oder Platten ausgefüllt werden.

Abgesehen von einem höheren Planungsaufwand ermöglicht die Leichtbauweise somit eine relativ einfache und schnelle Umsetzbarkeit und ist gleichzeitig kostengünstig und flexibel. Gebäudeausbauten- und/ oder Aufstockungen wären ohne die Leichtbauweise zumeist gar nicht realisierbar.

Bezugnehmend auf Abschnitt 3.1.2 weist die Leichtbauweise bei einer einschaligen Bauweise wegen ihrer geringen flächenbezogenen Massen keine besonders hohe schallschutztechnischen Leistungsfähigkeit auf; es bedarf hier mehrschaliger Konstruktionen (Feder-Masse-Systeme, vgl. prinzipielle Ausführungen in Abschnitt 3.1.3) mit günstig abgestimmten Resonanzeigenschaften, um einen guten Schallschutz zu erreichen.

Das Thema *Schallschutz in der Leichtbauweise* wird neben den Rechenansätzen in DIN 4109-2 (01.18) in der DIN 4109-33 (07.2016) behandelt. Teil 33 stellt einen Bauteilkatalog zur Verfügung mit Konstruktionsvorschlägen und den zugehörigen bauakustischen Kenngrößen von verschiedenen Wand-, Dach- und Deckenkonstruktionen der Leichtbauweise. Verglichen mit den massiven Konstruktionen müssen die bauakustischen Kenngrößen somit nicht berechnet werden, sondern können dem Katalog entnommen werden. Unterschieden werden in dem Katalog die Direktschalldämmung der trennenden Bauteile und die Flankenschalldämmung der flankierenden Bauteile, die als bewertete Norm-Flankenschallpegeldifferenzen $D_{nf,w}$ angegeben werden. In diesen (Mess-)Werten sind die unterschiedlichen – gegenüber der Massivbauweise üblicherweise reduzierten – Übertragungswerte des Schalls über die Flanke (vgl. sinngemäß die Darstellungen in Bild 1 in Verbindung mit Tabelle 1) kumulativ enthalten.

Der schallschutztechnische Nachweis für das eigentliche trennende Bauteil ist somit nur erfüllt, wenn alle an einer Schallübertragung beteiligten Bauteile gute bauakustische Kennwerte aufweisen. Veranschaulicht wird dies auch an der entsprechenden Gleichung zur Bestimmung des bewerteten Bauschalldämmmaßes:

$$R'_w = -10 \lg \left[10^{-R_{Dd,w}/10} + \sum_{F=f=1}^{n} 10^{-R_{Ff,w}/10} \right] \quad (7)$$

mit

$$R_{Ff,w} = D_{n,f,w} + 10 \lg \frac{l_{ab}}{l_f} + 10 \lg \frac{S_S}{A_0} \quad (8)$$

mit
R'_w Bewertetes Bau-Schalldämmmaß zwischen zwei Räumen in dB
$R_{Dd,w}$ Bewertetes Schalldämmmaß des trennenden Bauteils in dB
$R_{Ff,w}$ Bewertetes Flankendämmmaß für den Übertragungsweg Ff in dB
$D_{n,f,w}$ Bewertete Norm-Flankenschallpegeldifferenz eines flankierenden Bauteils in dB
n   Anzahl der flankierenden Bauteile in einem Raum; Üblicherweise ist n = 4; je nach Entwurf und Konstruktion kann aber n in der betreffenden Bausituation auch kleiner oder größer sein.

l_{ab} Bezugslänge in m mit:
l_{ab} = 2,8 m für Fassaden und Innenwände bei horizontaler Übertragung;
l_{ab} = 4,5 m für Decken, Unterdecken und Fußbodenaufbauten bei horizontaler Übertragung sowie bei Fassaden und Innenwänden bei vertikaler Übertragung. Sofern Daten aus Prüfberichten verwendet werden, ist als Bezugskantenlänge die Kantenlänge l_{ab} zu verwenden.

l_f Gemeinsame Kopplungslänge der Verbindungsstelle zwischen dem trennenden Bauteil und den flankierenden Bauteilen F und f in der Bausituation in m

S_S Fläche des trennenden Bauteils in m²

A_0 Bezugsabsorptionsfläche mit A_0 = 10 m²

Bezogen auf den Trittschallschutz für Decken der Leichtbauweise ist die folgende Gleichung einzuhalten:

$$L'_{n,w} = L_{n,w} + K_1 + K_2 \quad (9)$$

mit
$L'_{n,w}$ Bewerteter Norm-Trittschallpegel der Holzdecke in der Bausituation in dB

$L_{n,w}$ Bewerteter Norm-Trittschallpegel der Holzdecke ohne Flankenübertragung in dB

K_1 Korrekturwert zur Berücksichtigung der Flankenübertragung auf dem Weg Df, ermittelt nach DIN 4109-2 Tabelle 3

K_2 Korrekturwert zur Berücksichtigung der Flankenübertragung auf dem Weg DFf, ermittelt nach DIN 4109-2 Tabelle 4

Die folgenden Tabellen zeigen für ausgewählte Bauteile die nach DIN 4109-33 (07.2016) maximal erreichbaren Schalldämmmaße bzw. Norm-Trittschallpegel.

Die aufgezeigten Kennwerte sind durchaus etwas geringer verglichen mit massiven Bauteilen gleicher Dicke. Insbesondere in Zusammenhang mit erhöhten schallschutztechnischen Anforderungen kann es somit vorkommen, dass ein Nachweis der Leichtbauweise mit den Konstruktionsbeispielen der Norm nicht erbracht werden kann. Hier besteht dennoch die Möglichkeit, *direkt Hersteller zu kontaktieren und entsprechende Prüfzeugnisse der Bauteile* anzufragen. Dabei ist aber zu beachten, dass der in diesen Prüfzeugnissen aufgeführte Prüfaufbau dann auch eine entsprechende Anwendung bzw. korrekte Umsetzung auf der Baustelle findet, weil ansonsten die aufgeführten Werte nicht resultieren.

4.2 Trennende Bauteile

4.2.1 Überblick

Einen Überblick über die schalltechnisch prinzipiell möglichen Konstruktionsarten der Leichtbauweise (Wände und Decken) zeigt Bild 19.

Im Folgenden soll nun zusammengestellt werden, welche bewerteten Luftschalldämmmaße sowie bewertete Normtrittschallpegel mit diesen Konstruktionen maximal erreichbar sind – immer dessen eingedenk, dass die flankierenden Bauteile das Endergebnis noch deutlich verändern können!

4.2.2 Wände

Metallständerwände

Metallständerwände werden in der Regel aus industriell vorgefertigten genormten Bauteilen auf der Baustelle montiert. Metallständerwände sind nichttragende Trennwände mit einer Unterkonstruktion aus dünn-

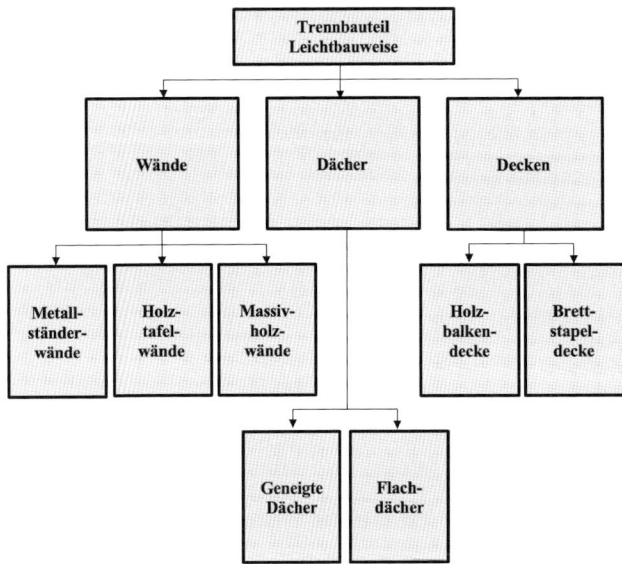

Bild 19. Überblick über die schalltechnisch prinzipiell möglichen Konstruktionsarten der Leichtbauweise (Wände und Decken)

wandigen Stahlblechprofilen nach DIN EN 14195 in Verbindung mit DIN 18182-1 mit beidseitiger Bekleidung aus Plattenwerkstoffen, z. B. Gipsplatten, Gipsfaserplatten, Holzwerkstoffplatten. Die statischen und bauphysikalischen Eigenschaften der Wände werden durch das Zusammenwirken der Bekleidung aus Platten mit der Unterkonstruktion und dem erforderlichenfalls im Wandhohlraum eingebauten Dämmstoff bestimmt. Grundvarianten der Ständerwände sind Einfachständerwände und Doppelständerwände, vgl. Tabelle 16.

Holztafelwände

Holztafelwände werden aus technisch getrockneten Holzrippen mit einer Bekleidung aus Holzwerkstoffen oder Gips- bzw. Gipsfaserplatten erstellt.

Die Holzrippen bestehen aus Ober- und Untergurt – Rähm und Schwelle – und senkrechten Stielen bzw. Ständer, wobei die Stielbreite eine Breite von 100 mm nicht überschreiten darf.

Die senkrechten Holzrippen (Stiele/Ständer) sollten aus schalltechnischen Gründen untereinander einen Abstand von mehr als 600 mm einhalten. Der resultierende Zwischenraum ist ganz oder teilweise mit Dämmstoffen gefüllt.

Die Bekleidung wird mit mechanischen Verbindungsmitteln (Nägel, Klammern oder Schrauben) an den Holzrippen befestigt. Klebeverbindungen wirken sich hier aus schalltechnischer Sicht nachteilig aus und sollten vermieden werden, vgl. Tabellen 17 bis 25.

Tabelle 16. Bewertetes Schalldämmmaß R_w von Metallständerwänden mit Gipsplatten nach DIN 4109-33 (07.2016) Tab. 2, Z. 13

	Dicke in mm	Bauteilaufbau	R_w in dB
1 elastischer Abstandhalter mit d = 5 mm	12,5	Gipsplatte GK $s_{B,außen}$	61
	12,5	Gipsplatte GK $s_{B,innen}$	
	≥ 205,0	Schalenabstand s	
		Metallständerprofil[1] 2 × CW 100	
	≥ 80,0	Dämmung[2] s_D	
	≥ 80,0	Dämmung s_D	
	12,5	Gipsplatte GK $s_{B,innen}$	
	12,5	Gipsplatte GK $s_{B,außen}$	

1) C-Wandprofil, Achsabstand ≥ 600 mm
2) Mineralwolle MW oder Holzfaser HW

Tabelle 17. Bewertetes Schalldämmmaß R_w von Innenwänden in Holztafelbauweise ohne Vorsatzschale nach DIN 4109-33 (07.2016) Tab. 3, Z. 16

	Dicke in mm	Bauteilaufbau	R_w (C; C_{tr}) in dB
	10,0	Gipsfaserplatte GF $s_{B,außen}$	66 (−3; −7)
	12,5	Gipsfaserplatte GF $s_{B,innen}$	
	≥ 140,0	Schalenabstand s	
	60/60 [3]	Holzständer[1] b/h 2×	
	≥ 140,0	Dämmung[2] s_D	
	12,5	Gipsfaserplatte GF $s_{B,innen}$	
	10,0	Gipsfaserplatte GF $s_{B,außen}$	

1) Holzständer, Achsabstand ≥ 600 mm; der angegebene Wert für b ist ein Höchstmaß, der für h ein Mindestwert
2) Mineralwolle MW oder Holzfaser WF, Übermaß des Dämmstoffs ist zu vermeiden
3) Rähm und Schwelle getrennt

Tabelle 18. Bewertetes Schalldämmmaß R_w von Innenwänden in Holztafelbauweise mit Vorsatzschale nach DIN 4109-33 (07.2016) Tab. 4, Z. 4

Dicke in mm	Bauteilaufbau	R_w (C; C_{tr}) in dB
10,0	Gipsfaserplatte GF $s_{B1,außen}$	61 (−4; −11)
10,0	Gipsfaserplatte GF $s_{B1,innen}$	
	Federschiene[1] mit Achsabstand 500 mm	
12,5	Gipsfaserplatte GF s_{B2}	
≥ 100,0	Schalenabstand s	
60/100	Holzständer[2] b/h	
≥ 60,0	Dämmung[3] s_D	
12,5	Gipsfaserplatte GF $s_{B3,innen}$	
10,0	Gipsfaserplatte GF $s_{B3,außen}$	

[1] Hohlraum zwischen den Federschienen gedämmt
[2] Holzständer, Achsabstand ≥ 600 mm; der angegebene Wert für b ist ein Höchstmaß, der für h ein Mindestwert
[3] Mineralwolle MW oder Holzfaser WF, Übermaß des Dämmstoffs ist zu vermeiden

Tabelle 19. Bewertetes Schalldämmmaß R_w von Gebäudetrennwänden in Holztafelbauweise nach DIN 4109-33 (07.2016) Tab. 5, Z. 6/7

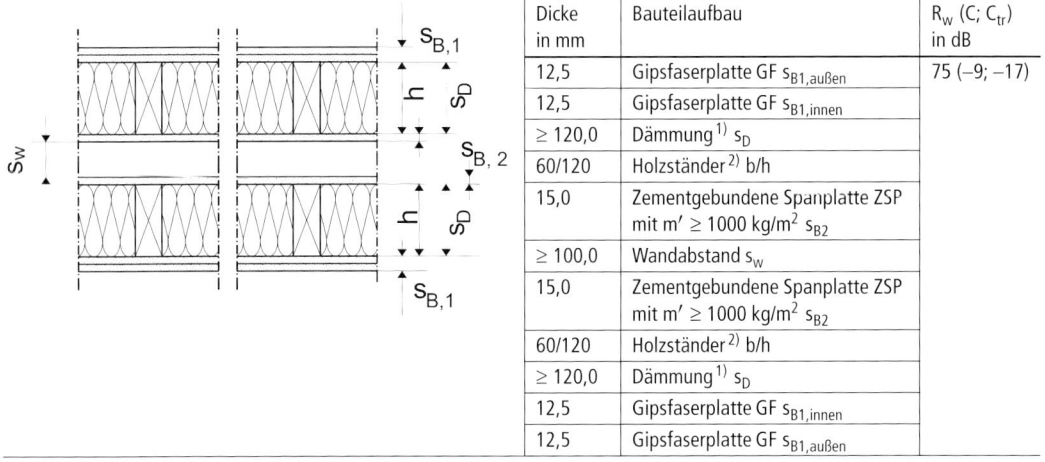

Dicke in mm	Bauteilaufbau	R_w (C; C_{tr}) in dB
12,5	Gipsfaserplatte GF $s_{B1,außen}$	75 (−9; −17)
12,5	Gipsfaserplatte GF $s_{B1,innen}$	
≥ 120,0	Dämmung[1] s_D	
60/120	Holzständer[2] b/h	
15,0	Zementgebundene Spanplatte ZSP mit $m' ≥ 1000$ kg/m² s_{B2}	
≥ 100,0	Wandabstand s_w	
15,0	Zementgebundene Spanplatte ZSP mit $m' ≥ 1000$ kg/m² s_{B2}	
60/120	Holzständer[2] b/h	
≥ 120,0	Dämmung[1] s_D	
12,5	Gipsfaserplatte GF $s_{B1,innen}$	
12,5	Gipsfaserplatte GF $s_{B1,außen}$	

[1] Mineralwolle MW oder Holzfaser WF, Übermaß des Dämmstoffs ist zu vermeiden
[2] Holzständer, Achsabstand ≥ 600 mm; der angegebene Wert für b ist ein Höchstmaß, der für h ein Mindestwert

Tabelle 20. Bewertetes Schalldämmmaß R_w von Außenwänden in Holztafelbauweise ohne raumseitige Vorsatzschale nach DIN 4109-33 (07.2016) Tab. 6, Z. 4

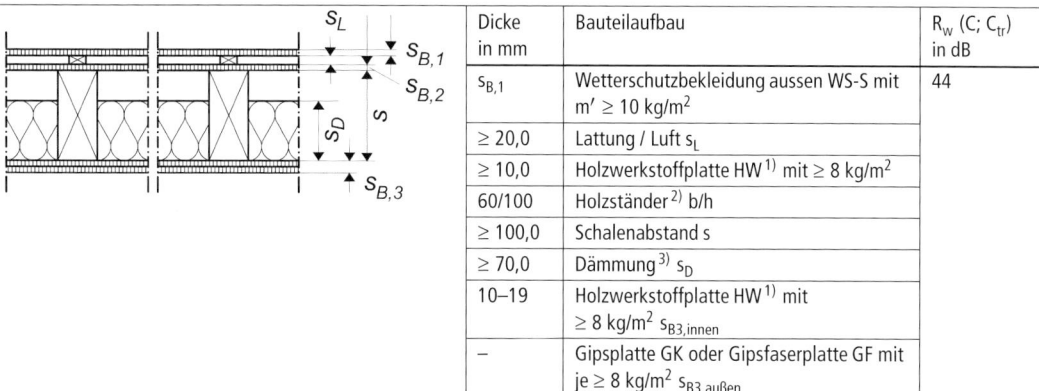

Dicke in mm	Bauteilaufbau	R_w (C; C_{tr}) in dB
$s_{B,1}$	Wetterschutzbekleidung aussen WS-S mit $m' \geq 10$ kg/m²	44
$\geq 20{,}0$	Lattung / Luft s_L	
$\geq 10{,}0$	Holzwerkstoffplatte HW[1)] mit ≥ 8 kg/m²	
60/100	Holzständer[2)] b/h	
$\geq 100{,}0$	Schalenabstand s	
$\geq 70{,}0$	Dämmung[3)] s_D	
10–19	Holzwerkstoffplatte HW[1)] mit ≥ 8 kg/m² $s_{B3,innen}$	
–	Gipsplatte GK oder Gipsfaserplatte GF mit je ≥ 8 kg/m² $s_{B3,außen}$	

1) Eine Erhöhung der Plattendicke bis 16 mm ist zulässig
2) Holzständer, Achsabstand ≥ 600 mm; der angegebene Wert für b ist ein Höchstmaß, der für h ein Mindestwert
3) Mineralwolle MW oder Holzfaser WF, Übermaß des Dämmstoffs ist zu vermeiden

Tabelle 21. Bewertetes Schalldämmmaß R_w von Außenwänden mit WDVS in Holztafelbauweise ohne raumseitige Vorsatzschale nach DIN 4109-33 (07.2016) Tab. 6, Z. 9

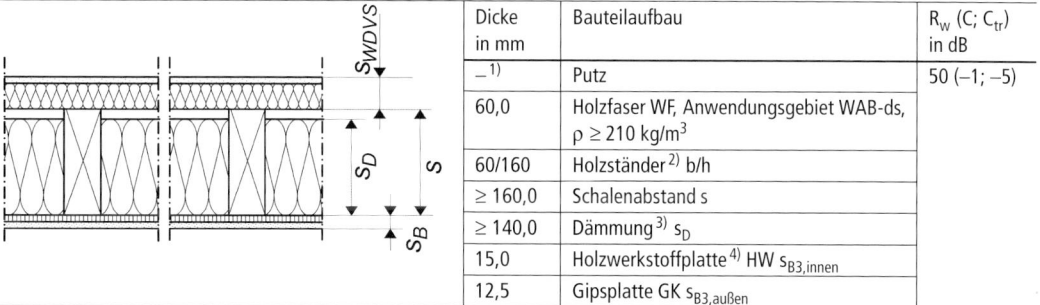

Dicke in mm	Bauteilaufbau	R_w (C; C_{tr}) in dB
–[1)]	Putz	50 (–1; –5)
60,0	Holzfaser WF, Anwendungsgebiet WAB-ds, $\rho \geq 210$ kg/m³	
60/160	Holzständer[2)] b/h	
$\geq 160{,}0$	Schalenabstand s	
$\geq 140{,}0$	Dämmung[3)] s_D	
15,0	Holzwerkstoffplatte[4)] HW $s_{B3,innen}$	
12,5	Gipsplatte GK $s_{B3,außen}$	

1) $m' \geq 8$ kg/m²
2) Holzständer, Achsabstand ≥ 600 mm; der angegebene Wert für b ist ein Höchstmaß, der für h ein Mindestwert
3) Mineralwolle MW oder Holzfaser WF, Übermaß des Dämmstoffs ist zu vermeiden
4) Erhöhung der Plattendicke bis 16 mm ist zulässig

Tabelle 22. Bewertetes Schalldämmmaß R_w von Außenwänden mit Mauerwerk-Vorsatzschale in Holztafelbauweise ohne raumseitige Vorsatzschale nach DIN 4109-33 (07.2016) Tab. 6, Z. 11

Dicke in mm	Bauteilaufbau	R_w (C; C_{tr}) in dB
$\geq 115{,}0$	Mauerwerkvorsatzschale s_{WS-S}	52
$\geq 40{,}0$	Luftschicht s_{LS}	
$\geq 6{,}0$[1)]	Holzwerkstoffplatte[2)] HW $s_{B,1}$	
60/120	Holzständer[3)] b/h	
$\geq 140{,}0$	Schalenabstand s	
$\geq 100{,}0$	Dämmung[4)] s_D	
$\geq 12{,}0$	Holzwerkstoffplatte[2)] HW oder Gipsplatte GK $s_{B2,innen}$	
$\geq 9{,}5$[1)]	Gipsplatte GK $s_{B2,außen}$	

1) $m' \geq 8$ kg/m²
2) Erhöhung der Plattendicke bis 16 mm zulässig
3) Holzständer, Achsabstand ≥ 600 mm; der angegebene Wert für b ist ein Höchstmaß, der für h ein Mindestwert
4) Mineralwolle MW oder Holzfaser WF, Übermaß des Dämmstoffs ist zu vermeiden

Tabelle 23. Bewertetes Schalldämmmaß R_w von Außenwänden mit Holzschalung in Holztafelbauweise ohne raumseitige Vorsatzschale nach DIN 4109-33 (07.2016) Tab. 6, Z. 12

Dicke in mm	Bauteilaufbau	R_w (C; C_{tr}) in dB
≥ 115,0	Holzschalung s_{WS-S}	44 (−2; −7)
≥ 30,0	Lattung / Luftschicht s_{LS}	
16,0	Holzwerkstoffplatte[1] HW $s_{B,1}$	
–	Stegträger[2]	
≥ 200,0	Schalenabstand s	
≥ 200,0	Dämmung[3] s_D	
15,0	Holzwerkstoffplatte[1] HW $s_{B2,innen}$	
12,5[2]	Gipsplatte GK $s_{B2,außen}$	

[1] Erhöhung der Plattendicke bis 16 mm zulässig
[2] Holzständer, Achsabstand ≥ 600 mm; der angegebene Wert für b ist ein Höchstmaß, der für h ein Mindestwert
[3] Mineralwolle MW oder Holzfaser WF, Übermaß des Dämmstoffs ist zu vermeiden

Tabelle 24. Bewertetes Schalldämmmaß R_w von Außenwänden mit Holzschalung in Holztafelbauweise mit raumseitiger Vorsatzschale nach DIN 4109-33 (07.2016) Tab. 7, Z. 1

Dicke in mm	Bauteilaufbau	R_w (C; C_{tr}) in dB
16,0	Mitteldichte Faserplatte MD $s_{B,1}$	52 (−6; −14)
60/160	Holzständer[1] b/h	
≥ 160,0	Schalenabstand s	
≥ 160,0	Dämmung[2] s_D	
15,0	Holzwerkstoffplatte[3] HW s_{B2}	
27 mm oder 30 mm	Vorsatzschale auf Federschiene oder Holzlattung mit Dämmung s_{VS}	
12,5	Gipsfaserplatte GF s_{B3}	

[1] Holzständer, Achsabstand ≥ 600 mm; der angegebene Wert für b ist ein Höchstmaß, der für h ein Mindestwert
[2] Mineralwolle MW oder Holzfaser WF, Übermaß des Dämmstoffs ist zu vermeiden
[3] Erhöhung der Plattendicke bis 16 mm zulässig

Tabelle 25. Bewertetes Schalldämmmaß R_w von Außenwänden mit WDVS in Holztafelbauweise mit raumseitiger Vorsatzschale nach DIN 4109-33 (07.2016) Tab. 7, Z. 2

Dicke in mm	Bauteilaufbau	R_w (C; C_{tr}) in dB
–[1]	Putz	51 (−1; −6)
60,0	Holzfaserdämmstoff WF, Anwendungsgebiet WAB-ds, ρ ≥ 210 kg/m³	
60/160	Holzständer[2] b/h	
≥ 160,0	Schalenabstand s	
≥ 140,0	Dämmung[3] s_D	
15,0	Holzwerkstoffplatte[4] HW s_{B2}	
45,0	Vorsatzschale auf Holzlattung mit Dämmung s_{VS}	
12,5	Gipsplatte GK s_{B1}	

[1] m′ ≥ 8 kg/m²
[2] Holzständer, Achsabstand ≥ 600 mm; der angegebene Wert für b ist ein Höchstmaß, der für h ein Mindestwert
[3] Mineralwolle MW oder Holzfaser WF, Übermaß des Dämmstoffs ist zu vermeiden
[4] Erhöhung der Plattendicke bis 16 mm zulässig

Massivholzwände

Die hier dargestellten Massivholzwände basieren auf massiven Holzelementen, die um eine Dämmebene ergänzt wurden. Die Massegesetze aus Abschnitt 3 dieses Beitrags gelten entsprechend den Anwendungsbereichen der Normengruppe der DIN 4109 nur für massive mineralische Baustoffe, mithin also nicht für Massivholzkonstruktionen (daher also auch die Eingruppierung dieser Bauweise in Teil 33 der Normengruppe), vgl. Tabelle 26!

Zusammenfassung

Die entsprechend des Bauteilkataloges der DIN 4109-33 (07.2016) erreichbaren maximalen bewerteten Schalldämmmaße R_w für Wände sind in Tabelle 27 und 28 zusammengefasst. Der Einfluss der flankierenden Bauteile auf das bewertete Bauschalldämmmaß R'_w ist dann entsprechend Gln. (7) und (8) zu berücksichtigen.

4.2.3 Dächer

Geneigte Dächer

Die hier betrachteten leichten zimmermannsmäßigen Dachkonstruktionen stellen aus bauakustischer Sicht mehrschalige Bauteile dar, wobei die im Folgenden dargestellten Konstruktionen auf einer Tragkonstruktion aus Holzsparren oder Metallträgern (Sparrenabstand ≥ 600 mm) basieren. Die Dämmung wird dann entweder als Zwischensparrendämmung zwischen das tragende Gerüst eingebaut oder als Aufsparrendämmung auf das tragende Gerüst gesetzt. Eine Kombination beider Dämmvarianten ist natürlich auch möglich.

Tabelle 26. Bewertetes Schalldämmmaß R_w von mehrschaligen Massivholzkonstruktionen nach DIN 4109-33 (07.2016) Tab. 8, Z. 1

Dicke in mm	Bauteilaufbau	R_w (C; C_{tr}) in dB
12,5	Gipsfaserplatte GF $s_{B,1}$	74 (−2; −8)
80,0	Massivholzelement oder Holzwerkstoffplatte[1] s_{massiv}	
15,0	Gipsfaserplatte GF $s_{B2,außen}$	
15,0	Gipsfaserplatte GF $s_{B2,innen}$	
≥ 60,0	Wandabstand s_W	
≥ 40,0	Dämmung[2] s_D	
15,0	Gipsfaserplatte GF $s_{B2,innen}$	
15,0	Gipsfaserplatte GF $s_{B2,außen}$	
80,0	Massivholzelement oder Holzwerkstoffplatte[1] s_{massiv}	
12,5	Gipsfaserplatte GF $s_{B,1}$	

1) Holzwerkstoffplatte aus Brettstapelholz, Brettstapel oder Brettschichtholz
2) Mineralwolle MW oder Holzfaser WF, Übermaß des Dämmstoffs ist zu vermeiden

Tabelle 27. Zusammenstellung der entsprechend des Bauteilekataloges der DIN 4109-33 (07.2016) erreichbaren maximalen bewerteten Schalldämmmaße R_w von Leichtbau-Innenwänden

Konstruktion	Bewertetes Schalldämmmaß R_w (C; C_{tr}) in dB		
	Metallständerwand	Holztafelwand	Massivholzwand
Innenwand	61	66 (−3; −7)	74 (−2; −8)

Tabelle 28. Zusammenstellung der entsprechend des Bauteilekataloges der DIN 4109-33 (07.2016) erreichbaren maximalen bewerteten Schalldämmmaße R_w von verschiedenen Leichtbauwänden in Holztafelbauweise (Metallständerwände)

Konstruktion	Bewertetes Schalldämmmaß R_w (C; C_{tr}) in dB
Gebäudetrennwand	75 (−9; −17)
Außenwand	
Leichte Beplankung, ohne innenseitige Vorsatzschale	44
WDVS, ohne innenseitige Vorsatzschale	50 (−1; −5)
Massive Vorsatzschale, ohne innenseitige Vorsatzschale	52
Holzbeplankung, Holzstegträger, ohne innenseitige Vorsatzschale	44 (−2; −7)
Leichte Beplankung, mit innenseitiger Vorsatzschale	52 (−6; −13)
WDVS, mit innenseitiger Vorsatzschale	51 (−1; −6)

Tabelle 29. Bewertetes Schalldämmmaß R_w von Dächern mit Aufsparrendämmung mit Hartschaum-Wärmedämmung nach DIN 4109-33 (07.2016) Tab. 9, Z. 5

Dicke in mm	Bauteilaufbau	R_w (C; C_{tr}) in dB
–	Dachdeckung	45 (–2; –8)
–	Lattung, Konterlattung	
≥ 30	Zusätzliche Dämmung oben [1]	
≥ 100	Hartschaumplatte [2]	
≥ 19	Nut- und Feder-Schalung NFS oder Holzwerkstoffplatten HW	

1) Zusätzliche Dämmung oben aus Mineralwolle MW mit dem Anwendungsgebiet DAD-dm, Holzwolleleichtbauplatte WW mit dem Anwendungsgebiet DAD-dh oder Hartschaumplatte EPS, XPS oder PUR mit dem Anwendungsgebiet DAD
2) Hartschaumplatten EPS, XPS oder PUR mit dem Anwendungsgebiet DAD

Tabelle 30. Bewertetes Schalldämmmaß R_w von Dächern mit Aufsparrendämmung aus Mineralwolle mit Doppelgewindestangen nach DIN 4109-33 (07.2016) Tab. 10, Z. 4

Dicke in mm	Bauteilaufbau	R_w (C; C_{tr}) in dB
–	Dachdeckung	53 (–2; –8)
–	Lattung, Konterlattung	
≥ 160	Mineralwolleplatte MW [1]	
–	Beschwerungslage [2] mehrlagig m' ≥ 20 kg/m²	
≥ 19	Nut- und Feder-Schalung NFS	

1) Mineralwolleplatte MW mit dem Anwendungsgebiet DAD-dm
2) Zusätzliche Beschwerungslage, ein- oder mehrlagig, bestehend aus z. B.: Bitumenbahnen (d ≥ 4 mm, schwer), Gipsplatte GK, Gipsfaserplatte GF, Zement gebundene Spanplatte ZSP

Tabelle 31. Bewertetes Schalldämmmaß R_w von Dächern mit Aufsparrendämmung aus Holzfaserdämmstoff mit Doppelgewindestangen nach DIN 4109-33 (07.2016) Tab. 11, Z. 4

Dicke in mm	Bauteilaufbau	R_w (C; C_{tr}) in dB
–	Dachdeckung	58 (–4; –10)
–	Lattung, Konterlattung	
≥ 240	Holzfaserdämmstoff WF [1]	
–	Beschwerungslage [2] mehrlagig m' ≥ 20 kg/m²	
≥ 19	Nut- und Feder-Schalung NFS	

1) Holzfaserdämmplatte WF mit dem Anwendungsgebiet DAD-dm
2) Zusätzliche Beschwerungslage, ein- oder mehrlagig, bestehend aus z. B.: Bitumenbahnen (d ≥ 4 mm, schwer), Gipsplatte GK, Gipsfaserplatte GF, Zement gebundene Spanplatte ZSP

Tabelle 32. Bewertetes Schalldämmmaß R_w von Dächern mit Zwischensparrendämmung aus Faserdämmstoffen nach DIN 4109-33 (07.2016) Tab. 12, Z. 5

	Dicke in mm	Bauteilaufbau	R_w (C; C_{tr}) in dB
	–	Dachdeckung	59 (–4; –11)
	–	Lattung, Konterlattung	
	≥ 200	Zwischensparrendämmung [1]	
	–	Lattung	
	3 × 10	Gipsfaserplatten GF	

1) Zwischensparrendämmung aus Mineralwolle MW oder Holzfaser WF, Anwendungsgebiet DZ.
Weitere Hinweise:
Das bewertete Schalldämmmaß der Konstruktion R_w ist bei Konstruktionsänderung wie folgt abzuändern:
– Installationsebene: Entkopplung durch Federschiene o. ä.: $\Delta R_w = +2$ dB;
– Raumseitige Bekleidung mit Nut und Federschalung NFS: $\Delta R_w = -5$ dB

Tabelle 33. Bewertetes Schalldämmmaß R_w von Dächern mit Auf- und Zwischensparrendämmung nach DIN 4109-33 (07.2016) Tab. 13, Z. 1

	Dicke in mm	Bauteilaufbau	R_w (C; C_{tr}) in dB
	–	Dachdeckung	58 [3] (–2; –8)
	–	Lattung, Konterlattung	
	≥ 120	Aufsparrendämmung [1], [2]	
	–	Holzschalung NFS	
	≥ 140	Zwischensparrendämmung [1]	
	–	Lattung	
	2 × 12,5	Gipsfaserplatten GK	

1) Mineralwolle MW oder Holzfaser WF, Anwendungsgebiet DZ (zwischen Sparren), Anwendungsgebiet DAD (auf den Sparren).
2) Hartschaumplatten EPS, XPS oder PU, Anwendungsgebiet DAD
3) Wird anstelle von zwei Lagen Gipsplatten nur eine Lage ausgeführt, so ist das bewertete Schalldämmmaß der Konstruktion R_w um 4 dB abzumindern!

Die Aufsparrendämmung ist in den dargestellten Konstruktionen als Hartschaum-Wärmedämmung, Mineralwolle-Wärmedämmung oder Holzweichfaser-Wärmedämmung auszuführen; für die Zwischensparrendämmung sind Faserdämmstoffe zu verwenden.
Abhängig von der Art der Dacheindeckung kann auf das bewertete Schalldämmmaß der Konstruktion R_w einer der folgenden Korrekturwerte aufaddiert werden:

Dachsteine (Einfachdeckung): $\Delta R_w = 0$ dB

Dachziegel (Einfachdeckung): $\Delta R_w = -2$ dB

Biberschwanzziegel
(Doppel- oder Kronendeckung): $\Delta R_w = +2$ dB

Flachdächer
Auch die hier aufgezeigten leichten Flachdachkonstruktionen entsprechen aus bauakustischer Sicht einem mehrschaligen Bauteil. Die im Folgenden dargestellten Konstruktionen basieren auf einer Tragkonstruktion aus Holzbalken (Balkenabstand ≥ 600 mm); die Dämmung wird bei der ausgewählten, leistungsfähigsten Konstruktion als Zwischensparrendämmung zwischen das tragende Gerüst eingebaut.

Zusammenfassung
Die entsprechend des Bauteilkataloges der DIN 4109-33 (07.2016) erreichbaren maximalen bewerteten Schalldämmmaße R_w für Dächer sind in Tabelle 34 zusammengefasst. Der Einfluss der flankierenden Bauteile auf das bewertete Bauschalldämmmaß R'_w ist dann entsprechend den Gln. (7) und (8) zu berücksichtigen.

Tabelle 34. Bewertetes Schalldämmmaß R_w von Flachdächern in Holztafelbauweise nach DIN 4109-33 (07.2016) Tab. 14, Z. 2

	Dicke in mm	Bauteilaufbau	R_w in dB
	≥ 30	Kiesauflage	50
	–	Dachabdichtung[1]	
	22	Äußere Bekleidung / Flächentragwerk[2]	
	≥ 160	Schalenabstand	
	≥ 60	Dämmung	
	–	Zwischenlattung zulässig	
	≥ 12	Raumseitige Bekleidung[3]	
	–	Zusätzliche raumseitige Bekleidung[4]	

1) Dachabdichtung aus ein- oder mehrlagigen Dachbahnen oder Dachdeckung aus Metalltafeln
2) Äußere Bekleidung/Flächentragwerk aus Spanplatte SP, Sperrholz BFU oder Nut und Feder Schalung NFS mit ≥ 24 mm Dicke
3) Raumseitige Bekleidung aus Gipsplatte GK, Gipsfaserplatte GF, Nut und Feder-Schalung NFS oder Spanplatte SP direkt oder über Zwischenlattung an Sparren
4) Zusätzlicher Bekleidungslage mit m′ > 8 kg/m² aus Gipsplatte GK, Gipsfaserplatte GF, Nut und Feder-Schalung NFS oder Holzwerkstoffplatte HW

Tabelle 35. Zusammenstellung der entsprechend des Bauteilekataloges der DIN 4109-33 (07.2016) erreichbaren maximalen bewerteten Schalldämmmaße R_w von zimmermannsmäßigen Dächern (→ Holzbauweise)

Konstruktion	Bewertetes Schalldämmmaß R_w (C; C_{tr}) in dB				
	Aufsparrendämmung (Hartschaumdämmung)	Aufsparrendämmung (Mineralwolle)	Aufsparrendämmung (Holzfaserdämmstoff)	Zwischensparrendämmung	Auf- und Zwischensparrendämmung
Geneigtes Dach	45 (−2; −8)	53 (−2; −8)	58 (−4; −10)	59 (−4; −11)	58 (−2; −8)
Flachdach	–	–	–	50	–

Tabelle 36. Bewertetes Schalldämmmaß R_w und bewerteter Norm-Trittschallpegel $L_{n,w}$ von Holzbalkendecken mit Aufbauten aus mineralisch gebundenen Estrichen und Rohdeckenbeschwerung nach DIN 4109-33 (07.2016) Tab. 15, Z. 1

Dicke in mm	Bauteilaufbau	R_w (C; C_{tr}) in dB	$L_{n,w}$ (C_I) in dB
≥ 50	Estrich[1]	≥ 70	47 (−3)
≥ 40	Mineralwolledämmplatte (s′ ≤ 6 MN/m³; Anwendungsgebiet DES-sh)[2]		
≥ 40	Betonsteinbeschwerung (m′ ≥ 100 kg/m²)[3]		
22	Holzwerkstoffplatte HW[4]		
220	Balken[5]		

1) Zement-, Magnesia- oder Calciumsulfatestrich nach DIN 18560 mit flächenbezogener Masse m′ ≥ 120 kg/m²
2) Mineralwolle-Dämmplatten MW mit Anwendungsgebiet nach Einsatzbereich: Für mineralisch gebundene Estriche: DES-sh; mit der angegebenen dynamischen Steifigkeit s′
3) Betonplatten mit Flächenmaßen von ≤ 300 mm × 300 mm und einer Rohdichte von ρ ≥ 2500 kg/m³; Restfeuchte ≤ 1,8 %; auf Rohdecke verklebt oder in Sandbett gelagert
4) Spanplatte SP, OSB-Verlegeplatte oder BFU-Platte der Dicke 18 mm bis 25 mm, bei offener Holzbalkendecke alternativ 28 mm Sichtschalung +12 mm BFU-Platte. Zusätzliche Verkleidung der Holzwerkstoffplatten aus GK, GF oder Sichtschalungen NFS im Balkenzwischenraum sind direkt auf die Holzwerkstoffplatte aufzubringen (ohne zusätzlichen Hohlraum).
5) Tragkonstruktion nach Statik je nach Deckentyp: Balken aus Vollholz oder Brettschichtholz; Mindestmaße 60 mm × 180 mm, alternativ auch Stegträger der Höhe 240 mm bis 406 mm; Achsabstand e ≥ 625 mm

Tabelle 37. Bewertetes Schalldämmmaß R_w und bewerteter Norm-Trittschallpegel $L_{n,w}$ von Holzbalkendecken mit Aufbauten aus Fertigteilestrichen und Rohdeckenbeschwerung nach DIN 4109-33 (07.2016) Tab. 16, Z. 1)

	Dicke in mm	Bauteilaufbau	R_w (C; C_{tr}) in dB	$L_{n,w}$ (C_I) in dB
	≥ 25	Spanplatte SP oder Gipsplatte GK [1]	65	54 (0)
	≥ 25	Mineralwolledämmplatte (s' ≤ 15 MN/m³; Anwendungsgebiet DES-sm) [2] oder Holzfaserdämmplatte mit 60 mm WF (s' ≤ 20 MN/m³; Anwendungsgebiet DES-sg) [3]		
	≥ 60	Betonsteinbeschwerung [4] (m' ≥ 150 kg/m²)		
	22	Holzwerkstoffplatte HW [5]		
	220	Balken [6]		

1) Fertigteilestrichelement aus Gipsplatte GK oder Gipsfaserplatte GF oder Holzwerkstoffplatte HW, m' ≥ 15 kg/m²
2) Mineralwolle-Dämmplatten MW mit Anwendungsgebiet nach Einsatzbereich: Für mineralisch gebundene Estriche: DES-sh; mit der angegebenen dynamischen Steifigkeit s'
3) Holzfaser WF mit Anwendungsgebiet nach Einsatzbereich: Für mineralisch gebundene Estriche: DES-sg und der angegebenen dynamischen Steifigkeit s'
4) Betonplatten mit Flächenmaßen von ≤ 300 mm × 300 mm und einer Rohdichte von ρ ≥ 2500 kg/m³; Restfeuchte ≤ 1,8 %; auf Rohdecke verklebt oder in Sandbett gelagert
5) Spanplatte SP, OSB-Verlegeplatte oder BFU-Platte der Dicke 18 mm bis 25 mm, bei offener Holzbalkendecke alternativ 28 mm Sichtschalung +12 mm BFU-Platte. Zusätzliche Verkleidung der Holzwerkstoffplatten aus Gipsplatten GK oder Sichtschalungen NFS im Balkenzwischenraum sind direkt auf die Holzwerkstoffplatte aufzubringen (ohne zusätzlichen Hohlraum).
6) Tragkonstruktion nach Statik je nach Deckentyp: Balken aus Vollholz oder Brettschichtholz; Mindestmaße 60 mm × 180 mm, alternativ auch Stegträger der Höhe 240 mm bis 406 mm; Achsabstand e ≥ 625 mm

Tabelle 38. Bewertetes Schalldämmmaß R_w und bewerteter Norm-Trittschallpegel $L_{n,w}$ von Holzbalkendecken mit Aufbauten aus mineralisch gebundenen Estrichen (DIN 4109-33 (07.2016) Tab. 17, Z. 1)

	Dicke in mm	Bauteilaufbau	R_w (C; C_{tr}) in dB	$L_{n,w}$ (C_I) in dB
	≥ 50	Estrich [1]	63 (−5; −11)	54 (2)
	≥ 40	Mineralwolledämmplatte (s' ≤ 6 MN/m³; Anwendungsgebiet DES-sh) [2]		
	22	Holzwerkstoffplatte HW [3]		
	220	Balken oder Stegträger [4]		
	100	Hohlraumdämpfung [2]		
	24	Lattung [5]		
	12,5	Gipsplatte GK [6]		

1) Zement-, Magnesia- oder Calciumsulfatestrich nach DIN 18560 mit flächenbezogener Masse m' ≥ 120 kg/m²
2) Mineralwolle MW oder Holzfaser WF mit Anwendungsgebiet nach Einsatzbereich und der angegebenen dynamischen Steifigkeit s':
   – für mineralisch gebundene Estriche: MW mit DES-sh
   – für Hohlraumdämpfung: MW oder WF mit DZ oder DAD-dk
3) Spanplatte SP, OSB-Verlegeplatte oder BFU-Platte der Dicke 18 mm bis 25 mm
4) Tragkonstruktion nach Statik je nach Deckentyp: Balken aus Vollholz oder Brettschichtholz; Mindestmaße 60 mm × 180 mm, alternativ auch Stegträger der Höhe 240 mm bis 406 mm; Achsabstand e ≥ 625 mm
5) Lattung 24 mm × 48 mm; Achsabstand ≥ 415 mm
6) Gipsplatte GK, alternativ Gipsfaserplatte GF der Dicke 10 mm

Tabelle 39. Bewertetes Schalldämmmaß R_w und bewerteter Norm-Trittschallpegel $L_{n,w}$ von Holzbalkendecken mit Aufbauten aus mineralisch gebundenen Estrichen und Rohdeckenbeschwerung nach DIN 4109-33 (07.2016) Tab. 18, Z. 2

Dicke in mm	Bauteilaufbau	R_w (C; C_{tr}) in dB	$L_{n,w}$ (C_I) in dB
≥ 50	Estrich [1]	67 (−4; −11)	46 (2)
≥ 20	Mineralwolledämmplatte (s' ≤ 10 MN/m³; Anwendungsgebiet DES-sh) [2]		
30	Schüttung [3] (m' ≥ 45 kg/m²), Rieselschutz		
22	Holzwerkstoffplatte HW [4]		
220	Balken oder Stegträger [5]		
100	Hohlraumdämpfung [2]		
24	Lattung [6]		
12,5	Gipsplatte GK [7]		

1) Zement-, Magnesia- oder Calciumsulfatestrich nach DIN 18560 mit flächenbezogener Masse m' ≥ 120 kg/m²
2) Mineralwolle MW oder Holzfaser WF mit Anwendungsgebiet nach Einsatzbereich und der angegebenen dynamischen Steifigkeit s':
   – für mineralisch gebundene Estriche: MW mit DES-sh
   – für Hohlraumdämpfung: MW oder WF mit DZ oder DAD-dk
3) Trockenes Schüttgut mit einer Schütteldichte ρ ≥ 1500 kg/m³; Restfeuchte ≤ 1,8 %; gegen Verrutschen gesichert mittels Pappwaben, Sandmatten, Lattengitter (Feldgröße etwa 800 mm × 800 mm) o. ä. Tragkonstruktion nach Statik je nach Deckentyp: Balken aus Vollholz oder Brettschichtholz; Mindestmaße 60 mm × 180 mm, alternativ auch Stegträger der Höhe 240 mm bis 406 mm; Achsabstand e ≥ 625 mm
4) Spanplatte SP, OSB-Verlegeplatte oder BFU-Platte der Dicke 18 mm bis 25 mm
5) Tragkonstruktion nach Statik je nach Deckentyp: Balken aus Vollholz oder Brettschichtholz; Mindestmaße 60 mm × 180 mm, alternativ auch Stegträger der Höhe 240 mm bis 406 mm; Achsabstand e ≥ 625 mm
6) Lattung 24 mm × 48 mm; Achsabstand ≥ 415 mm
7) Gipsplatte GK, alternativ Gipsfaserplatte GF der Dicke 10 mm

Tabelle 40. Bewertetes Schalldämmmaß R_w und bewerteter Norm-Trittschallpegel $L_{n,w}$ von Holzbalkendecken mit Aufbauten aus Fertigteilestrichen und Rohdeckenbeschwerung nach DIN 4109-33 (07.2016) Tab. 19, Z. 1

Dicke in mm	Bauteilaufbau	R_w (C; C_{tr}) in dB	$L_{n,w}$ (C_I) in dB
≥ 22	Zementgebundene Spanplatte ZSP oder Gipsfaserplatte GF [1]	61 (−6; −13)	55 (2)
≥ 20	Mineralwolledämmplatte (s' ≤ 30 MN/m³; Anwendungsgebiet DES-sm) [2]		
≥ 60	Schüttung [3] (m' ≥ 90 kg/m²), Rieselschutz		
22	Holzwerkstoffplatte HW [4]		
220	Balken oder Stegträger [5]		
100	Hohlraumdämpfung [2]		
24	Lattung [6]		
12,5	Gipsplatte GK [7]		

1) Fertigteilestrich aus Gipsfaserplatte GF oder zementgebundene Spanplatte ZSP, m' ≥ 29 kg/m²
2) Mineralwolle MW oder Holzfaser WF mit Anwendungsgebiet nach Einsatzbereich und der angegebenen dynamischen Steifigkeit s':
   – für Hohlraumdämpfung: MW oder WF mit DZ oder DAD-dk
3) Trockenes Schüttgut mit einer Schütteldichte ρ ≥ 1500 kg/m³; Restfeuchte ≤ 1,8 %; gegen Verrutschen gesichert mittels Pappwaben, Sandmatten, Lattengitter (Feldgröße etwa 800 mm × 800 mm) o. ä.
4) Spanplatte SP, OSB-Verlegeplatte oder BFU-Platte der Dicke 18 mm bis 25 mm
5) Tragkonstruktion nach Statik je nach Deckentyp: Balken aus Vollholz oder Brettschichtholz; Mindestmaße 60 mm × 180 mm, alternativ auch Stegträger der Höhe 240 mm bis 406 mm; Achsabstand e ≥ 625 mm
6) Lattung 24 mm × 48 mm; Achsabstand ≥ 415 mm
7) Gipsplatte GK, alternativ Gipsfaserplatte GF der Dicke 10 mm

Tabelle 41. Bewertetes Schalldämmmaß R_w und bewerteter Norm-Trittschallpegel $L_{n,w}$ von Holzbalkendecken mit Aufbauten aus mineralisch gebundenen Estrichen nach DIN 4109-33 (07.2016) Tab. 20, Z. 1

Dicke in mm	Bauteilaufbau	R_w (C; C_{tr}) in dB	$L_{n,w}$ (C_I) in dB
≥ 50	Estrich [1]	70 (−3; −9)	46 (0)
≥ 40	Mineralwolledämmplatte (s′ ≤ 6 MN/m³; Anwendungsgebiet DES-sh) [2]		
22	Holzwerkstoffplatte HW [3]		
220	Balken oder Stegträger [4]		
100	Hohlraumdämpfung [2]		
27	Federschiene [5]		
12,5	Gipsplatte GK [6]		

1) Fertigteilestrich aus Gipsfaserplatte GF oder zementgebundene Spanplatte ZSP, m′ ≥ 29 kg/m²
2) Mineralwolle MW oder Holzfaser WF mit Anwendungsgebiet nach Einsatzbereich und der angegebenen dynamischen Steifigkeit s′:
   – für mineralisch gebundene Estriche: MW mit DES-sh; WF mit DES-sg
   – für Hohlraumdämpfung: MW oder WF mit DZ oder DAD-dk
3) Spanplatte SP, OSB-Verlegeplatte oder BFU-Platte der Dicke 18 mm bis 25 mm
4) Tragkonstruktion nach Statik je nach Deckentyp: Balken aus Vollholz oder Brettschichtholz; Mindestmaße 60 mm × 180 mm, alternativ auch Stegträger der Höhe 240 mm bis 406 mm; Achsabstand e ≥ 625 mm
5) Federschiene mit Achsabstand ≥ 415 mm; Montage nach Anwendervorschrift
6) Gipsplatte GK, alternativ Gipsfaserplatte GF der Dicke 10 mm

Tabelle 42. Bewertetes Schalldämmmaß R_w und bewerteter Norm-Trittschallpegel $L_{n,w}$ von Holzbalkendecken mit Aufbauten aus mineralisch gebundenen Estrichen und Rohdeckenbeschwerung nach DIN 4109-33 (07.2016) Tab. 21, Z. 1

Dicke in mm	Bauteilaufbau	R_w (C; C_{tr}) in dB	$L_{n,w}$ (C_I) in dB
≥ 50	Estrich [1]	≥ 70	30 (0)
≥ 40	Mineralwolledämmplatte (s′ ≤ 6 MN/m³; Anwendungsgebiet DES-sh) [2]		
≥ 40	Betonsteinbeschwerung [3] (m′ ≥ 100 kg/m²)		
22	Holzwerkstoffplatte HW [4]		
220	Balken oder Stegträger [5]		
100	Hohlraumdämpfung [2]		
27	Federschiene [6]		
12,5	Gipsplatte GK [7]		

1) Zement-, Magnesia- oder Calciumsulfatestrich nach DIN 18560-2 mit flächenbezogener Masse m′ ≥ 120 kg/m²
2) Mineralwolle MW oder Holzfaser WF mit Anwendungsgebiet nach Einsatzbereich und der angegebenen dynamischen Steifigkeit s′:
   – für mineralisch gebundene Estriche: MW mit DES-sh; WF mit DES-sg
   – für Hohlraumdämpfung: MW oder WF mit DZ oder DAD-dk
3) Trockenes Schüttgut mit einer Schüttdichte ρ ≥ 1500 kg/m³; Restfeuchte ≤ 1,8 %; gegen Verrutschen gesichert mittels Pappwaben, Sandmatten, Lattengitter (Feldgröße etwa 800 mm × 800 mm) o. ä.
4) Spanplatte SP, OSB-Verlegeplatte oder BFU-Platte der Dicke 18 mm bis 25 mm
5) Tragkonstruktion nach Statik je nach Deckentyp: Balken aus Vollholz oder Brettschichtholz; Mindestmaße 60 mm × 180 mm, alternativ auch Stegträger der Höhe 240 mm bis 406 mm; Achsabstand e ≥ 625 mm
6) Federschiene mit Achsabstand ≥ 415 mm; Montage nach Anwendervorschrift
7) Gipsplatte GK, alternativ Gipsfaserplatte GF der Dicke 10 mm

Tabelle 43. Bewertetes Schalldämmmaß R_w und bewerteter Norm-Trittschallpegel $L_{n,w}$ von Holzbalkendecken mit Aufbauten aus Gussasphaltestrich oder Fertigteilestrich nach DIN 4109-33 (07.2016) Tab. 22, Z. 4

	Dicke in mm	Bauteilaufbau	R_w (C; C_{tr}) in dB	$L_{n,w}$ (C_I) in dB
	≥ 20	Trockenestrich [1]	66 (−4; −11)	48 (2)
	≥ 40	Elementierte Beschwerung [2] (m′ ≥ 40 kg/m²)		
	≥ 20	Mineralwolledämmplatte MW (s′ ≤ 30 MN/m³; Anwendungsgebiet DES-sm) [3], [4]		
	22	Holzwerkstoffplatte HW [5]		
	220	Balken oder Stegträger [6]		
	100	Hohlraumdämpfung [3]		
	27	Federschiene [7]		
	12,5	Gipsplatte GK [8]		

1) Trockenestrich aus Gipsplatten GK, Gipsfaserplatte GF oder Holzwerkstoff Verlegeplatte HW, m′ ≥ 15 kg/m²
2) Plattenelemente von ≤ 300 mm × 300 mm und einer Rohdichte von ρ ≥ 1000 kg/m³; lose unter Fertigteilestrich verlegt
3) Mineralwolle MW oder Holzfaser WF mit Anwendungsgebiet nach Einsatzbereich und der angegebenen dynamischen Steifigkeit s′:
   – für mineralisch gebundene Estriche: MW mit DES-sh; WF mit DES-sg
   – für Hohlraumdämpfung: MW oder WF mit DZ oder DAD-dk
4) Bei Gussasphaltestrichen müssen nach DIN 18560-2 Trittschalldämmstoffe mit einer temperaturbeständigen, ausreichend dicken und verformungsbeständigen Dämmplatte abgedeckt werden.
5) Spanplatte SP, OSB Verlegeplatten oder BFU Platten der Dicke 18 mm bis 25 mm oder Holzdielen der Dicke 21 mm
6) Tragkonstruktion nach Statik je nach Deckentyp: Balken aus Vollholz oder Brettschichtholz; Mindestmaße 60 mm × 180 mm, alternativ auch Stegträger der Höhe 240 mm bis 406 mm; Achsabstand e ≥ 625 mm
7) Federschiene mit Achsabstand ≥ 415 mm; Montage nach Anwendervorschrift
8) Gipsplatte GK, alternativ Gipsfaserplatte GF der Dicke 10 mm

Tabelle 44. Bewertetes Schalldämmmaß R_w und bewerteter Norm-Trittschallpegel $L_{n,w}$ von Holzbalkendecken mit Aufbauten aus Fertigteilestrich und Rohdeckenbeschwerung nach DIN 4109-33 (07.2016) Tab. 23, Z. 1

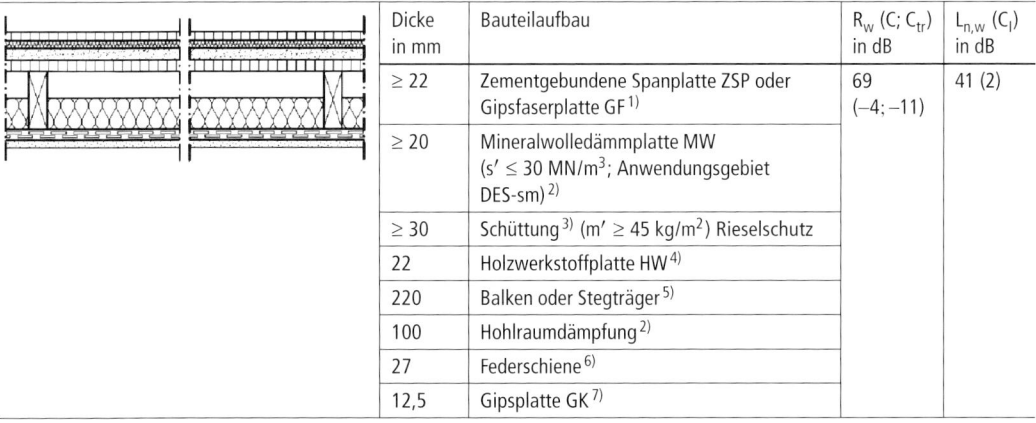

	Dicke in mm	Bauteilaufbau	R_w (C; C_{tr}) in dB	$L_{n,w}$ (C_I) in dB
	≥ 22	Zementgebundene Spanplatte ZSP oder Gipsfaserplatte GF [1]	69 (−4; −11)	41 (2)
	≥ 20	Mineralwolledämmplatte MW (s′ ≤ 30 MN/m³; Anwendungsgebiet DES-sm) [2]		
	≥ 30	Schüttung [3] (m′ ≥ 45 kg/m²) Rieselschutz		
	22	Holzwerkstoffplatte HW [4]		
	220	Balken oder Stegträger [5]		
	100	Hohlraumdämpfung [2]		
	27	Federschiene [6]		
	12,5	Gipsplatte GK [7]		

1) Fertigteilestrich aus Gipsfaserplatte GF oder zementgebundene Spanplatte ZSP, m′ ≥ 29 kg/m²
2) Mineralwolle MW oder Holzfaser WF mit Anwendungsgebiet nach Einsatzbereich und der angegebenen dynamischen Steifigkeit s′:
   – für mineralisch gebundene Estriche: MW mit DES-sh; WF mit DES-sg
   – für Hohlraumdämpfung: MW oder WF mit DZ oder DAD-dk
3) Trockenes Schüttgut mit einer Schütteldichte ρ ≥ 1500 kg/m³; Restfeuchte ≤ 1,8 %; gegen Verrutschen gesichert mittels Pappwaben, Sandmatten, Lattengitter (Feldgröße etwa 800 mm × 800 mm) o. ä.
4) Spanplatte SP, OSB-Verlegeplatte nach DIN EN 300 oder BFU-Platte der Dicke 18 mm bis 25 mm
5) Tragkonstruktion nach Statik je nach Deckentyp: Balken aus Vollholz oder Brettschichtholz; Mindestmaße 60 mm × 180 mm, alternativ auch Stegträger der Höhe 240 mm bis 406 mm; Achsabstand e ≥ 625 mm
6) Federschiene mit Achsabstand ≥ 415 mm; Montage nach Anwendervorschrift
7) Gipsplatte GK, alternativ Gipsfaserplatte GF der Dicke 10 mm

4.2.4 Decken

Holzdecken

Zu den leichten Decken in Holzbauweise gehören in diesem Beitrag Holzbalken-, Stegträger-, Brettstapel- und Dübelholzdecken oder Decken aus Brettschichtholz. Die hier aufgezeigten Auszüge aus dem Bauteilkatalog *Holzdecken* der DIN 4109-33 (07.2016) gliedern sich in Holzbalkendecken ohne und mit Unterdecken sowie Massivholzdecken ohne Unterdecke. Die Unterdecken sind an einer Lattung oder an Federschienen befestigt.

Bei den verwendeten Estrichen werden Fertigteilestriche und mineralisch gebundene Estriche oder Gussasphaltestriche unterschieden. Zu den Fertigteilestrichen (Trockenestrich) gehören Gipsplatten, Gipsfaserplatten, Holzwerkstoffe oder calciumsulfat- oder zementgebundene Materialien; die hier aufgezeigten mineralisch gebundenen Estriche sind den Zement-, Magnesia- oder Calciumsulfatestrichen zuzuordnen.

Baukonstruktiv sei der Vollständigkeit halber hier anzumerken, dass alle dargestellten Konstruktionen und die entsprechenden akustischen Kennwerte eine schallbrückenfreie Verlegung des Estrichs voraussetzen, das bedeutet:
– Keine Schallbrücken zwischen Estrich und angrenzender Tragkonstruktion des Gebäudes in der Fläche und/oder am Rand (Randdämmstreifen)
– Elastische Trennung des Estrichs im Türbereich.
– Werden Installationsleitungen in einer Installationsebene auf der Rohdecke verlegen, so ist durch geeignete konstruktive Maßnahmen (z. B. Ausgleich durch eine gebundene Schüttung) eine ebene Konstruktionsebene mit flächig möglichst konstanter dynamischer Steifigkeit für den darauf aufliegenden schwimmenden Boden (Trittschalldämmung und z. B. Estrich) zu schaffen.
– Folie zwischen mineralisch gebundenen Estrich und Trittschalldämmung.

Bei der Auswahl der Trittschalldämmplatten sind die angegebenen Dicken als Mindestdicken anzusehen sowie die angegebenen dynamischen Steifigkeiten als Höchstwerte. Aufzubringende Rohdeckenbeschwerungen in Plattenform müssen mit der Rohdecke verklebt werden, damit die aufgezeigten bauakustischen Kennwerte erreicht werden.

Dargestellt werden hier jeweils neben dem bewerteten Schalldämmmaß R_w auch der bewertete Norm-Trittschallpegel $L_{n,w}$.

Brettstapeldecken

Siehe Tabellen 45 und 46.

Zusammenfassung

Die entsprechend des Bauteilkataloges der DIN 4109-33 (07.2016) erreichbaren maximalen bewerteten Schalldämmmaße R_w sind in Tabelle 47, die minimalen bewerteten Norm-Trittschallpegel $L_{n,w}$ in Tabelle 48 zusammengefasst. Der Einfluss der flankierenden Bauteile auf das bewertete Bau-Schalldämmmaß R'_w ist dann entsprechend den Gln. (7) und (8) der auf den bewerteten Normtrittschallpegel nach Gl. (9) zu berücksichtigen.

Tabelle 45. Bewertetes Schalldämmmaß R_w und bewerteter Norm-Trittschallpegel $L_{n,w}$ von Brettstapeldecken mit Aufbauten aus Estrich nach DIN 4109-33 (07.2016) Tab. 24, Z. 1

Dicke in mm	Bauteilaufbau	R_w $(C; C_{tr})$ in dB	$L_{n,w}$ (C_I) in dB
≥ 50	Estrich[1]	62 (−2; −7)	56 (−3)
≥ 40	Mineralwolledämmplatte MW (s′ ≤ 6 MN/m³; Anwendungsgebiet DES-sh)[2]		
120	Brettstapeldecke[3], genagelt oder Dübelholz		

1) Zement-, Magnesia- oder Calciumsulfatestrich nach DIN 18560-2 mit flächenbezogener Masse m′ ≥ 120 kg/m²
2) Mineralwolle MW mit Anwendungsgebiet nach Einsatzbereich und der angegebenen dynamischen Steifigkeit s′: für mineralisch gebundene Estriche: MW mit DES-sh
3) Tragkonstruktion nach Statik je nach Deckentyp:
   – Balken aus Vollholz oder Brettschichtholz; Mindestmaße 60 mm × 180 mm, alternativ auch Stegträger der Höhe 240 mm bis 406 mm; Achsabstand e ≥ 625 mm
   – Brettstapelelemente, oder Elemente aus Brettschichtholz, Mindestdicke 120 mm; Breite der Einzellamellen 60 mm

Tabelle 46. Bewertetes Schalldämmmaß R_w und bewerteter Norm-Trittschallpegel $L_{n,w}$ von Brettstapeldecken mit Aufbauten aus Estrich und Rohdeckenbeschwerung nach DIN 4109-33 (07.2016) Tab. 25, Z. 3

Dicke in mm	Bauteilaufbau	R_w (C; C_{tr}) in dB	$L_{n,w}$ (C_l) in dB
≥ 50	Estrich [1]	70 (−4; −10)	41 (−1)
≥ 40	Mineralwolledämmplatte MW (s' ≤ 6 MN/m³; Anwendungsgebiet DES-sh) [2]		
≥ 80	Schüttung [3] (m' ≥ 120 kg/m²) Rieselschutz		
140	Brettstapeldecke, genagelt oder Brettschichtholz [4]		

1) Zement-, Magnesia- oder Calciumsulfatestrich nach DIN 18560-2 mit flächenbezogener Masse m' ≥ 120 kg/m²
2) Mineralwolle MW mit Anwendungsgebiet nach Einsatzbereich und der angegebenen dynamischen Steifigkeit s': für mineralisch gebundene Estriche: MW mit DES-sh
3) Trockenes Schüttgut mit einer Schütteldichte ρ ≥ 1500 kg/m³; gegen Verrutschen gesichert mittels Pappwaben, Sandmatten, Lattengitter (Feldgröße etwa 800 mm × 800 mm) o. ä.
4) Tragkonstruktion nach Statik je nach Deckentyp:
   – Brettstapelelemente, oder Elemente aus Brettschichtholz, Mindestdicke 120 mm; Breite der Einzellamellen 60 mm

Tabelle 47. Zusammenstellung der entsprechend des Bauteilekataloges der DIN 4109-33 (07.2016) erreichbaren maximalen bewerteten Schalldämmmaße R_w von Holzbalkendecken und Brettstapeldecken

Konstruktion: Holzbalkendecke	Bewertetes Schalldämmmaß R_w (C; C_{tr}) in dB				
	+ mineralisch gebundener Estrich	+ Fertigteilestrich	+ Gussasphaltestrich	+ mineralisch gebundener Estrich + Rohdeckenbeschwerung	+ Fertigteilestrich + Rohdeckenbeschwerung
Holzbalkendecke ohne Unterdecke	–	–	–	≥ 70	65
Holzbalkendecke mit Unterdecke an Lattung	63 (−5; −11)	–	–	67 (−4; −11)	61 (−6; −13)
Holzbalkendecke mit Unterdecke an Federschiene	70 (−3; −9)	66 (−4; −11)	66 (−4; −11)	≥ 70	69 (−4; −11)
Brettstapeldecke	62 (−2; −7)	–	–	70 (−4; −10))	–

Tabelle 48. Zusammenstellung der entsprechend des Bauteilekataloges der DIN 4109-33 (07.2016) erreichbaren minimalen bewerteten Norm-Trittschallpegel $L_{n,w}$ von Holzbalkendecken und Brettstapeldecken

Konstruktion: Holzbalkendecke	Bewerteter Norm-Trittschallpegel $L_{n,w}$ (C_l) in dB				
	+ mineralisch gebundener Estrich	+ Fertigteilestrich	+ Gussasphaltestrich	+ mineralisch gebundener Estrich + Rohdeckenbeschwerung	+ Fertigteilestrich + Rohdeckenbeschwerung
Holzbalkendecke ohne Unterdecke	–	–	–	47 (−3)	54 (0)
Holzbalkendecke mit Unterdecke an Lattung	54 (2)	–	–	46 (2)	55 (2)
Holzbalkendecke mit Unterdecke an Federschiene	46 (0)	48 (2)	48 (2)	30 (0)	41 (2)
Brettstapeldecke	56 (−3)	–	–	41 (−1)	–

Tabelle 49. Bewertete Norm-Flankenschallpegeldifferenz $D_{n,f,w}$ von Metallständerwänden mit 12,5 mm dicken Gipsplatten nach DIN 4109-33 (07.2016) Tab. 26, Z. 9

	Konstruktionsaufbauten	$D_{n,f,w}$ $(C; C_{tr})$ in dB
1	Trennwand als Einfach- oder Doppelständerwand nach DIN 18183-1 mit dichtem Anschluss an die flankierende Wand	65 (−2; −7)
2	Flankierende Wand als Einfach- oder Doppelständerwand nach DIN 18183-1 mit 12,5 mm dicken Gipsplatten GK oder Gipsfaserplatten GF	
3	Etwa 80%ige Hohlraumfüllung aus Mineralwolle MW oder Holzfaser WF	
4	Innenseitige Bekleidung	
5	Durchgehende Fuge an innenseitiger Bekleidung, z. B. Fugenschnitt ≥ 3 mm	
6	Inneneckprofil	
s	Schalenabstand: 100 mm	

4.3 Flankierende Bauteile

4.3.1 Wände

Wie im Abschnitt 4.2.2 werden auch bei den flankierenden Wänden die folgenden Basiskonstruktionen unterschieden:
- Metallständerwand
- Holztafelwand
- Mehrschalige leichte Außenwände
- Durchlaufende Vorsatzschalen vor Massivwänden

Für die jeweiligen Aufbauten der Leichtbauweise stellt die DIN 4109-33 (07.2016) in ihrem Katalog Werte für die zugehörige Norm-Flankenschallpegeldifferenz $D_{n,f,w}$ zur Verfügung. Diese Werte stammen aus Labormessungen und basieren auf festgelegten Kopplungslängen l_{ab} und l_f der jeweiligen Bauteile.
Die entsprechende Umrechnung ist in Gl. (8) dargestellt.

Metallständerwände

Für Metallständerwände mit flankierender Eigenschaft gelten die prinzipiellen Ausführungshinweise entsprechend Abschnitt 4.2.2. Im Folgenden werden für Metallständerwände konstruktionsspezifische bewertete Normflankenschallpegeldifferenzen angegeben.
Die Angaben in Tabelle 49 sind auch gültig für eine flankierende Wand in Ausführung als Doppelständerwand mit mindestens 80 mm Faserdämmstoff im Hohlraum. Durch weitere Plattenlagen auf der Innenseite der flankierenden Wand, können die gegebenen Werte der Norm-Flankenschallpegeldifferenz $D_{n,f,w}$ erhöht werden.

Holztafelwände

Für Holztafelwände mit flankierender Eigenschaft gelten zunächst dieselben Ausführungshinweise und Kennwerte wie in den nachfolgenden Tabelle 50 und 51.
Bei flankierenden *Außenwänden* aus biegeweichen Schalen und Unterkonstruktion aus Holz sowie Tren-

Tabelle 50. Bewertete Norm-Flankenschallpegeldifferenz $D_{n,f,w}$ von Metallständerwänden an massivem trennenden Bauteil (Decke o. Wand) nach DIN 4109-33 (07.2016) Bild 5

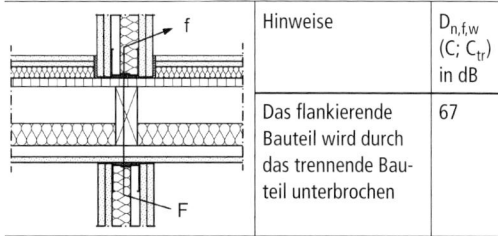

	Flächenbezogene Masse m' des trennenden Bauteils in kg/m²	$D_{n,f,w}$ $(C; C_{tr})$ in dB
	350[1)]	76

1) Bei einer Stahlbetondecke aus Normalbeton entspricht dies der Dicke d ≈ 15 cm

Tabelle 51. Bewertete Norm-Flankenschallpegeldifferenz $D_{n,f,w}$ von Metallständerwänden an Trenndecken (Holzbalken- o. Massivholzdecken) nach DIN 4109-33 (07.2016) Bild 6

	Hinweise	$D_{n,f,w}$ $(C; C_{tr})$ in dB
	Das flankierende Bauteil wird durch das trennende Bauteil unterbrochen	67

nung der gegebenenfalls vorhandenen Innenschalen ist für die horizontalen Schallübertragung die bewertete Norm-Flankenschallpegeldifferenz mit $D_{n,f,w}$ = 52 dB anzusetzen.
Die maximalen Norm-Flankenschallpegeldifferenzen $D_{n,f,w}$ für Holztafelwände sind in den Tabellen 52 und 53 aufgeführt.

Durchlaufende Vorsatzschalen vor Massivwänden

Die maximale Norm-Flankenschallpegeldifferenz $D_{n,f,w}$ für durchlaufende Vorsatzschalen vor Massivwänden angrenzend an eine trennende Leichtbauwand ist in Tabelle 54 aufgeführt.

Tabelle 52. Bewertete Norm-Flankenschallpegeldifferenz $D_{n,f,w}$ von Holztafelwänden ohne Vorsatzschale, Wände vollständig getrennt, keine Überbrückung der Trennfuge durch Schrauben, Rähm oder Trennwandrahmen nach DIN 4109-33 (07.2016) Tab. 27, Z. 4

Dicke in mm	Bauteilaufbau	$D_{n,f,w}$ (C; C_{tr}) in dB
160	Mindestdämmschichtdicke [1)] s_D	68 (−3; −7)
160	Mindestschalenabstand s	
MDF 15	Bekleidung [2)] $s_{B,1}$	
HW 13	Bekleidung [2)] $s_{B,2}$	
60/160	Holzständer [3)] b/h	

1) Mineralwolle MW oder Holzfaser WF
2) Holzwerkstoffplatte HW, mitteldichte Faserplatte MDF
3) Holzständer, Achsabstand ≥ 600 mm; der angegebene Wert für b ist ein Höchstwert, der für h ein Mindestwert

Tabelle 53. Bewertete Norm-Flankenschallpegeldifferenz $D_{n,f,w}$ von Holztafelwänden mit Vorsatzschale, Vorsatzschale auf Federschiene (27 mm) oder Holzlattung mit Dämmung, raumseitig getrennt nach DIN 4109-33 (07.2016) Tab. 28, Z. 1

Dicke in mm	Bauteilaufbau	$D_{n,f,w}$ (C; C_{tr}) in dB
160	Mindestdämmschichtdicke [1)] s_D	68 (−2; −8)
160	Mindestschalenabstand s	
60/160	Holzständer [2)] b/h	
MDF 15	Bekleidung [3)] $s_{B,1}$	
HW 15 GF 12,5	Bekleidung [3)] $s_{B,2}$	

1) Mineralwolle MW oder Holzfaser WF, Übermaß des Dämmstoffs ist zu vermeiden
2) Holzständer, Achsabstand ≥ 600 mm; der angegebene Wert für b ist ein Höchstwert, der für h ein Mindestwert
3) Gipsfaserplatte, $\rho \geq 1100$ kg/m³, Holzwerkstoffplatte HW, mitteldichte Faserplatte MDF

Tabelle 54. Bewertete Norm-Flankenschallpegeldifferenz $D_{n,f,w}$ von Metallständerwänden mit 12,5 mm dicken Gipsplatten nach DIN 4109-33 (07.2016) Tab. 29, Z. 6

	Konstruktionsaufbauten	$D_{n,f,w}$ (C; C_{tr}) in dB
1	Trennwand als Einfach- oder Doppelständerwand nach DIN 18183-1 oder Holzunterkonstruktion mit dichtem Anschluss an die Vorsatzschale	63
2	Massivwand	
4	Flankierende biegeweiche Vorsatzschale, z. B. aus Verbundelement aus Gipsplatte GK mit Metallunterkonstruktion nach DIN 18183-1, flächenbezogene Masse der Bekleidung m′ ≥ 8,5 kg/m², Dämmstoff aus Mineralwolle MW; durchgehende Fuge an innenseitiger Bekleidung, freistehend vor Massivwand. Alternativ sind auch andere genormte Faserdämmstoffe mit gleicher dynamischer Steifigkeit und mit einem längenbezogenen Strömungswiderstand von 3 kPa s/m² bis 35 kPa s/m² möglich	
5	Durchgehende Fugen an innenseitiger Bekleidung der Vorsatzschale hinter Trennwandanschluss, z. B. Fugenschnitt ≥ 3 mm	
	Flächenbezogene Masse der Massivwand m′ ≥ 100 kg/m²	

4.3.2 Dächer

Wie im vorangegangenen Abschnitt 4.2.3 werden auch bei den flankierenden Dächern die folgenden Basiskonstruktionen unterschieden:
- Geneigte Dächer
- Flachdächer

Für die jeweiligen Aufbauten der Leichtbauweise stellt die DIN 4109-33 (07.2016) in ihrem Katalog Werte für die zugehörige Norm-Flankenschallpegeldifferenz $D_{n,f,w}$ zur Verfügung.

Die entsprechende Umrechnung ist in Gl. (8) dargestellt.

Geneigte Dächer

Für geneigte Dächer mit flankierender Eigenschaft gelten die Ausführungshinweise entsprechend Abschnitt 4.2.3. Darüber hinaus werden wesentliche Anschlüsse der Trennwand an das Dach wie nachfolgend in Tabelle 55 dargestellt, unterschieden.

Decken

Wie im vorangegangenen Abschnitt 4.2.4 werden auch bei den flankierenden Decken die folgenden Basiskonstruktionen unterschieden:
- Holzbalkendecken bei horizontaler Übertragung (Luftschallübertragung)
- Holzbalkendecken bei vertikaler Übertragung (Trittschallanregung)
- Unterdecken unter Massivdecken

Für die jeweiligen Aufbauten der Leichtbauweise stellt die DIN 4109-33 (07.2016) in ihrem Katalog Werte für die zugehörige Norm-Flankenschallpegeldifferenz $D_{n,f,w}$ zur Verfügung.

Die entsprechende Umrechnung ist in Gl. (8) dargestellt.

Tabelle 55. Dachanschlüsse der Trennwand nach DIN 4109-33 (07.2016) Tab. 30

Zeile	Beschreibung	Skizze
A	Dachkonstruktion wird durch Trennwand unterbrochen: – Lattung und Wärmedämmung sind getrennt	
B	Dachkonstruktion wird durch Trennwand unterbrochen und im Bereich des Wandkopfes bedämpft: Zusätzliche Maßnahmen zu Bedämpfung des Hohlraumes zwischen Dachdeckung und Trennwandkopf – Lattung und Wärmedämmung sind getrennt	
C	Dachkonstruktion wird durch Trennwand unterbrochen, im Bereich des Wandkopfes bedämpft und abgeschottet: – Hohlraum zwischen Dachdeckung und Trennwandkopf abgeschottet (z. B. Aufmauerung mit wärmedämmenden Steinen; Dachsteine eingemörtelt; absorbierende Wärmedämmung zwischen der zweischaligen Aufmauerung) Dachlattung getrennt	
D	Dachkonstruktion vollständig unterbrochen – Die Trennwand (Brandwand) wird durch die Dachhaut nach außen geführt – bei höhenversetzten Geschossen → Vernachlässigung der Flanke!	

Tabelle 56. Bewertete Norm-Flankenschallpegeldifferenz $D_{n,f,w}$ von Dächern mit Aufsparrendämmung aus Hartschaum nach DIN 4109-33 (07.2016) Tab. 31, Z. 4

	Dachanschluss entsprechend Tabelle 55		
	A	B	C
$D_{n,f,w}$ in dB			
	60[1]	66	73

[Aufbau: vgl. Bild in Tabelle 29]

1) Eine Konstruktionsänderung in Form einer durchlaufenden Vordachschalung ist für den Wohnungsbau nicht geeignet.

Tabelle 57. Bewertete Norm-Flankenschallpegeldifferenz $D_{n,f,w}$ von Dächern mit Aufsparrendämmung aus Mineralwolle nach DIN 4109-33 (07.2016) Tab. 32, Z. 2

	Dachanschluss entsprechend Tabelle 55		
	A	B	C
$D_{n,f,w}$ in dB			
	69	> 70	> 75

[Aufbau: vgl. Bild in Tabelle 30]

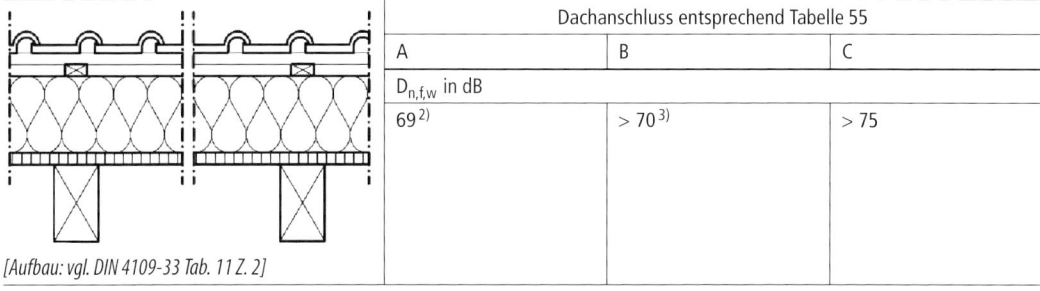

Tabelle 58. Bewertete Norm-Flankenschallpegeldifferenz $D_{n,f,w}$ von Dächern mit Aufsparrendämmung aus Holzfaserdämmstoffen[1] nach DIN 4109-33 (07.2016) Tab. 33, Z. 2

	Dachanschluss entsprechend Tabelle 55		
	A	B	C
$D_{n,f,w}$ in dB			
	69[2]	> 70[3]	> 75

[Aufbau: vgl. DIN 4109-33 Tab. 11 Z. 2]

1) Die Werte gelten bei einer Befestigung der Dachlattung mit geringem Anpressdruck.
2) Bei Konstruktionsänderungen in Form eines hohen Anpressdrucks bei der Befestigung der Dachlattung ist eine Abminderung von $\Delta D_{n,f,w} \geq -5$ dB zu berücksichtigen.
3) Bei Konstruktionsänderungen in Form eines hohen Anpressdrucks bei der Befestigung der Dachlattung ist die bewertete Norm-Flankenschallpegeldifferenz zu begrenzen auf $D_{n,f,w} = 67$ dB.

Tabelle 59. Bewertete Norm-Flankenschallpegeldifferenz $D_{n,f,w}$ von Dächern mit Zwischensparrendämmung aus Faserdämmstoffen nach DIN 4109-33 (07.2016) Tab. 34, Z. 2

	Dachanschluss entsprechend Tabelle 55		
	A	B	C
$D_{n,f,w}$ in dB			
	79	–	–

[Aufbau: vgl. DIN 4109-33 Tab. 12 Z. 2]

Tabelle 60. Bewertete Norm-Flankenschallpegeldifferenz $D_{n,f,w}$ von Dächern mit Auf- und Zwischensparrendämmung nach DIN 4109-33 (07.2016) Tab. 35, Z. 1)

	Dachanschluss entsprechend Tabelle 55		
	A	B	C
$D_{n,f,w}$ in dB			
	> 75 [1)]	–	–
[Aufbau: vgl. Bild in Tabelle 33]			

1) – Lattung getrennt; Dämmung zwischen den Sparren durch Trennwand unterbrochen
   – Trennwand bis Wärmedämmung hochgeführt
   – Dämmung bei Hartschaum über der Trennwand unterbrochen

Tabelle 61. Bewertete Norm-Flankenschallpegeldifferenz $D_{n,f,w}$ von Holzbalkendecken mit Unterdecke nach DIN 4109-33 (07.2016) Tab. 36, Z. 8

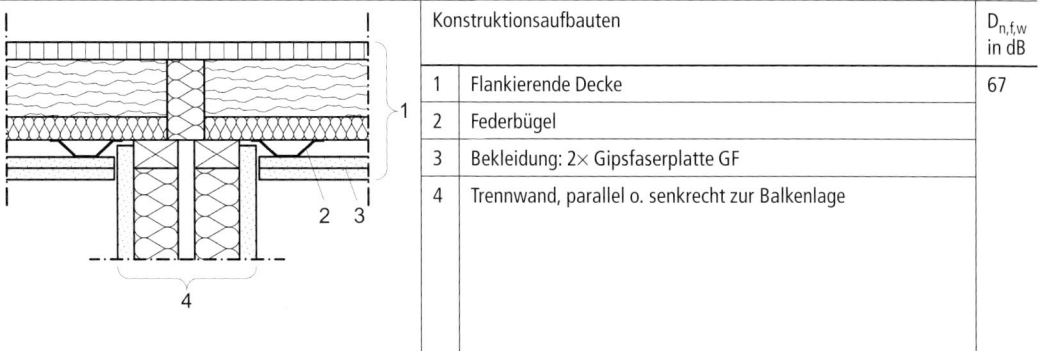

	Konstruktionsaufbauten	$D_{n,f,w}$ in dB
1	Flankierende Decke	67
2	Federbügel	
3	Bekleidung: 2× Gipsfaserplatte GF	
4	Trennwand, parallel o. senkrecht zur Balkenlage	

Holzbalkendecken bei horizontaler Übertragung (Luftschallübertragung)

Für Holzdecken mit flankierender Eigenschaft gelten die Ausführungshinweise entsprechend Abschnitt 4.2.3.
Für die Kombination aus flankierender Holzbalkendecke mit schwimmenden Estrich (mineralisch gebundener Estrich oder Trockenestrich), der durch die Trennwand vollständig unterbrochen ist, gilt für die Schallübertragung über die Oberseite der Decke $D_{n,f,w} = 67$ dB.
Für die Schallübertragung über die Unterseite der Decke wird in Tabelle 61 ein Konstruktionsbeispiel mit nach Norm maximal erreichbarer Norm-Flankenschallpegeldifferenz aufgezeigt.

Holzbalkendecken bei vertikaler Übertragung (Trittschallanregung)

Für die flankierenden Eigenschaften der Holzbalkendecke bezogen auf den Trittschallschutz gibt es gesonderte Rechenwege nach DIN 4109-2. In den Tabellen 3 und 4 dieses Normenteils werden in Abhängigkeit der Deckenart, des Estrichs und der flankierenden Wände die Korrekturwerte K_1 und K_2 (→ Korrekturwerte für die Flankenübertragung speziell im Holzbau dargestellt.
Diese berücksichtigen einen weiteren, im Massivbau nicht vorhandenen Weg der Flankenübertragung DFf über den Randanschluss des schwimmenden Estrichs (siehe Darstellung in Tabelle 62). Weitere Korrekturen sind nicht vorzusehen.

Tabelle 62. Abschottung des Deckenhohlraums durch Plattenschott nach DIN 4109-33 (07.2016) Bild 13

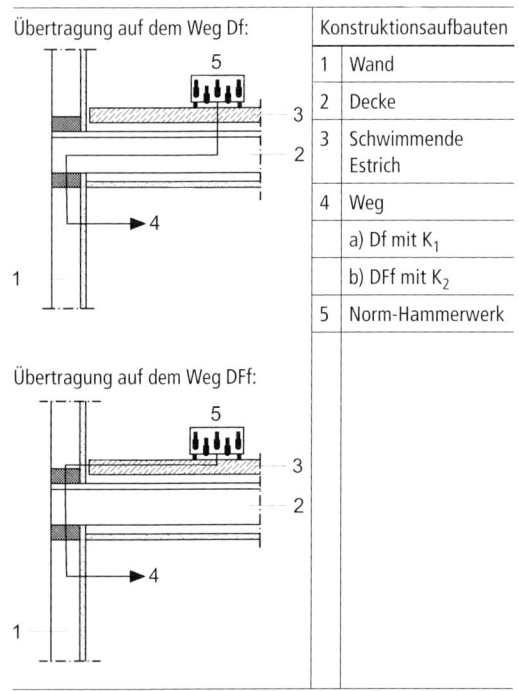

	Konstruktionsaufbauten
1	Wand
2	Decke
3	Schwimmende Estrich
4	Weg
	a) Df mit K_1
	b) DFf mit K_2
5	Norm-Hammerwerk

Unterdecken unter Massivdecken

Die flankierende Eigenschaft von Massivdecken über leichten mehrschaligen Trennwänden ist abhängig von der Ausführung des Deckenhohlraums, insbesondere dem dichten Anschluss von Trennwand an Unterdecke und der Hohlraumbedämpfung. Statisch erforderliche Verbindungen zwischen Trennwand und Unterdecke oder Massivdecke können im Regelfall bei der Schall-Längsdämmung unberücksichtigt bleiben.
Für die Schallübertragung über die Unterseite der Decke werden im Folgenden Konstruktionsbeispiele mit maximaler Norm-Flankenschallpegeldifferenz aufgezeigt. Dabei wird unterschieden zwischen Unterdecken *mit* (a) und Unterdecken *ohne Abschottung* (b) im Deckenhohlraum.

a) Unterdecken ohne Abschottung (Luftschall)

Die in den hier aufgezeigten Konstruktionsbeispielen vorgegebene Abhanghöhe ist nicht zu unterschreiten. Sollte dies doch einmal der Fall sein, so wären die Norm-Flankenschallpegeldifferenzen in Anhängigkeit von der tatsächlichen Abhanghöhe um bis zu 6 dB abzumindern, vgl. Tabellen 63 bis 68.

Tabelle 63. Trennwand an Unterdecke anschließend, Decklage durch Fuge getrennt nach DIN 4109-33 (07.2016) Tab. 37 und Bild 7

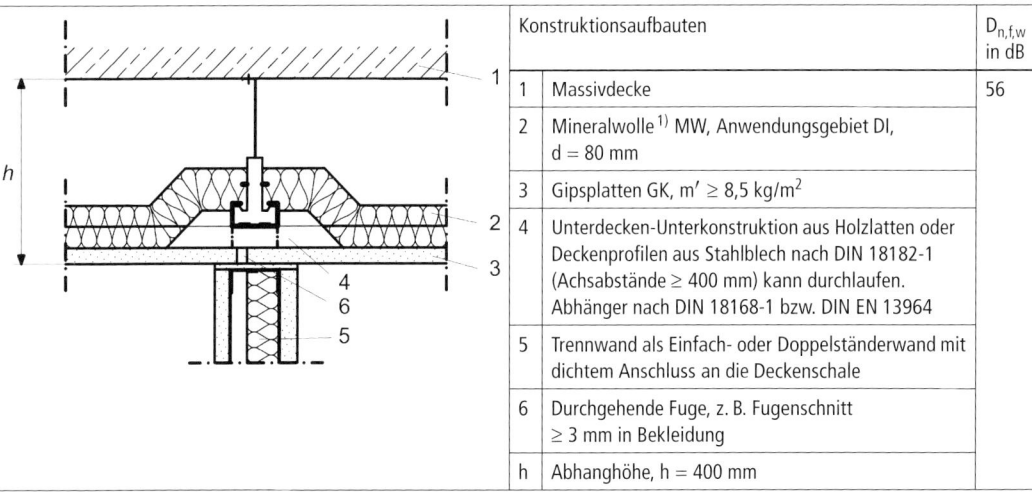

	Konstruktionsaufbauten	$D_{n,f,w}$ in dB
1	Massivdecke	56
2	Mineralwolle[1)] MW, Anwendungsgebiet DI, d = 80 mm	
3	Gipsplatten GK, m′ ≥ 8,5 kg/m²	
4	Unterdecken-Unterkonstruktion aus Holzlatten oder Deckenprofilen aus Stahlblech nach DIN 18182-1 (Achsabstände ≥ 400 mm) kann durchlaufen. Abhänger nach DIN 18168-1 bzw. DIN EN 13964	
5	Trennwand als Einfach- oder Doppelständerwand mit dichtem Anschluss an die Deckenschale	
6	Durchgehende Fuge, z. B. Fugenschnitt ≥ 3 mm in Bekleidung	
h	Abhanghöhe, h = 400 mm	

1) Die Werte der Normflankenschallpegeldifferenz $D_{n,f,w}$ dieses Bildes gelten für eine vollflächige Faserdämmstoff-Auflage.

Tabelle 64. Trennwand an Unterkonstruktion der Unterdecke anschließend, Decklage in Trennwanddicke getrennt nach DIN 4109-33 (07.2016) Tab. 37 und Bild 8

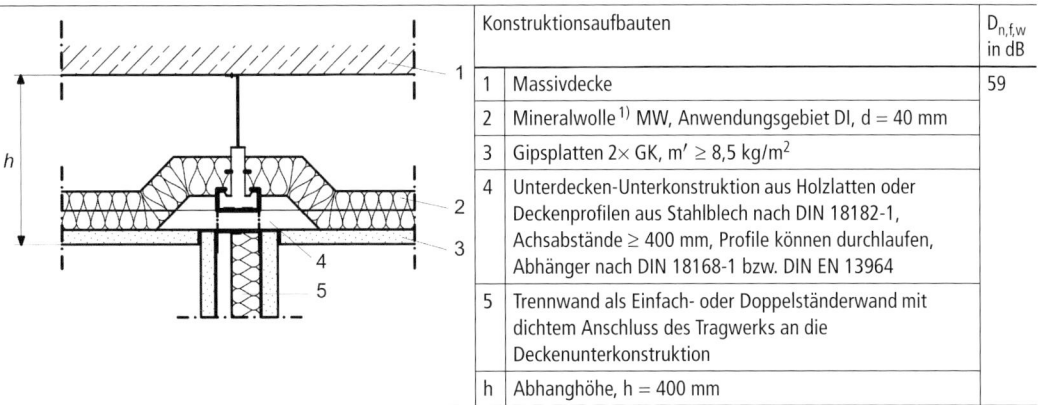

	Konstruktionsaufbauten	$D_{n,f,w}$ in dB
1	Massivdecke	59
2	Mineralwolle[1)] MW, Anwendungsgebiet DI, d = 40 mm	
3	Gipsplatten 2× GK, m′ ≥ 8,5 kg/m²	
4	Unterdecken-Unterkonstruktion aus Holzlatten oder Deckenprofilen aus Stahlblech nach DIN 18182-1, Achsabstände ≥ 400 mm, Profile können durchlaufen, Abhänger nach DIN 18168-1 bzw. DIN EN 13964	
5	Trennwand als Einfach- oder Doppelständerwand mit dichtem Anschluss des Tragwerks an die Deckenunterkonstruktion	
h	Abhanghöhe, h = 400 mm	

1) Die Werte der Normflankenschallpegeldifferenz $D_{n,f,w}$ dieses Bildes gelten für eine vollflächige Faserdämmstoff-Auflage.

Tabelle 65. Trennwand an Massivdecke mit Trennung der Unterdecke in Decklage und Unterkonstruktion nach DIN 4109-33 (07.2016) Tab. 37 und Bild 9

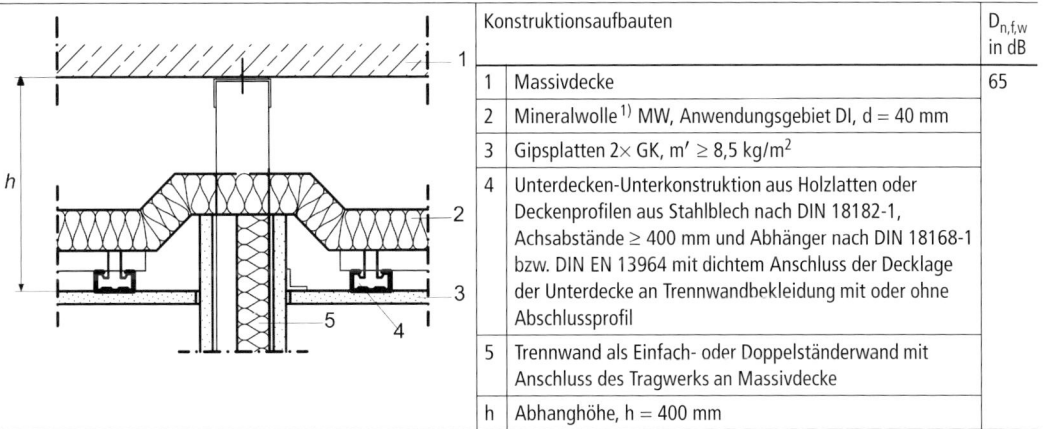

	Konstruktionsaufbauten	$D_{n,f,w}$ in dB
1	Massivdecke	65
2	Mineralwolle[1)] MW, Anwendungsgebiet DI, d = 40 mm	
3	Gipsplatten 2× GK, m′ ≥ 8,5 kg/m²	
4	Unterdecken-Unterkonstruktion aus Holzlatten oder Deckenprofilen aus Stahlblech nach DIN 18182-1, Achsabstände ≥ 400 mm und Abhänger nach DIN 18168-1 bzw. DIN EN 13964 mit dichtem Anschluss der Decklage der Unterdecke an Trennwandbekleidung mit oder ohne Abschlussprofil	
5	Trennwand als Einfach- oder Doppelständerwand mit Anschluss des Tragwerks an Massivdecke	
h	Abhanghöhe, h = 400 mm	

1) Die Werte der Normflankenschallpegeldifferenz $D_{n,f,w}$ dieses Bildes gelten für eine vollflächige Faserdämmstoff-Auflage

Tabelle 66. Unterdecke mit Bandprofilen und Mineralfaser-Deckenplatten in Einlegemontage nach DIN 4109-33 (07.2016) Tab. 38 und Bild 10

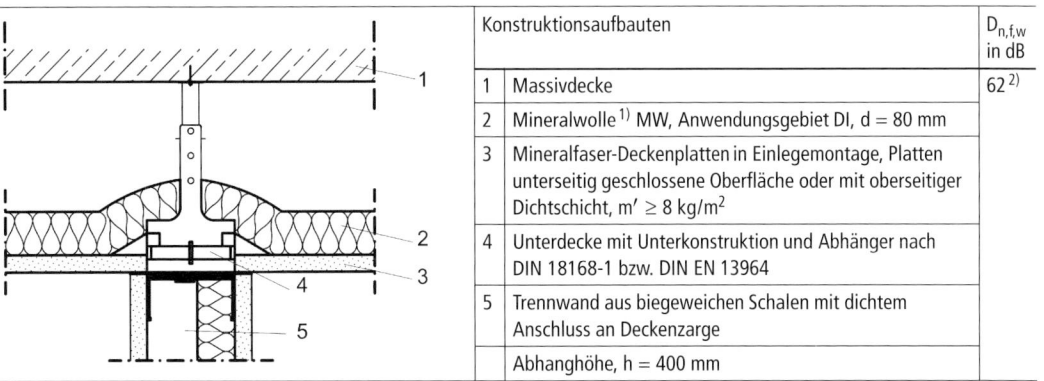

	Konstruktionsaufbauten	$D_{n,f,w}$ in dB
1	Massivdecke	62 [2)]
2	Mineralwolle[1)] MW, Anwendungsgebiet DI, d = 80 mm	
3	Mineralfaser-Deckenplatten in Einlegemontage, Platten unterseitig geschlossene Oberfläche oder mit oberseitiger Dichtschicht, m′ ≥ 8 kg/m²	
4	Unterdecke mit Unterkonstruktion und Abhänger nach DIN 18168-1 bzw. DIN EN 13964	
5	Trennwand aus biegeweichen Schalen mit dichtem Anschluss an Deckenzarge	
	Abhanghöhe, h = 400 mm	

1) Die Werte der Normflankenschallpegeldifferenz $D_{n,f,w}$ dieses Bildes gelten für eine vollflächige Faserdämmstoff-Auflage.
2) Wenn die Mineralwolle-Auflage MW in Form einzelner Plattenstücke und nicht vollflächig aufgelegt wird, sind bei Unterdecken aus Mineralfaser-Deckenplatten und Stahlblechdecken die oben genannten $D_{n,f,w}$-Werte bei unveränderter Auflagedicke um 6 dB abzumindern.

Tabelle 67. Unterdecke mit Bandprofilen und Leichtspan-Schallschluckplatten in Einlegemontage nach DIN 4109-33 (07.2016) Tab. 38 und Bild 11

	Konstruktionsaufbauten	$D_{n,f,w}$ in dB
1	Massivdecke	54
2	Mineralwolle[1] MW, Anwendungsgebiet DI, d = 80 mm	
3	Leichtspan-Schallschluckplatten, oberseitig Papier aufgeklebt, Mineralwolle-Auflage nur in Plattenstücken auf den Leichtspanplatten, $m' \geq 8$ kg/m²	
4	Unterdecke mit Unterkonstruktion und Abhänger nach DIN 18168-1 bzw. DIN EN 13964	
5	Trennwand aus biegeweichen Schalen mit dichtem Anschluss an Deckenzarge	
	Abhanghöhe, h = 400 mm	

1) Die Werte der Normflankenschallpegeldifferenz $D_{n,f,w}$ dieses Bildes gelten für eine vollflächige Faserdämmstoff-Auflage.

Tabelle 68. Unterdecke mit Bandprofilen und perforierten Metall-Deckenplatten in Einlegemontage nach DIN 4109-33 (07.2016) Tab. 38 und Bild 12

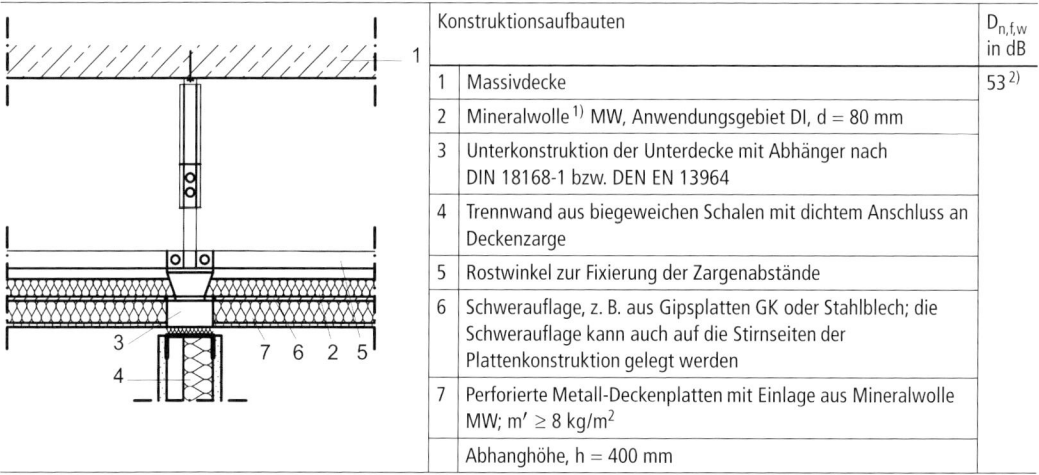

	Konstruktionsaufbauten	$D_{n,f,w}$ in dB
1	Massivdecke	53[2]
2	Mineralwolle[1] MW, Anwendungsgebiet DI, d = 80 mm	
3	Unterkonstruktion der Unterdecke mit Abhänger nach DIN 18168-1 bzw. DEN EN 13964	
4	Trennwand aus biegeweichen Schalen mit dichtem Anschluss an Deckenzarge	
5	Rostwinkel zur Fixierung der Zargenabstände	
6	Schwerauflage, z. B. aus Gipsplatten GK oder Stahlblech; die Schwerauflage kann auch auf die Stirnseiten der Plattenkonstruktion gelegt werden	
7	Perforierte Metall-Deckenplatten mit Einlage aus Mineralwolle MW; $m' \geq 8$ kg/m²	
	Abhanghöhe, h = 400 mm	

1) Die Werte der Normflankenschallpegeldifferenz $D_{n,f,w}$ dieses Bildes gelten für eine vollflächige Faserdämmstoff-Auflage.
2) Wenn die Mineralwolle-Auflage MW in Form einzelner Plattenstücke und nicht vollflächig aufgelegt wird, sind bei Unterdecken aus Mineralfaser-Deckenplatten und Stahlblechdecken bei den oben genannten $D_{n,f,w}$-Werten bei unveränderter Auflagedicke um 6 dB abzumindern.

Tabelle 69. Abschottung des Deckenhohlraums durch Plattenschott nach DIN 4109-33 (07.2016) Bild 13

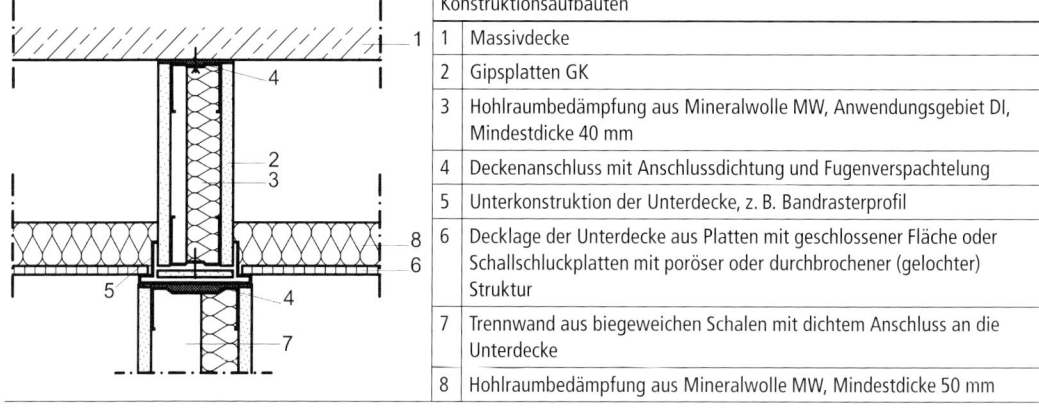

	Konstruktionsaufbauten
1	Massivdecke
2	Gipsplatten GK
3	Hohlraumbedämpfung aus Mineralwolle MW, Anwendungsgebiet DI, Mindestdicke 40 mm
4	Deckenanschluss mit Anschlussdichtung und Fugenverspachtelung
5	Unterkonstruktion der Unterdecke, z. B. Bandrasterprofil
6	Decklage der Unterdecke aus Platten mit geschlossener Fläche oder Schallschluckplatten mit poröser oder durchbrochener (gelochter) Struktur
7	Trennwand aus biegeweichen Schalen mit dichtem Anschluss an die Unterdecke
8	Hohlraumbedämpfung aus Mineralwolle MW, Mindestdicke 50 mm

Tabelle 70. Abschottung des Deckenhohlraums durch durchlaufende Trennwand nach DIN 4109-33 (07.2016) Bild 14

	Konstruktionsaufbauten	
	1	Massivdecke
	2	Trennwand als Einfach- oder Doppelständerwand, Bekleidung mit Gipsplatten GK, Hohlraumbedämpfung aus Mineralwolle MW sowie dichter Anschluss an die Massivdecke
	3	Mineralwolle MW, Anwendungsgebiet DI, Mindestdicke 40 mm
	4	Unterdecke mit Unterkonstruktion aus C-Deckenprofilen nach DIN 18182-1 bzw. DIN EN 13964 und Abhängern nach DIN 18168-1 bzw. DIN EN 13964 bekleidet mit Gipsplatten GK mit m′ ≥ 8,5 kg/m², Fugen verspachtelt und dichtem Anschluss der Bekleidung der Unterdecke an die Trennwand mit oder ohne Anschlussprofil

Tabelle 71. Verbesserung $\Delta D_{n,f,w}$ der Norm-Flankenschallpegeldifferenz von Unterdecken entsprechend den Tabellen 63 bis 68 durch ein Absorberschott nach DIN 4109-33 (07.2016) Tab. 40

Schnitt vertikal	Mindestbreite des Absorberschotts[1] b in mm	$\Delta D_{n,f,w}$ in dB
	300	12
	400	14
	500	15
	600	17
	800	20
	1000	22

[1] Mineralwolle MW, Anwendungsgebiet DI, längenbezogener Strömungswiderstand r ≥ 8 kPa s/m²

b) Unterdecken mit Abschottung
Insbesondere in Zusammenhang mit Trennwänden die nur bis zur Unterdecke geführt werden, kann die Norm-Flankenschallpegeldifferenz $D_{n,f,w}$ durch eine Abschottung im Deckenhohlraum deutlich wahrnehmbar verbessert werden. Bei dem Ansatz dieser Verbesserung ist eine sachgemäße Ausführung der Anschlussdetails zwingend erforderlich.
Durch ein *Plattenschott* in Anlehnung an Tabelle 69 können die Norm-Flankenschallpegeldifferenz $D_{n,f,w}$ der zuvor aufgezeigten Beispielkonstruktionen um 20 dB verbessert werden, wobei ein Maximalwert für $D_{n,f,w}$ von 67 dB nicht überschritten werden darf.
Dient die Trennwand selber als Schott, weil sie durch den Deckenhohlraum bis zur Massivdecke hochgezogen wird – veranschaulicht in Tabelle 70 – kann diese Konstruktion auf diese Weise alternativ zu den Berechnungsansätzen der DIN 4109-2 vereinfacht nachgewiesen werden.
Unter einem *Absorberschott* versteht man die vollkommene Füllung des Deckenhohlraumes oberhalb der Trenndecke mit Mineralwolle. Die Wirkung $\Delta D_{n,f,w}$ des Absorberschotts auf die Norm-Flankenschallpegeldifferenz wird mit zunehmender Breite b größer. Die entsprechenden Korrekturen sind in der Tabelle 71 dargestellt.

Schwimmender Estrich auf Massivdecken (Luftschall)
Bei einem schwimmenden Estrich auf einer Massivdecke sind hier zwei Fälle zu unterscheiden:
a) die Leichtbau-Trennwand steht auf der Massivdecke
b) die Leichtbau-Trennwand steht auf dem schwimmenden Estrich

a) Leichtbau-Trennwand steht auf der Massivdecke
Für diesen Ansatz ist der schalltechnische Einfluss von Decke und schwimmenden Estrich (vgl. Ausführungen in DIN 4109-34) getrennt zu ermitteln und entsprechend den Vorgaben des Massivbaus in DIN 4109-2 zu berechnen.

b) Leichtbau-Trennwand steht auf dem schwimmenden Estrich
Für die Schallübertragung über den schwimmenden Estrich sind die Norm-Flankenschallpegeldifferenzen in Tabelle 72 anzusetzen.

Tabelle 72. Bewertete Norm-Flankenschallpegeldifferenz $D_{n,f,w}$ von schwimmenden Estrichen nach DIN 4109-33 (07.2016)
Tab. 41 Z. 2

Konstruktionsaufbauten		$D_{n,f,w}$ in dB
1	Trennwand als Einfach- oder Doppelständerwand mit Unterkonstruktion aus Holz oder Metall oder elementierte Trennwand; Trennwand mit Anschlussdichtung ausführen	57[1]
2	Estrich	
3	Mineralwolle MW Anwendungsgebiet DES	
4	Flächenbezogene Masse der Massivdecke m' $\geq$ 300 kg/m²	
5	Durchgehende Fuge im Estrich	

1) Nachträglich ausgeführte Fugenschnitte seitlich der Trennwand führen zu ungünstigeren Werten.

5 Spektrumanpassungswerte

Die messtechnische Bestimmung des bewerteten Luftschalldämmmaßes R_w bzw. des bewerteten Bauschalldämmmaßes R'_w erfolgt normkonform unter den nachfolgenden Randbedingungen:
– Der betrachtete Frequenzbereich wird auf den sogenannten „bauakustisch relevanten Frequenzbereich" mit den 16 Terzbandmittenfrequenzen von 100 bis 3150 Hertz begrenzt.
– Die Schallanregung erfolgt mittels eines sogenannten „Weißen Rauschens" → die Rauschenergie ist hier konstant über alle Frequenzen verteilt, d. h. dass die Steigung 0 dB/Oktave beträgt.
– Die Bewertung der Messkurve erfolgt anhand der zunächst vorgegebenen und dann entsprechend verschobenen Bezugskurve.
– Der bewertete Kennwert (s. o.) – als Einzahlangabe – ergibt sich dann als das Luftschalldämmmaß R bzw. Bauschalldämmmaß R' der verschobenen Bezugskurve bei der Terzbandmittenfrequenz f = 500 Hz.

In der Konsequenz bedeuten obige Ausführungen bei kritischer Betrachtung, dass das in dieser Form ermittelte bewertete Schalldämmmaß R_w oder R'_w hinsichtlich seiner Aussagekraft häufig an der Realität vorbeigeht, da die tatsächlichen Randbedingungen zwischen Messvorgaben und Nutzungssituation ggf. deutlich divergieren.

Hinsichtlich der *tatsächlichen Leistungsfähigkeit* des betrachteten Bauteils vor dem Hintergrund der aktuell anliegenden Nutzungsrandbedingungen (z. B. Fassade gegenüber städtischem Straßenverkehr) erscheinen die ermittelten Kennwerte der involvierten Bauteile dann häufig zu optimistisch bzw. überbewertet.

Eine Lösungsmöglichkeit dieses Problems, die jedoch nach DIN 4109 nur für die Anwendung außerhalb des bauaufsichtlichen Nachweises (→ Nachweis des Mindestschallschutzes) von Relevanz ist (vgl. dazu auch den Beitrag „A 5 Anforderungen im baulichen Schallschutz"), besteht in der Angabe sogenannter Spektrumanpassungswerte als Ergänzung zu den messtechnisch ermittelten bzw. nach Norm berechneten Kennwerten. Dabei wird im Bereich des Luftschalls unterschieden zwischen:
– C (→ mittelfrequent gewichtetes Spektrum)
– C_{tr} (→ tieffrequent gewichtetes Spektrum)
– C_{n-m} (→ mittelfrequent gewichtetes Spektrum mit erweitertem Frequenzbereich
– $C_{tr,n-m}$ (→ tieffrequent gewichtetes Spektrum mit erweitertem Frequenzbereich

Beispielhafte Anwendungen der Spektrumanpassungswerte C und C_{tr} sind in Tabelle 73 zusammengestellt. Die angeführte Erweiterung des Frequenzbereiches – die natürlich nur realisierbar ist, wenn entsprechende Messwerte der Terzbandmitten vorhanden sind – kann dann für den jeweiligen Fall individuell festgelegt werden (z. B. $C_{tr50-5000}$).

Die Spektrum-Anpassungswerte werden nicht mit in die Einzahlangabe der Schalldämmmaße oder Norm-Schallpegeldifferenzen aufgenommen, sondern als separate Angaben ergänzt.

Das nachfolgende Beispiel soll die Bedeutung dieser Spektrumanpassungswerte hinsichtlich der Einschätzung der tatsächlichen Leistungsfähigkeit von Bauteilen, die zunächst ohne diese Bewertung ein nahezu identisches Luftschalldämmmaß R_w aufweisen, verdeutlichen.

Tabelle 73. Relevante Spektrum-Anpassungswerte C und C_{tr} für unterschiedlichen Geräuschquellen nach DIN EN ISO 717-1

Geräuschquelle	Relevanter Spektrum-Anpassungswert
– Wohnaktivitäten (Reden, Musik, Radio, Fernsehgerät) – Kinderspielen – Schienenverkehr mit mittlerer und hoher Geschwindigkeit – Autobahnverkehr mit v > 80 km/h – Düsenflugzeuge in kleinem Abstand – Betriebe, die überwiegend mittel- und hochfrequenten Lärm abstrahlen	C
– Städtischer Straßenverkehr – Schienenverkehr mit geringer Geschwindigkeit – Propellerflugzeug – Düsenflugzeug in großem Abstand – Discomusik – Betriebe, die überwiegend tief- und mittelfrequenten Lärm abstrahlen	C_{tr}

Massivwand

Für einschalige homogene Bauteile können nach DIN 4106-32
- C = –1,6 dB und
- C_{tr} = –4,6 dB

angewendet werden.
Damit ergibt sich z. B. für eine beidseitig verputzte KSV-Wand mit d = 17^5 cm und einer Nennrohdichte von ρ_N = 1600 kg/m³

R_w = 54,3(–1,6; –4,6) dB

R_w + C = 52,7 dB ≈ 53 dB

R_w + C_{tr} = 49,7 dB ≈ 50 dB

Holztafelwand mit Vorsatzschale nach DIN 4109-35

Hier ergeben sich die individuellen Kennwerte entsprechend den Messwerten der Norm, vgl. Tabelle 8 ebendort zu

R_w = 54,0(–3; –9) dB

R_w + C = 51,0 dB

R_w + C_{tr} = 45,0 dB

6 Zusammenfassung

Die bauakustische Planung eines Gebäudes hat signifikanten Einfluss auf seine baukonstruktive Ausgestaltung und muss daher – weil im Nachhinein kaum noch änderbar – in den Anfängen des Planungsprozesses erfolgen. Um die akustischen Möglichkeiten und den damit verbundenen baukonstruktiven Aufwand sowie die daraus resultierenden Kosten der unterschiedlichen Bauweisen im Vorfeld bereits einschätzen zu können, werden – getrennt für Massiv- und Leichtbau – typische Wand, Decken- und Dachkonstruktionen hinsichtlich ihrer schallschutztechnischen Leistungsfähigkeit untersucht und die Ergebnisse strukturiert aufbereitet und dargestellt. Dabei erfolgt die Darstellung in der Weise, dass sich auch unterschiedliche Baukonstruktionen miteinander vergleichen und in der Folge dann nach den unterschiedlichen Randbedingungen auswählen lassen.

Dabei muss an dieser Stelle darauf hingewiesen werden, dass diese Ausführungen sich explizit nur auf die in der Normengruppe der DIN 4109 geregelten Bauweisen und Baukonstruktionen beziehen – leistungsfähigere Baukonstruktionen lassen sich natürlich jenseits der Norm durch entsprechende Prüfzeugnisse nachweisen; diese können und sollen hier aber nicht Gegenstand der Betrachtung sein.

Diese Zusammenstellung der nach Norm leistungsfähigsten Konstruktionen erfolgt darüber hinaus immer auch im Hinblick auf den Einfluss der unterschiedlichen Schallübertragungswege (direkt und flankierend) auf das letztendlich tatsächlich erreichbare bewertete Bau-Schalldämmmaß bzw. den bewerteten Norm-Trittschallpegel.

Gerhard Hanswille, Markus Schäfer, Marco Bergmann

Eurocode 4 – DIN EN 1994-1-1 Bemessung und Konstruktion von Verbundtragwerken aus Stahl und Beton

Teil 1-1: Allgemeine Bemessungs- und Anwendungsregeln für den Hochbau. Kommentar und Beispiele

- **Normungsauslegung durch Normenmacher**
- **lesbare und fehlerbereinigte konsolidierte Fassung des für Deutschland relevanten Normtextes**

Der Normentext des Eurocode 4 Teil 1-1 und sein Nationaler Anhang werden praxisgerecht bearbeitet und zu einem durchgängig lesbaren Text zusammengefasst (konsolidierte Fassung). Die Regelungen und Hintergründe der Norm werden erläutert

vorl. Abb.

2 / 2020 · ca. 320 Seiten

Softcover
ISBN 978-3-433-03162-9   ca. **€ 108***

eBundle (Print + PDF)
ISBN 978-3-433-03182-7   ca. **€ 140,40***

Bereits vorbestellbar.

BESTELLEN
+49 (0)30 470 31-236
marketing@ernst-und-sohn.de
www.ernst-und-sohn.de/3162

* Der €-Preis gilt ausschließlich für Deutschland. Inkl. MwSt.

C3 Schallschutz bei zweischaligen Haustrennwänden von Doppel- und Reihenhäusern

Klaus Focke

Dipl.-Ing. (FH) Klaus Focke
TAUBERT und RUHE GmbH
Beratender Ingenieur VBI
Rellinger Str. 26, 25421 Pinneberg bei Hamburg

Studium der Bauphysik an der Hochschule für Technik Stuttgart, Diplom 1999. 1999 bis 2010 Projektingenieur bei der TAUBERT und RUHE GmbH in Pinneberg bei Hamburg und seit 2011 Geschäftsführer bzw. geschäftsführender Gesellschafter. Mitglied im Arbeitsausschuss VDI 4100, Bearbeitungsschwerpunkte: Bau- und Raumakustik, Thermische Bauphysik.

Bauphysik-Kalender 2020: Bau- und Raumakustik. Herausgegeben von Nabil A. Fouad.
© 2020 Ernst & Sohn GmbH & Co. KG. Published 2020 by Ernst & Sohn GmbH & Co. KG.

Inhaltsverzeichnis

1	**Einführung** 695	
2	**Baurecht** 695	
2.1	Allgemeines 695	
3	**Schalltechnische Anforderungen** 697	
3.1	Allgemeines 697	
3.2	DIN 4109 Mindestschallschutz 697	
3.2.1	Historie 697	
3.2.2	DIN 4109:1989-11 698	
3.2.3	Beiblatt 2 zu DIN 4109:1989-11 698	
3.2.4	DIN 4109-1:2016-07 / 2018-01 698	
3.2.5	DIN 4109-5:2019-05, Entwurf 699	
3.3	VDI 4100:2012-10 Vorschläge für erhöhten Schallschutz 699	
3.4	Schallschutzausweis nach DEGA-Memorandum und DEGA-Empfehlung 700	
3.5	Empfehlung für erhöhten Schallschutz nach TAUBERT und RUHE GmbH 701	
3.6	Übersicht über die Anforderungen 701	
3.7	Festlegen von Anforderungen 701	
4	**Bauweisen und Bauablauf** 702	
4.1	Wände 702	
4.2	Bodenplatte und Fundamente 704	
4.3	Keller 704	
4.4	Reihenhäuser auf gemeinsamer Tiefgarage 705	
4.5	Außenwände 705	
4.6	Geschossdecken 705	
4.7	Dächer 707	
4.8	Innenwände 708	
4.9	Leichtbau-Konstruktionen 708	
4.10	Fußböden 708	
4.11	Statistische Erhebung 708	
5	**Nachweisverfahren** 709	
5.1	Physik der zweischaligen Wand 709	
5.2	Nachweis nach Beiblatt 1 zu DIN 4109:1989-11 710	
5.3	DIN 4109-2:2018-01 710	
5.4	Weitere Berechnungsverfahren 712	
6	**Details und Randaspekte** 712	
6.1	Wärmebrücken: Stirnseiten der Wände zum Dach und an der Außenwand 712	
6.2	Trittschalldämmung von Decken 713	
6.3	Trittschalldämmung Treppen 713	
6.4	Einbauten in Haustrennwänden 714	
6.5	Brandschutz 714	
6.6	Sanitärinstallationen 715	
6.7	Übertragung der zweischaligen Bauweise auf den Geschosswohnungsbau 715	
6.8	Häufige Fehler 717	
6.8.1	Allgemeines 717	
6.8.2	Zu geringe Fugenbreite 717	
6.8.3	Schallbrücken zwischen Schalen durch Betonschlämme 717	
6.8.4	Füllen der Fuge 717	
6.8.5	Verwendung falscher Dämmstoffe 718	
6.8.6	Befestigung von Dämmplatten in der Fuge 718	
6.8.7	Schallbrücken durch außenseitige Konstruktionen und Bekleidungen 718	
6.8.8	Haustrennwände in Ortbetonbauweise 719	
7	**Beispiele** 719	
8	**Schlussbemerkungen** 724	
9	**Danksagung** 724	
10	**Literatur** 724	

1 Einführung

Das Thema der zweischaligen Haustrennwände bei Einfamilienreihen- und Doppelhäusern ist nicht neu. Immer wieder fanden dazu Untersuchungen statt und es wurden Forschungen an den Konstruktionen durchgeführt. Ein wesentlicher Teil dieses Beitrags ist die Fortführung des Heftes „Schallschutz von Haustrennwänden", das unter der Nummer 210, Heft 3/98 im Jahr 1998 und in der 3. Auflage 2002 [1] und im Jahr 2017 [2] in der 4. Auflage aktualisiert von der Arbeitsgemeinschaft für zeitgemäßes Bauen e. V. in Kiel herausgegeben wurde. Aufgrund der starken Nachfrage waren die Vorläufer der Ausgaben bald vergriffen. Auch nach der letzten Auflage ergaben sich wiederum Veränderungen im Normenwesen. Zusätzlich ergibt sich durch das verdichtete Bauen in den Städten, dass Stadthäuser auf gemeinsamen Tiefgaragen als Reihenhäuser neu errichtet werden (Bild 1). Deswegen bleibt das Thema der zweischaligen Wände so aktuell. Demnach ist es folgerichtig, diesen Beitrag fortzuführen.

Immer wieder ist in der Beratungspraxis festzustellen: Sobald eine Reihenhaus- oder Doppelhausanlage in zweischaliger Bauweise erstellt wird, erwarten die Bewohner bzw. die Bauschaffenden, dass die zur Anlage gehörenden Häuser vollständig eigenständige Objekte sind, die sich unabhängig vom Nachbargebäude verhalten und auch schalltechnisch nichts miteinander zu tun haben.

Die Bewohner erwarten häufig ein „Nicht-Hören" des Nachbarn. Physikalisch stehen die Gebäude jedoch so nah zusammen, dass die Wandschalen aufeinander reagieren und dadurch eine relevante Schallübertragung vorliegt, sodass auch bei dieser Bauweise Geräusche der Nachbarn hörbar bleiben, jedoch anders und in geringerem Maß als in einem Geschosswohnungsbau. Die Wandschalen gilt es so zu dimensionieren, dass sie wirkungsvoll sind. Dabei geht es nicht nur um die Luftschallübertragung, sondern auch um die Trittschallübertragung von Treppen und Decken und die Übertragung von Geräuschen der Wasserinstallationen.

Zur verdichteten Bauweise kam es unter anderem bei den ersten Arbeitersiedlungen im Ruhrgebiet. In den frühen Jahren des 19. Jahrhunderts wurden dort z. B. in Essen-Eisenheim die Häuser in Reihen- oder Kreuzgrundrissen errichtet. Seinerzeit wurden nach DIN 4109 von 1944 [3] Trennbauteile zwischen Wohnungen beschrieben. Die dort benannte 25 cm dicke Vollziegelwand ergab das damals erreichbare Schalldämmmaß von circa R'_w = 53 dB. „Mehrfachwände" waren konstruktiv beschrieben, doch Doppelhäuser waren nicht speziell benannt. Erstmalig wurden 1962 in DIN 4109 [4] Einfamilienreihen- und Doppelhäuser erwähnt. Die damaligen Anforderungen gingen kaum über den Mindestschallschutz von Wohnungen in Mehrfamilienwohnhäusern hinaus. In einer Fußnote wurde eine Trennfuge und im Blatt 3 eine Masse von 150 kg/m² für jede Schale und eine 1 cm breite Fuge vorgeschlagen. Damit war ein Schalldämmmaß von ungefähr R'_w = 60 dB zu erreichen.

Während z. B. die Stadt Hamburg die zweischalige Konstruktion bauaufsichtlich einführte, wurde andernorts die einschalige Bauweise als Haustrennwand umgesetzt. Auch wenn bereits in vielen Veröffentlichungen, wie z. B. auch in den Vorläufern des Heftes „Schallschutz von Haustrennwänden" [2], sowie in Gerichtsurteilen erwähnt wurde und das Wissen vorliegt, dass mit der zweischaligen Bauweise sehr hohe Schalldämmmaße erreicht werden können, sind immer noch einschalige Bauweisen anzutreffen. Deswegen sind die Ausführungen in diesem Bauphysikkalender weiterhin so wichtig.

2 Baurecht

2.1 Allgemeines

Bei dem Begriff Baurecht geht der Gedanke automatisch an die vielen Gerichtsurteile der vergangenen Jahre, die sich mit dem Thema Schallschutz beschäftigten. Dadurch entstand eine Menge Unruhe im Bereich des Bauens und die Forderung nach klaren, einzuhaltenden schalltechnischen Anforderungen. Dies wurde durch zahlreiche Veröffentlichungen neuer Richtlinien und Normen nicht immer einfacher.

Ein häufiger Fehler, der in Baubeschreibungen festzustellen ist, ist jedoch, dass womöglich alle Richtlinien ignoriert und keine oder nur unklare Vereinbarungen getroffen werden. Dadurch ergeben sich im gegebenenfalls auftretenden Streitfall sehr unterschiedliche Positionen und die dann daraus resultierenden Urteile für den jeweiligen Einzelfall. Gegebenenfalls werden diese dann allgemeingültig, was nicht immer zufriedenstellend ist.

Den Gerichtsurteilen liegt eine juristische Denkweise zugrunde, die ein spezielles Prüfungsschema durchläuft. Zunächst werden die Baubeschreibungen auf die

Bild 1. Stadthäuser auf gemeinsamer Tiefgarage

vertraglichen Vereinbarungen geprüft. Günstig sind zahlenmäßige Kennwerte, wodurch sich eine sehr eindeutige Beschreibung der schalltechnischen Situation ergibt. Die jeweiligen Kennwerte können im betreffenden Fall messtechnisch ermittelt und mit den vorliegenden Anforderungen verglichen werden. Bei den vereinbarten Kennwerten ist jedoch zu beachten, dass diese nicht geringer als die anerkannten Regeln der Technik sein dürfen.

Der Begriff der anerkannten Regel der Technik ist jedoch ebenfalls juristischer Natur, sodass es auch hier immer mal wieder von verschiedenen Seiten unterschiedliche Meinungen dazu gibt, was eine anerkannte Regel der Technik ist. Zum Schallschutz von Reihen- und Doppelhäusern hat die Deutsche Gesellschaft für Akustik e. V. (DEGA) im Jahr 2011 ein Memorandum [5] veröffentlicht, in dem aus Sicht von Akustikern die anerkannten Regeln der Technik beschrieben werden. Insbesondere im Hinblick auf DIN 4109–1:2016-07 [6] und der überarbeiteten Ausgabe 2018-01 [7] mit Kennwerten, die im Vergleich mit der Ausgabe aus dem Jahr 1989 [8] nun erhöht, aber für nicht unterkellerte Häuser niedriger als im Memorandum sind, ist derzeit eventuell offen, ob eine neu erschienene Norm automatisch als anerkannte Regel der Technik gelten kann oder eher die höheren Werte als anerkannte Regel der Technik gelten.

Wenn es eine bestimmte anerkannte Regel der Technik gibt und der Bauherr oder Auftraggeber davon abweichen möchte, muss der Erwerber, der Kunde und der zukünftige Nutzer darüber deutlich aufgeklärt werden, was es bedeutet, wenn dieses Niveau nicht erreicht wird.

Sollte es in der Baubeschreibung keine zahlenmäßigen Vereinbarungen geben, wird typischerweise geprüft, welche Ausführungsart, Konstruktion oder Materialien vereinbart und gewählt wurden. Daraus kann rechnerisch abgeleitet werden, welche Schallschutzqualität erreichbar ist. Wenn dieser Kennwert dann größer ist als derjenige nach anerkannter Regel der Technik (sofern es die dafür gibt), so gilt der jeweils höhere Wert.

Sollte es auch keine Beschreibung zur Konstruktion, zur Materialauswahl und zur Ausführungsweise geben, wird die Sachlage deutlich diffuser, weil häufig das schalltechnische Niveau aus dem angebotenen „Komfortstandard" abgeleitet wird. Dieses muss nicht zwangsläufig den Schallschutz beschreiben, sondern kann sich auch auf andere Ausstattungsmerkmale des Gebäudes beziehen. Demnach wird aus indirekten Versprechen das einzuhaltende Schallschutzniveau abgeleitet. Direkte Versprechen enthalten häufig Formulierungen wie „ruhige Wohnlage", „freie Entfaltung der Persönlichkeit", „im allgemeinen Ruhe" und dergleichen. Die indirekten Beschreibungen beziehen sich auf sehr subjektive Dinge wie „hochwertig", „gehobene Ansprüche", „hochwertige Materialien" und dergleichen. Dabei ist schon erkennbar, dass diese mit dem Schallschutz nichts mehr zu tun haben. Das sich daraus ergebende Niveau der Schallschutzvereinbarungen ist dann sehr subjektiver Art.

Aus der beschriebenen Situation ergaben sich die nachfolgend aufgeführten Beispiele hinsichtlich der Urteile zum Schallschutz von Reihen- und Doppelhäusern.

OLG München, Aktenzeichen: 28 O 1921/05

„Der mangelhafte Schallschutz eines Neubaus rechtfertigt Schadensersatzansprüche gegen den Bauträger. Dies gilt auch, wenn die unsachgemäße Arbeit so im Bauvertrag vereinbart war. Im verhandelten Fall stritt der Käufer einer Doppelhaushälfte mit dem Bauträger wegen des mangelhaften Schallschutzes. Die Trennwand zwischen den zwei Hälften war einschalig errichtet worden, so, wie es auch im Bauvertrag stand. Was der Bauträger dem Käufer verschwieg: nur eine zweischalig errichtete Trennwand entspricht den Regeln der Baukunst und kann einen ausreichenden Schallschutz gewähren. Die Richter gaben dem Käufer Recht. Dieser habe gar nicht wissen können, dass eine einschalige Trennwand, so wie sie laut Vertrag vorgesehen war, nicht den Regeln der Baukunst entspricht. Deshalb wäre es die Pflicht des Verkäufers gewesen, den Käufer darauf hinzuweisen, dass der heute übliche Schallschutz mit der gewählten Konstruktion nicht erreicht werden könne. Deshalb darf der Käufer vom Bauträger Schadensersatz oder wahlweise auch einen Vorschuss für die Nachbesserung verlangen".

OLG Düsseldorf, Aktenzeichen: 22 O 280/90

Im Urteil vom 24. Mai 1991 wurde bereits darauf hingewiesen, dass es 1983 den anerkannten Regeln der Technik entsprach, Haustrennwände zwischen Einfamilienreihenhäusern zweischalig mit einer durchgehenden mit Dämmmaterial ausgefüllten Schalenfuge zu erstellen und Dachstühle oberhalb der Haustrennwände schalltechnisch zu entkoppeln. In den Gründen des Urteiles hieß es zusätzlich *„. . . das Maß des einzuhaltenden Schallschutzes ergibt sich auch nicht mittelbar aus der auszugsweise vorgelegten, nach der unwidersprochenen Darstellung des Klägers von dem Beklagten entworfenen Baubeschreibung. Wenn es in dieser heißt, die Ausführung erfolge gemäß den bindenden Vorschriften der DIN, so bedeutet dieser Hinweis letztlich nichts anderes, als dass das Bauvorhaben unter Beachtung der anerkannten Regeln der Technik, die regelmäßig in den DIN-Vorschriften ihren Niederschlag finden, ausgeführt werden sollte, nicht aber, dass auch solche DIN-Normen, die bereits von der technischen Entwicklung überholt waren und nicht mehr dem Stand der Technik entsprachen, maßgeblich sein sollten. Insbesondere können die Mindestanforderungen der DIN 4109 in der Fassung von 1962 an den Schallschutz von Reihenhäusern durch die pauschale Bezugnahme auf die DIN-Normen nicht als vereinbart angesehen werden. Die DIN 4109, Fassung 1962, entsprach schon zur Zeit der Erteilung des Planungsauftrages an die Beklagten mit ihren Mindestanforderungen an den Schallschutz nicht mehr den anerkannten Regeln der Technik. Diese Schallschutzwerte* *genügten schon damals seit längerem nicht mehr modernen Wohnansprüchen."*

Dazu passt dann wiederum das BGH-Urteil vom 14. Mai 1998 (Aktenzeichen: VII ZR 184/97) in dem es wie folgt heißt:

„Die DIN-Normen sind keine Rechtsnormen, sondern private technische Regelungen mit Empfehlungscharakter. Sie können die anerkannten Regeln der Technik wiedergeben oder hinter diesen zurückbleiben."

Daraus ergab sich häufig die Feststellung, dass DIN 4109:1989-11 nicht mehr anerkannte Regel der Technik sei. Von dieser Verallgemeinerung sollte allerdings Abstand genommen werden, da DIN 4109:1989-11 neben dem Mindestschallschutz von Wohnungen und Einfamilienreihen- und Doppelhäusern auch den Schallschutz zahlreicher anderer Gebäude regelt. Dazu gehören z. B. Bürogebäude, Schulen, Beherbergungsstätten (Hotels ohne besonderen Komfort), Krankenhäuser und die Anforderungen für besonders laute Räume. Außerdem werden die Anforderungen an den Schutz gegen Außenlärm geregelt. Diese Bereiche waren in DIN 4109:1989-11 unumstritten. Insbesondere die Kennwerte für den Schutz gegen Außenlärm wurden auch in die Richtlinie VDI 4100 in den Ausgaben 1994, 2007 und 2012 [9–11] unverändert übernommen. Beim Einhalten dieser Kennwerte entstehen im Allgemeinen zufriedenstellende schalltechnische Situationen. Für die letztgenannten Bereiche konnte DIN 4109:1989-11 somit weiterhin als anerkannte Regel der Technik gelten.

Auf der Grundlage eines Urteils des Landgerichts Flensburg vom 11.03.2010 schrieb der Rechtsanwalt *Erich J. Groß* im Hinblick auf die Thematik Reihenwohnung bzw. Geschosswohnungsbau folgenden Kommentar:

„Nach der Entscheidung des Landgerichts Flensburg vom 11.03.2010 (Aktenzeichen: 3 O 15/07) wird Schallschutz bei der Verwendung des Begriffs „Reihenwohnung" geschuldet für ein Reihenhaus, wenn die Anlagen Reihenhauscharakter hat. Ferner hat der Senat deutlich gemacht, dass bei der Prospektierung „modernster Standard" sowie „hochwertige Qualität und Zuverlässigkeit" ein Schallschutz nach der Schallschutzstufe III der VDI-Richtlinie 4100 geschuldet ist. Groß legt in seiner Entscheidungsanmerkung dar, dass nicht ausreichender Schallschutz wegen der regelmäßig damit verbundenen hohen Mängelbeseitigungskosten ein Grund zur Durchsetzung des großen Schadensersatzes ist."

Hier wird im Wesentlichen auf die Bauweise bzw. das Erscheinungsbild des Gebäudes verwiesen. Daraus wird abgeleitet, wie dieses auf den zukünftigen Nutzer wirkt und welche Erwartungshaltung sich dadurch aufbaut. Eine reihenhausähnliche Konstruktion bzw. Bauweise erweckt so auch den Eindruck, dass ein solcher Schallschutz hier erreicht werden könnte.

3 Schalltechnische Anforderungen

3.1 Allgemeines

Dieser Beitrag hat einen besonderen Blick auf die Anforderungen an die Luftschalldämmung. Dennoch gibt es auch Anforderungen an die Trittschallübertragung sowie an die Geräusche aus haustechnischen Anlagen, die ebenfalls bei der zweischaligen Bauweise reduziert sind. Sie sind wegen der zweischaligen Bauweise unkritischer als im Geschosswohnungsbau. Hier sind dennoch beispielsweise leichte Treppen an den zweischaligen Haustrennwänden nicht zu unterschätzen. Deswegen werden in den nachfolgend genannten Regelwerken nicht nur die Anforderungen an die Luft-, sondern auch an die Trittschalldämmung und an Geräusche aus haustechnischen Anlagen benannt. Die Anforderungen hinsichtlich des Schutzes gegen Außenlärm sind im Vergleich mit den Anforderungen an Mehrfamilienwohnhäuser identisch und werden hier nicht weiter betrachtet. Die Kennwerte der unterschiedlichen Regelwerke sind in den Tabellen 1 bis 4 zusammengeführt.

3.2 DIN 4109 Mindestschallschutz

3.2.1 Historie

Die Ausgabe der DIN 4109:1989-11 befand sich seit Anfang der 2000er-Jahre in der Überarbeitung. So war im Juni 2000 der Entwurf des Teils 10: Vorschläge für einen erhöhten Schallschutz von Wohnungen [12] erschienen, um die Richtlinie VDI 4100:1994-09 und das Beiblatt 2 zur DIN 4109:1989-11 [13] zusammenzuführen. Damit sollte ein übersichtliches Regelwerk mit Kennwerten zum erhöhten Schallschutz geschaffen werden. Beide Regelwerke waren für einen höheren Schallschutz bauaufsichtlich nicht eingeführt, da dieses Niveau oberhalb der Anforderung liegt, die als bauaufsichtliche Mindestanforderung verlangt werden darf.

Der genannte Teil 10 zu DIN 4109 mit den Vorschlägen für einen erhöhten Schallschutz blieb im Entwurf und wurde zurückgezogen, weil keine Einigkeit hinsichtlich der Kennwerte getroffen werden konnte. Daraufhin wurde die Richtlinie VDI 4100 zunächst redaktionell überarbeitet und im Jahr 2007 veröffentlicht [10]. Sie wurde anschließend vollständig überarbeitet, um im Jahr 2012 [11] neu zu erscheinen.

In den Jahren 2006 und 2013 erschienen Entwürfe zu einer Neufassung von DIN 4109. Dazu gab es jeweils zahlreiche Einsprüche auch technischer Art, sodass u. a. der Entwurf im Jahr 2013 herausgegeben wurde. Die Einsprüche wurden im April 2016 behandelt. DIN 4109 „Schallschutz im Hochbau" wurde im Juli 2016 neu herausgegeben. Im Januar 2018 wurden die Teile 1 und 2 überarbeitet neu herausgegeben. Beide Fassungen bestehen aus folgenden Teilen [7, 14–21]:

- Teil 1: Mindestanforderungen
- Teil 2: Rechnerische Nachweise der Erfüllung der Anforderungen
- Teil 4: Bauakustische Prüfungen
- Teil 31: Daten für die rechnerischen Nachweise des Schallschutzes (Bauteilkatalog) – Rahmendokument
- Teil 32: Daten für die rechnerischen Nachweises des Schallschutzes (Bauteilkatalog) – Massivbau
- Teil 33: Daten für die rechnerischen Nachweise des Schallschutzes (Bauteilkatalog) – Holz-, Leicht- und Trockenbau
- Teil 34: Daten für die rechnerischen Nachweise des Schallschutzes (Bauteilkatalog) – Vorsatzkonstruktionen vor massiven Bauteilen
- Teil 35: Daten für die rechnerischen Nachweise des Schallschutzes (Bauteilkatalog) – Elemente, Fenster, Türen, Vorhangfassaden
- Teil 36: Daten für die rechnerischen Nachweise des Schallschutzes (Bauteilkatalog) – Gebäudetechnische Anlagen

Für die Teile 34 und 35 gibt es seit Mitte 2019 Änderungen bzw. Erweiterungen der Bauteilkataloge. Wesentlich für die Beurteilung von Trennwänden zwischen Reihen- und Doppelhäusern ist der Teil 1 mit den Anforderungen und Teil 2 mit den Rechenverfahren. In Teil 33 soll es in einer späteren Ausgabe Ergänzungen geben. Der Teil 1 ersetzt die Ausgabe DIN 4109:1989-11 mit den Anforderungen und ist teilweiser Ersatz für das Beiblatt 2 zu DIN 4109. Teilweiser Ersatz bedeutet hier, dass Abschnitte, die im Teil 1 aufgeführt sind, im Beiblatt 2 nicht mehr gültig sind.

Im Beiblatt 2 zu DIN 4109:1989-11 werden im Wesentlichen Empfehlungen für einen erhöhten Schallschutz für Wohngebäude, Reihen- und Doppelhäuser, Hotels und Büroräume (auch für den eigenen Bereich) beschrieben. Weil DIN 4109-1:2016 keine Empfehlungen für einen erhöhten Schallschutz enthält, können die Kennwerte aus Beiblatt 2 zu DIN 4109 prinzipiell herangezogen werden. Anstelle des Beiblatts 2 zu DIN 4109 entsteht zur DIN 4109 ein Teil 5 [22] mit Kennwerten für einen erhöhten Schallschutz. Dieser erschien im Mai 2019 als Entwurf.

Der Teil 5 wird auch DIN SPEC 91314 [23] ersetzen. Zur DIN SPEC heißt es im Einführungsbeitrag des DIN e. V.: „*Diese DIN SPEC wurde im Zuge des PAS-Verfahrens durch einen Workshop (temporäres Gremium) erarbeitet. Die Erarbeitung und Verabschiedung dieser DIN SPEC erfolgte durch die im Vorwort genannten Verfasser. Diese DIN SPEC legt Anforderungen fest an einen erhöhten Schallschutz in schutzbedürftigen Räumen in Wohngebäuden zum Erreichen der beschriebenen Schallschutzziele. Sie bilden die Grundlage für Baukonstruktionen für den erhöhten Schallschutz bei Neubauten von Wohngebäuden. Bei baulichen Änderungen bestehender Wohngebäude ist im Einzelfall zu untersuchen, ob die vorgeschlagenen Kennwerte teilweise oder vollständig angewendet werden können.*" Die Kennwerte der DIN SPEC 91314 wurden seit dem Erscheinen im Januar 2017 praktisch nicht angewandt, sodass sie nahezu unbekannt blieb. Da sie zukünftig zurückgezogen wird, wird sie in diesem Beitrag auch nicht weiter berücksichtigt.

3.2.2 DIN 4109:1989-11

In der bisherigen DIN 4109:1989-11, die im Juli 2016 zurückgezogen wurde, lauteten die darin enthaltenen Kennwerte wie nachfolgend genannt. DIN 4109:1989-11 ist einigen Bundesländern noch bauaufsichtlich eingeführt, sodass sie deswegen noch relevant ist:
- Haustrennwände: erforderliches Schalldämmmaß: $R'_w \geq 57$ dB
- Decken: maximal zulässiger Norm-Trittschallpegel: erf. $L'_{n,w} \leq 46$ dB
- Treppenläufe und Podeste und Decken unter Fluren: maximal zulässiger Norm-Trittschallpegel: erf. $L'_{n,w} \leq 53$ dB

In zahlreichen Gerichtsurteilen wurde bereits darauf hingewiesen, dass das Schalldämmmaß von erf. $R'_w \geq 57$ dB nicht mehr als anerkannte Regel der Technik gelten kann. Es ist ein darüberhinausgehender Schallschutz zu erreichen. Von Seiten der Gerichte wurden jedoch das anzuwendende Regelwerk und eine zahlenmäßige Vorgabe offengelassen.

3.2.3 Beiblatt 2 zu DIN 4109:1989-11

Im Beiblatt 2 zu DIN 4109:1989-11, welches durch DIN 4109-1:2016-07 teilweise ersetzt wurde, ist der Anforderungswert für die Haustrennwände um 10 dB erhöht und beträgt demnach erf. $R'_w \geq 67$ dB. Insbesondere für Erdgeschosse in nicht unterkellerten Gebäuden oder Aufenthaltsräume in Untergeschossen von Reihen- und Doppelhäusern sollte sehr sorgfältig geprüft werden, ob dieser hohe Wert mit der gewählten Konstruktion überhaupt erreichbar ist. Die Kennwerte für den Norm-Trittschallpegel für Decken und Treppenläufe lautet wie folgt:
- Decken: erf. $L'_{n,w} \leq 38$ dB
- Treppenläufe und Podeste: erf. $L'_{n,w} \leq 46$ dB

3.2.4 DIN 4109-1:2016-07 / 2018-01

In dem Entwurf zur DIN 4109 aus dem Jahr 2006 wurden zunächst Standard-Schallpegeldifferenzen bzw. Standard-Trittschallpegel als Anforderung benannt, um anstelle einer Schalldämmung einen Schallschutz zu beschreiben, der sich aus der schalltechnischen Qualität der Trennbauteile und der Geometrie der Räume ergibt. Damit kann das subjektiv empfundene schalltechnische Niveau zwischen zwei Räumen günstiger beschrieben werden. Diese Vorgehensweise ist auch in VDI 4100:2012 enthalten. In DIN 4109 wurde sie mit dem Entwurf 2013 zurückgezogen und auf die in DIN 4109:1989-11 enthaltenen Kennwerte „bewertetes Schalldämmmaß R'_w" und „bewerteter Norm-Trittschallpegel $L'_{n,w}$" zurückgeführt.

Jedoch sind nun zahlenmäßig andere Kennwerte enthalten, bei denen unterschieden wird, ob es sich um ein unterkellertes oder ein nicht unterkellertes Gebäude handelt. Daraus ist ersichtlich, dass sich zur zweischaligen Bauweise und einer unvollständigen Trennung neue Erkenntnisse ergeben haben. Der Kennwert für nicht unterkellerte Gebäude lautet erf. $R'_w \geq 59$ dB und für unterkellerte Gebäude erf. $R'_w \geq 62$ dB. Der letzte Wert gilt auch für Obergeschosse nicht unterkellerter Gebäude, weil sich durch das zwischenliegende Erdgeschoss ein ausreichend großer Abstand zur Sohle auf Erdreich ergibt.

Im Hinblick darauf, dass DIN 4109 Anforderungen an den Gesundheitsschutz stellt, kann es fraglich erscheinen, warum es einerseits in einem Einfamilienreihen- oder Doppelhaus andere Kennwerte als im Mehrfamilienwohngebäuden gibt und andererseits unterschiedliche Anforderungen in den Geschossen an diesen gibt. Streng genommen sollte der Gesundheitsschutz in verschiedenen Geschossen einer solchen Hauskonstellation identisch sein. Hier wird vermutlich eher auf die technisch zu erwartenden Schalldämmmaße aufgrund der unvollständigen Trennung in Nähe des Fundamentes abgehoben.

Ebenso wird hinsichtlich der Trittschalldämmung von Decken und Bodenplatten unterschieden. Der zulässige Anforderungswert des bewerteten Norm-Trittschallpegels beträgt bei Decken zulässig $L'_{n,w} \leq 41$ dB und bei Bodenplatten zulässig $L'_{n,w} \leq 46$ dB. Für Treppenläufe und Podeste und Decken unter Fluren bleibt der Kennwert bei zulässig $L'_{n,w} \leq 53$ dB.

Mit diesen veränderten Anforderungen wurde in Teil 2 von DIN 4109:2018-01 „Rechnerische Nachweise der Erfüllung der Anforderung" ein neues Verfahren zur Ermittlung des bewerteten Schalldämmmaßes eingeführt, um die unvollständige Trennung zu berücksichtigen. Dazu wird im Abschnitt 5.3 gesondert eingegangen. Das Beiblatt 1 zu DIN 4109:1989-11 [24], nachdem bisher der rechnerische Nachweis zu führen war, wurde mit dem Erscheinen von DIN-4109-2:2016-07 zurückgezogen und ist nicht mehr anzuwenden. Das darin enthaltene Verfahren konnte nur die Schalldämmung für eine vollständige Fuge abbilden. Unvollständige Fugen, wie sie z. B. bei nicht unterkellerten Reihen- und Doppelhäusern auftreten, konnten damit nicht abgebildet werden. Das Verfahren wurde weiterentwickelt und ist nun im Teil 2 zu DIN 4109:2018-01 [14] beschrieben.

3.2.5 DIN 4109-5:2019-05, Entwurf

In dem Entwurf zum Teil 5 zur DIN 4109 wird die Differenzierung nach Gebäuden mit und ohne Keller wie im Teil 1 der DIN 4109 aufgegriffen. Die Kennwerte wurden zumindest – soweit wie beim Erstellen dieses Beitrages bekannt – um 5 dB erhöht. Die Kennwerte für die Trittschalldämmung sind um 3 dB bzw. 5 dB besser als bei den Mindestanforderungen.

3.3 VDI 4100:2012-10 Vorschläge für erhöhten Schallschutz

Die Richtlinie VDI 4100 wurde erstmalig im Jahr 1994 veröffentlicht. Bereits im Abschnitt zur DIN 4109 wurde auf den Zusammenhang mit Beiblatt 2 zu DIN 4109 verwiesen. Zwischenzeitlich ist im Jahr 2007 eine Ausgabe mit redaktionellen Änderungen erschienen. Bis Oktober 2012 wurde eine neue Richtlinie erarbeitet. Grundsätzlich beibehalten wurden zunächst die drei Schallschutzstufen SSt I bis III. Bis dahin war die Schallschutzstufe SSt I identisch mit der Anforderung an den Mindestschallschutz nach DIN 4109:1989-11.

Mit der Neuausgabe löste man sich inhaltlich von der DIN 4109:1989-11 unter anderem auch deshalb, weil nicht abzusehen war, welche Entwicklungen sich bei DIN 4109 ergeben. Deswegen gilt nunmehr die Schallschutzstufe SSt I bereits als erhöhter Schallschutz, der über DIN 4109 hinausgeht. Auch die Kennwerte in den weiteren Schallschutzstufen sind gegenüber den Anforderungen aus der Richtlinie VDI 4100:2007-08 erhöht.

Zusätzlich wurden die Kennwerte umgestellt. Bislang wurde mit dem bewerteten Schalldämmmaß und dem bewerteten Norm-Trittschallpegel $L'_{n,w}$ die Schalldämmung eines Bauteils beschrieben. Durch die Umstellung auf nachhallzeitbezogene Größen wie bewertete Standard-Schallpegeldifferenzen $D_{nT,w}$ und Standard-Trittschallpegel $L'_{nT,w}$ wird das Maß des Schallschutzes zwischen zwei Räumen beschrieben. Wesentliche Kenngröße für den Schallschutz ist und bleibt die Schalldämmung R'_w bzw. $L'_{n,w}$ eines Bauteils. Sie wird jedoch um die jeweilige geometrische Raumsituation korrigiert, sodass sich je nach Größe des Raumes unterschiedliche Standard-Schallpegeldifferenzen und Standard-Trittschallpegel einstellen können. Bei der Angrenzung von zwei unterschiedlich großen Räumen ist die Schallübertragung von dem großen Raum in den kleinen Raum höher als in umgekehrter Richtung, weil sich die Schallenergie durch die Immission in den größeren Raum in diesem reduziert und die Immission dann als leiser empfunden wird. Demnach liegt auch subjektiv ein höherer Schallschutz als in entgegengesetzter Richtung vor.

Diese Vorgehensweise erzeugte bei den Bauschaffenden zunächst Verwirrung, weil es einerseits unbekannte Größen waren und andererseits der Berechnungsvorgang verlängert wurde. In Beratungen ist festzustellen, dass insbesondere bei Einfamilienreihen- und Doppelhäusern wiederkehrende Grundrisssituationen entstehen, aus denen häufig lediglich die Tiefe senkrecht zur Haustrennwand relevant ist, um ein Maß für den Luftschallschutz zu bestimmen.

Insbesondere bei großen Objekten wird dann versucht, die Vorgehensweise zu verallgemeinern und aus der schalltechnisch ungünstigsten Situation die Konstruktion auch für alle anderen Raumsituationen abzuleiten. Deswegen wurde im Büro des Autors ein neuer Vorschlag erarbeitet, der im Deutschen Ingenieurblatt [25] erschienen ist und im Abschnitt 3.5 beschrieben wird. Die Kennwerte nach VDI 4100 sind, übertragen von den nachhallzeitbezogenen Größen mit Ansatz von typischen Geometrien auf die bekannten Werte, dann in den Tabellen 1 bis 3 dargestellt.

Die Kennwerte leiten sich aus verschiedenen Parametern ab. Wesentlich ist dabei die Geräuscherzeugung auf der lauten Seite der Haustrennwand. Hierbei wird von einer bestimmten Sprechweise ausgegangen, wodurch ein bestimmter Schalldruckpegel erzeugt wird. Das Schalldämmmaß des Trennbauteils führt auf der leisen Seite der Haustrennwand zu einem geringeren Schallpegel. Dieser wird je nach Höhe von dem dort vorhandenen Grundgeräuschpegel über- oder unterschritten. In der Richtlinie VDI 4100 werden dazu A-bewertete Grundgeräuschpegel benannt, die – geschlossene, dichte Fenster mit ausreichender Luftschalldämmung vorausgesetzt – zu erwarten sind. Dieser beträgt z. B. in ruhigen ländlichen Einzelwohnlagen ungefähr 15 dB(A) bzw. in Wohngebieten ohne stärkere Einwirkung von Außenlärm ungefähr 20 dB(A). Diese Werte sind auch typischerweise bei Schallmessungen bereits tagsüber festzustellen. Zur Nachtzeit ist der geringere Wert zu erwarten.

Die von der lauten Seite der Haustrennwand einwirkende Schallimmission wird nunmehr mit dem Grundgeräuschpegel verglichen und die Differenz gebildet. Sind die Immissionen deutlich höher als der Grundgeräuschpegel, so wird die Hör- und Verstehbarkeit der eindringenden Sprache aus dem Nachbarhaus mit „einwandfrei" bzw. „noch zu verstehen" beschrieben. Sinkt die Schallimmission aus dem Nachbargebäude unter den Grundgeräuschpegel ab, wird die Hörbarkeit mit „nicht verstehbar", „kaum zu hören" bzw. „nicht zu hören" beschrieben, wodurch sich eine differenzierte Beschreibung der Schallübertragung ergeben kann bzw. das Schalldämmmaß auf das subjektiv gewünschte Niveau dimensioniert werden kann. Mit dieser Vorgehensweise könnten die Anforderungen individuell festgelegt werden.

3.4 Schallschutzausweis nach DEGA-Memorandum und DEGA-Empfehlung

Die DEGA ist die Deutsche Gesellschaft für Akustik e. V., worin sich verschiedene Fachausschüsse mit den unterschiedlichsten Bereichen der Akustik beschäftigen. Für den Schallschutz von Haustrennwänden ist der Fachausschuss Bau- und Raumakustik zuständig. Dieser hat letztmalig im August 2005 ein Memorandum mit dem Titel „Die DIN 4109 und die allgemein anerkannten Regeln der Technik in der Bauakustik" [5] veröffentlicht. Darin heißt es zur Schalldämmung zwischen Reihenhaustrennwänden als zitierbarer Text wie folgt:

„*Die zweischalige Ausführung von Reihenhaustrennwänden entspricht nach Auffassung des Fachausschusses den allgemein anerkannten Regeln der Technik. Mit dieser Ausführung lassen sich für Haustrennwände ein bewertetes Bau-Schalldämmmaß von mindestens $R'_w \geq 62$ dB (mit Unterkellerung) und $R'_w \geq 60$ dB (ohne Unterkellerung im Erdgeschoss) sowie für Decken und Treppen ein bewerteter Norm-Trittschallpegel von höchstens $L'_{n,w} \leq 46$ dB erreichen.*"

Außerdem wird die Prüfung des geschuldeten Schallschutzes beschrieben, woraus auch die einleitende Beschreibung im Abschnitt 2 abgeleitet wurde. Neben dem DEGA-Memorandum erschien im Jahr 2009 die DEGA-Empfehlung 103 „Schallschutz im Wohnungsbau – Schallschutzausweis" [26], in der Schallschutzklassen im Wohnungsbau eingeführt wurden. Letztmalig ergab sich Anfang 2018 eine Aktualisierung dieser Veröffentlichung. Dabei gibt es die Schallschutzklassen F bis A und A*. Die Klasse D entspricht dem Mindestschallschutz nach DIN 4109.

Mit Einführung dieser Schallschutzklassen als Gesamtbeurteilungskriterium sollen dem Anwender einfache Entscheidungskriterien an die Hand gegeben werden, mit deren Hilfe er den für seine Bedürfnisse wünschenswerten bzw. notwendigen, innerhalb der Teilbereiche aufeinander abgestimmten, baulichen Schallschutz ermitteln kann. Mit den Schallschutzklassen können alle Arten von Gebäuden wie Einfamilienhäuser, Einfamilienreihen- und Doppelhäuser sowie Mehrfamilienwohngebäude beurteilt werden. Die Kennwerte beziehen sich sowohl auf den internen Schallschutz als auch auf den externen Schallschutz bzw. die Art der Wohnlage.

In der DEGA-Empfehlung werden die bekannten Kennwerte „bewertetes Schalldämmmaß R'_w" für die Luftschalldämmung und „bewerteter Norm-Trittschallpegel $L'_{n,w}$" für die Trittschalldämmung verwandt. Hinsichtlich der ohnehin geforderten zweischaligen Bauweise für Einfamilienreihen- und Doppelhäuser aus dem DEGA-Memorandum heißt es in der DEGA-Empfehlung 103, dass für die oberen Klassen B, A und A* mehrschalige Konstruktionen erforderlich sind. Dies zeigt, dass die oberen Klassen für den Einfamilien- und Einfamilienreihen- und Doppelhausbau gedacht sind. Die darunterliegenden Klassen C und D bzw. B können noch für den Geschosswohnungsbau gelten. Die Klassen E und F gelten für den nicht sanierten Geschosswohnungsbau und erfüllen nicht einmal die Anforderung nach DIN 4109 für den Geschosswohnungsbau. Nur mit aufwendigen Konstruktionen ist im Geschosswohnungsbau die Klasse B erreichbar.

Um in eine bestimmte Klasse eingestuft zu werden, müssen alle Kriterien einer Klasse erfüllt sein. Bei Abweichung in einer der Klassen wird das Gebäude bereits niedriger eingestuft. Die einzuhaltenden Kennwerte der Klassen B, A und A*, die offensichtlich für Einfamilienreihen- und Doppelhäuser vorgesehen sind, sind auch in der Tabelle 1 bis 4 enthalten.

3.5 Empfehlung für erhöhten Schallschutz nach TAUBERT und RUHE GmbH

Ein erhöhter Schallschutz wird im Beiblatt 2 zu DIN 4109:1989-11 und in der Richtlinie VDI 4100:2012-10 vorgeschlagen. Beide Regelwerke weisen aus Sicht der TAUBERT und RUHE GmbH grundsätzliche Unstimmigkeiten bei den Kennwerten untereinander auf. Deswegen wurde eine in der Beratungspraxis einfach handhabbare Struktur entwickelt, worin die Widersprüche bzw. fehlenden Kennwerte der Regelwerke (hoffentlich) behoben wurden. Die Schallschutzstufen SSt*I bis SSt*IV orientieren sich an DIN 4109:1989-11 und der Richtlinie VDI 4100:2007. Die Kennwerte der Schallschutzstufe SSt*I entsprechen der Anforderung nach DIN 4109 für den Mindestschallschutz. Die Kennwerte für SSt*IV gehen deutlich über die Schallschutzstufe III nach VDI 4100:2007-08 hinaus und entsprechen prinzipiell der SSt III nach VDI 4100:2012-10. Die Kennwerte für einen erhöhten, hohen und sehr hohen Schallschutz lauten dann in den Schallschutzstufen SSt* II bis SSt* IV wie in den Tabellen 1 bis 4 dargestellt.

3.6 Übersicht über die Anforderungen

In den vorgenannten Abschnitten wurden unterschiedliche Regelwerke beschrieben. Wie bereits erkennbar, gibt es sehr unterschiedliche Anforderungswerte, die alle über DIN 4109 hinausgehen. Die Differenzen zwischen den einzelnen Richtlinien zeigen nicht nur unterschiedliche Herangehensweisen, sondern auch die unterschiedlichen Einschätzungen des notwendigen Komforts. Anders als bei den Anforderungen an Energieeinsparung in der Energieeinsparverordnung und den ergänzenden Regeln z. B. der KfW-Bank werden mit schalltechnischen Anforderungswerten Komfortstufen beschrieben, die jeweils sehr subjektiv empfunden werden. Ein „genormtes Komfortverständnis" ist aufgrund der von Mensch zu Mensch unterschiedlichen Ansprüche und Erwartungen an Schallschutz nur sehr unzureichend zu beschreiben. Dennoch werden durch das Einführen von Schallschutzstufen bestimmte Standards geschaffen, um z. B. zwischen verschiedenen Kaufpreisen bzw. Mietentgelten eine Stufung zu erhalten. In den Tabellen 1 bis 4 sind deswegen die unterschiedlichen Regelwerke einander gegenübergestellt.

3.7 Festlegen von Anforderungen

Die unterschiedlichen Regelwerke sind ein bunter Strauß möglicher Anforderungswerte, die teilweise in sich oder untereinander widersprüchlich sein können. Andererseits passen die gewählten Anforderungswerte möglicherweise auch nicht mit der gewünschten Baukonstruktion überein. Deswegen gibt es gegebenenfalls auch in dieser Hinsicht Abweichungen. Wichtig ist es dennoch, den gewünschten Schallschutz vertraglich zu vereinbaren. Dieses kann entweder auf Grundlage der Regelwerke oder anhand von Zahlenwerten der schalltechnisch relevanten Bauteile erfolgen, die individuell bemessen sind. Damit wären die schalltechnischen Qualitäten in einer Baubeschreibung genauso beschrieben, wie die Anzahl von Steckdosen, die Raumhöhe oder die Größe einer Wohnung. Auch diese können eindeutig gezählt bzw. gemessen und mit den vereinbarten Qualitäten verglichen werden. Wesentlich ist jedoch, dass das Schallschutzniveau konkret zahlenmäßig vereinbart wird, um spätere Unklarheiten und Streitigkeiten zu vermeiden.

Tabelle 1. Kennwerte für die Luftschalldämmung R'_w verschiedener Regelwerke

Regelwerk	Anforderungen an die Luftschalldämmung R'_w			
	mindestens	erhöht	hoch	sehr hoch
DIN 4109:1989-11 (zurückgezogen)	≥ 57 dB			
Beiblatt 2 zu DIN 4109:1989-11			≥ 67 dB	
DIN 4109-1:2018-01	≥ 59/62 dB [2]			
DIN 4109-5:2019-05 Entwurf		≥ 64/67 dB		
VDI 4100:2012-10 [1]		≥ 66 dB [1] SSt I	≥ 70 dB [1] SSt II	≥ 74 dB [1] SSt III
DEGA-Memorandum 2005-08		≥ 60/62 dB [2]		
DEGA-Schallschutzausweis 2018-01		≥ 62 dB Klasse B	≥ 67 dB Klasse A	≥ 72 dB Klasse A*
Empfehlung TAUBERT und RUHE GmbH 2013-03	≥ 57 dB SSt*I	≥ 63 dB SSt*II	≥ 68 dB SSt*III	≥ 71 dB SSt*IV

1) Umrechnung für Räume mit einem Volumen von < 31 m³
2) Der niedrigere Wert gilt für Erdgeschosse von nicht unterkellerten Reihenhäusern.

Tabelle 2. Kennwerte für die Trittschalldämmung $L'_{n,w}$ von Decken verschiedener Regelwerke

Regelwerk	Anforderungen an die Trittschalldämmung $L'_{n,w}$ von Decken			
	mindestens	erhöht	hoch	sehr hoch
DIN 4109:1989-11 (zurückgezogen)	≤ 48 dB			
Beiblatt 2 zu DIN 4109:1989-11		≤ 46 dB		
DIN 4109-1:2018-01	≤ 41/46 dB [2]			
DIN 4109-5:2019-05 Entwurf		≥ 38/41 dB		
VDI 4100:2012-10 [1]		≤ 45 dB [1] SSt I	≤ 38 dB [1] SSt II	≤ 31 dB [1] SSt III
DEGA-Memorandum 2005-08	–	≤ 46 dB	–	–
DEGA-Schallschutzausweis 2018-01	–	≤ 40 dB Klasse B	≤ 34 dB Klasse A	≤ 28 dB Klasse A*
Empfehlung TAUBERT und RUHE GmbH 2013-03	≤ 48 dB SSt*I	≤ 41 dB SSt*II	≤ 34 dB SSt*III	≤ 27 dB SSt*IV

1) Umrechnung für Räume mit einem Volumen von < 31 m³
2) Der höhere Wert gilt für Fußböden im EG von nicht unterkellerten Gebäuden.

Tabelle 3. Kennwerte für die Trittschalldämmung $L'_{n,w}$ von Treppen verschiedener Regelwerke

Regelwerk	Anforderungen an die Trittschalldämmung $L'_{n,w}$ von Treppen			
	mindestens	erhöht	hoch	sehr hoch
DIN 4109:1989-11 (zurückgezogen)	≤ 53 dB			
Beiblatt 2 zu DIN 4109:1989-11		≤ 38 dB		
DIN 4109-1:2018-01	≤ 53 dB			
DIN 4109-5:2019-05 Entwurf		≥ 41 dB		
VDI 4100:2012-10 [1]		≤ 45 dB [1] SSt I	≤ 38 dB [1] SSt II	≤ 31 dB [1] SSt III
DEGA-Memorandum 2005-08		≤ 46 dB [2]		
DEGA-Schallschutzausweis 2018-01		≤ 40 dB Klasse B	≤ 34 dB Klasse A	≤ 28 dB Klasse A*
Empfehlung TAUBERT und RUHE GmbH 2013-03	≤ 53 dB SSt*I	≤ 46 dB SSt*II	≤ 39 dB SSt*III	≤ 32 dB SSt*IV

1) Umrechnung für Räume mit einem Volumen von < 31 m³
2) Der höhere Wert gilt für Fußböden im EG von nicht unterkellerten Gebäuden.

4 Bauweisen und Bauablauf

4.1 Wände

Hinsichtlich der Bauweise von Haustrennwänden war bereits aus den Gerichtsurteilen und den Anforderungen zu erkennen, dass einschalige Konstruktionen für Einfamilienreihen- und Doppelhäuser seit langem nicht mehr infrage kommen. Bei diesen Konstruktionen ist die Luftschalldämmung nicht nur durch die Dicke einer Trennwand, sondern auch aufgrund der flankierenden Bauteile, insbesondere der Außenwände, erheblich begrenzt. Zudem erfolgt eine höhere Trittschallübertragung von Decken und Treppen bzw. Körperschallübertragung von Sanitärinstallationen in die angrenzende Haushälfte. Deswegen wird im Folgenden davon ausgegangen, dass ausschließlich zweischalige Bauweisen vorgesehen werden.

Der Begriff Zweischaligkeit bezieht sich auf die Massivbauweise, wobei für die Wandschalen Kalksandsteinmauerwerk, Hochlochziegel, Porenbeton oder

Tabelle 4. Kennwerte für maximal zulässige Schalldruckpegel gebäudetechnischer Anlagen aus fremden Wohnbereichen verschiedener Regelwerke

Regelwerk	Anforderungen an den maximal zulässigen Kennzeichnenden Schalldruckpegel $L_{AF,max,nT}$			
	mindestens	erhöht	hoch	sehr hoch
DIN 4109:1989-11 (zurückgezogen)	$L_{Af,max,n}$ $\leq$ 30 dB(A)			
Beiblatt 2 zu DIN 4109:1989-11		$L_{AF,max,n}$ $\leq$ 25 dB(A)		
DIN 4109-1:2018-01	$L_{AF,max,n}$ $\leq$ 32 dB(A)			
VDI 4100:2012-101)		$L_{AF,max,nT}$ $\leq$ 30 dB(A) SSt I	$L_{AF,max,nT}$ $\leq$ 25 dB(A) SSt II	$L_{AF,max,nT}$ $\leq$ 22 dB(A) SSt III
DEGA-Schallschutzausweis 2018-01 (mehrschalige Bauweisen erforderlich)		$L_{AF,max,n}$ $\leq$ 20 dB(A) Klasse B	$L_{AF,max,n}$ $\leq$ 20 dB(A) Klasse B	$L_{AF,max,n}$ $\leq$ 20 dB(A) Klasse B
Empfehlung TAUBERT und RUHE GmbH 2013-03	$L_{AF,max,nT}$ $\leq$ 30 dB(A) SSt*I	$L_{AF,max,nT}$ $\leq$ 25 dB(A) SSt*II	$L_{AF,max,nT}$ $\leq$ 20 dB(A) SSt*III	$L_{AF,max,nT}$ $\leq$ 20 dB(A) SSt*IV

Stahlbeton verwendet werden. Im Mauerwerksbau betragen die Dicken der einzelnen Schale im geringsten Fall 11,5 cm. Bei Betonschalen beträgt die Schalendicke konstruktiv bedingt im Allgemeinen im Minimalfall 15 cm.

Die dazwischenliegende Fuge ist nach DIN 4109:1989-11 Beiblatt 1, auf mindestens 3 cm zu bemessen. Die damals im Beiblatt 1 noch enthaltene Möglichkeit, auf Mineralfaserdämmplatten in der Fuge zu verzichten, wird heute im Allgemeinen nicht mehr angewandt. Zur Reduzierung einer ausgeprägten Hohlraumresonanz und zum Erhöhen der Luftschalldämmung werden typischerweise Mineralfaserplatten des Anwendungstyps WTH nach DIN 4108-10 [27] verwendet. Die ursprünglich gebräuchlichen Trittschalldämmplatten nach DIN 18165 [28] (bereits durch DIN EN 13162 [29] ersetzt) sind bereits seit langem abgelöst, obwohl damit die gleiche Funktion erreicht wurde. Das Mineralfasermaterial ist feuchtigkeitsresistent, sodass ein gelegentliches Nassregnen während der Bauphase den Platten nicht schadet.

Sollten alternative Materialien genutzt werden, sind auf jeden Fall weichfedernde Stoffe anzuwenden. Drucksteife Platten aus expandiertem oder extrudiertem Polystyrol, Schaumglas oder dergleichen haben eine hohe dynamische Steifigkeit, sodass sich Resonanzfrequenzen zwischen den beiden Schalen ergeben würden, die die Luftschalldämmung um bis zu $\Delta R_w = 10$ dB reduzieren. Dann kann das resultierende Schalldämmmaß bei Wirkung der beiden Schalen geringer sein als bei einer einschaligen Wand gleicher Masse. Mit breiter werdender Fuge nimmt die Schalldämmung zu.

Die beiden Wandschalen werden in drei Arbeitsschritten errichtet. Zunächst wird eine Wandschale geschosshoch hergestellt. Anschließend werden die Mineralfaserplatten beispielsweise mit Dünnbettmörtel befestigt. Nägel dürfen zu Befestigung nicht verwendet werden, da hierdurch wieder die Gefahr einer Schallbrückenbildung entsteht. Die zweite Wandschale wird in dem erforderlichen Abstand frei vor der ersten aufgemauert. Hier ist eine Sichtkontrolle des Luftraumes der Haustrennwandfuge bei ausreichend breiten Fugen leicht möglich. Demnach hat die breite Fuge nicht nur den Vorteil des höheren Schalldämmmaßes sondern auch die Sicherheit bei der schallbrückenfreien Ausführung. Gelegentlich wird auch die vorbeschriebene Ausführung leicht verändert durchgeführt, indem beide Wandschalen gleichzeitig aufgemauert werden, jedoch eine Wandschale immer um circa 1 m höher und die Mineralfaserplatten werden lose eingestellt. Bei Fugenbreiten bis circa 50 mm mit innenliegend 40 mm dicken Mineralfaserplatten ist nicht zu erwarten, dass die Platten ineinander zusammensacken. Bei größeren Fugenbreiten ist zu empfehlen, dass die Mineralfaserplatten angeklebt werden.

Obwohl es unter gewissen Bedingungen zulässig ist, sollte im Hinblick auf die Vermeidung von Schallbrücken auf das Einlegen von Mineralfaserplatten nicht verzichtet werden. Nur so ist eine sichere Trennung der beiden Wandschalen zu gewährleisten. Zudem ist mit eingestelltem Mineralfasermaterial eine leicht höhere Schalldämmung zu erwarten. Bei breiten Fugen muss der Hohlraum nicht vollständig ausgefüllt sein. Auch bei 70 bis 80 mm breiten Fugen ist es aus schalltechnischer Sicht ausreichend, wenn 40 mm dicke Mineralfaserplatten in den Hohlraum vollflächig eingebracht werden (Bild 2).

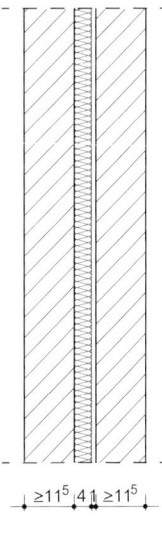

Bild 2. Prinzipdarstellung einer zweischaligen Wand

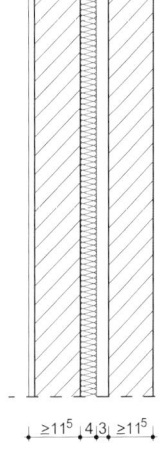

Bild 3. Prinzipdarstellung einer zweischaligen Wand mit breiter Fuge

4.2 Bodenplatte und Fundamente

Die doppelschaligen Wände werden typischerweise auf der Bodenplatte aufgebaut. Dies gilt auch für unterkellerte Gebäude, wo die doppelschalige Haustrennwand bereits im Keller errichtet wird, um im Erdgeschoss ausreichend hohe Schalldämmmaße zu erreichen. Weitere Einflüsse im Bereich der Bodenplatte bei unterkellerten und nicht unterkellerten Gebäuden sind, neben der Bodenplatte selbst, die Fundamente. Aus schalltechnischer Sicht ist eine Trennung im Fundament zwar durchaus sinnvoll, jedoch ist dies aus Sicht der Tragwerksplanung im Allgemeinen eher nachteilig, sodass dies nicht zu empfehlen ist.

Wenn die Gebäude unterkellert sind, die ersten Aufenthaltsräume sich aber im Erdgeschoss befinden, ist eine Trennung der Fundamente nicht notwendig. Der Umweg des auf die Haustrennwand getroffenen Schalls über die Stoßstelle Haustrennwand-Kellerdecke, die Kellerwand hinab bis zum Fundament, dort auf die nächste Stoßstelle (Impedanzsprung) und im Nachbar-

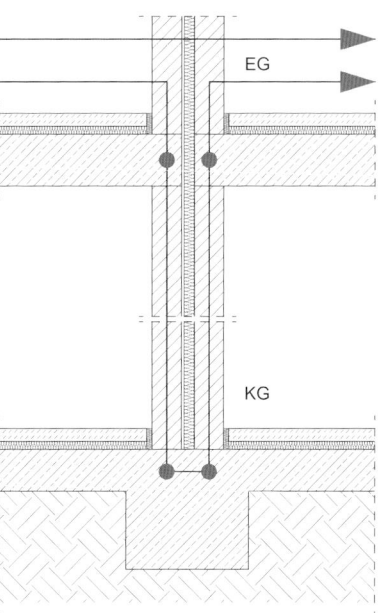

Bild 4. Schallübertragungsweg bei Gebäuden mit Keller

haus auf umgekehrtem Weg nach oben, erzeugt einen großen Energieverlust. Bei dieser Konstruktion sind deshalb negative Einflüsse so gut wie nicht gegeben (Bild 4).

Bei nicht unterkellerten Gebäuden bietet es sich an, mindestens die Bodenplatte zu trennen und, sofern möglich, auch die Fundamente. In der Fuge zwischen den Fundamenten bzw. zwischen den Stirnseiten der Bodenplatten dürfen in diesem örtlich begrenzten Bereich auch druckfeste XPS-Dämmplatten eingebaut werden, die gegenüber Feuchteeinwirkung resistent sind. Sie haben an dieser Stelle die Funktion, eine einwandfreie Fuge zu gewährleisten (Bild 5).

Gemäß dem für unterkellerte Gebäude beschriebenen Weg der Schallübertragung ist dieser in diesem Fall nun deutlich kürzer und verläuft auch nicht mehr über ein Geschoss hinweg. Dadurch wird dann gemäß Bild 5 klar, dass die Trennung der Bodenplatte auf einem gemeinsamen Fundament sinnvoll sein kann, weil der Schalldurchgang durch das gemeinsame Fundament geringer ist als entlang einer gemeinsamen Bodenplatte.

4.3 Keller

Bei unterkellerten Gebäuden werden aus Gründen der Abdichtungstechnik gemeinsame Wannen aus Stahlbeton oder WU-Beton vorgesehen, die natürlich auf der Bodenplatte und im Anschluss bei den Wänden ans Erdreich eine Unterbrechung der Doppelschaligkeit bedeuten. Hier wird jedoch die Möglichkeit, eine funktionierende Abdichtung mit der gemeinsamen Wanne zu erzielen, dem Schallschutz vorgezogen (Bild 6).

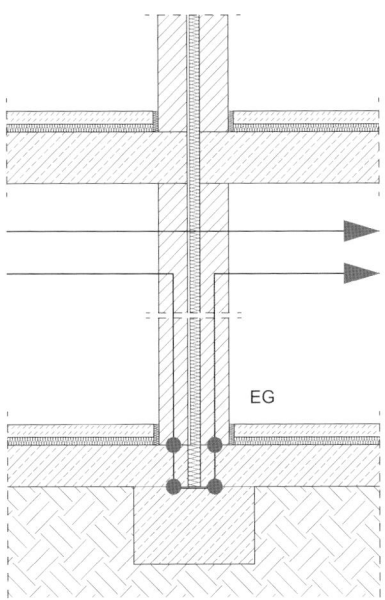

Bild 5. Schallübertragungsweg bei Gebäuden ohne Keller

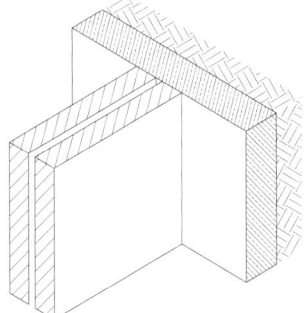

Bild 6. Gemeinsame Wanne im Untergeschoss und die stumpf zwischengemauerte zweischalige Haustrennwand

Mit speziellen, gegen von außen eindringende Feuchtigkeit geeigneten Fugenbändern könnte auch hier eine Trennung erfolgen. So könnte auch im Erdgeschoss ein höheres Schalldämmmaß erreicht werden.

Die Haustrennwand wird im Kellergeschoss bereits zweischalig ausgeführt und stumpf zwischengemauert. Bezogen auf die Wohnräume im Erdgeschoss ergibt sich damit eine „Schallbrücke" in der unteren äußeren Ecke der Haustrennwand. Da die flankierende Außenwand aus Stahlbeton sehr schwer und überdies auf der Außenseite an das Erdreich angekoppelt ist, ist auch hier ein sehr großer Impedanzsprung gegeben. Die Schallbrücke bewirkt dennoch, dass das Schalldämmmaß im Erdgeschoss um ungefähr 3 dB geringer ist als bei einer vollständigen Fuge. Dies geht auch aus dem Nachweisverfahren in DIN 4109-2:2016-07 [14] so hervor.

4.4 Reihenhäuser auf gemeinsamer Tiefgarage

Beim Planen von Reihenhäusern in innerstädtischen Gebieten (Bild 1), wo die Wohnbebauung häufig nachverdichtet wird, entstehen große Tiefgaragen, auf denen Stadthäuser entstehen, die in gleicher Weise wie Reihenhäuser konstruiert werden. Im Allgemeinen befindet sich unter einem Erdgeschoss zumindest noch ein Teilkeller, ggf. auch mit Aufenthaltsräumen. Im übrigen Teil entstehen Stellplätze für Autos unter dem übrigen Bereich. Zunächst wirken die Außenbauteile der Tiefgarage wie eine gemeinsame Wanne bei einer „üblichen" Reihenhauszeile. Die Trennwände zwischen den Einheiten können bereits ab der Bodenplatte zweischalig aufgebaut werden.

Aufgrund der Tiefgarage ist es tragwerksplanerisch häufig schwierig, die Decke über dem Stellplatz und den Fahrbereichen mit Trennfugen zu versehen. Damit entstehen mindestens im Randbereich zu den Wohnbereichen unvollständige Trennungen. Das Aufstellen der zweischaligen Wände auf einem geteilten Überzug wird häufig aufgrund des hohen baulichen Aufwandes abgelehnt. Zudem entstehen häufig auch schon zeichnerisch schwierig nachvollziehbare Fugenverläufe, sodass auch für die Bauausführung nicht von einem mangelfreien Fugen-Verlauf auszugehen ist.

Die Lösung ist häufig eine Entkoppelung der Wände von den Decken durch weichfedernde Zwischenlager. Alternativ sind dicke einschalige Deckenkonstruktionen hilfreich. Die zu erwartende Schalldämmung wird dadurch aber begrenzt, sodass dies bei Festlegen der Schallschutzanforderungen zu berücksichtigen ist.

4.5 Außenwände

Im Erd- und Obergeschoss werden die Außenwände an der Trennwandfuge unterbrochen. Durchlaufende Außenwände würden die Wirkung der Fuge zunichtemachen. Je schwerer die Außenwände sind, desto geringer ist die Schall-Längsleitung über diese hinweg. Bei Außenwänden dürfen außenseitige Bekleidungen auch nicht zu einer Koppelung der beiden Wandschalen führen. Dieses kann durch überbindende Holzbauteile, Gipsbatzen von Wärmedämmverbundsystemen (WDVS) oder dergleichen erfolgen. Auch durchlaufende Dämmplatten von WDVS oder nicht getrennte Mauerwerksschalen vom Verblendmauerwerk (Bild 7) wirken sich ungünstig auf die Schall-Längsleitung aus. Deswegen ist die Haustrennwand-Fuge bis zur Außenkante des WDVS nach außen durchzuführen (Bild 8). Die Fuge ist mit Kompribändern zu verschließen. Die Trennfuge im WDVS ist in der Außenoberfläche sichtbar (Bild 9).

4.6 Geschossdecken

Die Geschossdecken von Reihen- und Doppelhäusern werden in vielen Fällen aus Beton (Ortbeton und/oder Halbfertigteile) erstellt. Schalltechnisch relevant ist die

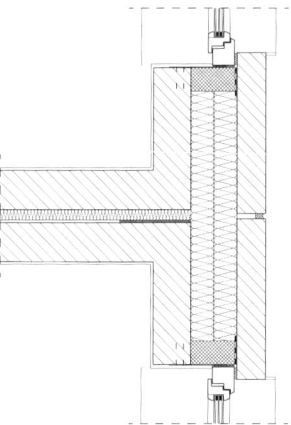

Bild 7. Anschluss Haustrennwand an Außenwand mit Verblendmauerwerk

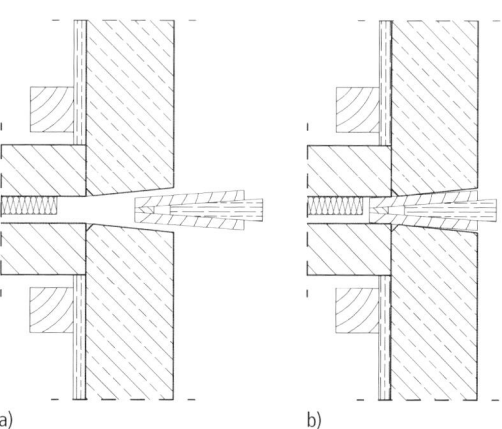

Bild 10. Fertigung von Geschossdecken; Keilschalung vor dem Betonieren der Decke eingesetzt bzw. entfernt, a) Keilschalung eingesetzt, b) Keilschalung entfernt

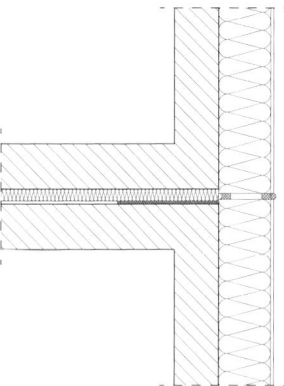

Bild 8. Anschluss Haustrennwand an Außenwand mit WDVS

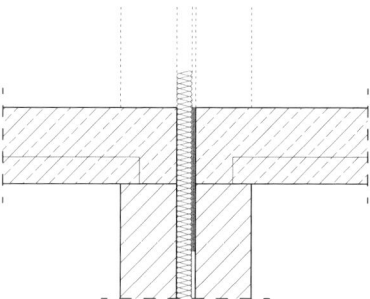

Bild 11. Fertigung von Geschossdecken; Deckenfuge mit zwei Lagen Mineralfaserplatten

Die vorbereitete Keilschalung wird in die Haustrennfuge eingeführt und auf Oberkante der Decke ausgerichtet (Bild 10). Zum Schutz gegen durchsickernde Betonschlämme, die den Schallschutz beeinträchtigen würde, werden alle vorhandenen Undichtigkeiten durch Abdecken bzw. Mörtelabgleichung abgedichtet. Beide Decken können gleichzeitig betoniert werden. Bei abschnittsweisem Betonieren wird die vorhandene Schalung mittels eines Holzkeils auf der Deckenschalung fixiert. Nach dem Betonieren wird die Keilschalung entfernt. Der Hohlraum zwischen den Haustrennwänden wird mit Mineralfaserplatten aufgefüllt. Danach werden die weiteren Wände aufgemauert.

Einige Bauunternehmen sind dazu übergegangen, entsprechend Bild 11 für die Deckentrennfuge die gleichen Mineralfaserplatten zu verwenden, wie sie auch in die Wandtrennfuge eingebaut werden. Es werden jedoch an dieser Stelle zwei Lagen nebeneinander in die Fuge eingeklemmt. Durch die Vorspannung der Platten ist die Fuge, in die sonst Betonschlämme hineinlaufen könnte, „praktisch dicht". Beim Einbringen des Betons wird ein geringer Anteil davon jenseits der Trennfugenplatte mit der Schaufel bereits dagegen geworfen, so-

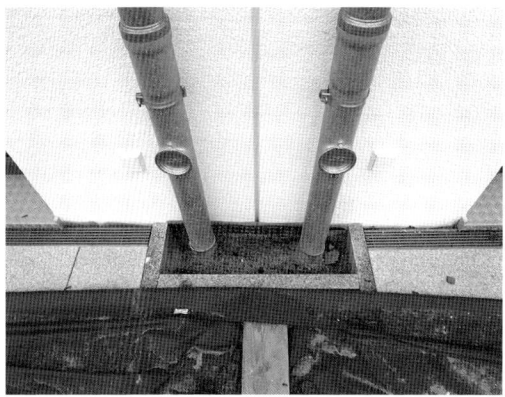

Bild 9. Trennfuge im Wärmedämmverbundsystem

Ausführung an der Deckenstirnseite zur Trennfuge. Dies sollte mit Einschalen der Deckenstirnseite mit eigens hierfür hergestellten Bauteilen erfolgen, die im weiteren Verlauf wieder entfernt werden.

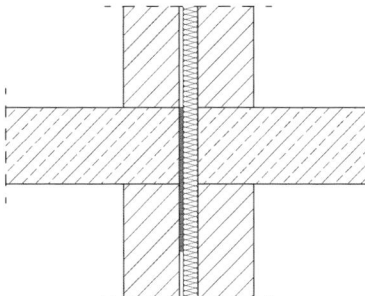

Bild 12. Fertigung von Geschossdecken; Deckenfuge mit zwei Lagen Mineralfaserplatten und aufgehenden Wänden

Bild 13. Schallbrücke im Randbereich; durch Undichtigkeiten in der Schalung trat Betonschlämme ein, die vor weiterer Bekleidung zu entfernen ist

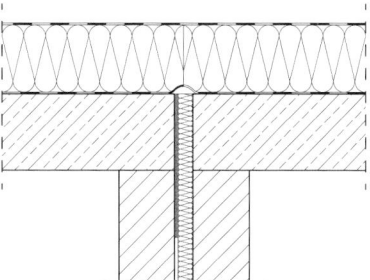

Bild 14. Flachdach aus Beton; Anschluss über Haustrennwandfuge mit Schlaufe in der Dampfsperre

4.7 Dächer

Die Dächer von Reihen- und Doppelhäusern werden entweder in Massivbauweise oder als Leichtdach erstellt. Bei massiven Dächern aus Stahlbeton oder Spannbeton-Hohldielen sind diese hausweise aufzulegen, sodass die Haustrennwandfuge nicht überbrückt wird. Dabei ist in der Herstellung wie bei den Geschossdecken vorzugehen.

Häufig werden bei Flachdächern Warmdächer bestehend aus Dampfsperre, Wärmedämmschicht und oberseitiger Abdichtungsbahn erstellt. Hier gilt es, die Dampfsperre über der Fuge mit einer Schlaufe zu verlegen, um die Kopplung gering zu halten und bei ggf. unterschiedlicher Setzung ein Zerreißen zu vermeiden (Bild 14). Schalltechnisch noch günstiger wäre die Ausführung einer Attika auf beiden Haushälften, ohne dass die Fuge mit Materialien des Dachaufbaus überdeckt wird. Dies bedeutet jedoch den höheren baulichen Aufwand. Die Auswirkung auf die Luftschalldämmung der Bauweise mit durchlaufendem Dachaufbau ist jedoch noch nicht weiter untersucht.

Bei Leichtdachkonstruktionen in Form von Sparrendächern sollten die Sparren parallel zur Haustrennwand verlaufen. Aus Wärmeschutzgründen werden die Sparrenzwischenräume mit Wärmedämmstoffen ausgefüllt. Die unterseitige Dachfläche ist mit Gipskartonplatten zu bekleiden. Die Beplankung erfolgt dann je nach schalltechnischer Anforderung in ein- oder zweilagiger Ausführung und ist ebenfalls raumweise einzubauen. Damit entsteht ein ausreichend hohes Schall-Längsdämmmaß, um die Schallübertragung über die Trennwand hinweg zu reduzieren. Bei Aufsparrendämmung mit unterseitig sichtbaren Sparren ist eine auf den Einzelfall angepasste Detaillösung für den Anschluss der doppelschaligen Trennwand an das Dach erforderlich.

Oberhalb der Trennwand befindet sich zur Vermeidung von Wärmebrücken und aus Brandschutzgründen üblicherweise nicht brennbares Mineralfasermaterial in einer Dicke von mindestens 60 mm und mit einem Schmelzpunkt > 1000 °C (Bild 15). Außenseitige Dachbekleidungen, z. B. OSB-Platten bzw. Dachlatten, sind im Bereich der Haustrennwandfuge zu

dass sich ein gewisses Widerlager ergibt. Dann kann die Betondecke zu Ende betoniert und auf Höhe abgezogen werden.

Nach dem Erhärten des Deckenbetons auf beiden Seiten wird der überstehende und durch Zementschlämme verunreinigte Teil der Mineralfaserplatten gleichgeschnitten. Jetzt kann der Fugenverlauf geprüft werden, wobei im Allgemeinen die Mineralfaserplatten während des Betonierens einwandfrei senkrecht stehen geblieben sein dürften. Dann können die nächstfolgenden Wände angelegt werden und ggf. die Steine auch einseitig 1 bis 2 cm überkragen, ohne dass dadurch eine Schallbrücke entsteht (Bild 12). Danach kann in gleicher Weise wie zuvor das nächste Geschoss gemauert werden.

Dennoch kann es passieren, dass durch eine undichte Schalung im Randbereich Betonschlämme die Fuge überbrückt (Bild 13). Diese Betonschlämme ist durch Abklopfen zu beseitigen.

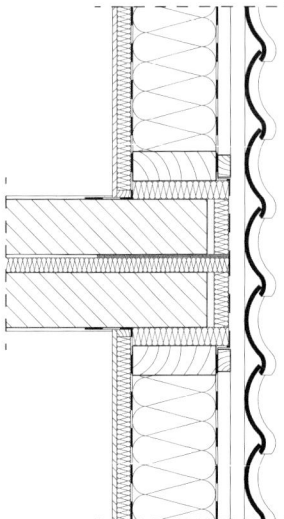

Bild 15. Anschluss Haustrennwand an Sparrendach

trennen, um auch hier eine Koppelung der beiden Schalen zu vermeiden. Zur Vermeidung einer Brandweiterleitung müssen brennbare Bedachungsbauteile zudem auf einer Breite von mindestens 1 m gegen nicht brennbare Bauteile ersetzt werden oder mit mindestens 1 mm starken Verblechungen abgedeckt sein. Hierbei können Dampfsperren und Dachabdichtungsfolien vernachlässigt werden. Verbleibende Hohlräume, beispielsweise zwischen den Lattungen, müssen in diesem Bereich mit einer geeigneten nicht brennbaren Mineralfaserdämmung mit einem Schmelzpunkt > 1000 °C bis unter die Bedachung dicht ausgefüllt werden.

4.8 Innenwände

Als flankierende Bauteile treten auch die Innenwände auf. Je schwerer die Innenwände sind, bzw. sie biegeweich in Montagebauweise mit Beplankung aus Gipskartonplatten errichtet werden, desto höher ist die Luftschalldämmung der Haustrennwand. Leichte biegesteife Bauteile z. B. aus Hochlochziegeln und Porenbeton können sich schalltechnisch ungünstig auswirken. Häufig wird an diesen Bauteilen auch die Treppenkonstruktion befestigt, sodass damit auch eine höhere Einleitung von Trittschallenergie in die Haustrennwand erfolgt. Deswegen sollten die Innenwände so schwer wie möglich oder biegeweich ausgeführt werden.

4.9 Leichtbau-Konstruktionen

Der Beitrag widmet sich im Wesentlichen der Massivbauart, sodass Leichtbaukonstruktionen wie z. B. Holztafelbauweise außen vor bleiben. Sollten die Haustrennwandschalen beispielsweise in Holztafelbauweise errichtet werden, ist auf spezielle Systeme bzw. Prüfzeugniswerte der Hersteller zurückzugreifen.

Weitere Hinweise dazu befinden sich auch in dem Bauteilkatalog des Regelwerks DIN 4109-33:2016-07 [18].

4.10 Fußböden

Als weitere flankierende Bauteile treten die Decken im eigenen Wohnbereich auf. Diese können in Massiv- oder Holzbauweise errichtet werden. Bei der Massivbauweise ist aus Gründen des Trittschallschutzes zur angrenzenden Wohneinheit ein schwimmender Estrich erforderlich. Die dynamische Steifigkeit des schwimmenden Estrichs ist in Abhängigkeit von der gewählten Anforderung auszuwählen. Bei Holzbalkendecken, wie sie in Reihen- und Doppelhäusern auch bei ausgebauten Dachgeschossen entstehen können, dürfen diese lediglich hausweise eingebaut werden. Durchbindende Holzbalken durch die Haustrennwand sind nicht zulässig.

4.11 Statistische Erhebung

Anfang der 2000er-Jahre wurde durch die TAUBERT und RUHE GmbH eine Statistik über doppelschalige Haustrennwände erhoben [30]. An dieser bundesweiten Erhebung im Jahre 2003 haben sich mehr als 30 Ingenieurbüros mit insgesamt knapp 580 Messergebnissen beteiligt. Die statistische Auswertung zeigt deutlich, dass es nicht so sehr darauf ankommt, dicke und schwere Wände zu bauen, sondern dass die Breite und Qualität der Fuge entscheidend sind.

Bei der Erhebung wurden Messergebnisse abgefragt, die seinerzeit nicht älter als fünf Jahre waren (siehe Tabelle 5). Dazu war von den Prüfinstituten anzugeben, ob es sich es um Haustrennwände ohne oder mit Mängeln handelt. Weiterhin wurden die Wanddicken, die Wandbaustoffe und die Fugenbreiten abgefragt. Es wurde auch erfasst, ob die Gebäude mit oder ohne Keller ausgeführt wurden. Um bei Gebäuden ohne Keller feststellen zu können, ob die Wand mit Ausnahme der „Schallbrücke in der Erdgeschosssohle" ansonsten mangelfrei ist, wurde bei den Messungen auch nach Erdgeschoss, Obergeschoss sowie Dachgeschoss unterteilt.

Die Gesamtanzahl der Messergebnisse erscheint zunächst recht hoch, dennoch gibt es für einige Kombinationen der Parameter nur eine geringe Stichprobenanzahl. Die Gesamtauswertung für alle Messergebnisse bzw. Messergebnisse mit und ohne Mangel bzw. in schwerer oder leichter Bauweise, mit oder ohne Keller, sind in der Tabelle 5 dargestellt. Dabei ist zunächst grundsätzlich festzustellen, dass im Mittel ein Schalldämmmaß von R'_w = 62 dB ± 6 dB erreicht wird. Bezieht man in die Auswertung nur Wände ein, die nach Aussage der Prüfinstitute keine schalltechnischen Mängel aufweisen, so erhöht sich der Mittelwert um 2 dB auf R'_w = 65 dB und die Abweichung geht auf circa ±5 dB zurück, sodass mit hoher Wahrscheinlichkeit mit einer zweischaligen Wand ein Schalldämmmaß zwischen R'_w = 60 dB und 70 dB erreicht werden kann.

Tabelle 5. Statistische Auswertung einer Reihenuntersuchung aus circa 580 Messergebnissen ohne Mangel, differenziert nach Bauweisen

Sortier-Kriterium	Mittelwert [dB]	Standardabweichung [dB]	Untere Grenze [dB]	Obere Grenze [dB]	Anzahl Stichproben
alle Messergebnisse (auch mit Mangel)	62,4	± 6,3	56,1	68,6	579
alle ohne Mangel	65,4	± 4,9	60,5	70,3	332
schwere Bauweise	66,2	± 4,9	61,3	71,1	244
leichte Bauweise	63,3	± 4,2	59,0	67,5	88
mit Keller	65,9	± 4,2	61,7	70,0	109
ohne Keller	64,5	± 4,2	60,3	68,8	110
ohne Keller, schwere Bauweise	66,0	± 4,1	62,0	70,1	69
ohne Keller, leichte Bauweise	62,1	± 3,3	58,8	65,4	41

Während bei den mangelfreien Gebäuden mit Keller das bewertete Schalldämmmaß Trennwände auf Erdgeschosshöhe R'_w = 66 dB ± 4 dB beträgt, verringert sich dieser Wert bei den Gebäuden ohne Keller auf 63 dB ± 3 dB. Damit wird mit großer Wahrscheinlichkeit erreicht, dass die Mindestanforderung von R'_w = 57 dB nach DIN 4109:1989-11, (die nicht mehr den anerkannten Regeln der Technik entspricht), nicht unterschritten, sondern im Allgemeinen eher um 3 dB überschritten wird.

Interessant war der Vergleich der Messergebnisse an Wänden in Gebäuden mit Keller für das Erd- und Obergeschoss. Die Differenz aller Messergebnisse beträgt ungefähr 0,3 dB. Bei leichten Wandbaustoffen kann die Abweichung etwas größer sein. In weiteren Untersuchungen wurde dann geprüft, wie sich Fugenbreiten und die Masse der verschiedenen Wandschalen auswirken. Erwartungsgemäß ergab sich mit dickeren Wandschalen ein höheres Schalldämmmaß. Im Vergleich dazu steigt das Schalldämmmaß jedoch insbesondere bei Gebäuden mit und ohne Keller im Erdgeschoss nicht so stark an, wie es nach Beiblatt 1 zu DIN 4109:1989-11 rechnerisch zu erwarten gewesen wäre. Hier wirkt sich dann die unvollständige Trennung der unterkellerten bzw. nicht unterkellerten Gebäude aus, die mit dem bisherigen Rechenverfahren nach Beiblatt 1 nicht berücksichtigt werden konnten, aber nunmehr mit einfließen.

Die Erhebung dieser Messdaten ergab auch Hinweise auf die Auswirkung verschiedener Einflüsse hinsichtlich Fugenbreite, Wandbaustoffen sowie unterkellerter bzw. nicht unterkellerter Gebäuden. Seinerzeit wurde daraus ein Abschätzungsverfahren entwickelt, in dem für zusätzliche Fugenbreiten über 3 cm hinausgehend je zusätzlichem Zentimeter Fugenbreite 1 dB addiert werden durfte, sowie ein Schall-Längsdämmmaß für gemeinsame Fundamente bzw. Bodenplatten nicht unterkellerter Gebäude berücksichtigt wurden. Damit ergaben sich tendenziell um circa 6 dB geringere Schalldämmmaße als nach Beiblatt 1 zu DIN 4109. Bei nicht unterkellerten Gebäuden ist die Wirkung einer breiteren Fuge im Erdgeschoss geringer. Hier haben die durchlaufenden Bodenplatten und ein gemeinsames Fundament einen größeren Einfluss. Mittlerweile gibt es in DIN 4109-2:2018-01 [14] ein präzisiertes Verfahren zur Ermittlung des bewerteten Schalldämmmaßes, sodass im Büro des Autors die Eigenentwicklung des Berechnungsverfahrens nicht weiter fortgeführt wurde.

5 Nachweisverfahren

5.1 Physik der zweischaligen Wand

Für eine gute Schalldämmung der zweischaligen Haustrennwand gehen im Wesentlichen die flächenbezogene Masse sowie die Resonanzfrequenz dieser beiden Schalen ein. Für eine gute Schalldämmung muss die Doppelschalenresonanz der Haustrennwand möglichst tief (< 100 Hz) liegen. Man erreicht dies durch möglichst große Wandgewichte und eine „weiche" bzw. breite Fuge. Die Resonanzfrequenz f errechnet sich aus der Federsteifigkeit der Fuge s' (Luftfedersteifigkeit und dynamische Steifigkeit der Mineralfaserplatten) und der flächenbezogenen Masse der beiden Wandschalen m''_1 und m''_2 zu:

$$f_0 = \frac{1}{2\pi} \cdot \sqrt{s' \cdot \left(\frac{1}{m''_1} + \frac{1}{m''_2}\right)}$$

Wird die Dicke jeder Wandschale (also die Masse m) verdoppelt, so vergrößert sich die Wanddicke ganz erheblich, z. B. von 11,5 cm auf 24 cm oder von 17,5 cm auf 36,5 cm. Die Haustrennwand wird damit also sehr dick und die Resonanzfrequenz nimmt trotzdem nur um $1/\sqrt{2}$ = 0,7 ab.

Vergrößert man aber die Fuge von 3 cm beispielsweise auf 8 cm, so wird die Wand lediglich um 5 cm dicker, die Resonanzfrequenz jedoch fast um $1/\sqrt{4} = 0,5$ kleiner, also halbiert. Aus diesem Grunde lohnt es sich aus rein physikalischen Überlegungen, die Fugenbreite zu vergrößern, ohne an den Schalendicken etwas zu verändern. Darüber hinaus ist die größere Fugenbreite auch aus handwerklichen Gründen sinnvoll, da bei 7 bis 8 cm breiten Fugen die Gefahr von ungewollt entstandenen Schallbrücken abnimmt.

Wenn man von einer Konstruktion mit 17,5/3,0/17,5 cm (D_{ges} = 37,0 cm) auf eine 15,0/7,0/15,0 cm (D_{ges} = 37,0 cm) Wand wechselt, spart man bei verbessertem Schallschutz sowohl die Auflast für die Fundamente als auch Baukosten ein. Auch die Lohnkalkulation verändert sich deutlich. Fazit: Dünne Wände mit breiten Fugen können sich günstiger auswirken.

5.2 Nachweis nach Beiblatt 1 zu DIN 4109:1989-11

In Abschnitt 2.3.1 des Beiblattes 1 zu DIN 4109: 1989-11 [24] wurde gefordert, dass die Masse der Einzelschale mindestens 150 kg/m² beträgt und die Trennfuge mindestens 30 mm breit ist. Bei einer ≥ 50 mm breiten Trennfuge (Schalenabstand) durfte das Gewicht der Einzelschale auf 100 kg/m² reduziert werden. Der Fugenhohlraum war mit dicht gestoßenen, vollflächig verlegten, mineralischen Faserdämmplatten nach DIN 18165-2 [28], Anwendungstyp T (Trittschalldämmplatten) auszufüllen. DIN 18165 ist inzwischen durch DIN EN 13162 [29] ersetzt. Für die Ortbetonbauweise werden spezielle Mineralfaserplatten hergestellt, die die beim Betonieren auftretenden Beanspruchungen aufnehmen können.

Bei einer flächenbezogenen Masse der Einzelschale ≥ 200 kg/m² und einer Dicke der Trennfuge > 30 mm durfte auf das Einlegen von Dämmschichten verzichtet werden. Diese Vorgehensweise wird heute nicht mehr angewendet. Typischerweise werden möglichst schwere Wandschalen mit möglichst breiten Fugen vorgesehen. Eine Fugenbreite von 30 mm wird nicht unterschritten. Zur Ermittlung des bewerteten Schalldämmmaßes wurde aus der Summe der flächenbezogenen Massen der beiden Einzelschalen, unter Berücksichtigung etwaiger Putze, wie bei einschaligen biegeweichen Wänden nach Tabelle 1 das Schalldämmmaß ermittelt. Für die zweischalige Ausführung durfte aufgrund der durchgehenden Trennfuge ein Bonus von 12 dB berücksichtigt werden. Dabei wurde davon ausgegangen, dass die Gebäude unterkellert sind und die schutzbedürftigen Aufenthaltsräume immer mindestens durch ein Geschoss von dem gemeinsamen Fundament entfernt sind (Bild 4).

Dieses entspricht jedoch nicht ganz der Wirklichkeit, weil die nicht unterkellerten Gebäude nicht erwähnt wurden bzw. der Einfluss einer gemeinsamen Wanne eines Doppel- oder Reihenhauses mit der sich dadurch ergebenden unvollständigen Trennung nicht mit beachtet wurde. Mit dem pauschalen Zuschlag von 12 dB aufgrund der Doppelschaligkeit gibt es demnach eine Überschätzung der zu erwartenden bewerteten Schalldämmmaße. Demnach ist diese Vorgehensweise mit Vorsicht anzuwenden, wenn in unmittelbarer Nähe zu den schutzbedürftigen Aufenthaltsräumen die Doppelschaligkeit endet.

5.3 DIN 4109-2:2018-01

DIN 4109-2:2018-01 stellt im Abschnitt 4.2.3 fest, dass durch die zweischalige Ausführung von Haustrennwänden gegenüber der gleich schweren einschaligen Wand eine wesentlich höhere Schalldämmung erreicht werden kann. Ein maßgeblicher Einfluss ist die Koppelung der Haustrennwandschalen durch flankierende Bauteile (unvollständige Trennung), die üblicherweise im untersten Geschoss gegeben ist. Dieser Einfluss wurde im Beiblatt 1 zu DIN 4109:1989 nicht explizit berücksichtigt.

Deswegen wurde nunmehr ein Verfahren aus dem bisherigen Verfahren nach Beiblatt 1 zu DIN 4109 abgeleitet. Es ermöglicht eine Prognose der Schalldämmung von zweischaligen Haustrennwänden unter Berücksichtigung einer unvollständigen Trennung. Es ist mit dem Verfahren der Reihe DIN EN ISO 12354 [31] und den dafür vorgesehenen Eingangsdaten (noch) nicht kompatibel. Es ist vorgesehen, für den Schallschutznachweis ein detailliertes Verfahren aufzunehmen, dass mit den Grundsätzen der Norm DIN EN ISO 12354-1:2017-11 übereinstimmt. Dazu liegen jedoch noch keine ausreichenden Erkenntnisse und Rechenansätze vor.

Nach dem nun vorliegenden Verfahren wird das bewertete Schalldämmmaß einer zweischaligen Wand aus dem Schalldämmmaß einer gleich schweren einschaligen Wand mit einem Zuschlag für die Zweischaligkeit $\Delta R_{w,Tr}$ vorgesehen. Dieser Zuschlag ist in Abhängigkeit von der Übertragungssituation gemäß der Tabelle 6 anzusetzen. Insgesamt ergibt sich die Schalldämmung der Wand nach der Formel

$$R'_{w2} = R'_{w,1} + \Delta R_{w,Tr} - K - 2 \text{ dB}$$

mit

R'_{w2} — Schalldämmmaß der zweischaligen Wand einschließlich Zuschlägen

$R'_{w,1} = R'_{w,1} = 28 * \log(m'_{Tr,ges}) - 18 \text{ dB}$ — Schalldämmmaß einer gleich schweren einschaligen Wand

$\Delta R_{w,Tr}$ — Zuschlag für Zweischaligkeit

K — Korrekturwert für flankierende Übertragung

2 dB — Sicherheitsbeiwert

Der Zuschlag für die Zweischaligkeit kann der Tabelle 1 aus DIN 4109-2:2018-01 je nach Bausituation entnommen werden. Zu dieser Tabelle gehören noch einige Fußnoten, die für spezielle, konkret benannte Bauweisen von der Tabelle abweichende Ergebnisse ergeben, die hier nicht weiter detailliert betrachtet werden.

Tabelle 6. Tabelle 1 aus DIN 4109-2:2016-07, Zuschlagswerte $\Delta R_{w,Tr}$ unterschiedlicher Übertragungssituationen (gekennzeichnet durch den Pfeil) für zweischalige Haustrennwände

Spalte	1	2	3	Fußnote			
Zeile	Situation (Vertikalschnitt)	Beschreibung	$\Delta R_{w,Tr}$ [dB]	a)	b)	c)	d)
			üblich	Porenbeton je Schale $m'' \leq$ 200 kg/m²	Leichtbeton ≤ 800 kg/m³ und je Schale $m'' \leq$ 250 kg/m²	Schalenabstand ≥ 50 mm	Porenbeton RDK $\geq 0,6$ je Schale ≥ 175 mm Schalenabstand ≥ 50 mm
1		vollständige Trennung der Schalen und der flankierenden Bauteile ab Oberkante Bodenplatte, auch gültig für alle darüber liegenden Geschosse, unabhängig von der Ausbildung der Bodenplatte und der Fundamente	12	15	14	14	12
2		Außenwände durchgehend mit $m' \geq 575$ kg/m² (z. B. Kelleraußenwände als „weiße Wanne")	9	12	11	11	9
3		Außenwände durchgehend mit $m' \geq 575$ kg/m² (z. B. Kelleraußenwände als „weiße Wanne"), Bodenplatte durchgehend mit $m' \geq 575$ kg/m²	3	6	5	3	3
4		Außenwände getrennt, Bodenplatte und Fundamente getrennt	9	12	11	11	9
5		Außenwände getrennt, Bodenplatte getrennt auf gemeinsamen Fundament	6	12	8	6	14
6		Außenwände getrennt, Bodenplatte durchgehend mit $m' \geq 575$ kg/m²	6	12	8	6	14

Lediglich für die Fußnoten c) und d) wird gesondert angegeben, dass der Fugenhohlraum mit Mineralfaserdämmplatten nach DIN EN 13162, Anwendungskurzzeichen WTH nach DIN 4108-10 ausgefüllt wird.
Nach Ansicht der TAUBERT und RUHE GmbH wird dies für alle Fugenhohlräume empfohlen!

Leider wird damit ein physikalischer Ansatz etwas unterlaufen. Die Fußnoten sind der Tabelle 6 als zusätzliche Spalten nach rechts angefügt.

Die Werte der Tabelle 6 gelten für zweischalige Konstruktionen mit einem Schalenabstand von mindestens 30 mm und Hohlraumverfüllung mit Mineralfaserdämmplatten nach DIN EN 13162, Anwendungskurzzeichen WTH nach DIN 4108-10. Eine Vergrößerung des Schalenabstandes wirkt sich bei unterkellerten Gebäuden und Obergeschossen grundsätzlich positiv auf das bewertete Schalldämmmaß aus.

Aus der Tabelle mit den Zuschlagswerten für die zweischaligen Haustrennwände ist erkennbar, dass der im Beiblatt 1 zu DIN 4109:1989-11 enthaltene Zuschlag von 12 dB nur wirksam wird, wenn das Ende der Fuge mindestens ein Geschoss entfernt ist. Die durchgehende Kelleraußenwand reduziert für das Erdgeschoss den Zuschlag von 12 dB auf 9 dB. Zweischalige Bauteile im Keller einer gemeinsamen Betonwanne haben immer noch eine bessere Wirkung als eine einschalige Wand. Der Zuschlag beträgt für die Übertragung von Keller zu Keller jedoch nur noch 3 dB.

Bei nicht unterkellerten Gebäuden ist im Erdgeschoss im Gegensatz zum Beiblatt 1 zu DIN 4109:1989-11 nicht ein um 12 dB höheres Schalldämmmaß aufgrund der Zweischaligkeit zu erwarten, sondern nur ein Zuschlag von 6 dB zu vergeben. Daraus ergibt sich dann auch die Erkenntnis, warum in vielen Fällen mit dem bisherigen Nachweisverfahren das Schalldämmmaß im Vergleich mit Messergebnissen deutlich überschätzt wurde und die gestellten Anforderungen nicht erfüllt werden konnten.

Unter Berücksichtigung eines Korrekturwertes K für flankierende Bauteile werden auch diese erfasst. Dafür ist zunächst durch arithmetische Mittelung die mittlere flächenbezogene Masse der unverkleideten, homogenen flankierenden Bauteile auf der Empfangsraumseite, also der zu schützenden Hausseite, zu ermitteln. Da der Fußboden im Allgemeinen mit einem schwimmenden Estrich belegt ist, zählt dieser ebenso wie Trennwände in Leichtbauweise, z. B. mit Beplankung aus Gipskarton- oder Gipsfaserplatten, nicht dazu. Typischerweise sind dann die massive Geschossdecke, massive Innenwände und die massive Außenwand, wenn keine Vorsatzschalen davorstehen bzw. abgehängt sind, zu berücksichtigen. Das Verhältnis der mittleren flächenbezogenen Masse der flankierenden Bauteile und der Masse einer Schale des Trennbauteils werden zu dem Korrekturwert verrechnet:

$K = 0,6 + 5,5 \cdot \lg(m'_{Tr,1}/m'_{f,m})$

Der Korrekturwert kann bei extremen Differenzen der flächenbezogenen Massen bis K = 11 dB und bei üblichen Bauweisen zwischen circa K = 0 dB und K = 6 dB betragen. Das bewertete Schalldämmmaß der Trennwand wird dann um diesen Wert verringert.

Die mit diesem Verfahren berechneten Werte werden in der obersten Etage nur erreicht, wenn die flankierende Übertragung über das Dach keine Rolle spielt. Eine ausreichende schalltechnische Trennung der Dachkonstruktion im Bereich der Haustrennwand ist mit einer Norm-Flankenschallpegeldifferenz von 5 dB über dem in Abschnitt 5.3 genannten Wert gegeben. Ausführungsbeispiele und Werte der Norm-Flankenschallpegeldifferenz $D_{n,f,w}$ für Dachkonstruktionen finden sich in DIN 4109-33:2016-07, 5.2 [18]. Hier sind Beispiele mit Werten von $D_{n,f,w}$ = 53 bis 79 dB aufgeführt. Diese Norm-Flankenschallpegeldifferenz ist mit dem berechneten Schalldämmmaß energetisch zu verrechnen.

5.4 Weitere Berechnungsverfahren

Die vorliegenden Berechnungsverfahren wurden von der Hochschule für Technik in Stuttgart weiter differenziert [32]. Dazu liegt ein Forschungsbericht aus dem Jahre 2012 vor. Darin wird entsprechend den Rechenverfahren für einschalige Bauteile in DIN EN ISO 12354-1 eine Vorgehensweise vorgeschlagen, das die unterschiedlichen Schallübertragungswege durch das Direktbauteil und entlang der flankierenden Bauteile berücksichtigt. Außerdem geht die Koppelungslänge der flankierenden Bauteile mit dem Trennbauteil ein. Ein zusätzlich angeordnetes Fundament kann mit einem entsprechenden Aufschlag zum Schalldämmmaß von 2 dB bzw. bei einem gemeinsamen Fundament bei einer getrennten Bodenplatte mit 4 dB berücksichtigt werden. Zusätzlich können schalldämmende Vorsatzschalen, wie z. B. auch schwimmende Estriche auf der Bodenplatte bzw. auf den Decken eingerechnet werden. Für breitere Fugen ergibt sich tendenziell, dass bei einer Fugenbreite die über 40 mm hinausgeht, jeder zusätzliche Zentimeter ein um 1 dB höheres Schalldämmmaß ergibt. Dieses Verfahren liegt derzeit lediglich aufgrund des Forschungsberichtes vor. Es bleibt abzuwarten, ob dieses in die Normreihe DIN EN ISO 12354, Teil 1, übernommen wird, um – anders als bei den bisher bekannten Verfahren nach DIN 4109-2:2018-01 bzw. Beiblatt 1 zu DIN 4109:1989-11 – die physikalischen Parameter entsprechend ihrer physikalischen Daten und nicht nach einem Tabellenverfahren zu erfassen.

6 Details und Randaspekte

6.1 Wärmebrücken: Stirnseiten der Wände zum Dach und an der Außenwand

Typischerweise erhalten Neubauten eine Außendämmung. Insofern wird die Unterseite eines nicht unterkellerten Gebäudes gedämmt, indem die Dämmschicht unterhalb der Bodenplatte liegt. Auf der Bodenplatte wird typischerweise ein schwimmender Estrich eingebaut, der ebenfalls auf einer Dämmschicht liegt, die hinsichtlich des Wärmeschutzes berücksichtigt werden kann. Die Außenwanddämmungen werden mit einer Perimeterdämmschicht bis auf eine frostfreie Tiefe geführt.

Im Bereich der Trennfuge der zweischaligen Haustrennwand ist auch die Dämmschicht zu unterbrechen, damit durch angeklebte Dämmstoffe bzw. durchlaufende Verblendmauerwerksschalen keine Schallbrücken entstehen. Bei breiten Fugen der Haustrennwände kann es sinnvoll sein, auf den äußersten 50 cm in Richtung Außenwand, die Fuge vollständig mit Mineralfaserdämmstoff zu verfüllen, um eine Hinterlüftung der Fuge bzw. einen Auftrieb von warmer Luft zu vermeiden. Die zweischalige Haustrennwand endet bei Sparrendächern als Sattel- oder Pultdach typischerweise im Dachquerschnitt.

Darüber muss sich – auch aus Brandschutzgründen – mindestens 60 mm Mineralfasermaterial mit einer Wärmeleitfähigkeit von $\lambda_B \leq 0{,}040$ W/(mK) befinden, um die Wärmebrückenwirkung durch das Dach zu reduzieren (Bild 15). Als brandschutztechnisch wirksam haben sich hierbei, aufgrund des geringen Schwindverhaltens, Mineralfaserdämmstoffe mit einem Schmelzpunkt > 1000 °C erwiesen. Die Ausführung muss den Angaben aus Abschnitt 4.6 entsprechen. Bei massiven Dächern wird die Stahlbetondeckenplatte unterbrochen. Die Dampfsperre kann mittels einer Schlaufe über die Fuge hinweggeführt werden (Bild 14). Darüber sind die Wärmedämmschicht und die Dachabdichtung zu verlegen. Damit ergibt sich dann gleichermaßen ein ausreichender Wärmeschutz.

6.2 Trittschalldämmung von Decken

In den verschiedenen Regelwerken, die im Abschnitt 3 zitiert wurden, werden unterschiedliche Anforderungen an die Trittschalldämmung von Decken gestellt. Die Geschossdecken werden typischerweise aus Stahlbeton errichtet und erhalten oberseitig einen schwimmenden Zementestrich. Diese enthalten eine Trittschalldämmschicht aus Mineralfasermaterial, expandiertem Polystyrol oder Holzweichfaser. Schalltechnisch kann bei ausreichend weichen Trittschalldämmschichten und dem Bonus für die Zweischaligkeit die Anforderung für einen erhöhten Trittschallschutz zum Nachbarhaus bei diagonaler und horizontaler Übertragungsrichtung eingehalten werden.

Hinsichtlich des Fußbodenaufbaus ist jedoch auch zu berücksichtigen, dass häufig Rohrleitungen und Kabel auf der Geschossdecke verzogen werden. Diese dürfen für eine mangelfreie Ausführung eines schwimmenden Estrichs nicht in der Trittschalldämmschicht liegen. Deswegen ist zunächst eine Höhenausgleichsschicht einzubauen, die die gleiche Höhe haben muss wie die Oberkante der Rohrleitungen und Kabel. Damit entsteht eine ebene Oberfläche, sodass nach DIN 18560-2:2015-11 [33] die Trittschalldämmschicht vollflächig eingebaut werden kann. Typischerweise genügen 20 bis 30 mm dicke Trittschalldämmschichten. Wie bei allen schwimmenden Estrichen gilt auch hier, dass die Randfuge mit einem Randdämmstreifen zu versehen ist. Dieser ist vor Einbringen der Dämmschichten herzustellen und muss so hoch sein, dass er die Oberkante des Zementestrichs überragt.

Der Randdämmstreifen wird günstigerweise auch erst nach dem Verlegen des Oberbelages abgeschnitten, sodass kein Teppich-, Fliesen- oder Parkettkleber den Randdämmstreifen überbrückt und Schallbrücken bildet. Diese würden sich genauso ungünstig wie in einem Mehrfamilienwohnhaus auswirken, sodass die Anforderungen an den Trittschallschutz nicht eingehalten werden können.

6.3 Trittschalldämmung Treppen

In Einfamilienreihen- und Doppelhäusern werden die Treppen zwischen den Geschossen üblicherweise in Holz- oder Stahlbauweise errichtet. Trotz der doppelschaligen Bauweise gibt es auch hier typischerweise eine Trittschallübertragung, weil die Treppen an der Haustrennwand und den flankierenden Bauteilen, wie z. B. Treppenraumwänden zu angrenzenden Räumen, befestigt werden. Daher werden in der Regel entkoppelte Befestigungen, z. B. mit gummiummantelten Dübeln oder entkoppelnden Hülsen, vorgesehen. Außerdem werden elastische Lager unter der Treppenwange auf Konsolen vorgesehen (Bild 16).

Bei beiden Varianten ist zu beachten, dass der Abstand zwischen Wange und Wand erhalten bleibt. Das Befestigen von Holzwangen mit Schäumen und dergleichen an der Haustrennwand ist zu vermeiden, weil auch bei der Bezeichnung „Schalldämmschaum" eine starre Kopplung der Treppen an die Wand erfolgt und die Entkopplung überbrückt wird.

Bei Treppen in Massivbauweise ergibt sich ein anderes Schallübertragungssystem. Im Gegensatz zu leichten

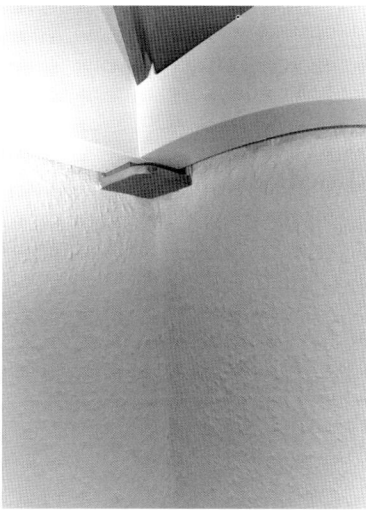

Bild 16. Elastische Lagerung einer Treppenwange auf einer Konsole

Treppen aus Holz oder Stahl neigen diese weniger zum Dröhnen. Die Masse der Treppen reduziert die Trittschallübertragung bei tiefen Frequenzen erheblich. Zur Reduzierung der Trittschallübertragung bei mittleren und hohen Frequenzen ist jedoch eine schalltechnische Entkopplung notwendig, sodass trittschalldämmende Auflager an oder in dem Treppenraum benötigt werden.

6.4 Einbauten in Haustrennwänden

Der schalltechnische Einfluss von kleinflächigen Schwächungen im Wandaufbau wird häufig erheblich überschätzt. Derartige Schwächungen ergeben sich z. B. bei nicht vollfugig vermörtelten Stoß- und Lagerfugen. Dann ist die schalltechnisch wirksame Schichtdicke in diesem Bereich nur so groß, wie die des abschließend aufgebrachten Putzes (z. B. 1 cm). Andere Schwächungen ergeben sich beispielsweise bei Bohrungen für Steckdosen. Jede Bohrung hat einen Durchmesser von circa 6 cm und eine Tiefe von etwa 5 cm. Bei einem 11,5 cm dicken Mauerwerk mit beidseitig 1 cm Putz verbleibt eine Rest-Wanddicke von 6,5 cm. Auch wenn die Steckdosen links und rechts der Gebäudetrennfuge im selben Bereich eingebaut werden, entstehen hierdurch bei Reihenhaustrennwänden auch keine durchgehenden Löcher, da sich jede Steckdose nur in der eigenen Wandschale befindet (Bild 17). Die verbleibenden Wandquerschnitte müssen zudem alleine den geforderten raumabschließenden Feuerwiderstand der Trennwand, F30 bis F90, je nach Gebäudeklasse erreichen. Gegebenenfalls sind in diesen Bereichen besondere bauaufsichtlich zugelassene Unterputzdosen zu verwenden.

Eine Abschätzung der zu erwartenden Luftschalldämmung in der Situation aus Bild 14 ergibt sich z. B. aus der entsprechenden Berechnung für eine 24 cm einschalige Wand aus beispielsweise Kalksand-Vollsteinen der Rohdichteklasse 2,0 mit beidseitig 10 mm Gipsputz, in die acht Steckdosen symmetrisch auf beiden Seiten eingebaut werden (Bild 18). Das bewertete Schalldämmmaß ohne Steckdosen beträgt bei einer 10 m² großen einschaligen Wand dann R'_w = 54 dB. Durch den Restwandquerschnitt im Bereich der Hohlwanddosen ergibt sich hier ein bewertetes Schalldämmmaß von $R_{w,R}$ = 46 dB. Rein rechnerisch reduziert sich das bewertete Schalldämmmaß der

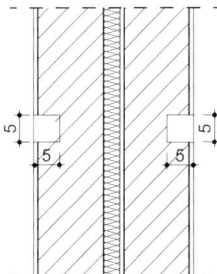

Bild 17. Einbauten in Haustrennwänden

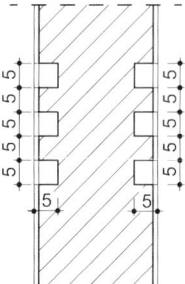

Bild 18. Beispiel für Hohlwanddosen in einer 24 cm dicken Wand

gesamten Wand um circa 0,3 dB, sodass die Anforderung von R'_w = 54 dB weiterhin eingehalten wird. Bereits dieses Beispiel zeigt, dass bei einer zweischaligen Bauweise mit zwei verjüngten Restwandquerschnitten und bedämpfter Fuge der Einfluss noch geringer sein wird.

6.5 Brandschutz

Die Landesbauordnungen der Länder fordern für die Ausbildung von Trennwänden und sogenannten Wänden anstelle von Brandwänden (Gebäudeklasse 1 bis 3) eine Führung dieser Wandbauteile bis unter die Dachhaut. Hierzu wird der Wandkopf im Allgemeinen in Mörtel ausgebildet. Wenn dieses Mörtelband zum Höhenausgleich auf beiden Wänden gemeinsam aufgebracht und dadurch die Haustrennfuge überbrückt wird, führt dies zu einer Verschlechterung der Schalldämmung der Wandschalen. Im Gegensatz zu Trennwänden und Wänden anstelle von Brandwänden sind Brandwände von Gebäuden der Gebäudeklasse 4 und 5 sowie von Sonderbauten wie Versammlungsstätten, Krankenhäusern, Schulen und Industriebauten grundsätzlich über die Dachhaut zu führen. In Ausnahmefällen wird bei Nicht-Sonderbauten die Ausbildung von in Höhe der Dachhaut jeweils 50 cm auskragenden feuerbeständigen Dachbauteilen akzeptiert.

Bei aneinandergereihten Gebäuden auf einem Grundstück sind innere Brandwände bzw. Wände anstelle von Brandwänden in Abständen von höchstens 40 m herzustellen. Bei Gebäuden der Gebäudeklassen 1 bis 4 können diese Wände auch mit brennbaren Baustoffen für die Feuerwiderstandsdauern feuerhemmend (F30-B/R30-b) bzw. hochfeuerhemmend (F60-AB/R60 wnb) errichtet werden. Eine Besonderheit stellen hierbei Brandwände als Gebäudeabschlusswände von Gebäuden der Gebäudeklasse 1 bis 3 bei real geteilten Grundstücken dar. Hier müssen diese Wände jeweils von innen nach außen die Feuerwiderstandsfähigkeit der tragenden und aussteifenden Teile des Gebäudes aufweisen, mindestens jedoch feuerhemmende Bauteile sein, und von außen nach innen die Feuerwiderstandsfähigkeit feuerbeständiger Bauteile haben. Eine beidseitig mit Zementputz versehene 11,5 cm dicke Wand aus KS-Mauersteinen ist bereits feuerbeständig. Eine Trennung der beiden Wandschalen muss eindeutig bis zur Dachhaut erfolgen. Es dürfen keine Öffnungen darin enthalten sein.

6.6 Sanitärinstallationen

Bei Sanitärinstallationen ergibt sich eine Geräuscherzeugung durch die Frischwasserleitungen, die Armaturen und Objekte selber sowie durch die Abflussleitungen. Typischerweise gelten die Anforderungswerte für die Zu- und Abflussgeräusche und die regelmäßig auftretenden Betätigungsgeräusche. Nutzergeräusche unterliegen nicht den Anforderungen. Unter Nutzergeräuschen werden z. B. das Aufstellen eines Zahnputzbechers auf eine Abstellplatte, hartes Schließen des WC-Deckels, Spureinlauf, Rutschen in der Badewanne usw. verstanden.

Bis vor einigen Jahren wurden Vorwandinstallationen noch in Massivbauweise in Verbund mit den massiven Wänden vorgesehen. Damit ergaben sich gelegentlich Schallbrücken im Bereich der Rohrleitungen bzw. beim Einmauern des WC-Spülkastens. Heutzutage werden Vorwandinstallationen typischerweise in Verbund mit Systembauweise mit einer Metallunterkonstruktion und Beplankung aus Gipskartonplatten erstellt. Damit werden bereits die starren Schallbrücken vermieden. Die Prüfzeugnisse der Hersteller weisen für die Montage an einschaligen massiven Wohnungstrennwänden relativ geringe Werte auf, sodass bei zweischaligen Wänden deutlich bessere Werte zu erwarten sind. Im Büro des Autors wurden deswegen in den vergangenen Jahren kaum noch Messungen von Sanitärgeräuschen in Reihen- und Doppelhäusern durchgeführt. Beanstandungen über zu hohe Schalldruckpegel traten nicht oder nur sehr selten auf.

6.7 Übertragung der zweischaligen Bauweise auf den Geschosswohnungsbau

Gelegentlich ist festzustellen, dass aufgrund der guten Erfahrungen der zweischaligen Bauweise bei Reihen- und Doppelhäusern diese Bauweise auf den Geschosswohnungsbau übertragen wird. Dort gibt es sie nicht nur bei der Trennung von großen Gebäuderiegeln als Brandwand, sondern auch als zweischalige Treppenraumwand, zweischalige Aufzugsschachtwand oder als zweischalige Wohnungstrennwände.

Für Aufzugsanlagen mit hoher Anforderung an die Körperschalldämmung, welche in einen Treppenraum integriert sind, kann auch das Treppenhaus in zweischaliger Bauweise als gesamtes zweischaliges System erstellt werden. Dann ergeben sich nicht nur durch die Aufzugsanlage, sondern auch von den Treppenläufen und -podesten geringere Schallpegel in den angrenzenden Wohnungen. Voraussetzung dafür ist jedoch auch weiterhin, dass die zweischalige Konstruktion vollständig ausgeführt wird. Geschossdecken und Treppenpodeste dürfen die Trennfuge nicht überbrücken.

Bei den vergleichsweise kleinen „Systemen" Aufzugsschacht und Treppenhaus ist jedoch erkennbar, dass auf geringen Distanzen die zweischalige Konstruktion nicht wie bei Einfamilienreihen- und Doppelhäusern eine gerade, durchgehende Fuge ist, sondern häufig Ecken aufweist, in denen dann die zweischalige Konstruktion mangelfrei erstellt werden muss. Demnach kommt hier der Ausführung eine größere Bedeutung zu, da die Gefahr von Schallbrücken zunimmt. Für Treppenhäuser und Aufzugsanlagen wird durchaus eine Berechtigung gesehen, dass zweischalige Konstruktionen umgesetzt werden, wenn die vollständige Fuge klar definiert ist. Ansonsten können auch einschalige Baukonstruktionen sinnvoller und in der Herstellung einfacher sein.

Die Bilder 19 bis 21 zeigen unvollständige zweischalige Bauweisen im Geschosswohnungsbau. In Bild 19 überbrückt die Geschossdecke die doppelschalige massive Bauweise. Die Bilder 20 und 21 zeigen die unvollständige Zweischaligkeit, wenn die Geschossdecke bzw. das Treppenpodest auf der inneren massiven Schale eines zweischaligen Aufzugsschachtes aufliegen. Mit diesem „Bypass" über die Geschossdecke wird nicht die gewünschte hohe Schalldämmung einer vollständigen zweischaligen Konstruktion erreicht.

Etwas kritischer sind die Ausführungen von zweischaligen Wänden für Wohnungstrennwände. Im typischen Geschosswohnungsbau ist davon auszugehen, dass die zweischaligen Wände auf einer gemeinsamen Decke zum Kellergeschoss bzw. zur Tiefgarage stehen (Bild 22). Demnach besteht für das Erdgeschoss mit einer zweischaligen Wand eine unvollständige Fuge. Häufig wird noch auf die Trennfugen in den Außenwänden und den Wänden auf den Geschossdecken verzichtet, sodass die Zweischaligkeit nur im Bereich der

Bild 19. Geschossdecke überbrückt die Fuge der zweischaligen Wand

Bild 20. Unvollständige Zweischaligkeit einer Aufzugsschachtkonstruktion, das Treppenpodest liegt auf der inneren Schale auf

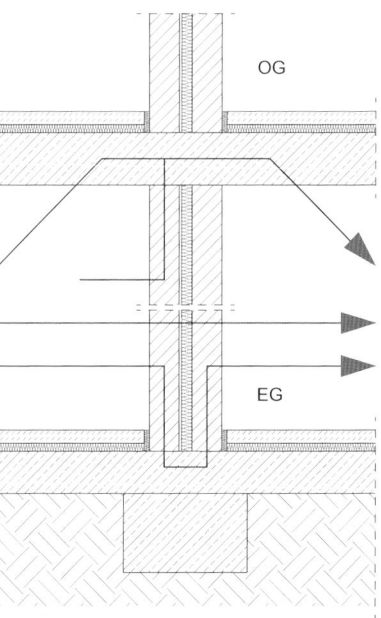

Bild 22. Schallübertragungswege einer unvollständigen zweischaligen Bauweise im Geschosswohnungsbau mit nicht verbesserter Schalldämmung

Bild 21. Unvollständige Zweischaligkeit, weil das Treppenhauptpodest mit der Geschossdecke über den Wohnungen verbunden ist

Trennwand, aber nicht im Bereich der flankierenden Bauteile besteht. Bei den Trennwänden wird somit ein relativ hoher Aufwand für die Luftschalldämmung betrieben, ohne dass sich im Vergleich zu einer einschaligen homogenen Wand eine wirkliche Verbesserung einstellt.

Mit zweischaligen Wänden in den unteren Geschossen ergibt sich im Falle eines Staffelgeschosses häufig eine Wohnung, die über die Trennfuge hinweggeführt wird. Auch dann verbindet eine durchlaufende Geschossdecke die beiden Wandschalen. Anderenfalls müsste hier eine Fuge eingebaut werden, die sich auch in den Außenwänden fortsetzt, sodass auf der Innenseite sichtbare Fugen auf der Wand erkennbar wären.

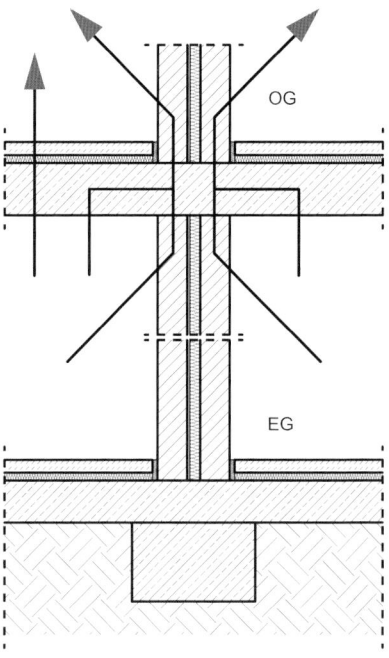

Bild 23. Schallübertragungswege einer unvollständigen zweischaligen Bauweise im Geschosswohnungsbau mit reduzierter Schalldämmung in vertikaler Richtung im Vergleich mit einer einschaligen gleichschweren Wand

Zusätzlich werden bei zweischaliger Bauweise häufig die Wandschalen dünner ausgeführt als bei einschaligen massiven Wänden im Geschosswohnungsbau. Die Luftschalldämmung wird in horizontaler Richtung ein wenig erhöht. In vertikaler Richtung nimmt die Luftschalldämmung jedoch ab, weil leichtere flankierende Bauteile an der Schallübertragung beteiligt sind (Bild 23). Der Vorteil der in horizontaler Richtung nur mäßig höheren Schalldämmung wird mit in vertikaler Richtung geringerer Schalldämmung „erkauft". Die zweischalige Bauweise von Wohnungstrennwänden ist deswegen im Geschosswohnungsbau nicht zu empfehlen.

6.8 Häufige Fehler

6.8.1 Allgemeines

Viele Fehler beruhen auf unüberlegter bzw. falscher und praxisfremder Planung. Zunächst ist nochmals darauf hinzuweisen, dass für den heute angestrebten Schallschutz einschalige Haustrennwände und einschalige Trennwände mit Vorsatzschale nicht mehr ausgeführt werden sollten. Nur mit sachgerecht ausgeführten zweischaligen Trennwänden ist der anzustrebende erhöhte Schallschutz zu erreichen. Aber auch hier sollte man aus den Fehlern der Vergangenheit lernen und die nachfolgenden Hinweise beachten.

6.8.2 Zu geringe Fugenbreite

Die Trennwandfugen werden häufig nicht sachgerecht geplant und daher werden der Einfluss der Masse der Wand über- und der Einfluss der Fuge unterschätzt. Darüber hinaus wird nicht beachtet, welche Ausführungsqualitäten bei sorgfältiger handwerklicher Arbeit maximal erreichbar sind. Das Beiblatt 1 zu DIN 4109:1989-11 schreibt eine mindestens 30 mm breite Trennfuge vor. Nur mit ausreichend breiten Fugen sind Schallbrücken zu vermeiden. Größere Fugenbreiten erhöhen die Luftschalldämmung und die Sicherheit bei der Ausführung. Mit der größeren Fugenbreite ist es auch einfacher diese zu überwachen, weil das Hindurchsehen aus bestimmten Blickwinkeln möglich ist (Bild 24).

6.8.3 Schallbrücken zwischen Schalen durch Betonschlämme

Bei zweischaligen Wänden mit 3 cm Schalenabstand führt die schallbrückenfreie Herstellung der Fuge im Bereich der Geschossdecke immer wieder zu Schwierigkeiten (Bild 25). Auch bei Stahlbetonstützen, die bisweilen als Aussteifung in das Mauerwerk eingebaut werden, kann man bei diesen Fugenbreiten nur hoffen, dass der Dämmstoff während des Betonierens nicht verrutscht, zusammengedrückt wird oder durch Aufnahme von Betonschlämme seine Wirkung verliert. Sind derartige Mängel aufgetreten, bleiben Nacharbeiten, die unter Umständen nicht zu dem erhofften Erfolg führen. Nachträgliches Aufsägen der Fuge ist bautechnisch sehr aufwendig und entsprechend teuer. Es ist darüber hinaus nur möglich, wenn die Fuge gradlinig durch das Gebäude verläuft.

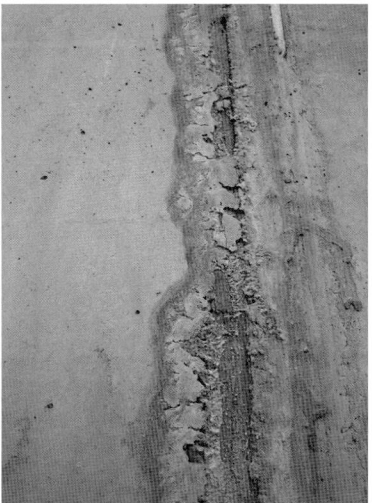

Bild 25. Betonschlämme überdeckt die Fuge der zweischaligen Betonwand

Bild 24. Fugenbreite mit guter Möglichkeit zur Kontrolle

6.8.4 Füllen der Fuge

Wenn gemäß Beiblatt 1 zu DIN 4109:1989-11 auf das Einlegen von Dämmschichten verzichtet werden soll, so wächst hiermit nicht nur die Gefahr der Schallbrückenbildung im Schalenzwischenraum, sondern ist es durch den ungedämpften Hohlraum auch nicht mehr sicherzustellen, dass ein erhöhter oder hoher Schallschutz eingehalten werden kann. Der Verzicht auf die Bedämpfung des Hohlraums bedeutet immer gleichzeitig auch, dass ein Teil der erreichbaren Schalldämmung „verschenkt" wird.

6.8.5 Verwendung falscher Dämmstoffe

Aus Kostengründen wurden oft in die Trennwandfuge nicht geeignete Polystyrol-Hartschaumplatten eingelegt. Dieses Material hat zwei schalltechnische Nachteile: Es verkleinert das freie Luftvolumen zwischen den Wandschalen und hat darüber hinaus eine hohe dynamische Steifigkeit. Beides wirkt sich ungünstig auf die Lage der Resonanzfrequenz aus, wodurch die Schalldämmung um bis zu 10 dB geringer ausfallen kann. Deswegen sind Mineralfaserplatten nach DIN EN 13162 des geeigneten Anwendungstyps WTH nach DIN 4108-10 zu verwenden.

6.8.6 Befestigung von Dämmplatten in der Fuge

Bei der mechanischen Befestigung der Mineralfaserplatten an der gegenüberliegenden Wand mit Nägeln und Kunststofftellern an der Rückseite der Nachbarwand, kann es zu Schallbrücken über die Nägel zur davorstehenden Wand kommen (Bild 26).

Die Trennwandplatten aus Mineralfaserplatten sind lose in die Fuge einzustellen oder allenfalls einseitig an einer Wandseite zu verkleben. Sofern Trennwandplatten doppellagig eingebaut werden, sollten diese untereinander nicht mit Fliesenkleber verklebt werden, weil der herausquellende Fliesenkleber ggf. auch zu Schallbrücken führt (Bild 27).

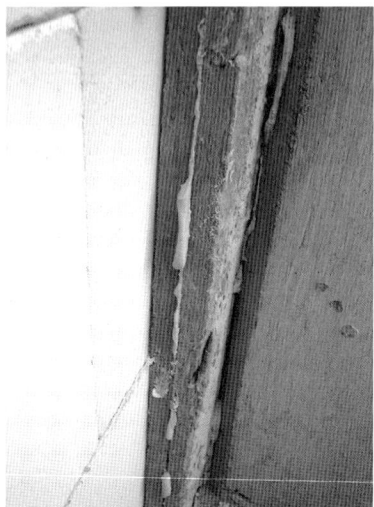

Bild 27. Gefahr von Schallbrücken durch herausquellenden Fliesenkleber bei Einbau doppelter Trennwandplatten

6.8.7 Schallbrücken durch außenseitige Konstruktionen und Bekleidungen

Neben der unvollständigen Fuge im Innern des Gebäudes kann die Fuge auch durch außenseitige Bekleidungen oder Konstruktionen unzulässigerweise überbrückt werden. Die Bilder 28 und 29 zeigen, dass die Fuge stirnseitig durch den Kleber des Wärmedämmverbundsystems überbrückt wurde (Bild 28). Und dies, obwohl eine Fuge auf der Oberseite des Putzes ersichtlich ist (Bild 29). Auch die davor gemauerte Sichtschutzwand trägt vermutlich nicht zur Entkopplung der beiden Wandschalen bei.

Bild 26. Schallbrücken durch Befestigung der Mineralfaserplatten mit Nägeln und Kunststofftellern

Bild 28. Außenseitige Fuge durch Vormauerung überbrückt

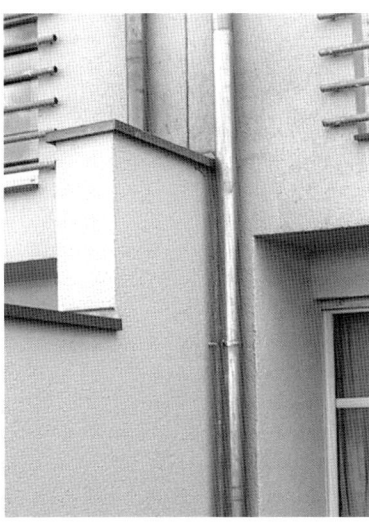

Bild 29. Fuge durch Dämmstoffkleber außenseitig überbrückt

6.8.8 Haustrennwände in Ortbetonbauweise

Bei der Errichtung der zweischaligen Haustrennwand in Betonbauweise, insbesondere bei Ortbeton, ist darauf zu achten, dass dieser die Fuge nicht überbrückt. Zudem sind Mineralfaserplatten zu verwenden, die dem Druck beim Betonieren standhalten. Diese sind typischerweise etwas steifer als die Trennwandplatten, die beim Mauerwerksbau verwendet werden. Diese weisen nach DIN 4108, Teil 10, den Anwendungstyp WTH-sg auf. Diese sind demnach gesondert auszuschreiben und entsprechend anzuwenden. Typischerweise haben diese Platten einen Stufenfalz, um zu verhindern, dass die Betonschlämme beim Betonieren in die Fuge läuft.

7 Beispiele

In der Praxis finden zur Abnahme oder in Fällen von Beanstandungen der Bewohner Schallmessungen statt. Die sich daraus ergebenden Messergebnisse können mit den rechnerisch zu erwartenden Werten verglichen werden. Dazu werden im Folgenden verschiedene Situationen vorgestellt.
Die Kurvenblätter mit den Messergebnissen in den Bildern 30 bis 33 zeigen dabei auf der horizontalen Achse die Frequenz und auf der vertikalen Achse das dazugehörige Schalldämmmaß. Mit dem Auswerteverfahren nach DIN EN ISO 717-1 [34] wird aus den frequenzabhängigen Werten ein sogenannter Einzahlwert des Schalldämmmaßes ermittelt. Dazu wird die jeweils rot dargestellte Bezugskurve nach DIN EN ISO 717-1 soweit parallel verschoben, dass die Summe der Abweichungen derjenigen Messwerte, die unter der Bezugskurve liegen, einen bestimmten Wert nicht überschreitet. Der Wert, den die Bezugskurve dann bei 500 Hz aufweist, ist das bewertete Schalldämmmaß R'_w, das mit den Anforderungen verglichen wird. Das Verfahren ergibt automatisch, dass die frequenzabhängigen Werte demnach teilweise niedriger und teilweise höher sind als der Anforderungswert für den gesamten Frequenzbereich. Grundsätzlich ergibt sich bei tiefen Frequenzen eine geringere Schalldämmung als bei hohen Frequenzen. Deswegen sind Bässe von Musik immer deutlicher zu hören als mittel- und hochfrequente Schallanteile z. B. der Sprache.

Beispiel 1
In einer Reihenhausanlage wurden in zwei Situationen Schallmessungen im Erdgeschoss durchgeführt. Die Trennwände hatten beide folgenden Aufbau:
– 10 mm Gipsputz
– 175 mm Porenbeton, RDK 0,6
– 50 mm Fuge, darin 40 mm Mineralfasermaterial
– 175 mm Porenbeton, RDK 0,6
– 10 mm Gipsputz

Das Gebäude ist mit einer gemeinsamen Wanne unterkellert. Innen- und Außenwände des Gebäudes bestehen auch aus Porenbeton. Rechnerisch ergibt sich ein bewertetes Schalldämmmaß R'_w = 62 dB nach DIN 4109-2:2016-07. Gemessen wurden gemäß Bild 30 und 31 ein Schalldämmmaß von R'_w = 61 dB bzw. R'_w = 63 dB. Der rechnerisch zu erwartende Wert wird im Mittel praktisch erreicht. In dem einen Fall liegt jedoch eine Überschätzung des zu erwartenden Schalldämmmaßes von 1 dB vor, was durchaus ein Streitpunkt sein kann. Zudem fehlt die Sicherheit bei der Prognose.
Hätte man lediglich das Verfahren nach dem Beiblatt 1 zu DIN 410:1989-11 angewandt, bei dem ignoriert wird, dass die Trennfuge wegen der gemeinsamen Wanne des Kellers unvollständig ist und die Außenwände eine geringe flächenbezogene Masse haben, ergäbe sich ein Schalldämmmaß von R'_w = 65 dB. Damit hätte der Planer die Situation bereits deutlich überschätzt.

Tabelle 7. Beispiel einer Wand mit folgendem Aufbau: Porenbeton PPW 0,6 175 mm/50 mm Fuge mit 40 mm Mineralfaser/Porenbeton PPW 0,6 175 mm; unterkellertes Gebäude

Trennwand	Beiblatt 1 zu DIN 4109 1989-11	DIN 4109-2: 2018-01	Messergebnis
unterkellert EG	$R'_{w,R}$ = 65 dB	$R'_{w,R}$ = 62,5 dB	R'_w = 61 dB R'_w = 63 dB

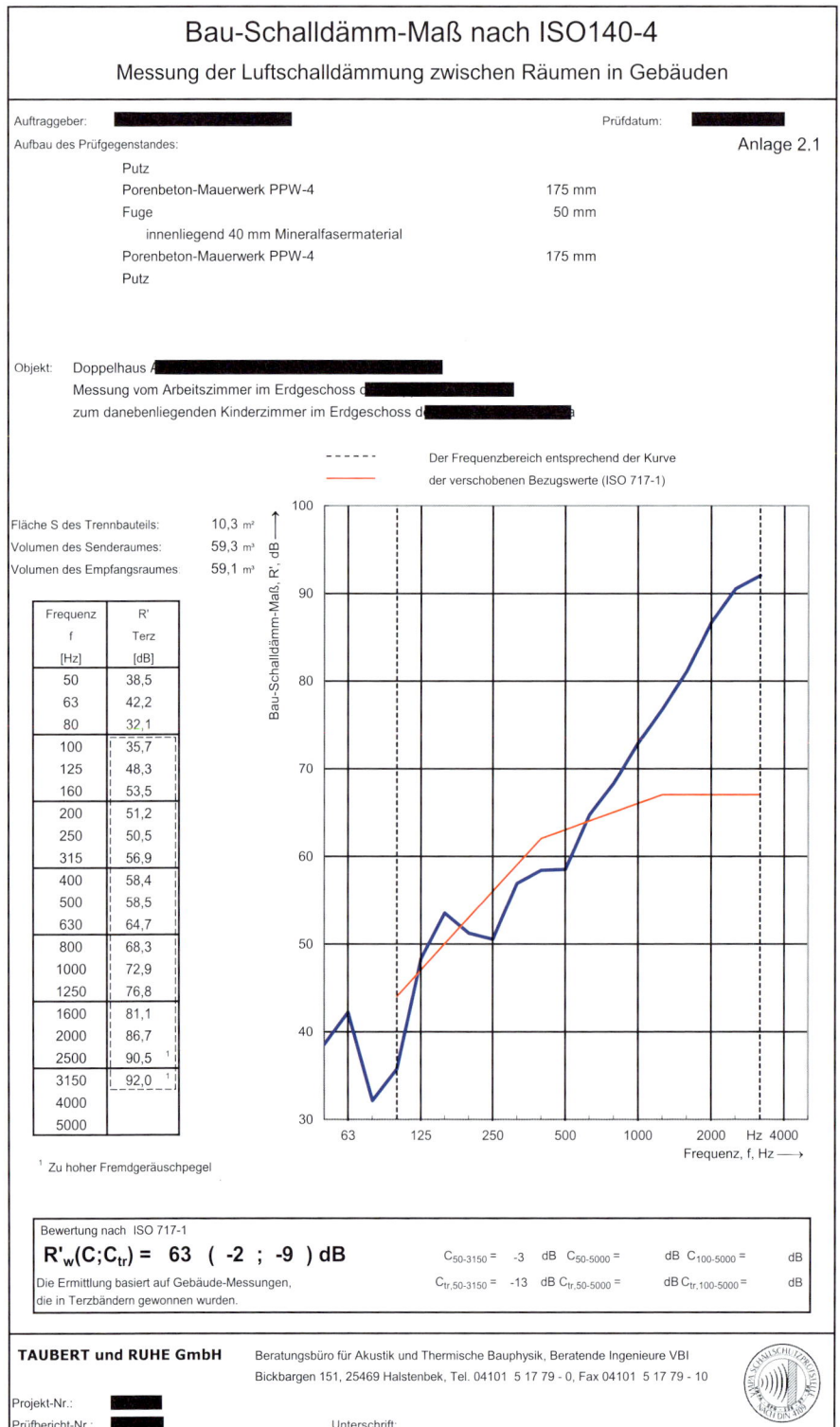

Bild 30. Messbeispiel zweischalige Porenbetonwand eines unterkellerten Gebäudes im Erdgeschoss

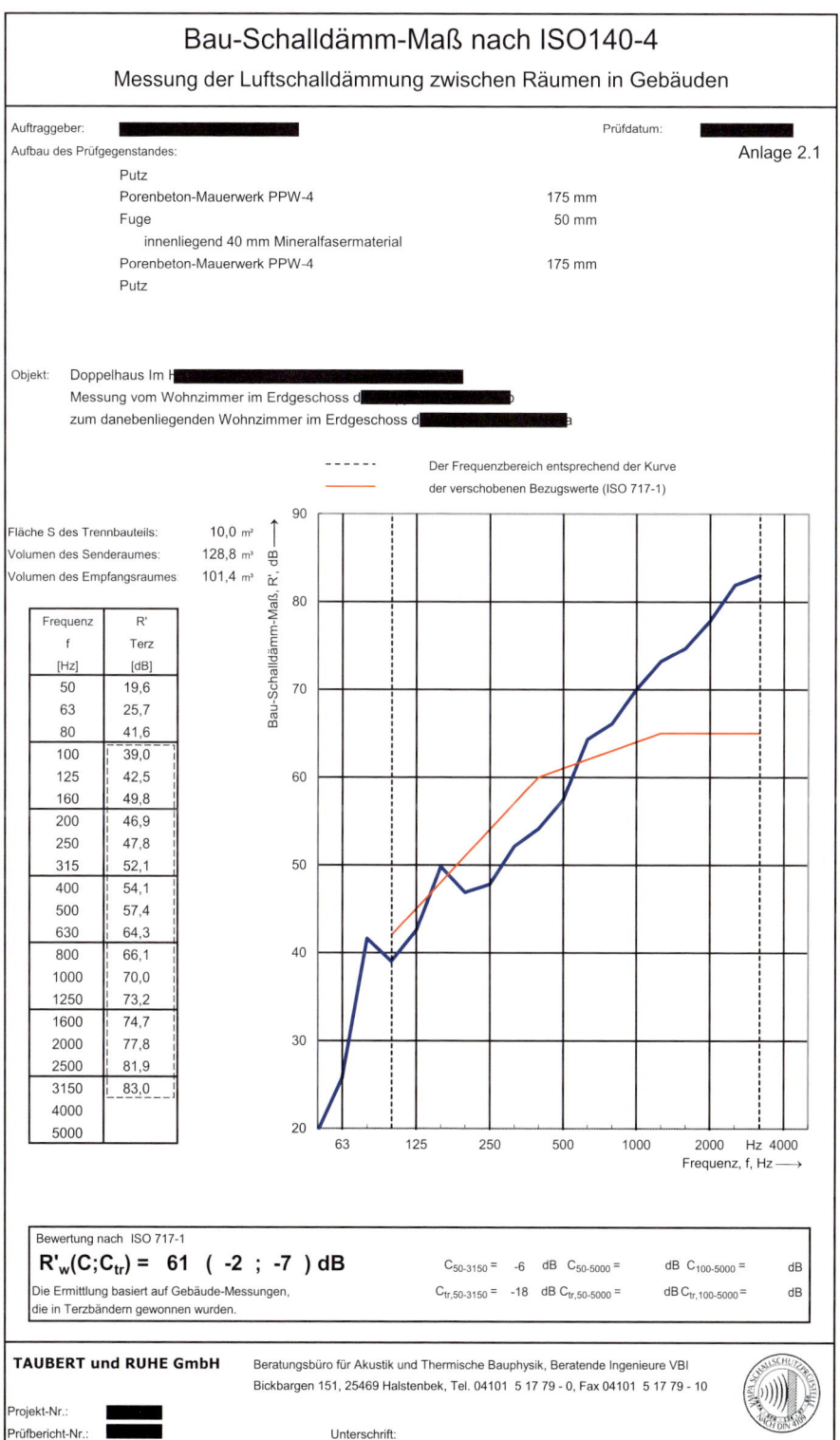

Bild 31. Messbeispiel zweischalige Porenbetonwand eines unterkellerten Gebäudes im Erdgeschoss

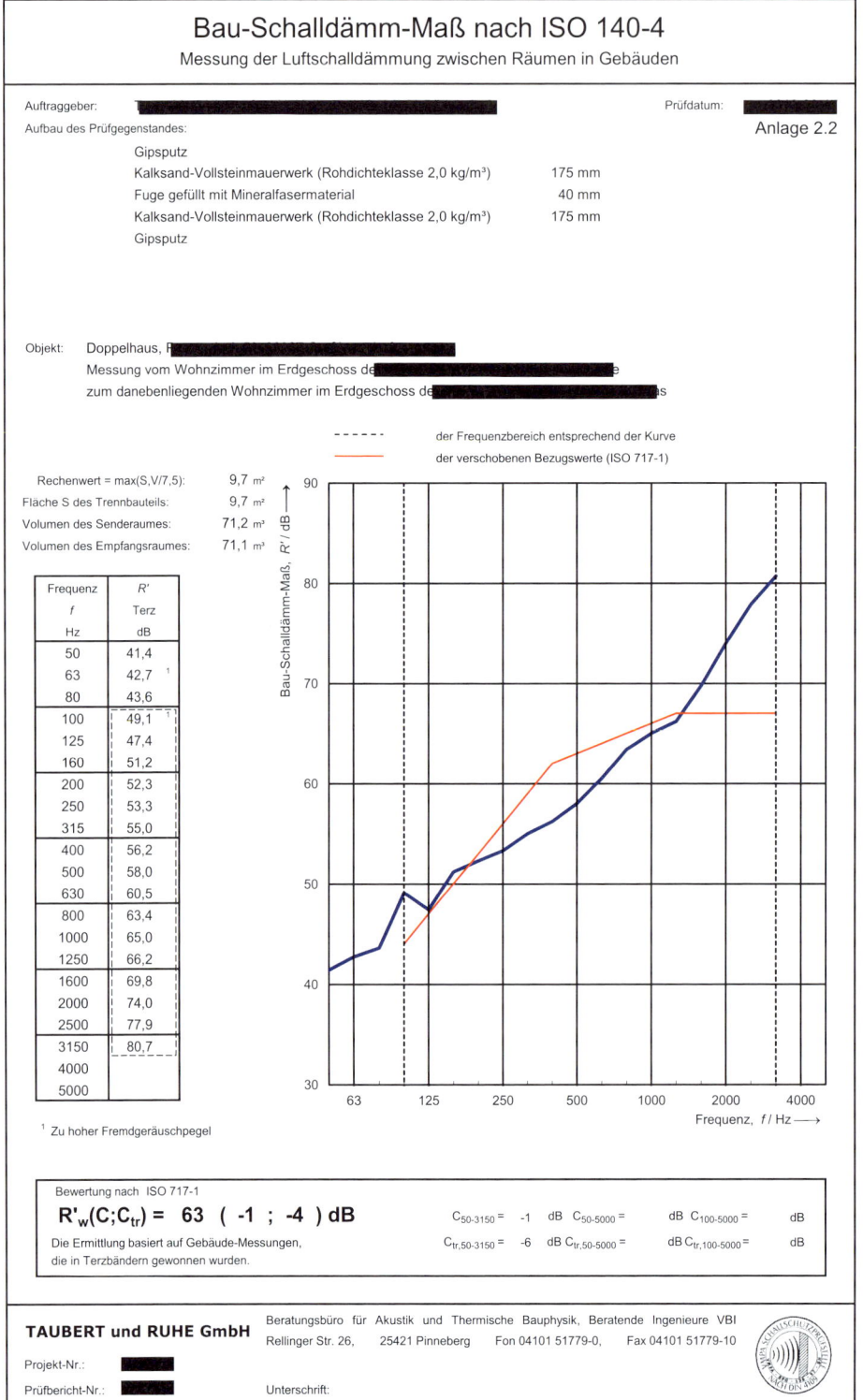

Bild 32. Messbeispiel zweischalige Kalksandsteinwand eines nicht unterkellerten Gebäudes im Erdgeschoss

Nach ISO 16283-1 gemessenes Bau-Schalldämm-Maß
Messung der Luftschalldämmung zwischen Räumen am Bau

Auftraggeber:
Aufbau des Prüfgegenstandes:

Gipsputz	10 mm
Kalksandstein-Mauerwerk, Rohdichteklasse 2,0	115 mm
Fugenbreite	70 mm
darin Mineralfasermaterial Typ WTH (DIN 4108, Teil 10)	40 mm
Kalksandstein-Mauerwerk, Rohdichteklasse 2,0	115 mm
Gipsputz	10 mm

Prüfdatum:

Anlage 2.1

Objekt: Reihenhaus ....
Messung vom Zimmer im 1. Obergeschoss des Hauses ...
zum danebenliegenden Zimmer im 1. Obergeschoss des Hauses ...

Fläche des gemeinsamen Trennbauteils: 10,3 m²
Volumen des Senderaumes: 25,6 m³
Volumen des Empfangsraumes: 25,8 m³

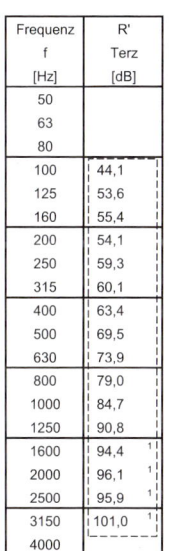
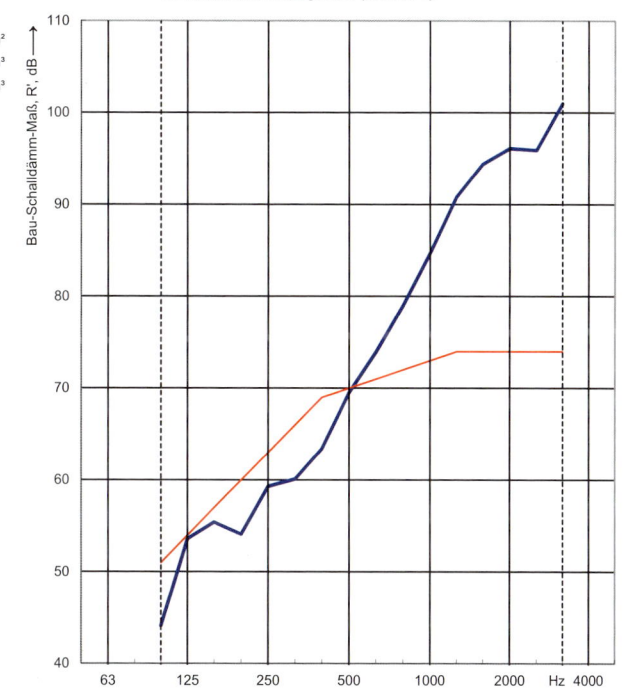

Frequenz f [Hz]	R' Terz [dB]
50	
63	
80	
100	44,1
125	53,6
160	55,4
200	54,1
250	59,3
315	60,1
400	63,4
500	69,5
630	73,9
800	79,0
1000	84,7
1250	90,8
1600	94,4 [1]
2000	96,1 [1]
2500	95,9 [1]
3150	101,0 [1]
4000	
5000	

[1] Zu hoher Fremdgeräuschpegel

Bewertung nach ISO 717-1
$R'_w(C; C_{tr})$ = 70 (-2 ; -8) dB
Bewertung beruhend auf Messungen am Bau unter Anwendung von Ergebnissen aus einem Standardverfahren

$C_{50-3150}$ = dB $\quad C_{50-5000}$ = dB $\quad C_{100-5000}$ = dB
$C_{tr,50-3150}$ = dB $\quad C_{tr,50-5000}$ = dB $\quad C_{tr,100-5000}$ = dB

□ TAUBERT und RUHE GmbH
Dipl.-Ing. Ulrich Taubert – Dipl.-Ing. (FH) Klaus Focke
Beratende Ingenieure für Akustik und Thermische Bauphysik VBI
Rellinger Straße 26, 25421 Pinneberg, www.taubertundruhe.de

Projekt-Nr.:
Prüfbericht-Nr.: Unterschrift:

Bild 33. Messbeispiel zweischalige Kalksandsteinwand eines nicht unterkellerten Gebäudes im Obergeschoss

Tabelle 8. Beispiel einer Wand mit folgendem Aufbau: Kalksand-Vollstein RDK 2,0 175 mm/40 mm/Fuge mit 30 mm Mineralfaser/Kalksand-Vollstein, RDK 2,0 175 mm; nicht unterkellertes Gebäude

Trennwand	Beiblatt 1 zu DIN 4109 1989-11	DIN 4109-2 2018-01	Messergebnis
nicht unterkellert, EG	$R'_{w,R} = 71$ dB	$R'_{w,R} = 61{,}2$ dB	$R'_w = 63$ dB
nicht unterkellert, OG	$R'_{w,R} = 71$ dB	$R'_{w,R} = 67{,}2$ dB	$R'_w = 70$ dB

Beispiel 2
In einem weiteren Fall hatte die Trennwand im Erdgeschoss eines nicht unterkellerten Hauses folgenden Aufbau:
– 10 mm Gipsputz
– 175 mm Kalksandstein, RDK 2,0
– 40 mm Fuge, darin 40 mm Mineralfasermaterial
– 175 mm Kalksandstein, RDK 2,0
– 10 mm Gipsputz

Im Vergleich mit der Wand im Beispiel 1 hat die Wand eine höhere flächenbezogene Masse, sie hat aber eine um 1 cm geringere Fugenbreite. Nach dem Verfahren im Beiblatt 1 zu DIN 4109:1989-11 hätte sich ein Schalldämmmaß von $R'_w = 71$ dB ergeben müssen. Bei diesem Verfahren wird jedoch nicht zwischen Erd- und Obergeschoss differenziert, obwohl die Fuge im Erdgeschoss unvollständig ist.

Bei Anwendung des Berechnungsverfahrens nach DIN 4109-2:2018-01 ergibt sich für das Obergeschoss ein um 6 dB höheres Schalldämmmaß. Demnach beträgt der rechnerisch zu erwartende Wert $R'_{w,R} = 67$ dB für das Obergeschoss und $R'_{w,R} = 61$ dB für das Erdgeschoss (Tabelle 8, Bilder 32 und 33). Der messtechnisch ermittelte Wert betrug in diesem Fall $R'_w = 70$ dB für das Obergeschoss und $R'_w = 63$ dB für das Erdgeschoss. Diese überschreiten die rechnerisch zu erwartenden Werte und um 2 bzw. 3 dB und liegen damit auf der sicheren Seite. Der nach DIN 4109-1:2018-01 vorgesehene Sicherheitsbeiwert von 2 dB wird demnach nicht ausgeschöpft.

8 Schlussbemerkungen

Haustrennwände müssen insbesondere im Hinblick auf die Vorschläge für einen erhöhten Schallschutz als zweischalige Haustrennwand hergestellt werden. Zur Einhaltung einer Resonanzfrequenz < 100 Hz und zur Vermeidung von Schallbrücken sollte die Fugenbreite mit 5 bis 8 cm, wegen der genormten Mauerwerksmaße besser mit 7 bis 8 cm, bemessen werden. Der Fugenhohlraum sollte vollflächig mit mindestens 40 mm dicken Mineralfasermaterial gefüllt werden, um Schallbrücken zu vermeiden. Der Detailbildung im Bereich des Dachanschlusses und des Außenwandanschlusses ist besondere Aufmerksamkeit zu widmen, um Schall- und Wärmebrücken zu vermeiden. Im Interesse klarer Vertragsverhältnisse ist der gewünschte Schallschutz schriftlich zu vereinbaren. Das Thema der zweischaligen Wände bleibt trotz der vielen Veröffentlichungen und der in der Praxis gewonnenen Erkenntnisse ein spannendes Thema. Die Darstellung dieser Erkenntnisse wird an dieser Stelle oder in den Veröffentlichungen der ARGE für zeitgemäßes Bauen e. V. fortgesetzt werden.

9 Danksagung

Es gilt der Dank an die ARGE für zeitgemäßes Bauen e. V. in Kiel, die dieser Veröffentlichung zugestimmt hat und die die zeichnerischen Darstellungen erstellt hat. Die langjährige Zusammenarbeit, ursprünglich mit unserem Herrn *Carsten Ruhe*, und die gemeinsame Fortschreibung dieses Themas macht immer wieder viel Freude.

10 Literatur

[1] Ruhe, C.; Neumann, N. (2002) *Schallschutz von Haustrennwänden*, Mitteilungsblatt Nr. 210, Heft 3/98 der Arbeitsgemeinschaft für zeitgemäßes Bauen e. V., Kiel, aktualisierte Fassung, 3. Auflage.

[2] Focke, K. (2017) *Schallschutz bei zweischaligen Haustrennwänden von Doppel- und Reihenhäusern – Schalltechnische Anforderungen, Bauweisen und Nachweisverfahren*, Mitteilungsblatt Nr. 255, Heft 1/2017, der Arbeitsgemeinschaft für zeitgemäßes Bauen e.V., Kiel, aktualisierte Fassung, 4. Auflage.

[3] DIN 4109:1944-04 (1944) *Richtlinien für den Schallschutz im Hochbau*, Beuth, Berlin.

[4] DIN 4109-2:1962-09 (1962) *Schallschutz im Hochbau, Anforderungen*, Beuth, Berlin.

[5] DEGA-Memorandum BR 0101, Deutsche Gesellschaft für Akustik e. V., Fachausschuss Bau- und Raumakustik, Memorandum (2011) *Die DIN 4109 und die allgemein anerkannten Regeln der Technik in der Bauakustik*, DEGA BR 0101.

[6] DIN 4109-1:2016-07 (2016) *Schallschutz im Hochbau, Mindestanforderungen*, Beuth, Berlin.

[7] DIN 4109-1:2018-01 (2018) *Schallschutz im Hochbau, Mindestanforderungen*, Beuth, Berlin.

[8] DIN 4109:1989-11 (1989) *Schallschutz im Hochbau, Anforderungen und Nachweise mit Berichtigung 1 zu DIN 4109:1992-08 und Änderung A1:2001-01*, Beuth, Berlin.

[9] VDI 4100:1994-09 (1994) *Schallschutz von Wohnungen, Kriterien für Planung und Beurteilung*, Beuth, Berlin.

[10] VDI 4100:2007-08 (2007) *Schallschutz von Wohnungen, Kriterien für Planung und Beurteilung* (inzwischen zurückgezogen und ersetzt durch Ausgabe Oktober 2012), Beuth, Berlin.

[11] VDI 4100:2012-10 (2012) *Schallschutz im Hochbau Wohnungen, Beurteilung und Vorschläge für erhöhten Schallschutz*, Beuth, Berlin.

[12] Entwurf DIN 4109-10:2000-06 (2000) *Schallschutz im Hochbau, Vorschläge für einen erhöhten Schallschutz von Wohnungen* (zurückgezogen), Beuth, Berlin.

[13] Beiblatt 2 zu DIN 4109:1989 (1989) *Schallschutz im Hochbau, Hinweise für Planung und Ausführung, Vorschläge für einen erhöhten Schallschutz, Empfehlungen für den Schallschutz im eigenen Wohn- und Arbeitsbereich*, Beuth, Berlin.

[14] DIN 4109-2:2018-01 (2018) *Schallschutz im Hochbau, Rechnerische Nachweise der Erfüllung der Anforderungen*, Beuth, Berlin.

[15] DIN 4109-4:2016-07 (2016) *Schallschutz im Hochbau, Bauakustische Prüfungen*, Beuth, Berlin.

[16] DIN 4109-31:2016-07 (2016) *Schallschutz im Hochbau, Daten für die rechnerischen Nachweise des Schallschutzes (Bauteilkatalog) – Rahmendokument*, Beuth, Berlin.

[17] DIN 4109-32:2016-07 (2016) *Schallschutz im Hochbau, Daten für die rechnerischen Nachweise des Schallschutzes (Bauteilkatalog) – Massivbau*, Beuth, Berlin.

[18] DIN 4109-33:2016-07 (2016) *Schallschutz im Hochbau, Daten für die rechnerischen Nachweise des Schallschutzes (Bauteilkatalog) – Holz-, Leicht- und Trockenbau*, Beuth, Berlin.

[19] DIN 4109-34:2016-07 (2016) *Schallschutz im Hochbau, Daten für die rechnerischen Nachweise des Schallschutzes (Bauteilkatalog) – Vorsatzkonstruktionen vor massiven Bauteilen*, Beuth, Berlin.

[20] DIN 4109-35:2016-07 (2016) *Schallschutz im Hochbau, Daten für die rechnerischen Nachweise des Schallschutzes (Bauteilkatalog) – Elemente, Fenster, Türen, Vorhangfassaden*, Beuth, Berlin.

[21] DIN 4109-36:2016-07 (2016) *Schallschutz im Hochbau, Daten für die rechnerischen Nachweises des Schallschutzes (Bauteilkatalog) – Gebäudetechnische Anlagen*, Beuth, Berlin.

[22] DIN 4109-5:2019-05 (2019) *Entwurf Schallschutz im Hochbau – Erhöhte Anforderungen*, Beuth, Berlin.

[23] DIN SPEC 91314:2017-01 (2017) *Schallschutz im Hochbau – Anforderungen für einen erhöhten Schallschutz im Wohnungsbau*, Beuth, Berlin.

[24] Beiblatt 1 zu DIN 4109:1989-11 (1989) *Schallschutz im Hochbau, Ausführungsbeispiele und Rechenverfahren, Änderung A1 2003-09, Änderung A2 2010-02*, Beuth, Berlin.

[25] Focke, K. (2013) Neue Regelwerke und (un)bekannte Vorgehensweisen, *Deutsches Ingenieurblatt DIB* **3**.

[26] DEGA Empfehlung 103, Deutsche Gesellschaft für Akustik e. V., Fachausschuss Bau- und Raumakustik (2018) *Schallschutz im Wohnungsbau – Schallschutzausweis*.

[27] DIN 4108-10:2015-12 (2015) *Wärmeschutz und Energie Einsparung in Gebäuden, – Anwendungsbezogene Anforderungen an Wärmedämmstoffe – Werkmäßig hergestellt Wärmedämmstoffe*, Beuth, Berlin.

[28] DIN 18165-1:2001-09 (2001) *Faserdämmstoffe für das Bauwesen – Teil 2: Dämmstoffe für die Trittschalldämmung* (zurückgezogen), Beuth, Berlin.

[29] DIN EN 13162:2013-03 (2013) *Wärmedämmstoffe für Gebäude, Werkmäßig hergestellte Produkte aus Mineralwolle (MW)*, Beuth, Berlin.

[30] Focke, K.; Ruhe, C. (2006) Schallschutz von Haustrennwänden – Was ist erreichbar? Was wird geschuldet?, **wksb**, Heft 56, S. 19–30.

[31] DIN EN ISO 12354-1:2017-11 (2017) *Bauakustik – Berechnung der akustischen Eigenschaften von Gebäuden aus den Bauteileigenschaften, Luftschalldämmung zwischen Räumen*, Beuth, Berlin.

[32] Hochschule für Technik Stuttgart, Zentrum für akustische und thermische Bauphysik, *Schallschutznachweis für zweischalige Haustrennwände in Doppel- und Reihenhäusern*, 22. Mai 2012.

[33] DIN 18560-2:2015-11 (2015) *Estriche im Bauwesen, Estriche und Heizestriche auf Dämmschichten (schwimmende Estriche) und Berichtigung 1*, Beuth, Berlin.

[34] DIN EN ISO 717-1:2013-06 (2013) *Akustik, Bewertung der Schalldämmung in Gebäuden und von Bauteilen – Luftschalldämmung*, Beuth, Berlin.

C 4 Schall lenkende und dämpfende Maßnahmen in kleineren Räumlichkeiten

Helmut V. Fuchs, Xueqin Zha

Prof. Dr.-Ing. Helmut V. Fuchs
Casa Acustica
Kirchblick 5, 14129 Berlin

Studium der Nachrichtentechnik an der TU Berlin; Promotion bei L. Cremer und R. Wille. Tätig in der Grundlagenforschung an Instituten der Deutschen Luft- und Raumfahrt in Berlin und Oberpfaffenhofen, Sound and Vibration der Southampton University sowie Aeroacoustics der Stanford University. Seit 1979 widmete er sich als Begründer der Abteilung Technische Akustik am Fraunhofer IBP in Stuttgart mit angewandter F&E dem Schallschutz. Seit 1986 Professor für Bauakustik und Immissionsschutz an der FH für Technik in Stuttgart, seit 1995 auch stellvertretender Institutsleiter sowie Leiter der Abteilung Raumakustik/Technische Akustik des IBP. Seit 2005 engagiert er sich verstärkt der baulichen Umsetzung seines raumakustischen Konzepts, seit 2007 mit einer Stiftung „Räume schaffen für besseres Verstehen und Lernen" beim SOS Kinderdorf e. V. und bis 2012 auch in der Forschungsgesellschaft für angewandte Systemsicherheit und Arbeitsmedizin in Mannheim. Ab 2013 im Vorstand der gemeinnützigen Stiftung „Casa Acustica" in Berlin. 2018 Gastprofessur für Raumakustik im Fachgebiet Audiokommunikation an der TU Berlin. Ab 2019 im F&E-Vertrag mit der TU Berlin zur Förderung der Stiftungszwecke.

Prof. Xueqin Zha
Casa Acustica
Kirchblick 5, 14129 Berlin

Studium der Physik an der Nanjing University. Chief Engineer Akustik im Design Institute, Ministry of Radio and Television, Beijing; raum- und bauakustische Auslegungen und Schallschutzkonzepte für Studiokomplexe. 1984 und 1986 Gastwissenschaftlerin am Institut für Rundfunktechnik in München. 1988 Professor für Akustik im o. g. Design Institute. Seit 1992 wissenschaftliche Mitarbeiterin, ab 1995 Leiterin der Arbeitsgruppe Raumakustik im Fraunhofer IBP in Stuttgart. Verantwortlich in der Entwicklung alternativer Schallabsorber sowie der raumakustischen Gestaltung denkmalgeschützter Bauwerke und Neubauten (z. B. Staatstheater Mainz, Oriental Concert Hall Shanghai, VW Akustikzentrum, Prüfstände der Shanghai Academy of Public Measurement und des Beijing National Institute of Metrology). Seit 2013 im Vorstand der gemeinnützigen Stiftung „Casa Acustica" in Berlin und Akustikberaterin des Ingenieurbüros Landtop Technologies in Beijing und Shanghai.

Bauphysik-Kalender 2020: Bau- und Raumakustik. Herausgegeben von Nabil A. Fouad.
© 2020 Ernst & Sohn GmbH & Co. KG. Published 2020 by Ernst & Sohn GmbH & Co. KG.

Inhaltsverzeichnis

1   Einleitung   729

2   Das Konzept zur Beruhigung von
Kommunikation und Unterricht   729

3   Fallbeispiele zur akustischen Aufwertung
durch Kanten-Absorber   731
3.1   Musikräume   731
3.2   Werkräume   735
3.3   Konferenzräume   738
3.4   Unterrichtsräume   740
3.5   Speiseräume   747

4   Schlussbemerkungen   751

5   Literatur   755

„Für alle Räume, in denen es auf Sprachverständlichkeit ankommt, steht die Tiefenschluckung an erster Stelle."
W. Reichardt [1]

1 Einleitung

Vieles, was in Lehrbüchern oder auch im Beitrag C 5 dieses Bauphysikkalenders zur Raumakustik in großen Sälen grundlegend ausgeführt wird, gilt auch für kleinere Räume, auch wenn Architekten und Fachplaner der akustischen Gestaltung in diesem Baubereich eine noch deutlich geringere Bedeutung beimessen. Geht es z. B. „nur" um Unterrichts-, Probe-, Büro-, Konferenz- oder Speiseräume (also typische Kommunikationsräume), so denken die meisten zwar an *Schalldämmung* (Minimierung der Schallübertragung von außen nach innen und dort von Raum zu Raum, also Schallschutz) aber kaum an *Schalllenkung* (Optimierung der Schallübertragung von den jeweiligen Sendern zu ihren Empfängern) und *Schalldämpfung* (geeignete Schallabsorption von Nutz- und Störschall im selben Raum). Ein Grund für diese Missachtung ist sicherlich, dass es für die *Raumakustik* kleiner wie großer Räumlichkeiten leider keine baurechtlich verbindlichen Normen und Richtlinien gibt, wie sie seit langem in *DIN 4109* und *VDI 4100* für die *Bauakustik* vorliegen. Dabei werden z. B. in Callcentern [2], Orchestergräben [3] und Klassenzimmern [4] vielfach Schallpegel erzeugt, die weit über den an gewerblichen Arbeitsplätzen aktuell nach [5] zulässigen liegen. Aber auch in vielen anderen Arbeitsbereichen mit hochqualifizierten und motivierten Arbeitnehmern herrschen unnötig hohe, ergonomisch und funktionell nicht zu verantwortende Beurteilungspegel. Es lässt sich leicht abschätzen, wie enorm der dadurch verursachte Verlust an Produktivität, die Zunahme von Fehlern, Ermüdung und Krankmeldungen ist. Demgegenüber und auch im Verhältnis zu den aktuellen Baupreisen von vielfach mehr als 5000 €/m² Nutzfläche fallen die Mehrkosten für eine optimale Raumakustik, bei vernünftiger und rechtzeitiger Planung und Installation, mit kaum mehr als 50 €/m² (also ≤ 1 %) kaum ins Gewicht. Baufachliche Medien wie dieses können hier also besonders wertvolle Anstöße geben. Im Editorial für „unsere erste reine Themenausgabe zur Akustik" [6] findet ein praxisnaher Chefredakteur, „dass wir den Lärm-Leugnern und Schallschutz-Fakern vermehrt mit Fakten auf die Füße treten sollten." Er sieht „deren Lobby seit geraumer Zeit dabei, die Akustik und den Schallschutz als Preistreiber am Bau zu diffamieren".
Deshalb wurde schon im Kalender 2014 mit gleichem Schwerpunktthema in zwei Beiträgen [7, 8] die ganze Palette konventioneller und innovativer raumakustischer Gestaltungsmöglichkeiten diskutiert. Dort nachlesbar wurden die üblichen, vor allem aber auch besonders breitbandig wirksamen Schallschlucker in mustergültigen und frei zugänglichen Fallbeispielen dokumentiert. In den vergangenen sechs Jahren hat sich an dieser allgegenwärtigen Misere von Räumlichkeiten in privater Verantwortung nur wenig, in öffentlicher aber so gut wie nichts gebessert – ganz im Gegenteil. Daher konzentriert sich dieser Beitrag ganz bewusst auf ein raumakustisches Konzept mit Kanten-Absorbern (KA) nach Abschnitt 8.5.2 in Beitrag B 8. Diese lassen sich besonders robust, nachhaltig, aber deutlich preiswerter als Membran-Absorber MA (Abschn. 5.3), Verbundplatten-Resonatoren VPR (Abschn. 4.3) und Breitband-Kompaktabsorber BKA (Abschn. 8.6) z. B. in vertrauter Trockenbauweise schon im Zuge des Innenausbaus installieren, ebenso auch später nachrüsten, ohne größere Flächen an Decke und Wänden zu belegen. Erste Musterräume wurden so ab 2012 in öffentlichen und privaten Bildungseinrichtungen von der gemeinnützigen Stiftung [10] initiiert. Inzwischen wurden allein in Berlin schon weit über hundert Räume von verschiedenen Trockenbaufirmen entsprechend saniert. Auch anderenorts haben sich Planer, Ausbaufirmen und handwerklich geschickte Laien von diesem Ansatz inspirieren lassen und die Kanten-Absorber sehr erfolgreich aus ganz unterschiedlichen Materialien gefertigt. Weitere Entwicklungen hin zu noch preiswerteren baulichen Problemlösungen sind bereits angestoßen, siehe [46] in Beitrag B 8.

2 Das Konzept zur Beruhigung von Kommunikation und Unterricht

Im Beitrag A 6 wird ausführlich diskutiert, welche Störgeräusche das Sprachverstehen am meisten beeinträchtigen, nämlich das „Gebrabbel" der jeweils anderen, denen man gerade *nicht* zuhören möchte. Dort wird auch hergeleitet, welche Phänomene daher für eine starke Bedämpfung besonders der tiefen Frequenzen sprechen. Als optimal wird ein Bassverhältnis BR möglichst wenig über 1 proklamiert. Traurige Realität ist aber leider allzu häufig eine Nachhall-Charakteristik wie in Bild 43 von Beitrag B 8, die den Raum ungehindert bei seinen Eigenresonanzen dröhnen lässt. Dagegen sollten, speziell in den so vielfach Not leidenden Schulen, Schallabsorber zum Einsatz kommen, die breitbandig wirken und robust zu reinigen und zu renovieren sowie denkmalgerecht kostengünstig einzubauen sind. Deshalb seien die Dämpfungs- und Nutzungseigenschaften der in Beitrag B 8, Abschn. 8.5.2, beschriebenen KA mit Mineralwolle-Füllung hier, gezielt auf den Schulbau, hervorgehoben: Bild 1a gibt deren im Hallraum gemessenen Absorptionsgrad α, bezogen auf ihre zunächst völlig offen dem Raum zugekehrte Oberfläche, wieder. Darin zeigen die dünn strichlierten bzw. punktierten Kurven, wie ihre Wirksamkeit im gesamten interessierenden Frequenzbereich gegenüber einer normalen Anordnung in der Fläche (auch auf dem Boden eines Hallraums) vergrößert wird (α bereichsweise weit über 1). Bezogen auf die zum Einsatz gebrachte Menge an Dämpfungsmaterial bringt ein fast quadratischer

730 C 4 Schall lenkende und dämpfende Maßnahmen in kleineren Räumlichkeiten

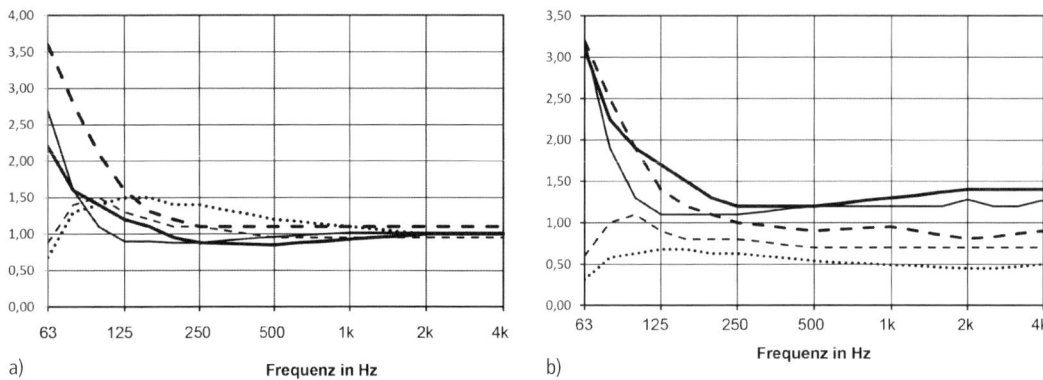

Bild 1. a) Absorptionsgrad α bezogen auf die gesamte Oberfläche bzw. b) Absorptionsfläche A in m² bezogen auf die Kantenlänge in m²/m von Kanten-Absorbern mit verschiedenen Querschnitten; dicke Linie: 400 mm × 1000 mm; dünne Linie: 200 mm × 1000 mm; dick strichliert: 400 mm × 500 mm; dünn strichliert: 200 mm × 500 mm; punktiert: 200 mm × 250 mm

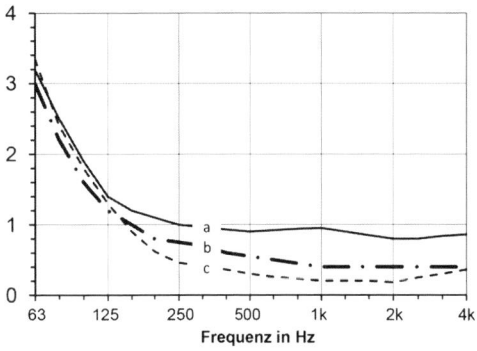

Bild 2. Absorptionsfläche A in m² bezogen auf die Kantenlänge in m²/m von KA mit dem Querschnitt 400 mm × 500 mm; a) ohne Abdeckung, b) 500 mm offen, c) 400 mm offen zu einer Wand oder Decke

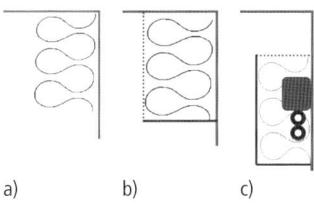

Querschnitt, der am konzentriertesten nur die Kante belegt, erwartungsgemäß die höchste Absorption. Will man also die tiefsten Frequenzen (sprich: die Raum-Moden) optimal dämpfen, so zeigt die dick strichlierte Kurve in dieser Darstellung beste Voraussetzungen. Nur für den Fall, dass man im Einbauvolumen und der zu belegenden Fläche nicht begrenzt wäre, brächte die Variante 400 mm × 1000 mm im Querschnitt eine noch etwas bessere Performance, siehe Bild 1b, in dem die im Hallraum erzielbare Absorptionsfläche A bezogen auf die Länge des KA dargestellt ist. Und käme es nur auf die mittleren und hohen Frequenzen an, so könnte man an der Bautiefe, ebenfalls nicht überraschend, etwa die Hälfte einsparen (dünne Linie).

Für den hier angesprochenen Anwendungsbereich, in dem eine besonders stabile und nachhaltige Bauweise zu verlangen ist, muss man natürlich den Einfluss der notwendigen bzw. gewünschten Abdeckungen des Dämpfungsmaterials bei der Auslegung der KA berücksichtigen. Gegenüber ihrem „nackten" Einbau (Kurve a in Bild 2) bedeutet eine Abdeckung ihrer kleineren Seite (400 mm) mit einer z. B. 12,5 mm dicken GK-Bauplatte und ihrer breiteren Seite (500 mm) mit einer GK-Lochplatte einen oberhalb 125 Hz zunehmenden Verlust an Absorption bis auf den halben Wert bei 1 kHz. Interessant an diesem Hallraum-Ergebnis ist aber, dass die tiefen Frequenzen unter 125 Hz offenbar immer den Weg zum Absorber in der Kante finden, selbst wenn man seine Öffnung mit einem Abstand von nur etwa 100 bis 200 mm einer Wand oder Decke des Raumes zuwendet (Kurve c). Die zugehörige Skizze soll nur andeuten, dass man mit dieser im Schulbau vielfach noch ungewohnten Technologie auch Leitungen der Hausinstallation, ja auch ganze Kabeltrassen integrieren bzw. überbauen kann. Man muss dann bei Bedarf nur entsprechende Revisionsklappen einbauen bzw. Steckdosen in der Bauplatte vorsehen, so wie man das in jeder Leichtbauwand macht.

Bild 3 zeigt die mit verschiedenen KA erzielbaren Absorptions-Spektren, mit denen einige Musterräume akustisch konditioniert wurden. Dies gelang nicht etwa nur oberhalb 250 Hz, sondern bis 63 Hz hinunter, wie von den Normen [6, 24] in Beitrag A 6 verlangt, und erforderte keine „vollflächig absorbierende Decke in Kombination mit einer ebenfalls absorbierenden Rückwand", sondern stets nur eine Belegung entsprechend 20 bis 30 Prozent der Grundfläche des Raumes. Bei all diesen Installationen ist der charakteristische Anstieg zu den Tiefen hin zu erkennen. Da sich die Bauweise der KA nicht wesentlich unterschied, machen die Spektren aber deutlich, dass eine Vorhersage des Ergebnisses in der resultierenden Nachhallzeit viel Erfahrung

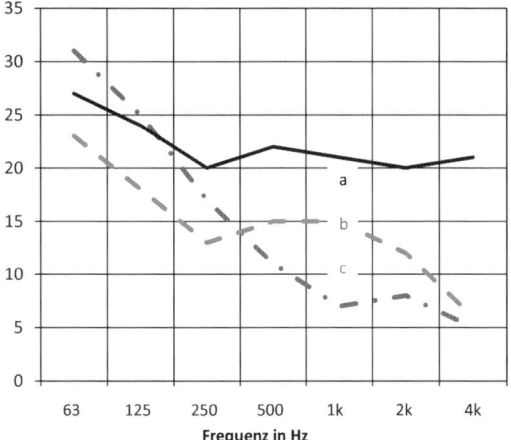

Bild 3. Spektren äquivalenter Absorptionsflächen in m², mit denen einige der Musterräume raumakustisch ertüchtigt wurden; a) Hörsaal einer Hochschule nach Beitrag B 8, Abschnitt 8.5.3; b) Mensa einer Gemeinschaftsschule (Abschnitt 3.5); c) Hort einer Grundschule (Abschnitt 3.4)

erfordert und man gut daran tut, bei Prognosen etwas Vorsicht walten zu lassen. Ebenso schwer dürfte es fallen, die Verbesserung der Sprachverständlichkeit oder gar die zu erwartende Pegelminderung zu quantifizieren. In diesem Punkt unterscheidet sich das hier propagierte Auslegungskonzept aber nicht sehr von dem konventionellen. Genauso wichtig ist der Hinweis, dass es dem Akustiker in aller Regel nicht vergönnt ist, den Umfang der schalltechnischen Maßnahmen frei oder nach Norm vorzugeben. Viel häufiger hat er sich stattdessen nach den (auch in Neubauten meist knapp bemessenen) Budgetvorgaben und (insbesondere bei Sanierungen) den für seine Maßnahmen zur Verfügung stehenden freien Flächen zu richten. Aber in beiden Fällen können gerade die KA oft punkten. Sollte für die jeweilige Nutzungsart noch etwas mehr Absorption bei mittleren und hohen Frequenzen gewünscht werden, so kann man auf diese „Grunddämpfung" des Raumes relativ leicht mit einfachsten Mitteln wie Teppich, Vorhang, Polster etc. „draufsatteln". Aber auch umgekehrt kann man natürlich konventionelle raumakustische Einbauten auf vielfältige Art und Weise mit Tiefen-Schluckern ergänzen, wie z. B. in Abschnitt 3.5 beschrieben.

3 Fallbeispiele zur akustischen Aufwertung durch Kanten-Absorber

Passive (poröse/faserige) Schallabsorber nach Abschnitt 3 in Beitrag B 8 können ihre Wirkung bei einer üblichen Dicke von 20 bis 50 mm erst oberhalb 250 Hz richtig entfalten, vgl. Bild 6 in Beitrag B 8. Mit 400 mm werden schon bei ihrer flächigen Auslegung wie in Bild 42c dort auch unter 100 Hz noch Absorptionsgrade $\alpha \approx 1$ erreicht. Aber erst wenn das dickere Material in den Kanten eines Raumes installiert wird, ergeben sich gemäß Bild 2a und 2b Werte von $\alpha \gg 1$. Wie man mit solchen KA unterschiedlicher Bauart unzureichende Raumakustik z. B. in Kommunikations- und Unterrichtsräumen verschiedener Nutzungsarten deutlich verbessern kann, soll im Folgenden verdeutlicht werden. Die zuvor propagierten Konzepte, wie sie in [7, 8] schon ausführlich dargestellt wurden, haben zwar mit MA, VPR und BKA dem etwas anderen raumakustischen Ansatz den Weg bereitet. Aber erst die Weiterentwicklung auch der KA kann wohl den Markt für ein neues Massenprodukt erschließen.

3.1 Musikräume

Im nichtindustriellen Bereich sind Musiker, besonders in Orchestergräben und Proberäumen, den höchsten Schallbelastungen ausgesetzt, s. [8, Abschn. 6.1]. Aber auch Musiklehrer haben es besonders laut bei ihrer Arbeit: So wie die Stimmen regen auch alle Instrumente den Unterrichtsraum bei seinen Eigenresonanzen an, wenn dieser nicht breitbandig genug bedämpft wird. Für den Autor war der Ausgangspunkt für die Beschäftigung mit dem Lärmproblem in Bildungseinrichtungen ein kleiner Schlagzeug-Unterrichtsraum in der Musikschule Waldenbuch, s. [9] und [7, Abschnitt 4.1]. 25 Jahre später wurde er mit seiner Stiftung [10] zu einem etwas größeren Raum mit ähnlicher Nutzung in der Hunsrück-Grundschule in Berlin-Kreuzberg um Hilfe gerufen. Dieser konnte noch nachhaltiger als der in Waldenbuch beruhigt werden, aber jetzt mit einigen KA. Kurz darauf ging es um den 192 m³ großen Musikraum der Manfred von Ardenne-Schule in Berlin-Lichtenberg. Seine Nachhallzeit im Ausgangszustand mit einer vollflächig abgehängten Mineralfaser-Unterdecke entsprach mit 0,6 s nur oberhalb 250 Hz den Anforderungen der DIN 18041-2004 (vgl. Bild 43 in Beitrag B 8). Hier konnten die inzwischen wohl in weit über hundert Räumen mit den diversen Breitband-Absorbern gesammelten Erfahrungen für eine nachhaltige Beruhigung des Unterrichts sorgen: Zwei KA (62,5 cm × 30 cm) an einer Wand sowie einem 62,5 cm × 45 cm (davon 15 cm im Deckenhohlraum verschwindend) an der Decke gegenüber den großen Fenstern. Das Messergebnis in Bild 4 zeigt eine deutlich abgesenkte Nachhallzeit unterhalb von 500 Hz, die der Klarheit von Musik sowie der Verständlichkeit von Sprache sehr zugutekommt.

Unzumutbar hohe Schallpegel in einem vorzugsweise für den Unterricht an Schlaginstrumenten genutzten Raum forderten den Förderverein der *Carlo-Schmid*-Oberschule in Berlin-Spandau 2013 heraus, hier für Abhilfe zu sorgen. Trotz der guten Erfahrungen, die andere Berliner Bezirke zuvor schon mit Kanten-Absorbern gemacht hatten, genehmigte das zuständige Schulbauamt aber erst nach Diskussion eines Gegengutachtens eine entsprechende Sanierung. Die För-

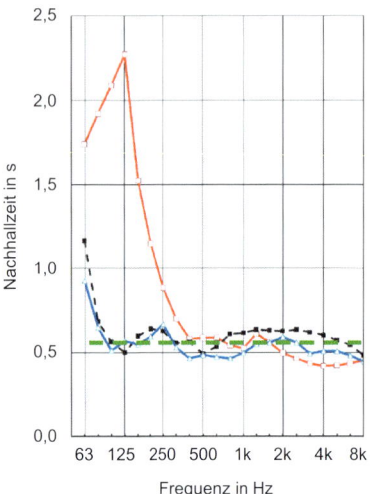

Bild 4. Nachhallzeit im Musik-Unterrichtsraum der Manfred von Ardenne-Schule in Berlin-Lichtenberg; Mittelwert im unmöblierten Ausgangszustand (□), nach der Installation von zusätzlichen KA an Wand und Decke (■), mit Möbeln (△), grün strichliert: T_{soll} nach DIN 18041-2004 (Messungen: Moll-Akustik)

derer spendeten die eigentliche Baumaßnahme und die gemeinnützige Stiftung [10] sorgte mit professioneller Beratung, Schallmessung und Auslegung dafür, dass ein weiterer Musterraum geschaffen werden konnte [11]. Im Raum mit dem in Bild 5 skizzierten Grundriss sorgen große Fenster in leichten Kunststoff-Rahmen an seiner Stirnseite offenbar für eine relativ starke Schallabsorption bei tiefen Frequenzen. Mit den Decken- und drei Wand-Absorbern wurde in diesem Fall deshalb die Nachhallzeit besonders bei den mittleren Frequenzen auf Normmaß reduziert, nämlich fast konstant 1,1 s von 63 bis 4000 Hz bei sehr karger Möblierung gemäß Bild 6a.

Messungen während einer öffentlichen Demo-Veranstaltung (Bild 6b) verdeutlichen zwar bei f > 500 Hz den Einfluss der ungefähr 30 Erwachsenen, aber auch den von einer ganzen Batterie von Schlaginstrumenten (Bild 7), deren Nachklingen die Messungen unter 500 Hz massiv beeinflusst haben. Es versteht sich, dass die Instrumente durch Musizieren und Kommunizieren wohl schwächer als durch die stationären Signale der Test-Lautsprecher angeregt werden. Aber die Pauker dämpfen bei lauten Musikpassagen bekanntlich ihre Instrumente durch kurzes Handauflegen. Die Teilnehmer der Veranstaltung konnten u. a. durch gleichzeitige Unterhaltungen in mehreren Gruppen die Situation im Unterricht gut simulieren. Dabei wurde einmal mehr bestätigt, dass keiner seine Stimme strapazieren oder sein Gehör besonders anstrengen musste, um sich stressfrei zu verständigen – mit sichtlicher Zufriedenheit über das erzielte Ergebnis. Der Bereichsleiter des Schwerpunktfachs Musik bestätigte, dass die lauten Instrumente nun nicht mehr so ohrenbetäubend scheppern und dröhnen und dass ihm und seinen Kollegen nach einigen Unterrichtseinheiten jetzt keine Kopfschmerzen mehr bleiben.

Es verwundert nicht, dass der 7,8 m × 4,1 m × 3 m große Musikraum der Kaohsiung University in Taiwan für Dozenten und Studenten bei ihrer akustisch anspruchsvollen Arbeit keine befriedigende Umgebung

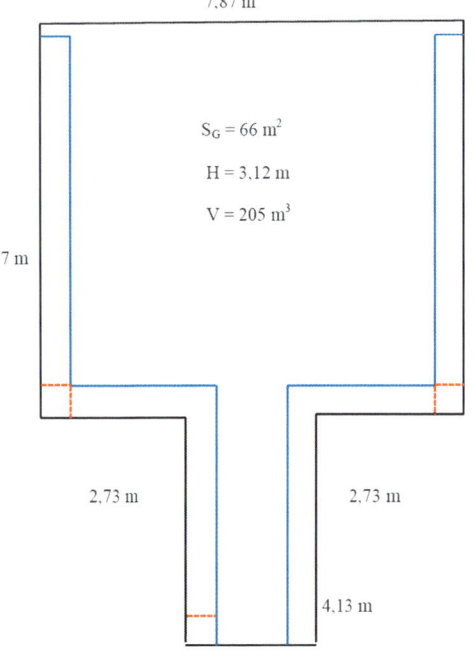

Bild 5. Grundriss des Musikraumes in der Carlo-Schmid-Oberschule mit Kanten-Absorbern an Decke (blau), Wänden (rot) und Ansichten der KA (weiß)

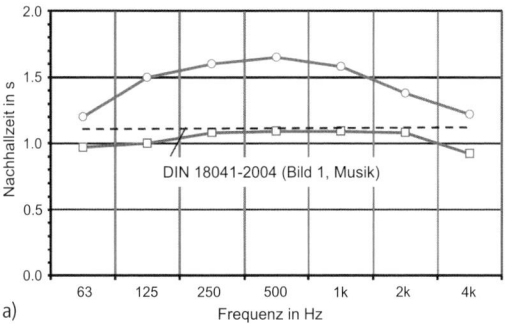
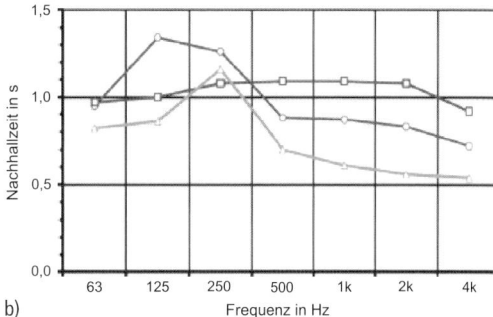

Bild 6. Nachhallzeit im Musikraum nach Bild 5; a) mit minimaler Möblierung; ohne (○) bzw. mit Kanten-Absorber (□); b) mit der Ausstattung wie in Bild 7 (○), plus ca. 30 Erwachsene (△) (Messungen: Ritter Bauphysik)

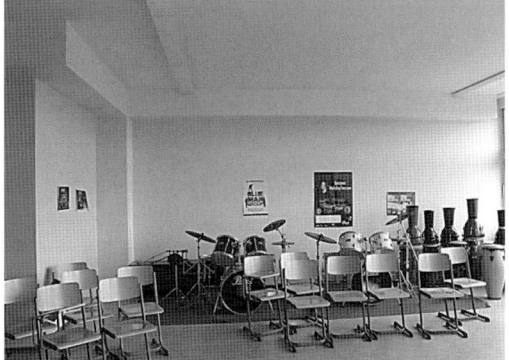

Bild 7. Der Musikraum von Bild 5 bei seiner öffentlichen Vorstellung am 3.3.2014 mit zahlreichen Schlaginstrumenten und Stühlen

Bild 9. Musikraum der Kaohsiung University in Taiwan nach der Installation von circa 25 m Kanten-Absorbern

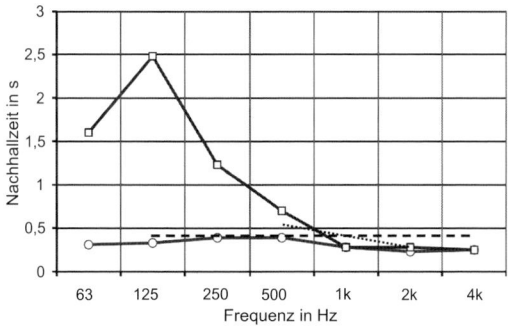

Bild 8. Nachhallzeit des Raumes von Bild 9 vor (□) bzw. nach der raumakustischen Aufwertung durch Kanten-Absorber (○); zum Vergleich: BATOD-Anforderung (strichliert), Building Bulletin BB 93 High Standard (punktiert) nach Abschnitt 8 in Beitrag A 6

bot. Hier bildeten mit einem Vlies (Soundtex) bespannte Lochblech-Platten einerseits die 20 cm tief vollflächig abgehängte Unterdecke und zum anderen bis 1,2 m herab die Verkleidung der Wände vor einem mit Mineralwolle gefüllten, nur 5 cm tiefen Hohlraum.

12,5 mm dicke Gipskarton-Platten vor einem 5 cm tiefen unbedämpften Hohlraum verkleiden die unteren Wandteile, und ein kurzfloriger Teppich rundete diese konventionelle, aber untaugliche raumakustische Ausstattung ab, die für die unter 1000 Hz steil ansteigende Nachhall-Charakteristik in Bild 8 mitverantwortlich ist. Die Terz-Spektren zeigen einen stark zerklüfteten Frequenzverlauf, wie er für die Anregung der Raum-Moden unterhalb der *Schröder*-Frequenz nach Gl. (5) in Beitrag A 6 typisch ist. Der Akustiker vor Ort gab zwar an, im leeren Raum gemessen zu haben; es kann aber sein, dass doch einige Instrumente den Nachhall, ähnlich wie in Bild 6b, beeinflusst haben. Dieses Beispiel wurde ausgewählt, weil es deutlich macht, wo man landen kann, wenn man sich mit der raumakustischen Auslegung auf die Abschätzung (z. B. in Tabelle 5 von DIN 18041-2004) mit einem bewerteten Absorptionsgrad α_w nach ISO 11654 verlässt und so die Tiefen völlig aus dem Blick verliert.

Bild 9 zeigt die in diesem Fall portalartige Installation der 40 cm breiten (nur mit einem Vlies abgedeckten) und 50 cm tiefen (mit Mineralwolle mit 60 kg/m³ gefüllten und mit 12,5 mm dicken GK-Platten abgedeckten) Kanten-Absorber mit einer Länge von insgesamt etwa 25 m. Dass diese hier auch Teile der Fenster (mit

Bild 10. Kanten-Absorber in „verdeckter" Bauweise an der Decke und einer Wand beidseitig der Stereo-Anlage sowie zwei λ/4-Resonatoren an der gegenüberliegenden Wand im „Hörraum" der Casa Acustica [10]

einer 2 × 6 mm Isolierverglasung) verdecken durften, war man wohl nur für dieses Pilotprojekt in Taiwan zu tolerieren bereit. Das Ergebnis in Bild 8 kann sich sehen lassen: Mit einer Nachhallzeit von kaum über 0,3 s bis 63 Hz herunter kann man davon ausgehen, dass die Raum-Moden bei keiner Anregung durch Stimmen oder Instrumente mehr stören. Entsprechend zufrieden äußerten sich auch die Dozenten und Studenten. Allerdings empfiehlt sich bei einer derart starken Bedämpfung der Höhen eine Abdeckung der oberen Wandverkleidungen mit einer nicht zu dünnen Folie.

Die Berliner Philharmoniker können trotz stetig steigender Preise die Ticketnachfrage niemals befriedigen. Es lag daher nahe, deren Konzertsaal virtuell zu vergrößern: „Der Zuschauer sollte in seinem Wohnzimmer sitzen und so einfach und bequem wie möglich die Philharmoniker auf seinen Bildschirm und seine Stereoanlage holen können" [12]. Und das geschah ab 2009 mit inzwischen 500 Konzerten für rund 30000 zahlende Abonnenten und 500000 registrierte User. Offen bleibt dabei aber, wie viele bei diesem ungestörten Dabeisein tatsächlich das Potenzial einer Übertragung mit Full HD und 320kbit/s mit ihrer Anlage und den räumlichen Abhörbedingungen überhaupt voll ausschöpfen können. Gleiches gilt für das Abhören von Schallplatten und CDs erstklassiger Studio-Aufnahmen mit herausragenden Musikern.

Kaum ein Musikliebhaber möchte sein Wohnzimmer aber in ein veritables Studio verwandeln. Dessen Wände, oft auch die Decke, sind hier längst durch notwendige Installationen und diverse lieb gewordene Einrichtungen belegt. Im nur 5 m × 3,3 m × 2,9 m großen „Hörraum" der Casa Acustica [10] wurde daher im Jahr 2016 mit KA in verdeckter Bauweise etwa wie in Bild 2c auch hier ein neues raumakustisches Konzept demonstriert, das nur einen kleinen Teil der Raumbegrenzungen belegt und das sich auch in jedem zeitgemäß eingerichteten Wohnzimmer hören und auch sehen lassen kann. In Bild 10 sieht man die geschlossenen Flächen von mit Mineralwolle gefüllten Gipskarton-Koffern mit einem Querschnitt von 330 mm × 260 mm in vier Kanten unter der Decke und in zwei Kanten

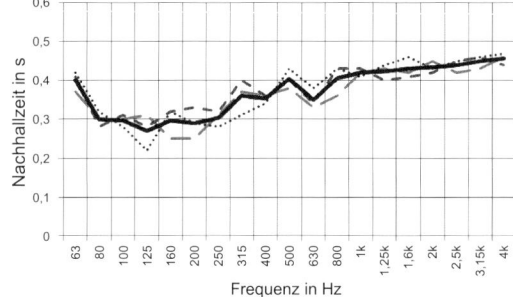

Bild 11. In Terzen an drei Positionen sowie als Mittelwert (fett) gemessene Nachhallzeiten im Raum von Bild 10

an der Wand beidseits der Stereoanlage. Diese sind an ihrer der Decke bzw. einer Wand zugekehrten offenen Seite mit einem Vlies als Rieselschutz abgedeckt. Der Schalleintritt erfolgt hier nur über einen 130 mm schmalen Spalt, in dem oben LED-Lichtbänder für eine indirekte Beleuchtung des Raumes verlegt wurden. Zwei auf die Decke/Boden-Eigenresonanz des Raumes bei ca. 60 Hz abgestimmte λ/4-Resonatoren ergänzen die akustische Konditionierung des Raumes. Dessen Möblierung besteht aus einer gepolsterten Couch und einem dünn gepolsterten Zweisitzer in der klassischen Abhörposition. Tatsächlich wird das Schallfeld aber im ganzen Raum vergleichmäßigt, sodass selbst erfahrene Tonmeister und -techniker, die den Raum inzwischen zahlreich beurteilten, etwas verwundert bestätigten, dass sie dessen schallharte Begrenzungen nirgends störend wahrnehmen.

Die im Raum gemittelte Nachhallzeit (Bild 11) erfüllt bei tiefen Frequenzen sehr gut die ITU-R BS.1116-1994 Empfehlungen. Noch wesentlicher erscheint es aber, dass das zwischen 50 und 8000 Hz gemessene Abklingen des Raumes bei jeglicher Anregung sehr gleichmäßig verläuft, s. Bild 12. So wird demonstriert, dass man auch dem kleinsten Raum seinen meist nur negativen Einfluss auf die Klarheit aller in ihm

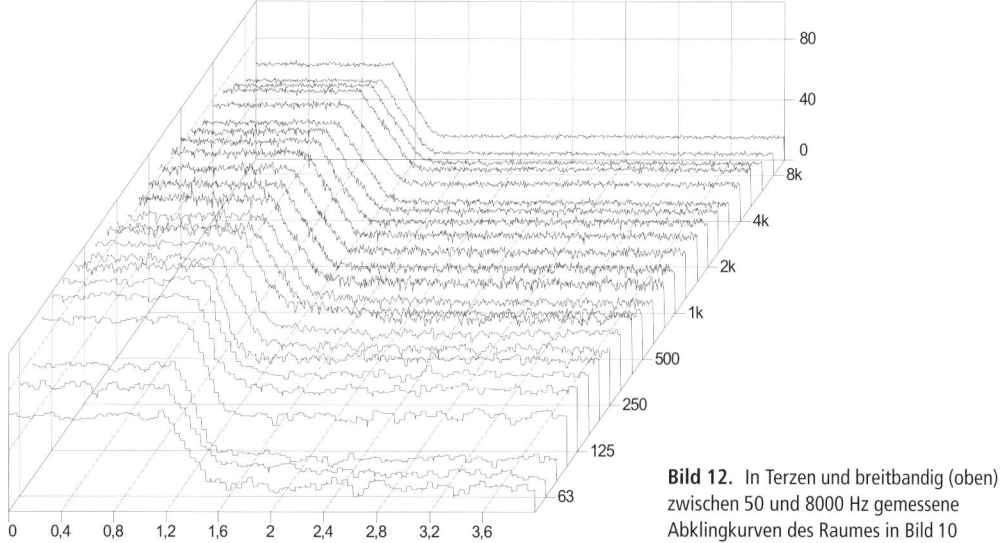

Bild 12. In Terzen und breitbandig (oben) zwischen 50 und 8000 Hz gemessene Abklingkurven des Raumes in Bild 10

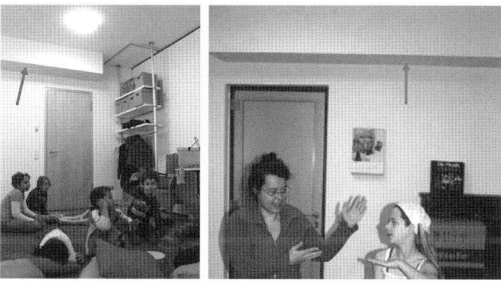

Bild 13. Auch in einem kleinen Mehrzweckraum kann man Platz für den einen oder anderen KA finden und so den Nutzern mit geringem Aufwand mehr Hörsamkeit verschaffen

stattfindenden Schallereignisse ohne besonders hohen Aufwand leicht nehmen kann.

Manch einem ambitionierten HiFi-Freak kann man jedenfalls raten, nicht sein ganzes Budget in die Abspielanlage zu stecken, sondern einen kleinen Teil davon besser in eine derartige Aufwertung der Raumakustik zu investieren. Tut er dies, so wird er auch bei jeder Art von live Musizieren und Kommunizieren ein ziemlich ungewohntes, aber unglaublich wohltuendes akustisches Ambiente genießen können, nämlich den in Abschnitt 3.8 von Beitrag A 6 so getauften „Calm-Library"-Effekt. Etwas ältere Hörer werden so bei Radio-Nachrichten oder TV-Talkshows verblüfft feststellen, dass sie nun auch bei geringerer Lautstärke und ohne Hörgerät jedes Wort wieder viel besser verstehen können, weil der tieffrequente Mulm beseitigt wurde, der von den Raum-Moden hervorgerufen wird und der die für jede Verständigung wichtigeren Frequenzen im kHz-Bereich zu verdecken pflegt, s. Beitrag A 6.

Auch in einem ebenfalls sehr kleinen Spiel- und Musizierzimmer im SOS-Kinderdorf in Berlin-Moabit hat man mit nur zwei KA in den oberen Raumkanten (Bild 13) etwas gegen die dröhnenden Moden unternommen, weil man mit dem Kultivieren bei der Erzeugung von Raumklang gar nicht früh genug beginnen kann, um Kindern das unnötige Schreien schon in der Kita abzugewöhnen. Der Kommentar der hier besonders motivierten Erzieherin weist dazu den Weg: „Singen, summen, Theater oder Klavier spielen, basteln, hüpfen, hupen, tanzen, kabbeln oder ruhig liegen und der Stille lauschen – all das ist nun viel schöner!" Dieses kleine Fallbeispiel mit frühkindlichen Schallquellen weist schon auf größere Räume mit viel lauteren, maschinellen Geräuscherzeugern hin.

3.2 Werkräume

Die im Raum mit dem Volumen V in m^3 wirksame äquivalente Absorptionsfläche

$$A = A_S + A_E + A_P + 4Vm \qquad (1)$$

in m^2 an dessen Begrenzungsflächen (S), Einbauten (E), Personen (P) und bei der Schallausbreitung (m, s. Beitrag B 8) wirkt auf menschliche Stimmen und musikalische Instrumente nicht nur physikalisch absorbierend, senkt also den mittleren Schallpegel $\overline{L}$ gemäß

$$\overline{L} = L_W - 10 \lg A + 6 \text{ dB} \qquad (2)$$

Wegen gegenseitiger Maskierungs-Effekte und *Lombard*-Reflexe nach Abschnitt 3.2 und 3.3 in Beitrag A 6 kann die Absorption A außerdem direkt auf den emittierten Schallleistungspegel L_W einwirken. Bei technischen Schallquellen entfallen zwar diese psychoakustischen Phänomene, aber die Moden-Anregung gemäß Abschnitt 3.1 in Beitrag A 6 verstärkt natürlich auch hier den Störpegel $\overline{L}$, wiederum insbesondere bei den tiefen Frequenzen. Eine raumakustische Therapie mit

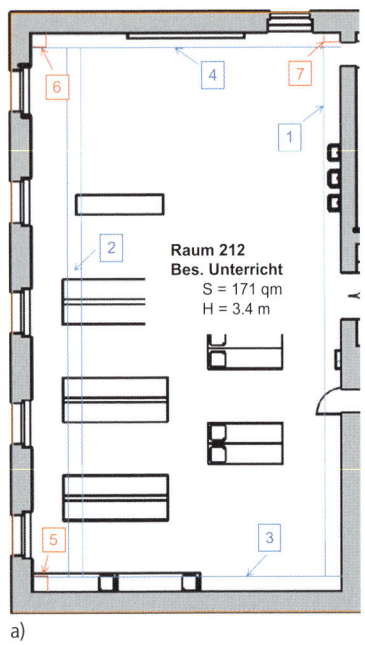

Bild 14. a) Wenn Grundriss, Ausstattung und Nutzung eines Raumes bekannt sind, kann ein Akustiker die notwendigen KA skizzieren. b) Dazu gehört eine Liste der Absorber-Elemente mit kurzen Erklärungen für den Trockenbauer.

Raum 212 (mit 4 Revisionsklappen)
1 Decken-Absorber 17.21 x 500 (unten perf.) x 500
   (Koffer 1 u. 3 integrieren Kabel-Trasse incl. Konsole,
   MW-Füllung unter derselben)
2 Decken-Absorber 17.21 x 500 (unten perf.) x 500
   (Koffer im Abstand zu geöffneten Fenstern)
3 Decken-Absorber 9.96 x 500 (unten perf.) x 500
4 Decken-Absorber 9.96 x 500 (unten perf.) x 500
   Summe: 54.34 m
5 Wand-Absorber 3.37 x 500 (zum Fenster perf.) x 500
6 Wand-Absorber 3.37 x 500 (zum Fenster perf.) x 500
7 Wand-Absorber 3.37 x 500 (zur Tür perf.) x 250
   Summe: 10.11 m **Gesamt: 64.45 m**

breitbandig wirksamen KA ist daher, so wie bei Musik- und allen anderen Kommunikationsräumen, auch bei Werk- und Spielräumen angesagt und das Spektrum der Nachhallzeit als Abbild der vorhandenen Absorption

$$A = 0{,}16 \frac{V}{T} \qquad (3)$$

auch hier ein wichtiges Gütekriterium neben dämmenden Maßnahmen wie Schallschirmen und -kapselungen.

Mindestvoraussetzung für eine Beratung durch die gemeinnützige Stiftung [10] sind stets Grundriss und Fotos vom Istzustand der zu sanierenden Räume. Nach einem ausführlichen Ortstermin wurden so für sechs Werk- und Unterrichtsräume der August-Sander-Berufsschule in Berlin-Mitte KA in alle Grundrisse eingezeichnet, siehe z. B. Bild 14a für den Raum 212 mit einer Höhe von 3,4 m und einem Volumen von 581 m³. Diese für jeden mit dem Bau von Kanten-Absorbern (hier: GK-Bauplatten auf einer Stahl-Unterkonstruktion) vertrauten Trockenbauer ausreichenden Skizzen werden üblicherweise von einer Liste der verschiedenen Absorber-Module mit ihren genauen Abmessungen und gegebenenfalls mit Montage- und Warnhinweisen aus der Besprechung vor Ort begleitet, siehe z. B. Bild 14b. In Bild 15 sind die Decken-Absorber 1 (über der Arbeitsplatte) und 4 (über einem Fenster) sowie der schmale Wand-Absorber 7 (neben einem kleinen Wandstummel) zu sehen. An der Fensterseite ist neben dem Wand-Absorber 6 der Decken-Absorber 2 zu erkennen, welcher im Abstand zu den so weiterhin zu öffnenden Fenstern installiert wurde. In einem der fünf anderen Räume konnten Wand-Absor-

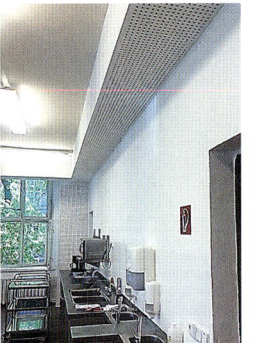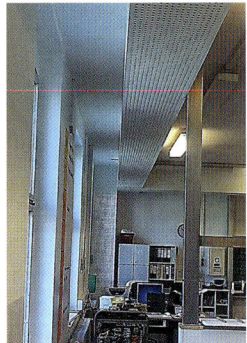

Bild 15. Für einen der sechs Unterrichts- und Werkräume sind hier fünf der insgesamt sieben Kanten-Absorber gemäß Bild 14 zu erkennen

ber nur oberhalb ortsfester Werkbänke ihre Wirkung entfalten. Der Schulleiter, *R. Gleisberg*, äußerte sich gegenüber dem Autor mit dem Ergebnis dieses Projekts zufrieden: *„All die von Ihnen vorbereiteten Maßnahmen sind zu unserer vollsten Zufriedenheit durchgeführt worden. Das raumakustische Ergebnis ist hervorragend. Vielen, vielen Dank noch mal für Ihre tolle Unterstützung!"* In manchen Fällen, insbesondere solchen außerhalb Berlins, haben auch schon andere akustische Berater die Regie über Planung und Ausführung von Sanierungen mit KA eigenständig übernommen. Über das folgende Fallbeispiel haben sich die Entwickler dieser unkonventionellen Technologie besonders gefreut, weil dieses einer neuen Vorfertigung dieser Absorber mit GK-Platten auf einer Holz-Unterkonstruktion den Weg bereitet hat.

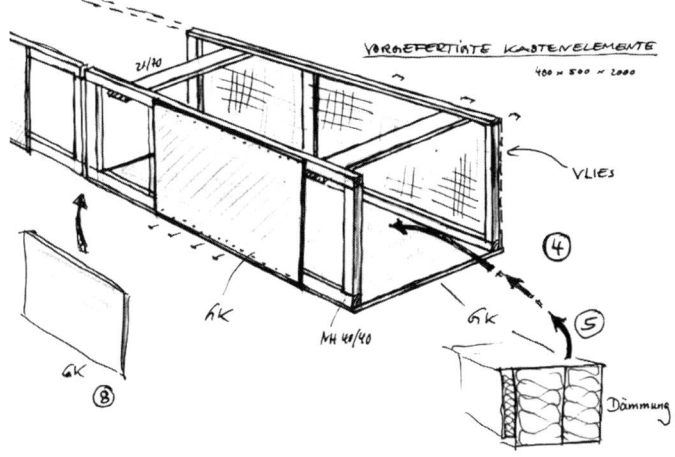

Bild 16. Erstmalig auf einem Holzrahmen mit GK-Platten aufgebaute KA

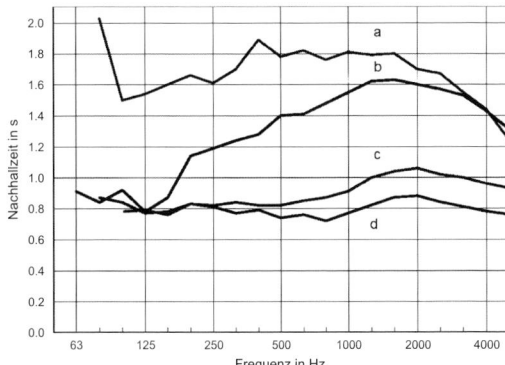

Bild 17. Nachhallzeit gemessen in einem Raum der Arnold-Bode-Schule in Kassel; im Ausgangszustand (a), mit 24 m KA nach Bild 16 (b), plus 28 m² Wand-Paneele (c), plus 15 Personen (d)

Im Fall der Arnold-Bode-Schule für Handwerk, Technik, Gestaltung in Kassel informierte sich ein ambitionierter Lehrer zunächst umfassend über die bisher realisierten und die bereits angedachten Bauarten der KA sowie über die geltenden Normen. Dann fertigte er mit seinen Auszubildenden für das Tischlerhandwerk stabile Kastenelemente aus Holz in den Standardabmessungen 400 mm × 500 mm × 2000 mm (Bild 16). Die offenen, einer Wand zugekehrten Seiten dieser Koffer wurden vorschriftsmäßig mit einem akustisch transparenten Vlies als Rieselschutz überspannt.

Mit einer Nachhallzeit von (im Mittel) 1,8 s war der zu sanierende, von externen und internen Schallquellen stark belastete Raum breitbandig zu bedämpfen. Zunächst reduzierten gemäß Bild 17 insgesamt 24 m KA an Decke und Wand die Nachhallzeit bei den Tiefen auf die Hälfte. Da aber bei dieser teilweise geschlossenen Bauart die Wirkung der KA zu den Höhen stetig abnimmt, bauten und installierten die Auszubildenden hier noch zusätzlich konventionelle 40 mm dicke konventionelle Absorber hinter Schlitzplatten und Vlies auf insgesamt 28 m² Wandfläche. So konnte die Nachhallzeit optimal auf praktisch konstant 0,8 s eingestellt werden, wenn noch eine Lerngruppe von ungefähr 15 Personen den 1,5 m × 6,9 m × 4,4 m großen Raum besetzt. Der Initiator in der Schule, *J. Röker*, bereut den Aufwand mit diesem Projekt nicht: „Für die Schüler konnte so die sonst nur theoretisch mit Hilfe von Diagrammen und Fachbüchern zu erlernende Wirkungsweise der verschiedenen Absorbertypen sehr gut erfahrbar gemacht werden." Es sei aber betont, dass die hier sehr positive Wirkung der Wand-Paneele nicht mit der negativen im Fall des Hörsaales i14 der TU Graz in Abschnitt 7 von Beitrag A 6 zu verwechseln ist.

Die Schallbelastungen eskalieren vielerorts in Sport- und Schwimmhallen, s. Abschnitt 4.5 in [7], sowie Pausenhallen und sogenannten Aktivräumen, in denen Schüler sich zwischen oder nach akustisch stark reglementierten Unterrichtsstunden mit Geräten und Spielen etwas austoben können. Damit auch hier für Betreuer und Betreute der Lärm vertretbar bleibt, empfiehlt sich auch hier eine angemessene Bedämpfung des Raumes. Neben den vier Speiseräumen der Joan-Miró-Europaschule in Berlin-Charlottenburg von Abschnitt 3.5 wurde hier auch ein Raum gemäß Bild 18 mit zweiseitig absorbierenden KA aus Lochblech-Koffern mit Mineralfaser-Füllung ausgerüstet – mit dem bereits gewohnt positiven Effekt.

Auch in zahllosen Großraumbüros leiden die oft hoch qualifizierten Dienstleister häufig unter die Ohren betäubenden Schallpegeln, die nicht selten über denjenigen in akustisch aufgewerteten Werkhallen liegen. Beispielgebende Sanierungen mit VPR und BKA für große offene Bürolandschaften zahlungskräftiger Banken und Versicherungen wurden z. B. schon in [2] und in Abschnitt 6.4 von [8] beschrieben. Dagegen haben sich die preiswerteren KA vor allem in typischen Kommunikationsräumen bewährt, die in den folgenden Abschnitten diskutiert werden.

Bild 18. Kanten-Absorber hinter Lochblech-Platten reduzieren die Schallbelastungen im „Aktivraum" der Joan-Miró-Europaschule

3.3 Konferenzräume

Die Freiheit des Architekten hat dort Grenzen, wo Sicht- oder Hörbedingungen verletzt werden und etwa der Schallschutz gefährdet wird (wie es beim Brandschutz selbstverständlich und beim Wärmeschutz Gesetz ist). Verständigen und Verstehen können zwar durch die anderen Wahrnehmungen, besonders das Sehen, unterstützt werden; in kommunikationsintensiv genutzten Räumen sollte aber keinem der übrigen Sinne auf Kosten des Hörens Priorität eingeräumt werden. Von dieser Einsicht ist die Mehrheit aller Bauschaffenden allerdings weit entfernt. Der Trend zu schallharten Flächen (Beton, Mauerwerk und Glas) hält unvermindert an. In vielen Räumen sind etwa weiche Gehbeläge, die wenigstens Trittschall und Stuhlrücken etwas beruhigen könnten, verpönt.

Da hat es nur noch gefehlt, dass man gleichzeitig allerorten versucht, die notwendige thermische Behaglichkeit in den neu geschaffenen, restaurierten oder umgenutzten Räumen nicht mehr durch teure Lüftungs- und Klimaanlagen zu erreichen, sondern durch eine Aktivierung der thermischen Potenziale aller Massivbauteile. Ob nun aus Kosten- oder Umweltgründen, oder weil man die Decke als Wärme oder Kälte abstrahlendes Bauteil mit integrierten Heiz- oder Kühlschlangen aktiv nutzen will: Eine großflächige Verkleidung, die gleichzeitig mit der Dämpfung von Schall auch Wärme dämmt, verbietet sich häufig. Außerdem hat man oft längst die für abgehängte Unterdecken nötige Raumhöhe schon im Rohbau eingespart. Alles wäre weniger schlimm, wenn der Investor, Betreiber oder Nutzer nicht obendrein noch versuchen würde und in vielen Fällen auch tatsächlich gezwungen wäre, am Innenausbau und der Einrichtung der so mit spitzem Bleistift kalkulierten Gebäude zu sparen, wo es nur geht. Am Ende absorbieren so z. B. in dicht besetzten Konferenzräumen vor allem die Nutzer selbst Schall mit $S_P = 0{,}5$ bis 1 m^2 pro Person gemäß Gl. (1), allerdings leider im falschen Frequenzbereich.

Bei der Restaurierung und Umnutzung historischer Gebäude fehlt es oft nicht an Raumhöhe. Daher werden die heute notwendigen Installationen gern unter der Decke hinter einer schallharten GK-Unterdecke „versteckt", wie gemäß Bild 19 in einem 192 m^3 großen Konferenzraum bei der *Bundesstiftung Baukultur* in Potsdam, s. auch Abschnitt 8.7 von Beitrag B 8. Hier wurde die Unterdecke rundum wandnah auf einer Länge von 25 m und in einer Breite von 350 mm durch GK-Lochplatten ersetzt und dahinter mit einem MW-Paket gemäß Bild 59 in Beitrag B 8 ein optisch unauffälliger KA untergebracht, s. Bild 20.

Je geringer die bereits im unbehandelten Raum vorhandene Absorption war, umso wirkungsvoller ma-

Bild 19. Der raumakustisch aufzuwertende Raum in der Bundesstiftung Baukultur in Potsdam bei seiner Restaurierung

Bild 20. Der restaurierte und mit „versteckten" KA akustisch aufgewertete Raum von Bild 19

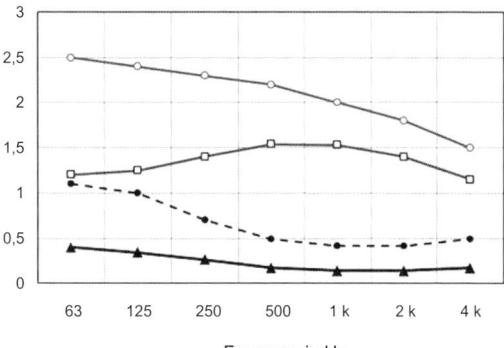

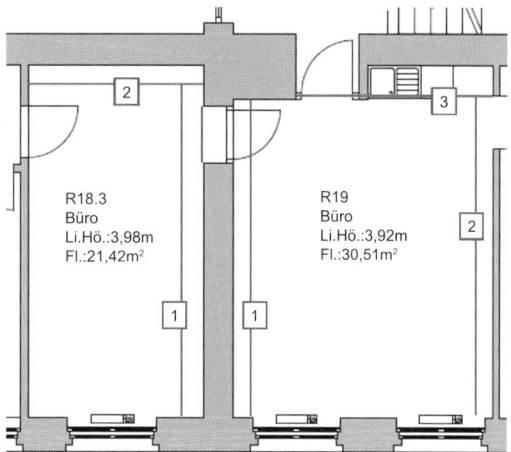

Bild 22. In Kommunikationsräumen können einige Kanten-Absorber für akustische Behaglichkeit und gute Sprachverständlichkeit sorgen

Bild 21. Wirkung von im Decken-Hohlraum hinter einer GK-Unterdecke integrierten KA im Konferenzraum von Bild 20; Nachhallzeit in s vorher (○) bzw. nachher (□) im unbesetzten Raum; resultierende Absorptionsfläche pro Kantenlänge in m² pro m (▲), Absorptionsgrad bezogen auf die nachträglich geöffnete Deckenfläche (●)

chen sich die hier gut versteckten Schallschlucker akustisch bemerkbar. In diesem praktischen Fall erreicht die aus Volumen und Nachhallzeiten des Raumes sowie der nachträglich geöffneten Fläche $S_A = 25$ m × 0,35 m in der Decke ermittelte Absorption der KA zwar nicht die hohen Werte wie im Hallraum gemäß Bild 1. Bild 21 zeigt aber, wie ihr Absorptionsgrad mit einem Anstieg von 0,5 bei mittleren Frequenzen auf Werte über 1 bei den Tiefen sehr passend dem Anstieg der ursprünglichen Nachhallzeit (bis 2,5 s!) folgt. Bereits bei einer Belegung mit 22 Personen kann man eine von 1 s bei mittleren zu tieferen Frequenzen kaum noch ansteigende Nachhallzeit erwarten.

Damit wird vielleicht noch kein Optimum erreicht. In diesem Fall ging es aber, wie in der Praxis raumakustischer Sanierungen fast immer, nicht primär um die Erfüllung einer ohnehin baurechtlich nicht verbindlichen Norm (s. Beitrag A 6), sondern um das Zufriedenstellen eines Auftraggebers, der selbst über das Ausmaß einer die Akustik verbessernden Maßnahme ent-

scheiden wollte. Dabei spielte natürlich eine Rolle, wer den Raum wie lange und in welcher Nutzungsart aufsucht. Es macht einen großen Unterschied, ob energiegeladene Schüler nach einem lange anstrengenden und reglementierten Unterricht mit endlich ungezügelter Stimmgewalt in die Mittagspause stürmen wie in Fallbeispielen der folgenden zwei Abschnitte, oder wie hier überaus kultivierte Erwachsene sich zu einer in der Regel ruhigen Konferenzrunde versammeln. Jedenfalls äußerten sich die Entscheider zufrieden über die erzielte raumakustische Verbesserung: Das vorher sehr unangenehme Dröhnen des Raumes, das insbesondere tiefe Männerstimmen geradezu aggressiv drohen ließ, konnte weitgehend eliminiert werden.

Die Notwendigkeit raumakustischer Maßnahmen gemäß Abschnitt 6.4.2 in [8] ist so eindeutig, dass inzwischen wohl kein ergonomisch und ökonomisch handelndes Unternehmen in seinen Großraum-Büros auf diese verzichten kann. Wenn es dagegen um kleinere Räume geht, macht man sich heute schon aus Prestigegründen zwar um die Séparées von Vorständen nebst ihren Vorzimmern dazu Gedanken. Wenn man aber von den reinen „Denker-Zellen" absieht, so wird kaum ein Büro ständig nur von einer Person genutzt, z. B. für Dienstgespräche im kleinen Kreis oder Elterngespräche in Schulen. Kleinere Räume ohne spezielle Einbauten für Akustik haben aufgrund ihrer Ausstattung und Möblierung oft bereits ausreichend Absorption bei mittleren und hohen, aber fast immer ein Defizit bei den tiefen Frequenzen. Deshalb wurde anlässlich der Sanierung einer Mensa (s. Abschnitt 3.5) dem Schulleitungsteam vorgeschlagen, zusätzlich für deren 30,5 m² großen Arbeitsbereich sowie für das angrenzende Sekretariat mit 21,4 m² Grundfläche ebenfalls eine akustische Grunddämpfung gemäß Bild 22 mit einzuplanen. Fast wider Erwarten wurde bauseits auch diesen

a) b)

Bild 23. Kanten-Absorber in a) einseitig offener oder b) zweiseitig geschlossener Bauweise (vor finalem Anstrich)

 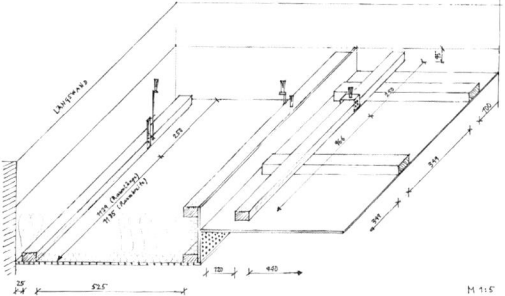

Bild 24. Restaurierung mit Kanten-Absorbern eines Schulungsraumes der Freiwilligen Feuerwehr in Schönau/Oberpfalz zu einem akustisch wie optisch attraktiven Festsaal (Bild 25)

kleineren Maßnahmen und deren Preis von damals unter 100 € pro m KA zugestimmt. Bild 23 zeigt zwei beliebte KA-Varianten in konventioneller Trockenbauweise.

Dass raumakustische Maßnahmen keinesfalls nur als lästiges Extra bei der Gestaltung eines Raumes ins Bewusstsein der Beteiligten geraten muss, sondern auch als ein insgesamt attraktiveres Design wirken kann, zeigen die Fotos in Bild 24 und 25 aus einem 50 m² großen Versammlungsraum der Freiwilligen Feuerwehr in Schönau/Oberpfalz, der unter der Regie des erfahrenen Akustikers, *C.-G. Ungerland*, mit schall- und lichttechnischer Auslegung in komplett ehrenamtlichen Aktionen restauriert wurde. Dabei überließ man die Aufgabe einer in die Tiefe reichenden Absorption einem nur ca. 500 mm breiten Randstreifen bestehend aus ca. 200 mm von der Betondecke abgehängten 12,5 mm dicken Gipskarton-Lochplatten (Knauf Cleaneo 8/18), rückseitig mit Akustikvlies und einer Mineralfaser-Auflage, während das übrige Deckenfeld nur mit Bauplatten vor einem flachen Hohlraum zur Aufnahme von Elektrik verkleidet wurde. Hier sind wohl erstmalig Leuchtbänder und Spotlights auch in die Kanten-Absorber integriert worden. Bild 26 zeigt die so erzielte gleichmäßige Absenkung der Nachhallzeit, etwa von 1,8 s auf nur noch etwas über 0,7 s bei 125 Hz. Dieses Beispiel führt vor, wie attraktiv sich mit

diesem akustischen Konzept ein Standardraum gestalten lässt.

Die im Beitrag A 6 ausführlich diskutierten chinesischen Untersuchungen zum Sprachverstehen haben auch dort schon ein Startup-Unternehmen ermutigt, zunächst den 17,1 m × 10,7 m × 3,9 m großen Konferenzraum an einer Grundschule in Shenzhen mit KA auf einer Länge von insgesamt ca. 60 m akustisch aufzuwerten (Bild 27). Mit einer Absenkung der Nachhallzeit im unbesetzten Zustand gemäß Bild 28 auf weniger als die Hälfte im gesamten interessierenden Frequenzbereich ist dies auf Anhieb gut gelungen. Besetzt ergibt sich jetzt ein Wert von konstant unter 0,6 s.

3.4 Unterrichtsräume

Mit der Erziehung zu einem pfleglichen Umgang miteinander kann man nicht früh genug beginnen. Dazu gehört in einer immer lauteren Umwelt auch die Kontrolle der eigenen Stimme. Aber nicht jeder Raum kann den in Abschnitt 3.8 von Beitrag A 6 beschriebenen „Calm-Library"-Effekt ermöglichen. Die Waschräume der Kita im SOS-Kinderdorf in Berlin-Moabit provozierten neben dem lauten Klappern der Zahnbürsten in den Bechern ein unbändiges Kindergeschrei. Die rundum schallharten und abwaschbar gestalteten Wände und Decken von Sanitärzellen können als De-

Bild 27. Der mit 714 m³ bisher wohl größte Raum, der allein mit ungefähr 60 m Kanten-Absorbern hinter einer abgehängten Rasterdecke für ca. 50 Kommunizierende hörsamer gemacht werden konnte

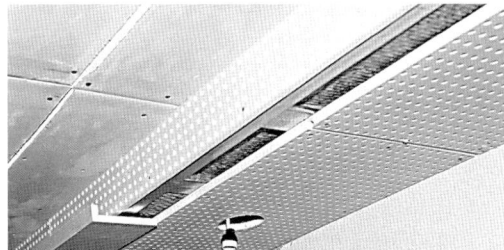

Bild 25. Aufbau der KA unter der Decke des Raumes in Bild 24

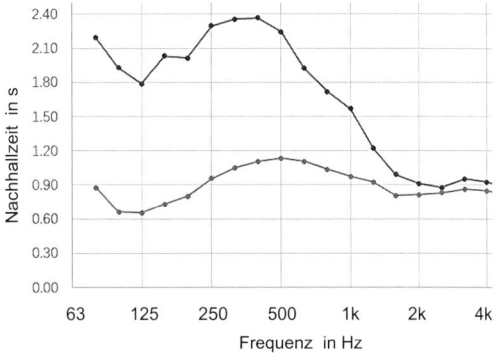

Bild 28. Nachhallzeit im unbesetzten Konferenzraum von Bild 27 vor (Kurve oben) bzw. nach (Kurve unten) der akustischen Aufwertung mit Kanten-Absorbern

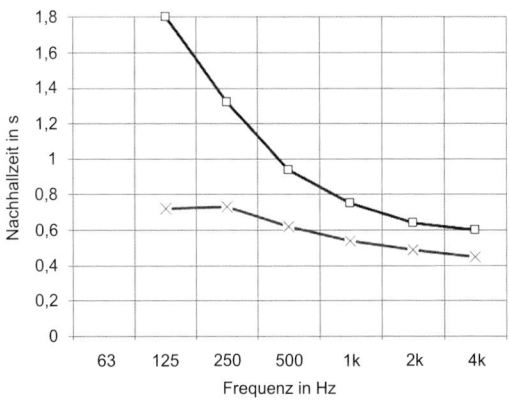

Bild 26. Nachhallzeit vorher (□) bzw. nachher (×) im Raum nach Bild 24 und 25

monstrationsräume für die Wahrnehmung ihrer Eigenresonanzen („Raum-Moden") nach Abschnitt 2 von Beitrag B 6 aufgesucht werden. Kaum jemand kommt dabei aber auf die Idee, hier etwa Raumakustik zu betreiben. Die meisten Räumlichkeiten des 2005 neu eingerichteten SOS-Kinderdorfs in Berlin sind mit herkömmlichen raumakustischen Maßnahmen durchaus großzügig ausgestattet worden. Deshalb stellten sich die vier Waschräume in der Kita als regelrechte akustische Brennpunkte heraus: Wenn etwa zehn Kinder hier gleichzeitig ihre hygienischen Unterweisungen erhielten, schwoll der Schallpegel schon mal auf über 80 dB(A) an – zum Leidwesen der ohnehin gestressten Erzieherinnen. Obgleich dabei eher die höheren Frequenzen die Anweisungen verdeckten, konnten dank der unter dem Dach des SOS-Kinderdorfs gegründeten Stiftung „Räume schaffen für besseres Verstehen und Lernen", die der aktuellen Stiftung [10] vorausging, auch hier einige KA gemäß Bild 29 für eine deutliche Minderung der Schallbelastungen sorgen – eine Maßnahme, von der die städtischen Kitas mit ähnlichen Problemen bis heute nur träumen können. Da einer der vier baugleichen Räume aber zunächst unbehandelt blieb, ließ sich die Verbesserung gerade hier besonders gut demonstrieren. Wie überhaupt der Unterschied verschiedener raumakustischer Situationen am besten im unmittelbaren Vergleich für die Betroffenen geradezu körperlich spürbar wird. Nach verständlichen Protesten der erwachsenen Nutzer musste Raum 4 aber leider bald ebenfalls nachgerüstet werden.

Bild 29. Auch in rundum schallhart gefliesten Waschräumen können (abwaschbare!) Kanten-Absorber helfen, Nutzer- und Fremdgeräusche zu reduzieren

Bild 30. Konventionelle Absorber-Technik: Ganzflächige Akustikdecke plus Wandfries in einem Klassenzimmer der Nürtingen-Grundschule in Berlin-Kreuzberg

Die aktuelle Zuwanderung von Erwachsenen und Kindern mit dringendem Bedarf für sprachliche Qualifikation und kulturelle Integration schreit vielerorts nach Räumlichkeiten für gutes Hören, Verstehen, Lernen und Kommunizieren, noch dazu in einer für viele fremden Sprache. In Berlin eskaliert aber die Schallbelastung für die ca. 400000 Lernenden und 35000 Lehrenden an etwa 700 Bildungseinrichtungen in öffentlicher Verantwortung. Und gleichzeitig zeichnet sich ab, dass man aus Kostengründen die Bau-Standards generell sogar senken will – mit leider absehbar negativen Folgen für die hier eigentlich besonders zu fordernden raumakustischen Maßnahmen. In den Abschnitten 14.3.1 und 14.7.3 von [14] wird gezeigt, was in einer Schule mit einer außergewöhnlich aktiven Leitung, einem ideenreichen Architekturbüro sowie einer praktisch motivierten Eltern- und Schülerschaft machbar ist, wenn ein großes Sanierungsvorhaben mit konventioneller Absorber-Technik mit Mitteln der EU von 460000 € kräftig gefördert wird (Bild 30).

Eine ähnlich motivierte Schulleitung an der Sonnenuhr-Grundschule in Berlin-Lichtenberg schaffte es, durch beständiges Nachbohren beim Schulträger und zusammen mit dem Förderverein und Sponsoren aus dem Umfeld der Schule, viel bescheidenere Mittel (nämlich weniger als 3500 € netto) nur für ihren Hort locker zu machen. Der erstgenannte Autor und ein begeisterter Physiklehrer der Schule, der das gesamte Sanierungsvorhaben mit seinen Schülern als umfassendes Lernprojekt mit entsprechenden Messungen begleitete, schufen und dokumentierten hier aber einen Musterraum für ausgezeichnete Raumakustik, s. Abschnitt 4.6 in [7]. In dem 9,8 m × 8,8 m × 3 m großen, schallhart umschlossenen Raum (Bild 31) gehen vor- und nachmittags ca. 30 Kinder in vier Gruppen gleichzeitig unterschiedlichen Beschäftigungen nach. Entsprechend hohe Schallpegel über 80 dB(A) wurden von den Erzieher(innen) seit seiner Inbetriebnahme gemessen und beklagt.

Bild 31. Der zweigeteilte Ganztages-Hort der Sonnenuhr-Grundschule in Berlin-Lichtenberg vor der akustischen Sanierung

Die Nachhallzeit des unbesetzten Raumes sollte breitbandig unter ca. 1 s liegen. Diese Zielvorgabe wäre selbst durch eine, wie vielerorts übliche, ganzflächige Verkleidung der Decke und zusätzliche Belegung von Teilen der Wände – etwa wie in Bild 30 – kaum zu erreichen gewesen. Auch sprachen in diesem Fall u. a. die Leuchtenbänder an der Betondecke sowie ein buntes Wandgemälde gegen solche Maßnahmen. Stattdessen wurden acht Kanten-Absorber mit einer Gesamtlänge von ca. 51 m eingebaut. So wird dem Schallfeld im Raum eine perforierte Fläche von insgesamt ca. 25 m² zur Absorption geboten, entsprechend etwa 29 Prozent seiner Grundfläche von 86 m². Es sei aber betont, dass diese Nachrüstung möglich wurde ohne irgendeine Veränderung an den bereits vorhandenen elektrischen und lichttechnischen Installationen. Lediglich das Wandbild büßte auf einer Seite wegen eines Wand-Absorbers einige Zentimeter ein, und eine Projektionsleinwand musste etwas versetzt werden.

Bild 32. Eine kleine Belegung des fertig sanierten Musterraumes nach Bild 31 während der Abnahmemessungen durch Ritter Bauphysik

Bereits im leeren Raum wurde so die Nachhallzeit breitbandig auf fast konstant nur noch 1,2 s gesenkt. Möbel können bis etwa 100 mm an die glatten wie an die perforierten Flächen der KA herangestellt werden, ohne dass dadurch ihre schalltechnische Wirksamkeit bei tiefen Frequenzen geschmälert würde. So nehmen weder die waagrecht noch die senkrecht angeordneten KA den Nutzern wertvollen Raum für ihre verschiedenen Aktivitäten weg. Im Gegenteil: Diese können diverse andere Installationen integrieren oder verdecken. Wie Abb. 14.35 in [14] zeigt, senkt selbst eine sehr karge Möblierung mit nur einigen kleinen Holztischen und -stühlen, auch subjektiv gut spürbar, die Nachhallzeit breitbandig um weitere ca. 0,2 s, was auf eine dadurch erhöhte Diffusität im Raum hinweist. Wenn mehr, insbesondere gepolsterte Möbel im Raum aufgestellt oder andere faserige Stoffe eingebracht würden und je mehr Menschen den Raum füllen, umso weiter sinkt die Nachhallzeit, allerdings nur bei den höheren Frequenzen. Nachdem aber die Tiefen schon hinreichend in den Kanten „geschluckt" werden, steigt der von den Nutzern selbst erzeugte Schallpegel nun nicht mehr unbedingt mit der Zahl der Kommunizierenden an, wenn ein geschulter Erzieher es versteht, seinen Zöglingen klarzumachen, wie man sich in diesem besonders konditionierten Raum zu aller Nutzen und Wohlbefinden verhält. Im voll besetzten Raum werden auf jeden Fall die Anforderungen der DIN 18041-2004 erfüllt, auch bei tiefen Frequenzen: $V = 256$ m³ → $T_{soll} = 0,6$ s (besetzt); +0,2 s (unbesetzt) → $T_{soll} \leq 0,8$ s; obere Grenze des Toleranzbereichs (+20 %) → $T_{max} \leq 0,96$ s.

Bei der Präsentation dieser Muster-Installation zum „Tag gegen Lärm 2013" wurde einmal mehr die Probe aufs Exempel gemacht: Vier Gruppen Erwachsener konnten sich, im ganzen Raum verteilt, lebhaft miteinander unterhalten. Der sanierte Raum provozierte keine Anhebung der Stimmen mehr, sondern er vermittelte allen Beteiligten den Eindruck, dass sie sich viel besser und entspannter verständigen konnten, wenn sie ihre Stimme sogar etwas senkten. Allen wurde so klar, dass diese Art der Raum-Akustik beste Voraussetzungen schafft, um Kindern einen behutsamen sprachlichen Umgang miteinander beizubringen. Das sollte – natürlich je früher umso besser – bereits im Kindergarten, oder eben in der Schule und im Hort, beginnen. Die betroffenen Nutzer verfolgten diesen Musterfall jedenfalls in jeder Phase mit größtem Interesse (Bild 32). Inzwischen wurden 24 der 28 Unterrichtsräume ganz ähnlich wie der Hort akustisch saniert und die nun als „Leise Schule" titulierte Einrichtung zum wegweisenden Leuchtturm nicht nur für diesen Stadtbezirk.

Für den planenden Akustiker ist natürlich interessant, welche objektiv messbare Wirkung die KA in diesem Fall haben: Die äquivalente Absorptionsfläche A, bezogen auf die Länge der KA, liegt gemäß Bild 33 frequenzabhängig etwa konstant bei 0,5 m² pro m zwischen 63 und 2000 Hz. Dass es sich hierbei um keine einfache Materialkonstante handelt, wird in den Schlussfolgerungen zu Kap. 14 in [14] als ein eigenartiges, bisher kaum diskutiertes Phänomen in kleineren Räumen behandelt.

Der hier propagierte schalltechnische Ansatz, mit breitbandig wirksamen Absorbern für Behaglichkeit und Schallschutz in kleinen Räumen zu sorgen, hat sich schon unter ganz unterschiedlichen architektonischen und Nutzungsbedingungen bewährt. Diesbezügliche Anfragen werden dann auch aus der Ferne bereitwillig mit Zeichnungen und Fotos z. B. von Krippe und Hort im Hubertus 4 Kindergarten in Hannover angereichert. Aber was ist zu raten, wenn, wie in Bild 34 zu sehen, die abgehängten Decken aus unbekanntem, aber sehr hartem Material bis unter die Oberkante der Fenster reichen? Dann braucht es nicht unbedingt die Beratung durch einen Architekten oder Akustiker, sondern besser durch einen Trockenbauer, der sein Handwerk schon um die neuartigen Kanten-Absorber erweitert hat, der vor Ort die baulichen Gegebenheiten und Wünsche des Bauherrn klärt und danach einen entsprechend fundierten Kostenanschlag machen kann. Das Ergebnis eines solchen Falles ist in den Fotos von

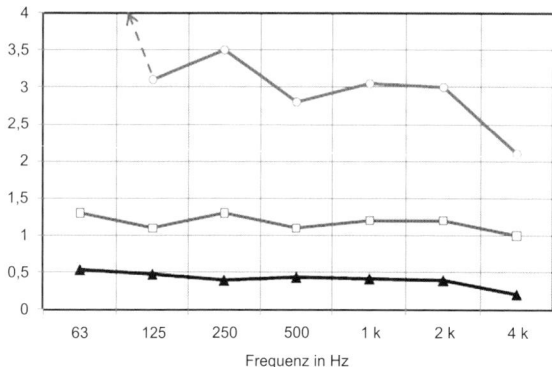

Bild 33. Analyse der Wirkung von Kanten-Absorbern im 259 m³ großen Raum nach Bild 31: Nachhallzeit in s vor (○) bzw. nach deren Einbau (□) im unbesetzten Raum; resultierende Absorptionsfläche pro Kantenlänge in m²/m (▲)

Bild 34. Auch unter den ungünstigsten baulichen Voraussetzungen (hier: tief abgehängte Unterdecken) lässt sich die Raumakustik mit flexibler Gestaltung der Absorber verbessern

Bild 35 zu sehen: Absorber ausreichender Dicke, die größtenteils ganz im Deckenhohlraum verschwanden. Das auf kleinster Fläche Raum und Kosten sparende raumakustische Konzept findet immer mehr Anwender auch außerhalb Berlins: Das 9,9 m × 6,7 m × 2,9 m große, aber etwas niedrige Klassenzimmer der Grundschule in Marienrachdorf bei Mainz (Bild 36) wurde mit besonders flachen Kanten-Absorbern in den Abmessungen 530 mm × 230 mm unter der Decke über den Fenstern mit einer Länge von insgesamt 31 m ausgestattet. Die Messergebnisse des hier verantwortlich planenden Akustikers, K. Pies, zeigen in Bild 37 eine mindestens bis 125 Hz herunter der DIN 18041-2004 entsprechende konstante Nachhallzeit.

An der bereits in Abschnitt 3.3 angesprochenen Grundschule in Shengzen wurde 2018 auch ein 8,8 m × 7,8 m × 3,4 m großes Klassenzimmer (Bild 38), nach chinesischem Standard für 50(!) Grundschüler, mit 29 m Kanten-Absorber rundum unter der Decke und 6,8 m Kanten-Absorber in zwei Raumkanten für einen ruhigeren Unterricht ertüchtigt. Die Schallabsorber fallen

Bild 35. Im Deckenhohlraum des Musterraums (Bild 34) und in einigen Raum-Kanten wurden Breitband-Absorber (hier vor dem Finish) nachträglich installiert

Bild 36. Auch niedrige Flachräume lassen sich mit besonders schlank ausgeführten Kanten-Absorbern entdröhnen – ohne Installationen zu behindern oder die Raumnutzung einzuschränken (Foto: K. Pies)

Bild 38. 50 Grundschüler in einem chinesischen Klassenzimmer können seit kurzem besser dem Unterricht folgen dank 36 m Kanten-Absorber

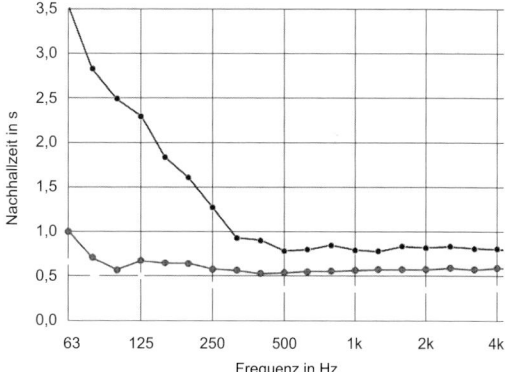

Bild 39. Fast unsichtbare Schallabsorber sorgen auch im unbesetzten Raum von Bild 38 für eine konstant niedrige Nachhallzeit

auch hier neben den stellenweise kaschierten Betonstürzen kaum ins Auge. Der so erzielte Abbau des Tiefenanstiegs in Bild 39 wirkt sehr positiv auf das Sprachverstehen im Unterricht.

Flure und Treppenhäuser gehören zu den Umgebungen, in denen die Einhaltung eines Sollwerts der Nachhallzeit oft für nicht erforderlich gehalten wird. Auch die aktuelle DIN 18041-2016 stellt gemäß dort Tab. 2 und 3 für diese nur geringe Anforderungen, und zwar ausschließlich zwischen 250 und 2000 Hz. Es verwundert nicht, dass z. B. im SOS-Kinderdorf in Berlin-Moabit zwar alle Räumlichkeiten raumakustische Installationen erhielten, aber neben den Waschräumen auch das sehr geräumige Treppenhaus mit seinen diversen Nutzungsflächen zunächst ganz unbehandelt blieb. Eine konventionell großflächige Bedämpfung etwa wie in Bild 40 ist tatsächlich eine singuläre Ausnahme geblieben und wohl nur einer großzügigen öffentlichen Förderung zu verdanken. Dabei geben sich Kinder und Jugendliche nach einer stark gängelnden Unterrichtseinheit auf dem Weg in die nächste oder in eine Pause hier natürlich gern etwas lauter. Dabei werden diese in

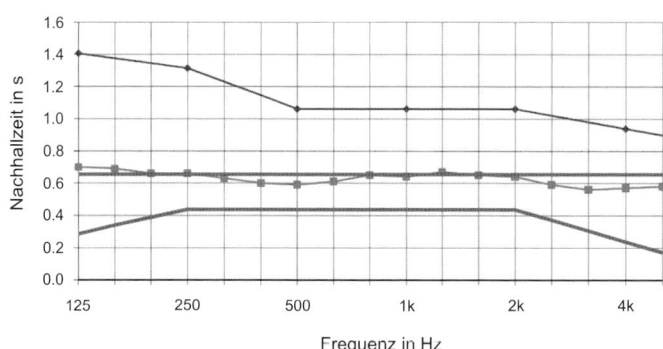

Bild 37. Die Absenkung der zu den Tiefen ansteigenden Nachhallzeit im Raum von Bild 36 auf einen konstant niedrigen Wert erfüllt die geltende DIN 18041-2004 geradezu vorbildlich (Messungen: Schallschutz-Pies)

Bild 40. An Decken-Wölbungen angepasste Absorber-Module und Wandfriese (durch Pfeile markiert) in den Fluren der Nürtingen Grundschule regen zu praktischen Alternativen an (Foto: Bauereignis)

vielen überbelegten Schulen fast so intensiv und ähnlich kommunikativ genutzt wie Unterrichtsräume.
In diese oft relativ engen Bereiche lassen sich KA baulich geschickt und akustisch besonders effizient einsetzen, um auch hier lebhafte Stimmen zu dämpfen und diese Lärmbereiche als beruhigte Lernbereiche höherwertig nutzbar zu machen. Dass sich dieses raumakustische Konzept sogar in einem denkmalgeschützten Gebäude sehr ansprechend realisieren lässt, zeigt Bild 41. Der Deckenspiegel in Bild 42 und die Schnittzeichnungen in Bild 43 verdeutlichen die Belegung mit 50 cm breiten und 40 cm tiefen Kanten-Absorbern (insgesamt ca. 45 m an der Decke, 14 m an den Wänden) entsprechend kaum 30 Prozent der Grundfläche dieses Flurabschnitts mit einem Volumen von 19,5 m×5,2 m× 3,5 m = 355 m³, an welches sich beidseitig noch Flurabschnitte mit jeweils ca. 130 m³ anschließen.

 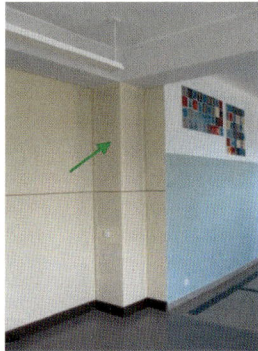

Bild 41. Kanten-Absorber gemäß Bild 42 und 43 in einem Flur der Obersee Grundschule (durch Pfeile markiert) schaffen ein behagliches akustisches Ambiente zum Kommunizieren und Lernen (Foto: U. Drepper)

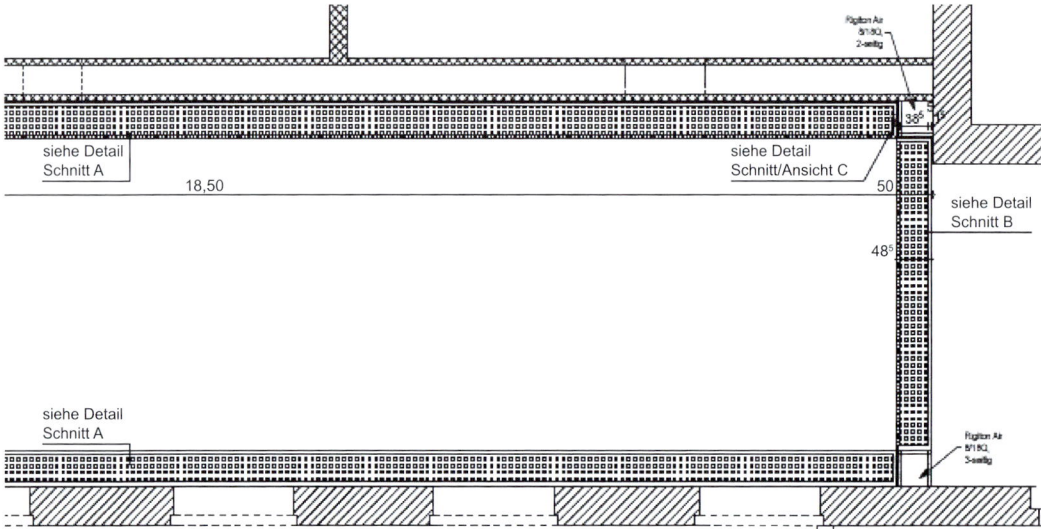

Bild 42. Deckenspiegel mit KA aus Gipskarton-Platten (Zeichnung: büro west)

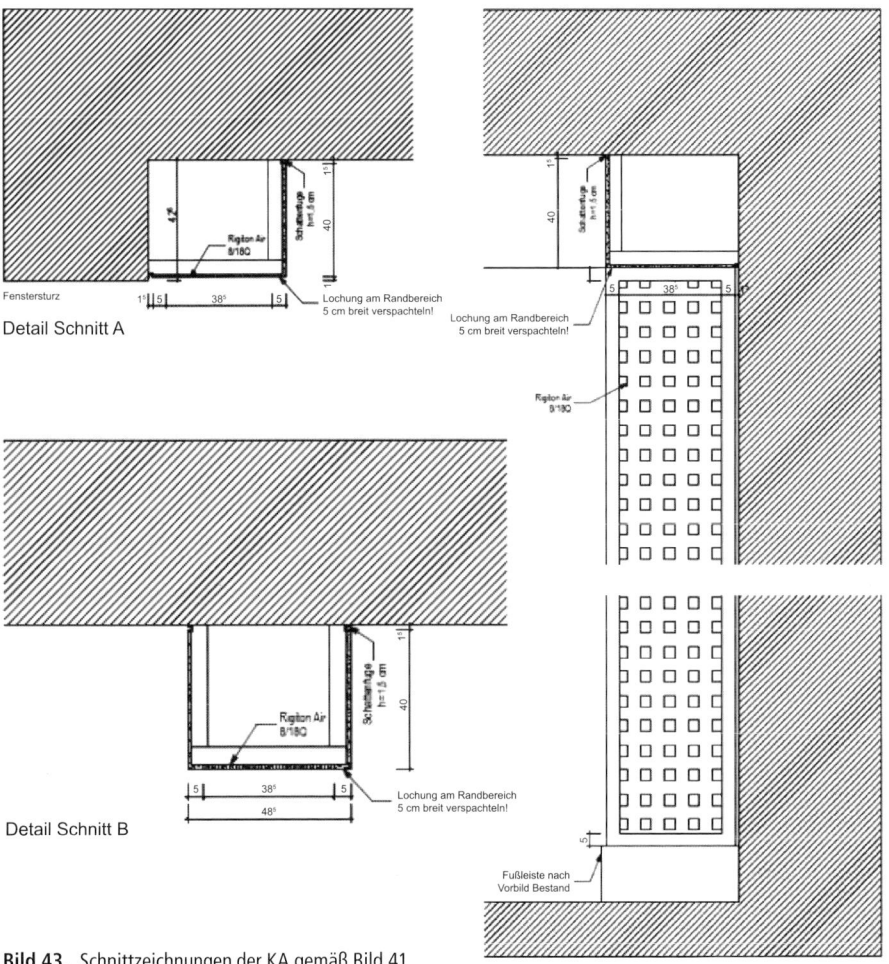

Bild 43. Schnittzeichnungen der KA gemäß Bild 41
(Zeichnung: büro west)

Detail Schnitt/Ansicht C

Nach den Erkenntnissen in Beitrag A 6 kann man nicht genug betonen, wie wichtig die Hörsamkeit aller Räume gerade für die Heranwachsenden ist. Der KA als dafür so wichtiger Tiefen-Schlucker wurde aber vor 8 Jahren erstmals in einer privaten Hochschule für Medien und Kommunikation erfolgreich eingesetzt, s. Abschnitt 8.5.3 in Beitrag B 8. Bei der Demonstration des KA-Konzepts im Vergleich zum konventionellen in Abschnitt 7 von Beitrag A 6 konnten zwei Hörsäle an der TU Graz als Muster gegenübergestellt werden.

Auch die jüngste von der Stiftung [10] realisierte Sanierung fand 2019 wieder an einer Hochschule, und zwar im Fachgebiet Audiokommunikation der TU Berlin, statt. Der 310 m² große Seminarraum H 3001 im historischen Hauptgebäude stellte mit seiner Höhe von 5,4 m eine besondere Herausforderung dar. Trotzdem wurden auch hier nur rundum unter der Decke sowie in zwei Senkrechten 500 mm × 400 mm dicke KA eingebaut, s. Bild 44. Sie fallen neben einem vorhandenen kompakten Bauteil unter der Decke nicht weiter ins Auge. Die Nachhallzeit im beklagten Ausgangszustand zeigt, dass die großen Fenster und leichten Zwischenwände die Tiefen bereits ungewöhnlich stark absorbieren. Umso wichtiger ist es da, dass diese KA veritable Alles-Schlucker sind, wie Bild 45 zeigt. Die Nachhallzeit bei einer typischen Besetzung mit ca. 20 Personen lässt jetzt einen optimalen Wert von unter 0,8 s erwarten. Das bestätigen jedenfalls die verschiedenen Nutzer des Raumes, darunter auch ein Chor, der jetzt regelmäßig darin probt. Es sind auch weitere akustische Grundlagenuntersuchungen zur Untermauerung des hier propagierten Konzepts für mehr Deutlichkeit von Sprache und Klarheit von Musik geplant.

3.5 Speiseräume

In Abschn. 6.5.3 von [8] wird eine Sanierung der Kantine der BG Nahrungsmittel und Gastgewerbe in Mannheim unter Einsatz von Breitband-Kompaktabsorbern BKA nach Abschnitt 8.6 in Beitrag B 8 angesprochen,

748   C 4   Schall lenkende und dämpfende Maßnahmen in kleineren Räumlichkeiten

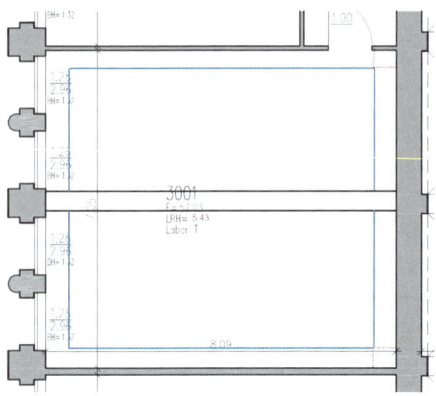

Bild 44. Raumakustische Sanierung mit Kanten-Absorber unter der Decke (blau) und an der Flurwand (rot) in einem Seminarraum der TU Berlin

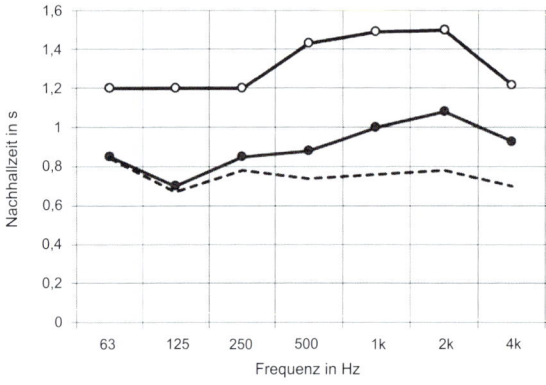

Bild 45. Nachhallzeit im möblierten Raum von Bild 44; im Ausgangszustand (○), nach der Sanierung (●), mit 20 Personen belegt

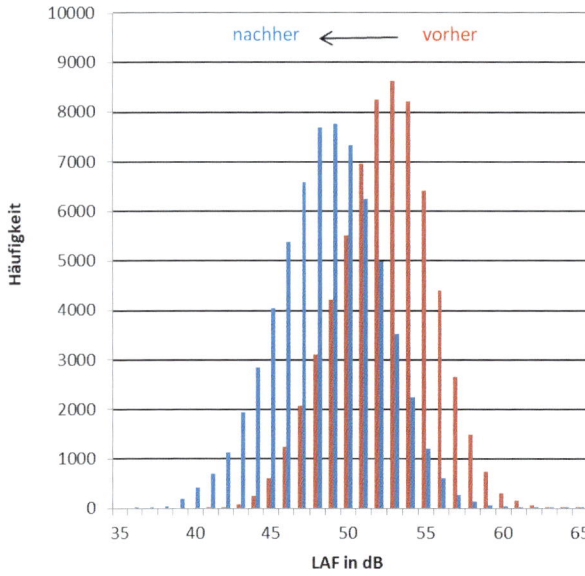

Bild 46. Häufigkeitsverteilung der mittleren A-bewerteten Schalldruckpegel in einem Restaurant vor bzw. nach Durchführung raumakustischer Maßnahmen

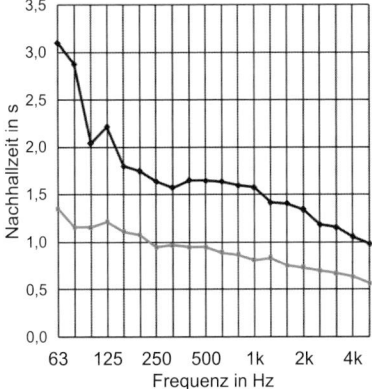

Bild 47. Nachhallzeit vorher bzw. nachher in der Kantine eines Dienstleistungszentrums

die gemäß Bild 46 eine deutliche Pegelsenkung von ca. 6 dB(A) als Mittelwert während der Mittagspausen erzielen konnte. Das entspäche in konventioneller Schreibweise wie in Abschnitt 3 von Beitrag A 6 gemäß

$$\overline{L} = L_{W,n} + 10\lg n - 10\lg V + 10\lg T + 14 \text{ dB} \qquad (4)$$

einer Viertelung der Besucherzahl n oder der Nachhallzeit T, wenn man den dort in Abschnitt 3.8 beschriebenen „Calm-Library"-Effekt außer Acht ließe. Tatsächlich wurde letztere zwar breitbandig bis 63 Hz herunter kräftig reduziert, jedoch maximal doch nur halbiert, s. Bild 47. Aber die Behebung der fast allgegenwärtigen Lärmprobleme, gerade auch in Gourmet-Restaurants, gestaltet sich allgemein besonders schwierig, weil hier, anders als in Schulen, keine Ferienzeiten selbst für nur kleinere Umbauten genutzt werden können. Und die Gäste finden sich vielfach mit diesen akustischen Folterkammern oft einfach als gegeben ab. Hier fehlt es noch an Aufklärung, aber auch an geeigneten Schallabsorbern.

Eine von ihren Studenten finanzierte private Hochschule muss dagegen schon aus Konkurrenzgründen in ihren Räumlichkeiten optimale akustische Bedingungen zum Lehren, Lernen und Kommunizieren bieten. Die Verantwortlichen wissen hier sofort, was zu tun ist, wenn schlechte Sprachverständlichkeit die Effizienz aller Anstrengungen im Unterricht wie in den Pausen ergonomisch erschwert. Gleichzeitig müssen raumakustische Maßnahmen, besonders in angemieteten Räumen, in ein enges Budget passen. In der Cafeteria der Macromedia Hochschule für Medien und Kommunikation in Berlin-Kreuzberg wurde deshalb, zusammen mit 10 anderen Räumen, auch eine Cafeteria mit einer Grundfläche von ca. 80 m² und einer Raumhöhe von gut 3,8 m nur mit KA ausgerüstet, s. Bild 48. So konnte man der Beton-Architektur einer ehemaligen Industriehalle viel von ihrer akustischen Brutalität nehmen. Im öffentlichen Bildungswesen meint man dagegen verbreitet, akustische Missstände aufgrund fehlender, unzureichender oder veralteter baulicher Maßnahmen hinnehmen zu können. Beim Übergang vom Halbtags- zum Ganztagsbetrieb der Schulen müssen nun aber vielerorts neue Räume geschaffen oder alte umgebaut werden, um solche zum Speisen einzurichten. Spätestens hier eskaliert dann das Problem selbst bei Schülern, die sich in den Klassenräumen vielleicht noch akustisch bändigen lassen. So werden z. B. nicht mehr genutzte Kellerräume zu hübschen Mensen umfunktioniert. Wenn diese Räume, wie z. B. in Bild 49 ersichtlich, Gewölbe aufweisen, die zu besonders kritischen Schallkonzentrationen führen, wird den Lehrern sofort klar, dass es ohne raumakustische Maßnahmen oder Tragen von Gehörschutz keine entspannende Essenspause geben kann. In der Mensa der James-Krüss-Gemeinschaftsschule in Berlin-Moabit war natürlich die Installation einer Akustikdecke unter den nur 2,6 bis 2,8 m hohen Gewölben unmöglich. Ein Akustikputz oder andere dünne Dämpfungsschichten hätten das Problem ebenfalls nicht an der Wurzel, den mittleren und tiefen Frequenzen, packen können. Stattdessen kamen auch in diesem 108 m² großen Raum KA 400 mm breit mit einer Bautiefe von bis zu 500 mm auf einer Länge von insgesamt 27 m zum Einsatz; fünf da-

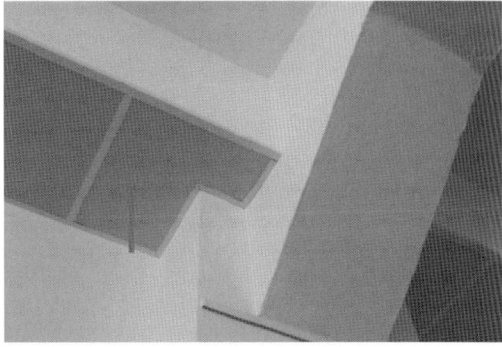

Bild 48. Kanten-Absorber können sich der brutalen Beton-Architektur einer zur Cafeteria umgenutzten Fabrikhalle optimal anpassen (Foto: M. Jäcker-Cüppers)

750 C 4 Schall lenkende und dämpfende Maßnahmen in kleineren Räumlichkeiten

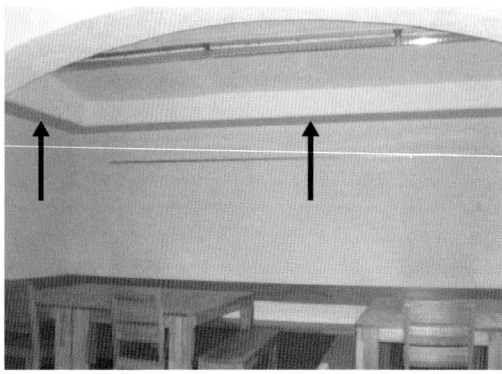

Bild 49. Die zur Mensa umfunktionierten Kellerräume konnten allein durch KA akustisch nutzbar gemacht werden

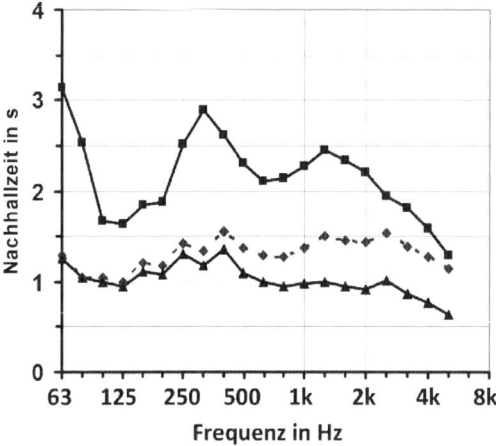

Bild 50. In der Mensa von Bild 49 gemessene Nachhallzeiten; leerer Raum (V ≈ 300 m³) im Ausgangszustand (■), mit ca. 13 m² Kanten-Absorbern und karger Möblierung (–), mit 30 Personen (▲)

von waagrecht unter der Decke, einerseits in vier Gewölben und andererseits an einer Stirnwand, vier weitere senkrecht in Raumkanten. Die Messungen und Abschätzungen für eine Belegung mit 30 Personen in Bild 50 zeigen zwar noch eine Überhöhung um 250 Hz. Aber der Raum führt nun zu keinen unnötig hohen Schallpegeln mehr.

Auch in der 107 m² großen Mensa der Reinhold-Burger-Schule in Berlin-Pankow war es wegen der geringen Höhe von < 2,5 m und fast bis zur Decke reichenden Fenstern und Durchreichen zur Küche unmöglich, eine konventionelle Akustik-Decke oder andere abgehängte Schallabsorber zur Reduktion der Schallbelastungen einzubauen. So hatte man zunächst nur an einer Stirnwand eine absorbierende Verkleidung angebracht, s. Bild 51 oben, die aber das Problem nicht lösen konnte. KA konnten nur an der anderen Stirnwand waagrecht (3) und senkrecht (4 in Bild 51) sowie längs der in Raummitte stehenden Säulen (1 und 2) geplant wer-

den. Bei der Ausführung dieser Nachrüstung entschied man, die beiden nach unten offenen Absorber 1 und 2 zusammenzulegen und dafür noch einen zweiten senkrechten, einseitig absorbierenden Koffer zwischen zwei Fenster zu setzen. So gelang, wie Bild 52 zeigt, ein relativ unauffälliges, die Raumhöhe erhaltendes Design. In Abschnitt 6.5.1 von [8] wird eine Kantine beschrieben, die vollflächig mit einer abgehängten Akustik-Decke ausgestattet ist, aber trotzdem nicht den Anforderungen ihrer Nutzer genügt. Dort brachten untergeschraubte Verbundplatten-Resonatoren VPR nach Abschnitt 4.3 von Beitrag B 8 eine wesentliche Verbesserung. Eine solche Nachrüstung wäre für 4 große Speisesäle für täglich etwa 600 Schüler in der Jean-Miró-Europaschule in Berlin-Charlottenburg mit ähnlicher Problematik nicht finanzierbar gewesen. Hier wird stattdessen über eine für die Tiefen nachträglich durchgeführte raumakustische Maßnahme berichtet, die weder das nutzbare Raumvolumen eingeschränkt noch zusätzliche Wand- oder Deckenflächen belegt hat.

Bild 53 zeigt beispielsweise den Speiseraum 3 mit den Abmessungen 9 m × 5,6 m × 3 m, in dem man, ebenso wie in den übrigen drei Räumen der Kantine gemäß Bild 54 versucht hatte, die Anforderungen an den Schallschutz mit einer vollflächig abgehängten Mineralfaser-Decke zu erfüllen – mit nur mäßigem Erfolg. Eine deutliche Verbesserung brachten aber KA, die hier im Hohlraum der etwa 50 cm tief abgehängten Unterdecken, jeweils nur in deren Randbereichen, integriert werden konnten. Dazu wurden rundum an den Kanten die Mineralfaser-Paneele, ca. 500 mm breit, durch Gipskarton-Lochplatten mit rückseitig aufkaschiertem Faservlies ersetzt und darauf lose ca. 320 mm dick Mineralwolle gelegt. In einigen senkrechten Raumkanten wurden zusätzlich einseitig offene Absorber-Koffer, ganz aus robusten Gipskarton-Platten installiert, s. Bild 55. Diese vergleichsweise einfache Nachrüstung gleicht das bei einer solchen konventionellen Akustikdecke (hier: in durchaus noch einwandfreiem Zustand) häufig anzutreffende Defizit bei Frequenzen unter 500 Hz aus, s. Bild 56.

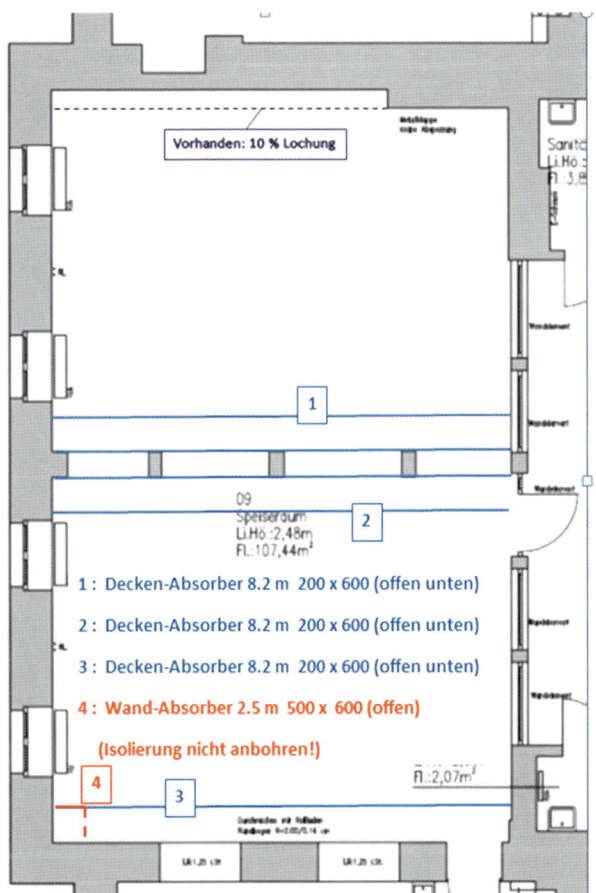

Bild 51. Grundriss eines sehr niedrigen Speiseraumes mit der Einzeichnung der zunächst geplanten vier Kanten-Absorber

Bild 52. Ansicht des akustisch sanierten Speiseraumes gemäß Bild 51

Wie im Speiseraum 3 lag die Nachhallzeit auch in den anderen (unbesetzten) Räumen nach dieser Aufwertung bis 63 Hz herunter kaum über 0,8 s – ein Ergebnis, das selbst für Klassenzimmer gut wäre. Nur im größten Speisesaal könnte man sich wegen der hier sehr großen Abstände zwischen den KA eine zusätzliche Öffnung inmitten der Unterdecke für die Tiefen-Schlucker wünschen. Dafür reichten aber die Mittel nicht, die in diesem Fall von dem Caterer der Schulspeisung gesponsert wurden, der damit bei den Schülern wegen einer verdorbenen Essenlieferung etwas gutmachen wollte. Diese Beispiele zeigen aber: Die Empfehlung in *DIN 18041-2016*, für Räume der Gruppe B (dort Abschn. 4.3), zu denen auch alle Speiseräume gehören sollen, überhaupt nur den Frequenzbereich von 250 bis 2000 Hz zu behandeln, entspricht nicht dem Stand des Wissens und der Technik, s. Beitrag A 6.

4 Schlussbemerkungen

In einem Low-Tech-Bereich wie dem Bauwesen fällt es schwer, von gewohnten Vorgehensweisen zu alternativen Lösungen fortzuschreiten. Nur wenn die von einem Lärmproblem so zahlreich Betroffenen nachhaltige Verbesserungen ihrer Arbeitsbedingungen fordern und die Verantwortlichen deren geldwerten Nutzen zweifelsfrei erfahren können, werden Innovationen auch hier möglich. Allerdings hat man es beim Schall-

Bild 53. Der Speiseraum 3 gemäß Bild 54 nur mit vollflächiger MF-Unterdecke

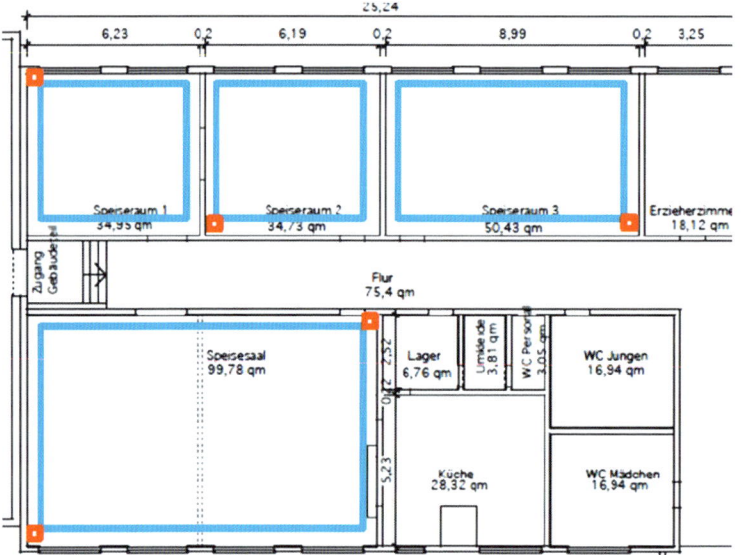

Bild 54. Grundriss einer Kantine mit Speisesaal (Volumen: 300 m^3), Speiseraum 1 und 2 (104 m^3), Speiseraum 3 (151 m^3)

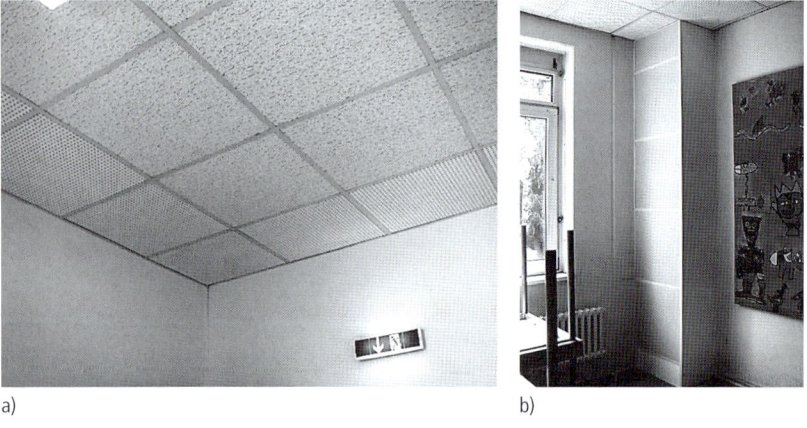

a) b)

Bild 55. Kanten-Absorber als Nachrüstung in den Räumen von Bild 53 und 54;
a) integriert im UD-Hohlraum hinter GK-Lochplatten, b) als zusätzliche Wand-Absorber

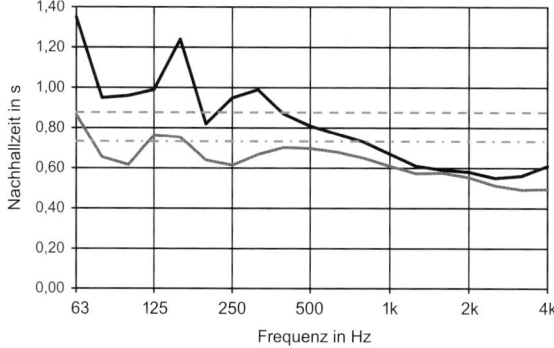

Bild 56. Nachhallzeiten im unbesetzten Speiseraum 3; oben: nur mit vollflächiger MF-Unterdecke, unten: mit integrierten KA nach Bild 55 sowie einem KA, obere Grenze nach DIN 18041-2004 (unbesetzt) für Sprache (strichliert) bzw. für Unterricht (strichpunktiert)

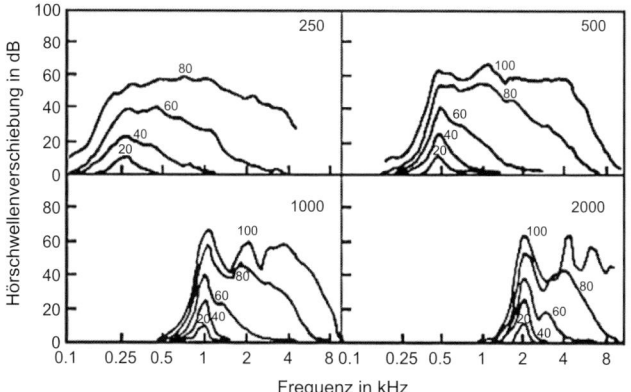

Bild 57. Maskierungsmuster von Störfrequenzen zwischen 2000 und 250 Hz bei Pegeln zwischen 20 und 100 dB nach [15]

schutz durch Raumakustik in kleineren Räumen mit 5 nicht-linearen Effekten zu tun, die nicht jedem Baubeteiligten geläufig sind:

1) Der Term $-10 \lg A$ in Gl. (2) verweist zunächst einfach darauf, dass die physikalische Dämpfung im Diffusfeld (bei hohen Frequenzen) nicht der Addition von äquivalenter Absorptionsfläche A folgt, sondern ihrer Multiplikation; ihre Verdopplung bringt z. B. nur eine gerade wahrnehmbare Pegelminderung von −3 dB.
2) Der Raum als dreidimensionaler Hohlraum-Resonator lässt sich bei tiefen Frequenzen durch geeignete Absorber viel stärker bedämpfen als ein diffuses Schallfeld, insbesondere von seinen Raumkanten her. Noch stärker als gemäß 1) nimmt aber bei der Addition entsprechender Absorber ihre spezifische Wirksamkeit ab. Ihr Absorptionsgrad hängt also nicht nur stark vom Einbauort ab, sondern auch davon, wie viele ihrer Art schon im Raum vorhanden sind. Deswegen zeigen Laborergebnisse wie in den Abschnitten 4.3, 5.3, 8.5.2 oder 8.6 von Beitrag B 8 zwar das jeweilige Dämpfungspotenzial der jeweiligen Absorber. Dies darf aber nicht einfach auf beliebige Einbausituationen 1 : 1 übertragen werden.
3) Tiefe Frequenzen verdecken nicht nur tiefe, sondern besonders stark alle hohen Frequenzen von Sprache und Musik (Bild 57). Wie man darin erkennt, wirkt die Verdeckung immer stärker und zu höheren Frequenzen hinauf, je tiefer und intensiver sich diese Störung entfalten kann. Dieser eindeutige Trend setzt sich vermutlich unter 250 Hz weiter fort. Dämpfung im Bassbereich legt also den Diskantbereich frei, der für die Deutlichkeit von Sprache und Klarheit von Musik so entscheidend wichtig ist.
4) Mit abnehmender Intensität des tieffrequenten Störschalls ziehen sich die Verdeckungsgebirge enger zusammen und verlieren ihre schädliche Wirkung bei den hohen Frequenzen; der Zwang zum unnötig lauten Artikulieren geht damit zurück.
5) Akustische Maßnahmen, die auf so vielfache Weise auf die menschlichen Schallemissionen direkt einwirken, können den Raumpegel viel stärker beeinflussen als es ihrem physikalischen Dämpfungspotenzial entspricht. Ein richtig konditionierter Raum kann so aus „Brummbässen" und „Schreihälsen" angenehmer klingende Stimmen machen, die miteinander kultiviert kommunizieren bzw. musizieren können, ohne den Pegel unangemessen ansteigen zu lassen.

Die tiefen Frequenzen erschweren die raumakustische Auslegung zwar etwas. Dieser Herausforderung kann man aber mit gesicherten Erkenntnissen und praktiablen Handwerkszeugen begegnen. Jedenfalls demonstrieren inzwischen zahlreiche marktgerecht ausgeführte Neubauten und Sanierungen von Dienstleistungszentren (siehe [16]), dass man die gut begründeten

Anforderungen der DIN 18041-2004 gemäß Bild 21 in Beitrag A 6 bis 63 Hz gut erfüllen kann. Es gibt auch keinen objektiven Grund, die Nachhallzeit für Musik- und Mehrzwecknutzungen zu den Tiefen ansteigen zu lassen. Aber leider empfiehlt es DIN 18041-2016 etwas anders, s. Bild 24 in Beitrag A 6. Wie für große, so gibt es auch für kleinere Räume bisher keine baurechtlich verbindlichen Normen zur raumakustischen Gestaltung. Während aber die Vorstellungen von einer optimalen Akustik für die Darbietung von Sprache und Musik auch unter Fachleuten noch weit auseinanderklaffen, kann man für die sprachliche Kommunikation und das musikalische Ensemblespiel sowie für jegliche Aufnahmen und Übertragungen ein klares Ziel definieren: Schaffung größtmöglicher akustischer Transparenz!

In kleineren Räumen steht dieser vor Allem das „Dröhnen" der Räume im Weg. Hier hat der Autor zunächst mit einer Stiftung unter dem Dach des SOS-Kinderdorfs und seit 2013 mit der eigenständigen Stiftung Casa Acustica [10] mit einem stringenten raumakustischen Konzept etwas zu bewegen versucht. In den Berliner Bezirken Moabit und Kreuzberg bewirkten erste von der Stiftung geplante und ausgeführte Sanierungen in Kindergärten, Schulen und Hochschulen, dass die dort exemplarisch zum Einsatz gebrachten KA bei einigen Akustikern und Architekten schon Zuspruch und, ganz im Sinne dieser gemeinnützigen Initiative, Nachahmung fanden. Der Fachbereichsleiter der Koordination Schulbauplanung im Schul- und Sportamt Berlin-Lichtenberg, *C. Fröhlich*, schrieb dazu anerkennend: „Bis 2015 wurden im Rahmen des Schulanlagen-Sanierungsprogramms jährlich jeder Schule 7000 € zugestanden, welche wir hinsichtlich der Inhalte auf die Pakete „Bodenbeläge" und „Akustik" begrenzt hatten. Diese Form gibt es ab 2016 nicht mehr. Jedoch wurde der Verfügungsfond ins Leben gerufen, je nach Schulgröße zwischen 7000 und 20000 €. Die Schulen können daraus bauliche Maßnahmen ohne Vorgabe der Inhalte beantragen. Und siehe da, eine Vielzahl der Schulen möchte weiterhin akustische Maßnahmen in Form von Kanten-Absorbern vornehmen lassen. Das beweist die Sensibilisierung der Schulen für dieses Thema und den Erfolg der bisher umgesetzten Maßnahmen. Wir sind auf dem richtigen Weg!" Er dokumentiert dies anhand der allein in seinem Verantwortungsbereich jährlich realisierten Sanierungsfälle, in den Jahren 2013 bis 2015 an 42 der von ihm zu betreuenden Bildungsstätten.

Das Zögern mancher Berater den Architekten und Bauherren die KA-Technologie zu empfehlen, rührt unter anderem von der ganz allgemeinen Schwierigkeit her, die Absorption bei tiefen Frequenzen genau zu messen und zu planen. Nach einer Gastvorlesung des ersten Autors am Institut für Signalverarbeitung und Sprachkommunikation der TU Graz wurde deshalb auch dort ein Hörsaal durch Installation dieser Schallabsorber akustisch nachhaltig behandelt, s. Beitrag A 6. Durch experimentelle Untersuchungen in diesem und einem Hallraum der TU Graz sowie theoretische Überlegungen wurde danach in drei studentischen Arbeiten [17–19] versucht, die in verschiedenen Einbausituationen und Messpositionen stark variierende Wirksamkeit der KA besser zu verstehen und vorherzusagen.

5 Literatur

[1] Reichardt, W. (1979) Gute Akustik – aber wie? Verlag Technik, Berlin.

[2] Fuchs, H.V. (2003) Lärmschutz und akustischer Komfort in Call-Centern, in Call Center Gestaltung – Ein arbeitswissenschaftliches Handbuch (Hrsg. Eckhardt, K. et al.), Ferber'sche Univers. Buchh., Linden 2003.

[3] Fuchs, H.V. (2008) Schallschutz bei Musikern gemäß EU-Richtlinie 2003/10/EG., Z. Arbeitswissenschaft 62, H. 3, S. 217–226.

[4] Stephenson, U.M. (2009) Punkte für PISA – und dennoch Geld sparen, *Lärmbekämpfung* **4**, H. 4, S. 174–177

[5] ASR-A3-7 Arbeitsstättenrichtlinie „Lärm" (2018).

[6] Grüning, T. (2019) Die Lärm-Leugner sind sehr aktiv. Trockenbau und Ausbau T+A 35, Themenheft (6) Bau und Raumakustik – Normen, Ideen, Systeme, S. 3.

[7] Fuchs, H.V.; Zha X.: Raumakustische Maßnahmen zur Lärmminderung in Bildungsstätten, in *Bauphysik-Kalender 2014* (Hrsg. Fouad N.A), S. 581–602.

[8] Fuchs, H.V. (2014): Raumakustik und Schallschutz in kleinen bis mittelgroßen Räumen, in *Bauphysik-Kalender 2014* (Hrsg. Fouad N.A.), S. 603–640.

[9] Fuchs, H.V.; Rambausek, N.; Teltschik, R. (1991) Raumakustische Verbesserung kleiner Räume bei tiefen Frequenzen, *Deutsches Architektenblatt* **23**, H. 8, S. 1201–1207.

[10] Casa Acustica: Akustik für besseres Hören, Verstehen, Lernen, Kommunizieren und Musizieren, www.casa-acustica.de.

[11] Fuchs, H.V. (2014) Trommeln ohne Dröhnen, Trockenbau Akustik 31, H. 7/8, S. 32–35.

[12] Franke, C. (2017) Die Digital Concert Hall der Berliner Philharmoniker, *VDT-Magazin* **33**, H. 2, S. 36–40.

[13] Fuchs, H.V.: High Fidelity Genuss im Wohnzimmer? *VDT-Magazin* **33**, H. 3, S. 55–57

[14] Fuchs, H.V. (2017) *Raum-Akustik und Lärm-Minderung*, Springer, Berlin.

[15] Gelfand, S.A. (2004) *Hearing. An introduction to psychological and physiological Acoustics*, Taylor & Francis, London.

[16] Fuchs, H.V.; Renz, J. (2006) Raumakustische Gestaltung offener Bürolandschaften, *Bauphysik* **28**, H. 5, S. 305–320.

[17] Hetz, S.; Kordesch, J. (2017) Planung und Evaluierung von Kantenabsorbern, *Bachelorarbeit*, Institut für Signalverarbeitung und Sprachkommunikation der TU Graz.

[18] Peters, B. (2018) Raumakustische Sanierungen mittels Kantenabsorber und herkömmlicher Methodik im Vergleich, *Bachelorarbeit*, Institut für Signalverarbeitung und Sprachkommunikation der TU Graz.

[19] Reisinger, D. (2019) Entwicklung und Messung von Kantenabsorbern, *Masterarbeit*, Institut für Signalverarbeitung und Sprachkommunikation der TU Graz.

Hugo S.L.C. Hens:
Building Physics and -Design Packages

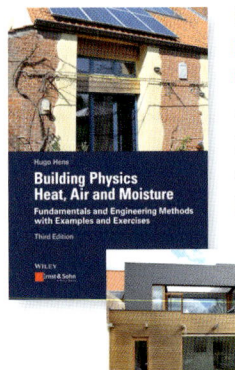

Hugo S. L. C. Hens
Package: Building Physics – Vol. 1 and Vol. 2
4th edition
2017. 600 pages.
€ 99.–
ISBN: 978-3-433-03209-1

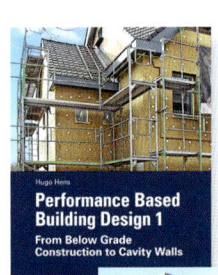

Hugo S. L. C. Hens
Package: Performance Based Building Design – Vol. 1 and Vol. 2
2012. 568 pages.
€ 99.90*
ISBN: 978-3-433-03024-0

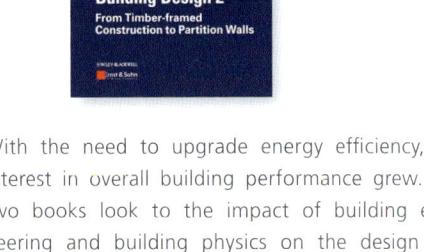

As with all engineering sciences, Building Physics is oriented towards application, which is why, a first book treats the fundamentals and a second volume examines performance rationale and performance requirements as well as energy efficient building design and retrofitting.

With the need to upgrade energy efficiency, the interest in overall building performance grew. The two books look to the impact of building engineering and building physics on the design and construction of buildings, e.g. air tightness, moisture tolerance, acoustics, durability.

Vol. 1: Building Physics – Heat, Air and Moisture
Fundamentals and Engineering Methods
with Examples and Exercises
3rd revised edition
2017. 348 pages. € 59.–*
ISBN: 978-3-433-03197-1

Vol. 2: Applied Building Physics
Ambient Conditions, Building Performance
and Material Properties
2nd completely revised edition
2016. 342 pages. € 59.–*
ISBN: 978-3-433-03147-6

Vol. 1: Performance Based Building Design 1
From Below Grade Construction
to Cavity Walls
2012. 262 pages. € 59.90*
ISBN: 978-3-433-03022-6

Vol. 2: Performance Based Building Design 2
From Timber-framed Construction
to Partition Walls
2012. 276 pages. € 59.90*
ISBN: 978-3-433-03023-3

Order online: www.ernst-und-sohn.de/en/hens

Ernst & Sohn
Verlag für Architektur und technische
Wissenschaften GmbH & Co. KG

Customer Service: Wiley-VCH
Boschstraße 12
D-69469 Weinheim

Tel. +49 (0)6201 606-400
Fax +49 (0)6201 606-184
service@wiley-vch.de

* € Prices are valid in Germany, exclusively, and subject to alterations. Prices incl. VAT. excl. shipping. 1114106_dp

C 5 Schall lenkende und absorbierende Maßnahmen in größeren Räumlichkeiten

Helmut V. Fuchs

Prof. Dr.-Ing. Helmut V. Fuchs
Casa Acustica
Kirchblick 5, 14129 Berlin

Studium der Nachrichtentechnik an der TU Berlin; Promotion bei L. Cremer und R. Wille. Tätig in der Grundlagenforschung an Instituten der Deutschen Luft- und Raumfahrt in Berlin und Oberpfaffenhofen, Sound and Vibration der Southampton University sowie Aeroacoustics der Stanford University. Seit 1979 widmete er sich als Begründer der Abteilung Technische Akustik am Fraunhofer IBP in Stuttgart mit angewandter F&E dem Schallschutz. Seit 1986 Professor für Bauakustik und Immissionsschutz an der FH für Technik in Stuttgart, seit 1995 auch stellvertretender Institutsleiter sowie Leiter der Abteilung Raumakustik/Technische Akustik des IBP. Seit 2005 engagiert er sich verstärkt der baulichen Umsetzung seines raumakustischen Konzepts, seit 2007 mit einer Stiftung „Räume schaffen für besseres Verstehen und Lernen" beim SOS Kinderdorf e. V. und bis 2012 auch in der Forschungsgesellschaft für angewandte Systemsicherheit und Arbeitsmedizin in Mannheim. Ab 2013 im Vorstand der gemeinnützigen Stiftung „Casa Acustica" in Berlin. 2018 Gastprofessur für Raumakustik im Fachgebiet Audiokommunikation an der TU Berlin. Ab 2019 im F&E-Vertrag mit der TU Berlin zur Förderung der Stiftungszwecke.

Bauphysik-Kalender 2020: Bau- und Raumakustik. Herausgegeben von Nabil A. Fouad.
© 2020 Ernst & Sohn GmbH & Co. KG. Published 2020 by Ernst & Sohn GmbH & Co. KG.

Inhaltsverzeichnis

1	**Einleitung** 759		4.7	Die (Alte) Philharmonie in Berlin 767
			4.8	Die neue Philharmonie in Berlin 768
2	**Nachhallzeit und Bassverhältnis** 759		4.9	Das Neue Gewandhaus in Leipzig 769
			4.10	Die Elbphilharmonie in Hamburg 770
3	**Schädliche Interferenzen durch frühe Reflexionen?** 760		4.11	Der Pierre Boulez Saal in Berlin 771
			4.12	Die Jinji Lake Hall in Suzhou 772
4	**Räume mit besonderer Akustik** 763		5	**Rekonstruktion von zwei Opernhäusern** 772
4.1	Die Jesus-Christus-Kirche in Berlin-Dahlem 763		5.1	Die Staatsoper Unter den Linden in Berlin 773
4.2	Der Aufnahmesaal 1 des DDR Rundfunks in Berlin-Oberschöneweide 764		5.2	Das Große Haus des Staatstheaters in Mainz 777
4.3	Die Lukas-Kirche in Dresden 765		6	**Schlussfolgerungen** 780
4.4	Der Musikvereinssaal in Wien 765			
4.5	Das Concertgebouw in Amsterdam 766		7	**Literatur** 781
4.6	Die Symphony Hall in Boston 767			

Unter Hörern gibt es offenbar *„zwei Geschmacksrichtungen: Die eine Gruppe bevorzugt Durchsichtigkeit, Präzision, härteren Klangeinsatz, die andere Verschmelzung, Klangvolumen, weichen Klangeinsatz, Raum-Mitklang."*

W. Reichardt [1]

1 Einleitung

In der Raumakustik geht es primär darum, alle nützlichen Schallereignisse möglichst klar und deutlich zur Geltung, d. h. zu Gehör zu bringen, z. B. Sprache in Theatern, Hörsälen und Klassenzimmern oder Musik in Konzertsälen, Studios und Proberäumen. Der Autor zählt sich daher dezidiert zur ersten der in [1, S. 78] definierten Hörergruppen. Er leugnet aber nicht, dass er dabei durch die von den barocken Räumen und Instrumenten inspirierte Aufführungspraxis und von deren auf Hi-Fi Tonträgern seit über 50 Jahren verfügbaren *transparenten* Klangergebnissen beeinflusst wurde; wohl wissend, dass die so gestalteten Klangerlebnisse ganz andere als in einem Konzertsaal oder Opernhaus sein können und dass deren außerordentliche Transparenz hohe Anforderungen an die Wiedergaberäume und -geräte stellt. Ausführliche Begründungen seiner Präferenz der *funktionellen* und *ergonomischen* akustischen Wahrnehmungen im Gegensatz zu den *ästhetischen* wurden bereits in [2] und [3] sowie hier im Beitrag A 6 und Beitrag C 4 erörtert.

In großen Räumen spielt die *Schallreflexion*, in großen wie in kleinen Räumen aber vor Allem das Spektrum und die Verteilung der *Schallabsorption* im Raum eine wichtige Rolle. Dabei sind dem Akustiker jedenfalls in größeren Räumen unvermeidliche Schallabsorber durch die Architektur sowie die Bauweise, Baumaterialien, Möblierung und, nicht zuletzt, Belegung mit Personen weitgehend vorgegeben. Wenn dieser es nicht ganz seinem oft außerordentlich selbstbewusst agierenden Baumeister oder dem Zufall überlassen will, muss er seine Planung mit einem einigermaßen verständlichen, berechenbaren und messbaren Konzept begründen und am besten solche Maßnahmen vorschlagen, die nicht nur physikalisch, sondern auch psychisch auf die Schallemission der agierenden Quellen positiv einwirken. Die in den Abschnitten 3.2 bis 3.8 in Beitrag A 6 diskutierten Effekte, z. B. der *Lombard*-Reflex, sind in großen wie in kleinen Räumen von Bedeutung.

Für die raumakustische Planung existieren, ganz anders als z. B. für die Bauakustik oder den technischen Schallschutz, bis heute leider keine allgemein verbindlichen Normen oder Richtlinien. Ein Grund für dieses Dilemma ist, dass es für die Hörsamkeit in oder Nutzbarkeit von Räumen zwar eine Fülle subjektiver Kriterien gibt, von denen etliche in [4] aufgeführt sind. Aber meistens bleibt zur akustischen Kennzeichnung eines Raumes aus Zeit- und Geldmangel doch nur die Nachhallzeit übrig und leider allzu oft nur diejenige bei mittleren Frequenzen. Dabei hat dieser Parameter bei tiefen Frequenzen, als notdürftiges Abbild der im Raum insgesamt vorhandenen Schallabsorption, eine ganz besondere Bedeutung und ist daher, wie schon im Beitrag C 4, ausdrücklich Gegenstand auch dieses Beitrages. Ein gravierender Unterschied zwischen kleinen und großen Räumen wird dabei allerdings deutlich: Über die Pegelminderungen z. B. in Klassenzimmern kann man eigentlich kaum streiten, über die Akustiken in Konzertsälen aber sehr wohl und oft leidenschaftlich – mit oder auch ohne besonderen Sachverstand! Weswegen hier nur solche Säle diskutiert werden sollen, die allgemein hochgeschätzt werden. Dazwischen liegen die Mehrzweckräume wie Schulaulen, Werkskantinen und Stadthallen, für die es nach Meinung mancher Experten gar kein verlässliches raumakustisches Konzept wie etwa jenes in Beitrag C 4 geben könne.

Zwar führt die Honorarordnung für Architekten und Ingenieure die raumakustischen Planungsaufgaben genau so detailliert und umfangreich auf wie die bauakustischen, aber in [5] heißt es sehr treffend, dass *„architects almost exclusively consider the visual aspects of a structure. Only rarely do they consider the acoustics"*. Auch Innenarchitekten folgen gern einem ausschließlich visuellen Konzept, wie es in [6] sehr subjektiv und gefühlsbetont mit Hunderten herrlicher Bilder, aber keiner einzigen objektiv nachvollziehbaren akustischen Kennzeichnung propagiert wird. Demnach gäbe man einem Raum seine Qualität schon, *„wenn man der visuellen Ästhetik eine ästhetische Akustik hinzufügt"*, die keiner Rechnung oder Messung zugänglich sei.

Dazu passend, verbreitet ein aktuell überaus renommierter Akustiker wie *Y. Toyota* (verantwortlich unter anderem auch für die *Elbphilharmonie* in Hamburg und den *Pierre-Boulez-Saal* in Berlin) eine ziemlich fatalistische Einstellung z. B. in *Die Welt* vom 23.2.2012: *„Es gibt sehr große Unterschiede zwischen den physikalischen Berechnungen und dem tatsächlichen Höreindruck während eines Konzerts, der das Wahrnehmen von Musik ganz anders bewertet. Und wir rechnen während unserer Arbeit natürlich nicht mit Musik. Es ist so gut wie unmöglich, diese beiden Dinge miteinander zu vergleichen. Wie bewertet man Qualität mit Zahlen? Das ist unmöglich"*. Leider hantiert er nicht allein mit solchen Nebelkerzen. Dem soll aber hier mit konkreten Fallbeispielen widersprochen werden. Dazu werden kein gotischer Dom und keine romanische Kathedrale gehören, auch wenn man sich nicht scheut, darin die großartigsten Musiken aufzuführen.

2 Nachhallzeit und Bassverhältnis

So wird leider der Eindruck erweckt, bei der Akustik gehe es weniger um eine bautechnische Aufgabe als um eine geheimnisvolle Zufälligkeit im großartigen Baugeschehen. Dabei hat *W.C. Sabine* [7] bereits vor Zeiten einen entscheidenden physikalischen Parameter dingfest gemacht und diesen in seine Planung für die *Symphony Hall* in Boston (s. Abschnitt 4.6) eingeführt, die zweifellos zu den besten der Welt zählt. Seitdem ist die Nachhallzeit die wichtigste Kenngröße, deren Zahlenwerte man für die meisten namhaften Auditorien in Standardwerken wie dem von *L.L. Beranek* [8] (allein dort etwa 100) studieren und als Maßstab heranziehen kann. Es fehlt also nicht an Daten aus existierenden großen Räumen für Sprache und Musik.

Wie alle Fachleute in seltener Übereinstimmung über die verschiedenen Qualitätskriterien meinen, muss immer die Nachhallzeit und deren Frequenzabhängigkeit (wenigstens in Oktaven zwischen 125 und 4000 Hz) im Vordergrund stehen. Diese Einschätzung von *L. Cremer et al.* teilen Praktiker heute noch: *„Auch als man erkannte, dass sie nicht den einzigen Gütemaßstab darstellen konnte und als immer wieder neue Kriterien ergänzend angeboten wurden, blieb sie die einzige Größe, für die in Lehr- und Taschenbüchern Richtwerte angegeben wurden. Dies liegt vor allem daran, dass die Nachhallzeit auch heute noch das einzige Kriterium darstellt, das bei der Planung verhältnismäßig einfach, wenn auch nicht sehr genau, an Hand von Plänen und Materialangaben vorausberechnet werden kann. Kein verantwortungsbewusster Berater wird daher darauf verzichten, ihre Werte abzuschätzen".* Schon damals hielt man übrigens Abschätzungen bis zur 63-Hz-Oktave herunter für wichtig, doch gab es *„hierfür kaum zuverlässige Angaben über die einzusetzenden Absorptionsgrade"* [9, S. 491].

Nachdem eine ganze Palette von universell einsetzbaren Breitband-Absorbern verfügbar und in unzähligen Fallbeispielen erprobt wurde (siehe Beiträge A 6, B 8 und C 4), steht aber heute einer Bewertung des Nachhalls nach

$$T(f) = 0{,}16 \frac{V}{A_S(f) + A_E(f) + A_P(f) + 4V\,m(f)} \quad (1)$$

im *gesamten* relevanten Frequenzbereich nichts mehr im Wege, wobei das Volumen in m^3 und alle äquivalenten Absorptionsflächen A im Raum (S für Begrenzungsflächen, E für Einrichtungen, P für Personen) in m^2 sowie die Dämpfungskonstante m in m^{-1} einzusetzen sind. In DIN EN ISO 3382-2000 heißt es: *„Diese internationale Norm beschreibt auch weiterhin die raumakustischen Eigenschaften durch die Nachhallzeit allein".* Andere objektive Kriterien werden dort nur in einen unverbindlichen Anhang A verwiesen. In [10] stellt man *„einen noch fehlenden Zusammenhang zwischen subjektiver Wahrnehmung und objektiven Messgrößen"* sowie oft sehr widersprüchliche Ergebnisse aus diversen Fragebogenauswertungen fest.

In [11, Abschn. 11.6] wird ausführlich die Meinung zur optimalen Bedämpfung anspruchsvoller Räume von *G. v. Békésy, E. Skudrzyk, F. Trendelenburg, L. Cremer, H. Kuttruff* u. a. bis in die frühen 30er-Jahre zurückverfolgt, wonach die entsprechende Nachhallzeit in kleinen wie in großen Räumen, für Sprache wie für Musik, zu den Tiefen nicht ansteigen, vielmehr dorthin abfallen solle. Seit gut 50 Jahren und für viele noch immer steht ein Dogma im Raum, das für Musik generell einen Anstieg der Nachhallzeit zu den Tiefen postulierte. Es war *L.L. Beranek*, der in [12] ein *Bass-Verhältnis* („Bass Ratio")

$$BR = \frac{T_{125} + T_{250}}{T_{500} + T_{1000}} \quad (2)$$

mit den Nachhallzeiten T bei 125 und 250 Hz bzw. 500 und 1000 Hz (immer für den besetzten Raum) ursprünglich als ein Qualitätskriterium, insbesondere für Konzertsäle definierte. Dieses sollte Werte zwischen 1,1 (für Räume mit hoher) und 1,5 (für Räume mit niedriger mittlerer Nachhallzeit) betragen mit der noch in [8, S. 21–38] in seinen *„acoustical quality factors"* hoch gehaltenen Begründung: *„If the surfaces of the walls or ceilings or seats absorb the low frequencies, the full orchestra may sound deficient in basses and cellos... A hall lacks warmth when the reverberation times are lower at low frequencies (75 to 350 Hz) than at mid-frequencies (350 to 1400 Hz), i.e. a low BR".* Und bei *M. Barron* kann man lesen: *„The idea that wooden paneling enhances tone by resonating was a major misconception. In reality the panelling acts as a low-frequency absorber, limiting the bass reverberation time. Some panel absorption is desirable but today one generally allows for a modest rise in low-frequency reverberation time"* [13, Abschnitt 4.2]. Oder wenn derselbe Autor die zu kurze Nachhallzeit in der Town Hall in Watford beklagt: *„The occupied midfrequency value below 1,5 s is too short for orchestral purposes and the rise in reverberation time in the bass (approaching 2 s) is too modest to be useful acoustically... One would not nowadays install so much timber panelling which limits the reverberation time rise in the bass"* [13, Abschnitt 5.4].

Der Urheber des BR in Gl. (2), der dieses einst in seine Liste der *„orthogonal acoustical attributes that relate to the acoustical quality of concert halls"* aufgenommen hatte, musste später selbst zugeben, dass er *„found unexpectedly that it is immediately apparent that BR does not correlate strongly with the rating categories... "* [14, S. 512] und weiter: *„Recent studies have shown, that the reverberation time at low frequencies is less important than the strength of the sound there"* [15]. Hier und im Folgenden wird jedenfalls ein „bass rise" unter allen Umständen abgelehnt, eher ein „bass drop" favorisiert und ein mindestens gleichmäßiges Nachhall-Spektrum für erstrebenswert gehalten, auch wenn die in Beitrag A 6 diskutierte Norm leider seit 2016 etwas anderes toleriert.

3 Schädliche Interferenzen durch frühe Reflexionen?

Gute Sichtlinien zwischen allen Sendern und Empfängern sind stets auch Voraussetzung für eine passable Akustik und deshalb oft ein Argument für oder gegen

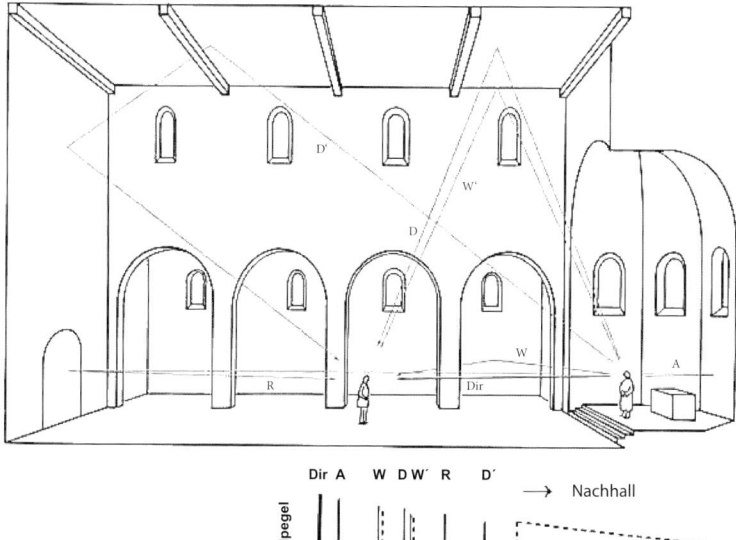

Bild 1. Aufbau des Schallfeldes in größeren Räumen nach einem Impuls aus Direktschall mit frühen Reflexionen und späterem Nachhall nach [18, Bild 2.6]

eine Grobstruktur, wie z. B. „Schuhkarton" vs. „Weinberg". Die Planung größerer Räume basiert üblicherweise auf geometrischen Ansätzen [16, Abschn. 23.1.3]: „*Sprache, Musik, Geräusche haben fast immer ein sehr breites, meist auch ein zeitlich schnell wechselndes Spektrum. Überlagern sich in einem Punkt zwei oder mehrere Schallstrahlen, die ja im Allgemeinen unterschiedliche Laufwege zurückgelegt haben, so können die auf ihnen übertragenen Schallsignale als inkohärent angesehen werden, d. h. alle Phasendifferenzen können außer Betracht bleiben, und die in dem betreffenden Punkt vorliegende Energiedichte ist die Summe der Energiedichten der einzelnen Komponenten (Energieaddition). Die geometrische Raumakustik beschränkt sich demgemäß allein auf die Energieausbreitung im Raum*". Und so tun es auch die heute gebräuchlichen Spiegelquellen- und Strahlverfolgungs-Rechenprogramme [17, Kap. 11]. Dies setzt voraus, dass die Abmessungen reflektierender Flächen und die Laufwegunterschiede überlagernder Wellen groß sind im Vergleich zur Wellenlänge. Dies ist wiederum nur bei hohen und mittleren Frequenzen der Fall, auf die sich viele Auslegungen tatsächlich auch gern konzentrieren, z. B. bei der Bestimmung von Stärke-, Klarheits- und Deutlichkeitsmaßen nach Gl. (13) und (14) von [3] als Verhältnis der Energieanteile von frühen zu den späteren Reflexionen, die nach Bild 1 und [19, Bild 4.59], abhängig vom Raumvolumen V in m³, etwa nach einer Laufzeit-Differenz Δt_{gr} in ms,

$$\Delta t_{gr} \gg 2\sqrt{V} \tag{3}$$

schließlich im Nachhall des Raumes aufgehen.
Für die Wahrnehmung (Lokalisierung und Differenzierung) einer oder auch mehrerer Quellen ist der Di-

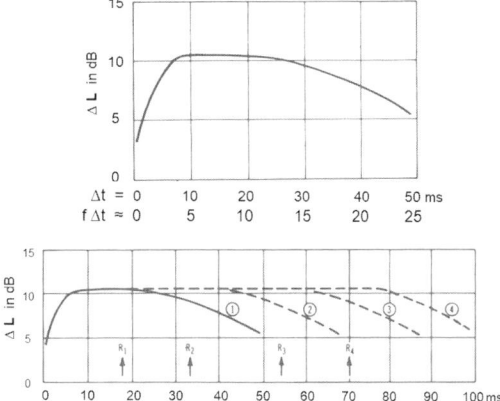

Bild 2. Um Δt zeitverzögerte Reflexionen mit Pegeldifferenzen bis zu 10 dB gegenüber dem Direktschall können diesen energetisch überlagern [20, 21]

rektschall stets von besonderer Bedeutung. Die nachfolgenden frühen Reflexionen können den ersten Höreindruck bestens verstärken, wenn diese um nicht mehr als 10 dB über dem Pegel des Direktschalls liegen, und das gilt gemäß Bild 2 auch für mehrere Reflexionen. Allerdings funktioniert das wohl nur, wenn vor der ersten Reflexion genügend Zeit Δt verstreicht, während der ein Ton überhaupt erkannt werden kann. Bild 3 verdeutlicht, dass diese „Kennzeit" stark vom Hörer, aber noch stärker von der Frequenz bzw. Periodendauer T_f abhängt, etwa nach

$$\Delta t \geq 3\, T_f \tag{4}$$

Tabelle 1. Laufzeit-Differenz Δt bzw. Laufweg-Differenz Δx im Verhältnis zur Periode T_f bzw. Wellenlänge λ von direkter und reflektierter Schallwelle bei der Frequenz f nach [23]

f [Hz]	λ [m]	T_f [ms]	Δx [m] / Δt [ms]	0,12 / 0,36	0,25 / 0,73	0,5 / 1,45	1 / 2,9	2 / 5,8	4 / 12	8 / 23
			$\Delta L_{x=5}$ [dB]	0,2	0,4	0,8	1,6	2,9	5,1	8,3
			$\Delta L_{x=10}$ [dB]	0,1	0,2	0,4	0,8	1,6	2,9	5,1
			$\Delta L_{x=20}$ [dB]	0,05	0,1	0,2	0,4	0,8	1,6	2,9
			$\Delta t f = \Delta t / T_f = \Delta x / \lambda$							
16	22	63		0,006	0,012	0,025	0,05	0,9	0,18	0,37
31	11	32		0,012	0,025	0,05	0,09	0,18	0,37	0,73
63	5,5	16		0,025	0,05	0,09	0,18	0,37	0,73	1,5
125	2,8	8		0,05	0,09	0,18	0,37	0,73	1,5	2,9
250	1,4	4		0,09	0,18	0,37	0,73	1,5	2,9	**5,9**
500	0,7	2		0,18	0,37	0,73	1,5	2,9	**5,9**	**12**
1000	0,3	1		0,37	0,73	1,5	2,9	**5,9**	**12**	**23**
2000	0,2	0,5		0,73	1,5	2,9	**5,9**	**12**	**23**	**46**
4000	0,1	0,25		1,5	2,9	**5,9**	**12**	**23**	**46**	**92**

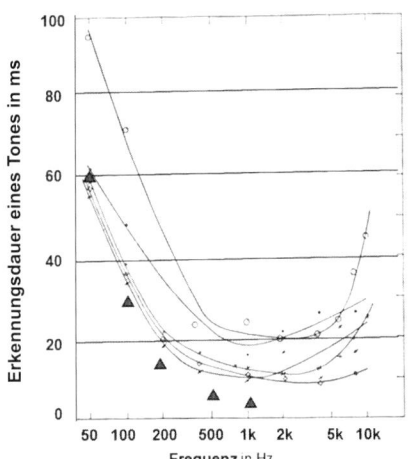

Bild 3. Kennzeit als Funktion der Frequenz bei verschiedenen Hörern nach [22] und Gl. (4)

Für 1000 Hz entsprechend $T_f = 1$ ms bzw. Wellenlänge λ = 0,34 m heißt dies z. B., dass die energetische Unterstützung gemäß dem *Haas*-Effekt nach Abschnitt 3.5 in Beitrag A 6 im Abstand x von der Quelle und abhängig von der Pegeldifferenz

$$\Delta L_x = 20 \lg \frac{x + \Delta x}{x} \qquad (5)$$

praktisch durch jede frühe Reflexion stattfindet. In Tabelle 1 wird dies am Beispiel einer Kugelquelle mit den grau hinterlegten Zahlen für den maßgeblichen Parameter $\Delta t f \gg 1$ veranschaulicht. Die dünnen schwarzen Zahlen markieren aber einen Bereich mittlerer und tiefer Frequenzen, wie bei $\Delta t f \approx 1$ direkte und re-

flektierte Wellen destruktiv interferieren können. Diese Erscheinung erinnert natürlich an den von Studioräumen bekannten Kammfilter-Effekt nach Abschnitt 3.6 von Beitrag A 6, wie er z. B. in [11, Abschn. 14.4.13] beschrieben wird. In größeren Auditorien kann sie beim Hörer wahrscheinlich einen tieffrequenten Mulm anstelle eines markanten Bass-Fundaments erzeugen. Dagegen hilft keine Verdopplung der Anzahl der Bass-Instrumente, stattdessen aber ihre Aufstellung vor einer großen reflektierenden Rückwand, siehe den mit hellgrauen Zahlen ausgefüllten Bereich in Tabelle 1 und die Ausführungen in [24]. Ganz wirkungslos, sogar kontraproduktiv, wäre demnach eine Anhebung des Nachhalls zu den tiefen Frequenzen hin, also BR > 1. Im Gegenteil, alle reflektierenden Flächen an Decke und Wänden sollten die tiefen Frequenzen möglichst stark absorbieren, um diesen Effekt, wie in Bild 4 nur angedeutet, zu reduzieren! Es sei hier angemerkt, dass nach [26] auch sehr schwache Interferenzen von empfindlichen Ohren unter Laborbedingungen noch wahrgenommen werden können, insbesondere bei tiefen Frequenzen. Aber ob es wirklich die frühen und nicht die späten Reflexionen im Nachhall sind, die zu Mulm führen, sollen im Fachgebiet Audiokommunikation der TU Berlin geplante Untersuchungen klären.
Ein erfahrener Tonmeister, der diese Entwicklung seit den 30er-Jahren miterlebt hat, meint dazu: „*It is the direct sound which carries the message to the listener! The reflected sound only 'suits' it and lets the sound 'flow'... A 'slim' hall (with little reverberation in the bass range) helps to 'read' the fundamental structures in the bass range which are so essential for all compositions of value. A space with great bass reverb, however, will rather hamper the desired transparency in the low ranges, although unassuming concert goers may be*

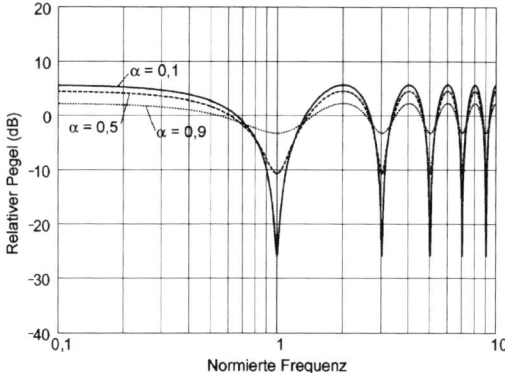

Bild 4. Abschwächung des Kammfilter- bzw. Mulm-Effekts durch die Absorption einer frühen Reflexion nach [25, Abb. 6.6]

happy with the voluminous but unstructured 'bass clouds' they can have in such halls. This second variety is more frequent, because until very recently there was no scientific knowledge to judge room acoustics in any other but a purely quantitative manner, just considering the amplitudes... Recognizing the musical structure and architecture in the contra- and sub-contra ranges is just as important as doing it for the formants. Acousticians deal with just one aspect so far and that is 'enveloping' the listener in concert with 'warm' and 'rich' quantities of 'space feeling'. All the better, if it comes across transparent enough!" [27, Kap. 12]. Oft meint man, für gute Hörsamkeit sei der Nachhall im besetzten Saal ausschlaggebend. Am besten bilde man diese schon im unbesetzten Raum durch ein entsprechend gepolstertes Gestühl nach. An den nützlichen wie an den eher schädlichen Reflexionen sind alle Publikumsflächen aber kaum beteiligt, weil diese den hier überwiegend streifend einfallenden Direktschall bis zu tieferen Frequenzen hin relativ stark absorbieren. Sie dominieren zwar generell den Nachhall bei den mittleren Frequenzen, aber kaum bei den tieferen. Dieser Umstand kann erklären, warum es Säle mit ganz unterschiedlich gemessener Nachhall-Charakteristik gibt, denen eine exzellente Akustik nachgesagt wird. Nur wenn man die für die entscheidenden frühen Reflexionen relativ unwichtigen Absorptionsflächen A_E und A_P in Gl. (1) außer Acht ließe, käme man einer Nachhallzeit als Qualitätskriterium wohl näher. Aber hier könnte zukünftige Forschung gut ansetzen.

4 Räume mit besonderer Akustik

Das Streben nach einem BR > 1 hat schon zu ganz eigenartigen Baumaßnahmen in Konzertsälen geführt, s. [11, Abschn. 11.2.1]. Auch elektroakustische Hilfsmittel kamen dazu zum Einsatz. In [13, Abschn. 5.5] und [28, Abschn. X.5] wird beispielsweise ein „assisted resonance system" beschrieben, mit dem sich dank 172 Lautsprechern in der Decke der Royal Festival Hall in London der Nachhall z. B. bei 125 und 63 Hz von 1,4 auf 2,2 s weit über den Wert von 1,4 s bei mittleren Frequenzen (jeweils besetzt) anheben ließ, offenbar jedoch fast alle diese Bemühungen bisher mit zweifelhaftem Erfolg. Aber an der Mehrheitsmeinung hat sich dadurch dennoch nicht viel geändert. Diese kann sich leider durch eine Raumakustik-Norm (s. Beitrag A 6) sogar noch bestärkt fühlen. Deshalb sollen hier ganz bewusst prominente Beispiele herausragender Akustik diskutiert werden, auch solche, in denen namhafte Akustiker gelegentlich etwas viel Besseres erreicht als geplant haben.

4.1 Die Jesus-Christus-Kirche in Berlin-Dahlem

Diese außen wie innen architektonisch ganz unspektakuläre Kirche aus dem Jahr 1931 mit einer Nachhall-Charakteristik gemäß Bild 5 und BR ≈ 0,67 erleben Redner, Sänger, Instrumentalisten ebenso wie Konzertbesucher und Tonschaffende heute noch als einen kaum zu übertreffenden Musterraum für die Darbietung und Aufnahme von Sprache und Musik jeglichen Genres. Die Exzellenz des nach dem Krieg mit seinen ca. 8000 m³ wohl einzigen in Berlin fast unbeschädigt gebliebenen größeren Saales beschreibt einer der für seine Entdeckung maßgeblichen Tonmeister einer Plattenfirma: *„Das Besondere im Klang der Aufnahmen aus der Kirche ist ihre auffällige Transparenz, 'luftige', vom Hintergrund abgehobene Präsenz aller Klangbestandteile, eine hochgradige klangästhetische Nachhallqualität ohne Verwischungen oder Maskierungen, trotzdem hervorragende, akustisch-'sanghafte' Bindung chorisch notierter Instrumentengruppen, besonders der Streicher, fest kontinuierte, nicht wie in vielen anderen Sälen mulmig dröhnend ineinanderfließende tiefe Lagen, und kernige, klare 'betonfeste' Bässe"* [29]. Bald darauf nutzten deshalb auch die *Berliner Philharmoniker* mit *W. Furtwängler* diesen Raum trotz all seiner Notdürftigkeit wegen seiner überragend guten Akustik. Es folgten weltweit beachtete Aufnahmen mit großem Orchester und Chor unter *H. v. Karajan, C. Abado, S. Rattle u.v.a.* Aber auch gefeierte Solisten wussten und wissen den Raum für Konzerte wie für Aufnahmen zu schätzen, z. B. *E. Gilels* mit Beethoven-Sonaten. Geradezu als Sternstunde der Opern-Diskografie gilt die hier 1972 aufgenommene La Boheme mit *M. Freni* und *L. Pavarotti* mit den *Berliner Philharmonikern* unter *H. v. Karajan*.

Dabei hatte der sehr selbstbewusste, für den Bau zunächst verantwortliche Akustiker vor der Niederlegung seines Auftrags den Bauherrn scharf gewarnt, dass der Plan des Architekten ihn akustisch das Schlimmste befürchten lasse, siehe auch die ausführliche Dokumentation in Abschnitt 9.1 bis 9.4 von [3]: *„Die durchgeführte Berechnung hat ergeben, dass der Raum für rednerische und sogar auch für musikalische Zwecke zunächst völlig unbrauchbar sein wird. Der Kubikinhalt möchte möglichst verkleinert werden, am einfachsten durch starkes Senken der Decke".* Seine offenbar auch ohne besondere Einbauten optimale Diffusi-

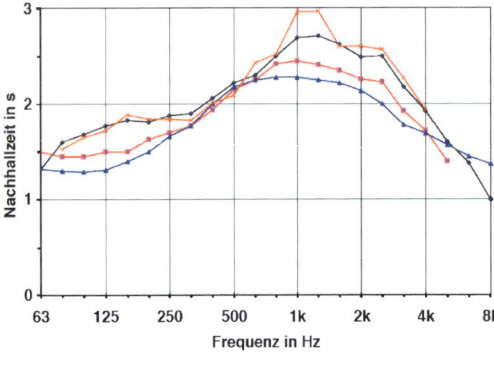

Bild 5. Nachhallzeit der Jesus-Christus-Kirche in Berlin-Dahlem, gemessen bei unterschiedlicher Bestuhlung und Besetzung mit Musikern nach [29] (Foto: H. Sander)

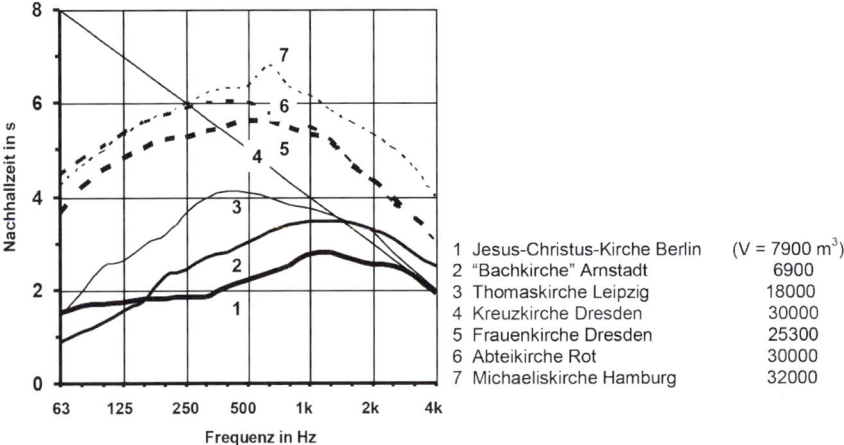

1 Jesus-Christus-Kirche Berlin	(V = 7900 m³)
2 "Bachkirche" Arnstadt	6900
3 Thomaskirche Leipzig	18000
4 Kreuzkirche Dresden	30000
5 Frauenkirche Dresden	25300
6 Abteikirche Rot	30000
7 Michaeliskirche Hamburg	32000

Bild 6. Nachhall-Charakteristiken, wie sie in Barock-Kirchen typischerweise gemessen werden [3]

tät und Nachhall-Charakteristik hat dieser Raum übrigens mit vielen original erhaltenen oder behutsam restaurierten Kirchen der Barockzeit gemeinsam, die nach [18, Abschnitt 4.3 und 4.5] „*zu einem hohen Maß an Deutlichkeit und Durchsichtigkeit*" führt (Bild 6). Und in [18, S. 154] schreibt *J. Meyer*: „*Unter dem Gesichtspunkt der Verdeckung der für die Deutlichkeit und Brillanz maßgeblichen höheren Frequenzen durch starke tieffrequente Klanganteile ist einer zu tiefen Frequenzen hin abfallenden Nachhallkurve gegenüber einem Anstieg der Vorzug zu geben*".

4.2 Der Aufnahmesaal 1 des DDR Rundfunks in Berlin-Oberschöneweide

Der Ruhm der *Jesus-Christus-Kirche* hallte leider lange nur zu Akustikern in Ostberlin und fand dort u. a. seinen Niederschlag im *Großen Sendesaal* des Rundfunks, mit ähnlich positiver Resonanz weltweit (Bild 7). In diesem 12300 m³ großen und 16 m hohen Neubau wurden 1956 also starke Tiefenschlucker installiert und ein tragender Nachhall bei mittleren Frequenzen ganz bewusst realisiert [30]. Hier wurden von Anfang an nur einige wenige bequeme Sesselreihen für Zuhörer eingebaut. Studiobauer, die gern zu rundum reflexionsarmen Flächen tendieren, seien aber an Worte eines prominenten Vertreters historischer Aufführungspraxis erinnert: „*Wir können uns als Musiker nur wohlfühlen, wenn wir in einem Raum spielen, der auch ohne Aufnahme... ideal wäre... Ein idealer Raum für die entsprechende Musik stimuliert zu optimalem Musizieren, und nur dieses Musizieren ist wert, konserviert zu werden*" [31]. Und nach [30] lobt *D. Barenboim*: „*Der Saal 1 im ehemaligen Funkhaus Nalepastraße in Berlin verfügt über eine außergewöhnlich gute Akustik, sowohl für groß besetzte Stücke, z. B. 'Tannhäuser' und*

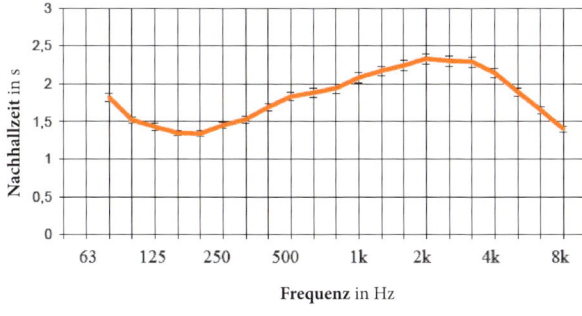

Bild 7. Nachhallzeit im großen Sendesaal des DDR Rundfunks in Berlin-Oberschöneweide (Daten und Foto aus [30])

'Holländer', wie auch für kleinere Orchesterbesetzungen... Seine Nachhallkurve ist ideal, so dass die Akustik weder zu trocken noch überhallig ist. Darüber hinaus gibt der Saal auch den Musikern die Möglichkeit, sich selbst sehr gut zu hören und den Klang entsprechend farbenreich zu gestalten."

4.3 Die Lukas-Kirche in Dresden

Demselben raumakustischen Konzept folgend, wurde in dieser 1903 erbauten Kirche zwischen 1964 und 1971 ein 14000 m³ großes Studio gebaut, das so wie die vorgenannten Säle bis vor kurzem noch von namhaften Künstlern für erstklassige Aufzeichnungen genutzt wird (Bild 8). Dazu wurden an seinen Wänden u. a. 280 m² Tiefenschlucker, abgestimmt auf 50 bis 100 Hz, bis zu einer Höhe von 4,7 m angebracht. Ein 10 m×10 m großer, Schall reflektierender und absorbierender Plafond ist in der Höhe bis auf 8 m über der Orchesterfläche unter der bis 21 m hohen Kuppel absenkbar. Zu den drei vorstehend so unisono als Musikstudios gelobten Sälen ist bemerkenswert oft zu hören: „Perfekte Kombination von Klarheit und Nachhall – Leider kein Konzertsaal!"

4.4 Der Musikvereinssaal in Wien

Ambitionierte Akustiker haben nicht nur die mittleren Frequenzen im Blick und nehmen gern den ältesten original erhaltenen und allseits gerühmten *Musikvereinssaal* in Wien (V = 15000 m³; n = 1680) aus dem Jahr 1870 mit einer zu den Tiefen vermeintlich *ansteigenden* Nachhall-Charakteristik als großartiges Vorbild. Sie sehen dabei den besetzten Saal als maßgeblich und deshalb ein entsprechend gepolstertes Gestühl als ratsam an, obwohl alle Publikumsflächen, besetzt oder unbesetzt, wegen ihrer Ausrichtung und Absorption kaum zu den für die Hörsamkeit überaus nützlichen frühen Reflexionen beitragen. Wenn also der Nachhall neben der offensichtlich sehr hohen Diffusität in diesem Saal, wie zu Recht vermutet, entscheidend für seine akustische Exzellenz ist, so sollte man einmal dessen Spektrum *ohne* eine dominante Absorption bei mittleren Frequenzen durch Personen oder Gestühl etwas näher betrachten: Gemäß Bild 9 hatte der Raum mit einem früher relativ harten Gestühl unbesetzt tatsächlich sein Nachhall-Maximum von 3,5 s nicht etwa bei tiefen Frequenzen sondern zwischen 500 und 1000 Hz. Würde man die mutmaßliche Absorptionsfläche dieses Gestühls nach [33, Tafel 9] mit ca. 0,15 m² pro Sitzplatz in Abzug bringen, so würden die verbleibenden

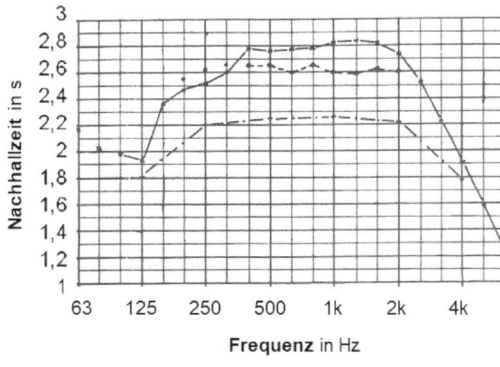

Bild 8. Nachhallzeit in der restaurierten Lukaskirche in Dresden; unbesetzt (fett), mit 70 Musikern (strichliert), mit 100 Musikern und 120 Sängern (strichpunktiert, geschätzt) nach [32]

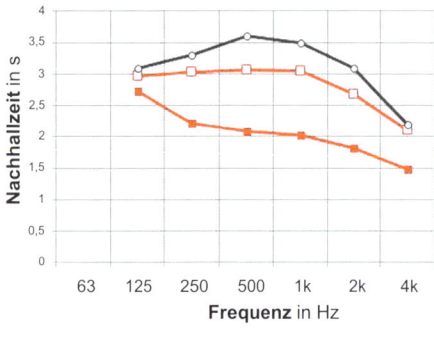

Bild 9. Nachhallzeiten gemessen im *Musikvereinssaal*, unbesetzt mit alter Bestuhlung (vor 1960) (○), mit neuen n = 1680 Sesseln (□), jeweils nach [14, S. 594] und besetzt (■) nach [34, Bild 3]

Reflexionsflächen als Absorber bei einem Volumen von 15000 m^3 zu T$_m$ > 5 s und damit zu einem noch steileren Abfall zu den Tiefen führen – ähnlich wie im etwa halb so großen Raum von Bild 5 mit seiner ebenfalls kargen Kirchen-Bestuhlung. Wie in der Jesus-Christus-Kirche ist auch im Musikvereinssaal die starke Bassabsorption wohl hauptsächlich in der hier allerdings gut schwingfähigen Holzdecke zu finden.

Das um 1960 eingebaute, etwas stärker gepolsterte Gestühl führt im unbesetzten Zustand gemäß Bild 9 zu einer zwischen 125 und 1000 Hz konstanten Raumdämpfung, und erst bei voller Besetzung stellt sich heute tatsächlich eine zu den Tiefen kontinuierlich ansteigende Nachhallzeit ein. Zu allen Zeiten und bei beliebigen Besetzungen und Darbietungen brilliert aber dieser Saal nicht nur mit seinem Goldbesatz, sondern auch mit seiner Akustik bei Musikern wie bei Zuhörern. In [14, S. 173] wird der Dirigent *B. Walter* zitiert: „*This is certainly the finest hall in the world. It has beauty of sound and power. The first time I conducted here was an unforgettable experience. I had not realized that music could be so beautiful*". Und auch *H. v. Karajan* kommt dort zu Wort: „*The sound in this hall is very full. It is rich in bass and good for high strings. One shortcoming is that successive notes tend to merge into each other. There is too much difference in the sound for rehearsing and the sound with audience*". Versierte Dirigenten stellen übrigens die Kontrabässe zu deren Verstärkung, entsprechend dem Bereich der hellgrauen Zahlen in Tabelle 1, gern unmittelbar vor der Rückwand des Podiums auf, s. das Foto auf S. 41 von [35].

4.5 Das Concertgebouw in Amsterdam

Auch dieser Saal (V = 18780 m^3; n = 2037; Bild 10) aus dem Jahr 1888 findet in [14, S. 425] höchstes Lob: „*One of the three best halls ... with rich bass, and the feeling of being completely surrounded in an ocean of music, this hall has no superior ... The cello (in a concert) sounds loud and luxurious. The full orchestra plays with rich tone ... The reverberation gives great help to a violinist. As one slides from one note to another, the previous sound perseveres and one has the feeling that each note is surrounded by strength*". Hier sorgt eine besonders dicke Polsterung des Gestühls nach [14, S. 611] für einen gleichmäßig starken Nachhall ohne wie mit Publikum.

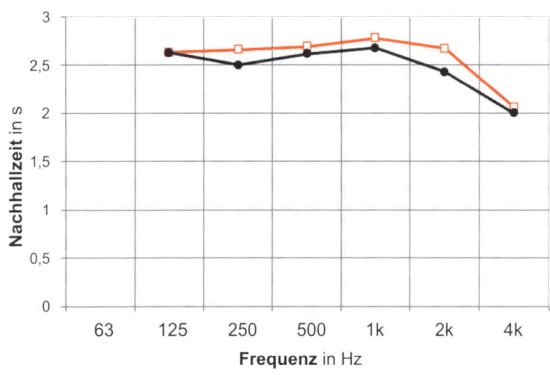

Bild 10. Nachhallzeiten gemessen im *Concertgebouw*, unbesetzt (□) bzw. besetzt (■), nach [14, S. 611]

4.6 Die Symphony Hall in Boston

Bereits 1884 eröffnete das leider im Krieg zerstörte *(Alte) Gewandhaus in Leipzig* mit n = 1700 Sitzplätzen (Bild 11). Aber *W.C. Sabine* nahm, in erstmals systematischer raumakustischer Planung, dessen Struktur und Akustik vor 1900 als Modell für seine nur etwas größere Symphony Hall (V = 18750 m³; n = 2625, Bild 12), s. auch das Foto auf S. 38 von [35]. Anders als im Concertgebouw, ist man hier nach [14, S. 47–50 und 586] offenbar bei einem nur minimal gepolsterten Gestühl geblieben, was den großen Unterschied zwischen unbesetzt und besetzt in der Nachhall-Charakteristik erklärt. Aber das sollte ja nach Abschnitt 3 der akustischen Exzellenz keinen Abbruch tun, wenn nur die Tiefen richtig bedämpft sind. Das ist hier dem großflächig schwingfähigen Innenausbau zu danken: 1,25 bis 2,5 cm dicke Holzplatten bis 152 cm hoch liegend an Saal- und Podiumsboden sowie Teilen der Wände und 1,9 cm Putz auf Drahtnetzen unter der Decke abgehängt sowie an Teilen der Wände abgesetzt. Bei voller Besetzung ergibt sich eine von mittleren bis zu tiefen Frequenzen konstante Nachhallzeit. Aber über ihre Arbeit in Proben, Darbietungen und Aufnahmen sind hier alle Musiker nach [14, S. 47] voll des Lobes, unabhängig von der jeweiligen Besetzung: *„An excellent hall, there is none better… One of the world's greatest halls… Its sound is clear, live, warm, brilliant, and loud, without being overly loud… The orchestral tone is balanced, and the ensemble is excellent"*.

Bild 11. Foto des alten bzw. zweiten Gewandhauses in Leipzig

4.7 Die (Alte) Philharmonie in Berlin

Dieser mit dem Namen und Genie von *W. Furtwängler* eng verbundene Saal (V = 18000 m³; n = 1980, Bild 13) aus dem Jahr 1888 fiel ebenfalls den Bomben zum Opfer. Aber die in [36] überlieferten Nachhallzeiten zeigen eine ähnliche Charakteristik wie die Säle in Wien, Amsterdam und Boston (s. Abschnitte 4.4 und 4.6). Dazu schreibt *L. Cremer:* *„Sicherlich haben diese Räume keine nachweisbaren akustischen Mängel, welche die Musiker an ihrer Entfaltung gehindert hätten… Aber das würde nicht rechtfertigen, dass man einen dieser Räume, wie man das oft aus Musikerkreisen gesagt bekommt, einfach nehmen und kopieren sollte, um gute Hörsamkeitsverhältnisse sicherzustellen… Ich würde beispielsweise den starken Anstieg der tiefen Frequenzen* (in Bild 13, besetzt), *den das* (alte) *Leipziger Gewandhaus nicht hatte, nicht unbedingt* (in der neuen Berliner Philharmonie) *wiederherstellen… Die Nachhallzeit sollte sich von 100–2000 Hz etwa im Bereich*

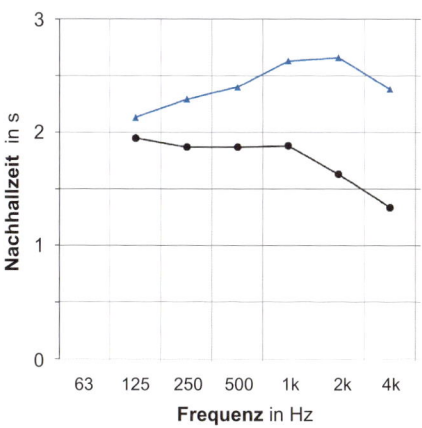

Bild 12. Nachhallzeiten gemessen in der Symphony Hall, unbesetzt (▲) bzw. besetzt (●), nach [14, S. 586]

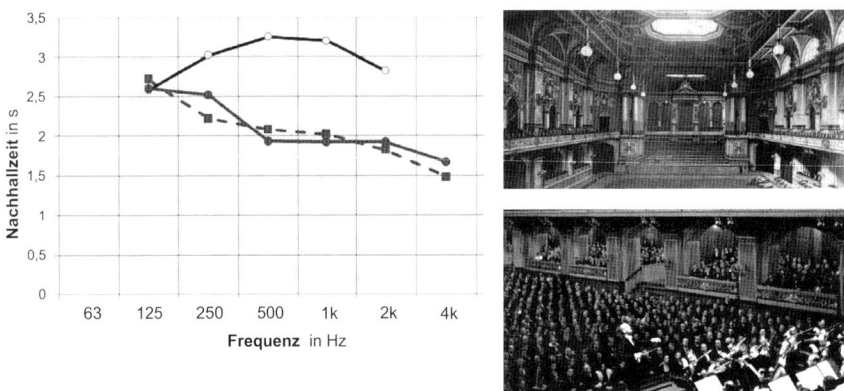

Bild 13. Nachhallzeiten gemessen in der (Alten) Philharmonie, unbesetzt (○) bzw. besetzt (●) nach [36, Abb. 10] sowie im Musikvereinssaal (vgl. Bild 9)

von 1,9–2,1 sec halten… Meiner Meinung nach gibt es Nachhallzeiten, die zu groß und solche, die zu klein sind und schließlich Frequenzgänge, die zu ungleichmäßig sind" [36]. Dazu eine Stimme aus der BBC [37]: *„Bass masking can also occur in halls where the reverberation time increases at low frequencies, but as this fault is recognized by British designers, most modern halls have been given bass absorption sufficient to keep the characteristic down at low frequencies"*.

4.8 Die neue Philharmonie in Berlin

Dieses von seiner inneren wie äußeren Erscheinung (Bild 14) schon vor seiner Eröffnung 1963 als geradezu revolutionär angesehene Bauwerk mit V = 26000 m³ und n ≈ 2300 Plätzen wurde von allen hinzugezogenen Akustikern (darunter vor allem L.L. Beranek) während seiner Planung durchaus lautstark als akustisch äußerst riskant eingestuft, s. [11, Abschn. 11.8.4]. Nachdem es aber von Musikern und Zuhörern durchweg begeistert aufgenommen und später in [14, S. 297] sogar als *„one of the models of successful acoustical designs"*

geadelt wurde, diente seine „Weinberg"-Struktur bei zahlreichen später errichteten Konzertsälen ebenso häufig wie der „Schuhkarton" als leuchtendes Vorbild, wenngleich nach [24, S. 500] nicht immer so erfolgreich: *„A number of terrassed, surround halls have been built, though none have been as acclaimed as the Berlin Philharmonie"*.

In einem sehr löblichen Gegensatz zu den meisten ähnlich spektakulären Neubauten hat der hier verantwortliche Akustiker sofort nach dessen Eröffnung alle seine Planungsdetails den späteren Messergebnissen gegenübergestellt und freimütig veröffentlicht. Aus [34] kann man herauslesen, dass auch L. Cremer sich, wie allgemein üblich, zunächst auf die Nachhallzeit bei 500 bis 1000 Hz konzentriert hat. Er berichtet aber zugleich von *„sorgfältiger ingenieurmäßiger Abschätzung"* der eingeplanten Absorption, *„wobei wir bei hohen Frequenzen wissen wollten, welche niedrigsten Werte* (der Nachhallzeit, der Autor) *wir zu befürchten hatten, bei den tiefen welche höchsten"*. Dass er in der Planung doch stark von seiner eigenen, in Abschnitt 4.7 zitierten Überzeugung abwich und einen Anstieg der Nach-

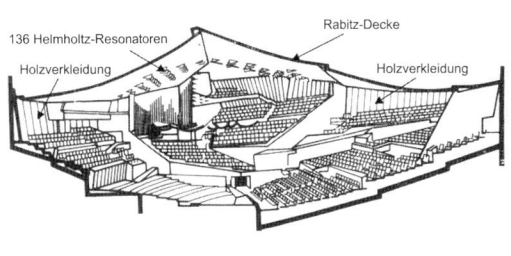
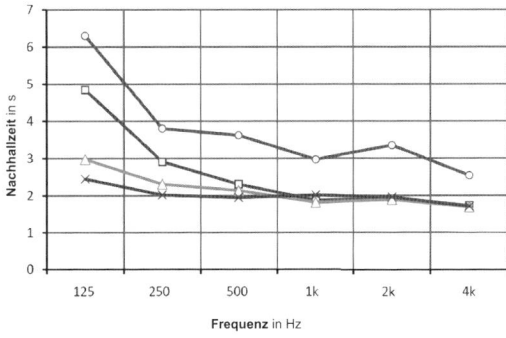

Bild 14. Nachhallzeit-Spektren in der Berliner Philharmonie, errechnet aus Daten in [34]; unvermeidliche Absorption plus 2200 gepolsterte Sitze (○), plus Publikum (□), plus Tiefen-Absorber (△) und tatsächlich gemessen (×), Schnitt nach Bild 10.47 in [33]

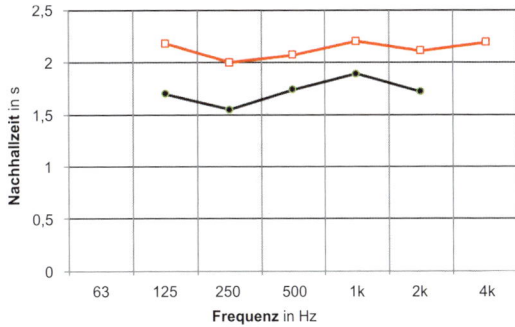

Bild 15. Nachhallzeiten gemessen im Kammermusiksaal der Philharmonie, unbesetzt (□) bzw. besetzt (●)

hallzeit von 2 s bei mittleren Frequenzen auf 3 s bereits bei 125 Hz tolerieren wollte, kann ein Zugeständnis an den zweiten, sehr namhaften Berater gewesen sein, der damals noch ein BR > 1 als Gütekriterium proklamierte [12].
In einem ersten Schritt wurde das Volumen auf besagte 26000 m³, d. h. auf probate 11 m³ pro Zuhörerplatz, angehoben und die zeltartig konvex gekrümmte Deckenkonstruktion gefunden. Aus [34, Bild 7] kann man indirekt auf die prognostizierte und die tatsächlich erreichte Nachhallzeit (dort Bild 5) schließen (Bild 14). Als unvermeidliche Absorption berücksichtigte die Planung u. a. Luftauslässe unter den Sitzen, als Tiefen-Absorber eine leichte, teilweise perforierte Holzverschalung vor einem unterschiedlich hinterlegten Luftkissen an den oberen Wandflächen sowie 136 *Helmholtz*-Resonatoren unter der Decke.
Die beiden unteren Kurven in Bild 14 zeigen den in [34, Bild 3] eigentlich angestrebten steilen Anstieg des Nachhalls zu den Tiefen. Die unterste Kurve in Bild 14 offenbart aber, dass dieser nicht zustande kam. Dies ist wohl der riesigen, leichten, vielfach unterbrochenen, nur 12 bis 15 mm dicken Rabitz-Decke (Mörtelputz auf einem Drahtgeflecht) zu verdanken, die meterweit von der unteren Betondecke abgehängt wurde. In einer gewissen Analogie zum Baugeschehen der Jesus-Christus-Kirche wurde hier also, wiederum glücklicherweise, ein hinter der großen Deckenfläche verborgener „Tiefenschlucker" bei der raumakustischen Auslegung übersehen oder unterschätzt, der aber von Anfang an mit ca. 300 m² äquivalenter Absorptionsfläche A_S bei 125 Hz für eine passable Nachhall-Charakteristik dieses Saales gesorgt hat. Dass eine solche Deckenkonstruktion tatsächlich vom Schallfeld zum Mitschwingen anregbar ist, wurde drastisch offenbar, als 1988, also nach 25 Jahren intensivster Bespielung, ein ungefähr 1 m² großes Stück des Putzes auf das Podium herunterfiel. Daraufhin wurde die gesamte Decke, weiterhin unter den Augen von *L. Cremer*, durch eine leichte Betonschale ersetzt, die aber dauerelastisch von ihrer stabilen Unterkonstruktion abgehängt wurde. An der gleichmäßigen Nachhall-Charakteristik hat diese behutsame Sanierung so nichts geändert. Man-

che meinten sogar, nach derselben eine Verbesserung der Raumakustik wahrzunehmen.
Ebenso hervorzuheben sind auch die vielen Schall lenkenden Maßnahmen wie die seitlichen und frontalen Brüstungen und die konvex gewölbten Reflektoren über dem Podium sowie die von den Terrassen erzeugte Makro- und (von *L. Cremer* so genannte) Mikro-Diffusität im Raum. Zu den stärksten Befürwortern der *Berliner Philharmonie* gehören bis heute die darin arbeitenden Musiker. Über die optischen und akustischen Eigenheiten jeder „Surround"-Struktur im Auditorium kann man natürlich, besonders im Hinblick auf das Direkt-Schallfeld, trotzdem sehr geteilter Meinung sein. Natürlich sollte man stark gerichtet abstrahlende Solisten, anders als in eindirektionalen „Schuhkartons", nicht *vor* dem Orchester sondern inmitten desselben positionieren, so wie es *L. Cremer* z. B. für einen Sänger in Bild 10 von [34] konkret vorgeschlagen hat. Ein Flügel sollte in einer multidirektionalen Primärstruktur besser *ohne* reflektierenden Deckel gespielt werden! Dass solche einfachen Anpassungen an den Raum regelmäßig unterbleiben, zeigt, wie rudimentär das Verständnis für Raum-Akustik bei den meisten Dirigenten und Veranstaltern klassischer Konzerte noch ist.
Im erst 1987 eröffneten, viel kleineren Kammermusiksaal der Philharmonie (V = 11000 m³, n = 1138, Bild 15) kommen die Musiker seltener auf die Idee, sich in einer bestimmten Richtung zum Auditorium aufzustellen. Die von [14, S. 602] veröffentlichte Nachhallzeit zeigt einen etwas eigenartigen, aber für die hier in wechselndem Stil dargebotene Musik förderlichen Frequenzverlauf im besetzten Zustand.

4.9 Das Neue Gewandhaus in Leipzig

Dieses bereits dritte Konzerthaus am selben Ort (V = 21000 m³; n = 1900, Bild 16) kann als Muster für ein solches mit einem frequenzunabhängigen Nachhall bis 63 Hz bei 2 s herunter gelten. Dafür sorgen großflächige Wandverkleidungen als Platten-Resonatoren aus 18 mm dickem Sperrholz, bereichsweise rückseitig beschwert mit 3 mm dicken Stahlplatten, sowie ein dick

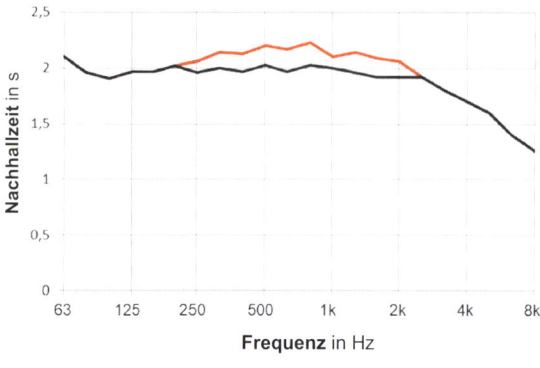 

Bild 16. Nachhallzeiten gemessen im *Neuen Gewandhaus*, unbesetzt (obere) bzw. besetzt (untere Kurve), nach [33, Bild 10.44]

gepolstertes Gestühl. Zusätzlich vorgesehene *Helmholtz*-Resonatoren in den Brüstungen von zwei Rängen wurden aus (falscher?) Furcht vor einem BR < 1 am Ende nicht aktiviert. Der Architekt, *R. Skoda*, berichtet über eine ganz außergewöhnlich gute Zusammenarbeit mit dem Akustiker-Team in [38]: „*Schon im Entstehungsprozess öffneten sich seine Erbauer ... allen Anforderungen des akustischen Fachs und assimilierten sie architektonisch... Auf diese Weise sind in einem längeren Prozess, bei dem Akustiker und Architekt ständig eng zusammenarbeiten mussten, alle für die Akustik relevanten Bauteile des Saales, insbesondere Decke, Wände und Brüstungen, ständig überprüft, verändert und schließlich im Sinne der Raumakustik optimiert worden. Damit sind im großen Saal des Gewandhauses – abgesehen von der Primärstruktur – keine eigenwilligen reinen Entwurfsideen der Architekten realisiert worden. Alles stellt vielmehr die in eine gestalterische Einheit umgesetzten Forderungen der Akustiker dar*". Dazu passt das Lob in [14, S. 313] eines 50köpfigen Experten-Teams: „*All judged the loudness and clarity to be very good... The general conclusion was that the acoustics of the hall had received high marks*". Und *L. L. Beranek* merkt weiter an, dass er „*... was surprised to sense that the early sound energy predominated over the later reverberant sound energy. Only in fortissimo passages and after musical stops did the reverberation seem to take an active part in the music*".

4.10 Die Elbphilharmonie in Hamburg

Knapp 6 Monate nach der Eröffnung der Berliner Philharmonie stellte der verantwortliche Akustiker in einem Fachvortrag vor Physikern daselbst [34] alle Details seiner Berechnungen und Messungen freimütig zur Diskussion – im Bewusstsein, mit großen Risiken und Chancen an einer bahnbrechenden Innovation mitgewirkt zu haben. Im krassen Gegensatz dazu sind von der Hamburger Philharmonie nach 14 Jahren Planungs- und Bauzeit und dabei exorbitant gestiegenen Baukosten auch 3 Jahre nach ihrer pompösen Eröffnung in 2017 noch keine objektiven neutralen Messungen freigegeben und alle Eingeweihten zur Verschwiegenheit verpflichtet worden. Die Nachhall-Daten in Bild 17 stammen daher aus unsicheren Quellen, z. B. aus Musikaufnahmen in dieser ungewöhnlich steil aufragenden „Weinberg"-Architektur. Die im unbesetzten Saal (mutmaßlich) gemessene Kurve findet sich auch in [39], nachdem diese bereits in [40] angedeutet wurde.

Die Öffentlichkeit wurde hier mit nichtssagenden Erklärungen abgespeist wie: „*Critical assessments and judgements about the excellence or failings of a concert hall's acoustics do not come from people reading data sheets with reverberation time and other numerical measurements of physical properties. Ultimately, individuals seated in audience seats listen to performers playing music on the stage and the audience, by listening to the music, evaluates and judges the acoustics*" [39] oder *Y. Toyota* in einem seiner zahlreichen Interviews: „*Mit dem Whisky ist es ähnlich wie mit der Akustik: Selbst Experten können nicht erklären, warum der eine gut schmeckt und der andere nicht*" (Spiegel 26.2016).

Nur zur viel besungenen „Weißen Haut", die die Decke und alle Wände des Saales auf ca. 6000 m² sehr attraktiv überspannt, wurde offenbart, dass sie aus 10287 individuell gefertigten faserverstärkten Gipsplatten mit einem mittleren Flächengewicht von 125 kg/m² extra schwer gemacht wurde „*because we needed these panels to have sufficient weight to effectively reflect sound even at low frequencies*" [39]. Nach ihrem „Erfinder", dem Architekten *B. Koren*, wurden in die Haut ungefähr eine Million muschelartige Vertiefungen, alle individuell 10 bis 90 mm tief mit einem mittleren Durchmesser von 80 mm nach einem „kalkulatorischen Meisterwerk" (*Focus* 5.2017), den Anforderungen der Akustiker gehorchend, gefräst. Sie sollten nach [39] „*serve the role of promoting acoustical diffusion for the hall's acoustics*". Dies kann aber nach [40, Abschn. 2.3 und 3.5] wohl nur im höheren kHz-Bereich gelungen sein.

Die teils sehr nebulöse, teils ungewöhnlich euphorische Berichterstattung fast aller Akteure in den Monaten vor und nach der Eröffnung ließ reichlich Raum für Spekulationen. Nur in einem Punkt herrscht offen-

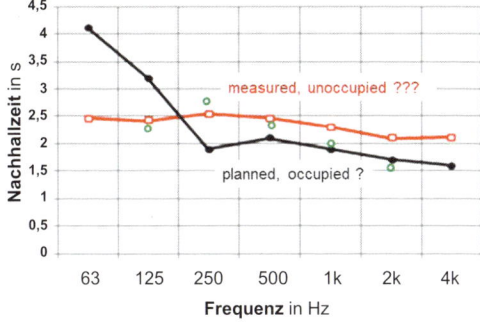

Bild 17. Mutmaßliche Nachhallzeiten in der Elbphilharmonie; geplant (●), gemessen, unbesetzt (□), aus Musikpausen in einer Aufnahme ermittelt (○)

bar Einigkeit: Der Klang von Instrumenten und Stimmen ist klar, hell, durchsichtig und direkt. Der erstklassige Counter-Tenor des Eröffnungskonzerts lobt: *„Es klingt sehr warm und sehr klar.... Hier habe ich das Gefühl, eine sehr große Stimme zu haben – das ist unglaublich"*. Der damalige Chefdirigent des Orchesters T. Hengelbrock meint: *„Dieser Saal ist anders als alle anderen ... phänomenal ... ein Wunderwerk"*, spricht von Wucht und Transparenz der Musik und dass er nach der ersten Probe Tränen in den Augen seiner Musiker habe glänzen sehen.

Worauf dieser tatsächlich von vielen Nutzern bestätigte Klangeindruck zurückzuführen ist, erscheint diesen, wie oft jede Akustik, geheimnisvoll. Über die interior design materials heißt es in [39] leider auch nur, dass sie *„include not only the materials and finishes that are visible to the eye, but also the structure and properties of the underpinnings and backings of every interior element"*. Dabei lohnt unbedingt ein Blick auf die Stahl-Unterkonstruktion der „Weißen Haut", siehe [40, Bild 17 und 18]. Man kann sicherlich kaum exakt berechnen, bei welchen Frequenzen diese als Feder zusammen mit den daran über U-Profile befestigten Gipsplatten als Masse von den auftreffenden tieffrequenten Schallwellen zum Mitschwingen und so zum Absorbieren angeregt wird. Aber es erscheint sehr wahrscheinlich, dass sich nur so eine von allen Planern ganz unerwartet niedrige Nachhallzeit bei 63 Hz ergeben konnte.

Unbestätigt war für den Saal mit einem Volumen V = 23000 m³ und einer insgesamt 8500 m² großen Oberfläche für n = 2100 Sitzplätze angeblich ein zu den Tiefen hin stark ansteigender Nachhall geplant (Bild 17), wie er für die vielen von *Nagata Acoustics* bearbeiteten Konzertsäle offenbar charakteristisch ist. Um auf die maximal ca. 4 s für die Elbphilharmonie zu kommen, hat man wahrscheinlich einen mittleren Absorptionsgrad der Flächen von ca. 0,1 bei 63 Hz zugrunde gelegt. Behält man diesen in einer Nachrechnung nur für die 2500 m² außerhalb der „Weißen Haut" bei, so verbleibt (natürlich nur sehr näherungsweise) eine äquivalente Absorptionsfläche von immerhin 1250 m², die der „Weißen Haut" zugerechnet werden können. Der daraus sich ergebende Absorptionsgrad von etwa 0,2 ist durchaus vergleichbar mit dem in der Planung üblicherweise z. B. für Fenster, Spiegel, Parkett (auf Leisten hohlliegend) nach [19, Tab. 4.9] angenommenen.

4.11 Der Pierre Boulez Saal in Berlin

Für die vielen zuvor von *Nagata Acoustics* bearbeiteten Konzertsäle ist ein zu den Tiefen stark ansteigender Nachhall charakteristisch. Erst kürzlich wurden so die geplanten und gemessenen Nachhallzeiten des Pierre Boulez Saals mit T = 3 s bei 63 Hz für diesen mit V = 7615 m³; n = 682 viel kleineren Saal veröffentlicht, siehe Bild 18. Hier sind, anders als in der Elbphilharmonie, alle wesentlichen Begrenzungsflächen tatsächlich auch für tiefe Frequenzen massiv und schallhart. Da die Massivdecke der übernommenen Bausubstanz mit 14 m zu hoch erschien, wurde zunächst eine leichte, ca. 3 m tief abgehängte Unterdecke geplant. Um aber deren (im Sinne des hier propagierten Konzepts) durchaus nützliche Bass-Absorption massiv entgegenzuwirken, wurden ihre Holzelemente mit ca. 27 Tonnen Beton extra schwer und reflektierend gemacht, sowie sämtliche mit edlem Holz kaschierte Wandverkleidungen aus dicken Gipsfaserplatten, was den hier unbedingt gewollten Tiefenanstieg erklärt.

Im Gespräch mit dem Intendanten *O. Baekhoj* vor einem Kammerkonzert am 12.6.2018 klang Begeisterung über den schon beim Begehen hörbar mitschwingenden Holzboden an. Dieser riesige Resonanzkörper (50 mm Zedernholz auf 3 Lagen quer übereinander gelagerten Holzbalken aufliegend) solle in der Phantasie des Akustikers wie ein Instrument den Klang im ganzen Raum füllen und die höheren Frequenzen „tragen". Aber die so disharmonisch angeregten Raum-Resonanzen machen sich z. B. beim Klavier (für die-

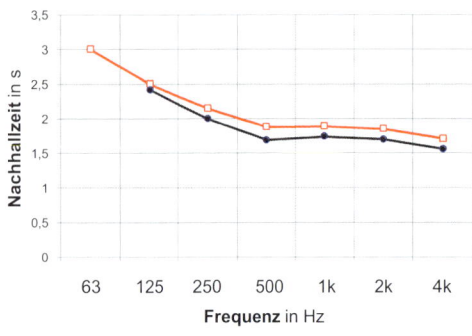

Bild 18. Nachhallzeiten im Pierre Boulez Saal, gemessen von *Nagata Acoustics*; unbesetzt (□), besetzt (●)

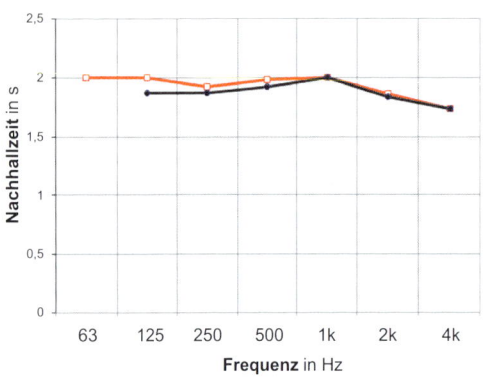

Bild 19. Nachhallzeiten in der Jinji Lake Hall, gemessen von *Nagata Acoustics*; unbesetzt (□), besetzt (●)

ses Konzert in den Händen von *D. Barenboim* persönlich) und beim Versuch, schwache arabische Instrumente elektrisch zu verstärken, unangenehm bemerkbar. Hier ist also nicht das viele rundum wunderbar anzuschauende Holz besonders resonanzfreundlich, sondern der ganze Raum – durchaus zum Nachteil für seine Akustik. Aber zu diesem Projekt wurde wenigstens die Nachhall-Charakteristik sofort freimütig in [41] veröffentlicht.

4.12 Die Jinji Lake Hall in Suzhou

Für vielfach elektroakustisch manipulierte zeitgenössische sowie Rock & Pop-Musik bevorzugen alle Akteure ganz eindeutig Räume mit einem Bassverhältnis BR < 1 [42], und das nicht nur bei und wegen Einsätzen leistungsstarker Subwoofer zur Verstärkung des Bassbereichs. Der Rückblick auf die vorstehenden Konzertsäle legt nahe, dass ein BR > 1 auch kein Gütekriterium für die Darbietung und Aufnahme klassischer oder alter Musik sein kann. Selbst ein weltweit agierendes Team, das in seinen Planungen nicht nur für die Elbphilharmonie und den Pierre Boulez Saal keinen Aufwand scheut, um Absorption bei den tiefen Frequenzen strikt zu vermeiden, gibt sich gemäß [39] und [43] neuerdings offenbar mit einer Nachhall-Charakteristik zufrieden, die zu den Tiefen jedenfalls nicht ansteigt. Interessanterweise wurde in der Jinji Lake Hall in Suzhou nahe Shanghai mit V = 9600 m³ und n = 509 eine zwischen 2 kHz und 63 Hz nahezu konstante Nachhallzeit von 2 s erreicht (Bild 19). Auch dort treffen die Schallwellen an Decke und Wänden auf faserverstärkte Gipsplatten mit unterschiedlich strukturierter Oberfläche, also ähnlich wie im Großen Saal der Elbphilharmonie, vielleicht mit einer ebenso schwingfähigen Unterkonstruktion?

5 Rekonstruktion von zwei Opernhäusern

Sowohl bei Sprache in kleineren Räumen (s. Beiträge A 6 und C 4) als auch bei Musik in größeren wird stets der Nachhall-Charakteristik eine wesentliche Rolle zugesprochen und versucht, für die These BR ≤ 1 prominente Fallbeispiele anzuführen. Dabei wird besonders auf die Bedeutung früher Reflexionen aus dem Raum abgehoben, aber nichts gegen hohe Diffusität im Nachhall gesagt. Aber nach [1, S. 94] bleibt zu bedenken: *„Ich möchte auch bezweifeln, dass der Konzertbesucher 'diffus beschallt' werden will. Er möchte eingehüllt sein in die Musik. Mit welchen Mitteln das erreicht worden ist*

(Diffusität ist dazu nicht unbedingt nötig!), interessiert ihn nicht." Im Hinblick auf Musiktheater warnt derselbe Autor: *„Ich denke, dass die Oper das schwierigste Problem für den Akustiker darstellt. Sind doch hier Orchester, Gesang und Sprachverständlichkeit gleichrangig, und der Schall kommt einerseits aus der großen Bühnenfläche, andererseits aus der Orchester-Grube"* [1, S. 140]. Und eine besondere Herausforderung stellen natürlich Rekonstruktionen historischer Gebäude mit vorgegebenen und beizubehaltenden ungünstigen kreis- oder hufeisenförmigen Grundrissen dar: *„Alle großen, konkaven Krümmungen sind gefährlich, z. B. Kreis, Hufeisen, Kuppel. Das bedeutet aber nicht, dass man nicht auch mit solchen Raumformen gute Ergebnisse erzielen kann"* [1, S. 191]. Zwei solcher Fallbeispiele mit einer jeweils langen Geschichte sollen die dabei auftretenden akustischen Probleme und deren ganz unterschiedliche Lösungen beschreiben:

Bild 21. Die erste freistehende Hofoper von 1742

5.1 Die Staatsoper Unter den Linden in Berlin

Weltweit gibt es wohl 560 Opernhäuser. Deutschland kann mit 80 auf die größte Dichte stolz sein. Berlin beherbergt mit der Deutschen Oper, der Komischen Oper und eben der Lindenoper (Bild 20) allein drei davon. Bereits 1743 errichtete G.W. v. Knobelsdorff hier das erste freistehende Opernhaus (Bild 21) und schrieb dazu stolz: *„Selbiges ist 300 rheinische Fuß lang und 160 Fuß breit. Es gleichet einem prächtigen Palaste… und hat so viel Platz um sich herum, dass 1000 Kutschen gemächlich allda halten können".* Für die Fassade nahm er sich die *Villa Rotonda* von *A. Palladio* (Bild 22) zum Vorbild, der noch heute als Architekt des *Teatro Olimpico* in Vicenza aus dem Jahr 1584 (V ≈ 10000 m³) mit einer geradezu vorbildlichen Nachhall-Charakteristik (BR ≈ 0,65) Zuschauer und -hörer anzieht, s. Bild 23. Nach mehreren Zerstörungen und Umbauten durch *K.G. Langhans* schuf *C.F. Langhans d.J.* schließlich den Zuschauerraum mit 4 Rängen und einem hufeisenförmigen Grundriss (Bild 24). Dessen Nachhallzeit stieg

Bild 22. Die Villa Rotonda in Vicenza, erbaut vor 1591

nach [44, Abb. 1] von 0,8 s bei 1000 Hz auf über 1,6 s bei 125 Hz an. Dazu liest man in [1, S. 143]: *„Ein Hall-Volumen… ist bei der Oper von ganz großer Bedeutung. Man findet ja meist in der Literatur eine wünschenswerte T von 1,5 s. Sie ist für Musik eigentlich noch zu gering, für Sprachverständlichkeit noch angemessen. Aber sie wird praktisch nie erreicht."*

Deswegen wunderte sich der Akustiker für die Rekonstruktion in den 1950er-Jahren (Bild 25 und 26) über den Auftrag des Architekten *R. Paulick*, *„… die Akustik ebenso wiederherzustellen, wie sie vor der Zerstörung im 2. Weltkrieg war. Sie sei ausgezeichnet gewesen"* [1, S. 144]. Und als er meinte, man könne sie wohl noch etwas besser machen, die Antwort des Architekten: *„Auf keinen Fall ohne die Zustimmung des zukünftigen GMDs".* Von der Aussprache mit einem so erfahrenen Dirigenten wie *E. Kleiber*, der fast alle großen Theater und Konzertsäle der Welt erlebt hat, war *W. Reichardt* dann aber sehr enttäuscht. Denn die Begrüßung lautete: *„Also wissen's, Akustik ist Glückssache!… Machen's, was Sie für richtig halten. Ich höre mir das dann an".* Natürlich war dem erfahrenen Fachmann bei den Vorgaben von V = 6500 m³ und n = 1350 ohne Vergrößerung des Volumens klar: *„Aus der Literatur ist zu entnehmen, dass das frühere Haus im Bereich der mittleren Frequenzen lediglich eine Nachhallzeit von 0,9 s gehabt hatte. Bei Symphoniekonzerten wurde eine elektroakustische Verhallung des Rau-*

Bild 20. Frontansicht der Staatsoper Unter den Linden nach der letzten Rekonstruktion vor 2017

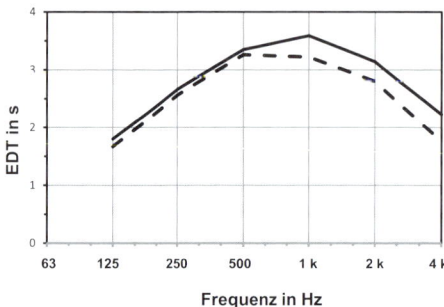

Bild 23. Das Teatro Olimpico in Vicenza aus dem Jahr 1584; Nachhallzeit in der Cavea (durchgezogene), in der Orchestra (strichlierte Kurve)

Bild 24. Der Zuschauerraum mit vier Rängen der Lindenoper von 1844

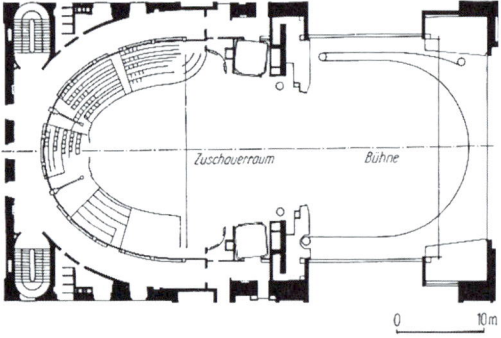

Bild 25. Modell und Grundriss (nach [33]) zur umfassenden Rekonstruktion der Lindenoper in den 1950er-Jahren

Bild 26. Der Zuschauerraum mit drei Rängen der Lindenoper von 1956 (Foto: H. Winkler)

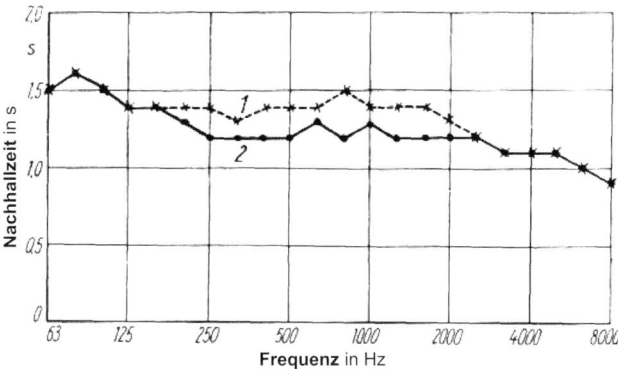

Bild 27. Nachhallzeit nach der Rekonstruktion in den 1950er-Jahren (nach [33]); gemessen unbesetzt (×), besetzt (●)

mes vorgenommen. Erreicht wurden durch meine Abänderungsvorschläge nur 1,1 s. Mehr war nicht möglich bei den vorgegebenen Abmessungen" [1, S. 144].
Was unter den damals extremen Einschränkungen dennoch möglich wurde: *„Der Frequenzgang war früher extrem unausgeglichen: in den tiefen Frequenzen war die Nachhallzeit erheblich länger als bei den hohen. Das wird überwiegend ungünstig beurteilt und dürfte auch ein wesentlicher Grund für die Notwendigkeit des elektroakustischen Ausgleichs gewesen sein. Es erschien daher richtig, nicht nur die hohen Frequenzen weniger, sondern auch die tiefen mehr zu absorbieren, sodass die Nachhallkurve des besetzten Raumes bei den tiefen Frequenzen nur den üblichen leichten Anstieg behielt (Bild 27). Außer den bekannten Mitteln – mitschwingungsfähige Wand- und Deckenverkleidungen – wurden noch die Hohlräume, die beim Bau zwangsläufig entstanden, als Hohlraumschlucker ausgebildet. Indem 3 Kammern verschiedenen Volumens (durch waagrecht umlaufende Schlitze) im Deckenhohlraum abgeteilt wurden, entstanden verschieden abgestimmte Tiefenschlucker, die sich als Helmholtz-Resonatoren berechnen ließen. Ebenso wurden z. T. die Rangbrüstungen hohl ausgeführt und mit umlaufenden Schlitzen angekoppelt. Weiterhin wurden die Hohlräume unter den Stufen der Sitzreihen in den Rängen akustisch genutzt (Bild 28). Weitere Verbesserungen sind mit Mitteln der Elektroakustik möglich, denen man selbstverständlich gern aus dem Wege geht... Ob sie sich doch noch als notwendig oder zweckmäßig erweisen, wird der praktische Theaterbetrieb lehren"* [45].
Tatsächlich hat der verantwortliche Tonmeister, A. Krieger, in vorbildlicher Absprache mit dem Generalmusikdirektor, D. Barenboim, hier eine „Nachhallanlage" namens *LARES* nach D. Griesinger sorgfältig erprobt und 1996 fest installiert, die ersterer in einem Vortrag am 13.6.2008 so beschreibt: *„Paulick hat die Wandverkleidungen großflächig durch rote Textilien gestaltet. Dahinter befinden sich Schall schluckende Materialien: Leichtbauplatten, Holz. Das heißt: Der ganze Raum ist im Prinzip mit Absorbern ausgekleidet, und darin verliert sich die Schallenergie... Unterdessen haben sich die Musiker (auch die Sänger!) an den 'elektronischen' Saalklang gewöhnt und nehmen ihn als Normal. Sie würden stutzig werden, wenn die Anlage nicht arbeitet... Sie hören sich nämlich durch den Raumklang deutlich besser"*. Er pflichtet auch D. Barenboim bei, wenn dieser von einer Art Herz-Lungen-Maschine für eine bedürftige Raumakustik spricht. Aber leider ist so ein nachhaltiger Erfolg eines derart unterstützten Nachhalls nach Auskunft erfahrener Toningenieure heute immer noch die absolute Ausnahme, setzt er doch dauerhaft Manpower und Sachverstand bei Einmessung und Betrieb der Anlage voraus. Umso wichtiger bleibt es, bereits dem natürlichen Raum eine angemessene Absorption z. B. gemäß Abschnitt 5.2 zu verpassen, die dann ohne weitere Kosten auf Lebenszeit für alle möglichen Nutzungen, auch mit elektroakustischen Effekten, wirksam bleibt!

Bei der zweiten Restaurierung, die ebenfalls der historischen Architektur streng zu folgen hatte, konnten die Planer offenbar erheblich großzügiger vorgehen. Nach [46, Abb. 5] wurde im besetzten Zuschauerraum (durch Aufspannen eines absorbierenden Tuchs über den Sitzen simuliert) im 2009 vorgefundenen Zustand bei geschlossenem Eisernem Vorhang EV eine ziemlich konstante Nachhallzeit von 1,2 s gemessen (Bild 29). Die Zielsetzung war damals offenbar ein Anstieg auf etwa 1,6 s bei 1000 Hz und 1,9 s bei 125 Hz. Dazu hat man nach [46] einen Teil der Absorption an den Wänden entfernt und die in Bild 28 angedeuteten *Helmholtz*-Resonatoren an der Decke und in den Brüstungen verschlossen. Vor allem konnte aber, anders als bei der ersten Rekonstruktion, die historische Decke als Ganzes um etwa 5 m angehoben werden, um so das Volumen von 6500 m³ auf nunmehr 9500 m³ und dadurch die Nachhallzeit bei gleichbleibend n = 1350 deutlich anzuheben (Bild 30 und Bild 31).

Das Ergebnis all dieses Aufwandes ist wiederum eine, im Sinne dieses Beitrags, recht positive Überraschung: Nach [47, Abb. 5 und 6] kam wider Erwarten besetzt sowohl mit EV als auch mit einem „Konzertzimmer" auf der Bühne eine sehr gleichmäßige Nachhall-Charakteristik um 1,6 s zustande (Bild 32). Diese wird von den Autoren nur etwas gleichgültig so kommentiert:

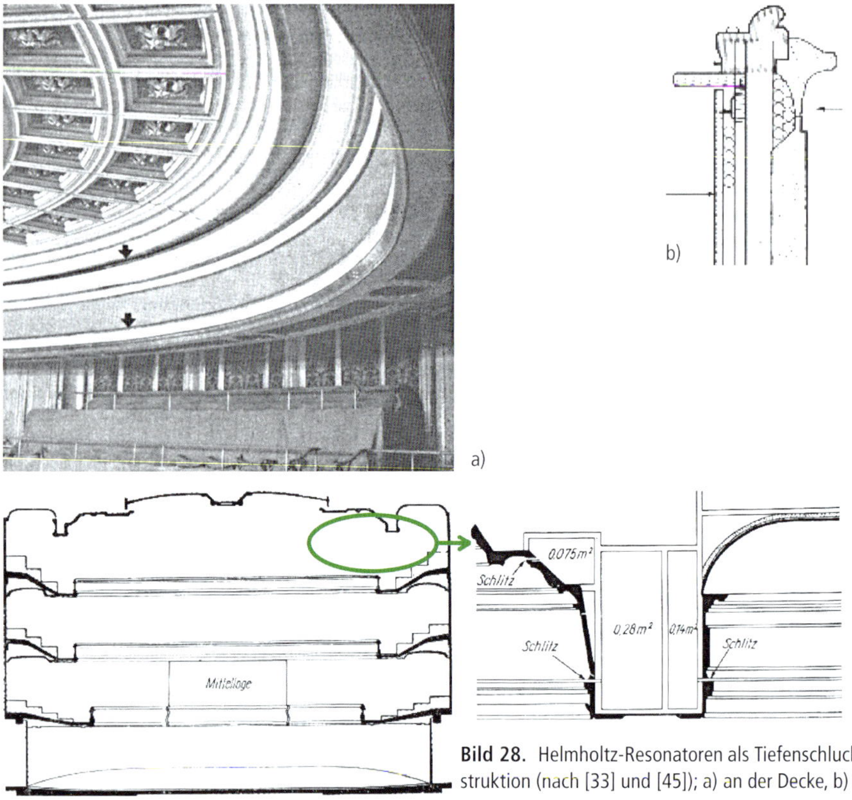

776 C 5 Schall lenkende und absorbierende Maßnahmen in größeren Räumlichkeiten

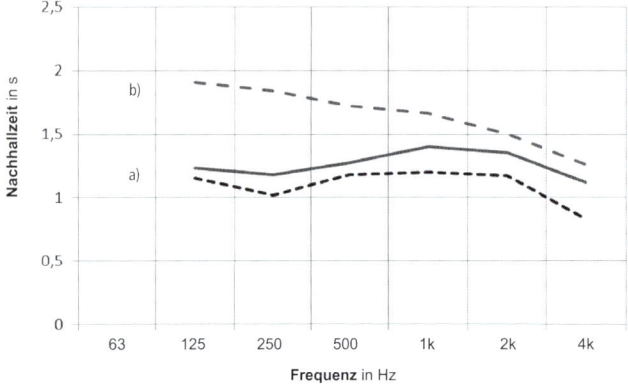

Bild 28. Helmholtz-Resonatoren als Tiefenschlucker nach der Rekonstruktion (nach [33] und [45]); a) an der Decke, b) in den Rangbrüstungen

Bild 29. Nachhallzeiten in der zu rekonstruierenden Lindenoper mit geschlossenem EV; a) 2009 gemessen, unbesetzt (fette) bzw. simuliert besetzt (strichlierte Kurve), b) Zielsetzung 2009 nach [46]

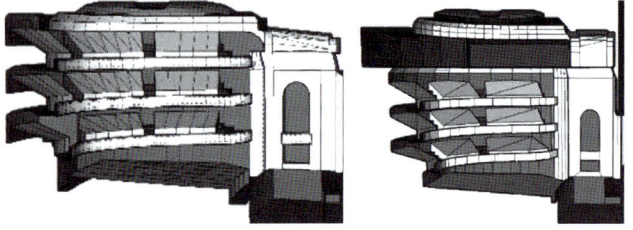

Bild 30. Anhebung der gesamten Saaldecke um ca. 5 m (rechts) in der Lindenoper nach [46]

Bild 31. Blick vom 2. Rang in die 2017 rekonstruierte Lindenoper nach [46] und [47]

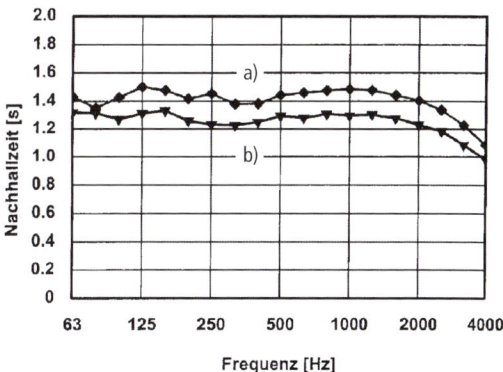

Bild 33. Nachhallzeiten gemessen im unbesetzten Saal des Staatstheaters Mainz bei Oper-Nutzung; a) mit EV, b) mit offener Bühne

„Bei den niedrigen Frequenzen ist die Nachhallzeit ca. 0,1 s (?) kürzer als erwartet. Der Bassklang wird aber als ausreichend klar empfunden... Der Saal wird als ausreichend 'hallig' empfunden, es gibt keinen Bedarf da etwas zu ändern".

5.2 Das Große Haus des Staatstheaters in Mainz

Zu einem ähnlich positiven Ergebnis wie in der Lindenoper (Abschnitt 5.1) kam man auch in dem etwas kleineren Saal im Mehrsparten-Theater in Mainz, vgl. Bild 33, mit einer gleichmäßigen Nachhallzeit von über 1,4 s bei geschlossenem EV und einem Gestühl, das bereits unbesetzt die Absorption auch des Publikums näherungsweise simuliert (Bild 34). Auch in dieser denkmalgetreuen Rekonstruktion, die ausführlicher schon in [48] und [2] dokumentiert wurde, konnten Bauherr und Architekt (*A. Theilig*) mit guten Argumenten für eine optimale Akustik überzeugt werden, einer Vergrößerung des Volumens von ca. 5200 m³ auf 6900 m³ für n = 829 für Oper und 923 für Theater und Konzert zuzustimmen. Dabei kamen gemäß Bild 35 im zweiten Rang noch ein paar Sitzplätze hinzu. Anders als in Berlin, hat man oberhalb des Zuschauersaales noch Platz für einen „Malersaal" und ein öffentliches Ca-

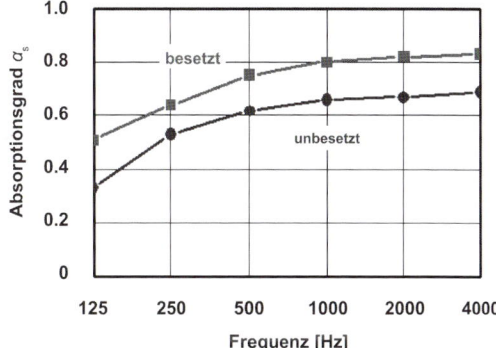

Bild 34. Absorptionsgrad der Zuhörerflächen

fé geschaffen, aus dem man einen herrlichen Blick auf ein viel älteres Gebäude genießen kann: den Mainzer Dom. Diese Erweiterung macht den kreisförmigen Grundriss des ursprünglichen Entwurfs des Architekten *G. Moller* vom Anfang des 19. Jahrhunderts (Bild 36) nach einigen Umbauten nun auch nach außen wieder sichtbar (Bild 37). Auch im Innern musste die Kreisform erhalten bleiben. Aber, ganz anders

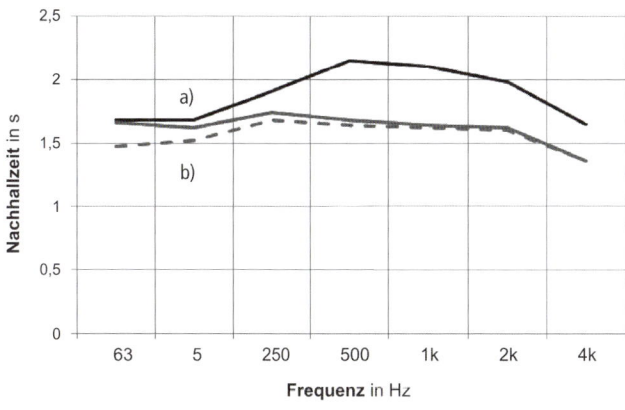

Bild 32. Nachhallzeiten gemessen in der rekonstruierten Lindenoper nach [46] und [47]; a) mit geschlossenem EV, unbesetzt (obere), simuliert besetzt (untere Kurve), b) mit Konzertzimmer, simuliert besetzt (strichlierte Kurve)

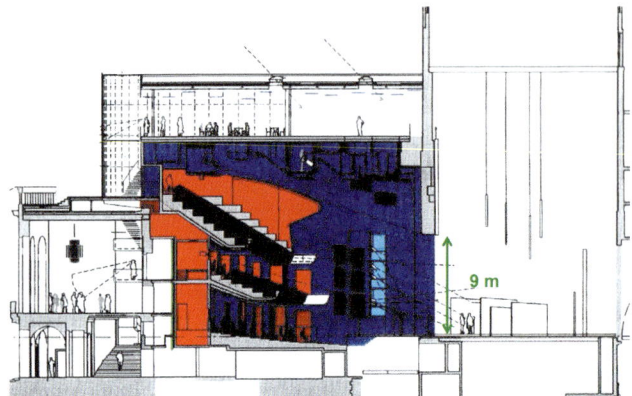

Bild 35. Längsschnitt durch das Große Haus des Staatstheaters Mainz

Bild 36. Die ursprüngliche zylindrische Fassade des Gebäudes und das Zuschauerrund von Anfang des 19. Jahrhunderts

Bild 37. Frei nach G. Moller rekonstruiertes Staatstheater Mainz von 2001

Bild 38. (Halbes) Modell im Maßstab 1 : 20 des Zuschauerraumes des Staatstheaters Mainz

als in Berlin, wurden über dem Parkett auf 6 optimal auf die Bühne ausgerichteten Einschüben optisch und akustisch bestens versorgte Sitzreihen geschaffen, siehe das Modell in Bild 38.

Dieses den Sichtlinien und dem Direktschall gleichermaßen zugutekommende Konzept verlangt – sowohl für die frühen als auch für die späten Schallreflexionen im Saal – gemäß Bild 1 eine sorgfältig im Modell sowie mit ODEON-Simulationen optimierte Schalllenkung, einerseits durch entsprechende Ausrichtung der Rangbrüstungen und andererseits zusätzlicher Reflektoren an den vorderen Seitenwänden, unter der Decke und über dem Bühnenportal sowie dem Orchestergraben ([2], Bilder 31 bis 36). Ihr Zusammenwirken ist hier in Bild 39 dargestellt.

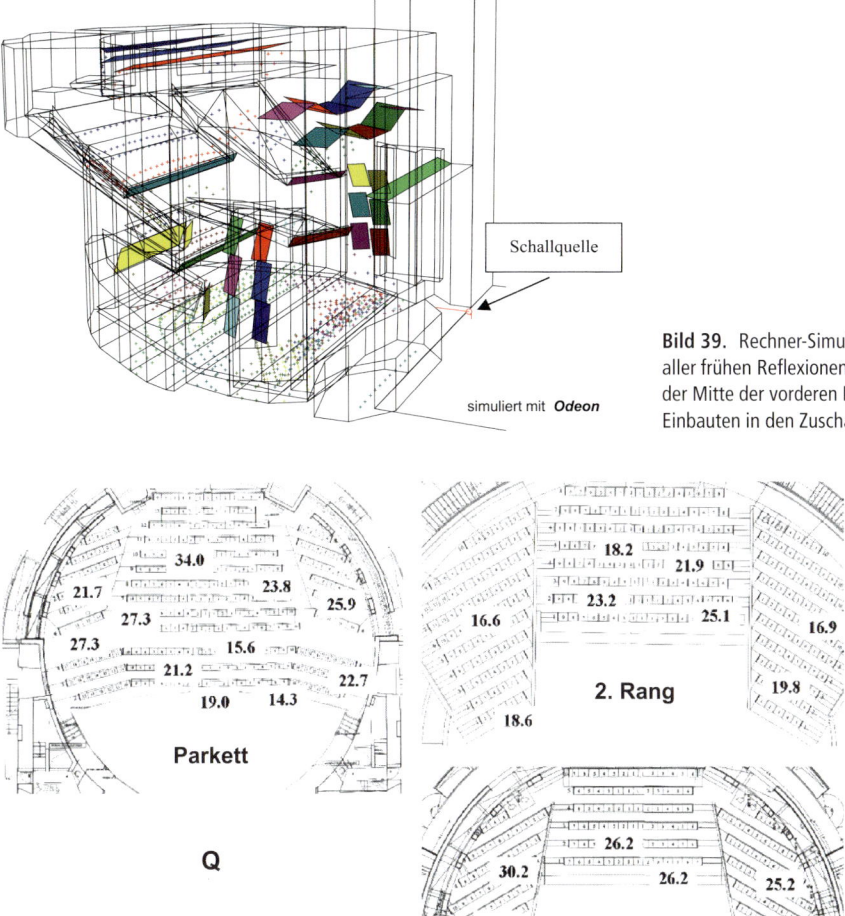

Bild 39. Rechner-Simulation mit ODEON aller frühen Reflexionen von einer Quelle in der Mitte der vorderen Bühne über verschiedene Einbauten in den Zuschauerraum

Bild 40. Seitenschallgrad LF$_{(3)}$ in % gemessen bei mittleren Frequenzen bei Oper-Nutzung

Schon vor 20 Jahren verfolgten die beim Staatstheater in Mainz verantwortlichen Akustiker aber ein raumakustisches Konzept, das nicht nur eine möglichst gleichmäßige Verteilung der Schallenergie im Saal ($\Delta L < 3$ dB, s. Abbildung 12.16 in [11]) und einen hohen Seitenschallgrad (LF$_{(3)}$ > 20 %, gemittelt zwischen 500, 1000 und 2000 Hz, s. Bild 40) für fast alle Plätze sicherstellt. Vor allem wurde aber, nach dem Vorstehenden selbstverständlich, für ausreichende Absorption bei tiefen Frequenzen in allen gekoppelten Räumen gesorgt. So wurden im Saal an Decke und Wänden insgesamt 350 m² VPR nach Abschnitt 4.3 in Beitrag B 8, natürlich unsichtbar für alle Zuschauer, angebracht. Um schädliche Absorption bei höheren Frequenzen möglichst zu vermeiden, haben diese VPR rundum einen das Dämpfungsmaterial verschließenden Rahmen erhalten, s. Bild 41. 175 m² VPR, wiederum mit einer Bautiefe von nur 100 mm, wurden auch im unteren Wandbereich des Bühnenturms und 570 m² MPA mit Wandabständen von 200 bis 800 mm in dessen oberem Bereich dauerhaft installiert (Bild 42), um den Einfluss des Bühnenbildes auf die Nachhall-Charakteristik im Saal zu begrenzen. Den raumakustischen Maßnahmen im Orchestergraben wurde in [2] und [48] jeweils ein eigenes Kapitel gewidmet. Mit gleicher Konsequenz wurde auch das Foyer (Bild 35) für gute Sprachverständlichkeit nach Beitrag A 6 und Beitrag C 4 mit VPR- und BKA-Modulen nach Abschnitt 4.3 und 8.6 in Beitrag B 8 konditioniert. So war bei der Einweihung im September 2001 jedes Wort der Gäste im Saal wie im Foyer auch ohne Verstärkung gut zu verstehen. Von der Premiere mit G.F. Händels „Saul" meinte der Journalist *S. Siegert* unter der Überschrift „Mut und Lampenfieber" treffend: *„... klang das Orchester anders, so artikuliert und stilgerecht, als hätte man die Barockmusik in Mainz gerade noch einmal erfunden"*. Und vom Bauherrn war zu lesen: *„Die sich jetzt präsentierenden hervorragenden*

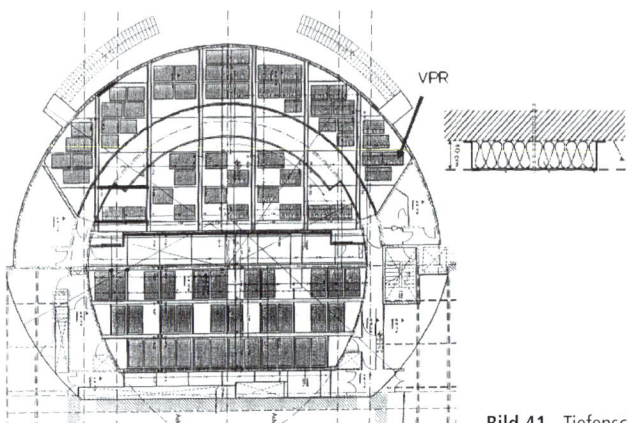

Bild 41. Tiefenschlucker an der Saaldecke hinter einem Sichtschutz

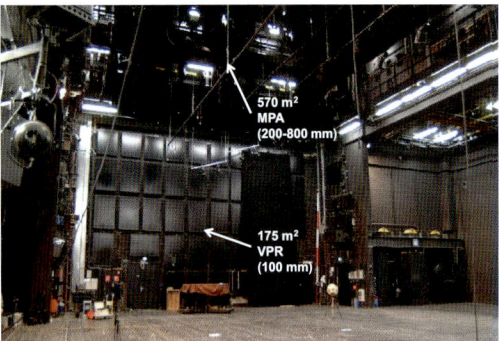

Bild 42. Breitbandig wirksame Schallabsorber im Bühnenturm

akustischen Ergebnisse bestätigen meine Entscheidung, den Gremien die Umplanung (nämlich: Neukonzeption des Zuschauerraumes) *zu empfehlen, in vollem Umfang. Das Risiko einzugehen, hat sich mit diesem Ergebnis offensichtlich gelohnt ... Primär ausgelöst von der Zielsetzung, die akustischen Bedingungen deutlich zu verbessern, eröffnete die damit einhergehende Anhebung der Saaldecke die einmalige Chance, auf dem Zuschauerrund ein Café-Restaurant und einen der zwei Malersäle anzuordnen ... Im Innenraum wird den Zuschauern nun eine Qualität im Komfort, in der Akustik und in der architektonischen Gestalt geboten, die zu keinem früheren Zeitpunkt hier vorzufinden war ... Zumindest an den seitlichen Glasreflektoren im Bereich der beiden Beleuchterrinnen und der Segel über dem Orchestergraben kann der Zuschauer den Umfang der akustischen Maßnahmen erahnen"* [49].

6 Schlussfolgerungen

Manch ein erfahrener Akustiker sieht sich außerstande, seine objektiven Kriterien für gute Hörsamkeit eines Saales konkret, d. h. mit unbedingt frequenzabhängigen physikalischen Parametern, zu benennen: *„I am determined to advance my abilities to solve these challenging and perplexing mysteries involved in what we do as acousticians! ... Future halls need to be home for many audiences and a proliferation of performance types. I believe we can meet this challenge and create halls that are truly excellent for the widest variety of events – not good for one and poor for the rest, but acoustics that convey the full essence and impact of the creators' intent across the genres. ... I am convinced that we need to work with the whole spectrum of human hearing – we must not ignore the universes of very high and very low frequency sound that are presently unattended in our data gathering and analysis. Half the instruments of our orchestra have their fundamental pitches below 125 Hz. We need to design for strength in the fundamental sounds of those instruments. Fundamental pitches of low frequency instruments support intonation and bloom for the full orchestral sound. Fundamentals are fundamental!"* [50]. Und ein anderer ergänzt auf derselben Tagung: *„Although it is common to refer to mid-frequency values for this purpose, there is not much evidence to support the idea that these values are most representative of the perceived broadband changes of all measures"* [51]. Dazu passt die Mahnung eines erfahrenen Tonmeisters: *„... dass die Erkennbarkeit der musikalischen Struktur und Architektur im Contra- und Sub-Contra-Bereich ebenso wichtig ist wie in den Formanten, ist überraschenderweise Neuland, jedenfalls wurde dieser Umstand in der Musikwelt bislang nicht explizit angemahnt ... "* [27, S. 277].

Unter akustischen Laien herrschen im Allgemeinen Unwissen und Gleichgültigkeit gegenüber dem Raum vor, wenn nur das darin Dargebotene sie irgendwie anspricht und beeindruckt. Sie lassen sich auch gern einmal von einer *Bruckner*-Sinfonie in einer romanischen Kathedrale umhüllen oder lauschen gespannt einer Messe unter freiem Himmel. Musiker wissen hingegen oft sehr wohl, welcher Raum sie bei ihrem künstlerischen Bemühen unterstützt oder behindert, können aber meist nicht erklären, warum das ganz eindeutig so ist. Aber selbst erfahrene Akustiker werden leicht etwas verlegen, wenn man sie um eine ehrliche Antwort auf die z. B. in [52] gestellte Frage bittet.

Über gute Sichtlinien und entsprechende „Hörlinien", die gleichermaßen über die Verteilung des Direktschalls im Raum entscheiden, kann man sich mit dem Architekten meistens schnell einigen. Aber schon bei Schall lenkenden Maßnahmen für die frühen Reflexionen hoher und mittlerer Frequenzanteile, wie sie z. B. in Bild 39 dargestellt sind, gerät man bei Architekten, Licht- und Haustechnikern unvermeidlich in harte Diskussionen. Es ist heute zwar breiter Konsens, dass die Raumbegrenzungen bei mittleren Frequenzen möglichst wenig absorbieren sollten. Aber schon bei der Frage, wie stark die tiefen Frequenzen absorbiert oder reflektiert werden sollten, gehen die Meinungen oft weit auseinander.

Der eigentliche Nachhall wird in gut konditionierten Räumen für ungeübte Ohren positiv nur bei Musikpausen oder -abschlüssen bewusst wahrgenommen. Die Nachhallzeit ist aber nicht nur ein genormtes Maß für die gesamte im Raum verteilte Schallabsorption, die sich auch auf alle späteren Reflexionen auswirkt, sondern viel mehr noch dafür, wie die frühen Reflexionen insbesondere der tiefen Frequenzanteile gedämpft werden. Weil aber zu letzteren noch kein Konsens besteht, hat dieser Beitrag, wie auch die anderen desselben Autors in diesem Kalender, wieder einen Schwerpunkt auf das *Spektrum* der Nachhallzeit gelegt.

Da die Besetzung des Raumes dessen Hörsamkeit nicht dramatisch verändert, wird hier einmal der unbesetzte Zustand vorrangig diskutiert. Wenn dieser im optimalen Fall ein BR < 1 ergibt, wird daraus mit einem BR ≈ 1 besetzt natürlich kein akustisch schlechterer Raum, weil die Belegung zwar den Nachhall beeinflusst, aber an den viel wichtigeren frühen Reflexionen nur wenig ändert. Das damit zum Ausdruck gebrachte raumakustische Konzept sei nicht nur für Konzert- und Opern-, sondern auch für Mehrzweckräume wie Stadthallen oder Mehrsparten-Theater wie in Abschnitt 5.2 empfohlen. Der Autor teilt also nicht die Meinung in [1, S. 41]: *„Mehrzwecksaal: Ein Wort, das der Akustiker nur mit Grausen hört, weil Sprache und Musik sehr unterschiedliche akustische Bedingungen haben"*. Auch die gewohnte Fixierung auf die Nachhallzeit bei mittleren Frequenzen als stark abhängig vom musikalischen Genre und vom Raumvolumen hält er generell für diskussionswürdig.

In zwei der hier angesprochenen Musterräume für gute Akustik stehen interessante Bauarbeiten an: Die Jesus-Christus-Kirche (Abschnitt 4.1) wird einer thermischen Sanierung unterzogen. Dabei muss unbedingt auch die Wärmedämmung der großen Dachflächen grundlegend verbessert werden [11, Abb. 11.27 und 11.28]. Darunter darf aber auf keinen Fall die wunderbare Akustik dieses bis heute fast täglich für Musikaufnahmen von höchster Qualität genutzten Saales leiden. Die Lindenoper (Abschn. 5.1) hatte bis vor ihrem letzten Umbau (ab 2009) eine sehr leistungsfähige elektroakustische Installation, die nicht die Stimmen und Instrumente direkt, wohl aber deren Nachhall im viel zu kleinen Raum ganz unauffällig unterstützte. Diese wurde aus guten Gründen sogar in das siebenjährige Ausweichquartier im *Schillertheater,* mit wiederum großem Arbeitsaufwand, mitgenommen. Die Restaurierung der Oper [46, 47] wurde zwar 2017 erfolgreich abgeschlossen. Aber die dort arbeitenden Toningenieure dürften Akteure wie Zuhörer nicht lange auf eine nach aktuellem Stand der Audiotechnik neu installierte Anlage warten lassen. Beide Aktivitäten in diesen repräsentativen Räumlichkeiten werden natürlich nicht unkommentiert bleiben.

7 Literatur

[1] Reichardt, W. (1979) *Gute Akustik – aber wie?* Verlag Technik, Berlin.

[2] Fuchs, H.V.; Zha, X.; Drotleff, H. (2004) Gebaute Raumakustik für musikalische Nutzungen, in *Bauphysik-Kalender 2004* (Hrsg. Cziesielski, E.), Ernst & Sohn, Berlin, S. 421–452.

[3] Fuchs, H.V. (2014) Funktionelle Raumakustik im erweiterten Frequenzbereich, in *Bauphysik-Kalender 2014* (Hrsg. Fouad, N.A.), Ernst & Sohn, Berlin, S. 457–496.

[4] Kuusinen, A.; Lokki, T. (2017) Wheel of concert hall acoustics, *Act. Acoust. Ac*, 103, pp. 185–188.

[5] Blesser, B.; Salter, L.-R. (2017) *Spaces speak, are you listening? Experiencing aural architecture.* MIT Press, Cambridge.

[6] Schricker, R. (2001) *Kreative Raum-Akustik für Architekten und Designer*, DVA, Stuttgart.

[7] Sabine, W.C. (1900) Reverberation, *The American architect.*

[8] Beranek, L.L (1996) Concert and opera halls – how they sound, *Acoust. Soc. Am.*, New York.

[9] Cremer, L.; Müller, H.A. (1978) *Die wissenschaftlichen Grundlagen der Raumakustik*, Bd. I. Hirzel, Stuttgart.

[10] Witew, I.B. (2006) Zur subjektiven Bewertung der Akustik in Konzertsälen: Gibt es die perfekte Akustik? *VDT-Magazin* 1, S. 19–23.

[11] Fuchs, H.V. (2017) *Raum-Akustik und Lärm-Minderung*, Springer, Berlin.

[12] Beranek, L.L. (1962) *Music, acoustics, and architecture*, Wiley & Sons, New York.

[13] Barron, M. (1993) *Auditorium acoustics and architectural design*, E & FN Spon, London.

[14] Beranek, L.L. (2004) *Concert halls and opera houses – music, acoustics, and architecture*, Springer, New York.

[15] Beranek, L.L. (2010) *Listening to acoustics in concert halls*, Proc. Intern. Symp. Room Acoust. ISRA 2010, Melbourne.

[16] Kuttruff, H. (1994) Raumakustik, in *Taschenbuch der Technischen Akustik, Kap. 23*, (Hrsg. Heckl, M., Müller, H.A.) Springer, Berlin.

[17] Vorländer, M. (2008) *Auralization*, Springer, Berlin.

[18] Meyer, J. (2003) *Kirchenakustik*, Bochinsky, Frankfurt.

[19] Fasold, W.; Veres, E. (2003) *Schallschutz + Raumakustik in der Praxis*, Verlag Bauwesen, Berlin.

[20] Haas, H. (1951) Über den Einfluss eines Einfachechos auf die Hörsamkeit von Sprache, *Acustica* 37 (1951), H.1, S. 49.

[21] Everest, F.A. (2015) Psychoacoustics, in Handbook for Sound Engineers (Hrsg. Ballou, G.M.) S. 25–42.

[22] Bürck, W.; Kotowski, P.; Lichte, H. (1939) Der Aufbau des Tonhöhenbewußtseins, *El. Nachr.techn.* (12) H. 10, S. 326–332.

[23] Fuchs, H.V.; Steinke, G. (2015) Requirements for low frequency reverberation in spaces for music. Part 2: Auditoria for performances and recordings, *Psychomusicology: Music, Mind, and Brain* (25), H. 3, S. 282–293.

[24] Meyer, J. (2008) Die Schallabstrahlung der Streichergruppen im Orchester, in *25. Tonmeistertagung*, Leipzig 2008.

[25] Maier, P. (2008) Studioakustik, in *Handbuch der Audiotechnik* (Hrsg. Weinzierl, S.) Springer, Berlin, S. 267–311.

[26] Brunner, S.; Maempel, H.-J.; Weinzierl, S. (2007) *On the audibility of comb-filter distortions*, 122nd AES Convention, Wien, 2007.

[27] Burkowitz, P.K. (2011) *Die Welt des Klangs. Musik auf dem Weg vom Künstler zum Hörer – The world of sound. Music on its way from the performer to the listener*, Schiele & Schön, Berlin.

[28] Kuttruff, H. (1991) *Room acoustics*, Elsevier Appl. Sciences.

[29] Burkowitz. P.K. (2006) Psychoakustische Verformungen der Wahrnehmung von aufgenommenem Schall, *VDT-Magazin* (1), S. 10–18.

[30] Steinke, G.; Herzog, G. (2012) *Der Raum ist das Kleid der Musik*, Kopie & Druck Adlershof, Berlin.

[31] Harnoncourt, N. (1973) Die Rekonstruktion originaler Klangverhältnisse im Studio, *Fonoforum* (4).

[32] Herzog, G. (1983) Die raumakustische Gestaltung des Musikaufnahmestudios in der Lukaskirche Dresden, *Bauten der Kultur* 4, S. 17–21.

[33] Fasold, W.; Sonntag, W.; Winkler, H. (1987) *Bau und Raumakustik*, Verlag Bauwesen, Berlin.

[34] Cremer, L. (1964) Die raum- und bauakustischen Maßnahmen beim Wiederaufbau der Berliner Philharmonie, *Die Schalltechnik* 24, H. 1, S. 1–11.

[35] Steinke, G. (2013) Der Raum ist das Kleid der Musik, *Das Orchester* 61, S. 38–41.

[36] Cremer, L. (1956) Die Grenzen planmäßiger raumakustischer Gestaltung, *Gravesaner Blätter* 2/3, S. 10–33.

[37] Somerville, T.; Gilford, C.L. (1958) Acoustics of large orchestral studios and concert halls, *Gravesaner Blätter* 10, S. 41–69.

[38] Fasold, W.; Küstner, E.; Tennhardt, H.; Winkler, H. (1982) Akustische Maßnahmen im Neuen Gewandhaus Leipzig, *Bauforschung, Baupraxis* 117, S. 1–33.

[39] Toyota, Y.; Oguchi, K. (2017) Elbphilharmonie opens in Hamburg. Highlights of room acoustics and sound isolation design, *Nagata News* 350 (017-02).

[40] Fuchs, H.V. (2018) Zum Bassverhältnis in akustisch herausragenden Konzertsälen, *Bauphysik* 40, H. 2, S. 74–85.

[41] Nagata Acoustics International [online] www.nagata.co.jp/e_sakuhin/factsheets/BoulezSaal.pdf.

[42] Adelman-Larsen, N.W. (2014) *Rock and pop venues. Acoustic and architectural design*, Springer, Berlin.

[43] Nagata Acoustics International [online] www.nagata.co.jp/e_sakuhin/factsheets/jinji%20lake%20concert%20hall.pdf.

[44] Vercammen, M.L.S.; Tennhardt, H.-P. (2010) Die akustische Geschichte der Staatsoper Unter den Linden, 36. Deutsche Jahrestagung für Akustik – DAGA 2010, S. 131–132.

[45] Reichardt, W. (1956) Die Akustik des Zuschauerraumes der Staatsoper Berlin, Unter den Linden, *Hochfrequenztechn. u. Elektroak.* 1956, S. 134–143.

[46] Vercammen, M.L.S.; Lautenbach, M.R.: (2018) Akustik der Staatsoper Unter den Linden – Entwurf, 44. Deutsche Jahrestagung für Akustik – DAGA 2018, S. 1108–1111.

[47] Lautenbach, M.R.; Vercammen, M.L.S. (2018) Akustik der Staatsoper Unter den Linden – Ergebnisse, 44. Deutsche Jahrestagung für Akustik – DAGA 2018, S. 1112–1114.

[48] Zha, X.; Fuchs, H.V.; Drotleff, H. (2003) Eine neue Akustik für vier Sparten – das Große Haus des Staatstheaters Mainz, *Bauphysik* 25, H. 3, S. 111–121.

[49] Schüler, N. (2001) Beim Großen Haus war alles anders, in *Baudokumentation zur Sanierung des Großen Hauses, Stadt Mainz*, S. 6–8; Theater für Mainz. Festschrift zur Wiedereröffnung des Großen Hauses. Stadt Mainz, S. 11–12.

[50] Kirkegaard, R.L. (2010) How do I listen? in *How acousticians listen*, Proc. Inter. Symp. Room Acoust. ISRA 2010, Melbourne.

[51] Bradley, J.S. (2010) *Review of objective room acoustics measures and future needs*, Proc. Intern. Symp. Room Acoust. ISRA 2010, Melbourne.

[52] Beranek, L.L. et al. (2010) *How acousticians listen*, Proc. Inter. Symp. Room Acoust. ISRA 2010, Melbourne.

C 6 Bauen im Bestand – Möglichkeiten und Grenzen

Christian Burkhart

Dipl.-Ing. Christian Burkhart
Akustikbüro Schwartzenberger und Burkhart
Hindenburgstr. 34a, 82343 Pöcking

Studium der Nachrichtentechnik an der TU München. Seit 1990 im Bereich der Akustik tätig, seit 2000 öffentlich bestellter und vereidigter Sachverständiger für Bauakustik, Raumakustik und Beschallungstechnik. Beratender Ingenieur, Verantwortlicher Sachverständiger EnEV, aktives Mitglied im Fachausschuss Bau- und Raumakustik der DEGA und verschiedenen Arbeitskreisen. Mitglied in verschiedenen Normenausschüssen (DIN 18041, VDI 4100) und Mitglied im Vorstandsrat der Deutschen Gesellschaft für Akustik (DEGA).

Bauphysik-Kalender 2020: Bau- und Raumakustik. Herausgegeben von Nabil A. Fouad.
© 2020 Ernst & Sohn GmbH & Co. KG. Published 2020 by Ernst & Sohn GmbH & Co. KG.

Inhaltsverzeichnis

1   Übersicht   785

2   Der Start (was ist der aktuelle Stand)   785

3   Das Ziel (was soll erreicht werden)   786

4   Der Weg (was ist zu tun)   789
4.1   Massive Decken   789
4.2   Holzbalkendecken   790
4.3   Wohnungstrennwände   791
4.4   Türen   791
4.5   Außenwände   792

5   Ausblick   793

6   Literatur   793

1 Übersicht

„Bauen im Bestand" klingt zunächst ganz einfach, die Rohbausubstanz ist schon vorhanden und man muss sich „nur noch" um den Rest kümmern. Die Realität sieht dann doch etwas anders aus. Schnell stellt man fest, dass die Ansprüche, Grundrissvorstellungen und Bauweisen vor 50 oder 100 Jahren ganz andere waren, als heute. So findet man bei alten Gebäuden aus der Zeit Ende des 19. bis Anfang des 20. Jahrhunderts Holzbalkendecken in unterschiedlichen Bauweisen und vor allem unterschiedlichen Spannweiten. Bei Gebäuden aus den Kriegs- und Nachkriegsjahren trifft man aus Gründen der Baustoffersparnis häufig auf Hohlkörperdecken in regional unterschiedlichsten Ausführungen. Insgesamt ist festzustellen, dass eine große Unsicherheit und Unkenntnis bezüglich der schalltechnischen Bewertung von alten Baukonstruktionen vorliegen. Bekannte Details und Baukonstruktionen die sich im Neubau bewährt haben, funktionieren in Altbauten oft nicht oder nur mit Anpassungen und ein rechnerischer Nachweis ist aufgrund der fehlenden Kenntnis des Istzustandes nicht möglich.

Aufgrund der großen Vielfalt der Konstruktionen und Bauweisen ist es schlicht nicht möglich im Bestand mit „Patentrezepten" zu agieren, oder zu meinen, bestimmte Produkte würden grundsätzlich eine schalltechnische Verbesserung bewirken. Auch wenn die Hersteller dieser Produkte beeindruckende Beispiele aufführen, sind es bei genauerer Betrachtung doch immer wieder Einzelfälle unter besonderen – meist ähnlichen – baulichen Randbedingungen.

Nach Informationen des Bundesministeriums für Wirtschaft und Energie BMWi liegt der Erstellungszeitpunkt von circa 7 Millionen Wohngebäude in der Zeit zwischen 1949 und 1978 (Bild 1). Das ist der größte Anteil der insgesamt circa 19 Millionen Wohngebäude im Bundesgebiet [2]. Nach Einschätzung des BMWi steht ungefähr die Hälfte aller Bestandsgebäude zur Sanierung an. Hierbei wird zunächst meist an die energetische Sanierung gedacht. Jedoch zeigt die Erfahrung, dass im Zuge dieser energetischen Sanierung auch eine Wohnraumerweiterung im obersten Stockwerk und damit auch schalltechnische Aspekte ins Spiel kommen. Ebenso werden häufig große Wohneinheiten aufgeteilt, sodass auch hier schalltechnische Aspekte zu berücksichtigen sind.

„Wer das Ziel nicht kennt, kann den Weg nicht finden" hört man häufig und das lässt sich sehr gut auch auf das Bauen im Bestand übertragen. Allerdings muss man unbedingt „Wer den Start nicht kennt, kann den Weg nicht finden" hinzufügen. Ohne eine solide Kenntnis der aktuellen Konstruktion(en) lassen sich schalltechnische Maßnahmen kaum sinnvoll und zielgerichtet dimensionieren. Somit sind vor dem Einstieg in die Planung zunächst „Start" und „Ziel" zu bestimmen. Im Gegensatz zum Neubau kann der „Start" nicht mehr geplant werden, sondern muss zunächst als vorhanden akzeptiert werden. Dies gilt sowohl für die trennenden Bauteile (z. B. Wohnungstrennwände und -decken), besonders aber auch für die flankierenden Bauteile die keinesfalls vernachlässigt oder gar übersehen werden dürfen. Die Grafik in Bild 2 zeigt die an der Schallübertragung beteiligten Bauteile, in der Regel das trennende Bauteil und vier flankierende Bauteile. Je nach Konstruktion der Stoßstellen zwischen trennendem Bauteil und flankierenden Bauteilen können hierbei bis zu drei Wege des Schalls im flankierenden Bauteil relevant sein. (Bild 3)

2 Der Start (was ist der aktuelle Stand)

Bei Gebäuden aus der Zeit Ende des 19. bis Anfang des 20. Jahrhunderts findet man in der Regel schwere und dicke Außenwände vor, sodass die Schallübertragung über diese flankierenden Außenwände meist ver-

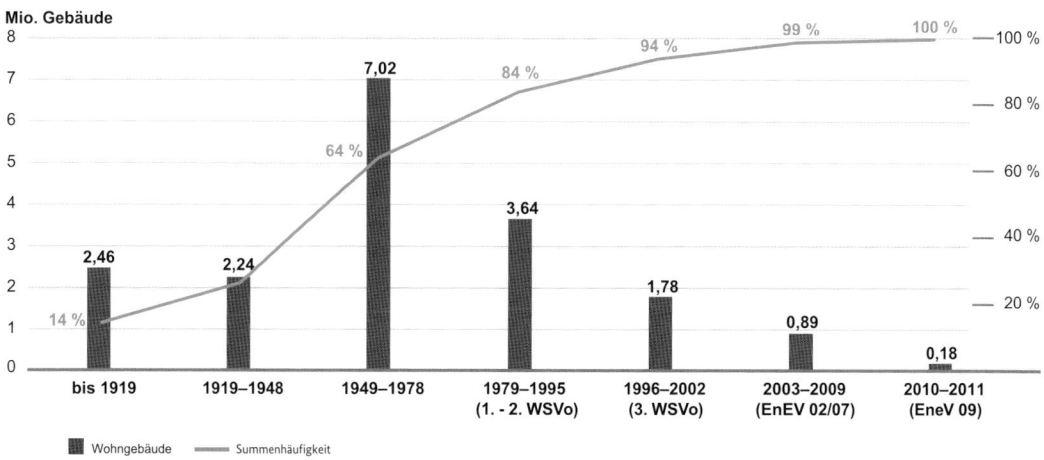

Bild 1. Verteilung des Wohngebäudebestands gruppiert nach Baujahr [1]

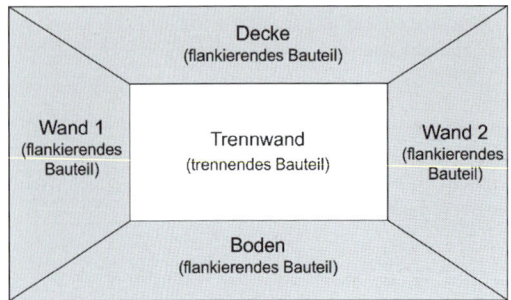

Bild 2. Flankierende Bauteile

1 trennender Weg
3 flankierende Wege

1 trennender Weg
4 Flankenbauteile x 3 Wege
= 12 flankierende Wege

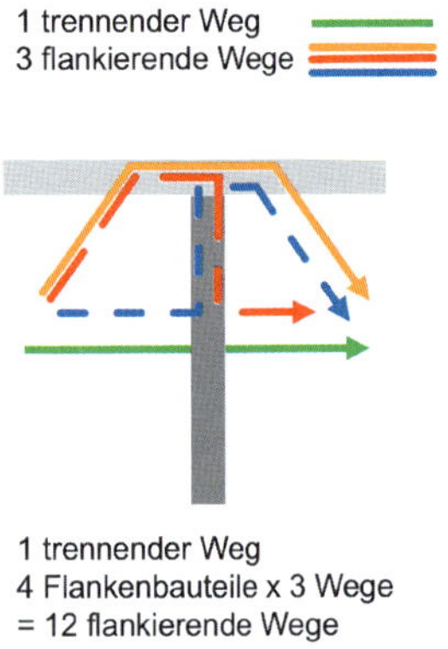

Bild 3. Wege des Schalls im flankierenden Bauteil

nachlässigt werden kann. Problematischer können alte, nicht mehr benutzte Kamine oder Schächte werden, über die sich Schall sehr gut übertragen und im Gebäude ausbreiten kann. Hier hat es sich bewährt, alte ungenutzte Schächte zu verfüllen, um eine Schallübertragung zu vermeiden. Auch ist es sinnvoll, vorher einige Leerrohre vom Dach in den Keller einzuführen, um beispielsweise die spätere Montage einer Photovoltaik-Anlage auf dem Dach zu ermöglichen
Bei Gebäuden aus den Kriegs- und Nachkriegsjahren wurden zunehmend Außenwände unter energetischen Gesichtspunkten dimensioniert, sodass häufig leichte Außenwandkonstruktionen mit zum Teil sehr starken Schallübertragungen vorgefunden werden. Auch Innenwände wurden häufig sehr dünn und leicht ausgeführt. Diese Wände wirken bei der Schallübertragung als flankierende Bauteile und müssen unbedingt bei der Planung berücksichtigt werden. Sonst verbleibt nach der erfolgten Sanierung der Decke eine maßgebliche Schallübertragung über die Außen- und Innenwände, die das Endergebnis im negativen Sinne beeinflussen und die Maßnahmen im Deckenbereich zunichte macht.
Wie kommt man nun an die Daten zur Einschätzung der vorhandenen Baukonstruktion?
Zum einen ist ein stellenweise Bauteilöffnung unerlässlich, zum anderen lässt sich durch bauakustische Messungen der schalltechnische Istzustand zweifelsfrei feststellen. Wer hier Hilfe sucht, sei auf die VMPA-anerkannten Schallschutzprüfstellen verwiesen. Die über Deutschland verteilten circa 80 Prüfstellen können die Messungen durchführen und so die Bausubstanz einschätzen. Die Kosten für Messungen werden häufig gescheut, die Erfahrung zeigt jedoch, dass hierdurch oftmals optisch nicht erkennbare Schwachstellen aufgedeckt werden. Auch ist häufig festzustellen, dass die Baukonstruktionen besser sind, als zunächst angenommen. Insgesamt lassen sich so spätere Baukosten reduzieren, wenn man den „Start" genau kennt und so zielgerichtet planen und bauliche Maßnahmen dimensionieren kann.

3 Das Ziel (was soll erreicht werden)

Nun gilt es im zweiten Schritt das „Ziel" festzulegen. Sinnvoll sind hierzu zwei Überlegungen: Welchen Schallschutz fordert der Gesetzgeber bzw. was muss erreicht werden, um keine späteren bösen und in der Regel teuren Überraschungen zu erleben? Welchen Schallschutz erwarten die Bewohner? Mit einigen Ausnahmen etwas seltsamer Urteile (das kann leider immer passieren) ist die Rechtsprechung inzwischen recht eindeutig. Für ein Bestandsgebäude ist der Schallschutz geschuldet, der gemäß der bauaufsichtlich eingeführten Norm DIN 4109 „Schallschutz im Hochbau" zum Erstellungszeitpunkt des Gebäudes gefordert war. Hilfreich können hier beispielsweise die Urteile BGH VIII ZR 85/09, OLG Celle 4 U 209/94 oder LG Hamburg 317 O 123/00 sein. Die folgende Übersicht zeigt die relevanten Normen und deren wesentliche Anforderungen (Bild 4).
Bei alten Bestandsgebäuden kann im Gegensatz zu Neubauten der feine Unterschied zwischen Erstellungszeitpunkt und Abnahmezeitpunkt vernachlässigt werden, sodass meist die Fassung aus dem Jahr 1962 mit den dortigen Anforderungen (Luftschall $R'_w \geq 52$ dB, Trittschall $L'_{M,W} \leq 63$ dB) anzusetzen ist. Bei noch älteren Gebäuden gab es zwar keine bauaufsichtlich eingeführte Fassung der DIN 4109, aber zwei Normblätter, die DIN 4109 „Richtlinien für den Schallschutz im Hochbau" aus dem Jahr 1944 und die DIN 4110 „Technische Bestimmung für Zulassung neuer Bauweisen" aus den Jahren 1934 und 1938 (Luftschall $R'_w \geq 51 \ldots 52$ dB, Trittschall $L'_{M,W} \leq 61 \ldots 62$ dB) (Bild 5).
Die letztgenannte Norm beschreibt dabei Bauweisen, aus welchen sich der damit in etwa erreichbare Schallschutz ableiten lässt und als Orientierung dienen kann. Diese Bauweisen sind auch typisch für noch ältere Gebäude, sodass für Gebäude aus der Zeit von Ende des 19. bis Anfang 20. Jahrhunderts zumindest eine grobe Orientierung möglich ist. Solange bei einer Sanierung im Bestand nicht wesentlich in die Bausubstanz eingegriffen wird, können die genannten Anforderungen als Grundlage für das zu erreichende „Ziel" betrachtet werden.

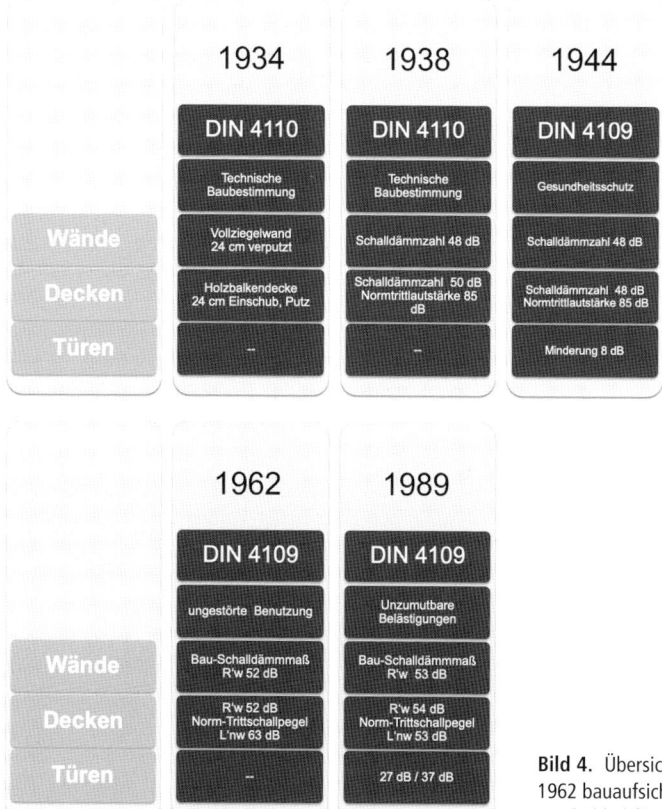

Bild 4. Übersicht über die relevanten Normen (DIN 4109 seit 1962 bauaufsichtlich eingeführt und damit öffentlich-rechtlich geschuldet) für den Gebäudebestand

Hier stellt sich sofort die Frage, wann der wesentliche Eingriff in die Bausubstanz beginnt? Aus schalltechnischer Sicht ist dies sehr einfach und eindeutig zu beantworten. Immer dann, wenn der vorhandene Schallschutz verändert wird, liegt ein wesentlicher Eingriff

Bauart	Vergleichsbauweise, deren Wärmeschutz erreicht werden soll	Vergleichsbauweise, deren Schallschutz erreicht werden soll
Vollwandmauerwerk, Fertigwände aus Beton oder Eisenbetonteilen, dünnes Hohlmauerwerk, Stahl- und Holzwandbauweisen[2] besonderer Bauart	Normalfeuchte 1½ Stein dicke volle Ziegelwand mit beiderseitigem Putz zuzügl. eines Sicherheitszuschlages von 25 %, der jedoch bei Vollwandmauerwerk von mindestens 1 Stein Dicke entfällt	1 Stein dicke volle Ziegelwand mit beiderseitigem Putz
Decken und Dachdeckungen über Wohn- und Arbeitsräumen	Holzbalkendecke (Balken mindestens 24 cm hoch) mit Einschub, Auffüllung, Dielung, Schalung, Berohrung und Putz	Holzbalkendecke (Balken mindestens 24 cm hoch) mit Einschub, Auffüllung, Dielung, Schalung, Berohrung und Putz

Bild 5. DIN 4110 aus dem Jahr 1934, Wärme- und Schallschutz

vor. Besonders muss dabei auf die sogenannten weichfedernden Bodenbeläge (meist Teppich, Linoleum, Naturkautschuk u. ä.) hingewiesen werden, weil diese Bodenbeläge bis zur Veröffentlichung der Normfassung der DIN 4109 im Jahr 1989 zur Erzielung des geforderten Trittschallschutzes berücksichtigt werden durften. Dies wird sehr häufig bei älteren Gebäuden übersehen und leichtfertig Teppichbeläge gegen Fliesen oder Parkettbeläge ausgetauscht, mit fatalen Folgen. Das stellt einen wesentlichen Eingriff dar und muss nachträglich meist aufwendig zurückgebaut oder entsprechend den genannten Anforderungen saniert werden.

Ein weiterer, wesentlicher Eingriff ist beispielsweise die Sanierung einer Holzbalkendecke durch Öffnung der Decke, Änderung der Schüttung im Fehlboden/Zwischenboden, Änderung der Schalung oder Änderung der Untersicht (z. B. Entfernen des Putzträgers und Neuverkleidung). Durch diese Maßnahmen entsteht ein teilweise zurückgebauter Zustand der es – zumindest in der Regel – ermöglicht, einen besseren Schallschutz zu erreichen.

Wer beispielsweise eine Decke öffnet und wie in Bild 6 dargestellt zurückbaut, wird sich vorwerfen lassen müssen, dass er es nun auch „richtig machen kann". Man hat nun alle Möglichkeiten einer schalltechnisch

Bild 6. Von oben geöffnete Holzbalkendecke

richtigen und fachgerechten Sanierung und muss diese dann auch mit entsprechend hohem Schallschutz ausführen.

Deshalb wird dann auch ein höherer Schallschutz, entsprechend dem zum Umbauzeitpunkt (= Zeitpunkt des wesentlichen Eingriffs) für den Gebäudetyp üblicherweise erreichbaren Schallschutz, zu fordern sein. Hier kann die Bestimmung der Anforderungen (Bausoll) etwas schwierig werden, da man zunächst verleitet ist, die zum Umbauzeitpunkt gültige Anforderung aus der Norm oder sogar die anerkannte Regel der Technik anzusetzen.

Hier gibt es nun eine Vielzahl an Regelwerken, die für die Ableitung relevanter Anforderungen zivilrechtlich in Frage kommen können.

Bei der Festlegung oder Ermittlung des Anforderungsniveaus darf jedoch nicht vergessen werden, dass es sich um einen Altbau handelt, bei dem aufgrund der sonstigen baulichen Randbedingungen (z. B. flankierende Außen- oder Innenwände, Schächte u. a.) ein Schallschutz gemäß den aktuellen Anforderungen gar nicht oder nur teilweise möglich sein könnte. Das entbindet bei wesentlichen Eingriffen nicht davon, eine mögliche Verbesserung herzustellen. Welchen Umfang diese Verbesserung dann aufweisen muss, kann nicht allgemeingültig festgestellt werden und ist im Einzelfall zu prüfen. Die in Bild 7 gegebene Übersicht kann dabei hilfreich sein, weil sich nicht alle Regelwerke am Markt etabliert haben. Ob man an dieser Stelle von einer anerkannten Regel der Technik oder einer üblichen Bauweise, bzw. üblichen Anforderungen sprechen mag, kann dahinstehen. In jedem Fall ist ein sensibler und kritischer Umgang mit der Problematik angezeigt, wie die regelmäßigen Rechtsstreitigkeiten zu diesem Thema zeigen.

Zum Schluss noch ein Hinweis zum viel diskutierten und für das Zusammenleben in Mehrfamilienhäusern wichtigen Begriff der Zimmerlautstärke. Entgegen der weit verbreiteten Meinung vieler Bewohner ist das nicht die Lautstärke mit der man Musik in allen Zimmern der Wohnung hören kann. Ebenso wenig bezieht sich der Begriff Zimmerlautstärke auf den Schallpegel auf der Empfangsseite, also beim Nachbarn. Wenn man den Duden als Erkenntnisquelle akzeptieren mag, findet sich dort: „die Lautstärke, die in Wohnräumen üblicherweise als angemessen betrachtet wird, weil man außerhalb des Zimmers nichts hört."

Das ist auch ein aus technischer Sicht sinnvoller Ansatz, der zunächst über den Hinweis ergänzt werden muss, dass „außerhalb des Zimmers" sinnvollerweise die Nachbarwohnung meint. In der technischen Literatur finden sich für den zulässigen Schalldruckpegel im Sinne einer Zimmerlautstärke im *Senderaum* Angaben zwischen 60 dB(A) und 75 dB(A). Da sich die Wiedergabegeräte im Laufe der Jahrzehnte deutlich verändert haben und heute häufig auf eine bassbetonte Wiedergabe Wert gelegt wird, muss die oben zitierte Formulierung dann doch etwas relativiert werden. Dies hat

	Wohnung	Doppelhaus	Hotel, Krankenhaus, Schule, Gaststätte	Büro
VDI 4100 2012	aRdT, neue Kenngrößen, Dntw		kein Anwendungsbereich	
VDI 4100 2007	bewährt, aRdT, aber zurückgezogen		kein Anwendungsbereich	
DIN SPEC 91314	keine Norm, aRdT		kein Anwendungsbereich	
Beiblatt 2 zur DIN 4109 1989	aRdT, zu geringer Abstand	tlw zu streng, aRdT	kein Anwendungsbereich	bewährt, aRdT
DIN 4109: 1989	aRdT	aRdT	bewährt, aRdT	
DIN 4109: 2016/2018	aRdT	tlw aRdT	bewährt, aRdT	

Bild 7. Übersicht über die relevanten Regelwerke (zivilrechtlich geschuldet) für den Gebäudebestand

auch das Landgericht Hamburg (317 T 48/95) entsprechend gewürdigt: *„Zimmerlautstärke setzt aber nicht voraus, dass sich die Vernehmbarkeit der Musik auf den Raum des Wiedergabegerätes beschränkt und keine Geräusche zum Nachbarn dringen. Denn eine Lautstärke, die unter den gegebenen Umständen ein befriedigendes Hörergebnis gestattet, muss dem Mieter einer Wohnung möglich sein. Erst wenn die Lautstärke über das hinaus geht, was unter Einbeziehung der baulichen Verhältnisse nicht mehr als normales Wohngeräusch in die Nachbarwohnung dringt, wird das Maß der Zimmerlautstärke überschritten."*

In der Folge muss dann konsequent ein besserer Schallschutz geplant werden, als er baurechtlich gefordert wird. Das ist in Neubauten ohnehin unproblematisch aber auch in Bestandsgebäuden mit frühzeitiger und sinnvoller Planung meist möglich.

4 Der Weg (was ist zu tun)

Wenn nun „Start" und „Ziel" bekannt bzw. festgelegt sind, kann die Planung und Dimensionierung beginnen. Hierbei bieten sich folgende Veröffentlichungen an:
1. Beiblatt 1 zur DIN 4109 „Schallschutz im Hochbau – Ausführungsbeispiele und Rechenverfahren", Ausgabe 1989
2. DIN 4109-32:2016-07 „Schallschutz im Hochbau – Teil 32: Daten für die rechnerischen Nachweise des Schallschutzes (Bauteilkatalog) – Massivbau", Ausgabe 2016
3. DIN 4109-33:2016-07 „Schallschutz im Hochbau – Teil 33: Daten für die rechnerischen Nachweise des Schallschutzes (Bauteilkatalog) – Holz-, Leicht- und Trockenbau", Ausgabe 2016
4. Informationsdienst Holz „Modernisierung von Altbauten", Holzbau Handbuch Reihe 1, Teil 14, Folge 1
5. Informationsdienst Holz „Grundlagen des Schallschutzes", Holzbau Handbuch Reihe 3, Teil 3, Folge 1
6. Informationsdienst Holz „Schalldämmende Holzbalken- und Brettstapeldecken", Holzbau Handbuch Reihe 3, Teil 3, Folge 3
7. Holzbau Handbuch Reihe 3: Bauphysik Teil 3: Schallschutz Folge 1: Schallschutz im Holzbau – Grundlagen und Vorbemessung
8. Informationsdienst Holz „Schallschutz Wände und Dächer", Holzbau Handbuch Reihe 3, Teil 3, Folge 4
9. mikadoPlus 3/2008 „Schallschutz – Holzbalkendecken in der Altbausanierung"

4.1 Massive Decken

Angaben zu massiven Decken enthält die DIN 4109-32. Typische massive Decken im Bestand sind dünne Betondecken, Ziegeldecken, Stahlbetonrippendecken, Stahlbetonhohldielen und diverse Mischformen hiervon. Entscheidend für die Trittschalldämmung ist hierbei die Masse der Deckenkonstruktion. Diese liegt im Bestand häufig im Bereich von 300 bis 350 kg/m². Damit errechnet sich $L'_{n,eq,0,w}$ = 75 bis 77 dB, dies ist der sogenannte äquivalente bewertete Norm-Trittschallpegel, also der Grundwert der Rohdecke alleine. Von diesem Wert können nun Verbesserungen abgezogen werden (z. B. durch schwimmende Estrichkonstruktionen oder abgehängte Unterdecken), durch die sich die Trittschalldämmung der Deckenkonstruktion verbessert. Wie bereits erläutert, müssen jedoch die flankierenden Bauteile ebenfalls berücksichtigt werden. Hierdurch tritt immer eine Verschlechterung ein, deren Größenordnung abhängig von den Masseverhältnissen ist. Unglücklicherweise wurde in der DIN 4109 der schalltechnische Einfluss der abgehängten Unterdecke mit den flankierenden Bauteilen vermischt. Dies macht die Einschätzung der einzelnen Einflüsse leider wenig transparent.

Ohne Berücksichtigung der flankierenden Bauteile ergibt sich ein Norm-Trittschallpegel für die oben beschriebenen massiven Decken von ca. $L_{M,W}$ = 75 bis 77 dB. Selbst die „alte" Anforderung von $L'_{M,W} \leq 63$ dB gemäß DIN 4109, Ausgabe 1962 ist somit in weiter Ferne und kann nur durch zusätzliche bauliche Maßnahmen erreicht werden. Typischerweise wurden Linoleum- oder Teppichbeläge verwendet, welche Verbesserungsmaße von ungefähr 13 dB (Linoleum) bis 20 dB (Nadelfilz) erreichen. Damit können Norm-Trittschallpegel von circa 55 bis 64 dB erreicht werden (bis 1989 war die Berücksichtigung weich federnder Bodenbeläge zulässig).

Im Altbestand aus den Nachkriegsjahren ist in der Regel eine mittlere Masse der flankierenden Bauteile von ca. 280 kg/m² anzutreffen (z. B. 11,5 cm Innenwände und 36 cm Außenwände mit 1200 kg/m³). Berücksichtigt man nun zusätzlich die Verschlechterung über die flankierenden Bauteile von ca. 1 dB (typischer Wert für Altbausubstanz), so ergeben sich Norm-Trittschallpegel von ca. $L'_{M,W}$ = 56 bis 65 dB und es erklärt sich auch die Anforderung aus dem Normblatt DIN 4109, Ausgabe 1962, welche recht gut zur üblichen Bausubstanz passt (Das für den rechnerischen Nachweis zu berücksichtigende Vorhaltemaß bzw. der Sicherheitsbeiwert von 3 dB wurde hier vernachlässigt).

Wird nun, wie bereits beschrieben, der Linoleum- oder Teppichbelag entfernt, entfällt die den Trittschall verbessernde Wirkung und selbst die damalige Anforderung ist nicht mehr erreichbar (Bild 8).

Nun sind bauliche Verbesserungen zwingend erforderlich. Infrage kämen beispielsweise die Einbringung eines schwimmenden Estrichs oder die Montage einer abgehängten Unterdecke. Beide Maßnahmen erfordern Konstruktionshöhe und damit das Akzeptieren einer reduzierten Raumhöhe. Bei schwimmenden Estrichen ist zusätzlich eine Anpassung im Eingangs-

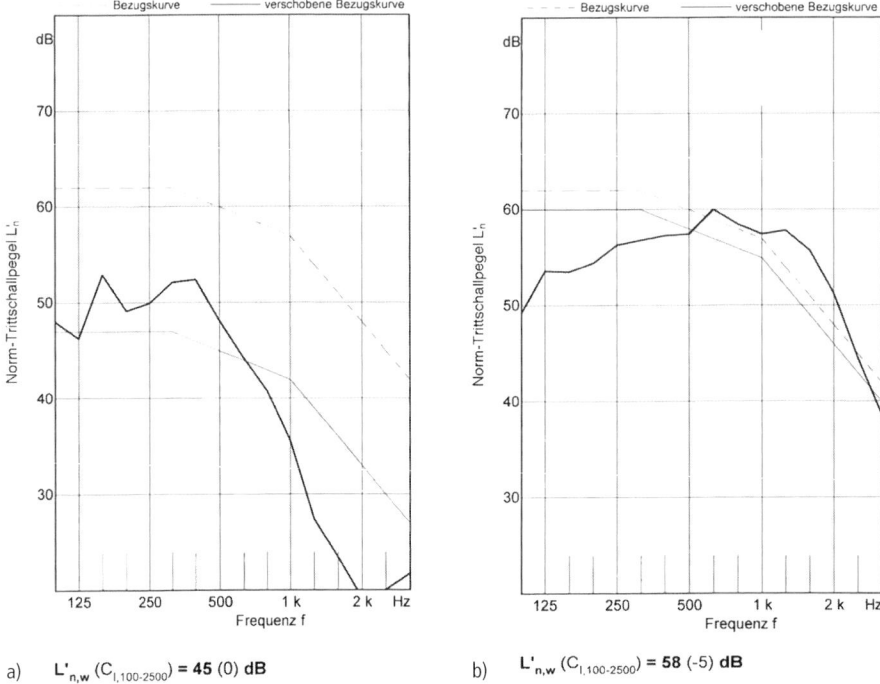

a) $L'_{n,w}$ ($C_{I,100-2500}$) = 45 (0) dB
b) $L'_{n,w}$ ($C_{I,100-2500}$) = 58 (-5) dB

Bild 8. Trittschallübertragung derselben Decke, a) mit Teppich und b) Parkett

bereich gegenüber dem Treppenhaus (Schwelle) erforderlich. Ein schwimmender Estrich aus Fertigelementen (Trockenestrich) bringt eine geringe Masse und darf nur auf recht steifen Trittschalldämmplatten verlegt werden, sodass sich typischerweise eine Trittschallminderung von nur ca. ΔL_w = 18 dB ergibt. Diese reicht jedoch aus um die schalltechnische Wirkung des Linoleum- oder Teppichbelags in etwa auszugleichen und in etwa auf ähnliche Werte des Trittschallschutzes zu gelangen.

Würde man anstatt eines Fertigteilestrichs einen schwimmenden Zementestrich einbringen, so ergibt sich eine Trittschallminderung von ca. ΔL_w = 30 dB und unter Berücksichtigung der flankierenden Bauteile ein Norm-Trittschallpegel von ca. 46 bis 48 dB. Damit ist in etwa die heutige Mindestanforderung gemäß DIN 4109 einzuhalten (Sicherheitsbeiwert von 3 dB nicht vergessen!).

Eine alternative Ausführung durch eine abgehängte Unterdecke würde zwar die Luftschalldämmung deutlich verbessern, wegen der Körperschalleinleitung in die flankierenden Wände ergibt sich aber nur eine schalltechnische Verbesserung bei der Trittschallübertragung von ca. 5 dB. Damit ist klar zu erkennen, dass alleinige Maßnahmen an der Unterseite der Decke nicht zum Erfolg, d. h. Einhaltung der Anforderungen zum Erstellungszeitpunkt, geschweige denn zur Einhaltung der heutigen Mindestanforderungen führen können.

4.2 Holzbalkendecken

Holzbalkendecken im Altbestand in Gebäuden aus Ende des 19. bis Anfang 20. Jahrhunderts wurden gegenüber Massivdecken in einer nahezu unendlichen Vielfalt ausgeführt (Bild 9).

Sehr häufig findet man geschlossene Holzbalkendecken mit Einschub oder Fehlboden und Schüttung vor, die Norm-Trittschallpegel der Decke alleine liegen dabei meist im Bereich von $L_{M,W}$ = 65 bis 74 dB. Vergleicht man diese Werte mit den vorher angegebenen Werten für massive Deckenkonstruktionen im Altbau, so ist die Holzbalkendecke zunächst in ihrer „Rohsubstanz" schalltechnisch besser als massive Deckenkonstruktionen. Die „Problempunkte" der Holzbalkendecke sind die geringe Masse und die „Weichheit" bzw. die Durchbiegung. Dadurch reduziert sich die Schalldämmung im tieffrequenten Bereich und die Trittschallminderung der Deckenauflagen, was wie-

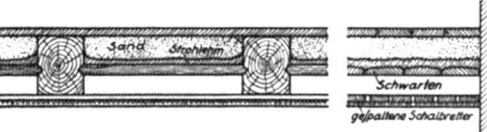

Bild 9. Typischer Aufbau einer Holzbalkendecke mit Fehlboden (Einschub), Schüttung und unterseitiger Schalung/Putzträger/Putz

derum dazu führt, dass die Holzbalkendecken durch großen baulichen Aufwand schalltechnisch verbessert werden müssen und eine – im Vergleich zu massiven Decken – hohe Trittschallübertragung im tieffrequenten Bereich trotz aller Bemühungen verbleiben wird. Die Masse kann durch Auflage von zusätzlichem Gewicht auf der oberen Schalung, beispielsweise durch Schüttungen oder Steinplatten, vergrößert werden. Die Schallübertragung aufgrund der fehlenden Steifigkeit versucht man durch Entkopplung zu reduzieren, beispielsweise auf der Unterseite durch Federbügel oder Federschienen sowie freitragenden Unterdecken ohne jede Verbindung zur Holzbalkendecke. Auf der Oberseite ist ein schwimmender Estrich mit möglichst hoher Trittschallminderung erforderlich, bewährt haben sich auch hochwertige Entkopplungsstreifen auf den Balken oder Schüttungen oberhalb der Balkenlagen. Bei besonders „weichen" Decken die beim Wippen mit dem Körpergewicht stark schwingen, kann die Versteifung durch Ertüchtigung der Balken eine schalltechnische Verbesserung bewirken.

Geht man nun von einer typischen Holzbalkendecke aus, wie sie in Altbauten aus Ende des 19. bis Anfang 20. Jahrhunderts anzutreffen ist (Dielung direkt aufgebracht, Schüttung, Putzträger und Putz), so ist ein Norm-Trittschallpegel für die Deckenkonstruktion von ca. $L'_{n,w}$ = 65 bis 70 dB typisch. Je nach Erhaltungszustand der Schüttung im Einschub/Fehlboden können sich +/- 3 dB ergeben. Damit liegt der Trittschallschutz in etwa in der Größenordnung der normativen Vorgaben aus den Jahren 1934 bis 1962.

Zur Verbesserung des Trittschallschutzes ist nun beispielsweise die Einbringung eines schwimmenden Estrichs oder die Montage einer abgehängten Unterdecke möglich. Wiederum erfordern beide Maßnahmen Konstruktionshöhe und damit das Akzeptieren einer reduzierten Raumhöhe, sowie evtl. Anpassungen im Eingangsbereich. Ein schwimmender Estrich aus Fertigelementen (Trockenestrich) bringt eine geringe Masse und darf nur auf recht steifen Trittschalldämmplatten verlegt werden, sodass sich typischerweise eine Trittschallminderung von nur ca. ΔL_w = 5 bis 10 dB ergibt. Damit sind Norm-Trittschallpegel von $L'_{n,w}$ = 55 bis 65 dB erreichbar. Dies reicht keinesfalls aus, um auf aktuelle Werte des Trittschallschutzes zu gelangen. Nachträgliche Beschwerungen (z. B. Schüttungen oder Betonplatten) der Holzbalkendecken scheiden in der Regel aus, sodass zwingend Maßnahmen an der Unterseite der Decke erforderlich sind. Anders sieht es bei schwimmenden Zementestrichen aus, diese erbringen eine deutlich höhere Masse und können auf weicheren Trittschalldämmplatten verlegt werden, sodass Trittschallminderungen von ca. ΔL_w = 15 bis 20 dB erreichbar sind. Damit sind Norm-Trittschallpegel von $L'_{n,w}$ = 50 bis 55 dB erreichbar, heute aktuelle Werte des Trittschallschutzes können knapp realisiert werden. Bei der Planung ist zusätzlich noch ein Vorhaltemaß von 3 dB zu berücksichtigen. Dadurch wird es noch schwieriger die Anforderungen zu erreichen, es kommt auf Details und genaue Kenntnis der Randbedingungen an, um im Einzelfall zum Erfolg zu gelangen.

Die alternative Ausführung einer abgehängten Unterdecke würde zwar die Luftschalldämmung deutlich verbessern, aber wegen der Körperschalleinleitung in die flankierenden Wände ergibt sich nur eine schalltechnische Verbesserung bei der Trittschallübertragung von ca. 5 bis 10 dB. Maßnahmen an der Unterseite der Decke können also die oberseitigen Maßnahmen ergänzen und insgesamt zu einer Trittschalldämmung auf heutigem Niveau, jedoch alleine nicht zur Einhaltung der heutigen Mindestanforderungen führen.

Besonders kritisch sind meist die obersten Geschossdecken, oberhalb derer sich viele Jahrzehnte nur ein ungenutzter Speicherraum oder ein selten genutzter Trockenraum befand. Entsprechen gering dimensioniert wurde die Decke bei der Planung und Erstellung. Bei einer Erweiterung des Gebäudes entsteht meist hochwertiger Wohnraum mit sehr schönem Ausblick und hierzu passenden Verkaufs- oder Mietpreisen. Entsprechend hoch ist dann auch die Erwartungshaltung der Bewohner und besonders kritisch werden die bisher zuoberst wohnenden Nachbar sein, die plötzlich neue Nachbarn über sich bekommen. Die obersten Geschossdecken können in der Regel keinen ausreichenden Schallschutz erbringen und bedürfen regelmäßig der besonderen schalltechnischen Behandlung. Aufwendig aber durchaus realisierbar sind die Maßnahmen, wenn ein Zutritt von unten nicht möglich ist und alle baulichen Maßnahmen von oben erfolgen müssen.

4.3 Wohnungstrennwände

Wohnungstrennwände im Bestand weisen meist eine Dicke von 24 cm und eine Masse auf, die ein Bau-Schalldämmmaß von ca. R'_w ≥ 53 dB erreichen lassen. Das ist im Hinblick auf die zum Bauzeitpunkt gültigen öffentlich-rechtlich zu fordernden Anforderungen gemäß den damaligen Normen ausreichend. Zur Erzielung der aktuellen Anforderungen ist die einseitige Montage von biegeweichen Vorsatzschalen (mindestens 80 mm) zu empfehlen. Problematisch sind frühere leichte oder dünne Innenwände, die durch Aufteilung großer Wohnungen zu Wohnungstrennwänden werden (Bild 10). Hier ist unbedingt eine detaillierte Betrachtung erforderlich und erfahrungsgemäß wird eine „dünne" Vorsatzschale von nur 80 mm nicht ausreichen, um hier den erforderlichen Schallschutz herzustellen.

4.4 Türen

Betrachtet man die bereits angegebenen Anforderungen, so ist festzustellen, dass es baurechtliche Anforderungen an Türen erst seit dem Jahr 1989 gibt. So ist es nicht überraschend, dass alte Wohnungseingangstüren häufig keinerlei Türdichtungen und deshalb einen un-

Bild 10. Ehemalige Innenwand wird zur Wohnungstrennwand

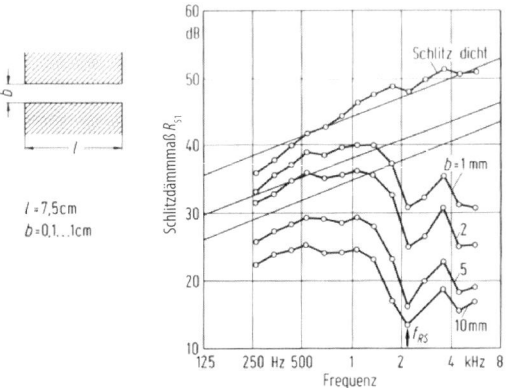

Bild 12. Auswirkung von Fugen auf die Schalldämmung [4]

Bild 11. Wohnungseingangstür

Bild 13. Heizkörpernische mit verputzter Wärmedämmplatte

befriedigenden Schallschutz aufweisen. Die Wirkung von offenen Fugen auf den Schallschutz ist erheblich und kann Bild 12 entnommen werden. Bereits eine Fuge von nur 1 mm verringert den erreichbaren Schallschutz erheblich. Deshalb sind zwingend nachträglich eingefräste Dichtungen und Bodenabsenkdichtungen erforderlich, um einen Schallschutz entsprechend den aktuellen Anforderungen zu erreichen. Insbesondere bei Türen stoßen oftmals die gegensätzlichen Forderungen des Denkmalschutzes, des Schallschutzes und auch des Brandschutzes aufeinander. Leider hilft den häufig vom eindringenden Lärm geplagten Bewohnern in Mehrfamilienhäusern der Hinweis auf die besonders erhaltenswerte Türkonstruktion wenig weiter. (Bild 11)

4.5 Außenwände

Wie bereits angesprochen, müssen die flankierenden Bauteile bei der Ermittlung des erreichbaren Schallschutzes ebenfalls berücksichtigt werden. Hierdurch tritt immer eine Verschlechterung ein. Die Größenordnung ist neben dem Masseverhältnis von trennendem zu flankierendem Bauteil auch abhängig von weiteren Einflussfaktoren wie beispielsweise zusätzlichen Bauteilschichten. In Bestandsgebäuden wurden aus wärmetechnischen Gründen häufig Heizkörpernischen (Bild 13) mit innenseitig montierten Dämmschichten verkleidet.

Sind diese Dämmschichten zu steif (z. B. Styropor, Heraklith), so entsteht dadurch eine schalltechnisch ungünstige Resonanzfrequenz im bauakustisch besonders relevanten Frequenzbereich zwischen 200 und 1000 Hz. In diesem Frequenzbereich findet dann eine besonders starke Schallübertragung statt, die den erreichbaren Schallschutz zwischen Wohneinheiten merklich begrenzen kann. Im Zuge der Sanierung müssen solche Schwachstellen beseitigt werden. Bei gleichzeitiger energetischer Sanierung durch außenseitige Wärmedämmschichten kann in der Regel auf Dämmmaßnahmen in den Heizkörpernischen verzichtet werden. Ansonsten sind ersatzweise weiche Dämmschichten oder biegeweiche Vorsatzschalen zu montieren. (Bild 14)

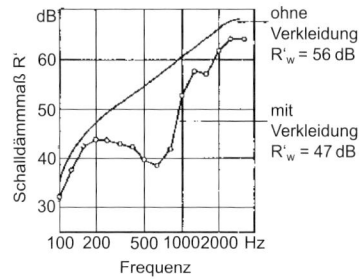

Bild 14. Einfluss von harten Dämmplatten auf die Schalldämmung [4]

5 Ausblick

Aufgrund des sehr großen Wohngebäudebestands aus der Zeit vor 1978 (12 von 19 Millionen Wohngebäude) und des großen Sanierungspotenzials erscheint das Bauen im Bestand sehr wichtig und zukunftsträchtig. Aus schalltechnischer Sicht reizvoll ist der Umgang mit häufig unbekannten und heute zum Teil ungewöhnlichen Baumaterialien und Konstruktionen. Viele Gebäude werden nur energetisch saniert, entsprechend den Entwicklungen der letzten Jahre und einer Werterhaltung der Gebäudesubstanz ist die schalltechnische Sanierung angemessen möglich und sinnvoll. Eine besondere Herausforderung stellen hierbei sicherlich die obersten Geschossdecken bei Wohnraumerweiterungen in den Dachraum oder bei Aufstockungen dar. Gute und zielgerichtete schalltechnische Lösungen sind nur möglich, wenn der Start, d. h. die Einschätzung der Bausubstanz vorliegt und wenn das Ziel klar und eindeutig festgelegt ist.

6 Literatur

[1] Bundesministerium für Wirtschaft und Energie (BMWi): *Wohnen und Bauen in Zahlen*.

[2] Bundesministerium für Wirtschaft und Energie (BMWi) (2014) *Sanierungsbedarf im Gebäudebestand. Ein Beitrag zur Energieeffizienzstrategie Gebäude*.

[3] Verband der Materialprüfanstalten e. V.: VMPA-anerkannten Schallschutzprüfstellen [online] https://www.vmpa.de/schallschutzpruefstelle/verzeichnis.

[4] Gösele, K.; Schüle, W.; Künzel, H. (2000) *Schall – Wärme – Feuchte*, Bauverlag, Gütersloh.

Ulfert Martinsen
**Kostenrechnung
in der Bauwirtschaft**
Praxisleitfaden unter Einbeziehung der KLR-Bau 2016
2017. 328 Seiten.
€ 39,90*
ISBN: 978-3-433-03191-9
Auch als ebook erhältlich

Praxisleitfaden unter Einbeziehung der KLR-Bau 2016

Dieses praxisorientierte Buch stellt Kalkulation, Betriebsabrechnung und Controlling sowohl für das Einzelprojekt als auch den Gesamtbetrieb dar. Die KLR-Bau 2016 wird dabei detailliert erläutert und hinterfragt.

BUNDLE ebook + Print!
€ 49,90 ISBN: 978-3-433-03200-8

Online Bestellung:
www.ernst-und-sohn.de/3191

Ernst & Sohn
Verlag für Architektur und technische
Wissenschaften GmbH & Co. KG

Kundenservice: Wiley-VCH
Boschstraße 12
D-69469 Weinheim

Tel. +49 (0)6201 606-400
Fax +49 (0)6201 606-184
service@wiley-vch.de

* Der €-Preis gilt ausschließlich für Deutschland. Inkl. MwSt. Die Versandkosten für Deutschland, Österreich, Schweiz, Liechtenstein und Luxemburg entfallen. Für alle anderen Länder gilt der Preis zzgl. Versandkosten. Irrtum und Änderungen vorbehalten. 1140126_dp

Peter Häupl
**Bauphysik – Klima
Wärme Feuchte Schall**
Grundlagen, Anwendungen, Beispiele
2008. 550 S.
€ 94,–*
ISBN 978-3-433-01842-2
Auch als ebook erhältlich

Bauphysik –
Klima Wärme Feuchte Schall

Für energie- und klimagerechtes Bauen sowie optimales Raumklima und Vermeidung von Schäden an Bauteilen sind alle relevanten bauphysikalischen Zusammenhänge, über die Normung hinaus, erläutert. Eine CD dient dem Rechnen, grafischen Darstellen, Vorbemessen und Planen in **Mathcad**.

Online Bestellung:
www.ernst-und-sohn.de/1842

Ernst & Sohn
Verlag für Architektur und technische
Wissenschaften GmbH & Co. KG

Kundenservice: Wiley-VCH
Boschstraße 12
D-69469 Weinheim

Tel. +49 (0)6201 606-400
Fax +49 (0)6201 606-184
service@wiley-vch.de

* Der €-Preis gilt ausschließlich für Deutschland. Inkl. MwSt. Die Versand kosten für Deutschland, Österreich, Schweiz, Liechtenstein und Luxemburg entfallen. Für alle anderen Länder gilt der Preis zzgl. Versandkosten. Irrtum und Änderungen vorbehalten. 1059106_dp

D
Materialtechnische Tabellen

D 1 Materialtechnische Tabellen für den Brandschutz

Nina Schjerve, Ulrich Schneider († 2011)

Dr. techn. Dipl.-Ing. Nina Schjerve
FSE Ruhrhofer & Schweitzer GmbH
Mariahilferstraße 115/12, A-1060 Wien

Studium der Architektur an der Technischen Universität Wien, Abschluss 2002. Mitarbeit in Architekturbüros und Ziviltechnikerbüros (Industriebau). 2002–2003 wissenschaftliche Mitarbeit am Institut für Baustofflehre, Bauphysik und Brandschutz im Fachbereich Brandschutz. 2005–2012 Projektassistentin bzw. Univ. Assistentin am Institut für Hochbau und Technologie, im Fachbereich Brandschutz der TU Wien. 2011 Promotion zum Doktor der technischen Wissenschaften an der Fakultät für Bauingenieurwesen der TU Wien. Seit 2010 Vortragstätigkeiten an der Donau Universität Krems, Zentrum für Infrastrukturelle Sicherheit. Seit 2012 Brandschutz Fachplanung und Projektleitung, seit 2018 bei FSE Ruhrhofer & Schweitzer GmbH.

Em. O. Univ.-Prof. Dr. techn. Dr. h. c. Ulrich Schneider († 2011)
Technische Universität Wien
Institut für Hochbau und Technologie
Forschungsbereich für Baustofflehre, Werkstofftechnologie und Brandsicherheit
Karlsplatz 13/206, A-1040 Wien

Studium des Maschinenbaus sowie Promotion im Bauingenieurwesen (1973) und Habilitation (1978) an der Fakultät für Bauwesen der TU Braunschweig; Forschungsingenieur bei Prof. Kordina (1970–1980) im iBBB; 1981–1989 Univ.-Prof. an der Gesamthochschule, Universität Kassel, sowie Leiter der Amtlichen Betonprüfstelle F; 1990–2004 Institutsleiter des Instituts für Baustofflehre, Bauphysik und Brandschutz der TU Wien sowie 1997–1998 Stellvertretender Leiter der Technischen Forschungs- und Versuchsanstalt (TVFA); Ehrendoktorat der Technischen Universität Brest (2004) und Ehrenmitglied der russischen Akademie für Architektur und Bauwissenschaften (2005); seit 2005 Institutsleiter des Instituts für Hochbau und Technologie der TU Wien, Emeritierung 2010.

Bauphysik-Kalender 2020: Bau- und Raumakustik. Herausgegeben von Nabil A. Fouad.
© 2020 Ernst & Sohn GmbH & Co. KG. Published 2020 by Ernst & Sohn GmbH & Co. KG.

Inhaltsverzeichnis

1 Einleitung 799
1.1 Relevanz von Materialdaten 799
1.2 Prüfverfahren ausgewählter Materialdaten 799
1.3 Einheiten und Einheiten-Konvertierung 800

2 Stoffdaten 800
2.1 Zündtemperaturen und Entzündungskriterien 800
2.2 Abbrand 805
2.3 Brandausbreitung 807
2.4 Heizwerte 808
2.5 Lagerungsdichte und m-Faktoren 815
2.6 Luftbedarf 818
2.7 Verbrennungseffektivität und Verbrennungsanteile 819
2.8 Zusätzliche Stoffdaten für Kunststoffe 823
2.9 Flächenbezogene Brandleistung und Brandentwicklung 826

3 Literatur 832

1 Einleitung

1.1 Relevanz von Materialdaten

Der gleichnamige Beitrag aus dem Bauphysik-Kalender 2019 wurde durchgesehen.

Zur Beurteilung des Brandverhaltens von Baustoffen und Bauteilen werden Materialdaten der verschiedensten Art verwendet. Dabei sind die für Normungszwecke bzw. für die Klassifizierung von Baustoffen und Bauteilen erforderlichen Kennwerte und Beurteilungsgrößen von solchen zu unterscheiden, die physikalische oder chemische Effekte beschreiben und bei Bränden bzw. der Beurteilung von Baustoffen oder Bauteilen zu beachten sind.

Letztere werden insbesondere zur Simulation des Brandgeschehens in Gebäuden benötigt und nur bedingt für die Klassifizierung von Bauprodukten. Sie sind vor allem für die im baulichen Brandschutz zunehmend eingesetzten Ingenieurmethoden relevant und werden im Folgenden zusammenfassend dargestellt.

Aus der großen Palette der Materialdaten werden im Hinblick auf die gebotene Kürze dieses Beitrages nur einige Gruppen von Materialkennwerten behandelt, welche für die praktische Anwendung von Rechenverfahren besonders wichtig sind. Dabei ist zu beachten, dass die angegebenen Messwerte für bestimmte Stoffe durchaus einen gewissen Wertebereich umfassen können, dies insbesondere dann, wenn die Messwerte an Stoffgemischen ermittelt wurden. Bei vielen Messwerten ist die Genauigkeit somit nicht bekannt. Wenn man jedoch von genormten Messverfahren ausgeht, dann werden die Stoffwerte im Rahmen der für das Messverfahren angegebenen Genauigkeit liegen. Generell kann man sagen, dass die Bandbreiten von Brandschutzdaten in der Regel im Bereich von einigen Prozent liegen, wenn man gleiche Stoffe prüft und die Messwerte untereinander vergleicht.

Die Streuung von Materialdaten wird im Rahmen von Sicherheitskonzepten für den Brandschutz durch entsprechende Verteilungsfunktionen und Bemessungswerte berücksichtigt, soweit dieses erforderlich ist.

1.2 Prüfverfahren ausgewählter Materialdaten

Tabelle 1. Ausgewählte Materialdaten und deren Prüfnormen (Auszug)

Materialkennwert	Dimension	Prüfnormen	Literatur
Entzündung, Flammpunkt, Zündtemperatur, Kritischer Wärmestrom	°C W/m²	ISO-5660-1	[1]
		DIN EN ISO 2719	[40]
		DIN 54836	[4]
		DIN EN ISO 11925-2	[5]
Abbrandgeschwindigkeit		ISO-5660-1	[1]
Brandausbreitung		ISO 5658-2	[2]
Heizwert Brennwert Unt. Heizwert		DIN EN 60332-1-1	[7]
		DIN EN ISO 1716	[13]
		DIN 51900-1	[9]
		DIN 51900-2	[10]
		DIN 51900-3	[11]
Spezifische Brandleistung	kW/m²	ISO-5660-1	[1]
Abbrandfaktor m	1	DIN 18230-2	[3]
Begriffe, Klassifikation		DIN 4599	[8]
		DIN EN 13501-1	[12]

1.3 Einheiten und Einheiten-Konvertierung

Tabelle 2. Umrechnung von technischen Einheiten

Einheitenbezeichnung	umwandeln		massenbezogen			
			kWh/kg	kJ/kg	MJ/kg	Mcal/kg
Kilowattstunde pro Kilogramm	1 kWh/kg	=	1	$3,600 \times 10^3$	3,600	$8,598 \times 10^{-1}$
Kilojoule pro Kilogramm	1 kJ/kg	=	$2,778 \times 10^{-4}$	1	$1,000 \times 10^{-3}$	$2,388 \times 10^{-4}$
Megajoule pro Kilogramm	1 MJ/kg	=	$2,778 \times 10^{-1}$	$1,000 \times 10^3$	1	$2,388 \times 10^{-1}$
Megakalorie pro Kilogramm	1 Mcal/kg	=	1,163	$4,187 \times 10^3$	4,187	1
			volumenbezogen			
Einheitenbezeichnung	umwandeln		kWh/l	kJ/l	MJ/l	Mcal/l
Kilowattstunde pro Liter	1 kWh/l	=	1	$3,600 \times 10^3$	3,600	$8,598 \times 10^{-1}$
Kilojoule pro Liter	1 KJ/l	=	$2,778 \times 10^{-4}$	1	$1,000 \times 10^{-3}$	$2,388 \times 10^{-4}$
Megajoule pro Liter	1 MJ/l	=	$2,778 \times 10^{-1}$	$1,000 \times 10^3$	1	$2,388 \times 10^{-1}$
Megakalorie pro Liter	1 Mcal/l	=	1,163	$4,187 \times 10^3$	4,187	1
Einheitenbezeichnung	umwandeln	=	kWh/m³	kJ/m³	MJ/m³	Mcal/m³
Kilowattstunde pro Kubikmeter	1 kWh/m³	=	1	$3,600 \times 10^3$	3,600	$8,598 \times 10^{-1}$
Kilojoule pro Kubikmeter	1 kJ/m³	=	$2,778 \times 10^{-4}$	1	$1,000 \times 10^{-3}$	$2,388 \times 10^{-4}$
Megajoule pro Kubikmeter	1 MJ/m³	=	$2,778 \times 10^{-1}$	$1,000 \times 10^3$	1	$2,388 \times 10^{-1}$
Megakalorie pro Kubikmeter	1 Mcal/m³	=	1,163	$4,187 \times 10^3$	4,187	1

2 Stoffdaten

2.1 Zündtemperaturen und Entzündungskriterien

Tabelle 3. Zündtemperaturen Feststoffe (ohne Kunststoffe)

Feststoff	Flammpunkt in °C	Zündtemperatur in °C	Selbstentzündungstemperatur in °C	Literatur
Anthrazit		500		[19]
Autoreifen	≈ 270	≈ 440		[19]
Baumwolle		230–270	250–254	[25]
Braunkohle		250–280		[21]
Cellulosenitrat		305	475	[25]
Dachpappe	230	365	100	[19]
Ethylen-Propylen-Gummi		378	410	[25]
Epoxydharz		410–415	500–505	[25]
Erdölbitumen	300–350	380–400		[19]
Ethylcellulose		291	296	[25]
Heu	204	333	70	[19]
Holz		220–320		[21]
Holz: Eiche	238	375	≈ 120	[19]

Tabelle 3. Zündtemperaturen Feststoffe (ohne Kunststoffe) (Fortsetzung)

Feststoff	Flammpunkt in °C	Zündtemperatur in °C	Selbstentzündungs- temperatur in °C	Literatur
Holz: Fichte	241	397	≈ 120	[19]
Holz: Kiefer	255	399	≈ 80	[19]
Holzfaserplatte	≈ 220	310–340	≈ 80	[19]
Holzfaserplatte		310		[25]
Holzspäne: Eiche	229	342	≈ 100	[19]
Holzspäne: Fichte	214	347	≈ 100	[19]
Holzspäne: Kiefer	230	306	≈ 80	[19]
Hypalon Gummi		380	384	[25]
Isolierwolle (Wollabfälle 90 %, Baumwollfasern 10 %)	290	370	80	[19]
Kautschuk, Naturkautschuk	130			[19]
Kiefernharze	182	338		[19]
Koks		500–640		[21]
Kunstleder, Dermatin	165	165	40	[19]
Lacke und Anstrichstoffe	0–60	≈ 300		[19]
Latexkleber		289	330	[25]
Melamin Formaldehyd mit Glasfasern		475–500	623–645	[25]
Melanine Formaldehyd mit Papierarmierung		398	433	[25]
Mineral fiber marine board (mit organ. Bindemittel)		494	494	[25]
Papier			100	[19]
Papier		360		[21]
Paraffin	160–195	310		[19]
Pressspanplatte		280–350		[20]
PVC Linoleum	330	≈ 410		[19]
Ruß	180	240–400		[19]
Silage	230	430	70	[19]
Spanplatte		240–350		[20]
Sperrholz		393		[20]
Tabak	≈ 220	≈ 360	≈ 70	[19]
Torf			70	[19]
Viskosefaser	235	460		[19]
Weizenstroh	200	310	80	[19]
Wellpappe	285	427		[19]
Zeitungen		229	229	[25]
Zelluloid	100	141		[19]

Tabelle 4. Zündtemperaturen Kunststoffe

Kunststoff	Flammpunkt in °C	Zündtemperatur in °C	Selbstentzündungstemperatur in °C	Literatur
Akrylsäurenitrilpolymere und Kopolymere	549	630		[19]
Azetatfaser	320	445		[19]
Cloringewebe (Pe-Ce-Fasern)		540		[19]
Cloroprenkautschuk	285	436		[19]
Isorprenkautschuk	290	340		[19]
Kapronfasern (Dederon, Perlon)	395	440		[19]
Nylon (Anidfasern)	335	435		[19]
Nylon 11			476	[25]
Nylon 6		413	439	[25]
Nylon 6,6		420–450	425–480	[25]
Önanthfaser	415	435		[19]
Phenolformaldehyd		430	482	[25]
Polyakrylnitril (Polyvinylzyanid)	230	620		[19]
Polyakrylnitrilfasern (Nitrofaser)	200	505		[19]
Polychloroprene Gummi (Neopren)		300–307	390	[25]
Polycorbonate		440–522	516–580	[25]
Polyester, glasverstärkt		346–399	447–488	[25]
Polyester, ungesättigt		350–410	420–500	[25]
Polyesterfaser (Trevira, Dralon)	390	440		[19]
Polyethylen		270–430	350–457	[25]
Polyethylenterephtalat (PET)		374		[25]
Polymethylmetacrylat (PMMA)	260	460		[19]
Polymethylmetacrylat (PMMA)		270		[20]
Polymethylmetacrylat (PMMA)		280–378	392–520	[25]
Polypropylen		250–443	325–440	[25]
Polystyrene		365	416–518	[25]
Polystyrol	488	470		[19]
Polystyrolplatten	350–400	450–500		[19]
Polytetrafluoroethylen (Teflon)			503–540	[25]
Polyurethan (PU) – weich		270		[20]
Polyurethan fest (kein Schaum)		271		[25]
Polyurethan Schaum, flexibel		335–363	335–378	[25]
Polyurethan Schaum, starr		378	502	[25]
Polyurethan Schaum, starr (Polyehter)		310	416	[25]
Polyurethan-Hartschaum (PU-HS)	≈ 400	> 450		[19]
Polyurethan-Weichschaum (Porolon)	≈ 440	> 480		[19]
Polyvinylchlorid (PVC)		220–350		[21]
Polyvinyl-Acatat			520	[25]

Tabelle 4. Zündtemperaturen Kunststoffe (Fortsetzung)

Kunststoff	Flammpunkt in °C	Zündtemperatur in °C	Selbstentzündungs-temperatur in °C	Literatur
Polyvinylfluorid		420	480	[25]
Polyvinylidenchlorid		> 532	> 532	[25]
PVC, fest		360–430	480–550	[25]
PVC, rein mit Weichmacher		441	474	[25]
PVC, Bodenplatten		441	441	[25]
PVC, flexibel		250–422	424	[25]
PVC, unspezifierter Grad		357–390	454	[25]
Styrol-Acrylnitril Kopolymer (SAN)	329–366	454–484		[25]
Styren-Butadien Kautschuk (SBR)		360	450	[25]
Silikone, m. Glasfaserbewehrung		490–527	550–564	[25]
Vinyl Asbest		431	434	[25]
Vinyl Epoxy Kleber		333	414	[25]

Tabelle 5. Zündtemperaturen Flüssigkeiten

Flüssigkeit	Flammpunkt in °C	Zündtemperatur in °C	Selbstentzündungs-temperatur in °C	Literatur
1,2-Butadiene			428,9	[18]
1-Butene			383,9	[18]
1-Pentene			217,2	[18]
Acetaldehyd			185	[18]
Acetylen			305,0	[18]
Ammonium			651,1	[18]
Anilin			617,2	[18]
Azeton		540		[21]
Azeton			537,8	[18]
Benzene			562,2	[18]
Benzin		470–530		[21]
Benzin			300–429	[25]
Benzin		220–260		[19]
Benzylalkohol			436,1	[18]
Butanone			515,6	[18]
Carbon Disulfid			90,0	[18]
Carbon Monoxid			608,9	[18]
Cyclobutan			426,7	[18]
Cyclohexan			260,0	[18]
Cyclohexen			265	[18]
Cyclopentan			361,1	[18]
Cyclopropan			497,8	[18]

Tabelle 5. Zündtemperaturen Flüssigkeiten (Fortsetzung)

Flüssigkeit	Flammpunkt in °C	Zündtemperatur in °C	Selbstentzündungs- temperatur in °C	Literatur
d-Champhor			466,1	[18]
Diesel			225–256	[25]
Diethylether			180,0	[18]
Ethan			515,0	[18]
Ethanol			422,8	[18]
Ethylacetat			426,7	[18]
Ethylamin			383,9	[18]
Ethylenoxid			428,9	[18]
Fuselöl		400		[19]
Gasöl		350–400		[21]
Harzöl (Kolophoniumöl)	130	342		[19]
Hydrogen			400,0	[18]
Iso-Propanol			398,9	[18]
Kerosin		300–400		[19]
Lanolin	238	445		[19]
Methan			600,0	[18]
Methanol			463,9	[18]
Methylformat			356,1	[18]
m-Xylen			527,8	[18]
n-Buten			405,0	[18]
n-Decan			207,8	[18]
n-Heptan			222,8	[18]
n-Hexan			408,9	[18]
n-Nonan			206,1	[18]
n-Octan			220,0	[18]
n-Pentan			260,0	[18]
o-Xylen			436,9	[18]
Propan			450,0	[18]
p-Xylen			528,9	[18]
Schmieröl		510–610		[21]
Solaröl		142		[19]
Spiritus		425–650		[21]
Terpentinöl		275		[21]
Terpentinöl		300	(auf Lappen) 20	[19]
Toluene			536,1	[18]
Vaselinöl	290			[19]

Tabelle 6. Entzündungskriterien für brennbare Stoffe mit/ohne Pilotflamme [20]

Stoff	Wärmestrom für die Entzündung [kW/m^2]		Oberflächentemperatur für die Entzündung [°C]	
	Pilotflamme	spontan	Pilotflamme	spontan
FR-PS Schaum	14,8	–	326	–
Holz	12	28	220–350	600
Melamin-Beschichtung	25	–	440	–
PM	12	–	–	–
Polyethylen (PE)	22	–	–	–
Polymethylmetacrylat (PMMA)	21	–	270	–
Polyurethan (PU) – weich	16	–	270	–
Polyvinylchlorid (PVC)	25	30–50	220–350	340–520
POM	17	–	–	–
Pressspanplatte	27	–	280–350	–
PVC-Beschichtung	12	–	284	–
Spanplatte	18	–	240–350	–
Spanplatte B1	17	–	353	–
Sperrholz	20	–	393	–

2.2 Abbrand

Tabelle 7. Abbrandgeschwindigkeiten für feste Stoffe (ohne Kunststoffe) nach [15, 22]

Feststoff	Abbrandgeschwindigkeit in kg/m^2 min und kW/m^2 nach			
	[22]		[15]	
	[kg/m^{2}min]	[kW/m^2]	[kg/m^{2}min]	[kW/m^2]
Autoreifen	0,53	388	0,86[1)]–1,0[1)]	630–732
Baumwolle	0,24	62	–	–
Baumwollstoff	0,72	268	–	–
Bücher (Regal)	0,33	83	–	–
Dachbahn	–	–	1,3[1)]–1,8[1)]	624–864
Gummiformteile	0,53–0,8	388–588	0,7–0,86	512–630
Holz	0,67–1,0	193–288	> 2,0[1)]	–
Holzmöbel	0,9	259	0,93–1,2	268–346
Kautschuk	0,53–0,8	388–588	–	–
Karton	–	–	1,3–1,5	328–378
Korbwaren	–	–	1,3–2,2[1)]	374–634
Margarine	–	–	0,38–0,5	205–270
Papier	0,4–0,48	91–103	1,2–1,6	274–365
Putzlappen (ölig)	–	–	0,7–0,86	370–545
Roggenmehl	–	–	0,54–0,6	149–166
Sanitärkrepp	–	–	0,53–0,65	118–144

Tabelle 7. Abbrandgeschwindigkeiten für feste Stoffe (ohne Kunststoffe) nach [15, 22] (Fortsetzung)

Feststoff	Abbrandgeschwindigkeit in kg/m²min und kW/m² nach			
	[22]		[15]	
	[kg/m²min]	[kW/m²]	[kg/m²min]	[kW/m²]
Schuhkarton	–	–	1,3–1,7	328–428
Sperrholz	–	–	0,5–0,59	144–170
Teppichfilz	–	–	0,35–1,2	126–432
Tonkassetten	–	–	0,29–0,57	104–205
Textilabfall mit Polymeren	0,25–1,04	123–512	–	–

1) Versuche wurden bei Luftunterschuss durchgeführt.

Tabelle 8. Abbrandgeschwindigkeiten von Kunststoffen nach [15, 17, 23]

Kunststoff	Abbrandgeschwindigkeit in kg/m²min und kW/m² nach			
	[23] und [17]		[15]	
	[kg/m²min]	[kW/m²]	[kg/m²min]	[kW/m²]
Polymethylmethacrylat (PMMA)	0,6–1,4	248–580	–	–
Polyamid	–	–	0,39–0,504	190
Polycarbonat	1,5	774	–	–
Epoxitharz	–	–	0,45–0,534	246–292
Polyesterharz	0,54–1,0	172–318	–	–
Polyethylen	0,84	615	0,408–0,522	299–382
Polyethylen-Formteile	–	–	0,414–0,648	303–474
Polypropylen	0,504–0,84	369–615	0,174–0,462	127–338
Polyoxymethylen	0,384–0,96	99–248	–	–
Polystyrol	0,846–2,1	563–1399	0,348–0,408	231–272
PVC – weich	–	–	0,552–0,72	173–268
PU-hart	1,6–2,7	643–1085	0,552–0,72	222–289
PU-weich	0,492–1,9	189–730	1,2–1,5[1)]	461–576
PVC-Kabel	1,0–1,3	300–390	0,576–0,684	173–205

1) Versuche wurden bei Luftunterschuss durchgeführt.

Tabelle 9. Abbrandgeschwindigkeiten für brennbare Flüssigkeiten nach [15, 17, 22]

Brennbare Flüssigkeit	Spez. Abbrandgeschwindigkeit in kg/m²min und kW/m² nach					
	[22]		[17]		[15]	
	[kg/m²min]	[kW/m²]	[kg/m²min]	[kW/m²]	[kg/m²min]	[kW/m²]
Azeton	2,63	1262	2,5	1200	–	–
Benzin	1,53	2106	3,3	2356	1,0[1)]–2,1[1)]	714–1499
Benzol	0,87	–	5,1	3397	–	–
Cyclohexan	–	–	–	–	0,51–1,4[1)]	379–1042
Dieselöl	1,1	772	2,1	1474	–	–

Tabelle 9. Abbrandgeschwindigkeiten für brennbare Flüssigkeiten nach [15, 17, 22] (Fortsetzung)

Brennbare Flüssigkeit	Spez. Abbrandgeschwindigkeit in kg/m²min und kW/m² nach					
	[22]		[17]		[15]	
	[kg/m²min]	[kW/m²]	[kg/m²min]	[kW/m²]	[kg/m²min]	[kW/m²]
Erdöl	1,2	835	1,3	905	–	–
Ethylalkohol	0,93	419	0,9	405	–	–
Heizöl	0,92	646	–	–	0,43–1,7[1)]	302–1193
Isopropanol	–	–	–	–	0,32–1,1[1)]	144–495
Kerosin	0,82	–	2,3	1656	–	–
Maschinenöl	0,67	–	3,1	1823	–	–
Methylalkohol	0,95	308	1,0	324	2,8–3,8	907–1231
Motorenöl	0,55	–	3,2	1882	–	–
Petroleum	2,9	2105	–	–	–	–
Reinigungsbenzin	–	–	2,9	2071	0,43–1,1[1)]	307–785
Terpentinöl	2,05	1415	–	–	–	–
Toluol	2,31	1566	–	–	–	–
Xylol	1,73	1152	–	–	–	–

1) Versuche wurden bei Luftunterschuss durchgeführt.

2.3 Brandausbreitung

Tabelle 10. Brandausbreitungsgeschwindigkeit bei festen Stoffen nach [22]

Brennbare Stoffe, Objekte	Brandausbreitungsgeschwindigkeit in m/min
Bauten mit Holzkonstruktionen, Möbel usw.	1,0–1,2
Gummierzeugnisse im Stapel auf offener Fläche	1,1
Bretterstapel	2,0
Rundholzstapel	0,23–0,70
Kautschuk in geschlossenem Lager	0,4
Strohdach (trocken)	25,0
Papier in Rollen	0,27
Textilerzeugnisse in geschlossenem Lager	0,33
Torf in Stapeln	1,0
Decken bei großen Werkhallen	1,7–3,2

Tabelle 11. Brandausbreitungsgeschwindigkeit für brennbare Gase (räumlicher Verbrennung), nach [22]

Brennbares Gas	Lineare Brandausbreitungsgeschwindigkeit in m/min
Wasserstoff	160,0
Methan	22,2
Acethylen	81,0
Ethylen	37,8

Tabelle 12. Brandausbreitungsgeschwindigkeit von brennbaren Flüssigkeiten nach [22]

Brennbare Flüssigkeit	Brandausbreitungsgeschwindigkeit in m/min	
	bei 10 °C	bei 20 °C
Azeton	19,0	–
Ethylalkohol	7,8	22,8
Buthylalkohol	2,5	4,8
Diethylalkohol	22,5	–
Toluol	10,2	50,4

2.4 Heizwerte

Tabelle 13. Heizwert von Feststoffen (ohne Kunststoffe)

Feststoff	Oberer Heizwert in kWh/kg	Unterer Heizwert in kWh/kg	Literatur
Acrylfaser	8,5–8,6		[15]
Anthrazit	8,30–9,37		[19]
Anthrazitkohle	8,6–9,6	8,5–9,5	[15]
Arbeitsschuhe mit Oberleder und Polyurethan-Sohlen, in Kartons verpackt	5,6		[6]
Autoreifen	9,1		[15]
Autoreifen	12,2		[20]
Baumwolle	4,5–5,6		[15]
Baumwolle	4,34		[19]
Baumwolle	4,3		[20]
Baumwolle, Fasern zu Ballen gepresst	4,3		[6]
Baumwolle, Gewebeballen	4,3		[6]
Bitumen	9,8		[20]
Bitumenkohle	6,9–10,0	6,6–9,8	[15]
Braunkohle	3,10–6,19		[19]
Braunkohle	5,8		[20]
Brechkoks	8,1		[20]
Butter	10,6		[15]
Dachbahn	8,0		[20]
Dachpappe	0,37–0,40		[19]
Dynamit	1,5		[15]
Epoxydharz[1)]	10,8–9,3	8,6–8,7	[15]
Holz: Fichte	4,8		[6]
Fluoreldichtung	3,9–4,2		[15]
Gummi, Dichtungsbänder	5,8		[6]
Gummi, Fahrzeugreifen aus Kautschuk auf Holzpaletten	8,7 [*)]		[6]
Gummi, Fahrzeugreifen aus Kautschuk, lose gelagert	12,2		[6]
Gummi, Fördergurte geschichtet	12,2		[6]

(Fußnoten siehe Seite 812)

Tabelle 13. Heizwert von Feststoffen (ohne Kunststoffe) (Fortsetzung)

Feststoff	Oberer Heizwert in kWh/kg	Unterer Heizwert in kWh/kg	Literatur
Gummi: Buna-N	9,6–9,9		[15]
Gummi: Butyl	12,7		[15]
Gummi: GRS	12,3		[15]
Gummi: Isopren C_5H_8	12,5	11,8	[15]
Gummi: Latexschaum	9,4–11,3		[15]
Heu	4,14		[19]
Holz	4,8		[20]
Holz: Ahorn	5,3	4,9	[15]
Holz: Birke	5,6	5,2	[15]
Holz: Buche	5,6	5,2	[15]
Holz: Buche	4,41		[19]
Holz: Douglasfichte	5,8	5,4	[15]
Holz: Eiche	5,6	5,2	[15]
Holz: Eiche	4,46–4,91		[19]
Holz: Fichte	6,1	5,7	[15]
Holz: Fichte	4,96		[19]
Holz: Kiefer	4,58–5,2		[19]
Holz: Kiefer, weiß	5,3	4,9	[15]
Holzfaserplatten	4,21–5,2		[19]
Holzkohle	9,4–9,6	9,2–9,5	[15]
Holzkohle	8,30		[19]
Holzkohle	9,1		[20]
Holzmehl	5,5		[15]
Holzmöbel	4,8		[20]
Holzspäne: Kiefern	4,58		[19]
Hypalondichtung	7,9		[15]
Isolierwolle (Wollabfälle 90 % und Baumwollfasern 10 %)	4,66		[19]
Kabel mit PVC-Isolierung als Kabelbündel auf Kabelrosten	5,0 [**)]		[6]
Kalkammonsalpeter in Säcken aus Polyester, dicht gestapelt	0,6		[6]
Kalkammonsalpeter in Säcken aus Polyester, dicht gestapelt, auf Holzpaletten	1,2		[6]
Karton gestrichen oder ungestrichen	4,2		[6]
Karton, Pappe	4,2		[20]
Kautschuk	11,7		[20]
Kautschuk, Naturkautschuk	11,10		[19]
Kleinmöbel aus Holzwerkstoffen, unverpackt	4,8		[6]
Koks	7,8–8,6	7,7–8,7	[15]
Koks, in Verbindung mit Holz (Holzbauteile ≈ 35 %) lose geschüttet	6,9 [*)]		[6]
Koks, lose geschüttet	8,1		[6]
Korbwaren	4,8		[20]

(Fußnoten siehe Seite 812)

Tabelle 13. Heizwert von Feststoffen (ohne Kunststoffe) (Fortsetzung)

Feststoff	Oberer Heizwert in kWh/kg	Unterer Heizwert in kWh/kg	Literatur
Korbwaren	4,8		[6]
Kork	7,3		[15]
Kunstleder, Dermatin	5,40		[19]
Lanolin (Wollfett)	11,3		[15]
Leder	5,1–5,5		[15]
Leder	5,3		[20]
Leder, lose gelagert	5,3		[6]
Lignin, $C_{2,6}H_3O$	6,9–7,3	6,5–7,0	[15]
Lignit	6,2–9,3		[15]
Margarine	9,0		[20]
Naphta	11,9–13,1	11,4–12,2	[15]
Neoprengummi, C_5H_5Cl	6,8		[15]
Neoprenschaum, C_5H_5Cl	2,7–7,4		[15]
Nomexfaser, $C_{14}H_{10}O_2N_2$	7,5–8,0		[15]
Packpapier (braun)	5,0–4,9	4,2	[15]
Papier	3,8		[20]
Papier, Altpapier	4,2[*)		[6]
Papier, Bücher (Regal)	4,2		[6]
Papier, Sanitärkrepppapier	3,7		[6]
Papier, Schreib- und Druckpapier	3,8[*)		[6]
Paraffin	12,8	12	[15]
Polyacrylnitrilfasern zu Ballen gepresst, Gemisch aus Polyamidfasern, Wolle sowie Baumwolle	8,2[*)		[6]
Polyacrylnitrilfasern zu Ballen gepresst, modifiziert mit ≈ 35 % Vinylidenchlorid	6,6[*)		[6]
Polyamidfasern zu Ballen gepresst	7,9[*)		[6]
Polyamidfasern zu Ballen gepresst	7,6[*)		[6]
Pressspanplatte	5,5		[15]
Putzlappen	8,8		[20]
Rayonfaser	3,8–5,4		[15]
Roggenmehl	4,6		[20]
Roggenmehl in Papier-Säcke, dicht gestapelt	4,6[*)		[6]
Ruß	3,72–6,94		[19]
Sanitärkrepp	3,7		[20]
Schafwolle	5,8		[6]
Schafwolle, lose gelagert	5,8		[6]
Schafwolle, zu Ballen gepresst	5,8		[6]
Schießpulver	0,8–0,9		[15]
Schmierfett im offenen Blechbehälter	11,5		[6]
Schwefel	–	2,5	[15]

(Fußnoten siehe Seite 812)

Tabelle 13. Heizwert von Feststoffen (ohne Kunststoffe) (Fortsetzung)

Feststoff	Oberer Heizwert in kWh/kg	Unterer Heizwert in kWh/kg	Literatur
Schweineschmalz	11,1		[15]
Silage	3,37		[19]
Silikon, SiC_2H_6O	4,3–4,7		[15]
Silikonschaum	3,9–5,4		[15]
Spannplatten (B2 nach DIN 4102-1) Horizontal dicht gestapelt	4,8		[6]
Spannplatten (B2 nach DIN 4102-1) Horizontal dicht gestapelt auf Holzpaletten	4,8 *)		[6]
Spanplatten	4,8		[20]
Speisefett, Margarine mit min. 15 % Wassergehalt	9,0		[6]
Speisefett, Margarine mit min. 15 % Wassergehalt auf Holzpaletten gelagert	8,2 *)		[6]
Sprengstoff	0,6–0,7		[15]
Stärke	4,9	4,5	[15]
Steinkohle	9,3		[20]
Stroh	4,3		[15]
Tabak	4,4		[15]
Tabak	3,64–4,09		[19]
Teppichboden, aus Filzplatten, aus Fasern aller Art, horizontal dicht gestapelt auf Holzpaletten	5,6 *)		[6]
Teppichboden, aus Filzplatten, aus Fasern aller Art, horizontal dicht gestapelt	6,0		[6]
Teppichboden, Rohware ohne Rücken, aus Fasern aller Art, horizontal gelagert	6,0		[6]
Teppichfilz	6,0		[20]
Textilien, Abfallmaterial, Bekleidungstextilien aus beliebiger Fasern, hängend	6,2 *)		[6]
Textilien, Abfallmaterial, Putzlappen, ölgetränkt, im offenen Blechbehälter	8,8 *)		[6]
Textilien, Abfallmaterial, zu Ballen gepresst aus Baumwolle, Polyamid und Polyacrylnitril-Fasern	8,0 *)		[6]
Tierfett	11,1		[15]
Tonkassetten	6,0		[20]
Torf	4,6–6,0		[15]
Vaseline, $C_{7,118}H_{12,957}O_{0,091}$	12,8		[15]
Wachspapier	6		[15]
Weizen	4,2		[15]
Weizenstroh	4,26		[19]
Wolle	5,8–7,4		[15]
Zeitschriftenpapier	3,5		[15]
Zeitungspapier	5,5		[15]
Zelluloid	4,9–5,7	4,6–5,3	[15]
Zellulose	3,99		[16]
Zelluloseazetatfaser, $C_8H_{12}O_6$	4,9–5,1	4,6–4,9	[15]
Zellulosediazetatfaser, $C_{10}H_{14}O_7$	5,2		[15]

(Fußnoten siehe Seite 812)

Tabelle 13. Heizwert von Feststoffen (ohne Kunststoffe) (Fortsetzung)

Feststoff	Oberer Heizwert in kWh/kg	Unterer Heizwert in kWh/kg	Literatur
Zellulosenitrat[2)]	2,5–3,8		[15]
Zellulosetriazetatfaser[3)]	5,2	4,8	[15]
Zucker	4,6		[20]
Zucker in Papier-Säcken, dicht gestapelt	4,6[*)]		[6]

1) $C_{11,9}H_{20,4}O_{2,8}N_{0,3}/C_{6,064}H_{7,550}O_{1,222}$
2) $C_6H_9NO_7/C_6H_6N_2O_9/C_6H_7N_3O_{11}$
3) $C_{12}H_{16}O_8$
*) Heizwert Stoffgemisch
**) Der Heizwert bezieht sich nur auf die brennbaren Bestandteile.

Tabelle 14. Heizwert von Kunststoffen

Kunststoff	Heizwert in kWh/kg	Literatur
Acrylnitril	8,9	[20]
Acrylnitril-Butadien-Styrol-Formteile in Pappkartons	9,9[*)]	[6]
Akrylsäurenitrilpolymere und Kopolymere	7,63	[19]
Azetatfaser	≈ 4,66	[19]
Azetatzelluloid	4,58–5,65	[19]
Cloringewebe (Pe-Ce-Fasern)	≈ 4,26	[19]
Cloprenkautschuk	9,74	[19]
Epoxydharz, nicht getränkt, lose geschüttet	9,1	[6]
Isoprenkautschuk	11,22	[19]
Kapronfasern (Dederon, Perlon)	7,63	[19]
Kfz-Instrumententafel aus Ethylen-Propylen-Dien-Mastik (mineralischer Füllstoffanteil ≈ 20 %), in Papierkartons gelagert	8,4[*)]	[6]
Kfz-Radhausverkleidung aus Polypropylen-Copolymeren in Pappkartons gelagert	10,7[*)]	[6]
Melamin	5,4	[20]
Nylon (Anidfasern)	7,63	[19]
Nylon 6.6	8,2	[20]
Nylon 66	4,93	[16]
Önanthfaser	7,95	[19]
Phenolharz Schaum	4,44	[16]
Phenolharz, Hartschaumplatten mit oder ohne Glasvlieskaschierung nach (B1 nach DIN 4102-1)	6,0	[6]
Polyakrylnitril (Polyvinylzyanid)	7,71	[19]
Polyakrylnitrilfasern (PAN, Akrylan)	7,63	[19]
Polyamid	7,9	[20]
Polyamid, Folien auf Rollen gewickelt	8,1	[6]
Polycarbodiimid, Hartschaum (Dichte ≈ 16,8 kg/m^3)	8,6	[6]
Polycarbonat	8,3	[20]
Polyester	7,6	[20]
Polyesterfaser (Lawasan, Trevira, Dralon)	5,60	[19]
Polyesterharz (GFK)	5,3	[20]

Tabelle 14. Heizwert von Kunststoffen (Fortsetzung)

Kunststoff	Heizwert in kWh/kg	Literatur
Polyesterharz gesättigt, Formteile, glasfaserverstärkt	5,3	[6]
Polyesterharz gesättigt, Formteile, glasfaserverstärkt, mit Wärmedämmung aus PUR-Schaum	5,3 *)	[6]
Polyethylen	12,2	[20]
Polyethylen-Behälter (auch mit nicht brennbarem Inhalt) oder Polyethylen-Formteile (gestapelt oder geschüttet)	12,2	[6]
Polyethylen-Folien auf Rollen gewickelt	12,2	[6]
Polyethylen-Granulat in einzelnen Säcken	12,2	[6]
Polyethylenterephthalat	6,1	[20]
Polyisocyanurate Schaum	6,05	[16]
Polykaprolaktan (Polyamid 6, Perlon, Nylon 6)	7,68	[19]
Polymehtylmetacrylat (PMMA)	6,9	[6], [14]
Polymethylmetacrylat (PMMA)	7,12	[19]
Polymethylmetacrylat (PMMA)	6,9	[20]
Polymethylmetacrylat (PMMA)	11,40	[16]
Polyoxymethylen	4,3	[20]
Polyoxymethylen	10,31	[16]
Polypropylen	11,52	[16]
Polypropylen	12,2	[20]
Polypropylen	12,0	[14]
Polypropylen-Formteile in Pappkartons	12,6 *)	[6]
Polypropylen-Granulat in Säcken, dicht gestapelt	12,8	[6]
Polypropylen-Granulat in Säcken auf Holzpaletten	9,6 *)	[6]
Polypropylen-Rohre (B2 nach DIN 4102-1)	12,2	[6]
Polystyrene	6,49	[16]
Polystyrene	11,3	[14]
Polystyrol	11,1	[20]
Polystyrol Formteile aus dünnwandigem Polystyrol, ungeschäumt im offenen Blechbehälter	11,0	[6]
Polystyrolplatten	9,66–10,41	[19]
Polytetrafluorethylen	1,4	[20]
Polyurethan – hart	6,7	[20]
Polyurethan Schaum	6,05	[16]
Polyurethan – weich	6,4	[20]
Polyurethan, PUR-Hartschaum	6,4–6,7	[6]
Polyurethan-Hartschaum (PU-HS)	≈ 6,62	[19]
Polyurethan-Weichschaum (Porolon)	≈ 7,31	[19]
Polyvinylchlorid	5,0	[20]
Polyvinylchlorid (PVC)-Kabel	5,0	[20]
Polyvinylchlorid (PVC)-Platten	≈ 3,59	[19]
Polyvinylchlorid, PVC-P-Formteile	5,0	[6]
Polyvinylchlorid, PVC-U-Formteile	5,0	[6]
Polyvinylchloride	3,84	[16]
PS-Hartschaum (B1 nach DIN 4102-1, Dichte ≈ 20 kg/m^3)	11,0	[6]

Tabelle 14. Heizwert von Kunststoffen (Fortsetzung)

Kunststoff	Heizwert in kWh/kg	Literatur
PS-Hartschaum (B3 nach DIN 4102-1, Dichte ≈ 20 kg/m^3)	11,0	[6]
Viskosefaser	3,87	[19]
Zellophan	4,31	[19]
Zelluloid	4,04–5,08	[19]
Zellulose	4,9	[20]

*) Heizwert Stoffgemisch

Tabelle 15. Heizwert von Flüssigkeiten

Brennbare Flüssigkeit	Heizwert in kWh/kg	Literatur
Azeton	8,6	[20]
Azeton	8,0	[6]
Azeton	7,17	[14]
Benzin	12,1–13	[15]
Benzin	11,9	[20]
Benzin	12,4	[14]
Benzol	11,1	[20]
c-Hexan	12,2	[20]
Chlorbenzol	11,2	[20]
Cyclohexan	12,1	[6]
Dieselkraftstoff, leichtes Heizöl	11,7	[6]
Dimethylformamid	6,1	[6]
Erdöl	11,6	[20]
Erdöl und Erdölprodukte	10,78–11,40	[19]
Ethanol	7,4	[20]
Ethanol	7,44	[14]
Ethylalkohol	7,5	[6]
Flugbenzin J P1	11,9	[15]
Flugbenzin J P3	12,1	[15]
Flugbenzin J P4	12,1–12,9	[15]
Flugbenzin J P4	12,08	[14]
Flugbenzin J P5	11,9–12,8	[15]
Flugbenzin J P5	11,94	[14]
Glycol	4,6	[20]
Heizöl EL	11,7	[20]
Hydrauliköl	9,8	[20]
Isopropanol	7,5	[20]
Kerosin	12–12,9	[15]
Kerosin	12,0	[14]
Leinsamenöl	10,8–10,9	[15]
Maschinenöl, Motorenöl	9,8	[6]

Tabelle 15. Heizwert von Flüssigkeiten (Fortsetzung)

Brennbare Flüssigkeit	Heizwert in kWh/kg	Literatur
Methanol	5,5	[20]
Methanol	5,56	[14]
Mineralöl	12,7–12,8	[15]
Nitroverdünnung	7,5	[6]
n-Oktan	12,4	[20]
n-Pentan	12,6	[20]
Olivenöl	11	[15]
Paraffin	13,06	[19]
Petroleum	12,1	[20]
Reinigungsbenzin	11,9	[6]
Rizinusöl	10,3	[15]
Schweres Heizöl	11,4	[6]
Silicon-Transformatorenflüssigkeit	8,9	[6]
Sonnenöl	11,6	[15]
Terpentin	11,5	[20]
Toluol	11,3	[6]
Xylol	11,1	[20]
Xylol	11,3	[14]

Tabelle 16. Heizwert von brennbaren Gasen nach [20]

Gasart	Heizwert in kWh/kg	Literatur
Acetylen	13,4	[20]
Butan	12,9	[20]
CO	2,8	[20]
Ethan	13,2	[20]
Methan	13,9	[20]
Propan	12,8	[20]
Wasserstoff	33,6	[20]

2.5 Lagerungsdichte und m-Faktoren

Tabelle 17. m-Faktor von Feststoffen (ohne Kunststoffe) nach [6]

Feststoff	Lagerungsdichte [%]	Abbrandfaktor m
Altpapier einschließlich Karton zu Ballen verpresst		0,2 *)
Altpapier lose	3	2
Arbeitsschuhe mit Oberleder und Polyurethan-Sohlen, in Kartons verpackt	100	0,9
Baumwolle Fasern zu Ballen verpresst		0,2 *)
Baumwolle Gewebeballen		0,4
Bitumen, Blöcke	100	0,6
Bitumen, Dachbahn mit Rohfilzeinlage	60	0,5
Braunkohlebriketts lose geschüttet oder gestapelt	50	0,3
Brechkoks in Verbindung mit Holz (Holzbauteile – 35 %), lose geschüttet	60	0,2
Brechkoks lose geschüttet	60	0,2
Dispersionsfarbe in PE-Eimern auf Holzpalette	80	0,05
Fichte Holzbretter	50	1
Fichte Holzbretter	70	0,8
Fichte Holzwolle in loser Schüttung, gepresst zu Einzelballen	8	1
Fichte Holzwolle in loser Schüttung, gepresst zu Einzelballen	60	0,2 *)
Fichte Kanthölzer 100 mm × 100 mm	50	0,7
Fichte Kanthölzer 100 mm × 100 mm	90	0,5
Fichte Kanthölzer 200 mm × 200 mm	50	0,3
Fichte Kanthölzer 200 mm × 200 mm	95	0,2 *)
Fichte Kanthölzer 40 mm × 40 mm	50	1
Fichte Kanthölzer, zu Blöcken 500 mm × 500 mm dicht gefügt	50	0,2 *)
Fichte Kanthölzer, zu Blöcken 500 mm × 500 mm dicht gefügt	98	0,2 *)
Fichte Rundholz, geschält mit Durchmesser 150 mm bis 300 mm	50	0,7
Gummi, Dichtungsbänder	20	0,8
Gummi, Fahrzeugreifen aus Kautschuk, lose gelagert	10	0,4
Gummi, Fördergurte, geschichtet	100	0,2
Kabel mit PVC-Isolierung als Kabelbündel auf Kabelrosten	30 bis 90	0,5
Kalkammonsalpeter in Säcken aus Polyester, dicht gestapelt	90	0,2 *)
Kalkammonsalpeter in Säcken aus Polyester, dicht gestapelt, auf Holzpaletten	80	1,2
Karton auf Rollen eng gewickelt, stehend oder liegend gelagert	75	0,2 *)
Karton Behälter, leer, gestapelt	6	1,8
Karton geschnitten, auf Holzpaletten gelagert	100	0,2 *)
Karton lose, horizontal gestapelt, einschließlich Wellpappe	20	0,4
Kleinmöbel aus Holzwerkstoffen, unverpackt	15	1,2
Korbwaren	10	1,5

Tabelle 17. m-Faktor von Feststoffen (ohne Kunststoffe) nach [6] (Fortsetzung)

Feststoff	Lagerungsdichte [%]	Abbrandfaktor m
Leder, lose gelagert	5 bis 15	1,2
Margarine mit mindestens 15 % Wassergehalt	100	0,2 [*)]
Margarine mit mindestens 15 % Wassergehalt auf Holzpaletten gelagert	40 bis 60	1,6
Papier auf Rollen eng gewickelt, Rollen stehend, liegend oder auf Holzpaletten gelagert	75	0,2 [*)]
Papier großformatig geschnitten, gelagert auf jeweils einzeln auf dem Fußboden abgestellten Holzpaletten mit $h_L \leq 1$ m	100	0,05
Papier grosformatig geschnitten, mehrlagige Holzpalettenlagerung	100	0,2
Polyacrylnitril zu Ballen verpresst: Fasern, Gemisch aus Polyamidfasern, Wolle sowie Baumwolle		0,8
Polyacrylnitril zu Ballen verpresst: Fasern, modifiziert mit ≈ 35 % Vinylidenchlorid		0,2 [*)]
Polyamidfasern zu Ballen verpresst		1,1
Polyamidfasern zu Ballen verpresst	30	0,2 [*)]
Roggenmehl in Papier-Säcken, dicht gestapelt		1
Sanitärkrepppapier in Großrollen	80	1,3
Sanitärkrepppapier in Rollen, in Beuteln verpackt	95	1,9
Schafwolle lose gelagert	10	0,8
Schafwolle zu Ballen verpresst	–	0,2 [*)]
Schmierfett im offenen Blechbehälter	100	0,5
Spanplatten (B2 nach DIN 4102-1)	99	0,2 [*)]
Sperrholz horizontal dicht gestapelt		0,2 [*)]
Sperrholz horizontal dicht gestapelt auf Holzpaletten		0,8
Teppichboden aus Filzplatten, aus Fasern aller Art, horizontal dicht gestapelt auf Holzpaletten		1,1
Teppichboden aus Filzplatten, aus Fasern aller Art, horizontal dicht gestapelt		0,2 [*)]
Teppichboden Rohware ohne Rücken, aus Fasern aller Art, horizontal lose gelagert		1,5
Textilien: Bekleidungstextilien aus beliebigen Fasern, hängend	10 bis 30	0,7
Textilien: Putzlappen, ölgetränkt, im offenen Blechbehälter	10	0,7
Textilien: zu Ballen verpresst aus Baumwolle, Polyamid- und Polyacrylnitril-Fasern		0,8
Ton- und Datenträgerkassetten, nicht festgelegt, lose gelagert	80	1,6
Ton- und Datenträgerkassetten, Polycarbonat-Gehäuse und Polyester-Band, lose gelagert	80	0,4
Ton- und Datenträgerkassetten, Polycarbonat-Gehäuse und Polyester-Band in Schachteln aus Karton	100	0,2 [*)]
Zucker in Papier-Säcken, dicht gestapelt		0,2 [*)]

[*)] Abbrandfaktor m, angesetzt nach DIN 18230-2:1990-1, 8.2 letzter Absatz

Tabelle 18. m-Faktor von Kunststoffen nach [6]

Kunststoff	Lagerungsdichte [%]	Abbrandfaktor m
Acrylnitril-Butadien-Styrol-Formteile in Pappkartons	10	0,9
Epoxydharz, nicht verstärkt, lose geschüttet	80	0,6
Formteile aus dünnwandigem, ungeschäumtem Polystyrol im offenen Blechbehälter	10	2,1
Kfz-Instrumententafel aus Ethylen-Propylen-Dien-Mastik (mineralischer Füllstoffanteil 20 %), in Papierkartons gelagert	30 bis 90	0,4
Kfz-Radhausverkleidungen aus Polypropylen-Copolymeren in Pappkartons gelagert	30 bis 90	1,1
Phenolharz Hartschaumplatten mit oder ohne Glasvlieskaschierung nach (B1 nach DIN 4102-1)	100	0,7
Polyamid Folien auf Rollen gewickelt	30	1,4
Polycarbodiimid Hartschaum (Dichte ≈ 16,8 kg/m^3)	100	0,2 [*]
Polyesterharz, ungesättigt: Formteile, glasfaserverstärkt, dicht gestapelt	90	0,9
Polyesterharz, ungesättigt: Formteile, glasfaserverstärkt, lose gestapelt	5 bis 25	1,1
Polyesterharz, ungesättigt: Formteile, glasfaserverstärkt, mit Wärmedämmung aus PUR-Schaum	5 bis 10	1,1
Polyethylen-Behälter (auch mit nichtbrennbarem Inhalt) oder Polyethylen-Formteile (gestapelt oder geschüttet)	10	0,8
Polyethylen-Folien auf Rollen gewickelt	30	1,1
Polyethylen-Granulat in einzelnen Säcken		0,8
Polypropylen-Formteile in Pappkartons	15	0,8
Polypropylen-Granulat in Sacken auf Holzpaletten	80	1,3
Polypropylen-Granulat in Sacken, dicht gestapelt		1,2
Polypropylen-Rohre (B2 nach DIN 4102-1)	10	0,8
PS-Hartschaum (B1 nach DIN 4102-1, Dichte ≈ 20 kg/m^3)	100	0,4
PS-Hartschaum (B3 nach DIN 4102-1, Dichte ≈ 20 kg/m^3)	100	0,9
PUR-Hartschaum (B1 nach DIN 4102-1, Dichte ≈ 36 kg/m^3)	100	0,2 [*]
PUR-Hartschaum (B2 nach DIN 4102-1, Dichte ≈ 36 kg/m^3)	100	0,3
PUR-Weichschaum (B3 nach DIN 4102-1, Dichte ≈ 36 kg/m^3) in Drahtkörben	90	1,2
PUR-Weichschaum (B3 nach DIN 4102-1, Dichte ≈ 36 kg/m^3) in Verbindung mit Holzkonstruktion (Polstermöbel)	50	1,4
PVC-P-Formteile in Drahtkörben	10	0,7
PVC-U-Formteile in Drahtkörben	30	0,4
PVC-U-Formteile in Pappkartons	30 bis 90	0,4
PVC-U-Rohre auf Holzpaletten horizontal gelagert	10	0,4
PVC-U-Rohre horizontal gelagert	10	0,2

[*] Abbrandfaktor m, angesetzt nach DIN 18230-2:1990-1, 8.2 letzter Absatz

Tabelle 19. m-Faktor von Flüssigkeiten nach [6]

Flüssigkeit	Lagerungsdichte [%]	Abbrandfaktor m
Benzin	100	0,7
Chlorbenzol	100	0,5
Cyclohexan	100	0,6
Dieselkraftstoff, leichtes Heizöl	100	0,7
Dimethylformamid	100	1,8
Glycol	100	1,9
Isopropanol	100	1,1

Tabelle 19. m-Faktor von Flüssigkeiten nach [6] (Fortsetzung)

Flüssigkeit	Lagerungsdichte [%]	Abbrandfaktor m
Maschinenöl, Motorenöl	100	0,6
Methanol	100	1
Nitroverdünnung	100	1
schweres Heizöl	100	0,7
Silicon-Transformatorenflüssigkeit	100	0,2
Terpentin	100	0,6

2.6 Luftbedarf

Tabelle 20. Luftbedarf fester Stoffe (ohne Kunststoffe) nach [20]

Feststoff	Luftbedarf [kg Luft/kg Brennstoff]	Energie/Luftmenge[1)] [kWh/kg Luft]
Autoreifen	13,6	≈ 0,9
Baumwolle	4,8	≈ 0,9
Braunkohle	6,4	≈ 0,9
Brechkoks	9,0	≈ 0,9
Bitumen	10,9	≈ 0,9
Dachbahn	8,9	≈ 0,9
Holz	5,2	0,930
Holzmöbel	5,2	≈ 0,9
Holzkohle	11,5	≈ 0,9
Kautschuk	13,0	≈ 0,9
Karton, Pappe	4,7	≈ 0,9
Korbwaren	5,3	≈ 0,9
Leder	5,9	≈ 0,9
Margarine	10,0	≈ 0,9
Papier	4,2	≈ 0,9
Putzlappen	9,8	≈ 0,9
Roggenmehl	5,1	≈ 0,9
Sanitärkrepp	4,1	≈ 0,9
Spanplatten	5,3	≈ 0,9
Steinkohle	11,4	0,814
Teppichfilz	6,7	≈ 0,9
Tonkassetten	6,7	≈ 0,9
Zucker	5,1	≈ 0,9

Tabelle 21. Luftbedarf von Kunststoffen nach [20]

Kunststoff	Luftbedarf [kg Luft/kg Brennstoff]	Energie/Luftmenge [kWh/kg Luft]
Acrylnitril	9,7	0,917
Cellulose	5,1	0,953
Melamin	6,4	0,840
Nylon 6.6	10,0	0,817
Polyamid	8,9	0,884
Polycarbonat	9,8	0,844
Polyester	8,5	0,890
Polyesterharz (GFK)	6,0	0,890
Polyethylen	15,0	0,814
Polyethylenterephthalat	7,2	0,850
Polymethylmetacrylat (PMMA)	8,3	0,836
Polyoxymethylen	4,6	0,933
Polypropylen	15,0	0,814
Polystyrol	13,3	0,836
Polytetrafluorethylen	2,8	0,503
Polyurethan (PU) – hart	7,5	0,894
Polyurethan (PU) – weich	7,2	0,894
Polyvinylchlorid	6,0	0,828
Polyvinylchlorid (PVC)-Kabel	6,0	0,828

1) Für Kohlenwasserstoffverbindungen gilt als guter Näherungswert: 0,9 kWh/kg Luft

Tabelle 22. Luftbedarf von brennbaren Flüssigkeiten nach [20]

Flüssigkeit	Luftbedarf [kg Luft/kg Brennstoff]	Energie/Luftmenge [kWh/kg Luft]
Azeton	9,5	0,903
Benzol	13,2	0,842
Benzin	13,5	0,884
Chlorbenzol	12,9	0,852
Ethanol	8,9	0,831
Erdöl	13,0	0,855
Glycol	5,4	0,890
Heizöl EL	13,1	0,898
Hydrauliköl	10,9	0,831
Isopropanol	9,0	0,853
Methanol	6,4	0,825
n-Pentan	15,3	0,825
n-Oktan	15,0	0,825
c-Hexan	14,8	0,825
Petroleum	13,6	0,890
Terpentin	12,9	0,890
Xylol	12,5	0,890

Tabelle 23. Luftbedarf von brennbaren Gasen nach [20]

Gasart	Luftbedarf [kg Luft/kg Brennstoff]	Energie/Luftmenge [kWh/kg Luft]
Acetylen	13,2	1,014
Butan	15,6	0,825
CO	2,5	1,139
Ethan	16,1	0,822
Methan	17,2	0,808
Propan	15,5	0,825
Wasserstoff	34,5	0,977

2.7 Verbrennungseffektivität und Verbrennungsanteile

Tabelle 24. Verbrennungseffektivität und Verbrennungsanteile (Yield) von Holz, nach [44]

Feststoff	Unterer Heizwert in MJ/kg [44]	Yield CO_2 in g/g [44]	Yield CO in g/g [44]	Yield Ruß in g/g [44]	Effektiver Heizwert in MJ/kg [44]	Verbrennungs-effektivität versch. Stoffe [*]
Douglasie	16,4	1,31	0,004	–	13	0,793
Kiefer	17,9	1,33	0,005	–	12,4	0,693
Roteiche	17,1	1,27	0,004	0,015	12,4	0,725

[*] Verbrennungseffektivität = Effektiver Heizwert/Unterer Heizwert

Tabelle 25. Verbrennungseffektivität und Verbrennungsanteile (Yield) von Kunststoffen, nach [44]

Kunststoff	Unterer Heizwert in MJ/kg [44]	Yield CO_2 in g/g [44]	Yield CO in g/g [44]	Yield Ruß in g/g [44]	Effektiver Heizwert in MJ/kg [44]	Verbrennungs- effektivität versch. Stoffe [*)]
Epoxy-1	28,8	1,59	0,08	–	17,1	0,594
Epoxy-2	28,8	1,16	0,086	0,098	12,3	0,427
Nylon	30,8	2,06	0,038	0,075	27,1	0,880
PE	43,6	2,76	0,024	0,06	38,4	0,881
PMMA	25,2	2,12	0,01	0,022	24,2	0,960
Polycarbonate (PC-CH0.88O0.13)	31,6	1,5	0,054	0,112	18,4	0,582
Polyester-1	32,5	1,65	0,07	0,091	20,6	0,634
Polyester-2	32,5	1,56	0,08	0,089	19,5	0,600
Polyetheretherketone (PEEK-CH0.63O0.16)	31,3	1,6	0,029	0,008	17,5	0,559
Polyetherimide (PEI-CH0.68N0.05O0.14)	30,1	2	0,026	0,014	27,2	0,904
Polyethersulfone (PES-CH0.67O0.21S0.08)	25,2	1,5	0,04	0,021	20,4	0,810
Polyethylen Schaum 1	41,2	2,62	0,02	0,056	34,4	0,835
Polyethylen Schaum 2	40,8	2,78	0,026	0,102	36,1	0,885
Polyethylen Schaum 3	40,8	2,6	0,02	0,076	33,8	0,828
Polyethylen Schaum 4	40,8	2,51	0,015	0,071	32,6	0,799
Polystyren Schaum GM49	38,2	2,3	0,065	0,21	25,6	0,670
Polystyren Schaum GM51	35,6	2,34	0,058	0,185	24,6	0,691
Polystyren Schaum GM53	37,6	2,34	0,06	0,2	25,9	0,689
Polystyren Schaum GM47	38,1	2,3	0,06	0,18	25,9	0,680
Polysulfone (PSO-CH0.81O0.15S0.04)	29	1,8	0,034	0,02	24,3	0,838
Polyurethan Schaum GM21	26,2	1,55	0,01	0,131	17,8	0,679
Polyurethan Schaum GM23	27,2	1,51	0,031	0,227	19	0,699
Polyurethan Schaum GM25	24,6	1,5	0,028	0,194	17	0,691
Polyurethan Schaum GM27	23,2	1,57	0,042	0,198	16,4	0,707
Polyurethan Schaum GM29	26	1,52	0,031	0,13	16,4	0,631
Polyurethan Schaum GM31	25	1,53	0,038	0,125	15,8	0,632
Polyurethan Schaum GM35	28	1,58	0,025	0,104	17,6	0,629
Polyurethan Schaum GM37	28	1,63	0,024	0,113	17,9	0,639
Polyurethan Schaum GM41	26,2	1,18	0,046	–	15,7	0,599
Polyurethan Schaum GM43	22,2	1,11	0,051	–	14,8	0,667
POM	15,4	1,4	0,001	–	14,4	0,935
PP	43,4	2,79	0,024	0,059	38,6	0,889
PS	39,2	2,33	0,06	0,164	27	0,689
Silicone	21,7	0,96	0,021	0,065	10,6	0,488
Silicone Gummi	21,7	0,96	0,021	0,078	10,9	0,502

[*)] Verbrennungseffektivität = Effektiver Heizwert/Unterer Heizwert

Tabelle 26. Verbrennungseffektivität und Verbrennungsanteile (Yield) von Flüssigkeiten, nach [44]

Flüssigkeit	Unterer Heizwert in MJ/kg [44]	Yield CO_2 in g/g [44]	Yield CO in g/g [44]	Yield Ruß in g/g [44]	Effektiver Heizwert in MJ/kg [44]	Verbrennungs-effektivität versch. Stoffe [*]
Aceton	29,7	2,14	0,003	0,014	27,9	0,939
Ethanol	27,7	–	–	–	26,2	0,946
Ethyl Alkohol	27,7	1,77	0,001	0,008	25,6	0,924
Heptan	44,4	–	–	–	40,3	0,908
Isopropyl Alkohol	31,8	2,01	0,003	0,015	29	0,912
Methanol	20	–	–	–	19,8	0,990
Methyl Alkohol	20	1,31	0,001	–	19,1	0,955
Mineralöl	46	–	–	–	44,3	0,963

[*] Verbrennungseffektivität = Effektiver Heizwert/Unterer Heizwert

Tabelle 27. Verbrennungseffektivität und Verbrennungsanteile (Yield) von Gasen, nach [44]

Gas	Unterer Heizwert in MJ/kg [44]	Yield CO_2 in g/g [44]	Yield CO in g/g [44]	Yield Ruß in g/g [44]	Effektiver Heizwert in MJ/kg [44]	Verbrennungs-effektivität versch. Stoffe [*]
1,3-Butadien	44,6	2,46	0,048	0,125	33,6	0,753
Acetylen	47,8	2,6	0,042	0,096	36,7	0,768
Butan	45,4	2,85	0,007	0,029	42,6	0,938
Ethan	47,1	2,85	0,001	0,013	45,7	0,970
Ethylen	48	2,72	0,013	0,043	41,5	0,865
Methan	50,1	2,72	–	–	49,6	0,990
Propan	46	2,85	0,005	0,024	43,7	0,950
Propylen	46,4	2,74	0,017	0,095	40,5	0,873

[*] Verbrennungseffektivität = Effektiver Heizwert/Unterer Heizwert

Tabelle 28. Verbrennungseffektivität und Verbrennungsanteile (Yield) von Chemikalien und Lösungsmitteln, nach [44]

Stoff	Unterer Heizwert in MJ/kg [44]	Yield CO_2 in g/g [44]	Yield CO in g/g [44]	Yield Ruß in g/g [44]	Effektiver Heizwert in MJ/kg [44]	Verbrennungs-effektivität versch. Stoffe [*]
1,3 Dichloropropene ($C_3H_4Cl_2$)	14,2	0,35	0,09	0,169	5,6	0,394
2,6 Dichlorobenzonitrile (dichlobenil) ($C_7H_3NCl_2$)	17,8	0,39	0,068	–	4,3	0,242
3 Chloropropene (C_3H_5Cl)	23	0,75	0,076	0,179	10,8	0,470
Acetronitrile (C_2H_3N)	29,6	2,04	0,025	0,026	29	0,980
Aclonifen ($C_{12}H_9O_3N_2Cl$)	19,7	0,68	0,063	0,186	7	0,355
Adiponitrile ($C_6H_8N_2$)	33,1	2,35	0,045	0,045	31,1	0,940
Chloronitrobenzoic acid ($C_7H_4O_4NCl$)	15,9	0,39	0,057	–	4,4	0,277
Dichloromethane (CH_2Cl_2)	6	0,11	0,088	0,081	2	0,333

Tabelle 28. Verbrennungseffektivität und Verbrennungsanteile (Yield) von Chemikalien und Lösungsmitteln, nach [44] (Fortsetzung)

Stoff	Unterer Heizwert in MJ/kg [44]	Yield CO_2 in g/g [44]	Yield CO in g/g [44]	Yield Ruß in g/g [44]	Effektiver Heizwert in MJ/kg [44]	Verbrennungs-effektivität versch. Stoffe[*)]
Diphenylmethanediisocyanate MDI ($C_{15}H_{10}O_2N_2$)	27,1	0,95	0,042	0,154	19,6	0,723
Diuron ($C_9H_{10}ON_2Cl_2$)	20,3	0,76	0,08	0,159	10,2	0,502
Ethylisonicotate ($C_8H_9O_2N$)	26,3	2,37	0,029	0,142	24,3	0,924
Ethylmonochloroacetate ($C_4H_7O_2Cl$)	15,7	1,24	0,019	0,138	14,1	0,898
Hexamethylenediamine ($C_6H_{16}N_2$)	35,3	2,28	0,029	0,045	32,6	0,924
Isoproturon ($C_{12}H_{18}ON_2$)	32,8	1,7	0,056	0,115	23,9	0,729
Metatrifluoromethylphenyl-acetonitrile ($C_9H_6NF_3$)	16	0,89	0,058	0,168	7,3	0,456
Methylthiopropionylaldehyde (C_4H_8OS)	25	1,62	0,001	0,005	23,8	0,952
Monochlorobenzene (C_6H_5Cl)	26,4	0,86	0,083	0,232	11,2	0,424
Phenol (C_6H_6O)	31	2,63	0,057	0,099	27,6	0,890
Polymeric MDI ($C_{23}H_{19}O_3N_3$)	29,6	1,22	0,032	0,165	23,3	0,787
Tetrahydrofuran (C_4H_8O)	32,2	2,29	0,021	–	30,3	0,941
Tetramethylthiurammonosulfide ($C_6H_{12}N_2S_3$)	22,6	1,06	0,041	–	19,6	0,867
Toluenediisocyanate ($C_9H_6O_2N_2$)	23,6	1,77	0,052	0,141	19,3	0,818
Trifluoromethylbenzene ($C_6H_5CF_3$)	18,7	1,19	0,069	0,185	10,8	0,578

[*)] Verbrennungseffektivität = Effektiver Heizwert/Unterer Heizwert

Tabelle 29. Verbrennungseffektivität und Verbrennungsanteile (Yield) von Pestiziden, nach [44]

Stoff	Unterer Heizwert in MJ/kg [44]	Yield CO_2 in g/g [44]	Yield CO in g/g [44]	Yield Ruß in g/g [44]	Effektiver Heizwert in MJ/kg [44]	Verbrennungs-effektivität versch. Stoffe[*)]
2,4 D acid (Herbicide, $C_8H_6O_3Cl_2$)	11,5	0,5	0,074	0,163	4,5	0,391
Chlorfenvinphos ($C_{12}H_{24}O_4Cl_3P$)	18	0,43	0,011	0,288	7,7	0,428
Chlormephos ($C_5H_{12}O_2S_2ClP$)	19,1	0,51	0,075	0,055	13,9	0,728
Folpel ($C_9H_4O_2NSCl_3$)	9,1	0,37	0,072	0,205	3,6	0,396
Mancozeb ($C_4H_6N_2S_4Mn)_iZn_{0,4}$)	14	0,5	–	–	9,5	0,679

[*)] Verbrennungseffektivität = Effektiver Heizwert/Unterer Heizwert

2.8 Zusätzliche Stoffdaten für Kunststoffe

Tabelle 30. Zersetzungstemperatur, Kohlenstoff Yield und Sauerstoffindex von Kunststoffen, nach [43]

Kunststoff	Zersetzungstemperatur in °C	Kohlenstoff Yield in %	Limitierender Sauerstoff Index in %
Polybenzobisoxazol (PBO)	789	75	56
Polyparaphenylen	652	75	55
Polybenzimidazol (PBI)	630	70	42
Polyamideimid (PAI)	628	55	45
Polyaramid (Kevlar)	628	43	28
Polyetherketoneketone (PEKK)	619	62	40
Polyetherketone (PEK)	614	56	40
Polytetrafluoroethylen (PTFE)	612	0	95
Polyether Ether Keton (PEEK)	606	50	35
Polyephenylsulfon (PPSF)	606	44	38
Polypara(benzoyl)phenylen (PX)	602	66	41
Fluor-Zynat-Ester	583	44	40
Polyphenylenesulfid (PPS)	578	45	44
Polyetherimide (PEI)	575	52	47
Polypromellitimid (PI)	567	70	37
Polycorbonat (PC)	546	25	26
Polysulfon (PSF)	537	30	30
Polyethylen (PE)	505	0	18
Polyamid 6 (PA6)- Nylon	497	1	21
Polyethyleneterphthalat (PET)	474	13	21
Acrylnitrilbutadienstyrol (ABS)	470	0	18
Polyurethan Elastomer (PU)	422	3	17
Polymethylmetacrylat (PMMA)	398	2	17
Polychlorotrifluoroethylene	380	0	95
Polyvinylchlorid (PVC)	370	11	50
Polystyrol (PS)	364	0	18
Polyoxymethylene (POM)	361	0	15
Polyvinylidenfluorid (PVDF)	355	0	44

Tabelle 31. Unterer Heizwert und andere Eigenschaften von Polymeren nach [18]

Polymerart	Chem. Formel	Molekulargewicht g/Mol	H_u Heizwert MJ/kg	H_u/r_o Sauerstoffbedarf MJ/kg O_2
Acrylnitrilbutadienstyrolcopolymer	–	–	33,75	–
Bisphenol-A-Epoxy	$C_{11,85}H_{20,37}O_{2,83}N_{0,3}$	212,10	31,42	13,41
Butadien-Acrylonitril 37 % Copolymer	–	–	37,42	–
Butadien-Styrol 8,58 % Copolymer	$C_{4,18}H_{6,09}$	56,30	42,49	13,11
Butadien-Styrol 25,5 % Copolymer	$C_{4,60}H_{6,29}$	61,55	41,95	13,07
Zelluloseacetat	$C_{12}H_{16}O_8$	288,14	17,66	13,25
Zelluloseacetatbutyrat	$C_{12}H_{18}O_7$	274,27	22,3	14,67
Expoxy, ungehärtet	$C_{31}H_{36}O_{5,5}$	496,63	31,32	13,05
Expoxy, ausgehärtet	$C_{39}H_{40}O_{8,5}$	644,74	28,90	13,01
Melaminformaldehyd	$C_6H_6N_6$	162,08	18,52	12,51
Nylon 6	$C_6H_{11}NO$	113,08	28,0–29,6	12,30
Nylon 6.6	$C_{12}H_{22}N_2O_2$	226,16	29,5–29,6	12,30
Nylon 11 (Rilsan)	$C_{11}H_{21}NO$	183,14	34,47	12,33
Phenolformaldehyd	$C_{15}H_{12}O_2$	224,17	26,7–30,4	11,80
Phenolschaum	–	–	20,2–26,2	–
Polyacenaphthalen	$C_{12}H_8$	152,14	38,14	12,95
Polyacrylnitril	C_3H_3N	53,04	30,98	13,70
Polyallylphthalat	$C_{14}H_{14}O$	198,17	26,19	9,54
Polyamides → Nylon	C_4H_6	54,05	42,75	13,13
Poly-1.4-Butadien	C_4H_8	56,05	43,35	12,65
Polycarbonat	$C_{16}H_{14}O_3$	254,19	29,78	13,14
Polycarbondioxid	C_3O_2	68,03	13,78	14,64
Polychlortrifluorethylen	C_2F_3Cl	116,47	1,12	2,04
Polydiphenylbutadien	$C_{16}H_{10}$	202,18	38,2	13,05
Polyester, ungesättigt	$C_{5,77}H_{6,25}O_{1,63}$	101,60	20,3–28,5	11,90
Polyether, chloroniert	$C_5H_8OCl_2$	154,97	16,71	12,45
Polyethylen	C_2H_4	28,03	43,1–43,4	12,63
Polyethylenoxid	C_2H_4O	44,02	24,66	13,57
Polyethylenterephthalat	$C_{10}H_8O_4$	192,11	21,27	12,77
Polyformaldehyd	CH_2O	30,11	15,86	14,88
Poly-1-Hexan-Sulfon	$C_6H_{12}SO_2$	148,13	28,00	14,40
Polycyanwasserstoff	HCN	27,02	22,45	15,17
Polyisocyanatschaum	–	–	22,2–26,2	–
Polyisopren	C_5H_8	68,06	42,30	12,90
Poly-3-Methyl-1-Butan	C_5H_{10}	70,06	43,42	12,67
Polymethylmethacrylat	$C_5H_8O_2$	100,06	24,88	12,97
Poly-4-Methyl-1-Pentan	C_6H_{12}	84,08	43,39	12,67

Tabelle 31. Unterer Heizwert und andere Eigenschaften von Polymeren nach [18] (Fortsetzung)

Polymerart	Chem. Formel	Molekulargewicht g/Mol	H_u Heizwert MJ/kg	H_u/r_o Sauerstoffbedarf MJ/kg O_2
Poly-α-Methylstyrol	C_9H_{10}	118,11	40,45	13,00
Polynitroethylen	$C_2H_3O_2N$	73,03	15,06	19,64
Polyoxymethylen	CH_2O	30,01	15,65	14:68
Polyoxytrimethylen	C_3H_6O	58,04	29,25	13,27
Poly-1-Pentan	C_5H_{10}	70,06	42,45	12,39
Polyphenylacetylen	C_8H_6	102,09	38,70	13,00
Polyphenyloxid	C_8H_8O	120,09	33,13	13,09
Polypropansulfon	$C_3H_6SO_2$	106,10	22,58	16,64
Poly-β-Propiolaceton	$C_3H_4O_2$	72,14	18,13	13,62
Polypropylen	C_3H_6	42,04	43,23	12,62
Polypropylenoxid	C_3H_6O	58,04	28,90	13,11
Polystyrol	C_8H_8	104,10	39,7–39,8	12,93
Polystyrolschaum	–	–	35,6–40,8	–
Polybutansulfon	$C_4H_8SO_2$	120,11	22,25–25,01	14,79
Polyschwefel	S	32,06	9,72	9,74
Polytetrafluorethylen	C_2F_4	100,02	5,00	7,81
Polytetrahydrofuran	C_4H_8O	72,05	31,85	13,04
Polyurea	$C_{15}H_{18}O_4N_4$	318,20	23,67	13,45
Polyurethan	$C_{6.3}H_{7.1}NO_{2.1}$	130,30	22,70	13,16
Polyurethanschaum	–	–	23,2–28,0	–
Polyvinylacetat	$C_4H_6O_2$	86,05	21,51	12,86
Polyvinylalkohol	C_2H_4O	44,03	23,01	12,66
Polyvinylbutyral	$C_8H_{14}O_2$	142,10	30,70	13,00
Polyvinylchlorid	C_2H_3Cl	62,48	16,90	12,00
Polyvinylschaum	–	–	–	–
Polyvinylfluorid	C_2H_3F	46,02	20,27	10,60
Polyvinyliden	$C_2H_2Cl_2$	96,93	10,07	12,21
Polyvinylidenfluorid	$C_2H_2F_2$	64,02	14,08	11,26
Ureaformaldehyd	$C_3H_6O_2N_2$	102,05	14,61	13,31

2.9 Flächenbezogene Brandleistung und Brandentwicklung

Tabelle 32. Flächenbezogene Brandleistung von Feststoffen (ohne Kunststoffe), nach [6]

Feststoff	Flächenbezogene Brandleistung in kW/m² [41], [15], [42]	Flächenbezogene Brandleistung in kW/m² [16], [17]
Altpapier lose	328 bis 378	
Altpapier, einschließlich Karton zu Ballen gepresst	–	
Baumwolle, Fasern zu Ballen gepresst	62	
Baumwolle, Gewebeballen	268	
Fichte, Bretter	193 bis 288	
Fichte, Kanthölzer 40 × 40 mm	259 bis 346	
Gummi, Fahrzeugreifen aus Kautschuk, lose gelagert	388 bis 864	
Gummi, Fördergurte geschichtet	388 bis 630	
Kabel mit PVC-Isolierung als Kabelbündel auf Kabelrosten	173 bis 205	300 bis 309
Karton, Behälter, leer, gestapelt	328 bis 428	
Karton, lose, horizontal gestapelt, einschließlich Wellpappe	328 bis 378	
Kleinmöbel aus Holzwerkstoffen, unverpackt	259 bis 346	
Korbwaren	374 bis 634	
Margarine mit min. 15 % Wassergehalt	205 bis 270	
Sanitärkrepppapier, in Großrollen	118 bis 144	
Sanitärkrepppapier, in Rollen, in Beuteln verpackt	118 bis 144	
Schreib- und Druckpapier großformatig geschnitten, mehrlagige Holzpalettenlagerung	274 bis 365	
Schreib- und Druckpapier, auf Rollen eng gewickelt, Rollen stehend, liegend oder auf der Holzpalette gelagert	274 bis 365	
Schreib- und Druckpapier, Bücher (Regal)	83	
Schreib- und Druckpapier, großformatig geschnitten, gelagert auf jeweils einzeln auf dem Fußboden abgestellten Holzpaletten	91 bis 109	
Spannplatten (B2 nach DIN 4102-1)	144 bis 170	
Sperrholz, horizontal dicht gestapelt	144 bis 170	
Sperrholz, horizontal dicht gestapelt auf Holzpaletten	144 bis 170	
Teppichboden, Rohware ohne Rücken, aus Fasern aller Art, horizontal gelagert	126 bis 432	
Textilien, Abfallmaterial, zu Ballen gepresst aus Baumwolle, Polyamid und Polyacrylnitril-Fasern	126 bis 525	
Textilien, Abfallmaterial, Putzlappen, ölgetränkt, im offenen Blechbehälter	370 bis 454	
Textilien; Polyacrylnitril zu Ballen gepresst, Fasern, Gemisch aus Polyamidfasern, Wolle sowie Baumwolle	123 bis 512	
Ton- und Datenträgerkassetten, nicht festgelegt, lose gelagert	104 bis 205	
Ton- und Datenträgerkassetten, Polycarbonat-Gehäuse und Polyester-Band lose gelagert	104 bis 205	
Ton- und Datenträgerkassetten, Polycarbonat-Gehäuse und Polyester-Band in Schachteln aus Karton	104 bis 205	

Tabelle 33. Flächenbezogene Brandleistung von Kunststoffen, nach [6]

Kunststoff	Flächenbezogene Brandleistung in kW/m² [41], [15], [42]	Flächenbezogene Brandleistung in kW/m² [16], [17]
Polyamid, Folien auf Rollen gewickelt	190	
Polycarbodiimid, Hartschaum (Dichte ≈ 16,8 kg/m³)		774
Polyesterharz gesättigt, Formteile, glasfaserverstärkt, dicht gestapelt		173 bis 318
Polyesterharz gesättigt, Formteile, glasfaserverstärkt, lose gestapelt		172 bis 318
Polyethylen-Granulat in einzelnen Säcken	299 bis 382	615
Polymehtylmetacrylat		248 bis 580
Polystyrol Formteile aus dünnwandigem, ungeschäumtem Polystyrol im offenen Blechbehälter	231 bis 272	563 bis 1399
Polyurethan-Hartschaum (B1 nach DIN 4102-1, Dichte ≈ 36 kg/m³)	222 bis 289	643 bis 1085
Polyurethan-Hartschaum (B3 nach DIN 4102-1, Dichte ≈ 36 kg/m³) in Drahtkörben	461 bis 576	189 bis 730
Polyvinylchlorid-P-Formteile in Drahtkörben	173 bis 268	

Tabelle 34. Flächenbezogene Brandleistung von brennbaren Flüssigkeiten in Wannen oder offenen Blechbehälter unterhalb der Siedetemperatur, nach [6]

Brennbare Flüssigkeit	Flächenbezogene Brandleistung in kW/m² [41], [15], [42]	Flächenbezogene Brandleistung in kW/m² [16], [17]
Azeton	1261	1200
Benzin	2106	2356
Benzol		3397
Cyclohexan		3274
Dieselkraftstoff, leichtes Heizöl	722 bis 1193	1474
Erdöl	835	905
Ethylalkohol	419	405
Isopropanol	490 bis 780	
Kerosin (Flugbenzin)		1656 bis 2322
Maschinenöl, Motorenöl		1823 bis 1882
Methanol	308 bis 340	324
Petroleum	2105	
Reinigungsbenzin		2071
Schweres Heizöl	646	
Terpentin	1415	
Toluol	1566	
Xylol	1152	

Tabelle 35. Brandentwicklung und spezifische Brandleistung für ausgewählte Lagerstoffe und Waren, aus Versuchen im Maßstab 1 : 1 ermittelt

Lagerstoff oder Waren	Lagerungsart	Lagerungshöhe [m]	Geschwindigkeit der Brandentwicklung	Max. spezifische Brandleistung [kW/m²]	Literatur
Holzpaletten (Abmessungen: 1,2×1,2×0,14 m; Feuchtigkeitsgrad: 6,0–12,0 %)	gestapelt/ Blocklagerung	0,5	mittel – schnell	1420,0	[14, 26]
Holzpaletten (Abmessungen: 1,2×1,2×0,14 m; Feuchtigkeitsgrad: 6,0–12,0 %)	gestapelt/ Blocklagerung	1,5	schnell	4000,0	[14, 26]
Holzpaletten (Abmessungen: 1,2×1,2×0,14 m; Feuchtigkeitsgrad: 6,0–12,0 %)	gestapelt/ Blocklagerung	3,0	schnell	6800,0	[14, 26]
Holzpaletten (Abmessungen: 1,2×1,2×0,14 m; Feuchtigkeitsgrad: 6,0–12,0 %)	gestapelt/ Blocklagerung	4,9	schnell	10 200,0	[14, 26]
Papierrollen	senkrecht gestapelt	6,1	sehr schnell	–	[14, 26]
Bekleidung aus Baumwolle, PE, PE/Baumwolle, Acryl/Nylon/PE	Regale	3,7	sehr schnell	–	[14, 26]
Leerkartons aus Holzpaletten	gestapelt/ Blocklagerung	4,6–9,1	mittel – schnell	–	[14, 26]
Papierartikel in Kartons	gestapelt/ Blocklagerung	6,1	langsam – mittel	–	[14, 26]
gefüllte Briefboxen auf Rollwagen	gestapelt/ Blocklagerung	1,5	schnell	8500,0	[14, 26]
PE-Kehrichteimer in Kartons	gestapelt/ Blocklagerung	4,5	sehr schnell	2000,0	[14, 26]
GFK-Duschkabine in Kartons	gestapelt/ Blocklagerung	4,6	sehr schnell	1400,0	[14, 26]
PE-Flaschen in unterteilten Kartons	Regale	4,5	sehr schnell	6200,0	[14, 26]
PE-Flaschen in unterteilten Kartons	gestapelt/ Blocklagerung	4,5	sehr schnell	2000,0	[14, 26]
PE-Paletten	gestapelt/ Blocklagerung	0,9	schnell	–	[14, 26]
PE-Paletten	gestapelt/ Blocklagerung	1,8–2,4	sehr schnell	–	[14, 26]
PU-Hartschaum Isolationsplatten	gestapelt/ Blocklagerung	4,6	sehr schnell	1900,0	[14, 26]
PS-Becher in unterteilten Kartons	gestapelt/ Blocklagerung	4,5	sehr schnell	14 200,0	[14, 26]
PS-Zuber in Kartons	gestapelt/ Blocklagerung	4,2	schnell	5400,0	[14, 26]
PS-Spielzeugteile in Kartons	gestapelt/ Blocklagerung	4,5	schnell	2000,0	[14, 26]
PS-Hartschaum Isolationsplatten	gestapelt/ Blocklagerung	4,2	sehr schnell	3300,0	[14, 26]

Tabelle 35. Brandentwicklung und spezifische Brandleistung für ausgewählte Lagerstoffe und Waren, aus Versuchen im Maßstab 1 : 1 ermittelt (Fortsetzung)

Lagerstoff oder Waren	Lagerungsart	Lagerungshöhe [m]	Geschwindigkeit der Brandentwicklung	Max. spezifische Brandleistung [kW/m^2]	Literatur
PVC-Flaschen in verteilten Kartons	gestapelt/ Blocklagerung	4,5	sehr schnell	3400,0	[14, 26]
PP-Kübel in unterteilten Kartons	gestapelt/ Blocklagerung	4,5	sehr schnell	4400,0	[14, 26]
PP oder PE Folienrollen	gestapelt/ Blocklagerung	4,1	schnell	6200,0	[14, 26]
PE-Kisten mit gefüllten (Bier/alkoholfreie Getränke) PET/Glasflaschen	gestapelt/ Blocklagerung	–	langsam	–	[34, 35]
Kleinladungsträger (KLT): – PE – PP mit Graphit – HDPE	gestapelt/ Blocklagerung	2,95	schnell – sehr schnell	–	[36]
Normal brennbare Gegenstände	Regale	4,6–9,1	schnell – sehr schnell	–	[26]

PE: Polyethylen
PU: Polyurethan
PS: Polystyrol
PP: Polypropylen
PET: Polyethylenterephtalat
HDPE: Polyethylen hoher Dichte
GFK: Glasfaser verstärkter Polyester

Hinweis: Die Brandausbreitungsgeschwindigkeit wächst mit Steigen der Lagerungshöhe.

Tabelle 36. Brandentwicklung und spezifische Brandleistung von einzelnen Möbeln; Ergebnisse von Brandversuchen im Maßstab 1 : 1 nach [14], [31], [26], [37–39]

Aufbau des getesteten Möbels	Geschwindigkeit der Brandentwicklung	Max. spezifische Brandleistung [kW/m^2]
Matratze aus flammhemmendem Material mit Ausnahme der ebenfalls getesteten normalen Bettwäsche	langsam	17,0
Federmatratze aus Baumwolle/Polyester mit Bettwäsche	mittel	567,5
Federmatratze aus Polyurethan mit Bettwäsche	schnell	908,0
Keep Kleiderschrank aus dünnem (3,2 mm Dicke), lamellenverleimtem Holz (1,3 × 0,61 × 1,8 m Höhe)	sehr schnell	6810,0
Kleiderschrank aus dünnem (3,2 mm Dicke), lamellenverleimtem Holz (1,3 × 0,61 × 1,8 m Höhe) mit flammhemmenden Anstrich	sehr schnell	3860,0
Kleiderschrank aus Holzspanplatten (12,7 mm Dicke); (1,3 × 0,61 × 1,8 m Höhe)	sehr schnell	4704,0
Kleiderschrank mit Schubladen aus Holzspanplatten (19,0 mm Dicke); (1,3 × 0,61 × 1,8 m Höhe)	schnell	2554,0
schwere[1] Polstermöbel, Typ A[2]	schnell	5107,0
Polstermöbel, Typ A[2], mittleres[1] Gewicht	schnell	4086,0
Polstermöbel, Typ A[2], kleineres[1] Gewicht	schnell	2497,0
leichte[1] Polstermöbel, Typ A[2]	schnell	1702,0

Tabelle 36. Brandentwicklung und spezifische Brandleistung von einzelnen Möbeln; Ergebnisse von Brandversuchen im Maßstab 1 : 1 nach [14], [31], [26], [37–39] (Fortsetzung)

Aufbau des getesteten Möbels	Geschwindigkeit der Brandentwicklung	Max. spezifische Brandleistung [kW/m^2]
schwere[1] Polstermöbel, Typ B[2]	mittel	1986,3
Polstermöbel, Typ B[2], mittleres[1] Gewicht	mittel	1645,8
Polstermöbel, Typ B[2], kleineres[1] Gewicht	mittel	1021,5
leichte[1] Polstermöbel, Typ B[2]	mittel	681,0
schwere[1] Polstermöbel, Typ C[2]	langsam	795,0
Polstermöbel, Typ C[2], mittleres[1] Gewicht	langsam	681,0
Polstermöbel, Typ C[2], kleineres[1] Gewicht	langsam	397,3
leichte[1] Polstermöbel, Typ C[2]	mittel	170,3

1) Möbelgewichte
- schwere Möbel: spezifische Last größer als 73,0 kg/m^2. Das Gewicht einer normalen Couch von 1,8 m Länge ist größer als 136,0 kg.
- mittleres Gewicht: Spezifische Last liegt zwischen 49,0 und 73,0 kg/m^2. Das Gewicht einer normalen Couch von 1,8 m Länge liegt zwischen 68,8 und 136,0 kg.
- kleineres Gewicht: Spezifische Last liegt zwischen 25,0 und 45,0 kg/m^2.
- leichte Möbel: Spezifische Last ist kleiner als 24,5 kg/m^2. Das Gewicht einer normalen Couch ist kleiner als 34,0 kg.

2) Möbelaufbau/Möbeltyp
- Typ A: Möbel bestehend aus: normalen Schaum oder Schaumstoff, bedeckt mit einer Nylonhülle oder mit einem Kunststoff, der unter Hitzeeinwirkung schmilzt.
- Typ B: Möbel bestehend aus: normalen oder leicht flammhemmend behandeltem Schaum, bedeckt entweder mit Nylonhülle oder mit Kunststoff, der unter Hitzeeinwirkung schmilzt. Gleichzeitiges Vorhandensein dieser zwei Hüllen ist ausgeschlossen.
- Typ C: Möbel bestehend aus: flammhemmend behandeltem Schaum, bedeckt mit einer Kunststoff- oder Baumwollhülle oder anderen Textilien, die nicht unter Hitzeeinwirkung schmelzen.

Anm.: Die Werte der Brandleistung wurden für Möbel mit einfacher Form ermittelt (z. B. Sitzlehne, Armstützen, Sitzfläche – einfache, rechteckige/quadratische, nicht gerundete Formen). Für Möbel mit gerundeten Formen werden diese Werte um bis zu 50,0 % erhöht.

Tabelle 37. Maximale spezifische Brandleistung (kW/m Breite) von Holz und Kunststoffen, Einfluss der Lagerungshöhe, nach [26]

Stoff/Lagerungsart	Höhe	Max. spezifische Brandleistung in kW/m Breite
Holz oder PMMA (senkrecht)	0,61 m	100
	1,83 m	240
	2,44 m	620
	3,66 m	1000
Polystyrol (PS) fest (senkrecht)	0,61 m	220
	1,83 m	450
	2,44 m	1400
	3,66 m	2400
Polypropylen (PP) fest (senkrecht)	0,61 m	220
	1,83 m	350
	2,44 m	970
	3,66 m	1600

PMMA = Polymethylmethacrylat
PS = Polystyrol
PP = Polypropylen

Tabelle 38. Brandentwicklung und Brandleistung für ausgewählte Nutzungseinheiten, aus Versuchen im Maßstab 1:1

Art der Nutzung	Geschwindigkeit der Brandentwicklung	Max. erreichte Brandleistung in MW	Literatur
PC-Arbeitsplatz; massive Möbel (Holzspanplatten); freie Verbrennung	langsam	1,8	[43]
PC-Arbeitsplatz; massive Möbel (Holzspanplatten); Versuch in einem Raum mit ISO 9705-mäßigen Abmessungen	langsam	2,5	[28]
PC-Arbeitsplatz in einem Großraumbüro; massive Möbel (Holzspanplatten) und mit brennbaren Wandschirmen unterteilt	schnell	6,8	[27, 29]
Büro; Papier – Dokumentation auf Metallregalen; freie Verbrennung	bis 200 s – mittel und nach 200 s – schnell	1,6	[28]
Büroeinheit; massive Möbel (Holzspanplatten), Versuch in einem Raum mit ISO 9705-mäßigen Abmessungen	langsam	2,25	[28]
Verschiedene Büro-Gegenstände (Ausrüstung von Arbeitsplätzen); freie Verbrennung	im Durchschnitt langsam	–	[27]
Mobile Metallregale mit Archivdokumenten	schnell	–	[30]
Pkw in einem öffentlichen Parkhaus	langsam	2,0	[31]
Pkw in einer kleinen, gut belüfteten Garage	schnell	8,5	[31]
Chemielabor	sehr schnell	2,0	[32]
Diverse Ausstellungen	langsam	–	[14]
Normales Bett in einem schwedischen Spital	langsam	0,3	[33]

Tabelle 39. Maximale spezifische Brandleitung für Materialien in Personenzügen [45]

Komponente	Material	Max. spezifische Brandleistung [kW/m^2]
Bestandteile von Sitzen und Betten		
Sitzpolster	Schaumstoff Auflage Stoff PVC	80 30 420 360
Sitzpolster	Schaumstoff Auflage Stoff	80 30 265
Sitz-Unterbau	Chloropren	295
Sitz-Unterbau	FR Cotton Muslin	190
Sitz-Verkleidung	PVC/Acrylic	110
Armlehne, Sitzplatz	Schaumstoff auf Metall	610
Fußablage	Chloropren Elastomer	400
Matratzen und Bettpolsterung	Schaumstoff Auflage Stoff	80 25 150
Wand- und Fensteroberflächen		
Wandbelag	Wollteppich	655
Wandbelag	Wollstoff	745

Tabelle 39. Maximale spezifische Brandleitung für Materialien in Personenzügen [45] (Fortsetzung)

Komponente	Material	Max. spezifische Brandleistung [kW/m^2]
Raumteiler	Polycarbonat	270
Wand Material	FRP/PVC	120
Wand Paneel	FRP	270
Fenster Verglasung	Polycarbonat	330
Beschattung/Fensterläden	FRP	210
Vorhänge, Dekorationen, Stoffe		
Vorhang (Fenster, Türe)	Wolle/Nylon	310
Vorhang	Polyester	175
Bettdecke	Wolle	170
Bettdecke	Modacrylic	18
Polster	Baumwolle, Polyester Füllung	340
Bodenbeläge		
Teppich	Nylon	245
Gummimatte	Styrene, Butadiene	300
Sonstiges		
Tisch	Phenolis/Holz Laminat	250
Luftleitung	Neoprene	140
Isolierung der Lüftungsleitung	Schaumstoff	95
Fensterdichtung	Chloroprene Elastomere	210
Türdichtung	Chloroprene Elastomere	200

3 Literatur

[1] ISO 5660-1:2015 (2015) *Reaction to fire tests – Heat release, smoke production and mass loss rate, Part 1: Heat release rate (cone calorimeter method)*. International Standard.

[2] ISO 5658-2:2006 (2006) *Reaction to fire tests Spread of flame. Part 2: Lateral spread on building and transport products in vertical configuration*. International Standard.

[3] DIN 18230-2:1999-01 (1999) *Baulicher Brandschutz im Industriebau – Teil 2: Ermittlung des Abbrandverhaltens von Materialien in Lageranordnung, Werte für den Abbrandfaktor m*. Beuth, Berlin.

[4] DIN 54836:1984-02 (1984) *Prüfung von brennbaren Werkstoffen. Bestimmung der Entzündungstemperatur*, Beuth, Berlin.

[5] DIN EN ISO 11925-2:2011-02 (2011) *Prüfungen zum Brandverhalten von Bauprodukten. Entzündbarkeit von Produkten bei direkter Flammeneinwirkung. Teil 2: Einzelflammentest*, Beuth, Berlin.

[6] DIN 18230-3:2002-08 (2002) Baulicher Brandschutz im Industriebau – Teil 3: Rechenwerte. Beuth, Berlin.

[7] DIN EN 60332-1-1:2017-09 (2017) *Prüfungen an Kabeln, isolierten Leitungen und Glasfaserkabeln im Brandfall – Teil 1-1: Prüfung der vertikalen Flammenausbreitung an einer Ader, einer isolierten Leitung oder einem Kabel*, Beuth, Berlin.

[8] DIN 5499:1972-01 (1972) *Brennwert und Heizwert. Begriffe*, Beuth, Berlin.

[9] DIN 51900-1:2000-04 (2000) *Prüfung fester und flüssiger Brennstoffe: Bestimmung des Brennwertes mit dem Bomben-Kalorimeter und Berechnung des Heizwertes. Teil 1: Allgemeine Angaben, Grundgerät, Grundverfahren*, Beuth, Berlin.

[10] DIN 51900-2:2003-05 (2003) *Prüfung fester und flüssiger Brennstoffe: Bestimmung des Brennwertes mit dem Bomben-Kalorimeter und Berechnung des Heizwertes. Teil 2: Verfahren mit isoperibolem und static-jacket Kalorimeter*, Beuth, Berlin.

[11] DIN 51900-3:2005-01 (2005) *Prüfung fester und flüssiger Brennstoffe. Bestimmung des Brennwertes mit dem Bomben-Kalorimeter und Berechnung des Heizwertes. Teil 3: Verfahren mit adiabatischem Mantel*, Beuth, Berlin.

[12] DIN EN 13501-1:2010-01 (2010) *Klassifizierung von Bauprodukten und Bauarten zu ihrem Brandverhalten –*

Teil 1: Klassifizierung mit den Ergebnissen aus den Prüfungen zum Brandverhalten von Bauprodukten, Beuth, Berlin.

[13] DIN EN ISO 1716:2010-11 (2010) *Prüfungen zum Brandverhalten von Bauprodukten – Bestimmung der Verbrennungswärme (des Brennwerts)*, Beuth, Berlin.

[14] NFPA 92 B:2015: Standard for Smoke Control Systems. NFPA, Quincy MA.

[15] Dobbernack, R. (1995) *Auswertungen zur spezifischen Abbrandrate der vorliegenden m-Faktor Versuche*, IBMB, TU Braunschweig.

[16] Drysdale, D.D. (1992) *An Introduction to Fire Dynamics*. John Wiley & Sons, Chichester.

[17] Lee, B. (1985) *Heat Release Rate Characterisitcs of some combustible Fuel Sources in Nuclear Power Plants*, NBSIR 85–3195, National Institut of Standards, Gaithersburg.

[18] Di Nenno, P.J., et al. (2008) *SFPE Handbook of Fire Protection Engineering. 4th edition*, Society of Fire Protection Engineering, Boston.

[19] Tabellenbuch brennbarer und gefährlicher Stoffe. Staatsverlag der Deutschen Demokratischen Republik, Berlin, 1979.

[20] Schneider, U. (2009) *Ingenieurmethoden im Brandschutz. 2. Auflage*, Werner Verlag, Köln.

[21] Max, U.; Schneider, U. (2003) *Zusammenstellung von Brandlasten und Brandschutzdaten für rechnerische Untersuchungen*. Beuth-Kommentare, Baulicher Brandschutz im Industriebau, 3. Auflage, Beuth Verlag, Berlin.

[22] Brandschutz Formeln und Tabellen. Staatsverlag der Deutschen Demokratischen Republik, Berlin, 1977.

[23] Gross, D. (1985) *Data Sources for Parameters used in predictive Modeling of Fire Growth and Smoke spread*. NBSIR 85–3223, Nat. Bur. of Stand., Gaithersburg.

[24] Tewarson, A. (1999) *Combustion Products, Chapter 9, Enclosure Fire Dynamics*. B. Karlsson and J.G. Quiniere, CRC Press LLC, Washington.

[25] Babrauskas, V. (2003) *Ignition Handbook*. Fire Science Publisher and Society of Fire Protection Engineers, Issaquah.

[26] NFPA 204:2015: *Standard for Smoke and Heat Venting*. NFPA, Quincy, MA.

[27] Madrzykowski, D.; Vettori, R. (1992) *A Sprinkler Fire Suppression Algorithm for the GSA Engineering Fire Assessment System*. NISTIR 4833, U.S. Department of Commerce, Gaithersburg.

[28] Walton, W.; Budnick, E. (1998) *Quick Response Sprinkler in Office Configurations: Fire Test Results*. NBSIR 88–3695, U.S. Department of Commerce, Gaithersburg.

[29] Madrzykowski, D. (1996) *Office work station heat release study: Full scale vs bench scale*. Interflam 96 – Conference Proceedings, 7th International Fire Scicnce and Engineering Conference, Interscience Communications, London.

[30] Lougheed, G.D. et al. (1994) *Full-Scale Fire Tests and the Development of Design Criteria for Sprinkler Protection of Mobile Shelving Units*. Fire Technology, NFPA, Quincy, MA.

[31] Mangs, J.; Keski-Rahkonen, O. (1994) Characterization of the Fire Behaviour of a Passenger Car. Parts I and II. *Fire Safety Journal*, Vol. 23 No 1, Elsevier Science, Oxford.

[32] Walton, W.D. (1989) *Quick Response Sprinklers in Chemical Laboratories: Fire Test Results*. NISTIR 89–4200, U.S. Department of Commerce, Gaithersburg.

[33] Hägglund, B.; Wickström, U. (1990) Smoke Control in Hospitals – A Numerical Study. *Fire Safety Journal*, Vol. 16, No. 1, Elsevier Science, Barking, Essex, 1990.

[34] Rönn, H.; Hildenbrand, CH. (1994) Brandrisiko von Getränkelagern. *vfdb-Zeitschrift Forschung und Technik*, Heft 1, Verlag W. Kohlhammer, Stuttgart.

[35] Brein, D. (1985) *Brandausbreitung bei verschiedenen Stoffen, die in lagermäßiger Anordnung gestapelt sind. Teil 1: Literaturauswertung*, Forschungsbericht Nr. 55, Universität Karlsruhe.

[36] Stahl, K.-H. (1994): VdS-Brandversuche mit Kunststoff-Lagerbehältern. *vfdb-Zeitschrift Forschung und Technik*, Heft 1, Verlag W. Kohlhammer, Stuttgart.

[37] NFPA 101:2015: Life Safety Code. NFPA, Quincy, MA.

[38] Deal, S.E. (1994) *Technical Reference Guide for FPEtool Version 3.2*. NISTIR 5486, U.S. Department of Commerce, Gaithersburg.

[39] Nelson, H.E. (1991) *FPEtool Fire Protection Engineering Tools for Hazard Estimation*. NISTIR 4380, U.S. Department of Commerce, Gaithersburg.

[40] DIN EN ISO 2719:2016-11 (2016) Bestimmung des Flammpunktes, Verfahren nach Pensky-Martens mit geschlossenem Tiegel, Beuth, Berlin.

[41] Hähnel, E. et al. (1978) *Brandschutz Formeln und Tabellen*, Staatsverlag der Deutschen Demokratischen Republik, Berlin (Ost).

[42] Baulicher Brandschutz im Industriebau. Kommentar zur DIN 18230. 2. Auflage, Beuth Verlag GmbH, Berlin, 1999.

[43] Tewarson, A. (2008) *Generation of Heat and Gaseous, Liquid and Solid Products in Fires*. Im SFPE Handbook of Fire Protection Engineering. 4th edition, Society of Fire Protection Engineering, Boston.

[44] Di Nenno, P.J., et al. (2002) *SFPE Handbook of Fire Protection Engineering. 3rd edition*, Society of Fire Protection Engineering, Boston, 2002.

[45] Peacock, R.; Braun, E. (1999) *Fire Safety of Passenger Trains, Phase I: MAterila Evaluation (Cone Calorimeter)*. NISTIR 6132, U.S. Department of Commerce, Gaithersburg.

D 2 Materialtechnische Tabellen

Rainer Hohmann

Prof. Dr.-Ing. Rainer Hohmann
Fachhochschule Dortmund
Fachbereich Architektur, Fachgebiet Bauphysik
Emil-Figge-Straße 40, 44047 Dortmund

Professor für Bauphysik an der Fachhochschule Dortmund. Mitglied im Sachverständigenausschuss „Bauwerks- und Dachabdichtung" des DIBt, Obmann im DIN-Ausschuss der DIN 18197 „Abdichten von Fugen in Beton mit Fugenbändern" und der DIN 18541 „Fugenbänder aus thermoplastischen Kunststoffen zur Abdichtung von Fugen in Ortbeton", Mitglied im DAfStb-Ausschuss „Wasserundurchlässige Bauwerke aus Beton" (WU-Richtlinie) sowie in den DBV-Arbeitskreisen „Injektionsschlauchsysteme und quellfähige Einlagen für Arbeitsfugen" und „Hochwertige Nutzung von Untergeschossen".

Bauphysik-Kalender 2020: Bau- und Raumakustik. Herausgegeben von Nabil A. Fouad.
© 2020 Ernst & Sohn GmbH & Co. KG. Published 2020 by Ernst & Sohn GmbH & Co. KG.

Inhaltsverzeichnis

1 Vorbemerkungen 837

2 Wärme- und feuchtetechnische Kennwerte 839

3 Schallschutztechnische und akustische Kennwerte 877

4 Literatur 889

1 Vorbemerkungen

Im Folgenden werden wärme- und feuchtetechnische sowie schallschutztechnische und raumakustische Kennwerte von Baustoffen und Materialien tabellarisch als Zahlenwerte oder grafisch in Diagrammform angegeben. Neben den wesentlichen Tabellen aus den derzeit gültigen DIN-Normen wurden aus der Literatur ergänzende Stoffwerte zusammengestellt. Die folgende Zusammenstellung gibt einen Überblick über die Tabellen und dient als Wegweiser.

Übersichtstabelle – A. Wärme- und feuchteschutztechnische Kennwerte

Kenngrößen		Quelle	Tabelle	Seite
Wärmeleitfähigkeit λ und Wasserdampf-Diffusionswiderstandszahlen μ		DIN 4108-4, Tabelle 1	1	839
		DIN 4108-4, Tabelle 2	2	847
		DIN EN ISO 10456, Tabelle 3	3	850
Wärmedurchlasswiderstände R	Decken	DIN 4108-4, Tabelle 6	4	855
	Luftschichten	DIN EN ISO 6946, Tabelle 8	5	856
	Dachräume	DIN EN ISO 6946, Tabelle 9	6	857
Wärmeübergangswiderstände	R_{si}, R_{se}	DIN EN ISO 6946, Tabelle 7	7	857
Erdreich	Wärmeleitfähigkeiten	DIN EN ISO 13370, Tabelle 1	8	858
		DIN EN ISO 13370, Tabelle G.1	9	858
Tore und Türen	Bemessungswerte $D_{U,BW}$ von Toren	DIN 4108-4, Tabelle 13	10	858
	Bemessungswerte $D_{U,BW}$ von Türen	DIN 4108-4, Tabelle 8	11	859
Fenster und Verglasung	Korrekturwerte ΔU_g zur Berechnung der Bemessungswerte $U_{g,Bw}$	DIN 4108-4, Tabelle 9	12	859
	Gesamtenergiedurchlassgrad und Lichttransmissionsgrad	DIN 4108-4, Tabelle 10	13	859
	Korrekturfaktoren c für den Gesamtenergiedurchlassgrad	DIN 4108-4, Tabelle 11	14	860
	Typische Abminderungsfaktoren F_C von Sonnenschutzvorrichtungen	DIN 4108-2, Tabelle 7	15	860
	Wärmedurchgangskoeffizienten für Lichtkuppeln	DIN 4108-4, Tabelle 12	16	861
Physikalische Kennwerte Wasser, Wasserdampf, Eis	Physikalische Kenngrößen für Wasser, Wasserdampf und Eis	Literatur	17	862
	Sättigungsdampfdruck für Wasserdampf	DIN E 4108-3, Tabelle C.2	18	862
	Wasserdampfsättigungsdruck p_S	DIN E 4108-3, Tabelle C.1	19	863
	Taupunkttemperatur θ_S	DIN E 4108-3, Tabelle C.3	20	864
Sonstige Kennwerte	Emissionsfaktoren, Absorptionsfaktoren und Strahlungskonstanten	Literatur	21	865
	Richtwerte für Strahlungsabsorption	DIN 4108-6, Tabelle 8	22	866

Übersichtstabelle – A. Wärme- und feuchteschutztechnische Kennwerte (Fortsetzung)

Kenngrößen		Quelle	Tabelle	Seite
	Wärmeausdehnungskoeffizient α_T	Literatur	23	866
	Spezifische und volumenbezogene Wärmekapazität weiterer Stoffe	Literatur	24	868
Feuchteschutztechnische Kennwerte	Rohdichte, Porosität, spezifische Wärmekapazität, Wärmeleitfähigkeit, feuchtebedingte Zunahme der Wärmeleitfähigkeit, Wasserdampf-Diffusionswiderstandszahl, Bezugsfeuchtegehalt, freie Wassersättigung, Wasseraufnahmekoeffizient	Literatur	25	869
	Feuchtebereichabhängige Wasserdampf-Diffusionswiderstandszahlen einiger Baustoffe	Literatur	26	873
	Feuchteschutztechnische Eigenschaften und spezifische Wärmekapazität von Wärmedämm- und Mauerwerksstoffen	DIN EN 10456, Tabelle 4	27	874
	Wasserdampfdiffusionsäquivalente Luftschichtdicke von Folien	DIN EN 10456, Tabelle 5	28	876
	Ausgleichsfeuchtegehalte von Baustoffen	DIN 4108-4, Tabelle 3	29	876

B. Raumakustische Kennwerte

Kenngrößen		Quelle	Tabelle	Seite
Schallabsorptionsgrade α_S		Literatur	30	877
	Beispiele für die frequenzabhängige äquivalente Schallabsorptionsfläche A von Personen und Gestühl	DIN 18041, Anhang G, Tabelle G.2	31	884
	Beispiele für den Schallabsorptionsgrad α_S für eine frequenzabhängige Dimensionierung	DIN 18041, Tabelle G.1	32	885
Schallwellenwiderstand Z		Literatur	33	887
Dynamischer Elastizitätsmodul E_{dyn}, Dehnwellengeschwindigkeit C_D, Verlustfaktor η		Literatur	34	887

2 Wärme- und feuchtetechnische Kennwerte

Tabelle 1. Bemessungswerte der Wärmeleitfähigkeit und Richtwerte der Wasserdampf-Diffusionswiderstandszahlen (DIN 4108-4, Tabelle 1) [6]

Zeile	Stoff	Rohdichte [a) b)] ρ kg/m³	Bemessungswert der Wärmeleitfähigkeit λ_B W/(m·K)	Richtwert der Wasserdampf-Diffusions-widerstandszahl [c)] μ —
1	Putze, Mörtel und Estriche			
1.1	Putze			
1.1.1	Putzmörtel aus Kalk, Kalkzement und hydraulischem Kalk	1800	1,00	15/35
1.1.2	Gipsputzmörtel	1400	0,70	10
1.1.3	Leichtputz	< 1300	0,56	
1.1.4	Leichtputz	≤ 1000	0,38	15/20
1.1.5	Leichtputz	≤ 700	0,25	
1.1.6	Gipsputz ohne Zuschlag	1200	0,51	10
1.1.7	Kunstharzputz	(1100)	0,70	50/200
1.2	Mauermörtel			
1.2.1	Zementmörtel	(2000)	1,60	
1.2.2	Normalmörtel NM	(1800)	1,20	15/35
1.2.3	Dünnbettmauermörtel	(1600)	1,00	
1.2.4	Leichtmauermörtel nach DIN EN 1996-1-1, DIN EN 1996-2	≤ 1000	0,36	
1.2.5	Leichtmauermörtel nach DIN EN 1996-1-1, DIN EN 1996-2	≤ 700	0,21	
1.2.6	Leichtmauermörtel	250 400 700 1000 1500	0,10 0,14 0,25 0,38 0,69	5/20
1.3	Estriche			
1.3.1	Gussasphaltestrich	2300	0,90	[d)]
1.3.2	Zement-Estrich	(2000)	1,40	
1.3.3	Calciumsulfat-Estrich (Anhydrit-Estrich)	(2100)	1,20	15/35
1.3.4	Magnesia-Estrich	1400 2300	0,47 0,70	
2	Beton-Bauteile			
2.1	Beton nach DIN EN 206-1	Siehe DIN EN ISO 10456 [14] (siehe auch Tabelle 3, S. 850)		

(Fußnoten siehe Seite 846)

Tabelle 1. Bemessungswerte der Wärmeleitfähigkeit und Richtwerte der Wasserdampf-Diffusionswiderstandszahlen (DIN 4108-4, Tabelle 1) [6] (Fortsetzung)

Zeile	Stoff	Rohdichte [a) b)] ρ kg/m³	Bemessungswert der Wärmeleitfähigkeit λ_B W/(m·K)	Richtwert der Wasserdampf-Diffusions-widerstandszahl [c)] μ –
2.2	Leichtbeton und Stahlleichtbeton mit geschlossenem Gefüge nach DIN EN 206-1 und DIN 1045-2, hergestellt unter Verwendung von Zuschlägen mit porigem Gefüge nach DIN EN 13055-1, ohne Quarzsandzusatz [d)]	800 900 1000 1100 1200 1300 1400 1500 1600 1800 2000	0,39 0,44 0,49 0,55 0,62 0,70 0,79 0,89 1,00 1,15 1,35	70/150
2.3	Dampfgehärteter Porenbeton nach DIN EN 12602	350 400 450 500 550 600 650 700 750 800 900 1000	0,11 0,12 0,13 0,14 0,16 0,18 0,19 0,20 0,21 0,23 0,26 0,29	5/10
2.4	Leichtbeton mit haufwerkporigem Gefüge			
2.4.1	– mit nichtporigen Zuschlägen nach DIN EN 12620, z. B. Kies	1600 1800 2000	0,81 1,10 1,30	3/10 5/10
2.4.2	– mit porigen Zuschlägen nach DIN EN 13055-1, ohne Quarzsandzusatz [e)]	600 700 800 1000 1200 1400 1600 1800 2000	0,22 0,26 0,28 0,36 0,46 0,57 0,75 0,92 1,20	5/15

(Fußnoten siehe Seite 846)

Tabelle 1. Bemessungswerte der Wärmeleitfähigkeit und Richtwerte der Wasserdampf-Diffusionswiderstandszahlen (DIN 4108-4, Tabelle 1) [6] (Fortsetzung)

Zeile	Stoff	Rohdichte [a) b)] ρ kg/m³	Bemessungswert der Wärmeleitfähigkeit λ_B W/(m·K)	Richtwert der Wasserdampf-Diffusionswiderstandszahl [c)] μ –
2.4.2.1	– ausschließlich unter Verwendung von Naturbims	400 450 500 550 600 650 700 750 800 900 1000 1100 1200 1300	0,12 0,13 0,15 0,16 0,18 0,19 0,20 0,22 0,24 0,27 0,32 0,37 0,41 0,47	5/15
2.4.2.2	– ausschließlich unter Verwendung von Blähton	400 450 500 550 600 650 700 800 900 1000 1100 1200 1300 1400 1500 1600 1700	0,13 0,15 0,16 0,18 0,19 0,21 0,23 0,26 0,30 0,35 0,39 0,44 0,50 0,55 0,60 0,68 0,76	5/15
3	Bauplatten			
3.1	Porenbeton-Bauplatten und Porenbeton-Planbauplatten, unbewehrt, nach DIN 4166			
3.1.1	Porenbeton-Bauplatten (Ppl) mit normaler Fugendicke und Mauermörtel, nach DIN EN 1996-1-1, DIN EN 1996-2 verlegt	400 500 600 700 800	0,20 0,22 0,24 0,27 0,29	5/10
3.1.2	Porenbeton-Planbauplatten (Pppl), dünnfugig verlegt	350 400 450 500 550 600 650 700 750 800	0,11 0,13 0,15 0,16 0,18 0,19 0,21 0,22 0,24 0,25	5/10

(Fußnoten siehe Seite 846)

Tabelle 1. Bemessungswerte der Wärmeleitfähigkeit und Richtwerte der Wasserdampf-Diffusionswiderstandszahlen (DIN 4108-4, Tabelle 1) [6] (Fortsetzung)

Zeile	Stoff	Rohdichte[a) b)]	Bemessungswert der Wärmeleitfähigkeit	Richtwert der Wasserdampf-Diffusions-widerstandszahl[c)]
		ρ	λ_B	μ
		kg/m³	W/(m·K)	–
3.2	Wandplatten aus Leichtbeton nach DIN 18162	800 900 1000 1200 1400	0,29 0,32 0,37 0,47 0,58	5/10
3.3	Gips-Wandbauplatten nach DIN EN 12859	750 900 1000 1200	0,35 0,41 0,47 0,58	5/10
3.4	Gipskartonplatten nach DIN 18180, DIN EN 520	800	0,25	4/10
4	Mauerwerk, einschließlich Mörtelfugen			
4.1	Mauerwerk aus Mauerziegeln nach DIN 105-100, DIN 105-5 und DIN 105-6 bzw. Mauerziegel nach DIN EN 771-1 in Verbindung mit DIN 20000-401		NM/DM[f)]	
4.1.1	Vollklinker, Hochlochklinker, Keramikklinker	1800 2000 2200 2400	0,81 0,96 1,20 1,40	50/100
4.1.2	Vollziegel, Hochlochziegel, Füllziegel	1200 1400 1600 1800 2000 2200 2400	0,50 0,58 0,68 0,81 0,96 1,20 1,40	5/10
4.1.3	Hochlochziegel mit HLzA und HLzB		LM21/LM36[f)]	NM/DM[f)]
		550 600 650 700 750 800 850 900 950 1000	0,27 0,28 0,30 0,31 0,33 0,34 0,36 0,37 0,38 0,40	0,32 0,33 0,35 0,36 0,38 0,39 0,41 0,42 0,44 0,45	5/10

(Fußnoten siehe Seite 846)

Tabelle 1. Bemessungswerte der Wärmeleitfähigkeit und Richtwerte der Wasserdampf-Diffusionswiderstandszahlen (DIN 4108-4, Tabelle 1) [6] (Fortsetzung)

Zeile	Stoff		Rohdichte [a) b)]	Bemessungswert der Wärmeleitfähigkeit			Richtwert der Wasserdampf-Diffusionswiderstandszahl [c)]
			ρ	λ_B			μ
			kg/m³	W/(m·K)			–
4.1.4	Hochlochziegel HLzW		550	0,19		0,22	5/10
			600	0,20		0,23	
			650	0,20		0,23	
			700	0,21		0,24	
			750	0,22		0,25	
			800	0,23		0,26	
			850	0,23		0,26	
			900	0,24		0,27	
			950	0,25		0,28	
			1000	0,26		0,29	
4.2	Mauerwerk aus Kalksandsteinen nach DIN V 106 bzw. DIN EN 771-2 in Verbindung mit DIN 20000-402			NM/DM [f)]			
			1000	0,50			5/10
			1200	0,56			
			1400	0,70			
			1600	0,79			15/25
			1800	0,99			
			2000	1,10			
			2200	1,30			
			2400	1,60			
			2600	1,80			
4.3	Mauerwerk aus Porenbeton-Plansteinen (PP) nach DIN EN 771-4 in Verbindung mit DIN 20000-404		350	0,11			5/10
			400	0,13			
			450	0,15			
			500	0,16			
			550	0,18			
			600	0,19			
			650	0,21			
			700	0,22			
			750	0,24			
			800	0,25			
4.4	Mauerwerk aus Betonsteinen						
4.4.1	Hohlblöcke (Hbl) nach DIN V 18151-100, Gruppe 1 [e)]			LM21/DM [f) i)]	LM36 [f) i)]	NM [f)]	5/10
	Steinbreite, in cm	Anzahl der Kammerreihen	450	0,20	0,21	0,24	
	17,5	2	500	0,22	0,23	0,26	
	20,0	2	550	0,23	0,24	0,27	
	24,0	2–4	600	0,24	0,25	0,29	
	30,0	3–5	650	0,26	0,27	0,30	
	36,5	4–6	700	0,28	0,29	0,32	
	42,5	6	800	0,31	0,32	0,35	
	49,0	6	900	0,34	0,36	0,39	
			1000			0,45	
			1200			0,53	
			1400			0,65	
			1600			0,74	

(Fußnoten siehe Seite 846)

Tabelle 1. Bemessungswerte der Wärmeleitfähigkeit und Richtwerte der Wasserdampf-Diffusionswiderstandszahlen (DIN 4108-4, Tabelle 1) [6] (Fortsetzung)

Zeile	Stoff		Rohdichte [a) b)]	Bemessungswert der Wärmeleitfähigkeit			Richtwert der Wasserdampf-Diffusionswiderstandszahl [c)]
			ρ	λ_B			μ
			kg/m³	W/(m·K)			–
4.4.2	Hohlblöcke (Hbl) nach DIN V 18151-100 und Hohlwandplatten nach DIN 18148, Gruppe 2			LM21/ DM [f) i)]	LM36 [f) i)]	NM [f)]	
	Steinbreite, in cm	Anzahl der Kammerreihen	450	0,22	0,23	0,28	
			500	0,24	0,25	0,29	
			550	0,26	0,27	0,31	
	11,5	1	600	0,27	0,28	0,32	
	15,0	1	650	0,29	0,30	0,34	5/10
	17,5	1	700	0,30	0,32	0,36	
	30,0	2	800	0,34	0,36	0,41	
	36,5	3	900	0,37	0,40	0,46	
	42,5	5	1000			≤ 0,50	
	49,0	5	1200			≤ 0,56	
			1400			≤ 0,70	
			1600			0,76	
4.4.3	Vollblöcke (Vbl, S-W) nach DIN V 18152-100		450	0,14	0,16	0,18	
			500	0,15	0,17	0,20	
			550	0,16	0,18	0,21	
			600	0,17	0,19	0,22	
			650	0,18	0,20	0,23	5/10
			700	0,19	0,21	0,25	
			800	0,21	0,23	0,27	
			900	0,25	0,26	0,30	
			1000	0,28	0,29	0,32	
4.4.4	Vollblöcke (Vbl) und Vbl-S nach DIN V 18152-100 aus Leichtbeton mit anderen leichten Zuschlägen als Naturbims und Blähton		450	0,22	0,23	0,28	
			500	0,23	0,24	0,29	
			550	0,24	0,25	0,30	
			600	0,25	0,26	0,31	
			650	0,26	0,27	0,32	
			700	0,27	0,28	0,33	5/10
			800	0,29	0,30	0,36	
			900	0,32	0,32	0,39	
			1000	0,34	0,35	0,42	
			1200			0,49	
			1400			0,57	
			1600			0,62	
			1800			0,68	10/15
			2000			0,74	

(Fußnoten siehe Seite 846)

Tabelle 1. Bemessungswerte der Wärmeleitfähigkeit und Richtwerte der Wasserdampf-Diffusionswiderstandszahlen (DIN 4108-4, Tabelle 1) [6] (Fortsetzung)

Zeile	Stoff	Rohdichte [a) b)] ρ kg/m³	Bemessungswert der Wärmeleitfähigkeit λ_B W/(m·K)			Richtwert der Wasserdampf-Diffusionswiderstandszahl [c)] μ —
4.4.5	Vollsteine (V) nach DIN V 18152-100		LM21/ DM [f) i)]	LM36 [f) i)]	NM [f)]	
		450	0,21	0,22	0,31	
		500	0,22	0,23	0,32	
		550	0,23	0,25	0,33	
		600	0,24	0,26	0,34	
		650	0,25	0,27	0,35	5/10
		700	0,27	0,29	0,37	
		800	0,30	0,32	0,40	
		900	0,33	0,35	0,43	
		1000	0,36	0,38	0,46	
		1200			0,54	
		1400			0,63	
		1600			0,74	
		1800			0,87	10/15
		2000			0,99	
4.4.6	Mauersteine nach DIN V 18153-100 aus Beton bzw. DIN EN 771-3 in Verbindung mit DIN V 20000-403	800	0,60			
		900	0,65			5/15
		1000	0,70			
		1200	0,80			
		1400	0,90			
		1600	1,00			
		1800	1,10			20/30
		2000	1,30			
		2200	1,60			
		2400	2,00			
5	Wärmedämmstoffe – siehe DIN 4108-4, Tabelle 2 (siehe auch Tabelle 2, S. 847)					
6	Holz- und Holzwerkstoffe	Siehe DIN EN ISO 10456 [12] (siehe auch Tabelle 3, S. 850)				
7	Beläge, Abdichtstoffe und Abdichtungsbahnen					
7.1	Fußbodenbeläge	Siehe DIN EN ISO 10456 [12] (siehe auch Tabelle 3, S. 850)				
7.2	Abdichtstoffe	Siehe DIN EN ISO 10456 [12] (siehe auch Tabelle 3, S. 850)				
7.2.1	Asphaltmastix Dicke d ≥ 7 mm	(2000)	0,70			[d)]
7.3	Dachbahnen, Dachabdichtungsbahnen					
7.3.1	Bitumendachbahn nach DIN EN 13707	(1200)	0,17			20000
7.3.2	Nackte Bitumenbahnen nach DIN 52129	(1200)	0,17			2000/20000
7.4	Folien					
7.4.1	PTFE-Folien Dicke d ≥ 0,05 mm	–	–			10000
7.4.2	PA-Folie Dicke d ≥ 0,05 mm	–	–			50000
7.4.3	PP-Folie Dicke d ≥ 0,05 mm	–	–			1000

(Fußnoten siehe Seite 846)

Tabelle 1. Bemessungswerte der Wärmeleitfähigkeit und Richtwerte der Wasserdampf-Diffusionswiderstandszahlen (DIN 4108-4, Tabelle 1) [6] (Fortsetzung)

Zeile	Stoff	Rohdichte [a) b)] ρ kg/m³	Bemessungswert der Wärmeleitfähigkeit λ_B W/(m·K)	Richtwert der Wasserdampf-Diffusionswiderstandszahl [c)] μ –
8	Sonstige gebräuchliche Stoffe [g)]			
8.1	Lose Schüttungen, abgedeckt [h)]			
8.1.1	– aus porigen Stoffen: Korkschrot, expandiert Hüttenbims Blähschiefer Bimskies Schaumlava	(≤ 200) (≤ 600) (≤ 400) (≤ 1000) (≤ 1200) (≤ 1500)	0,055 0,13 0,16 0,19 0,22 0,27	3
8.1.2	– aus Polystyrolschaumstoff-Partikeln	(15)	0,050	3
8.1.3	– aus Sand, Kies, Splitt (trocken)	(1800)	0,70	3
8.2	Fliesen, Keramik, Porzellan	Siehe DIN EN ISO 10456 [12] (siehe auch Tabelle 3, S. 850)		
8.3	Glas			
8.4	Natursteine			
8.5	Lehmbaustoffe	500 600 700 800 900 1000 1200 1400 1600 1800 2000	0,14 0,17 0,21 0,25 0,30 0,35 0,47 0,59 0,73 0,91 1,10	5/10
8.6	Böden, naturfeucht	Siehe DIN EN ISO 10456 [12] (siehe auch Tabelle 3, S. 850)		
8.7	Keramik und Glasmosaik			
8.8	Metalle			

a) Die in Klammern angegebenen Rohdichtewerte dienen nur zur Ermittlung der flächenbezogenen Masse, z. B. für den Nachweis des sommerlichen Wärmeschutzes.
b) Die bei den Steinen genannten Rohdichten entsprechen den Rohdichteklassen der zitierten Stoffnormen.
c) Es ist jeweils der für die Baukonstruktion ungünstigere Wert einzusetzen. Bezüglich der Anwendung der μ-Werte siehe DIN 4108-3.
d) Praktisch dampfdicht; nach DIN EN 12086 oder DIN EN ISO 12572: d ≥ 1500 m
e) Bei Quarzsand erhöhen sich die Bemessungswerte der Wärmeleitfähigkeit um 20 %. Die Bemessungswerte der Wärmeleitfähigkeit sind bei Hohlblöcken mit Quarzsandzusatz für 2 K Hbl um 20 % und für 3 K Hbl bis 6 K Hbl um 15 % zu erhöhen.
f) Bezeichnung der Mörtelarten nach DIN 1053-1:
NM – Normalmörtel; LM21 – Leichtmörtel mit λ = 0,21 W/(m·K);
LM36 – Leichtmörtel mit λ = 0,36 W/(m·K);
DM – Dünnbettmörtel.
g) Diese Stoffe sind hinsichtlich ihrer wärmeschutztechnischen Eigenschaften nicht genormt. Die angegebenen Wärmeleitfähigkeitswerte stellen obere Grenzwerte dar.
h) Die Dichte wird bei losen Schüttungen als Schüttdichte angegeben.
i) Wenn keine Werte angegeben sind, gelten die Werte der Spalte „NM".

Tabelle 2. Zeile 5 von DIN 4108-4, Tabelle 1 für Wärmedämmstoffe nach harmonisierten europäischen Normen (DIN 4108-4, Tabelle 2) [6]

Zeile	Stoff	Nennwert λ_D	Bemessungswert λ_B	Richtwert der Wasserdampf-Diffusionswiderstandszahl [a] μ
5.1	Mineralwolle (MW) nach DIN EN 13162 [a]	0,030 0,031 ... 0,049 0,050	0,031 0,032 ... 0,050 0,052	1
5.2	Expandierter Polystyrolschaum (EPS) nach DIN EN 13163 [a]	0,030 0,031 ... 0,049 0,050	0,031 0,032 ... 0,050 0,052	20/100
5.3	Extrudierter Polystyrolschaum (XPS) nach DIN EN 13164 [a]	0,022 0,023 ... 0,045	0,023 0,024 ... 0,046	80/250
5.4	Polyurethan-Hartschaum (PU) nach DIN EN 13165 [a]	0,020 0,021 ... 0,040	0,021 0,022 ... 0,041	40/200
5.5	Phenolharz-Hartschaum (PF) nach DIN EN 13166 [a]	0,020 0,021 ... 0,035	0,021 0,022 ... 0,036	10/60
5.6	Schaumglas (CG) nach DIN EN 13167 [a]	0,037 0,038 ... 0,049 0,050 0,055	0,038 0,039 ... 0,050 0,052 0,057	[f]
5.7	Holzwolle-Leichtbauplatten nach DIN EN 13168			
5.7.1	Holzwolle-Platten (WW)	0,060 0,061 ... 0,069 0,070 ... 0,089 0,090 ... 0,10	0,063 0,064 ... 0,072 0,074 ... 0,093 0,095 ... 0,105	2/5
5.7.2	Holzwolle-Mehrschichtplatten nach DIN EN 13168 (WWC)			
	mit expandiertem Polystyrolschaum (EPS) nach DIN EN 13163 [a]	0,030 0,031 ... 0,049 0,050	0,031 0,032 ... 0,050 0,052	20/50

(Fußnoten siehe Seite 850)

Tabelle 2. Zeile 5 von DIN 4108-4, Tabelle 1 für Wärmedämmstoffe nach harmonisierten europäischen Normen (DIN 4108-4, Tabelle 2) [6] (Fortsetzung)

Zeile	Stoff	Nennwert λ_D	Bemessungswert λ_B	Richtwert der Wasserdampf-Diffusionswiderstandszahl[a)] μ
	mit Mineralwolle (MW) nach DIN EN 13162[a)]	0,030 0,031 ... 0,049 0,050	0,031 0,032 ... 0,050 0,052	1
	Holzwolledeckschicht(en) nach DIN EN 13168[d)]	0,10 0,11 0,12 0,13 0,14	0,12 0,13 0,14 0,16 0,17	2/5
5.8	Blähperlit (EPB) nach DIN EN 13169[a)]	0,045 0,046 ... 0,049 0,050 ... 0,070	0,046 0,047 ... 0,050 0,052 ... 0,072	5
5.9	Expandierter Kork (ICB) nach DIN EN 13170[e)]	0,040 0,041 0,042 ... 0,045 0,046 ... 0,049 0,050 ... 0,055	0,049 0,050 0,052 ... 0,055 0,057 ... 0,060 0,062 ... 0,068	5/10
5.10	Holzfaserdämmstoff (WF) nach DIN EN 13171[b)]	0,032 0,033 ... 0,049 0,050 ... 0,060	0,034 0,035 ... 0,051 0,053 ... 0,063	5
5.11	Wärmedämmputz nach DIN EN 998-1 der Kategorie T1		0,120	5/20
	Wärmedämmputz nach DIN EN 998-1 der Kategorie T2		0,24	
5.12	Wärmedämmstoff aus Polyurethan (PUR)- und Polyisocyanurat (PIR)- Spritzschaum nach DIN EN 14315-1[c)]	0,020 0,021 ... 0,034 0,035 ... 0,040	0,023 0,024 ... 0,037 0,039 ... 0,044	

(Fußnoten siehe Seite 850)

Tabelle 2. Zeile 5 von DIN 4108-4, Tabelle 1 für Wärmedämmstoffe nach harmonisierten europäischen Normen (DIN 4108-4, Tabelle 2) [6] (Fortsetzung)

Zeile	Stoff	Nennwert λ_D	Bemessungswert λ_B	Richtwert der Wasserdampf-Diffusionswiderstandszahl[a)] μ
5.13	Wärmedämmung aus Produkten mit expandiertem Perlite (EP) nach DIN EN 14316-1 [a)]	0,040 0,041 ... 0,049 0,050 ... 0,060	0,041 0,042 ... 0,050 0,052 ... 0,062	
5.14	Selbsttragende Sandwich-Elemente mit beidseitigen Metalldeckschichten nach DIN EN 14509 [a) g)]	0,020 0,021 ... 0,047	0,021 0,022 ... 0,048	
5.15	An der Verwendungsstelle hergestellte Wärmedämmung aus Blähton-Leicht-zuschlagstoffen (LWA) nach DIN EN 14063-1 [b)]	0,090 0,091 ... 0,095 ... 0,10 0,11 ... 0,13	0,095 0,096 ... 0,10 ... 0,105 0,12 ... 0,14	
5.16	An der Verwendungsstelle hergestellte Wärmedämmung mit Produkten aus expandiertem Vermiculit (EV) nach DIN EN 14317-1 [d)]	0,052 0,053 ... 0,057 0,058 ... 0,062 0,063 ... 0,067 0,068 ... 0,072 0,073 ... 0,077 0,078 0,079 0,080	0,062 0,064 ... 0,068 0,070 ... 0,074 0,076 ... 0,080 0,083 ... 0,086 0,088 ... 0,092 0,094 0,095 0,096	
5.17	An der Verwendungsstelle hergestellte Wärmedämmung aus Mineralwolle (MW) nach DIN EN 14064-1 [a)]	0,032 0,033 ... 0,049 0,050	0,033 0,034 ... 0,050 0,052	

(Fußnoten siehe Seite 850)

Tabelle 2. Zeile 5 von DIN 4108-4, Tabelle 1 für Wärmedämmstoffe nach harmonisierten europäischen Normen (DIN 4108-4, Tabelle 2) [6] (Fortsetzung)

Zeile	Stoff	Nennwert λ_D	Bemessungswert λ_B	Richtwert der Wasserdampf-Diffusionswiderstandszahl[a] μ
5.18	Werkmäßig hergestellte Produkte aus Polyethylenschaum (PEF) nach DIN EN 16069[d]	0,035 0,036 0,037 0,038 … 0,042 0,043 … 0,047 0,048 … 0,052 0,053 … 0,057 0,058 0,059 0,060	0,042 0,043 0,044 0,046 … 0,050 0,052 … 0,056 0,058 … 0,062 0,064 … 0,068 0,070 0,071 0,072	
5.19	An der Verwendungsstelle hergestellter Wärmedämmstoff aus dispensiertem Polyurethan (PUR)- und Polyisocyancat (PIR)-Hartschaum nach DIN EN 14318-1[c]	0,020 0,021 … 0,034 0,035 … 0,040	0,023 0,024 … 0,037 0,039 … 0,044	

a) λ Bemessung = $\lambda_D \cdot 1{,}03$; aber mindestens ein Zuschlag von 1 mW/(m·K);
b) λ Bemessung = $\lambda_D \cdot 1{,}05$; aber mindestens ein Zuschlag von 2 mW/(m·K);
c) λ Bemessung = $\lambda_D \cdot 1{,}10$; aber mindestens ein Zuschlag von 3 mW/(m·K);
d) λ Bemessung = $\lambda_D \cdot 1{,}10$;
e) λ Bemessung = $\lambda_D \cdot 1{,}23$;
f) Es ist jeweils der für die Baukonstruktion ungünstigere Wert einzusetzen.
g) Die Anforderungen nach Fußnote a sind übertragbar auf den Bemessungswert des Wärmedurchgangskoeffizienten (U). $U_B = U_D \cdot 1{,}03$.

Tabelle 3. Wärmeschutztechnische Bemessungswerte für Baustoffe, die gewöhnlich bei Gebäuden zur Anwendung kommen (DIN EN ISO 10456, Tabelle 3) [12]

Stoffgruppe oder Anwendung		Rohdichte ρ	Bemessungs-wärmeleit-fähigkeit λ	Spezifische Wärmespeicher-kapazität c_p	Wasserdampf-Diffusionswider-standszahl μ	
					trocken	feucht
		kg/m³	W/(m·K)	J/(kg·K)	–	–
Asphalt		2100	0,70	1000	50000	50000
Bitumen	Als Stoff	1050	0,17	1000	50000	50000
	Membran/Bahn	1100	0,23	1000	50000	50000
Beton[a]	Mittlere Rohdichte	1800	1,15	1000	100	60
		2000	1,35	1000	100	60
		2200	1,65	1000	120	70

(Fußnoten siehe Seite 855)

Tabelle 3. Wärmeschutztechnische Bemessungswerte für Baustoffe, die gewöhnlich bei Gebäuden zur Anwendung kommen (DIN EN ISO 10456, Tabelle 3) [12] (Fortsetzung)

Stoffgruppe oder Anwendung		Rohdichte ρ	Bemessungs- wärmeleit- fähigkeit λ	Spezifische Wärmespeicher- kapazität c_p	Wasserdampf-Diffusionswiderstandszahl μ	
					trocken	feucht
		kg/m³	W/(m·K)	J/(kg·K)	–	–
	Hohe Rohdichte	2400	2,00	1000	130	80
	Armiert (mit 1 % Stahl)	2300	2,30	1000	130	80
	Armiert (mit 2 % Stahl)	2400	2,50	1000	130	80
Fußbodenbeläge	Gummi	1200	0,17	1400	10000	10000
	Kunststoff	1700	0,25	1400	10000	10000
	Unterlagen, poröser Gummi oder Kunststoff	270	0,10	1400	10000	10000
	Filzunterlage	120	0,05	1300	20	15
	Wollunterlage	200	0,06	1300	20	15
	Korkunterlage	< 200	0,05	1500	20	10
	Korkfliesen	> 400	0,065	1500	40	20
	Teppich/Teppichböden	200	0,06	1300	5	5
	Linoleum	1200	0,17	1400	1000	800
Gase	Luft	1,23	0,025	1008	1	1
	Kohlendioxid	1,95	0,014	820	1	1
	Argon	1,70	0,017	519	1	1
	Schwefelhexafluorid	6,36	0,013	614	1	1
	Krypton	3,56	0,009	245	1	1
	Xenon	5,68	0,0054	160	1	1
Glas	Natronglas (einschließlich Floatglas)	2500	1,00	750	∞	∞
	Quarzglas	2200	1,40	750	∞	∞
	Glasmosaik	2000	1,20	750	∞	∞
Wasser	Eis bei −10 °C	920	2,30	2000		
	Eis bei 0 °C	900	2,20	2000		
	Schnee, frisch gefallen (< 30 mm)	100	0,05	2000		
	Neuschnee, weich (30 … 70 mm)	200	0,12	2000		
	Schnee, leicht verharscht (70 … 100 mm)	300	0,23	2000		
	Schnee, verharscht (< 200 mm)	500	0,60	2000		
	Wasser bei 0 °C	1000	0,60	4190		
	Wasser bei 40 °C	990	0,63	4190		
	Wasser bei 80 °C	970	0,67	4190		
Metalle	Aluminiumlegierungen	2800	160	880	∞	∞
	Bronze	8700	65	380	∞	∞

(Fußnoten siehe Seite 855)

Tabelle 3. Wärmeschutztechnische Bemessungswerte für Baustoffe, die gewöhnlich bei Gebäuden zur Anwendung kommen (DIN EN ISO 10456, Tabelle 3) [12] (Fortsetzung)

Stoffgruppe oder Anwendung		Rohdichte ρ	Bemessungs-wärmeleit-fähigkeit λ	Spezifische Wärmespeicher-kapazität c_p	Wasserdampf-Diffusionswider-standszahl μ	
					trocken	feucht
		kg/m³	W/(m·K)	J/(kg·K)	–	–
	Messing	8400	120	380	∞	∞
	Kupfer	8900	380	380	∞	∞
	Gusseisen	7500	50	450	∞	∞
	Blei	11300	35	130	∞	∞
	Stahl	7800	50	450	∞	∞
	Nichtrostender Stahl[b], austenitisch oder austenitisch-ferritisch	7900	17	500	∞	∞
	Nichtrostender Stahl[b], ferritisch oder martensitisch	7900	30	460	∞	∞
	Zink	7200	110	380	∞	∞
Massive Kunststoffe	Acrylkunststoff	1050	0,20	1500	10000	10000
	Polykarbonate	1200	0,20	1200	5000	5000
	Polytetrafluorethylen-kunststoff (PTFE)	2200	0,25	1000	10000	0000
	Polyvinylchlorid (PVC)	1390	0,17	900	50000	50000
	Polymethylmethacrylat (PMMA)	1180	0,18	1500	50000	50000
	Polyazetatkunststoff	1410	0,30	1400	100000	100000
	Polyamid (Nylon)	1150	0,25	1600	50000	50000
	Polyamid 6,6 mit 25 % Glasfasern	1450	0,30	1600	50000	50000
	Polyethylen/Polyethen hoher Rohdichte	980	0,50	1800	100000	100000
	Polyethylen/Polyethen niedriger Rohdichte	920	0,33	2200	100000	100000
	Polystyrol	1050	0,16	1300	100000	100000
	Polypropylen	910	0,22	1800	10000	10000
	Polypropylen mit 25 % Glasfasern	1200	0,25	1800	10000	10000
	Polyurethan (PU)	1200	0,25	1800	6000	6000
	Epoxyharz	1200	0,20	1400	10000	10000
	Phenolharz	1300	0,30	1700	100000	100000
	Polyesterharz	1400	0,19	1200	10000	10000
Gummi	Naturkautschuk	910	0,13	1100	10000	10000
	Neopren (Polychloropren)	1240	0,23	2140	10000	10000
	Butylkautschuk (Isobutylenkautschuk) hart/heiß geschmolzen	1200	0,24	1400	200000	200000

(Fußnoten siehe Seite 855)

Tabelle 3. Wärmeschutztechnische Bemessungswerte für Baustoffe, die gewöhnlich bei Gebäuden zur Anwendung kommen (DIN EN ISO 10456, Tabelle 3) [12] (Fortsetzung)

Stoffgruppe oder Anwendung		Rohdichte ρ	Bemessungs-wärmeleit-fähigkeit λ	Spezifische Wärmespeicher-kapazität c_p	Wasserdampf-Diffusionswider-standszahl μ	
					trocken	feucht
		kg/m³	W/(m·K)	J/(kg·K)	–	–
Dichtungsstoffe, Dichtungen und wärmetechnische Trennungen	Schaumgummi	60 bis 80	0,06	1500	7000	7000
	Hartgummi (Ebonit), hart	1200	0,17	1400	∞	∞
	Ethylen-Propylenedien, Monomer (EPDM)	1150	0,25	1000	6000	6000
	Polyisobutylenkautschuk	930	0,20	1100	10000	10000
	Polysulfid	1700	0,40	1000	10000	10000
	Butadien	980	0,25	1000	100000	100000
	Silicagel (Trockenmittel)	720	0,13	1000	∞	∞
	Silikon ohne Füllstoff	1200	0,35	1000	5000	5000
	Silikon mit Füllstoff	1450	0,50	1000	5000	5000
	Silikonschaum	750	0,12	1000	10000	100000
	Urethan-/Polyurethan-schaum (als wärme-technische Trennung)	1300	0,21	1800	60	60
	Weichpolyvinylchlorid (PVC-P) mit 40 % Weichmacher	1200	0,14	1000	100000	100000
	Elastomerschaum, flexibel	60 bis 80	0,05	1500	10000	10000
	Polyurethanschaum (PU)	70	0,05	1500	60	60
	Polyethylenschaum	70	0,05	2300	100	100
Gips	Gips	600	0,18	1000	10	4
	Gips	900	0,30	1000	10	4
	Gips	1200	0,43	1000	10	4
	Gips	1500	0,56	1000	10	4
	Gipskartonplatten [c]	700	0,21	1000	10	4
	Gipskartonplatten [c]	900	0,25	1000	10	4
Putze und Mörtel	Gipsdämmputz	600	0,18	1000	10	6
	Gipsputz	1000	0,40	1000	10	6
	Gipsputz	1300	0,57	1000	10	6
	Gips, Sand	1600	0,80	1000	10	6
	Kalk, Sand	1600	0,80	1000	10	6
	Zement, Sand	1800	1,00	1000	10	6
Erdreich	Ton oder Schlick oder Schlamm	1200 bis 1800	1,5	1670 bis 2500	50	50
	Sand und Kies	1700 bis 2200	2,0	910 bis 1180	50	50
Gestein	Kristalliner Naturstein	2800	3,5	1000	10000	10000
	Sediment-Naturstein	2600	2,3	1000	250	200
	Leichter Sediment-Naturstein	1500	0,85	1000	30	20

(Fußnoten siehe Seite 855)

Tabelle 3. Wärmeschutztechnische Bemessungswerte für Baustoffe, die gewöhnlich bei Gebäuden zur Anwendung kommen (DIN EN ISO 10456, Tabelle 3) [12] (Fortsetzung)

Stoffgruppe oder Anwendung		Rohdichte ρ	Bemessungs-wärmeleitfähigkeit λ	Spezifische Wärmespeicherkapazität c_p	Wasserdampf-Diffusionswiderstandszahl μ	
					trocken	feucht
		kg/m³	W/(m·K)	J/(kg·K)	–	–
	Poröses Gestein, z. B. Lava	1600	0,55	1000	20	15
	Basalt	2700 bis 3000	3,5	1000	10000	10000
	Gneis	2400 bis 2700	3,5	1000	10000	10000
	Granit	2500 bis 2700	2,8	1000	10000	10000
	Marmor	2800	3,5	1000	10000	10000
	Schiefer	2000 bis 2800	2,2	1000	1000	800
	Kalkstein, extraweich	1600	0,85	1000	30	20
	Kalkstein, weich	1800	1,1	1000	40	25
	Kalkstein, mittelhart	2000	1,4	1000	50	40
	Kalkstein, hart	2200	1,7	1000	200	150
	Kalkstein, extrahart	2600	2,3	1000	250	200
	Sandstein (Quarzit)	2600	2,3	1000	40	30
	Naturbims	400	0,12	1000	8	6
	Kunststein	1750	1,3	1000	50	40
Dachziegelsteine	Ton	2000	1,0	800	40	30
	Beton	2100	1,5	1000	100	60
Platten	Keramik/Porzellan	2300	1,3	840		∞
	Kunststoff	1000	0,20	1000	10000	10000
Nutzholz[d]		450	0,12	1000	50	20
		500	0,13	1600	50	20
		700	0,18	1600	200	50
Holzwerkstoffe[d]	Sperrholz[e]	300	0,09	1600	150	50
	Sperrholz[e]	500	0,13	1600	200	70
	Sperrholz[e]	700	0,17	1600	220	90
	Sperrholz[e]	1000	0,24	1600	250	110
	Zementgebundene Spanplatte	1200	0,23	1500	50	30
	Spanplatte	300	0,10	1700	50	10
	Spanplatte	600	0,14	1700	50	15
	Spanplatte	900	0,18	1700	50	20
	OSB-Platten	650	0,13	1700	50	30
	Holzfaserplatte, einschließlich MDF[f]	250	0,07	1700	5	2

(Fußnoten siehe Seite 855)

Tabelle 3. Wärmeschutztechnische Bemessungswerte für Baustoffe, die gewöhnlich bei Gebäuden zur Anwendung kommen (DIN EN ISO 10456, Tabelle 3) [12] (Fortsetzung)

Stoffgruppe oder Anwendung		Rohdichte ρ	Bemessungs-wärmeleit-fähigkeit λ	Spezifische Wärmespeicher-kapazität c_p	Wasserdampf-Diffusionswider-standszahl μ	
					trocken	feucht
		kg/m³	W/(m·K)	J/(kg·K)	–	–
	Holzfaserplatte, einschließlich MDF[f]	400	0,10	1700	10	5
	Holzfaserplatte, einschließlich MDF[f]	600	0,14	1700	20	12
	Holzfaserplatte, einschließlich MDF[f]	800	0,18	1700	30	20

Anmerkung 1: Für Computerberechnungen kann der ∞-Wert, wie z. B. 10^6, ersetzt werden.
Anmerkung 2: Wasserdampf-Diffusionswiderstandszahlen sind als Werte nach den in DIN ISO 12571:2000:04, Wärme- und feuchtetechnisches Verhalten von Baustoffen und -produkten – Bestimmung der Wasserdampfdurchlässigkeit, festgelegten „Dry-cup-" und „Wet-cup-Verfahren" angegeben.

a) Die Rohdichte von Beton ist als Trockenrohdichte gegeben.
b) Eine ausführliche Liste nichtrostender Stähle ist in EN 10088-1 enthalten. Sie kann verwendet werden, wenn die genaue Zusammensetzung des nichtrostenden Stahles bekannt ist.
c) Die Wärmeleitfähigkeit schließt den Einfluss der Papierdeckschichten ein.
d) Die Rohdichte von Nutzholz und Holzfaserplattenprodukten ist die Gleichgewichtsdichte bei 20 °C und 65 % relativer Luftfeuchte.
e) Als Interimsmaßnahme und bis zum Vorliegen hinreichend zuverlässiger Daten können für Hartfaserplatten/wood panels (SWP) und Bauholz mit Furnierschichten (LVL, laminated veneer lumber) die für Sperrholz angegebenen Werte angewendet werden.
f) MDF bedeutet Medium Density Fibreboard/mitteldichte Holzfaserplatte, die im sog. Trockenverfahren hergestellt worden ist.

Tabelle 4. Wärmedurchlasswiderstand R von Decken (DIN 4108-4, Tabelle 6) [6]

Zeile	Deckenart und Darstellung	Dicke s mm	Wärmedurchlasswiderstand R (m²·K)/W	
			im Mittel	an der ungünstigsten Stelle
1	Stahlbetonrippen- und Stahlbetonbalkendecken nach DIN 1045-1, DIN 1045-2 mit Zwischenbauteilen nach DIN 4158			
1.1	Stahlbetonrippendecke (ohne Aufbeton, ohne Putz)	120 140 160 180 200 220 250	0,20 0,21 0,22 0,23 0,24 0,25 0,26	0,06 0,07 0,08 0,09 0,10 0,11 0,12
1.2	Stahlbetonbalkendecke (ohne Aufbeton, ohne Putz)	120 140 160 180 200 220 240	0,16 0,18 0,20 0,22 0,24 0,26 0,28	0,06 0,07 0,08 0,09 0,10 0,11 0,12
2	Stahlbetonrippen- und Stahlbetonbalkendecke mit Zwischenbauteil nach DIN EN 15037-3 in Verbindung mit DIN 20000-129			
2.1	Ziegel als Zwischenbauteile nach DIN 4160 ohne Querstege (ohne Aufbeton, ohne Putz)	115 140 165	0,15 0,16 0,18	0,06 0,07 0,08

Tabelle 4. Wärmedurchlasswiderstand R von Decken (DIN 4108-4, Tabelle 6) [6] (Fortsetzung)

2.2	Ziegel als Zwischenbauteile nach DIN 4160 mit Querstegen (ohne Aufbeton, ohne Putz)	190	0,24	0,09
		225	0,26	0,10
		240	0,28	0,11
		265	0,30	0,12
		290	0,32	0,13
3	Stahlsteindecken nach DIN 1045 aus Deckenziegeln nach DIN 4159			
3.1	Ziegel für teilvermörtelbare Stoßfugen nach DIN 4159	115	0,15	0,06
		140	0,18	0,07
		165	0,21	0,08
		190	0,24	0,09
		215	0,27	0,10
		240	0,30	0,11
		265	0,33	0,12
		290	0,36	0,13
3.2	Ziegel für vollvermörtelbare Stoßfugen nach DIN 4159	115	0,13	0,06
		140	0,16	0,07
		165	0,19	0,08
		190	0,22	0,09
		215	0,25	0,10
		240	0,28	0,11
		265	0,31	0,12
		290	0,34	0,13
4	Stahlbetonhohldielen nach DIN 1045-1, DIN 1045-2			
	(ohne Aufbeton, ohne Putz)	65	0,13	0,03
		80	0,14	0,04
		100	0,15	0,05

Tabelle 5. Wärmedurchlasswiderstand, in $(m^2 \cdot K)/W$, von ruhenden Luftschichten – Oberflächen mit hohem Emissionsgrad (DIN EN ISO 6946, Tabelle 8) [8]

Dicke der Luftschicht mm	Richtung des Wärmestromes		
	Aufwärts	Horizontal	Abwärts
0	0,00	0,00	0,00
5	0,11	0,11	0,11
7	0,13	0,13	0,13
10	0,15	0,15	0,15
15	0,16	0,17	0,17
25	0,16	0,18	0,19
50	0,16	0,18	0,21
100	0,16	0,18	0,22
300	0,16	0,18	0,23
Anmerkung: Zwischenwerte können mittels linearer Interpolation ermittelt werden.			

Tabelle 5. Wärmedurchlasswiderstand, in (m²·K)/W, von ruhenden Luftschichten – Oberflächen mit hohem Emissionsgrad (DIN EN ISO 6946, Tabelle 8) [8] (Fortsetzung)

	Bauteil mit schwach belüfteten Luftschichten	Bauteil mit stark belüfteter Luftschicht
Öffnungen zwischen Luftschicht und Außenluft	> 500 mm² bis 1500 mm² je m Länge für vertikale Luftschichten > 500 mm² bis 1500 mm² je m² Oberfläche für horizontale Luftschichten	> 1500 mm² je m Länge für vertikale Luftschichten > 500 mm² je m² Oberfläche für horizontale Luftschichten
Bemessungswert	Hälfte des entsprechenden Wärmedurchlasswiderstandes der obigen Tabelle. Wenn der Wärmedurchlasswiderstand der Schicht zwischen Luftschicht und Außenumgebung 0,15 (m²·K)/W überschreitet, muss mit einem Höchstwert von 0,15 (m²·K)/W gerechnet werden.	Der Wärmedurchgangswiderstand eines Bauteils mit stark belüfteter Luftschicht wird berechnet, indem der Wärmedurchlasswiderstand der Luftschicht und aller Schichten zwischen Luftschicht und Außenluft vernachlässigt wird und ein äußerer Wärmeübergangskoeffizient verwendet wird, der dem bei ruhender Luft entspricht.

Tabelle 6. Wärmedurchlasswiderstand R_u von Dachräumen (DIN EN ISO 6946, Tabelle 9) [8]

Zeile	Beschreibung des Daches	R_u (m²·K)/W
1	Ziegeldach ohne Pappe, Schalung oder Ähnlichem	0,06
2	Plattendach oder Ziegeldach mit Pappe oder Schalung oder Ähnlichem unter den Ziegeln	0,20
3	Wie 2, jedoch mit Aluminiumverkleidung oder einer anderen Oberfläche mit geringem Emissionsgrad an der Dachunterseite	0,30
4	Dach mit Schalung und Pappe	0,30

Anmerkung: Die Werte in dieser Tabelle enthalten den Wärmedurchlasswiderstand des belüfteten Raums und der (Schräg-)Dachkonstruktion. Sie enthalten nicht den äußeren Wärmeübergangswiderstand R_{se}.

Tabelle 7. Wärmeübergangswiderstände in (m²·K)/W (DIN EN ISO 6946, Tabelle 7) [8]

Wärmeübergangswiderstand	Richtung des Wärmestromes		
	Aufwärts	Horizontal	Abwärts
R_{si}	0,10	0,13	0,17
R_{se}	0,04	0,04	0,04

Liegen für die Wärmeübergangswiderstände keine besonderen Angaben über Randbedingungen vor, so gelten für Wärmestromrichtungen ± 30° zur horizontalen Ebene (ebene Oberflächen) die in Tabelle 7 angegebenen Werte. Bei abweichenden Randbedingungen siehe DIN EN ISO 6946 [8].

Hinweis:
Nach DIN EN ISO 10211-1 [9] werden zur Berechnung der Oberflächentemperaturen folgende Werte für den inneren Wärmeübergangswiderstand empfohlen:
Verglasung $R_{si} = 0{,}13$ (m²·K)/W
Obere Raumhälfte $R_{si} = 0{,}25$ (m²·K)/W
Untere Raumhälfte $R_{si} = 0{,}35$ (m²·K)/W

Wärmeübergang wird durch Gegenstände, z. B. durch Möbel, erheblich beeinträchtigt
$R_{si} = 0{,}50$ (m²·K)/W
DIN 4108-2 [4] nennt im Hinblick auf die Vermeidung von Schimmelpilzbildung einen inneren Wärmeübergangswiderstand: $R_{si} = 0{,}25$ (m²·K)/W
In [3] werden im Hinblick auf die Vermeidung von Schimmelpilzbildung folgende Wärmeübergangswiderstände genannt:
Einbauschränke $R_{si} = 1{,}00$ (m²·K)/W
Freistehende Schränke vor einer Wand $R_{si} = 0{,}50$ (m²·K)/W
Gardinen vor einer Wand $R_{si} = 0{,}25$ (m²·K)/W

Für die wärmetechnischen Eigenschaften des Erdreichs können folgende Werte angewandt werden:
- Werte, die für die tatsächliche Lage über einer der Breite des Gebäudes entsprechenden Tiefe unter Berücksichtigung des üblichen Feuchtegehaltes ermittelt wurden,
- bei bekannter Beschaffenheit des Erdreichs, können die Werte der Tabelle 8 verwendet werden,
- andernfalls werden folgende Werte angenommen: $\lambda = 2{,}0$ W/(m·K), $\rho \cdot c = 2{,}0 \cdot 10^6$ J/(m³·K).

Tabelle 8. Wärmetechnische Eigenschaften des Erdreichs (DIN EN ISO 13370, Tabelle 1) [15]

Kategorie	Beschreibung	Wärmeleitfähigkeit λ W/(m·K)	Volumenbezogene Wärmekapazität $\rho \cdot c$ J/(m³·K)
1	Ton oder Schluff	1,5	$3{,}0 \cdot 10^6$
2	Sand oder Kies	2,0	$2{,}0 \cdot 10^6$
3	homogener Felsen	3,5	$2{,}0 \cdot 10^6$

Tabelle 9. Wärmeleitfähigkeit des Erdreichs (DIN EN ISO 13370, Tabelle G.1) [14]

Art des Erdreichs	Trockenrohdichte ρ kg/m³	Massebezogener Feuchtegehalt u kg/kg	Sättigungsgrad S %	Wärmeleitfähigkeit λ W/(m·K)	Repräsentative Werte für λ W/(m·K)
Schluff	1400 bis 1800	0,1 bis 0,3	70 bis 100	1,0 bis 2,0	1,5
Ton	1200 bis 1600	0,2 bis 0,4	80 bis 100	0,9 bis 1,4	1,5
Torf	400 bis 1100	0,05 bis 2,0	0 bis 100	0,2 bis 0,5	–
Trockener Sand	1700 bis 2000	0,04 bis 0,12	20 bis 60	1,1 bis 2,2	2,0
Nasser Sand	1700 bis 2100	0,10 bis 0,18	85 bis 100	1,5 bis 2,7	2,0
Felsen	2000 bis 3000	1)	1)	2,5 bis 4,5	3,5

1) Üblicherweise sehr gering (Feuchtegehalt < 0,03), mit Ausnahme von porösem Gestein.

Tabelle 10. Bemessungswerte des Wärmedurchgangskoeffizienten $U_{D,BW}$ von Toren in Abhängigkeit der konstruktiven Merkmale (DIN 4108-4, Tabelle 13) [6]

Konstruktionsmerkmale	Bemessungswert des Wärmedurchgangskoeffizienten $U_{D,BW}$ W/(m²·K)
Tore[a] mit einem Torblatt aus Metall (einschalig, ohne wärmetechnische Trennung)	6,5
Tore[a] mit einem Torblatt aus metall- oder holzbeplankten Paneelen aus Dämmstoffen ($\lambda \leq 0{,}04$ W/(m·K) bzw. $R_D \geq 0{,}5$ (m²·K)/W bei 15 mm Schichtdicke)	2,9
Tore[a] mit einem Torblatt aus Holz und Holzwerkstoffen, Dicke der Torfüllung $\geq$ 15 mm	4,0
Tore[a] mit einem Torblatt aus Holz und Holzwerkstoffen, Dicke der Torfüllung $\geq$ 25 mm	3,2

a) Unter Tor wird hier verstanden: Eine Einrichtung, um eine Öffnung zu schließen, die in der Regel für die Durchfahrt von Fahrzeugen vorgesehen ist. Der allgemeine Begriff für „Tor" ist in DIN EN 12433-1 definiert.

Tabelle 11. Bemessungswerte des Wärmedurchgangskoeffizienten $U_{D,BW}$ von Außentüren in Abhängigkeit der konstruktiven Merkmale (DIN 4108-4, Tabelle 7) [6]

Konstruktionsmerkmale	Bemessungswert des Wärmedurchgangskoeffizienten $U_{D,BW}$ W/(m²·K)
Außentüren aus Holz, Holzwerkstoffen und Kunststoff	2,9
Außentüren aus Metallrahmen und metallenen Bekleidungen	4,0

Tabelle 12. Korrekturwerte ΔU_g zur Berechnung der Bemessungswerte $U_{g,Bw}$ (DIN 4108-4, Tabelle 9) [6]

Korrekturwert ΔU_g W/(m²·K)	Grundlage
+0,1	Sprossen im Scheibenzwischenraum (einfaches Sprossenkreuz)
+0,2	Sprossen im Scheibenzwischenraum (mehrfache Sprossenkreuze)

Tabelle 13. Gesamtenergiedurchlassgrad und Lichttransmissionsgrad in Abhängigkeit der Konstruktionsmerkmale des U_g Wertes und des Wärmedurchgangskoeffizienten (DIN 4108-4, Tabelle 10) [6]

Konstruktionsmerkmale der Glastypen	Anhaltswerte für die Bemessung			
	U_g W/(m²·K)	$g_\perp$ a)	τ_e	τ_V
Einfachglas	5,8	0,87	0,85	0,90
Zweifachglas mit Luftfüllung, ohne Beschichtung	2,9	0,78	0,73	0,82
Dreifachglas mit Luftfüllung, ohne Beschichtung	2,0	0,70	0,63	0,75
Wärmedämmglas zweifach mit Argonfüllung, eine Beschichtung	1,7	0,72	0,60	0,74
	1,4	0,67	0,58	0,78
	1,2	0,65	0,54	0,78
	1,1	0,60	0,52	0,80
Wärmedämmglas dreifach mit Argonfüllung, zwei Beschichtungen	0,8	0,60	0,50	0,72
	0,7	0,50	0,39	0,69
Sonnenschutzglas zweifach, mit Argonfüllung, eine Beschichtung	1,3	0,48	0,44	0,59
	1,2	0,37	0,34	0,67
	1,2	0,25	0,21	0,40
	1,1	0,36	0,33	0,66
	1,1	0,27	0,24	0,50
Sonnenschutzglas dreifach, mit Argonfüllung, zwei Beschichtungen	0,7	0,24	0,21	0,45
	0,7	0,34	0,29	0,63

a) Gesamtenergiedurchlassgrad bei senkrechtem Strahlungseinfall.

Tabelle 14. Korrekturfaktoren c für den Gesamtenergiedurchlassgrad (DIN 4108-4, Tabelle 11) [6]

Außenscheibe Dicke d mm	Korrekturfaktor c bei Schichttyp	
	$\varepsilon_n \leq 0{,}1$	$\varepsilon_n > 0{,}1$
4 bis 6	1,00	1,00
7 bis 10	0,90	0,85
11 bis 14	0,85	0,80
> 14	0,75	0,70
Messung ist mit dickerer Außenscheibe erfolgt	1,00	1,00

Der Bemessungswert g für den Gesamtenergiedurchlassgrad eines Isolierglases wird bestimmt aus dem Wert g_0 für den Gesamtenergiedurchlassgrad durch Multiplikation mit einem Korrekturfaktor c. Für den Bemessungswert des Gesamtenergiedurchlassgrades g gilt in jedem Fall

$g = g_0 \cdot c$

Für dickere Innenscheiben kann der festgelegte g-Wert weiter verwendet werden.

Tabelle 15. Anhaltswerte für Abminderungsfaktoren F_C von fest installierten Sonnenschutzvorrichtungen in Abhängigkeit vom Glaserzeugnis (DIN 4108-2, Tabelle 7) [4]

Zeile		Sonnenschutzvorrichtung [a]	F_C		
			≤ 0,40 (Sonnenschutzglas)	g > 0,40	
			zweifach	dreifach	zweifach
1		ohne Sonnenschutzvorrichtung	1,00	1,00	1,00
2		Innenliegend oder zwischen den Scheiben [b]			
	2.1	weiß oder hoch reflektierende Oberflächen mit geringer Transparenz [c]	0,65	0,70	0,65
	2.2	helle Farben oder geringe Transparenz [d]	0,75	0,80	0,75
	2.3	dunkle Farben oder höhere Transparenz	0,90	0,90	0,85
3		Außenliegend			
	3.1	Fensterläden, Rollläden			
	3.1.1	Fensterläden, Rollläden, 3/4 geschlossen	0,35	0,30	0,30
	3.1.2	Fensterläden, Rollläden, geschlossen [e]	0,15 [e]	0,10 [e]	0,10 [e]
	3.2	Jalousie und Raffstore, drehbare Lamellen			
	3.2.1	Jalousie und Raffstore, drehbare Lamellen, 45° Lamellenstellung	0,30	0,25	0,25
	3.2.2	Jalousie und Raffstore, drehbare Lamellen, 10° Lamellenstellung [e]	0,20 [e]	0,15 [e]	0,15 [e]
	3.3	Markise, parallel zur Verglasung [d]	0,30	0,25	0,25
	3.4	Vordächer, Markisen allgemein, freistehende Lamellen [f]	0,55	0,50	0,50

a) Die Sonnenschutzvorrichtung muss fest installiert sein. Übliche dekorative Vorhänge gelten nicht als Sonnenschutzvorrichtung.
b) Für innen- und zwischen den Scheiben liegende Sonnenschutzvorrichtungen ist eine genaue Ermittlung zu empfehlen.
c) Hoch reflektierende Oberflächen mit geringer Transparenz, Transparenz ≤ 10 %, Reflexion ≥ 60 %.
d) Geringe Transparenz, Transparenz < 15 %.
e) F_C-Werte für geschlossenen Sonnenschutz dienen der Information und sollten für den Nachweis des sommerlichen Wärmeschutzes nicht verwendet werden. Ein geschlossener Sonnenschutz verdunkelt den dahinterliegenden Raum stark und kann zu einem erhöhten Energiebedarf für Kunstlicht führen, da nur ein sehr geringer bis kein Einfall des natürlichen Tageslichts vorhanden ist.

f) Dabei muss sichergestellt sein, dass keine direkte Besonnung des Fensters erfolgt. Dies ist näherungsweise der Fall, wenn
   – bei Südorientierung der Abdeckwinkel β ≥ 50° ist;
   – bei Ost- und Westorientierung der Abdeckwinkel β ≥ 85° ist γ ≤ 115° ist.
   Der F_C-Wert darf auch für beschattete Teilflächen des Fensters angesetzt werden. Dabei darf der Abminderungsfaktor F_S infolge Verschattung, z. B. durch Nachbarbebauung nach DIN V 18599-2:2011-12 A.2, nicht angesetzt werden. Zu den jeweiligen Orientierungen gehören Winkelbereiche von ± 22,5°. Bei Zwischenorientierungen ist der Abdeckwinkel β ≥ 80° erforderlich.

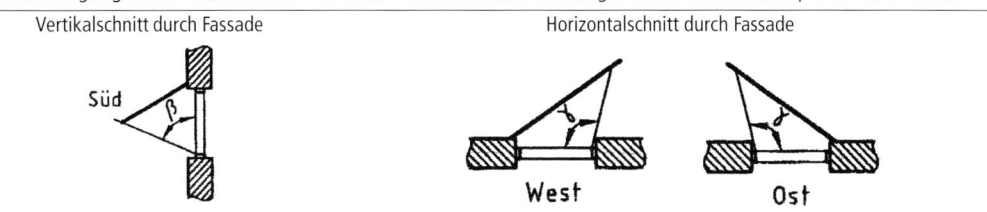

Tabelle 16. Anhaltswerte für Lichttransmissionsgrade τ_{D65}, U- und g-Werte von Lichtkuppeln und Lichtbänder (DIN 4108-4, Tabelle 12) [6]

Typ	Aufbau und Werkstoffe[a]	Einfärbung	U W/(m²·K)	$g_\perp$	τ_{D65}
Lichtkuppel	PMMA-Massivplatte, einschalig	klar	5,4	0,85	0,92
	PMMA-Massivplatte, einschalig	opal	5,4	0,80	0,83
	PMMA-Massivplatte, doppelschalig	klar/klar	2,7	0,78	0,80
	PMMA-Massivplatte, doppelschalig	opal/klar	2,7	0,72	0,73
	PMMA-Massivplatte, doppelschalig	opal/opal	2,7	0,64	0,59
	PMMA-Massivplatte, doppelschalig	klar, IR[b]-reflektierend	2,7	0,32	0,47
	PMMA-Massivplatte, dreischalig	opal/opal/klar	1,8	0,64	0,60
	PC-/PETG-Massivplatte, einschalig	klar	5,4	0,75	0,88
Lichtband	PC-Stegdoppelplatte, 8 mm (PC-SDP8)	klar	3,3	0,81	0,81
	PC-Stegdoppelplatte, 8 mm (PC-SDP8)	opal	3,3	0,70	0,62
	PC-Stegdoppelplatte, 10 mm (PC-SDP10)	klar	3,1	0,85	0,80
	PC-Stegdoppelplatte, 10 mm (PC-SDP10)	opal	3,1	0,70	0,50
	PC-Stegvierfachplatte, 10 mm (PC-S4P10)	opal	2,5	0,59	0,50
	PC-Stegdreifachplatte, 16 mm (PC-S3P16)	klar	2,4	0,69	0,72
	PC-Stegdreifachplatte, 16 mm (PC-S3P16)	opal	2,4	0,55	0,48
	PC-Stegfünffachplatte, 16 mm (PC-S5P16)	opal	1,9	0,52	0,45
	PC-Stegsechsfachplatte, 16 mm (PC-S6P16)	opal	1,85	0,47	0,42
	PC-Stegfünffachplatte, 20 mm (PC-S5P20)	klar	1,8	0,70	0,64
	PC-Stegfünffachplatte, 20 mm (PC-S5P20)	opal	1,8	0,46	0,44
	PC-Stegsechsfachplatte, 25 mm (PC-S6P25)	klar	1,45	0,67	0,62
	PC-Stegsechsfachplatte, 25 mm (S6P25)	opal	1,45	0,46	0,44
	PMMA-Stegdoppelplatte, 16 mm (PMMA-SDP16)	klar	2,5	0,82	0,86
	PMMA-Stegdoppelplatte, 16 mm (PMMA-SDP16)	opal	2,5	0,73	0,74
	PMMA-Stegdoppelplatte, 16 mm (PMMA-SDP16)	IR[b]-reflektierend	2,5	0,40	0,50
	PMMA-Stegvierfachplatte, 32 mm (PMMA-S4P32)	klar	1,6	0,71	0,76
	PMMA-Stegvierfachplatte, 32 mm PMMA-S4P32)	klar, IR[b]-reflektierend	1,6	0,50	0,45
	PMMA-Stegvierfachplatte, 32 mm (PMMA-S4P32)	opal	1,6	0,60	0,64
	PMMA-Stegvierfachplatte, 32 mm (PMMA-S4P32)	opal, IR[b]-reflektierend	1,6	0,30	0,40

a) Werkstoffe und ihre Bezeichnungen: (PC = Polycarbonat, PETG = Polyethylenterephthalat, glykolisiert, PMMA = Polymethylmethacrylat)
b) IR = Infrarot

Tabelle 17. Physikalische Kenngrößen für H_2O (Wasser, Wasserdampf und Eis) (aus [26])

	Aggregatzustand			
	flüssig	gasförmig	fest	
Dichte	1000 (4 °C)	0,80 (20 °C)	917 (0 °C)	kg/m³
Viskosität	1,0 (20 °C)	12,5 (100 °C)	2,6 (−10 °C)	µPa·s
Spezifische Wärmekapazität	4,18 (20 °C)	1,84 (20 °C)	2,09 (0 °C)	kJ/(kg·K)
Wärmeleitfähigkeit	0,59 (20 °C)	0,105 (100 °C)	2,22 (0 °C)	W/(m·K)
Verdampfungswärme	2500 (0 °C)	2250 (100 °C)	2830 (0 °C)	kJ/kg
Schmelzwärme	–	–	334 (0 °C)	kJ/kg
Oberflächenspannung	0,073 (20 °C)	–	–	N/m

Tabelle 18. Sättigungsdampfkonzentration für Wasserdampf in Luft über flüssigem Wasser bzw. über Eis in Abhängigkeit von der Temperatur (DIN 4108-3, Tabelle C.2) [5]

Temperatur in °C	Sättigungsdampfkonzentration, in 10^{-3} kg/m³ für Temperaturschritte in Zehntel °C									
	,0	,1	,2	,3	,4	,5	,6	,7	,8	,9
30	30,3	30,5	30,6	30,8	31,0	31,2	31,4	31,5	31,7	31,9
29	28,7	28,9	29,0	29,2	29,4	29,5	29,7	29,9	30,0	30,2
28	27,2	27,3	27,5	27,6	27,8	28,0	28,1	28,3	28,5	28,6
27	25,7	25,9	26,0	26,2	26,3	26,5	26,6	26,8	26,9	27,1
26	24,3	24,5	24,6	24,8	24,9	25,0	25,2	25,3	25,5	25,6
25	23,0	23,1	23,3	23,4	23,5	23,7	23,8	24,0	24,1	24,3
24	21,7	21,9	22,0	22,1	22,3	22,4	22,5	22,7	22,8	22,9
23	20,5	20,7	20,8	20,9	21,0	21,2	21,3	21,4	21,5	21,7
22	19,4	19,5	19,6	19,7	19,9	20,0	20,1	20,2	20,4	20,5
21	18,3	18,4	18,5	18,6	18,8	18,9	19,0	19,1	19,2	19,3
20	17,3	17,4	17,5	17,6	17,7	17,8	17,9	18,0	18,1	18,2
19	16,3	16,4	16,5	16,6	16,7	16,8	16,9	17,0	17,1	17,2
18	15,3	15,4	15,5	15,6	15,7	15,8	15,9	16,0	16,1	16,2
17	14,5	14,5	14,6	14,7	14,8	14,9	15,0	15,1	15,2	15,3
16	13,6	13,7	13,8	13,9	14,0	14,1	14,1	14,2	14,3	14,4
15	12,8	12,9	13,0	13,1	13,1	13,2	13,3	13,4	13,5	13,6
14	12,0	12,1	12,2	12,3	12,4	12,4	12,5	12,6	12,7	12,8
13	11,3	11,4	11,5	11,6	11,6	11,7	11,8	11,9	11,9	12,0
12	10,6	10,7	10,8	10,9	10,9	11,0	11,1	11,1	11,2	11,3
11	10,0	10,1	10,1	10,2	10,3	10,3	10,4	10,5	10,5	10,6
10	9,4	9,5	9,5	9,6	9,6	9,7	9,8	9,8	9,9	10,0
9	8,8	8,9	8,9	9,0	9,0	9,1	9,2	9,2	9,3	9,4
8	8,3	8,3	8,4	8,4	8,5	8,5	8,6	8,7	8,7	8,8
7	7,7	7,8	7,8	7,9	8,0	8,0	8,1	8,1	8,2	8,2
6	7,3	7,3	7,4	7,4	7,5	7,5	7,6	7,6	7,7	7,7
5	6,8	6,8	6,9	6,9	7,0	7,0	7,1	7,1	7,2	7,2

Tabelle 18. Sättigungsdampfkonzentration für Wasserdampf in Luft über flüssigem Wasser bzw. über Eis in Abhängigkeit von der Temperatur (DIN 4108-3, Tabelle C.2) [5] (Fortsetzung)

Temperatur in °C	Sättigungsdampfkonzentration, in 10^{-3} kg/m³ für Temperaturschritte in Zehntel °C									
	,0	,1	,2	,3	,4	,5	,6	,7	,8	,9
4	6,4	6,4	6,4	6,5	6,5	6,6	6,6	6,7	6,7	6,8
3	5,9	6,0	6,0	6,1	6,1	6,2	6,2	6,2	6,3	6,3
2	5,6	5,6	5,6	5,7	5,7	5,8	5,8	5,8	5,9	5,9
1	5,2	5,2	5,3	5,3	5,3	5,4	5,4	5,5	5,5	5,5
0	4,8	4,9	4,9	4,9	5,0	5,0	5,1	5,1	5,1	5,2
0	4,8	4,8	4,8	4,7	4,7	4,6	4,6	4,6	4,5	4,5
−1	4,5	4,4	4,4	4,4	4,3	4,3	4,3	4,2	4,2	4,1
−2	4,1	4,1	4,1	4,0	4,0	4,0	3,9	3,9	3,9	3,8
−3	3,8	3,8	3,7	3,7	3,7	3,7	3,6	3,6	3,6	3,5
−4	3,5	3,5	3,5	3,4	3,4	3,4	3,3	3,3	3,3	3,3
−5	3,2	3,2	3,2	3,2	3,1	3,1	3,1	3,1	3,0	3,0
−6	3,0	3,0	2,9	2,9	2,9	2,9	2,8	2,8	2,8	2,8
−7	2,7	2,7	2,7	2,7	2,7	2,6	2,6	2,6	2,6	2,5
−8	2,5	2,5	2,5	2,5	2,4	2,4	2,4	2,4	2,4	2,3
−9	2,3	2,3	2,3	2,3	2,2	2,2	2,2	2,2	2,2	2,1
−10	2,1	2,1	2,1	2,1	2,1	2,0	2,0	2,0	2,0	2,0

Tabelle 19. Sättigungsdampfdruck für Wasserdampf in Luft über flüssigem Wasser bzw. über Eis in Abhängigkeit von der Temperatur (DIN 4108-3, Tabelle C.1) [5]

Temperatur in °C	Sättigungsdampfdruck, in Pa für Temperaturschritte in Zehntel °C									
	,0	,1	,2	,3	,4	,5	,6	,7	,8	,9
30	4241	4265	4289	4314	4339	4364	4389	4414	4439	4464
29	4003	4026	4050	4073	4097	4120	4144	4168	4192	4216
28	3778	3800	3822	3844	3867	3889	3912	3934	3957	3980
27	3563	3584	3605	3626	3648	3669	3691	3712	3734	3756
26	3359	3379	3399	3419	3440	3460	3480	3501	3522	3542
25	3166	3185	3204	3223	3242	3261	3281	3300	3320	3340
24	2982	3000	3018	3036	3055	3073	3091	3110	3128	3147
23	2808	2825	2842	2859	2876	2894	2911	2929	2947	2964
22	2642	2659	2675	2691	2708	2724	2741	2757	2774	2791
21	2486	2501	2516	2532	2547	2563	2579	2594	2610	2626
20	2337	2351	2366	2381	2395	2410	2425	2440	2455	2470
19	2196	2210	2224	2238	2252	2266	2280	2294	2308	2323
18	2063	2076	2089	2102	2115	2129	2142	2155	2169	2182
17	1937	1949	1961	1974	1986	1999	2012	2024	2037	2050
16	1817	1829	1841	1852	1864	1876	1888	1900	1912	1924
15	1704	1715	1726	1738	1749	1760	1771	1783	1794	1806

Tabelle 19. Sättigungsdampfdruck für Wasserdampf in Luft über flüssigem Wasser bzw. über Eis in Abhängigkeit von der Temperatur (DIN 4108-3, Tabelle C.1) [5] (Fortsetzung)

Temperatur in °C	Sättigungsdampfdruck, in Pa für Temperaturschritte in Zehntel °C									
	,0	,1	,2	,3	,4	,5	,6	,7	,8	,9
14	1598	1608	1619	1629	1640	1650	1661	1672	1683	1693
13	1497	1507	1517	1527	1537	1547	1557	1567	1577	1587
12	1402	1411	1420	1430	1439	1449	1458	1468	1477	1487
11	1312	1321	1330	1338	1347	1356	1365	1374	1383	1393
10	1227	1236	1244	1252	1261	1269	1278	1286	1295	1303
9	1147	1155	1163	1171	1179	1187	1195	1203	1211	1219
8	1072	1080	1087	1094	1102	1109	1117	1124	1132	1140
7	1001	1008	1015	1022	1029	1036	1043	1050	1058	1065
6	935	941	948	954	961	967	974	981	988	994
5	872	878	884	890	897	903	909	915	922	928
4	813	819	824	830	836	842	848	854	860	866
3	757	763	768	774	779	785	790	796	801	807
2	705	710	715	721	726	731	736	741	747	752
1	656	661	666	671	676	680	685	690	695	700
0	611	615	619	624	629	633	638	642	647	652
0	611	605	601	596	591	586	581	576	571	567
−1	562	557	553	548	544	539	535	530	526	521
−2	517	513	509	504	500	496	492	488	484	479
−3	475	471	468	464	460	456	452	448	444	441
−4	437	433	430	426	422	419	415	412	408	405
−5	401	398	394	391	388	384	381	378	375	371
−6	368	365	362	359	356	353	350	347	344	341
−7	338	335	332	329	326	323	320	318	315	312
−8	309	307	304	301	299	296	294	291	288	286
−9	283	281	278	276	274	271	269	266	264	262
−10	259	257	255	252	250	248	246	244	241	239

Tabelle 20. Taupunkttemperatur für Wasserdampf in Luft in Abhängigkeit von der Temperatur und der relativen Luftfeuchte (DIN 4108-3, Tabelle C.3) [5]

Temperatur in °C	Taupunkttemperatur °C bei einer relativen Luftfeuchte %													
	30	35	40	45	50	55	60	65	70	75	80	85	90	95
30	10,5	12,9	14,9	16,8	18,4	20,0	21,4	22,7	23,9	25,1	26,2	27,2	28,2	29,1
29	9,7	12,0	14,0	15,9	17,5	19,0	20,4	21,7	23,0	24,1	25,2	26,2	27,2	28,1
28	8,8	11,1	13,1	15,0	16,6	18,1	19,5	20,8	22,0	23,1	24,2	25,2	26,2	27,1
27	8,0	10,2	12,3	14,1	15,7	17,2	18,6	19,9	21,1	22,2	23,3	24,3	25,2	26,1
26	7,1	9,4	11,4	13,2	14,8	16,3	17,6	18,9	20,1	21,2	22,3	23,3	24,2	25,1
25	6,2	8,5	10,5	12,2	13,9	15,3	16,7	18,0	19,1	20,3	21,3	22,3	23,2	24,1

Tabelle 20. Taupunkttemperatur für Wasserdampf in Luft in Abhängigkeit von der Temperatur und der relativen Luftfeuchte (DIN 4108-3, Tabelle C.3) [5] (Fortsetzung)

Temperatur in °C	Taupunkttemperatur °C bei einer relativen Luftfeuchte %													
	30	35	40	45	50	55	60	65	70	75	80	85	90	95
24	5,4	7,6	9,6	11,3	12,9	14,4	15,8	17,0	18,2	19,3	20,3	21,3	22,3	23,1
23	4,5	6,7	8,7	10,4	12,0	13,5	14,8	16,1	17,2	18,3	19,4	20,3	21,3	22,2
22	3,6	5,8	7,8	9,5	11,1	12,5	13,9	15,1	16,3	17,4	18,4	19,4	20,3	21,2
21	2,8	5,0	6,9	8,6	10,2	11,6	12,9	14,2	15,3	16,4	17,4	18,4	19,3	20,2
20	1,9	4,1	6,0	7,7	9,3	10,7	12,0	13,2	14,4	15,4	16,4	17,4	18,3	19,2
19	1,1	3,2	5,1	6,8	8,4	9,8	11,1	12,3	13,4	14,5	15,5	16,4	17,3	18,2
18	0,2	2,3	4,2	5,9	7,4	8,8	10,1	11,3	12,5	13,5	14,5	15,4	16,3	17,2
17	−0,6	1,4	3,3	5,0	6,5	7,9	9,2	10,4	11,5	12,5	13,5	14,5	15,3	16,2
16	−1,4	0,6	2,4	4,1	5,6	7,0	8,2	9,4	10,5	11,6	12,6	13,5	14,4	15,2
15	−2,1	−0,3	1,5	3,2	4,7	6,0	7,3	8,5	9,6	10,6	11,6	12,5	13,4	14,2
14	−2,9	−1,1	0,6	2,3	3,8	5,1	6,4	7,5	8,6	9,6	10,6	11,5	12,4	13,2
13	−3,7	−1,8	−0,2	1,4	2,8	4,2	5,4	6,6	7,7	8,7	9,6	10,5	11,4	12,2
12	−4,4	−2,6	−1,0	0,5	1,9	3,3	4,5	5,6	6,7	7,7	8,7	9,6	10,4	11,2
11	−5,2	−3,4	−1,8	−0,4	1,0	2,3	3,5	4,7	5,7	6,7	7,7	8,6	9,4	10,2
10	−6,0	−4,2	−2,6	−1,2	0,1	1,4	2,6	3,7	4,8	5,8	6,7	7,6	8,4	9,2

Zwischenwerte dürfen näherungsweise gradlinig interpoliert werden.

Tabelle 21. Emissionsfaktoren, Absorptionsfaktoren und Strahlungskonstanten einiger Stoffe [22]

Stoff	Strahlungskonstante C zwischen 0 und 100 °C $W/(m^2 \cdot K^4)$	Emissionsfaktor ε bei etwa 20 °C −	Absorptionsfaktor für Sonnenstrahlung (kurzwellige Strahlung) a_s −
Metalle			
Aluminium, walzblank	0,23	0,04	
Kupfer, poliert	0,18	0,03	
Stahl, geschmirgelt	1,40	0,25	
Stahl, verrostet	4,90	0,61	
Stahl, Walzhaut	5,23	0,77	0,87
Anstriche			
Emaillelack, schwarz	5,25	0,95	0,90
Heizkörperlack	5,40	0,93	
Ölfarbe usw., dunkel	5,20	0,90	0,87
Mineralische Baustoffe			
Beton	5,45	0,96	0,55
Gips	5,23	0,90	0,32
Holz	5,40	0,94	0,40
Putz, grau	5,45	0,97	0,65
Putz, weiß	5,45	0,97	0,36
Ziegelstein, rot	5,35	0,93	0,55

Tabelle 21. Emissionsfaktoren, Absorptionsfaktoren und Strahlungskonstanten einiger Stoffe [22] (Fortsetzung)

Stoff	Strahlungskonstante C zwischen 0 und 100 °C $W/(m^2 \cdot K^4)$	Emissionsfaktor ε bei etwa 20 °C –	Absorptionsfaktor für Sonnenstrahlung (kurzwellige Strahlung) a_s –
Sonstiges			
Dachpappe	5,35	0,90	0,90
Eis	5,50	0,97	
Floatglas (6 mm)	5,25	0,91	0,12

Tabelle 22. Richtwerte für den Strahlungsabsorptionsgrad verschiedener Oberflächen im energetisch wirksamen Spektrum des Sonnenlichts (DIN V 4108-6, Tabelle 8) [7]

Oberfläche		Strahlungsabsorptionsgrad α
Wandflächen	heller Anstrich	0,4
	gedeckter Anstrich	0,6
	dunkler Anstrich	0,8
	Klinkermauerwerk	0,8
	helles Sichtmauerwerk	0,6
Dächer (Beschaffenheit)	ziegelrot	0,6
	dunkle Oberfläche	0,8
	Metall (blank)	0,2
	Bitumendachbahn (besandet)	0,6

Tabelle 23. Wärmeausdehnungskoeffizient α_T verschiedener Baustoffe

Material		α_T $10^{-6}/K$	Quelle
Metalle	Stahl	11,5	[21]
	Eisen	123	[21]
	Aluminium	23,8	[22]
	Kupfer	16,5	[21]
	Messing	18,4	[21]
Mineralische Baustoffe	Beton	9–12	[22]
	Gasbeton	6–8	[22]
	Kalksandsteine	8,0	[27]
	Mauerziegel DIN 105	6,0	[27]
	Klinker	2,8–4,8	[22]
	Ziegel, Fliesen	5–8	[22]
	Leichtbetonsteine	10	[27]
	Leichtbetonsteine mit vorwiegend Blähton als Zuschlag	8	[27]
	Leichtbetonsteine mit Bimszuschlägen	6,0–8,9	[23]
	Leichtbetonsteine mit Blähtonzuschlag	5,9–7,3	[23]
	Porosierte Leichthochlochziegel	5,2–7,2	[23]

Tabelle 23. Wärmeausdehnungskoeffizient α_T verschiedener Baustoffe (Fortsetzung)

Material		α_T 10^{-6}/K	Quelle
	Betonsteine	10	[27]
	Porenbetonsteine	8	[27]
	Porenbeton	8	[29]
	Vollklinker	4	[29]
	Hüttensteine	8,0–10,0	[29]
	Edelputze	4,6–9	[21]
Natursteine	Granit, Syenit	5–11	[27]
	Granite, Arkosen, Quarzporphyre	7,4	[16]
	Kalkstein	7	[21]
	Dichte Kalksteine, Dolomite, Marmore	5–10	[27]
	Sonstige Kalksteine	4–12	[27]
	Quarzitischer Sandstein	8–12	[27]
	Sonstiger Sandstein	8–12	[27]
	Diorit, Gabbro	4–8	[27]
	Porphyre	5	[27]
	Basalt	5–8	[27]
	Diabas	4–7	[27]
	Trachyt	12,5	[27]
	Quarzit, Grauwacke	10–12	[27]
	Vulkanische Tuffsteine	6–10	[27]
	Travertin	4–12	[27]
	Marmore	4,5	[16]
	Quarzite, Kieselschiefer, Kalksandstein	11,8	[16]
	Tonschiefer	10,1	[16]
	Dolomite, Magnesite	8,5	[16]
Feuerfeste Steine	Bauxitsteine	5,2–6,5	[21]
	Quarzschamottesteine	5–6,3	[21]
	Schamottesteine	5,5–6,8	[21]
Dämmstoffe	Polystyrol-Hartschaum	68	[21]
	Polyurethan-Hartschaum	70	[21]
	Styrodur	65	[21]
	Schaumglas	8,5	[21]
Holz	Vollholz ∥ Faser	3–10	[22]
	Vollholz ⊥ Faser	25–60	[22]
Kunststoffe	PVC, hart	70–80	[22]
	PVC, weich	125–180	[22]
Sonstiges	Glas	8–9	[22]

Tabelle 24. Spezifische und volumenbezogene Wärmekapazität weiterer Stoffe [22]

Werkstoff		Rohdichte ρ kg/m^3	Spezifische Wärmekapazität c kJ/(kg·K)	Volumenbezogene Wärmekapazität $\rho \cdot c$ kJ/(m^3·K)
Metalle	Aluminium	2700	0,80	2160
	Kupfer	8900	0,40	3560
	Stahl	7850	0,50	3925
Mineralische Baustoffe	Bimsbeton	1000	1,05	1050
	Stahlbeton	2400	1,09	2616
	Gipsdielen	1000	0,84	840
	Granit, Gneis	2500	0,84	2100
	Kalkstein, Sandstein	1800	0,88	1584
	Kalkputz, Gipsputz	1600	0,92	1472
	Zementputz	2200	1,05	2310
	Steingut	2300	0,84	1932
	Ziegel	1850	0,84	1554
	Schamotte	1800	0,80	1440
Holz	Eiche	820	2,39	1960
	Kiefer	550	2,72	1496
	Buche	720	2,51	2023
	Sperrholz	600	2,72	1632
Dämmstoffe	PS-Hartschaum	25	1,38	35
	PU-Hartschaum	35	1,38	48
	Holzwolleplatten	400	2,30	920
	Glaswolle	100	0,84	84
	Steinwolle	120	0,84	101
	Schaumglas	150	0,84	126
Sonstiges	Wasser	1000	4,19	4190
	Luft (0 °C)	1,29	1,00	1,29
	Bitumen	1100	1,70	1870
	Glas	2500	0,84	2100

Tabelle 25. Feuchte- und wärmetechnische Kenngrößen [19]

Material	Rohdichte	Porosität	Spezif. Wärmekapazität	Wärmeleitfähigkeit	Feuchtebedingte Zunahme der Wärmeleitfähigkeit	Wasserdampf-Diffusionswiderstandszahl	Bezugsfeuchtegehalt	Freie Wassersättigung	Wasseraufnahmekoeffizient	
	ρ	p	c_{tr}	λ_{tr}		μ_{tr}	U_{80}	U_f	A	w
	kg/m³	m³/m³	J/(kg·K)	W/(m·K)	% / M.-%	–	kg/m³	kg/m³	kg/(m²·s^{0,5})	kg/(m²·h^{0,5})
Natursteine										
Baumberger Sandstein	1980	0,23	850	1,7	8	20	35,6	210	0,043	2,58
Cottaer Sandstein	2050	0,22	850	1,8	8	15	12	180	0,095	5,7
Krensheimer Muschelkalk	2440	0,13	850	2,25	8	140	2,5	75	j)	
Oberkirchener Sandstein	2150	0,14	850	2,3	8	32	3,4	110	0,05	3
Rüthener Sandstein	1950	0,24	850	1,7	8	17	12,4	200	0,286	17,16
Sander Sandstein	2120	0,17	850	1,6	8	33	19	130	0,021	1,26
Ummendorfer Sandstein	2080	0,227	850	1,7	8	14	0,075	170	0,26	15,6
Worzeldorfer Sandstein	2263	0,13	850	1,8	8	26	10,4	110	0,016	0,96
Zeitzer Sandstein	2300	0,05	850	2,3	8	70	6	40	0,0025	0,15
Mineralische Baustoffe										
Beton w/z = 0,5	2300	0,18	850	1,6	8	180	85	150	0,003	0,18
Beton B 15	2200	0,18	850	1,6	8	92	8	175	0,016	0,96
Beton B 25 (HOZ)	2220	0,18	850	1,6	8	105	8	160	0,019	1,14
Beton C 35/45	2220	0,16	850	1,6	8,0	248	8	147	0,009	0,54
Calziumsulfat-Fließestrich (obere Schicht)	1960	0,23	850	1,6	1,0	18,0	8,0	185,0	0,212	12,72
Calziumsulfat-Fließestrich (untere Schicht)	1910	0,237	850	1,6	1,0	18,0	8,0	168,0	0,148	8,88
Zement-Fließestrich (mittlere Schicht)	1970	0,177	850	1,6	1,0	69,0	8,0	152,0	0,016	0,96
Zement-Fließestrich (obere Schicht)	1890	0,2	850	1,6	1,0	58,0	8,0	168,0	0,025	1,5
Zement-Fließestrich (untere Schicht)	1990	0,175	850	1,6	1,0	99,0	8,0	145,0	0,012	0,72
Entsalzungskompresse	1000	0,35	850	0,14	3,7	12,0	34,0	342,0	0,0	0
Hydraulischer Kalkmörtel mit feinem Zuschlag	1700	0,35	850	0,8	6,29	14,8	12,07	249,5	0,087	5,22
Hydraulischer Kalkmörtel mit grobem Zuschlag	1830	0,27	850	0,7	9,98	20,0	10,23	211,0	0,067	4,02
Kalkmörtel, fein	1785	0,28	850	0,7	6,25	15,0	6,53	274,6	0,153	9,18
Kalkzementmörtel mit feinem Zuschlag	1880	0,28	850	0,6	10,25	50,0	25,66	210,0	0,057	3,42
Kalkzementmörtel mit grobem Zuschlag	1910	0,25	850	0,8	7,03	45,9	24,65	200,0	0,085	5,1
Sanierputz	1150	0,6	850	0,13	3,876	12,3	44,54	163,2	0,002	0,12
Innenputz (Gipsputz)	850	0,65	850	0,2	8	8,3	6,3	400	0,287	17,22

Tabelle 25. Feuchte- und wärmetechnische Kenngrößen [19] (Fortsetzung)

Material	Rohdichte	Porosität	Spezif. Wärmekapazität	Wärmeleitfähigkeit	Feuchtebedingte Zunahme der Wärmeleitfähigkeit	Wasserdampf-Diffusionswiderstandszahl	Bezugsfeuchtegehalt	Freie Wassersättigung	Wasseraufnahmekoeffizient	
	ρ	p	c_{tr}	λ_{tr}		μ_{tr}	U_{80}	U_f	A	w
	kg/m³	m³/m³	J/(kg·K)	W/(m·K)	% / M.-%	–	kg/m³	kg/m³	kg/(m²·s^{0,5})	kg/(m²·h^{0,5})
Kalkputz	1600	0,3	850	0,7	8	7	30	250	0,047	2,82
Kalksandstein (ρ = 1900 kg/m³)	1900	0,29	850	1	8	28	25	250	0,045	2,7
Kalkzementputz	1900	0,24	850	0,8	8	19	45	210	0,03	1,8
Kalkzementputz (w = 1,0 kg/m²·h^{0,5})	1900	0,24	850	0,8	8	19	45	210	0,017	1,02
Kunstharzoberputz	1100	0,12	850	0,7	0	1000	10	100	0,0013	0,078
Zementputz	2000	0,3	850	1,2	10	25	35	280	0,0076	0,456
Porenbeton (ρ = 400 kg/m³)	400	0,81	850	0,1	3,7	7,9	8,4	380	0,056	3,36
Porenbeton, alte Rezeptur (ρ = 400 kg/m³)	400	0,81	850	0,1	3,7	7	11	340	0,052	3,12
Porenbeton (ρ = 500 kg/m³)	500	0,77	850	0,12	3,7	8	9,8	435	0,067	4,02
Porenbeton, alte Rezeptur (ρ = 600 kg/m³)	600	0,72	850	0,14	3,7	8	17	470	0,083	4,98
Porenbeton (ρ = 600 kg/m³)	600	0,72	850	0,14	3,7	8,3	10,7	470	0,0832	4,99
Bimsbeton	664	0,67	850	0,14	10,0	4,0	28,0	291,0	0,047	2,82
Vollziegel, alt	1800	0,31	850	0,6	15	15	4,5	230	0,36	21,6
Vollziegel, extrudiert	1650	0,41	850	0,6	15	9,5	9,2	370	0,4	24
Vollziegel, handgestrichen	1725	0,38	850	0,6	15	17	2,7	200	0,3	18
Vollziegelmauerwerk	1900	0,24	850	0,6	15	10	18	190	0,11	6,6
Historischer Wiener Ziegel	1560	0,38	850	0,6	8,5	14,9	11,8	387	0,583	35
Hochdämmender Ziegel	600	0,77	850	0,12	10,0	16,0	11,0	188,0	0,095	5,7
Hochdämmender Ziegel	650	0,74	850	0,13	10,0	15,0	15,0	178,0	0,097	5,82
Kalksandstein	1830	0,35	850	1,0	7,999	34,1	27,5	257,1	0,059	3,54
Gipskartonplatte	850	0,65	850	0,2	8	8,3	6,3	400	0,287	17,2
Gipsfaserplatte	1153	0,52	1200	0,32	–	16	35	399,7	–	–
Dämmstoffe										
CaSi-Platte (Lüneburg)	230	0,9	920	0,05	1,656	3,23	4,76	849,7	1,667	100
CaSi-Platte (Washington)	230	0,9	920	0,05	1,656	2,93	8,27	833,06	1,26	75,6
EPS (Polystyrol-Partikelschaum) λ = 0,04 W/(m·K) ρ = 15 kg/m³	15	0,95	1500	0,04	–	30	0	0	0	0
EPS (Polystyrol-Partikelschaum) λ = 0,04 W/(m·K) ρ = 30 kg/m³	30	0,95	1500	0,04	–	50	0	0	0	0

Tabelle 25. Feuchte- und wärmetechnische Kenngrößen [19] (Fortsetzung)

Material	Rohdichte	Porosität	Spezif. Wärmekapazität	Wärmeleitfähigkeit	Feuchtebedingte Zunahme der Wärmeleitfähigkeit	Wasserdampf-Diffusionswiderstandszahl	Bezugsfeuchtegehalt	Freie Wassersättigung	Wasseraufnahmekoeffizient	
	ρ	p	c_{tr}	λ_{tr}		μ_{tr}	U_{80}	U_f	A	w
	kg/m³	m³/m³	J/(kg·K)	W/(m·K)	% / M.-%	–	kg/m³	kg/m³	kg/(m²·s^{0,5})	kg/(m²·h^{0,5})
Flachsdämmplatte	38	0,95	1600	0,038	0,5	1,5	5,0	348	0,027	1,62
Hobelspänedämmung Holz S 45	65	0,95	2100	0,045	0	2,5	9,6	426	1,0	60
Holzfaserdämmplatte (WLG 040)	155	0,981	2000	0,042	0,5	3,0	19,0	980	0,007	0,42
Holzfaserdämmplatte	159	0,89	1700	0,04	0,5	2,6	26,0	830	0,0018	0,11
Holzfaserdämmplatte	165	1,00	2000	0,04	0,5	2,9	27,0	999	0,0015	0,09
Holzweichfaserplatte	165	0,083	2100	0,044	0,5	3,3	17,3	526	0,0033	0,198
KlimatecFlock	50	0,95	2000	0,038	0,5	1,8	5,5	426	0,3	18
Mineralische Dämmplatte	115	0,95	850	0,043	3,7	3,4	4,5	297	0,03	1,82
Mineralfaserplatte	112	0,94	850	0,036	2,0	5,2	5,6	554	0,231	13,86
Kork $\lambda = 0,04$ W/(m·K)	150	0,9	1880	0,04	–	10	0	0	0	0
Mineralfaser $\lambda = 0,04$ W/(m·K)	60	0,95	850	0,04	–	1,3	0	0	0	0
PF (Phenolharzschaum) $\lambda = 0,04$ W/(m·K)	43	0,95	1500	0,04	–	30	0	0	0	0
PU (Polyurethanschaum) $\lambda = 0,025$ /(m·K)	40	0,95	1500	0,025	–	50	0	0	0	0
PU (Polyurethanschaum) $\lambda = 0,03$ W/(m·K)	40	0,95	1500	0,03	–	50	0	0	0	0
UF (Harnstoff-Formaldehydharz) $\lambda = 0,04$ W/(m·K)	13	0,95	1500	0,04	–	2	0	0	0	0
XPS-Kern (extrudiertes Polystyrol) $\lambda = 0,03$ W/(m·K)	40	0,95	1500	0,03	–	100	0	0	0	0
XPS-Schäumhaut (extrudiertes Polystyrol) $\lambda = 0,04$ W/(m·K)	40	0,95	1500	0,03	–	450	0	0	0	0
Zellulosefaser $\lambda = 0,04$ W/(m·K)	70	0,95	2500	0,04	1	1,5	1	1	1	60
Schaumglas	120	0,25	850	0,045	0,0	10000	8,4	380	0,056	
Holz und Holzwerkstoffe										
Eiche longitudinal	685	0,72	1500	0,13	1,3	8	115	500	0,0073	0,438
Eiche radial	685	0,72	1500	0,13	1,3	140	115	500	0,0007	0,042
Fichte ($\rho = 600$ kg/m³)	600	0,2	2000	0,16	3,272	132,6	72,09	121,87	0,001	0,06
Fichte longitudinal	455	0,73	1500	0,09	1,3	4,3	80	600	0,007	0,42
Fichte radial	455	0,73	1500	0,09	1,3	130	80	600	0,004	0,24

Tabelle 25. Feuchte- und wärmetechnische Kenngrößen [19] (Fortsetzung)

Material	Roh-dichte	Porosität	Spezif. Wärme-kapazität	Wärme-leit-fähigkeit	Feuchte-bedingte Zunahme der Wärmeleit-fähigkeit	Wasser-dampf-Diffusions-wider-standszahl	Bezugs-feuchte-gehalt	Freie Wasser-sättigung	Wasseraufnahme-koeffizient	
	ρ	p	c_{tr}	λ_{tr}		μ_{tr}	U_{80}	U_f	A	w
	kg/m³	m³/m³	J/(kg·K)	W/(m·K)	% / M.-%	–	kg/m³	kg/m³	kg/(m²·s^{0,5})	kg/(m²·h^{0,5})
Hartholz	650	0,47	1500	0,13	1,3	200	98	370		
Holzfaserplatte	300	0,8	1500	0,05	1,5	12,5	45	150		
MDF-Platte	750	0,64	1880	0,101	1,5	33	33	636	0,047	2,82
bautechnische MDF-Platte 530	528,0	0,8	2000,0	0,1	1,5	12,0	70,0	667,0	0,0012	0,072
bautechnische MDF-Platte 510	508,0	0,667	1700,0	0,12	1,5	15,0	66,0	667,0	0,0012	0,072
HWL-Bauplatte	450	0,55	1500	0,08	2,5	9	68	350		
OSB-Platte	555	0,6	1880	0,101	1,5	287	37	593		
OSB-Platte	600	0,6	1880	0,101	1,5	650	1,0	1,0		
OSB-Platte	630	0,6	1500	0,13	1,5	650	1,5	1,0		
OSB-Platte	670	0,6	1300	0,09	1,5	240	86	600	1,5	90
Pressspanplatte	600	0,5	1500	0,11	1,5	70	90	400		
Furniersperrholz Buche BFU-BU	708	0,53	2500	0,12	1,5	242	101	530	0,0045	0,27
Furniersperrholz BFU 100	427	0,66	2500	0,12	1,5	188	70	572	0,0022	0,13
Furnierschichtholz	462	0,63	2500	0,13	1,5	156	76	525	0,0022	0,13
Sperrholzplatte	500	0,5	1500	0,1	1,5	700	75	350		
Sperrholzplatte	578	0,8	1880	0,102	1,0	917	70	578		
Spanplatte grob (MSB)	664	0,59	2500	0,12	1,5	92	91	590	0,0018	0,11
Spanplatte V 100	620,0	0,74	2500,0	0,12	1,5	44,0	110	738,0	–	–
Dreischichtplatte Fichte	454	0,56	2500	0,12	1,5	203	73	534	0,0015	0,09
Weichholz	400	0,73	1500	0,09	1,3	200	60	575		
Luftschichten										
Luftschicht 5 mm	1,3	0,999	1000	0,047	–	0,79	0	0	0	0
Luftschicht 10 mm	1,3	0,999	1000	0,071	–	0,73	0	0	0	0
Luftschicht 20 mm	1,3	0,999	1000	0,13	–	0,56	0	0	0	0
Luftschicht 25 mm	1,3	0,999	1000	0,155	–	0,51	0	0	0	0
Luftschicht 30 mm	1,3	0,999	1000	0,18	–	0,46	0	0	0	0
Luftschicht 40 mm	1,3	0,999	1000	0,23	–	0,38	0	0	0	0
Luftschicht 50 mm	1,3	0,999	1000	0,28	–	0,32	0	0	0	0
Folien										
Dachbahn V 13[a]	2400	0,001	1000	0,5	–	50000	–	–	–	–
Kraftpapier	800	0,6	1500	4,2	–	[b]				
Natronkraftpapier	120	0,6	1500	0,42	–	1250[c]	1,8	11,2	–	–
PA-Folie[d]	65	0,001	2300	2,9	–	75000	1,8	11,2	0	0

Wärme- und feuchtetechnische Kennwerte

Tabelle 25. Feuchte- und wärmetechnische Kenngrößen [19] (Fortsetzung)

Material	Roh-dichte	Porosi-tät	Spezif. Wärme-kapazität	Wärme-leit-fähigkeit	Feuchte-bedingte Zunahme der Wärmeleit-fähigkeit	Wasser-dampf-Diffusions-wider-standszahl	Bezugs-feuchte-gehalt	Freie Wasser-sättigung	Wasseraufnahme-koeffizient	
	ρ	p	c_{tr}	λ_{tr}		μ_{tr}	U_{80}	U_f	A	w
	kg/m³	m³/m³	J/(kg·K)	W/(m·K)	% / M.-%	–	kg/m³	kg/m³	kg/(m²·s^{0,5})	kg/(m²·h^{0,5})
PE-Folie [e)]	130	0,001	2300	2,3	–	33500	–	–	–	–
PE-Folie [f)]	130	0,001	2300	2,3	–	13500				
Intello	115	0,086	2500	2,4	–	26000	6,6	84	–	–
Vario KM Duplex	83	0,111	1800	1,0	–	4000	3,5	110	–	–
PVC-Dachbahn	1000	0,0002	1500	0,16	–	[g)]	0	0	0	0
Polyolefin-Spinnvlies (Unterspannbahn)	590	0,001	1500	1,6	–	[h)]				
Vinyltapete	471	0,01	2300	23	–	[i)]				

a) $s_d = 100$ m   b) $s_d = 0,4$ m   c) $s_d = 3$ m   d) $s_d = 3,8$ m   e) $s_d = 5$ m
f) $s_d = 2$ m   g) $s_d = 15$ m   h) $s_d = 0,04$ m   i) $s_d = 0,2$ m   j) keine Messung möglich – zu inhomogen

Tabelle 26. Feuchtebereichabhängige Wasserdampf-Diffusionswiderstandszahlen einiger Baustoffe

Material	Wasserdampf-Diffusionswiderstandszahlen μ für $\phi_{untere\ Grenze}$ [%]/$\phi_{obere\ Grenze}$ [%]													Quelle
	0/52	0/55	3/50	52/75	44/63	55/65	50/93	65/75	75/85	85/93	75/86	80/90	86/96	
Natursteine														
Baumberger Sandstein	–	–	20,0	–	17,0	–	14,0	–	–	–	–	8,8	–	[25]
Oberkirchener Sandstein	–	–	32,0	–	30,0	–	28,0	–	–	–	–	18,0	–	[25]
Rüthener Sandstein	–	–	17,0	–	16,0	–	13,0	–	–	–	–	9,4	–	[25]
Sander Sandstein	–	–	33,0	–	30,0	–	22,0	–	–	–	–	13,0	–	[25]
Mineralische Baustoffe														
Gips	–	–	8,3	–	–	–	7,3	–	–	–	–	–	–	[25]
Gipsputz	9,0	–	–	4,4	–	–	–	2,9	2,1	–	–	–	–	[28]
Gipsputz	–	8,6	–	–	8,7	–	7,8	–	–	8,6	–	–	4,8	[31]
Gipssandputz	–	10,9	–	–	9,1	–	8,9	–	–	9,2	–	–	5,3	[31]
Kalkgipsputz	11,7	–	–	5,6	–	–	–	3,3	2,8	–	–	–	–	[28]
Kalkgipsputz	–	8,2	–	–	8,3	–	8,0	–	–	9,4	–	–	4,2	[31]
Kalksandstein	–	–	28,0	–	24,0	–	18,0	–	–	–	–	13,0	–	[25]
Kalktrassputz	–	7,2	–	–	6,4	–	5,7	–	–	7,0	–	–	3,9	[31]
Kalkzementputz	11,5	–	–	6,6	–	–	–	3,7	3,2	–	–	–	–	[28]
Kalkzementputz	–	13,5	–	–	13,7	–	14,0	–	–	13,5	–	–	4,5	[31]
Normalbeton	78,8	–	–	24,8	–	–	–	17,8	9,7	–	–	–	–	[28]
Porenbeton	–	–	7,6	–	–	–	6,7	–	–	–	–	–	–	[25]

Tabelle 26. Feuchtebereichabhängige Wasserdampf-Diffusionswiderstandszahlen einiger Baustoffe (Fortsetzung)

Material	Wasserdampf-Diffusionswiderstandszahlen µ für $\phi_{untere\ Grenze}$ [%]/$\phi_{obere\ Grenze}$ [%]													Quelle
	0/52	0/55	3/50	52/75	44/63	55/65	50/93	65/75	75/85	85/93	75/86	80/90	86/96	
Vollziegel	–	–	9,5	–	8,8	–	8,0	–	–	–	–	6,9	–	[25]
Zementputz	14,8	–	–	10,7	–	–	–	–	9,8	6,6	–	–	–	[28]
Holz und Holzwerkstoffe														
Buche	123,3	–	–	58,3	–	–	–	–	12,4	8,4	–	–	–	[28]
Fichte	166,2	–	–	46,6	–	–	–	–	12,1	5,6	–	–	–	[28]
Kiefer	171,7	–	–	47,7	–	–	–	–	19,1	3,1	–	–	–	[28]
Lärche	135,1	–	–	40,3	–	–	–	–	16,1	10,8	–	–	–	[28]
Spanplatte	76,5	–	–	45,4	–	–	–	–	28,3	21,9	–	–	–	[28]
Dämmstoffe														
HWL fein	2,7	–	–	1,3	–	–	–	–	1,4	1,5	–	–	–	[28]
HWL grob	2,8	–	–	1,7	–	–	–	–	1,7	1,3	–	–	–	[28]
Mineralfaserplatte	2,9	–	–	1,4	–	–	–	–	2,4	1,7	–	–	–	[28]
Sonstiges														
Raufaser	90,8	–	–	42,9	–	–	–	–	8,4	4,6	–	–	–	[28]
Tapete, geprägt 130 g/m²	137,6	–	–	87,7	–	–	–	–	19,1	7,2	–	–	–	[28]
Tapete, 120 g/m² mit 45 g/m² Aufdruck aus Plastisole (PVC), ausgeschäumt	97,4	–	–	56,0	–	–	–	–	14,7	8,8	–	–	–	[28]

Tabelle 27. Feuchteschutztechnische Eigenschaften und spezifische Wärmekapazität von Wärmedämm- und Mauerwerksstoffen (DIN EN ISO 10456, Tabelle 4) [12]

Werkstoff	Rohdichte	Feuchtegehalt[1)] bei 23 °C, 50 % relativer Luftfeuchte		Feuchtegehalt[1)] bei 23 °C, 80 % relativer Luftfeuchte		Umrechnungsfaktor für den Feuchtegehalt		Wasserdampf-Diffusions-widerstandszahl µ		Spezifische Wärme-kapazität
	ρ	u	ψ	u	ψ	f_u	f_ψ	trocken	feucht	c_p
	kg/m³	kg/kg	m³/m³	kg/kg	m³/m³	–	–	–	–	J/(kg·K)
Expandierter Polystyrol-Hartschaum	10 bis 50	0		0		4		60	60	1450
Extrudierter Polystyrol-Hartschaum	20 bis 65	0		0		2,5		150	150	1450
Polyurethanschaum	28 bis 55	0		0		6		60	60	1400
Mineralwolle	10 bis 200	0		0		4		1	1	1030
Phenolharz-Hartschaum	20 bis 50	0		0		5		50	50	1400
Schaumglas	100 bis 150	0		0		0		∞	∞	1000
Perliteplatten	140 bis 240	0,02		0,03		0,8		5	5	900
Expandierter Kork	90 bis 140	0,008		0,011		6		10	5	1560
Holzwolle-Leichtbauplatten	250 bis 450	0,03		0,05		1,8		5	3	1470

Tabelle 27. Feuchteschutztechnische Eigenschaften und spezifische Wärmekapazität von Wärmedämm- und Mauerwerksstoffen (DIN EN ISO 10456, Tabelle 4) [12] (Fortsetzung)

Werkstoff	Rohdichte	Feuchtegehalt[1)] bei 23 °C, 50 % relativer Luftfeuchte		Feuchtegehalt[1)] bei 23 °C, 80 % relativer Luftfeuchte		Umrechnungsfaktor für den Feuchtegehalt		Wasserdampf-Diffusionswiderstandszahl μ		Spezifische Wärmekapazität
	ρ	u	ψ	u	ψ	f_u	f_ψ	trocken	feucht	c_p
	kg/m³	kg/kg	m³/m³	kg/kg	m³/m³	–	–	–	–	J/(kg·K)
Holzfaserdämmplatten	40 bis 250	0,02		0,03		1,4		5	3	2000
Harnstoff-Formaldehydschaum	10 bis 30	0,1		0,15		0,7		2	2	1400
Polyurethanschaum	30 bis 50	0		0		6		60	60	1400
Lose Mineralwolle	15 bis 60		0		0	4		1	1	1030
Lose Zellulosefasern	20 bis 60	0,11		0,18		0,5		2	2	1600
Blähperlite-Schüttung	30 bis 150	0,01		0,02		3		2	2	900
Schüttung aus expandiertem Vermiculit	30 bis 150	0,01		0,02		2		3	2	1080
Blähtonschüttung	200 bis 400	0		0,001		4		2	2	1000
Polystyrol-Partikelschüttung	10 bis 30	0		0		4		2	2	1400
Vollziegel (gebrannter Ton)	1000 bis 2400	0,007		0,012		10		16	10	1000
Kalksandstein	900 bis 2200	0,012		0,024		10		20	15	1000
Beton mit Bimszuschlägen	500 bis 1300	0,02		0,035		4		50	40	1000
Beton mit nichtporigen Zuschlägen und Kunststein	1600 bis 2400	0,025		0,04		4		150	120	1000
Beton mit Polystyrolzuschlägen	500 bis 800	0,015		0,025		5		120	60	1000
Beton mit Blähtonzuschlägen	400 bis 700	0,02		0,03		2,6		6	4	1000
Beton mit überwiegend Blähbetonzuschlägen	800 bis 1700	0,02		0,03		4		8	6	1000
Beton mit mehr als 70 % geblähter Hochofenschlacke	1100 bis 1700	0,02		0,04		4		30	20	1000
Beton mit vorwiegend aus hochtemperaturbehandeltem taubem Gestein aufbereitet	1100 bis 1500	0,02		0,04		4		15	10	1000
Porenbeton	300 bis 1000	0,026		0,045		4		10	6	1000
Beton mit Leichtzuschlägen	500 bis 2000	0,03		0,05		4		15	10	1000
Mörtel (Mauermörtel und Putzmörtel)	250 bis 2000	0,04		0,06		4		20	10	1000

1) Die angegebenen Werte werden allgemein nicht überschritten.

Tabelle 28. Wasserdampfdiffusionsäquivalente Luftschichtdicke von Folien (DIN EN ISO 10456, Tabelle 5) [12]

Produkt/Stoff	Wasserdampfdiffusionsäquivalente Luftschichtdicke s_d m
Polyethylenfolie 0,15 mm	50,0
Polyethylenfolie 0,25 mm	100,0
Polyesterfolie 0,2 mm	50,0
PVC-Folie	30,0
Aluminium-Folie 0,05 mm	1500,0
PE-Folie (gestapelt) 0,15 mm	8,0
Bituminiertes Papier 0,1 mm	2,0
Aluminiumverbundfolie 0,4 mm	10,0
Unterdeck- und Unterspannbahn für Wände	0,2
Beschichtungsstoff	0,1
Glanzlack	3,0
Vinyltapete	2,0

Anmerkung: Die wasserdampfdiffusionsäquivalente Luftschichtdicke eines Produktes wird als Dicke einer unbewegten Luftschicht mit dem gleichen Wasserdampfdurchlasswiderstand wie das Produkt angegeben. Sie stellt ein Maß für den Widerstand gegen die Diffusion von Wasserdampf dar.

Die Dicke der Produkte in DIN EN 12524, Tabelle 3 wird normalerweise nicht gemessen und kann auf dünne Produkte mit einem Wasserdampfdurchlasswiderstand bezogen werden. Die Tabelle gibt Dicken-Nennwerte als Hilfe zur Identifizierung des Produktes an.

Tabelle 29. Ausgleichsfeuchtegehalte von Baustoffen (DIN 4108-4, Tabelle 3) [6]

Zeile		Baustoffe	Feuchtegehalt u kg/kg
1		Beton mit geschlossenem Gefüge mit porigen Zuschlägen	0,13
2	2.1	Leichtbeton mit haufwerkporigem Gefüge mit dichten Zuschlägen nach EN 12620	0,03
	2.2	Leichtbeton mit haufwerkporigem Gefüge mit porigen Zuschlägen nach EN 13055-1	0,045
3		Calciumsulfat (Gips, Anhydrit)	0,004
4		Gussasphalt, Asphaltmastix	0
5		Holz, Sperrholz, Spanplatten, Holzfaserplatten, Schilfrohrplatten und -matten, organische Faserdämmstoffe	0,15
6		Pflanzliche Faserdämmstoffe aus Seegras, Holz-, Torf- und Kokosfasern und sonstige Fasern	0,15

3 Schallschutztechnische und akustische Kennwerte

Tabelle 30. Schallabsorptionsgrade verschiedener Baustoffe, Materialien und Gegenstände

Mauerwerk, Beton, Putz	
1 Beton, unverputzt [18] 2 Kalkzementputz [18] 3 Bimsbeton ($\rho \approx 550$ kg/m^3, $r \approx 3$ kPas/m^2, $d = 50$ mm, $d_w = 0$ mm) [11] 4 Akustik-Spritzputz ($\rho \approx 500$ kg/m^3, $d = 20$ mm) [17]	
1 Papiertapete auf Putz [30] 2 Mauerwerk, Ziegel verfugt [30] 3 Bimsbeton unverputzt [30] 4 Gasbeton unverputzt [30]	
1 Kalkzementputz [22] 2 Sichtbeton [22] 3 Akustikputz ($d = 12$ mm) [22]	
1 Ziegelmauer, unverputzt [1] 2 Tapete auf Mauerwerk [1] 3 Mauerwerk aus Hochlochziegeln [1]	

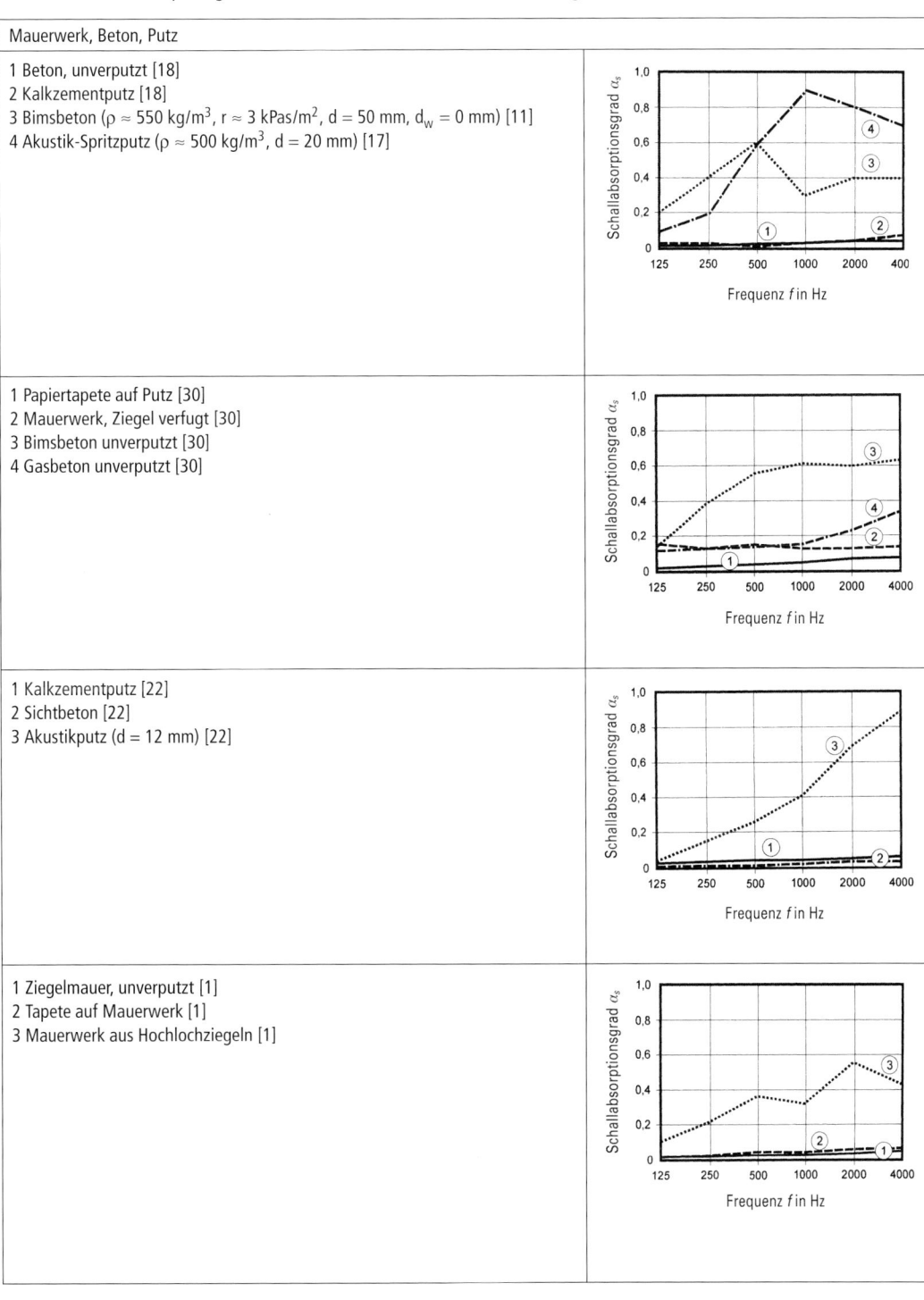

Tabelle 30. Schallabsorptionsgrade verschiedener Baustoffe, Materialien und Gegenstände (Fortsetzung)

Gipskarton-, Gipskartonlochplatten	
1 Gipskartonplatte ($d = 9{,}5$ mm, $m' = 9{,}3$ kg/m^2, $d_w = 60$ mm) [17] 2 Gipskartonplatte ($d = 9{,}5$ mm, $m' = 9{,}3$ kg/m^2, $d_w = 120$ mm) [17] 3 Gipskartonlochplatte ($d = 9{,}5$ mm, $m' = 8{,}5$ kg/m^2, $\varepsilon = 5\,\%$, $d_w = 60$ mm) [17] 4 Gipskartonlochplatte ($d = 9{,}5$ mm, $m' = 8{,}5$ kg/m^2, $\varepsilon = 5\,\%$, $d_w = 120$ mm) [17] 5 Gipskartonlochplatte ($d = 9{,}5$ mm, $m' = 8{,}5$ kg/m^2, $\varepsilon = 5\,\%$, $d_w = 240$ mm) [17]	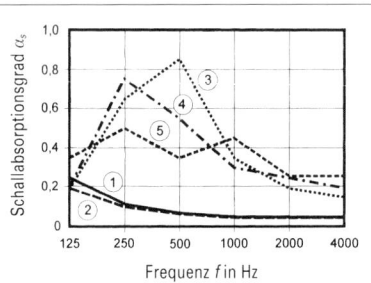
1 Gipskartonplatte ($d = 9{,}5$ mm, $m' = 8{,}5$ kg/m^2, $\varepsilon = 8\,\%$) auf Holzleisten (Abstand: 500 mm/750 mm), $d_w = 60$ mm, mit 40 mm Mineralfaserplatten hinterlegt [18] 2 Gipskartonplatte ($d = 9{,}5$ mm, $m' = 8{,}5$ kg/m^2, $\varepsilon = 8\,\%$) auf Holzleisten (Abstand: 500 mm/750 mm), $d_w = 120$ mm, mit 40 mm Mineralfaserplatten hinterlegt [18]	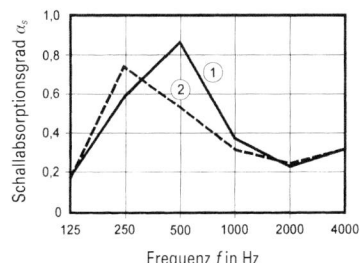
1 Gipskartonlochplatte mit Mineralwolleauflage (GK-Platte: $d = 9{,}5$ mm, $\varepsilon = 15\,\%$, Mineralwolleauflage in Folie: $d \approx 40$ mm, $\rho \approx 80$ kg/m^3, $r \approx 20$ kPas/m^2, $d_w = 200$ mm) [17] 2 Gipskartonlochplatte mit Mineralwolleauflage (GK-Platte: $d = 9{,}5$ mm, $\varepsilon = 15\,\%$, Mineralwolleauflage in Folie: $d \approx 40$ mm, $\rho \approx 80$ kg/m^3, $r \approx 20$ kPas/m^2, $d_w = 350$ mm) [17] 3 Gipskartonlochplatte mit Mineralwolleauflage (GK-Platte: $d = 9{,}5$ mm, $\varepsilon = 15\,\%$, Mineralwolleauflage in Folie: $d \approx 40$ mm, $\rho \approx 80$ kg/m^3, $r \approx 20$ kPas/m^2, $d_w = 600$ mm) [17]	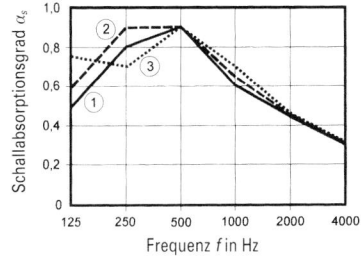

Tabelle 30. Schallabsorptionsgrade verschiedener Baustoffe, Materialien und Gegenstände (Fortsetzung)

Gipskarton-, Gipskartonlochplatten	
1 Gipskartonlochplatte (d = 12,5 mm, 8 mm Rundlochung, ε = 15,5 %) mit Mineralfaserauflage (d $\approx$ 20 mm, m' $\approx$ 0,6 kg/m^2) und Faservlies, d_w = 60 mm [24] 2 Gipskartonlochplatte (d = 12,5 mm, 8 mm Rundlochung, ε = 15,5 %) mit Mineralfaserauflage (d $\approx$ 20 mm, m' $\approx$ 0,6 kg/m^2) und Faservlies, d_w = 400 mm [24] 3 Gipskartonlochplatte (d = 12,5 mm, 8 mm Rundlochung, ε = 15,5 %) ohne Mineralfaserauflage, d_w = 60 mm [24] 4 Gipskartonlochplatte (d = 12,5 mm, 8 mm Rundlochung, ε = 15,5 %) ohne Mineralfaserauflage, d_w = 400 mm [24]	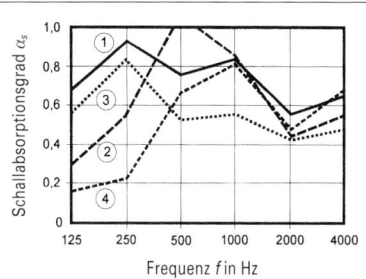
1 Gipskartonlochplatte (d = 12,5 mm, 15 mm Rundlochung, ε = 19,6 %) mit Mineralfaserauflage (d $\approx$ 20 mm, m' $\approx$ 0,6 kg/m^2) und Faservlies, d_w = 60 mm [24] 2 Gipskartonlochplatte (d = 12,5 mm, 15 mm Rundlochung, ε = 19,6 %) mit Mineralfaserauflage (d $\approx$ 20 mm, m' $\approx$ 0,6 kg/m^2) und Faservlies, d_w = 400 mm [24] 3 Gipskartonlochplatte (d = 12,5 mm, 15 mm Rundlochung, ε = 19,6 %) ohne Mineralfaserauflage, d_w = 60 mm [24] 4 Gipskartonlochplatte (d = 12,5 mm, 15 mm Rundlochung, ε = 19,6 %) ohne Mineralfaserauflage, d_w = 400 mm [24]	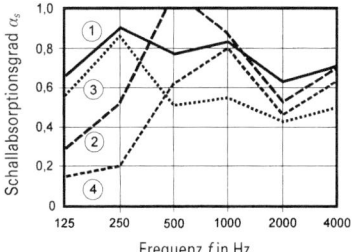
Mineralfaserplatten	
1 Mineralfaserplatte mit transparenter Vliesabdeckung (ρ = 30–50 kg/m^3, r $\approx$ 10 kPas/m^2, d = 20 mm, d_w = 0 mm) [17] 2 Mineralfaserplatte mit transparenter Vliesabdeckung (ρ = 30–50 kg/m^3, r $\approx$ 10 kPas/m^2, d = 30 mm, d_w = 0 mm) [17]	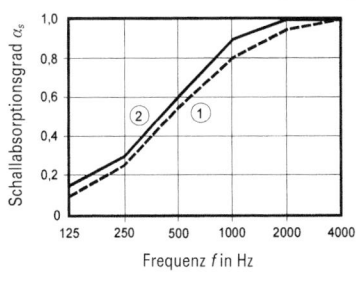

Tabelle 30. Schallabsorptionsgrade verschiedener Baustoffe, Materialien und Gegenstände (Fortsetzung)

Mineralfaserplatten

1 Mineralfaserplatte mit transparenter Vliesabdeckung
  ($\rho = 70\text{–}80$ kg/m^3, $r \approx 20$ kPas/m^2, $d = 20$ mm, $d_w = 100$ mm) [17]
2 Mineralfaserplatte mit transparenter Vliesabdeckung
  ($\rho = 70\text{–}80$ kg/m^3, $r \approx 20$ kPas/m^2, $d = 30$ mm, $d_w = 0$ mm) [17]

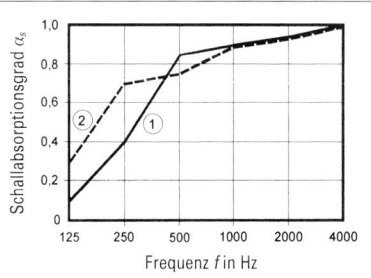

1 Mineralfaserplatte ohne Vliesabdeckung
  ($\rho = 100\text{–}150$ kg/m^3, $r \approx 40$ kPas/m^2, $d = 15$ mm, $d_w = 0$ mm) [17]
2 Mineralfaserplatte ohne Vliesabdeckung
  ($\rho = 100\text{–}150$ kg/m^3, $r \approx 40$ kPas/m^2, $d = 15$ mm, $d_w = 50$ mm) [17]
3 Mineralfaserplatte ohne Vliesabdeckung
  ($\rho = 100\text{–}150$ kg/m^3, $r \approx 40$ kPas/m^2, $d = 15$ mm, $d_w = 300$ mm) [17]

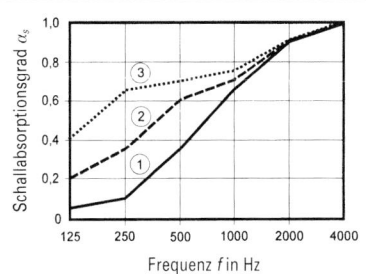

1 Mineralfaserplatte ohne Vliesabdeckung
  ($\rho = 100\text{–}150$ kg/m^3, $r \approx 40$ kPas/m^2, $d = 40$ mm, $d_w = 0$ mm) [17]
2 Mineralfaserplatte ohne Vliesabdeckung
  ($\rho = 100\text{–}150$ kg/m^3, $r \approx 40$ kPas/m^2, $d = 40$ mm, $d_w = 50$ mm) [17]
3 Mineralfaserplatte ohne Vliesabdeckung
  ($\rho = 100\text{–}150$ kg/m^3, $r \approx 40$ kPas/m^2, $d = 40$ mm, $d_w = 300$ mm) [17]

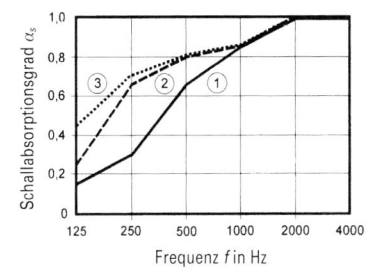

Holzwolle-Leichtbauplatten

1 Holzwolle-Leichtbauplatte
  ($\rho \approx 400$ kg/m^3, $r \approx 1$ kPas/m^2, $d = 35$ mm, $d_w = 0$ mm) [17]
2 Holzwolle-Leichtbauplatte
  ($\rho \approx 400$ kg/m^3, $r \approx 1$ kPas/m^2, $d = 35$ mm, $d_w = 50$ mm) [17]
3 Holzwolle-Leichtbauplatte
  ($\rho \approx 400$ kg/m^3, $r \approx 1$ kPas/m^2, $d = 35$ mm, $d_w = 300$ mm) [17]

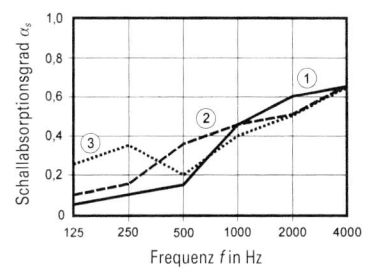

Tabelle 30. Schallabsorptionsgrade verschiedener Baustoffe, Materialien und Gegenstände (Fortsetzung)

Holzwolle-Leichtbauplatten	
1 Holzwolle-Leichtbauplatte, zementgebunden [18] (5 mm Spanbreite, $d = 25$ mm, $\rho = 400$ kg/m³, $d_w = 0$ mm) 2 Holzwolle-Leichtbauplatte, zementgebunden [18] (5 mm Spanbreite, $d = 25$ mm, $\rho = 400$ kg/m³, $d_w = 270$ mm)	*Diagramm: Schallabsorptionsgrad α_s über Frequenz f in Hz (125–4000 Hz)*

Holzspan-, Sperrholz- und Hartfaserplatten	
1 Holzspanplatte ($d = 19$ mm, $m' = 13,5$ kg/m², $d_w = 60$ mm) [17] 2 Holzspanplatte ($d = 19$ mm, $m' = 13,5$ kg/m², $d_w = 120$ mm) [17]	*Diagramm: Schallabsorptionsgrad α_s über Frequenz f in Hz (125–4000 Hz)*
1 Sperrholzplatte ($d = 4$ mm, $m' = 2,9$ kg/m²) auf Holzleisten (Abstand: 500 mm/750 mm), $d_w = 60$ mm, mit 40 mm Mineralfaserplatten hinterlegt [18] 2 Sperrholzplatte ($d = 4$ mm, $m' = 2,9$ kg/m²) auf Holzleisten (Abstand: 500 mm/750 mm), $d_w = 120$ mm, mit 40 mm Mineralfaserplatten hinterlegt [18]	*Diagramm: Schallabsorptionsgrad α_s über Frequenz f in Hz (125–4000 Hz)*
1 Sperrholzplatte ($d = 4$ mm, $m' = 2,9$ kg/m²) auf Holzleisten (Abstand: 500 mm/750 mm), $d_w = 60$ mm [18] 2 Sperrholzplatte ($d = 4$ mm, $m' = 2,9$ kg/m²) auf Holzleisten (Abstand: 500 mm/750 mm), $d_w = 120$ mm [18]	*Diagramm: Schallabsorptionsgrad α_s über Frequenz f in Hz (125–4000 Hz)*

Tabelle 30. Schallabsorptionsgrade verschiedener Baustoffe, Materialien und Gegenstände (Fortsetzung)

Holzwolle-Leichtbauplatten						
1 Hartfaserplatte ($d = 3{,}5$ mm, $m' = 3{,}3$ kg/m², $d_w = 60$ mm) [17]						
2 Hartfaserplatte ($d = 3{,}5$ mm, $m' = 3{,}3$ kg/m², $d_w = 120$ mm) [17]						
	125 Hz	250 Hz	500 Hz	1000 Hz	2000 Hz	4000 Hz
1	0,65	0,20	0,12	0,07	0,05	0,05
2	0,45	0,15	0,07	0,05	0,05	0,05

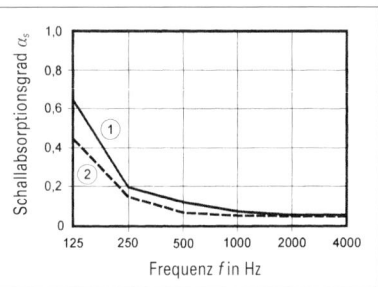

Metalllochkassetten						
1 Metalllochkassette ($d \approx 0{,}5$ mm, $\varepsilon \approx 15$ %) mit Mineralwolleauflage ($d \approx 40$ mm, $\rho \approx 80$ kg/m³, $r \approx 20$ kPas/m²), in Folie ($d \approx 0{,}05$ mm), $d_w = 200$ mm [17]						
2 Metalllochkassette ($d \approx 0{,}5$ mm, $\varepsilon \approx 15$ %) mit Mineralwolleauflage ($d \approx 40$ mm, $\rho \approx 80$ kg/m³, $r \approx 20$ kPas/m²), in Folie ($d \approx 0{,}05$ mm), $d_w = 400$ mm [17]						
	125 Hz	250 Hz	500 Hz	1000 Hz	2000 Hz	4000 Hz
1	0,35	0,70	0,75	0,85	0,80	0,60
2	0,45	0,70	0,75	0,85	0,80	0,60

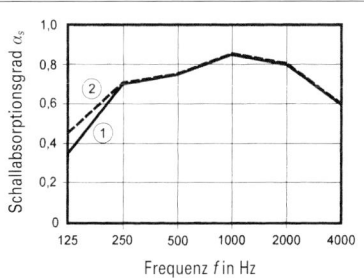

Fußböden und Bodenbeläge						
1 Holzfußboden auf Leisten [22]						
2 Parkettfußboden, fest aufliegend [22]						
3 Teppich, $d \approx 6$ mm [22]						
4 Teppich, $d \approx 7{-}10$ mm [22]						
	125 Hz	250 Hz	500 Hz	1000 Hz	2000 Hz	4000 Hz
1	0,15	0,11	0,10	0,07	0,06	0,06
2	0,04	0,04	0,05	0,06	0,06	0,06
3	0,02	0,04	0,06	0,20	0,30	0,35
4	0,04	0,07	0,12	0,30	0,50	0,80

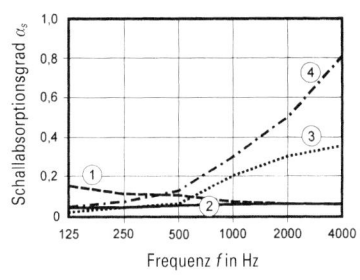

1 Nadelfilz ($d = 4{-}6$ mm) [22]						
2 Velour ($d = 7{-}8$ mm) [22]						
	125 Hz	250 Hz	500 Hz	1000 Hz	2000 Hz	4000 Hz
1	0,03	0,03	0,07	0,13	0,25	0,45
2	0,03	0,04	0,10	0,25	0,45	0,55

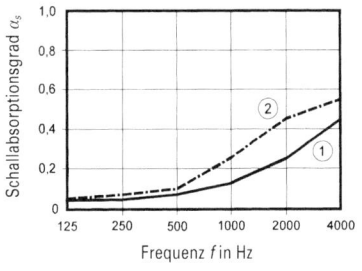

Tabelle 30. Schallabsorptionsgrade verschiedener Baustoffe, Materialien und Gegenstände (Fortsetzung)

Fußböden und Bodenbeläge

1 Korkparkett [1]
2 Holzparkett auf Estrich o. ä. geklebt, versiegelt [1]
3 Holzparkett auf Estrich o. ä. geklebt, unversiegelt [1]

	125 Hz	250 Hz	500 Hz	1000 Hz	2000 Hz	4000 Hz
1	0,04	0,03	0,05	0,11	0,07	0,02
2	0,02	0,03	0,04	0,05	0,05	0,10
3	0,04	0,04	0,06	0,12	0,10	0,17

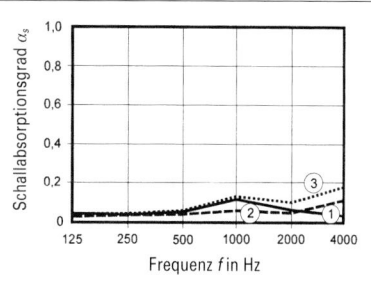

Vorhänge

1 Vorhang aus Baumwollstoff (gespannt)
 ($m' = 0,4$ kg/m², $d = 1,6$ mm, $R_s = 2,8$ kPas/m, $d_w = 0$ mm) [17]
2 Vorhang aus Baumwollstoff (gespannt)
 ($m' = 0,4$ kg/m², $d = 1,6$ mm, $R_s = 2,8$ kPas/m, $d_w = 70$ mm) [17]
3 Vorhang aus Baumwollstoff (gespannt)
 ($m' = 0,4$ kg/m², $d = 1,6$ mm, $R_s = 2,8$ kPas/m, $d_w = 220$ mm) [17]

	125 Hz	250 Hz	500 Hz	1000 Hz	2000 Hz	4000 Hz
1	0,02	0,02	0,03	0,10	0,25	0,50
2	0,10	0,15	0,50	0,75	0,80	0,80
3	0,25	0,60	0,75	0,60	0,70	0,75

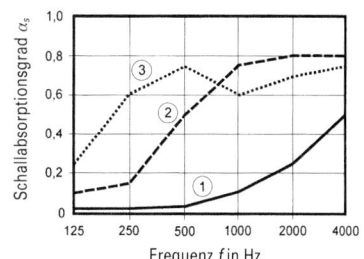

1 Vorhang aus Baumwollstoff (hängend, zweifach gefaltet)
 ($m' = 0,4$ kg/m², $d = 1,6$ mm, $R_s = 2,8$ kPas/m, $d_w = 0$ mm) [17]
2 Vorhang aus Baumwollstoff (gespannt)
 ($m' = 0,4$ kg/m², $d = 1,6$ mm, $R_s = 2,8$ kPas/m, $d_w = 70$ mm) [17]
3 Vorhang aus Baumwollstoff (gespannt)
 ($m' = 0,4$ kg/m², $d = 1,6$ mm, $R_s = 2,8$ kPas/m, $d_w = 220$ mm) [17]

	125 Hz	250 Hz	500 Hz	1000 Hz	2000 Hz	4000 Hz
1	0,02	0,10	0,30	0,70	0,90	1,00
2	0,02	0,20	0,70	0,95	0,95	1,00
3	0,06	0,40	0,75	0,95	0,95	1,00

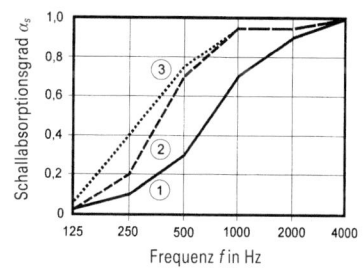

Publikum, Stühle

1 Publikum auf Holzstuhl* [17]
2 Publikum auf Polsterstuhl* [17]
3 Holzstuhl unbesetzt* [17]
4 Polsterstuhl unbesetzt* [17]
* Schallabsorptionsfläche in m² je Objekt

	125 Hz	250 Hz	500 Hz	1000 Hz	2000 Hz	4000 Hz
1	0,40	0,60	0,75	0,80	0,85	0,80
2	0,60	0,75	0,80	0,85	0,90	0,85
3	0,05	0,05	0,05	0,05	0,05	0,05
4	0,06	0,60	0,70	0,80	0,80	0,80

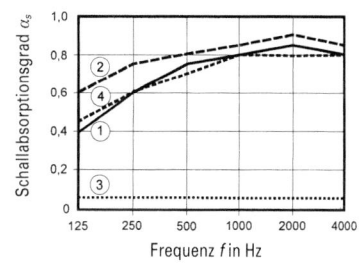

Tabelle 30. Schallabsorptionsgrade verschiedener Baustoffe, Materialien und Gegenstände (Fortsetzung)

Publikum, Stühle

1 Holzstuhl (Werte je Stuhl) [22]
2 Polsterstuhl (Werte je Stuhl) [22]
3 Theaterklappstuhl (gepolstert) [22]

	125 Hz	250 Hz	500 Hz	1000 Hz	2000 Hz	4000 Hz
1	0,03	0,03	0,04	0,05	0,05	0,05
2	0,08	0,15	0,25	0,29	0,43	0,39
3	0,25	0,30	0,30	0,30	0,30	0,30

Fenster, Tür

1 Fenster, geschlossen [23]
2 Tür, Sperrholz, lackiert [23]

	125 Hz	250 Hz	500 Hz	1000 Hz	2000 Hz	4000 Hz
1	0,10	0,15	0,10	0,05	0,03	0,02
2	0,12	0,10	0,08	0,05	0,05	0,05

Weitere Absorptionsgrade siehe z. B. [1, 2, 17–19, 22, 30]

d   Dicke [mm]
ρ Rohdichte [kg/m³]
m'   Flächenmasse [kg/m²]
d_w Wandabstand [mm]
R_s spezifischer Strömungswiderstand [kPas/m]
r   längenbezogener Strömungswiderstand [kPas/m²]
ε Lochanteil [--]

Tabelle 31. Beispiele für die Schallabsorptionsfläche A in m² für eine frequenzabhängige Dimensionierung (DIN 18041, Tabelle G.2 [13])

Spalte	1	2	3	4	5	6	7
Zeile	Beispiele	\multicolumn{6}{c}{Frequenz Hz}					
		125	250	500	1000	2000	4000
1	männliche Person im Anzug, sitzend	0,15	0,25	0,55	0,80	0,90	0,90
2	weibliche Person im Sommerkleid, sitzend	0,05	0,10	0,15	0,35	0,45	0,60
3	einfacher Polsterstuhl mit Kunstleder bezogen	0,05	0,15	0,20	0,10	0,03	0,03
4	einfacher Polsterstuhl mit Textilbezug	0,15	0,25	0,30	0,35	0,40	0,40
5	einzelne Person in einer Gruppe, sitzend oder stehend, 1 je 6 m² Fläche; typischer Mindestwert	0,05	0,10	0,20	0,35	0,50	0,65
6	Schrank mit schallabsorbierender Jalousie, ohne Rückwand, 1200 mm, 5 Ordnerhöhen (1,75 m) hoch, frei im Raum stehend	1,63	1,84	1,31	1,63	1,54	1,56
7	Schrank mit glatter Jalousie, ohne Rückwand, 1200 mm breit, 5 Ordnerhöhen (1,75 m) hoch, frei im Raum stehend	0,83	0,76	0,52	0,48	0,41	0,45
8	Schrank 5 Ordnerhöhen (1,75 m) hoch, gelochte Tür und absorbierende Rückwand, 1200 mm breit, 435 mm tief, frei im Raum stehend	1,95	2,00	2,44	2,85	2,84	2,43

Schallschutztechnische und akustische Kennwerte 885

Tabelle 31. Beispiele für die Schallabsorptionsfläche A in m² für eine frequenzabhängige Dimensionierung (DIN 18041, Tabelle G.2 [13]) (Fortsetzung)

Spalte	1	2	3	4	5	6	7
Zeile	Beispiele	\multicolumn{6}{c}{Frequenz Hz}					
		125	250	500	1000	2000	4000
9	Stellwand gering absorbierend, 1024 mm × 1590 mm × 63 mm, frei im Raum stehend	0,51	0,78	1,22	1,72	2,43	2,83
10	Stellwand hoch absorbierend, 1024 mm × 1590 mm × 63 mm, frei im Raum stehend	0,43	1,13	1,99	2,96	2,73	2,56
11	Schrank 4 Ordnerhöhen (1,4 m) hoch, 1400 mm breit, 435 mm tief, akustisch wirksame Schiebetür, akustisch wirksame Rückwand, frei im Raum stehend	1,93	2,10	1,60	1,59	1,32	1,31
12	Schrank 4 Ordnerhöhen (1,4 m) hoch, 1400 mm breit, 435 mm tief, akustisch wirksame Schiebetür, akustisch wirksame Rückwand, direkt vor Wand stehend	1,55	1,19	0,82	0,91	0,76	0,74
13	Schrank 3 Ordnerhöhen (1,05 m) hoch, 1500 mm breit, 350 mm tief, Seitenwand, Rückwand und Frontklapptüren unperforiert, frei im Raum stehend	1,35	0,61	0,52	0,26	0,14	0,10
14	Schrank 3 Ordnerhöhen (1,05 m) hoch, 1500 mm breit, 350 mm tief, Seitenwand, Rückwand und Frontklapptüren perforiert (Vlieseinlage), frei im Raum stehend	2,50	2,22	2,60	2,60	2,45	2,62
15	Schrank 3 Ordnerhöhen (1,05 m) hoch, 1500 mm breit, 350 mm tief, Seitenwand, Rückwand perforiert (Vlieseinlage), Frontklapptüren unperforiert, frei im Raum stehend	2,50	2,40	1,80	1,73	1,59	1,58
16	Deckensegel aus recycelter Glaswolle mit mikroporöser Farbeschichtung, 2400 mm × 1200 mm, 40 mm dick, 200 mm zur Rohdecke abgehängt	0,90	2,40	3,40	4,00	4,10	3,80

Tabelle 32. Beispiele für den Schallabsorptionsgrad α für eine frequenzabhängige Dimensionierung nach DIN 18041 Tabelle G.1 [13]

Spalte	1	2	3	4	5	6	7
Zeile	Kurzbeschreibung Schallabsorber	\multicolumn{6}{c}{Frequenz Hz}					
		125	250	500	1000	2000	4000
1	Mauerziegelwand, unverputzt, Fugen ausgestrichen	0,03	0,03	0,03	0,04	0,05	0,06
2	Mauerwerk, Hohllochziegel, Löcher sichtbar, 60 mm vor Massivwand	0,11	0,22	0,34	0,35	0,51	0,43
3	Glattputz	0,02	0,02	0,03	0,03	0,04	0,06
4	Kalkzementputz	0,03	0,03	0,02	0,04	0,05	0,05
5	Tapete auf Kalkzementputz	0,02	0,03	0,04	0,05	0,07	0,08
6	Spiegel, vor der Wand	0,12	0,10	0,05	0,04	0,02	0,02
7	Tür, Holz, lackiert	0,10	0,08	0,06	0,05	0,05	0,05
8	Stuckgips, unverputzter Beton	0,02	0,02	0,03	0,04	0,05	0,05
9	Marmor, Fliesen, Klinker	0,01	0,01	0,02	0,02	0,03	0,03
10	Fenster (Isolierverglasung)	0,28	0,20	0,11	0,06	0,03	0,02
11	Parkettfußboden, aufgeklebt	0,04	0,04	0,05	0,06	0,06	0,06
12	Parkettfußboden, auf Blindboden	0,20	0,15	0,10	0,09	0,06	0,10

Tabelle 32. Beispiele für den Schallabsorptionsgrad α für eine frequenzabhängige Dimensionierung nach DIN 18041 Tabelle G.1 [13] (Fortsetzung)

Spalte	1	2	3	4	5	6	7
Zeile	Kurzbeschreibung Schallabsorber	Frequenz Hz					
		125	250	500	1000	2000	4000
13	Parkettfußboden, hohlliegend	0,15	0,08	0,07	0,06	0,06	0,06
14	Teppichboden, bis 6 mm Florhöhe, auf massivem Untergrund	0,02	0,04	0,07	0,19	0,29	0,35
15	Teppichboden, 7 mm bis 10 mm Florhöhe, auf massivem Untergrund	0,04	0,07	0,14	0,30	0,51	0,78
16	Nadelfilz 7 mm, auf massivem Untergrund	0,02	0,04	0,12	0,20	0,36	0,57
17	5 mm Teppich mit 5 mm Filzunterlage, auf massivem Untergrund	0,07	0,21	0,57	0,68	0,81	0,72
18	PVC-Fußbodenbelag (2,5 mm) auf Betonboden	0,01	0,02	0,01	0,03	0,05	0,05
19	Linoleum auf Beton	0,02	0,02	0,03	0,03	0,04	0,04
20	Furnierte Holz- oder Spanplatte dicht vor festem Untergrund	0,04	0,04	0,05	0,06	0,06	0,06
21	4 mm Hartfaserplatte, kassettiert ohne Dämmstoff, Wandabstand 60 mm	0,22	0,19	0,13	0,07	0,05	0,05
22	4 mm Hartfaserplatte, kassettiert mit 40 mm Mineralwollplatte, Wandabstand 60 mm	0,63	0,25	0,14	0,08	0,06	0,05
23	4 mm Hartfaserplatte, kassettiert ohne Dämmstoff, Wandabstand 120 mm	0,26	0,15	0,07	0,05	0,05	0,05
24	4 mm Sperrholzplatte, 40 mm Mineralwolle, Wandabstand 120 mm	0,77	0,33	0,16	0,08	0,07	0,03
25	Gipsplatte, 9,5 mm stark, Wandabstand 25 mm	0,27	0,17	0,10	0,09	0,11	0,12
26	Gipsplatte 9,5 mm stark, Wandabstand 60 mm, Hohlraum kassettiert	0,30	0,10	0,05	0,07	0,09	0,08
27	Kino-Bildwand	0,10	0,13	0,36	0,31	0,29	0,20
28	Bühnenöffnung mit Dekoration	0,40	0,43	0,57	0,70	0,80	0,80
29	Bücherregal in Bibliotheken (je m² Oberfläche)	0,30	0,39	0,39	0,31	0,29	0,21
30	Lochsteine (vorsichtige Annahme)	0,10	0,20	0,44	0,55	0,44	0,22
31	3,5 mm Hartfaserplatte, 40 mm Mineralwolle, 30 mm Holzleisten 750 mm × 500 mm Kasten	0,61	0,26	0,19	0,07	0,07	0,03
32	15 mm Mineralplatte mit Vlieskaschierung, 200 mm zur Rohdecke, ohne rückseitige Zusatzmaßnahmen	0,50	0,65	0,70	0,85	1,00	1,00
33	15 mm Mineralplatte fein genadelt, 200 mm zur Rohdecke, ohne rückseitige Zusatzmaßnahmen	0,35	0,55	0,65	0,70	0,65	0,60
34	15 mm Mineralplatte ungenadelt, 200 mm zur Rohdecke, ohne rückseitige Zusatzmaßnahmen	0,15	0,15	0,10	0,15	0,15	0,10
35	gelochte Metallkassette, 16 % Lochflächenanteil, 2,5 mm Lochdurchmesser, Akustikvlies, 200 mm zur Rohdecke, ohne rückseitige Zusatzmaßnahmen	0,35	0,70	0,85	0,75	0,75	0,75
36	20 mm Recycle-Glaswollplatte mit mikroporöser Farbeschichtung, 200 mm zur Rohdecke, 100 mm rückseitiger Tieftonabsorber	0,75	0,95	0,95	1,00	1,00	1,00
37	15 mm Recycle-Glaswollplatte, Vliesbeschichtung, 200 mm zur Rohdecke, ohne rückseitige Zusatzmaßnahmen	0,40	0,85	1,00	0,90	1,00	1,00
38	Spanndecke mikroperforiert, 100 mm Abstand bzw. Luftschicht, kein Akustikvlies im Hohlraum	0,09	0,25	0,65	0,80	0,61	0,60
39	Spanndecke mikroperforiert, 100 mm Abstand bzw. Luftschicht, 40 mm Akustikvlies direkt an Rückwand	0,28	0,69	1,00	0,89	0,75	0,71

Tabelle 32. Beispiele für den Schallabsorptionsgrad α für eine frequenzabhängige Dimensionierung nach DIN 18041 Tabelle G.1 [13] (Fortsetzung)

Spalte	1	2	3	4	5	6	7
Zeile	Kurzbeschreibung Schallabsorber	Frequenz Hz					
		125	250	500	1000	2000	4000
40	Gipsplatten Rasterdecke 8/18 Rundlochung, 15,5 % Lochflächenanteil, 200 mm zur Rohdecke, Akustikvlies, ohne Mineralwollauflage	0,45	0,60	0,70	0,60	0,55	0,65
41	Gipsplatten Rasterdecke 8/18 Rundlochung, 15,5 % Lochflächenanteil, 200 mm zur Rohdecke, Akustikvlies, 20 mm Mineralwollauflage	0,50	0,65	0,70	0,65	0,60	0,70
42	Gipsplatten Rasterdecke 12/25 Quadratlochung, 7,8 % Lochflächenanteil, 200 mm zur Rohdecke, Akustikvlies, 20 mm Mineralwollauflage	0,45	0,50	0,50	0,40	0,35	0,35
43	Gipsplatten Rasterdecke 12/25 Quadratlochung, 7,8 % Lochflächenanteil, 65 mm zur Rohdecke, Akustikvlies, 20 mm Mineralwollauflage	0,40	0,45	0,50	0,45	0,40	0,30
44	Holzwolle-Leichtbauplatten 35 mm, direkt auf Wand	0,08	0,17	0,70	0,71	0,64	0,64
45	Holzwolle-Leichtbauplatten 25 mm, Hohlraum leer, Wandabstand 50 mm	0,13	0,42	0,54	0,45	0,70	0,73
46	Melaminharz-Schaumstoff, Rohdichte 8 kg/m^3 bis 10 kg/m^3, 30 mm dick	0,12	0,31	0,66	0,86	0,87	0,92
47	Melaminharz-Schaumstoff, Rohdichte 8 kg/m^3 bis 10 kg/m^3, 50 mm dick	0,16	0,56	0,87	0,96	0,97	0,97
48	40 mm Mineralwollmatte (20 kg/m^3), ohne Lochblechabdeckung	0,11	0,36	0,68	0,88	0,89	0,97
49	40 mm Mineralwollmatte (20 kg/m^3), mit Lochblechabdeckung (18 %)	0,11	0,36	0,69	0,95	0,81	0,70
50	Gipsplatte 9,5 mm, 8/18 Rundlochung, 15 % Lochflächenanteil, mit Faservlies hinterlegt, Abstand 100 mm	0,12	0,28	0,75	0,50	0,38	0,30
51	Gipsplatte, geschlitzt, 8,8 % offene Fläche, mit Faservlies hinterlegt, Abstand 100 mm	0,11	0,28	0,66	0,38	0,28	0,30
52	gelochte Langfeld-Metallkassette, 20 % Lochflächenanteil, 3 mm Lochdurchmesser, Akustikfilz, 300 mm Abstand	0,38	0,65	0,59	0,75	0,77	0,61

Tabelle 33. Schallwellenwiderstand Z[1)] für verschiedene Stoffe [22]

Stoff	Schallwellenwiderstand Z kg/(m$^2 \cdot$s)
Aluminium	$14{,}00 \cdot 10^6$
Beton	$8{,}00 \cdot 10^6$
Gummi	$0{,}04\text{–}0{,}3 \cdot 10^6$
Kork	$0{,}12 \cdot 10^6$
Luft (20 °C)	$4{,}14 \cdot 10^2$
Mauerwerk	$7{,}20 \cdot 10^6$
Stahl	$39{,}00 \cdot 10^6$
Tannenholz	$1{,}20 \cdot 10^6$
Wasser	$1{,}45 \cdot 10^6$

[1)] Auch Schall-Kennimpedanz oder Schallwellenkennwiderstand.

Tabelle 34. Dynamischer Elastizitätsmodul, Dehnwellengeschwindigkeit, Verlustfaktor verschiedener Materialien

Material	Rohdichte ρ kg/m^3	Elastizitätsmodul E_{dyn} MN/m^2	Dehnwellengeschwindigkeit c_D m/s	Verlustfaktor η –	Quelle
Mineralische Baustoffe					
Asphaltestrich	2200	6000–15000	1500–2600	0,03–0,3	[30]
Gipskartonplatten	950	3300	1850	0,012	[18]
Leichtbeton	800–1400	1500–3000	1200–1700	0,015	[30]
Porenbeton, Gasbeton	600–700	1400–2000	1400–1700	0,01	[30]
Stahlbeton	2100	29,5 · 1000	3750	0,01–0,06	[30]
Zementestrich	2200	30 · 1000	3700	–	[30]
Ziegelmauerwerk	1700	3000–12000	2650	0,01–0,02	[18]
Holz, Holzwerkstoffe					
Eichenholz	700	2000–10000	1700–3800	0,01	[18]
Hartfaserplatten	1000	3000–4500	1700–2100	0,015	[30]
Holzspanplatten	650	4500	2600	0,01–0,03	[18]
Nadelholz	500	1000–5000	1400–3200	0,01	[18]
Sperrholz	600	5400	3000	0,013	[18]
Dämmstoffe					
Holzwolleleichtbauplatten	700	100–200	380–540	0,08	[18]
Mineralfaserplatten	80–130	0,15–0,4		0,1	[30]
Naturkork	230–280	15–25	400–450	0,13–0,17	[30]
Polystyrol-Partikelschaum	9–12	0,6–0,12			[30]
Polystyrol-Partikelschaum	12–15	1,2–2			[30]
Polystyrol-Partikelschaum	15–20	2–4			[30]
Polystyrol-Partikelschaum	20–25	4–8			[30]
Polystyrol-Partikelschaum	25–30	8–30			[30]
Schaumglas	130–160	1300–1600	3100	0,01	[18]
Weichfaserdämmplatten	200–300	10–16		0,14	[30]
Kunststoffe, Gummi					
Kautschuk/Gummi (40 Shore-A-Härte)	1000	5	70	0,04	[30]
Kautschuk/Gummi (55 Shore-A-Härte)	1200	10	90	0,08	[30]
Kautschuk/Gummi (65 Shore-A-Härte)	1200	15	120	0,12	[30]
Polyvinylchlorid, hart	1300	2700	1450	0,04	[30]
Polystyrol, hart (PS)	1050	3000	1670	0,01	[30]
PVC-Hartschaum	40–60	10–30	500–700	0,03–0,06	[30]
Metalle					
Aluminium	2700	74000	5200	$7 \cdot 10^{-5}$	[30]
Blei	11300	17000	1300	0,02–0,3	[18]
Kupfer	8900	125000	3700	0,001	[30]
Stahl	7800	200000	5100	$1 \cdot 10^{-4}$	[30]
Sonstiges					
Glas	2500	$(6–8) \cdot 10^4$	4900–5700	0,001	[30]
Luft (20 °C, stehend, adiabatischer Zustand)	1,2	0,14	–	–	[30]

Für weitere Materialien sind Angaben des dynamischen Elastizitätsmoduls, der Dehnwellengeschwindigkeit und des Verlustfaktors z. B. in [18] und [30] zu finden.

4 Literatur

[1] Bobran, H. W.; Bobran, I. (1995) *Handbuch der Bauphysik*, 7. Aufl., Vieweg, Braunschweig.

[2] Bundesanstalt für Arbeitsschutz (Hrsg.) *Produkte zur Lärmminderung*. Verlag TÜV Rheinland, Essen.

[3] Cziesielski, E.: *Denkanstöße zu einem Sicherheitskonzept in der Bauphysik, dargestellt am Beispiel der Schimmelpilzbildung*.

[4] DIN 4108:2013-02 (2013) *Wärmeschutz und Energie-Einsparung in Gebäuden – Teil 2: Mindestanforderungen an den Wärmeschutz*, Beuth, Berlin.

[5] DIN 4108:2018-10 (2018) *Wärmeschutz und Energie-Einsparung in Gebäuden – Teil 3: Klimabedingter Feuchteschutz – Anforderungen und Hinweise für Planung und Ausführung*, Beuth, Berlin.

[6] DIN 4108:2013-02 (2013) *Wärmeschutz und Energie-Einsparung in Gebäuden – Teil 4: Wärme- und feuchteschutztechnische Kennwerte*, Beuth, Berlin.

[7] DIN V 4108:2003-06 (2003) *Wärmeschutz und Energie-Einsparung in Gebäuden – Teil 6: Berechnung des Jahresheizwärme- und des Jahresheizenergiebedarfs*, Beuth, Berlin.

[8] DIN EN ISO 6946:2018-04 (2018) *Bauteile – Wärmedurchlasswiderstand und Wärmedurchgangskoeffizient – Berechnungsverfahren*, Beuth, Berlin.

[9] DIN EN ISO 10211:2008-04 (2008) *Wärmebrücken im Hochbau – Wärmeströme und Oberflächentemperaturen*, Beuth, Berlin.

[10] DIN EN ISO 11654:1997-07 (1997) *Akustik – Schallabsorber für die Anwendung in Gebäuden – Bewertung der Schallabsorption*, Beuth, Berlin.

[11] DIN EN ISO 11654:2017-10 (2017) *Akustik – Schallabsorber – Bewertung von Schallabsorptionsgraden, (Entwurf)*, Beuth, Berlin.

[12] DIN EN ISO 10456:2010-05 (2010) *Baustoffe und -produkte – Wärme- und feuchtetechnische Eigenschaften – Tabellierte Bemessungswerte und Verfahren zur Bestimmung der wärmeschutztechnischen Nenn- und Bemessungswerte*, Beuth, Berlin.

[13] DIN 18041:2016-03 (2016) *Hörsamkeit in Räumen – Anforderungen, Empfehlungen und Hinweise für die Planung*, Beuth, Berlin.

[14] DIN EN ISO 13370:2008-04 (2008) *Wärmetechnisches Verhalten von Gebäuden – Wärmeübertragung über das Erdreich – Berechnung*, Beuth, Berlin.

[15] DIN EN ISO 13370:2018-03 (2018) *Wärmetechnisches Verhalten von Gebäuden – Wärmeübertragung über das Erdreich – Berechnungsverfahren*, Beuth, Berlin.

[16] Dettling, H. (1967) *Die Wärmedehnung des Zementgesteines, der Gesteine und der Betone*. Schriftenreihe des Otto-Graf-Instituts der Technischen Hochschule Stuttgart, Heft 3.

[17] Fasold, W.; Veres, E., (1998) *Schallschutz + Raumakustik in der Praxis*, Verlag für Bauwesen, Berlin.

[18] Fasold, W.; Winkler, H.; Sonntag, E., (1987) *Bauphysikalische Entwurfslehre, Bau- und Raumakustik*. VEB Verlag für das Bauwesen, Berlin.

[19] Fraunhofer Institut für Bauphysik (2005) WUFI-Datenbank, Holzkirchen.

[20] Furrer, W.; Lauber, A. (1972) *Raum- und Bauakustik, Lärmabwehr*, 3. Auflage, Birkhäuser, Stuttgart.

[21] G+H Isover (Hrsg.) (1988) *Wärmetechnisches Handbuch*, Ludwigshafen.

[22] Hohmann, R.; Setzer, M. J.; Wehling, M. (2004) *Bauphysikalische Formeln und Tabellen – Wärmeschutz – Feuchteschutz – Schallschutz*, 4., überarb. Aufl., Werner Verlag, Düsseldorf.

[23] Jeran, A.; Bernsdorf, P.; Grimm, H.; Busch, J. (1986) Temperatur- und Feuchtedehnung von Mauersteinen bei unterschiedlichen Temperaturbedingungen. *Bautenschutz und Bausanierung* 9 (4), S. 174–183.

[24] Knauf (2000) Knauf Akustikdesign-Decken. Iphofen, Mai 2000.

[25] Krus, M. (1995) Feuchtetransport- und Speicherkoeffizienten poröser mineralischer Baustoffe. Theoretische Grundlagen und neue Meßtechniken. Dissertation, Universität Stuttgart.

[26] Lutz, P.; Jenisch, R.; Klopfer, H.; Freymuth, H.; Krampf, L. (1994) *Lehrbuch der Bauphysik*, 3. Aufl., Teubner-Verlag, Stuttgart.

[27] Irmschler, H. J.; Schubert, P. (Hrsg) (2000) *Mauerwerk-Kalender 2000*, Ernst & Sohn, Berlin.

[28] Otto, F. (1995) Einfluß von Sorptionsvorgängen auf die Raumluftfeuchte – Entwicklung von Kenngrößen zur Beschreibung des hygrischen Verhaltens von Räumen. Dissertation, Universität GH Kassel.

[29] Pilny, F. (1981) *Risse und Fugen in Bauwerken*, Springer-Verlag, Wien, New York.

[30] Schmidt, H. (1996) *Schalltechnisches Taschenbuch*, 5., neubearb. und erw. Aufl., VDI-Verlag, Düsseldorf.

[31] Setzer, M. J.; Hohmann, R. (1995) Zwischenbericht zum DFG-Forschungsvorhaben SE 336/29-3 „Innenputze", Essen.

Stichwortverzeichnis

A

AAWT *siehe* Daimler-Chrysler Aero-Acoustic Wind Tunnel
Abbrandfaktor
– Feststoffe 815, 816
– Flüssigkeiten 818
– Kunststoffe 817
Abbrandgeschwindigkeit
– Feststoffe 805, 806
– Flüssigkeiten 806, 807
– Kunststoffe 806
Abdichtstoffe
– Wärmeleitfähigkeit-Bemessungswerte 845
Abdichtungsbahnen
– Wärmeleitfähigkeit-Bemessungswerte 845
Abminderungsfaktoren
– fest installierte Sonnenschutzvorrichtungen 860
Abschirmung
– Schallschutz 545
Absorber *siehe auch* Kanten-Absorber
– Absorptionsgrad 543
– breitbandig wirksame 743
– integrierte und integrierende 569
– mikroperforierte *siehe* MPA
Absorption 502, *siehe auch* Schallabsorption
Absorptionsfaktoren
– einiger Stoffe 865
Absorptionsfläche
– akustisch wirksame äquivalente 735
Absorptionsgrad
– absorbierendes ebenes Hindernis 543
– bei Raummoden 467
– Berechnung 503
– Einfluss auf Schallfeld 483
– von Absorbern 543
– von Gestühl und Publikum 504
– von VPR 467
– von Wandmaterialien und Wandverkleidungen 504
Absorptionsgradmessung
– Hallraumverfahren 503
– nach DIN EN ISO 354 468, 477
Abstandsgesetze
– Direktschall und Diffusschall 508
Acrylglas
– mikroperforiertes 587
Aeroakustik-Windkanäle 494
– Umlenkschalldämpfer 549, 570

Aktenrondell
– Schall absorbierendes 587
Akustik
– Grundlagen 501
– und Sichtlinie 760
Akustikelemente
– thermisch aktivierte 584
akustische Aufwertung
– durch Kanten-Absorber 731
akustische Indikatoren 5
akustische Leistungsfähigkeit
– von Baukonstruktionen 647
akustische Messräume 463, *siehe auch* Freifeldräume
– für erweiterten Frequenzbereich 463
akustische Messungen
– normative Vorgaben 448
akustische Raumplanung
– Computersimulationen 515
– für verschiedene Nutzungen 516
– Methoden und Werkzeuge 513
akustische Rückkopplung 536
akustische Wandprüfstände 441
– Einbau von Bauteilen 451
– gemessene Nachhallzeiten 456
– konstruktive Anforderungen 451
– maximale Schalldämmmaße 452
– normative Vorgaben 445
– TU Kaiserslautern 454
akustischer Gesamteindruck 510
allgemein anerkannte Regeln der Technik (a. a. R. d. T.) 351
Allrad-Rollenprüfstand
– BKA-Auskleidung 589
Altbestand *siehe* Bestandsgebäude
Alte Philharmonie Berlin 767
Anfangsnachhallzeit 509
Anforderungen
– Unterschied zu Empfehlungen 282
Anpassungsgesetz 543
Anpassungsverhältnis 546
Anregungsquellen
– mit fallender Kugel 274
Anschlussfugen 258
Arbeitsbereich
– trennende Bauteile 125, 143
Arbeitsräume
– typische Schalldruckpegel 146
Argon
– als Gasfüllung bei Isolierglas 600
Armaturengeräuschpegel 128
ASA (asymmetrisch strukturierte Absorber) 491

A-Schallpegeldifferenz
– Korrektursummand 169
assisted resonance system 763
asymmetrisch strukturierte Absorber (ASA) 491
Aufdachdämmung 258
– mit druckfesten Faserdämmstoffplatten 261
Aufenthaltsräume
– vertikale Schallübertragung 28
Auflagerpunkte
– Entkopplung 263
Aufnahmesaal DDR Rundfunk in Berlin-Oberschöneweide 764
Aufsatzlüfter 616
Aufsatz-Rollladenkästen 617
– Konstruktionen 619
Aufsparrendämmung
– aus Faserdämmstoff 243
– aus PUR-Hartschaum 244
– bewertete Norm-Flankenschallpegeldifferenz 684, 685
– bewertetes Schalldämmmaß 672, 673
– Steildächer 239, 243, 248
Aufzugsschachtkonstruktion
– unvollständige Zweischaligkeit 716
Ausgleichsfeuchtegehalte
– verschiedener Baustoffe 876
Auslaufvorrichtungen
– Durchflussklassen 130
Auslösewerte
– Schienenwege 13
– Straßenverkehr 11
Außenbauteile
– Anforderungen 88
– Anwendungsregeln für Schalldämmung 639
– bewertetes Schalldämmmaß 117
– DIN EN ISO 16283-3 413
– Luftschalldämmung 50, 64, 174, 175, 370
– Messung der Luftschalldämmung 420
– Nachweis der Luftschalldämmung 375
– Schallmessungen 406
– schallschutztechnische Anforderungen 607
– schalltechnische Planung 168
Außengeräusche
– Einfluss auf Rauminnenpegel 169
– Luftschallübertragung 84

Außenlärm
- Berechnung zum Nachweis des Schallschutzes 180
- DIN 4109:2016 178
- gemäß DEGA-Empfehlungen 74
- öffentlich-rechtliche Anforderungen an Schallschutz 116
- rechnerischer Schallschutznachweis 370
- Regelwerke zum Schallschutz 170
- Schallschutznachweis nach DIN 4109:2018 und VDI 4100:2012 349
- Schutz 544
- Übertragungswege in Gebäude 371
- VDI 2719 171
- zivilrechtliche Anforderungen an Schallschutz 131

Außenlärmmethode
- Luftschalldämmungsmessung eines Außenbauteils 421

Außenlärmpegel
- Ermittlung 118
- infolge Straßenverkehr 385
- Zuordnung zu Lärmpegelbereichen 117

Außenlärmsituation
- Standortabhängigkeit 86, 91

Außenrevision
- Rolladenkasten 620

Außentüren
- Luftschalldämmung 374
- schalltechnische Bewertung 376
- Wärmedurchgangskoeffizienten 859

Außenwandbekleidung
- hinterlüftete 373

Außenwände
- als flankierende Bauteile 702
- Anschluss an Haustrennwand 706
- aus zweischaligem Mauerwerk 373
- Bestandsgebäude 792
- Flankenschalldämmung 232
- Holzbauweise 225
- Luftschalldämmung 372
- Luftschallschutz 384
- mit hinterlüfteter Außenwandbekleidung 373
- mit Wärmedämm-Verbundsystem (WDVS) 372
- Schalldämmung 236
- Stoßstellen zu Trennbauteilen 31

A/V-Verhältnis 85
- DEGA-Empfehlungen 89

B
Balkenzwischenraum
- Tragstruktur und Dämmung 200

Balkon
- Definition 85

Balkonbeläge
- Trittschallminderung 293

Balkone
- in Konzertsälen 523

Balloonplot 533

Bandprofile
- an Unterdecke 687, 688

Bang-Machine 276

Bassverhältnis
- optimales 729
- und Nachhallzeit 759

Bauakustik
- aktuelle Normen 394
- Grundlagen 192
- Messungen 393
- relevante Frequenzbereiche 542

bauakustische Prüfungen
- nach DIN 4109-4:2016-07 62

Bauanschlussfugen
- bewertete Schalldämmaße 377
- Schalldämmung 610

Bauelemente
- Schalldämmung 597

Bauen im Bestand 785

Baukonstruktionen
- akustische Leistungsfähigkeit 647
- in Leichtbauweise 665
- massive 651

Bauleitplanung 14

baulicher Schallschutz
- aktuelle Situation 75
- allgemein anerkannte Regeln der Technik 351
- Anforderungen 109
- Beispiel 378
- im Gebäude 93
- Nachweis 357
- Nachweisverfahren 82
- öffentlich-rechtliche Anforderungen 109
- öffentlich-rechtlicher Nachweis 113
- zivilrechtliche Anforderungen 109
- zivilrechtlicher Nachweis 131

Bauplatten
- Wärmeleitfähigkeit-Bemessungswerte 841

Bauproduktenverordnung (BauPVO) 109

Baurecht
- Schallschutz 695

Bau-Schalldämmaß
- bewertetes 117, 126, 127

- DEGA-Empfehlung 103 143
- Einfamilien-Doppel- und Reihenhäuser 138
- gesamtes 370
- Geschosshäuser 137
- Hotels und Beherbergungsstätten 139

Baustoffe
- wärmeschutztechnische Bemessungswerte 850

Bauteil-Bauart
- nach DIN EN ISO 12354 444

Bauteilbemessung
- Schallschutz 647

Bauteile
- Entkopplung 196
- flankierende siehe flankierende Bauteile
- Grenzfrequenzen 354
- nationale Anforderungen zur Schalldämmung 190
- Resonanzfrequenz 194
- schallabsorbierende 541
- Schalldämmungsprüfnormen und -kenngrößen 188
- Sicherheitsbeiwerte 113
- trennende siehe trennende Bauteile

Bauteilkataloge
- Siebziger- und Achtzigerjahre 313

Bauteil-Lautsprecherverfahren 420

Bauteilsammlung
- Flachdächer 252
- Steildächer 247

Bauteilschwingungen
- Messung 450

Beherbergungsstätten
- Bau-Schalldämmaß 139
- Luft- und Trittschalldämmung 48, 66
- Norm-Trittschallpegel 139

Beijing National Institute of Metrology
- Vollfreifeldraum 496

Beläge
- Wärmeleitfähigkeit-Bemessungswerte 845

Bemessungswerte
- Korrekturwerte 859
- Wärmedurchgangskoeffizienten von Außentüren 859
- Wärmedurchgangskoeffizient von Toren 858
- wärmeschutztechnische 850

Beplankung
- bei Zwischensparrendämmung 237

- Eigenschwingungen 235
- unterseitige 304

Bergersches Massengesetz 192, 352

Beschallungsanlagen 531
- Dimensionierung 534

Beschallungstechnik
- und Raumakustik 501

Beschleunigungsmessgeräte
- Messung von Bauteilschwingungen 450

Bestandsgebäude
- Außenwände 792
- Deckenöffnung 787
- flankierende Bauteile 786
- Holzbalkendecken 790
- massive Decken 789
- nach Baujahr gruppierte Verteilung 785
- relevante Normen 787
- relevante Regelwerke 788
- Schallschutz 785
- Trittschallschutz 787
- Türen 791
- Wohnungstrennwände 791

Beton
- Schallabsorptionsgrade 877

Beton-Architektur
- Anpassung von Kanten-Absorbern 749

Beton-Bauteile
- Wärmeleitfähigkeit-Bemessungswerte 839

Betonbrücken
- im Deckenbereich 357

Betonschlämme
- bei Trennwandfugen 717

Beton-Verbundabsorber 573

Betriebe
- Geräusche 89

Beurteilungskenngrößen
- raumbezogene 277
- Trittschalldämmmaß 278

Beurteilungspegel 84, 120, *siehe auch* Auslösewerte, Immissionsgrenzwerte
- Flugverkehrslärm 125
- infolge von Gewerbe- und Industrieanlagen 124
- Schienenverkehrslärm 122
- Straßenverkehrslärm 120
- Wasserverkehrslärm 123

bewertete Direktschalldämmung
- Ermittlung 361

bewertete Flankendämmung
- Ermittlung 362

bewertete Standard-Schallpegeldifferenz 366

bewerteter Norm-Trittschallpegel 84
- Abhängigkeit von flächenbezogener Masse 652
- äquivalenter 303, 306
- Einführung 273
- minimal erreichbarer 657

bewertetes Bau-Schalldämmmaß
- resultierendes 84

bewertetes Luftschalldämmmaß
- als masseabhängige Größe 660
- in Abhängigkeit von flächenbezogener Masse 652
- maximal erreichbares 654

bewertetes Schalldämmmaß 117, 397, *siehe auch* Schalldämmmaß
- Berechnung 381
- Korrektursummand 169
- öffentlich-rechtlich geforderter Schallschutz 126, 127

Bezugsabsorptionsfläche 86

Bezugskurvenverfahren
- nach DIN EN ISO 717-2 105

biegeweiche Vorsatzschalen
- Luftschallschutz 653
- Luftschallverbesserung 655, 661, 662
- Trittschallschutz 655

Biegewelle
- Anregung und Abstrahlung 193
- Koinzidenz mit Luftschallwellen 353

BImSchV 350

BKA (Breitband-Kompaktabsorber) 479, 580
- Auskleidungen für Messräume 587
- BMW Motor-Akustikprüfstand 489
- Speiseräume 747

Blähbaustoffe
- Schallabsorption 550

Blähglas
- als Schallschutz-Modul 573

Blähton
- Schallabsorption 550

BMW Motor-Akustikprüfstand 489

Bodenbeläge 128, *siehe auch* Deckenauflagen
- Schallabsorptionsgrade 882, 883
- trittschallmindernde 136

Bodenplatte
- zweischalige Haustrennwände 704

Bodenreflexionen
- Einfluss auf Schallfeld 486

Brandausbreitungsgeschwindigkeit
- Feststoffe 807

- Flüssigkeiten 808
- Gase 807

Brandentwicklung
- ausgewählte Lagerstoffe und Waren 828, 829
- ausgewählte Nutzungseinheiten 831
- Möbel 829, 830

Brandleistung
- ausgewählte Lagerstoffe und Waren 828, 829
- ausgewählte Nutzungseinheiten 831
- Feststoffe 826
- Flüssigkeiten 827
- Holz 830
- Kunststoffe 827, 830
- Möbel 829, 830
- Personenzugsmaterialien 831, 832

Brandschutz
- Haustrennwände 714
- materialtechnische Tabellen 799

Breitband-Absorber
- Fabrikhallen 582

Breitband-Kompaktabsorber *siehe* BKA

brennbare Stoffe
- Entzündungskriterien 805

Brettsperrholzdecke
- flankierende 213

Brettstapeldecken
- bewerteter Norm-Trittschallpegel 680
- bewertetes Schalldämmmaß 679, 680

Bühnenakustik 526

Bundes-Immissionsschutzgesetz
- Lärm 9

Bundesstiftung Baukultur
- Konferenzraum 738

Bürogebäude
- Schalldämmung 47, 64

Büroräume
- akustische Planung 517

C

Cafeterien
- Kanten-Absorber 749

Calciumsulfatestriche
- Trittschallminderung 290

Calm-Library-Effekt 153, 156, 735

Casa Acustica
- Hörraum 734
- Nachhallzeiten 734

CE-Kennzeichnung
- Türen 641
- Verglasungen 635

Checklisten
- Fassadenmessung 436
- Installationsgeräusche und haustechnische Anlagen 436
- Luftschalldämmmessung 434 Trittschalldämmmessung 436
- Türen 437

Chemikalien
- Verbrennungseffektivität und Verbrennungsanteile (Yield) 821, 822

Christchurch Townhall for Performing Arts
- akustische Planung 527

Cocktail-Party-Effekt 153, 155

Computersimulationen
- zur akustischen Raumplanung 515

Concertgebouw Amsterdam 766
- akustische Planung 526
- Schallausbreitung 513

Cremer
- Vergleichshammerwerk 272

D

Dachanschlüsse
- der Trennwand 683

Dachdeckung
- Flachdächer 246

Dächer 671, *siehe auch* Flachdächer; Holzdächer
- flankierende 683
- geneigte 671, 683
- Luftschalldämmung 374
- Reihen- und Doppelhäuser 707
- zimmermannsmäßige 674

Dachfläche
- Fuge zur Trennwand 258

Dachlattung
- durchlaufende 260

Dachräume
- Wärmedurchlasswiderstand 857

Dachschalungen 258

Dachterrassen
- Bauteilsammlung 253

Daimler-Chrysler (DC) Aero-Acoustic Wind Tunnel 494

Dämmkerne
- Paneelelemente 605

Dämmplatten
- durchlaufende 259

Dämmstoffanordnung
- Einfluss auf Trittschalldämmung 200

Dämmstoffe
- Dehnwellengeschwindigkeit 888
- dynamischer Elastizitätsmodul 653, 888
- feuchte- und wärmetechnische Kenngrößen 870

- feuchtebereichabhängige Wasserdampf-Diffusionswiderstandszahlen 874
- für Trennwandfugen 718
- spezifische Wärmekapazität 868
- Verlustfaktor 888
- Wärmeausdehnungskoeffizient 867

Dämpfung
- Einfluss auf Bauteilschwingungen 196

Dämpfungskonstanten
- Luft 505

DDR Rundfunk
- Aufnahmesaal 1 Berlin-Oberschöneweide 764

Decken 679
- als flankierende Bauteile 708
- Bestandsgebäude 789
- bewertetes Schalldämmmaß 352
- flankierende 683
- Kennwerte zur Trittschalldämmung 702
- Messung der Trittschalldämmung 423
- Schalldämmung bei tiefen Frequenzen 219
- Trittschalldämmung 713
- Wärmedurchlasswiderstand 855

Deckenauflagen 287, 425, *siehe auch* schwimmender Estrich
- Trittschallminderung 287, 306, 357, 368

Deckenelemente
- direkte Bekleidung 201

Deckenhohlraum
- Abschottung durch durchlaufende Trennwand 689
- Abschottung durch Plattenschott 686, 688
- mit integriertem Kantenbsorber 739

Deckenöffnung
- Bestandsgebäude 787

Decken-Reflexionen
- Direktschall 152

Deckenspiegel
- mit Kanten-Absorber 746

Decke-Wand-Bauteilstoß
- Stoßstellendämmaße 215

DEGA (Deutsche Gesellschaft für Akustik) 73

DEGA-Akademie-Kurse 73, 78

DEGA-Empfehlung 103 76, 82, 131, 141

DEGA-Empfehlung 104 143

DEGA-Memoranden 2005 und 2011 281

DEGA-Memorandum 101 135

DEGA-Schallschutzausweis 73, 700

DEGA-Schallschutzklassen 142
- Erfahrungen 78
- im eigenen Wohnbereich 144

Dehnwellengeschwindigkeit
- verschiedener Materialien 888

denkmalgeschützte Gebäude
- Kanten-Absorber 746

Deutlichkeit
- akustische 509

Deutsche Gesellschaft für Akustik *siehe* DEGA

Diffusfeld 544

Diffusionswiderstandszahlen
- Wasserdampf 839

Diffusivität
- im Nachhall 772

Schallfeld 441

Diffusoren
- in Hallräumen 477, 478
- in Prüfraum 452

Diffusschall
- Abstandsgesetz 508

Dimensionierung
- frequenzabhängige 884, 885

DIN 4108-2
- Tabelle 7 860

DIN 4108-3
- Tabelle C.1 863
- Tabelle C.2 862
- Tabelle C.3 864

DIN 4108-4
- Tabelle 1 839, 847
- Tabelle 2 847
- Tabelle 3 876
- Tabelle 6 855
- Tabelle 8 859
- Tabelle 9 859
- Tabelle 10 859
- Tabelle 12 861

DIN 4109 21, 167, 639
- Anwendung auf Bestandsgebäude 786
- Ausgabe 2016-07 82
- Beispielsammlung 221
- Entwicklung seit 1944 114
- Mindestschallschutz 697
- Nachweis der Luftschalldämmung 375
- Nachweis der Trittschalldämmung 369
- Novellierung 43, 45, 115
- Rechenverfahren 641

DIN 4109 Bbl. 2 131, 135

DIN 4109-1 366, 639
- Anforderungen an Schallschutz 109, 191

DIN 4109-1:2016-07/2018-01 698

DIN 4109-1:2018-01
- Mindestanforderungen 45
- Vergleich mit
  DIN 4109-5:2019-05 63
- Vergleich mit DIN 4109:1989-11
  46, 126, 127
DIN 4109-2 366
- pauschale Nachweise 332
- Zweischaligkeitszuschläge 658
DIN 4109-2:2016/18
- Rechenmodellen von 349
DIN 4109-2:2016-07 711
DIN 4109-2:2018-01 710
- rechnerische Nachweise 45, 55
- Sicherheitskonzept 61
DIN 4109-3:2016-07
- Daten für rechnerischen Nachweis 45
DIN 4109-4:2016-07
- bauakustische Prüfungen 45, 62
DIN 4109-5 131
DIN 4109-5:2019-05 699
- Vergleich mit
  DIN 4109-1:2018-01 63
DIN 4109-34:2016 288
DIN 4109-35 618, 633, 641
DIN 4109:1962 279, 313
DIN 4109:1962-09 Blatt 2 170
DIN 4109:1963 Blatt 5 170
DIN 4109:1979 280
DIN 4109:1989 175, 280, 284
DIN 4109:1989 Beiblatt 1
- Luft- und Trittschalldämmung 60
- Rechenmodelle 349
DIN 4109:1989 Beiblatt 2 332
DIN 4109:1989-11 698, 710
DIN 4109:2016 178, 281
- Änderungen gegenüber 2009 82
DIN 4109:2018 281
- Luftschallschutz 349
DIN 4109:2018-01
- Vergleich zu DIN 4109:1989-11 179
DIN 4110:1934 787
DIN 4110:1938 278
DIN 7396 327
DIN 16283-2 317
DIN 18041 518, 520
- Neufassung 151
- Tabelle G.1 885
- Tabelle G.2 884
DIN 18041-2004
- Nachhallzeiten 743, 745
- Toleranzbereich für Sprache 162
DIN 18041-2016 745
DIN 45684 125
DIN EN 10140 447
DIN EN 12758 597
DIN EN 14351-1 Anhang B 635

DIN EN 14351-2 641
DIN EN 60268-16 531
DIN EN 61260 447
DIN EN ISO 140 472, 473
DIN EN ISO 354 468, 477, 502
DIN EN ISO 717
- Bewertung des Schalldämmaßes 45
DIN EN ISO 717-1 602, 615, 635
DIN EN ISO 3382 449, 450, 512
DIN EN ISO 3382-1 526
DIN EN ISO 3382-2000
- Nachhallzeit 760
DIN EN ISO 3741 476
DIN EN ISO 6946
- Tabelle 7 857
- Tabelle 8 856
- Tabelle 9 857
DIN EN ISO 10052 415
DIN EN ISO 10140 451
DIN EN ISO 10456
- Tabelle 3 850
- Tabelle 4 874
- Tabelle 5 876
DIN EN ISO 10534 502
DIN EN ISO 10848 450
DIN EN ISO 12354 444
DIN EN ISO 12354-1 712
DIN EN ISO 13370
- Tabelle 1 858
- Tabelle G.1 858
DIN EN ISO 16283-1 412
DIN EN ISO 16283-2 414
DIN EN ISO 16283-3 413
DIN EN ISO 16293-2 414
DIN EN ISO 18233 512
DIN EN ISO/IEC 17025 445
DIN ISO 10534-2 503
DIN SPEC 91314 131, 135, 366, 698
- Nachweis der Trittschalldämmung 369
DIN V 4108-4
- Tabelle 13 858
DIN V 4108-6
- Tabelle 8 866
DIN-Normen
- und Baurecht 697
Direktfeld 544
Direktschall
- Abstandsgesetz 508
- akustische Raumplanung 517
- Decken- und Mehrfach-Reflexionen 152
- Definition 501
- mit frühen Reflexionen und späterem Nachhall 761

Direktschalldämmung
- bewertete 361
- bewertete Verbesserung 362
Direktschallübertragung
- bewertete Schalldämmaße 379, 382, 386
Dokumentation
- häufige Fehler 434
Doppelhäuser 695, *siehe auch* Haustrennwände
- Bau-Schalldämmaß 138
- Luft- und Trittschalldämmung 48, 66
- Norm-Trittschallpegel 138
- Schallschutz 75, 695
- Standard-Schallpegeldifferenz 142
- Standard-Trittschallpegel 142
doppelschalige Wände *siehe* zweischalige Haustrennwände
Doppelwandresonanz
- Verschiebung zu niedrigeren Frequenzen 235
Drehkippfenster
- Schalldämmung 606
Dreifach-Isolierglas
- Schalldämmung in Einfachfenstern 602
- Vergleich mit Zweifach-Isolierglas 601
Dröhnen
- von Musikinstrumenten 732
- von Räumen 729, 735, 745, 754
Durchfluss
- Geräuschmessung 430
Durchflussklassen
- Trinkwasserarmaturen 130
Durchgangsarmaturen
- Klassen 55
Durchsichtigkeit
- akustische 509
dynamische Steifigkeit
- nach DIN EN 290521 295
dynamischer Elastizitätsmodul
- verschiedener Materialien 888

E
E DIN 4109-5 135
Early Decay Time (EDT) 509
Early Support 526
Eckstöße
- bewertete Schalldämmaße 363
EDT (Early Decay Time) 509
Eichung
- und Kalibrierung 405
Eigenfrequenz *siehe* Resonanzfrequenz
Einfachfenster
- bewertete Schalldämmaße 375

- Konstruktion 606
- Schalldämmung 602, 633, 636

Einfamilienhäuser
- Bau-Schalldämmmaß 138
- empfohlene Schallschutzwerte 148
- Luft- und Trittschalldämmung 48, 66
- Norm-Trittschallpegel 138, 145
- Standard-Schallpegeldifferenz 142, 144
- Standard-Trittschallpegel 142, 144

Einhausung
- Schallschutz 545

Einheiten-Konvertierung 800
einkanalige Messungen 408
Einputz-Rollladenkästen 617
einschalige Bauteile
- DIN EN ISO 12354-1 712
- Luftschalldämmung 352

einschalige biegesteife Bauteile
- Luftschallschutz 651
- mit biegeweicher Vorsatzschale 653
- Trittschallschutz 651

einschalige Massivbauteile
- bewertetes Schalldämmmaß 361
- flächenbezogene Masse 360

einschalige massive Außenwände
- Luftschalldämmung 372

Ein-Scheiben-Verglasung
- bewertete Schalldämmmaße 374

Einzahl-Kenngröße 273
Einzahlwert
- Bildung 399

Einzelbauteile
- Berechnung der Schalldämmung 607

Eis
- physikalische Kenngrößen 862

Elastomerlager
- bei Treppen 263

Elastomerschichten
- Trittschallminderung 291

Elbphilharmonie Hamburg 770
Elementfassaden
- horizontale Längsschalldämmung 627
- Schalldämmung 625
- vertikale Längsschalldämmung 632

Emissionsfaktoren
- einiger Stoffe 865

Emissions-Schallleistungspegel 463
Empfangsräume
- Abhören 415
- Entkopplung von Senderaum 452

- Ermittlung des Schalldruckpegels 406
- Schalldämmmaße 35

Empfehlungen
- Unterschied zu Anforderungen 282

EN 12354-2
- vereinfachtes Verfahren nach 335

EN ISO 12354
- Berechnung der Schallübertragung 211
- Holzdecken 215

EN ISO 12354-2
- Rechenverfahren 333

Energieausbreitung
- im Raum 761

Energiedichte
- Definition 501

Entkopplungen
- elastische 216

Entzündungskriterien
- brennbare Stoffe 805

EPS-Hartschaumplatten
- deklarierte dynamische Steifigkeit 373

Erdreich
- Wärmeleitfähigkeit 858
- wärmetechnische Eigenschaften 858

Estrich siehe schwimmender Estrich
Estrichaufbauten
- Holzdecken 197, 202

Estrich-Dröhnen 298, 463
Estriche
- Wärmeleitfähigkeit-Bemessungswerte 839

Exponentialmittelwertbildung 448
Extrapolationsregeln
- Schalldämmwerte für Fenster 638

Eyring'sche Nachhallformel 508

F
Fabrikhallen
- Breitband-Absorber 582

fallende Bälle
- Trittschalluntersuchungen 274

Falzausbildung
- Fensterrahmen 606

Faserdämmstoffe
- bewertete Norm-Flankenschallpegeldifferenz 684
- bewertetes Schalldämmmaß 673
- Schüttungen darunter 311

Faserdämmstoffplatten
- druckfeste 261

faserige Materialien
- Schallabsorption 548

Faserplatte
- mitteldichte 233

Fassadenelemente
- Kernmaterial 604
- Luftschalldämmung 375

Fassadenlautsprecher
- Anforderungen 406

Feder-Masse-System siehe Masse-Feder-System
Fehlanpassung
- Definition 543

Fenster
- Bauarten 606
- Konstruktionstabellen 633
- Luftschalldämmung 374
- Schallabsorptionsgrade 884
- Schalldämmmaß nach DIN 4109:1963 Blatt 5 171
- Schalldämmmaß nach DIN EN 14351-1 637
- Schalldämmung 597
- Schallschutzklassen 173
- schalltechnische Bewertung 376
- Spektrum-Anpassungswerte nach DIN EN 14351-1 637

Fensterbänder
- Längsschalldämmung 627

Fenstereinbau
- schalltechnische Eignung gemäß DIN 4109-2 608

Fensterfalzlüfter 616
Fensterlüftungen 616, siehe auch Lüfter, Lüftungssysteme

Fenstermontage 607
Fensterrahmen
- Schalldämmung 605

Fensterschließung
- vor Schallmessung 415

Fernfeld 481, 501
Fertigparkettböden
- Trittschallminderung 292

Feststoffe
- Abbrandfaktor 815, 816
- Abbrandgeschwindigkeit 805, 806
- Brandausbreitungsgeschwindigkeit 807
- Entzündungskriterien 805
- flächenbezogene Brandleistung 826
- Heizwert 808–812
- Lagerungsdichte 815, 816
- Luftbedarf 818
- Zündtemperaturen 800, 801

feuchtebereichabhängige Wasserdampf-Diffusionswiderstandszahlen einiger Baustoffe 873

feuchteschutztechnische Eigenschaften
- Wärmedämm- und Mauerwerksstoffe 874

feuchteschutztechnische Kennwerte 839
– Übersicht 837
feuchtetechnische Kenngrößen 869
feuerfeste Steine
– Wärmeausdehnungskoeffizient 867
Flachdächer 245, *siehe auch* Dächer
– Abdichtung 246
– Bauteilsammlung 252
– Einfluss der Dämmung 245
– Holztafelbauweise 673
Flachdachkonstruktionen 245
flächenbezogene Brandleistung
– Feststoffe 826
– Flüssigkeiten 827
– Kunststoffe 827
flächenbezogene Masse
– Einfluss auf bewertete äquivalente Normtrittschallpegel 652
– Einfluss auf bewertetes Luftschalldämmmaß 652
– einschalige Massivbauteile 360
– von flankierenden Bauteilen 314
Flächengebilde
– Schallabsorbtion 567
Flachräume
– Kanten-Absorber 745
Flankendämmmaße 370
– Messwerte 213
Flankendämmung
– bewertete 362
Flankenschall *siehe* flankierende Schallübertragung
Flankenschalldämmung
– Beispielsammlung 212
– Holzständerwände 228
– Massivholzwände 228
– Steildächer 241
flankierende Bauteile
– akustische Leistungsfähigkeit 660
– Außenwände 702
– Bestandsgebäude 786
– Decken 708
– Direktschalldämmmaße 661
– flächenbezogene Masse 314
– Geometrie 664
– Innenwände 708
– Korrekturwert für Schallübertragung 712
– Leichtbauweise 681
– Massivholzelemente 209
– raumseitige Vorsatzschalen 661
– Stoßstellendämmung 360, 363, 661
– Trittschallübertragung 297, 368

flankierende Schallübertragung 208, *siehe auch* Flankenschalldämmung
– bewertete Schalldämmmaße 379, 382
– Holzdecken 208
– horizontale 208
– Korrekturwert für bewertetes Luftschalldämmmaß 659
– Massivwände 302, 313
– Übertragungswege 452
Fliesen
– als Gehbeläge 201
Fließdruck
– Geräuschmessung 430
Fluglärmbelastung 7
Fluglärmschutzverordnung (FlugSV) 117
Flugverkehrslärm
– Beurteilungspegel 125
Flure
– A/V-Verhältnis 89
– raumakustische Empfehlungen 74
Flüssigkeiten
– Abbrandfaktor 818
– Abbrandgeschwindigkeit 806, 807
– Brandausbreitungsgeschwindigkeit 808
– flächenbezogene Brandleistung 827
– Heizwert 814
– Lagerungsdichte 818
– Luftbedarf 819
– Verbrennungseffektivität und Verbrennungsanteile (Yield) 821
– Zündtemperaturen 803, 804
Folien
– feuchte- und wärmetechnische Kenngrößen 872
– wasserdampfdiffusionsäquivalente Luftschichtdicke 876
Folienabsorber
– Schallschutz 551, 566
Freifeld-Außenlärmpegel
– maßgeblicher A-bewerteter 135
Freifeld-Diffusfeld-Korrektur 405
Freifeld-Pegelabfall
– theoretischer 485
Freifeld-Prüfstände
– BKA-Auskleidungen 588
Freifeldräume 464, *siehe auch* Hallräume
– Auskleidung 488
– Beijing National Institute of Metrology 496
– BMW 489
– Daimler-Chrysler 494

– Eignungsprüfung 480
– genormte 475
– reflexionsarme 479
– VW 491
freistehender Balkon
– Trittschallminderung 293
frequenzabhängige Dimensionierung
– Schallabsorptionsfläche 884
– Schallabsorptionsgrad 885
Frequenzbereich
– akustische Messräume 463
Frequenzbewertung
– Schalldruckpegel 84
Frequenzen
– tiefe *siehe* tiefe Frequenzen
Fugen 704, *siehe auch* Trennwandfugen
Fugenschalldämmmaße
– bewertete 377
Fugenschalldämmung 608
– Bauanschlussfugen 610
Fundamente
– zweischalige Haustrennwände 704
Fußböden
– Reihen- und Doppelhäuser 708
– Schallabsorptionsgrade 882, 883

G

Ganztagespegel 5
Gase
– Brandausbreitungsgeschwindigkeit 807
– Heizwert 814
– Luftbedarf 819
– Verbrennungseffektivität und Verbrennungsanteile (Yield) 821
Gasfüllung
– Einfluss auf Schalldämmung von Isolierglas 600
Gast- und Gewerberäume
– Schalldämmung 51
Gaststätten
– Geräusche 89
Gebäude
– Berechnung der Luftschalldämmung 359
– Schalldämmung 47, 64
– Schalldämmungsmessungen 63
– Trittschalldämmung 367
Gebäudehülle
– Ermittlung des erforderlichen Schalldämmmaßes 168
Gebäudelüftung 610, *siehe auch* Lüftungssysteme
– Anforderungen an Schalldämmung 610

Stichwortverzeichnis

gebäudetechnische Anlagen
– Anforderungen 88
– gemäß DIN 4109-1 358
– Geräusche 402
– maximal zulässige Schalldruckpegel 703
– öffentlich-rechtliche Schallschutzanforderungen 128
– Schallpegelmessungen 63
– zivilrechtliche Schallschutzanforderungen 146
Gebäudetrennwände
– Holzbauweise 225
– Schalldämmung 235
Gebläselüfter
– Schallpegel 617
Gehbeläge
– Flachdächer 246
– Holzbau 201
Gehschall
– messtechnische Untersuchungen 278
gemeinsame Trennfläche
– Bestimmung 418
Geometriesummanden
– trennende Bauteile 665
geometrische Ansätze
– zur Planung größerer Räume 761
geometrische Daten
– Bestimmung 416
Gerätetechnik
– Definition 403
Geräuschbelastungen
– Bestandsaufnahme 5
Geräusche
– als Schallschutzkriterium 93
– Einfluss auf Sprachverstehen 159
– Lärmbelästigung 5
– Geräuschemissionsgrenzwerte 10
Geräuschwahrnehmung 77
– Nachbarwohnungen 90, 132
– subjektive 92
Gesamtenergiedurchlassgrad 859
– Korrekturfaktoren 860
Gesamt-Lautsprecher-Verfahren 421
Gesamtschalldämmmaß
– Ermittlung 168
Geschossdecken 423, 705, *siehe auch* Decken
– oberste 791
– Reihen- und Doppelhäuser 705
Geschosshäuser
– Bau-Schalldämmmaß 137
– Kennwerte der Schallschutzklassen 86
– Norm-Trittschallpegel 137

Geschosswohnungsbau
– horizontale Schallübertragung 34
– Übertragung von zweischaliger Bauweise 715
Gestörtheitskriterium 145
Gestühl
– Absorptionsgrade 504
Gewerbeanlagen
– Beurteilungspegel 124
– öffentlich-rechtliche Schallschutzanforderungen 128
– zivilrechtliche Schallschutzanforderungen 146
Gewerbelärm 13
Gipsfaser(GF)-Platten 233
Gipskarton(GK)-Platten 233
– als Kanten-Absorber 737
– in Metallständerwänden 667
– Schallabsorptionsgrade 878
Glas 597, *siehe auch* Isolierglas
– monolithisches 598
– Schalldämmung 597
Glas, Eigenschaften 888
Glasschaum-Module
– an Straßen und Schienenwegen 572
Glasscheiben
– Schalldämmmaß 374
Glas-Systemwände
– Schallabsorber 583
Gösele
– Prognoseverfahren Holzbalkendecke 302
Grenzfrequenzen
– ebene Bauteile 354
Großes Haus des Staatstheaters Mainz 777
Großraumbüros
– Kompaktabsorber 585
Grundrisse
– Typen 143
Grundrisssituation
– als Schallschutzkriterium 93
Gummi, Eigenschaften 888
Gussasphaltestriche
– Trittschallminderung 290

H

H_2O
– physikalische Kenngrößen 862
Haas-Effekt 153, 155, 762
Halbfreifeldräume 479, 486
– mit Allrad-Rollenprüfstand 589
Hallabstand 544
Hallen
– Breitband-Absorber 580
– Nachhallzeiten 583

Hallräume 475, *siehe auch* Freifeldräume
– bedämpfte 474, 477
– Eigenfrequenzen 475
– nach ISO 354 544
– reflexionsarme 479
Hallraumverfahren
– Absorptionsgradmessung nach DIN EN ISO 354 503
harte Gehbeläge 201
Hartfaserplatten
– Schallabsorptionsgrade 881
Hartschaum-Aufsparrendämmung 251
Hartschaum-Dämmplatten 603
Hartschaum-Wärmedämmung
– bewertete Norm-Flankenschallpegeldifferenz 684
– bewertetes Schalldämmmaß 672
Hauseingangstüren
– Definition 85
haustechnische Anlagen
– Geräuschmessung 428
– kennzeichnende Größen von Geräuschen 397
– Messbedingungen für Geräusche 415
Haustrennwände 695, *siehe auch* zweischalige Haustrennwände
– Anschluss an Außenwand 706
– Bauweisen und Bauablauf 702
– Brandschutz 714
– Kennwerte zur Luftschalldämmung 701
– Kennwerte zur Trittschalldämmung 702
– maximal zulässige Schalldruckpegel 703
– Nachweisverfahren 709
– Ortbetonbauweise 719
– Schallschutz 695
– schalltechnische Anforderungen 697
– schalltechnischer Einfluss von Einbauten 714
– statistische Erhebung 708
Heizkörpernischen
– in Bestandsgebäuden 792
Heizungsanlagen
– Schlitz-Schalldämpfer 570
Heizwert
– Feststoffe 808–812
– Flüssigkeiten 814
– Gase 814
– Kunststoffe 812–814, 824, 825
Helmholtz-Resonatoren
– Absorptionsgrad 561
– Schallabsorption 556
– Staatsoper Unter den Linden 776

HF(Holzweichfaser)-Platten 233
Hilfsgrößenmessung
– haustechnische Anlagen 430
Hintergrundgeräuschpegel-
  Korrektur 443
Hochbau
– Schallschutz 43, 45, 279
Hohlblocksteine
– Schallabsorption 550
Hohlböden
– Trittschallminderung 292
Hohlkammerprofile
– Schalldämmung 605
Hohlkammer-Resonatoren 562
Hohlkörperdecken
– bewerteter Norm-Trittschallpegel 285
– Trittschallschutz 283
Holz
– Brandleistung 830
– Dehnwellengeschwindigkeit 888
– dynamischer Elastizitätsmodul 888
– Entzündungskriterien 805
– feuchte- und wärmetechnische Kenngrößen 871
– feuchtebereichabhängige Wasserdampf-Diffusionswiderstandszahlen 874
– spezifische Wärmekapazität 868
– Verbrennungseffektivität und Verbrennungsanteile (Yield) 819
– Wärmeausdehnungskoeffizient 867
Holzbalkendecken 302, *siehe auch* Holzdecken
– bei Luftschallübertragung 685
– bei Trittschallanregung 685
– Bestandsgebäude 790
– bewertete Norm-Flankenschallpegeldifferenz 685
– bewerteter Norm-Trittschallpegel 680
– bewertetes Schalldämmmaß 680
– mit Fertigteilestrichen 675, 676, 678
– mit flankierenden Wänden aus Massivholz-Elementen 314
– mit Gussasphaltestrich 678
– mit mineralisch gebundenen Estrichen 674–677
– Prognoseverfahren 302, 313
– Trittschalldämmkurven 302
– Trittschalldämmung 313
– Trittschallschutz 299, 791

Holzbalken-Rohdecken
– bewertete Trittschallminderung 306
– Kenngröße der Trittschalldämmung 303
Holzbau
– resultierende Schallübertragung 367
– Schallschutz 188
– Zielwerte für Schalldämmung 220
Holzbauweise
– Wände 223
Holzdächer 237
– Schalldämmung 237
Holzdecken 197, *siehe auch* Holzbalkendecken
– Ausführungsbeispiele 204
– Bauteilsammlung 203
– bewertetes Schalldämmmaß 679
– Einfluss durch Rohdeckenbeschwerung 202
– Einfluss von Estrichaufbauten 202
– EN ISO 12354 215
– Konstruktionsvarianten 197
– konstruktive Optimierung 202
– Trittschalldämmung 219
Holzdielen
– Trittschallminderung 292
Holzfaserdämmstoffe
– bewertete Norm-Flankenschallpegeldifferenz 684
– bewertetes Schalldämmmaß 672
Holzrahmenbauweise
– Trittschalldämmung 314
– Trittschallschutz 301
Holzspanplatten
– Schallabsorptionsgrade 881
Holzständerkonstruktionen 223
– Außenwände 226
– Flankenschalldämmung 228, 232
Holzständerwände
– Flankenübertragung bei Luftschalldämmung 234
Holztafelwände
– bewertete Norm-Flankenschallpegeldifferenz 682
– bewertete Schalldämmmaße 667–670
– flankierende 681
– Spektrumanpassungswerte 691
Holzwände
– Anwendungsbereiche 225
– Bauteilsammlung 228
– Schalldämmung bei tiefen Frequenzen 235
Holzwangentreppen
– Trittschallübertragung 337

Holzweichfaser(HF)-Platten
– Wärmedämm-Verbundsystem (WDVS) 233
Holzweichfaser-Aufsparrendämmung 252
Holzwerkstoff(HW)-Platten 233
Holzwerkstoffe, Eigenschaften 871, 874, 888
Holzwolle-Leichtbauplatten
– Schallabsorptionsgrade 880, 882
Hörbarkeit
– als Begriff 90
horizontale Schallübertragung *siehe* Trittschall
Hörsäle
– Nachhallzeiten 161, 580
– raumakustische Sanierung 747
Hörsamkeit 759, 763, 780
Hörschwellenverschiebung
– durch Maskierung 154
Hotels
– Bau-Schalldämmmaß 139
– DIN 4109:2018-01 im Vergleich zu DIN 4109:1989-11 179
– Luft- und Trittschalldämmung 48, 66
– Norm-Trittschallpegel 139
HW(Holzwerkstoff)-Platten 233

I
IACC (interauraler Kreuzkorrelationskoeffizient) 510
Immissionsgrenzwerte
– Verkehrsgeräusche 11
Immissionsrichtwerte 9
Immissions-Schalldruckpegel 463
Immissionsschutz
– Bundesgesetz 9
– lärmbezogener *siehe* Lärmschutz
– Schienenverkehr 12
Impedanzrohr 503
Impulsantwort *siehe* Raumimpulsantwort
Industrieanlagen
– Beurteilungspegel 124
Innengeräuschpegel
– Anhaltswerte 172
Innenraum-Schalldruckpegel
– maßgeblicher A-bewerteter 135
Innenschallpegel
– Anhaltswerte nach DIN 4109 167
Innentüren
– Schalldämmung nach DIN 4109-35 641
– Tabellennachweis der Schalldämmung 641
Innenwände
– Holzbauweise 225
– Reihen- und Doppelhäuser 708

Innenzüge
– schalldämpfende 570
Installationsgeräusche
– bei Betätigungsspitzen 431
– Definition 402
– kennzeichnende Größen 397
– Messung 428
– nach DIN EN ISO 10052 415
interauraler Kreuzkorrelations-
 koeffizient (IACC) 510
Interferenz-Dämpfer 561
Interferenzen
– schädliche 543, 760
ISO 362 491
ISO 717-1 169
ISO 3745 479, 480, 486, 491
ISO 16940 599
ISO 17497 505
Isobaren-Diagramme 533
Isolierglas
– Einfluss der Gasfüllung auf
 Schalldämmung 600
– Schalldämmung 598, 602
– Spektrum-Anpassungswert 602

J
Jesus-Christus-Kirche Berlin-
 Dahlem 763
Jinji Lake Hall Suzhou 772

K
K1, K2-Verfahren
– Trittschalldämmung 217
KA siehe Kanten-Absorber
Kalibrator
– Definition 404
Kalibrierlabor
– Anforderungen 445
Kalibrierung
– und Eichung 405
Kalksandsteine
– als Referenzobjekt 453
Kalksandstein-Mauerwerk
– Luftschallschutz 384
Kalksandsteinwand
– zweischalige 722
Kammfilter-Effekt 153, 156, 762
Kanten-Absorber 160, 573, siehe
 auch Absorber
– Absorptionsfläche 730
– Absorptionsgrad 730
– Absorptionsspektren 731
– in offener und geschlossener Bau-
 weise 740
– zur akustischen Aufwertung 731
Kantinen
– Kanten-Absorber 750
– Nachhallzeiten 749

Kaohsiung University
– Musikraum 733
Kapselung
– Schallschutz 545
Kastenfenster
– Konstruktion 607
– Schalldämmung 636
Keller
– Schallübertragung bei zwei-
 schaligen Haustrennwänden 704
Kenngrößen
– DEGA-Empfehlungen 73
Kennwerte
– feuchteschutztechnische 837, 839
– feuchtetechnische 869
– raumakustische 838
– Schallschutzklassen 85
– wärmeschutztechnische 837, 839
– wärmetechnische 869
Kennzeit 761
Kerndämmung
– Außenwände aus zweischaligem
 Mauerwerk 373
– Paneelelemente 605
Kirchen
– Jesus-Christus-Kirche Berlin-
 Dahlem 763
– Lukas-Kirche Dresden 765
Klassenräume
– Kanten-Absorber 742, 744, 749
Klassenzimmer
– Nachhallzeiten 162
kleine Räume
– akustische Planung 517
– Anforderungen an Schallschutz
 33
Kohärenzgrad
– akustischer 510
Kohlenstoff-Yield
– Kunststoffe 823
Koinzidenz-Grenzfrequenz 193, 444
Kolbenstrahler 532
Kommunikationsräume
– Kanten-Absorber 739
– Kompaktabsorber 572
– Konzept zur Beruhigung 729
– Sprachverstehen und Schallbelas-
 tung 151
Kompaktabsorber
– Breitband- siehe BKA
– in Großraumbüros 585
– in Kommunikationsräumen 572
Konferenzräume
– Kanten-Absorber 738
– Nachhallzeiten 581, 584, 741
Konstruktionsregeln
– für Holzdecken 197
Konzertsäle
– akustische Planung 522

– Alte Philharmonie Berlin 767
– Aufnahmesaal 1 des DDR Rund-
 funks in Berlin-Oberschöneweide
 764
– Concertgebouw Amsterdam 766
– Elbphilharmonie Hamburg 770
– Jinji Lake Hall Suzhou 772
– Musikvereinssaal Wien 765
– Neue Philharmonie Berlin 768
– Neues Gewandhaus Leipzig 769
– Pierre Boulez Saal Berlin 771
– Staatsoper Unter den Linden
 Berlin 773
– Symphony Hall Boston 767
Körperschallbrücken
– Sockelfliesen 299
Körperschalldämmung 105
Körperschallentkopplung 88
– gemäß DEGA-Empfehlungen 74
Körperschallmessung 433
Körperschallnachhallzeit
– Messung 450, 458
– Schalldämmmaß-Korrektur 444
Korrekturfaktoren
– Gesamtenergiedurchlassgrad 860
Korrektursummand
– als Bindeglied zwischen A-Schall-
 pegeldifferenz und bewertetem
 Schalldämmmaß 169
– für Verkehrswege 170
– spektraler 136
Korrekturwerte
– akustische 442
– Berechnung von Bemessungs-
 werten 859
Krankenhäuser
– Bau-Schalldämmmaß 139
– Luft- und Trittschalldämmung
 49, 67
– Norm-Trittschallpegel 140
Kreuzkorrelationskoeffizient
– interauraler 510
Kreuzstöße
– bewertete Schalldämmmaße 364
Kriterienkatalog
– Schallschutzausweis 94
Krypton
– als Gasfüllung bei Isolierglas 600
KS-Schallschutzrechner 380
Kugelfallautomat
– nach Taubert und Ruhe 274
Kugelwellenreflexionen
– Nachbildung 515
Kühlabsorber 586
Kultur- und Kongresszentrum Lu-
 zern (KKL)
– Konzertsaal 528
Kundt'sches Rohr
– für Schallfeldmessungen 467, 468

Kunststoffe
- Abbrandfaktor 817
- Abbrandgeschwindigkeit 806
- Brandleistung 830
- Dehnwellengeschwindigkeit 888
- dynamischer Elastizitätsmodul 888
- Entzündungskriterien 805
- flächenbezogene Brandleistung 827
- Heizwert 812–814, 824, 825
- Kohlenstoff-Yield 823
- Lagerungsdichte 817
- Luftbedarf 818
- Sauerstoffindex 823
- Verbrennungseffektivität und Verbrennungsanteile (Yield) 820
- Verlustfaktor 888
- Wärmeausdehnungskoeffizient 867
- Zersetzungstemperatur 823
- Zündtemperaturen 802, 803
Kunststoffschäume
- als Schallabsorber 549

L

Labor-Prüfverfahren
- nach DIN 7396 327
Lagerpressungen
- Einfluss auf Trittschalldämmung 331
Lagerstoffe
- Brandentwicklung und Brandleistung 828, 829
Lagerungsdichte
- Feststoffe 815, 816
- Flüssigkeiten 818
- Kunststoffe 817
Laminatböden
- Trittschallminderung 292
Landeplatz-Fluglärmleitlinie
- Länderausschuss für Immissionsschutz 125
Längsschalldämmung
- horizontale 627, 629, 630
- vertikale 630
Large-Concert-Hall-Problem 523
Lärmaktionsplanung (LAP) 14
Lärmbeeinträchtigungen 5
Lärmbelästigung
- Ausmaß 6
- gefühlte 6
Lärmbeurteilung
- Nomogramme 377
Lärmkonflikte
- Verschärfung 5
Lärmpegelbereiche
- Zuordnung zu Außenlärmpegel 117

Lärmpegelbereich-Korrekturwerte 118, 119
Lärmsanierung 11
- Schienenwege 12
Lärmschutz
- aktueller Stand 8
- generelles Konzept 7
- Instrumente 8
- Prinzipien 7
- Schallabsorption 542
- städtebaulicher 5
- straßenverkehrsrechtliche Maßnahmen 11
lärmschutzbedürftige Räume
- Definition 23
Lärmschutzwände 572
Lärmsituationen
- Zuordnung zu Schallschutzklassen 173
Lärmvorsorge
- Straßenverkehr 10
Lärmwirkungsforschung 6
Late Support 526
Laufentkopplung 331
Laufweg-Differenz 762
Laufzeit-Differenz 761
laute Räume
- Definition 85
Lautheitsspirale 157
Lautsprecher
- Abstrahlverhalten 534
- akustische Rückkopplung 536
- Anforderungen 406
- Auswahl 532
- nach DIN EN 10140 447
- Richtcharakteristik 532
- Schalldruckfrequenzgang 534
Lautsprecherverfahren 420
Lautstärke
- subjektive Wahrnehmung 509
Lautstärkeempfindung
- Frequenzabhängigkeit 104
Leichtbau-Innenwände
- bewertetes Schalldämmmaß 671
Leichtbau-Trennwand
- auf Massivdecke 689
- auf schwimmendem Estrich 689
Leichtbautreppen
- Prüfstandsmessung 336
- Trittschalldämmung 318, 322
Leichtbauweise
- akustische Leistungsfähigkeit 665
- Dächer 671
- Decken 679
- flankierende Bauteile 681
- schalltechnisch prinzipiell mögliche Konstruktionsarten 666
- trennende Bauteile 666
- Wände 666

Leichtbetonwände
- massive zweischalige 660
Leichtspan-Schallschluckplatten
- an Unterdecke 688
Lichtbänder
- Lichttransmissionsgrade 861
Lichtkuppeln
- Lichttransmissionsgrade 861
Lichttransmissionsgrad 859, *siehe auch* Transmissionsgrad
- Lichtkuppeln und Lichtbänder 861
Lochblech-Platten
- vor Kanten-Absorbern 738
Lochflächenabsorber 556
- Lochplattenabdeckung 548
Lochsteine
- Schallabsorption 550
Loggia
- Definition 85
Lombard-Reflex 153, 155, 573
Lösungsmittel
- Verbrennungseffektivität und Verbrennungsanteile (Yield) 821, 822
Luft
- als Gasfüllung bei Isolierglas 600
- Dämpfungskonstanten 505
- Dehnwellengeschwindigkeit 888
- dynamischer Elastizitätsmodul 888
- Verlustfaktor 888
Luftbedarf
- Feststoffe 818
- Flüssigkeiten 819
- Gase 819
- Kunststoffe 818
Lüfter
- Anteil an Gesamtschalldämmung 611, 615
- Eigengeräusche 615
- Luftleistung 615
- Schalldämmung 614
Luftschall
- Anforderungen 87
Luftschall-Absorber 467
Luftschalldämmmaß
- bewertetes 131
- gesamtes 370
- Zusammenhang mit Schalltransmissionsgrad 650
Luftschalldämmung 84, 189
- als Schallschutzkriterium 93
- Anforderungen 46, 64
- Anforderungsgrößen 359
- Außenbauteile 50, 64, 174, 175, 370
- Außenlärm 178
- Berechnung 359
- Dächer 374

- einschalige Bauteile 352
- Fenster, Außentüren und sonstige Fassadenelemente 374
- Haustrennwände 697
- Hotels und Beherbergungsstätten 48, 66
- kennzeichnende Größen 396
- Krankenhäuser und Sanatorien 49, 67
- Labormessung 62
- laute, schutzbedürftige Räume 51
- Massivbau 56, 361
- massive Außenbauteile 371
- massive zweischalige Haustrennwände 364
- Mehrgeschosser 218
- Messbedingungen 412
- nach DIN 4109:1989 Beiblatt 1 60
- nach DIN EN ISO 16283-1 412
- Nachweis im Massivbau 358
- Nachweis nach DIN 4109 375
- Nachweis nach DIN 4109-2 366
- Nachweisführung 647
- reale 398
- Regelwerke für Kennwerte 701
- Schulen 50
- von Wänden 418
- Vorbemessung 647
- Vorhangfassaden 625
- Wärmedämm-Verbundsystem (WDVS) 356
- Wohnhäuser 48, 66
- zu berücksichtigende Schallübertragungswege 56
- zweischalige Bauteile 354
Luftschallmessungen
- Unsicherheiten 432
Luftschallschutz
- analytische Herleitung von Anforderungen 23
- Außenwände 384
- biegeweiche Vorsatzschalen 653
- einschalige biegesteife Bauteile 651
- Nachweis nach DIN 4109:2018 und VDI 4100:2012 349
- Nachweis nach VDI 4100:2012 366
- Raumtrennwände 380
- rechnerischer Nachweis 359
- Wohnungstrenndecken 381
- Wohnungstrennwände 378
Luftschallübertragung 424, siehe auch Schallübertragung
- aus fremden Wohneinheiten 84
- bei Trittschallmessungen 424
- Holzbalkendecken 685

- vertikale 208
- zwischen zwei Räumen 647
Luftschallwellen
- Koinzidenz mit Biegewelle 353
Luftschicht
- Außenwände aus zweischaligem Mauerwerk 373
Luftschichten
- feuchte- und wärmetechnische Kenngrößen 872
- Wärmedurchlasswiderstand 856
Lüftungssysteme
- Bauarten 615
- fensterunabhängige 617
- Kenngrößen 613
- Schallschutzanforderungen 610
Luftwechselrate 612
Lukas-Kirche Dresden 765

M
Macromedia Hochschule für Medien und Kommunikation (MHMK)
- Kanten-Absorber 579
Maskierungseffekt 154
Masse
- flächenbezogene 360, 381, 604
Masse-Feder-Masse-Systeme
- Entkopplung 196
- Paneele 603
- Resonanzfrequenzen 195
- Rollpanzer und Glasscheibe 620
Masse-Feder-Systeme
- Folienabsorber 552
- Resonanzfrequenzen 653, 654
Massegesetz
- Schalldämmung 192
maßgeblicher A-bewerteter Freifeld-Außenlärmpegel 135
maßgeblicher A-bewerteter Innenraum-Schalldruckpegel 135
maßgeblicher Außenlärmpegel
- Ermittlung 118, 120
- Gewerbe- und Industrieanlagen 125
- Schienenverkehr 123
- Straßenverkehr 122
- Wasserverkehr 124
Massivbau
- Luftschalldämmung 56, 361
- Nachweis der Luftschalldämmung 358
- resultierende Schallübertragung 367
- Trittschalldämmung 59, 367
- Trittschalldämmung von Leichtbautreppen 318

Massivbauten
- Schallschutznachweis nach DIN 4109:2018 und VDI 4100:2012 349
- Schallübertragungswege 648
Massivdecken
- anschließende Trennwand 687
- bewerteter Norm-Trittschallpegel 285
- mit flankierenden Unterdecken 686
- mit Leichtbau-Trennwand 689
- Trittschallschutz 283
massive Außenbauteile
- Luftschalldämmung 371
massive Außenwände
- mit hinterlüfteter Außenwandbekleidung 373
- mit Wärmedämm-Verbundsystem (WDVS) 372
massive Baukonstruktionen
- akustische Leistungsfähigkeit 651
massive Decken
- Bestandsgebäude 789
Massivholz-Elemente
- als flankierende Wände 314
- Stoßstellendämmmaße 216
Massivholzkonstruktionen 224
Massivholztreppen 262
Massivholzwände 671
- Flankenschalldämmung 228
- Trittschallschutz in Gebäuden 302
Massivtreppen
- Ausführungsvarianten 325
- Prognoseverfahren 332
- Prüfstandsmessungen 325
- Trittschalldämmung 317
Massivwände
- durchlaufende Vorsatzschalen 681
- flankierende Schallübertragung 313
- schwere flankierende 299, 313
- Spektrumanpassungswerte 691
Materialdaten
- Prüfnormen 799
- Relevanz 799
materialtechnische Tabellen
- Brandschutz 799
Mauermörtel
- Wärmeleitfähigkeit-Bemessungswerte 839
Mauerwerk
- Schallabsorptionsgrade 877
- Wärmeleitfähigkeit-Bemessungswerte 842

Mauerwerksstoffe
- feuchteschutztechnische Eigenschaften 874
- spezifische Wärmekapazität 874

Mauerwerk-Vorsatzschale
- in Holztafelbauweise 669

Mehrfach-Reflexionen
- Direktschall 152

Mehrfachwände 695

Mehrfamilienhäuser
- Schalldämmung 47, 64
- Schallschutz 75
- Schallschutzstufen 132
- Standard-Schallpegeldifferenz 141
- Standard-Trittschallpegel 141
- Trittschalldämmung von Treppen 317

Mehrscheiben-Isolierglas
- bewertete Schalldämmmaße 375
- Schalldämmung 633

Mehrzweckräume
- akustische Planung 530

Membranabsorber 560

Mensen
- Kanten-Absorber 750

Messeinrichtung
- Eichen und Kalibrieren 414

Messgenauigkeit
- Schallfeldmessung 416
- von schalltechnischen Messungen 432

Messgeräte
- Anforderungen 408
- Definition 403

Messkette
- Eichen und Kalibrieren 414

Messlautsprecher 406

Messräume
- reflexionsarme 586

Messtechnik
- raumakustische 511
- Schallmessungen am Bau 393

Messverfahren
- Validierung und Verifizierung 446

Metall-Deckenplatten
- an Unterdecke 688

Metalle
- Dehnwellengeschwindigkeit 888
- dynamischer Elastizitätsmodul 888
- spezifische Wärmekapazität 868
- Verlustfaktor 888
- Wärmeausdehnungskoeffizient 866

Metalllochkassetten
- Schallabsorptionsgrade 882

Metallständerwände
- bewertete Norm-Flankenschallpegeldifferenz 681, 682
- bewertete Schalldämmmaße 666
- flankierende 681

MF-Unterdecke
- Nachhallzeiten im Raum 753

Mikrofone
- als Messapparaturen 448
- Definition 403

mikroperforierte Absorber *siehe* MPA

Mindestschallschutz 21
- nach DIN 4109 82, 110, 697

Mineralfaserdämmstoffe
- Paneelelemente 604

Mineralfaser-Deckenplatten
- an Unterdecke 687

Mineralfasern
- als Schallabsorber 548

Mineralfaserplatten
- Schallabsorptionsgrade 879, 880

mineralische Baustoffe
- Dehnwellengeschwindigkeit 888
- dynamischer Elastizitätsmodul 888
- feuchte- und wärmetechnische Kenngrößen 869
- feuchtebereichabhängige Wasserdampf-Diffusionswiderstandszahlen 873
- spezifische Wärmekapazität 868
- Verlustfaktor 888
- Wärmeausdehnungskoeffizient 866

Mineralwolldämmstoffe
- bewertete Norm-Flankenschallpegeldifferenz 684
- bewertetes Schalldämmmaß 672
- längenbezogene Strömungswiderstände 373

Mineralwolle-Aufsparrendämmung 251

Mittelungspegel 5

Möbel
- Brandentwicklung und Brandleistung 829, 830
- Schallschluckende 586

Modenfelder
- in Hallräumen 475, 476
- rechnerische Simulation 481

Modulationsübertragungsfunktion (MTF) 532

Moll
- analytische Herleitung von Luftschallschutzanforderungen 23

monolithisches Glas
- Schalldämmung 598

Mörtelbrücken
- im Deckenbereich 357

Mörtelfugen
- Wärmeleitfähigkeit-Bemessungswerte 842

MPA (mikroperforierte Absorber) 562
- dreilagige 565
- Flächengebilde 567
- Folien 566
- Platten 564

Mulm-Effekt 153, 156, 762

Multikanalanalysator
- zur Schallfeldmessung 455

Musikräume
- Kanten-Absorber 731
- Kaohsiung University in Taiwan 733
- Nachhallzeiten 733

Musik-Unterrichtsräume
- Kanten-Absorber 732
- Nachhallzeiten 732, 733

Musikvereinssaal Wien 765

Muster-Verwaltungsvorschrift Technische Baubestimmungen (MVV TB) 350, 639

N

Nachhall
- als akustisches Merkmal eines Raumes 508
- Entstehung 508
- subjektive Wahrnehmung 509
- Verwischung von Sprache 151

Nachhalllautsprecher
- Anforderungen 406

Nachhallmessungen 511

Nachhalltheorie
- statistische 507

Nachhallverlängerung
- künstliche 537

Nachhallzeit
- Definition 44

Nachhallzeiten 158
- bei akustischen Wandprüfständen 456
- bei Ringversuchen 442
- DIN EN ISO 3382-2000 760
- Einbeziehung in Raumplanungen 516
- Hörsäle 161
- im leeren Raum 478
- in Hallräumen 477
- Klassenzimmer 162
- Konzertsäle 522
- Messeinrichtungen 449
- Schallschutzberechnungen 26
- und Bassverhältnis 759

Nachtpegel 5

Nachtruhe
- Lärmschutz 9
Nachweisverfahren
- DIN 4109-2:2018-01 710
- DIN 4109:1989-11 710
- nach DIN 4109-35 633, 641
- nach DIN EN 14351-1 Anhang B 635
- rechnerische 641
Nahfeld 481
Natursteine
- feuchte- und wärmetechnische Kenngrößen 869
- feuchtebereichabhängige Wasserdampf-Diffusionswiderstandszahlen 873
- Trittschallminderung 292
- Wärmeausdehnungskoeffizient 867
Neue Philharmonie Berlin 768
Neues Gewandhaus Leipzig 769
Nomogramme
- zur Lärmbeurteilung 377
NORAH-Projekt 7, *siehe auch* WHO-Leitlinienwerte Umgebungslärm
Normabweichungen
- Messungen 417
Normen
- aktuelle 394
Norm-Hammerwerk 272
- Anforderungen 407
- klassisches 276
- Messungen 219
- modifiziertes 276
Normmessungen
- Bonuspunkte 74
Norm-Schalldruckpegel
- Anforderungsgrößen 359
Norm-Trittschallpegel *siehe auch* bewerteter Norm-Trittschallpegel
- Abhängigkeit von Raum-Grundfläche 370
- äquivalenter bewerteter 303, 306
- bewerteter 126, 127, 273, 699
- Darstellung 400
- DEGA-Empfehlung 103 143
- in überlappenden Oktavbändern 272
- Korrekturwert 369
- Umstellung von Oktavfiltern zu Terzfiltern 273
- Zusammenhang mit Trittschallschutzmaß 273
Nutzergeräusche
- Anforderungen 88
- gemäß DEGA-Empfehlungen 74, 84

- Messung 432
- Messverfahren und Planungshinweise 105
Nutzsignal
- Messung 411
Nutzungseinheiten, ausgewählte
- Brandentwicklung und Brandleistung 831

O

Oberflächen
- Richtwerte für Strahlungsabsorptionsgrad 866
Oberflächen mit hohem Emissionsgrad
- Wärmedurchlasswiderstand 856
ODEON-Simulation
- Staatstheater Mainz 778
offenporige Schaumstoffe
- Schallabsorption 549
Oktavbänder
- überlappende 272
Oktavfilter
- Umstellung zu Terzfiltern 273
OLG Düsseldorf, Aktenzeichen: 22 O 280/90 696
OLG München, Aktenzeichen: 28 O 1921/05 696
Opera Garnier
- akustische Planung 529
Opernhäuser
- akustische Planung 529
- Rekonstruktion 772
Orchestergräben
- Kanten-Absorber 731
Ortbetonbauweise
- Haustrennwände 719
Ostdeutschland
- Schallschutzanforderungen bis 1990 280

P

Paneelelemente
- Prinzipaufbau 604
- Schalldämmung 603
parallele Schallmessung 409
Parameterstudie
- Raumsituation Schallschutz 29
Paris'sche Formel 508
Parkett
- Trittschallübertragung 790
Pegelabfall
- Anforderungen an Aufzeichnungsapparatur 448
- Prüfung gemäß ISO 3745 491
- theoretischer 485
- VW-Außengeräusch-Messhalle 493

Pegeländerungen
- spektrale 156
Pegeldifferenz
- vor absorbierendem ebenem Hindernis 543
Personenzugsmaterialien
- Brandleistung 831, 832
Pestizide
- Verbrennungseffektivität und Verbrennungsanteile (Yield) 822
Pfetten
- durchlaufende 260
Pfosten-Riegel-Fassaden 625
- horizontale Längsschalldämmung 627
- vertikale Längsschalldämmung 631
Philharmonie Berlin 767, 768
- akustische Planung 527
Physikalisch-Technische Bundesanstalt (PTB)
- Ringversuche 453
Pierre Boulez Saal Berlin 771
PKW-Bestand
- Entwicklung 170
Platten
- mikroperforierte Absorber 564
Platten-Eigenfrequenz 194
Plattenresonatoren
- Schallabsorption 550
Plattenschott
- Deckenhohlraum 686, 688
Plattenschwinger
- Schallabsorption 552
Plexiglasdiffusoren 451
Podestentkopplung 331
Polymere
- Heizwert 824, 825
Polystyrol-Hartschaumplatten 603
Polyurethan-Hartschaumplatten 603
Porenbeton
- Schallabsorption 550
Porenbetonwände
- zweischalige 659, 720
Praxen
- Geräusche 89
Profilschalldämmung 628
Prognoseverfahren
- Holzbalkendecken 302
- in Abhängigkeit von Laborwerten 314
Prüfberichte
- Erstellung 411
Prüfeinrichtungen
- Anforderungen 447
Prüflabor
- Anforderungen 445

Prüfnormen
– Materialdaten 799
– Schalldämmung 188
Prüföffnungen
– bei akustischen Prüfständen 451
Prüfrahmenentkopplung 454
Prüfraum
– Schallfeld 451
Prüfstände
– akustische 441
Prüfungsschema nach DEGA-Memorandum 101 135
Psychoakustik 77
– von Räumen 511
psychoakustische Kenngrößen
– Bewertung von Schallereignissen 5
PTB (Physikalisch-Technische Bundesanstalt)
– Ringversuche 453
Publikum
– Absorptionsgrade 504
Publikum auf Stühlen
– Schallabsorptionsgrade 883
Putz
– Schallabsorptionsgrade 877
– Wärmeleitfähigkeit-Bemessungswerte 839

Q

Quaderraum 467
Quellposition
– Einfluss auf Schallfeld 486

R

Rabitz-Decke 769
Rahmenprofile
– Fenster 605
RAL-Montageleitfaden
– Fenster und Haustüren 608
Randdämmstreifen
– Estrichaufbau 198
Randfeld 481
Raumakustik
– geometrische 761
– Parameter 511
– relevante Frequenzbereiche 542
– Schallabsorption 542
– und Beschallungstechnik 501
raumakustische Empfehlungen
– für Treppenhäuser und Flure 74
raumakustische Kenngrößen 544
– Messung 512
raumakustische Kennwerte 838
raumakustische Messtechnik 511
raumakustische Verkleidungen
– für Wände und Decken 563

Raumanordnung
– Einfluss auf Schalldämmmaß 32
– Einfluss auf Trittschallpegel-Korrekturwert 368
Räume
– akustische Qualitätskriterien 516
– für Beschallungstechnik 528
– für gemischte Nutzung 529
– kleine *siehe* kleine Räume
– lärmschutzbedürftige 23
– laute *siehe* laute Räume
– maßgebliche 27
– Methoden und Werkzeuge zur akustischen Planung 513
– mit besonderer Akustik 763
– Psychoakustik 511
– Schalllenkung und Schalldämpfung 729
– schallschutzbedürftige 116, 147, 167
– subjektive Schallwahrnehmung 508
Raumeignungsprüfung
– nach DIN EN ISO 3741 476
Raumgeometrie
– Berechnung 378, 382
– Einfluss auf Schallfeld 484
Raumimpulsantwort (RIA) 509, 512
Rauminnenpegel
– Einfluss von Außengeräuschen 169
Räumlichkeitseindruck 510
raumlufttechnische Anlagen
– Schallschutzanforderungen 128, 146
Raummodelle
– maßstäbliche 514
Raummoden 153, 507
– bei tiefen Frequenzen 464
– Messung des Absorptionsgrades 467
Raumschallfelder 416, 501, 507, *siehe auch* Schallfeld
– rechnerische Simulation 481
raumseitige Vorsatzschalen 661
Raumsituation
– Parameterstudie 29
Raumtiefe
– Einfluss auf Schalldämmmaß und Schallpegeldifferenz 32
Raumtrennwände
– Luftschallschutz 380
Raumversatz
– Einfluss auf Schalldämmmaß 30
Raumvolumen
– Bestimmung 418
Rauschen 155, 159
– Einfluss auf Sprachverstehen 158

Ray Tracing 515
RDK (Rohdichteklassen) 360
Rechenmodelle
– Parameter 349
Rechenverfahren
– nach DIN 4109 641
– nach EN 12354-2 333
– Rundungsregeln 113
Referenzschalldämmmaß
– Rosa Rauschen 170
Reflektoren
– in Konzertsälen 524
– Ortsbestimmung 523
Reflexionen
– akustische Planung 518
– an Decke 520
– Decken- und Mehrfach- 152
– schädliche 543, 760
– spektrale Pegeländerungen 156
– und späterer Nachhall 761
reflexionsarme Messräume
– Auskleidungen 586
Regeln der Technik
– allgemein anerkannte 351
Reihenhäuser 695, *siehe auch* Haustrennwände
– auf gemeinsamer Tiefgarage 705
– Bau-Schalldämmmaß 138
– Luft- und Trittschalldämmung 48, 66
– Norm-Trittschallpegel 138
– Schallschutz 695
– Standard-Schallpegeldifferenz 142
– Standard-Trittschallpegel 142
resonante Übertragung
– Schalldämmmaß 444
Resonanzfrequenz
– Abhängigkeit von flächenbezogener Masse 654
– von Bauteilen 194
– zweischaliges Feder-Masse-System 653
Restaurants
– A-bewertete Schalldruckpegel 748
Revisionsöffnung
– Rolladenkasten 620
RIA *siehe* Raumimpulsantwort
Richtcharakteristik 463, 501
Ringversuche
– akustische Begriffe 442
– akustischer Wandprüfstand 441
– Physikalisch-Technische Bundesanstalt 453
– Referenzwerte 453
– TU Kaiserslautern 454

- Vergleich der Messergebnisse 458
- von vier europäischen Prüfstellen 473

Rohdecken
- Norm-Trittschallpegel 368

Rohdeckenbeschwerung 198
- Einbringen 222
- Einfluss auf Holzdecken 202

Rohdichteklassen (RDK) 360
Rohrschalldämpfer 562, 563
Rollenprüfstände
- BKA-Auskleidungen 588

Rollladenabschlüsse
- Schallschutz 620

Rollladenaufsatzkästen
- Kontruktionen 619

Rollladenkästen
- Schalldämmung 617

Rollpanzer 618
- Schalldämmung 620

Rosa Rauschen
- Referenzschalldämmmaß 170

Ruhefluss
- Geräuschmessung 430

ruhende Luftschichten
- Wärmedurchlasswiderstand 856

Rundungsregeln
- nach DIN 4109-2 113

S

Sabine'sche Nachhallformel 508, 544
Sakralbauten
- akustische Planung 530

Salle Pleyel
- akustische Planung 526

Sanatorien
- Bau-Schalldämmmaß 139
- Luft- und Trittschalldämmung 49, 67
- Norm-Trittschallpegel 140

Sanitärinstallationen
- Schallschutz 715

Sättigungsdampfdruck
- Wasserdampf über Wasser und Eis 863

Sättigungsdampfkonzentration
- Wasserdampf über Eis und Wasser 862

Sauerstoffindex
- Kunststoffe 823

Schallabsorber
- Helmholtz-Resonatoren 556
- in Glas-Systemwänden 583
- Kanten-Absorber 160
- Lochflächenabsorber 556
- Membranabsorber 560
- mikroperforierte *siehe* MPA
- passive 546

- poröse *siehe* MPA
- Schlitzabsorber 557

schallabsorbierende Bauteile 541
Schallabsorption 503, *siehe auch* Absorption
- bei Fehlanpassung 547
- Berechnung 503
- Einfluss auf Bauteilschwingungen 196
- für Raumakustik und Lärmschutz 542
- in größeren Räumlichkeiten 759

Schallabsorptionsfläche
- äquivalente 43, 442
- für frequenzabhängige Dimensionierung 884

Schallabsorptionsgrad 502, *siehe auch* Absorptionsgrad
- für frequenzabhängige Dimensionierung 885
- Material- und Frequenzabhängigkeit 442
- verschiedener Baustoffe, Materialien und Gegenstände 877

Schallabstrahlung
- Messung 479

Schallanalysator
- Definition 403

Schallanteil
- diffuser 501

Schallbelastung
- in Kommunikationsräumen 151

Schallbrücken
- durch außenseitige Konstruktionen 718
- Haus mit Keller 705
- in Estrichen 221, 425
- zwischen Schalen 717

Schalldämmmaß *siehe auch* bewertetes Schalldämmmaß
- Abhängigkeit von Frequenz und Spuranpassung 354
- bewertete Verbesserung 363
- bewertetes 699
- Bewertung nach DIN EN ISO 717 45
- Bewertung nach DIN EN ISO 717-1 635
- Definition 44, 397, 442
- Einfluss der Raumtiefe 32
- Einfluss des Raumversatzes 30
- Einfluss von Raumanordnungen 32
- Einfluss von Trennwandfläche 29
- erforderliches 176
- Ermittlung 168
- erweiterte Messung 471
- Fenster 171
- frequenzabhängiges 356

- Frequenzabhängigkeit 458
- individuelle Herleitung 145
- Korrekturen 176, 442
- maximales 452
- Messeinrichtungen 448
- Messung 449
- nach DIN EN 14351-1 637
- prognostiziertes 233
- Reduzierung 27
- von Räumen 29
- Vorhangfassaden 626

Schalldämmung
- Bemessung 27
- Fenster 597
- Fensterrahmen 605
- Frequenzabhängigkeit 399
- Gebäude 47
- Messung in Gebäuden 63
- Nachweisverfahren 633
- öffentlich-rechtliche Anforderungen 350
- Paneelelemente 603
- privatrechtliche Anforderungen 350
- Prüfnormen und Kenngrößen 188
- Rollladenkästen 617
- Rollpanzer 620
- Temperatureinfluss 599
- Türen 621
- Vergleich verschiedener Messverfahren 473
- von Bauelementen 597
- von Glas 597
- Vorhangfassaden 623
- zwischen Räumen in Gebäuden 188

schalldämpfende Innenzüge 570
Schalldämpfung
- in kleineren Räumlichkeiten 729

Schalldruck
- Definition 43

Schalldruck-Effektivwert
- Definition 501

Schalldruckpegel
- A-bewertete 43, 129
- Abweichungstoleranzen 480
- Armaturen und Geräte der Trinkwasser-Installation 54
- Definition 43, 501
- eigene Wohnung 53, 68
- energetisch gemittelter 442
- energieäquivalente 43
- Ermittlung 406
- fremde schutzbedürftige Räume 51, 66, 147
- im Terzband 472
- Korrekturen 442
- Labormessungen 63

- maximaler 84
- Parameter 90
- Regelwerke für Kennwerte 703
- Wohn- und Arbeitsräume 146

Schallenergieflüsse
- Ermittlung 211

Schallereignisse
- psychoakustische Kenngrößen 5

Schallfeld 441, *siehe auch* Raumschallfelder
- Diffusivität 441, 507
- in größeren Räumen 761
- in Prüfraum 451
- räumliche Mittelung 416
- Räumlichkeit 510
- Umwelteinflüsse 441

Schallfeldabtastung
- mit automatischen Messsystemen 512

Schallfeldmessung
- Messgenauigkeit 416

Schallintensität
- Definition 501

Schallkapseln 545

Schallleistung
- Einfluss von Modenfeldern 475
- Messung 474

Schallleistungspegel
- Definition 501

Schalllenkung
- in kleineren Räumlichkeiten 729

Schallmessungen
- am Bau 393
- Durchführung 411
- ein- und zweikanalige 408
- häufige Fehler 434
- im Labor 635
- Normen und Richtlinien 394
- serielle oder parallele 409

Schallpegeldifferenz
- als Beurteilungsgröße 350
- Berechnung 23
- bewertete 366
- Einfluss der Raumtiefe 32
- von Räumen 29

Schallpegelmesseinrichtung
- Definition 403

Schallpegelmeßgeräte
- Kalibrierung und Eichung 405

Schallprüfungen
- Begriffsdefinitionen 188

Schallquellen 501

Schallreflexion *siehe auch* Reflexionen
- an ebener Fläche 502
- Decken 152
- Wahrnehmung 509

Schallschirme 545

schallschluckende Möbel 586

Schallschluckmaterial 153

Schallschutz *siehe auch* baulicher Schallschutz
- aktiver 167
- aktuelle Rechenverfahren 27
- Baurecht 695
- Bemessung 27
- Bestandsgebäude 785
- Doppel- und Reihenhäuser 695
- erhöhter 280, 701
- gegen Außenlärm 167
- im eigenen Wohnbereich 87
- im Hochbau 43, 45, 279
- im Holzbau 188
- im Wohnungsbau 73, 82
- Kennwerte 89
- kleine Räume 33
- Leichtbauweise 665
- massive Baukonstruktionen 651
- nach DIN 4109-1 191
- nach VDI 2719 171
- nach VDI 4100 21, 191
- passiver 167
- Regelwerke 170
- Sanitärinstallationen 715
- Sicherheitskonzept 113
- Vergleichsrechnungen 29
- zweischalige Haustrennwände 695
- zwischen fremden Wohneinheiten 86

Schallschutzanforderungen
- aktuelle Regelwerke 24
- Anwendung unterschiedlicher Regelwerke 134
- Lüftungssysteme 610
- öffentlich-rechtliche 350
- Ostdeutschland 280
- privatrechtliche 350
- Regelwerke 110–112

Schallschutzausweis
- Erstellung 94
- Kriterienkatalog 94
- Mustervorlage 101
- Mustervorlage Kriterienkatalog 95
- nach DEGA-Empfehlung 103 91
- nach DEGA-Memorandum und DEGA-Empfehlung 700
- Punktegrenzen 94

schallschutzbedürftige Räume 116, *siehe auch* lärmschutzbedürftige Räume
- Beispiele 358
- Innenschallpegel nach DIN 4109 167
- Schalldruckpegel 147
- Standard-Maximalpegel 147

Schallschutzglas
- Fenster 597
- Verbundschichten 597

Schallschutzhaube *siehe* Schallkapsel

Schallschutzklassen
- Erläuterung 85
- im Wohnungsbau 82
- Merkmale 83
- nach DEGA 74, 142
- Zuordnung zu Lärmsituationen 173

Schallschutzkonzept
- mehrstufiges 91

Schallschutznachweis
- Außenlärm 180

Schallschutzniveau
- erforderliches 26

Schallschutz-Prüfungsschema
- hierarchisches dreistufiges 135

Schallschutzstufen 76, 91
- Begründung der Schallschutzniveaus 23, 27
- gemäß VDI 4100:2012 23, 25

schallschutztechnische Regelwerke 110

Schallschutz-Vergleichsmessungen *siehe* Ringversuche

Schallstreuung
- an unebener Fläche 505

schalltechnische Messungen
- Messgenauigkeit 432

schalltechnische Qualität
- Gesamtbeurteilung 74

schalltechnischer Nachweis
- nach DIN 4109 218

Schalltransmissionsgrad 444
- Zusammenhang mit Luftschalldämmmaß 650

Schallübertragung 211, *siehe auch* Luftschallübertragung; Trittschallübertragung
- Aufenthaltsräume 28
- Berechnung nach EN ISO 12354 211
- Empfangsräume 35
- Gebäude mit Keller 704
- Geschosswohnungsbauten 34
- horizontale *siehe* Trittschall
- resultierende 362, 367
- vertikale *siehe* Luftschall-Absorber
- zweischalige Haustrennwände 711

Schallübertragungswege 359
- Außenlärm in Gebäude 371
- Bestandsgebäude 786
- innerhalb Gebäude 648

Schallwahrnehmung
– subjektive 508
Schallwellenleistung 542
Schallwellenwiderstand
– verschiedener Baustoffe 887
Schaumstoffe
– Schallabsorption 549
Schienenfahrzeuge
– Geräuschemissionsgrenzwerte 12
Schienenverkehrslärm 12
– Beurteilungspegel 122
Schienenwege
– Glasschaum-Module 572
– Lärmsanierung 12
Schlafräume
– DIN 4109:2018-01 im Vergleich zu DIN 4109:1989-11 179
Schlagzeug-Unterrichtsräume
– Kanten-Absorber 731
Schlitzabsorber 557
– auf Zellulosebasis 560
Schlitz-Schalldämpfer
– in Heizungsanlagen 570
Schornsteine
– Schalldämpfende Innenzüge 570
Schroeder-Frequenz 507
Schuhkarton (Konzerthaus Amsterdam) 526
Schuhkarton-Geometrie 761
Schulen
– akustische Sanierung 742
– DIN 4109:2018-01 im Vergleich zu DIN 4109:1989-11 179
– Luft- und Trittschalldämmung 50
Schulungsräume
– Kanten-Absorber 740
Schüttungen
– Bemessungswerte der Wärmeleitfähigkeit 846
– unter Faserdämmstoffen 311
Schutz
– Brandschutz-Tabellen 799
Schwefelhexafluorid SF_6
– Gasfüllung von Isolierglas 600
schwimmend verlegte Holzdielen
– Trittschallminderung 292
schwimmend verlegte Natursteine
– Trittschallminderung 292
schwimmende Fertigparkettböden
– Trittschallminderung 292
schwimmende Laminatböden
– Trittschallminderung 292
schwimmender Estrich 287, *siehe auch* Deckenauflagen
– auf Massivdecken 689
– Aufbau 198
– erreichbare Trittschall-Verbesserungsmaße 655

– minimal erreichbare bewertete Norm-Trittschallpegel 657
– Prüffläche 287
– Resonanzfrequenz 362
– Schallbrücken 221, 425
– Trittschallminderung 288
– Trocknungszeiten 288
schwingende Vorsatzkonstruktionen
– Resonanzfrequenzen 654
Schwingungstilger
– Holzbau 199
Seitenschallgrad 510
– Staatstheater Mainz 779
Senderaum
– Entkopplung von Empfangsraum 452
Sendesaal DDR Rundfunk in Berlin-Oberschöneweide 764
serielle Schallmessung 409
Sicherheitsbeiwert
– pauschaler 27
– Schalldämmung von Türen 641
– Trittschalldämmung 298
– von Bauteilen 113
Sicherheitsglas
– Verbundschichten 597
Sicherheitskonzept
– nach DIN 4109 113
Sichtlinie
– und Akustik 760
Silbenverständlichkeit 158, 159
Sitzreihenüberhöhung
– akustische Planung 521
Sockelfliesen
– Körperschallbrücken 299
Sonnenschutzvorrichtungen
– fest installierte 860
Speiseräume
– Kanten-Absorber 747, 751
spektraler Korrektursummand nach VDI 2719 136
Spektrum-Anpassungswerte 545, 635, 690
– bei Straßenverkehrslärm 602
– Definition 189, 402
– Formateinflüsse 603
– nach DIN EN 14351-1 637
– nach DIN EN ISO 717-1 638
– nach DIN EN ISO 7172 277
Sperrholzplatten
– Schallabsorptionsgrade 881
spezifische Wärmekapazität
– verschiedener Baustoffe 868
– Wärmedämm- und Mauerwerksstoffe 874
Spiegelschallquellen
– Konstruktion 514
– Modelle 482

Sprache
– Verwischung durch Nachhall 151
Sprachlaute
– charakteristische Spektren 154
Sprachverstehen 509
– aktueller Wissensstand 152
– bei stationärem Rauschen 158
– bei verschiedenen Geräuscharten 159
– Beitrag der Frequenzkomponenten 154
– durch Kanten-Absorber 739, 745
– Einfluss des Raumes 157
– in Kommunikationsräumen 151
Sprechtheater
– akustische Planung 520
Spuranpassung 353
Staatsoper Unter den Linden Berlin 773
Staatstheater Mainz
– Großes Haus 777
städtebaulicher Lärmschutz
– aktuelle Herausforderungen 5
Stadthäuser
– Schallschutz 695
Stahlbeton-Massivdecken
– Trittschallschutz 298
Stahl-Holz-Treppen 261
Standardabweichung
– Vergleichsmessungen zur Schalldämmung 473
Standard-Maximalpegel 84
– fremde schutzbedürftige Räumen 147
Standard-Schallpegeldifferenz 23
– Einfamilien-Doppel- und Einfamilien-Reihenhäuser 142
– Mehrfamilienhäuser 141
– Wohnungen und Einfamilienhäuser 144
Standard-Trittschallpegel
– Einfamilien-Doppel- und Einfamilien-Reihenhäuser 142
– Mehrfamilienhäuser 141
– Wohnungen und Einfamilienhäuser 144
Standort
– Einfluss auf Einstufung der schalltechnischen Qualität 86
– gemäß DEGA-Empfehlungen 74, 91
Steckdosen
– Einfluss auf Schalldämmmaß 714
stehende Welle
– Pegeldifferenz vor absorbierendem ebenem Hindernis 543
Steifigkeit
– dynamische 295

Stichwortverzeichnis

Steildächer
- Aufsparrendämmung 239, 243, 248
- Bauteilsammlung 247
- Flankenschalldämmung 241, 251
- Hinweise zur Bauausführung 256
- Schalldämmung bei tiefen Frequenzen 256
- Transmissionsschalldämmung 240
- Trennwandanschluss 239
- Zwischensparrendämmung 237, 241, 249

Steildachkonstruktionen
- Schalldämmung 237

STI (Speech Transmission Index) 532
- Berechnung 535

Stoffdaten
- Abbrand 805, 806
- Abbrandfaktor 815, 816
- Brandausbreitung 807
- Entzündungskriterien 800, 801
- flächenbezogene Brandleistung und Brandentwicklung 826
- Heizwerte 808–812
- Kohlenstoff-Yield von Kunststoffen 823
- Lagerungsdichte 815, 816
- Luftbedarf 818
- Verbrennungseffektivität und Verbrennungsanteile 819
- Zündtemperaturen 800, 801

Störgeräuschenergie
- Messung 411

Störgeräuschniveau
- Bestimmung 417

Störgeräuschspektren 158

Störschall
- tieffrequenter 753

Störsignal 157, 158

Stoßlüftung 616

Stoßstellen
- zwischen Dach und Wand 250

Stoßstellendämmmaße 57, 190
- Massivholz-Elemente 216
- Verbesserung 216

Stoßstellendämmung 360, 661
- flankierende Bauteile 363

Strahlerzeile 532

Strahlungsabsorptionsgrad
- Richtwerte für Oberflächen 866

Strahlungskonstanten
- einiger Stoffe 865

Straßen
- Glasschaum-Module 572

Straßenverkehr
- Außenlärmpegel 385

Straßenverkehrslärm 10, *siehe auch* Verkehrslärmbelastung
- Beurteilungspegel 120
- Isoglasschalldämmung 602

Stühle
- Schallabsorptionsgrade 883

Stulp-Fenster
- Schalldämmung 638

Symphony Hall Boston 767

T

TA Lärm
- Änderungen 14

Tabellennachweis
- Schalldämmung von Innentüren 641

Taubert und Ruhe
- Empfehlung für erhöhten Schallschutz 701
- Kugelfallautomat 274

Taupunkttemperatur
- Wasserdampf 864

technische Einheiten
- Umrechnung 800

Technische Spezifikationen für die Interoperabilität (TSI) 12

Technische Universität Kaiserslautern
- akustische Wandprüfstände 454

Teppich
- Trittschallübertragung 790

Terrasse
- Definition 85

Terrassenbeläge
- Trittschallminderung 293

Terzbandfilter
- nach DIN EN 61260 447

Terzfilter
- Umstellung von Oktavfiltern 273

Testsignal-Bandbreite
- Einfluss auf Schallfeld 486

TGL 10687, Bl. 2 280

thermisch aktivierte Akustikelemente 584

tiefe Frequenzen
- Raummoden 464
- Schalldämmung von Decken 219
- Schalldämmung von Holzwänden 235
- Schalldämmung von Steildächern 256
- Störschall 753
- Trittschall 298
- Trittschalldämmung von Holzbalken 311

Tiefenschlucken 743

Tiefgaragen
- Schallschutz 705
- Schallschutzanforderungen 129

Toleranzbereich
- der PTB 453

Toleranzschlauch
- der PTB 459

Tonerkennung 761

Tore
- Wärmedurchgangkoeffizient 858

Tragstruktur
- Balkenzwischenraum 200

Transmissionsgrad 444

Transmissionsschalldämmung
- von Steildächern 240

Trapezform (Salle Pleyel) 526

Trennbauteile
- Stoßstellen zu Außenwänden 31
- zwischen Wohnungen 695

Trenndecken
- aus Holz 197

trennende Bauteile
- Geometriesummanden 665
- Leichtbauweise 666
- massive 651
- Schallschutz gegen fremde Bereiche 125, 135
- Schallschutz im Wohn- und Arbeitsbereich 125, 143

Trennfläche
- gemeinsame 418

Trennwand
- Abschottung des Deckenhohlraums 689
- an Massivdecke anschließende 687
- an Unterdecke anschließende 686, 687
- Anschluss an Steildächer 239
- Dachanschlüsse 683
- einschalige 318
- Holzbauweise 225

Trennwandfläche
- Einfluss auf Schalldämmmaß 29

Trennwandfugen 704
- Breite 717

Trennwandplatten 718

Treppen
- Anbindung an Trennwand 263
- in Holzbauweise 261
- Kennwerte zur Trittschalldämmung 702
- Trittschalldämmung 263, 713
- Trittschalldämmungsmessung 427
- Trittschallschutz 316

Treppenhäuser
- A/V-Verhältnis 89
- Nachhallzeit 85
- raumakustische Empfehlungen 74

Treppenläufe
– entkoppelte 334
Treppenmessung
– nach DIN EN ISO 16283-2 414
Treppenpodeste
– entkoppelte 334
Treppenprüfstand 324
Trinkwasser-Armaturen und -Geräte
– Schalldruckpegel 54
Trinkwasser-Installation
– Schallerzeugung durch Armaturen und Geräte 128
Trittschall
– Anforderungen 87
– Schallübertragungswege 56
Trittschallanregung
– Holzbalkendecken 685
Trittschalldämmmaß
– Beurteilungskenngröße 278
Trittschalldämmplatten
– in Praxis verwendbare 198
Trittschalldämmung 84, 190
– als Schallschutzkriterium 93
– Anforderungen 46, 64, 282
– Anforderungsgrößen 359
– Anforderungsniveaus 278
– Decken 702, 713
– Definition 400
– Einfluss der Trennwand 263
– Gebäude 367
– Hotels und Beherbergungsstätten 48, 66
– K1, K2-Verfahren 217
– kennzeichnende Größen 396
– Krankenhäuser und Sanatorien 49, 67
– Labormessung 62
– laute, schutzbedürftige Räume 51
– Massivbau 59, 367
– Mehrgeschosser 218
– Messung 423
– nach DIN 4109:1989 Beiblatt 1 60
– nach DIN EN ISO 16293-2 414
– Nachweis nach DIN 4109 bzw. DIN SPEC 91314 369
– Prognose 283
– Prognosegenauigkeiten 298
– Schulen 50
– Sicherheitsbeiwerte 298
– Treppen 702, 713
– Wohnhäuser 48, 66
Trittschall-Flankenübertragung
– Korrektursummand 209
Trittschall-Flankenweg
– Anregung 310
Trittschallmessungen
– bei Luftschallübertragung 424
– Unsicherheiten 432

Trittschallminderung
– Deckenauflagen 136, 287, 357, 368
Trittschallpegel
– bewerteter 699
– genormter 45
Trittschallpegeldifferenz
– nach DIN 7396 328
Trittschallpegelminderung
– nach DIN 7396 328
Trittschallquelle
– schwere/weiche 275
Trittschallschutz 272
– biegeweiche Vorsatzschalen 655
– einschalige biegesteife Bauteile 651
– geschichtliche Entwicklung 272
– Holzbalkendecken 299, 791
– Messgrößen 272
– Nachweis nach DIN 4109:2018 und VDI 4100:2012 349
– Nachweis nach VDI 4100:2012 370
– rechnerischer Nachweis 367
– Wohnungstrenndecken 383
Trittschallschutzmaß (TSM)
– Einzahl-Kenngröße 273
– Zusammenhang mit Norm-Trittschallpegel 273
Trittschallübertragung 297, siehe auch Schallübertragung
– räumliche Zuordnung 297
– über flankierende Bauteile 368
– Vergleich Teppich und Parkett 790
– vertikale 208
Trittschall-Verbesserungsmaße
– schwimmender Estrich 655
Trockenestriche
– Trittschallminderung 291
Trocknungszeiten
– im bauakustischen Labor 288
TSI (Technische Spezifikationen für die Interoperabilität) 12
TSM siehe Trittschallschutzmaß (TSM)
T-Stöße
– Ausführungsbeispiele 364
– bewertete Schalldämmmaße 364
– mögliche Schalldämmmaße 663
– schallschutztechnische Leistungsfähigkeit 664
– zwischen Trennwand und flankierender Außenwand 663
TU Kaiserslautern
– akustische Wandprüfstände 454
Türblätter
– Schalldämmmaße 464
– Schalldämmung 622

Türen
– Anforderungen nach DIN 4109 639
– Bestandsgebäude 791
– CE-Kennzeichnung 641
– Gesamtschalldämmung 622
– grafische Ermittlung der Schalldämmung 623
– Luftschalldämmungsmessung 421
– Schallabsorptionsgrade 884
– Schalldämmmaß 144
– Schalldämmung 621
– Schallübertragungswege 622
Türen-Prüfstand 470, 471
Türenschließung
– vor Schallmessung 415

U
Überbemessung
– erforderliche 650
Überströmöffnung
– schallgedämmte 144
Übertragungswege siehe Schallübertragungswege
Umgebungslärm 14
– WHO-Leitlinienwerte 6
Umlenkschalldämpfer
– in Aeroakustik-Windkanälen 549, 570
Undichtigkeiten
– Feststellung mit Stethoskop 418
Unsicherheiten
– für Luft- und Trittschallmessungen 432
Unterdecken
– entkoppelt montierte 201
– Entkopplung 222
– federnd abgehängte 202
– Flachdächer 247
– Holzbau 200
– mit Abschottung 689
– mit Bandprofilen und Leichtspan-Schallschluckplatten 688
– mit Bandprofilen und Mineralfaser-Deckenplatten 687
– mit Bandprofilen und perforierten Metall-Deckenplatten 688
– Norm-Flankenschallpegeldifferenz 689
– ohne Abschottung 686
– starr montierte 201
– unter Massivdecken 686
Unterrichtsräume
– Kanten-Absorber 740
– Konzept zur Beruhigung 729
– Nachhallzeiten 574
Unterscheidungsschwellen 510
unterseitige Beplankung 304

urbanes Gebiet
- Lärmschutz 9

V

Vakuumdämmeinlagen
- Paneelelemente 604

VDI 2719 134, 167, 171
VDI 2719:1987 175
VDI 4100 76, 131, 136, 143, 191
VDI 4100:2012
- Luftschallschutz 349, 366
- Nachweis des Trittschallschutzes 370
- Schallschutzstufen 23, 25

VDI 4100:2012-10 21, 699
- Beurteilungskenngrößen 21
- Reaktionen der Fachwelt 37
- Reaktionen von Baupraxis und Rechtsprechung 37

Verbesserungsfaktoren
- zwischen unterschiedlichen Regelwerken 131

Verbrennungseffektivität und Verbrennungsanteile (Yield)
- Chemikalien 821, 822
- Flüssigkeiten 821
- Gase 821
- Holz 819
- Kunststoffe 820
- Lösungsmittel 821, 822
- Pestizide 822

Verbundfenster
- Konstruktion 606
- Schalldämmung 636

Verbundglas
- mechanische Impedanz 599
- Schalldämmung 597
- Temperatureinfluss 599

Verbundplatten-Resonatoren siehe VPR

Verbundschichten
- Sicherheits- und Schallschutzglas 597

Verglasungen
- CE-Kennzeichnung 635
- Schalldämmung 597

Vergleichshammerwerk
- nach Cremer 272

Vergleichsmessungen siehe Ringversuche

Verkehrslärmbelastung
- in Deutschland 7

Verkehrswege
- Korrektursummanden 170

Verkleidungen
- raumakustische 563

Verlustfaktor 888
- verschiedener Materialien 888

Verlustfaktor-Korrektur 443

Versammlungsräume
- Kanten-Absorber 740

Verstärker
- Anforderungen 408

Verstehbarkeit
- als Begriff 90

vertikale Schallübertragung siehe Luftschalldämmung

Vertraulichkeitskriterien 77, 90

Vineyard-Terrassen-Form (Philharmonie Berlin) 527

volumenbezogene Wärmekapazität
- verschiedener Baustoffe 868

Vorbeifahrtgeräusch
- Simulation 491

Vordachschalung 261

Vorhaltemaß 650

Vorhänge
- Schallabsorptionsgrade 883

Vorhangfassaden
- bewertetes Schalldämmmaß 626
- horizontale Längsschalldämmung 627
- Längsschalldämmung 629, 630
- Luftschalldämmung 625
- Schalldämmung 623
- vertikale Längsschalldämmung 630

Vorlesungsräume
- akustische Planung 518

Vorsatzkonstruktionen
- zur Verbesserung der Schalldämmung 362, 363

Vorsatz-Rollladenkästen 617

Vorsatzschalen
- biegeweiche 653, 655
- nach DIN 4109-35 691
- raumseitige biegeweiche 661
- Verbesserung des Schalldämmmaßes 204
- vor Massivwänden 681

Vorverstärker
- Definition 403

VPR (Verbundplatten-Resonatoren)
- Absorptionsgradmessungen 467
- reflexionsarme Messräume 589
- Schallabsorption 554

VPR-Module
- effektiver Absorptionsgrad 469
- Messung des Absorptionsgrades 479, 480
- Schalldruckpegel 472
- Übertragungsfunktion 470, 471

VW-Außengeräusch-Messhalle 491
- Pegelabfall 493

W

Wände
- bewertetes Schalldämmmaß 352
- flankierende 681
- in Holzbauweise 223
- in Leichtbauweise 666
- Messung der Luftschalldämmung 418

Wandkonstruktionen
- Details 223

Wandmaterialien
- Absorptionsgrade 504

Wandprüfstand siehe akustische Wandprüfstände

Wandteilflächen
- mit unterschiedlicher Schalldämmung 370

Wandverkleidungen
- Absorptionsgrade 504

Waren
- Brandentwicklung und Brandleistung 828, 829

Wärmeausdehnungskoeffizient
- verschiedener Baustoffe 866

Wärmebrücken
- Haustrennwände 712

Wärmedämmstoffe
- feuchteschutztechnische Eigenschaften 874
- nach harmonisierten europäischen Normen 847
- spezifische Wärmekapazität 874

Wärmedämm-Verbundsystem (WDVS) 372, 705
- aus Holzweichfaserplatte 233
- EPS-Hartschaumplatten 373
- in Holztafelbauweise 669, 670
- Luftschalldämmung 356

Wärmedurchgangskoeffizient
- Außentüren 859
- Bemessungswerte 858

Wärmedurchlasswiderstand
- Dachräume 857
- Decken 855
- ruhende Luftschichten 856

Wärmekapazität
- verschiedener Baustoffe 868

Wärmeleitfähigkeit
- Bemessungswerte 839
- Erdreich 858

wärmeschutztechnische Bemessungswerte
- Baustoffe 850

wärmeschutztechnische Kennwerte 839
- Übersicht 837

wärmetechnische Eigenschaften
- Erdreich 858

wärmetechnische Kenngrößen 869

Wärmeübergangswiderstände
- DIN EN ISO 6946 857

Waschräume
- Kanten-Absorber 741

Wasser
- physikalische Kenngrößen 862

Wasserdampf
- physikalische Kenngrößen 862
- Taupunkttemperatur 864
- über Wasser und Eis 862, 863

wasserdampfdiffusionsäquivalente Luftschichtdicke
- Folien 876

Wasserdampf-Diffusionswiderstandszahlen
- feuchtebereichabhängige 873
- Richtwerte 839

Wasserinstallationen
- Anforderungen 88
- Geräuschmessung 430
- Geräuschspitzen 85

Wasserverkehrslärm
- Beurteilungspegel 123

WDVS *siehe* Wärmedämm-Verbundsystem

weichfedernde Bodenbeläge 201
- Trittschallminderung 293, 310

Weinberg-Geometrie 761

Weiße Haut in Elbphilharmonie 770

Werkhallen
- akustische Planung 517

Werkräume
- Kanten-Absorber 735

WHO-Leitlinienwerte 6, *siehe auch* NORAH-Projekt
- Umgebungslärm 6

Wiederholgrenze
- Bestimmung 471

Windkanäle
- Aeroakustik 494

Wintergartenlüfter 617

Wohnbereich
- DEGA-Schallschutzklassen 144
- raumlufttechnische Anlagen 128, 146
- Schallschutz nach DEGA-Empfehlungen 75, 87
- Schallschutzklassen 83
- schalltechnische Qualität 90
- trennende Bauteile 125, 143
- typische Schalldruckpegel 146

Wohneinheit
- als Begriff 76, 82, 83

Wohneinheiten
- angrenzende 85
- Schallschutz 86

Wohngebäude
- DIN 4109:2018-01 im Vergleich zu DIN 4109:1989-11 179

Wohngebäudebestand
- nach Baujahr gruppierte Verteilung 785

Wohnung
- Bau-Schalldämmmaß 145
- empfohlene Schallschutzwerte 148
- maximal zulässige A-bewertete Schalldruckpegel 148
- maximal zulässige Schalldruckpegel 53, 68
- Norm-Trittschallpegel 145
- Standard-Trittschallpegel 144

Wohnungsbau
- Schallschutz 73, 82
- Schallschutzklassen 82

Wohnungseingangstüren
- Definition 85

Wohnungsgrundrisstypen 143

Wohnungsneubau
- Bauleitplanung 14

Wohnungstrenndecken
- Anforderungen an den Trittschallschutz 314
- Luftschallschutz 381
- Trittschallschutz 383

Wohnungstrennwände
- Bestandsgebäude 791
- Luftschallschutz 378

Z

Zarge
- Schalldämmung 623

Zeitbewertung
- Schalldruckpegel 84

Zementestriche
- Trittschallminderung 290

Zersetzungstemperatur
- Kunststoffe 823

Zimmerlautstärke 788

Zimmertüren
- Definition 85

Zündtemperaturen
- Feststoffe 800, 801
- Flüssigkeiten 803, 804
- Kunststoffe 802, 803

Zusatzlasten
- Prüfung der Trittschalldämmung 331

Zweifach-Isolierglas
- Vergleich mit Dreifach-Isolierglas 601

zweikanalige Messungen 408

Zwei-Mikrofon-Verfahren nach DIN ISO 10534-2 503

zweischalige Bauteile
- biegesteife 657
- Luftschalldämmmaß 653
- Luftschalldämmung 354
- Resonanzeigenschaften 472
- Resonanzfrequenz 355
- Schwingungsverhalten 355

zweischalige Bauweise
- Übertragung auf Geschosswohnungsbau 715
- Unvollständigkeit durch Aufzugsschacht 716

zweischalige Haustrennwände 702, *siehe auch* Haustrennwände
- Beispielausführung 364
- Berechnungsverfahren 712
- Luftschalldämmung 364
- Physik 709
- Prinzipdarstellung 704
- Schallschutz 695
- Schallübertragung 711

zweischalige Kalksandsteinwand 722

zweischalige massive Wände
- erreichbare bewertete Luftschalldämmaße 658

zweischalige Porenbetonwand 720

zweischaliges Feder-Masse-System
- Resonanzfrequenz 653

zweischaliges Mauerwerk
- mit Luftschicht oder Kerndämmung 373

Zweischaligkeitszuschläge
- nach DIN 4109-2 658

Zwei-Scheiben-Verglasungen
- bewertete Schalldämmaße 374

Zwischensparrendämmung
- bewertete Norm-Flankenschallpegeldifferenz 684, 685
- bewertetes Schalldämmmaß 673
- durchlaufende Pfetten 260
- Steildächer 237, 241, 249

Umschlaggestaltung: Sonja Frank, Berlin
Herstellung: pp030 – Produktionsbüro Heike Praetor, Berlin
Satz: le-tex publishing services GmbH, Leipzig
Druck und Bindung: mediaprint solutions GmbH, 33100 Paderborn

Printed in the Federal Republic of Germany.
Gedruckt auf säurefreiem Papier.

ISSN 01617-2205
Print ISBN   978-3-433-03289-3
ePDF ISBN   978-3-433-61008-4
ePub ISBN   978-3-433-61010-7
oBook ISBN 978-3-433-61009-1